AF666045

Teilchendetektoren

Hermann Kolanoski · Norbert Wermes

Teilchendetektoren

Grundlagen und Anwendungen

2. Auflage

Hermann Kolanoski
Humboldt-Universität zu Berlin und DESY
Berlin, Deutschland

Norbert Wermes
Physikalisches Institut
Universität Bonn
Bonn, Deutschland

ISBN 978-3-662-73067-6 ISBN 978-3-662-73068-3 (eBook)
https://doi.org/10.1007/978-3-662-73068-3

Die Deutsche Nationalbibliothek verzeichnet diese Publikation in der Deutschen Nationalbibliografie; detaillierte bibliografische Daten sind im Internet über https://portal.dnb.de abrufbar.

Planung/Lektorat: Caroline Strunz
Springer Spektrum ist ein Imprint der eingetragenen Gesellschaft Springer-Verlag GmbH, DE und ist ein Teil von Springer Nature.
Die Anschrift der Gesellschaft ist: Heidelberger Platz 3, 14197 Berlin, Germany

Vorwort

Vorwort zur ersten Auflage 2016

Neue Ideen und Konzepte in der Entwicklung von Teilchendetektoren waren oft Voraussetzung für wichtige Experimente, die zu Entdeckungen oder zu neuen Erkenntnissen in der Teilchen- oder Astroteilchenphysik führten. Die physikalischen Grundlagen und Techniken zur Detektorentwicklung gehören daher zum Handwerkszeug eines Experimentalphysikers auf diesen Gebieten. Häufig sind neuartige Detektorentwicklungen auch richtungsweisend für Fortschritte in Methoden der Bildgebung mit Teilchen oder Strahlung, zum Beispiel in der Medizin.

Die Physik von Detektoren greift auf viele andere Bereiche der Physik und Technik zurück. Kenntnisse der Wechselwirkungen von Teilchen mit Materie werden ebenso benötigt wie Kenntnisse in Gas- und Festkörperphysik, in der Physik des Ladungstransports und der Entstehung nachweisbarer Signale bis hin zur elektronischen Signalverarbeitung und Mikroelektronik.

Die Idee für dieses Buch entstand im Rahmen eines überregionalen, vom deutschen Forschungsministerium (BMBF) geförderten Lehrprojekts zum Thema Detektorentwicklung, an dem die Autoren beteiligt waren und bei dem Vorlesungen und begleitende Manuskripte zur Detektorphysik zentrale Elemente waren.

Ursprünglich als ein Lehrbuch für Studierende im Masterstudium konzipiert, entwickelten sich der inhaltliche Umfang und die Tiefe des behandelten Stoffes im Laufe der Zeit, so dass der Stoffumfang des jetzt entstandenen Buches über den Inhalt einer typischen Vorlesung zu diesem Thema hinausgeht. Zielgruppe als Leser sind sowohl Studierende, die sich in Detektorphysik einarbeiten und vertiefen wollen, aber auch Lehrende und Wissenschaftler, die in eine bestimmte Nachweismethodik oder Detektortechnologie einsteigen wollen. Darüber hinaus sollen zahlreiche Tabellen und vergleichende Zusammenfassungen als Nachschlaghilfen für wissenschaftliches Arbeiten dienen. Wir haben uns bemüht und hoffen, dass es uns weitgehend gelungen ist, die Fülle des Stoffes in den einzelnen Themenbereichen jeweils so klar wie möglich und so tiefgehend wie nötig zu behandeln.

Wir danken an dieser Stelle vielen Kollegen, Mitarbeitern und Studenten, die auf die eine oder andere Weise zum Gelingen dieses Buches beigetragen haben. Für Hilfe bei den zahlreichen Abbildungen bedanken wir uns bei David Barney, Axel Hagedorn, Christine Iezzi, Jens Janssen, Manuel Koch, Edgar Kraft, Susann Niedworok, Philip Pütsch und Bert Wiegers. Für die Simulation von Reaktionsereignissen und Hilfe bei der Benutzung des Geant4-Programmpakets danken wir Timo Karg und Sven Menke. Für zahlreiche Diskussionen, Informationen und/oder das Korrekturlesen von einzelnen Kapiteln möchten wir uns bei Markus Ackermann, Peter Fischer, Fabian Hügging, Fabian Kislat, Hans Krüger, Michael Moll, Jochen Schwiening und Peter Wegner bedanken, sowie bei Ted Masselink für klärende Diskussionen zum Thema Ladungstransport. Martin Köhler sind wir sehr dankbar für Rat bei Fragen, die sich in Zusammenhang mit der Veröffentlichung eines Buches immer ergeben.

Für die Unterstützung bei der Entstehung und Durchführung dieses Buchprojektes bedanken wir uns beim Forschungsministerium BMBF und dem Deutschen Elektronensynchrotron (DESY).

Berlin und Bonn, im Juli 2015

Hermann Kolanoski und Norbert Wermes

Vorwort zur zweiten Auflage

Diese zweite deutsche Auflage 2025 folgt einer Übersetzung der ersten deutschen Auflage 2016 [665] ins Englische, die bereits eine Überarbeitung sowie Korrekturen und Erweiterungen beinhaltete [666]. Aufgrund der von uns als sehr positiv wahrgenommenen Resonanz auf die englische Auflage, entschlossen wir uns, auch die deutsche Ausgabe erneut zu bearbeiten. In einer substanziellen Überarbeitung wurden sämtliche Inhalte gründlich überprüft, und Ungenauigkeiten und Fehler weitgehend behoben. Zusätzlich wurden einige Passagen und Abschnitte zu neuen Erkenntnissen und Entwicklungen hinzugefügt, wenn diese von uns als wichtig für ein grundlegendes Verständnis von Detektoren angesehen wurden. Dabei haben wir versucht, den Umfang des Buches nicht zu stark anwachsen zu lassen.

Erweiterungen oder grundlegende Überarbeitungen gegenüber der 1. Auflage erfolgten in folgenden Themenbereichen:

- Wechselwirkung mit Materie: Thomson- und Rayleigh-Streuung und Überarbeitung;
- Signalentstehung: Shockley-Ramo-Theorem mit verschiedenen Dielektrika;
- Gasgefüllte Detektoren: Resistive Plate Chambers, Überarbeitung;
- Halbleiterdetektoren: MOS-Transistor, Präzisionszeitmessung, Strahlenschäden;
- Spurrekonstruktion und Impulsmessung: Auflösungen;
- Photodetektoren: Physik des Lichtnachweises;
- Cherenkov- und Übergangsstrahlungsdetektoren: Überarbeitung;
- Nachweis dunkler Materie: Überarbeitung und Erweiterung;
- Auslese von Detektoren: Überarbeitung und Erweiterung.

Wir bedanken uns bei allen, die dazu beigetragen haben, dass nach der ersten Auflage auch diese zweite deutsche Auflage des Buches entstehen konnte. Zusätzlich zu den im Vorwort zur ersten Auflage erwähnten Personen danken wir Sabine Baer für die Hilfe beim Einholen von Nutzungslizenzen für geschützte Abbildungen, Marco Vogt für die Wartung des Servers und Hilfestellung bei technischen Fragen sowie ebenso ihm, Nora Feigl und Ludwig Rauch für Hilfe bei der Erstellung von Bildern. Wir bedanken uns für Beiträge und Hilfestellungen zu Simulationen und Programmierfragen bei Christian Bespin, Yannick Dieter und David-Leon Pohl. Eckhard Fretwurst und Gregor Kramberger sind wir für Diskussionen und Erläuterungen zu Strahlenschäden in Halbleitern dankbar, sowie Anna Nelles für Erläuterungen zu der Physik des Radionachweises von Luftschauern. Für hilfreiche Diskussionen bedanken wir uns außerdem bei Teresa Marrodán Undagoitia, Peter Lewis, Ludwig Rauch und Rainer Richter.

Insbesondere möchten wir auch unseren Ehefrauen, Marion und Sonja, für ihre andauernde Unterstützung der Arbeiten an dem Buch über die vielen Jahre danken.

Berlin und Bonn, im Juli 2025

Hermann Kolanoski und Norbert Wermes

Inhalt

Tabellenverzeichnis

1 Einleitung

Wenn man mit den Augen einen Gegenstand in der Umwelt wahrnehmen kann, so beruht das darauf, dass Licht, oder allgemeiner elektromagnetische Strahlung, mit Materie wechselwirkt: Das Licht wird zunächst an dem Gegenstand gestreut, wird dann im Auge absorbiert und in Nervensignale umgesetzt, aus denen das Gehirn ein Bild erzeugt, das wir wahrnehmen können.

Der Nachweis von elementaren Teilchen, Kernen und hochenergetischer elektromagnetischer Strahlung, in diesem Buch gemeinsam als 'Teilchen' bezeichnet, geschieht im Prinzip ähnlich, durch Wechselwirkung der Teilchen mit Materie. Allerdings nehmen wir Teilchen im Allgemeinen nicht direkt mit unseren Sinnesorganen wahr, sondern müssen einen externen 'Detektor' benutzen, in dem die Teilchen wechselwirken und der aus der Wechselwirkung wahrnehmbare Signale ableitet.

Die **elektromagnetische Wechselwirkung** der Teilchen mit Materie wird weitaus am häufigsten für den Nachweis genutzt: Geladene Teilchen werden über die Ionisation der Materie entlang ihrer Trajektorie oder auch über elektromagnetische Abstrahlung wie Cherenkov-, Übergangs- oder Bremsstrahlung nachgewiesen. Hochenergetische Photonen und Elektronen bilden in Materie elektromagnetische Schauer aus, die eine Energiemessung erlauben. Die **starke Wechselwirkung** wird zum Beispiel für den Nachweis von Neutronen oder auch für die Bestimmung der Energie hochenergetischer Hadronen über die Entwicklung von hadronischen Schauern genutzt. Für den Nachweis von Neutrinos wird schließlich auch die schwache Wechselwirkung ausgenutzt.

Je nach Einsatz haben Teilchendetektoren unterschiedliche Aufgaben mit sehr unterschiedlichen Anforderungen. Ein einfaches Beispiel sind der Nachweis und die Messung des Strahlungsflusses mit einem Geigerzähler zum Nachweis von Radioaktivität. In Teilchenphysikexperimenten möchte man in der Regel darüber hinaus die Teilchenkinematik (Richtung, Impuls, Energie, Masse) messen und möglichst auch die Identität des jeweiligen Teilchens bestimmen.

Die Anforderungen an die Leistungsfähigkeit von Teilchendetektoren und damit auch die Kosten variieren in einem weiten Bereich. Bei der Spezifikation eines Detektors kommen je nach geplantem Einsatz folgende Kriterien in Betracht:

- hohe Nachweiswahrscheinlichkeit;
- geringe Störung des zu messenden Prozesses;
- die Signale echter Ereignisse heben sich gut von denen des Untergrundes ab;
- gute Auflösungen (Ort, Zeit, Energie, Impuls, Winkel, ...);
- schnelle, totzeit-freie elektronische Signalverarbeitung;
- einfache Online-Steuerung und -Kontrolle;
- vertretbare Kosten.

H. Kolanoski und N. Wermes, *Teilchendetektoren*, https://doi.org/10.1007/978-3-662-73068-3_1

Die Entwicklung von Detektoren und Nachweismethoden für Teilchen wurde hauptsächlich für Anwendungen in der experimentellen Grundlagenforschung, wie Teilchen- und Kernphysik, betrieben. Wie groß der Fortschritt auf diesen Gebieten von dem Stand der Detektortechnologie abhängt, wird vom Nobelkomitee dadurch anerkannt, dass für entscheidende Durchbrüche in der Entwicklung von Nachweismethoden mehrfach der Nobelpreis verliehen wurde (Nebelkammer: C.T.R. Wilson 1927, Weiterentwicklung der Nebelkammermethode: P. Blackett 1948, Fotoemulsionsmethode: C.F. Powell 1950, Koinzidenzmethode: W. Bothe 1958, Blasenkammer: D.A. Glaser 1960, Vieldrahtproportionalkammer: G. Charpak, 1992). Neben der Teilchen-, Kern- und Astroteilchenphysik gibt es inzwischen eine breite Palette von Anwendungen von Detektoren in Medizin, Geologie, Archäologie, Materialwissenschaften und anderen Gebieten. Die Detektorgrößen variieren zwischen Kubikzentimetern, zum Beispiel bei einem Dosimeter in Kugelschreiberformat, und Kubikkilometern bei einem Detektor zum Nachweis von Luftschauern, die von kosmischer Strahlung ausgelöst werden.

Wir haben uns bemüht, neben dem Zitieren der Originalliteratur auch auf weiterführende Literatur, Lehrbücher und kompakte Übersichten der jeweiligen Gebiete zu verweisen. In deutscher Sprache gibt es zu 'Detektoren' die Bücher von Kleinknecht [651] und Grupen [521]. Beide Werke sind auch auf Englisch erschienen. In englischer Sprache sind die Bücher von Knoll [655] und von Leo [702] besonders geeignet, klassische Methoden der Konstruktion und des Betriebs von Detektoren zu lernen. Der Einsatz in modernen Teilchenexperimenten wird eher zum Beispiel von den Büchern von Leroy und Rancoita [704] and Green [505] abgedeckt. In verschiedenen Sammelbänden, zum Beispiel den von Ferbel [418] oder Sauli [899] herausgegebenen, sind Expertenbeiträge zu den verschiedenen Kapiteln dieses Buches zu finden. Eine umfassende Sammlung vieler Nachweismethoden ist das von Fleck, Titove, Grupen und Buvat in zwei Bänden herausgegebene 'Handbook of particle detection and imaging' [435].

Umfang und Inhalt des Buches Das Buch ist aus Vorlesungen hervorgegangen, die die Autoren für die Spezialisierungen 'Experimentelle Teilchenphysik' und 'Astroteilchenphysik' wiederholt an der Humboldt-Universität in Berlin und an der Friedrich-Wilhelms-Universität in Bonn gehalten haben. Der Stoff dieses Buches ist allerdings während des Entstehens weit über das hinausgegangen, was in einer solchen Vorlesung mit typischerweise zwei Semesterwochenstunden angeboten werden kann. Er sollte aber als Grundlage für die Vorlesung, zur Vertiefung und auch für den Einstieg in instrumentelle Arbeiten in Teilchen- und Astroteilchenphysik sowie auf den vielen Gebieten, die in Abschnitt 2.4 angesprochen werden, geeignet sein.

Das Buch ist neben den Einführungs- und Übersichtskapiteln (Kapitel 1 und 2) in fünf Themenkreise aufgeteilt:

Grundlagen: In den Kapiteln 3 bis 5 werden im Wesentlichen die theoretischen und technischen Grundlagen für die Konzeption und Konstruktion von Detektoren beschrieben. Es beginnt mit den 'Wechselwirkungen von Teilchen in Materie' in Kapitel 3, ohne die Teilchen nicht messbar wären. Grundlegend für Detektoren sind die Phänomene des

Ladungstransports in elektrischen und magnetischen Feldern, diskutiert in Kapitel 4, und die aus Ladungsbewegungen resultierenden Signale in Kapitel 5.

Nachweis geladener Spuren: Die nächsten vier Kapitel 6 bis 9 befassen sich mit dem Nachweis von Spuren geladener Teilchen. Beginnend mit den klassischen 'nicht-elektronischen Detektoren', die meistens nur noch von geschichtlichem Interesse sind, werden dann die Detektortypen besprochen, deren sensitive Medien entweder Gas (Kapitel 7) oder Halbleiter (Kapitel 8) sind. Die Spurrekonstruktion mit und ohne Magnetfeld wird in Kapitel 9 beschrieben.

Phänomene und Methoden, die bevorzugt zur Teilchenidentifikation dienen: In den folgenden vier Kapiteln werden Detektoreffekte und -methoden vorgestellt, die weitgehend zur Teilchenidentifikation eingesetzt werden: Photodetektoren in Kapitel 10, Cherenkov- und Übergangsstrahlung in Kapitel 11 und 12 und der Szintillationseffekt in Kapitel 13. Schließlich wird in Kapitel 14 eine Übersicht über Methoden zur Identifikation von Teilchen gegeben.

Energiemessung (Beschleuniger- und Nicht-Beschleuniger-Experimente: Energiemessungen, auch als 'Kalorimetrie' bezeichnet, werden in Kapitel 15 für Beschleuniger basierte Experimente behandelt und in Kapitel 16 für astrophysikalische Experimente oder allgemeiner für Nicht-Beschleuniger-Experimente.

Elektronik und Datenauslese:] Die letzten beiden Kapitel, 17 und 18, beschäftigen sich mit der Elektronik von Detektoren, das sind die Auslese-, Trigger- und Datennahmesysteme, die schließlich die Daten in digitaler Form für die physikalischen Analysen bereitstellen.

Speziellere Themenkomplexe sind als Anhänge ausgelagert. Umfangreiche Literatur-, Stichwort- und Abkürzungsverzeichnisse sind am Ende des Buches zu finden.

2 Überblick

Übersicht

2.1 Zur Geschichte der Detektoren

Die Fortschritte in der Kern- und Teilchenphysik basieren auf der Entwicklung von Detektoren, mit denen Teilchen und Strahlung nachgewiesen und deren Eigenschaften vermessen werden können (siehe dazu Tab. 2.1). Den Anfang markiert die Entdeckung der Radioaktivität durch H. Becquerel 1896: Er schloss auf die Existenz von 'Uranstrahlung', später Radioaktivität genannt, aus der Beobachtung der Schwärzung von Fotoplatten, die er im Dunkeln in der Nähe von Uransalzen aufbewahrte. Eine solche integrale Messung von Strahlung (im Unterschied zum Nachweis einzelner Quanten oder Teilchen) war auch die Grundlage für die Entdeckung der kosmischen Strahlung durch V. Hess im Jahre 1912 (Nobelpreis 1936 [557]) durch die Beobachtung der Entladung eines Elektrometers mit steigender Höhe bei einer Ballonfahrt (Kapitel 16). Das Prinzip solcher Strahlungsdetektoren findet auch jetzt noch in der Dosimetrie Verwendung.

Im Gegensatz zu diesen indirekten Nachweisen von Strahlung, ist es für die Grundlagenforschung wesentlich, Teilchen einzeln mit möglichst vielen Details über deren Eigenschaften und Kinematik vermessen zu können. Um 1900 waren Fotoplatten und szin-

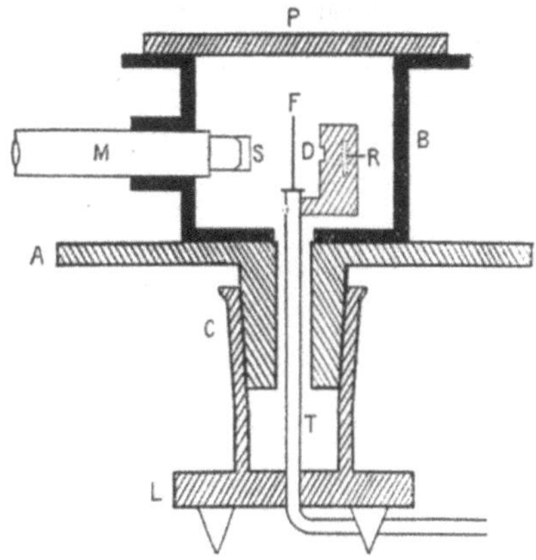

Abb. 2.1 Apparatur zu Beobachtung der Streuung von α-Teilchen an einer Goldfolie (Rutherford-Streuung) beschrieben in [480]. Eine α-Quelle R strahlt über ein dünnes Diaphragma D auf die Folie F. Die gestreuten Teilchen werden mit dem Mikroskop M, an dessen Objektiv ein kleiner Szintillationsschirm S angebracht ist, auf dem Schirm beobachtet. Das Mikroskop ist fest mit der Box B verbunden, die durch die Platte P abgeschlossen und über das Rohr T evakuiert wird. Der Streuwinkel wird eingestellt, indem die Box mit dem Mikroskop relativ zu Folie und Quelle verdreht wird (die Grundplatte A dreht sich in der Halterung C auf der Grundplatte L). Nachdruck aus [480], mit Genehmigung von Taylor & Francis Ltd.

H. Kolanoski und N. Wermes, *Teilchendetektoren*, https://doi.org/10.1007/978-3-662-73068-3_2

Tab. 2.1 Einige markante Daten zur Geschichte der Detektorentwicklungen. Da für solche Entwicklungen häufig keine präzisen Zeitangaben möglich sind, ist die Jahresangabe in der ersten Spalte lediglich zur Orientierung gedacht. Zum Teil willkürlich ist auch die Zuordnung von Entdeckungen. Zum Beispiel war das Prinzip der Gasverstärkung, das hier mit dem Namen Geiger verbunden wird, wesentlich für die Arbeiten zur Klassifizierung der radioaktiven Strahlung, für die Rutherford 1908 den Nobelpreis für Chemie erhielt. Einige Detektorprinzipien, wie Gasverstärkung, Koinzidenzmethode und Drahtkammern, sind so grundlegend, dass es nicht möglich ist, mit ihnen bestimmte Entdeckungen zu verbinden. In neuerer Zeit wird es auch zunehmend schwierig, Detektorentwicklungen einzelnen Personen zuzuordnen, wie zum Beispiel bei den Mikrostreifen-Detektoren, mit denen wesentliche Entdeckungen auf dem Gebiet der schweren Fermionen gemacht wurden. Ähnlich verhält es sich bei Kalorimetern, die schon früh zur Energiebestimmung insbesondere von Photonen und Elektronen eingesetzt wurden. Dagegen wurde die Entwicklung von Hadronkalorimetern erst mit der Verfügbarkeit von Teilchenenergien im TeV-Bereich verstärkt verfolgt, insbesondere für den Nachweis von Teilchen-Jets. Die ziemlich willkürlich eingesetzte Jahreszahl 1990 markiert die Experimente am Tevatron, an HERA und später am LHC.

Jahr	Name	Detektorprinzip	Entdeckung	Nobelpreis
1896	H. Becquerel	Photoplatte	Radioaktivität	1903
1908	H. Geiger	Gasverstärkung		
1911	E. Rutherford	Szintillatorschirm	Atomkern	
1912	C.T.R. Wilson	Nebelkammer	viele neue Teilchen	1927
1912	V. Hess	Elektrometer	kosm. Strahlung	1936
1924	W. Bothe	Koinzidenzmethode		1954
1933	P. Blackett	Nebelkammer (mit Trigger)	e^+e^--Paare	1948
1934	P.A. Cherenkov	Cherenkov-Strahlung	ν-Oszillationen	1958
1947	C.F. Powell	Fotoemulsion	Pion	1950
1953	D.A. Glaser	Blasenkammer	Ω^-, neutr. Ströme	1960
1968	G. Charpak	Vieldrahtproportionalkammer		1992
1970	R. Davis	Radiochem. Neutrinonachweis	Sonnenneutrino-Defizit	2002
1981		mikrostrukturierte Halbleiterdet.	Zerfälle schwerer Quarks	
1983	M. Koshiba	Cherenkov-Neutrinodetektor	Neutrinos von der Sonne	2002
1990		(Hadron-)Kalorimeter	Top-Quark, Higgs-Boson	

tillierende Beschichtungen die ersten Detektoren für die neu entdeckten Strahlungen – neben der α-, β- und γ-Strahlung aus Kernen auch Kathodenstrahlen (Elektronen) und Röntgenstrahlen. So haben Rutherford, Geiger und Marsden in Streuexperimenten mit α-Teilchen die gestreuten Teilchen auf einem szintillierenden Zinksulfidschirm (ZnS) nachgewiesen und deren Streuwinkel bestimmt [890, 480]. Abbildung 2.1 zeigt die Apparatur, mit der die Szintillationsblitze auf dem Schirm über ein Mikroskop mit dem Auge registriert wurden [480].

Auch Fotoemulsionen wurden – insbesondere in den 1940er Jahren – so weiterentwickelt, dass damit einzelne Teilchen der kosmischen Strahlung kinematisch rekonstruiert werden konnten (siehe Abschnitt 6.3). Mit dieser Methode ist C.F. Powell und seinen Mitarbeitern 1947 die Entdeckung des Pions gelungen (Abb. 16.2). Für die Entwicklung

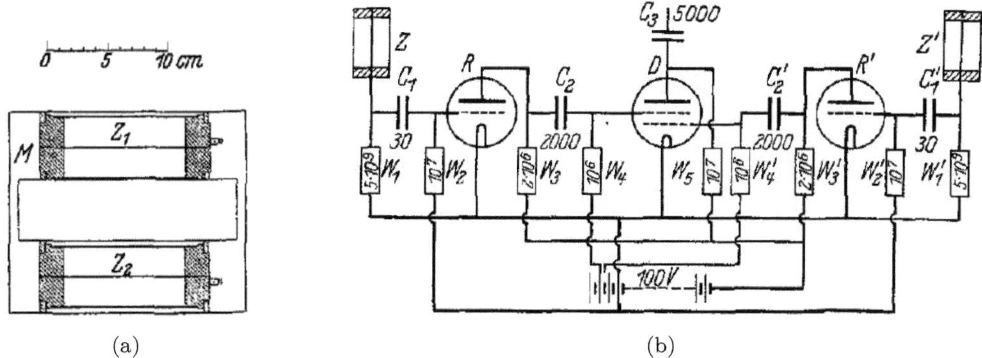

(a) (b)

Abb. 2.2 Erste Anwendungen der Koinzidenzmethode: a) Experimentelle Anordnung zur Untersuchung des 'Wesens der Höhenstrahlung' (Bothe und Kolhörster 1929 [252]). Oberhalb und unterhalb eines Absorbers, der zum Testen unterschiedlicher Materialien ausgewechselt werden kann, befinden sich Zählrohre, deren Signale in Koinzidenz gezählt werden. b) Röhrenschaltung für den Nachweis von Koinzidenzen der beiden Zählrohre Z und Z′ [251]. In der mittleren Röhre D wird die Vorspannung so eingestellt, dass am Ausgangkondensator C_3 nur dann ein Signal erzeugt wird, wenn die Potenziale der beiden Gitter gleichzeitig erhöht sind. Die Gitter werden durch die Signale der beiden Zähler über die symmetrischen Schaltkreise links und rechts angesteuert. Diese Schaltkreise dienen dazu, die Zählersignale möglichst kurz zu machen (durch Differenzieren und Verstärken). Die Trennschärfe dieser Schaltung beträgt etwa 1 ms. Das Ausgangssignal an C_3 wurde auf einen Einheitenzähler eines Telefons gegeben. Nachdruck der Abbildungen mit Genehmigung von Springer Science and Business Media.

der Fotoemulsionsmethode und die Entdeckungen damit wurde Powell 1950 mit dem Nobelpreis ausgezeichnet [842].

Zur elektrischen Registrierung einzelner Teilchen entwickelte H. Geiger Zählrohre, basierend auf dem Prinzip der Gasverstärkung der Ionisationsladung in starken elektrischen Feldern (H. Geiger 1908 [891]). Das starke Feld wird durch eine Hochspannung erzeugt, die zwischen der Wand eines Zylinders (Kathode) und einem dünnen Draht auf der Zylinderachse (Anode) angelegt wird, siehe Abschnitt 7.2.2. Gasverstärkung durch Lawinenentwicklung in Gasen [993, 994] hatte J. Townsend bereits ab etwa 1900 studiert (siehe Literaturhinweise in [891]). Diese Entwicklungen führten schließlich zu dem als Geiger-Müller-Zählrohr bekannten Strahlungsmonitor, auch Geiger-Zähler genannt [481] (Abschnitt 7.6.2). In der frühen Zeit wurden die verstärkten Ladungen noch über den Ausschlag der Nadel eines Elektrometers gemessen, aber die Erzeugung von elektrischen Signalen mit einem Detektor machte den Weg zur automatischen Aufzeichnung von Ereignissen und schließlich generell zur elektronischen Datenverarbeitung frei.

Ein erster grundlegender Schritt war die Entwicklung der 'Koinzidenzmethode' in den 1920er Jahren durch W. Bothe und andere (Nobelpreis 1954 [250]). Die Methode nutzte den zeitlichen Zusammenhang des Auftretens von Ereignissen, um physikalische Schlussfolgerungen zu ziehen. Zum Beispiel konnte die Durchdringungsfähigkeit von Strahlung individuell für einzelne Quanten oder Teilchen gemessen werden, wenn man oberhalb und unterhalb eines Abschirmblocks Signale nahezu gleichzeitig beobach-

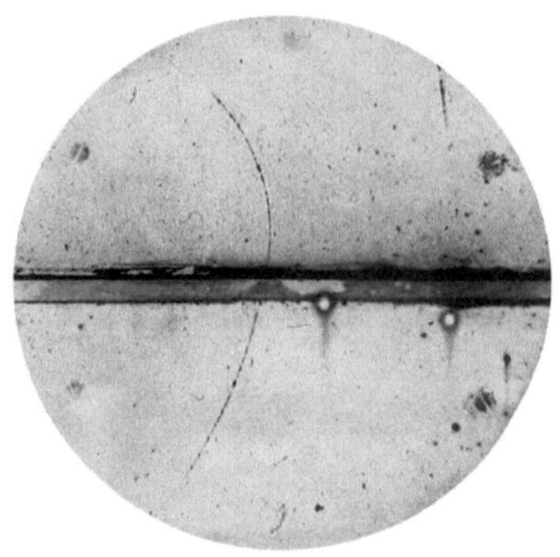

Abb. 2.3 Entdeckung des Positrons durch C.D. Anderson 1932 [94]: Das Bild zeigt eine Teilchenspur in einer Nebelkammer, die durch eine 6 mm dicke Bleiplatte geht. Die Krümmungen der Spuren auf Grund des angelegten Magnetfeldes von 1.5 T deuten an, dass das Teilchen von unten gekommen ist und in der Platte Energie verloren hat. Flugrichtung, Krümmung und Spurlänge sind verträglich mit denen eines positiv geladenen Teilchens mit der Masse des Elektrons; ein Proton hätte eine etwa zehnmal kleinere Reichweite. Bild von Wikimedia Commons (Original in [94]).

ten konnte (Abb. 2.2(a)). Die Methode erlaubt es, mit koinzidenten Signalen *Trigger* zu erzeugen, mit denen die interessierenden Ereignisse selektiert und dann automatisch registriert werden können. Die erste Koinzidenzschaltung mit Röhrenelektronik benutzte Bothe 1929 [250] (Abb. 2.2(b)). Allerdings waren vor der Entwicklung der Transistorelektronik, beginnend in den 1950er Jahren, die Möglichkeiten, verglichen mit dem heutigen Stand, noch äußerst beschränkt.

Ohne die Verfügbarkeit hoch-integrierter Elektronik blieb bis in die 1980er Jahre die optische Registrierung über fotografische Aufnahmen die beste Möglichkeit, Bilder von komplexen Reaktionen in großen Detektorvolumina und vollem Raumwinkel abzuspeichern. Der erste Detektor, mit dem eine Teilchenreaktion sichtbar gemacht werden konnte, war die Nebelkammer, in der Ionisationsspuren durch Übersättigung eines Gases als 'Kondensstreifen' sichtbar gemacht werden (Abschnitt 6.1). Als Beispiel ist in Abb. 2.3

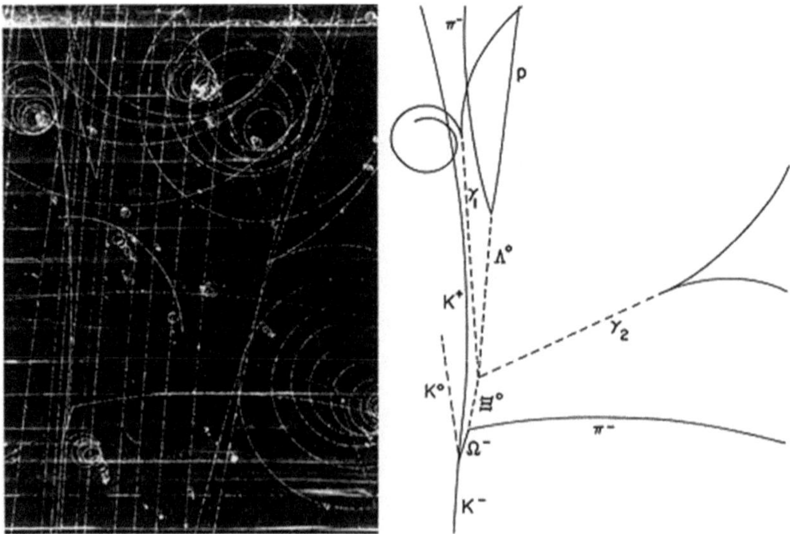

Abb. 2.4 Visualisierung von Teilchenreaktionen: Blasenkammeraufnahme der Entdeckung des Ω^--Baryons [161] (mit Genehmigung des Brookhaven National Laboratory).

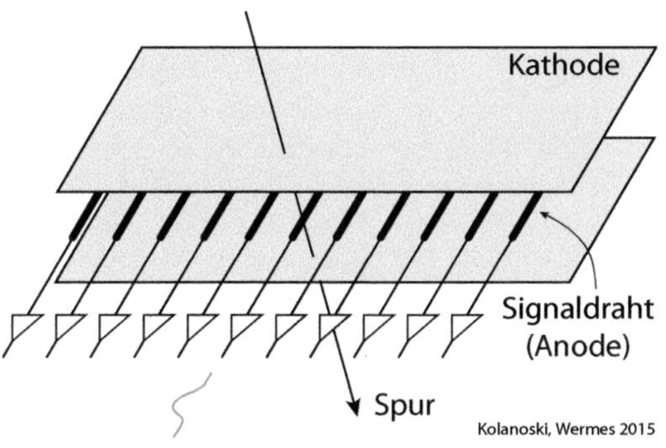

Abb. 2.5 Vieldrahtproportionalkammer: Jeder Draht entspricht einem einzelnen Zählrohr, aber mit flächigen Kathoden oberhalb und unterhalb der Drähte. Die Signale jeden Drahtes werden einzeln ausgelesen.

das berühmte Nebelkammerbild von der Entdeckung des ersten Antiteilchens, des Positrons, durch Anderson 1932 gezeigt [94]. Die Bestimmung des Ladungsvorzeichens durch die Beobachtung der Spurkrümmung in einem Magnetfeld war ausschlaggebend für die Identifizierung als Antiteilchen. Die Nebelkammer wurde um 1900 von C.T.R. Wilson entwickelt, wofür er 1927 den Nobelpreis erhielt [1048]. Für die Weiterentwicklung der 'Nebelkammermethode', insbesondere für die Entwicklung eines vollautomatischen Ablaufs von Kammerexpansion und Fotografie mit Hilfe eines selektiven Triggers, erhielt P. Blackett 1948 den Nobelpreis [218].

Ab etwa 1950 übernahm die Blasenkammer die führende Rolle als großvolumiger Detektor, mit dem Teilchenreaktionen relativ vollständig aufgezeichnet werden können (Abb. 2.4). Sie arbeitet nach einem ähnlichen Prinzip wie die Nebelkammer, aber mit Blasenbildung in einer überhitzten Flüssigkeit, die ebenfalls fotografisch aufgenommen wurde (Kapitel 6). Für diese Entwicklung erhielt D.A. Glaser 1960 den Nobelpreis [491]. Die Blasenkammeraufnahme in Abb. 2.4 zeigt die Entdeckung des Ω^--Baryons, das mit seinem Aufbau aus drei Strange-Quarks ausschlaggebend für die Bestätigung des Quarkmodells war. Nebel- und Blasenkammer werden meistens in einem Magnetfeld betrieben, so dass aus der Spurkrümmung der Impuls und das Ladungsvorzeichen bestimmt werden können.

Der Übergang zu vollständig elektronisch auslesbaren Detektoren vollzog sich ab den 1960er Jahren parallel zu der fortschreitenden Entwicklung hoch-integrierter Elektronik. Der erste Schritt in diese Richtung war die Entwicklung der Vieldrahtproportionalkammer, das ist gewissermaßen eine flächige Aneinanderreihung von Zählrohren (Abb. 2.5), durch G. Charpak (Nobelpreis 1992 [303]). Dieser Detektortyp und Varianten davon, insbesondere die Driftkammer, haben schließlich in den 1980er Jahren die Blasenkammer verdrängt (Kapitel 7). Ein Beispiel für die Darstellung eines Ereignisses mit einer Driftkammer zeigt Abb. 2.6. In Experimenten mit hohem Strahlungspegel, wie am LHC (siehe Tab. 2.2), werden als Spurdetektoren auch Halbleiterdetektoren (Kapitel 8) anstatt der gasgefüllten Drahtkammern eingesetzt. Halbleiterdetektoren, basierend auf Silizium und Germanium, wurden bereits seit den 1960er Jahren in der Kernphysik für hochauflösende Spektroskopie eingesetzt. In die Teilchenphysik fanden sie ab den 1980er Jahren Eingang für die präzise Bestimmung von Zerfallsvertices, insbesondere von schweren Fermionen. Die erforderliche genaue Ortsauflösung wurde durch Mikrostrukturierung der

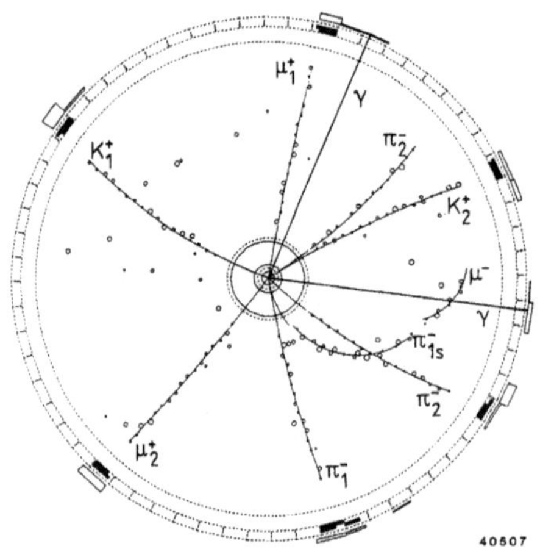

Abb. 2.6 Visualisierung von Teilchenreaktionen: Ereignis in der zylindrischen Driftkammer des ARGUS-Experiments (Schnitt senkrecht zu den kollidierenden Elektron-Positron-Strahlen), das den Zerfall einer $\Upsilon(4s)$-Resonanz mit zwei identischen B-Mesonen im Endzustand zeigt (Quelle: DESY). Es ist eines der vollständig rekonstruierten Ereignisse des Typs $\Upsilon(4s) \to B^0\overline{B^0} \to B^0B^0$, in dem sich eindeutig ein Antiteilchen in sein Teilchen umgewandelt hat, was zu der Entdeckung der Materie-Antimaterie-Mischungen in Systemen mit Bottom-Quarks führte [72].

Elektroden möglich, mit Methoden, die aus der rasanten Entwicklung der Mikroelektronik übernommen und für Detektoren weiterentwickelt wurden. Mit der fortschreitenden Miniaturisierung der Elektronik wurden Halbleiterdetektoren erschwinglicher, was ihren Einsatz auch als großvolumige Spurdetektoren, insbesondere in Hochratenexperimenten wie am LHC, möglich machte.

Die bisher angesprochenen Entwicklungen betreffen vorwiegend die Rekonstruktion von Ionisationsspuren geladener Teilchen. Eine andere Entwicklungslinie ist die Energiemessung mit Detektoren, die Kalorimeter genannt werden, weil ihr Prinzip auf der Totalabsorption der Teilchenenergie beruht. Die Teilchen deponieren dabei ihre Energie durch Bildung von Teilchenkaskaden in einem dichten Material (Kapitel 15). Zunächst wurden Kalorimeter für elektromagnetisch wechselwirkende Teilchen, Elektronen und Photonen, entwickelt, deren Schauer bereits in den Nebelkammern beobachtet und vermessen wurden. Besonders gute Energieauflösung wurden ab den 1940er Jahren mit szintillierenden Kristallen erzielt (siehe Kapitel 13). Eine kostengünstige Variante sind Sandwichkalorimeter, bei denen Schichten von Absorbermaterial, zum Beispiel Blei, sich mit Schichten von Auslesedetektoren, zum Beispiel Szintillatoren, abwechseln. Das Prinzip zeigt die Nebelkammeraufnahme in Abb. 2.7 (auf die Nebelkammer wird hier nur zurückgegriffen, weil bei ihr die Schauerentwicklung gut sichtbar ist). Die Messung der Impulse geladener Teilchen ist durch die erreichbaren Magnetfeldstärken bei hohen Energien begrenzt. Die stetig wachsende Energie der Beschleuniger macht es deshalb und wegen der höheren Teilchendichten notwendig, auch die Energie von Hadronen und Jets (hadronisierte Quarks und Gluonen) kalorimetrisch zu messen. Die Kalorimetrie, insbesondere bei Hadronen und Jets, ist neben dem Nachweis geladener Spuren ein Schwerpunkt in der heutigen Detektorentwicklung.

Die Entdeckung des Cherenkov-Effekts 1934 durch P. A. Cherenkov (Nobelpreis 1958 [315]) lag zunächst nicht auf einer Entwicklungslinie für Detektoren. Es wurde aber bald erkannt, dass der Effekt wegen seiner Abhängigkeit von der Geschwindigkeit eines Teilchens in Kombination mit einer Impulsmessung eine Massenbestimmung und damit in der Regel die Identifikation des Teilchens erlaubt (Kap. 14). Die Möglichkeit, Teilchen zu

Abb. 2.7 Fotografische Aufnahme eines elektromagnetischen Schauers, der durch ein hochenergetisches Photon oder Elektron ausgelöst wurde, in einer Nebelkammer. Der Detektor ist in Sandwich-Bauweise angeordnet: Das Absorbermaterial sind Messingplatten, der Nachweis erfolgt in den Zwischenräumen. Quelle: 'MIT Cosmic Ray Group', veröffentlicht in [885].

identifizieren und ihre Quantenzahlen zu bestimmen, war ausschlaggebend für die Entwicklung der Teilchensystematik im Standardmodell der Elementarteilchen. Über diesen Aspekt der Teilchenidentifikation hinaus bietet die Cherenkov-Strahlung eine preisgünstige Möglichkeit, sehr große Detektorvolumina – wie sie in der Astroteilchenphysik häufig notwendig sind – zu instrumentieren (Kapitel 16).

Der Nachweis des Cherenkov-Lichtes wie auch von Szintillationslicht erfordert Detektoren, die auf wenige Photonen sensitiv sind. Dies wurde durch die Kombination des Photoeffekts mit dem Effekt der Sekundärelektronenemission und der daraus folgenden Entwicklung von Photovervielfacherröhren (*photomultiplier tubes*, PMT) ab den 1930er Jahren erreicht (Abschnitt 10.2.1). Dabei erzeugen Photonen in einer dünnen Metallschicht Elektronen, die dann ihrerseits Sekundärelektronen erzeugen und damit ein verstärktes Ausgangssignal liefern, mit dem einzelne Photonen gezählt werden können. Als Detektor in Kombination mit einem Szintillationszähler wurde ein PMT erstmals 1944 einsetzt [702], womit diese Szintillationsdetektoren erst ihren Platz neben den Zählrohren, Nebelkammern und Fotoplatten fanden.

Detektoren wurden vor allem für den Nachweis von Teilchen in kern- und teilchenphysikalischen Experimenten entwickelt. Meistens werden in solchen Experimenten Teilchen aneinander gestreut, um aus der Beobachtung der Streuprodukte auf die Eigenschaften der beteiligten Teilchen und auf ihre Wechselwirkungen untereinander schließen zu können[1].

Anfangs standen als Teilchenquellen nur radioaktive Kernzerfälle und kosmische Strahlung zur Verfügung. Ein Streuexperiment fand an einem stationären Streuer, dem 'Tar-

[1] In diesem Buch wird versucht, so wenig wie möglich auf Kenntnisse der Kern-, Teilchen- und Astroteilchenphysik zurückzugreifen. Grundlagenwissen auf diesen Gebieten ist aber sicherlich hilfreich, um die Motivationen für die Detektorentwicklungen zu verstehen. Siehe dazu Lehrbücher über diese Gebiete, wie zum Beispiel die Bücher von M. Thomson [988] und A. Bettini [199].

get', statt, zum Beispiel in dem berühmten Rutherford-Streuversuch an einer Goldfolie (Abb. 2.1) und im Fall der kosmischen Strahlung an der Atmosphäre.

Als dann Teilchenbeschleuniger zur Verfügung standen, konnten die Experimente gezielter und in der Regel bei höheren Intensitäten durchgeführt werden. Die Entwicklung von Beschleunigern begann in den 1920er Jahren[2], und ab Anfang der 1930er Jahre wurden sie auch für kernphysikalische Experimente eingesetzt. In der Teilchenphysik führten Beschleuniger aber erst nach dem Zweiten Weltkrieg zum Durchbruch. Die Wende markiert die Entdeckung des Antiprotons an dem Protonsynchrotron Bevatron in Berkeley mit einer Energie von 6.2 GeV [301]. Die Maschinenenergie war von vornherein so gewählt worden, dass das Antiproton produziert werden konnte. Alle bis dahin bekannte Mitglieder des damals stetig wachsenden 'Teilchenzoos' – Positronen, Myonen, Pionen, Kaonen, Hyperonen (Λ, Σ, Ξ) – waren in der kosmischen Strahlung mit Hilfe von Nebelkammern, Fotoplatten und Geiger-Müller-Zählrohren gefunden worden. Die Apparaturen wurden dazu auf hohe Berge oder mit Ballons in große Höhen transportiert.

Damit haben wir die wichtigsten Linien der Entwicklung von Detektoren nachgezeichnet, wobei viele interessante Entwicklungen für Spezialanwendungen übergangen wurden. Die Fortschritte waren angetrieben durch die Anforderungen an der vordersten Front der Wissenschaft, wo immer diese zu der jeweiligen Zeit gerade lag. Der Trend geht bei beschleuniger-basierten Experimenten zu höheren Energien und höheren Intensitäten, um höhere Massenskalen und seltenere Prozesse studieren zu können. Bei astrophysikalischen Experimenten sind Energiespektrum und Intensität vorgegeben, und es geht dann häufig darum, die schiere Größe eines Detektors und damit dessen Sensitivität zu maximieren.

Zurzeit sind es vor allem die Anforderungen der Experimente am Large Hadron Collider (LHC) im CERN (Genf), die die Detektorentwicklungen stimulieren. Im LHC werden bei den zurzeit höchsten Energien Protonen mit jeweils bis zu 7 TeV Energie aneinander gestreut. Die Herausforderung für die Detektortechnologie sind die sehr hohen Reaktionsraten und Teilchenmultiplizitäten sowie die damit verbundenen Strahlenbelastungen. In der jüngeren Vergangenheit wurden wichtige Fortschritte bei der elektronischen Aufnahme, Verarbeitung und Speicherung von Daten erzielt (Kapitel 18). In den großen Experimenten am LHC werden zur Datenselektion Computer-Farmen mit Hunderten bis Tausenden von Prozessoren eingesetzt, die von bis zu 100 Millionen Auslesekanälen gespeist werden. Die Menge der gespeicherten Daten erreicht einige Petabyte pro Jahr und Experiment, entsprechend mehreren 100 Megabyte pro Sekunde. Ein Ende dieser Entwicklungen ist noch nicht absehbar.

[2]Obwohl die Entwicklung der Beschleuniger eng mit dem Thema 'Detektoren' verknüpft ist, wollen wir hier nicht näher darauf eingehen, sondern verweisen auf die einschlägige Literatur, siehe zum Beispiel [1044, 1049].

2.2 Detektoren an Beschleunigern

Die Grundlagen der Teilchenphysik wurden durch Beobachtungen von Reaktionen in der kosmischen Strahlung gelegt. Ab den 1950er Jahren standen dafür im Labor beschleunigte Strahlen zur Verfügung. Der Vorteil der kosmischen Strahlung – allgemeine Verfügbarkeit und höchste Energien – wurde aufgewogen durch die Möglichkeit, an Teilchenbeschleunigern [1044, 1049] kontrollierbare Experimente mit hohen Raten, bei zudem stetig wachsenden Energien, durchzuführen.

2.2.1 Beschleuniger

Stabile geladene Teilchen können durch elektrische Felder beschleunigt werden und durch Magnetfelder sowohl auf Bahnen gehalten als auch fokussiert werden. Ein Teilchen mit der Elementarladung e gewinnt in einem elektrischen Feld E über die Wegstrecke L die kinetische Energie

$$T = e \int_0^L E \, ds = eU \,, \tag{2.1}$$

wobei U die Potenzialdifferenz zwischen 0 und L ist. Entsprechend der rechten Seite in (2.1) wird in der Kern- und Teilchenphysik die Energie in den Einheiten Elektronenvolt (eV) angegeben:

$$1\,\text{eV} \approx 1.602 \times 10^{-19}\,\text{C V} = 1.602 \times 10^{-19}\,\text{J} \,.$$

Da Gleichspannungen bei Beschleunigern wegen unkontrollierbarer Entladungen auf größenordnungsmäßig 1–10 MV beschränkt sind, arbeiten die Beschleuniger der Hochenergiephysik mit hochfrequenten elektromagnetischen Feldern, die in periodischen Strukturen erzeugt werden. Die Beschleunigung erfolgt jeweils für kurze Teilchenpakete, die phasensynchron mit dem beschleunigenden Feld durch die Struktur laufen. Die Paketstruktur der Teilchenstrahlen wirkt sich auf die Auslegung der Zeitstrukturen der elektronischen Datennahmesysteme der Experimente aus (Kapitel 18).

Die Hochfrequenzstrukturen können linear (Linearbeschleuniger) oder kreisförmig (Zyklotron, Synchrotron) angeordnet sein (Abb. 2.8). Ein prominentes Beispiel für einen Elektron-Linearbeschleuniger ist der *Stanford Linear Accelerator* (SLAC), gebaut in den 1960er Jahren zur Messung der Struktur der Nukleonen (tief-inelastische Streuung). Ansonsten waren die Beschleuniger der Hochenergiephysik sowohl für Protonen als auch für Elektronen als Synchrotrone ausgelegt. Ein Synchrotron bietet die Möglichkeit einer 'starken Fokussierung' durch inhomogene Magnetfelder. Mit der Einführung der starken Folussierung um 1950 waren die Voraussetzungen für den Bau von Protonensynchrotronen im 30-GeV-Bereich am CERN und in Brookhaven (beide 1960 fertiggestellt) gegeben. Die derzeit größte Synchrotronanlage ist der Proton-Proton-Collider *Large Hadron Collider* (LHC) am CERN. Diese Rolle hatte vorher lange Zeit der Proton-Antiproton-Collider Tevatron am Fermilab in den USA inne (siehe Tab. 2.2).

Die klassischen Synchrotrone erzeugen einen Teilchenstrahl, der auf ein festes Target für die Streuexperimente geschickt wird. Das Target kann intern in der Maschine im

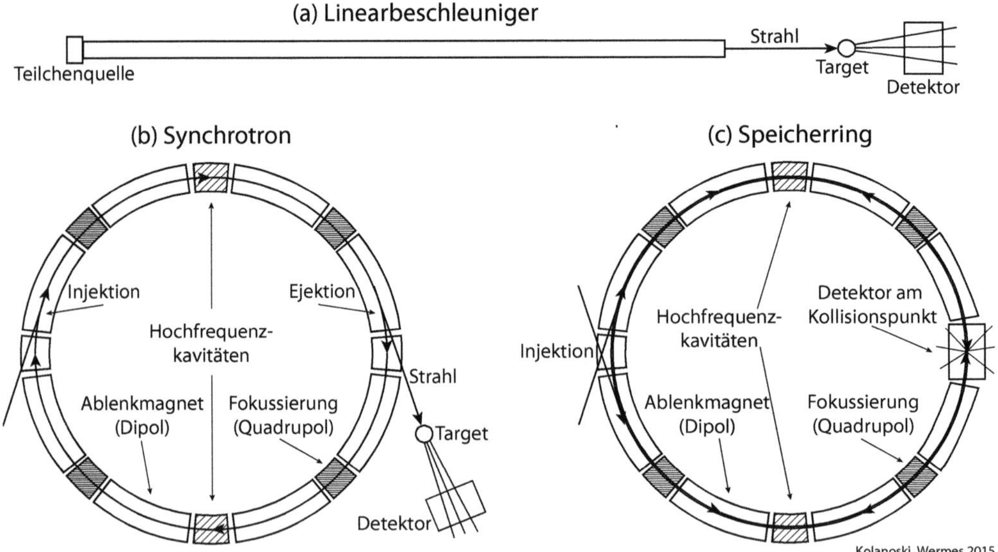

Abb. 2.8 Schematische Skizzen von drei wichtigen Beschleunigertypen. Zunächst unterteilt man in Linearbeschleuniger (a) und Kreisbeschleuniger (b,c). Bei den Kreisbeschleunigern sind zwei Typen dargestellt: das Synchrotron (b) mit einem Strahl in der Maschine und Ejektion eines externen Strahls und der Speicherring (c) mit zwei gegensinnig laufenden Teilchenstrahlen, die an einem Kreuzungspunkt zur Kollision gebracht werden. Wenn die beiden Strahlen eines Colliders entgegengesetzte Ladungen haben, können beide in mit dem gleichen Magnetfeld in dem gleichen Strahlrohr geführt werden. Bei gleicher Ladung sind zwei getrennt Ringe notwendig, die dann jeweils an den Kreuzungspunkten zusammengeführt werden.

Randbereich des Strahls oder extern in einem ejizierten Strahl aufgestellt werden. Es gibt Beschleuniger für die stabilen geladenen Teilchen Elektronen, Protonen und ihre Antiteilchen sowie Schwerionen. Außerdem lassen sich Sekundärstrahlen aus praktisch allen genügend lang lebenden Teilchen (Photonen, Pionen, Kaonen, Hyperonen, Myonen, Neutrinos) durch Aufschauern des Primärstrahls in einem dichten Konversionstarget mit anschließender Filterung erzeugen (siehe zum Beispiel [389]). Hadronenstrahlen werden mit primären Protonen erzeugt, Photonstrahlung aus der Bremsstrahlung von Elektronen sowie Myon- und Neutrinostrahlen aus Zerfällen von sekundären Pionen und Kaonen. Sekundärstrahlen werden auch zum Testen und Kalibrieren von Detektoren benutzt. Am CERN werden hochenergetische externe Strahlen von dem *Super Proton Synchrotron* (SPS) bis 450 GeV geliefert. Das Proton-Synchrotron *Main Injector* am Fermilab liefert Strahlen bis zu 120 GeV.

Da bei einem stationären Target ein großer Teil der Energie als Rückstoßenergie verloren geht, ist die Idee der 'Collider' aufgekommen, in denen Teilchenstrahlen aufeinanderprallen. Die Teilchen werden in Paketen in entgegengesetzte Richtungen beschleunigt und an diskreten Wechselwirkungspunkten, die von Detektoren umgeben sind, zur Kollision gebracht (Abb. 2.8(c)). Auf diese Weise finden die Wechselwirkungen bei erheblich höheren Schwerpunksenergien statt. Um eine Schwerpunksenergie von E_{cm} zu erreichen,

Tab. 2.2 Liste von Collidern mit Schwerpunktenergien (E_{cm}) oberhalb von 8 GeV (diese Grenze ist willkürlich, damit werden aber die Maschinen mit den meisten Experimenten, die in diesem Buch als Beispiele erwähnt werden, erfasst). Für den Schwerionen-Collider RHIC und für Schwerionen in LHC werden die Energien pro Nukleon angegeben ($N =$ Anzahl der Nukleonen in einem beschleunigten Kern). Mehr Details über die Collider finden sich in den Übersichtsartikeln 'High Energy Collider Parameters' und 'Accelerator Physics of Colliders' in dem von der Particle Data Group (PDG) herausgegebenen 'Review of Particle Properties' von 2022 und 1996 [1056, 162].

Name	Status	Ort	Teilchen	E_{Strahl} [GeV]	E_{cm} [GeV]
ISR	1971–1984	CERN (Genf)	pp	2×35	70 GeV
SPEAR	1972–1990	Stanford (USA)	$e^+ e^-$	2×4	8 GeV
DORIS	1973–1993	DESY (Hamburg)	$e^+ e^-$	2×5.6	11.2
CESR	1979–2002	Cornell (USA)	$e^+ e^-$	2×6	12
PETRA	1978–1986	DESY (Hamburg)	$e^+ e^-$	2×20	40
PEP	1980–1990	Stanford (USA)	$e^+ e^-$	2×15	30
TRISTAN	1987–1995	KEK (Japan)	$e^+ e^-$	2×32	74
$\mathrm{Sp\bar{p}S}$	1981–1990	CERN (Genf)	$p\bar{p}$	2×250	500
VEPP-4M	1994–	Novosibirsk (Russl.)	$e^+ e^-$	2×6	12
PEP II	1999–2008	Stanford (USA)	$e^+ e^-$	3.1+9.0	10.58
KEKB	1999–2010	KEK (Japan)	$e^+ e^-$	3.5+8.0	10.58
LEP	1989–2000	CERN (Genf)	$e^+ e^-$	2×100	200
SLC	1989–1998	Stanford (USA)	$e^+ e^-$	2×50	100
Tevatron	1987–2011	FermiLab (USA)	$p\bar{p}$	2×1000	2 000
HERA	1992–2007	DESY (Hamburg)	ep	30+920	330
RHIC	2001–	Brookhaven (USA)	AA	2×100/N	200/NN
LHC	2008–	CERN (Genf)	pp	2×7000	14 000
LHC	2008–	CERN (Genf)	AA	2×2500/N	5000/NN
SuperKEKB	2018–	KEK (Japan)	$e^+ e^-$	4+7	10.58

braucht ein symmetrischer Collider Strahlenergien von $E_{cm}/2$, wogegen ein Strahl, der auf ein Targetteilchen der Masse M trifft, die Strahlenergie $E_{cm}^2/(2\,M)$ braucht. Zum Beispiel würde die Schwerpunktsenergie des pp-Colliders LHC (Tab. 2.2) an einem festen Target erst mit einer Strahlenergie von etwa 100 PeV erreicht, was völlig außerhalb der Möglichkeiten irdischer Beschleuniger liegt.

Collider sind meistens als Ringe, genannt Speicherringe, ausgeführt, in denen Teilchen möglichst lange Zeit auf Umlaufbahnen gehalten werden. Bisher sind Collider mit folgenden Teilchenkombinationen gebaut worden, siehe Tab. 2.2: Elektron–Positron, Elektron–Elektron, Proton–Proton, Proton–Antiproton, Proton–Elektron, Proton–Positron, Ion–Ion. Mit Ausnahme des Stanford Linear Colliders (SLC) handelt es sich immer um Speicherringe. Wegen der mit der Energie stark anwachsenden Strahlungsverluste von Elektronen in Kreisbeschleunigern werden einige zukünftige Elektron-Positron-Collider ebenfalls als *Linear Collider* geplant [593, 328]. Eine Übersicht über geplante Collider findet man in [1056] (dort in dem Artikel 'Accelerator Physics of Colliders').

Kenngrößen von Collidern sind unter anderem die Energien der Strahlen, die Zeitstruktur der Teilchenpakete (*bunches*), die Ausdehnung der Wechselwirkungszone und die Luminosität. Die Luminosität L ist ein Maß für die Wechselwirkungsrate an einem Kreuzungspunkt und ist definiert als die Reaktionsrate $\dot{N}$ pro Wirkungsquerschnitt σ der Reaktion (siehe auch (3.5) auf Seite 31):

$$\dot{N} = L\,\sigma \qquad \text{oder} \qquad L = \frac{\dot{N}}{\sigma}\,. \tag{2.2}$$

Die Luminosität ist proportional zu den Teilchenströmen und umgekehrt proportional zu der Überlappungsfläche der Strahlen am Kreuzungspunkt. Im einfachsten Fall, wenn die Strahlprofile gleich sind und einer zwei-dimensionalen Gauß-Verteilung mit Breiten σ_x und σ_y (in der Maschinenebene bzw. senkrecht dazu) folgen, gilt:

$$L = \frac{b\,N_1 N_2\,f}{4\pi\,\sigma_x\sigma_y}\,, \tag{2.3}$$

wobei b die Anzahl der Strahlpakete pro Strahl ist, die mit der Frequenz f zirkulieren und N_1 bzw. N_2 Strahlteilchen beinhalten [1044]. Die Strahlprofile hängen von Parametern der Strahloptik ab, die durch die ablenkenden und fokussierenden Magnete des Beschleunigers gegeben sind. Entsprechend kann die Luminosität durch die Messung der Strahlparameter bestimmt werden ('Van-der-Meer-Scan' [159]). Da diese Bestimmung nicht während des Betriebs eines Experiments ausgeführt werden kann, benutzt man zur kontinuierlichen Luminositätsmessung entsprechend der Formel (2.2) Teilchenraten in einem so genannten Luminositätsmonitor. Der Referenzwirkungsquerschnitt ist entweder bekannt – zum Beispiel wird in Elektron-Positron-Collidern dazu die Bhabha-Streuung bei kleinen Winkeln genutzt –, oder die Rate wird mit Hilfe des Van-der-Meer-Scans und durch Messung der Strahlströme durch Induktionsspulen kalibriert. Die höchsten erreichten Collider-Luminositäten liegen bei $L \approx 10^{34-35}\ \mathrm{s^{-1}\,cm^{-2}}$, das heißt, bei einem Wirkungsquerschnitt $\sigma = 1\,\mathrm{fb} = 10^{-39}\,\mathrm{cm}^2$ (fb = Femtobarn) werden bis zu 10 Ereignisse in einem Jahr produziert.

2.2.2 Detektorkonzepte

Teilchendetektoren an Beschleunigern sind in der Regel *Magnetspektrometer*, das heißt, sie enthalten einen oder mehrere Magnete und Spurendetektoren, mit deren Hilfe über die Krümmung der Trajektorien geladener Teilchen deren Impulse bestimmt werden (Kapitel 9). In der Anfangszeit beschränkte man sich meistens darauf, einzelne Teilchen in einem kleinen Raumwinkel von wenigen Millisteradian und in einem beschränkten Impulsfenster nachzuweisen. Abbildung 2.9 zeigt als Beispiel ein Spektrometer für die Vermessung von Elektronen. Mit dieser Apparatur wurden in dem klassischen Experiment zur tief-inelastischen Elektron-Nukleon-Streuung am Linearbeschleuniger SLAC die Strukturfunktionen der Nukleonen gemessen. Außer Dipolmagnete für die Impulsanalyse hat ein solches Spektrometer auch Quadrupolmagnete zur Fokussierung, zum Beispiel um Impulse unabhängig vom Streuwinkel in der Brennebene abzubilden. Ein getroffener Zähler einer Zähleranordnung in der Brennebene gibt die Streuenergie an und die

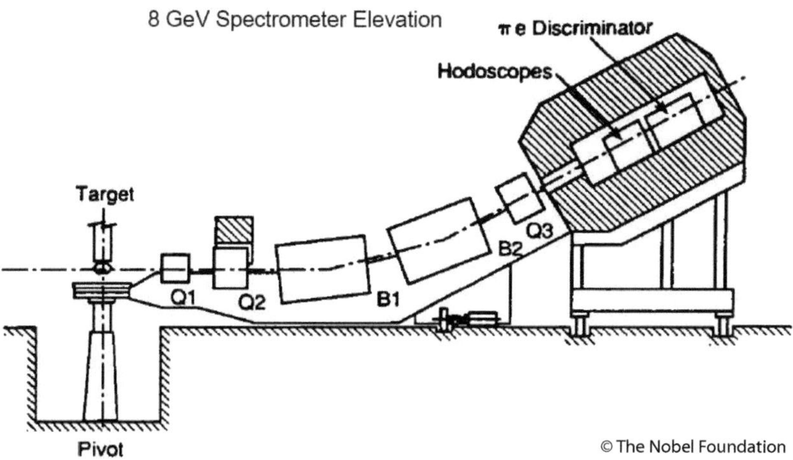

Abb. 2.9 Beispiel für ein abbildendes Magnetspektrometer: Das 8-GeV-Spektrometer war eines von drei Spektrometern mit unterschiedlichen Impulsakzeptanzen, mit denen erstmalig die Strukturfunktionen der Nukleonen gemessen wurden [984]. Aus diesen Strukturfunktionen wurde auf die Existenz von Quarks in den Nukleonen geschlossen. Die Strukturfunktionen werden durch unelastische Streuung von Elektronen an Nukleonen bestimmt, wobei das Spektrometer nur das gestreute Elektron misst, ohne das Rückstoßsystem nachzuweisen, was ausreicht, um die relevanten kinematischen Variablen bestimmen zu können. Gezeigt ist hier eine Seitenansicht des Spektrometers, das die gestreuten Elektronen nach oben ablenkt. Die Ebene enthält die Achse durch das Target, um das das Spektrometer rotiert werden kann, um den Streuwinkel festzulegen. Die gestreuten Elektronen werden durch zwei Dipolmagnete (B1, B2) abgelenkt und durch drei Quadrupole (Q1–Q3) so fokussiert, dass die Impulse mit einer Anordnung von Szintillationszählern ('Hodoskope') in der Brennebene hinter den Magnetelementen bestimmt werden können. Zusammen mit den Hodoskopen befinden sich in dem Abschirmhaus (schraffiert) noch Triggerzähler und Elemente zur Identifikation des Elektrons, insbesondere zur Abtrennung von Pionen. Quelle: Nobel Foundation.

Richtung des Spektrometers relativ zum einlaufenden Strahl den mittleren Streuwinkel. Damit kann man in einem solchen abbildenden Spektrometer mit einer relativ kleinen Anzahl von Detektorelementen ohne komplette Rekonstruktion der Elektronenbahn die Teilchenkinematik bestimmen.

Gleichzeitig konnte man aber auch schon ab den 1950er Jahren mit Blasenkammern komplette Ereignisse sichtbar machen, siehe als Beispiel Abb. 2.4. Allerdings war die Auswertung der riesigen Zahl von Fotografien, von denen die allermeisten nichts Interessantes enthielten, sehr mühsam. Wie in dem geschichtlichen Teil in Abschnitt 2.1 skizziert, konnte man dann mit der Miniaturisierung der Halbleiterelektronik immer größere Detektorvolumina mit immer feinerer elektronischer Auslese versehen. In modernen Exerimenten der Teilchenphysik ist es deshalb der Trend, in dem vollen 4π-Raumwinkel möglichst alle Teilchen einer Streureaktion nachzuweisen, ihre Identität festzustellen und ihre Kinematik zu vermessen. Dem sind natürlich Grenzen gesetzt, auf die wir im Verlauf dieses Buches an verschiedenen Stellen hinweisen werden.

Wir skizzieren im Folgenden Konzepte typischer 'Allzweckdetektoren' (*general purpose detectors*); Varianten und Konzepte für andere Anwendungen werden an entsprechenden Stellen diskutiert. Solche Detektoren werden in der Regel aus Komponenten aufgebaut, die auch Anwendungen als eigenständige Apparaturen haben, zum Beispiel Geiger-Müller-Zählrohre zum Nachweis von Radioaktivität oder Szintillationskristalle zur Aufnahme von Röntgenbildern oder für die Spektroskopie von Gammastrahlung.

Detektorkonfigurationen unterscheiden sich danach, ob sie hinter einem stationären Target (*fixed target*) aufgestellt sind oder ob sie die Wechselwirkungszone eines Colliders umgeben. Die Fixed-Target-Experimente sind Vorwärtsdetektoren, das heißt, sie decken nur einen Teil des Raumwinkels in Vorwärtsrichtung des Strahls ab, weil die Reaktionsprodukte durch den Lorentz-Boost vornehmlich in einen begrenzten Vorwärtsbereich fliegen. Die Winkelakzeptanz kann so angepasst werden, dass im Schwerpunktsystem der Reaktion fast der gesamte 4π-Raumwinkel abgedeckt wird. Bei Collider-Experimenten mit symmetrischen Strahlenergien sind Labor- und Schwerpunktsystem gleich, so dass Detektoren am besten sphärisch um einen Wechselwirkungspunkt anzuordnen sind. Aus Gründen, die mit der mechanischen Konstruktion zu tun haben, wird daraus in der Regel aber eher eine Zylindergeometrie mit den Strahlen als Symmetrieachse, häufig vervollständigt durch so genannte Endkappen, die die Bereiche um die Strahlen abdecken. Da Eintrittsöffnungen für die Strahlen gelassen werden müssen, erreicht man keine volle Raumwinkelabdeckung, sondern typisch eher 95–99%. Insbesondere bei Suchen nach neuen Phänomenen, bei denen unsichtbare (nicht wechselwirkende) Teilchen eine Rolle spielen, ist eine hermetische Abdeckung durch den Detektor wichtig.

Allzweckdetektoren, die einen möglichst umfassenden Nachweis der Reaktionsprodukte anstreben, haben eine typische Anordnung in Lagen (in planaren Ebenen bei Fixed-Target und in Schalenanordnung bei Collider-Experimenten), die jeweils eine bestimmte Aufgabe übernehmen, siehe Abb. 2.10. Die Detektorlagen in direkter Nähe des Targets oder Wechselwirkungspunkts sollten möglichst 'dünn' sein, um die Teilchen wenig zu streuen oder zu absorbieren. Der Teilchennachweis wird dann von innen nach außen immer 'destruktiver'. Eine typische Abfolge ist in Abb. 2.10 für Fixed-Target- und Collider-Konfigurationen skizziert:

1. Vertexdetektoren zum Nachweis von Sekundärvertices mit Separationen vom Primärvertex der Reaktion (Kap. 8).
2. Spurdetektoren, verbunden mit einem Magnetfeld, in das die Spurdetektoren installiert sein können (in der Regel bei Collidern) oder das zwischen Lagen von Spurdetektoren die Teilchen ablenkt (Kap. 7–9).
3. Eventuell Detektoren zur Teilchenidentifikation, zum Beispiel Cherenkov-Detektoren (Kap. 11–14).
4. Kalorimeter zur Messung elektromagnetischer Schauer (Elektronen, Photonen) (Kap. 15).
5. Magnetspule bei Collider-Experimenten; zum Teil auch vor dem elektromagnetischen Kalorimeter (Kap. 9).

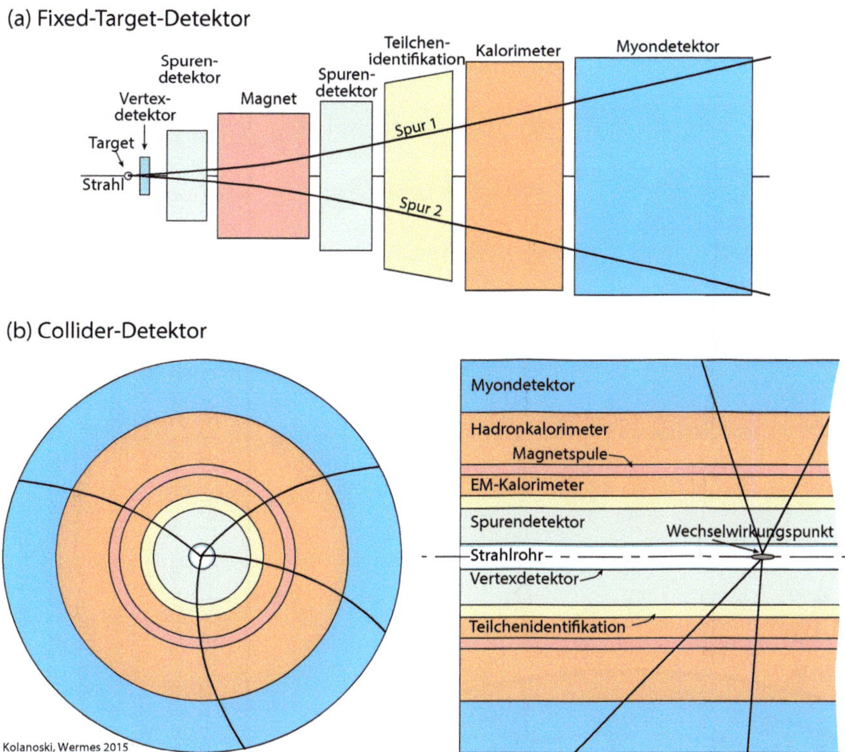

Abb. 2.10 Typische Anordnung von Detektorkomponenten bei (a) Fixed-Target- (Seitenansicht parallel zum Strahl) und (b) Collider-Experimenten (Schnitt senkrecht und parallel zu den Strahlen). Der Collider-Detektor ist in zylindrischen Schalen um den Wechselwirkungspunkt aufgebaut. Häufig werden die Bereiche um die Strahlen zusätzlich durch sogenannte Endkappen (hier nicht gezeigt) abgedeckt, die ähnlich wie Fixed-Target-Spektrometer aufgebaut sind.

6. Hadronkalorimeter (Kap. 15).
7. Myonen sind die durchdringensten geladenen Teilchen und werden deshalb hinter den Kalorimetern nachgewiesen. In Collider-Experimenten sind Myon-Detektoren häufig als Detektorlagen im Eisen des Magnetjochs (wie in Abb. 2.11) installiert (Abschnitt 9.2.4).

Als Beispiel ist in Abb. 2.11 ein Ausschnitt des CMS-Detektors am LHC gezeigt. Die Skala gibt die tatsächlichen Abmessungen der einzelnen Komponenten an. Charakteristisch für den CMS-Detektor sind das hohe Magnetfeld von 4 T (typisch ist eher ≤ 2 T) und die Tatsache, dass die Spule des solenoidalen Magnetfeldes (Achse parallel zum Strahl, also senkrecht zu der Ebene des Ausschnitts) außerhalb der beiden Kalorimeter liegt (üblicherweise ist mindestens das Hadronkalorimeter außerhalb der Spule). Der magnetische Fluss des Solenoidmagneten wird durch ein Eisenjoch außerhalb der Spule zurückgeführt. Das Eisen ist in mehrere Lagen unterteilt, zwischen denen Spurdetektoren zum Nachweis hochenergetischer Myonen installiert sind.

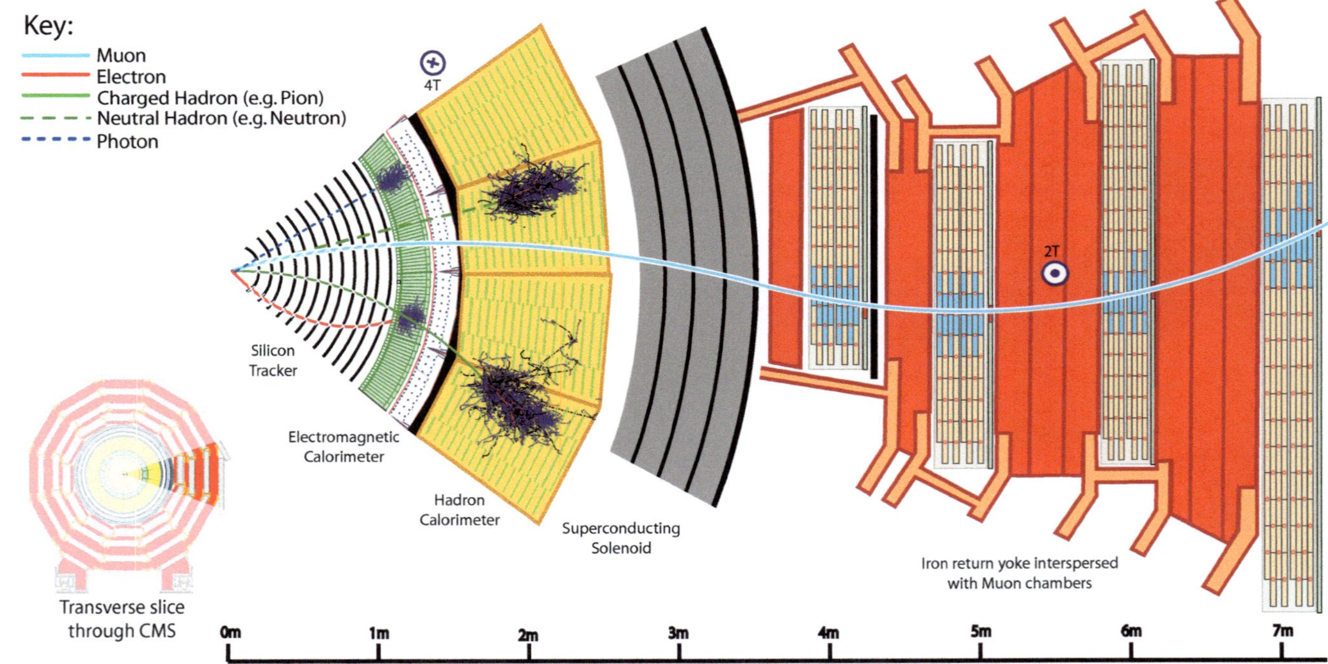

Abb. 2.11 Ausschnitt des CMS-Detektors [310] in der Projektion senkrecht zu den Strahlen (Quelle: CERN/CMS Collaboration). Der Detektor hat die Lagenstruktur wie anhand von Abb. 2.10 erläutert. In der innersten Lage werden alle geladenen Spuren gesehen. Durch ein senkrecht auf der Projektionsebene stehendes Magnetfeld werden die Spuren proportional zu $1/p$ gekrümmt, wodurch eine Impulsmessung möglich ist. Von den geladenen Spuren verlieren die Elektronen nahezu ihre gesamte Energie in dem als nächste Schicht folgenden elektromagnetischen Kalorimeter, womit die Energie bestimmt werden kann. Ähnlich verhalten sich im Kalorimeter Photonen gleicher Energie, aber sie hinterlassen keine Spur im Spursystem. Die stabilen geladenen und neutralen Hadronen verlieren ihre Energie hauptsächlich in dem folgenden Hadronkalorimeter, womit auch ihre Energie bestimmt werden kann. Die folgende Schicht ist die supraleitende Spule, die das Solenoidfeld von 4 T im Inneren und ein umgekehrt gerichtetes Magnetfeld von 2 T im Eisen außerhalb erzeugt. Die einzigen geladenen Teilchen, die alle diese Materialschichten bis hinter die Spule durchdringen können, sind Myonen. Impuls und Richtung der Myonen werden mit Spurkammern zwischen den Eisenschichten des Magnetjochs gemessen.

2.3 Detektoren der Astroteilchenphysik

Das Forschungsgebiet der Astroteilchenphysik befasst sich mit dem Nachweis von Strahlung – Teilchen und hochenergetische Photonen – aus dem Weltall auf unterschiedlichen Energieskalen, von Sonnenneutrinos mit Energien von einigen 100 keV bis zu kosmischer Strahlung mit mehr als 10^{21} eV (Kapitel 16).

2.3.1 Detektortechnologien

Entsprechend den unterschiedlichen Teilchen und den weiten Energiebereichen sind die jeweiligen Detektortechnologien sehr unterschiedlich, und es lässt sich keine Detektorkonfiguration ausmachen, die typisch für eine Mehrheit der Experimente wäre. Ähnlichkeiten finden sich aber bei Detektoren in folgenden Bereichen:

- Ballon- und Satellitenexperimente (Abschnitt 16.2): Die Detektoren müssen besonders kompakt und leicht sein, haben aber eine ähnliche Lagenstruktur wie bei den Beschleunigerdetektoren (Abb. 2.10), wobei die Komponenten zur Identifizierung der Teilchen betont werden.
- Luftschauerdetektoren (Abschnitt 16.4): Dem Prinzip nach sind das Kalorimeter, die einen von kosmischer Strahlung ausgelösten Schauer nur in einer Ebene (Erdoberfläche) und mit grober Abtastung messen; hohe Primärenergien erfordern die Instrumentierung sehr großer Flächen und damit die Optimierung der Kosten pro Detektoreinheit.
- Cherenkov-Teleskope zur Messung von TeV-Gammastrahlung (Abschnitt 16.5): Das sind meistens abbildende Teleskope mit hoher Zeitauflösung der Kamera zur Störlichtunterdrückung; stereoskopische Abbildungen zur Richtungsbestimmung werden insbesondere mit mehreren Teleskopen im Verbund erreicht.
- Neutrinodetektoren für niedrige Energien (Sonne, Supernovae) (Abschnitt 16.6): Wegen der geringen Nachweiswahrscheinlichkeit muss die Detektormasse möglichst groß sein und der Untergrund klein; zur Unterdrückung des Untergrunds werden Labors in Bergtunneln oder tiefen Bergwerken eingerichtet.
- Nachweis von Neutrinos kosmischen Ursprungs bei hohen Energien (Abschnitt 16.6.5): Wegen der geringen Reaktionswahrscheinlichkeit und des niedrigen Flusses der Neutrinos müssen diese Detektoren besonders große Volumina haben, größenordnungsmäßig Kubikkilometer. Die bisher gebauten Detektoren nutzen alle den Nachweis von Cherenkov-Licht in Wasser oder Eis.
- Detektoren zum Nachweis exotischer Teilchen (Dunkle Materie, Monopole, Axionen, Majorana-Neutrinos, ...) (Abschnitt 16.7): Die Nachweismethoden sind sehr unterschiedlich; in der Regel ist der Untergrund das größte Problem, weshalb die Experimente in Untergrundlabors durchgeführt werden, wie für Neutrinonachweis.

2.3.2 Observatorien für Astroteilchenphysik

Im Folgenden werden die wichtigsten Observatorien für die Messung von Schauern, die von geladenen kosmischen Teilchen (Abschnitt 16.4), hochenergetischen Photonen (Abschnitt 16.5) oder Neutrinos (Abschnitt 16.6) in Luft, Wasser oder Eis ausgelöst werden, aufgeführt.

- Pierre-Auger-Observatorium: Nachweis der kosmischen Strahlung bei höchsten Energien auf einer Fläche von etwa 3 000 km^2 in der Pampa Amarilla in der Nähe von Malargüe, Argentinien.
- Telescope Array Observatory: Nachweis der kosmischen Strahlung bei höchsten Energien auf einer Fläche von etwa 762 km^2 in der hochgelegen Wüste in Millard County, Utah (USA).
- IceTop, ein 1 km^2 großer Luftschauerdetektor als Teil des Neutrino-Observatoriums IceCube am Südpol.
- Tunka EAS Cherenkov Light Array: Im Tunka-Tal in der Nähe des Baikal-Sees; etwa 1 km^2 großer Luftschauerdetektor (Nachweis von Cherenkov-Licht in der Atmosphäre).
- Kaskade-Grande: Karlsruher Institut für Technologie (KIT); 0.5 km^2 großer Detektor zur Messung von Luftschauern, Datennahme bis 2009.
- Large High Altitude Air Shower Observatory (LHAASO), China, 4410 m hoch, 1.45 km^2, Nachweis von geladener kosmischer Strahlung und Photonen.
- Abbildende Teleskope für TeV-Gammastrahlung: H.E.S.S. (Namibia), MAGIC auf La Palma (Spanien), VERITAS (Arizona, USA). Die nächste Generation erdbasierter Gammastrahlen-Teleskope ist das Cherenkov Telescope Array Observatory (CTAO). Die geplanten 64 Teleskope Teleskope sollen sowohl in der nördlichen Hemisphäre auf La Palma als auch in der südlichen in Chile aufgestellt werden (Stand 2023).
- High-Altitude Water Cherenkov (HAWC) Gamma-Ray Observatory, Mexico, 4100 m hoch; großflächiger, nicht-abbildender Detektor mit Wassertanks für Cherenkov-Strahlung, der gleichzeitig etwa 15% des Himmels abdeckt.
- Neutrino-Observatorien: IceCube Neutrino-Observatory: 1 km^3 großer Cherenkov-Detektor etwa 2 km tief im Eis am geographischen Südpol; KM3NeT, ein km^3-Neutrino-Teleskop im Mittelmeer (Pendant zu IceCube auf der nördlichen Halbkugel); Baikal-GVD, km^3-Neutrino-Teleskop im Baikalsee.

2.3.3 Untergrundlaboratorien

Wichtige Untergrundlaboratorien sind:

- Baksan Neutrino Observatory: Baksan-Schlucht im Kaukasus, beherbergte das SAGE-Experiment (Soviet-American Gallium Experiment für den Nachweis von Sonnenneutrinos) in einer Tiefe von 2100 m oder 4700 m w.e. (w.e. = Wasseräquivalent).

- Laboratori Nazionali del Gran Sasso in Italien (LNGS): eines der größten Untergrundlaboratorien für Teilchenphysik; 1400 m (3400 m w.e.) tief im Tunnel durch den Gran Sasso; Neutrinoexperimente (unter anderem 2007–2012 mit einem Neutrinostrahl vom etwa 700 km entfernten CERN), Experimente zum Nachweis von Dunkler Materie und Doppel-Beta-Zerfall.
- China Jinping Underground Laboratory (CJPL): in den Jinping-Bergen in Sichuan, China, in einer Tiefe von 2400 m (6720 m w.e.) PandaX-Experiment zur Suche nach Dunkler Materie.
- Kamioka Observatory (Japan): etwa 1000 m tief (2700 m w.e.), Beobachtung von Oszillationen von Neutrinos, die in der Sonne oder der Atmosphäre erzeugt werden; Neutrinoexperimente Super-Kamiokande, KamLand, T2K.
- Laboratoire Souterrain de Modane (Frankreich): im Frejus-Tunnel in 1700 m Tiefe (4800 m w.e.); Experimente: Doppel-Beta-Zerfallsexperiment NEMO; EDELWEISS-Experiment zur Suche nach Dunkler Materie.
- Sanford Underground Research Facility (SURF) in der Homestake Mine, USA, mit zwei Laboratorien in Tiefen von 1450 m (3300 m w.e.) und 2200 m (5000 m w.e.): erster Hinweis auf Neutrinooszillationen mit dem *Davis-Experiment* in der Homestake Mine; jetzt Experimente zu Dunkler Materie (zweite Generation: LUX-Zeppelin) und Doppel-Beta-Zerfall; Neutrinostrahl von Fermilab (800 km entfernt) zum Experiment DUNE.
- Soudan Underground Laboratory (bis 2016): Soudan-Bergwerk USA, 714 m (2070 m w.e.) tief; beherbergte bis 2016 den Detektor MINOS, auf den ein Neutrinostrahl vom Fermilab, 735 km entfernt, gerichtet war; CDMS-Experiment zur Suche nach Dunkler Materie.
- Sudbury Neutrino Observatory (SNO) (SNOLAB): Vale Inco's Creighton Mine in Sudbury, Ontario, Canada; 2073 m (6010 m w.e.) tief; SNO-Experiment: Bestätigung der Oszillationshypothese für Sonneneutrinos.

2.4 Andere Anwendungen von Detektoren

Detektoren, die für die Forschung in der Kern- und Teilchenphysik entwickelt wurden, werden erfolgreich auch in anderen Gebieten eingesetzt, wie Medizin, Biologie, Materialkunde, Strahlen- und Umweltschutz, Archäologie, Geologie und Astronomie. In diesen Gebieten geht es in der Regel um relativ niederenergetische Teilchen, emittiert von radioaktiven Kernen, Röntgenquellen oder niederenergetischen Teilchenbeschleunigern.

Dosimetrie Bei jedem Umgang mit Strahlung in Forschung, Technik und Medizin ist eine Kontrolle der Strahlung mit Dosimetern notwendig (siehe zum Beispiel [680, 524]). Für die Strahlungsdosimeterie werden zum Beispiel Zählrohre, Ionisationskammern, Fotofilme und Halbleiterdetektoren benutzt, jeweils in unterschiedlichen Moden: Ein Zählrohr oder

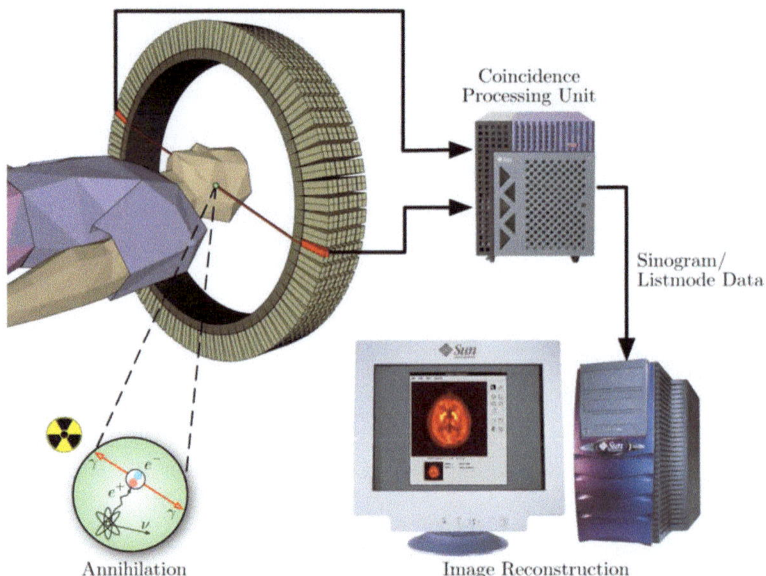

Abb. 2.12 Schema eines Positronen-Emissions-Tomografen (PET). PET benutzt Positronenstrahler, die als Radiopharmazeutika in dem zu untersuchenden Gewebe angereichert werden. Die Positronen werden nahe der Quelle in dem Gewebe gestoppt und annihilieren mit Elektronen, wobei zwei Photonen in Gegenrichtung ausgesandt werden. Die Photonen werden durch eine ringförmige Anordnung von Szintillationskristallen nachgewiesen. Die Gesamtheit aller gemessenen Photonen erlaubt eine tomografische Rekonstruktion der Verteilung der Positronstrahler. Quelle: Wikimedia Commons, Autor J. Langner [689].

Halbleiterdetektor kann Strahlungsquanten einzeln nachweisen, der Strom einer Ionisationskammer gibt den Strahlungspegel an, und auf einem Film wird eine Strahlungsdosis zeitintegriert. Die wichtigsten Messgrößen und Einheiten der Dosimetrie sind in Anhang A.1 zusammengestellt.

Tomografie, Radiomarkierung Tomografie ist ein Verfahren, mit dem durch richtungsabhängigen Strahlungsnachweis Strukturen räumlich aufgelöst werden (siehe zum Beispiel [528]). Teilchendetektoren finden zum Beispiel Anwendung in der Computertomografie mit Röntgenstrahlung (CT), der Positronen-Emissions-Tomografie (PET, Abb. 2.12) und der Szintigrafie mit der Einzelphotonen-Emissions-Computertomografie (SPECT, zusammen mit sogenannten Gammakameras als Detektoren). Bei PET und SPECT sind die Emissionsquellen radioaktive Präparate, so genannte Radiopharmazeutika oder Radiomarker, die die zu untersuchenden biologischen Strukturen markieren. Während bei Röntgenstrahlung die Richtungsabhängigkeit der Absorption analysiert wird, sind es bei PET und SPECT die Richtungen der emittierten Teilchen, die die Verteilung der Radioaktivität liefern.

Tracer-Methoden und Radiodatierung *Tracer* sind radioaktive Materialzugaben, durch deren Nachweis sich Materialbewegungen nachverfolgen lassen. Zum Beispiel lassen sich so Flüssigkeitsströme oder der Abrieb von mechanischen Maschinenteilen verfolgen.

In der Geologie und der Archäologie ist die Datierung von Gesteinen und Fundstücken durch Messung der Aktivitäten spezifischer Nuklide zu einem wichtigen Hilfsmittel geworden. Ein Beispiel ist die Radiokarbonmethode, bei der die β-Aktivität von ^{14}C in organischen Proben in einem Zählrohr gemessen wird.

Röntgen- und Synchrotronstrahlung Bei physikalischen, chemischen oder biologischen Strukturuntersuchungen mit Röntgen- und Synchrotronstrahlung werden Szintillatoren und Halbleiterdetektoren eingesetzt. Ähnliche Methoden werden in der Astronomie zum Nachweis der kosmischen Röntgenstrahlung in Satellitenexperimenten benutzt.

Diagnostik mit Neutronen Die Streuung niederenergetischer Neutronen ist an Wasserstoffkernen (wegen der gleichen Massen) besonders effizient. Deshalb wird auf verschiedenen Gebieten die Neutronenstreuung als Indikator für das Vorhandensein von Wasser oder allgemeiner von Wasserstoff benutzt. Die Neutronenmethode wird zum Beispiel in der Geologie zu Gesteinsuntersuchungen in Bohrungen eingesetzt. Neutronendetektoren (Abschnitt 14.5) sind Zählrohre oder Szintillatoren, die mit Materialien mit hohem Wirkungsquerschnitt für Neutronen kombiniert werden.

2.5 Einheiten und Konventionen

2.5.1 Einheiten

In diesem Buch werden Formeln oft in dem in der Teilchenphysik üblichen Einheitensystem ausgedrückt, in dem $\hbar = c = 1$ ist ('natürliche Einheiten'). Zum Teil wird aber auch $\hbar$ und c explizit hingeschrieben, wenn es bei bestimmten Themen in der Literatur überwiegend so geschrieben wird (zum Beispiel atomphysikalische Formeln in Kapitel 3 über Wechselwirkungen) oder wenn numerische Rechnungen ausgeführt werden müssen. Zahlenwerte werden dann in SI-Einheiten angegeben [275]. Zur Umrechnung sind die Relationen

$$\hbar c = 197.3 \text{ MeV fm} \approx 200 \text{ MeV fm}, \quad (\hbar c)^2 = 0.3894 \text{ GeV}^2 \text{ mb} \approx 0.4 \text{ GeV}^2 \text{ mb} \tag{2.4}$$

hilfreich. Die relativistische Beziehung

$$E = \sqrt{p^2 + m^2} \tag{2.5}$$

ist zahlenmäßig erfüllt, wenn zum Beispiel die Energie E in GeV, der Impuls p in GeV/c und die Masse m in GeV/c^2 angegeben wird.

2.5.2 Standards für Materialeigenschaften

Wenn in diesem Buch Materialeigenschaften zitiert werden, beziehen wir uns häufig auf die Sammlung 'Atomic and Nuclear Properties' der Particle Data Group [814]. Die einzelnen Werte werden unter den verschiedenen Umgebungsbedingungen, die zu berücksichtigen sind, angegeben. Das ist besonders wichtig für die Eigenschaft von Gasen, wie Dichte und Brechungsindex. Die Particle Data Group bezieht sich meistens auf zwei spezielle Standardbedingungen für Temperatur und Druck. Siehe dazu [513], woraus hier die folgenden Definitionen zitiert werden:

STP *Standard temperature and pressure* (STP) wird durch die International Union of Pure and Applied Chemistry (IUPAC) definiert als 0 °C (273.15 K), 100 kPa. Das unterscheidet sich von einer früheren Definition, bei der die Druckreferenz 1 atm (101.325 kPa) war.

NTP *Normal temperature and pressure* (NTP) wird als 20 °C (293.15 K), 1 atm (101.325 kPa) definiert.

Es gibt viele andere Standards und die Definitionen sind nicht unbedingt konsistent [513].

2.5.3 Teilchenkinematik

Die Teilchenkinematik wird in den meisten Fällen relativistisch gerechnet. Die Lorentz-Variablen γ, β sind als

$$\gamma = \frac{E}{m} = \frac{1}{\sqrt{1-\beta^2}}, \qquad \beta = \frac{p}{E} = \frac{v}{c} \tag{2.6}$$

definiert (E, m, p, v: Energie, Masse, Impuls, Geschwindigkeit; E, m, p in natürlichen Einheiten). Die kinetische Energie ist

$$T = E - m \longrightarrow \frac{p^2}{2m} \quad \text{für } \gamma \to 1\,, \tag{2.7}$$

wobei $\gamma \to 1$ den nicht-relativistischen Grenzfall bedeutet.

In Detektoren werden meistens Energien, Impulse und Winkel bestimmt, manchmal auch Massen. Impulse werden häufig bezüglich einer Vorzugsrichtung nach Longitudinal- und Transversalimpuls unterschieden (p_L, p_T). Die Vorzugsrichtung kann zum Beispiel eine Magnetfeldrichtung sein, dann liegt p_T in der transversalen Ebene, in der geladene Teilchen abgelenkt werden. Häufig ist auch die Strahlrichtung die Vorzugsrichtung (bei Collider-Experimenten mit Solenoidfeld gleichzeitig die Magnetfeldrichtung).

Bei Frontalkollisionen verschwindet relativ zur Strahlrichtung die Vektorsumme der Transversalimpulse aller Teilchen. Die Transversalimpulserhaltung wird genutzt, um aus dem gemessenen Transversalimpuls $\vec{p}_T^{\,obs}$ den fehlenden Transversalimpuls, $\vec{p}_T^{\,miss} = -\vec{p}_T^{\,obs}$, zu berechnen und damit auf die Kinematik nicht-nachgewiesener Teilchen, wie Neutrinos oder unsichtbarer exotischer Teilchen, zu schließen. Bei kalorimetrischen Messungen werden die 'transversale Energie' E_T und 'fehlende transversale Energie'

E_T^{miss} benutzt. Zur Berechnung beider Größen werden die Energien wie Impulsvektoren behandelt, die vom Wechselwirkungspunkt in Richtung zur Energiedeposition zeigen und deren Betrag die Energie ist, entsprechend der relativistischen Relation $E \approx p$. Eine ähnliche Zwangsbedingung gilt in der Regel für Longitudinalimpulse nicht, weil zum Beispiel in Collider-Experimenten Streuprodukte im Strahlrohr verschwinden können und somit in der Regel nicht nachgewiesen werden. Insbesondere bei Hadronenstrahlen ist die überwiegende Anzahl der Reaktionsprodukte stark in Vorwärtsrichtung kollimiert.

Relativ zu der Vorzugsrichtung können ein Polar- und ein Azimutwinkel θ, ϕ definiert werden (siehe zum Beispiel Abb. 9.6); in Collider-Experimenten mit Zylindersymmetrie sind das die beiden Winkel der Zylinderkoordinaten. Statt des Polarwinkels θ wird auch die *Rapidität*

$$y = \frac{1}{2} \ln \left(\frac{E + p_L}{E - p_L} \right) = \operatorname{arctanh} \left(\frac{p_L}{E} \right) = \operatorname{arctanh} (\beta_L) \tag{2.8}$$

benutzt. Die Größe β_L auf der rechten Seite ist der Geschwindigkeitsparameter des Lorentz-Boosts des Teilchens parallel zur Strahlachse. Während β_L auf den Bereich [0, 1] beschränkt ist, kann y Werte im Bereich $[-\infty, \infty]$ haben, wodurch der Hochenergiebereich nahe $\beta_L = 1$ entzerrt wird. Bei einer weiteren Lorentz-Transformation addieren sich die entsprechenden Rapiditäten.

Bei hohen Energien mit $E \approx p$ und mit $\cos\theta = p_L/p$ geht die Gleichung in

$$y \to -\ln \left(\tan \frac{\theta}{2} \right) =: \eta \tag{2.9}$$

über. Die so definierte *Pseudorapidität* η wird auch unabhängig von der Approximation für hohe Energien benutzt, wenn die Masse des betreffenden Teilchens nicht bekannt ist.

3 Wechselwirkungen von Teilchen mit Materie

Übersicht

Teilchen, geladen oder neutral, können nur über ihre Wechselwirkung mit Materie wahrgenommen werden. Detektoren nutzen für die verschiedenen Teilchen unter anderem folgende Wechselwirkungen aus:

- Ionisation und Anregung von Atomen des Mediums durch geladene Teilchen;
- Bremsstrahlung: Abstrahlung von Photonen vornehmlich von leichten Teilchen wie Elektronen und Positronen in Materie bevorzugt mit hoher Kernladungszahl Z;
- Photonstreuung und Photonabsorption;
- Cherenkov- und Übergangsstrahlung;
- Kernreaktionen: Hadronen (p, n, π, α, ...) mit Kernmaterie;
- schwache Wechselwirkung: die einzige Möglichkeit, Neutrinos nachzuweisen.

Im Allgemeinen wird ein Teilchen auf seinem Weg durch Materie mehr als einen Wechselwirkungsprozess durchlaufen, falls es nicht gleich bei der ersten Wechselwirkung absorbiert wird. Zum Beispiel verlieren geladene Teilchen im Allgemeinen in einer Vielzahl aufeinander folgender Wechselwirkungen Energie durch Ionisation und Anregung von Atomen des Mediums.

Die Wahrscheinlichkeit einer Wechselwirkung eines Teilchens mit den Atomen des Mediums wird durch den Wirkungsquerschnitt für die jeweilige Reaktion festgelegt. Die Definitionen des Wirkungsquerschnitts und damit zusammenhängender Begriffe sollen im Folgenden kurz besprochen werden.

H. Kolanoski und N. Wermes, *Teilchendetektoren*, https://doi.org/10.1007/978-3-662-73068-3_3

3.1 Wirkungsquerschnitt und Absorption von Teilchen und Strahlung in Materie

Der Wirkungsquerschnitt ist ein Maß für die Wahrscheinlichkeit einer Teilchenreaktion, die wiederum von Stärke und Art der Wechselwirkungen zwischen den Streupartnern abhängt. Der Wirkungsquerschnitt lässt sich als effektive Wechselwirkungsfläche interpretieren, wie in Abb. 3.1 skizziert. Der Wirkungsquerschnitt σ stellt die Fläche eines Targetteilchens dar, die ein einfallender Strahl von Teilchen 'sieht'. Die Strahlteilchen nehmen wir zur Vereinfachung ohne Ausdehnung an. Der Strahl trifft mit einer Rate $\dot{N}_{in}$ auf eine Fläche F des Targets der Länge l. In dem bestrahlten Volumen $V = F\,l$ befinden sich

$$N_T = \frac{\rho V}{A} N_A \tag{3.1}$$

Targetteilchen. Dabei ist ρ die Targetdichte, A die Atommasse pro Mol[3] der Targetteilchen und $N_A = 6.022 \times 10^{23}/\text{mol}$ die Avogadro-Zahl. Das Target kann aus irgendeiner Sorte von Teilchen bestehen (Atome, Moleküle, Elektronen, ...), wenn A als die zugehörige Molmasse genommen wird.

Die Teilchenzahldichte ist

$$n = \frac{N_T}{V} = \frac{\rho}{A} N_A \,. \tag{3.2}$$

Die Gesamtfläche der Targetteilchen, auf die der Strahl trifft, ist also $N_T\,\sigma$. Die Wahrscheinlichkeit, ein Teilchen zu treffen, ist $P = N_T\,\sigma/F$. Diese Wahrscheinlichkeit kann auch durch die Streu- oder Reaktionsrate $\dot{N}_R$ relativ zu der Rate der einlaufenden Teilchen $\dot{N}_{in}$ ausgedrückt werden, wenn das Target so dünn ist, dass eine Veränderung des Strahls beim Durchlaufen des Targets vernachlässigt werden kann:

$$P = \frac{\dot{N}_R}{\dot{N}_{in}} = \frac{N_T\,\sigma}{F} = n\,\sigma\,l \,. \tag{3.3}$$

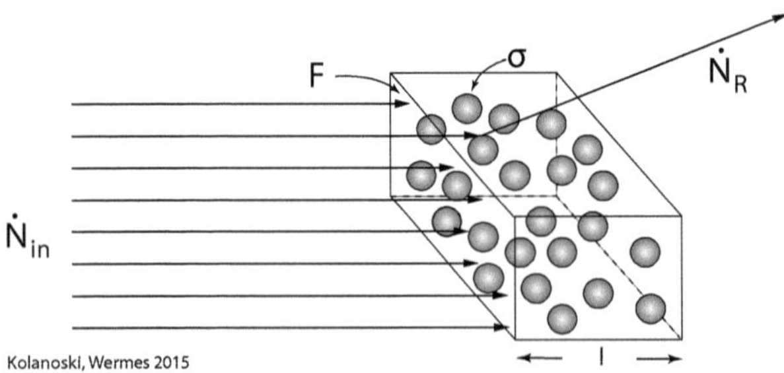

Abb. 3.1 Zur Definition des Wirkungsquerschnitts: $\dot{N}_{in}$ und $\dot{N}_R$ sind die Eingangs- bzw. Reaktionsteilchenrate, F und l sind Gesamtfläche bzw. Länge des Targets, und σ bezeichnet den Wirkungsquerschnitt.

[3] Der Gebrauch des Symbols A in diesem Zusammenhang ist nicht eindeutig in der Literatur. Es bezeichnet entweder die *(atomare) Massenzahl*, das heißt, die Zahl der Nukleonen eines Nuklids, oder es bezeichnet die *Atommasse*. In diesem Buch benutzen wir das Symbol $\mathcal{A}$ für die (dimensionslose) Massenzahl. Für das Symbol A folgen wir der Konvention der Particle Data Group (PDG) in ihrem Review über Wechselwirkungen mit Materie [211], wo A die atomare Masse pro Mol ist [814]. Diese Definition berücksichtigt die Isotopenzusammensetzung eines Elementes und die atomare Zusammensetzung von Molekülen und Mischungen. Wegen der Definition des Mols liegen die numerischen Werte in der Einheit g/mol nahe bei der jeweiligen Massenzahl, nahezu gleich für das Nuklid ^{12}C ('exakt gleich' galt bis zur Neudefinition des SI-Einheitensystems im Jahr 2019 [275]).

Der Wirkungsquerschnitt ist dann

$$\sigma = \frac{\dot{N}_R}{\dot{N}_{in}} \frac{1}{n\,l} \,. \tag{3.4}$$

Die Reaktionsrate ist also proportional zum Wirkungsquerschnitt; die Proportionalitätskonstante ist die Luminosität L:

$$\dot{N}_R = \sigma\, L, \qquad L = \dot{N}_{in}\, n\, l \,. \tag{3.5}$$

Der Begriff *Luminosität*, hier definiert für ein so genanntes *fixed-target Experiment*, ist gebräuchlicher für Experimente an Collidern (siehe die entsprechende Diskussion auf Seite 16).

Wenn die Näherung eines dünnen Targets nicht mehr gegeben ist, nimmt die Anzahl der Teilchen $N(x)$, die noch nicht reagiert haben, exponentiell mit der Eindringtiefe x ab (Abb. 3.2 a):

$$\frac{dN}{N} = -n\sigma dx \qquad \Rightarrow \qquad N(x) = N_0 e^{-\mu x} \,, \tag{3.6}$$

mit der ursprünglichen Teilchenzahl N_0 und $\mu = n\sigma$. In dem Fall, dass Teilchen absorbiert und daher verloren gehen, heißt μ *Absorptionskoeffizient* oder *linearer Schwächungskoeffizient*. Die Formel (3.6) ist auch als *Beer-Lambert-Gesetz* bekannt. Die *mittlere freie Weglänge* eines Teilchens ist

$$\lambda = \frac{1}{\mu} = \frac{1}{n\sigma}. \tag{3.7}$$

Der Wirkungsquerschnitt hat die Dimension einer Fläche; als Einheit wird das Barn benutzt:

$$1\,\text{barn} = 1\,\text{b} = 10^{-24}\,\text{cm}^2. \tag{3.8}$$

Da Kerne eine annähernd massenunabhängige Dichte haben, ist das Volumen von Kernen etwa proportional zu der Massenzahl $\mathcal{A}$, und damit ist die Querschnittsfläche proportional zu $\mathcal{A}^{\frac{2}{3}}$. Wegen der Kurzreichweitigkeit der Kernkräfte bestimmt die geometrische Fläche auch in etwa die Größenordnung von Wirkungsquerschnitten aufgrund von Kernkräften:

$$\sigma_{Kern} \approx \pi r_0^2 \mathcal{A}^{\frac{2}{3}} \approx 45\,\text{mb}\, \mathcal{A}^{\frac{2}{3}} \,. \tag{3.9}$$

Die typische Größenordnung von Kernradien liegt bei Femtometern mit $r_0 \approx 1.2$ fm. Entsprechend lässt sich die Größenordnung atomarer Wirkungsquerschnitte durch den Bohr'schen Radius a_0 ($a_0 \approx 0.05\,\text{nm}$) abschätzen:

$$\sigma_{\text{Atom}} \approx \pi a_0^2 \approx 10^8\,\text{b} \,.$$

Wegen der Langreichweitigkeit der elektromagnetischen Wechselwirkung lässt sich für Atomradien allerdings keine einfache Proportionalität zur Massenzahl $\mathcal{A}$ wie im Fall von Kernen angeben. Als Effekt der Schalenstruktur der Elektronenhülle wächst der Atomradius zwar innerhalb einer Gruppe mit der Anzahl Z der Elektronen, innerhalb einer Periode wird der Radius allerdings von Alkalimetallen zu Edelgasen kleiner.

Für unsere Anwendungen kann man zwischen einerseits elastischen oder inelastischen Streuungen, bei denen das einfallende Teilchen im Endzustand noch vorhanden ist, und

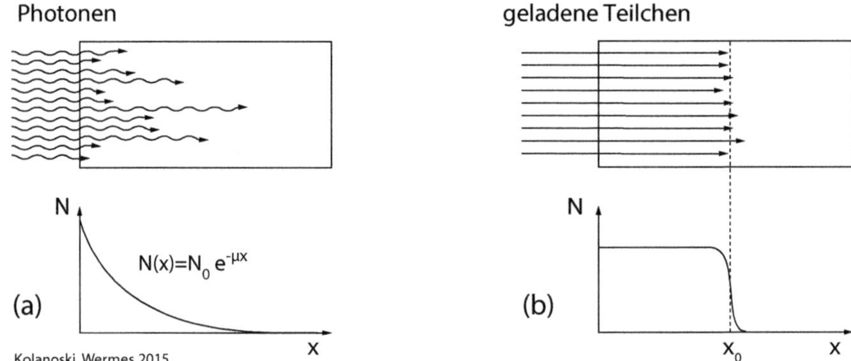

Abb. 3.2 Anzahl der Teilchen in einem Strahl als Funktion der Eindringtiefe. (a) Teilchenverlust durch Absorption (typisch für Photonen) führt zu einem exponentiellen Abfall der Strahlintensität, (b) Energieverlust auf dem Weg durch Materie (typisch für geladene Teilchen) führt zu einer begrenzten Reichweite mit einem relativ lokalisierten Abfall der Intensität auf Null.

andererseits Reaktionen, bei denen das einfallende Teilchen absorbiert wird, unterscheiden. Ein Beispiel für elastische oder inelastische Streuung ist die Streuung eines geladenen Teilchens an der Elektronenhülle eines Atoms, die rein elastisch oder auch inelastisch, mit Ionisation oder Anregung des Atoms, sein kann. Ein Beispiel für Absorption ist der Photoeffekt, bei dem ein Photon von einem Atom unter Emission eines Elektrons absorbiert wird. Für die beiden Fälle ergeben sich sehr unterschiedliche Abhängigkeiten der Teilchenzahlen von der Eindringtiefe, wie Abb. 3.2 zeigt: Im Falle der Absorption ergibt sich ein exponentieller Abfall, im Falle des kontinuierlichen Energieverlusts bleibt die Strahlintensität praktisch konstant, bis die gesamte Energie abgegeben worden ist (siehe dazu Abschnitt 3.2.4).

3.2 Energieverlust geladener Teilchen durch Ionisation und Anregung

3.2.1 Die Bethe-Bloch-Formel für den mittleren Energieverlust

Geladene Teilchen verlieren beim Durchgang durch Materie Energie an die Elektronen der Atome durch Ionisation und Anregung (Abb. 3.3). Bis zu hohen Energien, bei denen Strahlungseffekte (siehe Abschnitt 3.3) bedeutend werden, ist dies der dominante Energieverlustprozess. Der Energieverlust pro Weglänge wird durch die *Bethe-Bloch-Formel* beschrieben. Die ersten Berechnungen mit klassischen Methoden veröffentlichte Bohr bereits 1913 [240]. Bethe (1930) [196] und Bloch (1933) [226,225] legten eine quantenmechanische Behandlung des Problems vor, deren Resultate auch heute noch im Wesentlichen gültig sind. In der Folge sind die Berechnungen verfeinert worden; insbesondere wurden Korrekturen für die verschiedenen kinematischen Bereiche berechnet (siehe dazu zum

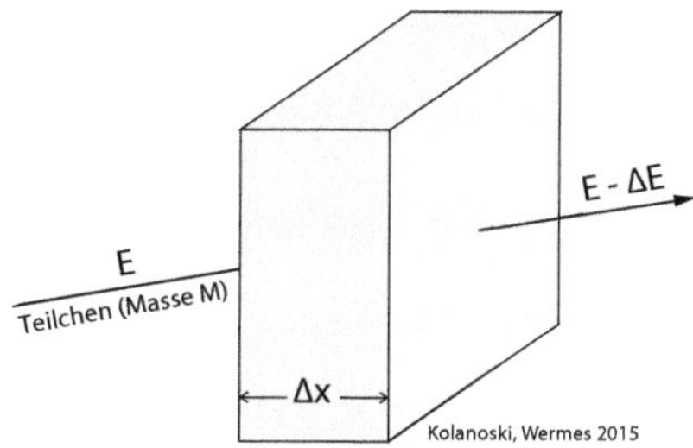

Abb. 3.3 Energieverlust eines Teilchens bei Durchgang durch Materie.

Beispiel [241, 414] und Referenzen in [799]). Der Verlust von Energie eines Teilchens beim Durchgang durch Materie entsteht in einer Folge von stochastisch auftretenden Einzelprozessen. Der mittlere Energieverlust pro Weglänge hängt von den Eigenschaften des Mediums sowie von der Masse M und der Geschwindigkeit β des Teilchens ab:

$$-\left\langle \frac{dE}{dx} \right\rangle = n \int_{T_{min}}^{T_{max}} T \, \frac{d\sigma_a}{dT}(M, \beta, T) \, dT \,. \tag{3.10}$$

Dabei ist n die Dichte der Targetteilchen und $d\sigma_a/dT$ der differenzielle Wirkungsquerschnitt für den Verlust der kinetischen Energie T bei einer Kollision. Das Integral von T_{min} bis T_{max} umfasst den Bereich der möglichen Energieüberträge. Die auf das Atom übertragene Energie kann verbraucht werden, um durch Ionisation ein Elektron aus der Hülle zu entfernen, wobei die Bindungsenergie und die kinetische Energie des Elektrons zur Verfügung gestellt werden muss, oder sie kann nur zur Anregung des Atoms verwendet werden. Wir werden sehen, dass die Berechnung von (3.10) nicht einfach ist. Bei niedrigen Energieüberträgen, das heißt bei großen Abständen des vorbeifliegenden Teilchens (großer Stoßparameter), wobei Atomanregungen die dominante Rolle spielen, kann das Integral nicht klassisch berechnet werden.

3.2.1.1 Energieverlust durch Rutherford-Streuung an den Hüllenelektronen

Im Folgenden beschränken wir uns auf 'schwere' geladene Teilchen (nachfolgend 'das Teilchen' genannt), die ein Medium durchlaufen. Dies sind alle geladenen Teilchen außer Elektronen und Positronen (siehe Abschnitt 3.2.1.5), für die zusätzlich Teilchenaustausch- und Annihilationsprozesse berücksichtigt werden müssen. Um (3.10) zu berechnen, unterteilen wir die Spanne möglicher Energieüberträge in einen Bereich hoher Energie ($T \geq T_1$) mit großen Energieverlusten T der kinetischen Energie des Teilchens und einen Bereich niedriger Energie ($T < T_1$), in dem die Bindungsenergien der Elektronen nicht vernachlässigt werden können und eine quantenmechanische Behandlung nötig wird. Man beachte, dass im Gegensatz zu einer klassischen Behandlung quantenmechanisch T nicht Null werden kann. Damit erhalten wir den totalen mittleren Energieverlust der beiden Teile zu:

$$-\left\langle \frac{dE}{dx} \right\rangle = n_e \int_{T_1}^{T_{max}} T \, \frac{d\sigma}{dT} \, dT \, - \left\langle \frac{dE}{dx} \right\rangle_{T<T_1} \,. \tag{3.11}$$

Die Energie T_1, welche die beiden Bereiche unterteilt, liegt typisch zwischen 0.01 und 0.1 MeV [884]. Das Endergebnis, also die Summe der beiden Beiträge, ist aber unabhängig von der speziellen Wahl von T_1 (siehe Gl. (3.25)). Da die Streuung an der Atomhülle erfolgt, ist die relevante Targetdichte die Elektronendichte

$$n_e = Z\frac{\rho N_A}{A}\,. \tag{3.12}$$

Beginnend mit dem Bereich hoher Energien nehmen wir an, dass die Geschwindigkeit des Teilchens groß gegen die Bahngeschwindigkeiten der Hüllenelektronen ist und dass die an ein Elektron übertragene Energie groß im Vergleich zu dessen Bindungsenergie ist. Das Elektron wird somit als 'quasi-frei' angesehen. Der Streuprozess kann dann durch die Rutherfordsche Streuformel beschrieben werden (siehe z.B. [604], Kapitel 13). Bekanntlich ergeben die klassische und die quantentheoretische Ableitung (in erster Ordnung) der Rutherford-Formel dasselbe Ergebnis. Daher müssen Quanteneffekte nur dann in Energieverlustrechnungen berücksichtigt werden, wenn die oben gemachten Annahmen nicht mehr gültig sind, das heißt für kleine Energieüberträge in derselben Größenordnung wie die Bindungsenergien oder für Teilchengeschwindigkeiten, die so klein wie die Bahngeschwindigkeiten der Hüllenelektronen sind. Wir kommen später auf diese Fälle zurück.

Das Projektilteilchen habe die Masse M ($M \gg m_e$), die Ladung ze und die Vierervektoren vor und nach der Wechselwirkung P bzw. P'. Die Vierervektoren des Elektrons seien entsprechend p_e und p'_e. Mit dem Viererimpulsübertrag

$$Q^2 = -(P - P')^2 = -(p_e - p'_e)^2 \tag{3.13}$$

ergibt sich der Lorentz-invariante Ausdruck für den Rutherford-Wirkungsquerschnitt:

$$\frac{d\sigma}{dQ^2} = \frac{4\pi\, z^2\alpha^2\hbar^2c^2}{\beta^2}\frac{1}{Q^4}\,. \tag{3.14}$$

Dabei ist βc die Relativgeschwindigkeit der Teilchen, die in den Ruhesystemen beider Teilchen jeweils gleich ist und Lorentz-invariant definiert werden kann.

In dem System, in dem das gestoßene Elektron anfänglich ruht, hat es vor dem Stoß die Energie $E_e = m_e c^2$ und nach dem Stoß $E'_e = T + m_e c^2$. Damit ergibt sich

$$Q^2 = -(p_e - p'_e)^2 = 2m_e c^2 T\,. \tag{3.15}$$

Eingesetzt in (3.14) ergibt den in der Teilchenenergie T differentiellen Wirkungsquerschnitt:

$$\frac{d\sigma}{dT} = \frac{2\pi\, z^2\alpha^2\hbar^2}{\beta^2\, m_e}\frac{1}{T^2}\,. \tag{3.16}$$

Der Übergang zum Mott-Wirkungsquerschnitt, mit dem das mögliche Umklappen des Elektronspins bei der Wechselwirkung berücksichtigt wird[4], erfolgt durch die Erweiterung mit dem Faktor $(1 - \beta^2 T/T_{max})$ [604]:

$$\frac{d\sigma}{dT} = \frac{2\pi\, z^2\alpha^2\hbar^2}{\beta^2\, m_e\, T^2}\left(1 - \beta^2\frac{T}{T_{max}}\right)\,. \tag{3.17}$$

[4]Das Umklappen des Spins eines schweren Projektilteilchens kann in guter Näherung vernachlässigt werden, weil die dafür verantwortliche magnetische Kopplung mit Q^2/M^2 (siehe Rosenbluth-Wirkungsquerschnitt) unterdrückt wird.

Für den hier betrachteten Bereich hoher Energien $T_1 \leq T \leq T_{max}$, in der die untere Grenze viel größer als der Bereich der Elektronbindungsenergien ist, kann das Integral (3.10) gelöst werden:

$$-\left\langle \frac{dE}{dx} \right\rangle_{T>T_1} = n_e \int_{T_1}^{T_{max}} T \, \frac{2\pi \, z^2 \alpha^2 \hbar^2}{\beta^2 \, m_e \, T^2} \left(1 - \beta^2 \frac{T}{T_{max}}\right) dT$$

$$= \frac{2\pi \, z^2 \alpha^2 \hbar^2}{\beta^2 \, m_e} \, n_e \left(\ln \frac{T_{max}}{T_1} - \beta^2\right). \tag{3.18}$$

In (3.18) wurde der Term $\beta^2(1 - T_1/T_{max})$ durch β^2 approximiert unter der Annahme, dass $T_1 \ll T_{max}$ gilt.

Maximaler Energieübertrag. Der maximal mögliche Energieverlust T_{max} lässt sich aus der Kinematik eines elastischen Stoßes des Teilchens mit dem Elektron berechnen. Die maximale Energie wird bei einem zentralen Stoß auf das Elektron übertragen, das heißt, wenn die Vektoren $\vec{P}$, $\vec{P}'$, $\vec{p}_e'$ alle parallel sind. Für das einlaufende Teilchen können die Energie und der Impuls durch die Lorentz-Faktoren β, γ ausgedrückt werden:

$$E = \gamma M c^2, \qquad |\vec{P}| = \beta \, \gamma \, M c. \tag{3.19}$$

Die kinetische Energie des auslaufenden Elektrons ist

$$T = E_e' - m_e c^2 \,. \tag{3.20}$$

Dann ergibt sich für die maximal übertragbare kinetische Energie bei Vernachlässigung der Bindungsenergie (Berechnung siehe Abschnitt 3.2.2):

$$T_{max} = \frac{2 \, m_e \, c^2 \, \beta^2 \, \gamma^2}{1 + 2 \, \gamma \, m_e/M + (m_e/M)^2} \tag{3.21}$$

$$\approx \begin{cases} 2 \, m_e \, c^2 \, (\beta\gamma)^2 & \text{für} \;\; \gamma m_e \ll M \\ \gamma \, M \, c^2 \; = \; E & \text{für} \;\; \gamma \to \infty \\ m_e c^2(\gamma - 1) \; = \; E - m_e c^2 & \text{für} \;\; M = m_e \,. \end{cases}$$

Für diesen Bereich hoher Energien können der maximal mögliche Energieübertrag in (3.18) und die maximale kinetische Energie des gestreuten Elektrons in (3.21) als ungefähr gleich angenommen werden, gleich dem maximalen Energieverlust des Teilchens.

Man beachte, dass sowohl im hoch-relativistischen Grenzfall ($\gamma \to \infty$) als auch im Fall $M = m_e$ nahezu die volle Energie des einlaufenden Teilchens auf ein Hüllenelektron übertragen werden kann. Bei einlaufenden Elektronen sind das streuende und das gestreute Teilchen ununterscheidbar. Dann beträgt der maximale Energieübertrag nur die Hälfte, also $T_{max}/2$, da das gestreute Teilchen immer als das mit der kleineren Energie definiert wird.

Minimaler Energieübertrag. Klassisch kann der Energieübertrag auf ein freies Elektron in der Coulomb-Streuung beliebig klein werden. Dagegen ist quantenmechanisch zu berücksichtigen, dass unterhalb der Ionisationsschwelle nur diskrete Energieübergänge in jeder einzelnen Kollision möglich sind. Zudem müssen bei Geschwindigkeiten des Teilchens, die ähnlich den oder kleiner als die Umlaufgeschwindigkeiten der Elektronen im Atom sind, Interferenzeffekte beachtet werden. Die quantenmechanische Berechnung der Anregungen und der Korrekturen, verursacht durch Abschirmeffekte der Elektronenhülle, ist die schwierigste Aufgabe bei der Berechnung des Energieverlusts. Umfangreiche Literatur über dieses Thema stellt die Particle Data Group [799, 514] Bezug nehmend auf [196,884,414,210] zusammen. Ein detaillierter Kommentar dazu ist in [511] zu finden. Bereits 1913 erklärte Bohr den Energieverlust eines an Atomen vorbei fliegenden Elektrons durch die Erzeugung von Schwingungen der Hüllenelektronen der Energie aufnehmenden Atome [240]. Eine erste rigorose Behandlung führte Bethe 1930 durch [196], indem er den Energieverlust durch atomare Anregungen auf Energieniveaus unterhalb der Ionisationsschwelle beschrieb, bis hinunter zu (nahezu) verschwindendem Energieübertrag [514]:

$$-\left\langle \frac{dE}{dx} \right\rangle_{T<T_1} = \frac{2\pi\, z^2 \alpha^2 \hbar^2}{\beta^2\, m_e}\, n_e \left[\ln \frac{2\, m_e\, c^2\, \beta^2\, T_1}{I^2} - \ln \frac{1}{\gamma^2} - \beta^2 \right] . \qquad (3.22)$$

Im Wesentlichen entspricht (3.22) einem Integral über einen Energiebereich zwischen einem effektiven minimalen Energieübertrag $T_{min} = I^2/2m_e c^2 \beta^2$ (typisch 0.1 eV bis wenige eV) und T_1 am oberen Ende. Die Größe I ist die mittlere Anregungsenergie, die durch ihren Logarithmus $\ln I$ definiert ist als die Summe der Logarithmen der auftretenden Anregungsenergien E_k gewichtet mit den dazu gehörenden Oszillatorstärken f_k für einen Übergang auf das Energieniveau k [196, 414]:

$$\ln I = \sum_k f_k \ln E_k \, . \qquad (3.23)$$

Logarithmen werden hier verwendet, weil T_1 auch logarithmisch in (3.22) eingeht. Im Prinzip ist I durch (3.23) definiert, aber es wird üblicherweise einer Anpassung an experimentelle Daten entnommen. Die Bestimmung von I ist ein schwieriger Bestandteil in der Berechnung des mittleren Energieverlustes [936, 514] mit der Folge, dass numerische Werte von I in der Literatur vom Veröffentlichungsdatum abhängen. In Abb. 3.4 ist I/Z als Funktion der Ordnungszahl Z unter Verwendung experimenteller Daten dargestellt [582]. Die Z-Abhängigkeit kann grob durch ein einfaches Potenzgesetz beschrieben werden:

$$I \approx 17.7\, Z^{0.85}\ \text{eV}. \qquad (3.24)$$

Der Term $\ln 1/\gamma^2$ in (3.22) trägt dem relativistischen Anwachsen der Ausdehnung des elektrischen Feldes senkrecht zur Teilchenbewegungsrichtung Rechnung. Da die Eindringtiefe des transversalen elektrischen Feldes linear mit γ wächst, wächst auch der maximale Stoßparameter des vorbeifliegenden Teilchens, was zu vermehrten Energieüberträgen führt. Die Integration über alle beitragenden Stoßparameter führt auf die γ-Abhängigkeit in (3.22) (siehe zum Beispiel die diesbezügliche Diskussion in [604] und im Anhang von [82]).

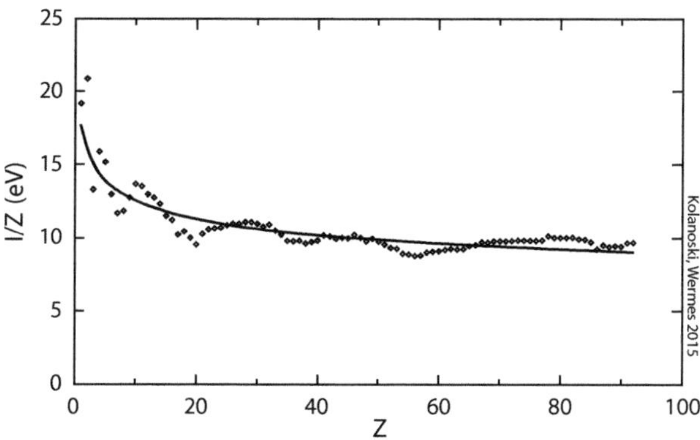

Abb. 3.4 Mittlere Anregungsenergie I, dividiert durch die Kernladung Z, als Funktion von Z. Die Werte wurden der Tabelle 1 in [582] entnommen. Die Kurve zeigt eine Anpassung einer einfachen Potenzfunktion von Z an die I/Z-Werte gemäß (3.24).

3.2.1.2 Bethe-Bloch-Formel

Mit dem Ansatz in (3.11) und den jeweiligen Anteilen für den hochenergetischen Energieübertragsbereich in (3.18) und den niederenergetischen Bereich in (3.22) sowie der Substitution der Elektronendichte n_e aus (3.12) erhält man die Bethe–Bloch–Formel (siehe [197, 884]) wie in [799] angegeben:

$$-\left\langle \frac{dE}{dx} \right\rangle = K\,\frac{Z}{A}\,\rho\,\frac{z^2}{\beta^2}\left[\frac{1}{2}\,\ln\frac{2\,m_e\,c^2\,\beta^2\,\gamma^2\,T_{max}}{I^2} - \beta^2 - \frac{\delta(\beta\gamma)}{2} - \frac{C(\beta\gamma,\,I)}{Z}\right]. \qquad (3.25)$$

Die Formel enthält zwei zusätzliche Korrekturterme $\delta/2$ und C/Z, die jeweils bei hohen, beziehungsweise bei niedrigen Energien relevant sind (siehe unten). Die verschiedenen in der Gleichung auftretenden Größen sind wie folgt definiert:

- $K = 4\pi N_A r_e^2 m_e\,c^2 = 0.307$ MeV $\mathrm{cm}^2/\mathrm{mol}$, mit dem klassischen Elektronenradius:

$$r_e = \frac{e^2}{4\pi\epsilon_0 m_e c^2} = \alpha\frac{\hbar}{m_e c} \approx 2.8\,\mathrm{fm}\,. \qquad (3.26)$$

- z, β sind Ladung und Geschwindigkeit des Projektilteilchens.
- Z, A sind Ordnungszahl bzw. atomare Masse des Mediums.
- I ist die mittlere Anregungsenergie.
- T_{max} ist der maximal mögliche Energieübertrag auf ein Hüllenelektron, der in einer zentralen Kollision zwischen Projektil und Elektron entsteht (siehe (3.21)).
- $\delta/2$ ist die so genannte Dichtekorrektur, die bei hohen Energien wichtig ist.
- C/Z ist eine Schalenkorrektur, die für kleine β Werte relevant ist.

Tabelliert findet man im Allgemeinen den auf die Dichte normierten mittleren Energieverlust (wir lassen hier und im Folgenden die Zeichen für den Mittelwert weg):

$$\frac{dE}{\rho\,dx} \quad \text{in den Einheiten} \quad \frac{\mathrm{MeV}}{\mathrm{g\,cm^{-2}}}\,. \qquad (3.27)$$

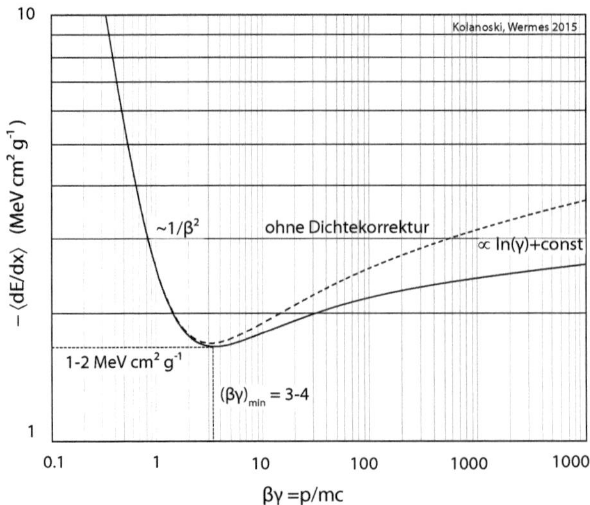

Abb. 3.5 Verlauf des mittleren Energieverlusts geladener Teilchen durch Ionisation und Anregung als Funktion von $\beta\gamma = p/mc$ (hier am Beispiel von geladenen Pionen in Silizium). Für das Minimum des Energieverlusts ist der Wertebereich angegeben, der für die meisten Medien gilt. Bei hohen Energien zeigt die Abweichung von dem Verhalten proportional zu $\log \gamma$ den Effekt der Abschirmung des transversalen elektrischen Feldes durch die Polarisation des Mediums (Dichteeffekt).

Häufig wird dafür auch nur dE/dx geschrieben, das heißt, x wird als *Massenbelegung*, zum Beispiel in Einheiten g/cm^2, angegeben:

$$x \longrightarrow \rho x\,. \tag{3.28}$$

Die Gleichung (3.25) gilt für 'schwere' Teilchen, womit Teilchen, die nicht Elektronen oder Positronen sind, gemeint sind. Für Elektronen und Positronen muss die Gleichung modifiziert werden (siehe Abschnitt 3.2.1.5).

Die Bethe-Bloch-Formel beschreibt den Bremseffekt der Materie auf das Teilchen und wird deshalb auch *Bremsvermögen* (*stopping power*) genannt[5]. Diese Größe bestimmt zum Beispiel die Reichweite eines Teilchens in Materie oder den Energieverlust nach Durchlaufen einer Materieschicht. Von dem Bremsvermögen zu unterscheiden ist die Wirkung des Energieverlusts in einem Detektor. Häufig wird die deponierte Energie über die Ionisation des Mediums gemessen, wobei zum Beispiel die atomaren Anregungen mit möglicher Abstrahlung niederenergetischer Photonen nicht berücksichtigt werden, die andererseits aber zu dem gesamten Bremsvermögen beitragen[6]. In einer dünnen Detektorschicht kann es auch sein, dass der hochenergetische Teil der angestoßenen Elektronen, genannt *δ-Elektronen* (Abschnitt 3.2.2), den Detektor verlässt, wodurch die mittlere beobachtete Energie kleiner wird.

3.2.1.3 Energieabhängigkeit des Energieverlusts

In Abb. 3.5 ist die Abhängigkeit des Energieverlusts von der Energie für einen typischen Fall ($\pi^\pm$ in Silizium) nach (3.25) unter Benutzung der Parametrisierung der Dichte- und

[5] *Massenbremsvermögen* ist das durch die Dichte dividierte Bremsvermögen (3.27).

[6] In Abhängigkeit von den dielektrischen Eigenschaften des Mediums können die atomaren Anregungen zu kohärenten Abstrahlungsphänomenen wie Cherenkov- und Übergangsstrahlung führen (Kapitel 11 und 12). Eine vereinheitlichte Beschreibung des Energieverlusts liefert zum Beispiel das PAI-Modell (PAI = *photo absorption ionization*) [82].

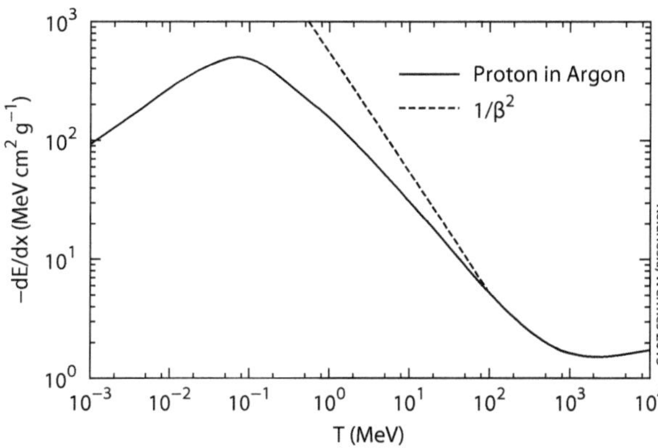

Abb. 3.6 Mittlerer Energieverlust von Protonen in Argon als Funktion der kinetischen Energie der Protonen (erstellt mit dem interaktiven Programm PSTAR [189]). Bei kleinen Energien zeigen die Abweichungen von dem $1/\beta^2$-Verhalten den Einfluss der Schalenkorrekturen.

Schalenkorrektur nach [965] wiedergegeben. Bei kleinen Energien dominiert der $1/\beta^2$-Term, bei hohen der $\ln\gamma$-Term. Dazwischen liegt ein breites Minimum um $\beta\gamma \approx 3-4$, beziehungsweise $\beta \approx 0.95-0.97$, abhängig von Z. In diesem kinematischen Bereich spricht man von minimal-ionisierenden Teilchen (MIPs, *minimum ionising particles*). Da für $\beta\gamma$-Werte oberhalb des Minimums der dE/dx-Anstieg im Vergleich zu dem steilen $\propto 1/\beta^2$ Anstieg unterhalb des Minimums nur moderat ist, wird die Bezeichnung *MIP* üblicherweise für alle geladenen Teilchen mit Energien größer als der Energie am Minimum verwendet. In Tab. 3.1 finden sich neben anderen Parametern die minimalen dE/dx-Werte einiger Materialien.

Energieverlust bei niedrigen Energien Die $1/\beta^2$-Abhängigkeit ist dadurch zu erklären, dass der Impulsübertrag mit der effektiven Wechselwirkungszeit $\Delta t \simeq b/\gamma v$ (b = Stoßabstand) anwächst und diese bei kleinerer Geschwindigkeit länger wird. Da der Impulsübertrag zu Δt proportional ist, erhält man für den Energieübertrag wegen $\Delta E = \frac{(\Delta p)^2}{2m} \propto \frac{1}{v^2}$ eine quadratische Geschwindigkeitsabhängigkeit. Wenn aber die Energie der Teilchen so klein ist, dass die Geschwindigkeit in die Größenordnung der Geschwindigkeit der Hüllenelektronen kommt, ist die Approximation des minimalen Energieübertrags durch eine mittlere Anregungsenergie wie in (3.22) angenommen nicht mehr möglich. Es sind dann die möglichen Anregungen im Detail auszuwerten, wobei auch quantenmechanische Interferenzeffekte, wie der Ramsauer-Effekt (siehe Abschnitt 4.6.2), zu beachten sind. Wir werden diese Effekte im Zusammenhang mit Drift und Diffusion von Elektronen in Driftgasen (siehe Abschnitt 4.6.4) ansprechen.

Die energieabhängigen Schalenkorrekturen C/Z in (3.25) werden unterhalb $\beta \approx 0.3$ relevant. Eine Übersicht über die Anwendung von Schalenkorrekturen findet sich in [211], wo auch auf eine detaillierte Diskussion in [189] verwiesen wird. Der Verlauf der Energieverlustkurve bei kleinen β-Werten ist in Abb. 3.6 für Protonen in Argon zu sehen: Unterhalb einer kinetischen Energie von etwa 1 MeV, entsprechend $\beta \approx 0.05$, weicht die Kurve von dem $1/\beta^2$-Verhalten der Bethe-Bloch-Gleichung ab, erreicht ein Maximum und fällt dann steil ab (logarithmische Skalen beachten!). Bei sehr kleinen kinetischen

Tab. 3.1 Parameter zur Berechnung des Energieverlusts für einige ausgesuchte Materialien [814]. Siehe die Erklärungen zu (3.25) sowie (3.31) für die Plasmafrequenz ω_P. 'Fotoemulsion' in [814] entspricht der Fotoemulsion Ilford G.5 (siehe Abschnitt 6.3). Der untere Teil der Tabelle enthält die Parameter der Dichtekorrektur (3.29) aus den 'Muon Energy Loss Tables' in [814].

Material	Z	A	ρ $\left(\frac{\text{g}}{\text{cm}^3}\right)$	I (eV)	$\frac{dE}{dx}\|_{min}$ $\left(\frac{\text{MeV cm}^2}{\text{g}}\right)$	$\hbar\omega_P$ (eV)
C (Graphit)	6	12.01	2.21	78	1.74	30.28
Al	13	26.98	2.70	166	1.62	32.86
Si	14	28.09	2.33	173	1.66	31.05
Fe	26	55.85	7.87	286	1.45	55.18
Pb	82	207.2	11.35	823	1.12	61.07
Ar	18	39.95	0.00166	188	1.52	0.79
CsI	108	259.8	4.51	553	1.24	39.46
Polystyrol	56	104.2	1.06	68.7	1.94	21.75
Wasser	10	18	1.00	79.7	1.99	21.48
Standardfels*	11	22	2.65	136.4	1.69	33.2
Fotoemulsion**	≈ 13	≈ 29	3.82	331.0	1.42	38.0

* Die Parameter sind durch die Definition von 'Standardfels' festgelegt.
** Z und A wurden entsprechend (3.38) berechnet.

Material	a	k	ζ_0	ζ_1	$-C_D$	δ_0
C (Graphit)	0.208	2.95	−0.009	2.482	2.893	0.14
Al	0.080	3.63	0.171	3.013	4.240	0.12
Si	0.149	3.25	0.202	2.872	4.436	0.14
Fe	0.147	2.96	−0.001	3.153	4.291	0.12
Pb	0.094	3.16	0.378	3.807	6.202	0.14
Ar	0.197	2.96	1.764	4.486	11.95	0.00
CsI	0.254	2.67	0.040	3.335	6.28	0.00
Polystyrol	0.165	3.22	0.165	2.503	3.30	0.00
Wasser	0.091	3.48	0.24	2.800	3.502	0.00
Standardfels	0.083	3.41	0.049	3.055	3.774	0.00
Fotoemulsion	0.124	3.01	0.101	3.487	5.332	0.00

Energien, unterhalb einiger 100 eV, verliert das Proton hauptsächlich durch elastische Stöße mit den Kernen Energie, bis es schließlich thermalisiert ist.

Energieverlust bei hohen Energien Der Anstieg des Energieverlusts bei hohen Energien hat zwei Gründe: Der eine ist das asymptotische Anwachsen des maximalen Energieübertrags mit γ, siehe Gleichung (3.21), also ein rein kinematischer Effekt. Der andere Grund ist der bereits erläuterte relativistische Effekt: Die transversale Komponente des elektrischen Feldes wächst mit γ, was zu einem entsprechenden Anwachsen des maximalen Stoßparameters führt und in die Bethe-Bloch-Gleichung über den minimalen Energieübertrag eingeht.

Das Anwachsen der Reichweite des Feldes wird für hochrelativistische Teilchen allerdings begrenzt durch die Abschirmwirkung der umgebenden Atome infolge Polarisation des Mediums (Dichteeffekt), was zu einer Abflachung von dE/dx bei hohen Energien führt. Der Dichteeffekt wird in der Bethe-Bloch-Gleichung (3.25) durch den Term $\delta(\beta\gamma)$ berücksichtigt. Eine Parametrisierung ist in [965] für verschiedene Energiebereiche angegeben:

$$\delta(\beta\gamma) = \begin{cases} 2\zeta \ln 10 + C_D & \text{für } \zeta \geq \zeta_1\,, \\ 2\zeta \ln 10 + C_D + a\,(\zeta_1 - \zeta)^k & \text{für } \zeta_0 \leq \zeta < \zeta_1\,, \\ \delta_0\, 10^{2\,(\zeta - \zeta_0)} & \text{für } \zeta < \zeta_0\,, \end{cases} \tag{3.29}$$

$$\text{mit} \qquad C_D = 2\,\ln(\hbar\omega_P/I) - 1 \quad \text{und} \quad \zeta = \log_{10}\beta\gamma\,. \tag{3.30}$$

Für einige Materialien sind die Parameter dieser Gleichung in Tab. 3.1 aufgeführt. Eine sehr umfangreiche Sammlung dieser Parameter für verschiedene Stoffe findet man interaktiv auf der PDG-Webseite[7] [814].

Bei großen Stoßparametern, also kleinen Energieüberträgen, wirkt die vorbeifliegende Ladung kohärent auf die umgebenden Elektronen und regt diese zu gemeinsamen Schwingungen um die weniger beweglichen Ionenladungen an. Die Frequenz der Schwingung, die so genannte *Plasmafrequenz*

$$\omega_P = \sqrt{\frac{n_e e^2}{\epsilon_0 m_e}}\,, \tag{3.31}$$

hängt neben Naturkonstanten nur von der Elektronendichte ab. Damit ist die untere Grenze der übertragbaren Energie durch die Plasmaanregungsenergie $\hbar\omega_P$ gegeben, die dann die mittlere Anregungsenergie eines einzelnen Atoms asymptotisch ersetzt.

Asymptotisch erhält die Dichtekorrektur in (3.25) für große γ-Werte die Form

$$\delta \to 2\,\ln\frac{\hbar\omega_P}{I} + 2\,\ln\beta\gamma - 1\,. \tag{3.32}$$

Dieses asymptotische Verhalten ergibt sich für δ in (3.29) durch die Definition des Parameters C_D in (3.30). Die Bethe-Bloch-Formel (3.25) geht in diesem Grenzfall in die Form

$$-\left\langle\frac{dE}{dx}\right\rangle = K\,\frac{Z}{A}\,\rho\,z^2\left[\frac{1}{2}\,\ln\frac{2\,m_e\,c^2\,T_{max}}{(\hbar\omega_P)^2} - \frac{1}{2}\right] \quad (\gamma\to\infty,\,\beta\to 1) \tag{3.33}$$

über. Damit tritt in dem Logarithmus an die Stelle von I die Plasmaenergie $\hbar\omega_P$, und der $\beta^2\gamma^2$-Term verschwindet. Eine γ-Abhängigkeit von dE/dx kommt dann nur noch durch das Anwachsen von $T_{max} \propto \gamma$, so dass die dE/dx-Kurve abflacht (Abb. 3.5). Das Anwachsen von T_{max} bewirkt, dass immer höher energetische δ-Elektronen produziert werden können. Häufig wird allerdings deren Energiebeitrag zu einer Ionisationsmessung beschränkt, zum Beispiel weil hochenergetische δ-Elektronen aus einem (dünnen)

[7]Die Parameter sind etwas versteckt in der 'Table of muon dE/dx and Range' in [814] für jeden Stoff einzeln eingetragen.

Detektor austreten oder wenn hohe Energieeinträge bei einer Messung bewusst nicht berücksichtigt werden. Letzteres kann hilfreich sein, um die Messung des Teilchendurchtrittsortes zu verbessern, wenn ein unter großem Winkel zur Teilchenspur austretendes δ-Elektron Signale auf mehreren Elektroden erzeugt. Ferner, um den mittleren Energieverlust bei mehrfachen dE/dx-Messungen entlang einer Teilchenspur (zum Beispiel in Driftkammern) präziser zu bestimmen, werden außerdem oft hohe Energieverlusteinträge (offline) entfernt (*truncated mean* Methode, siehe Abschnitt 3.2.3.3). Wenn daher hohe Energieverlusteinträge bei der Messung unberücksichtigt bleiben, spricht man vom *eingeschränkten Energieverlust* (*restricted energy loss*), der alle Verluste bis zu einer maximalen kinetischen Energie T_{cut} berücksichtigt. Gleichung (3.25) wird entsprechend modifiziert:

$$-\left\langle \frac{dE}{dx} \right\rangle \bigg|_{T<T_{cut}} = K \frac{Z}{A} \rho \frac{z^2}{\beta^2} \left[\frac{1}{2} \ln \frac{2\, m_e\, c^2\, \beta^2\, \gamma^2\, T_{cut}}{I^2} - \frac{\beta^2}{2} \left(1 + \frac{T_{cut}}{T_{max}} \right) - \frac{\delta}{2} - \frac{C}{Z} \right] . \tag{3.34}$$

Der eingeschänkte Energieverlust (3.34) erreicht bei hohen Energien eine Sättigung (*Fermi-Plateau*), weil in (3.33) T_{max} nicht mehr mit γ wächst, sondern durch ein festes T_{cut} ersetzt wird (siehe auch [799] und Abb. 3.13 auf Seite 52). Das Fermi-Plateau erreicht einen typischen Wert, der in Gasen etwa 40% und in Festkörpern weniger als 10% höher als der minimale Energieverlust liegt.

3.2.1.4 Skalierungsgesetze und Teilchenidentifikation

Der mittlere Energieverlust pro Weglänge (3.25), auch *spezifischer Energieverlust* genannt (oder *spezifische Ionisation*, wenn nur die Ionisation gemessen wird, wie es häufig der Fall ist) lässt sich näherungsweise als Funktion der Geschwindigkeit und der Teilchenladung ausdrücken:

$$\frac{dE}{dx} \approx z^2\, Z\, f_\beta(\beta) = z^2\, Z\, f_p \left(\frac{p}{M} \right) = z^2\, Z\, f_T \left(\frac{T}{M} \right) . \tag{3.35}$$

Die Proportionalität zu der Kernladungszahl Z des Mediums ergibt sich, weil die Streuung an den Hüllenelektronen inkohärent ist, das heißt, es ist über die Beiträge der einzelnen Elektronen zu summieren. Das Verhältnis ρ/A, das ebenfalls in (3.25) eingeht, kann man als etwa konstant annehmen. Mit der Näherung $Z/A \lesssim 1/2\,\text{mol/g}$, was zumindest für die leichteren Elemente eine vernünftige Annahme ist, ist der auf die Dichte normierte Energieverlust $dE/(\rho dx)$ annähernd unabhängig vom Material, wie man zum Beispiel in der Spalte $dE/dx|_{min}$ in Tab. 3.1 sieht.

Die Abhängigkeiten von Impuls und kinetischer Energie ergeben sich, weil $p/(Mc) = \gamma\beta$ und $T/(Mc^2) = \gamma - 1$ nur Funktionen der Geschwindigkeit sind. Für ein gegebenes Medium sind die Funktionen $f_{\beta,p,T}$ unabhängig von Teilchenart und -masse.

Diese Eigenschaft wird für die Teilchenidentifikation benutzt: Teilchen mit unterschiedlichen Massen haben bei gleichem Impuls unterschiedliches β und γ. Dadurch verschieben sich die dE/dx-Kurven als Funktion des Impulses für verschiedene Massen (Abb. 3.7, siehe auch Abb. 14.11), was zur Teilchenidentifikation genutzt wird (siehe Kapitel 14).

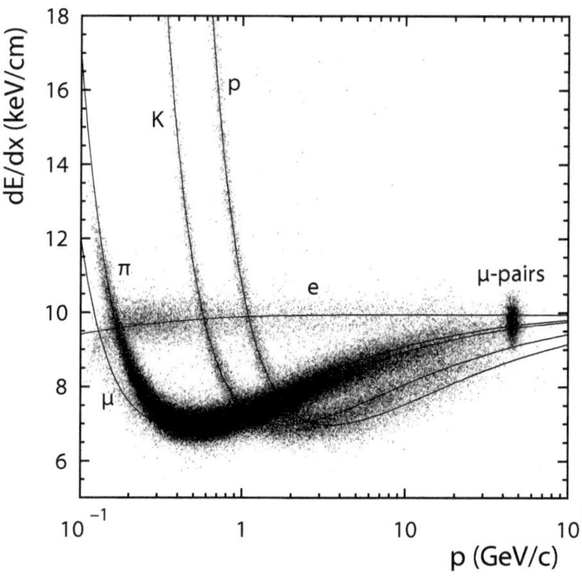

Abb. 3.7 Messung der Ionisation von geladenen Teilchen als Funktion des Impulses in einer hauptsächlich mit Argon gefüllten Driftkammer. Jeder Punkt stellt eine Messung für eine Teilchenspur dar, die in Zerfällen des Z^0-Bosons ($m_Z = 91\,\text{GeV}/c^2$) beobachtet wurde (LEP, OPAL-Detektor [545], mit freundl. Genehmigung von Elsevier).

3.2.1.5 Energieverlust bei Elektronen und Positronen

Für Elektronen und Positronen wird auf Grund ihrer kleinen Masse schon bei relativ kleinen Energien der Energieverlust durch Bremsstrahlung wesentlich. Da beide Prozesse in guter Näherung unabhängig voneinander betrachtet werden können, wollen wir uns daher hier auf den Energieverlust durch Ionisation beschränken. Bremsstrahlung wird in Abschnitt 3.3 behandelt.

Der Ionisationsenergieverlust von Elektronen und Positronen unterscheidet sich von dem schwerer Teilchen auf Grund der Kinematik, des Spins und des Identitäts- beziehungsweise Antiteilchen-Charakters in Bezug auf die Elektronen des Mediums. Bei Positronen muss der Teilchenverlust durch Elektron-Positron-Annihilation in Photonen berücksichtigt werden. Allgemein werden zwei Bereiche von Energieüberträgen unterschieden: in dem Bereich, in dem die Energieniveaus der Elektronenhülle nicht vernach-

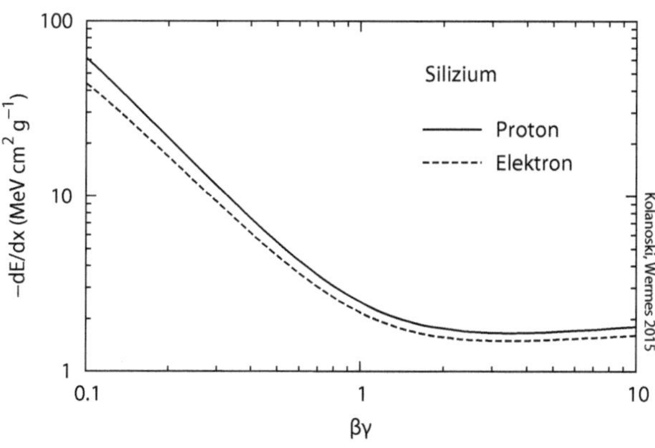

Abb. 3.8 Vergleich des Energieverlusts von Elektronen (ohne Berücksichtigung der Bremsstrahlung) und von Protonen in Silizium. Die Kurven wurden mit den Programmen ESTAR und PSTAR [189] berechnet (in dem Programm als '*collision energy loss*' bei Elektronen und '*total energy loss*' bei Protonen bezeichnet).

lässigt werden können, wird Energieverlust durch Mittelung über Energieniveaus bestimmt, so wie in (3.23) für schwere Teilchen; in dem Bereich größerer Energieüberträge werden diskrete Prozesse als Møller-Streuung ($e^-e^- \to e^-e^-$) oder Bhabha-Streuung ($e^+e^- \to e^+e^-$) berechnet.

In Abb. 3.8 wird der Energieverlust von Protonen und Elektronen in Silizium verglichen. Der Unterschied beträgt etwa 10 % im Ionisationsminimum und wird etwas größer zu kleineren Geschwindigkeiten hin.

Man beachte, dass die Bethe–Bloch–Formel (3.25) den Energieverlust durch Cherenkov-Strahlung beinhaltet (siehe auch Abschnitt 11.3 auf Seite 519). Solche Verluste treten in transparenten Medien für Energieüberträge unterhalb der Ionisationsschwelle auf, wenn Brechungsindex und Frequenzbereich die Cherenkov-Bedingung erfüllen (siehe Kapitel 11). Dieser Aspekt wurde bereits 1940 von Fermi [419] diskutiert und ist explizit zum Beispiel in [82] beschrieben. Der Cherenkov-Beitrag zum totalen Energieverlust beträgt jedoch nur wenige Prozent.

Übergangsstrahlung (Kapitel 12) entsteht auf ähnliche Art und Weise, wenn das durchlaufene Medium Inhomogenitäten ausweist.[8] Übergangsstrahlungsverluste sind generell nicht in der Bethe–Bloch–Formel (3.25) enthalten, da in ihrer Ableitung homogene Medien angenommen werden. Wichtiger allerdings ist, dass (3.25) nicht den Energieverlust durch Bremsstrahlung berücksichtigt, der bei hohen $\beta\gamma$-Werten dominant wird (siehe Abschnitt 3.3.2).

3.2.1.6 Parameter der Bethe-Bloch-Formel für Mischungen und Verbindungen

Für verschiedene Komponenten i in einem Medium kann man näherungsweise die dE/dx-Werte mit den Gewichtsanteilen w_i gewichtet summieren, wobei atomare Korrekturen vernachlässigt werden (das ist die sogenannte Bragg-Regel für dE/dx-Berechnungen):

$$\frac{dE}{\rho dx} = \sum_i w_i \left(\frac{dE}{\rho_i dx} \right)_i . \tag{3.36}$$

Für Verbindungen ergibt sich der Gewichtsfaktor mit der Anzahl a_i des Atoms i mit dem Atomgewicht A_i in der Verbindung:

$$w_i = \frac{a_i A_i}{\sum_j a_j A_j} . \tag{3.37}$$

Für die Parameter in der Bethe-Bloch-Formel lassen sich für Verbindungen und Mischungen Effektivwerte berechnen:

$$\begin{aligned} Z_{\text{eff}} &= \sum_i a_i Z_i, \qquad A_{\text{eff}} = \sum_i a_i A_i \,, \\ (Z/A)_{\text{eff}} &= Z_{\text{eff}}/A_{\text{eff}} = \sum_i w_i Z_i/A_i \qquad (= \langle Z/A \rangle \text{ in Tab. 3.4}) \,, \\ \ln I_{\text{eff}} &\approx \frac{1}{Z_{\text{eff}}} \sum_i a_i Z_i \ln I_i, \qquad \delta_{\text{eff}} \approx \frac{1}{Z_{\text{eff}}} \sum_i a_i Z_i \delta_i \,. \end{aligned} \tag{3.38}$$

[8]Siehe z.B. in Abschnitt 7.6 der Referenz [414] die Diskussion über 'Grenzflächeneffekte'.

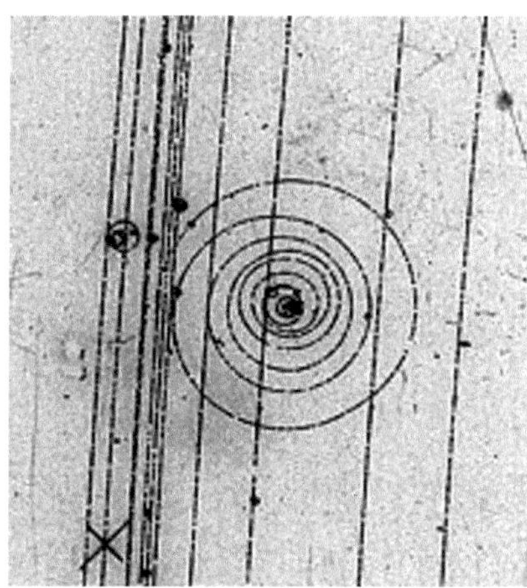

Abb. 3.9 Ausschnitt einer Blasenkammeraufnahme, die ein nach rechts von einer Spur ausgehendes δ-Elektron zeigt, welches im Magnetfeld eine spiralförmige Spur erzeugt. Die Spirale ergibt sich wegen des kontinuierlichen Energieverlustes in dem Medium der Blasenkammer. Quelle: CERN.

Diese Mittelungen sind insbesondere für die von den Elektronendichten abhängigen Parameter I und δ mit Vorsicht zu benutzen (das betrifft noch mehr die Korrektur C bei niedrigen Energien, die deshalb hier nicht aufgeführt wurde)[9]. Man findet eine gute Übereinstimmung vorhandener experimenteller Werte für I_{eff} mit der obigen Formel für Verbindungen, die nur Elemente aus der Gruppe H, C, N, O, F oder Cl enthalten [936]. Für andere Elemente in einer Verbindung wird eine Erhöhung des I-Wertes des Elementes in der Formel um 13% vorgeschlagen ('13%-Regel').

3.2.2 Delta-Elektronen

Unter δ-Elektronen versteht man Elektronen aus relativ zentralen Kollisionen des Projektilteilchens mit den Hüllenelektronen, die daher vergleichsweise hochenergetisch sind (engl. *high energy knock-on electrons*). Die Verteilung der kinetischen Energien der Elektronen ist nach (3.16) proportional zu $1/T^2$. Die Ausläufer dieser Verteilung gehen bis T_{max}, was nach (3.21) insbesondere für relativistische Teilchen sehr groß sein kann. Spuren von Elektronen mit Energien von einigen keV kann man in Detektoren mit hoher Granularität und Ortsauflösung, wie z.B. in Blasenkammern oder in Fotoemulsionen, beobachten (Abb. 3.9), aber auch in modernen elektronischen Detektoren mit hoher Granularität. In Detektoren, die nicht in der Lage sind, abgestrahlte δ-Elektronen aufzulösen, führt die Abstrahlung, die dominant unter großen Winkeln zum einlaufenden Teilchen erfolgt, zu einer Verschlechterung der Ortsauflösung. Seltene Abstrahlung hoher Energie führt auch zu größeren Fluktuationen in dE/dx-Messungen zur Teilchenidentifikation und damit zu schlechterer Auflösung. Wegen der Relevanz von δ-Elektronen für Detektoren werden im Folgenden ihre Energie- und Winkelverteilung näher diskutiert.

---

[9] In dem Review 'Passage of Particles through matter' in [799] wird die Problematik diskutiert und auf Literatur über entsprechende Messdaten oder, wenn nicht vorhanden, verbesserte Berechnungen verwiesen.

Energie-Winkel-Relation Wir können im Folgenden die Erzeugung von δ-Elektronen als eine elastische Streuung des Teilchens an ruhenden, 'quasi-freien' Elektronen betrachten, weil der Energieübertrag relativ zur Bindungsenergie groß ist. Mit Hilfe der Vierervektoren P, P', p_e, p'_e der ein- und der auslaufenden Teilchen (Definitionen wie in (3.13)) lässt sich die Relation zwischen der Energie und dem Streuwinkel des Elektrons, die ja bei einem elastischen Stoß nicht unabhängig sind, herleiten. Aus der Energie- und der Impulserhaltung

$$P + p_e = P' + p'_e \tag{3.39}$$

ergibt sich

$$\begin{aligned} (P - p'_e)^2 = (P' - p_e)^2 \qquad &\Rightarrow \qquad P\,p'_e = P'\,p_e \\ \Rightarrow \qquad E\,E'_e - E'\,m_e c^2 = |\vec{P}c||\vec{p}'_e c| \cos\theta\,. & \end{aligned} \tag{3.40}$$

Unter Benutzung der Lorentz-Faktoren γ, β des einlaufenden Teilchens und der Beziehungen

$$E = \gamma M c^2,\ \ |\vec{P}| = \gamma\beta M c,\ \ E' = E - T,\ \ T = E'_e - m_e c^2,\ \ |\vec{p}'_e c| = \sqrt{T^2 + 2T m_e c^2} \tag{3.41}$$

erhält man daraus den gesuchten Zusammenhang zwischen der kinetischen Energie T des δ-Elektrons und dem Emissionswinkel θ (Abb. 3.10):

$$\cos\theta = \frac{T(\gamma + m_e/M)}{\gamma\beta\sqrt{T^2 + 2T m_e c^2}}\,, \tag{3.42}$$

$$T(\theta) = \frac{2\,m_e c^2\,\beta^2\,\gamma^2\,\cos^2\theta}{\gamma^2\,(1 - \beta^2\,\cos^2\theta) + 2\,\gamma\,m_e/M + m_e^2/M^2}\,. \tag{3.43}$$

Die maximale kinetische Energie T_{max}, die auf das Elektron in einem zentralen Stoß übertragen werden kann, ergibt sich für $\theta = 0°$ und wurde bereits in (3.21) angegeben. Die minimale kinetische Energie ergibt sich für $\theta = 90°$ zu $T_{min} = 0$. Dabei ist allerdings zu beachten, dass in diesem Bereich die Näherung eines *freien* Elektrons nicht mehr gilt. Der mindestens notwendige Energieübertrag durch das Projektil ist durch die kleinste atomare Anregungsenergie gegeben.

Im Fall hoch-relativistischer Energien, $\gamma \gg 1$ ($\beta \to 1$), wird aus der Relation (3.43)

$$T(\theta) = \frac{2\,m_e c^2\,\cos^2\theta}{1 - \cos^2\theta} = \frac{2\,m_e c^2}{\tan^2\theta}\,. \tag{3.44}$$

Der Ausdruck divergiert allerdings in der Nähe von $\theta = 0°$, entsprechend $T \to T_{max}$. Deshalb muss für $\theta \lesssim 1/\gamma$ zuerst der Grenzübergang für den ersten Term im Nenner von (3.43) durchgeführt werden,

$$\gamma^2(1 - \beta^2\,\cos^2\theta) \overset{\theta\to 0}{\longrightarrow} 1\,, \tag{3.45}$$

womit sich $T_{max} = T(\theta = 0) \to \gamma M$ für $\gamma \to \infty$ wie in (3.21) ergibt.

Bemerkenswert ist, dass im hoch-relativistischen Grenzfall ($\gamma \gg 1$ und $\theta \gg 1/\gamma$) die Energie-Winkel-Relation (3.44) nicht mehr von den Eigenschaften des einfallenden Teilchens, also weder von dessen Energie noch von dessen Masse, abhängt (die Kurve $\gamma = \infty$ in Abb. 3.10).

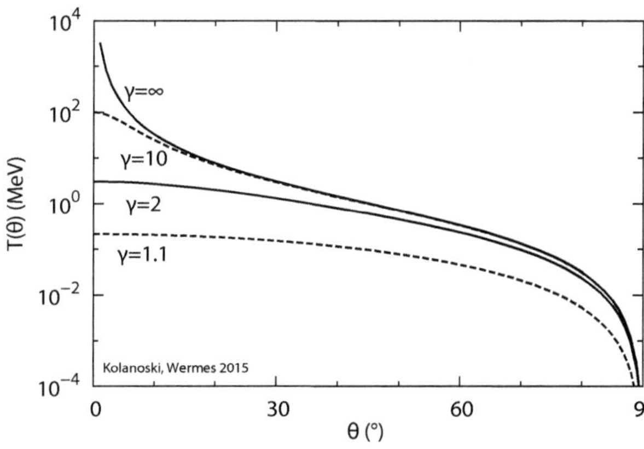

Abb. 3.10 Kinetische Energie von δ-Elektronen, aufgetragen gegen den Emissionswinkel, für Protonen als Projektilteilchen mit verschiedenen Lorentz-Faktoren γ. Für die Ableitung wurde elastische Streuung an freien, ruhenden Elektronen angenommen, eine Annahme, die bei kleinen Energien des gestreuten Elektrons, also nahe $\theta = 90°$, nicht mehr gerechtfertigt ist.

Energie- und Winkelverteilung Um den Einfluss der δ-Elektronen auf die Ortsauflösungen von Detektoren abzuschätzen, muss man die Energie-Winkel-Verteilung näher betrachten. Zwar sind mit größeren Winkeln kleinere Energien und damit geringere Reichweiten verbunden, aber andererseits ist die Ionisationsdichte niederenergetischer Elektronen im $1/\beta^2$-Bereich der Bethe-Bloch-Formel (Abb. 3.5) höher, so dass durch die Bildung von Ladungsclustern die Ortsrekonstruktion schlechter wird. Auch bei kleinen Winkeln emittierte δ-Elektronen können durch Vielfachstreuung (die mit $1/(p\beta)$ zunimmt, siehe Abschnitt 3.4) und magnetische Ablenkung (wie in Abb. 3.9) zu einem mittleren Versatz der Ladungsverteilung entlang einer Spur führen. Für quantitative Abschätzungen betrachten wir im Folgenden die Energie- und Winkelverteilungen der Elektronen.

Die Rate der δ-Elektronen pro Energieintervall dT und Weglänge dx ist

$$\frac{d^2N}{dx\,dT} = n_e\,\frac{d\sigma}{dT}\,. \tag{3.46}$$

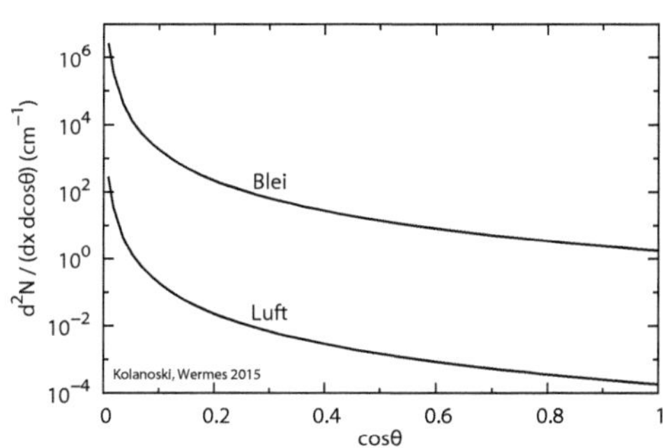

(a) δ-Elektronenrate als Funktion des Emissionswinkels.

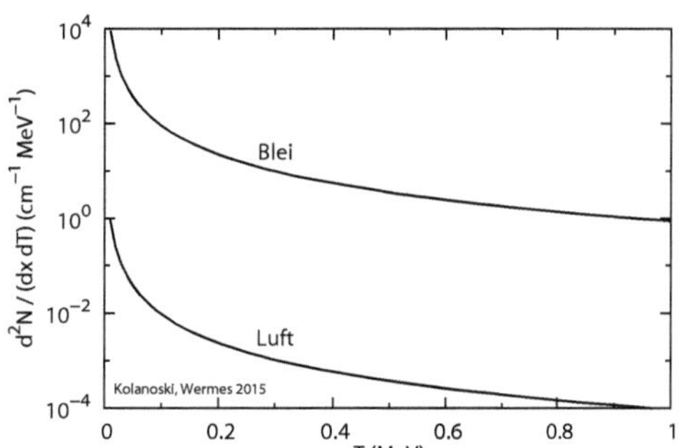

(b) δ-Elektronenrate als Funktion der kinetischen Energie.

Abb. 3.11 Winkel- und Energieverteilung der δ-Elektronen in Blei und Luft. Die Verteilungen wurden mit den Gleichungen (3.50) und (3.47) erzeugt, die für hoch-relativistische Projektile und geringe kinetische Energien der Elektronen gelten.

Mit der Elektronendichte n_e in (3.12) und dem differenziellen Wirkungsquerschnitt in (3.17) ergibt sich für die differenzielle Rate der δ-Elektronen pro Weglänge und Energie

$$\frac{d^2N}{dx\,dT} = \frac{1}{2}\,z^2\frac{Z}{A}\,K\,\rho\,\frac{1}{\beta^2}\,\frac{F(T)}{T^2}, \tag{3.47}$$

wobei $K = 4\pi N_A r_e^2 m_e c^2 = 0.3071\,\mathrm{MeV\,g^{-1}\,cm^2}$ die bereits bekannte Konstante aus der Bethe-Bloch-Formel (3.25) ist. Die Funktion $F(T)$ aus (3.17) berücksichtigt die Spinabhängigkeit und ist von der Größenordnung 1, so dass wir im Folgenden zur Vereinfachung $F(T) = 1$ annehmen wollen.

Integration von (3.47) über T und x liefert für die Anzahl der δ-Elektronen mit Energien zwischen T_{min} und T_{max} in einem Medium der Dicke Δx:

$$N = \frac{1}{2}z^2\frac{Z}{A}K\rho\,\Delta x\,\frac{1}{\beta^2}\left(\frac{1}{T_{min}} - \frac{1}{T_{max}}\right) \approx 0.077\,\frac{\mathrm{MeVcm^2}}{\mathrm{g}}z^2\rho\,\Delta x\frac{1}{T_{min}}, \tag{3.48}$$

wobei im letzten Schritt $\beta \approx 1$, $Z/A \approx 1/2$ und $T_{max} \gg T_{min}$ angenommen wurde.

Die Abhängigkeit vom Emissionswinkel θ ergibt sich in relativistischer Näherung aus der Beziehung (3.44) zu

$$\frac{dT}{d\cos\theta} = 4m_e c^2\,\frac{\cos\theta}{\sin^4\theta}\,. \tag{3.49}$$

Eingesetzt in Gleichung (3.47) ergibt sich:

$$\begin{aligned}\frac{d^2N}{dx\,d\cos\theta} &= \frac{1}{2}\,z^2\frac{Z}{A}\,K\,\rho\,\frac{1}{\cos^3\theta}\,\frac{1}{m_e c^2} \\ &\approx 0.15\,\frac{\mathrm{cm^2}}{\mathrm{g}}\,z^2\,\rho\,\frac{1}{\cos^3\theta}\,,\end{aligned} \tag{3.50}$$

wobei wieder $Z/A \approx 1/2$ angenommen wurde. Dieser Ausdruck divergiert für $\theta \to 90°$, was $T \to 0$ entspricht, wofür die gewählte Approximation eines freien Elektrons nicht mehr gültig ist. Die Energie- und Winkelverteilungen, die man mit den Gleichungen (3.47) und (3.50) erhält, sind in Abb. 3.11 dargestellt. Die Anzahl der unter nahe 90° pro Raumwinkelintervall gestreuten, niederenergetischen δ-Elektronen ist um viele Zehnerpotenzen größer als in Vorwärtsrichtung. Das führt in Detektormedien zur Verbreiterung einer Ionisationsspur und damit zu einer Verschlechterung der Ortsauflösung.

3.2.3 Statistische Fluktuationen des Energieverlusts

3.2.3.1 Übersicht

Die Bethe-Bloch-Formel gibt den mittleren Energieverlust pro Weglänge an. Tatsächlich ist der Energieverlust aber ein statistischer Prozess mit Fluktuationen: Der Energieverlust ΔE auf einer Wegstrecke Δx setzt sich aus vielen kleinen Beiträgen δE_n, die einzelnen Ionisations- oder Anregungsprozessen entsprechen, zusammen:

$$\Delta E = \sum_{n=1}^{N}\delta E_n\,. \tag{3.51}$$

Statistische Fluktuationen treten sowohl für die Anzahl N als auch für die jeweils abgegebene Energie δE auf. Beide zusammen erzeugen Fluktuationen im Energieverlust eines Teilchens und auch in der Energie, die in einer bestimmten Materialdicke Δx (z.B. im Detektor) deponiert wird. Die Fluktuationen werden generell als *Landau-Fluktuationen* bezeichnet.

Fluktuationen der Anzahl In dünnen Detektoren, die zum Beispiel zur Messung von Spuren geladener Teilchen eingesetzt werden, ist die Poisson-Statistik der Anzahl N der Ionisationen wesentlich. Zum Beispiel werden in Argon von einem minimal ionisierenden Teilchen etwa 94 Elektron-Ion-Paare pro cm erzeugt (Tab. 7.1). Der mittlere Energieverlust pro cm ist $\langle \Delta E \rangle = 2.44\,\text{keV}$. Daraus ergibt sich ein mittlerer Energiebedarf zur Erzeugung eines Ions von $\langle \delta E \rangle = 26\,\text{eV}$, der deutlich höher liegt als die minimal notwendige Energie von 15.7 eV für Ionisation. Neben Ionisation tragen atomare Anregungen (Schwelle bei 11.6 eV), die weitgehend unbeobachtet bleiben, zum mittleren Energiebedarf, der für die Erzeugung eines e^-–Ion Paares notwendig ist, bei.

Die Auflösung von ΔE durch Messung der Anzahl der Ionen kann durch die Poisson-Statistik abgeschätzt werden. Für ein minimal ionisierendes Teilchen, das durch 1 cm Argon geht, ergibt sich dann

$$\frac{\sigma(\Delta E)}{\Delta E} \approx \frac{1}{\sqrt{N}} \approx 10\% \,. \tag{3.52}$$

Im Gegensatz dazu ist für Halbleiter die mittlere notwendige Energie zur Erzeugung eines Elektron-Loch-Paares viel niedriger, zum Beispiel $\langle \delta E \rangle = 2.85\,\text{eV}$ für Germanium und $\langle \delta E \rangle = 3.65\,\text{eV}$ für Silizium (siehe Kapitel 8). Damit werden bei gleichem Energieverlust viel mehr Elektron-Loch-Paare erzeugt als Elektron-Ion-Paare in einem Gas, und damit wird eine bessere Energieauflösung erreicht (etwa dreimal besser für Germanium als für Argon).

Fluktuationen im Energieübertrag Fluktuationen treten vor allem auch in dem Energieübertrag δE pro Einzelprozess auf. Zwischen den minimal und den maximal möglichen Energieüberträgen δE_{min} und δE_{max} ist δE etwa wie $1/(\delta E)^2$ verteilt (Gleichung (3.47) und Abb. 3.11(b)).

Der minimale Energieübertrag δE_{min} ist, wie bereits besprochen, durch die minimale Anregungs- beziehungsweise Ionisationsenergie gegeben, die maximale Energie durch (3.21). Der wahrscheinlichste Energieübertrag (Maximum der Verteilung) liegt zwar relativ nahe bei δE_{min}, aber hin und wieder werden in zentralen Stößen auch große Energien bis zu $\delta E_{max} \approx E$ übertragen (siehe dazu Gleichung 3.21), was zu langen Ausläufern zu hohen Energien in der Landau-Verteilung führt.

Einfluss auf Messungen Fluktuationen des Energieverlusts können das Verhalten von Detektoren auf verschiedene Weise ungünstig beeinflussen:

– Die Impulsauflösung eines geladenen Teilchens wird verschlechtert, wenn das Teilchen vor oder während der Impulsmessung Energie verliert. Gewöhnlich kann der mittlere Energieverlust entsprechend der Bethe-Bloch-Formel korrigiert werden. Die verbleibenden Fluktuationen können manchmal durch zusätzliche Messungen von Energiedepositionen im Detektor verringert werden (Möglichkeiten der Unterdrückung von Fluktuationen werden in Abschnitt 3.2.3.3 auf Seite 55 beschrieben).

- Bei der Teilchenidentifikation durch dE/dx-Messungen hängt die Separierbarkeit der Teilchensorten wesentlich von der Breite der dE/dx-Verteilung ab, siehe Abschnitt 14.2.2 und das Messbeispiel in Abb. 3.7.
- Spurdetektoren erleiden eine Verminderung der Ortsauflösung durch statistische Fluktuationen der Ionisation entlang einer Spur: Die Ortsauflösung wird unter anderem eingeschränkt, weil sich die angestoßenen Elektronen ('knock-on'- oder δ-Elektronen) räumlich von der Spur wegbewegen und dabei sekundär ionisieren. Deswegen treten Elektron-Ion-Paare auch meistens in Clustern auf: Die primär erzeugten Elektronen machen in der Nähe der Spur Sekundärionisationen. Zum Beispiel werden in Argon von den im Mittel 94 pro cm erzeugten Elektron-Ion-Paaren nur etwa 1/3 primär erzeugt. Da dieser Effekt einen wesentlichen Einfluss auf die statistische Verteilung der Ionisationen entlang einer Spur hat, spielt er für ortsauflösende Detektoren eine wichtige Rolle (siehe Kapitel 7 und 8).

Während bei dem ersten Punkt, der Impulsauflösung, die Fluktuationen des gesamten Energieverlusts, also sowohl durch Anregung als auch durch Ionisation, eine Rolle spielen, ist bei den beiden letzten Punkten nur die messbare Ionisation relevant.

3.2.3.2 Landau-Vavilov-Verteilung

Der Energieverlust ΔE auf einer festen Weglänge Δx folgt einer Wahrscheinlichkeitsdichte $f(\Delta E; \Delta x)$, die in dem Intervall zwischen minimalem und maximalem Energieübertrag normiert sein soll:

$$\int_{\Delta E_{min}}^{\Delta E_{max}} f(\Delta E; \Delta x)\, d\Delta E = 1\,. \tag{3.53}$$

Wenn in (3.51) die einzelnen Beiträge δE_n zu ΔE statistisch unabhängig sind, gilt nach dem 'zentralen Grenzwertsatz' der Statistik, dass ΔE für $N \to \infty$ normalverteilt ist, mit einer Varianz, die N-mal die Varianz der Einzelprozesse ist. Allerdings wird dieser Grenzfall, wie aus den folgenden Erläuterungen ersichtlich wird, für relativistische Teilchen nie erreicht.

Im Allgemeinen führen die Fluktuationen der Energieüberträge in einzelnen Kollisionen zu einer asymmetrischen Verteilung $f(\Delta E; \Delta x)$, die einen gaußförmigen Anteil (entsprechend vielen Ionisationsprozessen mit kleinem Energieverlust) und einen Ausläufer zu großen Energieverlustwerten hat (siehe Abb. 3.12 und Abb. 14.9 auf Seite 645). Die großen Werte entsprechen den selteneren harten Stößen, bei denen viel Energie auf einzelne Elektronen, die in Abschnitt 3.2.2 besprochenen δ-Elektronen, übertragen wird (Abb. 3.9). Wir unterscheiden den wahrscheinlichsten Energieverlust (*most probable value, mpv*), also das Maximum der Verteilung, von dem Mittelwert $\langle dE/dx \rangle$, der je nach Asymmetrie der Verteilung mehr oder weniger weit rechts vom Maximum liegt.

Die exakte Form der Verteilung hängt im Wesentlichen von dem Verhältnis des mittleren Energieverlusts (gegeben durch die Bethe-Bloch-Formel) und des maximalen Energieverlusts ab. Ein Maß für dieses Verhältnis (aber nicht das Verhältnis selbst) ist ein von Vavilov eingeführter Parameter [1005]:

$$\kappa = \frac{\xi}{T_{max}}\,, \tag{3.54}$$

wobei ξ der mit der Weglänge Δx multiplizierte Vorfaktor vor dem Logarithmus in der Bethe-Bloch-Formel ist:

$$\xi = \frac{1}{2}\,K\,\frac{Z}{A}\,\rho\,\frac{z^2}{\beta^2}\,\Delta x\,. \tag{3.55}$$

Die beiden Grenzfälle sind:

$$\begin{aligned} &\kappa \text{ groß} \quad \longrightarrow \quad f(\Delta E; \Delta x) \text{ symmetrisch, Gauß-Verteilung (für } \kappa \gtrsim 1),\\ &\kappa \text{ klein} \quad \longrightarrow \quad f(\Delta E; \Delta x) \text{ stark asymmetrisch.} \end{aligned}$$

Die erste analytische Form für die Energieverlustverteilung konnte Landau 1944 für dünne Materieschichten, entsprechend kleinen κ-Werten, angeben [685]. Dazu machte er die Annahmen

(i) T_{max} kann unendlich groß werden, entsprechend $\kappa \to 0$;

(ii) die Elektronen werden als frei angenommen, das heißt Schaleneffekte bei kleinen Energieüberträgen werden vernachlässigt;

(iii) die Verringerung der Energie des Teilchens während des Durchgangs durch die Schicht wird vernachlässigt.

Die damit abgeleitete *Landau-Verteilung* ist als bestimmtes Integral definiert:

$$f_L(\lambda) = \frac{1}{\pi}\int_0^{\infty} e^{-t\ln t - \lambda t}\sin(\pi t)\,dt\,. \tag{3.56}$$

Diese Verteilung (Abb. 3.12) ist stark asymmetrisch mit einem Ausläufer bis $\lambda = \infty$, hat ein Maximum bei $\lambda = -0.22278$ und eine volle Halbwertsbreite von $\Delta\lambda = 4.018$. Die Verteilung steht für Computer-Rechnungen als programmierte Funktion [667] zur Verfügung, zum Beispiel in dem Programmpaket ROOT [880].

Die Standardform der Landau-Verteilung in (3.56) wird durch Skalieren und Verschieben auf eine Form zur Beschreibung der Energieverlustverteilung transformiert. Der Zusammenhang zwischen dem Energieverlust ΔE und der Variablen λ ist durch

$$\lambda = \lambda(\Delta E_w, \xi) = \frac{\Delta E - \Delta E_w}{\xi} - 0.22278 \tag{3.57}$$

gegeben. Dabei ist ΔE_w der wahrscheinlichste Energieverlust, der dem Maximum der Landau-Verteilung bei $\lambda = -0.22278$ entspricht, und ξ, definiert in Gleichung (3.55), charakterisiert die Breite der Verteilung. Die volle Halbwertsbreite der Verteilung ergibt sich zu

$$W_{\mathrm{FWHM}} = \Delta\lambda\,\xi = 4.018\,\xi\,. \tag{3.58}$$

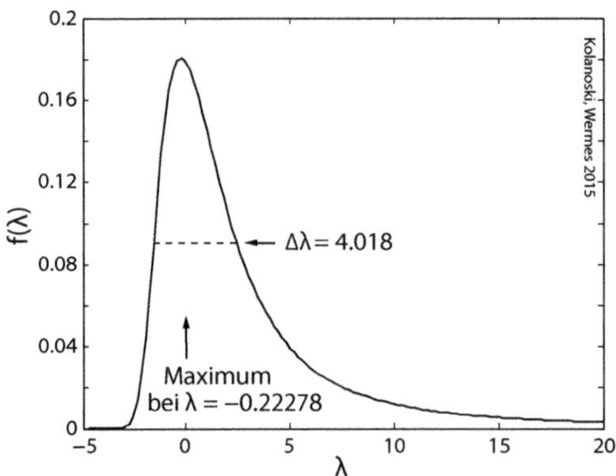

Abb. 3.12 Landau-Verteilung nach der Formel (3.56). Eingezeichnet sind das Maximum und die volle Halbwertsbreite $\Delta\lambda$ der Verteilung.

Der wahrscheinlichste Energieverlust ΔE_w, der wegen der starken Energieverlustfluktuationen zu hohen Energien (Ausläufer der Landau-Verteilung) ein stabileres Maß als der mittlere Energieverlust ist, ist nach [799] gegeben durch den Ausdruck (Bezeichnungen wie bei der Bethe-Bloch-Formel (3.25)):

$$\Delta E_w = \xi \left(\ln \frac{2m_e c^2 \beta^2 \gamma^2}{I} + \ln \frac{\xi}{I} + j - \beta^2 - \delta \right) \xrightarrow{\gamma \gtrsim 100} \xi \left(\ln \frac{2m_e c^2 \xi}{(\hbar\omega_P)^2} + j \right), \quad (3.59)$$

wobei im Grenzfall hoher Energien auf Grund der Dichtekorrektur wie in (3.32) die Plasmaenergie $\hbar\omega_P$ die mittlere Anregungsenergie I ersetzt. Für j wird in [799] der Wert

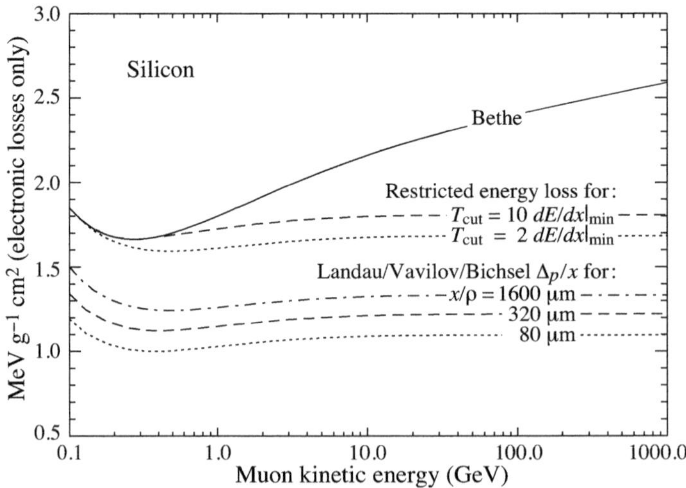

Abb. 3.13 Energieverlust von Myonen in Silizium (ohne Strahlungsverluste) [799]: Die durchgezogene Kurve ist der mittlere Energieverlust nach der Bethe-Bloch-Formel (3.25); die beiden darunter folgenden Kurven zeigen den mittleren Energieverlust mit den angegebenen Beschränkungen für T_{cut}, den Abschneidewert für den Energieübertrag pro Kollision (siehe Gl. (3.34) und Abschnitt 3.2.3.3); die drei unteren Kurven zeigen den wahrscheinlichsten Energieverlust pro Weglänge für verschieden dicke Siliziumlagen ($\Delta_p = \Delta E_w$ in Gleichung (3.59)).

$j = 0.2$ angegeben. Gleichung (3.59) zeigt, dass der auf die Schichtdicke bezogene wahrscheinlichste Energieverlust $\Delta E_w/\Delta x$ durch die $\ln \xi$-Abhängigkeit logarithmisch von der Schichtdicke abhängt ($\xi \propto \Delta x$, siehe (3.55)). Dieses Verhalten wird in Abb. 3.13 mit den unteren drei Kurven reproduziert.

Die Landau-Verteilung kann durch die so genannte Moyal-Verteilung approximiert werden [224]:

$$f_M(\lambda) = \frac{1}{\sqrt{2\pi}} e^{-0.5\left(\lambda + e^{-\lambda}\right)} . \tag{3.60}$$

Die Moyal-Verteilung wird häufig benutzt, um 'Landau-artige' asymmetrische Verteilungen durch eine einfache Formel anzupassen. Allerdings ist zu beachten, dass λ hier nicht die gleiche physikalische Bedeutung wie bei der Landau-Verteilung hat (siehe zum Beispiel den Vergleich in [667]). Zur physikalischen Interpretation von Messungen sollte man sich daher eher auf die Landau-Verteilung beziehen.

Die Landau-Verteilung ist eine gute Näherung für kleine Werte des Parameters κ, etwa in dem Bereich $\kappa \lesssim 0.01$. Eine Verallgemeinerung mit einem realistischen maximalen Energieübertrag T_{max}, die damit auch für größere κ-Werte gilt, stammt von Vavilov [1005]. Allerdings werden auch in dieser Arbeit weiterhin Schaleneffekte bei kleinen Energieüberträgen vernachlässigt (die zweite der oben angegebenen Landau'schen Annahmen). Die Vavilov-Verteilung ist als Funktion des Landau-Parameters λ gegeben als [879]:

$$p(\lambda; \kappa, \beta^2) = \frac{1}{2\pi i} \int_{c-i\infty}^{c+i\infty} \phi(s) e^{\lambda s} ds , \tag{3.61}$$

mit

$$\phi(s) = e^C e^{\psi(s)} , \qquad C = \kappa(1 + \beta^2 \gamma_E) ,$$

$$\psi(s) = s \ln \kappa + (s + \beta^2 \kappa) \left(\int_0^1 \frac{1 - e^{\frac{-st}{\kappa}}}{t} dt - \gamma_E \right) - \kappa e^{\frac{-s}{\kappa}} ,$$

$$\gamma_E = 0.5772\ldots \qquad \text{(Eulersche Konstante)} .$$

Die Vavilov-Verteilung geht für kleine κ-Werte in die Landau-Verteilung und für große κ-Werte in die Gauß-Verteilung über. Die Abdeckung des gesamten Bereiches gelingt dadurch, dass die Vavilov-Verteilung neben den beiden Landau-Parametern ΔE_w und ξ zusätzlich die beiden Parameter κ und β^2 zur Verfügung hat. Die Vavilov-Verteilung ist wie die Landau-Verteilung in dem Programmpaket ROOT implementiert, wobei die mathematische Formulierung auf der Web-Seite [879] dokumentiert ist.

Beispiele: Für ein 2-GeV-Myon hat eine 1 m dicke Wasserschicht eine 'moderate' Dicke mit $\kappa \approx 0.025$ (dies tritt zum Beispiel bei Luftschauerexperimenten wie Auger und IceTop auf, siehe Abschnitt 16.4.3). Für dasselbe Myon hat eine 300 µm dicke Siliziumlage $\kappa \approx 1.7 \cdot 10^{-5}$. Die Beispiele in Abb. 3.14(a,b) zeigen, dass für kleine κ-Werte sowohl die Landau- als auch die Vavilov-Verteilung eine recht gute Beschreibung liefert (tatsächlich findet man in Abb. 3.14(a) keinen Unterschied zwischen der Landau- und der Vavilov-Beschreibung). Allerdings sieht man bei genauerer Betrachtung, dass bei der sehr dünnen Si-Schicht in Abb. 3.14(a) beide Verteilungen die Breite etwas unterschätzen.

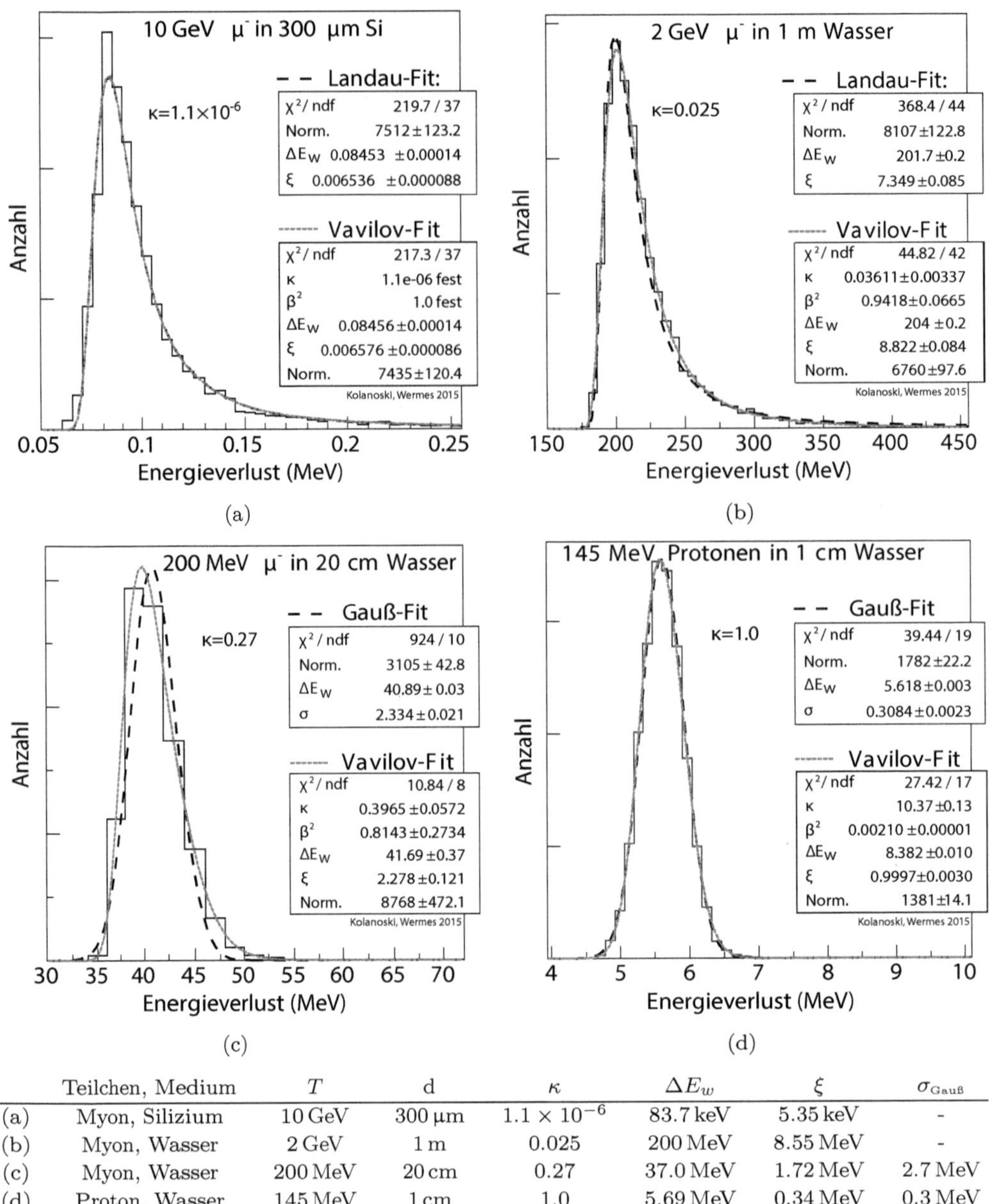

	Teilchen, Medium	T	d	κ	ΔE_w	ξ	$\sigma_{\text{Gauß}}$
(a)	Myon, Silizium	10 GeV	300 µm	1.1×10^{-6}	83.7 keV	5.35 keV	-
(b)	Myon, Wasser	2 GeV	1 m	0.025	200 MeV	8.55 MeV	-
(c)	Myon, Wasser	200 MeV	20 cm	0.27	37.0 MeV	1.72 MeV	2.7 MeV
(d)	Proton, Wasser	145 MeV	1 cm	1.0	5.69 MeV	0.34 MeV	0.3 MeV

Abb. 3.14 Vier Beispiele für Energieverlustverteilungen von Myonen und Protonen nach Durchlaufen eines Materials der Dicke d (Simulationen mit Geant4 [478]). Die Tabelle zeigt die Parameter der Verteilungen nach ansteigenden κ-Werten; κ, ΔE_w, ξ und $\sigma_{\text{Gauß}}$ wurden nach (3.54), (3.59), (3.55) und (3.62) berechnet und können mit den Anpassungsparametern, die in (a) und (b) für die Landau- und Vavilov-Verteilungen und in (c) und (d) für die Vavilov- und Gauß-Verteilungen angegeben sind, verglichen werden. Für den sehr kleinen κ-Wert in (a) sind die Landau- und Vavilov-Verteilungen praktisch identisch. Die Gauß- und Vavilov-Anpassungen in (d) unterscheiden sich optisch kaum, allerdings ist der benötigte κ-Parameter für die beste Vavilov-Anpassung viel größer als der Eingangswert von κ (siehe Kommentar im Text).

Wesentlich größere κ-Werte erreicht man mit niederenergetischen schweren Teilchen. Zum Beispiel ergibt sich für ein Proton mit einer kinetischen Energie von 145 MeV bei Durchqueren von 1 cm Wasser $\kappa \approx 1$, was zu einer angenäherten Gauß-Verteilung des Energieverlusts führt, siehe Abb. 3.14(d). Im Grenzfall großer κ-Werte ist die Varianz der Gauß-Verteilung

$$\sigma^2 \approx \xi\, T_{max} \left(1 - \frac{\beta^2}{2}\right) . \tag{3.62}$$

Der Übergangsbereich mittlerer κ-Werte wird durch die Vavilov-Verteilung beschrieben, siehe das Beispiel für $\kappa = 0.27$ in Abb. 3.14(c). Für $\kappa > 1$ liefert Vavilov üblicherweise die beste Beschreibung, hauptsächlich deswegen, weil zwei Parameter mehr zur Verfügung stehen als bei Landau und Gauß. Allerdings kann ein angepasster κ-Wert nicht immer so interpretiert werden wie in (3.54) definiert (siehe ebenso Abb. 3.14(d)).

Für die meisten praktischen Anwendungen liefert die Kombination der Landau-, Vavilov- und Gauß-Verteilungen gute Approximationen. Es gibt allerdings auch Bereiche, in denen diese Approximationen versagen, wie zum Beispiel in [209] für dünne Siliziumschichten gezeigt wird. Deshalb sind auch nach den ersten Arbeiten von Landau, Vavilov und anderen eine Fülle von theoretischen und experimentellen Untersuchungen zu den Energieverlustverteilungen veröffentlicht worden. Dabei geht es hauptsächlich um Verbesserungen der quantenmechanischen Beschreibung der atomaren Bindungszustände, die bei kleinen Energieüberträgen relevant werden. Leider gibt es für die genaueren Ergebnisse keine einfachen Formeln mehr, sondern die Verteilungen müssen mit Computerprogrammen berechnet werden.

In der Regel wird der Energieverlust von Teilchen in Detektoren simuliert. Das universelle Simulationsprogramm Geant4 [478] deckt mit einem bemerkenswert einfachen Modell alle κ-Bereiche gut ab. In dem Modell wird angenommen, dass es nur zwei Anregungsniveaus und das Kontinuum, also Ionisation, gibt. Die entsprechenden Wirkungsquerschnitte werden so angepasst, dass die theoretischen Berechnungen und, wenn vorhanden, die Daten für die Energieverlustverteilungen richtig reproduziert werden. Oberhalb einer Energie T_{cut} werden die δ-Elektronen individuell verfolgt. Bei großen κ-Werten wird eine Gauß-Näherung mit der Breite (3.62) benutzt.

3.2.3.3 Unterdrückung der Fluktuationen

Wie bereits dargelegt, begrenzen die starken Fluktuationen des Energieverlusts Energie- und Impulsauflösungen, Auflösungen von Teilchenidentifikationen durch dE/dx-Messungen und die Ortsauflösung in Detektoren, die über die Ionisation Teilchen nachweisen. Die Fluktuationen können vermindert werden, wenn es gelingt, statt des mittleren Energieverlusts den stabileren, wahrscheinlichsten Energieverlust zu messen, wenigstens näherungsweise. In Abb. 3.13 wird gezeigt, dass der mittlere Energieverlust bei Beschränkung des maximalen Energieverlusts einer Kollision (*restricted energy loss*, Gl. (3.34)) bei steigender Energie des Projektilteilchens relativ konstant bleibt und sich sehr ähnlich der Energieabhängigkeit des wahrscheinlichsten Energieverlusts verhält. Der wahrscheinlichs-

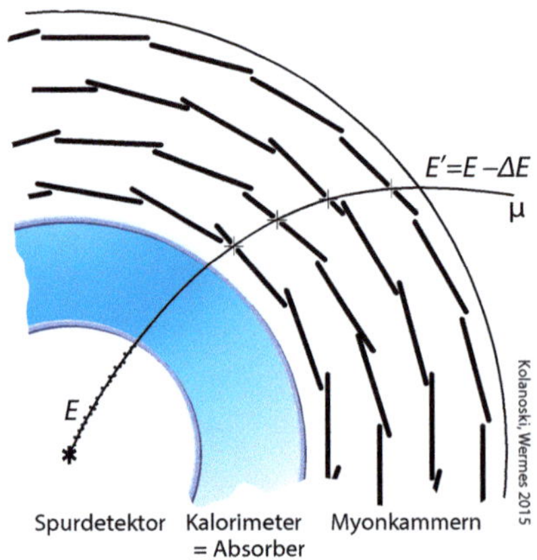

Abb. 3.15 Messung der Impulse von Myonen in einem Collider-Experiment. In dieser Skizze wird das gleiche Magnetfeld in den inneren und den äußeren Spurdetektoren angenommen. Der Energieverlust, vor allem in den Kalorimetern, führt zu einer zunehmend stärkeren Krümmung der Spur.

te Energieverlust ist jedenfalls eine stabilere Größe als der mittlere Energieverlust, der mit der Energie ansteigt (durchgehende Linie 'Bethe' in Abb. 3.13). Allerdings bedeutet eine Verringerung der Energieabhängigkeit der Energieverlustmessung eine Einschränkung der Sensitivität der Teilchenidentifikation, insbesondere im Bereich oberhalb des Minimums der Bethe-Bloch-Kurve. Für Teilchenidentifikation muss also ein Kompromiss zwischen Unterdrückung der Fluktuationen und der erreichbaren dE/dx-Auflösung gefunden werden (siehe Abschnitt 14.2.2).

Eine Auflösungsverbesserung durch Unterdrückung von Fluktuationen ist möglich,

a) wenn δ-Elektronen erkannt und von der Messung ausgeschlossen werden können, wie zum Beispiel in einer Blasenkammer oder bei vielen unabhängigen, dünnen Messschichten;
b) wenn man die größten (und eventuell auch die kleinsten) Messwerte einer Messreihe wegstreicht (*truncated mean*) und dann mittelt (siehe Abb. 14.9 in Abschnitt 14.2.2);
c) wenn wenigstens die größeren Energiedepositionen entlang einer Teilchentrajektorie gemessen und zu einer Energieverlustkorrektur genutzt werden.

Zur Anwendung von c): Für eine optimale Rekonstruktion von Teilchenspuren zur Impulsmessung korrigiert man in der Regel die Energieverluste entlang der Spur. Dazu muss man in den meisten Fällen einen mittleren Energieverlust annehmen. Die Impulsauflösung kann allerdings verbessert werden, wenn man den tatsächlichen Energieverlust messen kann.

Ein Beispiel für ein solches Verfahren ist die Myon-Rekonstruktion des ATLAS-Experiments am LHC [2]. Der Myon-Impuls wird im äußeren Bereich des Detektors in einem Magnetfeldvolumen mit wenig Material gemessen (Abb. 3.15). Vor diesem Myon-Spektrometer durchqueren die Myonen die Spurdetektoren und die Kalorimeter. Die meiste Energie verlieren die Myonen in den Kalorimetern, die im zentralen Detektorbereich Dicken entsprechend etwa 17 cm Blei und 125 cm Eisen haben oder insgesamt ein Äquivalent von etwa 175 cm Eisen. Bei dieser Dicke ist $\kappa = 0.001$ für 100-GeV-Myonen, das heißt, wegen des großen maximal möglichen Energieverlusts ist die Energieverlustverteilung stark asymmetrisch. Die Anwendbarkeit des Zentralen Grenzwertsatzes, der

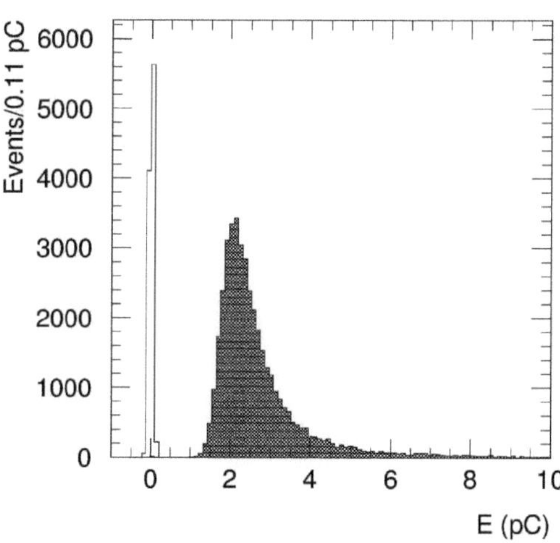

Abb. 3.16 Teststrahlmessungen des Energieverlusts von 180-GeV-Myonen im Hadronkalorimeter des ATLAS-Detektors [120]. Die Energie ist in Einheiten des gemessenen Ladungssignals angegeben, wobei 1 pC etwa 1 GeV entspricht. Die Einträge um 0 zeigen das elektronische Rauschen, das eine Breite äquivalent zu etwa 40 MeV hat. Zur Breite der Energieverlustverteilung trägt neben den dE/dx-Fluktuationen auch die Auflösung des Kalorimeters bei. In [357] wird gezeigt, dass die Verteilung durch eine mit einer Gauß-Funktion gefalteten Landau-Verteilung gut beschrieben werden kann.

zu einer symmetrischen Gauß-Verteilung führen würde, ist offensichtlich trotz der sehr großen Anzahl beitragender einzelner Ionisationsprozesse auch hier noch nicht gegeben. Abbildung 3.16 zeigt eine gemessene Verteilung des Energieverlusts im Hadronkalorimeter von ATLAS (etwa 125 cm Eisen) für 180-GeV-Myonen ($\kappa = 0.0006$). Durch Messung des Energieverlusts der Myonen in dem instrumentierten Teil des absorbierenden Mediums kann die Impulsauflösung der Myonen erheblich verbessert werden, wie zum Beispiel in [120] für das ATLAS-Experiment gezeigt wird.

3.2.4 Reichweite

Aufgrund des Energieverlusts durch Ionisation hat die Reichweite R eines geladenen Teilchens bei einer festen Energie einen bestimmten Wert mit geringer Streuung. Im Gegensatz dazu fällt bei Absorptionsprozessen die Teilchenzahl in Materie exponentiell ab (siehe Abb. 3.2). Wenn Absorption bei Durchgang eines geladenen Teilchenstrahls durch Materie vernachlässigt werden kann, wie dies zum Beispiel bei (schweren) geladenen Teilchen der Fall ist, so bleibt die Teilchenzahl konstant bis zu einem relativ scharfen Abbruch (Abb. 3.17(b)). In der Abbildung sieht man allerdings einen langsamen Abfall um etwa 10%, was auf Absorption der Protonen durch Kernreaktionen zu erklären ist. Die Abbruchkante ist gaußförmig verschmiert durch statistische Fluktuationen in der Reichweite (*straggling*). Die Breite der Verteilung beträgt weniger als 1 mm oder etwa 1% der Reichweite. Wegen des bei niedrigen Energien dominierenden $1/\beta^2$-Terms in der Bethe-Bloch-Formel wird am Ende des Weges relativ viel Energie in einem kleinen Bereich deponiert (Abb. 3.17(a)). Die Überhöhung der Energiedeposition (Bragg-Peak) wird zum Beispiel für die Strahlentherapie von Tumoren genutzt (siehe unten).

In diesem Abschnitt soll die Reichweite von Teilchen in einem Medium für den Fall untersucht werden, dass die Teilchen nur durch Ionisation und Anregung Energie verlieren und andere Reaktionen, insbesondere Kernreaktionen, vernachlässigt werden können. Die Teilchen kommen in genügend dickem Material zur Ruhe, wenn sie ihre gesamte

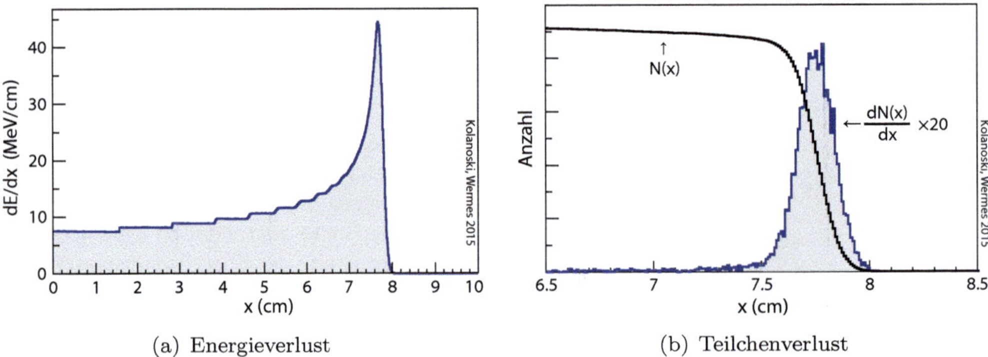

(a) Energieverlust (b) Teilchenverlust

Abb. 3.17 Energieverlust und Reichweite von 10000 monochromatischen Protonen mit einer kinetischen Energie von 100 MeV in Wasser, simuliert mit Geant4 [478]. (a) Energieverlust pro Weglänge mit dem Bragg-Peak am Ende der mittleren Reichweite bei etwa 7.7 cm. Gezeigt ist nur der Energieverlust der Protonen und nicht, wo die Energie tatsächlich deponiert wird (zum Beispiel können δ-Elektronen und Photonen Energie weiter fort tragen). Die Stufen ergeben sich aus diskreten Schrittlängen der Simulation. Das Programm passt die Schrittweiten an die Änderung des Energieverlusts an, so dass im Bereich des Bragg-Peaks die Schrittlängen sehr klein sind. (b) Das Histogramm $N(x)$ gibt die Anzahl der verbliebenen Protonen als Funktion des Weges an, und $dN(x)/dx$ gibt den Verlust an Protonen pro Weglänge (in Einheiten 1/cm) an.

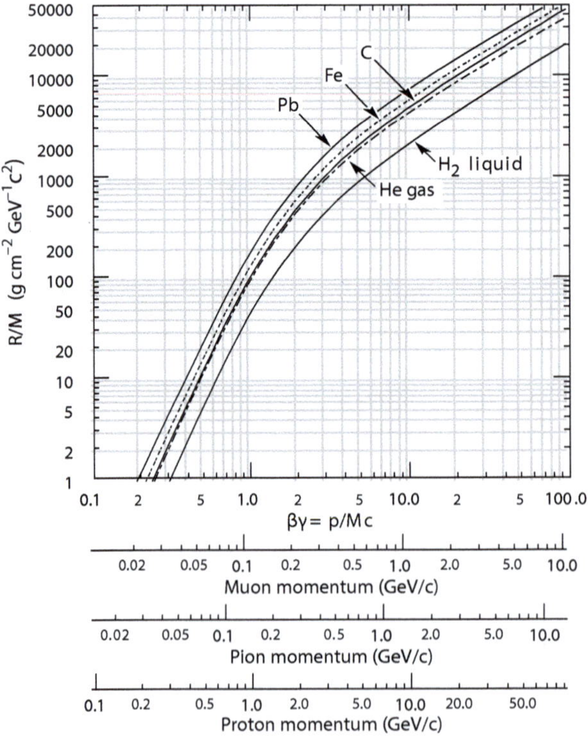

Abb. 3.18 Die auf die Masse normierte Reichweite von Teilchen in verschiedenen Medien als Funktion von $\beta\gamma$ (Quelle: [799]). Beispiel: Für ein geladenes Kaon ($M = 0.494\,\mathrm{GeV}/c^2$) mit einem Impuls von $700\,\mathrm{MeV}/c$, entsprechend $\beta\gamma = 1.42$, erhält man in Blei $R/M = 396\,\mathrm{g\,cm^{-2}\,GeV^{-1}}\,c^2$, was mit $\rho(\mathrm{Pb}) = 11.35\,\mathrm{g\,cm^{-3}}$ die Reichweite $R = 17.2\,\mathrm{cm}$ in Längeneinheiten ergibt.

kinetische Energie T_0 verloren haben. Die Reichweite R ergibt sich aus der Integration des Energieverlusts entlang des Weges, wobei zu beachten ist, dass dabei dE/dx eine Funktion der momentanen kinetischen Energie T ist:

$$dT = \left\langle \frac{dE}{dx}(T) \right\rangle dx \quad \Rightarrow \quad dx = \left\langle \frac{dE}{dx} \right\rangle^{-1} dT \quad \Rightarrow \quad R = \int_{T_0}^{0} \left\langle \frac{dE}{dx} \right\rangle^{-1} dT \,. \tag{3.63}$$

In Abb. 3.18 sind Reichweiten für Teilchen, die schwerer als Elektronen sind, für verschiedene Medien als Funktion von $\beta\gamma$ gezeigt. In dieser doppelt-logarithmischen Darstellung ergeben sich für alle Medien zwei Steigungen, die im Bereich des Minimums der Ionisation ineinander übergehen. Das entspricht in der Integration (3.63) dem $1/\beta^2$-Verhalten des Energieverlusts bei kleinen Energien und dem $\ln\gamma$-Anstieg nach dem Minimum.

Die Reichweiten sind in der Darstellung in Abb. 3.18 auf die Massen der Projektilteilchen normiert. Dass die Reichweiten proportional zur Masse sind, sieht man wie folgt: Für ein gegebenes Medium ist dE/dx nur von der Geschwindigkeit des Teilchens abhängig. Mit der Substitution

$$T = (\gamma - 1)\, Mc^2 \qquad \Rightarrow \qquad dT = Mc^2\, d\gamma \tag{3.64}$$

lässt sich in (3.63) die Reichweite als Funktion von γ_0, dem γ-Wert bei Eintritt in das Medium, ausdrücken:

$$R = Mc^2 \int_{\gamma_0}^{1} \left\langle \frac{dE}{dx} \right\rangle^{-1} d\gamma = \frac{M}{z^2}\, f(\gamma_0)\,. \tag{3.65}$$

Für ein gegebenes Medium ist $f(\gamma_0)$ eine von Masse und Ladung des Projektilteilchens unabhängige Funktion, was auch in Abb. 3.18 benutzt wird, indem die Reichweite in Abhängigkeit von $\beta\gamma = p/Mc$ gezeigt wird. Ersetzt man γ_0 durch die kinetische Energie T, entsprechend $\gamma_0 = \frac{T}{Mc^2} + 1$, erhält man eine Skalierungsrelation für Reichweiten verschiedener Teilchen mit gleichem γ_0, d.h. $T/M = T'/M'$, in dem gleichen Medium:

$$\frac{z'^2}{M'}\, R\left(\frac{T'}{M'}\right) = \frac{z^2}{M}\, R\left(\frac{T}{M}\right) . \tag{3.66}$$

Diese Skalierung der Reichweite entspricht der Skalierung des Energieverlusts in (3.35).

In Abb. 3.19 ist die nach (3.66) skalierte Reichweite von Protonen und α-Teilchen in Wasser gegen die auf die Masse normierte kinetische Energie aufgetragen. Bei nicht zu niedrigen Energien haben die beiden Kurven tatsächlich den gleichen Verlauf und können mit einer gemeinsamen Potenzfunktion beschrieben werden:

$$\frac{z^2}{M}\, R = 0.4 \left(\frac{T}{Mc^2}\right)^{1.75} \mathrm{g\,cm^{-2}\,MeV^{-1}} \qquad \text{im Bereich} \qquad 10^{-3} \lesssim \frac{T}{Mc^2} \lesssim 1\,. \tag{3.67}$$

Bei Elektronen ist der Energiebereich, in dem die Reichweiten einem einfachen Potenzgesetz folgen, viel eingeschränkter als bei schwereren Teilchen, weil das Minimum der Ionisation bereits bei $T \approx 600\,\mathrm{keV}$ auftritt. Die in Abb. 3.20 dargestellten Reichweiten für Elektronen im Bereich $10\,\mathrm{keV} \leq T \leq 1\,\mathrm{GeV}$ lassen sich bis etwa $600\,\mathrm{keV}$ tatsächlich ebenfalls mit einem Potenzgesetz beschreiben (für Wasser ist $R \propto T^{1.67}$). Über den gesamten dargestellten Bereich lassen sich alle Kurven sehr gut mit einem

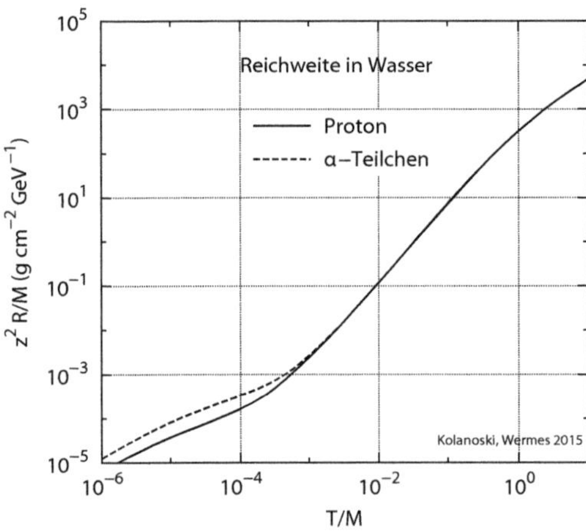

Abb. 3.19 Nach Gleichung (3.66) skalierte Reichweiten von Protonen und α-Teilchen in Wasser. Die Kurven wurden mit den Programmen PSTAR und ASTAR [189] berechnet. Die Abszisse entspricht für Protonen kinetischen Energien von etwa 1 keV bis 10 GeV, für α-Teilchen ist die Skala um etwa einen Faktor 4, entsprechend dem Massenverhältnis, verschoben (für α-Teilchen gehen die Berechnungen nur bis 1 GeV). Für Protonenergien von etwa 1 MeV bis nahezu 1 GeV fallen die beiden Kurven perfekt aufeinander und folgen der Potenzfunktion (3.67).

Polynom zweiter Ordnung in $\log R$ und $\log T$ anpassen, mit nur leicht unterschiedlichen Koeffizienten für Medien von Wasser bis Blei:

$$\log_{10} R = a\,(\log_{10} T)^2 + b\,\log_{10} T + c\,. \tag{3.68}$$

Mit R in $\mathrm{g\,cm^{-2}}$ und T in MeV ergeben sich die folgenden Koeffizienten:

	a	b	c
Wasser	−0.170	1.30	−0.40
Aluminium	−0.176	1.25	−0.29
Blei	−0.197	1.13	−0.15

(3.69)

In der Kernphysik werden Reichweitemessungen zur Energiebestimmung von Protonen, α-Teilchen und anderen Kernen genutzt. Abbildung 3.21 zeigt Spuren von α-Teilchen aus einer radioaktiven Quelle, aufgenommen mit einer Nebelkammer. Die Enden der Spuren sind scharf begrenzt. Für den Strahlenschutz ist die Kenntnis der Reichweite von Strahlung in einem Medium wichtig (Tab. 3.2). Schwerere Teilchen kommen weniger

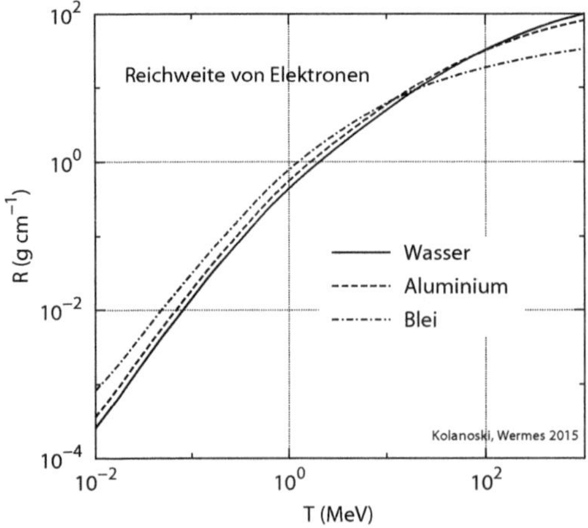

Abb. 3.20 Reichweite von Elektronen als Funktion der kinetischen Energie für drei Medien (Wasser, Aluminium und Blei), berechnet mit dem Programm ESTAR [597]. In dem Bereich zwischen 10 keV und 1 GeV sind sich die Kurven sehr ähnlich und lassen sich sehr gut durch Polynome zweiter Ordnung in den Logarithmen der Variablen beschreiben. Die Parametrisierung der Kurven ist in (3.68) und (3.69) angegeben.

Abb. 3.21 Spuren von α-Teilchen aus einem radioaktiven Zerfall von ^{214}Po in einer Nebelkammer (aus [429], Nachdruck mit freundl. Genehmigung von Springer Science+Business Media, siehe auch [829]). Die Reichweite ist scharf begrenzt, das heißt, die Teilchen haben gleiche Energien. Die einzige längere Spur stammt von einem angeregten Zustand des gleichen Kerns.

weit, haben aber eine höhere Ionisationsdichte. So kann zum Beispiel α-Strahlung innere Organe nur schädigen, wenn die Strahler inhaliert oder auf andere Weise inkorporiert werden.

Die besonders hohe Energieabgabe massiver Teilchen kurz vor dem Abstoppen und die scharfe Abbruchkante (siehe Abb. 3.17(a)) wird sehr erfolgreich bei der Bestrahlung tief liegender Tumore eingesetzt. Für diese sogenannte Hadrontherapie werden meistens Protonenstrahlen verwendet (siehe [519]). Da Teilchen mit höherer Kernladung wegen

Tab. 3.2 Reichweiten von Elektronen, Protonen und α-Teilchen in Luft (trocken, Meereshöhe) und Wasser (berechnet mit den interaktiven Programmen ESTAR, PSTAR und ASTAR [189]). Angegeben sind die CSDA-Reichweiten (CSDA = *continuous slowing down approximation*), die durch kontinuierliches Summieren der Energieverluste entsprechend Gleichung (3.63) bestimmt werden. Wegen Vielfachstreuung (Abschnitt 3.4) sind die projizierten Entfernungen von Anfangs- zum Endpunkt kürzer als die wirkliche Länge. Der Verkürzungsfaktor wird als $f_{proj/csda}$ für Protonen und α-Teilchen angegeben. Bei Elektronen ist wegen der starken Streuung die projizierte Wegstrecke schlecht definiert.

Teilchen	Energie	Reichweite [m]			
	[MeV]	Luft	$f_{proj/csda}$	Wasser	$f_{proj/csda}$
Elektronen	0.1	$1.35 \cdot 10^{-1}$		$1.43 \cdot 10^{-4}$	
	1.0	$4.08 \cdot 10^{+0}$		$4.37 \cdot 10^{-3}$	
	10.	$4.31 \cdot 10^{+1}$		$4.98 \cdot 10^{-2}$	
Protonen	0.1	$1.53 \cdot 10^{-3}$	0.884	$1.61 \cdot 10^{-6}$	0.907
	1.0	$2.38 \cdot 10^{-2}$	0.988	$2.46 \cdot 10^{-5}$	0.991
	10.	$1.17 \cdot 10^{+0}$	0.998	$1.23 \cdot 10^{-3}$	0.998
α-Teilchen	0.1	$1.38 \cdot 10^{-3}$	0.829	$1.43 \cdot 10^{-6}$	0.865
	1.0	$5.56 \cdot 10^{-3}$	0.951	$5.93 \cdot 10^{-6}$	0.961
	10.	$1.09 \cdot 10^{-1}$	0.997	$1.13 \cdot 10^{-4}$	0.997

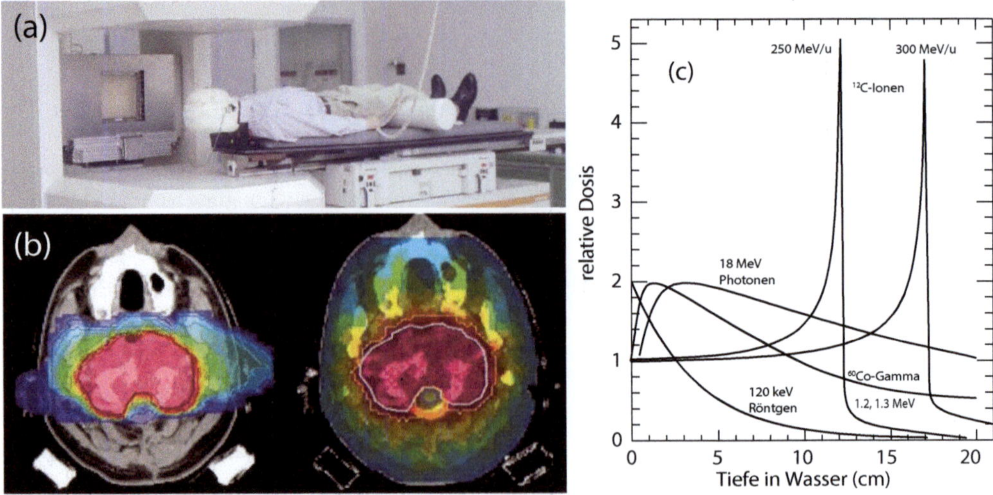

Abb. 3.22 Die Tumortherapie mit Ionen nützt aus, dass das Maximum der Energieabgabe am Ende der Eindringtiefe (Bragg-Peak) erfolgt [673] (Quelle: GSI Helmholtz-Zentrum für Schwerionenforschung). (a) Patient mit einem Tumor im Kopf in der Bestrahlungsanlage (Photo: A. Zschau, GSI), (b) Dosisprofil um einen Hirntumor (der Tumor ist durch Umrisslinien gekennzeichnet): links mit ^{12}C-Bestrahlung, rechts mit Gamma-Bestrahlung (Quelle: O. Jäkel, GSI). Die Farbskala gibt die relative Dosis an, wobei blau eine minimale und rot eine maximale Gewebeschädigung bedeutet. Der Vergleich zeigt, dass bei Ionenstrahlen (aus zwei Einschussrichtungen) das umliegende Gewebe besser geschont wird als bei Gammastahlen (aus neun Einschussrichtungen). Mit dem Wechsel der Einschussrichtung kann auch bei Gammastrahlung die Dosis besser auf das Zielvolumen konzentriert werden (*Konformationstherapie*), allerdings bei Weitem nicht so gut wie mit Ionenstrahlung. (c) Tiefendosisprofile von Kohlenstoffionen im Vergleich zu denen von Röntgen- und Gammastrahlung (Quelle: U. Weber, GSI). Bei der Ionentherapie wird durch Variation der Energie und der Strahlposition das Dosismaximum so über das Tumorvolumen verteilt, dass der Tumor, wie in (b) gezeigt, möglichst gleichmäßig bestrahlt wird. Die Dosis bei Photonenstrahlung fällt wegen der Absorption exponentiell ab, wobei sich allerdings das Dosismaximum mit wachsender Energie von der Oberfläche nach innen verschiebt. Das Maximum verschiebt sich, weil zunächst der durch die Photonen induzierte Elektronenfluss aufgebaut werden muss. Die Energieabhängigkeit dieses *Aufbaueffekts* folgt dem Wirkungsquerschnitt für Elektronenerzeugung.

der erhöhten Ionisationsdichte einen verbesserten Therapieeffekt versprechen, wurden auch Bestrahlungen mit schwereren Ionen untersucht, erstmals bereits 1975 am LBL in Berkeley [88, 908].. Bei der Entwicklung der Therapie mit schweren Ionen spielten die Forschungen am Forschungszentrum GSI in Darmstadt [527] eine wichtige Rolle, siehe Abb. 3.22(a), aus denen zum Beispiel die HIT-Anlage am Deutschen Krebsforschungszentrum DKFZ in Heidelberg [565] hervorgegangen ist. Zurzeit (2025) gibt es weltweit etwa 140 Zentren für Hadrontherapie, wovon nur 16 Zentren (auch) Kohlenstoff als Strahlen benutzen [519].

Im Vergleich der Bestrahlung durch Röntgenstrahlen mit der durch Hadronstrahlen wird das vor dem Tumor liegende Gewebe weit weniger geschädigt (Abb. 3.22(b) und Abb. 3.22(c)). Außerdem kann der Tumorbereich durch eine genaue Strahlführung und

Reichweitenänderung durch Variation der Strahlenergie präzise abgetastet werden. Einige Tiefendosisprofile im Vergleich zeigt Abb. 3.22(c).

Die biologische Wirksamkeit der Ionen im Bereich des Bragg-Peaks steigt mit ihrer Masse an und ist für Kohlenstoff-Ionen (^{12}C) größer als zum Beispiel für Protonen oder Helium-Ionen (^{4}He). Bei Schwerionen noch größerer Masse ist die biologische Wirksamkeit auch im Eingangsbereich der Strahlung erhöht, was therapeutisch von Nachteil wäre. Deshalb werden Ionen mittlerer Massen, wie Kohlenstoff, in vielen Fällen für die Therapie bevorzugt. Es gibt aber auch Anwendungsbereiche, in denen sich die Therapie mit Protonen als sinnvoll erwiesen hat, unter anderem auch wegen der Verfügbarkeit (zum Beispiel bei Augentumoren). In wieder anderen Bereichen der Krebsbekämpfung kann die Bestrahlung mit Photonen oder Beta-Strahlung am wirkungsvollsten oder auch nur am praktikabelsten sein (zum Beispiel bei Leukämie oder Bestrahlungen bei einem operativen Eingriff).

3.3 Energieverlust durch Bremsstrahlung

Bisher haben wir den Energieverlust geladener Teilchen beim Durchgang durch Materie auf Grund der Wechselwirkung mit der Elektronenhülle der Atome behandelt. Geladene Teilchen können aber auch Energie durch Abstrahlung elektromagnetischer Quanten, vornehmlich im Coulomb-Feld des Kerns, verlieren. Wie in Abb. 3.23 gezeigt, kann der Prozess als Rutherford-Streuung mit gleichzeitiger Abstrahlung eines Photons betrachtet werden. Im nächsten Abschnitt 3.4 werden wir besprechen, dass bei der Streuung im Feld eines schweren Kerns die Richtungsänderung nicht mehr, wie bei der Streuung an der Elektronenhülle, vernachlässigt werden kann.

3.3.1 Strahlung beschleunigter Ladungen

In der klassischen Elektrodynamik wird die pro Zeiteinheit von einer beschleunigten Ladung abgestrahlte Energie zu

$$\frac{dW}{dt} = \frac{2}{3}\frac{e^2}{4\pi\epsilon_0 c^3}\,\ddot{\vec{x}}^{\,2} \propto \ddot{\vec{x}}^{\,2} \propto \frac{z^2 Z^2 e^2}{m^2} \tag{3.70}$$

berechnet, wenn ein Teilchen von dem Feld eines Kerns mit der Ladung Ze beschleunigt wird ($m\ddot{x} \propto Ze$). Der Energieverlust ist also umgekehrt proportional zum Massenquadrat des abgebremsten Teilchens. Mit den Methoden der Quantenelektrodynamik ergibt sich

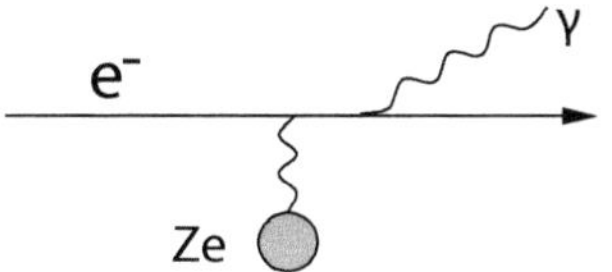

Abb. 3.23 Bremsstrahlung bei der Wechselwirkung eines geladenen Teilchens mit dem Coulomb-Feld eines Kerns.

im relativistischen Fall, dass die Abstrahlungsleistung proportional zu dem Quotienten E/m^2 ist (siehe zum Beispiel [604]).

Diese charakteristische E/m^2-Abhängigkeit der Abstrahlung ergibt, dass bei Energien unter einigen 100 GeV der Energieverlust durch Bremsstrahlung nur für Elektronen und Positronen von signifikanter Bedeutung ist. Er übertrifft den Ionisationsverlust in Blei bereits ab etwa 7 MeV, in Luft ab etwa 100 MeV. Das heißt andererseits, dass niederenergetische Elektronen aus radioaktiven Quellen mit Energien im MeV-Bereich ihre Energie hauptsächlich durch Ionisation verlieren. Für Teilchenimpulse, die bei LHC-Reaktionen auftreten, wird Bremsstrahlung auch für Myonen und Pionen relevant.

Im Folgenden werden wir uns auf die Bremsstrahlung von Elektronen, was die Positronen einschließen soll, mit relativistischen Energien ($E \gg mc^2$) konzentrieren. Am Ende des Abschnitts wird dann noch die Bremsstrahlung hochenergetischer Myonen besprochen.

3.3.2 Bremsstrahlungsspektrum und Strahlungslänge

3.3.2.1 Bremsstrahlungsspektrum

Das klassische Strahlungsfeld hat in der QED als Analogon die Abstrahlung einzelner Photonen mit Energien E_γ. Eine quantenmechanische Berechnung der Bremsstrahlung eines Elektrons im Feld eines schweren, spinlosen Kerns ohne Ausdehnung wurde erstmals von Bethe und Heitler 1934 durchgeführt [198] und später von verschiedenen Autoren verfeinert. Überblicke findet man in [554, 658, 997, 937].

Für die exakten Berechnungen der Abstrahlung von Photonen in realistischen Materialien müssen verschiedene Korrekturen berücksichtigt werden:

- *Abschirmung der Kernladung*: Wegen der unterschiedlichen Impulsüberträge bei der Abstrahlung müssen Formfaktoren für die Ladungsverteilungen im Kern und in der Atomhülle berücksichtigt werden. Es stellt sich heraus, dass der Effekt der Kernformfaktoren vernachlässigt werden kann, weil die relevanten Impulsüberträge auf den Kern klein sind. Der elektronische Formfaktor des Atoms ist dagegen sehr wichtig: Die Elektronenhülle führt zu einer Abschirmung des Kernpotenzials, die umso größer ist, je kleiner der Impulsübertrag ist[10]. Wann die Abschirmung bei gegebener Primärenergie E und Energie E_γ des abgestrahlten Photons einsetzt, kann durch den minimalen, kinematisch erlaubten Impulsübertrag abgeschätzt werden [554]. Der Impulsübertrag q ist minimal, wenn die Impulse der ein- und der auslaufenden Teil-

[10] Es ist zu beachten, dass der Einfluss des Atomformfaktors gerade die umgekehrte Abhängigkeit vom Impulsübertrag hat im Vergleich zum Einfluss des Kernformfaktors: In einem klassischen Bild ist die Erklärung, dass beim Eindringen in den Kern die effektive Ladung, an der gestreut wird, geringer wird, während bei tieferem Eintauchen in die negative Ladung der Elektronenhülle die effektive positive Kernladung größer wird.

chen parallel sind. Mit den Beträgen der Dreierimpulse p, p', k des ein- und des auslaufenden Elektrons sowie des Photons ergibt sich

$$q_{min} = p - p' - k = \frac{1}{c}\left(\sqrt{E^2 - m_e^2 c^4} - \sqrt{(E-E_\gamma)^2 - m_e^2 c^4} - E_\gamma\right) \approx \frac{m_e^2 c^3 E_\gamma}{2E\,(E-E_\gamma)} \,. \tag{3.71}$$

Wir betrachten nur den Dreierimpulsübertrag q_{min}, da der Kern praktisch keinen Energieübertrag aufnimmt. Bei hohen Energien können die Impulse p, p' durch die Energien E, $E - E_\gamma$ ersetzt werden. Die Näherung auf der rechten Seite von (3.71) gilt für E und $E - E_\gamma \gg m_e c^2$. Die quantenmechanisch dem Impulsübertrag entsprechende räumliche Unschärfe,

$$l_f = \frac{\hbar}{q_{min}} \,, \tag{3.72}$$

ist die Formationslänge (oder Kohärenzlänge) der Strahlung. Kommt diese Länge in die Größe der Abmessungen eines Atoms, nimmt ein immer größerer Teil der gesamten Elektronenhülle an der Wechselwirkung teil, und der Kern wird zunehmend abgeschirmt. Als Maß für den Grad der Abschirmung wird das Verhältnis des mittleren Atomradius zu der Formationslänge betrachtet:

$$\eta = \frac{r_{\text{Atom}}}{l_f} = \frac{r_{\text{Atom}}\, q_{min}}{\hbar} \,. \tag{3.73}$$

Im Thomas-Fermi-Modell (siehe z.B. [118]) wird der mittlere Atomradius durch $r_{\text{Atom}} \approx 137\, \hbar/(m_e c\, Z^{\frac{1}{3}})$ abgeschätzt. Damit ergibt sich der Abschirmparameter [554] zu

$$\eta = \frac{137\, m_e c^2\, E_\gamma}{2E\,(E - E_\gamma)\, Z^{1/3}} \,. \tag{3.74}$$

Statt der Zahl 137 kommen auch andere Zahlenwerte bei diesem Parameter in der Literatur vor. Es werden meistens die Fälle 'keine Abschirmung' ($\eta \gg 1$) und 'vollständige Abschirmung' ($\eta = 0$) diskutiert. Die exakten Rechnungen liegen dazwischen. Die Abschirmung ist bei hohen Energien des geladenen Teilchens wesentlicher als bei niedrigeren Energien, weil bei gegebener abgestrahlter Energie E_γ die dazu nötigen Impulsüberträge bei hohen Projektilenergien kleiner sind wie (3.71) zeigt. Tatsächlich kann man schon bei Energien von einigen 10 MeV recht gut die Näherung 'vollständige Abschirmung' benutzen. Für die meisten uns in diesem Buch interessierenden Fälle ist 'vollständige Abschirmung' eine gute Näherung.

– *Coulomb-Korrektur*: In der Born-Approximation werden die Teilchen durch ein- und auslaufende ebene Wellen beschrieben. Die Veränderung der Wellenfunktionen der geladenen Teilchen durch die atomaren Felder wird durch eine *Coulomb-Korrektur* berücksichtigt.
– *Dielektrische Unterdrückung*: Photonen mit sehr kleinen Energien werden aufgrund der Polarisierbarkeit des Mediums in dem Material absorbiert und führen zu einem effektiven Abschneiden des niederenergetischen Teils des Photonspektrums.

Tab. 3.3 Numerische Werte für die Radiatorfunktionen L_{rad} und L'_{rad}, nach [997].

Z	L_{rad}	L'_{rad}
1	5.31	6.144
2	4.79	5.621
3	4.74	5.805
4	4.71	5.924
> 4	$\ln(184.15\,Z^{-1/3})$	$\ln(1194\,Z^{-2/3})$

- *Streuung an Elektronen der Hülle*: In realistischen Medien muss die Erzeugung von Bremsstrahlung im Feld der Hüllenelektronen berücksichtigt werden. Es stellt sich heraus, dass der Einfluss der Hülle näherungsweise durch Addition von Z Streuzentren mit Elementarladung durch die Substitution $Z^2 \to Z(Z+1)$ berücksichtigt werden kann.
- *LPM-Effekt*: Bei sehr hohen Energien, oberhalb etwa 1 TeV, wird die Bremsstrahlung (und Paarbildung, Abschnitt 3.5.5) durch den sogenannten Landau-Pomeranschuk-Migdal-Effekt (LPM-Effekt) unterdrückt. Dieser Effekt ist für die Astroteilchenphysik wichtig und gewinnt auch an den heutigen Beschleunigern an Bedeutung. Wir werden in diesem Abschnitt den Effekt vernachlässigen, ihn aber in Kapitel 15 bei der Entwicklung hochenergetischer elektromagnetischer Schauer besprechen.

In Born'scher Näherung, aber mit Berücksichtigung der Abschirmungs- und Coulomb-Korrekturen, ist der differenzielle Wirkungsquerschnitt eines Atoms für die Abstrahlung eines Photons mit der Energie E_γ, nach Integration über die Abstrahlwinkel (siehe zum Beispiel [997]) gegeben durch:

$$\frac{d\sigma}{dE_\gamma} = \frac{\alpha r_e^2}{E_\gamma}\left\{\left(\frac{4}{3} - \frac{4}{3}y + y^2\right)\left[Z^2\left(\phi_1(\eta) - \frac{4}{3}\ln Z - 4f(Z)\right) + Z\left(\psi_1(\eta) - 8\ln Z\right)\right] + \frac{2}{3}(1-y)\left[Z^2\left(\phi_1(\eta) - \phi_2(\eta)\right) + Z\left(\psi_1(\eta) - \psi_2(\eta)\right)\right]\right\}. \tag{3.75}$$

Hierbei sind r_e der Bohrsche Elektronenradius und $y = E_\gamma/E$ der Bruchteil der Photonenergie von der Elektronenergie. Die weiteren in (3.75) verwendeten Bezeichnungen werden weiter unten erläutert. Die Coulomb-Korrektur $f(Z)$ wird in [358] als Reihenentwicklung in $a = \alpha Z$ (mit der Feinstrukturkonstanten α) angegeben:

$$f(Z) = a^2 \sum_{n=1}^{\infty} \frac{1}{n(n^2 + a^2)} \approx a^2 \left(\frac{1}{1+a^2} + 0.20206 - 0.0369a^2 + 0.0083a^4 - 0.002a^6\right). \tag{3.76}$$

Für schwere Kerne beträgt diese Korrektur bis zu etwa 10%. Die Abschirmeffekte sind in den Funktionen ϕ_1, ϕ_2 für die Streuung am Kern und ψ_1, ψ_2 für die Streuung an einzelnen Elektronen (jeweils mit den Faktoren Z^2 für den Kern und Z für die Elektronen) enthalten. Diese Funktionen sind von verschiedenen Autoren und für verschiedene Atommodelle berechnet worden. Im Folgenden sollen Approximationen für die Wirkungsquerschnittberechnung angegeben werden.

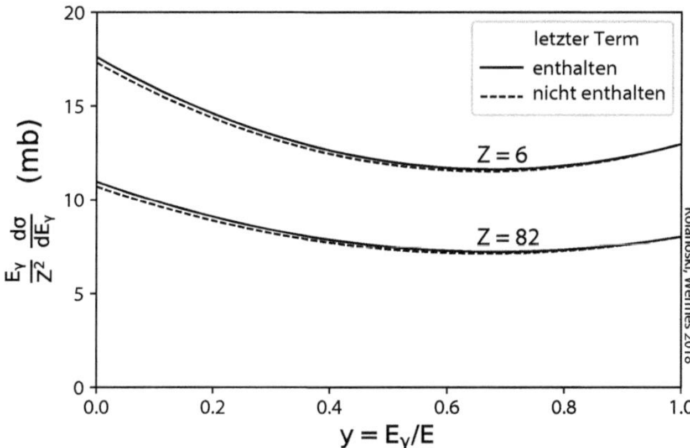

Abb. 3.24 Bremsstrahlungsspektren für Kohlenstoff ($Z = 6$) und Blei ($Z = 82$) gemäß (3.77), jeweils mit einen Faktor E_γ / Z^2 skaliert. Die gestrichelten Linien beinhalten den letzten Term in (3.77) nicht.

Im Falle vollständiger Abschirmung ($\eta = 0$), also für hohe Elektronenergien (siehe Seite 64), kann der differenzielle Wirkungsquerschnitt in folgender Form angegeben werden [997]:

$$\frac{d\sigma}{dE_\gamma} = \frac{4\alpha r_e^2}{E_\gamma} \left\{ \left(\frac{4}{3} - \frac{4}{3} y + y^2 \right) \times \left[Z^2 \Big(L_{rad}(Z) - f(Z) \Big) + Z L'_{rad}(Z) \right] + \frac{1}{9}(1-y)(Z^2 + Z) \right\} . \quad (3.77)$$

Dabei wurde $\phi_1(0) - \phi_2(0) = \psi_1(0) - \psi_2(0) = 2/3$ benutzt. Die so genannten Radiatorfunktionen $\mathrm{L}_{rad}(Z)$ und $\mathrm{L}'_{rad}(Z)$ sind definiert durch

$$L_{rad} = \frac{1}{4}\phi_1(0) - \frac{1}{3}\ln Z \, , \quad (3.78)$$

$$L'_{rad} = \frac{1}{4}\psi_1(0) - 2\ln Z \, . \quad (3.79)$$

Numerische Werte sind in Tab. 3.3 angegeben.

Die Näherung (3.77) gilt für hohe Elektronenergien mit Ausnahme des Bereichs der höchsten Photonenergien (entsprechend hohen Impulsüberträgen auf das Atom). Bei nicht-asymptotisch hohen Energien kann der Wirkungsquerschnitt (3.75) für nicht zu kleine Photonenergien ($E_\gamma > 50\,\mathrm{MeV}$) mit folgenden Näherungsformeln berechnet werden [631]:

$$\phi_1(\eta) = \begin{cases} 20.867 - 3.242\,\eta + 0.625\,\eta^2, & \eta \leq 1 \\ 21.12 - 4.184\,\ln(\eta + 0.952), & \eta > 1\,, \end{cases} \quad (3.80)$$

$$\phi_2(\eta) = \begin{cases} 20.029 - 1.930\,\eta + 0.086\,\eta^2, & \eta \leq 1 \\ \phi_1(\eta), & \eta > 1\,, \end{cases} \quad (3.81)$$

$$\psi_{1,2}(\eta) = \frac{L'_{rad}(Z)}{L_{rad}(Z) - f(Z)} \left(\phi_{1,2}(\eta) - \frac{4}{3}\ln Z - 4f(Z) \right) + 8\ln Z \, . \quad (3.82)$$

Die charakteristischen Eigenschaften des Bremsstrahlungsquerschnitts in (3.77) sind die Z^2/m_e^2-Abhängigkeit ($r_e \propto 1/m_e$), die sich auch in der klassischen Formel (3.70) ergibt, und die führende Abhängigkeit von der Photonenergie:

$$\frac{d\sigma}{dE_\gamma} \propto \frac{1}{E_\gamma}\,. \tag{3.83}$$

Die Divergenz bei $E_\gamma = 0$ wirkt sich nicht aus, weil die niedrigsten Frequenzen von den Atomen absorbiert werden (durch die oben erwähnte *dielektrische Unterdrückung*). In realistischen Simulationen wird die Abstrahlung kleiner Photonenergien bis zu einer Abschneideenergie als kontinuierlicher Energieverlust behandelt, und es werden reelle Photonen nur oberhalb der Abschneideenergie erzeugt (siehe z.B. [478]).

3.3.2.2 Beispiel: Spektrum einer Röntgenröhre

In Röntgenröhren werden Bremsstrahl-Photonen im Röntgenenergiebereich (0.1 keV bis etwa 250 keV) erzeugt, die aus einer Kathode eines Materials mit hoher Ordnungszahl emittiert werden. Ein gängiges Material ist Wolfram, welches $Z = 74$ hat, einen hohen Schmelzpunkt aufweist und außerdem gute Temperaturleitungseigenschaften hat, was für effizientes Kühlen wichtig ist. Photonen, die noch in der Kathode selbst absorbiert werden, können zur Emission von Elektronen aus inneren Atomschalen führen. Die hinterlassenen Leerstellen in den inneren Schalen werden im Anschluss durch Elektronen aus äußeren Schalen gefüllt, wobei charakteristische Röntgenstrahlung mit einer dem Übergang entsprechenden festen Energie ausgesendet wird. Abbildung 3.25 zeigt ein gemessenes Röntgenröhrenspektrum für drei verschiedene Röhrenspannungen [203]. *Charakteristische Spektrallinien*, die für das jeweilige (Kathoden)-Material kennzeichnend sind, sind dem (kontinuierlichen) Bremsstrahlspektrum überlagert. Sie entsprechen Übergängen von höheren Schalen (L, M, N) auf die K-Schale. Das ansonsten nahezu linear fallende Bremsstrahlspektrum wird am unteren Ende von Filtern (äquivalent zu 1.2 mm Al) absorbiert, welche auch die L-Linien abschneiden. Als Resultat der atomaren Übergänge kann die Übergangsenergie anstelle von Röntgenstrahlung auch auf Hüllenelektronen übertragen werden, die dann aus der Hülle mit charakteristischen Energien entfernt werden (Auger-Elektronen). Entsprechende Elektronenspektren werden in Abschnitt 3.5.3 diskutiert und sind in Abb. 3.39 gezeigt.

3.3.2.3 Winkelverteilung der Bremsstrahlung

Mit wachsender Energie $E = \gamma m$ des einlaufenden Elektrons werden die Photonen in einen immer enger werdenden Kegel in Vorwärtsrichtung mit einem mittleren charakteristischen Öffnungswinkel

$$\theta_\gamma \approx \frac{1}{\gamma} = \frac{m_e c^2}{E} \tag{3.84}$$

abgestrahlt. Die Berechnung der Winkelverteilung der abgestrahlten Photonen ist sehr aufwendig und auch nur näherungsweise möglich (siehe z.B. [186, 658, 631]).

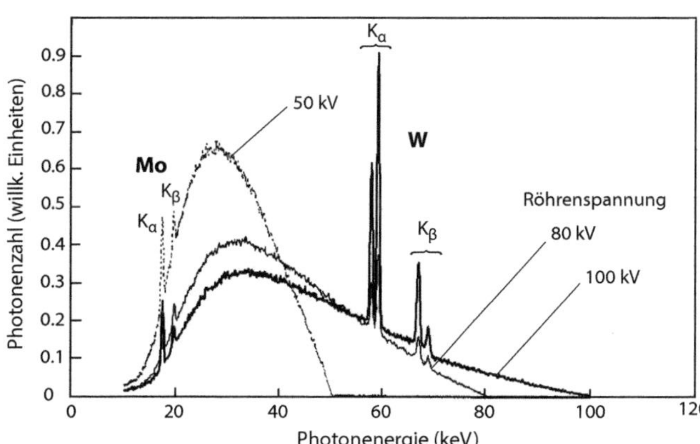

Abb. 3.25 Gemessene Bremsstrahlspektren einer Röntgenröhre für verschiedene Röhrenspannungen (flächennormiert). Übergänge von Elektronen aus höheren Schalen auf die K-Schale erzeugen Linien, die dem kontinuierlichen Bremsstrahlspektrum überlagert sind. Sie sind charakteristisch für das Kathodenmaterial, hier Wolfram mit Spuren von Molybdän. Das untere Ende des Spektrums ist durch einen Filter abgeschnitten. Adaptiert aus [203].

Kleinwinkel-Näherung Als ein Beispiel diskutieren wir den doppelt differentiellen Wirkungsquerschnitt für Bremsstrahlung von Elektronen, wie er von Schiff [911] berechnet wurde. Die Rechnung wurde in Bornscher Näherung durchgeführt mit der zusätzlichen Näherung kleiner Polarwinkel, hoher Elektron(anfangs)energie und vollständiger Abschirmung. Letzteres ist gerechtfertigt für kleine Abstrahlungswinkel, die kleinen Impulsüberträgen entsprechen (siehe oben). In der Kleinwinkelnäherung, mit $\sin\theta_\gamma \approx \theta_\gamma$, tritt der Winkel nur in dem Produkt $x = \gamma\,\theta_\gamma$ auf, weshalb sich x als Variable anstelle von θ_γ anbietet. Ansonsten benutzen wir die Variablendefinitionen wie oben, sowie zusätzlich die Energie des auslaufenden Elektrons $E' = E - E_\gamma$, womit Schiffs differentieller Wirkungsquerschnitt geschrieben werden kann als [911]:

$$\frac{d\sigma}{dE_\gamma\,dx} = \frac{4\alpha\,Z^2\,r_e^2}{E_\gamma}\,x\,\times \qquad (3.85)$$
$$\times\left[\frac{16x^2E'}{(x^2+1)^4E} - \frac{(E+E')^2}{(x^2+1)^2E^2} + \left(\frac{E^2+E'^2}{(x^2+1)^2E^2} - \frac{4x^2E'}{(x^2+1)^4E}\right)\ln M(x)\right]$$
$$\text{mit}\quad \frac{1}{M(x)} = \left(\frac{E_\gamma}{2\gamma\,E'}\right)^2 + \left(\frac{Z^{1/3}}{C\,(x^2+1)}\right)^2 \quad \text{und} \quad C \approx 111\,.$$

In dem Kompendium von Koch und Motz [658] wird diese (als 2BS bezeichnete) Formel mit einer Anzahl anderer Näherungen verglichen und für verschiedene Elektron- und Photonenergien dargestellt (fig. 6 of [658]).

Schiffs differentieller Wirkungsquerschnitt (3.85), multipliziert mit der abgestrahlten Photonenergie E_γ, ist für verschiedene Elektronenanfangsenergien in Abb. 3.26 dargestellt. In jeder Darstellung sind die Kurven für verschiedene E_γ in der Form ähnlich und wegen der Multiplikation mit E_γ, welche die $1/E_\gamma$-Abhängigkeit kompensiert sogar von ähnlicher Höhe. Die Ähnlichkeit der Kurven wird stärker mit wachsender Elektronenenergie. Die meisten Photonen werden unter kleinen Polarwinkeln der Größen-

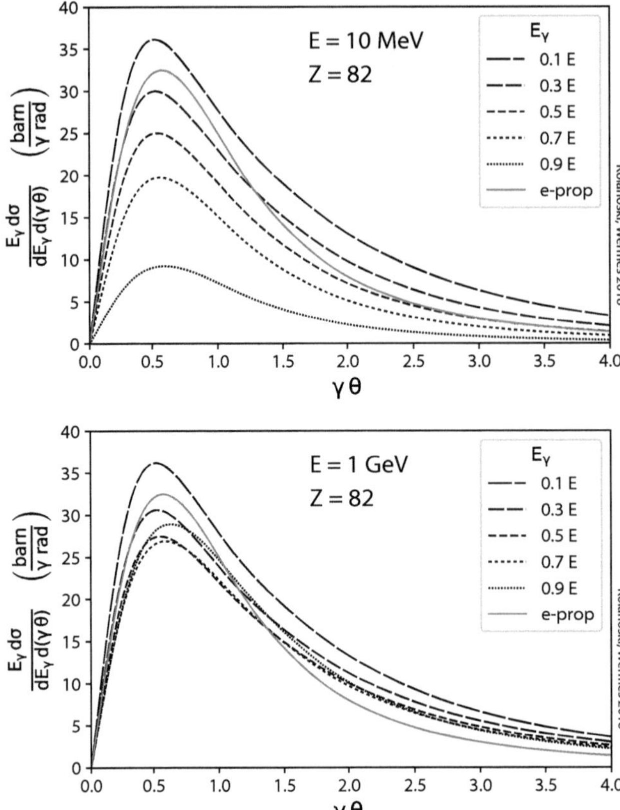

Abb. 3.26 Winkelverteilung für Bremsstrahlung eines durch Blei ($Z = 82$) gehenden Elektrons für Energien von $E = 10$ MeV und 1 GeV. Die dargestellten Wirkungsquerschnitte (multipliziert mit E_γ) sind differentiell in der abgestrahlten Energie E_γ und im *reduzierten Winkel* $\gamma\theta_\gamma$, wobei θ_γ der Polarwinkel des abgestrahlten Photons bezüglich der einlaufenden Elektronenrichtung und $\gamma = E/m_e$ der Lorentz-Faktor des Elektrons ist. Die Kurven sind für verschiedene Energien E_γ des abgestrahlten Photons gezeichnet. Außerdem ist die grau gezeichnete Kurve eine grobe Näherung des Elektron-Propagatorterms (3.87) darstellt mit willkürlicher Normierung (siehe Text).

ordnung $1/\gamma$ emittiert. Wie aus Abb. 3.26 ersichtlich liegt der wahrscheinlichste Winkel bei $\theta_{\gamma,mpv} \approx 1/(2\gamma)$.

Die führende Abhängigkeit des differentiellen Wirkungsquerschnitts im Abstrahlwinkel θ_γ rührt vom Elektronpropagator (innere Elektronenlinie) im Bremsstrahlungsdiagram in Abb. 3.23 her. Der Propagator hat die Form $1/(q_e^2 - m_e^2)$, wobei q_e der 4er-Impuls des virtuellen Elektrons ist. Mit den Bezeichnungen p'_e und k für die 4er-Impulse des auslaufenden Elektrons, beziehungsweise Photons, erhalten wir mit $q_e = p'_e + k$ und $\beta = |\vec{p}'_e|c/E'$:

$$q_e^2 - m_e^2 = m_e^2 + 2kk_e - m_e^2 = 2E_\gamma E' - 2E_\gamma|\vec{p}'_e|c\cos\theta = 2E_\gamma E'(1 - \beta\cos\theta)\,, \qquad (3.86)$$

wobei θ der Winkel zwischen auslaufendem Elektron und Photon ist. Für kleine Photonenergien im Vergleich zu den Elektronenergien ist der Winkel θ ungefähr θ_γ und das β des auslaufenden Elektrons ist nur unwesentlich kleiner als das des einlaufenden Elektrons. Der Propagator tritt im Wirkungsquerschnitt quadratisch auf, so dass wir in etwa schreiben können

$$d\sigma \propto \frac{d\cos\theta_\gamma}{(1 - \beta\cos\theta_\gamma)^2} \approx \frac{4\gamma^4\,\theta_\gamma\,d\theta_\gamma}{(1 + \theta_\gamma^2\gamma^2)^2}\,. \qquad (3.87)$$

Die rechte Seite von (3.87) gilt für kleine Winkel und große γ ($\beta \approx 1$). Dieser Propagatorbeitrag ist auch in Abb. 3.26 gezeigt. Es ist bemerkenswert, dass diese recht grobe Näherung bereits recht gut die wesentlichen Eigenschaften der Winkelverteilung der Bremsstrahlung beschreibt.

Näherung für große Winkel Die Näherung für große Winkel wurde von Hough in kinematischen Bereichen berechnet, in denen Abschirmung vernachlässigt werden kann [580] (dies wird auch in dem Kompendium von Koch und Motz diskutiert [658]). In [613] sind numerische Werte für doppelt differenzielle Wirkungsquerschnitte oberhalb von 15° für verschiedene Primär- und Abstrahlungsenergien zusammengestellt. Um ein mehr quantitatives Gespür für den Bremsstrahlungsbeitrag bei großen Winkeln zu bekommen, berechnen wir den winkelintegrierten Bremsstrahlungsquerschnitt für Kohlenstoff bei Energien von $E = 500\,\text{MeV}$ und $E_\gamma = 100\,\text{MeV}$. Wenn man die Daten aus [613] interpoliert, ergibt das Integral über den Winkelbereich $\theta_\gamma \geq 15°$ den Wirkungsquerschnitt $d\sigma/dE_\gamma \approx 80\,\text{nb/MeV}$. Über den vollen Winkelbereich integriert beträgt derselbe Wirkungsquerschnitt etwa 5.4 mb/MeV nach (3.77) und Abb. 3.24. Obwohl also der Wirkungsquerschnitt für große Winkel um viele Größenordnungen kleiner als der volle Wirkungsquerschnitt ist, kann in bestimmten Experimenten, bei denen Vorwärtsbremsstrahlung oft durch die Detektoranordnung nicht erfasst wird, Bremsstrahlung bei großen Winkeln in ähnlicher Größenordnung auftreten kann wie die Prozesse, auf die das Experiment abzielt.

3.3.2.4 Strahlungslänge

Durch Mittelung der abgestrahlten Energien über das Bremsstrahlungsspektrum in der Näherung (3.77) ergibt sich der mittlere Energieverlust pro Weglänge:

$$\begin{aligned}\frac{dE}{dx} &= \frac{N_A\,\rho}{A}\int_0^E E_\gamma \frac{d\sigma}{dE_\gamma} dE_\gamma \\ &= 4\alpha r_e^2 \frac{N_A\,\rho}{A}\,E\,\left[\left(Z^2(L_{rad} - f(Z)) + Z L'_{rad}\right) + \frac{1}{18}(Z^2+Z)\right]. \end{aligned} \tag{3.88}$$

Dabei wurde die obere Integrationsgrenze in der Näherung $E - m_e c^2 \approx E$ für hohe Energien eingesetzt. Der Energieverlust pro Weglänge skaliert also bei hohen Energien näherungsweise mit der Energie des Elektrons. Damit kann man die *Strahlungslänge* X_0 als charakteristische Länge für den Energieverlust durch Bremsstrahlung folgendermaßen einführen:

$$\left(\frac{dE}{dx}\right)_{rad} = -\frac{E}{X_0}\,. \tag{3.89}$$

Die Integration dieser Gleichung ergibt

$$E(x) = E_0\,\mathrm{e}^{-\frac{x}{X_0}}\,. \tag{3.90}$$

Das heißt, nach einer Wegstrecke $x = X_0$ hat ein Elektron im Mittel nur noch $1/e$ seiner ursprünglichen Energie; der Anteil $1 - 1/e \approx 63\%$ ist abgestrahlt worden.

Die Strahlungslänge X_0 wird in [997] definiert durch:

$$\frac{1}{X_0} = 4\alpha r_e^2 \frac{N_A \rho}{A} \left[Z^2 (L_{rad} - f(Z)) + Z L'_{rad} \right] . \tag{3.91}$$

In dieser Definition wurde der Term $\frac{1}{18}(Z^2 + Z)$ in (3.88), der je nach Z-Wert nur zwischen 1% und 1.7% beiträgt, vernachlässigt[11]. Mit den Zahlenwerten für die Konstanten, $(4\alpha r_e^2 N_A)^{-1} = 716.408\,\mathrm{mol\,cm^{-2}}$, ergibt sich:

$$\rho X_0 = \frac{716.408\,\mathrm{mol\,cm^{-2}}\ A}{Z^2 \left[(L_{rad} - f(Z)) + Z L'_{rad} \right]} . \tag{3.92}$$

Die Strahlungslängen einiger in Detektoren häufig vorkommender Materialien sind in Tab. 3.4 aufgeführt. Eine kompakte Formel, die aus einer Anpassung an Daten gewonnen wurde und die für alle Elemente außer für Helium um weniger als 2.5% von den Daten abweicht (bei Helium um etwa 5%), ist in [777] angegeben:

$$\rho X_0 = \frac{716.408\,\mathrm{mol\,cm^{-2}}\ A}{Z(Z+1)\, \ln \frac{287}{\sqrt{Z}}} . \tag{3.93}$$

In dieser Darstellung sieht man die Abhängigkeit von Z besser: Zu der Z^2-Abhängigkeit für die kohärente Streuung am ganzen Kern kommt ein gleicher Beitrag proportional zu Z von der Streuung an den einzelnen Elektronen der Hülle, über die summiert wird, hinzu.

Für Mischungen und Verbindungen lässt sich die Strahlungslänge auf die der einzelnen Komponenten X_{0i}, die den Gewichtsanteil g_i haben, zurückführen:

$$\frac{1}{\rho X_0} = \sum_i \frac{g_i}{\rho X_{0i}} \qquad \text{mit} \qquad g_i = \frac{\rho_i}{\rho} . \tag{3.94}$$

Die Strahlungslänge ist allgemein ein wichtiges Maß für die Charakterisierung von elektromagnetischen Prozessen, die im Coulomb-Feld des Atomkerns ablaufen – neben der Bremsstrahlung vor allem Paarbildung (Abschnitt 3.5.5) und Vielfachstreuung (Abschnitt 3.4) – und wird zum Beispiel im Detektorbau zur Angabe der Materialdicke, die ein Teilchen durchqueren muss, benutzt. Es ist allerdings zu beachten, dass die Definition der Strahlungslänge etwas willkürlich ist, weil sich die benutzten Formeln jeweils auf eine bestimmte Näherungsrechnung stützen. Es gibt andere Definitionen als die hier und in [799] benutzte, die auf anderen Näherungen basieren, zum Beispiel in [884]. Das spielt meistens für die genannten Abschätzungen keine große Rolle. Wenn exaktere Rechnungen notwendig sind, werden meistens Simulationen durchgeführt, die genauere Formeln verwenden.

3.3.3 Kritische Energie

Strahlungs- und Ionisationsenergieverlust zeigen unterschiedliche Abhängigkeiten von der Energie E, der Masse M des Teilchens und von der Kernladung Z des Mediums:

[11] Der Term wird vernachlässigt, um auch die Paarerzeugung (Abschnitt 3.5.5) bei hohen Energien durch die Strahlungslänge ausdrücken zu können.

Tab. 3.4 Strahlungslänge (angegeben als ρX_0 in Einheiten Masse/Fläche und als Länge bei der angegebenen Dichte) und kritische Energie, E_k (Elektronen), E_k^μ (Myonen), sowie die dafür relevanten atomaren Eigenschaften für einige im Detektorbau verwendete Standardmaterialien (nach [814], die Daten für die Fotoemulsion entsprechen den Daten von Ilford G5 [940]).

Material	Z	$\langle Z/A\rangle$	Dichte	X_0		E_k	E_k^μ
		(mol/g)	(g/cm^3)	(g/cm^2)	(cm)	(MeV)	(GeV)
			Elementfeststoffe				
Be	4	0.444	1.85	65.19	35.3	113.7	1328
C (Graphit)	6	0.500	2.21	42.65	19.3	81.7	1060
Al	13	0.482	2.70	24.01	8.9	42.7	612
Si	14	0.498	2.33	21.82	9.36	40.2	582
Fe	26	0.466	7.87	13.84	1.76	21.7	347
Cu	29	0.456	8.96	12.86	1.43	19.4	317
Ge	32	0.441	5.32	12.25	2.30	18.2	297
W	74	0.403	19.30	6.76	0.35	8.0	150
Pb	82	0.396	11.35	6.37	0.56	7.4	141
U	92	0.387	18.95	6.00	0.32	6.7	128
			Szintillatoren				
NaI	11,53	0.427	3.66	9.49	2.59	13.4	228
CsI	55,53	0.416	4.53	8.39	1.85	11.2	198
BaF_2	56,9	0.422	4.89	9.91	2.03	13.8	233
$PbWO_4$	82,74,8	0.413	8.30	7.39	0.89	9.64	170
Polystyrol	1,6	0.538	1.06	43.79	41.3	93.1	1183
			Gase (20 °C, 1 atm)				
H_2	1	0.992	$0.084 \cdot 10^{-3}$	63.04	750 500	344.8	3611
He	2	0.500	$0.166 \cdot 10^{-3}$	94.32	662 610	257.1	2352
Luft	7,8	0.499	$1.205 \cdot 10^{-3}$	36.62	30 390	87.9	1115
Ar	18	0.451	$1.66 \cdot 10^{-3}$	19.55	11 777	38.0	572
Xe	54	0.411	$5.48 \cdot 10^{-3}$	8.48	1 547	12.3	232
			andere Materialien				
H_2O (flüssig)	1,8	0.555	1.0	36.1	36.1	78.3	1031
Standardfels*	11	0.500	2.65	26.5	10.0	49.1	693
Fotoemulsion**	≈ 13	0.455	3.82	11.33	2.97	17.4	286

* Die Parameter sind durch die Definition von 'Standardfels' festgelegt.
** Z und $\langle Z/A\rangle$ wurden entsprechend (3.38) berechnet.

$$
\begin{aligned}
&\text{Ionisation:} && \propto Z \ln E/M \quad \text{(bei hohen Energien)} \\
&\text{Bremsstrahlung:} && \propto Z^2\, E/M^2 \;.
\end{aligned}
$$

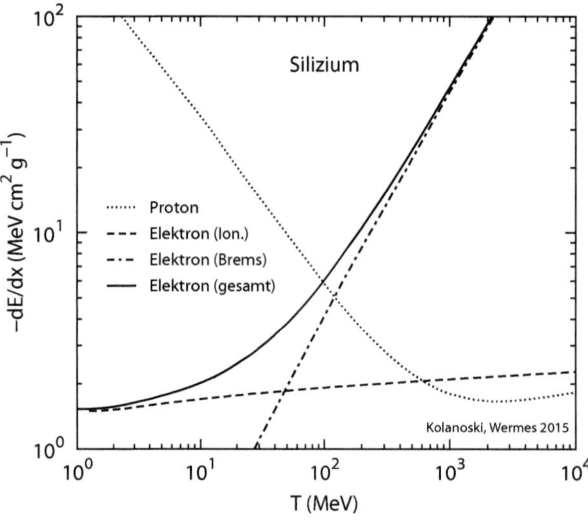

Abb. 3.27 Energieverlust durch Ionisation und Bremsstrahlung für Elektronen als Funktion der Energie. Die beiden Anteile (gestrichelte Linien) kreuzen sich bei der kritischen Energie $E_k = 47.86$ MeV, definiert nach (3.95). Nach der Rossi-PDG-Definition (3.96) ist dieser Wert $E_k = 40.19$ MeV [814]. Zum Vergleich ist auch der Energieverlust durch Ionisation für Protonen angegeben. Die Kurven wurden mit dem interaktiven Programmen ESTAR und PSTAR erzeugt [189].

Diese Energieabhängigkeiten bedingen, dass bei niedrigen Energien Ionisation und bei höheren Energien Bremsstrahlung dominiert. *Kritische Energie* E_k wird die Energie genannt, an der sich beide Kurven schneiden (Abb. 3.27):

$$\left(\frac{dE}{dx}(E_k)\right)_{ion} = \left(\frac{dE}{dx}(E_k)\right)_{rad} . \tag{3.95}$$

Die Particle Data Group [799] hat im Unterschied zu (3.95) die Definition von Rossi [884] übernommen, nach der die kritische Energie diejenige Energie ist, bei der der Ionisationsverlust nach einer Strahlungslänge gleich der Elektronenergie ist

$$\left(\frac{dE}{dx}(E_k)\right)_{ion} X_0 = -E_k \, , \tag{3.96}$$

was mit der Annahme $(dE/dx)_{rad} \approx -E_k/X_0$ in (3.95) übergeht. Für die Definition (3.96) gibt es recht gute Näherungen, die sich wegen des Dichteeffekts für feste und flüssige Medien sowie für Gase unterscheiden:

$$\begin{aligned} E_k &\approx \frac{610\,\text{MeV}}{Z + 1.24} \quad \text{(feste und flüssige Medien)}\,, \\ E_k &\approx \frac{710\,\text{MeV}}{Z + 0.92} \quad \text{(Gase)}\,. \end{aligned} \tag{3.97}$$

Strahlungslänge und kritische Energie sind wichtige Parameter für die Entwicklung eines elektromagnetischen Schauers (siehe Kapitel 15). Numerische Werte für einige Materialien sind in Tab. 3.4 angegeben.

3.3.4 Energieverlust hochenergetischer Myonen

Der Energieverlust durch Bremsstrahlung in (3.88) skaliert mit Energie und Masse des Teilchens gemäß E/m^2. Deshalb spielt bei sehr hohen Energien dieser Energieverlust

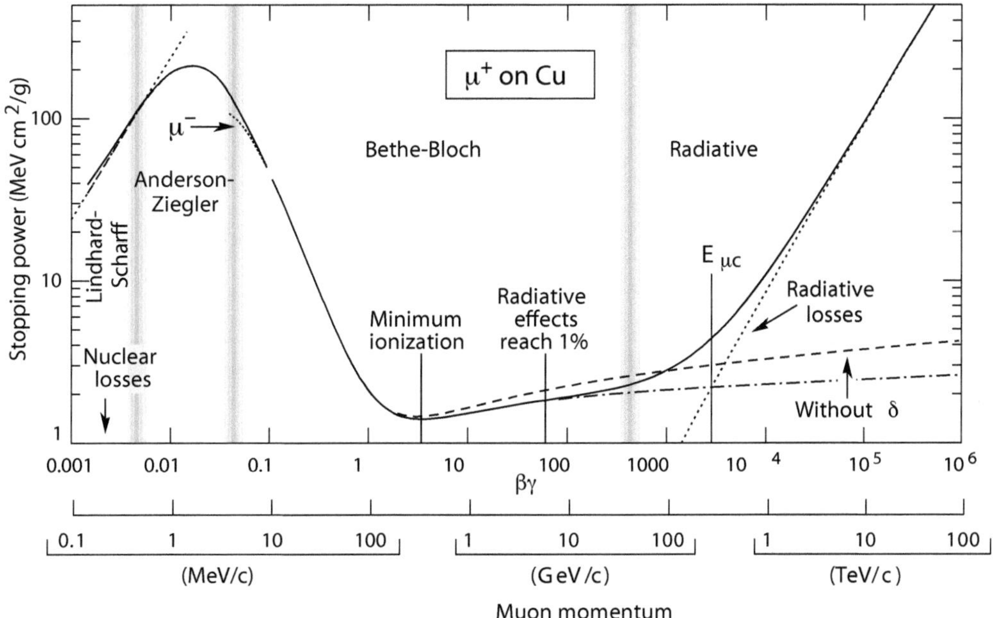

Abb. 3.28 Energieverlust für positive Myonen in Kupfer (aus [799], wo auch eine detaillierte Beschreibung und Referenzen zu finden sind). Durch die vertikalen Streifen werden Bereiche verschiedener theoretischer Beschreibungen markiert. In der Mitte liegt der Gültigkeitsbereich der Bethe-Bloch-Formel. Bei hohen Energien, wo der Einfluss der Bremsstrahlung dominiert, zeigen die eingezeichneten Kurven den gesamten Energieverlust (durchgezogen), den Strahlungsverlust (punktiert) sowie den Energieverlust durch Ionisation ohne und mit dem δ-Term in (3.25) (gestrichelt bzw. strich-punktiert). Bei niedrigen Energien ist der mit 'Anderson-Ziegler' bezeichnete Bereich eine empirische Anpassung an Daten. Der darunter liegende 'Lindhard-Scharff'-Bereich basiert auf einem theoretischen Modell, das eine etwa zu β proportionale Abhängigkeit des Energieverlusts (gestrichelte Linie) ergibt. Bei den niedrigsten Energien dominiert nicht-ionisierender Energieverlust durch elastischen Kernrückstoß. Bei niedrigen Energien ist der Energieverlust für negative Teilchen geringer als für positive Teilchen (*Barkas-Effekt*), was hier durch die mit μ^- bezeichnete Kurve angedeutet wird.

auch bei schwereren Teilchen eine Rolle, mit wachsender Energie zunächst bei Myonen und Pionen, bei noch höheren Energien aber auch für Kaonen und Protonen.

Wir wollen im Folgenden den Energieverlust hochenergetischer Myonen betrachten, weil das für Beschleunigerenergien im TeV-Bereich (LHC) und für den Nachweis kosmischer Strahlung von Bedeutung ist. Der Energieverlust kann als Summe der beiden Beiträge von Ionisation und Bremsstrahlung dargestellt werden (Abb. 3.28):

$$-\frac{dE}{dx} = a(E) + b(E)\,E\,. \tag{3.98}$$

Dabei ist a der Energieverlust durch Ionisation und $b\,E$ der Bremsstrahlungsbeitrag. Die kritische Energie, bei der beide Beiträge gleich sind, ist definiert durch, siehe [514]:

$$a(E_k^\mu) = b(E_k^\mu)\,E_k^\mu\,. \tag{3.99}$$

Tab. 3.5 Die Parameter a und b der linearen Näherung (3.98) des Energieverlusts von Myonen [322]. Die Massenbelegung wird hier in m we = *meter water equivalent*, also die Dicke einer Wasserschicht in Meter (m we = 100 g/cm^2), angegeben. Die dritte Spalte gibt die kritische Energie für Myonen an [814] (für weitere Materialien siehe Tab. 3.4).

Medium	a (GeV/m we)	b (10^{-3}/m we)	E_k^μ (GeV)
Luft	0.281	0.347	1115
Eis (≈Wasser)	0.259	0.363	1031
Standardfels (siehe Text)	0.223	0.463	693

Werte von E_k^μ für verschiedene Medien sind in [814] aufgeführt, wo auch Tabellen zur Energieabhängigkeit von a und b zu finden sind.

Bei hohen Energien (oberhalb der kritischen Energie) können a und b als konstant angenommen werden, was zum Beispiel in [322] durch Anpassungen an Simulationsergebnisse gezeigt wurde[12]. In Tab. 3.5 sind die angepassten Parameter für Luft, Eis und *Standardfels* aufgeführt. Standardfels mit den Parametern $\rho = 2.65\,\mathrm{g\,cm^{-3}}$, $A = 22$, $Z = 11$ wird als Referenzmedium für Untergrundexperimente benutzt (Abschnitt 2.3.3 und Kapitel 16).

Eine Parametrisierung der kritischen Energie für Myonen kann wie folgt in Abhängigkeit von Z angegeben werden [1056]:

$$\begin{aligned} E_k^\mu &\approx \frac{7.98\,\mathrm{TeV}}{(Z+2.03)^{0.879}} \quad \text{(Gase)} \\ E_k^\mu &\approx \frac{5.7\,\mathrm{TeV}}{(Z+1.47)^{0.838}} \quad \text{(feste und flüssige Medien)}\,. \end{aligned} \tag{3.100}$$

Der Dichteeffekt beim Energieverlust durch Ionisation (Abschnitt 3.2.1.3 auf Seite 41) sorgt dafür, dass die Gleichheit der Verluste durch Ionisation bzw. Bremsstrahlung (d.h. von E_k^μ) für Gase erst bei höheren Werten von Z einsetzt.

Die Energieabhängigkeit des Energieverlusts (3.98) erlaubt es, die Energie von Myonen oberhalb der kritischen Energie auch ohne Magnetfeld zu messen. Das ist besonders interessant für Experimente mit einem großen Detektorvolumen, das nicht durch ein Magnetfeld abgedeckt werden kann. Ein Beispiel sind Neutrinodetektoren wie IceCube [35], die von hochenergetischen Neutrinos erzeugte Myonen nachweisen (siehe Abschnitt 16.6.5).

Durch Integration über den Energieverlust (3.98) lässt sich mit (3.63) die energieabhängige Reichweite der Myonen mit Anfangsenergie E bestimmen:

$$R(E) = \frac{1}{b} \ln\left(1 + \frac{b}{a} E\right)\,. \tag{3.101}$$

Die Reichweite der Myonen spielt zum Beispiel eine wichtige Rolle für die Abschirmung von kosmischer Strahlung in Untergrundexperimenten. In Standardfels, zum Beispiel, haben Myonen mit einer Energie von 1 TeV eine Reichweite von etwa 0.9 km und in Wasser oder Eis etwa 2.4 km.

[12] Zu beachten ist allerdings, dass die kritische Energie nach (3.99) nicht mit konstanten Parametern a, b bestimmt werden kann.

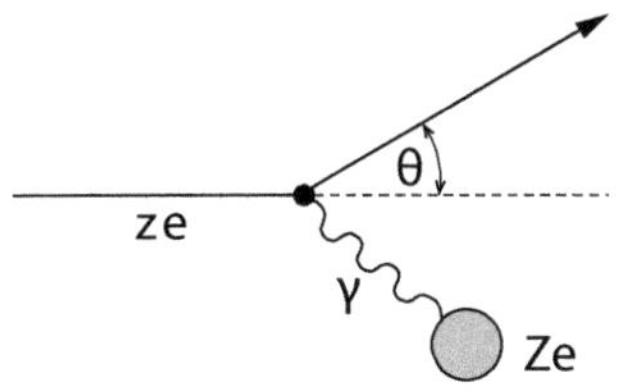

Abb. 3.29 Streuung eines geladenen Teilchens (Ladung ze) im Coulomb-Feld eines Kerns mit Ladung Ze (Rutherford-Streuung).

3.4 Coulomb-Vielfachstreuung geladener Teilchen

Geladene Teilchen werden im Coulomb-Feld eines Kerns entsprechend dem Rutherford-Wirkungsquerschnitt gestreut. Gegenüber diesem Effekt ist die Ablenkung durch die Wechselwirkung mit Elektronen der Atomhülle bei höheren Energien, $E \gg m_e c^2$, vernachlässigbar.

Nach Durchgang eines Teilchens durch Material einer Dicke Δx ist das Teilchen im Allgemeinen vielfach gestreut worden, was zu einer statistischen Verteilung des Streuwinkels relativ zur Eintrittsrichtung führt.

Die Coulomb-Streuung an einem einzelnen Kern wird durch den Rutherford-Wirkungsquerschnitt

$$\left.\frac{d\sigma}{d\Omega}\right|_{\text{Rutherford}} = z^2 Z^2 \alpha^2 \hbar^2 \frac{1}{\beta^2 p^2} \frac{1}{4 \sin^4 \theta/2} \tag{3.102}$$

beschrieben (entspricht dem Lorentz-invarianten Ausdruck in (3.14)). Hier ist θ der Streuwinkel, z die Ladung des gestreuten Teilchens und Z die des Kerns (Abb. 3.29), β und p sind Geschwindigkeit und Impuls des gestreuten Teilchens. Bei den vorwiegend kleinen Impulsüberträgen (entsprechend einer großen Reichweite der Wechselwirkung) erfolgt die Streuung kohärent an der gesamten Ladung des Kerns, weshalb hier eine quadratische Abhängigkeit von Z auftritt (dagegen ist der Energieverlust durch Ionisation proportional zu Z, weil über die Beiträge der Hüllenelektronen inkohärent zu summieren ist). Wenn das gestreute Teilchen verglichen mit dem Kern leicht ist, ergibt sich eine Richtungsänderung bei nur geringem Energieübertrag auf den Kern.

Bei einem nicht zu dünnen Streuer, wenn die Anzahl der Streuungen etwa 20 oder mehr ist, spricht man von Vielfach- oder Molière-Streuung. Nach dem 'Zentralen Grenzwertsatz' der Statistik erwartet man bei unendlich vielen Streuungen eine Gauß-Verteilung für den Streuwinkel. Der allgemeine Fall endlich vieler Streuungen wurde von Molière behandelt [762, 763]. In der Praxis lässt sich die mit der Molière-Theorie bestimmte Verteilung gut durch eine Gauß-Verteilung approximieren, man muss aber beachten, dass die Molière-Verteilung höhere Wahrscheinlichkeiten bei großen Winkeln hat (entsprechend dem Rutherford-Wirkungsquerschnitt). Abbildung 3.30 zeigt den Vergleich einer gemessenen Streuwinkelverteilung von Protonen [208] mit der exakten Molière-Theorie und der Näherung mit einer Gauß-Verteilung. In dieser logarithmischen Darstellung sieht man besonders deutlich, dass mit einer Gauß-Verteilung die Ausläufer bei großen Streuwinkeln nicht beschrieben werden können.

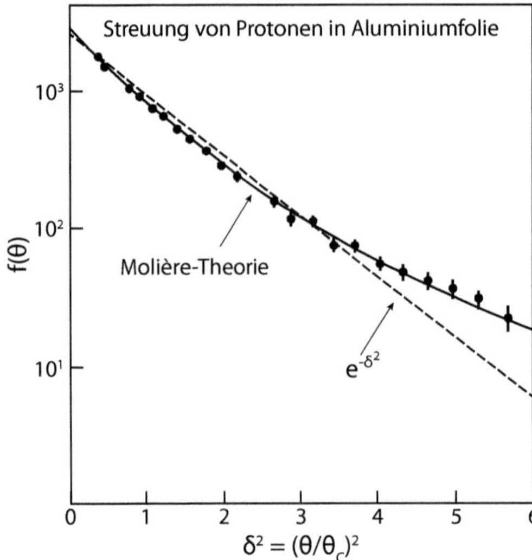

Abb. 3.30 Streuwinkelverteilung von Protonen mit kinetischen Energien $T = 2.18$ MeV, die eine Aluminiumfolie mit der Massenbelegung $x = 3.42 \cdot 10^{-3}\,\mathrm{g\,cm^{-2}}$ (etwa 13 µm Dicke) durchquert haben (nach [208]). Die Messwerte werden mit der exakten Molière-Theorie und einer Gauß-Verteilung (in dieser Darstellung eine Gerade) verglichen. Der Streuwinkel ist auf einen charakteristischen Winkel θ_c der Molière-Theorie normiert ($\theta_c = \chi_c\sqrt{B}$ mit den Parametern χ_c und B wie in [763]; mit der Definition von θ_{ms} in (3.106) gilt $\theta_c \approx \theta_{ms}\sqrt{2}$). Mit $\delta = \theta/\theta_c$ ist die führende Abhängigkeit der Molière-Verteilung bei kleinen Streuwinkeln proportional zu $\exp(-\delta^2)$.

In der Approximation durch eine Gauß-Verteilung wird die Streuwinkelverteilung durch nur einen Parameter, die Standardabweichung θ_{ms} des in eine Ebene, die die Teilchenrichtung enthält, projizierten Streuwinkels θ_{plane}, festgelegt:

$$f(\theta_{plane})d\theta_{plane} = \frac{1}{\sqrt{2\pi}\,\theta_{ms}} \exp\left(-\frac{\theta_{plane}^2}{2\theta_{ms}^2}\right) d\theta_{plane}\,. \tag{3.103}$$

Eine einfache Formel für den Parameter θ_{ms} ist von Rossi und Greisen [883] aus der Varianz der Streuwinkelverteilung als

$$\theta_{ms} = \sqrt{\langle\theta_{plane}^2\rangle} \approx \frac{E_s}{\sqrt{2}\,p\,c\,\beta}\sqrt{\frac{x}{X_0}} \tag{3.104}$$

abgeschätzt worden, wobei die Skala durch

$$E_s = m_e\,c^2\sqrt{\frac{4\pi}{\alpha}} = 21.2\,\mathrm{MeV} \tag{3.105}$$

festgelegt wird. Dabei ist x die Dicke des Streuers und X_0 die Strahlungslänge des Streuermaterials. Die Strahlungslänge kommt hier wieder ins Spiel, da sie die Prozesse im Coulomb-Feld eines Kerns, wie zum Beispiel auch die Bremsstrahlung von Elektronen im Kernfeld (Abschnitt 3.3), charakterisiert.

Eine bessere Näherung für den Parameter θ_{ms} gibt die sogenannte *Highland-Formel* [559], hier in der Parametrisierung von [729], die auch von [799] übernommen wurde:

$$\theta_{ms} = \frac{13.6\,\mathrm{MeV/c}}{p\beta}\,z\sqrt{\frac{x}{X_0}}\left(1 + 0.038\ln\frac{x}{X_0}\right)\,. \tag{3.106}$$

Der räumliche Streuwinkel, das ist der Winkel zwischen den Richtungen des Teilchens vor und nach dem Streuer, setzt sich aus zwei orthogonalen Projektionen θ_x, θ_y zusammen: $\theta_{space} = \theta \approx \sqrt{\theta_x^2 + \theta_y^2}$, wobei x und y orthogonal zur Flugrichtung definiert sind.

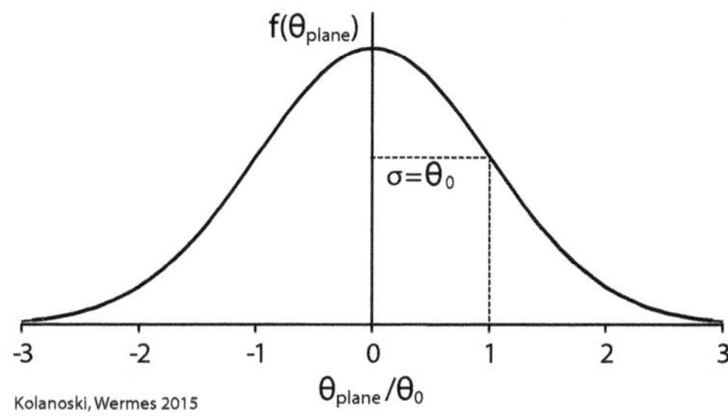

(a) Verteilung des in eine Ebene projizierten Streuwinkels nach (3.107)

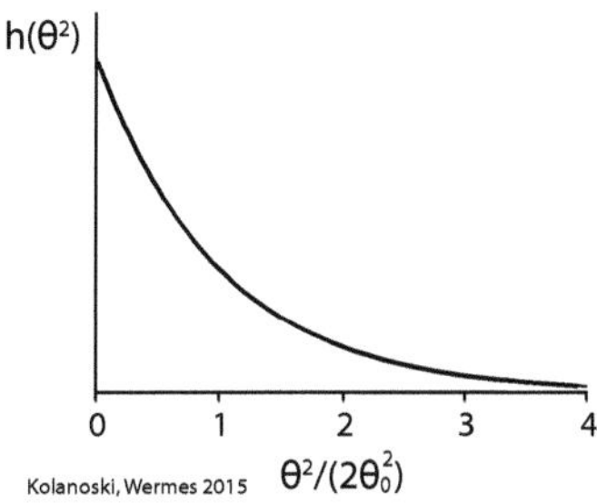

(b) Verteilung des Quadrats des räumlichen Streuwinkels nach (3.108)

Abb. 3.31 Gauß-Approximation der Streuwinkelverteilungen.

Die θ-Verteilung erhält man als Produkt der statistisch unabhängigen Verteilungen für θ_x, θ_y, jeweils nach (3.103):

$$g(\theta)d\theta = \frac{1}{\theta_{ms}^2} \exp\left(-\frac{\theta^2}{2\,\theta_{ms}^2}\right)\theta\, d\theta\,. \tag{3.107}$$

Dabei wurde $d\theta_x\, d\theta_y = \theta\, d\theta\, d\phi$ benutzt und über den Azimutwinkel ϕ integriert. Man beachte, dass der räumliche Streuwinkel im Gegensatz zu der Projektion des Streuwinkels in eine Ebene nur positive Werte haben kann (Abb.3.31). Deshalb kann man auch die Wahrscheinlichkeitsdichte von θ^2 betrachten, die sich mit $2\theta d\theta = d\theta^2$ zu

$$h(\theta^2)d\theta^2 = \frac{1}{2\theta_{ms}^2} \exp\left(-\frac{\theta^2}{2\,\theta_{ms}^2}\right)d\theta^2 \tag{3.108}$$

ergibt. Die Verteilungen (3.107) und (3.108) sind in dem Intervall $0 \leq \theta < \infty$ normiert. Das Maximum von $h(\theta^2)$ entspricht dem pro Raumwinkelintervall $(\theta\, d\theta\, d\phi)$ wahrscheinlichsten Streuwinkel bei $\theta = 0$, während sich der Mittelwert zu $\langle\theta\rangle = \sqrt{\pi/2}\theta_{ms} > 0$ ergibt. Die Standardabweichung des räumlichen Streuwinkels bezüglich des wahrscheinlichsten Wertes bei $\theta = 0$ ist

$$\sqrt{\langle\theta^2\rangle} = \sqrt{2}\,\theta_{ms}\,. \tag{3.109}$$

Der Winkel $\sqrt{2}\,\theta_{ms}$ entspricht auch etwa dem charakteristischen Molière-Winkel θ_c in Abb. 3.30.

Zur Computersimulation von Teilchen, die einen Detektor durchlaufen, wird die Materie in Streuerschichten aufgeteilt und die relevanten Größen werden für jede Schicht

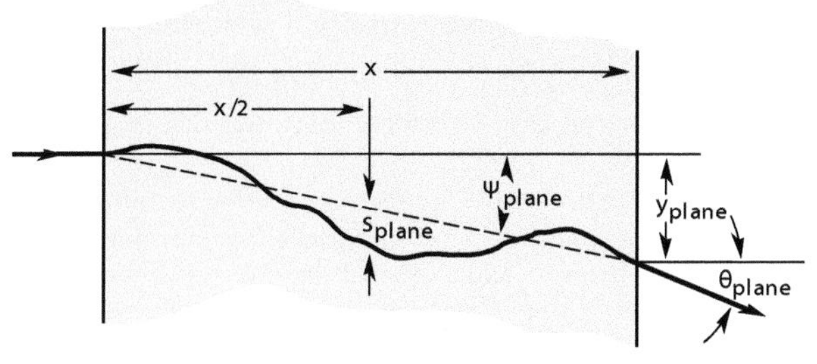

Abb. 3.32 Die Skizze zeigt die Vielfachstreuung eines geladenen Teilchens in einer Streuerschicht, projiziert auf eine Ebene, und charakteristische Größen, die zur Beschreibung der Streuung benutzt werden. Quelle: PDG [799].

Tab. 3.6 Fehler durch Streuung bei der Bestimmung des Stoßparameters d_0 eines 5-GeV-Pions, das in einem Strahlrohr aus Aluminium beziehungsweise Beryllium mit 5 cm Radius und einer Dicke von 1 mm gestreut wird. Siehe Gleichung (3.111).

Material	X_0 (mm)	x/X_0	θ_{ms} (rad)	Δd_0 (μm)
Al	89	0.011	0.0003	15.0
Be	353	0.003	0.00015	7.5

ermittelt. Die Skizze in Abb. 3.32 illustriert die Größen, welche die Vielfachstreuung nach Durchlauf einer Materialdicke x beschreiben: die rms-Werte[13] des effektiven Streuwinkels θ_{plane}, des Ablenkwinkels ψ_{plane}, des mittleren Versatzes vom ursprünglichen Eintrittspunkt y_{plane}. Die gestrichelte Linie in Abb. 3.32 ist die Verbindungslinie zwischen dem Eintritt des Teilchens in den Streuer und dem Austrittspunkt. Die Größe s_{plane} ist der Versatz von dieser Verbindungslinie bei der Hälfte der Streuerdicke und s^{rms}_{plane} ist der entsprechende rms-Wert. Der Zusammenhang mit dem Streuwinkelparameter θ_{ms} ist, siehe [799]:

$$\theta^{rms}_{\text{plane}} = \theta_{ms}\,, \quad \psi^{rms}_{\text{plane}} = \frac{1}{\sqrt{3}}\,\theta_{ms}\,, \quad y^{rms}_{\text{plane}} = \frac{1}{\sqrt{3}}\,x\,\theta_{ms}\,, \quad s^{rms}_{\text{plane}} = \frac{1}{4\sqrt{3}}\,x\,\theta_{ms}\,. \tag{3.110}$$

Diese Approximation ist innerhalb von 5% genau für Streuerdicken von $10^{-3} < x/X_0 < 10$, das ist für Blei von etwa 5 μm bis 50 mm und für Luft von etwa 0.3 mm bis 3 m der Fall.

Beispiel: Messung von Sekundärvertices in einem Speicherringexperiment Der Nachweis von Charm- und Bottom-Zerfällen gelingt sehr gut durch die Bestimmung von Zerfallsvertices, die aufgrund der langen Lebensdauer von den Primärvertices getrennt sind (siehe auch die Abschnitte 8.1, 9.4.6 und 14.6.2). Zum Beispiel hat ein B-Meson eine Lebensdauer von etwa $\tau = 1.5$ ps. Bei einem Impuls von 10 GeV ist dann die mittlere Zerfallslänge $\langle l \rangle = \gamma\beta c\tau \approx 2$ mm.

Als Hinweis, ob eine Spur von einem Sekundärvertex kommen kann, dient der Stoßparameter d_0 (siehe dazu auch Abschnitt 14.6). Das ist der nächste Abstand einer extrapolierten Spur zum Primärvertex in der Ebene senkrecht zum Strahl (Abb. 3.33). Der Fehler in der Bestimmung von d_0 (grauer Fächer in der Abbildung) legt fest, ob eine Spur noch vom Primärvertex getrennt werden kann.

Nehmen wir an, das Strahlrohr, in dem die Kollisionen stattfinden, habe einen Radius von $r_B = 50$ mm, und es seien direkt auf dem Strahlrohr ein Detektor angebracht, der sehr genau den Durchstoßpunkt eines Teilchens messen kann, und ein weiterer Detektor bei einem etwas größeren Radius. Strahlrohr und Detektor zusammen sollen eine Dicke x und eine Strahlungslänge X_0 haben, woraus sich ein mittlerer Streuwinkel θ_{ms} nach

[13] rms = root-mean-square; Wurzel der mittleren Quadrate einer Menge von Zahlen x_i (allgemeiner auch für kontinuierliche Zufallsvariablen definiert), das heißt $\sqrt{\langle x^2 \rangle}$ (entspricht der Standardabweichung der x_i, falls der Mittelwert Null ist). Häufig werden auch die Ausdrücke *rms-Abweichung* oder *rms-Fehler* gebraucht für das rms der Differenz zwischen den Werten eines Modells oder einer Schätzung $\hat{x}$ und den beobachteten Werten x_i, d.h. $\sqrt{\langle (x-\hat{x})^2 \rangle}$.

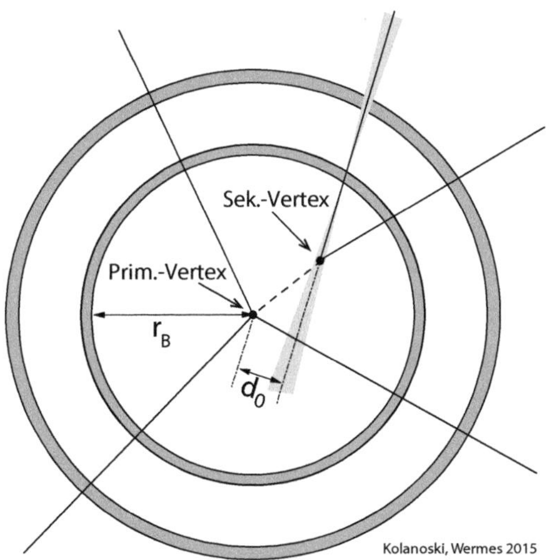

Abb. 3.33 Einfluss der Streuung auf die Rekonstruktion von Sekundärvertices. Mit zwei Detektorlagen wird die Richtung einer Spur gemessen. Die Streuung an der ersten Detektorlage führt zu einem Rekonstruktionsfehler bei der Extrapolation einer Spur zum Vertex (angedeutet durch den schattierten Fächer).

(3.109) berechnet. Der Fehler in der Bestimmung von d_0 ergibt sich, wenn man annimmt, dass die Ortsauflösung der Detektoren viel besser als der durch die Streuung verursachte Fehler ist, zu

$$\Delta d_0 = \theta_{ms}\, r_B\,. \tag{3.111}$$

Das bedeutet: Der Abstand der ersten Detektorlage von den Vertices sollte möglichst klein sein, und der Detektor sollte möglichst dünn im Vergleich zu einer Strahlungslänge sein (siehe dazu auch Abschnitte 8.1 sowie 9.4.6.2).

In Tab. 3.6 ist für eine Streuerdicke $x = 1\,\text{mm}$ und einen Teilchenimpuls von $p = 5\,\text{GeV/c}$ und $\beta \approx 1$ der Fehler im Stoßparameter für Aluminium und Beryllium als Streuermaterial angegeben. Aus der Tabelle ist ersichtlich, dass die Stahlungslänge für Beryllium etwa viermal so groß wie für Aluminium ist und dass damit der Fehler um einen Faktor 2 kleiner wird.

In Abschnitt 9.4 werden die Bedingungen für eine gute Vertexauflösung allgemeiner diskutiert.

3.5 Wechselwirkungen von Photonen mit Materie

Für Teilchendetektoren sind die folgenden Wechselwirkungen von Photonen mit Materie besonders wichtig (Abb. 3.34 und 3.35):

- Photoeffekt: Das Photon überträgt seine gesamte Energie auf ein Atom, welches daraufhin ein Hüllenelektron emittiert.
- Compton-Effekt: Das Photon wird an einem Hüllenelektron elastisch gestreut.
- Paarbildung: Das Photon konvertiert im Kernfeld in ein Elektron-Positron-Paar.

Abb. 3.34 Diagramme für a) Photoeffekt, b) Compton-Effekt und c) Paarbildung.

Eine Blasenkammeraufnahme, in der diese Prozesse zu sehen sind, zeigt Abb. 3.35 und in Abb. 3.36 sind die verschiedenen Photonwirkungsquerschnitte in Abhängigkeit von der Photonenergie zu sehen. Die drei Prozesse dominieren bei Photonenergien oberhalb der Ionisationsschwelle. Bei niedrigen Energien spielen außerdem Thomson- und Rayleigh-Streuung eine Rolle. Thomson-Streuung ist Niederenergie-Photonstreuung an freien Ladungen. Für Elektronen entspricht Thomson-Streuung dem Niederenergielimit der Compton-Streuung (siehe Gl. (3.132)). Kohärente Streuung am ganzen Atom ohne Hüllenanregung oder Ionisation wird Rayleigh-Streuung genannt. Für Rayleigh- und

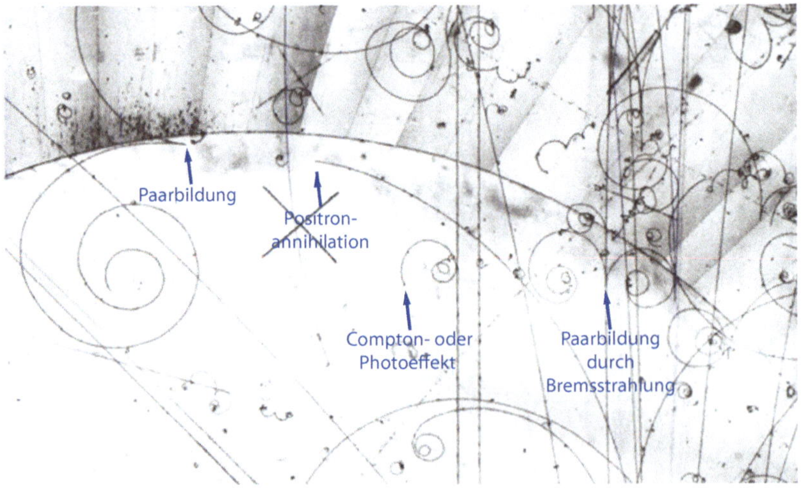

Abb. 3.35 Ausschnitt einer Blasenkammeraufnahme eines elektromagnetischen Schauers (siehe Abschnitt 15.2), der sich von unten nach oben entwickelt (Quelle: CERN [298]). Die Aufnahme stammt von der *15-foot Bubble Chamber* am Fermilab, die mit einem Helium-Neon-Gemisch gefüllt war. Die Spurkrümmungen wurden von einem Magnetfeld erzeugt, das bei dieser Aufnahme in die Bildebene zeigt (negative Spuren sind im Uhrzeigersinn gekrümmt). Die Kreuze sind Referenzpunkte zur Vermessung der Spuren. Die Aufnahme zeigt Beispiele für die Prozesse, die den Diagrammen in Abb. 3.34 entsprechen. Spurenpaare mit entgegengesetzten Krümmungen und kleinem Öffnungswinkel am Vertex sind Elektron-Positron-Paare, die hier meistens von Bremsstrahlungsphotonen erzeugt werden. In dem Bild wird auch auf einen Fall hingewiesen, bei dem das Photon offensichtlich aus der Annihilation eines Positrons mit einem Hüllenelektron stammt (inverser Prozess der Paarbildung). Paare, die einen Vertex sehr nahe an einer geradlinigen Spur haben und etwa tangential von dieser Spur weggehen, sind sehr wahrscheinlich durch Bremsstrahlung dieses Teilchens erzeugt worden. Die stark im Uhrzeigersinn gekrümmten einzelnen Spiralen sind Elektronen, die durch den Photo- oder den Compton-Effekt erzeugt wurden.

Thomson-Streuung erfolgt nahezu kein Energieübertrag auf das Atom. Sie sind deshalb für den Photonnachweis nicht von Bedeutung.

Wir diskutieren alle Prozesse aus Abb. 3.36 in den nachfolgenden Abschnitten 3.5.2 bis 3.5.5.

3.5.1 Absorption von Photonen

Photonen werden aufgrund der beschriebenen Wechselwirkungsprozesse mit einer Wahrscheinlichkeit proportional zur Wegstrecke dx absorbiert beziehungsweise, beim Compton-Effekt, aus der ursprünglichen Richtung heraus gestreut. In Abschnitt 3.1 wurde der Absorptionskoeffizient μ definiert, der die Absorptionswahrscheinlichkeit pro Weglänge angibt:

$$-\frac{1}{N}\frac{dN}{dx} = \mu = \rho\,\frac{N_A}{A}\,\sigma = n\,\sigma \qquad (n = \text{Teilchendichte})\,. \tag{3.112}$$

Das Reziproke ist die *mittlere freie Weglänge*:

$$\lambda = \frac{1}{\mu} = \frac{1}{n\,\sigma}\,. \tag{3.113}$$

Tabelliert sind meist auch hier wieder auf die Dichte bezogene Größen:

$$\frac{\mu}{\rho} = \frac{N_A}{A}\sigma \qquad \text{beziehungsweise} \qquad \rho\,\lambda = \left(\frac{\mu}{\rho}\right)^{-1} \tag{3.114}$$

in der Einheit cm^2/g beziehungsweise g/cm^2. Abbildung 3.37 zeigt Absorptionslängen für verschiedene Elemente als Funktion der Photonenergie. Die Anzahl der Photonen in einem Strahl folgt nach (3.112) einem Exponentialgesetz:

$$N(x) = N_0\,e^{-\mu x}\,. \tag{3.115}$$

Das ist zu vergleichen mit dem ganz anderen Verhalten geladener Teilchen beim Durchlaufen von Materie, wobei sie kontinuierlich Energie durch Ionisation und Anregung verlieren, was zu einer von der Energie abhängigen, festen Reichweite führt (siehe Abb. 3.2).

Abbildung 3.36 zeigt die verschiedenen, zum Wirkungsquerschnitt von Photonen beitragenden Prozesse für Kohlenstoff und Blei [799]. Die charakteristischen Abhängigkeiten der verschiedenen Prozesse von der Photonenergie und der Kernladungszahl Z der durchlaufenen Materie werden im Folgenden besprochen.

3.5.2 Thomson- und Rayleigh-Streuung

Thomson-Streuung ist die Streuung einer elektromagnetischen Welle an einer freien Ladung. Streuung tritt auf, weil das elektrische Feld Oszillationen der Ladung in Feldrichtung anregt, das heißt senkrecht zur Ausbreitungsrichtung der Welle. Die aufgenommene Energie wird anschließend in Form von Dipolstrahlung wieder abgestrahlt. Im Photonenbild der elektromagnetischen Welle führt dies für unpolarisierte, niederenergetische Photonen, bei denen die Rückstoßenergie der Ladung vernachlässigt werden kann, zu einer Winkelverteilung des gestreuten Photons proportional zu $1 + \cos^2\theta_\gamma$.

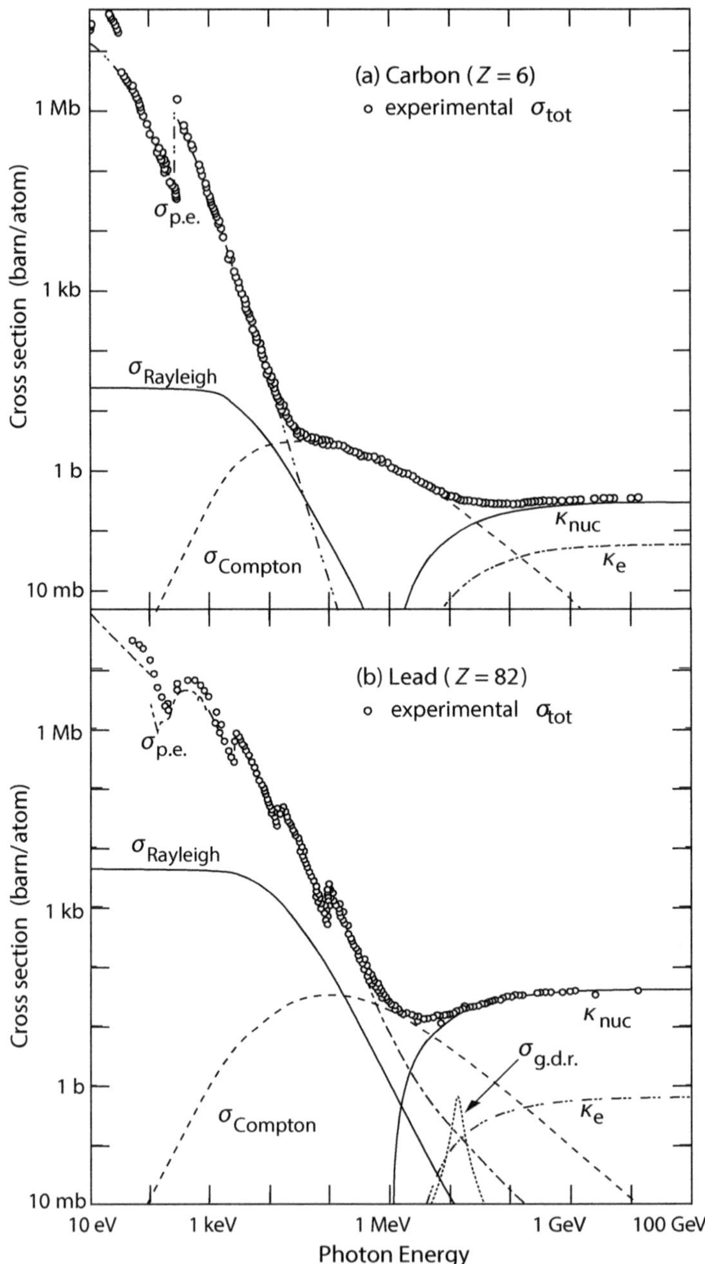

Abb. 3.36 Verschiedene Beiträge zum totalen Wirkungsquerschnitt von Photonen in Kohlenstoff und Blei als Funktion der Energie (Quelle: PDG [982]).

$\sigma_{p.e.}$ = atomarer Photoeffekt (Absorption des Photons, Elektronenemission)
$\sigma_{Rayleigh}$ = Rayleigh-Streuung (kohärent, Atom weder ionisiert noch angeregt)
$\sigma_{Compton}$ = inkohärente Streuung (Compton-Streuung an einem Elektron)
κ_{nuc} = Paarproduktion im Kernfeld
κ_e = Paarproduktion im Feld eines Elektrons
$\sigma_{g.d.r.}$ = Photonukleare Wechselwirkungen, vor allem Dipol-Riesenresonanz.

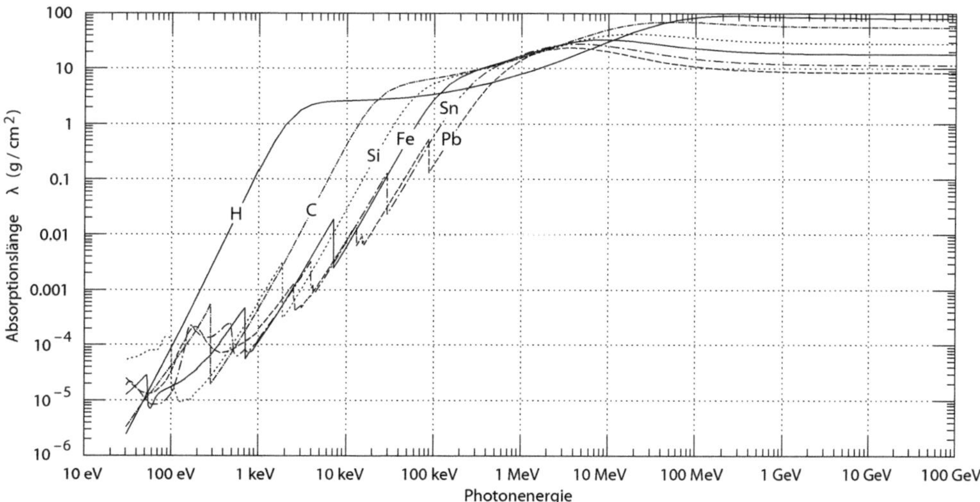

Abb. 3.37 Absorptionslänge (auch: mittlere freie Weglänge) $\lambda = 1/(\mu/\rho)$ für Photonen, mit μ = Absorptionskoeffizient (auch: linearer Schwächungskoeffizient) und ρ = Dichte für verschiedene Elemente in Abhängigkeit der Photonenergie [982].

Der differentielle Thomson-Querschnitt für Elektronen ist

$$\frac{d\sigma_{\text{Th}}^{e}}{d\Omega} = \frac{r_e^2}{2}\left(1 + \cos^2\theta_\gamma\right) , \tag{3.116}$$

wobei θ_γ der Polarwinkel des gestreuten Photons bezüglich der Einfallsrichtung der Strahlung ist. Integration über den Raumwinkel ergibt den totalen Thomson-Querschnitt:

$$\sigma_{\text{Th}}^{e} = \frac{8\pi r_e^2}{3} = 0.665\,\text{b} \tag{3.117}$$

mit dem klassischen Elektronenradius $r_e \approx 2.8\,\text{fm}$, definiert in (3.26). Der Thomson-Querschnitt für Elektronen wird oft als Referenz für andere Wirkungsquerschnitte für Photonen verwendet.

Kohärente elastische Streuung von Photonen am ganzen Atom wird Rayleigh-Streuung genannt. Im Bereich sichtbaren Lichts ist die Rayleigh-Streuung bekannt als Ursache für die blaue Farbgebung des Himmels. Wir benutzen die Bezeichnung hier allgemeiner, für kohärente Photonstreuung bis in den Röntgenbereich wie in Abb. 3.36 dargestellt.

Bei der kohärenten Streuung an einem Atom wird die Elektronenhülle zu Dipolschwingungen angeregt, deren Stärke und Frequenzabhängigkeit durch die *Polarisierbarkeit* des Atoms beschrieben werden. Die Polarisierbarkeit hängt von den Schwingungsresonanzen mit Eigenfrequenzen ω_{i0} ab, die für Atome und Moleküle im ultravioletten Bereich und darüber liegen. Hinreichend weit entfernt von den Eigenfrequenzen können die Breiten der Resonanzen vernachlässigt werden und der Wirkungsquerschnitt kann geschrieben werden als

$$\sigma_R = \sigma_{\text{Th}}^{e}\,\omega^4 \left(\sum_i \frac{f_i}{\omega^2 - \omega_{i0}^2}\right)^2 . \tag{3.118}$$

Die Summe läuft über alle Z Dipol-Oszillatoren mit Oszillatorstärken f_i, normiert entsprechend $\sum_i f_i = Z$ (siehe z.B. [604]).[14] Die ω^4-Abhängigkeit ist charakteristisch für Dipolstrahlung.

Für $\omega \ll \omega_0$, was den sichtbaren Bereich einschließt, wird daraus

$$\sigma_R = \sigma_{\rm Th}^e \, \omega^4 \left(\sum_i \frac{f_i}{\omega_{i0}^2} \right)^2 . \tag{3.119}$$

Die Formeln (3.118) und (3.119) spiegeln die bekannte Abhängigkeit wider, die das Himmelsblau mit der stärken Streuung höherer Frequenzanteile des Sonnenlichts erklärt.

Oberhalb der Resonanzen für $\omega \gg \omega_0$, aber bei Photonwellenlängen immer noch größer als der Atomradius, werden die Oszillationen von den einzelnen Eigenfrequenzen unabhängig und die gesamte Elektronenhülle schwingt mit der Frequenz ω des treibenden Feldes. Dann erhält der Rayleigh-Querschnitt die Form

$$\sigma_R = \sigma_{\rm Th}^e \left(\sum_i f_i \right)^2 = Z^2 \, \sigma_{\rm Th}^e = \sigma_{\rm Th}^{\rm atom} . \tag{3.120}$$

Die Formel bedeutet, dass das Photon die Z Elektronen kohärent sieht; sie beschreibt den nahezu energieunabhängigen Niederenergieteil, der in Abb. 3.36 mit $\sigma_{\rm Rayleigh}$ bezeichnet wird.

Mit kleiner werdender Wellenlänge bei steigender Photonenergie beginnen die Photonen die elektronische Struktur des Atoms aufzulösen, was zu einer Dämpfung der kohärenten Streuung führt. Die Dämpfung kann durch einen Formfaktor, der dem Thomson-Querschnitt hinzugefügt wird, beschrieben werden.

3.5.3 Photoeffekt

In diesem Abschnitt soll die Absorption von Photonen im Röntgenbereich, oberhalb einer Energie von etwa 1 keV, behandelt werden. Die Absorption von Quanten nahe dem optischen Bereich wird in späteren Kapiteln zusammen mit den entsprechenden Detektoren besprochen.

Beim Photoeffekt überträgt das Photon seine gesamte Energie auf ein Atom, das die absorbierte Energie durch Emission eines Elektrons ins Kontinuum abgibt (Abb. 3.34(a)):

$$\gamma + \text{Atom} \longrightarrow (\text{Atom})^+ + e^-$$

Das Atom nimmt den Rückstoßimpuls auf und wird bei der Reaktion ionisiert.

Damit der Photoeffekt stattfinden kann, muss die Energie E_γ des Photons die Bindungsenergie E_B des Elektrons übersteigen ($E_\gamma > E_B$); der Überschuss wird dem emittierten Elektron als kinetische Energie

$$T = E_\gamma - E_B$$

[14] Der Wirkungsquerschnitt (3.118) wird oft durch die makroskopischen Parameter Brechungsindex oder elektrische Suszeptibilität (wie in [604]) ausgedrückt. Der Zusammenhang mit dem mikroskopischen Bild atomarer Dipole ist in (11.10) gegeben.

mitgegeben. Die auf das Atom übertragene Rückstoßenergie ist wegen der großen Masse des Atoms vernachlässigbar.

Der Wirkungsquerschnitt für Photoeffekt fällt sehr schnell mit wachsender Photonenergie und wächst bei fester Photonenergie stark mit Z. Bei einer vorgegebenen Photonenergie ist die Wahrscheinlichkeit für Absorption durch die am stärksten gebundenen Hüllenelektronen am größten. Daher ergeben sich Sprünge in der Absorption, die so genannten Absorptionskanten, wenn mit wachsender Energie des Photons jeweils die Bindungsenergie der Elektronen in einer Schale erreicht wird, $E_\gamma = E_B^i$, $i = \mathrm{K}, \mathrm{L}, \ldots$. Der Wirkungsquerschnitt ist am größten für die Schale i, für die $E_\gamma - E_B^i$ am kleinsten ist. In Abb. 3.36 ist für Kohlenstoff nur die Kante für die K-Schale zu sehen, während für Blei die Kanten für die K-, L- und M-Schalen zu erkennen sind.

Wirkungsquerschnitt Die Berechnung des Photoeffekts für alle Energien ist sehr schwierig und auf Näherungen angewiesen, da das ganze Atom betroffen ist. Für praktische Anwendungen ist deshalb zu empfehlen, gemessene Daten zu benutzen, wie sie zum Beispiel vom National Institute of Standards (NIST) zur Verfügung gestellt werden [582], auch als interaktive Datenbank [187, 188].

Berechnungen des Wirkungsquerschnitts für Photoabsorption in der K-Schale findet man in verschiedenen Lehrbüchern, zum Beispiel in [687, 554]. Da diese Berechnungen die Daten recht gut reproduzieren und die K-Schalen-Absorption für Energien oberhalb der K-Kante dominierend ist, sollen die Ergebnisse für diesen Fall im Folgenden vorgestellt und diskutiert werden.

Für Photonenergien, die größer als die Ionisationsenergie der K-Schale, aber klein gegenüber der Elektronenmasse ($E_\gamma \ll m_e c^2$) sind, ist die nicht-relativistische Näherung gerechtfertigt. In dieser Näherung ergibt sich für den totalen Absorptionsquerschnitt in der K-Schale pro Atom:

$$\sigma_K^{NR} = \sqrt{32}\, \alpha^4\, \epsilon^{-3.5}\, Z^5\, \sigma_{\mathrm{Th}}\, f(\xi) \;, \tag{3.121}$$

wobei $\epsilon = E_\gamma / m_e c^2$, $\alpha = 1/137$ die Feinstrukturkonstante und $\sigma_{\mathrm{Th}} = \frac{8}{3}\pi r_e^2$ der Thomson-Wirkungsquerschnitt (3.117) sind. Der Ausdruck ohne den Faktor $f(\xi)$ entspricht der Born'schen Näherung, die eine ebene Welle für das auslaufende Elektron annimmt. Diese Näherung ergibt aber praktisch in keinem Energiebereich ein gutes Resultat für den Wirkungsquerschnitt [554]. Eine recht gute Beschreibung der Daten erhält man erst bei Einbeziehung des Faktors $f(\xi)$, der berücksichtigt, dass das Elektron den Drehimpuls des Photons übernehmen muss (siehe dazu zum Beispiel [687]). Er hängt wesentlich von dem Verhältnis der Bindungsenergie E_K in der K-Schale und der auf das Elektron übertragenen kinetischen Energie $T = E_\gamma - E_K$ ab:

$$f(\xi) = 2\pi Z \alpha \sqrt{\frac{1}{2\epsilon}} \frac{\exp(-4\xi \operatorname{arccot} \xi)}{1 - \exp(-2\pi\xi)} \;, \tag{3.122}$$

$$\text{mit} \qquad \xi = \sqrt{\frac{\epsilon_K}{\epsilon - \epsilon_K}} \,, \qquad \epsilon_K = \frac{E_K}{m_e c^2} = \frac{1}{2} Z^2 \alpha^2 \,.$$

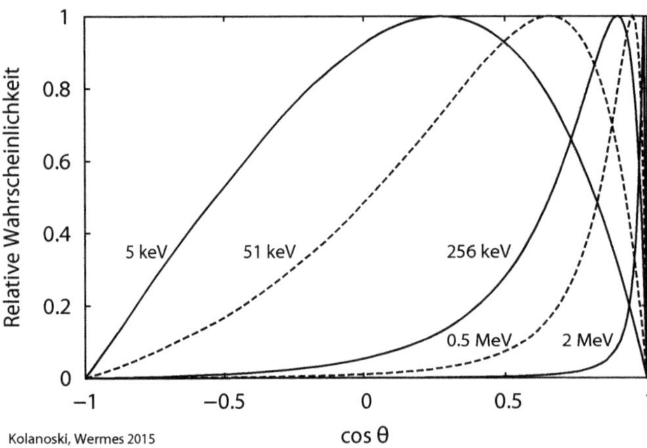

Abb. 3.38 Photoeffekt: Winkelverteilung des auslaufenden Elektrons relativ zu der Photonrichtung, berechnet nach Gleichung (3.125) für verschiedene kinetische Energien des Elektrons. Die Energien entsprechen Lorentz-Faktoren $\gamma = 1.01,\ 1.1,\ 1.5,\ 2.0,\ 5.0$.

Die starke Abhängigkeit des Wirkungsquerschnitts von der Photonenergie und der Kernladung Z zeigt sich charakteristisch in dem Born-Wirkungsquerschnitt in (3.121), der proportional zu $Z^5/E_\gamma^{3.5}$ ist.[15] Der Korrekturfaktor $f(\xi)$ mildert allerdings diese Abhängigkeiten, so dass die Z-Abhängigkeit in Z^n mit $n = 4-5$ und die E_γ-Abhängigkeit in E_γ^{-m} mit $m \lesssim 3.5$ übergeht.

Die nicht-relativistische Näherung (3.121) ist nach [554] bis etwa $\epsilon = 0.5$ gut. Bei höheren Energien müssen bei der Berechnung des Matrixelements die entsprechenden Dirac-Wellenfunktionen verwendet werden. In [554] ist eine relativistische Ableitung von Sauter angegeben:

$$\sigma_K = \frac{3}{2}\sigma_{\text{Th}}\,\alpha^4\,\frac{Z^5}{\epsilon^5}(\gamma^2-1)^{3/2}\left[\frac{4}{3} + \frac{\gamma(\gamma-2)}{\gamma+1}\left(1 - \frac{1}{2\gamma\sqrt{\gamma^2-1}}\ln\frac{\gamma+\sqrt{\gamma^2-1}}{\gamma-\sqrt{\gamma^2-1}}\right)\right]. \tag{3.123}$$

Hier ist $\gamma = (T + m_e)/m_e$ der Lorentz-Faktor des auslaufenden Elektrons, der für $E_\gamma \gg E_B$ als $\gamma = (E_\gamma + m_e)/m_e$ geschrieben werden kann. Die nicht-relativistische Born'sche Näherung (3.121) ohne den Korrekturfaktor $f(\xi)$ ergibt sich aus (3.123) für E_γ nahe E_B, das heißt für $\gamma \to 1$, aber mit E_γ immer noch groß gegenüber der Schwelle E_K. Bei großen Photonenergien ($E_\gamma \gg m_e$) gilt $\gamma \to \epsilon$, wodurch (3.123) in den hochrelativistischen Grenzfall ($\gamma \to \infty$) übergeht:

$$\sigma_{ph}^{HE} = \frac{3}{2}\sigma_{\text{Th}}\,\alpha^4\,\frac{Z^5}{\epsilon}. \tag{3.124}$$

Das heißt, bei hohen Energien fällt der Wirkungsquerschnitt nur mit $1/E_\gamma$ ab und damit viel langsamer als bei niedrigeren Energien. Allerdings ist in dem Bereich, in dem die Näherung (3.124) anwendbar ist, die Bedeutung des Photoeffekts gering, weil er gegenüber Compton-Effekt und Paarbildung vernachlässigbar ist.

[15] Die Abhängigkeit von einer hohen Potenz von Z stammt im Wesentlichen von der Z-Abhängigkeit der Wellenfunktion des gebundenen K-Schalen-Elektrons zusammen mit der elektrischen Dipolwechselwirkung des Photons mit dem Elektron. Dieser Sachverhalt geht häufig in den komplexen Rechnungen der standardmäßig zitierten Literatur unter. Wir fanden den Artikel [368] diesbezüglich sehr hilfreich.

Winkelverteilung Für unpolarisierte Photonen lautet die Winkelverteilung des auslaufenden Elektrons näherungsweise [905] (in höherer Ordnung kommen Terme proportional zu Potenzen von αZ hinzu [477]):[16]

$$\frac{d\sigma}{d\cos\theta} \propto \frac{\sin^2\theta}{(1-\beta\cos\theta)^4}\left\{1+\frac{1}{2}\gamma(\gamma-1)(\gamma-2)(1-\beta\cos\theta)\right\}. \quad (3.125)$$

Dabei ist θ der Polarwinkel des emittierten Elektrons relativ zur Richtung des einfallenden Photons. Der erste Term auf der rechten Seite ist eine nicht-relativistische Näherung und der Term in den geschweiften Klammern eine relativistische Korrektur dazu. Die Verteilung ist in Abb. 3.38 für verschiedene Elektronenenergien gezeigt. Im nicht-relativistischen Grenzfall, $\beta \to 0$, $\gamma \to 1$, geht diese Verteilung über in die Verteilung $d\sigma/d\cos\theta \propto \sin^2\theta$ für Dipolstrahlung mit bevorzugter Abstrahlung senkrecht zur Einfallsrichtung. Mit steigenden Energien, für $\beta \to 1$, folgt das Elektron immer mehr der Richtung des Photons.

Energieeintrag im Detektor Die durch den Photoeffekt entstandene Lücke in einer inneren Schale kann durch Elektronen von höheren Schalen, bevorzugt von der nächst höheren, wieder aufgefüllt werden. Die dabei freiwerdende Energie kann wieder durch Emission von Photonen oder von Elektronen abgegeben werden. Die Übertragung der Energie auf ein Elektron nennt sich 'Auger-Effekt' und die emittierten Elektronen Auger-Elektronen. Da es sich um Energieübergänge zwischen festen Niveaus handelt, sind die entsprechenden Photon- und Elektronenergien diskret, was zu Linien in den Röntgen- und Auger-Spektren führt. In Röntgen-Spektren werden diese Linien *charakteristische Linien genannt*, weil die Photonenergien charakteristisch für ein Element sind (siehe auch Abschnitt 3.3.2.2). Die Wahrscheinlichkeit, die Energie durch Emission eines Photons abzugeben, steigt mit Z, während entsprechend die Emission von Auger-Elektronen mit höherem Z unwahrscheinlicher wird.

Die Spektroskopie von Röntgen-Photonen (XRF = *X-ray fluorescence spectroscopy*) oder von Auger-Elektronen (XPS = *X-ray photoelectron spectroscopy*) wird als sehr sensitive Methode zur Analyse von Oberflächen benutzt. Dabei werden die zu untersuchenden Oberflächen jeweils mit monochromatischen Röntgen-Photonen beziehungsweise Elektronen bestrahlt. Ein Beispiel für ein Elektronenspektrum ist in Abb. 3.39 gezeigt. Das Photonspektrum einer Röntgenröhre mit charakteristischen Linien wird in Abb. 3.25 auf Seite 69 gezeigt.

Wenn in einem Detektor die gesamte Energie des einfallenden Photons nachgewiesen wird, wird der so genannte *Photo-Peak* beobachtet. Wenn andererseits ein sekundäres Photon mit diskreter Energie den Detektor verlässt, kann es zur Ausbildung eines zweiten Peaks, des so genannten *Escape-Peaks* kommen. Zum Beispiel wird zum Testen von gasgefüllten Kammern oder von Halbleiterdetektoren häufig ein ^{55}Fe-Präparat mit einer

[16] Die Verteilung (3.125) entspricht der Gleichung (30) in [905], die auch in dem Simulationsprogramm Geant4 benutzt wird, siehe [479]. Genau genommen gilt die Verteilung nur für Elektronen aus der K-Schale und nur für leichte Elemente wegen der Vernachlässigung von Termen proportional zu Potenzen von αZ. In [479] wird aber darauf hingewiesen, dass es in der Praxis für beliebige Photoeffektprozesse ohne große Fehler anwendbar ist, unabhängig von der Elektronenhülle und der Photonenergie. Die Berücksichtigung höherer Ordnungen in αZ wird zum Beispiel in [477] behandelt.

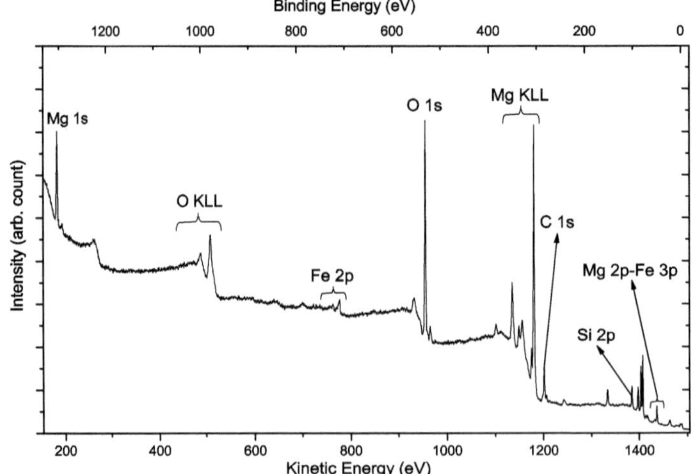

Abb. 3.39 Elektronenspektrum einer Olivinoberfläche, die mit einer Al-K_α-Röntgenquelle ($E_\gamma = 1486.6$ eV) bestrahlt wurde (Quelle: [283]). Die Photo-Peaks sind durch das entsprechende Element und den Bindungszustand, aus dem das Elektron emittiert wurde, gekennzeichnet. Zusätzlich sind zwei Auger-Linien von Sauerstoff und Magnesium (O KLL, Mg KLL) zu sehen.

γ-Linie bei 5.9 keV benutzt (siehe Tab. A.1 im Anhang). Werden diese Photonen zum Beispiel in dem Argon-Gas einer Proportionalkammer (Abschnitt 7.6.1) absorbiert, so tritt zusätzlich zum Photo-Peak ein Escape-Peak bei etwa 2.9 keV auf (Abb. 3.40). Die Energie, die aus dem Detektor durch Photon- oder Elektronemission getragen wurde, ist vorwiegend die Energiedifferenz zwischen der L- und der K-Schale. Auger-Elektronen werden meistens vollständig in dem Detektor absorbiert und tragen so zum Photo-Peak bei.

3.5.4 Compton-Effekt

Der Compton-Effekt ist die Streuung eines Photons an einem freien oder quasi-freien Elektron (Abb. 3.34(b)). Ein Elektron der Atomhülle wird hier als quasi-frei bezeichnet,

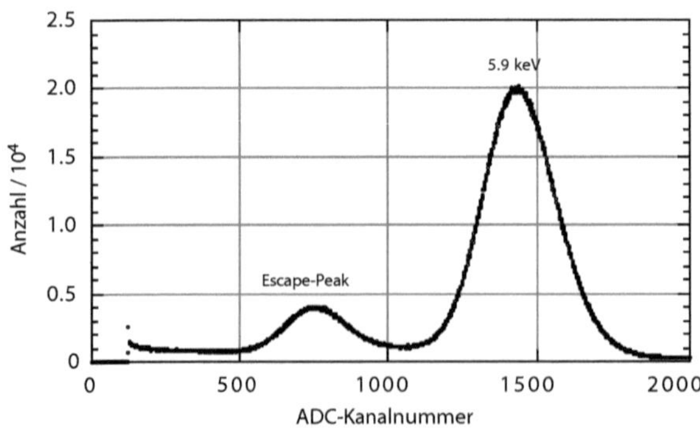

Abb. 3.40 Photo- und Escape-Peak der 5.9-keV-Gamma-Linie eines ^{55}Fe-Präparats gemessen in Argon [200].

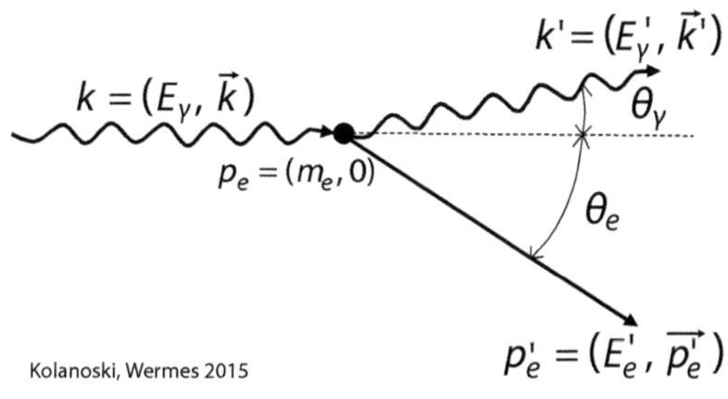

Abb. 3.41 Kinematik des Compton-Effekts. Das Elektron wird hier als quasi-frei betrachtet.

wenn die Energie des Photons wesentlich größer als die Bindungsenergie des Elektrons ist. In Materie ist der Compton-Effekt dominant für Photonenergien in einem ausgedehnten Bereich um 1 MeV, wobei der Dominanzbereich bei kleinen Kernladungszahlen Z viel ausgedehnter als bei hohen Z ist (vergleiche dazu Abb. 3.48).

Kinematik Da das Photon quasi-elastisch an dem Elektron gestreut wird, sind Energie und Winkel des gestreuten Photons nicht unabhängig. Zur Berechnung dieses Zusammenhanges gehen wir von den in Abb. 3.41 definierten Viererimpulsen aus: $k = (E_\gamma, \vec{k}c)$ und $p_e = (m_e c^2, 0)$ sind die Viererimpulse von Photon bzw. Elektron (in Ruhe) vor dem Stoß; $k' = (E'_\gamma, \vec{k}'c)$ und $p'_e = (E'_e, \vec{p}'_e c)$ sind die Viererimpulse nach dem Stoß. Der Winkel des gestreuten Photons zur Richtung des einfallenden Photons sei θ_γ. Aus Energie- und Impulserhaltung,

$$k + p_e = k' + p'_e\,, \tag{3.126}$$

ergibt sich:

$$(k - k')^2 = (p'_e - p_e)^2 \quad \Rightarrow \quad -k\,k' = m_e^2 c^4 - p'_e\, p_e$$

$$\Rightarrow \qquad E_\gamma\, E'_\gamma (1 - \cos\theta_\gamma) = m_e c^2\,(E'_e - m_e c^2) = m_e c^2\,(E_\gamma - E'_\gamma)\,. \tag{3.127}$$

Die rechte Seite der letzten Gleichung benutzt die kinetische Energie des Elektrons,

$$T = E'_e - m_e c^2 = E_\gamma - E'_\gamma\,, \tag{3.128}$$

was wiederum aus dem Energieteil der Gleichung (3.126) folgt. Die Energie des gestreuten Photons ergibt sich aus (3.127) als Funktion des Streuwinkels

$$E'_\gamma = \frac{E_\gamma}{1 + \epsilon\,(1 - \cos\theta_\gamma)}\,, \tag{3.129}$$

mit $\epsilon = E_\gamma / m_e c^2$.

Wirkungsquerschnitt Der differenzielle Wirkungsquerschnitt pro Elektron, bekannt als Klein-Nishina-Formel [648], wird mit Methoden der Quantenelektrodynamik berechnet:

$$\frac{d\sigma_C}{d\Omega_\gamma} = \frac{r_e^2}{2\,[1 + \epsilon(1 - \cos\theta_\gamma)]^2}\left(1 + \cos^2\theta_\gamma + \frac{\epsilon^2(1 - \cos\theta_\gamma)^2}{1 + \epsilon(1 - \cos\theta_\gamma)}\right)\,. \tag{3.130}$$

Für kleine Photonenergien, $\epsilon \to 0$, ergibt sich der differenzielle Wirkungsquerschnitt für die klassische Thomson-Streuung (3.116):

$$\frac{d\sigma_{\mathrm{Th}}}{d\Omega} = \frac{r_e^2}{2}\left(1 + \cos^2\theta_\gamma\right)\,.$$

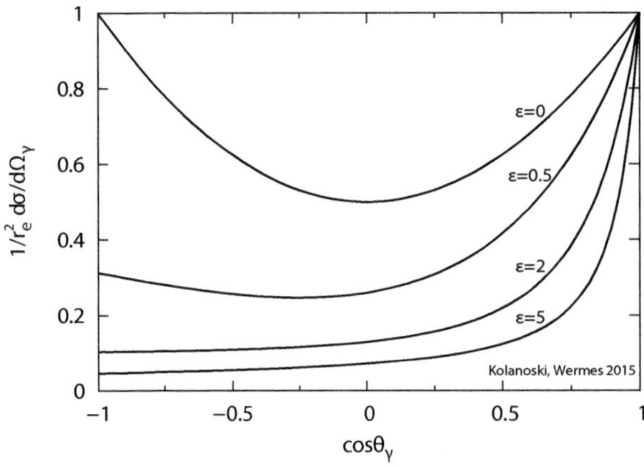

Abb. 3.42 Winkelverteilung der gestreuten Photons beim Compton-Effekt nach der Klein-Nishina-Formel.

In Abb. 3.42 ist die Winkelverteilung für die Compton-Streuung zu sehen. Es gibt einen starken Anstieg in Vorwärtsrichtung. Dieser Anstieg wird umso steiler je größer die Energie des Photons ist. Die Integration der Klein-Nishina-Formel (3.130) über den Raumwinkel ergibt den totalen Compton-Wirkungsquerschnitt pro Elektron (Abb. 3.43):

$$\sigma_C = 2\pi\, r_e^2 \left[\frac{1+\epsilon}{\epsilon^2} \left(\frac{2(1+\epsilon)}{1+2\epsilon} - \frac{1}{\epsilon} \ln(1+2\epsilon) \right) + \frac{1}{2\epsilon} \ln(1+2\epsilon) - \frac{1+3\epsilon}{(1+2\epsilon)^2} \right] . \qquad (3.131)$$

Für sehr große und sehr kleine Photonenergien gelten folgende Näherungen:

$$\sigma_C \approx \begin{cases} \dfrac{8\pi\, r_e^2}{3}(1-2\epsilon) & \text{für} \quad \epsilon \ll 1 \qquad \text{(Thomson-Limes)}, \\[2ex] \dfrac{\pi\, r_e^2}{\epsilon} \left(\ln(2\epsilon) + \dfrac{1}{2} \right) & \text{für} \quad \epsilon \gg 1 \qquad \text{(hoch-relativistisch)}. \end{cases} \qquad (3.132)$$

Compton-Streuung an Elektronen in Atomschalen Der Compton-Querschnitt (3.131) wurde für freie Elektronen abgeleitet. Ein Elektron in einem Atom kann nur dann als

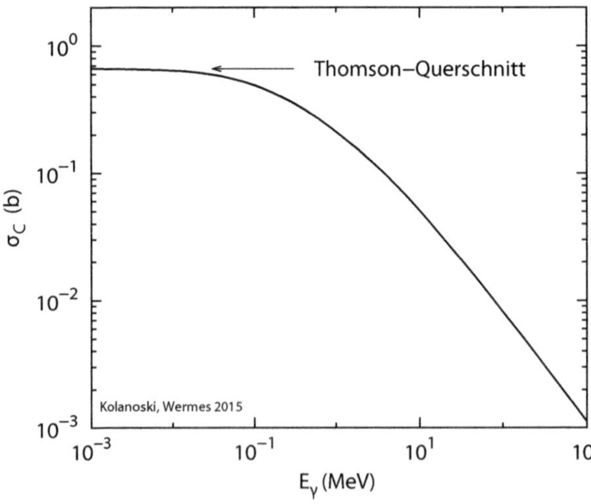

Abb. 3.43 Compton-Wirkungsquerschnitt pro Hüllenelektron als Funktion der Photonenergie. Nach Gleichung (3.132) geht der Wirkungsquerschnitt für kleine Energien in den Thomson-Querschnitt (3.117) und für sehr große Energien annähernd in ein $1/E_\gamma$-Verhalten über.

'quasi-frei' angesehen werden, wenn die Photonenergie weit oberhalb der Bindungsenergie des Elektrons liegt. Mit steigender Photonenergie können mehr und mehr Elektronen als 'frei' in diesem Sinne angesehen werden. Daher nähert sich die Abhängigkeit des atomaren Compton-Effektes einer linearen Z-Proportionalität an, zu der einzelne Elektronen in inkohärenter Weise beitragen:

$$\sigma_C^{\text{Atom}} = Z\,\sigma_C\,. \tag{3.133}$$

Hier ist σ_C der Klein–Nishina-Wirkungsquerschnitt (3.131) für ein einzelnes freies Elektron. Abbildung 3.36 zeigt, dass der Compton-Wirkungsquerschnitt zu niedrigeren Energien hin abfällt und kohärente Streuung (Rayleigh-Streuung) am ganzen Atom dominant wird, wobei die Schalenstruktur intakt bleibt (siehe Abschnitt 3.5.2).

Rückstoßenergie Für Detektoren ist wichtig, dass bei der Compton-Streuung die kinetische Energie das Rückstoßelektrons, $T = E_\gamma - E'_\gamma$ nach (3.128), nachgewiesen werden kann. Durch Umformung der Klein-Nishina-Formel (3.130) erhält man die differenzielle Abhängigkeit des Compton-Querschnitts von der kinetischen Energie des Rückstoßelektrons:

$$\frac{d\sigma}{dT} = \frac{\pi\,r_e^2}{m_e c^2 \epsilon^2}\left[2 + \frac{t^2}{\epsilon^2(1-t)^2} + \frac{t}{1-t}\left(t - \frac{2}{\epsilon}\right)\right], \tag{3.134}$$

mit $t = T/E_\gamma$ (Abb. 3.44). Da es sich um elastische Streuung handelt, ergibt sich auch hier wie beim Photon eine feste Beziehung zwischen Energie und Winkel des Elektrons (θ_e ist der Winkel zwischen der Richtung des Elektrons und der Richtung des einfallenden Photons):

$$\cos\theta_e = \frac{T(E_\gamma + m_e c^2)}{E_\gamma\sqrt{T^2 + 2m_e c^2 T}} = \frac{1+\epsilon}{\sqrt{\epsilon^2 + 2\epsilon/t}}\,. \tag{3.135}$$

Den maximalen Energieübertrag auf das Elektron erhält man aus (3.129) bei Rückstreuung ($\theta_\gamma = 180°$) des Photons entsprechend einer Vorwärtsstreuung des Elektrons ($\theta_e = 0°$). Die kinetische Energie des Elektrons wird für diesen Fall maximal $T \to T_{max}$. Im Spektrum führt dies zu der so genannten *Compton-Kante* bei

$$T_{max} = E_\gamma \frac{2\epsilon}{1+2\epsilon}, \tag{3.136}$$

die im gemessenen Energiespektrum (Abb. 3.44) etwas unterhalb des Photo-Peaks liegt. Die Differenz zwischen Photopeak und Compton-Kante, $E'_\gamma(\theta = \pi)$, wird mit wachsendem E_γ kleiner, und erreicht

$$E'_\gamma(\theta = \pi) \approx \frac{m_e c^2}{2} \quad \text{für} \quad E_\gamma \gg m_e c^2\,. \tag{3.137}$$

Inverser Compton-Effekt Die Streuung von niederenergetischen Photonen an hochenergetischen Elektronen wird *Inverser Compton-Effekt* (IC) genannt. Er spielt da eine Rolle, wo Elektronen als geladene Teilchen beschleunigt werden und dann ihre Energie auf Photonen übertragen. So lassen sich hochenergetische Photonstrahlen durch Compton-Streuung von Laserphotonen an einem hochenergetischen Elektronenstrahl erzeugen. In der Astrophysik spielt dieser Effekt eine wesentliche Rolle bei der Erzeugung hochenergetischer Gammastrahlung (im TeV-Bereich).

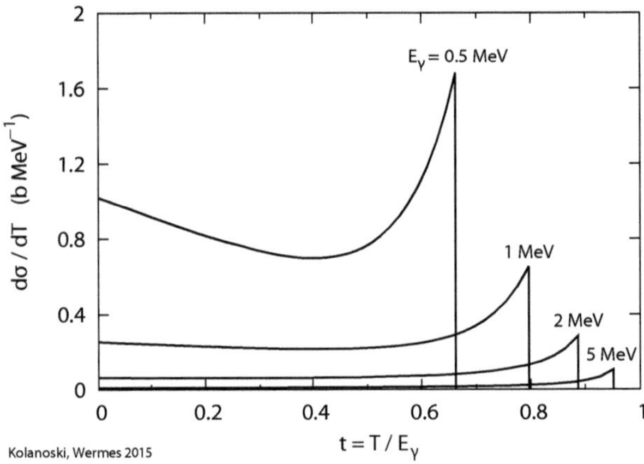

Abb. 3.44 Abhängigkeit des Compton-Querschnitts der normierten kinetischen Energie der Elektronen $t = T/E_\gamma$ für verschiedene Energien des primären Photons. Der Abbruch bei großen t heißt Compton-Kante und entspricht der maximal auf das Elektron übertragbaren Energie, die unterhalb des Photo-Peaks liegt.

Für die Energie des gestreuten Photons erhält man:

$$E'_\gamma = E_\gamma \frac{1 + \beta \cos\alpha}{1 - \beta \cos\theta_\gamma^{IC} + \frac{E_\gamma}{E_e}\left(1 + \cos\left(\theta_\gamma^{IC} + \alpha\right)\right)}\,, \tag{3.138}$$

mit den Energien E_γ, E'_γ und E_e des ein- bzw. auslaufenden Photons und des Elektrons, der Geschwindigkeit β des einlaufenden Elektrons, dem Winkel θ_γ^{IC} des gestreuten Photons gegen die Richtung des einlaufenden Elektrons[17] und dem Winkel α, der die Abweichung der Richtung des einfallenden Photons vom frontalen Zusammenstoß angibt.

Für den kollinearen Fall, das heißt $\alpha = 0$, ergibt sich die maximale gestreute Photonenergie für $\theta_\gamma^{IC} = 0$ zu (γ ist der Lorentz-Faktor des Elektrons)

$$E'_{\gamma,max} = E_\gamma \frac{1 + \beta}{1 - \beta + 2\frac{E_\gamma}{E_e}} = \gamma^2 E_\gamma \frac{(1+\beta)^2}{1 + 2\frac{E_\gamma}{m_e c^2}\gamma(1+\beta)}\,. \tag{3.139}$$

Für kleine einlaufende Photonenergien gilt näherungsweise:

$$E'_{\gamma,max} \approx 4\gamma^2 E_\gamma \quad \text{für } E_\gamma \ll \frac{m_e\,c^2}{4\gamma}\,. \tag{3.140}$$

Das quadratische Anwachsen der maximalen Photonenergie mit der Elektronenenergie macht die Energieübertragung auf das Photon bei hohen Energien sehr effektiv. Das Spektrum der IC-Photonen hat eine starke Überhöhung bei der maximalen Energie; die mittlere Energie ist etwa $1/3\,E'_{\gamma,max}$.

3.5.5 Paarbildung

Ein Photon kann in dem Coulomb-Feld einer Ladung entsprechend dem Diagramm in Abb. 3.34(c) in ein Elektron-Positron-Paar umgewandelt werden. Die Energie des Photons muss dann größer als die zweifache Masse des Elektrons plus der auf die Ladung übertragenen Rückstoßenergie sein. Außer für sehr leichte Elemente geschieht die Paar-

[17] Der Winkel θ_γ^{IC} unterscheidet sich von dem vorher definierten Streuwinkel θ_γ: $\theta_\gamma^{IC} = \pi - \theta_\gamma$.

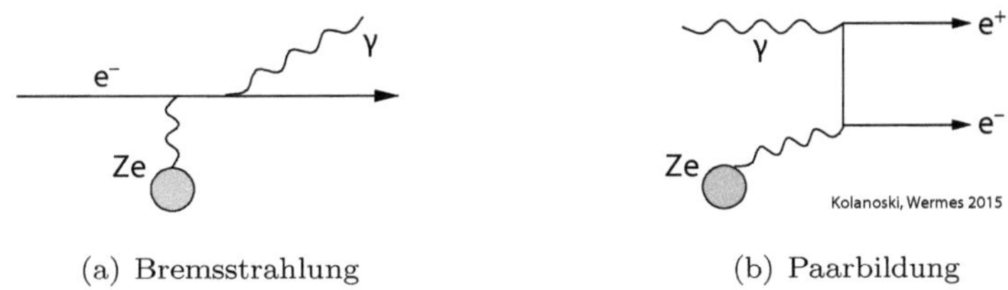

(a) Bremsstrahlung (b) Paarbildung

Abb. 3.45 Diagramme der beiden 'Bethe–Heitler-Prozesse' Bremsstrahlung (a) und Paarbildung (b).

bildung vorwiegend im Coulomb-Feld des Kerns. Für Kerne ist der Energieübertrag praktisch immer vernachlässigbar, so dass für die Schwellenenergie gilt:

$$E_\gamma \approx 2m_e c^2 \qquad \text{(Schwelle)}\,. \tag{3.141}$$

Die Abstrahlung eines Photons durch ein Elektron (Bremsstrahlung) und die Paarbildung stehen in enger Beziehung zueinander, wie Abb. 3.45 deutlich macht. Ändert man in dem Bremsstrahlungsgraphen (Abb. 3.45(a)) das auslaufende zu einem einlaufenden Photon und das einlaufende Elektron zu einem auslaufenden Positron, so erhält man den Paarbildungsgraphen (Abb. 3.45(b)). Die Matrixelemente lassen sich, zumindest in der niedrigsten Ordnung, in Beziehung setzen. So werden auch in der grundlegenden Arbeit von Bethe und Heitler [198] beide Prozesse, auch *Bethe-Heitler-Prozesse* genannt, gemeinsam behandelt. Überblicke sind zum Beispiel in [358, 554, 771, 997] zu finden.

Der Wirkungsquerschnitt für Paarbildung zeigt eine ähnliche Abhängigkeit von der Abschirmung der Elektronenhülle, wie wir es für die Berechnung der Bremsstrahlung in Abschnitt 3.3.2 diskutiert haben. Der Abschirmparameter, der dem in Gleichung (3.74) entspricht, ist hier [554]

$$\eta = \frac{137\, m_e c^2 E_\gamma}{2E_+\, E_-\, Z^{1/3}}\,, \tag{3.142}$$

wobei E_+, E_- die totalen Energien des Positrons bzw. des Elektrons sind. Volle Abschirmung ergibt sich für kleine Werte von η.

Der differenzielle Wirkungsquerschnitt für die Erzeugung eines Elektron-Positron-Paares, bei der das Elektron den Bruchteil $x = E_-/E_\gamma$ der Energie des Photons erhält, ist in Born-Approximation [997]:

$$\begin{aligned} \frac{d\sigma}{dx} = \alpha r_e^2 \Bigg\{ & \left(\frac{4}{3}x(x-1)+1\right) \left[Z^2(\phi_1(\eta) - \frac{4}{3}\ln Z - 4f(Z)\,) + Z(\psi_1(\eta) - \frac{8}{3}\ln Z)\right] \\ & + \frac{2}{3}x(1-x)\left[(Z^2(\phi_1(\eta)-\phi_2(\eta)) + Z(\psi_1(\eta)-\psi_2(\eta))\right] \Bigg\}\,. \end{aligned} \tag{3.143}$$

In dieser Näherung ist der Wirkungsquerschnitt symmetrisch für Elektronen und Positronen, das heißt für $x \to 1 - x$. Die Coulomb-Korrektur $f(Z)$ und die Abschirmfunktionen $\phi_{1,2}$ und $\psi_{1,2}$ sind wie bei der Bremsstrahlung in Abschnitt 3.3.2.1 definiert. Mit den Näherungsformeln (3.80–3.82) für diese Funktionen sind die differenziellen Wirkungsquerschnitte in Abb. 3.46 berechnet worden.

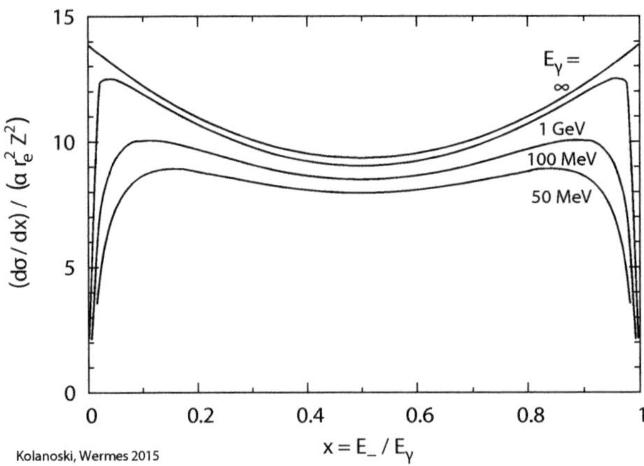

Abb. 3.46 Differenzielle Wirkungsquerschnitte für Paarbildung in Einheiten $\alpha\, r_e^2\, Z^2/E_\gamma$ als Funktion der normierten totalen Elektronenergie $x = E_-/E_\gamma$. Die Kurven für $E_\gamma = 50$ MeV, 100 MeV und 1 GeV sind mit variabler Abschirmung (Gleichung 3.143) und die asymptotische Kurve ist mit vollständige Abschirmung (Gleichung (3.144)) berechnet worden.

Für den Fall vollständiger Abschirmung lässt sich der Wirkungsquerschnitt ähnlich wie bei der Bremsstrahlung schreiben [997]:

$$\frac{d\sigma}{dx} = 4\alpha r_e^2 \left\{ \left(\frac{4}{3} x(x-1) + 1 \right) [\, Z^2(L_{rad} - f(Z)\,) + Z L'_{rad}] + \frac{1}{9} x(1-x)(Z^2 + Z) \right\} . \tag{3.144}$$

Die Funktionen L_{rad} und L'_{rad} wurden im Zusammenhang mit der Bremsstrahlung in Abschnitt 3.3.2.1 auf Seite 67 eingeführt (definiert in (3.78) und (3.79)). Die Integration der Gleichung (3.144) ergibt den totalen Wirkungsquerschnitt für Paarproduktion in der Näherung hoher Photonenergien:

$$\sigma_{Paar} = 4\alpha r_e^2 \frac{7}{9} \left\{ \left[Z^2(L_{rad} - f(Z)\,) + Z L'_{rad} \right] + \frac{1}{42}(Z^2 + Z) \right\} , \tag{3.145}$$

wobei der Faktor 7/9 von der Integration des ersten Terms in der geschweiften Klammer in (3.144) stammt. Die Gleichung zeigt, dass der Paarproduktionsquerschnitt in dieser Näherung unabhängig von der Energie und proportional zum mittleren Energieverlust durch Bremsstrahlung in (3.88) ist, Letzteres wenn man die jeweils letzten Terme, also hier den Term $\frac{1}{42}(Z^2 + Z)$, vernachlässigt. Es folgt, dass man den Paarproduktionsquerschnitt näherungsweise durch die Strahlungslänge, definiert in (3.91), ausdrücken kann:

$$\sigma_{Paar} \approx \frac{7}{9} \frac{1}{X_0} \frac{A}{N_A\, \rho} . \tag{3.146}$$

Damit wird die Photonabsorptionslänge für Paarproduktion

$$\lambda_\gamma = \frac{1}{\sigma_{paar}\, n_{Atome}} = \frac{9}{7} X_0 , \tag{3.147}$$

wobei $n_{Atome} = \rho N_A/A$ die Dichte der Streuzentren angibt. Der Faktor 9/7 resultiert aus dem Integral über den Teil in runden Klammern in (3.144). Für die Paarbildung bedeutet die Strahlungslänge also die Wegstrecke, nach der Paarbildung mit der Wahrscheinlichkeit

$$P(e^+e^-) = 1 - e^{-\frac{7}{9}} = 54\%$$

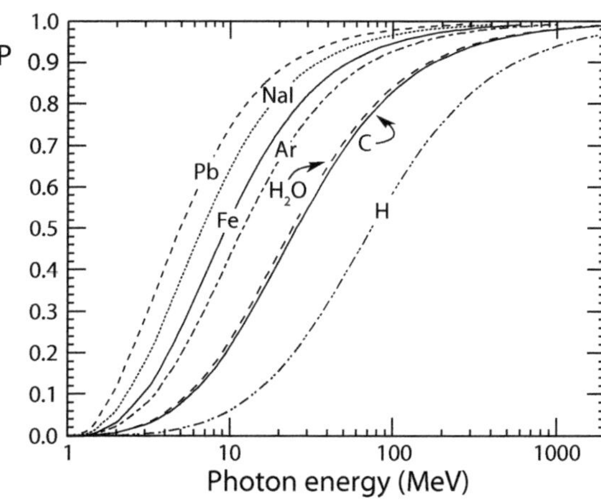

Abb. 3.47 Für verschiedene Medien ist die Wahrscheinlichkeit P angegeben, dass in einer Wechselwirkung eines Photons ein Elektron-Positron-Paar erzeugt wird (Quelle: [799]). In diesem Energiebereich trägt neben der Paarproduktion im Wesentlichen Compton-Streuung bei, das heißt, die Wahrscheinlichkeit für Compton-Streuung ist etwa $1 - P$.

eintritt. Während (3.147) eine zu X_0 proportionale mittlere freie Weglänge für den diskreten Prozess der Paarproduktion angibt, beschreibt X_0 für das Elektron den kontinuierlichen Prozess eines Energieverlustes, siehe Gleichung (3.89). Ein Elektron hat nach einer Strahlungslänge den Anteil $1 - 1/e = 63.2\,\%$ seiner Energie durch Bremsstrahlung verloren.

Paarproduktion im Feld des Atomkerns erfolgt kohärent an den Z Nukleonladungen, was zu der Z^2-Abhängigkeit des Wirkungsquerschnitts führt. Die Paarbildung an Elektronen ist nur für leichte Kerne von vergleichbarer Größenordnung mit der am Kern (κ_e und κ_{nuc} in Abb. 3.36). Zum Beispiel tragen bei Wasserstoff beide Prozesse bei hohen Photonenergien etwa gleich bei. Das Elektron oder der Atomkern müssen bei dem Prozess den Rückstoß aufnehmen. Da auf ein Elektron effektiver Energie übertragen wird als auf einen Kern, ist für Elektronen die Schwelle für Paarbildung weiter nach oben verschoben und das Schwellenverhalten flacher (siehe Abb. 3.36). Das Schwellenverhalten für verschiedene Kerne ist in Abb. 3.47 gezeigt. Auch bei hohem Impulsübertrag Δp auf den Kern bleibt der Energieübertrag $(\Delta p)^2/2M$ wegen der hohen Masse des Rückstoßkerns klein. Die nach Erzeugung des Paares verbleibende Restenergie wird als kinetische Energie auf das e^+e^--Paar übertragen.

Die Entwicklung von elektromagnetischen Schauern (Kapitel 15) ist bei hohen Energien im Wesentlichen durch das Wechselspiel von Bremsstrahlung und Paarproduktion bestimmt. Da beide Prozesse von der Strahlungslänge abhängen, wird die Dicke von Detektorschichten häufig in Vielfachen der Strahlungslänge angegeben (Tab. 3.4).

3.5.6 Abhängigkeiten der Photonprozesse von Energie und Kernladungszahl

Einen Überblick über die näherungsweisen Abhängigkeiten der Photonwechselwirkungen von Potenzen der Energie E_γ und der Kernladungszahl Z gibt die folgende Aufstellung:

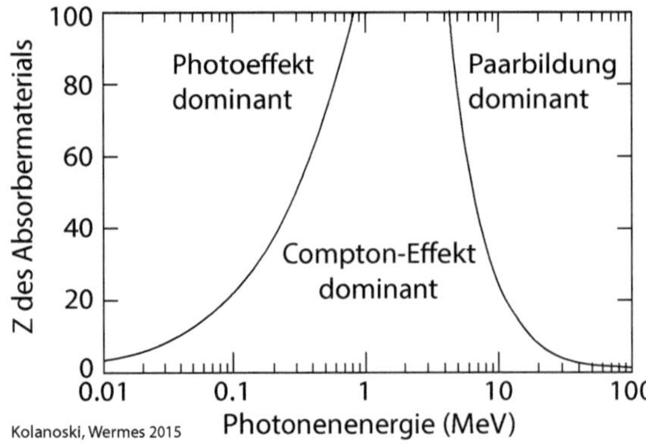

Abb. 3.48 Darstellung der Bereiche in der (E_γ, Z)-Ebene, in denen die verschiedenen Photonabsorptionsprozesse dominieren (nach [404], Daten von [187]).

Prozess	Gleichung	Z	E
Photoeffekt	(3.121)	$Z^n,\quad n \approx 4{-}5$	$E_\gamma^{-m},\quad m \lesssim 3.5$
Photoeffekt, $E_\gamma \to \infty$:	(3.124)	Z^5	$m \to 1$
Compton-Effekt	(3.131, 3.133)	Z	$1/E_\gamma\ (E_\gamma \gg m_e c^2)$
Paarbildung	(3.144)	Z^2	$\sim const$ für große E_γ

Für den Photoeffekt gilt die erste Zeile nur in einem begrenzten Bereich oberhalb der K-Kante.

Abbildung 3.48 zeigt in der (E_γ, Z)-Ebene die Bereiche, in denen jeweils ein Prozess dominant ist. Für einen gegebenen Z-Wert führt der starke Abfall des Photoeffekts mit der Energie dazu, dass der Compton-Effekt ab einer bestimmten Energie dominant wird, dann aber mit weiter wachsender Energie die Dominanz an die Paarproduktion verliert, die an der Schwelle ansteigt und dann konstant wird.

Die stärkere Z-Abhängigkeit von Photoeffekt und Paarbildung im Vergleich zum Compton-Effekt bewirkt, dass der Bereich, in dem der Compton-Effekt dominiert, mit wachsenden Z immer kleiner wird. Zum Beispiel dominiert der Compton-Effekt bei Silizium etwa zwischen 60 keV und 15 MeV und bei Blei etwa zwischen 0.6 MeV und 4 MeV. Für Medien mit hohen Z-Werten ist der Compton-Effekt nur in einem relativ engen Bereich um 1 MeV dominierend. In diesem Energiebereich hat insgesamt die Photonabsorption ein Minimum, wodurch entsprechende Strahlung besonders schlecht abzuschirmen ist.

3.6 Wechselwirkung von Hadronen mit Materie

Bei der Wechselwirkung von Hadronen (p, n, π, K, ...) mit Materie spielt neben Ionisation die starke Wechselwirkung eine wesentliche Rolle. Wegen der Vielfalt der möglichen Reaktionsprozesse, die in der Regel auch nicht so gut wie die elektromagnetischen Prozesse zu berechnen sind, ist die Behandlung von hadronischen Wechselwirkungen, zum Beispiel zur Simulation von Detektorverhalten, sehr schwierig. Wir werden hier nur einige

Begriffe für das Verhalten hochenergetischer Hadronen besprechen und bei der Behandlung von Hadron-Kalorimetern (Kapitel 15) mehr ins Detail gehen.

Analog zu der Strahlungslänge für elektromagnetische Prozesse definiert man bei hohen Energien eine (hadronische) Absorptionslänge λ_a, so dass von ursprünglich N_0 Teilchen nach einer Wegstrecke x noch

$$N(x) = N_0 \, e^{-x/\lambda_a} \tag{3.148}$$

verbleiben. Die Absorptionslänge (wie in (3.7) definiert) wird aus dem inelastischen Wirkungsquerschnitt für hochenergetische Hadronen, der bei hohen Energien etwa konstant ist ($\approx 45\,\text{mb}$ pro Nukleon, siehe (3.9)), berechnet:

$$\lambda_a = \frac{A}{N_A \, \rho \, \sigma_{inel}} \lessapprox \mathcal{A}^{-\frac{2}{3}} \,. \tag{3.149}$$

Die annähernde Proportionalität zu $\mathcal{A}^{-2/3}$ ergibt sich mit Gleichung (3.9) und der Annahme, dass ρ ungefähr proportional zu A ist (zur Erinnerung: wir bezeichnen die atomare Masse mit A und die Massenzahl mit $\mathcal{A}$, siehe Fußnote 3 auf Seite 30). In Tabellen wird in der Regel wieder $\rho\,\lambda_a$ angegeben. Für höheres Z werden diese Längen viel größer als die Strahlungslängen (siehe Tab. 15.3 auf Seite 695), weshalb Hadron-Kalorimeter immer viel größer sind als elektromagnetische Kalorimeter (siehe dazu Kapitel 15). Statt der Absorptionslänge wird auch eine *Wechselwirkungslänge* definiert, in der die Summe der elastischen und inelastischen Wirkungsquerschnitte eingeht. In den meisten Fällen ist die relevante Größe aber die Absorptionslänge, weil elastisch gestreute Teilchen bevorzugt sehr wenig Energie übertragen und nur selten stark abgelenkt werden.

Geladene Hadronen verlieren kontinuierlich Energie durch Ionisation des Mediums entsprechend der Bethe-Bloch-Formel. Die hadronische Wechselwirkung bewirkt, dass nicht alle Teilchen bis zu der durch die Ionisation bestimmten Reichweite kommen, sondern vorher absorbiert werden. Wenn mit steigender Energie die Ionisationsreichweite viel größer als die Absorptionslänge wird, beginnt in einem ausgedehnten Medium die hadronische Wechselwirkung zu dominieren, und es bilden sich hadronische Schauer aus (Abschnitt 15.3).

3.7 Simulation von Wechselwirkungen in Detektoren

Um aus dem Nachweis von Teilchen beziehungsweise Teilchenreaktionen quantitative, allgemein gültige Größen, wie Reaktionswahrscheinlichkeit, Wirkungsquerschnitt oder Lebensdauer, zu extrahieren, muss die Effizienz des Nachweises bekannt sein. Mathematisch läuft die Bestimmung der Effizienz für den Nachweis einer Teilchenreaktion auf die Lösung eines Integrals über alle möglichen Endzustände einer Reaktion, gewichtet mit der Nachweiswahrscheinlichkeit für jeden Endzustand, hinaus. In der Regel können solche Integrale, die häufig hoch-dimensional sind, nicht analytisch berechnet werden, unter anderem weil die benötigten Funktionen meistens nicht analytisch vorliegen. Eine Standardmethode zur numerischen Lösung komplizierter Integrale ist die *Monte-Carlo-Methode.* Nach dieser Methode werden diskrete Endzustände, in der Regel Vielteilchensysteme, in deren jeweiligem Phasenraum nach dem Zufallsprinzip erzeugt, und die einzelnen Teilchen werden durch den Detektor verfolgt. Dabei werden die verschiedenen Wechselwirkungen der Teilchen mit der Materie wie Energieverlust, Absorption oder Teilchenerzeugung simuliert. Schließlich wird entschieden, ob der spezielle Endzustand akzeptiert oder verworfen wird, weil er die Kriterien für den Nachweis nicht erfüllt. Die Effizienz ϵ für den Nachweis der Reaktion ist die Anzahl N_{acc} aller akzeptierten Endzustände zu der Gesamtzahl N_{gen} der erzeugten:

$$\epsilon = \frac{N_{acc}}{N_{gen}}. \tag{3.150}$$

Als Rahmen für die Simulation eines Detektors oder Detektorteils wird sehr häufig das Programmpaket Geant4 [478] benutzt. Dieses Programm bietet die Infrastruktur, um die Detektorgeometrie zu definieren, die verschiedenen Materialien zu beschreiben und eine Vielzahl unterschiedlicher Programme aufzurufen, die auf die Simulation von Teilchenreaktionen spezialisiert sind. Im Allgemeinen möchte man die Prozesse möglichst genau auf dem mikro-physikalischen Niveau beschreiben. Häufig ist es aber notwendig, einen Kompromiss zwischen Genauigkeit, Rechenzeit und Anpassungsfähigkeit zu finden.

Generell werden in den Simulationen die einzelnen Teilchen schrittweise verfolgt, und Energieverlust, Absorption oder Teilchenerzeugung werden aufgrund der Wechselwirkungswahrscheinlichkeiten berechnet. Das ist besonders bei hohen Energien mit entsprechend hohen Teilchenmultiplizitäten sehr rechenzeitintensiv, so dass Genauigkeit und Zeitaufwand gegeneinander abgewogen werden müssen. Dazu sind die Schrittweiten zu optimieren und Abschneideenergien zu definieren, bis zu denen Teilchen verfolgt werden, bevor sie ihre gesamte restliche Energie lokal deponieren. Schrittweiten und Abschneideparameter hängen von den jeweiligen Anforderungen ab und werden empirisch angepasst.

4 Bewegung von Ladungsträgern in elektrischen und magnetischen Feldern

Übersicht

4.1 Einführung

Viele Detektorprinzipien nutzen zum Nachweis geladener Teilchen die Ionisation in sensitiven Detektorschichten und die Sammlung der erzeugten Ladungen durch elektrische Felder auf Elektroden, von denen man elektrische Signale ableiten kann. In den wichtigsten Detektortypen bewegen sich die Ladungen in Gasen (Kap. 7), in Flüssigkeiten (zum Beispiel in Flüssig-Argon-Kalorimetern, Kap. 15) oder in Halbleiterleitern (Kap. 8). In Gasen und Flüssigkeiten sind die Ladungsträger Elektronen und Ionen. Bei den Halbleitern sind es Elektronen und 'Löcher'. Letztere sind Elektronenfehlstellen, die sich wie positive Ladungen bewegen.

Bei Ladungsträgern, die sich in elektrischen und magnetischen Feldern bewegen, kann man ungeordnete und geordnete Bewegungen unterscheiden (Abb. 4.1), die sich überlagern. Diese Bewegungen sind:

– Eine zufällige, ungeordnete Bewegung mit einer Geschwindigkeitsverteilung, die im thermischen Gleichgewicht und ohne äußere Felder klassisch durch die Maxwell-Boltzmann-Verteilung beschrieben wird[18]; ein äußeres elektrisches Feld kann die Bewegung 'aufheizen' und somit die Verteilung ändern.

[18]Die Maxwell-Boltzmann-Verteilung ist die klassische Näherung sowohl für die Bose-Einstein-Verteilung für Bosonen als auch für die Fermi-Dirac-Verteilung für Fermionen, wenn Quanteneffekte nicht dominieren, das heißt bei geringen Teilchendichten und/oder hohen Temperaturen. Die Bedingungen für die klassische Näherung sind im Allgemeinen für den Ladungstransport in Gasen erfüllt. In Halbleitern sind die (intrinsischen) Ladungsdichten höher und Quanteneffekte spielen bei der Wechselwirkung mit dem Kristallgitter eine Rolle. Oft kann aber die klassische Näherung auch bei Halbleitern benutzt werden, wie beispielsweise für die Ladungsträgerverteilung im Leitungsband (siehe Gleichung (8.13)).

H. Kolanoski und N. Wermes, *Teilchendetektoren*, https://doi.org/10.1007/978-3-662-73068-3_4

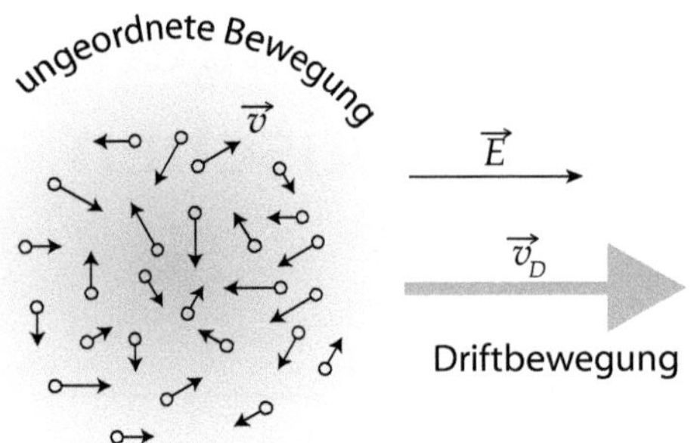

Abb. 4.1 Schematische Darstellung der ungeordneten Bewegung einer Ladungswolke und der überlagerten Driftbewegung in Richtung eines elektrischen Feldes.

– Eine Driftbewegung, deren Richtung durch die elektrischen und magnetischen Felder bestimmt wird.

Bei Existenz eines Konzentrationsgefälles, wie zum Beispiel bei der lokalen Erzeugung von Ladungen in einem Detektor, führt die ungeordnete thermische Bewegung zur Diffusion der Ladungsträger, die ein Auseinanderlaufen der lokalen Ladungsverteilung bewirkt.

Die Driftgeschwindigkeit $\vec{v}_D$ ergibt sich aus einem Gleichgewicht zwischen der beschleunigenden elektrischen Kraft und einer dämpfenden Reibungskraft, die von Stößen mit den umgebenden Atomen und Molekülen herrührt. Meistens ist die Driftgeschwindigkeit viel kleiner als die mittlere (ungeordnete) thermische Geschwindigkeit $\langle v \rangle$:

$$|\vec{v}_D| \ll \langle v \rangle . \tag{4.1}$$

In allen in diesem Kapitel betrachteten Fällen sind die Geschwindigkeiten viel kleiner als die Lichtgeschwindigkeit, so dass die Kinematik nicht-relativistisch behandelt werden kann.

Im Folgenden wird in Abschnitt 4.2 die Boltzmann'sche Transportgleichung für Ladungsträger in einem Medium mit äußeren Feldern eingeführt und unter vereinfachenden Annahmen gelöst. Mit diesen Lösungen werden in Abschnitt 4.3 Ausdrücke für Driftgeschwindigkeiten von Ladungsträgern unter dem Einfluss äußerer elektrischer und magnetischer Felder berechnet. In dem folgenden Abschnitt 4.4 wird das Auseinanderlaufen einer Ladungswolke auf Grund der Diffusion, die durch die ungeordnete Bewegung zustande kommt, untersucht. Die Lösungen der Boltzmann-Transportgleichung werden in den Abschnitten 4.5 und 4.6 für Ionen und Elektronen in Gasen und in Abschnitt 4.7 für Halbleiter diskutiert.

Literatur zu diesem Kapitel findet man in Lehrbüchern der Statistischen Physik (zum Beispiel [438, 581, 924]), wobei allerdings Transportphänomene nicht immer ausführlich behandelt werden. Die Boltzmann-Transportgleichung wird häufig im Zusammenhang mit der kinetischen Gastheorie behandelt, womit weitgehend die Bewegung von Ionen in Gasen abgedeckt wird. Für die komplexeren Phänomene bei der Bewegung von Elektronen in Gasen wird an den entsprechenden Stellen auf Spezialliteratur hingewiesen. Die Anwendung auf Transportphänomene in Halbleitern ist zum Beispiel in [421] beschrieben.

4.2 Ladungsträgertransport: Boltzmann-Transportgleichung

In diesem Kapitel soll mit Hilfe der Boltzmann-Transportgleichung die Entwicklung der mikroskopischen Orts- und Geschwindigkeitsverteilungen von Ladungsträgern in einem Medium in Abhängigkeit von elektrischen und magnetischen Feldern und anderen äußeren Parametern wie Temperatur und Druck beschrieben werden. Dazu betrachten wir ein Ensemble geladener Teilchen, die miteinander und mit dem Medium wechselwirken. Aus der Lösung der Gleichung, die als Eingabe die mikroskopischen Streuquerschnitte und Inelastizitäten benötigt, werden Drift und Diffusion der Ladungsträger als kollektive Eigenschaften der Verteilung bestimmt, die das makroskopisch beobachtbare Verhalten der Ladungsträger beschreiben.

Die Lösung der Transportgleichung ist sehr aufwendig und im Allgemeinen nur numerisch möglich. Deshalb werden wir im Folgenden vereinfachende Annahmen machen, die gestatten sollen, Charakteristika von Drift und Diffusion zu diskutieren. In der Praxis wird insbesondere die Elektronenbewegung in Gasen, die besonders komplexe Abhängigkeiten von Mischungsverhältnissen von Gasen und den äußeren Feldern aufweist, mit der Boltzmann-Transportgleichung numerisch berechnet.

4.2.1 Boltzmann-Transportgleichung

4.2.1.1 Entwicklung der Gleichung

Im Folgenden betrachten wir eine Ladungswolke in einem Medium mit der Phasenraumverteilung $f(\vec{r}, \vec{v}, t)$. Die Wahrscheinlichkeit dw, dass ein Ladungsträger sich zur Zeit t in dem Phasenraumintervall $[(\vec{r}, \vec{v}), (\vec{r} + d\vec{r}, \vec{v} + d\vec{v})]$ befindet, ist

$$dw(\vec{r}, \vec{v}, t) = f(\vec{r}, \vec{v}, t)\, d^3r\, d^3v\,. \tag{4.2}$$

Wenn die Gesamtzahl der Ladungsträger erhalten ist, kann die integrierte Wahrscheinlichkeit im gesamten Phasenraum (PS) normiert werden:

$$\int_{\mathrm{PS}} f(\vec{r}, \vec{v}, t)\, d^3r\, d^3v = 1\,. \tag{4.3}$$

Die Entwicklung der Verteilung im Phasenraum wird durch die Boltzmann-Transportgleichung

$$\frac{df}{dt} = \frac{\partial f}{\partial t} + \frac{d\vec{r}}{dt}\vec{\nabla}_{\vec{r}} f + \frac{d\vec{v}}{dt}\vec{\nabla}_{\vec{v}} f = \frac{\partial f}{\partial t}_{|coll} \tag{4.4}$$

beschrieben. Die links stehende totale zeitliche Ableitung ist hier im mittleren Teil nach den partiellen Ableitungen entwickelt. Der erste Term der partiellen Ableitungen tritt bei expliziter Zeitabhängigkeit von f auf und verschwindet im stationären Fall. Die beiden nächsten Terme beschreiben Änderungen von f durch Bewegungen im Phasenraum, wobei der erste Term die Bewegungen im Ortsraum, die makroskopisch der Diffusion entsprechen (Abschnitt 4.4), beschreibt und der zweite Term Bewegungen im Geschwindigkeitsraum. Die Beschleunigung $d\vec{v}/dt$ in dem zweiten Term wird durch äußere elektrische

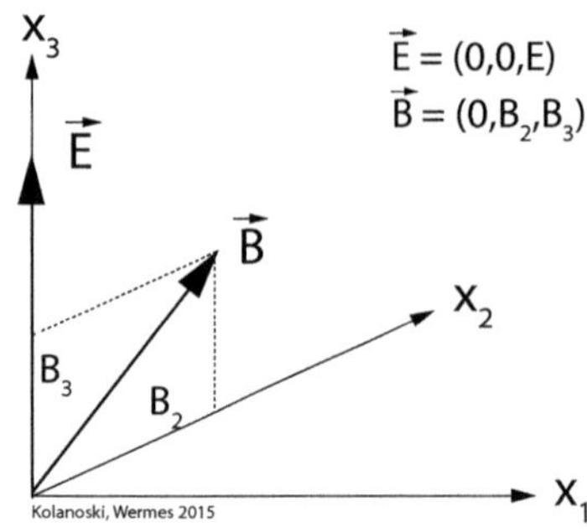

Abb. 4.2 Koordinatensystem, das durch die $\vec{E}$- und $\vec{B}$-Felder definiert wird. Die x_3-Achse ist durch die Richtung des $\vec{E}$-Feldes festgelegt und die x_1-Achse durch die Richtung von $\vec{E} \times \vec{B}$. Die x_2-Achse vervollständigt ein rechtshändiges Orthogonalsystem.

oder magnetische Felder erzeugt (Abschnitt 4.2.1.2). Der Ausdruck auf der rechten Seite wird das *Boltzmann'sche Stoßintegral* genannt, das Integrale über f enthält und damit die Boltzmann-Transportgleichung zu einer Integro-Differenzial-Gleichung macht (Abschnitt 4.2.1.3). Das Stoßintegral trägt der Reibung durch Stöße mit den Atomen oder Molekülen des Mediums Rechnung, die durch die gemessenen oder berechneten Wirkungsquerschnitte für die mikroskopischen elastischen und inelastischen Streuprozesse beschrieben wird. Die Lösungen der Boltzmann-Transportgleichung sind die mikroskopischen Verteilungen der Teilchen im Phasenraum, mit deren Hilfe makroskopische Größen wie Drift und Diffusion bestimmt werden. Andererseits kann aus den gemessenen makroskopischen Größen auf die mikroskopischen Wirkungsquerschnitte und Inelastizitäten zurückgeschlossen werden.

4.2.1.2 Beschleunigungsterm

Die Beschleunigung soll durch die Lorentz-Kraft gegeben sein,

$$m\frac{d\vec{v}}{dt} = q\left(\vec{E} + \vec{v} \times \vec{B}\right), \tag{4.5}$$

wobei die Kraft auf ein Teilchen mit der Masse m und der Ladung q wirkt ($q = \pm e$ oder Vielfache davon, e = Elementarladung). Das Koordinatensystem kann so gewählt werden, dass die Felder nur x_2- und x_3-Komponenten haben, wie in Abb. 4.2 dargestellt:

$$\vec{E} = (0, 0, E) \qquad \text{und} \qquad \vec{B} = (0, B_2, B_3)\,. \tag{4.6}$$

Gleichung (4.5) ergibt dann:

$$\frac{d\vec{v}}{dt} = \frac{q}{m}\begin{pmatrix} 0 \\ 0 \\ E \end{pmatrix} + \begin{pmatrix} v_2\omega_3 - v_3\omega_2 \\ -v_1\omega_3 \\ v_1\omega_2 \end{pmatrix}. \tag{4.7}$$

Dabei sind

$$\omega_i = \frac{q}{m}B_i \qquad (i = 1, 2, 3) \tag{4.8}$$

die Zyklotronfrequenzen.

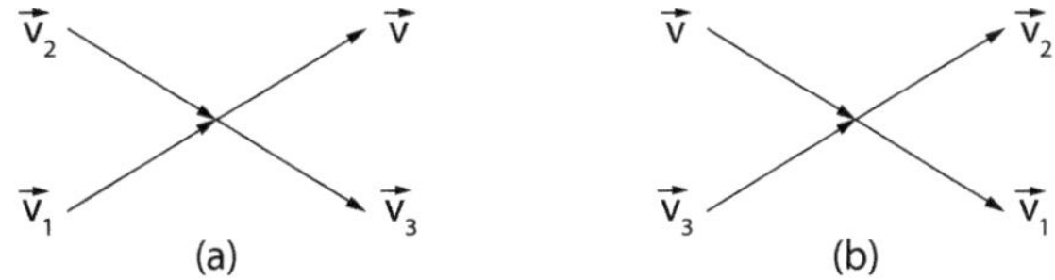

Abb. 4.3 Zwei-Körper-Streuung am Ort $\vec{r}$ zur Zeit t. (a) Ein Teilchen wird in das Geschwindigkeitselement um $\vec{v}$ gestreut und (b) ein Teilchen wird aus dem Geschwindigkeitselement um $\vec{v}$ herausgestreut.

4.2.1.3 Stoßintegral

Die Boltzmann-Transportgleichung (4.4) besagt, dass im kollisionsfreien Fall, wenn also das Stoßintegral $\partial f/\partial t_{|coll}$ verschwindet, sich die Dichte im Phasenraum nicht ändert; es gilt dann $df/dt = 0$. Das folgt aus dem Liouville-Theorem, welches auch für ein System gilt, auf das äußere Kräfte wirken, solange diese konservativ sind (siehe z.B. [924]). Erst die Wechselwirkungen der Teilchen untereinander, beschrieben durch das Stoßintegral auf der rechten Seite der Gleichung, kann die Phasenraumdichte ändern.

Das Stoßintegral beschreibt die Streuung von Teilchen in ein Phasenraumelement hinein und aus diesem heraus. Wenn die Wechselwirkungen elastisch durch Zweierstöße $1+2 \leftrightarrow 3+4$ erfolgen, lautet das Integral:

$$\left.\frac{\partial f}{\partial t}\right|_{\text{coll}} = \int W(\vec{v}_1, \vec{v}_2; \vec{v}_3, \vec{v}) \left\{ f(\vec{r}, \vec{v}_1, t) f(\vec{r}, \vec{v}_2, t) - f(\vec{r}, \vec{v}_3, t) f(\vec{r}, \vec{v}, t) \right\} \mathrm{d}\vec{v}_1 \mathrm{d}\vec{v}_2 \mathrm{d}\vec{v}_3 \,. \tag{4.9}$$

Das Integral gibt an, wie sich zu einer festen Zeit t an dem Ort $\vec{r}$ mit der Phasenraumdichte $f(\vec{r}, \vec{v}, t)$ diese Dichte durch Heraus- und Hineinstreuen von Teilchen mit der Geschwindigkeit $\vec{v}$ ändert. Der Term $W(\vec{v}_1, \vec{v}_2; \vec{v}_3, \vec{v}) f(\vec{r}, \vec{v}_1, t) f(\vec{r}, \vec{v}_2, t)$ gibt den Zuwachs an, der durch den Übergang der Teilchen 1 und 2 in ein Teilchen in das betrachtete Phasenraumelement um $\vec{v}$ erfolgt, wobei das andere Teilchen eine Geschwindigkeit $\vec{v}_3$ erhält (Abb. 4.3(a)). Der andere, negative Term beschreibt entsprechend die Minderung der Dichte des betrachteten Phasenraumelements. Das Teilchen mit der Geschwindigkeit $\vec{v}$ verlässt das Element durch Streuung mit einem Teilchen der Geschwindigkeit $\vec{v}_3$, wobei die Streupartner die Geschwindigkeiten $\vec{v}_1$ und $\vec{v}_2$ annehmen (Abb. 4.3(b)).

Die Wahrscheinlichkeit für die Streuung ist $W(\vec{v}_1, \vec{v}_2, \vec{v}_3, \vec{v})$, die die differentiellen Streuquerschnitte und die Zwangsbedingungen aufgrund von Impuls- und Energieerhaltung enthält. Es ist über alle möglichen Streupartner 1, 2, 3 im Anfangs- und im Endzustand zu integrieren. In dem Ausdruck (4.9) wurde angenommen, dass es sich nur um eine Teilchensorte handelt und dass die Streuprozesse reversibel sind, dass also gilt:

$$W(\vec{v}_1, \vec{v}_2; \vec{v}_3, \vec{v}_4) = W(\vec{v}_3, \vec{v}_4; \vec{v}_1, \vec{v}_2) \,. \tag{4.10}$$

Im Allgemeinen ist über verschiedene Teilchensorten zu summieren, und die Wechselwirkungen können inelastisch sein, wobei die Energie zwischen den Teilchensorten umverteilt werden kann oder auch ein Energieaustausch mit der Umgebung stattfinden kann. Zusätzlich können Quellen und Senken für Teilchen auftreten, wie zum Beispiel die Erzeugung und Absorption von Ladungsträgern. In den folgenden einfachen Betrachtungen soll aber Teilchenzahlerhaltung vorausgesetzt werden.

Die Auswertung des Stoßintegrals ist im Allgemeinen Fall die eigentliche Herausforderung bei der Lösung der Boltzmann-Transportgleichung, die, wie bereits bemerkt, in der Regel nur numerisch gelöst werden kann. Im Folgenden sollen anhand von Näherungen wesentliche Eigenschaften von Geschwindigkeitsverteilungen diskutiert werden.

4.2.2 Spezielle Lösungen der Boltzmann-Transportgleichung

4.2.2.1 Maxwell-Boltzmann-Verteilung

Im stationären, ortsunabhängigen und kräftefreien Fall ist $f(\vec{r}, \vec{v}, t) = f(\vec{v})$ und die Ausdrücke mit den partiellen Ableitungen in Gleichung (4.4) verschwinden. Damit gilt für das Stoßintegral:

$$\left.\frac{\partial f}{\partial t}\right|_{\text{coll}} = 0\,. \tag{4.11}$$

Für die oben betrachtete elastische Streuung gemäß Gleichung (4.9) ist offensichtlich eine hinreichende Bedingung für eine Gleichgewichtslösung $f = f_0$, dass gilt:

$$f_0(\vec{v}_1)f_0(\vec{v}_2) = f_0(\vec{v}_3)f_0(\vec{v}_4)\,. \tag{4.12}$$

Man kann zeigen, dass die Bedingung in diesem Fall auch notwendig ist, siehe zum Beispiel [137, 635] Dabei sind die Geschwindigkeiten auf der linken und der rechten Seite über die Energie-Impuls-Erhaltung verknüpft (wie auch in dem Integral (4.9)). In der statistischen Physik wird gezeigt (siehe zum Beispiel [924]), dass Lösungen f_0 dann immer die Form der Maxwell-Boltzmann-Verteilung haben:

$$f_0(\vec{v}) = C\,\exp(-Av^2)\,. \tag{4.13}$$

Man sieht leicht, dass diese Funktion Gleichung (4.12) löst:

$$C^2\,\exp(-A(v_1^2 + v_2^2)) = C^2\,\exp(-A(v_3^2 + v_4^2)) \tag{4.14}$$

Die Gleichheit folgt aus der Energieerhaltung $v_1^2 + v_2^2 = v_3^2 + v_4^2$.

4.2.2.2 Relaxationsnäherung

In einem abgeschlossenen System sorgen die Wechselwirkungen für eine im statistischen Mittel stationäre Energie- und Impulsverteilung. Fluktuationen in dieser Verteilung werden mit einer Zeitkonstanten τ, der Relaxationszeit, ausgeglichen, so dass das System wieder ins Gleichgewicht zurückkehrt. Da der Grund für die Relaxation die Wechselwirkungen der Teilchen sind, kann man τ auch mit der mittleren Zeit zwischen zwei Stößen, der Stoßzeit, in Verbindung setzen, siehe Abschnitt 4.3.

Wenn man annimmt, dass der Ausgleich proportional zu der Abweichung der Fluktuation von der Gleichgewichtsverteilung f_0 ist, kann man für das effektive Stoßintegral in der Relaxationsnäherung ansetzen:

$$\frac{df}{dt} = \left.\frac{\partial f}{\partial t}\right|_{\text{coll}} = -\frac{f - f_0}{\tau}\,. \tag{4.15}$$

Diese Gleichung hat die Lösung

$$f(t) = f_0 + \big(f(\mathrm{t{=}0}) - f_0\big)\, \mathrm{e}^{-t/\tau}\,. \tag{4.16}$$

Das heißt, das System kehrt bei einer Störung mit der Zeitkonstante τ wieder in das Gleichgewicht zurück.

4.2.3 Störung durch externe Felder

Wir betrachten jetzt ein System, das durch Anlegen externer Felder aus der ursprünglichen Gleichgewichtsverteilung $f_0(\vec{v})$ in eine neue, ebenfalls orts- und zeitunabhängige Verteilung $f(\vec{v})$ verschoben wird. Mit der Lorentz-Kraft in (4.5) hat die Boltzmann-Transportgleichung (4.4) die Form

$$\frac{\partial f}{\partial t} + \frac{q}{m}\left(\vec{E} + \vec{v} \times \vec{B}\right) \vec{\nabla}_{\vec{v}} f = \frac{\partial f}{\partial t}_{|coll}\,. \tag{4.17}$$

Für eine Verteilung f, die für Zeiten, die viel größer als die Relaxationszeit sind, stationär ist, verschwindet die zeitliche Ableitung $\partial f/\partial t$.

4.2.3.1 Störung durch elektrisches Feld

Die externe Kraft soll zunächst nur durch ein elektrisches Feld wirken. Wenn dieses Feld genügend schwach ist, so dass es den Gleichgewichtszustand f_0 nicht wesentlich stört, können wir in der Relaxationsnäherung ansetzen:

$$\frac{\partial f}{\partial t} + \frac{q}{m}\vec{E}\,\vec{\nabla}_{\vec{v}} f \approx \frac{q}{m}\vec{E}\,\vec{\nabla}_{\vec{v}} f_0 = -\frac{f - f_0}{\tau}\,. \tag{4.18}$$

Neben der Relaxationsnäherung sind hier weitere Näherungen, dass der Gradient auf f_0 statt auf f angewendet wird und dass die explizite Zeitabhängigkeit $\partial f/\partial t$ vernachlässigbar ist.

Zur Lösung der Gleichung drücken wir den Betrag der Geschwindigkeit eines Teilchens durch dessen Energie aus:

$$\epsilon = \frac{1}{2} m v^2\,. \tag{4.19}$$

Die Gleichgewichtsverteilung f_0 hängt nur über die Energie ϵ von der Geschwindigkeit ab. Deshalb lässt sich der Geschwindigkeitsgradient in (4.18) schreiben:

$$\vec{\nabla}_{\vec{v}} f_0 = \frac{\partial f_0}{\partial \epsilon}\,\vec{\nabla}_{\vec{v}}\,\epsilon = m\,\vec{v}\,\frac{\partial f_0}{\partial \epsilon}\,. \tag{4.20}$$

Damit ist die Lösung von (4.18):

$$f = f_0 - \frac{q}{m}\,\tau\,\vec{E}\,\vec{\nabla}_{\vec{v}} f_0 = f_0 - q\,\tau\,\vec{E}\,\vec{v}\,\frac{\partial f_0}{\partial \epsilon} = f_0 - q\,\tau\,E\,v_3\,\frac{\partial f_0}{\partial \epsilon}\,. \tag{4.21}$$

Mit der Definition des Koordinatensystems wie in (4.6) wird $\vec{v}\vec{E} = v_3 E$. Die resultierende Verteilung f ist offensichtlich anisotrop mit einer Vorzugsrichtung in Feldrichtung (3-Achse).

4.2.3.2 Störung durch elektrische und magnetische Felder

Wir betrachten jetzt die Boltzmann-Transportgleichung (4.17) mit der vollen Lorentz-Kraft in Relaxationsnäherung und mit $\partial f/\partial t = 0$:

$$\frac{q}{m}\left(\vec{E}+\vec{v}\times\vec{B}\right)\vec{\nabla}_{\vec{v}}f = -\frac{f-f_0}{\tau} = -\frac{\delta f}{\tau}\,. \tag{4.22}$$

Hier können wir allerdings nicht die gleiche Näherung für den Geschwindigkeitsgradienten wie in (4.20) ansetzen, weil das dann auftretende Spatprodukt $\vec{v}\cdot(\vec{v}\times\vec{B})$ verschwindet. Damit hätte das Magnetfeld keine Wirkung auf die Verteilung, was aber nicht der Beobachtung entspricht. Deshalb muss für die Wirkung des B-Feldes in (4.22) der Gradient in höherer Ordnung, der die Anisotropie durch das E-Feld enthält, berücksichtigt werden. Wir schreiben den Gradienten entsprechend:

$$\vec{\nabla}_{\vec{v}}f = \vec{\nabla}_{\vec{v}}(f_0+\delta f) = m\,\vec{v}\,\frac{\partial f_0}{\partial\epsilon} + \vec{\nabla}_{\vec{v}}\,\delta f\,. \tag{4.23}$$

Damit wird (4.22):

$$q\,\vec{E}\,\vec{v}\,\frac{\partial f_0}{\partial\epsilon} + \frac{q}{m}\left(\vec{v}\times\vec{B}\right)\vec{\nabla}_{\vec{v}}\,\delta f = -\frac{\delta f}{\tau}\,. \tag{4.24}$$

Dabei wurde für den Geschwindigkeitsgradienten beim E-Feld wieder die f_0-Näherung (4.20) benutzt, während dieser Beitrag bei dem B-Feld verschwindet und nur der δf-Term beiträgt.

Zur Lösung von (4.24) machen wir den Ansatz, dass es ein effektives E-Feld $\vec{A}$ gibt, mit dem eine Lösung konstruiert werden kann, die (4.21) entspricht. Wir ersetzen also in (4.21) $\vec{E}$ durch den noch zu bestimmenden Vektor $\vec{A}$ und erhalten:

$$\delta f = -\frac{q}{m}\,\tau\,\vec{A}\,\vec{\nabla}_{\vec{v}}f_0 = -q\,\tau\,\vec{v}\,\vec{A}\,\frac{\partial f_0}{\partial\epsilon}\,. \tag{4.25}$$

Daraus berechnet sich der Gradient von δf zu

$$\vec{\nabla}_{\vec{v}}\,\delta f = -q\,\tau\,\vec{A}\,\frac{\partial f_0}{\partial\epsilon}\,. \tag{4.26}$$

Einsetzen von δf und $\vec{\nabla}_{\vec{v}}\,\delta f$ in (4.24) ergibt:

$$\vec{v}\vec{E} - \frac{q}{m}\tau\underbrace{\left(\vec{v}\times\vec{B}\right)\vec{A}}_{=(\vec{B}\times\vec{A})\vec{v}} = \vec{v}\vec{A} \qquad\Rightarrow\qquad \vec{E} - \frac{q}{m}\tau\left(\vec{B}\times\vec{A}\right) = \vec{A}\,. \tag{4.27}$$

Mit der rechten Seite erhält man also eine Relation zwischen $\vec{E}$, $\vec{B}$ und $\vec{A}$, die unabhängig von dem Geschwindigkeitsvektor ist. Die Lösung für $\vec{A}$ kann man durch die möglichen Komponenten in Richtung von $\vec{E}$, $\vec{B}$ und $\vec{E}\times\vec{B}$, also als die Linearkombination $\vec{A} = a\,\vec{E} + b\,\vec{B} + c\,(\vec{E}\times\vec{B})$ darstellen. Durch Einsetzen dieses Ausdrucks in (4.27) erhält man durch Koeffizientenvergleich

$$\vec{A} = \frac{1}{1+\omega^2\tau^2}\left(\vec{E} + \frac{(\vec{E}\,\vec{B})\vec{B}}{B^2}\omega^2\tau^2 + \frac{\vec{E}\times\vec{B}}{B}\omega\tau\right), \tag{4.28}$$

wobei $\omega = qB/m$ die Zyklotronfrequenz ist. Damit ergibt (4.25) die Näherungslösung für die Verteilungsfunktion:

$$f = f_0 - q\,\tau\,\vec{v}\,\vec{A}\,\frac{\partial f_0}{\partial \epsilon} = f_0 - qE\,\tau\frac{1}{1+\omega^2\tau^2}\,\vec{v}\begin{pmatrix} -\omega_2\tau \\ \omega_2\omega_3\tau^2 \\ 1+\omega_3^2\tau^2 \end{pmatrix}\frac{\partial f_0}{\partial \epsilon}\,. \tag{4.29}$$

Die rechte Seite benutzt die Definitionen der Feldkomponenten und Zyklotronfrequenzen in (4.6) bis (4.8).

4.3 Driftgeschwindigkeit

Wie in dem einführenden Abschnitt 4.1 bereits ausgeführt, wird durch die Kräfte von elektrischen und magnetischen Feldern eine gerichtete Bewegung, genannt Driftbewegung, der ungeordneten thermischen Bewegung überlagert. Im Allgemeinen sind die Driftgeschwindigkeiten viel kleiner als die mittleren thermischen Geschwindigkeiten, siehe (4.1).

4.3.1 Definition der Driftgeschwindigkeit

Eine der makroskopischen Observablen, die für unsere Betrachtung des Ladungsträgertransports aus der Boltzmann-Transportgleichung abgeleitet werden soll, ist die Driftgeschwindigkeit der Ladungsträger. Die Driftgeschwindigkeit $\vec{v}_D$ ist der Mittelwert der nach $f(\vec{v})$ verteilten Geschwindigkeitsvektoren $\vec{v}$

$$\vec{v}_D = \langle\vec{v}\,\rangle = \int \vec{v}\,f(\vec{v})\,d^3v\,. \tag{4.30}$$

Eine nicht-verschwindende Driftgeschwindigkeit ergibt sich nur, wenn $f(\vec{v})$ eine Asymmetrie im $\vec{v}$-Raum hat. Um diese Asymmetrie zu beschreiben, drücken wir die Geschwindigkeitskomponenten in Kugelkoordinaten aus:

$$v_1 = v\sin\theta\cos\phi, \qquad v_2 = v\sin\theta\sin\phi, \qquad v_3 = v\cos\theta\,. \tag{4.31}$$

Zusätzlich drücken wir den Geschwindigkeitsbetrag durch die kinetische Energie aus:

$$\epsilon = \frac{1}{2}mv^2 \quad\Rightarrow\quad v = \sqrt{\frac{2\epsilon}{m}}, \quad dv = \frac{d\epsilon}{\sqrt{2m\epsilon}}, \quad v^2dv = \sqrt{\frac{2\epsilon}{m}}\frac{1}{m}d\epsilon\,. \tag{4.32}$$

Die differenzielle Geschwindigkeitsverteilung lässt sich dann so schreiben:

$$f(\vec{v})\,dv_1\,dv_2\,dv_3 = f(\vec{v})\,v^2\,dv\,d\!\cos\theta\;d\phi = f(\epsilon,\cos\theta,\phi)\sqrt{\frac{2\epsilon}{m^3}}\,d\epsilon\,d\!\cos\theta\,d\phi\,. \tag{4.33}$$

Dabei ist zu beachten, dass $f(\epsilon,\cos\theta,\phi)$ die ursprüngliche Funktion f ist, bei der die Geschwindigkeitskomponenten durch die Variablen ϵ, $\cos\theta$, ϕ entsprechend (4.31) und (4.32) ausgedrückt sind. Die Geschwindigkeitsverteilung f, auf die wir uns in diesem Kapitel meistens beziehen, ist zu unterscheiden von einer Energieverteilung F, die durch

$$f(\vec{v})\,v^2\,dv = f(\epsilon,\cos\theta,\phi)\sqrt{\frac{2\epsilon}{m^3}}\,d\epsilon =: F(\epsilon,\cos\theta,\phi)\,d\epsilon \tag{4.34}$$

definiert wird. Da sowohl die Geschwindigkeitsverteilung als auch die Energie-Winkel-Verteilung Wahrscheinlichkeitsdichten sind, sind beide normiert:

$$1 = \int_{\Omega}\int_{0}^{\infty} f(\vec{v})\, v^2 dv\, d\Omega = \int_{\Omega}\int_{0}^{\infty} f(\epsilon, \cos\theta, \phi) \sqrt{\frac{2\epsilon}{m^3}}\, d\epsilon\, d\Omega = \int_{\Omega}\int_{0}^{\infty} F(\epsilon, \cos\theta, \phi)\, d\epsilon\, d\Omega\,. \tag{4.35}$$

4.3.2 Driftgeschwindigkeit nur mit E-Feld

4.3.2.1 Driftgeschwindigkeit mit E-Feld in Relaxationsnäherung

Mit der approximativen Verteilungsfunktion (4.21) ergibt sich für die Komponenten der Driftgeschwindigkeit nach (4.30):

$$v_{D,i} = \int_{\Omega}\int_{0}^{\infty} v_i\, f(\vec{v})\, v^2 dv\, d\Omega = \int_{\Omega}\int_{0}^{\infty} v_i\, f_0\, v^2 dv\, d\Omega - \int_{\Omega}\int_{0}^{\infty} q\, E\, \frac{\partial f_0}{\partial \epsilon}\, \tau\, v_i v_3\, v^2 dv\, d\Omega\,. \tag{4.36}$$

Der erste Term auf der rechten Seite, der die Mittelung der Geschwindigkeitskomponente v_i über den isotropen Teil f_0 der Verteilung darstellt, verschwindet für alle Komponenten. Da v_i und v_3 für $i = 1, 2$ unkorreliert sind, verschwindet für $i = 1, 2$ auch der zweite Term, der aber für $i = 3$ endlich bleibt. Das sieht man, wenn man die Ausdrücke $v_i\, v_3$, die die einzigen Winkelabhängigkeiten von $f(\vec{v})$ enthalten, über den Raumwinkel mittelt. Drückt man $v_i\, v_3$ nach (4.31) in Kugelkoordinaten aus, findet man:

$$\int_{\Omega} v_i\, v_3\, d\Omega = \begin{cases} \int_{\Omega} v^2 \sin\phi \sin\theta \cos\theta\, d\Omega = \int_{\Omega} v^2 \cos\phi \sin\theta \cos\theta\, d\Omega = 0 & (i = 1, 2) \\ \int_{\Omega} v^2 \cos^2\theta\, d\Omega = \frac{4\pi}{3} v^2 & (i = 3)\,. \end{cases} \tag{4.37}$$

Damit hat die Driftgeschwindigkeit nur eine Komponente in E-Feld-Richtung, die sich aus der Anisotropie der Verteilung $f(\vec{v})$ bezüglich dieser Richtung ergibt:

$$v_{D,3} = -\frac{4\pi}{3} \int_{0}^{\infty} q\, E\, \frac{\partial f_0}{\partial \epsilon}\, \tau\, v^4\, dv\,. \tag{4.38}$$

Mit (4.32) lässt sich die Integration auch über die Energie ausführen:

$$v_{D,3} = -\frac{4\pi}{3} \frac{qE}{m} \int_{0}^{\infty} \tau \left(\frac{2\epsilon}{m}\right)^{3/2} \frac{\partial f_0}{\partial \epsilon}\, d\epsilon = -4\pi \frac{2}{3} \frac{qE}{m^2} \int_{0}^{\infty} \lambda\, \epsilon\, \frac{\partial f_0}{\partial \epsilon}\, d\epsilon\,. \tag{4.39}$$

Auf der rechten Seite der Gleichung wurde τ durch λ/v substituiert, wobei λ die mittlere freie Weglänge ist (siehe (3.7)),

$$\lambda = \frac{1}{n\sigma}\,, \tag{4.40}$$

mit der Teilchendichte n und dem Wirkungsquerschnitt σ. Ausdrücke für Driftgeschwindigkeiten werden je nach Zusammenhang entweder durch die freie Weglänge λ oder die Stoßzeit τ ausgedrückt. Bei Ladungstransport in Gasen wird häufig λ und in Halbleitern meistens τ benutzt.

4.3.2.2 Abhängigkeit der Driftgeschwindigkeit von der mittleren freien Weglänge

Durch partielle Integration von (4.39) findet man

$$\begin{aligned} v_{D,3} &= -4\pi \frac{2}{3}\frac{qE}{m^2}\int_0^\infty \lambda\,\epsilon \frac{\partial f_0}{\partial \epsilon} d\epsilon = 4\pi \frac{2}{3}\frac{qE}{m^2}\left(\int_0^\infty f_0 \frac{\partial}{\partial \epsilon}(\lambda\epsilon) d\epsilon - \underbrace{\Big[f_0\,\lambda\epsilon\Big]_0^\infty}_{=0}\right) \\ &= 4\pi \frac{2}{3}\frac{qE}{m^2}\int_0^\infty f_0 \left(\frac{\partial \lambda}{\partial \epsilon}\epsilon + \lambda\right) d\epsilon = 4\pi \frac{2}{3}\frac{qE}{m^2}\left(\int_0^\infty \lambda\, f_0\, d\epsilon + \int_0^\infty \epsilon \frac{\partial \lambda}{\partial \epsilon} f_0\, d\epsilon\right) . \end{aligned} \tag{4.41}$$

Der letzte Term in der ersten Zeile verschwindet, da die Energieverteilung $f_0(\epsilon)$ für $\epsilon \to \infty$ immer (meist exponentiell) gegen null geht. Die Integrale in dem letzten Term der zweiten Zeile lassen sich als Mittelwerte von λ/v und $d\lambda/dv$ bezüglich der Verteilung $f_0(\vec{v})$ umschreiben:

$$\begin{aligned} \left\langle \frac{\lambda}{v} \right\rangle &= \int \frac{\lambda}{v} f_0\, v^2 dv\, d\Omega = 4\pi \int_0^\infty \frac{\lambda}{v} f_0 \frac{v}{m} d\epsilon = \frac{4\pi}{m}\int_0^\infty \lambda f_0\, d\epsilon\,, \\ \left\langle \frac{\partial \lambda}{\partial v} \right\rangle &= \int \frac{\partial \lambda}{\partial v} f_0\, v^2 dv\, d\Omega = 4\pi \int_0^\infty \frac{2\epsilon}{m}\frac{\partial \lambda}{\partial \epsilon} f_0\, d\epsilon = 2\,\frac{4\pi}{m}\int_0^\infty \epsilon \frac{\partial \lambda}{\partial \epsilon} f_0\, d\epsilon\,, \end{aligned} \tag{4.42}$$

mit

$$\epsilon = \frac{1}{2} m v^2, \qquad \epsilon \frac{\partial \lambda}{\partial \epsilon} = \frac{1}{2} v \frac{\partial \lambda}{\partial v} \qquad \text{und} \qquad d\epsilon = m\, v\, dv\,.$$

Wenn man die Integrale in (4.41) durch die Mittelwerte (4.42) ersetzt, ergibt sich für die Driftgeschwindigkeit

$$v_{D,3} = \frac{qE}{m}\left(\frac{2}{3}\left\langle \frac{\lambda}{v} \right\rangle + \frac{1}{3}\left\langle \frac{d\lambda}{dv} \right\rangle\right) =: \pm \mu E\,. \tag{4.43}$$

Auf der rechten Seite wurde mit μ die 'Beweglichkeit' oder 'Mobilität' (*mobility*) eingeführt, die in isotropen Medien und ohne Magnetfeld allgemein durch die Gleichung

$$\vec{v}_D = \pm \mu \vec{E} \tag{4.44}$$

als positive Größe definiert wird. Das Vorzeichen ist in (4.44) entsprechend der Ladung q zu wählen.

Wenn sich der Wirkungsquerschnitt mit der Energie nicht stark ändert, dominiert der erste Term in (4.43), zum Beispiel für Ionen in Gasen. Mit der mittleren Stoßzeit

$$\langle \tau \rangle = \left\langle \frac{\lambda}{v} \right\rangle \tag{4.45}$$

ergibt sich dann

$$v_{D,3} \approx \frac{2}{3}\frac{qE}{m}\langle\tau\rangle = \pm\mu E \qquad \text{mit} \quad \mu = \frac{2}{3}\frac{|q|}{m}\langle\tau\rangle\,. \tag{4.46}$$

Der Vorfaktor 2/3 ergibt sich, wenn die Beschleunigung durch das elektrische Feld auf eine isotrope thermische Geschwindigkeitsverteilung wirkt (siehe dazu die Ableitung in Abschnitt 8 von [993]). Da sich die Annahmen (zum Beispiel Isotropie, $v_D \ll \langle v\rangle$ oder die Geschwindigkeitsabhängigkeiten der Wirkungsquerschnitte) von Fall zu Fall unterscheiden können, können auch die Vorfaktoren verschiedene Werte haben. Auch ist zu beachten, dass τ ursprünglich die Bedeutung einer Relaxationszeit in der Approximation (4.15) hatte, aber in (4.39) als Stoßzeit interpretiert wurde. Die Interpretation von τ als Stoßzeit entspricht der Annahme, dass im Mittel bei jedem Stoß die Geschwindigkeiten wieder isotrop verteilt werden und die im Feld gewonnene Energie wieder abgegeben wird, also das System in den jeweiligen Gleichgewichtszustand zurückgebracht wird. Wenn man zum Beispiel statt der freien Weglänge λ die mittlere Stoßzeit τ als konstant annimmt, ergibt sich aus (4.43) mit $d\lambda/dv = \tau$:

$$v_{D,3} \approx \frac{qE}{m}\tau = \pm\mu E \qquad \text{mit} \quad \mu = \frac{|q|}{m}\tau \qquad (\tau = const)\,. \tag{4.47}$$

4.3.2.3 Abhängigkeit der Driftgeschwindigkeit von der Stoßzeit (energiegewichtete Mittelung)

In der Halbleiterphysik führt man an Stelle von (4.45) einen 'energiegewichteten Mittelwert' der Stoßzeit τ ein (siehe zum Beispiel [421]). Dazu gehen wir auf Gleichung (4.39) zurück:

$$v_{D,3} = -\frac{4\pi}{3}\frac{qE}{m}\int_0^\infty \tau\left(\frac{2\epsilon}{m}\right)^{3/2}\frac{\partial f_0}{\partial\epsilon}\,d\epsilon\,. \tag{4.48}$$

Durch partielle Integration und mit der Annahme, dass $f_0(\epsilon)$ verschwindet für $\epsilon\to\infty$, findet man eine Integralrelation zwischen f_0 und $\partial f_0(\epsilon)/\partial\epsilon$:

$$\int_0^\infty f_0(\epsilon)\epsilon^{1/2}d\epsilon = -\frac{2}{3}\int_0^\infty \frac{\partial f_0(\epsilon)}{\partial\epsilon}\epsilon^{3/2}d\epsilon\,. \tag{4.49}$$

Wir nehmen an, dass die ungestörte Gleichgewichtsverteilung f_0 wie f in (4.35) normiert ist, was bedeutet, dass wir den Störungsterm in (4.21) als klein annehmen. Die Kombination der Normierung von f_0 mit der Beziehung (4.49) ergibt

$$1 = \frac{4\pi}{m}\sqrt{\frac{2}{m}}\int_0^\infty f_0(\epsilon)\,\epsilon^{1/2}d\epsilon = -\frac{2}{3}\frac{4\pi}{m}\sqrt{\frac{2}{m}}\int_0^\infty \frac{\partial f_0(\epsilon)}{\partial\epsilon}\epsilon^{3/2}d\epsilon\,. \tag{4.50}$$

Wir können jetzt (4.48) durch den Ausdruck auf der rechten Seite von (4.50) teilen, der ja den Wert 1 hat und damit die Relation für die Driftgeschwindigkeit in (4.48) nicht ändert. Damit erhalten wir einen modifizierten Ausdruck für die Driftgeschwindigkeit:

$$v_{D,3} = \mu\,E = \frac{qE}{m}\frac{\int_0^\infty \tau\,\epsilon^{3/2}\,\frac{\partial f_0}{\partial\epsilon}\,d\epsilon}{\int_0^\infty \epsilon^{3/2}\,\frac{\partial f_0}{\partial\epsilon}\,d\epsilon} =: \frac{qE}{m}\langle\tau\rangle_\epsilon \qquad \Longrightarrow \qquad \mu = \frac{|q|}{m}\langle\tau\rangle_\epsilon\,. \tag{4.51}$$

Die linke Seite definiert die energiegewichtete Mittelung, die wir mit dem Index ϵ an dem Mittelungszeichen von der normalen Mittelung (mit der Verteilungsfunktion f) unterscheiden wollen[19]. Es ist zu betonen, dass die Gleichungen (4.48) und (4.51) identische Resultate für die Driftgeschwindigkeit liefern. Die Formulierung als 'energiegewichtete Mittelung' ist hilfreich, wenn f_0 durch die Maxwell-Boltzmann-Verteilung genähert werden kann und τ über ein Potenzgesetz von der Energie abhängt. In diesem Fall kann (4.51) analytisch gelöst werden (siehe zum Beispiel [944, 421] und auch Gleichung (4.141) auf Seite 142).

Allgemein ist der energiegewichtete Mittelwert einer Funktion $g(\epsilon)$ durch

$$\langle g \rangle_\epsilon = \frac{\int_0^\infty g(\epsilon)\, \epsilon^{3/2} \frac{\partial f_0}{\partial \epsilon} d\epsilon}{\int_0^\infty \epsilon^{3/2} \frac{\partial f_0}{\partial \epsilon} d\epsilon} \tag{4.52}$$

definiert.

4.3.3 Driftgeschwindigkeit mit E- und B-Feldern

Mit der Verteilungsfunktion (4.29) mit externen E- und B-Feldern ergibt sich mit einer zu (4.36) analogen Rechnung, hier mit der Mittelung nach (4.52), die eine kompakte Darstellung erlaubt:

$$v^B_{D,1} = -\frac{4\pi}{3}\frac{qE}{m}\int_0^\infty \tau \frac{\omega_2 \tau}{1+\omega^2\tau^2}\left(\frac{2\epsilon}{m}\right)^{3/2}\frac{\partial f_0}{\partial \epsilon} d\epsilon = \frac{qE}{m}\left\langle \tau \frac{-\omega_2\tau}{1+\omega^2\tau^2}\right\rangle_\epsilon , \tag{4.53}$$

$$v^B_{D,2} = \frac{4\pi}{3}\frac{qE}{m}\int_0^\infty \tau \frac{\omega_2\omega_3 \tau^2}{1+\omega^2\tau^2}\left(\frac{2\epsilon}{m}\right)^{3/2}\frac{\partial f_0}{\partial \epsilon} d\epsilon = \frac{qE}{m}\left\langle \tau \frac{\omega_2\omega_3\tau^2}{1+\omega^2\tau^2}\right\rangle_\epsilon , \tag{4.54}$$

$$v^B_{D,3} = \frac{4\pi}{3}\frac{qE}{m}\int_0^\infty \tau \frac{1+\omega_3^2 \tau^2}{1+\omega^2\tau^2}\left(\frac{2\epsilon}{m}\right)^{3/2}\frac{\partial f_0}{\partial \epsilon} d\epsilon = \frac{qE}{m}\left\langle \tau \frac{1+\omega_3^2\tau^2}{1+\omega^2\tau^2}\right\rangle_\epsilon . \tag{4.55}$$

Auf den rechten Seiten stehen jetzt statt des energiegewichteten Mittelwerts der Stoßzeit energiegewichtete Mittelwerte komplexerer Funktionen der Stoßzeit. Einfache, von der Mittelwertbildung unabhängige Schlussfolgerungen aus den Gleichungen sind:

1. Ohne E-Feld gibt es keine Driftbewegung: Aus $E = 0$ folgt $v^B_{D,i} = 0$ für alle i.
2. Für $E \neq 0$ ist immer $v^B_{D,3} \neq 0$, unabhängig vom B-Feld.
3. Für $B_2 = 0$ ($\vec{B}$ parallel zu $\vec{E}$) ist nur $v^B_{D,3} \neq 0$ (Drift wie für $B = 0$).
4. Für $B_3 = 0$ ($\vec{B}$ senkrecht zu $\vec{E}$) ist $v^B_{D,1}$, $v^B_{D,3} \neq 0$ und $v^B_{D,2} = 0$, das heißt, die Driftbewegung erfolgt in der Ebene senkrecht zum Magnetfeld.

Die Konstellationen von $\vec{E}$ und $\vec{B}$ in 3 und 4 sind am häufigsten in Experimenten zu finden und werden deshalb im Folgenden genauer besprochen.

---

[19]Der Begriff 'energiegewichtete Mittelung' ist etwas irreführend, weil nicht über die Verteilungsfunktion selbst integriert wird und der Energiefaktor nur formal wie eine Gewichtung aussieht.

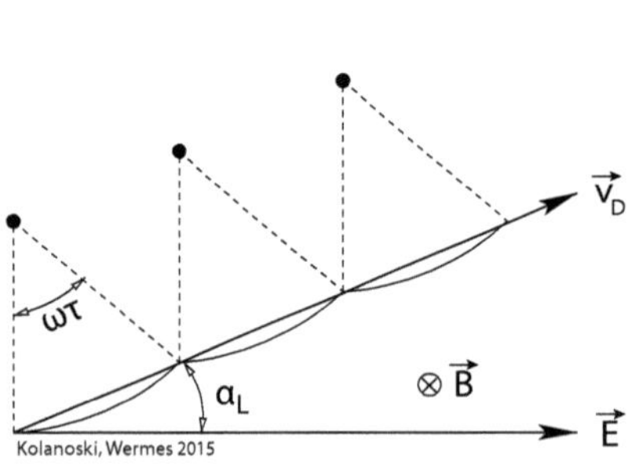

Abb. 4.4 Erklärung für den Lorentz-Winkel, wofür der Anschaulichkeit wegen unrealistische Annahmen gemacht werden: Das Elektron bewegt sich jeweils nach einem Stoß mit konstanter Geschwindigkeit durch das Magnetfeld auf einer Kreisbahn. Bis zum nächsten Stoß, also nach der Stoßzeit τ, hat das Elektron seine Richtung um den Winkel $\omega\tau$ gedreht. Bei dem Stoß verliert das Elektron seine Richtungsinformation und beginnt die konstante Bewegung wieder in Richtung des E-Feldes, um dann wieder auf eine Kreisbahn abgelenkt zu werden. Die Aneinanderreihung dieser mikroskopischen Bahnsegmente, die im Gegensatz zu diesem vereinfachten Bild stochastisch verteilt sind, ergibt dann makroskopisch eine Winkeländerung der Driftrichtung gegenüber der Richtung des elektrischen Feldes.

4.3.3.1 $\vec{B}$ senkrecht zu $\vec{E}$

Bei senkrecht aufeinander stehenden Feldern $\vec{E}$ und $\vec{B}$, also $B_3 = \omega_3 = 0$ und $\omega_2 = \omega$, soll das Verhältnis der Beträge der Driftgeschwindigkeiten mit und ohne Magnetfeld abgeschätzt werden. Dazu verwenden wir (4.48) sowie (4.53) bis (4.55), wobei deren rechte Seiten ohne die Mittelung genommen werden, das heißt, τ wird als effektive Stoßzeit betrachtet (die Auswertung der Mittelung würde eine spezifische Verteilungsfunktion erfordern):

$$\frac{v_D^B}{v_D^{B=0}} = \frac{\sqrt{(v_{D,1}^B)^2 + (v_{D,3}^B)^2}}{|v_{D,3}^0|} \approx \frac{1}{\sqrt{1+\omega^2\,\tau^2}} \qquad (<1)\,. \tag{4.56}$$

Das bedeutet, mit Magnetfeld ist die Driftgeschwindigkeit kleiner als ohne, was nach Abb. 4.4 anschaulich durch die effektiv längeren Wege der Teilchen im Magnetfeld erklärt werden kann.

Abbildung 4.4 zeigt auch, dass zwischen der Driftgeschwindigkeit und dem beschleunigenden E-Feld ein Winkel, der sogenannte Lorentz-Winkel, auftritt:

$$\tan\alpha_L = \frac{|v_{D,1}^B|}{v_{D,3}^B} \approx \omega\tau\,. \tag{4.57}$$

Der Lorentz-Winkel $\alpha_L \approx \omega\tau$ kann anschaulich entsprechend Abb. 4.4 als der mittlere Ablenkwinkel eines Elektrons während der (effektiven) Stoßzeit τ verstanden werden.

In der Näherung für kleine Magnetfelder, $1+\omega^2\tau^2 \to 1$, sind die Driftkomponenten mit der energiegewichteten Mittelung:

$$v_{D,1}^B = -\frac{qE}{m}\omega\left\langle\tau^2\right\rangle_\epsilon\,, \qquad v_{D,2}^B = 0\,, \qquad v_{D,3}^B = \frac{qE}{m}\left\langle\tau\right\rangle_\epsilon\,. \tag{4.58}$$

Charakteristisch sind die Abhängigkeiten der Driftkomponente in E-Feld-Richtung von τ und der von dem B-Feld erzeugten Driftkomponente von τ^2. Damit berechnet sich der Lorentz-Winkel zu

$$\tan\alpha_L = \omega\frac{\left\langle\tau^2\right\rangle_\epsilon}{\left\langle\tau\right\rangle_\epsilon} = \omega\left\langle\tau\right\rangle_\epsilon r_H\,. \tag{4.59}$$

Die damit eingeführte Größe r_H, für kleine Magnetfelder gegeben durch

$$r_H = \frac{\langle \tau^2 \rangle_\epsilon}{\langle \tau \rangle_\epsilon^2}\,, \tag{4.60}$$

wird 'Hall-Faktor' genannt. Dieser Faktor, der experimentell mit Hilfe des Hall-Effekts bestimmt wird, spielt insbesondere für Halbleiter in Magnetfeldern eine Rolle (Abschnitt 4.7.3).

4.3.3.2 $\vec{B}$ parallel zu $\vec{E}$:

In diesem Fall ist $\omega_2 = 0$ und $\omega = \omega_3 \neq 0$, und die Driftgeschwindigkeit hat nur die Komponente in Richtung beider Felder. Aus (4.55) entnimmt man, dass in diesem Fall die Driftgeschwindigkeit die gleiche wie ohne Magnetfeld ist, nämlich

$$\vec{v}_D^{B} = \vec{v}_D^{B=0}\,. \tag{4.61}$$

Während sich die Driftgeschwindigkeit nicht ändert, wird die transversale Diffusion (senkrecht zu den Feldern) kleiner, wie es auch in Abschnitt 4.6.4.5 diskutiert wird.

4.4 Diffusion

Eine räumlich inhomogene Verteilung der Ladungsträger wird durch Diffusionsprozesse ausgeglichen. Im kräftefreien Fall wird die Entwicklung zu einer stationären, ausgeglichenen Verteilung durch die Boltzmann-Transportgleichung (4.4) ohne Kraftterm beschrieben:

$$\frac{df}{dt} = \frac{\partial f}{\partial t} + \frac{d\vec{r}}{dt}\vec{\nabla}_{\vec{r}} f = \frac{\partial f}{\partial t}_{|coll} \tag{4.62}$$

Die Teilchen diffundieren entlang des räumlichen Gradienten, wobei die Diffusionsgeschwindigkeit durch das Stoßintegral bestimmt wird.

Die als *Fick'sche Gesetze* bekannten Diffusionsgleichungen können aus der Boltzmann-Transportgleichung abgeleitet werden (siehe dazu Bücher über Statistische Physik, zum Beispiel [581]). Im Folgenden soll von diesen Gesetzen ausgegangen werden, ohne die Ableitung nachzuvollziehen.

4.4.1 Diffusiongleichung

Wir betrachten eine räumlich lokalisierte Ladungswolke mit einer zeitabhängigen Verteilung $f(\vec{r}, \vec{v}, t)$ im Phasenraum zunächst ohne äußere Felder. Eine solche lokalisierte Ladungswolke wird aufgrund der thermischen Bewegung auseinander laufen (Diffusion). Die räumliche Anzahldichte ergibt sich als Integral über das Volumen im Geschwindigkeitsraum:

$$\rho(\vec{r}, t) = N_0 \int f(\vec{r}, \vec{v}, t)\, d^3v\,. \tag{4.63}$$

Dabei ist N_0 die Zahl der Teilchen in der Ladungswolke an einem Zeitnullpunkt, und

$$N(t) = \int \rho(\vec{r}, t)\, d^3r \tag{4.64}$$

ist die Anzahl zu einer beliebigen Zeit t. Im Allgemeinen ist $N = N(t)$ eine Funktion der Zeit. Nur wenn keine (freien) Ladungen, zum Beispiel durch Rekombination oder Anlagerung, verloren gehen oder neue Ladungen erzeugt werden, ist N konstant. In diesem Fall gilt die Kontinuitätsgleichung:

$$\frac{\partial \rho}{\partial t} + \vec{\nabla} \vec{j}_D = 0\,. \tag{4.65}$$

Nach dem 1. Fick'schen Gesetz verläuft der Diffusionsstromkoeffizient $\vec{j}_D$ in Richtung des Dichtegefälles mit dem Diffusionskoeffizienten D als Proportionalitätskonstanten[20]:

$$\vec{j}_D = -D\vec{\nabla}\rho\,. \tag{4.66}$$

Damit ergibt sich aus (4.65) die Diffusionsgleichung (2. Fick'sches Gesetz):

$$\frac{\partial \rho}{\partial t} - D\Delta\rho = 0 \tag{4.67}$$

Diese Differenzialgleichung kann durch eine räumliche Gauß-Verteilung gelöst werden:

$$\rho(\vec{r}, t) = \frac{N}{(4\pi Dt)^{3/2}} \exp\left(-\frac{\vec{r}^{\,2}}{4Dt}\right). \tag{4.68}$$

Die mittlere quadratische Breite der Verteilung wächst in jeder Koordinate x_i ($i = 1, 2, 3$) linear mit der Zeit:

$$\langle x_i^2 \rangle = \frac{1}{N} \int x_i^2\, \rho(\vec{r}, t)\, d^3r = 2Dt\,. \tag{4.69}$$

In dieser Gleichung geht das Integral über den gesamten Raum, das heißt, von $-\infty$ bis $+\infty$ für alle drei Koordinaten. Der mittlere quadratische Radius der Ladungswolke ist nach der Zeit t:

$$\langle r^2 \rangle = \langle x_1^2 \rangle + \langle x_2^2 \rangle + \langle x_3^2 \rangle = 6Dt\,. \tag{4.70}$$

Die Breiten entlang der drei Koordinatenachsen sind:

$$\sigma_1 = \sigma_2 = \sigma_3 = \sqrt{2Dt}\,. \tag{4.71}$$

Da die Lösung (4.68) für $t \to 0$ in eine δ-Funktion übergeht,

$$\lim_{t\to 0} \rho(\vec{r}, t) = N\, \delta(\vec{r})\,, \tag{4.72}$$

folgt: Eine punktförmige Verteilung entwickelt sich auf Grund der Diffusion als gaußförmige Wolke mit einer Breite

$$\sigma \propto \sqrt{t}\,. \tag{4.73}$$

[20] Das gilt so nur, wenn die Diffusion isotrop ist. Im Allgemeinen ist D in (4.66) als Tensor anzusetzen (siehe zum Beispiel [229]).

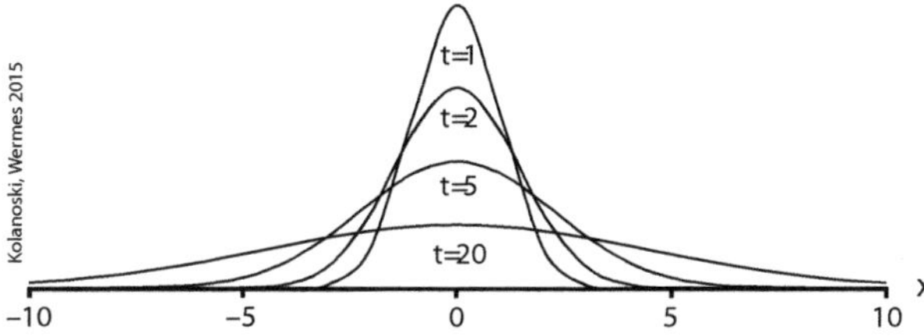

Abb. 4.5 Zeitliche Entwicklung der Diffusion in einer Dimension für Teilchen, die am Ursprung zur Zeit $t = 0$ erzeugt wurden (in willkürlichen Einheiten).

Das bedeutet, dass bei einer zur Zeit $t = t'$ an dem Punkt $\vec{r}'$ erfolgten Ionisation die Wahrscheinlichkeitsdichte dafür, die erzeugte Ladung zur Zeit t an einem Ort $\vec{r}$ zu finden, eine Gauß-Verteilung ist (Abb. 4.5):

$$\rho(\vec{r}, t; \vec{r}', t') = N \left(\frac{1}{4\pi D(t-t')} \right)^{3/2} \exp\left(-\frac{(\vec{r} - \vec{r}')^2}{4D(t-t')} \right) . \tag{4.74}$$

Betrachtet man den Beitrag vieler Ladungserzeugungen an verschiedenen Punkten und zu unterschiedlichen Zeiten, wie es bei dem Durchgang eines Teilchens durch ein Detektormedium der Fall ist, muss über die Orte und Zeiten der Ladungserzeugung integriert werden:

$$\rho(\vec{r}, t) = N \int u(\vec{r}', t') \left(\frac{1}{4\pi D(t-t')} \right)^{3/2} \exp\left(-\frac{(\vec{r} - \vec{r}')^2}{4D(t-t')} \right) d^3r' dt' . \tag{4.75}$$

Dabei ist $u(\vec{r}', t')$ die Wahrscheinlichkeitsdichte für die Ladungserzeugung.

Beispiel: Wir betrachten eine annähernd linienförmige Verteilung von Ladungsträgern entlang der Trajektorie eines Teilchens in einem Detektorvolumen. Die Teilchenrichtung soll die x_3-Achse sein und die Länge der Trajektorie im Detektor L $(-L/2 \leq x_3' \leq L/2)$. Weiterhin nehmen wir an, dass die Flugzeit durch den Detektor viel kleiner ist als die relevanten Diffusions- und Driftzeiten, dass also für alle erzeugten Ladungen $t' \approx 0$ gilt. Dann hat u die Form:

$$u(\vec{r}', t') = \frac{1}{L} \, \delta(x_1') \, \delta(x_2') \, \delta(t') . \tag{4.76}$$

Nach der Zeit t ergibt sich damit folgende Verteilung:

$$\begin{aligned} \rho(\vec{r}, t) &= \frac{N}{L} \left(\frac{1}{\sqrt{4\pi Dt}} \right)^3 \exp\left(-\frac{x_1^2 + x_2^2}{4Dt} \right) \int_0^L \exp\left(-\frac{(x_3 - x_3')^2}{4D(t)} \right) dx_3' \\ &= \frac{N}{L} \frac{1}{8\pi Dt} \exp\left(-\frac{x_1^2 + x_2^2}{4Dt} \right) \left[\operatorname{erf}\left(\frac{x_3 + L/2}{\sqrt{4Dt}} \right) - \operatorname{erf}\left(\frac{x_3 - L/2}{\sqrt{4Dt}} \right) \right] . \end{aligned} \tag{4.77}$$

Dabei ist erf die Gauß'sche Fehlerfunktion (siehe zum Beispiel [1022, 269]).

Es ergibt sich also in jeder beliebigen (x_1, x_2)-Ebene eine zweidimensionale gaußförmige Diffusionsverteilung, deren relative Amplitude durch das Integral über dx_3' in (4.77) von x_3 abhängt. Wenn die Länge L der Trajektorie viel größer als die Ausbreitung der Ladungswolke ist, also $L \gg 2Dt$, wird der Ausdruck (4.77) näherungsweise unabhängig von x_3. Man erhält also eine lang gestreckte Ladungsverteilung, deren Querschnitt bei festem x_3-Wert einer zwei-dimensionalen Gauß-Verteilung folgt. Das gilt allerdings nur,

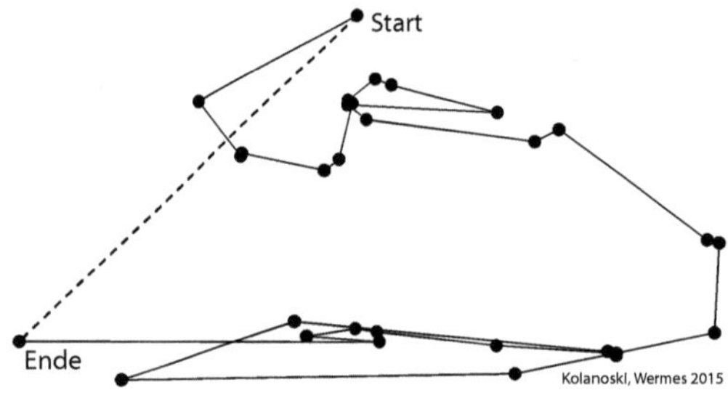

Abb. 4.6 Zufallsweg (random walk) eines Teilchens, das eine freie Weglänge mit der Verteilung (4.78) zurücklegt und an den schwarzen Punkten jeweils isotrop gestreut wird. Die Länge der Verbindungslinie zwischen Start und Ende (gestrichelt) folgt im Grenzfall sehr vieler Streuungen einer Normalverteilung.

solange x_3 nicht zu nahe (bezüglich der Diffusionsausbreitung) an den Enden der Trajektorie liegt. Für praktische Anwendungen dort müsste man aber ohnehin an den Enden die speziellen Randbedingungen beachten.

4.4.2 Bestimmung des Diffusionskoeffizienten

Für ein Teilchen, das an den anderen Teilchen eines Mediums streut, ist die Wahrscheinlichkeitsdichte für die Weglänge r zwischen zwei Kollisionen

$$w(r) = \frac{1}{\lambda} e^{-r/\lambda} , \tag{4.78}$$

wobei $\lambda = \langle r \rangle$ die mittlere freie Weglänge des Teilchens in dem Medium ist, wie in (4.40) bereits benutzt. In (3.7) wurde gezeigt, dass λ umgekehrt proportional zur Teilchendichte und zum Kollisionswirkungsquerschnitt ist.

Wir betrachten im Folgenden ein Teilchen am Ursprung, $\vec{r} = 0$, welches thermisch diffundiert. Die Diffusionsausbreitung ist beschrieben durch den mittleren quadratischen Abstand $\langle r^2 \rangle_k$ vom Ursprung bis zum k-ten Stoß (siehe dazu Abb. 4.6). Die Orte der Stöße werden durch $\vec{r}_k$ gegeben.

– Beim 1. Stoß:

$$\langle r^2 \rangle_1 = \int_0^\infty r^2\, w(r)\, dr = \frac{1}{\lambda} \int_0^\infty r^2\, e^{-r/\lambda}\, dr = 2\lambda^2 . \tag{4.79}$$

– Beim 2. Stoß:

$$\langle r^2 \rangle_2 = \langle (\vec{r}_1 + \vec{r}_2)^2 \rangle = \langle r_1^2 + r_2^2 + 2 r_1 r_2 \cos\theta \rangle . \tag{4.80}$$

Zusätzlich muss über den Winkel θ zwischen $\vec{r}_1$ und $\vec{r}_2$ gemittelt werden. Die Annahme isotroper Richtungsverteilung entspricht einer Gleichverteilung in $\cos\theta$:

$$\begin{aligned} \langle r^2 \rangle_2 &= \frac{1}{2} \int_{-1}^{+1} d\cos\theta\, \langle r_1^2 + r_2^2 + 2 r_1 r_2 \cos\theta \rangle \\ &= \langle r_1^2 + r_2^2 \rangle = \langle r_1^2 \rangle + \langle r_2^2 \rangle = 2\,(2\lambda^2) . \end{aligned} \tag{4.81}$$

Auf der rechten Seite wurde die Gleichheit der Mittelwerte der Wege zwischen den Stößen, hier $\langle r_1^2 \rangle = \langle r_2^2 \rangle$, sowie (4.79) benutzt.

– Beim k-ten Stoß:

$$\langle r^2 \rangle_k = k\, 2\lambda^2 . \tag{4.82}$$

Im Mittel ist bis zum k-ten Stoß die Zeit

$$\delta t = \frac{k\,\lambda}{v} \tag{4.83}$$

vergangen. Für die zeitliche Änderung von $\langle r^2 \rangle$ ergibt sich daher mit (4.69) und (4.70):

$$\frac{\partial \langle r^2 \rangle}{\partial t} \approx \frac{\langle r^2 \rangle_k}{\delta t} = 2\lambda v = 6D\,. \tag{4.84}$$

Nach Mittelung über die Geschwindigkeiten und die mittlere freie Weglänge λ, die im Allgemeinen von v abhängt, erhält man für den Diffusionskoeffizienten:

$$D = \frac{\langle \lambda v \rangle}{3}\,. \tag{4.85}$$

Die Mittelung erfolgt über die Verteilungsfunktion f, die in der Regel durch numerische Lösung der Boltzmann-Transportgleichung bestimmt wird.

Als Maß für das Auseinanderlaufen der Ladungswolke während der Driftbewegung wird die 'charakteristische Energie' ϵ_k durch das Verhältnis des Diffusionskoeffizienten D zur Beweglichkeit μ (eingeführt in (4.44)) definiert:

$$\epsilon_k = \frac{qD}{\mu} \geq kT\,. \tag{4.86}$$

Ein kleiner Wert von ϵ_k ist also günstig für die Lokalisierung einer Ladungswolke. Eine untere Grenze für ϵ_k ist $\epsilon_k = kT$ (*Nernst-Townsend-Einstein-Beziehung*[21]), wobei kT die mittlere thermische Energie eines Teilchens ist, das sich im Gleichgewicht mit einem Medium der Temperatur T befindet (k ist die Boltzmann-Konstante und T die absolute Temperatur). Die Grenze ergibt sich, weil eine Störung, zum Beispiel durch ein elektrisches Feld, nur aufheizen aber nicht kühlen kann. Für $\epsilon_k \approx kT$ entspricht die Geschwindigkeitsverteilung etwa der Maxwell-Boltzmann-Verteilung. Abweichungen von diesem 'thermischen Limit' treten insbesondere bei Elektronendrift in Gasen auf (siehe Abschnitt 4.6.4.3).

4.5 Bewegung von Ionen in Gasen

Bei den für Ionisationdetektoren üblichen Feldstärken ändert sich für die Ionen des Driftgases die Geschwindigkeitsverteilung praktisch nicht mit dem elektrischen Feld. Damit spielen Energieabhängigkeiten von Wirkungsquerschnitten keine Rolle, und die Beweglichkeit (4.44) wird unabhängig vom elektrischen Feld.

Die Ionenbewegung spielt eine wichtige Rolle bei der Signalentwicklung auf der Anode einer Drahtkammer, wenn an der Anode Gasverstärkung erfolgt (siehe Abschnitt 5.3.3). Relevante Parameter für die Bewegung von Ionen in ihrem eigenen Gas sind in Tab. 4.1 aufgeführt. Zusätzlich sind in Tab. 4.2 Werte von Beweglichkeiten für einige Kombinationen ionisierter organischer Moleküle in verschiedenen Driftgasen angegeben.

[21] Diese Gleichung wird auch *Nernst-Townsend-Beziehung* oder *Einstein-Beziehung* genannt.

4.5.1 Beispiel: Gasparameter für ideale Gase

Im Folgenden werden wir den Diffusionskoeffizienten, die Beweglichkeit und die charakteristische Energie für die Moleküle eines idealen Gases berechnen. Die Geschwindigkeiten folgen einer Maxwell-Boltzmann-Verteilung:

$$f(\vec{v})\, d^3v = f(\vec{v})\, 4\pi\, v^2 dv = 4\pi \left(\frac{m}{2\pi kT}\right)^{\frac{3}{2}} v^2 \exp\left(-\frac{mv^2}{2kT}\right) dv\,. \tag{4.87}$$

Die Funktion $f(\vec{v})$ mit den Differentialen in Kugelkoordinaten wurde in (4.33) definiert, wobei hier über den Raumwinkelanteil integriert wurde[22]. Mit der Umrechnung (4.32) folgt die entsprechende Verteilung der kinetischen Energie ϵ:

$$F(\epsilon)\, 4\pi\, d\epsilon = 2\pi \left(\frac{1}{\pi kT}\right)^{\frac{3}{2}} \sqrt{\epsilon}\, \exp\left(-\frac{\epsilon}{kT}\right) d\epsilon\,. \tag{4.88}$$

Die Verteilungen (4.87) und (4.88) sind entsprechend (4.35) normierte Wahrscheinlichkeitsdichten.

Für die folgende Diskussion nehmen wir an, dass sich bei Anlegen eines elektrischen Feldes die Gleichgewichtsverteilung annähernd nicht ändert und die Resultate der Relaxationsapproximation angewendet werden können. Mittelwerte der Verteilung (4.87), die im Folgenden benutzt werden, sind

$$\langle v \rangle = \sqrt{\frac{8kT}{\pi m}} \qquad \text{und} \qquad \left\langle \frac{1}{v} \right\rangle = \sqrt{\frac{2m}{\pi kT}}\,. \tag{4.89}$$

Für elastische Stöße in einem idealen Gas sind der Wirkungsquerschnitt σ und damit auch die mittlere freie Weglänge λ,

$$\lambda = \frac{1}{n\,\sigma} = \frac{kT}{p\,\sigma}\,, \qquad \text{mit} \quad n = \frac{p}{kT}\,, \tag{4.90}$$

energieunabhängig. Auf der rechten Seite wurde die Teilchendichte $n = dN/dV$ mithilfe der idealen Gasgleichung, $pV = NkT$, durch Druck und Temperatur des Gases ausdrückt.

Mit diesen Vorbereitungen können wir nun die Gasparameter Diffusionskoeffizient, Beweglichkeit und charakteristische Energie bestimmen. Der Diffusionskoeffizient lässt sich nach (4.85) berechnen:

$$D = \frac{\langle \lambda v \rangle}{3} = \frac{\lambda \langle v \rangle}{3} = \frac{1}{3\sigma p} \sqrt{\frac{8(kT)^3}{\pi m}} \propto \frac{T^{3/2}}{p}\,. \tag{4.91}$$

Aus (4.43) ergibt sich für die Beweglichkeit (mit $d\lambda/dv = 0$, weil bei idealen Gasen die Streuung energieunabhängig ist):

$$\mu = \frac{2}{3}\frac{|q|}{m}\lambda \left\langle \frac{1}{v} \right\rangle = \frac{|q|}{3\sigma p} \sqrt{\frac{8kT}{\pi m}} \propto \frac{T^{1/2}}{p}\,. \tag{4.92}$$

---

[22] Wir schreiben hier die Verteilung als Funktion der Vektors $\vec{v}$, obwohl f wegen der Isotropie der thermischen Geschwindigkeiten explizit nur von dem Betrag $v = |\vec{v}|$ abhängt. Mit $f(\vec{v})$ in (4.87) als Gleichgewichtsverteilung kann dann die Entwicklung einer Anisotropie bei Störung durch externe Felder beschrieben werden, entsprechend den Ausführungen in Abschnitt 4.2.3 (siehe auch Abschnitt 4.3).

Tab. 4.1 Gasparameter für Ionen, die sich im eigenen Gas unter Normalbedingungen bewegen (aus [898]): mittlere freie Weglänge, mittlere (ungeordnete) Geschwindigkeit, Diffusionskoeffizient und Mobilität.

Gas	λ (cm)	$\langle v \rangle$ (cm/s)	D (cm^2/s)	μ^+ (cm^2/V/s)
H_2	1.8×10^{-5}	2×10^5	0.34	13.0
He	2.8×10^{-5}	1.4×10^5	0.26	10.2
Ar	1.0×10^{-5}	4.4×10^4	0.04	1.7
O_2	1.0×10^{-5}	5.0×10^4	0.06	2.2
H_2O	1.0×10^{-5}	7.1×10^4	0.02	0.7

Tab. 4.2 Beweglichkeiten einiger Ionen in Gasen (aus [898, 1065]). Die aufgeführten organischen Gase sind Methan (CH_4), Ethan (C_2H_6), Propan (C_3H_8), Isobutan (i-C_4H_{10}) und Methylal ($(OCH_3)_2CH_2$), die häufig als 'Löschgas' (*quencher*) benutzt werden (siehe Abschnitt 7.5).

Gas	Ion	μ^+ (cm^2/V/s)
Ar	$(OCH_3)_2CH_2^+$	1.51
i-C_4H_{10}	$(OCH_3)_2CH_2^+$	0.55
$(OCH_3)_2CH_2$	$(OCH_3)_2CH_2^+$	0.26
Ar	i-$C_4H_{10}^+$	1.56
i-C_4H_{10}	i-$C_4H_{10}^+$	0.61
Ar	CH_4^+	1.87
CH_4	CH_4^+	2.26
Ar	CO_2^+	1.72
CO_2	CO_2^+	1.72
CF_4	CH_4^+	1.06
CF_4	$C_2H_6^+$	1.04
CF_4	$C_3H_8^+$	1.04

Aus (4.91) und (4.92) folgt für ideale Gase die Nernst-Townsend-Einstein-Beziehung für die charakteristische Energie (definiert in Gleichung (4.86)):

$$\epsilon_k = \frac{|q|D}{\mu} = kT\,. \tag{4.93}$$

Die charakteristische Energie erreicht also für Ionen in Gas (bei nicht zu hohen Feldstärken) die in (4.86) angegebene untere Grenze kT, entsprechend dem geringst möglichen Auseinanderlaufen der Ladungswolke während der Driftbewegung.

4.5.2 Blanc-Gesetz für Gasmischungen

Das Blanc-Gesetz, siehe [223, 229], besagt, dass sich die inverse Beweglichkeit in einem Gasgemisch aus der Summe der inversen Beweglichkeiten der Komponenten (μ_i), gewichtet mit der jeweiligen relativen Teilchenkonzentration ($f_i = n_i/n$), ergibt:

$$\frac{1}{\mu} = \sum_i \frac{f_i}{\mu_i} \,. \tag{4.94}$$

Die Begründung für dieses Gesetz ist, dass die inversen Beweglichkeiten proportional sind zu den Teilchendichten, die für das Gasgemisch zu addieren sind. Eine entsprechende Gleichung gilt auch für die Diffusionskoeffizienten, weil sie die gleiche Abhängigkeit von Wirkungsquerschnitt und Teilchendichte haben. Abweichungen von dem Gesetz beobachtet man, wenn Ladungsaustausch zwischen den driftenden Ionen und den Molekülen einer Gaskomponente mit einer unterschiedlichen Beweglichkeit wesentlich ist.

4.6 Bewegung von Elektronen in Gasen

Die Bewegung von Elektronen in Gasen ist wegen der Energieabhängigkeiten der Wirkungsquerschnitte und der Inelastizitäten, gegeben durch die teilweise zahlreichen Anregungsniveaus der Gasatome, in der Regel viel komplexer als bei Ionen. Die Diskussion in diesem Abschnitt wird entsprechend ausgedehnter, auch wegen der besonderen Bedeutung für Gase als Detektormedien. Wir folgen hier der vielfältigen Literatur über Bewegungen von Elektronen in Gasen wie zum Beispiel [573, 586, 806, 805, 854, 916].

Im Folgenden soll eine Näherung für eine stationäre, ortsunabhängige Lösung der Boltzmann-Transportgleichung (4.17) für die Elektronenbewegung in Gasen unter dem Einfluss externer Felder gefunden werden. Wie in Abschnitt 4.2.3 gehen wir dazu in niedrigster Ordnung von einer isotropen Verteilung f_0 aus und entwickeln die durch die elektrischen und magnetischen Felder induzierten Anisotropien als Störungen von f_0. Mit diesen Verteilungen werden die für Detektoren wesentlichen Größen Driftgeschwindigkeit, Diffusionskoeffizient und Lorentz-Winkel bestimmt. In der Praxis wird diese Bestimmung mit numerischen Rechnungen ausgeführt, zum Beispiel mit Hilfe des Programms Magboltz [206, 205].

4.6.1 Parametrisierung des Stoßintegrals

Zur Berechnung der Stoßintegrale werden die energieabhängigen Wirkungsquerschnitte (σ), beziehungsweise freien Weglängen (λ) bei einer Teilchendichte n, und die entsprechenden Inelastizitäten der Streuprozesse benötigt. Die Parameter sind im Allgemeinen Funktionen der Energie ϵ:

- $\lambda(\epsilon) = \dfrac{1}{n\sigma(\epsilon)}$: mittlere freie Weglänge,
- $\tau(\epsilon) = \dfrac{\lambda(\epsilon)}{v}$: Stoßzeit, das ist die mittlere Zeit zwischen zwei Stößen,
- $\Lambda(\epsilon) = \dfrac{\Delta\epsilon}{\epsilon}$: Inelastizität, das ist der relative Energieverlust bei einer Streuung ('Kühlung').

Bei elastischer Streuung eines Teilchens mit der Masse m an einem Streuer der Masse M verknüpft die Elastizitätsbedingung die ursprüngliche Geschwindigkeit v mit der Geschwindigkeit v' nach der Streuung und dem Streuwinkel ψ:

$$v' = v\left[1 - \frac{m}{M}(1 - \cos\psi)\right] . \tag{4.95}$$

Nach Mittelung über die als isotrop angenommene Streuwinkelverteilung ergibt sich für $m \ll M$ (zum Beispiel die Masse M eines Gasmoleküls) als relativer Energieverlust aufgrund des Rückstoßes $\Lambda_{\mathrm{R}}(\epsilon) = 2m/M$. Die mittlere Inelastizität bei j Anregungsniveaus mit Anregungsenergien ϵ_i und Wirkungsquerschnitten $\sigma_i(\epsilon)$ $(i = 1, \ldots, j)$ ist dann:

$$\Lambda(\epsilon) = 2\frac{m}{M} + \sum_{i=1}^{j} \frac{\sigma_i(\epsilon)\,\epsilon_i}{\sigma(\epsilon)\,\epsilon} . \tag{4.96}$$

Dabei ist $\sigma(\epsilon)$ der totale Wirkungsquerschnitt für die Streuung von Elektronen an den Gasmolekülen.

4.6.2 Wirkungsquerschnitte und Inelastizitäten

In Abb. 4.7 sind Wirkungsquerschnitte für einige Gase, die für Detektoren häufig benutzt werden, als Funktion der Elektronenergie gezeigt. Bei allen Gasen hat der elastische Wirkungsquerschnitt Maxima und Minima, die durch quantenmechanische Interferenzen der Wellenfunktion des Elektrons bei Streuung an dem Potenzialtopf des Atoms oder Moleküls zustande kommen. Diese quantenmechanische Erscheinung wird *Ramsauer-* oder *Ramsauer-Townsend-Effekt* genannt [856,416]. Das sogenannte *Ramsauer-Minimum*, das bei Argon und den schwereren Edelgasen besonders ausgeprägt ist, spielt für die Energieabhängigkeit der Driftgeschwindigkeit eine besondere Rolle. Zum Beispiel zeigt der elastische Elektronenwirkungsquerschnitt in reinem Argon in Abb. 4.7 dieses Minimum sehr ausgeprägt bei $\epsilon \approx 0.3\,\mathrm{eV}$ und ein Maximum bei $\epsilon \approx 10\,\mathrm{eV}$. Diese Struktur wird als destruktive bzw. konstruktive Interferenz der Elektronenwellen gedeutet (siehe zum Beispiel [912]).

Bei Argon liegt das erste Anregungsniveau bei 11.6 eV, darunter bleibt der Wirkungsquerschnitt rein elastisch, mit einer geringen Dämpfung durch den Übertrag der Rückstoßenergie auf das Molekül entsprechend (4.96). Die mehratomigen Moleküle CH_4, CO_2 und CF_4 in Abb. 4.7 haben Schwingungs- und Rotationsniveaus bereits im eV-Bereich oder darunter. Diese Gase werden daher zum 'Kühlen' der ungeordneten Elektronengeschwindigkeiten genutzt. Zum Beispiel werden die Energieverteilungen in Argon in Abb. 4.8 (a) durch Zugabe von 10% Methan (CH_4) deutlich nach unten verschoben, wie in Abb. 4.8 (b) zu sehen ist (Diskussion der Abbildung im folgenden Abschnitt).

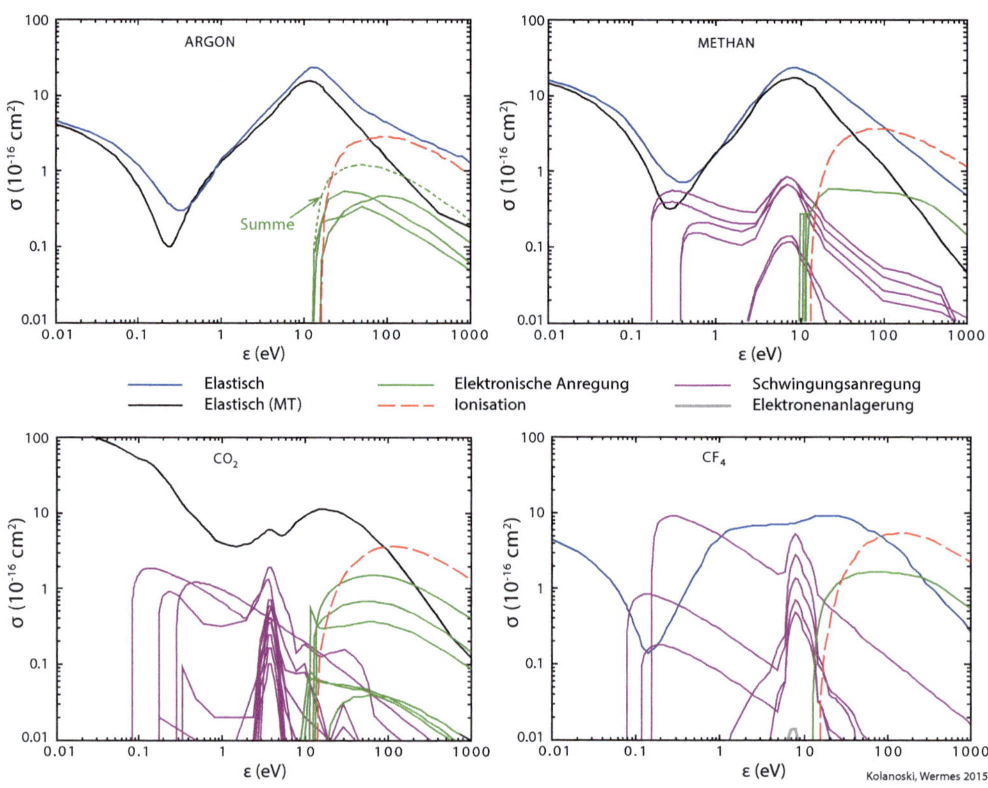

Abb. 4.7 Beispiele für Wirkungsquerschnitte für elastische und inelastische Elektronstreuung in Gasen. Die Abbildungen wurden interaktiv auf der Web-Seite [205] erzeugt. Die Legende gibt die verschiedenen Arten von Wirkungsquerschnitten an. Zusätzlich zu dem elastischen Wirkungsquerschnitt ist der MT-Querschnitt (*momentum-transfer cross section*) aufgetragen. MT-Querschnitte sind mit Impulsüberträgen gewichtete Wirkungsquerschnitte (die Definition dieser Wichtung findet man zum Beispiel in [1039]), die in die Boltzmann-Gleichung für die Bestimmung von Transportparametern eingehen (siehe zum Beispiel [452, 206]).

4.6.3 Näherungslösung der Boltzmann-Transportgleichung

Zur Bestimmung der Parameter für Drift und Diffusion von Elektronen in Gasen benutzen wir im Folgenden die Relaxationsnäherung für die Geschwindigkeitsverteilung wie in (4.29) gegeben. Im Gegensatz zu Ionen, die bei nicht zu hohen elektrischen Feldern thermische Geschwindigkeiten aufweisen, die der Maxwell–Boltzmann–Verteilung folgen, werden Elektronen im Allgemeinen durch ein elektrisches Feld aufgeheizt. Deshalb muss zunächst der isotrope stationäre Teil f_0 bestimmt werden, zu dem die Feldabhängigkeit als eine Störung entsprechend der Näherungslösung (4.29) addiert wird. In der Literatur, die zu Beginn dieses Abschnitts zitiert wird, beginnt man gewöhnlich mit der Boltzmann-Gleichung (4.4) für eine stationäre Verteilung ($\partial f/\partial t = 0$) in einem Phasenraumkontinuum ohne räumliche Struktur ($\vec{\nabla}_{\vec{r}} f = 0$), das heißt, es gibt keine Diffusion.

Die so reduzierte Gleichung drückt aus, dass der Kraftterm, der eine Bewegung im Geschwindigkeitsraum bewirkt, durch das Stoßintegral ausgeglichen werden muss: :

$$\frac{d\vec{v}}{dt}\vec{\nabla}_{\vec{v}}f = \left.\frac{\partial f}{\partial t}\right|_{coll} . \tag{4.97}$$

Die in der Literatur angebotenen Lösungen basieren auf der Gleichgewichtsbedingung, dass die kinetische Energie, die ein Elektron durch die Arbeit des Feldes über die freie Weglänge aufnimmt, im Mittel durch den Energieverlust in einer Kollision kompensiert werden muss. Im Folgenden geben wir die Lösung ohne Ableitung an, die über den Rahmen dieses Buches gehen würde. Für die Ableitung und mehr Details verweisen wir auf die auf Seite 122 zitierte Literatur.

4.6.3.1 Isotroper Teil der Verteilung

Eine Lösung für den isotropen Teil der Verteilung, entsprechend der Verteilung f_0 in Abschnitt 4.2.3 ist[23]:

$$f_0(\epsilon, \cos\theta, \phi) = f_0(\epsilon) = C \exp\left[-\int_0^{\epsilon} \frac{3\epsilon'\Lambda(\epsilon')W_B}{(eE\lambda(\epsilon'))^2 + 3\epsilon'\Lambda(\epsilon')W_B\, kT}\, d\epsilon'\right] . \tag{4.98}$$

Bevor wir die Verschiedenen Terme in dieser Gleichung diskutieren, wollen wir darauf hinweisen, dass die Funktion $f_0(\epsilon)$, die $f(\epsilon, \cos\theta, \phi)$ in (4.33) im isotropen Fall entspricht, tatsächlich die Geschwindigkeitsverteilung ist, wobei die Geschwindigkeit durch die kinetische Energie ausgedrückt wird. Die Normierung von $f_0(\epsilon)$ ist durch (4.35) gegeben (der Faktor 4π ergibt sich durch die Integration über den vollen Raumwinkel):

$$4\pi \int_0^{\infty} f_0(\epsilon)\sqrt{\frac{2\epsilon}{m^3}}\, d\epsilon = 1 . \tag{4.99}$$

Diese Normierung bestimmt auch die Konstante C in (4.98). Statt f_0 wird häufig die Energieverteilung F_0 benutzt, die analog zu (4.34) definiert wird. Die (4.98) entsprechende Energieverteilung ist dann:

$$F_0(\epsilon) = C'\sqrt{\epsilon} \exp\left[-\int_0^{\epsilon} \frac{3\epsilon'\Lambda(\epsilon')W_B}{(qE\lambda(\epsilon'))^2 + 3\epsilon'\Lambda(\epsilon')W_B\, kT}\, d\epsilon'\right] . \tag{4.100}$$

Die Normierung von $F_0(\epsilon)$, die auch die Konstante C' festlegt, ist gegeben durch

$$4\pi \int_0^{\infty} F_0(\epsilon)\, d\epsilon = 1 . \tag{4.101}$$

Wir erläutern nun die verschiedenen Größen in (4.98) und (4.100). Die Größe W_B, die den Effekt des Magnetfelds (orientiert wie in (4.6)) berücksichtigt, ist gegeben durch [916]

$$W_B = W_B(\vec{B}, \tau) = \frac{1 + \omega^2\tau^2}{1 + \omega_3^2\tau^2}, \qquad \text{mit} \quad \omega^2 = \omega_2^2 + \omega_3^2 = \left(\frac{q}{m}B\right)^2 . \tag{4.102}$$

[23] Die Formeln für eine allgemeine Orientierung des Magnetfelds sind [916] entnommen. Für den Fall, dass das Magnetfeld orthogonal zu dem elektrischen Feld ist, fällt die Lösung mit der in [854] zusammen.

Die Variable $\tau = \lambda/v$ ist die Stoßzeit. Der Zähler des Integranden in (4.98) und (4.100) enthält den Energieverlust pro Stoß, $\epsilon\Lambda(\epsilon)$, und der erste Term im Nenner enthält die Arbeit des Feldes über die mittlere freie Weglänge, $qE\lambda$. Der zweite Term im Nenner wurde per Hand hinzugefügt, um der thermischen Bewegung der Gasmoleküle Rechnung zu tragen. Das ergibt sich nicht aus unserem Ansatz der Boltzmann-Transportgleichung, weil da keine Quellen für thermische Energie auftreten. Siehe auch die Erklaerungen dazu in [921]).

Wenn der erste Term, $(eE\lambda(\epsilon'))^2$, im Nenner des Integranden in (4.98), der den Energiegewinn durch das elektrische Feld beschreibt, klein wird gegenüber dem zweiten Term, der die inelastische Dämpfung enthält, dann geht das Integral (4.98) in ϵ/kT und $F_0(\epsilon)$ in die Maxwell-Boltzmann-Verteilung über (die Normierungskonstante ergibt sich mit (4.50) und (4.33)):

$$F_0(\epsilon)\, 4\pi\, d\epsilon = 2\pi \left(\frac{1}{\pi kT}\right)^{\frac{3}{2}} \sqrt{\epsilon}\, \exp\left(-\frac{\epsilon}{kT}\right) d\epsilon\,. \tag{4.103}$$

Bei wachsendem $(eE\lambda(\epsilon'))^2$ wird die Elektronenverteilung 'aufgeheizt', wie in Abb. 4.8 am Beispiel von Elektronen in Argon (a) und in einem Argon-Methan-Gemisch (b) dargestellt. Bei Argon ist die Dämpfung sehr gering, so dass die Verteilung weite Ausläufer zu hohen Energien hat, während eine Beimischung eines Gases mit mehratomigen Molekülen die Energien dämpft. Siehe dazu die Diskussion in Abschnitt 4.6.2.

4.6.3.2 Verteilung mit Anisotropien durch externe Felder

Die gesamte Verteilungsfunktion $f(\vec{v})$ wird in der Relaxationsnäherung entsprechend (4.29) gebildet:

$$f = f_0 - qE\,\tau \frac{1}{1+\omega^2\tau^2}\, \vec{v} \begin{pmatrix} -\omega_2\tau \\ \omega_2\omega_3\tau^2 \\ 1+\omega_3^2\tau^2 \end{pmatrix} \frac{\partial f_0}{\partial \epsilon}\,. \tag{4.104}$$

Diese Funktion enthält die Anisotropien durch die externen Felder[24], die dann nach der Mittelwertbildung Richtung und Betrag der Driftgeschwindigkeit entsprechend den Gleichungen in Abschnitt 4.3 liefert.

4.6.4 Bestimmung der makroskopischen Gasparameter

Die mikroskopischen Parameter mittlere freie Weglänge $\lambda(\epsilon)$ und die Inelastizität $\Lambda(\epsilon)$ bestimmen zusammen mit den externen Feldern die Lösungen der Boltzmann-Gleichung und damit die makroskopischen Gasparameter wie Driftgeschwindigkeit v_D, Diffusionskoeffizient D, und charakteristische Energie ϵ_k. Andererseits können bei Kenntnis der

[24] In der Literatur wird häufig die Verteilung $f(\epsilon, \cos\theta, \phi)$ in Kugelflächenfunktionen $Y_{lm}(\theta,\phi)$ entwickelt, siehe zum Beispiel [854]. Die hier benutzte Darstellung (4.104) entspricht einer Entwicklung bis $l = 1$. Das wird offensichtlich, wenn man in (4.104) die Komponenten von $\vec{v}$ in Kugelkoordinaten ausschreibt.

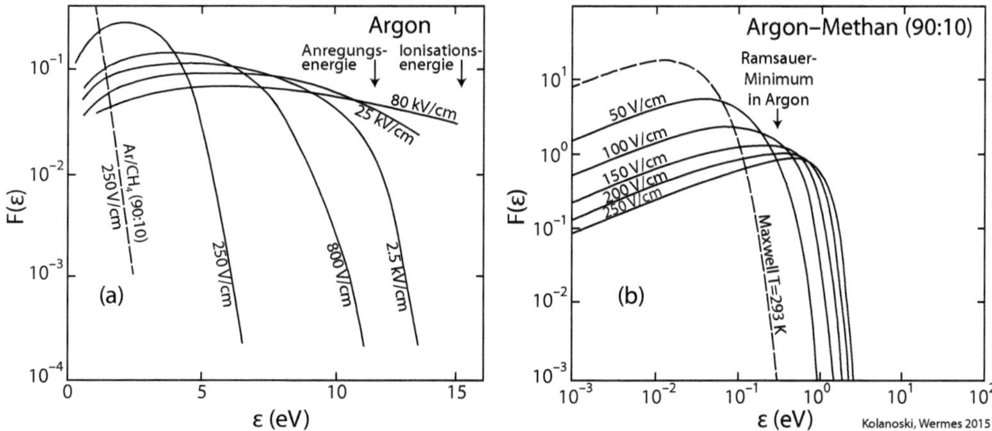

Abb. 4.8 Berechnete Energieverteilungen von Elektronen in Argon und in einem Gemisch von Argon (90%) und Methan (10%) für unterschiedliche Feldstärken (bei Normaldruck und -temperatur: 101325 Pa, 293.15 K = 20 °C). Die Energieverteilungen $F(\epsilon)$ sind wie in (4.34) definiert. Die Kurven stammen aus Abbildungen in [805] (Argon) und [914] (Argon-Methan). (a) Reines Argon: Die Energieverteilungen verschieben sich mit höherem elektrischen Feld zu höheren Energien. Bei der Kurve für $E = 2.5$ kV/cm sieht man deutlich das Abknicken bei Erreichen der niedrigsten Anregungsenergie (11.6 eV). Bei sehr viel höheren Feldstärken setzt sich die Verteilung fort bis zur Ionisationsenergie (15.8 eV), wo dann Sekundärionisation einsetzt. (b) Argon–Methan (90:10): Die Kurve mit der Feldstärke 250 V/cm kann mit der entsprechenden in (a) verglichen werden (der Ausläufer der Verteilung ist in (a) gestrichelt gezeichnet). Das Maximum ist von etwa 2.5 eV bei reinem Argon nach etwa 0.6 eV in der Mischung mit Methan verschoben. Durch die Methan-Beimischung werden die Elektronenenergien durch inelastische Streuung gedämpft. Zum Vergleich ist in (b) die Maxwell-Boltzmann-Verteilung für 293.15 K = 20 °C ($kT \approx 0.025$ eV) gestrichelt eingezeichnet.

(energieabhängigen) mikroskopischen Parameter die makroskopischen Gasparameter berechnet werden, wie wir in diesem Abschnitt erläutern wollen (siehe dazu die Literaturliste auf Seite 122).

4.6.4.1 Abhängigkeiten der Driftgeschwindigkeit

Im Folgenden wollen wir die Abhängigkeit der Driftgeschwindigkeit von den Elektronenwirkungsquerschnitten in dem Driftgas, die durch die freie Weglänge $\lambda(\epsilon)$ und die Inelastizität $\Lambda(\epsilon)$ in die Formel für die Driftgeschwindigkeit (4.43) eingehen, näher beleuchten. Dazu werten wir die Driftgeschwindigkeit mit der Verteilung f_0 wie in (4.98) gegeben ohne Magnetfeld aus, also mit $W_B = 1$ ($\vec{B} = 0$). Um eine anschauliche Beziehung zu erhalten, nehmen wir zusätzlich an, dass der kT-Term im Nenner des Integranden in (4.98) zu vernachlässigen ist. Dann ergibt sich für die Ableitung von f_0, die wir für die Berechnung der Driftgeschwindigkeit nach (4.39) benötigen:

$$\frac{\partial f_0}{\partial \epsilon} = -f_0 \frac{3\,\epsilon\,\Lambda}{(qE\lambda)^2}\,. \tag{4.105}$$

Mit dieser Beziehung folgt aus (4.39):

$$v_D = 4\pi \frac{1}{qE} \sqrt{\frac{2}{m}} \int_0^\infty \frac{\Lambda}{\lambda} \epsilon^{\frac{3}{2}} f_0(\epsilon) \sqrt{\frac{2\,\epsilon}{m^3}}\, d\epsilon = \sqrt{\frac{2}{m}} \frac{1}{qE} \left\langle \frac{\Lambda}{\lambda} \epsilon^{\frac{3}{2}} \right\rangle . \tag{4.106}$$

Die Mittelung auf der rechten Seite ist bezüglich der $f_0(\vec{v})$-Verteilung mit der Umrechnung wie in (4.34) zu machen. Aus (4.106) erhält man

$$qEv_D = \left\langle \Lambda\epsilon \frac{v}{\lambda} \right\rangle . \tag{4.107}$$

Die rechte Seite ist der mittlere Energieverlust pro Zeit, weil $\Delta\epsilon = \Lambda\epsilon$ der Energieverlust bei einem Stoß und v/λ die Anzahl der Stöße pro Zeit sind. Die linke Seite gibt die vom Feld an den driftenden Elektronen geleistete mittlere Arbeit an. Insgesamt besagt Gleichung (4.107) also, dass im stationären Gleichgewicht die vom Feld zugeführte Arbeit durch den Energieverlust bei den Stößen kompensiert wird.

4.6.4.2 Ein vereinfachtes Modell für die Gasparameter

Zur Veranschaulichung des Einflusses der Parameter E, λ, Λ, also des elektrischen Feldes und der Wirkungsquerschnitte, auf die Gasparameter Driftgeschwindigkeit v_D, Diffusionskoeffizient D, und charakteristische Energie ϵ_k (siehe (4.86)) folgen wir einer Darstellung in [806]. Dazu wird angenommen, dass die Geschwindigkeit v konstant ist oder eine schmale Verteilung hat und dass in (4.43) $d\lambda/dv \approx 0$ gilt. Dann können die beiden Gleichungen (4.107) und (4.43) ohne Mittelung kombiniert werden:

$$v_D = \frac{1}{|q|E} \Lambda\epsilon \frac{v}{\lambda} = \frac{2}{3} \frac{|q|E}{m} \frac{\lambda}{v} . \tag{4.108}$$

Daraus ergeben sich mit (4.32) v, v_D, D, ϵ_k als Funktionen von E, λ, Λ:

$$v = \sqrt{\frac{2}{\sqrt{3\Lambda}} \frac{|q|E}{m} \lambda} , \tag{4.109}$$

$$\epsilon = \frac{|q|E\lambda}{\sqrt{3\Lambda}} , \tag{4.110}$$

$$v_D = \sqrt{\frac{2}{3} \sqrt{\frac{\Lambda}{3}} \frac{|q|E}{m} \lambda} = \sqrt{\frac{2}{3} \frac{\Lambda\,\epsilon}{m}} , \tag{4.111}$$

$$D = \frac{\lambda v}{3} = \frac{1}{3} \sqrt{\frac{2}{\sqrt{3\Lambda}} \frac{|q|E}{m} \lambda^3} , \tag{4.112}$$

$$\epsilon_k = \frac{|q|ED}{v_D} = \frac{|q|E\lambda}{\sqrt{3\Lambda}} = \epsilon . \tag{4.113}$$

In der Näherung einer schmalen (thermischen) Geschwindigkeitsverteilung ist also $\epsilon_k = \epsilon$, was die Bedeutung der charakteristischen Energie deutlich macht. Die typischen Abhängigkeiten der Bewegungsparameter von E, λ, Λ sind:

- v, $v_D \propto \sqrt{\lambda}$: Die beiden Geschwindigkeiten nehmen mit der freien Weglänge zu, weil die Beschleunigungsphase zwischen den Stößen zunimmt.

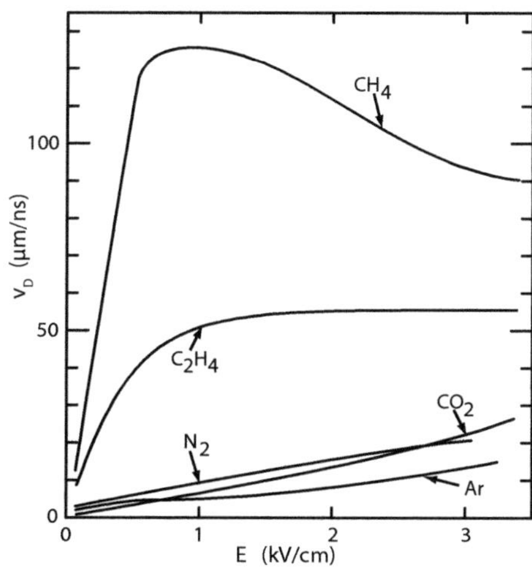

Abb. 4.9 Verhalten der Elektronendriftgeschwindigkeit als Funktion der Feldstärke für verschiedene Gase (aus [898]). Für Kohlenwasserstoffe ist die Sättigung der Driftgeschwindigkeit mit eventuellem Abfall bei hohen Feldstärken charakteristisch, siehe dazu die Diskussion im Text.

- $D \propto \lambda^{3/2}$: Der Diffusionskoeffizient nimmt mit der freien Weglänge zu.
- v, D, ϵ_k nehmen mit wachsendem Λ ab (die Inelastizität bewirkt eine 'Kühlung' der Elektronen).
- v_D nimmt mit wachsendem Λ bzw. $\Lambda\,\epsilon$ zu (v klein $\Rightarrow$ $\tau = \lambda/v$ groß: die Beschleunigungsphase wird länger).

Die Gasparameter v_D und ϵ_k sind Funktionen von $E\lambda$. Wegen der Relation

$$E\lambda = \frac{E}{n\,\sigma} \propto \frac{E}{p\,\sigma} \tag{4.114}$$

hängen diese Größen deshalb nur von der auf die Teilchendichte oder den Druck bezogene sogenannte 'reduzierte Feldstärke' E/p oder E/n ab. Die in der älteren Literatur häufig benutzten Einheiten sind:

- E/p: 1 $\mathrm{V\,cm^{-1}\,Torr^{-1}} \mathrel{\widehat{=}} 760$ V/cm (NTP),
- E/n: 1 Townsend = 1 Td = 10^{-17} $\mathrm{V\,cm^2} \approx 250$ V/cm (NTP).

Dabei bezeichnet NTP die Normalbedingungen für Druck und Temperatur wie in Abschnitt 2.5.2 auf Seite 26 beschrieben (1 atm = 101325 Pa = 760 Torr (mmHg), 293.15 K = 20 °C).

4.6.4.3 Driftgeschwindigkeit in verschiedenen Gasen und Gasmischungen

Für komplexere Moleküle, zum Beispiel die in Driftkammern häufig benutzten Kohlenwasserstoffe Methan, Ethan und Propan oder auch Kohlendioxid, sind die energieabhängigen inelastischen Anregungen wesentlich (siehe Abb. 4.7). In Mischungen von Edelgasen (meistens Argon) mit solchen Gasen wird die Energieverteilung der Elektronen in Richtung des Ramsauer-Minimums verschoben (Abb. 4.8).

In Driftkammern (Abschnitt 7.10) wird die Beimischung von Kohlenwasserstoffen zur Einstellung des 'Arbeitspunktes' (das betrifft neben dem Driftfeld auch die notwendige

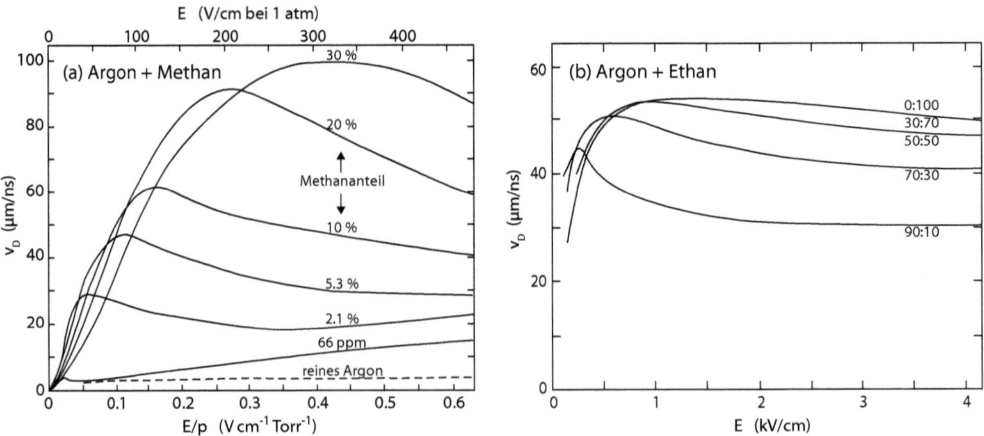

Abb. 4.10 Gemessene Driftgeschwindigkeiten von Elektronen in verschiedenen Gasmischungen als Funktion des elektrischen Feldes: (a) Argon–Methan (aus [458]); (b) Argon–Ethan (aus [610]).

Gasverstärkung an der Anode, siehe Abschnitt 7.4), genutzt. Man spricht bei Gasen, die bei Feldern, die typisch für den Betrieb von Drahtkammern sind (einige 100 V/cm), ein Maximum der Driftgeschwindigkeiten erreichen, von 'sättigenden Gasen' (Abb. 4.9). Die Sättigung kann, insbesondere wenn das Maximum flach ist, als Vorteil genutzt werden, um damit auch in inhomogenen Feldern eine annähernd konstante Driftgeschwindigkeit zu erreichen. In Abb. 4.10 sind die Einstellmöglichkeiten für Argon-Methan- und Argon-Ethan-Mischungen gezeigt. Man sieht insbesondere bei Argon-Methan, dass bereits sehr kleine Beimischungen von Methan starke Änderungen der Driftgeschwindigkeiten hervorrufen können. Mit dem Mischungsverhältnis können die Maxima der Driftgeschwindigkeit in einem relativ großen Bereich eingestellt werden. Für die Wahl der Mischung können je nach Einsatz auch andere Kriterien wesentlich sein, zum Beispiel geringe Diffusion, stabile Gasverstärkung, geringe Alterung des Detektors und anderes (siehe die Abschnitte 7.5 und 7.10.5).

Wegen der starken Energieabhängigkeiten der Wirkungsquerschnitte und Inelastizitäten gibt es für Elektronen keine einfache Formel für die Driftgeschwindigkeiten in Gasgemischen, die das Blanc-Gesetz (4.94) für Ionen entsprechen würde.

4.6.4.4 Lorentz-Winkel

Abbildung 4.11 zeigt Driftgeschwindigkeiten und Lorentz-Winkel (Abschnitt 4.3.3.1) als Funktion eines Magnetfelds, das senkrecht zum E-Feld angelegt ist. Die Messungen werden mit einem vereinfachten Modell unter der Annahme, dass die Stoßzeiten mit und ohne B-Feld gleich sind, also $\tau(E, B) = \tau(E, 0)$, entsprechend den Formeln (4.56) und (4.57), verglichen. Die Berechnungen stimmen hier bei den gewählten Feldstärken recht gut mit den Messungen überein; bei höheren Feldern treten größere Abweichungen auf [263].

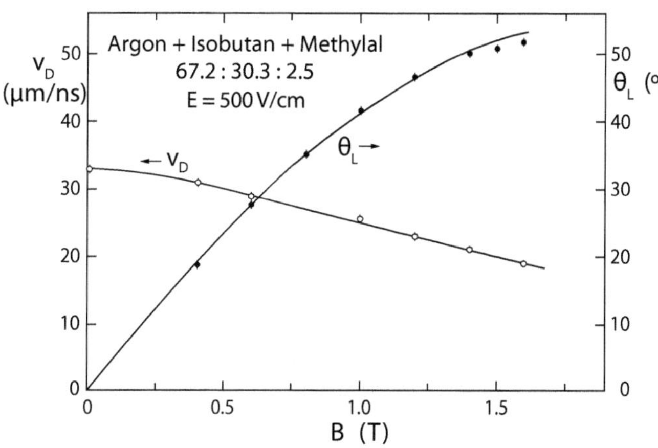

Abb. 4.11 Driftgeschwindigkeit (linke Achse, offene Punkte) und Lorentz-Winkel (rechte Achse, volle Punkte) für Elektronen in der angegebenen Gasmischung als Funktion des angelegten Magnetfelds bei festem Driftfeld [263]. Die Kurven wurden mit einem einfachen Modell, wie im Text beschrieben, berechnet.

Anordnungen mit gekreuzten E- und B-Feldern finden häufig in Speicherringexperimenten mit zylindrischen Driftkammern in einem Solenoidfeld Anwendung (siehe Abschnitt 7.10, Abb. 7.38).

4.6.4.5 Diffusion

Der Diffusionskoeffizient wird mit (4.85) berechnet:

$$D = \frac{\langle \lambda v \rangle}{3} = \int \frac{\lambda v}{3} f(v, \cos\theta, \phi)\, v^2\, dv\, d\cos\theta\, d\phi \approx 4\pi \int \frac{\lambda v}{3} f_0(v)\, v^2\, dv\,. \tag{4.115}$$

Die rechte Seite gilt nur, wenn λv keine Richtungsabhängigkeit hat, siehe dazu die Diskussion weiter unten.

Bei einer konstanten Driftgeschwindigkeit v_D gilt für die Breite der Ladungswolke der Elektronen nach Durchlaufen der Strecke x mit den Gleichungen (4.71) und (4.86):

$$\sigma_x = \sqrt{2Dt} = \sqrt{\frac{2Dx}{v_D}} = \sqrt{\frac{2\epsilon_k\, x}{q\, E}}\,. \tag{4.116}$$

Die Diffusion ist im thermischen Grenzfall (4.93), das heißt für die charakteristische Energie $\epsilon_k = kT$, am geringsten. Die minimale Diffusion ist damit:

$$\sigma_{x,th} = \sqrt{\frac{2kT\, x}{q\, E}}\,. \tag{4.117}$$

Beispiele für die Feldabhängigkeiten der charakteristischen Energie und der Diffusion sind in Abb. 4.12 gezeigt. Die geringste Diffusion zeigen Kohlendioxid (CO_2) und Methylal ($(CH_3)_2CH_2O_2$), die bis zu relativ hohen Feldstärken nahe dem thermischen Limit liegen. Auch die Kohlenwasserstoffe Methan und Isobutan haben noch relativ geringe Diffusion, weil die ungeordneten Bewegungen gut gedämpft werden. Die stärkste Diffusion zeigt in dieser Abbildung reines Argon wegen der fehlenden Dämpfung durch Schwingungs- und Rotationsanregungen der Gasmoleküle (siehe Abb. 4.7). Bei allen Beispielen in Abb. 4.12 fällt zunächst die Diffusion mit der Feldstärke ab, um bei den mehratomigen Molekülen dann abzuflachen und eventuell auch wieder anzusteigen. Zu einem

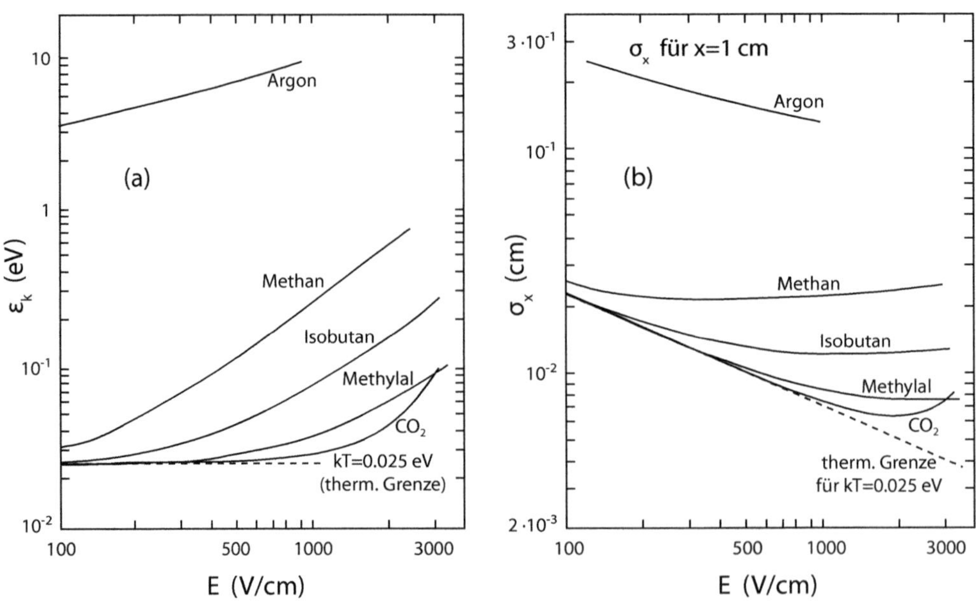

Abb. 4.12 (a) Charakteristische Energie und (b) Breite einer Diffusionswolke von Elektronen nach 1 cm Driftstrecke, aufgetragen gegen die elektrische Feldstärke für verschiedene Gase (nach [921], mit freundl. Genehmigung von Elsevier).

Anstieg kommt es, wenn die charakteristische Energie stärker als proportional zu E ansteigt, entsprechend der Gleichung (4.116). Dieses Verhalten beobachtet man in Abb. 4.12 bei Methan und Isobutan, bei hohen Feldern auch bei CO_2.

In der Regel sind die Geschwindigkeitsverteilungen und mittleren freien Weglängen richtungsabhängig, was bei der Berechnung der Diffusionskoeffizienten nach (4.115) berücksichtigt werden muss. Ohne Magnetfeld ergibt sich eine Asymmetrie bezüglich der Richtung des elektrischen Feldes. Dann unterscheidet man im Allgemeinen Diffusion transversal und longitudinal zum elektrischen Feld mit den Koeffizienten D_T beziehungsweise D_L. Beispiele sind in Abb. 4.13 gezeigt. Stärker wird die Diffusion von überlagerten Magnetfeldern beeinflusst, wodurch der Diffusionskoeffizient als Tensor beschrieben werden muss (siehe zum Beispiel [229]).

Ein wichtiger Effekt paralleler E- und B-Felder ist die Verringerung der transversalen Diffusion, für die sich ergibt (siehe z.B. [560]):

$$D_T = \frac{D}{1 + \omega^2 \tau^2}\,, \tag{4.118}$$

wobei τ die mittlere Stoßzeit ist[25]. Das Magnetfeld bewirkt ein Aufspulen der sich transversal bewegenden Elektronen um das elektrische Feld. Diese Anordnung wird in Drift-

[25] Die Formel (4.118), also die lineare Abhängigkeit des Reduktionsfaktors $D/D_T = 1 + \omega^2\tau^2$ von ω^2, gilt so nur bei kleinen Werten von $\omega = (q/m)B$, bis etwa $B = 0.5\,\mathrm{T}$. Bei hohen Magnetfeldern erreicht der Faktor wieder eine lineare Abhängigkeit von ω^2, wird aber flacher (siehe zum Beispiel Fig. 2.23 in [229]).

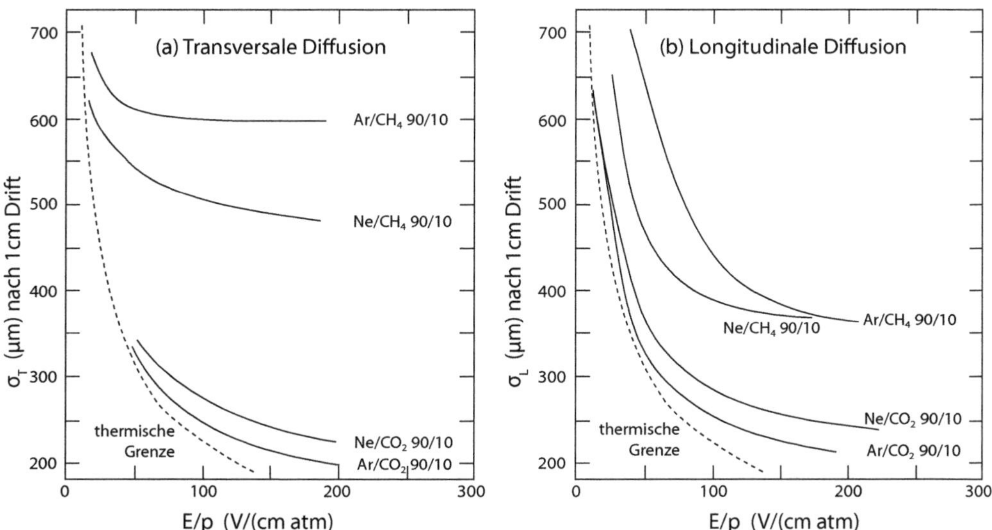

Abb. 4.13 Transversale (a) und longitudinale (b) Diffusionsbreiten nach 1 cm Driftstrecke als Funktion des Driftfelds für verschiedene Gasmischungen ohne Magnetfeld (nach [268]).

kammern des Typs *Time Projection Chamber* (TPC) mit langen Driftwegen eingesetzt (siehe Abschnitt 7.11).

4.7 Ladungsträgertransport in Halbleitern

Die Ausführungen in den vorangehenden Abschnitten über Ladungstransport in Gasen gelten – allgemein gesprochen – auch für Halbleiter. Gitterphänomene müssen jedoch berücksichtigt werden. Eine spezifischere Betrachtung der Ladungsträgerbewegung in Halbleitern wird in den nachfolgenden Abschnitten gemacht.

In Halbleiterdetektoren (Kapitel 8) sind die Ladungsträger Elektronen und Löcher, deren intrinsische (ohne Dotierung, siehe Abschnitt 8.2) Dichten gleich groß sind (in Si bei Raumtemperatur etwa $10^{10}\,\text{cm}^{-3}$). Bei dotierten Halbleitern (siehe Abschnitt 8.2.4) ergeben sich unterschiedliche Anzahldichten der Ladungsträger, die entsprechend Majoritätsladungsträger und Minoritätsladungsträger genannt werden. In n-dotiertem Silizium als Basismaterial eines Halbleiterdetektors zum Beispiel sind die Elektronen und in p-dotiertem die Löcher die Majoritätsladungsträger, die um viele Größenordnungen (typisch etwa 10^{10} mal) häufiger als die entsprechenden Minoritätsladungsträger sind.

Die Ladungsträgerbewegung in Halbleitern folgt der Boltzmann-Transportgleichung (4.4), die die Diffusions- und Driftbewegungen entsprechend Abb. 4.1 beschreibt. Obwohl die Boltzmann-Transportgleichung bei Festkörpern unter Berücksichtigung der Gitterphänomene im Allgemeinen mit quantenmechanischen Methoden gelöst werden muss (siehe zum Beispiel [930, 421]), sind die Ladungsbewegungen im Wesentlichen mit ähnlichen Modellen und Parametern zu beschreiben wie bei Gasen in den Abschnitten 4.5

und 4.6. Das liegt vor allem auch daran, dass man Elektronen und Löcher in einem Halbleiterkristall so behandeln kann, als würden sie sich frei bewegen. Das ist möglich mit dem Konzept der *effektiven Masse* der Ladungsträger, die der Bindung an das Gitter Rechnung trägt (siehe dazu Abschnitt 8.2.3).

Auch für Halbleitern ist, wie für Gase, das wesentliche Ergebnis der Transportgleichungen, dass zeitunabhängige elektrische Felder eine stationäre Driftbewegung der Ladungsträger bewirken. Die Driftbewegung ergibt sich aus einem Gleichgewicht zwischen elektrischer Beschleunigung und der Reibung durch Streuprozesse, bei Halbleitern sind dies Streuungen am Gitter.

Die ungeordnete thermische Bewegung verursacht eine Diffusionsbewegung der Ladungsträger in Bereiche geringerer Konzentration. Konzentrationsunterschiede treten in Halbleitern wie auch bei Gasen und anderen ionisierbaren Medien zum Beispiel dann auf, wenn entlang einer Ionisationsspur eines geladenen Teilchens oder bei Absorption eines Photons eine lokale Ladungsträgerkonzentration entsteht. In Halbleitern diffundieren Ladungsträger auch an Grenzflächen zum Beispiel zwischen p- und n-leitendem Substrat, worauf die Funktionsweise der Halbleiterelektronik wesentlich basiert (siehe Abschnitt 8.3).

4.7.1 Drift von Elektronen und Löchern

In einem elektrischen Feld $\vec{E}$ driften Elektronen und Löcher in einem Halbleiter, wobei sie an Gitterphononen oder Kristalldefekten streuen, was die Bewegung behindert. Im Drude-Modell [387], das bereits um 1900 entwickelt wurde, lautet die Bewegungsgleichung für die gemittelte Elektronenbewegung:

$$m^* \left(\dot{\vec{v}}_D + \frac{\vec{v}_D}{\tau} \right) = q\vec{E}\,, \tag{4.119}$$

wobei $q = \pm e$ die Ladung und m^* die effektive Masse der Ladungsträger im Halbleiter sind (siehe Gleichung (8.5) auf Seite 302). Die verschiedenen Streueffekte mit dem Gitter werden durch einen einzigen Parameter, die so genannte Relaxationszeit τ, behandelt. Die Zeit τ, unter den auf Seite 112 in Abschnitt 4.3.2 bezeichneten Annahmen auch Stoßzeit genannt, ist die mittlere Zeit bis zur nächsten Impulsänderung, das heißt bis zum nächsten Streuprozess des Teilchens, bei dem die Bewegungsrichtung geändert wird. Sie liegt bei Silizium in der Größenordnung von Pikosekunden und ist stark temperaturabhängig. Der Drude-Ansatz anspricht der Relaxationsnäherung der Boltzmann-Transportgleichung in Abschnitt 4.2.2.2, angewandt auf die gemittelte Bewegung.

Für den stationären Fall konstanter Driftgeschwindigkeit ($\dot{\vec{v}}_D = 0$) führt der Drude-Ansatz auf:

$$\vec{v}_D = \frac{q\,\tau}{m^*}\vec{E} = \mu\,\vec{E}\,, \tag{4.120}$$

wodurch die Mobilität der Elektronen und Löcher,

$$\mu_{e,h} = \frac{q\,\tau}{m^*_{e,h}}\,, \tag{4.121}$$

definiert wird, hier noch mit Vorzeichen behaftet im Gegensatz zu den Mobilitäten $\mu_{n,p}$ weiter unten in diesem Abschnitt. Im Vergleich mit den Lösungen der Boltzmann-Transportgleichung, wie in Abschnitt 4.3 diskutiert, entspricht die Größe τ in (4.120) und (4.121) einem energiegewichteten Mittelwert wie in (4.51) definiert.

Die Beweglichkeit μ ist bei fester Temperatur und bei kleinen elektrischen Feldern etwa konstant, ähnlich wie bei Ionen in Gas (Abschnitt 4.5). Als Funktion der Temperatur ändert sie sich jedoch stark, was an der Temperaturabhängigkeit der verschiedenen die Bewegung behindernden (weitgehend elastischen) Streuprozesse liegt, die die Stoßzeit τ verändern. In Halbleitern unterscheiden wir insbesondere die Streuung an Gitterphononen und an Störstellen des Gitters. Ladungsträger mit Energieverteilungen im thermischen Bereich haben Wellenlängen, die größer als die Gitterabstände sind, und können daher nur mit langwelligen, so genannten 'akustischen' Phononen wechselwirken, die kollektiven, gleichphasig miteinander schwingenden Atomen des Gitters (Schallwellen im Festkörper) entsprechen [979]. Die Gitterschwingungen behindern die Bewegung umso stärker, je höher die Gittertemperatur ist. Die Abhängigkeit von μ bei akustischer Phononstreuung (APS) ist zum Beispiel für Elektronen im Leitungsband [157, 979]:

$$\mu_{\mathrm{APS}} \propto \frac{1}{(m^*)^{5/2}\, T^{3/2}}\,, \tag{4.122}$$

wobei hier m^* die effektive Elektronenmasse an der Leitungsbandkante ist, definiert in (8.6) auf Seite 303. Analoges gilt für Löcher im Valenzband.

Für die (Coulomb-)Streuung an ionisierten Störstellen (*ionized impurity scattering*, IIS) ist die Temperaturabhängigkeit [334, 979]:

$$\mu_{\mathrm{IIS}} \propto \frac{T^{3/2}}{n_{\mathrm{II}}(T)\,(m^*)^{1/2}}\,, \tag{4.123}$$

wobei n_{II} die Störstellendichte ist. Die thermische Geschwindigkeit der Ladungsträger ist typisch etwa eine Größenordnung größer als die Driftgeschwindigkeit. Die Mobilität steigt mit der Temperatur, da Ladungsträger mit höherer thermischer Geschwindigkeit durch Coulomb-Streuung weniger stark von der Ursprungsrichtung abgelenkt werden und die Driftrichtung stärker dominiert. Die Temperaturabhängigkeit wird etwas gemildert dadurch, dass die Dichte der ionisierten Störstellen mit der Temperatur zunimmt.

Außerdem ist auch Streuung an neutralen, nicht ionisierten Störstellen möglich (*neutral impurity scattering*, NIS). An diesen findet keine Coulomb-Streuung statt, allerdings verändern sie das Gitter lokal und beeinflussen dadurch die Mobilität. Eine (schwache) Temperaturabhängigkeit ist hier nur indirekt über die Dichteänderung gegeben [401, 929]:

$$\mu_{\mathrm{NIS}} \propto \frac{(m^*)^{1/2}\, T^0}{n_{\mathrm{NI}}(T)}\,, \tag{4.124}$$

mit der Dichte n_{NI} der nicht ionisierten, neutralen Störstellen. Weitere Streuprozesse wie zum Beispiel solche, bei denen die Ladungsträger von einem Bandminimum zu einem anderen durch Wechselwirkung mit energiereicheren, 'optischen' Phononen gestreut werden (siehe dazu Seite 137), sind vor allem in Silizium und Germanium weniger relevant.

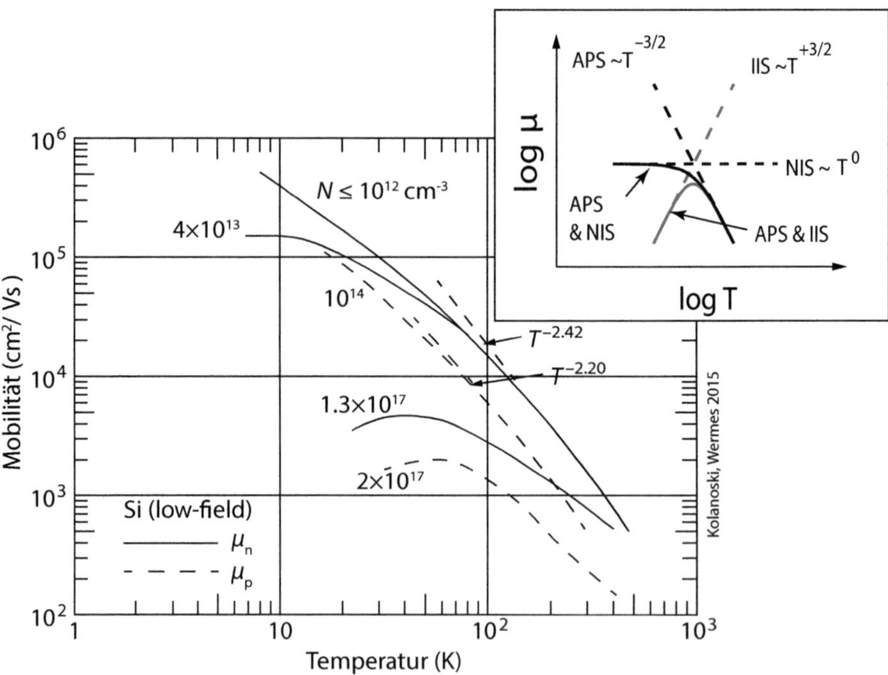

Abb. 4.14 Beweglichkeit als Funktion der Temperatur für Elektronen in Silizium. Das eingesetzte Bild zeigt die Temperaturabhängigkeit, die aufgrund der im Text beschriebenen Streuungen der Ladungsträger am Gitter oder an Verunreinigungen erwartet wird (nach [605], [979] und [607]).

Insgesamt folgt die Temperaturabhängigkeit der Mobilität in Halbleitern daher qualitativ dem in Abb. 4.14 in dem Bildeinsatz gezeigten Verlauf. Wenn verschiedene Streuprozesse i beitragen, ergibt sich die Gesamtmobilität durch reziproke Addition der Einzelmobilitäten (Matthiessen'sche Regel):

$$1/\mu = \sum_i 1/\mu_i\,. \tag{4.125}$$

Die Begründung für diese Regel ist ähnlich der für das Blanc-Gesetz (4.94) für Ionen in Gasgemischen, nämlich dass die inversen Einzelmobilitäten proportional zu dem Produkt aus Wirkungsquerschnitt und Teilchendichte sind.

Gemessene Mobilitäten [605] in Silizium sind in Abb. 4.14 für verschiedene Verunreinigungsdichten (Dotierungsdichten) dargestellt. Außer von der Temperatur ist die Mobilität stark von der Dotierungsdichte abhängig, da die Dotierungsatome als Streuzentren wirken. Empirische Parametrisierungen unterschiedlicher Genauigkeit sind zum Beispiel in [605] angegeben. Eine besonders einfache Parametrisierung, die für Elektronen in den meisten Materialien eine annehmbare Beschreibung liefert, ist:

$$\mu = \frac{\mu_{\max}}{1 + \sqrt{N/10^{17}\mathrm{cm}^{-3}}}\,, \tag{4.126}$$

wobei $\mu_{\max}$ die Mobilität für intrinsisches Silizium ist.

Bei gegebener Temperatur ist bei kleinen Feldstärken (in Si für $E \ll 10$ kV/cm) die erreichbare Driftgeschwindigkeit zwischen Stößen klein im Vergleich zu ihrer thermischen Geschwindigkeit (in Si etwa 10^7 cm/s bei 300 K) und proportional zum elektrischen Feld. Somit ist die Mobilität als Proportionalitätskonstante in (4.120) bei kleinen Feldstärken konstant. Wenn bei hohen Feldstärken annähernd thermische Driftgeschwindigkeiten innerhalb einer freien Weglänge erreicht werden, gilt das nicht mehr. Die Mobilität wird im Allgemeinen feldabhängig wie in Abb. 4.15 gezeigt (siehe auch [605] und [979]). Höhere Beschleunigung führt dann zu einer höheren Kollisionsrate, die einer weiteren Beschleunigung entgegenwirkt und schließlich zu einer Sättigung in der Driftgeschwindigkeit (Abb. 4.16), beziehungsweise zu einer Verringerung der Mobilität (Abb. 4.15) führt. Wir verweisen in diesem Zusammenhang auch auf die entsprechende Gleichung (4.107) für Elektronen in Gasen.

Stoßpartner für die Ladungsträger bei der Driftbewegung sind bei kleinen Feldstärken dominant Gitterschwingungen kleinerer Frequenz, das heißt Stöße mit dem Gitter durch Absorption und Emission von 'akustischen' Phononen (siehe auch Seite 135). Mit wachsender Feldstärke werden bei Gittern mit mehr als einem Atom pro Elementarzelle, also auch in den fcc-Gittern (Kapitel 8, S. 298) von Si und Ge, vermehrt gegenphasige Moden (in entgegengesetzte Richtung schwingende Gitterebenen) mit höheren Frequenzen angeregt [118, 669]. In der Festkörperphysik bewirken derartige Schwingungsmoden im Falle von geladenen Partnern (z.B. bei Ionenkristallen) starke Dipolmomente, wodurch die elektrisch-optischen Eigenschaften des Kristalls verändert werden. Daher werden diese Moden quantenmechanisch in Festkörpern allgemein als 'optische' Phononen bezeichnet [669], obwohl die zugehörigen Frequenzen nicht 'optisch' sind. Ihre Anregung führt zu einer sehr effektiven Dämpfung der (ungeordneten) Ladungsträgergeschwindigkeiten, was zu einem weiteren Mobilitätsabfall führt. Bei schließlich noch höheren Feldstärken können die Ladungsträger die Atome ionisieren, wobei Lawinen von sekundären Ladungsträgern erzeugt werden.

Ein einfacher empirischer Ansatz [295] erlaubt die Beschreibung der Driftgeschwindigkeit über einen weiten Feldstärkenbereich, siehe Abb. 4.15:

$$v_D = \mu(E)\, E = \frac{\mu_0 E}{\left[1 + \left(\frac{\mu_0 E}{v_{\mathrm{sat}}}\right)^{\beta}\right]^{1/\beta}}\,. \tag{4.127}$$

Hierbei ist μ_0 die Mobilität bei niedrigen Feldern (*low field mobility*) und v_{sat} ist die Sättigungs-Driftgeschwindigkeit, die bei hohen Feldstärken in Si und Ge erreicht wird. Der empirisch bestimmte Exponent β liegt für Silizium typisch zwischen 1 und 2 und ist nicht notwendigerweise gleich für Elektronen und Löcher (siehe dazu die Ausführungen in [990]).

Die Proportionalität der Driftgeschwindigkeit zum Feld, über einen weiten Bereich von Feldstärken, und auch das Sättigungsverhalten sind in Abb. 4.16 für Silizium und Germanium ersichtlich. Die Sättigungsgeschwindigkeit liegt bei Raumtemperatur in der Größenordnung von etwa 10^7 cm/s. Typische Werte für die (*low field*) Mobilitäten von La-

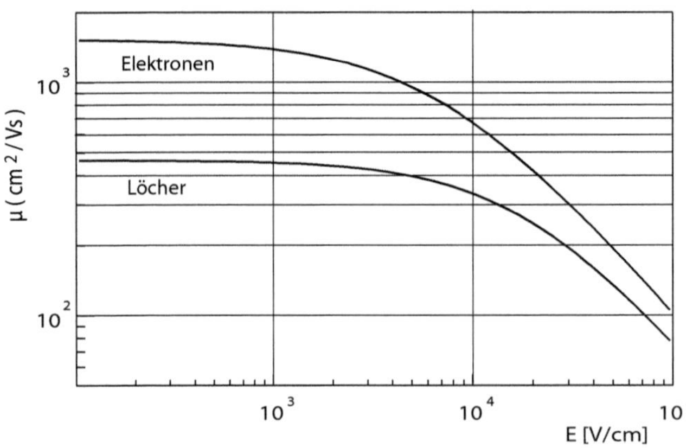

Abb. 4.15 Mobilität von Elektronen und Löchern in (hochreinem) Silizium bei 300 K als Funktion der elektrischen Feldstärke gemäß (4.127) (nach [605, 886]).

dungsträgern in Siliziumdetektoren ($N_{A,D} \approx$ einige $10^{12}/\mathrm{cm}^3$) bei Raumtemperatur sind ungefähr (siehe auch Tab. 8.2):

$$\mu_n(\mathrm{Si}) \approx 1450\,\frac{\mathrm{cm}^2}{\mathrm{Vs}}\,, \qquad \mu_\mathrm{p}(\mathrm{Si}) \approx 500\,\frac{\mathrm{cm}^2}{\mathrm{Vs}} \approx \frac{1}{3}\mu_\mathrm{n}\,.$$

Bei Galliumarsenid (GaAs) liegen die Elektronen- und Löcherbeweglichkeiten bei etwa (Tab. 8.2):

$$\mu_n(\mathrm{GaAs}) \approx 8800\,\frac{\mathrm{cm}^2}{\mathrm{Vs}}\,, \qquad \mu_\mathrm{p}(\mathrm{GaAs}) \approx 320\,\frac{\mathrm{cm}^2}{\mathrm{Vs}} \approx \frac{1}{30}\mu_\mathrm{n}\,.$$

Zum Vergleich: Die Beweglichkeit von Ionen in Gasen ist typisch etwa 1000 mal kleiner als die von Elektronen in Silizium (Tab. 4.2).

Die Driftbewegungen der Ladungsträger führen zu einem Driftstrom

$$\vec{j}_\mathrm{Drift} = e\,(p\,\mu_p + n\,\mu_n)\,\vec{E} = \sigma\,\vec{E}\,, \tag{4.128}$$

wobei n, p die Ladungsträgerdichten, e die Elementarladung und σ die elektrische Leitfähigkeit sind. Bei Festkörpern wird die Beweglichkeit μ meist über die μ-Abhängigkeit der elektrischen Leitfähigkeit σ gemessen.

4.7.2 Diffusion in Halbleitern

Räumliche Konzentrationsunterschiede der Ladungsträger werden aufgrund der ungeordneten thermischen Bewegung durch Diffusion der Ladungsträger von Gebieten höherer Konzentration in solche geringerer Konzentration ausgeglichen. Das führt zu einem Diffusionsstrom entsprechend dem 1. Fickschen Gesetz (4.66), der für die Dichten n und p der Elektronen und Löcher die folgende Form hat:

$$\vec{j}_{n,\mathrm{Diff}} = +eD_n\vec{\nabla}n\,, \qquad \vec{j}_{p,\mathrm{Diff}} = -eD_p\vec{\nabla}p\,, \tag{4.129}$$

wobei $D_{n,p}$ die Diffusionskoeffizienten für Elektronen beziehungsweise Löcher sind, die spezifisch für einen bestimmten Halbleiter sind (Tab. 4.3).

Zusammen mit dem Driftstrom (4.128) ergeben sich die Stromdichten

$$\vec{j}_n = \vec{j}_{n,\mathrm{Drift}} + \vec{j}_{n,\mathrm{Diff}} = e\mu_n\,n\vec{E} + e\,D_n\,\vec{\nabla}n\,,$$

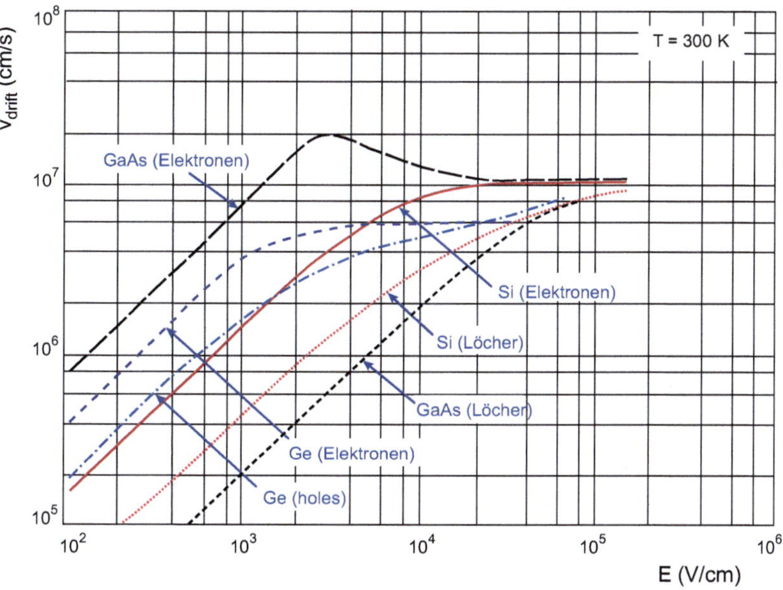

Abb. 4.16 Driftgeschwindigkeit als Funktion der Feldstärke für Elektronen und Löcher in hoch reinen Silizium, Germanium und Galliumarsenid bei 300 K (nach [605, 949, 887, 979]). Die Sättigung bei hohen Feldstärken ist eine Konsequenz des Mobilitätsabfalls, wie in Abb. 4.15 gezeigt. Verunreinigungen führen allgemein zu einer Reduktion der Driftgeschwindigkeit vor allem bei kleineren Feldstärken (siehe Text). Bei hohen Feldstärken ist die Geschwindigkeit im Wesentlichen unabhängig von der Dotierung.

$$\vec{j}_p = \vec{j}_{p,\mathrm{Drift}} + \vec{j}_{p,\mathrm{Diff}} = e\mu_p\, p\vec{E} - e\, D_p\, \vec{\nabla} p\,. \tag{4.130}$$

Tab. 4.3 Transportparameter in einigen Halbleitern (intrinsisch oder schwach dotiert): Mobilität μ_0 (*low field*), Sättigungsdriftgeschwindigkeit v_{sat} bei hohen Feldern (300 K), Diffusionskoeffizient D, thermische Geschwindigkeiten v_{th} bei 300 K (vgl. Tab. 8.1 und [979, 599]).

Halbleiter	μ_n $(\frac{\mathrm{cm}^2}{\mathrm{Vs}})$	μ_p $(\frac{\mathrm{cm}^2}{\mathrm{Vs}})$	v_{sat} $(\frac{\mathrm{cm}}{\mathrm{s}})$	D_n $(\frac{\mathrm{cm}^2}{\mathrm{s}})$	D_p $(\frac{\mathrm{cm}^2}{\mathrm{s}})$	v_{th}^e $(\frac{\mathrm{cm}}{\mathrm{s}})$	v_{th}^h $(\frac{\mathrm{cm}}{\mathrm{s}})$
Si	1450	500	$1 \cdot 10^7$	36	12	$2.3 \cdot 10^7$	$1.65 \cdot 10^7$
Ge	3900	1800	$7 \cdot 10^6$	100	50	$3.1 \cdot 10^7$	$1.9 \cdot 10^7$
GaAs	8500	400	$1.2 \cdot 10^7$	200	10	$4.4 \cdot 10^7$	$1.8 \cdot 10^7$
InP	5400	200	$1 \cdot 10^7$	130	5	$3.9 \cdot 10^7$	$1.5 \cdot 10^7$
InAs	40000	500	$8 \cdot 10^7$	1000	13	$7.7 \cdot 10^7$	$2 \cdot 10^7$
CdTe	1050	90		26	2	$3.5 \cdot 10^7$	$1.4 \cdot 10^7$
Diamant[26]	≈1900	≈2300	$7 \cdot 10^6$	57	46	$\approx 10^7$	$\approx 10^7$

[26] Angaben für die Beweglichkeit von Diamant variieren in der Literatur [824,428,784,602] stark. In [601] werden für monokristalline Diamanten Werte von 4500 cm²/Vs für Elektronen und 3800 cm²/Vs für Löcher angegeben.

Für ein System im thermischen Gleichgewicht ist die Fermi-Energie $\mathcal{E}_F$ (zu Definition und Gebrauch von $\mathcal{E}_F$ siehe Kapitel 8, Seiten 305 ff und 316 ff)[27] oder allgemeiner das *chemische Potential* über verbundene Bereiche eines Systems konstant, da es keinen Nettofluss von Teilchen von einem Bereich in den anderen gibt. Angewandt auf eine Halbleitergrenzschicht mit Konzentrationsgefälle der Ladungsträger ist also E_F konstant, während sich die Kanten von Leitungs- und Valenzband ($\mathcal{E}_L$ und $\mathcal{E}_V$) aufwärts oder abwärts biegen (siehe Abb. 8.16 auf Seite 313). Für solche Systeme kann aus (4.130) die Einstein-Relation (siehe auch (4.86) und (4.93) sowie die Fußnote auf Seite 119) aus einer Energiebetrachtung wie folgt erhalten werden.

Im eindimensionalen Fall (wir wählen die x-Koordinate für den Koordinatenverlauf über die Grenzschicht) gilt für Elektronen nach (4.130) im Gleichgewicht, das heißt für $\vec{j}_n = 0$:

$$\mu_n n\, E_x = -D_n \frac{\partial n}{\partial x} \,. \tag{4.131}$$

Der Verlauf der Leitungsbandkante wird im Gleichgewicht von Diffusions- und Driftstrom durch die elektrische Feldstärke E_x bestimmt $\mathcal{E}_L = -e\phi + const.$ (siehe auch (8.41) in Kapitel 8), und daher gilt:

$$E_x = -\frac{\partial \phi(x)}{\partial x} = \frac{1}{e}\frac{\partial \mathcal{E}_L(x)}{\partial x} \,, \tag{4.132}$$

wobei $\phi = \mathcal{E}/e$ das elektrische Potenzial ist. Die Elektronendichte an der Leitungsbandkante ist exponentiell abhängig vom Abstand der Fermi-Energie zum Leitungsband $\mathcal{E}_L - \mathcal{E}_F$:

$$n = C \,\exp\left(-\frac{\mathcal{E}_L - \mathcal{E}_F}{kT}\right) , \tag{4.133}$$

wobei C eine nicht weiter benötigte Konstante ist. Die Ableitung ist:

$$\frac{\partial n}{\partial x} = -\frac{1}{kT}\left\{C \,\exp\left(-\frac{\mathcal{E}_L - \mathcal{E}_F}{kT}\right)\right\}\frac{\partial \mathcal{E}_L}{\partial x} = -\frac{n}{kT}\frac{\partial \mathcal{E}_L}{\partial x} \,. \tag{4.134}$$

Mit (4.131) folgt:

$$\mu_n n E_x = \mu_n n \left(\frac{1}{e}\frac{\partial \mathcal{E}_L(x)}{\partial x}\right) = -D_n \left(-\frac{n}{kT}\frac{\partial \mathcal{E}_L}{\partial x}\right) . \tag{4.135}$$

Damit ergibt sich für Elektronen – und entsprechend für Löcher – die in Abschnitt 4.6.1 mit Gleichung (4.93) für Ionen in Gasen eingeführte Einstein-Relation

$$\frac{D_n}{\mu_n} = \frac{kT}{e}, \qquad \frac{D_p}{\mu_p} = \frac{kT}{e} \,, \tag{4.136}$$

welche das Verhältnis der charakteristischen Größen für Diffusion (D) und Drift (μ) durch fundamentale Konstanten der Physik (e, k) ausdrückt.

[27] Aus Konsistenzgründen innerhalb eines Kapitels sind hier Gebrauch und Bedeutung der Symbole E für elektrisches Feld und $\mathcal{E}$ für Energieniveaus umgekehrt definiert wie in Kapitel 8.

4.7.3 Bewegung von Elektronen und Löchern in Magnetfeldern

Halbleiterdetektoren werden sehr häufig als Spurdetektoren in Magnetfeldern eingesetzt. Unter dem Einfluss der Lorentz-Kraft $\vec{F} = q\,(\vec{E} + \vec{v} \times \vec{B})$ bewegen sich die Ladungsträger zwischen zwei Stößen auf gebogenen Bahnen. Die resultierende Driftbewegung folgt nicht mehr der Richtung des E-Feldes (außer wenn $\vec{E}$ und $\vec{B}$ parallel sind). In Abschnitt 4.3.3 sind für den allgemeinen Fall beliebiger E- und B-Felder die Formeln für die Driftkomponenten in den Gleichungen (4.53) bis (4.55) zusammengestellt.

Für den Fall senkrecht aufeinander stehender E- und B-Felder wurde in Abschnitt 4.3.3 auch beschrieben, dass die Driftbewegung effektiv um den Lorentz-Winkel α_L von der ursprünglichen Richtung, der E-Feld-Richtung, abgelenkt wird. In Abb. 4.4 auf Seite 114 wurde dies vereinfacht skizziert. Die Stärke der Ablenkung ist durch das Verhältnis der Komponenten der Driftgeschwindigkeit senkrecht und parallel zum elektrischen Feld gegeben, entsprechend Gleichung (4.57) in Abschnitt 4.3.3:

$$\tan \alpha_L = \frac{|v^B_{D,1}|}{v^B_{D,3}} = \omega \tau_H \,. \tag{4.137}$$

Hierbei ist $\omega = q/m^* B$ die Zyklotronfrequenz und τ_H die Relaxations- oder Stoßzeit bei Berücksichtigung der Effekte durch das Magnetfeld. Die Zeitkonstante τ_H geht in die Hall-Mobilität μ_H ein (deshalb der Index 'H'), die über den Hall-Effekt gemessen wird [944, 421]. Die Hall-Mobilität hängt mit der Mobilität $\mu_{B=0}$ ohne Magnetfeld über die Definition des Hall-Faktors r_H zusammen (siehe auch Abschnitt 4.3.3):

$$r_H = \frac{\mu_H}{\mu_{B=0}} \,. \tag{4.138}$$

Die Mobilität $\mu_{B=0}$ wird über die Leitfähigkeit entsprechend (4.128) bestimmt. Gleichung (4.137) kann jetzt folgendermaßen umgeschrieben werden:

$$\tan \alpha_L = \omega \tau_H = \frac{e}{m^*} \tau_H \, B = \mu_H B = \mu_{B=0} \, r_H \, B \,. \tag{4.139}$$

Der Hall-Faktor in der Näherung für kleine Felder wurde bereits in Abschnitt 4.3.3 durch (4.60), dort für Gase, eingeführt:

$$r_H = \frac{\left\langle \tau^2 \right\rangle_\epsilon}{\left\langle \tau \right\rangle_\epsilon^2} \,. \tag{4.140}$$

Der Index ϵ am Mittelungssymbol weist auf die energiegewichtete Mittelung hin, die durch (4.52) definiert wurde.

Für Halbleiter wird der Hall-Faktor durch die Messmethode, nämlich den Hall-Effekt, definiert; für Gase tritt bei der Bestimmung des Lorentz-Winkels ebenfalls ein entsprechender Faktor auf. Wenn die Näherung kleiner Magnetfelder nicht mehr gilt, müssen statt $\langle \tau \rangle_\epsilon$ und $\left\langle \tau^2 \right\rangle_\epsilon$ wie in (4.140) die komplexeren Mittelungen in (4.53) bis (4.55) benutzt werden. Auch andere Näherungen müssen jeweils auf ihre Gültigkeit überprüft werden.

Beispiele

1. Für den einfachen – aber nicht realistischen – Fall, dass τ konstant ist, folgt $\tau = \tau_H = \tau_\mu$ (Stoßzeit ohne B-Feld) und damit $r_H = 1$.
2. Beschränkt man sich auf 'akustische' Phononstreuung (thermische Schwingungen des Gitters) so ist die mittlere freie Weglänge λ konstant und $\tau = \lambda/v$. Die Verteilungsfunktion ist in guter Näherung eine Maxwell-Boltzmann-Verteilung, mit der r_H für kleine Magnetfelder nach (4.140) bestimmt werden kann:

$$r_H = \frac{\langle\tau^2\rangle_\epsilon}{\langle\tau\rangle_\epsilon^2} = \frac{\int_0^\infty \tau^2\, \epsilon^{3/2}\, \mathrm{e}^{-\epsilon/kT} d\epsilon}{\left(\int_0^\infty \tau\, \epsilon^{3/2}\, \mathrm{e}^{-\epsilon/kT} d\epsilon\right)^2} = \frac{3kT/m^*}{8kT/\pi m^*} = \frac{3\pi}{8} = 1.18\,. \tag{4.141}$$

Bei Streuprozessen, in denen λ nicht konstant ist und/oder die angesetzten Näherungen nicht gelten, treten andere Werte für r_H auf. In der Regel gilt $r_H \geq 1$ für nicht-entartete Halbleiter mit symmetrischen Bandstrukturen. Aber es tritt auch $r_H < 1$ auf, insbesondere für p-Silizium mit nicht-symmetrisch gekrümmten Bandstrukturen [707, 599]. Für Silizium bei 300 K und kleinen Magnetfeldern ($\omega\tau_H \ll 1$) ist $r_H \approx 1.15$ für Elektronen und $r_H \approx 0.8$ für Löcher [708] über einen weiten Dotierungsbereich bis etwa $10^{15}\,\mathrm{cm}^{-3}$. Für große Magnetfelder, die typisch für Teilchendetektoren sind, gilt $r_H \approx 1$.

In Halbleiterdetektoren mit strukturierter Auslese wie Mikrostreifen- oder Pixeldetektoren spielt der Lorentz-Winkel eine große Rolle bei der Optimierung der Elektrodengröße und -abstände für die Ortsauflösung. Wegen der um etwa einen Faktor 4.5 größeren Hall-Mobilität ist der Lorentz-Winkel für Elektronen in Silizium größer als für Löcher. Bei einem Magnetfeld von 1 T beträgt er 9.5° für Elektronen und 2.1° für Löcher bei moderaten elektrischen Feldstärken, bei denen die Mobilität noch feldunabhängig ist. Der Lorentz-Winkel ändert sich gegebenenfalls mit der Betriebsdauer des Detektors, in der Regel durch Strahlenschädigung und dadurch bedingte höhere elektrische Felder. Im Allgemeinen führt das zu kleineren Stoßzeiten und damit kleineren Mobilitäten und kleineren Lorentz-Winkeln (siehe zum Beispiel [499]).

5 Signalentstehung durch bewegte Ladungen

Übersicht

5.1 Einführung

Teilchen lassen sich nur nachweisen, wenn sie in dem sensitiven Medium eines Detektors Energie deponieren. In vielen Fällen wird zumindest ein Teil der deponierten Energie für die Ionisation des Mediums verwendet. Detektoren, die die erzeugte Ladung nachweisen, sind gasgefüllte Ionisations- oder Proportionalkammern, Halbleiterdetektoren, Photodioden und andere. Durch die Trennung der Ionisationsladungen in elektrischen Feldern können elektrische Signale auf den Feldelektroden erzeugt werden, die direkt elektronisch weiterverarbeitet werden können. Die Möglichkeit der elektronischen Verarbeitung von Detektorsignalen ist eines der wichtigsten Konstruktionskriterien für moderne Detektoren und wird nur in ganz besonderen Fällen zugunsten anderer Kriterien aufgegeben (zum Beispiel bei Einsatz von Photoemulsionen für besonders genaue Spurbestimmung). Auch in Detektoren, in denen das primäre Signal nicht auf Ionisation zurückgeht, sondern zum Beispiel auf Abstrahlung von Cherenkov-Photonen oder Szintillationslicht, läuft die Nachweiskette letztlich meist auf den Nachweis von Ionisation hinaus. Zum Beispiel werden Photonen in photosensitiven Schichten von Photodetektoren wie Photovervielfachern oder Photodioden in Ionisationsladungen umgewandelt (Kapitel 10 geht speziell auf die Verarbeitung von Lichtsignalen ein).

In Ionisationsdetektoren wird die erzeugte Ladung nach folgendem Schema in ein Signal verwandelt, das elektronisch weiterverarbeitet werden kann:

- ein Teilchen deponiert Energie in einem Volumen;
- Ladungspaare (Elektron-Ion oder Elektron-Loch) werden erzeugt;
- die Ladungen werden von einem durch ein Elektrodensystem erzeugten elektrischen Feld getrennt und bewegen sich relativ zu den Elektroden;
- die bewegten Ladungen influenzieren eine Ansammlung von Ladungen auf den Elektrodenoberflächen;
- die Ladungsinfluenz wird als Ladungs-, Strom- oder Spannungssignal registriert.

H. Kolanoski und N. Wermes, *Teilchendetektoren*, https://doi.org/10.1007/978-3-662-73068-3_5

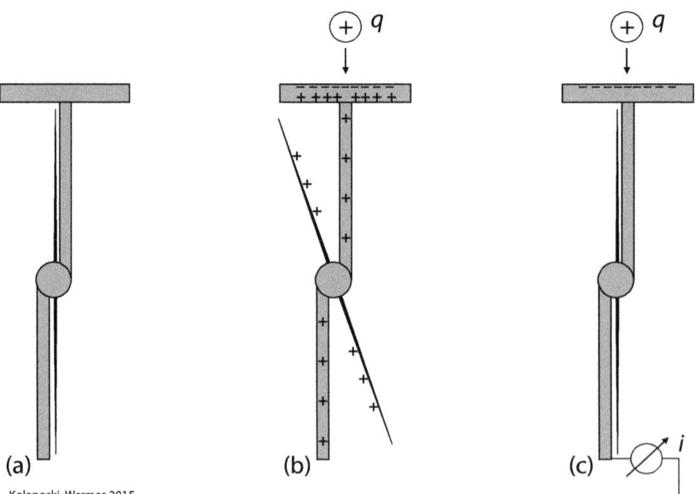

Abb. 5.1 Effekt einer sich einem Elektrometer nähernden Ladung q. a) Ein ungeladenes, gegen Masse isoliertes Elektrometer, dem sich eine Ladung (aus dem Unendlichen) nähert. b) Die Ladung q influenziert eine Gegenladung auf der q am nächsten gelegene Metalloberfläche, und zwar umso mehr, je näher die Ladung der Elektrode kommt. Da das Elektrometer insgesamt ungeladen und ungeerdet sein soll, kann es nur eine Ladungstrennung geben, so dass sich Ladung mit dem gleichen Vorzeichen wie q (hier positiv) an den (metallischen) Oberflächen ansammelt, die weiter von der Elektrode entfernt sind. Dies erzeugt einen Zeigerausschlag des Elektrometers. c) Wenn man jetzt den Fuß des Elektrometers erdet, kann die (positive) Ladung abfließen und ein Signal als Strom gemessen werden.

Für die weitere Diskussion der Entstehung von Signalen in Elektrodensystemen ist es grundlegend wichtig zu verstehen, dass Signale auf Elektroden durch Bewegung von Ladungen relativ zu den Elektroden entstehen. Dabei ist es für die Signalerzeugung nicht wichtig, ob die Ladung tatsächlich auf einer Elektrode ankommt. Ladung kann zum Beispiel im Ionisationsvolumen durch Rekombination oder Anlagerung verloren gehen, aber trotzdem kann ein Signal, das von einer vorhergehenden Ladungsbewegung stammt, nachgewiesen werden. Die 'Ladungssammlung' auf den Elektroden ist also nicht das wesentliche Phänomen, sondern die Bewegung der Ladung relativ zu den Elektroden.

Die Verhältnisse können an dem in Abb. 5.1 dargestellten einfachen Beispiel, das aus Vorlesungen über Elektrostatik geläufig ist, verdeutlicht werden. Wenn sich eine Ladung der Elektrode eines isolierten Elektrometers nähert, wird Ladung influenziert, wie in Abb. 5.1(b) dargestellt. Je näher die Ladung kommt, umso größer wird der Zeigerausschlag des Elektrometers. Wenn die Ladung stehen bleibt, ändert sich der Zeigerausschlag nicht. Wenn man nun das Elektrometer erdet (Abb. 5.1(c)), fließt ein messbarer Strom. Wenn die Ladung sich nicht weiterbewegt, bleibt es bei einem kurzen Stromstoß, der rasch auf null zurückgeht. Wenn sich die Ladung weiterbewegt, wird ein kontinuierlicher Strom fließen, der umso stärker ist, je schneller sich die Ladung bewegt, und der verschwindet, wenn die Ladung auf der Elektrode angekommen ist oder, allgemeiner, sich nicht mehr bewegt. Dieser Strom kann zur Formung elektronischer Signale genutzt werden. Man beachte, dass es, wie bereits erwähnt, für ein solches Signal nicht notwendig ist, dass die Ladung auf dem Elektrometer ankommt, also 'gesammelt' wird.

Da Ionisationsdetektoren in einem Ersatzschaltbild meist als Stromquellen behandelt werden, wird in den folgenden Betrachtungen der Strom als Grundlage für ein Signal behandelt. Durch Messung des Stromes über einen Widerstand oder durch Integration des Stromes kann man Spannungs- und Ladungssignale erhalten.

5.2 Wichtungsfeld und Shockley-Ramo-Theorem

5.2.1 Wichtungspotenzial und Wichtungsfeld

Um zu allgemeineren Aussagen über die Erzeugung von Signalen durch bewegte Ladungen zu kommen, betrachten wir zunächst ein einfaches System von zwei Elektroden, wie in Abb. 5.2(a) skizziert. Eine Punktladung q bewege sich in einem geschlossenen Volumen, begrenzt vom Außen- und vom Innenleiter, die jeweils auf ein festes Potenzial gelegt sind. In diesem Beispiel ist die Spannung zwischen beiden Leitern U; der Innenleiter ist geerdet. Die Spannung U führt zu einer Ladung Q beziehungsweise $-Q$ auf den Elektroden, die bei einer Kapazität C der Anordnung durch $Q = C\,U$ gegeben ist. Die Ladung q an der Stelle $\vec{r}_q$ influenziert eine zusätzliche Ladung $\Delta Q(\vec{r}_q)$. Das Feld $\vec{E}$ lässt sich, wie in Abb. 5.2(b) und 5.2(c) dargestellt, linear superponieren (b) aus einem Feld $\vec{E}_0$ der Elektroden ohne Ladung in dem Volumen und (c) dem Feld $\vec{E}_q$ der zusätzlichen Ladung q:

$$\vec{E} = \vec{E}_0 + \vec{E}_q = \vec{E}_0 + \vec{E}_q^0 + \vec{E}_q^1 \,. \tag{5.1}$$

Das Feld $\vec{E}_0$ wird durch die an die Elektroden angelegte Spannung erzeugt. Das Feld $\vec{E}_q$ der Ladung q kann zerlegt werden in ein Feld $\vec{E}_q^0$ einer Punktladung im offenen Raum (ohne Elektroden) und ein Feld $\vec{E}_q^1$, erzeugt durch die auf die Elektroden influenzierten Ladungen.

Bei der Bewegung der Ladung q von $\vec{r}_q$ nach $\vec{r}_q + d\vec{r}_q$ leistet das Feld $\vec{E}$ die Arbeit[28]

$$dW_q = q\,\vec{E}\,d\vec{r} = q\left(\vec{E}_0 + \vec{E}_q^0 + \vec{E}_q^1\right) d\vec{r} = q\left(\vec{E}_0 + \vec{E}_q^1\right) d\vec{r} \,. \tag{5.2}$$

Sie wird entsprechend der rechten Seite der Gleichung durch die Felder $\vec{E}_0$ und $\vec{E}_q^1$ am Ort der Ladung geleistet. Das eigene Feld der Punktladung $\vec{E}_q^0$ liefert keinen Beitrag zur Arbeit.

Da die Arbeit dW_q des Feldes durch die Arbeit der Spannungsversorgung dW_U und/oder der Änderung der Feldenergie dW_E aufgebracht werden muss, fordert Energieerhaltung:

$$dW_q + dW_U + dW_E = 0 \,. \tag{5.3}$$

[28] Durch die Arbeit des Feldes an dem Teilchen mit der Ladung q gewinnt dieses kinetische Energie, die im Vakuum zu einer beschleunigten Bewegung führen würde. In Detektormedien wird diese Energie allerdings in der Regel zum großen Teil in Wechselwirkungen mit dem Detektormaterial wieder abgegeben.

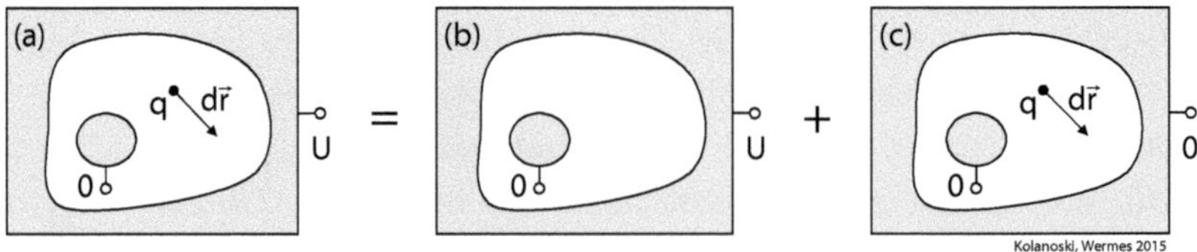

Abb. 5.2 Skizze zur Illustration der Bewegung einer Ladung in einer Potenzialanordnung. Die Anordnung (a) mit dem Innenleiter auf Masse und dem Außenleiter auf dem Potenzial U lässt sich aus den beiden Anordnungen (b) und (c) superponieren. Siehe dazu die Ausführungen im Text.

Bei festgehaltener Spannung wird die Arbeit der Spannungsversorgung nur durch die entnommene Ladung dQ bestimmt:

$$dW_U = U\,dQ + Q\,dU = U\,dQ\,. \tag{5.4}$$

Hier übernehmen wir die Konvention, dass dQ negativ ist, wenn negative Ladung in die Spannungsversorgung fließt (oder, äquivalent dazu, wenn positive Ladung der Spannungsquelle entnommen wird) und dass dQ das umgekehrte Vorzeichen der auf der Elektrodenoberfläche influenzierten Ladung hat, $\Delta Q = -dQ$.

Die gesamte Feldenergie in dem durch die Elektroden begrenzten Volumen V ist

$$W_E = \frac{1}{2}\epsilon\,\epsilon_0 \int_V \vec{E}^2 dV\,, \tag{5.5}$$

wobei ϵ die relative Permittivität und ϵ_0 die elektrische Feldkonstante ist.[29] In der Gleichung wird implizit angenommen, dass der gesamte Raum zwischen den Elektroden leer ist oder mit einem nicht-leitenden, homogenen Medium der relativen Permittivität ϵ gefüllt ist. Auf Seite 149 werden Abweichungen von dieser Situation angesprochen. Im Folgenden wird die Änderung der Feldenergie dW_E bei Bewegung der Ladung q in dem Feld bestimmt.

Wie für die Felder (5.1) kann man das Potenzial $\phi(\vec{r})$ in dem durch die Elektroden begrenzten Volumen als Summe eines Potenzials ϕ_0, das sich ohne Ladung q ergeben würde, und des zusätzlichen Potenzials durch die eingebrachte Punktladung darstellen:

$$\phi(\vec{r}) = \phi_0(\vec{r}) + \phi_q(\vec{r})\,. \tag{5.6}$$

Die Randbedingungen für die Potenziale auf den Elektrodenoberflächen S_a (außen) und S_i (innen) sind

$$\begin{aligned} \phi(\vec{r})|_{S_a} &= \phi_0(\vec{r})|_{S_a} = U\,, \\ \phi(\vec{r})|_{S_i} &= \phi_0(\vec{r})|_{S_i} = 0\,, \\ \phi_q(\vec{r})|_{S_a} &= \phi_q(\vec{r})|_{S_i} = 0\,. \end{aligned} \tag{5.7}$$

[29] Wir benutzen die Begriffe (relative) Permittivität oder Permittivitätszahl für ϵ und elektrische Feldkonstante für ϵ_0 statt der früher üblichen Bezeichnungen Dielektrizitätskonstante und Dielektrizitätskonstante des Vakuums [376].

Das Potenzial ϕ_0 erfüllt also die Randbedingungen, die durch die festen Spannungen gegeben sind (Abb. 5.2(b)), während das Potenzial ϕ_q für die Ladung q entsprechend Abb. 5.2(c) mit geerdeten Elektroden bestimmt wird. Die Potenziale ergeben sich aus den Lösungen der Laplace- beziehungsweise Poisson-Gleichungen

$$\Delta\phi_0 = 0\,, \tag{5.8}$$

$$\Delta\phi_q = -\frac{q}{\epsilon\epsilon_0}\delta(\vec{r}-\vec{r}_q)\,. \tag{5.9}$$

mit den Randbedingungen (5.7). Die entsprechenden Felder sind

$$\vec{E}_0 = -\vec{\nabla}\phi_0 \quad \text{und} \quad \vec{E}_q = -\vec{\nabla}\phi_q\,. \tag{5.10}$$

Mit dem Green'schen Satz lässt sich zeigen (siehe zum Beispiel [549]), dass sich für ein statisches Elektrodenfeld $\vec{E}_0$ (näherungsweise auch für ein niederfrequentes Feld) auch die Feldenergie in die beiden Anteile, Elektrodenfeld und Punktladungsfeld, separieren lässt:

$$W_E = W_{E_0} + W_{E_q}\,. \tag{5.11}$$

Da das Feld E_0 bei festgehaltener Spannung statisch ist, gilt $dW_{E_0} = 0$. Die Änderung des Anteils W_{E_q} der Feldenergie kann mit Hilfe der Zerlegung in Abb. 5.2 bestimmt werden: Für den Anteil (c) in der Zerlegung, der die Ladung q enthält, ist $dW_U = 0$, weil die Elektroden geerdet sind und somit kein Austausch mit einer Spannungsversorgung stattfinden kann. Damit wird für die Konfiguration (c) die Energieerhaltung (5.3) (siehe auch [549]):

$$0 = dW_q + dW_{E_q} = q\,\vec{E}_q^1\,d\vec{r} + dW_{E_q} \quad \Rightarrow \quad dW_{E_q} = -q\,\vec{E}_q^1\,d\vec{r}\,. \tag{5.12}$$

Der Summand (b) in der Abbildung mit dem statischen Feld E_0, entsprechend W_{E_0} in (5.11), trägt zur Änderung der Feldenergie nicht bei. Daher gilt auch für die gesamte Änderung der Feldenergie bei Bewegung der Ladung q:

$$dW_E = dW_{E_0} + dW_{E_q} = -q\,\vec{E}_q^1\,d\vec{r}\,. \tag{5.13}$$

Setzt man in die Energieerhaltungs-Gleichung (5.3) die Ausdrücke (5.2), (5.4) und (5.13) für die einzelnen Terme ein, erhält man:

$$0 = dW_q + dW_U + dW_E = q\left(\vec{E}_0 + \vec{E}_q^1\right)d\vec{r} + U\,dQ - q\,\vec{E}_q^1\,d\vec{r} \tag{5.14}$$

$$\Rightarrow U\,dQ = -q\,\vec{E}_0\,d\vec{r}\,. \tag{5.15}$$

Damit gilt:

$$dQ = -q\,\frac{\vec{E}_0}{U}\,d\vec{r}\,. \tag{5.16}$$

Das Feld $\vec{E}_0$ ist durch die Geometrie der Elektrodenanordnung gegeben und ist dem Betrage nach proportional zu U. Das bedeutet, dass in (5.16) die Größe $\vec{E}_0/U$ und damit auch die influenzierte Ladung unabhängig von der angelegten Spannung U ist. Wir können uns also auf eine Spannung $U = 1$ (in irgendwelchen Einheiten) beziehen und damit das sogenannte *Wichtungspotenzial* und das entsprechende *Wichtungsfeld* bestimmen:

$$\phi_w = \frac{\phi_0}{U}\,, \qquad \vec{E}_w = -\vec{\nabla}\phi_w\,. \tag{5.17}$$

Das Wichtungspotenzial ϕ_w entspricht also dem Potenzial ϕ_0, das mit dem Randwert $U = 1$ Lösung der Potenzialgleichung (5.8) ist. Offensichtlich ist ϕ_w dimensionslos, und $\vec{E}_w$ hat die Einheit einer inversen Länge. Im Folgenden wird gezeigt, dass das Konzept des Wichtungsfeldes über die einfache Division durch U hinaus geht, insbesondere bei der Behandlung von Mehr-Elektroden-Systemen.

Das Ladungssignal in (5.16) kann nun durch das Wichtungsfeld ausgedrückt werden:

$$dQ = -q\,\vec{E}_w\,d\vec{r}\,. \tag{5.18}$$

Die zeitliche Änderung der influenzierten Ladung ist durch die Ladungsbewegung $\vec{v}$ gegeben und entspricht dem Signalstrom[30], der bei konstant gehaltener Spannung der Spannungsquelle entnommen wird[31]:

$$i_S = -\frac{dQ}{dt} = q\,\vec{E}_w\,\vec{v} \qquad \text{mit} \quad \vec{v} = \frac{d\vec{r}}{dt}\,. \tag{5.19}$$

Im Allgemeinen kann die Geschwindigkeit der Ladung $\vec{v}$ eine andere Richtung als das Wichtungsfeld $\vec{E}_w$ haben, zum Beispiel bei einem überlagerten Magnetfeld oder bei Mehr-Elektroden-Systemen. Die Verallgemeinerung auf Systeme mit beliebig vielen Elektroden ist das *Shockley-Ramo-Theorem*, beschrieben in Abschnitt 5.2.2.

Polarisationsladungen: homogenes Dielektrikum zwischen den Elektroden Wir hatten bereits darauf hingewiesen, dass das Wichtungsfeld nur von der Geometrie der Anordnung abhängt. Bei der Ableitung des Wichtungsfeldes haben wir explizit den Fall, dass das Detektorvolumen homogen mit einem Dielektrikum ausgefüllt ist und somit dielektrische Polarisationsladungen auftreten, nicht ausgeschlossen. Die relative Permittivität ϵ geht in die Feldenergie W_E in (5.5) und in die Potenzialgleichung für die Punktladung (5.9) ein. Es mag deshalb erstaunen, dass aber das Ergebnis für das Wichtungsfeld davon unabhängig ist. Der Grund dafür ist, dass das Feld der Punktladung umgekehrt proportional zu ϵ ist, da für die Divergenz des Feldes gilt:

$$\vec{\nabla}\cdot\vec{E}_q = \frac{q}{\epsilon\,\epsilon_0}\,\delta(\vec{r}-\vec{r}_q)\,. \tag{5.20}$$

Bei der influenzierten Ladung hebt sich ϵ wieder heraus, weil die auf dem Außenleiter influenzierte Ladung nach dem Gauß'schen Satz durch

$$\Delta Q = -\epsilon\epsilon_0 \int_{S_a} \vec{E}_q\,d\vec{S} \tag{5.21}$$

gegeben ist. Die Elektrodensignale sind in dem Maße von Polarisationsladungen in dem Volumen zwischen den Elektroden unabhängig, wie die dielektrischen Eigenschaften des Mediums homogen, zeitunabhängig und linear sind. Die Linearität bezieht sich hier auf den Zusammenhang zwischen angelegter Spannung und den daraus resultierenden elektrischen Feldern.

[30] Siehe Bemerkungen über die Vorzeichenkonvention von i_S in Abschnitt 5.2.4.

[31] Wir verwenden für Strom- und Spannungssignale, $i_S(t)$ und $u_S(t)$, kleine Buchstaben.

Polarisationsladungen: nicht-homogenes Dielektrikum zwischen den Elektroden Wenn der Raum zwischen den Elektroden nicht homogen mit Materialien verschiedener Dielektrizitäts- und eventuell Leitungseigenschaften gefüllt ist, kann die Bestimmung des Wichtungsfeldes sehr komplex werden. Die Permittivität $\epsilon(\vec{r})$ und eventuell die Leitfähigkeit $\sigma(\vec{r})$ sind dann Funktionen der Ortskoordinaten, gegebenenfalls auch Tensoren, mit diskreten oder kontinuierlichen Übergängen. Die allgemeine Behandlung geht weit über den Rahmen dieses Buches hinaus (siehe dazu zum Beispiel [869]). In Abschnitt 5.3.2 wird ein spezieller Fall besprochen, der für Detektoren mit planarer Geometrie, wie die in Abschnitt 7.7.3 behandelten *resistive plate chambers*, relevant ist.

Raumladungen zwischen den Elektroden In der Praxis ist wichtig, dass das Wichtungsfeld auch unabhängig von eventuell im Volumen vorhandenen Raumladungen ist, solange diese raumfest bleiben. Ein wichtiges Beispiel sind die Raumladungen in einer verarmten Halbleiterschicht. Eine Raumladung verändert zwar das elektrische Feld, das die Bewegung der Ladung bewirkt und damit die Geschwindigkeit $\vec{v}$ bestimmt, nicht aber das Wichtungsfeld. Das lässt sich wie folgt erklären: In Abb. 5.2 kann man einen Beitrag mit der Raumladung ρ in dem inneren Volumen und verschwindenden Potenzialen auf den Elektroden hinzufügen. Das entspricht dann einer Erweiterung des Potenzials in (5.6) um ein Potenzial $\phi_\rho(\vec{r})$,

$$\phi(\vec{r}) = \phi_0(\vec{r}) + \phi_q(\vec{r}) + \phi_\rho(\vec{r}) \,, \tag{5.22}$$

das folgende Poisson-Gleichung mit Randbedingungen erfüllt:

$$\Delta\phi_\rho = -\frac{\rho}{\epsilon\epsilon_0} \qquad \text{mit} \qquad \phi_\rho(\vec{r})|_{S_a} = \phi_\rho(\vec{r})|_{S_i} = 0 \,. \tag{5.23}$$

Eine Energiebetrachtung für dieses Feld zeigt, dass es zu dem Signal nicht beiträgt: Da die Elektroden auf Massepotenzial liegen, kann keine Energie mit einer Spannungsquelle ausgetauscht werden, und da die Raumladung als raumfest angenommen wird, ändert sich auch die Feldenergie nicht. Beides zusammen ergibt, dass dieses Feld keine Arbeit an der Punktladung verrichten kann und damit weder einen Beitrag zu der Energiebilanz (5.14) noch zum Wichtungsfeld liefert.

Signalberechnung mit Wichtungsfeldern Ein wichtiger Vorteil der Signalberechnung mit Hilfe der Wichtungsfelder entsprechend (5.18) und (5.19) ist die Entkopplung der Ladungsbewegung (im elektrischen Feld) von dem Feld, das die Ladungsinfluenz bestimmt. Die Bewegungsrichtung muss also nicht mit der Richtung des Wichtungsfeldes übereinstimmen. Eine solche Situation hat man zum Beispiel, wenn die Ladungsbewegung durch ein Magnetfeld beeinflusst wird oder wenn mehrere Elektroden die Bewegung beeinflussen (siehe Abschnitt 5.2.2). Ein weiterer Vorteil ist, dass der Algorithmus einfach auf Systeme mit einer beliebigen Anzahl von Elektroden erweitert werden kann. Die zunächst einmal verwirrend komplex erscheinende Aufgabe, die Signale einer bewegten Ladung auf allen Elektroden zu berechnen, wird durch das Shockley-Ramo-Theorem, das im nächsten Abschnitt behandelt wird, sehr übersichtlich.

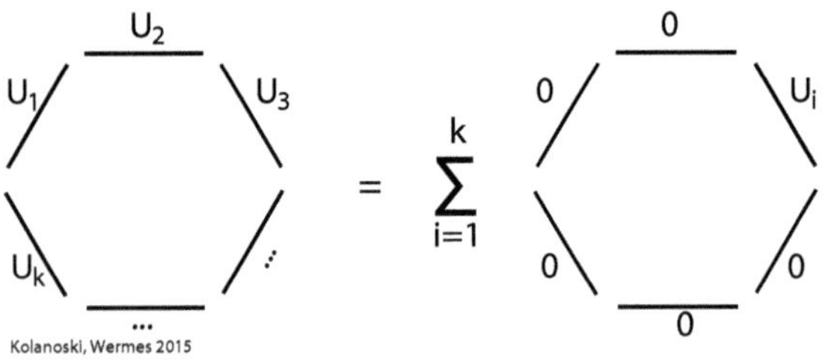

Abb. 5.3 Schematische Darstellung eines Systems von k Elektroden, die jeweils auf dem Potenzial U_i $(i = 1, \ldots, k)$ liegen. Dieses System kann als Summe von k Anordnungen mit jeweils einer Elektrode auf dem tatsächlichen Potenzial und allen anderen auf Erdpotenzial dargestellt werden.

5.2.2 Shockley-Ramo-Theorem

Wir betrachten eine Anordnung von k Elektroden, an die die Spannungen $U_1, U_2, \ldots, U_k$ angelegt sind. Die Elektroden sollen sich im Vakuum oder in einem homogen verteilten, nicht-leitenden Dielektrikum befinden. Wegen des Superpositionsprinzips lässt sich das von den Elektroden erzeugte Potenzial $\phi_0(\vec{r})$ im Raum zwischen den Elektroden als Summe von k Potenzialkonfigurationen ϕ_i $(i = 1, \ldots, k)$ darstellen, die sich jeweils ergeben, wenn alle Elektroden auf dem Potenzial 0 liegen, mit Ausnahme des Potenzials der Elektrode i, welches auf die tatsächliche Spannung U_i gelegt wird (Abb. 5.3):

$$\phi_0(\vec{r}) = \sum_{i=1}^{k} \phi_i(\vec{r}), \qquad \text{mit} \qquad \begin{aligned} \phi_i|_{S_i} &= U_i \quad \text{und} \\ \phi_j|_{S_j} &= 0, \quad \forall j \neq i. \end{aligned} \tag{5.24}$$

Entsprechend (5.23) sind $\phi_i|_{S_i}$ und $\phi_j|_{S_j}$ die Randwerte der Potentiale ϕ_i und ϕ_j auf den Elektrodenoberflächen S_i beziehungsweise S_j. Das Potenzial ϕ_0 ist das gleiche, das in den Zerlegungen (5.6) oder (5.22) auftritt, also das Potenzial zwischen den Elektroden ohne Berücksichtigung der Punktladung und eventuell vorhandener Polarisations- und Raumladungen. Zu jeder Konfiguration i wird nun das Wichtungspotenzial und -feld bestimmt:

$$\phi_{w,i}(\vec{r}) = \frac{\phi_i(\vec{r})}{U_i}, \qquad \vec{E}_{w,i} = -\vec{\nabla}\phi_{wi}. \tag{5.25}$$

Die Wichtungspotenziale $\phi_{w,i}$ erfüllen einzeln die Laplace-Gleichung mit den oben definierten Randbedingungen $U_i = 1$ und alle anderen $U_{j\neq i} = 0$:

$$\Delta\phi_{w,i}(\vec{r}) = 0, \qquad \text{mit} \quad \phi_{w,i}|_{S_i} = 1, \quad \phi_{w,j}|_{S_{j\neq i}} = 0. \tag{5.26}$$

Das Shockley-Ramo-Theorem [942, 855], eine Verallgemeinerung der Gleichungen (5.18) und (5.19), sagt aus, dass das durch eine bewegte Ladung q über die Elektrode i erzeugte Signal durch das Wichtungspotenzial beziehungsweise Wichtungsfeld der Potenzialkonfiguration $\phi_i(\vec{r})$ gegeben ist:

$$\begin{aligned} dQ_i &= -q\,\vec{E}_{w,i}\,d\vec{r}, \\ i_{S,i} &= q\,\vec{E}_{w,i}\,\vec{v}. \end{aligned} \tag{5.27}$$

Hier und im Folgenden hat die Ladung dQ_i das Vorzeichen wie für (5.4) eingeführt:

> dQ ist negativ, wenn negative Ladung in die Spannungsversorgung fließt und hat das umgekehrte Vorzeichen der auf der Elektrodenoberfläche influenzierten Ladung.

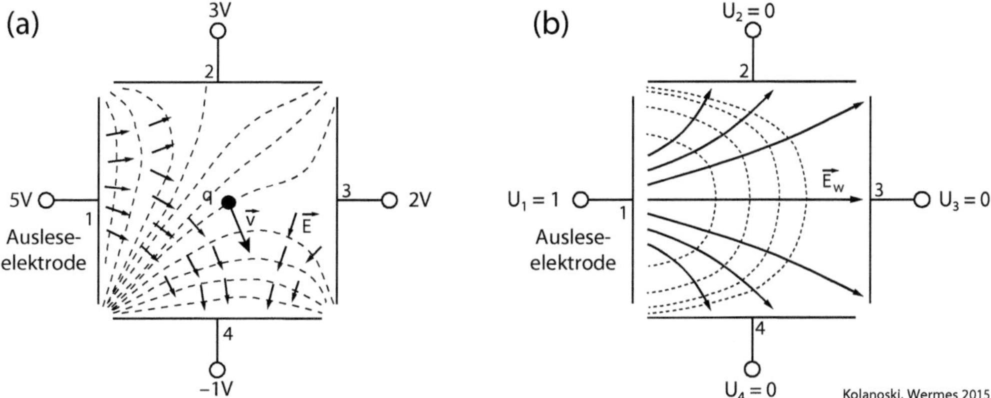

Abb. 5.4 Beispiel einer Anordnung mit vier Elektroden: (a) Tatsächliche Feld- und Potenzialkonfiguration und resultierende Bewegungsrichtung einer Ladung; (b) Konfiguration zur Berechnung des Wichtungsfeldes bezüglich Elektrode 1. Feld- und Wichtungsfeldverlauf sind durch Pfeile, Potenzial und Wichtungspotenzial sind durch gestrichelte Linien dargestellt.

Falls man sich unsicher ist, was 'in die Spannungsversorgung fließen' bedeutet, hilft folgende Regel: In einem Schaltkreis, in dem die influenzierten Ladungen einem Verstärker zugeführt werden, hat dQ das Vorzeichen der Ladung, die an dem Verstärker ankommt. In einem Oszilloskop sieht man dann am Ausgang des Verstärkers einen Spannungssprung (gemessen gegen Masse) mit der gleichen Polarität.

Wir bezeichnen dQ_i und $i_{S,i}$ wie in (5.27) definiert im Folgenden als 'Signalladung' und 'Signalstrom'. Das Shockley-Ramo-Theorem besagt also, dass die Signale dQ_i oder $i_{S,i}$ auf einer Elektrode nicht direkt von der elektrischen Feldstärke zwischen den Elektroden oder von der angelegten Hochspannung abhängen. Das elektrische Feld bestimmt jedoch in der Regel die Richtung und Geschwindigkeit der Ladungsbewegung und damit nach dem Shockley-Ramo-Theorem (5.27) das Vorzeichen und die zeitliche Entwicklung des Signals. Das Wichtungsfeld $\vec{E}_{w,i}$, das nur von der Geometrie der Anordnung abhängt, bestimmt das durch diese Bewegung auf der Elektrode i erzeugte Signal, wobei Größe und Vorzeichen des Signals proportional zur Geschwindigkeitskomponente in Richtung des Wichtungsfeldes sind. In Abb. 5.4 zum Beispiel, einer Geometrie mit vier Elektroden, haben das Wichtungsfeld und das tatsächliche elektrische Feld, und damit die Bewegungsrichtung der Ladung, unterschiedliche Orientierungen am Ort der Ladung.

Wenn zusätzlich Raumladungen, wie in Halbleiterdetektoren, auftreten, sind selbst in Zwei-Elektroden-Systemen das Wichtungspotential und das elektrische Potential nicht mehr proportional, mit dem Proportionalitätsfaktor U_i wie in (5.25). Zum Beispiel steigt in einem Plattenkondensator mit homogener Raumladung das elektrische Feld mit dem Abstand x von einer Elektrode linear wie $E \propto x$ an; dagegen ist das Wichtungsfeld konstant, $E_w = 1/d$, bei einem Elektrodenabstand d (siehe die Ausführungen dazu in Abschnitt 5.4).

Den Beweis des Shockley-Ramo-Theorems haben wir in Abschnitt 5.2.1 für ein Zwei-Elektroden-System mit Hilfe der Energieerhaltung geführt. Die Erweiterung auf ein

Mehr-Elektroden-System benutzt zusätzlich nur die Superposition in (5.24) und die Tatsache, dass bei der Konfiguration, bei der nur $U_i \neq 0$ gilt, von den geerdeten Elektroden $j \neq i$ keine Arbeit geleistet wird. In verschiedenen Publikationen ist geklärt worden, dass das Wichtungspotenzial ohne Berücksichtigung aller ortsfesten Ladungen (Raumladungen) und, im Falle eines homogenen Dielektrikums, auch aller Polarisationsladungen zu berechnen ist [612, 296, 473, 549], solange die Abhängigkeit der elektrischen Felder von den angelegten Spannungen linear bleibt[32]. Die Beweisführung haben wir am Ende des vorangehenden Abschnitts skizziert.

Bei nicht homogen verteilten Dielektrika geht man im Prinzip ähnlich vor, allerdings muss dann bei der Berechnung der Potentiale die tatsächliche Verteilung der Dielektrika berücksichtigt werden. Das kann im Allgemeinen sehr kompliziert werden, wie bereits auf Seite 149 angesprochen. Ein relativ einfaches Beispiel wird in Abschnitt 5.3.2 mit der Berechnung eines Plattenkondensators mit verschiedenen dielektrischen Schichten behandelt.

5.2.3 Regeln für die Berechnung von Signalen an Elektroden

Für die praktische Anwendung des Shockley-Ramo-Theorems sind die einzelnen Schritte zur Signalberechnung hier nochmals als Rezept zusammengestellt:

- Bestimme das Wichtungsfeld $\vec{E}_{w,i}(\vec{r})$ einer Elektrode i, indem die Potenziale der Elektroden auf $U_i = 1$ und $U_{j\neq i} = 0$ gesetzt werden.
- Bestimme das tatsächliche Feld $\vec{E}(\vec{r})$ zwischen den Elektroden.
- Bestimme die Driftgeschwindigkeit $\vec{v}_D(\vec{r}(t))$ der Ladung q, die sich auf der Trajektorie $\vec{r}(t)$ bewegt; ohne ein Magnetfeld ist die Geschwindigkeit $\vec{v}_D(\vec{r}(t)) = \mu\vec{E}(\vec{r}(t))$, wobei μ die Mobilität ist (siehe Kapitel 4).
- Berechne daraus den Signalstrom als $i_{S,i}(t) = q\,\vec{E}_{w,i}\,\vec{v}_D$.

Mit Kenntnis der Orts-Zeit-Beziehung $\vec{r}(t)$ erhält man den zeitlichen Verlauf des Signalstroms $i_{S,i}(t)$ an der Elektrode i und daraus durch Integration die in einem Zeitintervall von t_0 bis t nachgewiesene Ladung:

$$\begin{aligned} Q_{S,i}(t) &= -\int_{t_0}^{t} i_{S,i}(t')\,dt' = -q\int_{t_0}^{t} \vec{E}_{w,i}\,\vec{v}\,dt' \\ &= q\int_{\vec{r}(t_0)}^{\vec{r}(t)} \vec{\nabla}\phi_{w,i}\,d\vec{r} = q\left[\phi_{w,i}(\vec{r}(t)) - \phi_{w,i}(\vec{r}(t_0))\right] . \end{aligned} \tag{5.28}$$

Das relative Vorzeichen wird hier durch die 'konventionelle Stromrichtung' festgelegt (siehe Erläuterung im nächsten Abschnitt).

[32] Der allgemeine Fall, der nicht-lineares Verhalten des Mediums und bewegliche Raumladungen einschließt, wird in [536] diskutiert.

5.2.4 Bemerkungen zum Stromvorzeichen

Ein Strom I ist definiert als das Integral der Stromdichte $\vec{j}$ über die Fläche $\vec{A}$, durch die $\vec{j}$ verläuft:

$$I = \int_A \vec{j} d\vec{A} \,. \tag{5.29}$$

Die Richtung der Stromdichte ist eindeutig durch den Geschwindigkeitsvektor $\vec{v}$ und das Ladungsvorzeichen vorgegeben:

$$\vec{j} = nq\vec{v} \,, \tag{5.30}$$

wobei n die Dichte der Ladungsträger und q deren Ladung ist. Der Vektor der Stromdichte hat also bei positiven Ladungen die Richtung der Bewegung der Ladungen und bei negativen Ladungen die umgekehrte Richtung. Damit hat eine Stromdichte, die durch ein elektrisches Feld erzeugt wird, immer die Richtung des Feldes unabhängig vom Vorzeichen der Ladung, weil sich in diesem Fall mit dem Ladungsvorzeichen auch das Vorzeichen von $\vec{v}$ in (5.30) umkehrt.

Bei der Stromdefinition in (5.29) ist zwar der Betrag, aber nicht das Vorzeichen des Stromes festgelegt, weil die Orientierung der Fläche $\vec{A}$ willkürlich gewählt werden kann. Das Vorzeichen eines Stromes kann deshalb ebenfalls frei gewählt werden und wird durch Konvention festgelegt. Die durch einen internationalen Standard festgelegte Konvention (siehe [598, 376]) wollen wir im Folgenden als 'konventionelle Stromrichtung' bezeichnen[33]. Danach gilt:

> Ein Strom ist positiv in der Richtung der Bewegung der positiven Ladungsträger beziehungsweise entgegengesetzt zur Bewegungsrichtung negativer Ladungsträger.

Das heißt, die Fläche in (5.29) ist nach dieser Konvention in Richtung der Stromdichte $\vec{j}$ orientiert, woraus folgt, dass die Bewegung von freien positiven oder negativen Ladungen in einem elektrischen Feld immer zu einem positiven Strom führt.

Das Integral in (5.29) über eine geschlossene Oberfläche S (mit Orientierungskonvention der Normalen nach außen) ergibt

$$\oint_S \vec{j} d\vec{A} = -\frac{d}{dt} Q_{innen} = -\frac{d}{dt} \int_V \rho dV \,, \tag{5.31}$$

wobei der Stromfluss einer Abnahme der Ladung im Inneren entspricht. In differenzieller Form ist dies die Kontinuitätsgleichung

$$\vec{\nabla} \cdot \vec{j} = -\frac{\partial \rho}{\partial t} \,, \tag{5.32}$$

die unabhängig von einer Vorzeichenkonvention gilt. Angewendet auf einen von einer geschlossenen Fläche umgebenen Stromknoten ergibt (5.31) die Kirchhoff'sche Knotenregel, nach der die Summe der Ströme am Knoten verschwindet (sofern $dQ_{innen} = 0$ ist), und regelt damit das relative Vorzeichen der ein- und der auslaufenden Ströme in der Knotensumme.

[33] Eine veraltete und wenig treffende, aber zum Teil auch jetzt noch benutzte Bezeichnung ist 'technische Stromrichtung'.

In der Konvention der konventionellen Stromrichtung führt die Entladung eines Kondensators[34] immer zu einem positiven Strom, der mit einer Abnahme der Ladung auf der positiven Elektrode verbunden ist ($dQ_C < 0$):

$$I = -\frac{dQ_C}{dt} > 0 \quad \text{(konventionelle Stromrichtung)}\,. \tag{5.33}$$

Dass ein positiver Strom zu einer Abnahme der Ladung entsprechend (5.33) führt, könnte als wenig intuitiv angesehen werden, und deshalb wird häufig das Vorzeichen des Stromes umgekehrt [849]. In dieser Konvention führt dann die Entladung eines Kondensators zu einem negativen Strom, der dann mit einer Verminderung der Ladung auf der positiven Elektrode einhergeht:

$$I = \frac{dQ_C}{dt} < 0 \quad \text{(invertierte Stromrichtung)}\,. \tag{5.34}$$

In der Literatur kommen beide Vorzeichenkonventionen vor. Meistens wird für die Ableitung des Shockley-Ramo-Theorems die 'konventionelle Stromrichtung' gewählt (zum Beispiel in [549]), während bei der Beschreibung der Signalverarbeitung die invertierte Stromrichtung bevorzugt zu sein scheint (zum Beispiel in [848]). Häufig wird auch innerhalb von Artikeln oder Vorträgen beim Übergang von der theoretischen Beschreibung des Shockley-Ramo-Theorems zu den Anwendungen zwischen den Konventionen gewechselt. Wenn also die Vorzeichen der Ströme wichtig sind, muss darauf geachtet werden, in welcher Konvention sie definiert sind.

Natürlich müssen die Vorzeichen physikalisch beobachtbarer Größen, wie Ladungen und Spannungen, unabhängig von der Konvention sein. So ist die von einer positiven Ladung auf einer Leiteroberfläche influenzierte Ladung immer negativ. Bewegt sich die positive Ladung von der Elektrode weg, wird die Influenzladung positiver. Bei festgehaltenen Elektrodenpotenzialen wird diese positive Ladung von der Spannungsquelle geliefert. Es ist zu beachten, dass zwar die Änderung der influenzierten Ladung auf der Elektrode positiv ist, die der Spannungsquelle entnommene Ladung aber das umgekehrte Vorzeichen hat (die Summe muss null ergeben). Diese Überlegungen zu den Ladungsvorzeichen sind unabhängig von der Stromrichtungskonvention.

Die Entladung eines Kondensators mit der Kapazität C, der von der Spannungsquelle entkoppelt ist, muss immer zu einem negativen Spannungssprung über dem Kondensator führen:

$$du = \frac{1}{C}\, dQ_C\,. \tag{5.35}$$

Tatsächlich ist dQ_C bei einem Entladestrom in beiden Konventionen, nach (5.33) oder (5.34), immer negativ.

[34] Dabei spielt es keine Rolle, ob der Kondensator durch einen Kurzschluss oder zum Beispiel durch Ionisation des Volumens zwischen den Elektroden entladen wird.

5.3 Signalentstehung in Zwei-Elektroden-Systemen ohne Raumladung

Wir beschränken uns zunächst auf Systeme mit nur zwei Elektroden ohne Raumladung und ohne Magnetfeld, ($\rho = 0$, $B = 0$), in denen das elektrische Feld und die Teilchengeschwindigkeit die gleiche Richtung haben. Polarisationsladungen in einem linearen, homogenen Medium, also eine relative Permittivität $\epsilon \neq 1$, sollen nicht ausgeschlossen sein (Strom- und Ladungssignale hängen nach dem Shockley-Ramo-Theorem davon nicht ab). Weiterhin nehmen wir an, dass die Ladungen in dem elektrischen Feld driften, mit einer Geschwindigkeit, die für eine gegebene Feldstärke konstant ist und den Feldlinien folgt (ohne Magnetfeld). Beispiele dafür sind Ionisationskammern, die mit Gasen oder Flüssigkeiten gefüllt sind, sowie Proportional- und Driftkammern. Wir nehmen hier an, dass keine Ladung auf dem Driftweg verloren geht. In Bezug auf die Signalentstehung ist eine wichtige Eigenschaft von Gasen und Flüssigkeiten, dass die Driftgeschwindigkeit von Elektronen bei üblichen Driftfeldern typischerweise etwa drei Größenordnungen höher ist als die von Ionen.

5.3.1 Signalentwicklung in homogenen elektrischen Feldern

Wir betrachten zunächst eine Ionisationskammer, die aus einem Plattenkondensator mit annähernd homogenem elektrischen Feld bestehen soll (Abb. 5.5), in welchem geladene Teilchen oder Lichtquanten Energie deponieren und dadurch freie Ladungen erzeugen, die zu den Elektroden driften. Mit dem Plattenabstand d, der Plattenfläche A und einer angelegten Spannung U_0 ergibt sich für das elektrische Feld und die Kapazität:

$$\vec{E} = -\frac{U_0}{d}\vec{e}_x \ , \qquad C = \frac{\epsilon\epsilon_0 A}{d} \,. \tag{5.36}$$

Das Wichtungsfeld für die Auslese der positiven Elektrode ergibt sich dann mit $U_0 = 1$ (gegenüberliegende Elektrode $U = 0$):

$$\vec{E}_w = -\frac{1}{d}\vec{e}_x \,. \tag{5.37}$$

Elektron-Ion-Paare, die in dem Kondensatorvolumen erzeugt werden, werden durch das elektrische Feld auseinander gezogen und bewegen sich mit konstanter Driftgeschwindigkeit zu den entgegengesetzten Elektroden. Driftbewegung mit Beschleunigung wird in Abschnitt 5.4.1 für Konfigurationen mit Raumladung behandelt.

Lokale Ladungsdeposition Nehmen wir zunächst an, dass zum Beispiel durch Absorption eines Photons ein Elektron-Ion-Paar mit den Ladungen $q^- = -e$ und $q^+ = +e$ am Ort x_0 erzeugt wird und die Ladungen zu der jeweiligen Elektrode driften. Nach dem Shockley-Ramo-Theorem (5.27) ist der Signalstrom:

$$i_S^\pm = q^\pm \vec{E}_w\,\vec{v}^{\,\pm} = -\frac{q^\pm}{d}\,\vec{e}_x\,\vec{v}^{\,\pm} = \frac{e}{d}v^\pm \,. \tag{5.38}$$

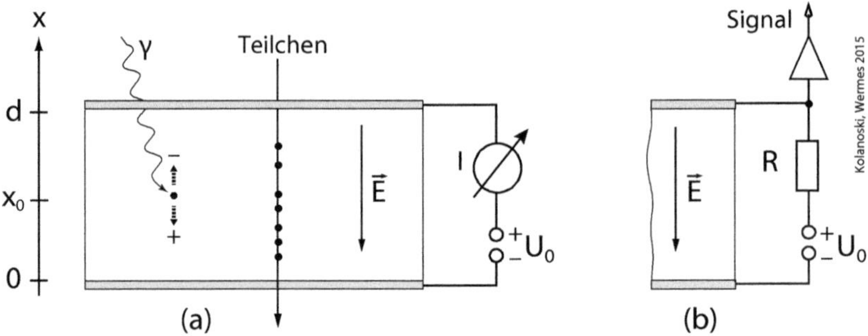

Abb. 5.5 Parallelplattendetektor (Plattenkondensator) als Ionisationskammer: Die Abbildung zeigt Beispiele für die Erzeugung einer punktförmigen Primärladungsverteilung durch ein Photon und für die einer linienförmigen Ladungsverteilung durch ein durchgehendes geladenes Teilchen. Die Ionisationsladungen werden durch ein elektrisches Feld, erzeugt durch die angelegte Spannung U_0, zu den Elektroden abgesaugt. In (a) wird der Strom der Ionisationsladungen gemessen; in (b) kann der Spannungsabfall, den der Strom über dem Widerstand R verursacht, beobachtet werden (in diesem Fall muss die Signalauslese hochohmig sein).

Dabei ist $v^{\pm} = |\vec{v}^{\pm}|$ der Betrag des jeweiligen Vektors. Da sich Ladungsträger mit entgegengesetzten Ladungsvorzeichen in entgegengesetzten Richtungen bewegen, tragen sie mit gleichem Vorzeichen zum Signalimpuls bei. Integriert man über die Sammelzeit, bis die Ladungen die Elektroden erreichen,

$$T^- = \frac{d - x_0}{v^-}, \qquad T^+ = \frac{x_0}{v^+}, \tag{5.39}$$

so erhält man die gesamte Signalladung:

$$\begin{aligned} Q_S^{tot} &= Q_S^- + Q_S^+ = -\frac{e}{d}\left(\int_0^{T^-} v^- dt + \int_0^{T^+} v^+ dt\right) \\ &= -\frac{e}{d}v^-\left(\frac{d - x_0}{v^-}\right) - \frac{e}{d}v^+\left(\frac{x_0}{v^+}\right) = -e\,. \end{aligned} \tag{5.40}$$

Das Vorzeichen vor dem Integral über den Strom entspricht der Festlegung in (5.33). Die Beiträge der positiven und der negativen driftenden Ladung zu der Gesamtladung hängen nach (5.40) vom Erzeugungsort x_0 ab, im Mittel tragen aber beide Ladungen jeweils die Hälfte bei. Das Vorzeichen auf der hier gewählten (positiven) Ausleseelektrode ist negativ, da Elektronen zu ihr driften und einen Elektronenstrom in die Spannungsversorgung influenzieren. An der gegenüberliegenden Elektrode ist das Vorzeichen des Signalimpulses entgegengesetzt, weil sich das Wichtungsfeld in (5.37) bezüglich dieser Elektrode umkehrt, aber die Geschwindigkeiten ihre Richtungen beibehalten.

Für die Beiträge zum Stromsignal beider Komponenten erhält man in typischen Ionisationskammern wegen der um drei Größenordnungen unterschiedlichen Driftgeschwindigkeiten für Elektronen und Ionen:

$$i_S^- = \frac{e}{d}v^- \gg i_S^+ = \frac{e}{d}v^+\,. \tag{5.41}$$

Dies ist in Abb. 5.6(a) dargestellt. Der instantan durch die Ladungsträgerbewegung einsetzende Strom ist für Elektronen und für Ionen unterschiedlich groß, aber für jeweils eine Ladungsträgerart gleich groß auf beiden Elektroden, unabhängig von x_0. Dies ändert sich, wenn die Elektroden segmentiert sind (siehe Abschnitt 5.5).

Die Signalladung gemäß (5.27),

$$dQ_S^{\pm} = -i_S^{\pm} dt = -\frac{e}{d} v^{\pm} dt\,, \tag{5.42}$$

führt zu einer messbaren Spannungsänderung über einem Kondensator, wenn die Elektroden isoliert von der Spannungsquelle oder durch einen hohen Widerstand R von ihr entkoppelt sind (siehe Abb. 5.5(b)):

$$du_S^{\pm} = \frac{1}{C} dQ_S^{\pm} = -\frac{q}{C} \vec{E}_w d\vec{r} = -\frac{e}{Cd}\, v^{\pm} dt\,. \tag{5.43}$$

Wie bereits im Zusammenhang mit (5.35) ausgeführt, ist die Spannungsänderung bei Konsendatorentladung immer negativ. In der obigen Gleichung ist C die Detektorkapazität einschließlich eventueller parasitärer Kapazitäten der Zuleitungen. Zu bemerken ist, dass in die Berechnung des Spannungssignals die Permittivität ϵ des Detektormediums durch die Detektorkapazität nach (5.36) eingeht, während die influenzierten Ströme und Ladungen unabhängig von Polarisationsladungen sind. Um die Ladung integrieren zu können, muss der Widerstand R in Abb. 5.5(b) so gewählt werden, dass die Zeitkonstante für die Kondensatoraufladung, $\tau = RC$, groß gegenüber den Driftzeiten ist[35]. Der Verlauf des Spannungssignals $u_S(t)$ ergibt sich damit zu (Abb. 5.6(b)):

$$u_S(t) = u_S^-(t) + u_S^+(t) = \begin{cases} -\dfrac{e}{Cd}(v^- + v^+)t & \\ -\dfrac{e}{Cd}(d - x_0 + v^+ t) & \\ -\dfrac{e}{Cd}(x_0 + v^- t) & \\ -\dfrac{e}{C} & \end{cases} \text{für} \quad \begin{array}{l} 0 < t < \min(T^-, T^+)\,, \\ T^- < t < T^+\,, \\ T^+ < t < T^-\,, \\ t > \max(T^-, T^+)\,. \end{array} \tag{5.44}$$

Wegen der sehr unterschiedlichen Driftgeschwindigkeiten gilt fast immer, dass T^- kleiner als T^+ ist; deshalb beschränken wir uns in Abb. 5.6 auf den Fall $T^- < t < T^+$.

Man beobachtet also für das Spannungssignal wie für den Ladungsverlauf einen linearen zeitlichen Anstieg mit zwei unterschiedlichen Steigungen für die Elektronen- beziehungsweise die Ionenkomponente (siehe Abb. 5.6). Wenn überwiegend nur das Elektronensignal beobachtet wird, zum Beispiel weil die länger driftenden Ionen rekombinieren, so wird die Größe des Ladungs- oder Spannungssignals vom Ort abhängig (siehe Abb. 5.7(a)), eine Eigenschaft, die normalerweise unerwünscht ist.

[35] Die Integration der Ladung auf der Elektrode mit einer wachsenden Spannungsänderung entspricht nicht den Bedingungen, unter denen das Shockley-Ramo-Theorem abgeleitet wurde, nämlich bei festgehaltenen Spannungen. Wir nehmen hier an, dass die Spannungsänderungen klein genug gegenüber der Spannung U_0 sind, so dass sich die Driftgeschwindigkeiten nicht ändern. Da die Wichtungsfelder unabhängig von der Spannung sind, sollte das Theorem annähernd gültig sein. Dieses Argument ist für Beispiele, die in diesem Kapitel diskutiert werden, bestätigt worden, indem unsere Berechnungen verglichen wurden mit Rechnungen nach der Methode der zeitabhängigen Wichtungsfelder (siehe zum Beispiel [475, 868]).

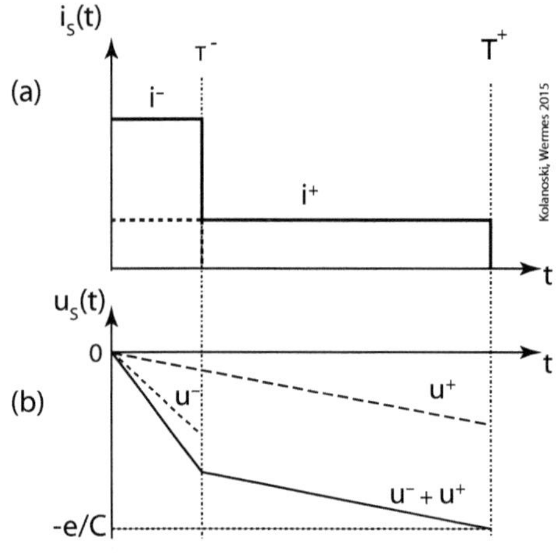

Abb. 5.6 Schematische Darstellung der Strom- (a) beziehungsweise Spannungssignale (b) eines Ladungspaares in einer Ionisationskammer in Parallelplattenanordnung wie in Abb. 5.5. Zur besseren Illustration wurde die Driftgeschwindigkeit der Ionen nur auf 1/3 (statt typisch 1/1000) der Elektronengeschwindigkeit gesetzt.

Bei gasgefüllten Ionisationskammern, die als Dosimeter benutzt werden, wird im Allgemeinen der Strom gemessen, der von vielen Ionisationsprozessen erzeugt wird, entsprechend der Schaltung in Abb. 5.5(a). Ohne Gasverstärkung ist eine einzelne Ionisation mit etwa 10^{-19} C nicht messbar. Man mache sich auch klar, dass ein messbarer Strom von zum Beispiel 1 pA eine Ionisationsrate von etwa 10^7 Hz erfordert. In dichteren Medien, fest oder flüssig, erzeugen ionisierende Spuren über wenige Millimeter bereits genug Ladung, um einzelne Pulse erkennen zu lassen.

Ladungsdeposition entlang einer Teilchenspur Ein anderer wichtiger Fall neben der lokalen Ladungserzeugung ist die Erzeugung der Ladung als gleichverteilte Linienladung $q_{tot}^{\pm} = \pm Ne$ mit einer Ladungsdichte $dq/dx = \pm Ne/d$ entlang der Spur (Abb. 5.5).

Das auf der Ausleseelektrode durch die Bewegung der Ladungen influenzierte Stromsignal ergibt sich aus den Beiträgen aller driftenden Einzelladungen. Die Ladungen erreichen kontinuierlich die Elektrode, was zu einem linear abnehmenden Strom führt. Um die Strombeiträge zu einem Zeitpunkt t zu bestimmen, ist (5.38) über den Teil der Linienladung zu integrieren, für den die Ladungen in der Zeit t noch nicht auf der Elektrode angekommen sind:

$$\begin{aligned}
i_S^-(t) &= \frac{v^-}{d}\int_{v^-t}^{d}\frac{Ne}{d}dx = \frac{Ne}{T^-}\left(1-\frac{t}{T^-}\right) && \text{für } 0<t<T^- \\
i_S^-(t) &= 0 && \text{sonst} \\
i_S^+(t) &= \frac{v^+}{d}\int_{0}^{d-v^+t}\frac{Ne}{d}dx = \frac{Ne}{T^+}\left(1-\frac{t}{T^+}\right) && \text{für } 0<t<T^+ \\
i_S^+(t) &= 0 && \text{sonst}
\end{aligned} \tag{5.45}$$

wobei jetzt $T^- = d/v^-$ und $T^+ = d/v^+$ die längsten möglichen Driftzeiten der jeweiligen Ladungsträger sind, die für die Drift über die gesamte Detektordicke benötigt werden. Nach der Ankunft der jeweils letzten Ladungsträger verschwindet das entsprechende Stromsignal.

Durch Integration der Ströme (5.45) erhält man die Ladungs- beziehungsweise Spannungssignale (bei hochohmiger Signalauslese):

$$u_S^{\pm}(t) = \frac{Q_S^{\pm}(t)}{C} = -\frac{1}{C}\int_0^t i_S^{\pm}(t')dt' = -\frac{Ne}{C}\left(\frac{t}{T^{\pm}} - \frac{1}{2}\left(\frac{t}{T^{\pm}}\right)^2\right). \tag{5.46}$$

Damit ist das gesamte Spannungssignal (Abb. 5.7(b)):

$$u_S(t) = u_S^-(t) + u_S^+(t) \tag{5.47}$$

$$= \begin{cases} -\frac{Ne}{C}\left[\frac{t}{T^-} + \frac{t}{T^+} - \frac{1}{2}\left(\left(\frac{t}{T^-}\right)^2 + \left(\frac{t}{T^+}\right)^2\right)\right] & \text{für } 0 < t < T^-, \\ -\frac{Ne}{C}\left[\frac{1}{2} + \frac{t}{T^+} - \frac{1}{2}\left(\frac{t}{T^+}\right)^2\right] & \text{für } T^- < t < T^+, \\ -\frac{Ne}{C} & \text{für } t > T^+. \end{cases}$$

Anfangs wird das zeitliche Anwachsen des Pulses wegen der etwa 1000-mal langsameren Ionenbewegung völlig durch die Elektronen bestimmt. Nach der Elektronensammelzeit $T^- = d/v^-$ geht der Puls in ein sehr viel langsameres Anwachsen über. Bei zeitkritischen Anwendungen wird häufig nur der schnelle Teil des Pulses elektronisch genutzt. Das gesamte Ladungssignal der Elektronen an der Ausleseelektrode ist

$$Q_{tot}^- = -\frac{Ne}{2}, \tag{5.48}$$

also die Hälfte der Ladung eines Vorzeichens; die andere Hälfte wird vom Ionensignal geliefert. Das gilt unabhängig vom Winkel, unter dem die Teilchenspur den Detektor kreuzt. Eine geneigte Spur würde allerdings die Zahl N der erzeugten Elektron-Ion-Paare erhöhen.

Beispiel: Ein 'Sampling-Kalorimeter' (siehe Abschnitt 15.5.3) ist abwechselnd aus einem metallischen Konverter, in dem Teilchen aufschauern, und einem 'aktiven' Medium zum Nachweis der Schauerteilchen aufgebaut. Häufig werden abwechselnd Bleiplatten und Zwischenräume mit flüssigem Argon gewählt[36]. Über die Zwischenräume ist eine Hochspannung gelegt, die die durch Schauerteilchen erzeugten Ionisationsladungen auf die Platten absaugt. Das Kalorimeter wird also nach dem Prinzip einer Ionisationskammer betrieben. Dass die Füllung kein Gas, sondern flüssiges Argon ist, spielt für die Betrachtung der Signalentwicklung keine Rolle. Die Flüssigkeit wird wegen der höheren Dichte und entsprechend höherer Signalausbeute eingesetzt. Als Beispiel betrachten wir typische Parameter für eine einzelne Detektorzelle eines solchen Kalorimeters:

$$\begin{aligned} U_0 &= 1.5\,\text{kV}, \quad v^+ \approx 15\,\text{cm/s}, \quad v^- \approx 0.5\,\text{cm/µs}, \\ d &= 2.35\,\text{mm}, \quad A = 16\,\text{cm}^2, \quad \epsilon = 1.5 \quad \Rightarrow C \approx 9\,\text{pF}. \end{aligned}$$

Damit werden die Elektronen- und die Ionensammelzeiten:

$$T^- = \frac{d}{v^-} = 470\,\text{ns}, \qquad T^+ = \frac{d}{v^+} = 15.7\,\text{ms}. \tag{5.49}$$

---

[36]Dieser Kalorimetertyp wurde zum Beispiel im ATLAS-Detektor [2] am LHC und im H1-Detektor [33] am HERA-Speicherring realisiert.

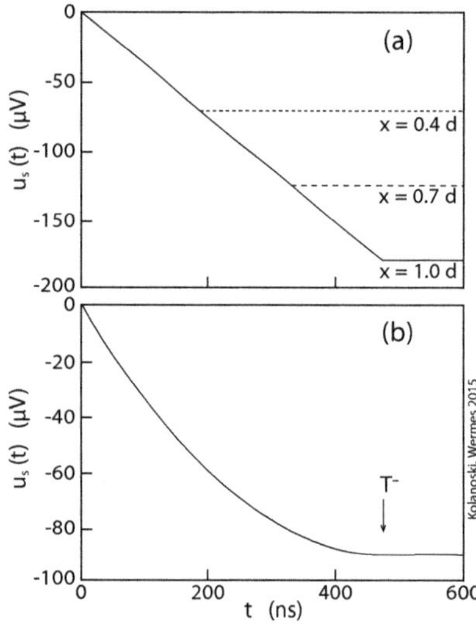

Abb. 5.7 Signalentwicklung an den Elektroden einer als Plattenkondensator ausgebildeten Ionisationskammer (Plattenabstand d) für (a) eine Punktladung im Abstand x von der Anode und für (b) eine Linienladung entlang einer Linie senkrecht zu den Kondensatorplatten. Die Steigung des Signals wird in beiden Fällen im Wesentlichen durch die Elektronenbewegung bestimmt; das Ionensignal zeigt einen auf dieser Zeitskala (1 μs) kaum merklichen Beitrag. Die maximale Signalspannung (180 µV für die angenommenen 10 000 Elektron-Ion-Paare und die im Text angegebene Kapazität) wird in (b) daher erst nach sehr langen Zeiten (ms) erreicht, weit außerhalb des gezeichneten Bereichs.

Die beiden Sammelzeiten sind also um mehr als 4 Größenordnungen verschieden. In Abb. 5.7 ist die Signalentwicklung für jeweils 10 000 Elektron-Ion-Paare gezeigt, die (a) punktförmig in verschiedenen Abständen von den Elektroden beziehungsweise (b) entlang einer Linie erzeugt wurden. In beiden Fällen steigt das Signal über die gesamte Ionensammelzeit auf den gleichen Wert ($\approx 180\,\mu$V) an.

Wegen der stark unterschiedlichen Driftzeiten bestimmt das Elektronensignals den schnellen Signalanstieg. Deshalb wird, wie bereits erwähnt, für zeitkritische Anwendungen im Wesentlichen nur das Elektronensignal genutzt. Für die Verwendung in einem schnellen Trigger, insbesondere bei hohen Ereignisraten wie am LHC, kann man das Signal mit einer geeigneten Zeitkonstante durch einen Hochpassfilter differenzieren und so Pulsbreiten von einigen 10 ns bei noch akzeptabler Auflösung erreichen.

5.3.2 Wichtungsfelder in nicht-homogenen Dielektrika (Beispiel RPC)

Auf Seite 149 hatten wir kurz den Fall von Anordnungen mit nicht-homogenen Dielektrika angesprochen. Hier wollen wir ein Beispiel, das für bestimmte Detektoren relevant ist, behandeln. Dazu betrachten wir einen Plattenkondensator, idealerweise unendlich ausgedehnt, der mit drei zu den Elektroden parallelen Schichten aus dielektrischen, innerhalb der Schichten homogenen Materialien gefüllt ist, wie in Abb. 5.8 gezeigt. Die Schichten haben die relativen Permittivitäten und Dicken ϵ_i und d_i ($i = 1, 2, 3$). Zunächst nehmen wir eine verschwindende Leitfähigkeit oder einen sehr hohen spezifischen Widerstand der Schichten an.

In einem unendlich ausgedehnten Plattenkondensator mit Plattenabstand d, der homogen mit einem Dielektrikum gefüllt ist, ist bei gegebener Spannung U über dem Kondensator das elektrische Feld dem Betrag nach immer $E = U/d$ und damit ist das Wich-

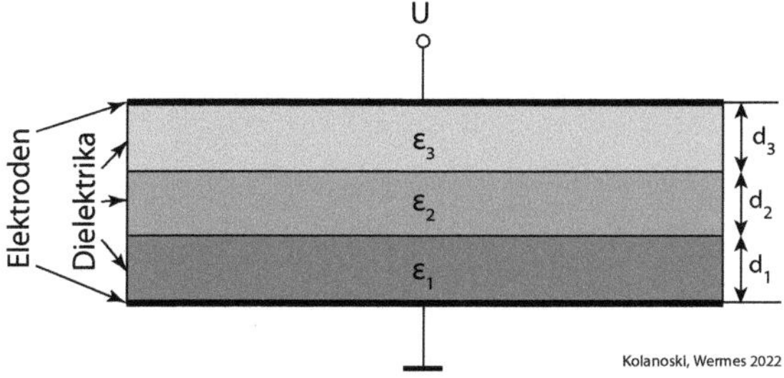

Abb. 5.8 Skizze eines Plattenkondensators mit parallelen Schichten mit relativen Permittivitäten ϵ_1, ϵ_2, ϵ_3. Die Anordnung entspricht der prinzipiellen Geometrie der Single-Gap-RPC (*resistive plate chamber*) in Abb. 7.16.

tungsfeld $E_w = 1/d$, unabhängig von der relativen Permittivität ϵ. Die auf Seite 148 gegebenen Argumente für die Unabhängigkeit von den Polarisationsladungen im homogenen Fall gelten für den Fall nicht-homogener Dielektrizitätsverteilungen nicht mehr. In diesem Falle muss zunächst das tatsächliche Feld unter Berücksichtigung der verschiedenen ϵ-Werte bestimmt werden.

Zur Bestimmung des Wichtungsfeldes der Anordnung in Abb. 5.8 berechnen wir wie üblich das tatsächliche Feld mit den Potenzialen 1 auf der Signalelektrode und 0 auf der anderen Elektrode, das heißt bei einer Spannung $U = 1$. Dazu benutzen wir die Bedingungen nach den bekannten Regeln der Elektrostatik:

$$\sum_1^3 E_i\, d_i = U \quad \text{und} \quad \epsilon_i\, E_i = \epsilon_j\, E_j \qquad (i, j = 1,\ 2,\ 3)\,. \tag{5.50}$$

Aus Symmetriegründen haben die Felder nur eine Komponente senkrecht zu den Schichten und sind innerhalb einer Schicht konstant. Damit ergibt sich zum Beispiel das Wichtungsfeld in der mittleren Schicht zu:

$$E_{2w} = \frac{E_2}{U} = \frac{\epsilon_1 \epsilon_3}{\epsilon_2 \epsilon_3 d_1 + \epsilon_1 \epsilon_3 d_2 + \epsilon_1 \epsilon_2 d_3}\,. \tag{5.51}$$

Man kann leicht verifizieren, dass sich im homogenen Fall, das heißt $\epsilon_1 = \epsilon_2 = \epsilon_3$, für das Wichtungsfeld im gesamten Kondensator $1/d$ mit $d = d_1 + d_2 + d_3$ ergibt, in Übereinstimmung mit Gleichung (5.37) auf Seite 155. Die mittlere Schicht ist bei der RPC in Abb. 7.16 die Gasschicht, für die wir $\epsilon_2 = 1$ setzen, und die äußeren Schichten sind die Dielektrika mit $\epsilon_3 = \epsilon_1$ und $d_3 = d_1$. Damit ergibt sich für das Wichtungsfeld im Gas:

$$E_{2w}(\text{Gas}) = \frac{\mathrm{E}_2}{\mathrm{U}} = \frac{\epsilon_1}{2\mathrm{d}_1 + \epsilon_1 \mathrm{d}_2}\,. \tag{5.52}$$

Wir hatten oben vorausgesetzt, dass die Leitfähigkeit der Dielektrika verschwindet oder zu vernachlässigen ist. Wenn es keine Leitfähigkeit gibt, dann berechnet sich das tatsächliche Feld im Gasspalt nach (5.52) als $E_2 = U\, E_{2w}$, also das mit der Spannung skalierte Wichtungsfeld. Haben aber die dielektrischen Schichten eine zwar kleine, aber endliche Leitfähigkeit, was bei RPCs der Fall ist, dann wird im stationären Zustand das Feld in den Dielektrika verschwinden und die gesamte Spannung fällt über dem Gasspalt ab. Damit ist das Feld im Gasspalt $E_2 = U/d_2$.

Bei genügend hohem Widerstand bleibt dagegen das Wichtungsfeld für eine gewisse Zeit, charakterisiert durch eine Zeitkonstante, annähernd das gleiche wie im Fall isolierender Dielektrika, gegeben durch (5.51). Ein hoher Widerstand führt zu einer großen Zeitkonstanten für den Aufbau einer abschirmenden Ladungsverteilung auf der Oberfläche des Dielektrikums und damit bleibt das Dielektrikum für die Signalinfluenz der driftenden Ladungen annähernd transparent. In RPCs beträgt die Zeitkonstante für Ladungsverschiebungen in den Dielektrika typisch Millisekunden bis wenige Sekunden, während die Zeit, in der sich das Signal formiert, im Bereich von Nanosekunden liegt (siehe dazu auch Abschnitt 7.7.3, speziell Gl. (7.28) mit den Erläuterungen dazu).

Der allgemeinere Fall beliebiger spezifischer Widerstände der Dielektrika wird in [867] behandelt.

5.3.3 Signalentwicklung in zylindersymmetrischen elektrischen Feldern

Die Signalentstehung in einer Drahtkammer mit Gasverstärkung (Kapitel 7) unterscheidet sich wesentlich von der in einer Parallelplattenanordnung. Die Bewegung der primären Ladungsträger zum Draht (Anode) beziehungsweise zur Kathode spielen so gut wie keine Rolle gegenüber der lawinenartig einsetzenden Ladungsvervielfachung in unmittelbarer Nähe des Drahtes auf Grund des dort stark ansteigenden elektrischen Feldes. Da die Elektronen einen sehr kurzen Driftweg zum Draht haben, tragen sie wenig zum Signal bei. Hauptsächlich wird das Signal von den Ionen geliefert, in diesem Fall auch mit einem schnellen Signalanstieg, weil die Ionen in dem sehr hohen Feld nahe dem Draht hohe Driftgeschwindigkeiten erreichen (bei Ionen ist die Driftgeschwindigkeit proportional zum Feld, siehe Kapitel 4).

Als typischen Vertreter der vielfältigen Drahtkammergeometrien betrachten wir ein Proportionalzählrohr (Abschnitt 7.2.2), an dem die wesentlichen Aspekte der Signalerzeugung exemplarisch dargestellt werden können. Das Zählrohr habe einen Anodendraht mit Radius a, umgeben von einer zylinderförmigen Kathode mit Radius b, und eine Länge l, die groß gegenüber den Radien sei (Abb. 5.9).

Wichtungsfeld In Abschnitt 7.2.2 sind für diese Anordnung Feldstärke und Potenzial bei einer angelegten Spannung U_0 sowie die Kapazität pro Länge angegeben (Gleichungen (7.5), (7.6)):

$$\vec{E}(r) = \frac{1}{r}\frac{U_0}{\ln b/a}\frac{\vec{r}}{r}, \qquad \phi(r) = -U_0\frac{\ln r/b}{\ln b/a}, \qquad C_l = \frac{2\pi\epsilon_0}{\ln b/a}. \tag{5.53}$$

Der Radiusvektor $\vec{r}$ steht senkrecht auf der Zylinderachse und $r = |\vec{r}|$ ist der radiale Abstand von der Zylinderachse in dieser Richtung. Daraus ergeben sich Wichtungsfeld und -potenzial für die Berechnung von Signalen auf dem Draht durch Normieren von U_0 auf 1 bei weiterhin geerdeter Kathode:

$$\vec{E}_w(r) = \frac{1}{r}\frac{1}{\ln b/a}\frac{\vec{r}}{r}, \qquad \phi_w(r) = -\frac{\ln r/b}{\ln b/a}. \tag{5.54}$$

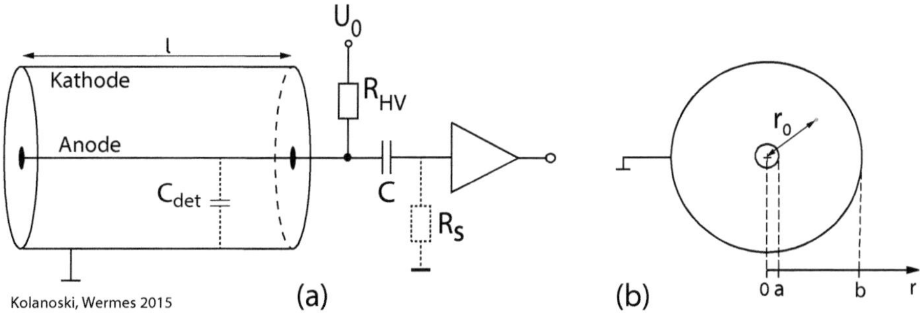

Abb. 5.9 Prinzip eines Proportionalzählrohrs mit Anodendraht in der Mitte und Kathodenmantel: (a) Seitenansicht, (b) Querschnitt. Die Ladung wird bei dem radialen Abstand r_0 von der Mitte erzeugt. Der Detektor habe die Kapazität C_{det}, die auch alle parasitären Kapazitäten wie zum Beispiel von Kabelzuführungen beinhalten soll. R_{HV} ist ein hochohmiger Vorwiderstand für die Hochspannungsversorgung (HV). Der Signalverstärker wird hier durch einen idealen Operationsverstärker mit unendlich hohem Eingangswiderstand angenähert (siehe auch Abschnitt 17.2). Er ist durch den Kondensator C, der groß gegen C_{det} ist, von der Hochspannung entkoppelt. Der tatsächliche Eingangswiderstand ist durch den Widerstand R_S gegeben. Die Schaltung entspricht einem Hochpass, der das Detektorsignal mit der Zeitkonstanten $\tau = R_S\, C_{det}$ differenziert.

Das Potenzial erfüllt die Randbedingungen

$$\phi_w(a) = 1\,, \quad \phi_w(b) = 0\,. \tag{5.55}$$

Mit dem Shockley-Ramo-Theorem (5.27)

$$dQ_S = -q\vec{E}_w d\vec{r} \qquad \text{oder} \qquad i_S = -\frac{dQ_S}{dt} = q\vec{E}_w \frac{d\vec{r}}{dt} \tag{5.56}$$

können wir nun das Influenzsignal auf der Ausleseelektrode (dem Draht) berechnen.

Influenzladungen Wir nehmen an, dass in einem Abstand r_0 vom Draht N Elektron-Ion-Paare erzeugt wurden, die im Feld der Kammer getrennt werden. Die gesamte auf dem Draht influenzierte Ladung enthält Anteile von der Bewegung der Elektronen von r_0 nach a und der Ionen von r_0 nach b.

$$Q_S^- = -(-Ne)\frac{1}{\ln b/a}\int_{r_0}^{a}\frac{1}{r}dr = -Ne\frac{\ln\, r_0/a}{\ln\, b/a}\,, \tag{5.57}$$

$$Q_S^+ = -(+Ne)\frac{1}{\ln b/a}\int_{r_0}^{b}\frac{1}{r}dr = -Ne\frac{\ln b/r_0}{\ln b/a}\,. \tag{5.58}$$

Die Summe beider Ladungsanteile,

$$Q_S^{tot} = Q_S^- + Q_S^+ = -Ne\,, \tag{5.59}$$

ist die Ladung, die von der Anode zur Spannungsquelle fließt (die gleiche Ladung mit umgekehrtem Vorzeichen fließt von der Kathode zur Masse). Die Gesamtladung ist unabhängig vom Entstehungsort r_0 der Ladung. Wegen der $1/r$-Anhängigkeit des Wichtungsfeldes einer Drahtkammer sind hier, im Gegensatz zu der gerade besprochenen Anordnung mit homogenem Feld, die Beiträge der Elektronen- und der Ionenbewegung zum Signal sehr unterschiedlich. Das Verhältnis der Beiträge ist von r_0 abhängig:

$$\left(\frac{Q_S^-}{Q_S^+}\right)_{r_0} = \frac{\ln r_0/a}{\ln b/r_0}\,. \tag{5.60}$$

Es ist instruktiv, zwei Spezialfälle zu betrachten: Ladungserzeugung in großer Entfernung vom Draht ($r_0 \gg a$) und sehr nahe am Draht, dort, wo die Gasverstärkung einsetzt. Für typische Parameter einer Drahtkammer mit Drahtradius $a = 10\,\mu$m, Kathodenabstand $b = 10\,$mm und zum Beispiel $r_0 = b/2$ ist

$$\left(\frac{Q_S^-}{Q_S^+}\right)_{r_0=b/2} \approx 9\,. \tag{5.61}$$

Die Elektronenkomponente bestimmt also hier das Signal, weil die Elektronen einen Bereich mit sehr viel größerer Potenzialdifferenz des Wichtungsfeldes (siehe dazu Gl. (5.28)) durchlaufen als die Ionen.

In Detektoren mit Gasverstärkung spielt allerdings die Ladungsbewegung im Driftraum für das Signal praktisch keine Rolle. Hier ist wesentlich, dass die Ladung in einer Lawine sehr nahe dem Draht erzeugt wird. Da etwa die Hälfte der Ladung auf der letzten Wechselwirkungslänge λ_{ion} entsteht, nehmen wir für eine Abschätzung bei einer Ladungsentstehung in Drahtnähe einen Abstand $\epsilon \approx \lambda_{ion} \approx 1\mu$m ($r_0 = a + \epsilon$) an. Damit ist das Verhältnis (5.60) der influenzierten Ladungen

$$\left(\frac{Q_S^-}{Q_S^+}\right)_{r_0=a+\epsilon} \approx 0.01 - 0.02\,. \tag{5.62}$$

Das heißt, in Detektoren mit Gasverstärkung wird das integrierte Ladungssignal von dem Beitrag der positiven Ionen dominiert. Der Grund dafür ist, dass für die Elektronen die Differenz des Wichtungspotentials bis zur Anode relativ klein ist, während die Ionen praktisch das gesamte Wichtungspotential durchlaufen (siehe (5.28)).

Zeitentwicklung Wegen der Dominanz des Ionensignals für die Signalentwicklung betrachten wir für die Zeitentwicklung des Stromsignals zunächst die Ionenbewegung, die von $r_0 \approx a$ ausgeht. Nahe der Anode ist ihre Geschwindigkeit wegen der dort herrschenden großen Feldstärke sehr hoch. Die Zeitabhängigkeit des influenzierten Stromes ist nach dem Shockley-Ramo-Theorem (5.27)

$$i_S^+(t) = Ne\,\frac{1}{\ln(b/a)}\frac{1}{r}v^+\,. \tag{5.63}$$

Den Verlauf von $r(t)$ erhält man aus der Driftbewegung der Ionen:

$$\frac{dr}{dt} = v^+ = \mu^+ E(r) = \frac{\mu^+ U_0}{\ln(b/a)}\frac{1}{r}\,, \tag{5.64}$$

wobei μ^+ die Beweglichkeit der Ionen im Gas ist (siehe Abschnitt 4.3, Gleichung (4.44)). Die Integration dieser Differenzialgleichung ergibt (mit $r_0 = r(t = 0)$):

$$\int_{r_0}^{r(t)} r\,dr = \frac{1}{2}\left(r^2(t) - r_0^2\right) = \frac{\mu^+ U_0}{\ln b/a}\,t$$

$$\Rightarrow \quad r(t) = \sqrt{r_0^2 + \frac{2\mu^+ U_0}{\ln b/a}\, t} = r_0 \sqrt{1 + \frac{t}{t_0^+}}\,, \tag{5.65}$$

wobei eine charakteristische Zeit t_0^+,

$$t_0^+ = \frac{r_0^2 \ln b/a}{2\mu^+ U_0}\,, \tag{5.66}$$

definiert wurde. Sie entspricht in etwa der Anstiegszeit des Ionensignals bei kleinen t. Die Zeit, die das Ion braucht, um an der Kathode anzukommen, ist:

$$T^+ = t(r = b) = t_0^+ \frac{b^2 - r_0^2}{r_0^2}\,. \tag{5.67}$$

Das Ergebnis $r(t) \propto \sqrt{t_0^+ + t}$ in (5.65) zeigt, dass die Bewegung der Ionen nach (5.64) schnell beginnt und sich mit der Entfernung vom Draht wegen des mit $1/r$ stark abfallenden elektrischen Feldes verlangsamt. Durch Einsetzen von (5.64) und (5.65) in (5.63) ergibt sich die explizite Zeitabhängigkeit des Ionensignals:

$$i_S^+(t) = \frac{Ne}{2 \ln b/a} \frac{1}{t + t_0^+}\,. \tag{5.68}$$

Im Gegensatz dazu legen die Elektronen nach Einsetzen der Gasverstärkung bei r_0 nur noch ein kurzes Wegstück (wenige Mikrometer) zurück und erzeugt daher ein extrem kurzes Stromsignal. Wenn man für den Gasverstärkungsbereich für die Elektronen eine mittlere freie Weglänge von $\lambda_{ion} \approx 1\mu$m und eine konstante Geschwindigkeit von etwa $v^- \approx 5\,\mathrm{m}/\mu\mathrm{s}$ (siehe Abschnitt 7.4.1) annimmt, so ergibt sich eine typische Zeit bis zur Ankunft der Elektronen am Draht von

$$T^- = (r_0 - a)/v^- \approx \frac{1\,\mu\mathrm{m}}{5\,\mathrm{m}}\,\mu\mathrm{s} = 0.2 \cdot 10^{-12}\,\mathrm{s}\,. \tag{5.69}$$

Diese hohe Zeitauflösung kann in Driftkammern wegen der räumlichen Verteilung der primären Ladungsträger, die eher Zeitauflösungen im Nanosekundenbereich haben, kaum genutzt werden. Da zudem das Ladungssignal, wie oben abgeschätzt, nur etwa 1% des Ionensignals beträgt, konzentrieren wir uns im Folgenden auf das Ionensignal.

Für die Zeitabhängigkeit des Ladungssignals erhalten wir durch Integration von (5.68):

$$Q_S(t) \approx Q_S^+(t) = -\frac{N\,e}{2 \ln b/a} \int_0^t \frac{dt'}{t' + t_0^+} = -\frac{Ne}{2 \ln b/a} \ln\left(1 + \frac{t}{t_0^+}\right). \tag{5.70}$$

Bei hochohmiger Abkopplung der Spannungsquelle wird die Influenzladung auf der Elektrode akkumuliert und führt zu einem während der Ionendriftzeit anwachsenden Spannungssignal (siehe die Fußnote auf Seite 157) abhängig von der Detektorkapazität $C_{det} = C_l\, l$ (siehe Definition in (5.53)):

$$u_s(t) = \frac{Q_S(t)}{C_l\, l} = -u_0 \ln\left(1 + \frac{t}{t_0^+}\right) \quad \text{mit} \quad u_0 = \frac{N\,e}{2 \ln b/a\, C_{det}} = \frac{N\,e}{4\pi\epsilon_0\, l}\,. \tag{5.71}$$

Das heißt, dass die Spannungsspitze außer von der Gesamtladung nur von der Länge des Zählrohres und nicht von den radialen Abmessungen abhängig ist (wenn man von zusätzlichen Streukapazitäten, zum Beispiel von Leitungen zur Signalauslese, absehen kann).

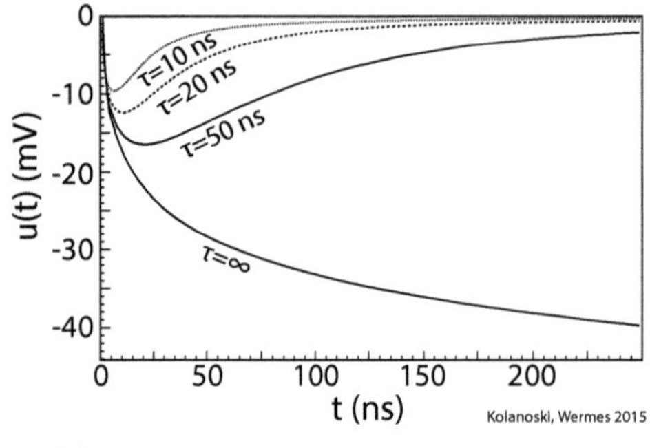

(a) Signalentwicklung in einem Zählrohr

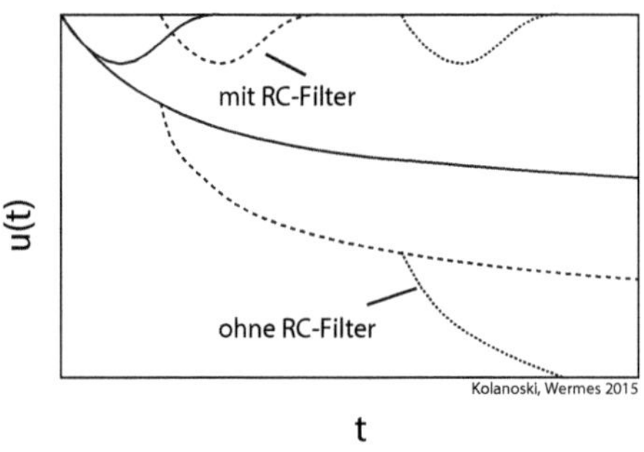

(b) Unterdrückung von *pile-up*

Abb. 5.10 (a) Signalentwicklung in einer zylindersymmetrischen Kammer mit Gasverstärkung. Die Parameter sind wie im Text beschrieben gewählt. Die relevanten Zeitkonstanten sind: $t_0^+ = 1\,\text{ns}$ (schneller Signalanstieg) und $T^+ = 1\,\text{ms}$ (Sammelzeit für das Ionensignal). Die verschiedenen Pulsformen zeigen den Einfluss der Differenziation des Signals mit verschiedenen RC-Zeiten τ. (b) *pile-up*-Signale mit und ohne RC-Filter. In der Zeichnung ist angenommen, dass ebenfalls eine Kompensation der langen Ionensignale (*ion-tail cancellation*) vorgenommen wurde, so dass die Pulse schnell die Grundlinie erreichen (Abschnitt 17.3.5).

Als quantitatives Beispiel diskutieren wir die Spannungssignale eines Proportionalzählrohres mit folgenden typischen Parametern (neben den bereits eingeführten Parametern tritt hier noch die Gasverstärkung A auf):

$$\begin{aligned} &a = 10\,\mu\text{m}\ , \quad b = 10\,\text{mm}\ , \ l = 0.2\,\text{m} \quad \Rightarrow \quad C_{det} = 1.61\,\text{pF} \quad , \\ &U_0 = 2\,\text{kV}, \quad \mu^+(\text{Argon}) = 1.7\,\text{cm}^2\,\text{V}^{-1}\text{s}^{-1} \quad , \\ &A = 10^4, \quad q = 100\,e^- \times A = 1.6 \times 10^{-13}\,\text{C} \quad . \end{aligned}$$

In Abb. 5.10(a) gibt die Kurve mit der Beschriftung '$\tau = \infty$' das Spannungssignal gemäß (5.71) für diese Parameter wieder. Die charakteristischen Zeiten in diesem Beispiel sind

$$T^+ = 1\,\text{ms} \quad \text{und} \quad t_0^+ = 1\,\text{ns}\,.$$

Die gesamte Ladungssammelzeit ist also typisch etwa 10^6-mal größer als die charakteristische Signalanstiegszeit. Das maximale Spannungssignal wird nach der Zeit T^+ erreicht:

$$u_S(T^+) = -\frac{Ne/l}{4\pi\epsilon_0} \ln\left(1 + \frac{T^+}{t_0^+}\right) \approx -100\,\text{mV}\,.$$

Wegen des steilen Spannungsanstiegs bei kleinen Zeiten aufgrund der hohen Ionengeschwindigkeiten in der Nähe der Anode sind allerdings bereits nach einer Zeit von $10\,t_0^+ \approx 10\,\text{ns}$ fast 20% der Spannung erreicht:

$$\frac{u_S(10\,t_0^+)}{u_S(T^+)} \approx \frac{\ln 11}{\ln 10^6} \approx 0.17\,.$$

Differenzieren des Signals Um bei Experimenten mit hohen Raten keine Signalüberlagerungen (*pile-up*) zu erhalten, schneidet man häufig das Signal durch Differenzieren mit einem geeigneten Hochpassfilter ab, wie in Abb. 5.9(a) dargestellt: Der Anodendraht liegt über einen großen Widerstand R_{HV} (einige MΩ) auf Hochspannungspotenzial. Das von der driftenden Ladung erzeugte Signal liegt an dem Verstärker an, der einen unendlich hohen Eingangswiderstand haben soll und durch den Kondensator C von der Hochspannung entkoppelt ist. Der tatsächliche Eingangswiderstand ist durch R_S gegeben. Eine Spannungsänderung am Eingang des Verstärkers führt zu einem Strom $i(t) = u(t)/R_S$ über den Widerstand R_S, so dass das Spannungssignal mit einer Zeitkonstanten $\tau = R_S\, C_{det}$ abgebaut wird, sofern die Koppelkapazität C groß gegenüber C_{det} ist. Für ein Spannungssignal mit $u(t=0) = u_0$ gilt:

$$u(t) = u_0\, e^{-t/\tau}\,. \tag{5.72}$$

Bei gegebener Detektorkapazität $C_{det} = C_l\, l$ (hier 1.61 pF) wird die Zeitkonstante durch den Widerstand R_S festgelegt. Die Pulsformung mit *tail cancellation* durch einen dedizierten Pulsformer und weitere Filter ist in Abschnitt 17.3 beschrieben.

Jeder Ladungsbeitrag zur Zeit t' trägt mit einem Exponentialfaktor wie in (5.72) zum Spannungssignal bei. Insgesamt führt das dazu, dass der Integrand (5.70) mit der Exponentialfunktion zu wichten ist:

$$u_S(t) = -\frac{Ne/l}{4\pi\epsilon_0}\int_0^t \frac{e^{-\frac{t-t'}{\tau}}}{t_0+t'}dt' = -\frac{Ne/l}{4\pi\epsilon_0}e^{-\frac{t+t_0}{\tau}}\left[\mathrm{Ei}\left(\frac{t+t_0}{\tau}\right) - \mathrm{Ei}\left(\frac{t_0}{\tau}\right)\right]. \tag{5.73}$$

Die Funktion $\mathrm{Ei}(x)$ ist die 'Integralexponentialfunktion' (siehe zum Beispiel [269,1022]).[37] Abbildung 5.10(a) zeigt das Signal bei kleinen Zeiten für verschiedene Werte der Zeitkonstanten $\tau = R_S C_{det}$, einschließlich für $R_S = \infty$, entsprechend $\tau = \infty$, was dem Signalverlauf ohne Differenziation des Signals entspricht. Der exponentielle Abfall des differenzierten Signals wird bei größeren Zeiten durch die Ei-Terme in (5.73) abgeflacht, was durch den lang anhaltenden Ionenstrom bedingt ist.

Aus Abb. 5.10(a) kann man entnehmen, dass bei einer in der Praxis üblichen Differenziation (und eventuell weiterer Pulsformung) auf einer Zeitskala von etwa 10 ns nur ein Bruchteil der Ladung, typisch etwa 20%, gemessen wird ('ballistisches Defizit', siehe dazu auch Seite 847 in Abschnitt 17.3). Das wird in Kauf genommen, um bei hohen Raten verschiedene Pulse noch trennen zu können (Abb. 5.10(b)) und dem Pile-up-Effekt entgegenzuwirken. Damit kann die Auflösung dicht aufeinander folgender Treffer von zum Beispiel nah beieinander liegenden Teilchenspuren verbessert werden (Doppelspurauflösung). Die Differenziation allein kann aber nicht verhindern, dass bei hohen Raten die sehr langen Signale der Ionen die Spannungsgrundlinie verschieben und dadurch die Signalschwelle ratenabhängig machen können. Mit geschickten elektronischen Schaltungen

[37] Das Resultat (5.73) stimmt mit einem allgemeineren Ansatz für die Berechnung von Signalen auf Elektroden, die in einem elektronischen Netzwerk eingebunden sind, überein. Solche Berechnungen basieren auf dem Konzept zeitabhängiger Wichtungsfelder, wie es zum Beispiel in [475,868] beschrieben wird, siehe auch die Fußnote auf Seite 157. Mit diesem Ansatz bestimmt man zunächst das Spannungssignal im Laplace-Raum (mit der Laplace-Variablen s, siehe Anhang H):

$$u(s) = -u_0\frac{\tau}{t_0}\exp(s\,t_0)\,\frac{\mathrm{E}_1(s\,t_0)}{1+s\,\tau}\,.$$

Hier ist u_0 wie in (5.71) definiert und E_1 ist die Integralexponentialfunktion für komplexe Werte des Arguments. Die inverse Laplace-Transformierte ergibt wie erwartet (5.73).

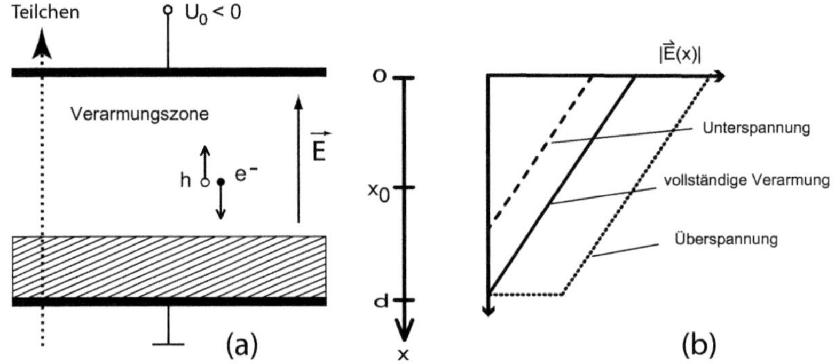

Abb. 5.11 Feldverlauf in einem Si-Detektor: (a) Skizze eines Silizium-Detektors mit unvollständiger Verarmung und e/h-Paarerzeugung bei x_0; (b) linearer Verlauf des elektrischen Feldes für vollständige Verarmung sowie Unter- und Überspannung.

(*ion tail cancellation*, *baseline restauration*) kann man auch dies weitgehend unterdrücken (siehe Abschnitt 17.3.5 oder zum Beispiel [848, 956]).

Bei einer solchen Differenzierung des Signals trägt das sehr schnelle Elektronensignal voll bei, so dass der Beitrag von etwa 1–2% zur vollen Ladung, gemäß (5.62), auf etwa 5–10% ansteigen kann.

5.4 Signalentstehung in Detektoren mit Raumladung

Ein Halbleiterdetektor ähnelt einem Parallelplattendetektor, gefüllt mit einem Dielektrikum (siehe Kapitel 8). Der Unterschied ist allerdings, dass aufgrund der raumfesten Ladung in der Verarmungszone des Detektors das elektrische Feld nicht konstant ist. Das Feld fällt linear von der Seite der pn-Grenzschicht bis zur gegenüberliegenden Seite ab (Abb. 5.11). Im Folgenden beziehen wir uns auf einen Siliziumdetektor mit einem schwach n-dotierten Substratmaterial, auf dem eine stärker dotierte p-Schicht aufgebracht ist. Von der pn-Grenzschicht aus wächst die Verarmungszone mit wachsender Sperrspannung in den Detektor hinein. Die n^+-Schicht auf der gegenüber liegenden Seite dient der Kontaktierung. Andere Anordnungen und weitere Details werden in Kapitel 8 beschrieben.

5.4.1 Ladungs- und Stromsignal eines Elektron-Loch-Paares in Silizium

Bei vollständiger Verarmung erreicht das Feld den Wert Null an der n^-n^+-Grenze auf der Seite, die der Ausleseelektrode gegenüberliegt. Bei unvollständiger Verarmung endet das Feld an der leitfähigen, noch nicht verarmten Schicht (Abb. 5.11(a)). Wenn mehr

Spannung angelegt wird, als zur vollständigen Verarmung notwendig ist, überlagert sich ein konstanter Feldbeitrag dem linearen Verlauf. Der Feldverlauf im Bereich $0 \leq x \leq d$ ist gegeben durch:

$$\vec{E}(x) = -\left[\frac{2U_{dep}}{d^2}(d-x) + \frac{U - U_{dep}}{d}\right]\vec{e}_x = -\left[\frac{U + U_{dep}}{d} - \frac{2U_{dep}}{d^2}x\right]\vec{e}_x\,, \tag{5.74}$$

wobei U die angelegte externe Spannung und U_{dep} die Spannung ist, die für vollständige Verarmung notwendig ist. U_{dep} folgt direkt aus Gleichung (8.52) in Abschnitt 8.3.1 und hängt hauptsächlich von der Dotierungsdichte und der Dicke des Detektors ab:

$$U_{dep} \approx \frac{eN_D}{\epsilon\epsilon_0}\frac{d^2}{2}\,. \tag{5.75}$$

Bei hinreichend großer Überspannung nähern sich die Verhältnisse mehr und mehr denen eines Parallelplattendetektors mit konstantem Feld an (siehe Abschnitt 5.3.1). Mit den Abkürzungen

$$a = \frac{U + U_{dep}}{d}\,, \qquad b = \frac{2U_{dep}}{d^2} \tag{5.76}$$

lautet das elektrische Feld (Abb. 5.11)

$$\vec{E}(x) = -\,(a - bx)\,\vec{e}_x\,. \tag{5.77}$$

Wir betrachten nun ein Elektron-Loch-Paar (e/h-Paar), das bei $x = x_0$ erzeugt wird (Abb. 5.11(a)). Die Löcher driften in Richtung des elektrischen Feldes und die Elektronen in die entgegengesetzte Richtung:

$$\begin{aligned} v_e &= -\mu_e E_x(x_e) = +\mu_e\,(a - bx_e) = +\frac{1}{\tau_e}\left(\frac{a}{b} - x_e\right) = \dot{x}_e\,,\\ v_h &= +\mu_h E_x(x_h) = -\mu_h\,(a - bx_h) = -\frac{1}{\tau_h}\left(\frac{a}{b} - x_h\right) = \dot{x}_h\,. \end{aligned} \tag{5.78}$$

Hier wurden noch die charakteristischen Zeiten für die Bewegung der Ladungsträger,

$$\tau_{e,h} = \frac{1}{\mu_{e,h}\,b} = \frac{d^2}{2\,\mu_{e,h}\,U_{dep}}\,, \tag{5.79}$$

eingeführt. Die Lösungen der Differenzialgleichungen (5.78) mit den Anfangsbedingungen $x_e(0) = x_h(0) = x_0$ lauten:

$$\begin{aligned} x_e(t) &= \frac{a}{b} - \left(\frac{a}{b} - x_0\right)\,e^{-t/\tau_e}\,, \quad v_e = \dot{x}_e = \left(\frac{a}{b} - x_0\right)\,\frac{1}{\tau_e}\,e^{-t/\tau_e}\,,\\ x_h(t) &= \frac{a}{b} - \left(\frac{a}{b} - x_0\right)\,e^{+t/\tau_h}\,, \quad v_h = \dot{x}_h = -\left(\frac{a}{b} - x_0\right)\,\frac{1}{\tau_h}\,e^{t/\tau_h}\,. \end{aligned} \tag{5.80}$$

Es ergibt sich also eine beschleunigte Bewegung der Ladungsträger. Bei hohen Feldstärken kann die Driftgeschwindigkeit in Sättigung gehen, dann sind die Verhältnisse so wie im Fall paralleler Platten mit konstanter Driftgeschwindigkeit, beschrieben in Abschnitt 5.3.1.

Bei vollständiger Verarmung erreichen die Elektronen die Elektrode bei $x_e = d$ zur Zeit $t = T^-$. Die Löcher erreichen die Elektrode bei $x_h = 0$ zur Zeit $t = T^+$. Aus (5.80) ergibt sich für diese Zeiten:

$$T^- = \tau_e \ln\frac{a - bx_0}{a - b\,d}\,, \qquad T^+ = \tau_h \ln\frac{a}{a - bx_0}\,. \tag{5.81}$$

Die Sammelzeiten sind nur endlich, wenn die Nenner positiv sind. Mit a, b aus (5.76) bedeutet das für die Elektronen:

$$a - b\,d \;>\; 0 \quad\Rightarrow\quad U > U_{dep}\;. \tag{5.82}$$

Für kleinere Spannungen U als die Verarmungsspannung U_{dep} kommen demnach die Elektronen nicht mehr an der Elektrode an. Durch die Influenz gibt es aber weiterhin Signale, die allerdings kleiner sind als bei vollständiger Verarmung, solange der Entstehungsort in einem Bereich nicht-verschwindenden Feldes liegt. Um volle Signaleffizienz zu erhalten, sollte daher die angelegte Spannung immer größer als die zur vollständigen Verarmung notwendige Spannung sein.

Im Folgenden soll das Stromsignal an der oberen Elektrode in Abb. 5.11 (a) als Ausleseelektrode (Löchersammlung) berechnet werden. Nach dem Shockley-Ramo-Theorem (5.27) gilt (zum Vorzeichen siehe Abschnitt 5.2.4):

$$i_S^{e,h}(t) = q\vec{E}_w\vec{v}_{e,h}\;. \tag{5.83}$$

Wie in Abschnitt 5.2.2 argumentiert, ist das Wichtungsfeld unabhängig von festen Raumladungen und hier deshalb dasselbe wie in der Anordnung paralleler Platten in Abschnitt 5.3.1. Für die obere Elektrode ist dann das Wichtungsfeld gegeben durch

$$\vec{E}_w = -\frac{1}{d}\,\vec{e}_x\,. \tag{5.84}$$

Damit und mit den Geschwindigkeiten in (5.80) erhalten wir den zeitlichen Verlauf der Stromsignale:

$$\begin{aligned} i_S^h(t) &= \frac{e}{d}\frac{1}{\tau_h}\left(\frac{a}{b} - x_0\right)e^{+t/\tau_h} \qquad &&\text{für} \qquad t < T^+\,,\\ i_S^e(t) &= \frac{e}{d}\frac{1}{\tau_e}\left(\frac{a}{b} - x_0\right)e^{-t/\tau_e} \qquad &&\text{für} \qquad t < T^-\,. \end{aligned} \tag{5.85}$$

Nach dem Ende der Ladungsdrift hört das Stromsignal auf. Typische Zahlenwerte für Elektronen- und Löcherbeweglichkeiten in Halbleitern finden sich in Tab. 8.2 in Abschnitt 8.2.1. Um eine Abschätzung für Driftzeiten zu erhalten, betrachten wir die charakteristischen Zeiten, siehe (5.79):

$$\tau_{e,h} = \frac{d^2}{2\mu_{e,h}U_{dep}} \approx \frac{\epsilon\,\epsilon_0}{\mu_{e,h}eN_D}\,. \tag{5.86}$$

In Si-Detektoren mit $\epsilon_{Si} = 11.9$ und typischer Dotierung $N_D = 10^{12}\,\text{cm}^{-3}$ (siehe Abschnitt 8.3.1) ergibt sich $\tau_e \approx 5\,\text{ns}$ und $\tau_h \approx 15\,\text{ns}$. Bei Anlegen einer Spannung $U = 1.5\,U_{dep}$ (Überdepletion, um die Driftzeiten für Elektronen endlich zu machen) und einer Ladungserzeugung in der Mitte des Detektors beziehungsweise weit weg von der Sammelelektrode ergibt sich für die Driftzeiten:

$$\begin{aligned} x_0 &= 0.5\,d &&\Rightarrow\quad T^+ = 0.5\,\tau_h = 7.7\,\text{ns}\,,\\ x_0 &= 0.95\,d &&\Rightarrow\quad T^+ = 1.4\,\tau_h = 21\,\text{ns}\,,\\ x_0 &= 0.5\,d &&\Rightarrow\quad T^- = 1.1\,\tau_e = 5.5\,\text{ns}\,,\\ x_0 &= 0.95\,d &&\Rightarrow\quad T^- = 0.2\,\tau_e = 1.0\,\text{ns}\,. \end{aligned} \tag{5.87}$$

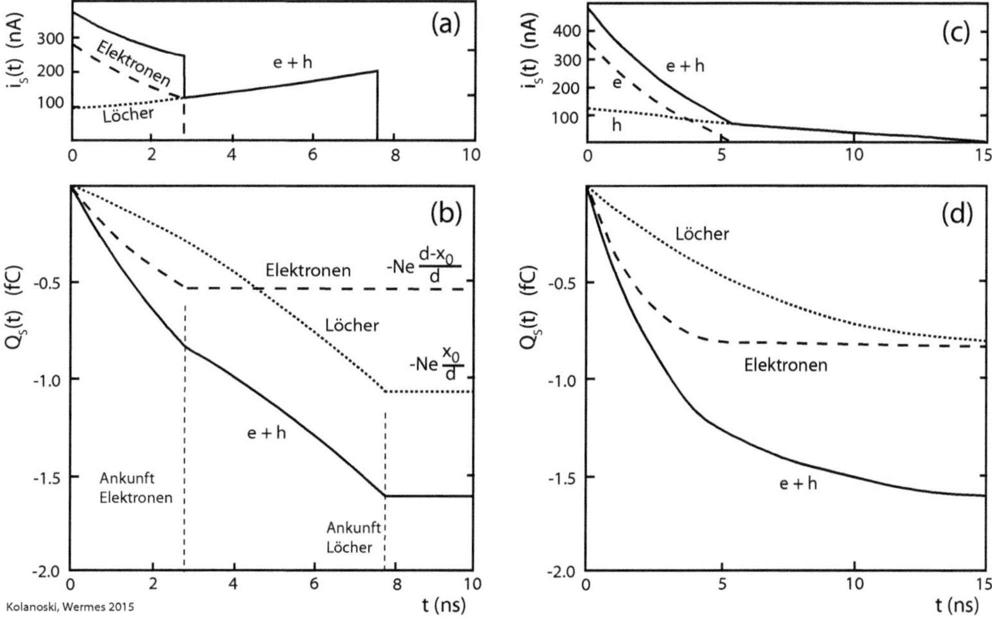

Abb. 5.12 Typischer Signalverlauf des Stromes i_S(t) und der Ladung $Q_S(t)$ für Elektronen und Löcher an der negativen Elektrode eines Siliziumdetektors wie in Abb. 5.11. Die Parameter des Detektors sind: $U = 150\,\text{V}$, $U_{dep} = 100\,\text{V}$, $d = 300\ \mu\text{m}$. (a), (b) Punktladung mit Startpunkt $x_0 = \frac{2}{3}d$ für $N = 10\,000$ Elementarladungen; (c), (d) geladenes Teilchen mit $N = 10\,000$ Elementarladungen, gleichverteilt entlang der Spur. Die endliche Ankunftszeit der Elektronen wird durch 50% 'Überdepletion' erreicht.

Si-Detektoren haben somit eine relativ kurze Sammelzeit für Elektronen und Löcher und können als 'schnelle' Detektoren eingesetzt werden.

Die Summe von Elektronen- und Löcherkomponente in (5.85) ergibt den Gesamtstrom (Abb. 5.12 (a)):

$$\begin{aligned} i_S(t) &= i_S^e(t) + i_S^h(t) \\ &= \frac{e}{d}\left(\frac{a}{b} - x_0\right)\left(\frac{1}{\tau_e}e^{-t/\tau_e}\,\Theta(T^- - t) + \frac{1}{\tau_h}e^{t/\tau_h}\,\Theta(T^+ - t)\right), \end{aligned} \tag{5.88}$$

wobei Θ die Stufenfunktion ist.

Durch Integration des Stromsignals erhält man das influenzierte Ladungssignal $Q_S(t)$ (Abb. 5.12 (b)):

$$\begin{aligned} Q_S(t) = -e\,\frac{a - b\,x_0}{b\,d}\,\Big[&\left(1 - e^{-t/\tau_e}\right)\Theta(T^- - t) + \left(e^{\,t/\tau_h} - 1\right)\Theta(T^+ - t) \\ &+ \left(1 - e^{-T^-/\tau_e}\right)\Theta(t - T^-) + \left(e^{\,T^+/\tau_h} - 1\right)\Theta(t - T^+)\Big]\,. \end{aligned} \tag{5.89}$$

Kompakter kann die Gleichung geschrieben werden, solange keine der Ladungen die jeweilige Elektrode erreicht hat:

$$Q_S(t) = -e\,\frac{a - b\,x_0}{b\,d}\left(e^{\,t/\tau_h} - e^{-t/\tau_e}\right) \quad \text{für} \;\; t < T^-, T^+\,. \tag{5.90}$$

Die erste Zeile in (5.90) zeigt das Anwachsen der Influenzladung, solange sich Ladungen bewegen. Die zweite Zeile enthält die insgesamt influenzierten Ladungen nach den entsprechenden Sammelzeiten. Die gesamten Ladungen lassen sich mit den Ausdrücken für $T^{\pm}$ in (5.81) wie folgt schreiben:

$$Q_S^{tot-} = -e\,\frac{a - b\,x_0}{b\,d}\left(1 - e^{-T^-/\tau_e}\right) = -e\,\frac{d - x_0}{d}\,, \tag{5.91}$$

$$Q_S^{tot+} = -e\,\frac{a - b\,x_0}{b\,d}\left(e^{T^+/\tau_h} - 1\right) = -e\,\frac{x_0}{d}\,. \tag{5.92}$$

Damit ergibt sich die gesamte von der Bewegung beider Ladungsträger durch Influenz erzeugte Signalladung:

$$Q_S^{tot} = Q_S^{tot-} + Q_S^{tot+} = -e\,. \tag{5.93}$$

Mit der Detektorkapazität C lässt sich das Ladungssignal in ein Spannungssignal

$$u_S(t) = Q_S(t)/C \tag{5.94}$$

umrechnen, das nach einer Pulsformung dann zur weiteren elektronischen Verarbeitung dient.

5.4.2 Signalverlauf bei einem Teilchendurchgang

Zur Beschreibung des Signals eines ionisierenden Teilchens mit einer nahezu gleichmäßigen Verteilung von erzeugten e/h-Paaren entlang seiner Spur, wie in Abb. 5.11 (a) dargestellt, müssen die Beiträge der einzelnen Ladungsträger an verschiedenen Startpunkten x_0 überlagert werden. Unter Vernachlässigung von Diffusion und unter Verwendung von Gleichung (5.85) für den Beitrag einer einzelnen Ladung kann das Stromsignal einer Teilchenspur berechnet werden. Die Teilchenspur erzeuge N über die Detektorbreite d gleichverteilte e/h-Paare. Für eine bestimmte Zeit t müssen die Ströme (5.85) der einzelnen Ladungen über alle Entstehungsorte x_0, von denen aus die Ladungen zur Zeit t noch nicht an einer Elektrode angekommen sind, integriert werden:

$$\begin{aligned}
i_S^-(t) &= -\tfrac{Ne}{d^2}\tfrac{1}{\tau_e}\,e^{-\frac{t}{\tau_e}} \underbrace{\int_0^{x^e_{max}} \left(\frac{a}{b} - x\right) dx}_{\frac{a}{b}x^e_{max} - \frac{1}{2}x^{e\,2}_{max}} && \text{für } 0 < t < T^-_{max}\,,\\
i_S^-(t) &= 0 && \text{sonst}\,,\\
i_S^+(t) &= -\tfrac{Ne}{d^2}\tfrac{1}{\tau_h}\,e^{+\frac{t}{\tau_h}} \underbrace{\int_{x^h_{min}}^{d} \left(\frac{a}{b} - x\right) dx}_{\frac{a}{b}\left(d - x^h_{min}\right) - \frac{1}{2}\left(d^2 - x^{h\,2}_{min}\right)} && \text{für } 0 < t < T^+_{max}\,,\\
i_S^+(t) &= 0 && \text{sonst}\,.
\end{aligned} \tag{5.95}$$

Die Ströme fließen jeweils bis zu den nach der Gleichung (5.81) maximal möglichen Driftzeiten, die für die Durchquerung der Dicke des Detektors notwendig sind:

$$T^-_{max} = T^-(x_0 = 0) = \tau_e \ln\frac{a}{a - b\,d}\,,$$

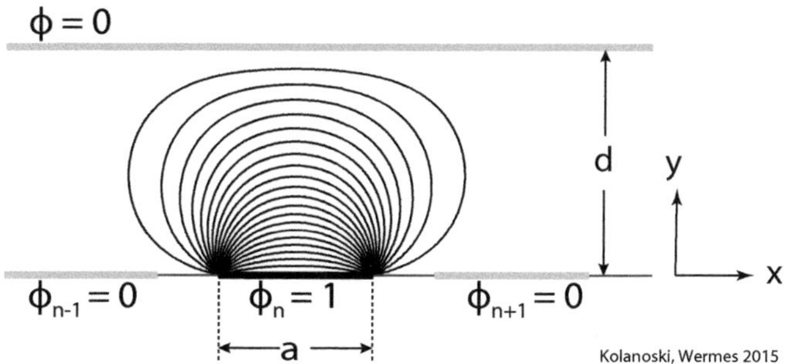

Abb. 5.13 Schematische Darstellung eines Schnittes durch einen Streifendetektor senkrecht zu den Streifen. Eingezeichnet ist das nach (5.98) berechnete Wichtungspotenzial $\phi_w(x, y)$ für den n-ten Streifen.

$$T^+_{max} = T^+(x_0 = d) = \tau_h \ln \frac{a}{a - b\,d} \,. \tag{5.96}$$

Ladungen, die von den Integralgrenzen x^e_{max} und x^h_{min} in (5.95) ausgehen, erreichen die jeweilige Elektrode in der Zeit t, so dass in den Gleichungen (5.80) $x_e(t) = d$ für $x_0 = x^e_{max}$ und $x_h(t) = 0$ für $x_0 = x^h_{min}$ gilt. Aus der Auflösung der Gleichungen nach x_0 folgt

$$x^e_{max} = \frac{a}{b} + \left(d - \frac{a}{b}\right) e^{+t/\tau_e}, \qquad x^h_{min} = \frac{a}{b}\left(1 - e^{-t/\tau_h}\right) . \tag{5.97}$$

In (5.95) eingesetzt ergibt sich das Stromsignal einer senkrecht durch den Detektor laufenden Spur und nach Integration über die Zeit das Ladungs- beziehungsweise Spannungssignal. Das Ergebnis ist für eine Teilchenspur mit $N = 10\,000$ e/h-Paaren entlang der Spur in Abb. 5.12 (c),(d) dargestellt.

5.5 Signale in Detektoren mit segmentierten Elektroden

Die bisherigen Betrachtungen galten für Zwei-Elektroden-Konfigurationen mit Elektroden ohne Segmentierung. Häufig ist jedoch eine ortsempfindliche Auslese erwünscht, so dass die Elektroden in kleinere Elemente unterteilt sind. Bekannte Beispiele sind Streifen- oder Pixeldetektoren. Wir betrachten hier ein Mehr-Elektroden-System mit eindimensionaler Unterteilung (Streifendetektor). Die Schlussfolgerungen gelten allerdings weitgehend auch für Pixeldetektoren mit zweidimensionaler Unterteilung (siehe zum Beispiel [870]).

Wir nehmen an, dass die Streifenbreite a groß gegen den Abstand zwischen den Streifen ist. Die Streifenlänge soll groß gegenüber ihrer Breite und der Dicke d des Detektors sein, so dass das Problem so wie in Abb. 5.13 dargestellt behandelt werden kann. Die Abbildung zeigt das Wichtungspotenzial für einen der Streifen, die Ausleseelektrode, dargestellt durch Linien konstanten Potenzials. Mit den obigen Annahmen lässt sich das Wichtungspotenzial durch Lösen der homogenen Potenzialgleichung, $\Delta\phi_w(x, y) = 0$, mit den entsprechenden Randwerten auf den Elektroden ($\phi_w = 1$ auf dem ausgelesenen Streifen, $\phi_w = 0$ sonst) berechnen:

$$\phi_w(x,y) = \frac{1}{\pi} \arctan\left(\frac{\sin(\pi y)\cdot \sinh(\pi \frac{a}{2})}{\cosh(\pi x) - \cos(\pi y)\cosh(\pi \frac{a}{2})}\right) . \tag{5.98}$$

Dabei sind x, y die Koordinaten in der Schnittebene, x in der Streifenebene mit $x = 0$ in der Mitte des betrachteten Streifens und y senkrecht dazu, so dass die Elektrodenebenen bei $y = 0$ und $y = 1$ (also $d = 1$) liegen. Diese Lösung der Potenzialgleichung kann zum Beispiel mit Hilfe konformer Abbildungen gefunden werden[38], wie in Anhang B gezeigt wird. Bei der numerischen Auswertung des Potenzials in (5.98) ist darauf zu achten, dass die arctan-Funktion durch Berücksichtigung der Vorzeichen von Zähler und Nenner auf den Wertebereich $[0, \pi]$ abgebildet wird.

In Abbildung 5.14(a) ist das Wichtungspotenzial für verschiedene Streifenbreiten als Funktion des Abstands von der Elektrode (Detektortiefe y) dargestellt. Für eine sehr große Streifenbreite ($a \to \infty$) wird die Geometrie eines Parallelplattendetektors erreicht, für die das Wichtungspotenzial linear vom Abstand von der Elektrode abhängt. Für schmale Streifen ($a \ll 1$) hingegen wird das Wichtungspotenzial in der Nähe der Elektrode sehr steil. Dies bedeutet nach dem Shockley-Ramo-Theorem, dass der stärkste Signalbeitrag aus der Ladungsbewegung in der Nähe des Auslesestreifens oder -pixels entsteht. Dieser Effekt wird daher *small pixel effect* genannt.

In Abb. 5.14 (b) und (c) ist das Potenzial für $a = 0.2$ (zum Beispiel $60\,\mu$m für einen $300\,\mu$m dicken Detektor) in verschiedenen Tiefen y und als Funktion des Abstands x von der Streifenelektrode dargestellt, in (b) eindimensional als Funktion des horizontalen Abstands x von der betrachteten Elektrode und in (c) zweidimensional als Funktion von x und y. In genügendem Abstand von der Elektrodenebene ist das Wichtungspotential für die 'Signalelektrode', auf der die driftende Ladung endet, und ihre Nachbarelektroden sehr ähnlich. Bei $y = 0.5$ in der Mitte des Detektors ist das Potenzial nahezu unabhängig von der x-Position (Abb. 5.14(b)). Die auf die Streifen- bzw. Pixelelektroden zu- bzw. von ihnen weg driftenden Ladungen erzeugen auf den Elektroden zunächst eine breite influenzierte Oberflächenladungsverteilung. Mehrere benachbarte Streifen zeigen daher ein anfänglich ähnliches Influenzsignal. Bei weiterer Bewegung vor allem der positiven Ladung auf die Streifenelektroden zu nimmt das Influenzsignal auf der Signalelektrode weiter zu, während es auf den Nachbarelektroden abnimmt. Bei Elektroden, deren Abmessungen klein sind relativ zum Abstand, den die driftende Ladung von der Elektrode hat, ist daher die Signalentwicklung für den größten Teil der Ladungsbewegung auf allen Pixeln gleich und unterscheidet sich für die Signalelektrode und ihre Nachbarn erst kurz vor dem Ende der Driftstrecke.

Die Auswirkungen des Small-Pixel-Effekts sind bei der Konzeption eines Detektors zu beachten, insbesondere wenn die Elektronen- und die Löcherbeweglichkeiten sehr verschieden sind ($\mu_h \ll \mu_e$) wie zum Beispiel bei den Halbleitern CdTe oder CdZnTe (siehe Abschnitt 8.13.3), oder wenn Ladungsträger eingefangen werden können (trapping) (sie-

[38] Üblicherweise wird die Berechnung komplexer Feldkonfigurationen numerisch unter Zuhilfenahme spezieller Programme (zum Beispiel Garfield [1008] oder FlexPDE [437]) durchgeführt.

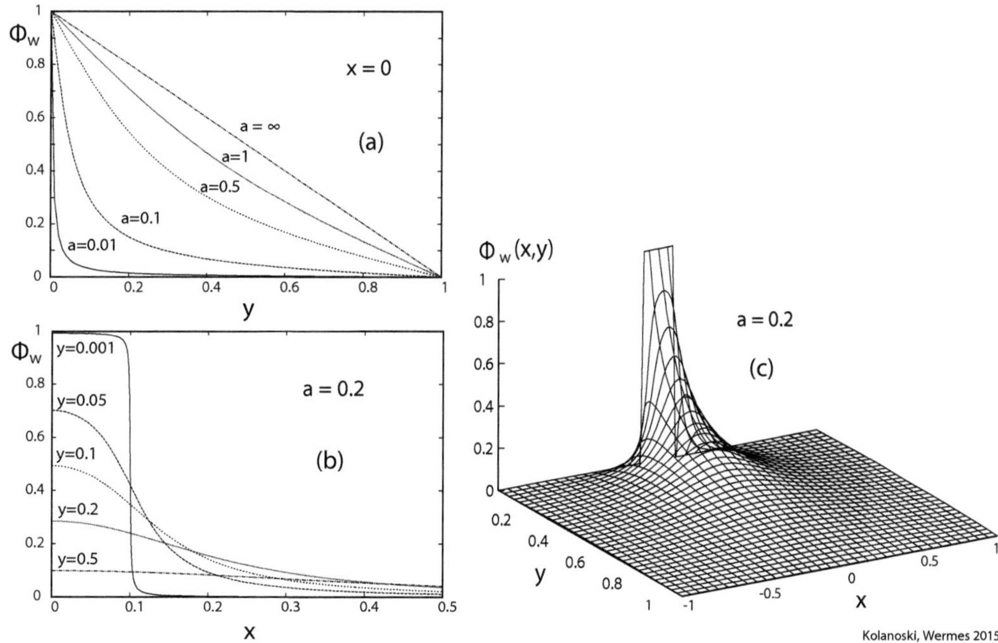

Abb. 5.14 Darstellung des Wichtungspotenzials ϕ_w gemäß (5.98): (a) ϕ_w als Funktion des Abstands y von der Streifenebene bei $x = 0$ (Streifenmitte) für verschiedene Streifenbreiten a, angegeben als Bruchteil der Dicke d des Detektors; (b) ϕ_w als Funktion des Abstands x von der Streifenmitte für verschiedene Abstände y von der Streifenebene bei einer festen Streifenbreite von $a = 0.2$ (c) ϕ_w in zweidimensionaler Darstellung für eine feste Streifenbreite $a = 0.2$.

he Abschnitt 8.12.3 auf Seite 408). Wenn zum Beispiel die Löcher sehr unbeweglich sind und die Elektronen nach kurzer Strecke eingefangen werden, erhält man bei lokaler Absorption eines Photons in einem Abstand von den Ausleseelektroden, der groß gegen die Elektrodenbreite ist, nur ein kleines, von der Absorptionstiefe abhängiges Signal, das auf mehreren Elektroden gleichermaßen influenziert wird und daher wenig ortssensitiv ist.

Abbildung 5.15 zeigt einen Streifendetektor, bei dem die Ausleseelektroden auf negativem Potential relative zu der gegenüberliegenden Elektrode liegen. Im Detektorvolumen werde, zum Beispiel durch die Absorption eines Photons, ein Paar von Ladungen erzeugt, die zu den jeweiligen Elektroden driften und dabei nicht verloren gehen sollen. In der Abbildung sind die beiden Situationen, dass eine Ladung auf die Ausleseelektrode beziehungsweise auf eine Nachbarelektrode zuläuft, dargestellt. Nach dem Shockley-Ramo-Theorem (5.27) hat für eine Ladung, die sich auf die Ausleseelektrode zubewegt, das Stromsignal immer das gleiche Vorzeichen, weil die Projektion der Geschwindigkeit auf die Richtung des Wichtungsfeldes das Vorzeichen nicht wechselt. Das Integral über den von beiden driftenden Ladungen influenzierten Strom ergibt den Wert der Ladung, die auf der Ausleseelektrode ankommt, falls keine der driftenden (positiven und negativen) Ladungen verlorengeht. Im Bereich der Nachbarelektrode wechselt das Stromvorzeichen, weil $\vec{E}_w\,\vec{v}$ das Vorzeichen wechselt, und das Integral ergibt, wenn keine Ladung bei der

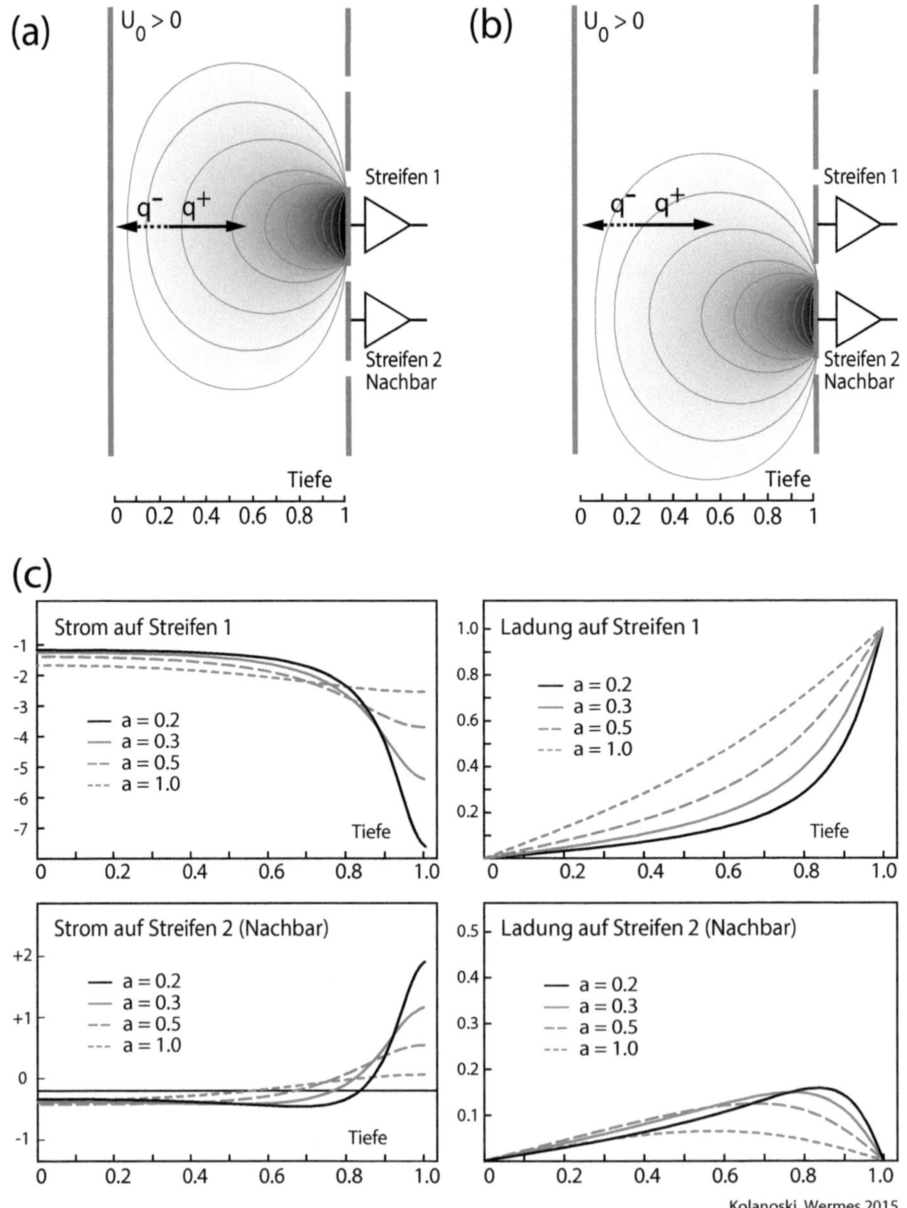

Abb. 5.15 Wichtungspotenziale (a),(b) und resultierende Strom- beziehungsweise Ladungssignale (c) für einen Si-Streifen- oder Pixeldetektor für verschiedene Werte der Streifenbreite a in relativen Einheiten. Streifen 1 sei die Signalelektrode, auf der die Ladung endet, Streifen 2 eine Nachbarelektrode. In (a) ist das Wichtungspotenzial für die Signalelektrode (Streifen 1), in (b) das der Nachbarelektrode gezeichnet. Im Detektorvolumen werde ein Ladungspaar erzeugt. Die positive Ladung bewege sich auf Streifen 1 zu, die negative auf die gegenüber liegende Elektrode. Wir folgen der Vorzeichenkonvention von (5.27). Die Bewegung erzeugt ein monoton wachsendes Stromsignal (c). Das Ladungssignal steigt ebenfalls an, bis es bei Ankunft den Maximalwert erreicht. Für die Nachbarelektrode besitzt das Stromsignal einen Nulldurchgang, das Ladungssignal verschwindet hier nach Ankunft der Driftladung auf der Signalelektrode.

Driftbewegung verlorengeht, insgesamt den Ladungswert 0 (siehe (5.28)). Zu Beginn der Ladungsbewegung 'sehen' die Nachbarelektroden fast ebenso viel Signal wie die Elektrode, auf der die Ladung schließlich ankommt. Falls die elektronische Auslese das Signal nach kurzen Driftzeiten abschneidet, um zum Beispiel hohe Raten verkraften zu können, zeigen mehrere Pixel ein ähnliches Signal – ein Effekt, der sich genauso wie Übersprechen zwischen Kanälen auswirkt.

6 Nicht-elektronische Detektoren

Übersicht

Die ersten Detektoren, die die Bahnen ionisierender Teilchen sichtbar machen konnten, waren Nebel- und Blasenkammern sowie Fotoemulsionen. Von diesen 'klassischen' Detektoren haben Nebel- und Blasenkammer für die Forschung heute keine oder wenig Bedeutung mehr, weil mit der fortschreitenden Entwicklung der Elektronik die vergleichsweise umständliche Datennahme und Datenverarbeitung bei diesen Detektoren nicht mehr konkurrenzfähig ist. Nur Fotoemulsionen werden trotz der aufwendigen Auswertung auch in modernen Experimenten eingesetzt, und zwar dann, wenn Ortsauflösungen im Bereich von einem Mikrometer gewünscht sind, ein Bereich, in dem Emulsionen immer noch konkurrenzlos sind. Nebelkammern werden heute noch häufig zu Anschauungszwecken eingesetzt, weil sie relativ einfach zu konstruieren sind und sehr anschaulich Teilchenspuren von Radioaktivität und kosmischer Strahlung sichtbar machen können. Auch Blasenkammerbilder werden sehr häufig herangezogen, um ganze Reaktionsabläufe und interessante Ereignistopologien zu demonstrieren. Eine Anleitung zum Verstehen von Blasenkammerbildern bietet das CERN, siehe [298]. Auch in diesem Buch werden an verschiedenen Stellen zur Veranschaulichung Bilder von Ereignissen in Nebelkammern, Blasenkammern und Fotoemulsionen gezeigt, wie exemplarisch auch in Abb. 6.1.

Historisch haben diese Detektoren aber eine entscheidende Rolle bei der Entwicklung der Kern- und Teilchenphysik gespielt, siehe Abschnitt 2.1. Mit Nebelkammern und Fotoplatten wurde bis zu Beginn der 1950er Jahre die Teilchenphysik mit kosmischer Strahlung erforscht (siehe Abschnitt 16.1), danach, bis in die 1980er Jahre hinein, spielten Blasenkammern für die Forschung an Beschleunigern eine herausragende Rolle. Für detailliertere Beschreibungen dieser klassischen Detektoren muss man auf ältere Literatur zurückgreifen, zum Beispiel die Darstellungen in dem Handbuch für Physik „Instrumentelle Hilfsmittel der Kernphysik II" von 1958 [346]. Die neueren Entwicklungen auf dem Gebiet der Fotoemulsionen werden in [361] beschrieben.

6.1 Nebelkammer

Die Nebelkammer, 1912 von C.T.R. Wilson (Nobelpreis 1926) eingeführt, war das erste Instrument, mit dem Teilchen als Spuren sichtbar gemacht und ihre Kinematik analysiert werden konnten. Das Prinzip beruht darauf, die mikroskopischen Ionisationsladun-

H. Kolanoski und N. Wermes, *Teilchendetektoren*, https://doi.org/10.1007/978-3-662-73068-3_6

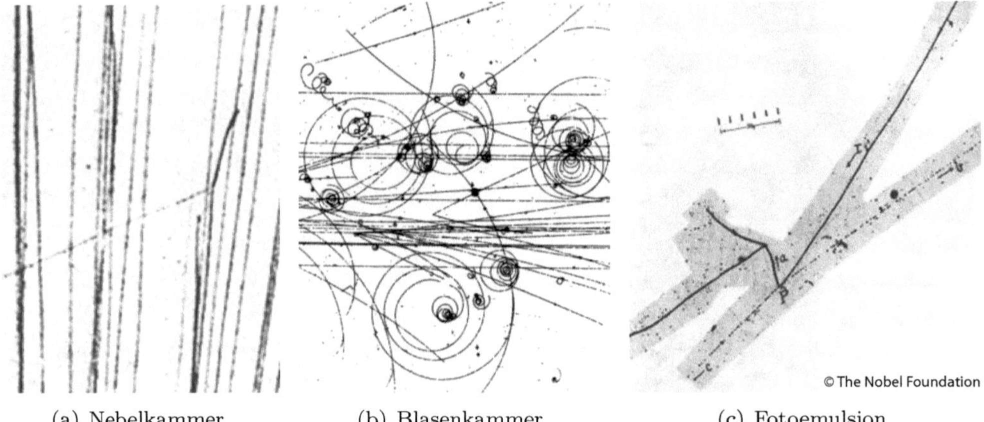

(a) Nebelkammer (b) Blasenkammer (c) Fotoemulsion

Abb. 6.1 Veranschaulichung von Teilchenreaktionen mit den in diesem Kapitel vorgestellten Detektoren. (a) Nebelkammerbild einer Kernreaktion [219]: Ein α-Teilchen reagiert mit einem Stickstoffkern (im Füllgas der Kammer), der Zwischenzustand zerfällt in ein Proton (dünne Linie nach links) und das Sauerstoffisotop ^{17}O (dicke Spur nach rechts). (b) Blasenkammerreaktion: Wechselwirkung eines Teilchenstrahls aus Pionen (von links) in einer mit Wasserstoff gefüllten Blasenkammer (BEBC). Man sieht die geradlinig durchgehenden Strahlteilchen, Primärvertices, an dem viele Teilchen erzeugt werden, und Sekundärvertices von Zerfällen. Quelle CERN. (c) Wechselwirkung eines Sekundärteilchens der kosmischen Strahlung, aufgezeichnet mit Fotoemulsionen [842]: Das Bild zeigt ein geladenes Kaon (damals noch τ genannt), das von oben rechts kommt, am Punkt P zur Ruhe kommt und dann in drei geladene Pionen zerfällt. Eines der Pionen macht eine weitere Wechselwirkung in der Emulsion. Quelle: The Nobel Foundation.

gen, die ein geladenes Teilchen in einem Gas entlang seiner Bahn erzeugt (Abschnitt 3.2), makroskopisch sichtbar zu machen. Wenn sich ein wasserdampfgesättigtes Gas in einem überkritischen Zustand befindet, bilden die erzeugten Ionen Kondensationskeime, so dass durch die auskondensierenden Tröpfchen die Teilchenbahn sichtbar wird (siehe die Abbildungen 2.3, 2.7 und 6.2(a)).

6.1.1 Expansionsnebelkammer

In der Wilson'schen Nebelkammer wird der überkritische Zustand durch adiabatische Expansion und entsprechende Abkühlung des Gasvolumens erreicht ('Expansionsnebelkammer'). Das Prinzip der Apparatur ist in Abb. 6.2(a) gezeigt: Ein meistens zylindrisches Gasvolumen wird mittels eines Kolbens schnell (<100 ms) expandiert. Die Nebelspuren werden seitlich beleuchtet und durch eine druckfeste Glasscheibe, die den Zylinder auf der dem Kolben gegenüberliegenden Seite abschließt, fotografiert. Zum Studium der Kernstrahlung können radioaktive Präparate direkt in das Gasvolumen gebracht werden (zum Beispiel ein α-Strahler wie in Abb. 3.21 auf Seite 61). In der Regel ist ein Magnetfeld senkrecht zu der Glasplatte überlagert, so dass die Spurkrümmung in der Fotoebene liegt, wie zum Beispiel in Abb. 2.3 auf Seite 8.

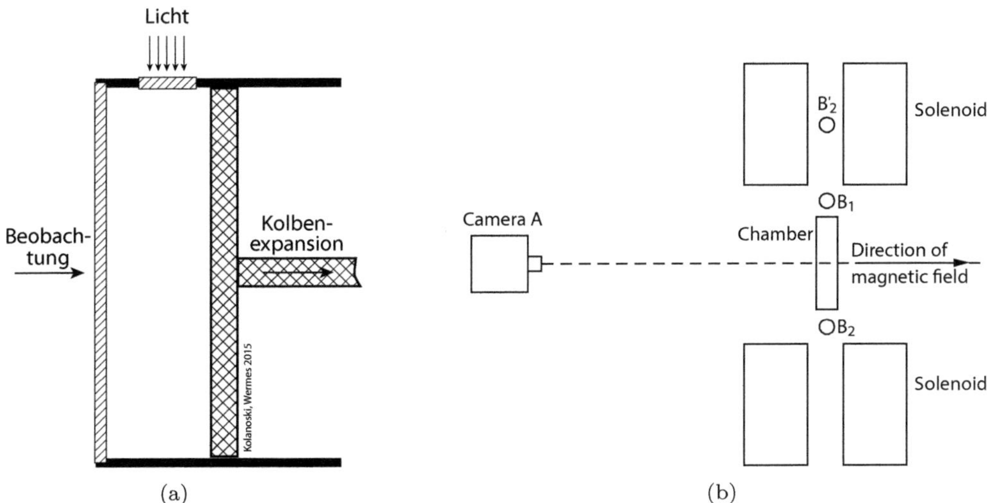

Abb. 6.2 (a) Funktionsprinzip einer Nebelkammer, Erläuterungen im Text. (b) Anordnung zur Beobachtung von kosmischer Strahlung mit einer Nebelkammer [221]. Die Nebelkammer hat die Form einer Scheibe mit einem sensitiven Volumen von 13 cm Durchmesser und 3 cm Höhe. Die Kammer ist wie in (a) vertikal aufgestellt, damit der Beobachter bevorzugt senkrecht auf kosmische Strahlung blicken kann. Über und unter der Kammer sind Geiger-Müller-Zählrohre (B_1, B_2, B'_2; Durchmesser 2 cm) aufgestellt, die in Koinzidenz geschaltet sind. Die Koinzidenz löst die Expansion und die Kamera aus. Die Magnetfeldspulen sind so ausgerichtet, dass die Bahnkrümmungen senkrecht zur Blickrichtung der Kamera verlaufen.

Die Expansion der Nebelkammer erfolgte anfangs in zufälligen zeitlichen Abständen, wobei nur wenige Prozent der Bilder interessante Ereignisse enthielten. Eine wesentliche Verbesserung der Effizienz der Datennahme erreichten Blackett und Occhialini durch Triggern mit koinzidenten Geigerzähler-Impulsen [220, 221]. Abbildung 6.2(b) zeigt eine Prinzipskizze der Anordnung, die für Studien der kosmischen Strahlung eingesetzt wurde [221]. In der Zeit zwischen Durchgang eines Teilchens und der Fotoaufnahme nach Abschluss der Expansion können die Ionen diffundieren, was die räumliche Auflösung bestimmt. In [221] wird dafür eine minimale Zeitspanne von etwa 10–20 ms angegeben, die aber auch gezielt variiert wurde, um die einzelnen Ionisations-Cluster besser sichtbar zu machen. Zum Beispiel wurde in Sauerstoff bei einem Druck von 1.7 atm eine Breite der Nebelspur von 0.8 mm nach 10 ms gefunden [221]. Die Diffusion wird mit wachsendem Druck und bei größerer Ionenmasse entsprechend Gleichung (4.91) geringer. In Abb 6.3 werden Spuren in Sauerstoff und in Wasserstoff unter gleichen Bedingungen verglichen [220].

Eine Nebelkammeraufnahme kann im Prinzip alle Informationen enthalten, die zur kinematischen Rekonstruktion und Teilchenidentifikation notwendig sind. Die Aufnahmen werden in der Regel mit zwei Kameras gemacht und stereoskopisch rekonstruiert[39].

[39]Interessant ist, wie ohne Computerhilfe die Spuren stereoskopisch rekonstruiert wurden [1046, 221]. Dazu wurden die entwickelten fotografischen Platten wieder in die Kameras gelegt, von hinten beleuchtet und so durch die Kameraoptik zurück projiziert. Ein mechanisches Spurmodell konnte dann entlang der Schnittpunkte der Projektionsstrahlen ausgerichtet werden. Diese stereoskopische

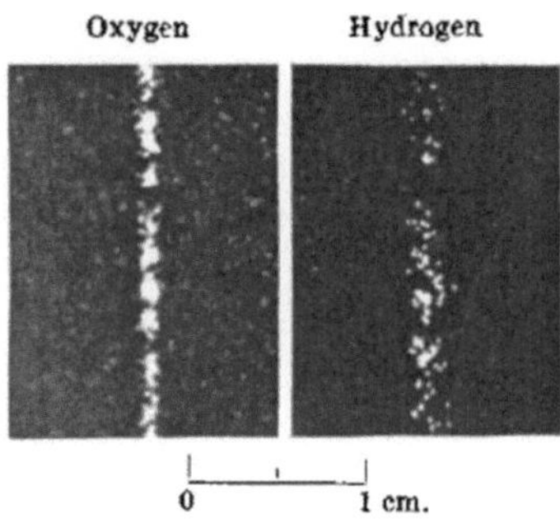

Abb. 6.3 Nebelkammerspuren in Sauerstoff (links) und Wasserstoff (rechts) [220]. Die leichten Wasserstoffionen diffundieren stärker als die Sauerstoffionen. Nachdruck mit freundlicher Genehmigung der Nature Publishing Group.

Damit können Impuls und Winkel der Teilchen bestimmt werden. Durch Auszählen der Ionisationscluster (und eventuell von δ-Elektronen) kann die Geschwindigkeit und damit, zusammen mit dem gemessenen Impuls, im Prinzip die Masse bestimmt werden (siehe dazu Abschnitt 14.2.2). So können Elektronen, Pionen (durch die Ionisation nahezu nicht unterscheidbar von Myonen), Protonen und Kerne unterschieden werden. Auf diese Weise sind ab den 30er Jahren als 'Mesonen' bezeichnete Teilchen mit Massen zwischen denen von Elektronen/Positronen und Protonen in der kosmischen Strahlung beobachtet worden, überwiegend Myonen, die wir heute der Klasse der Leptonen zurechnen (als 'Mesonen' werden heute bestimmte Hadronen wie die Pionen bezeichnet).

Bei nicht zu schnellen Teilchen kann mit einer Messung der Reichweite der Teilchen deren Energie bestimmt werden, wie an dem Beispiel für α-Strahlung in Abb. 3.21 auf Seite 61 zu sehen ist. Zusätzlich kann mit Absorberplatten (Abbildungen 2.3 und 2.7) die Durchdringungsfähigkeit eines Teilchens oder die Schauerentwicklung beobachtet werden.

6.1.2 Diffusionsnebelkammer

Während die gerade beschriebene Expansionsnebelkammer heute kaum mehr eine Rolle spielt, hat sich eine Variante, die Diffusionsnebelkammer, zu Demonstrationszwecken behauptet. Sie eignet sich hervorragend zur Beobachtung der natürlichen Umgebungsstrahlung.

Das Prinzip ist in Abb. 6.4 dargestellt: In einem Glasgehäuse befindet sich eine mit Alkohol gesättigte Atmosphäre. Von oben nach unten etabliert sich ein starkes Temperaturgefälle zwischen einer Rinne, in der der Alkohol verdampft wird, und einer gekühlten Bodenplatte, an der der Alkohol kondensiert. Dazwischen befindet sich ein Bereich von typisch wenigen Zentimetern Dicke, in der der Alkohol überkritisch ist und bei Durchgang ionisierender Strahlung Tröpfchen auskondensieren. Bei stationären Bedingungen, das heißt konstantem Temperaturgefälle und geregelter Alkoholzufuhr, ist im Gegensatz zur Expansionsnebelkammer ein kontinuierlicher Betrieb möglich.

Rückprojektion ist im Prinzip ein Entfaltungsalgorithmus, wie er heute mit Computern tomografische Abbildungen erzeugt.

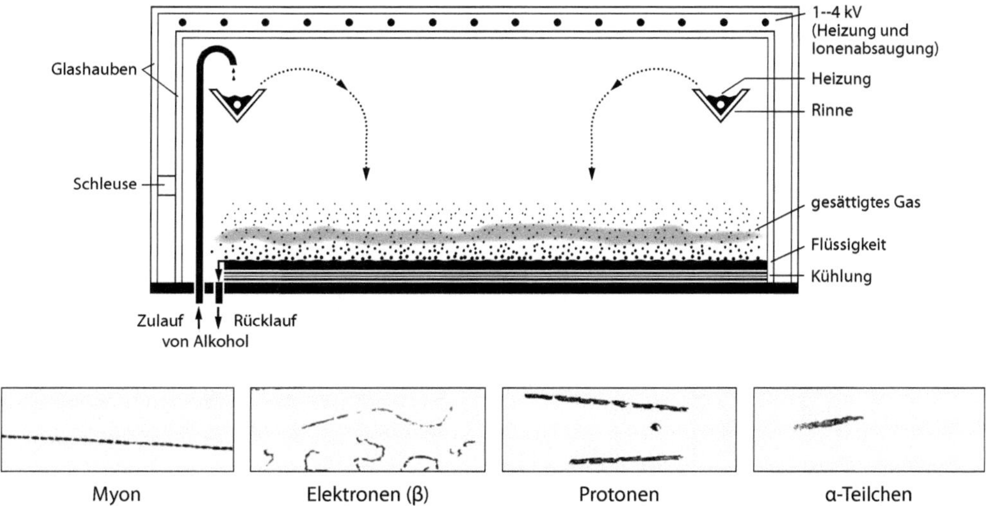

Abb. 6.4 Diffusionsnebelkammer. Oben: Prinzipskizze, Erläuterungen im Text. Unten: Beispiele von Spuren verschiedener Teilchensorten. Quelle DESY.

Aus der Gestalt der Nebelspuren kann man Rückschlüsse auf die Art des Teilchens und dessen kinetische Energie ziehen (Abb. 6.4 unten). Schwere, langsame Teilchen (Protonen und α-Teilchen) hinterlassen kurze, breite Spuren, niederenergetische β-Teilchen erzeugen dünne Spuren, die durch Streuung häufig die Richtung wechseln, während die Spuren hochenergetischer Myonen ebenfalls dünn, aber sehr gerade sind.

Diffusionsnebelkammern werden von Lehrmittelherstellern angeboten. Im Internet findet man aber auch Anleitungen, wie man mit sehr einfachen Mitteln eine Kammer selbst bauen kann, siehe zum Beispiel [785].

6.2 Blasenkammer

Nach einem ähnlichen Prinzip wie die Nebelkammer arbeitet die Blasenkammer, die 1952 von D. Glaser konzipiert wurde [491, 493, 492]. Auch hier wird ein kritischer Zustand eines Mediums dazu genutzt, eine mikroskopische Störung zu einem makroskopischen Signal zu verstärken. Statt in einem Gas werden hier allerdings die Ionisationsspuren durch Blasen in einer überhitzten Flüssigkeit sichtbar gemacht. Flüssigkeiten sind typisch etwa drei Größenordnungen dichter als Gase, so dass eine Blasenkammer gewöhnlich sowohl Target für Teilchenstrahlen als auch Nachweisinstrument für die Reaktionsprodukte ist. Als Flüssigkeiten werden unter anderem Wasserstoff, Propan, Neon, Freon oder Gemische davon verwendet.

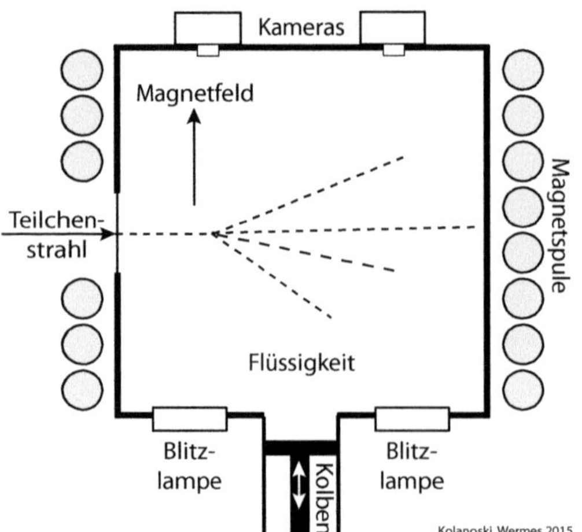

Abb. 6.5 Funktionsprinzip einer Blasenkammer: In einem Behälter wird eine Flüssigkeit durch Bewegung des Kolbens abwechselnd komprimiert und dekomprimiert. Durch die Dekompression geht die Flüssigkeit in einen überhitzten Zustand über, bei dem sich Blasen entlang ionisierenden Teilchenspuren bilden. Nach Ausbildung der Blasen werden die Spuren beleuchtet und mit mehreren Kameras stereoskopisch fotografiert. In der Regel befindet sich die Kammer in einem Magnetfeld (hier ein Solenoidfeld), das die Spuren senkrecht zu der Hauptbeobachtungsrichtung krümmt.

6.2.1 Funktionsprinzip

Das Funktionsprinzip ist in Abb. 6.5 dargestellt. Durch adiabatische Dekompression der Flüssigkeit kommt die Kammer in einen Zustand des Siedeverzugs. In diesem Zustand bilden sich Blasen um die als Keime wirkenden Ionisations-Cluster von Teilchen, die das Volumen kurz vorher passiert haben. Nach der fotografischen Aufnahme wird die Flüssigkeit wieder komprimiert (5–20 bar). Der Zyklus kann etwa im Sekundentakt wiederholt werden, wobei die Rate auch durch die Ausbreitung der Druckänderung in dem Behälter begrenzt ist. Da sich die Kammer in der Regel in einem Magnetfeld befindet, kann man aus der Spurkrümmung den Impuls des jeweiligen ionisierenden Teilchens bestimmen.

Ein wesentlicher Nachteil von Blasenkammern ist, dass sie im Gegensatz zu Nebelkammern nicht triggerbar sind. In Flüssigkeiten sind die Keime für die Blasenbildung lokale Wärmeansammlungen, deren Energie durch die Rekombination der Elektronen geliefert wird [935]. Während in Nebelkammern die Ionen, die als Keime für die Kondensation wirken, Lebensdauern von vielen Millisekunden haben, werden diese Wärmeansammlungen innerhalb von nur etwa 10^{-10} s dissipiert. Da innerhalb dieser kurzen Relaxationszeit die Flüssigkeit bereits im kritischen Zustand sein muss, ist ein Triggern der Expansion, zum Beispiel mit externen Zählern, praktisch nicht möglich. Das beschränkt die Einsatzmöglichkeiten von Blasenkammern erheblich. Deshalb sind Blasenkammern hauptsächlich an externen Beschleunigerstrahlen eingesetzt worden, wo die Expansion synchron mit den ejizierten Teilchenpaketen ausgelöst werden kann. Da sich jede Blase nach der Initiierung selbstständig weiterentwickelt, können die fotografischen Aufnahmen verzögert (relative zu der Ankunftszeit des ejizierten Teilchenpakets in der Kammer) nach der gewünschten Ausbildung der Blasen getriggert werden. Die kurze Zeit, in der eine Blasenkammer sensitiv ist, hat aber andererseits den Vorteil, dass die Blasen sehr genau lokalisiert werden können (falls mechanische und optische Störungen kontrolliert werden können). Mit holografischen Aufnahmetechniken sind Blasenauflösungen im Bereich von 10 µm erreicht worden.

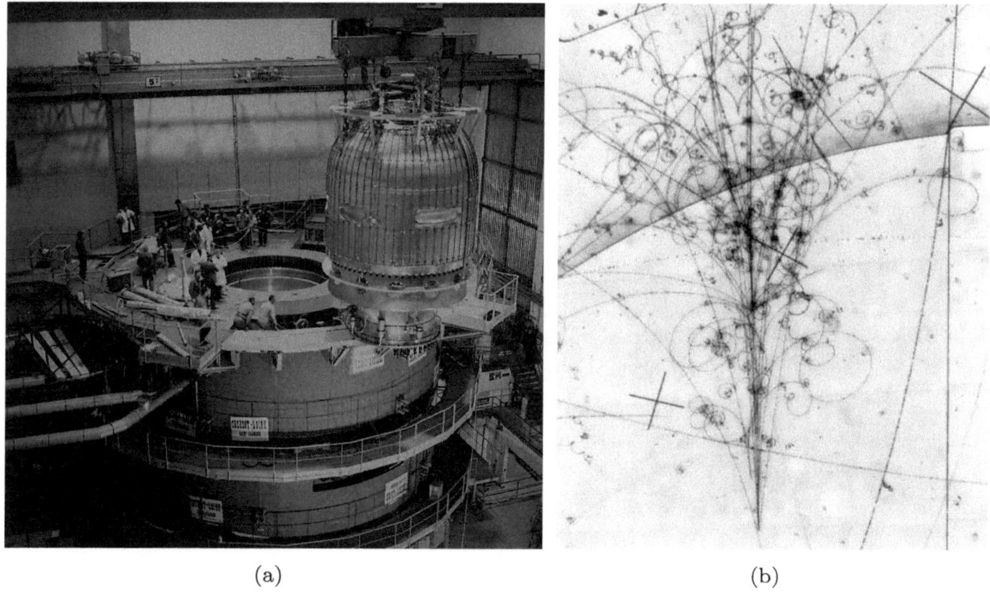

(a) (b)

Abb. 6.6 Big European Bubble Chamber (BEBC): (a) Der Flüssigkeitsbehälter mit einem Durchmesser von 3.7 m, einer Höhe von 4 m und einem Fassungsvermögen von 35 m^3 wird in den supraleitenden Magneten eingelassen (1971). Ein Kolben mit einem Gewicht von 2 Tonnen komprimiert und dekomprimiert die Flüssigkeit, zum Beispiel Wasserstoff mit einem Druck von 4 bar bei einer Temperatur von 26 K am Siedepunkt. Ab 1973 wurden Hadron- und Neutrinostrahlen (nach 1977 vom dem 450-GeV-Protonensynchrotron SPS) auf die Blasenkammer gelenkt, die mit flüssigem Wasserstoff, Deuterium oder einer Neon-Wasserstoff-Mischung betrieben wurde (Maximaldrücke zwischen 5 und 20 bar). Bei Ende der Laufzeit 1984 hatte BEBC 6.3 Millionen Bilder auf 3000 km Film produziert. Quelle: CERN. (b) Beispiel einer hochenergetischen Neutrino-Wechselwirkung in einer Neon-Wasserstoff-Mischung (72% Neon). Die kürzere Strahlungslänge des Gemisches von 44 cm relativ zu der von reinem Wasserstoff mit 890 cm erlaubt es, konvertierende Photonen und die Bremsstrahlung von Elektronen zu beobachten. Quelle: [803].

6.2.2 Blasenkammersysteme

Bis in die frühen 1980er Jahre ist an Beschleunigern die Blasenkammer eines der wichtigsten Nachweisgeräte für die Wechselwirkungen hochenergetischer Elementarteilchen gewesen.[40] So gelang mit der Blasenkammer Gargamelle am CERN im Jahr 1973 der erstmalige Nachweis des neutralen Stromes der schwachen Wechselwirkung, eine direkte Bestätigung der Theorie der elektro-schwachen Wechselwirkung [530]. Die Big European Bubble Chamber (BEBC) (Abb. 6.6), die von 1973 bis 1984 am CERN Daten nahm, war mit einem Gesamtvolumen von 35 m^3 und einem Magnetfeld von 3.5 T das größte Instrument seiner Art [539].

Da die Blasenkammern sowohl Target für Teilchenwechselwirkungen als auch Detektor für die Reaktionsprodukte darstellen, lassen sich Teilchenreaktionen besonders vollstän-

[40]Für einen historischen Rückblick siehe [540].

dig und detailliert beobachten. Die geladenen Teilchen können kinematisch mit hoher Impuls- und Winkelauflösung rekonstruiert werden. Außerdem ist die Bestimmung des spezifischen Energieverlusts durch Zählen der Blasen entlang der Spuren möglich, woraus sich β beziehungsweise γ (im Bereich des relativistischen Anstiegs der Energieverlustkurve) ergibt. Die dE/dx-Messung kann durch Ausschluss energetischer δ-Elektronen, die in Blasenkammern besonders gut aufgelöst werden (Abb. 3.9), wesentlich verbessert werden (eingeschränkter Energieverlust, *restricted energy loss*, Abschnitt 3.2). Zusammen mit der Impulsmessung kann dann auch hier, wie bei der Nebelkammer, die Masse und damit die Identität des Teilchens bestimmt werden. In Blasenkammern sind diese kinematischen Messungen allerdings im Allgemeinen viel genauer, weil die Ionisation dichter und die beobachtbare Spurenlänge meistens größer ist. In 'schweren' Füssigkeiten wie Neon, Freon oder Xenon können zudem Photonen und Elektronen/Positronen über elektromagnetische Wechselwirkungen identifiziert werden, siehe Abb. 6.6(b) und Abb. 3.35.

In ihren Fähigkeiten für die präzise Vermessung von Teilchenreaktionen kann die Blasenkammer durchaus mit modernen Detektoren konkurrieren oder ist ihnen sogar überlegen. Auch die Komplexität der fotografischen Auslese kann bei der Verfügbarkeit von Digitalkameras nicht mehr unbedingt als Ausschlusskriterium betrachtet werden, und auch die Notwendigkeit, bei sehr hohen Energien weitere Detektoren (Kalorimeter, Myonsysteme, ...) installieren zu müssen, ist nicht spezifisch für Blasenkammern. Trotzdem hat die Kombination verschiedener Nachteile dazu geführt, dass Blasenkammern aus der aktuellen Forschung weitgehend durch Detektoren mit elektronischer Auslese verdrängt wurden. Insbesondere bei Collider-Experimenten fällt die Notwendigkeit eines Targets weg und damit der Vorteil, dass bei der Blasenkammer Target und Detektor als Einheit auftreten. Die entscheidenden Nachteile für Beschleunigerexperimente sind vor allem die fehlende Triggerbarkeit und eine vergleichsweise geringe Ratenfähigkeit. Allerdings werden die vorteilhaften Eigenschaften der Blasenkammer für einige spezielle Anwendungen genutzt, wie zum Beispiel für den Nachweis von Dunkler Materie [173] (Abschnitt 16.7.3.3) oder als Neutronendosimeter [595].

6.3 Fotoemulsionen

6.3.1 Einführung

Die Radioaktivität von Atomkernen wurde 1896 durch die Schwärzung von Fotoplatten entdeckt [172] (siehe auch Abschnitt 2.1). Fotoemulsionen, als Detektoren auch Kernemulsionen (*nuclear emulsions*) genannt, spielten bis in die 1950er Jahre eine herausragende Rolle bei der Entdeckung von Elementarteilchen in der kosmischen Strahlung. Um möglichst hohe Wahrscheinlichkeiten für die Registrierung von Ereignissen zu erreichen, wurden die Fotoemulsionen auf hohe Berge und mit Ballons in große Höhe gebracht. Auf diese Weise hatten C.F. Powell und seine Mitarbeiter 1947 die geladenen Pionen entdeckt (Abb. 16.2, siehe auch Abschnitt 2.1).

Ein ionisierendes Teilchen hinterlässt in einer fotosensitiven Schicht nach der Entwicklung Schwärzungen, die mikroskopisch mit Auflösungen von besser als 1 µm vermessen werden können. Das ist trotz der rasanten Entwicklung von mikrostrukturierten, elektronisch auslesbaren Detektoren (Kapitel 8) immer noch die beste bisher erreichte Ortsauflösung von Teilchendetektoren. Bei besonders hohen Anforderungen an die Orts- und Winkelauflösungen, wie beim Zerfall von kurzlebigen Charm- und Bottom-Hadronen oder τ-Leptonen, werden deshalb auch heute noch Fotoemulsionen eingesetzt, soweit es die Ratenverhältnisse erlauben, auf eine direkte elektronische Verarbeitung zu verzichten [361].

Typische Einsatzgebiete, bei denen geringe Reaktionsraten die Akkumulation von Spuren in einer Emulsion während der Laufzeit eines Experiments erlauben, sind Ballonexperimente zur Messung der kosmischen Strahlung (Abschnitt 16.2) und Experimente an Neutrinostrahlen (siehe Beispiele dafür in diesem Kapitel weiter unten). Außerhalb der Teilchen- und Astroteilchenphysik werden Fotoemulsionen auch in Medizin, Biologie und Geologie eingesetzt [361].

6.3.2 Eigenschaften von Fotoemulsionen

Fotoemulsionen sind Fotoplatten mit einer transparenten Gelatineschicht, die besonders dick ist (bis zu einigen mm) im Vergleich zu Emulsionen für Lichtaufnahmen (bis zu einigen 100 µm). Bei einer größeren Dicke kann eine einzelne Schicht bereits eine Richtungsinformation für eine Spur liefern (siehe Abschnitt 6.3.3.1). In der Gelatineschicht sind gleichmäßig feine Kristalle von Silberhalogeniden (dominant AgBr, weniger AgI oder AgCl) verteilt. Der AgBr-Anteil ist in der Regel höher als bei normaler Fotoemulsion für Licht, und die Kristalle sind feiner mit Durchmessern von typisch etwa 0.2 µm.

Die AgBr-Kristalle sind Halbleiter mit einer Bandlücke von 2.6 eV, in denen bei Durchgang ionisierender Teilchen Elektron-Loch-Paare gebildet werden. Die Elektronen diffundieren durch den Kristall und werden bevorzugt an Gitterdefekten an der Oberfläche des Kristalls eingefangen. Positive Silberionen, die beweglich auf Zwischengitterplätzen sitzen, können von den negativ geladenen Defekten angezogen und damit neutralisiert und stationär werden. Durch Wiederholung dieses Vorgangs an dem gleichen Gitterdefekt bilden sich Cluster von metallischem Silber, bestehend aus typisch 3 oder 4 Atomen (siehe zum Beispiel [361, 983]). Abhängig von den spezifischen Eigenschaften der jeweiligen Emulsion können diese Cluster zwischen mehreren Tagen und mehreren Jahren stabil sein, sind aber wegen der geringen Anzahl von Atomen zunächst nicht sichtbar. Sie bilden das so genannte latente Bild, das erst durch die Entwicklung, die die Anzahl der Silberatome eines Clusters um einen Faktor 10^8 bis 10^{10} vermehrt, sichtbar wird.

Im Entwicklungsprozess wirken die metallischen Silberatome als Keime für ein anwachsendes Silberkorn, das etwa zwei- bis dreimal so groß ist wie der ursprüngliche Kristall und als schwarzer Punkt im Mikroskop zu sehen ist. Die Silberhalogenidkristalle ohne latente Zentren werden durch einen Fixierungsprozess herausgespült. Die entwickelten Silberkörner markieren dann die Spur eines ionisierenden Teilchens mit einer hohen

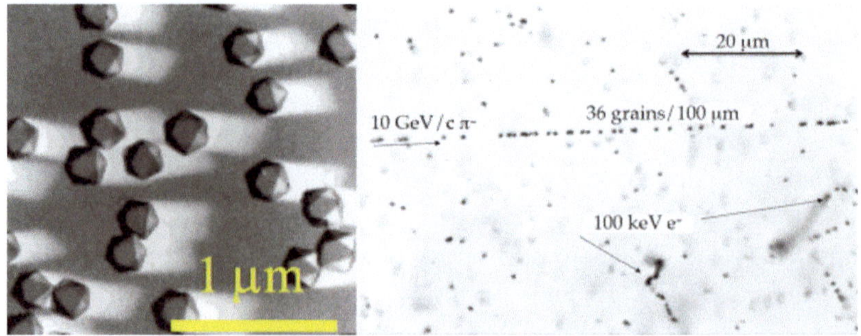

Abb. 6.7 Links: Aufnahme von AgBr-Kristallen in einer Emulsionsschicht mit einem Rasterelektronenmikroskop. Der Durchmesser der Kristalle ist etwa 0.25 µm. Rechts: Eine Spur eines minimal-ionisierenden Pions mit einem Impuls von 10 GeV/c sowie Spuren von niederenergetischen Elektronen. Quelle: [644], mit freundl. Genehmigung von Elsevier.

räumlichen Auflösung von besser als 1 µm. Die Anzahl der Ag-Körner pro 100 µm, die ein minimal-ionisierendes Teilchen erzeugt, wird 'Sensitivität' der Emulsion genannt. Sie beträgt typisch etwa 20 bis 40 Ag-Körner pro 100 µm mit Korngrößen von etwa 0.1 µm bis 1 µm (Abb. 6.7) [361].

Die Dichte von Fotoemulsionen hängt von dem AgBr-Gehalt und der relativen Feuchtigkeit der Umgebung ab und schwankt zwischen 2.5 und 4 g/cm^3. In [814] werden für die Fotoemulsion (entspricht der Emulsion Ilford G.5 bei einer relativen Luftfeuchtigkeit von 58% in [940], dort Tabelle 4) eine Dichte von 3.8 g/cm^3, eine Strahlungslänge von 3 cm und eine hadronische Wechselwirkungslänge von 35 cm angegeben (siehe auch Tab. 3.4). Der Grund für die relativ kurze Strahlungslänge sind die hohen Anteile von Silber und Brom in einer Fotoemulsion (47% und 35% Massenanteil [814]). Für das OPERA-Experiment [38] (siehe nächster Abschnitt) sind Emulsionen mit einer Dichte von 2.7 g/cm^3 und einer Strahlungslänge von 5 cm eingesetzt worden.

6.3.3 Emulsionen als Detektoren

6.3.3.1 Emulsionsstapel

Fotoemulsionen werden in der Regel als Fotoplatten hergestellt. Das sind Glas- oder Plastikträger, auf die Emulsionen in Dicken zwischen 10 und 1000 µm aufgebracht werden. Dicke Schichten bieten den Vorteil, dass eine Spur bereits in einer Schicht grob vermessen werden kann. Zum Beispiel kann bei etwa senkrechtem Durchgang der Teilchen die Vermessung einer einzigen Schicht durch Fokussierung des Messmikroskops auf verschiedene Tiefen grob die Richtung eines Teilchens liefern, was bei der Spurzuordnung in anderen Lagen sehr hilfreich ist. Andererseits sind dünnere Schichten stabiler gegen Deformationen während der Prozessierung, insbesondere bei der Aushärtung und bei der Trocknung nach der Entwicklung.

In der Regel werden Emulsionen zu dickeren Paketen geschichtet und zur mikroskopischen Auswertung wieder in die einzelnen Lagen unterteilt. Die relative Ausrichtung der

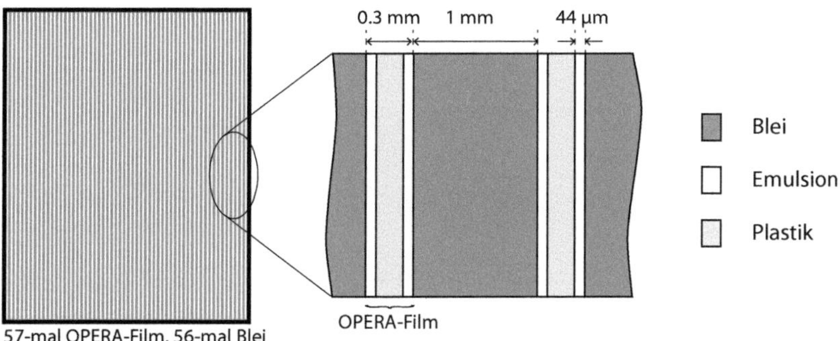

Abb. 6.8 Lagenstruktur eines Bausteins (brick) des Emulsionstargets des OPERA-Experiments mit Emulsionsschichten auf Plastikträgern und Absorberschichten aus Blei (nach [38]). Die Frontfläche eines Bausteins ist 10.2 cm × 12.8 cm, die Tiefe ist 7.9 cm. Jeweils 2912 Bausteine werden zu einer vertikalen Wand (*brick wall*)zusammengesetzt, insgesamt hat das Experiment 62 solche Wände.

Schichten eines Pakets kann mit Hilfe von Spuren, die durch mehrere Schichten gehen, oder einem speziellen Röntgenstrahl erfolgen.

Große Stapel von Emulsionen, eventuell mit Absorberplatten zwischen den Emulsionsschichten, in denen komplette Reaktionsabläufe registriert werden können, wurden in

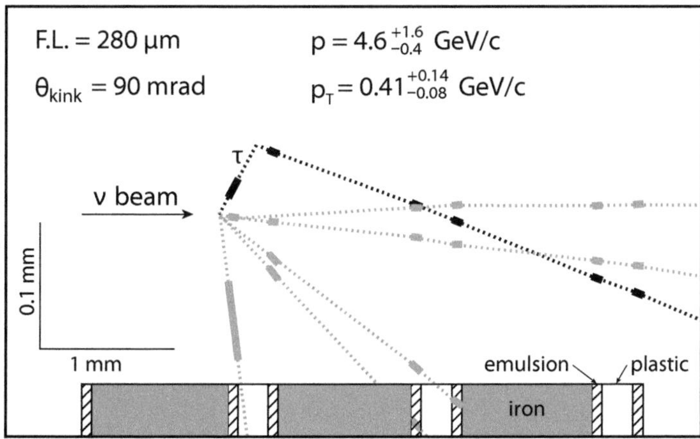

Abb. 6.9 Erzeugung eines τ-Leptons am Primärvertex einer Neutrinoreaktion, aufgezeichnet in dem Emulsionstarget des DONUT-Experiments [659] (mit freundl. Genehmigung von Elsevier). Die Reaktion wird interpretiert als $\nu_\tau + X \to \tau^- + Y$, gefolgt von dem Zerfall des τ in ein geladenes Teilchen und zwei Neutrinos sowie eventuell neutrale Hadronen. Das τ wird durch den Knick (*kink*) 280 µm vom Primärvertex entfernt identifiziert (F.L. = *flight length*). Die Position im Emulsionstarget, das etwa dem Emulsionstarget in Abb. 6.8 mit Eisen als Absorber entspricht, ist am unteren Rand abzulesen. Die beiden Skalen für die longitudinale und die transversale Ausdehnung sind an dem Winkel links abzulesen. Der Primärvertex liegt in einer Eisenschicht und der Zerfall in der folgenden Plastikschicht. Die Messungen der Spuren im Bereich der Emulsionsschichten sind eingezeichnet.

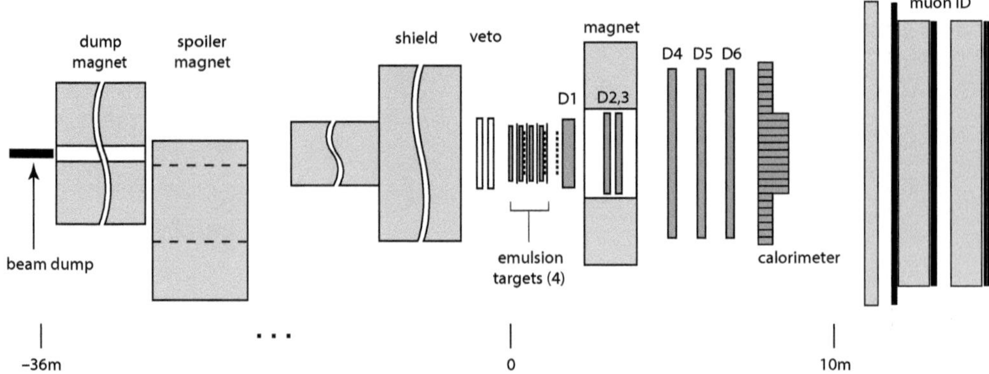

Abb. 6.10 Das DONUT-Experiment, mit dem gezeigt wurde, dass ein τ-Neutrino direkt ein τ-Lepton erzeugen kann [659] (mit freundl. Genehmigung von Elsevier). Das Experiment DONUT hat Daten an einem Neutrinostrahl genommen, der durch Absorption eines 800-GeV-Protonenstrahls in einem 1 m langen Wolfram-Block (*beam dump*) erzeugt wurde. Ein solcher Strahl besteht zwar überwiegend aus Elektron- und Myon-Neutrinos, es werden aber auch in Charm-Zerfällen τ-Neutrinos erzeugt. Die von den Neutrinos erzeugten τ-Leptonen werden in dem Emulsionstarget nachgewiesen (siehe Abb. 6.9). Ein nachfolgender Magnet und Spurenkammern (D_1–D_6) dienen der Impulsanalyse der geladenen Teilchen, ein Kalorimeter der Energiebestimmung von Elektronen und Photonen und schließlich ein Myon-Detektor der Identifikation von Myonen.

den frühen 1950er Jahren als 'Emulsionsnebelkammern' (ECCs, *emulsion cloud chambers*) eingeführt [626]. Wie bei Blasenkammern können ECCs sowohl als Target als auch als Nachweisapparatur dienen. Als typisches Beispiel zeigt Abb. 6.8 das so genannte Emulsionstarget des OPERA-Experiments [38].

6.3.3.2 Emulsionsexprimente

Beispiel: DONUT-Experiment Mit einem Emulsionstarget des DONUT-Experiments wurde erstmalig die Erzeugung von geladenen τ-Leptonen durch τ-Neutrinos beobachtet. Abbildung 6.9 zeigt die in einem Emulsionstarget rekonstruierten Spuren eines Kandidaten für ein solches Ereignis. Wesentlich für die Identifikation des Ereignisses ist, dass die erzeugten τ-Leptonen vor dem Zerfall gesehen werden (an Collider-Experimenten kann nur der Zerfallsvertex rekonstruiert werden) und dass der rekonstruierte Ursprung mit dem Primärvertex übereinstimmt. Die mittlere Zerfallslänge ist

$$\lambda = \gamma\beta c\tau = \frac{\gamma^2}{\sqrt{\gamma^2 - 1}} c\tau \,, \tag{6.1}$$

wobei γ, β die Lorentz-Variablen und τ die mittlere Lebensdauer sind. Für ein τ-Lepton gilt $c\tau = 87\,\mu\text{m}$ und $m_\tau = 1.777\,\text{GeV}$, so dass ein τ-Lepton mit einer Energie von $10\,\text{GeV}$ eine mittlere Zerfallslänge von etwa $500\,\mu\text{m}$ hat.

In Experimenten der Teilchenphysik werden Emulsionsdetektoren meistens mit elektronischen Detektoren als hybride Systeme kombiniert. Abbildung 6.10 zeigt als Beispiel eines solchen hybriden Detektors das DONUT-Experiment [660]. Während die Emulsionen die präzisen Vertexinformationen liefern, dienen die elektronischen Detektoren dazu,

- Trigger und Zeitmarken zu liefern,
- die Zuordnung zu Spuren in der Emulsion zu erleichtern,
- Energie und Impulse zu bestimmen (Magnetfeld, Kalorimeter),
- Teilchen zu identifizieren (Myon-Spektrometer, Kalorimeter, ...).

Andere Emulsionsexperimente Das DONUT-Experiment wurde hier als jüngeres Beispiel für den erfolgreichen Einsatz von Emulsionstargets herangezogen; Experimente mit ähnlichen Konzepten sind zum Beispiel CHORUS [402] und OPERA [38] (siehe auch den Übersichtsartikel [399] über den Einsatz von Emulsionen in Neutrinoexperimenten). Ein Vorläufer von DONUT war das Experiment CHORUS am CERN, mit dem nach Oszillationen von Myon-Neutrinos nach τ-Neutrinos gesucht wurde. Die Suche war in diesem Fall vergeblich, weil mit dem damaligen Wissen nicht der richtige Bereich für das relevante Verhältnis der Neutrinoenergie zum Abstand des Detektors vom Erzeugungspunkt der Neutrinos gewählt wurde. Fündig wurde erst das OPERA-Experiment an einem Neutrinostrahl, der vom CERN zum 730 km entfernten Laboratorium im Gran Sasso geschickt wurde (der Strahl wird CNGS genannt = *CERN Neutrinos to Gran Sasso*). Gemeinsam ist den drei Experimenten, dass sie an Neutrinostrahlen stattfanden, bei denen die Ereignisraten relativ niedrig sind, so dass die Emulsionspakete über sehr lange Zeiten in den Experimenten bleiben konnten.

Mit dem OPERA-Experiment treten völlig neue Größenskalen für Emulsionsexperimente auf. Bei der großen Entfernung von der Strahlquelle muß der Strahldivergenz Rechnung getragen werden. Entsprechend ist die Targetfläche $6.7\,\text{m} \times 6.7\,\text{m}$, was fast 200-mal größer als bei dem DONUT-Experiment ist, das nur 36 m hinter der Strahlquelle liegt (Abb. 6.10). In OPERA ist die Gesamtfläche der Emulsionsfilme etwa $110\,000\,\text{m}^2$, was natürlich eine Herausforderung für die Analyse der Filme bedeutet, siehe nächster Abschnitt.

6.3.4 Auswertung von Emulsionen

Die Emulsionsschichten werden einzeln mit dem Mikroskop auf Spuren durchsucht. Das Gesichtsfeld ist dabei einige 100 µm groß. Durch Variation der Fokalebene in Schichten von wenigen Mikrometern kann eine Spur in einer einzelnen Schicht dreidimensional vermessen werden (tomografische Abbildung). Als Beispiel ist in Abb. 6.11 die Auswertung des Emulsionstargets des OPERA-Experiments dargestellt.

Der heutige Einsatz von Emulsionen mit Flächen von mehreren $1000\,\text{m}^2$, im Fall des OPERA-Experiments mehr als $100\,000\,\text{m}^2$, wäre nicht möglich ohne automatische, computer-gestützte Such- und Rekonstruktionsverfahren. Ein erstes vollautomatisch laufendes System wird in [107] beschrieben. Für die automatische Durchmusterung der OPERA-Filme wird inzwischen eine Rate von $72\,\text{cm}^2/\text{h}$ angegeben [769]. Auch dann kann der Bedarf nur mit paralleler Auswertung an vielen Mikroskopen gedeckt werden.

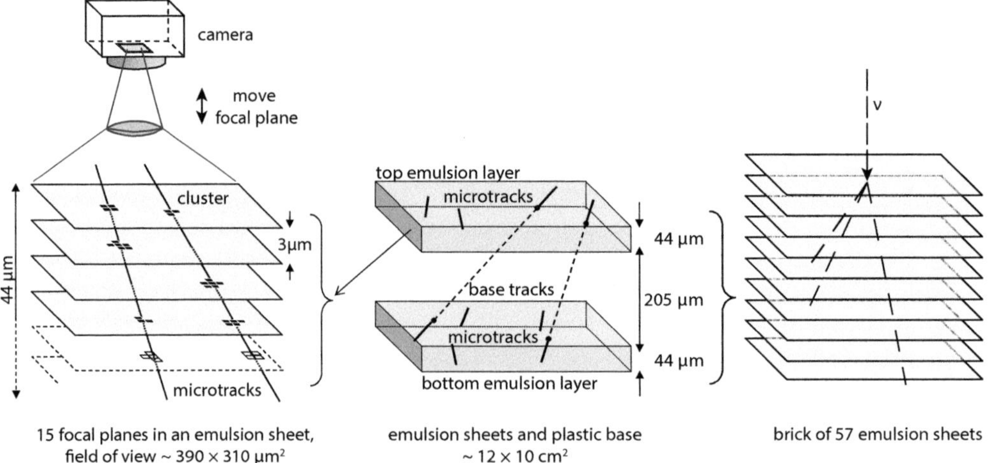

Abb. 6.11 Auswertung der Emulsionsspuren in einem Block des Emulsionstargets im OPERA-Experiment (nach [116, 947], mit freundl. Genehmigung von Elsevier). Die Struktur des Blockes ist in Abb. 6.8 gezeigt. Links beginnend wird gezeigt, wie in einer einzigen, 44 μm dicken Emulsionsschicht 15 Fokalebenen in gleichmäßigen Abständen von 3 μm vermessen und korrelierte Punkte zu einer Mikrospur kombiniert werden. In der mittleren Skizze wird gezeigt, wie Mikrospuren in den beiden Emulsionsschichten einer Lage über die etwa 200 μm des Plastikträgers zu 'base-tracks' verbunden werden. Damit werden für senkrecht auf die Emulsionsschichten treffende Spuren Ortsauflösungen von 1 μm und Richtungsauflösungen von 1 mrad erreicht [116]. Die rechte Skizze zeigt die Kombinationen der Spuren in einem Block mit 57 Emulsionslagen (Doppellagen).

Um die Auswertung möglichst effizient zu gestalten, werden bei den hybriden Experimenten die Informationen von den externen Spuren benutzt, die in das Emulsionstarget extrapoliert werden, so dass nur die Bereiche, in denen ein Vertex mit einer gewissen Wahrscheinlichkeit erwartet wird, untersucht werden. Es ist auch üblich geworden, zwischen und hinter die Emulsionstargets schnell austauschbare separate Schichten (CS = *changeable sheets*) zu schieben, die dann zunächst ausgewertet werden, um die Spuren in dem kompakten Targetmaterial genauer als mit den externen Spuren lokalisieren zu können.

6.3.5 Andere Anwendungen von Fotoemulsionen

Neben der beschriebenen Verwendung von Emulsionen in Teilchen- und Astroteilchenphysik werden Emulsionen auch in anderen Gebieten wie Medizin, Biologie oder Geologie eingesetzt. Als einzelne Filme werden Emulsionen als Röntgenfilme oder Fotoemulsionen in der Autoradiografie [594] benutzt, um Strahlung von Radioisotopen, die bestimmte chemische Komponenten in biologischen oder anderen Substanzen markieren, nachzuweisen (siehe zum Beispiel [145, 1025]). Im Folgenden geben wir Beispiele für Bildgebungsverfahren mit Strahlen höherer Energie, bei denen die Fähigkeit von ECCs, Teilchenrichtung und eventuell Reichweite zu bestimmen, genutzt werden.

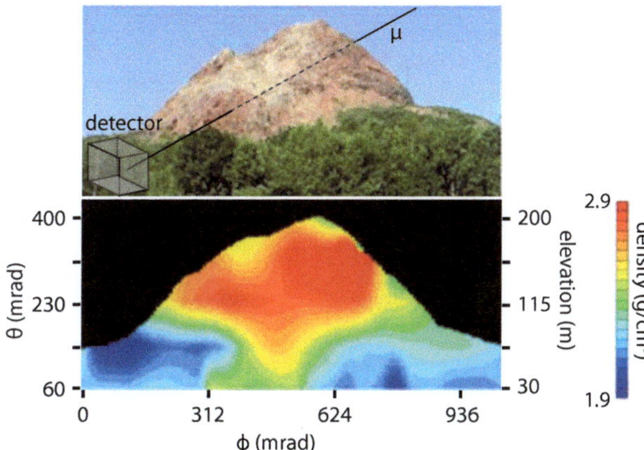

Abb. 6.12 Myon-Radiografie des Vulkans Usu in Japan: Gezeigt ist die mittlere Dichte in der jeweiligen Blickrichtung von dem Emulsionsdetektor. Die vulkanische Lava hat eine höhere Dichte als der umgebende Fels. Nach [361], mit freundl. Genehmigung von Springer Science+Business Media.

Myon-Radiografie: Luis Alvarez machte 1965 den Vorschlag, mit kosmischen Myonen die Chephren-Pyramide nach unbekannten Hohlräumen zu untersuchen [85]. Die Idee ist, statt Röntgenstrahlung wie beim Durchleuchten von Körpern Myonen als diagnostische Strahlen zu nutzen. Mit den Myonen als die durchdringende Komponente der kosmischen Strahlung lassen sich besonders massive Objekte wie Pyramiden, Vulkane oder das Gestein oberhalb eines Bergwerkstollens untersuchen.

Die Myonen können mit jedem Detektor gemessen werden, der geladene Teilchen nachweist und deren Richtung genügend genau bestimmen kann [798]. Es werden Drahtkammern (Kapitel 7), Szintillationshodoskope (Kapitel 13) oder auch Emulsionen eingesetzt. Emulsionen, für diesen Zweck als ECCs (Seite 190) mit guter Richtungsbestimmung, haben den Vorteil, dass sie keine elektrische Stromversorgung brauchen und als kompakte und relativ leichte Einheiten im Gelände eingesetzt werden können. Das Dichteprofil des Vulkans Usu in Abb. 6.12 ist mit einer ECC bestimmt worden [361].

Strahlcharakterisierung in der Tumortherapie: In Abschnitt 3.2.4 wurde der Einsatz von Protonen und schwereren Ionen in der Tumortherapie besprochen. Als Alternative zu existierenden Methoden der Verifikation von Protontherapien (siehe zum Beispiel [656]) wurden ECCs vorgeschlagen, die mit gewebe-äquivalenten Absorberplatten ausgestattet sind. Studien an einem solchen so genannten Phantom haben gezeigt, dass diese Kombination von Absorber und Detektor sehr genaue drei-dimensionale Dosisverteilungen liefern kann [256]. Das Phantom ist in diesem Fall nach dem Prinzip einer ECC mit den OPERA-Filmen (Abb. 6.8) und aus Polystyrol (Plastik) aufgebaut.

Bei Bestrahlung mit Kohlenstoffionen (siehe Abb. 3.22 auf Seite 62) wird die Bestimmung der Verteilung der deponierten Energie in und um einen Tumor dadurch schwieriger, dass Kohlenstoff mehr Kernreaktionen macht als Protonen vergleichbarer Energie und dadurch häufiger Kernfragmente entstehen, die Reichweiten über den Bragg-Peak des Kohlenstoffs hinaus haben. In [360] wird beschrieben, wie mit einer ECC, bestehend aus Absorberplatten aus Polykarbonat und unterschiedlich sensitiven Emulsionen, die Eigenschaften eines therapeutischen Kohlenstoffstrahls mit einer Energie von 400 MeV pro Nukleon gemessen wurden. Die Ergebnisse zu Energieverlust, Vielfachstreuung, Absorption und Sekundärteilchenproduktion zeigen, dass ECCs das Potenzial haben, ein wesentliches Hilfsmittel zur Bestrahlungsplanung zu werden.

7 Gasgefüllte Detektoren

Übersicht

7.1 Übersicht

Detektoren, die geladene Teilchen durch deren Ionisation von Gasen nachweisen, sind in vielen Experimenten der Teilchenphysik anzutreffen. Sie erlauben es, Teilchentrajektorien in großen Volumina, auch in Magnetfeldern, zu bestimmen. Auf diesem Gebiet haben sie Nebel- und Blasenkammern (siehe Kapitel 6) verdrängt, vor allem wegen der Möglichkeit, die entlang einer Spur erzeugten Ladungen direkt in elektrische Signale umzuwandeln. Gegenüber Halbleiterdetektoren (siehe Kapitel 8), die inzwischen ebenfalls große Volumina zur Vermessung von Teilchenspuren abdecken können, sind Detektoren mit Gas als Medium in der Regel preisgünstiger und lassen sich meistens auch mit weniger Material realisieren.

Das Prinzip eines Detektors, der Ionisationsladung nachweist, ist in Abb. 7.1 gezeigt: Teilchen ionisieren ein Gasvolumen innerhalb eines Kondensators, in dem ein elektrisches Feld angelegt ist. Die Elektronen und die Ionen werden durch das angelegte Feld separiert und als Strom zwischen den Elektroden gemessen. Das ist die Arbeitsweise einer Ionisationskammer zur Messung von Strahlungsflüssen, die eine große Anzahl von Teilchen enthalten. Für die Registrierung einzelner Teilchen ist dieses Stromsignal nicht ausreichend, weil es sich nicht klar genug von dem Untergrundrauschen absetzen würde. Das Signal kann aber im Gasvolumen verstärkt werden und zwar durch eine sehr hohe Feldstärke an der Anode, die eine Ladungslawine durch Sekundärionisation anstößt (Gasverstärkung).

H. Kolanoski und N. Wermes, *Teilchendetektoren*, https://doi.org/10.1007/978-3-662-73068-3_7

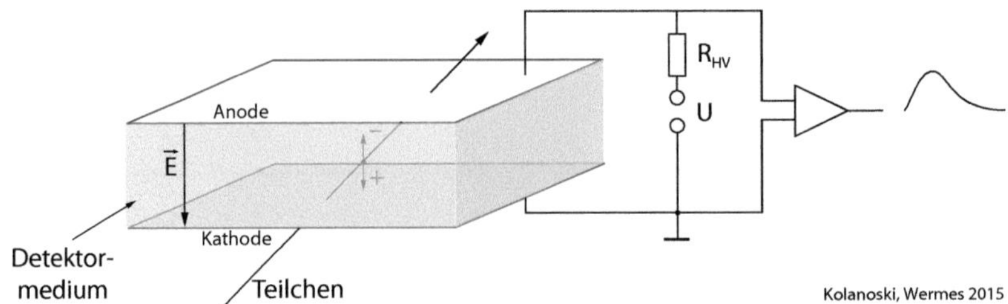

Abb. 7.1 Prinzip der Ionisationsdetektoren. Zwischen zwei Elektroden, an die eine Spannung angelegt ist, befindet sich das sensitive Detektormedium, in diesem Fall Gas. Beim Durchgang von geladenen Teilchen werden Ladungen freigesetzt, die sich im elektrischen Feld in Richtung der Elektroden bewegen. Ihre Bewegung influenziert ein Stromsignal an den Elektroden (siehe Kapitel 5). Der Detektor ist im Prinzip ein Kondensator, der sich bei Ionisation des Mediums entlädt und sich dabei elektrisch wie eine Stromquelle verhält.

Seit etwa Beginn der 1970er Jahre ist es wegen der Verfügbarkeit preisgünstiger, kompakter Elektronik möglich geworden, größere Volumina mit Detektoren hoher Granularität auszustatten (Charpak 1968, Nobelpreis 1992). Abbildung 7.2 zeigt als Beispiel Spuren von geladenen Teilchen eines 3-Jet-Ereignisses in der zentralen Driftkammer des TASSO-Experiments am PETRA-Speicherring [235]. Diese Kammer ging 1978 in Betrieb und gehörte mit 2340 Auslesekanälen damals zu den ersten großen Driftkammern. Heute gibt es großvolumige Detektoren zum Nachweis von Spuren geladener Teilchen, die größenordnungsmäßig 10^5 Auslesekanäle besitzen, mit steigender Tendenz.

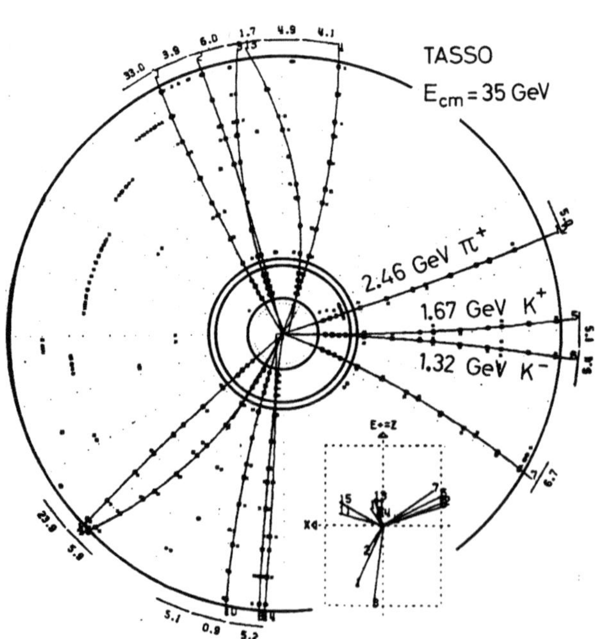

Abb. 7.2 Spuren geladener Teilchen eines 3-Jet-Ereignisses, interpretiert als Quark-Antiquark-Paar mit Abstrahlung eines Gluons, in der Driftkammer des TASSO-Detektors am PETRA-Speichering. Die Abbildung zeigt einen Schnitt senkrecht zu den kollidierenden Elektron- und Positronstrahlen und eine Projektion in eine Ebene, die die Strahlen enthält (kleine Einfügung). Quelle: DESY.

7.2 Detektortypen

Für unterschiedliche Anwendungsbereiche gibt es eine Vielzahl verschiedener Typen von Detektoren, die Gas als sensitives Medium benutzen. Man kann sie einerseits nach der Art des Einsatzes unterscheiden: Detektoren, die Strahlung nachweisen (Strahlungsmonitore wie Ionisationskammern und Proportionalzählrohre), und solche, die Information über den Ort einzelner Teilchen liefern (ortsauflösende Detektoren wie Vieldrahtproportional-, Drift- und Mikrostrukturkammern). Andererseits kann man danach unterscheiden, ob die Ladung unverstärkt (Ionisationskammer) oder verstärkt (zum Beispiel Proportionalkammer und Geigerzähler) gemessen wird.

7.2.1 Ionisationskammer

Teilchen ionisieren ein Gasvolumen innerhalb eines Kondensators (Abb. 7.3(a)). Die Elektronen und die Ionen werden durch das angelegte Feld separiert und als Strom zwischen den Elektroden gemessen. Ionisationskammern sind nicht sensitiv auf einzelne Teilchen, sondern werden als Strahlendosimeter für hohe Teilchenflüsse benutzt. Die Nachweisbarkeit für Ladung beginnt bei etwa einem Femto-Coulomb, also etwa das 10^4-fache der Elementarladung. Die Strommessung ist im Bereich von Nanoampere noch unproblematisch, aber auch, mit etwas mehr Aufwand, bis in den Pikoampere-Bereich möglich. Ein Strom von 1 nA entspricht etwa 10^{10} Ionisationen pro Sekunde, während zum Beispiel ein minimal-ionisierendes Teilchen beim Durchlaufen von Argongas nur etwa 100 Ionen pro cm erzeugt (Tab. 7.1).

In der Strahlentherapie dienen Ionisationskammern als Kalibrationsstandard für dosimetrische Messungen. Bei entsprechender geometrischer Ausführung können Ionisationskammern auch zur In-vivo-Dosimetrie in Körperöffnungen eingeführt werden (Abb. 7.3 (b)).

Ionisationskammern werden auch als Rauchdetektoren, oder allgemeiner zur Kontrolle der Reinheit von Gasen, eingesetzt. Hier hat das Detektorvolumen direkte Verbindung zur Umgebungsluft (oder dem zu kontrollierenden Gas) und wird durch eine schwache radioaktive Quelle ionisiert (zum Beispiel durch den Alpha-Strahler ^{241}Am mit einem besonders geringen Gamma-Anteil in der Strahlung, siehe Tab. A.1 auf Seite 949). Verunreinigungen, zum Beispiel durch Rauch, neutralisieren verstärkt die Ionisationsladungen, was zu einem messbaren Abfall des Ionisationsstroms führt.

7.2.2 Zählrohre mit Gasverstärkung

Das Prinzip eines Zählrohres zeigt Abb. 7.4: In einem Zylinderrohr, das mit einem speziellen Gas gefüllt ist, wird auf der Zylinderachse ein dünner Draht gespannt und zwischen Draht (Anode) und Zylinderwand (Kathode) eine hohe Spannung angelegt. In dem $1/r$-Feld dieses Zylinderkondensators werden die Elektronen, die bei Ionisation des Gases durch Teilchen entstehen, in der Nähe des Drahtes so stark beschleunigt, dass sie sekun-

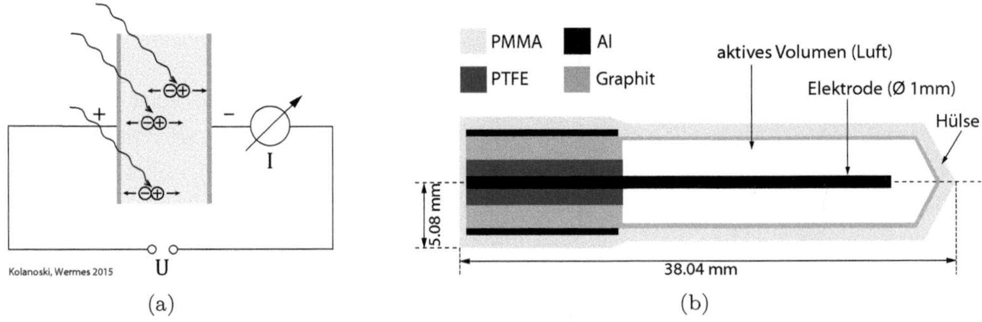

Abb. 7.3 (a) Eine Ionisationskammer stellt einen durch eine Spannung U aufgeladenen Kondensator dar, der sich durch Ionisation des Kondensatorvolumens entlädt. Der Strom ist ein Maß für den Strahlungsfluss. (b) Eine zylindrische Ionisationskammer für Dosimetrie im medizinischen Bereich (Modell NE2571) (nach [398], mit freundl. Genehmigung von Elsevier). Das Ionisationsvolumen (Luft) beträgt nur 0.6 cm^3 bei einem Durchmesser von 0.64 cm. Die Materialien des Detektors werden so gewählt, dass sie das Strahlungsfeld möglichst wenig beeinflussen (geringe Kernladungszahl Z bei Messungen in Wasser oder Luft). Hier sind die Elektroden aus Graphit und Aluminium, isoliert durch Teflon (PTFE= Polytetrafluorethylen), und der ganze Detektor ist in eine Schutzhülse aus Acrylglas (PMMA = Polymethylmethacrylat) eingebettet.

däre Ionisationen auslösen können. Es kommt zu einer Lawinenausbildung und damit zu einer Verstärkung der Ionisationsladung mit typischen Verstärkungsfaktoren von 10^4 bis 10^6 (Gasverstärkung). Das Prinzip der Ladungsverstärkung an einem dünnen Draht auf der Achse eines gasgefüllten Rohres wurde von H. Geiger entwickelt [891], was schließlich zu der Entwicklung des Geiger-Müller-Zählrohrs (Abschnitt 7.6.2) führte [481].

Man unterscheidet Zählrohre nach dem Operationsbereich: Proportionalzählrohre arbeiten in einem Bereich, in dem die verstärkten Signale etwa proportional zur primären Ionisation sind; Geiger-Müller-Zählrohre arbeiten mit höherer Verstärkung in einem Bereich der Sättigung, in dem die Signale unabhängig von der Ionisation sind (Auslösezähler). Die verschiedenen Betriebsarten mit unterschiedlichen Gasverstärkungen werden in Abschnitt 7.4.2 diskutiert.

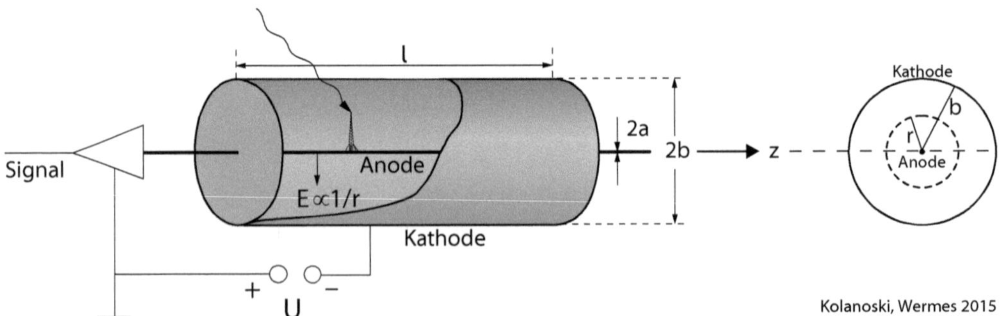

Abb. 7.4 Schematische Skizze eines Zählrohrs. Eingezeichnet sind die relevanten Geometrieparameter und die Zylinderkoordinaten r und z, die für die Berechnung des Feldes und der Detektorkapazität benutzt werden.

Elektrisches Feld und Kapazität eines Zählrohrs Das elektrische Feld in einem Zählrohr entspricht dem eines Zylinderkondensators. Zur Berechnung dieses Feldes benutzen wir Zylinderkoordinaten (Abb. 7.4): z entlang der Achse ausgehend von der Mitte des Rohres und r als Abstand von der Längsachse (die dritte Koordinate tritt wegen der Achsensymmetrie nicht explizit auf). Es wird angenommen, dass die Länge l des Rohres groß gegenüber dem Durchmesser $2b$ ist; der Durchmesser des Anodendrahts ist $2a$.

Das Feld wird aus den statischen Maxwell-Gleichungen hergeleitet,

$$\vec{\nabla}\vec{E} = \frac{1}{\epsilon_0}\rho \qquad \text{oder} \qquad \int_S \vec{E}d\vec{S} = \frac{1}{\epsilon_0}\int_V \rho dV = \frac{1}{\epsilon_0}\int_V dQ\,, \tag{7.1}$$

wobei S die Oberfläche ist, die das Volumen V mit der Ladungsdichte ρ umgibt. Umgeschrieben in Zylinderkoordinaten und unter Beachtung, dass hier die Ladungsdichte einer Flächendichte auf der Anodenoberfläche entspricht, ergibt sich

$$E(r)\,2\pi r\Delta z = \frac{1}{\epsilon_0}\Delta Q\,. \tag{7.2}$$

Dabei ist ΔQ die Ladung auf dem Anodendraht auf der Länge Δz. Bei Annahme eines sehr langen Drahtes kann die Ladungsdichte pro Länge auf dem Anodendraht, dQ/dz, als konstant angenommen werden. Dann ergibt sich das Feld, das nur eine radiale Komponente senkrecht zur Anodenoberfläche hat, als Gradient eines Potenzials Φ:

$$E(r) = \frac{1}{2\pi\epsilon_0}\frac{1}{r}\frac{dQ}{dz} = -\frac{\partial\Phi}{\partial r}\,. \tag{7.3}$$

Das Feld wird durch die angelegte Spannung U erzeugt:

$$U = \int_a^b E(r)dr = \frac{1}{2\pi\epsilon_0}\ln\frac{b}{a}\cdot\frac{dQ}{dz} \stackrel{(7.3)}{=} E(r)\,r\,\ln\frac{b}{a}\,. \tag{7.4}$$

Damit erhält man schließlich das Feld und das Potenzial als Funktion der angelegten Spannung:

$$E(r) = \frac{U}{r\ln b/a}, \qquad \Phi(r) = -U\frac{\ln r/b}{\ln b/a}\,, \tag{7.5}$$

wobei Φ durch $\Phi(a) = U$ und $\Phi(b) = 0$ festgelegt wird. Die Kapazität pro Länge ist

$$C = \frac{dQ/dz}{U} = \frac{2\pi\epsilon_0}{\ln\frac{b}{a}}\,. \tag{7.6}$$

Zum Beispiel ergibt sich für eine angelegte Spannung von U =1 kV und $a = 10\,\mu\text{m}$, $b = 10\,\text{mm}$ eine Feldstärke auf der Anodenoberfläche von

$$E(a) = \frac{1\,\text{kV}}{10\,\mu\text{m}\ln\frac{10\,\text{mm}}{10\,\mu\text{m}}} = 145\frac{\text{kV}}{\text{cm}}$$

und eine Kapazität pro Länge von 8 pF/m.

Das $1/r$-Verhalten des elektrischen Feldes und auch des Wichtungsfelds (Abschnitt 5.3.3) führt zu einem logarithmischen Anstieg des Ladungs- beziehungsweise des Spannungssignals mit der Zeit (Gleichung (5.71) in Abschnitt 5.3.3). Dort wird auch gezeigt, dass typischerweise der Signalbeitrag durch die Ionenbewegung stark gegenüber dem Beitrag durch die Elektronenbewegung überwiegt (Gleichung (5.62)).

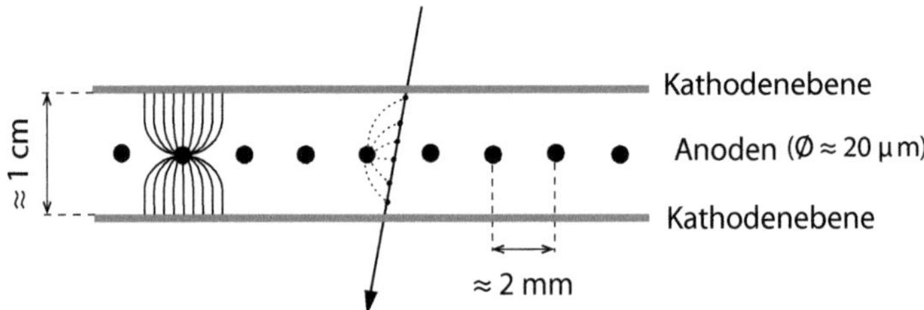

Abb. 7.5 Prinzip einer ortsauflösenden Vieldrahtkammer (MWPC). Durchgezogene Linien stellen die Feldlinien dar. Gestrichelt sind die Driftwege der Elektronen aus der Ionisation eingezeichnet.

7.2.3 Ortsauflösende Kammern

Abbildung 7.5 zeigt das Prinzip einer gasgefüllten Kammer zum ortsaufgelösten Nachweis von Teilchen. Die beiden wichtigsten Typen ortsauflösender Gasdetektoren sind die Vieldrahtproportionalkammer (MWPC = *Multi-Wire Proportional Chamber*, Abschnitt 7.8), die Driftkammer (Abschnitt 7.10) und in jüngerer Zeit auch Kammern mit mikrostrukturierten Elektroden (Abschnitt 7.9). An den dünnen Drähten oder Mikrostreifen kommt es bei genügend hoher Anoden-Kathoden-Spannung zu Gasverstärkung wie bei Zählrohren. Das Rastermaß von etwa 2 mm bestimmt die räumliche Auflösung einer MWPC. In der Driftkammer, einer sehr erfolgreichen Weiterentwicklung der MWPC, wird zusätzlich die Driftzeit der Elektronen von der Entstehung bei der Ionisation bis zur Ankunft am Draht gemessen, um daraus den Ort der Ionisation genau zu bestimmen. Die Drahtabstände können sehr viel größer als bei der MWPC sein. Auflösungen von etwa 100 μm werden typisch bei Driftkammern erreicht.

Vorgänger dieser beiden Kammertypen waren Funkenkammern (Abschnitt 7.7.1), die heute noch zur publikumswirksamen Darstellung von kosmischer Strahlung eingesetzt werden. Bei sehr hoher Gasverstärkung einsetzende Funkenüberschläge werden optisch und akustisch wahrgenommen.

7.3 Ionisation und Ladungsverlust in Gasen

Die Grundlage für den Nachweis von Teilchen in gasgefüllten Detektoren ist die Erzeugung von Ladung durch Ionisation. Für die Effizienz der Signalerzeugung ist es dann auch wesentlich, dass die Ladungen bei ihrer Bewegung zu den Elektroden nicht durch Rekombination oder Anlagerung verloren gehen.

7.3.1 Ionisation

Primärionisation Teilchen, die den Detektor durchqueren, ionisieren das Gas entlang ihrer Trajektorien. Der mittlere Energieverlust pro Weglänge lässt sich mit der Bethe-

Bloch-Formel (3.25) bestimmen. In Tab. 7.1 sind für einige gebräuchliche Driftgase Materialkonstanten zusammengestellt, die für die Ionisation wichtig sind. Der mittlere Energieverlust dE/dx und die Anzahl n_p der primär erzeugten Ionen pro Weglänge sind für minimal-ionisierende Teilchen angegeben. Zum Beispiel werden in Argon auf 1 cm 29.4 Elektron-Ion-Paare mit einem gesamten Energieaufwand von 2.44 keV, also im Mittel etwa 83 eV pro Paar, primär erzeugt. Ein Teil der Energie geht als Anregungsenergie der Atome verloren, der andere Teil wird in kinetische Energie der freigesetzten Ladungsträger, vor allem der Elektronen, umgewandelt. Die kinetische Energie T der Elektronen folgt entsprechend Gleichung (3.47) etwa einer $1/T^2$-Verteilung (siehe auch Abb. 3.11(b)).

Sekundärionisation Ein Teil der Elektronen hat genügend Energie, um weitere Ionen zu erzeugen. Diese Sekundärionisation führt zu einer Gesamtzahl n_{tot} von erzeugten Elektron-Ion-Paaren pro Weglänge, die um ein Vielfaches die Anzahl n_p der primären Elektron-Ion-Paare übertreffen kann. Für das Beispiel Argon ist $n_{\text{tot}} = 94/\text{cm}$ und damit etwa dreimal so groß wie n_p. In Tab. 7.1 ist auch die Energie w_i angegeben, die effektiv aufgebracht werden muss, um ein Elektron-Ion-Paar zu erzeugen:

$$w_i = \frac{\Delta E}{n_{\text{tot}}} \qquad \text{mit} \qquad \Delta E = \frac{dE}{dx}\,\Delta x\,. \tag{7.7}$$

Zum Beispiel ergibt sich für Argon aus Tab. 7.1 $w_i = 26\,\text{eV}$. Diese Energie ist deutlich höher als die Schwellenenergie $E_{ion} = 15.8\,\text{eV}$ für die Ionisation. Die Erzeugung von Sekundärionen führt dazu, dass die Ionisation nicht mehr gleichmäßig entlang der Teilchenspur verteilt ist, sondern in Ionisationsclustern mit einer gas-spezifischen Verteilung der Clustergrößen auftritt. Eine Diskussion von Clusterverteilungen anhand von experimentellen Daten von [434] findet man zum Beispiel in [229, 872, 560]. Die Verteilungen folgen etwa einem Potenzgesetz mit dem asymptotischen Verhalten $\propto 1/k^2$, wobei k die Anzahl der Elektronen in einem Cluster ist [434].

Bei der Wahl eines Driftgases ist es wichtig, eine hohe Ionisationsdichte zu erreichen, aber in der Regel möchte man auch die Vielfachstreuung (siehe Abschnitt 3.4), die mit der Kernladungszahl Z wächst, minimieren. In der Tabelle hat zum Beispiel Helium wenig Vielfachstreuung, entsprechend einer großen Strahlungslänge X_0, aber auch eine sehr geringe Ionisationsdichte. Bei Xenon ist es umgekehrt. Günstig in diesem Sinne sind Argon, CO_2 oder CH_4. Dennoch werden auch Gase mit hohem Z, wie Xenon, benutzt, zum Beispiel in Übergangsstrahlungsdetektoren (siehe Kapitel 14), um Röntgenstrahlung nachzuweisen.

7.3.2 Rekombination und Elektronenanlagerung

Für den Betrieb von Proportional- und Driftkammern ist es wesentlich, dass möglichst viele driftende Elektronen den Anodendraht erreichen, um dort verstärkt zu werden. Rekombination der Elektronen mit positiven Ionen und Anlagerung an elektronegative Komponenten des Gases können zu Verlusten führen. Der Verlust von positiven Ionen ist

Tab. 7.1 Eigenschaften von verschiedenen Gasen, die für Detektoren genutzt werden, zusammengestellt mit Hilfe von [898, 941, 814, 323, 906, 547]. Bei DME wurde zur Berechnung von I die Gleichung (3.38) auf Seite 44 benutzt; für die DME-Dichte wurden Daten von [547] mit Hilfe der van-der-Waals-Formel auf NTP-Bedingungen extrapoliert; für $C_2H_2F_4$ (R134a) ist der Parametersatz, den man in der Literatur finden kann, unvollständig; n_{tot} (R134a) wurde aus Angaben in [872] für Clustergrößen von Mischungen mit R134a abgeschätzt. In einigen Fällen sind die verfügbaren Daten nicht konsistent und es musste eine sinnvolle Auswahl getroffen werden.

Z, A, ρ, $(dE/dx)_{min}$	Ordnungszahl, atomare bzw. molare Masse, Dichte, minimaler mittlerer spezifischer Energieverlust,
E_{ex}	Anregungsenergie (minimale Energie für die Anregung des Grundzustandes zu einem höheren elektronischen Zustand),
E_{ion}	Ionisationsschwelle,
I	mittlere Anregungsenergie (definiert in der Bethe-Bloch-Formel (3.25)),
w_i	mittlere Energie für die Erzeugung eines Elektron-Ion-Paares,
n_p, n_{tot}	Anzahl der primären sowie der gesamten Ionisationen pro cm für minimal-ionisierende Teilchen,
X_0	Strahlungslänge.
ρ, dE/dx, n_p, n_{tot}, X_0	gelten für 'Normalbedingungen' von Temperatur und Druck (NTP) wie in Abschnitt 2.5.2 auf Seite 26 definiert ($T = 20\,°$C und $p = 1.01325$ hPa = Standardatmosphäre).

Gas	Z	A (g/mol)	ρ (mg/cm^3)	E_{ex} (eV)	E_{ion} (eV)	I (eV)	w_i (eV)	$(dE/\rho dx)_{min}$ (MeV cm^2/g)	$(dE/dx)_{min}$ (keV/cm)	n_p (cm^{-1})	n_{tot} (cm^{-1})	X_0 (m)
H_2	2	2.02	0.084	10.8	15.4	19.2	37	4.10	0.34	5.2	9.2	7522
He	2	4.00	0.166	19.8	24.5	41.8	41	1.94	0.32	5.9	7.8	5682
N_2	7	28.01	1.17	8.1	15.6	82	38	1.83	2.13	(10)	56	325
O_2	8	32.00	1.33	7.9	12.1	95	33	1.80	2.40	22	73	257
Ne	10	20.18	0.839	16.6	21.6	137	37	1.72	1.45	12	39	345
Ar	18	39.95	1.66	11.5	15.8	188	27	1.52	2.53	29	94	118
Kr	36	83.80	3.49	10	14	352	25	1.36	4.73	32	192	33
Xe	54	131.29	5.48	8.4	12.1	482	22	1.26	6.88	44	307	15
CO_2	6,8	44.01	1.84	5.2	13.8	85	37	1.82	3.35	36	91	183
CH_4	6,1	16.04	0.667	9.8	15.2	41.7	30	2.42	1.61	25	53	646
C_2H_6	6,1	30.07	1.26	8.7	11.7	45.4	26	2.30	2.91	41	111	340
i-C_4H_{10}	6,1	58.12	2.49	6.5	10.6	48.3	29	2.28	5.67	84	195	169
CF_4	6,9	88.00	3.78	12.5	15.9	115	64	1.69	6.38	51	100	92
C_2H_6O (DME)	6,1,8	46.07	1.93	6.4	10.0	62.9	24	2.11	4.08	55	160	212
$C_2H_2F_4$ (R134a)	6,1,9	102.03	4.32			95	33	1.77	7.65	82	232	81

Tab. 7.2 Unterschiedliche Reaktionstypen für Elektronenanlagerung.

Art	Reaktion	Beispiel
radiativ	$e^- + \mathrm{X} \to \mathrm{X}^- + \mathrm{h}\nu$	$e^- + \mathrm{O_2} \to \mathrm{O_2^-} + \mathrm{h}\nu$
dissoziativ	$e^- + \mathrm{XY} \to \mathrm{X}^- + \mathrm{Y}$	$e^- + \mathrm{O_2} \to \mathrm{O}^- + \mathrm{O}$
3-Körper-Stoß	$e^- + \mathrm{X} + \mathrm{Y} \to \mathrm{X}^- + \mathrm{Y}$	$e^- + \mathrm{Ne} + \mathrm{O_2} \to \mathrm{O_2^-} + \mathrm{Ne}$

nur in der Nähe des Verstärkungsbereiches kritisch, weil dort (bei hohem Feld) die Ionen den wichtigsten Beitrag zum Signal liefern (siehe Abschnitt 5.3.3).

Rekombination Rekombination von Elektronen mit positiven Ionen erfolgt häufig als Strahlungsprozess:

$$\mathrm{X}^+ + e^- \to \mathrm{X} + \mathrm{h}\nu\,. \tag{7.8}$$

Die überschüssige Energie kann auch in Stößen mit anderen Molekülen des Gases abgegeben werden. Rekombination ist vor allem dann nicht zu vernachlässigen, wenn, bedingt durch die Detektorgeometrie, die Elektronen entlang der Ionisationsspur driften.

Die bei radiativer Rekombination emittierten Photonen sind problematisch, insbesondere, wenn sie in hoher Zahl in einer Lawine entstehen. Die Photonen können zu unerwünschten zusätzlichen Ionisationen führen und ohne Gegenmaßnahmen auch zu selbstständigen Entladungen. Siehe dazu die Ausführungen in Abschnitt 7.5.

Elektronenanlagerung Atome und Moleküle mit nahezu abgeschlossenen Schalen können unter Energieabgabe Elektronen anlagern. Die bei der Anlagerung freiwerdende Bindungsenergie und die kinetische Energie der Elektronen können radiativ, dissoziativ oder in Stößen abgegeben werden (siehe Tab. 7.2).

Elektronegative Beimischungen in Driftgasen, zum Beispiel Halogene und Sauerstoff, sind in der Regel unerwünscht, weil dadurch das Signal vermindert wird. Allerdings werden Proportionalkammergasen manchmal auch gezielt elektronegative Komponenten beigemischt, um Signale zu löschen (*quenching*) und damit selbstständige Entladungen zu vermeiden.

Der wesentliche Parameter für den Verlust von Elektronen durch Anlagerung ist die Reichweite in Driftrichtung. Wir definieren deshalb eine Absorptionslänge λ_a beziehungsweise das Inverse, den Absorptionskoeffizient η_a. Sie ergeben sich bei einer Driftgeschwindigkeit v_D^e zu

$$\lambda_a = v_D^e \, \langle t_a \rangle = \left\langle \frac{1}{\sigma_a \, n_a} \right\rangle , \qquad \eta_a = \frac{1}{\lambda_a}\,. \tag{7.9}$$

Der Ausdruck $1/(\sigma_a n_a)$ ist die Definition der mittleren freien Weglänge entsprechend (3.7), wobei in diesem Fall σ_a der - im Allgemeinen energieabhängige – Wirkungsquerschnitt für Anlagerung und n_a die Moleküldichte ist. Die mittlere Absorptionszeit $\langle t_a \rangle$ ist durch Mittelung über die jeweilige Energieverteilung zu bestimmen.

Im Allgemeinen sind λ_a und η_a abhängig von dem Driftgas, dem Partialdruck der elektronegativen Beimischungen und dem Driftfeld. In der Regel wird für eine genaue Bestimmung von λ_a ein Simulationsprogramm (zum Beispiel MAGBOLTZ [206]) zur

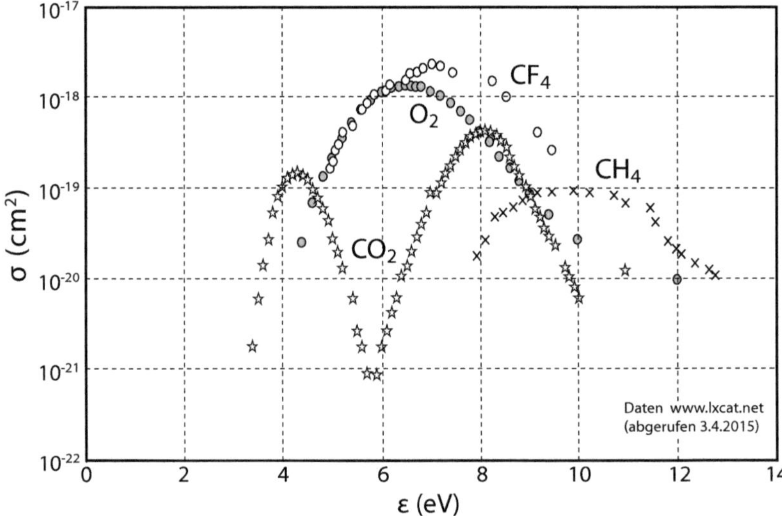

Abb. 7.6 Wirkungsquerschnitte für Elektronenanlagerung der mehratomigen Gase CO_2, CH_4 und CF_4, für die bereits in Abb. 4.7 Wirkungsquerschnitte gezeigt wurden, sowie der Dissoziationsquerschnitt für Sauerstoff. Die Daten wurden von der Webseite [809] am 7.7.2014 abgerufen. Die benutzten Datenbanken sind: Hayashi database für CH_4 und CF_4; Itikawa database für CO_2; Biagi-v8.9 für O_2.

Mittelung der Wirkungsquerschnitte über die Energieverteilung benutzt. In Abb. 7.6 sind solche Wirkungsquerschnitte für die mehratomigen Gase CO_2, CH_4 und CF_4 gezeigt, für die bereits Streuquerschnitte in Abb. 4.7 enthalten sind. Die Anlagerung verläuft für diese Gase über verschiedene Dissoziationsreaktionen, die oberhalb der Schwelle ein resonanzartiges Verhalten haben. Die Resonanzen liegen meistens oberhalb der üblichen Energieverteilungen der Elektronen in Driftgasen und führen deshalb auch über längere Driftstrecken nicht zu schädlichen Verlusten. Die Elektronen passieren aber diese Energien in dem Bereich der Gasverstärkung (Abschnitt 7.4.1), was dann zu Signalverlusten führt. Besonders macht sich dieser Effekt bei CF_4 mit hoher Absorption bei Energien um 7 eV bemerkbar (Abb. 7.6).

Zusätzlich ist in Abb. 7.6 der Dissoziationsquerschnitt bei Sauerstoff gezeigt. Der für Sauerstoff bei kleinen Energien wichtige Wirkungsquerschnitt für den 3-Körper-Stoß ist hier nicht eingetragen, weil er abhängig von der Dichte des Sauerstoffs beziehungsweise dem Partialdruck von Sauerstoff in einem Gasgemisch und deshalb nicht einfach darstellbar ist. Als Beispiel findet man für eine Beimischung von 1% O_2 in Argon bei einem Feld von 1 kV/cm eine mittlere Reichweite der Elektronen von $\lambda_a \approx 5\,\text{cm}$.

7.4 Gasverstärkung und Betriebsmodi

In einem starken elektrischen Feld, zum Beispiel in der Nähe der Anode einer Drahtkammer, werden die driftenden Elektronen so stark beschleunigt, dass sie sekundäre Ionisationen auslösen können. Es kommt zu einer Lawinenausbildung (Abb. 7.7) und damit zu einer Verstärkung der Ionisationsladung mit typischen Verstärkungsfaktoren von 10^4 bis 10^5 (siehe Abschnitt 7.4.2).

7.4.1 Townsend-Koeffizient und Gasverstärkung

Ab Feldstärken von etwa 10 bis 50 kV/cm kann der Energiegewinn auf der freien Weglänge zwischen zwei Stößen zur Ionisation des Gases ausreichen. Die Anzahl α der pro Weglänge erzeugten Ionen, genannt 'erster Townsend-Koeffizient', ist

$$\alpha = \sigma_{ion}\, n = \frac{1}{\lambda_{ion}}\,. \tag{7.10}$$

Auch diese Größe (wie die Feldstärke in (4.114)) kann auf die Teilchendichte oder den Druck (bei fester Temperatur) normiert werden:

$$\alpha/n = \sigma_{ion} \qquad \text{oder} \qquad \alpha/p \propto \sigma_{ion}\,. \tag{7.11}$$

Abbildung 7.8 (a) zeigt den ersten Townsend-Koeffizienten als Funktion der Elektronenergie für verschiedene Edelgase. Im Allgemeinen haben die Elektronen eine Energieverteilung, die bei gegebenem Driftgas durch das angelegte elektrische Feld gegeben ist (siehe zum Beispiel Abb. 4.8). Dann ist es informativer, einen effektiven Townsend-Koeffizienten als Funktion der Feldstärke anzugeben, wie in Abb. 7.8 (b), in der α/p als Funktion der reduzierten Feldstärke E/p dargestellt ist.

Der Zuwachs dN der Elektron-Ion-Paare auf einer Wegstrecke ds ist dann:

$$dN = \alpha\,(E)\; N\, ds\,. \tag{7.12}$$

Daraus folgt

$$N(s_a) = N_0 \,\exp\left(\int_{s_0}^{s_a} \alpha\,(E(s))\, ds\right)\,, \tag{7.13}$$

wobei N_0 die Anzahl der unverstärkten Elektronen bei $s = s_0$ und $N(s_a)$ die Anzahl der die Anode bei $s = s_a$ erreichenden Elektronen sind. Das Verhältnis der beiden Zahlen definiert die Gasverstärkung G:

$$G := \frac{N(s_a)}{N_0} = \exp\left(\int_{s_0}^{s_a} \alpha\,(E(s))\, ds\right)\,. \tag{7.14}$$

Falls α nicht von s abhängt, ergibt sich daraus

$$G = e^{\alpha\,(s_a - s_0)}\,. \tag{7.15}$$

Im Allgemeinen ist α aber energieabhängig. Die Energieverteilung der Elektronen variiert mit dem elektrischen Feld, das wiederum ortsabhängig ist. Dann ist die Verstärkung G mit (7.14) zu berechnen, was im Allgemeinen nur numerisch möglich ist. Für die Praxis wurden aber Parametrisierungen der Gasverstärkung als Funktion der angelegten Spannung entwickelt, wofür wir etwas weiter unten ein Beispiel diskutieren.

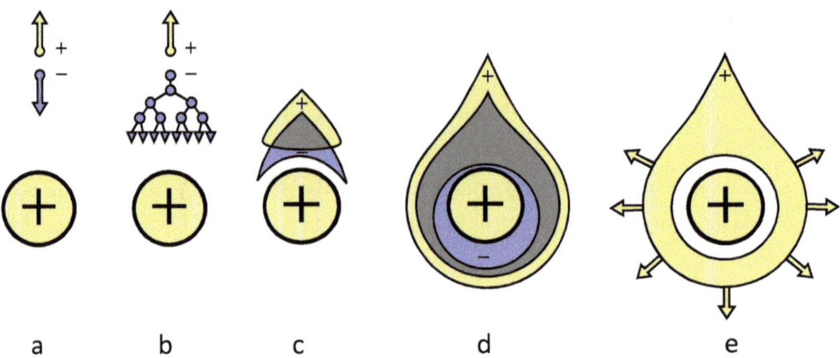

Abb. 7.7 Modell der Entwicklung einer Ionisationslawine am Anodendraht eines Proportionalzählrohrs (nach [898]). a) Im Driftvolumen werden ein Elektron und ein Ion erzeugt, die zu der jeweiligen Elektrode driften. b) Das Elektron erreicht in der Nähe des Anodendrahts ein so hohes Feld, dass es sekundäre Ionisationen auslösen kann, die zu einer Lawine führen. c) Die in der Lawine erzeugten Ladungen werden durch das elektrische Feld separiert. d) Durch die laterale Diffusion der Elektronen, die viel stärker als die der Ionen ist (siehe Abschnitt 4.6), breitet sich die Lawine um den ganzen Umfang des Drahtes aus, und die positive Ladungswolke bildet eine Tropfenform. e) Die Elektronen aus der Lawine erreichen sehr schnell die Anode, innerhalb von weniger als einer Nanosekunde, und die Ionen driften über einen längeren Zeitraum (bis zu Millisekunden) zur Kathode.

In dem Bereich, in dem das verstärkte Signal proportional zu der ursprünglichen Ionisationsladung ist (siehe Abschnitt 7.4.2), liegt G etwa zwischen 10^3 und 10^5. Dafür kann man die notwendige Anzahl der Stöße mit der Annahme, dass jeder Stoß zu einer Verdopplung führt, abschätzen:

$$G = 2^n \Rightarrow n = 13\text{–}20\,. \tag{7.16}$$

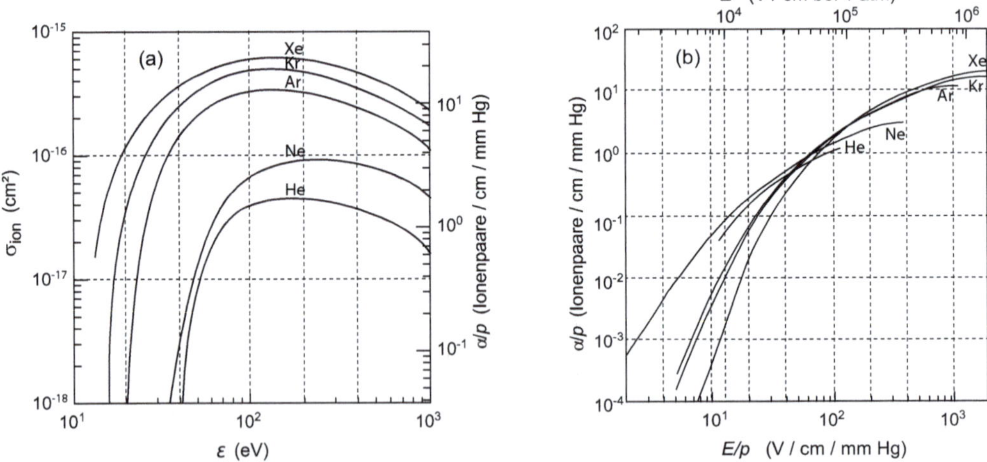

Abb. 7.8 Der Ionisationswirkungsquerschnitt und der erste Townsend-Koeffizient für Elektronen in verschiedenen Edelgasen (a) als Funktion der Elektronenenergie und (b) als Funktion des elektrischen Feldes (aus [898]).

Die Hälfte aller Ladungen in der Lawine werden dabei auf der letzten freien Weglänge λ_{ion} erzeugt, das sind bei Drahtkammern typisch nur wenige µm.[41]. Die meisten Elektronen haben also einen verschwindend kleinen Driftweg bis zur Anode, während die Ionen den langen Weg zur Kathode durchlaufen. Das spielt für die Signalentwicklung an der Anode eine wesentliche Rolle (siehe Abschnitt 5.3.3).

Die Gasverstärkung kann nicht beliebig groß werden, weil Raumladungen in der Nähe der Anode das Feld abschirmen ('Raether-Limit' [852], siehe auch auf Seite 212 in Abschnitt 7.4.2 die Ausführungen zur Streamer- und Funkenentwicklung). Empirisch erreicht die Lawinenentwicklung eine Sättigung bei einer Verstärkung der primären Elektronenzahl N_0 von etwa

$$G_{max}\,N_0 \approx 10^8\,.$$

Der Strompuls an der Elektrode wird dann unabhängig von der Primärionisation. Auslösezählrohre (Geigerzähler) arbeiten in diesem Operationsmodus. Nach weiterer Erhöhung der Spannung kommt es schließlich zu Entladungen, siehe Details im nächsten Abschnitt 7.4.2.

Verstärkung bei Zylindergeometrie Im Folgenden soll die Gasverstärkung für eine zylindersymmetrische Anordnung, wie bei dem in Abschnitt 7.2.2 eingeführten Zählrohr, besprochen werden. Diese Anordnung hat eine allgemeinere Bedeutung: Wenn die Gasverstärkung an einem zylindrischen Anodendraht abläuft, kann man unabhängig von der genauen Detektorgeometrie im Verstärkungsbereich, also sehr nahe am Draht, ein $1/r$-Verhalten des Feldes wie in einem Zählrohr (Abschnitt 7.2.2) annehmen. Für den Fall eines $1/r$-Feldes gibt es verschiedene Parametrisierungen der Gasverstärkung in Abhängigkeit von der angelegten Spannung, die auf unterschiedlichen Annahmen basieren. Hier soll die Herleitung der sogenannten Diethorn-Formel [373] vorgestellt werden.

Das Wegintegral über den Townsend-Koeffizienten in (7.14) kann zunächst als Integral über die Feldstärke umgeschrieben werden. Mit dem Ausdruck für das Feld eines Zählrohrs (7.5) ergibt sich

$$E(r) = \frac{U}{r \ln\frac{b}{a}} \qquad \Longrightarrow \qquad dE = -\frac{U}{r^2 \ln\frac{b}{a}}\,dr = -E^2 \frac{\ln\frac{b}{a}}{U} dr\,, \tag{7.17}$$

wobei U die Spannung zwischen den Elektroden und a, b die Radien der Elektroden sind. Eingesetzt in (7.14) mit der Substitution $dr = -ds$ (die Elektronen bewegen sich in Richtung kleinerer Radien) erhält man das Integral

$$G = \exp\left(\frac{U}{\ln\frac{b}{a}} \int_{E_{min}}^{E(a)} \frac{\alpha(E)}{E^2} dE\right)\,. \tag{7.18}$$

Die Integrationsgrenzen sind die minimale Feldstärke E_{min}, ab der die Multiplikation der Elektronen einsetzt, und die Feldstärke $E(a)$ auf der Anodenoberfläche.

[41]Bei RPCs, zum Beispiel, kann λ_{ion} bis etwa 100 µm sein.

Mit der Kenntnis von $\alpha(E)$ kann man das Integral zumindest numerisch lösen. Um eine analytische Lösung zu erhalten, hat Diethorn [373] die Annahme gemacht, dass der Townsend-Koeffizient proportional zu der Feldstärke ist[42], was in dem relevanten Bereich niedriger Feldstärken ganz gut erfüllt ist:

$$\alpha(E) = k\,E\,. \tag{7.19}$$

Damit ergibt sich für das Integral (7.18):

$$\ln G = \frac{kU}{\ln\frac{b}{a}} \ln\left(\frac{E(a)}{E_{min}}\right)\,. \tag{7.20}$$

Der Parameter k kann zu der Energie w_i (Tab. 7.1), die im Mittel für eine Ionisation aufgebracht werden muss, in Beziehung gesetzt werden. Auf diese Energie muss das Elektron zwischen zwei Stößen beim Durchlaufen der Spannungsdifferenz ΔU beschleunigt werden, womit also $w_i = e\Delta U$ ist. Damit ist die Anzahl der Multiplikationschritte in einer Potenzialdifferenz $\Delta\phi$:

$$n = \frac{\Delta\phi}{\Delta U}\,, \tag{7.21}$$

wobei $\Delta\phi$ die Potenzialdifferenz über dem Verstärkungsbereich ist:

$$\Delta\phi = \int_a^{r(E_{min})} E(r)\,dr = \frac{U}{\ln\frac{b}{a}} \ln\left(\frac{E(a)}{E_{min}}\right)\,. \tag{7.22}$$

Mit der Annahme $G = 2^n$ (Verdopplung bei jedem Stoß) wie in (7.16) und der Beziehung (7.21) findet man:

$$\ln G = n\,\ln 2 = \frac{U\,\ln 2}{\ln\frac{b}{a}\,\Delta U} \ln\left(\frac{E(a)}{E_{min}}\right) \overset{(7.20)}{=} \frac{k\,U}{\ln\frac{b}{a}} \ln\left(\frac{E(a)}{E_{min}}\right) \quad\Rightarrow\quad k = \frac{\ln 2}{\Delta U}\,. \tag{7.23}$$

Damit erhält man einen Ausdruck für die Gasverstärkung G als Funktion der Spannung U mit den Parametern $\Delta U (= w_i/e)$ und E_{min}, die von den Gaseigenschaften abhängen. Während $E(a)$ bei gegebener Spannung festgelegt ist,

$$E(a) = \frac{U}{a\ln\frac{b}{a}}\,, \tag{7.24}$$

ergibt sich E_{min} aus der Bedingung, dass auf einer freien Weglänge ein Elektron gerade so beschleunigt wird, dass es ionisieren kann. Da die freie Weglänge umgekehrt proportional zum Druck (oder zur Teilchendichte des Gases) ist, kann man in die Parametrisierung noch die Gasdruckabhängigkeit durch

$$E_{min}(p) = E_{min}(p_0)\frac{p}{p_0} \tag{7.25}$$

einbeziehen (p_0 ist ein Referenzdruck). Die Gleichung für die Verstärkung als Funktion der Zählrohrspannung, genannt Diethorn-Formel, ist dann

$$\ln G = \frac{U\,\ln 2}{\ln\frac{b}{a}\,\Delta U} \ln\left(\frac{U}{a\,\ln\frac{b}{a}\,E_{min}(p_0)\frac{p}{p_0}}\right) \overset{(7.24)}{=} \frac{a\,E(a)\ln 2}{\Delta U} \ln\left(\frac{E(a)}{E_{min}(p_0)\frac{p}{p_0}}\right)\,. \tag{7.26}$$

[42]Eine Alternative, die auf Rose und Korff zurückgeht, ist die Annahme, dass der Townsend-Koeffizient linear von der Elektronenenergie abhängt [882, 672], siehe zum Beispiel auch [898].

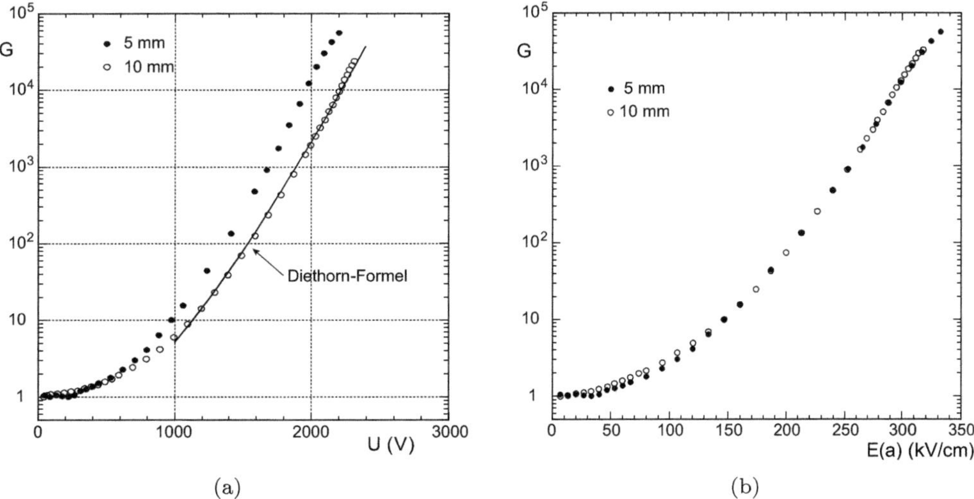

Abb. 7.9 Messung der Gasverstärkung in Driftrohren (Wabenstruktur wie in Abb. 7.35) mit 5 beziehungsweise 10 mm Durchmesser und 25 μm dicken Anodendrähten (nach [926]). Bei diesen Messungen wurde als Driftgas eine CF_4/CH_4-Mischung im Verhältnis 80:20 benutzt. (a) Die Abhängigkeit der Verstärkung von der Anoden-Kathoden-Spannung für die beiden Driftrohre. Die Anpassung an die Messpunkte für den 10-mm-Durchmesser wurde mit der Diethorn-Formel (7.26) gemacht (siehe Erläuterungen im Text). (b) Mit dieser Abbildung wird demonstriert, dass die Kurven für die Driftrohre mit den beiden unterschiedlichen Durchmessern nahezu zusammenfallen, wenn man die Verstärkung gegen die Feldstärke auf der Anodenoberfläche aufträgt. Das ergibt sich aus der Diethorn-Formel (7.26), wenn sich nur der äußere Durchmesser $2b$ des Zählrohrs ändert, die anderen Parameter aber gleich bleiben (siehe Erläuterung im Text).

Die so genannten Diethorn-Parameter ΔU und $E_{min}(p_0)$ findet man tabelliert für einige gängige Gase, siehe zum Beispiel [229,655]. Sie werden aus Messungen der Gasverstärkung als Funktion der Spannung bestimmt. Üblicherweise wird eine externe Strahlungsquelle, zum Beispiel eine Röntgenröhre, mit konstanter Intensität dazu benutzt, die Verstärkung des Kammerstroms mit steigender Spannung zu messen. Dabei ist darauf zu achten, dass der Strom nicht zu hoch wird, um Raumladungseffekte zu vermeiden.

In Abb. 7.9 werden als Beispiel Messungen der Gasverstärkung in zwei Driftrohren mit unterschiedlichen Durchmessern, aber sonst gleichen Bedingungen, gezeigt (Daten von [926]). Für die Rohre mit 10 mm Durchmesser in (a) wurde die Diethorn-Formel (7.26) angepasst. Als Parameter ergeben sich hier $\Delta U = 53.8$ V, $E_{min} = 39.2\,\mathrm{kV/cm}$, ähnliche Werte wurden für dieses Gas auch in [509] gefunden. Die Formel liefert oberhalb von 1 kV eine gute Beschreibung der Messungen; bei kleineren Spannungen hat die Funktion allerdings nicht die Flexibilität, um in eine Konstante (=1) übergehen zu können.

Die Darstellung in Abb. 7.9(b) zeigt, dass die Verstärkung in zwei Proportionalzählrohren mit unterschiedlichen Kathoden-, aber gleichen Anodendurchmessern, als Funktion der Feldstärke $E(a)$ auf der Anodenoberfläche etwa gleich sind. Tatsächlich ist die Diethorn-Formel (7.26) bei gleichem Anodenradius a und gleichem Druck p nur noch von $E(a)$ abhängig, wie die rechte Seite von (7.26) zeigt. Nach der Gleichung (7.24)

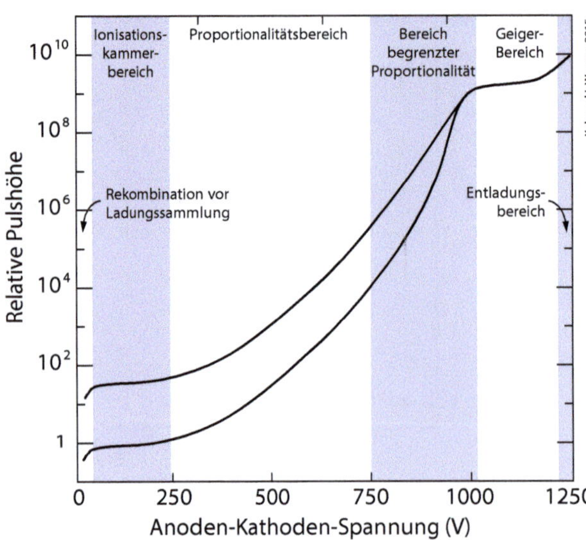

Abb. 7.10 Schematische Darstellung der Abhängigkeit des Ausgangssignals eines Zählrohrs von der angelegten Anoden-Kathoden-Spannung (nach [768]). Die Verhältnisse sind für zwei Teilchen mit unterschiedlichen Primärionisationen gezeigt. Bei der unteren Kurve ist das Signal so normiert, dass auf der vertikalen Achse die Gasverstärkung abgelesen werden kann. Die Zahlenwerte für Verstärkung und Spannung sind exemplarisch angegeben und hängen im konkreten Fall stark von der Elektrodenanordnung und dem benutzten Gas ab. Die verschiedenen Verstärkungsbereiche werden im Text diskutiert.

muss bei gleichem Anodenradius a die Spannung also im Verhältnis der Logarithmen $\ln(b/a)$ skaliert werden. Im Beispiel der Abb. 7.9 ist dieses Verhältnis 1.13, was bei $U(5\,\text{mm}) = 2000\,\text{V}$ einen um $260\,\text{V}$ höheren Wert von $U(10\,\text{mm})$ ergibt.

7.4.2 Betriebsbereiche gasgefüllter Detektoren

In Abbildung 7.10 ist die prinzipielle Abhängigkeit der Gasverstärkung in einem Zählrohr mit einem dünnen Anodendraht von der angelegten Anoden-Kathoden-Spannung dargestellt. Die Wahl der Betriebsart hängt von der beabsichtigten Anwendung und von verschiedenen Bedingungen ab, zum Beispiel von technischen Möglichkeiten und Sicherheitsbetrachtungen. Anhand der Darstellung von Abb. 7.10 unterscheidet man folgende Bereiche:

Rekombinations-Bereich, $G < 1$ In dem Bereich niedriger Feldstärken rekombinieren die primären Elektronen und Ionen mit erhöhter Wahrscheinlichkeit, wenn sie nicht schnell genug räumlich getrennt werden (Abschnitt 7.3.2). Deshalb steigt das Ausgangssignal mit der Spannung an, bis eine Sättigung in der Ladungssammlung eintritt, bei der im optimalen Fall die gesamte Ladung die Elektroden erreicht.

Ionisationskammer-Bereich, $G \approx 1$ Die Sättigung des Ausgangssignals ohne Verstärkung definiert den Bereich, in dem Ionisationskammern betrieben werden. Dieser Betriebsmodus ist geeignet zur Messung von Teilchenflüssen, zum Beispiel für Dosimeter (siehe Abb. 7.3 in Abschnitt 7.2.1), aber nicht, um einzelne Teilchen nachzuweisen, da ohne Gasverstärkung die Signalladung einzelner Teilchen für den Nachweis zu klein ist (pro Weglänge im Gas bei Normaldruck erzeugen minimal ionisierende Teilchen größenordnungsmäßig 0.01 fC/cm).

Proportionalitätsbereich, $G \approx 10^3$–10^5 Wenn Elektronen in einem starken Feld zwischen zwei Stößen genügend Energie gewinnen, um Sekundärelektronen auslösen zu können, entwickelt sich eine Ladungslawine, wie in Abschnitt 7.4.1 beschrieben. Die so verstärkte Ladung ist über einen weiten Betriebsspannungsbereich zunächst proportional zu der primären Ladung. In diesem Proportionalitätsbereich haben deshalb in Abb. 7.10 die Kurven für unterschiedliche Primärionisationen gleiche Abstände, das heißt, die Gasverstärkung ist unabhängig von der Primärionisation. In dieser Betriebsart kann man bei bekanntem Impuls eine Ladungsmessung zur Teilchenidentifikation benutzen (siehe Abschnitt 14.2.2).

Bereich begrenzter Proportionalität, $G \approx 10^5$–10^8 Bei weiter wachsender Spannung wird die Proportionalität des Ausgangssignals zur Primärionisation durch Raumladungseffekte begrenzt. Wegen der relativ geringen Beweglichkeit der Ionen baut sich bei genügend hoher Gasverstärkung eine Ionenwolke in der Nähe der Anode auf, die nur langsam wegdriftet und die Feldstärke lokal vermindert. Dieser Bereich wird umso eher erreicht, je höher die Primärionisation ist.

Sättigungs- und Geiger-Bereich, $G \gtrsim 10^8$ Bei weiter anwachsender Gasverstärkung wird das Signal schließlich unabhängig von der Primärionisation, das Ausgangssignal erreicht eine Sättigung. Ein Detektor, der nach diesem Prinzip arbeitet, 'zählt' ionisierende Teilchen oder Quanten unabhängig von deren Art (Auslösezähler). Die voneinander weg driftenden positiven und negativen Ladungen einer Lawine beginnen bei hoher Ladungsdichte das Feld in dem inneren Bereich der Lawine zu neutralisieren, so dass dort eine höhere Wahrscheinlichkeit für Rekombination von Elektronen und Ionen mit Emission von Photonen entsteht. Die Photonen können durch Photoeffekt weitere Elektronen im Zählgas oder an den Kammerwänden erzeugen, die ihrerseits neue Lawinen bilden. Wie weit sich diese Lawinenbildung ausbreitet, hängt von dem Wirkungsquerschnitt für Photoionisation im Zählgas ab. Im Geiger-Modus breitet sich die Ladungslawine über den gesamten Draht eines Zählrohrs aus. Das resultierende hohe Stromsignal war bei der Erfindung des Geigerzählrohrs Anfang des 20. Jahrhunderts wesentlich für die elektronische Registrierung (siehe Abschnitt 2.1). Die Entladung am Anodendraht wird durch die abschirmende Wirkung der Lawinenladung und/oder durch einen Spannungsabfall über einen mit der Anode in Serie geschalteten Widerstand gestoppt (*self-quenching*).

Der Nachteil des hohen Stromsignals eines Geigerzählers ist allerdings eine damit verbundene lange Totzeit nach jedem Puls, etwa 50 bis 100 µs, die einen Geigerzähler auf Raten unter 10^4 bis 10^5 Hz beschränkt. In Proportionalzählrohren versucht man, die Lawinenausbreitung durch Photonen zu unterdrücken, indem dem Zählgas (typisch Argon oder CO_2) ein organisches Gas als Löschgas beigegeben wird, das UV-Photonen absorbiert, zum Beispiel Methan (CH_4), Isobutan (C_3H_8) oder Methylal ($(OCH_3)_2CH_2$). Man kann mit der Mischung auch die Photoabsorption so einstellen, dass die Ausbreitung der Lawinenbildung auf einen Bruchteil des Anodendrahts (etwa 1 cm) beschränkt bleibt, um bei noch relativ hohem Signal die Totzeit zu verringern. Diese Betriebsart wird 'beschränkter Geiger-Modus' genannt.

Entladungs-Bereich, oberhalb von $G \approx 10^8 - 10^9$ Bei sehr hohen Spannungen kommt es zu selbstständigen Entladungen in der Kammer, spontan oder ausgelöst durch ionisierende Teilchen. Bei einer Entladung werden die beiden Elektroden durch einen leitenden Plasmaschlauch verbunden. Bevor der Plasmaschlauch die Elektroden erreicht, bildet sich räumlich begrenzt ein 'Streamer' aus (siehe nächster Paragraf). Die Übergänge zwischen gesättigter Lawinenbildung, Ausbildung eines Streamers und Entladungen, wie Glimm-, Korona- oder Funkenentladungen, sind dabei fließend und stark von der Elektrodengeometrie, dem Gas (Zusammensetzung, Druck, Feuchtigkeit, ...) und dem Widerstand des elektrischen Stromkreises abhängig. Der Entladungsbereich kann auch für Detektoren zum Teilchennachweis interessant sein, weil man dann sehr hohe Signale erhält (mit moderner Ausleseelektronik ist das allerdings nur noch in Spezialfällen ein Kriterium).

Beim Betrieb eines Detektors im Entladungsbereich muss es immer einen Mechanismus zum kontrollierten Abbruch einer Entladung (oder Stoppen eines Streamers) geben. Zum Beispiel können Entladungen gestoppt werden durch:

- anwachsende Raumladung, die die Lawinenentwicklung begrenzt;
- aktive Abschaltung der Hochspannung;
- Anlegen eines von vornherein zeitlich begrenzten Spannungspulses an die Elektroden, in der Regel ausgelöst durch einen Teilchentrigger;
- passive Erniedrigung der Hochspannung unter die Verstärkungsschwelle durch Ableitung des Stromes über einen Widerstand.

Diese Mechanismen, oder Kombinationen davon, dienen auch beim Betrieb im Proportionalbereich zur Sicherung von Detektoren gegen zerstörende Überschläge.

Übergang Lawine–Streamer–Funken Es gibt eine Fülle von Untersuchungen zu Entladungserscheinungen in Gasen mit entsprechend viel Literatur dazu, häufig in Hinblick auf die Hochspannungssicherheit elektrischer Apparaturen und auf elektrische Phänomene in der Atmosphäre (siehe dazu zum Beispiel [753, 853, 852]). Hier wollen wir uns auf den für den Detektorbetrieb wichtigen Übergang von einer Ladungslawine zu einem Entladungsfunken konzentrieren.

Dieser Übergang ist in einem vereinfachten Modell in Abb. 7.11 skizziert [864, 865]: Ausgehend von der Erzeugung eines Elektron-Ion-Paares (a) in einem starken elektrischen Feld entwickelt sich zunächst durch Sekundärionisation der Elektronen eine Lawine (b). Die Lawine breitet sich schnell in Richtung der Anode aus, wobei die Elektronen die trägeren Ionen zurücklassen. Wegen der stärkeren Diffusion der Elektronen (Abschnitt 4.6) bildet sich eine Tropfenform mit einer positiven Ladungsspitze und einer breiteren negativen Front aus, wie bereits in Abb. 7.7 dargestellt. Zwischen den sich separierenden Ladungen entsteht dann ein elektrisches Feld, das dem äußeren entgegengerichtet ist, wobei gleichzeitig das Feld zwischen den Ladungsfronten der Lawine und den Elektroden stärker wird. Bei Gasverstärkungen in der Größenordnung von 10^8 wird das Feld inner-

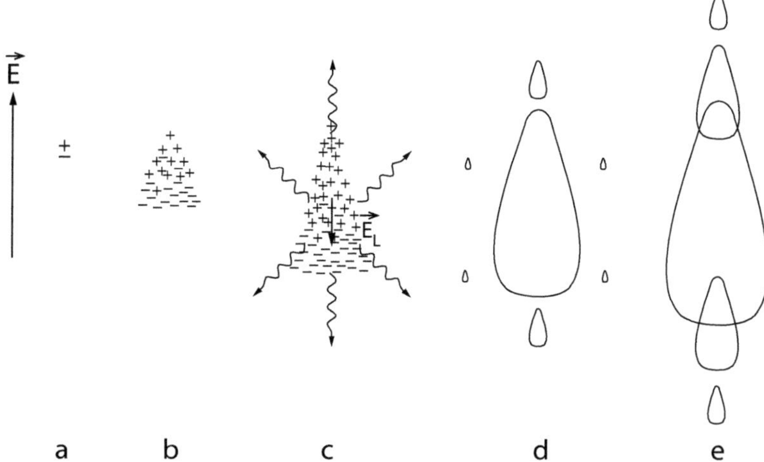

Abb. 7.11 Entwicklung einer Ladungslawine in einem starken elektrischen Feld zu einem Streamer (nach [864, 865]): (a) Primäre Ionisation; (b) Entwicklung einer Gasverstärkungslawine; (c) Aufbau eines Gegenfelds in der Lawine, Rekombination in dem neutralen Bereich der Lawine und nachfolgende Photoemission; (d) Erzeugung neuer Lawinen durch Photoionisation; (e) Verschmelzung der Lawinen zu einem Streamer. Der Streamer wächst weiter an, bis er die Elektroden erreicht, wodurch es schließlich zu einem Funkenüberschlag kommt.

halb der Lawine so stark, dass es das äußere Feld kompensiert. In dem neutralen Bereich im Inneren der Lawine ist die Wahrscheinlichkeit erhöht, dass Elektron-Ion-Paare unter Aussendung eines Photons rekombinieren (c). Die Photonen erzeugen neue Ladungspaare in der Umgebung der Lawine, die neue Lawinen bilden (d). Die Lawinen bilden sich besonders stark in dem Bereich mit hohem Feld zwischen der ursprünglichen Lawine und den Elektroden aus, so dass die Ausbreitung bevorzugt auf die Elektroden zu verläuft. Die Ausbreitungsgeschwindigkeit von etwa 10^6 m/s wird durch die Photonen bestimmt und ist damit etwa eine Größenordnung höher als die der ursprünglichen Lawine, die durch die Elektrondrift bestimmt ist. Mit dem Anwachsen der Lawinen beginnen diese zu verschmelzen (e) und bilden einen so genannten 'Streamer', der schnell auf die Elektroden zuwächst und dabei wegen der Photoemission leuchtet. Wenn er die Elektroden erreicht, entsteht eine Verbindung durch ein leitendes Plasma, durch das sich die Elektroden in Form eines Funkens entladen und damit das Plasma weiter aufheizen.

Die Bedingung, unter der eine Lawine in einen Streamer und dann in eine Entladung übergeht, wird Raether- oder auch Raether-Meek-Bedingung genannt [852, 753]. Sie gibt an, dass ohne Entladung die Gasverstärkung in einer Lawine auf etwa 10^8 bis 10^9 beschränkt ist, was bei konstantem elektrischen Feld

$$\alpha\, d \approx 18\text{–}20 \tag{7.27}$$

Sekundärionisationen entspricht (α ist der Townsend-Koeffizient (7.10) und d die Länge der Lawine). Diese Werte können nur als grobe Faustregel betrachtet werden, weil genaue Werte von verschiedenen Faktoren, wie zum Beispiel Diffusion der Ladungswolke, Photoabsorption im Gas und Elektrodenbeschaffenheiten, abhängen [853].

Durch vorzeitiges Abschalten oder Absenken der Spannung kann verhindert werden, dass die Streamer die Elektroden erreichen. Das erlaubt die Nutzung des 'Streamer-Modus' bei Detektoren, mit einigen Vorteilen gegenüber einem Betrieb als Funkenkammer (siehe Abschnitt 7.7). Detektoren, die den Streamer-Modus nutzen, sind Streamer-Rohre, Streamer-Kammern und *resistive plate chambers*, beschrieben in den Abschnitten 7.6.3, 7.7.2, 7.7.3. Streamer können in homogenen Feldern, zum Beispiel zwischen parallelen Platten, an beliebigen Stellen ausgelöst werden (bei entsprechend hohen Feldstärken). In zylindrischen Zählrohren entwickeln sie sich aus der Lawine am Draht. Dabei ist es möglich, die Entwicklung der Streamer durch die wachsende Raumladung zu stoppen, wenn ein geeignetes Gas mit ausreichender Photoabsorption gewählt wird. Dieser Betriebsmodus wird als *self-quenching streamer mode* oder 'begrenzter Streamer-Modus' (*limited streamer mode*) bezeichnet. In diesem Fall unterscheidet sich der Streamer-Modus von dem beschränkten Geiger-Modus (siehe oben) dadurch, dass die höchste Ladungsdichte des Streamers deutlich vom Draht entfernt ist, weil der Streamer in Richtung Kathode wächst [306, 588].

7.5 Wahl des Kammergases

Im Folgenden sollen allgemeine Kriterien für die Wahl des Kammergases diskutiert werden. Die Diskussion lehnt sich an den entsprechenden Abschnitt in [898] an. Folgende Punkte spielen bei der Wahl des Gases eine Rolle:

- hohe Ionisationsdichte;
- geringer Ladungsverlust;
- niedrige Spannung bei der notwendigen Verstärkung;
- stabiler Betrieb, Überschlagssicherheit;
- Proportionalität zwischen Signal und Ionisation;
- geringe Diffusion (vor allem bei Detektoren mit Ortsauflösung);
- geeignete Driftgeschwindigkeit (ebenfalls bei Detektoren mit Ortsauflösung);
- Ratenverträglichkeit und Totzeit-Freiheit (geringe Raumladung);
- Strahlenresistenz;
- Sicherheit und Umwelt: nicht entflammbar, nicht toxisch, umweltfreundlich;
- Kosten.

Definition der Anteile der Komponenten einer Gasmischung Um diese Kriterien optimal erfüllen zu können, bestehen Kammergase in der Regel aus Mischungen mehrerer Gaskomponenten. Meistens werden die Mischungsverhältnisse durch ihre Volumenanteile festgelegt, weil Gasvolumen relativ einfach mit Durchflussmessern bestimmt werden können. Die hier zitierten prozentualen Anteile sind in der Regel Volumenanteile.

Für die Bestimmung der Gasparameter, wie Driftgeschwindigkeiten oder Diffusionskoeffizienten, sind allerdings die Teilchenkonzentrationen maßgeblich. Die Teilchendichten können aus den Volumenanteilen mit den entsprechenden Gasgleichungen berechnet werden. Häufig kann man die ideale Gasgleichung anwenden, bei der die relativen Volumenanteile gleich den Teilchenanteilen sind.

Ionisation und Ladungsverlust Die Ionisationsdichte (n_{tot}) in Tab. 7.1 auf Seite 202 ist für die Edelgase Argon, Krypton, Xenon sowie für CO_2, die Kohlenwasserstoffe (außer Methan), CF_4 und DME sehr gut, am besten für Krypton und Xenon. Wegen des Ladungsverlusts kommen elektronegative Gase, insbesondere Sauerstoff, als Hauptkomponente eines Kammergases nicht in Betracht.

Hochspannung und Gasverstärkung Um Überschläge und Kriechströme, insbesondere im Bereich der Halterungen von Elektroden, zu minimieren, sollten die Potenzialdifferenzen zwischen Elektroden möglichst gering sein. Eine hohe Verstärkung bei relativ niedriger Spannung liefern die Edelgase Helium, Neon, Argon, Krypton und Xenon, deren Schwellen für Gasverstärkung bei Feldstärken von etwa 70 kV/cm liegen. Krypton und Xenon haben den Nachteil hoher Kosten, und für Spurdetektoren ist auch eine kurze Strahlungslänge nachteilig, weil die Vielfachstreuung dann einen größeren Effekt auf die Rekonstruktionsgenauigkeit hat. Andererseits werden diese beiden Gase gerade wegen ihrer kurzen Strahlungslänge zum Nachweis von Photonen eingesetzt, zum Beispiel zum Nachweis der Röntgenphotonen eines Übergangsstrahlungsdetektors (Kapitel 12). In den meisten Fällen sind Helium und Neon wegen der geringeren Ionisationsdichte weniger geeignet. Allerdings werden sie wegen ihrer großen Strahlungslängen in Detektoren für Teilchen mit niedrigen Impulsen eingesetzt, um die Vielfachstreuung zu verringern. Das Defizit an Ionisationsdichte kann zum Beispiel durch Mischung mit DME (Tab. 7.1), das ebenfalls eine relativ kleine Strahlungslänge hat, ausgeglichen werden. Die leichten Edelgase werden auch für Detektoren im Entladungsmodus eingesetzt, weil es dabei weniger auf die Ionisationdichte ankommt. Zum Beispiel werden bei Funkenkammern Helium-Neon-Mischungen eingesetzt.

Im Allgemeinen ist aber Argon das bevorzugte Gas für Detektoren mit Gasverstärkung im Proportionalbereich. Allerdings hat reines Argon ungünstige Eigenschaften, insbesondere sehr starke Diffusion (hohe charakteristische Energie, siehe Abschnitt 4.6.4.5 und Abb. 4.12 auf Seite 132) und instabiles Verhalten bei Gasverstärkung. Deshalb wird es praktisch nur mit Zusätzen eingesetzt, wie in den folgenden Paragraphen diskutiert wird.

Photoabsorption und Löschgase ([898]) Reine Edelgase zeigen in Detektoren mit Gasverstärkung ein instabiles Verhalten, weil sie die in dem Verstärkungsprozess entstehenden Photonen nicht absorbieren können. Im Gegensatz zu mehratomigen Molekülen, die durch eine Vielfalt von Anregungsniveaus UV-Photonen breitbandig absorbieren können, haben Edelgase nur wenige, diskrete Niveaus (siehe zum Beispiel Abb. 4.7 auf Seite 124).

In dem Gasverstärkungsprozess werden Atome und Moleküle ionisiert und angeregt. Zum Beispiel kann ein angeregtes Argonatom nur durch Emission eines Photons mit einer minimalen Energie von 11.6 eV in den Grundzustand übergehen. Diese Energie liegt aber weit über dem Ionisationspotenzial von Kupfer von 7.7 eV, so dass ein solches Photon, wenn es auf eine Kupferkathode auftrifft, ein Elektron und damit eine neue

Gasverstärkungslawine auslösen kann. Eine neue Lawine kann auch ausgelöst werden, wenn ein Argonion an der Kathode neutralisiert wird. Die freiwerdende Energie wird entweder als Photon abgestrahlt, das wieder ionisieren kann, oder zur Extraktion eines Elektrons aus der Kathode verwandt. In allen Fällen führt das zu einer verzögerten Lawine an der Anode oder bei höheren Gasverstärkungen zu einer Dauerentladung.

Die Lösung des Problems besteht darin, dem Edelgas, meistens Argon, einen gewissen Anteil eines Löschgases (*quencher*) hinzuzufügen. In der Regel benutzt man dazu die Kohlenwasserstoffe von Methan bis Isobutan und, mit etwas schlechteren Quenching-Eigenschaften, auch CO_2 (der Einfluss dieser Gase auf die Driftgeschwindigkeit und andere Transportparameter wird in Abschnitt 4.6 diskutiert). Diese Moleküle haben ein breites Spektrum von Rotations- und Schwingungszuständen, die durch Absorption der Argon-Photonen angeregt werden, ihre Energie aber bevorzugt in nicht-radiativen Prozessen (Stößen) wieder abgeben. Die Quenching-Eigenschaften eines Gases verbessern sich mit der Anzahl der Atome pro Molekül.

Gängige Mischungen aus Argon und einem Quencher-Gas sind zum Beispiel:

Argon–Ethan	50:50,
Argon–Methan	90:10,
Argon–Isobuthan	75:25,
Ar–CO_2–CH_4	90:9:1.

Die prozentualen Anteile sind nur zur Orientierung angegeben. Sie können variieren, um verschiedene Detektoreigenschaften zu optimieren.

Bei hoher Strahlungsbelastung tritt bei Kohlenwasserstoffen das Problem auf, dass sie unerwünschte Ablagerungen von Polymerisaten auf den Elektroden verursachen, die zur Untauglichkeit eines Detektors führen können (siehe dazu Abschnitt 7.12). Mischungen mit Argon und CO_2 sind diesbezüglich viel sicherer, aber bei hohen Verstärkungen instabil. Allerdings wird dann häufig eine dritte Komponente hinzugefügt, die das Quenching verstärken soll, wie in der obigen Liste die Kombination Ar–CO_2–CH_4.

Quenching-Eigenschaften haben auch CF_4 und DME (Tab. 7.1), die aber aus anderen Gründen auch als eine der Hauptkomponenten einer Mischung benutzt werden. Bei CF_4 ist es die hohe Driftgeschwindigkeit und bei DME die hohe Ionisationsdichte bei großer Strahlungslänge und geringer Diffusion (siehe dazu in Abschnitt 7.10.5 die Diskussion der Gase für Driftkammern).

Diffusion und Driftgeschwindigkeit Die mehratomigen Gase, die als Löschgase zur Absorption von Photonen eingesetzt werden, haben gleichzeitig die Eigenschaft, das Aufheizen der Elektronen durch das elektrische Feld zu dämpfen, indem die Moleküle in inelastischen Stößen Energie absorbieren und sie meistens nicht-radiativ an die anderen Moleküle in dem Gas verteilen. Ein hoher Wirkungsquerschnitt mit einer hohen Inelastizität führt, wie in Abschnitt 4.6.4.3 erläutert, zu einer kleinen charakteristischen Energie (Gleichung (4.113)) und einem kleinen Diffusionskoeffizienten (Gleichung (4.112)), siehe auch Abb. 4.12. Die Driftgeschwindigkeit ist mit dem relativen Anteil des Quenchers im Gas einstellbar (Abb. 4.10) und erreicht in der Regel mit anwachsender Feldstärke ein Maximum, um dann wieder abzufallen. Dieses Sättigungsverhalten wird in Driftkammern genutzt, um die Driftgeschwindigkeit, die nach (4.114) eine Funktion der reduzierten Feldstärke E/p oder E/n ist, stabil gegen Schwankungen von Feldstärke, Druck und Temperatur zu halten. Das Mischungsverhältnis von Edelgas und Quencher ist deshalb für Driftkammern (Abschnitt 7.10), die die Driftzeit zur Ortsmessung benutzen, ein wesentlicher Optimierungsparameter.

Elektronegative Zusätze Um mögliche unerwünschte Entladungen zu stoppen, werden insbesondere bei hoher Gasverstärkung dem Kammergas elektronegative Gase, wie Halogenkohlenwasserstoffe (zum Beispiel $CBrF_3$ oder C_2H_5Br), Schwefeltetrafluorid (SF_4) oder auch Sauerstoff, beigefügt. Diese Moleküle lagern Elektronen an und werden dabei zu negativen Ionen, die aber wegen ihrer viel geringeren Beweglichkeit nicht zur Verstärkung beitragen. In Detektoren mit längeren Driftstrecken können diese Zusätze nicht eingesetzt werden, weil es dann zu Ineffizienzen des Teilchennachweises käme.

Zusätze zum Verhindern von Polymerisation Ein Hauptgrund für eine begrenzte Lebensdauer eines gasgefüllten Detektors sind Ablagerungen von Polymerisaten auf Elektroden, verursacht von den als Quencher eingesetzten Kohlenwasserstoffen (Abschnitt 7.12.2). Zusätze, die nicht zur Polymerisation neigen und gute Quenching-Eigenschaften haben, sind Alkohole, zum Beispiel Propanol (C_3H_8O), und Methylal ($C_3H_8O_2$). Das Problem bei einem Alkohol ist allerdings, dass der Sättigungsdampfdruck bei normalen Temperaturen sehr niedrig ist (bei Propanol 20 hPa bei 20 °C), das heißt, man kann keine hohen Konzentrationen erreichen. Man kann aber auch schon bei geringen Zusätzen von Alkoholen im Promille- bis Prozentbereich einen positiven Effekt für die Lebensdauer einer Kammer erreichen, was auf einem Ladungsaustauschmechanismus zwischen den Ionen des Hauptgases und dem Zusatz beruht. Da die Zusätze niedrigeres Ionisationspotenzial haben, wird die Ladung von dem Quencher sehr effektiv auf die Alkoholmoleküle übertragen. So neutralisiert sich schließlich das nicht-polymerisierende Molekül an der Kathode, was zu einer längeren Lebensdauer der Kammer führt.

Falls sich Ablagerungen gebildet haben, kann man die Auswirkungen (zum Beispiel Raumladungseffekte und wachsende Ablagerungsschichten) mildern, indem die Ablagerungen leitfähig gemacht werden (siehe Abschnitt 7.12). Um die Leitfähigkeit von Ablagerungen auf Elektroden zu erhöhen, werden dem Gas geringe Anteile von Wasser zugesetzt. Geringe Wasserkonzentrationen werden dadurch erreicht, dass man das Gas durch eine Wasserflasche (*bubbler*) bei konstanter Temperatur sprudeln lässt. Zum Beispiel ergibt sich etwa 0.6% Wassergehalt bei einer Temperatur von 0 °C und einem Druck von 1 bar, entsprechend dem Sättigungsdampfdruck von 6.1115 hPa.

7.6 Betrieb von Zählrohren

Zählrohre mit einer zylindrischen Geometrie wie in Abb. 7.4 sind die Grundlage für die meisten Detektoren, die Ionisation mit Gasverstärkung nachweisen. Richtungsweisend war die Entwicklung des Geiger-Müller-Zählrohrs vor etwa einem Jahrhundert. Inzwischen ist aber der Betrieb im Proportionalbereich eher die Regel, nachdem die Entwicklungen in der Elektronik immer sensitivere Signalverarbeitung bieten.

Im Folgenden beschreiben wir Betrieb und Anwendungen von Zählrohren in verschiedenen Betriebsmodi: Proportional-, Geiger- und Streamer-Modus. Die Wahl der jeweiligen Gasfüllung folgt Kriterien wie im vorigen Abschnitt besprochen und speziell den Kriterien für Vieldrahtproportionalkammern (Abschnitt 7.8.3). In den meisten Fällen bestehen die Zählgase aus einer Hauptkomponente, die die Ionisationsdichte bestimmt, einem Löschgas zur Absorption von Photonen und eventuell einer elektronegativen Beimischung, die durch schnelle Beseitigung von Elektronen ein Nachpulsen verhindert. Typische Gasmischungen haben Argon als Hauptkomponente und Methan, Ethan oder Isobutan als Löschgas, eventuell mit Alkoholzusätzen.

Zählrohre werden häufig auch als Ebenen aneinandergefügt (siehe zum Beispiel Abb. 7.12 und 7.35). Gegenüber Drahtebenen in denen die Anoden nicht durch Wände getrennt sind, wie zum Beispiel bei MWPCs (Abb. 7.18), hat die Einbettung der Anoden in Rohre einige Vorteile. Zum Beispiel macht die Modularität die Produktion einfacher und die Betriebssicherheit ist im Allgemeinen höher, weil unter anderem ein gerissener Draht nicht gleich mehrere Kanäle kurzschließen kann.

7.6.1 Proportionalzählrohre

Mit moderner Elektronik ist es gut möglich, mit proportionaler Gasverstärkung in einem Zählrohr wie in Abb. 7.4 die Erzeugung einzelner Elektron-Ion-Paare in dem Gas zu messen. Ein einzelnes Elektron liefert bei einer Gasverstärkung von 10^4 eine Ladung von etwa 1 fC an der Anode, was mit rauscharmer Elektronik ein ausreichendes Signal liefert. Die Signalentwicklung in zylindrischen Zählrohren wird in Abschnitt 5.3.3 beschrieben. Im Proportionalbetrieb haben die Detektoren praktisch keine Totzeit und können deshalb für viel höhere Zählraten eingesetzt werden als bei Betrieb mit gesättigter Verstärkung.

Im Gegensatz zu einem Betrieb in einem gesättigten Modus (Entladungs-, Geiger- oder Streamer-Modus) bietet der Betrieb mit proportionaler Gasverstärkung die Möglichkeit, die im Gas deponierte Energie zu bestimmen, was zur Teilchenidentifikation benutzt werden kann (Abschnitt 14.2.2). In der Dosimetrie kann ein Proportionalzählrohr Strahlungsarten unterscheiden, zum Beispiel β- und α-Strahlung. Auch die charakteristischen Linien von γ-Strahlung können sichtbar gemacht werden. Abbildung 3.40 zeigt die beiden Linien des Photo- und des Escape-Peaks einer ^{55}Fe-Quelle, die häufig zur Kalibrierung der Gasverstärkung benutzt werden. Die gemessene mittlere Ladung einer Linie gibt die Verstärkung an (mit der Kenntnis der mittleren Energie pro erzeugtem Elektron-Ion-Paar, Tab. 7.1), die Breite der Linien die Auflösung, und mit dem Abstand der Linien, bezogen auf den Nullpunkt, kann die Proportionalität der Verstärkung bestimmt werden.

Einzelne Proportionalzähler werden vor allem für die Dosimetrie im Strahlenschutz eingesetzt. Ein spezielles Beispiel für Dosimetrie ist die Messung der β-Zerfälle von Radioisotopen, die von Sonnenneutrinos in entsprechenden Detektoren erzeugt wurden, siehe dazu Abschnitt 16.6.1. Proportionalzähler werden auch zum Nachweis langsamer Neutronen benutzt, siehe dazu den Abschnitt 14.5 und dort die Abb. 14.26(b) auf Seite 667. Das Prinzip der Proportionalzähler hat Eingang in die Entwicklung von Vieldrahtproportionalkammern gefunden, die durch Aneinanderreihung von Drähten Ortsauflösung bieten (Abschnitt 7.8).

7.6.2 Geiger-Müller-Zählrohre

Das Geiger-Müller-Zählrohr, oder auch einfach Geigerzähler genannt, arbeitet im Geiger-Modus (Plateau bei hoher Verstärkung in Abb. 7.10) als Auslösezähler, das heißt, die Ausgangssignale sind unabhängig von der deponierten Energie. Die Signale sind groß genug, um ohne weitere Verstärkung registriert werden zu können, zum Beispiel auch als akustische Wiedergabe eines Knackgeräusches durch einen Lautsprecher.

Die Geiger-Entladung, die sich über den ganzen Draht ausdehnt (siehe Abschnitt 7.4.2), wird erst gestoppt, wenn die zur Kathode wandernde Ionenwolke das elektrische Feld im Verstärkungsbereich genügend verringert hat. Ein erneutes Zünden der Gasentladung beim Aufprall der Ionen auf die Rohrwand wird durch Zusatz eines Löschgases zum Zählgas unterdrückt. Bei der Verstärkung im Geiger-Modus wird so viel Ladung erzeugt, dass die Neutralisierung relativ viel Zeit in Anspruch nimmt, während der das Zählrohr keine oder geminderte Effizienz hat. Diese Totzeit, in der Größenordnung von bis zu Millisekunden, ist ein wesentlicher Grund, warum der Geiger-Modus im Forschungsbereich wenig genutzt wird (siehe dazu auch Abschnitt 17.9 über Detektortotzeiten).

7.6.3 Streamer-Rohre

Streamer-Rohre (*streamer tubes* oder auch *limited streamer tubes*) sind Zählrohre, die im Streamer-Modus, wie in Abschnitt 7.4.2 erklärt, arbeiten [588]. Der Streamer-Modus wird durch Anlegen einer sehr hohen Spannung, wie in Abb. 7.11 skizziert, erreicht. Relativ dicke Anodendrähte (50–200 µm) und ein Löschgas (zum Beispiel Isobutan in der gängigen Mischung Argon-Isobutan), das eine zu starke Ausbreitung der UV-Photonen verhindert, grenzen den Betriebsmodus gegen den Geiger-Modus ab. Der Streamer wird gelöscht durch die Raumladung der Ionenwolke.

Streamer-Rohre wurden häufig als kostengünstige, robuste Lösung für große Detektorflächen bei relativ niedrigen Zählraten, zum Beispiel in Myondetektoren (siehe Abschnitt 14.3), eingesetzt. Die großen Flächen werden durch Aneinanderreihung vieler Streamer-Rohre erreicht, wodurch eine modulare Bauweise möglich ist. Abbildung 7.12 zeigt schematisch den Aufbau typischer Streamer-Rohr-Systeme. Die Röhrenwände bilden die Kathode und sind aus Plastikmaterial, das mit einer Widerstandsbeschichtung leitfähig gemacht wird. Die Widerstandsbeschichtung wird aus mit Kohlenstoffpartikeln (Ruß) dotiertem Epoxidharz oder einem anderen Kunststoff hergestellt, wobei der gewünschte Flächenwiderstand durch den Rußanteil eingestellt werden kann. Der quadratische Querschnitt der Kathoden erlaubt eine kostengünstige Herstellung aus extrudiertem

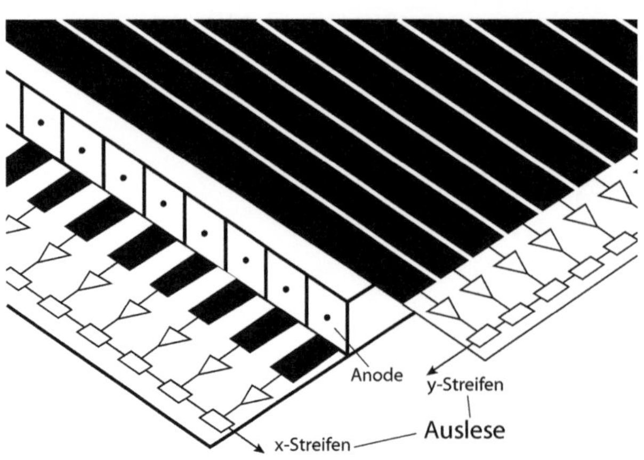

Abb. 7.12 Typische Bauweise von Streamer-Rohren (nach [588], mit freundl. Genehmigung von Elsevier): In Plastikprofile mit quadratischem Querschnitt und 1–2 cm Kantenlänge werden Anodendrähte mit Durchmessern von 50–100 μm gezogen. Die Plastikrohre bilden die Kathode und sind innen mit einer Widerstandsbeschichtung leitfähig gemacht. Beide Elektroden werden in der Regel nicht ausgelesen. Stattdessen sind von außen leitende Streifen aufgebracht, die die influenzierten Streamer-Signale aufnehmen und an Verstärker leiten.

Plastik: Es werden zunächst die Oberseiten der Rohre offen gelassen, so dass sich eine Kammstruktur ergibt, die nach dem Spannen der Drähte von oben verschlossen wird.

In der Regel werden die Signale ausgelesen, die auf außen angebrachten leitenden Streifen influenziert werden. Die Kathoden sind wegen ihres hohen Flächenwiderstands quasi-transparent für die Influenzsignale. In der Abbildung werden über die Streifen zwei unabhängige Koordinaten, aber keine der beiden Elektroden, ausgelesen (manchmal wird auch der Anodendraht ausgelesen). Wegen der hohen Signale bei Verstärkungen bis zu 10^{11} können die Streifen relativ lang sein (mehrere Meter) mit resultierend hoher Kapazität (die Wirkung der Detektorkapazität auf die Ausleseelektronik wird in Kapitel 17 diskutiert).

7.7 Funken, Streamer und Lawinen in Anordnungen paralleler Platten

Bis in die 1940er Jahre waren die einzigen Detektoren, mit denen Teilchenspuren direkt sichtbar gemacht werden konnten, Nebelkammern und Photoemulsionen (Kapitel 6), die allerdings nicht elektronisch auslesbar sind. Die Möglichkeiten, Teilchenspuren elektronisch zu registrieren, zum Beispiel durch Zusammenschalten vieler Geiger-Müller-Zählrohre, waren zu dieser Zeit noch sehr durch den nötigen Aufwand an Elektronik begrenzt. Das Prinzip der Gasverstärkung wurde erstmals für großvolumige Detektoren genutzt, als zu Beginn der 1950er Jahre Funkenkammern entwickelt wurden (Abschnitt 7.7.1), welche die fotografische Aufnahme von Funken entlang Teilchenspuren erlaubten. Gegenüber den etwa gleichzeitig eingeführten Blasenkammern haben sie den Vorteil, dass sie von den durchgehenden Teilchen mit Hilfe externer Zähler getriggert werden können, aber den Nachteil, dass die Information über die Ionisationsdichte, die in Blasenkammern zur Teilchenidentifikation genutzt wird, verloren geht. Ein wesentlicher Nachteil von Funkenkammern ist die lange Erholzeit nach einer Entladung. Das war in den 1960er Jahren mit der Einführung von Detektoren, die im Streamer-Modus arbeiten, teilweise verbessert worden (Abschnitt 7.7.2). Allerdings sind beide Detektortypen fast überall durch Detektoren, die im Proportionalbereich arbeiten und damit praktisch totzeit-frei sind, ersetzt worden. Nur in speziellen Anwendungen, wie zum Beispiel Funkenkammern zu Demonstrationszwecken oder Streamer-Entladungen über kurze Abstände mit hoher Zeitauflösung (*resistive plate chambers*, RPCs, Abschnitt 7.7.3), werden diese Gasverstärkungsbereiche noch genutzt.

Im Folgenden werden Funken- und Streamer-Kammern relativ kurz behandelt, weil sie eher von historischem Interesse sind. Allerdings werden Funkenkammern wegen ihrer eindrucksvollen optischen und akustischen Darstellung von Teilchenspuren und der relativ einfachen Bauweise noch sehr häufig zu Demonstrationszwecken benutzt (wie in Abb. 7.13(b)). Die RPCs werden etwas ausführlicher behandelt, weil sie in modernen Experimenten häufig zum schnellen Triggern oder zur Zeitmessung eingesetzt werden.

7.7.1 Funkenkammern

Abbildung 7.13(a) zeigt einen typischen Aufbau einer Funkenkammer mit mehreren parallelen Platten, zwischen die paarweise eine hohe Spannung angelegt wird. Zwischen den Platten springen bei Durchgang ionisierender Teilchen Funken über. Die Kammern sind mit Edelgasen gefüllt, typisch ist eine Helium-Neon-Mischung (30:70), was zu rot-violett leuchtenden Funken führt. Der Teilchendurchgang wird durch schnelle Detektoren, typischerweise Plastikszintillatoren (Kapitel 13), die in Koinzidenz geschaltet sind, registriert. Das Koinzidenzsignal löst einen Schalter aus, der einen auf der Kapazität C gespeicherten Ladungspuls bei hoher Spannung (etwa 10 bis 20 kV) an die Platten des Funkenkammersystems anlegt. Für die schnelle Schaltung kurzer, sehr hoher Strompulse werden triggerbare Funkenstrecken (*spark gaps*) eingesetzt. In Abb. 7.13(b) ist gezeigt, wie eine Teilchenspur durch die Funkenüberschläge sichtbar wird.

Für die wissenschaftliche Anwendung werden die Funken von verschiedenen Seiten fotografiert, so dass die Vermessung der Spur möglich ist. Eine andere Auslesemethode nutzt aus, das bei einem Funkenüberschlag immer eine Schallwelle von dem erhitzten Plasma ausgeht. Die Spurkoordinaten können durch Messung der Ankunftszeiten des Schalls an verschieden platzierten Mikrofonen rekonstruiert werden. Diese Methode hat gegenüber der Fotografie den Vorteil, dass die Ereignisse vollständig elektronisch registriert werden können.

Eine andere Möglichkeit der elektronischen Registrierung, ist die so genannte magnetostriktive Auslese, die in Abb. 7.14 schematisch dargestellt ist. Dabei werden die Platten, zwischen denen der Funke überschlägt, durch Drahtebenen ersetzt ('Drahtfunkenkammern'), mit typischen Drahtabständen von 1 bis 2 mm in der Ebene und etwa 1 cm zwischen den Ebenen. Ein Funke erzeugt auf einem Draht einen Strompuls, der am

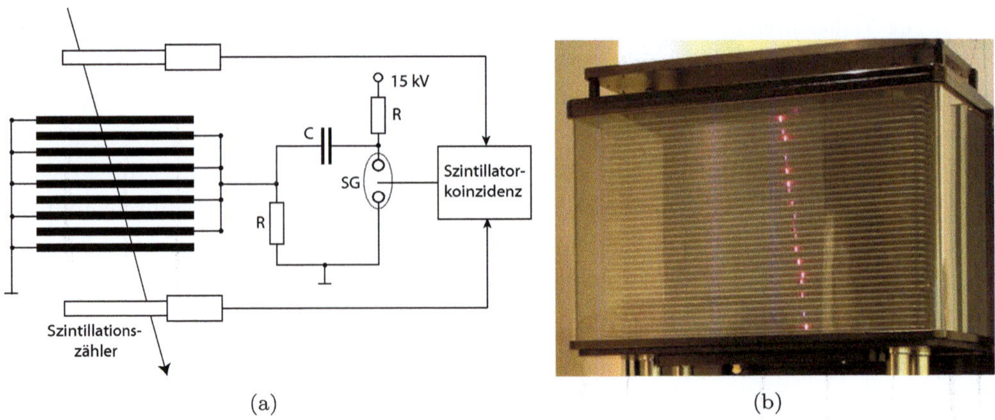

Abb. 7.13 (a) Typische Anordnung eines Funkenkammersystems mit mehreren parallelen Platten, zwischen denen die Funken entstehen (nach [864, 865]). Der Kondensator C ist im Ausgangszustand durch die angelegte Hochspannung aufgeladen. Bei Durchgang eines ionisierenden Teilchens triggert eine Koinzidenz von Szintillationszählern die Entladung des Kondensators auf die Platten durch das Zünden einer Funkenstrecke (SG, *spark gap*). (b) Zwischen den Platten werden die Funken, die sich entlang der Ionisationsspur bilden, sichtbar. Dieser Detektor wurde zu Demonstrationszwecken aufgestellt, um Teilchen aus der kosmischen Strahlung, in den meisten Fällen Myonen, anschaulich sichtbar zu machen. Quelle: DESY.

Rande der Funkenkammerebene über einen magnetostriktiven Draht[43], der elektrisch von der Funkenkammer isoliert ist, geleitet wird. In diesem Draht wird durch das Magnetfeld des Strompulses eine mechanische Welle mit einer Schallgeschwindigkeit von etwa 5 µm/ns [483] ausgelöst, die im umgekehrten Prozess in Spulen an den Enden des Drahtes wieder einen Strompuls erzeugt. Der Vergleich der Ankunftszeiten der Pulse an beiden Enden des magnetostriktiven Drahtes erlaubt die Lokalisierung des Signaldrahts und damit des Signals in einer Koordinate. Die Orientierung der Signaldrähte in unterschiedliche Richtungen in den verschiedenen Ebenen erlaubt schließlich eine komplette

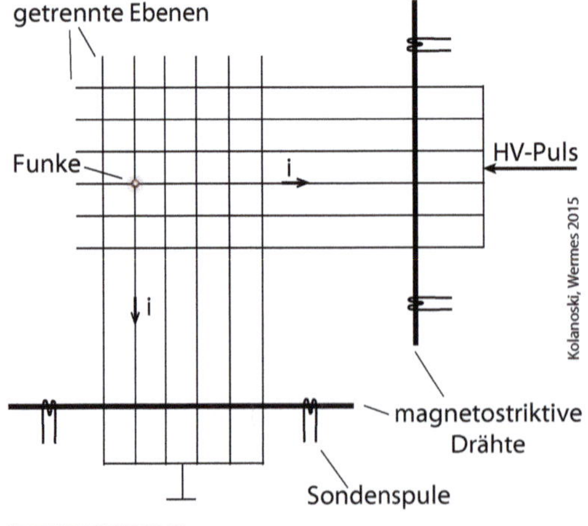

Abb. 7.14 Magnetostriktive Auslese einer Funkenkammer. Die Hochspannungsebenen werden hier durch Drähte gebildet. Ein Funkenüberschlag erzeugt auf den beiden beteiligten Drähten Strompulse (i), die wiederum auf den (elektrisch isolierten) magnetostriktiven Drähten Schallimpulse anregen. Wenn die Schallimpulse die Enden des Drahtes erreichen, wird das akustische Signal zurück in ein Stromsignal konvertiert. Die Differenz der Ausbreitungszeiten zwischen beiden Enden ist ein Maß für die Position des Funkens.

[43] Magnetostriktion: Längenänderung in einem Magnetfeld

räumliche Rekonstruktion des Spurendurchgangs. Diese Art der Auslese vermeidet den elektronischen Aufwand, der mit der Auslese einzelner Drähte verbunden wäre, wobei man nicht wesentlich an Auflösung (im Millimeterbereich) verliert.

Die Zeitkonstante für die Aufladung einer Funkenkammer liegt im Mikrosekundenbereich, einer Zeitspanne, in der die Ionisationsladungen zwischen den Platten noch vorhanden sind. Dagegen liegt die Zeitkonstante für die Wiederaufladung der Kapazität, über die die Kammer geladen wird (C in Abb. 7.13(a)) im Millisekundenbereich, was zu entsprechend großen Totzeiten (Abschnitt 17.9) führt. Ein weiterer Nachteil von Funkenkammern gegenüber Kammern, die im Proportionalmodus arbeiten, ist der Verlust der Information über die primäre Ionisationsdichte.

7.7.2 Streamer-Kammern

In einer Streamer-Kammer [379, 865] wird die Entwicklung eines Funkens (siehe Abb. 7.11) vermieden, indem der Hochspannungspuls auf die Elektroden sehr kurz, in der Größenordnung von 10 ns, gemacht wird. Mit einer Länge von weniger als einem Millimeter können die Streamer so kurz gehalten werden, dass sie drei-dimensionale Punkte an ionisierenden Teilchenspuren liefern. Wegen dieser Eigenschaft unterscheidet sich die Geometrie einer Streamer-Kammer grundsätzlich von der einer Funkenkammer. Auch bei Streamer-Kammern wird eine hohe Spannung zwischen parallelen Platten angelegt, wobei die sensitiven Volumina einige Kubikmeter betragen können. Die Vorzugsrichtung der zu vermessenden Teilchen ist aber hier parallel zu den Platten und damit senkrecht zu dem elektrischen Feld. Damit entwickeln sich die Streamer auch bevorzugt senkrecht von den Spuren weg. Die Registrierung ist nur optisch möglich, ähnlich wie bei Blasenkammern (Abschnitt 6.2). Im Gegensatz zu Blasenkammern können allerdings in Streamer-Kammern die Aufnahmen selektiv durch einen Trigger ausgelöst werden.

Die Gasfüllung einer Streamer-Kammer hat meistens Neon als Hauptkomponente, häufig mit einem Anteil von Helium (typisch 80–90% Neon, 10–20% Helium), und geringe Zusätze von elektronegativen Gasen, zum Beispiel Freon oder SF_6 (siehe dazu Abschnitt 7.5). In Neon leuchten die Streamer besonders hell [379], mit einer maximalen Intensität bei Wellenlängen um 640 nm. Zum Beispiel benutzte die Streamer-Kammer des Schwerionen-Experiments NA35 am CERN (Abb. 7.15) die Gasmischung He–Ne (20:80) mit 0.25% Isobutan und 0.05 ppm SF_6. Mit den geringen Anteilen von Isobutan als Quencher und SF_6 als Elektronenabsorber werden Totzeiten von nur etwa 10 µs erreicht.

Das Foto einer Schwerionenreaktion in Abb. 7.15 zeigt, dass Streamer-Kammern sehr hohe Teilchenmultiplizitäten abbilden können, was bei Funkenkammern wegen der Konzentration der Entladung auf die zeitlich erste Funkenentwicklung nicht in diesem Umfang möglich ist. Die Ladung eines einzelnen Streamers ist gesättigt und trägt somit keine Information über die auslösende Primärladung. Dagegen ist die Streamer-Dichte entlang einer Spur proportional zu der primären Ionisationsdichte und kann so zur Teilchenidentifikation genutzt werden. Das ist ein weiterer Vorteil des Streamer-Modus gegenüber einer Funkenentladung.

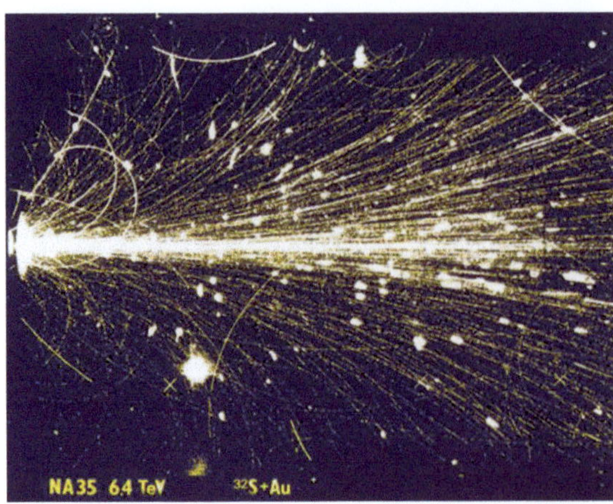

Abb. 7.15 Aufzeichnung einer Reaktion zwischen einem Schwefel- und einem Goldkern bei einer Gesamtenergie von 6.4 TeV [774]. Die Aufnahme wurde mit der Streamer-Kammer des Schwerionen-Experiments NA35 am SPS (CERN) gemacht. Quelle: CERN.

7.7.3 Plattenelektroden mit hohem Widerstand

Entladungen in einem homogenen elektrischen Feld zwischen parallelen Platten mit kleinem Abstand haben sehr geringe Zeitfluktuationen von nur wenigen 10 ps. Während in einem Zählrohr das Signal erst entsteht, nachdem Elektronen zur Anode gedriftet sind, kann in einem homogenen Feld die Lawine an jedem Ort entstehen, ohne dass Fluktuationen durch die Driftzeit auftreten. In normalen Funkenkammern kann die gute Zeitauflösung allerdings nicht genutzt werden, weil sie gepulst betrieben werden und deshalb die Startzeit der Funkenentwicklung von dem extern vorgegebenen Hochspannungspuls abhängt. Bei einem nicht-gepulsten Betrieb mit konstanter Hochspannung würden unkontrollierte Entladungen mit den damit verbundenen Totzeiten eine Kammer sehr ineffizient machen. Um die potenziell sehr gute Zeitauflösung von Parallelplattengeometrien ausnutzen zu können, wurden daher Methoden zur Ladungsbegrenzung entwickelt (siehe auch die Liste auf Seite 212), die wir auch im Folgenden diskutieren werden.

7.7.3.1 Pestov-Zähler

Anfang der 1970er Jahre wurden die so genannten Pestov-Zähler vorgestellt [813], bei denen ein Pulsbetrieb vermieden werden konnte und tatsächlich Zeitauflösungen von 25 ps erreicht wurden [828]. Ein solcher Detektor besteht aus zwei parallelen Platten in einem Abstand von etwa 100 µm in einem Gasvolumen. Das Gas wird unter einem Druck von etwa 10 bar gehalten, um die Ionisationswahrscheinlichkeit durchgehender Teilchen zu erhöhen. An die Platten werden Spannungen von etwa 10 kV angelegt, so dass sich ein Funke oder Streamer entwickelt, wenn ein ionisierendes Teilchen das Gasvolumen durchquert. Wesentlich für einen kontinuierlichen Betrieb ist nun, dass wenigstens eine der beiden Elektroden einen sehr hohen Widerstand hat, so dass durch einen Entladungsstrom die Spannung über dem Widerstand abfällt und die Entladung dadurch gestoppt wird. Für Pestov-Zähler werden Glasplatten mit einem spezifischen Widerstand von etwa 10^9–$10^{12}\,\Omega\,$cm ('Pestov-Glas', Glas mit Halbleitereigenschaften) eingesetzt [813, 222].

Der hohe Widerstand ermöglicht auch die Auskopplung der Signale durch Influenz auf Leiterstreifen außerhalb der Platten (wie bei den Streamer-Rohren, Abb. 7.12).

7.7.3.2 Resistive Plate Chamber (RPC)

Pestov-Zähler sind sehr aufwändig in Konstruktion und Betrieb, unter anderem wegen der geringen Toleranzen für den Plattenabstand und wegen des Betriebs bei hohem Druck. Eine Weiterentwicklung sind die *resistive plate chambers* (RPCs) [897] mit reduzierten Anforderungen bei Konstruktion und Betrieb. Der Hauptpunkt beim Betrieb ist ein hinreichend hohes elektrisches Feld, so dass Lawinenvervielfachung an jedem Punkt des Gasvolumens unabhängig von bereits existierender Driftbewegung einsetzen kann, womit die Bedingungen für hohe Zeitauflösung und schnelle Triggerentscheidungen erfüllt werden. Inzwischen haben sich RPCs als eine preisgünstige Lösung für großflächigen Teilchennachweis mit guter Zeitauflösung etabliert. Sie werden in vielen Experimenten an Beschleunigern, unter anderem am LHC [2, 310, 9, 86], in Detektoren für kosmische Strahlung [138] und in Neutrinoexperimenten [194, 181] eingesetzt, insbesondere zum Nachweis und Triggern von Myonen (zum Beispiel in ATLAS [2] und CMS [310]) und für Flugzeitmessungen (zum Beispiel in ALICE [9]).

Die meist bei Umgebungsdruck arbeitenden RPCs haben üblicherweise Spaltbreiten zwischen den Platten, die größer sind als bei Pestov-Zählern, zwischen typisch 0.3 mm für zeitkritische Anwendungen und 2 mm für Anwendungen, die hohe Ansprechwahrscheinlichkeit erfordern. Als robustes, gut zu verarbeitendes Plattenmaterial mit hohem Widerstand hat sich Bakelit, ein Phenol-Formaldehyd-Harz, erwiesen[44].

Single-Gap-RPC Wir beginnen mit einer RPC mit einem einzelnen Gasspalt (Single-Gap-RPC), deren Prinzip in Abb. 7.16 gezeigt ist. Das Gasvolumen des Detektors ist auf beiden Seiten von Platten aus einem sehr hochohmigen Material begrenzt, mit einem spezifischen Widerstand von 10^8–$10^{12}\,\Omega\,\text{cm}$, zum Beispiel Glas oder Bakelit. Der Abstand der Platten beträgt typisch 2 mm oder 0.3 mm, je nach Anwendung als 'Trigger'- oder als 'Timing'-Detektor, entsprechend einer Optimierung der Ansprechwahrscheinlichkeit oder der Zeitauflösung, worauf im Laufe dieses Abschnitts noch näher eingegangen wird. Auf der dem Gasvolumen abgewandten Seite sind die Platten mit einer gering leitfähigen Graphitschicht mit einem Flächenwiderstand[45] $R_\Box \approx 10^5\,\Omega$ beschichtet, über die eine Hochspannung um 10 kV über die Platten angelegt wird. Ganz außen liegen die Ausleseebenen, deren Elektroden durch Isolatorschichten von den leitenden Graphitschichten getrennt sind. Die Elektroden sind in der Regel als parallele Leiterstreifen ausgebildet,

[44] Um unkontrollierte Überschläge zu vermeiden, muss die Oberfläche miskroskopisch glatt sein, was durch Behandeln der Oberfläche mit Leinöl erreicht wird.

[45] Der Flächenwiderstand $R_\Box$ ist der spezifische Widerstand ρ, dividiert durch die Dicke der Schicht: $R_\Box = \rho/d$. Der Flächenwiderstand wird als der Widerstand eines quadratischen Flächenausschnitts zwischen zwei parallelen Kanten gemessen. Da der Widerstand proportional zu dem Abstand der Kanten und umgekehrt proportional zu der Kantenlänge ist, was beim Quadrat aber die gleichen Längen sind, ist die Messung unabhängig von der Größe des Quadrats. Darum hat der Flächenwiderstand auch einfach die Dimension Ohm (manchmal auch als 'Ohm pro Quadrat' ($\Omega/\Box$) ausgedrückt, um anzudeuten, dass es sich um einen Flächenwiderstand handelt).

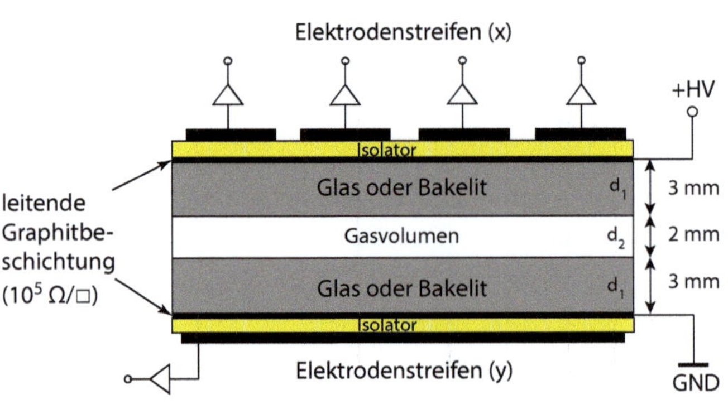

Abb. 7.16 Aufbau einer RPC. An hochohmige Spannungselektroden aus Glas oder Bakelit wird über eine leitende Graphitschicht Hochspannung gelegt. Signale werden auf Auslesestreifen mit unterschiedlicher Orientierung oben und unten induziert. Die Ausleseelektroden sind von den Hochspannungselektroden isoliert (nach [715]). Die angegebenen Dimensionen sind beispielhaft.

die auf den beiden Seiten der RPC in unterschiedliche Richtungen orientiert werden können (z.B. orthogonal), um unterschiedliche Ortskoordinaten auf den beiden Ebenen aufzulösen. Die Influenzsignale der Entladungen im Gasvolumen (Lawinen oder Streamer, siehe weiter unten sowie Abschnitt 7.4.2) greifen durch die hochohmigen Platten und auch durch die vergleichsweise schwach leitfähigen Graphitschichten auf beiden Seiten auf die Ausleseelektroden durch. Die Elektroden sind von der Hochspannung entkoppelt und können zum Beispiel auf Erdpotenzial gelegt werden, so dass die Nachfolgeelektronik auch ohne HV-Entkopplung bei niedrigen Spannungen betrieben werden kann.

RPCs können im Streamer- oder im Lawinenmodus (bei etwas geringerer Hochspannung) arbeiten (siehe Abschnitt 7.4.2 auf Seite 212). Die Gasverstärkung für eine Lawine hängt vom Abstand der Primärionisation zur Anode ab. Die Signale im Streamer-Modus erreichen Größenordnungen von 100 pC bis einige nC, im Lawinenmodus sind sie typisch eine Größenordnung kleiner. Die Ratenfähigkeit ist wegen der kleineren Signalladungen und daher kürzeren Löschzeiten im Lawinenmodus deutlich besser als im Streamer-Modus. Streamer-Bildung wird in diesem Modus durch spezielle Gaszusätze zusätzlich unterdrückt. Jedoch kann in dem starken homogenen Feld eine Lawine an jedem Punkt des Gasspalts starten, was die Gasverstärkung im Lawinenmodus vom Abstand zwischen dem Ort der Primärionisation und der Anode abhängig macht (siehe Gl. (7.15)). Die typischerweise kleinen Anzahlen von Ionisationsclustern führen entsprechend zu (großen) Signalfluktuationen und möglichen Effizienzverlusten. Im Streamer-Modus ist dies weniger problematisch, da die Ladungen der Signale gesättigt sind.

Bei den verwendeten Gasmischungen kommt es auf eine hohe Ionisationsdichte und eine effiziente Löschung der Lawine oder des Streamers an. Zunächst wurde überwiegend Argon, eventuell mit einem elektronegativen Zusatz, benutzt [897]. Für die RPCs der LHC-Experimente wurden Mischungen auf der Basis von Tetrafluorethan ($C_2H_2F_4$, Codename R134a) mit Isobutan als Löschgas und SF_6 als elektronegativem Zusatz etabliert (z.B. ATLAS: 94.7% $C_2H_2F_4$, 5% i-C_4H_{10}, 0.3% SF_6 [2, 441]). In [906] wird die primäre Ionisationsdichte von Tetrafluorethan zu $n_p = 8.2/\text{mm}$ abgeschätzt, also viel höher als die von Argon mit $n_p = 2.9/\text{mm}$ (Tab. 7.1). Tetrafluorethan ist nicht entflammbar bei Raumtemperatur und greift die Ozonschicht der Atmosphäre nicht an, aber es ist ein relativ starkes Treibhausgas. Wegen des negativen Umwelteinflusses dieses Gases, werden intensiv ökologisch verträgliche Ersatzgase gesucht (siehe z.B. [906, 121]). Siehe ebenfalls die Diskussion von Alterungserscheinungen für RPCs in Abschnitt 7.12.1.

Zum Löschen des Streamers und auch zur Vermeidung von Streamern im Lawinenmodus tragen folgende Mechanismen bei [286]:

- lokales 'Abschalten' des Feldes um den Entladungspunkt wegen des Spannungsabfalls über den hohen Elektrodenwiderstand;
- Absorption von UV-Photonen durch eine Gasbeimischung (häufig Isobutan) zur Verhinderung von sekundären Entladungen;
- Einfang von Elektronen aus der Entladung durch eine elektronegative Komponente im Gas, in der Regel Schwefelhexafluorid (SF_6), zur Reduzierung der Ausdehnung der Entladung.

Erholzeit nach einer Entladung Wegen des hohen Widerstands der Elektroden (Bakelit oder Glas, siehe Tab. 7.3) fließt die Ladung nur verzögert ab und baut deshalb ein Gegenfeld auf, das die Entladung zeitlich und in der Stärke begrenzt (*self-quenching*). Während die Dauer der Lawinenentladung – spaltbreitenabhängig – typisch im Bereich von 1–20 ns [286, 867] liegt, kann die Erholzeit für die Restaurierung des elektrischen Feldes im Bereich der Entladung dagegen sehr viel länger sein; das ist die benötigte Zeit, in der die auf der Elektrode gesammelte Ladung 'zerfällt'. Sie ist von den elektrischen Eigenschaften des Elektrodenmaterials (ρ und ε) und von den beteiligten Kapazitäten bestimmt (Abstand und Dicke der Platten). Für die in Abb. 7.16 gezeigte Anordnung ist die Erholzeit in [867] berechnet worden (Gleichung (51) in [867]):

$$\tau = \rho\,\varepsilon_0 \left(\varepsilon_1 + 2\,\frac{d_1}{d_2}\right) , \tag{7.28}$$

wobei $d_1 = d_3$ und $\varepsilon_1 = \varepsilon_3$ Dicke und Permittivität der Platten und d_2 die Gasspaltbreite bezeichnen; für die Permittivität des Gases ist $\varepsilon_2 = 1$ angenommen. Für 3 mm dickes Bakelit (Tab. 7.3) und 2 mm Gasspalt (typisch für Trigger-RPC) erhält man $\tau \approx 10\,\text{ms}$; für 3 mm Glas (Tab. 7.3) und 0.3 mm Gasspalt $\tau \approx 2\,\text{s}$.

Die Zeitkonstante in (7.28) kann prinzipiell auch Einfluss auf den Signalverlauf haben, bestimmt durch das Wichtungsfeld $\vec{E}_w$ und die Geschwindigkeit der Ladungsträger im Gasspalt wie in Abschnitt 5.3.2 beschrieben. Dort und in [867] wird gezeigt, dass bei hinreichend hohem Widerstand der Elektrodenplatten, wie dies bei Bakelit und erst recht bei Glas der Fall ist (Tab. 7.3), das Dielektrikum der Platten für die Dauer der Signalinfluenz annähernd transparent bleibt und die RPC annähernd wie ein Parallelplattendetektor mit zeitlich konstantem Wichtungsfeld zwischen den Elektroden operiert. Danach ist eine 'Erholzeit' notwendig, während derer das elektrische Feld um den Ort der Lawine oder Streamer reduziert ist und lokal einen 'blinden Fleck', das heißt eine Stelle niedriger Effizienz, in der Größenordnung von etwa $0.1\,\text{cm}^2$ erzeugt [204]. Da die anderen Bereiche der RPC weiterhin sensitiv bleiben, kann der Detektor im Streamer-Modus Raten von etwa

Tab. 7.3 Eigenschaften von Materialien, die in Pestov-Zählern oder RPCs als Elektroden mit hohem Widerstand benutzt werden (ρ = spezifischer Widerstand, ϵ = relative Permittivität, τ = typ. Erholzeit bei einer Spaltbreite von 2 mm und einer Elektrodendicke von 3 mm).

Material	ρ (Ω cm)	ϵ	τ (s)
Glas	$\approx 10^{12}$	4.4–5.4	≈ 0.7
Bakelit	$\approx 10^{10}$	7.6–8	≈ 0.01
Pestov-Glas (Schott S8900) [222]	$\approx 10^{11}$	6–8	≈ 0.1

10 Hz/cm^2 vertragen (siehe dazu auch die Diskussion der Alterungseffekte bei RPCs in Abschnitt 7.12.1 auf Seite 284).

Die Ratenverträglichkeit ist durch den mittleren Strom $\langle I \rangle$ durch die Elektrodenschichten bestimmt, der zu einem Spannungsabfall der Versorgungsspannung V_{ext} im Wesentlichen über die Glas/Bakelit-Platten führt:

$$\Delta V = V_{ext} - V_{gas} = R \langle I \rangle . \tag{7.29}$$

Demgegenüber sollte der Spannungsabfall über der Gasschicht V_{gas} vernachlässigbar sein. Der Spannungsabfall hängt vom spezifischen Widerstand der Elektrodenebenen ab sowie vom Entladungsstrom, gegeben durch die mittlere Ladung $\langle Q \rangle$ pro Lawine oder Streamer und die Teilchenrate pro Fläche f_A:

$$\Delta V = 2 \, \rho \, d_1 \, \langle Q \rangle \, f_A . \tag{7.30}$$

Die Ratenverträglichkeit, definierbar als $f_A / \Delta V$ [61], kann daher durch Verringerung von Elektrodenwiderstand und -dicke erhöht werden (Tab. 7.3), aber ebenfalls durch Reduzierung der Gasverstärkung, also einer Änderung des Betriebsmodus.

Ursprünglich wurden RPCs im Streamer-Modus betrieben, mit entsprechend großen Signalhöhen und geringeren Anforderungen an die Ausleseelektronik und die Genauigkeit des Elektrodenabstands. Der Betrieb im Lawinenmodus bietet bessere Ratenverträglichkeit und geringere Alterungsprobleme (siehe Abschnitt 7.12), erfordert aber eine elektronische Verstärkung mit aufwändigerer Ausleseelektronik und Feinabstimmung der Gasverstärkung. Durch entsprechende Entwicklung (unter anderem bei den Gasmischungen) wurde es möglich, dass RPCs mit mm-Spaltbreiten im Lawinenmodus Effizienzen nahe 100% bei Teilchenraten bis zu kHz/cm^2 erreichen (zum Beispiel die RPCs der LHC-Experimente ATLAS [2] und CMS [310]).

Im ATLAS-Experiment zum Beispiel decken Single-Gap-RPCs als Trigger-Detektoren für Myonen eine Fläche von 3650 m^2 in drei Lagen (mit je zwei Ebenen) ab [2]. Für Trigger-Detektoren ist die Nachweiseffizienz das entscheidende Kriterium. Die Zeitauflösung muss lediglich klein gegenüber der Zeitdifferenz zwischen zwei Strahlkreuzungen sein (25 ns bei LHC). Betrieben im Lawinenmodus erreichen die ATLAS RPC-Detektoren eine Nachweiseffizienz von 98.5% bei Teilchenraten von etwa 1 kHz/cm^2. Die Zeitauflösung beträgt etwa 1.5 ns [2]. Ortsauflösungen von etwa 1 cm werden durch Aufteilung der Elektroden in Streifen erzielt.

Zeitauflösung von RPCs Die Zeitmarke eines Signals wird durch Überschreiten einer Diskriminatorschwelle gesetzt. Wann genau die Signalhöhe die Schwelle erreicht, unterliegt den zeitlichen Schwankungen der Lawinenausbildung. Während in zylindrischen Geometrien eine Lawine sich erst am Draht entwickelt, kann in dem homogenen Feld einer RPC eine Lawine an jeder Stelle entstehen. Die Gasverstärkung $G = e^{\alpha\, s}$ (Gleichung (7.14)) hängt von dem Abstand s der Ionisation von der Anode ab. Der Townsend-Koeffizient α (Ion-Elektron-Paare pro Weglänge, Gleichung (7.10)) ist in einem homogenen Feld konstant. Die Gasverstärkung wird so eingestellt, dass Primärionisationen bis zu einem bestimmten Abstand von der Kathode ein Signal über der Schwelle liefern. Dann muss innerhalb dieses Abstands mindestens ein Ladungscluster liegen, damit ein Signal registriert werden kann. Wenn man zum Beispiel eine Ansprechwahrscheinlichkeit von 98% anstrebt, müssen im Mittel etwa vier Cluster innerhalb dieses Abstands von der Kathode erzeugt werden[46]. Die Primärionisationsdichte von 3–4/mm in typischen Kammergasen kann durch Einsatz entsprechender Gase (z.B. Tetrafluorethan ($C_2H_2F_4$) mit einer Dichte von etwa 8.2/mm, siehe Tab. 7.1) oder durch höheren Druck (wie bei Pestov-Zählern) erhöht werden.

In einer Lawine ist die charakteristische Zeit $\tau_\alpha = 1/(\alpha\, v_D)$ zwischen Multiplikationsstufen durch den Townsend-Koeffizienten α und die Driftgeschwindigkeit v_D der Elektronen gegeben. Effektiv wird α durch Anlagerung der Elektronen an die Moleküle des Kammergases reduziert. Die relevante Größe zur Beschreibung der Lawinenbildung ist der *effektive Townsend-Koeffizient* $\alpha - \eta$, wobei η der Anlagerungskoeffizient ist (siehe Gleichung (7.9) auf Seite 203).

Die zeitliche Entwicklung von RPC-Signalen wird in [740] und in [872] aus den physikalischen Grundlagen der Lawinenbildung in Gasen (siehe Abschnitt 7.4.1) für verschiedene Kammerparameter behandelt. Jedes durch Ionisation in dem Gasvolumen erzeugte Elektron kann mit einer bestimmten Wahrscheinlichkeit eine Lawine starten oder kann an ein Gasmolekül anlagern, wodurch es verloren geht. Falls eine Lawinenverstärkung einsetzt, ist das influenzierte Signal, welches die Zeitauflösung bestimmt, gegeben durch die Ladungswolke der Lawine, die von einer Anfangsladung Q_0 eines gegebenen Ionisationsclusters gestartet wurde. Wir werden im Folgenden sehen, dass die Anzahl der Cluster in dem Gasspalt keine Rolle für die Zeitauflösung spielt, wohl aber für die Ansprechwahrscheinlichkeit.

Die zeitliche Entwicklung eines (influenzierten) Signals ist durch die Lawinenbildung bis zur Ankunft an der Elektrodenebene gegeben ($t < x/v_D$). Mit (7.15) für die Gasverstärkung, kann das exponentielle Wachstum der Lawinenladung für eine gegebene Driftgeschwindigkeit v_D als

$$Q(t) = Q_0\, \mathrm{e}^{(\alpha - \eta)\mathrm{v_D t}} \tag{7.31}$$

geschrieben werden. Weitere Beiträge zur Zeitauflösung, wie zum Beispiel die Zeit, die für die (ortsunabhängige) Entwicklung der influenzierten Signale auf der Elektrode benötigt wird, können im Vergleich dazu vernachlässigt werden. Die Anfangsladung Q_0 in

[46] Die Wahrscheinlichkeit, keinen Cluster in dem Bereich zu haben, ist bei einem Erwartungswert λ gemäß der Poisson-Statistik $p(0) = e^{-\lambda}$. Für eine Effizienz von 98%, also $p(0) = 0.02$, ergibt sich $\lambda \approx 4$.

(7.31) ist durch die Anzahl der Primärelektronen in einem Ionisationscluster gegeben. Jedes Primärcluster startet unabhängig eine Lawine. Die dominanten Fluktuationen von $Q(t)$ zu einer festen Zeit t rühren dann von Fluktuationen zu Beginn der Lawinenbildung her, wenn die Zahl der Elektronen noch klein ist. Später in der Lawine, wenn viel größere Elektronenzahlen das exponentielle Wachstum bestimmen, wird die Entwicklung von $Q(t)$ zunehmend glatter und die anfänglichen Fluktuationen können in dem Ladungsstartwert Q_0 absorbiert werden, der selbst einer statistischen Verteilung folgt. In [872] wird argumentiert, dass die Wahrscheinlichkeitsverteilung für Q_0 einer fallenden Exponentialverteilung folgt mit einem Durchschnittswert Q_0^{av}:

$$P(Q_0) = \frac{1}{Q_0^{\text{av}}} \exp\left(-Q_0/Q_0^{\text{av}}\right) . \tag{7.32}$$

Um die Zeitauflösung zu untersuchen, fragen wir nach der zeitlichen Variation bei der Überschreitung einer vorgegebenen Signalschwelle Q_{thr}. Mit (7.31) erhalten wir

$$Q(t) = Q_{\text{thr}} \quad \Rightarrow \quad t(Q_0; Q_{\text{thr}}) = \frac{1}{(\alpha - \eta)\, v_D} \ln \frac{Q_{\text{thr}}}{Q_0} , \tag{7.33}$$

mit der charakteristischen Zeit $((\alpha - \eta)\, v_D)^{-1}$ für die Lawinenformation (mittlere Zeit zwischen Sekundärionisationen). Mit Anwendung von (7.32), dass Q_0 exponentiell um einen Mittelwert verteilt ist, kann man die Zeitmarkenverteilung ableiten (siehe Abschnitt 7 in [872]):

$$P(t) = (\alpha - \eta)\, v_D f\left((\alpha - \eta)\ v_D t\right) \qquad \text{mit} \qquad f(x) = \mathrm{e}^{-(\mathrm{x} + \exp(-\mathrm{x}))} , \tag{7.34}$$

hier so angegeben, dass das Maximum der Verteilung an die Stelle $t = 0$ geschoben wird. Überraschenderweise ist die Form der Verteilung unabhängig von der Schwelle und dem mittleren Signal, da eine unterschiedliche Schwelle lediglich einer Verschiebung im Zeitwert entspricht. Die Funktion $f(x)$ ist unsymmetrisch und erinnert in der Form an die Landau- und Moyal-Veteilungen (siehe die Gleichungen (3.56) und (3.60)). Die Varianz von $f(x)$ um den Mittelwert ist $\sigma^2 = (1.28)^2$, das heißt von der Ordnung eins. Daher ist die Zeitauflösung

$$\sigma_t \approx \frac{1.28}{(\alpha - \eta)\, v_D} . \tag{7.35}$$

Die Zeitauflösung einer RPC ist also weder von der Signalhöhe und der Signalschwelle noch von den Parametern der primären Ionisation abhängig [872].

Ansprechwahrscheinlichkeit einer RPC Die Ansprechwahrscheinlichkeit einer RPC soll nachfolgend mit vereinfachenden Annahmen abgeschätzt werden. Referenz [872] (siehe auch [18]) folgend nehmen wir an, dass die RPC anspricht (ein Signal liefert), wenn wenigstens ein primäres Ionisationscluster eine Ladungslawine erzeugt, die die Ansprechschwelle überschreitet. Letzteres kann scheitern, wenn Primärelektronen während des Driftvorgangs durch Anlagerung verloren gehen oder wenn die Ladung der Lawine zu klein ist. Weiterhin nehmen wir an, dass die primären Ionisationscluster nur ein Elektron beinhalten, dass Fluktuationen in der Lawinenbildung vernachlässigt werden können und dass nur Elektronen zu einem (schnellen) Signal beitragen, da die Ionen zu langsam sind.

Eine Lawine, die von einem Primärelektron am Punkt x in der Gaszone (beginnend bei $x = 0$ mit Dicke d) gestartet wird, influenziert eine Ladung auf der Ausleseelektrode, die anwächst bis die Lawine die Elektrode erreicht. Wir berechnen die gesamte Influenzladung wie in Abschnitt 5.3 beschrieben. Hier muss jetzt allerdings berücksichtigt werden, dass die Ladung während der Driftbewegung anwächst. Die gesamte Driftzeit vom Erzeugungspunkt x bis zur Elektrode bei d (entspricht d_2 in Abb. 7.16) ist $T = (d-x)/v_D$. Nach Integration von (7.32) über alle in der Lawine zwischen 0 und $d - x$ erzeugten Elektronen erhält man die influenzierte Gesamtladung:

$$Q_{ind}(x) = E_w \frac{e}{\alpha - \eta} \left(\mathrm{e}^{(\alpha-\eta)\,(\mathrm{d}-\mathrm{x})} - 1\right) . \tag{7.36}$$

Dabei ist E_w das Wichtungsfeld im Driftvolumen des Signals (Gas), eingeführt in Abschnitt 5.3.1 und für parallele Elektroden mit mehreren Dielektrika durch Gleichung (5.52) in Abschnitt 5.3.2 beschrieben. Für unstrukturierte, parallele Plattenelektroden ist E_w für die Zeitdauer der Ladungsinfluenz näherungsweise konstant:

$$E_w = \frac{\varepsilon_1}{2d_1 + \varepsilon_1 d_2} , \tag{7.37}$$

wobei die Bezeichnungen der Dicken $d_{1,2}$ und der Permittivität ε_1 denen der Abb. 7.16 entsprechen. Für strukturierte Elektroden ist E_w ortsabhängig (siehe Abschnitt 5.5) und muss über die möglichen Driftwege der Elektronencluster gemittelt werden.

Die Größen α und η sind wie oben die Koeffizienten für Lawinenverstärkung beziehungsweise Anlagerung. Für eine gegebene Schwelle Q_{thr} wird eine Lawine nachgewiesen, wenn die influenzierte Ladung größer als die Schwelle ist: $Q_{ind}(x) > Q_{thr}$. Diese Bedingung ist erfüllt für alle $x < x_{thr}$, wobei x_{thr} durch $Q_{ind} > Q_{thr}$ definiert ist. Aus (7.36) folgt daraus für den Abstand von der Elektrode, für den dies gegeben ist:

$$d - x > d - x_{thr} = \frac{1}{\alpha - \eta} \ln\left(1 + \frac{1}{E_w}\frac{Q_{thr}}{e}(\alpha - \eta)\right) . \tag{7.38}$$

Die mittlere freie Weglänge für die Erzeugung eines Primärclusters sei λ. Alle Primärelektronen, die in dem Intervall $[0, x_{thr}]$ erzeugt werden, werden als Signal registriert. In dem Intervall werden im Mittel x_{thr}/λ Elektronen erzeugt, von denen aber einige mit der Wahrscheinlichkeit η/α verloren gehen, bevor sie verstärkt werden können. Die mittlere effektive Zahl der in dem Intervall erzeugten Elektronen ist daher

$$\langle n \rangle = \left(1 - \frac{\eta}{\alpha}\right) \frac{x_{thr}}{\lambda} . \tag{7.39}$$

Unter der Annahme, dass die Elektronen in dem Intervall einer Poisson-Verteilung folgen, ist die Wahrscheinlichkeit, dass kein Elektron in dem Intervall erzeugt wird $P_{\langle n \rangle}(0) = e^{-\langle n \rangle}$. Das Komplement $1 - P_{\langle n \rangle}(0)$ ist die Wahrscheinlichkeit ein Signal auszulösen, gleichbedeutend mit der gesuchten Ansprechwahrscheinlichkeit

$$\epsilon = 1 - \mathrm{e}^{-\langle n \rangle} \overset{(7.39)}{=} 1 - \exp\left(-\left(1 - \frac{\eta}{\alpha}\right)\frac{x_{thr}}{\lambda}\right) . \tag{7.40}$$

Mit Hilfe von (7.38) können wir nun von der Variablen x_{thr} auf Q_{thr} übergehen und erhalten für die Ansprechwahrscheinlich einer Single-Gap-RPC:

$$\epsilon = 1 - \mathrm{e}^{-\left(1 - \frac{\eta}{\alpha}\right)\frac{d}{\lambda}} \left(1 + \frac{\alpha - \eta}{E_w}\frac{Q_{thr}}{e}\right)^{\frac{1}{\alpha\lambda}} . \tag{7.41}$$

Tab. 7.4 Typische Parameter für Trigger- und Timing-RPCs zusammen mit den resultierenden Werten für Zeitauflösung und Ansprechwahrscheinlichkeit bestimmt aus (7.35) und (7.41) mit Parametern wie in [872] Gl. (25) u. (26). Mit n_p, n_{av} sind Anzahl der Primärionisationscluster (siehe auch Tab. 7.1) und mittlere Anzahl von Elektronen pro Cluster bezeichnet. Für die Trigger-RPC wurde eine Tetrafluorethan/Isobutan/SF_6-Mischung im Verhältnis (96.7:3:0.3)% angenommen, für die Timing RPC im Verhältnis (80:5:10)% (mit entsprechenden Werten für die Gasparameter) sowie Widerstandsplatten aus Bakelit (3 mm dick, $\epsilon = 8$). Die Ergebnisse hängen empfindlich von der mittleren freien Weglänge λ, d.h. der Primärionisationsdichte ab (siehe (7.40)). Für die Berechnung wurde nur $1\,e^-$ pro Ionisationscluster angenommen (siehe Erläuterungen dazu im Text), so dass die experimentell erzielten Ansprechwahrscheinlichkeiten in der Regel höher sind.

RPC-Typ	E $\left(\frac{\text{kV}}{\text{cm}}\right)$	α $\left(\frac{1}{\text{mm}}\right)$	η $\left(\frac{1}{\text{mm}}\right)$	n_p $\left(\frac{1}{\text{mm}}\right)$	n_{av} $\left(\frac{1}{\text{clus}}\right)$	λ (mm)	E_w $\left(\frac{1}{\text{mm}}\right)$	v_D $\left(\frac{\mu\text{m}}{\text{ns}}\right)$	d (mm)	Q_{thr} (fC)	σ_t (ns)	ϵ (%)
Trigger	50	13.3	3.5	8.2	2.8	0.1	0.364	140	2	100	1	89
Timing	100	123	10.5	8.2	2.6	0.1	0.952	210	0.3	20	0.05	75

Diese Formel stimmt recht gut mit Monte-Carlo-Simulationen überein [872], obwohl sie die echten Ansprechwahrscheinlichkeiten etwas unterschätzt, da zusätzlich aufaddierende Clusterbeiträge nicht berücksichtigt werden. Auf Zeitauflösung und Ansprechwahrscheinlichkeit von Multi-Gap-RPCs wird in dem entsprechenden Abschnitt auf Seite 233 eingegangen.

Optimierung von Trigger- und Timing-RPCs Die Zeitauflösung (7.35) einer RPC hängt nur von der Differenz $\alpha - \eta$ der gasabhängigen Townsend- und Anlagerungskoeffizienten sowie von der Driftgeschwindigkeit v_D ab, aber nicht von der Nachweisschwelle Q_{thr}, weil jedes zur Zeitauflösung beitragende Primärclusters per Definition oberhalb der Schwelle ist, und jede Lawine (oder Streamer) trägt mit derselben Zeitabhängigkeit bei. Die Ansprechwahrscheinlichkeit ϵ in (7.40) jedoch hängt von α und η separat ab und ebenso von Q_{thr}, d und λ. Die Optimierung dieser Parameter ist durch verschiedene Faktoren eingeschränkt. Bei den Gasparametern α, η und λ sind es die zur Verfügung stehenden, möglichst umweltverträglichen Gase, bei der Schwelle Q_{thr} ist es die ausreichende Unterdrückung des elektronischen Rauschens. Außerdem darf die Spaltbreite d nicht zu groß werden, um die nötige Spannung für die Gasverstärkung hinreichend klein zu halten.

Abhängig von der jeweiligen Anwendung, wird die Ansprechwahrscheinlichkeit ϵ (für Trigger-RPCs) oder die Zeitauflösung σ_t (für Timing-RPCs) optimiert. Tabelle 7.4 zeigt typische Parameter für beide Fälle sowie die resultierenden Zeitauflösungen und Ansprechwahrscheinlichkeiten wie sie aus den abgeleiteten Formeln berechnet werden. Da insbesondere für die Ableitung von (7.41) vereinfachende Annahmen gemacht wurden, können die Werte für die Ansprechwahrscheinlichkeit nur als grobe Abschätzungen angesehen werden. Sie hängen empfindlich von der Primärionisationsdichte λ ab. Während aber die Ionisationscluster entlang einer Teilchenspur Poisson-verteilt sind (eine wesentliche Annahme für Gl. (7.40)), folgt die Verteilung der Clustergröße (Anzahl der

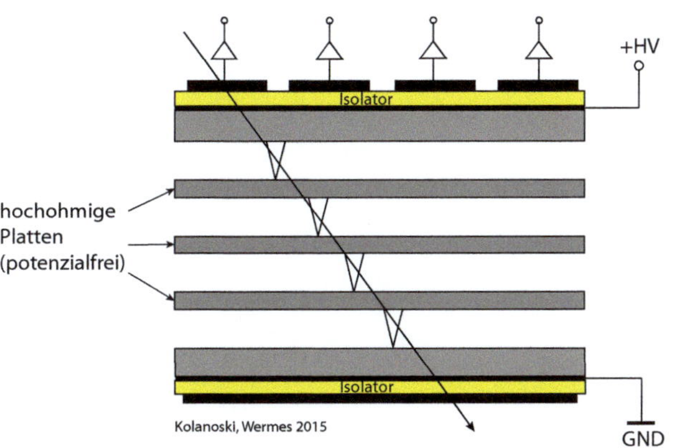

Abb. 7.17 Typischer Aufbau einer Multi-Gap-RPC (Farbcode wie in Abb. 7.16). Diese RPC-Variante weist bessere Zeitauflösung und besseres Ansprechverhalten als Single-Gap-RPCs auf. Für Details siehe Text.

e^- pro Ionisationscluster) annähernd einem sehr steil abfallenden Potenzgesetz, weshalb vereinfachend nur ein Elektron pro Cluster ($n_{av} = 1$) angenommen wurde. Reelle mittlere Clustergrößen liegen im Bereich von 2–3 (siehe [872]), so dass experimentell erzielte Ansprechwahrscheinlichkeiten höher als die berechneten Werte in Tab. 7.4 sind (zum Beispiel $\epsilon \approx 96\%$ in ATLAS [8]). Auch Überlagerung von Lawinen aus verschiedenen Clustern, was das influenzierte Signal und damit die Ansprechwahrscheinlichkeit erhöht, sind nicht berücksichtigt. Dennoch verdeutlicht Tab. 7.4 mit typischen Parametern, dass Timing-RPCs hohe Zeitauflösungen im Bereich unter 100 ps erzielen bei nur mäßigen Ansprechwahrscheinlichkeiten, während Trigger-RPCs hohe Ansprechwahrscheinlichkeiten erreichen können mit Zeitauflösungen im Nanosekundenbereich.

Die gute Zeitauflösung der RPCs mit kleiner Spaltbreite wird auf Grund des starken homogenen elektrischen Feldes erreicht, welches große Werte von αv_D und entsprechend kleine Zeitskalen nach sich zieht, die die Zeitschärfe bestimmen. Die Ansprechwahrscheinlichkeit ist allerdings deutlich kleiner als bei Trigger-RPCs wegen der geringeren Anzahl von Primärclustern bei den gegebenen Werten von λ und d. Da σ_t (7.35) nicht von der Breite des Gasspalts abhängt, könnte man d vergrößern, um eine höhere Ansprechwahrscheinlichkeit ϵ zu erhalten. Dem steht entgegen, dass die zur Lawinenverstärkung notwendige hohe Spannung exzessiv werden könnte. Ein Effekt, der in (7.40) nicht berücksichtigt wurde, ist Pulshöhenreduktion aufgrund von Raumladungseffekten in der Lawinenbildung, wenn die Gasverstärkung sehr hoch ist [871, 717].

Multi-Gap-RPCs Um die Zeitauflösung und Ansprechwahrscheinlichkeit noch weiter zu verbessern, wurden so genannte *Multi-Gap*-RPCs vorgeschlagen [300], deren Lawinen alle auf denselben Auslesestreifen Signale influenzieren. Der Aufbau dazu ist in Abbildung 7.17 gezeigt. Es gibt mehrere getrennte Gaslagen. Die Hochspannung wird über die Graphitbeschichtung der beiden äußeren Platten angelegt, während die Zwischenlagen, die die Gasvolumina voneinander trennen, elektrisch nicht verbunden sind (*floating*). Wenn kein Strom von und zu den Zwischenebenen fließt, stellt sich ein linearer Potenzialabfall von der angelegten Hochspannung zum Erdpotential über die Ebenen ein. Wegen der Stromerhaltung (im stationären Zustand) müssen die ein- und die auslaufenden Ströme gleich sein, was gleiche Gasverstärkungen benachbarter Gasvolumina nach sich zieht und damit den linearen Potenzialabfall stabilisiert [300]. Für n Lagen folgt die Verbesserung in der Zeitauflösung allerdings nicht einem einfachen $1/\sqrt{n}$- Gesetz, sondern wird durch den Spalt dominiert, der das größte Signal hat [872]. Für $n \approx 10$ sind intrinsische Zeitauflösungen von 20 ps erreichbar [716]. Die Ansprechwahrscheinlichkeit für Multi-Gap-RPCs, ϵ_n, allerdings folgt näherungsweise einem einfachen Skalierungsgesetz $\epsilon_n = 1 - (1 - \epsilon)^n$ [872], wobei ϵ die Ansprechwahrscheinlichkeit einer Single-Gap-RPC nach (7.40)) ist.

Im ALICE-Experiment werden Multi-Gap-RPCs als Flugzeitdetektoren zur Teilchenidentifikation eingesetzt (siehe auch Abschnitt 14.2.1 auf Seite 638). Durch Wahl sehr dünner Gasschichten mit 250 µm Spaltbreite und genau positionierbarer Glasplatten als Widerstandselektroden werden Zeitauflösungen im Experiment von circa 85 ps bei Ansprechwahrscheinlichkeiten von 99% erzielt [78, 9]. Diese Auflösungen könnten auch mit organischen Szintillatoren mit Photovervielfachern als Auslese (Abschnitt 13.2) erreicht werden, allerdings zu erheblich höheren Kosten.

7.8 Vieldrahtproportionalkammer (MWPC)

Eine Vieldrahtproportionalkammer (MWPC = *Multi-Wire Proportional Chamber*) arbeitet nach dem Prinzip von Proportionalzählrohren, die in einer Fläche nebeneinander angeordnet sind und damit die Ortsauflösung für Teilchenstrahlung liefern. Mit mehreren MWPC-Ebenen hintereinander können dann Trajektorien geladener Teilchen vollständig elektronisch registriert werden (im Gegensatz zum Beispiel zu Blasenkammern). Die Vieldrahtproportionalkammer wurde Ende der 1960er Jahre von George Charpak am CERN entwickelt [308] und ist bis heute grundlegend für Fortschritte in der Teilchenphysik. Charpak erhielt dafür und allgemein für seine Beiträge zur Entwicklung von Teilchendetektoren 1992 den Nobelpreis.

Ausgangspunkt der Entwicklung war die Erkenntnis, dass man keine abschirmenden Trennwände zwischen den Anodendrähten braucht, um Signale von einzelnen Drähten ohne Übersprecher zu bekommen. Somit kann man die Wände der Zählrohre weglassen, wodurch die Kammern mit weniger störendem Material gebaut werden können. Mit MWPCs, die große Detektorvolumina füllen können, wurde erstmals der rein elektronische Nachweis komplexer Hochenergiereaktionen möglich. Ein wesentlicher Vorteil gegenüber zum Beispiel Funkenkammern (Abschnitt 7.7.1) ist die geringere Totzeit, die sich ergibt, weil die kleinen Signale im Proportionalbereich geringe Spannungsabsenkungen und kurze Wiederaufladungszeiten der Elektroden verursachen. Dafür muss das Signal an jedem Draht verstärkt werden. Die große Anzahl von elektronischen Kanälen wurde durch die immer kompakter werdenden elektronischen Bausteine möglich.

Tab. 7.5 Typische Eigenschaften von Drähten, die als Anoden beziehungsweise Kathoden benutzt werden. Die Zugspannung wird durch eine Masse (letzte Spalte) errreicht, die an den über eine Rolle laufenden Draht gehängt wird.

	Beispiel für das Material	Durchmesser	Zugspannung	Masse
Anoden:	goldbeschichtetes Wolfram	20–30 μm	≈ 500 MPa	≈ 20 g
Kathode:	Cu-Be-Legierung	≈ 100 μm	≈ 100 MPa	≈ 60 g

7.8.1 Aufbau von MWPCs

Vieldrahtproportionalkammern (Abb. 7.18) bestehen aus einer Fläche von Anodendrähten, die in einem Abstand von etwa $s = 2\,\text{mm}$ parallel gespannt sind und denen Kathodenflächen beidseitig gegenüberstehen, in einem Abstand d von typischerweise 3- bis 4-mal dem Abstand zwischen den Anodendrähten. Die Kathoden können aus glatten Metallflächen (zum Beispiel Kupfer) bestehen oder ebenfalls aus Drähten aufgebaut sein. Für die Drähte sind gängige Materialien, Durchmesser und Zugspannungen in Tab. 7.5 zusammengestellt. Ein typischer Satz von Parametern, auf die wir uns im Folgenden beziehen wollen, ist (siehe Abb. 7.18):

$$a = 0.01\,\text{mm}\,, \quad s = 2\,\text{mm}\,, \quad d = 8\,\text{mm}\,. \tag{7.42}$$

Die elektrostatischen Kräfte, die auf Grund der Spannung zwischen Anode und Kathode auftreten, müssen durch die mechanische Spannung der Drähte kompensiert werden. Zwischen den Drähten einer Ebene wirken abstoßende Kräfte, die bei zu geringer Drahtspannung oder zu langen Drähten zu Instabilitäten führen: Die Drähte werden abwechselnd in entgegengesetzte Richtungen ausgelenkt (siehe Abb. 7.19). Da die mechanische Spannung durch die Fließgrenze des Materials limitiert ist, ergibt sich daraus eine maximale freie Länge für die Drähte, die für die Anoden etwa 80 cm beträgt. Bei längeren

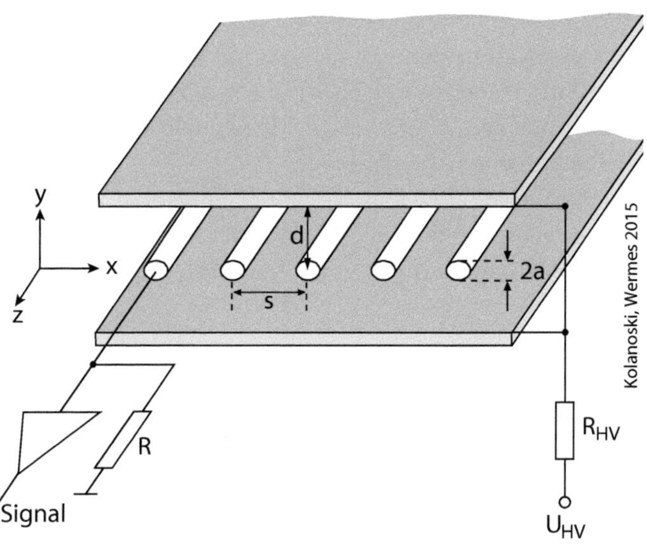

Abb. 7.18 Perspektivische Ansicht einer MWPC (schematisch): In diesem Fall bestehen die Kathoden aus zwei parallel im Abstand $2d$ einander gegenüberstehenden leitenden Flächen. Die Anodendrähte mit Radius a, die in der Mitte zwischen den Kathoden im Abstand s parallel gespannt sind, sind stark vergrößert gezeichnet. Typische Größenordnungen sind: $a = 0.01\,\text{mm}$, $s = 2\,\text{mm}$, $d = 8\,\text{mm}$.

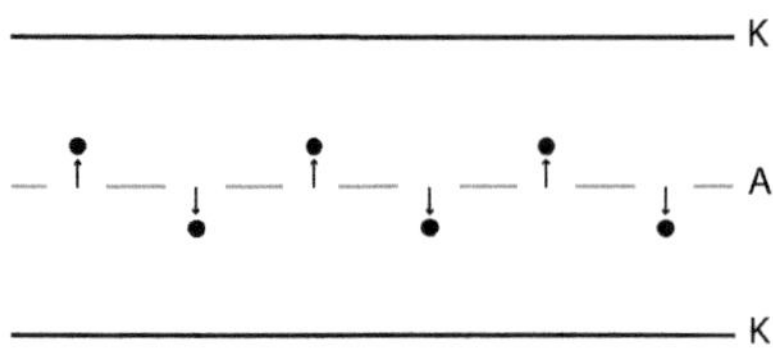

Abb. 7.19 Elektrostatische Instabilität in MWPCs: Die Anoden liegen auf dem gleichen Potenzial und stoßen sich ab. Bei einer kritischen Länge des Drahtes reicht die mechanische Zugspannung nicht aus, die Drähte in ihrer Sollposition zu halten. Dann ergibt sich eine stabile Konfiguration, wenn benachbarte Drähte in entgegengesetzte Richtungen ausgelenkt werden.

Drähten werden Stützen (zum Beispiel Nylonfäden) eingebaut. Der Trägerrahmen für die Drähte muss sehr stabil sein, um die mechanischen Spannungen aufzunehmen. Häufig dient der Rahmen auch als Gasbehälter und muss deshalb gasdicht sein, wobei in dem sensitiven Bereich des Detektors die durchgehenden Teilchen möglichst wenig Material sehen sollten.

7.8.2 Elektrostatik

Das Anlegen einer Hochspannung zwischen den Anoden und den Kathoden führt zu elektrostatischen Feldern, die in Anodennähe nahezu den Verlauf wie in einem Zylinderkondensator haben und in der Nähe der Kathode in einen homogenen Feldverlauf wie in einem Plattenkondensator übergehen (Abb. 7.20). Die Hochspannung wird so gewählt, dass in dem anodennahen Bereich die Feldstärke erreicht wird, die für die geforderte Gasverstärkung notwendig ist (typisch $> 100\,\text{kV/cm}$ auf der Anode).

Berechnung des elektrischen Feldes einer MWPC Mit der Annahme, dass die Elektroden in z-Richtung, der Richtung der Drähte, unendlich ausgedehnt sind, hat das elektrische Feld $\vec{E}(x, y)$ nur Komponenten in der (x, y)-Ebene. Man kann die Bestimmung des Feldes auf die Lösung der zweidimensionalen Potenzialgleichung

$$\Delta\phi(x, y) = 0 \tag{7.43}$$

im Raum außerhalb der Leiter mit den Randwerten ϕ_A und ϕ_K auf den Anoden beziehungsweise Kathoden zurückführen. Im Folgenden wählen wir die x-Achse in der Drahtebene und senkrecht zu den Drähten mit dem Ursprung im Mittelpunkt eines Drahtes und die y-Achse senkrecht zu der Drahtebene (Abb. 7.18).

Da das Potenzialproblem (7.43) für die MWPC-Anordnung nur numerisch lösbar ist, soll hier eine Näherungslösung hergeleitet werden, die die wesentlichen Eigenschaften der exakten Lösung enthält. Statt der Drähte betrachten wir zunächst eine Anordnung

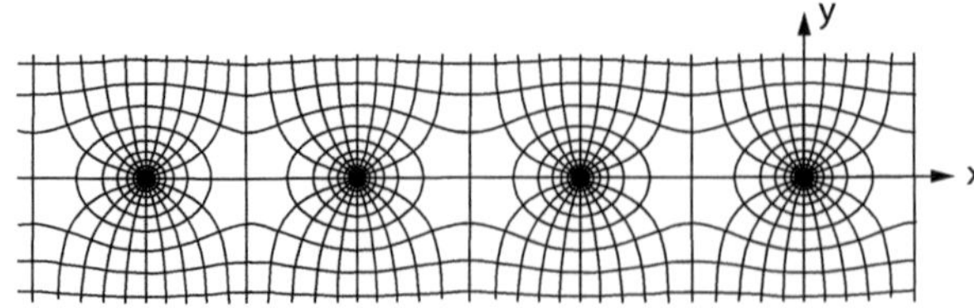

Abb. 7.20 Typischer Verlauf von Potenzial- und Feldlinien in einer MWPC (in der Näherung für Linienladungen im freien Raum entsprechend Gleichung (7.44)).

von Linienladungen im freien Raum, also ohne Kathodenebenen. Die Anordnung sei in der Ebene der Linienladungen unendlich ausgedehnt, das heißt, es gebe unendlich viele, unendlich lange Linienladungen. Die Ladung pro Länge auf einem Draht sei $\lambda = dq/dz$ und der Rasterabstand s. Das Potenzial dieser Anordnung lässt sich analytisch berechnen (siehe zum Beispiel Gleichung (10.2.30) in [770]):

$$\phi_0(x,y) = -\frac{\lambda}{2\pi\epsilon_0} \ln\left[2\sqrt{\sin^2\frac{\pi x}{s} + \sinh^2\frac{\pi y}{s}}\right]. \tag{7.44}$$

Dieses Potenzial hat folgende Eigenschaften, die es erlauben, näherungsweise Randwerte für die Elektrodenanordnung der MWPC vorzugeben:

1. Für $y \gg s$ wird ϕ_0 näherungsweise unabhängig von x:

$$\phi_0(x,y) \to \phi_0(y) \approx -\frac{\lambda}{2\pi\epsilon_0} \ln\left(2\sinh\frac{\pi y}{s}\right) \approx -\frac{\lambda}{2\pi\epsilon_0}\frac{\pi y}{s}. \tag{7.45}$$

Das heißt, die Ebenen mit konstantem y sind näherungsweise Äquipotenzialebenen. Platzieren wir nun die Kathodenebenen bei $y = \pm d$ ($d \gg s > 0$), kann deren Potenzial zu $\phi_K = 0$ festgelegt werden, indem zu dem Potenzial eine Konstante addiert wird:

$$\phi_0(x,y) \to \phi(x,y) = \phi_0(x,y) + \frac{\lambda}{2\pi\epsilon_0}\frac{\pi d}{s}. \tag{7.46}$$

Das Potenzial

$$\phi(x,y) = \frac{\lambda}{2\pi\epsilon_0}\left[\frac{\pi d}{s} - \ln\left(2\sqrt{\sin^2\frac{\pi x}{s} + \sinh^2\frac{\pi y}{s}}\right)\right] \tag{7.47}$$

erfüllt also näherungsweise die Randbedingung $\phi_K = \phi(x, \pm d) \approx 0$.

2. Für kleine Werte von y und $|x - m\,s|$ (mit $m = 0, \pm 1, \ldots$) wird ϕ jeweils um einen Draht (gegeben durch m) azimutal-symmetrisch, wenn man in der Entwicklung von sin und sinh nur jeweils den ersten Term mitnimmt:

$$\phi(x,y) \approx \frac{\lambda}{2\pi\epsilon_0}\left[\frac{\pi d}{s} - \ln\left(\frac{2\pi}{s}\sqrt{(x - m\,s)^2 + y^2}\right)\right] = \phi(r), \tag{7.48}$$

mit

$$r = \sqrt{(x - m\,s)^2 + y^2}.$$

In dieser Näherung ist also $\phi = \phi(r)$, und damit stellt die Anodenoberfläche $r = a$ eine Äquipotenzialfläche dar, auf der ein Randwert ϕ_A vorgebbar ist:

$$\phi_A = \phi(a) \approx \frac{\lambda}{2\pi\epsilon_0}\left[\frac{\pi d}{s} - \ln\left(\frac{2\pi a}{s}\right)\right]. \tag{7.49}$$

Statt einer Linienladung kann man also in dieser Näherung einen Anodendraht mit Radius a annehmen, und λ bekommt die Bedeutung einer Oberflächenladung pro Länge auf dem Draht. Das elektrische Feld ist dann in der Nähe des Drahtes azimutalsymmetrisch:

$$\vec{E}(r) = -\frac{\partial\phi}{\partial r}\vec{e}_r \approx \frac{\lambda}{2\pi\epsilon_0}\frac{1}{r}\vec{e}_r. \tag{7.50}$$

Wenn das Potenzial auf der Kathodenoberfläche vorgegeben ist, wie hier durch $\phi(x,d) = 0$, dann wird der Randwert auf der Anode durch die zwischen Anode und Kathode angelegte Spannung U_0 festgelegt, die sich aus der Potenzialdifferenz ergibt:

$$U_0 = \phi(x,y)|_{r=a} - \phi(x,d) = \frac{\lambda}{2\pi\epsilon_0}\left[\frac{\pi d}{s} - \ln\left(\frac{2\pi a}{s}\right)\right] . \tag{7.51}$$

Bei gegebener Spannung hängt λ, die auf der Anode pro Länge influenzierte Ladung, von der Kapazität der Anordnung ab:

$$\lambda = C\,U_0 . \tag{7.52}$$

Dabei ist C die Kapazität pro Länge für einen einzelnen Draht, die sich durch Einsetzen von λ in (7.51) ergibt:

$$C = \frac{2\pi\epsilon_0}{\frac{\pi d}{s} - \ln\left(\frac{2\pi a}{s}\right)} . \tag{7.53}$$

Für eine Anodenfläche mit einer großen Anzahl n von Drähten lässt sich die Kapazität $C_n = n\,C$ mit der Kapazität C_{Pl} eines entsprechenden ebenen Kondensators, der aus einer kontinuierlichen Anodenfläche zwischen zwei Kathodenflächen besteht, vergleichen:

$$C_n = n\frac{2\pi\epsilon_0}{\frac{\pi d}{s} - \ln\left(\frac{2\pi a}{s}\right)} \;<\; C_{Pl} = n\,\frac{2\epsilon_0 s}{d} = n\,\frac{2\pi\epsilon_0}{\frac{\pi d}{s}} . \tag{7.54}$$

Die Ungleichung ergibt sich, weil im Allgemeinen $s > 2\pi a$ gilt und somit der Logarithmus im Nenner der linken Gleichung negativ ist. Mit den Werten für eine typische MWPC (7.42) erhält man zum Beispiel für eine Zelle ($n = 1$): $C = 3.5\,\text{pF/m}$. Ein entsprechender flächiger Kondensator hat pro Zelle die etwas größere Kapazität $C_{Pl} = 4.4\,\text{pF/m}$.

Zur Berechnung der elektrostatischen Felder in Detektoren mit beliebigen Anordnungen von Elektroden werden im Allgemeinen Computerprogramme zur Lösung der Potenzialgleichung mit vorgegebenen Randwerten auf den Elektroden herangezogen. Ein häufig dafür benutztes Programm ist Garfield-Programm [1008, 1007]. Garfield kann sowohl zwei-dimensionale Konfigurationen analytisch mit Methoden der komplexen Potenzialtheorie (wie auch in Anhang B diskutiert) berechnen als auch für den allgemeinen Fall auf numerische Methoden zurückgreifen. Analytische Lösungen sind, wenn möglich, vorzuziehen, weil sie weniger zeitaufwändig sind, insbesondere für die Simulation des Ladungstransports.

7.8.3 Betrieb von MWPCs im Experiment

7.8.3.1 Wahl des Gases

Bei der Wahl des Gases für den Betrieb einer MWPC gelten die allgemeinen Kriterien, die in Abschnitt 7.5 besprochen wurden.

Als Gas mit guten Verstärkungs- und Quenching-Eigenschaften hat sich das sogenannte 'magische Gas' (*magic gas*) bewährt: 75% Argon + 24% Isobutan + 0.5% Freon. Die drei Komponenten erfüllen die in Abschnitt 7.5 beschriebenen Aufgaben: Argon sorgt für eine hohe Gasverstärkung bei einem relativ niedrigen Feld, Isobutan wirkt hier als Löschgas zur Dämpfung der Elektronen und zur Absorption von Photonen, und das elektronegative Freon sorgt für ein sauberes Abklingen des Signals.

7.8.3.2 Nachweiswahrscheinlichkeit

Die Wahrscheinlichkeit, dass ein Teilchen beim Durchgang durch einen Detektor nachgewiesen wird, hängt im Wesentlichen von folgenden Parametern ab:

- Ionisationsstatistik: Wie viel Ladung zum Signal beiträgt, hängt von der Anzahl der erzeugten Elektron-Ion-Paare und vom eventuellen Ladungsverlust auf dem Weg zu den Elektroden ab.
- Gasverstärkung und Empfindlichkeit der Elektronik: Es ist möglich, mit moderner, rauscharmer Elektronik auf einzelne Elektronen empfindlich zu werden, das heißt auf Ladungen in der Größenordnung Femto-Coulomb, wenn die Gasverstärkung 10^4 beträgt.
- Totzeit des Detektors und der Elektronik: In einem Detektor können Totzeiten oder Zeiten mit verminderter Nachweiswahrscheinlichkeit dadurch erzeugt werden, dass bei hohen Teilchenraten, hoher Primärionisation oder hoher Gasverstärkung Raumladungen entstehen, die das Potenzial der Elektroden abschirmen können. Die Stärke des Effekts wird durch die Verzögerung des Ladungsausgleichs durch die Ionenbewegung und die Zeitkonstanten der Spannungsversorgungen bestimmt.

Mit MWPCs können Nachweiswahrscheinlichkeiten von nahezu 100% pro Detektorebene für eine minimal-ionisierende Spur erreicht werden. Bei einer typischen Ionisationsdichte von etwa 100/cm und einer Wegstrecke im Gas von mehr als 8 mm trägt die Ionisationsstatistik praktisch nicht zum Effizienzverlust bei. Um eine ausreichende Gasverstärkung bei nicht zu hohen Spannungen einzustellen, werden gewöhnlich 'Hochspannungskurven' gemessen: Der Anteil der nachgewiesenen Teilchen von allen durchgehenden Teilchen wird gegen die Hochspannung aufgetragen. Die durchgehenden Teilchen werden meistens mit weiteren Detektoren (zum Beispiel Szintillationszählern, Abb. 7.25(a)) bestimmt. In Abb. 7.21 ist eine typische Effizienzkurve einer MWPC gezeigt: Bei einer charakteristischen Spannungsschwelle steigt die Rate relativ schnell von null auf einen Plateauwert nahe 100% an, der über einen gewissen Bereich beibehalten wird. Während der Messung wird die Signalschwelle auf einem festen Wert gehalten, bei dem das Untergrundrauschen genügend reduziert wird. Bei noch weiterer Spannungserhöhung kann die Rate auch durch spontane Entladungen und andere Effekte auf über 100% steigen. Um einen effizienten und gleichzeitig stabilen Betrieb sicherzustellen, legt man die Betriebsspannung auf einen Wert nicht zu weit hinter dem Beginn des Plateaus.

Bei jedem Teilchendurchgang werden die freigesetzten Ladungen zu den Elektroden transportiert, so dass die Spannung zwischen Anode und Kathode absinken würde, wenn sie nicht von der Hochspannungsquelle (HV) ausgeglichen würde. Dieser Ladungsausgleich findet mit einer Zeitkonstanten $\tau = R_{HV}\, C_{Det}$ statt, wobei R_{HV} der Widerstand der Spannungsquelle und C_{Det} die Detektorkapazität ist (siehe Abb. 7.18). Zum Schutz

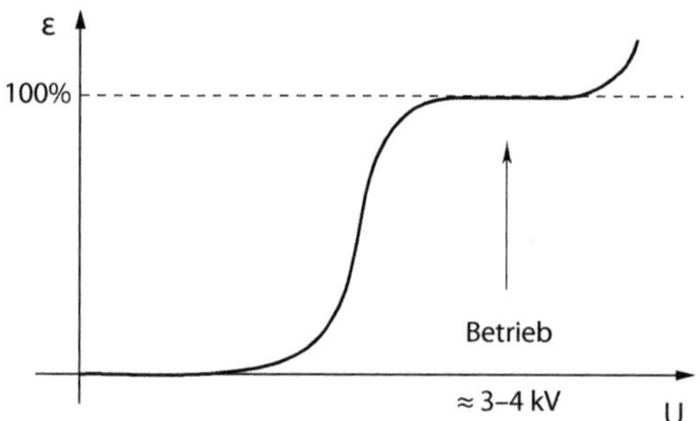

Abb. 7.21 Typischer Verlauf einer Hochspannungs- oder Effizienzkurve einer MWPC: Anteil ϵ der in einer Kammerebene registrierten Signale, bezogen auf alle durchgehenden Teilchen, als Funktion der Hochspannung an den Elektroden (die elektronische Schwelle bleibt dabei fest).

gegen Überschläge wird diese Zeitkonstante viel größer als die Zeitkonstante für die Entwicklung einer Entladung gemacht. Dann senkt ein Entladungsstrom die Spannung genügend lange ab, um eine Entladung tendenziell zu stoppen. Zum Beispiel ist für einen Widerstand $R_{HV} = 10\,\mathrm{M\Omega}$ und eine Detektorkapazität von $100\,\mathrm{pF}$ die Aufladezeitkonstante $\tau = 1\,\mathrm{ms}$.

Damit die Spannungsabsenkung durch einen Strom über R_{HV} nicht die Nachweiswahrscheinlichkeit verringert, muss die Rate klein gegen $1/\tau$ sein. Die erreichbaren Raten lassen sich aus der Spannungsabsenkung und der daraus folgenden Verringerung der Gasverstärkung abschätzen. Der auf der Hochspannungskurve eingestellte Arbeitspunkt (Abb. 7.21) bestimmt, welche Spannungsabsenkung tolerierbar ist.

7.8.3.3 Auflösungen

Koordinate in der Anodenebene senkrecht zum Anodendraht Wir betrachten eine Anodenebene wie in Abb. 7.18, bei der die x-Achse in der Anodenebene senkrecht zu den Drähten liegt. Wenn bei einem Teilchendurchgang genau ein Draht mit der Koordinate x_a anspricht, muss der Durchgangsort innerhalb $x_a \pm s/2$ liegen, das heißt innerhalb eines Intervalls $\Delta x = s$, des Drahtabstands. Wenn alle Durchgangsorte in der Nähe eines Drahtes gleich häufig vorkommen (Gleichverteilung), so ist die Standardabweichung, entsprechend der Auflösung der Messapparatur (siehe Anhang E, Gleichung (E.4)):

$$\sigma = \frac{\Delta x}{\sqrt{12}} \,. \tag{7.55}$$

Bei einem Drahtabstand von $s = 2\,\mathrm{mm}$ ist die Auflösung dann $\sigma \approx 0.6\,\mathrm{mm}$, was für MWPCs ein typischer Wert ist.

Häufig sprechen mehrere Drähte an, insbesondere wenn die Spur nicht senkrecht zu der Detektorebene verläuft (Abb. 7.22). Um die x-Koordinate des Schnittpunkts der Spur mit der Anodenebene festzulegen, wird der Schwerpunkt der x-Koordinaten der angesprochenen Drähte ('Cluster-Schwerpunkt') gebildet. Mit guten Algorithmen lassen sich sogar etwas bessere Auflösungen erreichen als mit einem einzelnen angesprochenen Draht (siehe dazu Anhang E).

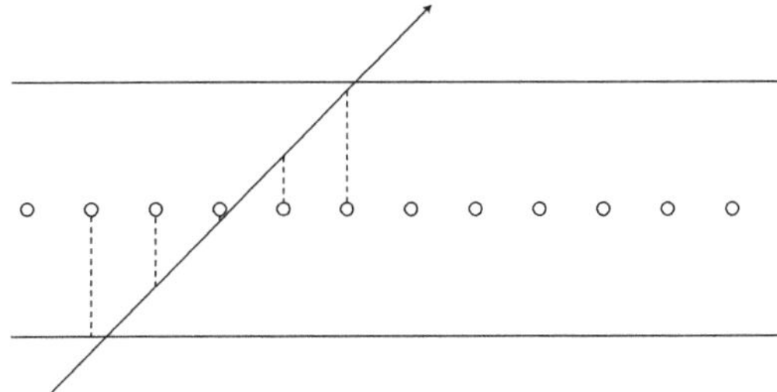

Abb. 7.22 Ansprechen mehrerer benachbarter Drähte einer MWPC bei nichtsenkrechtem Durchgang eines Teilchens (Cluster-Bildung).

Koordinate entlang dem Anodendraht Um die zweite Koordinate in der Anodenebene (z-Koordinate in Abb. 7.18) zu bestimmen, gibt es verschiedene Methoden, zum Beispiel:

- Kombination von Anodenebenen mit unterschiedlichen Drahtorientierungen ('Stereolagen');
- Auslese der Influenzsignale auf den Kathoden, die dann meistens als Streifen oder 'Pads' segmentiert sind (die Streifen mit einer anderen Orientierung als die Anode);
- Ladungsteilung: Die Anoden werden von beiden Seiten ausgelesen, der Vergleich der gemessenen Ladungen ergibt den Ort entlang der Anode.

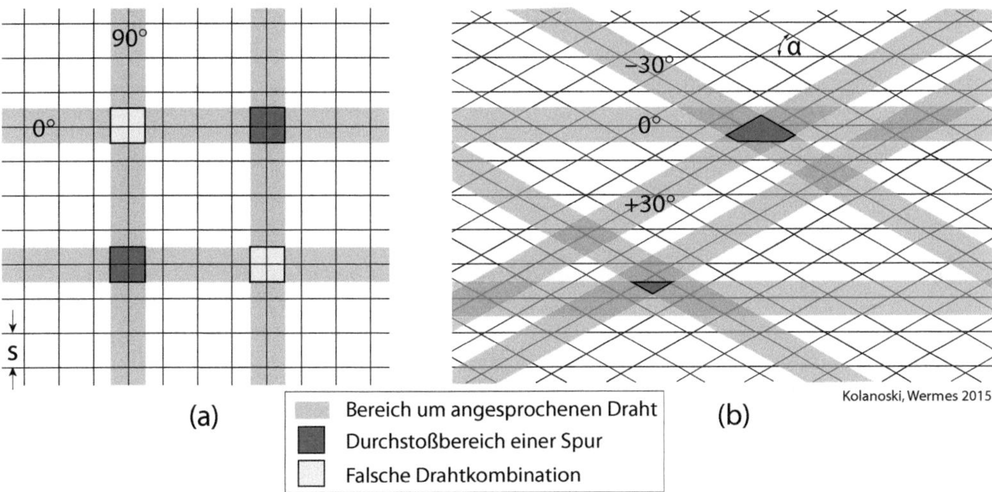

Abb. 7.23 Die Skizze zeigt die senkrechte Aufsicht auf zwei beziehungsweise drei hintereinander liegende Anodenebenen mit unterschiedlichen Drahtorientierungen. Die grauen Streifen sind die $\pm s/2$-Bereiche um angesprochene Drähte (hier von zwei Teilchen). Die dunklen Flächen markieren den tatsächlichen Durchstoßbereich der Spuren, die hellen Flächen die falsche Drahtkombination. (a) Mehrdeutigkeiten bei der räumlichen Rekonstruktion von Durchstoßpunkten von Teilchen, wenn nur orthogonale Koordinaten gemessen werden. (b) Beispiel für eine Anordnung von drei Stereolagen ($0°$, $\pm 30°$) zur Vermeidung von Mehrdeutigkeiten bei der Spurrekonstruktion. Die Durchstoßpunkte der Spuren liegen in den Überlappungsbereichen von $\pm s/2$-Streifen. In diesem Beispiel gibt es keine falschen Zuordnungen.

Die dritte Koordinate, die man für die Rekonstruktion eines Raumpunktes benötigt, ergibt sich aus der bekannten Lage jedes Anodendrahtes. In der Regel ist das die Koordinate senkrecht zu der Anodenebene

Stereolagen Teilchenspuren kann man räumlich rekonstruieren, wenn in verschiedenen Drahtlagen die Drähte unter verschiedenen Winkeln gespannt werden. Die für die räumliche Auflösung günstigste Anordnung mit zwei zueinander senkrechten Drahtorientierungen führt zu Mehrdeutigkeiten, wenn mehr als ein Teilchen gleichzeitig registriert wird. In Abb.7.23(a) ist das für zwei Spuren gezeigt: Die Kombinationen der jeweils 2 getroffenen Drähte führen zu 4 möglichen Raumpunkten. Entsprechend ergeben sich bei n Spuren n^2 Raumpunkte, also zum Beispiel bei 4 Spuren bereits 12 falsche Kombinationen.

Diese Mehrdeutigkeiten (*ambiguities*) können prinzipiell durch eine dritte, unabhängige Drahtorientierung beseitigt werden. Zum Beispiel würde in Abb. 7.23(a) eine zusätzliche um 45° gedrehte Drahtlage Mehrdeutigkeiten weitgehend auflösen. In Abb.7.23(b) sind drei Anodenlagen mit relativen Drahtorientierungen 0°, ±30° gezeigt. Diese symmetrische Variante (bezüglich der 0°-Lage) ist häufig konstruktionsbedingt bevorzugt. Ebenso können kleine Stereowinkel für die Konstruktion vorteilhaft sein (zum Beispiel, wenn die Zugspannung der Drähte nur an zwei Seiten aufgenommen werden soll oder die elektronische Auslese nur an einer Seite Platz hat).

Die Durchstoßpunkte von Spuren liegen in den Bereichen, in denen sich die $\pm s/2$-Streifen um die angesprochenen Drähte kreuzen (siehe Abb.7.23(b)). Die Auflösung ist im Allgemeinen durch ein Vieleck, das durch den Überlapp von drei Streifen gebildet wird, gegeben (Abb.7.23(b)). Bei kleinen Stereowinkeln wird die Auflösung dann in der Vorzugsrichtung der Drähte schlechter (etwa wie $1/\tan\alpha$, wobei α der Schnittwinkel der Drähte ist). Das ist akzeptabel, wenn die Auflösungsanforderungen für verschiedene Koordinaten nicht gleich sind. Zum Beispiel wird die Koordinate, die die Ablenkung in einem Magnetfeld und damit die Impulsauflösung bestimmt, in der Regel besser gemessen als die dazu orthogonale. Wenn die Auflösung in allen Richtungen gleich gut sein soll, ist die beste Anordnung die, bei der die drei Drahtrichtungen jeweils um 60° verdreht sind.

Kathodenauslese Eine Kathodenstreifenauslese (Abb.7.24 a) bietet zusätzlich zu der Anodenauslese die Messung einer weiteren Koordinate. Hier wird das von der Ladungslawine auf die Kathode induzierte Signal genutzt[47]. Bei typischen Breiten von Kathodenstreifen im Millimeter-Bereich kann eine Auflösung von Bruchteilen eines Millimeters erreicht werden, insbesondere wenn man durch Messung der Signalhöhen der einzelnen Streifen Ladungsschwerpunkte von Clustern bestimmen kann (siehe auch Anhang E).

Die direkte Messung eines Raumpunkts ist möglich, wenn die Kathoden als 'Pads', also kleine Leiterflächen, geformt sind (Abb.7.24 b). Das ist vorteilhaft, wenn der Raumpunkt in einem schnellen Trigger genutzt werden soll oder wenn der Untergrund sehr hoch ist. Pad-Auslese wird zum Beispiel in photosensitiven MWPCs zur Bestimmung von

[47]Das ähnelt der Auslese der Streamer-Rohre in Abb. 7.12. Dort sind allerdings die Auslesestreifen nicht gleichzeitig die Kathoden.

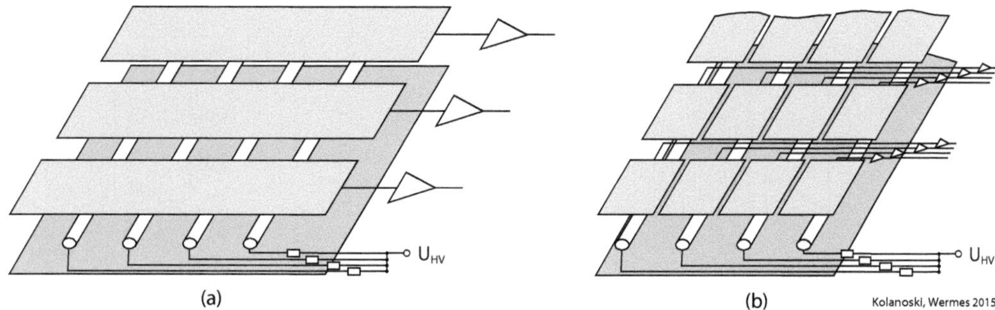

Abb. 7.24 Prinzip einer Auslese von (a) Kathodenstreifen und (b) Kathoden-Pads.

Cherenkov-Ringen (RICH-Detektoren, siehe Abschnitt 11.6) und in MWPCs zur Auslese von *Time Projection Chambers* (Abschnitt 7.11) eingesetzt.

Ladungsteilung Wenn man das Signal des Anodendrahtes auf beiden Seiten ausliest, kann man aus dem Verhältnis der beiden Ladungssignale den Ort der Lawine auf dem Draht bestimmen. Gemessene Ortsauflösungen liegen im Bereich um 1% der Drahtlänge [902, 307]. Weitere Erläuterungen zu der Methode findet man in Abschnitt 7.10.4.

Zeitauflösung Wegen der unterschiedlichen Abstände der Spuren vom Anodendraht und wegen der statistischen Verteilung der Driftzeiten der Elektronen liegen die Ankunftszeiten des Signals nach einem Spurdurchgang in einem Zeitintervall von typisch 100 ns. Diese Zeit spielt insbesondere eine Rolle für die Nutzung von MWPCs in einer Triggerlogik (siehe Abschnitt 7.8.4), die eventuell bereits eine grobe Spurerkennung einschließt. Wenn nötig, kann man versuchen, die oben abgeschätzte Zeitspanne zu vermindern, indem man ein logisches 'ODER' benachbarter Ebenen mit der Zeitmarke des frühesten Ansprechers bildet. Auf diese Weise wurden Auflösungen um 10 ns erreicht, aber typischer ist ein Wert von etwa 60 ns.

7.8.4 Beispiel einer MWPC-Detektoranordnung mit Elektronik

Eine einfache Anordnung planarer MWPCs mit drei Kammern zu jeweils drei Stereolagen ist in Abb. 7.25(a) skizziert. Zusammen mit den Szintillationszählern (Szi1,2 in der Abbildung) könnte eine solche Anordnung zum Vermessen kosmischer Strahlung eingesetzt werden. Die Szintillationszähler (siehe Kapitel 13) erlauben schnelle Koinzidenzen (Koinzidenzbreiten < 10 ns) zur Unterdrückung von Untergrund. Anhand dieser Anordnung zeigt Abb. 7.25(b) das Prinzip einer MWPC-Auslese und ein Schema, wie die Kammern in die Triggerlogik einbezogen werden können.

Auslese: Die Signale von den Anoden werden auf 'Vorverstärker' (*pre-amplifiers*, PAs) geleitet, die zur Vermeidung zusätzlicher Kapazitäten und Rauschquellen unmittelbar am Detektor angebracht sind. Die Ausgangssignale der Vorverstärker werden in der Regel bipolar über 'twisted-pair'-Kabel (siehe Seite 881) an einen 'Hauptverstärker' (*main*

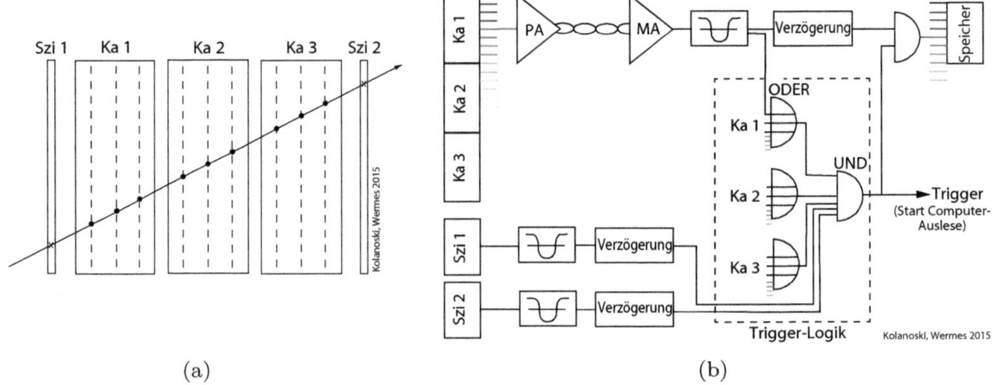

(a) (b)

Abb. 7.25 (a) Einfache Anordnung von MWPCs, wie sie häufig in Testexperimenten benutzt wird: Hier sind 3 Kammern mit jeweils 3 Ebenen (mit unterschiedlichen Stereowinkeln) zwischen 2 Szintillationszählern aufgestellt. Die Zähler liefern eine schnelle Koinzidenz, um den Durchgang eines Teilchens anzuzeigen. (b) Schema einer einfachen Auslese- und Triggerelektronik für das Beispiel einer MWPC-Anordnung in (a) (PA und MA sind Vor- und Hauptverstärker, weitere Beschreibung im Text).

amplifier, MA) weitergeleitet. Die (analogen) Ausgangssignale des Hauptverstärkers werden in einem Diskriminator in logische Signale umgewandelt, die in einer Speichereinheit bei Vorliegen eines Triggers registriert werden. Gleichzeitig können die logischen Signale zur Weiterverarbeitung in einer Triggerlogik eingesetzt werden. Mit moderner Elektronik kann man die Funktionen von Vor- und Hauptverstärker auch in einem Chip direkt an der Kammer zusammenfassen (siehe dazu auch Kapitel 17).

Trigger: In dem gestrichelten Rechteck in Abb. 7.25(b) ist ein Beispiel für einen einfachen Trigger dargestellt: Das 'ODER' aller Signale einer Kammer wird für jede Kammer auf eine 'UND'-Koinzidenz zusammen mit den Signalen der beiden Szintillationszähler gegeben. Diese Schaltung enthält also ein 'ODER' der jeweils 3 Ebenen einer Kammer und damit eine Zeitauflösung, die besser als etwa 60 ns sein kann (siehe oben). Um die bessere Zeitauflösung der Szintillationszähler zu nutzen, kann man die Schaltung so einrichten, dass die Zeitmarke des Triggers (zum Beispiel die führende Flanke des Signals) immer von demselben Szintillationszähler erzeugt wird.

7.8.5 Einsatz von Vieldrahtproportionalkammern

In der Teilchenphysik sind die Vieldrahtproportionalkammern als Spurendetektoren inzwischen weitgehend durch Driftkammern (siehe Abschnitt 7.10) verdrängt worden, die den Vorteil haben, bei höherer Ortsauflösung weniger Auslesekanäle zu haben. Es gibt aber Spezialanwendungen, auch außerhalb der Teilchenphysik, bei denen MWPCs die optimale Detektorwahl darstellen:

- Wegen des schnellen Ansprechens werden MWPCs als 'Triggerkammern' in Teilchenexperimenten eingesetzt (zum Beispiel im H1-Experiment [33]).
- Als ortsauflösende Photodetektoren werden MWPCs zum Nachweis von Photonen in Teilchenphysik, Medizin oder Materialprüfung eingesetzt, zum Beispiel zum Nachweis von Cherenkov-Strahlung vom sichtbaren Licht bis zum UV-Bereich (Kapitel 11) oder von Übergangsstrahlung im Röntgenbereich (Kapitel 12). Die Photon-Konversion findet entweder im Gas (zum Beispiel schwere Edelgase wie Xenon, Krypton beim Röntgen-Nachweis) oder an einer photosensitiven Kathode (zum Beispiel CsI) statt. Die Wahl des Konverters hängt von der Absorption in dem jeweils relevanten Spektralbereich ab. Für den Nachweis von Cherenkov-Strahlung im UV-Bereich werden auch organische Gasmischungen genutzt (Kapitel 11).
- In atomphysikalischen Apparaturen werden MWPCs bei niedrigem Gasdruck zum Nachweis langsamer Ionen genutzt, die bei normalem Druck keine genügende Reichweite hätten (siehe zum Beispiel [846]).

7.9 Mikrostrukturierte Gasdetektoren

In Experimenten mit hohen Teilchendichten, wie zum Beispiel am Speicherring LHC, kann für die konventionellen gasgefüllten Detektoren eine zu hohe Trefferrate pro Auslesekanal problematisch werden. Ein Maß für die Trefferrate ist die Belegungswahrscheinlichkeit (*occupancy*) eines Auslesekanals, definiert als die mittlere Wahrscheinlichkeit, einen Treffer in diesem Auslesekanal innerhalb des Zeitfensters der Auslese zu registrieren. Mit wachsender Belegungswahrscheinlichkeit verliert ein einzelner Treffer zunehmend an Information, im Extremfall bei 100% Belegungswahrscheinlichkeit enthält ein Treffer überhaupt keine Information. Die Belegungswahrscheinlichkeit kann reduziert werden, indem die sensitive Fläche pro Kanal und/oder die Auslesezeit verringert wird. In gasgefüllten Detektoren kann aber der sensitive Bereich eines Signaldrahts nicht beliebig klein gemacht werden, weil eine ausreichende Ionisationsladung einen genügend langen Weg der Teilchen durch das Gas verlangt und weil die Drähte nicht beliebig kurz sein können. Damit liegen die Zelldurchmesser immer mindestens im Millimeterbereich, die Drahtlängen im Zentimeterbereich und die Ionensammelzeit im Millisekundenbereich. Halbleiterdetektoren (Kapitel 8) dagegen können Elektrodenabmessungen im 10-Mikrometer-Bereich und Ladungssammelzeiten im 10-Nanosekunden-Bereich erreichen.

Um die günstigen Eigenschaften von Gasdetektoren, wie relativ niedrige Kosten und wenig Material, auch bei hohen Teilchendichten nutzen zu können, hat man seit Ende der 1980er Jahre gasgefüllte Detektoren mit mikrostrukturierten Ausleseebenen (*micro pattern gas detectors*, MPGDs) entwickelt. Durch geschickte Anordnung der Elektroden konnten auch die Ionensammelzeiten verkürzt werden. Die Mikrostrukturierung bei gasgefüllten Detektoren wurde erstmals 1988 vorgestellt [797], wobei statt Drähten Mikrostreifen auf Leiterplatinen mit Breiten im Bereich von 10 bis 100 µm, ähnlich wie bei den Silizium-Mikrostreifendetektoren, als gasverstärkende Elektroden verwendet wurden. Mit diesem Detektor konnten Teilchenraten bis zu 2.3 MHz/cm^2 gemessen werden.

Im weiteren Verlauf sind auch andere Strukturen, die hohe Feldstärken zur Gasverstärkung erzeugen, erfolgreich entwickelt worden, wie in den folgenden Abschnitten an drei Beispielen gezeigt wird. Die Konzepte und Techniken für MPGDs sind zu einem großen Teil von den Halbleiter-Mikrostreifendetektoren (Abschnitt 8.5) übernommen worden, auch die Signalauslese mit integrierter VLSI-Elektronik (ASIC-Chips, siehe Abschnitt 17.6). Eine Übersicht verschiedener MPGD-Varianten findet man zum Beispiel in [903, 836]. Während die MPGDs als eigenständige Detektoren für geladene Teilchen geeignet sind, ist ihr Einsatz auch für den Nachweis der driftenden Elektronen in Time Projection Chambers interessant (siehe Abschnitt 7.11).

Gasmischungen für MPGDs: Von der Konzeption her haben MPGDs in der Regel relativ kleine Gasvolumina, damit erzeugte Ladungen schnell gesammelt werden. Um nicht durch die Fluktuationen der Ionisationsstatistik die Effizienz zu beeinträchtigen, sollte die mittlere Anzahl n_p der primären Ionisationscluster möglichst hoch sein. Ein häufig verwendetes Gas ist Dimethylether (DME), das eine Primärionisationsdichte hat, die mehr als doppelt so groß wie bei Argon ist (siehe Tab. 7.1). Dimethylether hat auch gute Eigenschaften als Löschgas, zeigt keine oder geringe Alterungserscheinungen unter Strahlungsbelastung (im Gegensatz zu Isobutan, das ansonsten eine noch höhere Ionisationsdichte bietet) und ist wegen der relativ großen Strahlungslänge (größer als, zum Beispiel, die von R134a) nicht sensitiv auf Untergrund von Röntgen- und Gammastrahlung. Um die notwendige Anodenspannung für eine gewünschte Gasverstärkung nicht zu hoch werden zu lassen, wird in MPGDs DME in der Regel in Mischungen mit Edelgasen, meistens Argon oder auch Neon, eingesetzt. Um das Gas 'schneller' zu machen, werden auch Mischungen von DME mit CF_4 (10–20%) [304] eingesetzt, wie in Abschnitt 7.9.3 beschrieben.

7.9.1 Microstrip Gas Chamber

Die erste Realisierung des Konzepts der mikrostrukturierten Detektoren mit Gas als Detektormedium war die *microstrip gas chamber* (MSGC) [797]. Das Prinzip einer MSGC ist in Abb. 7.26 gezeigt. Zwischen einer dünnen Kathodenebene (Driftkathode in Abb. 7.26(a)) und einem Trägersubstrat (zum Beispiel aus Glas) ist das Gasvolumen mit einer Dicke von wenigen Millimetern eingeschlossen (Abb. 7.26(d)). Die schmalen, gasverstärkenden Anoden sind photolitographisch auf das Substrat aufgebracht. Um die an den Anoden entstehenden Ionen der Lawine schnell abzusaugen, sind zusätzlich zu der Driftkathode auch auf der Anodenebene zwischen den Anodenstreifen (A) noch weitere Kathodenstreifen (K) in abwechselnder Anordnung angebracht (Abb. 7.26(b)). Die Mehrzahl der in der Lawinenverstärkung erzeugten Ionen driften zu den Kathodenstreifen, die nur 50–60 µm von der Anode entfernt liegen, entlang der Feldlinien in Abb. 7.26(c). Mit dieser Elektrodengeometrie können weit höhere Teilchenraten verkraftet werden als mit

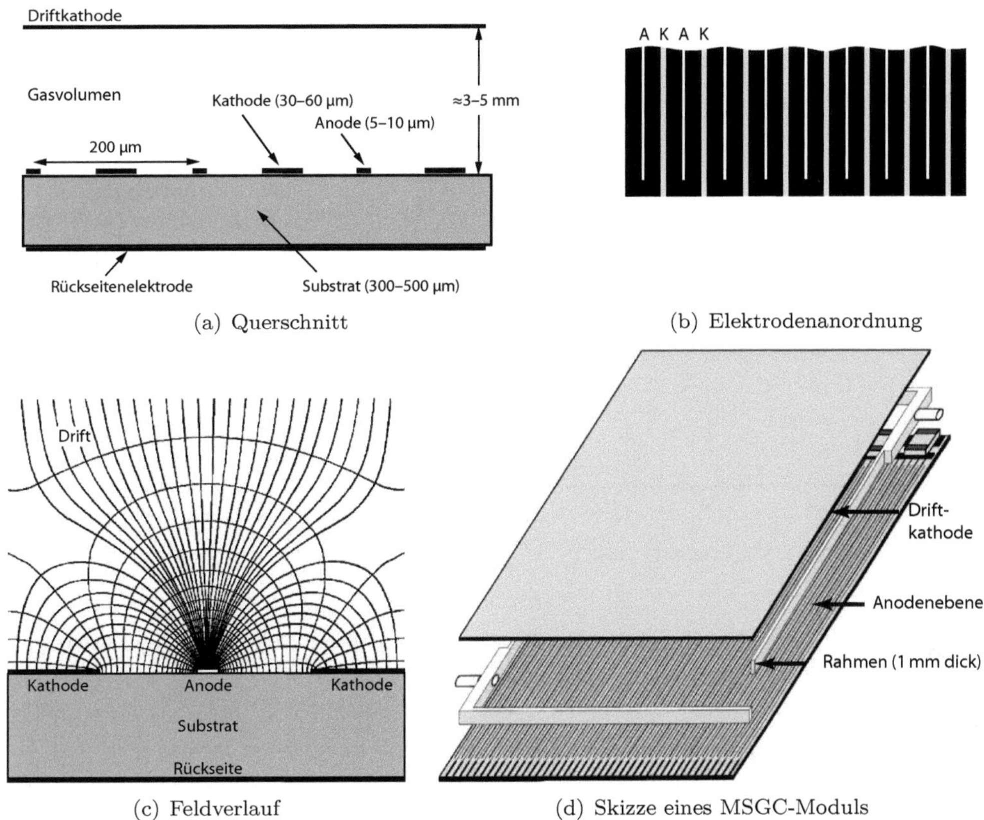

(a) Querschnitt (b) Elektrodenanordnung

(c) Feldverlauf (d) Skizze eines MSGC-Moduls

Abb. 7.26 Microstrip Gas Chamber (MSGC): (a) Querschnitt, (b) Elektrodenanordnung auf der Anodenebene, (c) Elektrischer Feldverlauf (aus [902], mit freundl. Genehmigung von Cambridge University Press), (d) Gesamtansicht eines Kammermoduls (aus [239], mit freundl. Genehmigung von Elsevier).

konventionellen Vieldrahtkammern, um etwa zwei Größenordnungen mehr (Abb. 7.27). Raumladungen, verursacht durch die sich nur langsam bewegenden Ionen, die das elektrische Feld für nachkommende Elektronen verändern würden, werden durch die Kathodenstreifen stark reduziert.

Um größere Detektorflächen abzudecken, werden MSGCs modular aufgebaut (siehe Abb. 7.26(d)), meistens überlappend zusammengefügt, um keine toten Zonen zu bilden. Modularität ist zunächst aus Gründen der vereinfachten Herstellung von Mikrostrukturen naheliegend. Außerdem hilft eine Begrenzung der Länge der Auslesestreifen auf 10 bis 20 cm dabei, die Detektorkapazität und damit das elektronische Rauschen (Abschnitt 17.10.3) möglichst gering zu halten. Geringes Rauschen ermöglicht es, die Gasverstärkung zu minimieren, was wiederum potenziell die Lebensdauer einer MSGC verlängert (siehe weiter unten die Diskussion von unkontrollierten Entladungen).

Mit MSGCs werden Ortsauflösungen im Bereich von 30 μm erzielt, also 10- bis 20-mal besser als mit herkömmlichen Vieldrahtkammern (MWPCs). Durch zusätzliche Auslesestreifen auf der Rückseite des Substrats, orthogonal oder schräg zu den Anodenstreifen,

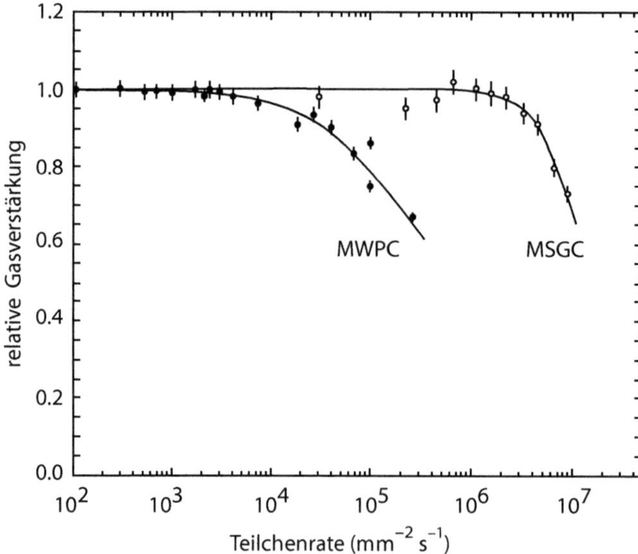

Abb. 7.27 Vergleich der Ratenverträglichkeit einer MSGC und einer konventionellen Vieldrahtkammer (MWPC): gemessene relative Gasverstärkung als Funktion der Teilchenrate [837]. Die Gasverstärkung bricht in beiden Fällen bei hohen Teilchenraten ein, bei der MSGC allerdings erst bei einer etwa 100-fach höheren Rate.

erhält man eine zweidimensionale Ortsinformation. Alternativ können die Ausleseelektroden zweidimensional strukturiert werden (*pads*).

In Testaufbauten wurden mit MSGCs Gasverstärkungen von mehr als 10^5 erreicht. Allerdings ist das bei hohem Strahlungspegel in der Regel nicht erreichbar, was sich insbesondere bei den Entwicklungsarbeiten für Hochratenexperimente, zum Beispiel für CMS (siehe Abschnitt 6.1 in [330]) und HERA-B (siehe Abschnitt 2 in [1072]), gezeigt hat. Einige der dabei aufgetretenen Probleme konnten zwar gelöst werden, in der Summe haben sie aber letztlich den Einsatz in diesen Experimenten, jedenfalls in der ursprünglichen MSGC-Konzeption, verhindert.

Ein Teil der Probleme hat mit der isolierenden Substratoberfläche zwischen den Anoden- und den Kathodenstreifen zu tun. Bei hohen Raten sammeln sich positiv geladene Ionen auf der Oberfläche, die wegen der Isolierung nicht neutralisiert werden können und dadurch lokale Feldänderung und damit wiederum ungleichmäßige Gasverstärkung zur Folge haben. Um die Ionenladungen neutralisieren zu können, muss die Oberfläche eine geringe Elektronenleitfähigkeit haben. Eine Lösung ist die Verwendung von halbleitendem Glas, zum Beispiel Pestov-Glas [827] mit einem spezifischen Widerstand von 10^9–10^{10} $\Omega\,$cm oder eine Hochwiderstandsbeschichtung, zum Beispiel DLC (*diamond-like carbon coating*) wie in [140], mit einem Oberfächenwiderstand von 10^{14}–10^{16} $\Omega/\Box$ (zu der Einheit $\Omega/\Box$ siehe Fußnote 45 auf Seite 225).

Ein vielleicht noch schwerwiegenderes Problem für die MSGCs (in der hier diskutierten Geometrie) sind unkontrollierbare Entladungen, die zu Beschädigungen der Elektroden führen können. Auch wenn die Ladung, die von einem hochenergetischen Teilchen erzeugt wird, unproblematisch für einen stabilen Betrieb ist, kann man nicht verhindern, dass hin und wieder auch sehr hochionisierende Atomkerne oder Kernbruchstücke erzeugt werden. Zum Beispiel kann ein Goldkern, der an einer der Elektroden herausgeschlagen wurde, ei-

Abb. 7.28 Auswirkung einer Entladung auf die Metallelektroden einer MSGC [472].

ne 20 000-mal höhere Ionisationsdichte haben als ein minimal-ionisierendes Teilchen. Bei den hohen Feldstärken führt das zu sehr energiereichen Entladungen, die die Elektroden zerstören können, wie das Foto in Abb. 7.28 zeigt. Versuche, die Energie dieser Entladungen zu begrenzen, zum Beispiel durch Vorwiderstände oder durch spezielle Beschichtung der Ränder der Elektroden, waren nur mäßig erfolgreich.

Insgesamt hat sich für MSGCs in der ursprünglichen Konzeption ergeben, dass bei den notwendigen Gasverstärkungen ein stabiler Betrieb mit Lebensdauern von vielen Jahren nicht gesichert werden kann, zumindest in Hochratenexperimenten. Deshalb wurde in den 1990er Jahren damit begonnen, Lösungen für mikrostrukturierte Gasdetektoren mit höherer Betriebssicherheit zu finden. Ein Weg ist, die Verstärkung in mehrere Stufen zu unterteilen, wie im nächsten Abschnitt beschrieben wird. Ein anderer Weg ist die Vermeidung der scharfen Kanten der Elektroden, die bei MSGCs Radien im Mikrometerbereich haben. Ein Beispiel für eine solche Lösung wird in Abschnitt 7.9.3 dargestellt.

7.9.2 Gas Electron Multiplier (GEM)

Eine sehr erfolgreiche Variante der MPGDs ist der *Gas Electron Multiplier* (GEM) [900]. Ursprünglich als Vorverstärkungsstufe für MSGCs zur Lösung des Problems elektrischer Überschläge konzipiert, werden GEMs zusammen mit separaten Ausleseeinheiten inzwischen sowohl als eigenständige Teilchendetektoren als auch als Ausleseelemente von Zeitprojektionskammern (TPCs, siehe Abschnitt 7.11) verwendet.

GEMs sind mechanisch vergleichsweise einfach aufgebaut und sehr robust. Sie bestehen aus typisch 50 µm dicken Kaptonfolien mit beidseitiger Kupferbeschichtung, in die Löcher mit Durchmessern von etwa 50–70 µm geätzt sind (Abb. 7.29(a)). Zwischen den Kupferbeschichtungen liegt eine Spannung von etwa 400 V an, die ein starkes Feld in den Löchern der GEM-Folie erzeugt (Abb. 7.29(b)). Die GEM-Folie ist eine reine Gasverstärkungseinheit ohne eigene Ausleseebene. Eine separate Elektrodenebene zur Auslese kann daher für eine vorgegebene Anwendung optimiert werden. Abbildung 7.30 zeigt die Kombination einer MSGC mit einer GEM-Folie, mit der die Gasverstärkung in zwei Stufen aufgeteilt wird. Mit dieser Anordnung konnte das MSGC-Problem der Überschläge mit Zerstörung der Elektrodenstreifen gelöst werden.

Mehrere GEM-Verstärkungsstufen können auch hintereinander verwendet werden. Das Influenzsignal der letzten Stufe kann über eine nicht-verstärkende Elektrode, zum Bei-

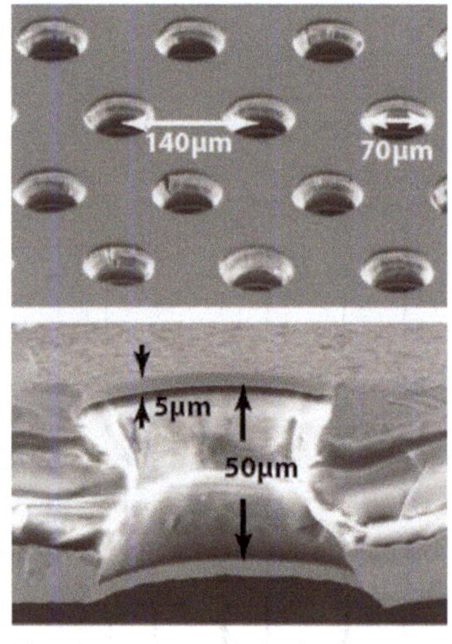

(a) GEM-Folie (oben), Lochausschnitt (unten)

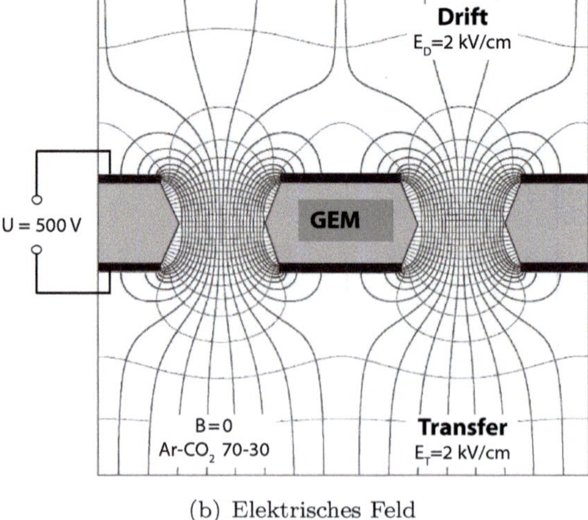

(b) Elektrisches Feld

Abb. 7.29 *Gas Electron Multiplier* (GEM): (a) GEM-Folie mit 70 µm großen Perforationen [518], (b) Feldverteilung an einer GEM-Folie ([139], mit freundl. Genehmigung von Elsevier).

spiel mit Pad-Struktur, ausgelesen werden. Damit wird der Bereich hoher Feldstärke von den Elektroden räumlich getrennt, so dass die Ausleseelektronik etwaigen Entladungsüberschlägen weniger direkt ausgesetzt ist. Da GEM-Folien flexibel sind, können sie zum Beispiel auch in zylindrischer Form für Speicherring-Experimente ausgeführt werden [77].

Als ein gewisser Standard haben sich Triple-GEM-Anordnungen wie in Abb. 7.31 durchgesetzt. Die Länge der Driftstrecke vor der ersten GEM-Folie ist ein Kompromiss zwischen den Forderungen nach möglichst viel Ionisationsladung und nach schneller Ladungssammlung. Der Abstand zwischen der letzten Folie und der Ausleseelektrode soll möglichst klein sein, damit man hohe Influenzsignale erhält. Für die Betriebssicherheit ist wichtig, dass die Verstärkungsfaktoren der einzelnen Stufen unter 100 bleiben, wenn eine Gesamtverstärkung von 10^4 bis 10^5 erreicht werden soll. Eine Spannung von 350–500 V

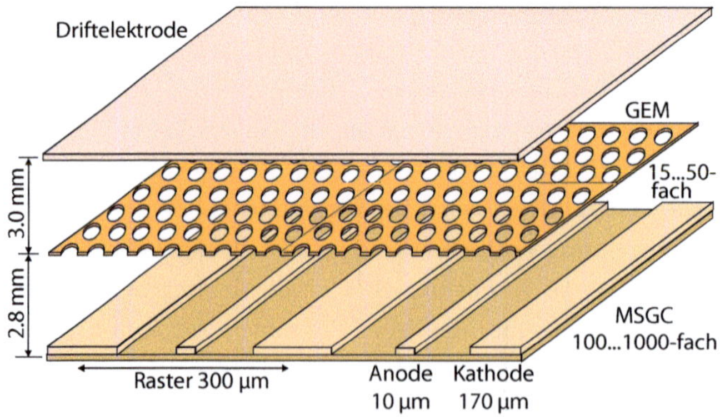

Abb. 7.30 Die GEM-MSGC: Hier dient die zusätzliche Verstärkung um einen Faktor 15–50 durch die GEM-Folie dazu, die Verstärkung an den Anodenstreifen der MSGC herunterzusetzen ($< 10^3$), um so die Gefahr von Überschlägen zu vermindern ([1072], mit freundl. Genehmigung von Elsevier).

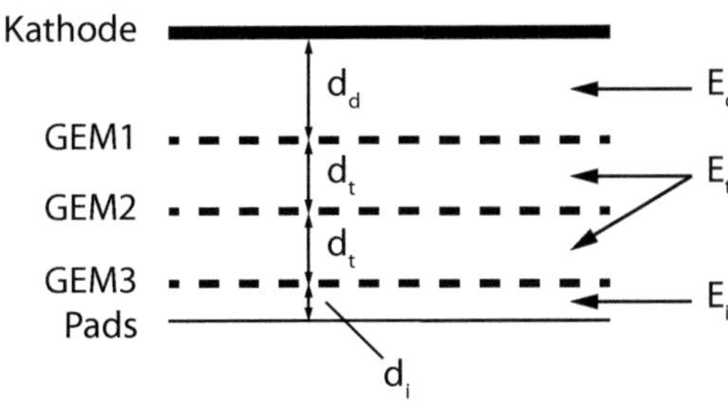

Abb. 7.31 Eine Triple-GEM-Anordnung mit drei GEM-Ebenen und einer Pad-Auslese ([182], mit freundl. Genehmigung von Elsevier). Die Indices d, t, i bezeichnen für die Felder E und die Elektrodenabstände d: 'Drift', 'Transfer' und 'Influenz'. In [182] werden für die getestete Anordnung folgende Werte angegeben: $E_d = 3\,\text{kV/cm}$, $E_t = 3\,\text{kV/cm}$, $E_i = 5\,\text{kV/cm}$ und $d_d = 3.3\,\text{mm}$, $d_t = 2.2\,\text{mm}$, $d_i = 1.5\,\text{mm}$.

über die GEM-Löcher führt zu Feldstärken im Bereich von 100 kV/cm in den Löchern und zu einer Gesamtverstärkung einer Triple-GEM-Anordnung um 10^4.

7.9.3 Micromegas

Eine andere Variante der MPGDs ist die Micromegas (*MICRO-MEsh GAseous Structure*) [488], bei der das Prinzip von Parallelplattendetektoren (Abschnitt 7.7) mit dem der Trennung von Verstärkungs- und Ionisations-Drift-Bereich, wie gerade bei GEM-Anordnungen besprochen, verbunden wird. In Abb. 7.32(a) ist die typische Anordnung dargestellt: Das etwa 3 mm dicke Ionisations- und Driftvolumen ist von einer etwa 100 µm dicken Gasverstärkungszone durch ein mikrostrukturiertes Gitter getrennt.

Die Elektronen, die in dem Ionisations-Driftbereich von geladenen Teilchen erzeugt werden, driften durch das Gitter in die Verstärkungszone (Abb. 7.32(a)). Das Feld für die Gasverstärkung (Abb. 7.32(b)) ist typisch 35–45 kV/cm, entsprechend einer Spannung am Gitter relativ zur Elektrodenebene (Anode) von 350–450 V. Die Sekundärelektronen werden auf den als Streifen oder Pads segmentierten Elektroden innerhalb von nur etwa 1 ns und die Ionen auf dem Gitter innerhalb von etwa 100 ns gesammelt. Dies führt zu einem schnellen Influenzsignal durch die Elektronen- und die Ionenbewegung. Die Gasfüllung muss auf geringe Überschlagsraten, geeignete Gasverstärkung und geringe Diffusion optimiert werden. Als Gasmischungen werden zum Beispiel Argon–DME mit 10–20% CF_4-Beimischung, siehe [304], oder Neon/C_2H_6/CF_4 im Verhältnis 80:10:10, siehe [788], verwendet. Neon als Edelgasbasis stellte sich als geeigneter heraus im Vergleich zu Argon, sowohl bezüglich Orts- und Zeitauflösungen als auch hinsichtlich der Reduzierung der Überschlagswahrscheinlichkeit, ein allgemeines Phänomen bei mikrostrukturierten Gasdetektoren. Darüber hinaus ist Neon ein 'schnelles' Gas[48]. Micromegas-Detektoren mit diesen Spezifikationen werden zum Beispiel als Spurdetektoren für das COMPASS-Experiment am CERN-SPS eingesetzt [788], mit einer Ratenverträglichkeit von einigen 100 kHz/mm^2 und einer Ortsauflösung von 100 µm.

[48] Auf der Basis von Micromegas-Detektoren wurden in Labortests Zeitauflösungen für Myonspuren in der Größenordnung von 25 ps erzielt [249]. Allerdings werden dabei die zu verstärkenden Elektronen durch Cherenkov-Photonen in einer Photokathode erzeugt, weil die Erzeugung durch Ionisation in dem Driftvolumen zu vergleichsweise großen Zeitverschmierungen führt.

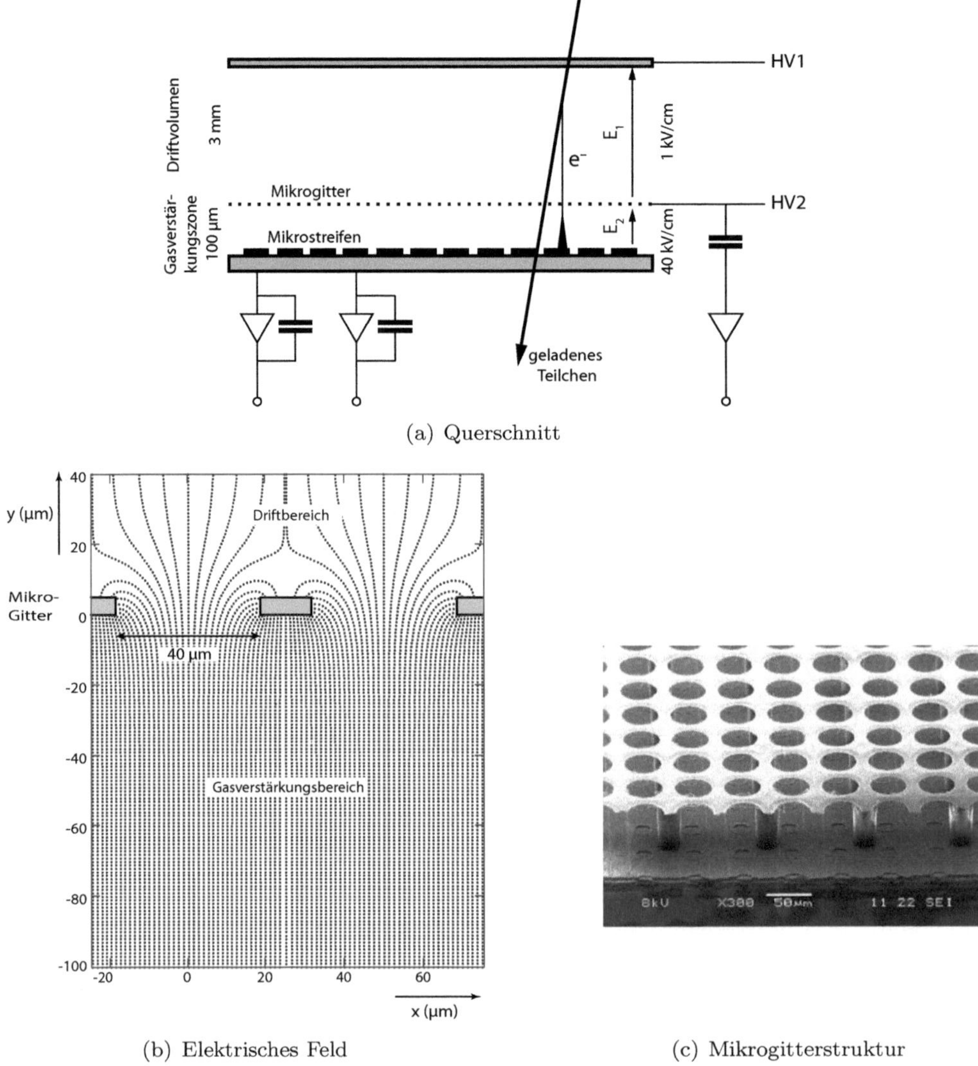

(a) Querschnitt

(b) Elektrisches Feld

(c) Mikrogitterstruktur

Abb. 7.32 Micromegas: (a) Querschnitt durch die Kammerstruktur mit Driftvolumen und Gasverstärkungsvolumen [304], (b) Elektrische Feldverteilung (aus [305], mit freundl. Genehmigung von Elsevier), (c) Ausschnitt einer InGRID-Struktur, welche durch mikromechanische Nachprozessierung von CMOS-Wafern direkt auf Pixel-Auslese-Chips aufgebracht wird (aus [502], mit freundl. Genehmigung von Elsevier).

Das Gitter wird durch isolierende Mikrosäulen unterstützt, die einen konstanten Abstand zwischen Gitter und Ausleseebene einhalten sollen. Eine möglichst exakte Ausrichtung des Mikrogitters ist wesentlich für die Optimierung der Eigenschaften dieses Detektors. Durch mikromechanische Prozessierung auf fertigen Elektronik-Wafern können sehr homogene Gitterstrukturen erzeugt werden, die unmittelbar auf einem Pixel-Auslese-Chip aufgebracht sind [502, 679]. Die 'InGRID' (*integrated grid*) genannte Struktur ist in Abb. 7.32(c) dargestellt [502]. Diese Technik erlaubt eine exakte Ausrichtung der Gitterlöcher mit der Auslesestruktur und einen konstanten Abstand des Gitters von der Ausleseebene. Durch die Ausrichtung wird das influenzierte Signal eines verstärkten Elektrons im Wesentlichen auf ein Pixel konzentriert, womit eine Sensitivität auf einzelne Elektronen erreicht werden kann [503, 726].

Ein konstanter Abstand zwischen Gitter und Ausleseebene soll die Gasverstärkung ortsunabhängig machen. Die Anforderungen werden aber durch einen kompensierenden Effekt gemildert: Kleine Abstandsschwankungen ändern in erster Näherung die Verstärkung nicht [304], weil die durchlaufene Potenzialdifferenz gleich bleibt und zum Erreichen der Ionisationsschwelle etwa der gleiche Bruchteil der Potenzialdifferenz notwendig ist, womit dann die Anzahl der Multiplikationen und damit die Gasverstärkung etwa gleich bleiben (siehe die Gleichungen (7.21) und (7.26) auf Seite 208).

7.10 Driftkammern

Driftkammern sind eine Weiterentwicklung der Vieldrahtproportionalkammern [1015]. In einer Driftkammer wird der Ort des Durchgangs eines Teilchens durch den Detektor über die Driftzeit der Elektronen von der Entstehung der Ionisation zur Zeit t_{start} bis zur Ankunft an der Anode zur Zeit t_{stop} bestimmt. Die grundlegende Formel ist ein Integral über die Driftgeschwindigkeit v_D, die sich im Allgemeinen mit dem lokalen Feld ändern kann, entsprechend einer Zeitabhängigkeit von v_D für die driftenden Ladungen:

$$x = \int_{t_{start}}^{t_{stop}} v_D(t)\, dt\,. \tag{7.56}$$

Die Ortsauflösung ist dann nicht mehr direkt von den Abständen der Signalelektroden abhängig, sondern von der Genauigkeit der Zeitmessung der Elektronendrift bis zur Ankunft am Anodendraht. Da die Driftstrecken viel größer sein können als die Drahtabstände in MWPCs, werden im Allgemeinen die Anzahl der Auslesekanäle und das Detektormaterial pro Fläche, auf die ein Teilchen trifft, geringer, bei gleichzeitig meist besserer Ortsauflösung als bei MWPCs. Während typische MWPC-Auflösungen etwa 600 µm betragen (siehe Seite 240), liegen die besten Auflösungen, die von Driftkammern erreicht wurden, bei etwa 20 µm, wobei allerdings für Kammern mit großen Volumina (einige Kubikmeter, zum Beispiel in Speicherringdetektoren) die typischen Werte eher bei 100–200 µm liegen.

7.10.1 Arbeitsprinzip einer Driftkammer

Um das Arbeitsprinzip einer Driftkammer zu erläutern, betrachten wir in Abb. 7.33 einen Detektor, in dem der Driftbereich und der Verstärkungsbereich getrennt sind. Eine solche Anordnung wird zum Beispiel als Monitor für die Kontrolle der Gasparameter in Driftkammersystemen durch Messung von Driftgeschwindigkeiten und Signalhöhen eingesetzt (siehe zum Beispiel Einsatz im TOPAZ-Detektor [455] und im CMS-Detektor [952]). Der besonders lange Driftweg bewirkt eine hohe Sensitivität auf Änderungen der Driftge-

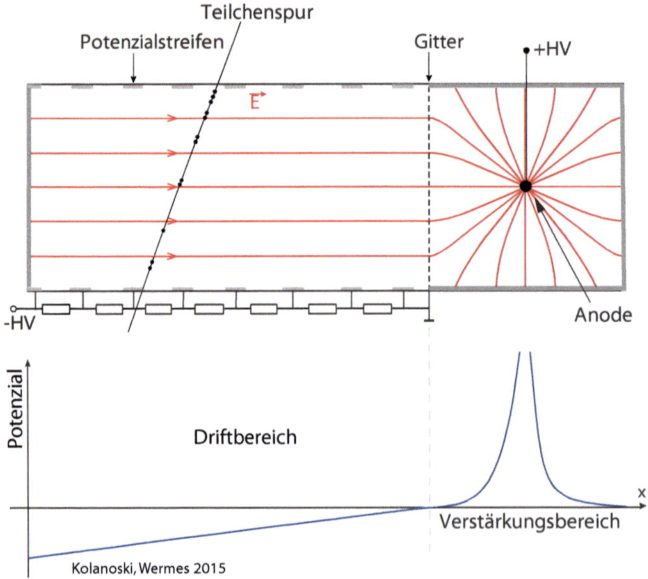

Abb. 7.33 Detektor zur Überwachung der Driftgeschwindigkeit. Er entspricht nicht unbedingt einer typischen Driftkammer, veranschaulicht aber gut das Prinzip: Der Driftraum mit möglichst konstantem Driftfeld ist getrennt von dem Bereich, in dem die Verstärkung stattfindet.

schwindigkeit und auf Änderungen der Pulshöhe durch Ladungsverluste, zum Beispiel durch Verunreinigungen. Die Trennung von Drift- und Verstärkungsbereich ist auch das Prinzip der Time Projection Chamber mit einem besonders großen Driftvolumen (siehe Abschnitt 7.11). Ansonsten ist die Anordnung der Abb. 7.33 allerdings für größere Detektoren eher untypisch.

In dem Driftraum des Detektors in Abb. 7.33 ergibt sich ein sehr homogenes Feld, indem auf seitlich angeordneten Elektroden ein gleichmäßiger Potenzialabfall über eine Spannungsteilerkette erzeugt wird. Die homogenen Feldlinien enden an einem Gitter, das auf festem Potenzial gehalten wird und den Driftraum von dem inhomogenen Feldbereich, in dem die Gasverstärkung erfolgt, abtrennt. Der entsprechende Potenzialverlauf ist ebenfalls in der Abbildung eingezeichnet. Die Feldstärken für den Driftbereich liegen je nach Driftgas im Bereich um $500\,\mathrm{V/cm}$, typische Driftgeschwindigkeiten sind $50\,\mu\mathrm{m/ns}$. Die Zeitmessung sollte also größenordnungsmäßig eine Auflösung von einer Nanosekunde haben, wenn man Ortsauflösungen von etwa $100\,\mu\mathrm{m}$ erreichen will.

7.10.2 Geometrien von Driftzellen

Zur Messung und Rekonstruktion von Spuren geladener Teilchen müssen größere Volumina abgedeckt werden, was mit verschiedenen Methoden erreicht werden kann. Meistens wird das Kammervolumen durch Kombination von vielen kleineren Driftzellen mit jeweils einem Signaldraht (Anode) abgedeckt. Weil die Anordnung in Abb. 7.33 relativ aufwändig ist, wird in der Regel eine Driftzellengeometrie verwendet, bei der Driftbereich und Verstärkungsbereich ineinander übergehen und das Driftfeld nicht mehr homogen ist. Die Beziehung zwischen Ionisationsort und Driftzeit ist dann im Allgemeinen nicht mehr

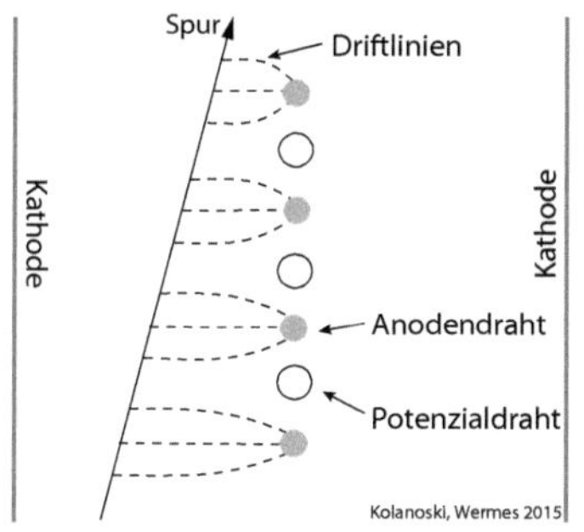

Abb. 7.34 Driftzelle einer 'Jet-Kammer'. Die Anoden sind in der Mittelebene zwischen den Kathodenebenen angeordnet. Zur besseren Trennung der Driftwege sind zwischen den Anoden zusätzlich 'Potenzialdrähte' gespannt. Die Kathoden können entweder aus leitenden Flächen oder aus Drähten bestehen. Das Prinzip der Jet-Kammer wurde zum Beispiel für die zentrale Driftkammer des OPAL-Experiments benutzt [212].

linear, was aber in der Praxis kein großes Problem ist (Abschnitt 7.10.7). Der zentrale Anodendraht wird durch Elektroden, die auf dem Kathodenpotenzial liegen, umgeben. Die Kathoden können als leitende Flächen auf einem Trägermaterial ausgebildet sein, wie zum Beispiel bei den Zellen der 'Jet-Kammern' (Abb. 7.34) oder bei Driftrohren, die zylindrisch, rechteckig oder hexagonal ausgeführt werden (Abb. 7.35).

Häufig werden aber die Driftzellgrenzen durch Drähte approximiert, die wiederum in verschiedensten Anordnungen vorkommen (Beispiele siehe Abb. 7.36). Typische Eigenschaften von Anoden- und Kathodendrähten entsprechen denen bei MWPCs, die in Tab. 7.5 auf Seite 235 zusammengestellt sind. Der Vorteil von Driftzellen, die aus Drähten geformt sind, ist eine tendenziell geringere Materialdichte. Allerdings erfordert die Drahtspannung häufig recht massive mechanische Konstruktionen (zum Beispiel Endplatten bei zylindrischen Drahtkammern).

Der Vorteil von selbsttragenden Driftzellen, wie zum Beispiel Driftrohren aus Aluminium oder leitfähiger Polykarbonatfolie, ist das Einsparen von Trägerkonstruktionen und die elektrische Entkopplung der Zellen (zum Beispiel bleibt ein gerissener Draht in

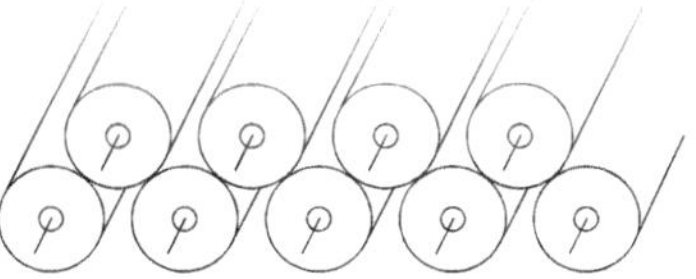

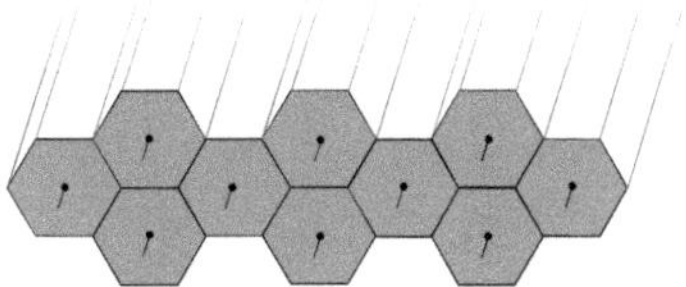

Abb. 7.35 Querschnitt von runden (*straw*) und sechseckigen (*honeycomb*) Driftrohren.

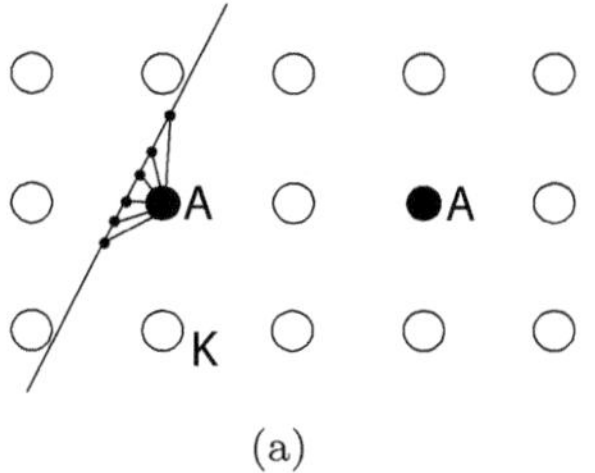

(a)

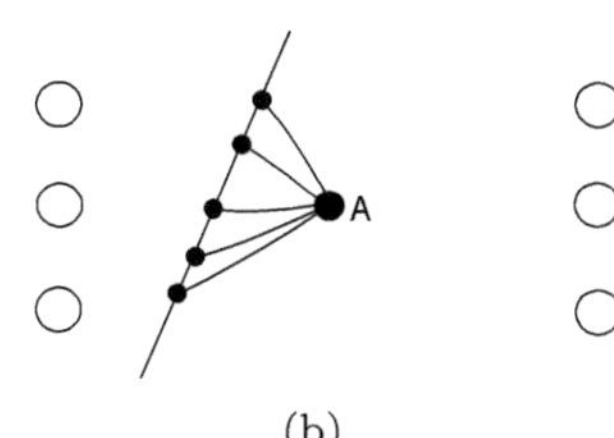

(b)

Abb. 7.36 Beispiele für Zellen, die aus Anoden- (A) und Kathodendrähten (K) gebildet werden. (a) Zwei benachbarte Driftzellen vom Typ der zentralen Driftkammer des ARGUS-Experiments [354]. (b) Driftzelle vom Typ der zentralen Driftkammer des TASSO-Experiments [235].

einer Zelle und verursacht keine Kurzschlüsse in anderen Zellen). Metallische Driftrohre, zum Beispiel aus Aluminium, werden in Bereichen eingesetzt, in denen Vielfachstreuung kein Problem ist, zum Beispiel in Myon-Detektoren zwischen Absorberschichten (siehe Abschnitt 14.3).

7.10.3 Driftkammertypen

Die einzelnen Driftzellen wiederholen sich in einem regelmäßigen Muster, um das für den Nachweis der Teilchen benötigte Volumen abzudecken, wobei die Anordnung von dem jeweiligen Einsatz abhängt. In der Regel sind Driftzellen in Flächen, genannt Lagen (*layers*), nebeneinander und mehrere Lagen hintereinander angeordnet, um die Teilchenrichtungen bestimmen zu können. Dabei haben die Lagen am häufigsten planare oder zylindrische Formen. Wenn die nachzuweisenden Spuren in eine Vorzugsrichtung fliegen, benutzt man planare Anordnungen (Abb. 7.37). Bei einem planaren Driftkammersystem aus mehreren Anodenebenen wechselt in der Regel die Richtung der Anodendrähte von einer Lage zur anderen, um eine räumliche Auflösung zu erreichen. Planare Kammern benutzt man in Fixed-Target-Experimenten oder in der Vor- und Rückwärtsrichtung bei Collider-Experimenten.

Als zentrale Spurkammern in Collider-Experimenten werden bevorzugt zylindrische Driftkammern eingesetzt, deren Achse gleich der Strahlachse ist (Abb. 7.38). Die Zellen sind dann auf Zylindermänteln angeordnet, wie in Abb. 7.39(a) gezeigt. In der Regel haben diese Experimente ein solenoidales Magnetfeld ebenfalls in Strahlrichtung.

Bei der häufigsten (zumindest ursprünglich) Variante zylindrischer Driftkammern werden die Anodendrähte bevorzugt parallel zum Magnetfeld gespannt. Das elektrische Feld steht dann senkrecht auf dem Magnetfeld ($\vec{E} \perp \vec{B}$). Damit erreicht man eine besonders gute Ortsauflösung in der Ebene, in der die Teilchenbahnen durch das Magnetfeld abgelenkt werden ('$r\phi$-Ebene', wie in Abb. 7.39), und damit eine gute Impulsauflösung.

Eine andere Variante zylindrischer Kammern ist die Time Projection Chamber, bei der das Driftfeld parallel zum Magnetfeld verläuft. Dieser Kammertyp wird in Abschnitt 7.11 besprochen.

7.10.4 Bestimmung der Spurkoordinaten

Driftkammern liefern zur Rekonstruktion einer Spur Koordinaten, die durch eine Kombination der Positionen der Elektroden und der gemessenen Driftzeiten bestimmt werden. Im Folgenden diskutieren wir verschiedene Methoden, Koordinatensätze für eine räumliche Rekonstruktion zu bestimmen.

Messung in der Ebene senkrecht zur Anoden Eine Kurve um einen Anodendraht, die diejenigen Orte verbindet, von denen Elektronen die gleiche Driftzeit zur Anode haben, heißt Isochrone. Wenn ein Teilchen eine Driftzelle kreuzt, wird durch die Driftzeitmessung die Isochrone bestimmt, zu der die Spur eine Tangente bildet. Durch Anpassen einer

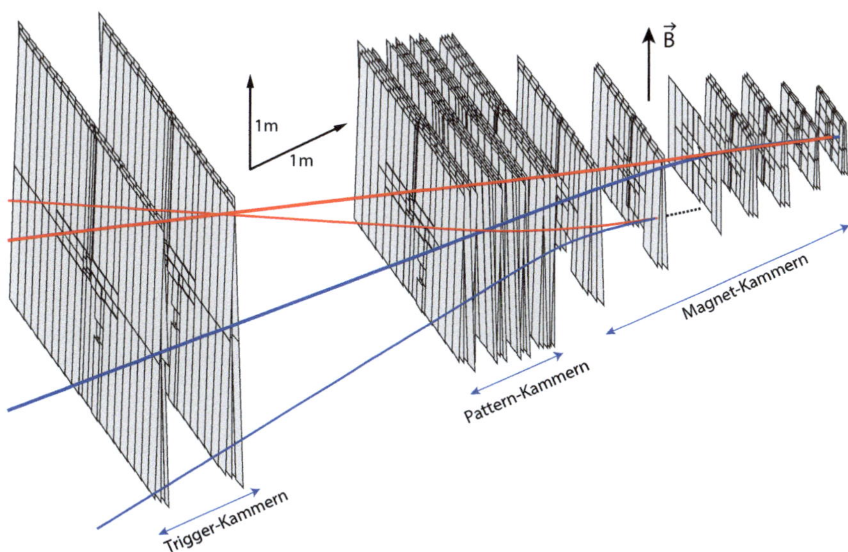

Abb. 7.37 Planare Driftkammern des 'Outer Tracker' des HERA-B-Detektors [74]. Die Kammern sind in 'Superlagen' angeordnet, die jeweils mehrere Lagen mit verschieden orientierten Driftrohren ($0°$, $\pm 5°$) enthalten. Die verschiedenen Orientierungen erlauben eine dreidimensionale Rekonstruktion der Spuren. Die ersten 7 Kammern befinden sich in einem Dipolmagnetfeld, wobei die Hauptmagnetfeldrichtung der Richtung der $0°$-Drähte entspricht. In der dazu senkrechten Ebene, der Ebene der Impulsablenkung, ergibt sich die beste Ortsauflösung und damit eine optimale Impulsauflösung.

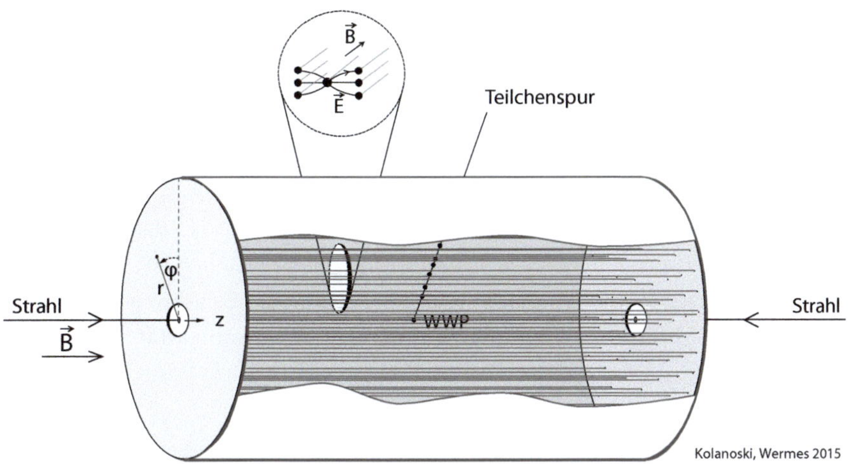

Abb. 7.38 Prinzip einer zylindrischen Driftkammer, deren Zellen aus Drähten geformt sind: Die Kathoden- und die Anodendrähte sind parallel zum Strahl und zum Magnetfeld angeordnet. Als vergrößerter Ausschnitt wird der Querschnitt einer Driftzelle gezeigt, die der Zelle in Abb. 7.36(b) entspricht. In der Regel werden zylindrische Koordinaten (r, ϕ, z) benutzt (r = senkrechter Abstand vom Strahl, ϕ = Azimutwinkel in einer Ebene senkrecht zum Strahl, z = Koordinate in Richtung eines Strahls mit Ursprung im nominalen Wechselwirkungspunkt).

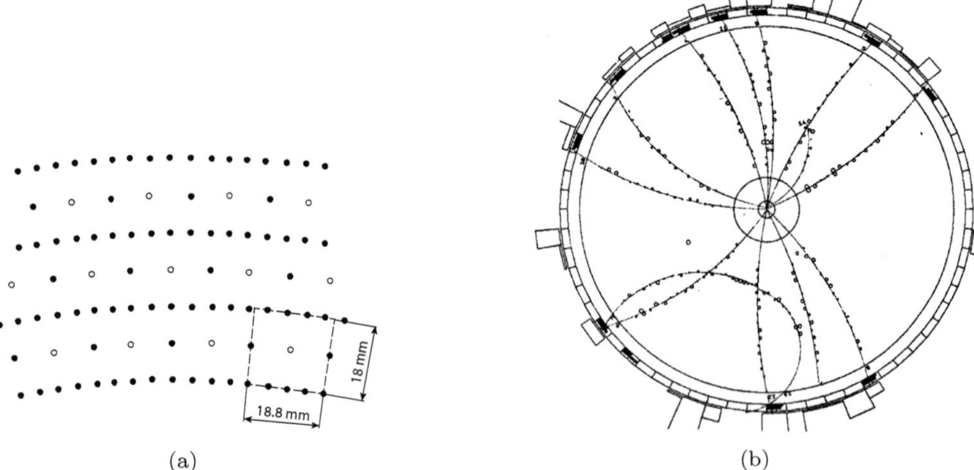

Abb. 7.39 (a) Auf Zylinderschalen angeordnete Driftzellen der zentralen Driftkammer des ARGUS-Experiments als Beispiel für eine aus Drähten geformte Zellstruktur (Projektion in eine Ebene senkrecht zum Strahl). Die Zellstruktur entspricht der in Abb. 7.36(a) dargestellten. (b) Spuren in der zentralen Driftkammer des ARGUS-Experiments ($r\phi$-Projektion: Drähte und Magnetfeld stehen senkrecht auf der Bildebene). Die gemessenen Isochronen entsprechen den kleinen Kreisen, zu denen die Spuren annähernd tangential verlaufen (siehe dazu Abb. 7.40). Die Driftkammer ist von Szintillationszählern und Kalorimetermodulen umgeben, für die Treffer beziehungsweise Energieeinträge ebenfalls angezeigt werden. Aus [354], mit freundl. Genehmigung von Elsevier.

Spur an die gemessenen Isochronen in verschiedenen Anodenlagen werden annähernd die Tangentenpunkte bestimmt (Abb. 7.40). Bei der Spurrekonstruktion muss beachtet werden, dass der Tangentenpunkt auf der einen oder auf der anderen Seite des angesprochenen Drahtes liegen kann. Im Allgemeinen kann diese so genannte Rechts-Links-Ambiguität durch die Anpassung an Messungen in mehreren Anodenebenen aufgelöst werden (Abb. 7.40). Allerdings zeigt das Beispiel in Abb. 7.41, dass es geometrische Drahtanordnungen gibt, bei denen das grundsätzlich nicht möglich ist. Das gilt vor allem bei einer Ausrichtung der Anoden in der Vorzugsrichtung der Spuren, wie in Abb. 7.41(a) gezeigt. In den Abbildungen 7.41(b), (c) wird gezeigt, wie Ambiguitäten vermieden werden können: (b) durch Versetzen der Drähte (*staggering*) oder (c) durch eine Anordnung

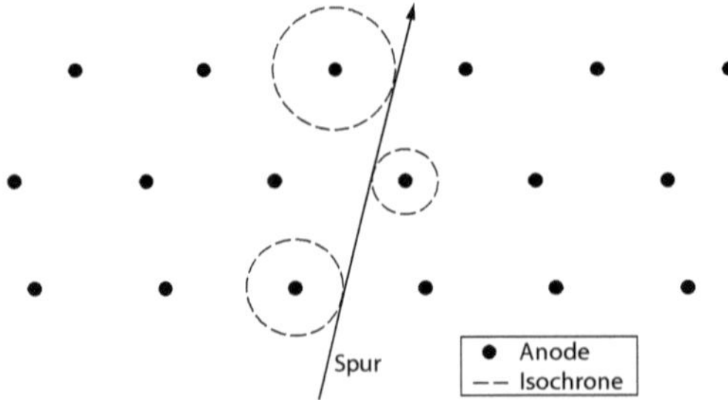

Abb. 7.40 Rekonstruktion einer Spur durch Anpassung an die durch die gemessenen Driftzeiten bestimmten Isochronen, die hier idealisiert als Kreise gezeigt sind. Von den Driftzellen werden hier nur die Anoden gezeigt. Die Anodendrähte sind gegeneinander versetzt, um die Rechts-Links-Ambiguität auflösen zu können (siehe Text und Abb. 7.41).

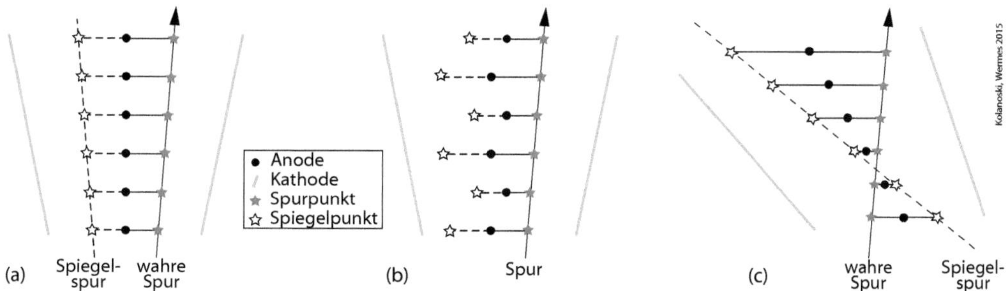

Abb. 7.41 Rechts-Links-Ambiguitäten in einer Jet-Zelle einer zylindrischen Driftkammer. Die eingezeichneten (wahren) Spuren kommen von dem Wechselwirkungspunkt auf der Zylinderachse (gleich der Strahlachse). (a) Spurrekonstruktion bei gleichmäßiger radialer Anordnung der Anoden (radial in bezug auf die Strahlachse). In diesem Fall kann die richtige von der falschen Rekonstruktion eines Spiegelbilds nicht unterschieden werden. (b) Durch Versetzung der Anoden (*staggering*) führen die Spiegelpunkte zu keiner Lösung für eine Spurrekonstruktion. Diese Konstruktion wurde bei der Jet-Kammer des OPAL-Experiments gewählt [212]. (c) Eine lineare Anodenanordnung kann gegen die radiale Richtung gekippt werden, so dass die Spiegelspuren nicht mehr zum Wechselwirkungspunkt zeigen und deshalb verworfen werden können. Ein solches Design wurde zum Beispiel für die zentrale Jet-Kammer des H1-Experiments [276] und für die zentrale Driftkammer (*Central Outer Tracker*, COT) des CDF-Experiments [54] gewählt.

der Anoden, die nicht auf den Wechselwirkungspunkt ausgerichtet ist. Die Anordnung von Driftzellen gleicher Größe auf konzentrischen Zylindermänteln, wie in Abb. 7.39, führt zwangsläufig zu einer azimutalen Versetzung der Zellen und damit zu einer Vermeidung der Ambiguitäten.

Drei-dimensionale Spurrekonstruktion Mit parallel gespannten Anodendrähten können nur die Projektionen der Spur auf eine Ebene senkrecht zu den Drähten bestimmt werden. Häufig gibt bereits die Konstruktion eine Vorzugsrichtung der Drähte vor. So müssen zum Beispiel in zylindrischen Driftkammern die Drähte zwischen den Endplatten gespannt werden und damit im Wesentlichen parallel zur Kammerachse. Die für die räumliche Spurrekonstruktion ebenfalls notwendige Koordinate entlang der Kammerachse kann nur mit größerem Aufwand bestimmt werden.

Wenn ein Magnetfeld zur Impulsanalyse benutzt wird (siehe Abschnitt 9.3), verlaufen die Drähte in der Regel parallel zum Magnetfeld, was in zylindrischen Driftkammern an Collidern auch die Strahlrichtung ist. Da dann die Impulsablenkung senkrecht zu den Anodendrähten verläuft, ist damit eine gute Auflösung des Impulses (genauer: der Impulskomponente senkrecht zum Magnetfeld) gegeben. Die Auflösung in Richtung der Anodendrähte ist in dieser Konstellation weniger kritisch für den Spurnachweis; meist reicht eine Genauigkeit im Bereich von 1 mm bis etwa 1 cm für die gewünschte Richtungs- und Impulsauflösung aus. Die dritte Koordinate (entlang der Drahtrichtung) kann mit verschiedenen Methoden bestimmt werden (siehe auch Abschnitt 7.8.3.3):

Ladungsteilung auf dem Draht: Der Ort wird aus dem Verhältnis der Signale an beiden Enden des Anodendrahts bestimmt [850]. Der Draht muss zu diesem Zweck einen höheren Widerstand (typisch etwa 10-mal höher)) als sonst üblich für Anodendräh-

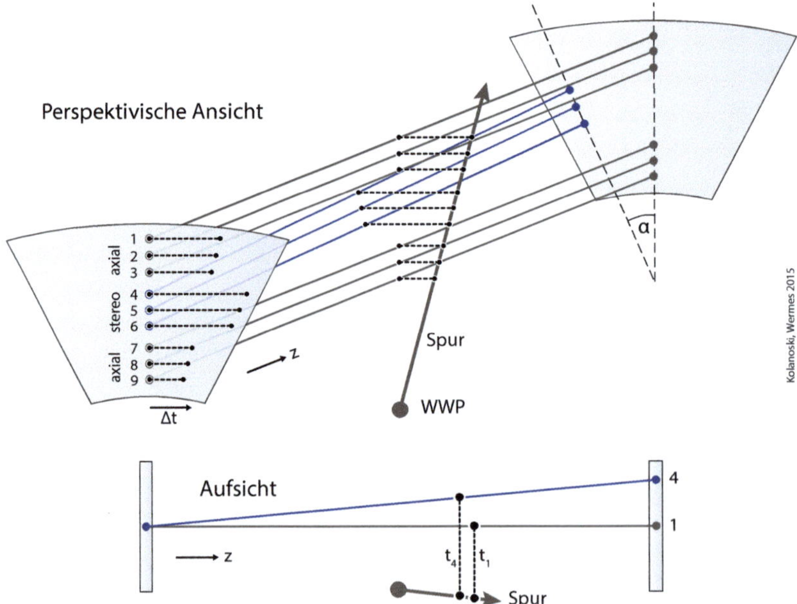

Abb. 7.42 Ausschnitt einer zylindrischen Driftkammer (wie in Abb. 7.38) mit Stereo-Drahtlagen zur Bestimmung der Koordinate parallel zur Strahlrichtung (z) (nach [847]). Die Strahlrichtung ist auch die Richtung des Magnetfelds und die Vorzugsrichtung der Drähte. Im oberen Teil der Abbildung sind Drähte dargestellt, die in axialer Richtung (parallel zum Strahl) und solche, die unter dem 'Stereowinkel' α gespannt sind (es sind jeweils nur die Anodendrähte gezeigt). Der untere Teil der Abbildung zeigt eine Aufsicht der Anordnung mit den jeweils äußersten Drähten der beiden Orientierungen. An der eingezeichneten Teilchenspur, die am Wechselwirkungspunkt (WWP) startet, sieht man, dass der Abstand der Spur von einem Stereodraht mit der z-Koordinate variiert (für eine gegebene Projektion in die $r\phi$-Ebene), was eine drei-dimensionale Anpassung einer Spur an die Driftzeiten erlaubt.

te ($< 100\,\Omega/\text{m}$ für einen $25\,\mu\text{m}$ dicken Wolframdraht) haben. Typische Auflösungen liegen bei etwa 1% der Drahtlänge (siehe zum Beispiel [153, 212]).

Laufzeitmessung: Der Ort wird aus dem Laufzeitunterschied der Signale an beiden Enden des Anodendrahts bestimmt. Zum Beispiel wurde mit dieser Technik in der zentralen Driftkammer des ZEUS-Experiments eine Ortsauflösung von etwa 1.5% der Drahtlänge, entsprechend etwa 3 cm, erreicht [443].

Stereodrahtlagen: In speziellen Lagen (Stereolagen) der Driftkammer werden die Drähte unter einem Winkel α (meistens nur einige Grad) zur Vorzugsrichtung ($0°$) gespannt. Bei planaren Driftkammern können Detektoren mit unterschiedlichen Drahtrichtungen modular kombiniert werden. Für die planaren Kammern in Abb. 7.37 wurden zum Beispiel zur Vereinfachung der Detektorherstellung die gleichen Module benutzt, die dann nur in unterschiedlichen Detektorlagen gegeneinander verdreht wurden. Ein Beispiel für Stereodrähte in zylindrischen Driftkammern ist in Abb. 7.42 dargestellt. Mit $0°$-Lagen allein werden nur die Koordinaten in der $r\phi$-Projektion bestimmt, die z-Koordinate bleibt unbestimmt (das Koordinatensystem ist in Abb. 7.38 definiert).

Die Driftzeit zu einem 0°-Draht legt die ϕ-Koordinate fest, während die Driftzeit zu einem Stereodraht die ϕ-Koordinate als Funktion der z-Koordinate der Spur liefert, wie man aus Abb. 7.42 erkennen kann. Der ϕ-Wert in einer Stereolage mit Radius r ist gegenüber dem einer entsprechenden 0°-Lage um $\Delta\phi = z\,\alpha/r$ versetzt. Daraus ergeben sich die z-Koordinate und der entsprechende Polarwinkel θ relativ zu der z-Achse:

$$z = \frac{r\,\Delta\phi}{\alpha}\,, \qquad \theta = \arctan\frac{r}{z} = \arctan\frac{\alpha}{\Delta\phi}\,. \tag{7.57}$$

Die Auflösung in z-Richtung ergibt sich zu

$$\sigma_{rz} = \frac{\sigma_{r\phi}}{\alpha} \tag{7.58}$$

und ist damit um einen Faktor $1/\alpha$ schlechter als die Auflösung $\sigma_{r\phi}$ in der $r\phi$-Ebene. Zum Beispiel ergibt sich bei einem Stereowinkel von $\alpha = 3°$ und einer $r\phi$-Auflösung von 150 µm eine rz-Auflösung von 3 mm.

Kathodensignalauslese: Falls die Kathoden nicht aus Drahtebenen aufgebaut sind, sondern zum Beispiel aus Leiterplatinen gefertigt sind, können Kathodensignale auf Leiterflächen mit z-Segmentierung induziert und ausgelesen werden (siehe zum Beispiel [294]).

Unabhängige z-Kammern: Bei zylindrischen Kammern wird die z-Koordinate manchmal auch durch außerhalb installierte planare Driftkammern bestimmt. Ein Beispiel hierzu ist der OPAL-Detektor beim LEP, bei dem außerhalb der zentralen Driftkammer spezielle z-Kammern eingesetzt wurden [58].

7.10.5 Wahl der Betriebsparameter einer Driftkammer

Der Arbeitspunkt einer Driftkammer wird durch das Gasgemisch, den Gasdruck und die angelegte Hochspannung festgelegt. Das bestimmt in der Regel sowohl die Driftgeschwindigkeit als auch die Gasverstärkung, falls nicht Drift- und Verstärkungsbereich getrennt sind (wie in Abb. 7.33 und 7.52).

7.10.5.1 Gasmischung

In Abschnitt 7.5 sind die allgemeinen Kriterien für die Wahl eines Detektorgases besprochen worden. Bei Driftkammern ist insbesondere die mit einer Gasmischung erreichbare Ortsauflösung wesentlich, was eine hohe Ionisationsdichte und geringe Diffusion erfordert. Eine hohe Ionisationsdichte ist besonders wichtig, wenn gleichzeitig eine Teilchenidentifikation durch dE/dx-Messung durchgeführt werden soll (siehe Abschnitt 14.2.2). Eine besonders gute dE/dx- und Ortsauflösung erreicht man mit erhöhtem Kammerdruck (typisch 2–5 bar), weil die Ionisationsdichte proportional zum Druck ist. Dem Gewinn in der Auflösung steht eine erhöhte Vielfachstreuung wegen des zusätzlichen Materials für den Druckbehälter entgegen, was gegeneinander abgewogen werden muss.

Die Driftgeschwindigkeiten liegen typisch bei etwa 50 µm/ns. Damit sind Zeitmessungen mit Digitalisierungsschritten von etwa 1 bis 2 ns angemessen, wenn Auflösungen von etwa 100 µm erreicht werden sollen. Für höhere Ortsauflösungen sind geringere Driftgeschwindigkeiten vorteilhaft, die zum Beispiel mit Beimischungen von DME (Tab. 7.1) erzielt werden können. Ein Gas mit hoher Driftgeschwindigkeit ist zum Beispiel CF_4 (Tab. 7.1), was für Experimente mit hohen Raten von Bedeutung ist. Allgemeiner wurde die Einstellung der Driftgeschwindigkeiten von Elektronen in Abschnitt 4.6.4.3 besprochen.

In Tab. 7.6 sind Parameter von Driftkammern verschiedener Experimente zusammengestellt, mit deren Hilfe die Anforderungen an die Kammern und die daraus folgende Wahl des Gases erläutert werden sollen:

Argon mit Ethan, Methan oder Isobutan: Diese Argon-Mischungen mit Kohlenwasserstoffen sind Standard für Experimente mit nicht zu hohen Raten. Die Mischungsverhältnisse ergeben sich daraus, dass bei einer Verstärkung von einigen 10^4 die entsprechenden Driftfelder zu einer Sättigung der Driftgeschwindigkeit führen, siehe die Beispiele in Abb. 4.10 (Seite 130). Die Sättigung hat zur Folge, dass die Driftgeschwindigkeit und damit die Ortsbestimmung wenig sensitiv auf Schwankungen der E-Felder sowie von Temperatur und Druck sind. Durch die Dämpfung der Elektronengeschwindigkeit haben diese 'kühlen' Gase moderate Driftgeschwindigkeiten (etwa 50 µm/ns), die geringe Anforderungen an die Präzision der Zeitmessungen stellen, und geringe Diffusion (siehe Abb. 4.12 auf Seite 132).

Typisch sind für Argon–Ethan Mischungsverhältnisse von 50:50, wofür ein Driftfeld von knapp 1 kV/cm notwendig ist, um in dem Bereich gesättigter Driftgeschwindigkeit arbeiten zu können. Für Argon–Methan im Verhältnis 90:10 braucht man dafür nur etwa 120 V/cm, was das Gas für lange Driftwege mit sehr hoher Gesamtspannung attraktiv macht (siehe zum Beispiel Abschnitt 7.11). Allerdings ist die Diffusion in Argon–Methan (90:10) größer als bei Argon–Ethan (50:50).

Bei hohen Raten neigen Detektoren mit diesen Gasen zu Ablagerungen auf den Elektroden (siehe dazu die Abschnitte 7.5 und 7.12.2).

Argon-CO_2: Die Myon-Driftrohre des ATLAS-Experiments werden mit dieser Gasmischung unter geringem Zusatz von Wasser betrieben. Der Ersatz eines Kohlenwasserstoffs durch CO_2 macht diese Gasmischung sehr stabil gegen Polymerisation, und CO_2 hat mit einem Anteil von 30% auch eine ausreichende Wirkung als Quencher. Die Beimischung von Wasser gibt zusätzliche Sicherheit gegen isolierende Ablagerungen.

Propan-Methylal: Diese Mischung wurde für die zentrale Driftkammer des ARGUS-Experiments benutzt [71, 355]. Propan wurde wegen der im Vergleich zu Argon größeren Strahlungslänge (Tab. 7.1) und der damit geringeren Vielfachstreuung gewählt. Die Beimischung von Methylal und der geringe Zusatz von Wasser unterdrücken Ablagerungen auf den Elektroden durch Polymerisation (siehe Abschnitt 7.12).

Tab. 7.6 Betriebsparameter einiger als Beispiele ausgewählter Driftkammern, die mit verschiedenen Gasmischungen betrieben werden.

Experiment	TASSO	ARGUS	OPAL	H1	HERA-B
Detektor	DC (zentral)	DC (zentral)	Jet-Kammer	Jet-Kammer	Outer Tracker
Referenz	[235]	[354]	[212]	[276, 790]	[75]
Gas	Argon–Ethan	Propan–Methylal (+H_2O)	Ar–Methan–Isobutan	Ar–Ethan–Ethanol	Ar–CF_4–CO_2
Mischung	$50:50$	$97:3\ (+0.2)$	$88.2:9.8:2.0$	$50:50:0.8$	$65:30:5$
Druck [bar]	1	1	4	1	1
B-Feld [T]	0.5	0.8	0.435	1.15	$0-0.8$
HV [kV]	3.0	2.7	$2.5-25$	≈ 7	1.95
Verstärkung	$\approx 10^4$	$\approx 10^4$	10^4	$\approx 10^5$	$\approx 3.3\cdot 10^4$

Experiment	LHCb	ATLAS	ATLAS	ALEPH	ALICE
Detektor	Outer Tracker	TR-Tracker	Myonrohre (MTC)	TPC	TPC
Referenz	[86]	[2]	[2]	[126]	[84]
Gas	Ar–CO_2–O_2	Xe–CO_2–O_2	Ar–CO_2 (+H_2O)	Argon–Methan	Ne–CO_2–N_2
Mischung	$70:28.5:1.5$	$70:27:3$	$93:7\ (<0.1)$	$91:9$	$85.7:9.5:4.8$
Druck [bar]	1	1	3	1	1
B-Feld [T]	$0-0.85$	2	$0.15-2.5$	1.5	0.5
HV [kV]	1.55	1.53	3.08	24	100
Verstärkung	$5\cdot 10^4$	$2.5\cdot 10^4$	$2.0\cdot 10^4$	$3-5\cdot 10^3$	$2.0\cdot 10^4$

Ar-CF_4-CO_2: Dieses Gas wurde im Outer Tracker des HERA-B-Experiments eingesetzt. Die CF_4-Komponente führt zu etwa doppelt so großer Driftgeschwindigkeit wie bei den Standardmischungen aus Argon und einem Kohlenwasserstoff, was günstig für Experimente mit sehr hohen Raten ist (HERA-B, LHC-Experimente). Der CF_4-Anteil wirkt auch zusätzlich zu CO_2 als Löschgas.

In verschiedenen Tests hat auch CF_4 sich als problematisches Gas erwiesen, das unter Strahlungseinwirkung nicht sicher kontrollierbar ist, siehe Abschnitt 7.12. Die LHC-Experimente haben deshalb das zunächst vorgesehene CF_4 aus den Gasmischungen herausgenommen (zum Beispiel für die in Tab. 7.6 aufgeführten Detektoren von LHCb und ATLAS).

Ar-CO_2-O_2 und Xe-CO_2-O_2: Diese Gasmischungen werden in den Driftrohren des Outer Trackers von LHCb und des Transition Radiation Trackers (TRT) von ATLAS benutzt. Wie gerade erwähnt, wurde in beiden Fällen der Einsatz von CF_4 wegen der Alterungsprobleme aufgegeben. Der Zusatz des stark elektronegativen Sauerstoffs soll bei der hohen Strahlungsbelastung am LHC Raumladungseffekte vermindern. Obwohl Sauerstoff eigentlich bei Driftkammern vermieden werden soll, ist er hier wegen der geringen Driftlängen der betrachteten Detektoren tolerabel. Bei dem TRT wird Xenon statt Argon benutzt, um die Photonen der Übergangsstrahlung durch Absorption effizient nachweisen zu können (zur Übergangsstrahlung siehe Kapitel 12).

Ne-CO_2-N_2: Diese sehr spezielle Mischung ist für die TPC des ALICE-Experiments gewählt worden (siehe Abschnitt 7.11, Tab. 7.8). Statt Argon wurde hier Neon als Hauptkomponente gewählt, um die Vielfachstreuung zu minimieren. Der Nachteil gegenüber Argon ist die geringere Ionisationdichte (nur etwa 40%) bei Neon, was durch eine relativ hohe Gasverstärkung kompensiert werden soll. Der Zusatz von Stickstoff verbessert die Quenching-Eigenschaften der Gasmischung, was der verbesserten Absorption der wichtigsten Anregungslinie von Neon bei 16.8 eV zugeschrieben wird [467]. Ein praktischer Grund, Stickstoff als Zusatz zu wählen, ist die Tatsache, dass nicht zu vermeiden ist, dass Stickstoff als Verunreinigung in ein Gassystem kommt, was die Gaseigenschaften stark verändert. Da Stickstoff sehr schwer herauszufiltern ist, ist es günstig, von vornherein einen Anteil zu haben, der durch Zugabe der anderen Komponenten stabil gehalten werden kann. Andererseits muss wegen der langen Driftwege von bis zu 2.5 m die Verunreinigung durch Sauerstoff geringer als 5 ppm gehalten werden.

7.10.5.2 Wahl der Hochspannung

Durch eine möglichst hohe Gasverstärkung (Abschnitt 7.4.1) lassen sich Effizienz und Auflösung optimieren, wobei allerdings die Gefahr von Hochspannungsüberschlägen und Alterungseffekten steigt. Edelgase sind besonders günstig, weil die notwendige Spannung für eine bestimmte Verstärkung vergleichsweise gering ist. Bei Hochratenexperimenten können Raumladungseffekte eine Rolle spielen, so dass man die Gasverstärkung eher niedriger halten möchte, um insbesondere nicht zu viele langsam driftende Ionen zu erzeugen.

In Driftzellen, in denen der Verstärkungs- und der Driftbereich nicht durch Elektroden getrennt sind (wie in Abb. 7.34, 7.35, 7.36), wird die Relation zwischen Verstärkungsfeld und Driftfeld durch die Dicke des Anodendrahts bestimmt. Für verschiedene Drahtdicken, aber gleiches Gas, ergibt sich näherungsweise die gleiche Verstärkung bei gleichem Feld auf der Oberfläche des Anodendrahts (die genaueren Bedingungen ergeben sich aus Gleichung (7.26)). Da das Feld in der Nähe des Drahtes ein $1/r$-Verhalten hat, muss bei Vergrößerung des Radius auch die Spannung um den gleichen Faktor erhöht werden, um die gleiche Verstärkung zu erhalten. Das ist ein Grund dafür, möglichst dünne Drähte zu benutzen (typisch 10–30 μm).

7.10.6 Messung der Driftzeit

Die Ankunftszeit der Elektronen, die von einer ionisierenden Spur erzeugt werden, wird relativ zu einem Signal gemessen, das einen festen Zeitabstand zu dem Ionisationsprozess hat. Es gibt verschiedene Möglichkeiten, ein solches Signal zu erhalten:

- ein Signal von einem Detektor, der eine schnelle Zeitinformation liefert, wie zum Beispiel von einem organischen Szintillator (Abschnitt 13.5.1),
- eine Zeitmarke des Beschleunigers, an dem die Teilchenreaktion gemessen wird (zum Beispiel bei einem Collider-Experiment die Zeit der Strahlkreuzung).

Nach der elektronischen Verarbeitung ist die Lage dieses Signals relativ zu den Driftkammersignalen in der Regel nicht bekannt, so dass der Zeitnullpunkt, genannt t_0, aus den Messdaten bestimmt werden muss. Im Allgemeinen müssen auch Korrekturen an den unterschiedlichen Flugzeiten der Teilchen (von der Erzeugung bis zu dem Ionisationsprozess) angebracht werden.

Es gibt zwei prinzipiell unterschiedliche Möglichkeiten, die Driftzeiten zu messen:

- Digitalisierung des Zeitintervalls zwischen einem Start- und einem Stoppsignal durch einen TDC (*time-to-digital converter*, Zeit-Digitalisierer).
- Digitale Aufzeichnung der analogen Signale eines Driftkammerkanals durch einen so genannten Flash-ADC (ADC = analog-to-digital converter) und Bestimmung der Zeit aus der Analyse des Signals.

Eine ausführliche Beschreibung der Digitalisierungsmethoden findet sich in Abschnitt 17.7.1.

Driftzeitmessung mit einem TDC Ein TDC digitalisiert die Zeit zwischen einem Start- und einem Stoppsignal (Abb. 7.43). Um aus dem analogen Signal der Anode ein digitales Signal zu formen, das die Zeitmarke erzeugt, benutzt man einen Diskriminator (Abschnitt 17.5). Der (*Leading-Edge-*)Diskriminator liefert einen digitalen Puls am Ausgang, wenn die führende Flanke des Signals eine vorgewählte Schwellenspannung u_T überschreitet beziehungsweise bei negativen Signalen unterschreitet (siehe dazu Abb. 17.18 auf Seite

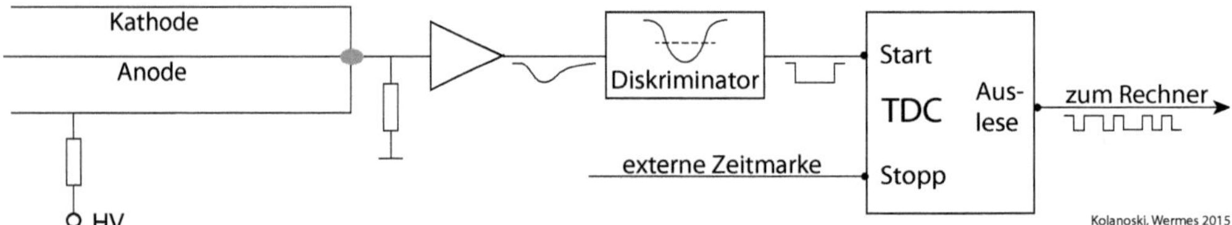

Abb. 7.43 TDC-Auslese eines einzelnen Kanals einer Driftkammer. Das Anodensignal wird zunächst analog verstärkt und dann auf einen Diskriminator geleitet, der ein digitales Signal erzeugt, wenn das Eingangsignal über einer bestimmten Schwelle liegt. Der TDC wird in dieser Skizze von dem Driftkammersignal gestartet und von einer externen Zeitmarke, die allen Kanälen gemeinsam ist, gestoppt (*common stop*).

851). Wenn die Zeitkonstanten der Signalformung lang gegenüber der Variation der Ankunftszeiten der Elektronen an der Anode sind, entspricht die Schwellenspannung einer bestimmten Anzahl k von Elektronen, die notwendig sind, um ein Signal auszulösen. Siehe dazu auch die Diskussion der Ortsauflösung in Abschnitt 7.10.8.

Charakteristiken eines TDC (Abschnitt 17.7.1) sind die kleinste Zeiteinheit Δt entsprechend dem *least significant bit* (LSB) und die zur Verfügung stehenden Bits zur Kodierung der Zeitmessung (entsprechend der Länge des Datenworts). Stehen zum Beispiel für die Zeitmessung 10 bit zur Verfügung, sagt man, der TDC hat 1024 Kanäle (das sind Kanäle der Zeiteinheiten, nicht zu verwechseln mit Auslesekanälen). Entspricht zum Beispiel das LSB eines TDC einer Zeiteinheit von 1 ns, dann kann man mit diesem TDC Driftzeiten bis zu etwa 1 µs messen.

Die natürliche Art, eine Driftkammer mit TDC-Auslese zu betreiben, wäre, alle TDCs durch die feste Zeitmarke zu starten ('Common Start') und dann jeden Kanal einzeln mit dem individuellen Signal eines Driftkammerkanals zu stoppen. Häufig wird aber auch die 'Common-Stop'-Variante benutzt: Der TDC wird von dem Driftkammersignal gestartet und von einer festen Zeitmarke nach einem Trigger gestoppt. Das Common-Stop-Signal wird so verzögert, dass der volle Driftzeitbereich abgedeckt wird. Wenn kein Trigger und damit kein Stoppsignal kommt, läuft der TDC bis zu der maximalen Driftzeit durch und wird dann zurückgesetzt. Dieser Modus hat den Vorteil, dass man Zeit gewinnt für eine Triggerentscheidung, die das 'Common-Stop'-Signal liefert. Die Zeiten im 'Common-Stop'-Modus sind invertiert: Die Signale der kürzesten Driftzeiten sind am weitesten von dem Stoppsignal entfernt.

Driftzeitmessung mit einem Flash-ADC Ein Flash-ADC (FADC) misst mit einer festen Taktfrequenz die augenblickliche Pulshöhe einer analogen Pulsfolge und speichert fortlaufend die gemessenen Werte in einem Speicher (siehe Abschnitt 17.7.1, Seite 873 und Abb. 17.34). Dieser Speicher enthält zu jedem Zeitpunkt die Pulshöhenfolge eines festen zurückliegenden Zeitintervalls, entsprechend der Tiefe des Speichers (Prinzip von Ring- oder Stapelspeichern). Der Speicher wird auf ein Triggersignal hin ausgelesen.

Die Merkmale eines FADC sind die Taktfrequenz, die Anzahl der Bits pro Messung und die Speichertiefe. Typische Werte für den Einsatz von FADCs zur Driftkammerauslese sind Taktfrequenzen von 100 bis 1000 MHz, mit 8 bis 12 bit pro Messung und einer

Speichertiefe von einigen 10 µs. Die Speichertiefe wird an die Zeit, die für eine Triggerentscheidung benötigt wird, angepasst.

Aus dem digitalisierten Signalverlauf und einer Referenzzeit kann mit einem geeigneten Software-Algorithmus die Driftzeit bestimmt werden. In der Regel enthält ein solcher Algorithmus eine Interpolation über die führende Flanke des Signals, um die Digitalisierungsstufen zu glätten. Mit Hilfe der Interpolationsfunktion wird dann eine Zeitmarke bestimmt, die eine optimale Auflösung für die Driftzeit liefert. Zum Beispiel kann das die Zeit sein, zu der das Signal die Hälfte seiner Maximalhöhe erreicht hat.

Die Messung der Driftzeit mit FADCs wird vor allem dann gewählt, wenn gleichzeitig Teilchenidentifikation durch dE/dx-Messungen gemacht werden soll (Abschnitt 14.2.2).

7.10.7 Orts-Driftzeit-Beziehung

Die Bestimmung der Orts-Driftzeit-Beziehung (SDR = space drift time relation), das ist die Beziehung zwischen der gemessenen Driftzeit und dem Ort, an dem das Teilchen die Zelle durchquert hat, ist die zentrale Aufgabe bei der Analyse von Driftkammerdaten.

Für die gleichmäßige Sammlung der Driftelektronen ist es optimal, wenn die Isochronen, also die Orte gleicher Driftzeit (Abschnitt 7.10.4 auf Seite 256), parallel zu der Vorzugsrichtung der Spuren verlaufen. Das ist zum Beispiel der Fall bei der Monitorkammer (Abb. 7.33), bei der TPC (Abschnitt 7.11) und annähernd bei den Zellen der Jet-Kammer (Abb. 7.34). Das andere Extrem sind die kreisförmigen Isochronen in Driftrohren, die die Teilchentrajektorien nur als Tangenten berühren (siehe Abb. 7.47). Im Allgemeinen durchquert eine Teilchenbahn in einer Driftzelle einen Isochronenbereich. Dadurch werden die Ankunftszeiten der Elektronen an der Anode verschmiert (siehe die Diskussion der Ionisationsstatistik auf Seite 272).

Im Folgenden wollen wir zunächst annehmen, dass der zu bestimmende Ort der Teilchentrajektorie der Punkt ist, an dem die Spur die Isochrone mit der kürzesten Driftzeit berührt, und dass die Elektronen annähernd radial auf die Anode zu driften. Falls die zweite Annahme nicht erfüllt ist, muss die Orts-Driftzeit-Beziehung für verschiedene Einfallswinkel der Teilchen getrennt bestimmt werden.

Die Driftzeit von dem Ort r bis zur Anode ist

$$t(r) = \int_{t_0}^{t} dt' = \int_{0}^{r(t)} \frac{dt'}{dr'} dr' = \int_{0}^{r(t)} \frac{1}{v_D} dr' \,. \tag{7.59}$$

Dabei ist $v_D = v_D(r)$ die Driftgeschwindigkeit. Die Umkehrung von (7.59) ergibt den Ort r, wenn die Zeit t gemessen ist:

$$r(t) = \int_{t_0}^{t} v_D \, dt' \,. \tag{7.60}$$

Die Orts-Driftzeit-Beziehung wird in der Regel in einem Anpassungsverfahren mit Hilfe gemessener Spuren aus den Daten bestimmt. Die prinzipielle Methode wird im Folgenden besprochen.

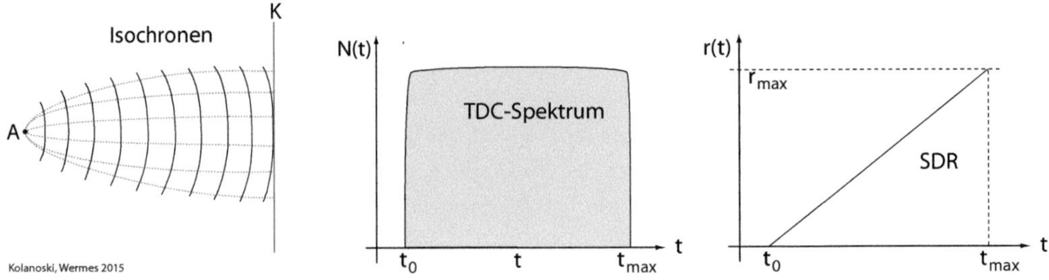

(a) Lineare SDR: äquidistante Isochronen (links) führen zu einem gleichverteilten TDC-Spektrum (Mitte) und einer linearen Orts-Driftzeit-Beziehung (rechts).

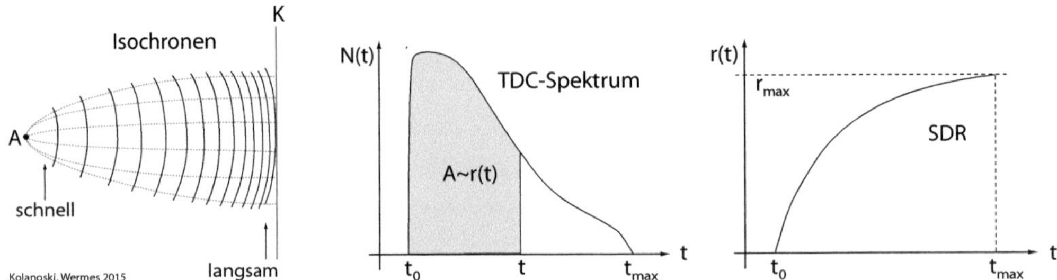

(b) Nicht-lineare SDR: nicht-äquidistante Isochronen (links) führen zu einem TDC-Spektrum (Mitte) mit relativ mehr Einträgen bei großen Abständen der Isochronen (schnelle Drift) und einer nicht-linearen Orts-Driftzeit-Beziehung (rechts).

Abb. 7.44 Schematische Darstellung von Isochronen und TDC-Spektren für (a) lineare und (b) nicht-lineare Orts-Driftzeit-Beziehungen (SDR).

Lineare Orts-Driftzeit-Beziehung Für sogenannte 'gesättigte' Gase (siehe Abschnitt 4.6.4.3 und Abb. 4.9, 4.10), wie zum Beispiel Argon-Methan- oder Argon-Ethan-Mischungen, kann man in einem weiten Bereich der Feldstärken konstante Driftgeschwindigkeiten erhalten ($v_D = const$). Dann hängt der Ort einfach linear von der gemessenen Driftzeit ab (Abb. 7.44(a)):

$$r(t) = v_D(t - t_0)\,. \tag{7.61}$$

Ein Beispiel für eine nahezu lineare SDR ist in Abb. 7.45(a) gezeigt. Das entsprechende TDC-Spektrum, das sind die gemessenen Zeiten (ausgedrückt in TDC-Kanälen), ist gleichverteilt zwischen t_0 und t_{max} (Abb. 7.44(a)). Den Isochronen mit gleichen Zeitabständen entsprechen gleiche Ortsabstände.

Nicht-lineare Orts-Driftzeit-Beziehung Im Allgemeinen ist die Driftgeschwindigkeit feldabhängig, was zu einer nicht-linearen SDR führt. Zum Beispiel nimmt die Driftgeschwindigkeit bei den sogenannten 'kühlen' Gasen (CO_2, DME, Propan, …, siehe Abschnitt 4.6) in dem für Driftgase interessanten Bereich annähernd proportional zum elektrischen Feld zu (die Beweglichkeit ist also etwa konstant, wie bei den Ionen). In einem solchen Fall haben die mit einem konstanten Zeitintervall aufeinanderfolgenden Isochronen keinen konstanten Abstand mehr, sondern werden mit wachsendem Abstand von der Anode dichter (Abb. 7.44(b)). Damit bekommt das TDC-Spektrum mehr Einträge bei kleinen Zeiten (wenn die Spuren in r gleichverteilt sind), weil bei kleinen Zeiten

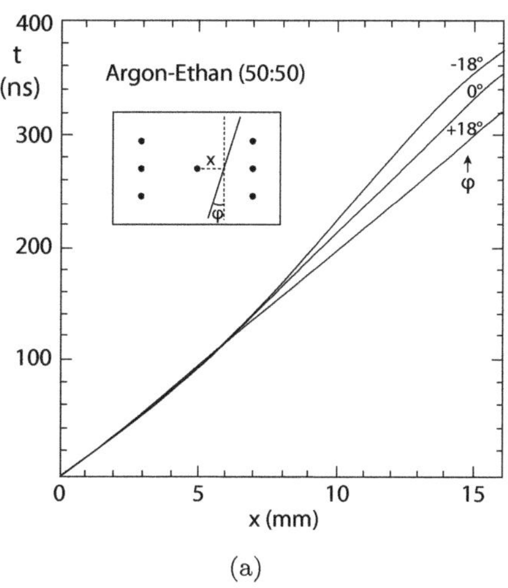

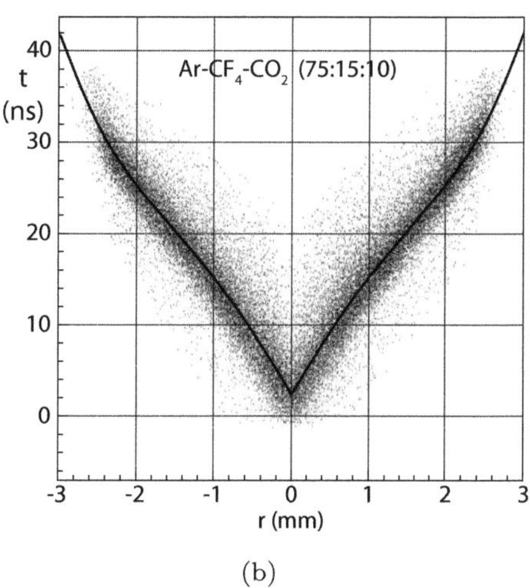

Abb. 7.45 Beispiele für Orts-Driftzeit-Relationen (SDRs): (a) Nahezu lineare SDR einer mit Argon–Ethan betriebenen Driftkammer ([235], mit freundl. Genehmigung von Elsevier). Die Zellen haben die Geometrie wie in Abb. 7.36(b). Ab etwa der Mitte der Zelle muss auf die Abhängigkeit vom Durchgangswinkel φ der Spur korrigiert werden (siehe Skizze in der Abbildung). (b) SDR der Driftrohre des Outer Tracker von LHCb (5 mm Durchmesser), die hier in einem Test mit einem Ar-CF_4-CO_2-Gasgemisch betrieben wurden ([156], Quelle: CERN); das im Experiment benutzte Gas ist in Tab. 7.6 angegeben. Gezeigt ist die Verteilung der mit Spuren gemessenen r, t-Werte und die daraus gemittelte, nicht-lineare Kurve.

mehr Ereignisse in ein gegebenes Zeitintervall fallen als bei großen Zeiten. Ein Beispiel für eine deutlich nicht-lineare SDR ist in Abb. 7.45(b) gezeigt.

Die SDR muss in einem solchen Fall iterativ bestimmt werden. Der Iterationsalgorithmus benutzt in jedem Schritt die approximative SDR des vorhergehenden Schrittes, um aus einer gemessenen Driftzeit einen Abstand r von der jeweiligen Anode zu berechnen. An die so bestimmten Messpunkte wird dann eine Spur angepasst. Die Differenzen zwischen den gemessenen Abständen und den jeweils angepassten Abständen, genannt Residuen, werden für viele Spuren pro TDC-Kanal als Histogramme gesammelt. Im nächsten Iterationsschritt wird die SDR so korrigiert, dass der Mittelwert jeder der Residuenverteilungen annähernd verschwindet. Das Verfahren wird so lange fortgesetzt, bis Konvergenz erreicht ist, das heißt, bis die Änderungen der SDR kleiner als ein vorgegebener Wert werden. Um zu starke Fluktuationen zu vermeiden, werden benachbarte Punkte ausgeglichen. Häufig wird deshalb für die SDR eine glatte Funktion angenommen, deren Parameter iterativ bestimmt werden. Als Startwert für die Iteration kann man zum Beispiel eine lineare SDR annehmen oder eine Abhängigkeit entsprechend einer gemessenen Driftgeschwindigkeit als Funktion von $E(r)$ oder eine früher einmal bestimmte SDR.

Zum Abschluss kann aus der Breite jeder Residuenverteilung die im Allgemeinen r-abhängige Auflösung, üblicherweise angegeben als Standardabweichung einer angenommenen Gauß-Verteilung, bestimmt werden.

Eine elegante Methode ist die Ableitung der SDR aus der Häufigkeitsverteilung des TDC-Spektrums, die wir in Folgenden erläutern wollen. Wir betrachten dazu das TDC-Spektrum in Abb. 7.44(b) und benutzen die folgenden Bezeichnungen:

- t_i: Zeit, die dem i-ten TDC-Kanal zugeordnet wird (in TDC-Einheiten);
- ΔN_i: Anzahl im i-ten TDC-Kanal;
- $r_i = r(t_i)$: der der Zeit t_i zugeordnete Abstand von der Anode.

Im Allgemeinen werden die Spektren mehrerer gleichartiger Driftzellen überlagert, um eine höhere statistische Genauigkeit für die Bestimmung der SDR zu erzielen. Allerdings muss dazu zunächst sichergestellt werden, dass alle Zellen den gleichen Zeitnullpunkt t_0 haben, was durch eine getrennte Kalibration jeder einzelnen Zelle erreicht wird.

Wenn die Zelle gleichverteilt in r bestrahlt wird, dann ist die in einem Intervall $\Delta r_i = r_i - r_{i-1}$ gemessene Zählrate ΔN_i proportional zu der Intervalllänge:

$$\frac{\Delta r_i}{r_{max}} = \frac{\Delta N_i}{N_{\text{tot}}} . \tag{7.62}$$

Dabei ist N_{tot} die Gesamtzahl der Einträge in dem TDC-Spektrum, und r_{max} ist der maximale Radius in der Zelle (Abb. 7.44). Der zu einem TDC-Kanal i gehörende Abstand r_i ergibt sich dann aus dem bis zu diesem Kanal summierten Spektrum:

$$r_i = \sum_{k=1}^{i} \Delta r_k = \frac{r_{max}}{N_{\text{tot}}} \sum_{k=1}^{i} \Delta N_k . \tag{7.63}$$

Im Falle einer kontinuierlichen Zeitverteilung gehen die Gleichungen (7.62) und (7.63) in ihre differenziellen beziehungsweise integralen Formen über:

$$\frac{dr}{r_{max}} = \frac{dN}{N_{\text{tot}}} \quad \Rightarrow \quad r(t) = \frac{r_{max}}{N_{\text{tot}}} \int_{t_0}^{t} \frac{dN}{dt'} dt' . \tag{7.64}$$

Eine so gewonnene SDR kann als Startwert für eine iterative Verbesserung, wie oben beschrieben, benutzt werden.

7.10.8 Beiträge zur Ortsauflösung von Driftkammern

Die Ortsauflösung wird durch verschiedene Effekte begrenzt, die unterschiedliche Abhängigkeiten vom Driftweg haben (Abb. 7.46): Bei kleinen Abständen zur Anode ist die Ionisationsstatistik wesentlich und bei großen die Diffusion der Ladungswolke, die sich mit der Driftgeschwindigkeit v_D zur Anode bewegt. Hinzu kommen Effekte, die eher unabhängig vom Driftweg sind, wie mechanische und elektronische Unsicherheiten. Im Allgemeinen kann man annehmen, dass diese Beiträge statistisch unabhängig sind, so dass die gesamte Ortsunschärfe durch quadratische Addition der Einzelbeiträge bestimmt werden kann:

$$\sigma(r) = \sqrt{\sum_j \sigma_j^2(r)} . \tag{7.65}$$

Im Folgenden werden die wichtigsten Effekte, die zur Ortsunschärfe beitragen, nach ihrem Ursprung geordnet aufgezählt:

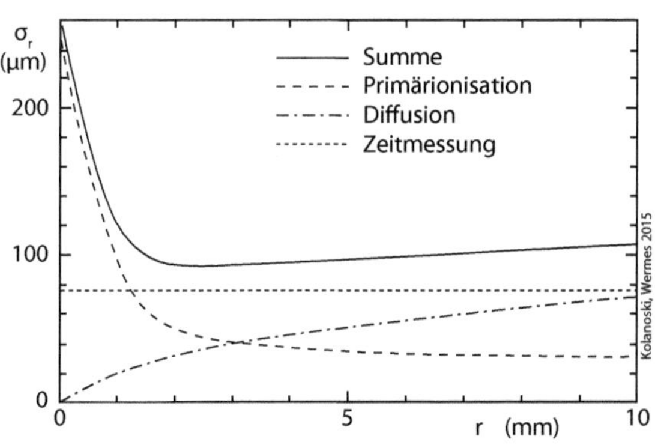

Abb. 7.46 Typisches Verhalten der Ortsauflösung in einer Driftzelle als Funktion des Abstands der Spur vom Signaldraht. Die einzelnen Terme können als statistisch unabhängig angenommen werden und werden demnach quadratisch addiert.

Driftgas:

1. Diffusion: Der Einfluss der Diffusion auf die Ortsunschärfe wird durch die Breite der Diffusionsverteilung der Elektronen in Driftrichtung bestimmt. Entsprechend der Gleichung (4.71) auf Seite 116 entwickelt sich diese Breite proportional zur Wurzel aus der Driftzeit, so dass sich bei konstanter Driftgeschwindigkeit eine Proportionalität zur Wurzel aus dem Driftweg ergibt:

$$\sigma_{\text{diff}}(r) = \sqrt{2Dt} = \sqrt{\frac{2D\,r}{v_D}} \propto \sqrt{r}\,. \tag{7.66}$$

Wenn dagegen die charakteristische Energie (siehe Gleichung (4.86)), das heißt das Verhältnis D/μ von Diffusionskoeffizient und Mobilität, konstant ist, wie annähernd bei den 'kühlen' Gasen (zum Beispiel CO_2), und das Feld das $1/r$-Verhalten eines Zählrohrs hat, so ergibt sich eine lineare Abhängigkeit vom Driftweg:

$$\sigma_{\text{diff}}(r) = \sqrt{2Dt} = \sqrt{\frac{2D\,r}{\mu E}} \propto r\,. \tag{7.67}$$

Wenn N Elektronen mit gleicher mittlerer Driftzeit zur Bestimmung eines Ortes beitragen und der Mittelwert der Diffusionswolke gemessen wird, so ist die daraus resultierende Ortsunschärfe $\sigma_{\text{diff}}/\sqrt{N}$. Tatsächlich sind in der Regel die Voraussetzungen zur Anwendung dieser Formel nicht gegeben. Wenn die Zeit des Überschreitens einer Diskriminatorschwelle gemessen wird und wenn dazu k Elektronen notwendig sind, so wird die Driftzeit des k-ten Elektrons bestimmt. In Gleichung (C.8) in Anhang C wird die Ortsunschärfe des k-ten Elektrons für eine große Gesamtzahl N in Abhängigkeit von r mit N und k als Parameter angegeben:

$$\sigma_{\text{diff}}(r|N,k) = \sigma_{\text{diff}}(r)\sqrt{\frac{1}{2\ln N}\left(\frac{\pi^2}{6} - \sum_{i=1}^{k-1}\frac{1}{i^2}\right)}\,. \tag{7.68}$$

In Anhang C werden weitere Details zu dem Einfluss der Diffusion auf die Ortsunschärfe besprochen.

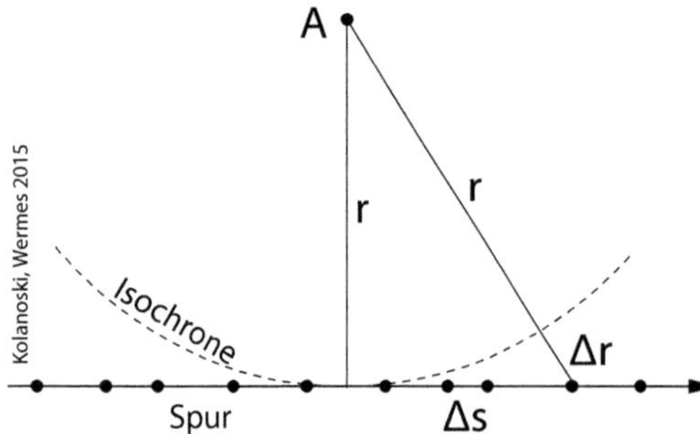

Abb. 7.47 Schematische Darstellung des Effekts der Ionisationsstatistik bei gekrümmten Isochronen (A = Anodendraht, Δs = Abstand des Ionisationsclusters, das das Zeitsignal liefert, vom Berührungspunkt). Erläuterungen dazu finden sich im Text.

2. Ionisationsstatistik: Die Abstände der Primärionisationscluster folgen einer zufälligen Verteilung entlang der Spur. Wenn die Spuren nicht parallel zu den Isochronen verlaufen, kommen die Signale von den Ionisationsclustern zu unterschiedlichen Zeiten an und ergeben dann einen Beitrag zur Ortsunschärfe, der mit wachsendem Abstand vom Draht kleiner wird. Das kann man sich anhand der Abb. 7.47 für eine kreisförmige, oder allgemeiner gekrümmte, Isochrone klar machen. Die Spur berührt die Isochrone mit dem Krümmungsradius r. Wenn das nächste Ionisationscluster, das das Zeitsignal liefert, im Mittel um Δs von dem Berührungspunkt entfernt ist, liegt es auf einer Isochrone mit Radius $r + \Delta r$, für die gilt:

$$(\Delta s)^2 + r^2 = (r + \Delta r)^2 = r^2 + 2\Delta r\, r + (\Delta r)^2\,. \tag{7.69}$$

Bei Vernachlässigung des Terms $(\Delta r)^2$ ergibt sich dann eine $1/r$-Proportionalität der Ortsungenauigkeit:

$$\Delta r \approx \frac{\Delta s^2}{2r} \propto \frac{1}{r}\,. \tag{7.70}$$

In Anhang D wird die Varianz dieses Ausdrucks und damit der Beitrag zur Ortsauflösung für den Fall, dass die Diskriminatorschwelle beim k-ten Ionisationscluster überschritten wird, berechnet:

$$\sigma_{\mathrm{ion}}(r|n,k) = \sqrt{\frac{k^3}{4n^2(4n^2r^2 + k^2)}}\,. \tag{7.71}$$

Dabei ist n die Anzahl der Ionisationscluster pro Länge der Spur. Zum Beispiel ergibt sich nach Tab. 7.7 für Argon bei Normaldruck für $k = 3$ und $r = 0.5\,\mathrm{mm}$ eine Ortsungenauigkeit von $\sigma_{\mathrm{ion}}(r|n,k) = 210\,\mu\mathrm{m}$ und damit eine klare Limitierung in Anodendrahtnähe, wenn eine Auflösung im 100-μm-Bereich angestrebt wird. Die Tabelle zeigt, dass es günstig ist, die Anzahl k der Cluster, die zum Überschreiten der Triggerschwelle notwendig sind, möglichst klein zu halten.

3. Druck- und Temperaturstabilität: Wenn die Driftgeschwindigkeit stark von der Teilchendichte n abhängt, wie es bei 'kühlen' Gasen mit $v_D \propto E/n$ (in (4.114) mit konstantem Wirkungsquerschnitt) der Fall ist, wird die Ortsmessung auf Druck- und Temperaturschwankungen sensitiv. Zum Beispiel gilt für ideale Gase:

$$p = nkT \qquad \Rightarrow \qquad n \propto \frac{p}{T}\,. \tag{7.72}$$

Tab. 7.7 Ortsungenauigkeiten durch Ionisationsstatistik in Argon mit einer Dichte der Cluster von $n = 29.4/\text{cm}$. Die Isochronen werden hier als kreisförmig angenommen. Die Beiträge zur Ortsauflösung sind für verschiedene Abstände r einer Teilchentrajektorie von der Anode und für unterschiedliche Anzahlen k von Clustern, die zum Erreichen der Schwelle notwendig sind, angegeben.

r [mm]		σ_{ion} [µm]	
	$k = 1$	$k = 3$	$k = 5$
0	170	295	380
0.2	110	274	370
0.5	55	210	328
1.0	29	134	246
1.5	19	95	188

Als Beispiel betrachten wir das Driften in einem konstanten Feld mit der Driftgeschwindigkeit $v_D = 50\,\mu\text{m/ns}$. Dann ergibt sich bei einer 1%-igen Änderung von Druck oder Temperatur, also $\Delta p = 10\,\text{mbar}$ oder $\Delta T = 3\,\text{K}$, ein Fehler der Ortsmessung ohne Korrektur von etwa 100 µm auf 1 cm Driftweg. Wenn allerdings der Arbeitspunkt im Plateaubereich eines 'gesättigten' Gases liegt, wie zum Beispiel bei den Argon-Methan-Mischungen in Abb. 4.9, kann die Abhängigkeit von Druck und Temperatur sehr gering werden.

Mechanik: Die minimal erreichbaren mechanischen Genauigkeiten liegen je nach Größe des Detektors bei etwa 10–50 µm. Sie können zum Teil durch Vermessung mit rekonstruierten Spuren korrigiert werden (*software alignment*). Das liefert einen konstanten Beitrag zur Auflösung:

$$\sigma_m = const\,. \tag{7.73}$$

Elektronik (siehe dazu Kapitel 17):

1. '*Time walk*': Der Zeitpunkt, zu dem das Signal die Schwelle kreuzt und damit die Zeitmarke festlegt, ist abhängig von der Pulshöhe, siehe Abb. 17.18 auf Seite 851. Das führt entsprechend der Variation der Signalhöhen zu einer Zeitverschmierung, genannt *time walk*. Der Beitrag zur Auflösung kann ortsabhängig sein, wenn die Pulshöhenverteilungen auf Grund der Diffusion bei größerem Abstand breiter werden.
2. Rauschen: Elektronisches Rauschen (Abschnitt 17.10), das sich den Signalen überlagert, kann durch Veränderung der Pulsform zu Zeitverschiebungen führen.
3. Digitalisierung: Das endliche Zeitintervall Δt eines TDC-Kanals trägt mit

$$\sigma_{TDC} = \frac{\Delta t}{\sqrt{12}}\,,$$

entsprechend der Standardabweichung einer Gleichverteilung im Intervall Δt, zum Messfehler bei (siehe auch Gleichung (E.4) auf Seite 960). Der Einfluss auf die Ortsauflösung steigt linear mit der Driftgeschwindigkeit:

$$\sigma_t = v_D\,\sigma_{TDC}\,. \tag{7.74}$$

Für $\Delta t = 1\,\text{ns}$, eine lineare Orts-Driftzeit-Beziehung und eine Driftgeschwindigkeit von $v_D = 50\,\mu\text{m/ns}$ ergibt sich ein Beitrag zur Ortsauflösung von $\sigma_t = 15\,\mu\text{m}$.

4. Zeitliche Stabilität der Elektronik: Insbesondere bei großen Systemen ist es schwierig, die Elektronik stabil zu halten und ein Auseinanderlaufen der Zeitkalibration zu verhindern, was einen etwa konstanten Beitrag zur Ortsauflösung liefert ('Interkalibrationsfehler'). Dabei ist es wichtig, dass die TDCs über eine sogenannte Autokalibration verfügen, so dass die Zeitskala im gesamten System gleich gehalten wird.

7.10.9 Driftkammern im Magnetfeld

Durch Ablenkung in einem Magnetfeld lässt sich der Impuls eines Teilchens bestimmen (siehe Abschnitt 9.3). In einer Driftkammer kann die Überlagerung des Driftfelds mit einem Magnetfeld zu folgenden Effekten führen (Details in Abschnitt 4.3.3):

- Änderung der Driftrichtung;
- Änderung der Driftgeschwindigkeit (im Allgemeinen wird die Driftgeschwindigkeit mit wachsendem Magnetfeld geringer);
- Verringerung der Diffusion transversal zum Magnetfeld.

Wie sich diese Effekte auswirken, hängt von dem Driftgas und von der Richtung des Magnetfelds relativ zum elektrischen Feld ab.

Die Elektronendrift in elektrischen und in magnetischen Feldern wird in Kapitel 4, Abschnitt 4.3.3, diskutiert. Die Gleichungen (4.53) bis (4.55) geben einen allgemeinen Ausdruck für den Vektor der Driftgeschwindigkeit an. In einer anderen Darstellung, die besser den Bezug zu den Feldrichtungen wiedergibt, lässt sich der Vektor in drei linear unabhängige Komponenten in den Richtungen $\vec{E}$, $\vec{B}$ und $\vec{E} \times \vec{B}$ zerlegen. Wenn man von der in Abschnitt 4.3 beschriebenen komplexen Mittelwertbildung absieht, lässt sich dafür der folgende Ausdruck angeben (siehe dazu auch die Gleichungen (4.28) und (4.29) auf Seite 108f):

$$\vec{v}_D^B = -\frac{\mu^{B=0}}{1+\omega^2\tau^2}\left(\vec{E} + \frac{\vec{E}\times\vec{B}}{B}\omega\tau + \frac{(\vec{E}\,\vec{B})\vec{B}}{B^2}\omega^2\tau^2\right) . \tag{7.75}$$

Dabei sind $\mu^{B=0}$ die Beweglichkeit ohne Magnetfeld, $\omega = qB/m$ die Zyklotronfrequenz und τ eine mittlere Stoßzeit der Elektronen in dem Gas. Die Bedeutung des Terms $\omega\tau$ wird durch die Herleitungen in Abschnitt 4.2.3 verständlich (siehe auch Abb. 4.4).

Bei Drahtdriftkammern an Speicherringen stehen in der Regel $\vec{B}$ und $\vec{E}$ senkrecht aufeinander, so dass der $\vec{E}\vec{B}$-Term wegfällt, während andererseits in einer Time Projection Chamber (siehe nächster Abschnitt) $\vec{E}$ und $\vec{B}$ parallel sind, so dass der Term $\vec{E} \times \vec{B}$ wegfällt. Diese Fälle werden in den Abschnitten 4.3.3.1 beziehungsweise 4.3.3.2 besprochen. Wenn das Magnetfeld nicht parallel zu $\vec{E}$ ist, werden die Driftlinien und Isochronen entsprechend dem Lorentz-Winkel (4.57) deformiert, wie das Beispiel in Abb. 7.48 zeigt.

Die Orts-Driftzeit-Beziehung (SDR; siehe Abschnitt 7.10.7) muss das Magnetfeld berücksichtigen. Wenn die SDR mit Hilfe gemessener Spuren bestimmt wird, wie in Ab-

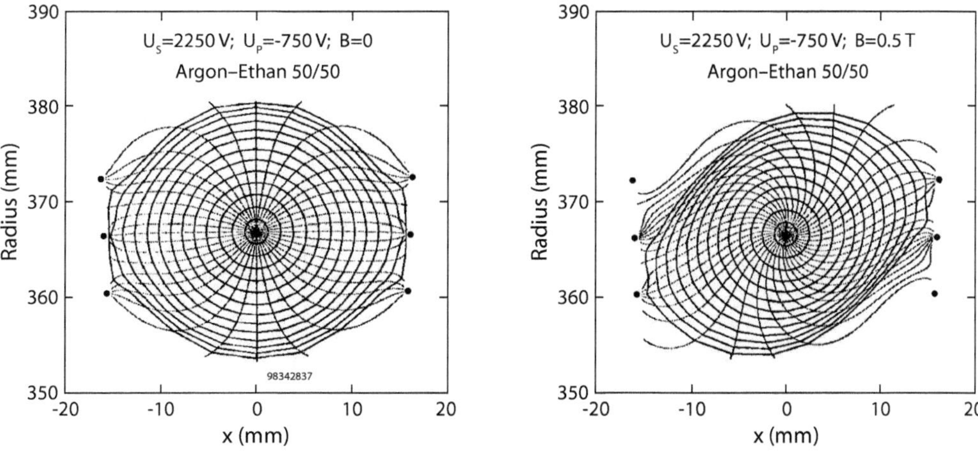

Abb. 7.48 Die in Abb. 7.36(b) dargestellte Driftzelle einer zylindrischen Driftkammer mit Driftwegen und Isochronen (aus [248]). Links: ohne Magnetfeld, rechts: mit Magnetfeld (0.5 T) parallel zu den Anodendrähten (senkrecht zum elektrischen Feld).

schnitt 7.10.7 beschrieben, ist der Effekt der deformierten Isochronen bereits eingeschlossen. Wenn eines der Felder oder beide inhomogen sind, wird das Spurmodell (Abschnitt 9.3.3) ortsabhängig und damit wird die SDR-Bestimmung entsprechend schwierig.

7.11 Time Projection Chamber (TPC)

Eine Driftkammervariante mit großem sensitiven Volumen ist die so genannte 'Time Projection Chamber' (TPC) [795,650,560], die in den 1970er Jahren entwickelt wurde und erstmals 1978 im PEP4-Experiment am Elektron-Positron-Speicherring PEP (Tab. 2.2 auf Seite 15) eingesetzt wurde. Jeder der mehr als 100 Messpunkte entlang einer Spur wird dreidimensional rekonstruiert, so dass eine TPC Ereignisbilder ähnlich wie die einer Blasenkammer liefert (Abb. 7.49).

7.11.1 Prinzip

Das Prinzip einer TPC ähnelt dem der in Abb. 7.33 dargestellten Kammer: Die Elektronen, die entlang einer Teilchenbahn erzeugt werden, driften über weite Strecken in einem homogenen Driftfeld zu einem Elektrodengitter, hinter dem sie in einer separaten Anordnung durch Gasverstärkung ein Signal erzeugen. Die Spurkoordinaten werden entlang der Driftrichtung über die Driftzeit und senkrecht dazu durch eine Signalauslese über strukturierte Elektroden bestimmt. In der Regel werden die Spuren durch ein homogenes Magnetfeld abgelenkt, das parallel zum elektrischen Feld ausgerichtet ist.

Wie die ursprüngliche Kammer des PEP4-Experiments haben die meisten TPCs die Form eines Zylinders, der bei Speicherringexperimenten den Wechselwirkungspunkt um-

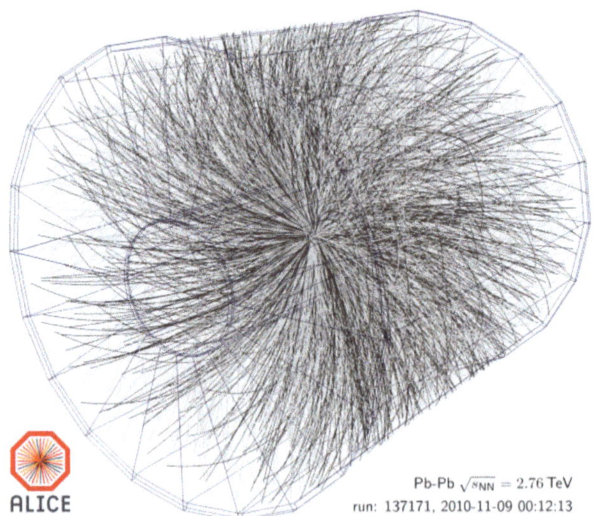

Abb. 7.49 Spuren von Teilchen aus einer Pb-Pb Kollision mit sehr hoher Multiplizität (etwa 2500 geladene Teilchen), aufgenommen mit der TPC des ALICE-Experiments am LHC (Quelle: CERN/ALICE Collaboration [1019]).

gibt und parallel zu den Strahlen ausgerichtet ist. Abbildung 7.50 zeigt das Funktionsprinzip. Das Volumen ist in zwei Hälften senkrecht zur Zylinderachse durch eine Elektrode geteilt, die auf negatives Potenzial relativ zu den beiden Endflächen des Zylinders gelegt wird. In dem damit erzeugten Feld driften die Elektronen, die beim Durchgang ionisierender Teilchen erzeugt werden, zu den Endflächen über Distanzen bis zu größenordnungsmäßig Metern. Die großen Driftstrecken stellen hohe Anforderungen an die Reinheit des Gases, insbesondere muss das Gas frei von elektronegativen Gasen sein,

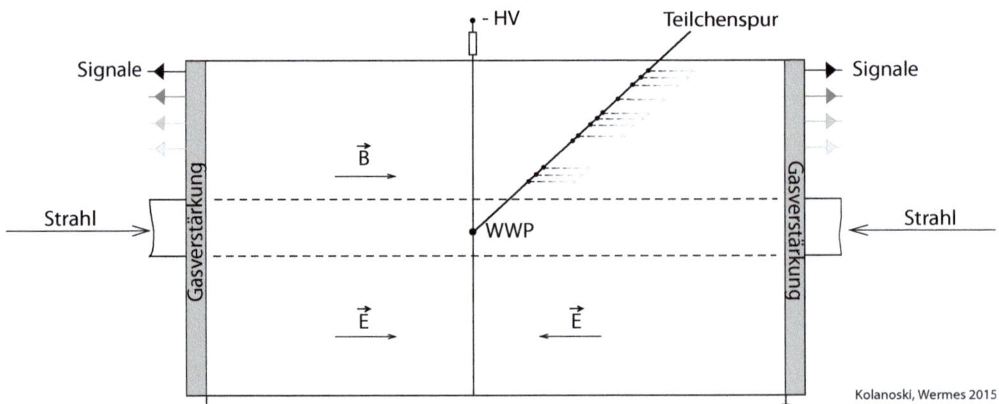

Abb. 7.50 Prinzip einer zylindrischen Time Projection Chamber (TPC) an einem Speicherring. Dargestellt ist ein Schnitt durch die Zylinderachse, festgelegt durch die Strahlen, die im Wechselwirkungspunkt (WWP) kollidieren. Zwischen der planaren Elektrode in der Mitte der Kammer und den Endkappen wird jeweils ein homogenes elektrisches Feld (etwa 500 V/cm) erzeugt. Die Elektronen driften zu den Endkappen, wo die $r\phi$-Koordinaten der ankommenden Ladung mit ortssensitiven Detektoren (z.B. MWPC oder MPGD, Abschnitte 7.8, 7.9) gemessen werden. Die z-Koordinate (entlang Strahl und E-Feld) wird durch die Driftzeit bestimmt.

Tab. 7.8 Parameter und Eigenschaften von drei als Beispiele ausgewählten TPCs (Daten aus [560], die ALICE-Einträge sind zum Teil aktualisiert nach [84]).

Parameter/Experiment	PEP4 [795]	ALEPH [126]	ALICE [84]
Betriebsbeginn	1982/1984	1989	2009
Innen-/Außenradius (m)	0.2/1.0	0.35/1.8	0.85/2.5
Max. Driftlänge (L/2) (m)	1	2.2	2.5
Magnetfeld (T)	0.4/1.325	1.5	0.5
Gasmischung	Ar/CH_4	Ar/CH_4	$Ne/CO_2/N_2$
	80:20	91:9	85.7:9.5:4.8
Gasdruck (atm)	8.5	1	1
Driftfeld ($\mathrm{V\,cm^{-1}\,atm^{-1}}$)	88	110	400
e^--Driftgeschw. ($\mathrm{cm/\mu s^{-1}}$)	5	5	2.7
$\omega\tau$ (Abschnitt 4.3.3)	0.2/0.7	7	<1
Pad-Größe $w \times L$ ($\mathrm{mm^2}$)	7.5×7.5	6.2×30	$4 \times 7.5;\ 6 \times 10/15$
max. dE/dx-Messungen/Spur	183	344	159
Gasverstärkung	1000	3000–5000	20000
Pads, Gesamtzahl	15 000	41 000	560 000
Auflösungen:			
$\sigma_{r\phi}$ (µm)	130–200	170–450	800–1100
σ_z (µm)	160–260	500–1700	1100–1250
Zweispurtrennung (mm), T/L	20	15	13/30
σ_p/p^2 ($\mathrm{GeV^{-1}}$) (p groß)	0.0065	0.0012	0.022
dE/dx (%) Einzelspuren/in Jets	2.7/4.0	4.4/–	5.0/6.8

die Elektronen einfangen (siehe Abschnitt 7.3.2). Zum Beispiel muss der Sauerstoffanteil unterhalb von einigen 10^{-5} bleiben.

Im Gegensatz zu dem Verlust von Elektronen spielt der Verlust von Ionen im Driftraum keine Rolle für die Eigenschaften einer TPC (siehe aber den Paragraphen 'Verhinderung der Rückdrift von Ionen' auf Seite 279).

Die longitudinale Koordinate (z-Achse = Zylinderachse) wird über die Driftzeit bestimmt, die $r\phi$-Koordinaten in der Projektion der Spurkrümmung werden an den Zylinderendflächen durch ortsauflösende Detektoren gemessen (siehe unten). Bei Sammlung der gesamten Ladung liefert jede $r\phi$-Messung zusätzlich einen dE/dx-Wert, der zur Teilchenidentifikation benutzt werden kann (siehe Abschnitt 14.2.2).

Elektrisches Feld Um das Driftfeld in dem ganzen Zylindervolumen homogen zu halten, wird an den Zylinderwänden ein von den Endelektroden zu der Mittelelektrode gleichmäßig abfallendes Potenzial erzeugt. Das geschieht meistens mit Hilfe eines Feldkäfigs (*field cage*) aus ringförmigen Leiterbahnen, die den inneren und äußeren Zylindermantel umlaufen und die über Widerstandsketten wie in Abb. 7.33 den Potenzialabfall erzeugen.

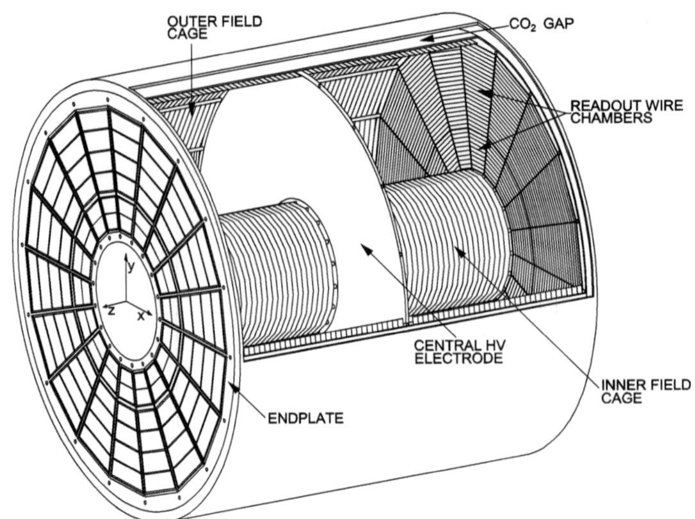

Abb. 7.51 Perspektivische Zeichnung der Elektrodenanordnung um das Driftvolumen der ALICE-TPC ([84], mit freundl. Genehmigung von Elsevier). Die Scheibe in der Mitte der TPC, die die Kammer in zwei zylindrische Volumen unterteilt, liegt auf Hochspannung. Die Bezeichnungen *Inner/Outer Field Cage* weisen auf die Potentialstreifen auf dem inneren und äußeren Zylindermantel hin (siehe Text). Die Ausleseebenen an den Endflächen sind jeweils in 18 azimutale Sektoren mit jeweils 2 Auslesekammern unterteilt.

In Abb. 7.51 sind die Ringstrukturen jeweils an dem inneren und äußeren Zylindermantel deutlich zu sehen.

Magnetfeld Dem homogenen elektrischen Feld ist in der Regel ein Magnetfeld überlagert, das möglichst parallel zum E-Feld sein sollte (andere Feldrichtungen sind eher selten, siehe aber das letzte Beispiel in der Liste auf Seite 282). Die senkrechte Komponente sollte weniger als 10^{-4} der parallelen Komponente ausmachen, damit die Driftgeschwindigkeit in (7.75) in guter Näherung nur Terme in Richtung des E- beziehungsweise B-Feldes enthält (das heißt, der $\vec{E} \times \vec{B}$-Term soll nicht beitragen). Neben der impulsabhängigen Ablenkung der Teilchen bewirkt das Magnetfeld auch eine starke Reduktion der transversalen Diffusion der driftenden Elektronen, entsprechend Gleichung (4.118) in Kapitel 4 auf Seite 132 (siehe dazu auch die Fußnote 25 auf Seite 132):

$$D_T(B) = \frac{D_T(0)}{1 + \omega^2 \tau^2} \,. \tag{7.76}$$

Das heißt, der Diffusionskoeffizient $D_T(0)$ für den Fall ohne Magnetfeld wird bei Drift in Richtung des Magnetfelds um den Faktor $1/(1 + \omega^2 \tau^2)$ untersetzt. Das ist der wesentliche Grund dafür, dass auch bei Driftstrecken von mehr als einem Meter gute Ortsauflösungen erreicht werden können. Um eine geringe transversale Diffusion zu bekommen, müssen die Zyklotronfrequenz ω, und damit das Magnetfeld, und die Stoßzeit τ möglichst groß sein. Für die TPC-Beispiele in Tab. 7.8 ist jeweils auch der Parameter $\omega\tau$ angegeben.

7.11.2 Signalauslese

Für die Signalauslese an den Endflächen einer TPC werden in der Regel Detektoren mit Gasverstärkung eingesetzt. Anfangs benutzte man dazu meistens MWPCs mit Pad-Auslese (Abschnitt 7.8), in jüngster Zeit geht man aber auf die mikrostrukturierten Gasdetektoren wie GEMs (Abschnitt 7.9.2) oder Micromegas-Detektoren (Abschnitt 7.9.3) über.

Abbildung 7.52 stellt das Prinzip einer Pad-MWPC dar, die in die Endplatte einer TPC integriert ist. Der Querschnitt in (a) zeigt die Anodenebene zwischen zwei Kathodenebenen. Die Kathode auf der Seite, von der die Elektronen heran driften, ist als Drahtebene ('Kathodengitter' in der Skizze) und die gegenüberliegende als Pad-Ebene ausgebildet. Typische Pad-Abmessungen liegen im Bereich von einigen Millimetern, siehe Tab. 7.8. In der Anodenebene sind zwischen die Anodendrähte meistens Felddrähte gespannt, die auf niedrigeres Potenzial als die Anoden gelegt werden, um dadurch eine bessere Fokussierung der Elektronen auf die Anode zu erreichen (siehe Abb. 7.52(c)).

Verhinderung der Rückdrift von Ionen Bevor die Elektronen in der MWPC verstärkt werden, müssen sie eine Gitterelektrode (Gate-Gitter, *gating grid*), Abb. 7.52(c)) passieren, die durch Wahl des angelegten Potenzials für driftende Ladungen geöffnet oder geschlossen werden kann. Der Grund für die Einführung des Gitters ist die notwendige Reduzierung der Raumladungseffekte durch Ionen, die aus dem Verstärkungsbereich zu der Kathode des Driftvolumens driften. Da die Ionen viel langsamer driften als die Elektronen, akkumulieren sie sich in dem Driftbereich und deformieren das elektrische Feld. Das Gitter wird auf einen Ereignistrigger hin geöffnet und nach etwa der maximalen Driftzeit wieder geschlossen. Diese Methode ist natürlich nur sinnvoll, wenn die maximale Driftzeit klein ist gegenüber der mittleren Zeit zwischen zwei Ereignissen.

Mit mikro-strukturierten Gasdetektoren, wie GEMs und Micromegas-Detektoren (Abschnitt 7.9) kann die Ionenrückdrift von vornherein so reduziert werden, dass TPCs auch in Hochratenexperimenten ohne gepulste Gitter betrieben werden können. Mit mehreren GEM-Lagen (Abb. 7.31) kann die Verstärkung in der ersten Lage relativ klein gehalten werden. Die Ionen aus den weiteren Verstärkungsstufen haben wegen der Diffusion eine geringe Chance, durch die kleinen Öffnungen der GEMs zurück zu driften. Bei einer Micromegas werden die Elektronen durch die engen Maschen des Mikrogitters (Abb. 7.32) geleitet, das aber die an den Anodenstreifen erzeugten Ionen wie bei den GEMs zurückhält. Der Einsatz von GEMs und Micromegas-Detektoren in TPCs wird zum Beispiel in [27, 907] beschrieben.

7.11.3 Auflösungen

$r\phi$-Auflösung Die erreichbare Ortsauflösung in der $r\phi$-Koordinate (in Tab. 7.8 der Eintrag $\sigma_{r\phi}$) hängt von der Art der Auslese ab. Wird die Ladung über mehrere Elektrodenelemente (Streifen oder Flächen) verteilt, kann durch Schwerpunktbildung oder ähnliche Methoden eine Ortauflösung im Bereich von 200 µm erzielt werden. Zu der Auf-

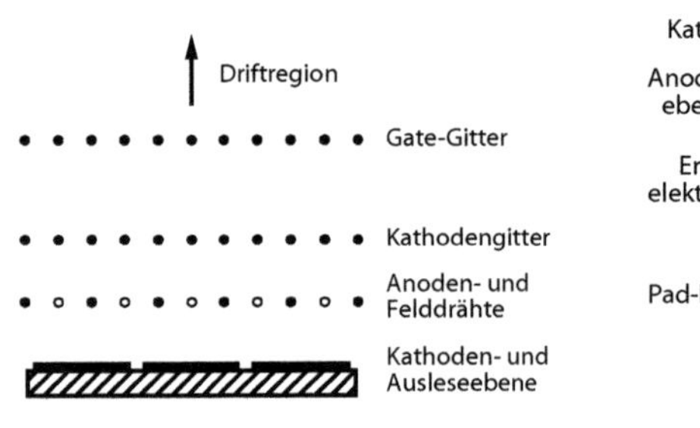

(a) Schema einer Pad-MWPC [722].

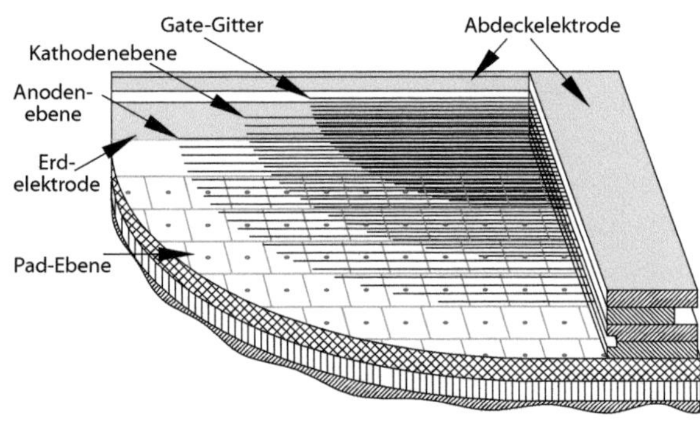

(b) Struktur der Pad- und der Drahtlagen der ALICE-TPC [84].

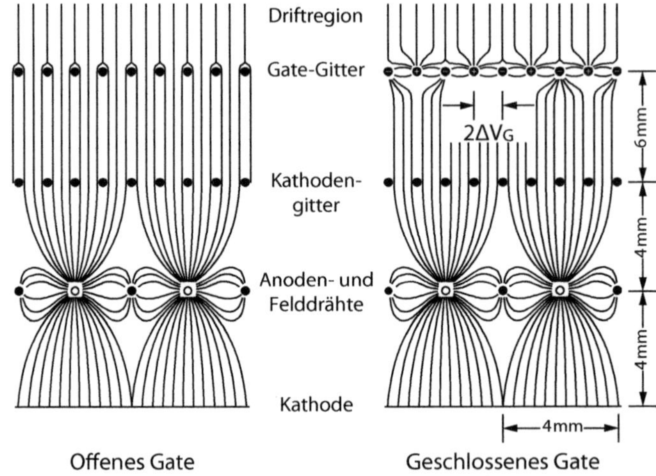

(c) Gitterelektrode, links offen und rechts geschlossen [783].

Abb. 7.52 TPC-Auslese mit Pad-MWPC: (a) Schema einer Pad-MWPC mit Anoden-, Kathoden- und Gitterlagen aus Drähten und einer Lage mit Pads, die die Influenzsignale der an der Anode verstärkten Elektronen sehen. (b) Kammer- und Pad-Struktur der Auslese der ALICE-TPC. (c) Das Potenzial des Gitters (*gating grid*) kann so gelegt werden, dass es offen ist für die driftenden Elektronen oder geschlossen, um den Rückfluss der viel langsamer driftenden Ionen zu reduzieren. Nachdruck der Abbildungen mit freundl. Genehmigung der Verlage World Scientific (a) und Elsevier (b, c).

lösung tragen vor allem bei: die transversale Diffusion, die Pad-Größe und die relative Orientierung der Spur, der Anodendrähte und der Pads (Details siehe [722, 229, 560]).

Die transversale Diffusion kann durch das Magnetfeld und eine geschickte Wahl des Gases entsprechend (7.76) klein gehalten werden kann. Außerdem verringert sich der Messfehler mit der Anzahl N der zu einem Signal beitragenden Elektronen etwa proportional zu $1/\sqrt{N}$, wenn über mehrere Pads gemittelt werden kann, siehe dazu Anhang E.

Beispiel: Als Beispiel wollen wir die transversale Diffusion in der ALEPH-TPC mit den Daten in Tab. 7.8 betrachten, wie sie auch in [560] diskutiert wird. Nach (4.71) ist die Breite der Ladungswolke bei einem Diffusionskoeffizienten D_T gegeben durch:

$$\sigma_{D_T} = \sqrt{\frac{2D_T(0)\,z}{v_D}}\sqrt{\frac{1}{1+\omega^2\tau^2}}\,. \tag{7.77}$$

In [560] ist für die ALEPH-TPC angegeben:

$$\sqrt{\frac{2D_T(0)}{v_D}} = 600\,\frac{\mu\mathrm{m}}{\sqrt{\mathrm{cm}}}\,. \tag{7.78}$$

Das ergibt für $\omega\tau = 0$ (ohne Magnetfeld) über die maximale Driftlänge von 2.2 m eine Breite von $\sigma_{D_T} = 8.9\,\mathrm{mm}$ und bei $B = 1.5\,\mathrm{T}$ mit $\omega\tau = 7$ eine Breite von $\sigma_{D_T} = 1.3\,\mathrm{mm}$. Der Schwerpunkt der Ladungsverteilung ist um einen Faktor $1/\sqrt{N}$ (N ist die Anzahl der gemessenen Elektronen) genauer lokalisiert als der Ort einer einzelnen Ladung. Im allgemeinen Fall hängt die Zahl N von der Projektion der Spur auf das Pad ab.

Häufig werden TPCs unter erhöhtem Druck betrieben (z.B. PEP4 in Tab. 7.8), um die dE/dx-Auflösung zu verbessern (siehe weiter unten). Der Effekt des Gasdrucks p auf den Diffusionsbeitrag zu der $r\phi$-Auflösung soll im Folgenden abgeschätzt werden. Die mittlere freie Weglänge λ für Elektronstreuung ist proportional $1/p$, woraus $D_T(0) \propto 1/p^{3/2}$ mit der Abschätzung in (4.112) folgt. In einem Magnetfeld wird diese Druckabhängigkeit teilweise durch die Kollisionszeit $\tau = \left\langle \frac{\lambda}{v} \right\rangle$ (siehe Abschnitt 4.6.4.3) kompensiert. Mit der ungeordnete Geschwindigkeit v, die nach (4.109) proportional zu $1/\sqrt{p}$ ist, und mit $\lambda \propto 1/p$ findet man, dass τ proportional zu $1/\sqrt{p}$ ist. Der Schwerpunkt der Ladungswolke in $r\phi$ kann mit einer Unsicherheit proportional zu $\sigma_{D_T}/\sqrt{N}$ bestimmt werden. Da die Anzahl der beitragenden Elektronen proportional zu p ist, erhält man für den Fall $\omega\tau \gg 1$ die Abschätzung::

$$\frac{\sigma_{D_T}}{\sqrt{N}} \propto \frac{1}{p^{3/4}}\,. \tag{7.79}$$

z-Auflösung In longitudinaler Richtung ist die Auflösung durch die longitudinale Diffusion begrenzt, siehe C. Da man bei TPCs von konstanten Driftgeschwindigkeiten v_D ausgehen kann, hat die Ladungswolke nach einer Driftstrecke z die Breite (Gleichung (C.1) für die Koordinate z):

$$\sigma_{D_L}(z) = \sqrt{\frac{2D_L}{v_D}}\sqrt{z}\,, \tag{7.80}$$

wobei D_L der longitudinale Diffusionskoeffizient ist. Wenn die Driftzeit als Mittelwert aller Ankunftszeiten der N Elektronen einer Ladungswolke bestimmt wird, ist der Beitrag zur Ortsauflösung

$$\sigma_z = \frac{\sigma_{D_L}(z)}{\sqrt{N}}\,. \tag{7.81}$$

Wenn aber die Zeit durch das Überschreiten einer Diskriminatorschwelle bei Ankunft des k-ten Elektrons bestimmt wird, gilt entsprechend die Formel in Gleichung (C.8) für die Ortsauflösung. Die erreichten Auflösungen σ_z sind in Tab. 7.8 aufgeführt.

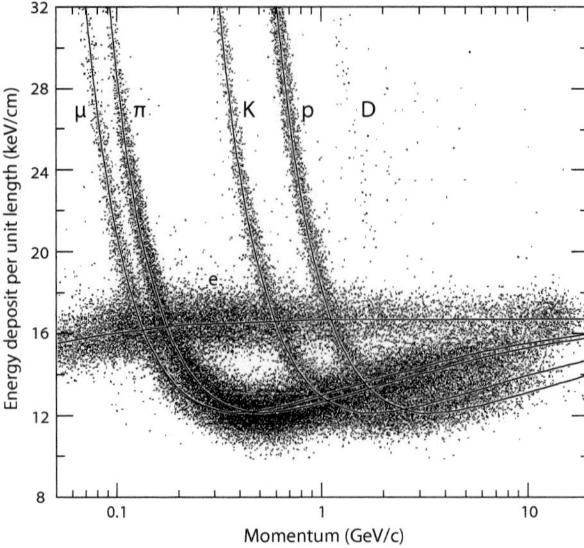

Abb. 7.53 Teilchenidentifikation durch dE/dx-Messungen in der PEP4-TPC (aus [799]). Jeder Punkt stellt den Mittelwert aller Energieverlustmessungen für jeweils eine Spur dar. Siehe dazu auch die Erläuterungen zu Abb. 14.11 auf Seite 648.

dE/dx-Auflösung Die Auflösung der dE/dx-Messung (siehe dazu Abschnitt 14.2.2) ist abhängig von der Anzahl der Elektronen, die zu einem Messpunkt beitragen und von der Anzahl der Messpunkte. Die Anzahl der Elektronen hängt von der Ionisationsdichte, also von der Gasmischung und dem Druck, und von der Größe der Pads ab. Größere Pads erlauben eine genauere dE/dx-Messung, verschlechtern aber die $r\phi$-Auflösung, so dass ein Optimum gefunden werden muss. Eine sehr gute Auflösung von etwa 3% wurde mit der PEP4-TPC mit 183 Messpunkten pro Spur bei einem Druck von 8.5 atm erreicht (Tab. 7.8 und Abb. 7.53). Zu dem guten Ergebnis trägt vor allem der hohe Druck bei, da der Energieverlust dE/dx nach Gleichung (3.25) auf Seite 37 proportional zur Gasdichte ist und die Gasdichte ihrerseits in dem hier relevanten Bereich proportional zum Druck ist.

7.11.4 Andere TPC-Varianten

Wir haben im Vorhergehenden die 'typische' TPC behandelt: ein Zylindervolumen, das die Wechselwirkungszone eines Experiments an einem Speicherring umgibt, wie in Abb. 7.50 und 7.51 dargestellt. Es gibt aber auch viele Varianten des TPC-Prinzips, die zum Beispiel auch an Nicht-Beschleuniger-Experimenten eingesetzt werden.

Beispiele

- In Abschnitt 16.7.2 wird ein Detektor für den Nachweis von Dunkler Materie beschrieben, der auf einer mit flüssigem Xenon gefüllten TPC basiert.
- Das ICARUS-Experiment im Gran-Sasso-Labor (siehe Abschnitt 2.3) setzt eine besonders große, mit flüssigem Argon gefüllte TPC zum Nachweis von Neutrino-Oszillationen [90] ein.

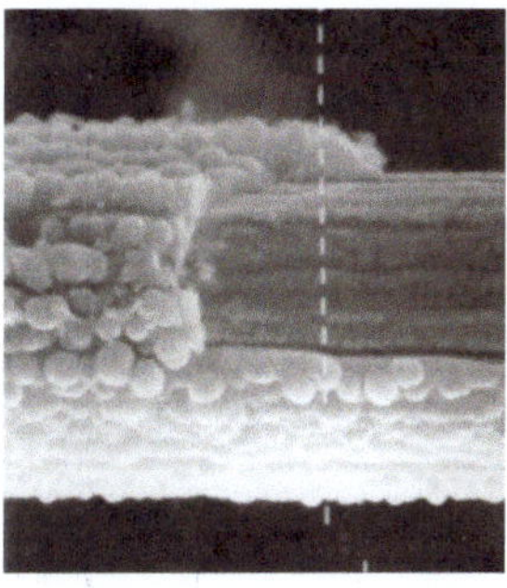

(a) Ablagerung eines Polymerisats.

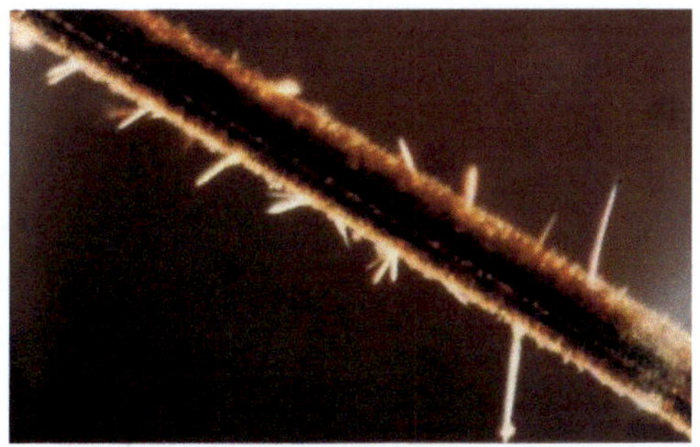

(b) Polymerisationsfäden (*whiskers*).

Abb. 7.54 Mikroskopaufnahmen von typischen Alterungserscheinungen auf Anodendrähten (aus den Vortragsfolien zu [901]).

- In einem Experiment am Paul-Scherrer-Institut (Schweiz) wird der Einfang von Myonen durch Protonen mit einer Wasserstoff-TPC, die bei 10 bar betrieben wird, studiert [390].
- Es gibt auch zylindrische TPCs, bei denen das elektrische Feld senkrecht zum Magnetfeld orientiert ist, wobei die Auslesekammern auf dem Zylindermantel angebracht sind (siehe zum Beispiel [45]). Obwohl diese Anordnung Vorteile für die Spurrekonstruktion hat, sind die erreichbaren Auflösungen im Allgemeinen schlechter.

7.12 Alterungseffekte

Mit dem Begriff 'Alterung' (*aging*) werden bei Detektoren Erscheinungen zusammengefasst, die eine im Allgemeinen negative Veränderung des Detektorverhaltens nach einer gewissen Betriebszeit bewirken. Zu den negativen Effekten gehören:

- Reduktion der Gasverstärkung,
- Anwachsen von Dunkelströmen,
- Auftreten von sich selbst erhaltenden Strömen,
- Korrosion von Elektroden,
- Beschädigung der isolierenden Elektrodenhalterungen und anderer mechanischer Strukturen.

Fast immer wird eine solche Alterung durch Strahlenbelastung und dabei vornehmlich durch den damit verbundenen erhöhten Ladungstransport zu den Elektroden verursacht. In gasgefüllten Detektoren mit hohen elektrischen Feldern zur Gasverstärkung treten Alterungseffekte in der Regel durch die Zersetzung des Gases in der Verstärkungslawine und nachfolgende Ablagerungen der verschiedenen chemischen Bestandteile auf den Elektroden auf (Abb. 7.54). Verursacher der Alterungen sind damit vor allem die komplexeren Moleküle, wie die Kohlenwasserstoffe, die in den Gasmischungen zur Einstellung des Arbeitspunkts oder als Löschgas benutzt werden (siehe Abschnitt 7.5). Häufig entstehen die Probleme aber auch durch Verunreinigungen im Gassystem.

Die Ablagerungen an den Elektroden sind vorwiegend Polymerisate, die entweder isolierend oder leitfähig sein können. Durch ausgedehnte Strahlungstests an Prototypen versucht man, die Strahlenfestigkeit der Detektoren sicherzustellen, und kontrolliert während des Betriebs kontinuierlich, ob Veränderungen der Betriebsparameter auftreten, die auf Alterung hindeuten. Trotz der intensiven Forschungen und des damit einhergehenden besseren Verständnisses der Alterungsprozesse basiert Vieles auf diesem Gebiet auf reiner Erfahrung, und häufig sind Ergebnisse nicht reproduzierbar. Einen guten Überblick über die Problematik geben die Berichte der 'Aging Workshops' [621, 569].

7.12.1 Maße für 'Alter' und Alterungseffekte

Integrierte Ladung Das wichtigste Maß für das 'Alter' einer Kammer ist die über die Betriebszeit integrierte Ladung, die auf den Anodendrähten oder -streifen pro Länge deponiert wurde. Es sind Kammern entwickelt worden, die integrierte Ladungen bis in die Größenordnung von mehreren C/cm aushalten. Das bedeutet bei etwa 10^5 Elektronen pro Signalpuls, dass die Kammer in ihrer Lebenszeit mehr als 10^{14} Teilchen pro cm Drahtlänge gesehen hat, entsprechend 1 MHz/cm bei einer Laufzeit von 10^8 s (das sind effektiv etwa 10 Jahre). Wenn die Driftzelle 1 cm breit ist (± 0.5 cm Driftstrecke), entspricht das einem Teilchenfluss von 1 MHz/cm^2.

Bei Parallelplattenanordnungen wie RPCs (Abschnitt 7.7.3) wird das Alter in integrierter Ladung pro Fläche angegeben. 'Gute' Kammern halten Ladungsmengen von etwa 10 C/cm^2 und mehr aus. Die gleiche Ladung pro Fläche ergibt sich für eine 5 mm Drahtkammerzelle mit 5 mm Durchmesser bei einer Ladung pro Drahtlänge von 5 C/cm. Wegen der im Allgemeinen höheren Gasverstärkung der RPCs entspricht allerdings diese Ladung bei RPCs etwa 10- bis 100-mal weniger Teilchendurchgängen als bei der Driftzelle.

Abhängigkeit von der Strahlungsart Während traditionell die akkumulierte Ladung normiert auf die Länge oder Fläche einer Elektrode als hinreichendes Kriterium für das 'Alter' eines Detektors galt, haben Messungen mit Detektoren von Hochratenexperimenten gezeigt, dass auch andere Parameter, wie Strahlungsart, Bestrahlungsdauer, Gasaustausch oder Ausdehnung des Bestrahlungsbereichs, die Lebensdauer eines Detektors mitbestimmen. Insbesondere hat sich gezeigt, dass Strahlung mit räumlich und zeitlich hoher Ionisationdichte, die zum Beispiel durch langsame schwere Ionen erzeugt wird, wesentlich schlimmere Effekte haben kann, als wenn die gleiche Dosis beispielsweise mit Röntgenstrahlung verabreicht wird. So werden die in Abb. 7.28 gezeigten Zerstörungen von Mikrostreifen einer MSGC durch hochionisierende langsame Teilchen ausgelöst, wie gezielte Tests mit α-Strahlung zeigen. In [140] wird berichtet, dass Driftkammern die in Labortests mit Röntgenstrahlung akkumulierten Ladungen von mehreren C/cm ohne

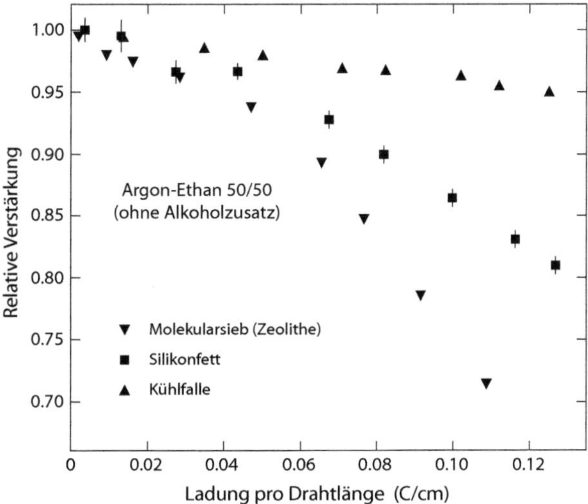

Abb. 7.55 Testmessungen zu Alterungserscheinungen der zentralen Driftkammer (CTC) des CDF-Detectors (nach [215], mit freundl. Genehmigung von Elsevier; um die Abbildung übersichtlich zu halten, sind hier weniger Tests dargestellt als im Original). Das Driftgas ist Argon-Ethan (50:50) ohne einen Zusatz zur Verhinderung der Ablagerungen, um den Einfluss verschiedener Verunreinigungen besser testen zu können. Mit einem Zusatz von Alkohol ist die Alterungsrate um mindestens eine Größenordnung geringer. Bei den Tests sind gezielt Verunreinigungen in das Gassystem gebracht worden: ein Molekularsieb (Zeolithe), Silikonfett, was häufig für Dichtungen verwendet wird, und eine Kühlfalle, an der sich flüchtige Verunreinigungen ablagern können. Die Alterung aufgrund verschiedener Verunreinigungen ist relativ dramatisch und in allen Fällen für das Experiment nicht akzeptabel.

Schaden überstanden haben, aber in der Umgebung von Strahlung, die in einem Target von einem Protonstrahl erzeugt wurde, nach nur etwa einem Tausendstel der akkumulierten Ladung nicht mehr gebrauchsfähig waren (durch den 'Malter-Effekt', siehe nächster Abschnitt).

Verstärkung und Kammerstrom als Kontrollgrößen Um frühzeitig Alterungserscheinungen bemerken zu können, werden relative Veränderungen der Gasverstärkung und des Kammerstroms mit der akkumulierten Ladung registriert, wie zum Beispiel in Abb. 7.55. Die Änderung der Gasverstärkung wird auf die akkumulierte Ladung pro Einheitslänge, Q, bezogen:

$$\eta_G = -\frac{1}{G_0}\frac{dG}{dQ}\,. \tag{7.82}$$

In einer 'gesunden' Kammer sollte der Strom I_{HV}, der der Spannungsversorgung entnommen wird, proportional zu einer extern zu messenden Rate α_r des Strahlungsniveaus sein. Die zu beobachtende Größe ist also:

$$\eta_I = -\frac{1}{(I/\alpha_r)_0}\frac{d(I/\alpha_r)}{dQ}\,. \tag{7.83}$$

Der Strom wird häufig als Kontrollgröße für die automatische Sicherheitsabschaltung eines Detektors benutzt.

7.12.2 Bildung von Polymerisaten

Methoden der Plasmachemie werden industriell benutzt, um durch Entladungen in Gasen, die Kohlenwasserstoffe enthalten, Polymerisate zu produzieren [1066]. So ist es eigentlich nicht erstaunlich, wenn in den Gasverstärkungslawinen Ablagerungen auf Elektroden erzeugt werden. Bei Entladungen in Kohlenwasserstoffen (oder Gasen, die diese enthalten) treten Ablagerungen durch Polymerisation auf. Zum Beispiel tritt Dissoziation von Methan durch Elektronstöße bei einer Schwelle von 4.5 eV auf, während die Ionisationsschwelle bei 12.6 eV liegt. Bei Argon, dem Methan häufig als Löschgas zugesetzt wird, liegt die Ionisationsschwelle bei 15.8 eV. Um also eine Lawine durch Sekundärionisation auszubilden, müssen die Elektronen den Energiebereich durchlaufen, in dem Dissoziationen ausgelöst werden können.

In Dissoziationsprozessen von Kohlenwasserstoffen werden reaktionsfreudige Radikale erzeugt, also Moleküle mit ungepaarten Valenzelektronen, die sich durch Bildung von Molekülketten als Polymerisate auf den Elektroden ablagern können. Zum Beispiel kann das CH_2-Radikal in Methan durch Elektronenstoß entsprechend der Reaktionsgleichung

$$e^- + CH_4 \rightarrow CH_2 + H_2 + e^- \tag{7.84}$$

gebildet werden [1006]. Dieses Radikal ist der Ausgang für die Bildung von Polyethylen mit der vereinfachten Ketten-Strukturformel $[-H_2C-CH_2-]_n$, das bekanntlich ein guter Isolator ist. Da das CH_2-Radikal ein großes Dipolmoment hat, heftet es sich bevorzugt an die polarisierenden Elektroden an, wo sich dann durch Kettenbildung wachsende Polymerisationsschichten bilden.

7.12.2.1 Ablagerungen auf Anoden

In Abb. 7.54 sind Mikroskopaufnahmen von Ablagerungen auf Anodendrähten als Beispiele gezeigt.

Leitfähige Ablagerung: Ablagerung eines leitfähigen Polymerisats (Abb. 7.54(a)) auf der Anode führt durch Verdickung des Drahtes zur Reduktion der Verstärkung. Dieser Effekt kann durch ständige Kontrolle der Gasverstärkung frühzeitig bemerkt werden.

Isolierende Ablagerung: Ablagerung eines isolierenden oder gering-leitfähigen Polymerisats auf der Anode führt zum Aufbau eines Gegenfelds durch Ladungsansammlung auf der Schicht und damit zum Einbruch der Verstärkung.

Bildung spitzer Strukturen: Ausbildung von Polymerisationsfäden auf der Anode (*whiskers*, Abb. 7.54(b)) führt zu Spitzenentladungen (von gelegentlichen 'Spratzern' bis zu einem dauerhaften Dunkelstrom).

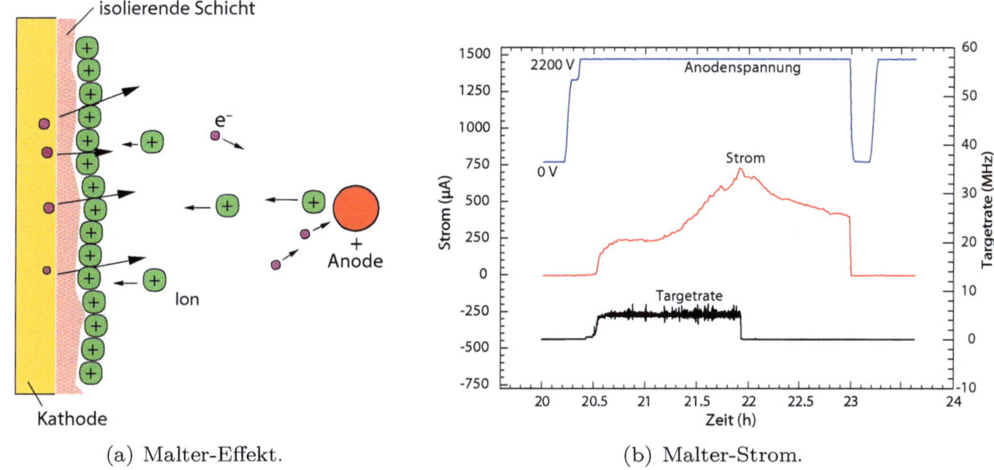

(a) Malter-Effekt. (b) Malter-Strom.

Abb. 7.56 (a) Schematische Darstellung des Malter-Effekts [920]: Isolierende Ablagerungen auf der Kathode führen durch Anlagerung von Ionen auf dieser Schicht zu einem Feld zwischen der Ionenschicht und der Kathode. Dieses Feld kann wegen des geringen Abstands der Schicht von der Kathode so stark werden, dass Elektronen aus der Kathode emittiert werden. Die Elektronen driften zu der Anode und erzeugen dort durch Gasverstärkung weitere Ionen und damit einen ständigen Strom, den 'Malter-Strom'. (b) Charakteristika eines Malter-Stromes ([73], mit freundl. Genehmigung von Elsevier): Bei einer konstanten Targetrate (hier Wechselwirkungen von Protonen in einem nuklearen Target) ist zunächst der Kammerstrom konstant und steigt dann durch den einsetzenden Malter-Effekt. Bei Abschaltung der Targetrate geht der Strom nicht mehr auf null zurück, wie vor dem Einsetzen des Malter-Stromes.

7.12.2.2 Ablagerungen auf Kathoden, 'Malter-Effekt'

Isolierende Ablagerungen auf der Kathode führen zu dem so genannten Malter-Effekt [737], schematisch dargestellt in Abb. 7.56(a). Durch Anlagerung von Ionen auf der Isolationsschicht wird zwischen dieser Schicht und der Kathode ein Feld erzeugt, das so stark werden kann, dass Elektronen aus der Kathode extrahiert werden ('Dünnschicht-Feldemission'). Solange das Potenzial der Anode höher liegt als das der Ionenschicht, können die Elektronen durch die Ionenschicht zur Anode driften, erzeugen dort durch Gasverstärkung weitere Ionen und damit einen ständigen Strom, den 'Malter-Strom'. In Abb. 7.56(b) ist das charakteristische Verhalten des Malter-Stromes dargestellt. Die Anlagerung der Ionen an der isolierenden Schicht erfolgt in einem Gleichgewichtsprozess zwischen Neutralisierung der Ionen durch Elektronen und Verstärkung der Elektronen an der Anode. Ein Anwachsen der Ionenschicht verringert die Potenzialdifferenz zwischen der Ionenschicht und der Anode und damit auch die Verstärkung.

7.12.2.3 Maßnahmen gegen Ablagerungen

Einige allgemeinen Regeln, wie Ablagerungen auf den Elektroden vermieden werden können, sind:

- Vermeide Kohlenwasserstoffe. Allerdings sind Kohlenwasserstoffe gute Löschgase und in Driftkammern zur Einstellung der Driftgeschwindigkeit notwendig. Als Ersatz kann häufig CO_2 eingesetzt werden, das zwar als Löschgas nicht ganz optimal ist, dafür aber nicht zu Polymerisation neigt. Eine Möglichkeit der Verbesserung der Löschgaseigenschaften ist die Beimischung von CF_4, was aber potenziell andere Probleme hat (siehe Abschnitt 7.12.3).
- Vermeide Verunreinigung des Gases. Abbildung 7.55 zeigt als Beispiel den Verstärkungsverlust als Effekt von Verunreinigungen. Stabiler Detektorbetrieb verlangt eine peinliche Sauberkeit des Systems und beim Bau der Detektoren die unbedingte Vermeidung ausgasender Materialien (Klebstoffe, Leiterplatinen, Lötzinn, ...). Insbesondere muss Silizium vermieden werden, weil es nichtflüchtige Verbindungen eingeht, die zu Polymerisation neigen. Silizium kommt unter anderem in Silikonöl vor, was manchmal zum Einperlen geringer Zusätze zum Detektorgas (über einen '*bubbler*') benutzt wird.

  Das Gassystem, bevorzugt mit ölfreien Edelstahlrohrverbindungen und ohne ausgasende Dichtungen, sollte dicht gegen die Umgebung sein. Wenn das bei großen Systemen nicht absolut möglich ist, hilft ein leichter Gasüberdruck. Verunreinigungen können durch Gasspektroskopie kontrolliert werden, wobei dieser Aufwand meistens nur in großen Systemen betrieben wird, in denen das Gas in einem geschlossenen Kreislauf gereinigt und zurückgeführt wird.

- Zusatz von nicht-polymerisierenden Gasen: Auch wenn Kohlenwasserstoffe wegen ihrer guten Eigenschaften als Löschgas nicht zu vermeiden sind, können Ablagerungen an den Elektroden durch Zusätze zum Gas unterdrückt werden. Damit gefährliche Radikale und Moleküle nicht zu den Elektroden transportiert werden, sollte die Ladung auf Moleküle, die nicht zu Polymeristation neigen, übertragen werden. In Ladungsaustauschreaktionen können die positiven Ionen durch Elektronen aus Molekülen mit niedrigerem Ionisationpotenzial neutralisiert werden. Als geeignete Zusätze für den Ladungstransfer haben sich Alkohol (Ethanol, Propanol), Methylal, Wasser und auch Sauerstoff erwiesen (siehe auch Abschnitt 7.5 zu der Zusammensetzung von Kammergasen).

Nachdem sich bereits Ablagerungen gebildet haben, kann eine Kammer eventuell durch Spülen mit reaktiven Gasen wie Sauerstoff oder CF_4 'geheilt' werden. Ein Wasserzusatz kann eine isolierende Schicht manchmal leitfähig machen, es besteht aber die Gefahr, dass Kriechströme über die Elektrodenhalterungen anwachsen. Nur ausgiebige Test unter möglichst realistischen Bedingungen können einigermaßen sicherstellen, dass eine Maßnahme Erfolg verspricht und nicht etwa zu weiteren Problemen führt. Allerdings sind in den meisten Fällen mindestens die Bestrahlungsintensität und/oder -dauer nicht realistisch, da die Tests in der Regel nicht so lange dauern können wie das eigentliche Experiment, sondern beschleunigt durchgeführt werden müssen.

7.12.3 Beschädigung von Elektroden und Kammerstrukturen

Durch Strahlung können auch mechanische Strukturen, wie die Elektroden oder die isolierenden Halterungen der Elektroden, angegriffen werden. Insbesondere durch Zerlegung von fluor-haltigen Gasen wie CF_4 oder Freon kann es zur Bildung von ätzenden Gasen oder Flüssigkeiten kommen. Zum Beispiel kann Fluorwasserstoff (HF) entstehen, der mit eventuell vorhandenem Wasser als Flusssäure sehr aggressiv ist (Flusssäure wird industriell zum Ätzen von Glas und Silizium eingesetzt). Schädigungen durch Verätzung werden sowohl bei Drahtelektroden (bis zum Abschälen von Goldbeschichtungen) als auch auf Elektrodenflächen, zum Beispiel bei RPCs (Abschnitt 7.7.3), beobachtet [1006, 901]. Eine Schädigung der Elektroden oder Elektrodenhalterungen kann zur Deformierung der elektrischen Feldkonfiguration und zu erhöhtem Dunkelstrom und Überschlägen führen.

In Gläsern mit geringer Leitfähigkeit, die mikrostrukturierte Leiterbahnen als Elektroden tragen, wie bei MSGCs (Abschnitt 7.9.1), ist unter Bestrahlung die Ausbildung von anwachsenden Strömen (Ionenströme) beobachtet worden [579]. Dadurch wird es schwierig, die Felder zwischen den Elektroden und damit auch eine konstante Gasverstärkung aufrecht zu erhalten. Siehe dazu auch die Ausführungen in Abschnitt 7.9.1 über MSGCs.

8 Halbleiterdetektoren

Übersicht

8.1 Einleitung

Halbleiterdetektoren werden bereits seit den frühen 1960er Jahren in der Kernphysik vor allem zur Energiemessung von Gammastrahlung eingesetzt (siehe zum Beispiel [655]). In diesem Kapitel konzentrieren wir uns allerdings auf ortsempfindliche Halbleiterdetektoren der Teilchenphysik, die seit den 1980er Jahren entwickelt werden. Ähnlich wie die Erfindung der Vieldrahtkammern zwanzig Jahre zuvor die elektronische Messtechnik für Teilchenphysikexperimente revolutionierte (siehe Kapitel 7), erfolgte ein ähnlicher Qualitätssprung durch die Entwicklung ortsauflösender Halbleiterdetektoren mit einer Elektrodenstrukturierung im Bereich 50–100 µm. Mit ihnen konnte die Genauigkeit der Ortsmessung um 1–2 Größenordnungen im Vergleich zu den bis dahin meist verwendeten Drahtkammern verbessert werden. Dadurch wurde die elektronische Messung von Sekundärvertices und damit unter anderem von Lebensdauern schwerer Fermionen enorm verbessert. Zwei Beispiele dazu seien erwähnt:

– τ-Leptonen zerfallen mit einer Lebensdauer von $\tau_\tau \simeq 290\,\text{fs}$ ($c\tau = 87\,\mu\text{m}$) in Endzustände mit einem geladenen Teilchen (z. B. $\tau^- \to e^- \overline{\nu}_e \nu_\tau$) oder mehreren geladenen Teilchen (z. B. $\tau^- \to \pi^- \pi^+ \pi^- \nu_\tau$). Die dabei zurückgelegte Flugstrecke ist

$$d = \gamma\beta c\tau\,, \tag{8.1}$$

wobei βc die Geschwindigkeit des Teilchens und γ den Lorentz-Faktor für die Transformation vom τ-Ruhesystem in das Laborsystem darstellt. In dem Elektron-

H. Kolanoski und N. Wermes, *Teilchendetektoren*, https://doi.org/10.1007/978-3-662-73068-3_8

Positron-Speicherring LEP wurden τ^+ und τ^- bei einer Schwerpunktsenergie von $\approx$91 GeV paarweise produziert in der Reaktion

$$e^+e^- \to Z^0 \to \tau^+\tau^- .$$

In 'natürlichen' Einheiten ($\hbar = c = 1$) ergibt sich für τ-Leptonen mit Masse m, Energie E und Impuls p:

$$\gamma\beta = \frac{E}{m}\frac{p}{E} = \frac{p}{m} \quad = \quad \frac{45.5\,\text{GeV}}{1.78\,\text{GeV}} \simeq 25.6$$

und damit

$$\gamma\beta c\tau \simeq 2.2\,\text{mm} .$$

Der typische Abstand zwischen dem Ort der Kollision der Strahlteilchen und dem Zerfallspunkt der τ-Leptonen liegt also im mm-Bereich. Abb. 8.1 zeigt ein Ereignis dieses Typs und eine Ausschnittvergrößerung der inneren Zone. Mit Hilfe von Silizium-Mikrostreifendetektoren (Abschnitt 8.5.1, Seite 350) wurde die Extrapolation der Teilchenspuren in einem Großdetektor von mehreren Metern Durchmesser zum Wechselwirkungspunkt mit einer Genauigkeit im Bereich 10–100 µm möglich.

– Ähnliche Anforderungen ergeben sich bei der Erkennung von Sekundärvertices in Teilchenbündeln, 'Jets' genannt, zum Beispiel in der Reaktion $pp \to t\bar{t} \to (b\,\mu^+\nu)\,(\bar{b}\;e^-\bar{\nu})$ wie in Abb. 8.2 in einer Computerrekonstruktion eines Kollisionsereignisses in einem LHC-Detektor gezeigt. Hier geht es darum, Jets mit Teilchen, die von einem Sekundärvertex stammen, von Jets aus dem Primärvertex, das heißt vom Kollisionspunkt der Reaktion, zu unterscheiden. Die Abkürzungen t und $\bar{t}$ sowie b und $\bar{b}$ in Abb. 8.2 bezeichnen Top- und Bottom-Quarks, beziehungsweise ihre jeweiligen Antiteilchen. Die Top-Quarks zerfallen und gehen in Hadronen mit b-Quarkinhalt über, die eine Lebensdauer τ im Bereich von 1.5 ps besitzen und nach einer von ihrem Impuls abhängigen Wegstrecke $l = \beta\gamma c\tau$ zerfallen, die im mm- bis cm-Bereich liegt.

Ein idealisierter Detektor Um darzulegen, welche Parameter für einen Mikrovertexdetektor bestehend aus mehreren Lagen von Siliziumdetektoren entscheidend sind, betrachten wir einen vereinfachten zweilagigen Mikrostreifendetektor, der außerhalb des Strahlrohrs nahe dem Wechselwirkungspunkt eines Speicherringexperiments installiert ist (siehe Abb. 8.3). Die zylindrisch angeordneten Lagen des Detektors haben einen festen Abstand vom Wechselwirkungspunkt der Reaktion r_1, r_2 und Ortsauflösungen σ_1, σ_2 in der Ebene senkrecht zur Strahlachse. Wir vereinfachen das Problem, indem wir ebene Detektorlagen annehmen sowie gerade Teilchenspuren, die den Detektor senkrecht durchqueren.

Wir nehmen zuerst an, Detektor 2 sei perfekt ($\sigma_2 = 0$) und Detektor 1 habe die Auflösung $\sigma_1 > 0$. Dann kann die Auflösung σ_b des Stoßparameters b – das ist der kürzeste Abstand zum Wechselwirkungspunkt in der Ebene wie in Abb. 8.3(a) gezeigt – als Abbildungsmaßstab aus der Abbildung entnommen werden:

$$\frac{\sigma_b}{\sigma_1} = \frac{r_2}{r_2 - r_1} .$$

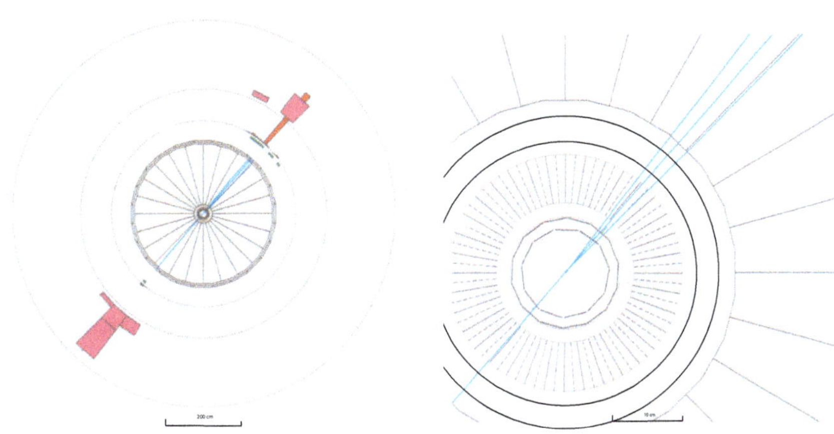

(a) Rekonstruktion eines τ-Paar-Ereignisses (b) Ausschnittvergrößerung (20:1).

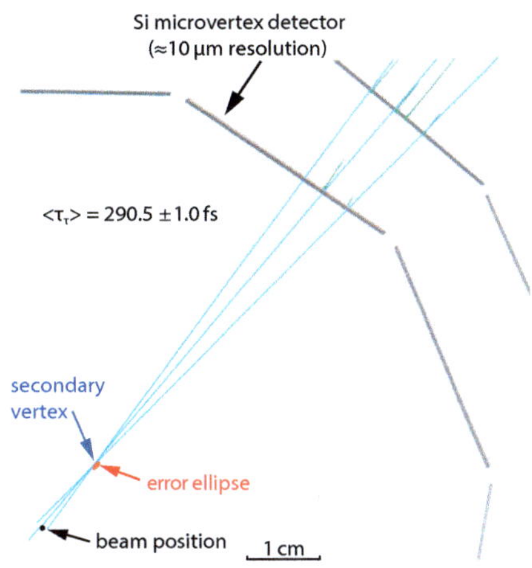

(c) Ausschnittvergrößerung (200:1).

Abb. 8.1 Ereignisdarstellung der Reaktion $e^+e^- \to Z^0 \to \tau^+\tau^-$, bei der eines der beiden τ-Leptonen in drei Pionen zerfällt. Die Abbildungen (b) und (c) zeigen Ausschnittvergrößerungen, aus denen die präzise Messung von Spurpunkten im Silizium-Mikrovertexdetektor und die Erkennung eines so genannten Sekundärvertex deutlich werden (OPAL-Detektor am Speicherring LEP, Quelle: CERN).

Nehmen wir umgekehrt an, dass Detektor 1 ideal sei (Abb. 8.3(b)), so gilt:

$$\frac{\sigma_b}{\sigma_2} = \frac{r_1}{r_2 - r_1} \,.$$

Insgesamt erhalten wir durch quadratische Addition der beiden Auflösungen und eines weiteren Fehlerterms σ_{ms}, der von der Coulomb-Vielfachstreuung (multiple scattering) im Material des Strahlrohrs und der Siliziumdetektoren selbst herrührt (siehe Abschnitt 3.4):

$$\sigma_b^2 = \left(\frac{r_1}{r_2 - r_1}\,\sigma_2\right)^2 + \left(\frac{r_2}{r_2 - r_1}\,\sigma_1\right)^2 + \sigma_{\mathrm{ms}}^2 \,. \tag{8.2}$$

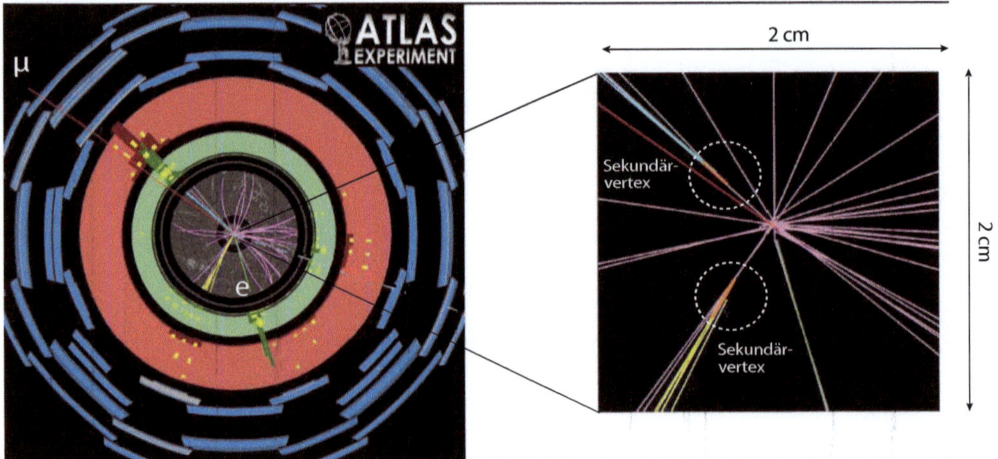

Abb. 8.2 Top-Antitop-Quark-Paarerzeugung in einer pp-Kollision am LHC (ATLAS-Experiment). Die beiden Top-Quarks zerfallen in Elektron (e) plus Neutrino (unsichtbar) beziehungsweise Myon (μ) plus Neutrino (unsichtbar) sowie je einem langlebigen b- oder $\bar{b}$-Quark. In der Ausschnittvergrößerung erkennt man die Sekundärvertices der b-Quark-*Jets*, die nicht am Kollisionspunkt entstanden sind. (Quelle: CERN)

Für den Einfluss der Coulomb-Vielfachstreuung verweisen wir auf Abschnitt 3.4 mit Abb. 3.33 auf Seite 81 sowie Abschnitt 9.4.6.

Folgende Konsequenzen ergeben sich aus (8.2) für einen optimalen Vertexdetektor:

- Der Vorfaktor von σ_1 ist größer als der von σ_2. Daher muss die Auflösung von Detektor 1 so gut wie möglich sein.
- Der 'Hebelarm' $r_2 - r_1$ sollte möglichst groß sein, um den Abbildungsmaßstab klein zu machen.

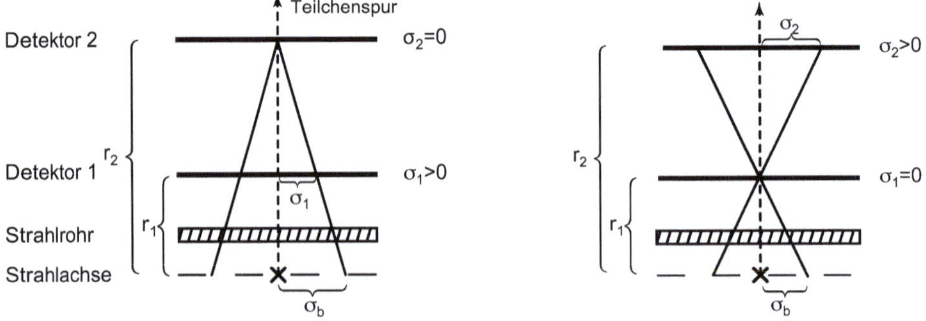

(a) Detektor 2 ist als ideal angenommen. (b) Detektor 1 ist als ideal angenommen.

Abb. 8.3 Vereinfachter 2-Lagen-Mikrostreifendetektor in ebener Geometrie, gezeigt in der Projektion senkrecht zu den Streifenelektroden, welche die Ortsauflösung bestimmen. Das Symbol $\times$ markiert den Wechselwirkungspunkt, und σ_b bezeichnet den extrapolierten Messfehler der Spur am Wechselwirkungspunkt.

- r_1 sollte klein sein. Deshalb muss die erste Lage des Vertexdetektors möglichst nahe am Wechselwirkungspunkt angebracht werden.
- Strahlrohr und Detektor 1 müssen so dünn wie möglich sein, und ein Material mit großer Strahlungslänge sollte verwendet werden, um den Anteil der Vielfachstreuung klein zu halten.

Halbleiterdetektoren ermöglichen die Umsetzung dieser Forderungen im Auflösungsbereich weniger Mikrometer. Im Vergleich zu Gasdetektoren unterscheiden sich Halbleiterdetektoren vor allem durch folgende Charakteristika:

- Die Dichte von Festkörpern ist etwa drei Größenordnungen größer als die von Gasen. Da der Energieverlust von Teilchen zur Dichte proportional ist, ist das benötigte Volumen (Dicke) bei gleich großem Energieeintrag für Halbleiterdetektoren erheblich kleiner. Allerdings ist die Wahrscheinlichkeit für unerwünschte Wechselwirkungen in dem Detektormaterial auch entsprechend größer; die Strahlungslänge X_0 ist viel kleiner ($X_0 \propto 1/\rho$).
- Die mittlere benötigte Energie zur Erzeugung eines Elektron-Loch-Paares bei Halbleitern im Vergleich zu der eines Elektron-Ion-Paares in Gasen ist etwa 5-mal kleiner. Daher wird mehr Ladung pro deponierter Energie im Detektor freigesetzt. Die erreichbare Auflösung bei der Messung der deponierten Energie ist demzufolge besser.
- Es ist kein Behälter zur Installation des Detektors notwendig, wie dies bei Gasen als Detektormedium meistens der Fall ist.
- Durch Mikrostrukturierung[49] der Elektroden können eine hohe Granularität und eine ausgezeichnete Ortsauflösung erzielt werden.
- Große Detektorvolumina beziehungsweise -flächen sind allerdings mit Halbleiterdetektoren nur sehr aufwändig herzustellen (siehe zum Beispiel die Spurdetektoren der LHC-Experimente, Abschnitt 8.4.2).

Halbleiterdetektoren werden in einer Vielzahl von Bereichen eingesetzt, außerhalb der Kern- und Elementarteilchenphysik beispielsweise auch zur Röntgendiagnostik in der Biologie, Medizin oder in den Materialwissenschaften, sowie zur Autoradiographie (siehe z.B. Abb. 8.72) und zur Echtzeit-Strahlenüberwachung in der Radiotherapie.

8.2 Halbleitergrundlagen

In diesem Abschnitt werden die grundlegenden Eigenschaften von Halbleitern, soweit sie für Detektoren relevant sind, zusammengefasst. Für detailliertere und weiter gehende Darstellungen wird auf die einschlägige Literatur (zum Beispiel [979, 978, 930, 262]) verwiesen.

[49] Mikrostrukturierung wird inzwischen allerdings auch in gasgefüllten Detektoren verwendet, siehe Abschnitt 7.9 über *Micro-Pattern-Gas*-Detektoren.

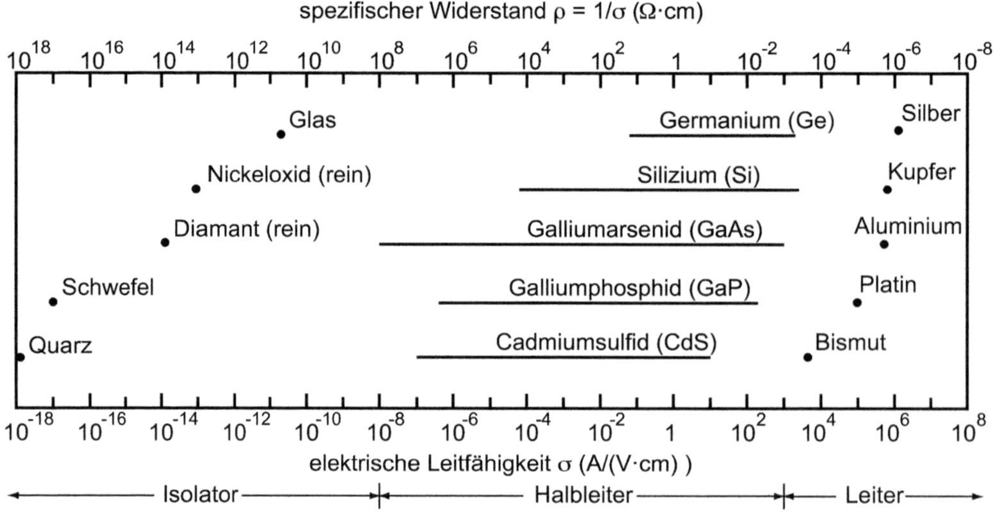

Abb. 8.4 Leiter, Halbleiter und Isolatoren. Klassifizierungsbereiche nach [976].

8.2.1 Halbleitermaterialien für Detektoren

Alle Festkörper lassen sich hinsichtlich ihrer elektrischen Leitfähigkeit in Leiter, Halbleiter und Isolatoren einteilen (Abb. 8.4). Der typische Bereich des spezifischen Widerstands von Halbleitern liegt zwischen 10^{-3} und $10^{8}\,\Omega\,\text{cm}$. Neben Silizium und Germanium als reinen Elementhalbleitern sind auch die Verbindungshalbleiter aus Elementen der dritten und der fünften Hauptgruppe (so genannte III-V-Halbleiter) oder aus der zweiten und der sechsten Hauptgruppe des Periodensystems (II-VI-Halbleiter) für Halbleiterdetektoren interessant. Tabelle 8.1 gibt einen Überblick.

Die für Detektoren zum Nachweis von Teilchen oder Strahlung (Röntgen- oder Gammastrahlung) wichtigsten Halbleiter sind Silizium (Si), Germanium (Ge), Galliumarsenid (GaAs) und Cadmiumtellurid (CdTe). Als Detektormaterialien werden Silizium und Germanium seit langem intensiv untersucht. GaAs und CdTe sind insbesondere wegen ihrer hohen Ordnungszahlen und der damit verbundenen guten Absorptionseigenschaften für Röntgenstrahlung interessant. In jüngerer Zeit hat auch (synthetischer) Diamant als Detektormaterial wegen seiner hohen Strahlungsfestigkeit das Interesse der Detektorphy-

Tab. 8.1 Element- und Verbindungshalbleiter.

Element	Verbindungen			
	IV–IV	III–V	II–VI	IV–VI
(C) Si Ge	SiC SiGe	AlP, AlAs, AlSb, BN, GaAs, GaP, GaSb, InAs, InP, InSb	CdS, CdSe, CdTe, ZnS, ZnSe, ZnTe, HgS, HgSe, HgTe	PdS, PbTe

Tab. 8.2 Eigenschaften von Silizium, Germanium, Galliumarsenid, Cadmiumtellurid und Diamant. D = Diamant-Gitterstruktur, ZB = Zinkblende-Gitterstruktur bei 300 K

Eigenschaften	Si	Ge	GaAs	CdTe	Diamant
Ordnungszahl (Z)	14	32	31/33	48/52	6
Atommasse (u)	28.09	72.60	72.32	120.0	12.01
Dichte ρ (g/cm^3)	2.328	5.3267	5.32	5.85	3.51
Kristallstruktur	D	D	ZB	ZB	D
Gitterkonstante (Å)	5.431	5.646	5.653	6.48	3.57
HL-Typ	indirekt	indirekt	direkt	direkt	indirekt
Bandlücke E_G (eV)	1.12	0.66	1.424	1.44	5.5
intrins. Ladungsträgerd. (cm^{-3})	$1.09 \cdot 10^{10}$	$2.4 \cdot 10^{13}$	$2.1 \cdot 10^{6}$	10^7	≈ 0
spez. Widerstand (Ω cm)	$2.3 \cdot 10^5$	47	10^8	10^9	$\approx 10^{16}$
Dielektrizitätszahl (ϵ)	11.9	16	13.1	10.2	5.7
Strahlungslänge X_0 (cm)	9.36	2.30	2.29	1.52	12.15
mittlere Energie zur (e/h)-Erzeugung (eV)	3.65	2.96	4.35	4.43	13.1
Wärmeleitf. (300 K) ($\frac{\mathrm{W}}{\mathrm{cmK}}$)	1.48	0.6	0.55	0.06	>18
Beweglichkeit ($\frac{\mathrm{cm}^2}{Vs}$)					
Elektronen μ_n	1450	3900	8500	1050	≈1800
Löcher μ_h	500	1800	400	90	≈2300
Lebensdauer					
Elektronen τ_e	>100 µs	∼ms	1-10 ns	0.1-2 µs	≈100 ns
Löcher τ_h	>100 µs	∼ms	20 ns	0.1-1 µs	≈50 ns

siker gefunden. Diamant ist als Isolator klassifiziert. In Tab. 8.2 sind die für Detektoren relevanten Eigenschaften dieser Halbleiter zusammengefasst.

Silizium ist mit Abstand das meistverwendete Material für Halbleiterdetektoren. Auslesechips sind nahezu ausschließlich aus Silizium hergestellt. Nach Sauerstoff ist Silizium das auf der Erde am weitesten verbreitete Element. Die Erdkruste besteht zu circa 28 % aus Silizium. Dort kommt es jedoch nur als Oxid (SiO_2) oder in Silikatform vor. Reines Silizium ist hochreaktiv und oxidiert sofort mit Luftsauerstoff.

Herstellungstechnisch wird Silizium aus SiO_2 mit einem Reinheitsgehalt von mehr als 95 % durch Reduktion mit reinem Kohlenstoff in Lichtbogenöfen hergestellt. Zur (chemischen) Darstellung des (reinen) Siliziums wird das Siliziumdioxid in dazu geeignetere Si-haltige Verbindungen wie Monosilan (SiH_4) oder Trichlorsilan ($SiHCl_3$) überführt. Der technisch dominierende Prozess für die Si-Erzeugung ist die Wasserstoffreduktion des Trichlorsilan an heißen Siliziumstäben.

Die physikalische Hochreinigung erfolgt durch Schmelzen. Da Verunreinigungen in der Schmelze ein geringeres chemisches Potential vorfinden als im Festkörper, wandern sie vom Festkörper in die energetisch günstigere Umgebung der Schmelze. Im so-genannten *Schwebezonenverfahren* (*float zone technique, FZ*) [1036] wird im Vakuum ein polykristalliner Stab senkrecht mehrfach von unten nach oben durch eine Induktionsspule gezogen, die einen Wirbelstrom in dem Stab erzeugt, ihn dadurch erwärmt und zonenweise schmelzt. Bei der Erkaltung entsteht ein Einkristall. Die Fremdatome verbleiben hauptsächlich in der Schmelze und lagern sich schließlich am Ende der Säule an. Dieser Teil der Säule wird am Ende des Prozesses entfernt. Durch Absonderung der Verunreinigungen (Segregation) kann man einen hohen Reinheitsgrad erzielen. Bei der *Czochralski-Methode* [1033] wird ein Impfkristall mit der Spitze in eine Siliziumschmelze eines Tiegels getunkt und unter Drehung langsam nach oben gezogen. Temperatur und Ziehgeschwindigkeit bestimmen den Durchmesser des gezogenen Kristallstabes (*Ingot*), Orientierung des Impfkristalls und die langsame Rotation bewirken ein gerichtetes Kristallwachstum.

Die fertigen, hoch reinen Kristalle (spez. Widerstand $\rho >$ kΩ cm) werden für die Verwendung als Detektoren in dünne Scheiben (*wafer*) von 200 µm bis 300 µm Dicke und 10 cm oder 15 cm Durchmesser geschnitten, aus denen die gewünschten Detektorgeometrien entsprechend zurecht geschnitten werden. Chip-Wafer sind weniger hochohmig und werden in Größen bis 30 cm und Dicken bis 800 µm geliefert.

8.2.2 Kristallgitter und Energiebänder

Gitterstrukturen Silizium und Germanium kristallisieren in der Diamantgitterstruktur (Abb. 8.5(a)), Galliumarsenid, Cadmiumtellurid und andere Verbindungshalbleiter in der Zinkblendestruktur (Abb. 8.5(b)) oder in der Zinksulfidstruktur als Wurzit (hexagonal). Im Gegensatz zu vielen Metallen bilden die Halbleiter keine dichtesten Kugelpackungen, die Zahl der unmittelbaren Nachbarn pro Atom ist also vergleichsweise gering mit einem typischen Gitterabstand von etwa 5.5 Å. Für die in diesem Buch auftretenden Halbleiter sind die Gitterabstände 5.43 Å (Si), 5.66 Å (Ge), 5.65 Å (GaAs), 6.48 Å (CdTe) und 3.567 Å (Diamant) (aus [1041]).

In der Diamantgitterstruktur (Abb. 8.5(a)) ist jedes Siliziumatom kovalent an seine vier nächsten Nachbarn gebunden, angeordnet in den Ecken eines regelmäßigen Tetraeders [575]. Eine Gitterzelle kann man sich als zwei kubisch flächenzentrierte (fcc, *face-centered cubic*) Zellen vorstellen, die sich einander durchdringen, indem sie entlang der Diagonalen des Würfels um ein Viertel der Diagonalenlänge verschoben sind (siehe zum Beispiel [118, 669]). In dieser Struktur sind alle Atome identisch, wohingegen in der Zinkblendestruktur jeweils eine der fcc-Zellen aus den anderen Atomen der Verbindung besteht (Abb. 8.5(b)). In GaAs zum Beispiel liegen die Galliumatome in der Mitte eines aus Arsen-Atomen geformten Tetraeders und umgekehrt. Jedes Atom hat vier direkte Nachbarn, mit denen es kovalente Bindungen eingeht. Die Packungsdichte des fcc-Gitters ist etwa 10% größer als die des kubisch raumzentrierten Gitters (bcc, *body-centered cubic*).

Wichtig für einige Anwendungen ist die Schnittrichtung durch den Kristall, zum Beispiel, um eine Oberfläche zu erhalten, die die dichteste Packung von Atomen darstellt. Die Kristallorientierung ist durch *Miller-Indizes* beschrieben, die die Orientierung der Gitterebenen durch ein Triplett von Zahlen darstellt (siehe z.B. [976,118]). In kubischen Gittern, zum Beispiel, beschreibt das Triplett (100) Ebenen parallel zur y–z Ebene, während (111)

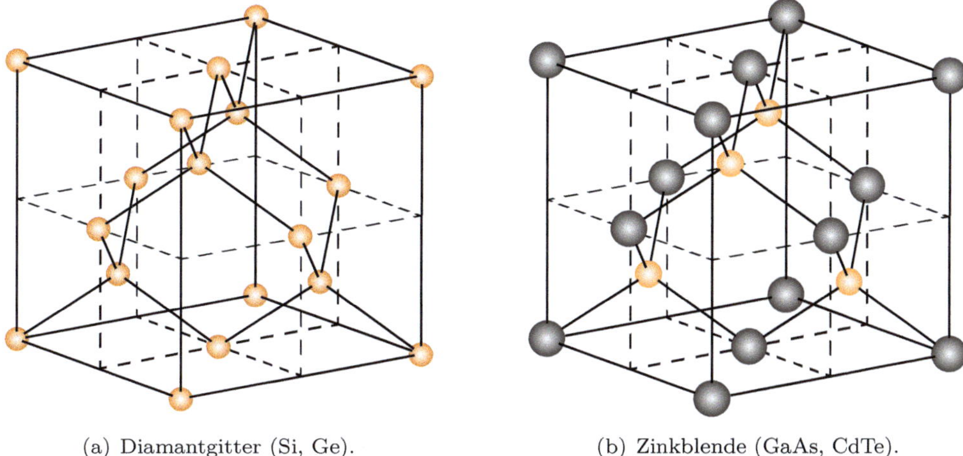

(a) Diamantgitter (Si, Ge). (b) Zinkblende (GaAs, CdTe).

Abb. 8.5 Kubisch flächenzentrierte Gitterstrukturen von wichtigen Halbleitermaterialien. (a) Elementarzelle des Diamantgitters mit identischen Atomen. Die Kohlenstoffatome sitzen an den Ecken, an den Mittelpunkten der Würfelflächen und an den Zentren derjenigen vier der acht Oktanten, die nicht direkt nebeneinander liegen (nach [1034]). (b) Im Zinkblendegitter (Verbindungen) sind die vier Zentren der nicht-verbundenen Oktanten durch das andere Atom ersetzt. Kubische Gitter besitzen nur einen Gitterparameter bzw. eine Gitterkonstante, der dem Abstand der Gitterebenen entspricht. Er beträgt 5.43 Å (Si), 5.66 Å (Ge), 5.65 Å (GaAs), 6.48 Å (CdTe) und 3.567 Å (Diamant) (nach [1041]).

eine Ebene diagonal durch den Kubus mit der dichtesten Packung der Gitteratome in einem fcc-Gitter darstellt.

Energiebänder Durch die dichte, periodische Anordnung der Atome des Festkörpers im Gitterverbund sind die Energieniveaus der Einzelatome durch den Einfluss vieler Nachbaratome aufgespalten. Wegen der großen Zahl der beitragenden Atome liegen die einzelnen Energieniveaus energetisch so dicht beieinander, dass man von 'Energiebändern' spricht, die wiederum durch einen Energieabstand ('Bandlücke', *gap*) voneinander

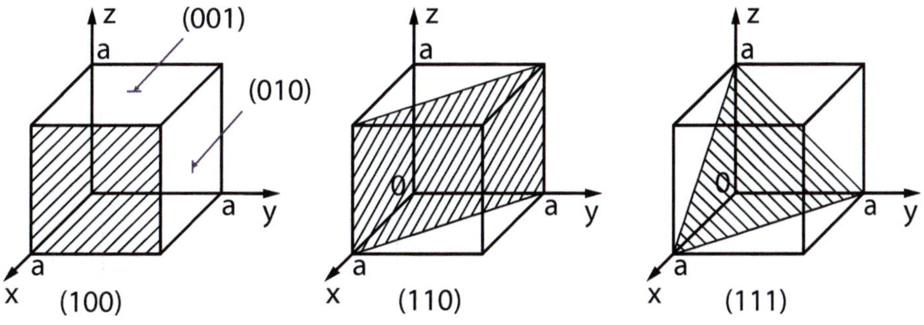

Abb. 8.6 Ausgezeichnete Gitterebenen, die in Halbleitern oft als Schnittebenen dienen (nach [979]).

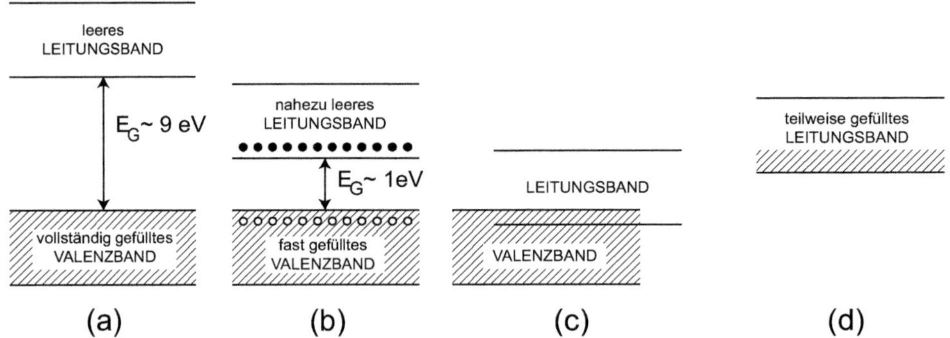

Abb. 8.7 Schematische Energiebandstruktur von Isolatoren (a), Halbleitern (b) und Leitern (c,d). Mit E_G ist der Energieabstand der Bandlücke bezeichnet.

separiert sind. Die am höchsten liegenden Bänder, Valenz- (VB) und Leitungsband (LB) genannt, bestimmen die elektrischen Leitungseigenschaften von Halbleitern. In den Bändern liegen die Energieniveaus so dicht, dass Übergänge leicht möglich sind und die Leitungseigenschaften von der Besetzung der Bänder und ihrer relativen Lage abhängen. Abbildung 8.7 gibt einen schematischen Überblick über die Bandstrukturen von Leitern, Halbleitern und Isolatoren.

In Isolatoren bilden die Elektronen im Valenzband sehr starke Bindungen zwischen benachbarten Atomen aus, die nur schwer aufbrechen. Die Valenzelektronen sind daher nicht frei und tragen nicht zur Leitung bei. Entsprechend existiert eine sehr große Bandlücke (typisch ist etwa 9 eV, Abb. 8.7(a)) zwischen dem Valenzband und dem Leitungsband. Alle Zustände des Valenzbands sind besetzt, während die Zustände des Leitungsbands leer sind. Durch thermische Anregung kann ein Elektron nur mit verschwindender Wahrscheinlichkeit aus dem Valenz- in das Leitungsband gehoben werden. Stromfluss ist nicht möglich.

In Halbleitern sind die Bindungen zwischen Nachbaratomen weniger stark als in Isolatoren, was zu einer kleineren Bandlücke führt (1.12 eV in Silizium, Abb. 8.7(b)), sodass der energetische Abstand durch thermische Anregung oder durch äußere elektrische Felder überwunden werden kann. Die Bindung wird aufgebrochen; ein freies Elektron und ein freies Loch bleiben zurück. Dadurch sind frei bewegliche Elektronen im Leitungsband und Löcher im Valenzband vorhanden, die im elektrischen Feld zu Stromfluss führen.

Im Falle von Leitern (Metallen) ist das Leitungsband entweder teilweise gefüllt (Abb. 8.7(d)), oder Valenz- und Leitungsband überlappen (Abb. 8.7(c)), sodass keine Bandlücke existiert. Übergänge zwischen den Niveaus der Bänder sind durch ein externes elektrisches Feld ohne Weiteres möglich; Stromleitung erfolgt mit minimalem Energieaufwand.

Der energetische Abstand der Bänder, die Größe der Bandlücke E_G, ist vom Gitterabstand abhängig. Temperatur oder Druck nehmen daher Einfluss auf ihre Größe (siehe zum Beispiel [979]). Mit wachsendem Druck und steigender Temperatur verringert sich die Bandlücke von Halbleitern. Für Si (GaAs) beträgt sie 1.12 eV (1.42 eV) bei Raumtemperatur, bei $T = 0\,K$ ist sie $1.17\,eV$ ($1.52\,eV$), und bei $T = 800\,K$ fällt sie auf $0.92\,eV$ ($1.19\,eV$). Druck verringert den Atomabstand im Gitter und die davon abhängige Größe der Bandlücke um etwa 2 meV pro bar. Bei sehr niedriger Temperatur befinden sich die meisten (*alle* wären es nur bei $T = 0\,K$) Elektronen eines Halbleiters im Valenzband und stehen nicht für die Leitung zur Verfügung. Bei höheren Temperaturen werden jedoch einige Elektronen durch die verfügbare thermische Energie angeregt und wechseln in das Leitungsband, der Halbleiter wird leitend. Die Elektronen lassen Löcher im Valenzband zurück. Die Löcher können sich im Valenzband frei bewegen und tragen somit ebenfalls zur Leitfähigkeit bei. Sie werden als positive Ladungsträger interpretiert.

Direkte und indirekte Halbleiter Für ein umfassenderes Bild der Bandstruktur muss die Energie-Impuls-(E-k)-Beziehung der Elektronen als Funktion der Kristallrichtung betrachtet werden. Bei 'indirekten' Halbleitern (wie zum Beispiel Si oder Ge) haben die Elektronen in den Senken des Leitungsbands (im Impulsraum) einen anderen Kristallimpuls $\hbar k$ als die Löcher in den Maxima des Valenzbands (Abb. 8.8(a)). Für einen Übergang muss daher ein Impulstransfer an das Kristallgitter stattfinden. Bei Galliumarsenid, zum Beispiel, einem 'direkten' Halbleiter, ist das nicht der Fall. Die Erzeugung von e/h-Paaren und deren Rekombination können ohne Impulsübertrag an das Gitter stattfinden (Abb. 8.8(b)). Lichterzeugung durch Rekombination ist dadurch effizienter, weshalb GaAs für die LED-Herstellung eines der bevorzugten Grundmaterialien ist. Für eine tiefer gehende Behandlung der Thematik wird der Leser auf die Literatur verwiesen, zum Beispiel [945, 979, 976].

8.2.3 Eigenleitung, intrinsische Halbleiter

In diesem Abschnitt werden die Leitungseigenschaften von Halbleitern besprochen, die nicht mit Fremdatomen versetzt (dotiert) sind, meist am Beispiel von Silizium. Dotierte Halbleiter werden in Abschnitt 8.2.4 besprochen.

8.2.3.1 Kristallimpuls und effektive Masse

Wie im vorangehenden Abschnitt beschrieben, können Elektronen aus dem Valenzband durch thermische Anregung in das Leitungsband gehoben werden, wobei sie Löcher im Valenzband zurücklassen, die von anderen Valenzelektronen gefüllt werden können. Beide Ladungsträgerarten können sich so in ihrem jeweiligen Energieband frei bewegen und können als freie Teilchen behandelt werden, die sich nur durch unterschiedliche *effektive Massen* unterscheiden.

In einem Kristall sind Wellenvektor $\vec{k}$ und Impuls $\vec{p}$ eines Elektrons oder eines Lochs nicht proportional zueinander[50]. Dennoch gilt näherungsweise $\langle\vec{p}\rangle = \hbar\vec{k}$ und wird als generalisierter Impuls (*Kristallimpuls*) in einem periodischen Potenzial definiert. Die 'effektive Masse' ergibt sich als Konsequenz der Abhängigkeit der Energie E von Elektron

[50]Der Teilchenimpuls ist kein Eigenzustand der Schrödingergleichung in einem Gitter.

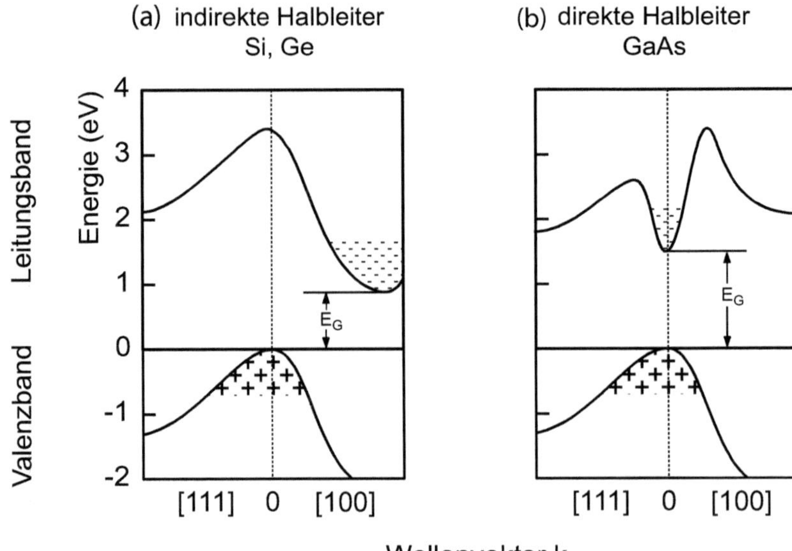

Abb. 8.8 Bandstruktur bei Germanium, Silizium und Galliumarsenid. Die Miller-Indizes [k l m] kennzeichnen Richtungen innerhalb des Kristalls, definiert durch $k\vec{a}_1 + l\vec{a}_2 + m\vec{a}_3$, wobei $\vec{a}_i$ die Basisvektoren der (kubischen) Gitterzelle sind. Die Abbildungen zeigen jeweils nach links oder rechts die $E(k)$-Beziehung (eindimensional) für die Wellenausbreitung in zwei unterschiedliche k-Richtungen wie durch die Indizes angezeigt. Der Ursprung ist willkürlich an die $E(k)$-Stelle des Valenzbandmaximums gelegt. Ge und Si sind indirekte, GaAs ist ein direkter Halbleiter. Für Leitungsphänomene sind bei Halbleitern vor allem die Zustände in der Nähe der Bandkanten von Bedeutung.

oder Loch vom Kristallimpuls $E = E(\vec{k})$. Diese Abhängigkeit spiegelt die Tatsache wider, dass Elektron oder Loch sich in einem periodischen Potenzial bewegen.

Bei Betrachtung zunächst einer eindimensionalen Bewegung eines Elektronenwellenpakets gilt für dessen Gruppengeschwindigkeit:

$$v = \frac{d\omega}{dk} = \frac{1}{\hbar}\frac{dE}{dk}$$

und für seine Beschleunigung:

$$a = \dot{v} = \frac{1}{\hbar}\left(\frac{d^2E}{dk^2}\right)\frac{dk}{dt}\,. \tag{8.3}$$

In einem elektrischen Feld $\mathcal{E}$ absorbiert das Elektron bei seiner Bewegung die Energie

$$dE = e\mathcal{E}v dt = \frac{e\mathcal{E}}{\hbar}\frac{dE}{dk}dt\,. \tag{8.4}$$

Mit $dE = \frac{dE}{dk}dk$ und unter Verwenduung von (8.3) und (8.4) wird die Beschleunigung

$$a \;=\; \underbrace{\frac{1}{\hbar^2}\frac{d^2E}{dk^2}}_{1/m^*}\,e\mathcal{E}\;. \tag{8.5}$$

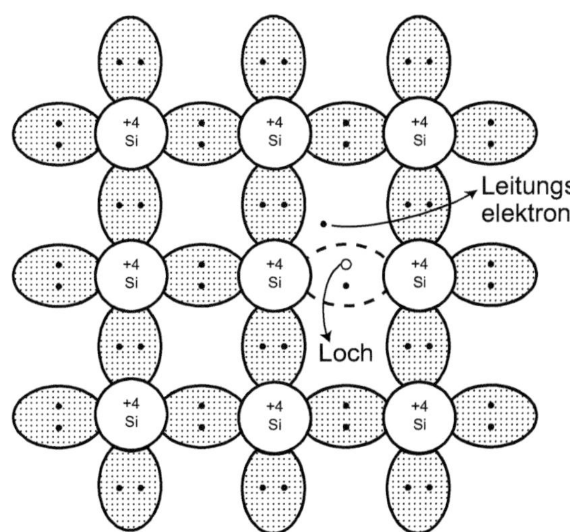

Abb. 8.9 Intrinsische Leitung. Ein Elektron und ein Loch werden thermisch erzeugt. Sie bewegen sich frei im Festkörper (nach [976]).

Dies definiert die effektive Masse m^*,

$$\left(\frac{1}{m^*}\right)_{ij} = \frac{1}{\hbar^2}\frac{\partial^2 E(k)}{\partial k_i \partial k_j}, \tag{8.6}$$

durch die Bandkrümmung (d^2E/dk^2) im Impulsraum. In voller Allgemeinheit ist die effektive Masse ein Tensor, abhängig von der Richtung der Elektronenbewegung im Kristall. Für Germanium und Silizium ergeben sich zwei verschiedene, richtungsabhängige Werte für die effektive Masse des Elektrons; für GaAs existiert nur ein Wert. Die m^*-Werte für Elektronen in Si bei 4 K, longitudinal und transversal zur [100] Kristallachse sind: $m_n^{*,\text{long}} = 0.92\, m_e$ und $m_n^{*,\text{trans}} = 0.19\, m_e$ [529], wobei $m_e = 511\,\text{keV/c}^2$ die Ruhemasse des Elektrons ist. Ebenso erhält man mehrere effektive Massenwerte für Löcher; hier spricht man von 'schweren' $(m_p^{*,\text{schwer}} = 0.53\, m_e)$ und 'leichten' $(m_p^{*,\text{leicht}} = 0.16\, m_e)$ Löchern [529].

8.2.3.2 Ladungsträgerkonzentration im thermischen Gleichgewicht

Um die Ladungsträgerkonzentration $n(E)$ im thermischen Gleichgewicht zu berechnen, muss man die Dichte der Energiezustände $Z(E)$ und deren Besetzungswahrscheinlichkeiten $f(E)$ kennen:

$$n(E)\, dE = Z(E)\, f(E)\, dE\,. \tag{8.7}$$

Dichte der Zustände Die Dichte der erlaubten Energiezustände $Z(E)$ gibt die Anzahl (pro Volumen und Energie) der Zustände an, die von Elektronen besetzt werden können. Dazu überlegen wir zunächst, wie viele Impulszustände es zwischen zwei Kugelschalen mit den Radien p und $p + dp$ im Impulsraum gibt. Das eingeschlossene Impulsvolumen beträgt $4\pi p^2\, dp$. Die Elementarzelle im Phasenraum, die von genau einem Orts-Impuls-Zustand belegt werden kann, hat die Größe h^3. Da Elektronen sich in zwei verschiedenen

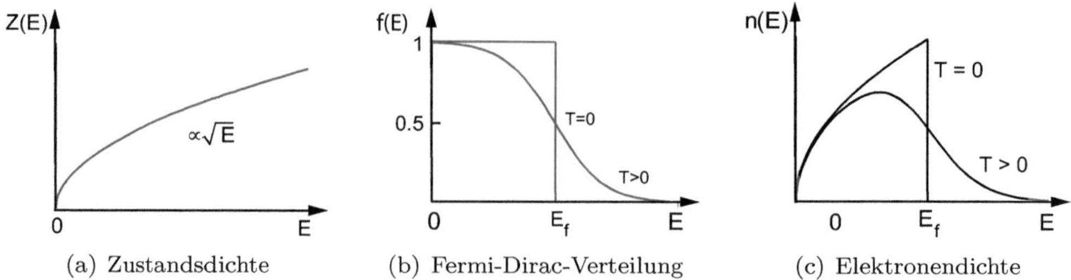

(a) Zustandsdichte (b) Fermi-Dirac-Verteilung (c) Elektronendichte

Abb. 8.10 Verlauf von (a) Zustandsdichte, (b) Fermi-Verteilung und (c) Besetzungsdichte (für Elektronen) in Festkörpern.

Spin-Zuständen befinden können, ergibt sich, normiert auf ein Einheitsvolumen $V = 1$ des Ortsraumanteils, die Impulszustandsdichte zu:

$$Z(p)\,dp = 2\frac{4\pi p^2\,dp}{h^3}\,.$$

Mit

$$\begin{aligned}
\frac{dE}{dp} &= \frac{d}{dp}\left(\frac{p^2}{2m^*}\right) = \frac{p}{m^*} \\
\Rightarrow dp &= \frac{m^*}{p}\,dE = \frac{m^*}{\sqrt{2m^*E}}\,dE \\
\Rightarrow 4\pi p^2\,dp &= 4\pi(2m^*E)\frac{m^*}{\sqrt{2m^*E}}\,dE
\end{aligned}$$

ergibt sich die Energiezustandsdichte zu:

$$Z(E)\,dE = 4\pi\left(\frac{2m^*}{h^2}\right)^{3/2}\sqrt{E}\,dE\,. \tag{8.8}$$

Die Anzahl der Zustände pro Volumen und Energieeinheit, die von Elektronen besetzt werden können, wächst proportional zur Wurzel aus der Energie des Zustandes (siehe Abb. 8.10(a)): $Z(E) \propto \sqrt{E}$.

In dem Falle, dass wie bei Halbleitern ein 'verbotener' Bereich ohne Energieniveaus existiert, erhalten wir für die Zustandsdichte für Elektronen im Leitungsband beziehungsweise für Löcher im Valenzband (der Index L steht für Leitungsband, V für Valenzband):

$$Z(E)dE = 4\pi\left(\frac{2m^*}{h^2}\right)^{3/2}\sqrt{E-E_L}\quad\Theta(E-E_L)\,dE\,, \tag{8.9}$$

$$Z(E)dE = 4\pi\left(\frac{2m^*}{h^2}\right)^{3/2}\sqrt{E_V-E}\quad\Theta(E_V-E)\,dE\,. \tag{8.10}$$

Die Stufenfunktion Θ trägt dem abrupten Übergang von der Bandlücke in das Leitungsband beziehungsweise in das Valenzband Rechnung.

Fermi-Dirac-Verteilung Als Spin-1/2-Teilchen verteilen sich die Elektronen des Festkörpers auf die Quantenzustände des Bändermodells nach der Fermi-Dirac-Verteilung (Abb. 8.10(b)):

$$f_n(E) = \frac{1}{\exp\left(\frac{E-E_f}{kT}\right)+1}, \tag{8.11}$$

mit k = Boltzmann-Konstante, T = Temperatur, E_f = 'Fermi-Energie', auch 'Fermi-Niveau' genannt. Der Index n in (8.11) bezeichnet die Verteilung für negative Ladungsträger (Elektronen).

Für $T = 0\,\mathrm{K}$ besetzen die Elektronen die Bänder vollständig von der niedrigsten Energie bis zum Fermi-Niveau. Darüber liegende Zustände sind nicht besetzt. Bei $T > 0\,\mathrm{K}$ wird E_f durch die Energie mit einer Besetzungswahrscheinlichkeit von 50 % definiert (Abb. 8.10(b)). Bei intrinsischen Halbleitern liegt E_f etwa in der Mitte der Bandlücke, bei $T = 0\,\mathrm{K}$ exakt in der Mitte. Die Besetzungswahrscheinlichkeit für Löcher im Valenzband ist analog:

$$f_p(E) = \frac{1}{\exp\left(\frac{E_f-E}{kT}\right)+1}. \tag{8.12}$$

Das Produkt aus Zustandsdichte und Besetzungswahrscheinlichkeit ergibt die Ladungsträgerdichte (Abb. 8.10(c)).

Durch Multiplikation von $Z(E)dE$ aus (8.9) bzw. (8.10) mit der jeweiligen Fermi-Dirac-Verteilung (8.11) bzw. (8.12) erhält man $n(E)dE$ und $p(E)dE$ für den Halbleiter unter Berücksichtigung der Bandlücke.

Unter der Annahme, dass E_f ungefähr in der Mitte der Bandlücke liegt und damit $(E - E_f) \gg kT$ ist, kann man folgende Näherung des Ausdrucks für $f_n(E)$ machen:

$$f_n(E) = \frac{1}{e^{\frac{E-E_f}{kT}}+1} \approx e^{-\frac{E-E_f}{kT}} \tag{8.13}$$

Integration über den Leitungsbandbereich kann bis ∞ erfolgen. Da f_n bzw. f_p exponentiell abfallen, ist dies eine erlaubte Näherung. Unter Berücksichtigung von $f_n(E)+f_p(E) = 1$ kann man diese Berechnung ebenso für die Löcher durchführen.

Nach Integration der Ladungsträgerdichten (8.7) über die Energiebereiche des Leitungs- beziehungsweise des Valenzbands erhält man die Anzahldichten n der Elektronen im Leitungsband und p der Löcher im Valenzband p:

$$\begin{aligned} n &= 2\left(\frac{m_n^* kT}{2\pi\hbar^2}\right)^{\frac{3}{2}} \exp\left(-\frac{E_L-E_f}{kT}\right) = N_L \exp\left(-\frac{E_L-E_f}{kT}\right), \\ p &= 2\left(\frac{m_p^* kT}{2\pi\hbar^2}\right)^{\frac{3}{2}} \exp\left(-\frac{E_f-E_V}{kT}\right) = N_V \exp\left(-\frac{E_f-E_V}{kT}\right). \end{aligned} \tag{8.14}$$

Hierbei sind

$$\begin{aligned} N_L &= 2\left(\frac{m_n^* kT}{2\pi\hbar^2}\right)^{\frac{3}{2}} \approx 3.05 \times 10^{19}\,\mathrm{cm}^{-3}, \\ N_V &= 2\left(\frac{m_p^* kT}{2\pi\hbar^2}\right)^{\frac{3}{2}} \approx 2.55 \times 10^{19}\,\mathrm{cm}^{-3}. \end{aligned} \tag{8.15}$$

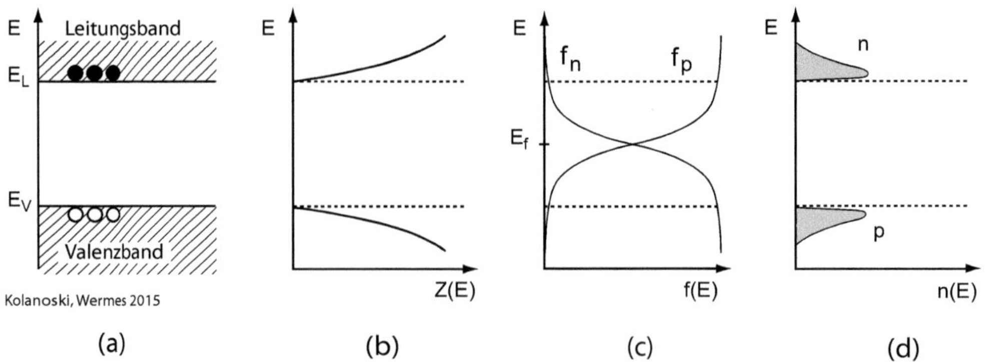

Abb. 8.11 Bändermodellverhältnisse in undotiertem Silizium (schematisch): (a) Banddiagramm, (b) Zustandsdichten, (c) Verlauf der Besetzungswahrscheinlichkeiten, (d) Ladungsträgerdichten im Leitungs- bzw. im Valenzband.

die effektiven Zustandsdichten im Leitungs- beziehungsweise im Valenzband definiert werden, mit den Zahlenwerten für Silizium bei 300 K. Hierbei sind für die effektiven Massen Zahlenwerte zu benutzen, die sich aus den auf Seite 303 erwähnten verschiedenen effektiven Massen für Elektronen und Löcher je nach der Zahl und Form der beitragenden Bandminima und -maxima an den Bandkanten berechnen. Die benutzten Werte $m_n^* = 1.14\, m_e$ und $m_p^* = 1.01\, m_e$ sind Mittelwerte mehrerer Berechnungen mit ähnlichen Resultaten (siehe [705], Seite 94). Die diskutierten Verhältnisse für einen intrinsischen Halbleiter sind in Abb. 8.11 dargestellt.

Das aus der Chemie bekannte Massenwirkungsgesetz (siehe [1037]) gilt auch hier: Im thermischen Gleichgewicht halten sich Generations- und Rekombinationsprozesse von Elektronen im Leitungsband und von Löchern im Valenzband die Waage, das heißt es ist $n = p = n_i$ oder

$$n \cdot p = n_i^2 = const\,. \tag{8.16}$$

Gleichung (8.16) gilt auch, wenn eine Ladungsträgerart überwiegt, zum Beispiel hervorgerufen durch Dotierung (Abschnitt 8.2.4), weil die Generations-Rekombinations-Raten proportional zum Produkt der Ladungsträgerdichten sind. Je mehr Löcher bei einer gegebenen Zahl von Elektronen existieren, umso leichter ist es für ein Elektron, ein Loch zu finden.

Mit (8.14) und (8.14) erhalten wir aus (8.16):

$$\begin{aligned} n_i^2 &= n\,p = N_L\,N_V\,\exp\left(-\frac{E_L - E_V}{kT}\right) \\ &= N_L\,N_V\,\exp\left(-\frac{E_G}{kT}\right). \end{aligned} \tag{8.17}$$

Zu beachten ist die starke exponentielle Temperaturabhängigkeit des Produkts der Ladungsträgerdichten

$$n_i^2 \propto T^3 \exp(-E_G/kT), \tag{8.18}$$

die von der T^3-Abhängigkeit noch verstärkt wird.

Für Silizium erhält man mit den Zahlenwerten von (8.15) und $E_G = 1.12\,\text{eV}$ bei 300 K eine 'intrinsische' Ladungsträgerdichte[51] von (siehe auch Tab. 8.2):

$$n_i \approx 1.09 \cdot 10^{10}\,\text{cm}^{-3}\,. \tag{8.19}$$

n_i hängt von der Bandlücke $E_G = E_L - E_V$ und von der Temperatur ab, aber nicht von der Fermi-Energie E_f.

Da in einem intrinsischen Halbleiter die Konzentration der Löcher gleich der Konzentration der Elektronen ist ($n = p$), folgt mit (8.14) und (8.14):

$$\begin{aligned} (m_n^*)^{3/2} \exp\left(-\frac{E_L - E_f}{kT}\right) &= (m_p^*)^{3/2} \exp\left(-\frac{E_f - E_V}{kT}\right) \\ \Rightarrow E_f &= \frac{E_L + E_V}{2} + \frac{3kT}{4} \ln\left(\frac{m_p^*}{m_n^*}\right). \end{aligned} \tag{8.20}$$

Die Fermi-Energie liegt also für $T = 0\,\text{K}$ genau in der Mitte der Bandlücke. Eine geringe Abweichung ergibt sich bei endlicher Temperatur durch die unterschiedlichen effektiven Massen von Löchern und Elektronen.

Leitfähigkeit in intrinsischem Silizium Die Leitfähigkeit intrinsischen Siliziums ist gegeben durch:

$$\sigma_i = n_i\, e\, (\mu_e + \mu_h) \simeq 3.4 \cdot 10^{-4}\,(\Omega\text{m})^{-1}\,, \tag{8.21}$$

wobei die intrinsische Ladungsträgerkonzentration $n_i \approx 1.09 \cdot 10^{10}\text{cm}^{-3}$ und die in Tab. 8.2 angegebenen Werte für die Mobilitäten benutzt wurden. Zum Vergleich: Die Leitfähigkeit von Kupfer beträgt $\sigma_{\text{Cu}} = 10^8\,(\Omega\text{m})^{-1}$.

8.2.4 Dotierung, extrinsische Halbleiter

Durch den Einbau von Fremdatomen in einen Halbleiter lassen sich dessen Leitungseigenschaften gezielt verändern. Bringt man beispielsweise Atome eines 5-wertigen Elements (P, As, Sb) in einen 4-wertigen Halbleiter, so kommt es zu einem Überschuss an Leitungselektronen gegenüber den vorhandenen Löchern (n-Dotierung, Abb. 8.12(a)). Die Dotierung mit 3-wertigen Atomen (B, Al) führt zu einem Überschuss an Löchern (p-Dotierung, Abb. 8.12(b)). Dotierte Halbleiter werden in Gegenüberstellung zu intrinsischen Halbleitern auch extrinsische Halbleiter genannt. Da die Dotierung durch neutrale Atome erfolgt, bleibt ein dotierter Halbleiter elektrisch neutral. Lediglich die für Leitungseigenschaften zur Verfügung stehende Anzahl der Ladungsträger (Elektronen und Löcher) wird erhöht oder erniedrigt und damit ändern sich auch die Leitungseigenschaften des Halbleiters.

Das im vorigen Abschnitt eingeführte Massenwirkungsgesetz $n_i^2 = np$ (8.16), gilt auch für dotierte Halbleiter. Eine Dichteerhöhung einer Ladungsträgerart durch Dotierung bewirkt eine Verminderung der Dichte der anderen. Zum Beispiel führt eine größere

[51] In der Literatur wurde lange $n_i = 1.45 \cdot 10^{10}\,\text{cm}^{-3}$ geführt, ein Wert, der nach neueren Berechnungen [506, 958, 705] in Übereinstimmung mit Messungen des Widerstands von intrinsischem Silizium [959] nicht mehr haltbar ist.

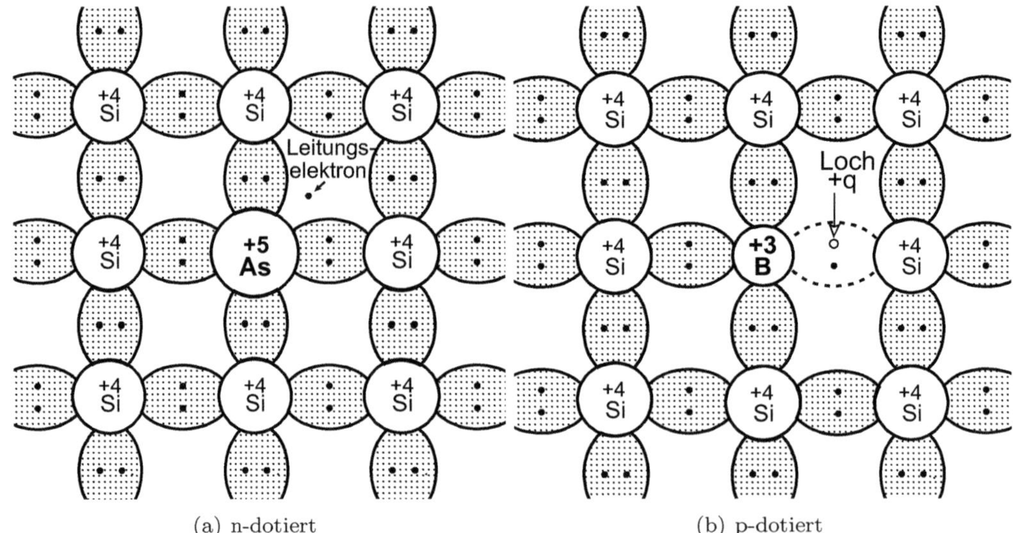

(a) n-dotiert (b) p-dotiert

Abb. 8.12 Schematische Darstellung der Bindungsverhältnisse in n- und in p-dotierten Halbleitern (nach [976]).

Elektronenkonzentration zu erhöhter Rekombination und damit zur Verminderung der Löcherdichte unterhalb der intrinsischen Dichte.

Neutralität der Raumladung Wenn alle Verunreinigungen (Dotierungen) im Halbleiter gleichförmig verteilt sind, existiert in einem Volumenelement keine Netto-Ladungsdichte. Dies bedeutet, dass durch Addition aller positiven und negativen Ladungen (unter der Annahme, dass alle Donor- und Akzeptoratome ionisiert sind) die Ladungsdichte

$$\rho = e\,(n - p + N_D - N_A) = 0 \quad \Rightarrow \quad n - p = N_D - N_A \tag{8.22}$$

beträgt, wobei N_D, N_A die jeweiligen Dotierungsdichten bezeichnen. Kombiniert man (8.22) mit der Gleichgewichtsbeziehung (8.16) so erhält man die Dichten der *Majoritätsladungsträger*, die Elektronendichte in einem n-dotierten Halbleiter ($N_D \gg n_i \gg N_A$) und die Löcherdichte in einem p-dotierten Halbleiter ($N_A \gg n_i \gg N_D$):

$$\begin{aligned} n_n &= \frac{1}{2}\left(N_D - N_A + \sqrt{4n_i^2 + (N_D - N_A)^2}\right) \approx |N_D - N_A| \approx N_D\,, \\ p_p &= \frac{1}{2}\left(N_A - N_D + \sqrt{4n_i^2 + (N_D - N_A)^2}\right) \approx |N_A - N_D| \approx N_A\,. \end{aligned} \tag{8.23}$$

Für die *Minoritätsladungsträger* (Löcher im n-Halbleiter, Elektronen im p-Halbleiter) erhält man:

$$p_n = \frac{n_i^2}{n_n} \approx \frac{n_i^2}{N_D}\,, \qquad n_p = \frac{n_i^2}{p_p} \approx \frac{n_i^2}{N_A}\,. \tag{8.24}$$

Ohne Index sind immer die Majoritätsladungsträger gemeint.

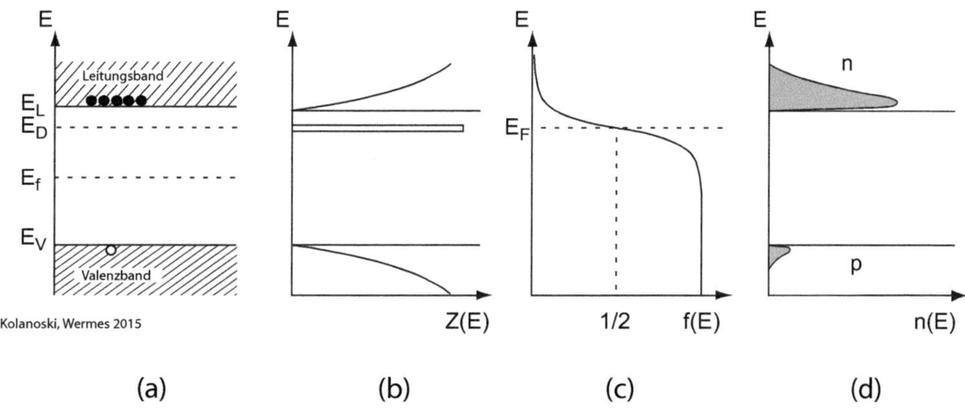

Abb. 8.13 Die Verhältnisse in Silizium mit n-Dotierung (schematisch): (a) Bandstruktur mit zusätzlichem Donatornievau, (b) Zustandsdichten in Leitungs- und Valenzband sowie Donatorzustände, (c) Fermi-Dirac-Besetzungswahrscheinlichkeit von Elektronen unter Berücksichtigung des Donatorniveaus E_D, (d) Besetzungszahldichten von Elektronen im Leitungsband und von Löchern im Valenzband. Für p-Dotierung sind die Verhältnisse umgekehrt: anstelle von E_D tritt das Akzeptorniveau E_A nahe am Valenzband auf, E_F liegt dann unterhalb von E_f und die Löcherdichte wird größer als die Elektronendichte.

Ein numerisches Beispiel illustriert typische Verhältnisse in Silizium. Wir nehmen an, ein reiner Siliziumkristall sei mit $N_D = 10^{16}\,\mathrm{cm}^{-3}$ Arsenatomen dotiert. Die jeweiligen Ladungsträgerdichten sind dann:

$$n \approx N_D \approx 10^{16}\,\mathrm{cm}^{-3}\,, \qquad p \approx \frac{n_i^2}{N_D} \approx \frac{10^{20}}{10^{16}} = 10^4\,\mathrm{cm}^{-3}\,. \tag{8.25}$$

Energiebänder in dotieren Halbleitern Im Bändermodell liegt das Energieniveau des 5. Valenzelektrons (Donatorniveau, E_D) dicht unter dem Leitungsband (Abb. 8.13(a)). Es gibt neue Zustände in der Zustandsdichteverteilung (Abb. 8.13(b)). Die Energiedifferenzen zwischen Donatorniveau und Leitungsband sind von der Größenordnung 10^{-2} eV, sodass bei Zimmertemperatur die meisten Donatoren ionisiert sind. Dadurch wird das Fermi-Niveau von seinem intrinsischen Wert E_f auf den Wert mit Dotierung E_F angehoben (Abb. 8.13(c)). Die Besetzungszahlen verschieben sich zugunsten der Elektronen im Leitungsband (Abb. 8.13(d)).

In Analogie zu (8.14) und mit E_F anstelle von E_f erhalten wir für n-Dotierung:

$$\begin{aligned} n &= N_L \exp\left(-\frac{E_L - E_F}{kT}\right) = N_L \exp\left(-\frac{E_L - E_f}{kT}\right) \exp\left(-\frac{E_f - E_F}{kT}\right) \\ &= n_i \exp\left(\frac{E_F - E_f}{kT}\right) \approx N_D \end{aligned} \tag{8.26}$$

und für p-Dotierung:

$$p = n_i \exp\left(\frac{E_f - E_F}{kT}\right) \approx N_A\,. \tag{8.27}$$

Der Abstand zwischen dem Fermi-Niveau E_F und dem intrinsischen Fermi-Niveau E_f ist also ein Maß für die Abweichung des Halbleitermaterials vom intrinsischen Material.

Für die Energieabstände ergibt sich aus (8.26) und (8.27) und mit den Zahlenwerten des Beispiels (8.25) (für Silizium bei $T = 300\,\mathrm{K}$):

$$\begin{aligned} E_F - E_f &\approx kT \ln \frac{N_D}{n_i} = 0.348\,\mathrm{eV}\,, \\ E_L - E_F &\approx kT \ln \frac{N_L}{N_D} = 0.209\,\mathrm{eV}\,, \\ E_F - E_V &\approx 1.12\,\mathrm{eV} - 0.209\,\mathrm{eV} = 0.911\,\mathrm{eV}\,. \end{aligned} \tag{8.28}$$

Für p-Dotierung sind entsprechende Ersetzungen in (8.28) durchzuführen: $N_D \to N_A$, $N_L \to N_V$, $E_L \to E_V$, und die Vorzeichen der Differenzen sind umzukehren. Bei gleichzeitiger Anwesenheit von Donatoren und Akzeptoren gilt (8.14). Speziell bei hohen Dotierungskonzentrationen sind die Verhältnisse komplizierter. Das Fermi-Niveau E_F kann zum Beispiel auch zwischen dem Donatorniveau E_D und der Leitungsbandkante E_L liegen. Bei $T = 0$ und n-Dotierung liegt E_F per Definition zwischen E_D und E_L. Auch ist die Wahrscheinlichkeit, dass aus einem Fremdatom ein Dotierungszustand wird, der ionisiert werden kann, für Donatoren und Akzeptoren nicht gleich groß (siehe dazu [979]).

Außer durch gezielte Dotierung verursachen auch andere Verunreinigungen durch Fremdatome in reinen Halbleitern zusätzliche Energieniveaus, die als Donatoren oder als Akzeptoren wirken können, je nach ihrer Lage in der Bandlücke. Wegen ihres halb so großen energetischen Abstandes zu den Bandkanten im Vergleich zum Bandabstand können Niveaus in der Mitte der Bandlücke viel leichter als Generations-Rekombinations-Zentren zur Erhöhung des so genannten Detektorleckstroms beitragen, der dem Sperrstrom einer in Sperrrichtung geschalteten Diode entspricht. Abbildung 8.14 zeigt die energetische Lage verschiedener Verunreinigungen in der Bandlücke von Silizium und von Galliumarsenid. Die beiden EL2 genannten Zustände in der Nähe der Bandmitte bei GaAs kommen dadurch zustande, dass ein Ga-Atom auf einen As-Platz sitzt und umgekehrt. Da sie in der Mitte der Bandlücke liegen, spielen sie eine wichtige Rolle beim Betrieb von GaAs-Sensoren (siehe Abschnitt 8.13.2). Abbildung 8.15 zeigt die Konzentrations- und Temperaturabhängigkeit der Lage des extrinsischen Fermi-Niveaus E_F als Differenz zum intrinsischen Fermi-Niveau: $E_F - E_f$. Mit abnehmender Konzentration von Fremdatomen wird die Differenz kleiner, ebenso mit zunehmender Temperatur. Vor allem Ersteres spielt eine Rolle bei der Wahl von Dotierungsprofilen.

8.3 Grenzflächen in Detektoren

Ein Halbleiterdetektor ist eine spezielle Form einer Diode, die aus der Halbleiterelektronik als Schaltelement bekannt ist. Zum Verständnis dieser Detektorart ist insbesondere die Physik der Grenzflächen wichtig, und zwar nicht nur Halbleiter-Halbleiter-Übergänge, sondern auch Metall-Halbleiter- und Metall-Isolator-Halbleiter-Übergänge.

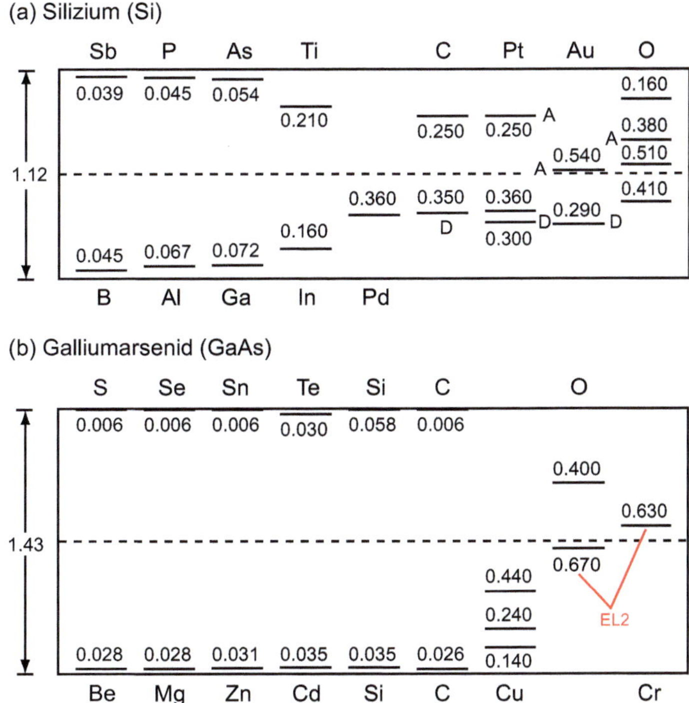

Abb. 8.14 Ionisationsenergien (in eV) von verschiedenen Verunreinigungen in Silizium (a) und Galliumarsenid (b), nach [979]. Alle Angaben in eV. Die Bezeichnungen A,D zeigen die Akzeptor/Donator-Natur für die Niveaus an, wenn dies von ihrer Position innerhalb der Bandlücke allein nicht ersichtlich ist. Die EL2 genannten Zustände in der Mitte der Bandlücke bei GaAs spielen eine große Rolle für den Detektorbetrieb (siehe Abschnitt 8.13.2).

Die weitaus meisten Halbleiterdetektoren in der Teilchenphysik haben als Grundmaterial dotiertes Silizium. Ihr Verhalten wird vornehmlich durch die Eigenschaften der Grenzschicht zwischen p- und n-dotiertem Silizium (pn-Grenzschicht) bestimmt, einem *Homoübergang* ohne Materialänderung. Metall-Halbleiter-Grenzschichten treten als *Heteroübergänge* bei Verbindungen mit der Außenwelt (Metallkontakte) auf. Metall-Oxid-Halbleiter-Schichten, die die Mikroelektronik revolutioniert haben (MOS-Transistoren), sind wichtig für spezielle Detektortypen und -auslegungen (zum Beispiel CCDs) und sind unverzichtbar für die in der Auslese verwendete Mikroelektronik (ASIC-Chips). MOS-Schichten werden aber häufig auch unvermeidbar an Kontakten geformt, da Silizium in Luft leicht oxidiert.

In den nachfolgenden Abschnitten werden wir Halbleiter-Halbleiter-, Halbleiter-Metall- und Halbleiter-Oxid-Metall-Übergänge eingehender behandeln. Die folgenden *Regeln für Grenzflächen* sind hilfreich für die Betrachtung und das Verständnis der an den Übergängen auftretenden Phänomene:

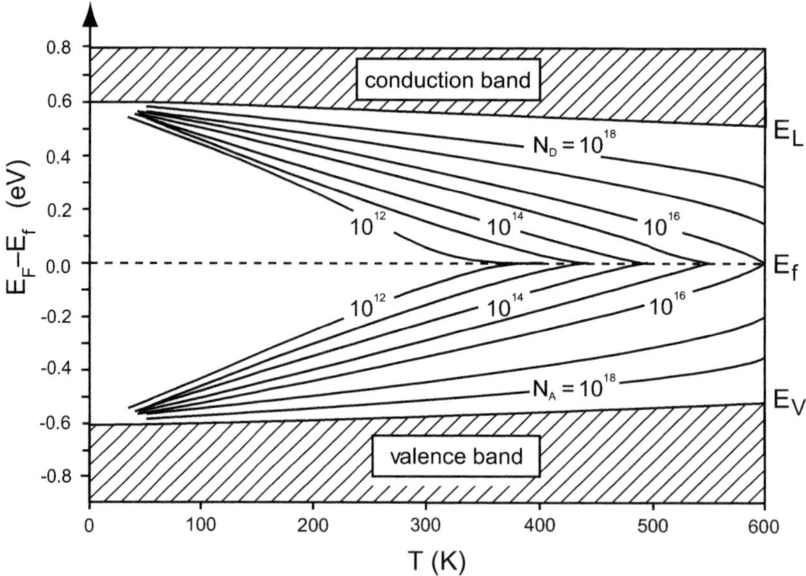

Abb. 8.15 Abhängigkeit der Differenz von intrinsischer (E_f) und extrinsischer (E_F) Fermi-Energie von der Temperatur und von der Konzentration von Fremdatomen (nach [520]).

1. Temperatur und chemisches Potenzial[52] ($\mu = E_f$ in Halbleitern, E_f = Fermienergie) sind konstant über die verschiedenen Bereiche und Grenzflächen des Systems, nachdem Gleichgewicht eingestellt ist.
2. Weit entfernt von der Grenzfläche müssen die Eigenschaften des Grundmaterials wiederhergestellt sein; das bedeutet, dass Bandverbiegungen nur in der Grenzflächenregion auftreten.
3. Nur für Homoübergänge (z.B. pn): Im Grenzflächenbereich sind die Bänder einfach verbunden ohne Unstetigkeiten.

8.3.1 Der pn-Übergang als Detektor

Bringt man p- und n-dotiertes Halbleitermaterial in Kontakt, so spricht man von einem pn-Übergang. Im Bändermodell kann er wie in Abb. 8.16 unter der Annahme eines abrupten Übergangs vereinfachend dargestellt werden. Im p-dotierten Teil des Kristalls dominieren die Löcher als Ladungsträger, die Fermi-Energie liegt nahe am Valenzband. Im n-dotierten Teil des Übergangs sind die Verhältnisse genau umgekehrt: Die Majoritätsladungsträger sind hier die Elektronen, und die Fermi-Energie liegt nahe am Leitungsband. Durch das starke Konzentrationsgefälle der beiden unterschiedlichen Ladungsträgerarten

[52] Das chemische Potenzial $\mu = \partial F/\partial N|_{U,T}$ mit F = freie Energie = $U - TS$, U = innere Energie, T = Temperatur, S = Entropie, N = Teilchenzahl, ist ein Maß für die Teilchenkonzentration in einem Ensemble, d.h. wieviel Energie absorbiert oder freigesetzt wird, wenn sich die Teilchenzahl einer bestimmten Teilchenart ändert. Wenn μ überall in dem System konstant ist, existiert keine Nettodiffusion mehr; thermisches Gleichgewicht ist etabliert.

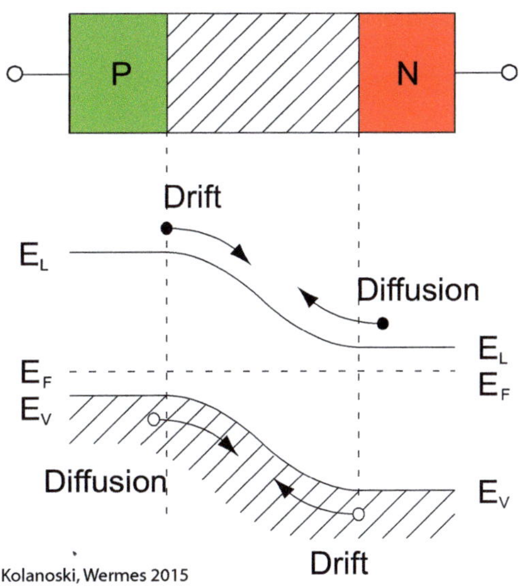

Abb. 8.16 Drift- und Diffusionsstrom an einer pn-Grenzschicht.

an der Grenzfläche kommt es zu einem Diffusionsstrom I_{diff} (siehe Abschnitt 4.7.2), das heißt, die Elektronen des n-dotierten Teils werden in den p-dotierten Teil des Kristalls diffundieren, die Löcher vom p-dotierten in den n-dotierten Teil. An der Grenzschicht kommt es durch Rekombination der Ladungsträger zu der Ausbildung einer an freien Ladungsträgern verarmten Zone, Verarmungszone oder auch Depletionszone (*depletion zone*) genannt.

Die Verarmungszone ist bestimmt durch die ionisierten Atomrümpfe und ist daher nicht neutral. Die p-Grenzschicht hat eine negative, die n-Grenzschicht eine positive Raumladungsdichte $\rho(x)$. Daher hat die Verarmungszone auch den Namen 'Raumladungszone' . Es bildet sich durch die Raumladung ein intrinsisches elektrisches Feld aus, welches einen Driftstrom I_{drift} in entgegengesetzter Richtung zum Diffusionsstrom I_{diff} bewirkt. Das erzeugte elektrische Potenzial verbiegt die Energieniveaus über dem Bereich der Grenzschicht, wohingegen das Fermi-Niveau eine über die Besetzungswahscheinlichkeit thermodynamisch definierte Größe ist und konstant über den Bereich bleibt (siehe Diskussion auf Seite 316).

Eine eindimensionale Betrachtung ist hinreichend, um die wesentlichen Grundzüge zu erläutern. Abbildung 8.17 zeigt den Verlauf von Ladungsdichte, elektrischem Feld und Potenzial für einen abrupten Übergang. Verursacht durch die Raumladungszone ist das elektrische Feld linear ansteigend mit einem Maximum $\vec{\mathcal{E}}_{max}$ an der Grenze zwischen p- und n-Leiter. Die dadurch entstehende intrinsische Spannung oder Diffusionsspannung U_{bi} (engl. *built-in voltage*) liegt bei Silizium bei etwa 0.6 V, bei GaAs bei etwa 1.2 V, logarithmisch abhängig von der Dotierungsstärke (vgl. Gl. (8.35)). Ohne externe Spannung sind Driftstrom und Diffusionsstrom im thermischen Gleichgewicht.

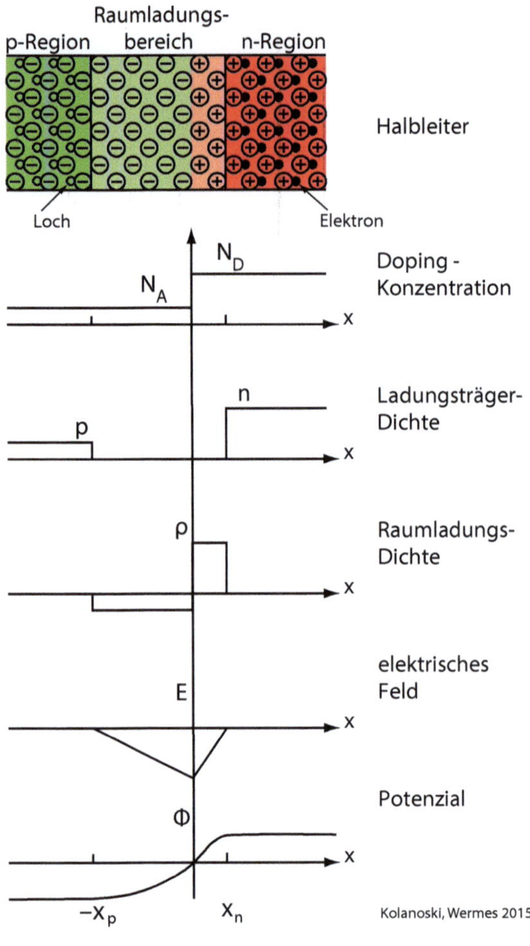

Abb. 8.17 Dotierungs- und Raumladungsdichten, Feldstärke und Potenzialverlauf in einem abrupten pn-Übergang. In der Abbildung oben sind die Dotierungsatome dargestellt als negativer/positiver Atomrumpf mit positivem/negativem Überschussloch oder -elektron für p-Dotierung (links) und n-Dotierung (rechts). Außen sind die Verhältnisse so wie vor dem Kontakt. Es gibt keine Raumladung. Nach dem Kontakt haben sich Elektronen und Löcher bewegt (Diffusion). Die nunmehr geladenen Atomrümpfe bewirken eine Raumladung.

Die Raumladungszone ist im Gleichgewicht nur von der Dotierung der Halbleiter abhängig. Die Ladungsdichte $\rho(x)$ ist gegeben durch:

$$\rho(x) = \begin{cases} -eN_A & \text{für} \quad -x_p < x < 0\,, \\ +eN_D & \text{für} \quad 0 < x < x_n\,. \end{cases} \tag{8.29}$$

Daraus können das elektrische Feld $\mathcal{E}(x)$ und die Potenzialdifferenz U_{bi} berechnet werden. Da der Halbleiter in den Gebieten außerhalb der Raumladungszone elektrisch neutral ist und dort kein Feld herrscht, fordern wir als Randbedingungen $\mathcal{E}(-x_p) = \mathcal{E}(+x_n) = 0$, wobei x_p und x_n die Eindringtiefen der Raumladungszone im p- beziehungsweise im n-dotierten Teil des Halbleiters sind.

Um die Neutralität des Halbleiters insgesamt zu wahren, müssen die Ladungsträgerzahlen in beiden Teilen der Raumladungszone gleich sein. Es gilt die 'Neutralitätsbedingung':

$$N_A x_p = N_D x_n\,. \tag{8.30}$$

Die Raumladungszone breitet sich daher stärker in das schwächer dotierte Gebiet aus. Mit der eindimensionalen Maxwell-Gleichung für das $\mathcal{E}$-Feld und (8.29) sowie (8.30) folgt mit den Randbedingungen $\mathcal{E}(-x_p) = \mathcal{E}(+x_n) = 0$:

$$\frac{d\mathcal{E}}{dx} = \frac{1}{\epsilon\epsilon_0}\rho(x) \tag{8.31}$$

$$\Rightarrow \mathcal{E}(x) = \begin{cases} \frac{-eN_A}{\epsilon\epsilon_0}(x + x_p)\,, & -x_p < x < 0\,, \\ \frac{+eN_D}{\epsilon\epsilon_0}(x - x_n)\,, & 0 < x < x_n\,. \end{cases} \tag{8.32}$$

Das maximale Feld liegt bei $x = 0$:

$$\mathcal{E}_{\max} = -\frac{eN_A}{\epsilon\epsilon_0}x_p = \frac{eN_D}{\epsilon\epsilon_0}(-x_n)\,. \tag{8.33}$$

Der Spannungsabfall über der Verarmungszone, die Diffusionsspannung U_{bi}, kann als Differenz der Potenziale im n- bzw. im p-Gebiet außerhalb der Raumladungszone direkt aus den Ladungsträgerdichten gewonnen werden: $\mathrm{U}_{bi} = \phi_p - \phi_n$, wobei $\phi_p = \phi(-x_p)$ und $\phi_n = \phi(x_n) =$ die Potenziale an den Grenzen der Verarmungszone sind, welche gleichzeitig die Integrationsgrenzen für die Berechnung des Potenzialverlaufs aus dem Integral der Felder aus (8.32) darstellen:

$$\phi(x) = \begin{cases} \phi_p + \frac{eN_A}{2\epsilon\epsilon_0}(x + x_p)^2\,, & -x_p < x < 0\,, \\ \phi_n - \frac{eN_D}{2\epsilon\epsilon_0}(x - x_n)^2\,, & 0 < x < x_n\,. \end{cases} \tag{8.34}$$

Das Potenzial verläuft quadratisch über den Bereich der Raumladungszone und ist konstant außerhalb. Die Diffusionsspannung U_{bi} hängt mit der Differenz der intrinsischen (E_f) und der extrinsischen (E_F) Fermi-Energien in den jeweiligen n- und p-Gebieten zusammen: $E_f - E_F^p = -e\phi_p = kT\ln\frac{N_A}{n_i}$ und $E_F^n - E_f = e\phi_n = kT\ln\frac{N_D}{n_i}$ und ergibt sich damit zu:

$$U_{bi} = \phi_p - \phi_n = \frac{kT}{e}\ln\frac{N_A N_D}{n_i^2} \overset{Si}{\approx} 0.6 - 0.8\,V\,, \tag{8.35}$$

wobei der Wertebereich typisch für Silizium mit üblichen Dotierungskonzentrationen in Bauteilen der Halbleiterelektronik ist.

In Abhängigkeit von den Verarmungstiefen x_p und x_n ist die Spannungsdifferenz gegeben als:

$$\begin{aligned} U_{bi} &= -\int_{-x_p}^{x_n}\mathcal{E}(x)dx = \frac{e}{2\epsilon\epsilon_0}(N_A x_p^2 + N_D x_n^2) \\ &= \frac{e}{2\epsilon\epsilon_0}x_p^2\frac{N_A}{N_D}(N_A + N_D)\,. \end{aligned} \tag{8.36}$$

Im letzten Schritt der obigen Ableitung wurde die Neutralitätsbedingung (8.30) verwendet, mit der x_p auch durch x_n ersetzt werden kann. Aus (8.36) erhält man die Eindringtiefen der Verarmungszone in die Teilgebiete der Grenzschicht:

$$\begin{aligned} x_p &= \sqrt{\frac{2\epsilon\epsilon_0}{e}\, U_{bi}\, \frac{N_D}{N_A\,(N_D+N_A)}}\,, \\ x_n &= \sqrt{\frac{2\epsilon\epsilon_0}{e}\, U_{bi}\, \frac{N_A}{N_D\,(N_D+N_A)}}\,, \\ \frac{x_p}{x_n} &= \sqrt{\frac{N_D}{N_A\,(N_D+N_A)}\,\frac{N_D\,(N_D+N_A)}{N_A}} = \frac{N_D}{N_A}\,, \end{aligned} \tag{8.37}$$

im Einklang mit (8.30). Die ladungsträgerfreie Verarmungszone ist größer auf der schwächer dotierten Seite der pn-Grenzschicht.

Typisch für Halbleiterdetektoren sind Dotierungen und damit verbundene Breiten der Verarmungszonen in der Größenordnung:

$$\begin{aligned} N_A &= 10^{19}\,\mathrm{cm}^{-3} \qquad N_D = 2.3\cdot 10^{12}\,\mathrm{cm}^{-3} \\ \Rightarrow x_p &\approx \sqrt{\frac{2\epsilon\epsilon_0}{e}\, U_{bi}\, \frac{N_D}{N_A^2}} = 4\cdot 10^{-6}\,\mu\mathrm{m} \\ \Rightarrow x_n &\approx x_p\,\frac{N_A}{N_D} \approx 20\,\mu\mathrm{m}\,. \end{aligned}$$

Wenn also $N_A \gg N_D \;\Rightarrow\; x_p \ll x_n$ gilt, kann man den Beitrag von x_p zur Verarmungszone d vernachlässigen und es gilt:

$$d \approx x_n \approx \sqrt{\frac{2\epsilon\epsilon_0}{e} U_{bi} \frac{1}{N_D}}\,. \tag{8.38}$$

Die Verarmungszone breitet sich von der Grenzschicht hauptsächlich in die schwächer dotierte Zone des Halbleiterdetektors aus. Eine tiefe Verarmungszone ist für Siliziumdetektoren wesentlich, um ausreichend große Signale von Teilchen zu erhalten, die den Detektor durchqueren (siehe Abschnitt 8.4.1).

Fermi-Niveau über der Grenzschicht Ein wichtiger Grundsatz, der zur Betrachtung von Energieniveaus an Grenzschichten allgemein herangezogen werden kann, ist, dass im thermischen Gleichgewicht (das heißt zum Beispiel ohne extern angelegte Spannung) das Fermi-Niveau über der Grenzschicht konstant ist. Thermodynamisch entspricht das Fermi-Niveau dem *chemischen Potenzial*[53] eines Ensembles von Elektronen oder Löchern, welches auf beiden Seiten der Grenzschicht gleich ist, wenn sich die Ladungsträger frei bewegen können. Dies genügt bereits, um $E_F = const.$ über der Grenzschicht zu folgern.

Vielleicht etwas formaler kann die Konstanz von E_F auch über die Betrachtung der Stromdichten in Halbleitern (Gl. (4.130), Kapitel 4) gezeigt werden. Zum Beispiel gilt für Löcher (für Elektronen analog) im thermischen Gleichgewicht, dass kein Löcherstrom mehr fließt:

$$j_p = j_{p,\mathrm{Drift}} + j_{p,\mathrm{Diff}} = +e\mu_p p\,|\vec{\mathcal{E}}| - eD_p\frac{dp}{dx} = 0\,, \tag{8.39}$$

[53] Das chemische Potenzial eines Ensembles von Elektronen beschreibt die Energie, die nötig ist bzw. frei wird, wenn dem System ein Elektron hinzugefügt bzw. entnommen wird.

wobei p und μ_p Löcherdichte bzw. Löcherbeweglichkeit bezeichnen, $\vec{\mathcal{E}}$ die elektrische Feldstärke und D_p den Diffusionskoeffizienten für Löcher. Mit (8.27) gilt für die Ableitung:

$$\frac{dp}{dx} = \frac{p}{kT}\left(\frac{dE_f}{dx} - \frac{dE_F}{dx}\right). \tag{8.40}$$

Das elektrische Feld $|\vec{\mathcal{E}}|$ ist der Gradient der ursprünglichen Energieniveaus (der potenziellen Energien E_f oder E_L, E_V), geteilt durch die Ladung:

$$|\vec{\mathcal{E}}| = \frac{1}{e}\frac{dE_f}{dx}. \tag{8.41}$$

Die Löcherdichte $p(x)$ ist nach (8.40) durch den Abstand der Fermi-Energie E_F vom intrinsischen Fermi-Niveau E_f bestimmt und verändert sich über der Grenzschicht. Mit Hilfe der Einstein-Relation (4.136) auf Seite 140, welche sich ebenfalls als unmittelbare Konsequenz des thermischen Gleichgewichts ergibt, kann die verschwindende Stromdichte (8.39) mit (8.40) und (8.41) geschrieben werden als:

$$j_p = \mu_p p\left(\frac{dE_f}{dx} - \frac{dE_f}{dx} + \frac{dE_F}{dx}\right) = 0 \quad \text{für} \quad \frac{dE_F}{dx} = 0. \tag{8.42}$$

Im thermischen Gleichgewicht ist das Fermi-Niveau E_F über einer Grenzschicht konstant.

Ladungsträgerinjektion und Kontinuitätsgleichung Die Stromdichtegleichungen (4.130) in Kapitel 4 und (8.39) im vorigen Abschnitt gelten für stationäre Gleichgewichtsbedingungen. Zur Beschreibung von Ladungsträgerinjektion oder -extraktion, d.h. Generation und Rekombination von Ladungsträgern, sind die Kontinuitätsgleichungen mit Quellen und Senken maßgeblich. Die Änderung der Ladungsträgerkonzentration ist die Differenz aus Generations- und Rekombinationsraten plus der Divergenz des Nettostroms (siehe (4.65)), der in und aus dem betrachteten Bereich fließt:

$$\begin{aligned}\frac{\partial n}{\partial t} &= G_n - R_n + \frac{1}{e}\vec{\nabla}\vec{j}_n\,,\\ \frac{\partial p}{\partial t} &= G_p - R_p + \frac{1}{e}\vec{\nabla}\vec{j}_p\,,\end{aligned} \tag{8.43}$$

wobei $G_{n,p}$ und $R_{n,p}$ die Generations- beziehungsweise Rekombinationsraten sind (Einheit $\text{cm}^{-3}\ \text{s}^{-1}$), verursacht durch externe Einflüsse wie äußere Spannung, Energiedeposition durch Teilchen oder durch Licht, oder durch Generations-Rekombinations-Zentren in der Bandlücke, zum Beispiel verursacht durch Gitterdefekte. Für den uns interessierenden, weitgehend eindimensionalen Fall können die Gleichungen, mit (8.39) für j_p und entsprechend für j_n, explizit wie folgt geschrieben werden:

$$\begin{aligned}\frac{\partial n}{\partial t} &= G_n - R_n + n\mu_n\frac{\partial \mathcal{E}}{\partial x} + \mu_n\mathcal{E}\frac{\partial n}{\partial x} + D_n\frac{\partial^2 n}{\partial x^2}\,,\\ \frac{\partial p}{\partial t} &= G_p - R_p + p\mu_p\frac{\partial \mathcal{E}}{\partial x} + \mu_p\mathcal{E}\frac{\partial p}{\partial x} + D_p\frac{\partial^2 p}{\partial x^2}\,.\end{aligned} \tag{8.44}$$

Eine Lösung dieser Gleichungen erfolgt in aller Regel numerisch durch computergestützte Programme[54].

[54]Ein Beispiel für ein Computerprogramm zur Lösung der Kontinuitätsgleichungen (8.43) ist das Programm TCAD [974].

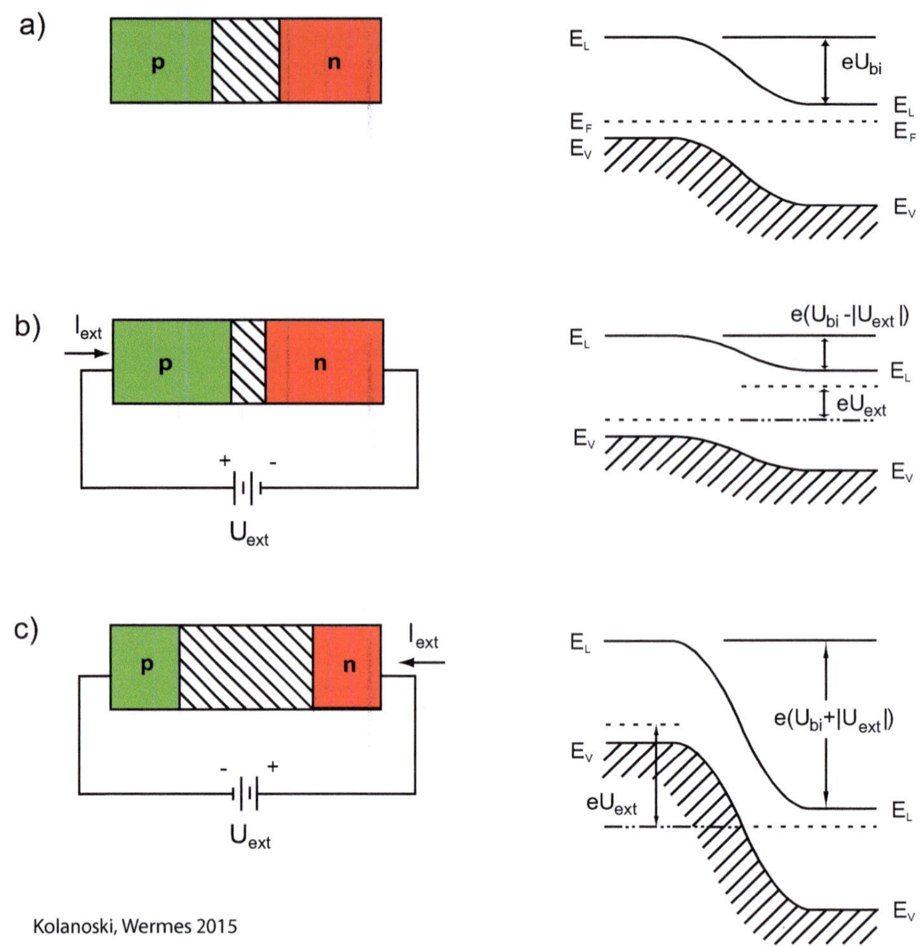

Abb. 8.18 Diode ohne und mit externer Spannung: a) ohne externe Spannung, b) mit externer Spannung: in Durchlassrichtung, c) mit externer Spannung: in Sperrrichtung (Betrieb von Halbleiter-Detektoren).

8.3.2 pn-Grenzschicht unter externer Spannung

Legt man eine externe Spannung U_{ext} zwischen der n- und p-Seite, so ändert sich die Breite der Verarmungszone abhängig von der Größe und der Polung der angelegten Spannung relativ zu U_{bi} (Abb. 8.18). Das System ist nicht mehr im thermischen Gleichgewicht, und (8.16) verändert sich zu $np > n_i^2$ beziehungsweise $np < n_i^2$. Das Ferminiveau ist nicht mehr konstant über der Grenzschicht.[55] Ist die angelegte Spannung U_{ext} an der p-Seite positiv relativ zur n-Seite ($U_{ext} =: U_{forw} > 0$, Durchlassrichtung), so verringert sich das elektrostatische Potenzial U_{bi} über der Verarmungszone um U_{ext}, und der Driftstrom

[55] Um Nicht-Gleichgewichtsbedingungen mit demselben Formalismus wie für Gleichgewichtsbedingungen diskutiert zu behandeln, können Quasi-Ferminiveaus eingeführt werden, die für Elektronen und Löcher verschieden sind; siehe z.B. [979].

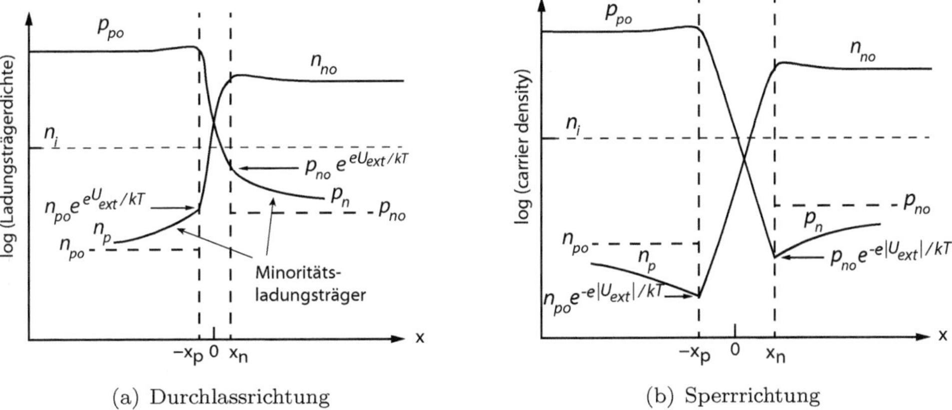

(a) Durchlassrichtung (b) Sperrrichtung

Abb. 8.19 Verlauf der Ladungsträgerkonzentration über einer pn-Grenzschicht bei angelegter externer Spannung U_{ext} in logarithmischer Darstellung (nach [943, 979]). (a) Durchlassrichtung (U_{ext} positiv) und (b) Sperrrichtung (Betrieb für Halbleiterdetektoren) mit U_{ext} negativ.

wird im Vergleich zum Diffusionsstrom reduziert. Im Vergleich zur Gleichgewichtssituation diffundieren mehr Elektronen von der n-Seite auf die p-Seite und mehr Löcher von der p-Seite auf die n-Seite (Minoritätsladungsträgerinjektion). Die Verarmungszone wird kürzer (oder verschwindet ganz für $U_{ext} > -U_{bi}$) und die Bandverbiegung wird schwächer (vergleiche (8.37) und (8.37)). Bei Anlegen einer Sperrspannung mit demselben Vorzeichen wie U_{bi} ($U_{ext} < 0$), negative Spannung an der p-Seite oder positive an der n-Seite, relativ zur jeweils anderen Seite) wird das elektrostatische Potenzial im Vergleich zum Gleichgewichtszustand erhöht und wirkt dem Diffusionsstrom entgegen, welcher kleiner wird. Die Verarmungszone wird breiter und die Bandverbiegung wird stärker. In den Gleichungen (8.37), (8.37) und (8.38) muss U_{bi} durch $U_{bi} - U_{ext}$ ersetzt werden, wobei U_{ext} negativ für die Sperrrichtung anzusetzen ist.

Abbildung 8.19 zeigt den Verlauf der Ladungsträgerkonzentrationen über der pn-Grenzschicht, den wir nachfolgend für die Fälle der Durchlassrichtung (Abb. 8.19(a)) und der Sperrrichtung (Abb. 8.19(b)) berechnen wollen. Dazu benutzen wir die Annahmen, dass [976]:

(1) die Grenzen zwischen der Raumladungszone und den äußeren neutralen Bereichen als abrupt angenommen werden können,

(2) die Ladungsträgerdichten an den Grenzen der Verarmungszone durch das elektrostatische Potenzial $U_{bi} - U_{ext}$ bestimmt sind,

(3) die injizierten Minoritätsladungsträger eine viel kleinere Dichte besitzen als die Majoritätsladungsträger und letztere daher anzahlmäßig nahezu unverändert bleiben,

(4) dass keine Rekombinations- oder Generationsströme in der Verarmungszone auftreten und die Elektronen- und Löcherströme daher in der Verarmungszone konstant sind.

Damit können die Ladungsträgerdichten zunächst an den Grenzen der Verarmungszone und mit Hilfe der Boltzmann-Transportgleichung dann auch in der Verarmungszone berechnet werden [976].

In den neutralen Bereichen außerhalb der Raumladungszone können annähernd Gleichgewichtsverhältnisse angenommen werden. Die Konzentrationen der Majoritätsladungsträger sind auch dort durch die Dotierungsdichten N_A und N_D gegeben. Nach (8.35) kann U_{bi} dann durch

$$U_{bi} = \frac{kT}{e} \ln \frac{N_A N_D}{n_i^2} \approx \frac{kT}{e} \ln \frac{p_{po} n_{no}}{n_i^2} = \frac{kT}{e} \ln \frac{n_{no}}{n_{po}} = \frac{kT}{e} \ln \frac{p_{po}}{p_{no}} \tag{8.45}$$

ausgedrückt werden, wobei (8.16) verwendet wurde. Dabei sind $n_{no} \approx N_D$ und $p_{po} \approx N_A$ die Majoritätsladungsträgerkonzentrationen (Elektronen im n-Bereich, Löcher im p-Bereich); der Index o indiziert die Verhältnisse im thermischen Gleichgewicht. Die Minoritätsladungsträgerdichten im Gleichgewicht sind entsprechend n_{po} und p_{no}. Aus (8.45) erhalten wir für die Majoritätsladungsträgerkonzentrationen:

$$\begin{aligned} n_{no} &= n_{po} \exp(eU_{bi}/kT)\,, \\ p_{po} &= p_{no} \exp(eU_{bi}/kT)\,. \end{aligned} \tag{8.46}$$

Diese Gleichungen stellen den Zusammenhang zwischen den Ladungsträgerkonzentrationen an der Grenze der Raumladungszone und U_{bi} her. Mit der Bedingung bzw. Annahme (2) von Seite 319 können wir nun schließen, dass dieselbe Beziehung gültig bleibt, wenn das elektrostatische Potenzial um U_{ext} vergrößert oder verkleinert wird, sodass wir für die Majoritätsladungsträgerdichten an den Grenzen der Verarmungszone im Nicht-Gleichgewichtszustand folgende Beziehungen erhalten:

$$\begin{aligned} n_n &= n_p \exp(e(U_{bi} - U_{ext})/kT) \approx n_{no} \\ p_p &= p_n \exp(e(U_{bi} - U_{ext})/kT) \approx p_{po} \end{aligned} \tag{8.47}$$

Hierbei wurde Annahme (4) von Seite 319 benutzt, die besagt, dass die durch U_{ext} verursachte Minoritätsladungsträgerinjektion die Majoritätsladungsdichten nahezu unverändert lässt. Einsetzen von (8.46) und Auflösung nach n_p ergibt für die Elektronenkonzentration an der Grenze der Verarmungszone im p-Bereich ($x = -x_p$) und analog für die Löcherkonzentration p_n am Ende der Verarmungszone ($x = x_n$) auf der n-Seite:

$$\begin{aligned} n_p &= n_{po} \exp(eU_{ext}/kT)\,, \\ p_n &= p_{no} \exp(eU_{ext}/kT)\,. \end{aligned} \tag{8.48}$$

Über der Verarmungszone nehmen die Majoritätsladungsträgerkonzentrationen über viele Zehnerpotenzen ab, eine Folge der exponentiellen Abhängigkeiten in den Gleichungen (8.46)–(8.48) dieses Abschnitts (man beachte auch die logarithmische Darstellung in Abb. 8.19). Ihre Konzentrationen liegen am Ende der Raumladungszone deutlich unterhalb der Konzentrationen der Gleichgewichtsminoritätsladungsträger. Abhängig von der Höhe der Sperrspannung können die Ladungsträgerkonzentrationen dort verschwindend klein werden.

Der weitere Verlauf der Dichten in den neutralen äußeren Zonen ist durch die Diffusionslängen (charakteristische Strecke bis zur Rekombination) der Ladungsträger (L_n und L_p) bestimmt und kann aus den Boltzmann-Transport-Gleichungen (siehe auch Kapitel 4) berechnet werden [979, 922]:

$$\begin{aligned} n_p(x \leq -x_p) &= n_{po} + n_{po} \left(\exp\left(eU_{ext}/kT\right) - 1\right) \exp\left(\frac{x + x_p}{L_n}\right) , \\ p_n(x \geq x_n) &= p_{no} + p_{no} \left(\exp\left(eU_{ext}/kT\right) - 1\right) \exp\left(-\frac{x - x_n}{L_p}\right) . \end{aligned} \tag{8.49}$$

Innerhalb der Verarmungszone nimmt die Ladungsträgerkonzentration vom Majoritätswert p_p (n_n) auf der einen Seite der Zone zum Minoritätswert p_n (n_p) auf der anderen Seite ab. Der Konzentrationsverlauf in der Verarmungszone wird in sehr guter Näherung durch die Konzentrationswerte an den Enden der Verarmungszone am Übergang zum neutralen Bereich bestimmt, also durch die Dotierungsdichten und die angelegte äußere Spannung. Für Halbleiterdetektoren typische Dotierungskonzentrationen sind auf Seite 316 angegeben.

Strom-Spannungs-Charakteristik Unter den angesetzten idealisierenden Annahmen wird in der Verarmungszone kein Strom erzeugt; er kommt ausschließlich aus den Außenbereichen ohne Raumladung [976]. Der Gesamtstrom ist konstant über dem Halbleiter und ist bestimmt durch die Minoritätsladungsträgerdichten und deren Diffusionscharakteristika, wie zum Beispiel für Löcher durch die Stromdichte j_p in (8.39). Der Strom weist ein von der extern angelegten Spannung abhängiges exponentielles Verhalten auf [976, 727], was von den ebenfalls exponentiellen Abhängigkeiten der Ladungsträgerkonzentrationen herrührt:

$$I = I_S \left(e^{eU_{ext}/kT} - 1\right) , \tag{8.50}$$

mit dem Sättigungssperrstrom

$$I_S = eA \left(\frac{D_n n_{po}}{L_n} + \frac{D_p p_{no}}{L_p}\right) \approx eA \left(\frac{D_n n_i^2}{L_n N_A} + \frac{D_p n_i^2}{L_p N_D}\right) , \tag{8.51}$$

wobei A die Querschnittsfläche und $D_{n,p}$ die Diffusionskoeffizienten für Elektronen beziehungsweise Löcher darstellen. Die Bedeutungen der anderen Größen wurden bereits weiter oben angegeben. Der zweite Term ergibt sich aus (8.16) mit $N_A \approx p_{po}$ und $N_D \approx n_{no}$. Gleichung (8.50) ist als Shockley-Gleichung [943] (Kennlinie einer idealen Diode) bekannt und in Abb. 8.20 dargestellt. Abweichungen von der idealen Kennlinie zum Beispiel durch Generation/Rekombination von Ladungsträgern und Spannungsabfall in der Sperrschicht sowie durch Tunnel- und Oberflächeneffekte (siehe z.B. [979]) führen unter anderem zu einem Anstieg des Sperrstroms mit angelegter Sperrspannung.

Halbleiterdetektoren werden in Sperrrichtung betrieben (positives Potenzial an dem n-dotierten Teil der Diode), um eine möglichst große Verarmungszone zu bekommen, die das Volumen für den Teilchennachweis darstellt (siehe Abschnitt 8.4.1). Die externe Spannung U_{ext} hat dann dasselbe Vorzeichen wie U_{bi}. In der Verarmungszone absorbierte Energie erzeugt Elektron/Loch-Paare. In einem Detektor ohne Verarmungszone würden

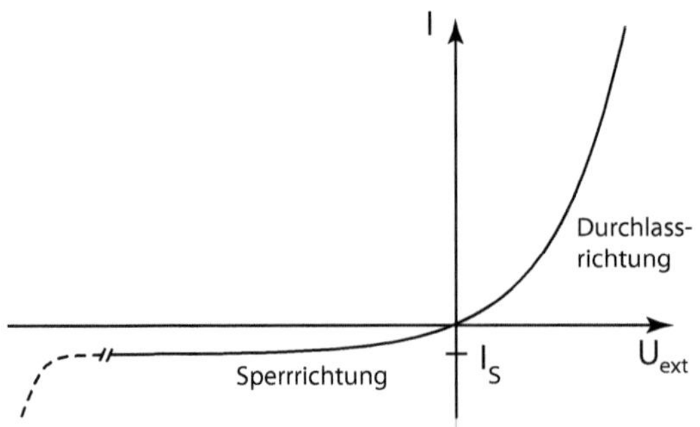

Abb. 8.20 Ideale Diodenkennlinie nach der Shockley-Gleichung (8.50) im Bereich kleiner Ströme. Die gestrichelte Linie kennzeichnet den Durchbruch bei hohen Sperrspannungen, der nicht in (8.50) enthalten ist. Sekundäreffekte verursachen Abweichungen von der idealen Form, siehe Text und z.B. [979].

diese schnell rekombinieren und kein Signal auf den Elektroden des Detektors erzeugen, in einem von Ladungträgern verarmten Detektor jedoch ist die Wahrscheinlichkeit einer Rekombination gering. Die e/h-Paare driften daher im E-Feld verlustfrei zu den Elektroden und erzeugen ein Ladungs/Strom-Signal (siehe Kapitel 5).

Mit angelegter äußerer Spannung U_{ext}, welche in der Regel größer als U_{bi} ist, ändert sich Gleichung (8.38) zu:

$$d \approx x_{n,p} \approx \sqrt{\frac{2\epsilon\epsilon_0}{e}\frac{1}{N_{D,A}}(U_{bi}+U_{ext})} \approx 3.6\times 10^7 \sqrt{\frac{U_{ext}/\mathrm{V}}{N_{D,A}/\mathrm{cm}^{-3}}}\ \mu\mathrm{m}, \tag{8.52}$$

wobei $x_{n,p}$ die verarmten Bereiche und $N_{D,A}$ die Dotierungskonzentrationen für n- bzw. p-Silizium sind. Ausgedrückt durch den spezifischen Widerstand des Wafers $\rho \simeq (e\,\mu_{e,h}\,N_{D,A})^{-1}$ erhält man für Silizium:

$$d \approx x_n \approx 0.55\sqrt{\frac{\rho}{\Omega\,\mathrm{cm}}\frac{U_{ext}}{\mathrm{V}}}\ \mu\mathrm{m}, \qquad d \approx x_p \approx 0.32\sqrt{\frac{\rho}{\Omega\,\mathrm{cm}}\frac{U_{ext}}{\mathrm{V}}}\ \mu\mathrm{m}. \tag{8.53}$$

Der rechnerische Unterschied für p- und n-Dotierung liegt an den unterschiedlichen Beweglichkeiten von Elektronen und Löchern. Üblicherweise ist die Eignung von Siliziumwafern als Detektormaterial durch den spezifischen Widerstand spezifiziert.

Um einen Detektor der (für Si typischen) Dicke von $d = 300\,\mu\mathrm{m}$ vollständig zu verarmen, muss bei einer gegebenen n-Substratdotierung von $2.3 \cdot 10^{12}$ cm^{-3} eine Spannung von $U_{ext} \approx 160\,V$ angelegt werden.

Diodenkapazität Eine Flächendiode kann aufgrund der ladungsträgerfreien Zone hinsichtlich ihrer Kapazität als ein mit einem Dielektrikum gefüllter Plattenkondensator betrachtet werden. Die Kapazität zur Rückseite ist:

$$\frac{C}{A} = \frac{\epsilon\,\epsilon_0}{d}\,.$$

Dabei ist A die Fläche und d die Breite der Verarmungszone. Die relative Dielektrizitätszahl ϵ hat für Silizium den Wert 11.9 (Tab. 8.2). Für eine 300 µm dicke Flächendiode aus Silizium ist

$$\frac{C}{A} \simeq 35\,\frac{\mathrm{pF}}{\mathrm{cm}^2}\,.$$

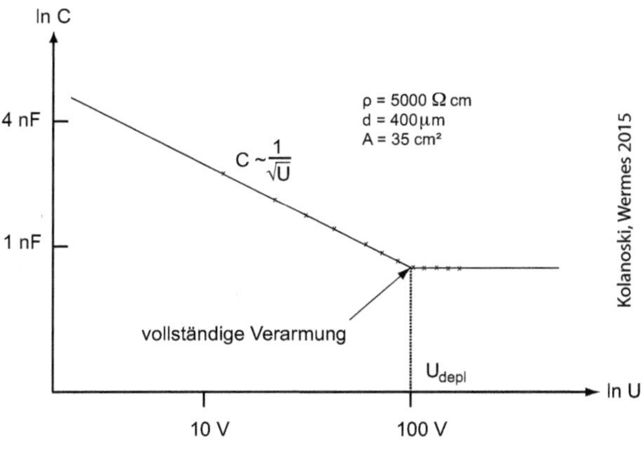

Abb. 8.21 Bestimmung der Verarmungsspannung aus dem Kapazitätsverlauf einer Diode. Der $1/\sqrt{U}$ - Verlauf folgt aus (8.53).

Da die ladungsträgerfreie Zone d nach (8.52) von der externen Spannung abhängt, ist es möglich, aus der Messung der Kapazität die Verarmungsspannung zu bestimmen. Abbildung 8.21 zeigt die Abhängigkeit der Kapazität C von der externen Spannung. Nähert sich die Kapazität einem konstanten Wert, so ist die Spannung zur vollständigen Verarmung des Detektors erreicht, denn die Verarmungszone kann nicht größer werden als die Dicke des Detektors.

Leckstrom Bei einer in Sperrrichtung betriebenen Diode oder einem Halbleiterdetektor beobachtet man einen so genannten Leckstrom I_L, der sowohl Volumen- als auch Oberflächenanteile besitzen kann, die von verschiedenen Ursachen herrühren. Leckstrom wird selbst in einer idealen Diode durch die Bewegung von Minoritätsladungsträgern durch die pn-Grenzschicht (durch Diffusion) erzeugt, zum Beispiel von Elektronen aus der p-Region in die n-Region (I_S in (8.50) und (8.51)).

Bei Detektoren ist die wichtigste Ursache für den Volumenleckstrom die thermische Erzeugung von Elektron–Loch-Paaren in der Verarmungszone. Die Stärke des Leckstroms wird durch das Vorhandensein von Verunreinigungen, welche als Generations/Rekombinationszentren in der Bandlücke agieren können, stark beeinflusst (siehe hierzu auch Abschnitt 8.12). Die Größe dieses Generationsstroms ist proportional zum Volumen $A \times d$ unter einer Elektrode, wobei A der Querschnitt und d die Breite der Verarmungszone ist ($d \propto \sqrt{V_{ext}}$ nach (8.52) bis zu vollständiger Verarmung):

$$I_L^{gen} = e\, Ad \frac{n_i}{2\tau_g}\,, \tag{8.54}$$

wobei τ_g die Zeitkonstante für die Lebensdauer der Ladungsträger bezeichnet, definiert als die für die Rückkehr der Ladungsträger nach der Emission aus dem VB oder einem Defektniveau zum Gleichgewicht benötigte Zeit. Gleichung (8.54) gilt für den Betrieb von Si-Detektoren in Sperrrichtung [979]. Da n_i wegen (8.18) stark temperaturabhängig ist mit $n_i \propto T^{3/2} \exp(-E_G/2kT)$, hängt auch I_L stark von der Temperatur ab. Man kann annehmen, dass die Hauptursache der Leckstromerzeugung von Verunreinigungs- oder Defektniveaus in der Bandlücke herrührt.

Mit dem Ansatz eines einzelnen Defektniveaus [727] mit gleichem Einfangswirkungsquerschnitt für Elektronen und Löcher (präziser $v_{th}^p \sigma_p \approx v_{th}^n \sigma_n$, v_{th} = thermische Geschwindigkeit), ist die Abhängigkeit der Generationslebensdauer von der Position des Defektniveaus in der Bandlücke ungefähr $\tau_g \propto \cosh(\Delta E_t/kT)$, wobei $\Delta E_t = E_t - E_f$ der energetische Abstand des Niveaus zum intrinsischen Ferminiveau E_f ist (siehe auch Gl. (8.107) in Abschnitt 8.12.1). Diese Abhängigkeit ist minimal für $\Delta E_t = 0$ und zeigt, dass Leckstromerzeugung durch Gitterdefekte am wirksamsten ist, wenn (so genannte *deep-level*) Defekte sich nahe E_f befinden, das heißt nach (8.20) nahe der Bandlückenmitte. In diesem Falle ist die Temperaturabhängigkeit von τ_g nur durch die thermischen Geschwindigkeiten gegeben (angegeben in Gl. (4.89) auf Seite 120); das bedeutet, dass $\tau_g \propto T^{-1/2}$ ist, was näherungsweise eine $T^2 \exp(-E_G/2kT)$ Abhängigkeit für den Leckstrom ergibt. Da die Temperaturabhängigkeit von I_L für viele Anwendungen sehr wichtig ist, wird üblicherweise eine Parametrisierung verwendet:

$$I_L^{gen} \propto T^2 \exp\left(-\frac{E_a}{2kT}\right) . \tag{8.55}$$

Der Parameter E_a wird *Aktivierungsenergie* oder *effektive Energie* genannt mit einem Anpassungswert von $E_a = 1.19$–$1.21\,\text{eV}$ [506, 321, 1054].

Eine typische Größenordnung des Leckstroms in einem Siliziumdetektor bei Raumtemperatur liegt im Bereich von nA/cm^{-2} [705], kann aber Werte von $\mu\text{A/cm}^{-2}$ erreichen, wenn der Detektor hohen Strahlungsflüssen ausgesetzt ist. Die Messung des Leckstromes ist daher eine wichtige Methode, Strahlenschäden zu charakterisieren (siehe Abschnitt 8.12).

Oberflächenbeiträge zum Leckstrom haben meist herstellungs- oder behandlungsbedingte Ursachen wie Oberflächenschädigungen oder Ablagerungen. Eine Unterscheidung der Beiträge (Oberfläche oder Volumen) ist im Prinzip durch die unterschiedlichen charakteristischen Abhängigkeiten von der Betriebsspannung möglich, der Volumenbeitrag ist proportional zum Volumen unter der Elektrode, also $\propto \sqrt{U}_{\text{ext}}$, während der Oberfächenbeitrag eher linear mit der angelegten Spannung verläuft; Letzteres hängt allerdings auch von der Geometrie der Oberflächenstrukturen ab. In der Regel ist der Volumenbeitrag zum Leckstrom dominant.

8.3.3 Die n^+n- oder p^+p-Grenzschicht

Grenzschichten desselben Dotierungstyps, aber mit unterschiedlicher Dotierungsstärke[56] (n^+n oder p^+p) erzeugen ebenfalls ein Potenzialgefälle ähnlich wie bei einer pn-Struktur. Wie Abb. 8.22 für eine abrupt angenommene n^+n-Struktur zeigt, entsteht auch in diesem Fall eine Raumladungszone, wenn wegen des Konzentrationsunterschieds Elektronen von der n^+-Region in die n-Region diffundieren und dadurch die n-Seite negativ wird, während die n^+-Seite positiv wird. Das entstehende elektrische Feld wirkt der Diffusion

[56] Es ist in der Literatur üblich, starke (schwache) oder sehr starke (sehr schwache) Dotierungskonzentrationen mit n^+ (n^-) und n^{++} (n^{--}) relativ zu der Dotierung n des Substrats anzuzeigen, entsprechend für p-Dotierung.

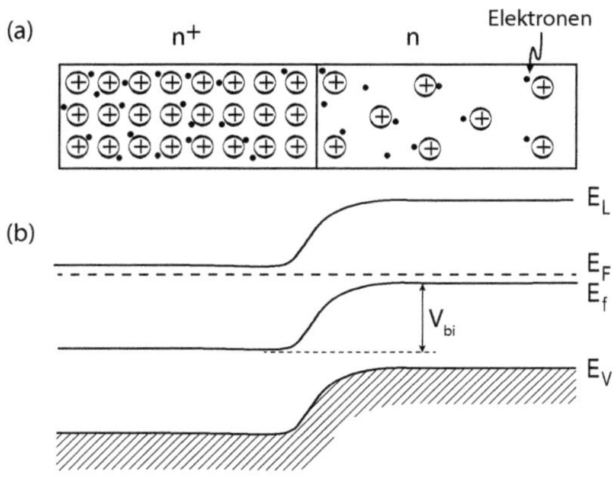

Abb. 8.22 n^+n-Übergang: (a) Kontakt zweier verschieden dotierter n-Halbleiterschichten, (b) Darstellung im Bändermodell (nach [727], mit freundl. Genehmigung von Springer Science+Business Media).

entgegen bis zum Gleichgewicht. Im Bändermodell ist das Fermi-Niveau E_F nach Einstellung des thermischen Gleichgewichts über der Struktur gleich, die Bänder verbiegen sich. Wie in der pn-Schicht entsteht eine Diffusionspannung U_{bi}.

8.3.4 Der Metall-Halbleiter-Übergang

An den metallischen Kontakten eines Halbleiterdetektors entsteht eine andere Art Grenzschicht, der Metall-Halbleiter-Übergang. Das Verhalten dieser Grenzschicht hängt sowohl von der Art des Metalls als auch von der Dotierungsart und -stärke des Halbleiters ab. Die nachfolgenden charakteristischen Eigenschaften von Metallen sind zum Verständnis von Metall-Halbleiter Kontakten wesentlich:

– Anders als beim Halbleiter ist das Leitungsband von Metallen teilweise mit Elektronen gefüllt (siehe Abb. 8.7). Daher liegt das Fermi-Niveau nicht in der Bandlücke, sondern innerhalb des Leitungsbands des Metalls.
– Die Zahl der Leitungselektronen im Metall ist vergleichsweise groß (Größenordnung $10^{23}\,\text{cm}^{-3}$). Da die Leitfähigkeit sehr hoch ist, kann sich kein elektrisches Feld einstellen ($|\vec{\mathcal{E}}| = 0$) und es kann keine Potenzialdifferenz zwischen den Enden des Leiters entstehen. Die Beschreibung der metallischen Grenzfläche ist daher allein durch die Oberflächenladungen bestimmt.

Abbildung 8.23 erläutert die energetischen Verhältnisse bei einem Metall-Halbleiter-Übergang. Unter der 'Austrittsarbeit' (*work function*) versteht man die Energie, die nötig ist, um ein Elektron von der Fermi-Energie ins 'Kontinuum', auch 'Vakuum' genannt, zu befördern: $e\phi = E_{vac} - E_F$. Für Metalle ($e\phi_M$) ist sie abhängig von der Art des Metalls, für Halbleiter ($e\phi_S$) von Art und Grad der Dotierung. Eine für die Halbleiterseite der Grenzschicht ebenfalls wichtige Größe ist die 'Elektronenaffinität' $e\chi_S$. Sie beschreibt den Unterschied in der Energie eines freien Elektrons zu seiner Energie, wenn es in den Gitterverbund eingetreten ist, und entspricht der Energiedifferenz zwischen

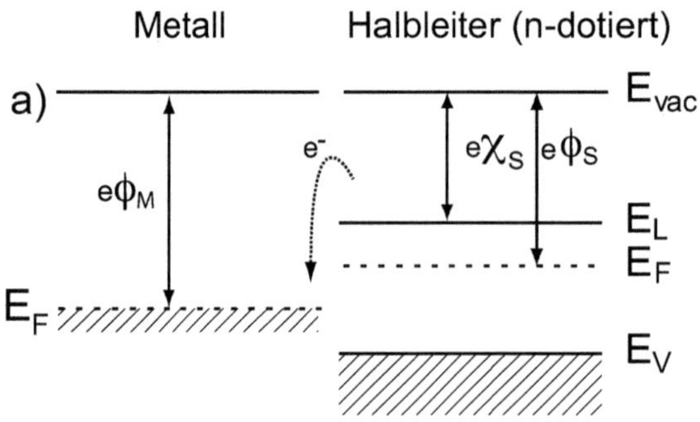

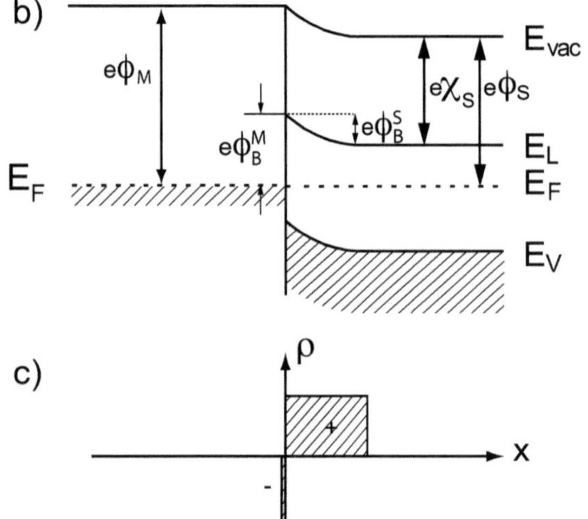

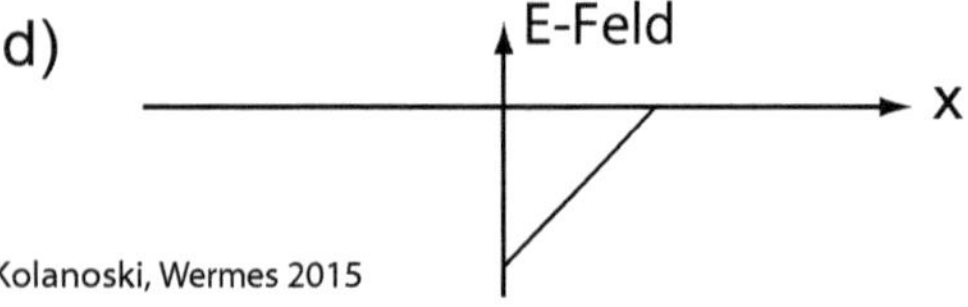

Abb. 8.23 Schottky-Kontakt: (a) Metall und n-dotierter Halbleiter vor dem Kontakt in separatem thermischem Gleichgewicht; $e\phi_M$ und $e\phi_S$ sind die jeweiligen Austrittsarbeiten im Metall und im Halbleiter, $e\chi_S$ ist die Elektronenaffinität und $e\phi_B^M$ und $e\phi_B^S$ bezeichnen die Barrierenhöhen auf beiden Seiten. (b) Kontakt ohne externe Spannung im thermischen Gleichgewicht nach Elektronentransport (mit resultierender Bandverbiegung), (c) Verteilung der Ladungsdichte, (d) elektrisches Feld.

Leitungsbandunterkante und Kontinuum (Vakuum): $E_{vac} - E_L$; $e\chi_S$ ist unabhängig von der Dotierung und kleiner als $e\phi_S$.

Schottky-Kontakt Wir betrachten zuerst den Fall, dass $e\phi_M > e\phi_S$ ist. Man spricht dann von einem 'Schottky-Kontakt'. Dieser Fall ist in Abb. 8.23 für den Übergang vom Metall zu n-Silizium dargestellt. Die Verhältnisse für p-Silizium findet man in der einschlägigen Literatur (zum Beispiel in [979]). Abbildung 8.23(a) zeigt die Grenzflächen vor der Berührung in separatem thermischem Gleichgewicht. Nach dem Kontakt fließen die Elektronen des Halbleiters aufgrund der Energiedifferenz in das Metall, bis auch hier wieder ein thermisches Gleichgewicht hergestellt ist und die Fermi-Niveaus im Metall und im Halbleiter gleich sind ($E_F^M = E_F^S$). Die Bänder biegen sich, von der Grenzschicht aus gesehen, im Halbleiter nach unten (Abb. 8.23(b)). Im Metall bildet sich eine negative Oberflächenladung aus. Im Halbleiter entsteht durch das Abwandern der Elektronen eine ladungsträgerfreie positive Raumladungszone (Abb. 8.23(c)). Abbildung 8.23(d) zeigt den Verlauf des resultierenden elektrischen Feldes. Die Verhältnisse erinnern an die einer Diode (pn-Übergang) mit Barrierenausbildung an der Grenzschicht. Die Differenz zwischen Metall-Austrittsarbeit und Elektronenaffinität, $e(\phi_M - \chi_S) =: e\phi_B^M$, zwei von äußeren Einflüssen unabhängigen Materialparametern, ergibt die Höhe der Barriere, die Elektronen im Metall überwinden müssen, um in den Halbleiter zu kommen. Ihre Höhe wird durch eine externe Spannung nicht verändert (siehe zum Beispiel [978], S. 164). Die Barrierenhöhe für Elektronen im Halbleiter, $e(\phi_M - \phi_S) := e\phi_B^S$, hingegen, ist durch die Größe der Bandverbiegung gegeben. Ihre Höhe ist die 'eingebaute Spannung' $U_{bi} = \phi_B^S$, analog zum pn-Übergang, die durch eine externe Spannung wie dort verstärkt oder abgeschwächt wird und damit einen gleichrichtenden Kontakt (*Schottky contact*) ermöglicht. Sie beträgt ungefähr $e\phi_B^S \approx 0.65\,\text{eV}$ für W-Si- und etwa $0.8\,\text{eV}$ für Au-Si-Übergänge.

Im thermischen Gleichgewicht halten sich der Strom von Elektronen in den Halbleiter und der entgegengesetzte Strom vom Halbleiter in das Metall die Waage. Bei angelegter externer Spannung U_{ext} wird der Potenzialunterschied an der Grenze entweder reduziert (Vorwärtsspannung) oder erhöht (Rückwärtsspannung). Der Strom aus dem Metall in den Halbleiter ist unverändert im Vergleich zum thermischen Gleichgewichtsfall, da die Barrierenhöhe unverändert bleibt. Der Stromfluss aus dem Halbleiter zum Metall jedoch ändert sich exponentiell, ähnlich wie bei der pn-Grenzschicht (8.50). Für die Stromdichte gilt:

$$J = J_S \left(e^{eU_{ext}/kT} - 1 \right) , \tag{8.56}$$

mit dem Sättigungssperrstrom

$$J_S = A_R^* \, T^2 \mathrm{e}^{-e\phi_B^M/kT} ,$$

wobei A_R^* die effektive Richardson-Konstante mit Werten $A_R^* \approx 110\,\text{A}\,\text{K}^{-2}\text{cm}^{-2}$ für n-Silizium und $A_R^* \approx 32\,\text{A}\,\text{K}^{-2}\text{cm}^{-2}$ für p-Silizium ist [975, 979]. Die externe Spannung ist positiv bzw. negativ, für Vorwärts- beziehungsweise Sperrbetrieb. Im Gegensatz zur pn-Grenzschicht, in der die Kennlinie hauptsächlich von den Minoritätsladungsträgerdichten bestimmt wird (Seite 321), sind in einem Metall-Halbleiter-Kontakt die Majoritätsladungsträger für die Strom-Spannungs-Charakteristik (8.56) verantwortlich.

Ohm'scher Kontakt In dem Fall, dass die Austrittsarbeit im Metall kleiner als im Halbleiter ist, $e\phi_M < e\phi_S$, spricht man von einem 'ohmschen Kontakt'. Er wird zum Beispiel benötigt, wenn ein Siliziumdetektor (nicht gleichrichtend) mit einer Spannungsversorgung verbunden werden soll. Der 'ohmsche Kontakt' ist durch einen verschwindend kleinen Kontaktwiderstand definiert, in dem keine oder nur verschwindend kleine Barrieren für Elektronen existieren (Abb. 8.24(a)). Elektronen fließen vom Metall in den n-Halbleiter und erzeugen dort eine negative Nettoladung. Die Bänder biegen sich von der Grenzschicht weg nach oben. Es wird keine ladungsträgerfreie Raumladungszone gebildet, und die Potenzialbarriere für Elektronenfluss vom Metall zum Halbleiter ist klein.

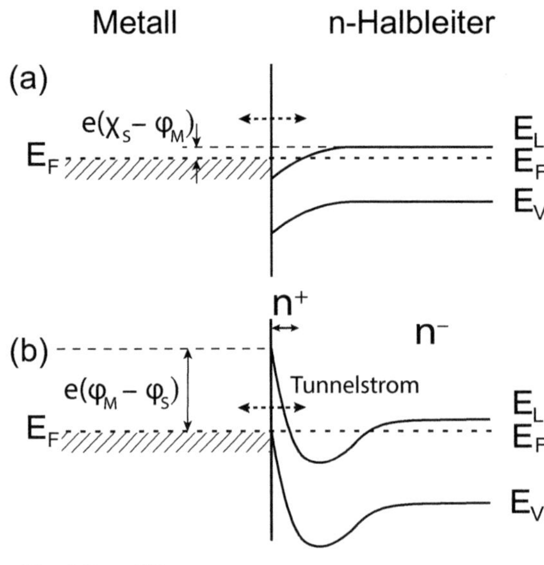

Abb. 8.24 Ohm'scher Kontakt: a) verschwindender Kontaktwiderstand, b) durchtunnelbare Barriere bei hoher Dotierung des Halbleiterrandes. Qualitative Darstellung nach [976, 979].

Es sind nur kleine externe Spannungen nötig, damit Elektronen sich in beide Richtungen durch die Grenzfläche bewegen können. Abbildung 8.24(a) zeigt diesen Fall nach Herstellung des thermischen Gleichgewichts ($E_F^M = E_F^S$).

Häufig ist es schwierig, ein geeignetes Metall zu finden, das bei Kontakt mit einem dotierten Halbleiter keine Barriere aufbaut und gleichzeitig gute Kontakteigenschaften hat (haftet gut am Halbleiter und kann kontaktiert werden durch weitere Metalle, z.B. Mikrodrahtverbindungen, *wire bonds*). Daher wird meist eine andere Methode verwendet, um einen ohmschen Kontakt zu erhalten (Abb. 8.24 (b)).

Durch eine sehr hohe n^+-Dotierungsdichte ($\gtrsim 10^{19}\,\text{cm}^{-3}$, siehe dazu (8.26)–(8.28)) von etwa 10 nm Tiefe wird in diesem Bereich das Fermi-Niveau E_F fast bis zur Leitungsbandunterkante des Halbleiters hochgezogen. Nach Kontaktierung mit dem Metall ist dann ϕ_M deutlich größer als ϕ_S. Durch den sehr dünnen Hochdotierungsbereich entsteht da-

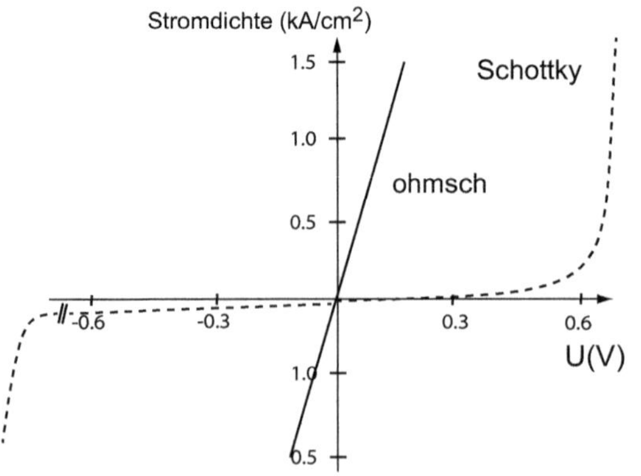

Abb. 8.25 Typische Strom-Spannungs-Kennlinien für einen gleichrichtenden (Schottky: GaAs, Dotierungskonzentration $10^{15}/\text{cm}^3$, gestrichelte Linie) und einen ohmschen ($10^4\ \Omega\,\text{cm}^2$, durchgezogene Linie) Metall-Halbleiter-Übergang.

durch an der dem Metall zugewandten Seite des n-Halbleiters eine räumlich sehr schmale Barriere. Die Details dieser Metall–n^+–n^--Struktur sind insgesamt komplex. Die Übergänge werden von Tunnelströmen dominiert, welche die dünne Barriere durchtunneln [979] wie qualitativ in Abb. 8.24 (b) gezeigt. Die Strom-Spannungs-Charakteristik ist nahezu linear. Der weitere Verlauf der Bandstruktur folgt dem einer n^+n-Struktur wie in Abschnitt 8.3.3 beschrieben.

In Abb. 8.25 sind die Strom-Spannungs-Kennlinien für beide Fälle dargestellt. Für den Schottky-Übergang ergibt sich ein gleichrichtender Kontakt wie bei einer pn-Diode (Abb. 8.20). Der Anstieg des Sperrstromes mit steigender Sperrspannung wird hauptsächlich durch Verringerung der Schottky-Barriere verursacht [979]. Der ohmsche Kontakt ist hier durch ein lineares Verhalten wie bei einem Widerstand gekennzeichnet.

8.3.5 Der MOS-Übergang

Unter einem MOS-Übergang (MOS = *Metal Oxide Semiconductor*) versteht man eine Doppelgrenzschicht aus drei Materialien: Metall-Oxid-Halbleiter [1040]. Die MOS-Struktur spielt eine herausragende Rolle in der Mikroelektronik, weil sie eine wesentliche Struktur für Feldeffekt-Transistoren (FET) ist. Für eine ausführliche Beschreibung verweisen wir den Leser auf die vielfältige Literatur, zum Beispiel [946, 979, 262] oder [520].

Der weitaus größte Teil der Chip-Elektronik, darunter auch Chips zur Auslese von Detektoren (siehe Abschnitt 17.6), basiert auf MOSFETs, die als Kombination von NMOS- (dominant n-leitend) und PMOS- (dominant p-leitend) Transistoren auf demselben Substrat realisiert sind (CMOS-Prozess, siehe zum Beispiel [1032]) und die 'komplementäre' CMOS-Logik für komplexe Schaltkreise ermöglichen. MOSFETs sind in Abschnitt 8.3.6 beschrieben. Heute stellen CMOS-Technologie und CMOS-Logik (siehe auch Abschnitt 17.7.4) die am häufigsten verwendete Technologie für integrierte Schaltungen und die meist verwendete Logikfamilie dar.

Stark verzahnt sind Sensor und Auslese-Chip bei Siliziumstreifen- und besonders bei Pixeldetektoren[57] (Abschnitte 8.4.2, 8.7 und 8.10). Auch andere Halbleitersensoren besitzen MOS-Strukturen: MOS-CCDs (Abschnitt 8.9) zum Beispiel verwenden sie, um die Ladung in einer CCD-Zelle zum Ausleseknoten zu schieben. DEPFET-Pixeldetektoren (Abschnitt 8.10.2) haben einen einzelnen MOSFET in jedem Pixel zur Verstärkung der Signalladung. Die Steuerwirkung von MOSFETs kann auch bei der Spannungsversorgung von Mikrostreifendetektoren ausgenutzt werden (Abschnitt 8.5.5).

Perspektivansicht und Querschnitt einer MOS-Struktur sind in Abb. 8.26 zu sehen. Heute wird bei Transistoren statt des Metalls fast ausschließlich stark dotiertes Polysilizium (n^+ oder p^+) verwendet, da es höhere Temperaturen aushält, ohne mit dem Oxid zu reagieren. Die Physik der MOS-Struktur ist dadurch unverändert, und der Name ist geblieben. Kontaktierungen von Halbleiterdetektoren, wenn Sie nicht direkt zum Halbleiter, sondern über eine Oxidschicht erfolgen, sind typisch Al-SiO_2-Si -MOS-Strukturen.

[57]Der Begriff 'Pixel' ist aus der Abkürzung für *picture element* entstanden. Pixel sind 2-dimensionale Sensoreinheiten. Im Sprachgebrauch werden sie als viel kleiner verstanden als *pads*.

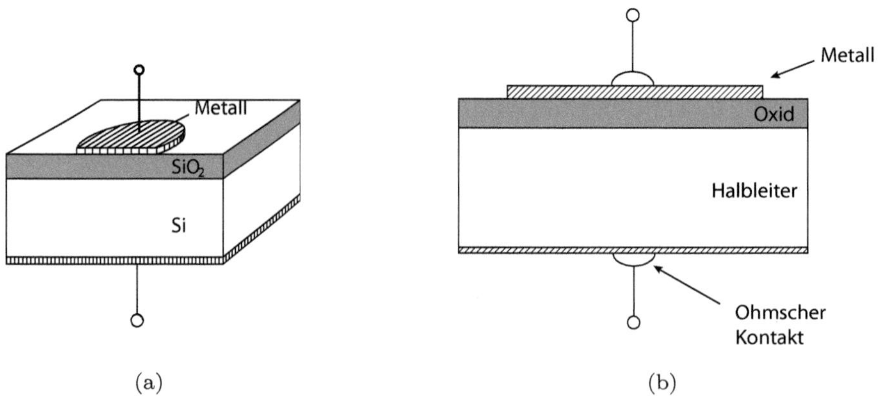

Abb. 8.26 Perspektivansicht (a) und Querschnitt (b) einer MOS-Struktur.

Im Unterschied zu den bisher diskutierten Grenzschichten Halbleiter-Halbleiter und Metall-Halbleiter liegt jetzt also ein Isolator zwischen Metall und Halbleiter. Durch diesen fließt bei anliegender externer Spannung in sehr guter Näherung kein Gleichstrom. Wir können daher Metall und Halbleiter separat im thermischen Gleichgewicht betrachten. Das Bändermodell liefert unter der Annahme eines abrupten Übergangs eine gute Beschreibung der Phänomene, die von der angelegten Spannung U_{ext} abhängen. Um dies zu illustrieren, betrachten wir in den Abbildungen 8.27 bis 8.32 MOS-Strukturen mit einem n-dotierten Halbleiter (entspricht der Ausgangssituation für einen PMOS-Transistor), entsprechend unserer bevorzugten Wahl in diesem Kapitel. Für die in der Literatur meistens gewählte Beschreibung mit p-dotiertem Halbleiter (Situation für NMOS-Transistoren) gelten gleiche Überlegungen mit geeigneten Vorzeichenwechsel (siehe zum Beispiel [978]).

Wir betrachten zunächst eine ideale MOS-Struktur, definiert durch die (nicht realistische) Annahme, dass die Austrittsarbeiten im Metall und im Halbleiter gleich groß sind, $e\phi_M = e\phi_S$, und dass neben den Ladungen im Halbleiter nur an der Metalloberfläche weitere Ladungen existieren, also insbesondere, dass im Oxid oder an den Grenzflächen keine (festen) Ladungen existieren [979]. Das heißt, dass die Struktur ohne externe Spannung feldfrei ist und an den Grenzflächen keine Bandwölbung auftritt. Die Bänder sind 'flach' (Abb. 8.27(b)). Aus der Abbildung entnehmen wir:

$$0 = e\phi_M - e\phi_S = e\phi_M - \left(e\chi_S + \frac{E_G}{2} - e\psi_B\right),$$

wobei angenommen wird, dass das intrinsische Fermi-Niveau des Halbleiters E_f in der Mitte der Bandlücke liegt (siehe Gl. (8.20)). Die Bezeichnungen sind wie in Abschnitt 8.3.4: χ_S = Elektronenaffinität, E_G = Energiewert der Bandlücke, ψ_B ist die Differenz zwischen extrinsischem und intrinsischem Fermi-Niveau im Substrat (engl. *bulk*) des Halbleiters.

Reale MOS-Strukturen unterscheiden sich von der idealen Struktur der Abb. 8.27 derart, dass die Differenz der Austrittsarbeiten nicht verschwindet und dass in der Regel

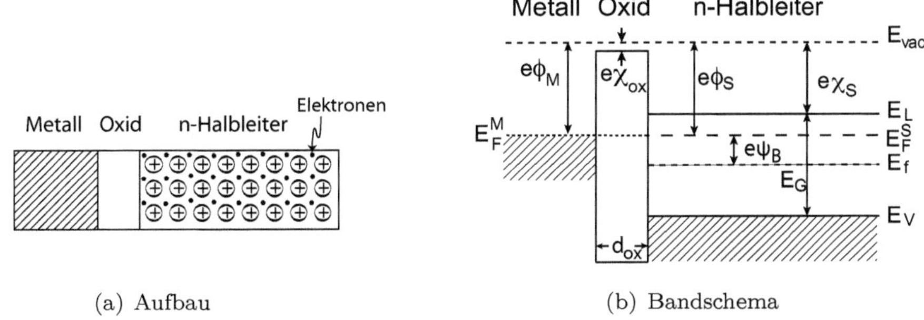

(a) Aufbau (b) Bandschema

Abb. 8.27 Ideale MOS-Struktur, in der kein elektrisches Feld existiert (nach [979] und [727]).

Ladungen im Oxid oder an den Grenzflächen vorhanden sind. Letzteres ist insbesondere bei Strahlenschädigungen wichtig (siehe Abschnitt 8.12). Hier vernachlässigen wir Oxidladungen zunächst. Die Größe der Austrittsarbeit im Halbleiter $e\phi_S$ hängt nach (8.28) von Art und Höhe der Dotierung ab. Sie liegt bei Silizium typisch zwischen 4.1 eV und 5.2 eV. Für Aluminium[58] als ein verwendetes Kontaktmetall bei Siliziumdetektoren ist die Austrittsarbeit im Metall $e\phi_M$ mit 4.1 eV meist kleiner als im Silizium (Abb. 8.28(a)):

$$e\phi_{MS} = e\phi_M - e\phi_S < 0\,. \tag{8.57}$$

Die Spannung $U = \phi_{MS}$ entspricht der Diffusionsspannung U_{bi} in Gl. (8.35) bei der pn-Grenzschicht. Im Oxid ist die Elektronenaffinität deutlich geringer als im Metall oder im Halbleiter, in SiO_2 beträgt sie $e\chi_{ox} = 0.9$ eV.

Bringt man die Schichten in Kontakt, so gleichen sich die Fermi-Niveaus im Metall E_F^M und im Halbleiter E_F^S an, wie auf Seite 316 beschrieben. Das Vakuum-Niveau bleibt zusammenhängend. Die Bänder der einen Seite verschieben sich relativ zur anderen Seite (Abb. 8.28(b)). Die Bandverbiegung wird verursacht durch eine Ladungsträgerumverteilung (Anreicherung oder Verarmung) an der Halbleitergrenzschicht, da durch das Oxid (Isolator) keine Ladung von der einen auf die andere Seite fließen kann. Der Verlauf des Potenzials (und der Energiebänder) im Oxid ist linear, da das Feld im Oxid konstant ist; im Halbleiter ist die Abhängigkeit quadratisch bis in den Bereich ohne Ladungsanhäufung beziehungsweise -verarmung, in dem die Bänder konstant sind. Um den Zustand mit flachen Bändern wiederherzustellen, muss eine Spannung (das ist beim MOS-Transistor die Gate-Spannung) der Größe

$$U_{ext} = U_{FB} = -\,\phi_{MS} \tag{8.58}$$

extern angelegt werden, welche 'Flachbandspannung' heißt. Das System kommt dadurch aus dem thermischen Gleichgewicht ($E_F^M \neq E_F^S$). Vorsicht ist bei den Vorzeichen der Potenziale und der Spannungen geboten: Wir legen U_{ext} an der Metallseite relativ zum Erdpotenzial an. ϕ_{MS} ist die Potenzialdifferenz zwischen Metall und Halbleiter, die durch

[58] In MOS-Transistoren wurde Aluminium nur bis etwa 1970 als Gate-Material verwendet und danach durch Polysilizium ersetzt. Erst für sehr kleine MOS-Strukturen (≤ 45 nm) werden wieder Metalle wie z.B. TiN oder TaN verwendet.

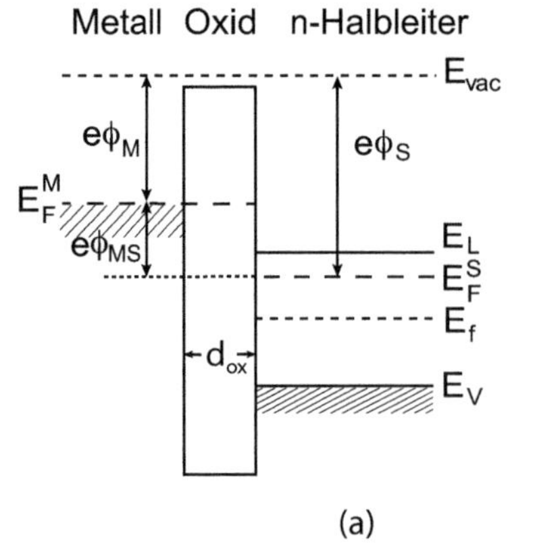

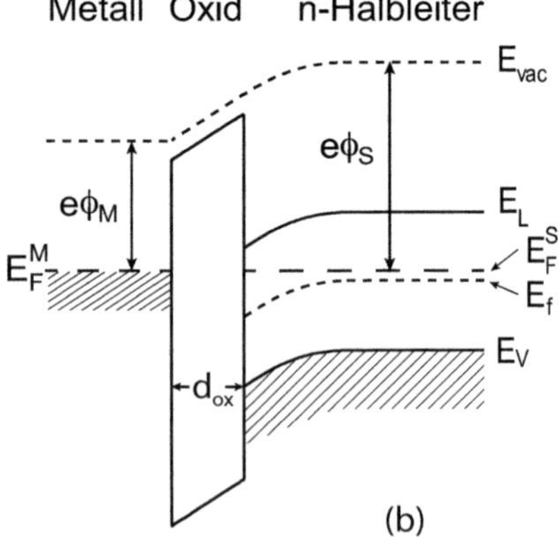

Abb. 8.28 Reale MOS-Struktur ohne externe Spannung. (a) Bandstruktur vor der Kontaktierung; (b) MOS-Struktur nach Kontakt im thermischen Gleichgewicht mit Wölbung der Bänder (nach [979] und [727]).

$U_{ext} = U_{FB}$ (am Metallkontakt) kompensiert wird, um den Flachbandzustand einzustellen. Je nach verwendetem Metall kann U_{FB} positiv oder negativ sein. Für Aluminium ist U_{FB} positiv bei n-Silizium als Substratmaterial (PMOS-Transistor), negativ bei p-Substrat (NMOST).

Ausgehend von diesen Verhältnissen, unterscheiden wir die folgenden Zustände des MOS-Übergangs in Abhängigkeit von der angelegten externen Spannung zwischen Metall und Halbleiter:

Flachbandzustand $U_{ext} = U_{FB}$ (Abb. 8.29):
Es gibt keine Wölbung der Bänder. Die freien Ladungsträger des Halbleiters sind bis zur Grenzschicht homogen im Kristall verteilt.

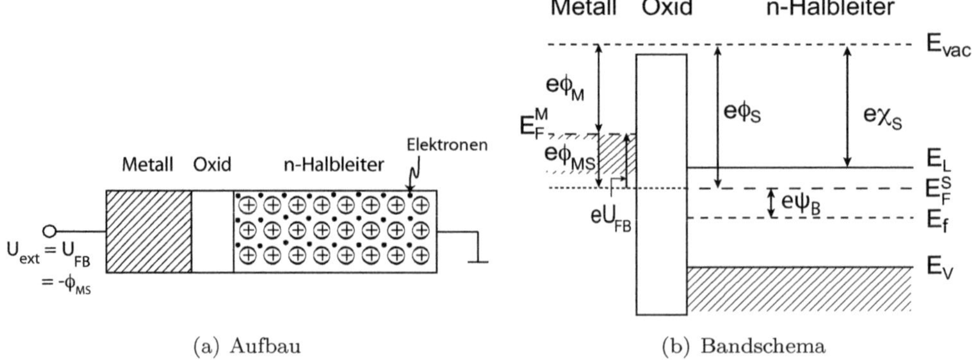

Abb. 8.29 MOS-Struktur nach Anlegung einer externen Spannung $U_{ext} = U_{FB} = -\phi_{MS}$: Flachbandzustand (nach [979] und [727]).

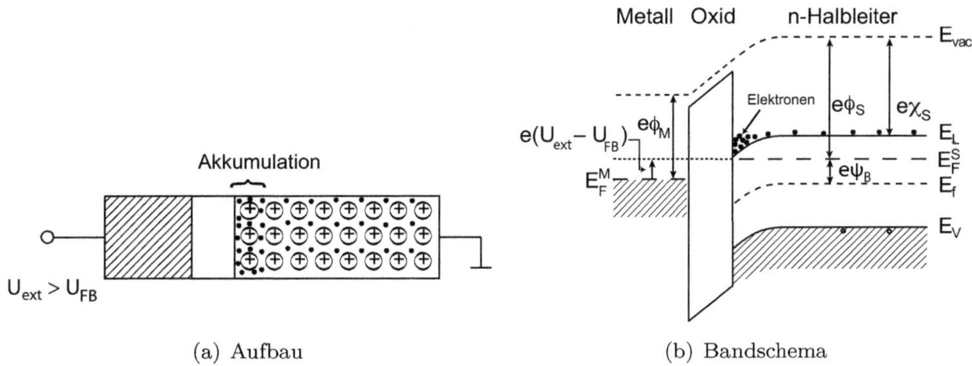

(a) Aufbau (b) Bandschema

Abb. 8.30 MOS-Struktur: Anreicherung. Elektronen werden von der positiven externen Spannung an die Grenzschicht gezogen (nach [979] und [727]).

Anreicherung $U_{ext} > U_{FB}$ (Abb. 8.30):

Das positive Potenzial (relativ zum Gleichgewichtszustand) an der Metallseite bewegt auch das Potenzial an der Oxid-Halbleiter-Grenze in positive Richtung und zieht die beweglichen Elektronen des Halbleiters in Richtung des Isolators. Es entsteht eine (noch stärkere) Elektronenanreicherung an der Halbleiter-Isolator-Schicht. Es kommt zu einer Aufwölbung der Bänder von der Grenzschicht in Richtung Halbleiter. Da kein Strom durch die Struktur fließt, gibt es im Halbleiter kein Potenzialgefälle, und die Energieniveaus bleiben weiter entfernt von der Grenzschicht konstant. An der Grenzschicht des Halbleiters zum Oxid wird der Abstand des Leitungsbands zur Fermi-Energie geringer. Aufgrund der exponentiellen Abhängigkeit der Elektronenkonzentration (8.26), $n_n = n_i \exp\left((E_F - E_f)/kT\right)$, ist die Elektronen-Anreicherungsschicht so dünn, dass sie durch eine Oberflächenladungsdichte approximiert werden kann:

$$Q_{acc} = -\,\epsilon_{ox}\epsilon_0 \frac{U_{ext} - U_{FB}}{d_{ox}} = -\,C_{ox}\left(U_{ext} - U_{FB}\right) , \qquad (8.59)$$

wobei

$$C_{ox} = \epsilon_{ox}\epsilon_0 / d_{ox} \qquad (8.60)$$

die Oxidkapazität pro Fläche ist.

Verarmung $U_{ext} < U_{FB}$ (Abb. 8.31)

Das negative Potenzial (relativ zum Gleichgewichtszustand) stößt die Elektronen vom Isolator ab. Es entsteht eine Verarmungszone an der Grenzfläche zwischen Isolator und Halbleiter. Es kommt zu einer Abwölbung der Bänder, von der Grenzschicht aus gesehen. Der Abstand des Valenzbands zur Fermi-Energie E_F^S wird dort geringer. Zum Verständnis der elektrischen Verhältnisse in der Struktur sind folgende Berechnungen nützlich. Oberflächenladung Q_S, elektrisches Feld $\mathcal{E}_S$ im Halbleiter (positive Richtung ist vom Metall zum Halbleiter) sowie Potenzial ψ_S an der Grenzfläche des Halbleiters können in eindimensionaler Näherung recht einfach in Abhängigkeit von der Verarmungstiefe d_S angegeben werden. Dazu nehmen wir an, dass das Potenzial tief im

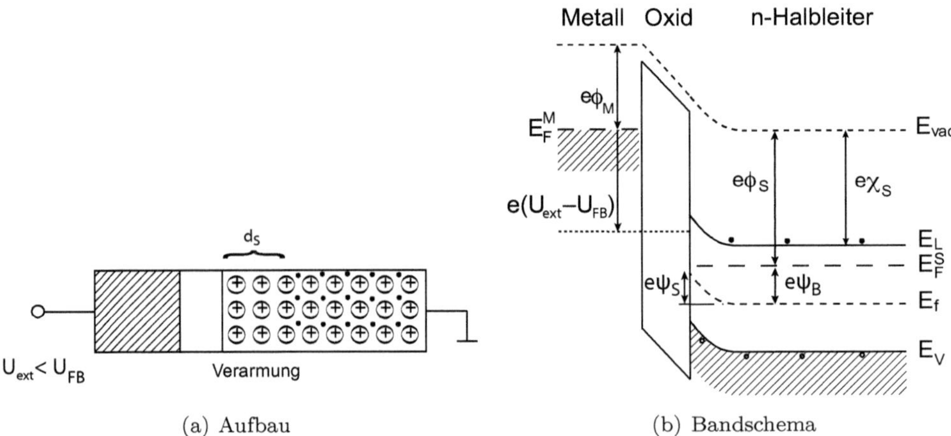

(a) Aufbau (b) Bandschema

Abb. 8.31 MOS-Struktur: Verarmung. Die negative externe Spannung drückt die Elektronen im n-Halbleiter von der Grenzschicht weg (nach [979] und [727]).

Halbleitersubstrat über der verarmten Schicht auf Null abgefallen ist und keine Oxidladungen vorhanden sind [727]:

$$Q_S = eN_D d_S\,, \qquad \mathcal{E}_S = -\frac{eN_D}{\epsilon_S\epsilon_0} d_S\,, \qquad \psi_S = \frac{eN_D}{2\epsilon_S\epsilon_0} d_S^2\,. \tag{8.61}$$

Das negative Vorzeichen von $\mathcal{E}_S$ besagt, dass das Feld zur Metallseite weist. Das Potenzial ψ_S charakterisiert die Stärke der Bandverbiegung (Abb. 8.31(b)). Das Feld im Oxid $\mathcal{E}_{ox}$ ist konstant und gleich dem Feld an der Halbleiteroberfäche skaliert um das Verhältnis der Permittivitäten ($\epsilon_{SiO_2} \approx 1/3\,\epsilon_{Si}$):

$$\mathcal{E}_{ox} = \frac{\epsilon_S}{\epsilon_{ox}} \mathcal{E}_S = -\frac{eN_D}{\epsilon_{ox}\epsilon_0} d_S\,. \tag{8.62}$$

Damit beträgt die Differenz zwischen externer Spannung und Flachbandspannung:

$$U_{ext} - U_{FB} = -\psi_S + \mathcal{E}_{ox} d_{ox} = -\frac{eN_D}{\epsilon_0} d_S \left(\frac{d_S}{2\epsilon_S} + \frac{d_{ox}}{\epsilon_{ox}} \right)\,. \tag{8.63}$$

Die Dicke der Verarmungsschicht ergibt sich in Abhängigkeit von der angelegten Spannung relativ zur Flachbandspannung und von den Oxidparametern zu:

$$d_S = \sqrt{\frac{2\epsilon_S\epsilon_0}{eN_D}(U_{FB} - U_{ext}) + \left(\frac{\epsilon_S}{\epsilon_{ox}} d_{ox}\right)^2} - \frac{\epsilon_S}{\epsilon_{ox}} d_{ox}\,. \tag{8.64}$$

Inversion $U_{ext} \ll U_{FB}$ (Abb. 8.32)

Wählt man eine externe Spannung, die deutlich negativer als die Flachbandspannung ist, so wird die Bandwölbung noch stärker, bis das intrinsische Fermi-Niveau E_f an der Grenzfläche Isolator-Halbleiter höher liegt als das extrinsische Fermi-Niveau E_F^S in der Mitte des Halbleiters, das heißt $e\psi_S > e\psi_B$. Der effektive Leitungstyp an der Si-SiO$_2$-Grenzfläche wechselt von n- nach p-leitend. Die Minoritätsladungsträgerkonzentration (hier: Löcher im n-Gebiet) an der Grenzfläche (bezeichnet durch (0)),

$$p_n^S = n_i \exp\left(\frac{E_f(0) - E_F^S(0)}{kT}\right)\,, \tag{8.65}$$

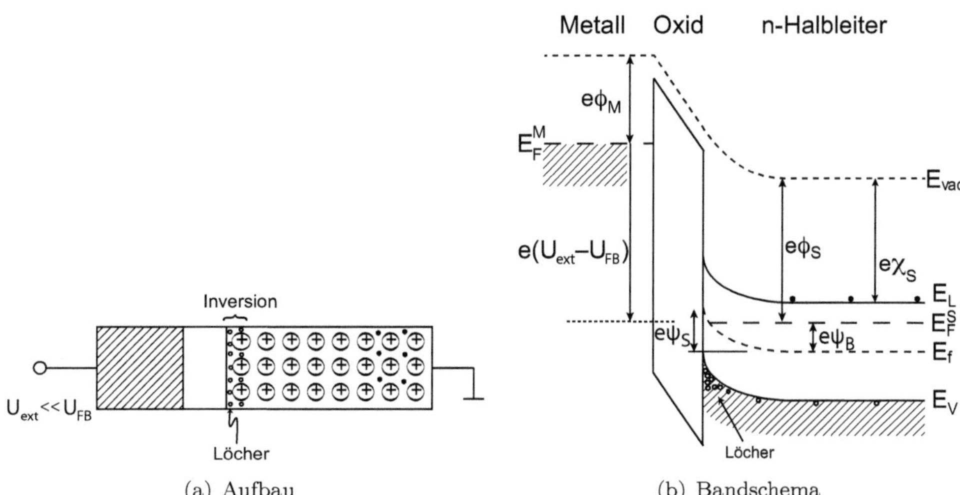

(a) Aufbau (b) Bandschema

Abb. 8.32 MOS-Struktur: Inversion. Die externe Spannung ist so groß, dass die Elektronen weit in den Halbleiter, weg vom Oxid, gedrückt werden und thermisch erzeugte Löcher sich an der Grenzschicht zum Oxid häufen (nach [979] und [727]).

wächst jetzt exponentiell. Thermisch entstehende Minoritätsladungsträger (Löcher) werden aus dem Substrat zur Isolatorschicht gesaugt, die Ladungsträgerschicht unmittelbar am Halbleiter-Oxid-Übergang ist invertiert (Minoritätsladungen statt Majoritätsladungen) und schirmt die sich anschließende verarmte Zone im Halbleiter von der externen Spannung ab.

Inversion ist der Zustand der MOS-Struktur, der für Feldeffekt-Transistoren wesentlich ist, die in Abschnitt 8.3.6 beschrieben werden. Der Strom im Transistorkanal fließt zwischen den *Source* bzw. *Drain* genannten Anschlüssen und wird von dem *Gate*-Anschluss gesteuert. Die Gate-Spannung entspricht der externen Spannung U_{ext}. Bei Inversion wird der Drain-Strom durch Minoritätsladungsträger (bei n-Substrat also Löcher) gebildet. Man spricht von 'schwacher' Inversion, wenn $e\psi_S \gtrsim e\psi_B$ gilt, was bedeutet, dass an der Halbleiteroberfläche zum Oxid $E_f \gtrsim E_F^S$ ist. Dann ist dort die Löcherkonzentration so groß wie oder größer als die intrinsische Elektronenkonzentration n_i. 'Starke' Inversion tritt ein, wenn die Löcherkonzentration in der Inversionsschicht p_n^S größer wird als die Elektronenkonzentration im Substrat des Halbleiters, die von der Dotierungsstärke bestimmt wird ($n_n^B \approx N_D$). Dies ist der Fall, wenn gilt:

$$\begin{aligned} p_n^S &= n_i \exp\left(\frac{e\psi_S - e\psi_B}{kT}\right) \gtrsim n_n^B \approx N_D = n_i \exp\left(\frac{e\psi_B}{kT}\right) \\ &\Rightarrow \psi_S - \psi_B \gtrsim \psi_B \\ &\Rightarrow \psi_S \gtrsim 2\psi_B \,. \end{aligned} \tag{8.66}$$

Die Verarmungstiefe ist dann nahezu maximal, weil eine weitere Erniedrigung von U_{ext} (Erhöhung des Absolutbetrags) wegen des Abschirmeffekts der Inversionslage vor allem eine Erhöhung der Ladung an der Grenzschicht (Q_{inv}) bewirkt. Sie beträgt mit (8.61) und den Annahmen dazu:

$$d_{max} = \sqrt{\frac{2\epsilon_S\epsilon_0(2\psi_B)}{eN_D}}, \tag{8.67}$$

mit typischen Werten im 10-nm-Bereich. Das elektrische Feld an der Halbleiteroberfläche zum Oxid beträgt entsprechend:

$$\mathcal{E}_S = -\frac{eN_D}{\epsilon_S\epsilon_0}d_{max} = -\sqrt{\frac{2eN_D(2\psi_B)}{\epsilon_S\epsilon_0}}. \tag{8.68}$$

Das Feld im Oxid ist konstant und kann wie in (8.62) aus $\mathcal{E}_S$ durch Skalierung mit dem Verhältnis der Permittivitäten von Oxid und Halbleiter gewonnen werden, wenn die Ladungsdichte der Inversionslage an der Oxid-Halbleiter-Grenze zusätzlich berücksichtigt wird:

$$\mathcal{E}_{ox} = -\frac{1}{\epsilon_{ox}\epsilon_0}\left(eN_D\, d_{max} + Q_{inv}\right). \tag{8.69}$$

Das angelegte Potenzial U_{ext} fällt somit vom Kontakt über der Struktur bis zur Halbleiteroberfläche wie folgt ab (mit $\phi_{MS} = -U_{FB}$ aus (8.57)):

$$\begin{aligned} U_{ext} &= \phi_{MS} - 2\psi_B + \mathcal{E}_{ox}d_{ox} \\ &= \phi_{MS} - 2\psi_B - \frac{d_{ox}}{\epsilon_{ox}\epsilon_0}\left(eN_D\, d_{max} + Q_{inv}\right) \\ &= \underbrace{\phi_{MS} - 2\psi_B - \frac{\sqrt{2e\ \epsilon_S\epsilon_0 N_D(2\psi_B)}}{C_{ox}}}_{U_T} - \frac{Q_{inv}}{C_{ox}}, \end{aligned} \tag{8.70}$$

wobei im letzten Schritt d_{max} aus (8.67) und C_{ox} aus (8.60) verwendet wurden. Gleichung (8.70) definiert die Schwellenspannung U_T als die externe Spannung, die zum Erreichen 'starker Inversion' notwendig ist. Durch Vergrößerung von $|U_{ext}|$ wächst die Ladung der Inversionsschicht gemäß

$$Q_{inv} = (U_T - U_{ext})\ C_{ox}\ . \tag{8.71}$$

Oxidladungen Dieses Bild der Beschreibung der MOS-Struktur wird durch die Gegenwart von ortsfesten Ladungen in der Oxidschicht gestört. Da der Strom im Kanal von MOS-Transistoren außer von der *Gate*-Spannung auch von den Ladungen an den Grenzen oder in der MOS-Struktur abhängt, kann die Existenz zusätzlicher Ladungen das Transistorverhalten beeinflussen. Durch verschiedene Effekte, vor allem durch Strahlungseinflüsse von außen, können unterschiedliche Erscheinungsformen von zusätzlichen Ladungen entstehen (siehe Abschnitt 8.12):

Unbewegliche positive Oxidladungen: Dies sind positive Si-Ionen unmittelbar in der Si-SiO_2-Grenzschicht, die während des Oxidationsprozesses entstehen. Durch Reaktionen mit Si-O- und Si-Si-Komplexen an der Oberfläche der Oxidschicht werden sie ortsfest.

Ortsfeste SiO_x-Defekte: Diese Gitterdefekte können während der Oxidation an der Grenzschicht entstehen, oder während des Detektorbetriebs durch Strahlenschäden in der gesamten Oxidschicht. Sie wirken als Ladungsfallen.

Ortsfeste Grenzflächenladungen: Diese können durch Kristallfehler wie beispielsweise nicht abgesättigte Bindungen an der Grenzschicht entstehen.

Bewegliche Ladungen: Überwiegend Na^+- oder K^+-Ionen in der Oxidschicht oder an der Si-SiO_2-Grenzschicht zwischen Oxid und Halbleiter, die durch Verunreinigungen entstehen.

Diese störenden Ladungen werden im Folgenden unter dem Namen Oxidladungen zusammengefasst. Sie erzeugen ein elektrisches Feld, welches die Flachbandspannung verändert:

$$U_{FB} = -\phi_{MS} - \frac{\Sigma Q_i^{ox}}{C_{ox}}, \tag{8.72}$$

mit C_{ox} aus (8.59) als Kapazität pro Fläche der Oxidschicht mit der Dicke d_{ox}.

Es ist wichtig, die Ladungsdichte im Siliziumdioxid und die Grenzflächenladungsdichte zu kennen, um das Detektorverhalten zum Beispiel nach Schäden durch Strahlung berechnen zu können. Während die Oxidladungsdichte aus der Veränderung der Flachbandspannung nach der Bestrahlung gemessen werden kann, können Grenzflächenladungen mit einer speziellen Diode, die über ein außen liegendes MOS-Gate kontrolliert wird (*gate-controlled diode*, GCD), gemessen werden [171].

8.3.6 MOS-Feldeffekttransistor

Die MOS-Struktur bildet die Grundlage für den MOS-Feldeffekttransistor oder *MOSFET*. Neben dem MOSFET gibt es andere Arten von Feldeffekttransistoren, die alle demselben Prinzip folgen: ein Transistorstrom wird durch ein äußeres elektrisches Feld (eine Spannung) gesteuert. In einem JFET (*junction field-effect transistor*), zum Beispiel, ist die Metall–Oxid–Grenzschicht der MOS-Struktur durch eine *pn*- oder *np*-Grenzschicht ersetzt. MOSFETs sind jedoch mit großem Abstand die am häufigsten eingesetzten Transistoren für digitale integrierte Schaltkreise und MOS-Transistor-basierte integrierte Schaltungen (ICs) werden in Tausenden von Chip-Fabriken weltweit produziert. Eine eingehende Diskussion ihrer charakteristischen Eigenschaften und Anwendungen geht weit über das Ziel dieses Buches hinaus. Wir verweisen daher auf die einschlägige Literatur, zum Beispiel [979, 684, 504] und viele andere. Wir skizzieren hier lediglich kurz die MOSFET-Struktur sowie charakteristische Kennlinien und erläutern einige Begriffe, die für das Verständnis in späteren Abschnitten nützlich sind.

Aufbau Abbildung 8.33(a) zeigt vereinfacht die Struktur eines MOSFETs. Die im Abschnitt 8.3.5 diskutierte MOS-Schichtfolge heißt *Gate*. Abhängig von der Gatespannung können Akkumulation, Verarmung oder Inversion von Ladungsträgern (siehe Abschnitt 8.3.5) an der Grenze zwischen Oxid und Silizium (*Substrat* genannt) realisiert werden. Zusätzlich sind zwei hoch dotierte Bereiche implantiert, die *Source* und *Drain* genannt werden. Sie formen *pn*- oder *np*-Dioden mit dem entgegengesetzt dotierten Substrat.

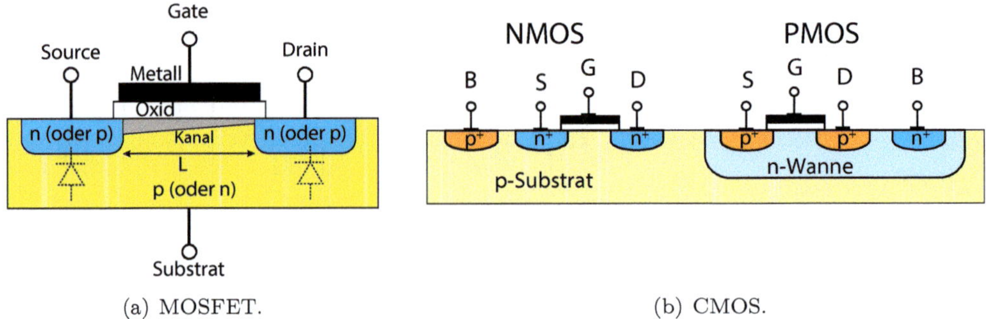

(a) MOSFET. (b) CMOS.

Abb. 8.33 (a) MOSFET-Struktur (Prinzip). Die Dioden (gestrichelt) skizzieren die pn-Übergänge zwischen Wanne und Substrat. (b) CMOS Realisierung durch NMOS- und PMOS-Transistoren in demselben Substrat (hier p-Substrat).

Üblicherweise werden MOSFETs in Inversion betrieben; dies bedeutet, dass, wenn das Substrat p-dotiert (n-dotiert) ist, die Ladungsträger unter dem Gate Elektronen (Löcher) sind und umgekehrt. Bei geeigneter Wahl der Potenziale, Drain bei negativer Ladungsträgerpolarität höher als Source, bei positiver Polarität niedriger, wird ein Strom zwischen Source und Drain erzeugt, dessen Stärke durch die Spannung am Gate kontrolliert werden kann. Der Strom fließt in einem geometrisch begrenzten, dünnen Volumen unter dem Gate, *Kanal* genannt, das sich zum Drain-Terminal hin etwas verjüngt aufgrund eines Gate–Substrat-Spannungsabfalls entlang des Kanals von Source nach Drain. Der Strom ist proportional zur Breite W des Gates und umgekehrt proportional zur Gatelänge L (Abb. 8.33(a)). Ein MOS-Transistor (MOST) heißt NMOST oder einfach NMOS genannt, wenn das Substrat p-dotiert ist und Source und Drain n-dotiert sind. Er heißt PMOST oder einfach PMOS wenn Source und Drain p-dotiert sind und das Substrat n-dotiert.

In einem p-dotierten Substrat können nur NMOS-Transistoren realisiert werden, es sei denn eine größere n-dotierte Region, *n-Wanne*[59] genannt, ist implantiert, die p-Implantationen[60] aufnehmen kann, die für einen PMOS-Transistor notwendig sind. Solch eine Anordnung ist in Abb. 8.33(b) gezeigt, bei der ein NMOST und ein PMOST nebeneinander platziert sind. Die Technologie, in der solche Konstruktionen realisiert werden, heißt *complementary* MOS oder CMOS-Technologie. CMOS-Realisierungen elektronischer Schaltkreise besitzen Vorteile gegenüber solchen, die ausschließlich mit PMOS- oder NMOS-Transistoren realisiert sind. Der wichtigste Vorteil ist die Tatsache, dass viele der typischen Schaltungselemente, wie zum Beispiel die Schaltung in Abb. 17.4(a) auf Seite 832 (ein Inverter) mit einem NMOS- und einem PMOS-Transistor übereinander, nur während der (kurzen) Zeitspanne Strom ziehen, wenn die Eingangsspannung von

[59] 'Wannen' sind dotierte Bereiche, in denen MOS-Transistoren eingebettet werden können unabhängig vom Dotierungstyp des Substrats: zum Beispiel n-Wannen, um p-Kanal MOSFETs (PMOS) in p-Substrat zu realisieren, p-Wannen zur Realisierung von n-Kanal MOSFETs (NMOS) in n-Substraten.

[60] Wir bezeichnen hier höher dotierte Bereiche in Si-Strukturen allgemein als 'Implantationen', unabhängig davon, ob sie durch Diffusion oder Ionenimplantation erzeugt sind.

'high' nach 'low' wechselt oder umgekehrt. Für ein festes Spannungsniveau am Eingang ist entweder der PMOST oder der NMOST ausgeschaltet und die Schaltung zieht keinen Strom. Die Verlustleistung hängt daher im Wesentlichen nur von der Taktfrequenz ab.

Kennlinien MOSFETs werden sehr häufig in integrierten Schaltungen der Detektorausleseelektronik verwendet, analog und digital. Die gewählte Geometrie (Größe, geometrische Form) und der Arbeitspunkt von MOS-Transistoren sind dabei wichtig für die Signalprozessierung und sind oft entscheidend für den Detektorbetrieb, zum Beispiel bezüglich Verstärkung oder Rauschen (siehe auch Kapitel 17). Wir stellen hier die wichtigsten Kennlinien von MOS-Transistoren kurz vor. Für Details verweisen wir auf die vielfältige Literatur in Büchern und Artikeln, zum Beispiel [504, 684, 873, 979] und viele andere.

MOS Transistoren arbeiten in 'Inversion' (siehe Abschnitt 8.3.5 auf Seite 334). Ein Transistorstrom kann fließen, sobald sich eine Inversionsschicht im Kanal aufzubauen beginnt, das heißt, wenn die Gatespannung größer als eine *Schwellenspannung* U_T wird. Spannungswerte für U_T sind abhängig von der Transistorgröße und -geometrie, sowie vom Herstellungsprozess, ein typischer Bereich ist 0.4–1 V. Der Arbeitsbereich eines MOSFETs wird üblicherweise durch zwei Kennlinienfelder charakterisiert, die den Drainstrom I_D sowie die Spannungen zwischen Drain und Source beziehungsweise zwischen Gate und Source beinhalten, U_D und U_G, hier jeweils bezogen auf das Source-Potenzial[61]. Zur Vereinfachung nehmen wir hier ebenfalls an, dass Source und der vierte Anschlusskontakt, das Substrat, auf demselben Potenzial liegen (z.B. auf Erdpotenzial). Die *Ausgangskennlinie*, I_D als Funktion von U_D mit U_G als Parameter, ist in Abb. 8.34(a) gezeigt; die *Transferkennlinie*, I_D versus U_G bei fester Drainspannung U_D, in Abb. 8.34(b).

Abbildung 8.34(a) zeigt die wichtigsten Zusammenhänge: der Drainstrom I_D steigt zuerst fast linear mit steigender Drainspannung U_D, gelangt dann in einen nichtlinearen Bereich, um schließlich jenseits einer bestimmten Sättigungsspannung, d.h. $U_D > U_{Dsat} = U_G - U_T$ in Sättigung zu gehen.

Im linearen Bereich steigt der Drainstrom linear mit U_D (stärkeres E-feld im Kanal) ebenso wie mit U_G (Anstieg der Ladungsträgerdichte):

$$I_D = \frac{W}{L}\mu_n C_{ox}\left(U_G - \frac{U_D}{2} - U_T\right)U_D \approx \frac{W}{L}\mu_n C_{ox}\left(U_G - U_T\right)U_D\,, \tag{8.73}$$

wobei die Näherung auf der rechten Seite für kleine U_D im linearen Bereich gilt; ferner sind W und L Breite und Länge des Gates, μ_n ist die Elektronenbeweglichkeit und C_{ox} ist die Oxidkapazität pro Fläche.

Sättigung erfolgt, weil der Kanalstrom einen Spannungsgradienten zwischen Source und Drain bewirkt, der die Dicke der Inversionslage entlang des Kanals Richtung Drain verringert, denn ausschlaggebend für die Inversionsschicht ist die Spannung zwischen Gate und Kanal, welche zum Drainpotenzial hin abnimmt. Wenn die Spannung an einer Stelle im Kanal die Gatespannung (oberhalb der Schwelle) gerade kompensiert, so wird ab dort der Kanal abgeklemmt (*pinched off*), also zuerst am Drainterminal bei

[61] Häufig wird das Potenzial des Source-Kontaktes als Bezugspotenzial verwendet, d.h. $U_D = U_{DS}$, $U_G = U_{GS}$, and $I_D = I_{DS}$.

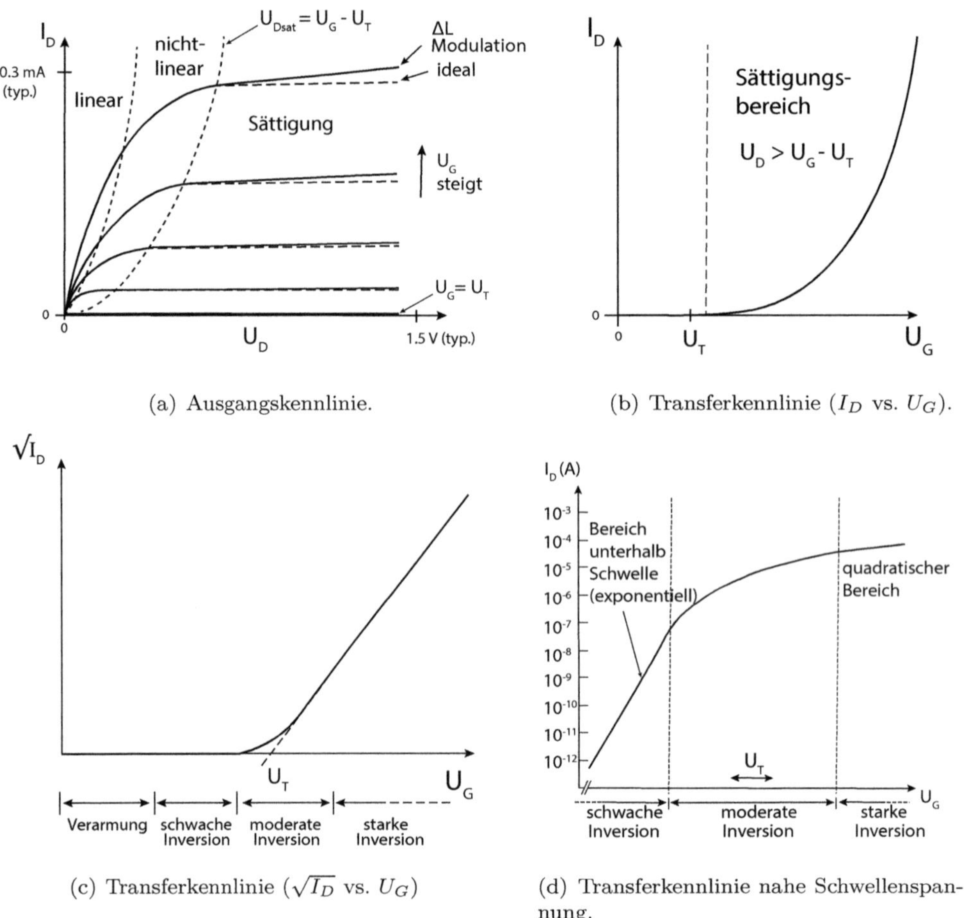

(a) Ausgangskennlinie.

(b) Transferkennlinie (I_D vs. U_G).

(c) Transferkennlinie ($\sqrt{I_D}$ vs. U_G)

(d) Transferkennlinie nahe Schwellenspannung.

Abb. 8.34 MOSFET-Kennlinien, hier NMOS mit Potenzialdefinitionen relativ zur Source [504, 979, 873]: $U_D := U_{DS}$, $U_G := U_{GS}$, $I_D := I_{DS}$. (a) Ausgangskennlinie für verschiedene Gatespannungen U_G, die gestrichelten Linie trennen Sättigungsbereich von linearem und nicht-linearem Bereich; (b) Transferkennlinie (lineare Achsen), die gestrichelte Linie zeigt den Beginn des Sättigungsbereiches an; (c) Transferkennlinie mit $\sqrt{I_D}$ auf der vertikalen Achse, was die quadratische Abhängigkeit bei 'starker Inversion' zeigt, U_T kann durch Extrapolation bestimmt werden; (d) Transferkennlinie in Schwellennähe (halblogaritmische Darstellung), bei der die exponentielle Abhängigkeit von I_D unterhalb und der Übergang zur quadratischen Abhängigkeit hinreichend weit oberhalb der Schwelle deutlich wird.

$U_D = U_G - U_T$. Der Drainstrom steigt nicht weiter an. Der Pinch-Off-Punkt, an dem die Kanalspannung $U_G - U_T$ beträgt, wandert jedoch mit wachsendem U_D in Richtung Source. Die Kanalelektronen erreichen dann über den Pinch-Off-Punkt hinaus durch Diffusion und das starke Feld zwischen diesem Punkt und Drain das Drainterminal. Der Drainstrom sättigt.

Die Form der Kennlinie ist dieselbe für verschiedene Gatespannungen U_G, aber die Stärke von I_D hängt sehr von U_G ab (siehe Abb. 8.34(a)). Die gestrichelte Linie, für die $U_D = U_G - U_T$ gilt, trennt den Sättigungsbereich von den linearen und nicht-linearen

Bereichen. In Sättigung hängt der Drainstrom quadratisch von $U_G - U_T$ ab aufgrund der Tatsache, dass in Sättigung sowohl das elektrische Feld zwischen Pinch-Off-Punkt und Drain als auch die Ladungsträgerkonzentration im Kanal beide proportional zu $U_G - U_T$ sind. Exakte Sättigung (kein weiterer Anstieg von I_D) wird nicht erreicht. Damit kann der Drainstrom im Sättigungsbereich wie folgt beschrieben werden:

$$I_D = \frac{1}{2}\frac{W}{L}\mu_n C_{ox}\left(U_G - U_T\right)^2\left(1 + \lambda U_D\right). \tag{8.74}$$

Der Parameter $\lambda = \frac{\partial I_D/\partial U_D}{I_D}$ trägt dabei der Abweichung von perfekter Sättigung Rechnung.

Die Transferkennlinie (Abb. 8.34(b)) zeigt die entsprechende I_D-Abhängigkeit von der Gatespannung U_G, die einen steil quadratischen Verlauf im Sättigungsbereich oberhalb U_T aufweist. Dies entspricht einer gut ausgebildeten Schicht von Minoritätsladungsträgern (Inversionslage) im Kanal des Transistors, definiert dadurch, dass die Ladungsdichte im Kanal (hier Elektronendichte) größer ist als die Löcherdichte im Substrat. Dieser Betriebsmodus des Transistors heißt *starke Inversion*[62].

Die Steigung der Transferkennlinie heißt *Transkonduktanz*

$$g_m = \partial I_D/\partial U_G\,, \tag{8.75}$$

welche die Verstärkung (engl. *gain*) des MOSFETs darstellt, d.h. die Drainstromänderung bei einer gegebenen Spannungsänderung am Eingang (Gatespannung). Bei Betrieb in Sättigung ($U_D > U_G - U_T$) zum Beispiel ist

$$g_m^{(sat)} \approx \frac{W}{L}\mu_n C_{ox}\left(U_G - U_T\right)\,, \tag{8.76}$$

wenn die Kanallängenmodulation durch 'pinch-off' vernachlässigt wird.

MOSFET-Betrieb unterhalb der Schwelle In strenger Definition der Schwellenspannung wie oben angegeben ist Transistorbetrieb eines MOSFETs unterhalb der Schwellenspannung nicht möglich. Und in der Tat, unterschwellige Ströme wurden lange Zeit als für den Betrieb nicht nutzbare Leckströme angesehen. Mit den Fortschritten beim IC-Design und damit verbundenem Betreten von Neuland im Bereich von Niedrigstrom- und Niedrigstleistungsaufnahme von ICs wurde jedoch die präzise Kontrolle von unterschwelligen Leckstömen entwickelt und ermöglichte somit die Nutzung des Arbeitsbereiches von MOSFETs unterhalb U_T für analoge Anwendungen. Unterhalb der Schwelle bedeutet, dass die Gatespannung kleiner als die extrapolierte Schwellenspannung ist (siehe Abb. 8.34(c)). Wenn U_G noch hinreichend groß ist, um einen Verarmungsbereich nahe der Siliziumoberfläche zu erzeugen, so wird der MOSFET in so genannter *schwacher Inversion* betrieben. Drainstrom durch Drift von Majoritätsladungsträgern ist hier vernachlässigbar [504]. Dennoch kann ein Drainstrom aufgrund von Diffusion entstehen, verursacht durch Konzentrationsunterschiede in den Minoritätsladungsträgern (Elektronen bei NMOS). Ohne Source-Drain-Spannung existieren solche Konzentrationsgradienten

[62]In Abschnitt 8.3.5 auf Seite 334ff ist die Stärke der Inversion definiert durch das Verhältnis der Potenziale ψ_S, welches die Stärke der Bandbiegung charakterisiert, und ψ_B, der Differenz von extrinsischem und intrinsischem Ferminiveau im Substrat.

an beiden Endterminals des Kanals relativ zu dem anliegenden (verarmten) Subtratbereich unterhalb des Gates. Zusätzliche Drain-Source-Spannung sorgt dafür, dass die Elektronenkonzentration am Drain etwas kleiner ist als an der Source, was zu einem Strom auch im Falle von $U_G < U_T$ führt, der dominant diffusiv ist. Das ist ähnlich zum Betrieb eines bipolaren Transistors (hier npn), bei dem Elektronen aus dem Emitter als Minoritätsladungsträger durch die Basis (p) diffundieren und von dem Feld an der Basis-Kollektor-Diode durch dessen Verarmungszone gezogen werden [504].

In dem Bereich schwacher Inversion hängt der Drainstrom exponentiell von der angelegten Gatespannung ab (Abb. 8.34(d)), ein charakteristisches Verhalten, das ebenfalls von bipolaren Transistoren bekannt ist [873]:

$$I_D = \mu_n C_{ox}(n-1)\frac{W}{L}\left(\frac{kT}{e}\right)^2 \exp\left(\frac{U_G - U_T}{nkT/e}\right)\left(1 - \mathrm{e}^{-\dfrac{U_D}{kT/e}}\right), \tag{8.77}$$

mit der Elektronenbeweglichkeit μ_n. Der Diffusionsursprung (ausgedrückt durch den Diffusionskoeffizienten D) bleibt etwas versteckt, weil in (8.77) die Einstein-Relation (4.136) auf Seite 140 benutzt wurde. In (8.77) tritt mit n die Steigung der Kennlinie bei schwacher Inversion auf, definiert als $n = (C_{ox} + C_d)/C_{ox}$, wobei C_{ox} und C_d die respektiven Kapazitäten pro Fläche der Oxid- und Verarmungsbereiche sind. Typischerweise liegt n in der Größenordnung 1.25–1.5. Es lohnt sich, sich klarzumachen, dass falls U_D größer als einige kT/e ist, der Term auf der rechten Seite in (8.77) ≈ 1 ist, d.h. I_D ist annähernd unabhängig von U_D, während $\log I_D$ linear von $U_G - U_T$ abhängt.

Näher an der Schwelle (typ. $U_G \gtrsim U_T - 100\,\mathrm{mV}$) wird der Betrieb unterhalb der Schwelle *moderate Inversion* genannt, ein Betriebsmodus, der intensiv in modernem analog Design mit geringem Leistungsverbrauch verwendet wird, oft auch in den Verstärkungsstufen von ICs der Detektorauslesekette bei Verwendung so genannter *deep-submicron* CMOS-Technologien (siehe auch z.B. [873]). Dieser Betriebsbereich ist in Abb. 8.34(c) zusammen mit 'schwacher' ($U_G < U_T - 100\,\mathrm{mV}$) und 'starker' ($U_G > U_T + 100\,\mathrm{mV}$) Inversion sowie 'Verarmung' angezeigt. Der Drainstrom in moderater Inversion hat Beiträge von beiden benachbarten Bereichen, von diffusionsdominierter schwacher Inversion und driftdominierter starker Inversion. Die exponentielle Kennlinie von I_D als Funktion von $(U_G - U_T)$ in schwacher Inversion geht in dem Bereich moderater Inversion in den quadratischen Verlauf der starken Inversion über.

Abgesehen von IC-Designs mit geringem Leistungsverbrauch sorgt der steile Anstieg im unterschwelligen Betriebsmodus für einen hohen Transkonduktanzwert, direkt proportional zum Strom (*wi=weak inversion*):

$$g_m^{(wi)} = \frac{\partial I_D}{\partial U_G} = \frac{I_D}{nkT/e}, \tag{8.78}$$

was großes ΔI_D bei kleiner Änderung in der Gatespannung liefert. Das Verhältnis $g_m/I_D = e/nkT$, welches anzeigt wie effizient der Strom ausgenutzt wird, um Transkonduktanz zu erzeugen, ist unabhängig von I_D und stellt das höchste erreichbare Verhältnis eines Arbeitspunktes dar.

8.4 Teilchennachweis mit Halbleiterdetektoren

Wie bereits in der Einleitung zu diesem Kapitel erwähnt sind Halbleiterdetektoren derzeit die wohl wichtigste Technologie für Spurdetektoren in Hochenergieexperimenten, insbesondere wenn gute Ortsauflösung bei hohen Teilchenraten und hohen Strahlungsflüssen eine große Rolle spielen wie das zum Beispiel bei den LHC-Experimenten der Fall ist. Spezielle Literatur zu diesem Thema findet man unter anderen zum Beispiel in [727, 542, 956] oder speziell über Pixeldetektoren in [886]. Hier und in den Abschnitten 8.5–8.10 diskutieren wir die wesentlichen Grundlagen und Betriebsarten von Siliziumdetektoren für die Spurdetektion von Teilchen und erläutern wesentliche Merkmale sowie unterschiedliche Detektorarten. Die heutigen Spurdetektoren und auch große Detektoren zur Bildgebung basieren auf Silizium als Sensormaterial. Entwicklung anderer Materialien zum Nachweis, wie zum Beispiel GaAs, CdTe für Bildgebungsanwendungen oder künstlicher Diamant für Spurdetektoren, werden ebenfalls vorangetrieben. Die wesentlichen Eigenschaften dieser alternativen Halbleitermaterialien sind in Abschnitt 8.13 beschrieben. Strahlenschäden in Silizium werden in Abschnitt 8.12 behandelt.

8.4.1 Signale geladener Teilchen

Erzeugung Bei Energieverlust eines geladenen Teilchens durch Ionisation oder bei Absorption eines Photons (siehe Kapitel 3) werden von einem Teil der im Halbleiter deponierten Energie Elektron-Loch-Paare freigesetzt. Wenn eine hinreichend große, von Ladungsträgern 'freie' Verarmungszone existiert, so ist die erzeugte Ladungsmenge detektierbar. Die Ladungsträgerpaare werden in dem elektrischen Feld des Halbleiters getrennt und driften ohne nennenswerte Rekombination zu den Elektroden, wobei ein Influenzsignal auf diesen erzeugt wird (Kapitel 5). Das elektronische Signal wird in Größe und Form von der deponierten Ladungsmenge, der Geschwindigkeit der Ladungsdrift und der Geometrie der Elektroden bestimmt. Dies ist ausführlich in Kapitel 5 beschrieben. Die Driftgeschwindigkeit hängt von der Ladungsträgerbeweglichkeit μ und der Größe des elektrischen Feldes im Halbleiter ab, wie in Abschnitt 4.7.1 beschrieben:

$$v_D = \mu\, E\,,$$

wobei wir hier vernachlässigen, dass auch die Mobilität feldabhängig sein kann und die Driftgeschwindigkeit bei hohen Feldstärken in Sättigung geht. Die Abhängigkeit über einen großen Feldstärkebereich ist in Gleichung (4.127) in Abschnitt 4.7.1 angegeben.

In Silizium ist bei vollständiger Verarmung (ohne Überspannung) das mittlere elektrische Feld wegen des linearen Verlaufs der Feldstärke gerade die Hälfte des maximalen Feldes; bei Überspannung addiert sich ein konstanter Feldbetrag dem linearen Verlauf hinzu (siehe Abb. 5.11 auf Seite 168). Ortsempfindliche Halbleiterdetektoren (Mikrostreifen- oder Pixeldetektoren), die in der Hochenergiephysik verwendet werden, sind meistens sehr dünn (typisch 200–300 μm). Die in Detektoren typischen Feldstärken von etwa 10^4 V/cm führen zu Geschwindigkeiten von der Größenordnung 50 μm/ns. Die maximale Zeit, die

die Ladungsträger brauchen, um die Verarmungszone zu durchqueren, ist vergleichsweise kurz, typisch:

$$t = \frac{d}{v_D} \approx \frac{200\text{–}300\,\mu\text{m}}{50\,\mu\text{m/ns}} \approx 4\text{–}6\,\text{ns}\,.$$

Signalgröße und -form Um die Größe des Ladungssignals, die beim Durchgang eines hochenergetischen geladenen Teilchens in einem 300 µm dicken Siliziumdetektor im Mittel erzeugt wird, zu berechnen, benötigen wir den mittleren Energieverlust und die Energie w_i, die im Mittel aufgewendet werden muss, um ein Elektron/Loch-Paar zu erzeugen (Tab. 8.2). Letztere ist größer als die Bandlücke E_G, da ein Teil der deponierten Energie nicht zur Erzeugung von Ladungträgern verwendet wird, sondern an das Kristallgitter (Phononanregungen) abgegeben wird.

Der Energieverlust eines ionisierenden Teilchens wird durch die asymmetrische 'Landau-Verteilung' beschrieben (siehe Abschnitt 3.2.3). Der wahrscheinlichste Wert (*most probable value*, mpv) ist vom Mittelwert verschieden. Der mittlere Energieverlust für ein minimal ionisierendes Teilchen in einem 300 µm dicken Siliziumdetektor beträgt $\frac{dE}{dx} \approx 0.39$ keV/µm = 117 keV/300 µm, der wahrscheinlichste Wert (mpv) ist 84 keV/300 µm. Die mittlere Energie für die Erzeugung eines Elektron-Loch-Paares w_i ist temperaturabhängig [515]. Der Wert für w_i bei 300 K beträgt etwa 3.65 eV. Entsprechend erhalten wir:

$$\frac{dE}{dx}\frac{300\mu\text{m}}{w_i} = \frac{117 \cdot 10^3\,\text{eV}}{3.65\,\text{eV}} \approx 32\,000\,e/h \mathrel{\widehat{=}} 5\,\text{fC} \qquad \text{(Mittelwert)}$$

oder

$$= \frac{84 \cdot 10^3\,\text{eV}}{3.65\,\text{eV}} \approx 23\,000\,e/h \mathrel{\widehat{=}} 3.7\,\text{fC} \qquad \text{(mpv)}\,.$$

Der zeitliche Verlauf des Stromsignals für eine verarmte Siliziumdiode mit Raumladung (Abb. 5.11) ist durch Gleichung (5.88) in Abschnitt 5.4 auf Seite 171 gegeben:

$$i_S(t) = \frac{e}{d}\left(\frac{a}{b} - x_0\right)\left(\frac{1}{\tau_e}e^{-t/\tau_e}\,\Theta(T^- - t) + \frac{1}{\tau_h}e^{t/\tau_h}\,\Theta(T^+ - t)\right), \qquad (8.79)$$

wobei Θ die Stufenfunktion bezeichnet, x_0 den Entstehungsort des Ladungspaars und a, b Parameter zur Beschreibung des Feldes darstellen, die in Gleichung (5.76) definiert sind. $\tau_{e,h}$ sind charakteristische Ladungssammlungszeiten für Elektronen bzw. Löcher. Das Ladungssignal ergibt sich entsprechend nach Integration (Gleichung (5.89)). Es kann, solange die Ladungsträger die Elektroden noch nicht erreicht haben, in der kurzen Form

$$Q_S(t) = -e\,\frac{a - b\,x_0}{b\,d}\left(e^{\,t/\tau_h} - e^{-t/\tau_e}\right) \quad \text{für} \;\; t < T^- \text{ und } t < T^+ \qquad (8.80)$$

geschrieben werden. Hierbei sind T^+ und T^- die jeweiligen Ankunftszeiten für Elektronen und Löcher. Bei einer Teilchenspur muss über alle Strom- beziehungsweise Ladungsbeiträge entlang der Spur bis zu ihrer Ankunft an den Elektroden integriert werden (siehe Abschnitt 5.4.2).

Abbildungen 8.35(a), (b) zeigen den gemessenen zeitlichen Verlauf des Stromsignals in einem Siliziumdetektor nach Einschuss von α-Teilchen an der der Sammelelektrode abgewandten Seite für Elektronen und für Löchersammlung [428]. Alpha-Teilchen mit

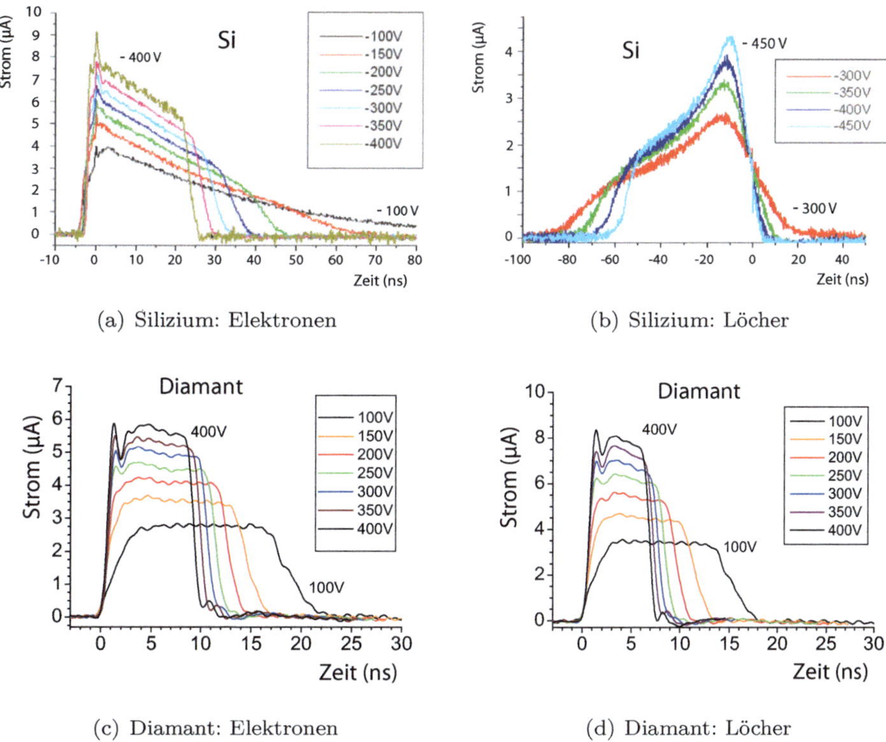

(a) Silizium: Elektronen

(b) Silizium: Löcher

(c) Diamant: Elektronen

(d) Diamant: Löcher

Abb. 8.35 Gemessene Stromsignale in einem Siliziumdetektor (1mm dick) und einem Einkristall-Diamantdetektor (500 µm) für verschiedene Detektorspannungen [428]: (a), (b) Silizium, (c), (d) Diamant. Die Signale werden durch Beschuss mit α-Teilchen auf der der Elektrode abgewandten Seite erzeugt. α-Teilchen, zum Beispiel aus einer ^{241}Am-Quelle (siehe Tab. A.1), haben eine sehr geringe Reichweite, sodass eine sehr lokale Ladungserzeugung auf einer Seite des Detektors erfolgt und das Signal von <u>einer</u> Ladungsträgerart dominiert wird, die im Falle von Diamant durch die Polarität der angelegten Spannung ausgewählt werden kann.

geringer Reichweite werden verwendet, um eine sehr lokale Ladungsdeposition zu erzielen und um gezielt nur Elektronen (bei Bestrahlung von der p-Seite) beziehungsweise Löcher (bei Bestrahlung von der n-Seite) zur Signalentstehung beitragen zu lassen. Der charakteristische Verlauf gemäß Gleichung (8.79) ist erkennbar. Der Abfall (Anstieg) der Stromamplitude für Elektronen (Löcher) als Funktion der Zeit rührt ursächlich von dem linearen Abfall des elektrischen Feldes im Silizium her, der durch die Raumladung in der verarmten Zone verursacht wird (Abb. 5.11). Aus dem Verlauf können Driftgeschwindigkeit und Mobilität der Ladungsträger bestimmt werden (vergleiche auch Tab. 8.2).

Zum Vergleich dazu ist in Abb. 8.35(c), (d) der Stromsignalverlauf in einem Einkristall-Diamantdetektor gezeigt (siehe Abschnitt 8.13.4), der keine Raumladungszone im Inneren aufweist, im Gegensatz zu Silizium. Die Stromamplitude ist zeitlich konstant als Folge des konstanten elektrischen Feldes im Inneren des Diamanten ohne Raumladung. Die Mobilität der Löcher ist hier um etwa 20% höher als die der Elektronen.

Ortsmessung In Streifen- oder in Pixelgeometrie strukturierte Elektroden erlauben eine genaue Ortsbestimmung des Teilcheneintritts. Liegt nur eine digitale Information vor (1 = Treffer, 0 = Nicht-Treffer) so ist die erzielbare Auflösung hauptsächlich durch den Abstand p der Elektroden gegeben. Eine detaillierte Betrachtung der Ortsauflösung in Detektoren mit segmentierten Elektronen ist in Anhang E gegeben. Die rms-Abweichung vom wahren Eintrittsort bei senkrechtem Teilchendurchtritt und unter Vernachlässigung von Diffusion beträgt

$$\sigma_x = \frac{p}{\sqrt{12}} \,. \tag{8.81}$$

Mit Mikrostreifen- und Pixeldetektoren mit typischen Elektrodenabständen zwischen 20 µm und mehreren 100 µm werden für die binäre Auflösung (das heißt ohne Verwendung von Pulshöheninformation) Werte bis hinunter zu etwa 10 µm erreicht.

Bei analoger Auslese können die Ladungen auf den ausgelesenen Streifen zu einer genaueren Bestimmung des Ortes durch gewichtete Mittelung zwischen den Streifen herangezogen werden. Voraussetzung dafür ist, dass die Breite der Ladungswolke an den Elektroden in einer ähnlichen Größenordnung liegt wie der Abstand zwischen den Elektroden. Für typisch 250–300 µm dünne Mikrostreifendetektoren der Teilchenphysik erreicht die Ladungswolke durch Diffusion feldstärkenabhängig eine Ausdehnung von 5–15 µm. Daher erfolgt die Mittelung meist zwischen zwei Streifen:

$$x = \frac{S_1 x_1 + S_2 x_2}{S_1 + S_2} \,, \tag{8.82}$$

wobei mit $S_{1,2}$ die Signale (Ladungen) zweier benachbarter Streifen bezeichnet sind. Mit einem sehr vereinfachenden und unvollständigen Ansatz ergibt sich die Genauigkeit der Ortsbestimmung mit einfacher Fehlerfortpflanzung zu

$$\sigma_x = \left(\frac{N}{S}\right) p \sqrt{\beta} \,, \tag{8.83}$$

wobei als Fehler der Signalmessung das Signalrauschen N angenommen wurde. (S/N) ist das Signal-zu-Rausch-Verhältnis; β ist ein Faktor zwischen 0.5 und 1, der von der Aufteilung der Gesamtladung auf die beiden Streifen abhängt: $\beta = (S_1^2 + S_2^2)/S^2 = 1 - 2a_1(1 - a_1)$, wenn mit a_1 der Bruchteil der Ladung auf Streifen 1 bezeichnet ist. Für (8.83) wurde nur unkorreliertes Rauschen der einzelnen Auslesekanäle betrachtet und keine gemeinsamen Rauschanteile (*common mode noise*). Eine ausführlichere Behandlung der erzielbaren Ortsauflösung mit strukturierten Elektroden findet sich in Anhang E.

Im nächsten Abschnitt wird gezeigt, dass mit der Methode kapazitiver Ladungsteilung auch über Abstände von Auslesestreifen interpoliert werden kann, die weit größer als die Breite der Ladungswolke sind.

8.4.2 Siliziumdetektoren als Vertexdetektoren

Si-Mikrostreifendetektoren werden in Experimenten der Hochenergiephysik vor allem als so genannte Vertexdetektoren eingesetzt, mit denen Zerfallspunkte (Vertices) längerlebiger Teilchen, die bis zu ihrem Zerfall einige hundert µm bis einige mm weit fliegen,

(a) *Fixed Target* Experiment (HERA-B)

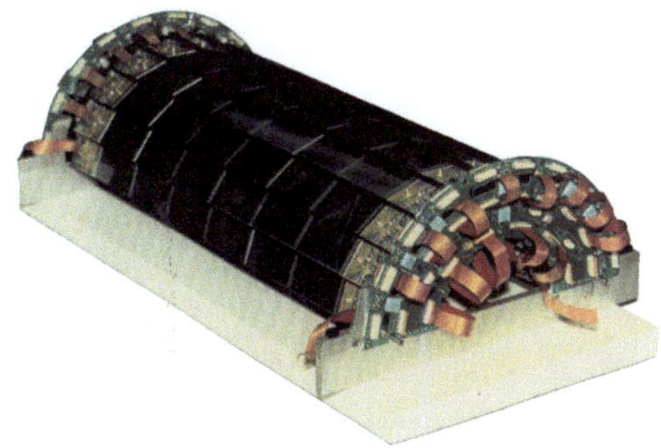

(b) *Collider*-Experiment (H1)

Abb. 8.36 Beispiele von Mikrostreifendetektoren als Vertexdetektoren: (a) Si-Streifendetektoren des HERA-B-Experiments zur präzisen Identifizierung von Sekundärvertices [167]. Die Detektoren waren nur 26 mm vom Strahl entfernt platziert. (b) Zweilagiger Si-Vertexdetektor des H1-Experiments, dessen innerste Lage 5.75 cm von der Strahllinie entfernt betrieben wurde [838]. Quelle: DESY/H1-Kollaboration. Die Auslesechips befinden sich jeweils an den Enden der Detektoren und sind mit diesen durch Mikroschweißverbindungen (*wire bonds*) verbunden.

nachgewiesen werden können. Prominente Beispiele sind b-Quarks oder τ-Leptonen mit Lebensdauern im Bereich von Pikosekunden (siehe auch Abschnitt 8.1). Abbildung 8.36 zeigt Beispiele für ein Experiment mit festem Target und für ein Collider-Experiment.

Große Spurdetektoren (tracker) aufgebaut ausschließlich oder hauptsächlich aus Halbleiterdetektoren wurden erstmals in den LHC-Experimenten ATLAS und CMS eingesetzt. Da konventionelle Gasdetektoren aufgrund der hohen Teilchenraten bei Proton-Proton-Kollisionen nur in hinreichend großer Entfernung vom Kollisionspunkt verwendet werden können, werden siliziumbasierte Streifen- und Pixeldetektoren für den Nachweis von Spuren geladener Teilchen als *Tracking*-Detektoren eingesetzt, wobei den Pixeldetektoren dominant die Aufgabe der Sekundärvertexerkennung zufällt.

Das LHC-Experiment CMS besitzt einen Spurdetektor aus Siliziumstreifen mit einer Fläche von fast $200\,\text{m}^2$ [310]. Abbildung 8.37(a) zeigt das Arrangement der Detektormodule in der Endkappe (TEC) des Streifendetektors. Das LHCb-Experiment am LHC ist spezialisiert auf den Nachweis langlebiger bottom-Hadronen, die Sekundärvertices im Abstand weniger mm vom Produktionspunkt haben. Dazu wurde ein Vertexdetektor aus Mikrostreifendetektoren, VELO-Detektor genannt, entwickelt [86, 812], der bis auf 7 mm Abstand an den Strahl herangefahren wird (Abb. 8.37(b)).

Die Größenverhältnisse von Halbleiterdetektoren in Collider-Experimenten ist in Abb. 8.38 veranschaulicht. In den Anfängen wurden Halbleiterstreifendetektoren als reine Vertexdetektoren eingesetzt, bei den LHC-Experimenten ATLAS und CMS bestehen die Spurdetektoren ganz (CMS) oder teilweise (ATLAS) aus Streifen- und Pixeldetektoren.

(a) CMS-Tracker-Endkappe (TEC)

(b) VELO Detektor von LHCb

Abb. 8.37 Mikrostreifendetektoren in LHC-Experimenten: (a) Der Endkappen-Detektor (TEC) des CMS-Experiments ist in 9 Ebenen mit trapezförmigen Sektoren (*petals*) unterteilt, die überlappende Streifenmodule auf der Vorder- und der Rückseite enthalten [310] (Quelle: CERN/CMS Collaboration); (b) Silizium-Streifendetektoren im *Vertex Locator* (VELO) des LHC-Experiments LHCb [812, 86] zur präzisen Messung von Sekundärvertices (Quelle: CERN/LHCb Collaboration).

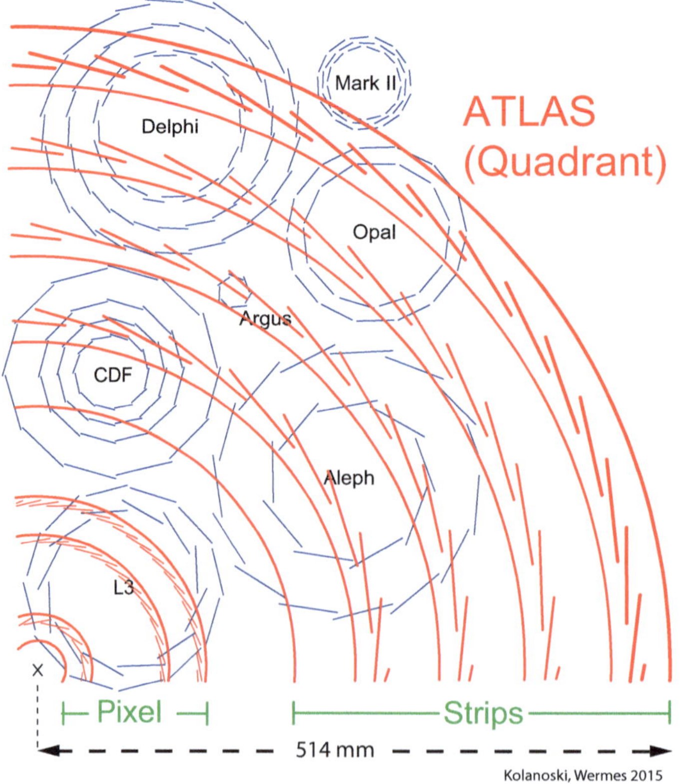

Abb. 8.38 Größenvergleich verschiedener Silizium(vertex)-detektoren, die in Collider-Experimenten bisher zum Einsatz kamen. Der hier nicht gezeichnete Spurdetektor des CMS-Experiments [807, 310] aus Siliziumstreifen- und Pixeldetektoren hat einen Außenradius von 1.25 m.

8.5 Einseitig strukturierte Siliziumdetektoren

Wir unterscheiden und gliedern im Folgenden nach einseitig- und doppelseitig strukturierten und entsprechend prozessierten Detektoren. Die Unterscheidung bezieht sich darauf, ob die zur Detektorfertigung verwendeten Siliziumwafer nur auf einer Seite oder auf beiden Seiten Technologieschritte zur Mikrostrukturierung benötigen. Ersteres ist technologisch weitaus einfacher und kostengünstiger. Prozessierung der Siliziumwafer von beiden Seiten ermöglicht eine Strukturierung der Elektroden beider Detektoroberflächen, wodurch zweidimensionale Ortsauflösung in einem Detektorvolumen möglich wird. Außerdem ist eine größere Variabilität bei der Konzeption von Teilchenspurdetektoren möglich (zum Beispiel Siliziumdriftkammern, Abschnitt 8.8). Die doppelseitige Prozessierung ist allerdings auch deutlich teurer als eine einseitige, da spezielle Vorkehrungen zum Schutz der bereits prozessierten Seite getroffen werden müssen. Daher werden einseitig prozessierte Detektoren oft bei Großdetektoren bevorzugt, wenn große Flächen mit Halbleiterdetektoren instrumentiert werden sollen. Die gezielte Dotierung lokaler Volumina mit Fremdatomen, meist an der Oberfläche der Halbleiterdetektoren, erfolgt anstelle der in der Mikroelektronik oft verwendeten Diffusionstechnik meist durch Ionen-Implantierung, das heißt durch Beschuss mit Ionen, deren Energie die Eindringtiefe bestimmt. Ionen-Implantierung liefert genauere und – falls gewünscht – auch tiefe Dotierungsprofile (siehe z.B. Abschnitt 8.10), ist aber entsprechend teurer. Die Herstellung von Siliziumsensoren ist zum Beispiel in [727] oder [542] beschrieben.

8.5.1 Geometrien

Im Folgenden stellen wir die wichtigsten Bauformen einseitig strukturierter Halbleiterdetektoren vor.

pn- oder Flächendiode: Die einfachste Detektorform ist die Flächendiode. Sie wird meist in der Größenordnung von einigen cm^2 hergestellt und besteht typischerweise aus einer 300 µm dicken Si-Fläche, die, wie in Abb. 8.39(a) gezeigt, dotiert ist. Die Bezeichnung n^+ bzw. n^- steht wieder für stark/schwach n-dotiert, entsprechend für p-Dotierung. Die aktive Detektorfläche wird in der Regel mit einem Schutzring (*guard ring*) umgeben, der Oberflächenströme am Rand der Diode, die insbesondere durch die Schnittkanten entstehen können, aufnimmt und dadurch das Rauschverhalten der Diode verbessert (Abb. 8.39(b)).

Pad- und Pixeldetektoren: Man kann den Halbleitersensor an der Elektrodenoberfläche in kleinere Bereiche (*pads*) unterteilen. Erreichen die Pads eine Kantenlänge im 100 µm-Bereich, so spricht man von einem Pixeldetektor (Abb. 8.39(c)). Pixeldetektoren in Experimenten haben entweder rechteckig längliche (zum Beispiel 50 µm × 400 µm oder 50 µm × 250 µm in ATLAS) oder eher quadratische (zum Beispiel 100 µm × 150 µm in CMS) Pixel. Auch bei Pad- und Pixeldetektoren umgibt ein Schutzring die aktive

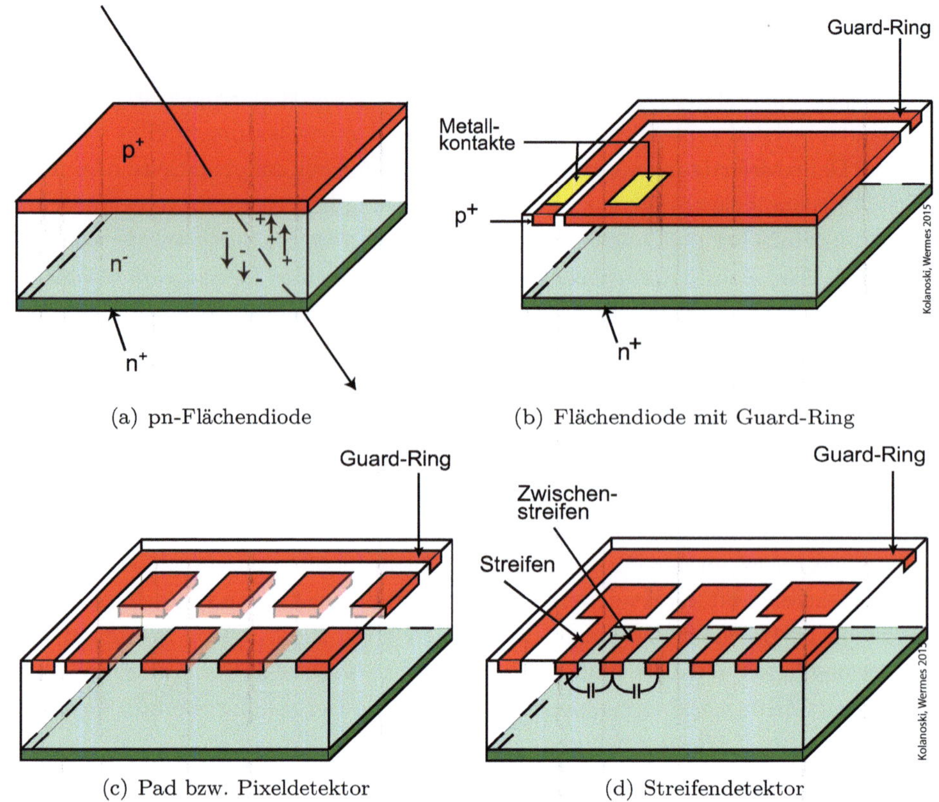

(a) pn-Flächendiode (b) Flächendiode mit Guard-Ring

(c) Pad bzw. Pixeldetektor (d) Streifendetektor

Abb. 8.39 Bauformen einseitig prozessierter pn-Detektoren (nach [431]).

Detektorfläche.

Streifendetektoren: Unterteilt man die Wafer-Fläche in Streifen mit einem typischen Abstand von 50 µm bis 100 µm, so spricht man von einem Mikrostreifendetektor. Dieser liefert zwar nur eine eindimensionale Ortsinformation des Teilchens, ist aber einfacher auszulesen als ein Pixeldetektor. Man benötigt nur $2N$ Auslesekanäle für doppelseitige Detektoren mit N streifen auf jeder Seite, gegenüber N^2 bei einem Pixeldetektor. Beim Streifendetektor kann man die Kontakte zur Chip-Elektronik am Rand des Detektors platzieren.

8.5.2 Strukturierungstechniken

Die für die Spannungsversorgung, die Auslese der Signale und die Elektronik-Chips benötigten Mikrostrukturen auf dem Si-Wafer werden fotolithografisch hergestellt. Die Arbeitsschritte des Fotolithografieprozesses und der Strukturierung des ursprünglichen Halbleiter-Wafers werden hier anhand der Abbildungen 8.40 und 8.41 für p-Elektroden

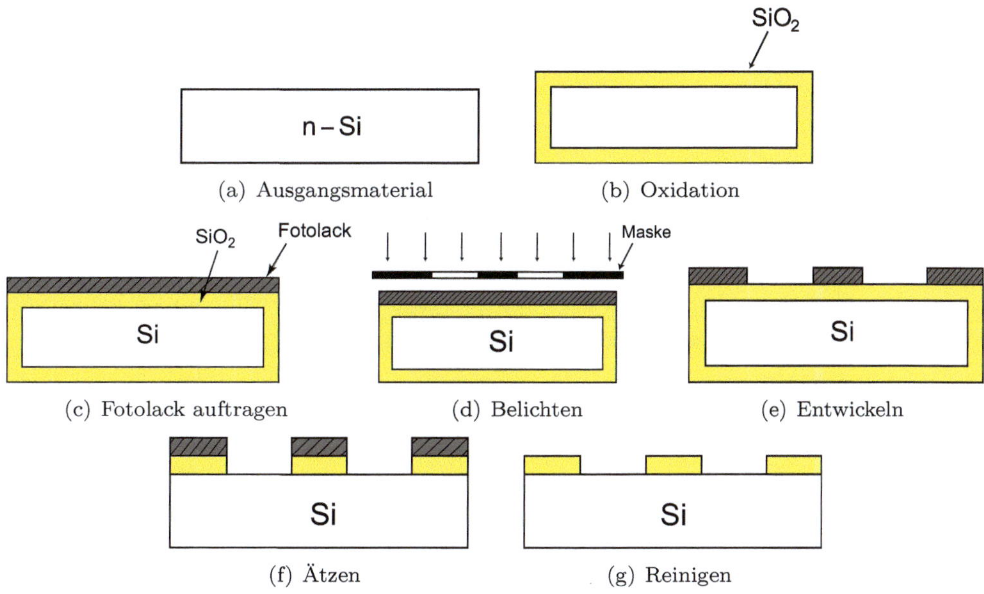

(a) Ausgangsmaterial (b) Oxidation (c) Fotolack auftragen (d) Belichten (e) Entwickeln (f) Ätzen (g) Reinigen

Abb. 8.40 Prozessschritte der Fotolithografie

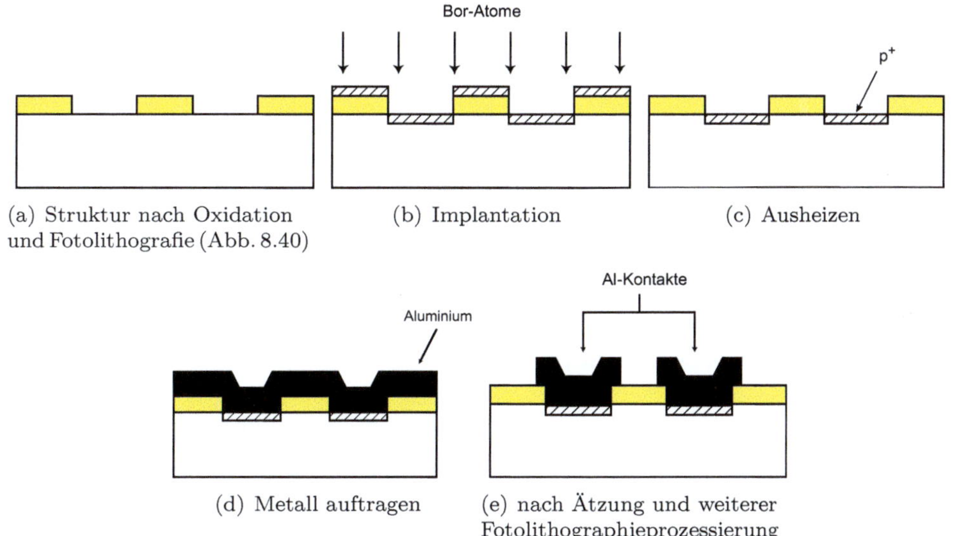

(a) Struktur nach Oxidation und Fotolithografie (Abb. 8.40) (b) Implantation (c) Ausheizen (d) Metall auftragen (e) nach Ätzung und weiterer Fotolithographieprozessierung

Abb. 8.41 Prozessschritte zur Halbleiterstrukturierung (hier: p-Elektroden auf n-Substrat).

auf n-dotiertem Siliziumsubstrat kurz erläutert. Für Details dieser wichtigen Technologie wird auf die einschlägige Literatur, zum Beispiel [845], verwiesen.

– Die ursprünglich schwach n-dotierte Siliziumscheibe wird im Ofen bei 1035°C oxidiert. Dadurch wird eine Oxidschicht gleichmäßiger Dicke auf dem gesamten Wafer erzeugt (Abb. 8.40(b)).

- In der Oxidschicht werden die Fenster, durch die die Dotierung stattfinden soll, durch Fotolithografie geöffnet (Abb. 8.40(c)-(e)):
  - Auf die Oxidschicht wird UV-empfindlicher Fotolack aufgebracht (Abb. 8.40(c)).
  - Durch eine Maske, welche die Form der zu erzeugenden Struktur hat, wird der Fotolack belichtet (Abb. 8.40(d)).
  - Bei der Entwicklung werden die belichteten Stellen des Fotolacks entfernt, das Oxid kommt wieder zum Vorschein (Abb. 8.40(e)).
  - Durch Ätzen wird die Oxidschicht überall dort abgetragen, wo sie nicht durch den verbliebenen Fotolack geschützt wird (Abb. 8.40(f)).
  - Danach wird der Fotolack wieder entfernt. Zurück bleibt der Wafer mit einem Negativ der Maske als Oxidschicht (Abb. 8.40(g)).
- Der Wafer wird jetzt p^+-dotiert (Abb. 8.41(b)). Bei der Ionenimplantation wird er mit $5 \times 10^{14}\,\text{cm}^{-2}$ Bor-Atomen beschossen, welche auf 15 keV beschleunigt wurden.
- Das Material wird für 30 min auf 600°C erhitzt (Abb. 8.41(c)). Hierbei verdampfen die Bor-Atome, die auf der Oxidschicht niedergegangen sind. Außerdem heilen auch die durch den Beschuss entstandenen Fehlstellen im Si-Gitter aus.
- Um die Kontakte herzustellen, wird eine Aluminiumschicht aufgedampft (Abb. 8.41(d)).
- In einem weiteren Fotolithografieprozess wird auch die Aluminiumschicht in Elektroden strukturiert (Abb. 8.41(e)).

Derartige Technologieschritte werden unter anderem bei der Herstellung von CMOS-Chips (siehe auch Abschnitt 8.3.5) zur Auslese der Detektoren, von Leiterbahnen für die Spannungsversorgung des Detektors sowie zur Strukturierung der Oberfläche des Sensors verwendet (Streifen, Pixel, Pads). Die kostenintensiven Schritte hierbei sind diejenigen, für die eine Maske benötigt wird.

8.5.3 DC- und AC-Kopplung

Abbildung 8.42 zeigt einen Mikrostreifendetektor im Querschnitt, der rechts durch eine direkte (DC) und links durch eine kapazitive (AC) Ankopplung an den Vorverstärker ausgelesen wird. Das Substratmaterial ist hier schwach n-dotiert (n^-), die Streifen an der Oberfläche sind stark p-dotiert (p^+), und der Rückkontakt besitzt eine n^+-Lage zur ohmschen Ankopplung an den metallischen Rückkontakt (siehe dazu Abschnitt 8.3.4). Auf den p^+-Implantationen befinden sich Al-Streifen und zwischen den Streifen eine Oxidschicht. Bei DC-Auslese muss der Vorverstärker den thermisch erzeugten Detektorleckstrom I_L aufnehmen und zum Beispiel durch einen Strom mit umgekehrtem Vorzeichen kompensieren. Bei AC-Auslese wird der Leckstrom über die Spannungsversorgung abgeführt; nur das Kleinsignal erreicht den Verstärker über die Kapazität.

Prinzipielle Nachteile einer DC-Auslese, die von der Größe und der Variation des Leckstroms abhängig ist, sind Verschiebungen und Schwankungen der Nulllinie des Si-

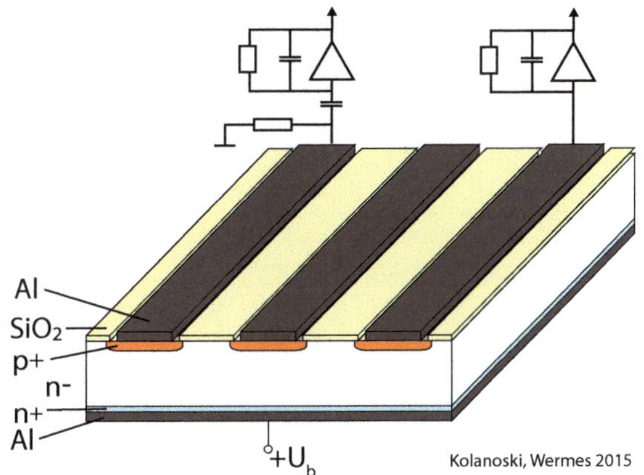

Abb. 8.42 Direkt (DC, rechts) und kapazitiv (AC, links) gekoppelte Auslese eines Streifendetektors.

gnals (*baseline shifts*), eine Verringerung des Wertebereichs der Auslese ('dynamischer Bereich') und möglicherweise Sättigungseffekte in der Elektronik. Eine Verbindung mit dem Vorverstärker über einen Koppelkondensator (AC-Kopplung) vermeidet diese Nachteile. AC-Kopplung zwischen Elektrode und Vorverstärker ist bei Mikrostreifendetektoren allerdings nicht durch Zwischenschaltung diskreter Kondensatoren möglich, weil die Abstände zwischen den Streifen dafür zu klein sind. Eine geeignete Methode ist es, zwischen der Elektrodenimplantation des Mikrostreifens und der Kontaktmetallisierung eine dünne SiO_2-Schicht aufzuwachsen. Die Si-SiO_2-Al-Struktur stellt einen Kondensator dar, der, wie in Abb. 8.43 gezeigt, mit einem Verstärker verbunden ist. Ein Nachteil der AC-Kopplung ist die Gefahr von Mikroschäden im Oxid der Kapazität (*pin holes*), die zu Kurzschlüssen führen können und den Verstärker dann auf DC-Potenzial legen. Die Gefahr dazu wächst mit der Fläche der Oxidschicht.

8.5.4 Kapazitive Ladungsteilung

Beim Durchtritt eines Teilchen durch einen Mikrostreifendetektor zeigt nicht nur der getroffene Streifen (das heißt der Streifen mit der maximalen Influenzladung) ein Signal, sondern auch die Nachbarelektroden, da sie mit diesem über das Substratmaterial kapa-

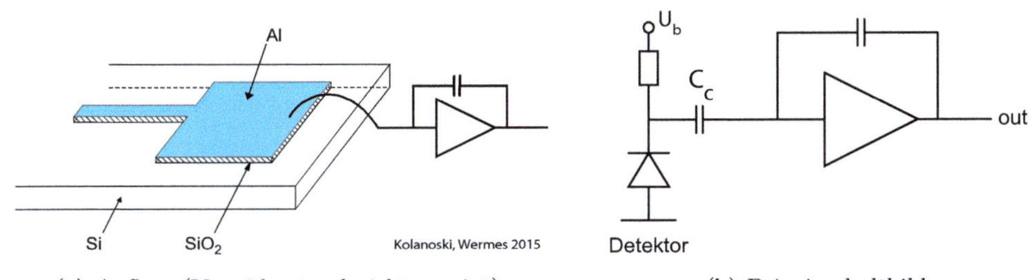

(a) Aufbau (Vorwiderstand nicht gezeigt) (b) Prinzipschaltbild

Abb. 8.43 AC-Kopplung bei Mikrostreifendetektoren.

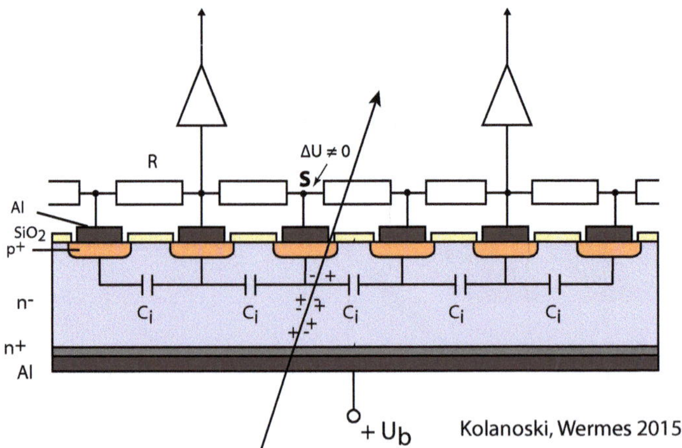

Abb. 8.44 Prinzip der kapazitiven Ladungsteilung bei der Auslese von Mikrostreifendetektoren.

zitiv gekoppelt sind (C_i), wie Abb. 8.44 zeigt. Bei kapazitiver Ladungsteilung wird diese Kopplung ausgenutzt, um nur einen Bruchteil der Streifen mit einem Verstärkerkanal bestücken zu müssen. Die nicht ausgelesenen Streifen heißen Zwischenstreifen. Durch die Widerstände wird das Potenzial der Elektroden zeitlich konstant gehalten. Sei nun ein Streifen S getroffen und Q die auf dessen Elektrode influenzierte Ladung, die eine kurzzeitige Potenzialänderung hervorruft. Durch kapazitive Kopplung dieser Potenzialänderung erscheinen an den Verstärkereingängen links und rechts von S dann die Ladungen im umgekehrten Verhältnis der Serienkapazitäten C_i zu jeder Seite: $Q_L = \frac{2}{3}Q$ und $Q_R = \frac{1}{3}Q$. Hierbei wurden nur die Streifenkapazitäten zum nächsten Nachbarn berücksichtigt und weitere Kapazitäten (zum Beispiel zur Rückseite) demgegenüber vernachlässigt. Aus der durch Ladungsteilung auf zwei Auslesestreifen gemessenen Information kann auf den Ort des Teilchendurchtritts zurück geschlossen werden.

8.5.5 Versorgung mit Spannung (*Biasing*)

Halbleiterdetektoren, bei denen sich nur auf einer Seite mikrostrukturierte Elektroden befinden, können durch einen einzelnen Kontakt auf der unstrukturierten Seite mit Spannung versorgt werden. Die ausgelesenen Elektroden müssen allerdings ebenfalls auf ein definiertes Potenzial (zum Beispiel Erdpotenzial) gelegt werden. Dies kann unter Umständen über den angeschlossenen Verstärkerchip erfolgen (virtuelle Masse). Häufig sind aber weitergehende Maßnahmen notwendig, zum Beispiel um die Sensorelemente der Detektoren auch vor der Verbindung mit der Ausleseelektronik elektrisch testen zu können (siehe auch Abschnitt 8.5.5). Bei doppelseitig strukturierten Detektoren (Abschnitt 8.6) muss jede der Mikroelektroden mit Spannung versorgt werden. Wir beschreiben hier einige häufig angewandte Techniken zur Spannungsversorgung (*bias voltage*, Arbeitspunkteinstellung) und Verarmung des Halbleitersubstrats bei mikrostrukturierten Elektroden.

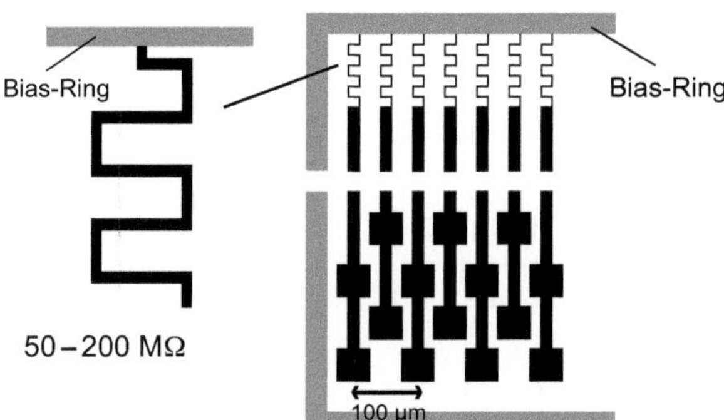

Abb. 8.45 Mäanderförmige Polysiliziumwiderstände zur Spannungsversorgung eines Siliziumdetektors (*poly silicon biasing*).

Die Spannungsversorgung muss hochohmig erfolgen, damit der Stromfluss durch den Detektor begrenzt wird und da sie eine parallele Rauschquelle darstellt, die für kleine Widerstände höhere Rauschbeiträge bewirkt (siehe Abschnitt 17.10.3). Es werden verschiedene Methoden verwendet, um eine hochohmige Anbindung der (Hoch)-Spannung zu erreichen.

Polysiliziumwiderstände (Abb. 8.45): Polykristallines Silizium, das auf SiO_2 aufgebracht wird, hat die Eigenschaften eines Leiters mit Flächenwiderständen von bis zu 100 kΩ (siehe zum Flächenwiderstand Fußnote 45 auf Seite 225). Die Leitungsbahn wird in einer Mäanderstruktur auf den Kristall aufgebracht, um sie so lang wie möglich zu machen. Spannungsvorwiderstände von 50–200 MΩ können auf diese Weise erreicht werden.

Ein Nachteil dieser Methode ist, dass es aus Platzgründen nicht leicht ist, große Widerstände zu erzielen (für Streifendetektoren ist dies noch eher möglich als für Pixeldetektoren), und dass die Widerstandswerte von Wafer zu Wafer variieren können. Außerdem erfordert das Aufbringen des Polysiliziums auf den Wafer einen speziellen Prozessschritt, der die Kosten erhöht.

Punch-Through-Biasing (Abb. 8.46): Die Verarmungszone unter einer Implantation dehnt sich auch in lateraler Richtung aus. Dies wird beim *Punch-Through-Biasing* ausgenutzt [633]. Der Kontakt zwischen Streifenelektrode (S, in der Abbildung links) und Bias-Streifen oder Bias-Ring (rechts) erfolgt durch die Verarmungszone, die unter dem Bias-Ring mit wachsender Spannung entsteht. Ohne angelegte Spannung bilden sich unter den p^+-Implantationen nur die intrinsischen Verarmungszonen aus. Bei Erhöhung der Spannung am Bias-Ring wächst die Verarmungszone in das Gebiet der Elektrodenstreifen hinein. Sie berührt die Verarmungszone der Streifen bei einer *Punch-Through*-Spannung von $U_B = U_{PT}$. Wird die Bias-Spannung größer als U_{PT}, so wachsen die Verarmungszonen ineinander. Ladungsträger können sich in dieser Zone frei bewegen. Die leitende Verbindung entsteht durch thermische Emission von Ladungsträgern (*thermionic emission*) aus dem *Punch-Through*-Kontakt. Das Potenzial des Streifens folgt dem des Bias-Streifens abzüglich der *Punch-Through*-Spannung, die über der Verarmungsdistanz abfällt und von der Größe des Leckstroms abhängig ist. Bei weiterer Erhöhung

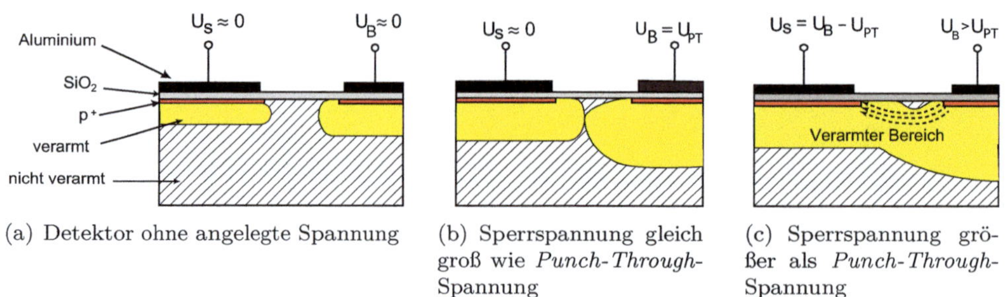

(a) Detektor ohne angelegte Spannung (b) Sperrspannung gleich groß wie *Punch-Through*-Spannung (c) Sperrspannung größer als *Punch-Through*-Spannung

Abb. 8.46 Spannungsversorgung der Streifen oder Pixel eines Siliziumdetektors durch die *Punch-Through*-Technik. Die Elektroden (Streifen) des Detektors werden durch Anlegen der Spannung U_{PT} an den *Punch-Through*-Kontakt (zum Beispiel eine außen implantierte Streifenelektrode) auf das gewünschte Potenzial gebracht (siehe Text).

der Bias-Spannung wächst die Verarmungszone im Substrat unter den Streifen in das Detektionsvolumen hinein bis zur vollständigen Verarmung des Detektors. Diese Technik der Spannungsversorgung bietet den Vorteil, dass weniger Platz nötig ist als bei der Versorgung durch Widerstände. Außerdem werden keine zusätzlichen Technologieschritte benötigt.

Spannungsversorgung von Pixeldetektoren Bei Pixeldetektoren (siehe Abschnitt 8.7) stellt sich die Frage, wie die große Zahl von voneinander isolierten Pixeln (in Größenordnungen von 10^4–10^5 pro Sensor), auf ein festes Potenzial gelegt werden können. Bei 'hybriden' Pixeldetektoren, bei denen eine in Pixel strukturierte pn-Diode (Sensor) und ein gleich strukturierter Auslese-Chip getrennte Einheiten sind (siehe Abschnitt 8.7), wird die Verarmungsspannung über einen einzelnen Kontakt auf der unstrukturierten Rückseite des Halbleitersensors angelegt. Die Pixelelektroden der strukturierten Seite sind durch Mikrolötverbindungen (*bump bonds*) mit dem Auslese-Chip verbunden [886] und erhalten bei DC-Kopplung durch diese Verbindung ein definiertes Potenzial. Bevor diese Verbindung besteht, sind die einzelnen Pixel im Allgemeinen aber nicht auf einem definierten Potenzial. Dies ist vor allem beim Testen des Sensors vor der Bestückung mit Auslese-Chips sehr von Nachteil. Dem kann durch ein *Bias-Grid* abgeholfen werden, das zwischen allen Pixeln verläuft und die einzelnen Pixel-implantationen durch *Punch-Through-Biasing* auf ein festes Potenzial legt (Abb. 8.47).

8.5.6 Zweidimensionale Ortsinformation

Um zweidimensionale Ortsinformation[63] zu erhalten, kann man mehrere gekreuzte Streifenebenen einführen. Nachteilig hierbei ist, dass die Materialdicke dabei verdoppelt wird, was mehr Coulomb-Vielfachstreuung und Sekundärwechselwirkungen zur Folge hat.

[63]Damit ist die Messung zweier (orthogonaler) Koordinaten in der Detektorebene gemeint. Mit der Kenntnis der Position der Detektorebene relativ zum Target oder zur Strahlachse erhält man zusätzlich die Abstandskoordinate.

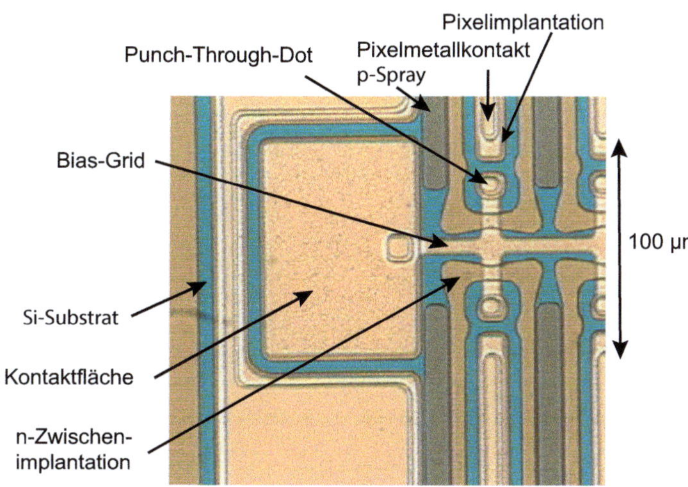

Abb. 8.47 Foto eines Pixelsensors [1] (Aufsicht Randbereich). Über das für die Potenzialversorgung zuständige Zuleitungsgitter (*Bias-Grid*) werden durch den *Punch-Through*-Effekt die einzelnen Pixelimplantationen auf ein definiertes Potenzial gebracht.

Streifendetektoren, die von beiden Seiten prozessiert worden sind, werden im nachfolgenden Abschnitt behandelt.

Häufig ist es günstiger, die Streifen zweier aufeinanderfolgender Lagen nicht in einem 90°-Winkel anzuordnen. Gründe dafür können zum Beispiel sein, alle Auslese-Chips zu einer Seite auszurichten und so anzuordnen, dass sie möglichst außerhalb der aktiven Nachweisfläche anderer Sensoren liegen. Befindet sich der Spurdetektor in einem Magnetfeld, das parallel zur Strahlrichtung orientiert ist (typisch für Collider-Experimente), so kann in Magnetfeldrichtung (meistens die Strahlrichtung) eine schlechtere Auflösung als in der Ebene senkrecht dazu, in der die Impulse bestimmt werden, akzeptiert werden, sodass mit deutlich kleineren Kreuzungswinkeln (*stereo angle*) als 90°gearbeitet werden kann. Im ATLAS-Experiment besteht der SCT genannte 4-lagige Mikrostreifendetektor [2] aus einseitig strukturierten Silizium-Streifendetektoren, die um einen Kreuzungswinkel von nur 40 mrad gegeneinander versetzt sind. Die Konstruktion eines Moduls aus zwei gegeneinander verdrehten Mikrostreifendetektoren ist in Abb. 8.48 gezeigt.

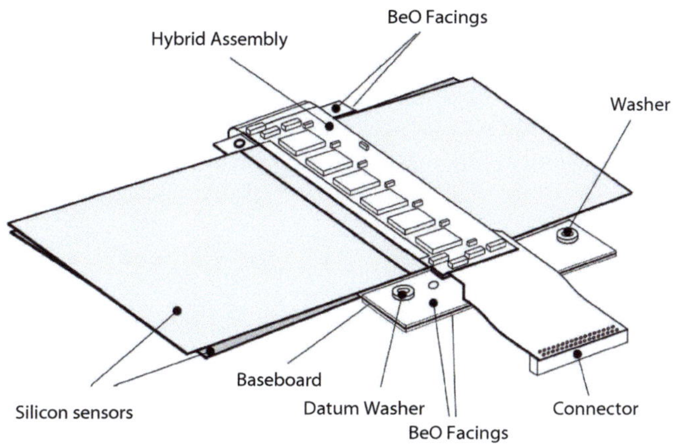

Abb. 8.48 Technische Zeichnung eines Moduls des ATLAS-Mikrostreifendetektors SCT [2]. Zwei einseitig strukturierte Mikrostreifendetektoren sind in einem Kreuzungswinkel von 40 mrad gegeneinander verdreht (aus [2], Quelle: CERN).

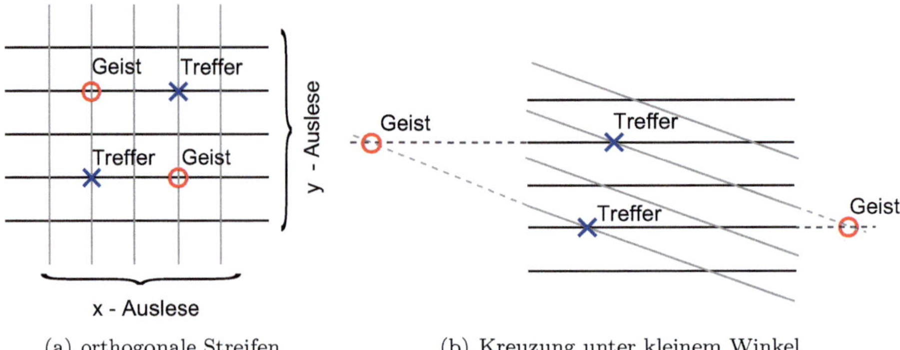

(a) orthogonale Streifen (b) Kreuzung unter kleinem Winkel

Abb. 8.49 Mehrdeutigkeiten (Geisterbilder) bei der Zuordnung zeitgleicher Treffer. (a) orthogonale Streifen, (b) Kreuzung unter kleinerem Winkel. In (b) ist die Dichte der Mehrdeutigkeiten geringer.

Bei zwei und erst recht bei mehreren gleichzeitig auftretenden Treffern treten bei Detektoren mit gekreuzten Streifenebenen Mehrdeutigkeiten auf, die eine eindeutige Festlegung der wahren Trefferposition erschweren und die effektive Belegungsdichte pro Detektorfläche deutlich erhöhen. Abbildung 8.49 zeigt das Auftreten von unechten Treffern (Geister) bei orthogonaler Anordnung (Abb. 8.49(a)) der Streifen und bei kleineren Stereowinkeln (Abb. 8.49(b)). Man erkennt, dass kleinere Stereowinkel die Dichte der falschen Trefferzuordnungen verringert, was die Mustererkennung bei der Spurfindung vereinfacht. Siehe dazu auch die Stereo-Anordnungen von Vieldrahtkammern (Abb. 7.23(a), Seite 241) und Driftkammern (Abb. 7.42, Seite 260).

Im Vergleich zu echten 2D-Ausleseelektroden wie zum Beispiel bei Pixeldetektoren profitieren Stereoanordnungen von der deutlich geringeren Anzahl von ausgelesenen Kanälen, was besonders für Spurtrigger (Kapitel 18) vorteilhaft ist.

Bei kleinen Teilchenraten funktioniert die Offline-Mustererkennung in der Regel trotz mehrfacher Trefferzuordnungen der Stereoanordnungen. Bei hohen Teilchenmultiplizitäten jedoch, typisch wenn die Belegungswahrscheinlichkeit (*occupancy*) einer Ausleseelektrode pro Lesezyklus die Größenordnung von 1% erreicht, können die Rekonstruktionssoftware und die Datennahme insgesamt an ihre Grenzen stoßen. Hier sind kürzere Streifen, beziehungsweise generell kleinere Elektroden (Pixeldetektoren), ein Ausweg, die *Occupancy* zu reduzieren. Die Materialdicke wird dabei nicht erhöht, wohl aber die Zahl der Auslesekanäle und damit die notwendige Komplexität der Elektronik (siehe Abschnitt 8.7).

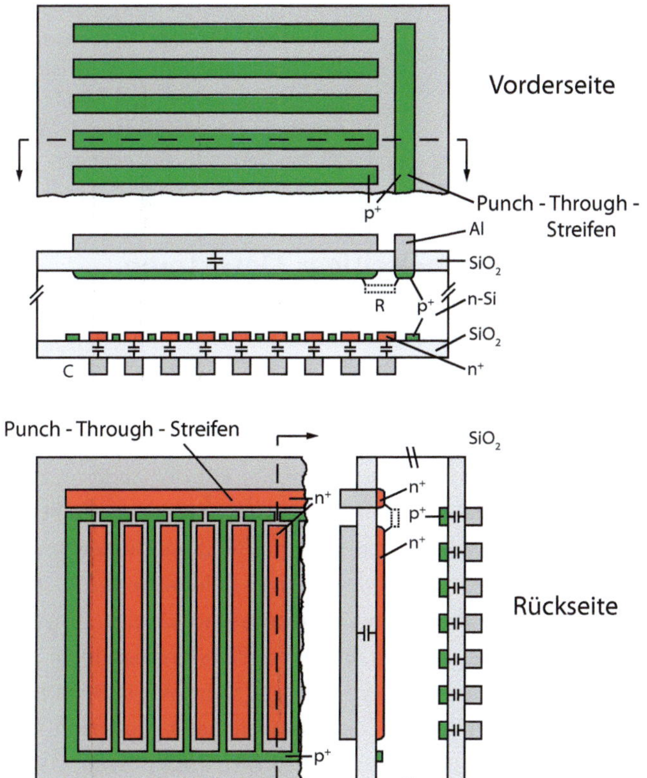

Abb. 8.50 Layout eines doppelseitigen Mikrostreifendetektors mit *Punch-Through-Biasing* über dedizierte Streifen auf beiden Seiten des Detektors ([727], mit freundl. Genehmigung von Springer Science+Business Media).

8.6 Doppelseitig strukturierte Mikrostreifendetektoren

Mikrostreifendetektoren, die beidseitig strukturiert wurden, liefern beide Koordinaten des Teilchendurchgangs aus derselben Ladungssammlung in einem verarmten Siliziumsubstrat. Die auf beiden Seiten registrierten Treffer sind zudem miteinander korreliert, da sie von derselben Signalladungsdeposition herrühren. Dies kann zur weiteren Reduzierung der in Abschnitt 8.5.6 beschriebenen Mehrdeutigkeiten verwendet werden. Abbildung 8.50 zeigt den Aufbau eines doppelseitigen Mikrostreifendetektors, der durch *Punch-Through-Biasing* über speziell dafür vorgesehene Streifen auf beiden Seiten des Detektors mit Spannung versorgt wird. Die Herstellungskosten sind für doppelseitig prozessierte Detektoren deutlich höher als für einseitig prozessierte. Der Wafer benötigt aufgrund seiner beidseitig sensitiven Flächen spezielle Maßnahmen zum Schutz bei der Handhabung. Weiterhin sind mehrere zusätzliche Maskenschritte nötig, um Kurzschlüsse zwischen den Streifen auf der zweiten Seite auszuschließen (siehe nachfolgenden Abschnitt).

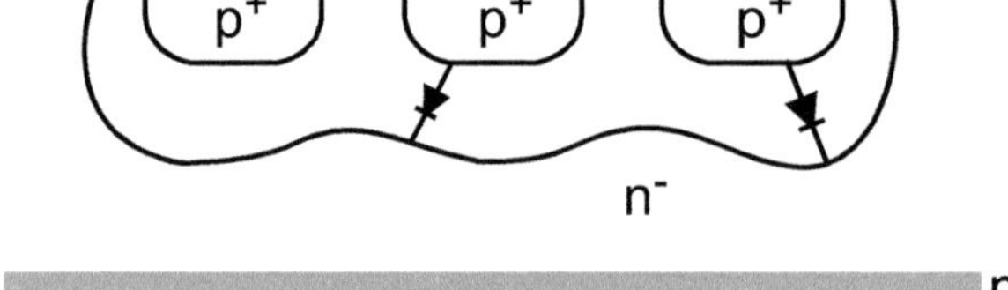

Abb. 8.51 An der 'Diodenseite' des Detektors (hier p in n) ist die Isolation zwischen den Streifen durch die Raumladungszone an der pn-Grenzschicht gegeben.

8.6.1 Besondere Anforderungen doppelseitiger Detektoren

Isolation der n-Seite Bei den zuvor behandelten einseitig prozessierten Streifendetektoren isoliert die nach Anlegung der Betriebsspannung entstehende Raumladungszone zwischen den Streifen und dem Substrat auch die p-Streifen untereinander (siehe Abb. 8.51). Wir bleiben hier und im Folgenden zur Veranschaulichung zunächst bei p-in-n-Detektoren mit p-Streifen-Implantationen in n-Substrat. Möchte man nun auf der anderen Seite des Substrats eine zweite Ebene von Streifenelektroden anbringen, so stellt sich die Frage, wie diese zu dotieren sind. p^+-Streifen scheiden aus, da man damit zwei Dioden gegeneinander schalten würde, das heißt p-Streifen in n-Substrat auf beiden Seiten[64]. Eine Möglichkeit ist die Verwendung von Streifen, die stärker n-dotiert sind als das Substrat, also n^+-Streifen. Wie jedoch Abb. 8.52(a) zeigt, werden an der Si–SiO_2-Grenzschicht zwischen den n^+-Streifen unter dem Oxid Elektronen akkumuliert (siehe Abschnitts 8.3.5 auf Seite 333), welche die n^+-Streifen kurzschließen. Die Elektronenakkumulation wird durch positives Potential an den n^+-Streifen und/oder durch positive Ladungen, die im Oxid und am Si–SiO_2-Übergang existieren (besonders nach Strahlenschädigung, siehe Abschnitt 8.12.4), verursacht. Dieses Problem gibt es nicht auf der gegenüberliegenden Seite für p-Streifen in n-Substrat, weil diese Region in Sperrrichtung betrieben wird und die entsprechende Si–SiO_2-Grenzschicht verarmt ist (siehe Abschnitt 8.3.5 auf Seite 333).

Es gibt verschiedene Verfahren, um die Isolation der n-Streifen gegeneinander sicherzustellen und die Akkumulationsschicht zu unterbrechen. Sie sind in Abb. 8.52 dargestellt:

p-Spray (Abb. 8.52(b)) bezeichnet ein Verfahren, bei dem der Wafer vor dem Aufbringen der n^+-Dotierung für die Streifen an der Oberfläche großflächig p^--dotiert wird. Die höher dotierten n^+-Streifen werden danach implantiert. Die Ansammlung der Elektronen wird hier durch die p-Dotierung kompensiert. Die Dotierungskonzentration muss hierbei sorgfältig eingestellt werden. Dotiert man zu wenig, so bleiben Elektronen an der Si-SiO_2-Grenze übrig, die zum Kurzschluss der Streifen führen können; dotiert man zu stark, entstehen an den p^-–n^+-Kontaktstellen sehr hohe elektrische Felder. Einen guten Kompromiss kann man finden, indem die Dosierung der Dotierung in der Mitte zwischen den Streifen höher als am Rand gewählt wird ([886] und Referenzen darin). Das *p-Spray*-Verfahren ist kostengünstiger als die beiden folgenden.

p-Stop (Abb. 8.52(c)) bezeichnet ein Verfahren, bei dem ein p^+-Streifen zwischen die n^+-Streifen aufgebracht wird. Mit dem n-Substrat bildet er eine Diode. Die e^--

[64] Solch eine Anordnung wird allerdings bei Silizium-Driftkammern verwendet, s. Abschnitt 8.8.

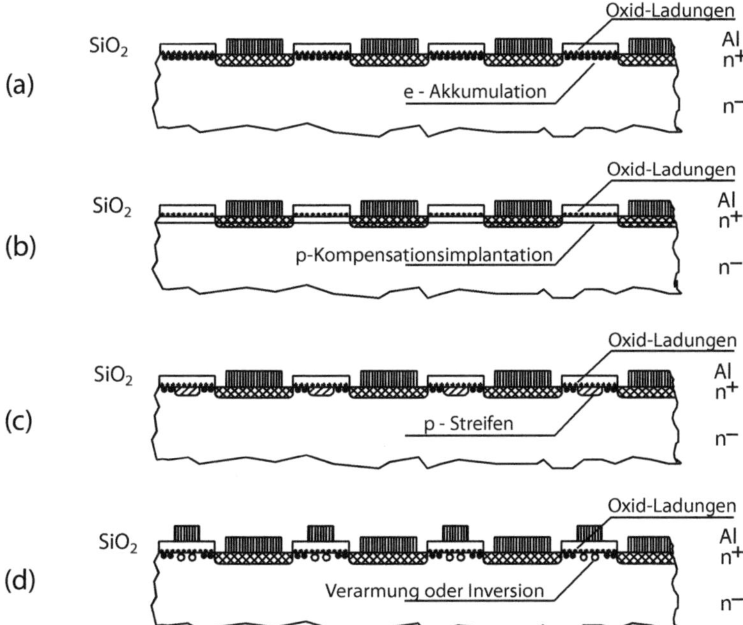

Abb. 8.52 Isolationsproblem und Abhilfen für n^+-in-n-Streifen: (a) ohne Kompensation erfolgt Kurzschluss zwischen benachbarten Streifen; (b) p-Spray-Isolation; (c) p-Stop-Isolation; (d) Field-Plate-Isolation; MOS-Struktur ([727], mit freundl. Genehmigung von Springer Science+Business Media). Erläuterungen im Text.

Akkumulations-Schicht wird dadurch unterbrochen. Zur Herstellung sind zwei zusätzliche Maskenschritte notwendig.

Field-Plate (Abb. 8.52(d)): Zwischen den n^+-Streifen wird eine MOS-Struktur erzeugt. Durch Anlegen einer geeigneten Spannung kann ein elektrisches Feld im Substrat erzeugt werden, das die Elektronen der Akkumulationslage in das Substrat drückt.

Messung der Abschnürspannung Eine Methode, die die Messung der Kapazität beinhaltet, wurde bereits in Abschnitt 8.3.2 auf Seite 322) vorgestellt. Für doppelseitige Detektoren mit n^+-in-n Streifenelektroden gibt es eine elegante Methode, die Verarmungsspannung (*bias voltage*) zwischen den beiden Seiten des Detektors so einzustellen, dass sich die Raumladungszone gerade vollständig ausbildet.

Man misst den Strom oder den Widerstand zwischen zwei benachbarten n^+-Streifen (siehe Abb. 8.53). Solange sich die Verarmungszone nicht vollständig ausgebildet hat, was bedeutet, dass es im n^--Substrat im Bereich der n^+-Streifen noch freie Ladungsträger gibt, so kann zwischen den Streifen noch Strom fließen. Misst man diesen Strom gegen die angelegte Spannung U_b, so lässt sich die vollständige Ausbildung der Raumladungszone (vollständige Verarmung) an einem sprunghaft anwachsenden Widerstand beziehungsweise einem abfallenden Strom erkennen, da die Verarmungszone den Strom zwischen den Elektroden abschnürt. Diese Messung ist auch während des Betriebs des De-

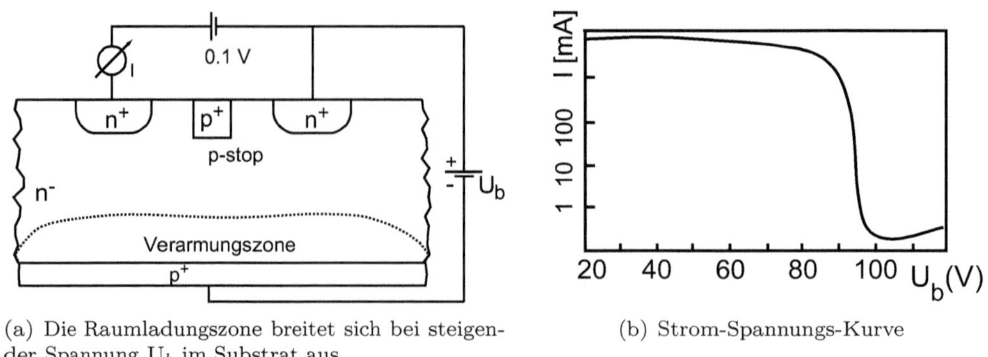

(a) Die Raumladungszone breitet sich bei steigender Spannung U_b im Substrat aus

(b) Strom-Spannungs-Kurve

Abb. 8.53 Methode zur Messung der Abschnürspannung durch Strommessung zwischen benachbarten Streifen (nach [727] und Referenzen darin).

tektors möglich. Damit lässt sich die nötige Verarmungsspannung dynamisch einstellen, und Effekte zum Beispiel durch Strahlenschädigung können kompensiert werden.

8.7 Hybride Pixeldetektoren

Pixeldetektoren [886] ermöglichen eine echte dreidimensionale Ortsbestimmung selbst bei hohen Teilchenflüssen. Bei LHC treten Teilchenflüsse von bis zu 10^{11} Teilchen pro Sekunde im Nachweisvolumen der Spurdetektoren auf. Bei einer angenommenen Luminosität (Design-Luminosität) von $10^{34}\,\text{cm}^{-2}\,\text{s}^{-1}$ fliegen bei jeder Strahlkreuzung im zeitlichen Abstand von 25 ns etwa 1200 geladene Teilchen durch den Spurdetektor. Die Belegungsdichte (*occupancy*) der kollisionsnahen Detektoren ist entsprechend hoch, und für die Rekonstruktion der Ereigniskollision ist eine Vielzahl von unabhängigen Sensor-Elementen nötig. Bis zu radialen Abständen von etwa 15 cm vom Wechselwirkungpunkt sind daher Pixeldetektoren das Nachweisinstrument der Wahl.

Aufbau Die Pixel haben typische Abmessungen im $100\,\mu\text{m}\times100\,\mu\text{m}$-Bereich, quadratisch oder rechteckig ($50\,\mu\text{m}\times400\,\mu\text{m}$). So genannte 'hybride' Pixeldetektoren sind (im Gegensatz zu monolithischen, Abschnitt 8.10) aus zwei oder mehr Teilkomponenten aufgebaut, die exakt zueinander passen: dem Pixel-Sensor, einem mit pixelförmigen Elektroden (Implantationen und Metallkontakten) strukturierten Siliziumsubstrat (siehe Abb. 8.39(c)), und einem oder mehreren Pixel-Elektronik-Chips. Sensor und Chip sind in jedem Pixel durch eine leitende Mikroverbindung (*bump bond*) miteinander verbunden. Abbildung 8.54(a) zeigt den Aufbau einer einzelnen Pixelzelle, Abb. 8.54(b) den einer Matrix mit vielen Pixelzellen.

Der gesamte Pixeldetektor ist modular aufgebaut. Abbildung 8.55 zeigt den Aufbau eines Moduls anhand des ATLAS-Pixeldetektors. Ein Modul besteht aus einem Siliziumsensor, in dem durchgehende Teilchen Ladung erzeugen, 16 signalverstärkende und

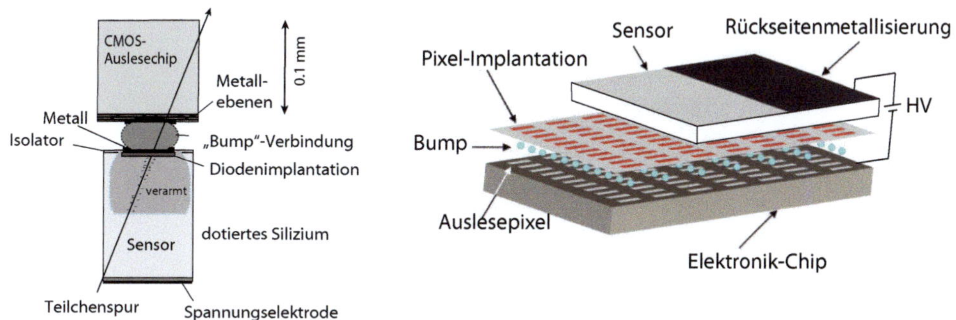

(a) Hybride Pixelzelle (b) Pixelmatrix

Abb. 8.54 Hybrider Pixeldetektor: (a) Aufbau einer individuellen Pixelzelle mit Sensor- und Elektronikzelle, (b) hybride Pixelmatrix. Sensor und Elektronik-Chip besitzen Pixel gleicher Größe, die mit *Bump*-Kontakten miteinander verbunden sind. Die Pixelimplantation ist zur besseren Darstellung vom Si-Sensor getrennt dargestellt, anders als in der Realität.

detektierende Auslese-Chips, die die Zeilen- und die Spaltenadresse des Treffers sowie eine Zeitmarke generieren und bis zum Ereignistrigger speichern, der bis zu 120 pp-Strahlkreuzungen später kommen kann, sowie aus weiterer Versorgungs- und Steuerungselektronik. Die Auslese von Pixeldetektoren ist in Kapitel 17 beschrieben. Ausführliche Literatur zu Pixeldetektoren findet man in [886, 1].

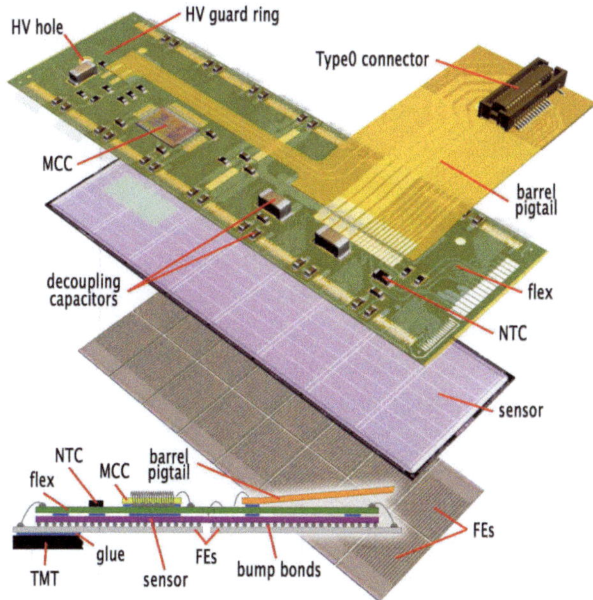

Abb. 8.55 Aufbau eines ATLAS-Pixelmoduls [1], Explosionsansicht sowie als Querschnitt (unten). Der Aufbau besteht aus drei Ebenen: Chipebene (unten), Sensorebene (Mitte), Verdrahtungsebene (oben). Chip- und Sensorebene sind durch Bump- und Flipchip-Technologie verbunden, eine Feinstleiterplantine zur Verdrahtung der Signale aus den Auslesechips ist auf die Rückseite des Sensors geklebt. Ein weitere flexible Leiterbahn (ganz oben) verbindet das Modul mit externen Anschlüssen. Die Abmessungen betragen $6.08 \times 1.64\ \text{cm}^2$ (aktive Fläche). (Quelle: CERN/ATLAS).

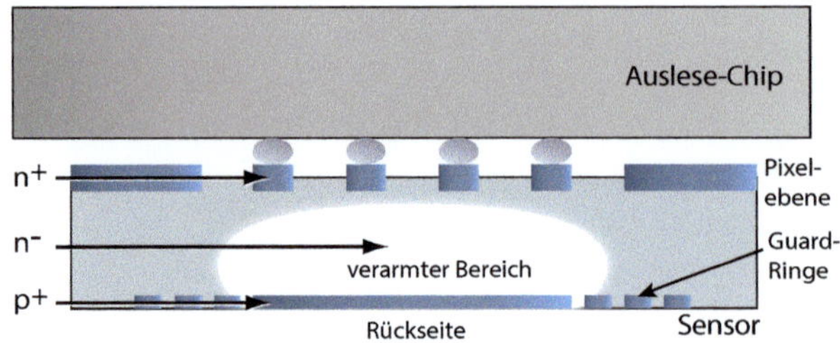

(a) n^--Substratdotierung vor der Bestrahlung.

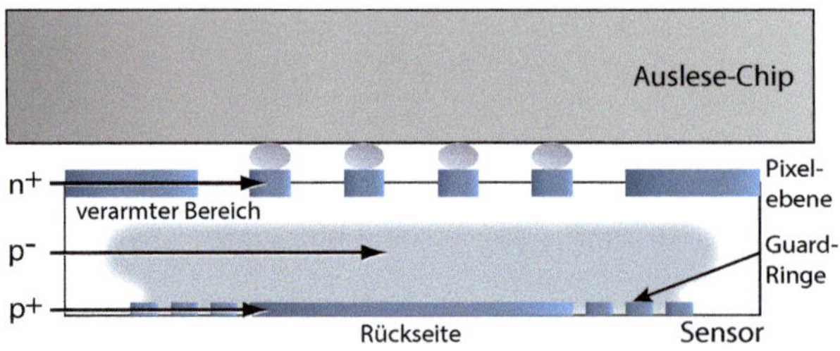

(b) p^--Subatratdotierung nach der Bestrahlung.

Abb. 8.56 n^-- nach p^- - Typinversion im Falle von n^+-in-n^- - Pixelsensoren: (a) vor der Bestrahlung, (b) nach der Bestrahlung mit mehr als 3×10^{12} n_{eq} pro cm^2 (Fluenz der Typinversion bei typischer Anfangsdotierung). Die Guard-Ringe an der Sensorunterseite bringen das Potenzial zum Rand hin auf Erdpotenzial.

Pixeldetektoren bei hohen Teilchenflüssen Bei LHC treten am Ort der innersten Detektoren nahe am Wechselwirkungspunkt Teilchenflüsse von bis zu 10^{14} Teilchen pro cm^{-2} und Jahr auf. Nach einem zeitintegrierten Teilchenfluss (Fluenz) von etwa 2–3 $\times 10^{12}\,n_{eq}/cm^2$ (n_{eq} definiert auf Seite 393) tritt bei den verwendeten Siliziumsensoren (mit Substratdotierung $N_D \approx 2 \times 10^{12}$ cm^{-3}) eine so genannte 'Typinversion' (siehe Abschnitt 8.12.1 und Abb. 8.86) auf, das heißt aus dem n-dotierten Si-Material wird effektiv p-dotiertes Silizium. Die effektive Ladungsträgerdichte und auch die zur vollständigen Verarmung notwendige Spannung nehmen ab, um danach wieder mit wachsender Teilchenfluenz anzusteigen. Dies ist in Abb. 8.86 in Abschnitt 8.12 gezeigt.

Die p^+n^- - Grenzschicht (Diode) eines p^+–n^-–n^+ - Pixeldetektors 'wandert' daher nach Wechsel des Ladungsvorzeichens der Raumladungszone (von p^+–n^-–n^+ zu p^+–p^-–n^+) von der ursprünglichen Seite zu der gegenüberliegenden Seite, mit entsprechend geänderter Ausbildung der Verarmungszone. Diese wächst dann mit steigender Verarmungsspannung von der neuen n^+p^- - Grenzschicht aus in den Sensor hinein.

Aus diesem Grunde sind die LHC-Pixeldetektoren als n^+–n^-–p^+-Sensoren (ausgehend von der Elektrodenseite) ausgelegt, die nach Typinversion zu n^+–p^-–p^+ Strukturen werden [886,1]. Der Vorteil einer solchen Anordnung liegt darin, dass nach hoher Strahlenbelastung der Sensor von der Seite mit den Pixelelektroden aus verarmt wird (Abb. 8.56) und somit auch dann den Betrieb erlaubt, wenn keine vollständige Verarmung in der gesamten Sensortiefe mehr möglich ist. Hochspannung wird auf der Rückseite angelegt. Über Guard-Ringe wird das Potenzial zum Rand hin abgebaut, damit über die in der

Regel leitenden Schnittkanten keine hohe Spannung an die Pixelseite gelangt, die mit den empfindlichen Vorverstärkereingängen in Kontakt steht.

Die Isolation der n^+-in-n - Pixel[65] erfolgt bei den LHC-Detektoren durch die *p-Spray*-Technik (siehe Abschnitt 8.6) mit einem optimierten Dotierungsprofil [1]. Diese Technik weist nach Bestrahlung niedrigere Feldstärken an den Pixel-Substrat-Übergängen auf als alternative Techniken und ist daher durchbruchfester.

Um die Pixelsensoren bereits vor der Chip-Bestückung testen zu können, müssen alle Pixelimplantationen auf ein festes Potenzial gebracht werden. Dies erfolgt durch eine spezielle, über sämtliche Pixel verteilte Metallgitterstruktur (*bias grid*, Abb. 8.47), mit deren Hilfe ein Spannungskontakt an jede Zelle durch *punch-through* erfolgt (siehe Abschnitt 8.5.5).

Pixeldetektoren können höhere Bestrahlungen tolerieren als Streifendetektoren, da sie feiner segmentiert sind. Denn die Schädigung durch Strahlung führt zu einem Leckstrom, der das Rauschen erhöht und letztlich die Nachweiseffizienz des Detektors herabsetzt. Die Größe des Leckstroms I_L is proportional zu dem Volumen des Sensors und teilt sich auf die Elektroden auf. Bei Pixeldetektoren wird der Leckstrom daher von vergleichsweise vielen Zellen (Vorverstärkern) verarbeitet und ist pro Auslesezelle im Vergleich zu Streifendetektoren klein. Abbildung 8.57 zeigt das Layout der Zellen der ATLAS-Pixelsensoren sowie das Antwortverhalten des Detektors nach einer Bestrahlung durch Teilchen (Protonen) mit einer Schädigung von mehr als $10^{15}\,n_{eq}/cm^2$. Man erkennt eine weitgehend homogene Ladungssammlung über der gesamten Fläche mit Ausnahme der Region zwischen den Pixeln, wo sich das in Abschnitt 8.5.5 beschriebene *bias-grid* befindet, sowie am Rand, wo sich die Bump-Kontakte befinden. Doch auch in diesen Bereichen ist der Detektor noch ausreichend sensitiv, das heißt, das Signal ist um ein Vielfaches größer als das Rauschen.

8.8 Seitwärtsverarmung und Silizium-Driftkammer

Für gasgefüllte Drahtkammern brachte die Ausnutzung der Zeitzeitinformation in Driftkammern (siehe Abschnitt 7.10) viele Vorteile für die Ortsrekonstruktion der Ladungsdeposition im Vergleich zu konventionellen Vieldrahtkammern (MWPCs). Dieselbe Technik kann auch bei Halbleiterdetektoren angewendet werden, wie in diesem Abschnitt gezeigt wird. Wir werden sehen, dass es in der Tat Anwendungen mit Vorteilen durch die Drifttechnik gibt. Allerdings ist der generell erzielbare Gewinn (Auflösung, Ratenfähigkeit, Aufwand beim Aufbau, Kosten) gegenüber konventioneller Auslese mit Mikrostreifen- oder Pixelelektroden ohne Zeitinformation erheblich kleiner oder sogar kaum vorhanden als im Fall der gasgefüllten Detektoren.

[65] Kurzform für n^+–n^-–p^+ - Schichtabfolge bei Halbleitersensoren

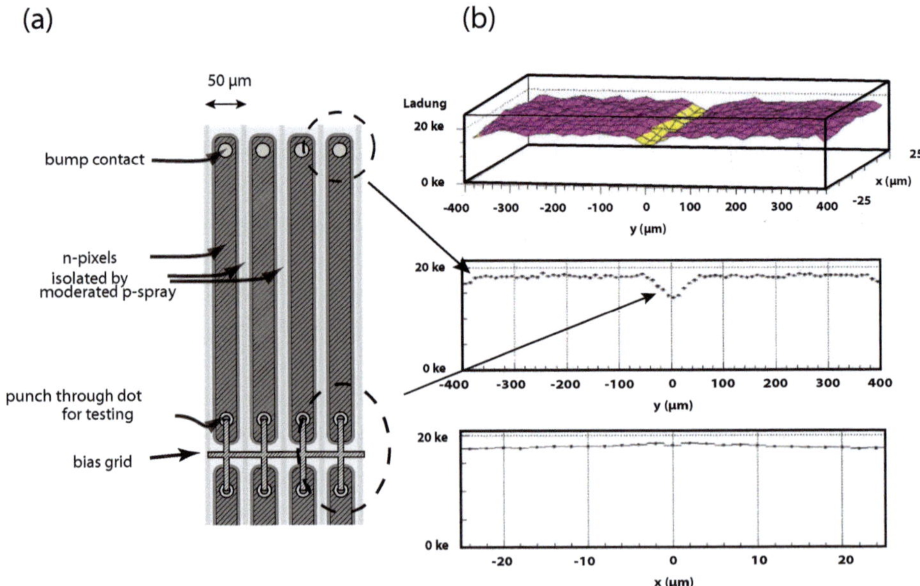

Abb. 8.57 (a) Layout der ATLAS-Pixelsensorzellen (n^+–in–n, frühe Variante) [1]. Die Zellen werden über das *bias grid* durch *punch-through* zwischen *punch-through dot* und Pixelimplantation mit Spannung versorgt. Der Sensor ist über die *bump* Kontakte mit dem Elektronikchip verbunden. (b) gemessene Ladung (in Einheiten von tausend Elektronen, ke) in einer Doppelpixelzelle (zwei Kopf an Kopf gespiegelte, hintereinander liegende Einzelzellen mit dem *bias grid* als Spiegelachse in der Mitte, wie in (a)) nach Bestrahlung mit 2×10^{15} Protonen/cm^2 ($\sim$600 kGy). Dargestellt ist die nachgewiesene Ladung in der Zelle bei Durchtritt eines minimal ionisierenden Teilchens (Dicke des Sensors 250 µm) in 2-dimensionaler Darstellung (oben) und in Projektion (Mitte und unten). Der Verlust an Nachweiseffizienz von etwa 20% im Bereich des Punch-Through-Dots ist als Preis für die Testbarkeit der Pixelsensoren vor dem finalen Zusammenbau vertretbar. Quelle CERN/ATLAS.

8.8.1 Prinzip der Seitwärtsverarmung

Durch eine Technik, die Seitwärtsverarmung oder Seitwärtsdepletion genannt wird, werden neue Detektortypen möglich. Auf einem n^--dotierten Siliziumsubstrat werden auf Ober- und Unterseite p^+-dotierte Gebiete (Streifen oder Ringe) implantiert (Abb. 8.58(a)). Zusätzlich wird auf einer Seite eine isolierte n^+-Region angebracht. Legt man an die beiden p^+-Regionen eine negative Spannung, so erzeugt man zwei Verarmungszonen innerhalb des Halbleiters, jeweils zwischen p^+- und n^--Region. Erhöht man den Betrag der Spannung weiter (Abb. 8.58(b)), so berühren sich die beiden ladungsfreien Zonen. Es entsteht eine Situation, als wären zwei Dioden (np-pn) miteinander verbunden. Das elektrische Feld fällt linear bis zur Mitte ab und steigt dann wieder linear an. Das Potenzial ist parabelförmig mit einem Minimum (für Elektronen) in der Mitte.

Werden durch Strahlung Elektron-Loch-Paare erzeugt, so driften die positiv geladenen Ladungsträger zu den p^+-Elektroden an den Seiten, die Elektronen driften in das Po-

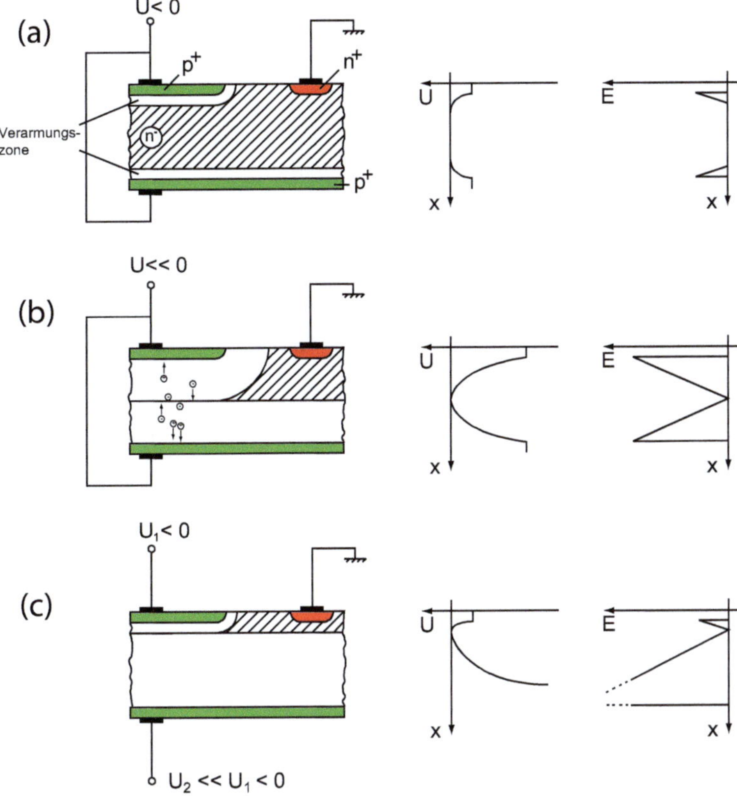

Abb. 8.58 Prinzip der Seitwärtsdepletion. (a) U $<$ 0, der Sensor ist noch nicht verarmt, (b) U $\ll$ 0, die Verarmungszonen berühren sich, (c) Verschiebung des Potenzialminimums unter die Oberfläche.

tenzialminimum in der Mitte des Halbleiters. Legt man an die p^+-Regionen verschiedene Spannungen an, so kann die Position des Minimums innerhalb des Halbleiters verschoben werden (Abb. 8.58(c)).

Um die zur vollständigen Verarmung notwendige Spannung zu bestimmen, wird die Kapazität zwischen dem n^+-Kontakt und der gegenüberliegenden Rückseite des Detektors gemessen. Abbildung 8.59(a) zeigt die Idee hinter dieser Messung: Die Kapazität ist abhängig von der Breite der Verarmungszone und kann mit der angelegten Spannung reguliert werden. Im Kapazitäts-Spannungs-Diagramm (C-V-Diagramm, Abb. 8.59(b)) wird diese Abhängigkeit deutlich. Der Knick bei $-75\,\mathrm{V}$ lässt auf den Kontakt der beiden Verarmungszonen schließen.

8.8.2 Silizium-Driftkammer

Auf dem Prinzip der Seitwärtsdepletion basiert die *Silizium-Driftkammer* [476, 859]. Eine schematische Zeichnung ist in Abb. 8.60(a) zu sehen. Das n-Substrat erhält durch

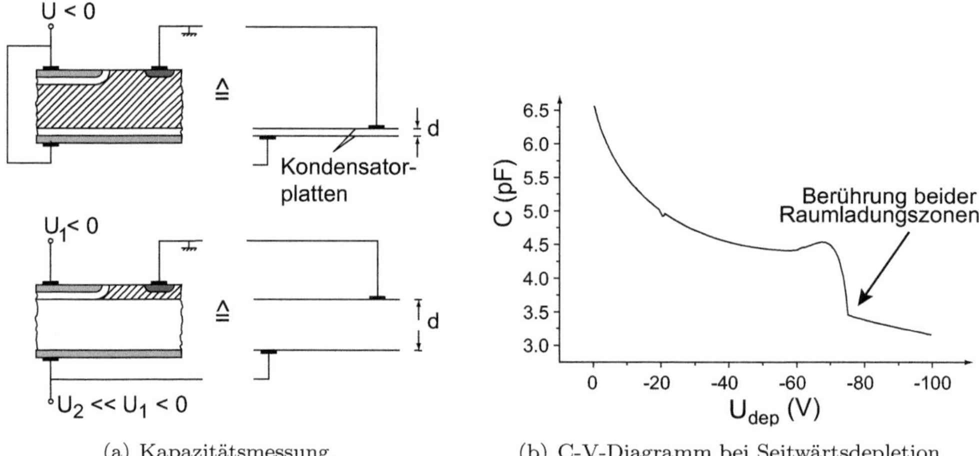

(a) Kapazitätsmessung.

(b) C-V-Diagramm bei Seitwärtsdepletion.

Abb. 8.59 Prinzip der Kapazitätsmessung bei Seitwärtsdepletion: (a) Messanordnung, (b) C-V-Messkurve. U_{dep} bezeichnet die zwischen den beiden Seiten der Struktur angelegte Spannung [782].

streifenförmige p-Implatationen an Ober- und Unterseite bei geeigneter Spannungsversorgung eine lineare Potenzialformung (konstantes Feld), die die Elektronen zu segmentierten n-Anoden führt. Wir wählen wie bisher die x-Koordinate für die Detektortiefe. Die Driftrichtung der Elektronen sei die z-Koordinate. In y-Richtung sei der Detektor als unendlich ausgedehnt angenommen. In hinreichender Entfernung von den Elektroden können die Potenzialverhältnisse in x-Richtung durch die eindimensionale Poisson-Gleichung beschrieben werden:

$$\frac{\partial^2 \phi}{\partial x^2} = -\frac{\rho}{\epsilon\epsilon_0}, \tag{8.84}$$

wobei ρ die Raumladungsdichte im Inneren des Sensors ist. Mit den Randbedingungen $\phi(x = 0) = \phi(x = d) = U(z)$ bei gegebener Detektordicke d und Betriebsspannung $U(z)$, ergibt sich bei vollständiger Verarmung senkrecht zur Detektoroberfläche die Lösung:

$$\phi(x, z) = U(z) - \frac{\rho}{2\epsilon\epsilon_0}\left(x^2 - dx\right), \tag{8.85}$$

wobei $U(z)$ zur Formung eines überlagerten linearen Potenzials z-abhängig ist. Bei gegebenem z ergibt sich ein parabelförmiger Verlauf.

Im Detektorvolumen erzeugte negative Ladungsträger werden im Minimum der Parabel gesammelt; Löcher driften zu den Oberflächenelektroden. Durch Überlagerung eines linearen Potenzials in z-Richtung durch eine Spannungsteilerkette, die die p-Streifen in Abb. 8.60(a) mit unterschiedlichen Spannungen versorgt, wird ein konstantes Driftfeld in dieser Richtung erzeugt, in dem die im Minimum gesammelten Elektronen zu den Auslese-Anoden driften. Die Koordinaten der Ladungserzeugung können durch Messung der Driftzeit (z-Richtung) und der in y-Richtung segmentierten Anodenkoordinate gewonnen werden. In Abb. 8.60 ist der Potenzialverlauf in der Driftregion (Abb. 8.60(b)) sowie in der Region in der Nähe der Anoden (Abb. 8.60(c)) zusammen mit dem Drift-

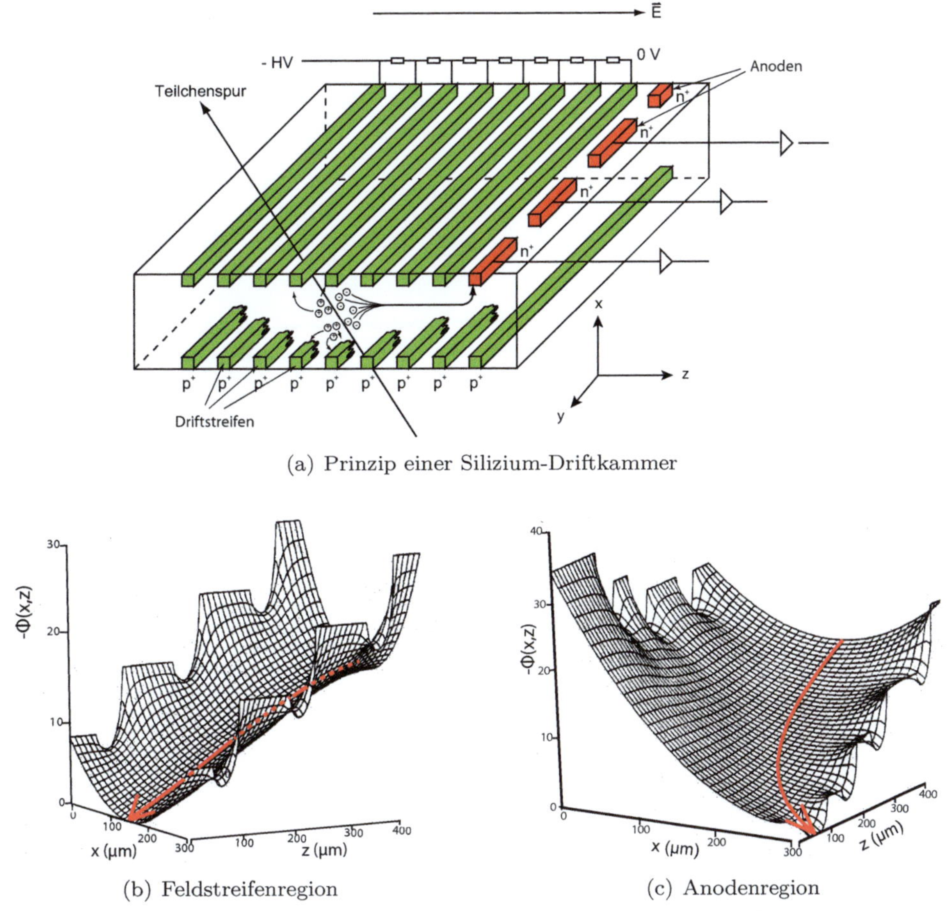

(a) Prinzip einer Silizium-Driftkammer

(b) Feldstreifenregion

(c) Anodenregion

Abb. 8.60 (a) Aufbau einer Silizium-Driftkammer (Dicke d = 300 μm); (b,c) Potenzialverlauf in der Silizium-Driftkammer. Die Elektronen driften aufgrund des Potenzialgradienten in Richtung der Anode (b), an welcher sie dann gesammelt werden (c) (nach [971, 968], mit freundl. Genehmigung von Elsevier).

verlauf von Elektronen gezeigt. Die Elektronen folgen dem Potenzialgradienten, bis sie in der Anodenregion zur Anode gelenkt werden.

Die erzielbaren Ortsauflösungen liegen bei 20–40 μm in der Driftrichtung und bei etwa 1/5 des Anodenabstands (typisch: $\lesssim 50\,\mu\text{m}$) in der Richtung senkrecht dazu. Probleme bereitet die starke Temperaturabhängigkeit der Beweglichkeit der Ladungsträger im Halbleiter, sodass eine Eichung der Driftzeit schwierig ist. Auch die Erzeugung präziser Potenzialgradienten für das Driftfeld mittels integrierter Widerstände bedarf großer Sorgfalt.

Die Vorteile von Silizium-Driftkammern gegenüber anderen Halbleiterdetektoren sind zum einen die vergleichsweise geringe Zahl der Auslesekanäle, welche zur 2-dimensionalen Ortsbestimmung benötigt werden. Die Sammelelektroden (Anoden) können außerdem geometrisch sehr klein ausgeführt werden, mit kleiner Kapazität, was ein gutes Signal-

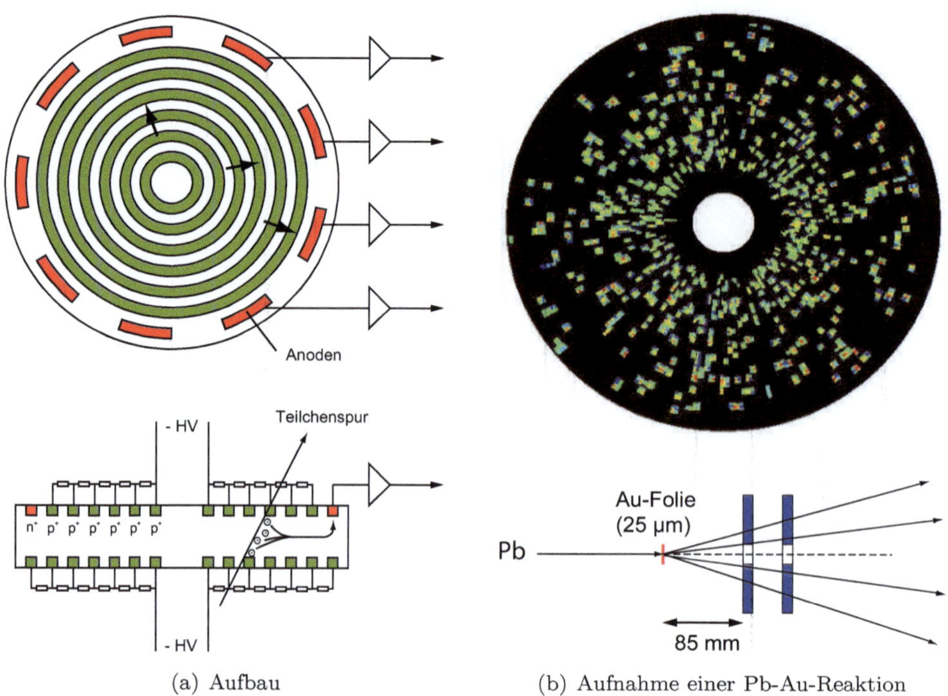

(a) Aufbau (b) Aufnahme einer Pb-Au-Reaktion

Abb. 8.61 Zylindrische Silizium-Driftkammer [313]: (a) Aufbau der SiDC, (b) Treffer von Teilchenspuren einer Schwerionen-Kollision (mit freundl. Genehmigung der CERES/NA45 Collaboration).

zu-Rausch-Verhältnis ermöglicht. Wegen der vergleichsweise langen Zeiten für die Elektronensammlung (typisch im µs-Bereich) eignet sich die Siliziumdriftkammer nicht für Hochratenanwendungen. Die gute zweidimensionale Ortsauflösung (typisch ca. 20×20 µm^2) und gute Trennung eng benachbarter Teilchen (<50 µm [325]) ermöglicht allerdings ausgezeichnet die Vermessung von Ereignissen mit hohen Teilchenmultiplizitäten. Eine typische Anwendung sind Schwerionenreaktionen (siehe zum Beispiel [313]).

Neben der in Abb. 8.60(a) gezeigten Form der Silizium-Driftkammer ist eine zylindrische Form möglich [313]. Abbildung 8.61(a) zeigt einen solchen Aufbau: Auf einen n^--dotierten Siliziumwafer werden p^+-Ringe aufgebracht. Die Anoden können wie in der Abbildung nach außen oder alternativ als Sammeldiode nach innen gelegt werden (Abb. 8.62), je nachdem, ob der ortsaufgelöste Teilchennachweis (Anoden außen) oder spektroskopische Anwendungen mit hoher Energieauflösung (Anode innen) im Fokus der Anwendung stehen.

Die Variante mit innen liegender Anode [634] (Abb. 8.62) bietet die Möglichkeit einer großen Sammelfläche für Strahlung bei gleichzeitig kleiner Kapazität der Sensorelektrode (wegen der sehr kleinen geometrischen Abmessungen der fast punktförmigen Anode), was sehr gute Rauscheigenschaften zur Folge hat (siehe Abschnitt 17.10.3). In [694] wurden Energieauflösungen von 152 eV bei 6 keV deponierter Energie und bei –20°C erzielt mit Dioden, die aktive Flächen von mehreren Quadratzentimetern besitzen.

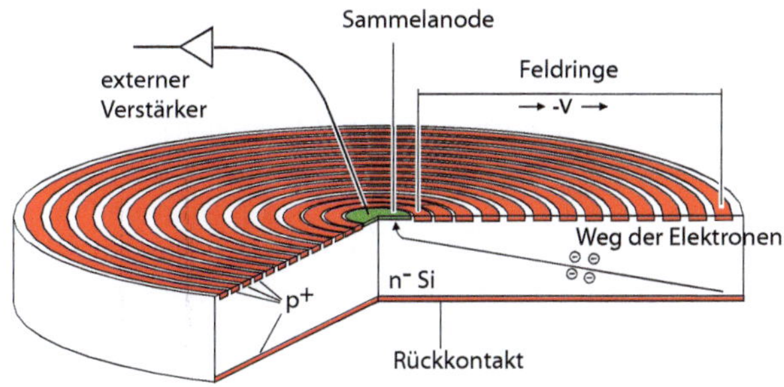

Abb. 8.62 Kreisförmige Silizium-Driftkammer (Silizium-Drift-Diode) mit nur einer zentralen Anode für spektroskopische Anwendungen (nach [694], mit freundl. Genehmigung von Elsevier).

8.9 Charge-Coupled Devices (CCDs)

Charge-Coupled Devices, kurz CCDs, wurden etwa 1970 erfunden [255] und sind als optische Sensoren schon lange im Einsatz in der Medientechnik, zum Beispiel als Video-Kameras (CCD-Kameras). Erst in jüngerer Zeit wurden sie von CMOS-Kameras weitgehend verdrängt.

8.9.1 MOS-CCDs

Abbildung 8.63 zeigt schematisch das Prinzip einer CCD. Die in einer 'aktiven' Schicht (Raumladungszone) erzeugte Ladung wird zuerst lokal in einem Potenzialminimum gespeichert und dann zu einem Ausleseknoten (siehe Abb. 8.65) transportiert. Bei MOS-CCDs wird das Potenzialminimum durch eine MOS-Struktur mit Metallkontakten als Gates auf der SiO_2-Schicht des Siliziumsubstrats erzeugt. In konventionellen MOS-CCDs werden Minoritätsladungsträger (zum Beispiel Elektronen in p-Silizium) gesammelt[66] und unmittelbar in der Grenzschicht zwischen Oxid und Halbleiter zum Ausgang transportiert (siehe unten). In weiterentwickelten Techniken, unter anderen *Buried-Channel*-CCDs, erfolgen Speicherung und Transfer in einer geringfügig tiefer liegenden Schicht. Wir verweisen dazu auf die einschlägige Literatur, zum Beispiel [572, 979].

In der Standard-CCD wird eine auf einem Substrat aufgewachsene Lage epitaxialen[67], meist p-dotierten Siliziums (epi-Si) als photoaktive Schicht nach oben hin von einer Oxidschicht begrenzt, auf der sich Elektroden (*Gates*) befinden (Abb. 8.63). Epitaktisches Silizium wird in der Chip-Elektronik vor allem für optische Anwendungen als Absorptionslage für (optische) Photonen verwendet. Das Dotierungsprofil lässt sich darin gut kontrollieren, und epi-Silizium kann weitgehend frei von Verunreinigungen wie Sauerstoff oder Kohlenstoff aus einer Gasatmosphäre abgeschieden und dadurch sehr hochohmig gemacht werden, was eine höhere Mobilität der erzeugten Ladungsträger zur Folge hat. Die Gate-Elektroden werden mit einer geeigneten Spannungskonfiguration versehen, sodass von dem absorbierten Licht in der aktiven Schicht erzeugte Ladungen unter der Oxid-

[66] Die Spannungen entsprechen denen einer MOS-Struktur in Inversion, siehe Abschnitt 8.3.5.

[67] Unter epitaktischem Silizium versteht man eine auf einem kristallinen Siliziumsubstrat aufgewachsene Siliziumschicht, welche die kristallographische Orientierung des Substrats beibehält.

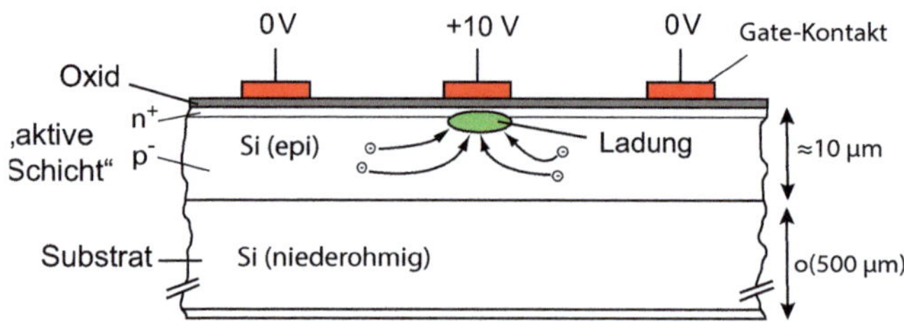

Abb. 8.63 Prinzip einer MOS-CCD-Zelle. Ladung (hier Elektronen) wird durch Absorption von Licht unter dem Oxid erzeugt und unter dem positiven Potenzial des Gate-Kontakts gesammelt und von dort weiter transportiert.

oberfläche gehalten und kontrolliert verschoben werden können. Weiter unten wird auch eine Anwendung von CCDs als Teilchendetektor vorgestellt. Die aktive (epi)-Schicht ist sehr dünn, typisch 10 µm, maximal etwa 30 µm. Sie wird von den Potenzialen zwischen dem Rückseitenkontakt des Substrats und dem n^+p^--Diodenstreifen verarmt. Die metallischen Gate-Elektroden sind als Streifen (ähnlich denen eines Mikrostreifendetektors) ausgebildet. Beim Durchgang einzelner hochenergetischer Teilchen werden in dieser dünnen Schicht nur vergleichsweise wenige Ladungsträger erzeugt (einige 100–1000), die sich unter den Elektroden sammeln. Für den Nachweis einzelner geladener Teilchen mit MOS-CCDs werden daher hohe Anforderungen an die Rauscheigenschaften der Auslesekette gestellt. Für Licht (viele Photonen) ist die Ausbeute an Ladungsträgern in der Regel allerdings groß genug, um ein ausreichendes Signal zu erhalten und weiter zu verarbeiten.

Um das Signal auslesen zu können, werden die Ladungsträger schrittweise in Richtung einer Auslese-Elektrode gebracht. Dies geschieht durch eine geschickte Taktung der Elektroden ('Eimerketten'-Prinzip), wie in Abb. 8.64 dargestellt: (a) Unter einer der Elektroden (10V) befindet sich Ladung in einem Potenzialtopf. Der Potenzialtopf wird durch die beiden Nachbarelektroden begrenzt, an die eine geringere Spannung angelegt ist (2 V). (b) Die rechte Nachbarelektrode wird von 2 V auf 10 V gesetzt, der Potenzialtopf wird damit breiter. Die Ladungsträger fließen nach rechts (c). Der Potenzialtopf hat nun eine größere räumliche Ausdehnung. (d) Die ursprünglich auf 10 V beschaltete Elektrode wird nun auf ein Potenzial von 2 V gebracht, die Elektronen fließen nun in den rechten Teil des Topfes. (e) Schließlich befinden sich alle Elektronen unter der rechten Elektrode, die Ladung ist insgesamt um eine Position nach rechts verschoben worden.

Um zweidimensionale Ortsinformation zu erhalten, werden mehrere Eimerketten verwendet und die Ladungen so verschoben, dass die Matrix letztlich nur über eine Elektrode ausgelesen wird. Dieses Prinzip ist in Abb. 8.65 dargestellt: Die Ladungen werden zeilenweise nach unten verschoben. Die letzte Zeile wird am Ende des Sammelprozesses zur Auslese-Elektrode geschoben. Eine schnellere, aber schaltungstechnisch aufwendigere Auslese erfolgt parallel, das heißt an jeder Zeile oder Spalte befindet sich eine Auslese-Elektrode.

Für CCDs als Teilchendetektoren ist die räumliche Auflösung für den Nachweis geladener Teilchen, bestimmt durch die Größe der Pixel, ausschlaggebend. Diese liegt typisch bei 10–20 µm, womit Ortsauflösungen im Bereich weniger µm erzielbar sind.

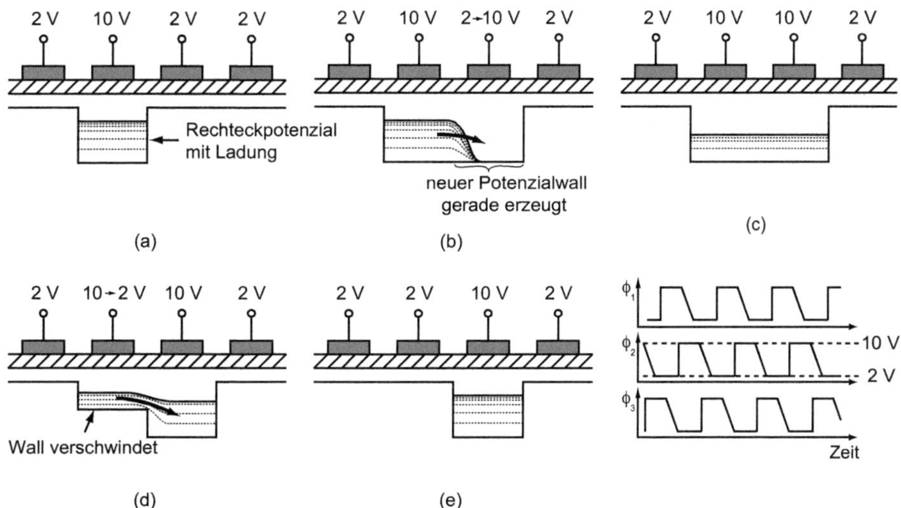

Abb. 8.64 Eimerkettenprinzip der Auslese eines CCD-Detektors. Beschreibung siehe Text. (nach [202][647][886]).

Das Takten der CCDs mit Taktraten im MHz-Bereich ist zwar mit einer sehr guten Effizienz möglich (die Ladungsverluste sind auf dem 10^{-5}-Niveau), allerdings ist der gesamte Auslesevorgang vergleichsweise langsam. Ein weiteres Problem sind so genannte Geistertreffer, die auftreten, wenn der Detektor getroffen wird, während die Auslese noch erfolgt. Man kann die Geistertreffer aber durch das Kopieren der Daten in spezielle, jeder CCD-Zelle zugeordnete Speicherzellen (so genannte vertikale Schieberegister) eliminieren. Für Anwendungen, in denen eine hohe Aufnahmerate verlangt wird, wie dies häufig bei Experimenten der Teilchenphysik der Fall ist, sind CCDs in der Regel nicht verwendbar.

Eine Ausnahme ist die Realisierung der CCD-Technologie im SLD-Detektor am Beschleuniger SLC, Stanford (siehe Tab. 2.2). Hier wurde die CCD-Technologie in Konkurrenz zu Mikrostreifendetektoren gewählt [143, 353, 22], da sie eine bessere Ortsauflösung besitzen (Zellengröße $22\times22\ \mu\text{m}^2$, Ortsauflösung $\approx 5\ \mu\text{m}$) und da beim SLC-Beschleuniger zwischen dem Eintreffen aufeinanderfolgender Kollisionsereignisse ausreichend Zeit zur Auslese zur Verfügung stand (160 ms). Bei den CCD-Detektoren wird sehr wenig Ladung ($\lesssim 1600\ \text{e}^-$) in den etwa 20 μm dünnen epi-Si-Lagen deponiert. Durch Kühlung auf −80°C wurde jedoch ein sehr geringes Rauschen des CCD-Systems von etwa $30\,\text{e}^-$ erzielt, sodass Teilchennachweis möglich wurde. Abbildung 8.66 zeigt die beiden Halbschalen des SLD-Vertexdetektors aus MOS-CCDs, der unmittelbar außerhalb des Strahlrohrs (r=13 mm) eingesetzt wurde.

Für Experimente an Beschleunigern wie LEP, HERA oder gar LHC sind CCD-Detektoren allerdings viel zu langsam. In Tab. 8.3 sind einige Eigenschaften von MOS-CCDs als Detektoren im Vergleich zu Mikrostreifendetektoren und hybriden Pixeldetektoren aufgeführt.

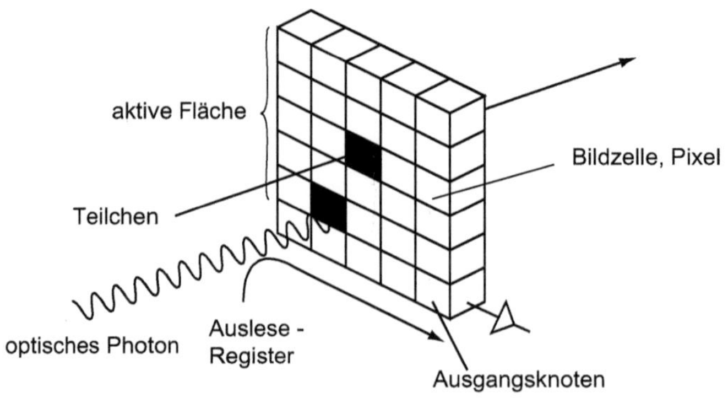

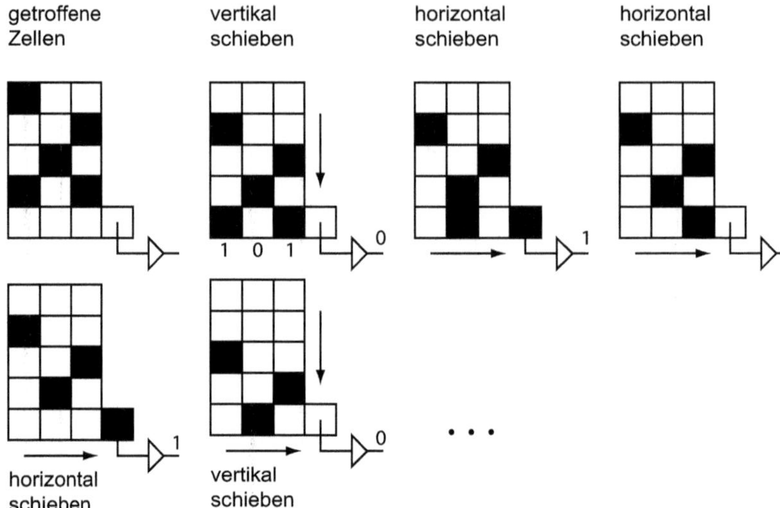

Abb. 8.65 Ausleseprinzip einer CCD-Matrix. Die Ladung wird zunächst in vertikale Richtung verschoben, parallel in allen Zellen; die unterste Reihe wird dann horizontal weitergetaktet (nach [727], mit freundl. Genehmigung von Springer Science+Business Media).

8.9.2 pn-CCDs

Für den Teilchennachweis haben MOS-CCDs den Nachteil, dass die für die Ladungssammlung aktive Schicht sehr dünn ist und daher für hochenergetische geladene Teilchen in der Regel zu wenig Signalladung ergibt. pn-CCDs [754] werden im Gegensatz dazu auf einem vollständig verarmten, hochohmigen Siliziumsubstrat aufgebaut (Abb. 8.67). Der Aufbau basiert wie bei der Silizium-Driftkammer auf dem Prinzip der Seitwärtsdepletion. Die Elektroden sind p^+n-Übergänge. Durch asymmetrische Spannungswerte wird das Potenzialminimum in die Nähe der Detektoroberfläche verschoben, wo die Schiebe-Elektroden sitzen. Neben der vorteilhaften Ladungssammlung in dem ganzen, vollständig verarmten Sensor ist ein weiterer Vorteil, dass durch ein dünnes, großflächiges p^+-Eintrittsfenster auf der Rückseite Röntgenphotonen niedriger Energie ($\lesssim 10$ keV)

Abb. 8.66 Die beiden Halbschalen des CCD-basierten Vertexdetektors des SLD-Experiments [353, 22]. Der Detektor bestand aus vier konzentrischen Lagen und besaß etwa 250 CCD-Detektoren mit insgesamt etwa 3×10^8 Pixeln.

mit räumlich homogener Empfindlichkeit nachgewiesen werden können. Anwendung findet diese Technik zum Beispiel im Röntgen-Satelliten XMM-Newton [970].

8.10 Monolithische Pixeldetektoren

8.10.1 Von 'hybriden' zu 'monolithischen' Pixeldetektoren

Die in Abschnitt 8.7 beschriebenen Pixeldetektoren sind hybride Aufbauten, bei denen der 'aktive' Sensor und die 'passiven' Auslesechips getrennte Bauteile des Detektors sind, die durch leitenden Mikroverbindungen (z.B. so genannte *bump bonds*) miteinander verbunden sind. Hybride Pixeldetektoren wurden sehr erfolgreich in Experimenten mit hoher Teilchenrate und hoher Strahlenbelastung eingesetzt und stellt bis heute die einzige Detektortechnologie dar, die bei den LHC-Experimenten unter den nahe am Wechselwirkungspunkt vorherrschenden Bedingungen betrieben werden können.

Ein großer Vorteil des hybriden Ansatzes ist, dass die beiden Teile des Aufbaus, die bereits für sich komplex sind und lange und kostenintensive Entwicklungszeiten von mehreren Jahren haben, separat optimiert werden können. Außerdem kann ein zur Reife entwickelter Auslesechip eines hybriden Systems (siehe auch Abschnitt 17.6.3) für verschiedene Sensortypen verwendet werden, zum Beispiel für Sensoren (siehe z.B. Abb. 8.56 auf Seite 364), 3D-Si Sensoren mit planaren Elektroden (Abb. 8.94 auf Seite 419) oder für Sensoren mit Diamant als Ausgangsmaterial (Abschnitt 8.13.4).

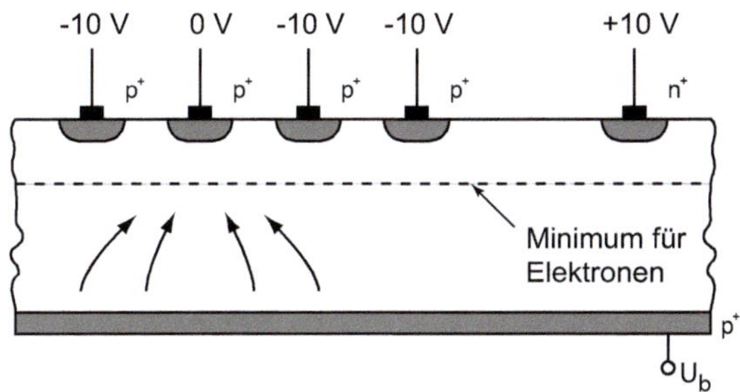

Abb. 8.67 pn-CCD, bei der die Signalelektronen in einem Potenzialminimum gesammelt und durch externe Elektroden geführt werden.

Tab. 8.3 Einige Parameter und Kenngrößen bei Mikrostreifen- und Pixeldetektoren sowie CCD-Detektoren im Vergleich.

	Mikrostreifen	(hybride) Pixel	(MOS)-CCD
typ. Dicke	$300\,\mu m$	$250\,\mu m$	$15\,\mu m$ aktiv $+ (< 100\,\mu m)$ passiv
typ. Elektrodenabstände	$(50-100)\,\mu m$	$(50-100)\,\mu m$	$10\,\mu m$
typ. Modulfläche	$20\,cm^2$	$10\,cm^2$	$4\,cm^2$
Energieverlust (MIP)	$120\,keV$	$100\,keV$	$3\,keV$
Rauschäquivalent	$8\,keV$	$1\,keV$	$0.21\,keV$
Signal : Rauschen	$>$ 10:1	100:1	15:1
nachgew. Koordinaten	max. 2×1 dim.	2 dim.	2 dim.
Ortsauflösung	$(5-10)\,\mu m$	$(10-15)\,\mu m$	$(2-5)\,\mu m$
Doppeltrefferauflösung	$(40-60)\,\mu m$	$(50-100)\,\mu m$	$(20-40)\,\mu m$
typ. Modulauslesezeit	schnell	schnell	langsam
(größenabhängig)	µs	µs	ms

Bei den Nachteilen hybrider Pixeldetektoren ist an erster Stelle der aufwändige Aufbau zu nennen, insbesondere die kosten- und arbeits-intensive Verbindung von Sensor und Auslesechip durch Mikrolöt- oder (Mikro-)Thermodruckverbindungen (*bump bonds*). Ein weiterer Nachteil ist die vergleichsweise große Materialdicke, da beide Teile eine Mindeststeifigkeit (Dicke) für einen zuverlässigen Bondprozess sowie weitere Komponenten benötigen, zum Beispiel Kaptonfolien mit passiven Bauteilen und Leiterbahnen für den Anschluss eines 'Moduls' nach außen. Trage- und Kühlstrukturen kommen hinzu. Die Materialdicke wirkt sich nachteilig auf die Spurerkennung und Impulsauflösung aufgrund von Vielfachstreuung (Abschnitt 3.4) und Sekundärwechselwirkungen aus (siehe Kapitel 3). Die hybriden Pixellagen der LHC Experimente ATLAS und CMS haben pro Lage eine Materialdicke von mehr als 3% einer Strahlenlänge X_0.[68]

Da beide, Sensor und Auslesechip, Silizium als Basismaterial haben, ist es prinzipiell möglich, sie 'monolithisch', d.h. zusammen in einem Fertigungsprozess, herzustellen. Als selbsttragende Siliziumstruktur, vielleicht sogar mit integrierter Kühlung, kann die Materialmenge um etwa eine Größenordnung im Vergleich zu hybriden Aufbauten reduziert werden.

Für die Entwicklung monolithischer Pixeldetektoren sind die folgenden, zum Teil sich einander widersprechenden Anforderungen, zu beachten:

- Wenn irgend möglich sollten industriell/kommerziell verfügbare IC-Technologien, speziell CMOS Technologien (siehe auch Abschnitt 8.3.6) verwendet werden aus Kostengründen und um verschieden Prozessierungslinien gegeneinander zu optimieren.
- Das Hauptaugenmerk liegt darauf, ein gutes Signal-zu-Rausch-Verhältnis zu erzielen durch eine hinreichend große Verarmungszome (großes Signal) bei gleichzeitig hin-

[68] In der zweiten Generation der LHC Pixeldetektoren konnte die totale Dicke auf etwa 1.5% einer Strahlungslänge reduziert werden.

reichend kleiner Kapazität der ladungssammelnden Elektrode (niedriges Rauschen, siehe Abschnitt 17.10).

- Für Hochratenanwendungen wie zum Beispiel am LHC ist außerdem eine hohe Strahlentoleranz eine Bedingung und zwar sowohl gegen ionisierende Strahlung (bis zu Dosiswerten im MGy-Bereich) als auch gegen nicht-ionisierende, gitterschädigende Strahlung (Strahlungsfluenzen im Bereich von mehr als $10^{15}\,\mathrm{n}_{eq}\,\mathrm{cm}^{-2}$, siehe Abschnitt 8.12).

Nicht alle CMOS-Technologien sind für die Entwicklung monolithischer Pixeldetektoren geeignet. Details können entscheidend sein. Kommerzielle CMOS-Herstellungslinien verwenden üblicherweise kostengünstiges, niederohmiges Si-Substratmaterial.[69] Einige Hersteller erlauben auch Chip-Prozessierung auf hochohmigen Substratwafern und/oder bieten Prozesse an, die höhere Versorgungsspannungen tolerieren. Beides sind Voraussetzungen, um Verarmungstiefen im Bereich von 20–120 µm zu erzielen. Einige CMOS Technologien, insbesondere solche, die für die Herstellung von Chips für optische Anwendungen (CMOS-Kameras) ausgelegt sind, besitzen eine epitaktisch aufgewachsene Siliziumlage (typisch etwa 10 µm dick), worin die Transistorelektronik eingebettet ist. Diese 'epi'-Lage hat einen höheren spezifischen Widerstand als das Substrat, sodass durch Absorption von Photonen frei gesetzte Ladungsträger mit größerer Wahrscheinlichkeit nachgewiesen werden können.

In den nachfolgenden Abschnitten werden Pixeldetektoren, die aktive Elektronikelemente direkt im Sensor enthalten, beschrieben. DEPFET Pixeldetektoren (Abschnitt 8.10.2), obwohl nicht wirklich als monolithische Detektoren zu bezeichnen, sind hier eingeschlossen. Sie besitzen in jedem Pixel einen aktiven Transistor, dessen Kanalstrom von der durch Strahlung im Substrat frei gesetzten Ladung moduliert wird. *Monolithic active pixel sensors* (MAPS) verwenden kommerzielle CMOS-Technologien, wobei verarmte Bereiche entweder der epi-Lage oder eines (hochohmigen) Substrats (DMAPS) als Nachweiszonen verwendet werden (Abschnitt 8.10.3).

8.10.2 DEPFET-Pixeldetektoren

Bei einem DEPFET-Pixeldetektor [633] ist ein einzelner Verstärkungstransistor in jede Pixelzelle implantiert, wie die Abbildungen 8.68(a) und (b) für eine runde Version der Pixelstruktur zeigen.[70] Das Substrat des Sensors ist mit der Methode der Seitwärtsdepletion (siehe Abschnitt 8.8) verarmt über den Rückseiten p-Kontakt und einige p-Bereiche in der Nähe des Transistors. Die bei Teilchen- oder Strahlungseintritt erzeugten Elektronen driften in ein Potenzialminimum, während die Löcher zu dem rückseitigen p^+-Kontakt wandern (Abb. 8.68(a)). Der Transistor ist ein p-Kanal-MOSFET mit einem Löcherstrom von Source nach Drain, der mit dem (externen) Gate eingestellt und kon-

[69] Die Verarmungstiefe d ist proportional zu $\sqrt{\rho}$, wobei ρ der spezifische Widerstand des Substrats ist.

[70] Die DEPFET-Pixeltechnologie wurde vom Halbleiterlabor der Max-Planck-Gesellschaft in München entwickelt.

trolliert werden kann. Zusätzlich besitzt die DEPFET-Struktur eine etwa 1 µm unter dem Transistorkanal liegende, tiefe n^+-Dotierung (*deep-n*). Zusammen mit der externen Potenzialkonfiguration ist diese 'deep-n'-Implantation (nach einem Clearpuls) der positivste Punkt der Struktur und wirkt daher wie ein Potenzialminimum für Elektronen (Abb. 8.68(c)). Eine Ansammlung von Elektronen unmittelbar unter dem Transistorkanal verändert das Potenzial an dieser Stelle, sodass sie wie eine zweite Gate-Elektrode, ein *internes Gate*, wirkt.

Der Transistor ist somit sowohl durch das externe Gate als auch durch das interne Gate steuerbar und ist elektronisch gesehen ein Schaltungsteil mit vier Elektroden; außerdem ist das interne Gate über einen Verbindungstransistor, der als 'Schalter' arbeitet, mit dem Clear-Kontakt verbunden (Abb. 8.68(d)). Primärelektronen, die im internen Gate gesammelt werden und dort bleiben, bis sie wieder entfernt werden, modulieren durch ihre Ladung den Stromfluss des DEPFET-Transistors. Sie werden nach dem Messprozess durch Anlegen einer positiven Spannung an den *Clear*-Kontakt (Abb. 8.68(a) und (d)) wieder aus dem internen Gate entfernt. Weitere Elemente der Struktur in Abb. 8.68(b), die in Abb. 8.68(a) nicht gezeigt sind, dienen der Potenzialformung beziehungsweise Abschirmung (*deep p-well*) oder zur besseren Steuerung der Schaltungsabläufe (z.B. *Clear-Gate*). Da DEPFETs sehr rauscharm sind (siehe weiter unten), genügt eine Dicke von etwa 50–75 µm, um ein ausreichendes S/N-Verhältnis für den Durchgang geladener Teilchen zu erreichen.

Ein MOSFET in Sättigung besitzt einen Drainstrom [976]

$$I_D = \frac{W}{2L}\mu C_{ox}\left(U_G - U_{th}\right)^2 , \tag{8.86}$$

der durch Gate-Breite W und Gate-Länge L, Oxidkapazität pro Fläche C_{ox} sowie durch die Gate-Spannung oberhalb der Schwellenspannung $(U_G - U_{th})$ gegeben ist (siehe Abschnitt 8.3.6, Gl.(8.74)); μ ist die Ladungsträgerbeweglichkeit (hier Löcherbeweglichkeit). Die Verstärkung des Transistors wird durch die Transkonduktanz angegeben:

$$\begin{aligned} g_m = \frac{dI_D}{dV_G} &= \frac{W}{L}\mu C_{ox}\left(U_G - U_{th}\right) \\ &= \sqrt{\frac{2\mu C_{ox} I_D W}{L}} . \end{aligned} \tag{8.87}$$

Eine im internen Gate des DEPFET-Sensors gesammelte Ladung q_S koppelt kapazitiv in den Kanal des Transistors und wirkt wie eine Änderung der Gate-Spannung um [727]

$$\Delta U_G = \frac{\alpha q_S}{C} = \frac{\alpha\, q_S}{C_{ox} W L} , \tag{8.88}$$

wobei αq_S ($\alpha < 1$) Streukapazitäten berücksichtigt und mit C die Koppelkapazität zwischen internem Gate und dem Transistorkanal bezeichnet ist, die durch die Oxidkapazität pro Fläche C_{ox} mal der Gatefläche $W \times L$ gegeben ist. Die Änderung ΔU_G der Gate-Spannung ändert den Kanalstrom (8.86) zu:

$$I_D = \frac{W}{2L}\,\mu C_{ox}\left(U_G + \frac{\alpha\, q_S}{C_{ox} W L} - U_{th}\right)^2 \tag{8.89}$$

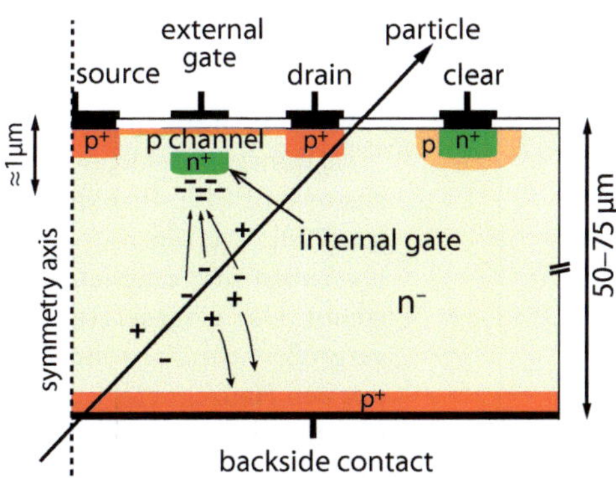

(a) Ladungssammlung im internen Gate.

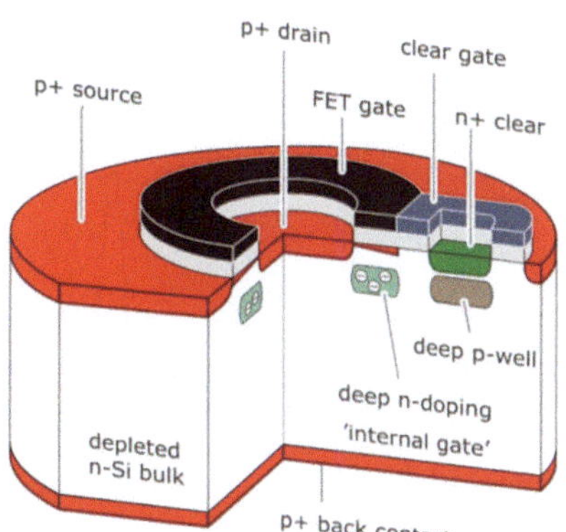

(b) Dreidimensionale Darstellung der Struktur.

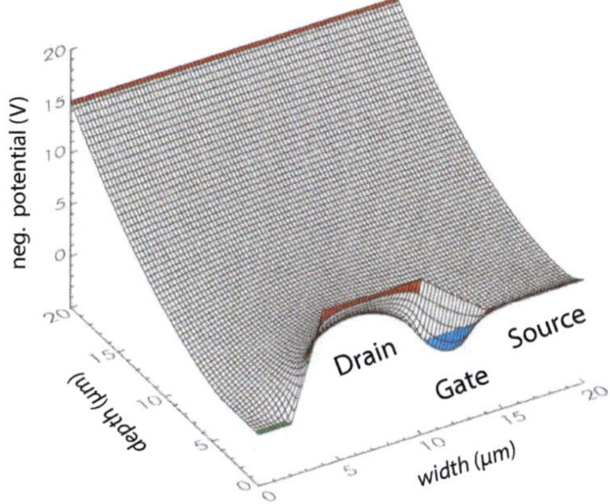

(c) Potentialverlauf für Elektronen.

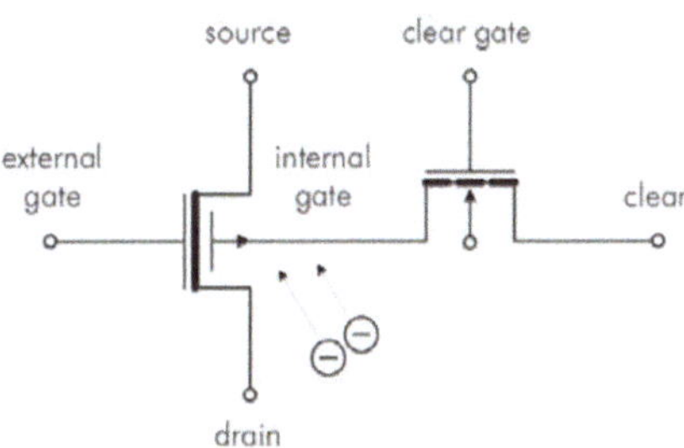

(d) Elektronische Schaltungsdarstellung.

Abb. 8.68 DEPFET-Pixel: (a) Querschnitt der Hälfte einer runden Pixelzelle mit eingezeichneter Symmetrieachse; (b) dreidimensionale Darstellung, in der weitere Elemente zum Betrieb der Struktur sichtbar sind wie zum Beispiel der *clear gate* - Kontakt [141]; (c) Verlauf des elektrostatischen Potenzials für Elektronen in Transistornähe mit einem Mimimum (für Elektronen) am internen Gate (blau); Maxima sind rot gekennzeichnet; (d) elektronische Schaltungsdarstellung.

$$= \frac{W}{2L}\,\mu C_{ox}\left((U_G - U_{th})^2 + \frac{2\alpha\, q_S}{C_{ox}WL}\,(U_G - U_{th}) + \mathcal{O}(q_S^2)\right),$$

wobei der in q_S quadratisch auftretende Term um Größenordnungen kleiner ist als der lineare Term. Er wird im Folgenden daher vernachlässigt.

Die Änderung des Drainstromes, bezogen auf die Ladung im internen Gate, ist die für DEPFET-Sensoren relevante Konversionsgröße (Verstärkung):

$$g_q = \frac{dI_D}{dq_S} = \frac{\alpha\,\mu}{L^2}\,(U_G - U_{th}) = \alpha\frac{g_m}{C_{ox}WL} = \alpha\frac{g_m}{C}\,. \tag{8.90}$$

Die explizite Abhängigkeit der Verstärkung g_q von der Gatebreite W ist – anders als für die Verstärkung g_m – aufgrund der kapazitiven Einkopplung der Ladung im internen Gate in den Kanal verschwunden. Typische Werte für g_q sind 400–500 pA pro Elektron im

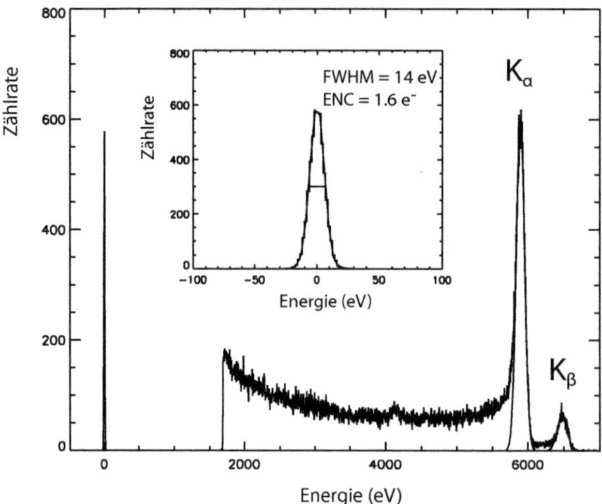

Abb. 8.69 Messung des ^{55}Fe-Röntgenspektrums mit einem DEPFET-Pixeldetektor [728]. Die Mn-K_α- und K_β-Linien sind deutlich getrennt. Das eingesetzte Bild vergrößert den Ausschnitt um den Rauschpeak bei 0 eV. Die gemessene äquivalente Rauschladung (ENC) beträgt 1.6 e^-.

internen Gate. Durch die kleine Kapazität ($\sim$40 fF) der Sammelelektrode (internes Gate) ist das Rauschen des Sensors gering (siehe Abschnitt 17.10.3). Selbst bei Raumtemperatur werden mit DEPFET-Strukturen, wenn sie mit langen Filterzeiten ($\sim$ µs) der nachfolgenden Elektronik betrieben werden (siehe Kapitel 17), Rauschwerte von nur wenigen Elektronen ($\lesssim 2e^-$) erzielt [841]. Abbildung 8.69 zeigt die Aufnahme des Röntgenspektrums einer ^{55}Fe-Quelle ($K_\alpha = 5.89$ keV, $K_\beta = 6.49$ keV des Mangan-Tochterkerns, siehe Tabelle A.1) mit einem DEPFET-Pixeldetektor [728]. Das Bild wurde mit einer Filterzeit von 6 µs aufgenommen. Die beiden K-Linien des Spektrums sind deutlich getrennt erkennbar, was die gute Energieauflösung unter Beweis stellt. Das Maximum des Rauschpeaks (häufig auch *pedestal peak* genannt) bestimmt die Baseline. Seine Breite quantifiziert das Rauschlevel der Anordnung. Das eingesetzte Bild zeigt, dass der Rauschpeak eine Breite (σ) von nur 1.6 e^- besitzt.

Die Auslese einer Matrix aus vielen Pixeln unterscheidet sich wesentlich von der Auslese hybrider Pixeldetektoren. Eine typische Anordnung einer DEPFET-Pixelmatrix ist in Abb. 8.70 gezeigt. Die Drains der einzelnen DEPFET-Transistoren sind miteinander spaltenweise, die (externen) Gate-Leitungen sowie die Clear-Leitungen zeilenweise verbunden. Die Matrix wird zeilenweise angesteuert durch Einschalten der DEPFET-Transistoren über ihr externes Gate. Die Auslese erfolgt nach Selektion der Zeile dann spaltenweise über die Drains der Transistoren durch einen stromempfindlichen Auslese-Chip (in der Abb. 8.70 unten gezeigt). Im 'Aus'-Zustand fließt in den Pixeln kein Strom. Nach der Auslese werden über die Clear-Leitung die internen Gates aller DEPFET-Transistoren der Zeile geleert. Es ist möglich, die Zeile in einem zweiten Messzyklus nochmals auszulesen, um die Baseline zu bestimmen und im Auslesechip zu subtrahieren.

DEPFET-Pixeldetektoren zeichnen sich durch ein großes Ladungssignal, gewonnen in einem vollständig verarmten Detektorsubstrat, und durch ein geringes Rauschen, bedingt durch die auf Grund der kleinen Abmessungen geringe Eingangskapazität ($\sim$ fF) und die sofortige *In-pixel*-Verstärkung aus. Bei Hochratenexperimenten mit Filterzeiten im 50–

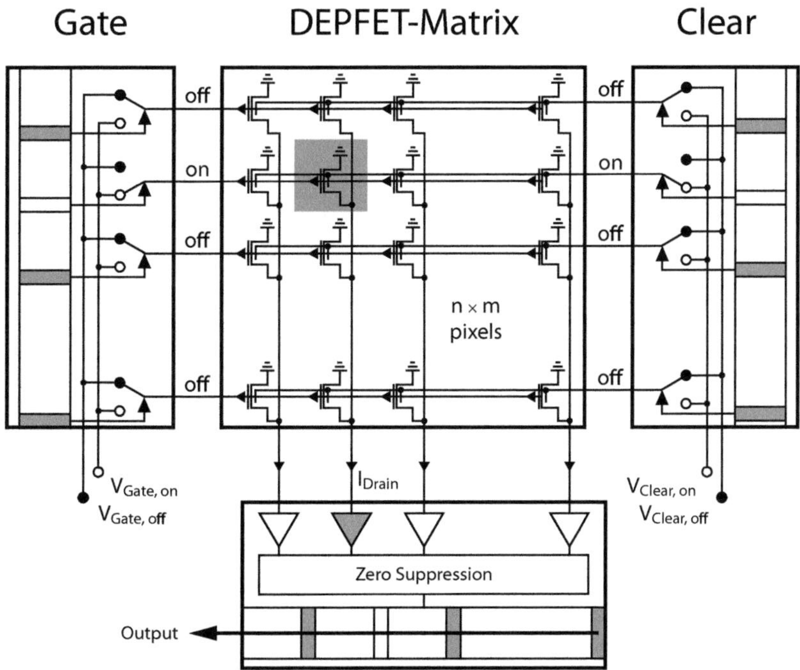

Abb. 8.70 Ausleseschema einer DEPFET-Matrix. Die Gate-Chips steuern jeweils eine Zeile an und legen die Transistorausgänge spaltenweise an den Auslese-Chip (unten). Danach werden die Ladungen der Zeile gelöscht (Clear).

100ns-Bereich (siehe dazu Abschnitt 17.3 können solch geringe Rauschwerte allerdings nicht erreicht werden.

Der Pixel-Vertexdetektor des Experiments Belle II [24] am Speicherring SuperKEKB in Japan besteht aus DEPFET-Pixeldetektoren [451]. Hier wird das gute Signal-zu-Rausch-Verhältnis der DEPFETs ausgenutzt, um dünne Detektoren verwenden zu können. Detektoren mit wenig Material im Strahlengang der Teilchen sind für die Impulsmessung von Teilchen mit niedrigen Impulsen ($\lesssim 2\,\text{GeV}$) wegen der in diesem Bereich dominant beitragenden Coulomb-Vielfachstreuung sehr wichtig. Im Falle des Belle-II-Pixeldetektors wird die Materialverringerung ohne große Einbußen der Steifigkeit des Detektors dadurch erreicht, dass die DEPFET-Sensoren im aktiven Flächenbereich von der Rückseite durch ein anisotropes Ätzverfahren (trapezförmiger Querschnitt) auf 75 µm gedünnt werden [97] (Abb. 8.71(b)). Die gesamte Fläche des Detektors ist durch die aktiven, dünnen Bereiche vollständig abgedeckt (überlappende Module). Die dicken Bereiche, auf denen die Chips aufgebracht sind, liegen an den Modulrändern und verleihen der Gesamtstruktur Steifigkeit. Ein 1:1-Modell des Detektors ist in Abb. 8.71(a) gezeigt.

Außer in der Teilchenphysik finden DEPFET-Pixeldetektoren Anwendung in der Röntgenastronomie [969]. Insbesondere für niederenergetische kosmische Röntgenstrahlung mit Energien bis unterhalb von 1 keV sind sie sehr gut geeignet [995], da die Quantenraten gering sind und DEPFET-Detektoren mit langen Filterzeiten entsprechend extrem

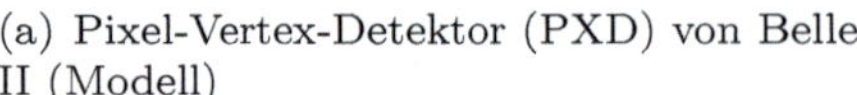

(a) Pixel-Vertex-Detektor (PXD) von Belle II (Modell)

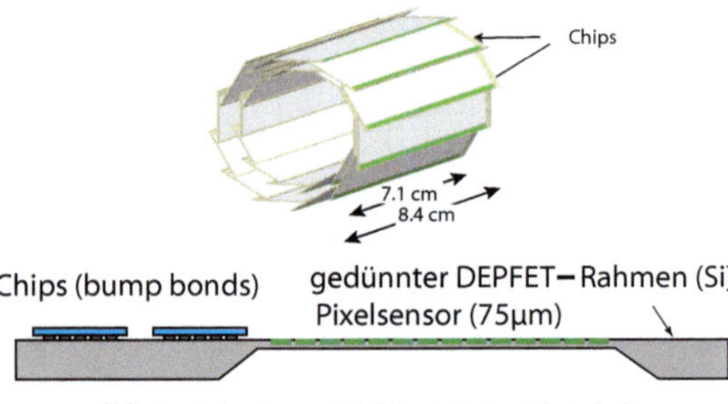

(b) Gedünntes DEPFET-Pixel-Modul

Abb. 8.71 DEPFET-Pixelvertexdetektor PXD (Belle II). (a) Modell (Quelle: Belle II PXD Collaboration); (b) Querschnitt durch ein Pixelmodul senkrecht zum Strahl. Die aktive Fläche des Sensors wird durch ein rückseitiges Ätzverfahren auf 75 µm gedünnt [97]. Die dicken Bereiche dienen als Tragestruktur. Auf ihnen sind die Steuer- und Auslese-Chips angebracht.

rauscharm ausgelesen werden können. Auch für biomedizinische Fragestellungen, zum Beispiel in der Tritiumautoradiographie, sind DEPFET-Pixeldetektoren sehr geeignet. Tritium ist ein begehrter Radiomarker, da es in biologischen Molekülen als Wasserstoff-Ersatz eingesetzt werden kann. Abbildung 8.72 zeigt die Aufnahme der räumlichen ^{3}H-Verteilung in einem mit ^{3}H radiomarkierten Blatt einer Pflanze [1002]. Der Nachweis von Tritium, das durch β-Zerfall zerfällt, ist deshalb sehr schwierig, weil die Endpunktenergie des β-Spektrums nur 18.6 keV beträgt und die wahrscheinlichste Elektronenenergie 2.5 keV, was in Silizium etwa 680 erzeugten e/h-Paaren entspricht.

8.10.3 Monolithische CMOS-Pixeldetektoren

Die Verwendung kommerzieller Transistor-Technologien, um monolithische (statt hybride) Pixeldetektoren herzustellen, bei denen der Pixelsensor und die Ausleseelektronik

Abb. 8.72 Aufnahme der Radioaktivitätsverteilung eines Tritium-markierten Blattes einer Pflanze, aufgenommen mit einem DEPFET-Pixeldetektor [1002]. Links Fotografie des Blattes, rechts grau-kodierte Aktivität (hell bedeutet höhere Aktivität).

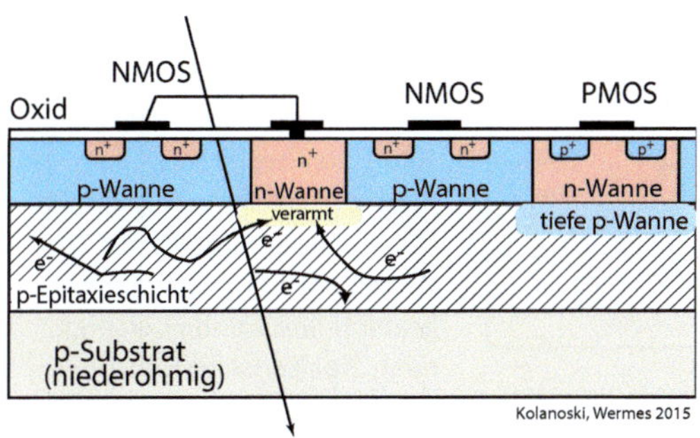

Abb. 8.73 Monolithischer Pixeldetektor mit Ladungssammlung in einer Silizium-Epitaxieschicht (MAPS-epi). Die Ladungssammlung erfolgt weitgehend durch Diffusion in der epi-Schicht, hier an einem bei der Detektion positiv vorgespannten n^+-Kontakt (n-Wanne). Weitere n-Wannen (zum Beispiel für PMOS-Transistoren) stehen dazu in Konkurrenz (für die Ladungssammlung) und müssen zum Beispiel durch eine tiefe p-Wanne abgeschirmt werden.

eine Einheit bilden, wurde bereits in den frühen 1990'er Jahren vorgeschlagen und das Prinzip realisiert [811,637]. Später wurden unter dem Akronym MAPS (*monolithic active pixel sensors*) Pixeldetektoren entwickelt, bei denen zuerst die in vielen Kamerachips epitaktisch aufgewachsene dünne Siliziumschicht zur Ladungssammlung (durch Diffusion) ausgenutzt wurde [755,1001]. Um die Ladungssammlung und damit die Signalhöhe zu verbessern wurden nachfolgend vollständig verarmte, monolithische Detektoren durch Verwendung hochohmigen Wafermaterials und/oder spezieller (hoch)spannungsfester Technologien entwickelt [819,931,546,556], so genannte DMAPS (depleted MAPS)(DMAPS). Die uneingeschränkte Verwendung von CMOS Elektronik, das heißt PMOS- und NMOS-Transistoren in demselben Sensorsubstrat (siehe auch Abschnitt 8.3.6) ist wesentlich für die Entwicklung dieser Detektoren, weil es die Verwendung von CMOS-Logik in monolithischen Strukturen erlaubt. Eine Übersicht über die Entwicklung monolithischer Pixeldetektoren ist in [950] (auch historisch) und [468] zu finden.

MAPS-Pixeldetektoren Kommerzielle Chip-Technologien verwenden meist preiswerte, niederohmige Substratwafer, worauf epitaktisch eine Siliziumschicht (epi-Schicht, siehe Abschnitt 8.9.1 auf Seite 371) aufgewachsen ist (Abb. 8.73). In der epi-Schicht können Dotierungsprofil und Leitungsart unabhängig vom Substrat kontrolliert werden. Die Schicht kann chemisch sauberer und mit höherem spezifischen Widerstand als das Substrat gemacht werden. Die Dicke der epi-Schicht ist typisch im Bereich von 1–20 µm. Prozessierungslinien für optische Anwendungen (CMOS-Kameras) verwenden häufig (dickere) hochohmige epi-Lagen, um höhere Lichtausbeuten in häufig nur zum Teil verarmtem Material zu erzielen. Die elektronischen Schaltkreise sind auf der Oberseite in die epi-Schicht implantiert.

Beim Nachweis von Licht treffen viele Photonen nahezu homogen verteilt auf eine Pixelzelle. Es spielt keine große Rolle, wenn nur ein Teil der insgesamt erzeugten Ladung nachgewiesen wird, solange der Bruchteil im Mittel konstant ist. Der effektiv aktive Anteil der Pixelfläche (*fill factor*), zum Beispiel in CMOS-Kameras kann daher signifikant kleiner als 100% sein.

Das Detektionsprinzip von CMOS-Kameras kann auch für den Nachweis geladener Teilchen, die die epi-Lage durchqueren prinzipiell übernommen werden. Abbildung 8.73 zeigt das Prinzip derartiger MAPS-Teilchendetektoren. Das sehr niederohmige Substrat

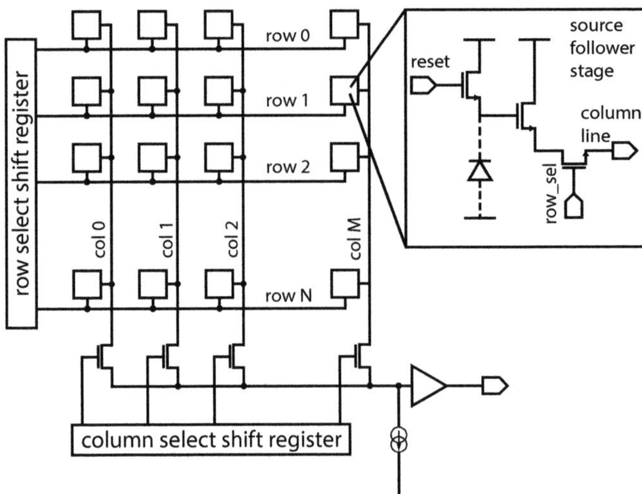

Abb. 8.74 Einfaches 3-Transistor (3T) Ausleseschema einer MAPS-Pixelmatrix. Alle Pixel besitzen Zeilen- und Spaltenselektion. Ausschnitt: Die Auslese eines Pixels (dargestellt durch gestrichelt gezeichnete Diode) erfolgt nach Spaltenselektion über das Spaltenauswahlregister (*column select shift register*) zeilenweise durch Zeilenselektion (*row select*), Reset sowie Sourcefolger-Ausgang (drei Transistoren). Der Ausgang wird nachfolgend weiter verstärkt.

ist nicht verarmt und dort erzeugte deponierte Ladung wird nicht nachgewiesen. In der epi-Schicht erzeugte Ladungsträger (hier Elektronen) können eine Sammelelektrode, realisiert durch eine n-Wanne (siehe Fußnote 59 auf Seite 338) erreichen. In der Regel ist die epi-Schicht allerdings nicht sehr hochohmig und bei den möglichen anlegbaren Spannungen nur in einem kleinen Bereich um die Sammelelektrode herum verarmt. Außerhalb dieses Bereichs existiert in der epi-Schicht kein gerichtetes E-feld. Die Ladungssammlung erfolgt im größten Teil des Detektorvolumens deshalb hauptsächlich durch ungerichtete Diffusion und ist daher unvollständig und vergleichsweise langsam (in der Größenordnung von 100 ns). Deshalb und wegen der geringen Dicke ($\lesssim 25\,\mu$m) der epi-Schicht ist die nachgewiesene Ladung sehr klein, typisch $\lesssim 1500\,e^-$. Um vernünftige Signal-zu-Rausch Verhältnisse von etwa 10:1 zu erreichen, muss das Rauschen der Ausleseelektronik entsprechend klein sein.

Die Sammelelektrode in Abb. 8.73 ist eine n-Wanne. Weitere n-Wannen würden daher ebenfalls als Sammelelektroden auftreten und Signalelektroden wegfangen. PMOS-Transistoren, welche bei p-Substrat in n-Wannen sitzen, müssen daher vermieden werden. Als Konsequenz können komplexe CMOS Schaltkreise, die auf gleichberechtigter Benutzung von NMOS und PMOS Transistoren basieren, nur außerhalb des aktiven Pixelbereichs realisiert werden. Um auch in der Transistorlage des aktiven Bereichs beide Transistorarten verwenden zu können, sind weitere 'tiefe' Wannen, tiefer als die Transistorwannen in Abb. 8.73, notwendig (siehe zum Beispiel [149,857]). In Abb. 8.73 schirmt eine stark dotierte p-Wanne, unterhalb der n-Wanne, welche die PMOS-Transistoren enthält, diese n-Wanne ab, sodass sie nicht als Sammelelektrode wirkt. Das Substrat ist – aus technischen Gründen – nicht explizit kontaktiert. Die p-dotierte Wannenregion nimmt ein negatives Potenzial relativ zur Sammelelektrode an und hat daher eine abstoßende Wirkung für Elektronen. Ein Vorteil derartiger MAPS-Detektoren liegt darin, dass sie sehr dünn sein können, typisch 50–100 µm, und damit sehr wenig Material im Strahlengang von Teilchen darstellen.

Für zeitunkritische Anwendungen kann die Auslese durch wenige (drei) NMOS-Transistoren realisiert werden, wie in Abb. 8.74 gezeigt. Die Transistoren müssen nicht unbedingt in der Pixelzelle selbst sitzen müssen, sondern können z.B. auch am Rand der Matrix realisiert werden. Die einfache 3-Transistor-Auslese (3T-Auslese) besitzt (i) Zeilenauswahl *row select*, (ii) einen niederohmigen Signalausgang über einen Sourcefolger (ohne Verstärkung) und (iii) eine Reset-Eingangsleitung. Die weitere Verarbeitung des Signals, wie z.B. Signaldiskriminierung und Nullenunterdrückung, erfolgt außerhalb der aktiven Pixelzelle in CMOS-Prozessierung (Verwendung von NMOS und PMOS Transistoren). Für Verwendung bei LHC sind MAPS-Detektoren mit 3T-Auslese zu langsam, um die Datenraten zu verkraften, insbesondere für die pp-Kollisionsexperimente. Für Schwerionenkollisionen jedoch wurden MAPS-Pixeldetektoren mit Ladungs- oder Spannungsverstärkung (siehe Abschnitt 17.2) und geeignete Auslesearchitekturen, erfolgreich im STAR Experiment am RHIC-Beschleuniger eingesetzt [333] und werden ebenfalls für einen ALICE Upgrade bei LHC verwendet [732].

DMAPS-Pixel mit Ladungssammlung in verarmtem Substrat Um monolithische Pixeldetektoren gegebenenfalls auch in Hochratenumgebungen wie bei LHC einzusetzen, kommt eine wesentliche Anforderung hinzu: der schnelle (in der Größenordnung von etwa 10 ns) und vollständige Nachweis der beim Teilchendurchgang deponierten Ladung. Für experimentelle Umgebungen mit hohen Teilchenraten und hoher Strahlenbelastung, wie zum Beispiel am LHC, ist eine schnelle ($\mathcal{O}(10\,\mathrm{ns})$) und vollständige Sammlung der deponierten Ladung durch Drift in einem elektrischen Feld zwingend notwendig. Die Verarmungstiefe d im Si-Substrat unter einer Wanne hängt vom spezifischen Widerstand ρ des Substrats und der angelegten Spannung U ab (siehe (8.53)):

$$d \propto \sqrt{\rho U}\,.$$

Daher müssen CMOS-Prozesse oder Prozesserweiterungen benutzt werden, die höhere Spannungen als für CMOS-Prozesse üblich zulassen [819] oder die Prozessierung hochohmiger Substratwafer erlauben [931, 546] oder beides. Dadurch kann die Verarmungstiefe unter der Sammelelektrode vergrößert werden auf typisch 25–150 µm, um hinreichend große und schnelle Signale zu erzielen (*depleted* MAPS, DMAPS). Zusätzlich muss die verwendete Technologie Vielfachwannenfertigung zulassen (typisch sind vier Wannen, inklusive tiefer n,p-Wannen), um (a) Wannen, die keine Ladung anziehen sollen, abzuschirmen und (b) volle CMOS-Funktionalität durch nicht eingeschränkte Benutzung von beiden Transistorpolaritäten (NMOS und PMOS) zu erzielen dadurch, dass alle Transistoren durch Wannen vom Substrat entkoppelt sind [546]. In Abb. 8.75(a) ist der Querschnitt eines DMAPS Pixeldetektors mit *großer Sammelelektrode* gezeigt, realisiert mittels einer tiefen n-Wanne, in welche die CMOS-Elektronik der Pixelzelle eingebettet ist. Die Spannung für die Verarmung des Detektors ist entweder ausschließlich von der Elektronikseite angelegt oder durch zusätzliche Rückseitenprozessierung ist ein Kontakt auf der Rückseite vorhanden, der eine bessere Ausbildung des verarmten Volumens zwischen tiefer n-Wanne und der Rückseite erlaubt. Die angestrebte Strahlenhärte dieses Designs profitiert davon, dass die mittlere Länge der Driftwege der Ladungen zur Erreichung der

Sammelelektrode vergleichsweise kurz ist und die Wahrscheinlichkeit von Ladungseinfang daher reduziert ist. Aufgrund der geometrischen Größe der n-Wanne ist jedoch die Eingangskapazität für den nachfolgenden Verstärker vergleichsweise groß. Sie wird noch vergrößert, weil ein weiterer, recht großer Kapazitätsbeitrag dadurch hinzukommt, dass die tiefe n-Wanne und die tiefe p-Wanne darüber (gezeigt in Abb. 8.75(a)) unmittelbar übereinander liegen. Dies ist neu im Vergleich zu standard, nicht-monolithischen Pixeldetektoren und ist eine Konsequenz der Notwendigkeit, tiefe Wannen zu benutzen, um die Elektronik abzuschirmen. Die Gesamtkapazität kann sich zu einigen hundert Femtofarad summieren. Eine große Kapazität C_D am Verstärkereingang erhöht das Rauschen (äquivalente Rauschladung, ENC) und verringert ein zeitlich schnelles Antwortverhalten eines Pixeldetektors mit ladungssensitiver Verstärkung (CSA, siehe Abschnitt 17.10):

$$ENC^2_{therm.} \propto \frac{4}{3}\frac{kT}{g_m}\frac{C_D^2}{\tau_{sh}} \qquad \text{und} \qquad \tau_{CSA} \propto \frac{1}{g_m}\frac{C_D}{C_f}\,, \tag{8.91}$$

wobei τ_{CSA} das zeitliche Antwortverhalten des Verstärkers charakterisiert (zum Beispiel die Anstiegszeit des Ausgangsimpulses), C_f ist die Rückkoppelkapazität (*feedback*), g_m die Transkonduktanz, τ_{sh} die Filterzeit (*shaping time*) und kT = Boltzmannkonstante × Temperatur. Die 'neue' Kapazität zieht weitere Konsequenzen nach sich. So können schnelle Schaltspitzen in der (eingebetteten) digitalen Elektronik über diese Kapazität in den Sensorteil des Detektors koppeln und Signale vortäuschen. Besondere Schaltungstechnik, typischerweise strombegrenzende Elemente, sind nötig, um zu verhindern das solche Schaltspitzen artifizielle Teilchensignale erzeugen.

Ein alternatives Design (Abb. 8.75(b)) besitzt eine kleine Sammelelektrode (n-Wanne), die von der CMOS-Elektronik der Pixelzelle abgesetzt ist; in der 2D-Ansicht ist die Elektrode in der Mitte des Pixels. Diese Variante mit *kleiner Sammelelektrode* kann sehr kleine Detektorkapazität C_D haben von nur 5–20 fF, was sehr günstig für das Rauschen und das Zeitverhalten des Detektors ist (siehe Gl. (8.91)). Jedoch ist Strahlenhärte bei

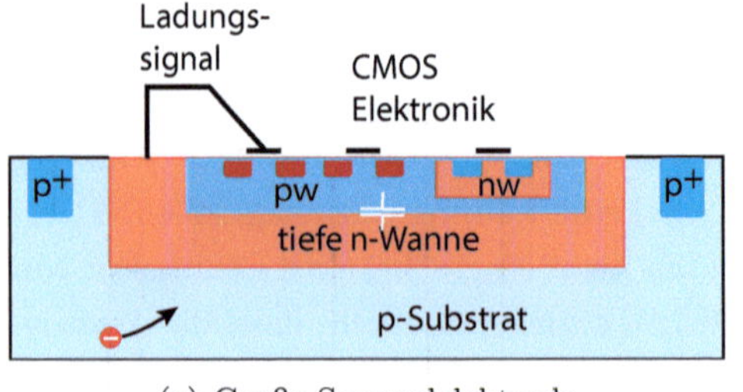

(a) Große Sammelelektrode

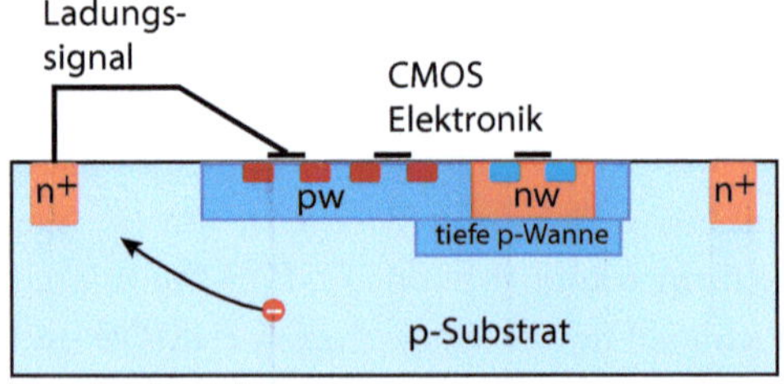

(b) Kleine Sammelelektrode

Abb. 8.75 Zwei grundsätzlich verschiedene Realisierungen von CMOS-Pixelzellgeometrien [468] (schematisch): (a) Design mit großer Elektrode: die ladungssammelnde Elektrode ist eine tiefe n-Wanne, welche die gesamte CMOS-Elektronik der Pixelzelle umschließt. Verarmt wird die Struktur entweder von oben an der Seite der Matrix aus oder zwischen tiefer n-Wanne und Rückseite durch einen (nachprozessierten) Rückseitenkontakt (nicht gezeigt). Die Zelle ist von einem p^+-Ring umzogen. (b) Design mit kleiner Elektrode: der ladungssammelnde Knoten (kleine n-Wanne) ist hier außerhalb des Bereichs der CMOS-Elektronik platziert. Der rote Punkt stellt ein Elektron dar.

diesem Design schwieriger zu erreichen, da Signalelektronen im Mittel längere Driftwege (bei gleicher Pixelgröße) durchlaufen als in dem Design mit großer Sammelelektrode (Abb. 8.75(a)) und damit die Einfangwahrscheinlichkeit größer ist. Kleine Pixelgrößen, die normalerweise technologisch schwieriger als größere zu realisieren sind, sind hier also absolut notwendig, um Toleranz gegen Substratschädigung zu erzeugen. Da die pro Pixel benötigte Leistung – dominiert durch den Verstärker – in etwa konstant ist, bedingt dies auch eine höhere Leistungsdichte. Abbildung 8.76 zeigt ein Design mit kleiner Elektrode, das in einer CMOS-Technologie mit einer 25 µm dicken epi-Schicht realisiert ist. Die CMOS-Technologie des Herstellers wurde modifiziert [951], indem eine n-dotierte Schicht hinzugefügt wurde, die das elektrische Feld in lateraler Richtung stärker macht, um Elektronen, die weiter weg von der Sammelelektrode erzeugt werden, stärker dorthin zu lenken. Die epi-Schicht wird hier von zwei pn-Grenzschichten verarmt (tiefe p-Wannen / n-Schicht und p-epi / n Schicht Grenzflächen), ganz ähnlich der Technik zur Seitwärtsdepletion, wie in Abschnitt 8.8 diskutiert. Ein Potenzialminimum für Elektronen wird unterhalb der tiefen p-Wannen erzeugt mit einer Feldrichtung zur (positiven) n-Wannen-Sammelelektrode. Damit wird die laterale Ladungssammlung verstärkt. Das wegen der nur dünnen epi-Schicht recht kleine Signal (typisch $1600\,e^-$) wird zu einem beträchtlichen Spannungssignal (etwa 50 mV) aufgrund der kleinen ($\sim$5 fF) Kapazität gemäß $du = dQ/C_D$. Daher wird ein Spannungsverstärker statt des üblichen Ladungsverstärkers für die erste Verstärkungsstufe verwendet. Das Signal-zu-Rausch-Verhältnis für die Spannungsverstärkung kann wie folgt ausgedrückt werden:

$$\frac{S}{N} = \frac{Q/C_D}{\sqrt{\langle u_n^2 \rangle}} \propto \frac{Q/C_D}{\sqrt{g_m}}, \tag{8.92}$$

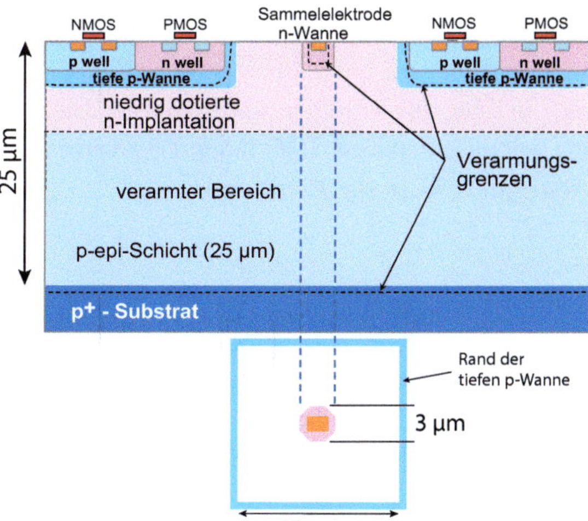

Abb. 8.76 Design mit kleiner Sammelelektrode und mit einem stärkeren lateralen E-Feld (von der Mitte der p-Wannen zur Sammelelektrode hin) im Vergleich zu Abb. 8.75(b), erzielt durch eine n-dotierte Schicht [951]. Die Anordnung wird von zwei Diodenstrukturen verarmt (ähnlich der Seitwärtsdepletion, Abschnitt 8.8.1), einmal zwischen den tiefen p-Wannen und der n-Schicht sowie zwischen n-Schicht und p-epi-Schicht. Die Sammelelektrode ist auf möglichst hohem positivem Potenzial, soweit es die Technologie erlaubt. Die epi-Schicht ist 25 µm dick. Die Pixelgröße beträgt 36 µm. In diesem Design besitzt die Elektrode eine sehr kleine Kapazität (wenige fF).

wobei Q/C_D die Signalspannung und $\langle u_n^2 \rangle = \frac{4}{3}kT/(g_m \tau_{sh})$ die äquivalente Rauschspannung (thermisch) bezogen auf den Eingang sind (siehe auch Abschnitte 17.10.3.2 und 17.10.3.3 über elektronisches Rauschen). Die anderen Größen sind wie in (8.91) definiert.

DMAPS-Pixeldesigns sind mit großer [564, 184] als auch mit kleiner Sammelelektrode [185] realisiert worden. Beide zeigen hohe Ratenverträglichkeit und können strahlentolerant entworfen werden, sodass Strahlungsdosen bzw. Strahlungsfluenzen, wie sie bei LHC auftreten, vertragen werden (siehe auch Abschnitt 8.12).

Monolithische SOI-Pixeldetektoren Eine andere Herangehensweise, die Elektronikschicht mit einer verarmten Si-Substratlage monolithisch zu kombinieren, ist die Anwendung der *silicon-on-insulator*-Technologie (SOI) [114]. Abbildung 8.77 zeigt das Prinzip. Die Transistorlage ist vom Si-Substrat durch eine SiO_2-Lage, *buried oxide* (BOX) genannt, getrennt. Zusätzlich sind die Transistoren einzeln durch vertikale Wände (SiO_2) voneinander isoliert. Für übliche Chipherstellung ist der Substratwafer lediglich ein niedrigohmiger Wafer, der die Handhabung bei der Prozessierung besonders dünner Chips erleichtert (*handle wafer*). Wenn stattdessen ein hochohmiger Wafer verwendet wird, so kann das Volumen unter der BOX verarmt und als Teilchensensor verwendet werden. Die Dicke kann durch Abdünnen des Subtrats optimiert werden, sodass der Sensor dünn, aber das Signal bei Teilchendurchgang noch hinreichend groß ist. Die Verbindung zwischen Substrat- und Elektronik-Lage wird durch vertikale Verbindungen (*vias*) hergestellt. Hier ergibt sich ähnlich wie oben (Abb. 8.75(a)) die technische Schwierigkeit, dass beide Lagen miteinander kapazitiv gekoppelt sind und dass das elektrische Feld im Sensor durch die BOX kapazitiv in die Elektroniklage koppeln und zu signifikanten Transistorschwellenverschiebungen führen kann (*back-gate effect*). Außerdem hält die BOX zum Beispiel durch Strahlenschädigung entstandene positive Ladungen fest, die in SiO_2 geringe Mobilität haben und tendenziell nahe der SiO_2–Si-Grenzschicht festsitzen, und somit einer strahlentoleranten Entwicklung entgegen stehen. Durch Technologievarianten kann für die Probleme Abhilfe oder zumindest Milderung geschaffen werden [760, 556]. In Abb. 8.77 ist eine SOI-Realisierung gezeigt, bei der das Volumen unterhalb der Elektronik bis zur BOX dotiert ist (statt verarmt, *partially depleted SOI*) [556]. Dies verhindert die oben erwähnte direkte Einkopplung vom Substrat in die Elektronik.

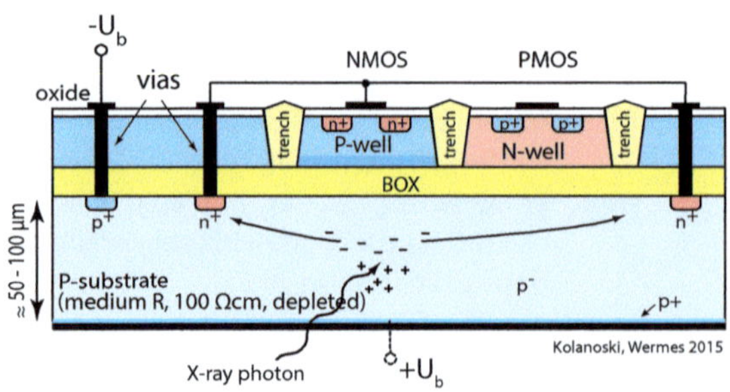

Abb. 8.77 Pixeldetektor basierend auf *silicon-on-insulator*-Technologie (SOI). Die CMOS-Elektronik-Lage und die Sensor-Lage sind durch ein *buried oxide layer* (BOX) ($\approx 1\,\mu$m unter der Oberfläche) voneinander getrennt. Die Transistoren sind auch von einander isoliert durch vertikale SiO_2-Wände (*trenches*). In dem Beispiel wird die deponierte Energie von einem absorbierten Photon erzeugt.

8.11 Präzise Zeitbestimmung mit Siliziumdetektoren

Mehrere Jahrzehnte lang wurden Halbleiterdetektoren für die präzise Ortsmessung von Teilchen oder in der Kernphysik für die Energiemessung von Strahlung verwendet. Präzise Zeitmessung war lange kein primärer Fokus der Detektorentwicklung mit Halbleitern. Dies hat damit zu tun, dass die Ladungssammlung z.B. in Siliziumdetektoren typisch im Bereich mehrerer Nanosekunden stattfindet und typische Anstiegszeiten in der Verstärkerstufe bei 25–50 ns liegen. Für kompetitive Zeitmessungen, zum Beispiel im Vergleich zu Szintillatoren oder RPCs (siehe Abschnitte 14.2.1 und 7.7.3), sind Zeitauflösungen im Bereich von 10–100 ps angesagt, 2–3 Größenordnungen unterhalb der charakteristischen Zeitskalen der Ladungssammlung und Verstärkung. Auch wenn die Auflösung bei der Bestimmung einer Zeitmarke zum Beispiel durch Signalüberschreitung einer Schwelle deutlich kleiner sein kann als die charakteristischen Zeitskalen, wird schnell klar, dass neue Ansätze nötig sind, um Auflösungen im Bereich unter 100 ps zu erreichen. Schnellere Ladungssammelzeiten sowie hinreichend große, schnell ansteigende Signalamplituden sind notwendig, zusammen mit einer Minimierung aller Beiträge zu zeitlichen Fluktuationen.

So genannte *low gain avalanche diodes* (LGADs) mit mm^2 großen Padstrukturen wurden speziell für hohe Zeitauflösung mit Siliziumdetektoren entwickelt [892,894]. Um Zeitfluktuationen im Signalerzeugungsprozess zu minimieren, ist eine Verstärkungsstruktur mit moderater Verstärkung (engl. *gain*, $m \approx 10$–50) geeignet. Wie in Abb. 8.78 gezeigt [288], kann dies durch eine p^+-Implantation ($N_A \approx \mathcal{O}(10^{16}/\text{cm}^3)$) unmittelbar unter der n^{++}-Elektrode,[71,72] realisiert werden. Die p^+n^{++}-Grenzschicht (*metallurgical junction*[73]) erzeugt ein sehr hohes elektrisches Feld von bis zu 300 kV/cm, das Lawinenverstärkung bewirkt.

Das schnelle Signal erhält man durch schnelle e/h-Bewegung in hohen Feldstärken eines dünnen Detektors bei hoher Spannung. Zusätzlich sorgt die Multiplikationszone für eine große Signalamplitude mit schneller Anstiegszeit (großes dU/dt). Interessanterweise kommt der Hauptbeitrag dazu von schneller Bewegung der Löcher nach der Verstärkung und zwar in entgegengesetzter Richtung wie die Elektronen (in Abb. 8.78(a) in Richtung Unterseite). Dies erinnert an die Signalentwicklung in Drahtkammern in Abschnitt 5.3.3 auf Seite 162, die nahezu ausschließlich von der Wegbewegung positiver Ionen vom Draht bewirkt wird. Bei LGADs driften einzelne Elektronen, die von dem durchlaufenden geladenen Teilchen entlang seiner Spur erzeugt wurden, zu der Verstärkungszone, wo sie m e/h-Paare erzeugen. Die Elektronen werden sofort an der n^{++}-Elektrode gesammelt, die weniger als 1 µm von der *metallurgical junction* entfernt ist. Ihr Beitrag zum Signal ist daher sehr klein. Jedoch die verstärkten Löcher bewegen sich (schnell) von der Verstärkungsregion weg zu der p^{++}-Rückseitenelektrode und stellen den dominanten Anteil des Signals für die erzielbare Zeitauflösung dar.

---

[71] Wir benutzen hier die Bezeichnungsweise p^{++} für $N_A \gg 10^{16}/\text{cm}^3$, entsprechend für n^{++}.

[72] Die verstärkende pn-Grenzschicht kann auch an der den Elektroden gegenüberliegenden Seite platziert werden, siehe z.B. [818].

[73] Historisch definiert als pn-Übergang mit etwa gleich starker p- und n-Dotierung ($N_A \approx N_D$).

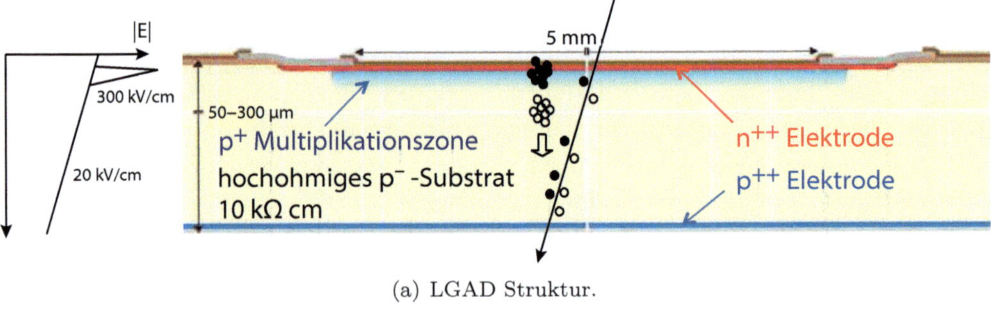

(a) LGAD Struktur.

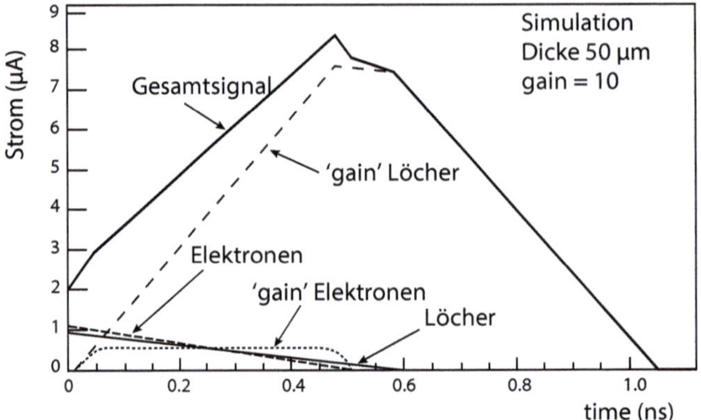

(b) Signalbeiträge für ein minimal ionisierendes Teilchen.

Abb. 8.78 Mit *Low gain avalanche diodes* (LGADs) können Zeitauflösungen im Bereich von etwa 30 ps erzielt werden. (a) Schematische Darstellung einer LGAD Struktur mit hochohmigem p-Substrat und einer Verstärkungszone realisiert durch eine hochdotierte pn-Grenzschicht. Das elektrische Feld ist links skizziert. (b) LGAD-Signalpuls (Simulation) mit Aufschlüsselung der Einzelbeiträge zum Signal durch Bewegung von Elektronen und Löchern vor und nach der Verstärkung in der Multiplikationszone (bezeichnet mit 'gain') [297]; aus [288] mit freundl. Genehmigung von Elsevier.

Die Zusammensetzung des auf der Ausleseelektrode influenzierten Signals ist in Abb. 8.78(b) gezeigt. Hohe Anstiegsgeschwindigkeiten dV/dt (*slew rate*), erzielt durch hohe Feldstärken von etwa 20 kV/cm, schnelle Driftbewegung beider Ladungsträgerarten sowie einer engen Abfolge von Elektronenclustern aus der Primärionisation, profitieren von sehr dünnen (50–100 µm) Siliziumsensoren. Die Verstärkung m ist niedrig gehalten ($\lesssim 50$), um zusätzliche Zeitfluktuationsbeiträge durch Lawinenrauschen zu minimieren (vergleiche Abschnitt 10.3.2 und Abb. 10.19 auf Seite 493). Die beschriebene schnelle Signalentwicklung benötigt homogene Feld- und Wichtungsfeldgeometrie, um zeitliche Fluktuationen durch unterschiedliche Influenzbeiträge bei der Ladungsbewegung zu vermeiden; ein großes Verhältnis von Elektrodenfläche zu Elektrodenabstand ist bevorzugt, wodurch Niedrigfeldbereiche, die zum Beispiel bei kleinen Pixeln mit Abständen sehr

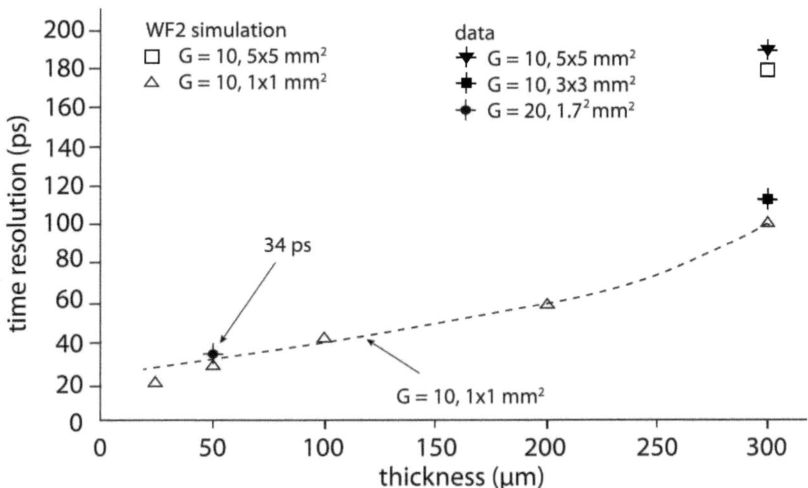

Abb. 8.79 Vergleich von Zeitauflösungen aus Simulationen (Computerprogramm Weightfield2 [297]) und Messungen in Teststrahlen aus [288, 893, 290, 291, 289].

viel kleiner als die Dicke des Sensors in den Zwischenpixelbereichen auftreten, vermieden werden.

Die erzielbare Zeitauflösung hat mehrere Beiträge [289], die quadratisch addiert werden müssen:

$$\sigma_t^2 = \underbrace{\left(\frac{\sigma_S^{thr}}{dS/dt}\right)^2}_{\sigma^2_{\text{time walk}}} + \underbrace{\left(\frac{\sigma_n}{dS/dt}\right)^2}_{\sigma^2_{\text{noise}}} + \sigma^2_{\text{arrival}} + \sigma^2_{\text{dist}} + \sigma^2_{\text{TDC}}\,, \tag{8.93}$$

wobei S das Signal (z.B. ein Spannungspuls) ist. Der erste Term repräsentiert so genanntes *time walk* durch Pulshöhenschwankungen (beschrieben in Abschnitt 17.5.1) ausgelöst durch Landau-Fluktuationen im Energieverlustprozess, wobei σ_S^{thr} das *rms* der Signalhöhenschwankungen an der Diskriminatorschwelle ist. Minimierung dieses Terms ist zum Beispiel möglich durch *constant fraction*-Diskriminierung (siehe Abschnitt 17.5) oder durch Korrekturen, wenn die Amplitudenhöhe gemessen wird. Der zweite Term stellt den Einfluss von Signalrauschen σ_n auf die Zeitauflösung dar, ausdrückbar auch durch $t_r/(SNR)$ mit t_r = Anstiegszeit und SNR= Signal-zu-Rauschverhältnis. Beide Beiträge können klein gehalten werden, wenn schnelle, große Signale (dS/dt) erzielt werden. Ein irreduzibler Beitrag kommt von Fluktuationen, die aus nicht-uniformen Ladungsdepositionen entlang der Teilchenspur herrühren. Wenn sie zur Verstärkungszone laufen, verursachen sie Ankunftszeitfluktuationen auf der Anstiegsflanke des Pulses σ_{arrival} (dritter Term). Fluktuationen durch Sekundärwechselwirkungen und durch die Lawinenmultiplikation gehen hier ebenfalls ein. Je dünner der Detektor umso weniger störend ist der Effekt. Der vierte Term steht für Veränderungen in der Signalform durch nicht-uniforme Feld- und Wichtungsfeldregionen inklusive Variationen durch (ungesättigte) Driftgeschwindigkeiten. Der letzte Term schließlich bezieht sich auf Digitalisierungsfehler bei der Zeitmessung. Dieser Beitrag kann allerdings mit GHz-TDCs klein gehalten werden (< 10 ps).

Die LHC-Experimente ATLAS und CMS planen, die präzisen Zeitmessungen mit LGADs in Ausbaustufen der Detektoren als *timing layers* im Vorwärtsbereich der Experimente auszunutzen [81, 895]. Das Hauptproblem für den Betrieb von LGADs unter hoher Strahlenbelastung ist die Tatsache, dass die Dotierungskonzentration der p^+-Multiplikationsschicht unter Bestrahlung reduziert wird und sich damit auch die intrinsische Verstärkung ändert.

Simulationen unter Berücksichtigung elektrischer Felder und Wichtungsfelder [297] sind in Abb. 8.79 für verschiedene Sensordicken mit Teststrahlmessungen verglichen. Die Simulationen stimmen mit den Messungen überein und zeigen, dass Zeitauflösungen im Bereich von 30 ps erreichbar sind.

8.12 Strahlenschädigung

Ein Teilchendetektor an hochenergetischen Beschleunigern ist im Experimentierbetrieb in der Regel einem mehr oder weniger konstanten, intensiven Fluss geladener und neutraler Teilchen sowie Gamma- und Röntgenstrahlung ausgesetzt. Auch große, überwiegend niederenergetische Neutronenflüsse können auftreten (z.B. bei LHC), die durch Rückstreuung in den dichten Materialien der Kalorimeter oder anderer Absorber auftreten. Bei LHC ist das Verhältnis von Pionen zu Neutronen etwa 50:50 in 30 cm Abstand vom Wechselwirkungspunkt und 90:10 in 5 cm Abstand. Je nach Höhe des Teilchenflusses führt dies mit der Zeit zu Beschädigungen des Materials, so genannten Strahlenschäden, die wir hier für Silizium – mit Einschränkungen auch für andere Halbleiterdetektormaterialien – diskutieren. Halbleiterdetektoren befinden sich oft nahe am Target oder Kollisionspunkt von Beschleuniger-Experimenten und sind daher besonders hohen Teilchenflüssen ausgesetzt. Wir unterscheiden im Folgenden:

- Volumenschädigung des Siliziumkristalls durch Energiedeposition im Material, welche dominant nicht-ionisierender Natur ist (*non-ionizing energy loss*, NIEL), das heißt, durch Stöße mit den Gitterkernen verursacht wird. Diese führen einerseits zu Phononanregungen, die das Gitter nicht schädigen, aber auch zu Atomversetzungen und anderen, komplexeren Beschädigungen des Kristallgitters.
- Schädigungen der Oberfläche und der Grenzflächen (z.B. Si-SiO_2) von Halbleitersensoren und Auslese-Chips durch Ionisierungsenergieverlust von Strahlung (*ionizing energy loss*, IEL).

Die Substratschädigungen im Kristallvolumen wirken sich auf die Eigenschaften der Sensoren aus, vor allem für die Ladungssammlung, während die Oberflächen- und Grenzflächenschädigungen vor allem für Schwellenverschiebungen in der CMOS-Elektronik und für parasitäre, ungewollte Ströme zwischen Transistoren verantwortlich sind, die die Funktionsweise der Elektronik beeinträchtigen.

Die für die Siliziumsensoren bedeutende NIEL-Substratschädigung durch Teilchenstrahlung wird üblicherweise per Konvention auf die Schädigungswirkung von Neutronen von 1 MeV umgerechnet (siehe Abschnitt 8.12.1). Die totale Strahlungsfluenz, das ist die Zahl der durch ein Material gegangenen Teilchen pro cm^2 über eine bestimmte Zeit (üblicherweise die Betriebszeit des Detektors), wird daher in Äquivalentwerten der Schädigung, die 1-MeV-Neutronen erzeugen, n_{eq}/cm^2, angegeben. Bei LHC zum Beispiel liegt die Fluenz ϕ_{eq} nach 10-jähriger Laufzeit je nach Abstand vom Kollisionspunkt in folgender Größenordnung: $\phi_{eq} \approx 10^{15}\ \text{n}_{eq}/\text{cm}^2$ für die innersten Pixeldetektoren (im Abstand $r \approx 4\,\text{cm}$), $\phi_{eq} \approx 10^{14}\ \text{n}_{eq}/\text{cm}^2$ für Mikrostreifendetektoren ($r \approx 20\,\text{cm}$). In der geplanten Hochluminositätsausbaustufe des LHC sind diese Zahlen mit einem Faktor von ungefähr 10 zu multiplizieren.

8.12.1 Substratschädigung

8.12.1.1 Schädigungsprozesse

Nach dem High-Lumi-Upgrade des LHC wird bei den Detektoren nahe am Wechselwirkungspunkt jede atomare Siliziumgitterzelle von etwa 50 Teilchen im Laufe der Betriebszeit der Detektoren durchlaufen. Je nach Art der Strahlung treten in Halbleitermaterialien unterschiedliche Defektmechanismen auf, deren Entstehungswahrscheinlichkeit auch von der Energie der Strahlung abhängt. Energieverlust durch Ionisation ist ein dominanter Verlustprozess für alle geladenen Teilchen (siehe auch Abschnitt 3.2). Da Ionisation in Halbleitern aber ein weitgehend reversibler Prozess ist, bleibt im Wesentlichen keine Schädigung im Kristall zurück. Schäden an Oberflächen sowie an Isolations- und an Grenzschichten werden in Abschnitt 8.12.4 diskutiert.

Anders verhält es sich bei nicht-ionisierender Schädigung, ausgelöst durch direkte Kollisionen mit den Atomkernen des Kristallgitters. Diese können Atome aus ihrem Gitterplatz herausschlagen, wodurch Leerstellen (*vacancies*) oder andere Defekte entstehen, wie Abb. 8.80 zeigt. Gitteratome oder auch Fremdatome können auf Zwischengitterplätzen (*interstitials*) oder in Verbindung mit einer Leerstelle (Frenkel-Defekt sowie E- und A-Zentrum) als primäre Punktdefekte erzeugt werden. Komplexere Verbindungen sind zum Beispiel ein Frenkeldefekt zusammen mit einem Fremdatom auf einem Gitterplatz (Abb. 8.80 rechts). Ferner können Neutroneinfänge und Kerntransmutationen entstehen. Ein erheblicher Teil der primären Punktdefekte ist nicht stabil und löst sich durch Rekombination[74] wieder auf. Da sie prinzipiell im Gitter beweglich sind, können sie aber auch mit vorhandenen Fremdatomen stabile Defektkomplexe bilden (Abb. 8.80, siehe auch [962]).

Die Art der Kollisionsprozesse sind Coulomb-Streuung am Kern (für Elektronen, geladene Pionen und Protonen) sowie elastische (auch inelastische) Kernstreuung für Neutronen. Um ein Atom aus einem Siliziumgitter mit mehr als 50% Wahrscheinlichkeit

[74] Punktdefekte können über verschiedene Mechanismen rekombinieren, unter anderem zum Beispiel durch Einzelrekombination, das heißt zum Beispiel Defektdiffusion an die Oberfläche, oder durch gegenseitige Annihilation von Zwischengitterdefekten mit Leerstellen.

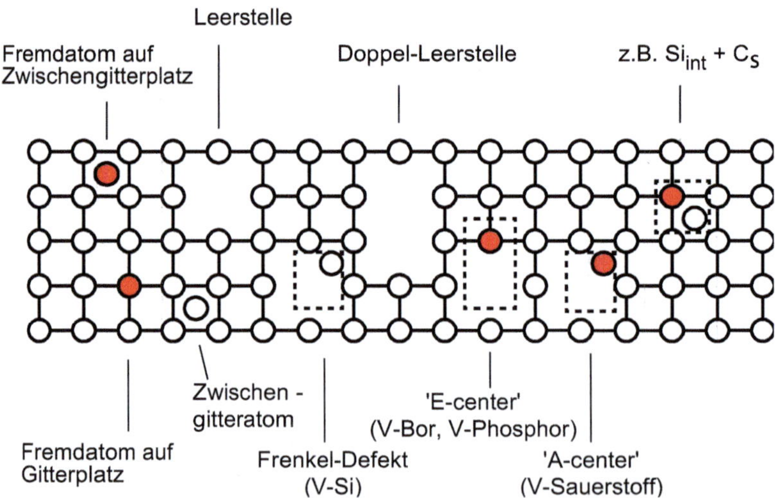

Abb. 8.80 Verschiedene Störstellenarten im Si-Gitter durch Strahlenschädigung. Die rot unterlegten Kreise stellen Fremdatome dar. Komplexere Defekte sind durch die schraffierten Rechtecke gekennzeichnet. V bedeutet Leerstelle (*vacancy*), $\mathrm{Si_{int}}$ ist ein Si-Zwischengitterplatz; $\mathrm{C_S}$ steht für ein Kohlenstoffatom, das ein Gitteratom substituiert. Fremdatome gelangen zum Beispiel durch Verunreinigungen bei der Kristallzucht in das Gitter.

herauszuschlagen, wird eine Mindestenergie von $E_b \approx 25\,\mathrm{eV}$ benötigt [711]. Die auf ein Teilchen mit Masse M bei einem zentralen elastischen Stoß durch ein nicht-relativistisches Teilchen mit kinetischer Energie T und Masse m übertragbare Maximalenergie T_{max} ist gegeben durch:

$$T_{max} = 4\,\frac{Mm}{(M+m)^2}T\,. \tag{8.94}$$

Für die relativistischen Elektronen entspricht die auf ein Si-Gitteratom maximal übertragbare kinetische Energie der auf Seite 35 in Gleichung (3.21) für den Energieübertrag abgeleiteten relativistischen Formel bei Ionisation, wobei jetzt die Rollen der Streupartner Elektron und schweres Teilchen miteinander vertauscht sind ($m_e \leftrightarrow M$). Unter Vernachlässigung der ersten beiden Terme im Nenner in (3.21) im Vergleich zu dem dritten Term, erhält man für den maximalen Energieübertrag eines Elektrons mit kinetischer Energie T_e auf ein Atom

$$T_{max} \approx 2\,\frac{T_e^2 + 2m_eT_e}{M}\,, \tag{8.95}$$

was bei $T = T_e = 1\,\mathrm{MeV}$ um etwa drei Größenordnungen kleiner ist als bei Proton- oder Neutronstößen (Tab. 8.4).

Tabelle 8.4 zeigt maximale und mittlere Energieüberträge für e, p, n und für herausgeschlagene Gitteratome in Silizium sowie Wirkungsquerschnitte integriert von einer für Schädigung nötigen Minimalenergie E_b bis zum maximalen Energieübertrag T_{max}. Während für elastische Neutron-Kern-Streuung die Verteilung des Energieübertrags nahezu flach ist [335] und der Mittelwert etwa in der Mitte des Bereiches übertragbarer Energie liegt, fällt der Wirkungsquerschnitt für Coulomb-Streuung gemäß der Rutherford--

Streuformel von kleinen zu hohen Energieüberträgen auf das Gitteratom steil ab, sodass der über den Wirkungsquerschnitt gemittelte Energieübertrag $\langle T\rangle$ für Protonen sehr viel kleiner ist als für Neutronen. Der mittlere Energieübertrag für Coulombstreuung kann in etwa wie $\langle T\rangle \approx E_b \ln(T_{max}/E_b)$ abgeschätzt werden [500]. Der totale Wirkungsquerschnitt ist für Coulomb-Streuung allerdings sehr viel größer als für elastische Neutronenstreuung am Kern, was auf die stark unterschiedlichen Reichweiten der zugrunde liegenden Wechselwirkungen (elektromagnetisch/stark) zurückzuführen ist.

Für Nukleonen und Kerne ist T_{max} um mehr als drei Größenordnungen größer als die Mindestenergie von 25 eV, um ein Atom aus dem Gitter zu entfernen (siehe Tab. 8.4). Das herausgeschlagene Atom kann daher noch weitere Gitteratome aus dem Gitterverbund entfernen, bevor es zur Ruhe kommt, und die sekundär herausgeschlagenen Atome ebenso. Es kommt statt eines Punktdefekts vermehrt zu einem Defektcluster mit typischen Flächenausdehnungen von 10 nm × 200 nm längs der Stoßrichtung, das aus einer Anhäufung von Leerstellen und Zwischengitterdefekten besteht.

Als unmittelbare Konsequenz aus den sehr unterschiedlichen Wirkungsquerschnitten und mittleren Energieüberträgen der Tabelle 8.4 ergibt sich, dass Elektronen (und auch Gammastrahlung) sowie Protonen (und auch geladene Pionen) wesentlich kleinere Energieüberträge auslösen als Neutronen und daher deutlich mehr Punktdefekte erzeugen als diese. Die deutlich größeren Energieüberträge der Neutronen hingegen schlagen Siliziumatome hoher Energie aus dem Gitterverbund heraus. Diese wiederum besitzen einen großen Wirkungsquerschnitt für weitere Kristallschädigungen, was vermehrt zu Schädigungs-Clustern führt. Abbildung 8.81 zeigt die Simulation einer Schädigung in Silizium durch ein ausgelöstes Gitteratom, bei der typische Punkt- und Clusterdefektentstehung sichtbar werden.

Eine Vorstellung von der unterschiedlichen Stärke der Schädigung nach einer Fluenz von 10^{14} Teilchen pro cm^2 in einem 1 μm^3 großen Volumen gibt die Simulation in Abb. 8.82 für Protonen von 10 MeV, 24 GeV und für 1-MeV-Neutronen. Es wird deutlich, dass niederenergetische Protonen stärker schädigen als hochenergetische und dass bei hinreichend großem Energieübertrag vermehrt Schädigungscluster durch herausgeschlagene Gitteratome erzeugt werden.

Tab. 8.4 Maximaler und mittlerer Energieübertrag nach (8.94) bzw. (8.95) und der im Text angegebenen Näherung Abschätzung für $\langle T\rangle$, sowie Wirkungsquerschnitte (integriert von Bindungsenergieschwelle $E_b = 25$ eV bis T_{max}) für Elektronen, Protonen und Neutronen sowie für (angestoßene) Siliziumkerne im Vergleich, jeweils für 1 MeV kinetischer Energien des Projektilteilchens. Siliziumkernquerschnitte sind für die Entstehung von Schädigungsclustern relevant (nach [1058] und darin angegebenen Referenzen).

Teilchensorte Wechselwirkung	Elektronen Coulomb-Str.	Protonen Coulomb-Str.	Neutronen elast. Kernstr.	Si^+-Kerne Coulomb-Str.
T_{max}	144 eV	134 keV	134 keV	1 MeV
$\langle T\rangle$	45 eV	213 eV	50 keV	265 eV
σ (10^{-24} cm^2)	44	17 950	3.7	502 500

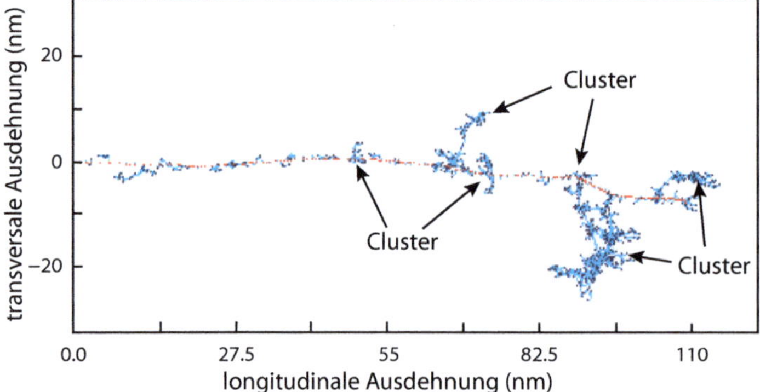

Abb. 8.81 Simulation [584] einer Gitterschädigung, ausgelöst durch ein bei (x,y) = (0,0) herausgeschlagenes primäres Gitteratom von 50 keV Energie, was einer typischen Rückstoßenergie für 1-MeV-Neutronen entspricht.

8.12.1.2 Die NIEL-Hypothese

Der nicht-ionisierende Energieverlust oder NIEL (*non-ionising energy loss*) bezeichnet den Energieverlustanteil, der nicht durch Ionisation im Material deponiert wird. Er setzt sich nahezu ausschließlich aus der Erzeugung von Gitteratomversetzungen in einem Material zusammen und ist in denselben Einheiten quantifiziert (und auf die Dichte normiert) wie der spezifische Energieverlust durch Ionisation (*stopping power*, siehe Abschnitt 3.2.1.2), nämlich MeV/g/cm^{-2} [962]. Es ist dieser Anteil des Energieverlustes eines Teilchens, der in ein Material durch elastische Coulomb- oder Kernstöße sowie inelastische nukleare Wechselwirkungen eingebracht und vom Gitter absorbiert wird. Dadurch werden primäre Leerstelle–Gitterzwischenplatz-Paare sowie Phononen (z.B. in Form von Vibrationsenergie) im Gitter erzeugt. Das angestoßene Primäratom (PKA, *primary kicked-off atom*) mit Rückstoßenergie E_R hinterlässt eine Leerstelle und verliert

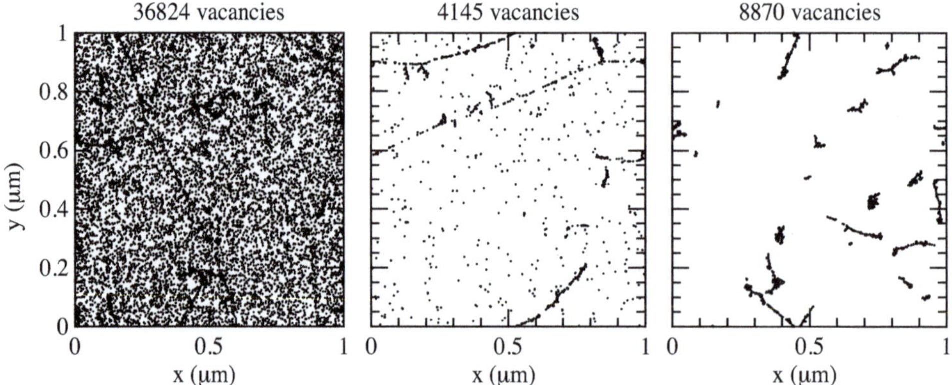

Abb. 8.82 Anfangsverteilung von Gitterfehlstellen in einem 1 μm^3 großen Siliziumvolumen für (a) 10-MeV-Protonen, (b) 24-GeV-Protonen und (c) 1-MeV-Neutronen nach einer Fluenz von 10^{14} Teilchen pro cm^2 (Simulation [584]). Dargestellt ist die Projektion in einer Tiefe von 1 μm. Mit freundl. Genehmigung von Elsevier.

seine Energie durch Ionisation und durch Erzeugung weiterer Gitterversetzungen, bis es als Gitterzwischenplatz (wie z.B. in Abb. 8.80) zur Ruhe kommt.

NIEL kann für Elektronen, Protonen, Neutronen und Pionen berechnet werden gemäß [960, 693]:

$$\left.\frac{dE}{dx}\right|_{\mathrm{NIEL}}(E) = \frac{N_A}{A} D(E)\,, \tag{8.96}$$

wobei N_A die Avogadrozahl, A die Atommasse in g/mol des Targetmaterials und $D(E)$ eine Schädigungsfunktion (*damage function*) ist, die von der Energie und Art des schädigenden Teilchens über dessen Wirkungsquerschnitte abhängt [693]:

$$D(E) = \sum_i \sigma_i(E) \int_{E_b}^{E_R^{max}} f_i(E, E_R)\, P(E_R)\, dE_R\,. \tag{8.97}$$

Hierbei sind E und E_R die kinetischen Energien[75] von Projektilteilchen und Rückstoßatom, während E_b die Minimalenergie ist, die für ein Herausschlagen eines Gitteratoms nötig ist. Der Index i läuft über alle Reaktionen mit Wirkungsquerschnitt σ_i, die möglich sind. $f_i(E, E_R)$ gibt die Wahrscheinlichkeit an, mit der bei Reaktion i ein Rückstoßatom mit der Energie E_R entsteht, während $P(E_R)$ eine Partitionsfunktion ist, die den Bruchteil E_{dam}/E_R ausgibt, der noch für weitere Gitterschädigung zur Verfügung steht. Der restliche Anteil $(1 - E_{\mathrm{dam}}/E_R)$ wird hauptsächlich für Ionisation verbraucht. Bei kleinen Energien ($<$ keV) ist der E_{dam}/E_R-Bruchteil etwa 80–90%, aber für Energien im MeV-Bereich fällt er unterhalb von 20% (siehe [1058]). Die Schädigungskurven $D(E)$ für Silizium sind in Abb. 8.83 für Neutronen, Protonen, Pionen und Elektronen gezeigt.

Für das Detektormaterial Silizium stellt die so genannte NIEL-Hypothese in erster Ordnung eine gute Beschreibung der beobachteten Schädigungseffekte dar (siehe [766]), insbesondere des Leckstromverhaltens aufgrund von NIEL-Schädigung (siehe Seite 404). Die Hypothese besagt, dass sämtliche Strahlungsschäden im Siliziumkristall sich linear mit dem nicht-ionisierenden Energieverlust (NIEL) verschlimmern und auf die Häufigkeit von Primärdefekten (Punktdefekte und Clusterdefekte) zurückzuführen sind, unabhängig von ihrer Anfangsverteilung in Ort und Energie, das heißt, ganz gleich ob sie homogen über ein größeres Volumen verteilt sind (typisch für Strahlungsschädigung durch niederenergetische Protonen oder Gammas) oder ob sie dichte Cluster in kleineren Bereichen bilden (typisch für Schädigung durch Neutronen). Mit dieser Annahme können die beobachteten Unterschiede der Schädigung durch Neutronen, Protonen, Pionen und Elektronen mit Hilfe von Abb. 8.83 (NIEL *scaling*) ineinander umgerechnet werden.

Die Schädigungswirkung der Normierungsschädigung durch 1 MeV Neutronen beträgt $D_n(1\ \mathrm{MeV}) = 95\,\mathrm{MeV\,mb}$ [709]. Sie wird als Umrechnungspunkt für Schädigung durch andere Teilchenstrahlung bei anderen Energien benutzt. NIEL-Skalierung bedeutet, dass die Schädigungseffizienz verschiedener Teilchen bei verschiedenen Energien über eine Fluenz ϕ beschrieben wird durch das Verhältnis κ der Schädigungsfunktion D_x für eine

[75] Literaturkonform benutzen wir hier E auch für kinetische Energien.

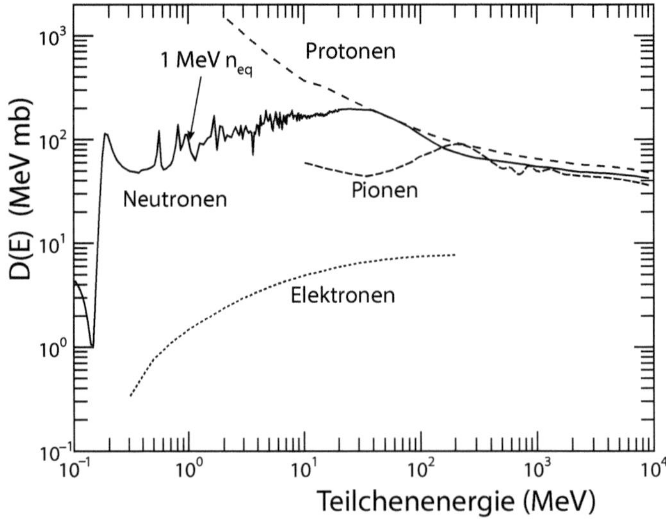

Abb. 8.83 Schädigungsfunktion $D(E)$ für Gitterversetzung für verschiedene Teilchenarten: Neutronen, Protonen, Pionen, Elektronen (nach [1058]). Markiert ist der Normierungspunkt für 1 MeV Neutronen.

Strahlungsart x bei einer Energie E zu der Schädigungsfunktion D_n für Neutronen bei 1 MeV:

$$\kappa = \frac{\int_{E_{min}}^{E_{max}} D_x(E)\phi(E)dE}{D_n(1\,\mathrm{MeV}) \int_{E_{min}}^{E_{max}} \phi(E)dE} \,. \tag{8.98}$$

κ wird oft als *Härtefaktor* oder *Schädigungsfaktor* bezeichnet [710]. Zum Beispiel ist für Protonen bei 24 GeV $\kappa = 0.62$, bei 25 MeV wird $\kappa = 2.0$ benutzt [372].

Die *1-MeV-Neutronen-äquivalente Fluenz* ist dann die schädigungsgewichtete echte Fluenz, die ein Detektor durch eine bestimmte Teilchenart einer gegebenen Energie erhalten hat:

$$\phi_{eq} = \kappa\,\phi \,. \tag{8.99}$$

Die Hauptverursacher von Substratschädigung in den innersten Bereichen ($r < 20\,\mathrm{cm}$) der LHC-Experimente sind Pionen mit (kinetischen) Energien von 0.6–1 GeV und Neutronen von 10 MeV.

Es sollte erwähnt werden, dass NIEL-Skalierung zwar sehr gut für viele Aspekte der Schädigungsbeschreibung nutzbar ist, aber auch einige Unzulänglichkeiten aufweist, weil Punkt- und Clusterdefekte verschieden stark zu bestimmten Schädigungsparametern beitragen, die für Detektoren eine Rolle spielen. Beispiele von Parametern, die nicht sehr gut durch die NIEL-Hypothese beschrieben werden, sind sowohl Änderungen der effektiven Raumladungsdichte N_{eff} (siehe unten auf Seite 402), die auch von der Verunreinigungsdichte abhängt (besonders durch Kohlenstoff und Sauerstoff), als auch die Erzeugungsrate von Einfangzentren, die abhängig von der Teilchenart ist. Ebenso sind Ausheileffekte (siehe Abschnitt 8.12.5) nicht in der NIEL-Hypothese inbegriffen (siehe [766] und Referenzen darin).

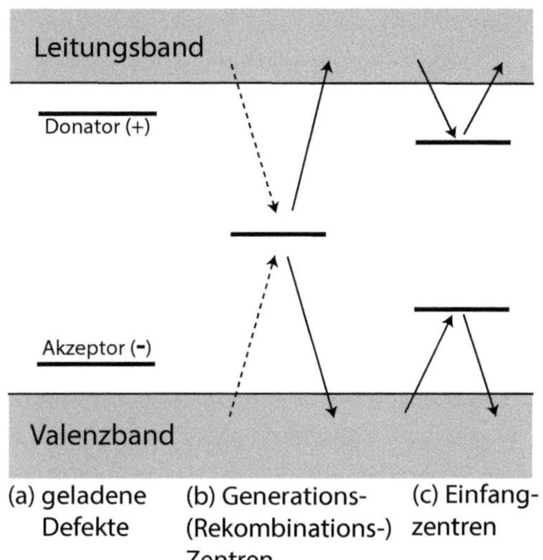

Abb. 8.84 Energieniveaus innerhalb der Bandlücke, die charakteristisch für durch Strahlenschäden verursachte Defekte sind.

8.12.1.3 Schädigungsbeschreibung im Bandmodell

Substratschädigung kann neue Energieniveaus innerhalb der Si-Bandlücke erzeugen, die 'elektrisch aktiv' werden können, das heißt sie können durch Übergänge zu oder von den Leitungs- oder Valenzbändern frei bewegliche Ladungsträger generieren oder absorbieren. Abhängig von ihrer Position in der Bandlücke können sie mehr als Donatoren oder als Akzeptoren auftreten mit unterschiedlicher Wirkung auf das Detektormaterial. Drei Hauptdefektarten und ihre Auswirkungen sind in Abb. 8.84 gezeigt: (a) Erzeugung von Donatoren und Akzeptoren, (b) Leckstromerzeugung durch Generations–Rekombinationszentren und (c) Erzeugung von Einfangzentren.

Das Shockley–Read–Hall–Modell Im so-genannten *Shockley–Read–Hall* (SRH) Modell [531, 945] werden die Wirkungen von Generations–Rekombinations-Prozessen mit Hilfe von Defektniveaus innerhalb der Bandlücke (Übergänge (b) in Abb. 8.84) beschrieben, die als Prozesszwischenstufen für Bandübergänge agieren (siehe z.B. [520,979] und [766]). Dieses Modell hat sich als sehr erfolgreich erwiesen bei der Beschreibung einer Vielzahl von Phänomenen in Halbleitern [520].

Der Ansatz des SRH-Modells kann recht einfach durch zwei Annahmen beschrieben werden: (i) Die Übergangswahrscheinlichkeiten von bzw. zu Defektniveaus E_t (zur Vereinfachung hier Einfangniveaus (*trap*) oder Einfangzentren (*trapping centres*, TC) genannt) in das Leitungs- (LB) bzw. Valenzband (VB) sind proportional zu ihrer Konzentration und ihren Besetzungswahrscheinlichkeiten; und (ii) die Einfangs- und Emissionswahrscheinlichkeiten folgen exponentiellen Gesetzen hinsichtlich des maßgeblichen Energieabstands.

Vereinfachend mit nur einem Einfangszentrum illustriert Abb. 8.85 folgende Übergangsraten, die in dem Modell berücksichtigt werden: Einfang (*capture*) von Elektronen (n) aus dem LB in ein Einfangzentrum, LB $\rightarrow$ EZ ($r_{c,n}$), Emission von Elektronen in das LB, EZ $\to$ LB ($r_{e,n}$), sowie die entsprechenden Prozesse für Löcher (p): Einfang, VB $\to$ EZ ($r_{c,p}$), und Emission, EZ $\to$ VB ($r_{e,p}$). Die Signalinjektionsrate ist mit R_{inj} bezeichnet.

Wir folgen [520], um zuerst die Raten dieser vier Prozesse zu berechnen, wie bisher für n-Silizium. Die Elektroneneinfangrate $r_{c,n}$ muss proportional zur Elektronenkonzentration n im LB und zur Konzentration der Einfangzentren (*traps*) n_t, die (noch) nicht besetzt sind, sein:

$$r_{c,n} \propto n_n \, n_t \, (1 - f) \, ,$$

wobei $f = (1 + \exp(\frac{E_t - E_F}{kT}))^{-1}$ die Besetzungswahrscheinlichkeit durch Elektronen unter Annahmen der Fermistatistik ist, wie in Abschnitt 8.2.3 diskutiert. Die Einfangrate für Löcher ist entsprechend $r_{c,p} \propto p_n \, n_t \, f$, mit $p_n =$ Löcherkonzentration im VB, da Löcherübergänge vom VB in das EZ gleicher Wahrscheinlichkeitsstatistik folgen wie Elektronenübergänge vom EZ in das LB und damit proportional zu f sind. Die Proportionalitätskonstanten sind durch die jeweiligen Produkte der thermischen Geschwindigkeiten $v_{th,(n,p)}$ und der Einfangsquerschnitte $\sigma_{n,p}$ gegeben, welche Größenordnungen atomarer Dimensionen von etwa $10^{-15}\,\text{cm}^2$ haben. Wir erhalten sodann für die Einfangraten LB $\to$ EZ und CB $\to$ EZ:

$$\begin{aligned} r_{c,n} &= c_n \, n_n \, n_t \, (1 - f) \, ; \qquad & c_n &= v_{th,n} \, \sigma_n \, ; \\ r_{c,p} &= c_p \, p_n \, n_t \, f \, ; & c_p &= v_{th,p} \, \sigma_p \, , \end{aligned} \tag{8.100}$$

mit Einfangskoeffizienten $c_{n,p}$. Die Emissionsraten $r_{e,n}$ (EZ $\to$ LB) und $r_{e,p}$ (EZ $\to$ VB) sind entsprechend:

$$\begin{aligned} r_{e,n} &= e_n n_t \, f \\ r_{e,p} &= e_p n_t \, (1 - f) \end{aligned} \tag{8.101}$$

mit Emissionswahrscheinlichkeiten $e_{n,p}$, die noch zu bestimmen sind. Dies kann durch Betrachtung des Gleichgewichtsfalls geschehen, d.h. ohne externe Ladungsinjektion, wofür $r_{c,(n,p)} = r_{e,(n,p)}$ gelten muss. Durch Gleichsetzung von (8.100) und (8.101) und unter

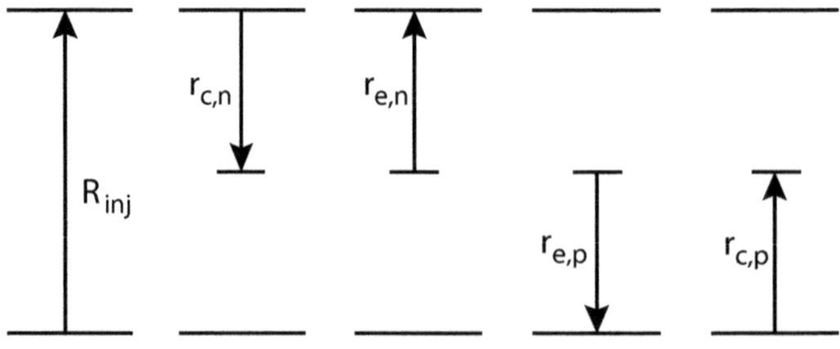

Abb. 8.85 Injektions-, Emissions- und Einfangraten im Shockley–Read–Hall-Modell unter Nicht-Gleichgewichtsbedingungen, das heißt mit Ladungsinjektion (übernommen aus [520])

Benutzung der Ladungsträgerkonzentrationen im Gleichgewicht von (8.26) und (8.27) erhalten wir damit die Emissionswahrscheinlichkeiten:

$$\begin{aligned} e_n &= c_n\, n_i\, \mathrm{e}^{(E_t - E_f)/kT} \\ e_p &= c_p\, n_i\, \mathrm{e}^{(E_f - E_t)/kT}\,, \end{aligned} \tag{8.102}$$

wobei E_t die Energie des Defektniveaus und E_f das intrinsiche Fermi-Niveau ist.

Falls Ladungsinjektion stattfindet, zum Beispiel verursacht durch ein durchlaufendes Teilchen, treten zusätzliche Nicht-Gleichgewichtsprozesse (Übergänge VB → LB) auf. Im stationären Zustand[76] wird die Rate, mit der Elektronen in das LB eintreten gleich der Rate sein, mit der Elektronen das LB verlassen und die Rate, mit der Löcher das VB verlassen gleich der Rate sein, mit der Löcher in das VB eintreten. Daher gilt:

$$\begin{aligned} \frac{dn_n}{dt} &= R_{\mathrm{inj}} - (r_{c,n} - r_{e,n}) = 0\,, \\ \frac{dp_n}{dt} &= R_{\mathrm{inj}} - (r_{c,p} - r_{e,p}) = 0\,, \end{aligned} \tag{8.103}$$

mit der Injektionsrate R_{inj}, die wir im stationären Fall auch für Nicht-Gleichgewichtsbedingungen aus (8.103) eliminieren können:

$$r_{c,n} - r_{e,n} = r_{c,p} - r_{e,p}\,. \tag{8.104}$$

Im dem Fall, dass $R_{inj} = 0$ ist, entspricht (8.103) dem Gleichgewichtsfall.

Nun können wir die entsprechenden Raten aus (8.100) und (8.101) einsetzen und den Besetzungsfaktor f der Defektniveaus für einen gegebenen Nicht-Gleichgewichtsfall in Abhängigkeit der Elektronen- und Löcherkonzentrationen bestimmen. Beachte, dass das Ferminiveau nur im Gleichgewichtsfall aussagekräftig ist, und daher weder der Ausdruck für $f = (1 + \exp(\frac{E_t - E_F}{kT}))^{-1}$, noch die Formeln für n und p in (8.26) und (8.27) unter Nicht-Gleichgewichtsbedingungen sinnvoll sind. Die Elektronen/Löcher-Konzentrationen werden stattdessen vom Injektionslevel abhängen und damit ebenso f von R_{inj} abhängig machen. Da aber typische Ladungsinjektion, zum Beispiel durch Teilchendurchgang, die Ladungsträgerkonzentrationen des Materials ingesamt nur wenig beeinflussen und damit die Emissions- und Einfangprozesse erst recht kaum beeinflussen werden, können wir den Gleichgewichtsfall hierfür verwenden und erhalten:

$$\begin{aligned} f &= \frac{c_n\, n_n + e_p}{c_n\, n_n + e_n + c_p\, p_n + e_p} \\ &= \frac{c_n n_n + c_p n_i \mathrm{e}^{(E_f - E_t)/kT}}{c_n \left(n_n + n_i \mathrm{e}^{(E_t - E_f)/kT}\right) + c_p \left(p_n + n_i \mathrm{e}^{(E_f - E_t)/kT}\right)}\,. \end{aligned} \tag{8.105}$$

[76]Beachte, dass 'stationär' nicht gleichbedeutend mit 'Gleichgewicht' ist. In einem Gleichgewicht sind alle Konzentrationen zeitlich konstant. In einem stationären System, wie hier betrachtet, sind die Ladungsträgerkonzentrationen in LB, VB und EZ nicht konstant, aber die Übergangsraten sind gleich.

Durch Einsetzen dieses Ausdrucks für f in die Ratenvariablen von (8.104) erhalten wir die stationäre Netto-Übergangsrate (Rekombinationsrate bzw. Generationsrate) durch den Einfluss der Zwischenzustände in der Bandlücke:

$$\begin{aligned} G_t &= r_{c,n} - r_{e,n} = r_{c,p} - r_{e,p} \\ &= \frac{c_n c_p n_t \left(n_n p_n - n_i^2\right)}{c_n n_n + e_n + c_p p_n + e_p} \\ &= \frac{c_n c_p n_t (n_n p_n - n_i^2)}{c_n \left(n_n + n_i \mathrm{e}^{(E_t - E_f)/kT}\right) + c_p \left(p_n + n_i \mathrm{e}^{(E_f - E_t)/kT}\right)} \;. \end{aligned} \tag{8.106}$$

Wenn man weiter auf einen Spezialfall vereinfachend[77] $c_n = c_p = \sigma v_{th}$ setzt und abkürzend $n_n = n$ und $p_n = p$ schreibt, erhält man die aus der Literatur bekannte Form (siehe z.B. [520])

$$G_t = \sigma v_{th} n_t \frac{np - n_i^2}{n + p + 2n_i \cosh\left(\frac{E_t - E_f}{kT}\right)} \,, \tag{8.107}$$

welche wie erwartet zeigt, dass die Abweichung vom Gleichgewicht $np - n_i^2$ die 'treibende Kraft' für die Rekombination ist. Ihr Vorzeichen bestimmt, ob sich netto Rekombination oder Generation durchsetzt. G_t ist kleiner, wenn die Dotierung $n + p$ groß ist und nimmt ebenfalls ab, wenn der cosh-Term groß wird, d.h. wenn E_t sich von der Mitte der Bandlücke E_f entfernt. Bandmittenniveaus sind daher sehr effektiv als Rekombinations-Generationszentren.

8.12.2 Auswirkung der Substratschädigung für Siliziumdetektoren

Wir können nun die dominierenden Effekte aus der Substratschädigung identifizieren. Dazu verwenden wir im Folgenden den im Abschnitt 8.12.1.3 gefundenen Ausdruck (8.105) für die Wahrscheinlichkeit, dass Defektniveaus[78] besetzt sind. Mit der Annahme, dass die Ladungsträgerdichten im verarmten Volumen eines Detektors vergleichsweise niedrig sind, kann (8.105) allein durch die Emissionswahrscheinlichkeiten für Löcher- und Elektronen ausgedrückt werden:

$$f \approx \frac{e_p}{e_n + e_p} \,. \tag{8.108}$$

Die drei Hauptauswirkungen der Substratschädigung sind:

1. *Änderung der effektiven Dotierungsdichte*
   Während in ungeschädigtem Silizium die jeweils (viel) stärker gewählte Dotierungskonzentration (das sind z.B. Bor, N_A, in p-in-n-Detektoren oder Phosphor, N_D, in n-in-p-Detektoren) die effektive Dotierungsdichte oder besser die *effektive Raumladungsdichte* $\rho = e(N_D - N_A) = eN_{\text{eff}}$ bestimmt, ist letztere für geschädigtes Silizium eine Funktion der Dauer der schädigenden Bestrahlung. Auf der einen Seite

[77] Beachte, dass sowohl v_{th} also auch σ für Elektronen und Löcher unterschiedlich sind auf Grund ihrer verschiedenen effektiven Massen.

[78] Hierbei wird davon ausgegangen, dass die Ableitung der Gleichungen in Abschnitt 8.12.1.3 für ein Defektniveau näherungsweise auch für mehrere Niveaus verwendet werden kann.

kann Bestrahlung Donoratome wie P oder As oder Akzeptoratome wie B deaktivieren. Der wahrscheinlichste Prozess zur Entfernung von Donatoren ist ihre Deaktivierung durch Einfang beweglicher Einfachleerstellen, wodurch V–P- oder V-As-Komplexverbindungen (E-Zentren genannt, siehe Abb. 8.80) gebildet werden. Bor-Akzeptoren, hingegen, werden hauptsächlich dadurch als Akzeptoren gelöscht, dass sie, auf einem Gitterplatz sitzend (B_s, Index s für *substitutional*), durch ein Zwischengitter-Siliziumatom (Si_i, Index i für *interstitial*) ersetzt werden und dabei selbst auf einem Zwischengitterplatz landen (B_i). Hier kann es mit einem Zwischengitter-Sauerstoffatom (O_i) eine B_iO_i Komplexverbindung bilden, wodurch das Boratom als Akzeptor nicht mehr aktiv ist [620]. Auch B_iB_s Defektkomplexe können gebildet werden. Auf der anderen Seite können neue donator- oder akzeptorartige Zustände erzeugt werden wie oben beschrieben.

Die Änderung in der Konzentration ist zur Strahlungsfluenz proportional. Sogar eine Vorzeichenänderung ('Typinversion') der Raumladung ist möglich (siehe auch Abschnitt 8.7), bei der ursprüngliches n-Typ-Silizium mit forschreitender Bestrahlung effektiv mehr p-Typ-Silizium wird (Abb. 8.86). Für hochohmiges Substratmaterial kann Typinversion bereits bei Fluenzen von $\phi_{eq} \approx 10^{12-13}\, n_{eq}\,\mathrm{cm}^{-2}$ erfolgen. Sie ist hauptsächlich durch akzeptorartige Defekte verursacht, welche Elektronen aus dem Leitungsband einfangen[79] und so zu der negativen Raumladung beitragen, ähnlich wie p-Dotierung dies täte (siehe auch z.B. [835]).

Die Raumladungskonzentration im verarmten Bereich ändert sich mit der erhaltenen Strahlungsfluenz und damit auch die Betriebsspannungen, die für eine vollständige Verarmung des Detektorsubstrates nötig sind. Die effektive Raumladung N_{eff} ist gegeben durch die Summe der positiv geladenen Donatoren D und der negativ geladenen Akzeptoren A

$$N_{\mathrm{eff}} = \sum_{D} (1-f)\, n_t - \sum_{A} f\, n_t\,, \tag{8.109}$$

wobei n_t die Dichte der Defektzentren ist wie in (8.100) und f wie in (8.108) definiert ist.

Für die bei LHC auftretenden Fluenzen erfolgt Typinversion, je nach erreichbarer Beschleunigerluminosität, bereits nach wenigen Betriebsjahren (siehe auch Abschnitt 8.7). Mit der fluenzabhängigen Änderung der effektiven Raumladung erreicht auch die zur vollständigen Verarmung notwendige Betriebsspannung den niedrigsten Wert am Punkt der Typinversion. Da die effektive Raumladung mit steigender Bestrahlung weiterhin steigt (normalerweise mehr negativ werdend), steigt dann auch die zur Verarmung notwendige Betriebspannung wieder an (Abb. 8.86, rechte y-Achse). Im Extremfall übersteigt sie den als Betriebsmaximum vorgegebenen Wert (500–600 V), sodass die Detektoren nur unvollständig verarmt betrieben werden können, was eine Reduktion der Signalhöhe zur Folge hat.

---

[79] Bei Raumtemperatur ist die thermische Energie in der Regel nicht ausreichend, diese Niveaus mit Elektronen aus dem Valenzband zu füllen.

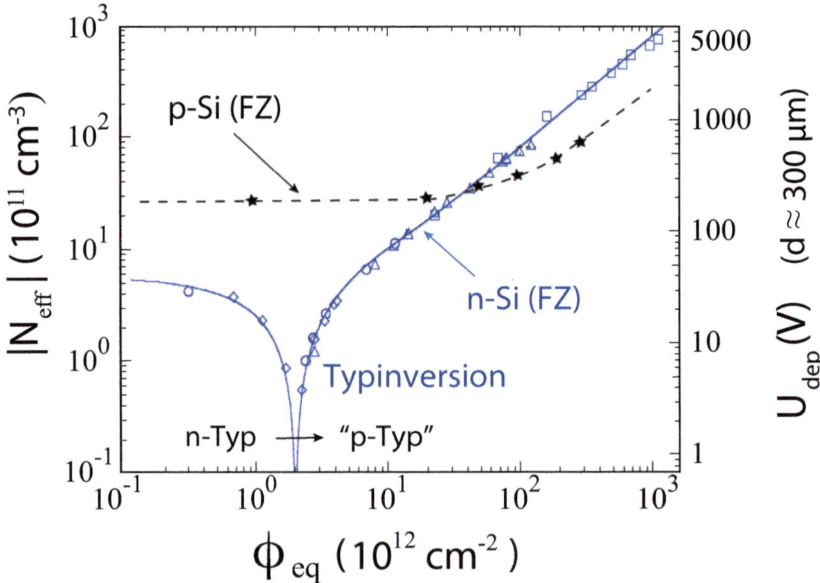

Abb. 8.86 Effektive Ladungsträgerkonzentration (linke y-Achse) sowie Spannung für vollständige Verarmung des Detektors (rechte y-Achse) als Funktion der Teilchenfluenz für n-Typ- und p-Typ-Silizium (FZ=*float zone* Material), normiert auf die Schädigung von 1-MeV-Neutronen. Inversion der effektiven Ladunsträgerkonzentration tritt für n-Typ-Silizium nach Substratschädigung auf, für p-Typ-Silizium jedoch nicht. Daten aus [1058] und [674].

Für p-Typ-Silizium wird keine Typinversion beobachtet. Dies liegt daran, dass die durch Strahlenschädigigung verursachten (ionisierten) Defekte eine dominant negative Raumladung bewirken, was für n-Typ-Silizium zur Typinversion führt. In p-Typ-Silizium ist die Raumladung aber bereits vor Strahlenschädigung negativ.

2. *Leckstrom*
Defektniveaus in der Nähe der Bandmitte agieren als Generations-Rekombinations-Zentren. Aufgrund ihres kürzeren energetischen Abstandes zu LB und VB im Vergleich zu einem VB→LB Übergang ist die Auslösung eines e/h-Paares (Generation) viel einfacher von diesen Bandmittenniveaus wegen der exponentiellen Energieabhängigkeit. Umgekehrt können ein Elektron im LB und ein Loch im VB in einem Bandmittenniveau leicht rekombinieren. Die Generationsrate (Erzeugungsrate) G_t aus (8.107) kann für einen bestimmten Detektortyp unter Vernachlässigung freier Ladungsträger in der vereinfachten Form für f (Gl. (8.108)) durch die Emissionsraten alleine ausgedrückt werden [766]:

$$G_t = n_t\, f\, e_n = n_t\, (1-f)\, e_p = n_t \frac{e_n e_p}{e_n + e_p}\,. \tag{8.110}$$

Die Generationsrate führt zu Detektorleckstrom (*leakage current*), welcher pro Elektrode durch die Summe über alle Zentren in einem 'activen' Volumen V unter der Elektrode gegeben ist:

$$I_L = e\,V \sum_{\text{Defekte}} G_t\,, \tag{8.111}$$

mit der Elementarladung e.

3. *Einfang*

   Elektronen und Löcher können von Defektniveaus eingefangen und nach einer Zeit wieder frei gelassen werden. Konsequenzen sind ein Abfall der Ladungsträgerlebensdauern und der mittleren freien Weglänge, was zu kleineren Signalamplituden führt, wenn die Einfangzeit länger ist als die Zeit für die Signalformung.

   Ladungsträgereinfang wird durch eine effektive Einfangzeit $\tau_{\text{eff},e/h}$ (inverse Einfangrate) beschrieben:

$$\frac{1}{\tau_{\text{eff},e}} = \sum_{\text{Defekte}\,i} c_{n,i}\,(1-f)\,n_t \qquad \text{und} \qquad \frac{1}{\tau_{\text{eff},h}} = \sum_{\text{Defekte}\,i} c_{p,i}\,f\,n_t\,, \tag{8.112}$$

   wobei $c_{n,i}$ und $c_{p,i}$ die individuellen Elektronen- und Löcherkoeffizienten für Defekt i gemäß (8.100) sind.

8.12.3 Makroskopische Auswirkungen auf den Detektorbetrieb

Änderung der Substratdotierung Makroskopische Konsequenzen der Strahlenschäden sind messbar als Veränderung des Antwortverhaltens des Halbleiterdetektors. Die Änderung der effektiven Dotierungskonzentration führt, wie beschrieben, gegebenenfalls sogar zu einer Typinversion und stellt damit eine bedeutsame Änderung der elektrischen Eigenschaften der Detektoren dar. In geschädigten Siliziumdetektoren ändert sich die Form des elektrischen Feldes von der ungeschädigter Detektoren (siehe Abb. 5.11 auf Seite 168), weil die Raumladung in der Verarmungszone nicht mehr homogen verteilt ist [765]. Es bildet sich eine Art 'Doppelgrenzschicht' aus mit höheren Feldstärken an den beiden Enden als in der Mitte des Detektorsubstrats [400, 677]. Dies ist aus Abb. 8.87 ersichtlich. Ein dünner Laserstrahl wird hierbei in die polierte Seite eines Si-Detektors parallel zu den Streifen- oder Pixelelektroden geschossen. Die durch den Laser erzeugten Ladungsträger induzieren instantan Signalpulse auf den Elektroden (siehe Gl. (5.27) auf Seite 150), deren Höhe – solange Ladungseinfang noch nicht eingesetzt hat – proportional zu der Summe der Driftgeschwindigkeiten ist (*edge-TCT*-Technik [676]):

$$i_S(x, t\sim 0) \approx eN_{e/h}\frac{v_e + v_h}{d}\,, \tag{8.113}$$

wobei $eN_{e/h}$ die totale driftende Ladung ist und $E_w \approx 1/d$ das Wichtungsfeld (unter der Annahme hinreichend großer Elektroden) ist. Die instantane Ladungsträgergeschwindigkeit ist proportional zur Feldstärke, welche somit aus der Position des Laserstrahls abhängig vom Abstand zu den Elektroden bestimmt werden kann.

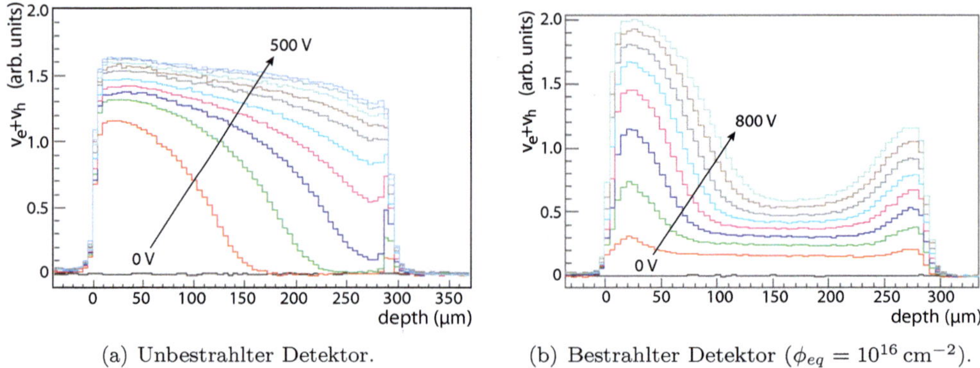

(a) Unbestrahlter Detektor.

(b) Bestrahlter Detektor ($\phi_{eq} = 10^{16}\,\mathrm{cm}^{-2}$).

Abb. 8.87 Ausbildung eines Doppelgrenzschichtprofiles (zwei Diodenbereiche) in einem bestrahlten Siliziumdetektor gemessen mit der *edge-TCT*-Technik (siehe Text). Summe der Driftgeschwindigkeiten beider Ladungsträgerarten als Funktion der Tiefe des Erzeugungsortes, d.h. der Laserstrahlposition. (a) Detektor vor der Bestrahlung. Der Pfeil zeigt die angelegten Betriebsspannungen an, die bis 500 V in 50 V-Schritten hochgefahren wurden. (b) Detektor nach der Bestrahlung mit einer Fluenz von $\phi_{eq} = 10^{16}$ cm^{-2}. Die Betriebsspannungen wurden bis 800 V in Schritten von 100 V hochgefahren (aus [677] mit freundlicher Genehmigung von IOP).

Man beachte, dass für den Detektorbetrieb, mit Ausnahme einer Justierung der Höhe der angelegten Spannung, keine anderen Parameter geändert werden müssen, um den Detektor 'durch die Typinversion' weiter zu betreiben.

Die notwendige Betriebsspannung für vollständige Verarmung eines Si-Detektors der Dicke d ist proportional zur Dopingkonzentration

$$U_{dep} \approx \frac{e|N_{\text{eff}}|d^2}{2\epsilon\epsilon_0}\,, \tag{8.114}$$

wobei[80] die ursprüngliche Dotierungskonzentration $N_{A,D}$ aus (8.52) durch die effektive Dotierungskonzentration (eff. Raumladungsdichte) N_{eff} ersetzt ist. Bei hohen Fluenzen sind große Betriebsspannungen nötig ($\mathcal{O}$(500–1000 V)), um vollständige Verarmung des Detektors zu erzielen. Für Fluenzen größer als etwa $5 \times 10^{15}\,n_{eq}\,\mathrm{cm}^{-2}$ ist die vollständige Verarmung für Standardsubstratdicken von 200–300 µm im Allgemeinen nicht mehr erreichbar. In Zusammenhang mit der Entwicklung sehr strahlenharter Siliziumdetektoren für den Hochluminositäts-Upgrade des LHC-Beschleunigers [299], werden p-Typ-Wafersubstrate verwendet. Es hat sich herausgestellt, dass n$^+$-in-p Si-Detektoren strahlungstoleranter sind als p$^+$-in-n Detektorsubstrate [293] sowie leichter (und kostengünstiger) hergestellt werden können verglichen mit n$^+$-in-n Detektoren als Alternative, für die doppelseitige Prozessierung unabdinglich ist [765, 730]. Aus p-Material hergestell-

[80] Gleichung (8.114) ist nur gültig, wenn N_{eff} konstant im gesamten Substratvolumen ist. Für strahlungsgeschädigtes Silizium wird die Raumladungsdichte ungleichförmig, weil freie Ladungsträger aus hohen Leckströmen die Besetzung der Defektniveaus ändern können.

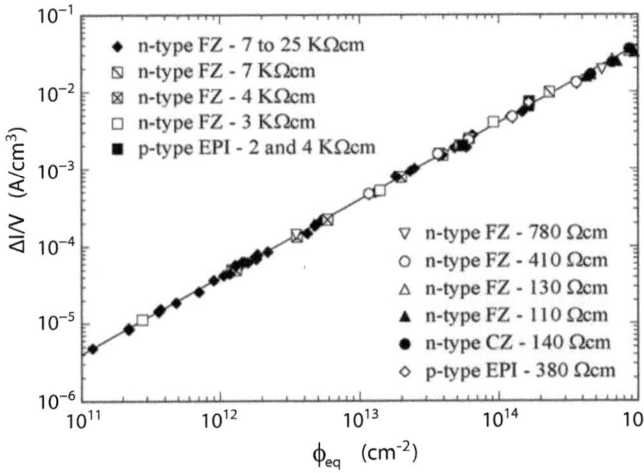

Abb. 8.88 Abhängigkeit des bestrahlungsinduzierten Volumenleckstroms von der Strahlungsfluenz ϕ_{eq}, normiert auf eine Schädigung durch 1-MeV-Neutronen, für verschiedene spezifische Widerstände des Si-Materials und verschiedene Kristallzuchtverfahren. Messungen nach Ausheilung bei 60° C für 80 min und normiert auf eine Messtemperatur von 20° C [764].

te Detektoren 'typ-invertieren' im Allgemeinen auch nicht (siehe Abb. 8.86)[81], weil die ursprüngliche Raumladung bereits negativ vor der Bestrahlung ist.[82]

Leckstrom Die Erzeugung tief (in der Bandlücke) liegender Generationszentren erhöht den Detektorleckstrom proportional zu der aufgenommenen Strahlungsfluenz wie Abb. 8.88 für verschiedene Si-Waferarten und spezifische Widerstandswerte von Siliziumsensoren zeigt:

$$\Delta I_L = \alpha \; \phi_{eq} V \, . \tag{8.115}$$

Hier ist V das Substratvolumen unter der Elektrode, ϕ_{eq} die (1 MeV) neutronenäquivalente Fluenz, und α die (leckstrombezogene) Schädigungsrate (*damage rate*), die gemäß (8.115) durch Messung der Leckstromänderung als Funktion der Strahlungsfluenz bestimmt werden kann. Für eine festgelegte, gleichbleibende Ausheildauer und für eine feste Ausheiltemperatur (üblicherweise 60 °C, siehe auch Abschnitt 8.12.5) ist α eine allgemeingültige Konstante, normalerweise skaliert auf eine Messtemperatur von 20 °C. Sie ist weder von den Charakteristiken des Siliziumausgangsmaterials (z.B. der Art des Kristallwachstums) noch von der Dotierung und auch nicht von der Art der schädigenden Strahlung (Neutron, Proton, Pion) [709] abhängig. Der Wert beträgt $\alpha_{80/60} = 4.0 \times 10^{-17}$ A cm^{-1} ($\pm$ 5%) für 80 min Ausheildauer bei 60 °C [710]. Diese Bedingungen sind durch Konvention festgelegt worden [709].

[81] Ausnahmen unter speziellen Fabrikations- und Bestrahlungsbedingungen wurden allerdings beobachtet [766].

[82] In der ersten Generation von LHC-Siliziumdetektoren wurde n-Substratmaterial (p^+-in-n für Streifen, n^+-in-n für Pixel) ausgewählt, weil hochohmige p-Typ-Wafer seinerzeit schwer und nur hochpreisig erhältlich waren und die Isolationstechniken der Elektrodenstrukturen noch nicht ausgereift waren.

Die starke Temperaturabhängigkeit des Leckstroms wurde bereits in Abschnitt 8.3.2 auf Seite 323 diskutiert. Sie ist im Ursprung von den tief liegenden Defektniveaus in der Mitte der Bandlücke dominiert (siehe auch Abb. 8.84 (Fall b)):

$$I_L^{gen} \propto T^2 \exp\left(-\frac{E_a}{2kT}\right), \tag{8.116}$$

wobei der Parameter E_a *Aktivierungsenergie* genannt wird, welche in der Nähe der Bandlückenenergie E_G erwartet wird, da die für den Leckstrom hauptsächlich verantwortlichen Defektniveaus in der Bandmitte liegen. Vergleiche auch (8.55). 'Best-fit'-Werte liegen bei $E_a = 1.19 - 1.21\,\text{eV}$ [506, 321, 1054].

Leckstrom führt zu höherem elektronischen Rauschen (Schrotrauschen (*shot noise*), siehe Abschnitt 17.10.3.1) in der Ausleseelektronik. Der Stromfluss heizt auch den Detektor auf und die Gefahr eines *thermal runaway* existiert, eine Kettenreaktion verursacht durch einen Leckstromantieg, der die Temperatur erhöht, welche wiederum mehr thermisch generierten Strom nach sich zieht, der den Detektor weiter aufheizt, und so weiter. Dies kann letztendlich den Detektor zerstören.

Ladungseinfang Einfang von durch Teilchendurchgang oder Strahlung injizierten Ladungsträgern verringert die Signalgröße und kann gegebenenfalls ein Signal unter die Nachweisschwelle drücken, so dass es verloren geht. Für Silizium ist die Sammlung der erzeugten Signalladung in einem verarmten Volumen nahezu 100% effizient, sogar nach Strahlenschädigung bis zu Fluenzen von etwa $\phi_{eq} = 10^{15}\,\text{cm}^{-2}$. In anderen Sensormaterialien (hier ist für Teilchennachweis in hohen Strahlungsflüssen hauptsächlich Diamant relevant, siehe Abschnitt 8.13.4), und ebenso in Silizium nach hoher Bestrahlung (typisch nach deutlich mehr als $10^{15}\,\text{n}_{eq}/\text{cm}^2$) ist Ladungseinfang die dominante Ursache für die Verschlechterung der Nachweiseffizienz. Eine 'effektive Zeit' $\tau_{\text{eff,e/h}}$ beschreibt den Ladungsverlust durch Einfang:

$$Q(t) = Q_0 \exp\left(-\frac{\text{t}}{\tau_{\text{eff,e/h}}}\right), \tag{8.117}$$

wobei eine empirische Fluenzabhängigkeit als Parametrisierung für $\tau_{\text{eff,e/h}}$ benutzt wird:

$$\frac{1}{\tau_{\text{eff,e/h}}} = \frac{1}{\tau_0} + \beta_{e/h}\,\phi_{eq}, \tag{8.118}$$

($\tau_0 =$ Lebensdauer vor Schädigung), womit die *effektive Einfangszeitkonstante* $\beta_{e/h}$ definiert ist. Je größer $\beta_{e/h}$, umso stärker ist die Schädigung. Im Gegensatz zu α aus (8.115), was sich auf die Ladungsträgeremission bezieht, charakterisiert $\beta_{e/h}$ den Ladungseinfang. Während α stark temperaturabhängig ist (es hängt von n_i ab) und unter definierten Bedingungen (siehe oben) quantifiziert werden muss, hängt $\beta_{e/h}$ hingegen nur wenig von der Temperatur ab. Bei 293 K ist der Zahlenwert ungefähr $\beta_{e/h} \approx 4 \times 10^{-16}\,\text{cm}^{-2}\,\text{s}^{-1}$ [675].

Typische Einfangzeiten $\tau_{\text{eff,e/h}}$ und mittlere freie Weglängen $\lambda_t = v_{\text{drift}}\,\tau_{\text{eff,e/h}}$ bei einer Fluenz von $\phi_{eq} = 10^{15}\,\text{n}_{eq}/\text{cm}^2$ sind [675]: $\tau_{\text{eff,e/h}} = 2.5\,\text{ns}$; $\lambda_t \approx 125 - 250\,\mu\text{m}$, wobei eine typische Driftgeschwindigkeit für Elektronen von $v_{\text{drift}} \approx 50 - 100\,\mu\text{m/ns}$ angenommen wurde. Die Einfangzeit skaliert umgekehrt proportional mit der Fluenz ϕ_{eq} gemäß (8.118).

Ladungssammlungseffizienz Für Sensormaterialien, für die die mittlere freie Weglänge λ der Ladungsträger klein im Vergleich zur Dicke des Sensors ist, ist es nützlich, Größen zu definieren, die den mittleren Abstand, über den die Ladungen die Elektroden erreichen können, charakterisieren. Substratmaterialien, für die dies zutrifft sind zum Beispiel GaAs oder CVD-Diamant (siehe Abschnitt 8.13) und – mit Einschränkungen – auch stark geschädigtes Siliziumsubstrat.

Abgesehen von der primär durch Teilchendurchgang oder Absorption erzeugten Ladungsmenge ist das totale influenzierte Signal durch die Dauer der Separationsbewegung von Elektronen und Löchern bestimmt, die in Gegenwart von Ladungsverlusten durch die durchschnittliche Lebensdauer $\tau_{e,h}$ bis zum Einfang gegeben ist. Während dieser Zeit entfernen sich die Ladungsträger um den Abstand

$$d_{sep} = v_e\tau_e + v_h\tau_h = (\mu_e\tau_e + \mu_h\tau_h)\, E = \mu\tau E\,, \tag{8.119}$$

Der Abstand d_{sep} ist die Summe der mittleren freien Weglängen $\lambda_{e/h}$ beider Ladungsträgerarten und wird auch (CCD) (*charge collection distance*) in einem Detektor der Dicke d genannt. Für $d_{sep} \ll d$, entspricht das Verhältnis d_{sep}/d dem nachweisbaren Bruchteil des maximal influenzierten Signals. In diesem Fall kann CCD sehr einfach experimentell bestimmt werden:

$$\text{CCD} \approx \frac{Q_{det}}{Q_{ion}}\, d = \text{CCE} \times d\,. \tag{8.120}$$

Hierbei sind Q_{ion} und Q_{det} die deponierte Ionisationsladung, beziehungsweise die influenzierte (nachgewiesene) Ladung. Ihr Verhältnis wird Ladungssammlungseffizienz (*charge collection efficiency*, CCE) genannt.

Theoretischer betrachtet können wir das Verhältnis von nachgewiesener zu deponierter Ionisationsladung aus der Ratengleichung (8.43) auf Seite 317 ableiten mit vereinfachenden Annahmen, die besonders für monokristalline Diamantsensoren (siehe Abschnitt 8.13.4) gültig sind, aber nur begrenzt für Silizium. Wir berechnen dabei das totale influenzierte Signal aus der Driftbewegung der deponierten Ladungen [1074], zunächst unter Betrachtung nur der negativen Ladungsträger mit Dichte n und der Annahme, dass Überschussladungen, die zum Beispiel durch ein durchlaufendes Teilchen erzeugt werden, die Gesamtzahl der freien Ladungsträger dominieren, $n \gg n_i, N_D$. Dies klar ist der Fall für Diamant (siehe Tab. 8.2). Für Silizium ist diese Annahme höchstens näherungsweise bei starker Verarmung (siehe z.B.(8.25)) und starker Ionisation z.B. durch α Teilchen gültig. Wir können dann Gleichung (8.43) schreiben als:

$$\frac{\partial n}{\partial t} = -R_n(t) = -\frac{n}{\tau_e}\,, \tag{8.121}$$

was einer exponentiellen Abnahme von $n(t)$ entspricht, wobei $R_n(t)$ die hauptsächlich von Ladungseinfang bestimmte Rekombinationsrate ist und τ_e die Einfangzeitkonstante. Die Generationsrate $G_n(t)$ in (8.43) kann für Zeiten $t > t_0$ zu Null angenommen werden, da nach der instantanen Ladungsdeposition durch Teilchendurchtritt zur Zeit $t = t_0$, was auf der Zeitskala von Pikosekunden liegt, keine weiteren Ladungen erzeugt werden. Außerdem kann der Term mit der Divergenz der Stromdichte in (8.43) vernachlässigt werden, wenn man eine nahezu gleichmäßige Ladungsdeposition entlang einer Spur durch den Detektor annimmt: $d\rho/dt = \vec{\nabla}\vec{j} = 0$. Die Einfangzeit τ_e hängt mit der mittleren freien Weglänge $\lambda_e = v_e\tau_e$ zusammen, sodass aus (8.121)

$$\frac{dn}{n} = -\frac{dt}{\tau_e} = -\frac{dx}{v_e\tau_e} = -\frac{dx}{\lambda_e} \tag{8.122}$$

wird. Hier und im Folgenden benutzen wir ein Koordinatensystem wie in Abb. 5.5 auf Seite 156 für einen Detektor der Dicke d, in dem Elektronen in positive x-Richtung auf die Elektrode zudriften, und einem Startpunkt x_0 für die Driftbewegung einer dort erzeugten Ladung. Die Lösung von (8.122) ist reproduziert das exponentiell angesetzte Verhalten:

$$n(x, x_0) = n_0 \exp\left(-\frac{x - x_0}{\lambda_e}\right) \tag{8.123}$$

mit n_0 als primärer Ionisationsdichte. Unter Anwendung des Shockley–Ramo-Theorems (5.27) aus Kapitel 5 für ein Zwei-Elektroden-System mit Gewichtsfeld $|\vec{E}_w| = 1/d$, ist durch die im Volumen $V = A\,d$ der Dicke d und Fläche A driftende Ladung die influenzierte Signalladung auf der Elektrode gegeben durch:

$$\begin{aligned} dQ_n &= -e\,n(x,x_0)\,\frac{1}{d}\,dV dx \\ \Rightarrow Q_n &= \int dQ_n = -\int_{V=Ad} dV' \int_{x_0}^{d} e\,n(x,x_0)\,\frac{1}{d}\,dx \\ &= -\underbrace{e n_0 A}_{Q_0/d} \int_0^d dx_0 \int_{x_0}^{d} \exp\left(-\frac{x-x_0}{\lambda_e}\right)\frac{1}{d}\,dx \\ &= -Q_0\,\frac{\lambda_e}{d}\left(1 - \frac{\lambda_e}{d}\left(1 - \mathrm{e}^{-d/\lambda_e}\right)\right), \end{aligned} \tag{8.124}$$

wo mit Q_0 die totale deponierte Ionisationsladung entlang der Teilchenspur bezeichnet wird. Diese Gleichung ist auch als 'Hecht-Gleichung' [551] bekannt. Der entsprechende Signalbeitrag aus der Löcherbewegung ist gleich dem in (8.124) mit Ersetzung von λ_e durch λ_h, sodass wir erhalten:

$$\mathrm{CCD} = \frac{Q_n + Q_h}{Q_0}\,d = \sum_{i=e,h} \lambda_i\left(1 - \frac{\lambda_i}{d}\left(1 - \mathrm{e}^{-d/\lambda_i}\right)\right). \tag{8.125}$$

Für $\lambda_{e,h} \ll d$ erhalten wir (8.119) zurück:

$$\mathrm{CCD} = \lambda_e + \lambda_h\,. \tag{8.126}$$

Der Signalverlust aufgrund von Ladungseinfang ändert die mittleren freien Weglängen beider Ladungsträgerarten:

$$\frac{1}{\lambda_{e/h}(\phi)} = \frac{1}{\lambda_{e/h}(\phi = 0)} + \beta_t\phi\,. \tag{8.127}$$

Hierbei haben wir mit β_t (t für *trapping*) eine weitere Schädigungskonstante für Ladungseinfang definiert. Im Unterschied zu $\beta = \beta_{e/h}$ in (8.118), ist β_t von der Art der Bestrahlung abhängig (Neutronen, Protonen, Pionen) sowie von ihrer Energie; β_t kann aus dem Signalverlust als Funktion der Strahlungsfluenz bestimmt werden [999]

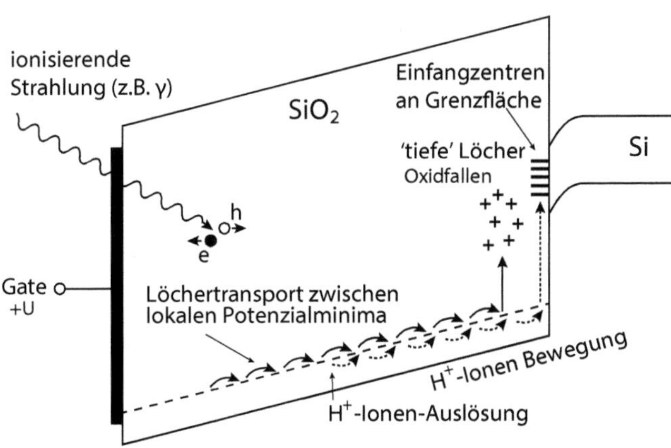

Abb. 8.89 Illustration der Schädigung in SiO_2 durch ionisierende Strahlung unter Zuhilfenahme des MOS-Banddiagramms. Es gibt Oxidstörstellen (Löcher, positiv) und Störstellen an der Grenzfläche (negativ oder positiv geladen, siehe Text). Hüpfartige Fortbewegung der Löcher (*hole hopping*) erzeugt aus atomaren Wasserstoffverunreinigungen Wasserstoffionen, die in der Nähe der Si–SiO_2-Grenzfläche Einfangzentren werden können (adaptiert aus [961]).

mithilfe von (8.120), (8.125) und (8.127): für Diamant liegt β_t im Bereich zwischen 2.8×10^{-18} cm^2 µm^{-1} (25 MeV Protonen) und 0.6×10^{-18} cm^2 µm^{-1} (24 GeV Protonen) und ist etwa 2–3 mal kleiner als für Silizium (siehe Abschnitt 8.13.4).

8.12.4 Oberflächenschädigung

Als Oberflächenschädigung bezeichnen wir Schädigung der Oberfläche von Siliziumsensoren oder der (MOS) Elektronik, im Besonderen der Siliziumdioxidlage und der Si–SiO_2-Grenzfläche. Hier verursacht Bestrahlung ebenfalls Ionisierung und/oder Ortsversetzung von Gitteratomen. Anders jedoch als die im vorigen Abschnitt diskutierte Substratschädigung durch Gitterschäden, welche schwerwiegende Effekte für den Betrieb der Detektoren nach sich zieht, ist in Siliziumoxiden von MOS Transistoren vor allem Ionisation die ausschlaggebende Strahlenschädigung. Sie verursacht durch geladene Defekte im Oxid oder an der Grenzfläche zum Si-Substrat sehr störende Konsequenzen für den Betrieb der Elektronik. NIEL Schädigung, im Gegensatz dazu, wird elektrisch nicht aktiv in der bereits amorphen Struktur des Oxids. Wie für das Siliziumsubstrat existieren auch in den Oxiden von MOS-Transistor-Strukturen hohe elektrische Felder, besonders im Gateoxid. Sie trennen die bei der Ionisation erzeugten Ladungsträger und verhindern damit ihre sofortige vollständige Rekombination. Die Mobilität von Löchern in SiO_2 ist jedoch etwa 10^6 mal kleiner als die entsprechende Mobilität von Elektronen aufgrund eines großen Einfangquerschnitts für Löcher in flachen Energieniveaus in Siliziumoxid mit langen Zeitkonstanten bis zur Wiederfreilassung. Aus diesem Grund bleiben Löcherladungen viel länger im Siliziumdioxid als Elektronen und bewegen sich sehr langsam.

Störstellen im Oxid und an der Grenzfläche Abbildung 8.89 zeigt einen Ausschnitt des MOS-Banddiagramms (Abb. 8.30(b)) und illustriert die Effekte, die aus dieser besonderen Situation für Löcher resultieren [961, 925]. Wegen ihrer langsamen Bewegung können sie durch ihre eigene Ladungsbeeinflussung des umgebenden Gitters lokalisiert, d.h. eine Zeit lang festgehalten werden (*self-trapped holes*)[83] (siehe auch Abschnitt 13.3.1 auf Seite 601). Dabei wird auch das Gitter deformiert. Die lokale Gitterdeformation bewegt sich mit der Löcherbewegung fort, nicht kontinuierlich, sondern von einer Gitterposition zur nächsten hüpfend, ein Effekt der als *polaron hopping* bekannt ist. Die effektive Masse des Lochs ist bei dieser Bewegung größer als ohne Gitterdeformation und die Beweglichkeit wird weiter herabsetzt. Dieser Effekt macht den Löchertransport zeitlich sehr dispersiv, das heißt er erfolgt über sehr lange Zeitskalen im Vergleich zur Ladungsinjektion, und er ist sehr temperatur- und besonders auch oxiddickenabhängig. Wenn die am Gate angelegte Spannung positiv ist, werden die Löcher in Richtung der dem Gate gegenüberliegenden Si–SiO_2-Grenzfläche transportiert. Nahe der Grenzfläche ist die Dichte der Oxidleerstellen groß wegen des Gitterversatzes zwischen Si und SiO_2 an der Grenze und wegen hier erhöhter Diffusion von Sauerstoff aus dem Oxid heraus. Diese Oxidleerstellen können als Einfangzentren für ankommende Löcher agieren (*deep-hole oxide-traps*). Die positive Ladung der gefangenen Löcher in der Nähe der Grenzfläche verursacht negative Transistorschwellenverschiebung für NMOS- wie für PMOS-Transistoren

Als einen zweiten durch Ionisation induzierten Effekt wird angeführt [925], dass durch das Löcherhüpfen verursachte ionisierte Wasserstoffverunreinigungen (H^+) sehr leicht aus dem Gitter befreit werden können (siehe Abb. 8.89). Sie driften ebenfalls zu der Grenzfläche, wo sie reagieren und Einfangzentren direkt an den Grenzflächenbindungen (*interface traps*) bilden können [1052]. Sie stellen Defekte mit Energieniveaus innerhalb der Bandlücke dar, die als Akzeptoren (negativ, wenn gefüllt) oder als Donatoren (positiv, wenn geleert) wirken, oder sie können amphoter sein, das heißt abhängig vom Ferminiveau des Systems donator- oder akzeptorartig wirken. Der Ladungszustand dieser Niveaus (gefüllt, geleert) hängt von der angelegten Spannung ab. Für n-Kanal-MOSFETs zeigen sich die Grenzflächenzentren bei positiver Gatespannung dominant als negativ geladen, unter negativer Spannung als positiv [961].

Da die im Oxid eingefangenen Löcherladungen positiv sind, wirken die an der Grenzfläche gefangenen (negativen) Ladungen für n-Kanal-Transistoren kompensierend, was den Einfluss der Strahlenschädigung auf den Transistorbetrieb betrifft, während der Einfang positiver Ladungen an der Grenzfläche bei p-Kanal-Transistoren verstärkt schädigend wirkt [961]. Die Zeitskalen für den Ladungsaufbau ist für die beiden Fälle allerdings unterschiedlich. Grenzflächenladungsaufbau geschieht auf einer noch langsameren Zeitskala als der positive Ladungsaufbau im Oxid und dauert bis zu 10^5 s bis zur Sättigung [925]. Beide, Oxid- und Grenzflächenzentren, sind im Wesentlichen stationäre Ladungen. Obwohl der Neutralisierungsprozess sofort beginnt, kann die Zeitdauer bis zur kompletten Ausheilung viele Monate dauern. Ausheilung erfolgt dadurch, dass Elektronen aus dem Silizium zu den Einfangzentren des Oxids tunneln und/oder durch thermische Emission von Elektronen aus dem Valenzband des Oxids in die Zentren gelangen.

Einfluss auf den Transistorbetrieb Die festen Oxidladungen beeinflussen die Schwelleneigenschaften von MOS-Transistoren gemäß Gleichung (8.72) in Abschnitt 8.3.5 oder sie

[83] Das erzeugte Deformationsfeld ist unter dem Namen *Polaron* geläufig.

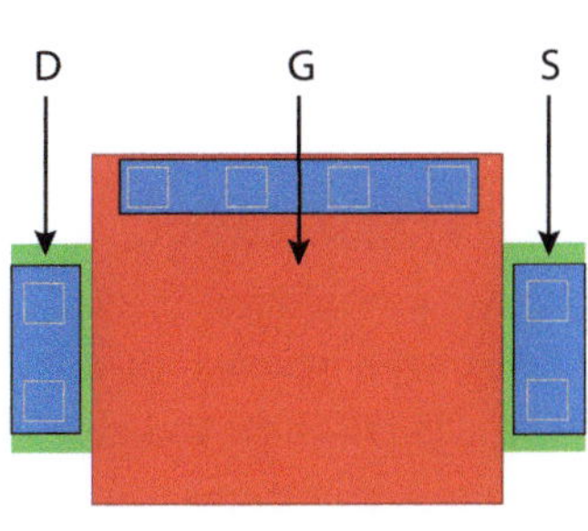

(a) Lineares Layout

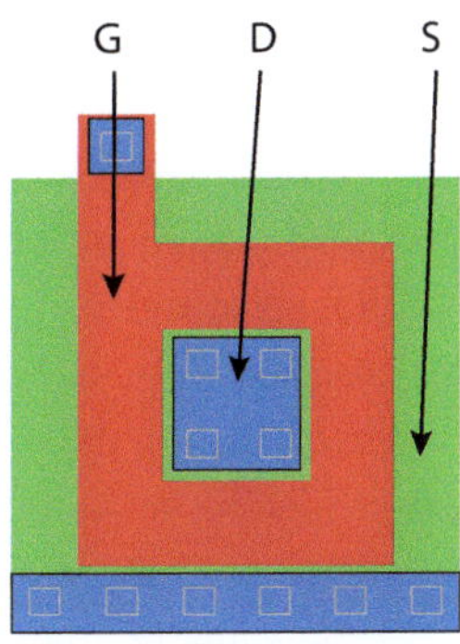

(b) 'Rundes' Layout

Abb. 8.90 Lineare (a) und 'runde' (geschlossene) (b) Form eines MOSFET-Transistors (*Computerlayout*) mit Bezeichnungen für *Source* (S, grün), *Drain* (D, grün) und *Gate* (G, rot). Die blauen Bereiche markieren die Metallkontakte für die S,G,D - Implantationen, die darunter liegen und geschlossene Strukturen darstellen.

können parasitäre Transistorstrukturen kreieren, die signifikant die Funktionsweise integrierter Schaltungen stören können [886]. Der rapide Fortschritt in der Miniaturisierung integrierter Schaltungen hat die Entwicklung strahlenharter Elektronik sehr positiv beeinflusst. Kleine Strukturgrößen ($\lesssim 250\,\text{nm}$) moderner IC-Technologien haben auch sehr dünne Gateoxiddicken zur Folge, nur einige Nanometer dick, was zu einer starken Reduktion im Aufbau der Einfangzentren führt. Als Konsequenz verringert sich der strahlungsinduzierte Ladungsaufbau im Oxid erheblich, sodass sein Einfluss auf die Transistoreigenschaften stark reduziert wird. Jedoch existieren ähnliche Effekte in anderen Oxidstrukturen der Mikroelektronik (z.B. in Feldoxiden, vertikalen Isolationsoxiden, u.a.) und verursachen Effekte in engen oder kurzen Transistorkanälen, die in MOS-Technologien mit sehr kleinen Strukturgrößen auftreten (siehe z.B. [411]).

An kritischen Knoten von Transistorschaltkreisen kann man die üblicherweise lineare Transistorgeometrie der Abb. 8.90(a) – das heißt das *Gate* ist durch eine rechteckige Implantationsstruktur zwischen *Source* und *Drain* realisiert – durch eine geschlossene 'runde' Geometrie ersetzen [101], bei der die *Drain*-Implantation von der *Gate*-Implantation vollständig umschlossen ist, gefolgt von der *Source*-Implantation, wie in Abb. 8.90(b) gezeigt. Stromleitende parasitäre Verbindungen zwischen *Drain* und *Source* desselben Transistors oder auch zwischen Funktionsbereichen, die zu verschiedenen Transistoren gehören, werden dadurch unterbrochen und die entsprechenden Effekte sind stark unterdrückt (siehe z.B. [873]).

Oberfächenschädigungen am Substrat eines Siliziumdetektors sind vergleichsweise unerheblich gemessen an den NIEL-Schädigungen.

8.12.5 Maßnahmen zur Strahlenhärtung

Der Betrieb von Halbleiterdetektoren (insbesondere Silizium) in strahlungsintensiven Umgebungen war und ist insbesondere seit der Entwicklung von Detektoren für die LHC-Experimente Gegenstand intensiver Forschungs- und Entwicklungsarbeit.

Die oben beschriebenen Schädigungen sind alle temperaturabhängig. Eine Erwärmung des Kristallgitters kann daher dazu beitragen, Schädigungen wieder zu beheben. Erwärmung des Siliziumkristalls kann aber auch Defekte elektrisch aktivieren. Die Wärmebehandlung bestrahlter Halbleiter, wodurch physische Änderungen im Kristall herbeigeführt werden, nennt man 'Ausheilung'. Im Falle von Silizium wird die anfängliche effektive Verringerung von akzeptorartigen Zuständen N_{eff}, wenn man den geschädigten Sensor für einige Stunden bei etwa 60°C hält, *short-term annealing* oder *beneficial annealing* genannt. Sie wird wahrscheinlich durch einen Anstieg donorartiger Defekte statt der Entfernung/Deaktivierung von Akzeptoren verursacht [833]. Hält man jedoch den Kristall noch länger bei höherer Temperatur, werden andere akzeptorartige Defekte aktiv, die bis zu diesem Zeitpunkt den Detektorbetrieb nicht beeinflusst haben. Sie wirken der 'gutartigen' Auswirkung der Anfangsausheilung entgegen und werden daher als 'umgekehrte Ausheilung' (*reverse annealing*) [709] bezeichnet. Der zeitliche Verlauf dieser Effekte nach der Bestrahlung ist in Abb. 8.91 gezeigt.

Um die verschiedenen zeit- und temperaturabhängigen Prozesse zu beschreiben, wird der nachfolgende Ausdruck für die Änderung der effektiven Dotierungskonzentration (besser: effektive Raumladung), bestehend aus drei Termen, die jeweils wiederum parametrisiert werden können, herangezogen [1058], auch [886, 766]:

$$\Delta N_{\text{eff}}(t;\phi,T) = N_{\text{eff}} - N_{\text{eff}}^{\phi=0} = N_A^{\text{ben}}(t;\phi,T) \; + \; N_C(\phi) \; + \; N_Y^{\text{rev}}(t;\phi,T)\,. \quad (8.128)$$

Hierbei ist $N_{\text{eff}}^{\phi=0}$ die effektive Raumladungsdichte vor der Bestrahlung, ϕ und T sind Fluenz und Temperatur, und die drei Terme auf der rechten Seite beschreiben die beiden Ausheilungsbeiträge, N_A (*beneficial*) bzw. N_Y (*reverse*), und auch eine stabile Komponente N_C, die sich im Verlauf der Zeit nach der Bestrahlung nicht mehr ändert und vor allem der Deaktivierung von Dotierungsatomen weitgehend Rechnung trägt. Abbildung 8.91 zeigt, dass ΔN_{eff} aus Messungen als positiv anzusehen ist, das heißt, dass die strahlungsinduzierte Schädigung allgemein eine negative Raumladung bewirkt, in Übereinstimmung mit der beobachteten Typinversion in n-typ-Silizium.

Die drei Anteile für die zeitliche Entwicklung der Schädigung werden wie folgt parametrisiert [766]:

$$\begin{aligned} N_A(t;\phi,T) &= g_A \exp\left(-\tfrac{t}{\tau_A}\right)\phi\,, \\ N_L(t;\phi) &= N_{C,0}\left(1-\exp\left(-c\phi\right)\right) + g_C\phi\,, \\ N_Y(t;\phi,T) &= g_Y\left(1-\exp\left(-\tfrac{t}{\tau_Y}\right)\right)\phi\,. \end{aligned} \quad (8.129)$$

Hier sind g_A, g_C und g_Y die betreffenden Anfangsraten (*introduction rates*), welche die Startpunkte der Entwicklung der Raumladungsbeiträge mit der Fluenz festlegen, zum Beispiel für *reverse annealing* $N_Y = g_Y\phi$. $N_{C,0}$ trägt der Tatsache Rechnung, dass oft

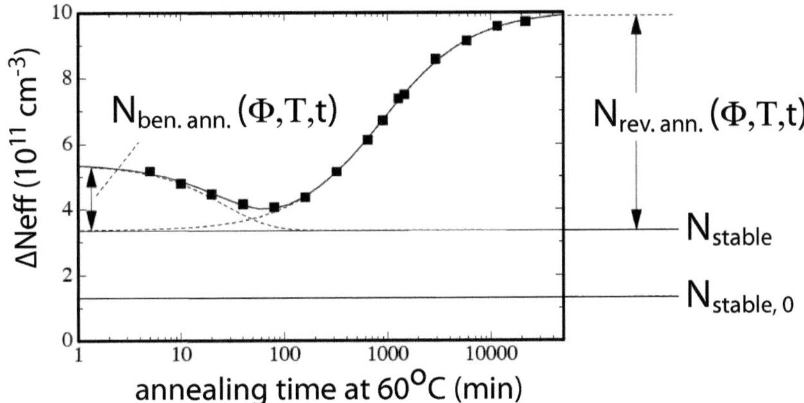

Abb. 8.91 Ausheilungsverhalten der effektiven Dotierungskonzentration bei einer Temperatur von 60 °C (nach [767], mit freundl. Genehmigung von Elsevier). Die Ordinate zeigt die Differenz der effektiven Raumladungsdichte vor und nach der Bestrahlung. Die Verringerung der effektiven Dotierungskonzentration auf der linken Seite der Abbildung bezeichnet man als *beneficial annealing*, den Anstieg auf der rechten Seite als *reverse annealing*.

nur unvollständige Entfernung von Dotierungsatomen beobachtet wird. Die Ausheilzeitkonstanten τ_A und τ_Y sind temperaturabhängig und folgen einer so-genannten *Arrhenius*-Gleichung,[84] $\tau_{A,Y} \propto \exp(E_a/kT)$, mit Aktivierungsenergien E_a von 1.09 eV bzw. 1.33 eV [764], was niedrigere Temperaturen bevorzugt für gewünschte längere Zeitkonstanten. Um *reverse annealing* zu unterdrücken, werden daher die Siliziumdetektoren bei LHC auf einer Temperatur von −6 °C bis −10 °C gehalten, sowohl beim Betrieb als auch während der Wartungsintervalle ohne Beschleunigerbetrieb.

Maßnahmen, die die Strahlentoleranz von Siliziumdetektoren erhöhen, sind:

– Für Detektoren mit n-Substrat als Ausgangsmaterial[85], die mit wachsender Fluenz eine Typinversion durchlaufen, muss der Detektor danach immer noch funktionsfähig sein. Dazu ist es von Vorteil, wenn nach Inversion die n^+p-Grenzschicht der Detektordiode auf der Seite der Ausleseelektroden liegt. Da die Verarmungszone sich mit wachsender Spannung von dieser Seite in das Substrat ausdehnt, wird der Bereich nahe der Ausleseelektroden noch verarmt sein, wenn auf der den Elektroden gegenüberliegende Seite vollständige Verarmung aufgrund von Strahlenschäden nicht mehr aufrechterhalten werden kann (siehe dazu Abschnitt 8.7 auf Seite 364). Dies erreicht man zum Beispiel durch so genannte n^+-in-n-Sensoren oder auch n^+-in-p, weil p-Typ-Silizium keiner Inversion unterliegt (siehe Abb. 8.86), mit n-Implantationen für Pixel- oder Streifenelektroden in schwach dotiertem n- oder p-Substrat (siehe

[84] In der Kinetik der Chemie beschreibt die Arrhenius-Gleichung die Temperaturabhängigkeit von Reaktionsratenkonstanten, die benutzt wird, um den Einfluss der Temperatur auf eine Reaktionsrate zu analysieren.

[85] n-Substrat (entweder p^+-in-n oder n^+-in n) wurde zunächst für Siliziumstreifen- und Pixeldetektoren bevorzugt, da es ursprünglich hochohmiger herstellbar war.

Abb. 8.56 in Abschnitt 8.7). Nach der Inversion liegen die Ausleseelektroden dann an der Diodenseite. Der Detektor kann daher auch unvollständig verarmt betrieben werden.

- Wegen der notwendigen hohen Spannungen, die man nach Strahlenschädigung für vollständige Verarmung benötigt, muss der Potenzialabbau zum Rand des Sensors hin durch geeignete Feldführungselektroden (*guard rings*) gestützt werden.
- Unter Umständen kann eine etwas stärkere Anfangsdotierung des Substrats gewählt werden, die die Typinversion hinauszögern kann.
- Um große Feldstärken an n^+n-Grenzflächen zu vermeiden, verwendet man anstelle von p-stop-Implantationen p-spray-Techniken (siehe Abschnitt 8.6.1).

Die Auswirkungen der Strahlungsschäden steigen mit der Fläche der Ausleseelektroden und begünstigen daher Pixeldetektoren gegenüber großflächigeren Pad- oder Streifendetektoren. Ferner ist bei Pixeldetektoren das Signal-zu-Rausch-Verhältnis vergleichsweise groß, weil neben der kleinen Eingangskapazität, die Pixelelektroden für den Vorverstärker darstellen, auch der Leckstrom, der proportional zum Volumen unter der Elektrode ist, nach der Strahlenschädigung zum Rauschen weniger beiträgt als bei großflächigeren Elektroden.

Sauerstoffanreicherung bei n-Typ-Detektorsubstrat Man hat durch intensive Studien festgestellt [709, 541, 835], dass sich Anreicherung des Silizium-Substratmaterials mit Sauerstoff (zum Beispiel durch Kristallzüchtung in einer sauerstoff-angereicherten Atmosphäre oder durch lange Oxidation der geschnittenen Wafer vor der Prozessierung) positiv auf den Detektorbetrieb nach der Substrat-Schädigung auswirkt und – je nach Bestrahlungsart – die Typinversion unterdrücken oder sogar verhindern kann. Die physikalische Ursache dafür ist auf ein komplexes Zusammenwirken von akzeptorartigen und donatorartigen Defekten zurückzuführen [835]. In einfachen Worten kann man sagen, dass die durch die eintreffende Strahlung verursachten Gitterleerstellen V–P-Verbindungen (*vacancy–phosphorus*) formen können und so Phosphoratome als Donatoren entfernen. Falls jedoch Sauerstoffatome häufiger sind als Phosphoratome, werden stattdessen mit größerer Wahrscheinlichkeit 'harmlose' V–O-Verbindungen erzeugt und die Entfernung von Donatoren somit unterdrückt.

Zum Verständnis der auftretenden Gitterveränderungen müssen Punktdefekte separiert von Clusterdefekten studiert werden, was zum Beispiel durch γ-Bestrahlung mit einer ^{60}Co-Quelle, die keine Clusterdefekte erzeugt, erfolgen kann. Speziell entwickelte Methoden wie zum Beispiel die DLTS-Technik (*deep level transient spectroscopy*) oder die TSC-Technik (*thermally stimulated current*) werden zur Bestimmung der Lage der Defektenergieniveaus in der Bandlücke benutzt. Die chemische Zusammensetzung der Defekte kann durch TEM (*transmission electron microscopy*) herausgefunden werden. Ein kompakter Überblick dieser Methoden ist in [542] vorgestellt.

Abbildung 8.92 zeigt die Energieniveaus der wichtigsten Punkt- und Clusterdefekte. Defektzustände können elektrisch geladen oder neutral sein. Zum Beispiel, ein Donatorniveau ist neutral, wenn es von einem Elektron besetzt ist, ein Elektron eingefangen hat

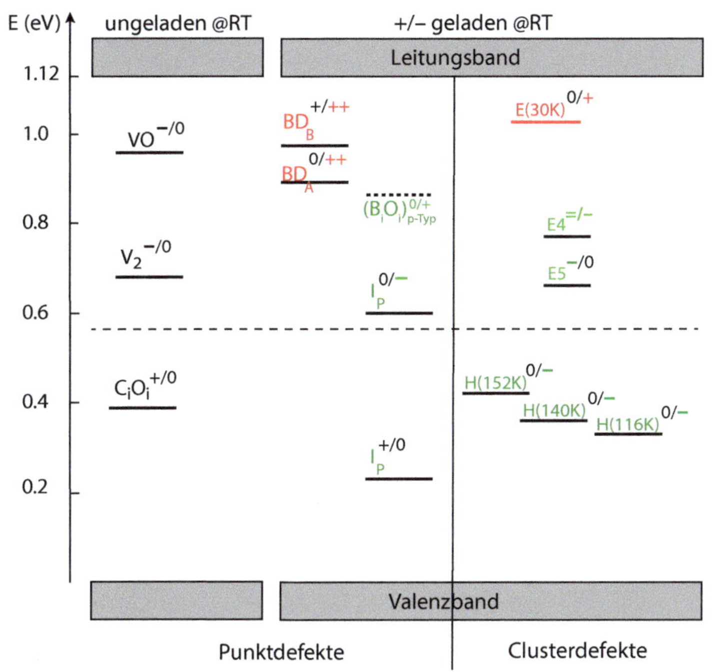

Abb. 8.92 Defektzustände verursacht durch Strahlenschäden in Silizium (gezeichnet nach Informationen in [765] und [851]). Gezeigt sind Punktdefekte (links) und Clusterdefekte (rechts). Die Bezeichnungszusätze +,-,0 zeigen die möglichem Ladungszustände vor/nach einer Emission oder einem Einfang an (auch doppelt geladen ++ oder =). Relevant für die effektive Raumladung sind elektrisch aktive Zustände. V = Leerstelle (*vacancy*). Siehe auch Erläuterungen im Text. (@ RT = bei Raumtemperatur).

oder 'nicht ionisiert' worden ist. Es ist positiv geladen, wenn es ionisiert wurde, d.h. ein Elektron in das LB emittiert hat und daher 'leer' an Elektronen ist. Ein ionisiertes Akzeptorniveau ist von einem Elektron besetzt (hat ein Loch emittiert) und ist daher negativ geladen; es ist neutral, wenn es leer ist (nicht ionisiert). Auch doppelt geladene Defekte (++ oder =, zum Beispiel der bistabile Donator BD in Abb. 8.92) und Defekte mit mehr als zwei Ladungszuständen (z.B. $0, +, ++$) existieren genauso wie Defekte, welche (abhängig von ihrer Struktur im Gitter) unterschiedliche Energieniveaus besitzen, die entweder als Donatoren oder Akzeptoren wirken können.

Prominente Punktdefekte sind: (a) der so-genannte I_p-Defekt ($I_p^{0/-}$) [696, 835], dessen Struktur noch unbekannt ist, und der einem akzeptorartigen Zustand nahe der Bandmitte ('tiefer' Akzeptor) entspricht; (b) ein 'flacher' Donator in der oberen Hälfte der Bandlücke, der in zwei stabilen Ladungszuständen erscheint und daher als BD-zentrum (*bistable donor*) bezeichnet wird. Der Defekt wird sehr häufig in sauerstoff-angereichertem Silizium, vor allem im Schmelzzonenverfahren, erzeugt.

Nun wird wichtig, dass das I_p-Zentrum durch hohe Sauerstoff-Anteile anzahlmäßig verringert wird, während das BD-Zentrum in sauerstoff-angereichertem Material vermehrt erzeugt wird. Das 'tiefe' Akzeptorniveau des I_p-Defekts erzeugt eine (p-artige) negative Raumladung und trägt außerdem, wie in Abb. 8.84 skizziert, zur Erhöhung des Leckstroms durch Ladungsträgererzeugung bei. Die 'flachen' Donator-Defekte sind für eine Erhöhung der positiven Raumladung (n-artig) verantwortlich. In sauerstoff-angereichertem Material dominiert die Erzeugung von BD-Zentren und überkompensiert den

Einfluss des I_p-Zentrums auf die Raumladung, sodass stark mit Sauerstoff angereicherte Detektoren aus n-Substratmaterial ihre positive Raumladung auch bei hohen Strahlungsdosen[86] beibehalten und nicht typ-invertieren.

Bei Bestrahlung sauerstoff-angereicherten Materials mit Hadronen werden Clusterdefekte (siehe Seite 395) zusätzlich zu den Punktdefekten für Detektorveränderungen wirksam. Diese werden durch mehrere Defektzentren (H(116K), H(140K), H(152K) [835]) charakterisiert, die als Einfangzentren für Löcher fungieren und daher als Akzeptoren wirksam werden. Sie tragen vollständig mit negativer Raumladung zu N_{eff} bei. Ferner wird zusätzlich ein als flacher Donator (wie das BD-Zentrum) n-artig wirkender Punktdefekt E(30K) bei Bestrahlung mit geladenen Hadronen mit hoher Rate erzeugt und kompensiert zum Teil das p-artige Vorzeichen der Raumladungsänderung nach Bestrahlung.

Bei Neutronen hingegen spielen die Punktdefekte, welche dominant durch Coulomb-Streuung geladener Projektile erzeugten werden, relativ zu den Clusterdefekten (siehe 395) eine untergeordnete Rolle (siehe Tab. 8.4). Damit wird auch das E(30K)-Zentrum wesentlich weniger stark erzeugt als bei Protonen und Pionen, und die akzeptorartigen Defekte bleiben dominant wirksam. Dies hat zur Folge, dass nach Schädigung von sauerstoffangereichertem Material mit Neutronen kein Unterschied zu Standardmaterial (sauerstoffarm) beobachtet wird (Abb. 8.93), während für Protonen- oder Pionenbestrahlung eine signifikant kleinere Änderung der Raumladung durch Bestrahlung erfolgt. Bei hinreichender Sauerstoffanreicherung kann die Typinversion für Proton- und Pionbestrahlung sogar vollständig unterdrückt werden.

Auch das oben erwähnte *Reverse-annealing*-Phänomen wird denselben Akzeptordefekten (speziell Clusterdefekten), deren elektrische Wirksamkeit mit der Zeit anwächst, als Verursacher zugeschrieben [834]. Bei den LHC-Spurdetektoren sind in den strahlnahen Bereichen vor allem Pionen für Strahlenschäden verantwortlich, da diese Teilchen weit häufiger als Protonen und Neutronen in den Kollisionen erzeugt werden. In den Bereichen mit $r > 20\,\text{cm}$ ist allerdings die Rückstreuung von Neutronen aus den Kalorimetern, in denen die Primärteilchen hadronisch mit Atomkernen wechselwirken, dominant.

Kohlenstoffanreicherung in p-Typ-Silizium Während die durch Strahlung erzeugten Defekte selbst von der Dotierung des Substrats unabhängig sind, so ist ihre Auswirkung auf die (effektive) Raumladung (Dotierung) für n-Typ- und p-Typ-Material jedoch unterschiedlich [620, 381]. Die Entfernung von Akzeptoratomen (Bor) aus p-Regionen (*acceptor removal*) spielt ähnlich wie bei der Änderung der Donatordichte oft eine große Rolle für Detektoren, besonders zum Beispiel bei LGAD- (Abschnitt 8.11) oder DMAPS-Detektoren (Abschnitt 8.10). Während die Entfernung von flachen Donatoren wie Phosphor in n-Material zu einem großen Teil auf die Bildung von V–P-Komplexen zurückgeführt werden und durch Sauerstoffanreicherung gemildert werden kann, ist die Entfernung von Akzeptoren in p-Typ-Material ein Vorgang mit mehreren Stufen [562, 692]. Qualitativ verläuft die Schädigung wie folgt. Ein Bor-Atom auf einem Gitterplatz (*substitutional boron*, B_S) kann von einem Silizium-Zwischengitteratom (*interstitial Si*, Si_i,

[86] getestet bis 5 MGy [835]

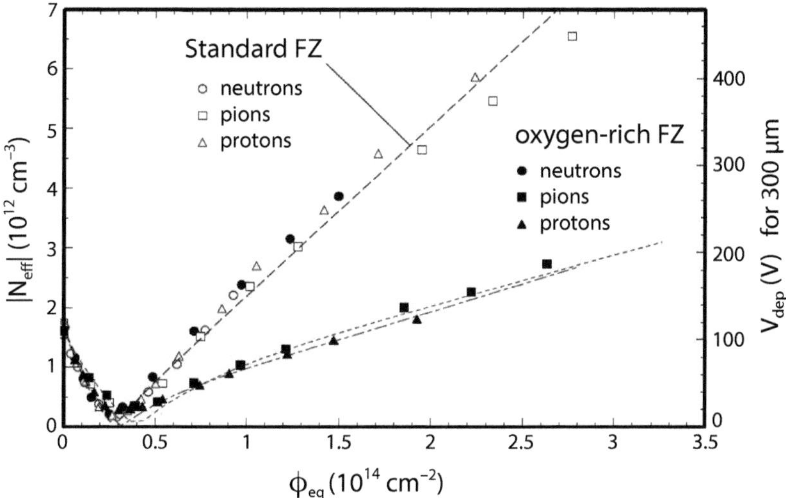

Abb. 8.93 Notwendige Spannung zur vollständigen Verarmung eines 300 µm dicken Siliziumdetektors in Abhängigkeit von der Strahlungsfluenz (1-MeV-Neutron-Äquivalent) für Standard-Silizium im Vergleich zu sauerstoff-angereichertem Silizium, in beiden Fällen mit der *Floatzone*-Methode (FZ) hergestellt [1042]. Zur Bestrahlung wurden Reaktorneutronen sowie Pionen und Protonen aus Beschleunigern verwendet. Neben der bereits in Abb. 8.86 beschriebenen Typinversion zeigt die Abbildung, dass die Sauerstoffanreicherung im Falle von Protonen oder Pionen zu einer deutlich geringeren effektiven p-Dotierung führt, während für Neutronen kein Unterschied zu Standard-FZ-Material beobachtet wird (aus [709], mit freundl. Genehmigung von Elsevier).

siehe Abb. 8.80) verdrängt werden, so dass es selbst auf einem Zwischengitterplatz (B_i) sitzt und sehr reaktiv ist. Es kann leicht mit einer Sauerstoff-Verunreinigung einen B_i–O_i-Defekt bilden, der in der Bandlücke bei der Energie $E_t = E_L - 0.23\,\text{eV}$ [735] liegt (siehe Abb. 8.92) und als Donator wirkt. Somit wird die Raumladung effektiv zweifach geändert, durch Akzeptorentfernung (B) und Donatorbildung (B_i–O_i). Zufuhr von Kohlenstoffatomen mit Anzahldichten $[C] \gg [Si_i]$, führt zu vermehrter Bildung von C_i–O_i -Komplexen, so dass Si-Zwischengitterplatzatome Si_i für die ursächliche Entstehung der Akzeptorentfernung weniger zur Verfügung stehen.

Säulenförmige Sammelelektroden: 3D-Si-Pixeldetektoren Durch eine veränderte Anordnung der feldformenden Elektroden werden in so genannten '3D-Si'-Pixelsensoren [636, 351] (Abb. 8.94) kürzere Driftwege und schnellere Ladungssammlung erzielt, wodurch die Strahlenhärte von Siliziumdetektoren deutlich erhöht wird. Im Unterschied zu konventionellen 'planaren' Pixeldetektoren (mit den Pixelelektroden an der Oberfläche) verläuft eine senkrecht zum Sensor eintretende Teilchenspur parallel zu den Elektroden. In Abb. 8.94 beträgt der Abstand der säulenförmigen n-Elektroden von den p-Elektroden 71 µm in beiden Richtungen. Das Sensorvolumen kann daher mit vergleichsweise kleinen Spannungen vollständig verarmt werden, auch nach Bestrahlung. Die mittlere Feldstärke ist bei typischen Betriebsspannungen höher als bei planaren Detektoren. Die in Abhän-

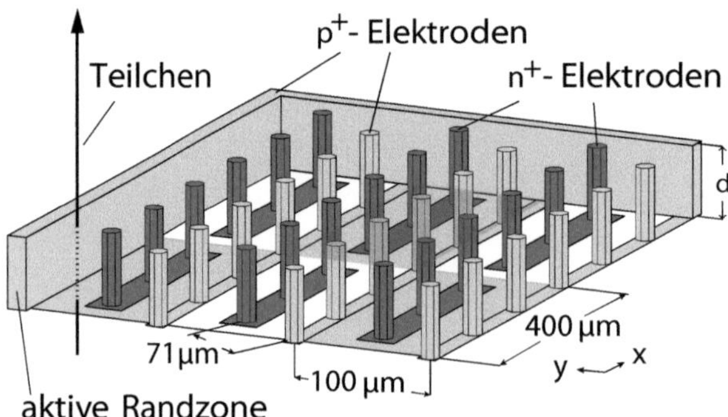

Abb. 8.94 Schematische Zeichnung eines Silizium-Pixelsensors [636] mit einer speziellen Elektrodenanordnung (3D-Si) (nach [750]). p^+ und n^+-Implantationen sind senkrecht im Volumen des n^--Substrats angeordnet. Die Seiten des Sensors sind als p^+-Implantationen ausgebildet, wodurch der Sensor bis zum Rand für den Nachweis von Teilchen aktiv bleibt.

gigkeit von der Strahlungsfluenz durch Ladungseinfang kürzer werdende freie Weglänge $\lambda_{e/h}$ für die Drift der Ladungsträger führt zu Signalverlust, wenn die Driftstrecke bis zur Sammelelektrode in der gleichen Größenordnung wie $\lambda_{e/h}$ liegt, für 3D-Si-Sensoren also erst bei höheren Strahlungsfluenzen als für planare Siliziumsenoren mit 250–300 µm Sensordicke. Der gemessene Signalverlust für 3D-Si-Sensoren nach $\phi_{eq} = 10^{16}$ cm^{-2} ist kleiner als für konventionelle Siliziumdetektoren [352, 662]. Für sehr hohe Feldstärken (>10 V/µm [1004]) wurde sogar eine Erhöhung des Signals durch Ladungsmultiplikation beobachtet [662].

8.13 Weitere Halbleitermaterialien für den Strahlungsnachweis

Für die meisten Anwendungen ist Silizium das am besten geeignete Halbleitermaterial zum Nachweis von Teilchen oder Strahlung. Seine Merkmale sind:

- Silizium besitzt eine kleine Dichte und eine große Strahlungslänge im Vergleich zu anderen Halbleitern. Während dies wegen der relativ niedrigen Ordnungszahl ($Z = 14$) für Experimente der Teilchenphysik von Vorteil ist, ist die damit verbundene vergleichsweise geringe Absorptionswahrscheinlichkeit für Photonen, zum Beispiel bei Verwendung als Röntgendetektoren, ein Nachteil.
- Als Substratmaterial können große Siliziumkristalle[87] verwendet werden, die relativ wenige Verunreinigungen und Gitterinhomogenitäten aufweisen. Dies hat eine große Lebensdauer der Ladungsträger und eine hohe Ladungssammlungseffizienz zur Folge, sodass die erzeugte Ladung vollständig gesammelt wird, solange diese Eigenschaften nicht durch Strahlenschädigung geändert werden.
- Silizium ist kostengünstig und leicht verfügbar. Seine wirtschaftliche Nutzung und industrielle Prozessierung ist über Jahrzehnte gereift.

[87] Siliziumwafer mit Detektorqualität werden derzeit mit Durchmessern von bis zu 20 cm (8 Zoll) hergestellt, Chipwafer mit bis zu 30 cm (12 Zoll) Durchmesser.

- Silizium kann gezielt n- und p-dotiert werden. Dadurch kann das elektrische Feld im Inneren für spezielle Wege der Ladungssammlung geformt werden.
- Die Anzahl der erzeugten e/h-Paare pro MeV deponierter Energie ist vergleichsweise groß (etwa 23 000 e/h-Paare für ein minimal ionisierendes Teilchen bei 300 µm Materialdicke).

Andere Halbleitermaterialien werden als Detektoren attraktiv, wenn spezielle Anforderungen vorliegen, die die genannten Vorteile von Silizium überwiegen. Häufig ist eine hohe Absorptionswahrscheinlichkeit von hochenergetischen ($>$ keV) Photonen verlangt, die Silizium nicht aufweist. Eine andere spezielle Anforderung ist die Toleranz des Materials gegenüber hoher Strahlenbelastung wie sie zum Beispiel am LHC auftritt. Bei sehr hoher Luminosität treten Teilchenflüsse in der Größenordnung von einigen 10^{15} Teilchen pro cm^2 oder mehr über 5–10 Jahre auf, die für Siliziumdetektoren, aber auch für andere Halbleitermaterialien, wegen der hohen Dichte der durch die Strahlung erzeugten Einfangzentren für Ladungsträger ein großes Problem darstellen (siehe Abschnitt 8.12).

Für Anwendungen in der Röntgenbildgebung sind vor allem Verbindungshalbleiter mit hohem Z attraktiv, insbesondere CdTe beziehungsweise CdZnTe ($Z \approx 50$) sowie GaAs ($Z = 32$), die größere Wirkungsquerschnitte für Photoabsorption aufweisen als Silizium (siehe Abschnitt 3.5.1). Germanium wird ausschließlich in Experimenten verwendet, bei denen eine sehr gute Energieauflösung der absorbierten Strahlung verlangt wird, wie zum Beispiel in der Kern-Gamma-Spektroskopie (siehe z.B. [68]), in Weltraumteleskopen zur Identifizierung von Gamma-Punktquellen (z.B. [881]) oder in Experimenten zu direkter Suche nach Dunkler Materie durch den Nachweis schwach wechselwirkender Teilchen (siehe dazu auch Kapitel 16).

Für Teilchenphysik-Experimente ist auch künstlicher Diamant als Material interessant, das in der Widerstandsdefinition von Abb. 8.4 sogar als Isolator klassifiziert wird. Diamant besitzt eine große Bandlücke von 5.5 eV und hat daher ein vergleichsweise kleines Ladungssignal für minimal ionisierende Teilchen. Wegen seiner großen Strahlungslänge, seiner hohen Strahlentoleranz und auch wegen seiner ausgezeichneten Wärmeleitfähigkeit ist Diamant insgesamt attraktiv für Teilchendetektoren, insbesondere in Hochstrahlungsumgebungen. Im Rahmen der Suche nach strahlentoleranten Alternativen zu Siliziumdetektoren sind in jüngerer Zeit auch SiC und GaN in den Fokus gerückt, die größere Bandlücken (beide im Bereich von 3.3 eV) und höhere Mindestenergien für die Entfernung eines Atoms aus dem Gitter als Si aufweisen.

Nachfolgend geben wir eine Übersicht über Halbleitermaterialien, die neben Silizium als Teilchendetektoren Verwendung finden.

8.13.1 Germanium

Als Elementhalbleiter wird neben Silizium auch Germanium für Detektoren verwendet. Im Vergleich zu Silizium (siehe Tab. 8.2 auf Seite 297) besitzt Germanium insbesondere eine kleinere Bandlücke von 0.7 eV und zwei- bis dreifach höhere Ladungsträgermobilitäten. Die kleine Bandlücke und die damit verbundene kleinere mittlere Energie zur

Erzeugung eines e/h-Paares von $w_i = 2.96$ eV (und damit die pro Energieeintrag größere Zahl von erzeugten Ladungsträgern) sind für die bessere Energieauflösung von Germanium im Vergleich zu Silizium verantwortlich. Einen Eindruck von der bemerkenswerten Energieauflösung von Ge-Detektoren liefert Abb. 17.53 auf Seite 899. Aus demselben Grund müssen Germaniumdetektoren gekühlt betrieben werden, um den thermisch erzeugten Leckstrom klein zu halten.

Als Detektor mit hoher Energieauflösung wird Germanium in der Kernphysik und für Photosensoren im nahen Infrarotbereich eingesetzt, gelegentlich auch für den Röntgennachweis wegen der hohen Kernladungszahl $Z = 32$. Als ortsauflösender Detektor in der Teilchenphysik wird Germanium wenig verwendet. Eine Ausnahme sind Experimente, die eine hohe Empfindlichkeit für kleine Signale benötigen, zum Beispiel in Experimenten zum Doppelbetazerfall oder um den Rückstoß eines Atomkerns durch Kollision mit einem WIMP-Teilchen[88] nachzuweisen. Die erwartete, durch Ionisation deponierte Energie des (geladenen) Rückstoßkerns liegt im 10-keV-Bereich, die zum Beispiel im CDMS-II-Experiment mit Ge-Detektoren nachgewiesen werden kann [555] (siehe Abschnitt 16.7.2). Auch für Röngtenabsorptionsfeinstruktur (XAFS) und Röntgenfluoreszenzspektroskopie (XFS) mit Synchrotonstrahlung werden ortsempfindliche Ge-Sensoren entwickelt [501].

8.13.2 Galliumarsenid

Galliumarsenid (GaAs) ist ein III-V-Verbindungshalbleiter. Es besitzt die Bandstruktur direkter Halbleiter, in denen Übergänge zwischen Valenz- und Leitungsband ohne Impulsübertrag möglich sind (siehe Abschnitt 8.2.2). Die Bandlücke ist mit 1.43 eV (siehe Abb. 8.14 und Tab. 8.2) größer als die von Silizium. Für die Verwendung in Detektoren sind die hohen Kernladungszahlen interessant (Ga: $Z = 33$, As: $Z = 31$). GaAs enthält Massenanteile von 48.2 % Gallium und 51.8 % Arsen. Die Einkristallzüchtung von GaAs ist schwieriger als bei Silizium. Die für Si etablierten Verfahren müssen so modifiziert werden, dass die Aufrechterhaltung des Gleichgewichtsdampfdrucks der Komponenten in der Schmelze gewährleistet ist.

Fertige GaAs-Kristalle sind wie alle Verbindungshalbleiter vergleichsweise unrein. Sie haben Verunreinigungen in der Größenordnung von etwa $10^{15}\,\text{cm}^{-3}$, die zu sehr kurzen Ladungsträgerlebensdauern nur von wenigen 10 ns führen. Die intrinsische Ladungsträgerkonzentration ohne Dotierung bei Raumtemperatur beträgt etwa $n_{\text{intr}} \simeq 2 \times 10^6\,\text{cm}^{-3}$. Sie ist um vier Größenordnungen kleiner als die von Silizium und liegt in ähnlicher Größenordnung wie die Konzentration der Ladungsträger in der Verarmungszone einer pn-Grenzschicht in Silizium (siehe Abb. 8.19 auf Seite 320). Undotiertes GaAs kann also (im Gegensatz zu Silizium und Germanium) bereits als arm an freien Ladungsträgern bezeichnet werden. Ladungsträgerbewegung und -verlust werden daher weniger durch Rekombination als vielmehr durch Wechselwirkung und Einfang an Verunreinigungen und Störstellen bestimmt.

[88] WIMP = *weakly interacting massive particle*

Die wichtigsten Störstellen sind in Abb. 8.14 auf Seite 310 dargestellt. Kohlenstoff wirkt als 'flacher' Akzeptor mit geringem Abstand zum Valenzband, Silizium wirkt in GaAs als flacher Donator. Die EL2 genannte Störstelle, bei der ein Ga-Kristallplatz mit einem As-Atom besetzt ist, wirkt als 'tiefer' Donator ($\Delta E = 0.75\,\text{eV}$), da sie ungefähr in der Mitte der Bandlücke liegt. Die Umkehrung (Ga-Atom auf As-Platz) erzeugt einen flachen Akzeptor. Vor allem die EL2-Störstellen steuern die Detektoreigenschaften eines GaAs-Substrats, da sie Regionen unterschiedlicher Feldstärken innerhalb des Sensors zur Folge haben, wie weiter unten erläutert wird. Die EL2-Konzentration wird deshalb bei der Charakterisierung des Materials immer angegeben.

Die Dichte der Störstellen und Verunreinigungen ist in GaAs typisch um etwa neun Größenordnungen größer als die intrinsische Ladungsträgerdichte. Sie sind oft elektrisch aktiv (d.h. ionisierbar) und können damit zu beweglichen Ladungsträgern führen. Während in Silizium der Detektor durch eine in Sperrrichtung betriebene pn-Diode mit unterschiedlichen Dotierungen der beiden Hälften erzeugt wird, werden GaAs-Detektoren daher normalerweise im Schottky-Modus betrieben (siehe Abschnitt 8.3.4). Die Energiebänder sind zu der Metall-Halbleiter-Grenze hin hochgebogen, wie Abb. 8.95 zeigt. Dadurch entstehen Zonen, in denen die EL2-Niveaus oberhalb des Fermi-Niveaus E_F liegen und daher ionisiert sind, und solche, in denen sie unterhalb von E_F liegen. Diese letztere Zone ist nicht verarmt. Die entstehende Raumladungsdichte führt zu Gebieten hoher bzw. niedriger Feldstärke, die entsprechend zu Bereichen großer bzw. geringer Ladungssammlungseffizienz (aktive/passive Zonen) führen. In den Bereichen niedriger Feldstärke werden die Signalladungsträger nicht schnell genug abgeführt, sodass sie verstärkt rekombinieren und Ladungsverluste entstehen.

In jüngerer Zeit wurden Verfahren erfolgreich angewendet [136], die die störenden EL2-Defekte nach der GaAs-Kristallzucht durch Dotierung mit Chrom durch Eindiffusion bei hoher Temperatur kompensieren [348]. Chromatome auf Gallium-Gitterplätzen wirken als tiefe Akzeptoren in GaAs. Wenn die Dichte der Chromatome N_{Cr} größer gewählt wird als die Dichte N_D vorhandener (flacher) Donatorniveaus, so können die EL2-Defekte von den N_D-Elektronen gefüllt werden und deren Wirkung durch die N_{Cr}-Akzeptoren kompensiert werden (siehe [534], Seite 48). Es entsteht hochohmiges p-dotiertes GaAs, das detektorfähig ist.

GaAs findet wegen seiner hohen Sättigungsdriftgeschwindigkeit und Mobilität für Elektronen Einsatz für schnelle Elektronikanwendungen. Als direkter Halbleiter (siehe Abschnitt 8.2.3) absorbiert und emittiert GaAs Photonen effizienter als Silizium und wird daher in der Photonik eingesetzt (LEDs, Laser, Solarzellen). In der Teilchenphysik wurde GaAs als Detektormaterial in den 90er Jahren intensiv studiert, vor allem wegen seiner potenziellen Strahlenresistenz im Vergleich zu Silizium auf Grund der größeren Bandlücke und des damit verbundenen besseren Leckstromverhaltens. Die hohe Anzahl an Verunreinigungen verursacht aber kurze Ladungsträgerlebensdauern und erschwert eine vollständige Ladungssammlung auf Grund von Ladungsträgereinfang (*trapping*).

Die Qualität von GaAs als Detektor wird durch die in Gleichung (8.120) auf Seite 409 definierte Ladungssammlungseffizienz (*charge collection efficiency, CCE*) oder durch die Ladungssammlungstiefe (*charge collection distance, CCD*) charakterisiert. CCEs von

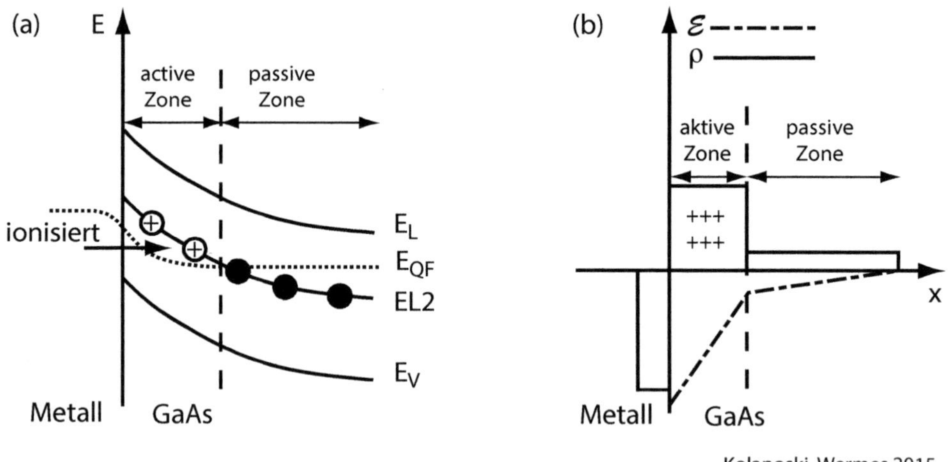

Abb. 8.95 Wirkung der EL2-Verunreinigung in einer GaAs Schottky-Diode: (a) Banddiagramm in Sperrrichtung. E_{QF} bezeichnet das *Quasi-Ferminiveau*, welches anstelle von E_F in Nicht-Gleichgewichtsbedingungen verwendet werden kann und nicht konstant ist über der Anordnung (siehe auch Fußnote 55 auf Seite 318). (b) resultierende Raumladungsdichte und elektrisches Feld als Funktion der Tiefe führen zu aktiven und passiven Bereichen für die Ladungssammlung.

$90-100\%$ und CCDs von mehr als $250\,\mu\mathrm{m}$ wurden mit GaAs-Detektoren in einzelnen Detektoren erreicht [878].

GaAs erweist sich als strahlenhart für Gammastrahlung und Elektronen, weshalb es als Material für Elektronik und Sensoren für militärische Anwendungen interessant ist. In Umgebungen mit hohem Strahlungsfluss durch Hadronen wie am LHC ist allerdings die NIEL-Schädigung relevant. Sie ist in GaAs um eine Größenordnung größer als in sauerstoff-angereichertem Silizium [767].

Ein weiteres Problem von GaAs als Teilchendetektor liegt darin, dass die Driftgeschwindigkeit für Elektronen feldabhängig stärker variiert als zum Beispiel in Silizium und ein Maximum durchläuft (siehe Abb. 4.16 auf Seite 139), das elektrische Feld in einem GaAs-Detektor aber nicht konstant ist, sondern stark variiert (siehe Abb. 8.95). Daher können Elektronen mit verschiedenen Driftgeschwindigkeiten unterwegs sein, was bei der Ladungssammlung und Signalzuordnung zu Komplikationen führen kann.

8.13.3 Cadmiumtellurid und Cadmium-Zink-Tellurid

Die II-VI-Verbindungshalbleiter CdTe und $\mathrm{Cd}_{1-x}\mathrm{Zn}_x\mathrm{Te}$ (als CZT bezeichnet) sind in Zusammenhang mit Halbleiterdetektoren vor allem für die Röntgenbildgebung wegen der hohen Kernladungszahlen ($Z_{\mathrm{Cd}}=48$, $Z_{\mathrm{Te}}=52$, $Z_{\mathrm{Zn}}=30$) und den damit verbundenen guten Photonabsorptionseigenschaften, bei gleichzeitig guter Energieauflösung, interessant. Die Bandlücke wächst von $1.44\,\mathrm{eV}$ für reines CdTe auf $2.2\,\mathrm{eV}$ für reines ZnTe (ohne Cd-Anteil) an; Werte dazwischen hängen vom Zn-Anteil ab. Gebräuchlich sind CdTe-Detektoren (ohne Zn), die entweder ohmsch oder als Schottky-Detektoren betrieben werden, sowie ohmsche CdZnTe-Detektoren mit einem Zink-Anteil x von bis zu 15%, was einer Bandlücke von $\approx$ 1.6 eV entspricht. Die Zahl der erzeugten e/h-Paare ist in CdTe vergleichbar mit der in Silizium. Die mittlere notwendige Energie zur Erzeugung eines e/h-Paares beträgt 4.43 eV, nur etwa 20% mehr als bei Silizium (vergleiche Tab. 8.2 auf Seite 297). Bei einer Energiedeposition von 100 keV verursacht die statistische Schwankung der Ladungsträger ohne Berücksichtigung elektronischen Rauschens eine Energieauflösung von etwa 200 eV. Dabei wurde ein Fano-Faktor von 0.089 (siehe Abschnitt 17.10.2 auf Seite 903) angenommen.

Charakteristische Eigenschaften von CdTe und CdZnTe sind die niedrige Löcherbeweglichkeit (100 cm^2/Vs) und das kleine Beweglichkeits-Lebensdauer-Produkt für beide Ladungsträgerarten:

$$(\mu\tau)_e \approx 10^{-3}\,\mathrm{cm}^2/\mathrm{V}\,,$$
$$(\mu\tau)_h \approx 10^{-4}\,\mathrm{cm}^2/\mathrm{V}\,.$$

Zum Vergleich, das $\mu\tau$-Produkt für Silizium ist um 2–3 Größenordnungen größer. Die relativ zur Elektronenbeweglichkleit sehr kleine Löcherbeweglichkeit von CdTe/CZT hat zur Folge, dass der Beitrag der Löcherbewegung zum Signal bei typischen Zeitkonstanten für die Signalaufnahme wenig bis nichts beiträgt. Beim Röntgennachweis, dem bevorzugten Einsatz von CdTe/CZT-Detektoren, wird dadurch gegebenenfalls die Signalgröße vom Ort der Ladungserzeugung, d.h. der Absorptionstiefe des Photons, abhängig.

Die intrinsische Ladungsträgerkonzentration n_{intr} liegt in der Größenordnung von 10^7, was eine zusätzliche Verarmung durch Dotierung ähnlich wie bei GaAs erübrigt. Jedoch wird die intrinsische Ladungsträgerkonzentration beim Herstellungsprozess meist nicht erreicht, da freie Ladungsträger durch Gitterfehler und Verunreinigungen die intrinsische Konzentration überwiegen. Häufig wird Chlor oder Indium als Dotierung mit Donator-Charakter verwendet, um Kristalldefekte durch Bildung von Chlor-Leerstellen-Komplexen zu kompensieren [1014]. Während in GaAs ionisierte EL2-Störstellen dafür verantwortlich sind, dass hohe und niedrige Feldregionen im Detektor existierten, hängt in CdTe die Stärke des elektrischen Feldes vom Besetzungszustand der Einfangzentren (siehe auch Abschnitt 8.12.1) und damit von der Zeit ab, die der Detektor der Strahlung ausgesetzt ist. Im Vergleich zu Siliziumdetektoren weisen CdTe- und CZT-Detektoren häufig unvollständige und inhomogene Ladungssammlungseigenschaften auf.

CdTe-Detektoren können durch Wahl der Elektrodenmetalle ohmsch oder im Schottky-Modus betrieben werden, je nachdem in welcher Relation die Austrittsarbeit $e\phi_m$ des Metalls und die Elektronenaffinität $e\chi_s$ im Verhältnis zueinander stehen (siehe Abschnitt 8.3.4). Abbildung 8.96 zeigt ohmsche und Schottky-Kontakte für schwach p-dotiertes, Cl-kompensiertes Cadmiumtellurid, eine typische Wahl für CdTe. Die Elektronenaffinität $e\chi_S$ in CdTe ist 3.35 eV, und für ein typisches Kontaktmetall wie Platin ist $e\phi_m$ = 5.8 eV. Für die Kontaktcharakteristik sind für p-Dotierung (Löcher) die Verhältnisse an der Valenzbandkante relevant. Nach der Kontaktierung existiert bei schwacher Dotierung für Löcher keine nennenswerte Potenzialbarriere in beiden Richtun-

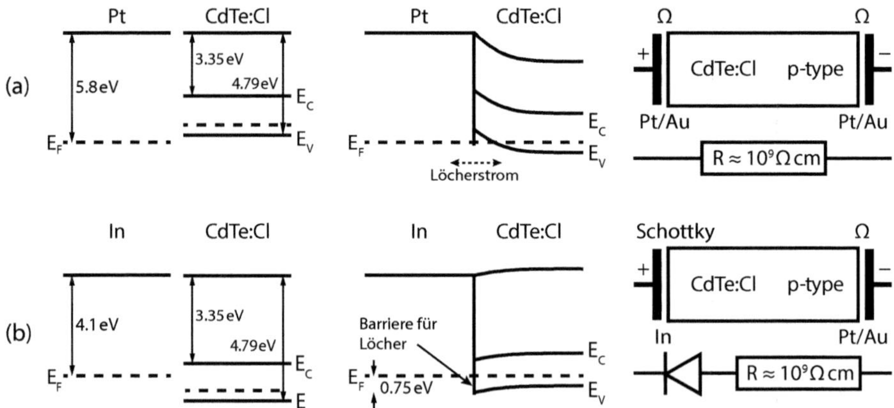

Abb. 8.96 Ohmsche (a) und Schottky- (b) Kontakte in Chlor-kompensiertem, p-dotiertem Cadmiumtellurid: links Bandverhältnisse vor der Kontaktierung, in der Mitte Bandwölbung nach der Kontaktierung, rechts Kontaktanordnung und Ersatzschaltbild. Angegeben sind die Bandkanten E_L und E_V, das Fermi-Niveau E_F für p-Dotierung sowie die Abstände zum Kontinuum. Die Art des Kontakts hängt vom Metall ab, hier Platin bzw. Indium (nach [426]).

gen an der Grenzfläche. Der Kontakt ist ohmsch (Abb. 8.96(a)). Wird der Platin-Kontakt auf einer Seite durch Indium ersetzt, das eine relativ niedrige Austrittsarbeit von 4.1 eV hat, so entsteht eine Potenzialbarriere an der Grenzfläche, die verhindert, dass Löcher aus dem Metall in den Halbleiter (das heißt Elektronen vom Halbleiter in das Metall) fließen. Es entsteht ein gleichrichtender Schottky-Kontakt, wie in Abschnitt 8.3.4 für Elektronen beschrieben[89]. Durch Anlegen einer Sperrspannung kann der Leckstrom durch einen CdTe-Detektor im Schottky-Modus sehr klein gehalten werden, wodurch der Widerstand um eine Größenordnung gegenüber dem ohmschen Kontakt erhöht werden kann ($\approx 10\,\text{G}\Omega\text{cm}$). Solche CdTe-Schottky-Detektoren bilden jedoch negative Raumladungszonen aus, verursacht durch thermionische Ladungsinjektion am Schottky-Kontakt, die das elektrische Feld im Sensor zeitabhängig verändern. Dies führt zu einer zeitlichen Abnahme der Signalhöhe, die zum Beispiel durch periodisches Depolarisieren (Wegnahme der Betriebsspannung) auf einer Skala von Minuten behoben werden kann [165]. Man findet daher beide Kontaktierungsarten der Abb. 8.96 in der Anwendung. Pixeldetektoren mit CdTe als Substratmaterial sind besonders interessant als bildgebende Röntgendetektoren [719, 1023, 280] sowie für Anwendungen in der Röntgenastronomie [1017].

8.13.4 CVD-Diamant

Kohlenstoff in der Form des Diamantkristallgitters ist ein Isolator mit einem spezifischen Widerstand von 10^{13}–$10^{16}\,\Omega\text{m}$, der auf die große Bandlücke von 5.5 eV zurückzuführen ist. Natürlicher Diamant wird in Umgebungen mit Drücken um 50 000 bar und Tempera-

[89] Für n-dotiertes CdTe sind die Kontaktverhältnisse umgekehrt wie für p-CdTe: ohmsch für n-CdTe/In, Schottky für n-CdTe/Pt oder n-CdTe/Au [979].

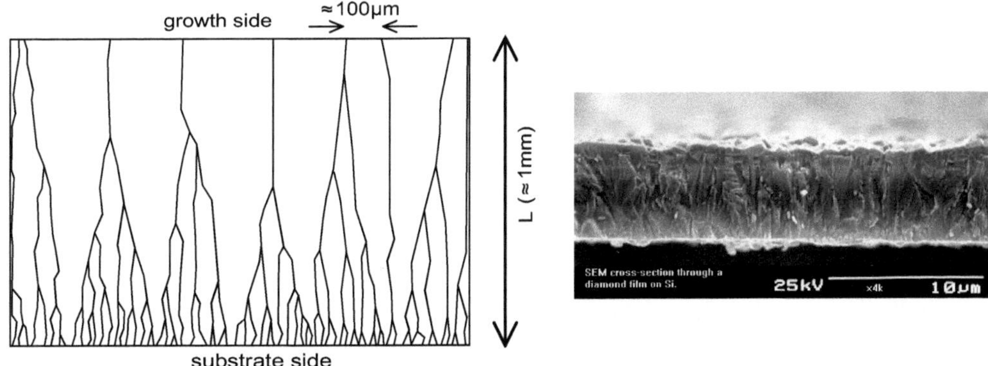

Abb. 8.97 Wachstumsstruktur von CVD-Diamant durch Abscheidung aus der Gasphase (links: schematisch, rechts: Mikroaufnahme durch Elektronenscan [752]). Der Prozess erzeugt vertikale Kristallgrenzen.

turen um 1300 K im Erdmantel gebildet und kommt unterhalb stabiler Kontinentalplatten vor. Diamanthaltiges Gestein gelangt durch vulkanische Aktivität in für den Abbau zugängliche Erdtiefen.

Ein Verfahren zur Herstellung künstlicher Diamanten, das 1962 erstmals erfolgreich angewendet wurde, ist die Abscheidung von Diamant aus der Dampfphase (*chemical vapour deposition*, CVD) in Schichten, die sich auf einer Unterlage abscheiden (siehe zum Beispiel [647, 616]). Das Wachstum beginnt durch Nukleation (Keimbildung) von Kohlenstoff aus einem Gasgemisch aus Methan (CH_4), molekularem Wasserstoff (H_2) und optional einer sauerstoffhaltigen Verbindung wie Aceton $(CH_3)_2CO$ auf einem Keimsubstrat aus Silizium oder einem Metall. Durch Mikrowelleneinstrahlung wird ein Plasma mit heißen Elektronen (5000 K) erzeugt, welche die Gaskomponenten aktivieren. Kohlenstoffatome werden dabei durch Entfernung der Wasserstoffatome aus dem Methan erzeugt und schlagen sich auf dem Substrat nieder. Details der Gasphasenchemie dieses Verfahrens werden in [808] beschrieben.

Polykristalline Diamantstrukturen können in dem Verfahren in Dicken von bis zu etwa 1 mm erzeugt werden. Der Wachstumsprozess bedingt vertikale Strukturen im Kristall, verursacht durch die Ursprungskörnung, wie in Abb. 8.97 gezeigt. Die typische Ausdehnung dieser Strukturen beträgt an der Oberseite (Richtung des Wachstums) etwa 100 µm [691], an der Substratseite ist sie deutlich kleiner. Die Grenzflächen dieser Wachstumsstruktur beeinflusse den Ladungssammlungsprozess und die erzielbare Ortsauflösung von Diamantdetektoren wie weiter unten beschrieben wird.

Diamant kann aufgrund der starken Bindungen des Kristallgitters nicht durch Fremdatome dotiert werden. Darüber hinaus ist die Energie, die notwendig ist, ein Atom aus dem Gitterverbund herauszuschlagen, mit 43 eV [663] deutlich höher als bei Silizium (25 eV [711]). Beides zusammen macht Diamant prinzipiell zu einem sehr strahlenharten Material. Entsprechend sind Schädigungsfaktoren wie β_t in (8.127) auf Seite 410 um einen Faktor 2–3 [999] kleiner als für Silizium, abhängig von der Teilchenenergie.

Die kleine Kernladungszahl ($Z = 6$) macht Diamant wenig attraktiv für den Photonennachweis, dafür aber umso mehr für Spurdetektoren, da die Strahlungslänge umgekehrt proportional zu Z^2 ist. Im Vergleich zu Silizium ($n_i \approx 10^{10}\,\text{cm}^{-3}$, aber auch im Vergleich zur Dichte in der Verarmungszone) ist Diamant praktisch frei von Ladungsträgern[90] ($n_i \approx 0$, Tab. 8.2). Außerdem ist wegen der um einen Faktor 2 größeren Massendichte die Verteilung der deponierten Energie (Landau-Verteilung) für gleich dicke Detektoren bei Diamant schmaler als bei Silizium.

Zur Erzeugung eines Elektron/Loch (e/h)-Paares sind in Diamant im Mittel 13.1 eV notwendig, also fast 4-mal so viel wie in Silizium. Dadurch bedingt ist die pro deponierte Energie erzeugte Ladungsmenge deutlich geringer als bei Silizium. Wegen der höheren Dichte ist die pro Wegstrecke durch Ionisation deponierte Energie eines hochenergetischen Teilchens (MIP) allerdings größer. Pro Mikrometer werden im Mittel etwa 500 eV an das Diamantmaterial abgegeben. Die Zahl der insgesamt erzeugten e/h-Paare hängt von der angenommenen *cut-off*-Energie T_{cut} ab, bis zu der das durch die Ionisation erzeugte Elektron im Detektor bleibt und für die Erzeugung von e/h-Paaren zur Verfügung steht. Dieser 'eingeschränkte' Energieverlust (*restricted energy loss*) ist in Gl. (3.34) auf Seite 42 angegeben. In [1074] wurde ein Wert von $T_{cut} = 7.5\,\text{keV}$ als optimal für eine Diamantdicke von 500 µm gefunden, was mit (3.34) zu durchschnittlich 32 e/h Paaren pro Mikrometer für ein minimal ionisierendes Teilchen führt. Eine Messung, allerdings mit niederenergetischen Elektronen aus einer ^{90}Sr-Quelle mit kleineren $\beta\gamma$-Werten als für MIPs, ergibt 38.9 ± 0.1 e/h pro Mikrometer [773].

Die Beweglichkeit beider Ladungsträgerarten ist sehr hoch ($1800\,\text{cm}^2/\text{Vs}$ für Elektronen, $1600\,\text{cm}^2/\text{Vs}$ für Löcher) allerdings mit einer geringen Ladungsträgerlebensdauer ($\approx$1 ns), siehe Tab. 8.2. Die Herausforderung für Diamantdetektoren liegt daher darin, Sensorsubstrate mit Ladungssammlungstiefen (CCD) von mehr als etwa 200 µm herzustellen.

Die Herstellung und Entwicklung künstlicher Diamanten als Teilchendetektoren gelang zuerst in polykristalliner Form (pCVD) [622, 44, 155] und später auch als monokristalline (scCVD oder sCVD, *single crystal CVD*) künstliche Diamanten [155], bei denen sukzessiv zuerst winzige, dann größere Einkristalle als Keime für das Aufwachsen neuer monokristalliner Strukturen verwendet werden. Detektorfähiges pCVD-Material kann in Wafergröße hergestellt werden [622].

Das undotierte Substratmaterial bildet keine Raumladungszonen aus, wenn es mit Metall in Kontakt gebracht wird. Eine typische Elektrodenkonfiguration benutzt eine Ti/W-Lage, die mit Gold überzogen ist, auf die gut ein Kontakt (zum Beispiel ein *bump-bond*, siehe Abschnitt 8.5.5) hergestellt werden kann.

Prinzipiell verhalten sich Diamantdetektoren wie Parallelplattendetektoren (siehe Abschnitt 5.3.1), die mit einem Dielektrikum gefüllt sind. In einem reinen, monolithischen Kristall ist das elektrische Feld im Sensor konstant. Die erwähnten herstellungsbedingten, vertikalen Kristallstrukturen in polykristallinem Diamant fangen Ladungen

[90] Diamant ohne Verunreinigungen mit den effektiven Zustandsdichten (siehe Gl. (8.15)) $N_L \approx 10^{20}\,\text{cm}^{-3}$ und $N_V \approx 10^{19}\,\text{cm}^{-3}$ sowie einer Bandlücke von $E_G = 5.5\,\text{eV}$ besitzt bei 300 K eine Ladungsträgerdichte von $n_i \approx 10^{-27}\,\text{cm}^{-3}$.

an den Grenzflächen ein, die zu einem Polarisationsfeld innerhalb des Detektors führen, das dem angelegten Driftfeld überlagert ist. Dies führt zu systematischen Verzerrungen bei der Ortsrekonstruktion [691]. Die laterale, senkrecht zur Richtung des nachzuweisenden Teilchens verlaufende, Ausdehnung der polykristallinen Strukturen ist herstellungsbedingt unterschiedlich. Die mittlere Strukturgröße an der Elektrodenseite (entspricht der Wachstumsrichtung) wurde zu etwa 100 µm gemessen [691]. Ihre unregelmäßige Anordnung überlagert sich dem regelmäßigen Muster der Elektroden (Pixel oder Streifen), wodurch die Ortsauflösung beeinträchtigt wird. Für pCVD-Pixeldetektoren mit einem Elektrodenabstand von 50 µm wurden Auflösungen um 20 µm gemessen [154], was mit der binären Auflösung (Gl. (8.81) auf Seite 346) von $50\,\mu\text{m}/\sqrt{12} \approx 15\,\mu\text{m}$ verglichen werden muss. Einkristall-Diamanten sind frei von Wachstumsgrenzflächen im Volumen selbst und zeigen daher diese Effekte nicht.

Von besonderem Interesse ist die Strahlenhärte von Diamant für Strahlungsfluenzen in der Größenordnung von mehr als $10^{15}\,\text{n}_{eq}\,\text{cm}^{-2}$. Wegen der großen Bandlücke sind Diamantdetektoren frei von Leckstrom und können sogar nach intensiver Bestrahlung noch bei Raumtemperatur betrieben werden. Außerdem ist wegen des stark gebundenen Diamantgitters und des daraus folgenden vergleichsweise großen nötigen Energieübertrags zur Herauslösung eines Atoms (43 eV gegenüber 25 eV in Si) Diamant robuster gegen Strahlenschäden als Silizium. Signalverluste sind daher hauptsächlich auf Ladungseinfang (*trapping*) zurückzuführen.

Als ein positiver Seiteneffekt der Bestrahlung beobachtet man, dass nach moderater Bestrahlung von pCVD-Diamanten insbesondere die Einfangzentren an den vertikalen Kristallgrenzen, die lange Relaxationszeiten haben, elektrisch neutralisiert werden, sodass das beobachtete Ladungssignal während der Bestrahlung zunächst anwächst. Dieser Effekt kann mit Hilfe von radioaktiven Quellen auch provoziert werden und wird *Priming* oder *Pumping* genannt. Er verschiebt die Schwelle für Signalverlust oberhalb von $10^{15}\text{n}_{eq}/\text{cm}^2$ [155], ein wenig abhängig von der Art und der Energie der eintreffenden Strahlung.

Ladungseinfang reduziert die mittlere freie Weglänge $\lambda = \lambda_e + \lambda_h$ der Ladungsträger wie in (8.127) beschrieben:

$$\frac{1}{\lambda(\phi)} = \frac{1}{\lambda(\phi = 0)} + \beta_t \phi \,, \tag{8.130}$$

mit der Schädigungskonstanten β_t für Ladungseinfang und $\lambda(\phi = 0)$ für die Beschreibung der mittleren freien Weglänge vor der Bestrahlung. In Abb. 8.98(a) ist die inverse mittlere freie Weglänge, bestimmt mit (8.125) und (8.120), aufgetragen als Funktion der Fluenz ϕ_i für verschiedene sCVD- und pCVD-Diamantsensoren, bestrahlt mit Neutronen und mit Protonen verschiedener Energie [150]. Aus der Steigung ergibt sich die Schädigungskonstante, zum Beispiel $\beta_t(70\,\text{MeV p}) = (1.62 \pm 0.07 \pm 0.16) \times 10^{-18}\,\text{cm}^2\mu\text{m}^{-1}$ [151]. Die Schädigung ist abhängig von Art und Energie der Teilchen, was durch eine *relative Schädigungskonstante* κ_i, normiert auf die Schädigung durch 24 GeV Protonen, quantifiziert werden kann, wodurch die Fluenzen auf die Schädigung von 24-GeV-Protonen normiert werden können:

$$\phi(\text{24-GeV p}) =: \phi_0 = \kappa_i \phi_i \,. \tag{8.131}$$

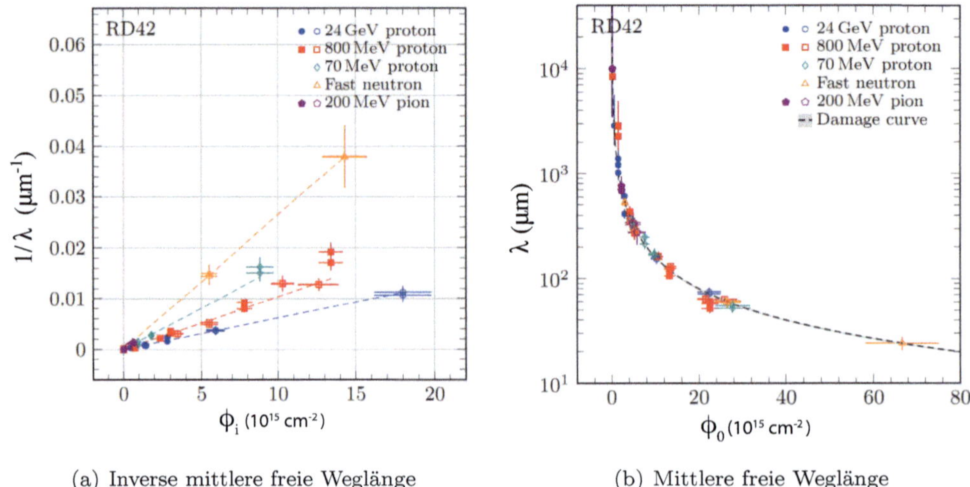

(a) Inverse mittlere freie Weglänge (b) Mittlere freie Weglänge

Abb. 8.98 Strahlenhärte von Diamantsensoren: Messung der mittleren freien Weglänge λ als Funktion der Strahlungsfluenz für einkristalline (sCVD, geschlossene Markierungen) und polykristalline (pCVD, offene Markierungen) Diamantdetektoren [152]. (a) $1/\lambda$ als Funktion der Fluenz gemäß (8.130). Die Kurven sind jeweils um $1/\lambda_i(\phi = 0)$ verschoben (Korrektur der anfänglichen mittleren freien Weglänge). (b) λ aller Messungen normiert auf die äquivalente Fluenz ϕ_0 für 24-GeV-Protonen nach (8.131). Zusätzlich wurden die Datenpunkte zu Messung i jeweils um den Offset $\phi_{0,i}$ ihrer äquivalenten 24-GeV-Proton-Fluenz verschoben.

Die Werte für κ sind in Tab. 8.5 zusammengestellt. Die Schädigung ist stärker ausgeprägt für Protonen niedriger Energie sowie für Neutronen im Vergleich zu hochenergetischen Protonen. Nach Fluenznormierung kann man die Daten kombinieren und erhält eine universelle, exponentiell verlaufende Schädigungskurve (Abb. 8.98(b)). Extrapoliert man die Kurve auf die für zukünftige Hadron-Collider interessierende Strahlungsfluenz von $10^{17} n_{eq}/\text{cm}^2$, so sinkt die mittlere freie Weglänge der Ladungsträger auf $\lambda = 16\,\mu\text{m}$.

Als Fazit kann man sagen, dass Diamant im Vergleich zu Silizium vor der Bestrahlung und auch noch bei kleinen Fluenzen eine um eine Größenordnung kleinere mittlere freie Weglänge für Ladungsträger besitzt, die sich aber mit steigender Strahlungsfluenz wesentlich langsamer als bei Silizium verschlechtert. Die Schädigungskonstante β_t ist für Diamant 2–3 mal kleiner als für Silizium.

Der Schädigungsmechanismus ist für pCVD-Diamant derselbe wie für sCVD-Diamant. Wegen der Wachstumsstruktur der Polykristalle besitzt pCVD-Matarial jedoch von Beginn an ein kürzeres λ.

Tab. 8.5 Relative Schädigungskonstanten in Diamant für Protonen bei verschiedenen Energien sowie für Neutronen [151].

Strahlung	24 GeV p	800 MeV p	70 MeV p	25 MeV p	fast n	200 MeV π
relatives β_t^{rel}	1	1.67 ± 0.09	2.6 ± 0.29	4.4 ± 1.2	4.3 ± 0.4	3.2 ± 0.8

9 Spurrekonstruktion und Impulsmessung

Übersicht

9.1 Geladene Teilchen in einem Magnetfeld

Die Rekonstruktion der Spur eines geladenen Teilchens, das in einem Magnetfeld abgelenkt wird, erlaubt die Bestimmung des Impulsvektors $\vec{p}$, also von Impuls und Richtung des Teilchens. Ein Teilchen mit der Masse m, der Ladung q, der Geschwindigkeit $\vec{v}$ und einem Lorentz-Faktor γ wird in einem Magnetfeld $\vec{B}$ durch die Lorentz-Kraft abgelenkt:

$$\vec{F} = \dot{\vec{p}} = q\left(\vec{v} \times \vec{B}\right) \qquad \Rightarrow \qquad \dot{\vec{v}} = \frac{q}{\gamma m}\left(\vec{v} \times \vec{B}\right) . \tag{9.1}$$

Die rechte Seite benutzt $\vec{p} = \gamma m \vec{v}$, abgeleitet aus (2.6), mit der zeitlichen Ableitung $\dot{\vec{p}} = \gamma m \dot{\vec{v}}$. Dabei ist $\dot{\gamma} = 0$, weil das Magnetfeld die Energie des Teilchens nicht ändert.

Die Lösung dieser Differenzialgleichung beschreibt einen rotierenden Geschwindigkeitsvektor $\vec{v}_T$ in der Ebene senkrecht zu $\vec{B}$, während die Komponente parallel zum Magnetfeld unverändert bleibt. Wenn wir uns auf homogene Magnetfelder beschränken, ergibt sich in einem Koordinatensystem, in dem das Magnetfeld nur eine Komponente hat ($B_1 = B_2 = 0,\ B_3 = B > 0$):

$$\begin{aligned} v_1 &= v_T \cos(\eta\, \omega_B\, t + \psi_0)\,, \\ v_2 &= -v_T \sin(\eta\, \omega_B\, t + \psi_0)\,, \\ v_3 &= v_3\,. \end{aligned} \tag{9.2}$$

Dabei sind ω_B die Zyklotronfrequenz (oder Gyrationsfrequenz), η das Ladungsvorzeichen, v_T der Betrag der Geschwindigkeitskomponente senkrecht zum Magnetfeld und v_3 die Geschwindigkeitskomponente parallel zum Magnetfeld:

$$\omega_B = \frac{|q|\,B}{\gamma m}, \qquad \eta = \frac{q}{|q|}, \qquad v_T = \sqrt{v_1^2 + v_2^2}\,. \tag{9.3}$$

Obwohl (9.1) keine explizit kovariante Form hat, gelten die Lösungen auch für relativistische Geschwindigkeiten (eine ausführliche Diskussion findet man zum Beispiel in [604]). Ein relativistischer Effekt erscheint nur in Form des Lorentz-Faktors γ und damit in der Zyklotronfrequenz ω_B, die im nicht-relativistischen Fall konstant ist ($\gamma \approx 1$) und im relativistischen Fall abhängig von der Energie γm ist.

H. Kolanoski und N. Wermes, *Teilchendetektoren*, https://doi.org/10.1007/978-3-662-73068-3_9

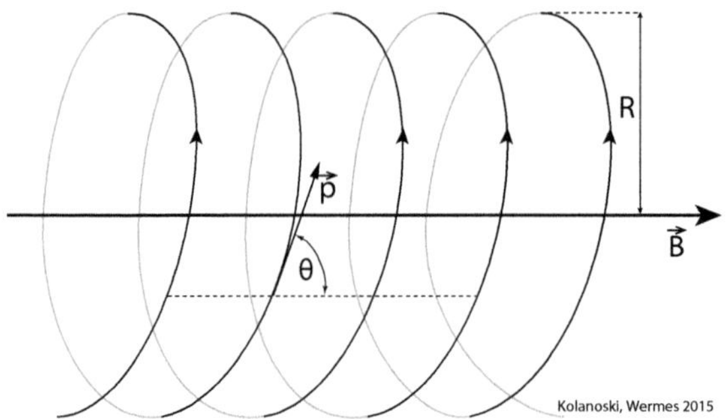

Abb. 9.1 Helixbahn eines positiv geladenen Teilchens in einem Magnetfeld. Für positive Ladungen ist der Drehsinn, wenn man in Richtung des B-Feldes blickt, entgegen dem Uhrzeigersinn. Eingezeichnet ist auch der Winkel θ zwischen dem Impuls und einer Geraden parallel zu dem Magnetfeld.

Durch Integration von (9.2) ergibt sich die Teilchenbahn im Ortsraum:

$$\begin{aligned} x_1 &= \frac{v_T}{\eta\,\omega_B}\sin(\eta\,\omega_B\,t+\psi_0)+x_{10}\,, \\ x_2 &= \frac{v_T}{\eta\,\omega_B}\cos(\eta\,\omega_B\,t+\psi_0)+x_{20}\,, \\ x_3 &= v_3\,t+x_{30}\,. \end{aligned} \tag{9.4}$$

Das ist die Darstellung einer Helix (Abb. 9.1), deren Projektion auf die Ebene senkrecht zu $\vec{B}$ einen Kreis mit dem Radius

$$R=\sqrt{(x_1-x_{10})^2+(x_2-x_{20})^2}=\frac{v_T}{\omega_B}=\frac{\gamma\,m\,v_T}{|q|\,B}=\frac{p_T}{|q|\,B} \tag{9.5}$$

beschreibt. Für einen gegebenen Impuls ist der Radius außer von der Ladung unabhängig von anderen Eigenschaften des Teilchens, zum Beispiel von der Masse. Mit der Messung von R bestimmt man die so genannte Steifigkeit (*rigidity*) p_T/q, woraus bei Kenntnis der Ladung der Transversalimpuls folgt. In der Teilchenphysik kann man in der Regel $q=\pm e$ annehmen, in anderen Gebieten, wie Kern-, Schwerionen- oder Astroteilchenphysik, muss die Ladung unabhängig bestimmt werden. Zum Beispiel ist der Energieverlust eines Teilchens in einem Medium nach der Bethe-Bloch-Formel (3.25) proportional zum Quadrat der Ladung des Teilchens, die daraus bei gemessenem Impuls bestimmt werden kann (das wird zum Beispiel für den Nachweis verschiedener Kerne in der kosmischen Strahlung mit der Abb. 14.8 und in Abschnitt 16.2 gezeigt).

Da die Komponente p_3 des Impulses parallel zum Magnetfeld und der Betrag des Transversalimpulses p_T sich nicht mit der Zeit ändern, ist das Verhältnis

$$\tan\theta=\frac{p_T}{p_3}\qquad\text{oder}\qquad\sin\theta=\frac{p_T}{p} \tag{9.6}$$

eine Konstante der Bewegung. Der Winkel θ ist der Winkel zwischen augenblicklicher Impulsrichtung und Richtung des Magnetfelds. Auf dem abgerollten Zylindermantel der Helix ist θ der Winkel zwischen Teilchentrajektorie und Magnetfeld. Der komplementäre Winkel $\lambda=\pi/2-\theta$ ist der Steigungswinkel der Helix (*dip angle*), für den gilt:

$$\cos\lambda=\frac{p_T}{p}\,. \tag{9.7}$$

Der Winkel θ wird in Speicherringexperimenten mit dem Magnetfeld in Strahlrichtung bevorzugt, weil er dann der Polarwinkel des Teilchens relativ zu den Strahlen ist. In Experimenten mit dem Magnetfeld senkrecht zum Strahl ist dieser Polarwinkel (relativ zur Strahlrichtung) der Winkel λ (siehe Abb. 9.6(a)).

Durch Rekonstruktion der Helix lassen sich aus dem Krümmungsradius R und dem Neigungswinkel θ nach (9.5) und (9.6) der Transversalimpuls und der Gesamtimpuls bestimmen:

$$p_T = |q|\, B\, R\,, \qquad p = \frac{p_T}{\sin\theta}\,. \tag{9.8}$$

Für den praktischen Gebrauch kann man den Transversalimpuls auch schreiben

$$p_T = 0.3\, |z|\, B\, R\,, \tag{9.9}$$

wobei folgende Einheiten verwendet wurden: p_T in GeV$/c$, B in T und R in m; z ist die Teilchenladung in Einheiten der Elementarladung, $z = q/e$. Gleichung (9.9) bedeutet, dass in einem Feld von 1 T die Trajektorie eines Teilchens mit Impuls 0.3 GeV$/c$ und $|z| = 1$ einen Krümmungsradius von 1 m hat. Für die Konversion von (9.8) in (9.9) benutzen wir $\mathrm{T} = \mathrm{V\,s/m^2}$ und die Lichtgeschwindigkeit (leicht gerundet) $c \approx 0.3 \times 10^9\,\mathrm{m/s}$, um folgende Beziehungen zu erhalten:

$$\mathrm{GeV}/c \approx \frac{\mathrm{GeV}}{0.3 \times 10^9\,\mathrm{m/s}} = \frac{1}{0.3}\,\frac{\mathrm{eV\,s}}{\mathrm{m}} = \frac{e}{0.3}\,\mathrm{T\,m}\,. \tag{9.10}$$

9.2 Magnetfelder

Moderne Teilchenexperimente haben oft Magnete mit Volumina bis zu vielen Kubikmetern und Feldstärken von einigen Tesla. Hohe Feldstärken sind notwendig, um eine gute Impulsauflösung zu erreichen, und große Volumina, um Teilchenreaktionen in einem großen Raumwinkel möglichst vollständig messen zu können. In der Regel versucht man, ein möglichst homogenes Feld in einem Luftvolumen zu erreichen und das Feld über Eisenjoche mit hoher Permeabilität zurückzuführen (die magnetischen Feldlinien müssen geschlossen sein). Man benutzt aber auch Magnetfelder, die nur in Eisen verlaufen (magnetisiertes Eisen), vor allem für den Nachweis von Myonen. Die höchsten Magnetfelder werden mit supraleitenden Magneten erreicht [1061].

Je nach Anforderungen des Experiments entscheidet man sich zwischen verschiedenen Magnetkonfigurationen. In Fixed-Target-Experimenten (Abschnitt 2.2.2) werden in der Regel Dipolmagnete eingesetzt, die Teilchen in Vorwärtsrichtung messen. Dagegen werden in Speicherring-Experimenten in der Regel Solenoidmagnete mit dem Feld in Strahlrichtung eingesetzt, weil damit die Impulse transversal zum Strahl azimutal-symmetrisch und mit guter Raumwinkelabdeckung gemessen werden können.

9.2.1 Dipolmagnet

Abbildung 9.2 zeigt einen typischen Dipolmagneten. Das nutzbare Volumen für die Impulsmessung ist der Luftspalt (*gap*) zwischen den Polschuhen. Das Magnetfeld in diesem

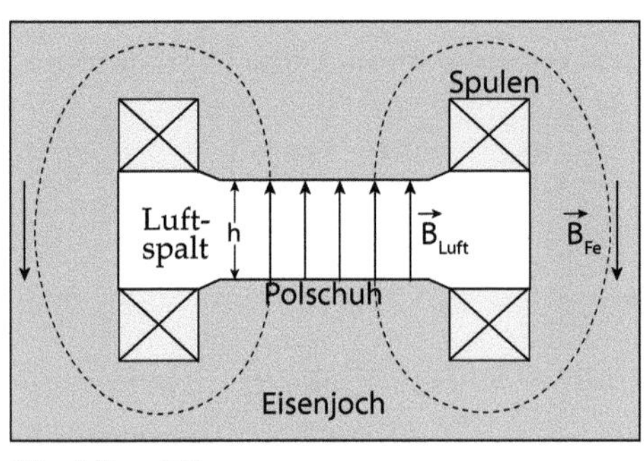

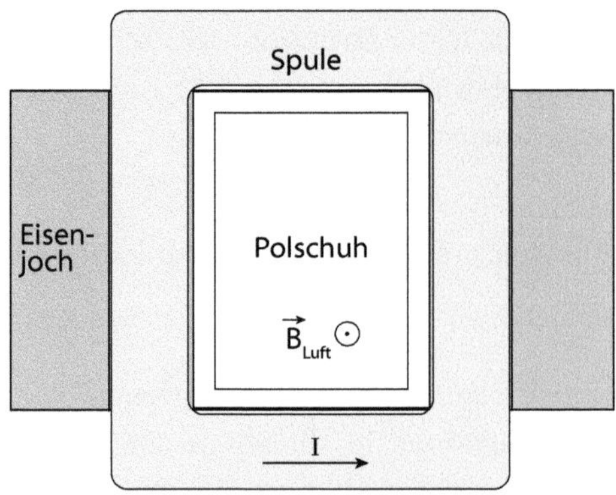

Abb. 9.2 Schnittbilder eines typischen Dipolmagneten. Links: Schnitt senkrecht zu den Polschuhflächen, Sicht in Vorzugsrichtung der Teilchen. In einem Luftspalt zwischen zwei Polschuhen wird ein annähernd homogenes Magnetfeld durch Ströme erzeugt, die in zwei Spulen um die Polschuhe laufen, und zwar gleichsinnig in beiden Spulen. Die Magnetfeldlinien werden beiderseits durch ein Eisenjoch geschlossen. Rechts: Schnitt parallel zu den Polschuhflächen.

Spalt wird durch Spulen erzeugt, die um die Polschuhe gewickelt sind und durch die ein Strom I mit insgesamt N Windungen läuft. Nach dem Ampere'schen Gesetz gilt

$$N\,I = \frac{1}{\mu_0\,\mu_{\mathrm{Luft}}} \int_{\mathrm{Luft}} \vec{B}\,d\vec{l} + \frac{1}{\mu_0\,\mu_{\mathrm{Fe}}} \int_{\mathrm{Fe}} \vec{B}\,d\vec{l}. \tag{9.11}$$

Dabei ist $\mu_0 = 4\,\pi \cdot 10^{-7}\,\mathrm{T\,m/A}$ die Vakuumpermeabilität, und μ_{Luft} und μ_{Fe} sind die relativen Permeabilitäten in Luft beziehungsweise Eisen. Die Integrationswege durch Luft und Eisen bilden zusammen einen geschlossenen Weg. Für $\mu_{\mathrm{Luft}} \approx 1 \ll \mu_{\mathrm{Fe}} \approx 1000$–$10000$ gilt näherungsweise für das Magnetfeld im Luftspalt mit der Höhe h:

$$B \approx \frac{\mu_0\,N\,I}{h}\,. \tag{9.12}$$

Der Luftspalt soll groß genug sein, um eine möglichst gute Winkelakzeptanz zu gewährleisten, und in der Regel auch, um Detektoren in das Feldvolumen installieren zu können. Allerdings wachsen auch die inhomogenen Randbereiche mit der Vergrößerung des Feldvolumens. Inhomogenitäten können durch angepasste Formung der Eisenstrukturen (Polschuhe, Joch) oder durch zusätzliche Spulen reduziert werden ('*shimming*').

9.2.2 Solenoidmagnet

Das Magnetfeld in einem Solenoidmagneten (Abb. 9.3) wird von einer stromdurchflossenen Spule erzeugt. Auch hier wird in der Regel das magnetische Feld über ein Eisenjoch zurückgeführt. Mit einem ähnlichen Ansatz wie in Gleichung (9.11) für Dipolmagnete ergibt sich für das Magnetfeld im Inneren des Solenoiden:

$$B \approx \frac{\mu_0\,N\,I}{L}\,. \tag{9.13}$$

Der Strom I wird mit N Windungen über eine Länge L um das Magnetfeld geleitet. Das Magnetfeld ist umso homogener, je länger die Spule relativ zu ihrem Durchmesser

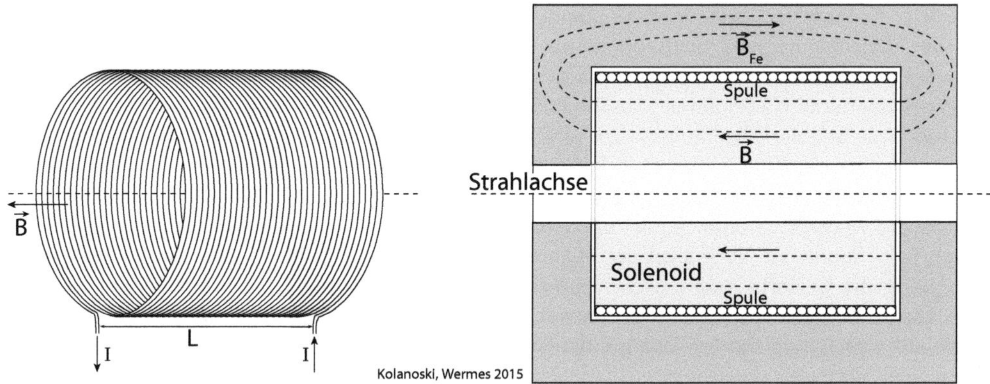

Abb. 9.3 Solenoidmagnet. Links: Eine Spule mit N Windungen auf einer Länge L, durch die ein Strom I fließt, erzeugt ein Magnetfeld $\vec{B}$ in ihrem Inneren. Rechts: Querschnitt durch einen Solenoiden mit Eisenjoch. Der Solenoid kann bis auf eine Öffnung zur Strahldurchführung von einem Eisenjoch zur Rückführung des Feldes umgeben werden. Im Inneren des Solenoiden werden um den Strahl herum die zentralen Detektoren (in der Regel mit zylindrischer Geometrie wie der Solenoid) installiert (hellgrauer Bereich in der Zeichnung). Durch das Eisenjoch mit hoher Permeabilität wird die Feldstärke erhöht, und das Feld wird in den Randbereichen homogener. In Speicherring-Detektoren wird das Eisen in der Regel auch als Hadron-Absorber zum Nachweis von Myonen genutzt. In diesem Fall sind außerhalb des Eisens noch Spurkammern angebracht. Häufig wird das Eisenjoch in mehrere Lagen aufgeteilt, zwischen denen Detektoren zum Myon-Nachweis und zur Messung der Spurkrümmung in dem magnetisierten Eisen installiert werden.

ist und je kleiner die Öffnungen im Joch für die Strahlen sind. Inhomogenitäten an den Spulenenden können durch eine gute Anpassung des Eisenjochs in dem relevanten Bereich für den Spurennachweis stark reduziert werden.

Solenoide werden typischerweise verwendet, wenn die nachzuweisenden Teilchen im Magnetfeld erzeugt werden sollen. Das ist vornehmlich bei Speicherring-Experimenten der Fall, wo in der Regel der Wechselwirkungspunkt im Zentrum des Solenoids liegt; die Solenoidachse und das Magnetfeld weisen in Strahlrichtung. Innerhalb des Solenoids sind Spurdetektoren installiert, häufig bestehend aus zylindrischen Driftkammern oder zylindrisch angeordneten Halbleiterdetektoren (siehe Kapitel 7 und 8). Die Abmessungen eines Solenoidmagneten sind typisch einige Meter in Durchmesser und Länge. Charakteristische Daten einiger Solenoidmagnete sind in Tab. 9.1 angegeben. Während große Solenoidmagnete mit normalleitenden Spulen Feldstärken bis zu 1 T erreichen, begrenzt durch die Sättigung des Eisens und die zum Betrieb notwendige Leistung, erreicht man mit supraleitenden Spulen typisch 2 T. Der bisher in Volumen und Feldstärke größte Solenoidmagnet mit einem Feld von 4 T und einem Volumen von etwa $360\,\text{m}^3$ ist im CMS-Experiment zu finden (Tab. 9.1) [310].

Tab. 9.1 Daten verschiedener Solenoidmagnete (Experimente mit einem * sind nicht mehr im Betrieb). Solenoidmagnete für Experimente an Speicherringen werden seit etwa 30 Jahren fast nur noch mit supraleitenden Spulen gebaut, die Beispiele dafür sind [799] entnommen. Wenn das elektromagnetische Kalorimeter (Abschnitt 15.5) außerhalb der Spule ist, ist x/X_0, die Spulendicke in Einheiten der Strahlungslänge, eine wichtige Spezifikation (ohne Angabe, falls sich das elektromagnetische Kalorimeter innerhalb der Spule befindet). Für die Sicherheit supraleitender Magnete sind die gespeicherte Energie und die Energie pro Masse (E/M) wichtige Größen. Die Energie pro Masse ist proportional zur Temperaturerhöhung im Falle eines sprunghaften Überganges von Supra- zu Normalleitung, einem so genannten Quench. In den Spulen wird dann schlagartig die gesamte magnetische Energie in Wärme umgewandelt. Zum Vergleich werden auch Daten einiger normalleitender Solenoide gezeigt [258, 31, 71, 58, 9]. Hier ist als kritische Größe statt der gespeicherten Energie die Betriebsleistung P angegeben.

Experiment	Labor	B (T)	Radius (m)	Länge (m)	x/X_0	Energie (MJ)	E/M (kJ/kg)	P (MW)
		Supraleitende Solenoidmagnete						
CDF*	Tsukuba/Fermi	1.5	1.5	5.07	0.84	30	5.4	
CLEO-II*	Cornell	1.5	1.55	3.8	2.5	25	3.7	
ALEPH*	Saclay/CERN	1.5	2.75	7	2	130	5.5	
DELPHI*	RAL/CERN	1.2	2.8	7.4	1.7	109	4.2	
ZEUS*	INFN/DESY	1.8	1.5	2.85	0.9	11	5.5	
H1*	RAL/DESY	1.2	2.8	5.75	1.8	120	4.8	
Belle I/II	KEK	1.5	1.8	4		42	5.3	
ATLAS	CERN	2	1.25	5.3	0.66	38	7	
CMS	CERN	4	3	12.5		2600	12	
		Normalleitende Solenoidmagnete						
TASSO*	DESY	0.5	1.35	4.4	1.2			2.8
MARK II*	SLAC	0.5	1.56	4.05	1.3			1.8
ARGUS*	DESY	0.8	1.4	2.8				2
OPAL*	0.435	2.18	6.3	1.7				5
ALICE (von L3)	CERN	0.5	5.93	11.9		150		4.2

9.2.3 Toroidmagnet

Verbiegt man die Spule eines Solenoidfelds so, dass sich Anfang und Ende treffen, werden die Feldlinien in sich selbst zurückgeführt, und es ergibt sich ein toroidales Magnetfeld (Abb. 9.4(a)). Wenn die Stromspule kreisförmig gebogen ist, werden auch die Feldlinien kreisförmig geschlossen sein. Das Integral über das Magnetfeld entlang eines geschlossenen Weges, den wir hier entlang einer Feldlinie mit Radius r wählen, ergibt

$$N\,I = \frac{1}{\mu_0\,\mu} \oint \vec{B}\,d\vec{l} = \frac{1}{\mu_0 \mu}\,B(r)\,2\pi r\,. \tag{9.14}$$

Das heißt, dass das Feld innerhalb des Torus eine $1/r$-Abhängigkeit hat:

$$B(r) = \frac{\mu_0\,\mu\,N\,I}{r}\,. \tag{9.15}$$

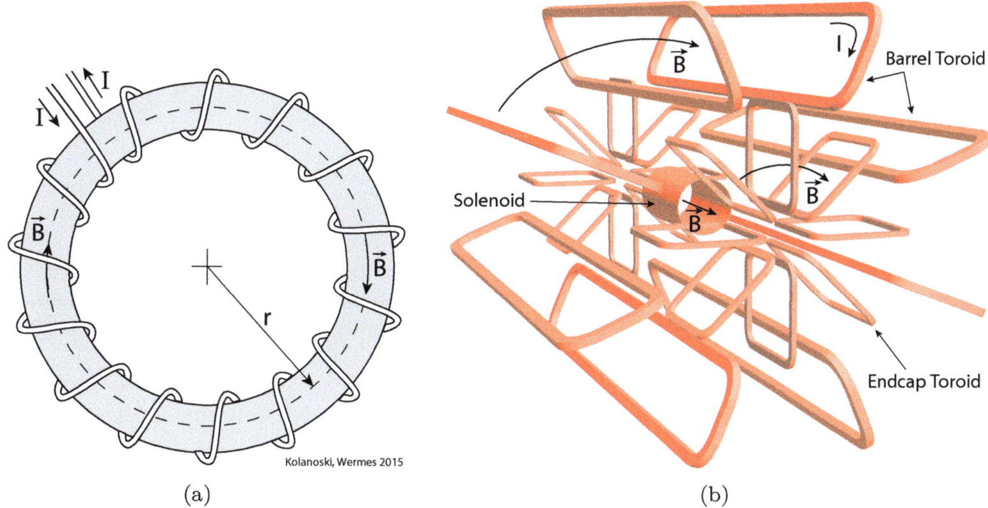

Abb. 9.4 Toroidmagnet. (a) Prinzip eines toroidalen Magnetfelds. Die Magnetfeldlinien verlaufen innerhalb der Spule, deren Anfang und Ende zusammengeführt sind, so dass keine Eisenjoche für die Feldrückführung notwendig sind. Das Magnetfeld ist vollständig innerhalb der Spule eingeschlossen. (b) Magnetspulen des ATLAS-Detektors, innen eine Solenoidspule (zylindersymmetrisch um den Strahl angeordnet) und außen Toroidspulen [2]: Die Toroidspulen decken den zentralen Bereich (*barrel toroid*) und die Bereiche in Richtung der Strahlen (*endcap toroids*) mit jeweils acht separaten Spulen ab. In jeder Spule, die jeweils einer Windung in der Prinzipskizze (a) entspricht, läuft ein Strom um. Die Ströme in den 8 Toroidspulen erzeugen zusammen ein kreisförmiges, konzentrisches Magnetfeld um die Strahlachse. Das Feld der Solenoidspule verläuft hingegen parallel zur Strahlachse. In den Toroidmagnetfeldern ist eine genaue Impulsmessung der Myonen mit wenig Vielfachstreuung möglich. Quelle: ATLAS Experiment, CERN.

Dabei ist μ die Permeabilität des Materials im Magnetfeld, in der Regel ist das Luft mit $\mu \approx 1$ und Eisen mit $\mu \approx 10000$.

Toroidmagnete werden häufig zur Ergänzung von Solenoidmagneten in Vorwärts- und Rückwärtsrichtung relativ zum Wechselwirkungspunkt eingesetzt, wobei die unter kleinen Winkeln vom Wechselwirkungspunkt kommenden Teilchen das Magnetfeld nahezu senkrecht kreuzen, unabhängig von dem Winkel um die Strahlachse (Azimutwinkel). Ein Dipolmagnet hätte zwar auch die richtige Feldrichtung, aber nicht die azimutale Symmetrie.

Eher ungewöhnlich ist der Einsatz von Toroidmagneten im ATLAS-Experiment: Abbildung 9.4(b) zeigt die Geometrie der Magnetspulen des ATLAS-Detektors, die innen ein Solenoidfeld und außen Toroidfelder, die den ganzen Detektor umgeben, erzeugen. Der zentrale Toroidmagnet (*barrel toroid*) hat acht separate Spulen, die parallel zur Strahlachse etwa 25 m lang und radial etwa 5 m breit sind. Durch die Spulen verläuft ein Magnetfeld von im Mittel 0.5 T (0.15–2.5 T) kreisförmig um die Strahlachse. Das Magnetfeldvolumen ist mit Driftrohren (Abschnitt 7.10.2) und RPCs (Abschnitt 7.7.3) zum Vermessen und Triggern von Myonen bestückt. Der Toroid enthält keinen Eisenkern, wie sonst bei Myondetektoren üblich, damit eine präzise Impulsmessung mit wenig Vielfachstreuung möglich ist. Die sonst von Eisenschichten übernommene Aufgabe als Hadronabsorber wird hier von den innerhalb des Toroids liegenden Kalorimetern übernommen.

9.2.4 Magnetisiertes Eisen

Zur Identifikation von Myonen wird Eisen als Hadronabsorber benutzt (siehe Abschnitt 14.3). Wenn das Eisen magnetisiert wird und Detektoren zur Spurvermessung in Zwischenräume plaziert werden, können gleichzeitig die Impulse der Myonen gemessen werden. Die Feldstärken liegen typisch im Bereich von 1 T, wobei in weichem Eisen die Sättigungspolarisation bei bis zu etwa 2 T liegen kann. Ein Beispiel für die Anwendung magnetisierten Eisens ist das Eisenjoch von Solenoidmagneten an einem Speicherring, wie in Abb. 9.3 rechts und für das CMS-Experiment in Abb. 2.11 gezeigt. Ein Fixed-Target-Experiment mit einem Myondetektor mit magnetisiertem Eisen ist das in [570] beschriebene Neutrino-Experiment.

9.2.5 Vermessung von Magnetfeldern

In den wenigsten Fällen können Magnetfelder als homogen angenommen werden. Da an Feldrändern Inhomogenitäten nicht vermieden werden können, kann man homogene Felder am ehesten noch annehmen für Magnete, bei denen die Teilchen im Magnetfeld entstehen, wie zum Beispiel bei einem Solenoidfeld um den Wechselwirkungspunkt an einem Speicherring. Aber auch in einem Solenoidmagneten treten Inhomogenitäten im Prozentbereich auf, während die Anforderungen für die Impuls- und Richtungsrekonstruktion eher im Promillebereich liegen. Deshalb müssen in der Regel Magnetfelder vermessen, kartographiert und für die Rekonstruktionsalgorithmen parametrisiert werden.

Die absolute Feldstärke wird üblicherweise mit einer Kernspinresonanzsonde gemessen. Die Resonanzfrequenz ist proportional zum Magnetfeld, für das ^{1}H-Isotop $\nu = 42.5759\,\mathrm{MHz/T}$ [547], und kann mit einer Genauigkeit von besser als 10^{-6} bestimmt werden. Um die Präzision ausnutzen zu können, sind verschiedene Bedingungen einzuhalten, zum Beispiel muss die Homogenität des Feldes in dem Sondenvolumen ($O(\mathrm{cm}^3)$) in der gleichen Größenordnung wie die gewünschte Präzision sein.

Um auch in inhomogenen Bereichen alle Feldkomponenten messen zu können, benutzt man Hall-Sonden, die man in drei orthogonale Richtungen orientieren kann [896]. Die Hall-Daten werden in der Regel benutzt, um die Parameter eines Feldmodells zu bestimmen, das bereits den Strom- und Materialverteilungen und den von den Maxwell-Gleichungen gelieferten Bedingungen Rechnung trägt. Die Feldmodelle werden mit entsprechenden Programmen, siehe zum Beispiel [1021], berechnet. Man kann für viele magnetische Spektrometer Beschreibungen des praktischen Vorgehens bei Feldmessungen finden, zum Beispiel in [787] für den CDF-Detektor.

Die Parameter eines Feldmodells kann man auch mit so genannten *Floating-Wire*-Messungen bestimmen (siehe zum Beispiel [95]). Diese Methode nutzt aus, dass ein Magnetfeld eine Kraft auf einen Strom ausübt. Bei solchen Messungen wird ein stromdurchflossener Draht, der unter einer bestimmten mechanischen Spannung steht, durch ein Magnetfeld geführt. Die Auslenkung des Drahtes wird mit Messmikroskopen bestimmt und mit den Feldmodellvorhersagen verglichen.

9.3 Messung von Teilchentrajektorien in Magnetfeldern

In diesem Abschnitt wird die Parametrisierung von Spurtrajektorien und deren Anpassung an Spurmodelle für typische Detektoranordnungen besprochen. Weitergehende Ausführungen dazu findet man zum Beispiel in [454, 741, 229, 133].

9.3.1 Parametrisierung der Trajektorien

Eine Teilchentrajektorie beschreibt in einem feldfreien Raum eine Gerade und in einem homogenen Magnetfeld eine Helix (siehe Abschnitt 9.1). Eine Gerade im Raum wird mit vier Parametern beschrieben, zum Beispiel jeweils Achsenabschnitt und Steigung in zwei orthogonalen Projektionen, hier in den xy und xz Ebenen eines (xyz)-Koordinatensystems:

$$\begin{aligned} y &= t_{yx}x + y_0\,, \\ z &= t_{zx}x + z_0\,. \end{aligned} \tag{9.16}$$

Für jede Projektion sind mindestens zwei Messpunkte notwendig, um die Parameter in (9.16) zu bestimmen.

Für die Parametrisierung der Helix in einem homogenen Magnetfeld (Abb.9.1) greifen wir auf die Darstellung (9.4) mit dem Magnetfeld in z-Richtung zurück. Da der zeitliche Durchlauf der Helix nicht gemessen wird, drücken wir die Phase $\omega_B t$ durch einen Winkel $\psi = \omega_B t \geq 0$ aus, der den Wert $\psi = 0$ am Startpunkt (x_0, y_0, z_0) und sonst nur positive Werte hat. Der Winkel beschreibt die Umlaufrichtung eines positiven Teilchens und $-\psi$ die eines negativen Teilchens (Abb. 9.5). Der Startpunkt in der x, y-Ebene ist um einen Winkel ψ_0 gegen die x-Achse im mathematisch positiven Sinn gedreht. Damit hat die Helixgleichung die Form (Abb. 9.5):

$$\begin{aligned} x &= x_0 + R\,(\cos(\psi_0 - \eta\psi) - \cos\psi_0)\;, \\ y &= y_0 + R\,(\sin(\psi_0 - \eta\psi) - \sin\psi_0)\;, \\ z &= z_0 + \frac{\psi\,R}{\tan\theta}\,. \end{aligned} \tag{9.17}$$

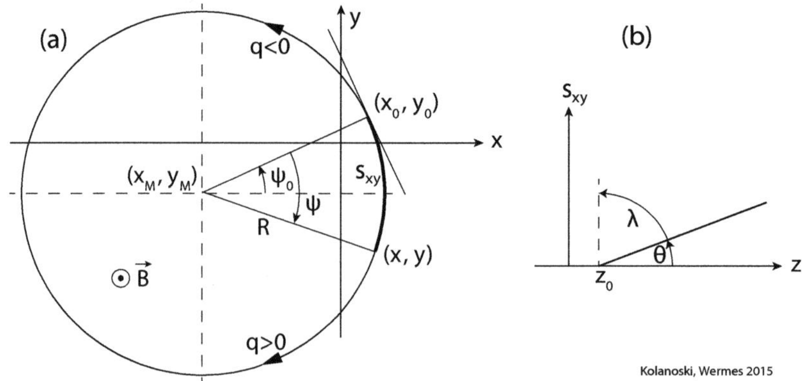

Abb. 9.5 Darstellung der Parameter einer Teilchentrajektorie in einem homogenen Magnetfeld. Die Trajektorie ist eine Helixkurve, die in einem (x, y, z)-Koordinatensystem mit der Helixachse in z-Richtung durch Gleichung (9.17) beschrieben wird. (a) Die Projektion der Helix auf die (x, y)-Ebene, gesehen entgegen dem B-Feld (siehe auch Abb. 9.1), ist ein Kreis mit dem Mittelpunkt (x_M, y_M) und dem Radius R. Die Teilchentrajektorie wird durch einen Winkel $\psi \geq 0$ festgelegt, der den Wert $\psi = 0$ am Startpunkt (x_0, y_0, z_0) hat und der die Umlaufrichtung eines positiven Teilchens beschreibt, für ein negatives Teilchen ist dieser Winkel $-\psi$ (siehe dazu die Erklärungen im Text). Der Startpunkt in der (x, y)-Ebene ist um einen Winkel ψ_0 gegen die x-Achse im mathematisch positiven Sinn gedreht. Die etwas dicker eingezeichnete Größe s_{xy}, definiert in (9.18), ist die Projektion der Bogenlänge der Spur von dem Anfangspunkt (x_0, y_0) bis zu einem laufenden Punkt (x, y). (b) Dargestellt ist die Spur auf dem abgerollten Zylindermantel der Helix in einem (z, s_{xy})-Koordinatensystem. In dieser Ebene hat die Spur eine konstante Steigung. Siehe auch die Erläuterungen dazu im Text.

Die Projektion der Spurlänge auf die xy-Ebene vom Startpunkt (x_0, y_0) bis zu einem laufenden Punkt (x, y) ist die Bogenlänge

$$s_{xy} = \psi R\,. \tag{9.18}$$

Der abgerollte Zylindermantel der Helix stellt eine Ebene dar, die durch s_{xy} und z als orthogonale Koordinaten aufgespannt werden kann (Abb. 9.5(b)). In dieser Ebene hat die Teilchentrajektorie eine konstante Steigung (was in einer (x, z)- oder (y, z)-Projektion nicht der Fall ist), wobei die Steigung durch den Winkel θ oder λ, definiert in (9.6) und (9.7) gegeben ist (siehe auch den Text zu diesen Gleichungen). Die Phase $\eta\psi$ mit $\psi \geq 0$ und dem Vorzeichen der Ladung $\eta = q/|q|$ legt die Umlaufrichtung fest. Für positive Teilchenladungen ist der Umlauf im Gegenuhrzeigersinn, wenn man in Richtung des B-Feldes blickt (also in Abb. 9.5(a) aus der Ebene hinaus) und für negative Ladungen ist der Umlauf im Uhrzeigersinn. In der Darstellung (9.17) ist der Punkt (x_0, y_0, z_0) der Startpunkt auf der Helixbahn, und der Kreismittelpunkt liegt bei $(x_M = x_0 - R\cos\psi_0,\ y_M = y_0 - R\sin\psi_0)$. Die Helix hat sechs Parameter: die drei Startkoordinaten x_0, y_0, z_0, die beiden Winkel ψ_0, θ und die Krümmung

$$\kappa = -\eta/R \qquad (\eta = q/|q| = \pm 1)\,, \tag{9.19}$$

deren Vorzeichen wie angegeben von der Ladung abhängt.

Die Projektion der Helix auf die Ebene senkrecht zum Magnetfeld beschreibt einen Kreisbogen, der durch die drei Parameter x_0, y_0 und R beschrieben wird. Die Darstellung

$$y = y_0 + \sqrt{R^2 - (x - x_0)^2} \tag{9.20}$$

hängt nicht-linear von den Parametern x_0 und R ab. Die Entwicklung von (9.20) für große Radien R, entsprechend großen Impulsen,

$$y = y_0 + R\left(1 - \frac{(x - x_0)^2}{2R^2} + \ldots\right) = \left(y_0 + R - \frac{x_0}{2R^2}\right) + \frac{x_0}{R}x - \frac{1}{2R}x^2 + \ldots, \tag{9.21}$$

führt zu einer parabolischen Approximation der Trajektorie, die als eine lineare Funktion von drei Parametern geschrieben werden kann:

$$y = a + bx + \frac{1}{2}cx^2 . \tag{9.22}$$

Die neuen Parameter a, b, c sind Funktionen der Parameter x_0, y_0, R, entsprechend den ersten drei Koeffizienten in der Entwicklung (9.21). Die Lösung für die Parameter a, b, c für die Anpassung an Messdaten y_i an den Positionen x_i lässt sich mit Hilfe des Matrixformalismus, beschrieben in Anhang F, berechnen.

Zur Beschreibung von Teilchentrajektorien in inhomogenen Magnetfeldern werden häufig stückweise Helixbahnen aneinandergehängt, wobei eine mittlere Feldstärke und -richtung in dem jeweiligen Abschnitt angenommen wird.

9.3.2 Detektoranordnungen in Magnetspektrometern

Eine Anordnung eines oder mehrerer Magnete mit Spurdetektoren, die zur Impulsbestimmung dient, nennt man Magnetspektrometer oder einfach Spektrometer. In Abb. 9.6 werden Magnetspektrometer mit typischen Detektoranordnungen zur Messung von Raumkoordinaten gezeigt.

Vorwärtsspektrometer: Die Anordnung in Abb. 9.6(a) mit einem Dipolmagneten ist typisch für ein Fixed-Target-Experiment. Sie wird Vorwärtsspektrometer genannt, weil die Teilchen, vom Targetpunkt (x_0, y_0, z_0) ausgehend, auf Grund des Lorentz-Boosts vorwiegend in einem engen Raumwinkel um die Strahlrichtung auslaufen. Die Detektoren werden vornehmlich senkrecht zur Strahlrichtung (hier die x-Achse) installiert und liefern Messpunkte y_i, x_i und z_i, x_i bei jeweils festem x_i. Als Messpunkt kann auch der Wechselwirkungspunkt im Target, wenn er genau genug lokalisiert ist, genutzt werden (*beam constraint*). In einem homogenen Magnetfeld sind die Teilchentrajektorien Helixbahnen entsprechend (9.17) und vor und hinter dem Magneten Geraden entsprechend (9.16). Eine minimale Anzahl von Messpunkten sind drei Punkte in der Ebene der Impulsablenkung (xy) und zwei Punkte in der dazu senkrechten Ebene, wenn man zusätzlich die Bedingung, dass der Startpunkt im Strahl liegt, nutzen kann, was bei genügend kleinem Strahldurchmesser möglich ist.

Solenoidspektrometer: Die Anordnung in Abb. 9.6(b) mit einem Solenoidmagneten zur Impulsanalyse ist typisch für ein Speicherring-Experiment, bei dem die Strahlen sich

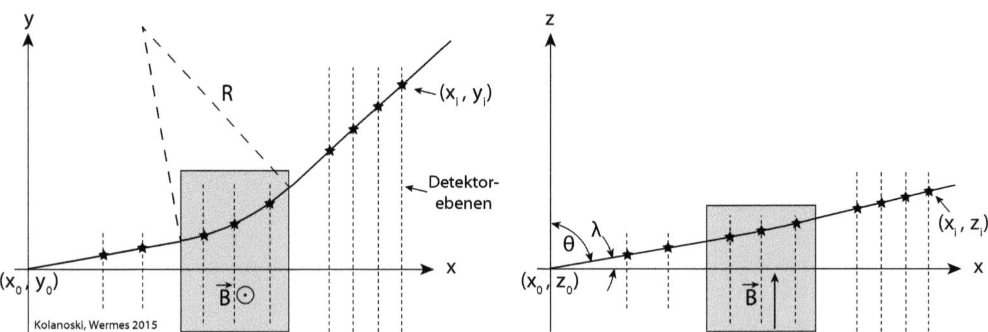

(a) Spur in einem Dipolspektrometer. Die Detektoren sind parallel zu den vorderen und den hinteren Magnetflächen vor, in und nach dem Magneten installiert. In der xz-Ebene (rechts), die das Magnetfeld enthält, ist die Spur nahezu geradlinig. In dieser Projektion ist die Steigung relativ zur Strahlrichtung am Startpunkt durch λ gegeben (siehe (9.7)).

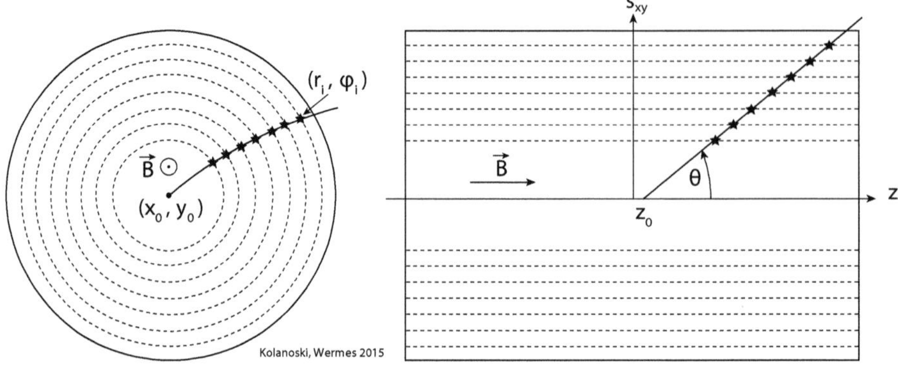

(b) Spur in einem Solenoidmagnetfeld. Bei Solenoidfeldern wird in der Regel auf festen Radien die azimutale Koordinate gemessen ($(r\phi)$-Messung in zylindrischen Detektorlagen). Das (z, s_{xy})-Koordinatensystem auf der rechten Seite der Abbildung entspricht der Darstellung in Abb. 9.5(b). Die gestrichelten Linien stellen Detektorlagen, zum Beispiel die Drahtlagen einer Driftkammer, dar. Die Impulsmessung in $(r\phi)$ hat in der Regel die bessere Auflösung als die z-Koordinate (siehe Abschnitt 7.10.4).

Abb. 9.6 Teilchentrajektorien in (a) Dipol- und (b) Solenoid-Magnetspektrometern. Das Magnetfeld zeigt jeweils in Richtung der z-Achse; links ist jeweils die Ebene senkrecht zu dem Magnetfeld und rechts eine Ebene, die das Magnetfeld enthält, dargestellt. Die gestrichelten Linien deuten die Detektorlagen an. Die Messpunkte entlang der Spuren sind durch Sterne (*) markiert.

im Mittelpunkt des Solenoids kreuzen. Die Strahlausdehnung in der Ablenkebene xy ist typisch etwa 100 µm oder weniger, so dass die Mitte des Strahlquerschnitts als Messpunkt in der xy-Ebene betrachtet werden kann. Im Allgemeinen wird diese Strahlbedingung (*beam constraint*) nicht benutzt, um Spuren von Zerfällen, die nicht vom Primärvertex kommen, ebenfalls rekonstruieren zu können (siehe zum Beispiel Abb. 3.33).

In vielen Detektoranordnungen werden die Spuren im Inneren des Solenoids mit zylindrischen Spurdetektoren gemessen. Die Messkoordinaten sind (r_i, ϕ_i, z_i). In zylindrischen Drahtkammern (Abschnitt 7.10) oder entsprechend angeordneten Halbleiterdetektoren

(Abschnitt 8.4.1) liegen die Detektorzellen auf Zylindermänteln mit festen Radien r_i, auf denen der Azimutwinkel ϕ_i und möglicherweise auch z_i gemessen werden. Für die dazu unterschiedliche Elektrodenkonfiguration in TPCs verweisen wir auf Abschnitt 7.11.

9.3.3 Anpassung an ein Spurmodell

Die parametrisierte Beschreibung einer Teilchentrajektorie nennt man Spurmodell. Solche Spurmodelle können eine Kombination von einfachen Geraden und Helixbahnen sein, wie in (9.16) und (9.17) angegeben, oder allgemeiner bei inhomogenen Feldern stückweise Helixbahnen oder Approximationen wie zum Beispiel die parabolische Entwicklung in (9.22). Oft versucht man auch Richtungs- und Impulsänderungen durch Vielfachstreuung und Bremsstrahlung zu berücksichtigen. Bei starker Streuung oder energiereicher Abstrahlung kann man bei genügender Auflösung einen Knick (*kink*) in der Spur beobachten, der in der Spuranpassung berücksichtigt werden kann. Solche Knicke werden auch bei Zerfall eines geladenen Teilchens, zum Beispiel eines Pions, $\pi \to \mu\nu$, beobachtet (bei niedrigen Energien besonders ausgeprägt, siehe Abb. 16.2). Auch der Zerfall von langlebigen Teilchen wie $K_s^0 \to \pi^+\pi^-$, bei dem die Pionen nicht vom Wechselwirkungspunkt kommen, sollte in einem Detektor rekonstruiert werden können. Für die Rekonstruktion von Zerfällen von Charm- und Bottom-Hadronen (siehe Abb. 9.14) sowie τ-Leptonen sind spezielle Vertexdetektoren (Abschnitt 14.6.2) notwendig.

Das Spurmodell hängt von einem Satz von m Parametern $\theta = (\theta_1, \dots, \theta_m)$ ab, die bei der Spurrekonstruktion an die N Messpunkte angepasst werden. Die Anpassung geschieht üblicherweise nach der Methode der kleinsten Quadrate durch Minimierung des Ausdrucks (Details finden sich in Anhang F)

$$S = \sum_{i=1}^{N} \frac{(\xi_i^{\text{mess}} - \xi_i^{fit}(\theta))^2}{\sigma_i^2} . \tag{9.23}$$

Das Minimum von S bezüglich des Parametersatzes θ folgt einer χ^2-Verteilung, wenn die Messwerte ξ_i^{mess} um ihren Erwartungswert $\hat{\xi}_i^{\text{mess}}$ normalverteilt mit Standardabweichungen σ_i sind. Die Erwartungswerte $\hat{\xi}_i^{\text{mess}}$ werden durch die $\xi_i^{fit}(\theta)$ abgeschätzt, die sich aus dem Spurmodell durch optimale Anpassung der Parameter θ ergeben.

Im Allgemeinen enthält ein Spurmodell auch Zwangsbedingungen, zum Beispiel, dass Abschnitte von Trajektorien stetig ineinander übergehen. Zwangsbedingungen kann man manchmal analytisch in die Kurvenbeschreibung einbeziehen, oder man kann die Zwangsbedingungen additiv zu dem χ^2-Ausdruck in (9.23) hinzufügen. Im letzteren Fall führt das zu jeweils einem weiteren Parameter, dem Lagrange-Multiplikator,[91] mit dem die Zwangsbedingung zu multiplizieren ist und der durch die Anpassung mitzubestimmen ist.

In Anhang F.2 werden Anpassungen, die linear in den Parametern sind, diskutiert. Für solche linearen Probleme bietet die χ^2-Anpassungen eine analytische Lösung für die

[91] Siehe dazu die Literatur über Klassische Mechanik, zum Beispiel [497] und über statistische Methoden der Datenanalyse, zum Beispiel [260, 238].

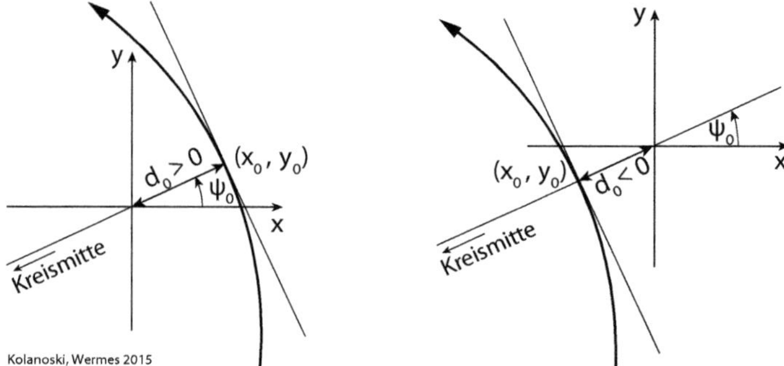

Abb. 9.7 Darstellung des kleinsten Abstands der Spur vom Wechselwirkungspunkt, der hier im Ursprung liegen soll. Die angegebene Vorzeichenkonvention für die Fälle, dass der Ursprung innerhalb (links) beziehungsweise außerhalb (rechts) des Kreises liegt, ergibt die richtigen Vorzeichen für x_0, y_0 in der Formel (9.24).

Parameter. Meistens sind allerdings die Spurmodelle, einschließlich der Zwangsbedingungen, nicht-linear in den Parametern, wie auch die Helixparametrisierung in (9.20) (ohne die Linearisierung in (9.21)). Dann müssen die Parameter iterativ durch Anpassung des Spurmodells an die Messpunkte bestimmt werden (siehe zum Beispiel [454, 742]).

9.3.4 Teilchentrajektorien in Vorwärtsspektrometern

Das Spurmodell für ein Vorwärtsspektrometer wie in Abb. 9.6(a) besteht im einfachsten Fall, wenn das Feld innerhalb eines Kastens als homogen angenommen werden kann, aus den beiden Geraden vor und hinter dem Magneten und einer Helixbahn im Magneten mit den Zwangsbedingungen, dass die Kurven jeweils am Magnetfeldrand stetig ineinander übergehen.

Im allgemeinen Fall eines inhomogenen Magnetfelds braucht man eine genaue Magnetfeldkarte (Abschnitt 9.2.5), so dass eine Spur stückweise verfolgt und der Parametersatz des Spurmodells bestimmt werden kann. Als Parameter werden meistens die Steigungen und Achsenabschnitte sowie der Impuls am Wechselwirkungspunkt, $(y_0, z_0, t_{yx}(y_0), t_{zx}(z_0)), q/p)$, gewählt. In jeder Zelle i werden die lokalen Parameter $(y_i, z_i, t_{yx}(y_i), t_{zx}(z_i), q/p)$ benutzt, um die Spur in die nächste Zelle $(i+1)$ zu verfolgen und dort erneut zu berechnen. Die Parameter werden iterativ durch Anpassung an die Messpunkte bestimmt (siehe den vorhergehenden Abschnitt 9.3.3).

9.3.5 Trajektorien in zylindersymmetrischen Anordnungen

Wir betrachten nun die Rekonstruktion von Spuren in einem Solenoidspektrometer wie in Abb. 9.6(b) mit dem Magnetfeld parallel zu der Solenoidachse. Der Ursprung des Koordinatensystems soll im Zentrum des Magneten und gleichzeitig im Mittelpunkt der Wechselwirkungszone liegen. Die Detektoren sind in der Regel zylindrische Anordnungen, die Messpunkte $(r_i,\ \phi_i)$ in der Ebene senkrecht zum Magnetfeld ((r, ϕ)-Ebene) sowie Raumpunkte $(r_i,\ \phi_i,\ z_i)$ liefern (die Messung der Koordinaten von Spurpunkten ist in Abschnitt 7.10.4 behandelt). Im Inneren eines Solenoidmagneten ist das Magnetfeld relativ homogen, so dass eine Helixbahn als Spurmodell eine gute Näherung ist. Wenn Inhomogenitäten, Energieverluste und Streuung berücksichtigt werden sollen, muss das Modell verfeinert werden, womit dann eine stückweise, iterative Rekonstruktion gemacht werden kann.

In der Regel ist der Produktionsort eines Teilchens nicht bekannt, sondern nur, dass er auf der Helixbahn im Bereich der Wechselwirkungszone liegt. Weil deshalb der Anfangspunkt der Helix nicht rekonstruierbar ist, können nur fünf der sechs Parameter in (9.17) bestimmt werden. Eine mögliche Wahl der Parameter ist:

- κ Krümmung in der $r\phi$-Ebene entsprechend (9.19): $\kappa = -\frac{\eta}{R}$ $(\eta = q/|q|)$;
- ψ_0 Winkel in der $r\phi$-Ebene zwischen der x-Achse und dem Vektor vom Kreismittelpunkt zum Ort des kürzesten Abstands vom Ursprung;
- d_0 kleinster Abstand der Helix vom Ursprung in der $r\phi$-Ebene; $d_0 > 0$ $(d_0 < 0)$, wenn der Ursprung innerhalb (außerhalb) des Kreises liegt (Abb. 9.7);
- θ Neigungswinkel der Spur gegen die z-Achse am Ort des kürzesten Abstands vom Ursprung; dieser Winkel ist eine Invariante auf dem abgerollten Zylindermantel, auf dem die Helix liegt (bei homogenem Feld und ohne Störung der Spur);
- z_0 z-Koordinate des Punktes auf der Helix, der den kürzesten Abstand $(= d_0)$ von der z-Achse hat.

Damit wird der Anfang der Helix in der xy-Projektion auf den Punkt des geringsten Abstands vom Ursprung in der $r\phi$-Projektion gelegt. Die entsprechenden Koordinaten x_0, y_0 lassen sich mit dem Winkel ψ_0 (Abb. 9.7) zu

$$x_0 = d_0 \cos\psi_0\,, \qquad y_0 = d_0 \sin\psi_0 \tag{9.24}$$

berechnen. Damit ist auch die zugehörige Koordinate z_0 für einen Punkt auf der Helix festgelegt.

In der Regel werden zunächst die ersten drei Parameter aus den gemessenen Punkten in der $r\phi$-Projektion an einen Kreis angepasst. Im zweiten Schritt werden dann die, im Allgemeinen schlechter gemessenen, Punkte in der rz-Projektion benutzt, um die beiden übrigen Parameter zu bestimmen. Dieses Vorgehen erleichtert meistens die Mustererkennung (*pattern recognition*), das heißt die Zuordnung von Messpunkten zu Spuren (siehe nächster Abschnitt). Eine gleichzeitige Anpassung der Spur an die Messungen in beiden Projektionen ist auch möglich und wird bevorzugt nach dem Mustererkennungsschritt gemacht.

9.3.6 Mustererkennung

Um die Spuren eines von einem Detektor aufgezeichneten Ereignisses rekonstruieren zu können, müssen die Messpunkte individuellen Spuren zugeordnet werden. Diese Proze-

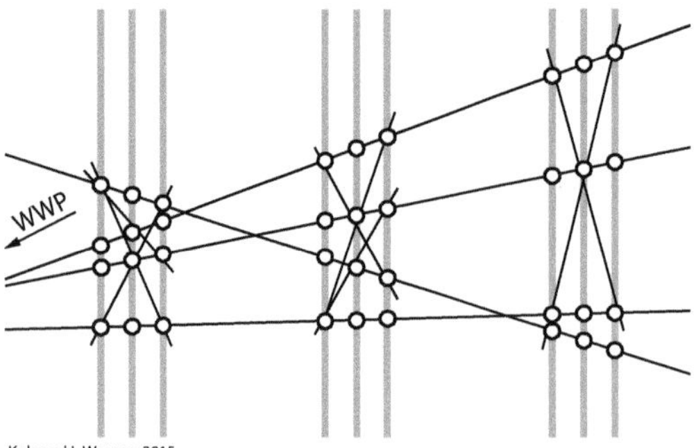

Abb. 9.8 Triplettkombinationen von Treffern in 9 Detektorlagen, von denen jeweils drei als so genannte Superlagen nahe aufeinander folgen. In jeder Superlage können Tripletts gebildet werden, die in den Bereich des Wechselwirkungspunkts (WWP) weisen sollen. Man sieht, dass viele mögliche Kombinationen nach diesem Kriterium ausgeschlossen werden können.

dur gehört zu der allgemeinen Thematik der 'Mustererkennung' (*pattern recognition*), das sind Methoden, um in Datenmengen, die unvollständig und verrauscht sein können, Ähnlichkeiten oder Gesetzmäßigkeiten zu erkennen. Methoden der Mustererkennung finden in vielen Bereichen, wie Bild-, Sprach- und Schrifterkennung, Radarüberwachung und auch Teilchenphysik [454, 517, 741], Anwendung.

Die Mustererkennung ist umso schwieriger und gleichzeitig wichtiger, je höher die Teilchendichte in einem Detektor und entsprechend je höher die Anzahl der Messpunkte ist. Die einfachste Lösung ist, jede Kombination von Punkten in verschiedenen Lagen auf Konsistenz mit einem Spurmodell zu prüfen. Das Verfahren wird aber sehr schnell ineffizient oder nicht mehr mit endlichem Rechenaufwand machbar, weil die Anzahl der Kombinationen mit der Teilchenzahl sehr groß wird. Zum Beispiel ist die Anzahl der Kombinationen bei 10 Teilchen in 4 Detektorlagen 10^4, und bei 100 Teilchen wäre sie bereits $100^4 = 10^8$.

Es ist also wichtig, die Anzahl der Kombinationsmöglichkeiten der Messpunkte möglichst früh zu reduzieren. Eine Möglichkeit besteht darin, nur lokale Verknüpfungen zuzulassen und die möglichen Verknüpfungen einzuschränken. Zum Beispiel kann man Verknüpfungen von zwei oder drei Messpunkten darauf beschränken, dass die entsprechende Gerade innerhalb eines Toleranzbereichs auf den Wechselwirkungspunkt weist (Abb. 9.8). Solche Spurelemente (Dubletts oder Tripletts) können dann in der nächsten Stufe kombiniert werden. Eine wichtige Eigenschaft eines Mustererkennungsalgorithmus ist Fehlertoleranz bei unvollständigen und verrauschten Daten. Zum Beispiel muss es erlaubt sein, dass Messpunkte in einer oder mehreren Detektorlagen fehlen. Ausreißer (*outliers*), das sind Punkte, die mehrere (zum Beispiel drei) Standardabweichungen von der Anpassungskurve weg liegen, werden verworfen. Der Algorithmus muss auch Ambiguitäten, wie die Rechts-Links-Ambiguität in Driftzellen (Abschnitt 7.10.4) auflösen und Messpunkte in verschiedenen Projektionen zuordnen können.

Eine systematische Methode der Mustererkennung, die gleichzeitig eine Spuranpassung liefert, ist der Kalman-Filter-Algorithmus [453]: Von einem Startpunkt (*seed*) ausgehend, meistens von dem am weitesten von dem Produktionsvertex einer potenziellen Spur entfernten Messpunkt, wird ein Bereich für den nächsten Punkt vorhergesagt (Abb. 9.9). Der Suchbereich wird durch bestimmte Bedingungen eingeschränkt, zum Beispiel, dass die Spur innerhalb einer Toleranz vom Target kommen soll. Wird ein Punkt gefunden, so

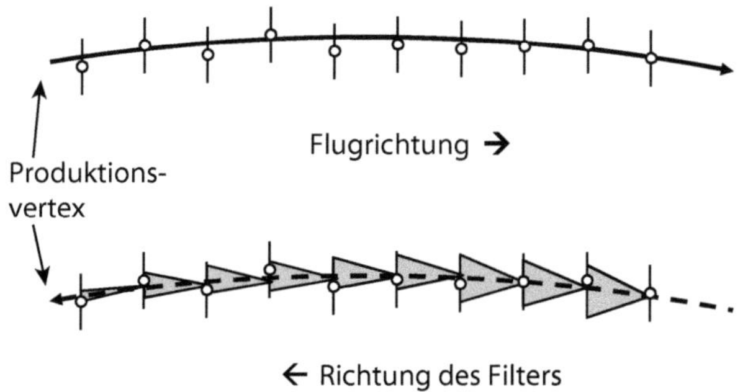

Abb. 9.9 Darstellung einer Spursuche nach der Kalman-Filter-Methode: Ausgehend von dem äußersten Punkt auf der Spur wird in Richtung Produktionsvertex gehend der jeweils nächste Punkt vorhergesagt. Mit den gefundenen Punkten werden die Vorhersagen verfeinert.

wird die Vorhersage für die nächste Lage verfeinert. Das wiederholt sich so lange bis die letzte Lage vor dem Wechselwirkungspunkt erreicht ist, wo dann die gesamte Information aller durchlaufenen Messpunkte zur Verfügung steht und damit die Spurparameter und die zugehörigen Fehler bestimmt sind.

Die bisher besprochenen Methoden sind lokal in dem Sinne, dass nur Verknüpfungen zu nächsten Nachbarn betrachtet werden. Globale Methoden der Mustererkennung versuchen, alle Messpunkte so aufzuteilen, dass gleichzeitig ein Bild aller Spuren entsteht, ähnlich wie es auch mit dem Auge gesehen wird (siehe zum Beispiel [741]). Zu diesen Methoden gehören unter anderem neuronale Netze, adaptive Schablonen (*templates*) oder Transformationen vom Orts- in den Parameterraum ('Hough-Transformation').

9.4 Auflösungen der Spurparameter

9.4.1 Spurmodelle und andere Grundlagen

Die Impuls- und Richtungsauflösungen sind die wesentlichen Qualitätsmerkmale eines Magnetspektrometers. Im Allgemeinen liefert die Anpassung der Messwerte an ein Spurmodell (siehe Abschnitt 9.3.3), zum Beispiel durch Minimierung der quadratischen Abweichungen in (9.23), die volle Kovarianzmatrix der Parameter des Spurmodells, das sind die Fehler der Parameter und ihre Korrelationen. Aus der Kovarianzmatrix können dann die Auflösungen für Impuls, Richtung und extrapolierte Orte berechnet werden. Für die detaillierte Behandlung der Spuranpassung im Matrixformalismus und die Diskussion der Kovarianxmatrix der Parameter verweisen wir auf die einschlägige Literatur, zum Beispiel [454, 741, 229, 133]. Eine Zusammenfassung der 'Methode der kleinsten Quadrate' mit einer Darstellung des Matrixformalismus zur Lösung von Problemen, die linear in den Anpassungsparametern sind, sowie Anwendungen auf Geraden und parabolische Funktionen sind in Anhang F zu finden. Im Folgenden beschränken wir uns auf solche 'linearen Probleme', was für unsere Anwendungen zum Beispiel bedeutet, dass die magnetischen Ablenkungen klein sind und der Winkel, unter dem ein Teilchen eine Detektorebene kreuzt, der gleiche in allen Messebenen ist. Diese Näherung ist für einen wesentlichen Wertebereich für Impuls und Magnetfeld anwendbar. Betrachten wir zum Beispiel parallele Detektorebenen angeordnet auf einer Länge von 2 m in einem Magnetfeld von 1 T (Konstellation etwa wie der Magnetfeldbereich in Abb. 9.6(a) links). Ein Teilchen, das etwa senkrecht auf die Detektoren auftrifft, ändert bei einem Impuls von 6 GeV/c seine Steigung und damit die durchlaufene Streuerdicke in der Detektoranordnung nur um ±5% (bezogen auf die Mittelebene). Da nur die Wurzel aus der Streuerdicke in die Berechnung des mittleren Streuwinkels eingeht, ändert sich dieser nur um die Hälfte. Bei höheren Impulsen oder kleinerem Magnetfeld wird diese Ungenauigkeit kleiner.

In diesem Abschnitt diskutieren wir für verschiedene Konfigurationen von Spurdetektoren und Magnetfeldern die Auflösungseffekte, die sowohl durch Fehler der Ortsmessungen als auch durch Vielfachstreuung verursacht werden. Die benutzten Formeln sind Näherungen; genauere Abschätzungen können in der Regel durch Messungen oder Simulationen erhalten werden. Wir werden an einigen einfachen Beispielen zeigen, wovon die Auflösungen von Impuls, Richtung und Vertex abhängen und was beim Detektorbau zur Optimierung berücksichtigt werden sollte.

Fehler in der Ortsmessung Bei der Ableitung von Formeln für Ortsungenauigkeiten werden wir uns auf die minimal notwendige Anzahl von Messungen für die Parameterbestimmung beschränken. Auf diese Weise können die Auflösungen analytisch berechnet werden, ohne auf Anpassungsrechnungen zurückgreifen zu müssen. Die Verallgemeinerung auf viele Messpunkte ist in Anhang F dargestellt. Für viele Fälle findet man diese Formeln in dem Standardartikel von Gluckstern [495], auf den wir uns im Weiteren häufig beziehen werden.

Fehler durch Vielfachstreuung Zu den Fehlern, die durch die Ortsauflösungen der Detektoren verursacht werden, kommen Fehler durch Vielfachstreuung in dem Material entlang der Spurtrajektorie. Die Vielfachstreuung wurde in Abschnitt 3.4 besprochen. Da für die Vielfachstreuung die Ableitung der Auflösungseffekte durch Anpassungsalgorithmen zu sehr komplizierten Ausdrücken führt, beziehen wir uns im Folgenden auf die Formeln für die rms-Werte von Streuwinkel und Versatz der Spuren, wie in (3.110) auf Seite 80 und der dazugehörigen Abb. 3.32 angegeben. Unsere analytischen Formeln für die Auflösungen von Spurrichtungen und -krümmungen liefern innerhalb weniger Prozent weitgehend die gleichen Ergebnisse, die durch Anpassungen mit Einschluss der vollen Kovarianzmatrix abgeleiteten werden, wie zum Beispiel in [384].

Die charakteristische Größe, die auch im Folgenden benutzt wird, ist die Standardabweichung der Verteilung des auf eine Ebene, die die Spur enthält, projizierten Streuwinkels, definiert in Abschnitt 3.4. Das impliziert, dass wir eine Gauß-Verteilung annehmen und damit die langen Ausläufer der Molière-Verteilung (Abb. 3.30) vernachlässigen. Wir benutzen hier die Formel (3.106) ohne die logarithmische Korrektur,[92]

$$\theta_{ms} = \frac{0.0136\,\mathrm{GeV}/c}{p\beta}|z|\sqrt{\frac{x}{X_0}}, \tag{9.25}$$

[92]Dieser Term ist nur zur Vereinfachung der Formeln fallengelassen worden, kann aber ohne Weiteres nachträglich wieder eingesetzt werden, wenn höhere Genauigkeiten gewünscht werden.

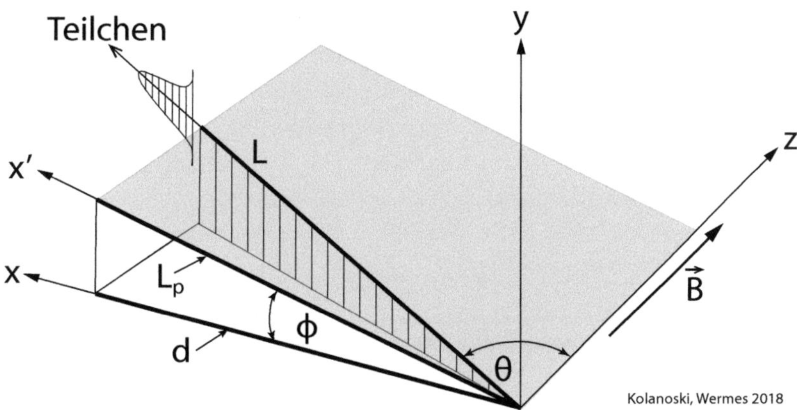

Abb. 9.10 Perspektivische Ansicht einer Teilchentrajektorie und ihre Projektion auf die Ablenkebene (xy-Ebene). Zur Vereinfachung wird die Trajektorie als geradlinig angenommen. Eingezeichnet sind die Spurlänge L innerhalb des Detektors und die auf die Ebene xy projizierte Spurlänge L_p. Das Magnetfeld weist in die Richtung der z-Achse und damit erfolgt die Ablenkung in der xy-Ebene. Der Winkel θ ist der Polarwinkel des Teilchens, definiert in der $x'z$-Ebene, die durch die Trajektorie und die z-Achse aufgespannt wird. Die $x'z$-Ebene ist gegen die xz-Ebene um den Winkel ϕ gedreht, steht senkrecht auf der Ablenkebene xy und enthält somit neben der Spur auch deren Projektion L_p auf die Ablenkebene. Die Streuwinkelverteilung wird als Projektion auf die vertikal gestreifte Ebene angegeben (hier nur unterhalb der $x'z$-Ebene eingezeichnet), die dazu orthogonale Verteilung würde in der $x'z$-Ebene liegen (der Übersichtlichkeit wegen hier nicht gezeigt).

wobei p der Impuls, β die normierte Geschwindigkeit und z die Ladung in Einheiten der Elementarladung sind; x/X_0 ist die Weglänge in dem streuenden Material in Einheiten der Strahlungslänge X_0. Wenn die Messebenen vorwiegend senkrecht zu der betrachteten Teilchentrajektorie (unter der Annahme kleiner Ablenkwinkel) und senkrecht zu der Ablenkebene platziert sind, ist die Spurlänge in dem Streuer (siehe z.B. die rechte Seite von Abb. 9.6(a), wo die Streuung in den gestrichelt eingezeichneten Detektorlagen stattfindet).

$$x = d/\sin\theta \qquad \text{(unter den angegebenen Bedingungen)}\,, \tag{9.26}$$

wobei d die Dicke der Detektorebene und θ der Winkel zwischen der Trajektorie und der Richtung des Magnetfeldes ist.[93] Im Allgemeinen, wenn die gemachten Annahmen nicht anwendbar sind, können im Folgenden in den Formeln Ausdrücke wie $d/\sin\theta$ durch die tatsächliche Spurlänge im Streuer ersetzt werden.

Abbildung 9.10 stellt die räumliche Konstellation von Teilchenspur, Streuer und Magnetfeld dar. Der Streuer hat eine Dicke d und die tatsächliche Spurlänge im Streuer ist L. Der Streuwinkel ist relativ zu der Teilchenrichtung definiert. Im Folgenden benutzen wir häufig die Projektion des Streuwinkels auf die Ablenkebene, also die Ebene senk-

[93] Der Buchstabe θ tritt hier in unterschiedlichen Bedeutungen auf: einmal im Zusammenhang mit Streuwinkeln und zum anderen als Winkel der Spur zum Magnetfeld. Das sollte aber unproblematisch sein, weil der Streuwinkel im Gegensatz zum Spurwinkel in diesem Kapitel immer als Standardabweichung mit einem Index 'ms' auftritt, also θ_{ms}.

recht zum Magnetfeld, in Abb. 9.10 die xy-Ebene. Diese Projektion erhält man, indem man zunächst den räumlichen Streuwinkel in seine Komponenten in der $x'z$-Ebene (in Abb. 9.10 die graue Fläche) und die dazu senkrechte Ebene, die die Teilchentrajektorie enthält (vertikal gestreift) zerlegt. Die Streuwinkelverteilungen in beiden Projektionen haben Standardabweichungen θ_{ms}. Im nächsten Schritt muss die Projektion der Streuwinkelverteilung in der vertikal gestreiften Ebene weiter auf die Ablenkebene xy projiziert werden. Die Standardabweichung der Verteilung in der Ablenkebene ist dann:

$$\theta_{ms}^{p} = \theta_{ms} / \sin\theta \,. \tag{9.27}$$

Der Winkel θ_{ms} wird für den tatsächlichen Weg L des Teilchens durch den Streuer bestimmt, der unter den oben für (9.26) formulierten Annahmen durch $x = L = d/\sin\theta$ gegeben ist. Bezogen auf Abb. 9.10 bedeuten die Annahmen, dass der Winkel ϕ klein ist und damit die Ebenen xz und $x'z$ annähernd zusammenfallen. Für die Diskussion der Impulsauflösung ist θ_{ms}^{p} die wichtigste Winkelprojektion. Es gibt eine entsprechende Projektion auf die $x'z$-Ebene, auf die wir uns allerdings im Folgenden nicht beziehen werden, weil wir uns hauptsächlich für den Effekt der Streuung auf die Teilchenablenkung interessieren.

9.4.2 Richtungsauflösung im feldfreien Raum

Zunächst betrachten wir als einfachsten Fall ein geladenes Teilchen, das einen feldfreien Raum durchläuft. Die y-Koordinaten der Teilchentrajektorie werden in N Detektorebenen, die senkrecht zur x-Achse bei festen x_i $(i = 1, \ldots, N)$ aufgestellt sind, gemessen (Situation wie auf der rechten Seite in Abb. 9.6(a) vor und hinter dem Magneten). Die Teilchentrajektorie ist eine Gerade, deren Projektion auf die xy-Ebene durch $y = a + bx$ gegeben ist. Wir werden nur diese Projektion betrachten, weil in einem feldfreien Raum alle Projektionen gleich behandelt werden können. Da wir hier an der Richtungsauflösung interessiert sind, betrachten wir nur den Fehler bei der Bestimmung der Steigung b.

9.4.2.1 Richtungsfehler durch Ortsmessung (ohne Magnetfeld)

Wenn man zunächst mit der minimalen Anzahl von zwei Messungen beginnt, kann man den Fehler analytisch angeben. Dann ist b gegeben durch

$$b = \frac{y_2 - y_1}{x_2 - x_1} = \frac{y_2 - y_1}{D} \,, \tag{9.28}$$

wobei $D = x_2 - x_1$ die Länge ist, über die die Spur in der xy-Ebene gemessen wird. Die y-Koordinaten werden mit der Auflösung σ_{mess} gemessen. Mit der Annahme, das σ_{mess} für alle Messungen gleich ist, ist der Fehler der Steigung

$$\sigma_b = \sqrt{2}\,\frac{\sigma_{\text{mess}}}{D} \,. \tag{9.29}$$

Für N in x gleichverteilte Messpunkte ist der Fehler der Steigung durch (F.11) in Anhang F gegeben:

$$\sigma_b = \frac{\sigma_{\text{mess}}}{D}\sqrt{\frac{12(N-1)}{N(N+1)}}\,. \tag{9.30}$$

Die Auflösung verbessert sich also wie $1/D$ mit dem Hebelarm der Messung und etwa wie $1/\sqrt{N}$ mit der Anzahl der Messpunkte.

9.4.2.2 Richtungsfehler durch Vielfachstreuung (ohne Magnetfeld)

Für den Fall eines kontinuierlichen Streuers zeigt Abb. 3.32 die mittlere Änderung der Steigung einer Geraden um den Winkel $\psi_{\text{plane}}^{rms} = \frac{1}{\sqrt{3}}\,\theta_{ms}$ (siehe Gl. (3.110)), der sich aus dem Versatz y_{plane}^{rms} dividiert durch die Streuerdicke x ergibt. In dem Fall eines kontinuierlichen Streuers entlang einer Spurlänge x und jeweils ein Messpunkt am Anfang und Ende des Streuers bestimmen wir den Fehler der Steigung zu

$$\sigma_b = \psi_{\text{plane}}^{rms} = \frac{1}{\sqrt{3}}\,\theta_{ms} = \frac{0.0136\,\text{GeV}/c}{\sqrt{3}\,p\,\beta}|z|\sqrt{\frac{x}{X_0}}\,. \tag{9.31}$$

Auf der rechten Seite der Gleichung wurde der Ausdruck für θ_{ms} wie in (9.25) eingesetzt. Ein Vergleich von (9.30) und (9.31) zeigt, dass der Fehler der Steigung aufgrund der Vielfachstreuung mit dem Impuls abnimmt, während der Fehler aufgrund der Ortsmessung unabhängig vom Impuls ist.

Wir betrachten jetzt den Fall, dass die Streuung in N Detektorebenen stattfindet, und zwar an den Positionen x_i, $i = 1, \ldots, N$ verteilt über die Länge D (damit gilt $x_N - x_1 = D$). In jeder Ebene führt die Streuung zu einem mittleren Versatz $y_{ms,i}^{rms}$ in der letzten Ebene bei $x = x_N$

$$y_{ms,i}^{rms} = \theta_{ms,i}^{p}\,(x_N - x_i) = \frac{\theta_{ms,i}}{\sin\theta}\,(x_N - x_i) = \frac{0.0136\,\text{GeV}/c}{p\,\beta\sin\theta}|z|\sqrt{\frac{L_i}{X_0}}\,(x_N - x_i)\,. \tag{9.32}$$

Für jede Lage i ist der projizierte Streuwinkel $\theta_{ms,i}^{p}$ gegeben durch (9.27) und (9.25) mit $x = L_i$, wobei L_i die Dicke der Lage i entlang des Weges des Teilchens ist. Den gesamten mittleren Versatz y_{ms}^{rms} erhält man durch quadratische Addition aller $N-1$ Versatzbeiträge wie in (9.32) gegeben (die Streuung in der letzten Ebene trägt nicht bei). Damit ergibt sich schließlich eine Schätzung des Steigungsfehlers (entsprechend dem Ausdruck $\psi_{\text{plane}}^{rms}$ in (9.33) im kontinuierlichen Fall):[94]

$$\sigma_b = \frac{y_{ms}^{rms}}{D} = \frac{1}{D}\sqrt{\sum_{i=1}^{N-1}\theta_{ms,i}^{p2}\,(x_N - x_i)^2} = \frac{1}{D\,\sin\theta}\sqrt{\sum_{i=1}^{N-1}\theta_{ms,i}^{2}\,(x_N - x_i)^2}\,. \tag{9.33}$$

In dem speziellen Fall, dass die Detektorlagen i in gleichen Abständen $D/(N-1)$ verteilt sind und die gleiche Streuerdicke $L_i = d$ haben, was zu gleichen Streuwinkeln

[94] In diesem vereinfachten Ansatz betrachten wir die Streubeiträge jeder Ebene als unabhängig, was für kleine Streuwinkel gerechtfertigt ist. Damit werden Korrelationsterme vermieden, die bei einer Spuranpassung an die gemessenen Koordinaten jeder Ebene auftreten.

$\theta_{ms,i} = \theta_{ms,sl}$ (sl = single layer) führt, kann (9.33) einfach ausgewertet werden. Dann ergibt sich:

$$\sigma_b = \frac{\theta_{ms,N}}{\sin\theta}\sqrt{\frac{N(2N-1)}{6(N-1)^2}} =: \frac{\theta_{ms,N}}{\sin\theta}\sqrt{E_N} \tag{9.34}$$

$$\text{mit} \quad \theta^2_{ms,N} = \sum_{i=1}^{N-1} \theta^2_{ms,i} = (N-1)\,\theta^2_{ms,sl} \quad \text{und} \quad E_N = \frac{N(2N-1)}{6(N-1)^2}\,. \tag{9.35}$$

Die Einführung von E_N erlaubt die Anwendung der Formel auch für andere Detektorkonfigurationen (mit entsprechend angepasster Definition von E_N). Mit (9.35) und (9.25) erhalten wir für die Richtungsauflösung aufgrund der Vielfachstreuung im Falle gleicher Detektorabstände:

$$\sigma_b = \frac{\theta_{ms,sl}}{\sin\theta}\sqrt{N-1}\sqrt{E_N} = \frac{0.0136\,\mathrm{GeV}/c}{p\,\beta\sin\theta}|z|\sqrt{\frac{(N-1)d/\sin\theta}{X_0}}\sqrt{\frac{N(2N-1)}{6(N-1)^2}}\,. \tag{9.36}$$

Wir haben hier auch $L = d/\sin\theta$ benutzt unter der Annahme, dass die für (9.27) aufgestellten Bedingungen gelten (die Projektion der Spur auf die Ablenkebene geht senkrecht durch die Detektorebenen).

Die Auswertung von (9.34) für $N = 2$ und $\sin\theta = 1$ ergibt wie erwartet $\sigma_b = \theta_{ms}$, in diesem Fall gleich $\theta_{ms,sl}$. Wenn N sehr groß wird, erwartet man für den Fehler der Steigung das Kontinuumergebnis $\psi^{rms}_{\text{plane}}$ wie in (9.31) zurückzugewinnen. Tatsächlich ergibt (9.34) im Grenzfall großer N $\sigma_b = \theta_{ms,N}/\sqrt{3}$ wie in (9.31).

Während sich nach (9.30) die Auflösung der Steigung mit der Zahl der Detektorebenen in etwa wie $1/\sqrt{N}$ verbessert, wird sie durch Vielfachstreuung etwa mit $\sqrt{N}$ schlechter. Daher hat man in der Praxis die Zahl der Detektorlagen nach den verschiedenen Anforderungen zu optimieren. Dazu gehören eine geringe Vielfachstreuung, eine gute Ortsauflösung und eine möglichst einfache Mustererkennung. Entsprechende Betrachtungen gelten auch für die folgenden Diskussionen der weiteren Spurparameter und verschiedener Detektorkonfigurationen.

9.4.3 Impulsauflösung: Messpunkte außerhalb des Magnetfelds

Wir betrachten ein Spektrometer wie in Abb. 9.6(a), aber ohne Detektoren in dem Magneten, so dass die Teilchentrajektorien nur vor und hinter dem Magneten gemessen werden. Dann wird der Impuls aus der Richtungsablenkung α bestimmt. Der Abb. 9.11 entnimmt man:

$$\alpha = \frac{L_p}{R} = \frac{|q|}{p_T}\,L_p\,B\,, \tag{9.37}$$

wobei L_p die Länge des Weges im Magneten ist (wir betrachten hier nur die Projektion auf die Ebene senkrecht zum Magnetfeld). Die rechte Seite der Gleichung folgt aus (9.5). Das Ablenkvermögen des Magneten (*bending power*) ist also proportional zu L_pB oder bei

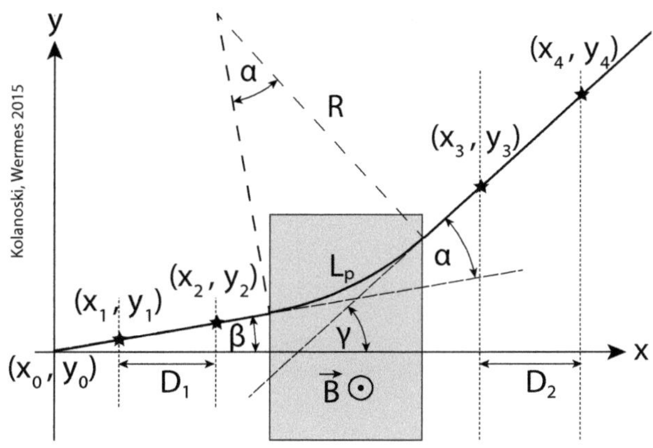

Abb. 9.11 Messung der Teilchentrajektorie in feldfreiem Raum vor und hinter dem Magneten. Der Impuls wird über den Ablenkwinkel α bestimmt, den Winkel zwischen den beiden Geraden.

einem inhomogenen Feld allgemeiner proportional zu dem Wegintegral über die impulsablenkende Feldkomponente:

$$\alpha \propto \int_{L_p} B\, dl\,. \tag{9.38}$$

9.4.3.1 Impulsfehler durch Ortsmessung (Messpunkte außerhalb Magnetfeld)

Nach Abb. 9.11 ist der Winkel α durch die Differenz der Steigungswinkel der Geraden hinter und vor dem Magneten, $\alpha = \gamma - \beta$, gegeben. Die Geraden vor und hinter dem Magneten sollen jeweils mit der minimalen Anzahl von zwei Messpunkten festgelegt sein. Die Steigungswinkel ergeben sich dann zu (Bezeichnungen in Abb. 9.11):

$$\tan\beta = \frac{y_2 - y_1}{x_2 - x_1} = \frac{y_2 - y_1}{D_1}\,, \qquad \tan\gamma = \frac{y_4 - y_3}{x_4 - x_3} = \frac{y_4 - y_3}{D_2}\,. \tag{9.39}$$

Dabei sind $D_1 = x_2 - x_1$ und $D_2 = x_4 - x_3$ die festen Abstände der Messebenen, in denen bei fester x-Koordinate die y-Koordinate mit der Auflösung σ_{mess} gemessen wird. Unter der Annahme, dass die Auflösungen σ_{mess} alle gleich sind, sind die Fehler der Steigungen:

$$\sigma_{\tan\beta} = \sqrt{2}\,\frac{\sigma_{\text{mess}}}{D_1}\,, \qquad \sigma_{\tan\gamma} = \sqrt{2}\,\frac{\sigma_{\text{mess}}}{D_2}\,. \tag{9.40}$$

In der Näherung kleiner Winkel ergibt sich dann für den Ablenkwinkel α:

$$\alpha = \gamma - \beta \approx \frac{y_4 - y_3}{D_2} - \frac{y_2 - y_1}{D_1}\,. \tag{9.41}$$

Der Fehler von α ergibt sich mit Fehlerfortpflanzung zu

$$\sigma_\alpha = \sqrt{2}\,\sigma_{\text{mess}}\sqrt{\frac{1}{D_1^2} + \frac{1}{D_2^2}} \tag{9.42}$$

oder für gleiche Abstände der Messebenen ($D_1 = D_2 = D$) zu

$$\sigma_\alpha = \frac{2\,\sigma_{\text{mess}}}{D}\,. \tag{9.43}$$

Die Auflösung ist also proportional zu der Ortsauflösung σ_{mess} eines Messpunkts und umgekehrt proportional zu dem Hebelarm D, über den die Geraden gemessen werden. Man kann allerdings die Auflösung durch Vergrößerung von D nicht beliebig verbessern, weil es immer Randbedingungen gibt, die die Größe eines Detektors beschränken. Zum Beispiel wird bei größerem Abstand vom Wechselwirkungspunkt die Winkelakzeptanz eines gegebenen Magneten kleiner.

Bei N gleichverteilten Messpunkten ist die Auflösung der Steigung einer der Geraden durch (9.30) gegeben. Mit der gleichen Anzahl N von Messpunkten jeweils vor und hinter dem Magneten ergibt sich für den Fehler des Ablenkwinkels:

$$\sigma_\alpha = \sqrt{\frac{24(N-1)}{N(N+1)}}\,\frac{\sigma_{\text{mess}}}{D} \tag{9.44}$$

Für $N = 2$ Messpunkte entspricht das Gleichung (9.43).

Die resultierende Impulsauflösung wird durch Fehlerfortpflanzung mit Hilfe von (9.37) bestimmt:

$$p_T = \frac{q}{\alpha}\,L_p\,B \qquad \Rightarrow \qquad dp_T = \frac{p_T^2}{qL_pB}\,d\alpha\,. \tag{9.45}$$

Damit ergibt sich nach Ersetzen von $d\alpha$ durch σ_α entsprechend (9.44) der relative Impulsfehler aufgrund der Ortsmessung,

$$\left(\frac{\sigma_{p_T}}{p_T}\right)_{mess} = \frac{\sigma_{\text{mess}}\,p_T}{|q|\,L_p\,B\,D}\sqrt{\frac{24(N-1)}{N(N+1)}} = \frac{\sigma_{\text{mess}}\,p_T}{0.3\,|z|\,L_p\,B\,D}\sqrt{\frac{24(N-1)}{N(N+1)}}\,, \tag{9.46}$$

wobei auf der rechten Seite der Impuls in Einheiten GeV/c, alle Längen in Meter und das Magnetfeld in Tesla angegeben wird. Die Gleichung gilt für die Messung vor und hinter dem Ablenkmagneten mit jeweils N über eine Länge D gleichverteilten Messpunkten (insgesamt also $2N$ Messpunkte).

9.4.3.2 Impulsfehler durch Vielfachstreuung (Messpunkte außerhalb Magnetfeld)

Im Folgenden betrachten wir zwei spezielle Fälle von Vielfachstreuung. In dem ersten Fall findet die Streuung nur in den Detektorebenen (diskrete Streuer) statt; im zweiten Fall findet die Streuung kontinuierlich innerhalb des Magneten statt. In beiden Fällen werden die Spuren außerhalb des Magneten gemessen.

Fehler durch Vielfachstreuung außerhalb des Magneten Wenn Vielfachstreuung nur in den Detektorlagen stattfindet und weitere Streuung vernachlässigt werden kann, kann man das Resultat für den Fehler der Steigung einer Geraden entsprechend (9.34) benutzen. Dieser Fehler gilt für N Detektorlagen, die jeweils die Dicke d haben und über die Länge D in gleichen Abständen verteilt sind.

Wie zuvor wird der Fehler des Ablenkwinkels durch quadratische Addition der Fehler der Steigungen vor und hinter dem Magneten erhalten. Mit der Annahme, dass beide mit der gleichen Genauigkeit gemessen werden, folgt aus (9.34):

$$\sigma_\alpha^{streu} = \frac{\theta_{ms,N}}{\sin\theta}\sqrt{\frac{N(2N-1)}{3(N-1)^2}} = \frac{\theta_{ms,sl}\sqrt{N-1}}{\sin\theta}\sqrt{\frac{N(2N-1)}{3(N-1)^2}} \,. \tag{9.47}$$

Der mittlere Streuwinkel $\theta_{ms,N}$ wurde in (9.35) definiert.

Nach Ersetzen von $d\alpha$ in (9.45) durch σ_α^{streu} in (9.47) erhält man den Impulsfehler aufgrund von Vielfachstreuung in den Detektorlagen:

$$\begin{aligned}\left(\frac{\sigma_{p_T}}{p_T}\right)_{streu} &= \frac{p_T\,\theta_{ms,N}}{qL_p\,B\,\sin\theta}\sqrt{\frac{N(2N-1)}{3(N-1)^2}} \\ &= \frac{0.0136}{0.3\,\beta\,L_p\,B}\sqrt{\frac{(N-1)\,L}{X_0}}\sqrt{\frac{N(2N-1)}{3(N-1)^2}} \qquad [L_p]=\mathrm{m},\ [B]=\mathrm{T}\,.\end{aligned} \tag{9.48}$$

In der zweiten Zeile wurde der Streuwinkel θ_{ms} wie in (9.25) eingesetzt und Einheiten entsprechend (9.10) konvertiert. Wie zuvor ist $L = d/\sin\theta$, wenn die Detektorebenen senkrecht zu der Projektion der Spur auf die Ablenkebene stehen.

Beispiel Es seien $N = 5$ Messpunkte mit der Auflösung $\sigma_{\text{mess}} = 100\,\mu\text{m}$ über eine Länge $D = 1\,\text{m}$ jeweils vor und hinter dem Magneten verteilt; die Magnetfeldstärke und -länge seien $B = 1.5\,\text{T}$ und $L = 2\,\text{m}$. Die Dicke einer Detektorlage sei 2% einer Strahlungslänge. Das ergibt für ein Teilchen mit der Ladung $q = e$ die Auflösung durch die Ortsmessung

$$\frac{\sigma_{p_T}}{p_T} = 0.2 \cdot 10^{-3}\,p_T/(\mathrm{GeV/c})\,, \tag{9.49}$$

das sind 0.2% bei Impulsen von 10 GeV/c und 2% bei 100 GeV/c.

Um diese Auflösung aufgrund der Ortsmessung mit der aufgrund der Vielfachstreuung zu vergleichen, werten wir (9.48) mit den Annahmen $p = p_T$, $\beta \approx 1$, $z = 1$ aus. Der mittlere Streuwinkel wird nach (9.25) und (9.35) berechnet:

$$\theta_{ms,N} \approx \frac{0.0136\,\mathrm{GeV}/c}{p_T}\,2\,\sqrt{0.02} = \frac{0.00385\,\mathrm{GeV}/c}{p_T}\,. \tag{9.50}$$

Setzt man das in (9.48) ein, findet man für die gegebenen Parameter den Auflösungsbeitrag durch Streuung:

$$\left(\frac{\sigma_{p_T}}{p_T}\right)_{streu} = 0.41\%\,, \tag{9.51}$$

Das heißt, die Impulsauflösung wird für Impulse bis etwa 20 GeV/c durch Vielfachstreuung dominiert. Der Einfluss der Vielfachstreuung kann vermindert werden, indem die Anzahl der Lagen verringert wird, was aber den Einfluss der Ortsauflösung verschlechtert; siehe die entsprechende Bemerkung am Ende von Abschnitt 9.4.2 auf Seite 452.

Fehler durch Vielfachstreuung im Magneten Wir betrachten jetzt den Fall, dass in Abb. 9.11 die Teilchen nur im Bereich des Magnetfeldes Vielfachstreuung erfahren, während die Streuung in den Detektoren im Vergleich vernachlässigt werden kann. Ein wichtiges Beispiel dafür ist ein Myonspektrometer mit magnetisiertem Eisen, das gleichzeitig zur Absorption von Hadronen und zur Impulsanalyse dient (siehe Abschnitt 9.2.4)).

Der Ablenkwinkel α bekommt dann eine zusätzliche Unsicherheit $\sigma_\alpha^{streu} = \theta_{ms}/\sin\theta$, wobei der Streuwinkel durch (9.25) und (9.27) gegeben ist. Damit ergibt sich der Impulsauflösungsbeitrag der Vielfachstreuung mit (9.45) zu

$$dp_T = \frac{p_T^2}{qL_p\,B}\frac{\theta_{ms}}{\sin\theta} = \frac{p_T^2}{qL_p\,B}\,\frac{0.0136\,\mathrm{GeV}/c}{p\,\beta\,\sin\theta}\,z\sqrt{\frac{L_p/\sin\theta}{X_0}}, \tag{9.52}$$

wobei θ der Winkel zwischen Teilchenbahn und Magnetfeld ist, $p_T = p\,\sin\theta$, siehe (9.6), und X_0 die Strahlungslänge der streuenden Materialschicht. Der Term $L_p/(\sin\theta\,X_0) = L/X_0$ ist die gesamte Bahnlänge in Einheiten der Strahlungslänge. Der Impulsauflösungsbeitrag durch Vielfachstreuung ist damit (wir benutzen wieder (9.10))

$$\left(\frac{\sigma_{p_T}}{p_T}\right)_{streu} = \frac{0.0136}{0.3\,\beta\,L_p\,B}\sqrt{\frac{L_p/\sin\theta}{X_0}}, \qquad [L_p] = \mathrm{m},\ [B] = \mathrm{T}\,. \tag{9.53}$$

Dieser Beitrag hängt von dem Impuls nur über β ab und wird deshalb bei kleinen Impulsen dominant gegenüber dem Beitrag durch die Ortsmessung, der bei niedrigen p_T klein ist und proportional zu p_T ansteigt. Eine größere Feldlänge L_p verbessert die Auflösung wie $1/\sqrt{L_p}$, weil die Streuung zwar mit $\sqrt{L_p}$ anwächst, aber die Ablenkung mit L_p stärker wird. Die Feldlänge darf aber auch nicht zu groß werden, weil die Eisendicke auch die Impulsschwelle für die Myonen festlegt.

Beispiel: Ein Myonspektrometer bestehe aus magnetisiertem Eisen der Länge $L_p = 2\,\mathrm{m}$ (das entspricht der Reichweite von Myonen mit Impulsen von etwa 2.6 GeV [814]) und dem Feld $B = 1.5\,\mathrm{T}$; die Strahlungslänge von Eisen ist $X_0 = 1.76\,\mathrm{cm}$; die Teilchen sollen sich näherungsweise in der Ebene senkrecht zum Magnetfeld bewegen ($\sin\theta \approx 1$). Eingesetzt in (9.53) ergibt sich die Impulsauflösung aufgrund der Vielfachstreuung zu

$$\frac{\sigma_{p_T}}{p_T} = 16\%\,. \tag{9.54}$$

Bis zu Impulsen von einigen 100 GeV/c ist dieser Fehler typischerweise viel größer als der Fehler durch die Ortsmessung. Detektoren mit mäßigen Ortsauflösungen im Millimeterbereich oder mit weniger Messpunkten würden in diesem Fall die Gesamtauflösung nicht wesentlich beeinflussen.

9.4.4 Impulsauflösung: Messpunkte im Magnetfeld

Wir betrachten jetzt den Fall, dass die Krümmung einer Spur im Magnetfeld direkt gemessen wird. Der Zusammenhang zwischen dem Transversalimpuls p_T beziehungsweise dem Krümmungsradius R und der Krümmung κ, definiert in (9.19), ist

$$p_T = |q|\,B\,R = \frac{|q|\,B}{|\kappa|}\,. \tag{9.55}$$

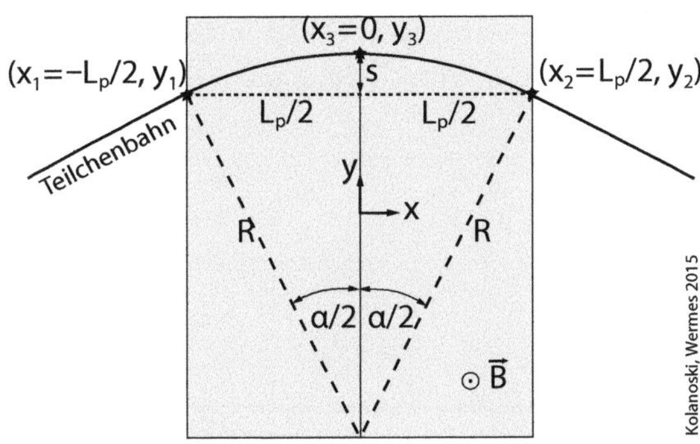

Abb. 9.12 Geometrische Verhältnisse bei der Ablenkung eines geladenen Teilchens in einem homogenen Magnetfeld der Länge L_p. Eingezeichnet sind die Sagitta s des Kreisbogens im Magnetfeld und der Ablenkwinkel α des Teilchens.

9.4.4.1 Impulsfehler durch Ortsmessung (Messpunkte im Magnetfeld)

Die Messung eines Impulses in einem homogenen Magnetfeld läuft auf die Bestimmung der Sagitta hinaus, das ist der größte senkrechte Abstand der Bahnkurve von der Verbindungslinie zwischen dem Eintritt des Teilchens in das Magnetfeld und dem Austritt (Abb. 9.12). Sie berechnet sich anhand der Abbildung wie folgt:

$$\frac{R-s}{R} = \cos\frac{\alpha}{2} \approx 1 - \frac{\alpha^2}{8} \qquad \text{und} \qquad \frac{L_p}{2\,R} = \sin\frac{\alpha}{2} \approx \frac{\alpha}{2}\,. \tag{9.56}$$

Die Näherungen gelten für kleine Ablenkwinkel beziehungsweise große Impulse. Daraus ergibt sich für die Sagitta

$$s \approx \frac{R\,\alpha^2}{8} = \frac{1}{8}\frac{L_p^2}{R} = \frac{1}{8}\,L_p^2\,|\kappa|\,. \tag{9.57}$$

Die Sagitta s ist also proportional zu der Krümmung κ, und damit ist auch der Fehler der Sagittabestimmung proportional zu dem Fehler der Krümmung, über die der Impuls bestimmt wird:

$$\sigma_\kappa = \frac{8}{L_p^2}\,\sigma_s\,. \tag{9.58}$$

Zur Bestimmung einer Kreisbahn braucht man mindestens drei Messpunkte, die man optimal an Anfang, Ende und Mitte des Magnetfelds legt, wie in Abb. 9.12 dargestellt (die drei Punkte sind durch ihre Koordinaten in der Ablenkebene angegeben). Die Punkte sollen mit drei Detektorebenen gemessen werden, die senkrecht zu der Vorzugsrichtung der Teilchenbahn (x-Richtung) bei $x = -L_p/2,\ 0,\ L_p/2$ positioniert werden. Der Detektor legt die y-Koordinate mit einem Fehler σ_{mess} (für alle drei Punkte gleich angenommen) fest. Aus den gemessenen Punkten bestimmt sich die Sagitta durch

$$s = y_3 - \frac{y_1 + y_2}{2} \qquad \Rightarrow \qquad \sigma_s = \sqrt{\sigma_{\text{mess}}^2 + \frac{1}{4}\,2\,\sigma_{\text{mess}}^2} = \sqrt{\frac{3}{2}}\,\sigma_{\text{mess}}\,. \tag{9.59}$$

Damit ergibt sich mit (9.58) für den Fehler der Krümmung

$$\sigma_\kappa = \sqrt{\frac{3}{2}}\,\frac{8}{L_p^2}\,\sigma_{\text{mess}} = \frac{\sqrt{96}}{L_p^2}\,\sigma_{\text{mess}}\,. \tag{9.60}$$

Der Faktor $\sqrt{96}$ gilt bei einer Anzahl von $N=3$ Messungen. Die allgemeine Formel für diesen Faktor bei N gleichmäßig verteilten Messungen lautet (siehe dazu die Gleichung (F.16) im Anhang F und [495])[95]

$$\sigma_\kappa = \frac{\sigma_{\text{mess}}}{L_p^2}\sqrt{\frac{720(N-1)^3}{(N-2)N(N+1)(N+2)}}\,. \tag{9.61}$$

Für sehr viele Messpunkte ($N \gtrsim 10$) gilt:

$$\sigma_\kappa \approx \frac{\sigma_{\text{mess}}}{L_p^2}\sqrt{\frac{720}{N+4}}\,. \tag{9.62}$$

Aus dem Zusammenhang zwischen Transversalimpuls und Krümmung in (9.55) berechnet sich die Auflösung des Transversalimpulses durch Fehlerfortpflanzung zu

$$\sigma_{p_T} = \frac{p_T^2}{|q|\,B}\sigma_\kappa\,. \tag{9.63}$$

Bei der Herleitung der p_T-Auflösung durch Gauß'sche Fehlerfortpflanzung ist zu beachten, dass der Fehler des Transversalimpulses nicht normalverteilt ist (im Gegensatz zu dem Fehler in der Krümmung), insbesondere bei sehr hohen Impulsen (mehr dazu weiter unten). Für N gleichverteilte Punkte und im Grenzfall großer N ergibt sich mit (9.62) zusammen mit (9.10) die Transversalimpulsauflösung

$$\left(\frac{\sigma_{p_T}}{p_T}\right)_{\text{mess}} = \frac{p_T}{0.3|z|}\frac{\sigma_{\text{mess}}}{L_p^2 B}\sqrt{\frac{720}{N+4}}\,, \qquad [p_T] = \text{GeV}/c,\ [L_p],\ [\sigma_{\text{mess}}] = \text{m},\ [B] = \text{T}\,. \tag{9.64}$$

Diese Formel, genannt 'Gluckstern-Formel', gibt die Impulsauflösung bei hohen Impulsen an, wenn die Vielfachstreuung vernachlässigt werden kann [495].

Die Impulsauflösung σ_{p_T} hängt von der Ortsauflösung σ_{mess} der Punkte in der Ebene der Impulsablenkung, der Anzahl N der Messpunkte und der Länge L_p der Spur in der Projektion senkrecht zum Magnetfeld ab. Die Abhängigkeiten der Gleichung von den einzelnen Parametern geben Hinweise, wie die Impulsauflösung optimiert werden kann:

$\propto \sigma_{\text{mess}}$: Die Detektorauflösung sollte so weit optimiert werden, bis andere Auflösungsbeiträge, zum Beispiel von Vielfachstreuung, dominieren. Andere Limitierungen kommen von mechanischen Toleranzen und Temperaturabhängigkeiten, die größere Ungenauigkeiten als die intrinsische Detektorpräzision einbringen können, insbesondere bei großen Detektoranordnungen.

$\propto 1/L_p^2$: Einen großen Gewinn hinsichtlich der Impulsauflösung bringt die Länge der vermessenen Spur, das heißt durch einen großen Detektor. Allerdings skalieren, zum Beispiel für Detektoren an Speicherringen, die Kosten mindestens wie L_p^2.

$\propto 1/B$: Ein stärkeres Magnetfeld führt bei gleichem Impuls zu einer stärkeren Krümmung der Spur. Die Auflösung in p_T wird dadurch besser. Allerdings sind zu große Krümmungen für die Mustererkennung hinderlich (hohe Trefferzahl durch aufgespulte niederenergetische Teilchen, '*curlers*').

---

[95] Die Formel geht auf Gluckstern [495] zurück. Es ist zu beachten, dass in [495] und anderen Veröffentlichungen zu dem Thema die Messungen von 0 bis N nummeriert werden, so dass die Anzahl der Messungen $N+1$ ist, während hier die Zählung von 1 bis N geht und so die Anzahl der Messungen N ist.

$\propto 1/\sqrt{N}$: Eine große Anzahl von Messpunkten erhöht die Auflösung, aber eben nur mit der Wurzel der Anzahl. Viele Messpunkte sind aber auch hilfreich für eine gute Mustererkennung und für Messungen der spezifischen Ionisation (dE/dx-Messungen, siehe Abschnitt 14.2.2).

$\propto p_T$: Für hohe Impulse werden die Spuren immer gerader und sind schließlich nicht mehr von einer Geraden zu unterscheiden. Die Auflösungsfunktion ist deshalb auch nicht symmetrisch in p_T und insbesondere nicht normalverteilt. Annähernd normalverteilt ist dagegen die Auflösungsfunktion der Krümmung: $|\kappa| = 1/R \propto 1/p_T$, weshalb man in der Regel bei Simulationen κ normalverteilt erzeugt und dann auf p_T umrechnet.

Die höchsten auflösbaren Impulse kann man durch die Forderung definieren, dass das Vorzeichen der Krümmung noch mit n Standardabweichungen (zum Beispiel $n=2$) bestimmt werden kann:

$$|\kappa| = \frac{0.3\,|z|\,B}{p_T} > n\sigma_\kappa \quad \Rightarrow \quad p_T < \frac{0.3\,z\,B}{n\sigma_\kappa}\,. \tag{9.65}$$

Hier wurden wieder die Einheiten wie in (9.9) gewählt. Für eine große Zahl von Messpunkten folgt dann mit (9.62), dass eine $n\sigma$-Vorzeichenbestimmung möglich ist für Impulse bis zu

$$p_T < \frac{0.3\,|z|\,B\,L_p^2}{n\sigma_{\text{mess}}}\sqrt{\frac{N+4}{720}}\,, \qquad [p_T] = \text{GeV}/c,\ [L_p],\ [\sigma_{\text{mess}}] = \text{m},\ [B] = \text{T}\,. \tag{9.66}$$

Beispiel: Für einen Spurdetektor mit $N=15$, $\sigma_{\text{mess}} = 100\,\mu\text{m}$, $B = 1\,\text{T}$, $L_p = 1\,\text{m}$ und für ein Teilchen mit $|z|=1$ ist der maximale Impuls etwa $250\,\text{GeV}/c$, wenn man $n=2$ fordert. Siehe auch die Gegenüberstellung von Spurmessung und Kalorimetrie, also Impuls- gegen Energiemessung, in Abschnitt 15.1.

9.4.4.2 Impulsfehler durch Vielfachstreuung (Messpunkte im Magnetfeld)

Die Streuung ändert die Sagitta um den Versatz s_{plane} in Abb. 3.32 auf Seite 79. Der Fehler der Sagitta ist durch den rms-Wert s_{plane}^{rms} entsprechend (3.110) gegeben:

$$\sigma_s = s_{\text{plane}}^{rms} = \frac{1}{4\sqrt{3}}\,L_p\,\frac{\theta_{ms}}{\sin\theta}\,. \tag{9.67}$$

Bei kontinuierlicher Streuung über die Weglänge L ist der Streuwinkel θ_{ms} in (9.25) mit $x = L = L_p/\sin\theta$ zu berechnen (wie zuvor ist θ der Winkel zwischen der Trajektorie und der Magnetfeldrichtung). Bei Streuung in diskreten Streuern (Detektorlagen) gehen wir wie in Abschnitt 9.4.2 vor und beziehen s_{plane}^{rms} auf den mittleren Versatz y_{ms}^{rms} in der letzten Ebene (bei x_N) wie in (9.32) definiert:

$$\sigma_s = s_{\text{plane}}^{rms} = \frac{1}{4}y_{ms}^{rms} = \frac{1}{4\sin\theta}\sqrt{\sum_{i=1}^{N-1}\theta_{ms,i}^2\,(x_N - x_i)^2}\,. \tag{9.68}$$

Dabei haben wir (3.110) und eine Korrespondenz zwischen y_{plane}^{rms} im kontinuierlichen Fall und y_{ms}^{rms} im diskreten Fall benutzt. Die $\theta_{ms,i}$ mit $i = 1, \ldots, N-1$ sind die mittleren Streuwinkel in den einzelnen Detektorlagen. In Analogie zu (9.34) erhalten wir bei gleichmäßig über die Länge L_p verteilten Detektorlagen den Ausdruck

$$\sigma_s = \frac{1}{4}\frac{\theta_{ms,N}}{\sin\theta}\, L_p \sqrt{\frac{N(2N-1)}{6(N-1)^2}}\,, \tag{9.69}$$

wobei $\theta_{ms,N}$ der in (9.34) definierte mittlere Streuwinkel ist. Entsprechend (9.58) setzen wir den Fehler der Sagitta in Beziehung zu dem Fehler der Krümmung:

$$\sigma_\kappa = \frac{8}{L_p^2}\sigma_s = \frac{\theta_{ms,N}}{L_p\,\sin\theta}\sqrt{\frac{2N(2N-1)}{3(N-1)^2}}\,. \tag{9.70}$$

Allgemeiner kann man schreiben:

$$\sigma_\kappa = \frac{\theta_{ms,N}}{L_p\,\sin\theta}\sqrt{C_N}\,. \tag{9.71}$$

Die Einführung von C_N erlaubt die Anwendung der Formel auch für andere Detektorkonfigurationen (mit entsprechend angepasster Definition von C_N), zum Beispiel solche mit nicht-äquidistanten Detektorebenen.[96] Für gleichverteilte Detektorlagen ergibt sich aus (9.70):

$$C_N = \frac{2N(2N-1)}{3(N-1)^2}\,. \tag{9.72}$$

Für $N = 3$, der minimal notwendigen Anzahl von Detektorlagen, ergibt sich $C_N = 2.5$ und für $N \to \infty$ nähert sich C_N dem Fall kontinuierlicher Streuung in (9.67), das heißt $C_N \to 1.33$, was σ_κ mit σ_s in (9.67) entspricht.

Mit (9.70) und (9.63) kann die relative Impulsauflösung berechnet werden:

$$\left(\frac{\sigma_{p_T}}{p_T}\right)_{\text{streu}} = \frac{p_T}{|q|\,B}\frac{\theta_{ms,N}}{L_p\sin\theta}\sqrt{C_N}\,. \tag{9.73}$$

Für gleichverteilte Detektorlagen und mit $\theta_{ms,N} = \sqrt{N-1}\,\theta_{ms,sl}$ wie in (9.35) ist die Impulsauflösung aufgrund von Vielfachstreuung (wieder mit dem Ausdruck (9.25) zusammen mit (9.10)):

$$\left(\frac{\sigma_{p_T}}{p_T}\right)_{\text{streu}} = \frac{0.0136}{0.3\,\beta\,L_p\,B}\sqrt{\frac{(N-1)\,d/\sin\theta}{X_0}}\sqrt{C_N}\,, \quad [p_T] = \mathrm{GeV}/c,\ [L_p] = \mathrm{m},\ [B] = \mathrm{T}\,. \tag{9.74}$$

Hier wurde die Länge x in (9.25) auf $x = (N-1)\,d/\sin\theta$ gesetzt, was die gesamte Weglänge in den Streuebenen, jeweils mit der Dicke d, ist (wie zuvor ist θ der Winkel zwischen der Spur und dem Magnetfeld).

Interessant ist, dass auch für den Fehler durch Vielfachstreuung die Auflösung proportional zu $1/B$ ist. Die Interpretation ist, dass bei stärkerer Krümmung der Einfluss der Streuung relativ geringer ist.

[96] Die C_N sind ähnlich definiert wie die entsprechenden Koeffizienten in [495]. Es ist jedoch zu beachten, dass in [495] die Streuung kontinuierlich ist, während hier die Streuung in diskreten Ebenen stattfindet (wo sich auch die Messpunkte befinden).

9.4.4.3 Gesamte Impulsauflösung (Messpunkte im Magnetfeld)

Die gesamte Transversalimpulsauflösung erhält man durch quadratische Addition der beiden Beiträge:

$$\frac{\sigma_{p_T}}{p_T} = \sqrt{\left(\frac{\sigma_{p_T}}{p_T}\right)^2_{\text{mess}} + \left(\frac{\sigma_{p_T}}{p_T}\right)^2_{\text{streu}}} := \sqrt{(a\,p_T)^2 + b^2}\,. \tag{9.75}$$

Die rechte Seite ist eine gängige Parametrisierung von Spurauflösungen (für $\beta \approx 1$) mit den Koeffizienten a und b, die die Fehlerbeiträge von der Ortsmessung beziehungsweise der Vielfachstreuung beschreiben. Dies ist in Abb. 9.13 graphisch dargestellt. Die Auflösung erreicht bei kleinen Impulsen einen Sättigungswert, der durch die Vielfachstreuung gegeben ist. Bei hohen Impulsen dominiert der erste Term. Durch Veränderung der Anzahl der Detektorlagen können beide Terme in gewissem Umfang abgestimmt werden, um die Auflösung für einen bestimmten Impulsbereich zu optimieren (siehe die entsprechende Bemerkung am Ende des Abschnitts 9.4.2 auf Seite 452). Mit dem zentralen Spurkammersystem eines modernen Speicherring-Detektors erreicht man typisch bei hohen Impulsen:

$$\frac{\sigma_{p_T}}{p_T} \approx (0.1 - 0.2\%)\, p_T \qquad (p_T \text{ in GeV/c})\,.$$

Beispiel Als Beispiel soll die Auflösung angegeben werden, die mit der zentralen Jet-Kammer des OPAL-Experiments erreicht wurde. Die relevanten Parameter des Detektors sind:

$$L_p = 1.6\,\text{m},\ B = 0.435\,\text{T},\ N = 159,\ \sigma_{\text{mess}} = 135\,\mu\text{m}.$$

Daraus ergibt sich für den von der Messgenauigkeit abhängigen Beitrag

$$\sigma_{p_T}/p_T = 8.5 \times 10^{-4}\, p_T \qquad (p_T \text{ in GeV/c})\,.$$

Die von OPAL tatsächlich gemessene Auflösung ist [212]:

$$\frac{\sigma_{p_T}}{p_T} = \sqrt{(0.0015\, p_T)^2 + (0.02)^2} \qquad (p_T \text{ in GeV/c})\,. \tag{9.76}$$

Die Terme für die Ortsmessung und die Streuung sind bei etwa 13 GeV gleich groß.

9.4.5 Richtungsauflösung in einem Magnetfeld

Um den Impulsvektor vollständig rekonstruieren zu können (gewöhnlich wird der Impuls am Produktionspunkt der Spur bestimmt), müssen zusätzlich zu p_T zwei unabhängige Winkel gemessen werden. Der Fall, bei dem die Winkel durch Geraden in einem feldfreien Raum rekonstruiert werden, wurde in Abschnitt 9.4.2 behandelt. Hier diskutieren wir die Richtungsauflösung für den Fall, dass die Trajektorie in einem Magnetfeld gemessen und dann zum Wechselwirkungspunkt oder zum Eintrittsort in den Magneten extrapoliert wird.

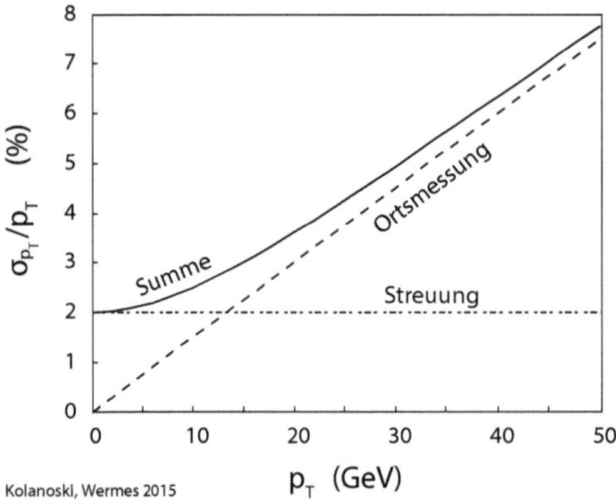

Abb. 9.13 Schematische Darstellung der Impulsauflösung nach (9.75), zusammengesetzt aus einem Anteil der Ortsauflösung des Detektors und einem weiteren durch Vielfachstreuung. Die Zahlenwerte dieses Beispiels entsprechen der Auflösung der OPAL-Jetkammer in (9.76) [212].

9.4.5.1 Richtungsfehler durch Ortsmessung (Messpunkte im Magnetfeld)

Für Messungen in einem Magnetfeld beziehen wir uns wieder auf die Konfiguration in Abb. 9.6(a), aber nur mit Messungen innerhalb des Magneten. Um die Richtungsauflösung zu bestimmen, benutzen wir die linearisierte Form (9.22) einer kreisförmigen Trajektorie:

$$y = a + bx + \frac{1}{2}cx^2 \,. \tag{9.77}$$

Der Parameter c ist die Krümmung, also gleich dem Parameter κ in anderen Formeln. In Anhang F werden die Fehler von a, b, c (σ_a, σ_b, σ_c) und Ihre Kovarianzen (σ_{ab}, σ_{bc}, σ_{ac}) bestimmt für den Fall, dass der Ursprung der x-Achse der Schwerpunkt der N Messungen ist, die gleichverteilt in x sind. Allgemeiner möchte man die Steigung an einem beliebigen Punkt x_0 auf der x-Achse bestimmen, was der Ableitung der Funktion (9.77) bei $x = x_0$ entspricht:

$$\left.\frac{dy}{dx}\right|_{x_0} = b + c\,x_0 = b' \qquad \Rightarrow \qquad \sigma_{b'}\big|_{x_0} = \sqrt{\sigma_b^2 + \sigma_c^2\,x_0^2 + 2\,\sigma_{bc}\,x_0} \,. \tag{9.78}$$

Im Fall gleichverteilter Messpunkte mit dem Schwerpunkt im Ursprung von x berechnet man den Fehler von b' aus den Standardabweichungen und Korrelationen von b und c, wie in Anhang F in den Gleichungen (F.15) bis (F.17) angegeben. Bei der gewählten Verteilung der Messungen (Detektorebenen) verschwindet der Korrelationsterm in (9.78), also $\sigma_{bc} = 0$, so dass sich ergibt:

$$\left(\sigma_{b'}\big|_{x_0}\right)_{\text{mess}} = \sqrt{\sigma_b^2 + \sigma_c^2\,x_0^2} = \frac{\sigma_{\text{mess}}}{L_p}\sqrt{\frac{12(N-1)}{N(N+1)} + \frac{x_0^2}{L_p^2}\frac{720(N-1)^3}{N(N-2)(N+1)(N+2)}} \,. \tag{9.79}$$

In der betrachteten Konfiguration (Abb. 9.6(a)) mit Messungen nur im Magnetfeld ist die Richtung des Teilchens am Entstehungsort gegeben durch die Spurrichtung beim

Eintritt in das Magnetfeld bei $x = x_1$ (Abb. 9.12). Deshalb muss der Richtungsfehler bei $x_0 = x_1 = -L_p/2$ bestimmt werden:

$$\left(\sigma_{b'}\Big|_{x_0=x_1}\right)_{\text{mess}} = \frac{\sigma_{\text{mess}}}{L_p}\sqrt{\frac{12(2N-1)(8N-11)(N-1)}{N(N-2)(N+1)(N+2)}} \xrightarrow{N \text{ large}} \frac{\sigma_{\text{mess}}}{L_p}\sqrt{\frac{192}{N+3.9}}. \tag{9.80}$$

Der numerische Wert 3.9 auf der rechten Seite ergibt sich asymptotisch für große N, ist aber auch für eine moderate Anzahl N eine vernünftige Approximation. Zum Beispiel ist für $N = 10$ die Abweichung von der vollen Formel nur etwa 3%, die aber für kleinere N schnell ansteigt, zum Beispiel für $N = 5$ auf 8.5%. Gleichung (9.80) zeigt, dass die Richtungsauflösung in der Ablenkebene proportional zu σ_{mess}/L_p ist und damit zu der Ortsungenauigkeit relativ zu der Länge, über die die Messungen genommen wurden.

9.4.5.2 Richtungsfehler durch Vielfachstreuung (Messpunkte im Magnetfeld)

Bei der Berechnung des Richtungsfehlers durch Vielfachstreuung kann man wieder von Gleichung (9.78) (rechts) ausgehen, in die die entsprechenden Kovarianzelemente σ_b, σ_c and σ_{bc} ($= 0$), wie in (9.34), (9.70) und (9.71) angegeben, eingesetzt werden:

$$\sigma_b^2 = \frac{\theta_{ms,N}^2}{\sin^2\theta} E_N\,, \qquad \sigma_c^2 = \frac{\theta_{ms,N}^2}{L_p^2 \sin^2\theta} C_N\,, \qquad \sigma_{bc} = 0\,. \tag{9.81}$$

Der Fehler der Steigung b wurde hier in der Näherung für kleine Ablenkwinkel wie im feldfreien Fall (9.34) bestimmt. Die Faktoren E_N und C_N sind für gleiche Abstände von N Detektorebenen in (9.35) und (9.72) angegeben. Den Beitrag der Vielfachstreuung zur Richtungsauflösung erhält man durch Einsetzen von (9.81) in (9.78):

$$\left(\sigma_{b'}\Big|_{x_0}\right)_{streu} = \frac{\theta_{ms,N}}{\sin\theta}\sqrt{E_N + \frac{x_0^2}{L_p^2} C_N}\,. \tag{9.82}$$

Die Extrapolation zum Eintritt der Spur in den Magneten bei $x_0 = x_1 = -L_p/2$ ergibt mit (9.25) und (9.35):

$$\left(\sigma_{b'}\Big|_{x_0=x_1}\right)_{streu} = \frac{0.0136\,\text{GeV}/c}{p\,\beta\,\sin\theta}|z|\sqrt{\frac{(N-1)\,d/\sin\theta}{X_0}}\sqrt{\frac{N(2N-1)}{3(N-1)^2}}\,. \tag{9.83}$$

9.4.6 Stoßparameterauflösung

In Hochenergieexperimenten signalisieren Sekundärvertices schwache Zerfälle von schweren Quarks und Leptonen (siehe Abschnitt 14.6.2). In Abb. 9.14 ist als Beispiel ein Ereignis an einem Speicherring gezeigt, das einen Jet enthält, in dem ein Bottom-Hadron zerfällt (siehe auch Abb. 14.29 auf Seite 672). Spurtrajektorien, deren Extrapolationen den primären Wechselwirkungspunkt (häufig durch die nominale Strahlposition gegeben) verfehlen, deuten auf das Vorhandensein eines Sekundärvertex hin. Wie stark eine Spur

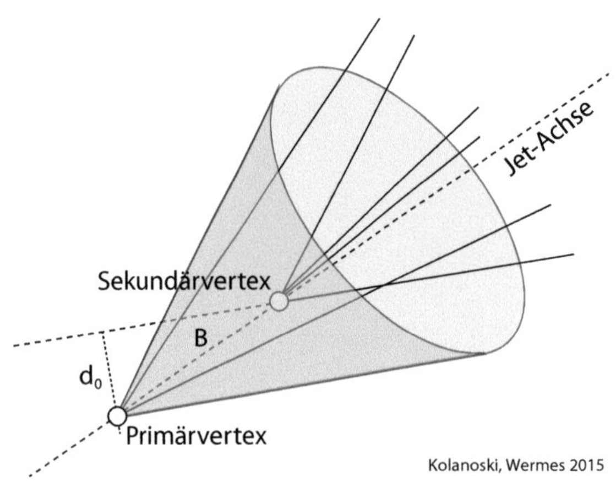

Abb. 9.14 Darstellung eines b-Quark-Jets in einem Collider-Experiment. In dem Jet zerfällt ein Bottom-Hadron (B) an einem Sekundärvertex, der hier in der Ebene senkrecht zum Strahl dargestellt ist. Der Primärvertex kann im Allgemeinen mit den restlichen Spuren des Ereignisses in dieser Projektion auf einige Mikrometer genau bestimmt werden. Mit dem kleinsten Abstand vom Primärvertex, dem Stoßparameter d_0, wird für jede Spur bestimmt, ob sie möglicherweise von einem Sekundärvertex kommen kann. Das unterstreicht die Bedeutung der Extrapolationsfehler (9.80) und (9.83).

den Primärvertex verfehlt, wird durch den Stoßparameter d_0, den kürzesten Abstand zum Wechselwirkungspunkt in der ablenkenden Ebene (siehe Abb. 9.14 und 9.7), quantifiziert. Die Signifikanz der Bestimmung eines Stoßparameters ist durch das Verhältnis des Messwerts relativ zu seiner Auflösung, d_0/σ_{d_0}, gegeben (siehe auch Abschnitt 14.6.2). Diese Signifikanz wird als Selektionskriterium für Spuren, die Kandidaten für die Produktion an einem Sekundärvertex sind, benutzt (zum Beispiel mit der Bedingung $d_0/\sigma_{d_0} > 2, 3, \ldots$).

Die Auflösung des Stoßparameters ist ein Maß für die Fähigkeit eines Detektors, Vertices zu rekonstruieren. In Speicherringexperimenten sind seit den 1980er Jahren spezielle Vertexdetektoren (siehe Kapitel 8 und 14) integriert, die sehr nahe am Strahl mit Ortsauflösungen im Bereich von 10 µm Vertexseparationen von einigen 100 µm rekonstruieren können.

9.4.6.1 Stoßparameterfehler durch Ortsmessung

Wir betrachten zunächst wieder eine Projektion der Teilchentrajektorie als Gerade, $y = a + bx$. Diese Näherung ist auch mit Magnetfeld bei hohen Impulsen und kleinen Abständen zum Wechselwirkungspunkt meistens ausreichend, um die Auflösungen abzuschätzen. Ohne Verlust der Allgemeinheit können wir ein Koordinatensystem wählen, in dem die xy-Spurprojektion in x-Richtung weist. Dann ist der Stoßparameter durch $d_0 \approx y_0 - y_{pv}$ gegeben (y_{pv} ist die y-Koordinate des Primärvertex), und der Fehler kann mit (F.12) ausgewertet werden:

$$\sigma_{d_0} = \sigma_y = \sqrt{\sigma_a^2 + x_0^2\,\sigma_b^2} = \frac{\sigma_{\text{mess}}}{\sqrt{N}} \sqrt{1 + \frac{12(N-1)}{(N+1)}\,r^2} =: \frac{\sigma_{\text{mess}}}{\sqrt{N}}\, Z_{lin}(r, N)\,. \tag{9.84}$$

Der Parameter $r = x_0/L_p$ ist das Verhältnis des Hebelarms der Extrapolation zu der Länge der Messpunktverteilung. Die Messpunkte sollen auch hier wieder gleichverteilt in x mit dem Schwerpunkt im Ursprung sein, so dass für die Kovarianz $\sigma_{ab} = 0$ gilt (siehe (F.11)). Dann ist x_0 der Abstand in x vom Schwerpunkt der Messungen zum Extrapolationspunkt. Während also $\sigma_{\text{mess}}/\sqrt{N}$ die intrinsische Ortsauflösung angibt, charakterisiert $Z_{lin}(r, N)$ die Geometrie der Anordnung (der Index deutet auf die lineare Extrapolation hin). Bei gegebenem L_p sollte die erste Detektorlage also möglichst nahe an den Punkt, zu dem extrapoliert werden soll, installiert sein. In der Regel ist die minimale Distanz vorgegeben durch ein Strahlrohr, dessen Radius wiederum wegen des Strahlungsuntergrunds in Strahlnähe nicht zu klein sein darf.

Berücksichtigt man auch die Krümmung, ergibt sich der Extrapolationsfehler mit (F.19) in Anhang F:

$$\begin{aligned}
\sigma_{d_0} = \sigma_y\big|_{x_0} &= \sqrt{\sigma_a^2 + x_0^2\,\sigma_b^2 + \frac{1}{4}x_0^4\,\sigma_c^2 + x_0^2\,\sigma_{ac}} \\
&= \frac{\sigma_{\text{mess}}}{\sqrt{N}}\sqrt{\frac{9N^2-21}{4(N^2-4)} + r^2\frac{12(N-1)}{(N+1)} + r^4\frac{180(N-1)^3}{(N^2-4)(N+1)} - r^2\frac{30(N-1)^2}{(N^2-4)}} \\
&=: \frac{\sigma_{\text{mess}}}{\sqrt{N}}\, Z_{par}(r, N)\,.
\end{aligned} \tag{9.85}$$

Der Faktor Z_{par} charakterisiert die Geometrie der Anordnung für eine parabolische Extrapolation. Die zusätzliche Unsicherheit durch die Krümmung führt zu einer Verschlechterung der Auflösung relativ zu der linearen Extrapolation.

Beispiel: Mit dem Pixeldetektor des ATLAS-Experiments werden die Primär- und Sekundärvertices entsprechend der Abb. 9.14 bestimmt. Die Daten des Pixeldetektors (erste Ausbaustufe) sind:

$$\begin{gathered}
N = 3,\ \sigma = 10\,\mu\text{m}, \\
x_1 = 5.05\,\text{cm},\ x_2 = 8.85\,\text{cm},\ x_3 = 12.25\,\text{cm} \\
\Rightarrow L_p = 7.20\,\text{cm},\ x_0 = 8.72\,\text{cm},\ r = x_0/L_p = 1.21,\ Z_{lin}(r, N) = 3.13\,.
\end{gathered} \tag{9.86}$$

Zwar sind die Lagen nur näherungsweise äquidistant, aber das hat nur einen geringen Einfluss auf die folgenden Abschätzungen. Damit ergibt sich die Stoßparameterauflösung (9.84) in linearer Näherung zu:

$$\sigma_{d_0} = 18.1\,\mu\text{m}\,. \tag{9.87}$$

Die Abschätzung verändert sich, wenn die Krümmung ebenfalls gemessen wird (siehe (9.85)). Wenn die Krümmung nur mit dem Pixeldetektor gemessen wird, ergibt sich mit den Daten in (9.86) in der parabolischen Näherung $Z_{par}(r, N) = 11.46$ und damit eine Verschlechterung um einen Faktor $Z_{par}/Z_{lin} \approx 3.7$. In der Regel wird aber die Krümmung unabhängig in einem größeren Detektor bestimmt, so dass die d_0-Auflösung in der Praxis doch wieder ähnlich der beim feldfreien Fall (9.84) ist.

Eine wesentliche Verbesserung kann man erzielen, wenn man den Detektor näher an den Wechselwirkungspunkt bringt oder eine zusätzliche Lage bei einem kleinen Radius einschiebt. Zum Beispiel hat ATLAS nachträglich eine Lage mit einem Radius von 3.3 cm eingebaut [823]. Wenn man näherungsweise gleiche Abstände der vier Lagen zwischen 3.3 cm and 12.25 cm annimmt, verbessert sich die Stoßparameterauflösung von 18.1 µm bei drei Lagen auf 12.7 µm bei vier Lagen. Diese Auflösungen aufgrund der Messfehler werden weiter unten mit den Auflösungen aufgrund der Vielfachstreuung verglichen.

9.4.6.2 Stoßparameterfehler durch Vielfachstreuung

Der Einfluss der Vielfachstreuung auf die Stoßparameterauflösung wurde in Abschnitt 3.4, Seite 80ff für zwei Detektorlagen diskutiert, der minimalen Anzahl zur Bestimmung einer Richtung. Im allgemeinen Fall eines Detektors mit N Lagen, die zur Streuung beitragen, beziehen wir uns auf den Fehler der Steigung wie in (9.33). Wie in dem Beispiel in Abschnitt 3.4 nehmen wir an, dass Vielfachstreuung in dem Strahlrohr vernachlässigbar ist oder dass die erste Detektorlage so nahe am Strahlrohr ist, dass man beide zusammen als eine Streuerlage behandeln kann (Situation wie in Abb. 3.33 und 8.3(b)). Wenn wir weiter annehmen, dass die erste Lage bei x_1 keinen Fehler durch Ortsmessung hat, weil wir hier nur den Beitrag der Vielfachstreuung betrachten, muss bei einer Extrapolation von x_1 aus nur der Fehler der Steigung σ_b berücksichtigt werden, weil der Fehler des Versatzes σ_a verschwindet. Mit dem Abstand x_{pv} von der ersten Lage zum Primärvertex ergibt (9.33) den Fehler des Stoßparameters:

$$(\sigma_{d_0})_{\text{streu}} = \sigma_b \, x_{pv} = \frac{x_{pv}}{L_p} \sqrt{\sum_{i=1}^{N-1} \frac{\theta^2_{ms,i}}{\sin^2\theta} \, (x_N - x_i)^2} \,, \tag{9.88}$$

Mit äquidistanten Detektorlagen (mit dem Abstand $L_p/(N-1)$) ergibt das nach (9.34):

$$(\sigma_{d_0})_{\text{streu}} = \frac{\theta_{ms,N}}{\sin\theta} \, x_{pv} \sqrt{E_N} = \frac{\theta_{ms,N}}{\sin\theta} \, x_{pv} \sqrt{\frac{N(2N-1)}{6(N-1)^2}} \,. \tag{9.89}$$

Für $N = 2$ ist der Wurzelterm in (9.89) gleich 1. Dann reproduzieren wir für $\sin\theta = 1$ das Ergebnis (3.111) in Abschnitt 3.4:

$$(\sigma_{d_0})_{\text{streu}} = \theta_{ms,2} \, x_{pv} \,. \tag{9.90}$$

Mit wachsender Anzahl von Detektorlagen verkleinert sich der Wurzelausdruck, zum Beispiel für $N = 3$ auf 0.79 und für $N = 4$ auf 0.72, und erreicht für sehr große N den Grenzfall $1/\sqrt{3} \approx 0.577$. Allerdings, wenn jede zusätzliche Lage gleich viel Streumaterial beiträgt, ist $\theta_{ms,N}$ proportional zu $\sqrt{N-1}$ und der kombinierte Ausdruck $\theta_{ms,N}\sqrt{E_N}$ wächst mit wachsendem N, zum Beispiel um Faktoren 1.12 für $N = 3$ und 1.25 für $N = 4$. Deshalb ist, was die Vielfachstreuung angeht, eine minimale Anzahl von Detektorlagen optimal. Wenn aber die Ortsauflösung bei hohen Impulsen dominant wird, könnten mehr Lagen wünschenswert sein (siehe die entsprechende Bemerkung am Ende von Abschnitt 9.4.2 auf Seite 452). Für eine konkrete Detektoranwendung ist Optimierung unter Verwendung detaillierter Simulationen daher unerlässlich.

Beispiel Wir betrachten wieder den ATLAS-Pixeldetektor (Spezifikation in (9.86)) mit drei Lagen, die jeweils $0.035\,X_0$ dick sind. Das Strahlrohr ist aus 0.8 mm dickem Beryllium, was $0.0023\,X_0$ entspricht und deshalb in Bezug auf die Vielfachstreuung vernachlässigt werden kann. Dann ergibt (9.88) zusammen mit (9.25) die Stoßparameterauflösung für Spuren, die senkrecht zur Strahlrichtung verlaufen:

$$(\sigma_{d_0})_{\text{streu}} = \frac{142\,\mu\text{m}\,\text{GeV}/c}{p} \quad (3 \text{ layers}) \,. \tag{9.91}$$

Hier wurde die Abhängigkeit der Vielfachstreuung vom inversen Impuls explizit deutlich gemacht. Der Beitrag der Vielfachstreuung wird kleiner als der Beitrag der Ortsauflösung für Impulse größer als etwa $8\,\mathrm{GeV}/c$, was die Anforderungen für den Nachweis von Zerfällen schwerer Quarks und Leptonen hinreichend erfüllt.

Die Ergänzung des Pixeldetektors durch eine zusätzliche innere Lage mit einem Radius von 3.3 cm und einer Dicke von nur $0.0155\,X_0$ reduziert signifikant den Beitrag der Vielfachstreuung zur Stoßparameterauflösung:

$$(\sigma_{d_0})_{\mathrm{streu}} = \frac{93\,\mu\mathrm{m}\,\mathrm{GeV}/c}{p} \quad (4\ \mathrm{Lagen})\,. \tag{9.92}$$

Die Verbesserung kommt von dem kürzeren Extrapolationsabstand zum Primärvertex, während die Streuung in der dünnen zusätzlichen Lage die Auflösung nur um etwa 5% verschlechtert. Auch hier wird oberhalb von etwa $8\,\mathrm{GeV}/c$ der Einfluss der Vielfachstreuung geringer als der durch die Ortsmessung.

10 Photodetektoren

Übersicht

Unter Photodetektoren verstehen wir in diesem Buch Detektoren für Photonen mit Wellenlängen im UV und im optischen Bereich (etwa 200 nm bis 700 nm). Prinzipiell sind nach dieser Definition darunter alle Instrumente zu verstehen, die durch Lichteinwirkung elektrische Signale oder chemische Veränderungen (auf einem Film) erzeugen – einschließlich Kameras und Photozellen. Auch unser Auge ist ein (chemischer) Photodetektor, was in frühen Experimenten zur subatomaren Struktur benutzt wurde. Ein berühmtes Beispiel ist die Beobachtung von Lichtblitzen auf einem fluoreszierenden Schirm im Geiger–Marsden-Experiment [480], welches unter der Leitung von E. Rutherford durchgeführt wurde, um das Atom als Objekt mit einem Kern im Zentrum zu etablieren. Das menschliche Auge kann sogar Sensitivitäten im Bereich einzelner Photonen erreichen.

Wir beschränken uns hier auf Photodetektoren, die für Experimente der Kern-, Teilchen- oder Astroteilchenphysik wichtig sind oder in ähnlichen Systemen für medizinische oder andere Anwendungen. Für den Teilchennachweis wichtig sind Photodetektoren zum Nachweis von Licht, das zum Beispiel in Szintillations- oder Cherenkov-Detektoren erzeugt wird. Die Kriterien für die Wahl eines bestimmten Photodetektortyps differieren – selbst in diesem beschränkten Anwendungsgebiet – mitunter erheblich, abhängig davon, ob zum Beispiel viele Lichtphotonen in einer gegebenen Ausleseeinheit detektiert werden (zum Beispiel 10 000 Szintillationsphotonen in einem Bereich von wenigen cm^2) oder ob einzelne Photonen (ortsempfindlich) nachgewiesen werden müssen (zum Beispiel ein einzelnes Photon in einem Cherenkov-Ring).

10.1 Physik des Lichtnachweises

Für den Nachweis optischer Photonen (Licht) wird eine Zahl verschiedener Nachweistechniken verwendet, von denen viele an anderer Stelle in diesem Buch beschrieben sind. Weitgehend jedoch beruht der Photonnachweis auf zwei Arten von Photokonvertern: (a) Photokathoden-basierter Nachweis (zum Beispiel beschrieben in [396] oder [533]) und (b) Halbleiter-basierter Nachweis, vor allem Photodioden und Entwicklungen daraus.

H. Kolanoski und N. Wermes, *Teilchendetektoren*, https://doi.org/10.1007/978-3-662-73068-3_10

Beide Arten treten in vielen verschiedenen Varianten auf und werden oftmals auch kombiniert in hybriden Anordnungen. Weitere Photodetektoren, die nicht unter diesen beiden kategorisiert werden können, aber dennoch für Teilchendetektoren sehr wichtig sind oder waren, sind gasgefüllte Kammern, speziell MWPCs (siehe MWPC-Anwendungen in Abschnitt 7.8.5 auf Seite 244) und Driftkammern mit photoabsorbierenden Dampfzusätzen wie TMAE oder TEA[97], um Cherenkov-Photonen nachzuweisen (siehe dazu Abschnitt 11.6.2), sowie Photoemulsionen wie in Abschnitt 6.3.3 beschrieben.

Photodetektoren erzeugen nachweisbare (und weiter prozessierbare) Ladungsträger (Elektronen oder Elektron-Loch-Paare) infolge eintreffenden Lichts. Bei Photokathoden wird ein Elektron aus der Kathode emittiert und verlässt damit das Material, wohingegen in Halbleitern die erzeugten Ladungsträger innerhalb des Detektormaterials verbleiben. Wir diskutieren Lichtabsorption und Signalerzeugungsmechanismen in den nachfolgenden Unterabschnitten.

10.1.1 Photoeffekt bei hohen und niedrigen Photonenergien

Der beim Photonnachweis ausgenutzte physikalische Prozess ist der Photoeffekt. Er umfasst in voller Allgemeinheit die Absorption von Photonen durch Atome, wobei ein oder mehrere Ladungsträger(paare) erzeugt werden. Bei hohen Photonenergien werden die frei gewordenen Plätze der Elektronenhülle wieder aufgefüllt durch Atomübergänge, bei denen charakteristische (Röntgen)-Photonen oder Augerelektronen emittiert werden (siehe auch Abschnitt 3.5.3). Bei niedrigen (optischen) Photonenergien werden Elektronen anstatt emittiert zu werden von einem niedrigeren auf ein höher liegendes atomares Energieniveau angehoben. In einem Halbleiter erfolgt eine Anregung vom Valenzband in das Leitungsband, wobei bewegliche Ladungsträger erzeugt werden, die im Medium verbleiben aber ein nachweisbares Signal erzeugen (*interner Photoeffekt*). Bei höheren Photonenergien kann ein Elektron aus einer Atomschale in das 'Kontinuum' emittiert werden. Dies geschieht mit der größten Wahrscheinlichkeit aus der am stärksten gebundenen Schale, deren Bindungsenergie noch kleiner als die Photonenergie ist. Das Atom wird dabei ionisiert. Das emittierte Elektron kann entweder im Medium verbleiben oder es verlassen. Letzteres wird oft *externer Photoeffekt* genannt, um es von dem internen Photoeffekt zu unterscheiden.

Abbildung 10.1 zeigt die Energieabhängigkeit des Photonabschwächungsquerschnitts von eV-Energien (optischer Bereich) bis zu einigen hundert keV (Röntgenbereich) mit Silizium als Absorptionsmaterial. Der Abschwächungsquerschnitt $\sigma_{att} = \sigma_{abs} + \sigma_{scat}$ enthält Absorptions- und Streuprozesse. Photoeffekt (interner und externer) ist der dominante Beitrag zu σ_{att} von der Bandlückenenergie bis zu einigen 10 keV. Am oberen Ende der Energieskala der Abb. 10.1 ist Compton-Effekt der dominante Prozess. Bei 100 keV zum Beispiel trägt Photoeffekt noch mit 11% bei. In dem für Photodetektoren relevanten optischen Bereich besitzt σ_{att} Beiträge von internem Photoeffekt und von Phononanregungen. Die entsprechenden Absorptionslängen ($\lambda_{abs} = 1/n\sigma_{abs}$) für Photonen haben im

---

[97] TMAE = Tetrakisdimethylaminoethylen = $C_2(N(CH_3)_2)_4$; TEA = Triethylamin = $N(CH_2CH_3)_3$

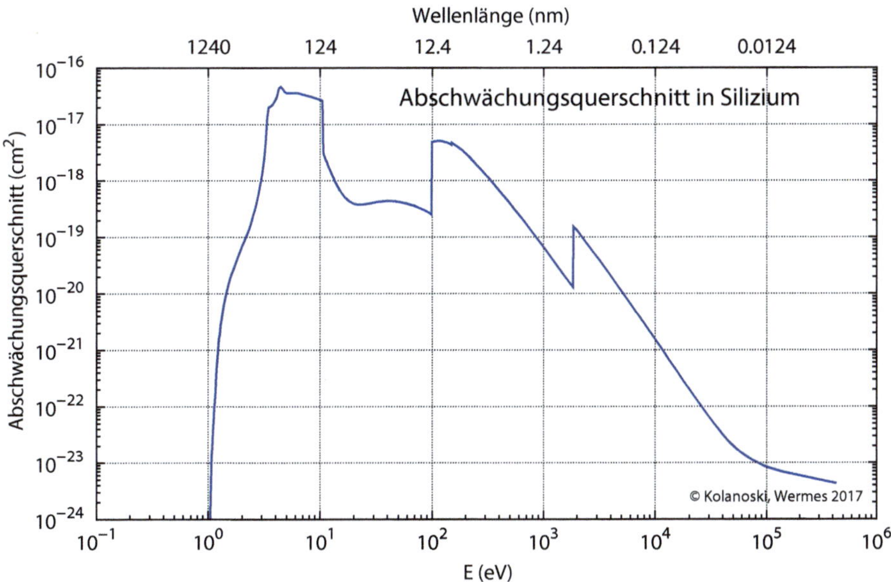

Abb. 10.1 Photonabschwächungsquerschnitt σ_{att} in Silizium als Funktion der Photonenergie von etwa 1 eV (Bereich optischer Wellenlängen) bis 400 keV (Röntgenbereich), wobei der Begriff 'Abschwächung' außer Absorptions- auch Streuprozesse beinhaltet. Das Diagramm beinhaltet Anteile aus drei verschiedenen Quellen: bis etwa 5 eV [574], 5–10.5 eV [266], und ab 10.69 eV [302]. Im Röntgenbereich (100 eV–100 keV) fällt der Wirkungsquerschnitt mit steigender Energie um sechs Größenordnungen, wobei die charakteristischen Absorptionskanten auftreten. Im optischen (eV) Bereich steigt σ_{att} sehr steil mit wachsender Energie bis etwa 3.4 eV. Unterhalb dieser Energie sind nur indirekte Bandübergänge (VB→LB) in Silizium möglich, die stark unterdrückt sind (siehe Textpassagen in Abschnitt 10.1.3).

Röntgen- und im optischen Bereich einen entgegengesetzten Verlauf mit der Photonenergie. Während die Absorptionstiefe für Röntgenphotonen mit kleiner werdender Energie schnell sinkt, von 2.3 cm bei 100 keV auf 100 nm bei 0.1 keV, können optische Photonen bei kleiner Energie (großer Wellenlänge) tief in Silizium eindringen (zum Beispiel mehrere 10–100 Mikrometer für Wellenlängen $\lambda > 750$ nm), während UV-Photonen nur Bruchteile von Mikrometern durchdringen (0.1 µm bei 400 nm, siehe auch Abbildung 10.4).

10.1.2 Elektronenemission in Photokathoden

Photokathoden konvertieren in sie eindringende Photonen (üblicherweise im optischen Bereich) in Elektronen, die aus der Kathode austreten. Der Photoemissionsprozess in Photokathoden kann als Prozess mit drei Schritten beschrieben werden (Spicer-Modell [954]):

(1) Die Absorption eines Photons durch Photoeffekt in einer bestimmten Tiefe des Kathodenmaterials mit Energieübertrag in kinetische Energie eines Elektrons,

(2) Die (erfolgreiche) Wanderung dieses Elektrons zu der Oberfläche des Kathodenmaterials, charakterisiert durch die mittlere Austrittstiefe (*mean escape depth*).

(3) Das Entweichen des Elektrons von der Oberfläche der Kathode ins Vakuum.

Die Effizienz, mit der ein eintreffendes Photon ein emittiertes Photoelektron ergibt, wird *Quanteneffizienz* (QE) oder *Quantenausbeute* genannt:

$$QE = \frac{\text{Anzahl emittierter Photoelektronen}}{\text{Anzahl der eintreffenden Photonen}} \,. \tag{10.1}$$

In allen drei Schritten kann Lichtintensität oder Energie zur Emission des Elektrons aus dem Kathodenmaterial verloren gehen. In Schritt (1) trägt nur der absorbierte Anteil des eintreffenden Lichts zur Quanteneffizienz bei. Reflexions- und Transmissionsanteile gehen verloren. In Schritt (2) können Photoelektronen Energie durch Elektron–Elektron oder Elektron–Gitter (Phonon) - Streuung verlieren. In Schritt (3) schließlich muss, um die Oberfläche zu verlassen, eine Potenzialbarriere überwunden werden (siehe Abb. 10.2(a)). Solch eine Barriere $e\Phi_A$ gibt es immer an Grenzflächen zwischen einem Material und dem Vakuum. Um sie zu überwinden, muss ein Photoelektron an der Oberfläche genügend kinetische Energie besitzen:

$$E^e_{kin} = h\nu - e\Phi_A - E_{loss} \geq 0 \,, \tag{10.2}$$

wobei $h\nu = hc/\lambda$ die einfallende Photonenergie ist und E_{loss} die Energie, die das Elektron entlang seines Weges zur Oberfläche verloren hat.

Die Quanteneffizienz kann über das Produkt von Wahrscheinlichkeitsdichten in einem infinitesimalen Intervall dx der Absorptionstiefe x, über das später integriert wird, bestimmt werden [953]:

$$d\,(QE(\lambda, x, dx)) = (1 - \eta_R(\lambda)) \times dP_{abs+pe}(\lambda, x) \times dP_{sur}(x) \times P_{esc} \,. \tag{10.3}$$

Der erste Term beschreibt die Eindringwahrscheinlichkeit des Photons in das Kathodenmaterial, wobei η_R die Wahrscheinlichkeit für Reflexion ist. dP_{abs+pe} ist die Wahrscheinlichkeitsdichte für Photonabsorption in $[x, x + dx]$ durch Anregung eines Photoelektrons auf eine Energie größer als das Vakuumniveau, sodass das Elektron aus der Kathode emittiert wird. Der zweite und der dritte Term können mit

$$dP_{sur+esc} \approx P_{esc}\, e^{-(D-x)/\delta} dx \tag{10.4}$$

zusammengefasst werden, unter der experimentell überprüften Annahme [955], dass P_{esc} als Konstante (typisch $P_{esc} \approx 0.5$–1) angenommen werden kann. D ist die Dicke der Kathode und δ die mittlere Austrittstiefe des Materials.

Die Beschreibung des Absorptionsprozesses kann aufgeteilt werden in Absorptionen, die zu Anregungen oberhalb der Vakuumenergie erfolgen (mit entsprechendem Koeffizienten μ_{pe}) und in Anregungen unterhalb der Vakuumenergie (Koeffizient μ_{exc}) mit $\mu = \mu_{pe} + \mu_{exc}$. Die Absorption plus Emission wird dann durch μ_{pe} als multiplikativem Faktor berücksichtigt [953], sodass wir insgesamt für die Quanteneffizienz einer Kathode der Dicke D erhalten:

$$QE(\lambda) = (1 - \eta_R)\, P_{esc} \int_0^D \mu_{pe}\, e^{-\mu x}\, e^{-(D-x)/\delta}\, dx. \tag{10.5}$$

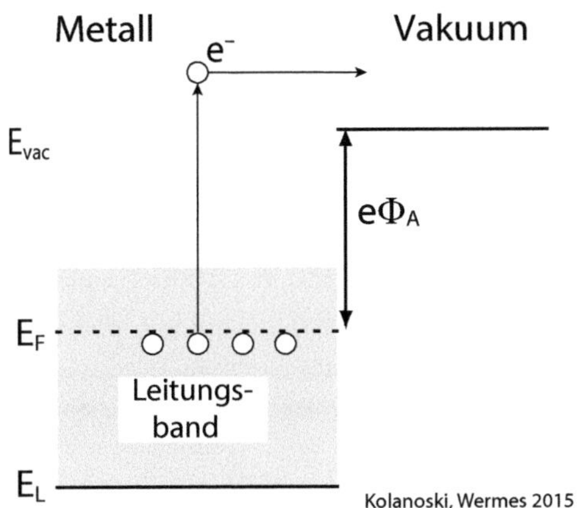

(a) Elektronenemission aus einem Metall.

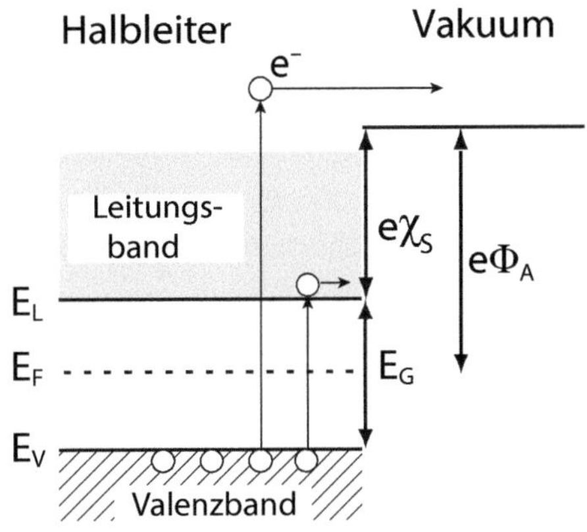

(b) Elektronenemission aus einem Halbleiter.

Abb. 10.2 Vereinfachte Bandmodell-Diagramme für Photoemission: (a) Metall–Vakuum-Übergang, (b) Halbleiter–Vakuum Übergang. E_G, E_F, E_L, E_V, E_{vac} sind die Energien von Bandlücke, Ferminiveau, Leitungsbandunterkante, Valenzbandoberkante sowie Vakuumniveau. $e\Phi_A$ ist die Austrittsarbeit, die in Metallen die Energiebarriere für Elektronenemission repräsentiert; $e\chi_s$ ist die Elektronenaffinität, die Elektronen im Leitungsband von Halbleitern mindestens überwinden müssen, um auszutreten. Für Elektronen im Valenzband kommt die Bandlückenenergie hinzu. Photoelektronen müssen Energien größer als E_{vac} erreichen, um aus dem Absorber ins Vakuum emittiert zu werden.

Die Situation in Metallen ist durch das vereinfachte Banddiagramm der Abb. 10.2(a) skizziert, zunächst unter der Annahme verschwindender Temperatur. Bei $T = 0$ charakterisiert das Ferminiveau E_F die Energie, bis zu der alle Energieniveaus im Leitungsband mit Elektronen gefüllt sind, das heißt E_F ist die höchste Energiestufe, die Elektronen haben können. Für $T > 0$ wird die Besetzungswahrscheinlichkeit um E_F herum gemäß der Fermi–Dirac Verteilungsfunktion verschmiert (siehe Abschnitt 8.2.3 auf Seite 305). Die Energiedifferenz $e\Phi_A = E_{vac} - E_F$ ist als *Austrittsarbeit* definiert.

Die Energieverluste in den drei Schritten sind sehr materialabhängig. In Metallen wird ein großer Teil des einfallenden Lichtes reflektiert und wegen der großen Dichte freier Elektronen sind auch die Verluste durch Elektron–Elektron-Stöße hoch, was für die Photoelektronen zu einer kurzen (relativ zu $1/\mu$) Austrittstiefe δ, die Oberfläche zu erreichen, führt. Typisch sind lediglich wenige Nanometer für δ im Vergleich zu Mikrometern für $1/\mu$. Die entsprechende Wahrscheinlichkeit P_{sur} in (10.3) ist klein. Auch ist die Austrittsarbeit für Metalle relativ groß ($e\Phi_A \gtrsim 3$ eV, violett), was sie nur für ultraviolette Photonen sensitiv macht. Eine Ausnahme bilden Alkalimetalle, bei denen $e\Phi_A$ bis hinunter zu etwa 2 eV (Caesium, oranger Wellenlängenbereich) reicht. Für sichtbares Licht im gesamten Spektralbereich ist daher die resultierende Quantenausbeute sehr klein (typisch $< 0.1\%$).

Aus diesem Grunde werden Photokathoden in der Regel aus Verbindungshalbleitern als Photoemitter hergestellt (meistens ist einer der Verbindungspartner ein Alkalimetall), weil sie effizienter in jedem der drei Schritte sind, die zu Beginn dieses Unterabschnitts auf Seite 471 erwähnt wurden. Ein vereinfachtes Banddiagramm für Halbleiter ist in Abb. 10.2(b) zum Vergleich mit dem für Metalle (Abb. 10.2(a)) gezeigt. Einige gebräuchliche Photokathodenmaterialien werden in Abschnitt 10.2.1 beschrieben.

Das Banddiagramm für Halbleiter wird im Detail in Kapitel 8 beschrieben. Zusätzlich zu der Fermienergie E_F als charakterisierende Größe, die für Halbleiter gewöhnlich innerhalb der Bandlücke liegt, bezeichnet die Elektronenaffinität $e\chi_s$ den Energieabstand zwischen Leitungsbandunterkante und Vakuum[98] (siehe Abschnitt 8.3.4). Sie muss mindestens aufgebracht werden, um ein Elektron aus dem Material heraus zu befördern, und entspricht der Austrittsarbeit in Metallen. Da der interne Photoeffekt dominant ein VB→LB - Übergang ist[99], besteht die Energieschwelle für das Photon aus der Summe von Bandlückenenergie E_G und Elektronenaffinität $e\chi_s$.

Bezüglich des Drei-Schritte-Prozesses übertreffen Halbleiter die Metalle als Photokathoden. In Schritt (1) ist Lichtabsorption bereits effektiv bei viel kleineren Energien als in Metallen. Die Verluste in Schritt (2) sind im Wesentlichen auf Phononenstreuverluste reduziert, weil die Elektronendichte im Leitungsband klein ist im Vergleich zu Metallen (keine Verluste durch Streuung an Elektronen). Daher haben Halbleiterphotokathoden eine viel größere Austrittstiefe δ (typisch 25 nm) als Metalle und sie absorbieren im Vergleich einen weit höheren Anteil des eintreffenden Lichts. Für Schritt (3) schließlich kann die Energie $E_G + e\chi_S$, die mindestens für eine Emission aus der Photokathode aufgebracht werden muss, mit zurecht geschneiderten Halbleitermaterialien synthetisiert werden auf unter 2 eV, das heißt niedriger als die Austrittsarbeit von Metallen (siehe unten).

Ein in einer Kathodenschicht erzeugtes, hoch angeregtes Elektron muss zuerst zur Oberfläche diffundieren, bevor es austreten kann. Dabei verliert es durch Streuung am Gitter Energie, sodass die Schwelle zur Überwindung der Austrittsarbeit ($e\chi_S$) möglicherweise unterschritten wird. Die Zeitskala, auf der Phononstreuung das Elektron auf Energien nahe der LB-Unterkante bringt, liegt unterhalb von Pikosekunden, sodass danach kein Austritt aus der Kathode mehr möglich ist.

Negative Elektronenaffinität Durch eine spezielle Oberflächenbehandlung der Photokathode kann die Elektronenaffinität noch weiter gesenkt werden. Sie kann sogar negative Werte annehmen (und wird aus diesem Grunde mit 'negativer Elektronenaffinität' bezeichnet [909,953]), was eine viel kleinere Energieschwelle für Photoemission bewirkt und somit die QE erhöht. Mit Hilfe von Abb. 10.3 wird das erläutert. Wenn der Halbleiter (z.B. GaAs, GaP oder Na_2KSb) stark p-dotiert ist, zum Beispiel GaP durch Zn-Atome ($\simeq 10^{19}\,\text{cm}^{-3}$), wird das Ferminiveau E_F nahe oder sogar unterhalb des Akzeptorniveaus

[98]In der Festkörperphysik ist häufig das *Vakuumniveau* als ein Niveau definiert, welches Elektronen erreichen müssen, um nicht mehr an den Festkörper gebunden zu sein, definiert durch die Austrittsarbeit. Es variiert über Materialgrenzen und fungiert als Referenzniveau für die Lage der darunter liegenden Energieniveaus entlang der Grenzen. Es ist typisch nicht als Konstante gegeben und hängt auch von Energiebeiträgen durch elektrische Felder von Ladungen an der Oberfläche und/oder innerhalb des Festkörpers ab.

[99]Die Wahrscheinlichkeit für so genannte *free carrier emission* aus dem Leitungsband ist in Halbleitern klein wegen der geringen Konzentration der Ladungsträger im LB verglichen mit dem VB [977].

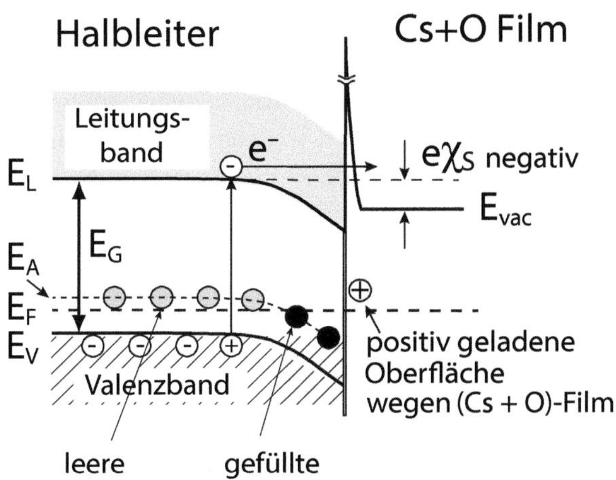

Abb. 10.3 Negative Elektronenaffinität erzeugt durch einen dünnen elektropositiven Film (Cs+O), durch den die Energiebänder nach unten gebogen werden aufgrund des Potenzials verursacht von positiven Oberflächenladungen und negativ gefüllten Akzeptorzuständen (siehe auch dazu gehörigen Text).

festgelegt. Durch Aufbringung eines sehr dünnen Filmes (nur wenige Atomlagen) eines stark elektropositiven[100] Materials (z.B. Cs) auf die Oberfläche, was dann zum Beispiel mit GaP(Cs) bezeichnet wird, entsteht an der Grenzfläche eine spezielle Konfiguration der Energieniveaus [576, 1020] (Abb. 10.3). Bis zu einer Tiefe von etwa 10 nm in das Kathodenmaterial hinein, erzeugen die Cs-Elektronen Oberflächenzustände dadurch, dass sie die Akzeptorniveaus füllen und positive Cs^+-Ionen an der Grenzfläche zurücklassen. In der Konsequenz biegen sich die Energieniveaus nach unten, während das Ferminiveau konstant bleibt (siehe auch Abschnitt 8.3); nahe der Grenzfläche liegt dann E_A unterhalb des Ferminiveaus. Des Weiteren wird das starke Dipolfeld, welches durch die elektrostatische Anziehung der positiven Cs^+-Ionen und der (negativ) gefüllten Akzeptoren (Zn) ensteht, begleitet wird von Cs-Atomen, die keine Elektronen in das Bulkmaterial abgeben, sondern lediglich polarisiert werden und damit eine weitere Dipollage bilden (Doppeldipol). Dies führt zu einer Änderung in der Energiebilanz, welche effektiv das Vakuumniveau E_{vac} nahe der Oberfächengrenze erniedrigt. Zusätzliche Deposition von Sauerstoff vergrößert den Effekt noch (siehe z.B. [1020] und Referenzen darin).

Wenn nun E_{vac} niedriger liegt als die Leitungsbandunterkante auf der Seite des Bulkmaterials, wird es energetisch möglich, dass Elektronen des Bulkbereichs aus dem Leitungsband ins Vakuum entweichen, indem sie durch die dünne verbleibende Oberflächenbarriere tunneln. Verglichen mit der 'normalen' (positiven) Elektronenaffinität, für die Übergänge nur für Elektronen möglich sind, die (noch) energetisch hinreichend oberhalb der Leitungsbandunterkante liegen, werden zwei Größenordnungen an Zeit für den Tunnelprozess gewonnen. Denn die Rekombination ins Valenzband erfolgt auf einer Zeitskala von $\mathcal{O}(100\ \text{ps})$, während Relaxationsprozesse (Übergänge von höheren LB-Niveaus hinunter zur LB-Kante) innerhalb des Leitungsbandes in der Größenordnung von Pikosekunden stattfinden. Die mittlere Austrittstiefe für derart behandelte Kathodenmaterialien

[100] Als (relativ) elektropositiv werden Elemente bezeichnet, die im Vergleich zu anderen Elementen nur schwach elektronegativ sind. Hier bezeichnet es die Neigung eines Elementes, Valenzelektronen abzugeben.

können 10–100 nm erreichen. Quanteneffizienzen so entworfener Halbleiterphotokathoden erreichen Maximalwerte von 25–40% im Wellenlängenbereich um 400 nm und können wegen der niedrigen Energieschwelle weit zu roten und infraroten Wellenlängen ausgeweitet werden (siehe auch Abbildungen 10.6 und 10.10). Unterhalb von 400 nm beträgt die Absorptionslänge weniger als 0.1 µm (siehe Abb. 10.4), so dass die Photonen die aktive (Verarmungs-)Zone des Sensors nicht erreichen.

10.1.3 Direkter Photonennachweis in Halbleitern

Im vorigen Abschnitt wurde ein 'indirektes' Nachweisprinzip eingeführt: die Umwandlung von Licht (optische Photonen) in Elektronen, welche dann nachgewiesen werden. Ein Lichtdetektionssignal kann auch 'direkt' ohne Photoemission entstehen, zum Beispiel in einer Halbleiter-Photodiode. Das Signal entsteht durch ein Elektron–Loch-Paar (e/h), welches durch (internen) Photoeffekt in der Diode erzeugt und in dem elektrischen Feld innerhalb der Diode getrennt wird (siehe auch Kapitel 8). Die Driftbewegung der Ladungsträger in einer verarmten, quasi ladungsträgerfreien Zone influenziert ein elektrisches Signal auf den Ausleseelektroden.

Die Minimalenergie für die Erzeugung eines e/h-Paares ist der Bandabstand E_G (1.12 eV in Si). Die entsprechende maximale Wellenlänge für Absorption in Silizium ist:

$$\lambda_{max} = \frac{hc}{E_G} \approx 1100\,\text{nm}\,. \tag{10.6}$$

Der Absorptionsquerschnitt hängt daher von der Wahrscheinlichkeit für eine Überschreitung der Bandlückenenergie ab, was wiederum von den Details der Bänderkonfiguration und der Gitterstruktur abhängt.

Da Silizium ein indirekter Halbleiter ist (siehe Abschnitt 8.2.2 auf Seite 301), ist der Energieabstand zwischen Valenz- und Leitungsband bei demselben Kristallimpuls viel größer als die minimale Bandlückenenergie von 1.12 eV. Ein direkter VB→LB-Übergang ohne zusätzlichen Impulsübertrag verlangt daher eine Energie von etwa 3.4 eV (Abb. 8.8(a) auf Seite 302). Dies erklärt den Übergang von steilem Anstieg mit steigender Energie zu Abflachung und Abfall im Photonabsorptionsquerschnitt in Abb. 10.1 ab dieser Energie; für Energien kleiner als 3.4 eV bestimmen indirekte Übergänge (mit Impulsübertrag) den Absorptionsprozess.

Damit indirekte Übergänge stattfinden können, ist neben der minimalen Bandlückenenergie von 1.12 eV eine Impulsänderung der Größenordnung h/a ($a =$ Gitterkonstante) notwendig, wie in Abschnitt 8.2.3 beschrieben. Diese Impulsänderung kann von niederenergetischen optischen Photonen nicht geliefert werden, weil der Photonimpuls h/λ die notwendige Höhe von h/a erst bei Energien von einigen keV erreicht. Die Quanten der Gitterschwingungen jedoch können als 'akustische' Phononen mit Frequenzen von etwa 4 THz oder als 'optische' Phononen mit Frequenzen um 15 THz auftreten (siehe Kapitel 4 auf Seite 137) mit vergleichsweise langsamen Phasengeschwindigkeiten $v_{ph} \ll c$. Da v_{ph} im Nenner der Dispersionsrelation $\hbar k = \hbar\omega/v_{ph}$ auftritt, können Phononen leichter

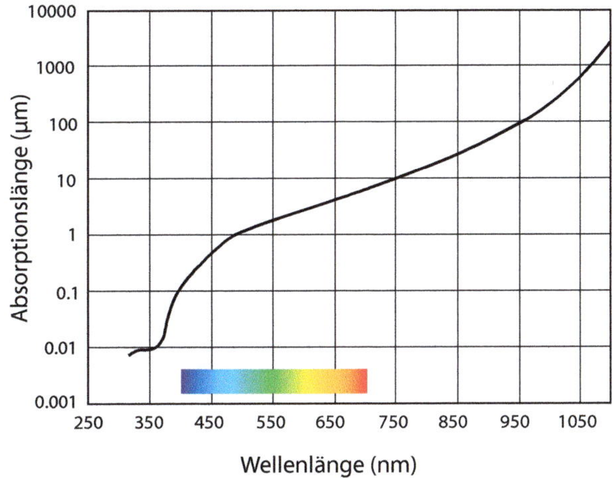

Abb. 10.4 Absorptionstiefe für Photonen mit optischen Wellenlängen in Silizium. Im blauen Wellenlängenbereich (470 nm) ist die Absorptionstiefe etwa 0.6 µm, während sie im roten Bereich (625 nm) ungefähr 2.9 µm beträgt

den notwendigen Impulskick für den Bandübergang liefern als Photonen mit optischen Energien (eV) [977].

Die Energieverteilung der Phononen folgt der Bose–Einstein-Verteilungsfunktion $\propto (\exp(E_p/k_B T) - 1)^{-1}$ mit der Phononenergie E_p, der Temperatur T und der Boltzmannkonstanten k_B. Phononen höherer Energie sind der Verteilung folgend gegenüber niederenergetischen Phononen stark unterdrückt. Die Phononverteilung bestimmt somit die Wahrscheinlichkeit, ob der notwendige Impulsübertrag, der einen indirekten VB→LB-Übergang ermöglicht, bei einer gegebenen Temperatur eintritt und erklärt somit den steilen Anstieg zwischen 1.12 eV bis 3.4 eV (direkter VB→LB-Übergang) in Abb. 10.1. Abbildung 10.4 zeigt die Absorptionstiefe in Silizium als Funktion der Wellenlänge für den optischen Wellenlängenbereich, der dem Energiebereich unterhalb von 5 eV in Abb. 10.1 entspricht. Bei 470 nm Wellenlänge beträgt die Eindringtiefe von Photonen ungefähr 0.6 µm, während sie für 1050 nm fast 1 mm beträgt, das heißt mehr als die typische Dicke von Siliziumdetektoren (150–500 µm). Oberhalb von $\lambda \approx 1100$ nm ist Silizium für elektromagnetische Strahlung transparent (Abb. 10.4).

10.2 Systeme mit Photokathode und Elektronenvervielfachung

10.2.1 Photovervielfacher

Der Photovervielfacher oder Photomultiplier (*photomultiplier tube*, PMT) ist das Paradebeispiel eines über viele Jahrzehnte sehr erfolgreich in Experimenten eingesetzten Photodetektors, der laufend weiter perfektioniert wird und immer noch für viele Anwendungen konkurrenzlos ist, weil er sehr rauscharm ist und für kleine Intensitäten bis hin zum Einzelphotonnachweis geeignet ist.

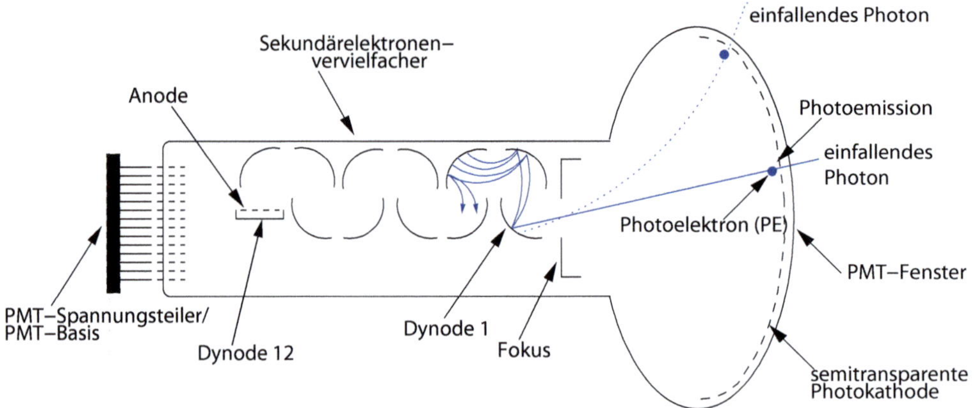

Abb. 10.5 Funktionsprinzip eines Photovervielfachers. Über den Glasröhrensockel werden die Spannungen für die Elektroden (Kathode, Anode, Dynoden) zugefügt und die Ausgänge von der Anode und von einigen Dynoden bereitgestellt (aus [915]).

Abbildung 10.5 zeigt das Funktionsprinzip eines PMT, der aus einer Photokathode, einem Verstärkungssystem aus so genannten 'Dynoden' und einer Anode besteht, deren Signal extern ausgekoppelt wird. Auch die Signale der letzten Dynode(n) können in der Regel extern abgegriffen werden. Licht fällt durch das Fenster der Vakuumröhre auf die Photokathode, die von innen auf das Glas der Röhre aufgedampft ist. Durch den Photoeffekt (siehe Abschnitt 3.5.3) werden einzelne Photoelektronen in das Vakuum der Röhre emittiert (Photoemission) und im elektrischen Feld einer Hochspannung auf die erste Dynode hin fokussiert, wo sie durch die Emission von Sekundärelektronen vervielfacht werden. Dieser Prozess wiederholt sich an allen folgenden Dynoden, bis die Sekundärelektronen der letzten Dynode an der Anode gesammelt werden. Ein einzelnes Photoelektron wird so bis zu etwa 10^9-fach (typisch eher 10^5–10^7-fach) verstärkt und ist als elektrisches Signal weiter verarbeitbar. Abbildung 17.56 auf Seite 901 zeigt die Auslesekette eines NaI-Szintillationskristalls mit einem Photovervielfacher.

10.2.1.1 Photokathode

Aus den in Abschnitt 10.1.2 erwähnten Gründen sind für Photokathoden Monoalkali- (z.B. Cs–I, Cs–Te, K–Br, Sb–Cs[101]), Bialkali- (z.B. Sb–Rb–Cs[101]) oder Multialkali-Materialien (e.g. Sb–Na–K–Cs[101]) gebräuchlich, aber auch III–V Halbleiter, 'aktiviert' (dotiert) mit Caesium, wie GaAs(Cs), GaP(Cs), oder InGaAs(Cs).

Monoalkali-Kathoden sind üblicherweise nur sensitiv auf Wellenlängen von Vakuum-Ultraviolett bis Ultraviolett und werden daher *solar blind* genannt. Bialkali-Verbindungen zeigen im Vergleich zu Monoalkali-Materialien hohe Quanteneffizienz für Photoemission von ultravioletten Wellenlängen bis zu $\gtrsim 650\,\mathrm{nm}$ und darüber hinaus (siehe Abb. 10.6).

[101] Die chemischen Formeln sind Cs_3Sb, Rb_2CsSb, bzw. $Na_2KSb\,(Cs)$

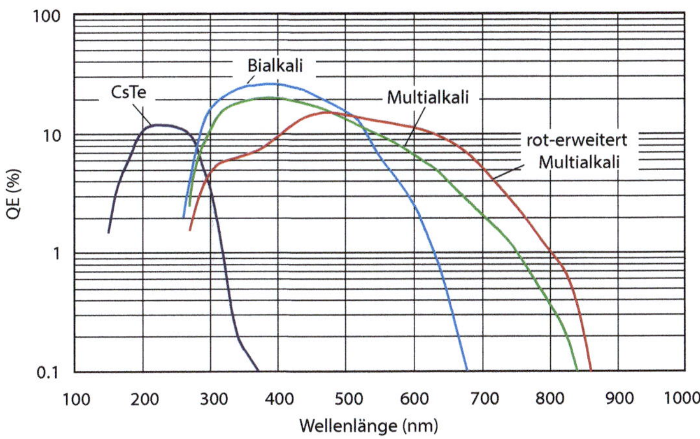

Abb. 10.6 Quanteneffizienzen für verschiedene typische Monoalkali-, Bialkali- und Multialkali-Photokathodenmaterialien (Standardmaterialien) als Funktion der Wellenlänge (nach [596]).

Der Spektralbereich von Multialkali-Photokathoden reicht sogar in den Infrarotbereich, allerdings auf Kosten höherer Rauschraten, da erhöhte Empfindlichkeit für den Nachweis größerer Wellenlängen kleineren Energieabständen für die Photoemission entspricht, so dass auch thermisch generierte Elektronenemission wahrscheinlicher wird.

10.2.1.2 Eintrittsfenster

Für das Lichteintrittsfenster der PMT-Röhre wird meistens Borosilikatglas verwendet. Seine Transparenz ist allerdings für Wellenlängen unterhalb von 300 nm abgeschnitten. Borosilikatglas kann recht einfach produziert und geformt werden und ist außerdem preiswert, was die Hauptgründe für seine allgemeine Verwendung ist. Abbildung 10.7 zeigt die Durchlässigkeitskurven für verschiedene PMT-Glasmaterialien. Um den Durchlässigkeitsbereich auf kürzere Wellenlängen auszudehnen, muss UV-transparentes Glas verwendet werden, zum Beispiel MgF_2 (Abschneidewellenlänge bei etwa 115 nm), Saphir (140 nm), Quarz ($\sim$ 150 nm) oder UV-Borosilikatglas ($\sim$ 185 nm) [533].

10.2.1.3 Sekundärelektronenvervielfacher

Der Sekundärelektronenvervielfacher (SEV), das heißt das Dynodensystem und die Anode, ist ein Verstärker charakteristisch für seine schnelle und hohe Verstärkung bei geringem Rauschen. Abbildung 10.8(a) zeigt einen typischen SEV-Aufbau mit einer Dynodengeometrie, die für maximale Verstärkung und gute Linearität optimiert ist. In Abb. 10.8(b) ist ein Vervielfacher mit schlitzartigen Dynoden (*venetian blinds*) zu sehen, der sich gut an die Röhrenform anpassen lässt mit einer frontalen elektrischen Feldkonfiguration, die große Photokathoden erlaubt und kleine Raten von Nachpulsen bewirkt. Der SEV reagiert empfindlich auf Magnetfelder, die den Verstärkungsmechanismus des Dynodensystems beeinflussen. Besonders der vergleichsweise lange Weg der Elektroden zwischen Photokathode und erster Dynode ist gefährdet. Zur Abschirmung kann bei

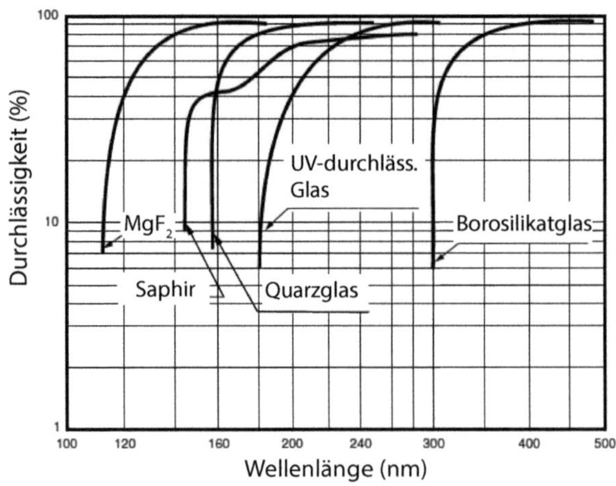

Abb. 10.7 Optische Durchlässigkeit typischer PMT-Eintrittsfenster: MgF_2, Saphir, Quarz, UV-durchlässiges Glas, sowie Borosilkatglas. Quelle: Hamamatsu [533].

nicht zu großen Magnetfeldern eine Ummantelung aus μ-Metall verwendet werden (siehe Seite 583 in Kapitel 13).

10.2.1.4 Spannungsteiler (Basis)

Um die Elektronen im SEV zu fokussieren und zu beschleunigen, werden linear ansteigende Spannungswerte an die Kathode, die Dynoden und die Anode angelegt, die in

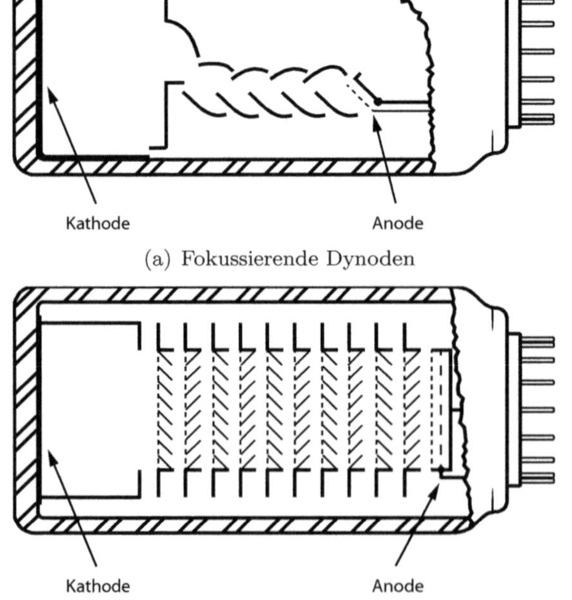

(a) Fokussierende Dynoden

(b) Photovervielfacher mit schlitzartigen Dynoden

Abb. 10.8 Verschiedene Formen des Sekundärelektronenvervielfachers. Quelle: EMI Photomultiplier Catalog [394].

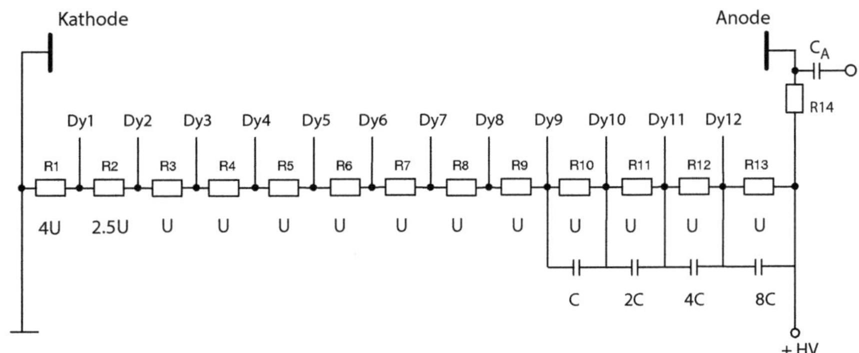

Abb. 10.9 Typische Basis eines Sekundärelektronenvervielfachers, mit der ein Potenzialgefälle an den Dynoden erzeugt wird. Über die Widerstände wird die Hochspannung (typisch 1.8–2 kV) für die (Dynoden) herunter geteilt. Durch die Kondensatoren über den letzten Dynodenstufen wird die Spannung bei hohen Strömen (bei Signalen hoher Intensität) gepuffert. I_A bezeichnet den Röhrenstrom und I_B den Strom durch die Widerstandskette. Typische Spannungsstufen in Vielfachen einer Spannung U sind unterhalb der Widerstände angegeben. Durch die Kondensatoren über den letzten Dynoden wird die angelegte Spannung gepuffert, wenn hohe Ströme (von lichtstarken Signalen) das Dynodensystem durchlaufen.

der Praxis durch einen Widerstands-Spannungsteiler von der Betriebshochspannung U_A abgeleitet werden. Ein typisches Spannungsteilersystem auf der Basis einer Spannungsteilerkette ist in Abb. 10.9 gezeigt. In 'aktiven' Spannungsteilern sind die Potenziale an den Dynoden fixiert durch Transistoren, die den Stromfluss kontrollieren und kleinere Spannungsteilerströme ermöglichen bei gleicher Linearität.

Die Wahl des Gesamtwiderstands des Spannungsteilers $R_B = \sum R_i$ orientiert sich bei Anwendungen mit gepulsten Lichtquellen am mittleren Anodenpulsstrom $\langle I_A \rangle$. Der Strom I_B sollte einerseits klein bleiben, um keine hohe Dauerleistung darzustellen, andererseits aber groß im Verhältnis zu $\langle I_A \rangle$ sein, um die Spannungsverhältnisse auf den Dynoden stabil zu halten (zum Beispiel $I_B \gtrsim 100\,\langle I_A \rangle$). Problematisch sind sehr helle Lichtpulse, bei denen die letzten Dynoden größere Ströme als I_B benötigen, weshalb man diese Dynoden kurzfristig mit Strom aus zusätzlichen Puffer-Kondensatoren versorgt. Ihre Größe hängt von Maximalwert und Dauer dieser Stromspitzen und dem verkraftbaren Verlust in der Verstärkung ab. Unter der Annahme einer k-fachen Verstärkung pro Dynodenstufe (z.B. $k = 2$ zumindest für die hinteren Dynoden) und dem oben erwähnten typischen Sicherheitsfaktor von 100 sollte die Kapazität in etwa wie $C_i \approx 100/k^{(n+1)-i} \cdot Q_A/U_i$ dimensioniert sein, wobei n die Anzahl der Dynoden, Q_A die maximale Pulsladung an der Anode und U_i die Spannung über dem jeweiligen Kondensator ist [915].

Normalerweise betreibt man Photovervielfacher mit der Kathode auf (negativer) Hochspannung relativ zur Anode, die auf Erdpotenzial liegt, um eine mögliche Potenzialdifferenz zwischen der Anode und der externen Beschaltung zu vermeiden. Insbesondere bei großen Photovervielfachern mit hohen Spannungen weicht man häufig davon ab, damit die Kathode nicht auf einem hohen Potenzial relativ zur geerdeten Umgebung (Gehäuse, μ-Metall-Käfig, siehe Seite 583, etc.) liegt. Andernfalls könnten Elektronen von der Kathode zum Gehäuse abgelenkt werden und zu Szintillationen im PMT-Glas führen, was nicht nur die Rauschrate steigert, sondern langfristig auch den PMT durch kleine Überschläge beschädigt. Es ist dann besser, die Kathode mit dem Massepotenzial und die Anode mit einer positiven Hochspannung zu verbinden, wie in Abb. 10.9 gezeigt [915]. Damit die Elektronik dann nicht auf Hochspannungspotenzial liegt, werden in diesem Fall die elektrischen Signale an der Anode über einen Kondensator ausgekoppelt. Ein sehr großer Widerstand (R14) schützt die Nachfolgeelektronik vor hohen Strömen und sorgt für eine im Vergleich zum Signal langsame Entladung der (relativ großen) Kapazitäten von Anode und C_A.

10.2.1.5 PMT-Empfindlichkeit

Die totale PMT-Empfindlichkeit beinhaltet drei Beiträge (Wahrscheinlichkeiten), die zusammen die Photonnachweiswahrscheinlichkeit (PDE = *Photon Detection Efficiency* [102]) ergeben: (1) Die Transmissionswahrscheinlichkeit (Transparenz) durch das Eintrittsfenster des PMT-Glases; (2) die Quanteneffizienz QE der Photokathode (Abschnitt 10.1.2) (3) die Sammeleffizienz (*CE* = *collection efficiency*) der Elektronen an der (effektiven) aktiven Oberfläche der ersten Dynode. Typische Transparenzwerte (1) liegen oberhalb eines *cut-offs* bei kurzen Wellenlängen bei über 90% für alle gängigen Glasmaterialien (siehe Abb. 10.7). In diesem Bereich begrenzt die Quanteneffizienz (2) die totale Quantenausbeute. Für Wellenlängen unterhalb von 400 nm können dedizierte PMT-Eintrittsfenster gewählt werden (siehe Abb. 10.7) mit höherer UV-Transparenz in Kombination mit UV-sensitiven Photokathoden (z.B. Bialkali), wie in den Abschnitten 10.1.2 und 10.2.1 erläutert. Die Elektronensammeleffizienz (3) kann auf Werte deutlich oberhalb von 90% optimiert werden, sofern Spannungen zwischen Kathode und erster Dynode von etwa 100 V oder mehr möglich sind [533], und Magnetfeldeffekte eliminiert werden können. Verluste an den hinteren Dynodenstufen können im Vergleich dazu vernachlässigt werden.

Die totale spektrale *PDE* eines Photovervielfachers ist somit die Signalausbeute pro einfallendem Photon als Funktion der Wellenlänge, definiert analog zu (10.1), wobei hier die Zahl der emittierten Photoelektronen durch die Anzahl der Ausgangssignale ersetzt werden muss, angegeben in Prozent. Häufig wird die *PDE* eines PMT auch einfach 'PMT-Quanteneffizienz' genannt. Im Einzelfall muss dann geprüft werden, ob die Gesamteffizienz oder nur die Effizienz der Photokathode gemeint ist. Während die QE der Photokathode Werte bis 40% erreichen kann [533], beträgt das Produkt *PDE* typisch etwa 15–25% [1056]. Die spektrale Lage des Maximums wird von der QE der Photokathode bestimmt. Es liegt in der Regel bei Wellenlängen zwischen 300 nm und 600 nm. Die *PDE* kann durch die Wahl spezieller Photokathoden und Eintrittsfenster verändert und entweder in den ultravioletten Bereich (zum Beispiel durch Quarzfenster und Bialkali-

[102] In diesem Zusammenhang häufig auch *Detective Quantum Efficiency* (*DQE*) genannt.

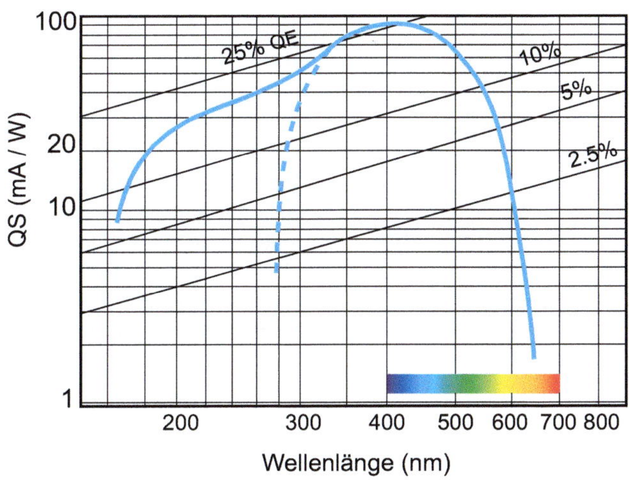

Abb. 10.10 Typische Strahlungsempfindlichkeit QS (mA/W) der Photokathode eines Photovervielfachers mit (durchgezogene Linie) und ohne (gestrichelte Linie) UV-durchlässiges Eintrittsfenster. Ebenfalls eingezeichnet sind Linien der QE der Kathode, angegeben in %.

Kathode) oder mehr in den roten bis infraroten Bereich verschoben werden (siehe auch Abb. 10.7).

Mit der PDE hängt die so genannte 'Strahlungsempfindlichkeit' (*photocathode radiant sensitivity*) QS eng zusammen, die als Strom pro einfallende Strahlungsleistung in der Einheit A/W angegeben wird. Die einfallende Gesamtenergie $E = N_{ph} \times h\nu$ (Einheit Ws) von N_{ph} Photonen mit Energien $h\nu$ wird in N_{pe} Photoelektronen mit der Gesamtladung $N_{pe} \times e$ (Einheit As) umgewandelt:

$$QS = \frac{N_{pe} \times e}{N_{ph} \times h\nu} \,. \tag{10.7}$$

QS ist wie QE und PDE wellenlängenabhängig. Abbildung 10.10 zeigt den Verlauf von QS und QE in Abhängigkeit der Wellenlänge für die Photokathode eines typischen Photovervielfachers [397]. Der Spektralbereich wird bei großen Wellenlängen durch das Kathodenmaterial und bei kleinen Wellenlängen durch die Durchlässigkeit des Eintrittsfensters begrenzt.

Der Empfindlichkeitsbereich des Photovervielfachers muss auf das einfallende Photonenspektrum angepasst werden, wie in Abb. 10.11 dargestellt. Die Lichtemission der meisten Szintillationskristalle hat ein Maximum zwischen 400 nm und 550 nm; Plastikszintillatoren zwischen 390 nm und 450 nm. Die gewählten Beispiele in Abb. 10.11 sind für CsI(Tl)- und CsI(Na)-Kristalle; siehe auch die Tabellen 13.1 und 13.3 in Abschnitt 13.3.2. Das Emissionsspektrum von CsI(Tl) liegt in einem Wellenlängenbereich, der für PMTs nicht optimal ist, weshalb CsI(Tl) Kristalle oft mit Photodioden zur Auslese verbunden werden.

UV-durchlässige Eintrittsfenster (siehe Abb. 10.7) sind für entsprechende Anwendungen von großer Bedeutung. Insbesondere, wenn der Nachweis von Cherenkovstrahlung, dessen Photonspektrum im blauen bis UV-Wellenlängenbereich domininant ist (siehe Abschnitt 11.2), mit PMTs angestrebt ist (siehe z.B. 11.6.5), ist Nachweiseffizienz in diesem Spektralbereich wichtig. Auch Kristalle, die für den schnellen Teilchennachweis geeignet

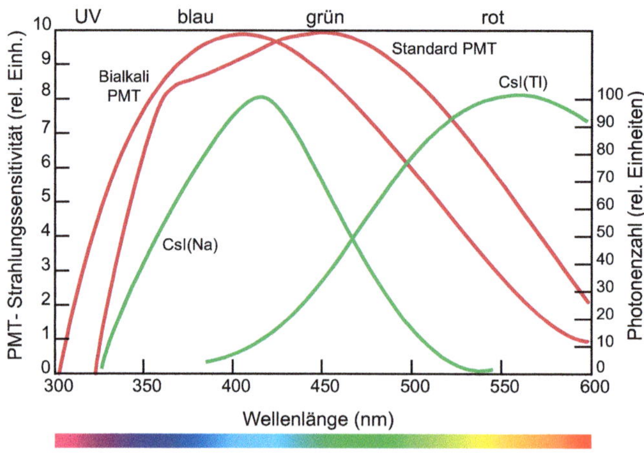

Abb. 10.11 Photonemissionsspektren von CsI(Tl) und CsI(Na)(grüne Linien, rechte Ordinate) im Vergleich mit der spektralen Strahlungsempfindlichkeit eines Standard-PMT und eines PMT mit einer Bialkali-Photokathode (rote Linien, linke Ordinate) (adaptiert aus [986].)

sind, wie zum Beispiel BaF_2, dessen schnelle Emissionskomponente im UV-Bereich liegt ($\lambda_{max} = 220\,\text{nm}$, siehe Tab. 13.3 auf Seite 605) benötigen ein UV-durchlässiges Eintrittsfenster.

Große Photovervielfacher herzustellen, die ein homogenes Antwortverhalten besitzen, ist eine technische Herausforderung. Die bisher größten Photovervielfacher (Abb. 10.12) wurden für das Super-Kamiokande-Experiment [457] hergestellt (siehe Abschnitt 16.6.1 auf Seite 802), mit dem Neutrino-Oszillationen nachgewiesen wurden.

Abb. 10.12 Großer Photovervielfacher (Hamamatsu R3600) mit einem Kathodendurchmesser von 51 cm für das Super-Kamiokande Experiment (mit freundl. Genehmigung von Hamamatsu Inc.)

10.2.1.6 Zusammenfassung der PMT-Eigenschaften

Photomultiplier stechen heraus, wenn geringe Lichtintensitäten in magnetfeldfreien Umgebungen nachzuweisen sind, vor allem weil sie geringe Dunkelraten (sogar bis $< 0.1\,\mathrm{Hz/mm^2}$ [1056]) aufweisen und große Lichteintrittsflächen anbieten (siehe auch Abschnitt 10.6). Ein typisches PMT-Spektrum ist in Abb. 10.13(a) gezeigt, in dem die Beiträge der Einzelphotoelektronsignale durch eine Anpassung sichtbar gemacht sind.

Bei einer Diskussion der Signal- bzw. Rauschfluktuationen eines Vakuum-Photovervielfachers ist zu unterscheiden, ob ein PMT als Lichtauslesesystem (viele Photonen) oder als Teilchendetektor einzelner Photonen betrachtet wird. Siehe dazu auch die Aufteilung in Abschnitt 17.10.3. Im ersteren Fall sind die Signalfluktuationen die Fluktionen in der Eingangsphotonenzahl. Der PMT trägt zum Rauschniveau bei, welches vor allem bei der primären Photostromerzeugung aus der Photokathode (Photoelektronen) und der ersten Verstärkungsstufe (1. Dynode) sowie zu einem geringeren Teil in den hinteren Dynoden bestimmt wird. Darunter fallen in der Photokathode neben baubedingten Effekten vor allem das Photoemissionsrauschen, welches als Schrotrauschen (*shot noise*) im Emissionsprozess auftritt, sowie thermische Beiträge (*thermal noise*) von thermionischen Emissionen (zum Thema Rauschquellen siehe Anhang I und Abschnitt 17.10.3). Die Fluktuationen im Verstärkungsprozess sind Anzahlfluktuationen der emittierten Elektronen in jeder Stufe, verursacht durch ähnliche Effekte wie in der Photokathode, aber auch durch Akzeptanzschwankungen der Elektronenströme von Stufe zu Stufe. Im Vergleich vor allem mit halbleiterbasierten Photodetektoren, die in den Abschnitten 10.3–10.5 besprochen werden, ist das primäre Rauschniveau (d.i. in der Photokathode), und entsprechend die Dunkelrate von PMTs sehr niedrig, typisch um mindestens eine bis mehrere Größenordnungen geringer. Die Einzelphotonpeaks in Abb. 10.13(a) und 10.13(b) sind dennoch vergleichsweise breit. Die Trennung von Einzel-, Zweifach- und Mehrfachsignalen ist daher nur eingeschränkt möglich. Ursache sind die Fluktuationen im Verstärkungsprozess des Dynodensystems, der in jeder Stufe wiederum Emissionsrauschen sowie weitere Fluktuationsbeiträge aufweist. So können zum Beispiel auch Elektronen, die in der ersten Dynode vervielfacht werden, die zweite Dynode unter Umständen verfehlen.

Im dem Fall, dass der PMT Einzelphotonen mit einer gegebenen Signaleffizienz (*PDE*) detektiert, ist der Ausgang der Photokathode oder sogar der PMT-Ausgang insgesamt als Signal anzusehen mit Signalfluktuationen, die denselben Prozessen wie oben als Rauschen diskutiert zugrunde liegen. Abbildung 10.13(c) [12] zeigt, dass ein exzellenter Einzelphotonnachweis mit PMTs möglich ist, was in großvolumigen Experimenten mit geringer Einzelphotonrate gefordert ist. Beispiele sind Experimente, die in untergrundarmen Umgebungen bei niedrigen Temperaturen arbeiten, wie in großen Wasser-Cherenkov-Detektoren oder im Eis (z.B. Superkamiokande oder IceCube). In Abb. 10.13(c) sind PMT-Signale nach Digitalisierung der Pulsform (*wave form sampling*) gezeigt, die aufgrund der geringen Photonraten zeitlich klar einzeln aufgelöst werden können. Photodetektoren mit höheren Rauschraten wie zum Beispiel HAPDs oder SiPMs sind diesbezüglich im Nachteil. Wenn es in einem Experiment um sehr guten (ungetriggerten) Einzelphotonnachweis mit geringen Untergrundraten geht, sind PMTs nach wie

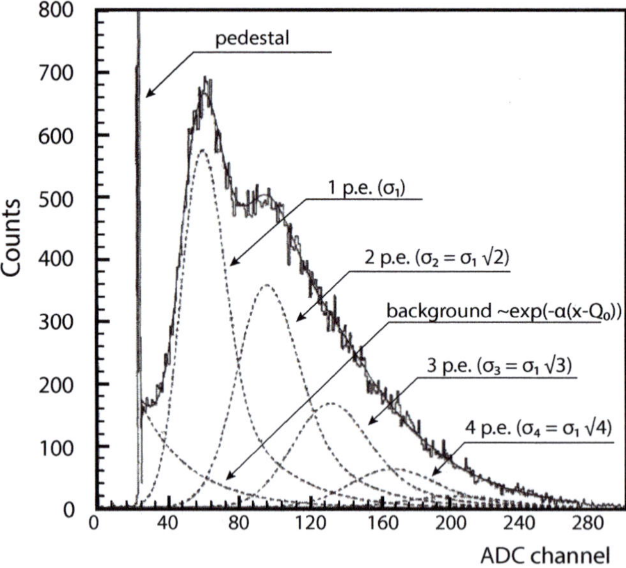

(a) PMT-Photonspektrum

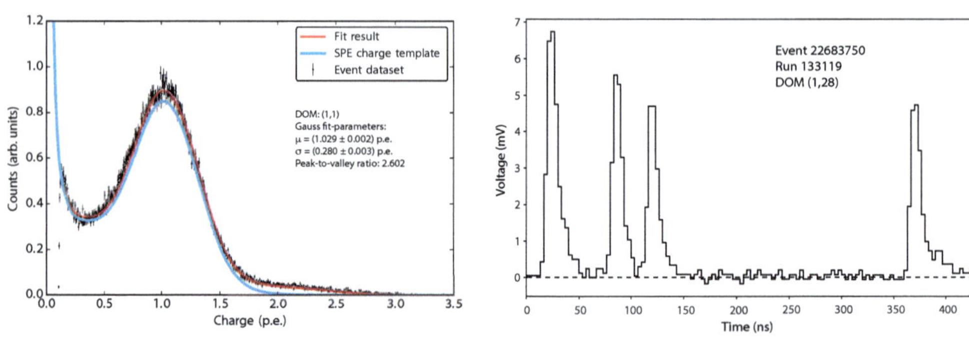

(b) DOM-Photonspektrum (IceCube) (c) zeitaufgelöste Photonsignale (IceCube)

Abb. 10.13 (a) Photonspektrum bei typischer Anwendung eines PMTs mit Sensitivität auf einzelne Photonen. Angepasst an das Spektrum sind oberhalb des Sockelwerts (*pedestal*) die Summe einer exponentiellen Kurve für den Untergrund und vier Gaußkurven (gestrichelt gezeichnet), die den 1–4 Einzelphotoelektron-Peaks (p.e.) zuzuordnen sind (aus [180] mit freundlicher Genehmigung von Elsevier). (b) und (c) Einzelphotonnachweis mit einem Photovervielfacher eines DOMs des IceCube-Experiments [12], wobei (b) in Anzahl Photoelektronen (p.e.) kalibriert ist. Der Vergleich des Gesamtspektrums (rote Kurve) in (b) mit der Erwartung eines Einzelphotonsignals (blaue Kurve) zeigt, dass die Photonrate nahezu ausschließlich von Einzelphotonen herrührt; (c) von einem analogen *waveform sampler* digitalisierte PMT-Signale (siehe Seite 813). Die Peaks entsprechen einzelnen Photonen auf einem nahezu rauschfreien Untergrund, deren jeweilige Signalfläche (Integral) zu dem Spektrum in (b) beiträgt. Quelle: IceCube Collaboration.

vor die erste Wahl. Weitere herausragende Eigenschaften sind das große Eintrittsfenster sowie die einfache Handhabbarkeit, was die Abdeckung großer Detektorflächen oder sensitiver Volumina wie große Wassertanks oder ein Eisvolumen aber auch große Detektionsflächen wie zum Beispiel bei der DIRC-Auslese (siehe Abschnitt 11.6.5) erleichtert.

Zusammenfassend sollen folgende charakteristische Eigenschaften von PMTs hervorgehoben werden, speziell auch im Vergleich zu den in den nachfolgenden Abschnitten besprochenen Alternativen:

- hohe Verstärkung (10^{5-9}),
- Wellenlängenbereich 300–550 nm (200–700 nm mit kleinerer QE),
- sehr geringes Rauschen, sehr kleine Dunkelraten,
- exzellenter Einzelphotonnachweis möglich (Abb. 10.13(c)),
- allerdings Trennung von Einzel- und Mehrfachphotonen marginal (Abb. 10.13(a)),
- im Vergleich eher mäßige Quantenausbeute der Photokathode von typisch[103] etwa 25% bis maximal 40%, die noch mit der Ausbeute für Elektronensammlung multipliziert werden muss, insgesamt etwa 15%–25%,
- sehr gute Zeitauflösung im Bereich $\lesssim 200$ ps,
- unübertroffen hinsichtlich der möglichen Größe des sensitiven Eintrittsfensters,
- kommerziell erhältlich in zahlreichen Varianten für vielfältige Einsatzszenarien,
- hinsichtlich Form und Größe unhandlich im Vergleich zu Alternativen (z.B. Photodioden),
- empfindlich auf Magnetfelder (auch Erdmagnetfeld), Einsatz innerhalb von Magnetspektrometern schwierig bis unmöglich.

10.2.2 Vakuumphototriode

Vakuumphototrioden (VPT) werden eingesetzt, wenn der Betrieb von PMTs mit einem Dynodensystem in starken Magnetfeldern nicht möglich ist. VPTs sind 1-stufige Photovervielfacher, bestehend aus einer Photokathode hinter UV-transparentem Glas und einem feinen, halbdurchlässigen Anodengitter, das vor einer Dynode sitzt (Abb. 10.14(a)). Die Quantenausbeute liegt bei typisch 20–25% bei Wellenlängen um 400–430 nm (siehe z.B. [179]). Photoelektronen treten zu einem bestimmten Teil (typ. 50%) durch das Anodengitter hindurch und erzeugen an der Dynode Sekundärelektronen (typisch $m \approx 10$–20 pro Photoelektron), die dann wiederum zu einem großen Teil am Anodengitter gesammelt werden. Ein Bruchteil der Elektronen jedoch wird durch das Anodengitter abgestoppt und durch das elektrische Feld zurück zur Dynode geführt, wo sie tertiäre Elektronen erzeugen, von denen einige wiederum an der Anode gesammelt werden. Der tertiäre Emissionsfaktor ist viel kleiner als m (typisch 0.5 pro Photoelektron). Weitere Emissionen sind vernachlässigbar. Die Gesamtverstärkung liegt typisch in der Größenordnung von 10 mit $m \approx 20$ [178].

[103] Für Bi- und Multialkali-Kathoden mit Borosilikatfenstern im blauen Wellenlängenbereich.

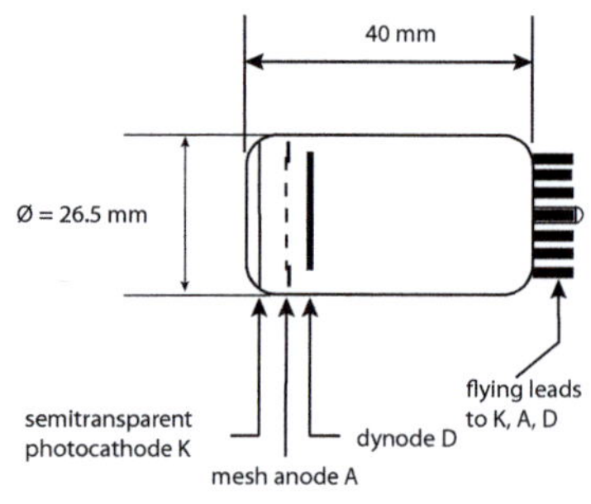

(a) VPT, schematische Zeichnung.

(b) $PbWO_4$-Kristall mit VPT-Auslese.

Abb. 10.14 Vakuumphototriode: (a) Schematische Zeichnung mit Photokathode, Anodengitter und Dynode (adaptiert aus [179]), (b) $PbWO_4$ Szintillationskristall mit VPT-Auslese (Quelle: CMS/CERN [329]).

Der kleine Verstärkungsfaktor von VPTs im Vergleich zu PMTs bedeutet, dass sie nicht für den Nachweis von Einzelphotonen (wie zum Beispiel bei Cherenkov-Ringen) geeignet sind, sondern eher für die Auslese von Kristallen in Kalorimetern für hochenergetische Photonen ($\gtrsim$ GeV) geeignet sind, die viel Licht in den Kristallen erzeugen (z.B. $\gtrsim$100 Photonen pro MeV), insbesondere wenn ein Einsatz in Magnetfeldern erfolgt, der die Verwendung von PMTs verbietet.

Die Endkappenbereiche der elektromagnetischen Kalorimeter der Experimente OPAL bei LEP (Bleiglas) [58] und CMS bei LHC ($PbWO_4$) [179, 310] spüren die Felder der Solenoidmagnete der Spurdetektoren und werden daher mit VPTs statt mit PMTs ausgelesen. Zusätzlich ist die Ausrichtung der VPTs bei CMS so gut wie möglich axial zum Magnetfeld, um die Auswirkungen des Feldes zu minimieren. Abbildung 10.14(b) zeigt einen Kristall mit VPT-Auslese wie im CMS-Endkappenkalorimeter verwendet [329].

10.2.3 Mikrokanalplatte

Die Mikrokanalplatte [1053] (*micro channel plate*, MCP, Abb. 10.15) ist ein Photovervielfacher, der zusätzlich ortsauflösend ist. Er arbeitet üblicherweise aber mit etwas geringerer Verstärkung (10^4 bis 10^7) als ein PMT. Die MCP besteht aus 0.4–2 mm dicken Glasplatten, in denen sich Kanäle von etwa 5–20 μm Durchmesser mit wenigen Mikrometern Abstand (typisch 10 μm) befinden, die mit Photokathodenmaterial beschichtet sind. Der Plattendurchmesser variiert zwischen 10 mm und 200 mm. Eine typische 2-stufige Anordnung ist in Abb. 10.15(c) dargestellt. Die Mikrokanäle (Abb. 10.15(a)) bewirken einen räumlich empfindlichen, 2-dimensionalen Lichtnachweis und wirken durch Anlegen von Hochspannung gleichzeitig als kontinuierliche Dynoden. Oft sind sie wie in Abb. 10.15(c) gewinkelt zueinander ausgerichtet, um einen direkten Durchgang von Photonen zu vermeiden.

Mikrokanalplatten wurden für den empfindlichen Photonennachweis (auch für Einzelphotonen) entwickelt. Die für PMTs auf Seite 482 eingeführte *photon detection efficien-*

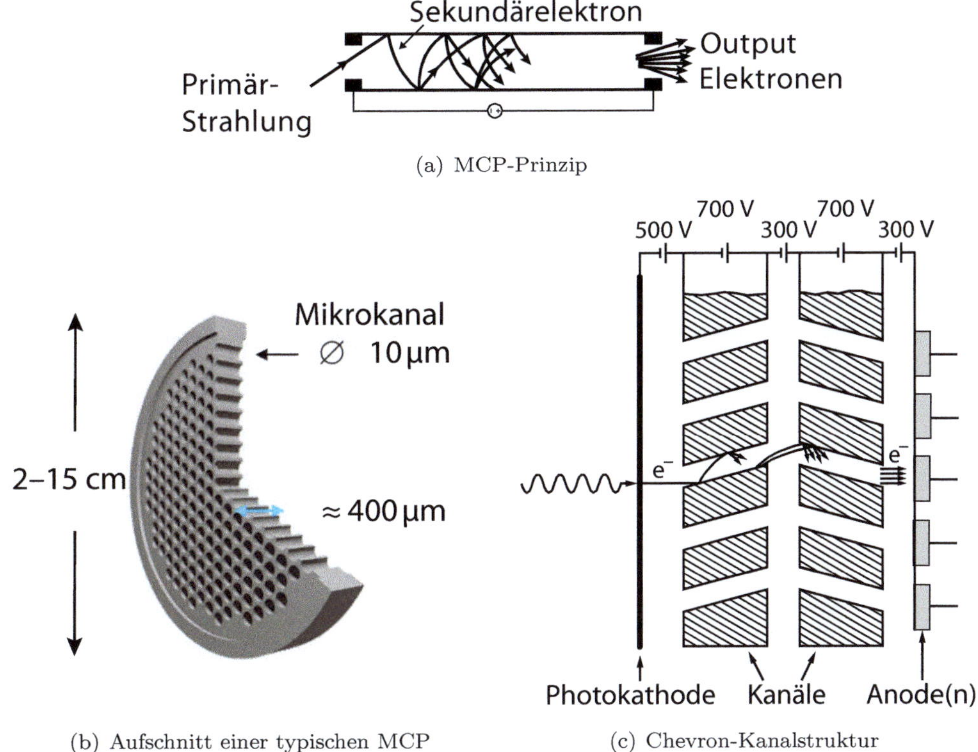

(a) MCP-Prinzip

(b) Aufschnitt einer typischen MCP

(c) Chevron-Kanalstruktur

Abb. 10.15 Mikrokanal-Platten-Photovervielfacher (MCP). (Abbildung (c) aus [370], mit freundl. Genehmigung, © 1977 IEEE).

cy ist hier das Produkt der Quantenausbeute der photoempfindlichen Kanalbeschichtung (QE) und der Elektronensammeleffizienz CE (*collection efficiency*) am Ende des Mikrokanals ($PDE = QE \times CE$). Erstere ist typisch 20–30%. Die Sammeleffizienz wurde in jüngerer Zeit durch ALD-Technik (*atomic layer deposition*) von ehemals etwa 65% auf ungefähr 90% gesteigert [757]. Die räumliche Auflösung liegt typisch im mm-Bereich. Wegen der kurzen Durchlaufzeit und der daraus resultierenden geringen zeitlichen Streuung besitzen MCPs eine ausgezeichnete Zeitauflösung, die bei einstufigen Ausführungen im Bereich von etwa 20 Pikosekunden [424, 799] liegen kann.

Anwendung finden Mikrokanalplatten auch als Bildverstärker, um lichtschwache Bildaufnahmen in optischen Systemen in der Intensität zu verstärken (zum Beispiel bei Nachtsichtgeräten). In Teilchendetektoren findet man sie als Alternative zu PMTs, wenn räumliche und/oder sehr gute zeitliche Auflösungen erforderlich sind, zum Beispiel bei der Auslese von Cherenkov-Photonen in den Quarzstäben eines DIRC-Cherenkov-Detektors [425] (siehe Abschnitt 11.6.5). Auch die weit größere Unempfindlichkeit gegenüber Magnetfeldern machen MCPs gegenüber PMTs für manche Einsatzbereiche attraktiv. Nachteile sind die relativ große Erholzeit pro Kanal im Bereich von 10–20 ms, verursacht durch die große *RC*-Erholzeit gegeben durch die Kanalmaterialien und -geometrie [1053], sowie die im Vergleich zu anderen Photodetektoren geringe Lebensdauer. Für die Platte insgesamt mit $\mathcal{O}(10^{5-6})$ Kanälen pro cm^2 können dennoch effektive Totzeiten von nur 10^{-7} bis 10^{-8} s erzielt werden [1053], solange die Einzelkanalbelegung kleiner als $1/RC$ (50–100 Hz) ist.

10.3 Halbleiterbasierte Photodetektoren

Ähnlich wie in der Elektronik haben Halbleiter seit den 1950–60er Jahren die Entwicklung auf dem Gebiet der Lichterzeugung und des Lichtnachweises revolutioniert. Die bis dahin für den schnellen Photonnachweis nahezu ausschließlich verwendete Elektronenröhrentechnik erhielt durch Halbleiter-Photodetektoren starke Konkurrenz. Dabei spielen neben einigen, in den folgenden Abschnitten besprochenen, unterschiedlichen Nachweiseigenschaften beider Techniken auch die kleineren Abmessungen und der Preis von Halbleiter-Photodetektoren für viele Anwendungen eine große Rolle. Im Folgenden beschränken wir uns auf Silizium als Ausgangsmaterial für Photodetektoren.

10.3.1 Photodiode

Die Photodiode ist die vom Konzept her einfachste Halbleiter-Realisierung für die Umwandlung von Licht in elektrischen Strom unter Ausnutzung des (internen) Photoeffekts. Ein häufig verwendeter Typ ist die so genannte PIN-Photodiode, deren Aufbau und Funktion sehr ähnlich zu denen in Kapitel 8 beschriebenen großflächigen Halbleiterdetektoren sind. Abbildung 10.16(a) zeigt den Aufbau. Zwischen einem p-dotierten (P) und einem n-dotierten Bereich (N) befindet sich eine undotierte Zone, deren freie Ladungsträgerdichte durch die Dichte der Materialverunreinigungen statt durch gezielte Dotierung bestimmt ist. Diese Zone wird daher 'intrinsische' Zone (I) genannt. Bei Anlegung einer Sperrspannung dehnt sich die (quasi ladungsträgerfreie) Verarmungszone in diese intrinsische Zone weit hinein aus, so dass dort absorbierte Lichtquanten bewegliche e/h–Paare erzeugen, die durch das elektrische Feld (Abb. 10.16(b)) zu den Elektroden abgesaugt werden und auf ihnen durch Influenz das Signal erzeugen. Abbildungen 10.16(c) und 10.16(d) zeigen eine großflächige Ausführung und die Beschaltung. Typische PIN-Dioden haben Durchmesser im mm^2 - bis cm^2 - Bereich. Die Dicke eines Photosensors liegt im Bereich einiger 100 μm. Die exakte Dicke ist nicht kritisch, da der Verlauf der Photonabsorption im optischen Wellenlängenbereich von sub-μm im Blauen bis zu mm im Roten reicht (Abb. 10.4).

Im Vergleich zu PMTs besitzen Si-Photodioden eine deutlich größere Quantenausbeute über einen großen Wellenlängenbereich bis 1100 nm (siehe Abb. 10.17). Spezielle UV-empfindliche Dioden mit UV-durchlässigen Eintrittsfenstern reichen bis hinunter zu Wellenlängen von 190 nm. Die Photodiode erreicht Effizienzen von über 70% bei großen Wellenlängen >700 nm, während PMTs typische Werte um 25% um 400 nm erzielen. Die effiziente Überdeckung des großen Wellenlängenbereichs wird in Abb. 10.17 deutlich, in

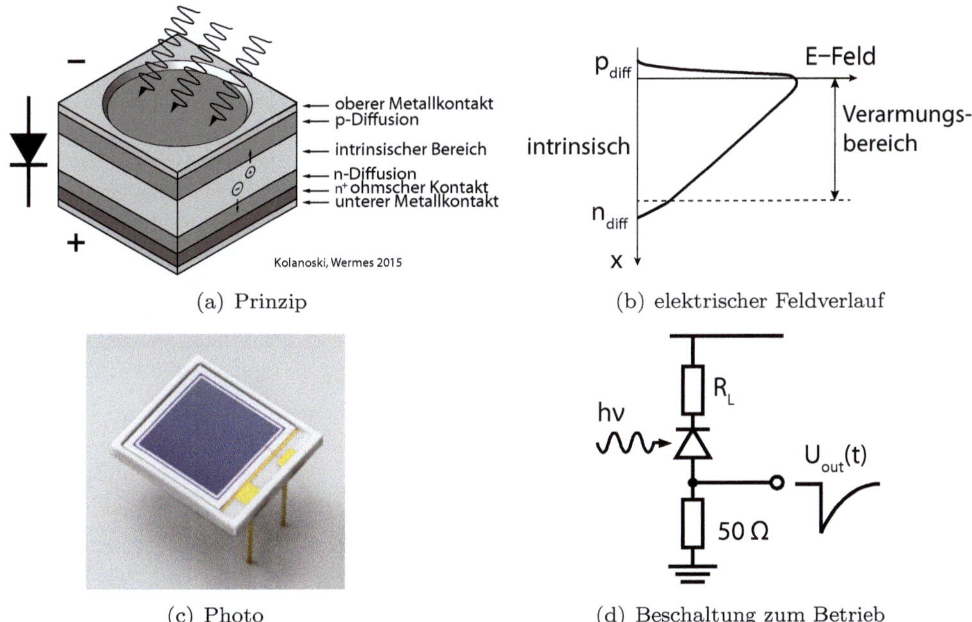

(a) Prinzip (b) elektrischer Feldverlauf

(c) Photo (d) Beschaltung zum Betrieb

Abb. 10.16 PIN-Photodiode: (a) Prinzipieller Aufbau, (b) Verlauf des elektrischen Feldes, (c) großflächige (1 cm^2) Photodiode (mit freundl. Genehmigung von Hamamatsu Inc.), (d) Beschaltung zum Betrieb. 'Diffusion' bedeutet hier, dass die dotierte Schicht durch Diffusion erzeugt wurde statt durch Implantation.

der zum Vergleich auch die Quanteneffizienzkurve eines PMT und das Emissionsspektrum eines CsI(Tl)-Szintillationskristalls eingezeichnet sind.

Neben Preis- und Kompaktheitsvorteilen gehören die geringe notwendige Versorgungsspannung und die deutlich größere Unabhängigkeit von äußeren Magnetfeldern zu den positiven Merkmalen der Photodiode. Wegen der fehlenden intrinsischen Verstärkung sind die geringere Empfindlichkeit bei kleinen Intensitäten und die schlechtere Zeitauflösung sowie die vergleichsweise kleine Fläche als Nachteile anzusehen (siehe auch Abschnitt 10.6).

Anders als bei PMTs müssen die Ausgangssignale der Photodiode in der Regel verstärkt werden, um ein hinreichend großes Messsignal zu erhalten. Die Rauscheigenschaften von Photodiodensystemen sind durch die der Verstärkungselektronik dominiert, wobei die Kapazität der Photodiode und ihr Dunkelstrom die dominanten Rauschbeiträge liefern (siehe Abschnitte 13.4.2 und 17.10.3.3).

10.3.2 Avalanche-Photodiode

Die Entwicklung von Avalanche-Photodioden (APDs) hatte zum Ziel, auch in Halbleitern eine intrinsische Verstärkung zu erreichen, wie dies bei PMTs durch das Dynodensystem erfolgt (Abschnitt 10.2.1). Im Unterschied zu der mehrstufigen Vervielfachung an den

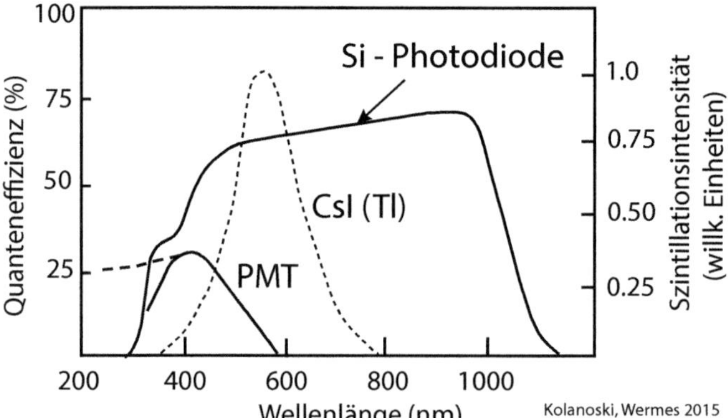

Abb. 10.17 Typische Quanteneffizienz (linke Skala) von Photodioden im Vergleich zu Photovervielfachern (PMT) (durchgezogene Linien, gestrichelt: UV-empfindliche Photokathode). Zum Vergleich: ein typisches Emissionsspektrum eines CsI(Tl)-Szintillationskristalls (gepunktete Linie).

Dynoden erfolgt die Verstärkung in der Regel lawinenartig in einer Hochfeldzone im Inneren der Diode – ähnlich der Gasverstärkung bei gasgefüllten Detektoren (Kapitel 7). Der Verstärkungsfaktor von kommerziell erhältlichen APDs liegt in der Größenordnung von zehn bis mehreren hundert; speziell für hohe Verstärkung entwickelte APDs erreichen Faktoren größer als 1000.

APDs besitzen im Vergleich zu normalen Photodioden eine zusätzliche pn-Grenzschicht (*metallurgical junction*[104]) mit hoher p- und n-Dotierung, wie in Abb. 10.18 gezeigt. Die hohe Dotierung erzeugt an der Grenzschicht ein hohes elektrisches Feld (siehe Abschnitt 8.3.1), dessen Betrag proportional zur Dotierungsstärke ist. Die APD ist für die Absorption von Photonen in dem dicken, schwächer dotierten und verarmten n-Bereich (Raumladungsbereich) sensitiv. Erzeugte Signalelektronen driften zur Ausleseelektrode und durchqueren dabei den Hochfeldbereich (typisch etwa 1 kV/mm), in dem die Lawinenvervielfachung stattfindet. Die vervielfachte Ladung wird auf der Ausleseelektrode influenziert und dort in der Regel nochmals nachverstärkt.

Die meisten APDs sind so genannte *Reach-Through*-Strukturen, bei denen das Licht von der n-Seite (positive Seite) durch die Verstärkungszone zum Absorptionsbereich gelangt. Diese Strukturen sind über einen Wellenlängenbereich von typisch 450 nm bis

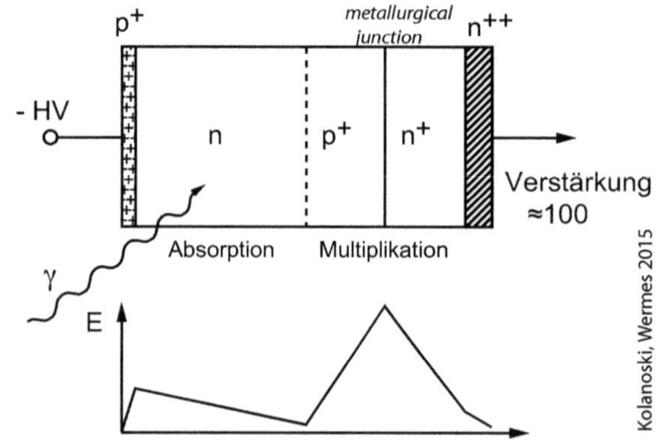

Abb. 10.18 Dotierungsbereiche und Feldverhältnisse in einer Avalanche-Photodiode (schematisch). Photonabsorption erfolgt in der breiteren Niedrigfeldregion, Lawinenbildung im Hochfeldbereich der *metallurgical junction*. Der Hochfeld- ist im Vergleich zum Niedrigfeldbereich hier breiter dargestellt als in der Realität, in der die Verstärkungszone nur wenige Mikrometer beträgt.

[104]Historisch definiert als pn-Übergang mit gleich starker p- und n-Dotierung ($N_A = N_D$).

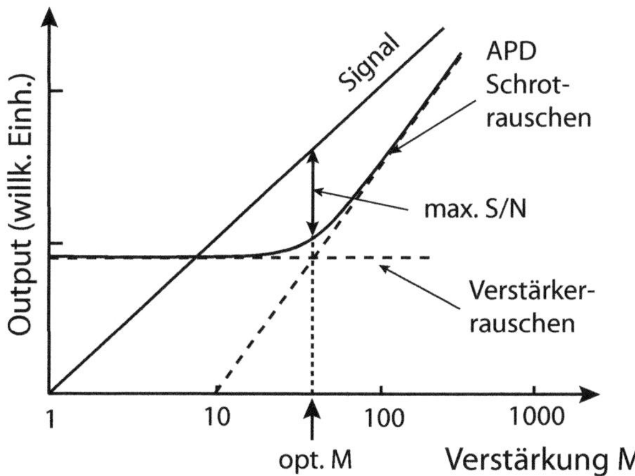

Abb. 10.19 Signal und dominante Rauschbeiträge einer Avalanche-Photodiode in Abhängigkeit von der Verstärkung. Die Rauschbeiträge (gestrichelt) sind (konstantes) thermisches Rauschen des nachfolgenden Verstärkers und Schrotrauschen (Leckstrom- und 'Exzess'-Rauschen) der APD (nach [966], mit freundl. Genehmigung von Hamamatsu Inc.).

1000 nm sensitiv. Strukturen mit Empfindlichkeit für kürzere Wellenlängen bis ins UV haben den Lichteintritt auf der p-Seite (geringere Eindringtiefe) und sind typisch von 200–800 nm sensitiv. Kommerziell erhältliche APDs haben Durchmesser von 100 µm bis etwa 1.5 cm.

Da APDs im Gegensatz zu Photodioden ein bereits verstärktes Signal an den nachfolgenden Verstärker liefern, ist das Signal-zu-Rausch-Verhältnis (S/N) in der Regel von der APD selbst und nicht vom Verstärker bestimmt. Zusätzlich zum thermisch generierten Leckstrombeitrag I_0, der Schrotrauschen erzeugt (siehe Abschnitt 17.10.3.1) und in allen Halbleiterstrukturen präsent ist, besitzt der Lawinenprozess einen eigenen Schrotrauschbeitrag (*excess noise*), der von statistischen Fluktuationen im Lawinen-Verstärkungsprozess herrührt. Er wird durch einen 'Exzessrauschfaktor' F_{ex}, mit dem der Leckstrom multipliziert wird, beschrieben und verschlechtert das Rauschverhalten von APDs im Vergleich zu PIN-Photodioden ohne Verstärkung. Während der Oberflächenanteil des Leckstroms nicht in die Verstärkungszone gelangt, wird der Anteil des Leckstroms, der im Raumladungsbereich (Absorptionsbereich) erzeugt wird, ebenso wie das Signal verstärkt.

Insgesamt erhalten wir folgenden Beitrag [966] zum Schrotrauschen (vergleiche Gleichung (17.88) auf Seite 909):

$$d\langle i^2\rangle_{\text{shot}} = 2e\,\langle\, I_{0S} + I_{0B}\, M^2\, F_{ex}\,\rangle\, df\,, \tag{10.8}$$

wobei I_{0S} und I_{0B} Oberflächen- und Volumenanteile des Leckstroms bezeichnen und M der Verstärkungsfaktor (*gain*) ist. Der Schrotrauschbeitrag durch den Volumenleckstrom steigt mit der Verstärkung an und führt dazu, dass es eine optimale Verstärkung M für maximales S/N gibt, wie Abb. 10.19 erläutert.

Obwohl die APD bereits ein verstärktes Signal ausgibt, ist das S/N-Verhältnis nicht in jedem Fall besser als bei einer Photodiode ohne Verstärkung. Einen Vorteil haben APDs dennoch bei kleinen Lichtintensitäten, für deren Nachweis mit einer Photodiode die Verstärkung der Nachfolgeelektronik vergrößert werden müsste (durch Vergrößerung des Rückkoppelwiderstands R_f). Das hat den unerwünschten Begleiteffekt, dass erstens die

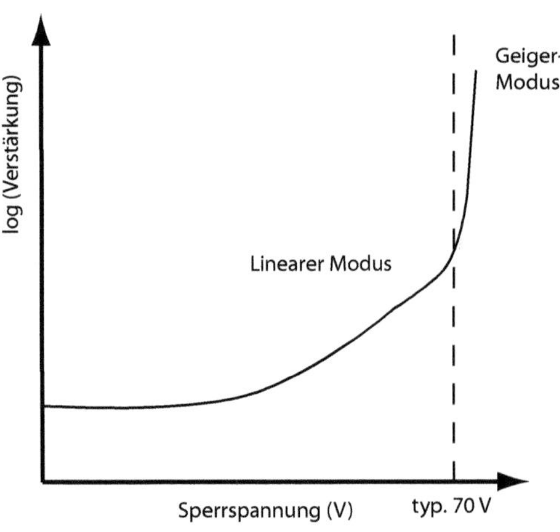

Abb. 10.20 Verstärkungskurve einer Avalanche-Photodiode mit Kennzeichnung der beiden Betriebsmodi 'linear' und 'Geiger'.

Signalantwort langsamer wird und zweitens der thermische Rauschbeitrag zur Ausgangsspannung ($d\langle u^2\rangle_{\text{therm}} = 4kT\,R_f$, siehe Abschnitt 17.10.3.1, Gleichung (17.87)), größer wird. In solchen Fällen können heutige APDs mit geringem Exzessrauschen Photodioden im S/N-Verhältnis insgesamt übertreffen.

G-APD Abbildung 10.20 zeigt schematisch die Verstärkungskennlinie einer Avalanche-Photodiode über einen großen Spannungsbereich. Je nach angelegter Hochspannung können APDs im linearen Modus oder im Geiger-Modus betrieben werden. Bei Betrieb im Geiger-Modus wird eine Spannung eingestellt, die ca. 10–20% oberhalb der nominellen Durchbruchspannung liegt, so dass die APD bei Signaleintritt durchbricht (das heißt einen sehr großen Entladungsstrom liefert), und zwar unabhängig von der Größe der Primärionisation. Sie wird in diesem Modus daher zu einem zählenden Nachweisinstrument für Einzelphotonen (*Single Photon Avalanche Diode*, SPAD). Nach dem Durchbruch wird die Entladung durch passive oder aktive Löschmaßnahmen gestoppt (*quenching*), wobei meist die angelegte Hochspannung reduziert wird. Vorteile dieser Betriebsart sind neben einem großen, stets nahezu gleichen Ausgangssignal die hohe Sensitivität sogar für Einzelphotonen (ab Verstärkungen von etwa $M > 10^5$) mit exzellenter Zeitauflösung ($\ll 1$ ns) und die Unempfindlichkeit gegenüber Magnetfeldern im Vergleich zu APDs, die im linearen Bereich betrieben werden.

Die Photonnachweiswahrscheinlichkeit (*photon detection efficiency, PDE*) setzt sich näherungsweise aus dem Produkt aus Quantenausbeute QE, der Wahrscheinlichkeit P_G für den Geiger-Prozess (nicht jedes Photon löst einen Durchbruch aus) und dem photoaktiven Flächenanteil (*fill factor*) f_A der APD zusammen,

$$PDE \approx QE \times f_A \times P_G\,. \tag{10.9}$$

Reflexionen an der SPAD-Oberfläche sind hier vernachlässigt ebenso wie Erholungszeiten in der Annahme, dass die Trefferwahrscheinlichkeiten einer Zelle hinreichend klein sind. Zu beachten ist außerdem, dass für eine einzelne APD-Zelle f_A normalerweise nicht 100% ist, weil die aktive Fläche normalerweise kleiner als die Elektrodenfläche und das Eintrittsfenster ist, sondern durch die implantierte Fläche der Verstärkungsregion gegeben ist. Werte für *PDE* von 60% (50%) im blauen (grünen) Wellenlängenbereich werden typischerweise erreicht.

Mit der deutlich gestiegenen technischen Qualität von APDs seit den späten 90er Jahren ist deren Verwendung für die Auslese von Detektoren sehr gestiegen (siehe dazu auch Abschnitte 10.4 und 10.5). Die $PbWO_4$-Kristalle im Barrelbereich des CMS-Kalorimeters [310] bei LHC werden zum Beispiel mit (linearen) APDs ausgelesen (siehe Abschnitt 15.5.2.2).

10.4 Hybride Photodetektoren

Die rasante Entwicklung von Halbleiterdetektoren sowohl für den Nachweis von geladenen Teilchen als auch von Licht hat eine Weiterentwicklung des Standardphotovervielfachers eingeleitet, die zu verschiedenen hybriden Ausleseeinheiten geführt hat. Mit diesen Hybrid-Entwicklungen werden bestimmte Nachteile der Einzelsysteme für manche Anwendungen behoben. Zum Beispiel kann der Wellenlängenbereich von Photodioden durch eine Bialkali-Photokathode zu kurzen Wellenlängen ausgedehnt werden. Andererseits kann durch Wegfall der Dynoden im PMT und Ersatz durch einen Halbleiter der Einfluss des Magnetfelds verringert werden. Ferner kann die Möglichkeit zur Strukturierung von Halbleiterdioden ausgenützt werden, um Anoden mit ortsauflösenden Pad- oder Pixelstrukturen zu erhalten, die Vorteile im S/N-Verhalten durch kleine Kapazitäten (Pixelstruktur) und/oder durch Verstärkung in einer einzelnen Stufe (APDs mit kleinen Zellen, SPADs) besitzen.

Ersetzt man das Dynodensystem eines Sekundärelektronenvervielfachers durch eine in Pixeln strukturierte Photodiode oder eine in Pads strukturierte Avalanche-Photodiode (Abb. 10.21), so erhält man einen *Hybrid Photo Detector* (HPD) oder einen *Hybrid Avalanche Photo Detector* (HAPD) [973, 625]. Dabei wird ausgenutzt, dass die in einer Photokathode erzeugten Elektronen nach Beschleunigung in einem Hochspannungsfeld in Halbleiterdioden durch Ionisation ein verstärktes Signal liefern (Abschnitte 10.4.1 und 10.4.2). Der Argumentationslinie folgend, dass mehr und mehr Elemente der PMT-Struktur durch Halbleiterkomponenten ersetzt werden, beschreiben wir in Abschnitt 10.4.1 zuerst den HAPD, bei dem die PMT-Verstärkung durch ein vergleichsweise grobes (*pads*) APD-Array wird. Der in Abschnitt 10.4.2 beschriebene HPD, besitzt im Gegensatz dazu keine intrinsische Verstärkung aber eine feinere Array-Struktur (*pixels*).

10.4.1 Hybride Avalanche-Photodiode

Eine Hybrid-APD (HAPD, *Hybrid Avalanche Photo Detector*) besteht aus einer photoempfindlichen Kathode und einem Array (typisch 12×12) aus Avalanche-Phototodioden mit Abmessungen im Bereich von etwa 5×5 mm^2 pro Zelle. Abbildung 10.22(a) zeigt das Prinzip des Aufbaus. In der Photokathode erzeugte Photoelektronen werden in einem hohen Feld über eine kurze Distanz (2 cm) beschleunigt und deponieren ihre kinetische

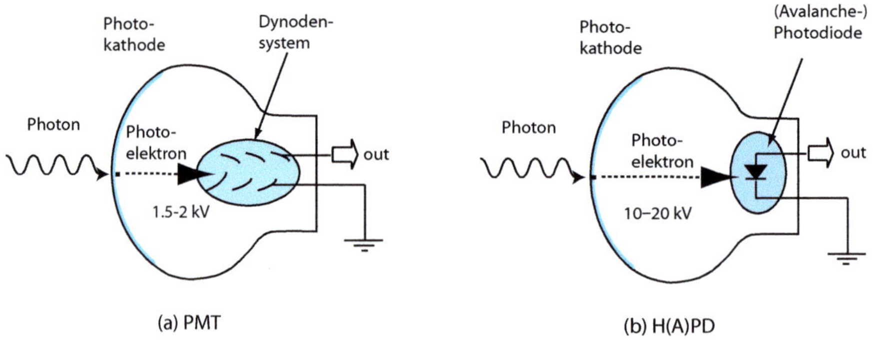

Abb. 10.21 Darstellung der prinzipiellen Funktionsweisen (a) eines Photovervielfachers (PMT) im Vergleich zu (b) der einer hybriden Anordnung von Photokathode + Vakuum + Photodiode.

Energie (einige keV) durch Ionisation in der Halbleiterdiode. Die Zahl der erzeugten e/h-Paare entspricht bereits einer Verstärkung um einen Faktor von etwa 10^3. In der im linearen Modus (siehe Abschnitt 10.3.2 und Abb. 10.20) arbeitenden APD wird eine weitere Verstärkung um einen Faktor von typisch 40–50 erzielt, insgesamt also etwa 5×10^4. Das hohe Feld reduziert außerdem die Magnetfeldabhängigkeit.

Die charakteristischen Eigenschaften eines HAPD können wir folgt beschrieben werden. Das APD-Array hat eine aktive Fläche von typisch 70% der Gesamtfläche des Eintrittsfensters. Die Quantenausbeute wird wie beim PMT hauptsächlich durch die QE der

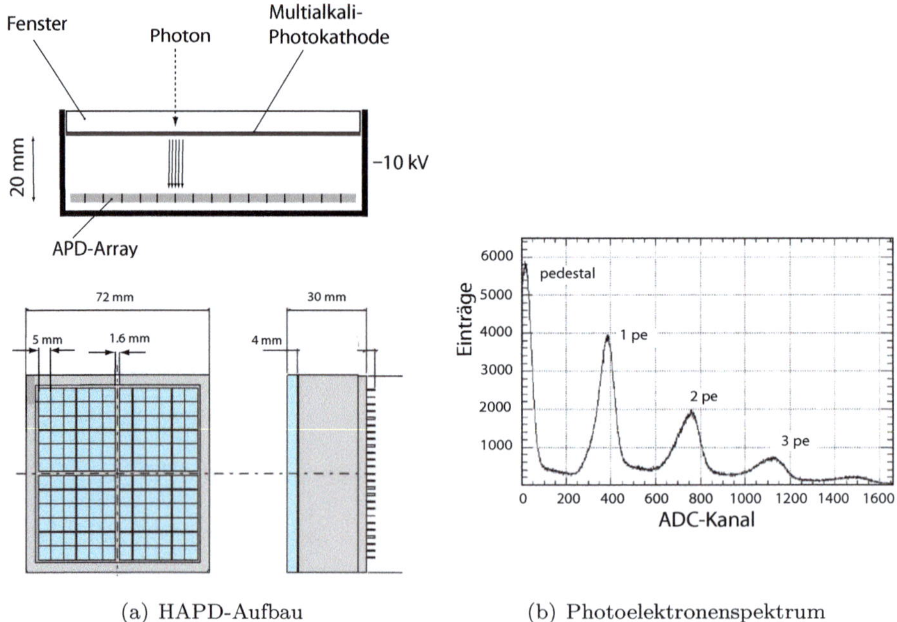

(a) HAPD-Aufbau (b) Photoelektronenspektrum

Abb. 10.22 Hybrid Avalanche Photo Detector (HAPD): (a) Aufbau, (b) Signalspektrum (siehe Text). Aus [39], mit freundl. Genehmigung von Elsevier.

Photokathode auf etwa 25% begrenzt. Während die Gesamtverstärkung kleiner ist als bei PMTs, bestimmt die (hohe) HAPD-Verstärkung in der ersten Stufe das Signal-zu-Rausch-Verhältnis und ist daher der Grund für die bessere Energieauflösung für Einzelphotonen. In HAPDs erzeugt ein Photoelektron über 1000 Elektronen bereits vor der Lawinenverstärkung, während in PMTs die Verstärkung der ersten Dynode typisch nur 5 oder 6 Sekundärelektronen erzeugt.

Ein Photelektronspektrum ist in Abb. 10.22(b) gezeigt. Einzelne Photoelektronensignale sind gut unterscheidbar. Das Spektrum kann mit dem eines PMT bei sehr niedrigen Lichtintensitäten verglichen werden wie in Abb. 10.13 gezeigt. Bei der Entscheidung für einen Photosensor spielt neben der Einzelphotonsensitivität auch die Dunkelrate, verursacht durch Rauschsignale, eine Rolle. Sie beträgt bei HAPDs typisch $1\,\mathrm{Hz/mm^2}$, eine Größenordnung schlechter als rauscharme PMTs [1056].

Ein gängiges Maß, die Eigenschaften von Photodetektoren für den Einzelphotonnachweis zu charakterisieren ist das Verhältnis von Spitzen- zu Talwert (*peak-to-valley ratio*) (P/V) der Pulse, präziser definiert als die Höhe des Einzelphotonpulses dividiert durch das Minimum der Einträge zwischen Untergrund und Einzelphotonmaximum. Der P/V-Wert für den HAPD, abgelesen aus Abb. 10.22(b) beträgt etwa 13.

Aufgrund des hohen elektrischen Feldes in der Eingangsstufe ist der HAPD auch weniger empfindlich auf externe Magnetfelder im Vergleich zu PMTs. Sie können in Magnetfelderstärken von mehr als 1 T eingesetzt werden. HAPDs (und ebenso HPDs, siehe Abschnitt 10.4.2) besitzen zudem ein schnelles zeitliches Antwortverhalten und exzellente Zeitauflösung wegen der vergleichsweise kleinen Kapazitäten der Zellen des Arrays.

Im Rahmen von Entwicklungen für zukünftige Wasser-Cherenkov-Detektoren wurde von Hamamatsu ein im Durchmesser 33 cm großer HAPD entwickelt, die mit einem konventionellen (Vakuum-) Photovervielfacher derselben Größe (R8055, [996]) verglichen werden kann [23]. Der HAPD liefert bei gleicher Quantenausbeute bessere Zeit- und Energieauflösung sowie höhere Sammeleffizienz der Photoelektronen, wie Tab. 10.1 zeigt [23]. Allerdings ist die Gesamtverstärkung viel kleiner als die der R8055, was eine Nachverstärkung durch externe Verstärker notwendig macht. Außerdem sind die in [23] nicht angegebenen Rauschwerte und Dunkelraten typischerweise für PMTs deutlich kleiner als für HAPDs.

Die Wahl zwischen HAPD und PMT zur Lichtauslese kann nicht bei jeder Anwendung eindeutig auf der Basis technischer Kriterien des Lichtnachweises allein getroffen werden. Häufig spielen Platzbedarf, Lebensdauer und Preis eine entscheidende Rolle (siehe ebenfalls Tab. 10.2 auf Seite 507).

10.4.2 Hybride Photodiode

Eine weitere Hybridvariante des Photovervielfachers ist die hybride Photodiode oder hybrider Photodetektor (HPD, *Hybrid Photo Detector*), die insbesondere für die Auslese der RICH-Detektoren von LHCb entwickelt wurde [440]. Statt wie in dem HAPD die intrinsische Verstärkung in einem Array mit relativ großen (mm) Pixel/Pad-Größen auszu-

Tab. 10.1 Gegenüberstellung gleich großer (13") HAPD- und PMT-Photovervielfacher (Hamamatsu, R8055) [23].

	13" HAPD	13" PMT (R8055)
1γ Zeitauflösung	190 ps	1400 ps
1γ Energieauflösung	24%	70%
Sammeleffizienz	97%	70%
Quantenausbeute	$\approx$ 20%	$\approx$ 20%
Verstärkung	$\approx 10^5$	$\approx 10^7$
Leistungsverbrauch	$\ll$ 700 mW	700 mW
typ. Dunkelrate *	$\approx$ 1 Hz/mm^2	$\approx$ 0.1 Hz/mm^2

* Dunkelrate nicht in Ref. [23] angegeben.

nutzen, werden im HPD-Konzept kleine, nicht-verstärkende Pixelelektroden verwendet. Die Pixelgrößen sind typisch etwa $100 \times 100\,\mu\text{m}^2$ mit entsprechend kleinen Kapazitäten im 100 fF-Bereich und folglich mit kleinem Rauschen und gutem Signal-zu-Rausch-Verhältnis (SNR). Da der Dunkelstrom proportional zum Volumen unter der Elektrode ist, ist er ebenfalls vergleichsweise reduziert.

Eine Verstärkung erzielt man durch Beschleunigung der erzeugten Photoelektronen auf ihrem Weg zum Pixeldetektor in einem hohen elektrischen Feld (typisch 8–20 kV/cm). Die kinetische Energie eines Photoelektrons wird im Pixeldetektor in 275 e/h-Paare pro keV konvertiert. Ein typisches Gesamtsignal entspricht etwa 5000 e/h-Paaren [86]. Durch Einsatz eines Quarzfensters kann der HPD einen großen Spektralbereich vom tiefen UV (200 nm) bis rot abdecken, was besonders für den Nachweis von Cherenkov-Strahlung interessant ist.

Die Auslese des Pixeldetektors erfolgt mit einem separaten Chip, der durch *Bump-* und *Flip-Chip*-Technologie (siehe Abschnitt 8.7) mit dem Pixelsensor verbunden ist. Aufbau, Pixelsensor und ein Foto des Gesamt-HPD sind in Abb. 10.23 gezeigt [86]. Abbildung 10.23(d) zeigt ein Photonspektrum im Einzelphotonbereich. Das *peak-to-valley*-Verhältnis beträgt etwa 10–15, was mit Abb. 10.22(b) und Abb. 10.13 zu vergleichen ist.

10.5 SiPM: Silizium-Photomultiplier

Eine vergleichsweise neue, aber inzwischen ausgereifte Photodetektor-Entwicklung sind Pixel-Arrays von APD-Zellen, die in einem Photonen zählenden Modus betrieben werden. Sie werden MRS-APD (*Metal Resistive Layer Semiconductor* APD), MPPC (*Multi Photon Counter*), G-APD (Geiger-APD) oder SiPM (*Silicon Photomultiplier*) genannt. Die Bezeichnung Siliziumphotomultiplier hat sich weitgehend durchgesetzt.

Die APD-Matrizen des Siliziumphotovervielfachers werden im (begrenzten) Geiger-Modus bei einer Verstärkung von etwa 10^6 betrieben [247, 281]. In diesem Modus ist

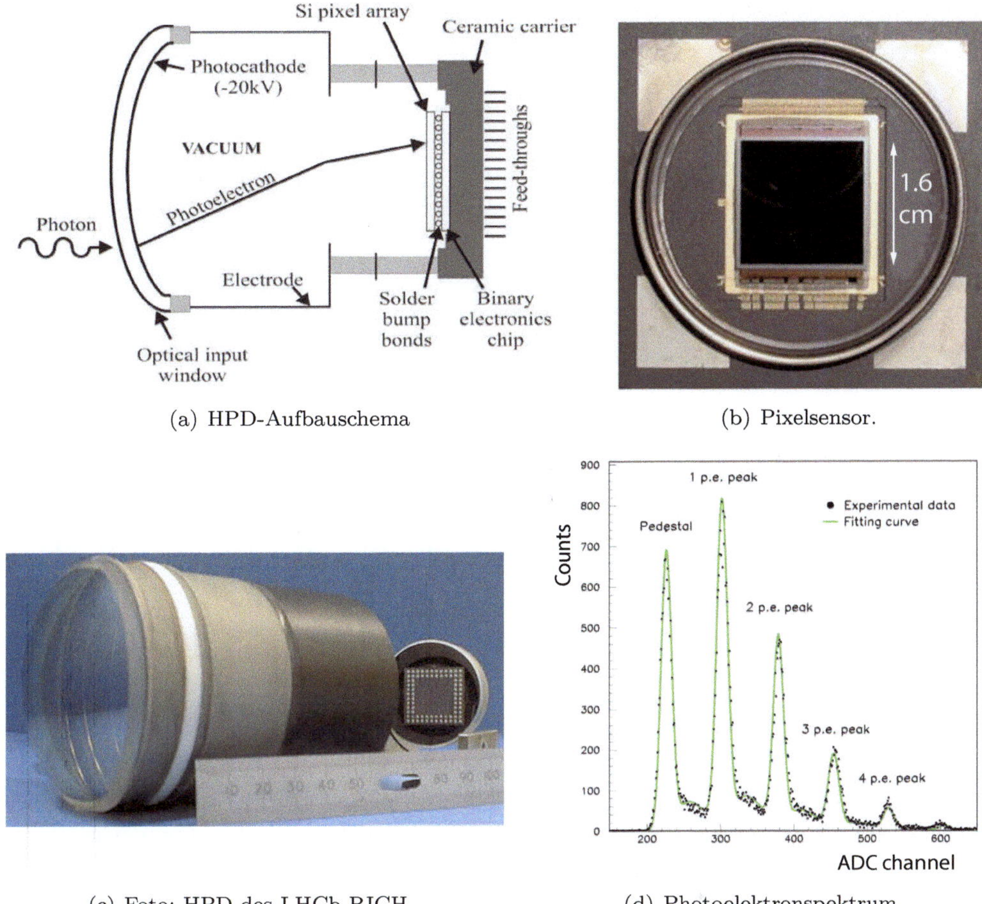

(a) HPD-Aufbauschema (b) Pixelsensor.

(c) Foto: HPD des LHCb-RICH. (d) Photoelektronspektrum.

Abb. 10.23 (a) Aufbau eines *Hybrid Photo Detector* (HPD) mit Photokathode (links), Beschleunigungsstrecke und Photosensor (rechts); (b) Pixelsensor mit 1024 Pixels, $500{\times}500\ \mu\text{m}^2$ groß; (c) Foto eines HPD, wie sie zur Auslese des RICH-Detektors im LHCb-Experiment verwendet wird [86, 440]; (d) Einzelphotonspektrum [70]. Quelle: LHCb-Collaboration und CERN.

die APD ein 'binär' (ja/nein) arbeitender Photodetektor. Die Pixelzellen sind klein, mit typischen Abmessungen im 15–70 µm-Bereich [281]. Durch die hohe Dichte der Zellen ist die Wahrscheinlichkeit, dass eine einzelne Zelle innerhalb des durch die Zeitauflösung der SiPM vorgegebenen Zeitfensters von mehreren Photonen getroffen wird, bei typischen Photonflüssen gering. Die Zahl der getroffenen Pixel ist dann proportional zu der Zahl der eintreffenden Photonen.

Das SiPM-Konzept ist in Abb. 10.24 dargestellt. In Abb. 10.24(a) ist die Struktur einer Zelle gezeigt. Die Eindringtiefe von Licht in Silizium (siehe Abb. 10.4) beträgt zwischen 0.6 µm (blau, $\lambda = 470$ nm) und 2.9 µm (rot, $\lambda = 625$ nm). Die in der Verarmungszone erzeugten Ladungsträger driften im elektrischen Feld in die Verstärkungszone wie für die APD in Abb. 10.18 dargestellt. Nach Lawinenverstärkung influenzieren die Ladungträger ein hinreichend großes Signal auf einer Ausleseelektrode (Abb. 10.24(c)). Abbil-

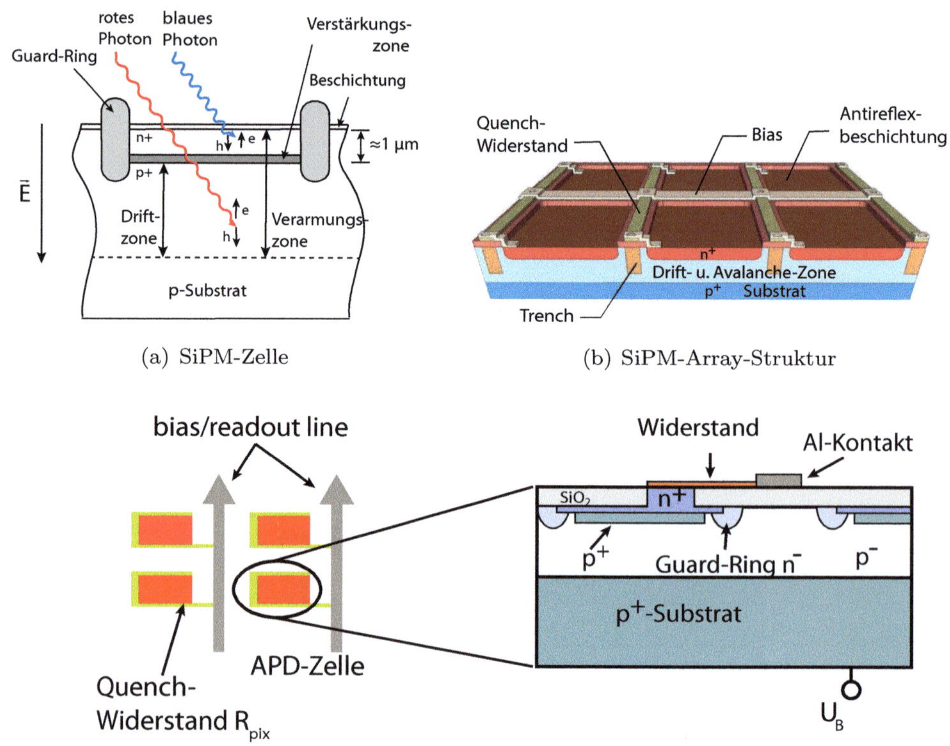

(a) SiPM-Zelle

(b) SiPM-Array-Struktur

(c) APD-Zellen mit Quench-Struktur.

Abb. 10.24 Silizium-Photomultiplier (SiPM): (a) Struktur einer SiPM-Zelle, bei der Photonen verschiedener Wellenlänge in unterschiedlichen Tiefen absorbiert werden. Die Vervielfachung der Ladungsträger erfolgt in der Verstärkungszone der APD. (b) SiPM-Pixelzelle (Quelle: Ketek GmbH [639]): Die Zellen sind durch Abschirmungsstrukturen (*trenches*) optisch voneinander entkoppelt; (c) APD-Zellen mit Quench-Struktur, rechts Detailansicht (nach [281]).

dung 10.24(b) zeigt eine kommerzielle Struktur mit Antireflex-Beschichtung und mit so genannten tiefen 'Trench'-Abtrennungen[105] zwischen den APD-Zellen, um Übersprechen durch Photonen, die in eine Nachbarzelle gelangen, zu unterdrücken [639].

Die Betriebsspannung des APD-Arrays (typisch <80 V) ist etwa 10–15% höher eingestellt als die Durchbruchspannung. Die Entladung wird durch Polysiliziumstreifen als Quench-Widerstand ($R_{\text{pix}} \approx 400$ kΩ) in jedem Pixel gelöscht (Abb. 10.26), indem durch den Spannungsabfall über R_{pix} bei Stromfluss die Durchbruchspannung unterschritten wird. Der Widerstand entkoppelt zudem die einzelnen Pixel voneinander und bestimmt die Zerfallszeit des Pulses (typisch ist $C_{\text{pix}}\,R_{\text{pix}} \approx 30$–100 ns). Die Anstiegszeit hingegen ist durch den sehr schnellen Lawinenprozess bestimmt, sodass die Pulsform einen schnellen spitzenförmigen Anstieg (≈ 0.5 ns) und eine typisch 30 ns bis >100 ns lange abfallende

[105] Trench-Abschirmungen sind mit Dielektrika (zum Beispiel SiO_2) gefüllte Abtrennstrukturen, die für tiefe Strukturen durch ein spezielles Ätzverfahren (*deep resistive ion etching*, DRIE) hergestellt werden.

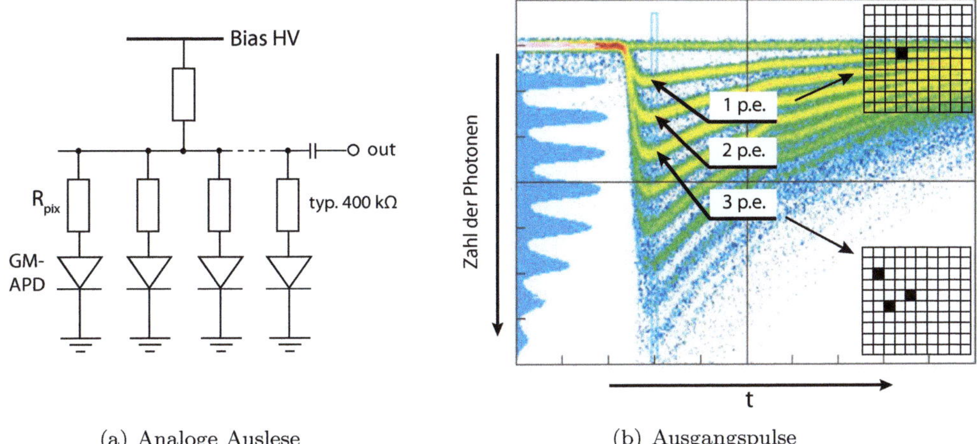

(a) Analoge Auslese (b) Ausgangspulse

Abb. 10.25 Analog-SiPM: (a) Analoge Zusammenführung des Ausgangssignals bei einem SiPM. Die APD-Zellen des SiPM werden über die Quench-Widerstände R_{pix} zusammengeführt. (b) Ausgangspulse für verschiedene Anzahlen getroffener SiPM-Pixel; links: Pulshöhenspektrum (Quelle: Hamamatsu Inc., mit freundl. Genehmigung).

Flanke aufweist. Die Erholungszeit nach Eintreffen des Signals ist vergleichsweise kurz ($< 100\,\text{ns}$).

10.5.1 Analoge SiPM

Die Ausgänge der APD-Zellen werden üblicherweise über die Quench-Widerstände R_{pix} zu einem einzigen Ausgangsknoten zusammengeführt, wie Abb. 10.25(a) zeigt. Das Ausgangssignal ist somit proportional zu der Anzahl der gefeuerten Zellen (Abb. 10.25(b)). Ab diesem Punkt ist das SiPM Signal der Definition folgend eigentlich digital oder nur noch 'quasi-analog' im Gegensatz zum Beispiel zu dem echt analogen Signal eines Vakuum-Photovervielfachers (PMT) oder eines HPD.

Der dynamische Bereich beginnt beim Einzelphotonnachweis und ist limitiert durch die Gesamtzahl N_{pix} der Pixel des SiPM-Sensors. In [281] wird der dynamische Bereich mit $N_{ph} \approx 0.6\,N_{pix}$ angegeben. Die Abhängigkeit des Ausgangssummensignals von der einfallenden Lichtintensität ist bei hohen Intensitäten stark nichtlinear. Das liegt daran, dass während der Erholzeit ($\tau \lesssim 100\,\text{ns}$) Ansprechwahrscheinlichkeit und Verstärkung einer SiPM-Pixelzelle geringer als normal sind. Wenn die Zelle in diesem Zeitraum ein weiteres Mal von einem Photon getroffen wird, so ist ihr Beitrag zum Summensignal nicht gegeben oder kleiner als sonst. Die resultierende Nichtlinearität hängt von der Photonrate/Lichtintensität und der Erholzeit in nicht-trivialer Weise ab [772].

Die Photonnachweiswahrscheinlichkeit eines SiPM-Detektors folgt denselben Kriterien wie eine Einzel-APD und ist durch Gleichung (10.9) gegeben. Der Füllfaktor f_A liegt im

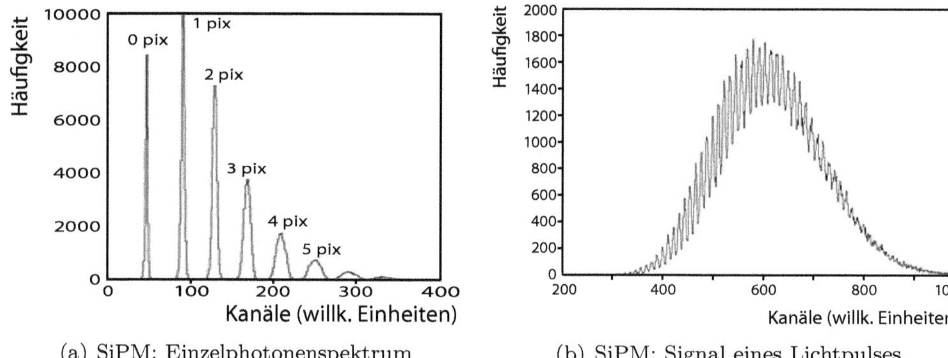

(a) SiPM: Einzelphotonenspektrum (b) SiPM: Signal eines Lichtpulses

Abb. 10.26 Siliziumphotomultiplier (SiPM). (a) Einzelphotonenspektrum, (b) Signalverteilung von Lichtpulsen mit im Mittel 46 Photoelektronen ([282], mit freundl. Genehmigung von Elsevier).

Bereich von 20% bis 80%, designabhängig[106]. Zusammen mit der hohen Quantenausbeute für Halbleiterphotodetektoren (70–80%) und einer Geiger-Wahrscheinlichkeit P_G von etwa 90% werden Photonnachweiswahrscheinlichkeiten PDE von bis zu 60% erreicht.

Die Fähigkeit, Einzelphotonen durch Pixeltreffer zu zählen, wird in Abb. 10.26(a) deutlich. Das Ausgangsspektrum (Abb. 10.26(b)) als Antwort auf einen Lichtpuls, der im Mittel 46 Photoelektronen im Detektor erzeugt, zeigt ein Maximum, das dieser Zahl entspricht. Die Quantisierung der Einzelpixelbeiträge ist auch hier noch deutlich erkennbar.

Die Pixel der SiPM-Zellen besitzen eine Kapazität von typisch 100 fF. Diese Kapazität ist durch die angelegte Spannung $\mathrm{U_{bias}}$ aufgeladen, die einige Volt oberhalb der Durchbruchspannung $\mathrm{U}_{breakdown}$ liegt. Wenn der Geigerdurchbruch zum Beispiel durch ein Photon auslöst wird, entsteht ein Ladungssignal $Q_{\mathrm{pix}} = C_{\mathrm{pix}}\,(U_{\mathrm{bias}} - U_{\mathrm{breakdown}})$ in der Größenordnung einiger 100 fC, was einer Verstärkung der Photoelektronladung um etwa 10^6 entspricht [281]. Der Quenchwiderstand sorgt dafür, dass die Zeitkonstante der Entladung $\tau = R_{\mathrm{pix}} C_{\mathrm{pix}}$ groß gegenüber der Lawinenentwicklungszeit bleibt.

SiPMs besitzen eine hohe Zeitauflösung auch für Einzelphotonen von $\sigma_t^{1\gamma} \approx 100$ ps. Wegen der hohen Verstärkung ist das Rauschen durch die Nachfolgeelektronik vernachlässigbar. SiPMs können bei Raumtemperatur in Magnetfeldern bis 7 Tesla betrieben werden und benötigen typisch nur 50 V Betriebsspannung.

Die Verwendung von SiPMs als Detektoren für einzelne oder wenige Photonen wird einzig durch die auftretenden Dunkelraten beeinträchtigt, die um mehrere Größenordnungen höher (20–50 MHz/cm^2) als bei PMTs (< 1 kHz/cm^2) sind. 'Dunkelpulse' haben bei zählenden SiPMs folgende physikalische Ursachen:

– thermisch erzeugte Ladungsträger in der sensitiven Zone im Substrat oder in verarmten Bereichen der Oberfläche; dies wird begünstigt durch die hohen elektrischen

[106]Kleinere Füllfaktoren haben ein kleineres Signal, besitzen aber dafür kleinere Kapazitäten und damit geringeres Rauschen.

Felder in der Verstärkungszone und es verursacht außerdem eine starke Temperaturabhängigkeit,

- 'Nachpulse', das sind verzögerte Pulse (*after-pulses*) erzeugt durch Ladungsträger, die während der Lawinenverstärkung eingefangen wurden und nach einer charakteristischen Einfangzeit von typisch mehreren hundert Nanosekunden wieder frei werden und dabei neue Lawinen auslösen;
- optische Übersprecher, herrührend von Photonen, die bei dem Verstärkungsprozess erzeugt werden, in eine benachbarte SiPM-Zelle gelangen und dort eine neue Lawine auslösen.

Die Dunkelrate pro Fläche $\dot{N}_{\text{dark}}$, multipliziert mit der Ansprechzeit plus Löschzeit Δt_{tot} einer SiPM-Zelle, bestimmt die Belegungswahrscheinlichkeit (*occupancy*) P_{occ} des SiPM mit Rauschtreffern:

$$P_{\text{occ}} = \frac{\dot{N}_{\text{dark}}}{n_{pix}} \Delta t_{\text{tot}} , \tag{10.10}$$

wobei n_{pix} die SiPM-Zellen-Dichte ist. Bei 20 MHz/cm^2 Dunkelrate, $50 \times 50\,\mu\text{m}^2$ großen Zellen und einer Löschzeit $\Delta t_{\text{tot}} = 100\,\text{ns}$ ist $P_{\text{occ}} = 5 \times 10^{-5}$. Übersprecher zwischen Nachbarzellen verletzen allerdings die in Gl. (10.10) zugrunde gelegte Unabhängigkeit der Zellen.

Um die Dunkelrate zu unterdrücken, wird ausgenutzt, dass ein echtes Lichtpulssignal die SiPM-Zellen koinzident feuert und somit ein vergleichsweise großes 'Energiesignal' als Output erzeugt (Abb. 10.27(a)) und dadurch die Dunkelrate diskriminiert werden kann. Der Beitrag zur Dunkelrate durch Übersprecher kann, wie oben bereits erwähnt, durch vertikale Abschirmstrukturen (*trenches*) verringert werden.

Siliziumphotomultiplier werden immer häufiger anstelle von Photovervielfachern oder anderen Photodetektoren in Experimenten der Teilchen- und Astroteilchenphysik eingesetzt, insbesondere für die Auslese von Szintillatoren. Zu erwähnen sind Szintillatoren in Kalorimetern, sowohl in homogenen Kristall-Kalorimetern als auch in Sampling-Kalorimetern (siehe Kapitel 15). Ein Beispiel ist die Entwicklung des CALICE-Kalorimeters [49] für den ILD-Detektor [175] an einem zukünftigen Linear Collider. Auch die Detektoren des *Underground Muon Detector*s von AugerPrime [93] und des Oberflächendetektors von IceCube-Gen2 [992] verwenden SiPMs für die Auslese ihrer Szintillatoren.

10.5.2 Digitale SiPM

Obwohl in analogen SiPMs diskret einzelne Photonen gezählt werden, wird ihre Anzahl aus einer analogen Signalsumme abgeleitet. Das Naheliegende, die digitale 0/1 Informationen der einzelnen SPADs zu summieren, ist elektronisch aufwändiger und ist erst im weiteren Verlauf der SiPM Entwicklung umgesetzt worden.

Im Geiger-Modus operierende, auf Einzelphotonen sensitive APDs (*Single Photon Avalanche Photodiodes*, SPAD) sind binäre Schalter, die mit konventioneller

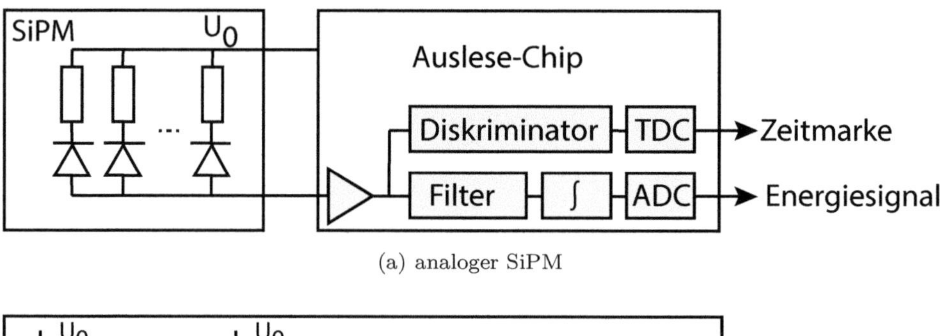

(a) analoger SiPM

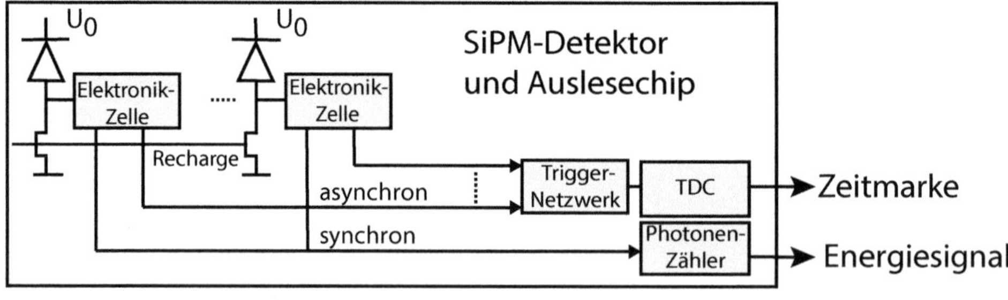

(b) digitaler SiPM

Abb. 10.27 Elektronischer Aufbau (schematisch) von (a) analogen und (b) digitalen SiPMs (aus [444], © SISSA Medialab Srl., mit freundl. Genehmigung von IOP Publishing).

CMOS-Elektronik auf demselben Chip integriert werden können. In digitalen SiPMs (dSiPM) [445, 446] wird statt des analogen Summensignals ein digitales Ausgangssignal aus der Summe der gefeuerten Zellen gebildet. Jede SPAD-Zelle ist dabei eine eigenständige Einheit, die auch abgeschaltet werden kann, wenn zum Beispiel ihre Dunkelrate zu hoch ist. Sie kann genau ein Photon nachweisen und speichern. Nach dem Photonnachweis wird der Quench-Vorgang für die getroffene Zelle sofort gestartet, realisiert durch einen Transistor anstelle passiver Quench-Widerstände, die auf Mikrochips wegen ihrer Größe schwer realisierbar sind. Wenn die Spannung eine untere Schwelle unterschritten hat und der Stromfluss durch die Diode gestoppt ist, wird die SPAD durch einen weiteren Transistor wieder für den Geiger-Modus scharf geschaltet, das heißt er wird auf eine Spannung knapp oberhalb der Durchbruchspannung gebracht.

Der Vorteil digitaler SiPMs liegt in der Integration aller Komponenten auf einem Chip, dem schnellen Quench-Vorgang und der Möglichkeit, Zellen einfach zu deaktivieren oder zusätzliche intelligente Schaltblöcke zu integrieren. Mögliche Nachteile liegen im erhöhten Leistungsverbrauch und anderen Konsequenzen der Integration von Sensor und Chip (zum Beispiel mögliches Übersprechen).

Aufbau und Logik von dSiPMs sind in Abb. 10.27(b) im Vergleich zu analogen SiPMs dargestellt [446]. Jede Zelle liefert ein schnelles, asynchrones Triggersignal, das von einem *On-Chip*-Triggernetzwerk empfangen wird, und ein langsameres, binäres Ausgangssignal, das mit den übrigen Zellen synchronisiert ausgegeben wird. Das Triggernetzwerk startet einen TDC (siehe Abschnitt 17.7.3) entweder mit dem ersten Photon oder (einstellbar) nach einer Mindestanzahl von Photonsignalen, falls die Dunkelrate zu hoch ist. Jeder auf das erste Triggerphoton nachfolgende Durchbruch einer SPAD-Zelle wird als Dunkelhit angesehen und automatisch gelöscht, falls er nicht nach höchstens 15 ns zu einem weiteren Trigger führt. Dies verhindert, dass Rauschimpulse akkumulieren und die Triggerschwelle überschreiten können. Eine einstellbare Zeitdauer nach dem Triggersignal wird das langsamere Photonenanzahlsignal mit einer Schwellenzahl verglichen und ausgegeben.

Digitale SiPMs wurden zunächst für Lichtpulse mit hinreichend vielen Photonen entwickelt, sie sind aber auch auf Einzelphotonen sensitiv. Zum Beispiel können Cherenkov-Photonen mit sehr guter Zeitauflösung (140 ps) und geringer Dunkelrate nachgewiesen werden [444]. Die Quantenausbeute liegt allerdings etwas unter der analoger SiPMs oder von Photodioden, da die CMOS-Chiplagen und Verdrahtungsebenen Photonen absorbieren und dadurch die Ausbeute verringern [444].

10.6 Vergleichende Charakterisierung

Die Wahl des Photodetektors für die Auslese eines Licht-erzeugenden Teilchendetektors in einem Experiment hängt von vielen Faktoren ab, nicht zuletzt auch von der Größe des Detektors, der Umgebung (verfügbarer Platz, Magnetfeld, Temperatur) und dem Preis. In diesem Kapitel wurde hauptsächlich unterschieden zwischen Photodetektoren mit Photokathoden für die Photon-nach-Elektron-Konversion (z.B. PMT, MCP, VPT) und solchen, die ausschließlich auf direktem Nachweis von Photonen mit Halbleitern beruhen (z.B. PD, APD, SiPM) sowie Hybriddetektoren, die beide Elemente beinhalten (z.B. HPD, HAPD).

In Tab. 10.2 stellen wir die wichtigsten Merkmale der diskutierten Photodetektoren vor, ohne Anspruch auf Vollständigkeit zu erheben. Der Übersicht halber sind die Angaben auf typische, charakteristische Werte beschränkt; Abweichungen davon – zum Teil auch erhebliche – sind durch spezielle Designs für bestimmte Anforderungen möglich. Die Angaben zum Signal-zu-Rauschverhältnis sind mit Vorsicht zu behandeln. Bei Halbleiterphotodetektoren bestimmt die Nachfolgelektronik weitgehend das Rauschverhalten, wobei die Kapazität der Eingangselektrode eine große Rolle spielt. Bei den Detektoren mit Photokathoden (und Dynoden) spielt die nachgeschaltete Elektronik in der Regel für das Rauschverhalten eine untergeordnete Rolle. Bei einem Vergleich muss auch unterschieden werden, ob Lichtpulse oder Einzelphotonen nachgewiesen werden sollen. Daher ist zum Beispiel ein direkter Vergleich von PMT und SiPM für Lichtpulse geeignet, aber für den Einzelphotonnachweis nur bedingt sinnvoll (siehe dazu auch den Kommentar zu SNR-(1γ) in Tab. 10.2).

Wie in Abschnitt 10.2.1 gezeigt, dominiert die Quanteneffizienz der Photokathode die insgesamt erzielbare Quanteneffizienz von PMT, MCP, VPT sowie den hybriden Detektoren. Erstere liegt typisch im Bereich 25% bis maximal 40%. Photokathoden-basierte Photodetektoren erreichen im Bereich kleinerer Wellenlängen (300–550 nm) eine höhere Sensitivität als bei großen Wellenlängen, während halbleiterbasierte, direkte Photodetektoren (hier vor allem Si) einen größeren Wellenlängenbereich von etwa 400 nm bis 1000 nm überstreichen und höhere Quanteneffzienzen ($>50\%$ bis 75%) bei Wellenlängen größer als 400 nm erreichen (siehe Abb. 10.17).

Vakuum-Photovervielfacher und Varianten sind sperriger und weniger kompakt als Photodioden oder APDs. Sie sind jedoch immer noch eine exzellente Wahl für viele Anwendungen, bei denen geringe Lichtintensität (bis zum Einzelphotonnachweis) in großen Volumina mit hoher Sensitivität und kleinen Rauschraten nachgewiesen werden sollen. Ebenso ist die einfache Handhabe kommerzieller PMTs in einem Experiment oder in einem Laboraufbau oft ein wichtiger Faktor bei der Auswahl. PMTs sind kommerziell in großer Vielfalt und vor allem in vielen Größen (siehe zum Beispiel Abb 10.12) erhältlich, allerdings sind sie auch sehr teuer. Mikrokanalplatten (MCP) sind hinsichtlich Zeitauflösung unerreicht.

Der Abstand von Signal und Rauschen ist ein Maß für die Reinheit der Messung von Photonensignalen. Das Signal hängt für alle Sensorarten allgemein von der Zahl N_γ der primär erzeugten Signalphotonen sowie von der Akzeptanz A des Sensors (z.B. durch ein großes Eintrittsfenster), der Quantenausbeute QE und der Verstärkung M ab:

$$S \propto N_\gamma \times A \times QE \times M\,. \tag{10.11}$$

Bei halbleiterbasierten Photodetektoren enthält das Gesamtrauschen $\mathcal{N}_{tot}$ sowohl Anteile des Photosensors zum Leckstrom I_0 (bei APDs und anderen intrinsisch verstärkten Sensoren gegebenenfalls multipliziert mit einen Faktor F_{ex} durch 'Exzess' -Rauschen im Lawinenprozess, siehe Seite 493) als auch kapazitätsabhängige Anteile $\mathcal{N}_{amp}$ durch den üblicherweise nachfolgenden Verstärker, die von der Sensorkapazität C_D dominiert werden (siehe Abschnitt 17.10.3.3), in quadratischer Addition ($\oplus$):

$$\mathcal{N}_{tot} \propto \sqrt{2e\, I_0\, F_{ex}} \;\oplus\; \mathcal{N}_{amp}(C_D)\,. \tag{10.12}$$

Im linearen Modus arbeitende Photodioden und APDs werden oft herangezogen, wenn genügend Lichtintensität vorhanden ist und wenn der Preis eine Rolle spielt. Die Wahl zwischen diesen beiden hängt von dem erzielbaren Signal-zu-Rausch-Verhältnis (SNR) für eine Anwendung ab, wobei bei der APD die Balance zwischen der internen Verstärkung und dem Exzessrauschen, verursacht eben durch diese Verstärkung, für das SNR meist entscheidend ist. In der Teilchenphysik werden Photodioden und APDs oft benutzt für die Auslese von Kristallkalorimetern (Abschnitt 15.5.2) in Großexperimenten, wenn Preis- und Platzanforderungen eine wichtige Rolle spielen oder wenn Magnetfelder den Elektronentransport z.B. in den Dynoden von PMTs behindern. Beispiele sind die Kalorimeter des *Crystal Barrel* Experiments (CsI(Tl) Kristalle, Wellenlängenschieber mit Photodiodenauslese) [62] und von CMS ($PbWO_4$ Kristalle, APD-Auslese) [310]. Für kleine Ausleuchtungsflächen sind Photodioden am preiswertesten. Mit Hilfe von Wellenlängenschiebern können auch größere Flächen als die Fläche der Diode abgedeckt werden (siehe Abb. 13.17 in Abschnitt 13.4.2).

Die viel kompakteren und preiswerteren, im Geiger-Modus betriebenen *single pixel*-APDs (SPADs) in SiPMs sind im Begriff, den PMTs für viele Anwendungen Konkurrenz zu bieten. Sie nähern sich der Leistungsfähigkeit von PMTs hinsichtlich schnellen Antwortverhaltens und Einzelphotonsensitivität an oder übertreffen sie so-

Tab. 10.2 Charakteristika verschiedener Photodetektoren im Vergleich. Die Angaben sind typische Werte ohne Anspruch auf Vollständigkeit und Berücksichtigung sämtlicher Detektorvarianten. Die Abkürzungen bedeuten: PMT = Photovervielfacher, VPT = Vakuumphototriode, MCP = Mikrokanalplatte, PD = Photodiode, APD = Avalanche-Photodiode betrieben im linearen Modus, HAPD = hybrider Avalanche-Photodetektor (linearer Betriebsmodus), HPD = hybrider Photodetektor, SiPM = Siliziumphotomultiplier (APD-Arrays im Geiger-Modus).

QE = Quantenausbeute bei λ_{max}, λ_{max} = Wellenlänge maximaler Quanteneffizienz, $\Delta\lambda$ = empfindlicher Wellenlängenbereich (bei halber QE), *gain* = intrinsische Verstärkung, PDE = typ. Photonnachweiseffizienz gemäß (10.9) bei λ_{max}, DR = Dunkelrate bei Raumtemperatur, falls Detektor Einzelphoton-empfindlich ist, SNR (1γ) = Signal-zu-Rausch-Verhältnis, bezogen auf ein Primärphoton (typisch, abh. von der Bandbreite), σ_t = Zeitauflösung, A = typische (maximale) sensitive Fläche, U_{op} = Betriebsspannung, v/k = Angabe, ob Detektor typisch eher voluminös oder klein/kompakt ist, sens. 1γ = Einzelphotonnachweis möglich (j/n), sens. B = B-Feld-Empfindlichkeit, sens. T = Temperaturempfindlichkeit (der Verstärkung), Preis = hoch/mittel/niedrig für Einheiten mit kleinen Flächen.

	PMT	VPT	MCP	PD	APD	HAPD	HPD	SiPM
QE (%)	15 – 25	20 – 22	20 – 25	75 – 85	75 – 85	25	25	75 – 85
λ_{max} (nm)	400	400	400	750 – 900	750 – 900	400	400	750
$\Delta\lambda$ (nm)	300 – 550	300 – 550	300 – 550	400 – 1000	400 – 1000	300 – 550	300 – 550	400 – 1000
gain	10^{5-9}	10	10^{4-6}	1	100	10^{4-5}	3000	10^{5-6}
PDE (%)	15 – 25	20	20	75	60 – 70	20	20	20 – 60
DR ($\frac{\mathrm{MHz}}{\mathrm{cm}^2}$)	$< 10^{-3}$		$< 10^{-3}$			$< 10^{-2}$		10 – 20
SNR $(1\gamma)^{(*)}$	10^{2-3}	3×10^{-4}	10^{1-2}	5×10^{-4}	3×10^{-4}	10–15	$\approx$20	>100
σ_t (ps)	200	1000	10	2000	20	30 – 50	50	100
A (cm^2)	< 2000	< 50	< 200	< 5	< 1	50	2.5	1
U_{op}	1.0 – 2 kV	1 kV	2.5 kV	5 – 40 V	100 – 500 V	> 10 kV	8 – 20 kV	25 – 50 V
vol./kompakt	v	v	v/k	k	k	v/k	v	k
sens. 1γ	ja	nein	ja	nein	nein	ja	ja	ja
sens. B$^{(**)}$	hoch	mittel	mittel	niedrig	niedrig	mittel	mittel	niedrig
sens. T$^{(***)}$	mittel/niedrig	mittel	hoch	niedrig	hoch	hoch	niedrig	hoch/mittel
Preis$^{(***)}$	hoch	hoch	hoch	niedrig	mittel	mittel	mittel$^{(****)}$	mittel

(*) Aus SNR (1γ) kann nicht auf die 1γ-Sensitivität im Vergleich geschlossen werden. Siehe dazu Abschnitt 10.2.1.6.

(**) Qualitative Bewertung, typisch im Vergleich zu PMTs. Photovervielfacher mit freier Elektronlaufstrecke sind immer B-feld-abhängig.

(***) Bewertung unterliegt ggfls. kurzfristigen Änderungen, besonders für neu entwickelte Photodetektoren.

(****) Entwicklung speziell für LHCb/CERN

gar. Jedoch hinken sie hinsichtlich Akzeptanzfläche (Größe) und Dunkelrate Vakuum-Photovervielfachern hinterher. In Experimenten, in denen die Nachweiseffizienz für ein einzelnes Photon das wichtigste Charakteristikum ist, im Unterschied zur Trennung einzelner Photonen in Mehrfachphotonspektren, werden PMTs nach wie vor in der Regel bevorzugt wie in Abschnitt 10.2.1.6 beschrieben.

Hybride Photodetektoren kommen zur Anwendung, wenn ein bestimmter Nachteil einer PMT- oder (A)PD-Lösung umgangen werden soll. Ein Beispiel ist der Nachweis von Licht geringer Intensität in einem Magnetfeld, wofür die hybride Photodiode mit einer Photokathode aber mit einer magnetisch unempfindlicheren einstufigen Verstärkung durch Beschleunigung des Photoelektrons auf eine pixelierte Halbleiterdiode entwickelt wurde.

In Tab. 10.2 ist bei der S/N-Angabe $N_\gamma = 1$ angenommen. Halbleiterphotodetektoren mit intrinsischer Verstärkung eignen sich besser für den Einzelphotonnachweis als unverstärkte, solange die Rauschbeiträge nicht oder deutlich weniger als die Signale durch die Verstärkungszone vervielfacht werden (siehe Abschnitt 10.3.2).

Davon unterschieden werden sollten Detektoren mit Einzelphotonnachweis, zum Beispiel in einem Wasser-Cherenkov-Detektor. Hierbei ist das SNR (in diesem Fall unabhängig von A) zusammen mit einer hinreichend niedrigen Dunkelrauschrate wichtig. Wie in Abschnitt 10.2.1.6 beschrieben, ist der Nachweis von Einzelphotonen mit PMTs in Experimenten mit rauscharmen Umgebungen und niedrigen Photonraten ausgezeichnet möglich, obwohl die Einzelphotonpeaks eines PMT-Spektrums (Abb. 10.13) wegen des Dynodensystems deutlich breiter sind als die entsprechenden Spektren von HAPDs (Abb. 10.22(b)), HPDs (Abb. 10.23(d)) oder SiPMs (Abb. 10.26(a)). Das niedrige Rauschniveau von der PMT-Photokathoden (ohne Dyodenverstärkung) ist bis heute unerreicht.

11 Cherenkov-Detektoren

Übersicht

Der Cherenkov-Effekt ist das bemerkenswerte Phänomen, dass Teilchen mit relativistischen Geschwindigkeiten beim Durchgang durch Materie elektromagnetische Strahlung emittieren, wenn ihre Geschwindigkeit die des Lichts in diesem Medium übersteigt. Wegen der hohen Sensitivität auf die Geschwindigkeit des emittierenden Teilchens kann man mit dem Effekt Massen von Teilchen bei gegebenem Impuls unterscheiden (Teilchenidentifikation, siehe auch Kapitel 14). Hierzu sind Cherenkov-Detektoren seit vielen Jahrzehnten in Experimenten der Hochenergiephysik im Einsatz. In der Astroteilchenphysik nutzen großvolumige Detektoren die Cherenkov-Strahlung für den kostengünstigen Nachweis von Teilchenschauern aus, die von kosmischen Teilchen ausgelöst wurden, wie Kerne, Gammastrahlung oder Neutrinos (siehe dazu auch Kapitel 16). In diesem Kapitel beschreiben wir zuerst die Physik der Cherenkov-Strahlung und konzentrieren uns dann vor allem auf seine Anwendung zur Teilchenidentifikation.

11.1 Der Cherenkov-Effekt

Durchquert ein geladenes Teilchen mit einer Geschwindigkeit v ein Medium mit dem Brechungsindex n und ist diese Geschwindigkeit größer als die Phasengeschwindigkeit des Lichtes im Medium, $c_n = c_0/n$, so wird elektromagnetische Strahlung emittiert. Man nennt diese Strahlung 'Cherenkov-Strahlung', nach Pavel A. Cherenkov, der 1958 den Nobelpreis für die 1934 publizierte Entdeckung und Erklärung dieses Effekts [315, 316, 317] erhielt. Die quantentheoretische Behandlung erfolgte 1937 durch Frank und Tamm [449].

Der Cherenkov-Effekt wird durch die asymmetrische Polarisation eines dielektrischen Mediums vor und hinter dem durchfliegenden Teilchen und die anschließende Relaxation nach dem Durchflug verursacht, wie in Abb. 11.1 dargestellt [611]. Die nahezu sphärischen Atome des Mediums werden durch die Wechselwirkung mit dem elektromagnetischen Feld des vorbeifliegenden Teilchens kurzzeitig polarisiert und elliptisch zu einem elementaren

H. Kolanoski und N. Wermes, *Teilchendetektoren*, https://doi.org/10.1007/978-3-662-73068-3_11

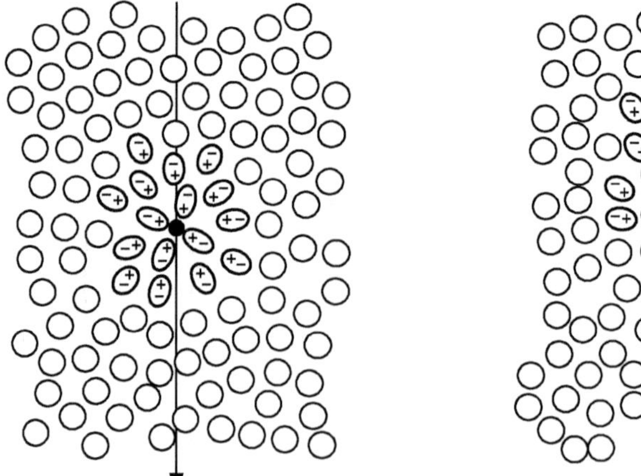

Abb. 11.1 Cherenkov-Effekt: (a) Das Teilchen hat eine Geschwindigkeit, die klein gegenüber der Lichtgeschwindigkeit im Medium ist. Das Medium wird symmetrisch polarisiert. Die lokalen Dipolfelder heben sich in der Ferne gegenseitig auf. Keine Strahlung wird beobachtet. (b) Die Teilchengeschwindigkeit liegt in derselben Größenordnung wie die Lichtgeschwindigkeit im Medium. Das Medium ist asymmetrisch entlang der Flugbahn polarisiert. Ein resultierendes (momentanes) Polarisationsfeld ist auch in der Entfernung vorhanden. Für $v > c_n$ entsteht bei kohärenter Überlagerung der resultierenden Elementarwellen von vielen Emissionspunkten Cherenkov-Strahlung ([611], mit freundl. Genehmigung von Elsevier).

Dipol gestreckt. Sie relaxieren dann sofort wieder in ihre ursprüngliche Form, während das Teilchen weiterfliegt und weitere Atome polarisiert. Jeder elementare Dipol des Mediums erzeugt dadurch einen kurzen elektromagnetischen Impuls.

In einem isotropen Medium ist die Polarisation symmetrisch im Azimutwinkel. Bei Teilchengeschwindigkeiten v, die klein sind gegenüber der Ausbreitungsgeschwindigkeit c_n elektromagnetischer Felder in dem Medium, ist das Polarisationsfeld auch symmetrisch entlang der Flugrichtung des Teilchens (Abb. 11.1(a)). Aufgrund der Symmetrie des Polarisationsfeldes um die Teilchenspur sieht man in der Entfernung kein resultierendes Feld. Es gibt keine elektromagnetische Strahlung.

Für $v > c_n$ jedoch ändert sich das Bild (Abb. 11.1(b)). Die Fortbewegung des Teilchens erfolgt nun schneller als seine Polarisationswirkung. Die Dipole in Flugrichtung entstehen und relaxieren langsamer als die Teilchenbewegung, sodass das momentane Polarisationsfeld nicht mehr symmetrisch bezüglich der Teilchenposition (und Richtung) ist. Die durch die Polarisierung und Relaxation der Atome entstandenen kurzen elektromagnetische Impulse, die nacheinander in jedem Zeitintervall entlang der Flugstrecke entstehen, überlagern sich nun konstruktiv zu einem resultierenden elektrischen Feld, das eine gerichtete Strahlung ergibt. Die erzeugte Strahlung besitzt ein charakteristisches Frequenzspektrum, das aus der Überlagerung der Elementarwellen der beitragenden Dipole zusammengesetzt ist.

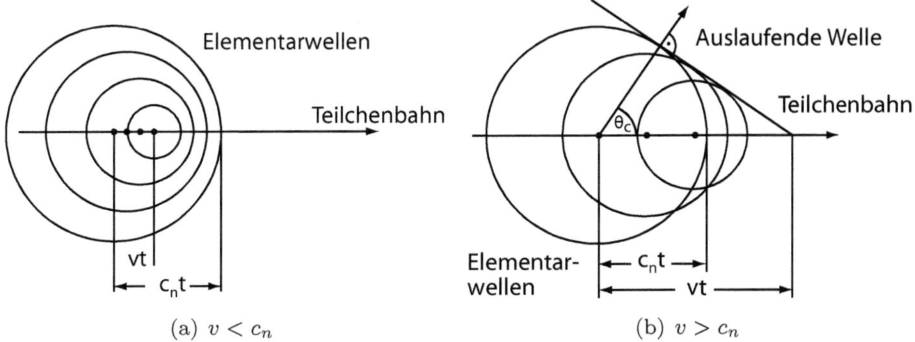

(a) $v < c_n$ (b) $v > c_n$

Abb. 11.2 Fliegt ein geladenes Teilchen mit einer Geschwindigkeit größer als die Lichtgeschwindigkeit in einem Medium, so entsteht durch konstruktive Interferenz eine elektromagnetische Welle, die sich unter dem Winkel θ_c fortpflanzt: (a) $v < c_n$, keine Strahlung, (b) $v > c_n$, Cherenkov-Strahlung unter einem festen Winkel θ_c.

Die Cherenkov-Beziehung Die an den einzelnen Punkten der Teilchenspur erzeugten Elementarwellen überlagern sich im Sinne einer Huygens'schen Konstruktion. Für Teilchen mit Geschwindigkeiten $v < c_n$ ist die Kohärenzbedingung für konstruktive Interferenz der Wellen aus den elementaren Dipolquellen nicht gegeben. Ihre Überlagerung hat zufälligen Charakter, so dass auch bei asymmetrischer Polarisation an einem Punkt in einer Entfernung keine kohärente Nettointensität gemessen wird (Abb. 11.2(a)). Die theoretische Behandlung des Energieverlustes eines geladenen Teilchens in einem Medium (zum Beispiel in [604], Abschnitte 13.2 bis 13.4 sowie anschaulich im Anhang von [82]) zeigt den engen Zusammenhang des Dichteeffektes, verursacht durch die Polarisation des die Spur umgebenden Materials (in diesem Buch in Abschnitt 3.2.1.3, Seite 40), sowohl für den Energieverlust dE/dx durch Ionisation als auch für die Emission von Cherenkov-Strahlung. Die Polarisation des Mediums dämpft in beiden Fällen die Beiträge von Atomen, die weiter (wenige Atomabstände) von der Spur entfernt liegen, theoretisch ausgedrückt in Ref. [604], Gl. (13.46) durch einen stark dämpfenden, abstandsabhängigen reellen Exponentialterm. Für Cherenkov-Strahlung bei Teilchengeschwindigkeiten $v < c/\sqrt{\epsilon(\omega)}$, mit $\epsilon^2 = n$, bedeutet dies, dass elektromagnetische Strahlung bereits einige Atomabstände entfernt von der Spur verschwindet.

Wenn jedoch die Teilchengeschwindigkeit größer wird als die Phasengeschwindigkeit c_n des Lichts in dem Medium, $v > c/\sqrt{\epsilon(\omega)}$, wird der Exponentialterm imaginär und Strahlung ist auch in der Entfernung möglich. Die Elementarwellen von verschiedenen Punkten der Flugbahn an bestimmten Orten können sich konstruktiv überlagern und bilden eine Wellenfront, die Cherenkov-Strahlung (Abb. 11.2(b)). Das Phänomen ist analog zu der Erzeugung eines Mach'schen Schallkegels wie er im Fall von Schallwellen zum Beispiel bei Überschallflugzeugen beobachtet werden kann (bei einer Schwellengeschwindigkeit von etwa $v = 1240$ km/h). Die Cherenkov-Schwelle muss nicht exakt scharf sein: Unschärfe in der Kohärenzbedingung, Coulomb-Streuung des emittierenden Teilchens sowie

Diffraktion, Dispersion oder andere Strahlungseffekte verbreitern die Hülle des Strahlungskegels[107] (siehe auch [611] S. 39).

In Abb. 11.2(b) ist eine Momentaufnahme von Elementarwellen entlang der Teilchenbahn gezeigt. Während das Teilchen mit $v > c_n = c_0/n$ weiterfliegt, breiten sich diese Wellen mit der Mediumlichtgeschwindigkeit c_n aus und interferieren konstruktiv zu einer Wellenfront unter einem festen Winkel θ_c, dem Cherenkov-Winkel, der anhand der Abbildung einfach berechnet werden kann:

$$\cos\theta_c = \frac{\frac{c_0}{n}\,t}{v\,t} = \frac{1}{\beta\,n}\,. \tag{11.1}$$

Hierbei wurde der Rückstoß durch die Photonemission vernachlässigt. Exakte, quantenmechanische Berechnungen [748] zeigen aber, dass die verwendete Näherung in den meisten Fällen zulässig ist. Der Brechungsindex ist frequenzabhängig $n = n(\omega)$ (Dispersion), wodurch auch θ_c frequenzabhängig wird. Die einfache Beziehung (11.1) für elektromagnetische Abstrahlung mit der Frequenz ω ist gültig, falls

1. die Teilchengeschwindigkeit größer ist als die Phasengeschwindigkeit elektromagnetischer Wellen dieser Frequenz in dem Medium, also $v > c_0/n(\omega)$;
2. das Radiatormedium optisch transparent ist und seine Länge L viel größer ist als die Wellenlänge der Strahlung $\lambda \ll L$, so dass kohärente Überlagerung der Einzelwellen stattfinden kann.

In hinreichender Entfernung von der Teilchenspur sind die Wellen transversal. Die Ausbreitungsrichtung ist durch den Poynting-Vektor (gerichtete Energieflussdichte der Strahlung, $\vec{S} = \frac{1}{\mu\mu_0}(\vec{E} \times \vec{B})$) gegeben. Der elektrische Feldvektor steht senkrecht auf der Wellenfront und ist radial nach außen gerichtet [611]. Cherenkov-Strahlung ist vollständig linear polarisiert in der Ebene, die die Strahlungsrichtung und die Teilchenflugrichtung enthält. Eine theoretische Abhandlung der Cherenkov-Strahlung im Rahmen der klassischen Elektrodynamik findet sich zum Beispiel in [604].

Die Cherenkov-Schwelle Aus der Cherenkov-Beziehung (11.1) können wir weitere für den Entwurf und den Bau von Detektoren relevante Relationen ableiten. Zum einen lässt sich der maximale Winkel der Cherenkov-Strahlung angeben, da die Geschwindigkeit des geladenen Teilchens maximal Vakuumlichtgeschwindigkeit erreichen kann ($\beta = 1$):

$$\cos\theta_{max} = \frac{1}{n}\,. \tag{11.2}$$

Der maximale Cherenkov-Winkel ist nur vom durchlaufenen Medium abhängig.

Zum anderen folgt aus (11.1) und $\cos\theta_c \leq 1$, dass für Cherenkov-Strahlung $\beta \geq 1/n$ gelten muss und dass eine Schwelle für Emission von Strahlung existiert mit der Schwellengeschwindigkeit (*threshold velocity*)

$$\beta_{th} = \frac{1}{n}\,. \tag{11.3}$$

[107] Experimentell wird auch Cherenkov-Strahlung unterhalb der Schwelle untersucht und in der Literatur diskutiert. Siehe z.B. [1064, 1063].

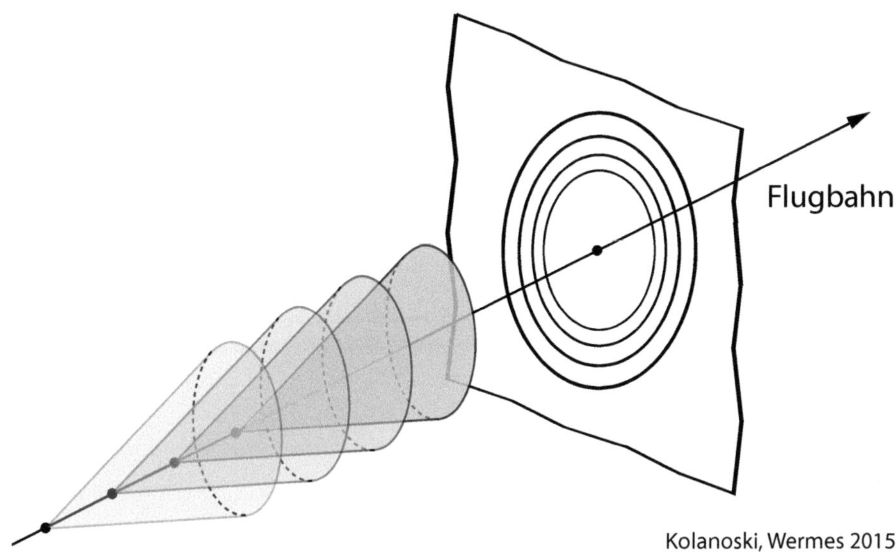

Abb. 11.3 Von einem festen Punkt auf einer Teilchenbahn aus liegen die Abstrahlungsrichtungen der Cherenkov-Strahlung einer Frequenz ω auf Kegelmänteln mit festem Öffnungswinkel θ_c, deren Projektionen auf eine Ebene senkrecht zur Bahn Kreise (Cherenkov-Ringe) sind. Mit einem Abbildungssystem können alle Abstrahlkegel, die von der Spur des Teilchens im Radiator ausgehen, auf einen Kreis fokussiert werden.

Der β_{th} entsprechende Emissionswinkel ist $\theta_{th} = 0°$. Erst ab der Cherenkov-Schwelle β_{th} wird Strahlung emittiert, deren Intensität mit wachsendem β zunimmt. Von einem bestimmten Punkt auf einer Teilchentrajektorie ausgehend liegt die Richtung der Strahlung einer festen Frequenz auf einem Kegel mit dem Öffnungswinkel θ_c (Abb. 11.3), der mit zunehmender Teilchengeschwindigkeit größer wird, bis zu dem maximalen Öffnungswinkel θ_{max} in Gl. (11.2). Innerhalb oder außerhalb des Kegels wird keine Strahlung emittiert. Die in Abb. 11.2(b) gezeigte Wellenfront bildet ebenfalls einen Kegel (mit dem Öffnungswinkel $90° - \theta_c$), dessen Mantel der Ort gleicher Zeit der von einer geraden Spur unter θ_c abgestrahlten Photonen ist.

Die zu θ_{max} gehörende Schwellenenergie des Teilchens kann durch den Lorentz-Faktor γ an der Schwelle ausgedrückt werden ($\hbar = c = 1$) :

$$\frac{E_{th}}{m} = \gamma_{th} = \frac{1}{\sqrt{1-\beta_{th}^2}} = \frac{n}{\sqrt{n^2-1}}, \tag{11.4}$$

wobei (11.3) benutzt wurde. Mit (11.2) folgt:

$$\sin\theta_{max} = \sqrt{1-\cos^2\theta_{max}} = \sqrt{1-\frac{1}{n^2}} = \frac{1}{\gamma_{th}}. \tag{11.5}$$

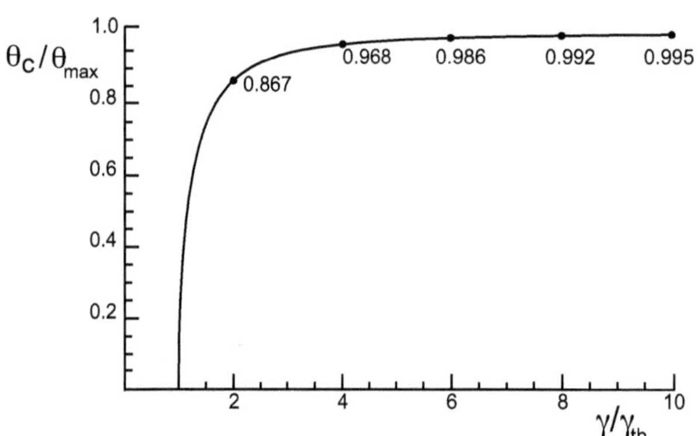

Abb. 11.4 Abhängigkeit des relativen Abstrahlungswinkels θ_c/θ_{max} von γ/γ_{th}. Die Werte der Ordinate für $\gamma/\gamma_{th} =$ 2,4,6,8,10 sind an der Kurve angegeben, um die Limitierung des dynamischen Bereichs bei einer Messung von θ_c zu verdeutlichen.

Eine Relation zwischen dem aktuellen Winkel der Abstrahlung θ_c und dem maximalen möglichen Winkel θ_{max} 'asymptotisch' schneller Teilchen ($\beta \to 1$, $\gamma \to \infty$) ergibt sich mit (11.4) und (11.5):

$$\begin{aligned} \sin^2\theta_c &= 1 - \cos^2\theta_c = 1 - \frac{1}{\beta^2 n^2} = 1 - \frac{\beta_{th}^2}{\beta^2} = \frac{1}{\gamma_{th}^2}\,\frac{\gamma^2 - \gamma_{th}^2}{\gamma^2 - 1} \\ &= \sin^2\theta_{max}\,\frac{\gamma^2 - \gamma_{th}^2}{\gamma^2 - 1}\,. \end{aligned} \tag{11.6}$$

Für relativistische Teilchen ($\gamma^2 \gg 1$) und kleine Cherenkov-Winkel (typisch für Anwendungen mit Gas-Radiatoren) erhalten wir für den Abstrahlungswinkel eines Teilchens gegebener Energie $\gamma = E/m$ relativ zu der nur vom Brechungsindex n des Radiators abhängenden Größe θ_{max}:

$$\frac{\theta_c}{\theta_{max}} = \frac{R_c}{R_{max}} \approx \sqrt{1 - \frac{\gamma_{th}^2}{\gamma^2}}\,, \tag{11.7}$$

wobei R_c und R_{max} den aktuellen beziehungsweise den maximalen Radius eines projizierten Cherenkov-Ringes (siehe Abb. 11.3) bezeichnen. Der dynamische Bereich einer Messung von γ durch Messung von Cherenkov-Ringen ist wegen (11.7) bei gegebener Ringauflösung rasch limitiert, wie Abb. 11.4 zeigt. Bei $\gamma = 2\gamma_{th}$ hat die Ringgröße bereits 87 % der asymptotischen Ringgröße R_{max} erreicht. Zur experimentellen Auflösung von Cherenkov-Ringen siehe Abschnitt 11.3.

11.2 Das Emissionsspektrum

Die pro Wegstrecke und Frequenzintervall von einem Teilchen der Ladung ze als Cherenkov-Strahlung abgestrahlte Energie wurde zuerst von Frank und Tamm [449] berechnet:

$$\frac{d^2E}{d\omega dx} = \frac{z^2e^2}{4\pi\epsilon_0 c^2}\,\omega\,\underbrace{\left(1 - \frac{1}{\beta^2 n^2(\omega)}\right)}_{\sin^2\theta_c(\omega)}\,. \tag{11.8}$$

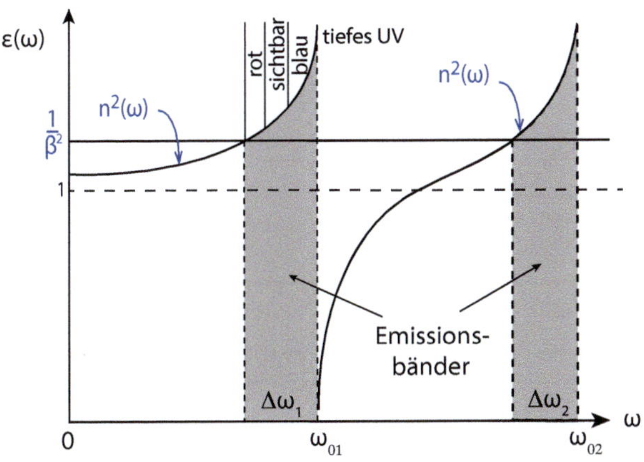

Abb. 11.5 Verlauf von $\epsilon(\omega)$ als Funktion der Frequenz (schematisch) in einem idealen Medium ohne Dämpfungsterme mit zwei angenommenen atomaren Resonanzfrequenzen ω_{01} und ω_{02}. Cherenkov-Strahlung erfolgt in Frequenzbändern $\Delta\omega_i$, bei denen $n^2 > 1/\beta^2$ gilt und die bei ω_{0i} enden (nach [611]).

Die Ableitung von (11.8) kann außer in dem Originalartikel in Büchern über Elektrodynamik gefunden werden. Strahlung erfolgt, falls $\beta^2 n^2(\omega) > 1$ ist, andernfalls ist die Klammer null oder negativ.

Für optische, nicht-magnetische Materialien ($\mu \approx 1$) ist der Brechungsindex $n(\omega) \approx \sqrt{\epsilon(\omega)}$, wobei ϵ die relative Permeabilität des Materials ist. In der Nachbarschaft von Absorptionsbändern ist ϵ komplex und kann wie folgt geschrieben werden:

$$\epsilon(\omega) = \mathrm{Re}\,\epsilon(\omega) + i\,\mathrm{Im}\,\epsilon(\omega)\,. \tag{11.9}$$

Der Realteil von ϵ ist ein Maß für die Dispersion, während der Imaginärteil von der Absorption herrührt. Ein gebräuchlicher Ausdruck für $\epsilon(\omega)$ ist eine Summe über atomare oder molekulare Resonanzen [604]

$$\epsilon(\omega) \approx 1 + a \sum_i \frac{f_i}{\omega_{0i}^2 - \omega^2 - i g_i \omega}\,, \tag{11.10}$$

wobei $a = n_a e^2/(\epsilon_0 m_e)$, mit n_a = Atomdichte und m_e = Elektronenmasse. Die Oszillationen haben Resonanzfrequenzen ω_{0i} mit relativen Oszillatorstärken f_i [611, 459], die normiert sind ($\sum_i f_i = Z$, Z = Ordnungszahl), sowie Dämpfungsterme mit Dämpfungskonstanten g_i (vergleiche auch Gl. (3.118) auf Seite 85). Reale Medien weisen immer Dispersion auf, sodass Abstrahlung nur in Frequenzbändern $\Delta\omega$ erfolgt, für die $n^2(\omega) > 1/\beta^2$ gilt, wie in Abb. 11.5 gezeigt. Diese Bänder liegen tendenziell bei Frequenzen unterhalb von Bereichen anomaler Dispersion (d.h. wo $dn/d\omega > 0$ gilt).

Der generelle Verlauf der Dispersionskurve über einen großen Wellenlängenbereich für typische im optischen Bereich transparente Medien ist in Abb. 11.6 dargestellt. Im sichtbaren Bereich des Spektrums ist die Abstrahlung zu ultravioletten Wellenlängen hin durch Absorptionsbänder begrenzt, und die abgestrahlte Intensität ist proportional zu ω. Die Tatsache, dass in Kernreaktoren Cherenkovlicht, welches von Elektronen aus Kernzerfällen emittiert wird, blau erscheint, ist höchstens zum Teil mit der Verstärkung des blauen Anteils des Cherenkov-Intensitätsspektrums zu erklären. Streuung ($\propto \omega^4$) und Lichtabsorption im Infraroten, gefaltet mit der spektralen Sensitivität des menschlichen Auges, müssen für eine quantitative Erklärung herangezogen werden. Im Spektrumsbereichen mit $n(\omega) < 1$ wie im fernen UV ist Strahlung verboten. Weitere Emissionsbänder

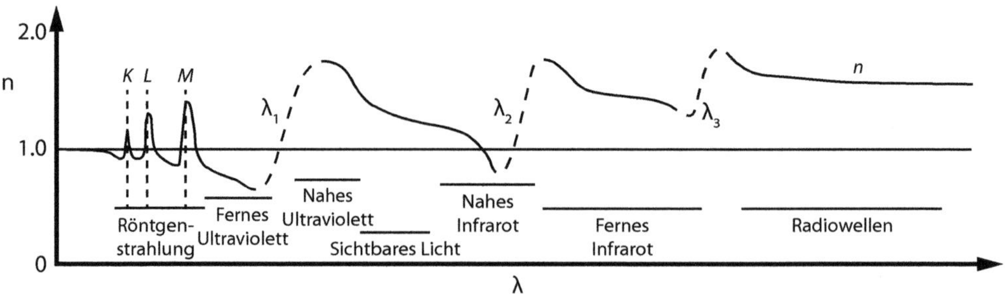

Abb. 11.6 Typische Dispersionskurve für ein transparentes Medium über einen großen Bereich des elektromagnetischen Spektrums. Die Bereiche anomaler Dispersion sind gestrichelt gezeichnet (nach [611], mit freundl. Genehmigung von Elsevier).

gibt es im fernen Infrarot und im Radiobereich und außerdem bei diskreten Röntgenenergien [169, 657].

Durch Division von (11.8) durch die Energie $E = \hbar\omega$ der abgestrahlten Photonen und mit $\alpha = e^2/(4\pi\epsilon_0\hbar c)$ erhalten wir das Photonenanzahlspektrum:

$$\frac{d^2N}{d\omega dx} = \frac{\alpha}{c} z^2 \left(1 - \frac{1}{\beta^2 n^2(\omega)}\right) . \tag{11.11}$$

Die Wellenlängenabhängigkeit ergibt sich aus (11.11) mit $\omega = 2\pi c/\lambda$ zu[108]:

$$\frac{d^2N}{d\lambda dx} = \frac{2\pi\alpha}{\lambda^2} z^2 \left(1 - \frac{1}{\beta^2 n^2(\lambda)}\right) = \frac{2\pi\alpha}{\lambda^2} z^2 \sin^2\theta_c(\lambda) . \tag{11.12}$$

Zusammenfassend halten wir folgende Abhängigkeiten fest:

$\frac{d^2E}{d\omega dx} \propto \omega$	Energie pro Weglänge und Frequenzintervall
$\frac{d^2E}{d\lambda dx} \propto 1/\lambda^3$	Energie pro Weglänge und Wellenlängenintervall
$\frac{d^2N}{d\omega dx} \propto \text{const.}$	Photonenzahl pro Weglänge und Frequenzintervall
$\frac{d^2N}{d\lambda dx} \propto 1/\lambda^2$	Photonenzahl pro Weglänge und Wellenlängenintervall.

Das Photonenanzahlspektrum ist also flach in der Frequenz beziehungsweise der Photonenergie $\hbar\omega$, während es als Funktion von λ einen $1/\lambda^2$-Verlauf besitzt. Durch Integration von x über die Länge L des Radiators erhalten wir Energie- und Wellenlängenspektrum:

$$\frac{dN}{d(\hbar\omega)} = \frac{z^2\alpha}{\hbar c} L \sin^2\theta_c \qquad \text{und} \qquad \frac{dN}{d\lambda} = \frac{2\pi\alpha}{\lambda^2} z^2 L \sin^2\theta_c , \tag{11.13}$$

die für asymptotische Teilchenenergien ($\gamma \to \infty$, $\theta_c \to \theta_{max}$) mit (11.5) in

$$\frac{dN_\infty}{d(\hbar\omega)} = \frac{z^2\alpha}{\hbar c} L \frac{1}{\gamma_{th}^2} \qquad \text{und} \qquad \frac{dN_\infty}{d\lambda} = \frac{2\pi\alpha}{\lambda^2} z^2 L \frac{1}{\gamma_{th}^2} \tag{11.14}$$

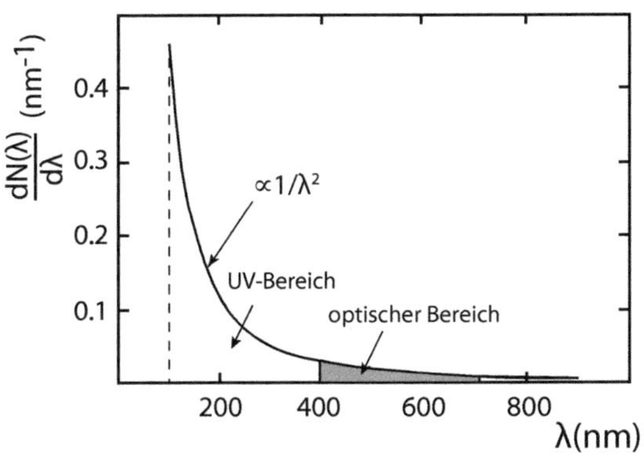

Abb. 11.7 Schematische Darstellung des Cherenkov-Photonspektrums im optischen Bereich in Abhängigkeit von der Wellenlänge (Gl. (11.14)). Der grau unterlegte Bereich entspricht der Emission optischer Photonen ($\lambda = 400\,\text{nm}$–$700\,\text{nm}$). Unterhalb von Wellenlängen im Bereich von etwa $\lambda = 100$–$200\,\text{nm}$ beginnt der Bereich anomaler Dispersion (λ_1-Bereich in Abb. 11.6) und Absorption setzt ein, wodurch das Spektrum abgeschnitten wird (siehe Text und Abb. 11.6).

übergehen.

Abbildung 11.7 zeigt das Spektrum als Funktion der Wellenlänge. Bei Wellenlängen um $\lambda \approx 100$–$200\,\text{nm}$ liegt der Bereich des Übergangs von normaler zu anomaler Dispersion begleitet von Absorption. Dadurch wird das Spektrum bei kleinen Wellenlängen im UV-Bereich abgeschnitten. Im weiteren Verlauf benutzen wir die Darstellung in Abhängigkeit von der Wellenlänge.

11.3 Nachweis von Cherenkov-Strahlung

Cherenkov-Strahlung wird für den Bau von Teilchendetektoren auf verschiedene Weise benutzt. Dabei wird vor allem ausgenutzt, dass die Strahlung prompt und charakteristisch gerichtet emittiert wird, im Gegensatz zum Beispiel zu Szintillationslicht, das verzögert und in alle Richtungen ausgestrahlt wird (siehe Kapitel 13).

In Experimenten der Teilchenphysik kommt es häufig darauf an, durch Nachweis der Cherenkov-Strahlung verschiedene Teilchen voneinander zu unterscheiden. Bei gleichem Impuls unterscheiden sich die Geschwindigkeiten von Teilchen verschiedener Masse und damit auch Cherenkov-Winkel, -Schwelle und -Intensität, was für Teilchentrennung ausgenutzt werden kann (siehe Abschnitt 14.2.3). Bei der Teilchenidentifikation (engl. *particle identification*, PID) werden verschiedene Cherenkov-Detektortypen danach unterschieden, ob sie lediglich den Nachweis der Cherenkov-Strahlung zum Ziel haben oder ob auch die explizite Rekonstruktion von Cherenkov-Ringen angestrebt wird. Bei der kalorimetrischen Energiemessung wird Cherenkov-Strahlung statt Szintillationslicht ausgenutzt, zum Beispiel in Kalorimetern aus Bleiglas-Kristallen (siehe Abschnitt 15.5.2).

Da hochenergetische Teilchen Cherenkov-Strahlung auch in natürlich vorkommenden transparenten Medien wie Wasser, Eis und Luft hervorrufen, wird sie in Experimenten der Neutrino-Astronomie, TeV-Gamma-Astronomie und der kosmischen Strahlung zum Nachweis und zur Charakterisierung von kosmischen Luftschauern in der Atmo-

[108] Das beim Übergang von (11.11) nach (11.12) durch die gegenläufige Abhängigkeit des Spektrums von λ im Vergleich zu ω auftretende Minuszeichen wird nicht berücksichtigt.

sphäre ausgenutzt (siehe Kapitel 16). Abbildende Cherenkov-Teleskope, die das prompte Cherenkov-Licht aus der Wechselwirkung von kosmischer Gammastrahlung in der Atmosphäre, das heißt von den dabei erzeugten Elektronen und Positronen, aufnehmen (Abschnitt 16.5) nutzen die prompte Emission der Cherenkov-Strahlung in kosmischen Schauern für zeitkritische Messungen. Ankunftszeit und Verteilung der Cherenkov-Strahlung auf der Erdoberfläche sagen etwas über den Entstehungsort der Strahlung aus und fließen in die Rekonstruktion des kosmischen Schauers ein. Nicht-abbildende Luftschauer- und Hochenergie-Neutrino-Detektoren oft mit natürlichen, großen Volumina (Meere und Gletscher) oder mit großen Behältern (Wasser-Cherenkov-Detektoren) nutzen Cherenkov-Strahlung zum Nachweis von Elektronen/Positronen und Myonen. Siehe auch Abschnitt 16.6.5.

Photonenausbeute Integration von (11.13) über optische Wellenlängen, ergibt die Anzahl der in diesem Bereich emittierten Photonen:

$$N_{opt} = \int_{optical} d\lambda \, \frac{dN}{d\lambda} = N_{\delta\lambda} \, z^2 \, L \, \sin^2\theta_c \,. \tag{11.15}$$

$N_{\delta\lambda}$ ist das Integral über den λ-abhängigen Term der Gleichung:

$$N_{\delta\lambda} = \int_{optical} \frac{2\pi\alpha}{\lambda^2} \, d\lambda = \text{ 491 Photonen/cm} \,, \tag{11.16}$$

wobei für die rechte Seite der Gleichung 400 nm bis 700 nm als Integrationsgrenzen gewählt wurden. Abhängig vom Radiatormedium kann die Zahl der nachweisbaren Cherenkov-Photonen sehr klein werden, besonders für Gasradiatoren mit einem kleinen Brechungsindex n. Daher ist die Rekonstruktion von Cherenkov-Ringen (Abb. 11.3) eine echte Herausforderung für Detektoren und Nachweistechniken (siehe Abschnitt 11.6).

Die Auswahl der Detektorkomponenten (Spiegel, Fenster, Photondetektor) muss auf maximale Photonenausbeute optimiert werden. Bei Verwendung von Photovervielfachern sind zum Beispiel UV-durchlässige Eintrittsfenster und UV-sensitive Kathoden wichtig. Um die gemessene Anzahl der Photonen zu ermitteln, die zum (oft ortsempfindlichen) Nachweis in der Regel zunächst in Photoelektronen konvertiert werden, müssen Photonenverluste auf dem Weg in den Detektor und die Photonen-Nachweiswahrscheinlichkeit inklusive Konversion der Photonen in Photoelektronen berücksichtigt werden. Gleichung (11.15) ist daher für die Anzahl der Photoelektronen N_{pe} zu ersetzen durch:

$$\begin{aligned} N_{pe} &= 2\pi\alpha \, z^2 \, L \, \sin^2\theta_c \int_{\lambda_1}^{\lambda_2} \frac{d\lambda}{\lambda^2} \, T(\lambda) \; Q(\lambda) \; R(\lambda) \\ &=: N_0 \, z^2 \, L \, \sin^2\theta_c \end{aligned} \tag{11.17}$$

mit

$$N_0 = 2\pi\alpha \int_{\lambda_1}^{\lambda_2} \frac{1}{\lambda^2} \, T(\lambda) Q(\lambda) R(\lambda) \, d\lambda \,. \tag{11.18}$$

Dabei ist $T(\lambda)$ die Transmissionseffizienz des Eintrittsfensters des Photodetektors, $Q(\lambda)$ die Quanteneffizienz des Detektors und $R(\lambda)$ die Reflektivität der verwendeten Spiegel zur Fokussierung der Photonen (siehe Abschnitt 11.3). N_0 wird als Maß für die Qualität

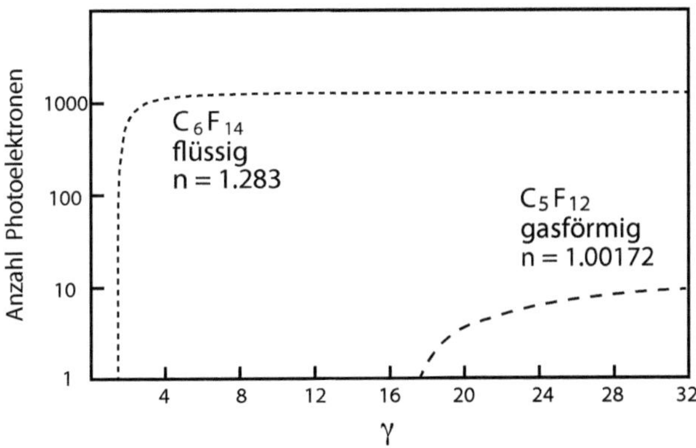

Abb. 11.8 Photoelektronenausbeute nach (11.19) für zwei Fluorkohlenstoffe ($L = 20\,\text{cm}$) mit verschiedenen Brechungsindizes (Tab. 11.1) und einer Nachweiseffizienz $Q \times T \times R$ von 35% als Funktion des Lorentz-Faktors $\gamma = 1/\sqrt{1-\beta^2}$.

des Cherenkov-Nachweises angesehen (Gütefaktor, *quality factor*) und ist bei gleichem Wellenlängenbereich um den Effizienzverlust durch T, Q und R kleiner als $N_{\delta\lambda}$ in (11.16).

Mit der Näherung $\sin\theta_c \approx \theta_c$ und (11.7) erhält man für das Verhältnis der nachgewiesenen Photonen zu denjenigen bei asymptotischen Geschwindigkeiten (N_∞, d.h. $\sin^2\theta_c \to 1/\gamma_{\text{thr}}^2$, (11.14)):

$$\frac{N_\gamma}{N_\infty} \approx \frac{\theta_c^2}{\theta_{max}^2} \approx 1 - \frac{\gamma_{th}^2}{\gamma^2}\,. \tag{11.19}$$

Abbildung 11.8 illustriert die Abhängigkeit der Photonenzahl vom Brechungsindex für zwei Fluorkohlenstoffe, Perfluorhexan (C_6F_{14}), das bei Raumtemperatur flüssig ist (Siedepunkt bei 57 °C), und Perfluorpentan (C_5F_{12}), das einen niedrigeren Siedepunkt bei 28 °C hat und als Dampf einen deutlich niedrigeren Brechungsindex besitzt (siehe Tab. 11.1).

Der durch Cherenkov-Strahlung bewirkte Energieverlust des strahlenden Teilchens ist in dem Energieverlust, der durch die Bethe-Bloch-Formel (3.25) berechnet wird, enthalten[109]. Er spielt jedoch als Beitrag zum Gesamtenergieverlust eine geringe Rolle im Vergleich zur Ionisation. In Gasen mit $Z > 7$ bleibt der Energieverlust durch Cherenkov-Strahlung stets unter 1% des Verlustes durch Ionisation. Für leichte Gase wie Wasserstoff und Helium erreicht er Anteile bis zu 5% (siehe [521] und darin angegebene Referenzen). Im Vergleich zu anderen Lichterzeugungsmechanismen, wie zum Beispiel Szintillationsprozesse, ist die Intensität von Cherenkovlicht, gemessen an der Anzahl erzeugter Photonen, typisch um mehrere Größenordnungen kleiner.

In den nachfolgenden Abschnitten werden wir einige auf Cherenkov-Strahlung basierende Detektoren vorstellen. Bei Experimenten der Teilchenphysik unterscheiden wir dabei vor allem solche, die lediglich auf die Gesamtintensität der Cherenkov-Strahlung empfindlich sind und strahlende von nicht-strahlenden Teilchen unterscheiden können (Schwellen-Cherenkov-Detektoren) und solche, die explizit die Abstrahlung auf dem Cherenkov-Kegel als Ring auf einer Detektorfläche nachweisen wie in Abb. 11.23 (so-

[109]Siehe dazu die entsprechenden Diskussionen in [419], sowie in [83] und [82] (Anhang), sowie über den engen Zusammenhang der Rolle des Dichteeffekts für den Energieverlust durch Ionisation und für Cherenkov-Strahlung beschrieben hier auf Seite 511 sowie in [604], Abschnitt 13.4.

genannte RICH-Detektoren). Anwendungen in der Astroteilchenphysik werden in Abschnitt 11.7 kurz angesprochen und in Kapitel 16 ausführlicher diskutiert.

11.4 Schwellen-Cherenkov-Detektoren

Um Teilchen verschiedener Masse voneinander zu unterscheiden, nutzt der Schwellen-Cherenkov-Detektor aus, dass die Schwellengeschwindigkeit $\beta_{th} = 1/n$ für Emission von Strahlung bei gegebenem Brechungsindex n des Radiatormaterials von der Teilchenmasse abhängt. Hierbei werden die Cherenkov-Ringe nicht explizit gemessen, sondern Cherenkov-Photonen werden lediglich integriert erfasst, wenn das emittierende Teilchen die Cherenkov-Schwelle überschritten hat. Lange Zeit war dies die einzige Möglichkeit, Cherenkov-Strahlung für die Identifikation von Teilchen auszunutzen, da der ortsempfindliche Nachweis von einzelnen Photonen zu schwierig war. Es ist außerdem eine Nachweismethode mit geringem technischen Aufwand. Abbildung 11.9 veranschaulicht das Prinzip, wobei das erzeugte Licht durch diffuse Reflexion zu einem photoempfindlichen Detektor (hier ein Photovervielfacher, PMT) gelangt.

Für Teilchen unterschiedlicher Massen ist der Schwellenimpuls (in natürlichen Einheiten)

$$p_{th} = m\,(\beta\gamma)_{th} = \frac{m}{\sqrt{n^2 - 1}}\,, \tag{11.20}$$

unterhalb dessen keine Cherenkov-Strahlung emittiert wird. Durch geeignete Wahl des Radiatormediums mit Brechungsindex n lassen sich Detektoren aufbauen, die bei gegebenem Impuls nur auf Teilchen ansprechen, die leicht genug sind, sodass ihre Geschwindigkeit die Cherenkov-Schwelle überschreitet. In so einem Fall muss gleichzeitig der Teilchenimpuls gemessen werden, üblicherweise durch Ablenkung in einem Magnetfeld. Häufig verwendete Radiatormaterialien mit ihren Brechungsindizes und Cherenkov-Schwellen γ_{th} sind in Tab. 11.1 zusammengestellt.

Aus Tab. 11.1 erkennt man, dass feste oder flüssige Radiatoren vor allem zur Trennung von $\mathrm{p}, \mathrm{K}, \pi$ im Impulsbereich von etwa $1\,\mathrm{GeV}/c$ bis typisch $10\,\mathrm{GeV}/c$ geeignet sind, während Gasradiatoren hauptsächlich für die Trennung von Teilchen mit großen Lorentzfaktoren γ verwendet werden, zum Beispiel wenn Elektronen von Hadronen unterschieden werden sollen.

Festkörper und Flüssigkeiten haben typische Brechungsindizes im Bereich 1.3–1.7, Gase im Bereich kleiner als 1.002. Die große Lücke dazwischen wird im Bereich um $n = 1.03$ durch Aerogel zum Teil überbrückt. Aerogel ist ein leichtes, nano-poröses Silica-Gel aus SiO_2 und Wasser, mit einem dichteabhängigen Brechungsindex [641]. Die Dichte von Aerogel kann bei der Herstellung von etwa 0.03 $\mathrm{g/cm^3}$ bis 0.55 $\mathrm{g/cm^3}$ variiert werden[110]

[110] Sogar Dichtewerte unter dem von Luft können erreicht werden (Vakuum-Aerogel, z.B. $\rho = 0.009\,\mathrm{g/cm^3}$ [980]). Der dadurch überstrichene n-Bereich ist aus Tab. 11.1 ersichtlich.

Tab. 11.1 Tabelle einiger typischer Cherenkov-Radiatormaterialien mit Brechungsindex n bei 589.29 nm (Mittelwert der D-Linien des Natriums), wenn nicht anders angegeben [840], Cherenkov-Schwelle γ_{th}, sowie den Schwellenimpulsen für Kaonen, Pionen und Elektronen. Die in den RICH-Detektoren von DELPHI [43] und LHCb [47] verwendeten Fluorkohlenstoff-Radiatoren sind bei $\lambda = 180$ nm angegeben [701]. Freon 114 ist der Handelsname für $C_2Cl_2F_4$. STP = *Standard Temperature and Pressure*, definiert in Abschnitt 2.5.2 auf Seite 26.

Medium	Brechungs-index	γ_{th}	p^p_{th} (GeV/c)	p^K_{th} (GeV/c)	p^π_{th} (GeV/c)	p^e_{th} (GeV/c)
			Festkörper / Flüssigkeiten			
Eis	1.310	1.55	1.11	0.58	0.16	6.0×10^{-4}
NaF	1.325	1.52	1.08	0.57	0.16	5.9×10^{-4}
MgF_2	1.374	1.46	1.00	0.52	0.15	5.4×10^{-4}
LiF_2	1.392	1.44	0.97	0.51	0.14	5.3×10^{-4}
CaF_2	1.433	1.40	0.91	0.48	0.14	5.0×10^{-4}
Quartzglas (400 nm)	1.458	1.37	0.88	0.47	0.13	4.8×10^{-4}
Borosilikatglas	1.474	1.36	0.87	0.46	0.13	4.7×10^{-4}
Plexiglas	1.492	1.35	0.85	0.45	0.13	4.6×10^{-4}
normales Glas	≈ 1.5	1.34	0.84	0.44	0.12	4.6×10^{-4}
Plast.-Szint.	1.580	1.29	0.77	0.40	0.11	4.2×10^{-4}
Bleiglas	1.670	1.25	0.70	0.37	0.10	3.8×10^{-4}
NaI	1.775	1.21	0.64	0.34	0.10	3.5×10^{-4}
CsI	1.787	1.21	0.63	0.33	0.09	3.5×10^{-4}
C_6F_{14} (180 nm)	1.283	1.60	1.17	0.61	0.17	6.4×10^{-4}
Wasser	1.333	1.51	1.06	0.56	0.16	5.8×10^{-4}
Alkohol	1.361	1.47	1.02	0.53	0.15	5.5×10^{-4}
Paraffinöl	1.444	1.39	0.90	0.47	0.13	4.9×10^{-4}
Aerogel	1.25 −1.007	1.67 −8.50	1.3 −7.9	0.7 −4.2	0.19 −1.18	0.7−4.3 $\times 10^{-3}$
			Gase (1 bar, 0°C, C_5F_{12} bei 40°C)			
He	1.000035	119.7	112.3	59.0	16.7	0.061
Ne	1.000066	87.0	81.7	43.0	12.1	0.044
H_2	1.000132	61.6	57.7	30.4	8.6	0.031
Ar	1.000282	42.1	39.5	20.8	5.9	0.022
Luft	1.000292	41.4	38.8	20.4	5.8	0.021
CH_4	1.000444	33.6	31.5	16.6	4.7	0.017
CO_2	1.000449	33.4	31.3	16.5	4.7	0.017
CF_4 (180 nm)	1.00053	30.7	28.8	15.2	4.3	0.016
Freon 114	1.00140	18.9	17.7	9.3	2.6	0.010
C_4F_{10} (180 nm)	1.00150	18.3	17.1	9.0	2.5	0.009
C_5F_{12} (180 nm)	1.00172	17.1	16.0	8.4	2.4	0.009

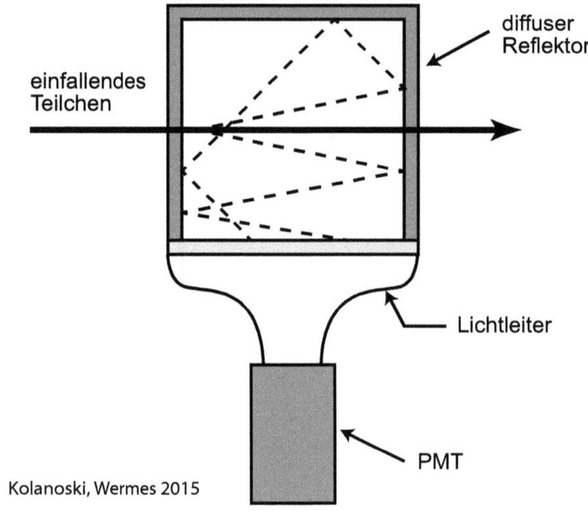

Abb. 11.9 Prinzip eines Cherenkov-Schwellenzählers mit Lichtnachweis durch diffuse Reflexion.

und ermöglicht somit die Einstellung des Brechungsindex zwischen $n = 1.007$ und $n = 1.25$ [641], beschrieben durch die Gladstone–Dale - Relation [490]

$$n = 1 + \alpha\rho \qquad \text{mit} \qquad \alpha \approx 0.2 - 0.25\,\text{cm}^3/\text{g}\,. \tag{11.21}$$

Siehe dazu auch die Diskussion über chromatische Dispersion in Abschnitt 11.6.3 auf Seite 538.

Die Dichteabhängigkeit des Brechungsindex nach (11.21) ermöglicht für Gas-Radiatoren die Einstellung von n durch Druckänderung im Radiatorvolumen. Man kann damit für die Teilchentrennung einen Bereich für verschiedene Teilchenimpulse durch die Wahl des Druckes einstellen. Diese Methode wird zum Beispiel benutzt, um bestimmte Teilchen in so-genannten Sekundärstrahlen, die eine Mischung aus verschiedenen stabilen Teilchen wie e, π, K und p beinhalten, herauszufiltern (siehe Seite 14). Solche Teilchenmischstrahlen werden durch Beschuss eines Targets mit dem Primärstrahl des Beschleunigers, für Hadronen üblicherweise ein Protonstrahl, erzeugt. In Strahlen geladener Teilchen werden die Teilchenimpulse dann durch Magnete hinter dem Target selektiert.

Um die Ausbeute der häufig nur in sehr kleiner Anzahl erzeugten Cherenkov-Photonen zu erhöhen, werden oft Spiegel eingesetzt, die das Cherenkovlicht auf geeignet positionierte Photodetektoren abbilden. Abbildung 11.10 zeigt ein Beispiel von drei hintereinander aufgebauten Schwellen-Cherenkov-Zählern zur Teilchentrennung, eine Anordnung, die im TASSO-Experiment[111] verwendet wurde [277]. Im ersten der Zähler (Aerogel) wird diffus reflektiertes Licht durch Photomultiplier nachgewiesen; in den nachfolgenden Zählern wird das Cherenkov-Licht durch Spiegel auf PMTs konzentriert. Ein zu identifizierendes Teilchen muss alle drei Schwellenzähler mit verschiedenen Brechungsindizes (Aerogel, Freon, CO_2) durchdringen. Die Kombination der Zählerantworten lässt Rückschlüsse auf

[111] Der TASSO-Detektor [258] wurde in den 1980er Jahren am e^+e^- - Speicherring PETRA (siehe Tab. 2.2) bei DESY in Hamburg betrieben. Er wird hier als Beispiel einer Kombination dreier Schwellen-Cherenkov-Zähler zur Teilchenidentifikation erwähnt.

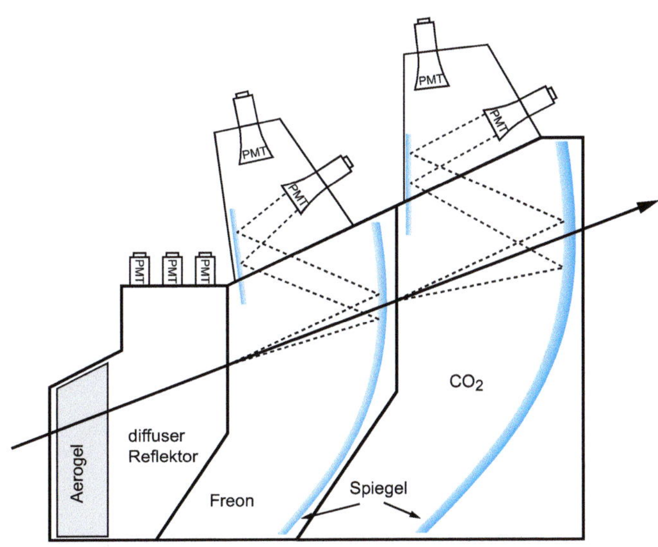

Abb. 11.10 Cherenkov-Detektoren im TASSO-Experiment (schematisch) (aus [277, 258], mit freundl. Genehmigung von Elsevier). Gezeigt sind drei aufeinander folgende Schwellen-Cherenkov-Detektoren mit verschiedenen Cherenkov-Schwellen, die von geladenen Teilchen durchlaufen werden.

die Teilchenart zu. Tabelle 11.2 zeigt die jeweiligen Impulsschwellen für Pionen, Kaonen und Protonen. Mit dem System konnten Pionen im gesamten auftretenden Impulsbereich identifiziert werden (d.h. von Kaonen und Protonen unterschieden werden) und Kaonen unterhalb von 5.5 oder oberhalb von 9.5 GeV/c. In dem Bereich zwischen 5.5 GeV/c und 9.5 GeV/c können Kaonen mit Protonen verwechselt werden [277] (siehe auch Abschnitt 14.2.3 über Teilchenidentifikation).

Das nachfolgende Zahlenbeispiel erläutert einige grundlegende Überlegungen beim Entwurf von Schwellen-Cherenkov-Detektoren. Mit (11.17) und (11.16) ist die Zahl der erzeugten (optischen) Photoelektronen eines einfach geladenen ($z = 1$) Teilchens in einem Schwellendetektor etwa:

$$N_{pe} \approx 491/\text{cm}\ \langle Q\,T\,R\rangle\, L \sin^2\theta_c \approx 150/\text{cm}\ L \sin^2\theta_c\,, \tag{11.22}$$

wobei L die Radiatorlänge ist und $\langle Q\,T\,R\rangle$ als Mittelwert des Produktes über den Wellenlängenbereich zu verstehen ist; typische Werte von 40%, 80% und nahe 100% für Q, T und R sind in (11.22) angenommen.

Nachfolgend schätzen wir die Minimalanforderungen an den Brechungsindex n und die Radiatorlänge L ab, um zwei Teilchen mit gleichem Impuls $p_1 = p_2 = p$, aber unterscheidlicher Masse $m_1 < m_2$ zu unterscheiden. Dazu wählen wir das Radiatormedium so, dass Teilchen 2 gerade unter die Cherenkov-Schwelle fällt, das heißt $\gamma_2 = \gamma_{th}$, $\sin^2\theta_2 = 0$,

Tab. 11.2 Schwellenimpulse des TASSO Cherenkov-Detektor-Systems [277].

Radiator-medium	Brechungs-index	Impulsschwelle (GeV/c) Pion	Kaon	Proton
Aerogel	1.025	0.6	2.2	4.2
Freon 114	1.0014	2.7	9.4	17.8
CO_2	1.00043	4.8	16.9	32.0

$\beta_2 = 1/n$. Teilchen 1 hat Geschwindigkeiten oberhalb β_{th} und strahlt daher gemäß (11.15) eine Zahl $N_\gamma(1)$ von Photonen im sichtbaren Spektralbereich ab:

$$\begin{aligned} N_\gamma(1) &= N_0\, L \sin^2\theta_c = N_0\, L \left(1 - \frac{1}{\beta_1^2 n^2}\right) = N_0\, L \left(1 - \frac{E_1^2}{p^2c^2n^2}\right) \\ &= N_0\, L \left(1 - \frac{m_1^2c^4 + p^2c^2}{p^2c^2n^2}\right) = N_0 L \left(\frac{n^2-1}{n^2} - \frac{m_1^2c^4}{p^2c^2n^2}\right) \\ &= N_0 L \left(\frac{m_2^2c^2}{p^2n^2} - \frac{m_1^2c^2}{p^2n^2}\right) = N_0 L\, \frac{\Delta m^2c^2}{p^2n^2}\,, \end{aligned} \tag{11.23}$$

wobei $\beta_1^2 = p^2c^2/E_1^2$, $\Delta m^2 = m_2^2 - m_1^2$, und $n^2 - 1 = m_2^2c^2/p^2$ gemäß (11.20) benutzt wurde; N_0 ist in (11.18) definiert.

Nehmen wir an, dass im Mittel mindestens etwa 10 Photonen (typisch für Gasradiatoren) nachweisbar sein sollen, so ergibt sich mit (11.22):

$$L/\text{cm} > \frac{p^2n^2}{15\,\Delta m^2c^2}\,.$$

Um zum Beispiel Elektronen ($m_1 = 0.511$ MeV) und Pionen ($m_2 = 139.6$ MeV) bei einem Impuls von 10 GeV trennen zu können, braucht man eine Radiatorlänge von mindestens

$$L = \frac{(10\,\text{GeV})^2\, n^2}{15 \cdot 0.019\,\text{GeV}^2} = 3.5\,\text{m} \cdot n^2\ .$$

Pionen mit einem Impuls von 10 GeV haben einen Lorentz-Faktor

$$\gamma_2 = \frac{\sqrt{p^2c^2 + m_2^2c^4}}{m_2c^2} \approx 72\,,$$

so dass mit (11.4) und $\gamma_2 < \gamma_{th}$ ein Brechungsindex von $n < 1.000096$ für die Aufgabe in Frage kommt. Man benötigt in diesem Fall also einen gasförmigen Radiator wie Helium oder Neon (vergleiche Tab. 11.1).

Auflösung eines Schwellen-Cherenkov-Detektors Obwohl der Schwellenzähler nur eine ja/nein-Antwort ausgibt, kann man dennoch die Frage stellen, welche Auflösung auf β durch eine Messung der Zahl der nachgewiesenen Cherenkov-Photonen, d.h. der erzeugten Photoelektronen, erzielt werden kann. Ihre Anzahl hängt mit θ_c über Gleichung (11.17) zusammen:

$$\sigma_N = \frac{\partial N}{\partial \theta_c}\sigma_{\theta_c} = \frac{2N}{\tan\theta_c}\sigma_{\theta_c}\,, \tag{11.24}$$

wobei σ_{θ_c} die Spanne der θ_c-Werte ist, die mit der Teilchengeschwindigkeit β variiert. Umgekehrt folgt dann für die β-Auflösung mit (11.1)

$$\frac{\sigma_\beta}{\beta} = \tan\theta_c\,\sigma_{\theta_c} = \tan^2\theta_c\,\frac{\sigma_N}{2N} = \frac{\tan^2\theta_c}{2\sqrt{N}}\,, \tag{11.25}$$

wobei $\sigma_N = \sqrt{N}$ angenommen ist.[112] Diese Auflösungsbeziehung wird in Abschnitt 11.6.3, Seite 534 mit der Auflösung verglichen werden, die man für einen explizit rekonstruierten, gemessenen Cherenkov-Ring erhält.

[112] Beachte, dass die Zahl der Cherenkov-Photonen N von β abhängt.

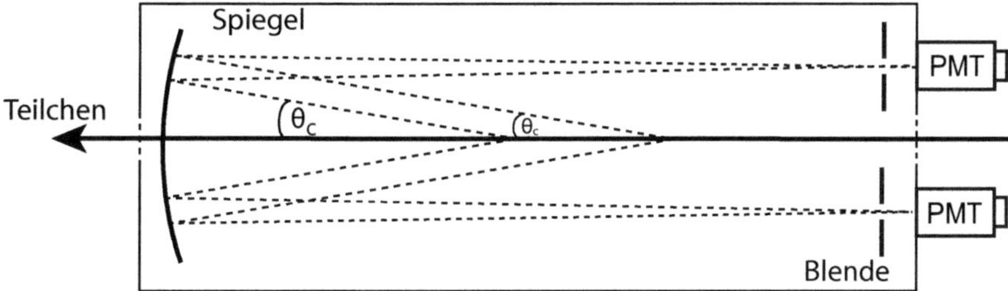

Abb. 11.11 Prinzip des differenziellen Cherenkov-Zählers. Ein sphärischer Spiegel reflektiert und fokussiert das unter θ_c emittierte Cherenkov-Licht auf einen durch eine Blende bedeckten (kreisförmig angeordneten) Photon-Detektor. Durch die Blende erzeugen nur Teilchen, die eine entsprechende Ringgröße besitzen, ein Signal im Photondetektor.

11.5 Differenzieller Cherenkov-Detektor

Beim differenziellen Cherenkov-Detektor wird der Emissionswinkel der Cherenkov-Strahlung ausgenutzt, um die Trennschärfe des Nachweises zu erhöhen, ohne Cherenkov-Ringe explizit zu rekonstruieren. Er stellt somit eine Vorstufe für die im nächsten Abschnitt vorgestellten *Ring-Imaging-* oder RICH-Detektoren dar, besitzt aber ansonsten in Aufbau und Auslesemethode die Charakteristika der Schwellenzähler.

Das vom Teilchen unter dem Winkel θ_c abgestrahlte Cherenkov-Licht wird als ringförmiges Bild mit Radius $R = f_S \tan \theta_c$ (f_S = Brennweite) durch einen sphärischen Spiegel auf den Photondetektor (zum Beispiel mehrere PMTs) fokussiert, wie Abb. 11.11 zeigt. Mit einer Ringblende in der Fokalebene wird nur ein kleiner Bereich des Emissionswinkels ausgewählt, der zu einem entsprechenden Geschwindigkeitsbereich des Teilchens gehört. Durch Veränderung des Radius der Ringblende können verschiedene Emissionswinkel θ_c und damit Geschwindigkeiten β des strahlenden Teilchens überstrichen werden.

11.6 Cherenkov-Ring-Detektoren

Die in den vorangehenden Abschnitten diskutierten Cherenkov-Detektoren basieren auf dem integrierten Nachweis der generierten Photonen zur Diskriminierung von Teilchen. Die explizite Messung des Cherenkov-Winkels durch abbildende Rekonstruktion von Cherenkov-Ringen wurde lange Zeit als zu schwierig angesehen. Denn es bedeutete, eine vor allem bei Gasradiatoren sehr geringe Zahl von Einzelphotonen im UV-Spektralbereich ortsempfindlich nachzuweisen. Erst die Entwicklung von Gasmischungen, die mit speziellen Dämpfen versetzt wurden, und einer Weiterentwicklung von MWPCs mit mehreren Verstärkungsstufen (ein Beispiel ist in Abb. 11.15 gezeigt) ermöglichten in den späten 1970er Jahren den Durchbruch [933] zu so-genannten RICH-Detektoren (*Ring Imaging Cherenkov*). Durch die rasanten Entwicklungen sowohl in der Mikroelektronik als auch

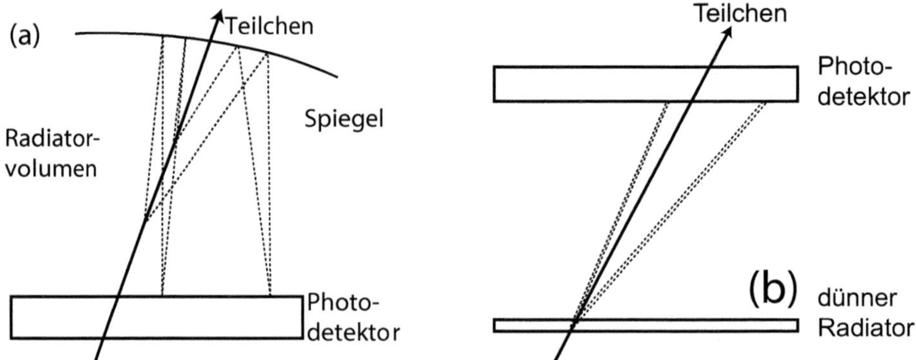

Abb. 11.12 Nachweis von Cherenkov-Ringen mit RICH-Detektoren. (a) Fokussierung der Cherenkov-Strahlung durch einen Spiegel auf einen Photondetektor, (b) dünner Radiator mit '*Proximity*'-Fokussierung, bei der die Abbildung lediglich aus einem Schnitt durch den Cherenkov-Kegel besteht.

in der Mikroprozessierung von Detektorstrukturen (vor allem Gas- und Halbleiterdetektoren) in den darauf folgenden Jahrzehnten wurden RICH-Detektoren der Standard für Teilchenidentifikation mit Cherenkov-Strahlung in Hochenergieexperimenten. Die Entwicklung dieses sehr ambitionierten Konzeptes hat ihren Ursprung in den Arbeiten von Ypsilantis und Seguinot [932, 934].

11.6.1 Das RICH-Prinzip

Photonen, die unter dem Cherenkov-Winkel $\theta_c = \arccos(1/\beta n)$ entlang der Teilchenflugrichtung emittiert werden, werden durch ein optisches System auf eine Fokalebene abgebildet, auf der sich photosensitive Detektoren befinden. In Abb. 11.12 ist dieses RICH-Prinzip dargestellt.
Zwei Fokussierungsarten werden angewandt:

- *Spiegel-Fokussierung* (Abb. 11.12(a)): ein Spiegel fokussiert parallele Lichtstrahlen, die (unter demselben Azimutwinkel) von verschiedenen Punkten der Teilchentrajektorie emittiert wurden, auf einen Punkt eines Kreises in der Fokalebene, wo die Photonen detektiert werden.
- *'Proximity'-Fokussierung* (Abb. 11.12(b)): hierbei ist der Radiator dünn – im Allgemeinen ein Festkörper- oder Flüssigmaterial – sodass die im Radiator entlang der Spur erzeugte Cherenkov-Strahlung als in etwa von einem Raumpunkt kommend angesehen werden kann (Lochkameraprinzip). Die Projektion der Strahlung auf die Detektoroberfläche stellt dann auch ohne weitere Fokussierung einen Ring dar. Die Breite des Ringes hängt primär von der Dicke des Radiators und dem Abstand zum Detektor ab (siehe Abb. 11.18 auf Seite 535).

Die Ringauflösung des Photondetektors, das heißt im Besonderen der Einfluss der Granularität der Ausleseelektroden, sollte kleiner sein als die Ringbreite der Abbildung.

Für beide Fokussierungsmethoden ist der Ringradius R näherungsweise gegeben durch

$$R \approx f\,\theta_c \approx f\,\sqrt{1 - \frac{1}{\beta^2\,n^2}}\,, \tag{11.26}$$

wobei f die Fokallänge des Spiegels[113] beziehungsweise der Abstand des (im Vergleich zu f dünnen) Radiators zum Photondetektor ist.

Damit lässt sich die Teilchengeschwindigkeit mit (11.1) aus dem Ringradius bestimmen. Mit

$$p = \beta\gamma m \tag{11.27}$$

(c=1) erhält man bei bekanntem Impuls die Masse des Teilchens:

$$m^2 = p^2\left(\frac{1}{\beta^2} - 1\right) = p^2\,\left(n^2\cos^2\theta_c\, -\, 1\right)\,. \tag{11.28}$$

In vielen Experimenten wird der Impuls in einem Magnetspektrometer gemessen, und die Messung des Cherenkov-Ringes wird mit (11.28) zur Teilchenidentifikation verwendet.

Beide Fokussierungstechniken können in Kombination benutzt werden, um eine Trennung sowohl zum Beispiel von π/K mit einem Flüssigkeitsradiator als auch von e/π durch einen Gasradiator durchzuführen. Abbildung 11.13 veranschaulicht diese Methode.

11.6.2 Photondetektoren für Cherenkov-Ringe

Der Nachweis der Ringe in einem RICH-Zähler ist eine experimentell sehr anspruchsvolle Aufgabe. Oft, speziell bei Gasradiatoren, werden nur wenige Cherenkov-Photonen mit Wellenlängen im sichtbaren bis ultravioletten Bereich erzeugt, die einem Cherenkov-Ring mit bestimmtem Radius zuzuordnen sind. Die Ringrekonstruktion wird erheblich erleichtert, wenn auch die Richtung der Teilchenspur gemessen wird und der Eintrittsort in den Cherenkov-Radiator bekannt ist.

Die Photondetektoren müssen Einzelphotonen ortsempfindlich nachweisen. Experimentell wird dies durch Konversion der Cherenkov-Photonen in Photoelektronen erzielt, entweder in einer mit Gas und photosensitiven Dämpfen gefüllten Drahtkammer oder in Kammern mit Kathodenebenen, die mit einer photoempfindlichen Schicht (zum Beispiel CsI, Abb. 11.16) überzogen sind, oder aber durch direkten Nachweis von Cherenkov-Photonen zum Beispiel mit Photovervielfachern. Welche Methode verwendet wird, hängt von der Anwendung im Experiment ab, insbesondere von den zu erwartenden Teilchenraten und notwendigen Auflösungen. Die rasante Entwicklung auf dem Gebiet der Halbleiterdetektoren und der VLSI-Elektronik (siehe Abschnitt 17.6) hat dabei zu neuen Messtechniken geführt, die eine Anpassung an die Vorgaben des Experiments erleichtern. Beispiele sind die Einführung von Vielkanal-Photovervielfachern bis hin zu Pixeldetektor-basierten Siliziumphotomultipliern (siehe Abschnitt 10.5). Wir besprechen hier einige

[113] Für einen sphärischen Spiegel ist $f = R_s/2$ und $\theta_c = 2R/R_s$ mit Kugelradius R_s.

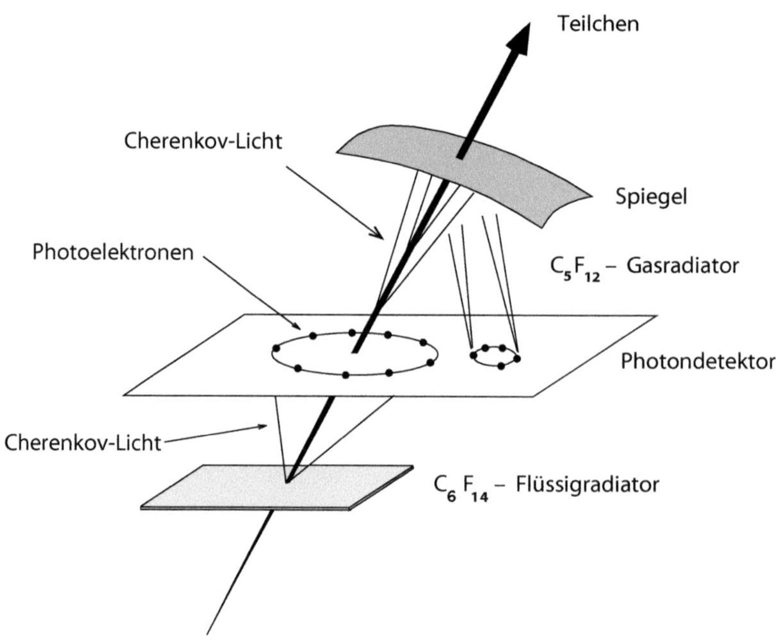

Abb. 11.13 Doppel-RICH-System: Schematische Darstellung eines RICH-Detektors mit zwei Radiatoren (flüssig, gasförmig). Die Cherenkov-Ringe aus beiden Radiatoren werden in dem Photondetektor zwischen ihnen nachgewiesen (nach [363]). Diese Technik wurde zum Beispiel im DELPHI-Experiment angewendet [43] (Abschnitt 11.6.4).

Techniken, die die Vielfalt des Nachweises von Cherenkov-Photonen und Cherenkov-Ringen demonstrieren.

Die experimentelle Herausforderung besteht darin, aus etwa 10 (für Gasdetektoren typisch) oder sogar weniger ortsempfindlich nachgewiesenen Photonen den Cherenkov-Ring zu rekonstruieren. Abbildung 11.14 skizziert einen Photondetektor [163], bei dem die Photonen in einem Gasvolumen mit einer Vieldrahtkammerauslese an einer Seite nachgewiesen werden. Das Prinzip entspricht dem einer Zeitprojektionskammer (TPC, siehe Abschnitt 7.11 sowie Abb. 7.33). Die durch Photonabsorption erzeugten (einzelnen) Elektronen driften durch die als Gitter ausgelegte Kathodenebene zu den Anodendrähten der Kammer und werden dort in Drahtnähe gasverstärkt und nachgewiesen. Die Zeit bis zum Eintreffen der Elektronen am Draht relativ zur Erzeugung des strahlenden Teilchens (bei Collider-Detektoren der Kollisionszeitpunkt) wird gemessen. Ankunftszeit und Drahtnummer ergeben z- und y-Koordinate des Cherenkov-Treffers. Aus mehreren Treffern kann (meist offline) ein Kreis rekonstruiert werden, dessen Größe nach (11.7) der Teilchengeschwindigkeit (γ oder β) entspricht. Als Elektrondetektor können auch andere ein- oder sogar zweidimensional ortsauflösende Detektoren gewählt werden, zum Beispiel mikrostrukturierte Gasdetektoren (Abschnitt 7.9) oder Halbleiter-Photodetektoren wie HPDs, SiPMs (Abschnitte 10.4 und 10.5) und andere.

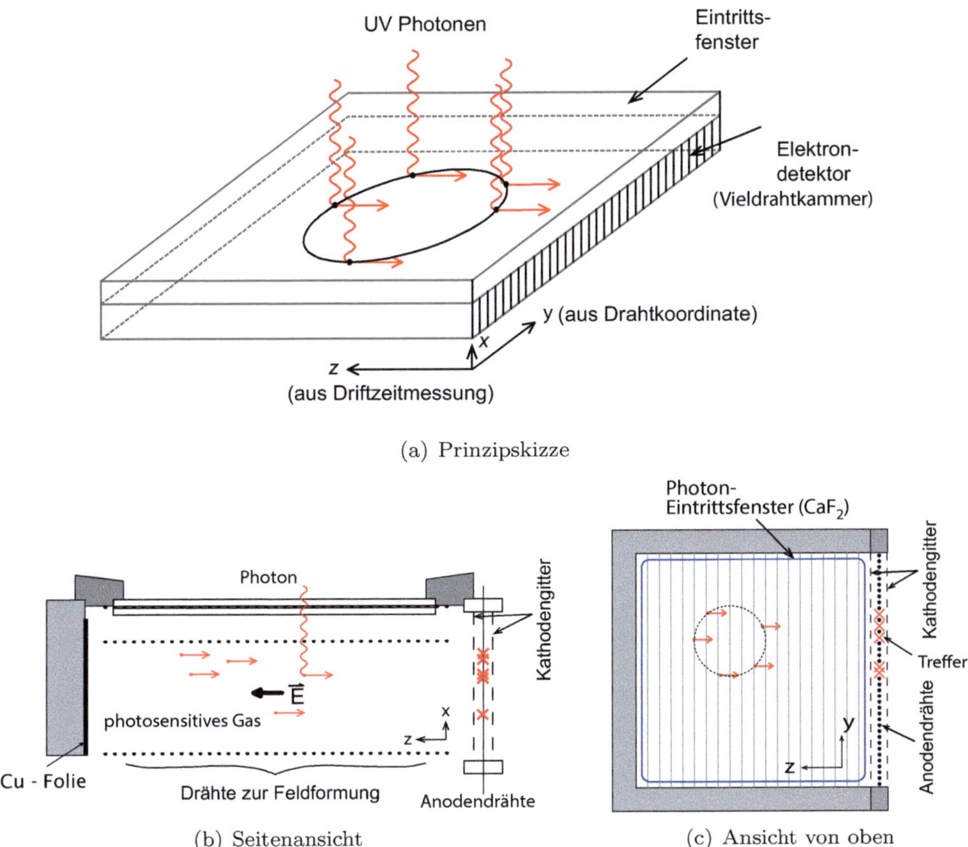

Abb. 11.14 Nachweis von Cherenkov-Ringen mit einer gasgefüllten Vieldrahtkammer (TPC-Prinzip) (aus [163] mit freundl. Genehmigung von Elsevier): (a) Prinzipskizze, in der die Absorption der Cherenkov-Photonen und die Driftbewegung der Elektronen gezeigt werden; (b) Seitenansicht ($z-x$) und (c) Draufsicht ($z-y$) der echten Anordnung. Diese Nachweistechnik kann als Durchbruch für den Cherenkov-Ring-Nachweis durch Einzelphotondetektion angesehen werden. Die Treffer in (b) werden auf verschiedenen, in der Zeichnung hintereinander in y angeordneten Drähten der Kammer registriert; die Kreuze kennzeichnen die Positionen der Elektronenankunftsorte. Die Treffer auf dem Ring in (c) werden aus der Driftzeit (z) und der Nummer des getroffenen Drahtes (y) rekonstruiert. Aufgelöst werden y- und z-Koordinaten; die x-Auflösung ist durch die Dicke des Detektors vorgegeben. Die Gasfüllungen sind Kohlenwasserstoff-Mischungen (zum Beispiel 75% Methan, 25% Ethan), denen ein Photonen-absorbierender Dampf beigemischt ist, um die Cherenkov-Photonen in Photoelektronen zu konvertieren.

Abbildung 11.15 zeigt eine Anordnung paralleler Drahtgitter (Kap. 7) für den Nachweis von Cherenkov-Photonen, wie sie im Schwerionen-Experiment CERES (NA45, Abb. 11.22) am CERN verwendet wurde [168] (siehe Abschnitt 11.6.4). Das Cherenkov-Photon tritt durch ein UV-durchlässiges Quarz- oder CaF_2-Fenster in ein mit einer Gasmischung aus He + 6% C_2H_6 und TMAE-Dampf gefülltes Volumen ein und erzeugt in der Konversionszone mit einer bestimmten Wahrscheinlichkeit ein Elektron. Dieses

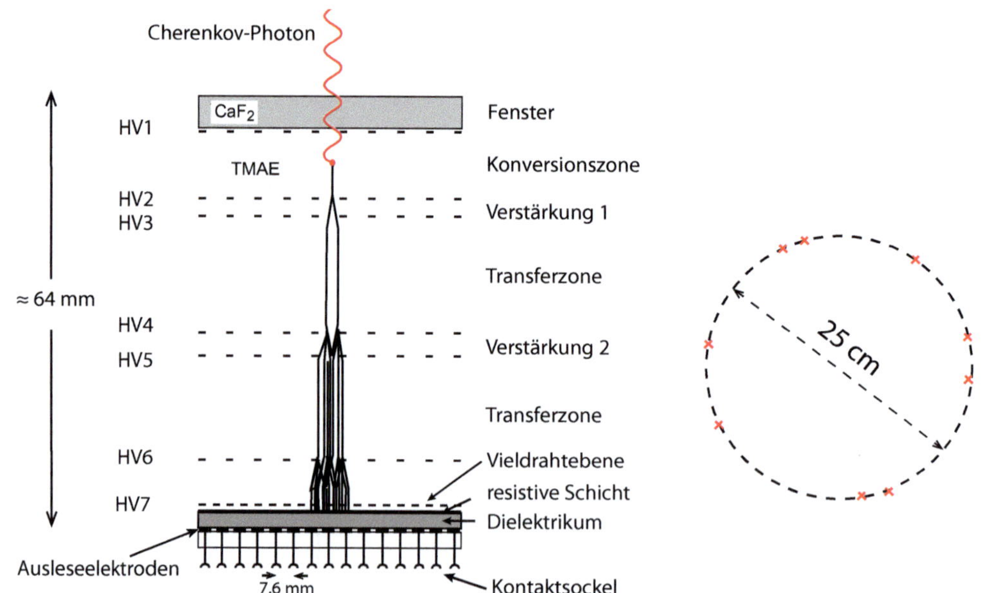

Abb. 11.15 Das Prinzip eines Photondetektors für Cherenkov-Photonen mit einer Anordnung paralleler Drahtgitter, wie sie im CERES-Experiment verwendet wurde ([168], mit freundl. Genehmigung von Elsevier). Ein Gasradiator (CH_4) und das Spiegelsystem befinden sich außerhalb der Abbildung (siehe Abb. 11.22). Die Detektoren sind mit einer Gasmischung aus He/C_2H_6 und TMAE-Dampf gefüllt. Die Cherenkov-Photonen werden in der Regel innerhalb des Konversionsvolumens absorbiert. Gasverstärkung erfolgt in drei Stufen zwischen den Drahtgitterebenen HV2-HV3 und HV4-HV5 sowie einer abschließenden Vieldrahtebene. Rechts: ein typischer Cherenkov-Ring aus wenigen nachgewiesenen Photonen (siehe auch Abb. 11.23).

driftet durch mehrere Gasverstärkungszonen, erzeugt durch hohe elektrische Felder zwischen Gitterebenen, die durch Transferzonen mit niedrigeren Feldstärken separiert sind (Abb. 11.15), und wird in der letzten (dritten) Verstärkungsstufe in ein nachweisbares Elektronenlawinensignal verwandelt. Diese letzte Stufe ist durch eine Drahtgitterebene vor der Ausleseebene realisiert. Letztere wiederum ist in quadratmillimetergroße Ausleseelektroden (*pads*, z.B. $7.6\times7.6\,\text{mm}^2$) segmentiert. Die Verstärkung in mehreren Stufen mit Transferzonen dazwischen verringert die Wahrscheinlichkeit für Lawinenauslösung durch Photonen, die im Verstärkungsprozess erzeugte werden und erneut Lawinen auslösen können (Photon-Feedback). Das elektrische Signal wird auf den Elektroden auf der Rückseite des Dielektrikums influenziert und über Kontakte herausgeführt.

Ein Beispiel für Photonkonversion durch eine mit CsI beschichtete Kathode einer Vieldrahtkammer ist in Abb. 11.16 gezeigt, die im HMPID (*High Momentum Particle Identification Detektor*) RICH-Detektor des Schwerionenexperiments ALICE am LHC verwendet wird [340]. Cherenkov-Photonen des Flüssigradiators werden auf die segmentierte, mit 300 nm CsI-Film beschichtete Kathode abgebildet (*Proximity*-Fokussierung). CsI besitzt eine vergleichsweise hohe Quanteneffizienz Q im UV-Bereich von etwa 25% bei 175 nm [257] und hat sich als Kathodenbeschichtung bewährt. Die in der CsI-Schicht er-

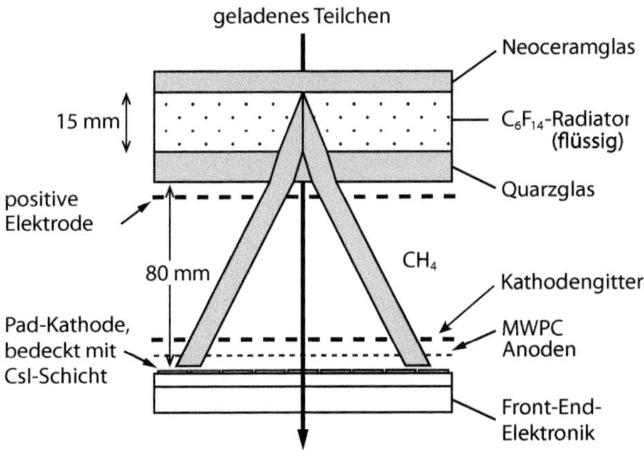

Abb. 11.16 RICH-Photondetektor (HMPID) des ALICE-Experiments, bei dem die Konversion der Cherenkov-Photonen in Elektronen durch eine mit CsI beschichtete Kathode der MWPC erfolgt [340] (siehe Text).

zeugten Photoelektronen driften zu den Anodendrähten und erzeugen ein nachweisbares gasverstärktes Signal (siehe Abschnitt 7.4.1) im CH_4-Gas der Vieldrahtkammer. Die Effizienz für den Photoelektronnachweis liegt im 80–90%-Bereich. Im Mittel werden etwa 14 Photonen nachgewiesen für Teilchen mit $\beta \approx 1$. Das Influenzsignal auf der 2-dimensional strukturierten unteren Kathode ($8 \times 8.4\,\mathrm{mm}^2$ große *pads*) dient zur Bestimmung der Koordinaten des Cherenkov-Signals. Die positive Elektrode nahe dem Austrittsfenster des Radiators saugt Elektronen ab, die von unerwünschten ionisierenden Teilchen in dem Abbildungsvolumen erzeugt werden.

Optimierung des Photonnachweises Das Zusammenspiel der Parameter, welche die Ausbeute an Cherenkov-Photonen beeinflussen, ist graphisch in Abb. 11.17 dargestellt. Quantenausbeuten von photon-konvertierenden Gaszusätzen oder Beschichtungen sowie Durchlässigkeiten von Eintrittsfenstern und Radiatoren sind als Funktion der Photonenergie aufgetragen. Zusätzlich sind die Energieschwellen für photon-konvertierenden Dämpfen wie TMAE und TEA eingetragen wie weiter unten beschrieben. Abbildung 11.17(a) zeigt die Quantenausbeute (Q) für TMAE, TEA und CsI zusammen mit den Transmissionswerten von Fenstermaterialien aus Quarz bzw. CaF_2. Abbildungen 11.17(b) und (c) illustrieren die Bedingungen, unter denen Cherenkov-Photonen durch Radiator und Eintrittsfenster treten können, um durch TMAE oder TEA absorbiert werden zu können: (b) ist für Gas- und Flüssig-Radiatoren, (c) für Festkörper-Radiatoren. Durchlässigkeitsbereiche für verschiedene Radiatoren sind als horizontale Linien bei der jeweiligen Cherenkovschwelle γ_{th} angezeigt. Materialien, die eine Durchlässigkeit für Photonen aufweisen, um mit TEA benutzt zu werden, sind mit einem Pfeil am Ende markiert, andere durch einen dicken Punkt. Ebenfalls sind die Energiebereiche für nachweisbare Photonen bei Verwendung von TEA als Konverterdampf in Methan (unter der Annahme von 100% Durchlässigkeit des Eintrittsfensters) im Vergleich zu einer TMAE-Beimischung mit Quarz als Eintrittsfenster gezeigt.

Für den Photonnachweis müssen eine Reihe von Parametern optimiert werden:

Photonkonversion: Die Anzahl der erzeugten Cherenkov-Photonen (Gl. (11.15) ist für viele Anwendungen (vor allem bei Gasradiatoren) äußerst gering. Das Produkt der

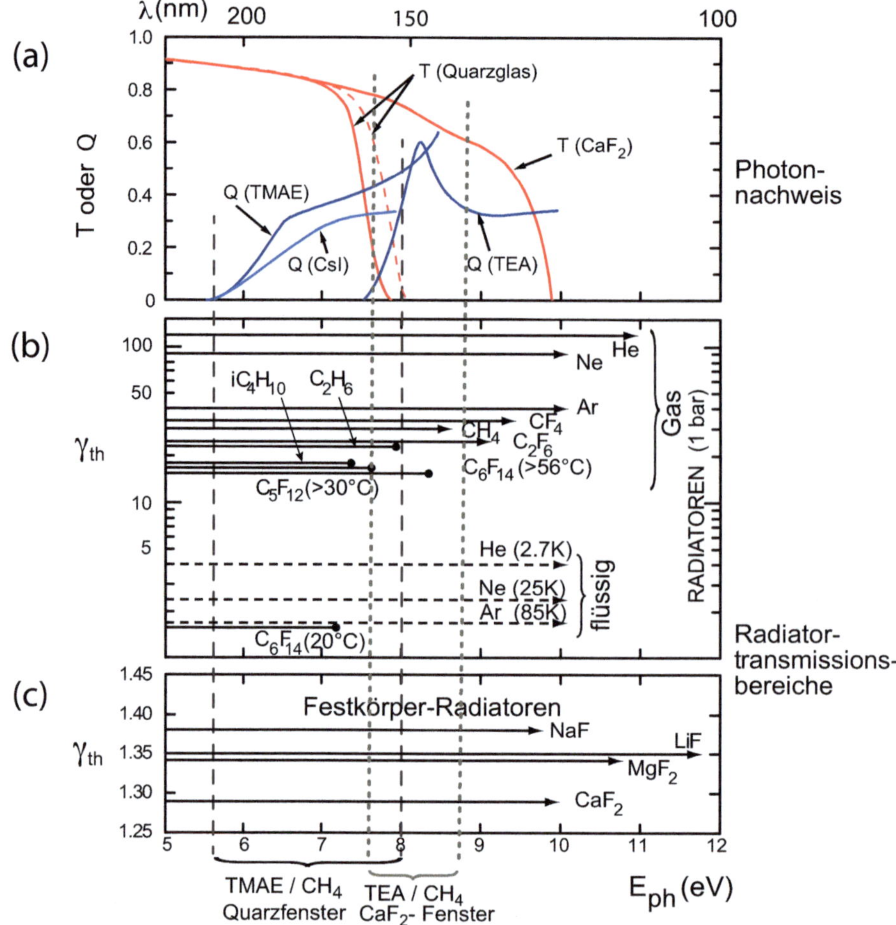

Abb. 11.17 (a) Quanteneffizienz (Q) für TMAE, TEA und CsI [928] sowie Transmission (T) für Photonen in Fenstermaterialen aus Quarz bzw. CaF_2 als Funktion der Photonenergie. Die Abbildungsteile (b) und (c) zeigen den transparenten Bereich verschiedener Radiatormaterialien: (b) für Gas- und Flüssig-Radiatoren, (c) für Festkörper-Radiatoren. Aufgetragen ist der Lorentz-Faktor an der Cherenkov-Schwelle (γ_{th}) für verschiedene Radiatoren, gezeichnet als Linien, deren Länge den Bereich der Transparenz des jeweiligen Radiators anzeigt (γ_{th} ist mit n bei $\lambda = 150$ nm berechnet). Die Materialien, die eine für TEA ausreichende Transparenz aufweisen, sind mit einem Pfeil am Ende markiert, andere durch einen dicken Punkt. Der durch die gepunkteten vertikalen Linien angezeigte Bereich bezeichnet den Energiebereich nachweisbarer Photonen in in CH_4 mit TEA als photonkonvertierendem Dampf und einem transparenten ($T = 1$) Eintrittsfenster. Der durch gestrichelte Linien gekennzeichnete Bereich gilt für TMAE als Konverter und Quarz als Eintrittsfenster (aus [725]). Beachte, dass CaF_2 und andere Kristalle Festkörper-Radiatoren sind, aber auch als Eintrittsfenster mit hoher UV-Transparenz eingesetzt werden können.

wellenlängenabhängigen Größen T, Q und R liegt häufig im Bereich von 30% oder darunter. Die Quanteneffizienz $Q(\lambda)$ der photoabsorbierenden Dampfzusätze ist erst ab recht hohen Energieschwellen (zum Beispiel für TEA erst 7.5 eV) verschieden von null. Für TMAE ist Q zwar niedriger (5.4 eV), aber in dem für Quarzfenster durchlässigen Spektralbereich deutlich kleiner als 50% (siehe Abb. 11.17). Festkörperbeschichtete Kathoden wie zum Beispiel CsI erzielen für Wellenlängen unterhalb von 185 nm Quanteneffizienzen von etwa 20–35% [928]. Daher sieht der Photondetektor oft nur sehr wenige Photonen (typisch etwa 10–20) zur Ringrekonstruktion. Um das Spektrum der Cherenkov-Photonen bis in den UV-Bereich zum Nachweis auszunutzen, müssen besondere Anforderungen an die Wahl der Materialien gestellt werden (speziell an die Transparenz des Eintrittsfensters und die Spiegelreflektivität). Falls die Photonkonversion im Gas des Detektors erfolgt, müssen spezielle Moleküldämpfe, wie Tetrakisdimethylaminoethylen (TMAE = $C_2(N(CH_3)_2)_4$) oder Triethylamin (TEA = $N(CH_2CH_3)_3$) verwendet werden, die einen besonders hohen Wirkungsquerschnitt für die Reaktion $\gamma + M \to M^{+*} + e^-$ haben. Die jeweiligen Schwellenenergien sind E_{th} = 7.5 eV (165 nm) für TEA und E_{th} = 5.4 eV (230 nm) für TMAE (siehe auch Abb. 11.17). TMAE ist bevorzugt gegenüber TEA hauptsächlich, weil es zusammen mit Quarz als Eintrittsfenster benutzt werden kann, während TEA in der Regel ein Einkristallfenster aus CaF_2 oder NaF verlangt.

Brechungsindex des Radiators: Nach (11.15) ist die Anzahl der pro Radiatorlänge emittierten Photonen proportional zu $\sin^2\theta_c$:

$$\frac{dN}{dx} \propto \sin^2\theta_c \approx 1 - \frac{1}{n^2}\,. \tag{11.29}$$

Ein Radiatormaterial mit großem Brechungsindex n liefert eine höhere Zahl von Photonen als ein Radiator mit kleinem n, seine Cherenkov-Schwelle ist niedriger und der Ringradius ist bei gleichem Abstand größer, aber sättigt früher (Abb. 11.8). Für die Trennung verschiedener Teilchen durch Messung von Ringradien über einen bestimmten Impulsbereich sollte die Wahl von n so getroffen werden, dass der Bereich für die Ringradien, die über dem gewünschten γ-Bereich auftreten, groß ist (siehe Abb. 11.4 und Abschnitt 14.2.3). Für große Impulse im multi-GeV-Bereich oder wenn Elektronen aus einem Untergrund von Hadronen oder Myonen identifiziert werden müssen, werden hohe γ_{th} benötigt, was niedrige Brechungsindizes verlangt wie sie nur von Gasen geliefert werden. Oft begrenzt die Geometrie des Gesamtaufbaus eines Experiments das verfügbare Volumen für den Cherenkov-Detektor und dadurch auch die Wahlmöglichkeiten von n. In Collider-Experimenten sind Raumbeschränkungen für voluminöse Gas-Radiatoren häufiger zu finden als in Fixed-Target-Experimenten.

Dispersion: Der Brechungsindex n eines Mediums hängt von der Wellenlänge der Strahlung ab (Dispersion), was zu chromatischen Aberrationen führt, die die Ringauflösung verschlechtern (siehe Abschnitt 11.6.3). Um diese so klein wie möglich zu halten, kann man im Prinzip den erlaubten Wellenlängenbereich einschränken (zum Beispiel durch eine Photokathode mit bestimmter Wellenlängensensitivität). Jedoch reduziert dies auch die Gesamtzahl der für den Nachweis zur Verfügung stehenden Photonen. Der Einfluss der chromatischen Aberration auf die Auflösung von Cherenkov-Detektoren wird im nächsten Abschnitt beschrieben.

11.6.3 Auflösung von RICH-Detektoren

Die RICH-Auflösung für β wird aus (11.1) abgeleitet zu

$$\sigma_\beta = \frac{\partial\beta}{\partial\theta_c}\sigma_{\theta_c} \Rightarrow \frac{\sigma_\beta}{\beta} = \tan\theta_c\,\sigma_{\theta_c} = \tan\theta_c\frac{\sigma_{\theta_i}}{\sqrt{N}}\,, \tag{11.30}$$

worin σ_{θ_i} den Winkelfehler pro Photoelektron bezeichnet, während $\sigma_{\theta_c} = \sigma_{\theta_i}/\sqrt{N}$ die Cherenkov-Winkel-Auflösung für N Photoelektronen ist.

Das Verhältnis der Auflösungen eines RICH-Detektors und eines Schwellenzählers (siehe Gl. (11.25))

$$\left(\frac{\sigma_\beta}{\beta}\right)_{\text{RICH}} \Bigg/ \left(\frac{\sigma_\beta}{\beta}\right)_{\text{Thr}} = \frac{2\sigma_{\theta_i}}{\tan\theta_c} \tag{11.31}$$

kann 1/250 oder kleiner werden, abhängig vom Wellenlängenbereich und den chromatischen Eigenschaften des Radiators [1069, 1068]. Das liegt daran, dass in Schwellenzählern die Auflösung nur von der Zahl N der erzeugten Photonen bestimmt wird, während ein RICH-Detektor den Winkel θ_c direkt misst. Die Größe des Verhältnisses (11.31) unterstreicht den enormen Fortschritt, der durch die RICH-Technik erzielt wurde. Allerdings ist der experimentelle und technische Aufwand erheblich größer als bei vergleichsweise einfach aufzubauenden Schwellenzählern, die für manche Anwendungen ausreichend und praktischer sind. Ein Beispiel ist die auf Seite 522 erwähnte Verwendung für die Selektion der Teilchenart in Sekundärstrahlen.

11.6.3.1 Teilchentrennung

Teilchenidentifikation (*particle ID*) durch Cherenkov-Strahlung bedeutet, die Masse eines Teilchens bei bekanntem Impuls durch Messung seiner Geschwindigkeit über eine Winkelmessung der emittierten Cherenkov-Strahlung zu bestimmen (siehe auch Kapitel 14 über Teilchenidentifikation). Die Auflösung dieser Messung kann daher geschrieben werden als:

$$\begin{aligned}\frac{\sigma_m}{m} &= \frac{1}{2}\frac{\sigma_{m^2}}{m^2} = \gamma^2\frac{\sigma_\beta}{\beta} = \frac{\gamma^2}{\beta}\left[\left(\frac{\partial\beta}{\partial\theta_c}\sigma_{\theta_c}\right)^2 + \left(\frac{\partial\beta}{\partial n}\sigma_n\right)^2\right]^{\frac{1}{2}} \\ &= \gamma^2\left(\tan\theta_c\,\sigma_{\theta_c} \oplus \frac{1}{n}\sigma_{\text{n}}\right) = \left(\frac{p}{m}\right)^2\frac{1}{\beta^2}\left(k_R \oplus \frac{1}{n}\sigma_{\text{n}}\right)\,,\end{aligned} \tag{11.32}$$

wobei $\oplus$ quadratische Addition von Termen bezeichnet. Der erste Term k_R, 'RICH-Konstante', genannt, ist der Beitrag der Winkelauflösung zum Messfehler:

$$k_R = \left(\frac{\sigma_\beta}{\beta}\right)_{\text{angle}} = \tan\theta_c\,\frac{\sigma_{\theta_i}}{\sqrt{N}} = \frac{n\beta\,\sigma_{\theta_i}}{z\sqrt{N_0\,L}} \tag{11.33}$$

unter Benutzung von (11.17) um N auszudrücken, zusammen mit (11.1). Der zweite Term in (11.32) berücksichtigt Variationen des Brechungsindex mit der Wellenlänge, was zu einer Verschmierung des Cherenkov-Ringes führt und nicht von der Geschwindigkeit des strahlenden Teilchens abhängt, sondern von der Energie des nachgewiesenen Photons (dispersive oder chromatische Aberration).

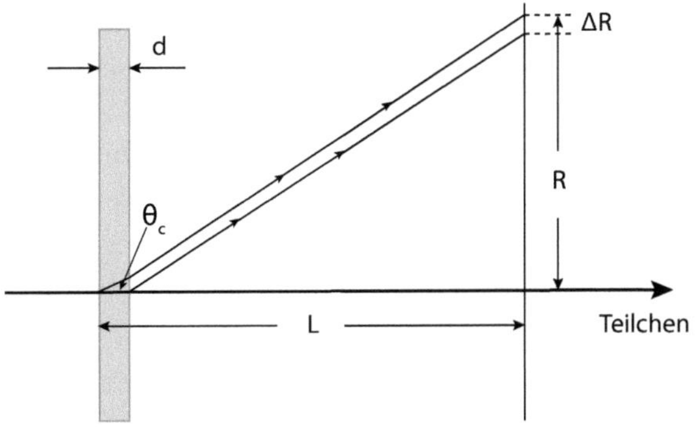

Abb. 11.18 Darstellung der Abbildung eines Cherenkov-Detektors mit Proximity-Fokussierung bei einer dünnen Radiatorlage (Festkörper oder ein mit Flüssigkeit gefülltes Volumen). Die Auflösung ist durch das Verhältnis von Radiatordicke d und Abbildungsabstand l gegeben.

Die Fähigkeit eines RICH-Detektors, zwei Teilchen mit demselben Impuls p und Massen m_1 und $m_2 > m_1$ voneinander zu unterscheiden mit mindestens n_σ Standardabweichungen, kann durch die Differenz der gemessenen Größen (hier $m_{1,2}^2$) dividiert durch die Auflösung definiert werden. Unter Benutzung der inversen Ausdrücke von (11.32) ergibt dies:

$$\frac{m_2^2 - m_1^2}{\sigma_{m^2}} = \frac{\beta_2^2 m_2^2 - \beta_1^2 m_1^2}{2p^2 \left(k_R \oplus \frac{1}{n}\sigma_n\right)} > n_\sigma \,. \tag{11.34}$$

Die Trennung von m_1 und m_2 mit n_σ ist daher möglich für Impulse bis

$$p_{max} \approx \sqrt{\frac{m_2^2 - m_1^2}{2\, n_\sigma \left(k_R \oplus \frac{1}{n}\, \sigma_n\right)}}\,, \tag{11.35}$$

wobei $\beta_1 \approx \beta_2 \approx 1$ angenommen wurde. Siehe dazu auch die Beispiele in Kapitel 14.

11.6.3.2 Ringauflösung

Die Genauigkeit einer Messung von θ_c wird durch Spurverzerrungen während der Erzeugung der Strahlung, durch die Qualität des abbildenden Systems sowie durch die Ortsauflösung des Photonnachweissystems bestimmt. Bei den meisten RICH-Systemen sind die beiden Letzteren (Abbildungssystem und Photondetektorauflösung) dominant. Eine gute Detektorauflösung ist besonders wichtig für Cherenkov-Messungen bei hohen γ/γ_{th} Werten, bei denen die relative Änderung in θ_c klein ist (siehe Abb. 11.4).

In dichten Medien, Festkörpern oder Flüssigkeiten, bei denen die Anzahl der erzeugten Cherenkov-Photonen sogar für dünne Radiatoren recht groß sein kann, wird meistens Proximity-Fokussierung benutzt. Die erzielbare Auflösung wird durch das Verhältnis von Radiatordicke d und dem Abstand zum Photondetektor l bestimmt wie in Abb. 11.18 gezeigt:

$$\frac{\Delta \tan\theta_c}{\tan\theta_c} = \frac{\Delta(R/L)}{R/L} = \frac{\Delta R}{R} = d/L\,. \tag{11.36}$$

In typischen Anwendungen mit Gasradiatoren werden üblicherweise große Gasvolumina mit fokussierender Optik (Spiegel) verwendet wie in Abb. 11.12 gezeigt, um ausreichende Photonausbeute zu bekommen. Die von jedem Punkt entlang einer Teilchenspur im Radiator emittierte Strahlung führt durch die Fokussierung zu einer ringförmigen Abbildung auf der Oberfläche des Photondetektors (siehe Abb. 11.3). Der Detektor muss so präzise wie möglich in der Fokalebene der Spiegel ausgerichtet sein. Dann hängt das Ringzentrum in erster Ordnung nur von der Teilchenrichtung ab und nicht vom Emissionspunkt.

Die Qualität von Abbildungsystem und Photondetektor bestimmen die erreichbare Winkelauflösung, die von folgenden Effekten beeinflusst wird [1068, 494]:

- optische Imperfektionen: Spiegelqualität (Oberflächenrauheit), sphärische Aberrationen, ebene Detektoren für die Approximation gekrümmter Fokalebenen
- die Qualität der Detektorauslese (Granularität, Ortsmessung),
- Vielfachstreuung des strahlenden Teilchens,
- Spurkrümmung im Magnetfeld,
- chromatische Aberration aufgrund der Wellenlängenabhängigkeit von n.

Auf die drei letzten Effekte gehen nachfolgend näher ein.

Coulomb-Vielfachstreuung und Ablenkung im Magnetfeld Sowohl Coulomb-Vielfachstreuung (siehe Abschnitt 3.4) als auch die Ablenkung des strahlenden Teilchens im Magnetfeld auf seinem Weg durch den Radiator der Dicke d verursachen eine Verschmierung σ_θ des beobachteten Cherenkov-Winkels um

$$\sigma_{\theta_{\mathrm{ms}}} = \frac{1}{\sqrt{6}} \frac{13.6\,\mathrm{MeV}/c}{\beta p} \sqrt{\frac{d}{X_0}}\,, \tag{11.37}$$

$$\sigma_{p_{\mathrm{defl}}} = \frac{2}{\pi} \frac{1}{\sqrt{12}} \frac{0.3\,\mathrm{GeV}/c}{p} \frac{Bd}{\mathrm{Tm}}\,, \tag{11.38}$$

was zu einer totalen Abweichung $\sigma_\theta = (\sigma^2_{\theta_{\mathrm{ms}}} + \sigma^2_{\theta_{\mathrm{defl}}})^{1/2}$ führt. Hierbei ist X_0 die Strahlungslänge, B das Magnetfeld (in Tesla) und p der Teilchenimpuls.

Der Ausdruck (11.37) beinhaltet die Definition des Vielfachstreuwinkels θ_{ms} in (3.106) ohne die logarithmische Korrektur. Der zusätzliche Faktor $1/\sqrt{6}$ ergibt sich wie folgt: Die Abstrahlung von Cherenkov-Photonen erfolgt jeweils an Positionen x entlang der Teilchenspur, wobei x der Abstand gemessen vom Eintrittspunkt des Teilchens in den Radiator ist. Der mittlere rms-Streuwinkel der Teilchenspur bis zu dem Abstrahlpunkt x ist $\psi^{rms}_{\mathrm{plane}}(x) = 1/\sqrt{3}\ \theta_{ms}(x)$ mit $\psi^{rms}_{\mathrm{plane}}$ definiert in (3.110). Um daraus den Verschmierungsbeitrag zur Cherenkov-Ring-Abbildung zu ermitteln, muss $\psi^{rms}_{\mathrm{plane}}(x)$ für alle Photonabstrahlungen bei x entlang der Spur im Radiator berechnet werden und als individuelle Beiträge zur Winkelverschmierung über die Radiatordicke d quadratisch summiert (d.h. integriert) werden:

$$\sigma^2_{\theta_{\mathrm{ms}}} = \int_0^d \left(\psi^{rms}_{\mathrm{plane}}(x)\right)^2 dx = \frac{1}{2}\psi^{rms}_{\mathrm{plane}}(d) = \frac{1}{6}\,\theta^2_{ms}\,, \tag{11.39}$$

woraus der Vorfaktor in (11.37) folgt.

Gleichung (11.38) erhält man, wenn man die magnetische Ablenkung eines Teilchens mit Impuls $\vec{p}$ senkrecht zu $\vec{B}$ über eine Strecke d betrachtet wie in (9.37):

$$\alpha = \frac{d}{R} = \frac{0.3\,B\,d}{p}\,, \tag{11.40}$$

wobei R der Krümmungsradius der Spur (angegeben in m) ist, und p und B in GeV/c bzw. Tesla angegeben sind entsprechend (9.8). Der erzeugte Cherenkov-Ring wird kontinuierlich versetzt (verschmiert) während der Ablenkbewegung mit maximalem Winkelversatz α_{max} in der horizontalen Ebene, während in der vertikalen Ebene kein Versatz auftritt (keine Ablenkung). Zwischen diesen Extremen ist die azimutale Abhängigkeit dieses Versatzes $\alpha_{\text{max}}\cos\phi$. Der über ϕ gemittelte Versatz wird dann $\frac{2}{\pi}\alpha = \frac{2}{\pi}\frac{d}{R}$. Da er zwischen 0 und α_{max} während der Ablenkung gleichförmig erfolgt, ist der rms-Fehlerbeitrag zu θ_c einen Faktor $1/\sqrt{12}$ kleiner als der maximale Versatz.

Um die relative Wichtigkeit des Ablenkeffektes abzuschätzen, nehmen wir als Beispiel die Parameter des DELPHI RICH-Detektors (siehe Abschnitt 11.6.4) mit einem Magnetfeld von $B = 1.2$ T und $d = 0.45$ m, was zu einem Ablenkwinkel α von etwa 0.46° für einen Impuls von 20 GeV/c führt. Die berechnete Verschmierung von θ_c durch die Ablenkung ist 1.5 mrad pro Photon-Treffer, was mit der gemessenen Auflösung von $\sigma_{\theta_i} = 4.6$ mrad zu vergleichen ist [69]. Andere Beiträge zur Gesamtauflösung dominieren, im Falle des DELPHI RICH dominant der Rekonstruktionsfehler des Photoneintrittsortes im Detektor [41].

Chromatische Dispersion Der zweite Beitrag zur Massenauflösung in (11.32) ist der chromatische Fehler, der von der Dispersion herrührt, das heißt von der Wellenlängen- bzw. Frequenzabhängigkeit des Radiatorbrechungsindexes wie in den Abbn. 11.5 und 11.6 dargestellt:

$$\sigma_n = \frac{dn}{d\lambda}\,\Delta\lambda\,. \tag{11.41}$$

Der chromatische Fehler auf θ_c

$$\sigma_{\theta_c}\Big|_{\text{chrom}} = \left(\frac{\partial\theta_c}{\partial n}\right)\left(\frac{\partial n}{\partial\lambda}\right)\Delta\lambda = \frac{1}{n\tan\theta_c}\,\sigma_n \tag{11.42}$$

hängt unmittelbar von der Dispersion $dn/d\lambda$ und dem erlaubten Wellenlängenfenster $\Delta\lambda$ ab. Das Dispersionsverhalten kann der Lorentz–Lorenz-Gleichung entnommen werden (siehe z.B. [604]):

$$\frac{n^2-1}{n^2+2} = cf(\lambda)\,, \tag{11.43}$$

mit $c = 4\pi a_0^3\rho N_A/3M = (0.374\,\text{cm}^3)\,\rho/M$, wobei N_A die Avogadrozahl ist, $a_0 = 0.529\times10^{-8}$ cm der Bohrradius und ρ/M die molare Dichte des Radiators mit molarer Masse M. Die Funktion $f(\lambda)$ trägt der Wellenlängenabhängigkeit des Brechungsindex Rechnung und wird normalerweise aus Anpassung an Dispersionsdaten mit einem Parametrisierungsansatz für $f(\lambda)$ ('Sellmeier fits'[114]) entnommen. Die Parametrisierung und die resultierenden Fitwerte werden für einige Medien zum Beispiel in [1068] diskutiert, wo auch weitere Referenzen gefunden werden können.

[114] Häufig, speziell für Festkörper ist die Konstante c in f enthalten und der einfachere Ausdruck $f(\lambda) = n^2 - 1$ ist parametrisiert (siehe z.B. [1068]).

Die Ableitung von Gleichung (11.43) ergibt sodann die Dispersion

$$\frac{dn}{d\lambda} = c\frac{(n^2+2)^2}{6n}\frac{df}{d\lambda}\,, \tag{11.44}$$

die zur Bestimmung der chromatischen Dispersion für einen gegebenen Radiator benutzt werden kann. Als Beispiel erhält man für Quarz, $n = 1.474$, $\lambda = 400\,\text{nm}$, $\Delta\lambda = 100\,\text{nm}$, und Anpassungsparametern wie in [1068] eine chromatische Dispersion von $\sigma_n = 0.011$, was eine Winkelverschmierung von $\sigma_{\theta_c} \approx 6.8\,\text{mrad}$ bewirkt.

Um den chromatischen Beitrag zum Fehler auf den Cherenkov-Winkel klein zu halten, sollte ein Radiator mit kleiner Dispersion gewählt werden. Helium ist ein Beispiel für Gas-Radiatoren. Das $\Delta\lambda$-Fenster klein zu machen, ist ebenfalls eine Option, wodurch aber die Anzahl der Cherenkov-Photonen reduziert wird. Es gibt keine naheliegenden anderen Möglichkeiten, diesen Fehlerbeitrag zu reduzieren, jedenfalls nicht für Detektoren mit großer Apertur und großer Winkelakzeptanz. In Detektoren mit begrenzter Apertur, wie zum Beispiel in den differenziellen Cherenkov-Detektoren der Abb. 11.11 auf Seite 525, kann man den Fehlerbeitrag durch chromatische Aberration durch Korrekturlinsen reduzieren.

Für Gas-Radiatoren mit $n \approx 1$ (siehe Tab. 11.1) und für nahezu asymptotische Ringe mit $\beta \to 1$, $\gamma \gg 1$ wie in (11.7) kann man die folgenden Näherungen machen:

$$\theta_{max} \approx \sin\theta_{\text{max}} = \frac{1}{\gamma_{th}} = \sqrt{1-\frac{1}{n^2}} \approx \sqrt{2(n-1)}\,, \tag{11.45}$$

$$1-\frac{\theta_c}{\theta_{max}} \approx 1-\sqrt{1-\frac{\gamma_{th}^2}{\gamma^2}} \approx \frac{1}{2}\frac{\gamma_{th}^2}{\gamma^2}\,, \tag{11.46}$$

um den chromatischen Fehlerbeitrag zur Winkelauflösung zu schreiben als:

$$\sigma_{\theta_c}\Big|_{\text{chrom}} = \frac{\partial\theta_c}{\partial n}\sigma_n \approx \frac{\partial\theta_{max}}{\partial n}\sigma_n \approx \frac{\partial\sqrt{2(n-1)}}{\partial n}\sigma_n = \frac{1}{\sqrt{2(n-1)}}\sigma_n\,, \tag{11.47}$$

$$\frac{\sigma_{\theta_c}}{\theta_c}\Big|_{\text{chrom}} \approx \frac{1}{\sqrt{2(n-1)}}\frac{\sigma_n}{\sqrt{2(n-1)}} = \frac{1}{2}\frac{\sigma_n}{n-1}\,. \tag{11.48}$$

Als ein Beispiel betrachten wir einen Gas-RICH mit CH_4-Radiator ($n = 1.000444$, siehe Tab. 11.1) der Länge $L = 0.5\,\text{m}$ mit $N_0 = 75\,\text{cm}^{-1}$ und einer Photon-Winkelauflösung von $\sigma_{\theta_i} = 1\,\text{mrad}$. Für die RICH-Konstante erhält man damit $k_R = 1.6\times10^{-5}$. Mit (11.35) leiten wir ab, dass $>3\sigma$ π/K-Trennung für Impulse bis $p_{max} = 57.5\,\text{GeV}/c$ erzielbar ist ohne chromatische Effekte. Der chromatische Dispersionsbeitrag von CH_4 für λ zwischen 165–190 nm beträgt jedoch $\sigma_n/(n-1) = 9.6\%$ [393], das heißt $\sigma_n = 4.2\times10^{-5}$. Er erniedrigt somit den Separationsbereich auf $p_{max} \approx 34\,\text{GeV}/c$. Verbesserung der Detektionsgenauigkeit von θ_c würde daher nicht die Fähigkeit des Detektors zur Teilchenidentifikation verbessern.

Weiteres zur Teilchentrennung mit RICH-Detektoren, π/K- und e/π-Trennung im Kontext mit anderen Methoden zur Teilchenidentifikation in Experimenten, ist in Abschnitt 14.2 auf Seite 638 behandelt.

Zusammenfassend können die Anforderungen an einen RICH-Detektor zur Teilchenidentifikation wie folgt genannt werden:

- Der Messfehler auf den Radius des Cherenkov-Rings $\sigma_R/R = \sigma_{\theta_c}/\theta_c$ sollte so klein wie möglich sein, da er sich direkt auf einen Fehler auf die Geschwindigkeit β des Teilchens übersetzt. Die Ortsauflösung des Photondetektors sollte daher vergleichbar oder besser als die Auflösungsbeiträge durch andere Unvollkommenheiten sein, zum Beispiel durch chromatische Dispersion oder durch die Oberflächenrauhigkeit der Spiegel.
- Die chromatische Dispersion $\sigma_n/(n-1)$ sollte so klein wie möglich sein. Kleinste Dispersionswerte findet man für Edelgase wie He oder Ne sowie für Fluorkohlenstoffgase mit einer Dispersion von etwa $\sigma_n/(n-1) \approx 2$–3% in einem Energiefenster von 6.5–7.5 eV (165–190 nm) [393].
- Um so viele Cherenkov-Photonen wie möglich zu erhalten, muss $N_0\,L$ groß sein. Dies verlangt, dass das Produkt von Transmission, Spiegelreflektivität und Quantenausbeute, $T \times R \times Q$, maximiert werden muss, unter anderem durch die optimale Wahl von Detektormaterialien und (Spiegel-)Oberflächen. Beachte, dass großes L (speziell ein großes Gasradiatorvolumen) oft durch Randbedingungen aufgrund der Geometrie des Gesamtdetektors eingeschränkt wird.

11.6.4 RICH-Detektoren im Experiment

Wir beschreiben in diesem Abschnitt exemplarisch einige experimentelle Anwendungen ringabbildender Techniken in konkreten Experimenten. Weitere Anwendungen speziell zur Teilchenidentifikation mit ringabbildenden Cherenkov-Detektoren sind in Kapitel 14 erläutert.

RICH-Detektoren im DELPHI-Experiment Im DELPHI-Experiment [10], das bis 2001 am Elektron-Positron-Speicherring LEP (Tab. 2.2 auf Seite 15) installiert war, wurde die RICH-Technik intensiv zur Teilchenidentifikation eingesetzt [43, 69]. Abbildung 11.19 zeigt die Anordnung der RICH-Detektoren außerhalb des Innendetektors, aber noch innerhalb der Kalorimeter und innerhalb der Spule des Solenoid-Magneten des DELPHI-Detektors. In der als Doppel-RICH-Anordnung (siehe Abb. 11.13) entworfenen Konstruktion werden die Cherenkov-Ringe, die in einem Flüssigkeitsradiator entstehen, und diejenigen, die in einem Gasradiator entstehen, auf einen gemeinsamen Photondetektor abgebildet. Der Flüssigradiator ist Perfluorhexan (C_6F_{14}) mit einem Brechungsindex von $n = 1.28$, der Gasradiator besteht aus Perfluorbutan (C_4F_{10}, $n = 1.00150$) im Vorwärtsbereich und aus Perfluorpentan (C_5F_{12}, $n = 1.00172$) im Barrelbereich. Im Vorwärtsbereich wurde aus Platzgründen ein anderes Gas als im Barrel-Bereich gewählt, um bei kürzerer Radiatorlänge die gleiche Anzahl von Cherenkov-Photonen zu erhalten. Die Flüssigradiatoren sind nur 1 cm dick, so dass Proximity-Fokussierung verwendet werden kann. Die Cherenkov-Kegel der Gasradiatoren werden durch ein Spiegelsystem auf denselben Photondetektor fokussiert. Letzterer besteht aus mehreren gasgefüllten Kammern mit Quarz-Eintrittsfenstern, die ähnlich Abb. 11.14 in der Art von Zeitprojektionskammern (Abschnitt 7.11) ausgelegt sind. Die Gasfüllungen sind Kohlenwasserstoffmischun-

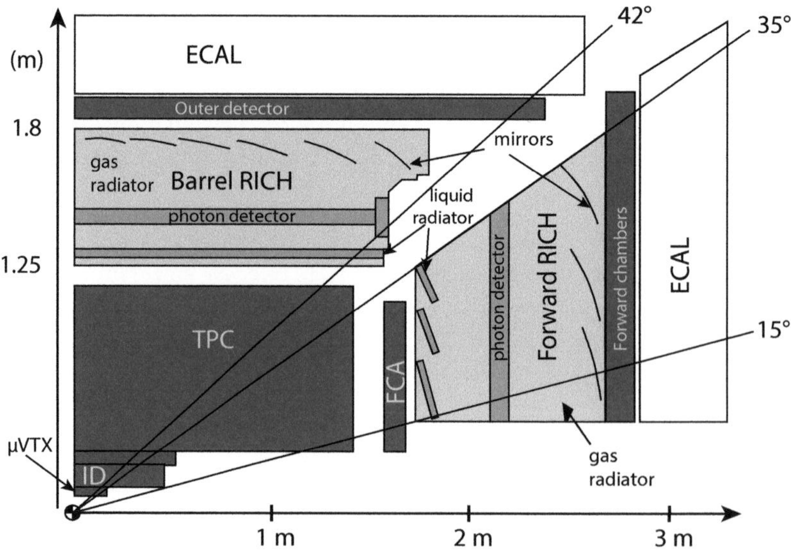

Abb. 11.19 Einsatz von RICH-Detektoren im DELPHI-Experiment am Elektron-Positron-Speicherring LEP ([69], mit freundl. Genehmigung von Elsevier). Gezeigt ist ein Viertel des DELPHI-Detektors in einem Schnitt parallel zur Strahlachse. Der Wechselwirkungspunkt liegt im Koordinatenursprung. Sowohl im 'Barrel'- als auch im 'Vorwärts'-Winkelbereich des Experiments sind die Doppel-RICH-Systeme zu sehen, bei denen die Cherenkov-Ringe je eines Gas- und eines Flüssigkeitsradiators auf denselben Photonendetektor wie in Abb. 11.13 abgebildet werden, in dem die Cherenkov-Ringe rekonstruiert werden.

gen (zum Beispiel 75% Methan, 25% Ethan), denen 0.1% TMAE-Dampf beigemischt ist, um die Cherenkov-Photonen in Photoelektronen zu konvertieren.

Tab. 11.3 Mittlere Photonen- beziehungsweise Photoelektronen-Ausbeute für ($\beta \approx 1$)-Teilchen der Cherenkov-Detektoren im DELPHI-Experiment [41,701]. **Die Teilchen durchlaufen die verschiedenen Radiatoren mit Durchschnittslänge ⟨Länge⟩. Die Radiatoren sind nach ihrem Materiezustand gekennzeichnet** (fl = flüssig, gas = gasförmig) sowie nach ihrer Lage im Detektor (b = barrel, f = forward). N_∞^γ ist die Zahl der asymptotisch ($\beta = 1$) erzeugten Photonen. Nach Verlusten in Radiator, Spiegelsystem und Eintrittsfenster des Detektors verringern sie sich zu $N_{\text{all}}^{\text{pe}}$ Photoelektronen in der Fokalebene des Photondetektors ohne Akzeptanzbeschränkung (für das Vorwärts-RICH-System abgeschätzt durch Simulationen). Nach Akzeptanz-, Totzeit- und Schwellenverlusten verbleiben $N_{\text{det}}^{\text{pe}}$ Photoelektronen. Die gemessene Ausbeute ist $N_{\text{meas}}^{\text{pe}}$ [41, 69]. $\langle\lambda\rangle$ ist die mittlere Wellenlänge der nachgewiesenen Cherenkov-Photonen.

Radiator	⟨Länge⟩ (cm)	Brechungs-index	θ_c (β=1)	N_∞^γ	$N_{\text{all}}^{\text{pe}}$	$N_{\text{det}}^{\text{pe}}$	$N_{\text{meas}}^{\text{pe}}$	$\langle\lambda\rangle$ (nm)
C_6F_{14} (fl, f)	1	1.2827	38.8°	≈ 250	27.0	9.7	7.8	193.1
C_6F_{14} (fl, b)	1	1.2827	38.8°	≈ 250	27.0		15	
C_4F_{10} (gas, f)	60	1.00150	3.2°	≈ 150	17.1	9.9	10.9	189.7
C_5F_{12} (gas, b)	45	1.00172	3.4°	≈ 110	11.1		9	

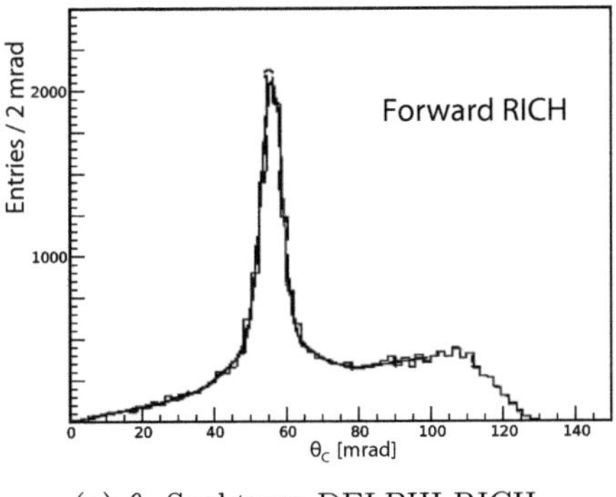

(a) θ_c-Spektrum DELPHI-RICH

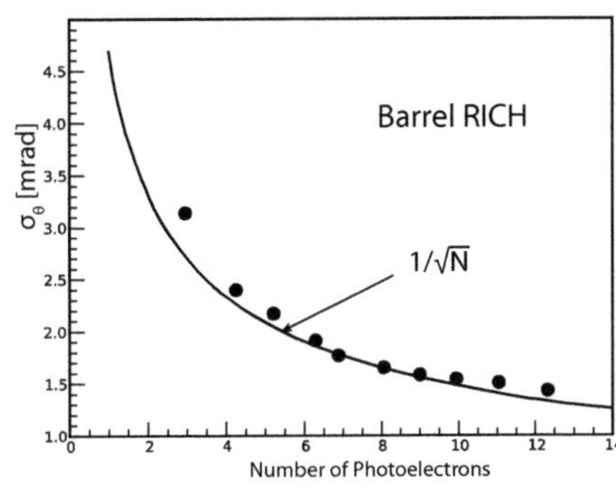

(b) Auflösung als Funktion von N^{pe}_{meas}

Abb. 11.20 Cherenkov-Winkel-Auflösungsmessung für Myonen aus dem Zerfall $Z^0 \to \mu^+\mu^-$, gemessen mit den beiden DELPHI-RICH-Detektoren (aus [42], mit freundl. Genehmigung von Elsevier). (a) Gemessenes θ_c-Spektrum einzelner Photonen im Gasradiator (C_4F_{10}) des Vorwärts-RICH. Im Mittel werden etwa 10 Photoelektronen pro Myon ($\beta \approx 1$) nachgewiesen. Die Anpassung einer Normalverteilung auf einem Untergrund ergibt einen Scheitelwert von 55.6 mrad (3.19°) und eine Standardabweichung von 2.85 mrad. (b) Auflösung von θ_c im Gasradiator (C_5F_{12}) des Barrel-RICH in Abhängigkeit von der Zahl der nachgewiesenen Photoelektronen. Die durchgezogene Linie zeigt, dass die Auflösung einem $1/\sqrt{N}$-Verlauf folgt.

Die Photonenausbeute ist in Tab. 11.3 zusammengefasst. Die Anzahl der erzeugten Photonen hängt nach (11.13) vom Cherenkov-Winkel θ_c und der Radiatorlänge L ab. Bei $\theta_c \approx 38.8°$ (Vorwärts-RICH) und einer Flüssigradiatorlänge von 1 cm werden etwa 250 Cherenkov-Photonen in dem nachweisbaren Wellenlängenbereich (175–230 nm) erzeugt [41]. Für die 60 cm langen Gasradiatoren sind es 150 Photonen im Bereich 165–230 nm bei einem Winkel von 3.2° [41]. Nach Multiplikation mit dem über λ integrierten Produkt der Effizienzfaktoren Q, T und R aus Gleichung (11.17) ergeben sich die in Tab. 11.3 angegebenen Zahlen der im Photondetektor erzeugten Photoelektronen N^{pe}_{det}.

Abbildung 11.20 zeigt die Auflösung bei der Messung des Cherenkov-Winkels für Myonen aus dem Zerfall $Z^0 \to \mu^+\mu^-$, die $\beta \approx 1$ besitzen. In Abb. 11.20(a) ist das gemessene Winkelspektrum für Einzelphotonen im Vorwärts-Gas-RICH gezeigt. Abb. 11.20(b) zeigt für den Barrel-Gas-RICH die Winkelauflösung für den gesamten Cherenkov-Ring in Abhängigkeit von der Zahl der auf dem Ring nachgewiesenen Photoelektronen. Die Winkelauflösung pro Photon liegt im Bereich von 5–8% (2.5–4.7 mrad) für die Gasradiatoren und von 2% (13 mrad) für die Flüssigradiatoren [69]. Die daraus resultierende Fähigkeit, Kaonen und Protonen von Elektronen, Pionen und Myonen zu trennen, ist in Abb. 11.21 dargestellt (siehe auch Kapitel 14). Nahezu der gesamte Impulsbereich der bei LEP in der ersten Ausbaustufe (LEP 1) auftretenden Hadronen bis oberhalb von 10 GeV wird überdeckt.

Für die LHC-Experimente ALICE und LHCb wurde die RICH-Technik zur Teilchenidentifikation über weite Impulsbereiche weiterentwickelt. Dies ist in Kapitel 14 beschrieben.

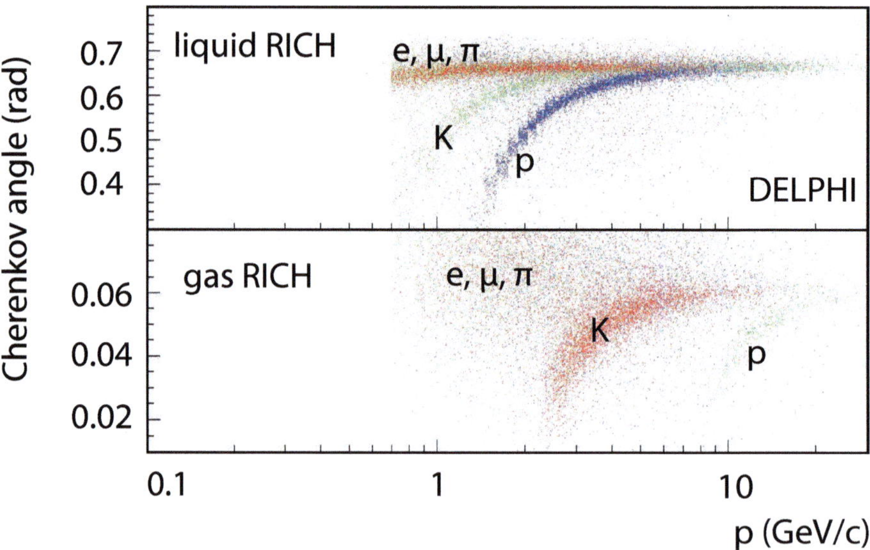

Abb. 11.21 Teilchenidentifikation mit dem RICH-System des DELPHI-Experiments. Aufgetragen ist der Cherenkov-Winkel als Funktion des Impulses für verschiedene Teilchenarten (aus [363]).

'Hadronen-blinder' Elektronennachweis im CERES-Experiment In dem Experiment CERES (NA45)) [168] am Schwerionenstrahl des CERN-SPS wurden e^+e^--Paare in Schwerionen-Kollisionen (zum Beispiel S+Au oder Pb+Pb) als Signatur für ein mögliches heißes Plasma aus Quarks und Gluonen nachgewiesen. Bei den Kollisionen werden eine Vielzahl geladener und neutraler Hadronen erzeugt, bei zentralen Ion-Ion-Kollisionen bis zu mehreren hundert im Akzeptanzbereich des Detektors [55]. Das Ziel, der Nachweis thermisch im Quark-Gluon-Plasma produzierter e^+e^--Paare in Gegenwart von Hadronen, die um viele Größenordnungen häufiger sind, ist eine experimentelle Herausforderung. Zusätzlich stellen π^0-Zerfälle einen sehr schwer reduzierbaren Untergrund dar, weil sie 10^5-mal häufiger sind als thermisch produzierte e^+e^--Paare und weil sie – außer in zwei Photonen, die im Detektormaterial in e^+e^--Paare konvertieren können – auch in $e^+e^-\gamma$ (Dalitz-Zerfall) zerfallen können.

Das Ziel des Experiments war daher eine weitgehende, fast vollständige Unterdrückung von Hadron-Signalen ('Hadron-blinder' Nachweis) unter Verwendung von Detektoren möglichst geringer Materialdicke, nicht zuletzt um Photonkonversionen minimal zu halten. Dieses Ziel wurde erreicht durch den gleichzeitigen Nachweis von paarweise erzeugten Elektronen und Positronen in zwei mit Methan (CH_4) gefüllten Gas-RICH-Detektoren, deren Cherenkov-Schwelle $\gamma_{th} \approx 32$ beträgt. Elektronen überschreiten diese Schwelle bereits ab Impulsen von etwa 16 MeV/c. Pionen, hingegen, erzeugen erst ab $p_{th} \approx 4.5$ GeV/c Cherenkovlicht. Ihre Ringe haben allerdings erst für Impulse oberhalb von 20 GeV/c eine Radiengröße, die von den asymptotischen Cherenkov-Ringen der Elektronen und Positronen nicht mehr unterschieden werden kann. Dadurch konnten Pionen bei den gegebenen Impuls- und Akzeptanzbereichen des Experiments stark unterdrückt werden.

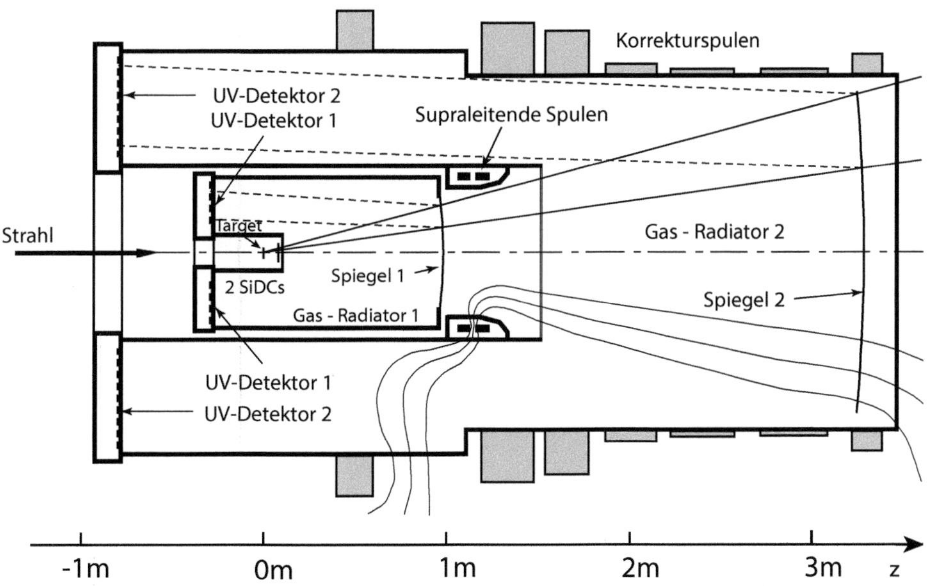

Abb. 11.22 'Hadron-blindes' Experiment CERES (NA45) am Schwerionen-Strahl des CERN SPS (*fixed target*-Experiment) [56] (mit freundl. Genehmigung von Elsevier). Die Hauptelemente sind zwei ineinander gesetzte Gas-Cherenkov-Detektoren. Cherenkov-Strahlung wird über Spiegel auf zwei UV-RICH-Detektoren fokussiert. Die strahlenden Elektronen und Positronen werden durch ein Magnetspektrometer zwischen RICH 1 und RICH 2 durch ein supraleitendes Spulenpaar mit gegenläufigen Strömen sehr lokal azimutal abgelenkt (siehe Text). Die UV-Detektoren sind in Abb. 11.15 gezeigt.

Abbildung 11.22 zeigt den Aufbau des Experiments [55], in dem die beiden RICH-Systeme ineinander geschachtelt sind. Die Apparatur ist azimutal symmetrisch. Cherenkov-Strahlung emittierende Teilchen erzeugen Ringe in beiden RICH-Detektoren. Die beiden supraleitenden Spulen erzeugen durch gegenläufigen Stromfluss ein lokales Magnetfeld, dessen ablenkende Wirkung im Wesentlichen auf ein kleines Volumen zwischen RICH 1 und RICH 2 beschränkt ist. Elektronen und Positronen werden dort azimutal in einer Ebene senkrecht zum einlaufenden Strahl in verschiedene Richtungen abgelenkt, sodass die Kenntnis der ursprünglichen Richtung der Teilchen bestehen bleibt. Aus der Ringversetzung zwischen UV-Detektor 1 und UV-Detektor 2 können Ladungsvorzeichen und Impuls bestimmt werden. Mit Hilfe der Korrekturspulen wird dafür gesorgt, dass in Strahlrichtung vor den Hauptspulen nahezu kein Magnetfeld existiert und hinter ihnen der Feldverlauf nahezu parallel zu den Trajektorien der aus dem Target kommenden Teilchen ist, so dass dort keine Ablenkung erfolgt. Die mit UV-durchlässigen Eintrittsfenstern versehenen und mit He + C_2H_6 + TMAE gefüllten Photondetektoren weisen die Cherenkov-Ringe nach. Das Ausleseprinzip folgt dem in Abb. 11.15 auf Seite 530 erläuterten mehrstufigen Schema eines Detektors mit mehreren Verstärkungsstufen.

Abbildung 11.23 zeigt Cherenkov-Ringe in den beiden RICH-Detektoren des CERES-(NA45)-Experiments. Gezeigt sind Cherenkov-Ringe von e^+e^--Paaren in einer p+Be -

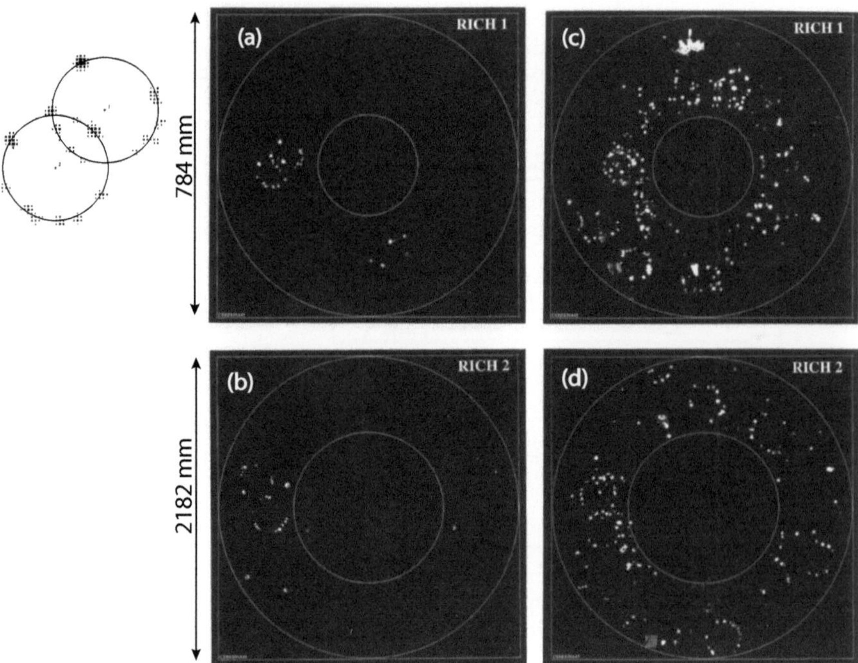

Abb. 11.23 Cherenkov-Ringe in den beiden RICH-Detektoren des CERES(NA45)-Experiments ([168], mit freundl. Genehmigung von Elsevier). Gezeigt sind in (a),(b) Cherenkov-Ringe von e^+e^--Paaren in einer nahezu untergrundfreien p+Be Kollision. Die Cherenkov-Ringe stammen sehr wahrscheinlich von erzeugten neutralen Pionen durch den Zerfall $\pi^0 \to e^+e^-\gamma$; in (c),(d) sind es Ringe aus einer S+Au Kollision mit Untergrund (wahrscheinlich von geladenen Pionen), jeweils in RICH 1 (a),(c) und RICH 2 (b),(d). Links ist eine vergrößerte Darstellung der Ringe in (a) gezeigt, bei der die Elektroden des UV-Detektors (siehe Abb. 11.15) gezeigt sind, die ein Signal oberhalb einer Schwelle haben. Ringpaare erscheinen in RICH 1 und RICH 2 an etwa gleichen Positionen (etwa bei einer Uhrzeigerposition von 9 Uhr in allen Bildern). In (c),(d) sind weitere asymptotische Einzelringe sichtbar.

Kollision (a),(b), die wenig Untergrund hat, und einer S+Au - Kollision (c),(d), bei der die e^+e^--Ringe aus einem Untergrund von Pionen erkannt werden müssen. Die Ringmittelpunkte sind in UV-Detektor 2 jeweils weiter voneinander entfernt als in UV-Detektor 1, verursacht durch das lokale Magnetfeld zwischen RICH 1 und RICH 2.

Aerogel-RICH des Belle-II-Experiments mit Proximity-Fokussierung Für RICH-Detektoren mit festen oder flüssigen Radiatoren, für die Proximity-Fokussierung verwendet werden kann, ist eine Erhöhung der Photonenausbeute durch einen dickeren Radiator mit einer Verschlechterung der Winkelauflösung der Photonen verbunden. Der Emissionspunkt eine Photons wird in einem dickeren Radiator schlechter aufgelöst (vergleiche Abb. 11.18 und Gleichung (11.36)). Diese Limitierung der Auflösung kann überwunden werden, wenn man den Radiator so aufbaut, dass der Brechungsindex in Stufen ansteigt, wie in Abb. 11.24 gezeigt. In Aerogel ist es möglich, durch Variation der Dichte den Brechungsindex nahezu kontinuierlich zu variieren. Durch ein Radiatordesign wie

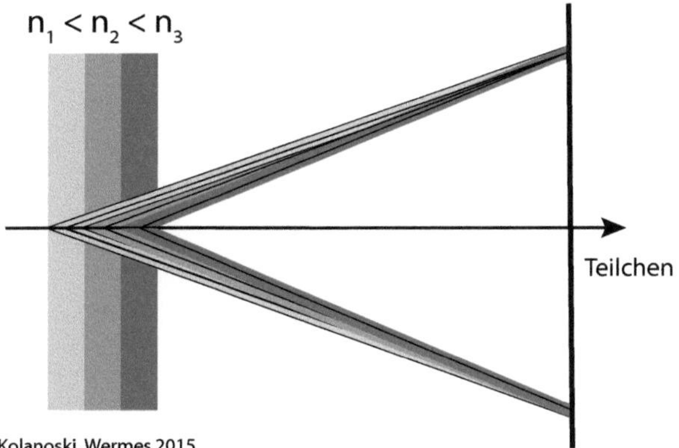

Abb. 11.24 Fokussierungseffekt durch inhomogene Aerogel-Radiatorschichtung [792].

in Abb. 11.24 wird eine fokussierende Wirkung der Cherenkov-Strahlung bewirkt [681]. Ein derartiges Konzept mit einem Aerogel-Radiator mit zwei Schichten wird im Belle-II-Experiment am e^+e^--Speicherring SuperKEKB in Japan eingesetzt [592, 826].

Verwendung der RICH-Technik zum Neutrino-Nachweis Ein Beispiel für einen Cherenkov-Detektor, der das RICH-Prinzip zum direkten Nachweis von Neutrino-Reaktionen verwendet, ist das Super-Kamiokande-Experiment in Japan [457], mit dem Neutrino-Oszillationen entdeckt wurden, und zwar sowohl mit Neutrinos aus der Atmosphäre [456] als auch mit Sonnenneutrinos [578] (siehe auch Abschnitt 16.6). Das Experiment und sein Vorgänger Kamiokande waren ursprünglich für die Untersuchung des Protonzerfalls in der Reaktion $p \to \pi^0 + e^+$ konzipiert worden, bei der das Positron Cherenkov-Strahlung erzeugt.

Der Detektor besteht aus einem großen, 1000 m unter der Erdoberfläche installierten, zylindrischen Wassertank (50 000 t ultrareines Wasser) von etwa 42 m Höhe und 39 m Durchmesser (Abb. 16.26 auf Seite 802). Das Wasservolumen ist zur Unterdrückung des Untergrundes durch eine schwarze Folie optisch in ein inneres und ein äußeres Volumen unterteilt, und Lichtsignale werden von insgesamt circa 13 000 großen Photovervielfachern (PMTs) ausgelesen, die auf der Wand des Tanks installiert sind (Abb. 10.12 auf Seite 484). Eines der Ziele des Experiments ist der Nachweis und die Unterscheidung von Elektron- und Myon-Neutrinos durch ihre Wechselwirkung in dem Wasservolumen durch die Reaktionen

$$\nu + e^- \to e^- + \nu \tag{11.49}$$

$$\nu + N \to l^- + X \tag{11.50}$$

und die entsprechenden Reaktionen mit Antineutrinos, also der Streuung von $\nu = \nu_{e,\mu,(\tau)}$ an Hüllenelektronen oder Kernen N des Wassermoleküls. Durch Nachweis und Unterscheidung von Elektron- und Myon-Neutrinos lassen sich die Neutrinoart (*flavor*) bestimmen und damit auch Neutrino-Oszillationen analysieren. Das erzeugte Lepton im Endzustand der Reaktionen (11.50) lässt auf die Neutrino-Flavor schließen, welches die Reaktion ausgelöst hat. Für die Identifizierung der erzeugten Elektronen bzw. Myonen

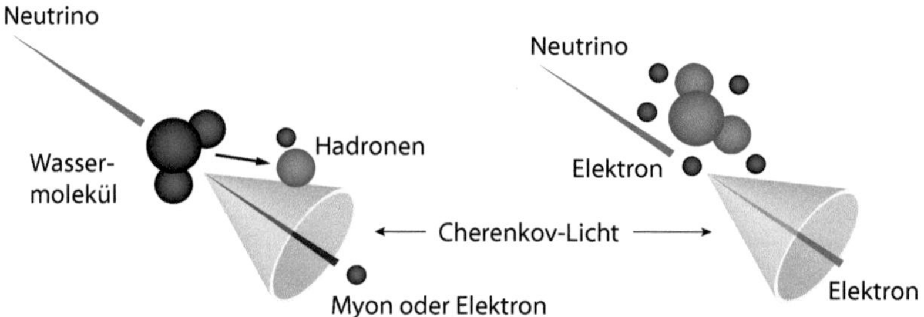

Abb. 11.25 Neutrino-induzierte Reaktionen [972] im Super-Kamiokande-Detektor. Neutrinos streuen an Kernen (links) oder an Hüllenelektronen (rechts) und erzeugen Elektronen oder Myonen im Endzustand, die Cherenkov-Strahlung kegelförmig abstrahlen.

werden die spezifischen Charakteristika der Emission von Cherenkov-Strahlung ausgenutzt.

Es gibt keine fokussierenden Elemente in dem Super-Kamiokande-Detektor. Das an der Tankwand registrierte Licht hat seinen Ursprung aus der kegelförmig über der gesamten Laufstrecke der erzeugten Elektronen oder Myonen im Tank emittierten Cherenkov-Strahlung. Es sind daher keine scharf abgebildeten Ringe wie in den vorherigen RICH-Detektor-Beispielen, sondern sie sind laufstreckenabhängig verbreitert.

Die interessierenden Signale in Super-Kamiokande sind GeV-Myon- oder -Elektron-Neutrinos, die in der Atmosphäre entstehen, und MeV-Elektron-Neutrinos aus der Sonne. Die atmosphärischen ν_μ wechselwirken mit den Wasserstoff- beziehungsweise Sauerstoffkernen des Wassertanks und erzeugen dabei Myonen, die oft noch im Detektorvolumen nach einer kurzen Flugstrecke stoppen (*fully contained*). Myonen oder Elektronen, die aus dem kosmischen Schauer und nicht aus einer Neutrinoreaktion in den Detektor gelangen sind Untergrund. Niederenergetische Neutrino-Reaktionen ($E \lesssim 1$ GeV) sind in der Regel quasi-elastisch und haben nur das Lepton (μ oder e) im Endzustand (zum Beispiel wie in Abb. 11.25 (rechts)). Bei höheren Energien können auch einzelne Pionen oder mehrere Hadronen zusätzlich zu dem Lepton erzeugt werden (Abb. 11.25 (links)). Höherenergetische Myonen können auch den Detektor verlassen (*partially contained*), Elektronen in der Regel nicht.

Ringförmige Muster mit scharfem äußerem Rand werden durch *fully-contained*-Myonen aus Neutrinoreaktionen erzeugt. Hochenergetischere Myonen aus der kosmischen Strahlung, die meist eine größere Strecke im Detektorvolumen durchlaufen, erzeugen Lichtsignale in vielen PMTs innerhalb ihres Cherenkov-Kegels und können bereits dadurch als Untergrund erkannt werden. Außerdem erzeugen sie Licht in beiden Detektorvolumina, während für Neutrino-induzierte Signale verlangt wird, dass sie aus einem Bereich des inneren Volumens (*fiducial volume*) stammen und kein Signal in dem äußeren Volumen erzeugt haben.

Streuung der strahlenden Teilchen (Elektron oder Myon) verursacht weitere Formveränderungen der Ringe. Elektronen verlieren im Wassertank Energie durch Bremsstrahlung und können aufschauern (Abb. 11.26(a)). Myonen werden nur durch Cou-

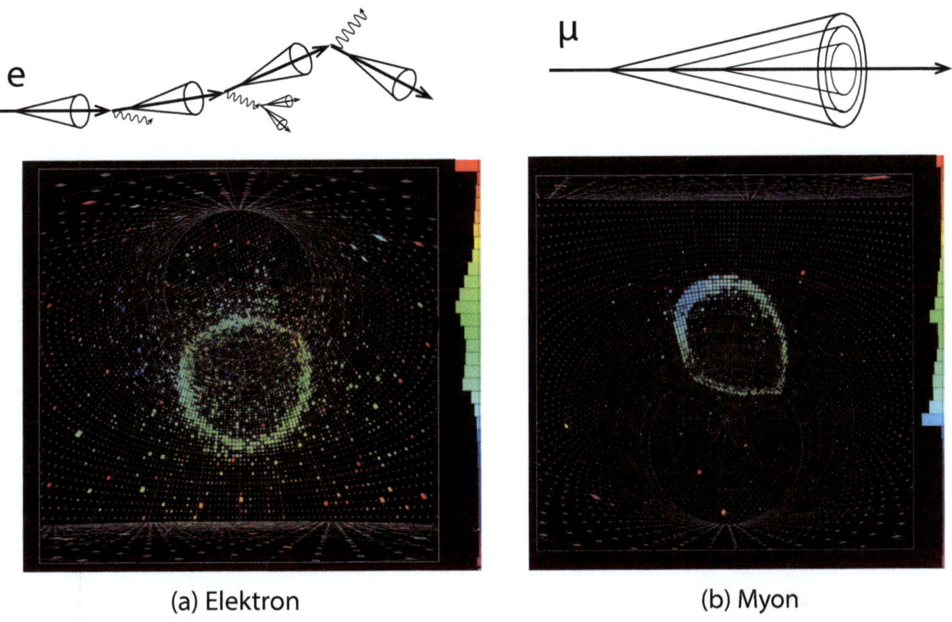

(a) Elektron (b) Myon

Abb. 11.26 Beispiele von je zwei verschiedenen Elektron- und Myon-Ereignissen im Super-Kamiokande-Experiment. (a) Elektronen verlieren Energie durch Bremsstrahlung und können aufschauern (oben). Die Ränder der Cherenkov-Ringe sind unscharf, wie das Beispiel eines gemessenen Ereignisses zeigt. (b) Myonen erzeugen Ringe, wenn sie nach kurzer Laufstrecke gestoppt werden, was der auf Seite 526 besprochenen Proximity-Fokussierung entspricht, oder sie erzeugen Kegel beziehungsweise zum Teil gefüllte Ringe (hochenergetische Myonen, oben). Die Ränder der Myon-Ringe sind vergleichsweise scharf. Der Farbcode zeigt die Ankunftszeit der Cherenkov-Photonen an. Quelle: Kamioka Observatory, ICRR (Institute for Cosmic Ray Research), The University of Tokyo und Super-Kamiokande.

lomb-Vielfachstreuung abgelenkt (Abb. 11.26(b)). Der Farbcode in Abb. 11.26 zeigt die Ankunftszeit des Cherenkov-Lichtes an. Eine Zeitmessung erlaubt somit die Bestimmung des Einfallswinkels des strahlenden Leptons relativ zur PMT-Wand.

Die Schärfe des äußeren Randes eines Cherenkov-Ringes kann effizient genutzt werden, um ν_e-induzierte von ν_μ-induzierten Reaktionen zu unterscheiden, was das entscheidende Kriterium für die ν-Oszillations-Messungen ist. Die Ringidentifikation erlaubt eine Rekonstruktion der Richtung von zum Beispiel Elektronen aus Sonnenneutrino-Reaktionen [578] (Abb. 11.26(a)). Dies ist in Abschnitt 16.6.1 beschrieben.

11.6.5 Der DIRC-Detektor

Eine spezielle Art RICH-Detektor wurde für die π/K-Trennung im BaBar-Experiment am PEP II Speicherring (Tab. 2.2) des Stanford Linear Accelerator Centers (SLAC) entwickelt [339,40], der under dem Namen DIRC (*Detection of Internally Reflected Cherenkov-Light*) bekannt geworden ist. Das Prinzip ist in Abb. 11.27 dargestellt [40].

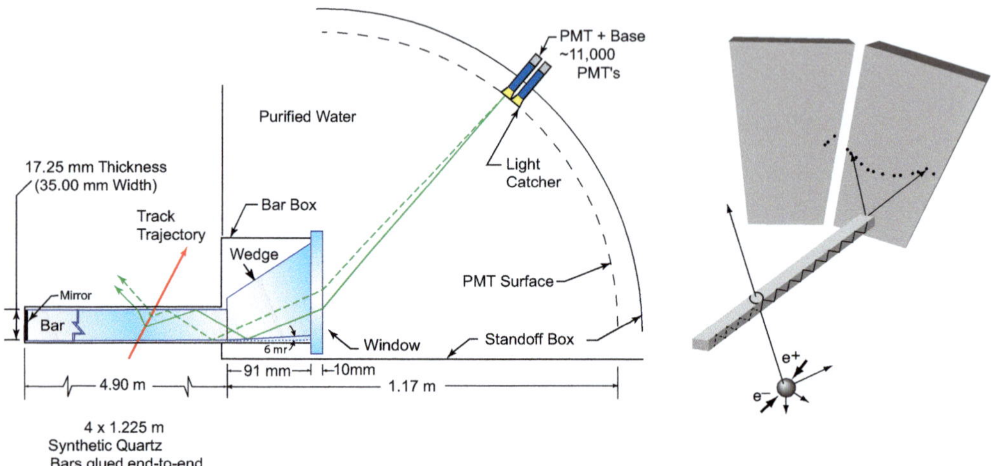

Abb. 11.27 Das Prinzip des DIRC-Detektors (nach [40]). Geladene Teilchen erzeugen im Quarzstab Cherenkov-Licht, das winkelerhaltend nach außen geführt und auf den Photondetektor abgebildet wird. Lichtanteile, die nicht total reflektiert werden, gehen verloren. (Abdruck mit freundl. Genehmigung der BaBar-Kollaboration).

Der so genannte DIRC-Detektor (*Detection of Internally Reflected Cherenkov-light*) führt das Cherenkov-Licht winkelerhaltend durch Totalreflexion in Quarzstäben aus dem Detektorvolumen heraus. Außerhalb wird es auf eine dicht gepackte flächige Anordnung von Photovervielfachern abgebildet, auf der die Cherenkov-Ringe rekonstruiert werden. Auf der nicht ausgelesenen Seite sind die Quarzstäbe verspiegelt, so dass dorthin totalreflektiertes Licht gespiegelt und ebenfalls auf die Ausleseﬂäche abgebildet wird. Der DIRC-Detektor ist speziell für die wissenschaftlichen Fragestellungen an einer so genannten B-Mesonen-Fabrik konstruiert, einem in der Strahlenergie asymmetrischen e^+e^- -Speichering mit Schwerpunktenergien um 10 GeV (siehe Tab. 2.2 auf Seite 15), bei dem eine sehr gute π/K-Trennung im Impulsbereich bis etwa 5 GeV/c notwendig ist.

Die Bedingung für Totalreflexion bei einem Übergang von einem Material mit Brechungsindex $n > 1$ zu Luft ($n_0 \approx 1$) ist $\sin\alpha > 1/n$. Im Fall des senkrechten Eintritts eines geladenen Teilchens in den rechtwinkligen Stab (Abb. 11.28(a)) gilt:

$$\begin{aligned} \sin\alpha &= \sin\theta_c = \sqrt{1 - \frac{1}{\beta^2 n^2}} > \frac{1}{n} \\ \Longrightarrow \quad \text{für } \beta = 1: &\quad 1 - \frac{1}{n^2} > \frac{1}{n^2} \Rightarrow n > \sqrt{2}\,. \end{aligned} \tag{11.51}$$

Für ein Radiatormaterial mit einem Brechungsindex (ausreichend) größer als $\sqrt{2}$ wird daher immer ein Teil der durch geladene Teilchen ausgelösten Cherenkov-Strahlung an der Grenzfläche total reflektiert und wird durch Mehrfachreflexionen zum Ende des Stabes transportiert. Anders als bei senkrechtem Eintritt geht für geneigte Spuren (Abb. 11.28(b)) etwa die Hälfte der Cherenkov-Strahlung verloren, wenn die Totalreflexionsbedingung nicht mehr erfüllt ist, die andere Hälfte erfüllt die Bedingung aber

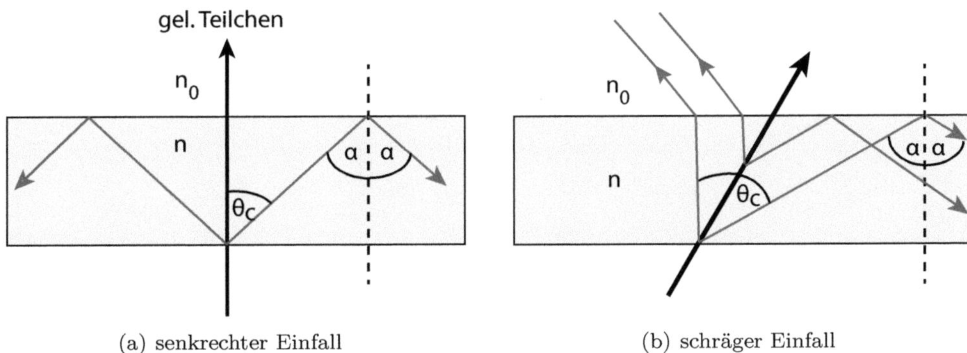

(a) senkrechter Einfall

(b) schräger Einfall

Abb. 11.28 Zusammenhang zwischen Cherenkov-Winkel und Totalreflexion. (a) bei senkrechtem Einfall eines geladenen Teilchens; (b) bei schrägem Einfall.

in jedem Fall, so dass immer ein Anteil des Lichtes den Photondetektor erreicht, wenn (11.51) erfüllt ist.

Quarz mit einem Brechungsindex von $n = 1.47$ (bei $\lambda = 400$ nm) ist daher als Radiator sehr gut geeignet. Darüber hinaus besitzt Quarz für Licht im Bereich des Cherenkov-Spektrums (UV) eine große Absorptionslänge, geringe chromatische Aberration und gute Eigenschaften für die optische Bearbeitung.

In dem DIRC-Detektor des BaBar-Experiments sind 144 fast 5 m lange, rechteckige Quarzstäbe (17.25×35 mm^2) außerhalb der zentralen Driftkammer ringförmig angeordnet. Sie decken den Barrel-Bereich des Detektors ab (Abb. 11.29(a)) und werden nur an einer Seite des Detektors (e^+-Richtung) durch PMTs ausgelesen. Das Licht wird an dem nicht-verspiegelten Ende über ein Auskoppelprisma in ein mit sehr reinem Wasser gefülltes Volumen auf die Matrix von Photovervielfachern (PMTs) abgebildet. Wasser hat einen Brechungsindex, der nahe genug an dem von Quarz liegt, so dass die Reflexionsverluste an der Quarz/Wasser-Grenzfläche tolerierbar sind. Eine Abschrägung der Prismaunterseite von 6 mrad (siehe Abb. 11.27) bewirkt, dass die Reflexion an dieser Fläche fokussierend wirkt und Cherenkov-Photonen aus derselben Quelle weitgehend auf denselben Photovervielfacher abgebildet werden. Diese Art der Auskopplung vermeidet zusätzliche Spiegel und verringert die notwendige Detektorfläche.

Bei senkrechtem Teilchendurchgang ($\beta \approx 1$) werden etwa 1000 Cherenkov-Photonen im Quarzstab erzeugt. Weniger als die Hälfte wird im Stab durch Totalreflexion behalten. Nach Vielfachreflexion und Auskopplung erreichen etwa 10–20 Photonen den Photondetektor, bei sehr steilem Einfallswinkel des Teilchens (mit deutlich größerer Weglänge im Radiator) bis zu 80 Photonen [927].

Die Photovervielfacher auf der Nachweisfläche messen Ort und Zeit relativ zur Strahlkollision der eintreffenden Cherenkov-Photonen, woraus der Cherenkov-Winkel der emittierten Strahlung rekonstruiert wird. Die Zeitmessung gibt Information über den zurückgelegten Lichtweg im Quarzstab ($\sigma_z \approx 10$ cm), der wiederum in direktem Zusammenhang mit dem Anfangswinkel der Photonen relativ zur Staboberfläche steht, weil steilere Winkel mehr Reflexionen und längere Wege zur Folge haben. Da der Auftreffwinkel des

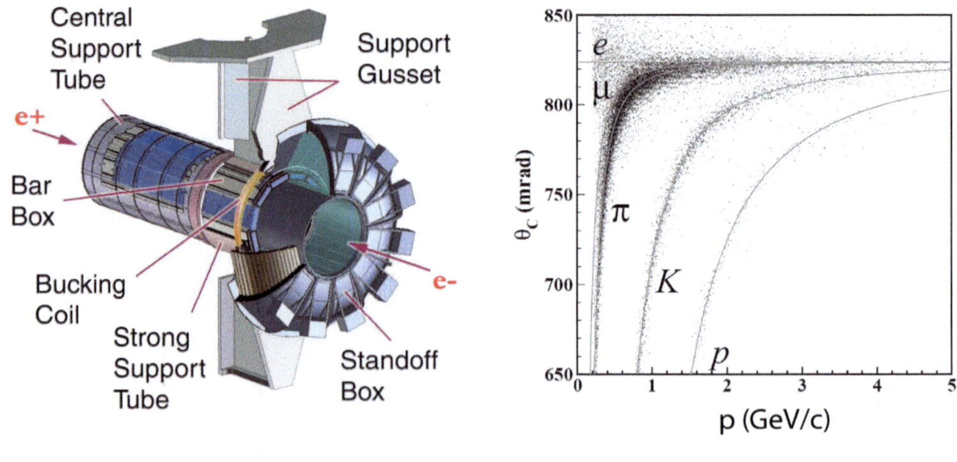

(a) BaBar-DIRC (b) Teilchentrennung mir dem DIRC

Abb. 11.29 (a) Anordnung des DIRC-Detektors im BaBar-Experiment. Die Quarzstäbe sind tonnenförmig in der *Bar Box* über die ganze Länge des Detektors angeordnet. Das Cherenkov-Licht wird in die mit Photovervielfachern gefüllte *Standoff Box* an der Seite in Richtung des e^+-Strahls (entgegen der Richtung des Lorentz-Boosts der Reaktion, siehe Tab. 2.1) abgebildet. (b) Erreichte Teilchenidentifikation mit dem DIRC-Detektor von BaBar. Gezeigt sind die gemessenen Cherenkov-Winkel für e, μ, π, K, p als Funktion des Teilchenimpulses [40]. (Quelle: BaBar-Kollaboration und SLAC.)

geladenen Teilchens bekannt ist, stellt somit die Photonlaufzeitmessung bei hinreichender Auflösung prinzipiell eine unabhängige Bestimmung des Cherenkov-Winkels dar [183].

In Abbildung 11.29(a) ist die Anordnung des DIRC-Detektors im BaBar-Experiment gezeigt, und in Abb. 11.29(b) sind gemessene Cherenkov-Winkel für verschiedene geladene Teilchen als Funktion des Impulses dargestellt. Eine π/K-Teilchentrennung ($2\,\sigma$) wird über einen Impulsbereich bis 4.2 GeV/c erreicht [40].

11.7 Cherenkov-Strahlung in Astroteilchenphysik-Experimenten

In der Astroteilchenphysik findet Cherenkov-Strahlung als Nachweistechnik vielfältige Anwendung. Dabei wird neben Wasser oder Eis auch die Erdatmosphäre als Radiator verwendet, in der hochenergetische Teilchen Luftschauer auslösen. Die geladenen Teilchen des Schauers, deren Geschwindigkeit oberhalb der Cherenkov-Schwelle liegt (vornehmlich Elektronen und Positronen), strahlen Cherenkov-Strahlung ab, die als Strahlung insgesamt (kalorimetrisch) oder auch abbildend nachgewiesen werden kann.

Man kann die Experimente der Astroteilchenphysik, die Cherenkov-Strahlung verwenden, danach einteilen, wie die Strahlung für die jeweiligen wissenschaftlichen Ziele eingesetzt wird. Für eine ausführlichere Beschreibung von Experimenten der Astroteilchenphysik wird auf Kapitel 16 verwiesen:

- Experimente wie das im Abschnitt 11.3 auf Seite 545 besprochene Super-Kamiokande-Experiment, bei dem Cherenkov-Ringe zum Nachweis und zur Identifikation von nieder- bis mittelenergetischen Neutrinoreaktionen gemessen werden (Abschnitt 16.6).
- Experimente mit Hochenergie-Neutrinos (Abschnitt 16.6.5) wie IceCube [664, 589] oder ANTARES/KM3NET [345,654] und Baikal-GVD [142], die die Richtung und die Ankunftszeit der Cherenkov-Strahlung ausnutzen, um die aus der Neutrinoreaktion stammende Teilchenspur oder -kaskade räumlich zu rekonstruieren. Die Experimente nutzen riesige Volumina im Polareis beziehungsweise in Meer- oder Seewasser, in denen die Cherenkov-Strahlung nachgewiesen wird.
- So genannte *Imaging Atmospheric Cherenkov Telescopes* (IACTs), die das Cherenkov-Licht fokussierend abbilden, um ein Bild des Luftschauers zu erhalten, die aber keine Cherenkov-Ringe explizit rekonstruieren (Abschnitt 16.5). Diese Methode wird für den Nachweis hochenergetischer (oberhalb von 100 GeV) Gammastrahlung verwendet. Eines oder mehrere Cherenkov-Teleskope tasten den von der Cherenkov-Strahlung des Luftschauers überdeckten Abstrahlungskegel ab, wie in Abb. 16.23 auf Seite 796 dargestellt. Beispiele für diese Messmethodik sind H.E.S.S. [558], MAGIC [733] und VERITAS [1009].
- Experimente, die das Cherenkov-Licht als Maß für den Energieverlust von Schauerteilchen nutzen wie AUGER [28] und IceTop [16] (Abschnitt 16.4.3). Die Teilchen eines Luftschauers mit $\gamma > 1.51$ beziehungsweise $\gamma > 1.55$ (siehe Tab. 11.1) erzeugen Cherenkov-Licht in Wasser- (AUGER) oder Eistanks (IceTop). Die Lichtmenge ist etwa proportional zum Energieverlust dE/dx der Teilchen in dem Detektorvolumen. Die in allen Tanks insgesamt deponierte Energie lässt Rückschlüsse auf die Energie des den Schauer auslösenden Primärteilchens zu.
- Experimente, die in klaren Nächten das Cherenkov-Licht aus Luftschauern nichtfokussierend zur kalorimetrischen Bestimmung der Energie des Schauers detektieren. Das TUNKA-Experiment [274] am Baikalsee ist ein Beispiel (Abschnitt 16.4.3).

12 Übergangsstrahlungsdetektoren

Übersicht

Eine Änderung elektromagnetischer Felder führt zur Emission elektromagnetischer Strahlung. Im Falle eines bewegten geladenen Teilchens kann dies durch eine Geschwindigkeits- und/oder Richtungsänderung (Bremsstrahlung an Atomkernen oder Synchrotronstrahlung bei Ablenkung einer Ladung im Magnetfeld, auch im Vakuum) erfolgen oder wenn eine Änderung der dielektrischen Umgebung eines von einem Teilchen durchlaufenen Mediums der Teilchengeschwindigkeit nicht folgen kann, wie wir dies für Cherenkov-Strahlung gesehen haben. Strahlung wird ebenfalls emittiert, wenn ein geladenes Teilchen von einem Medium mit bestimmten elektromagnetischen Eigenschaften (charakterisiert durch ϵ, μ oder den Brechungsindex $n = \sqrt{\epsilon\mu}$) plötzlich in ein Medium mit anderen dielektrischen Eigenschaften übergeht. Bei dem Übergang müssen sich die elektromagnetischen Felder, charakteristisch für das Teilchen und seine jeweilige Umgebung, umorganisieren (selbst bei gleichförmiger Bewegung). Gemäß den Maxwell-Gleichungen bewirkt diese Umorganisation elektrischer Felder Übergangsstrahlung (*transition radiation*) [486].

Wie gezeigt werden wird, ist die Intensität der Übergangsstrahlung proportional zum Lorentz-Faktor γ des durchlaufenden Teilchens (bis zu einer Sättigung). Übergangsstrahlung kann daher ausgenutzt werden, um hochenergetische geladene Teilchen mit Geschwindigkeiten $\gamma \gg 100$ zu identifizieren, bei denen Cherenkov-Strahlung unattraktiv wird, weil für $\gamma \gg \gamma_{th}$ (γ_{th} = Cherenkov-Schwellengeschwindigkeit) nur noch kleine Änderungen $\Delta\theta_c$ im Cherenkov-Winkel auftreten (siehe Abb. 11.4 auf Seite 514 und Kapitel 14). Detaillierte Abhandlungen zur Übergangsstrahlung und zu Übergangsstrahlungsdetektoren sind in [378, 117] und in [100] zu finden.

12.1 Emission von Übergangsstrahlung

Übergangsstrahlung wird emittiert, wenn schnelle geladene Teilchen durch die Grenzfläche von zwei Medien mit unterschiedlichen Brechungsindizes treten. Sie wurde 1946 von Ginzburg und Frank [448] vorhergesagt und 1959 von Goldsmith und Jelley [496] erstmals im optischen Wellenlängenbereich beobachtet. Die Abstrahlung im Röntgenbereich durch ultra-relativistische geladene Teilchen und damit die Möglichkeit zur Verwendung für Detektoren wurde theoretisch bereits 1958 von Garibian [469] gezeigt. Alikhanian [80]

H. Kolanoski und N. Wermes, *Teilchendetektoren*, https://doi.org/10.1007/978-3-662-73068-3_12

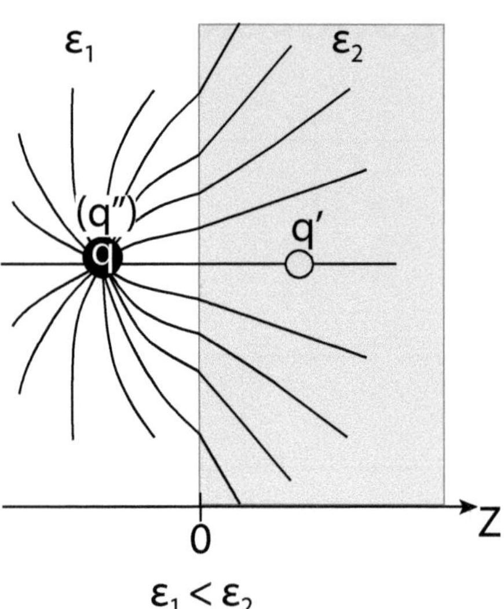

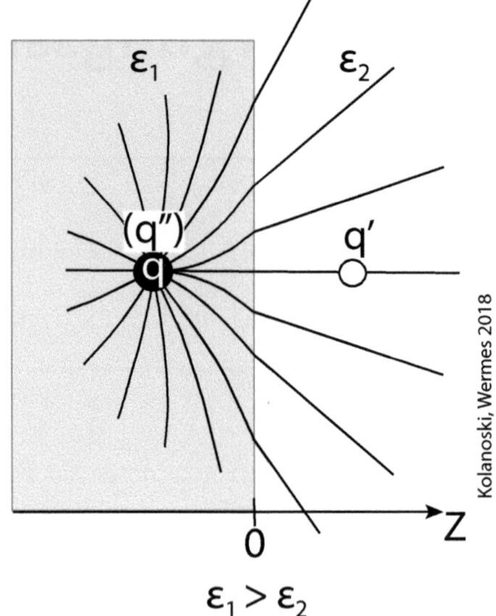

Abb. 12.1 Statische Feldkonfigurationen (qualitativ) einer Ladung in einem Dielektrikum nahe einer Grenzfläche zu einem Medium mit anderen dielektrischen Eigenschaften, jeweils quantifiziert durch ε_1 und ε_2 (siehe auch [604]). Links: Ladung q im Medium mit $\varepsilon_1 < \varepsilon_2$, rechts: Ladung q im Medium mit $\varepsilon_1 > \varepsilon_2$.

führte in den sechziger Jahren wichtige experimentelle Studien zum weiteren Verständnis der Übergangsstrahlung und ihres Nachweises durch.

Abbildungen 12.1 und 12.2 illustrieren den Sachverhalt der Übergangsstrahlung. Wenn eine Ladung in einem Dielektrikum (ε_1) die Grenzfläche zu einem anderen Dielektrikum mit unterschiedlichen dielektrischen Eigenschaften (ε_2) durchläuft, ändert sich die elektrische Feldkonfiguration. Die statische Feldkonfiguration ist qualitativ in Abb. 12.1 gezeigt. Sie kann einfach mit dem bekannten Konzept der Bildladungen berechnet werden. Das Konzept kann auch in Dielektrika angewandt werden, wenn man die Polarisation der Medien durch Bildladungswerte berücksichtigt, die den dielektrischen Eigenschaften der beiden Medien entsprechen (siehe z.B. [604]):

$$q' = -\frac{\varepsilon_2 - \varepsilon_1}{\varepsilon_2 + \varepsilon_1}\, q \qquad \text{and} \qquad q'' = \frac{2\varepsilon_2}{\varepsilon_2 + \varepsilon_1}\, q\,. \tag{12.1}$$

In der Hemisphäre, die die physikalische Ladung enthält ($z < 0$ in Abb. 12.1), ist das Feld dasjenige zweier Punktladungen, von q und seiner Bildladung q' in dem gegebenen Abstand, während in der Hemisphäre, die keine Ladung enthält ($z > 0$) keine Singularitäten auftreten und das Feld dort einfach dasjenige der Punktladung q'' ist, definiert in (12.1) und platziert am Ort der ursprünglichen Ladung q im Bereich $z < 0$ [604]. In diesem statischen Bild sind Änderungen in der Feldkonfiguration an der Grenzfläche offensichtlich wie Abb. 12.1 zeigt.

Bei dynamischer Betrachtung bewegt sich die Ladung (hier ein Elektron) auf die Grenzfläche zu. Die elektrischen Felder müssen sich plötzlich umarrangieren, wobei Dipolstrahlungsfelder abgestrahlt werden, um einen kontinuierlichen Übergang der elektro-

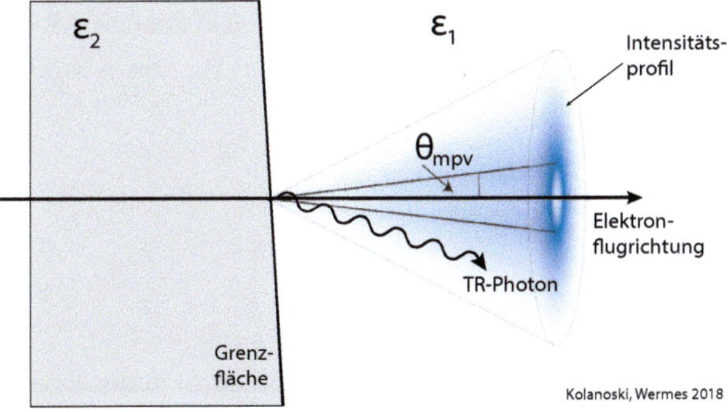

Abb. 12.2 Illustration der Übergangsstrahlung : eine Ladung in einem Dielektrikum (ε_2) nähert sich einer Grenzfläche in ein anderes Medium mit unterschiedlichen dielektrischen Eigenschaften ε_1 (z.B. Luft). An der Grenzfläche wird elektromagnetische Strahlung emittiert.

magnetischen Feldbeziehungen an der Grenzfläche zu garantieren, wie von den Maxwell-Gleichungen verlangt. Dies ist in Abb. 12.2 skizziert, wo die Strahlungsemission als TR-Photon innerhalb eines kegelförmigen Intensitätsprofils gezeigt ist. Solange der Kegel vollständig in dem zweiten Dielektrikum enthalten ist, gibt es keine Abhängigkeit vom Einfallswinkel des Teilchens relativ zur Grenzfläche [117]. In der Darstellung mit Bildladungen entspricht der Ablauf einer (partiellen) Annihilation von Ladung und Bildladung. Die Annihilation ist vollständig nur im Limes eines Vakuum–Leiter-Übergangs [486].

Übergangsstrahlung mit einer zum Nachweis ausreichenden Intensität benötigt die Überlagerung interferierender Strahlungsfelder aus vielen Grenzflächen. Bei adäquatem Design von Mehrfachgrenzflächen (z.B. Folienstapel) hinsichtlich Abstand, Dicke und Materialien kann ausreichend nachweisbare Nettointensität aus der Überlagerung von TR-Strahlungsfeldern erzielt werden.

Die totale Energie W, die durch Übergangsstrahlung emittiert wird, wächst mit dem Lorentzfaktor γ des durchlaufenden Teilchens; für eine einzelne Grenzfläche ist sie sogar direkt proportional zu γ (siehe Abschnitt 12.1.5).

12.1.1 Strahlungsintensität

Die Abstrahlcharakteristik der Übergangsstrahlung folgt der allgemeinen Dipolform elektromagnetischer Strahlung. Als einen Grenzfall kann man ein nicht-relativistisches Elektron mit $z = 1$ betrachten, das sich mit konstanter Geschwindigkeit v im Vakuum auf eine Metallfläche zubewegt [378]. In diesen Fall ist Übergangsstrahlung identisch mit Bremsstrahlung, weil das Teilchen an der Metalloberfläche vollständig abgestoppt wird. Die Strahlung entspricht der Annihilation des vom Elektron und seiner Bildladung geformten Dipols. Wie bei der Bremsstrahlung ist die Intensität der Übergangsstrahlung ebenfalls stark nach vorne ausgerichtet. Die abgestrahlte Energie W pro Raumwinkelelement $d\Omega$ und Frequenzintervall $d\omega$ hat dieselbe Winkelverteilung wie ein an der Metalloberfläche positionierter Dipol [448, 485]:

$$\frac{d^2W}{d\omega\, d\Omega} = \frac{\hbar\alpha\, v^2}{\pi^2 c^2}\, z^2 \sin^2\theta \,. \tag{12.2}$$

Für ein relativistisches Teilchen und einen Übergang von einem dielektrischen Medium ($\varepsilon \neq 1$, $\mu = 1$) ins Vakuum ($\varepsilon = 1$) gilt die Ginzburg–Frank-Formel für die Abstahlcharakteristik[115] [448, 378]:

$$\frac{d^2W}{d\omega\, d\Omega} = \frac{\hbar\alpha}{\pi^2} z^2 \beta^2 \frac{\sin^2\theta \cos^2\theta}{(1-\beta^2\cos^2\theta)^2} \times \left[\frac{(\varepsilon-1)(1-\beta^2-\beta\sqrt{\varepsilon-\sin^2\theta})}{(1-\beta\sqrt{\varepsilon-\sin^2\theta})(\varepsilon\cos\theta+\sqrt{\varepsilon-\sin^2\theta})} \right]^2 . \tag{12.3}$$

Übergangsstrahlung ist linear polarisiert, wobei der elektrische Feldvektor $\vec{E}$ in der Ebene liegt, die von der Geschwindigkeit $\vec{v}$ des Teilchens und dem Vektor der Abstrahlung $\vec{k}$ aufgespannt wird [447]. Diese Polarisation ist jedoch für praktische Detektoranwendungen nicht von Nutzen, sodass wir sie hier nicht weiter diskutieren.

12.1.2 Grenzflächenmaterialien

Für hochrelativistische Teilchen ($\gamma > 1000$) wird Übergangsstrahlung mit Energien bis zum harten Röntgenbereich abgestrahlt. So hohe Photonenergien sind viel größer als die Bindungsenergien in Festkörpern und sie übersteigen die Resonanzfrequenzen eines Mediums um ein Vielfaches. Daher kann ein Medium in diesem Fall als ein Gas quasifreier Elektronen angesehen werden, dessen Eigenschaften durch die Plasmafrequenz ω_p, eingeführt in Abschnitt 3.2.1.3 (Seite 41), charakterisiert werden:

$$\omega_p = \sqrt{\frac{n_e e^2}{\varepsilon_0 m_e}} \tag{12.4}$$

(in SI-Einheiten), wobei n_e die Elektronendichte (3.12) und m_e die Elektronenmasse sind. Die Plasmafrequenz ω_p ist die Frequenz kollektiver Schwingungen der Elektronen in einem Medium, eine Materialkonstante des Mediums. Wenn man die Massendichte in g/cm^3 angibt, kann die entsprechende Plasmaenergie ausgedrückt werden als:

$$\hbar\omega_p = 28.816\,\text{eV}\sqrt{\frac{\rho}{\text{g}\,\text{cm}^{-3}}\frac{Z}{A}} . \tag{12.5}$$

Für Luft und einige weitere Materialien, die häufig in Übergangsstrahlungsdetektoren benutzt werden wie Mylar, Rohacell, und andere sind die Plasmaenergien in Tab. 12.1 gelistet. Für weitere Materialien findet man $\hbar\omega_p$ in Tab. 3.1.

Weit oberhalb atomarer Resonanzfrequenzen eines Mediums kann die Permittivität ε durch

$$\varepsilon(\omega) \approx 1 - \frac{\omega_p^2}{\omega^2} =: 1 - \xi_p^2 , \tag{12.6}$$

angenähert werden [378], wobei im Röntgenbereich immer $\xi_p < 1$ gilt.

In den folgenden Abschnitten betrachten wir zuerst die Emissionscharakteristik und das Energiespektrum eines einzelnen Übergangs zwischen zwei Medien. Danach diskutieren wir eine Folie (zwei Grenzflächen) und zuletzt eine Abfolge vieler Übergänge.

[115] The Ginzburg–Frank-Formel für beliebige Dielektrika mit $\varepsilon_1 \neq \varepsilon_2$ ist zum Beispiel in [378], Gl. (2) angegeben.

Tab. 12.1 Eigenschaften einiger Materialien, die für Übergangsstrahlungsdetektoren in Gebrauch sind [982, 582].

Material	Dichte ρ (g/cm^3)	Plasmaenergie $\hbar\omega_p$ (eV)	Linearer Absorptionskoeffizient bei 10 keV μ (cm^{-1})	Strahlungslänge X_0 (cm)
Luft	1.205×10^{-3}	0.71	6.2×10^{-3}	30 400
He	1.66×10^{-4}	0.26	4.1×10^{-5}	56 819
Li	0.534	13.8	0.18	155
Be	1.85	26.1	1.2	35.3
Al	2.7	32.8	70.8	8.9
Polyethylen	0.93	20.53	1.94	50.3
Mylar*	1.38	24.6	4.8	28.5
Polypropylen	0.90	20.51	1.88	49.7
Rohacell**	0.032–0.075	23.09	0.11–0.25	1275–544

* Handelsname für Polyethylenterephthalat, (PET, $(C_{10}H_8O_4)_n$).
**Handelsname für einen Schaum veränderlicher Dichte basierend auf Polymethylmethacrylat (PMMA, $(C_5O_2H_8)_n$).

12.1.3 Abstrahlcharakteristik

Für den Übergang zwischen zwei Medien (z.B. Luft/Mylarfolie) bezeichnen wir die diesbezüglichen Plasmafrequenzen mit ω_{p1} (Luft) und ω_{p2} (Folie), welche die einzigen Materialparameter sind, die für einen Einfachübergang verbleiben. Im Folgenden ist ω (ohne Index) die Frequenz der TR-Photonen und $\gamma = \frac{E}{m}$ ist der Lorentzfaktor des Teilchens, das die Grenzfläche durchläuft.

Für hochrelativistische Teilchen ($\gamma \gg 1$) und für $\omega \gg \omega_{p2} \gg \omega_{p1}$ kann die Ginzburg–Frank-Formel (12.3) für kleine Winkel $\theta \ll 1$ wie folgt genähert werden [117, 417]:

$$\frac{d^2W}{d\omega d\Omega} \approx z^2 \frac{\hbar\alpha}{\pi^2} \theta^2 \left(\frac{1}{\gamma^{-2} + \xi_{p1}^2 + \theta^2} - \frac{1}{\gamma^{-2} + \xi_{p2}^2 + \theta^2} \right)^2 , \tag{12.7}$$

mit den Abkürzungen $\xi_{p1} = \omega_{p1}/\omega \ll 1$ und $\xi_{p2} = \omega_{p2}/\omega \ll 1$. Mit der Näherung $d\Omega \approx \theta\, d\theta\, d\phi$ und nach Integration über den Azimutwinkel ϕ, wird aus (12.7):

$$\begin{aligned} \frac{d^2W}{d\omega d\theta} &\approx 2z^2 \frac{\hbar\alpha}{\pi} \theta^3 \left(\frac{1}{\gamma^{-2} + \xi_{p1}^2 + \theta^2} - \frac{1}{\gamma^{-2} + \xi_{p2}^2 + \theta^2} \right)^2 \\ &= 2z^2 \frac{\hbar\alpha}{\pi} f(\omega, \theta) . \end{aligned} \tag{12.8}$$

Abbildung 12.3 zeigt die Verteilung $f(\omega, \theta)$ für verschiedene Photonenergien $\hbar\omega$ für einen Luft/Mylar-Übergang. Übergangsstrahlung wird azimutal symmetrisch in einem Kegel ohne scharfe Grenze um die Flugrichtung des durchlaufenden Teilchens abgestrahlt, wie in Abb. 12.2 dargestellt. Im Unterschied zur Cherenkov-Strahlung (Kapitel 11) besitzt die emittierte Strahlung keinen festen Abstrahlwinkel, sondern folgt gemäß (12.7) einer Verteilung. Die Intensität erreicht ein Maximum bei einem Winkel, der von dem

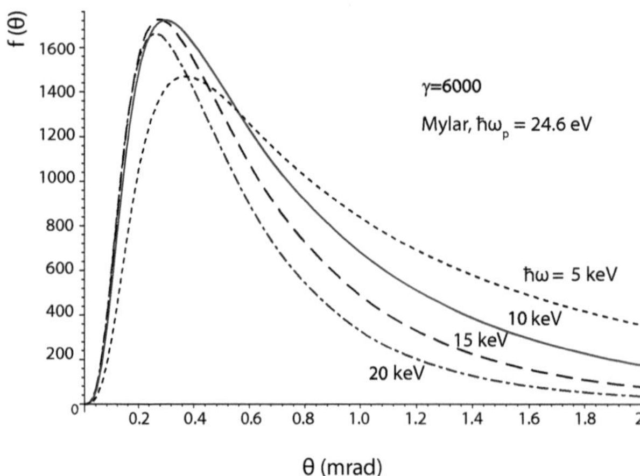

Abb. 12.3 Winkelverteilung der Übergangsstrahlung gemäß (12.8), integriert über ϕ für einen Luft/Mylar-Übergang; $\theta =$ Abstrahlwinkel relativ zur Teilchenflugrichtung (adaptiert aus [378]).

Lorentzfaktor des Teilchens und von den Plasmafrequenzen ω_{p1}, ω_{p2} der beteiligten Medien abhängt. Sie fällt zu größeren Winkeln hin steil ab. Falls, wie dies oft der Fall ist, $\omega_{p2} \gg \omega_{p1}$ gilt, so liegt der wahrscheinlichste Abstrahlwinkel (d.h. das Maximum der Verteilung ausgedrückt durch (12.7)) bei etwa [318]

$$\theta_{\text{mpv}} \approx \sqrt{\gamma^{-2} + \xi_{p1}^2} \approx \frac{1}{\gamma}, \tag{12.9}$$

wobei die letzte Näherung gilt, falls $1/\gamma \gg \xi_{p1}$, was zum Beispiel für harte Röntgenstrahlung (größer als einige 10 keV) und $\gamma \lesssim 10\,000$ der Fall ist. Die Beziehung $\theta_{mpv} \approx 1/\gamma$ gibt daher eher den typischen Emissionswinkel der Übergangsstrahlung an. Das Spektrum dehnt sich ungefähr so weit aus, bis θ^2 größer als $1/\gamma^2 + \xi_2^2$ wird [318].

Die Gleichungen (12.7) und (12.8) sind auch für schrägen Einfall des Teilchens auf die Grenzfläche gültig [470], solange der Winkel θ bezüglich der Einfallsrichtung des durchlaufenden Teilchens definiert ist und nicht bezüglich der Senkrechten auf die Grenzfläche.

12.1.4 Energiespektrum

Integration von (12.7) über Ω ergibt das Energiespektrum [319, 117]:

$$\frac{dW}{d(\hbar\omega)} \approx z^2 \, \frac{\alpha}{\pi} \left[\left(\frac{\omega_{p2}^2 + \omega_{p1}^2 + 2\omega^2/\gamma^2}{\omega_{p2}^2 - \omega_{p1}^2} \right) \ln \left(\frac{\omega_{p2}^2 + \omega^2/\gamma^2}{\omega_{p1}^2 + \omega^2/\gamma^2} \right) - 2 \right]. \tag{12.10}$$

Abbildung 12.4 zeigt das Spektrum für einen Polyethylen/Vakuum-Übergang. Abhängig vom Verhältnis $\omega/\gamma\omega_p$ erkennen wir drei Bereiche:

(1) $\omega \ll \gamma\omega_{p1}$: In diesem Bereich (Röntgenbereich von etwa 0.1 keV bis 10 keV) existiert nur eine schwache Abhängigkeit von ω. Auf sehr grober Skala ist die Intensität, gemeint ist damit hier die abgestrahlte Energie, ungefähr konstant und für $\omega_{p2} \gg \omega_{p1}$ mit

$$\frac{dW}{d(\hbar\omega)} \approx 2z^2 \, \frac{\alpha}{\pi} \left[\ln \left(\frac{\omega_{p2}}{\omega_{p1}} \right) - 1 \right] \tag{12.11}$$

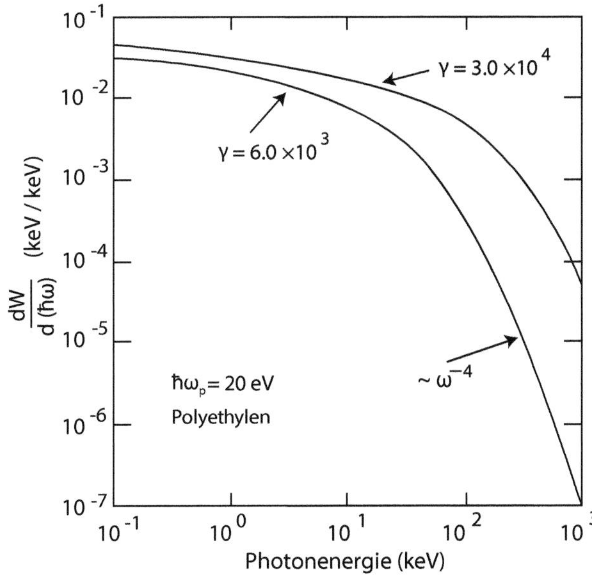

Abb. 12.4 Spektrale Energieverteilung der Übergangsstrahlung für Polyethylen/Vakuum und zwei verschiedene Teilchenenergien γ (aus [378] mit freundlicher Genehmigung von Elsevier).

beschrieben. Die Ausdehnung dieses grob gesehen 'flachen' Bereichs wächst mit größer werdendem γ des strahlenden Teilchens.

(2) $\gamma\omega_{p1} < \omega < \gamma\omega_{p2}$: Die Intensität wächst logarithmisch an mit γ und fällt logarithmisch mit ω:

$$\frac{dW}{d(\hbar\omega)} \approx 2z^2 \frac{\alpha}{\pi} \left[\ln\left(\frac{\gamma\omega_{p2}}{\omega}\right) - 1 \right] . \tag{12.12}$$

(3) $\omega \gg \gamma\omega_{p2}$: Die Intensität wächst mit der vierten Potenz von γ und fällt mit der vierten Potenz von ω:

$$\frac{dW}{d(\hbar\omega)} \approx z^2 \frac{\alpha}{6\pi} \left(\frac{\gamma\omega_{p2}}{\omega}\right)^4 . \tag{12.13}$$

Die ω^{-4} Abhängigkeit von (12.13) wird evident, wenn man die Klammer von (12.10) als $(1+\frac{2}{x})\ln(1+x)-2$ für kleine $x = \gamma^2\omega_{p2}^2/\omega^2$ schreibt und annimmt, dass $\omega_{p1} \ll \omega_{p2}$ in (12.10) ist; der Logarithmus wird bis zur zweiten Ordnung entwickelt.

Für einen Einfachübergang ist daher die Größe $\gamma\omega_{p2}$ eine obere Frequenzgrenze für die Intensitätsausbeute.

Gleichung (12.10) zeigt auch die charakteristische γ-Abhängigkeit der Übergangsstrahlung. Die Intensität ist niedrig, solange der Term in der Klammer klein ist. Sie wird ansehnlich größer erst für $1/\gamma^2 \lesssim \omega_{p1,p2}^2/\omega^2$, d.h. $\gamma \gtrsim \omega/\omega_{p1,p2}$, und setzt somit eine effektive γ-Schwelle für den Nachweis, der wiederum von der Energie der Abstrahlung abhängt: für $\hbar\omega = 10\,\text{keV}$ und $\hbar\omega_{p2} \approx 20\,\text{eV}$ zum Beispiel ist eine Teilchengeschwindigkeit entsprechend $\gamma \gtrsim 1000$ nötig. Obwohl die abgestrahlte Energie nach Integration über alle Frequenzen linear mit γ wächst (siehe nachfolgenden Abschnitt), ist für den Nachweis von Übergangsstrahlung der ω-Bereich normalerweise begrenzt, was auf eine logarithmische γ-Abhängigkeit führt entsprechend (12.12). Die Intensität sättigt schließlich für

$\gamma \gg \omega/\omega_{p1}$ (Gl. (12.11)), was auch aus der Tatsache ersichtlich ist, dass die Terme mit γ in (12.10) für große γ vernachlässigt werden können.

12.1.5 Photonenausbeute

Integration von (12.10) über $\hbar\omega$ ergibt die totale abgestrahlte Energie der Übergangsstrahlung für einen Einfachübergang:

$$W = z^2 \, \frac{\hbar\alpha}{3} \, \gamma \, \frac{(\omega_{p2} - \omega_{p1})^2}{\omega_{p2} + \omega_{p1}} \approx \frac{z^2\alpha}{3} \gamma \, \hbar\omega_{p2} \, , \tag{12.14}$$

wobei auf der rechten Seite $\omega_{p2} \gg \omega_{p1}$ benutzt wurde. Die Gesamtintensität ist direkt zum Lorentzfaktor γ des Teilchens proportional sowie zu der größeren Plasmafrequenz ω_p der beiden Medien.

Die Abfolge der Medien an der Grenzfläche ist nicht von Bedeutung für die totale Intensität der Strahlung. Ein Übergang Folie/Luft ergibt dieselbe Intensität wie Luft/Folie. Die totale abgestrahlte Energie wächst linear mit dem Lorentz-Faktor $\gamma = E/m$ des Teilchens, was daraus resultiert, dass das Photonspektrum für größere γ mit ω weniger steil abfällt (Abb. 12.4).

Um die durchschnittliche Photonenausbeute zu berechnen, nehmen wir an, dass Photonen mit einer Energie kleiner als $\hbar\omega_{\text{min}}$ nicht nachgewiesen werden, zum Beispiel weil Absorption erfolgt oder eine Nachweisschwelle existiert (typisch für keV-Strahlung oder sogar darüber). Für einen Vakuum/Folie-Übergang mit einer Plasmafrequenz ω_{p2} der Folie und ω_{p1} für das Vakuum erhalten wir [799, 604][116]:

$$\langle N_\gamma \rangle_{\omega > \omega_{\text{min}}} = \int\limits_{\hbar\omega_{\text{min}}}^{\hbar\omega_{p2}} \frac{1}{\hbar\omega} \frac{dW}{d(\hbar\omega)} d(\hbar\omega) \approx z^2 \frac{\alpha}{\pi} \left[\left(\ln \frac{\gamma\omega_{p2}}{\omega_{\text{min}}} - 1 \right)^2 + \frac{\pi^2}{12} \right] . \tag{12.15}$$

Die Anzahl der abgestrahlten Photonen für einen Einfachübergang ist von der Ordnung $\alpha = \frac{1}{137}$, das heißt sie ist sehr klein. Für eine Polyethylenfolie mit $\hbar\omega_{p2} \approx 20\,\text{eV}$ und einer Schwellenenergie von $1\,\text{keV}$ für den Nachweis erhalten wir für ein 5-GeV-Elektron ($\gamma = 10^4$) eine durchschnittliche Anzahl von $\langle N_\gamma \rangle \approx 6.7\,\alpha \approx 0.05$ Photonen. Für den Bau eines Übergangsstrahlungsdetektors benötigt man daher viele (einige hundert) Übergänge. Diese können zum Beispiel durch einen Folienstapel oder – wie in modernen TR-Detektoren häufig gemacht – als Faserstrukturen oder Schäume aus Polypropylen oder ähnlichen Materialien mit vielen ungeordneten Grenzflächen realisiert werden. Die TR-Beiträge der individuellen Grenzflächen ergeben durch konstruktive Überlagerung und/oder auch in inkohärenter Addition eine nachweisbare Netto-Signalintensität (siehe Abschnitt 12.2.3 sowie Beispieldetektoren in Kapitel 14).

Wenn Impuls oder Energie des strahlenden Teilchens unabhängig von der TR-Messung gemessen werden, kann durch die (grobe) Bestimmung von γ aus der Übergangsstrahlung die Teilchenmasse und damit die Identität des Teilchens ermittelt werden. In typischen Hochenergieexperimenten wird hinreichende TR-Intensität nur von Elektronen emittiert,

[116] Übungsaufgabe (13.15) in [604] 3. Auflage; eine Hilfe zur Lösung von (12.15) bietet auch [1055].

sodass in der Regel das Ziel einer TR-Messung die Abtrennung von Elektronen aus einem Untergrund anderer Teilchen ist. Ein linearer Anstieg der emittierten Intensität mit γ, wie durch (12.14) suggeriert, ist in der Praxis nicht gegeben. Die Zahl der abgestrahlten Photonen oberhalb einer gegebenen Nachweisschwelle wächst nur logarithmisch an (Gl. (12.15)) und die abgestrahlte Energie sättigt für Vielfachübergänge bei einem bestimmten γ-Wert, wie in den nachfolgenden Abschnitten weiter diskutiert werden wird.

12.2 Vielfachübergänge

Um nachweisbare TR-Intensität zu erzielen, werden viele, aufeinander folgende Übergänge benötigt. In diesem Abschnitt diskutieren wir zuerst zwei Übergänge (eine Folie) und dann die Übergänge mehrfacher Folien mit Zwischenraum (in der Regel Luft) hintereinander. Wenn mehr als ein Übergang betrachtet wird, so überlagern sich die abgestrahlten Wellen der verschiedenen Übergänge, was zu Interferenzeffekten führt. Zur Beschreibung wird eine charakteristische *Formationslänge*, die den Abstand zwischen den Wellenfronten und die Phasenbeziehung der abgestrahlten Wellen in Beziehung setzt, verwendet.

12.2.1 Formationslänge

Der physikalische Ursprung der Strahlung liegt in der Polarisation der beteiligten Medien, welche von $n(\omega)$ abhängt und von den 'treibenden' Feldern des durch die Grenzfläche laufenden Teilchens initiiert wird [604]. Nennenswerte Strahlungsintensität entsteht lediglich über einer Strecke, innerhalb der die TR-Photonenwelle kohärent mit der erzeugenden Elektronenwelle bleibt. Um dies zu illustrieren, betrachten wir ein Teilchen, welches sich mit $\vec{v} = \vec{\beta}c$ in einem Medium mit Brechungsindex n bewegt und Wellen unter einem Winkel θ bezüglich der Flugrichtung des Teilchens emittiert (Abb. 12.5). Damit kohärente Überlagerung stattfindet, muss das Zeitintervall $t_F := t_2 - t_1$ zwischen den zwei an verschiedenen Raumpunkten entlang der Teilchenspur abgestrahlten Wellenzügen kurz sein im Vergleich zu der Zeitdifferenz, innerhalb der sich die Phasendifferenz $\Delta\phi$ entwickelt (Abb. 12.5):

$$\Delta\phi = |\phi_{t_1} - \phi_{t_2}| = |\omega t_F - k\, v t_F \cos\theta| = \left|\omega t_F - \frac{\omega n}{c}\, v t_F \cos\theta\right| , \qquad (12.16)$$

wobei der Phasenfaktor an einem bestimmten Wellenpunkt $(\vec{r}, t)$ durch $\mathrm{e}^{i(\vec{k}\vec{r}-\omega t)}$ gegeben ist. Der durch den Abstand die Abstrahlungsorte gegebenen charakteristischen Zeitdifferenz t_F, *Formationszeit* genannt, entspricht die charakteristische Länge $Z = v t_F$, *Formationslänge* oder *Formationszone* genannt [487, 985, 378], die somit ein Maß für die Tiefe im Medium ist, über welche Kohärenz zwischen der erzeugenden Teilchenwelle und der durch die Polarisation des Mediums erzeugten Abstrahlung besteht [604]. Z kann

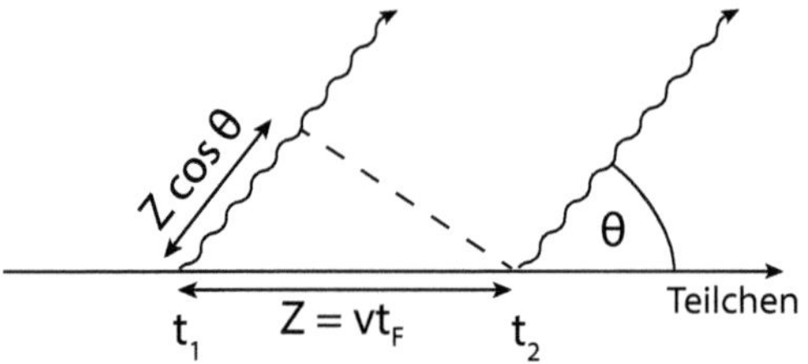

Abb. 12.5 Illustrationszeichnung für die Definition der Formationslänge (siehe Text) [487].

durch Festlegung der für die Kohärenz notwendigen maximalen Phasendifferenz definiert werden, zum Beispiel[117] durch $\Delta\phi = 1$:

$$\left|\omega\frac{Z}{v} - \frac{\omega n}{c} Z\cos\theta\right| := 1\,, \tag{12.17}$$

woraus für die Formationslänge

$$\begin{aligned} Z &= \frac{\beta c}{\omega\,|1-\beta n\cos\theta|} = \frac{\lambda\beta n}{2\pi\,|1-\beta n\cos\theta|} \\ &= \frac{c}{\omega\left|\left(1-\frac{1}{\gamma^2}\right)^{-1/2} - \sqrt{1-\xi_p^2}\,\cos\theta\right|} \approx \frac{2c}{\omega\left(\gamma^{-2}+\theta^2+\xi_p^2\right)} \end{aligned} \tag{12.18}$$

folgt. Hierbei sind $\lambda = 2\pi c/n\omega$ die Wellenlänge im Medium und $n = \sqrt{\varepsilon} = \sqrt{1-\xi_p^2}$ mit $\xi_p = \omega_p/\omega$ der Brechungsindex aus (12.6). Im letzten Teil von (12.18) ist der Nenner bis zu den 2. Ordnungen der Taylorreihen in $1/\gamma$, ξ_p und θ entwickelt worden.

Wenn die Formationslänge Z durchlaufen ist, hat sich das von dem Teilchen in seiner Umgebung geformte Polarisationsfeld in dem neuen Medium hinter der Grenzfläche gemäß der Definition von Z re-adjustiert. Bis dahin hat sich das Strahlungsfeld des TR-Photons der ersten Grenzfläche von seinem Mutterteilchen 'separiert'. Die Definition der Formationslänge ist analog zu der anderer charakteristischer Wechselwirkungslängen, wie zum Beispiel der Formationslänge l_f für Bremsstrahlung (Abschnitt 3.3.2, Gl. (3.72)) oder für den LPM-Effekt (Abschnitt 15.2.2.3 und Anhang G, Gl. (G.1)). Besonders anschaulich wird die Bedeutung von Z für Vorwärtsabstrahlung ($\theta = 0$) im Vakuum ($n = 1$). Innerhalb der Zeit t_F lässt die Strahlung das Teilchen um $\frac{\lambda}{2\pi}$ hinter sich, wobei der Faktor $\frac{1}{2\pi}$ von der Definition (12.17) herrührt.

Abbildung 12.6 zeigt die Formationslänge Z aus (12.17) bei $\theta = 1/\gamma$ als Funktion der Photonenergie für Luft ($\hbar\omega_p \approx 0.7\,\text{eV}$) und Polyethylen ($\hbar\omega_p \approx 20\,\text{eV}$) für verschiedene γ-Werte. Für große ω ($\omega \gg \omega_p$, $\xi_p \ll \sqrt{2}/\gamma$) und für $\theta \approx 1/\gamma$ ergibt sich

$$Z \approx \frac{c\gamma^2}{\omega} = \frac{n\lambda\gamma^2}{2\pi} \tag{12.19}$$

[117] Eine gewisse Willkürlichkeit existiert in der Literatur für die Definition der Formationslänge. Definitionen mit $\Delta\phi = 2\pi$ findet man zum Beispiel in [487], Definitionen mit $\Delta\phi = 1$ (wie auch hier verwendet) sind in [117,378] zu finden.

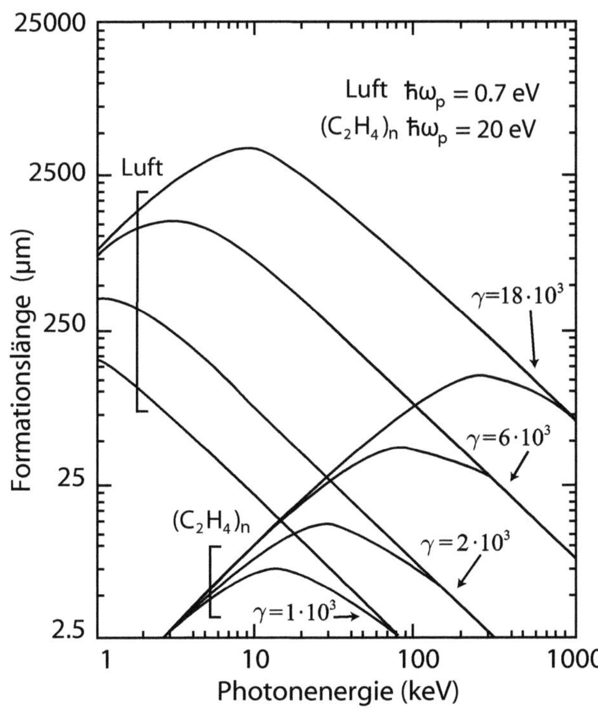

Abb. 12.6 Formationslänge für Übergangsstrahlung als Funktion der Photonenergie gemäß (12.18), wobei $\theta = 1/\gamma$ angenommen wurde, für Luft und Polyethylen $(C_2H_4)_n$ sowie für verschiedene γ-Werte des durchlaufenden Teilchens. Die Klammern zeigen die Bereiche der Formationslänge für Luft und für Polyethylen für unterschiedliche γ-Werte und typische Photonenergien. Die Formationslänge in Luft ist bis zu zwei Größenordnungen größer als in Polyethylen (aus [378] mit freundlicher Genehmigung von Elsevier).

und das Maximum von Z liegt bei $\omega \approx \gamma\omega_p/\sqrt{2}$, wo es einen Wert[118] von

$$Z_{max} = \frac{2\sqrt{2}c}{\gamma\omega_p}\left(2\gamma^{-2} + \left(\frac{\sqrt{2}}{\gamma}\right)^2\right)^{-1} = \frac{c\gamma}{\sqrt{2}\omega_p} = 139.5 \times 10^{-9}\frac{\gamma}{\hbar\omega_p/\mathrm{eV}}\ \mathrm{m} \tag{12.20}$$

annimmt, wobei $\hbar c = 197.3\,\mathrm{MeV\,fm}$ benutzt wurde. Für hochrelativistische Teilchen ($\gamma \gg 1$) und mit $n = \mathcal{O}(1)$ übersteigt die Formationslänge Z somit die Wellenlänge $\lambda = 2\pi c/n\omega$ beträchtlich. Dies hat wichtige Konsequenzen, wenn Vielfachgrenzflächen für Übergangsstrahlungsdetektoren betrachtet werden.

Typische Werte für $Z \approx Z_{max}$ liegen im Bereich von einigen zehn bis einigen hundert Mikrometern: Z(Polyethylen) $\approx 7\,\mu\mathrm{m}$, Z(Luft) $\approx 200\,\mu\mathrm{m}$ für $\gamma = 1000$ (2-GeV-Elektronen). Für Dicken, beziehungsweise (Folien-)Abstände kleiner als Z ist die TR-Ausbeute reduziert, ein Effekt, der als *Formationszonen-Effekt* bezeichnet wird (siehe z.B. [117]). Dieser Effekt (Reduktion der Ausbeute für $l < Z$) besteht für beide Grenzflächenmedien; üblicherweise ist er also durch die Foliendicke und den Luftabstand dazwischen bestimmt [1070].

[118] Die in [604] definierte Formationslänge unterscheidet sich von Z_{max} in (12.20) um einen Faktor $1/\sqrt{2}$.

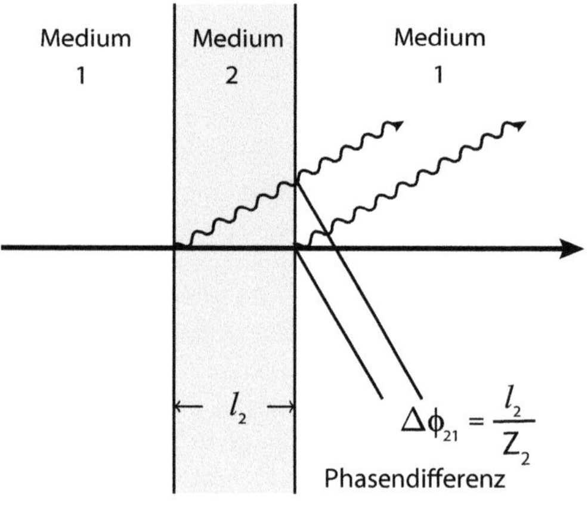

Abb. 12.7 Interferenzsituation für Übergangsstrahlung an zwei Grenzflächen einer Folie.

12.2.2 Übergangsstrahlung bei zwei Grenzflächen (eine Folie)

Wenn ein geladenes Teilchen durch eine Folie mit zwei Grenzflächen (z.B. Luft/Mylar und Mylar/Luft) tritt, so interferieren die abgestrahlten elektromagnetischen Wellen konstruktiv oder destruktiv, abhängig von der Phasendifferenz zwischen den Wellen, die an Eingangs- und Ausgangsgrenzfläche der Folie emittiert werden (Abb. 12.7), und abhängig von der Frequenz ω der Abstrahlung.

Da die Formationlänge Z auch von ω (und θ) abhängt, kann die Intensitätsausbeute der Abstrahlung nach zwei Grenzflächen im Abstand der Foliendicke durch Z und die Dicke l_2 ausgedrückt werden. Unter Vernachlässigung von Absorption in der Folie selbst ist die Ausbeute gegeben durch diejenige einer Einzelgrenzfläche multipliziert mit dem Interferenzterm [117, 417]:

$$\left.\frac{d^2W}{d\omega d\Omega}\right|_{\text{foil}} = \left.\frac{d^2W}{d\omega d\Omega}\right|_{\substack{\text{single}\\\text{interface}}} \times 4\sin^2\frac{\Delta\phi_{21}}{2}\,, \tag{12.21}$$

wobei die Phasendifferenz $\Delta\phi_{21}$ durch das Verhältnis von Foliendicke und Formationslänge (12.18) gegeben ist:

$$\Delta\phi_{21} = \frac{l_2}{Z_2}\,. \tag{12.22}$$

Dies folgt aus der Definition von Z in (12.17) als diejenige Länge, für die die Phasendifferenz $\Delta\phi$ zwischen zwei unter dem Winkel θ emittierten Wellenzügen eins ist. Für Dicken von l_2 kleiner als die Formationslänge Z_2 ist die Photonenausbeute unterdrückt (Formationszonen-Effekt). Da wegen der invertierten Abfolge der Dielektrika an der auslaufenden Seite relativ zur einlaufenden Seite die jeweiligen Wellenzüge aufgrund der invertierten Feldumordnungen eine Phasenverschiebung von π besitzen, erhält man destruktive Interferenz für $\Delta\phi_{21} = 2n\pi$, während für $\Delta\phi_{21} = (2n+1)\,\pi$ konstruktive Interferenz auftritt.

Für den entgegengesetzten Extremfall $l_2 \gg Z_2$ oszilliert der Interferenzterm sehr schnell in ω mit Frequenzen, die normalerweise nicht mit Detektoren auflösbar sind. Die Intensität entspricht der einer inkohärenten Summe der Einzelübergänge. Die Ausbeute für eine Folie nimmt einen Durchschnittswert von etwa zweimal der einer Einzelgrenzfläche an [319]. Falls l_2 von derselben Größenordnung wie Z_2 ist, so sind die Interferenzmaxima der wesentliche Beitrag für die Ausbeute, besonders das Maximum niedrigster Ordnung ($n = 0$). Dies muss beim Bau eines Übergangsstrahlungsdetektors berücksichtigt werden.

Die Interferenz liefert maximale TR-Intensität, wenn (mit (12.22))

$$\sin^2\left(\frac{\Delta\phi_{21}}{2}\right) = \sin^2\left(\frac{l_2}{2Z_2}\right) = 1 \quad \Rightarrow \quad \frac{l_2}{2Z_2} = (2n+1)\frac{\pi}{2} \tag{12.23}$$

wird mit $n = 0, 1, 2, \ldots$ als Index für die Maxima. Die zugehörigen Frequenzen findet man durch Einsetzen von Z_2 aus (12.18) mit $\theta \approx 1/\gamma$ in (12.23) und Lösen der resultierenden quadratischen Gleichung für ω_n:

$$\omega_n = (2n+1)\pi\,\frac{c\gamma^2}{2l_2}\left(1 - \sqrt{1 - 2\left(\frac{\omega_{p2} l_2}{c\gamma(2n+1)\pi}\right)^2}\,\right) \approx \frac{l_2\omega_{p2}^2}{2\pi c}\,\frac{1}{2n+1}\,, \tag{12.24}$$

wobei die Näherung aus der Reihenentwicklung der Wurzel folgt und ω_{p2} wie vorher die Plasmafrequenz der Folie ist.

Das Maximum bei der höchsten Frequenz (Photonenergie) entspricht $n = 0$. Es ist das wichtigste Maximum, weil die Photonen niedrigerer Energie ($n > 0$) stärker in der Folie absorbiert werden, besonders wenn es viele Folien gibt (siehe nachfolgenden Abschnitt). Daraus (d.h. für $n = 0$) lassen sich Einschränkungen für den Lorentzfaktor γ des TR-emittierende Teilchens ableiten. Eine untere Grenze erhält man aus der Bedingung, dass eine physikalisch sinnvolle Lösung der exakten Formel in (12.24) verlangt, dass die Wurzel positiv ist. Für γ ergibt dies die untere Grenze

$$\gamma_{\min} = \frac{\sqrt{2}\,\omega_{p2} l_2}{(2n+1)\pi c}\,. \tag{12.25}$$

Für eine 25 µm dicke Mylarfolie als Beispiel liegt diese Bedingung bei $\gamma_{\min} = 1403$. Die Frequenzen der Maxima, speziell hier die Lage des 0-ten Maximums, sind für hinreichend große γ-Werte ($\gamma \gtrsim 10^4$) unabhängig von γ, was auch aus dem genäherten Ausdruck in (12.24) ersichtlich ist.

Eine Einschränkung für γ nach oben erhält man wiederum aus der Frequenzlage des 0-ten Intensitätsmaximums. Auf Seite 559 hatten wir bereits für einen Einfachübergang eine obere Frequenzgrenze von $\gamma\omega_{p2}$ abgeleitet. Diese wird nun für eine Folie mit zwei Grenzflächen ersetzt durch eine neue effektive Grenze gegeben durch die Form des 0-ten Maximums. Sie kann angegeben werden als $\omega_{\rm up} = \pi\omega_0 = l_2\omega_{p2}^2/2c$ [417]. Die neue Ausbeutengrenze liegt grob um die halbe Breite[119] der Kurve des nullten Maximums höher als sein Scheitelwert und ist unabhängig von γ, aber abhängig von der Foliendicke l_2. Von einem bestimmten Wert $\gamma = \gamma_{\rm sat}$ an beginnt diese neue Frequenzgrenze niedriger zu sein als die Frequenzgrenze für eine Einfachgrenzfläche $\gamma\omega_{p2}$, das heißt, wenn $\gamma_{\rm sat}\omega_{p2} = \pi\omega_0$ oder

$$\gamma_{\rm sat} = \frac{l_2\omega_{p2}}{2c}\,. \tag{12.26}$$

[119] Der Faktor π ist ein (willkürlicher) Faktor, der dem Abfall der Resonanzkurve Rechnung trägt.

Damit repräsentiert γ_{sat} einen Sättigungspunkt für die Ausbeute an Übergangsstrahlung [417], oberhalb derer die Ausbeute nur noch logarithmisch wächst (gestrichelte Kurve in Abb. 12.8(b)). Für Polyethylen oder ähnliche Folien mit $\hbar\omega_{p2} \approx 20\,\mathrm{eV}$, wird diese Sättigung für γ-Werte größer als $\gamma_{\mathrm{sat}} \approx 50\,l_2/\mu\mathrm{m}$ erreicht. Für typische Foliendicken von $l_2 = 20\,\mu\mathrm{m}$ entspricht dies einem Sättigungswert von $\gamma_{\mathrm{sat}} \approx 1000$, das heißt Elektronenenergien von etwa 0.5 GeV.

In Experimenten der Teilchenphysik werden Übergangsstrahlungsdetektoren meistens als Schwellendetektoren betrieben, d.h. die Ausbeute liegt oberhalb oder unterhalb einer Intensitätsschwelle. Teilchentrennung ist auf Grund der Abhängigkeit der TR-Intensität von $\gamma = E/m$ möglich. Normalerweise werden Elektronen mit hohen γ-Werten, die hohe TR-Intensität in Sättigung aufweisen ($\gamma > 10^3$, $E > 500\,\mathrm{MeV}$), von anderen Teilchen mit γ-Werten unterhalb der TR-Schwelle, die keine oder nur für den Nachweis zu kleine TR-Intensität erzeugen, getrennt. Die Zahlenwerte für γ_{min} und γ_{sat} liegen zwar nicht weit auseinander, beide etwa typisch um 10^3, γ_{sat} bis 10^4, aber das γ-Verhältnis anderer Teilchen zu Elektronen ist meist sehr groß, zum Beispiel zwischen Elektronen und Pionen ist $\gamma_e/\gamma_\pi \approx 300$.

Der Formationszonen-Effekt bewirkt somit Begrenzungen sowohl für die Frequenz ω der Strahlung als auch für den Lorentz-Faktor γ der Teilchen. Die obere Frequenzgrenze für praktisch relevante (d.h. nachweisbare) TR-Ausbeute ist mit (12.26) und der auf Seite 559 für einen Einzelübergang abgeleiteten Grenze

$$\omega < \omega_{\mathrm{up}} = \min\left(\gamma\omega_{p2},\ \gamma_{\mathrm{sat}}\omega_{p2} = \frac{l_2\omega_{p2}^2}{2c}\right). \tag{12.27}$$

Zu kleineren Frequenzen hin (unterhalb von ω_0) fällt die Intensität zunächst über einen größeren Frequenzbereich ab und steigt erst zum Maximum der nächsten Ordnung ($\mathrm{n} = 1$) wieder an (siehe Abb. 12.8(a)). Für die erzielbare Intensität nimmt das nullte Maximum daher bereits für zwei Grenzflächen einer Folie die entscheidende Rolle ein, welche es auch bei vielen Folien beibehalten wird.

Abbildungen 12.8 und 12.9 illustrieren die verschiedenen Konsequenzen des Formationszonen-Effekts. Abbildung 12.8(a) zeigt die Ausbeute für eine Grenzfläche im Vergleich zu der Ausbeute einer Folie (zwei Grenzflächen, mit Interferenz) berechnet für eine Polypropylenfolie mit $l_2 = 20\,\mu\mathrm{m}$ [417]. Abbildung 12.8(b) zeigt die totale Intensität (integriert über Winkel und Energie) als Funktion von γ für eine Grenzfläche, eine einzelne Folie ($l_2 = 20\,\mu\mathrm{m}$), sowie einen Stapel von 400 Folien (Polypropylen mit $l_2 = 20\,\mu\mathrm{m}$ in Helium im Abstand von $180\,\mu\mathrm{m}$). Sättigung tritt bereits für eine Folie auf (zwei Grenzflächen) und ist für einen Folienstapel sogar stärker ausgebildet (siehe nachfolgenden Abschnitt). Die Proportionalität der TR-Intensität zu γ in (12.14) gilt daher nur für eine einzelne Grenzfläche, nicht für Vielfachübergänge. Außerdem ist das Schwellenverhalten aufgrund von Absorption in einem Stapel mit vielen Folien in Abb. 12.8(b) zu sehen. TR-Intensität beginnt erst ab γ-Werten der Größenordnung 10^3 und darüber. Dieser Schwelleneffekt und die Sättigung in TR-Intensität und entsprechend in der Zahl der nachweisbaren TR-Photonen, ist die wichtigste Konsequenz der Interferenzphänomene

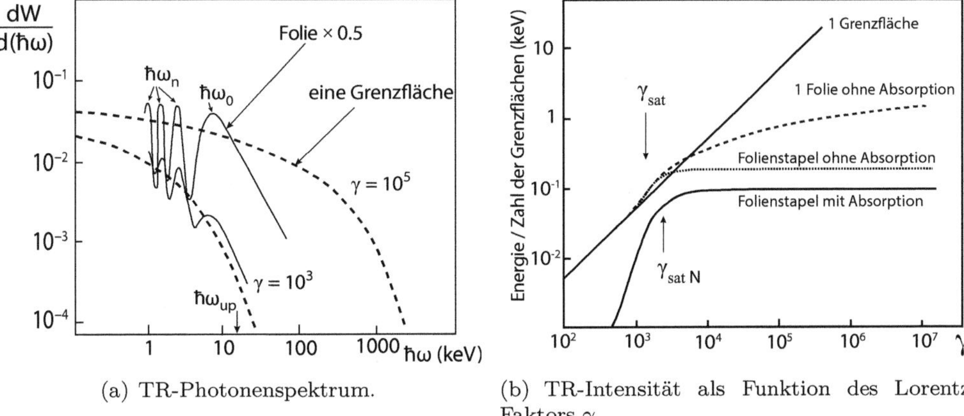

(a) TR-Photonenspektrum.

(b) TR-Intensität als Funktion des Lorentz-Faktors γ.

Abb. 12.8 (a) Berechnetes TR-Photonspektrum [417] für eine Polypropylenfolie ($l_2 = 20\,\mu\text{m}$, $\hbar\omega_{p2} = 21\,\text{eV}$) in Helium ($l_1 = 180\,\mu\text{m}$, $\hbar\omega_{p1} = 0.27\,\text{eV}$, $Z_{max} = 0.52\,\mu\text{m} \times \gamma$). Gezeigt ist die Ausbeute eines Einfachübergangs (gestrichelte Linien) verglichen mit der Ausbeute einer Folie, normiert auf einen Einfachübergang (durchgezogene Linien) für zwei verschiedene γ-Werte. (b) Totale Strahlungsintensität als Funktion von γ für eine Grenzfläche, eine Folie (zwei Grenzflächen), sowie für einen Folienstapel mit 400 Folien (20 µm dick) im Abstand von jeweils 180 µm in Helium mit und ohne Berücksichtigung von Absorption (adaptiert aus [417]). Sättigung ist erkennbar beginnend bei γ_{sat} (Folie) und $\gamma_{\text{sat|N}}$ (N Folien, siehe Text und Gl. (12.31)). Der Überschuss der Kurve für eine Folie bei γ_{sat} über die Gerade einer Grenzfläche resultiert aus der Interferenz. Bei vielen Grenzflächen unterscheidet sich der Eintritt der Sättigung von der Erwartung einer naiven Superpositionsannahme (auch ohne Absorption), zum Beispiel wenn der Folienabstand l_1 deutlich kleiner als die Formationslänge ist wie in diesem Beispiel für $\gamma \gtrsim 10^3$.

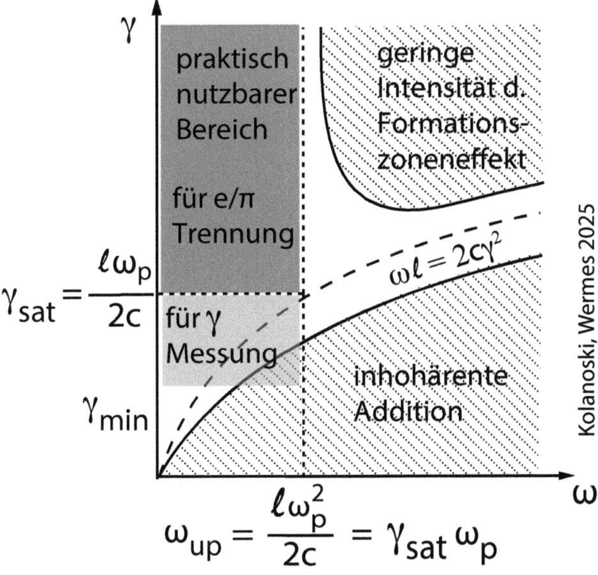

Abb. 12.9 TR-Intensität (schematisch) für eine Folie (2 Grenzflächen) in der $\omega - \gamma$ Ebene. Das Profil wird durch das Sättigungsverhalten als Funktion von γ (12.26) sowie durch die obere Begrenzung in ω (12.27) bestimmt. Bereiche niedriger Intensität (schraffierte Flächen) existieren entweder aufgrund des Formationszonen-Effektes oder aufgrund inkohärenter Überlagerung der Wellenzüge. Der für Detektoren praktisch nutzbare Bereich liegt oberhalb von γ_{sat} und unterhalb von ω_{up} zum Beispiel für e/π-Trennung (dunkelgraue Fläche). Unterhalb von γ_{sat} ist in diesem Bereich eine Messung von γ möglich, wie z.B. in Abb. 16.6 auf Seite 768 gezeigt.

zusammen mit der Absorption von TR-Photonen bei Vielfachgrenzflächen. Beim Design von Übergangsstrahlungsdetektoren muss darauf geachtet werden (Abschnitt 12.3).

Abbildung 12.9 stellt die Ausbeutenabhängigkeit der TR-Intensität in der ω–γ-Ebene dar [117]. Die schraffierten Zonen zeigen kleine Photonenausbeuten an. Die gestrichelte Kurve entspricht $l_2 = 2Z_2$ mit Z_2 wie in (12.19) angegeben und zeigt für $\omega < \omega_{\text{up}}$ in etwa den Bereich an, in dem Interferenz möglich ist. Für γ-Werte größer als $\gamma_{\text{sat}} = l_2\omega_{p2}/2c$ und $\omega > \omega_{\text{up}}$ (wo Z_2 größer als l_2 ist) ist die Ausbeute durch den Formationszonen-Effekt limitiert; in dem unteren schraffierten Bereich (große ω, kleine γ) profitiert die TR-Ausbeute nicht von den Interferenzmaxima, was auch aus Abb. 12.8(a) deutlich wird.

12.2.3 Übergangsstrahlung an Mehrfachgrenzschichten

Um die TR-Ausbeute auf nachweisbare Intensitäten zu erhöhen, sind Vielfachübergänge notwendig. Eine bereits erwähnte Möglichkeit ist es, viele Folien einer Dicke l_2 mit einem Abstand l_1 hintereinander zu stapeln, wobei l_2 in etwa so groß wie die Formationslänge Z_2 sein sollte (häufig aber mehrere Formationslängen beträgt) und die Folien durch gasgefüllte Zwischenräume der Weite l_1, (viel) größer als Z_1, voneinander separiert sind. Diese Anordnung führt zu einer weiteren Modulation des Photonspektrums verglichen mit dem einer einzelnen Folie. Zusätzlich zu dem Formationszonen-Effekt, der die Ausbeute als Funktion der Photonenergie $\hbar\omega$ sowie als Funktion von γ begrenzt, kommt die energieabhängige, partielle Absorption der emittierten Strahlung durch den Folienstapel ins Spiel. Dies bewirkt einen weiteren Sättigungseffekt für die nachweisbare TR-Intensität, wenn die Anzahl der Folien erhöht wird.

Abgesehen von der Bedingung für konstruktive Interferenz für eine Folie (Maxima bei halbzahligen Vielfachen der Wellenlänge wegen der entgegengesetzten Phasen an den beiden Grenzflächen, vergleiche Seite 564 in Abschnitt 12.2.2)

$$\frac{l_2}{Z_2} = (2n+1)\,\pi\,, \qquad n = 0, 1, 2, \ldots \tag{12.28}$$

erhalten wir eine zusätzliche Bedingung für ein Luft/Folien-System mit Vielfachgrenzflächen.

Wenn man Absorption zunächst vernachlässigt, erhält man für N Lagen[120] [319, 318] die totale Intensität

$$\frac{d^2W}{d\omega d\Omega} = \underbrace{\left.\frac{d^2W}{d\omega d\Omega}\right|_{\substack{\text{single}\\\text{interface}}} \times 4\sin^2\left(\frac{l_2}{2Z_2}\right)}_{\text{Einzelfolie}} \times \frac{\sin^2\left[N\left(\frac{l_1}{2Z_1} + \frac{l_2}{2Z_2}\right)\right]}{\sin^2\left(\frac{l_1}{2Z_1} + \frac{l_2}{2Z_2}\right)}\,, \tag{12.29}$$

wobei $Z_{1,2}$ die Formationslängen der beiden betreffenden Medien sind. Der letzte Term ist der neue Interferenzterm, in vollständiger Analogie zur Beugung von Licht an einem

[120] Eine 'Lage' bedeutet eine Folie = 2 Grenzflächen plus Zwischenraum zur nächsten Folie.

Spalt in der Optik im Vergleich zur Beugung an einem Gitter. Konstruktive Interferenz tritt auf, wenn

$$\frac{l_1}{Z_1} + \frac{l_2}{Z_2} = (2n+1)\,\pi\,, \qquad n = 0, 1, 2, \ldots . \tag{12.30}$$

Sättigung setzt ein bei $\gamma = \gamma_{\text{sat}}$ für eine Einzelfolie und etwas höher bei $\gamma_{\text{sat|N}}$ für einen Folienstapel; siehe Abb. 12.8(b). Beim Vergleich der Ausbeute (pro Folie) zwischen Folienstapel und Einzelfolie erreicht ersterer (mit und ohne Absorption) relativ schnell (als Funktion von γ) einen Sättigungsgrenzwert, im Gegensatz zu einer Einzelfolie, bei der die Sättigung (gezeigt in Abb. 12.8(b) ohne Absorption) deutlich langsamer erreicht wird. Für ausreichende Photonenausbeute müssen die Folien einen Abstand von wenigstens der Formationslänge des Zwischenraummediums Z_1 haben (etwa 0.5 – 2 mm für Luft). Für deutlich größere Abstände als die Formationslänge ist die resultierende Ausbeute in etwa dieselbe wie die (inkohärente) Summe der Ausbeuten der Einzelfolien.

Die Lage des Maximums nullter Ordnung ($n = 0$) für einen Folienstapel bleibt in etwa dieselbe wie in (12.27) für eine Folie, wie leicht verifiziert werden kann, wenn man für große γ aus (12.18) $Z_i \approx 2c\omega/\omega_{p_i}^2$ approximiert und für die Bedingung für konstruktive Interferenz in (12.30) annimmt, dass $l_1\omega_{p1}^2 \ll l_2\omega_{p2}^2$ gilt, auch wenn $l_1 \gg l_2$ ist. Da das Stapeln von Folien notwendig ist, um eine messbare Photonenausbeute zu erhalten, bedeutet die beobachtete Sättigung, dass für γ-Werte oberhalb von $\gamma_{s|N}$ eine Energiemessung mittels Übergangsstrahlung effektiv unmöglich ist [378].

Eine Abschätzung von $\gamma_{s|N}$ für einen Stapel von N Folien für Abstrahlenergien nahe dem Maximum nullter Ordnung wird in [318] angegeben:

$$\gamma_{\text{sat|N}} \approx 0.6\,\omega_{p2}\frac{\sqrt{l_1\,l_2}}{c}\,, \tag{12.31}$$

wobei eine explizite N-Abhängigkeit nicht auftritt.

Der Absorption von erzeugter Übergangsstrahlung in nachfolgenden Folien kann durch einen zusätzlichen Faktor in (12.29) Rechnung getragen werden, der unter der Annahme gleicher Abstrahlung an jeder Folie des Stapels und anschließender Absorption mit der Tiefe berechnet werden kann [318, 378]:

$$\eta(\omega) = \frac{1 - \mathrm{e}^{-N\sigma}}{N(1 - \mathrm{e}^{-\sigma})} \approx \frac{1 - \mathrm{e}^{-N\sigma}}{N\sigma}\,, \tag{12.32}$$

wobei $\sigma = \sigma(\omega) = \mu_1 l_1 + \mu_2 l_2$ ist mit den linearen Absorptionskoeffizienten $\mu_{1,2}$ der beiden Medien (siehe Tab. 12.1). Die Zahl der für die Ausbeute nützlichen Folien wird dadurch auf $N_{\text{eff}} = N\eta(\omega)$ limitiert, was für $N \to \infty$ Sättigung erreicht: $N_{\text{eff}} \to (1 - \mathrm{e}^{-\sigma})^{-1}$. Es gibt keinen Ausbeutengewinn für mehr als N_{eff} Folien.

Aus Gleichung (12.29) wird

$$\frac{d^2W}{d\omega d\Omega} = \eta(\omega)\;\left.\frac{d^2W}{d\omega d\Omega}\right|_{\substack{\text{ohne}\\ \text{Absorption}}}\,. \tag{12.33}$$

Da die abgestrahlte Intensität nur schwach von der Ordnungszahl durch ω_p ($\propto \sqrt{Z}$, Gl. (12.5)) abhängt, während Photonabsorption (dominiert durch den Photoeffekt) eine sehr starke Z-Abhängigkeit ($\approx Z^5$, siehe Abschnitt 3.5.6), sollte das Radiatormaterial eine möglichst niedrige Ordnungszahl besitzen ($Z \approx 6$ für Polyethylen).

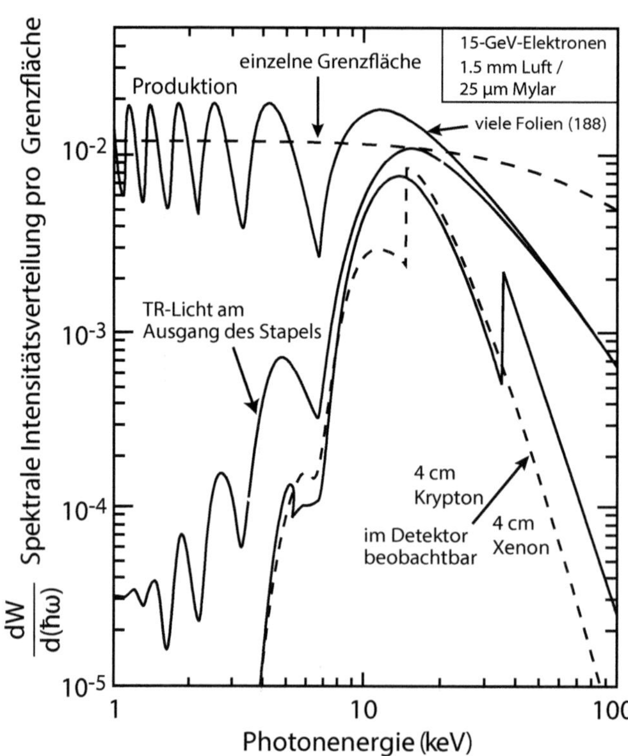

Abb. 12.10 Spektrale Intensität für Übergangsstrahlung für 15 GeV Elektronen in einem Aufbau aus einem Radiator und einem Röntgendetektor, zum Beispiel wie in Abb. 12.12. Gezeigt ist die erzeugte Intensität für eine Einfachgrenzfläche (obere gestrichelte Linie) und für viele Folien (normiert auf die Intensität pro Grenzfläche) ohne und mit Absorption innerhalb des Folienstapels (durchgezogene Linien). Die unteren Kurven zeigen die Ausbeute, die man erhält, wenn man die TR-Photonen in einem mit Xenon (durchgezogene Linie) bzw. Krypton (gestrichelte Linie) gefüllten Röntgendetektor absorbiert. Weitere Beiträge zur Nachweiswahrscheinlichkeit des Detektors sind nicht berücksichtigt. Aus [319] mit freundlicher Genehmigung der American Physical Society.

Abbildung 12.10 zeigt die spektrale Intensität für 15 GeV Elektronen, die einen Folienstapel (25 µm Mylar/1.5 mm Luft) durchqueren. Sowohl das Produktionsspektrum, als auch das Spektrum der in einem TR-Detektor absorbierten Photonen sind gezeigt (normiert auf die Intensität einer einzelnen Grenzfläche) für (i) eine Grenzfläche und für (ii) 188 Folien [319] (siehe Abschnitt 12.3). Um TR-Photonen nachzuweisen, sind Detektormaterialien mit hoher Photonabsorption nötig, das heißt Materialien mit hoher Ordnungszahl. Falls Drahtkammern als Detektoren verwendet werden, sind Xenon und Krypton geeignete Gase. Abgesehen von dem typischen, oszillatorischen Verhalten verdeutlicht Abb. 12.10, wie das nachweisbare Spektrum auf beiden Seiten gedämpft wird: an der Seite niedriger Photonenergie durch Absorption im Folienstapel und an der hochenergetischen Seite durch die mit steigender Energie abfallende Absorptionswahrscheinlichkeit im TR-Detektor. Es entsteht daher ein Maximum bei Photonenergien von 10–20 keV um das 0-te Maximum herum. Die Position des Emissionsmaximums ($n = 0$) liegt für den Luft/Mylar-Radiator der Abb. 12.10 mit (12.24) in etwa bei

$$\omega_0 \approx \frac{l_2 \omega_{p2}^2}{2\pi c} \approx 12\,\text{keV}. \tag{12.34}$$

Die Photonenausbeute eines Folienstapels mit N Folien, integriert über alle Winkel und inklusive Absorption ist in [410] gegeben:

$$\frac{dW^{(N)}}{d(\hbar\omega)} = \frac{4\alpha}{\sigma(\kappa+1)}\left(1-\mathrm{e}^{-N\sigma}\right) \times \sum_m \chi_m \left(\frac{1}{\rho_1+\chi_m} - \frac{1}{\rho_2+\chi_m}\right)^2 (1-\cos(\rho_2+\chi_\mathrm{m})) \,, \tag{12.35}$$

wobei

$$\rho_i = \frac{\omega l_2}{2c}(\gamma^{-2}+\xi_i^2)\,, \qquad \kappa = \frac{l_1}{l_2}\,, \qquad \chi_m = \frac{2\pi m - (\rho_2+\kappa\rho_1)}{1+\kappa} > 0$$

sind und σ die Absorption darstellt wie in (12.32) definiert. Der Summenindex m ist ein Entwicklungsparameter, dessen Minimum dadurch festgelegt ist, dass jeder Summand in (12.35) positiv verlangt wird. Nach oben sollte m mindestens bis etwa 50 oder darüber hinaus laufen, um Konvergenz zu erzielen (siehe dazu [319], Gl. (6)).

12.3 Detektoren für Übergangsstrahlung

Nach der in den vorangehenden Abschnitten erfolgten Diskussion der Grundlagen der Übergangsstrahlung können wir nun die Designkriterien formulieren, die bei der Planung und dem Einsatz von TRDs in der Teilchenphysik berücksichtigt werden sollten.

12.3.1 Allgemeine Designkriterien

Die charakteristischen Eigenschaften der Übergangsstrahlung für das Design von Detektoren können wie folgt zusammengefasst werden:

- Der Nachweis von Übergangsstrahlung wird wesentlich vom Lorentzfaktor γ des strahlenden Teilchens und der Energie ($\hbar\omega$) der abgestrahlten Photonen bestimmt. Die TR-Intensität für eine einzelne Grenzfläche reicht nicht aus, um in einem Detektor zum Nachweis ausgenützt zu werden. Vielfachgrenzflächen sind notwendig, wodurch Interferenz der Abstrahlung erzeugt wird, die beide Parameter (γ und ω) beeinflusst. Die einzelnen TR-Photonen werden bevorzugt unter sehr kleinen Winkeln von der Teilchenspur abgestrahlt und in aller Regel in Winkel und Energie nicht einzeln aufgelöst. Zur Teilchentrennung trägt ein winkelaufgelöster Nachweis auch wesentlich schwächer bei als bei der Cherenkovstrahlung im Vergleich. Es wird 'integrierte Intensität' gemessen, zu der nahezu ausschließlich das 0-te Interferenzmaximum beiträgt, präziser das 0-te Maximum einer Einzelfolie, um dessen Position herum die TR-Intensität auch für Mehrfachfolien dominant ist. Seine Lage wird von den Parametern (l_2/Z_2) der Einzelfolie bestimmt und kann auf den Detektor abgestimmt werden. Die Abstände der Folien (l_1/Z_1), hingegen, spielen eine weit geringere Rolle für die Intensitätsausbeute wie aus (12.29) ersichtlich ist.
- Während die totale TR-Intensität für eine einzelne Grenzfläche mit γ anwächst, geht sie bereits für eine Folie in Abhängigkeit von γ in Sättigung und ebenso für Anord-

nungen mit vielen Grenzflächen ab einem bestimmten Sättigungsstartwert[121] γ_{sat} als Konsequenz der auftretenden Interferenzerscheinung und dem Formationszoneneffekt (siehe Abb. 12.8(b)).

- Die Interferenz erzeugt ebenfalls eine untere Schwelle für γ (Gl.(12.25)) im Bereich von $\gamma \approx 1000$. Der von dort mit γ anwachsende Bereich bis zur Sättigung ist vergleichsweise klein und der effektiv für e/π-Trennung nutzbare Bereich ist auf Werte um γ_{sat} und darüber begrenzt [122], bis auch die abzutrennende Teilchenart Übergangsstrahlung erzeugt (Pionen ab etwa 140 GeV). Der linear mit γ ansteigende Bereich unterhalb von γ_{sat} kann ausgenutzt werden, wenn die TR-Ausbeute insgesamt erhöht ist, zum Beispiel durch hohe z-Werte bei Kernen. Ein Beispiel für einen so genannten 'Präzisions-TR-Detektor' ist auf Seite page 576 und in Kapitel 16 auf Seite 768 gegeben.
- Der Sättigungswert γ_{sat} liegt in der Größenordnung von 10^3. Er kann durch die wählbaren Parameter der Übergangsstrahlung (wie Abstand und Dicke der Folien) nur leicht geändert werden, ohne andere negative Effekte für die Ausbeute zu verursachen. Ein Beispiel für einen solchen negativen Effekt ist zu starke spektrale Aufhärtung bei Veränderung der Radiatorparameter durch erhöhte Absorption von Photonen niedrigerer Energie im Radiator. Die absorbierte Intensität fehlt in der Ausbeute und ein härteres TR-Spektrum hat eine niedrigere Nachweiswahrscheinlichkeit in den TR-Detektoren im Vergleich zu dem Spektrum ohne Absorption (siehe Abb. 12.8(b)).
- Um ein Teilchen als Elektron zu identifizieren und von anderen Teilchen zu diskriminieren, muss eine hinreichend große Zahl produzierter Röntgenphotonen erzeugt werden, die den Radiator verlassen und im TR-Detektor nachgewiesen werden. Letztere weisen üblicherweise nicht einzelne Photonen, sondern integrierte Intensität nach, in der Regel ohne Winkelauflösung. Hohe Photonenergien werden weniger absorbiert, Photonen mit niedrigeren Energien werden effizienter nachgewiesen (Abb. 12.10). Diese Anforderungen, zusammen mit den Interferenzmaxima und -minima und dem steilen Intensitätsabfall bei hohen ω-Werten (Abb. 12.4), schneiden einen nutzbaren Intensitätsbereich in der γ–ω-Ebene aus. Dieser liegt um das energetisch höchste Maximum nullter Ordnung herum (typisch 5–20 keV) und im γ-Bereich um oder größer als $\gamma_{\text{sat}} \approx 10^3$ wie in Abbn. 12.10, 12.8(b) und 12.9 illustriert. Letzteres entspricht einer (weichen) Energieschwelle für die Trennung geladener Teilchen durch nachweisbare Übergangsstrahlung. Sie liegt für Pionen im Bereich von 150–200 GeV und für Elektronen bei etwa 500 MeV.

12.3.2 Designparameter

Für ausreichende TR-Intensität sind viele Grenzflächen nötig. Die regelmäßig ausgerichteten Folienstapel, die bis jetzt in diesem Kapitel ausschließlich diskutiert wurden,

[121] Hier bezeichnet γ_{sat} allgemein den Startwert für Sättigung und ist gleich zu setzen mit $\gamma_{\text{sat}|\text{N}}$ aus (12.31) im Fall vieler Grenzflächen.

[122] für Teilchen mit Ladung $z = 1$ maximal eine Größenordnung darunter

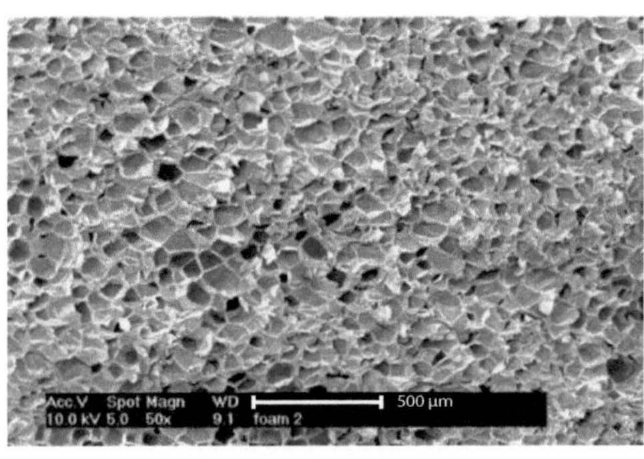

(a) Rohacellschaum.

(b) Polypropylenfaser.

Abb. 12.11 Elektronenmikroskopisches Bild von (a) Rohacell-Schaum und (b) Polypropylen-Fasern (siehe Tab. 12.1 auf Seite 557), Radiatormaterialien, die häufig anstelle von Folien benutzt werden, um Übergangsstrahlung zu erzeugen (Quelle: CERN/ALICE [332]).

sind zum Verständnis von TR-Erzeugung und -Nachweis sehr geeignet. Häufig sind Folienstapel in Großexperimenten aber geometrisch ungünstig, besonders für Collider-Detektoren. Alternativ sind daher die Radiatoren aus faser- oder schaumartigem Polyethylen oder ähnlichen Materialien (Abb. 12.11) gefertigt, die als Füllmaterial zum Beispiel in Tracking-Detektoren integriert werden können. Ein Beispiel ist der ATLAS TRT, der in Abschnitt 12.3.4 diskutiert wird. Faser- oder Schaummaterialien besitzen irregulär angeordnete Dielektrikum/Gas-Grenzflächen, welche dichteabhängig im Mittel die Bedingungen an l_1 und l_2 erfüllen können, sodass einige nachweisbare TR-Photonen pro Teilchenspur entstehen. Nachfolgend werden wir Folienradiatoren und Faser/Schaum-Radiatoren parallel betrachten.

Wichtige Parameter für die Wahl des Radiators sind die Foliedicke l_2, beziehungsweise die (durchschnittliche) Faser- oder Schaumdicke, sowie der (durchschnittliche) Abstand l_1 in einem Luft- oder Gasvolumen, beides im Verhältnis zu den entsprechenden Formationslängen $Z_{1,2}$, sowie die Plasmafrequenz ω_{p2} des Folien-/Faser-/Schaummaterials:

Foliendicke: Entsprechend (12.34) ist die Energie der Röntgenphotonen im Maximum der Ausbeute ($n = 0$) proportional zur Foliendicke. Dickere Folien haben ein härteres und stärker durchdringendes Photonspektrum zur Folge. Es ist jedoch zu beachten, dass Photonabsorption ebenfalls mit der Foliendicke anwächst. Typische Folien oder besser Faser- bzw. Schaumdicken liegen im Bereich 10–20µm.

Folienabstand: Der Lorentzfaktor, bei dem Sättigung einsetzt, ist proportional zu $\sqrt{l_1 l_2}$ gemäß (12.31). Die Porengröße in Radiatorschäumen und der durchschnittliche Faserabstand in Radiatorfasern sollte größer als die Formationslänge Z_1 des Luft- oder Gas-Zwischenraumes sein, um sicher zu stellen, dass die Ausbeute nicht zu stark abfällt. Zum Beispiel, für 20 µm dicke Mylar-Folien bei $\gamma = 10^4$ und mit $\hbar\omega_0 \approx 10\,\text{keV}, Z_1 \approx 2.2\,\text{mm}$ für Luft, $\gamma_{s|N} \approx 20\,000$, kann man einen mittleren Abstand von $l_1 \approx 2$–$5\,\text{mm}$ wählen. Die Folienabstände sind für die Intensitätsausbeute weniger kritisch als die Foliendicken (siehe Abschnitt 12.3.1). Für kleinere Werte von γ schrumpft die Formationslänge Z_1. Dann können kleinere Abstände l_1, die besser zu Fasern oder Schäumen passen, gewählt werden.

Material: Der Unterschied zwischen den Plasmafrequenzen der beteiligten Grenzschichtmaterialien sollte groß sein (Intensität $W \propto (\Delta\omega_p)^2$, Gl. (12.14)), was effektiv ein großes ω_{p2} verlangt. Große Plasmafrequenzen entsprechen großen Elektronendichten und damit auch großen Materialdichten ρ, was wiederum erhöhte Absorption nach sich zieht. Um Selbstabsorption der Photonen im Radiator zu reduzieren, sind Materialien mit niedrigem Z zu bevorzugen. Typische, häufig gewählte Radiatormaterialien für Übergangsstrahlungsdetektoren sind Lithium- oder Mylarfolien, sowie andere Kunststofffolien, -fasern oder -schäume wie zum Beispiel Polyethylen oder Polypropylen.

Bei geeigneter Wahl dieser Parameter kann man grob eine Photonenausbeute von N_{eff} mal der Ausbeute einer Einzelfolie erzielen, wobei N_{eff} die auf Seite 569 definierte effektive Anzahl von Folien gemäß Gl. (12.32) ist und durch den Absorptionskoeffizienten σ von der Photonenergie abhängt. Nimmt man als Beispiel den Bereich des 0-ten Maximums um etwa 10 keV und Mylar ($l_2 = 15\,\mu$m) oder Polyethylen ($l_2 = 20\,\mu$m) als Folienmaterial, so ist $N_{\text{eff}} \approx 100$ [378]. Dies ergibt mit den Ausführungen in Abschnitt 12.1.5 um Gleichung (12.15) für das dort gewählte $\gamma = 10^4$ eine Ausbeute von nur 5 Röntgenphotonen.

Die nachweisbare TR-Ausbeute hängt von vielen Parametern ab. Für das endgültige Design eines Übergangstrahlungsdetektors sind Simulationsrechnungen unerlässlich. In [331] und in [117, 378] findet man einige praktische Formeln für ein optimiertes Detektordesign. In [117] wird gezeigt, dass eine Beschreibung der TR-Ausbeute möglich ist unter Verwendung der dimensionslosen Variablen

$$\Gamma = \gamma/\gamma_{\text{sat}}\,, \qquad \nu = \frac{\omega}{\gamma_{\text{sat}}\omega_{p2}}\,, \qquad \kappa = \frac{l_1}{l_2}$$

mit γ_{sat} aus (12.26). Gute Ausbeute wird mit Radiatorparametern $\Gamma \approx 1$–2, $\nu \approx 0.3$ und $\kappa \approx 5$–50 erzielt.

12.3.3 Detektorkonzept

Am häufigsten werden TR-Photonen, die den Radiator verlassen durch hoch absorbierende (hohes Z) gas-gefüllte Vieldrahtkammern (z.B. Driftkammern, Abb. 12.12(a)) oder eine Anordnung von gasgefüllten Röhren (siehe weiter unten) nachgewiesen. Das TR abstrahlende Teilchen durchläuft dabei ebenfalls die Drahtkammer und erzeugt darin ein Ionisationssignal. Die Winkelverteilung der abgestrahlten Photonen folgt Abb. 12.3 mit einem Maximum bei $\theta_{max} \approx 1/\gamma$ (Gl. (12.9)). Für typische Lorentz-Faktoren bei Übergangsstrahlungsdetektoren von $\gamma > 1000$ und entsprechend kleinen θ_{max} im Bereich von Milliradian kann eine räumliche Trennung von TR-Signal und Spursignal normalerweise nicht erreicht werden. Übergangsstrahlung ist in der Regel nur nachweisbar durch identifizierbare zusätzliche Ladungsdeposition, die sich auf das Ladungssignal der ionisierenden Teilchenspur dazu addiert. Im Unterschied zu Teilchenspuren deponieren TR-Photonen ihre Energie allerdings lokal durch Absorption. Abbildung 12.12(b) zeigt eine

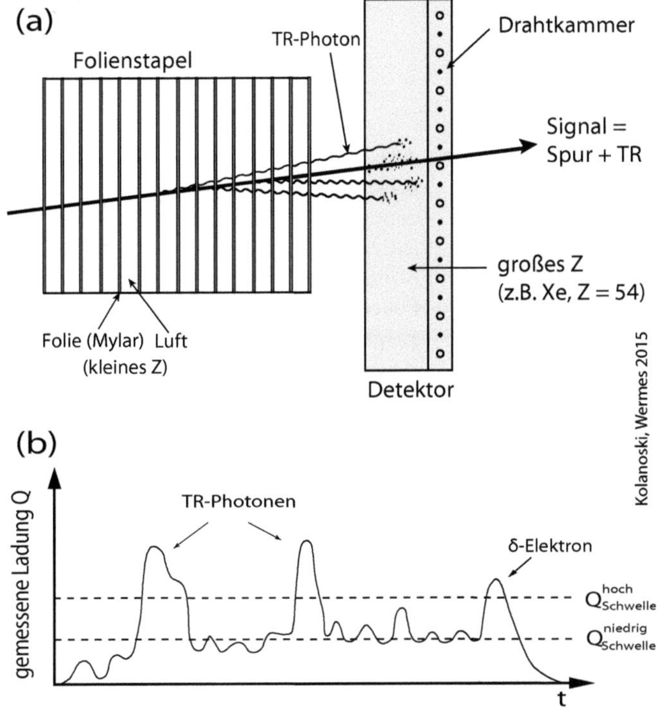

Abb. 12.12 (a) Schematische Anordnung eines Übergangsstrahlungsdetektors. Die Ionisationsladung des Teilchens sowie erzeugte Übergangsstrahlung werden nachgewiesen. Die Strahlung wird kegelförmig um die Teilchenspur mit kleinem Öffnungswinkel emittiert (siehe Abb. 12.2). Der hier gewählte Detektor ist eine Vieldrahtkammer mit einem großen Driftvolumen, gefüllt mit einem schweren Gas. (b) Eine mögliche Pulssequenz auf einem Draht, die von driftenden Ladungen herrührt. Durch Übergangsstrahlung erhöhte Signalpulse können durch eine hohe Schwelle erkannt werden. Auch δ-Elektronen können große Signale erzeugen.

mögliche zeitliche Abfolge von Signalen auf einem Draht der Nachweiskammer, erzeugt durch driftende Ladungen aus deponierter Energie im Kammergas. Die beobachteten Pulse rühren von Ionistionsladungen, inklusive hoch ionisierender δ-Elektronen, her (siehe Abschnitt 3.2.2), sowie von der Absorption von TR-Photonen und von Rauschsignalen.

Auf der anderen Seite kann man von dem notwendigerweise simultanen Nachweis der Übergangsstrahlung und dem Ionisationssignal des durchlaufenden Teilchens profitieren, indem Spurfindung und Elektronidentifikation in ein und demselben Detektor kombiniert werden. Für Elektronen ist die Trennung von anderen Teilchen durch TR-Identifikation am einfachsten wegen des großen Unterschieds im γ-Wert bei gleichem Impuls aufgrund ihrer deutlich kleineren Masse. In Experimenten zur kosmischen Strahlung wird Übergangsstrahlung auch ausgenutzt um hochenergetische Kerne zu identifizieren und ihre Energie (d.h. γ) zu messen [59] (siehe Abschnitt 16.2.1 und Abb. 16.6). Die großen Colliderexperimente ZEUS [176] an HERA sowie ATLAS [2, 125] und ALICE [804] am LHC hatten bzw. haben solch kombinierte TR- und Tracking-Detektoren (siehe Abschnitte 12.3.4 und 14.2.4).

Eine räumliche Trennung von TR-Signalen von Ionisationssignalen der Teilchenspur im Detektor ist möglich, wenn der Abstand von Treffern beider Signale in der Detektorebene größer ist als ungefähr 50–200 µm. Der Abstand kann vergrößert werden zum Beispiel durch ein Magnetfeld, das die Spur von der TR-Richtung weg biegt. Letzteres wurde in [331] gezeigt. In [460] wurde Übergangsstrahlung von der Spur separiert durch

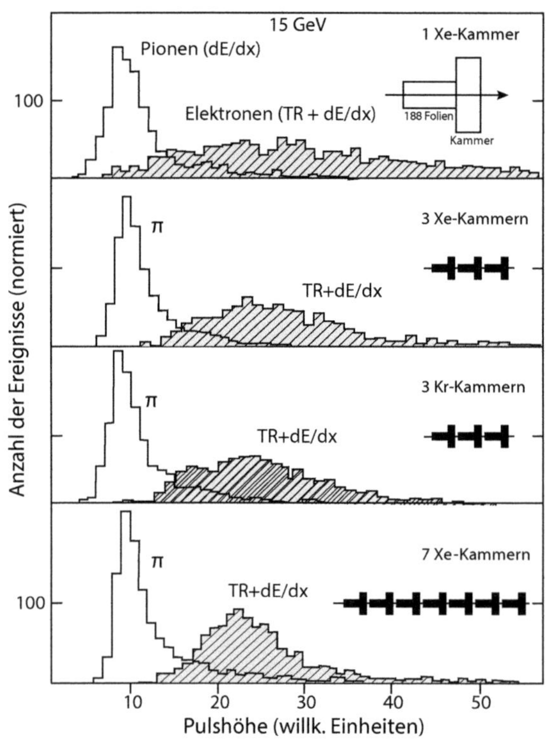

Abb. 12.13 Gemessene Pulshöhenspektren von 15 GeV Pionen (Energiedeposition durch dE/dx) und Elektronen (dE/dx + TR) für unterschiedliche Konfigurationen des Folienstapels (188 Folien, 25µm dick, 1.5 mm Luft) und gasgefüllten Kammern (Xe oder Kr). Bei Verwendung mehrerer TR-Einheiten (Folienstapel und Detektor), gekennzeichnet durch ein entsprechendes Symbol) erhält man eine schmalere Verteilung für Elektronen und damit eine bessere e/π-Trennung (aus [320] mit freundlicher Genehmigung von Elsevier).

Verwendung eines hochsegmentierten ($\sigma_x < 5\,\mu\text{m}$) Pixeldetektors (DEPFET-Pixel, siehe Abschnitt 8.10.2) nachgewiesen.

Abbildung 12.13 demonstriert wie Aneinanderreihung mehrerer TR-Einheiten, bestehend aus einem Folienstapel und einer Drahtkammer für den TR-Nachweis, gefüllt mit Xenon oder Krypton, die π/e-Trennung verbessert. Da Pionen bei 15 GeV keine Übergangsstrahlung emittieren und lediglich ein Ionisationssignal in der Kammer hinterlassen, ist das totale Signal für Elektronen größer als für Pionen. Das Elektronenspektrum wird schmaler mit wachsender Zahl von TR-Einheiten, wodurch die Nachweiswahrscheinlichkeit für Elektronen von etwa 89% (eine TR-Einheit) auf 98% (7 TR-Einheiten) steigt und die Pionunterdrückung um einen Faktor 1.3–2 besser wird [320].

Präzisions-TRDs Explizite Messungen von γ sind mit so genannten 'Präzisions-TRDs' möglich, die den linearen Verlauf der γ-Abhängigkeit der Übergangsstrahlung zwischen Schwelle und Sättigung ausnützen, wie zum Beispiel in Experimenten zur Kosmischen Strahlung verwendet (siehe z.B. [1013] und Abb. 16.6(b) in Kapitel 16). Ein messbarer Bereich von $500 < \gamma < 10^4$ wurde in [1013] mit vergleichsweise dicken Folien (76 µm) mit optimierten Abständen erreicht. Experimente zur kosmischen Strahlung profitieren auch von der z^2-Abhängigkeit ($z =$ Ladung des strahlenden Teilchens) der TR-Ausbeute (siehe (12.14) und (12.15)), wenn ionisierte hochenergetische Kerne detektiert werden.

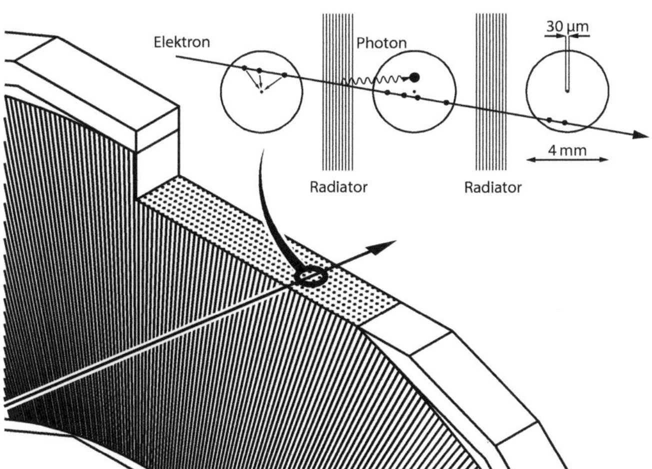

Abb. 12.14 Schematische Darstellung und Nachweisprinzip mit Driftrohren und Übergangsstrahlungsradiatoren im *Transition Radiation Tracker* (TRT) von ATLAS. Die Zeichnung zeigt die Geometrie und die Anordnung der Driftrohre in den Endkappen. Adaptiert aus [123].

12.3.4 Der Übergangsstrahlungsdetektor des ATLAS-Experiments

Im ATLAS-Experiment dient der *Transition Radiation Tracker* (TRT) [2] als Spurdetektor im äußeren Bereich des Innendetektors und kann Elektronen von Hadronen (vor allem von Pionen) durch Nachweis von TR-Photonen in einem Impulsbereich von 1 GeV/c bis 200 GeV/c trennen.

Der TRT-Detektor (Abb. 12.14) besteht aus zylindrisch (im Zentralbereich) oder radial (im Vorwärtsbereich) angeordneten Driftrohren von 4 mm Durchmesser, die von 19 µm dicken Polypropylen-Fasern (im Barrel-Bereich) beziehungsweise von -Folien (in den Endkappen) als Radiatoren umgeben sind. Die Folien sind 15 µm dick und werden durch ein Netz aus Polypropylen-Fasern in verschiedenen Bereichen auf einem mittleren Abstand von 240 µm bzw. 330 µm gehalten [2]. Als Füllgas wird eine Xe-CO_2-O_2 Mischung (70%, 27%, 3%) verwendet. Im zentralen Bereich des ATLAS-TRT werden immer mindestens 36 Driftrohre von einer Spur durchlaufen. Zusätzliche TR-Signale werden von 'normalen' Ionisationssignalen durch die Definition zweier Schwellen (niedrig/hoch) elektronisch unterschieden (Abb. 12.12 (b)). Obwohl auch δ-Elektronen (siehe Abschnitt 3.2.2) große Signalpulse erzeugen, lässt eine hohe Anzahl von Treffern, die die obere Schwelle überschritten haben, mit hoher Wahrscheinlichkeit darauf schließen, dass es sich bei der Teilchenspur um ein Elektron handelt.

Die mit Übergangsstrahlungsdetektoren erzielbare Trennung, vor allem von Elektronen und Pionen, ist in Abschnitt 14.2.4, beschrieben.

12.3.5 Der *Transition Radiation Detector* des ALICE-Experiments

Im Unterschied zur TR-Anwendung in ATLAS, wo Elektronidentifikation bei Impulsen bis über 200 GeV/c das Ziel ist, wird im Schwerionenexperiment ALICE am LHC eine Elektronidentifikation mit sehr starker Pionunterdrückung (Faktor 100) im Bereich von etwa 2 bis 10 GeV/c angestrebt. Auch hier wird ein Faser/Schaum-Radiator verwendet.

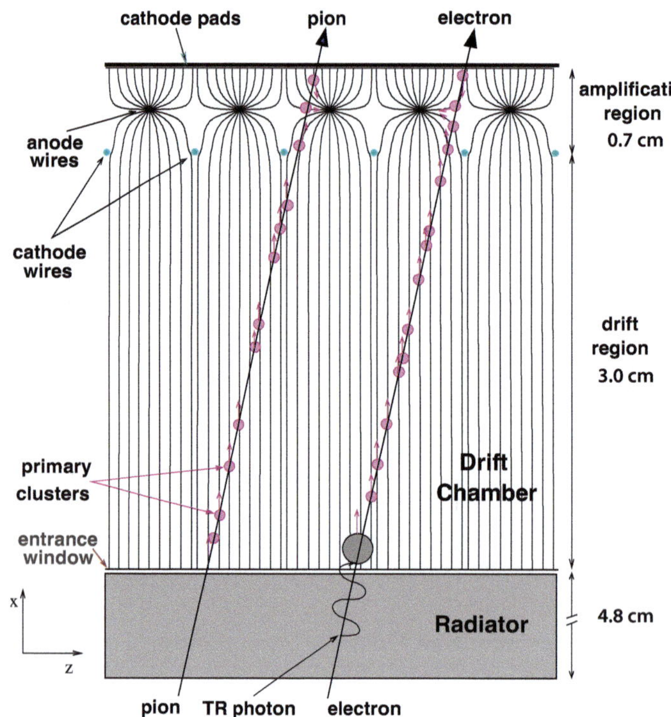

Abb. 12.15 Funktionsprinzip eines Moduls des ALICE-TRD-Detektors, bestehend aus einem TR-Radiator, kombiniert mit einer Driftkammer [9], Quelle: CERN/ALICE Collaboration).

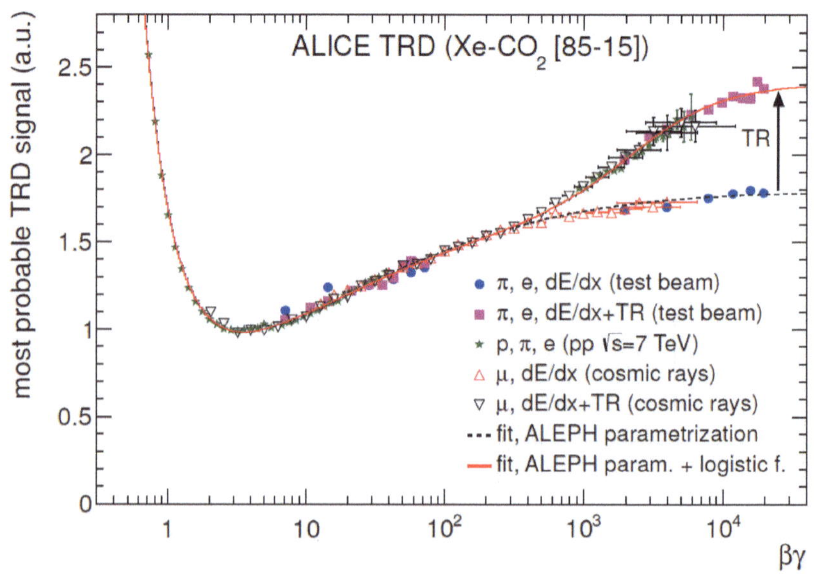

Abb. 12.16 Signal (*most probable value*) des ALICE-TRD für verschiedene geladene Teilchen (e, μ, π, p) aus Teststrahldaten, pp-Kollisionsdaten sowie Daten kosmischer Strahlung [26]. Quelle: CERN/ALICE Collaboration.

Der ALICE TRD-Detektor ist in 18 großen, azimutal angeordnete Modulen konzipiert, die aus einer Abfolge von 6 radial abgeordneten Lagen aus Radiator/Driftkammer bestehen. Die Driftkammern sind mit einer Photonen absorbierenden Gasmischung aus 85% Xenon und 15% CO_2 gefüllt. Das Prinzip einer Kammereinheit ist in Abb. 12.15 gezeigt. Mit der Driftkammer werden die Ladungen, die durch TR-Photonen erzeugt werden, zusätzlich zu den Ladungen, die durch die Ionisation der geladenen Spur entstehen, orts- und zeitaufgelöst mittels Kathodenauslese (siehe Kapitel 7) nachgewiesen. Abbildung 12.16 zeigt das vom TRD-Detektor gelieferte Signal für verschiedene geladene Teilchen [26]. Je nach Teilchensorte und Impuls (d.h. abhängig von $\beta\gamma = p/m$) sind die Signalanteile der spezifischen Ionisation (dE/dx), die dem charakteristischen Verlauf der Bethe-Bloch-Kurve (siehe Abb. 3.5 auf Seite 38) folgen, und die zusätzlichen TR-Signalanteile bei hohen $\beta\gamma \gtrsim 800$ sichtbar. Letztere entstehen durch Elektronen im GeV-Bereich der (π, e)-Teststrahldaten und durch Myonen der kosmischen Strahlung mit TeV-Energien.

Auch hier verweisen wir für die Übergangsstrahlungsdetektoren erzielbare Trennung von Elektronen und Pionen, auf Kapitel 14, Abschnitt 14.2.4.

12.3.6 Übergangsstrahlungsdetektoren in Cosmic-Ray-Experimenten

Übergangsstrahlung findet auch in Experimenten zur kosmischen Strahlung Verwendung. Zum Beispiel wird ein 'Präzisions-TRD' (siehe auch Abschnitt 12.2.2 auf Seite 576) in dem Ballonexperiment CREAM benutzt [59], wie in Abschnitt 16.2.1 beschrieben. Es wird zur Messung ultra-relativistischer Ionen mit Energien bis zum so-genannten 'Knie' des Spektrums der kosmischen Strahlung bei etwa 10^{15} eV eingesetzt. Abbildung 16.6 auf Seite 768 illustriert wie das Summensignal von Übergangsstrahlung und Ionisation (dE/dx) verglichen mit dem Ionisationssignal allein eine Bestimmung des Lorentz-Faktors γ (aus dem TR-Signal) erlaubt. Die Ladung der Ionen erhält man aus dem dE/dx-Signal und kennt daher mit beiden Messungen zusammen ihre Energie und Masse (= Identifikation).

Das AMS-Experiment auf der Internationalen Raumstation ISS [724] (siehe Abschnitt 16.2.2 auf Seite 772), das die Suche nach Antimaterie im Universum zum Ziel hat, besitzt ebenfalls einen Übergangsstrahlungsdetektor, vor allem zur Trennung von Protonen und Positronen sowie Antiprotonen und Elektronen.

13 Szintillationsdetektoren

Übersicht

13.1 Überblick

Der Nachweis ionisierender Strahlung durch Szintillationslicht (Lichtblitze), das in bestimmten Materialien bei Teilchenabsorption entsteht, gehört zu den ältesten Techniken für den Strahlungsnachweis. Rutherford wies um 1910 α-Teilchen als Lichtblitze, die beim Auftreffen auf einen mit Zinksulfid beschichteten Schirm entstehen, mit dem Auge nach. Heute werden Szintillationsphotonen elektronisch registriert.

Unter *Szintillation* verstehen wir die Erzeugung von *Lumineszenz* durch die Absorption ionisierender Strahlung. Lumineszenz bezeichnet die Emission von Licht mit einem charakteristischen Spektrum, welches durch inhärente molekulare oder kristalline Eigenschaften eines Materials gegeben ist. Wir unterscheiden anorganische Szintillationskristalle (Abschnitt 13.3) und organische Materialien, die in Abschnitt 13.2 besprochen werden. Weiterhin wird abhängig vom Lichtemissionsprozess zwischen *(prompter) Fluoreszenz*, *Phosphoreszenz* sowie *verzögerter Fluoreszenz* unterschieden, vor allem bei organischen Materialien (Abschnitt 13.2.1).

Unter organische Materialien zählen wir organische Kristalle wie Anthrazen oder Stilben, aber auch Flüssigkeiten (z.B. Xylen[123]) oder organische Szintillatoren, die in Flüssigkeiten gelöst sind, wie zum Beispiel p-Terphenyl ($C_{18}H_{14}$) aufgelöst in Benzol (C_6H_6), manchmal mit einem Zusatz eines wellenlängenschiebenden Materials (siehe Abschnitt 13.2.2.2 auf Seite 587) wie z.B. POPOP ($C_{24}H_{16}N_2O_2$). Durch Polymerisation des Basismaterials können Flüssigszintillatoren verfestigt werden und in fast jede beliebige geometrische Form gebracht werden. Ein häufig angewendetes Beispiel ist, das Szintillationsmolekül in einem Styrol-Monomer aufzulösen, welches dann in eine feste Plastikform polymerisiert wird (Polystyrol). Diese werden Plastikszintillatoren genannt (Abschnitt 13.2.2). Ein Review dazu ist zum Beispiel in [642] zu finden.

Anorganische Szintillatoren sind normalerweise Kristalle, die Szintillationslicht durch Übergänge innerhalb der Bandlücke des Gitters erzeugen, wo Photonen mit optischen Wellenlängen erzeugt werden können mit Hilfe von Lumineszenzzentren. Derartige Zen-

[123] Auch Dimethylbenzen genannt.

H. Kolanoski und N. Wermes, *Teilchendetektoren*, https://doi.org/10.1007/978-3-662-73068-3_13

tren können intrinsisch sein, gebildet durch molekulare Systeme innerhalb des Gitters, oder extrinsisch, das heißt erzeugt durch Dotierung, die Strahlungsübergänge mit optischen Wellenlängen ermöglichen (siehe Abschnitt 13.3). Beispiele sind CsJ (Tl) für den letzteren Fall, wobei Thallium als Dotierung verwendet wird, und CeF_3, welches 'selbstaktivierend' ist, was bedeutet, das Oxid-Anion-Komplexe gebildet aus Gitteratomen die Lumineszenzzentren bilden. Anorganische Szintillatoren sind umfassend in [695] beschrieben.

Lumineszenz durch ionisierende Strahlung. Im Falle geladener Teilchen entsteht Lumineszenz durch Ionisation mit anschließender Rekombination in dem szintillierenden Medium oder durch Molekülanregung mit anschließender Abregung in den Grundzustand unter Aussendung von Licht. Die Rekombination kann direkt oder indirekt, das heißt nach Abfolge weiterer Prozesse, erfolgen (siehe Abschnitte 13.2.1 und 13.3.1).

Beim Nachweis von Photonen im Röntgen- (keV) oder Gamma-Energiebereich (MeV) entsteht Szintillationslicht indirekt durch Elektronen, die im Szintillationsmedium via Photoeffekt, Compton-Effekt oder Paarbildung entstanden sind und ihrerseits Energie an Atome durch Ionisation beziehungsweise Anregung abgeben.

Neutronen können ebenfalls mit Szintillatoren nachgewiesen werden. Der Nachweis erfolgt im Wesentlichen über zwei Mechanismen: Kernreaktionen, in denen Szintiallationslicht erzeugende Folgeprodukte entstehen, sowie inelastische Neutron–Kern-Streuung, bei der der angestoßene Kern oder ein emittiertes Proton durch Ionisation Licht erzeugen.

Szintillatoren zum Teilchennachweis. Szintillationsdetektoren sollten idealerweise die folgenden Eigenschaften haben:

- Die im Szintillator deponierte Energie soll mit hoher Effizienz in Licht umgewandelt werden.
- Die Lichtausbeute $L_S = \langle N_{ph} \rangle / E$, definiert als die Anzahl der Photonen einer bestimmten Wellenlänge pro deponierter Energie E, soll proportional zur abgegebenen Energie sein (Linearität).
- Das Szintillationsmedium sollte transparent für die Wellenlänge des Szintillationslichts sein.
- Die Zerfallszeit der Lumineszenz, das heißt die Dauer des Anregungs- und Lichtemissionsprozesses, sollte möglichst kurz sein, damit ein schneller Signalpuls entsteht.
- Der Brechungsindex des Szintillatormaterials sollte nahe dem der Ausleseeinheit sein, damit eine effiziente Ankopplung möglich ist. Bei Verwendung eines Photovervielfachers ist dies Glas mit $n \simeq 1.5$.
- Die Lichtsammlungseffizienz sollte so groß wie möglich sein.
- Je nach Anwendung sollte das Szintillationsmedium hohes Z (z.B. für gute Photonabsorption) oder niedriges Z (z.B. für den Nachweis ionisierender Teilchen) haben sowie eine niedrige Massenzahl A (z.B. für den Nachweis für Neutronen).

Anwendungsbereiche von Szintillationsdetektoren sind zum einen die Energiemessung von Photonen, Elektronen oder Neutronen mit total absorbierenden Detektoren, zum an-

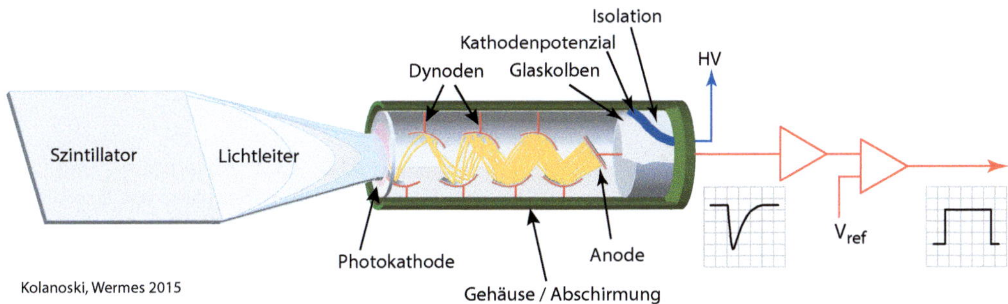

Abb. 13.1 Szintillator (hier ein Plastikszintillator) mit Signalverarbeitungskette (Photovervielfacher, gegebenenfalls Verstärker, Diskriminator)

deren die Erzeugung schneller elektrischer Signale geladener Teilchen zur Zeitmarkierung, die zum Beispiel in Flugzeitmessungen oder für einen schnellen Trigger verwendet werden können. Für die beiden Anwendungsbereiche werden verschiedene Arten von Szintillatormaterialien eingesetzt (siehe Abschnitt 13.5): vorzugsweise organische Szintillatoren für zeitkritische Anwendungen, anorganische Kristalle für die Energiemessung.

Abbildung 13.1 zeigt den typischen Aufbau eines Szintillationsdetektors, der aus folgenden Komponenten besteht:

- *Szintillator:* Ein Szintillator wandelt ionisierende Strahlung in Licht um. Damit kein Licht aus dem Szintillator entweicht oder von außen eindringt, wird er lichtdicht und mit nach innen reflektierender Folie umhüllt, zum Beispiel mit einer Aluminiumfolie oder einer diffus rückstreuenden weißen Folie.
- *Lichtleiter:* Die Auskoppelfläche des Szintillators hat oft eine andere Geometrie als das Eintrittsfenster des Photovervielfachers. Ein Lichtleiter, meist aus Plexiglas, kann in diesem Fall als Übergang dienen, wenn eine direkte Ankopplung an den Photovervielfacher nicht möglich ist.
- *Photovervielfacher:* Der Photovervielfacher (*Photomultiplier Tube*, PMT) wandelt in einer Photokathode Photonen in Elektronen um und führt gleichzeitig eine rauscharme Verstärkung über ein 'Dynodensystem' durch (Abschnitt 10.2.1). Die Elektronen werden um einen Faktor von bis zu etwa 10^{8-9} vervielfacht und erzeugen einen Strompuls am Ausgang (Anode) des PMT (siehe auch Abschnitt. 13.4.1). Alternativen zu PMTs zum Nachweis des Szintillationslichtes sind in Kapitel 10 beschrieben.
- *Verstärker:* Der Ausgangsimpuls des Photovervielfachers kann meist ohne elektronische Verstärkung weiterverarbeitet werden. Nur bei geringer Lichtausbeute wird er gegebenenfalls nochmals verstärkt, diskriminiert und an die weiterverarbeitende Elektronik weitergegeben.

Die gesamte Anordnung der Abb. 13.1 ist lichtdicht abgeschlossen: Szintillator und Lichtleiter werden dazu häufig mit Lagen aus reflektierender Folie und schwarzem Klebeband umhüllt. Da die Elektronenwege innerhalb des Dynodensystems und damit die Verstärkung sehr empfindlich auf Magnetfeldeinflüsse reagieren, selbst bei schwachen

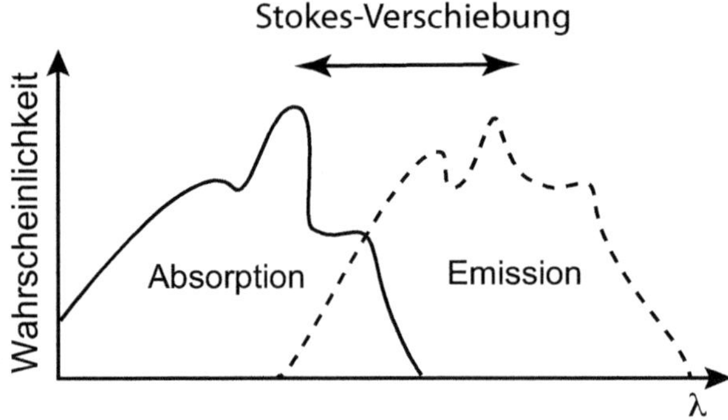

Abb. 13.2 Absorptions- und Emissionsspektrum von Szintillatoren (schematisch).

Feldern wie dem Erdmagnetfeld, muss der Photovervielfacher abgeschirmt werden (zum Beispiel durch einen Zylinder aus μ-Metall, einer weichmagnetischen Fe-Ni-Legierung mit hoher Permeabilität).

Szintillationsmechanismus. Der Erzeugungsmechanismus für Szintillationslicht hängt von der Art des Szintillatormaterials ab und ist verschieden für organische und für anorganische Szintillatoren. Die absorbierte Energie führt zu Anregung von Zuständen in Atomen/Molekülen beziehungsweise Kristallen, deren Abregung zur Emission von Licht führt. Das emittierte Licht kann im Szintillator wieder absorbiert werden, jedoch sind die Emissionsübergänge energetisch kleiner als oder höchstens gleich groß wie die der Lichtabsorption (siehe Abb. 13.4 in Abschnitt 13.2 und Abb. 13.9 in Abschnitt 13.3). Demzufolge sind die Wellenlängen des emittierten Szintillationslichts zu längeren Wellenlängen hin verschoben (Stokes-Verschiebung, Abb. 13.2). Für Detektoren wird eine hohe Lichtausbeute mit geringer Selbstabsorption angestrebt. Die Wellenlängenbereiche für Absorption und Emission sollten daher so wenig wie möglich überlappen.

13.2 Organische Szintillatoren

13.2.1 Szintillationsmechanismus in organischen Materialien

Der Szintillationsmechanismus organischer Materialien ist weitgehend von der Elektronenstruktur des Kohlenstoffatoms bestimmt. Um die resultierenden Emissionsmechanismen zu verstehen, betrachten wir die in Kohlenstoffverbindungen auftretenden Termschemata.

Das Kohlenstoffatom besitzt 6 Elektronen, die die K-Schale ($1s$) vollständig und die L-Schale ($2s$ und $2p$) teilweise füllen. Die Konfiguration ist: $1s^2$, $2s^2$, $2p^2$. In Verbindungen ändert sich diese Konfiguration oft in $1s^2, 2s^1, 2p^3$, das heißt, ein $2s$-Niveau wird durch den Einfluss der Verbindungsatome auf die Energie eines $2p$-Niveaus angehoben. Es sind drei verschiedene Mischorbitalkonfigurationen (Hybridisierungen) möglich, je nachdem, ob die entstehenden s-p-Mischorbitale energetisch gleichwertig sind (sp^3-Hybridisierung)

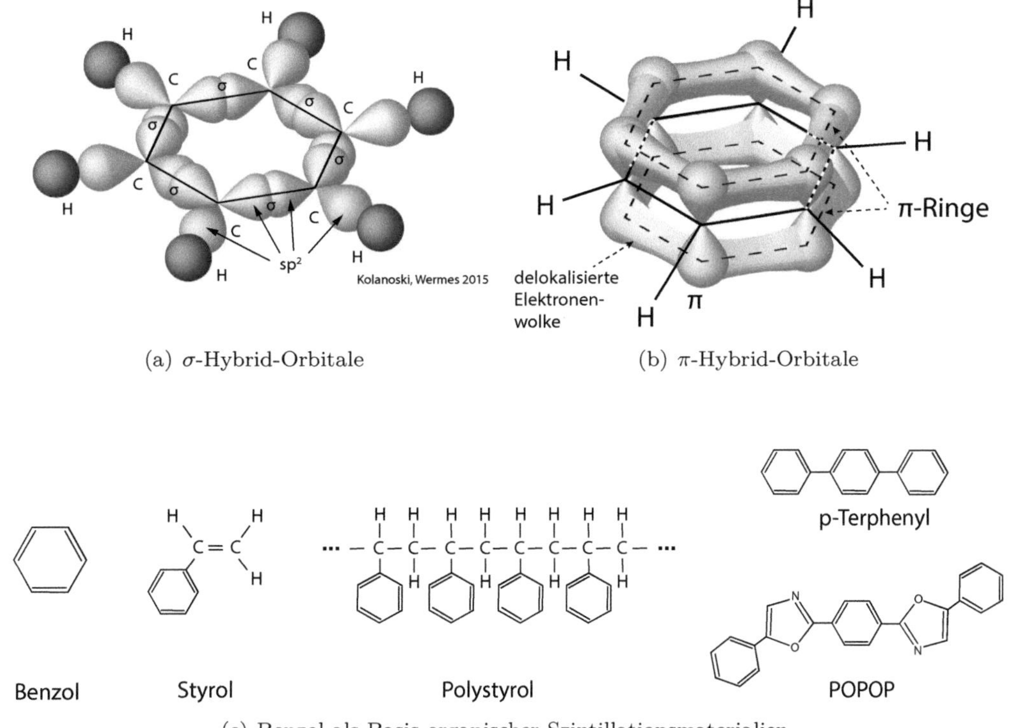

Abb. 13.3 Elektronenorbitale des Kohlenstoffs beim Benzol (C_6H_6). Die hell- und dunkelgrauen Blasen repräsentieren Elektronenorbitale. Jedes Kohlenstoffatom hat vier C-Orbitale. Es ist sp^2-hybridisiert und formt σ-Bindungen mit zwei benachbarten C-Atomen und eine weitere σ-Bindung mit den Wasserstoffatomen, d.h. drei σ-Bindungen pro C-Atom, die einen Ring aus insgesamt sechs C–C-Bindungen und sechs C–H-Bindungen bilden. Die übrigbleibenden vierten Orbitale jedes C-Atoms (π-Orbitale) stehen senkrecht auf den σ-Bindungen und bilden sich symmetrisch oberhalb und unterhalb des C-Rings aus. Da die π-Orbitale sich auch auf ihre Nachbarn erstrecken (Delokalisation), formen auch sie (hexagonale) Ringe, innerhalb derer sich die Elektronen frei bewegen können. (a) Skizze der σ-Orbitale, welche in einer ebenen, hexagonalen Struktur angeordnet und stark gebunden sind, weil ihre Elektronenorbitale stark überlappen. (b) π-Orbitale zusammen mit vereinfacht gezeichneten σ-Orbitalen als (durchgezogene) Linien. Die gestrichelten Linien deuten die delokalisierten π-Orbitale an. (c) Strukturformeln von Benzol, Styrol, Polystyrol und Benzolderivaten, die als Farbstoffe in Plastikszintillatoren verwendet werden: Polystyrol als Basismaterial, p-Terphenyl zum Beispiel als primärer Farbstoff, POPOP als Beispiel eines sekundären Farbstoffs.

oder ob nur zwei beziehungsweise eines der drei $2p$-Orbitale mit dem $2s$-Orbital mischen (sp^2- beziehungsweise sp-Hybridisierung). Lumineszente Übergänge findet man in Materialien mit sp^2- oder mit sp-Hybridisierungen, bei denen mindestens ein p-Orbital im Vergleich zum ungebundenen Atom unverändert bleibt. Die Elektronen in diesen p-Niveaus heißen π-Elektronen. Die Elektronen der gemischten Orbitale heißen σ-Elektronen. Sie bilden eine starke kovalente Bindung. Die schwächer gebundenen π-Elektronen liegen in Orbitalen orthogonal zu den σ-Orbitalen.

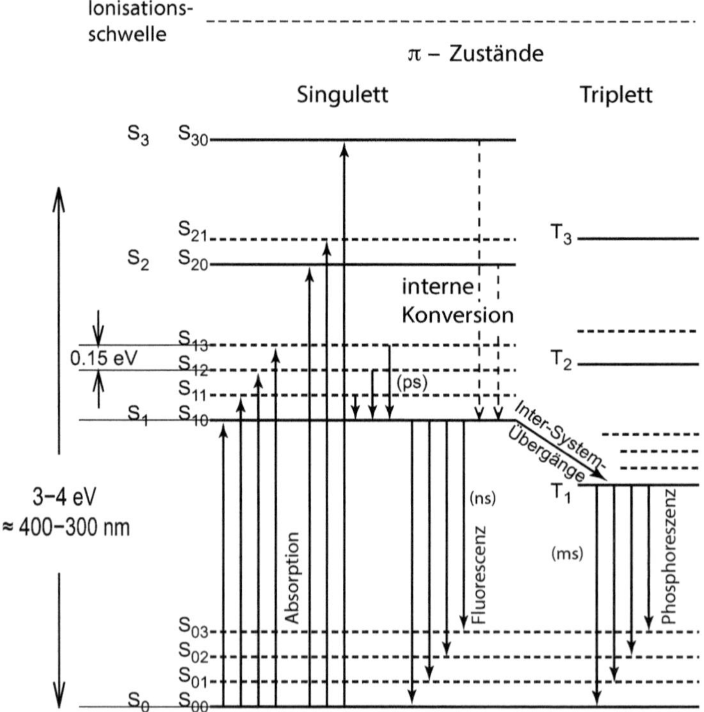

Abb. 13.4 π-Energieniveau-Übergänge bei organischen Molekülen (nach [217], mit freundl. Genehmigung von Elsevier). Die Energiedifferenzen sind ungefähre Angaben. Anregung ist z.B. durch geladene Teilchen möglich, aber auch durch UV-Photonen aus szintillierenden Molekülen, die dem Basismaterial zugesetzt werden können [781].

Abbildung 13.3 zeigt die beschriebenen Orbitaldarstellungen beim Benzol, einem ringförmigen Molekül mit sechs Kohlenstoffatomen, welches als Basis für die Struktur organischer Szintillatoren angesehen werden kann wie Abb. 13.3(c) zeigt. Das Styrol-Monomer zum Beispiel ist ein Benzolring, an dem ein Vinylrest hängt. Das entsprechende Polymer heißt Polystyrol. Weitere Benzolderivate werden in organischen Szintillatoren als Zugaben verwendet (Abschnitt 13.2.1).

Für Lumineszenz sind Übergänge zwischen Niveaus der molekularen π-Elektronen verantwortlich. In Abb. 13.4 ist das π-Energieniveauspektrum eines organischen Moleküls mit zwei voneinander nahezu unabhängigen Termschemata (Singulett und Triplett) dargestellt. Die Hauptniveaus sind in Unterniveaus aufgespalten, die verschiedenen Vibrationszuständen entsprechen. Die Abstände zwischen den Hauptniveaus S_0 und S_1 bis S_3 liegen im Bereich von etwa 3–4 eV, entsprechend etwa 400–300 nm.

Energieabsorption im Szintillator, zum Beispiel durch geladene Teilchen oder Absorption von Photonen ausreichender Energie, führt zu einer Anregung vom Grundzustand S_{00} auf höhere Niveaus (S_{1i}, S_{2i}, S_{3i} ...). Die Abregung von den S_{1i}-Niveaus auf das S_{10}-Niveau erfolgt strahlungslos im Pikosekundenbereich (ebenso von S_{2i} nach S_{20} etc.). Der Übergang von dort zurück auf die Grundzustandsniveaus S_{0i} erfolgt auf der

Nanosekunden-Zeitskala und wird prompte Fluoreszenz genannt. Er ist der für schnelle Szintillationssignale wichtigste Übergang. Da die Energiedifferenz der Niveaus bei der Emission kleiner ist als bei der Absorption (Abb. 13.4), ist die Wellenlänge relativ zur Absorption 'Stokes verschoben'.

Übergänge zwischen Singulett- und Triplett-Termen sind für Strahlung 'Spin-verboten'. Für einen Bruchteil der Moleküle können die T_{1i}-Triplett-Zustände[124] aber durch strahlungslose Übergänge bevölkert werden (Intersystem-Übergänge). Die T_{1i}-Zustände sind metastabil, und die nachfolgenden Abregungen in den Grundzustand S_{0i} erfolgen im ms-Bereich (Phosphoreszenz).

Während der Besetzung der metastabilen T-Niveaus können durch erneute Energieaufnahme – zum Beispiel thermisch oder durch weitere Ionisation – Übergänge zurück in das S-Termschema auftreten, mit sofortiger Abregung. Dies führt im Mittel zu einer *verzögerten* Fluoreszenz (µs bis ms).

Phosphoreszenz und verzögerte Fluoreszenz sollen möglichst vermieden werden. In sehr reinen organischen Materialien sowie in anorganischen Kristallen (siehe Abschnitt 13.3) sind sie unterdrückt.

13.2.2 Organische Materialien für Szintillationsdetektoren

13.2.2.1 Organische Kristalle

In fester Form vorliegende, kristalline organische Szintillatoren sind Naphthalen ($C_{10}H_8$), Anthrazen ($C_{14}H_{10}$) und Stilben ($C_{14}H_{12}$). Anthrazen weist von diesen die größte Lichtausbeute auf, mit etwa 16 000 optischen ($\lambda \approx 300$–700 nm) Photonen pro MeV abgegebener Energie. Die Szintillationssignale haben Zeitkonstanten im Bereich von Nanosekunden (Antrazen etwa 30 ns). Die Kristalle sind allerdings leicht zerbrechlich und selten in großen Stücken erhältlich. Sie können nur schwer in eine gewünschte Form geschnitten werden. Außerdem variiert die Szintillationseffizienz mit dem Einfallswinkel des ionisierenden Teilchens relativ zur Kristallorientierungsachse [655]. Aus diesen Gründen vor allem wurden sie in der Anwendung von den im nächsten Abschnitt besprochenen Plastikszintillatoren nahezu vollständig verdrängt.

13.2.2.2 Plastikszintillatoren

Szintillationsfähige Farbstoffe gelöst in so genannten aromatischen[125] Lösungsmitteln werden durch Polymerisation fest und werden *Plastikszintillator* genannt. Sie können in fast beliebiger Form hergestellt werden. Wegen ihrer sehr einfachen Handhabung werden sie oft in Experimenten der Teilchen- und Kernphysik verwendet.

---

[124]Die Triplett-Zustände verkleinern wegen der antisymmetrischen Spinausrichtung den s-Orbital-Radius und sind stärker gebunden (liegen energetisch tiefer als die Singulett-Zustände).

[125]In der Chemie bezeichnet der Begriff 'aromatisch' ebene, zyklische Molekülanordnungen, die sehr stabil sind.

Tab. 13.1 Exemplarische Übersicht über einige ausgewählte, organische Szintillatoren (nach [1067, 655, 350]). Wegen der vielfachen Variationsmöglichkeiten sind die angegebenen Zahlenwerte als typisch anzusehen. Abkürzungen: λ_{max} = Wellenlänge des Emissionsmaximums, τ_{dec} = Zerfallskonstante der jeweiligen prompten Szintillation; Plast-Sz. = Plastikszintillator, PS = Polystyrol-basiert, PVT = Polyvenyltoluol-basiert.

	Beispielnamen (kommerziell)	Dichte (g/cm^3)	λ_{max} (nm)	Photonen pro MeV	τ_{dec} (ns)
Anthrazen $C_{14}H_{10}$		1.25	447	16 000	29
Stilben $C_{14}H_{12}$		1.16	410	8 000	5
Naphthalen $C_{10}H_8$		1.14	348	<5 000	11
Plast-Sz. (PS)	NE-102, EJ-212, BC-400 BC-404, SCSN-81	1.05	420	8 500	2
Plast-Sz. (PVT)	EJ-230, BC-420, NE-111A, Pilot U2	1.03	395	10 500	1.5
Flüssigszintillator	NE-213, EJ-301, BC-501A	0.874	425	12 500	3.2

Lösungsmittel sind zum Beispiel Benzol oder Xylol. Sie sind bereits Szintillatoren, allerdings mit geringer ausnutzbarer Quantenausbeute, das heißt, sie weisen recht kleine Lichtmengen pro deponierter Energie auf und liefern nur wenige Photonen bei nachweisbaren Wellenlängen und hinreichend kurzen Zerfallszeiten. Für effizientere Szintillionsausbeute benötigt man Zusatz(farb)stoffe, die in hoher Konzentration dem Basismaterial hinzugefügt werden. Beispiele sind p-Terphenyl ($C_{18}H_{14}$), PBD ($C_{24}H_{22}N_2O$), DPO ($C_{15}H_{11}NO$) sowie POPOP ($C_{24}H_{16}N_2O_2$). Ein weiterer, zweiter Farbstoff wird in der Regel zur Verschiebung der Wellenlänge der Strahlung zugesetzt, um eine effiziente Lichtausbeute zu gewährleisten. Polymerisierte Basismaterialien sind Polystyrol (PS), Polyvinyltoluol (PVT) oder auch Polymethylakrylat (Plexiglas) mit Dichten im Bereich von 1.03–1.20 g/cm^3 [799]. Lösungsmittel und Farbstoffe enthalten alle Benzolmoleküle in ihrer Struktur (Abb. 13.3(c)), sodass Benzol für die Diskussion der wichtigsten Eigenschaften des Szintillationsprozesses verwendet werden kann. Eine Auswahl häufig benutzter organischer Szintillatoren, ihre Eigenschaften und kommerzielle Namen sind in Tab. 13.1 aufgeführt (siehe auch [1078]).

Szintiallationsprozess Mit Bezug auf Abb. 13.4 können wir die Hauptanregungsprozesse, die auftreten, wenn ein geladenes Teilchen einen organischen (Plastik)-Szintillator durchläuft, wie folgt klassifizieren [1078]:

(1) Anregung der π-Singulett-Zustände;

(2) Ionisation der π-Elektronen;

(3) Anregung anderer Elektronengruppierungen, wie z.B. σ-Elektronen;

(4) Ionisation anderer Elektronengruppierungen.

Der erste Prozess ist hauptsächlich für die schnelle (fluoreszente) Komponente des Szintillationsprozesses verantwortlich. Der zweite Prozess, gefolgt von Ionenrekombination, ist für die Bevölkerung einiger Triplett-Zustände verantwortlich und führt überwiegend zu der langsamen Komponente des Szintillationsprozesses. Jede Anregung innerhalb des dritten Prozesses wird thermisch dissipiert. Die vierte Anregungsart scheint der wesentliche Grund für Strahlungsschäden im Material durch ionisierende Strahlung zu sein.

Basismaterial und Farbstoffzugaben Eine häufig verwendete Kombination für Plastikszintillatoren ist PVT (Polyvenyltoluol, Lösungsmittel, erster Szintillator) – p-Terphenyl (Primärzusatz, zweiter Szintillator) – POPOP (Sekundärzusatz, dritter Szintillator). Weitere Kombinationen sind in Tab. 13.2 zusammengestellt.

Der Primärzusatz sorgt für eine insgesamt höhere Ausbeute und eine kürzere Anstiegszeit als das Basismaterial, wenn er in gesättigter Lösung (typisch etwa 1% oder mehr Massenkonzentration) dem Basismaterial zugegeben wird, und er besitzt eine gute Quanteneffizienz mit guter spektraler Anpassung, das heißt, dass das Emissionsspektrum des Basismaterials mit dem Absorptionsspektrum hinreichend überlappt. In gesättigter Lösung liegen die mittleren Abstände der Moleküle von Basismaterial und Primärzusatz im Bereich von etwa 10 nm, kleiner als die Wellenlänge des emittierten Lichts. Bei diesen Abständen ist die strahlungslose, resonante Dipol-Dipol-Wechselwirkung (Förster-Übergang [442]) die stärkste und schnellste Kopplung zwischen Basisszintillator und Zusatz. Ihre Reichweite klingt jedoch mit der sechsten Potenz des Molekülabstandes ab, weshalb eine hohe Dichte der Farbstoffmoleküle durch maximale Lösungszugabe notwendig ist. Die Förster-Wechselwirkung sorgt für kurze Anstiegszeiten im Nanosekundenbereich sowie für eine effiziente Ausbeutenerhöhung. Ein weiterer Farbstoffzusatz muss dafür sorgen, dass Abschwächungslängen von 3–4 m erreicht werden können [1078].

Die zweite Farbstoffzugabe (z.B. POPOP, Abb. 13.3(c)) sorgt als *Wellenlängenschieber* mit großer Stokes-Verschiebung für ausreichende Transparenz des Szintillators. Außerdem erstreckt sich die Quanteneffizienz der meisten Photovervielfacher bis zu größeren Wellenlängen (typisch bis zu etwa 600 nm mit einem Maximum bei 400 nm, siehe Abb. 10.10 auf Seite 483) als den Emissionsmaxima von Basismaterial und erstem Farbstoff. Die Konzentration des zweiten Zusatzes ist klein (typisch etwa 0.05% in der Masse) um Selbstabsorption zu minimieren. Auch die Zugabe weiterer, Wellenlängen schiebender Farbstoffe findet Anwendung.

In Abb. 13.5(a) ist das Prinzip der Verschiebung der zum Szintillationsprozess beitragenden Wellenlängen in organischen Szintillatoren dargestellt. Abbildung 13.5(b) zeigt Absorptions- und Emissionsspektren für einen typischen Plastikszintillator aus drei häufig benutzten Komponenten. Man sieht, dass das Emissionsspektrum des Basisszintillators mit dem Absorptionsspektrum des primären Farbstoffs stark überlappt, wohingegen der sekundäre Farbstoff in Bereichen größerer Wellenlänge emittiert. Die insgesamt erzielte Stokes-Verschiebung (horizontaler Pfeil in Abb. 13.5(b)) separiert weitgehend die Wellenlängenbereiche von Absorption und Emission, sodass eine gute Transparenz erzielt wird.

Tab. 13.2 Häufige Kombinationen organischer Szintillatoren in Flüssig- und Plastikszintillatoren. Die Abkürzungen stehen für: PBD = $C_{24}H_{22}N_2O$; DPO = $C_{15}H_{11}NO$; BPO = $C_{21}H_{15}NO$; TBP = $C_{12}H_{27}O_4P$; BBO = $C_{27}H_{19}NO$, POPOP ($C_{24}H_{16}N_2O_2$); DPS = Diphenylstilben oder sind im Text angegeben.

Szintillator	Basis	primärer Zusatz	sekundärer Zusatz
Flüssigszintillator	Benzol	p-Terphenyl	POPOP
	Toluol	DPO	BBO
	Xylol	PBD	BPO
Plastikszintillator	Polyvinylbenzol (PVB)	p-Terphenyl	POPOP
	Polyvinyltoluol (PVT)	DPO	TBP
	Polystyrol (PS)	PBD	BBO/DPS

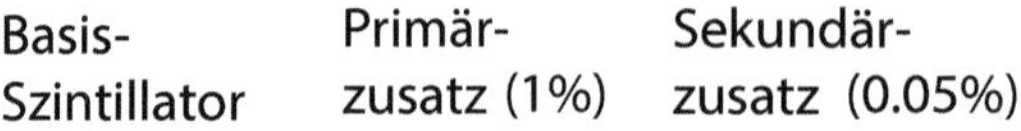

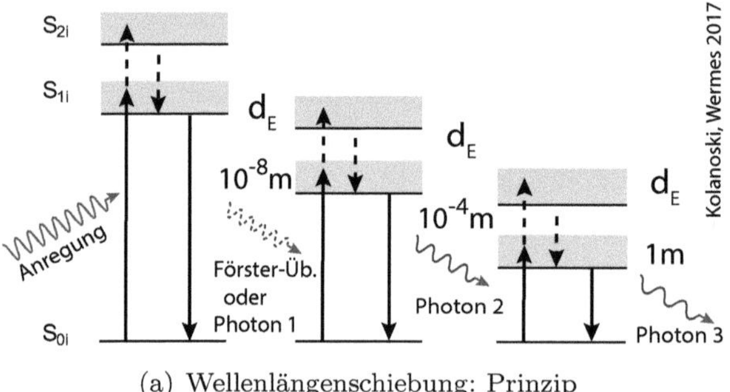

(a) Wellenlängenschiebung: Prinzip

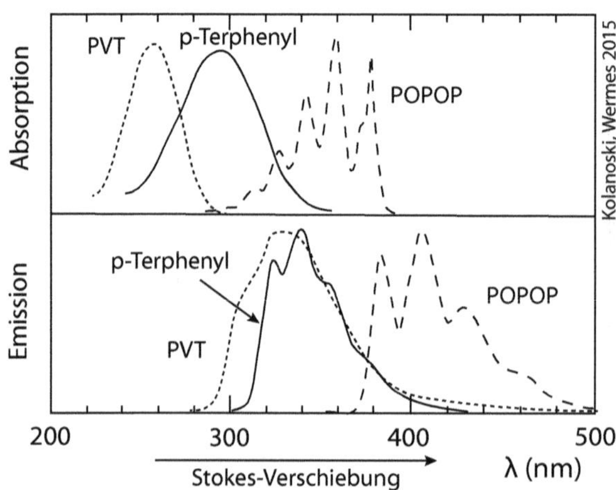

(b) Absorptions- und Emissionsspektren

Abb. 13.5 Wellenlängenschiebung in einem Plastikszintillator (schematisch) bestehend aus einem Basismaterial (hier Polyvinyltoluol PVT), einem Primärzusatz (hier p-Terphenyl) und einem Sekundärzusatz (hier POPOP): (a) Prinzip der Absorption und Emission mit größer werdenden Wellenlängen. Die vertikalen Pfeile zeigen An- und Abregungen an (gestrichelt gezeichnet, wenn viele Übergange subsumiert sind). Ebenfalls angegeben ist der mittlere räumliche Abstand bis zum Energietransfer d_E zwischen den Zentren. Der Basis-Primär-Übergang kann ein schneller Förster-Übergang sein mit kurzem d_E. (b) Absorptions- und Emissionsspektren der drei Szintillatormaterialien. Die (linearen) y-Achsen haben keine Achseneinteilungen und die Kurven sind in ihrer Höhe willkürlich gezeichnet.

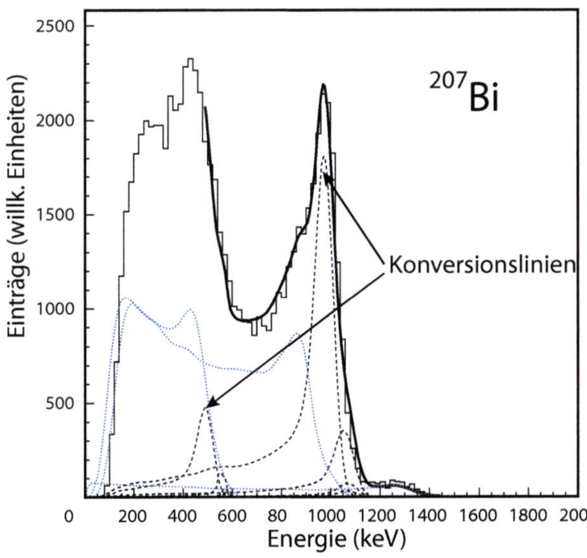

Abb. 13.6 Spektrum des ^{207}Bi-Isotops, aufgenommen mit einem Plastikszintillator (PVT) [775]. Man erkennt die prominente monoenergetische Elektron-Konversionslinie bei 975 keV.

In Fällen, bei denen der Szintillationsprozess lokal (und schnell) bleiben soll, zum Beispiel in dünnen ($< 1\,\text{mm}$) szintillierenden Fasern (siehe Abschnitt 13.6), wird oft nur der primäre Farbstoff hinzugefügt, das heißt nur schnelle, lokale Förster-Übergänge tragen zur Lichtausbeute bei.

Anwendungen Plastikszintillatoren werden zum Nachweis vor allem von geladenen Teilchen und Neutronen (Nachweis des Protons aus einer (n,p)-Reaktion) verwendet. Sie zeichnen sich durch die einfache Handhabung und preiswerte Herstellung in nahezu beliebiger Form, Robustheit und Zuverlässigkeit aus. Nachteilig sind Alterungseffekte und Empfindlichkeit gegenüber einigen Lösungsmitteln und Fetten, ferner gegenüber Strahlenschäden und hohen Temperaturen. Außerdem ist die Ortsauflösung bei flächigen Plastikszintillatoren durch die Größe des Szintillators typisch auf bestens mm^2 bis cm^2 begrenzt. Mit szintillierenden Fasern (Abschnitt 13.6) können höhere Ortsauflösungen erzielt werden.

Die Lichtausbeute des Szintillatormaterials sowie die Abschwächungslänge für Lichttransmission nehmen typisch nach Ionisierungsdosen von wenigen kGy ab.[126] Dies liegt daran, dass das Absorptionsspektrum sich durch die Strahlung verbreitert, wodurch der Überlapp mit dem Emissionsspektrum größer wird [756]. Daher sind Plastikszintillatoren oder Spurdetektoren aus szintillierenden Fasern üblicherweise nicht für die inneren Bereiche von Experimenten an Hadron-Collidern geeignet. Weit entfernt vom Wechselwirkungspunkt ist die Strahlungsbelastung geringer, sodass szintillierende Fasern zum Beispiel für die Kleinwinkelstreuung nahe am Beschleunigerstrahl attraktiv werden (siehe Abschnitt 13.6.2).

[126] Dedizierte Entwicklungen strahlentoleranter organischer Szintillatoren erzielen Dosiswerte um 100 kGy, siehe zum Beispiel [643].

Zum Test von Plastikszintillatoren bietet sich das radioaktive β^+(EC)-Isotop $^{207}_{83}$Bi an (siehe Tab. A.1 in Anhang A.2). Das Zerfallsschema hat zwei monoenergetische Linien bei 975 keV und bei 481 keV von Konversionselektronen aus innerer Konversion des angeregten Tochterkerns $^{207}_{82}$Pb. Sie werden typischerweise in einem Plastikszintillator von einigen Millimetern Dicke absorbiert und dienen als Eichnormalen zur Kalibrierung der Apparatur. Abbildung 13.6 zeigt ein mit einem Plastikszintillator aufgenommenes ^{207}Bi-Spektrum.

13.2.2.3 Wellenlängenschieberplatten

Der bereits eingeführte Ausdruck *Wellenlängenschieber* (WLS) wird benutzt für einen chemischen Farbstoff, der eine große Stokes-Verschiebung in organischen Szintillatoren erzeugt. Ebenso jedoch wird der Ausdruck benutzt für Plastikplatten bzw. -plättchen oder andere geometrische Formen inklusive Fasern, die Licht mit hoher Effizienz absorbieren und es in der Wellenlänge verschoben wieder isotrop emittieren. Sie können zum Beispiel benutzt werden, um die Lichtausbeute in komplexeren oder platzbeschränkten Geometrien zu ermöglichen (siehe Abschnitte 13.4.2 und 13.4.3). Die isotrope Verteilung der Lichtemission in einem WLS kann zum Beispiel ausgenutzt werden, um Licht aus einem Szintillationskristall auf die Fläche einer (kleinen) Photodiode zu bringen und gleichzeitig an die Wellenlängenabdeckung der Photodiode optimal anzupassen. Beispiele für die Ausnutzung der isotropen Emission in einem WLS sind in Abb. 15.27 (b) und (f) auf Seite 716 sowie Abb. 13.19(a) gezeigt.

Typische Lichtsammelausbeuten durch Wellenlängenschieber liegen zwar nur im 1%-Bereich, was jedoch für viele Anwendungen akzeptabel ist, zum Beispiel beim Einsatz in Kalorimetern mit großen Lichtmengen (siehe Kapitel 15). Ein Beispiel eines effizient von blau (430 nm) nach grün (476 nm) schiebenden WLS, der oft in Detektoranwendungen und für Fasern verwendet wird, ist der Farbstoff Y-11 in Polyvinyltoluol (PVT) oder Polystyrol (PS) mit einer Abschwächungslänge von über 3.5 m.

13.2.2.4 Organische Flüssigszintillatoren

Für Flüssigszintillatoren gilt das im vorigen Abschnitt über Plastikszintillatoren Gesagte, inklusive der Farbstoffzusätze. Die Anforderungen an Reinheitsstandards sind hoch, um unerwünschte Effekte für die Lichtausbeute wie Lichtabsorption durch Verunreinigungen oder Transmissionsverminderung durch ineffiziente Reflexion an den Wänden des Flüssigkeitsvolumens zu vermeiden. Insbesondere gelöster Sauerstoff ist ein aggressiver Quencher (Lichtabsorber), weil auf ihn mit hohem Wirkungsquerschnitt strahlungslos Energie übertragen werden kann. Auch Wasserdampf zerstört die Szintillationseigenschaften. Flüssigszintillatoren werden daher unter trockener Stickstoffatmospäre betrieben [1078].

13.2.3 Lichtausbeute

Die Anregungsübergänge der Abb. 13.4 können zum Beispiel durch UV-Strahlung, aber auch durch ionisierende Teilchen bewirkt werden. Die Ausbeute an Szintillationslicht durch ionisierende Teilchen ist allerdings weitaus geringer (im Bereich von 5%) als durch UV-Licht (50–90%) [217]. Der Rest der deponierten Energie wird strahlungslos dissipiert, hauptsächlich in Wärme. Sekundäre und tertiäre Farbstoffzusätze erhöhen die Transparenz, aber reduzieren die Ausbeute. Typische Ausbeuten für Materialien mit 1 oder 2 Farbstoffzusätzen sind etwa 1 Photon pro 100 eV durch Ionisation deponierter Energie [781, 324]. In einem Plastikszintillator von 1 cm Dicke werden von einem minimal ionisierenden Teilchen (dE/dx $\approx$ 2 MeV/cm, Tab. 3.1) etwa 20 000 Photonen erzeugt.

Die spektrale Lichtausbeute L (Photonenzahl in einem Wellenlängenintervall $\Delta\lambda$) organischer Szintillatoren beim Durchgang geladener Teilchen ist in erster Näherung proportional zum spezifischen Energieverlust der ionisierenden Strahlung (siehe Abschnitt 3.2) entlang der Wegstrecke des Teilchens durch den Szintillator [217]:

$$\frac{dL}{dx} = S\frac{dE}{dx}\,, \tag{13.1}$$

mit der Szintillationseffizienz $S = S(\Delta\lambda)$ als Proportionalitätsfaktor. Dieses lineare Verhalten gilt praktisch für alle minimal ionisierenden Teilchen, jedoch nur eingeschränkt für langsame Protonen oder schwerere Teilchen unter 100 MeV Impuls. Es ist allerdings zu berücksichtigen, dass hohe Ionisationsdichte entlang einer Teilchenspur zu Quench-Effekten führt, verursacht durch bereits angeregte oder ionisierte Moleküle, welche die Lichtausbeute insgesamt reduzieren. Dies ist wiederum proportional zum spezifischen Energieverlust mit der Quench-Stärke k_B. Zusammen ergibt sich die empirische 'Birks-Formel' [217]

$$\frac{dL}{dx} = \frac{S\frac{dE}{dx}}{1 + k_B\frac{dE}{dx}}\,, \tag{13.2}$$

die ursprünglich von Birks für organische Szintillatoren vorgeschlagen wurde, aber auch für anorganische Kristalle gilt (siehe [217], Kap. 11 und [131, 132]). Erweiterungen von (13.2) um Effekte höherer Ordnung [342] beinhalten einen weiteren, additiven Term im Nenner ($C\,(dE/dx)^2$) mit einer empirisch anzupassenden Konstanten C. Die Dichte der angeregten Atome hängt quadratisch von der Ladung der eintreffenden Teilchenart ab (vgl. Abschnitt 3.2.1). Für hochenergetische, einfach geladene Teilchen mit Energien sehr viel größer als die Ruhemasse des Teilchens sowie für Gammastrahlung können wir annehmen, dass der spezifische Energieverlust und die Anregungsdichte der Atome vergleichsweise klein sind. Gleichung (13.2) reduziert sich dann auf (13.1). Für stark ionisierende Strahlung, zum Beispiel für α-Teilchen im MeV-Energiebereich, dominiert in (13.2) im Nenner der dE/dx-Term, sodass die Lichtausbeute

$$\left.\frac{dL}{dx}\right|_{\alpha} = \frac{S}{k_B} \tag{13.3}$$

wird. Der Wert von k_B muss für jeden Szintillator experimentell bestimmt werden, was zum Beispiel aus der Messung des Verhältnisses der Lichtausbeuten für Elektronen und für α-Teilchen

$$k_B = \frac{(dL/dx)_e}{(dL/dx)_\alpha} \frac{1}{(dE/dx)_e} \tag{13.4}$$

erfolgen kann. Für den gebräuchlichen Szintillatortyp NE102 liegt k_B im Bereich von $k_B \approx 10^{-2}$ g cm^{-2} MeV^{-1} [217], wenn dE/dx in (13.4) auf die Dichte normiert ist (siehe (3.27)), und S liegt bei ungefähr 10 000 Photonen (für $\lambda \approx 423$ nm, blau) pro MeV deponierter Energie.

Die mittlere Zahl nachgewiesener Photoelektronen ist durch folgenden Ausdruck gegeben:

$$\langle N_{pe} \rangle = \int_{\lambda_1}^{\lambda_2} S(\lambda)\, T(\lambda)\, Q(\lambda)\, d\lambda \approx \langle S \rangle \langle T \rangle \langle Q \rangle\, \Delta\lambda\,. \tag{13.5}$$

$S(\lambda)$ ist das Wellenlängenspektrum der fluoreszierenden Photonen (das Integral ist die Zahl der Photonen pro Wellenlängenintervall), $T(\lambda)$ bezeichnet die Lichttransfer- und Lichtsammeleffizienz und $Q(\lambda)$ ist die Quanteneffizienz des Photodetektors. Die Integration wird über das Emissionsspektrum von λ_1 bis λ_2 ausgeführt. Oft hängen die Terme, die zu $\langle N_{pe} \rangle$ beitragen nur schwach von der Wellenlänge ab, sodass die Näherung auf der rechten Seite von (13.5) gültig ist. Die mittlere 'Quellstärke' $\langle S \rangle$ ist das Produkt der mittleren spezifischen Energiedeposition des Primärteilchens und der mittleren Zahl der Photonen pro Wellenlängenintervall und Energiedeposition:

$$\langle S \rangle = \left\langle \frac{dE}{dx} \right\rangle \Delta x \left\langle \frac{\Delta N_\gamma}{\Delta E\, \Delta\lambda} \right\rangle\,. \tag{13.6}$$

13.2.4 Signalform

Die zeitliche Impulsantwort szintillierender organischer Moleküle ist überwiegend bestimmt durch prompte Fluoreszenz mit einem daraus folgenden exponentiellen Zerfallsgesetz für die Intensität

$$I(t) = I_0\, e^{-\frac{t}{\tau_{dec}}}\,, \tag{13.7}$$

wobei τ_{dec} die Zerfallskonstante für prompte Fluoreszenz ist, wie in Tab. 13.1 angegeben, und $I(t)$ sowie I_0 die Lichtintensitäten zur Zeit t beziehungsweise $t = 0$ darstellen. Für sehr schnelle Szintillatoren liegt die Zeit zur Besetzung der Energieniveaus S_{1i} in Abb. 13.4 in der Größenordnung mehrerer hundert Pikosekunden, sodass auch die Anstiegszeit (*rise time*) des Pulses berücksichtigt werden muss. Dies kann durch Einführung einer weiteren Zeitkonstanten τ_r oder durch Multiplikation mit einer Gauß-Funktion $g(t)$ geschehen (für $\tau_r \ll \tau_{dec}$):

$$I(t) = I_0\, (e^{-\frac{t}{\tau_{dec}}} - e^{-\frac{t}{\tau_r}}) \qquad \text{oder} \qquad I(t) = I_0\, g(t)\, e^{-\frac{t}{\tau_{dec}}}\,. \tag{13.8}$$

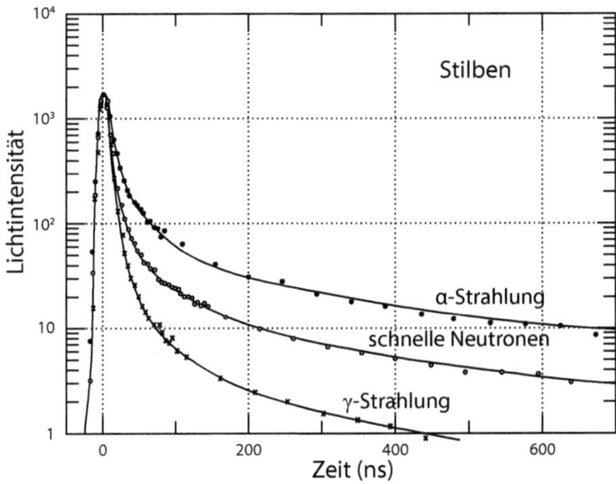

Abb. 13.7 Zeitlicher Verlauf der Intensität in einem organischen Szintillator (Stilben) bei Anregung durch verschiedene Strahlungsarten mit verschiedenen Ionsiationsdichten [243]. Die Kurven sind im Maximum aufeinander normiert.

Bei vielen Szintillatoren beobachtet man auch den Intensitätsbeitrag mit längerer Zerfallszeit durch verzögerte Fluoreszenz in der Größenordnung Mikrosekunden, sodass die Intensitätskurve aus einem prompten, dominanten Anteil mit einer kurzen Zerfallskonstanten (*fast*) τ_f im ns-Bereich und einem geringeren, langsamen Anteil (*slow*) mit einer Zerfallskonstanten τ_s im 100 ns- bis 1 µs-Bereich entsteht:

$$I(t) = I_1\, g(t)\, e^{-\frac{t}{\tau_f}} + I_2\, e^{-\frac{t}{\tau_s}}\,. \tag{13.9}$$

Die relativen Anteile I_1, I_2 der beiden Komponenten hängen häufig von der Art der eintreffenden Strahlung $(\mathrm{p}, \alpha, \mathrm{n}, \gamma)$ über ihre verschiedenen Ionisationsdichten ab. Es gibt starke Anzeichen dafür, dass dies an der Anregung der für die verzögerte Fluoreszenz verantwortlichen Triplettzustände (Abb. 13.4, T_{1i}-Niveaus) liegt. Ihre Abregung erfolgt über intermolekulare Wechselwirkungen zwischen zwei angeregten Molekülen, wobei verzögerte Fluoreszenz auftritt [655]. Die Wahrscheinlichkeit dafür hängt von der Ionisationsdichte ab und ist umso stärker, je größer der spezifische Energieverlust des Teilchens ist. Dies kann man ausnutzen, um verschiedene Teilchen, die dieselbe Energie im Szintillator deponieren, zu unterscheiden (*pulse shape discrimination*). Man kann elektronische Zeitfenster setzen, in denen die Intensität des Pulsausläufers zu langen Zeiten gemessen wird. Abbildung 13.7 zeigt verschiedene Pulsformen (schematisch) mit unterschiedlichen Ausläufern für Teilchen mit verschieden starken spezifischen Energieverlusten.

Eine typische Auslesekette – hier mit einem zusätzlichen Verstärker, dessen Wirkung für den Signalverlauf zum Beispiel auch durch die Zeitkonstante eines Oszillographen ersetzt werden kann – ist in Abb. 13.8 dargestellt. Gehen wir von einem allgemeinen Zerfallsverlauf mit der Zerfallskonstanten τ_{dec} aus, so gilt für den Strom:

$$i(t) = \frac{u(t)}{R} + C\frac{du}{dt} \;\Rightarrow\; \dot{u} + \frac{1}{\tau_{RC}}u = \frac{i_0}{C}\, e^{-\frac{t}{\tau_{dec}}}\,, \tag{13.10}$$

wobei τ_{RC} die RC-Zeitkonstante des Verstärkereingangs ist. Die Differenzialgleichung (13.10) hat folgende Lösung:

$$u(t) = \frac{\tau_{RC}}{\tau_{RC} - \tau_{dec}} \frac{Q_0}{C} \left(e^{-t/\tau_{RC}} - e^{-t/\tau_{dec}}\right)\,, \tag{13.11}$$

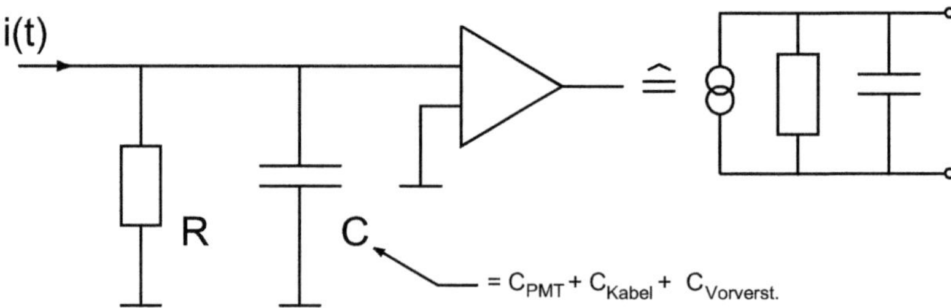

Abb. 13.8 Typische Auslesekette bei einem Szintillator. C bezeichnet sämtliche auftretenden Kapazitäten der Auslesekette (PMT, Kabel, Verstärker). Das Ersatzschaltbild (rechts) besteht aus einer Stromquelle mit parallelen R und C.

mit $Q_0 = \int idt$ als Gesamtladung des im Vorverstärker integrierten Stromes.

Für die beiden Extremfälle ergeben sich folgende Vereinfachungen:

$$\text{Falls} \quad \tau_{RC} \gg \tau_{dec} \quad \Rightarrow \quad u(t) \approx \frac{Q_0}{C}(1 - e^{-t/\tau_{dec}})$$

und die Anstiegszeit des Impulses wird durch τ_{dec} bestimmt.

$$\text{Falls} \quad \tau_{RC} \ll \tau_{dec} \quad \Rightarrow \quad u(t) \approx \frac{\tau_{RC}}{\tau_{dec}}\frac{Q_0}{C}(1 - e^{-t/\tau_{RC}}) ,$$

ist wegen $\tau_{RC}/\tau_{dec} \ll 1$ das Signal klein, aber die Anstiegszeit kann prinzipiell kurz sein, bestimmt durch τ_{RC}.

13.3 Anorganische Szintillatoren

13.3.1 Szintillationsmechanismen in anorganischen Kristallen

Im Unterschied zu der molekularen Grundlage für den Szintillationsprozess bei organischen Materialien ist der Szintillationsmechanismus bei anorganischen Kristallen in der Gitterstruktur begründet und hängt wesentlich von den Eigenschaften der Bandstruktur (siehe auch Kapitel 8) und den existierenden Energiezuständen durch Fremd- oder Eigenionen oder -komplexe in der Bandlücke ab. Eine vollständige Behandlung der zugrunde liegenden vielfältigen Prozesse sprengt den Rahmen dieses Buches. Eine umfangreiche Abhandlung über Szintillationsmechanismen in anorganischen Kristallen findet man in [695]. Wir geben hier eine Übersicht über die wesentlichen Szintillationsmechanismen und besprechen Szintillationskristalle, die für Teilchendetektoren wichtig sind.

In einem perfekten nicht-metallischen Kristall befinden sich die Elektronen in getrennten Energiebändern – dem Valenzband sowie darunter liegenden Atomrumpfbändern –, die aus extrem dicht liegenden einzelnen Energieniveaus bestehen. Das Leitungsband liegt energetisch über dem Valenzband und ist im Fall von Isolatoren nicht mit Elektronen besetzt. Alle Energieniveaus des Valenzbandes sind hingegen mit Elektronen gefüllt; die Elektronen sind unbeweglich, da alle Plätze im Band besetzt sind. Frei bewegliche

Löcher im Valenzband (und Elektronen im Leitungsband) entstehen bei Anregung eines Valenzband-Elektrons in das Leitungsband durch Energiezufuhr (siehe auch Kapitel 8). Die Bandlücke in Szintillationskristallen liegt ungefähr bei 4–12 eV und ist damit deutlich größer als bei Halbleitern, sodass die bei der Rekombination von Elektron und Loch freiwerdende Energie einer Photonwellenlänge entspricht, die in der Regel außerhalb des sichtbaren Bereichs liegt. Durch gegebene oder zu diesem Zweck erzeugte Verunreinigungen (Dotierung) können Lumineszenzzentren erzeugt werden, die sichtbaren Übergänge ermöglichen (siehe Seite 600).

Mit Szintillationskristallen in Teilchenphysikexperimenten werden vornehmlich hochenergetische Elektronen oder Gammastrahlung oberhalb des MeV-Bereichs nachgewiesen. Photonen wechselwirken durch Photo-, Compton-Effekt oder Paarbildung (siehe Abschnitt 3.5) und erzeugen Elektronen bzw. Elektronen und Positronen. Bei noch höheren Energien erzeugen sowohl Photonen als auch Elektronen einen elektromagnetischen Schauer (siehe Abschnitt 15.2). Die (verglichen mit den Elektronen des Gitters) hochenergetischen Elektronen bzw. Positronen wechselwirken mit den Elektronen im Kristallgitterverbund und regen elektronische Übergänge vom Valenzband in das Leitungsband an, wenn dazu genügend Energie an den Kristall abgegeben wird. Durch weitere Prozesse, die im Folgenden beschrieben werden, kann Szintillationslicht erzeugt werden. Abbildung 13.9 gibt einen vereinfachenden Überblick: Durch Teilchenstrahlung werden Elektron-Loch-Paare erzeugt, die sich in ihren jeweiligen Bändern frei bewegen können. Elektronen im Leitungsband kühlen zunächst durch Phononstreuung bis zur Bandunterkante ab. Sie können von dort mit stabilen Defektatomen oder anderen Verunreinigungen wechselwirken, deren Energieniveaus in der Bandlücke liegen. Sie werden dadurch lokalisiert. Vielfältige Prozessmöglichkeiten existieren (siehe z.B. [695]), die nachfolgend etwas detaillierter beschrieben werden, die zu Einfang in (*Traps*) oder zu Einfang mit Anregung in einem Lumineszenzzentrum führen, welches strahlungslos (*quench*) oder lumineszent zerfallen kann. Bei den Prozessen bleibt häufig eine räumliche Korrelation der originären e-h-Partner bestehen (z.B. als Exziton, siehe Seite 599).

13.3.1.1 Lumineszenzmechanismen

Damit ein Kristall szintilliert, muss er so genannte *Lumineszenz-* oder *Aktivatorzentren* besitzen, deren Energieniveauabstände kleiner als die Bandlücke sind und die Strahlungsübergänge im sichtbaren Bereich haben (Abb. 13.9). Lumineszenzzentren können von außen zum Beispiel durch Dotierung erzeugt werden ('extrinsische' Lumineszenz, siehe auch Seite 600), können aber auch durch kristalleigene Ionen oder durch Kristalldefekte, oft durch den Wechselwirkungsprozess mit der nachzuweisenden Strahlung selbst erzeugt, entstehen (eigenaktivierte, 'intrinsische' Lumineszenz). Dotierung von Kristallen zur Erhöhung der Lichtausbeute findet man bei Kristalldetektoren häufig. Bekannte Beispiele sind mit Thallium dotiertes Natrium- oder Cäsiumiodid, NaI (Tl) und CsI (Tl). Intrinsische Aktivierung kann außer durch kristalleigene Ionen und anionische Komplexe

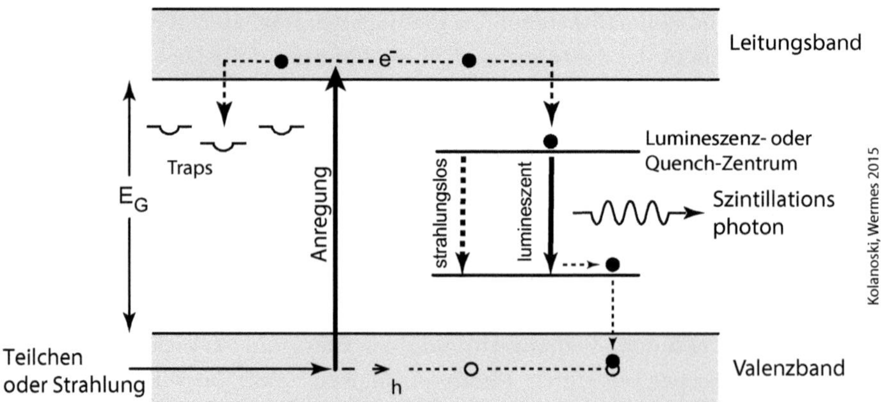

Abb. 13.9 Vereinfachte Zusammenstellung des Szintillationsmechanismus in anorganischen Kristallen (nach [217]).

auch durch einen Exziton-Zustand (siehe Seite 599) erfolgen. Beispiele für oxy-anionische Komplexe als Lumineszenzzentren sind WO_3 in $PbWO_3$ oder Ge_4O_{12} in $Bi_3Ge_4O_{12}$.

In einem Lumineszenzzentrum können die Absorption eines Elektrons und eines Loches aus ihren jeweiligen Bändern oder der Einfang eines Exzitons zu der Anregung des Zentrums führen. Als Störstelle verändert das Zentrum die lokale Gitterkonfiguration und die Potentialverhältnisse, sodass Abregung durch Übergänge mit geringeren Energiedifferenzen möglich sind, die zu optischen Photonen führen. Die Potenzialverhältnisse für Grund- und Anregungszustand eines Lumineszenzzentrums sind in Abb. 13.10 als Funktion einer Gitterkonfigurationskoordinate anstelle absoluter Koordinaten dargestellt. Das Konzept der Konfigurationskoordinaten wird in theoretischen Formalismen verwendet, um die Unterschiede zwischen zwei verschiedenen Gitterkonfigurationen zu kennzeichnen, indem formal alle Gitterkoordinaten in eine Koordinate q gesteckt werden[127] (siehe z.B. [731] oder [746]). In diesem Fall sind die beiden Konfigurationen Grundzustand und angeregter Zustand eines Systems, welches das Lumineszenzzentrum in seinem umgebenden Gitter umfasst. Insbesondere die Form der jeweiligen potenziellen Energien als Funktion von q sind hier von Interesse. Im freien Raum, ohne Existenz einer Festkörperumgebung, lägen die Verläufe der potenziellen Energie von Grund- und angeregtem Zustand in dieser Koordinate übereinander. Durch den Einfluss der Polarisation jedoch, die das angeregte Zentrum auf die Gitterumgebung ausübt, haben sich die Bindungsverhältnisse und damit die Lage der Minima zwischen Grundzustand und angeregtem Zustand des Zentrums relativ zum Minimum normaler Gitteratome ohne Lumineszenzzentrum (Nullpunkt) geändert. In der Regel ist der Abstand von der Nullpunktkonfiguration in der Konfigurationskoordinaten für den angeregten Zustand größer (stärkerer Einfluss auf die Umgebung) als für den Grundzustand [695], was zu der in Abb 13.10 dargestellten Verschiebung der beiden Potenzialkurven führt. Die Nachbaratome des Zentrums passen sich

[127] Da die Zeitskala eines Übergangs sehr schnell ist, sodass keine Konfigurationsänderung während des Übergangs betrachtet werden muss, kann die Anregung eines Elektrons eines Störstellenatoms in der stabilen Grundkonfiguration des Störatoms und seiner lokalen Umgebung beschrieben werden.

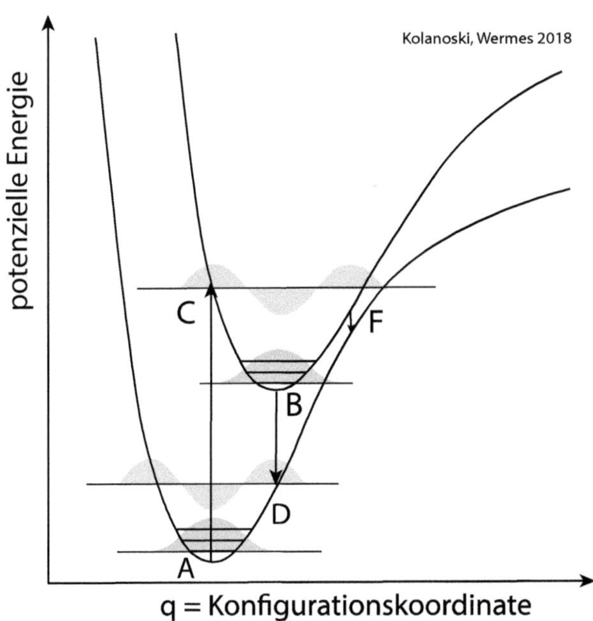

Abb. 13.10 Charakteristischer Verlauf der potenziellen Energie von Grundzustand und Anregungszustand bei einem Lumineszenzzentrum (nach [217]). Die grauen Flächen stehen exemplarisch für Vibrationswellenfunktionen, hier Grundzustand und 2. Anregungszustand. Übergänge finden am wahrscheinlichsten bei maximalem Überlapp der Wellenfunktionen statt. Weitere Erläuterungen im Text.

der neuen Gleichgewichtskonfiguration an, wobei sie einen Teil der absorbierten Anregungsenergie verbrauchen, die zusammen mit thermischer Dissipationsenergie (Vibration des Gitters) den C$\to$B - Übergang verursacht.

Der Rekonfigurationsprozess dauert lange ($\mathcal{O}(10^{-13}\,\text{s})$) im Vergleich zu einem elektronischen Übergang ($\mathcal{O}(10^{-15}\,\text{s})$) und wir können daher annehmen, dass Letzterer an einer festen Gitterposition erfolgt (Born-Oppenheimer-Näherung). Die Übergänge A$\to$C und B$\to$D können somit als senkrechte Linien in Abb. 13.10 gezeichnet werden. Die von dem Zentrum absorbierte Energie kann in (elektronische) Anregung und in Vibrationsenergie mit den Nachbarkernen des Gitters gehen. Die Amplituden der Vibrationswellenfunktion, die zu verschiedenen Anregungsenergien gehören, sind ebenfalls in Abb. 13.10 skizziert. Die Übergangswahrscheinlichkeiten für Anregung und Zerfall müssen die Änderungen in 'elektronischer' Energie und in Vibrationsenergie berücksichtigen ('vibronische' Übergänge[128]); Übergänge sind umso wahrscheinlicher je größer der Überlapp zwischen den involvierten Wellenfunktionen ist (Franck–Condon Prinzip). Die Abregung des Zentrums zurück in den Grundzustand findet dann in der neuen Gitterkonfiguration durch den Übergang B$\to$D statt, dem Lumineszenzübergang. Er erfolgt nicht sofort in das Grundzustandsminimum A, sodass der Abstand BD in Abb. 13.10 kleiner als AC ist mit entsprechend größerer Wellenlänge (Stokes-Verschiebung). Dies vermeidet Reabsorption des emittierten Lichts durch die Lumineszenzzentren. Die Rückkehr von D nach A erfolgt schließlich durch thermische Dissipation der Überschussenergie.

Exzitonen Angeregte Elektronen aus dem Valenzband können an ein Loch im Valenzband gebunden bleiben, oder ein e/h-Paar kann nach einer Anregung gebunden und

[128] Gleichzeitige Änderungen in Vibrations- und elektronischen Energiezuständen.

räumlich korreliert bleiben. Dieser Zustand wird 'Exziton' genannt (Frenkel 1931) und entspricht einem (Elektronen-)Energieniveau, das in der Regel unterhalb des Leitungsbandes liegt. Exzitonen können durch relativ geringe Energiezufuhr leicht in ein Elektron im Leitungsband und ein Loch im Valenzband verwandelt werden. Umgekehrt können Elektronen im Leitungsband und Löcher im Valenzband in Exziton-Zustände rekombinieren. Wie Elektronen und Löcher kann sich auch der Exziton-Zustand im Festkörper frei bewegen und radiativ zerfallen.

Dotierung mit Aktivatorzentren In undotierten Kristallen ist die Lichtemission über ein Defektzentrum häufig ein ineffizienter Prozess. Um die Wahrscheinlichkeit sichtbarer Photoemission zu erhöhen, werden die Kristalle oft mit Fremdatomen dotiert. Bei NaI und CsI wird meist Thallium (Tl) verwendet, bei Kristallen seltener Erden meist Cer (Ce). Die Dotierungskonzentration beträgt typisch etwa 0.1% molar.

Lumineszenzübergang Die Grund- und Anregungszustände der Zentren können von Elektronen aus dem Leitungsband und von Löchern aus dem Valenzband energetisch leicht erreicht werden, sodass die e/h-Rekombination über das Zentrum erfolgt und zu Abstrahlung von Szintillationslicht führen kann, wenn der Übergang vom Anregungs- zum Grundzustand radiativ erfolgt. Falls das Lumineszenzzentrum A neutral ist, erfordert Szintillation den gleichzeitigen Einfang eines Elektrons aus dem Leitungsband und eines Loches aus dem Valenzband oder eben eines Exzitons. Exzitonische Zustände wirken selbst als Lumineszenzzentren, da sie rekombinieren können. Effizienter als die Exziton-Rekombination ist allerdings die Kopplung eines Exzitons an ein Lumineszenzzentrum, wobei Energietransfer vom Exziton auf das Zentrum erfolgt ($A \to A^*$). Außerdem kann A durch direkten Einfang thermisch erzeugter Elektronen und Löcher aktiviert werden, wobei das Zentrum angeregt wird (A^*). Die Anregung ist in diesem Fall die Folge des Ladungstransfers. Die beiden letztgenannten Prozesse sind allgemein die dominanten Szintillationsmechanismen. Bei sehr starker Dotierung mit Aktivatorzentren können diese auch direkt durch ionisierende Strahlung angeregt werden. Siehe dazu [695].

Quenching Außer durch Strahlung kann ein Übergang auch strahlungslos erfolgen durch ein 'Quench-Zentrum' (Abb. 13.9). Die geschieht dann mit größerer Wahrscheinlichkeit, wenn in Abb. 13.10 Punkt F durch Anregung erreicht werden kann, an dem sich die Potenzialkurven so stark annähern, dass ein nicht-strahlender Übergang (zum Beispiel thermisch) möglich wird.

Einfang (*trapping*) Ein Elektron kann in einem Energieniveau auch eine Zeit lang festgehalten werden (*trapping center*) (Abb. 13.9), bis es in das Leitungsband durch thermische Anregung zurückkehrt oder strahlungslos in das Valenzband übergeht. Die Energie der eintreffenden Strahlung oder eines Teilchens wird somit nur zu einem bestimmten Anteil in eine Anzahl von Photonen mit Wellenlängen im sichtbaren oder im UV-Bereich konvertiert.

Lokalisierung Neben Einfangzentren (*traps*), verursacht durch Gitterdefekte, können räumlich feste Zentren auch durch eine starke lokale Wechselwirkung zum Beispiel eines Loches mit dem (durch die Ladung des Loches polarisierten) Gitter entstehen, welche das Loch lokal fixiert (*self trapped hole*, V_k-Zentrum). Auch Exzitonen können so lokalisiert werden (*self trapped exciton*).

13.3.1.2 Zeitliche Abfolge des Szintillationsprozesses

Abbildung 13.11 erläutert pädagogisch vereinfacht den zeitlichen Ablauf des Szintillationsprozesses. Die durch Energiedeposition erzeugten Löcher sind in der Regel 'tief', die Elektronen 'heiß', das heißt, sie liegen nicht unmittelbar an der Bandkante, sondern können im Fall der Löcher sogar in den Atomrumpfbändern entstehen.

Elektronen und Löcher bewegen sich quasi frei in den jeweiligen Bändern. Die primär durch Anregung aufgrund ionisierender Strahlung erzeugten (heißen) Elektronen und (tiefen) Löcher streuen inelastisch (Elektronen) oder via Auger-Effekt[129] (Löcher) (siehe Abschnitt 3.5.3) mit den Gitteratomen, wobei sie eine große Zahl von Sekundäranregungen von Elektronen ins Leitungsband, beziehungsweise von Löchern in Valenz- und Rumpfbändern nach sich ziehen. Die geschieht auf einer Zeitskala von 10^{-16}–10^{-14} s. Die Ladungsträger thermalisieren dann zu niedrigeren Energien, die Elektronen üblicherweise durch inelastische e–e-Streuung und die Löcher durch eine Abfolge von Auger-Prozessen, bei denen die an ein Gitteratom abgegebene Energie in Elektronanregungsenergie verwandelt wird. Weitere Thermalisierung findet durch Phononstreuung mit dem Gitter statt auf einer Zeitskala bis 10^{-12} s, wonach die Ladungsträger bis zur Leitungsbandunterkante (Elektronen) bzw. bis zur Valenzbandoberkante (Löcher) abgekühlt sind.

Der zeitlich nächste Schritt nach der Thermalisierung ist die Lokalisierung der Anregungen durch Zentren (Abschnitt 13.3.1.1) auf einer Zeitskala von 10^{-10} s bis 10^{-8} s. Die Energieniveaus (Grundzustand und angeregter Zustand) der Zentren liegen zwischen den Bändern nahe den Bandkanten. Aus den angeregten Zuständen der Zentren heraus erfolgt schließlich der Strahlungsübergang (10^{-8} s) der Szintillation.

Im Gegensatz zu Cherenkov- oder Übergangsstrahlung entsteht Szintillationslicht aus einer ganzen Kette unterschiedlicher, komplexer Prozesse, die durch verschiedene Zeitkonstanten charakterisiert sind. Dabei spielen auch induzierte (sekundäre) Lumineszenzzentren eine Rolle. Sie können zum Beispiel durch den Ionisationsprozess oder thermisch oder durch Elektrontunnelung eingefangener Elektronen entstehen und durch Wechselwirkung mit den primären Zentren sensitivierend oder quenchend wirken (siehe dazu [695]). Eine Klassifizierung nach den wichtigsten Prozessen bei Kristallen wird weiter unten beschrieben.

---

[129] Da die Löcherbewegung in Valenz- oder Rumpfbändern physikalisch dem 'Hüpfen' von Elektronen entspricht, kann die in einem Auger-Prozess auf ein Elektron (z.B. auch in einem Rumpfband) übertragene Energie dieses energetisch anheben, sogar in das Leitungsband.

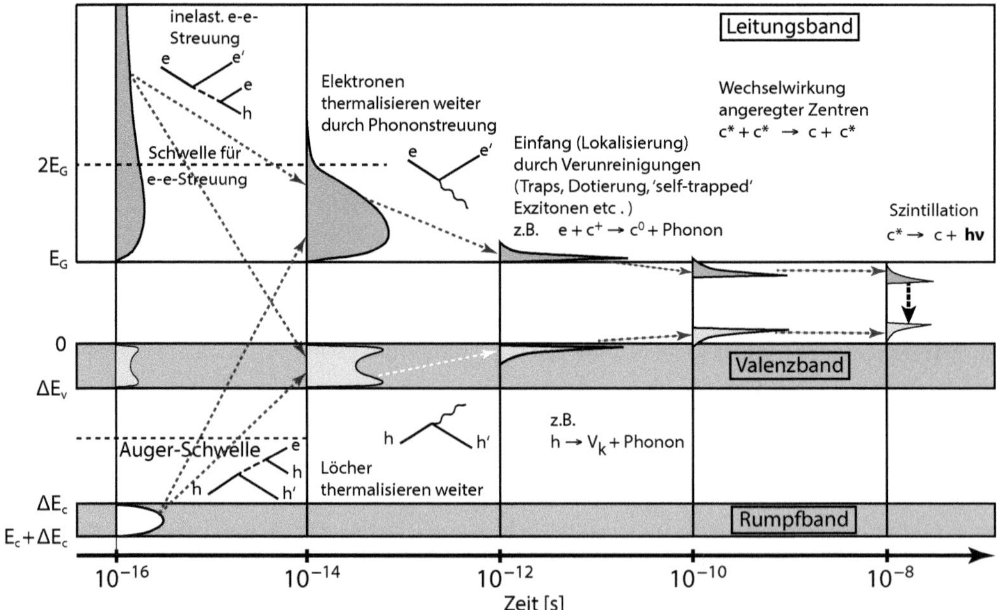

Abb. 13.11 Vereinfachter zeitlicher Ablauf des Szintillationsprozesses ab dem Zeitpunkt der Erzeugung ('heißer') Elektronen und Löcher. Zur Vereinfachung ist nur ein Atomrumpfniveau gezeichnet. Mit c in den Beschriftungen sind Einfangzentren bezeichnet, V_k bezeichnet das *self-trapped hole center*. Die gestrichelt gezeichneten Pfeile deuten die Bevölkerungsänderung der Energiebänder durch die beitragenden Prozesse an; siehe dazu die Ausführungen im Text (nach [695], mit freundl. Genehmigung von Springer Science+Business Media).

Pulsform-bestimmende Zeitkonstanten Auch in anorganischen Kristallen wird die Pulsform des nachgewiesenen Szintillationslichts durch mehrere Zeitkonstanten bestimmt [695]: (i) die Zeit bis zur Erzeugung von (heißen) Elektronen und Löchern im Kristall ($\tau_1 = 10^{-18}$ bis 10^{-9} s), (ii) die Thermalisierungszeit durch Kühlprozesse mit dem Gitter ($\tau_2 = 10^{-16}$ bis 10^{-12} s), (iii) die Transferzeit der Elektronen und Löcher oder eines Exzitons zu einem Lumineszenzzentrum ($\tau_3 = 10^{-12}$ bis 10^{-8} s) und (iv) die Zerfallszeit des Lumineszenzzentrums ($\tau_4 > 10^{-10}$ s).

Eine wichtige Rolle bei der Pulsform spielen die erwähnten sekundären Zentren. Wenn wir die charakteristische Zeit für die Erzeugung sekundärer Zentren und ihrer Wechselwirkung mit den Primärzentren mit τ_{int} bezeichnen, so dominiert für den Fall, dass

$$\tau_{int} \approx \tau_3 \ll \tau_4$$

ist, die direkte Szintillation mit einer sehr schnellen Anstiegszeit und einer einzelnen exponentiellen Zerfallszeit. Als Beispiel hierfür ist $PbWO_4$ zu nennen (siehe Tab. 13.3). Falls jedoch gilt:

$$\tau_{int} \gg \tau_3 \qquad \text{und} \qquad \tau_{int} \gg \tau_4 \,,$$

was meist der Fall bei Kristallszintillatoren ist, so wird die direkte Szintillation von einem verzögerten Zerfall eines sekundären Lumineszenzzentrums begleitet mit Zeitkonstanten im > 100 ns- bis µs-Bereich. Beispiele hierzu sind CsI (Tl) oder $LaBr_3$ (Ce). Wegen der Wechselwirkung von Lumineszenzzentren untereinander und mit Ladungsträgern stößt die Beschreibung durch einfache exponentielle Gesetzmäßigkeiten an ihre Grenzen, und mehr Parameter sind notwendig. Es ist trotzdem allgemeine Praxis, die Pulsformen von Kristallszintillatoren durch eine Summe von Exponentialtermen zu beschreiben [695].

Diese Komplexität finden man bei Szintillationsprozessen in Flüssigkeiten oder Dämpfen bzw. Gasen nicht (siehe auch Abschnitt 13.3.4, weil in erster Ordnung keine Wechselwirkung zwischen den Teilchen des Mediums stattfindet. Die Zerfallszeit des Lumineszenzzentrums bestimmt hier den Szintillationsprozess.

13.3.1.3 Lichtausbeute

Der Einfang zum Beispiel eines Exziton-Zustands durch Quench- oder Einfangzentren führt zu Verlusten in der Lichtausbeute. Weitere Ursachen für Ausbeutenreduktion sind zum Beispiel Quencheffekte und Lichtabsorption durch Kristallverunreinigungen (siehe zum Beispiel [57]). Die Stärke der Ausbeutenschwächung hängt von der Konzentration der Kristallverunreinigungen und der Konzentration der Aktivatorzentren, aber auch zum Beispiel von der Temperatur ab. Auch hohe Ionisationsdichten saturieren die Lumineszenzausbeute (Ionisations-Quenching).

Die Lichtausbeute Y, definiert als Photonenzahl N_{ph} bei einer im Szintillationskristall deponierten Energie E_{dep} von 1 MeV, kann nach diesen Überlegungen mit

$$Y = \frac{N_{ph}}{E_{dep}} = \frac{10^6}{w_{e/h}} S\,Q \tag{13.12}$$

angegeben werden [699, 876, 695]. Dabei sind $w_{e/h}$ die mittlere notwendige Energie in eV für die Generation eines e/h-Paares (nach Thermalisierung) oder Exzitons, S die Wahrscheinlichkeit, dass die Energie des e/h-Paares ein Lumineszenzzentrum anregt, und Q die Quanteneffizienz des Zentrums (Wahrscheinlichkeit für optische Photonemission). Die mittlere Energie für e/h-Erzeugung $w_{e/h}$ ist in Szintillationskristallen wie auch in Halbleitern (siehe Seite 344) deutlich größer als die Bandlücke E_G. Es besteht aber eine Proportionalität $w_{e/h} \propto E_G$. Das Verhältnis $\beta = w_{e/h}/E_G$ liegt für alkali-halogenide Kristalle wie NaI oder CsI im Bereich von $\beta \approx 2$ [876, 699, 700], während für BaF_2 in Modellen $\beta \approx 1.5$ berechnet wird [876]. Für oxidische Kristalle wie LYSO und $PbWO_4$ ergeben Modellrechnungen eher Werte von $\beta > 4$ [876] und für BGO $\beta \approx 3.3$ [700]. Für die Photonausbeute ist es von Vorteil, ein Material mit kleiner Bandlücke E_G zu wählen. Allerdings wächst dann auch die Wahrscheinlichkeit, dass die Grund- oder Anregungsniveaus der Zentren sehr dicht an den Bandkanten liegen und leicht ionisiert werden können, anstatt lumineszent zu zerfallen.

Die maximal theoretisch erzielbare Ausbeute wurde von Dorenbos zu 140 000 Photonen pro MeV deponierter Energie für einen idealen, mit Ce^{3+} -dotierten Kristall (zum Beispiel $LaBr_3$:Ce^{3+}) mit kleiner Bandlücke, in die der optische Übergang gerade hineinpasst, berechnet [695].

13.3.2 Szintillationskristalle: Klassifizierung und Vergleich

In Tab. 13.3 sind einige gebräuchliche anorganische Szintillationskristalle aufgeführt, zusammen mit charakteristischen Eigenschaften, die für die Benutzung in Experimenten wichtig sind. Ein typischer Plastikszintillator ist als Referenzstandard in die Tabelle ebenfalls aufgenommen worden.

Merkmale, die je nach Einsatz von Szintillatoren ausschlaggebend sind, sind vor allem Dichte, Lichtausbeute, Signalabklingzeit und Strahlenhärte, letzteres besonders für Experimente an Hadroncollidern wie LHC. Während Plastikszintillatoren Signale mit kurzen Anstiegs- und Abklingzeiten im ns-Bereich liefern, sind beide für anorganische Kristalle typischerweise länger (Ausnahmen siehe weiter unten). Insbesondere Kristalle mit hoher Lichtausbeute wie NaI (Tl) und CsI (Tl) besitzen oft Abklingzeiten im Bereich mehrerer hundert Nano- bis Mikrosekunden.

Anorganische Kristalle werden in der Teilchenphysik meist zur Energiemessung von hochenergetischen Photonen und Elektronen mit Energien, die typisch größer als einige zehn MeV sind, eingesetzt, die in den Kristallen einen elektromagnetischen Schauer bilden (siehe auch Kapitel 15). Für höhere Energien oberhalb einiger GeV stellt die Lichtausbeute keine große Einschränkung für die Messung mehr dar. Stattdessen sind dann hohe Dichte und hohe Kernladungszahl (kleine Strahlungslänge X_0) wichtig, um den Schauer in geringer Kristalltiefe effizient zu absorbieren.

Unterscheidung nach Szintillationsmechanismen Um eine Klassifizierung vorzunehmen, kann man nach den zu Grunde liegenden Szintillationsmechanismen unterscheiden [695]. Dabei ist die Kopplung mit Energietransfer zwischen dem Gitter und den Lumineszenzzentren entscheidend. Insbesondere die Lage der Energiezustände der Zentren innerhalb der Bandlücke ist von Bedeutung, welche von der Art des Einbaus eines Ions in das Gitter abhängt und daher in verschiedenen Wirtsgittern – abhängig vom Abstand des Niveaus eines Zentrums zu den Bandkanten – zu verschiedenen Szintillationseigenschaften führen kann.

Dem Strahlungsprozess liegt im Ursprung eine e/h-Rekombination nach Thermalisierung beider Ladungsträger zwischen den LB- und VB-Kanten zugrunde. Erzeugung von (optischer) Lumineszenz erfolgt wie beschrieben entweder über externe Aktivierung (Dotierung) oder direkt zum Beispiel durch Bildung eines Exziton-Bindungszustands oder durch Benutzung eines anderen Zentrums aus dem Gitterverbund (z.B. eines Ions). In beiden Fällen liegen die Energieniveaus nahe der Bandkanten und sind deshalb leicht für Elektronen und Löcher erreichbar. Die Lumineszenzzentren können übrigens auch durch Energie aus dem Ionisationsprozess direkt angeregt werden und bei der Abregung Photonen emittieren.

Es gibt jedoch Konfigurationen der Valenz- und der darunter liegenden Atomrumpfbänder, in denen die Thermalisierung der Löcher durch Auger-Prozesse nicht stattfinden kann, weil eine Energieschwelle (Auger-Schwelle in Abb. 13.11) überschritten werden muss, um ein Elektron aus einem Rumpfband per Auger-Prozess in das Leitungsband anzuheben. In diesem Fall ist die direkte Rekombination eines 'tiefen' Loches aus ei-

Tab. 13.3 Eigenschaften häufig verwendeter Szintillatorkristalle im Vergleich zu einem typischen Plastikszintillator [695, 799].

Material	Klass.	E_G (eV)	ρ (g/cm^3)	X_0 (cm)	R_M (cm)	λ_{max} (nm)	Phot. pro MeV	τ_{dec} (ns)	Bemerkung
Plast.szint.			1.03	42.5	$\sim$9.6	423	10 000	$\approx$2	leichte Handhabung
NaI (Tl)	(ii)	5.9	3.67	2.59	4.13	410	39 000	245	hygroskopisch
CsI (Tl)	(ii)	6.4	4.51	1.86	3.57	550	64 000	1220	etwas hygrosk.
CsI(Na)	(ii)	6.4	4.51	1.86	3.57	550	35 000	1220	etwas hygrosk.
BaF_2	(iii)	10.6	4.89	2.03	3.10	220	1 500	0.8	schnelle Komp.
		18$^{(*)}$				310	11 000	620	langsame Komp.
$LaBr_3$ (Ce)	(ii)	5.9	5.29	1.88	2.85	356	68 000	17-35	hygrosk.
$CeBr_3$	(i)	$\sim$5	5.23	1.96	2.97	371	64 000	17	hygrosk.
CeF_3	(i)	10.4	6.16	1.77	2.40	330	4 500	30	strahl.-res.$> 10^3$ Gy
GSO (Ce)	(ii)	$\sim$8	6.71	1.38	2.23	430	9 000	56	strahl.-res.$> 10^5$ Gy
BGO	(i)	5.0	7.13	1.12	2.26	480	8 200	300	
LYSO (Ce)	(ii)	$\gtrsim$7	7.10	1.14	2.07	420	33 000	40	hygroskopisch
LSO (Ce)	(ii)	$\gtrsim$6	7.40	1.14	2.07	402	29 000	41	strahl.-res.$> 10^5$ Gy
$PbWO_4$	(i)	$\lesssim$4	8.30	0.89	2.00	425	130	30	strahl.-res.$> 10^5$ Gy

X_0 = Strahlungslänge; R_M = Molière-Radius ; 'Klass.' = Klassifizierung nach (i) eigenaktiviert, (ii) extern aktiviert (Dotierung) und (iii) *cross luminescence*; E_G = Bandlückenenergie nach [700, 614] und Referenzen darin; λ_{max} = Wellenlänge des Emissionsmaximums; τ_{dec} = Zeitkonstante der Emission. Die Zahl der Photonen pro MeV sind typische Werte, die in der Literatur zum Teil stark differieren und hier mit [781] näherungsweise abgeglichen wurden. Die angegebene Strahlungsresistenz bezieht sich hauptsächlich auf γ-Strahlung. Abkürzungen: BGO = $Bi_3Ge_4O_{12}$, GSO = Gd_2SiO_5, LSO = Lu_2SiO_5, LYSO = $Lu_{1.8}Y_{0.2}SiO_5$.

$^{(*)}$ Energie der Anregung [700]

nem Atomrumpfband mit einem Elektron aus dem Valenzband wahrscheinlicher, was zu schneller (typisch ≈ 1 ns) und energiereicher Lichtemission (meist im UV-Bereich wegen der Bandabstände) führt und unter dem Begriff *cross luminescence* [608] oder *core-valence luminescence* [876,877] bekannt ist. In der Regel besitzen diese Kristalle auch eine langsamere Komponente aus einem konventionellen Mechanismus (siehe Abb. 13.12(c)).

In [695] wird eine Klassifizierung anorganischer Szintillatoren nach den Szintillationsmechanismen vorgeschlagen:

(i) eigenaktivierte intrinsische Szintillation: Abb. 13.12(a);

(ii) Szintillation durch externe Aktivatorzentren (z.B. durch Dotierung): Abb. 13.12(b);

(iii) Szintillation durch *cross luminescence*: Abb. 13.12(c).

Kombiniert man diese Einteilung mit weiteren physikalisch-chemischen Eigenschaften, zum Beispiel der Dotierung mit spezifischen Ionen, so kann man zwei wichtige Klassen unterscheiden: Halogenide (Verbindungen mit F, Cl, Br, I) und oxidische Kristalle

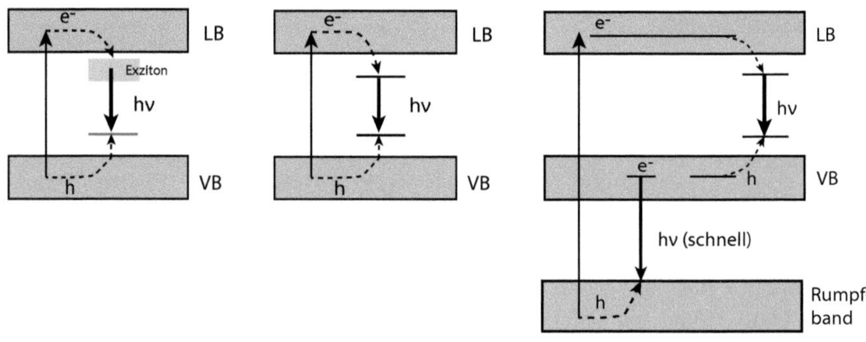

(a) eigenaktiviert (b) extern aktiviert (c) cross luminescence

Abb. 13.12 Zur Klassifizierung von Szintillationskristallen nach Szintillationsmechanismen (siehe Text): (a) intrinsische Aktivierung (zum Beispiel durch Exzitonanregung), (b) extrinsische Aktivierung (durch Dotierung), (c) *cross luminescence* aus dem Rumpfband. In (c) ist neben der schnellen e/h-Rekombination durch *cross luminescence* (unterer Übergang) zusätzlich die Abregung des angeregten Elektrons, z.B. über externe Aktivierung, zu sehen (oberer Übergang).

(zum Beispiel mit (WO_4)-, (SiO_5)- oder (Ge_4O_{12})-Gruppen/Komplexe). Eine ausführliche Zusammenstellung findet sich in [695]; die wichtigsten Kristalle für Experimente der Teilchenphysik sind auch in Tab. 13.3 aufgeführt.

Fluoride besitzen allgemein eine große Bandlücke ($E_G > 7\,\text{eV}$), was eine Voraussetzung für mögliche *cross luminescence* ist. Der bekannteste Vertreter dieser Klasse ist BaF_2, ein Szintillationskristall, der eine sehr schnelle ($\tau_{dec} = 0.8\,\text{ns}$) und eine langsame ($\tau_{dec} = 620\,\text{ns}$) Strahlungskomponente besitzt. Die schnelle Komponente ist attraktiv für Experimente mit hohen Raten. Leider liegt das hierbei emittierte Licht im UV-Bereich und bedarf besonderer Nachweismethoden (zum Beispiel eines Photovervielfachers mit Quarz-Eintrittsfenster). Abbildung 13.13 zeigt Oszillographenbilder von BaF_2-Pulsen:

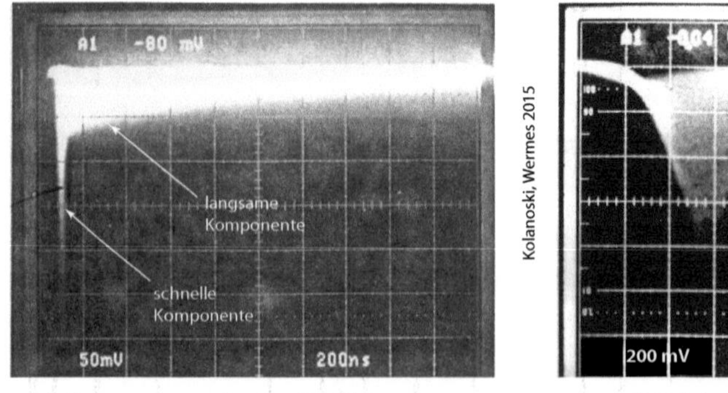

(a) Langsame und schnelle Komponente

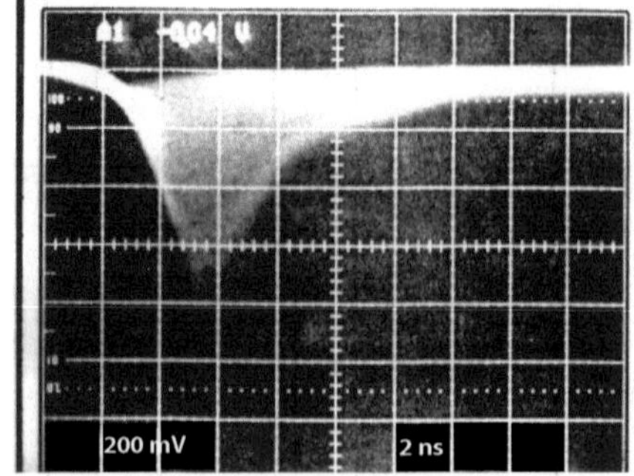

(b) Schnelle Komponente

Abb. 13.13 Oszillographensignal von Strahlung aus einer ^{137}Cs-Quelle (662 keV γ), gemessen mit einem BaF_2-Kristall: (a) langsame und schnelle Komponente (Einstellung 200 ns pro Gitterabstand), (b) schnelle Komponente (Einstellung 2 ns pro Gitterabstand).

In Abb. 13.13(a) sind die schnelle (Spitze ganz links) und die langsame Komponente zu sehen; in Abb. 13.13(b) sieht man nur die schnelle Komponente im Bereich weniger Nanosekunden, bestimmt durch die Anstiegszeit des Photovervielfachers.

Unter den eigenaktivierten Kristallen sticht CeF_3 heraus als ein guter Kandidat für kalorimetrische Messungen in Experimenten. Jedoch ist seine Strahlungslänge X_0 mit 1.77 cm immer noch recht groß, sodass andere Kristallmaterialien bei den LHC-Experimenten CMS und ALICE den Vorzug erhielten. Für den CMS-Detektor wurde als Szintillationskristall Bleiwolframat ($PbWO_4$) entwickelt, das hohe Dichte, kurze Strahlungslänge und gute Strahlenresistenz bei sehr kurzer Signaldauer aufweist. Die geringe Lichtausbeute kann bei den vergleichsweise hohen Photonenergien bei LHC ($>$ mehrere GeV) in Kauf genommen werden. Kristalle auf der Basis von Oxidgruppen haben den weiteren Vorteil, dass sie im Gegensatz zu Halogeniden (insbesondere Fluoriden) mechanisch stabiler, chemisch träge und nicht hygroskopisch sind.

Kristalle, dotiert mit seltenen Erden, speziell mit Cer, haben im Vergleich zu Oxid-Kristallen eine hohe Lichtausbeute. Ein gutes Beispiel ist Cer-dotiertes (5–10%) Lanthanbromid, $LaBr_3$ [720]. Dieser Szintillator kombiniert hohe Lichtausbeute (68 000 Photonen pro MeV) mit einem schnellen Signal ($\approx$20 ns). Allerdings ist das Material hygroskopisch.

Bleiglas (*lead glass*) wird häufig in ähnlichen Anwendungen wie Szintillationskristalle verwendet, zum Beispiel als homogenes elektromagnetisches Kalorimeter (siehe Abschnitt 15.5.2 und Abb. 15.24). Darin wird aber nicht Szintillationslicht, sondern Cherenkov-Licht (Kap. 11) erzeugt, das die Elektronen und Positronen im elektromagnetischen Schauer in dem Bleiglas-Kristall aussenden. Die Lichtausbeute ist typisch um 2–3 Größenordnungen geringer als die von Szintillationskristallen, was zu einer entsprechend geringeren Energieauflösung führt. Siehe dazu auch Abschnitt 15.5.2 sowie Tab. 15.5.

13.3.3 Strahlenschäden in inorganischen Kristallen

Alle bekannten anorganischen Szintillatoren können durch Strahlung geschädigt werden [1075, 1076], verursacht durch γ-Strahlung und ebenso durch geladene Teilchen oder Neutronen. Drei mögliche strahlungsinduzierte Schädigungen kommen in Betracht: (i) Der Einfluss von Strahlung auf den Szintillationsmechanismus selbst (Lichterzeugung), (ii) strahlungsinduzierte Phosphoreszenz, *afterglow* genannt, und (iii) Lichtabsorption durch strahleninduzierte Defekte (Farbzentren). Der zweite Effekt erhöht den Dunkelstrom und verursacht dadurch Rauschen in Photodetektoren. Der dritte Effekt ist der wichtigste. Er verstärkt die Lichtabsorption und verringert dadurch die Lichtausbeute des Szintillators oder Wellenlängenschiebers. Es existiert allerdings keine experimentelle Evidenz dafür, dass durch Strahlenschäden eine Verschlechterung des Szintillationsmechanismus selbst existiert (siehe Zhu in [525], p. 536).

Je nach Kristall können die Defekte unterschiedlichen Ursprungs sein. Es können Elektronen oder Löcher in Leerstellen der Ionen des Kristalls (Anionen bzw. Kationen) sein oder auch Ionen, die auf Gitterzwischenplätzen sitzen. Es ist möglich, dass die Formation von Farbzentren bei Temperaturerhöhung oder sogar bei Raumtemperatur plötzlich wieder verschwindet, ein Prozess, der Farbzentren-Ausheilung genannt wird. In diesem Fall ist die Schädigung abhängig von der Dosisrate. Wenn Ausheilung unter Temperatureinfluss nicht stattfindet oder wenn die Ausheilung zu langsam ist, steigt die Farbzentrendichte kontinuierlich mit der Bestrahlung an bis alle Zentren gefüllt sind. Dann ist die Stärke der Schädigung abhängig von der Dosis, aber nicht mehr von der Dosisrate. Eine Messung der Lichtausbeute als Funktion der Dosisrate kann daher zur Charakterisierung der Schädigung benutzt werden [525].

Die Temperaturabhängigkeit wird für thermisches Ausheilen verwendet, indem die Kristalle hohen Temperaturen ausgesetzt werden (>200°C, abhängig vom Kristall). Alternativ kann 'optisches Bleichen' angewendet werden; das ist die Beleuchtung des Kristalls mit Licht verschiedener Wellenlängen. Während beide Methoden die Dichte der Farbzentren reduzieren und somit die optische Transparenz verbessern, wird durch den Ausheilungsprozess sehr leicht eine räumliche Variabilität in der Transparenz erzeugt, die die Homogenität der Lichtausbeute beeinflusst.

Als Beispiel für Kristalldetektoren in Umgebungen mit sehr hohen Strahlenflüssen wie am LHC sei das elektromagnetische Kalorimeter von CMS genannt, für das $PbWO_4$ als besonders strahlenharter Szintillationskristall ausgewählt wurde (siehe Abschnitt 15.5.2 und Tab. 15.5). Dennoch, die Lichtausbeute der Kristalle, die unter kleinem Winkel zur Strahlachse liegen, wo der Strahlungsfluss am höchsten ist, war nach zwei Jahren Betriebsdauer bereits bei moderaten Luminositäten um 70 % reduziert [1076]. Strahlenschäden in $PbWO_4$-Kristallen machen sich hauptsächlich durch Lichtabsorption aufgrund von strahlungsinduzierter Farbzentrenformation bemerkbar. Außer dem Verlust an Lichtausbeute wird eine Dosisratenabhängigkeit beobachtet, die zu einem Gleichgewicht in der Lichtausbeute während der Bestrahlungsperioden für eine bestimmte Dosisrate führt, verursacht durch die erwähnte Farbzentrendynamik, wenn die Formation von Farbzentren (Schädigung) genauso schnell abläuft wie die Ausheilung (Erholung von der Schädigung), sodass ihre Dichte konstant bleibt. Die Schädigung des Kristalls durch Hadronen kann mit hoher Wahrscheinlichkeit mit stark ionisierenden schweren Spaltfragmenten von Elementen mit $Z > 71$ in Verbindung gebracht werden [375].

Die Ce-dotierten Kristalle LSO (Lu_2SiO_5:Ce) und besonders LYSO ($Lu_{2(1-x)}Y_{2x}SiO_5$:Ce) (siehe Tab. 13.3), welche nur leichte Elemente mit hoher Spaltschwelle enthalten, kamen daher in den Fokus [1076]. Sie sind strahlenhart bis zu 10^4 Gy gegen γ-Strahlung und sind ebenfalls tolerant gegen Strahlenschäden durch Neutronen und geladene Hadronen, womit sie zu einem bevorzugten Material für Kalorimeteranwendungen in Umgebungen mit hoher Strahlenbelastung werden.

13.3.4 Szintillierende Gase und Flüssigkeiten

Einige hochreine, chemisch träge Gase können als Szintillationsdetektormedium benutzt werden, zum Beispiel Edelgase oder manchmal auch Stickstoff, wobei Xenon derzeit die größte Aufmerksamkeit für Detektoren erlangt.

Tab. 13.4 Zusammenstellung charakteristischer Eigenschaften von szintillierenden Edelgasen und Flüssigkeiten, sowie von N_2 und CF_4 aus verschiedenen Quellen. Die Literaturangaben für die Photonenausbeute szintillierender Gase schwanken erheblich und sind von der deponierten Energie (z.B. Energie eines Kernrückstoßes), bei Gasen auch vom Druck abhängig. Die angegebenen Werte dienen daher als vergleichende, ungefähre Größenangaben. Die angegebene Dichte von Flüssigkeiten ist diejenige am Siedepunkt. Für die Zerfallszeiten τ_{dec} sind nur die kürzesten typischen Zeitkonstanten gelistet [113]; $\lambda_{\max}$ bezeichnet in der Regel die Wellenlänge des Maximums des Emissionsspektrums. Es ist zu beachten, dass die Zerfallszeiten und ebenso die Emissionsmaxima druckabhängig sind und (stark) von der Reinheit des Gases abhängen. NaI(Tl) ist zum Vergleich zusätzlich angegeben.

Gas/Flüssigk.	Z	Siedepunkt (1 atm) (K)	ρ (g/cm^3)	$\lambda_{\max}$ (nm)	Photonen pro MeV	τ_{dec} (ns)	[ref]
			Gase (1 atm, 20° C)				
N_2	7	77	1.17×10^{-3}	390	$\sim$100$^{(*)}$–800	2.5	[697, 217]
CF_4	8.6	145.3	3.93×10^{-3}	300/630	$\sim$900$^{(*)}$	6.2	[697]
Helium	2	4.2	1.66×10^{-4}	80/390	1100	< 20	[113, 217]
Neon	10	27.1	8.39×10^{-4}	$\sim$80	430	1.2	[113, 217]
Argon	18	87.3	1.66×10^{-3}	128/250	1 100/1 600	$\sim$6	[113, 217]
Krypton	36	119.9	3.49×10^{-3}	147/318	2 100/5 200	$\sim$3	[113, 217]
Xenon	54	165	5.49×10^{-3}	174/325	3 700/10 000	$\sim$3	[113, 217]
			Flüssigkeiten				
Helium	2	4.2	0.13	78	$\sim$5 000$^{(**)}$	10	[603]
Neon	10	27.1	1.21	$\sim$80	30 000–35 000	15	[714]
Argon	18	87.3	1.40	128	40 000–50 000	$\sim$6	[113, 314]
Krypton	36	119.8	2.41	147	25 000–35 000	$\sim$2	[377]
Xenon	54	165.0	3.06	174	40 000–70 000	2–3	[113, 314, 377]
			Kristall (zum Vergleich)				
NaI(Tl)	46.5		3.67	410	39 000	245	

$^{(*)}$ Unter der Annahme einer PMT-Effizienz (SPE) von 25% .
$^{(**)}$ Für ein (gestopptes) He-Rückstoßatom von 1 MeV.

Der Szintillationsmechanismus ist vergleichsweise einfach. Er wird dem Zerfall von angeregten Dimeren (*Excimere* genannt) aus dem angeregten Zustand in den Grundzustand zugeschrieben. Edelgase besitzen im Normalfall vollständige äußere Schalen und können nur dann eine Bindung eingehen, wenn ein Elektron aus der Schale angeregt wird. Solche Excimere (z.B. Xe_2^*) können durch direkte Anregung eines Atoms ($Xe^* + Xe \rightarrow Xe_2^* \rightarrow 2\,Xe + h\nu$) oder durch Elektron–Ion-Rekombination ($Xe^+ + e^- \rightarrow Xe_2^*$ + Wärme; $Xe_2^* \rightarrow 2\,Xe + h\nu$) erzeugt werden. Die Lebensdauer der angeregten Zustände ist daher kurz, im Bereich von Nanosekunden.

Die größte Ausbeute des emittierten Lichts liegt im UV-Bereich, in dem Standard-PMTs nicht sensitiv sind. Gasdetektoren wie zum Beispiel MWPCs mit UV-absorbierenden Dämpfen (siehe dazu Abschnitt 11.6.2) oder PMTs mit UV-durchlässigen Eintrittsfenstern (z.B. CaF_2) sind zum Nachweis geeignet. Für Standard-PMTs ist Wellenlängenverschiebung notwendig, was zum Beispiel durch Beschichtung der Wände des Gasvolumens erzielt werden kann, wobei das Maximum des Wellenlängenspektrums ins Blau–Grüne verschoben wird. Für nicht zu hohe Ionisierungsdichten hängt die Lichtausbeute linear von der deponierten Energie (dE/dx) ab, siehe (13.1). Die Szintillationseffizienz ändert sich kaum zwischen gasförmiger und kondensierter Phase des Gases (siehe [113] und Referenzen darin). Um die Ionisationsdichte und damit die Lichtausbeute zu erhöhen, wird der Betrieb bei hohen Drücken (bis zu 200 bar) oder als Flüssigkeit bevorzugt.

In Tab. 13.4 sind einige szintillierende, chemisch träge Gase und ihre Eigenschaften zusammengestellt. Aus der Tabelle ist ersichtlich, dass Helium und Neon Siedepunkte weit unterhalb des Kühlbereichs von flüssigem Stickstoff haben und außerdem im fernen UV emittieren, wo kein transparentes Fenstermaterial existiert. Argon und Krypton sind prinzipiell geeignete Szintillatoren, aber Xenon ragt heraus, weil es hohes Z, hohe Dichte und kleine Strahlungslänge X_0 zusammen mit hoher Lichtausbeute bei einfach zugänglichen Wellenlängen aufweist (Tabellen 13.4 und 3.4).

Flüssig-Edelgas-Detektoren [113] werden zum Beispiel in Experimenten zur Suche nach Dunkler Materie, speziell der Suche nach WIMPs[130] eingesetzt (siehe Abschnitt 16.7.2) wie zum Beispiel die Experimente XENON100/Xenon1T [111, 112] und LUX/LUX-ZEPLIN [65, 63] die tief unter der Erdoberfläche aufgebaut sind, um Untergrund aus kosmischer Strahlung zu unterdrücken. Ein berühmt gewordener Einsatz von Flüssigszintillatoren ist deren Verwendung in dem Experiment von Reines und Cowan, gezeigt in Abb. 16.29 auf Seite 805, das zur Neutrinoentdeckung führte.

13.4 Lichtsammlung und Auslesetechniken

Szintillatoren benötigen Photodetektoren zum Nachweis des erzeugten Szintillationslichts. Photodetektoren sind in Kapitel 10 ausführlich beschrieben. Im Gegensatz zu Cherenkov-Detektoren ist bei Szintillatoren in der Regel keine Einzelphotonsensitivität notwendig. Dennoch sind je nach der Menge der im Szintillator deponierten Primärenergie, den Auflösungsansprüchen sowie dem verfügbaren Platz unterschiedliche Auslesetechniken notwendig.

Ein typisches Szintillations-Detektorsystem, das vor allem bei Plastikszintillatoren, aber auch bei anorganischen Kristallen verwendet wird, besteht aus (Abb. 13.14):

- dem Szintillator,
- gegebenenfalls einem Lichtleiter,
- einer Konversionseinheit, in der das Szintillationslicht in elektrische Ladungsträger umgewandelt wird (zum Beispiel in Elektronen in einer Photokathode eines Photovervielfachers oder Elektron-Loch-Paare in einer Photodiode),

[130] WIMP = Weakly Interacting Massive Particle.

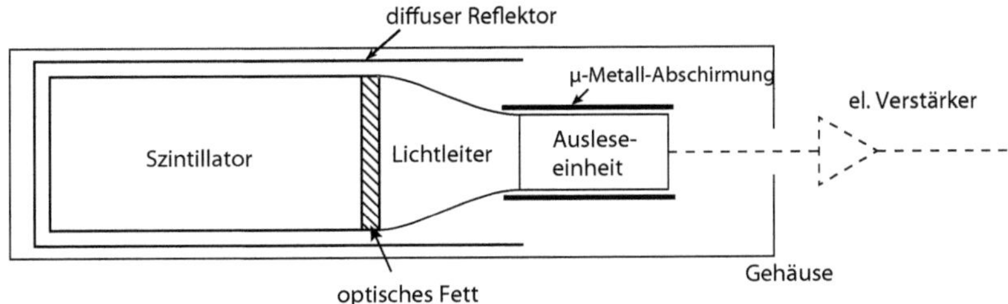

Abb. 13.14 Aufbau eines typischen Szintillationsdetektors mit Lichtleiter, Konversions- und Ausleseeinheit, häufig realisiert durch einen PMT. Diese Kombination wird häufig bei Plastikszintillatoren verwendet. Bei Verwendung eines PMT zur Auslese ist der Verstärker dahinter in der Regel nicht nötig. Zur Abschirmung gegen äußere Magnetfelder wird meist ein µ-Metall-Zylinder um das empfindliche Kathoden-Dynodensystem des PMT gelegt (siehe Seite 583).

– einer oder mehreren Verstärkerstufen (Sekundärelektronenvervielfacher oder/und gegebenenfalls einem elektronischen Verstärker).

Je nach Ausleseart sind Teilfunktionen von Konversionseinheit und Verstärkereinheit auch zusammengefasst, zum Beispiel beim Photovervielfacher (*photomultiplier*, PMT) oder bei einer Avalanche-Photodiode (Abschnitt 10.3.2) oder einem SiPM (*silicon photomultiplier*, Abschnitt 10.5). Der Lichtleiter kann entfallen, wenn eine direkte, großflächige Ankopplung des Szintillators an die Photonkonversionseinheit möglich ist.

Die Lichtsammlungseffizienz eines Szintillatorsystems wird bestimmt durch den Bruchteil des Lichtes, der auf die nachweisende Fläche (Photokathode eines PMT oder einer Photodiode) auftrifft. Die dort erfolgende Umwandlung der Photonen in Elektronen beziehungsweise Elektron/Loch-Paare wird durch die Quantenausbeute (*quantum efficiency*, QE, siehe Abschnitt 10.2) charakterisiert. Das Signal wird im Anschluss möglichst rauscharm verstärkt, zum Beispiel in einem PMT durch einen Sekundärelektronenvervielfacher.

Im Folgenden stellen wir zwei verschiedene, häufig gewählte Szintillatorankopplungs- und -auslesesysteme vor, eines typisch für die Auslese mit einem Photovervielfacher und das zweite typisch für die Auslese mit Halbleiter-Photodetektoren.

13.4.1 Das System Szintillator – Lichtleiter – Photovervielfacher

Ein Aufbau aus Szintillator, Lichtleiter und Photovervielfacher wird besonders häufig bei flächenartigen Plastikszintillatoren verwendet (Abb. 13.15). Das Szintillationslicht wird durch den Lichtleiter auf die Photokathode eines Photovervielfachers geleitet und dort in ein Elektronensignal umgewandelt, welches im Sekundärelektronenvervielfacher des PMT verstärkt wird. Das Szintillator-Lichtleiter-System wird oft in einen diffusen Reflektor, zum Beispiel aus Magnesiumoxidfolie, gehüllt (Abb. 13.14). Zur Ankopplung der Kontaktflächen zwischen Szintillator und Lichtleiter sowie zwischen Lichtleiter und PMT wird 'optisches Fett' oder 'optischer Kleber' verwendet. 'Optisch' weist hierbei

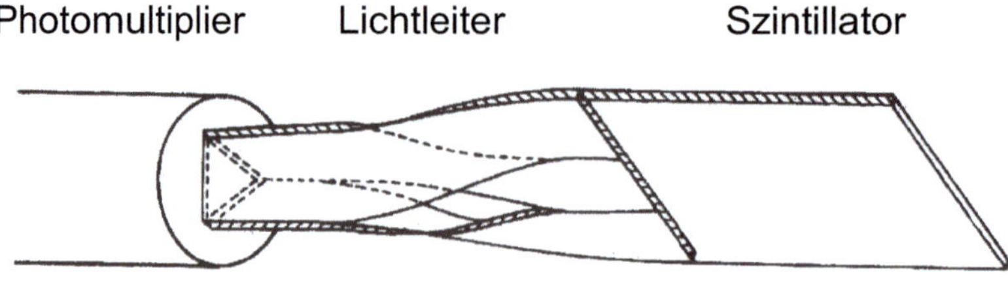

(a) Szintillator-Lichtleiter-PMT-System mit Streifenlichtleiter

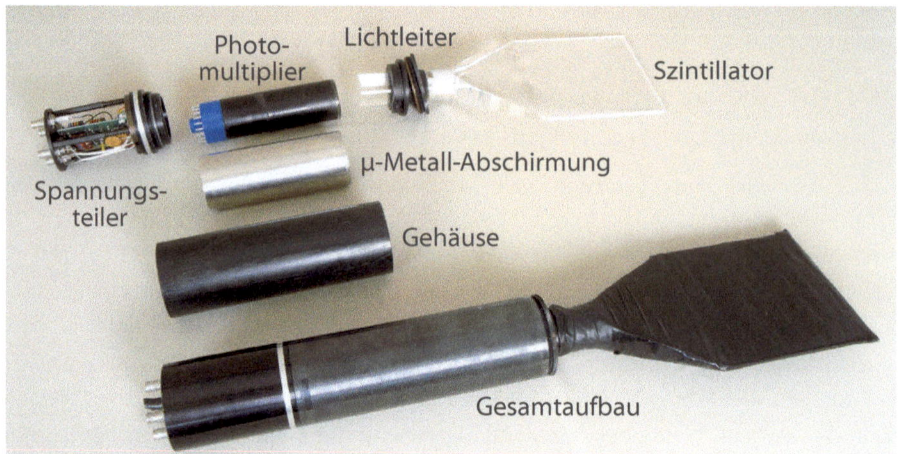

(b) Einzelkomponenten und Gesamtaufbau

Abb. 13.15 Szintillationsdetektorsystem: (a) Aufbau mit Szintillator, Lichtleiter und Photovervielfacher [655]. Durch so genannte 'adiabatische' Formung des Lichtleiters (hier als Streifenlichtleiter) mit nur graduellen Formveränderungen wird der Lichtverlust minimiert. (b) Komponenten und Gesamtaufbau (Quelle: DESY).

darauf hin, dass der Brechungsindex des Kontaktklebers nahe den Brechungsindices der verbundenen Teile liegt, um Verluste zu minimieren.

Die Kombination Szintillator-Photovervielfacher beziehungsweise Szintillator-Lichtleiter-Photovervielfacher wird in Experimenten nicht zuletzt wegen ihrer einfachen Handhabung oft verwendet. Abbildung 13.15(a) zeigt eine spezielle Lichtleitergeometrie (Erläuterung weiter unten) und Abb. 13.15(b) die einzelnen Komponenten eines Aufbaus. Photovervielfacher als Detektor für Szintillationslicht sind bereits seit den 1940er Jahren in der Entwicklung. Sie sind in Abschnitt 10.2.1 ausführlich beschrieben. Die Photokathodenempfindlichkeit des PMT muss auf das Emissionsspektrum des Szintillationslichts angepasst sein. CsI (Tl) hat ein Emissionsmaximum bei 540 nm (Abb. 10.17 auf Seite 492), während die erwähnte schnelle Komponente ($\tau = 0.8$ ns) von BaF_2 bei 220 nm liegt, also tief im UV-Bereich (siehe Tab. 13.3). Für BaF_2 und andere UV-Emitter müssen daher spezielle Photovervielfacher mit Quarzfenstern mit besserer Durchlässigkeit für UV-Licht und mit speziellen Photokathoden verwendet werden, damit die schnelle Komponente von BaF_2 mit hinreichender Quantenausbeute nachgewiesen werden kann.

Lichtleiter Um das Licht aus einem Szintillator an den Photovervielfacher zu koppeln, ist ein Lichtleiter als verbindendes Element effizienter als eine direkte Ankopplung,

- wenn die Geometrie der Lichtaustrittsfläche des Szintillators schwer auf die Abmessungen der Photokathode des PMT anzupassen ist, und/oder
- wenn der Photovervielfacher aus Platzgründen nicht unmittelbar an den Szintillator gekoppelt werden kann, sondern nur in einem Abstand.

Komplizierte geometrische Verhältnisse im Detektor verlangen dabei oft komplexe Formen des Lichtleiters, zum Beispiel wenn zusätzlich auch eine Bündelung oder Umlenkung des Lichtes notwendig ist. Das Szintillationslicht muss mit möglichst geringen Verlusten auf die Eintrittsfläche des PMT gelangen. Dabei treten unvermeidlich Verluste auf, wie Abb. 13.16(a) für einen einfachen Lichtleiter zeigt, der wegen seiner Form 'Fischschwanz' genannt wird.

Die Lichtintensität am Ausgang des Szintillators kann nicht völlig verlustfrei auf ein kleineres Eintrittsfenster zum Beispiel eines Photovervielfachers abgebildet werden. Das 'Liouville-Theorem' (siehe z.B. [745] oder auch [471]) besagt, dass der Phasenraum der Lichtstrahlen, das heißt das Produkt aus transversaler überdeckter Fläche und der Divergenz der Strahlen bei der Abbildung der Lichtstrahlen konstant bleibt, $\Delta x\,\Delta p = \text{const.}$ Die Strahldivergenz ist in der zu x kanonisch konjugierten Koordinate p enthalten, die für Lichtstrahlen in optischen Medien durch $p = n\sin\theta$ ($n =$ Brechungsindex) ausgedrückt werden kann [745, 744].

Für eine simplifizierende, zweidimensionale Betrachtung mit rechteckigem Querschnitt, wie in Abb. 13.16 dargestellt, sind die konjugierten Phasenraumkoordinaten die transversalen Ortskoordinaten $x_{1,2}$ in den Szintillatoraustritts- und PMT-Eintrittsebenen sowie die entsprechenden Divergenzwinkel $\theta_{1,2}$ eines Lichtstrahls. Die PMT-Eintrittsfläche limitiert die Strahldivergenz auf maximal $\pm 90°$ oder weniger: $\theta_2^{\max} < 90°$. Das Phasenraumvolumen ist dann [745]:

$$\begin{aligned} \Delta x_2\,\Delta p_2 &= 2n\,\Delta x_2 \sin\theta_2^{\max} &&= \quad \Delta x_1\,\Delta p_1 = 2n\,\Delta x_1 \sin\theta_1^{\max} \\ \Rightarrow \quad \Delta x_1 \sin\theta_1^{\max} &= \Delta x_2 \sin\theta_2^{\max} &&\Rightarrow \quad \sin\theta_1^{\max} = \frac{\Delta x_2}{\Delta x_1}\sin\theta_2^{\max}, \end{aligned} \tag{13.13}$$

wobei $\Delta p_1 = 2n\sin\theta_1$ und gleiches n angenommen wurden. Die Querschnitte der Flächen am Ausgang des Szintillators A_{out} und am Eingang des PMT A_{in} bestimmen somit die Abbildungsverluste des Lichtleiters. Der nachgewiesene Bruchteil ist immer

$$f_{\text{det}} < \frac{A_{out}}{A_{in}}, \tag{13.14}$$

sodass der effektive Auslesequerschnitt einer Apparatur durch die Ankopplungsfläche an den Photovervielfacher gegeben ist.

Das Licht wird im Lichtleiter hauptsächlich durch Totalreflexion geführt (Abb. 13.16). Durch Umwicklung mit einer reflektierenden Folie kann die Ausbeute noch etwas erhöht

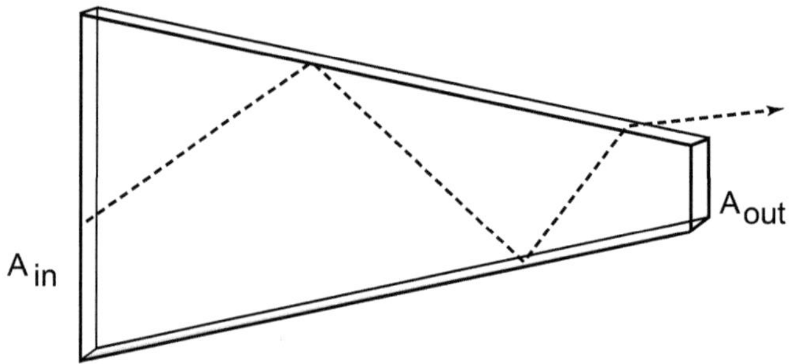

(a) Lichtleiter in Form eines Fischschwanzes (*fish tail*)

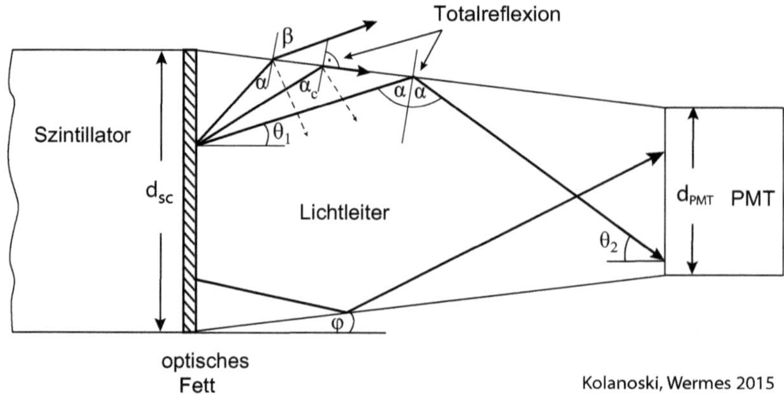

(b) Lichtleitung durch Totalreflexion

Abb. 13.16 Illustration von Verlusten in Lichtleitern: (a) Eintritts- und Austrittsfläche bei einem Lichtleiter in Fischschwanzform; (b) Lichtleitung durch Totalreflexion (siehe Text).

werden. Aus einem Medium mit Brechungsindex n in Luft (n_0) austretend, wird das Licht mit Winkel α zum Lot auf die Grenzfläche zu größeren Winkeln β hin gebrochen (bei nur geringer Reflexion), bis der Brechungswinkel von 90° erreicht wird und Totalreflexion eintritt:

$$\sin \alpha_c = n_0/n \,, \tag{13.15}$$

mit $\alpha_c =$ Grenzwinkel. Der α_c entsprechende, maximal erlaubte Photon-Eintrittswinkel in den Photovervielfacher ist

$$\theta_2^{\max} = \frac{\pi}{2} + \varphi - \alpha_c \,, \tag{13.16}$$

wobei mit φ der Verjüngungswinkel des Lichtleiters bezeichnet ist.

Daraus folgt unter Benutzung von (13.15) und (13.16) mit $n_0 \approx 1$, $n \approx 1.5$ (Plexiglas) und $\varphi \ll \alpha_c$:

$$\begin{aligned} \sin \theta_2^{\max} &= \sin\left(\frac{\pi}{2} + \varphi - \alpha_c\right) = \cos\left(\alpha_c - \varphi\right) \\ &= \sqrt{1 - \sin^2\left(\alpha_c - \varphi\right)} \approx \sqrt{1 - \sin^2 \alpha_c} \approx \sqrt{1 - \frac{1}{n^2}} \approx 0.75 \qquad (13.17) \\ \Rightarrow \quad & \theta_2^{\max} \approx 48° \end{aligned}$$

Um Verluste durch Überschreitung des Grenzwinkels (d.h. α klein, θ_1 groß) klein zu halten, sollte der Brechungsindex möglichst groß sein, wobei eine gewisse 'Anpassung' der Brechungsindizes von Lichtleiter und PMT-Eintrittsfenster zu gewährleisten ist, sodass das Licht in den Photovervielfacher eindringen kann. Den Winkelbereich unterhalb des Grenzwinkels α_c nennt man Verlustkegel.

Die Bedingung für Totalreflexion beschränkt den verfügbaren Phasenraum für den Lichttransport. Gleichung (13.16) ergibt ein maximales $\theta_2^{\max}$ für ein gegebenes α_c, welches zu einem maximalen $\theta_1^{\max}$ durch die Liouville-Bedingung (13.13) gehört. Unter der Annahme isotroper Lichtemission in Vorwärtsrichtung (2π) kann man mit (13.17) und (13.13) den Bruchteil f des Lichts, das am Ende des Lichtleiters maximal extrahiert werden kann (Abb. 13.16(b)) abschätzen:

$$\begin{aligned} f &= \frac{\Delta\Omega}{4\pi} = \frac{1}{4\pi}\int_{\theta=0}^{\theta_1^{\max}} 2\pi \sin\theta \, d\theta = \frac{1}{2}\left(1 - \cos\theta_1^{\max}\right) \\ &= \frac{1}{2}\left(1 - \sqrt{1 - \sin^2\theta_1^{\max}}\right) = \frac{1}{2}\left(1 - \sqrt{1 - \left(\frac{d_{\mathrm{PMT}}}{d_{\mathrm{sc}}}\right)^2 \left(1 - \frac{1}{n^2}\right)}\right) . \end{aligned} \tag{13.18}$$

Mit d_{PMT} und d_{sc} sind hierbei die charakteristischen Abmessungen von Ein- und Austrittsfläche bezeichnet, zum Beispiel Kantenlänge oder Durchmesser. Für $n = 1.5$ und $d_{\mathrm{PMT}}/d_{\mathrm{sc}} = 0.5$ ergibt sich $f = 3.6\,\%$.

Beste Ergebnisse bei komplexeren Lichtleiterformen wie zum Beispiel in Abb. 13.15(a) erzielt man mit so genannten 'adiabatischen' Lichtleitern mit minimalem Lichtverlust, die ihre Form kontinuierlich nur graduell ändern und keine engen Krümmungen oder Knicke aufweisen. Ausführlichere Betrachtungen zur Lichtführung findet man in [632].

13.4.2 Das System: Szintillator – (WLS) – Photodiode

Photodioden und Avalanche-Photodioden (Abschnitte 10.3.1 und 10.3.2) eignen sich als Photodetektoren für Szintillationslicht, vor allem wenn die Eingangslichtintensität ausreichend hoch ist. Ein Beispiel ist der total absorbierende Nachweis von Photonen im Gammaenergiebereich von etwa 300 keV bis GeV mit anorganischen Kristallszintillatoren (Abschnitt 13.3). Neben Einfachheit und Preis ist die Unempfindlichkeit von äußeren Magnetfeldern ein großer Vorteil von Photodioden bei der Szintillatorauslese.

Die Ausgangssignale der Photodiode müssen allerdings nachverstärkt werden, um ein gut messbares Signal zu erhalten. Die Verstärkungselektronik bestimmt weitgehend die Rauscheigenschaften des Gesamtsystems, welche in der Regel durch die Größe der Diodenkapazität dominiert werden (thermischer Rauschbeitrag, siehe Abschnitt 17.10.3.3).

Flächenmäßig größere Photodioden besitzen zwar eine größere Lichtsammelfläche als kleinere, allerdings auch eine flächenproportional größere Kapazität. Da das Rauschen zu dieser Kapazität direkt proportional ist und die Kapazität bei großflächigen Dioden

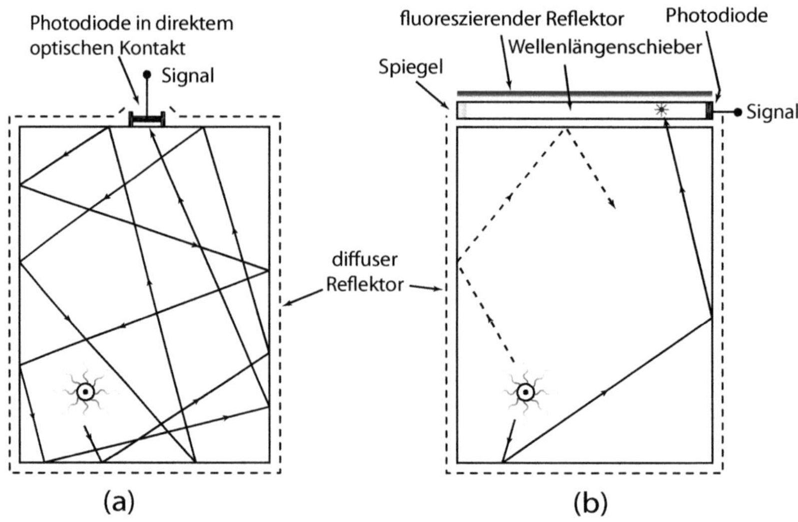

Abb. 13.17 Mögliche Anordnungen bei der Auslese eines Szintillators mit einer Photodiode: (a) Direkte Anbringung der Photodiode auf den Szintillationskristall; (b) Vergrößerung der Lichtsammelfläche durch Verwendung einer Wellenlängenschieber-Photodioden-Konfiguration.

in etwa mit der Fläche skaliert, ist das Verhältnis von Signal zu Rauschen annähernd flächenunabhängig (Groom's Theorem [510]):

$$\frac{S}{N} \stackrel{\propto}{\sim} \frac{\text{Lichtmenge}}{\text{Rauschbeitrag}} \stackrel{\propto}{\sim} \frac{\text{Diodenfläche}}{\text{Kapazität}} \approx \text{const.}$$

Die Photodiode kann, wie in Abb. 13.17 (a) gezeigt, entweder direkt auf den Kristall geklebt werden oder über einen Wellenlängenschieber WLS (Abb. 13.17 (b)) zur Auslese des Szintillationslichts verwendet werden. Die Methode (a) wird normalerweise verwendet, zum Beispiel im CsI(Tl)-Kalorimeter des Babar Experiments [128]; die Methode (b) fand im Crystal-Barrel Experiment ebenfalls für die Auslese von CsI(Tl) Kristallen Verwendung [62].

Die Eigenschaften von Wellenlängenschiebern sind in Abschnitt 13.2.2 beschrieben. In dem Beispiel in Abb. 13.17(b) wird ausgenutzt, dass die Emission in alle Richtungen isotrop erfolgt. Mit einer kostengünstigen Photodiode vergleichsweise kleiner Fläche kann das Licht einer größeren Sammelfläche als die Fläche der Diode selbst ausgelesen werden. Wenn die Lichtverluste im WLS hinreichend klein gehalten werden können, kann diese Anordnung wegen des geringeren Rauschens der kleinen Photodiode im Vergleich zu einer alternativen, großflächigen Photodiode ein kompetitives S/N-Verhältnis erzielen.

13.4.3 Das System: Szintillator – WLS-Faser – PMT/SiPM

Moderne Techniken für effiziente Lichtsammlung von Szintillatoranordnungen in großen Arrays zum Beispiel für Zeitmessungs- oder Kalorimetrieanwendungen verwenden häufig wellenlängenschiebende optische Fasern, die zum Beispiel in Plastikszintillatorplatten

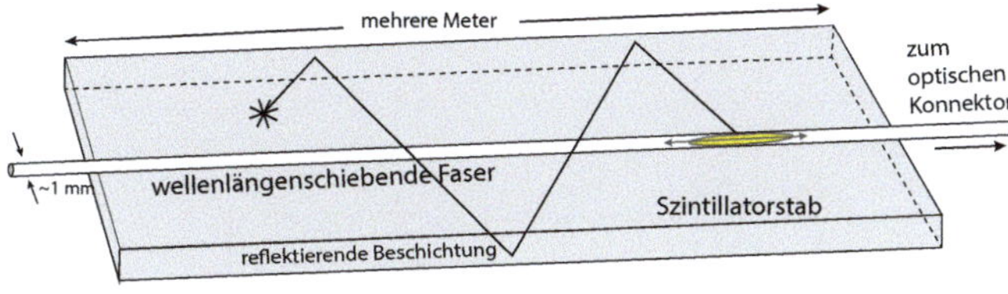

(a) WLS-Faser-Auslese eines Szintillatorstabs.

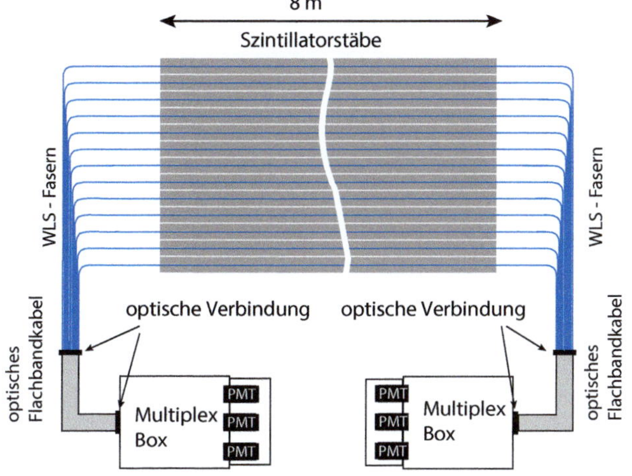

(b) Szintillatoranordnung mit WLS-Faser-Auslese.

Abb. 13.18 Auslese von Szintillatoren durch Fasern mit Wellenlängenschieberfarbstoff. (a) Prinzip: Szintillationslicht wird an den beschichteten Wänden einer Szintillatorplatte reflektiert. Ein Teil des Lichts dringt in die WLS-Faser ein, wo es absorbiert und isotrop innerhalb der Faser wieder ausgestrahlt wird. (b) Beispiel einer Anordnung von Szintilllatoren mit WLS-Faser-Auslese wie im MINOS Neutrino-Oszillationsexperiment realisiert [89]. Jeweils 8 Fasern werden mittels *multiplexing* durch einen Photodetektor ausgelesen. Die Abbildung ist nicht maßstabsgetreu.

eingebettet werden. Typische Faserdurchmesser sind in der Größenordnung von 1 mm. Sie können mitunter mehrere Meter lang sein und werden üblicherweise in Vielkanal-PMTs oder SiPMs eingeführt (siehe z.B. [264]). Das Prinzip ist in Abb. 13.18 gezeigt, zusammen mit einer Anordnung von Szintillatoren wie sie in dem Neutrino-Oszillations-Experiment MINOS verwendet werden [89]. Die lichtübertragende Faser enthält einen wellenlängenschiebenden Stoff, welcher absorbiertes Licht isotrop re-emittiert. Ein schönes Beispiel für eine Kalorimeteranwendung ist das ATLAS Tile-Kalorimeter, ein Eisen/Szintillator-Sampling-Kalorimeter mit 3 mm dicken Szintillatorkacheln, die über wellenlängenschiebende Fasern ausgelesen werden (siehe Kapitel 15 auf Seite 758).

13.5 Szintillatoren als Teilchendetektoren

Während organische Plastik- oder Flüssigszintillatoren wegen ihrer kurzen Zerfallszeiten für die Szintillation vor allem bei zeitkritischen Anwendungen eingesetzt werden, werden anorganische Kristalle wegen ihrer guten Energieauflösung meistens zum Nachweis von (Endzuständen mit) Photonen eingesetzt.

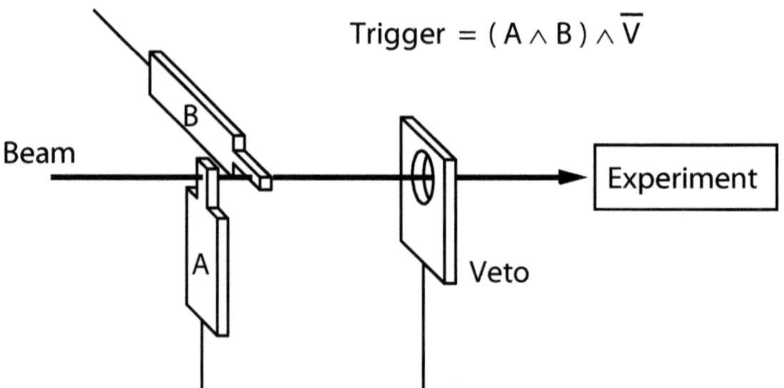

Abb. 13.19 Verwendung von Plastik-Szintillationszählern in einem Triggeraufbau.

13.5.1 Schnelle Plastikszintillatoren

Plastikszintillatoren sind einfach aufzubauen und liefern ein schnelles Signal im Sub-Nanosekunden-Bereich. Sie eignen sich daher für Zeitmessungen und für die Bereitstellung von Signalen zur Festlegung einer Zeitmarke oder Zeitfensters (Trigger, Gate). Die Anwendung von Plastikszintillatoren zur Teilchenidentifikation mittels Flugzeitmessung ist ausführlich in Abschnitt 14.2.1 beschrieben.

Zur Erzeugung schneller Trigger- oder Gate-Signale werden Plastikszintillatoren vor allem bei Fixed-Target-Experimenten oder bei Aufbauten für Detektortests in Beschleunigerstrahlen eingesetzt wie zum Beispiel in Abb. 7.25(a) auf Seite 244. Abbildung 13.19 zeigt eine Anordnung mit gekreuzt aufgebauten 'Fingerzählern', so verwendet, um einen wohldefinierten Teil des einkommenden Strahls in einen experimentellen Aufbau (z.B. in einem Teststrahl) zu definieren. Mit einem *Veto-Zähler* (Szintillatoren mit einem Loch für den Strahldurchgang) können unerwünschte Teilchen, die nicht unmittelbar aus dem Strahl kommen, abgetrennt werden. Die logische Verknüpfung der Signale aus Abbildung 13.19 ist

$$\text{Trigger} = (A \wedge B) \wedge \overline{V} \,.$$

Plastikszintillatoren von Time-of-Flight-Systemen (TOF) in Collider-Experimenten, wie in Abschnitt 14.2 in Abb. 14.5 für das Mark III Experiment gezeigt [272], eignen sich ebenfalls zur Triggerung, wenn verschiedene Zählerkonfigurationen (zum Beispiel 180° gegenüberliegende Zähler) als Koinzidenzsignale zusammengefasst und der Trigger-Hardware zur Verfügung gestellt werden.

Allgemein finden Plastikszintillatoren häufig Anwendung als eine preisgünstige Wahl für großflächige Detektorabdeckungen, und zwar sowohl in Beschleunigerexperimenten als auch in Höhenstrahl- oder Neutrinoexperimenten.

13.5.2 Szintillationsdetektoren zur Energiemessung von Photonen

Anorganische Kristallszintillatoren werden häufig zur Energiemessung von elektromagnetischer Strahlung eingesetzt, ausgelöst durch Gammaquanten oder Elektronen/-Positronen, welche bei hohen Energien elektromagnetische Schauer auslösen (siehe Abschnitt 15.2). Der Anwendungsbereich überstreicht Energien ab etwa 10 keV in kernphysikalischen Anwendungen bis zu mehr als 100 GeV an Hochenergiebeschleunigern. Bei niedrigen Energien innerhalb dieses Bereichs spielen hauptsächlich Photoeffekt (Abschnitt 3.5.3) und Compton-Streuung (Abschnitt 3.5.4) für die Photonabsorption eine Rolle, sowie oberhalb von 1 MeV auch Paarbildung (Abschnitt 3.5.5), die bei Energien weit oberhalb von 1 MeV dominant ist, sodass andere Prozesse vernachlässigt werden können. In diesem Abschnitt konzentrieren wir uns zunächst hauptsächlich auf Photonen im 100 keV- bis MeV-Bereich. Die Energiemessung elektromagnetischer Schauer mit Kristallkalorimetern wird in den Abschnitten 13.5.2.3 und 15.5 beschrieben.

13.5.2.1 Gammaspektroskopie mit anorganischen Kristallen

Das Energiespektrum, das man im Detektor misst, hängt außer von der Gammaenergie auch von der Geometrie und der Größe des Kristalls ab und davon, ob aus dem Kristall entweichende Energie verloren geht oder von benachbarten Kristalldetektoren gemessen wird.

Bei einem isolierten Kristalldetektor, dessen Abmessungen klein gegenüber der Photonabsorptionslänge sind, können die folgenden Prozesse auftreten (Abb. 13.20):

- Das Photon wird durch Photoeffekt absorbiert und emittiert ein Elektron der Atomhülle (in der Regel aus der K-Schale), welches die um seine Bindungsenergie verminderte Energie $E_e = E_\gamma - E_B$ erhält. Das erzeugte Elektron ionisiert den Szintillationskristall, der dadurch zur Erzeugung von Szintillationslicht angeregt wird. Falls das Elektron im Detektor verbleibt und auch die Bindungsenergie zum Signal beiträgt (zum Beispiel durch Absorption des Übergangsquants in der Regel von der L- auf die K-Schale) oder vernachlässigbar ist, so erzeugt dieser Prozess im gemessenen Energiespektrum den sogenannten 'Photopeak' .
- Wechselwirkt das Photon stattdessen durch Compton-Effekt und das gestreute Photon verlässt den Kristall ohne weitere Wechselwirkung, so wird die gemäß Compton-Kinematik (Gleichung (3.129) in Abschnitt 3.5.4) auf das Elektron übertragene Energie im Detektor gemessen, die immer kleiner ist als die Energie des Photopeaks und für Photonrückstreuung ($\theta = 180°$) maximal wird. Es bildet sich das so genannte 'Compton-Kontinuum' mit der scharfen 'Compton-Kante' im gemessenen Spektrum aus.
- Bei Energien oberhalb von 1 MeV ist auch Paarbildung mit weiter folgenden Prozessen möglich. Ein häufig vorkommender Fall ist die Paarbildung mit anschließender Annihilation des Positrons mit einem Kristallelektron, ein System, welches eine Gesamtenergie von etwa $E = 2m_ec^2$ besitzt, da die kinetischen Energien der Partner

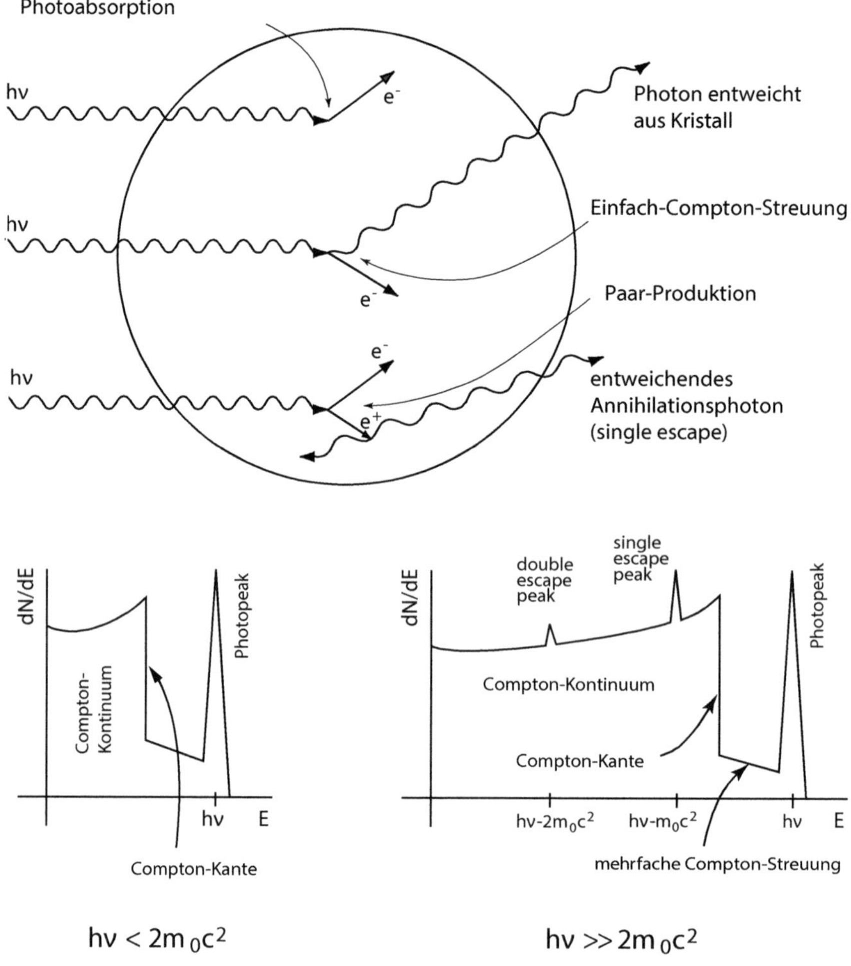

Abb. 13.20 Zusammenhang von gemessenen Photonspektren mit Photonabsorptionsprozessen in einem anorganischen Szintillationskristall als Detektor (nach [655]). Erläuterungen im Text.

demgegenüber vernachlässigt werden können. Die Annihilation erfolgt in zwei Photonen, von denen eines oder sogar beide aus dem Detektor entweichen können. Dies erzeugt jeweils Peaks im Spektrum bei der Photopeak-Energie, abzüglich der einfachen $(h\nu - m_e c^2)$ beziehungsweise zweifachen $(h\nu - 2m_e c^2)$ Elektronmasse (*single* beziehungsweise *double escape peak*, siehe Abb. 13.20).

Falls der Szintillationskristall groß genug ist, sodass sämtliche Endprodukte (Elektronen, Positronen und Photonen) letztlich vollständig in dem Detektorkristall absorbiert werden und Szintillationslicht proportional zu der Energie des einlaufenden Photons entsteht, so misst man immer die Gesamtenergie als Peak (*full energy peak*), der nur von der Auflösung verschmiert wird. In der Praxis treten die erwähnten Peaks und die Compton-Kante zusammen mit weiteren Prozessen auf, die sich im Energiespektrum wi-

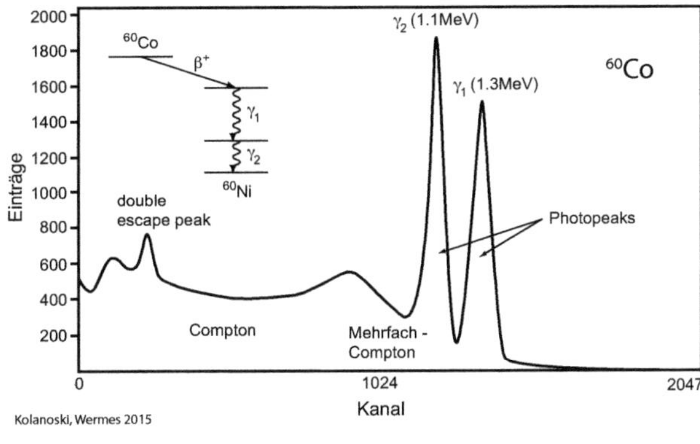

(a) ^{60}Co-Spektrum

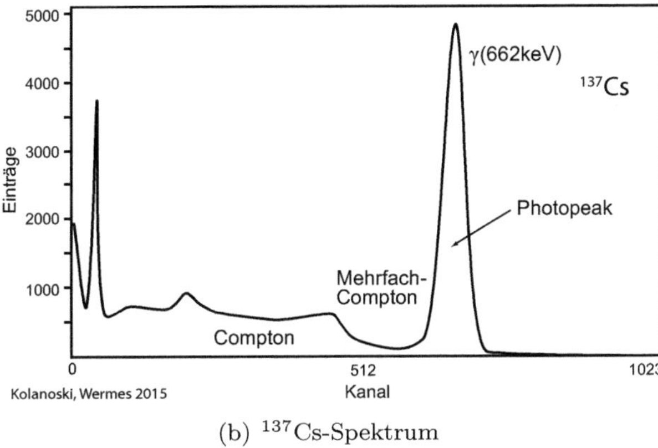

(b) ^{137}Cs-Spektrum

Abb. 13.21 Spektren zweier verschiedener radioaktiver γ-Quellen (^{60}Co, 1.1 MeV und 1.3 MeV; ^{137}Cs, 662 keV), gemessen mit einem CsI (Tl)-Detektor ($1\times1\times1\,\text{cm}^3$). Die Abszissenachsen sind null-unterdrückt und um den Faktor 2 unterschiedlich (gezeichnet nach [683].

derspiegeln: Mehrfach-Compton-Prozesse erzeugen ein Kontinuum im Energiespektrum zwischen Compton-Kante und Photopeak. Weitere Energieverluste der Ursprungsenergie treten auf, wenn einzelne Photonen oder Elektronen aus dem Kristall entweichen (*escapes*). Rückstreuungen an den Wänden des Kristallgehäuses reflektieren außerdem Photonen in den Kristall zurück.

Abbildung 13.21 zeigt mit einem $1\times1\times1\,\text{cm}^3$ großen CsI (Tl)-Kristall gemessene Spektren von γ-Quanten aus zwei verschiedenen radioaktiven Quellen. In Abb. 13.21(a) werden die beiden Photonen aus dem ^{60}Co-Zerfall (1.3 MeV bzw. 1.1 MeV) in einem Szintillationskristall (CsI) nachgewiesen. In Abb. 13.21(b) ist das Spektrum des ^{137}Cs-Zerfalls ($E_\gamma = 662$ keV) zu sehen. Die Spektren sind mit derselben Apparatur aufgenommen und sind daher direkt vergleichbar. Die Abszissen sind um einen Faktor zwei unterschiedlich.

In Abb. 13.22 sind die Spektren derselben ^{60}Co-Quelle, gemessen mit drei verschiedenen Szintillationskristallen, ausgelesen mit einem Photovervielfacher und identischer Auslesekette, direkt miteinander verglichen. Die Wahrscheinlichkeiten für Photoeffekt ($\propto Z^5$) im Vergleich zu Compton-Effekt ($\propto Z$) und Paarbildung ($\propto Z^2$) sind abhängig von der Ordnungszahl (siehe Abschnitt 3.5). Die Lichtausbeuten für die drei Szintillationsmaterialien sind voneinander verschieden. Bismutgermanat ($Bi_4Ge_3O_{12}$), genannt BGO ($Z_{\text{eff}} = 62.5$, besitzt im Vergleich zu CsI ($Z_{\text{eff}} = 54$) geringere Lichtausbeute pro

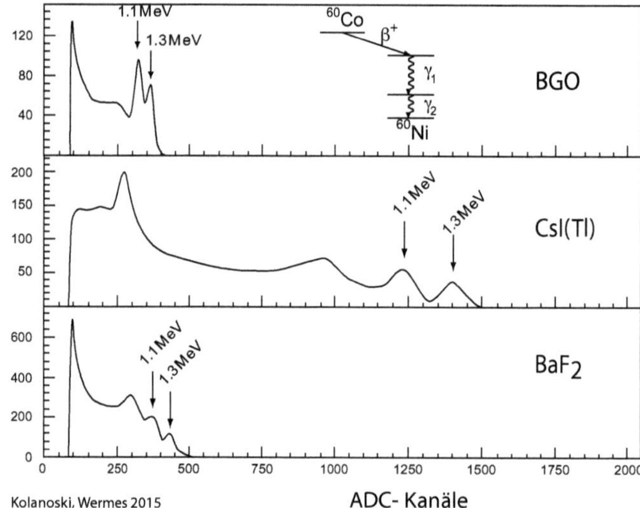

Abb. 13.22 ^{60}Co-Spektren, aufgenommen mit verschiedenen Szintillationskristallen in derselben Messapparatur [683]. Die Histogrammdaten wurden geglättet. Die beiden Peaks aus den γ-Übergängen des ^{60}Ni bei 1.1 MeV und 1.3 MeV sind markiert. Gezeigt ist die gemessene Lichtintensität. Beachte, dass Lichtausbeute und Z_{eff} für die drei Materialien verschieden sind (siehe Erläuterungen dazu im Text).

MeV deponierter Energie und wegen des hohen Z-Wertes ein großes Photo- zu Compton-Verhältnis. Das wegen seiner schnellen Komponente für manche Anwendungen interessante BaF_2 ($Z_{\text{eff}} = 45.8$) besitzt eine geringe Lichtausbeute und hat ein geringeres Z im Vergleich zu BGO und CsI.

13.5.2.2 Energieauflösung von Kristallszintillatoren

Betrachtungen zur Energieauflösung von total absorbierenden Detektoren werden ausführlich im Kapitel 15 über Kalorimeter behandelt, in Abschnitt 15.4.3 sowie speziell in Abschnitt 15.5.5 zu elektromagnetischen Kalorimetern, zu denen auch die Kristallkalorimeter gehören. Wie gehen daher hier nur kurz auf einige Aspekte ein, die spezifisch für Szintillationskristalle sind.

Die Erzeugung von Szintillationsphotonen unterliegt statistischen Fluktuationen. Wenn keine anderen Rauschquellen dominieren, so hängt die Energieauflösung dominant von der Anzahl der erzeugten Szintillationsphotonen ab, und wegen $N_\gamma \propto E$ ergibt sich ein Verhalten gemäß

$$\frac{\sigma_E}{E} \propto \frac{1}{\sqrt{N_\gamma}} \propto \frac{1}{\sqrt{E}} \,. \tag{13.19}$$

Daher findet man für Detektoren, die auf der Erzeugung von statistisch fluktuierenden Anzahlen von Quanten beruhen, Parametrisierungen der Energieauflösung in der Form (siehe auch Gleichung (15.33)):

$$\frac{\sigma_E}{E} = \frac{a}{\sqrt{E}} \oplus \frac{b}{E} \oplus c \,. \tag{13.20}$$

Der stochastische Term $a/\sqrt{E}$ beschreibt die Fluktuationen in der Zahl der primären Quanten, der zweite Term b/E parametrisiert den energieunabhängigen Rauschbeitrag der Elektronik, der zur relativen Energieauflösung daher proportional $1/E$ beiträgt, und

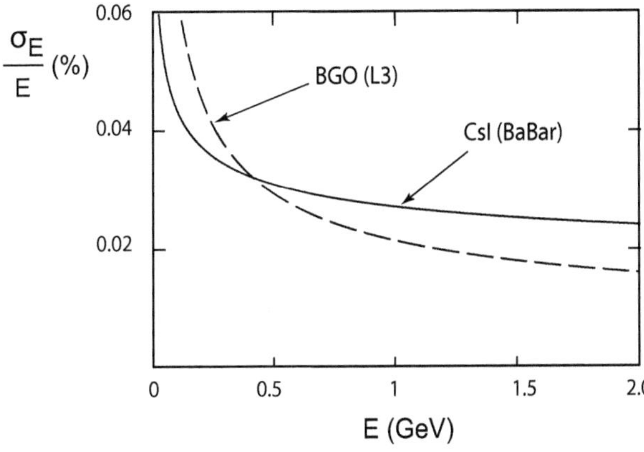

Abb. 13.23 Energieauflösung als Funktion der Photonenergie für die in (13.22) angegebenen Energieauflösungen für BGO und CsI(Tl).

der konstante Term c beschreibt den Beitrag weiterer Einflüsse auf die Energiemessung wie zum Beispiel Kalibrationsfehler oder nicht-homogenes Antwortverhalten.

Für Szintillationskristalle mit großer Lichtausbeute, wie zum Beispiel NaI (Tl) oder CsI (Tl) mit etwa 40 000 – 60 000 Photonen pro MeV deponierter Energie, ist die Unsicherheit durch statistische Schwankungen der Photonenzahl in der Regel klein im Vergleich zu systematischen Effekten und zum Rauschen der Elektronik. Für sie findet man daher meist eine Parametrisierung, die schwächer mit der Eingangsenergie abfällt und die systematischen Messfehlerbeiträge der Kalibrierung und Elektronik zum Teil einschließt:

$$\frac{\sigma_E}{E} \propto \frac{a}{E^{1/4}} . \tag{13.21}$$

Als Beispiele seien BGO mit etwa 8200 Photonen pro MeV und CsI (Tl) mit etwa 64 000 Szintillationsphotonen pro MeV (siehe Tab. 13.3) miteinander verglichen. Die in Kristallkalorimetern in Experimenten erzielten Energieauflösungen für Photonen im Bereich von >10 MeV bis >GeV sind [1056]:

$$\begin{aligned} \text{BGO:} \quad & \frac{\sigma_E}{E} = \frac{2\%}{\sqrt{E/\text{GeV}}} \oplus 0.7\% \qquad (\text{L3}) \\ \text{CsI (Tl):} \quad & \frac{\sigma_E}{E} = \frac{2.3\%}{(E/\text{GeV})^{1/4}} \oplus 1.4\% \qquad (\text{BaBar}) \end{aligned} \tag{13.22}$$

Beide wurden mit Photodioden ausgelesen. Der Verlauf dieser Energieauflösungen ist in Abb. 13.23 gezeigt. Die Auflösung wird bei niedrigen Energien von den Quantenfluktuationen (1. Term) bestimmt, während bei hohen Energien der konstante Term dominiert.

13.5.2.3 Kristalldetektoren für Viel-Photon-Endzustände

Anorganische Kristalle hinreichender Tiefe sind zur Messung der totalen Energie von Photonen geeignet, wenn diese vollständig darin absorbiert werden. Anhängig von der Energie des absorbierten Photons im keV–MeV-Bereich erfolgt die Absorption durch wenige sukzessive Wechselwirkungsprozesse (Photoeffekt, Compton-Streuung, Paarbildung), wie in Abschnitt 13.5.2.1 diskutiert. Bei höheren Energien ($\gg$ MeV) führt eine Abfolge von Paarbildungs- und Bremsstrahlungsprozessen zur Ausbildung eines elektromagnetischen Schauers (siehe Abschnitt 15.2.1). Beispiele von Kristallkalorimetern in Collider-Experimenten sind in Abschnitt 15.5 beschrieben. Experimentaufbauten, deren Hauptkomponente aus Szintillationskristallen aufgebaut ist, sind zum Beispiel der Crystal-Ball-Detektor (NaI(Tl)-Kristalle) [568, 228], der Crystal-Barrel-Detektor (CsI (Tl)-Kristalle) [62] oder das BaF_2-Kalorimeter TAPS [794]. Wir beschreiben hier den Crystal-Ball-Detektor, mit dem ab 1978 zunächst Charmonium ($c\bar{c}$-Bindungszustände) am Speicherring SPEAR in Stanford und ab 1982 Bottomonium ($b\bar{b}$-Bindungszustände) am Speicherring DORIS in Hamburg (siehe Tab. 2.2) untersucht wurde. Später wurde er zu spektroskopischen Untersuchungen in Synchrotron-Experimenten am Brookhaven National Laboratory und in Mainz eingesetzt.

Im Crystal-Ball-Detektor wird durch eine kugelförmige, luftdicht verpackte Anordnung von 672 NaI(Tl)-Kristallen (Abb. 13.24(a)) eine Kristallkugel geformt, die zusammen mit speziellen Kristallen in den Strahlrohrbereichen des Colliders innerhalb 98% des Raumwinkels Photonen nachweisen. Eine typische Energieschwelle liegt bei etwa 20 MeV, um Untergrund von den Strahlen zu unterdrücken. Die Tiefe der Kristalle beträgt 16 X_0. Die im Experiment gemessene Auflösung ist $\sigma_E/E = 2.8\% \ (E/\mathrm{GeV})^{-1/4}$ [802]. Der Detektor besaß 1978 herum, als der Betrieb mit dem Detektor begann, eine um Größenordnungen bessere Energieauflösung für elektromagnetisch wechselwirkende Teilchen als vergleichbare Speicherring-Detektoren dieser Zeit. Daher war er ein ausgezeichnetes Instrument zum Nachweis von Endzuständen, die aus mehreren Photonen bestehen, wie dies häufig in Zerfällen von schweren Quark-Antiquark-Zuständen (Charmonium, Bottomonium) der Fall ist. So konnten insbesondere das $c\bar{c}$-Charmonium-Spektrum und seine Übergänge mit dem Crystal-Ball-Detektor sehr gut vermessen werden. Die gute Auflösung des Detektors erlaubt sowohl die Erkennung von Teilchen, die in Photonen zerfallen wie $\pi^0/\eta \to \gamma\gamma$, als auch die Identifizierung von Photonen aus den Charmoniumübergängen. Abbildung 13.24(b) zeigt das inklusive Photonspektrum, gemessen bei einer Schwerpunktsenergie von 3.686 GeV, die der Masse des ψ' ($c\bar{c}$-Zustand mit der spektroskopischen Notation 2^3S_1) entspricht. Das Spektrum lässt die verschiedenen Übergänge zwischen den Charmoniumenergieniveaus, die zu verschiedenen Drehimpulsanregungen gehören, erkennen.

In den 1980er Jahren war die Entwicklung von CsI (Tl)-Kristallen so weit fortgeschritten, dass sie die Stellung der NaI (Tl)-Kristalle in Detektoren übernehmen konnten. Der Crystal-Barrel-Detektor [62] am LEAR-Speicherring des CERN und später am ELSA-Beschleuniger in Bonn ist ein Beispiel. Diese Kristalle (wie auch BGO und andere) haben den großen Vorteil, deutlich weniger hygroskopisch als NaI (Tl) zu sein und kleinere Strahlungslängen und Molière-Radien zu besitzen (vergleiche Tab. 13.3).

Experimente, die bei noch höheren Energien betrieben wurden, zum Beispiel bei LEP (Tab. 2.2), mit entsprechend höheren mittleren Photonenergien, wurden Kristalle mit größerer Dichte bevorzugt, wie z.B. BGO im L3-Detektor [46] oder Bleiglas bei OPAL [58]. Bei noch höheren Energien (LHC) wird die Rolle des Lichtoutputs für die Kristallwahl weniger bedeutend. Stattdessen sind Absorptionstiefe (hohe Dichte, hohes Z)

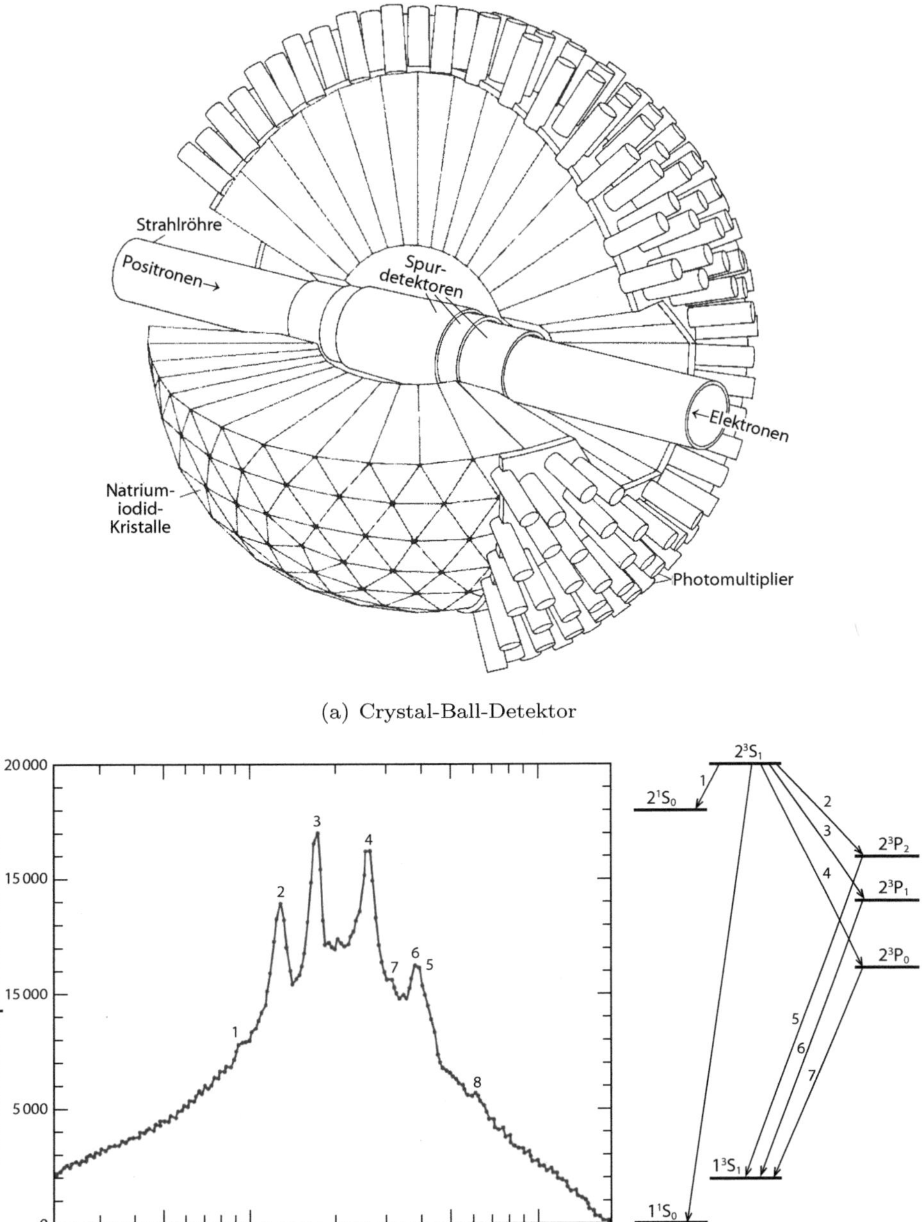

Abb. 13.24 (a) Anordnung von 672 NaI(Tl)-Kristallen im Crystal-Ball-Experiment (Durchmesser 132 cm) zum Nachweis von Endzuständen mit Photonen; (b) gemessenes Photonspektrum, bei dem die γ-Übergänge des Charmoniumsystems deutlich sichtbar sind. Nach [227, 228], mit freundl. Genehmigung des SLAC National Accelerator Laboratory.

und Strahlentoleranz die wichtigsten Kriterien. Dies führte unter anderem zu der speziellen Entwicklung von $PbWO_4$-Kristallen (Tab. 13.3), die in CMS [310] und ALICE [9] zum Einsatz kamen und von LYSO-Kristallen für Detektor-Upgrades. Siehe auch Abschnitt 15.5.2.

Szintillierende Kristalle, meist in *Arrays* angeordnet, werden auch in der medizinischen Diagnostik zum Nachweis von Gammastrahlung eingesetzt. Bekannte Anwendungen sind zum einen *Positron-Emission-Tomography* PET zum Nachweis zweier entgegengesetzt auseinanderfliegender Photonen der Energie von 511 keV, die aus der Annihilation eines Positrons aus einem β^+-Strahler mit einem Elektron stammen (siehe dazu Abschnitt 2.4 auf Seite 24). Zum anderen werden *Gamma-Kameras* (auch Anger-Kamera genannt) eingesetzt, um die Verteilung von γ-Strahlung emittierenden, in Patienten injizierten Radionukliden darzustellen und auf pathologische Veränderungen zu untersuchen.

13.6 Szintillierende Fasern

In feine Fasern gezogene und dann in mehrfachen zylindrischen Lagen gebündelte Szintillatoren finden in Experimenten der Teilchenphysik als Spurdetektoren und auch zur Auslese von Kalorimetern Verwendung (siehe Abschnitt 15.5.3.1). Als Spurdetektoren sind sie eine Alternative zu Gas- oder Halbleiterdetektoren, wenn ihre Hauptstärke, der einfache und robuste Aufbau, von großer Wichtigkeit ist. Szintillierende Fasern können prinzipiell Durchmesser von deutlich weniger als 100 µm haben. In Spurdetektoren liegen typische Durchmesser allerdings zwischen 250 µm und 1 mm, da ein Kompromiss zwischen Ortauflösung und Lichtausbeute gefunden werden muss. Weitere Leistungsmerkmale sind: Ortsauflösung (typisch 80–200 µm), Materialdicke (typisch sind 10–15 Lagen von 250 µm dicken Fasern mit 0.06 % X_0 pro Faser) und relativ gute, jedoch begrenzte Strahlentoleranz. Die Spurauflösung kann durch Mehrfachlagen und räumlichen Versatz der Fasern gegeneinander gesteigert werden, auf Kosten eines vergrößerten Materialbudgets. Eine detaillierte Abhandlung szintillierender Fasern (SciFi) und ihrer Eigenschaften ist zum Beispiel in [888] oder [619] zu finden.

13.6.1 Fasermaterialien und -eigenschaften

Als Materialien kommen szintillierende Gläser und Plastikszintillatoren, sowie mit Flüssigszintillator gefüllte Kapillaren in Frage. Typische Faserabmessungen sind in Abb. 13.25 dargestellt. Häufig wird eine szintillierende Faser an eine Transmissionsfaser zur Weiterleitung des Lichtes bis zum Photosensor verwendet. Die physikalisch-technischen Herausforderungen bei der Verwendung szintillierender Fasern als Detektoren sind die folgenden:

- Bei senkrechtem Durchtritt eines Teilchens durch eine Faser muss genügend Licht erzeugt werden, das durch Totalreflexion in der Faser verbleibt und am Ende der Faser nachgewiesen werden kann.
- Die Selbstabsorption des Lichtes in der Faser muss gering sein, sodass Transmissionslängen in der Größenordnung mehrerer Meter erreicht werden.
- Die Erzeugung des nachzuweisenden Szintillationslichts sollte möglichst nahe am Ort der Energiedeposition (dE/dx) durch das Teilchen erfolgen und nicht delokalisiert werden (die Wahl des Szintillatorfarbstoffs ist hier wichtig, siehe auch Seite 591 in Abschnitt 13.2.2.2).
- Die optische Transmission zwischen benachbarten Fasern muss verschwindend gering sein.
- Die optische Ankopplung von der szintillierenden Faser in eine sich gegebenenfalls anschließende optische Transmissionsfaser muss ohne substanzielle Lichtverluste realisiert werden.
- Die Faserdicke muss hinsichtlich Ortsauflösung (kleiner Durchmesser) und Lichtausbeute (großer Durchmesser, mehr Photonen, weniger Reflexionen auf dem Lichtweg) optimiert werden.
- Am Ende der Faser müssen die Photonen mit hoher Quantenausbeute (und gegebenenfalls mit hoher Rate) nachgewiesen werden.
- Die Position der Fasern im Spurdetektor muss genau bekannt sein, typisch sind $\mathcal{O}(50\,\mu\text{m})$ [619].

Viele organische Szintillationsmaterialien haben mehrere Farbstoffzusätze als Wellenlängenschieber (ternäre oder quaternäre Systeme, siehe Seite 587 in Abschnitt 13.2.2.2). Die Übertragungslänge zwischen Emission und Reabsorption vom ersten auf den zweiten Farbstoff liegt typisch in der Größenordnung von 200 µm. Während dies bei großvolumigen Szintillatoren ohne gute Ortsauflösung kein Problem darstellt, führt es bei szintillierenden Fasern zu dem so genannten 'Nicht-Lokalitäts'-Problem: Das Szintillationslicht kann in benachbarte Fasern übersprechen, was die Ortsauflösung und die Nachweiseffizienz verringert. Geeignete Verbindungen wurden gefunden, die dieses Problem nicht aufweisen. Im Wesentlichen muss man auf den zweiten Farbstoffzusatz verzichten, mit dem der Energietransfer von einem Farbstoff auf den nächsten mit großer Stokes-Verschiebung verbunden ist (siehe Abb. 13.5), aber auch große Transferlängen aufweist. Stattdessen wird das Licht des ersten Farbstoffs verwendet, auf den mit schnellen Förster-Übergängen und daher sehr kurzen Transferlängen transferiert wird (siehe Seite 587 in Abschnitt 13.2.2.2). Als Nachteil erhält man eine kleinere Stokes-Verschiebung, wodurch die Lichtabschwächungslänge, d.h. die Transparenz, reduziert wird. Ein geläufiges Beispiel für einen derartigen Erstfarbstoff ist PMP (1-Phenyl-3-Mesityl-2-Pyrazolin), das erfolgreich auch in Fasern mit sehr kleinen Durchmessern ($< 50\,\mu\text{m}$) verwendet wird [888].

Fasern aus organischem Szintillatormaterial sind hinsichtlich Signalanstiegszeit (aufgrund der Fluoreszenzzeitkonstanten), Materialdicke und Ausbeute anorganischen szintillierenden Glasfasern vorzuziehen. Plastikszintillatorfasern sind einfacher zu produzieren

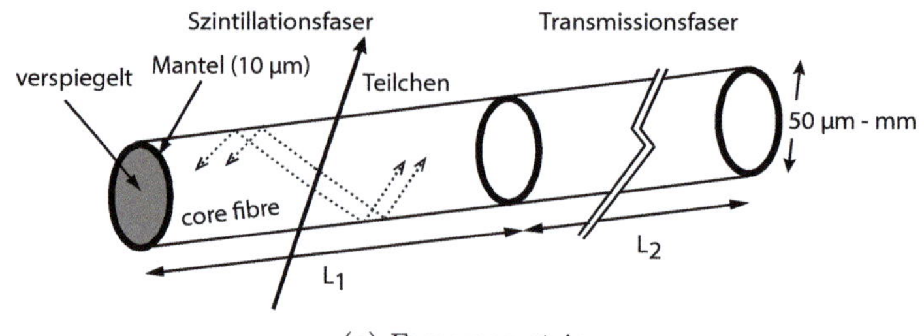

(a) Fasergeometrie.

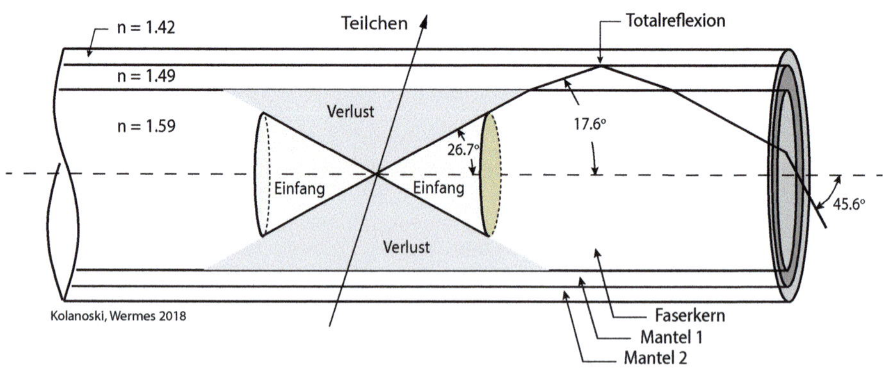

(b) Lichteinfang.

Abb. 13.25 (a) Aufbau einer szintillierenden Faser mit Anschlussfaser (Transmissionsfaser); typische Abmessungen sind angegeben. (b) Illustration des eingefangenen Lichtbruchteils für eine typischen Faser mit zwei Ummantelungslagen.

und robuster als mit organischem Flüssigszintillator gefüllte Kapillaren. Letztere können allerdings eine höhere Lichtausbeute und bessere Strahlentoleranz aufweisen, weil die szintillierende Flüssigkeit nach Alterung ausgetauscht werden kann (siehe z.B. [104]).

Abbildung 13.25(b) zeigt den Aufbau einer Faser. Wenn Spuren die Faser durchkreuzen, propagiert Licht mittels Totalreflexion entlang der Faser, wenn der Einfallswinkel zur Normalen auf die Faseroberfläche den Grenzwinkel, definiert durch

$$\sin\theta_{\text{grenz}} = \frac{n_{\text{Mantel}}}{n_{\text{Kern}}} \tag{13.23}$$

überschreitet. Dies ergibt einen Akzeptanzkegel für Licht, das in der Faser durch Totalreflexion gehalten wird, mit dem Einfangsbruchteil:

$$f_{\text{akz}} = \frac{1}{4\pi}\int_{0^\circ}^{90^\circ-\theta_{\text{grenz}}} 2\pi\sin\theta\, d\theta = \frac{1}{2}\left(1 - \frac{n_{\text{Mantel}}}{n_{\text{Kern}}}\right), \tag{13.24}$$

wie in Abb. 13.25(b) dargestellt. Optimale Ausbeute für Totalreflexion würde im Prinzip für den Fall eines Faser–Luft-Übergangs erzielt mit ($n_{\text{Luft}} = 1$). Jedoch bewirken Bruchstellen oder Oberflächenschäden oder die Berührung einer Faser mit Nachbarfasern, Halterungsoberflächen oder Klebstoff große Ausbeutenverluste, sodass eine Ummantelung der Faser notwendig ist [888]. Die Ummantelung sollte einen Brechungsindex so niedrig wie möglich besitzen.

Eine typische szintillierende Faser besteht aus dem Basismaterial (z.B. Polystyrol, PS) versehen mit PMP-Farbstoff, der im Violetten (430 nm) mit kurzer Zerfallszeit (< 1 ns) emittiert. Der Brechungsindex ist $n = 1.59$. Für die Ummantelung wird häufig PMMA (Polymethylakrylat, $n = 1.49$) verwendet. Die Ausbeute verbessert sich durch Doppel-Ummantelung, wobei die äußere Lage (Mantel 2) einen noch kleineren Brechungsindex hat als die innere, zum Beispiel Fluorakrylat-Polymer ($n = 1.42$) [619]. Die PMMA-Lage dient dann auch als mechanisches Interface, mit dem die Oberflächen der inneren Lage oder weiterer äußerer Oberflächen gut verbunden werden können (z.B. durch Klebung). Bei Einfachummantelung und runden Fasern mit $n_{\text{Mantel}\,1} = 1.49$ und $n_{\text{Kern}} = 1.59$, beträgt der eingefangene Lichtanteil 3.1%. Eine zweite Ummantelung mit $n_{\text{Mantel}\,2} = 1.42$ hat einen flacheren Akzeptanzwinkel, sodass der eingefangene Bruchteil auf 5.3% steigt [619]. Das heißt, dass die erzielbare Akzeptanz vom Verhältnis der Brechungsindizes von Kernfaser und äußerer Ummantelung abhängt.

Die Lichtausbeute wird entlang der Faser geringer gemäß einem Exponentialgesetz $I(x) = I_0 \exp(-x/\Lambda_{\text{att}})$. Die Abschwächungslänge, Λ_{att}, hat wellenlängenabhängige Beiträge unterschiedlichen Ursprungs wie Rayleigh-Streuung, Absorption durch Farbstoffe, sowie durch Strahlenschäden erzeugte Effekte, die zusätzliche Streu- und Absorptionszentren in der Plastikbasis erzeugen. Bestrahlung verringert auch die Menge an szintillierenden Farbstoffzentren. Eine Milderung der Folgen der Strahlenschädigung kann durch Zugabe strahlenrobuster Farbstoffe mit großer Stokes-Verschiebung und guter Quantenausbeute in einem Plastikszintillator mit guter optischer Qualität erzielt werden (typisch Polystyrol). Die Lichtabschwächung ist im Allgemeinen stärker für kürzere Wellenlängen (blau, UV). Das Emissionsspektrum wird daher mit der Zeit und Bestrahlungsdauer zu größeren Wellenlängen hin verschoben und die Auswahl des Photosensors muss darauf angepasst werden. Typische erzielte Werte sind $\Lambda_{\text{att}} = 3\text{–}5$ m.

Die mittlere Zahl der im Ausleseelement nachgewiesenen Photelektronen ist durch Gleichung (13.5) auf Seite 594 gegeben, die durch folgenden Ausdruck genähert werden kann:

$$\langle N_{pe} \rangle \approx \langle S \rangle \langle T \rangle \langle Q \rangle \, \Delta\lambda \tag{13.25}$$

wobei die Quellstärke S (Zahl der produzierten Fluoreszenzphotonen pro Wellenlänge), Lichttransfer- und Sammelausbeute T, sowie die Quantenausbeute des Photodetektors Q über das Emissionsintervall $\Delta\lambda$ gemittelt werden. Abbildung 13.26(a) zeigt die spektrale Abhängigkeit der Fluoreszenzabstrahlung, die Transmission, sowie eine typische Quanteneffizienz. In Abb. 13.26(b) ist die Abschwächungslänge als Funktion der Wellenlänge für eine typische Faser dargestellt.

Für eine numerische Abschätzung [888] nehmen wir eine typische Faser aus Polystyrol mit 830 µm Gesamtdurchmesser d an und einer Ummantelungsdicke von 30 µm. Der Faserkern hat 770 µm Durchmesser. Ein Teilchen passiert im Mittel eine Faserkernstrecke $\Delta x = \pi/4 \cdot d = 605$ µm bei senkrechtem Durchgang und deponiert im Mittel $\langle dE/dx \rangle = 2$ MeV/cm, das heißt 120 keV auf der Strecke durch den Faserkern. Für eine Anregung in Polystyrol werden 4.8 eV Energie benötigt, die Ausbeute an Fluoreszenzlicht bei der Abregung beträgt etwa 4%. Damit werden etwa 10^3 Photonen mit einer Peak-

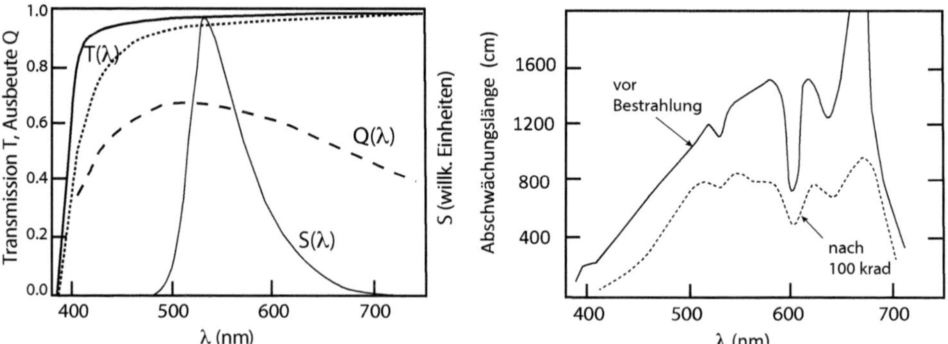

(a) Quellstärke S, Transmission T und Quantenausbeute Q (nach [888])

(b) Abschwächungslänge (nach [888])

Abb. 13.26 (a) Darstellung typischer spektraler Verhältnisse in szintillierenden Fasern (zum Beispiel Polystyrol mit PTP und 3HF): Fluoreszenzspektrum mit Quellstärke S (dünne durchgezogene Linie, willkürlichen Einheiten), Transmissionskurve T vor (dicke durchgezogene Linie) und nach (gepunktete Linie) Strahlenschädigung, typische Quantenausbeute Q eines Photondetektors (gestrichelte Linie). (b) Abschwächungslänge (Beispiel) als Funktion der Wellenlänge für eine zweifach mantelbeschichtete Faser vor (durchgezogene Linie) und nach Bestrahlung mit 100 krad ^{60}Co (gezeichnet nach Angaben in [888]).

wellenlänge von etwa 530 nm gemäß einem Spektrum wie in Abb. 13.26(a) emittiert. Die gemittelte Gesamttransfereffizienz $\langle T_{tot} \rangle$ kann wie folgt abgeschätzt werden, wenn man eine Anordnung mit einer szintillierenden Faser der Länge L_1 und einer optischen Anschlussfaser der Länge L_2 (siehe Abb. 13.25) zugrunde legt:

$$\langle T_{tot} \rangle (x_0) = \frac{\Delta\Omega}{4\pi} \left[A_1(x_0) + R\, A_{1R}\, (2L_1 - x_0) \right] T_1\, A_2(L_2)\, T_2\,, \tag{13.26}$$

wobei mit x_0 der Ort der Ionisation bezeichnet wird. $T_{1,2}$ sind die jeweiligen Transmissionen der szintillierenden beziehungsweise optischen Faser, R repräsentiert den Reflexionsanteil, wenn man eine einseitige Verspiegelung nur der szintiliierenden Faser annimmt, und $A_{1,2}(x_0)$ beschreibt die Wahrscheinlichkeit für Nicht-Absorption in den Fasern. Mit den folgenden typischen Werten [888]:

$$\begin{aligned}
&L_1 = 3\,\text{m} && L_2 = 8\text{m}\\
&A_1\,(x = 3\text{m}) = A_{1R}\,(2L_1 - x = 3\text{m}) = 0.55 && A_2(5\text{m}) = 0.45\\
&R = 0.9 && T_1 = T_2 = 0.9\\
&\Delta\Omega/4\pi = 0.05 &&
\end{aligned}$$

erhalten wir $\langle T_{tot} \rangle = 1.5\%$ bei einer Quantenausbeute von 70% für den Photosensor (Silizium-Photodiode oder APD, siehe Tab. 10.2). Damit erhalten wir $N_{pe} \approx 10$ für 1000 erzeugte Primärphotonen. Diese Größenordnung macht klar, dass die Minimierung der verschiedenen Verlustbeiträge sehr wichtig ist.

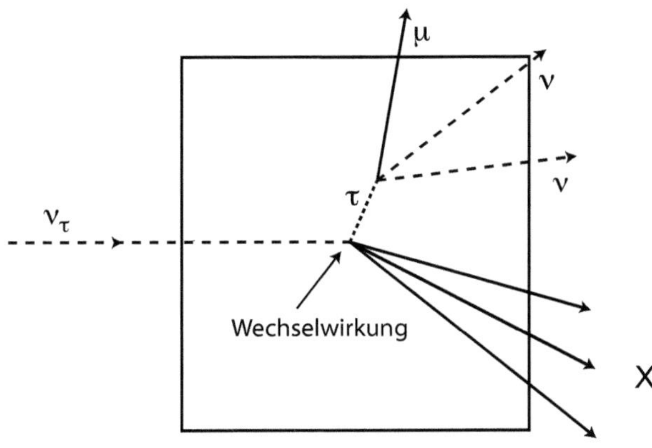

Abb. 13.27 Reaktion beim ν_τ-Nachweis über den τ-Reaktions- und -Zerfallsvertex. Hier ist der Zerfall $\tau \to \mu\nu\nu$ angenommen.

13.6.2 SciFi-Detektoren

In Experimenten der Teilchenphysik finden szintillierende Fasern als Spurdetektoren sowohl in Fixed-Target-Experimenten unmittelbar hinter dem Target, als auch in Collider-Experimenten als Spurdetektoren (*tracker*) Verwendung. Ferner werden sie zur Auslese von Sampling-Kalorimetern eingesetzt (siehe z.B. Abbildungen 15.27(e) und 15.29(b) in Kapitel 15).

SciFi-Detektoren in Fixed-Target-Experimenten Mit sehr dünnen szintillierenden Fasern im 10–20 μm Bereich können Ortsauflösungen im Mikrometerbereich erzielt werden, insbesondere wenn die Fasern in mehreren Lagen versetzt und dicht gepackt sind. Derartige Packungen wurden als ortsempfindliche SciFi-Spurdetektoren zunächst in Fixed-Target-Experimenten eingesetzt mit typisch 10^5 bis 10^6 Fasern. Parallel dazu wurden von der Industrie Vielkanal-Photodetektoren wie Multianoden-PMTs, CCD-Kameras oder SiPMs mit individuellen (Pixel)-Zellen als (Einzel)-Photosensoren (siehe Abschnitt 10.5) entwickelt. Beide Entwicklungen zusammen machten den Einsatz von szintillierenden Fasern als Spurdetektoren, insbesondere für ν-Experimente interessant. Der SciFi-Detektor ist dabei in der Regel als Tracker in Strahlrichtung hinter einem 'aktiven' Target aus Kernemulsionen (Abschnitt 6.3.3) positioniert wie zum Beispiel im DONUT-Experiment [661].

Eine Beispielanwendung ist der τ-Neutrino-Nachweis, wobei nach τ-Leptonen in einem von ν_τ getroffenen Target gesucht wird. Wenn dies in einem ν_μ-Neutrinostrahl erfolgt, zeigt die Reaktion, dass eine Umwandlung (Oszillation) eines ν_μ in ein ν_τ während des Fluges stattgefunden hat:

$$\nu_\mu \xrightarrow{osc.} \nu_\tau \qquad\qquad \nu_\tau + N \to \underset{\hookrightarrow \text{ z.B. } \mu\bar{\nu}\nu}{\tau} + X \quad .$$

Das τ-Lepton wird hierbei durch den Nachweis seines Zerfallsvertex identifiziert, dessen Abstand vom Produktionspunkt im Submillimeter- bis Millimeterbereich liegt wie in Abb. 13.27 für den Zerfall $\tau \to \mu\bar{\nu}\nu$ illustriert.

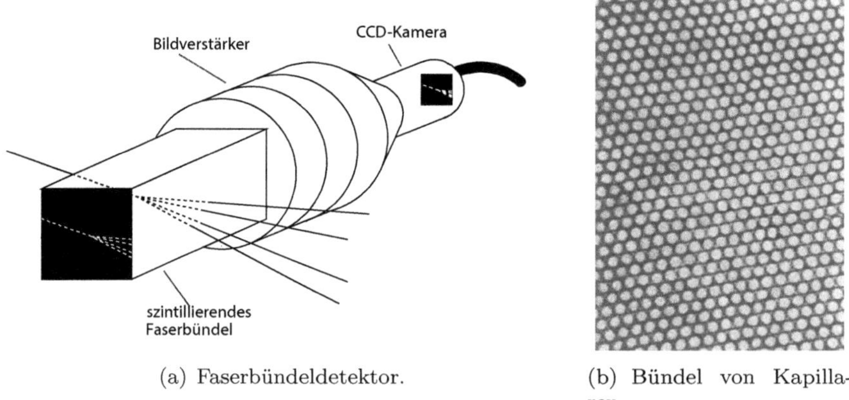

(a) Faserbündeldetektor. (b) Bündel von Kapillaren.

Abb. 13.28 (a) Ein szintillierendes Faserbündel als Spurdetektor (schematisch). Die homogen arrangierten Fasern werden von einem Bildverstärker erfasst (siehe Fußnote 131 auf Seite 632) und von einer Kamera ausgelesen. (b) Kapillarenfaserbündel mit 20 µm Durchmesser und 2 µm Wandstärke, gefüllt mit Flüssigszintillator.

In mehreren experimentellen Suchen, zum Beispiel in CHORUS [402, 104] und DONUT [660], wurden die produzierten geladenen Teilchen des τ-Zerfalls mit Emulsionen und SciFi-Spurdetektoren nahe am Wechselwirkungspunkt nachgewiesen. Von der CHORUS-Kollaboration wurde ebenfalls ein aktives Target aus szintillierenden Fasern mit 20 µm Faserdurchmesser erprobt [888, 103, 104]. Das Prinzip ist in Abb. 13.28 skizziert. Ein Ende der Fasern kann verspiegelt sein. Am anderen Ende liefert das aus den Fasern austretende Licht ein Bild geringer Intensität, welches durch einen Bildverstärker[131] oder ein anderes Kamerasystem verstärkt und ausgelesen wird.

SciFi-Detektoren in Collider-Experimenten Szintillierende Fasern wurden als zylindrische Spurdetektoren in großen Collider-Detektoren eingesetzt, zum Beispiel in den Experimenten UA(2) [462], D0 [270, 14, 948] und L3 [46]. Wegen des Intensitätsverlustes in den langen (typ. mehrere Meter) Fasern muss der der Faserdurchmesser hinreichend groß sein. Typisch sind 250 µm bis 1 mm. Bei der Abwägung von Vor- und Nachteilen im Vergleich zu anderen Spurdetektoren (speziell Halbleiterdetektoren oder gasgefüllte Detektoren mit mikrostrukturierten Elektroden, siehe Abschnitte 8.4.2 und 7.9) muss man die Vorteile

- Flexibilität in Größe und Form (planar, zylindrisch)
- (geringe) Masse ($X_0 = 42.4\,\text{cm} \Rightarrow \varnothing\ 1\,\text{mm Faser} \approx 0.25\%\ X_0$)
- (fast) 100% aktives, gleichmäßig verteiltes Material
- schnelle Signale ($\tau_{dec} \sim \text{ns}$)

[131] Ein Bildverstärker ist eine Elektronenröhre, in der geringer Lichteinfall verschiedener Wellenlängen unterhalb der Sichtbarkeitsschwelle verstärkt wird in sichtbares Licht einer einzelnen, festen Wellenlänge; die Methodik umfasst Photon-zu-Elektron-Konversion gefolgt von Elektronverstärkung in einem hohen Feld mit anschließender Rückkonversion in Photonen. Siehe auch Abschnitt 10.2.3 auf Seite 489.

gegen die weniger vorteilhaften Eigenschaften abwägen:

– nur mittelmäßige Ortsauflösung ($\mathcal{O}$(50–100)µm),
– kleine Signale (wenige Photoelektronen),
– limitierte Strahlentoleranz.

Abbildung 13.29 zeigt den zentralen Faserdetektor (CFT) des D0-Experiments [270] am $p\bar{p}$-Collider Tevatron. Etwa 90 000 Fasern mit Doppelummantelung, zwischen 1.66 m und 2.52 m lang, sind in acht konzentrischen Zylindern, die beidseitig bestückt sind, im Abstand zwischen 20 cm und 52 cm vom Beschleunigerstrahl um den Wechselwirkungspunkt arrangiert. Der Faserdurchmesser beträgt 835 µm. Die erzielte Ortsauflösung liegt in der Größenordnung von 100 µm. Die Fasern werden mit VLPCs [1018] (Visible Light Photon Counters), einer Vorläufervariante von SiPMs (siehe Abschnitt 10.5) ausgelesen. Sie basieren auf 1 mm^2 großen Si-Pixeln, die als Avalanchedioden im linearen Modus (siehe Abb 10.20 auf Seite 494) betrieben werden mit einer typischen Verstärkung von 40 000 und eine Quantenausbeute um 80%. Sogar die Fähigkeit zum Einzelphotonnachweis wird erreicht. Wegen des kleinen Energieabstandes zwischen Verunreinigungsniveaus und Leitungsband im VLPC Siliziummaterial, was hohe Dunkelzählraten nach sich zieht, wurden die VLPCs bei Kryotemperaturen ($T = 9$ K) betrieben. Ausbeuten von 10 Photoelektronen pro Faser und Nachweiswahrscheinlichkeiten für Doppellagentreffer im Bereich von mehr als 99% wurden im Experimentierbetrieb erreicht [948].

Aufgrund ihrer mechanischen Robustheit und vor allem wegen ihrer Unempfindlichkeit gegen elektromagnetische Einstreuung, sind Faserspurdetektoren attraktiv in extremen Vorwärtsbereichen von Collider-Detektoren nahe dem Beschleunigerstrahl. Detektoren werden dort üblicherweise in so-genannten *Roman Pots* untergebracht, spezielle Vakuumbehälter mit mechanischen Bedienungswerkzeugen, um Detektoren sehr nahe am Beschleunigerstrahl zu betreiben. Ein Anwendungsbeispiel ist der präzise Nachweis elastisch gestreuter Protonen am LHC, zum Beispiel für die Bestimmung der Luminosität. Abbildung 13.30 zeigt eine schematische Darstellung sowie ein Foto des Vorwärtsspektrometers ALFA, welches in ATLAS (LHC) unter sehr kleinen Winkeln gestreute Protonen in einem Abstand von 240 m vom Wechselwirkungspunkt mit einer Punktauflösung von etwa 20 µm misst.

Das Experiment LHCb hat den ursprünglichen äußeren Spurdetektor (*Outer Tracker*) 2019 durch szintillierende, 6-lagige Faserebenen mit einer totalen Fläche von 360 m^2 [619] und Faserdurchmessern von 250 µm, ersetzt. Der SciFi-Spurdetektor besitzt eine kleinere Trefferbelegungsdichte (*occupancy*) von Detektoreinheiten und ein schnelleres Antwortverhalten als sein *Outer-Tracker*-Vorgänger aus gasgefüllten Driftröhren (*straw tubes*) und liefert ein kleineres Materialbudget für beide LHCb-*Tracker*einheiten, *Outer* und *Inner* (Si-Mikrostreifendetektoren). Der Detektor wird mit SiPMs (Abschnitt 10.5) ausgelesen. Im inneren Bereich wird der Detektor einer Ionisationsdosis von etwa 35 kGy im Laufe der erwarteten Lebenszeit ausgesetzt. Im äußeren Bereich (>2.4 m), wo sich die SiPMs befinden, ist die Dosis stark abgeklungen ($\propto 1/r^2$), allerdings wird der Detektor dort einer Neutronenfluenz von etwa $6 \times 10^{11}\,\mathrm{n_{eq}/cm^{-2}}$ ausgesetzt. Die Schädigung der

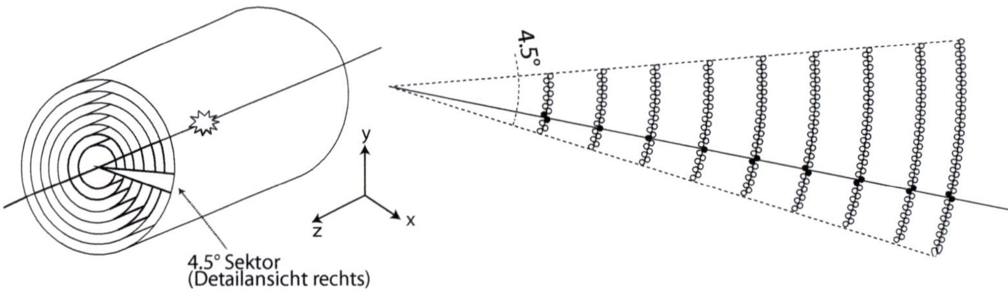

Abb. 13.29 Einsatz szintillierender Fasern als Spurdetektor in einem Collider-Experiment (D0) (aus [948] mit freundlicher Genehmigung von Elsevier).

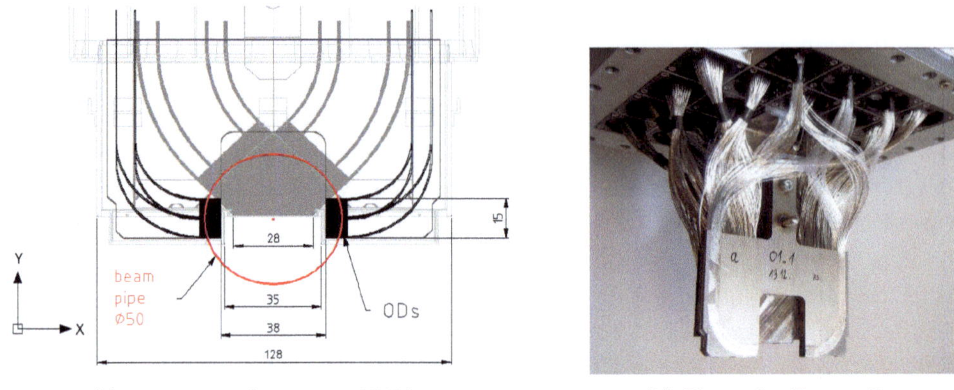

(a) Vorwärtsspektrometer ALFA. (b) Photo des Faseraufbaus.

Abb. 13.30 Einsatz von szintillierenden Fasern (0.5×0.5 mm^2) als Spurdetektor in extremer Vorwärtsrichtung des ATLAS-Detektors am LHC. (a) technische Zeichnung, Einheiten in mm; (b) Photo. Der Faserdetektor ist aus 10 Ebenen hintereinander mit jeweils zwei um 45°bezüglich der Strahlrichtung (y-Achse) versetzten Faserflächen (graue Flächen) aufgebaut und wird auf weniger als einen Millimeter an den Protonenstrahl herangefahren. Der rote Kreis zeigt die Strahlrohröffnung vor den Roman Pots. Die Fasern werden herausgeführt (Bild rechts) und mit Multianoden-PMTs ausgelesen (Quelle: CERN/ATLAS ALFA Collaboration).

SiPMs führt zu Schrotrauchen, was Dunkelzählraten oberhalb von 1 GHz erzeugt. Um mit diesen Strahlungsbedingungen klar zu kommen, ist vorgesehen, die SiPMs bei $-40\,°$C und mit dedizierten Ausheilzeiträumen zu betreiben, in denen die Schädigung zumindest teilweise ausgeheilt werden kann [619].

14 Teilchenidentifikation

Übersicht

14.1 Überblick

14.1.1 Identität eines Teilchens

Unter 'Teilchenidentifikation' verstehen wir die Bestimmung von Größen, die uns erlauben, die 'Identität' eines Teilchens abzuleiten. Die Identität ist prinzipiell definiert durch die Masse des Teilchens, seine Lebensdauer sowie seine Quantenzahlen wie Ladung, Spin, Parität und so weiter. Auch die Art der Wechselwirkung(en) eines Teilchens sowie Ereignistopologien zählen zu den Identifikationsmerkmalen. Für die Klassifizierung eines neu entdeckten Teilchens möchte man möglichst viele dieser Merkmale und Größen bestimmen. Zwei historische Beispiele sind in Abb. 14.1 gezeigt. Um bereits bekannte Teilchen in einer bestimmten Reaktion (einer Wechselwirkung oder in einem Zerfall) zu identifizieren, genügt es oft, eine Eigenschaft zu bestimmen, zum Beispiel die Masse.

Teilchen, die so kurzlebig sind, dass sie unmittelbar nach ihrer Erzeugung zerfallen und nicht mit dem Detektor in Kontakt kommen, können nur indirekt über ihre Zerfallsprodukte identifiziert werden. Umso wichtiger ist die Identifizierung der langlebigen Teilchen wie Photonen, Elektronen, Myonen, Pionen, Protonen oder Kaonen, die entweder stabil sind oder eine Zerfallslänge aufweisen, die größer ist als die Abmessungen des Detektors. Die Bestimmung der Identität von Teilchen direkt aus den Signalen eines oder mehrerer Detektorkomponenten ist unter dem Begriff *Teilchenidentifikation* in diesem Kapitel zu verstehen.

14.1.2 Methoden der Teilchenidentifikation

Zur Identitätsbestimmung von Teilchen werden neben der Messung charakteristischer Eigenschaften, auch das Verhalten von Teilchen bei der Wechselwirkung mit der Materie der Detektoren erschlossen, wie zum Beispiel aus der Schauerentwicklung eines Elektrons oder Photons, dem spezifischen Energieverlust oder aus der Abstrahlung eines geladenen

H. Kolanoski und N. Wermes, *Teilchendetektoren*, https://doi.org/10.1007/978-3-662-73068-3_14

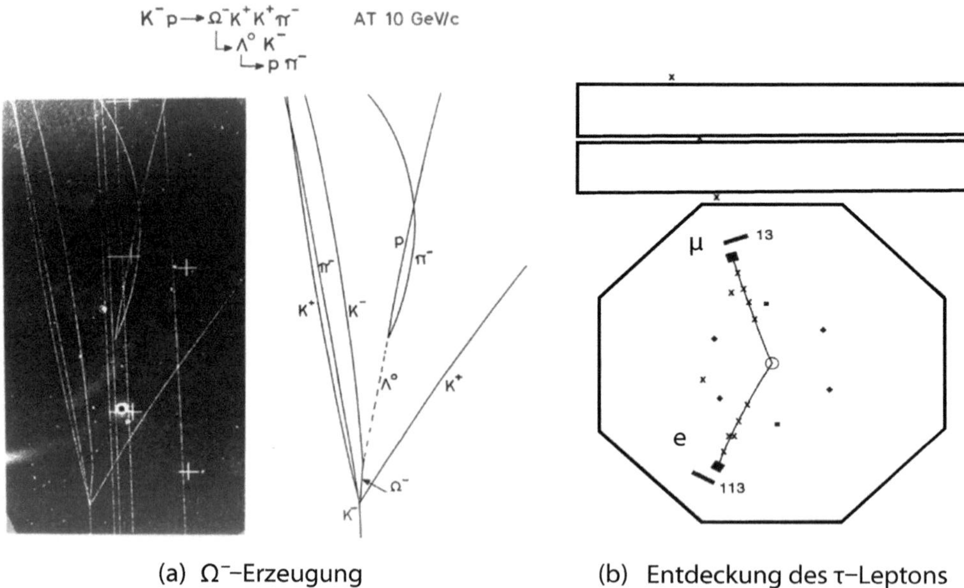

(a) Ω^-–Erzeugung (b) Entdeckung des τ–Leptons

Abb. 14.1 Zwei historische Beispiele für die Identifizierung von neuen Teilchen: (a) Das Ω^--Baryon [161] kann durch seine lange Lebensdauer, die kinematisch rekonstruierte Masse und die assoziiert produzierte Strangeness mit Hilfe einer Blasenkammer identifiziert werden [298] (Quelle: CERN). (b) τ-Lepton-Paare wurden erstmals in e^+e^--Kollisions-Ereignissen mit einer Myon- und einer Elektronspur in einer zylindrischen Proportionalkammer identifiziert [822, 821]. Die Impulse der Spuren sind nicht balanciert, was auf nicht nachgewiesene Teilchen (Neutrinos) hindeutet. Die obere Spur wird als Myon identifiziert, weil sie das Eisen durchdringt, und die untere als Elektron, weil sie im Schauerzähler 113 Einheiten Energie deponiert hat, während das Myon nur 13 Einheiten aufweist. Aus SLAC Report SLAC-PUB-5937 mit freundl. Genehmigung durch SLAC National Accelerator Laboratory.

Teilchens oder der Durchdringungsfähigkeit zum Beispiel eines Myons. Darüber hinaus können auch Teilchen mit Lebensdauern, die lang genug sind, sodass eine messbare Strecke bis zum Zerfall zurückgelegt wird, identifiziert werden.

Die wichtigsten Identifizierungsmethoden, die in Beschleuniger- und Astroteilchen-Experimenten eingesetzt werden, können wie folgt zusammengefasst werden:

(a) Geladene Teilchen: Durch die Messung von Impuls und Geschwindigkeit lässt sich die Masse bestimmen:

$$m = \frac{p}{\gamma\beta}\,. \tag{14.1}$$

Der Impuls kann in einem Magnetfeld bestimmt werden (Kapitel 9) und die Lorentz-Variablen β, γ oder $\beta\gamma$ lassen sich mit folgenden Methoden bestimmen:

- Messung der Flugzeit (*time of flight*, Abschnitt 14.2.1),
- Messung des spezifischen Ionisationsverlusts dE/dx (Abschnitt 3.2.1),
- Messung der Cherenkov-Strahlung (Kapitel 11),
- Messung der Übergangsstrahlung (Kapitel 12).

(b) Massen (und eventuell andere Quantenzahlen) von zerfallenden Teilchen lassen sich aus der kinematischen Rekonstruktion der Zerfallsprodukte bestimmen (p_i sind die Vierer-Impulse der Zerfallsprodukte):

$$m = \sqrt{\left(\sum_i p_i\right)^2} \,. \tag{14.2}$$

(c) Elektronen und Photonen erzeugen elektromagnetische Schauer. Für Elektronen bzw. Positronen ist das Verhältnis der gemessenen Schauerenergie zum (magnetisch bestimmten) Impuls $E/p \approx 1$. Photonen hinterlassen keine Spur im Ionisationsdetektor.

(d) Für Myonen ist ihre Fähigkeit, Absorbermaterialien zu durchdringen, charakteristisch.

(e) Hadronen können (bei genügend hoher Energie) über die Erzeugung hadronischer Schauer erkannt werden.

(f) Teilchen mit Lebensdauern im Bereich von 10^{-10} s wie K_S^0 und Λ haben eine charakteristische V-förmige Zerfallstopologie nach mehreren zehn Zentimetern Flugstrecke.

(g) Teilchen, die auf einer Zeitskala von Pikosekunden zerfallen (zum Beispiel schwache Zerfälle von schweren Bottom- oder Charm-Quarks oder von τ-Leptonen), können über eine Messung der bis zum Zerfall zurückgelegten Flugstrecke identifiziert werden.

Die angewendeten experimentellen Techniken zur Teilchenidentifikation ändern sich mit der Energie der zu identifizierenden Teilchen. Die bei Experimenten mit niederenergetischen Teilchen bis zu einigen GeV sehr erfolgreich verwendeten Methoden, wie zum Beispiel die Flugzeit- oder die dE/dx-Methode, sind bei hohen Energien – wie zum Beispiel für die in pp-Kollisionen am LHC erzeugten Teilchen – nicht geeignet oder zu aufwändig (zum Beispiel Messungen mit Cherenkov-Detektoren), wenn man den gesamten Raumwinkel überdecken möchte. Deshalb beschränkt man sich bei den LHC-Detektoren ATLAS und CMS vor allem auf die Erkennung von

- Jets als Signaturen von Quarks oder Gluonen,
- Leptonen (Elektronen, Myonen),
- Photonen,
- Sekundärvertices als Signaturen für schwere Quarks oder schwere Leptonen (*heavy flavor tagging*).

Eine typische Abfolge von Detektoren in Hochenergie-Experimenten und deren Möglichkeiten, verschiedene Teilchenarten zu unterscheiden, sind in Abb. 14.2 schematisch dargestellt. Siehe auch Abb. 2.11 am Beispiel des CMS-Detektors.

Das Ziel von Experimenten ist oft die Erkennung einer Teilchensorte mit einer bestimmten Wahrscheinlichkeit, beziehungsweise die Fähigkeit, eine Sorte von einer anderen, im Experiment konkurrierenden, zu unterscheiden. Ein Beispiel ist die Trennung von Elektronen und Pionen durch Cherenkov-Detektoren oder TR-Detektoren. Beispiele sind in Abschnitt 11.6.4 auf Seite 542 und in Abschnitt 14.2.4 auf Seite 657 gegeben. Dabei

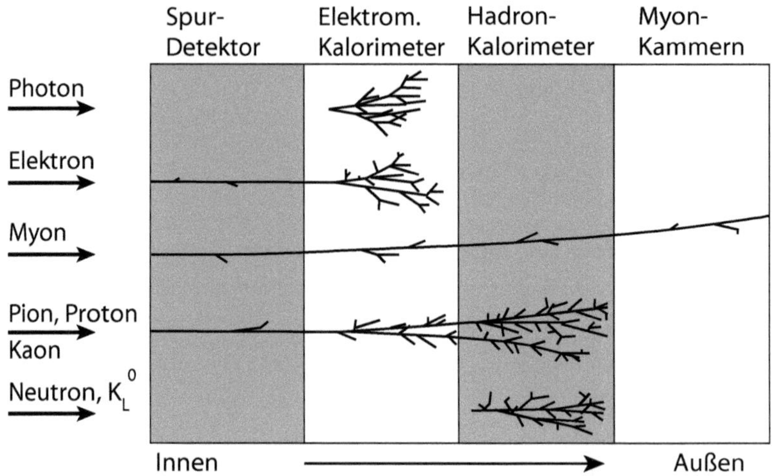

Abb. 14.2 Schematische Darstellung der Teilchenidentifikation in einem Detektor an einem Hochenergiebeschleuniger wie zum Beispiel LHC (nach [716]). Identifizierung über die Zerfallstopologie langlebiger Teilchen wie z.B. $K_S^0 \to \pi\pi$ oder schwerer Quarks oder Leptonen sind hier nicht aufgeführt. Sie werden in Abschnitt 14.6 behandelt.

spielt vor allem das erzielbare Unterdrückungsniveau der 'unerwünschten' Teilchensorte (in den Beispielen Pionen) eine Rolle. Bei der Wahrscheinlichkeitsberechnung für die Sortenzuordnung eines gemessenen Teilchens ist die a-priori-Wahrscheinlichkeit für das Auftreten der Sorten im Experiment bei den gegebenen experimentellen Bedingungen zu berücksichtigen.

14.2 Identifizierung langlebiger geladener Teilchen

In diesem Abschnitt werden die Methoden zur Identifizierung von langlebigen ('stabilen') Teilchen beschrieben. Die physikalischen Grundlagen und Nachweistechniken dazu wurden zum Teil bereits in den entsprechenden Kapiteln beschrieben: Kapitel 3 (dE/dx-Messung), Kapitel 11 (Cherenkov-Strahlung), Kapitel 12 (Übergangsstrahlung).

14.2.1 Flugzeitmessung

Die Flugzeit zwischen zwei Detektoren (TOF, *time of flight*) ergibt direkt die Geschwindigkeit des Teilchens. Zum Beispiel ist die Flugzeit zwischen zwei Detektoren im Abstand von 2 m für π, K, p mit jeweils einem Impuls von 500 MeV/c entsprechend 6.9 ns, 9.4 ns, 14.2 ns (das Licht braucht dafür 6.7 ns).

Das Prinzip der Flugzeitmessung ist in Abb. 14.3 gezeigt. Ein detaillierterer Review der Methodik kann in [652] gefunden werden. Ein Teilchen mit Impuls p und Masse m durchfliegt zwei im Abstand L voneinander entfernte Detektoren. Einer der Detektoren erzeugt

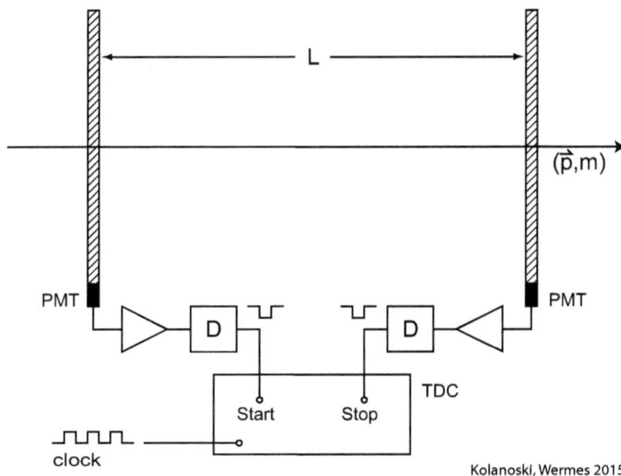

Abb. 14.3 Prinzip der Flugzeitmessung (time-of-flight, TOF), in diesem Beispiel durch Plastikszintillatoren mit PMT-Auslese.

das Startsignal, der andere das Stopsignal, deren Zeitdifferenz mit der durch eine Zeituhr (*clock*) gegebenen Auflösung im TDC (*time-to-digital converter*, Abschnitt 17.7.3) digitalisiert wird. Aus der Flugzeit

$$\Delta t = \frac{L}{\beta c} = \frac{L}{c}\sqrt{\frac{p^2+m^2}{p^2}}\,, \tag{14.3}$$

mit m, p in der Einheit eV, ergibt sich die Geschwindigkeit $\beta = \dfrac{L}{\Delta t\, c}$ und mit Kenntnis des Impulses ($\beta = p/m\gamma$) das Quadrat der Masse:

$$m^2_{\mathrm{TOF}} = p^2\left[\left(\frac{\Delta t\, c}{L}\right)^2 - 1\right]. \tag{14.4}$$

Wegen der endlichen Messgenauigkeit kann das Quadrat der durch die Messung bestimmten Masse m^2_{TOF} im Allgemeinen auch negativ sein. Es ist daher nicht sinnvoll, die Wurzel zu ziehen.

Die Differenz der Flugzeiten zweier Teilchen mit gleichem Impuls, aber verschiedenen Massen $m_2 > m_1$ ergibt mit (14.3) für relativistische Näherung ($p^2 \gg m^2$):

$$\frac{\Delta t_2 - \Delta t_1}{L} \approx \frac{1}{2cp^2}\left(m_2^2 - m_1^2\right) = 1667\;\frac{m_2^2 - m_1^2}{p^2}\;\frac{\mathrm{ps}}{\mathrm{m}}\,. \tag{14.5}$$

In Abb. 14.4 sind Flugzeitdifferenzen verschiedener Teilchensorten für eine Länge $L = 1\,\mathrm{m}$ gezeigt. Für 1-GeV-Pionen ($m = 139\,\mathrm{MeV}$) ergibt sich im Vergleich zu Kaonen ($m = 494\,\mathrm{MeV}$) eine Flugzeitdifferenz von $\approx 1.8\,\mathrm{ns}$ über eine Strecke von $L = 5\,\mathrm{m}$.

Typische Δt Bereiche sind in der Größenordnung von Nanosekunden. Um Massenauflösungen von 10% oder besser zu erzielen, müssen Zeitauflösungen unterhalb von 100 ps angestrebt werden. Detektortypen mit schneller Signalantwort, die dazu geeignet sind, sind zum Beispiel Szintillatoren, gewöhnlich Plastikszintillatoren, oder dünne, gasgefüllte Detektoren mit schneller Verstärkung wie RPCs (*resistive plate chambers*, siehe Abschnitt 7.7.3) sowie in jüngerer Zeit prinzipiell auch Siliziumdetektoren, die die erforderlichen Zeitauflösungen erzielen können (siehe Abschnitt 8.11).

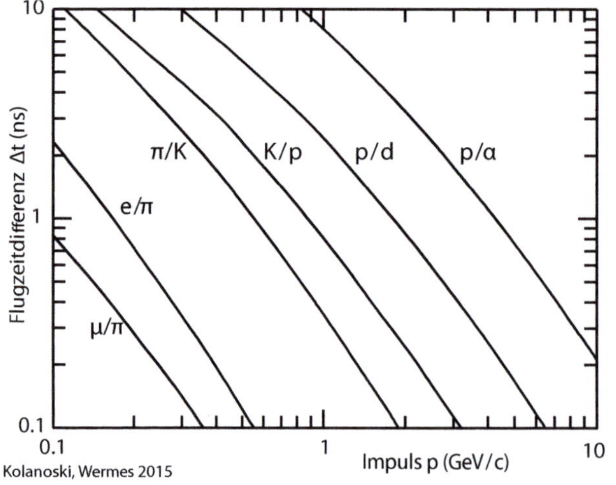

Abb. 14.4 Flugzeitdifferenzen zwischen jeweils zwei verschiedenen Teilchensorten bei einer Flugstrecke von $L = 1\,\mathrm{m}$.

Die technisch erreichbare Zeitauflösung von Flugzeitdetektoren limitiert die Anwendung der TOF-Technik für die Teilchenidentifikation an Collider-Experimenten. Die Technik wird häufig genutzt, wenn vorwiegend Teilchen mit niedrigen Impulsen ($\sim \mathrm{GeV}/c$) die Endprodukte einer Teilchenreaktion sind, zum Beispiel in Experimenten an

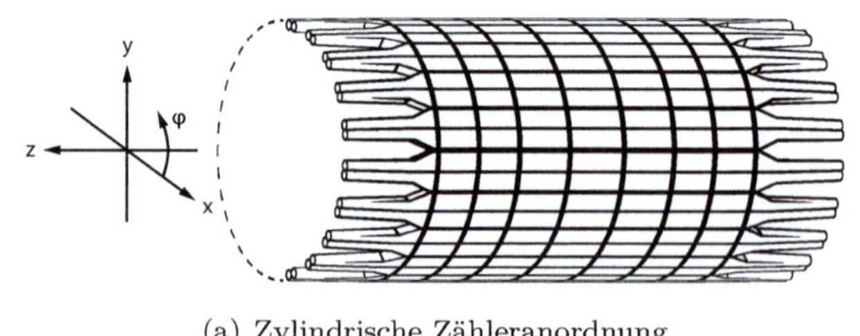

(a) Zylindrische Zähleranordnung

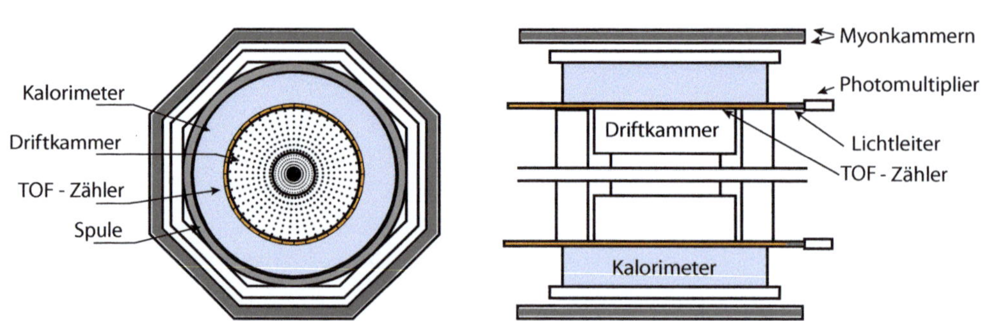

(b) Detektor-Front- und -Seitenansicht

Abb. 14.5 Beispiel eines Flugzeitzählersystems eines Collider-Detektors (Mark III - Detektor [193] am 4-GeV-Speicherring SPEAR in Stanford). Die Flugzeitzähler befinden sich zwischen der zentralen Driftkammer und dem Kalorimeter. Aus [272], mit freundl. Genehmigung von Elsevier.

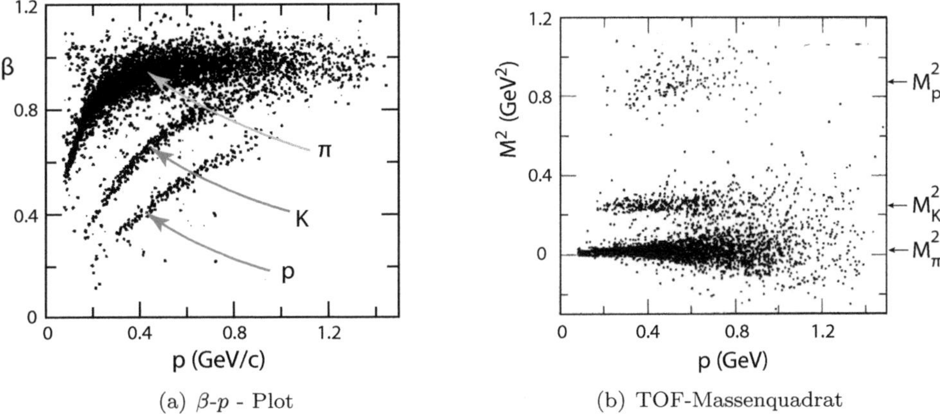

(a) β-p - Plot

(b) TOF-Massenquadrat

Abb. 14.6 π,K, p-Trennung durch Flugzeitmessung (Mark III - Experiment [272], mit freundlicher Genehmigung von Elsevier): zweidimensionale Darstellung der Teilchengeschwindigkeit β (a) und des Massenquadrats aus der Flugzeitmessung (b) als Funktion des Teilchenimpulses.

Collidern mit Schwerpunktsenergien kleiner als etwa 10 GeV wie CESR, PEPB, KEKB oder auch bei den Schwerionenexperimenten an RHIC und LHC. Wenn die Detektoranordnung größere Flugstrecken L wie in manchen *Fixed-Target*-Experimenten erlaubt, wird der Impulsbereich für eine TOF-Anwendung ausgeweitet. Bei Hochenergie-Collidern wie LEP, HERA, Tevatron oder LHC (mit Ausnahme der Schwerionenexperimente) wurde/wird die Flugzeittechnik nicht verwendet.

An Collidern werden die TOF-Detektoren parallel zur Strahlachse zylinderförmig und an den Zylinderenden (*endcaps*) üblicherweise radial in 1–2 m Abstand vom Wechselwirkungspunkt angebracht (Abb. 14.5). Das TOF-Startsignal wird durch ein der Kollision der Teilchenstrahlen zeitlich fest zugeordnetes Signal gegeben, das das Strahlpaket an im Strahlrohr eingebauten Elektroden beim Vorbeiflug induziert (*beam-pick-up*-Signal). Das Stopsignal ist das Signal der TOF-Szintillationszähler oder anderer Detektoren, die eine präzise Zeitmarke liefern können. Die in großen Systemen erzielte Zeitauflösung liegt zwischen 80 ps und 200 ps. Die TOF-Messung zur Teilchentrennung ist daher bei üblichen Abständen zum Wechselwirkungspunkt von 1–2 m nur bis zu Impulsen von $\lesssim 2$ GeV möglich.

Abbildung 14.6(a) zeigt die mit der Apparatur in Abb. 14.5 aus der Zeitdifferenzmessung berechnete Teilchengeschwindigkeit β als Funktion des Impulses, und Abb. 14.6(b) zeigt das nach (14.4) berechnete Massenquadrat [272]: Protonen, Kaonen und Pionen sind bis etwa 1.2 GeV/c mit 2σ trennbar.

Die mit der Flugzeitmethode erzielbare Massenauflösung hat Beiträge von der Unsicherheit über die Kenntnis des Impulses p, der Flugzeit Δt und der Flugstrecke L, die quadratisch addiert werden müssen ($\oplus$):

$$\frac{\sigma_m}{m} = \frac{\sigma_p}{p} \oplus \gamma^2 \left(\frac{\sigma_{\Delta t}}{\Delta t} \oplus \frac{\sigma_L}{L} \right) , \tag{14.6}$$

wobei $\gamma = (1-\beta^2)^{-\frac{1}{2}}$ mit $\beta = L^2/c^2\Delta t^2$. Der Impuls p ist üblicherweise mit einer Genauigkeit von etwa 1% bekannt und $\sigma_L/L \approx 10^{-3}$. Nehmen wir als Beispiel 1 GeV Pionen ($\gamma^2 \approx 52$), dann dominiert in (14.6) bis zu Abständen von etwa 30 m die Auflösung der Zeitmessung, was häufig der Fall ist: $\sigma_m/m \approx \gamma^2\sqrt{2}\sigma_t/\Delta t$, wobei σ_t die Zeitauflösung des Systems ist. Der Faktor $\sqrt{2}$ tritt auf, wenn Start- und Endzeitmessung von Messfehlern betroffen sind. Häufig wird die Startmessung von einem anderen, genauer bekannten Zeitsignal vorgegeben, zum Beispiel von einem Hochfrequenzsignal des Beschleunigers.

Die Zeitauflösung erhält Beiträge von intrinsischen Schwankungen in dem signalerzeugenden Prozess σ_{gen} (zum Beispiel die Lichterzeugung im Falle von Szintillationsdetektoren), geometrischen Lichtlaufzeitunterschieden, verursacht durch verschiedene Eintrittsorte und Winkel der Teilchen in den Detektor σ_{ll}, von Laufzeitschwankungen im Auslesesystem (zum Beispiel den Schwankungen in der Ankunftszeit der Photoelektronen in einem Photovervielfacher σ_{PMT}) sowie Zeitschwankungen σ_{el} in der Elektronik [526]:

$$\sigma_t = \sqrt{\frac{\sigma_{\text{gen}}^2 + \sigma_{\text{ll}}^2 + \sigma_{\text{PMT}}^2}{N_{\text{eff}}} + \sigma_{\text{el}}^2}\,. \tag{14.7}$$

N_{eff} ist dabei die Zahl der effektiv zum zeitkritischen Signal beitragenden Photonen beziehungsweise Photoelektronen.

Aus (14.4) kann mit $\Delta t \approx \frac{L}{c}\,(1+\frac{1}{2}\,m^2/p^2)$ die *Trennkraft* quantifiziert werden; dies ist die Zahl der Standardabweichungen, mit denen die (TOF) Messverteilungen zweier Massen separiert sind. Für zwei Teilchen gleichen Impulses p und unterschiedlichen Massen $m_2 > m_1$ ist die n-sigma-Trennung gegeben durch:

$$n_\sigma(\text{TOF}) = \frac{m_2^2 - m_1^2}{\sigma_{m^2}} \approx \frac{\Delta t_2 - \Delta t_1}{\sigma_{\Delta t}} \approx \frac{L}{2\sqrt{2}\,c\,p^2\,\sigma_t}\left(m_2^2 - m_1^2\right), \tag{14.8}$$

wobei $\sigma_{\Delta t} = \sqrt{2}\,\sigma_t$ die Auflösung für die Zeitdifferenzmessung mit individueller Auflösung σ_t ist. Für ein großes TOF-System mit vielen Zählern wie in Abb. 14.5(a), kommen weitere Fehlerquellen hinzu, zum Beispiel die Schwankungen in der Verteilung der Zeitmarke (*clock*) auf alle Detektoreinheiten sowie Interkalibrierungsfehler.

In typischen TOF-Detektor-Systemen wie dem in Abb. 14.5(a) werden 2–3 m lange Plastikszintillatorstäbe verwendet, die relativ dick (3–5 cm) sind, um eine hohe Lichtausbeute pro durchgehendem Teilchen zu erzielen. Um Zeitauflösungen im Bereich von 120–180 ps zu erzielen, werden die Zähler an beiden Seiten R, L ausgelesen und der Zeitpunkt des Teilchendurchtritts (TOF-Stopsignal) durch elektronische Mittelwertbildung (*mean timer*) $t_{\text{stop}} = (t_R + t_L)/2$ ermittelt. Dadurch wird die Abhängigkeit vom Eintrittsort z des Teilchens in den Zähler weitgehend eliminiert.

Schnelle Signale und präzise Zeitmarken können auch mit gasgefüllten Detektoren mit dünnen Gasvolumina und Elektroden mit hohem Widerstand erzielt werden (siehe Abschnitt 7.7.3). Im STAR-Experiment am Ionenspeicherring RHIC wurden in einem Teil des zentralen Detektorzylinders Multi-Gap-RPCs (siehe Seite 233) zur Messung einer präzisen Zeitmarke über eine Flugstrecke von etwa 5.4 m in (d+Au)-Kollisionen eingesetzt [1057]. Die Zeitauflösung beträgt ungefähr 120 ps. Abbildung 14.7(a) zeigt die gemessene Geschwindigkeit, dargestellt als $1/\beta$, als Funktion des Teilchenimpulses. Man erkennt

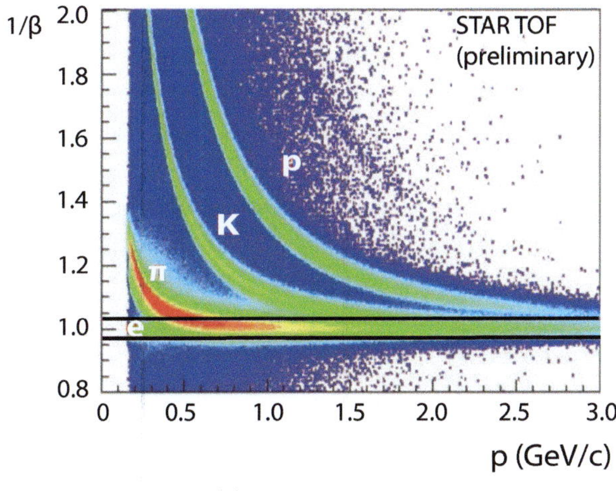

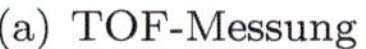
(a) TOF-Messung

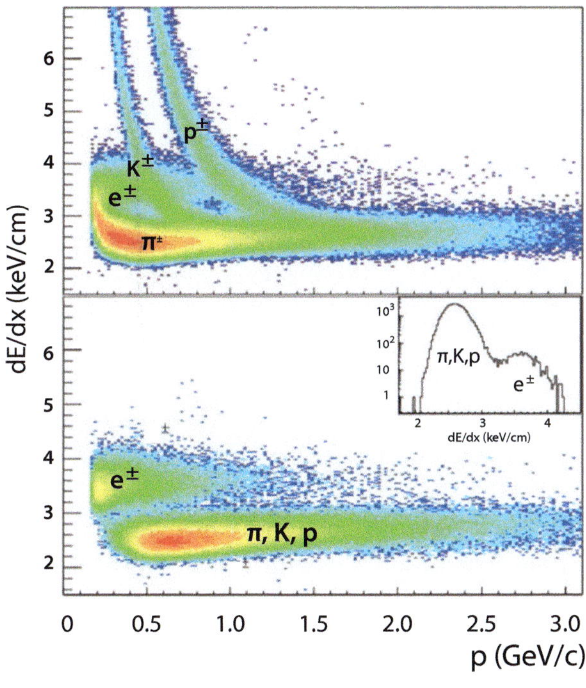

(b) dE/dx-Messung

Abb. 14.7 Teilchentrennung im STAR-Experiment (aus [1047], mit freundl. Genehmigung von IOP Publishing): (a) Messung der Flugzeit mit Multi-Gap-RPCs und (b) Messung der spezifischen Ionisation. Im unteren Bild in (b) wurde ein Schnitt in der Flugzeit von $|1 - 1/\beta| < 0.03$ angebracht (Linienpaar in (a)).

die klare Trennung von Protonen, Kaonen und Pionen bis zu einem Impuls von etwa 1 GeV/c, während Elektronen von Pionen kaum unterschieden werden können. Letzteres kann durch eine gleichzeitige Messung der spezifischen Ionisation erreicht werden [1057] (siehe nachfolgender Absatz und Abb. 14.7(b)).

Das ALICE-Experiment am LHC erzielt mit einem TOF-Detektor-System aus Multi-Gap-RPCs, die in zwei Stapeln von je 6 Ebenen mit Zwischenräumen (*gaps*) von 250 µm aufgebaut sind, Zeitauflösungen für Teilchenflugzeiten von etwa 85 ps im Gesamtsystem bei einer intrinsischen Auflösung von 50 ps [78]. So genannte 'instrinsische' Auflösungen sind als Auflösungen zu verstehen, die von allen anderen Effekten, welche die Präzision der Messung verschlechtern, bereits gesäubert sind, wie zum Beispiel Beiträge der Elektronik, Verteilung des *clock*-Signals, geometrische Effekte wie z.B. Schrägeinfall von Teilchen, Kalibrationsinhomogenitäten und andere. Der intrinsische Beitrag wird von den statistischen Effekten der RPC-Gasverstärkung dominiert (siehe Abschnitt 7.7.3.2 auf Seite 229).

14.2.2 Messung der spezifischen Ionisation (dE/dx)

In Kapitel 3 wurde der Energieverlust $\langle dE/dx\rangle$ eines geladenen Teilchens durch Ionisation und Anregung des durchquerten Mediums, ausgedrückt durch die Bethe-Bloch-Formel (3.25), beschrieben. Für alle Teilchen desselben Ladungsbetrags ist die Abhängigkeit des Energieverlusts von $\beta\gamma$ in etwa gleich (Abb. 3.5). Daher kann die von der Teilchenmasse abhängige Impulsabhängigkeit ($p = \beta\gamma\, m$) des mittleren Energieverlusts zur Teilchenidentifikation benutzt werden (siehe auch Gleichung (3.35).

Es ist wichtig, sich klar zu machen, dass in Ionisationsdetektoren die durch Ionisation im Detektor freigesetzte und messbare Ladung gemessen wird (z.B. e/ion- oder e/h-Paare), was für hochenergetische Teilchen mit großem möglichen Maximalenergieübertrag T_{max} in der Regel den dominanten Anteil zum Energieverlust darstellt (siehe auch Abschnitt 3.2.1.1). Nicht gemessen werden Energieaufnahmen durch atomare Anregungen. Ebenso entkommen unterschwellige Signale oder aus dem Detektionsvolumen entweichende Energie der Messung, zum Beispiel durch δ-Elektronen. Vor allem in gasgefüllten Detektoren besteht das Signal aus Ladungen sekundärer Ionisationen. Bei einer 'Messung' des Energieverlustes ist daher im Folgenden vorauszusetzen, dass die pro Strecke gemessene spezifische Ionisation zum spezifischen Energieverlust des Teilchens dE/dx proportional ist.

Zur Messung des Energieverlusts in einem Medium können Detektoren verwendet werden, bei denen das gemessene Signal proportional zum Energieverlust in dem Detektormedium ist: zum Beispiel Lichterzeugung (in Szintillatoren), die Schwärzung fotografischer Platten (in Emulsionen, Abb. 14.8) oder Ladungserzeugung und Trennung (in Driftkammern oder Halbleiterdetektoren). Ein Messwert des mittleren Energieverlusts $\langle dE/dx\rangle$ oder des wahrscheinlichsten Energieverlusts (mpv, siehe Abschnitt 3.2.3) wird benutzt, um daraus die Geschwindigkeit β zu bestimmen und bei bekanntem Impuls auf die Masse von langlebigen Teilchen (e, μ, π, K, p, d, α) zu schließen:

$$m^2_{dE/dx} = p^2/(\beta\gamma)^2_{dE/dx} = p^2(1/\beta^2_{dE/dx} - 1)\,, \tag{14.9}$$

wobei mit $\beta_{dE/dx}$ die aus $\langle dE/dx\rangle$ mit Hilfe der Bethe-Bloch-Formel (3.25) bestimmte Geschwindigkeit gemeint ist.

Der Energieverlust ΔE in einem Medium der Dicke Δx folgt näherungsweise einer Landau-Verteilung (Abb. 14.9, siehe auch Abschnitt 3.2.3), die unsymmetrisch ist, mit

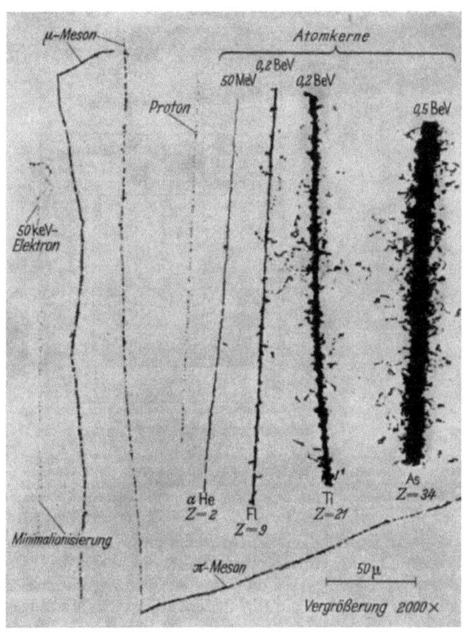

Abb. 14.8 Energieverlust durch Ionisation: Spuren von Teilchen mit unterschiedlichen Massen und Energien in einer Fotoplatte. Die angegebenen Energien sind Energien je Nukleon. Die veraltete amerikanische Energieeinheit BeV entspricht der Einheit GeV (nach [703] aus [429], mit freundl. Genehmigung von Springer Science+Business Media).

weiten Ausläufern zu großen Energieverlustwerten. Bei der Bildung des Mittelwerts $\langle dE/dx \rangle$ aus einer endlichen Anzahl von Messwerten führen die sporadisch auftretenden großen ΔE-Werte zu größeren Fluktuationen und damit Unbestimmtheiten als bei einer Gauß-Verteilung.

Um den Mittelwert $\langle dE/dx \rangle$ der Verteilung mit guter Auflösung zu messen, muss neben einer hinreichend großen Zahl von statistisch unabhängigen dE/dx-Messungen auch der Einfluss des Ausläufers der Landau-Verteilung zu hohen Energieverlust-Werten minimiert werden, was mit der in Abb. 14.9 erläuterten Methode des *truncated mean* erreicht

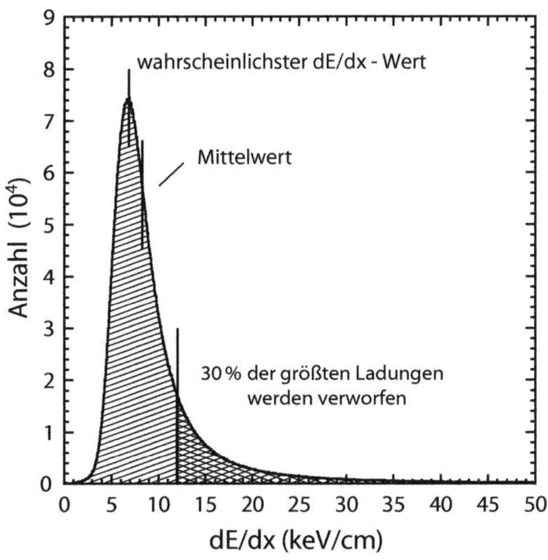

Abb. 14.9 Verteilung von dE/dx-Messwerten von minimal ionisierenden Pionen ($p = 400$–800 MeV) [535]. Eingezeichnet sind neben dem wahrscheinlichsten dE/dx-Wert beim Maximum der Verteilung (bei 6.8 keV/cm) auch der Mittelwert sowie der Wert, oberhalb dessen 30% der höchsten Einträge liegen. Wenn man einen gewissen Prozentsatz der höchsten Werte (oft 30%) weglässt und dann den Mittelwert bildet ('truncated mean'), so wird die Messung des Mittelwerts der neuen Verteilung statistisch stabiler und liegt in der Nähe des wahrscheinlichsten Werts.

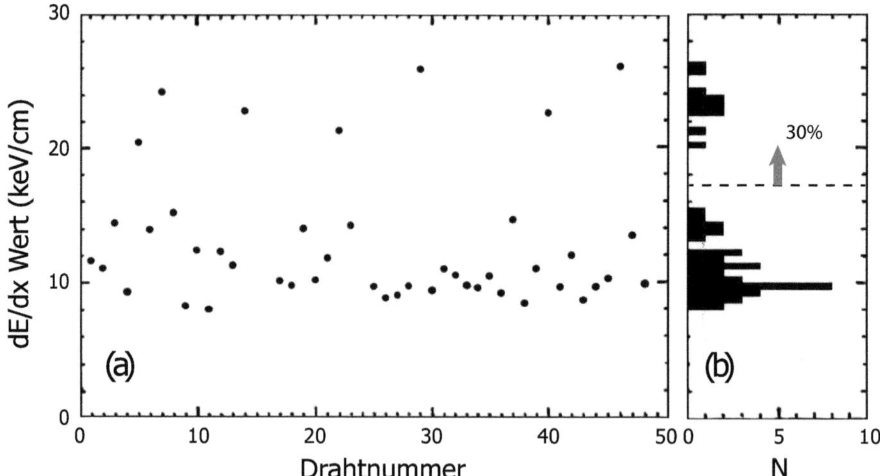

Abb. 14.10 Messung der spezifischen Ionisation eines Teilchens durch 50 Einzelmessungen (50 Kammerdrähte) [1012]. (a) Messwerte für jeden Kammerdraht; (b) Projektion der Messwerte als Histogramm und Kennzeichnung der 30%-Schnittlinie.

werden kann. In Hochenergie-Experimenten bietet sich dazu für einzelne Teilchenspuren die vielfache Messung des Energieverlusts pro Wegstreckenintervall entlang der Spur zum Beispiel an mehreren Drähten einer Driftkammer an, wie in Abb. 14.10 erklärt. Die an 50 äquidistanten Drähten gemessenen Signalhöhen sind individuelle dE/dx-Messungen (Abb. 14.10 (a)), die Landau-verteilt sind (Abb. 14.10(b)) und auf die die Methode des *truncated mean* angewendet wird. Die Größe

$$\left\langle \frac{dE}{dx} \right\rangle_\alpha = \frac{1}{N} \sum_{i=1}^{N} \left(\frac{dE}{dx} \right)_i , \tag{14.10}$$

mit $\frac{dE}{dx}_{(i)} \leq \frac{dE}{dx}_{(i+1)}$ für i = 1, ..., N und $N \leq \alpha N_{tot}$, mit α-Werten etwa zwischen 0.5 und 0.85, folgt einer fast perfekten Gauß-Verteilung [716] mit einer Breite $\sigma_{dE/dx}$, die der Auflösung entspricht.

Die erzielbare dE/dx-Auflösung ist in erster Linie von der statistischen Schwankung des Mittelwerts der freigesetzten Ladungsträger abhängig, $\sigma_{dE/dx} \propto 1/\sqrt{N_e}$, und ist daher für Gase druckabhängig, $\sigma_{dE/dx} \propto 1/\sqrt{P}$, sowie abhängig von der Zahl N_{meas} der unabhängigen Messungen. Eine für Gasdetektoren durch Anpassung an Messungen empirisch ermittelte Formel [1062], ergibt:

$$\frac{\sigma_{\text{dE/dx}}}{\langle \frac{dE}{dx} \rangle} = 0.41\, N_{\text{meas}}^{-0.43} \left(\frac{\Delta x}{\text{cm}} \frac{P}{\text{bar}} \right)^{-0.32} . \tag{14.11}$$

Die Abweichung von einem $N_{\text{meas}}^{-1/2}$-Verhalten zeigt, dass die Messpunkte entlang einer Spur nicht völlig unabhängig voneinander sind. Die Formel zeigt außerdem, dass für eine feste Detektorlänge $L = \Delta x\, N_{\text{meas}}$ eine bessere Auflösung erzielt wird, je mehr

Messpunkte es gibt[132] (statt Δx zu erhöhen) und je höher der Druck im Kammergas ist. Für eine dE/dx-Messung bei hohen Impulsen ist die Höhe des Druckes (abgesehen von technischen Grenzen) zu optimieren gegen die Verminderung des Energieverlusts durch den Dichteeffekt im Bereich des relativistischen Anstiegs (siehe auch Abschnitt 3.2.1 auf Seite 32). Typische Werte für dE/dx-Auflösungen liegen im Bereich zwischen 3% und 12% [544].

Die Trennkraft für zwei Teilchen (1) und (2) kann wie üblich in Einheiten der Auflösung $\sigma_{dE/dx}$ angegeben werden:

$$n_\sigma(dE/dx) = \frac{m_2^2 - m_1^2}{\sigma_{m^2}} \approx \frac{|\langle \frac{dE}{dx} \rangle(1) - \langle \frac{dE}{dx} \rangle(2)|}{\sigma_{dE/dx}}, \tag{14.12}$$

wobei die dE/dx-Mittelwerte durch die Bethe-Bloch-Formel (3.34) gegeben sind und $\sigma_{dE/dx}$ den Mittelwert der Auflösungen für die beiden Teilchen bezeichnet. In der Praxis wird statt des Mittelwerts $\langle dE/dx \rangle$ der Schätzwert (14.10) genommen. Die Gesamtlänge L des Detektors geht in die Auflösung ein, da sie bei festem N_{meas} die Signalhöhe der Einzelmessungen bestimmt.

Wegen des charakteristischen Verlaufs der Bethe-Bloch-Kurve (Abb. 3.5) ist meist (vor allem für die π/K-Trennung) eine Trennung bei niedrigen Impulsen im so genannten $1/\beta^2$-Bereich möglich oder bei hohen Impulsen im Bereich des 'relativistischen Anstiegs' (siehe Seite 40 ff), während im Bereich mittlerer Impulse die Trennkraft reduziert ist.

Abbildung 14.11 zeigt dE/dx-Messungen, aufgenommen mit der Jetkammer des OPAL-Detektors [58] als Funktion des mit derselben Kammer gemessenen Impulses von Teilchenspuren [545]. Die Jetkammer (siehe Abschnitt 7.10 und Tab. 7.6) wurde bei einem Druck von 4 bar betrieben und lieferte dE/dx-Messpunkte auf bis zu 159 Drähten ($\Delta x = 1$ cm) entlang einer Spur. Die durchgezogenen Linien in Abb. 14.11 (a) und (b) zeigen die theoretisch erwarteten dE/dx-Mittelwerte; die Punkte sind individuelle Messwerte, deren Dichte die Häufigkeit der auftretenden Teilchensorte wiedergibt.

Die Kurven in Abb. 14.11(b) stellen die Fähigkeit zur Trennung von e/π, π/K, π/p und K/p dar, in der Abbildung (oben) als Histogramm der gemessenen Signalhöhen und (unten) als Differenzen der Mittelwerte in Einheiten der Auflösung σ. Man erkennt, dass über weite Impulsbereiche eine gute Trennung verschiedener Teilchenarten möglich ist. Die Trennkraft (14.12) ist impulsabhängig. Sie liegt deutlich oberhalb von 2 (gelbe Linie in Abb. 14.11(b), unten) bei niedrigen und bei hohen Impulsen in den Bereichen außerhalb des Minimums der Bethe-Bloch-Kurve (Abb. 3.5), im Bereich um das Minimum jedoch nicht. So ist zum Beispiel die Trennung zwischen π, K, und p für Impulse zwischen 1 und 3 GeV/c nur schlecht möglich.

Bei den LHC-Experimenten wird die dE/dx-Technik nur im ALICE-Experiment bei niedrigen Impulsen ($\lesssim 2$ GeV/c) und auch bei Impulsen im Bereich des relativistischen Anstiegs verwendet. Die zentrale *Time Projection Chamber* (TPC [84], siehe auch Abschnitt 7.11, insbesondere Tab. 7.8) liefert bis zu 159 Ionisationsmessungen pro Teilchenspur auf kleinen Ausleseelektroden (typisch 4×7.5 mm^2) und erzielt damit insgesamt eine dE/dx-Auflösung von etwa 5% [84, 716].

[132] Die Zahl der Messpunkte wird nach oben durch die minimale nachweisbare Signalhöhe begrenzt.

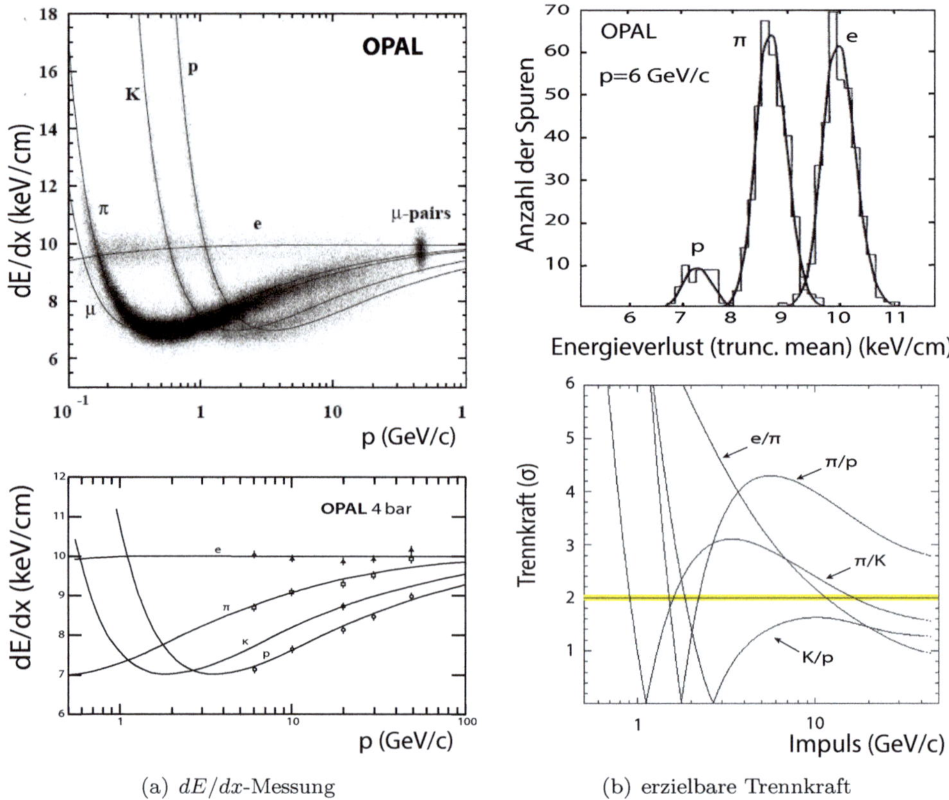

(a) dE/dx-Messung (b) erzielbare Trennkraft

Abb. 14.11 Ionisationsmessung mit der gasgefüllten zentralen Jet-Kammer des OPAL-Detektors bei hohem Druck (4 bar) [58]. (a) Individuelle Messungen von $\langle dE/dx \rangle$ (Punkte) von Spuren geladener Teilchen als Funktion des Impulses (oben). Die theoretische Erwartung ist durch die durchgezogenen Linien angezeigt und darunter zur Verdeutlichung separat gezeichnet (aus [265], mit freundl. Genehmigung von Elsevier); (b) Trennkraft der Ionisationsmessung (siehe auch [265, 545]) dargestellt (oben) als dE/dx-Histogramm für Protonen, Pionen und Elektronen bei einem Impuls von 6 GeV/c und (unten) als Trennkraft in Einheiten der Auflösung $\sigma_{\mathrm{dE/dx}}$. Die 2σ-Trennung ist durch die schattierte horizontale Linie gekennzeichnet.

Abbildung 14.12(a) demonstriert die Trennkraft der TPC-Messung für Impulse im GeV-Bereich bei Pb-Pb-Kollisionen, bei denen auch Deuterium-, Tritium- und Heliumkerne identifiziert werden. Zusammen mit der TOF-Messung (Abschnitt 14.2.1) können auch Elektronen von Pionen getrennt werden [716], wie Abb. 14.12(b) in einer zweidimensionalen Darstellung zeigt.

Auch mit Halbleiterdetektoren kann bei kleinen Impulsen eine gute dE/dx-Teilchentrennung erzielt werden. Abbildung 14.13 zeigt dies für den Silizium-Pixeldetektor des ATLAS-Experiments [6] bei Impulsen $\lesssim 1\,\mathrm{GeV/c}$. Der Pixeldetektor ist in Abschnitt 8.7 beschrieben. Die dE/dx-Messungen erfolgen hier in drei Detektorlagen mit Silizium-Pixelsensoren von 250 µm Dicke. Das relativistische Plateau für den (eingeschränkten) Energieverlust (*restricted energy loss*, Abb. 3.13 auf Seite 52) ist für Festkörper wegen des

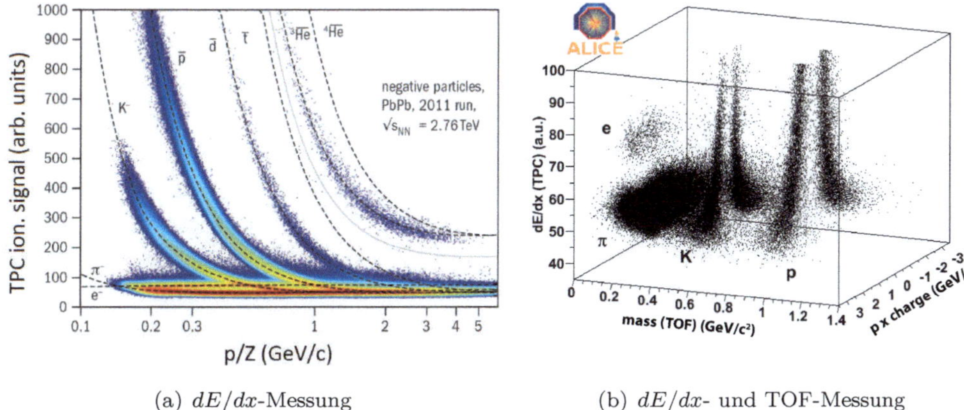

(a) dE/dx-Messung (b) dE/dx- und TOF-Messung

Abb. 14.12 Teilchenidentifikation mit der ALICE-TPC [84]. (a) Messung des Ionisationssignals als Funktion des Teilchenimpulses [25] (Quelle:CERN 2013, ALICE Collaboration). (b) Rekonstruierte Teilchenmasse aus Flugzeitmessung (TOF) und Impuls × Ladung aus der Ionisationsmessung (dE/dx) in 2-dimensionaler Darstellung, wodurch auch Elektronen von π, K und p getrennt werden können (aus [716], mit freundl. Genehmigung von Elsevier).

Dichteeffekts nur wenig höher ($\lesssim 10\%$) als das Minimum der Kurve. Daher ist Teilchentrennung mit Halbleiterdetektoren nur im $1/\beta^2$-Bereich der Bethe-Bloch-Kurve (3.25) bei niedrigen Impulsen möglich.

14.2.3 Teilchenidentifikation mit Cherenkov-Detektoren

Cherenkov-Detektoren und ihre physikalischen Grundlagen sind in Kapitel 11 ausführlich beschrieben: Der Cherenkov-Effekt beruht auf der Erzeugung von Strahlung, wenn

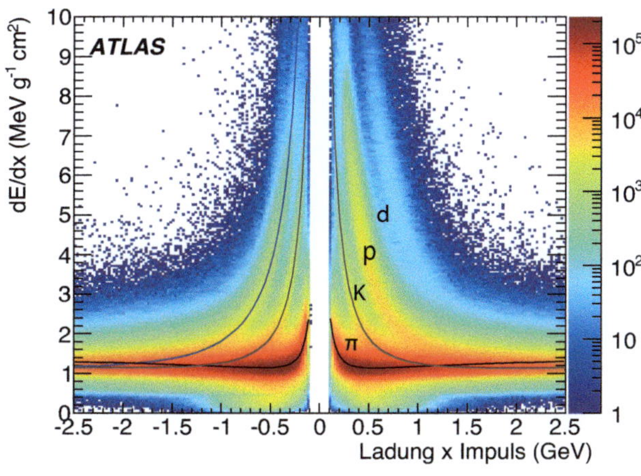

Abb. 14.13 Identifikation geladener Teilchen bei kleinen Impulsen im Pixeldetektor des ATLAS-Experiments durch Messung der spezifischen Ionisation dE/dx (aus [6], mit freundl. Genehmigung von Elsevier).

Teilchen in einem Medium schneller als die Lichgeschwindigkeit in dem Medium sind. Cherenkov-Licht wird gemäß der Cherenkov-Beziehung (11.1),

$$\cos\theta_c = \frac{1}{\beta n}, \tag{14.13}$$

auf einem Kegel mit dem Öffnungswinkel θ_c abgestrahlt, was eine Messung der Teilchengeschwindigkeit β erlaubt. Abhängig davon, ob Cherenkov-Strahlung abbildend, das heißt als Cherenkov-Ringe, nachgewiesen wird oder ob lediglich die Emission von Cherenkov-Strahlung zum Nachweis verwendet wird, unterscheiden wir abbildende RICH- oder DIRC-Detektoren von Schwellen-Cherenkov-Detektoren (siehe auch Kapitel 11, in dem auch die Verwendung von Cherenkov-Detektoren in Experimenten beispielhaft besprochen wird). Cherenkov-Strahlung zeichnet sich vor allem dadurch aus, dass sie prompt und gerichtet erscheint. Dies wird beim Entwurf von Detektoren zur Teilchenidentifikation ausgenutzt, zum Beispiel dadurch, dass eine mit der Cherenkov-Strahlung zeitgleiche Spurinformation eines geladenen Teilchens zur Rekonstruktion von Cherenkov-Ringen verwendet werden kann.

In modernen Beschleuniger-Experimenten werden meist abbildende Detektoren verwendet. Die Masse eines Teilchens wird in diesem Fall aus der Beziehung

$$m^2_{\text{cherenkov}} = \frac{p^2}{(\beta\gamma)^2} = p^2\left(n^2\cos^2\theta_c - 1\right) . \tag{14.14}$$

bestimmt. Die in einem Radiator erzeugte Cherenkov-Strahlung wird durch eine optische Fokussierung auf einen Detektor abgebildet und dort als Cherenkov-Ring nachgewiesen. Die erreichbare Massenauflösung wurde in Kapitel 11, Gleichung (11.32) abgeleitet:

$$\frac{\sigma_m}{m} = \frac{1}{2}\frac{\sigma_{m^2}}{m^2} = \gamma^2\frac{\sigma_\beta}{\beta} = \left(\frac{p}{m}\right)^2\frac{1}{\beta^2}\left(k_R \oplus \frac{1}{n}\frac{dn}{d\lambda}\Delta\lambda\right), \tag{14.15}$$

mit der RICH-Konstanten k_R aus (11.33) auf Seite 534 sowie dem Dispersionsverlauf $dn/d\lambda$ und dem zugelassenen Wellenlängenbereich $\Delta\lambda$. Die Gesamtauflösung setzt sich (in quadratischer Addition, $\oplus$) zusammen aus der Auflösung, mit welcher der Öffnungswinkel der Cherenkov-Ringe durch das abbildende System und den Photondetektor gemessen werden kann,

$$\sigma_{\theta_c} = \frac{\sigma_{\theta_i}}{\sqrt{N}}, \tag{14.16}$$

sowie durch die chromatische Verschmierung der Ringe, weil der Brechungsindex in (14.13) wellenlängenabhängig ist. In (14.16) ist σ_{θ_c} der Winkelfehler für N nachgewiesene Photonen beziehungsweise Photoelektronen, und σ_{θ_i} ist die Winkelauflösung für ein einzelnes Cherenkov-Photon.

Die erzielbare Trennkraft n_σ für zwei Teilchen mit Ladung $z = 1$ und mit $m_2 > m_1$, angegeben in Einheiten des Fehlers, der hier alle Fehlerbeiträge zur Winkelunsicherheit enthält, inklusive chromatischer Beiträge, folgt (11.34) mit (11.32) und (11.33) in Abschnitt 11.6.3 in Kapitel 11:

$$\begin{aligned} n_\sigma(\text{Cherenkov}) &= \frac{m_2^2 - m_1^2}{\sigma_{m^2}} \\ &= \frac{m_2^2 - m_1^2}{2p^2\,\sigma_{\theta_i}}\,\frac{\beta}{n}\,\sqrt{N_0 L} \approx \frac{m_2^2 - m_1^2}{2p^2\,\sigma_{\theta_c}}\,\frac{1}{\sqrt{n^2-1}} . \end{aligned} \tag{14.17}$$

Von der ersten zur zweiten Zeile gelangt man mit (14.14) und (14.16) und

$$\sigma_{m^2} = 2p^2 n^2 \cos\theta_c \sin\theta_c \, \sigma_{\theta_c} = 2p^2 \frac{n}{\beta} \frac{1}{\sqrt{N_0 L}} \, \sigma_{\theta_i} \, . \tag{14.18}$$

Es wurde außerdem $N = N_0 L \sin^2\theta_c$ aus (11.17) benutzt und in (14.17) genähert unter der Annahme $\beta \to 1$ und $n \sin\theta_c = \sqrt{n^2 - 1}$ nach (11.5). In (14.17) ist der Fehler auf den Cherenkov-Winkel σ_{θ_c} der Fehler des Mittelwertes aller Einzelbeiträge der Photonfehler σ_{θ_i} gemäß (14.16) und schließt alle möglichen Messfehler mit ein. Zusätzlich zu der Ungenauigkeit in der Ortsmessung und der chromatischen Dispersion, die in Abschnitt 11.6.3 besprochen wurden, sind dabei auch andere Fehlerbeiträge zu berücksichtigen wie Geometrie- und Alignmentfehler, Vielfachstreuung der Teilchenspur, Rauschen und Untergrundtreffer im Photondetektor, Rekonstruktionsfehler bei Spur- ud Ringrekonstruktion [716]. Die Einzelphotonauflösungen σ_{θ_i} enthalten Beiträge von der Ortsauflösung des Photondetektors σ_{θ_r}, der normalerweise von der Elektrodengranularität (Pixel) bestimmt wird, von der Verschmierung des Emissionspunktes der Strahlung $\sigma_{\theta_{\mathrm{orig}}}$, speziell bei *Proximity*-Fokussierung (Abb. 11.18 auf Seite 535), und schließlich von chromatischen Aberrationen σ_{θ_n} (siehe Abschnitt 11.6.3 auf Seite 537):

$$\sigma_{\theta_i} = \sqrt{\sigma^2_{\theta_r} + \sigma^2_{\theta_{\mathrm{orig}}} + \sigma^2_{\theta_n}} \, . \tag{14.19}$$

Als Beispiele für die Verwendung von Cherenkov-Strahlung für die Teilchentrennung in modernen Großexperimenten der Teilchen- und Schwerionenphysik sollen hier die abbildenden Cherenkov-Detektoren in den LHC-Experimenten ALICE und LHCb vorgestellt werden. Es kommen dabei zwei moderne Techniken zum Nachweis der Cherenkov-Photonen zur Anwendung: Drahtkammern mit CsI-beschichteten photoempfindlichen Kathoden (ALICE-HMPID, siehe auch Abschnitt 11.6, Abb. 11.16) beziehungsweise (hybride) Photovervielfacher mit Bialkali-Photokathodenbeschichtung (LHCb-RICH, siehe auch Abschnitt 10.4).

Teilchenidentifikation durch RICH-Detektoren im ALICE-Experiment Der Zweck des RICH-Detektors HMPID (*High Momentum Particle IDentification*) in ALICE ist es, in einem begrenzten Raumwinkelbereich eine über die dE/dx-Technik der TPC hinaus erhöhte Trennkraft für Pionen, Kaonen und Protonen zu erzielen. K/π-Trennung wird im Impulsbereich bis zu 3 GeV/c, K/p-Trennung bis 5 GeV/c erreicht. Auch leichte Kerne können identifiziert werden. Er besteht aus sieben etwa 1.5×1.5 m^2 großen RICH-Modulen, die die in einem Flüssigradiator (C_6F_{14}, n=1.283) erzeugten Cherenkov-Ringe über *Proximity*-Fokussierung in einem Vieldrahtgasdetektor mit CsI-Kathodenbeschichtung nachweisen. Die Technik ist in Kapitel 11 auf Seite 530 beschrieben.

Die für Einzelphotonen erreichte Auflösung beträgt $\sigma_{\theta_i} \approx 12$ mrad; für senkrecht eintreffende asymptotische ($\beta = 1$) Spuren wird eine Cherenkov-Winkelauflösung von $\sigma_{\theta_c} \approx$ 3.5 mrad erreicht [716]. Abbildung 14.14 demonstriert die Trennkraft für π/K/p, die allein durch die RICH-Detektoren erzielt wird.

Teilchenidentifikation durch RICH-Detektoren im LHCb-Experiment Bei LHC-Energien umfasst das Impulsspektrum für Baryonen und Mesonen einen Bereich bis

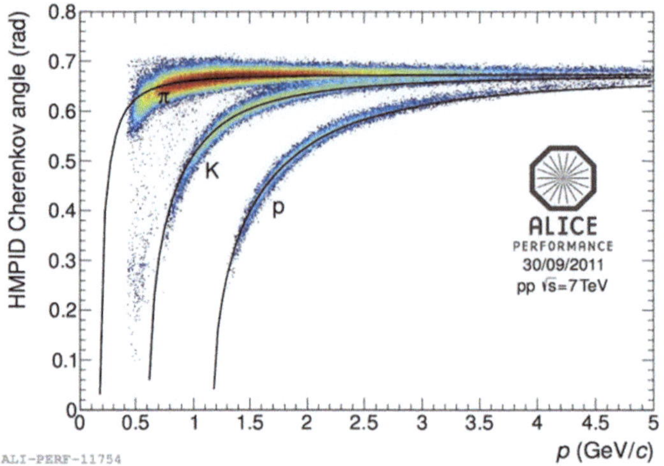

Abb. 14.14 Trennung von Pionen, Kaonen und Protonen mit dem ALICE-HMPID-RICH-Detektor als Funktion des Impulses (aus [26], © CERN).

etwa 100 GeV/c und darüber. Von besonderer Bedeutung ist ihre Identifizierung im LHCb-Experiment, welches das detaillierte Studium von B-Meson-Zerfällen zum Ziel hat, wofür Teilchenidentifikation (insbesondere π/K-Trennung) bis zu Impulsen von etwa 100 GeV/c besonders wichtig ist. Der LHCb-Detektor [86] hat zu diesem Zweck zwei Gas-RICH-Detektoren zur Teilchentrennung in zwei unterschiedlichen Impulsbereichen [47]. Zusätzlich ist zur Abdeckung des Bereichs niedriger Impulse ein Aerogel-Radiator in einem der Detektoren angebracht (RICH 1).

Ein Querschnitt des LHCb-Experiments ist in Abb. 14.15(a) gezeigt. RICH 1 für Impulse zwischen 2 und 40 GeV/c besitzt einen Gas-Radiator aus Perfluorbutan (C_4F_{10},

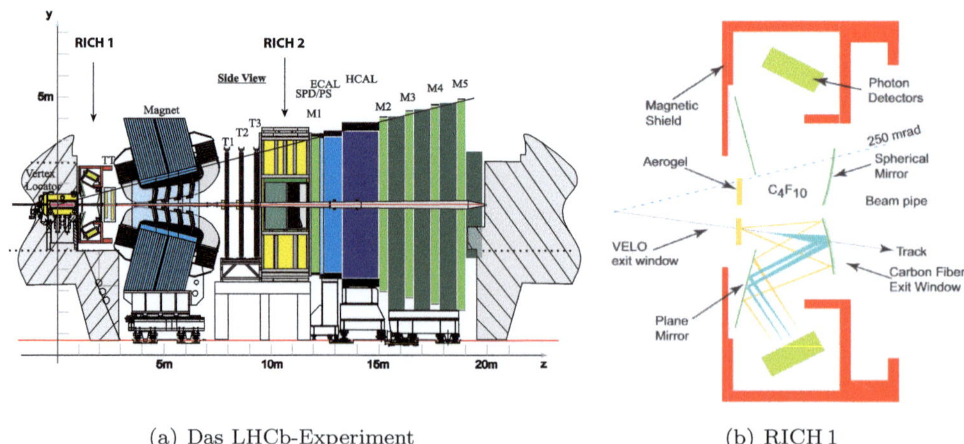

(a) Das LHCb-Experiment (b) RICH 1

Abb. 14.15 (a) Das LHCb-Experiment am LHC mit Vertexdetektor, einem Spursystem, dem RICH-Cherenkov-System bestehend aus zwei RICH-Detektoren, ECAL, HCAL und Myonsystem; (b) RICH 1 ist mit C_4F_{10} gefüllt und wird mit hybriden Photodetektoren (HPD) ausgelesen (Quelle: LHCb Collaboration und CERN).

Tab. 14.1 Charakteristika der beiden RICH-Detektoren des LHCb-Experiments am LHC [47]: Brechungsindex, asymptotischer Cherenkov-Winkel, Winkelauflösung, Zahl der gemessenen Photoelektronen, Impulsbereich für Teilchentrennung [706].

Radiator	n	θ_∞	σ_θ	$N_{\text{meas}}^{\text{pe}}$	Impulsbereich
Aerogel, RICH 1	1.03	13.9°	±0.3°	≈ 5	einige GeV
C_4F_{10}, RICH 1	1.0015	3.03°	±0.1°	≈ 25	10 GeV bis 65 GeV
CF_4, RICH 2	1.00053	1.81°	±0.04°	≈ 20	15 GeV bis >100 GeV

$n = 1.0015$) und einen zusätzlichen Radiator aus Aerogel mit $n = 1.03$ (Abb. 14.15(b)); RICH 2 für Impulse zwischen 15 und 100 GeV/c ist mit dem Gas Tetrafluormethan (CF_4, $n = 1.00053$) gefüllt. Diese Gase haben geringe chromatische Dispersion ($\sigma_n/(n-1) \approx 2$–3%, vergleiche Abschnitt 11.6 auf Seite 534). Die Auslese des Cherenkov-Lichts erfolgt in beiden Systemen mit hybriden Photovervielfachern, hybrider Photodetektor (HPD, siehe Abschnitt 10.4), basierend auf pixelierten (2.5×2.5 mm^2) Photodioden. Die Charakteristika der LHCb-RICH-Detektoren sind in Tab. 14.1 zusammengefasst.

Die Cherenkov-Winkel für verschiedene Brechungsindices n zur Teilchentrennung ist in Abb. 14.16(a) in Abhängigkeit vom Impuls dargestellt. Die mit dem RICH-System von LHCb mögliche Teilchenidentifikation ist in Abb. 14.16(b) dargestellt (nur RICH 1). Die Trennung von p, K, π und sogar μ (bei kleinen Impulsen) ist durch die gleichzeitige Messung des Teilchenimpulses in dem Magnetspektrometer von LHCb und des Cherenkov-Winkels über sehr weite Impulsbereiche möglich (Tab. 14.1).

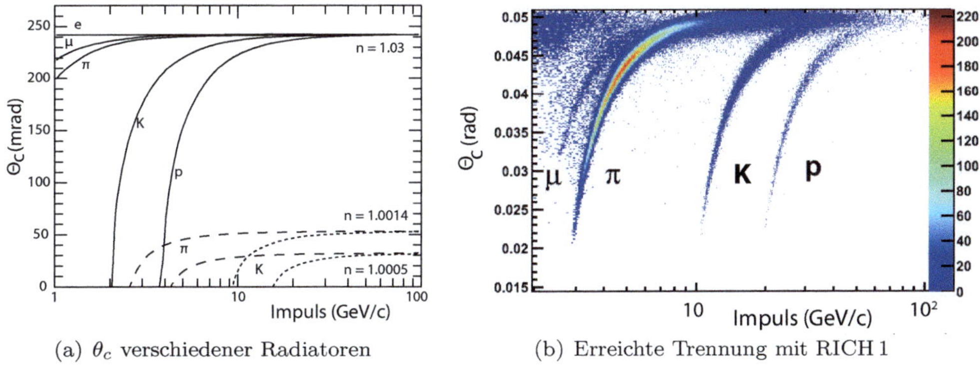

(a) θ_c verschiedener Radiatoren (b) Erreichte Trennung mit RICH 1

Abb. 14.16 Teilchenidentifikation mit den RICH-Detektoren des LHCb-Experiments [706]. Aufgetragen ist der Cherenkov-Winkel als Funktion des Teilchenimpulses. In (a) sind die berechneten Winkel für Pionen und Kaonen für drei verschiedene Brechungsindizes gezeigt, für $n = 1.03$ (Aerogel) sind zusätzlich die Winkel für e, μ und p gezeigt. In (b) ist die erzielte Trennung mit RICH 1 allein demonstriert [47].

14.2.4 Elektronen-Identifizierung mit Übergangsstrahlungs-Detektoren

Relativistische Teilchen, die die Grenzfläche zweier Medien mit unterschiedlichen Permittivitäten ϵ_1, ϵ_2 passieren, strahlen Photonen mit Wellenlängen bis in den hohen Röntgenbereich ab. Die Grundlagen der Übergangsstrahlung und ihre Anwendung für Detektoren sind in Kapitel 12 beschrieben. Die Intensität der Übergangsstrahlung (*transition radiation*, TR) steigt mit dem Lorentz-Faktor γ des Teilchens bis zu einem Sättigungswert γ_s (siehe Abschnitt 12.2.3 auf Seite 569), und der wahrscheinlichste Abstrahlwinkel ist umgekehrt proportional zu γ:

$$\text{Intensität} \propto \gamma\,, \qquad\qquad \theta_{\text{mpv}} \propto \frac{1}{\gamma}\,. \tag{14.20}$$

Wegen seiner γ-Abhängigkeit wird Übergangsstrahlung in der Teilchenphysik hauptsächlich benutzt, um hochenergetische Elektronen von anderen Teilchen wie Pionen, Protonen und Kaonen zu trennen. Elektronen besitzen einen fast 300 mal größeren γ-Faktor als Pionen bei gleichem Impuls.

Die TR-Intensität erreicht ein Maximum abhängig von Anzahl und Dicke der gewählten Medien im Radiator (siehe Abb. 12.10 auf Seite page 570). Diese Wahl selektiert einen Frequenzbereich der TR-Photonen, der von γ abhängt (Abb. 12.8(a) auf page 567). Des Weiteren, um Übergangsstrahlung signifikant in der Nähe einer Teilchenspur nachweisen zu können, ist eine minimale TR-Intensität notwendig, die außerdem von Interferenzmaxima und -minima aus der Überlagerung der Strahlung aus vielen Grenzflächen moduliert ist. Aus diesen Gründen weist der Nachweis von Übergangsstrahlung ein Schwellenverhalten (siehe Kapitel 12, Seite 559) sowie Sättigung der Intensität als Funktion von γ auf (siehe Kapitel 12 auf Seite 567).

Die in Experimenten verwendeten Übergangsstrahlungsdetektoren sind schichtweise aus Materialien mit zwei unterschiedlichen Permittivitäten aufgebaut, üblicherweise entweder als Folienstapel oder aus Schaum-/Faser-Materialien bestehend. Während in Folienstapeln ein konstantes Dicke-zu-Abstand-Verhältnis eingestellt werden kann, kann für Schäume und Faser-Materialien lediglich eine mittlere Porengröße, beziehungsweise ein mittlerer Faserzwischenraum über die Dichte des Materials gewählt werden. Beispiele sind in Abb. 12.11 auf Seite 573 gezeigt. Im Mittel wird erhöhte TR-Intensität erzielt durch (teilweise) konstruktive Interferenz und inkohärente Addition der Strahlung von vielen, sehr ähnlichen Grenzflächen. Je mehr Grenzschichten von einer Teilchenspur durchlaufen werden, umso mehr Photonen werden erzeugt bis zu der erwähnten Sättigung. Um Selbstabsorption in nachfolgenden Radiatorschichten zu verringern, können Anordnungen mit mehreren TR-Stufen hintereinander benutzt werden, die jeweils einen Photondetektor haben (siehe Abb. 12.13). Die e/π-Trennkraft (d.i. die Effizienz der Pionunterdrückung) hängt von der totalen Länge ab, wie Abb. 14.17 für eine Vielzahl von TR-Detektoren in Experimenten zeigt.

Die Berechnung der TR-Trennkraft muss der Tatsache Rechnung tragen, dass TR-Signale ein Schwellenverhalten zeigen und nur TR-Intensität oberhalb der Schwelle für eine Messung zur Trennung zweier Teilchensorten ausgenutzt werden kann. Die Methoden

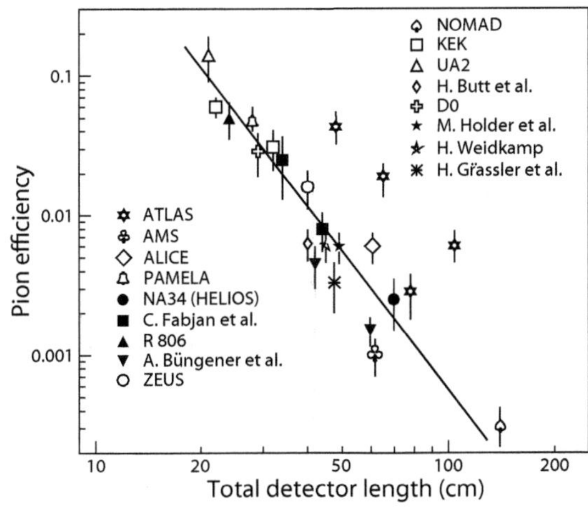

Abb. 14.17 Güte der Elektron-Pion-Trennung mit TR-Detektoren: Ansprechwahrscheinlichkeit für Pionen bei einer Nachweiseffizienz für Elektronen von 90% als Funktion der Detektorlänge für verschiedene Experimente [799].

zur Trennung oder Unterdrückung von Teilchensorten mittels TR sind im Allgemeinen komplex und häufig mit anderen Methoden kombiniert wie zum Beispiel mit der Messung der spezifischen Ionisation (dE/dx). Eine ähnliche Definition wie (14.12) für dE/dx-Messung

$$n_\sigma(\mathrm{TR}) = \frac{|\langle \mathrm{N}_\gamma \rangle(\mathrm{e}) - \langle \mathrm{N}_\gamma \rangle(\pi)|}{\sqrt{\langle \mathrm{N}_\gamma \rangle(\mathrm{e})}}, \tag{14.21}$$

wobei $\langle N_\gamma \rangle$ die nachgewiesene Anzahl der TR-Photonen für Elektronen (e) bzw. Pionen (π) ist, greift daher zu kurz. Der TR-Nachweis ist aufwändig wie in Abschnitt 12.3.3 beschrieben. Einzelne TR-Photonen werden in aller Regel nicht gemessen.

In typischen Anwendungen erzeugen in erster Näherung nur Elektronen Röntgenphotonen, so dass die Trennkraft direkt von der Übergangsstrahlungsintensität für Elektronen abhängt. Eine größere Detektorlänge L, verteilt auf mehrere Ausleseeinheiten, erhöht die TR-Intensität und damit die Trennkraft gegenüber Pionen (und erst recht gegenüber schwereren Hadronen) bei gleichem Impuls, wobei die Sättigung in der Intensität in einem Radiator ab einem γ-Wert etwas unterhalb von 10^4 (siehe Abb. 12.8(b) in Abschnitt 12.2.2) und die Photonabsorption in Radiator und TR-Detektor zu berücksichtigen sind. Aus Abb. 14.17 liest man eine typische Detektorlänge von 60 cm für eine Pion-Effizienz von 0.001 (etwa 3σ) ab.

Für LHC-Reaktionen ist der Nachweis von hochenergetischen, geladenen Leptonen sehr wichtig. Für Elektronen bieten sich neben elektromagnetischen Kalorimetern dazu Übergangsstrahlungsdetektoren an, die zusätzlich eine unmittelbare Zuordnung zu einer geladenen Spur liefern können. Nachfolgend erläutern wir daher zwei bei LHC eingesetzte Detektorkonzepte: den TRT-Detektor von ATLAS und den TRD-Detektor des ALICE-Experiments.

TR-Detektoren in LHC-Experimenten Am LHC werden TR-Detektoren in den Experimenten ATLAS und ALICE zur e/π-Trennung verwendet. In ATLAS liegt der Fokus

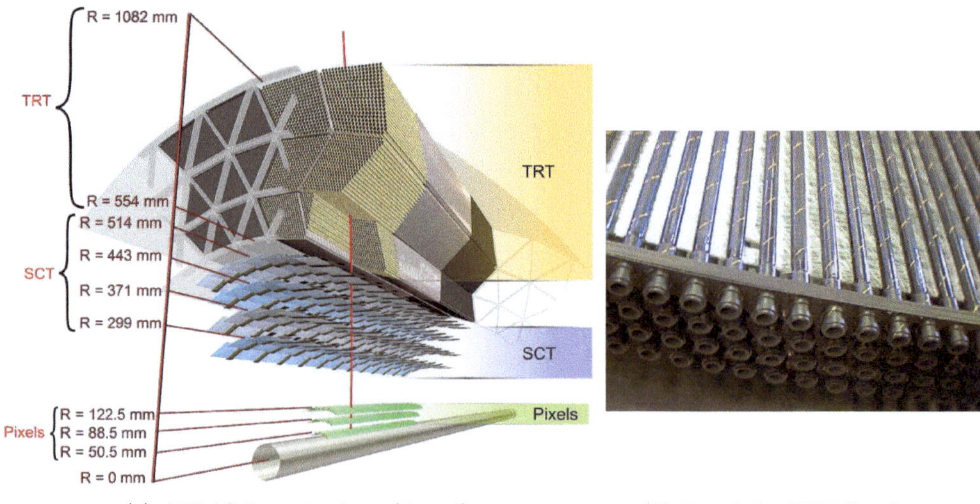

(a) ATLAS Innendetektor (Barrel).

(b) Detail des TRT-Detektors.

(c) Trefferverteilung ATLAS-TRT

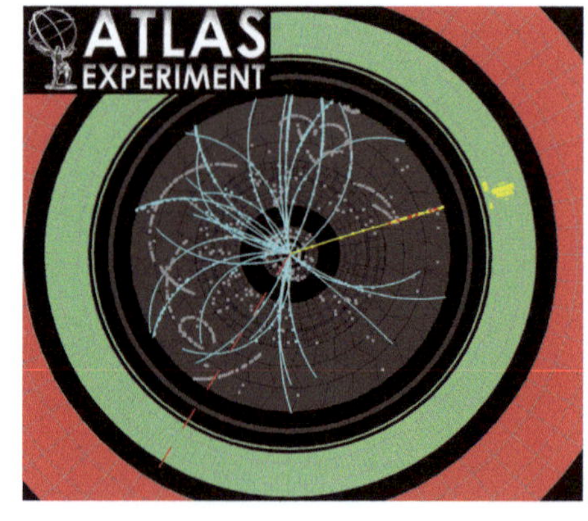

(d) Elektronerkennung im $W \to e\nu$-Zerfall

Abb. 14.18 (a) Ausschnitt des Barrel-Bereichs des ATLAS-Innendetektors, in dem der Transition Radiation Tracker (TRT) [2] den äußeren Bereich abdeckt. (b) Detail eines TRT-Moduls: Lagen aus Driftrohren, die sich mit Radiatorlagen aus Polypropylenfasermaterial abwechseln, dienen als Spurdetektor und Übergangsstrahlungsdetektor gleichzeitig, (c) Verteilung der Anteile der Treffer oberhalb der oberen TR-Schwelle für Spuren im ATLAS-TRT [125]; (d) Event-Display eines LHC Kollisions-Ereignisses (Run 152409, Event 5966801), in dem der Zerfall des W-Bosons, $W \to e\nu$, beobachtet wird. Das Elektron im Zerfall (gelb) wird deutlich durch mehrere Treffer (rot markiert) oberhalb der oberen Trefferschwelle (siehe Text) im TRT-Detektor nachgewiesen. Außerdem zeigt das elektromagnetische Kalorimeter (grüner Ring) eine für Elektronen typische Antwort. (Quelle: CERN/ATLAS Collaboration).

auf der Erkennung von Elektronen bei hohen Impulsen, bei ALICE liegt er auf der Unterdrückung von Pionen bei niedrigen Impulsen.

Der so genannte *Transition Radiation Tracker* (TRT) [2] in ATLAS erfüllt zwei Aufgaben gleichzeitig. Er dient als Spurdetektor im äußeren Bereich des ATLAS-Innendetektors (Abb. 14.18) und liefert gleichzeitig die Möglichkeit, Elektronen von Hadronen (vor allem von Pionen) durch Erkennung von Signalen der Übergangsstrahlung in einem Impulsbereich von 1 GeV/c bis 200 GeV/c zu trennen. Im Gegensatz dazu wird im Schwerionenexperiment ALICE eine Elektronidentifikation mit sehr starker Pionunterdrückung (Faktor 100) im Bereich von etwa 2 bis 10 GeV/c angestrebt [26].

Der ATLAS-TRT-Detektor ist in Abschnitt 12.3 auf Seite 577 beschrieben. Er besteht aus zylindrisch (Barrel) bzw. radial (Endcap) angeordneten Driftrohren, zwischen denen der TR-Radiator als Faserradiator beziehungsweise als Lagen von Folienstapeln integriert ist. Im zentralen Bereich des ATLAS-TRT werden immer mindestens 36 Driftrohre von einer Spur durchlaufen. Zusätzliche TR-Signale werden von 'normalen' Ionisationssignalen durch die Definition zweier Schwellen (niedrig/hoch) elektronisch unterschieden (Abb. 12.14).

Abbildung 14.18(c) zeigt die Verteilung des Anteils der Spuren, die oberhalb der oberen TR-Schwelle nachgewiesen wurden. Für Elektronen ist dies wesentlich häufiger der Fall als für Pionen. Bei einer Nachweiseffizienz von 90% für Elektronen werden Pionen um einen Faktor 20 bis 50 unterdrückt [125]. Abbildung 14.18(d) zeigt ein LHC-Kollisions-Ereignis, in dem ein W-Boson erzeugt wird, das in ein Elektron und ein Neutrino zerfällt. Die Elektronspur weist 7 TR-Treffer auf.

Im ALICE-Experiment erfolgt unterhalb von 1 GeV/c eine gute Elektronidentifikation durch Ionisationsmessungen mit der zentralen TPC des Experiments [9, 804], wie Abb. 14.12 zeigt. Darüber hinaus hat ALICE einen TR-Detektor, der in Abschnitt 12.3.5 beschrieben ist. Er besteht aus Driftkammermodulen, die mit einer Photonen absorbierenden Gasmischung (85% Xe, 15% CO_2) gefüllt sind (Abb. 12.15 auf Seite 578). In einem TRD-Modul gibt es radial angeordnet sechs Lagen bestehend aus dem Radiator und einer Driftkammer. Mit der Driftkammer werden die Ladungen, die durch TR-Photonen erzeugt werden, zusätzlich zu den Ladungen, die durch die Ionisation der geladenen Spur entstehen, orts- und zeitaufgelöst mittels Kathodenauslese (siehe Kapitel 7) nachgewiesen. Die dE/dx- und die TR-Beiträge zum Signal sind in Abhängigkeit vom $\beta\gamma$ des Teilchens in Abb. 12.16 auf Seite 578 dargestellt.

Die Kammer arbeitet bei moderater Gasverstärkung, um Raumladung durch zurück driftende Ionen im Kammervolumen zu vermeiden. Da die Absorption der TR-Photonen vorwiegend an der dem Radiator zugewandten Seite erfolgt, ist die Laufzeit der TR-Ladungen vergleichsweise groß und sorgt für eine Überhöhung des Zeitspektrums bei großen Zeiten (Abb. 14.19(a)). Elektronen unterscheiden sich daher von Pionen bei kleinen Impulsen ($\sim$GeV/c) durch größere Ionisationssignale (GeV-Elektronen befinden sich weit im relativistischen Anstieg der Bethe-Bloch-Kurve, im Unterschied zu Pionen (siehe Abb. 3.5)) und durch zusätzliche TR-Beiträge, wie Abb. 14.19(a) zeigt. Im GeV/c-Impulsbereich werden Pion-Unterdrückungs-Faktoren von etwa 80–150 (abhängig von der verwendeten Analysetechnik) erreicht [26] (Abb. 14.19(b)).

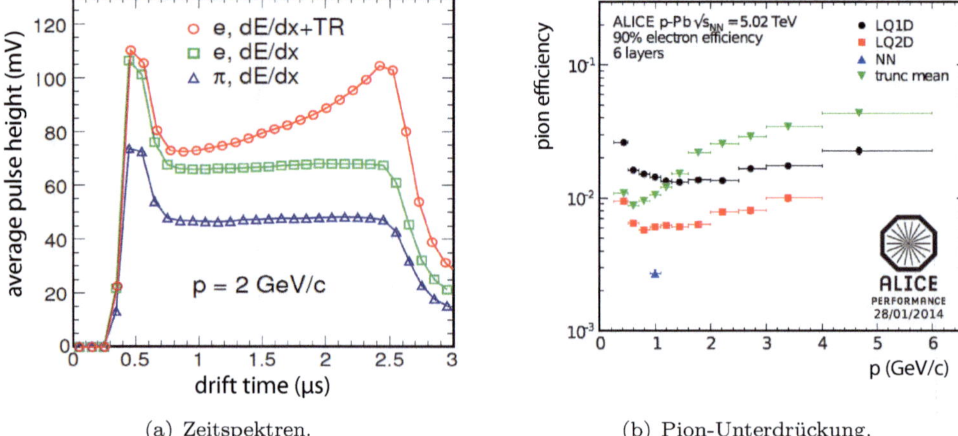

(a) Zeitspektren. (b) Pion-Unterdrückung.

Abb. 14.19 (a) Zeitspektren (Simulation, Pulshöhe als Funktion der Driftzeit) für typische Spuren in der TRD-Kammer des ALICE-Experiments gemäß Abb. 12.15 auf Seite 578 [9]. Zum Verständnis siehe auch Abb. 12.16. Gezeigt sind die Ionisationssignale (dE/dx) für Pionen und Elektronen allein sowie die Summe von dE/dx- und TR-Signal für Elektronen. Frühe Zeiten gehören zu Ionisationen nahe am Draht, späte Driftzeiten zu Ionisationen nahe dem Radiator. In der Verstärkungszone (frühe Zeiten) ist das Signal größer, weil die Ionisation von beiden Seiten des Anodendrahtes zu demselben Zeitintervall beiträgt. (b) Inverser Unterdrückungsfaktor (*pion efficiency*) für Pionen bei einer Nachweiseffizienz für Elektronen von 90% als Funktion des Impulses, bestimmt mit verschiedenen Identifikationstechniken angezeigt durch verschiedene Symbole: *truncated mean* (grüne Dreiecke), Likelihood-Methoden (schwarz und rot), sowie Neurales Netz (blau) [26]. Quelle: CERN/ALICE Collaboration.

14.2.5 Charakteristische Detektorlänge

Die in den vorangehenden Abschnitten beschriebenen Methoden zur Teilchenidentifikation, die auf Gleichung (14.1) zurückgehen, benötigen mit wachsendem Impuls beziehungsweise wachsender Teilchengeschwindigkeit größer werdende Aufbauten, das heißt eine größere charakteristische Detektorlänge. Die für eine bestimmte Trennungsauflösung (zum Beispiel 2σ oder 3σ) charakteristischen Detektorlängen (zum Beispiel der Abstand der TOF-Detektoren zur Messung der Flugzeit oder die Radiatorlänge bei Cherenkov-Messung) sind in Abb. 14.20 als Funktion des Teilchenimpulses für in der Teilchenphysik typische Anwendungsbereiche und unter Annahme typischer Auflösungen skizziert. Betrachtet sind π/K-Trennung in Abb. 14.20(a) und e/π-Trennung in Abb. 14.20(b). Für die TOF-Messung, zum Beispiel, folgt die funktionale Abhängigkeit unmittelbar aus (14.8). Für eine ID-Messung mittels Cherenkov-Strahlung ist die Detektorlänge in der Anzahl nachgewiesener Photonen für die nötige Auflösung versteckt, die mit der Detektorlänge anwächst (Gleichung (14.17)). In der Abbildung sind Längen für verschiedene Radiatorarten (Flüssigkeiten, Aerogel, Gase) für typische Auflösungen gezeigt, was den großen Bereich der Teilchenidentifikation mittels Cherenkov-Strahlung verdeutlicht. Der konstante chromatische Beitrag zur Auflösung (Abschnitt 11.6.3) stellt eine untere Gren-

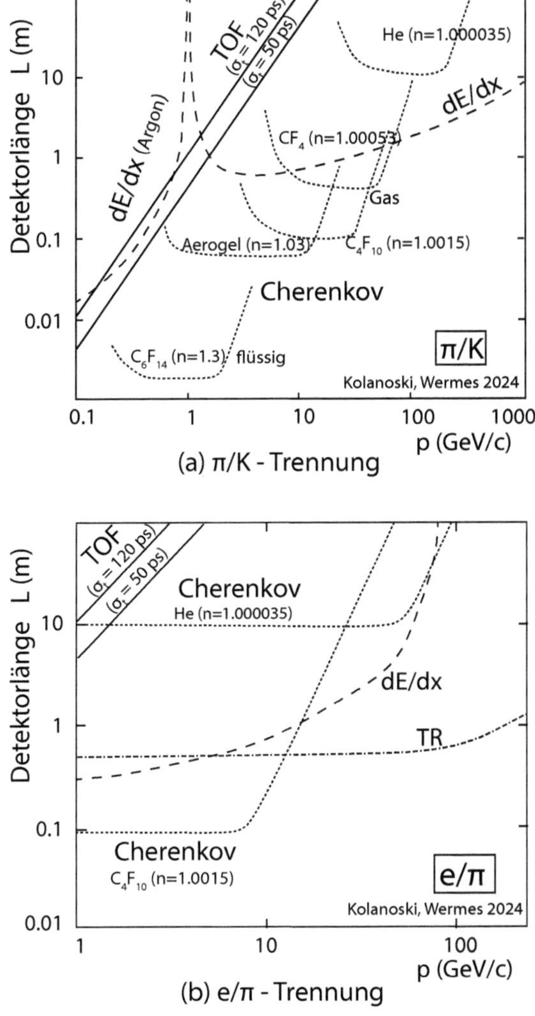

Abb. 14.20 Schematische Darstellung der notwendigen Detektorlänge für die Trennung (3σ) von Teilchen, deren Impuls magnetisch bestimmt ist: (a) π/K - und (b) e/π -Trennung als Funktion des Impulses für verschiedene im Text erläuterte Methoden und typische Anwendungsannahmen: Flugzeitmessung (TOF, durchgezogene Linien) mit Zeitauflösungen $\sigma_t = 120$ ps und 50 ps; Ionisationsmessung (dE/dx, gestrichelte Linien), Argon-gefüllte Kammer bei 1 bar mit 3% Ladungsauflösung. Für die Cherenkov-Messung (gepunktete Linien) wurden für verschiedenen Radiatoren folgende Winkelauflösungen angenommen: C_6F_{14} ($n = 1.3$, $\sigma_{\theta_c} = 20$ mrad, $\sigma_{\theta_n} = 12$ mrad); Aerogel ($n = 1.03$, $\sigma_{\theta_c} = 2$ mrad, $\sigma_{\theta_n} = 1$ mrad); und für die Gasradiatoren C_4F_{10} ($n = 1.0015$, $\sigma_{\theta_c} = 0.5$ mrad), CF_4 ($n = 1.00053$, $\sigma_{\theta_c} = 5$ mrad), He ($n = 1.000035$, $\sigma_{\theta_c} = 0.2$ mrad), jeweils mit einer chromatischen Dispersion nach (11.48) mit $\sigma_n/(n-1) = 3\%$. Für Übergangsstrahlung (Strichpunkt-Linien) kann die Trennkraft nicht ohne Weiteres analytisch angegeben werden (siehe Ausführungen zu Gl. (14.21) im Text). Für e/π-Trennung in (b) wird die 3σ entsprechende Detektorlänge aus Abb. 14.17 übernommen, die über weite Bereiche impulsunabhängig ist.

ze für die allgemein erreichbare Auflösung dar, was zu einem unteren Plateau in den Kurven für Cherenkov-Strahlung in Abb. 14.20 führt.

Wie bereits diskutiert ist die Intensitätsaubeute bei Übergangsstrahlung differenziert zu betrachten. Nur für eine Einzelgrenzfläche ist die (für den Nachweis viel zu kleine) Intensität proportional zum Lorentzfaktor γ. Das Interferenzmuster von zwei oder mehr Grenzflächen sowie Absorption im Radiator führen eine effektive γ-Schwelle und ein Sättigungsverhalten um einen bestimmten Wert γ_s nach Gleichung (12.31) in Abschnitt 12.2.3 ein. Für die Signalausbeute spielt außerdem das Absorptionsvermögen des Detektors eine Rolle. Einzelphotonen werden in der Regel nicht nachgewiesen. Aus diesem Grunde ist eine Abschätzung der Trennkraft mit (14.21) durch die nachgewiesene Anzahl von Photonen nicht angebracht. Stattdessen entnehmen wir der Abb. 14.17 aus der Anpassung eine Detektorlänge von etwa 60 cm bei einer Pion-Effizienz von 0.001, was ungefähr einer 3σ Trennkraft entspricht. Bei sehr hohen Impulsen emittieren auch Pionen Übergangsstrahlung. Übergangsstrahlung ist für übliche Teilchenimpulse ausschließlich zur e/π-Trennung nützlich. Erst bei sehr hohen Impulsen ist prinzipiell auch π/K-Trennung möglich. In Experimenten der Teilchenastrophysik werden auch direkte Messungen von γ bei hohen Energien vorgenommen (siehe Abschnitt 16.2.1 auf Seite 768).

Bei der dE/dx-Methode ist ein Gasvolumen (Argon, 1 bar) einer typischen Vieldrahtkammer angenommen, über das das Ionisationssignal gemessen und die Trennkraft nach (14.12) auf Seite 647 berechnet wird.

14.3 Identifikation von Myonen

Elektronen und Myonen spielen eine wichtige Rolle in Hochenergieexperimenten, weil sie eine 'Signatur' für schwere Quarks oder Leptonen und/oder exotische Teilchen sind und weil sich durch sie erzeugte Detektorsignale gut zur Verwendung im Trigger eines Experiments eignen (siehe Kapitel 18). Viele neutrale Teilchen zerfallen in Leptonpaare. Prominente Beispiele sind die Zerfälle von Z^0-Bosonen oder von Quark-Antiquark-Zuständen wie $\rho(770)$, J/ψ und Υ in ein e^+e^-- oder $\mu^+\mu^-$-Paar. $W^\pm$-Bosonen und semileptonisch zerfallende schwere Quarks emittieren Leptonen unter vergleichsweise großen Winkeln relativ zur Flugrichtung des Mutterteilchens und sind dadurch eine Signatur für sie.

Wechselwirkung von Myonen Elektronen können je nach Energie durch die in dem vorigen Abschnitt beschriebenen Methoden identifiziert werden und außerdem durch Detektorsysteme mit Spurkammern und einem elektromagnetischen Kalorimeter (siehe Abb. 14.2 und Abschnitt 15.5). Myonen sind durch die Techniken in Abschnitt 14.2 weniger gut zu identifizieren, auch deshalb, weil der Massenunterschied zu Pionen nur 33 MeV/c^2 beträgt. Allerdings spüren Myonen die starke Wechselwirkung nicht und entwickeln bei typischen (nicht extrem hohen) Energien auch keine elektromagnetischen Schauer, da der Bremsstrahlungsprozess im Vergleich zu Elektronen stark unterdrückt ist ($\propto 1/m^2$). Die kritische Energie E_k^μ liegt für Myonen typisch vier Größenordnungen über der von Elektronen (siehe Tab. 3.3 in Abschnitt 3.3.3). Myonen von 10 GeV haben zum Beispiel in Eisen eine Reichweite von etwa 7 m. Als Konsequenz sind Myonen in der Lage, dicke und massive Materialien zu durchdringen, die Hadronen (Hadronabsorber), Elektronen und Photonen absorbieren. Derartige Absorber sind automatisch in Experimenten vorhanden, wenn sie Hadronkalorimeter besitzen. Spuren geladener Teilchen, die den Hadronabsorber verlassen, sind mit großer Wahrscheinlichkeit Myonen. Hadronen stellen einen Untergrund dar, wenn sie den Absorber ohne Wechselwirkung durchdringen (*punch through*), was mit einer kleinen Wahrscheinlichkeit der Fall ist.

Andere Möglichkeiten zur Myonerkennung unter bestimmten experimentellen Bedingungen sind in anderen Abschnitten dieses Buches beschrieben: zum Beispiel aus der Form von Cherenkov-Ringen in Neutrino-Reaktionen auf Seite 547 in Abschnitt 11.6.4, aus dem Energieverlust bei hohen Energien in Abschnitt 3.3.4 sowie durch Ausnutzung ihrer Durchdringungskraft von zum Beispiel Gestein oder Wasser/Eis, um sie in

Untergrund-Astroteilchen-Detektoren nachzuweisen und damit die stark durchdringende Komponente eines Luftschauers zu identifizieren (siehe Abschnitt 16.4 und Abb. 16.31).

Mit einer Lebensdauer von 2.2 µs fliegen GeV-Myonen viele Kilometer weit, bevor sie zerfallen. Um sie in Experimenten der Hochenergiephysik zu identifizieren, wird ausgenutzt, dass sie bis zu Impulsen von mehreren hundert GeV/c vor allem durch Ionisation Energie verlieren. Die kritische Energie E_k^μ, bei der der Energieverlust durch Ionisation gleich dem durch Strahlungsprozesse ist, beinhaltet im Unterschied zur Definition für Elektronen in (3.95) auch Paarbildung und photonukleare Beiträge unter den Strahlungsprozessen. Sie ist in Gleichung (3.99) in Abschnitt 3.3.4 definiert und in (3.97) für Gase und Festkörper parametrisiert.

Nachweis von Myonen Die Reichweite von Myonen variiert stark mit dem Impuls (siehe Abb. 3.18): bei 10 GeV/c beträgt sie in Eisen etwa 7 m, bei 100 MeV/c nur 5.5 cm. Ab einem von der Absorberdicke abhängigen Schwellenimpuls im Bereich von typisch 1 GeV/c werden Myonen auch in dicken Absorbern wie zum Beispiel Kalorimetern nicht absorbiert. Ihre Erkennung kann dann dadurch erfolgen, dass die Spur eines geladenen Teilchens sowohl vor dem Absorber als auch dahinter gemessen wird. Der Impuls wird oft aus einer kombinierten Messung der Spurkrümmung in den Magnetfeldern vor, in und hinter dem Absorber bestimmt, nachdem eine Korrektur für den Energieverlust im Absorber vorgenommen wurde (siehe Abbildungen 3.15 und 3.16 auf Seite 56/57). Die Methode benötigt eine Mindesttiefe des Kalorimeters von etwa 10 hadronischen Absorptionslängen λ_a (etwa 16.8 cm in Eisen, siehe Tabelle 15.3 auf Seite 695).

Die Wahrscheinlichkeit, dass Pionen oder andere Hadronen das Kalorimeter durchdringen, fällt exponentiell mit der Absorberdicke gemäß (3.148) auf Seite 99. Unter dem Begriff *hadronic punch through* versteht man, dass Hadronen den Absorber durchdringen und ein Myonsignal im Myonspektrometer vortäuschen. Die Ursache können Debris aus dem hadronischen Schauer sein oder sekundäre Myonen aus Zerfällen von Pionen und Kaonen. Letzteres ist für dicke Absorber ($\gtrsim 10\lambda_a$) der dominante Beitrag. Um den Untergrund für eine Messung zu bestimmen, muss die Punch-Through-Wahrscheinlichkeit mit der A-priori-Häufigkeit der Hadronen relativ zu Myonen multipliziert werden. In typischen LHC-Reaktionen sind Hadronen um Größenordnungen häufiger (je nach Endzustand und Ereignisauswahl) als Myonen. Trotzdem kann der Beitrag von Spuren, die durch *punch through* als Myonen identifiziert werden, zum Beispiel im CMS-Experiment (für Myonen mit Transversalimpulsen größer als 20 GeV/c) auf ein Niveau von unter 1% gedrückt werden, wenn strenge Kriterien an die Qualität der Myonspuren angelegt werden [312].

Myonspektrometer In vielen Experimenten der Teilchenphysik sind dedizierte *Myonspektrometer* als eigenständige Detektoreinheiten installiert, zum Beispiel in den LHC-Collider-Experimenten ATLAS [2] und CMS [310] (siehe auch [550], Kapitel 19 in [525]) und in dem 'quasi'-*fixed-target*-Experiment LHCb [86] (Abb. 14.15(a)).

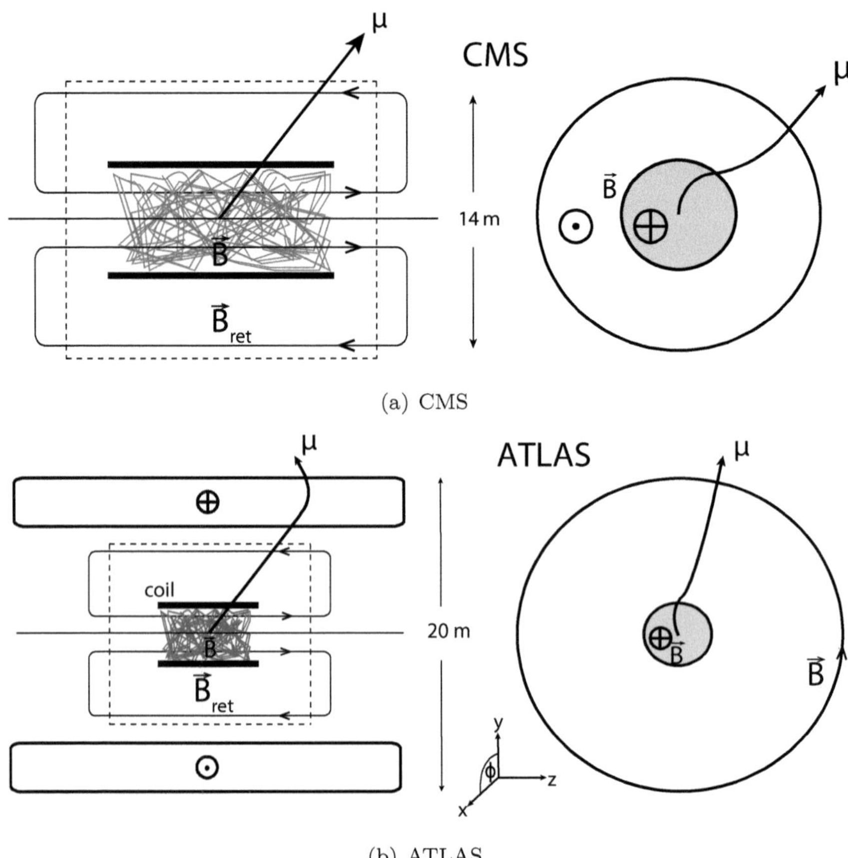

(a) CMS

(b) ATLAS

Abb. 14.21 Magnetspektrometer (a) des CMS-Experiments und (b) des ATLAS-Experiments am LHC. Dargestellt ist jeweils die Krümmung der Teilchenspur in der Ebene senkrecht zur Richtung des LHC-Strahls (so genannte 'r-ϕ'-Ebene, jeweils rechts) und in einer Ebene senkrecht dazu, die den LHC-Strahl beinhaltet (so genannte 'r-z'-Ebene, jeweils links). Die durchgezogenen Linien mit Pfeilen (links) zeigen die Orientierung des Magnetfelds an. Das gestrichelt gezeichnete Rechteck skizziert den Bereich des magnetischen Rückflusses (nach [550], mit freundl. Genehmigung von Springer Science+Business Media).

Wie in Abschnitt 9.1 in den Gleichungen (9.5) und (9.8) beschrieben, ist die senkrecht zur Flugrichtung projizierte Trajektorie eines einfach geladenen Teilchens in einem homogenen Magnetfeld $\vec{B}$ ein Kreis mit dem Krümmungsradius

$$R = \frac{p_T}{eB} = \frac{1}{0.3}\,\frac{p_T}{B}\,, \qquad (14.22)$$

wobei p_T in GeV/c die Impulskomponente des Myons senkrecht zu $\vec{B}$ ist sowie R in m und B in T anzugeben ist. Die Krümmungsrichtung bestimmt das Ladungsvorzeichen. Die Messmethode und die erzielbare Genauigkeit werden in Kapitel 9 beschrieben. Wegen der häufig großen abzudeckenden Flächen und Volumina werden meist großflächige gasgefüllte Kammern (Kapitel 7) zum Ortsnachweis der Myonspuren verwendet.

Die Magnetspektrometer der LHC-Experimente verwenden Solenoid-Magnete, die ein B-Feld parallel zum Strahl des Beschleunigers erzeugen. Myonen aus der Kollision der Strahlen werden in der Ebene senkrecht zum Strahl ('r-ϕ'-Ebene) auf einer Kreisbahn abgelenkt (Abb. 14.21). ATLAS besitzt im Außenraum Toroid-Magnete (Abschnitt 9.2.3). Im Barrel-Bereich ist der Toroid aus acht großen Spulen aufgebaut (Abb. 9.4(b)) und erzeugt ein kreisförmiges Magnetfeld um den ATLAS-Detektor. Myonen, die das Kalorimetermaterial durchdrungen haben, werden hier ein zweites Mal abgelenkt, diesmal in einer Ebene, die den LHC-Strahl beinhaltet ('r-z'-Ebene, Abb. 14.21(b)).

Die Myon-Kammern von CMS sind im Rückführeisen des CMS-Magneten platziert, dessen Magnetfeld eine Ablenkung der Spur in umgekehrter Richtung zu der Ablenkung innerhalb der Spule des Innendetektors bewirkt, so dass die Myonen insgesamt einer S-förmigen Trajektorie folgen (Abb. 14.21(a)). Bei ATLAS erfolgt die Solenoidfeld-Rückführung innerhalb des Hadron-Kalorimeters. Mit den Myonspektrometern (plus inneren Spurdetektoren) werden folgende Impulsauflösungen erreicht [371, 311]:

$$\begin{aligned} \text{ATLAS:} \quad & \frac{\sigma_{p_T}}{p_T} \approx 3.5\% \ (10\%) \quad && \text{bei } 50 \text{ GeV } (1 \text{ TeV}) \ , \\ \text{CMS:} \quad & \frac{\sigma_{p_T}}{p_T} \approx 2.3\% \ (10\%) \quad && \text{bei } 50 \text{ GeV } (1 \text{ TeV}) \ . \end{aligned}$$

14.4 Trennung von Elektronen, Myonen und Hadronen in Kalorimetern

Teilchentrennung ist auch durch die charakteristischen Formen der Schauer, die verschiedene Teilchen in Kalorimetern auslösen, möglich.

Die Ausdehnung elektromagnetischer Schauer (Abschnitt 15.2) in longitudinaler und in transversaler Richtung wird durch die Strahlungslänge X_0 (Gleichung (3.91) in Kapitel 3) bestimmt, die Ausdehnung hadronischer Schauer (Abschnitt 15.3) durch die nukleare Absorptionslänge λ_a, definiert in (3.149). Da λ_a für alle Absorbermaterialien mit $Z \gtrsim 6$ deutlich größer ist als X_0 (siehe Tab. 15.3 in Kapitel 15), ist die Ausdehnung hadronischer Schauer ebenfalls größer, sowohl in der Breite als auch in der Tiefe. Außerdem beginnt ein elektromagnetischer Schauer in der Regel weniger tief im Absorber als ein durch ein Hadron ausgelöster Schauer. Beispiele für beide Arten von Schauern sind in Abb. 15.11 auf Seite 692 gezeigt. Abbildung 14.22 zeigt das longitudinale Schauerprofil von elektromagnetischen und Hadronschauern in Eisen im Vergleich [526].

Zur Trennung von Hadronen und Elektronen in Kalorimetern kann neben dem Anfangspunkt des Schauers und dem Verhältnis von deponierter Energie im vorderen Teil des Kalorimeters zu der im hinteren Teil oder relativ zum (unabhängig gemessenen) Teilchenimpuls auch die deutlich größere Breite des Schauers herangezogen werden. Beispielsweise ist ein elektromagnetischer Schauer in Blei transversal zu 95% in einem Zylinder von 3.2 cm enthalten, während ein hadronischer Schauer eine 95%-Ausdehnung von 17.6 cm hat (vergleiche Abschnitte 15.2.2 und 15.3.3).

Üblicherweise werden Elektronen und Hadronen oder Jets aus Schauerformen durch Anpassung des gemessenen Schauerprofils an typische Profile energieabhängig voneinander unterschieden (*Likelihood*-Anpassung). Abbildung 14.23 zeigt für das Kalorimeter des ATLAS-Detektors, dass bereits mit dem Kalorimeter allein Jet-Unterdrückungsfaktoren von etwa 1000 bei einer Nachweiseffizienz für Elektronen von 90% erzielt werden. Durch zusätzliche Informationen aus dem Spurdetektor und dem Übergangsstrahlungsdetektor kann eine Unterdrückung um einen Faktor von etwa 10^5 bei einer Nachweiseffizienz von etwa 70% erreicht werden [407], ein Wert, der bei dem Jet/Elektron-Häufigkeitsverhältnis notwendig ist, um zum Beispiel hinreichend untergrundfreie $W \to e\nu$ – Zerfälle zu erhalten [5].

Myonen mit Energien unterhalb einiger 100 GeV initiieren weder elektromagnetische noch hadronische Schauer, sondern verlieren vornehmlich Energie durch Ionisation (dE/dx). Abbildung 14.24 verdeutlicht die sehr viel geringere Energiedeposition durch Myonen im Vergleich zu der durch hadronisch wechselwirkende Teilchen wie Pionen oder elektromagnetisch aufschauernde Elektronen. Für isolierte Teilchen ist dies ein sehr wichtiges Merkmal um Myonen von elektromagnetisch oder hadronisch aufschauernden Teilchen zu unterscheiden. Schwieriger ist die Identifikation von Myonen innerhalb von Jets. Eine Abtrennung der Myonen von Hadronen verlangt dazu die Kombination von Messinformationen aus den Kalorimetern (und evtl. spezieller Hadronabsorber) und den Spurdetektoren, wie in Abschnitt 14.3 erläutert.

14.5 Nachweis von Neutronen

Die Bedeutung des Neutronennachweises hat in den letzten Jahrzehnten sehr zugenommen. Neben den gestiegenen Anforderungen in der Reaktorsicherheit und im Strahlenschutz (siehe beispielsweise [524]) sind auch wissenschaftliche Projekte vermehrt am Neutronennachweis interessiert. Ein Beispiel ist das weltweite Netzwerk von Neutronen-

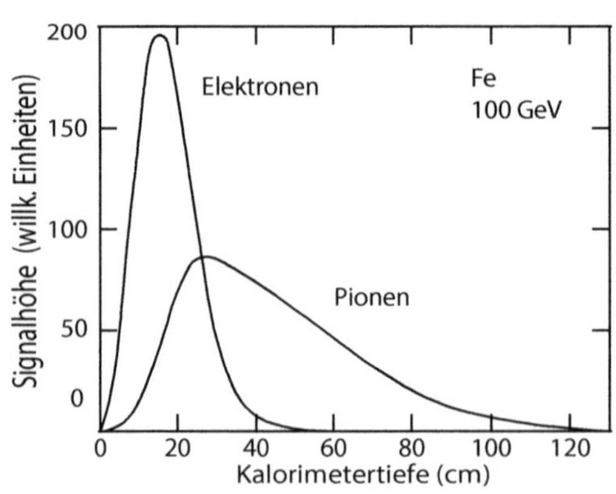

Abb. 14.22 Longitudinale Schauerentwicklung von durch Elektronen im Vergleich zu Pionen ausgelösten elektromagnetischen beziehungsweise hadronischen Schauern (nach [526]).

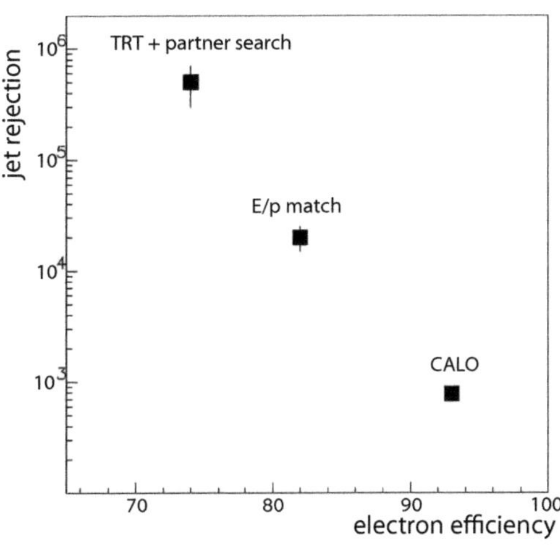

Abb. 14.23 Trennung von Elektronen und Hadron-Jets im ATLAS-Detektor (Simulation): Jet-Unterdrückungsfaktoren als Funktion der Nachweiswahrscheinlichkeit (*efficiency*) für Elektronen (bei gegebener Nachweiswahrscheinlichkeit für Elektronen, siehe Text) unter Verwendung (i) von Schauerprofilen im Kalorimeter (CALO), (ii) der zusätzlichen Bedingung, dass eine Spur ähnlichen Impulses (p) im Innendetektor auf den Schauer mit der Energie E zeigt (*E/p-match*) und (iii) bei zusätzlicher Verwendung des Übergangsstrahlungsdetektors TRT, um Elektronen mit Partner-Positronen als Photonkonversionen zu erkennen (*TRT + partner search*). Aus [407], mit freundl. Genehmigung der American Physical Society.

Monitoren, das die Beobachtung des kosmischen Neutronenflusses zur Bestimmung des Energiespektrums der primären kosmischen Strahlung und von Weltraumwettervorhersagen zum Ziel hat [793]. Ausführliche Darstellungen zum Nachweis von Neutronen findet man zum Beispiel in [860] und [655].

Als neutrale Teilchen wechselwirken Neutronen nicht durch Ionisation mit den Atomen der Materie. Stöße mit Atomkernen können allerdings geladene Reaktionsprodukte erzeugen, welche ihrerseits durch Ionisation direkt nachweisbar sind. Viele neutroneninduzierte Reaktionen mit Kernen erfolgen nach dem Schema, dass das Neutron zuerst in den Kern eingebunden wird, der dann zerfällt. Häufig entsteht auch ein angeregter Kern, der durch Emission eines Gammaquants in den Grundzustand geht ((n,γ)-Reaktion). Daneben gibt es elastische n-p-Stöße. Die Wirkungsquerschnitte der für den Neutronennachweis relevanten Reaktionen sind stark von der (kinetischen) Neutronenenergie T_n abhängig. Für niedrige Energien folgen sie näherungsweise einem $\sigma \propto 1/T_n$-Gesetz. Folgende für den Neutronennachweis wichtige Reaktionen können nach der Energie der Neutronen klassifiziert werden (siehe auch Abb. 14.25):

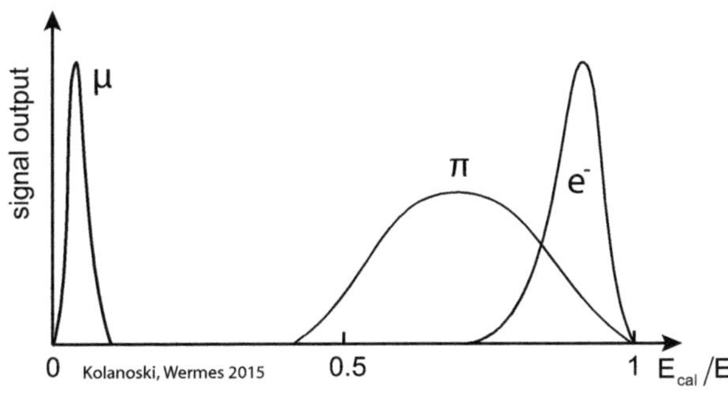

Abb. 14.24 Energieeinträge von Elektronen, Pionen und Myonen in absorbierenden Kalorimetern (schematisch). Aufgrund der unterschiedlichen Wechselwirkungen sind die Energieeinträge sehr verschieden.

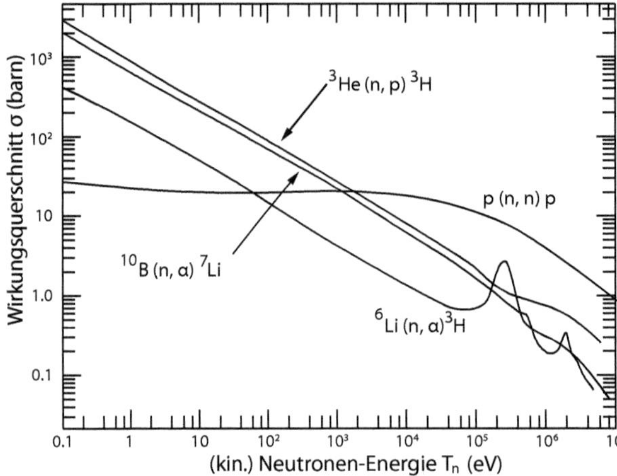

Abb. 14.25 Wirkungsquerschnitt für neutroninduzierte Reaktionen als Funktion der kinetischen Energie der Neutronen (nach [786]).

- Bei Neutronenergien $T_n < 20$ MeV treten neben (n,γ)-Einfangreaktionen vor allem auf:
  (a) $n + {}^6\text{Li} \rightarrow \alpha + {}^3\text{H}$,
  (b) $n + {}^{10}\text{B} \rightarrow \alpha + {}^7\text{Li}$,
  (c) $n + {}^3\text{He} \rightarrow p + {}^3\text{H}$,
  (d) $n + {}^{235}\text{U} \rightarrow {}^{236}\text{U}^* \rightarrow$ Spaltprodukte.

  In diesen Energiebereich fallen sowohl kalte und ultrakalte Neutronen ($T_n < 2$ meV), thermische und langsame Neutronen (2 meV $< T_n <$ 1 eV) als auch mittlere und schnelle Neutronen (1 eV $< T_n <$ 20 MeV).
- Für Energien zwischen $T_n > 20$ MeV und 1 GeV sind elastische (n,p)-Reaktionen am häufigsten.
- Hochenergetische Neutronen mit Energien $T_n > 1$ GeV lösen hadronische Schauer aus.

Allen Nachweismethoden ist gemeinsam, dass der Wirkungsquerschnitt der ausgenutzten Reaktion mit wachsender Energie stark abfällt, auch für die elastische (n,p)-Reaktion oberhalb von 100 keV. Bei kleinen Energien (< 1 eV) erreicht der Wirkungsquerschnitt Werte von mehr als 1000 barn. Moderation der Neutronen erhöht daher die Nachweiseffizienz. Dies kann am effektivsten durch elastische Stöße mit hohem Energieübertrag auf Stoßpartner gleicher Masse, also Nukleonen oder leichte Kerne, erfolgen.

Thermische und langsame Neutronen Zum Nachweis thermischer und langsamer Neutronen können sowohl gasgefüllte Detektoren als auch Halbleiterdetektoren oder Szintillatoren verwendet werden, bei denen ^{3}He (nur bei Gasen), Lithium oder Bor im Detektormaterial enthalten sind und damit die Reaktionen (a),(b) oder (c) ausgenützt werden können. Mit BF_3-Gas gefüllte Kammern oder Röhren, die als Ionisationskammern oder im Proportionalbereich arbeiten (zu den Betriebsmodi siehe Abschnitt 7.4.2 auf Seite 210), werden daher als Neutronendetektoren verwendet. Zur Erhöhung der Nachweiseffizienz

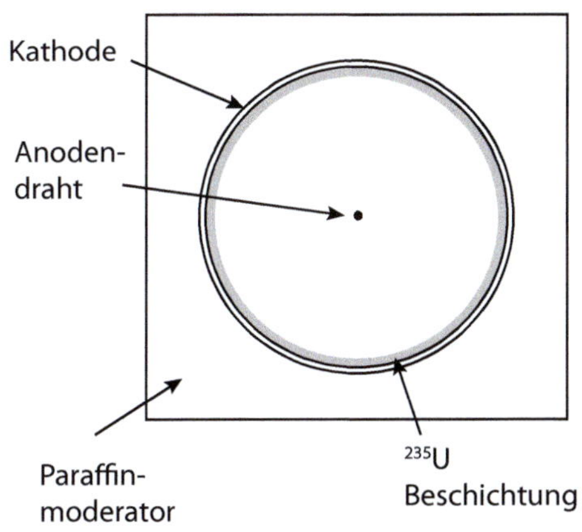

(a) n-Zähler (Spaltungsreaktionen)

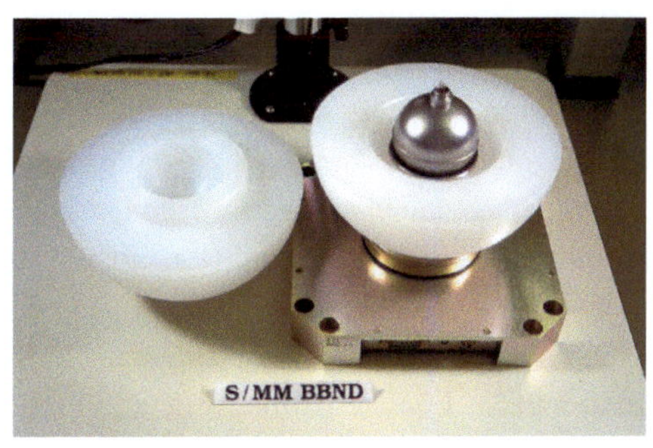

(b) n-Zähler (^{3}He-Reaktionen)

Abb. 14.26 (a) Neutronenzähler auf der Basis eines Proportionalzählrohrs. Das Zählrohr ist an der Kathodenseite mit ^{235}U beschichtet, in dem Spaltreaktionen ausgelöst werden. Die äußere Paraffinhülle sorgt für die Abbremsung der Neutronen (nach [904]); (b) Foto eines kugelförmig ausgelegten Neutronenzählers (Proportionalzähler) mit ^{3}He-Füllung bei 6.1 bar, der die Reaktion $^3\text{H},+\text{n} \rightarrow {}^1\text{H} + {}^3\text{H}$ ausnutzt, in Abb. 14.25 mit ^{3}He (n,p) ^{3}H bezeichnet; Durchmesser 23 cm, Mantelstärke 9 cm [1060].

(größerer Wirkungsquerschnitt bei kleinerer Energie) wird oft eine äußere Ummantelung mit einem Moderator, zum Beispiel aus Paraffin oder aus Wasser, hinzugefügt.

Lithium-beschichtete Halbleiterdetektoren nützen dasselbe Prinzip aus: Die erzeugten α-Teilchen oder Tritium aus Reaktion (a) werden nachgewiesen. Bei Szintillatoren bietet sich an, einen Lithium-Iodid-Szintillator (LiI(Eu)) zu verwenden, bei dem das Europium als Aktivator (siehe Abschnitt 13.3) dient, ähnlich wie Thallium in NaI(Tl) [526]. Da thermische Neutronen einen großen Wirkungsquerschnitt für Kernspaltung besitzen, eignen sich auch Spaltungsreaktionen (d) zum Neutronennachweis. Abbildung 14.26(a) zeigt einen Neutronenzähler, bei dem ein Proportionalzähler eine ^{235}U-beschichtete Kathode besitzt. Die Spaltprodukte werden von dem Zähler nachgewiesen. Die Anordnung ist umgeben von einem Paraffin-Moderator (C_nH_{2n+2}, $n = 18$-32) zur Abbremsung der Neutronen.

Häufig werden Proportional- oder Geigerzählrohr-Detektoren, die in einer Polyäthylen-Kugel eingebettet sind, als Neutronendetektoren verwendet. Um Reaktion (c) zu nützen, werden als Zählrohrgas spezielle Gasfüllungen, zum Beispiel ^{3}He/CH_4 oder reines ^{3}He, verwendet. Ein Foto eines Neutronendetektors dieser Bauweise (Bonner Ball Neutron Detector) zeigt Abb. 14.26(b) [778]. Der unter hohem Druck (etwa 6 bar reines ^{3}He) arbeitende Proportionalzähler im Zentrum ist mit einem 9 cm dicken Polyäthylen-Mantel umgeben. Der massive Polyäthylen-Moderator verhindert, dass außer Neutronen andere radioaktive Strahlung (α, β bis MeV-Energien; γ bis einige keV) in das Proportionalrohr eindringt, so dass diese Art von Neutronenzählern zuverlässig zur Neutronmessung in allgemeinen Strahlungsumgebungen einsetzbar sind.

Schnelle Neutronen So genannte schnelle Neutronen im MeV-Bereich bis etwa 100 MeV werden effizient mit organischen Szintillatoren nachgewiesen, indem die elastische (n,p)-Reaktion ausgenutzt wird. Dabei sollte der Neutronenzähler Abmessungen besitzen, die groß gegen die mittlere freie Weglänge λ_n der Neutronen sind, damit sie mit hoher Wahrscheinlichkeit nachgewiesen werden. Auch oberhalb von 100 MeV bis in den GeV-Bereich ist die elastische (n,p)-Reaktion ausnutzbar, allerdings sinkt die Nachweiseffizienz mit steigender Neutronenenergie stark wegen des in diesem Energiebereich fallenden elastischen Wirkungsquerschnitts, der nur bis etwa 100 keV annähernd konstant ist (vergleiche Abb. 14.25). Für Neutronen mit $T_n = 10\,\mathrm{MeV}$ ist $\sigma(n,p) \approx 1\,\mathrm{barn}$. In einem Plastikszintillator ($\rho \approx 1.05\,\mathrm{g/cm^3}$, Tab. 13.1) der Dicke $d = 5\,\mathrm{cm}$ mit 8 Protonen (d.h. hier: freien H-Atomen) pro Styroleinheit im Polystyrolmolekül (siehe Abb. 13.3(c) auf Seite 585) erhält man eine Wechselwirkungslänge $\lambda_n = (n\,\sigma)^{-1}$ von 20.7 cm und eine Nachweiswahrscheinlichkeit $\epsilon = 1 - \exp(-d/\lambda)$ von 21.5%.

Hochenergetische Neutronen Neutronen mit GeV-Energien oder mehr lösen wie andere stark wechselwirkende Teilchen hadronische Schauer aus, die in Kalorimetern nachgewiesen werden können (siehe Abschnitt 15.3 auf Seite 687). In Hochenergieexperimenten mit Hadronkalorimetern wie zum Beispiel am LHC besteht eine typische Signatur für ein Neutron aus einem nachgewiesenen Schauer im Hadronkalorimeter, dem weder eine Spur eines geladenen Teilchens aus dem Spurdetektor noch ein Eintrag im elektromagnetischen Kalorimeter zugeordnet werden kann, wie Abb. 14.2 zeigt.

14.6 Nachweis von Teilchen mit messbaren Zerfallslängen

Teilchen mit Lebensdauern viel kürzer als 10^{-12} s bis 10^{-13} s können in typischen Collider- oder Fixed-Target-Experimenten nur über eine Rekonstruktion des Zerfalls durch Messung der Zerfallsprodukte identifiziert werden. Für längere Lebensdauern kann die Flugstrecke l eines Teilchens bis zum Zerfall zur Identifikation hinzugezogen werden:

$$l = \beta\gamma c\tau\,, \tag{14.23}$$

wobei $\beta\gamma c = p/m$ (p = Impuls) die Geschwindigkeit des Teilchens im Laborsystem und τ seine Lebensdauer (im Ruhesystem des Teilchens) sind.

In Tab. 14.2 sind die Lebensdauern einiger wichtiger Leptonen, Mesonen und Baryonen, für die die Messung der Zerfallslänge wichtig zur Identifikation ist, zusammengestellt.

14.6.1 Nachweis von K^0_S-Mesonen und Λ-Baryonen

Das K^0_S-Meson und das Λ-Baryon haben Lebensdauern im Bereich von 10^{-10} s. Abhängig vom Impuls liegt die Flugstrecke bis zum Zerfall typisch im Bereich von mehreren

Tab. 14.2 Lebensdauern einiger durch Zerfallslängenmessung identifizierbarer Teilchen [1056]. Für existierende ladungskonjugierte Zustände gelten die gleichen Lebensdauern.

	m (GeV/c^2)	τ	$c\tau$	l (p = 10 GeV/c)	
τ^+	1.776	0.290×10^{-12} s	87 µm	0.5 mm	Lepton
K_S^0	0.498	0.895×10^{-10} s	2.68 cm	54 cm	Meson ($d\bar{s}$,$\bar{d}s$)
Λ	1.116	2.632×10^{-10} s	7.89 cm	71 cm	Baryon (uds)
D^0	1.865	0.410×10^{-12} s	123 µm	0.7 mm	Meson ($c\bar{u}$)
D^+	1.869	1.040×10^{-12} s	312 µm	1.7 mm	Meson ($c\bar{d}$)
Λ_c^+	2.286	0.200×10^{-12} s	60 µm	0.3 mm	Baryon (udc)
B^0	5.279	1.519×10^{-12} s	456 µm	0.9 mm	Meson ($d\bar{b}$)
B^+	5.279	1.641×10^{-12} s	492 µm	0.9 mm	Meson ($u\bar{b}$)
Λ_b	5.619	1.425×10^{-12} s	427 µm	0.8 mm	Baryon (udb)

zehn Zentimetern (siehe Tab. 14.2). Die dominanten Zerfallsmoden haben zwei geladene Teilchen im Endzustand:

$$K_S^0 \to \pi^+\pi^- \quad (70\%)\,, \tag{14.24}$$

$$\Lambda \to p\pi^- \quad (64\%)\,. \tag{14.25}$$

Die Signatur eines solchen Zerfalls ist die Entstehung von zwei Spuren in einem Spurdetektor, die in Form eines 'V' auseinanderlaufen. Die Impulse der Zerfallsprodukte sind in der Regel gut messbar, und unter der Annahme von Massenhypothesen für die Zerfallsteilchen[133] in (14.24) und (14.25) kann die invariante Masse berechnet werden. Meist lassen sich K_S^0 und Λ auf diese Weise sauber vom Untergrund unterscheiden, wie Abb. 14.27 zeigt.

14.6.2 Nachweis von Quarks und Leptonen mit Lebensdauern im Pikosekundenbereich

Präzisionsmessung von Sekundärvertices gehört zu den Hauptaufgaben von Vertexdetektoren (siehe auch Abschnitt 8.1), da τ-Leptonen und $q\bar{q}$ Bindungszustände mit einem schweren Quark (c, b) Lebensdauern im Pikosekundenbereich besitzen (siehe Tab. 14.2) und unter anderem mit Hilfe des Nachweises einer Zerfallslänge (14.23) identifiziert werden können.

Für Lebensdauern um Pikosekunden liegt $c\tau$ im Bereich von 300 µm. Die Zerfallslänge (14.23) hängt vom Impuls des Teilchens ab und kann sowohl kleiner ($\beta\gamma < 1$) als auch viel größer als 300 µm sein. Bei den $e^+ e^-$-Speicherringen der B-Fabriken (siehe Tab. 2.2 auf Seite 15), betrieben bei der Energie der Υ(4s)-Resonanz (10.58 GeV), wäre bei B-Meson-Paarerzeugung im Schwerpunktsystem nur $\beta\gamma \approx 0.1$. Daher werden die B-Fabriken PEP II (SLAC, USA) und KEKB bzw. SuperKEKB (KEK, Japan) mit asymmetrischen Strahlenergien betrieben, um dem erzeugten $B^0\bar{B}^0$-System einen Lorentzboost ($\beta\gamma = 0.56$ bzw.

[133] Beim Λ-Zerfall ist das Pion in der Regel das Zerfallsteilchen mit dem kleineren Impuls.

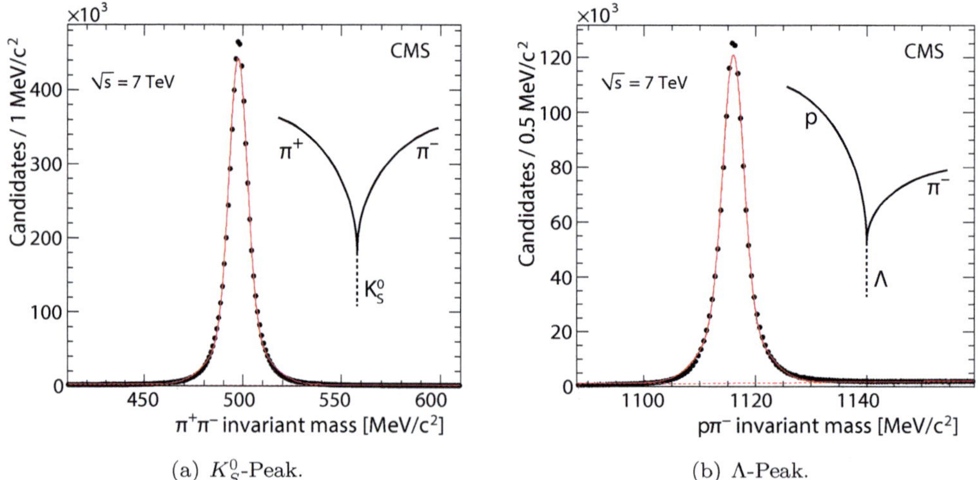

(a) K^0_S-Peak. (b) Λ-Peak.

Abb. 14.27 (a) $\pi^+\pi^-$-Spektrum (b) $p\pi^-$-Spektrum, aufgenommen mit dem Spurdetektor des CMS-Experiments bei LHC nach Auswahl von 'V'-förmig auseinander laufenden Spuren mit Zerfallslängen im Bereich von Zentimetern [640]. Die experimentellen Auflösungen (Mittelwert zweier Gaußkurven) betragen 8.2 MeV respektive 3.4 MeV bei sehr geringem Untergrund (gestrichelte Linien). (Quelle: CMS, ©CERN, CC-BY 3.0). Eingezeichnet in (a) und (b) sind typische Zerfallstopologien von K^0_S- und Λ-Zerfällen.

0.425) zu verleihen, was eine Messung des Abstands der Zerfallsvertizes der beiden B-Mesonen erlaubt.

An hochenergetischen Beschleunigern können die Impulsspektren schwerer Teilchen Lorentz-Faktoren von $\beta\gamma > 10$ erzielen, sodass die Zerfallslängen im Bereich von Millimetern liegen. Diese sind durch präzise Ortmessung von Spurpunkten möglichst nahe am Kollisionspunkt mit Vertexdetektoren bestimmbar. Die gemessenen Spuren werden dazu auf ihren Ursprung zurück extrapoliert, und ein gegebenenfalls gemeinsamer Schnittpunkt, der vom Primärvertex verschieden ist, wird bestimmt (siehe dazu auch Abb. 8.1 auf Seite 293 und Abschnitt 9.4.6 auf Seite 463).

Als Vertexdetektoren eignen sich vor allem halbleiterbasierte Mikrostreifen- oder Pixeldetektoren, die Ortsauflösungen für einen Spurpunkt im Bereich 5–10 µm besitzen. In den 1980er Jahren, vor der Etablierung der Mikrostreifendetektoren, wurden auch gasgefüllte Vertexkammern entwickelt, die Ortsauflösungen im Bereich von 50 µm erzielen (siehe zum Beispiel [287]).

Man erkennt aus Tab. 14.2 auch, dass es sehr schwierig ist, bestimmte Teilchen allein aus der Messung der Zerfallslänge zu identifizieren oder Teilchen mit Bottom-Quark-Inhalt von solchen mit Charm-Quark-Inhalt zu unterscheiden. Für Letzteres sollte entweder aus der Reaktion bekannt sein, dass die untersuchten Vertices dominant von c- oder b-Quarks herrühren oder dass eine Zerfallskascade (b $\to$ c $\to$ s) mit einem zeitlich früher entstandenen b-Sekundärvertex und einem tertiären c-Vertex vorliegt (Abb. 14.28).

Die Zerfälle von Hadronen mit schweren Quarks werden weitgehend von dem schwachen Zerfall des schweren Quarks selbst bestimmt (zum Beispiel $b \to c + l\nu$). Die anderen

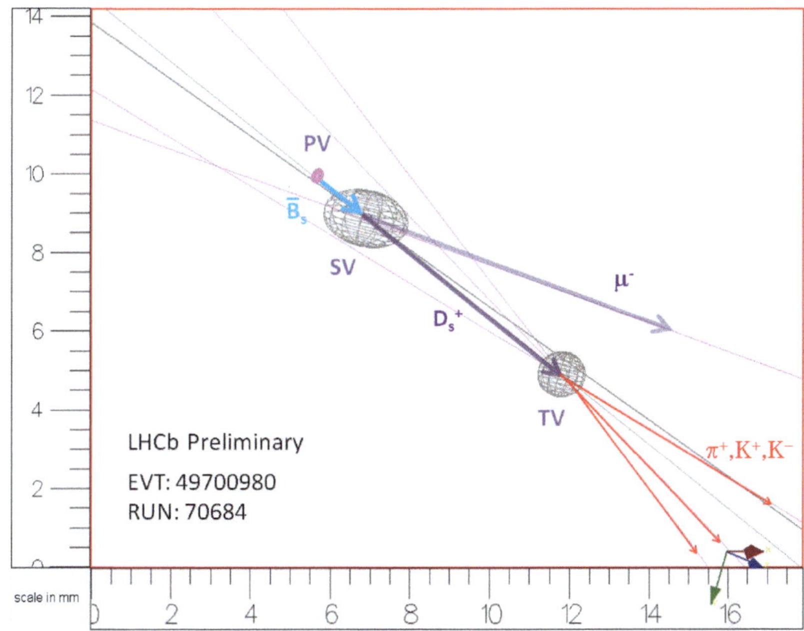

Abb. 14.28 Kollisionsereignis, das mit dem LHCb-Experiment in einer pp-Kollision aufgenommen wurde [706]: $pp \to B_s^0 + X \to D_s^+\mu^-\bar{\nu}_\mu + X \to K^+K^-\pi^+ + \mu^-\bar{\nu}_\mu + X$. Ausgehend vom Primärvertex PV wird ein B_s^0-Meson ($s\bar{b}$-Zustand) zusammen mit vielen, hier nicht gezeigten Teilchen erzeugt. Nach etwa 1.5 mm Flugstrecke zerfällt das B_s^0 am Sekundärvertex (SV) in ein μ^- und ein D_s^+-Meson ($c\bar{s}$-Zustand) und ein nicht nachgewiesenes Neutrino. Das D_s^+ wiederum zerfällt nach einer Flugstrecke von 6.5 mm an einem tertiären Vertex (TV) in $K^+K^-\pi^+$.

Quarks des Hadrons sind an dem Zerfall im Wesentlichen unbeteiligt (Zuschauermodell). Schwere Quarks (und τ-Leptonen) zerfallen häufig unter Emission eines Leptons mit vergleichsweise hohem Impuls senkrecht zur Flugrichtung des Quarks. Dies rührt daher, dass schwere Quarks massiv sind und den Zerfallsteilchen hohe Impulse (in alle Richtungen) mitgeben können, welche hohe Transversalimpulse (bis nahezu die halbe Masse) relativ zur Flugrichtung des schweren Quarks nach sich ziehen. Bei semi-leptonischen Zerfällen kann deshalb zusätzlich zu der Zerfallslänge ein hoher Transversalimpuls eines Leptons aus dem Zerfall zur Identifikation von schweren Quarks verwendet werden.

Die im Laufe der Zeit entwickelten Techniken zur Messung von Sekundärvertices und zur Zuordnung von Quark-Flavor-Inhalten von Teilchen oder Jets (Flavor-Tagging) benutzen eine Vielzahl von Algorithmen, zum Beispiel Neuronale Netze oder ähnliche multivariate Algorithmen. Eine Übersicht findet man zum Beispiel in [253, 913]. Wir beschränken uns hier auf die wesentlichen Merkmale und Methoden, die zur Entwicklung von Tagging- oder Identifikationsobservablen verwendet werden.

Abbildung 14.28 zeigt die Aufgabenstellung der Vertexidentifikation anhand eines Ereignisses aus der Kollision $pp \to \mathrm{B}_s + \mathrm{X}$, bei der das B_s-Meson in ein D_s-Meson mit *charm*-Quark-Inhalt zerfällt [706]. Zur Identifikation von Teilchen, die mit hoher Wahrscheinlichkeit aus dem Zerfall eines langlebigen Mesons mit Bottom- oder Charm-Quark-

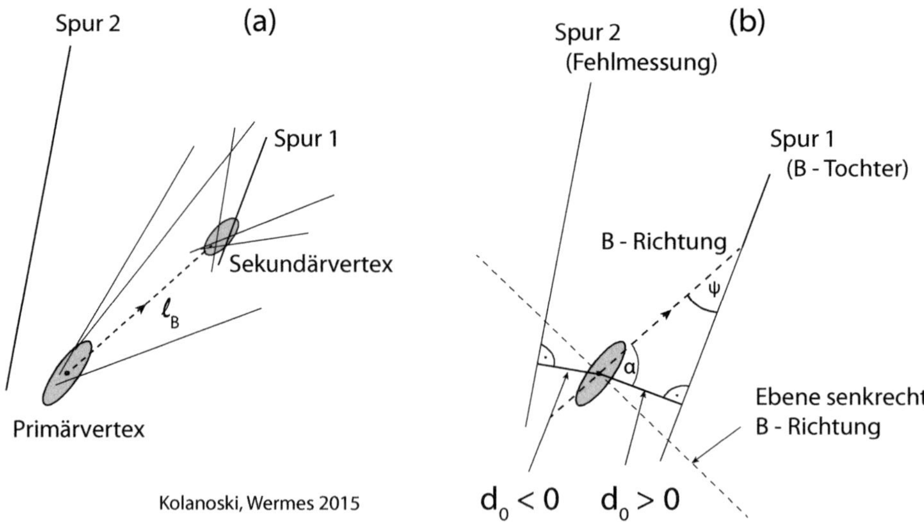

Abb. 14.29 (a) Spuren einer Reaktion mit einem sekundären Zerfallsvertex (hier: Zerfall eines B-Mesons). Die Ellipsen kennzeichnen die Messgenauigkeiten der Vertices. Spur 1 stammt aus dem Sekundärvertex. Spur 2 ist eine schlecht gemessene Spur aus dem Primärvertex. (b) *Impact parameter*: Die Stoßparameter d_0 der Spuren sind positiv oder negativ definiert, je nachdem, ob der Winkel α zwischen der Richtung senkrecht zur Spur hin zum Primärvertex und der angenommenen Flugrichtung des B-Mesons (rekonstruierte Jetrichtung) kleiner oder größer als 90° ist.

Inhalt stammen, werden im Wesentlichen zwei Methoden angewendet: die Stoßparameter-Methode (*impact parameter method*) und die explizite Rekonstruktion der Zerfallslänge l.

Der Stoßparameter d_0 definiert den kürzesten senkrechten Abstand einer Teilchenspur vom Primärvertex (siehe auch Abschnitt 9.4.6 und Abb. 9.14 auf Seite 464). Spuren mit Stoßparametern signifikant größer als die experimentelle Auflösung dieser Größe sind ein Hinweis auf die Existenz eines Sekundärvertex. Abbildung 14.29(a) zeigt Spuren, die zum Teil aus einem Sekundärvertex kommen (zum Beispiel Spur 1). Spur 2 zum Vergleich ist eine schlecht gemessene Spur aus dem Primärvertex. Ein Vorteil der Stoßparametermethode ist, dass d_0 für jede Spur angegeben werden kann, also auch, wenn es nur eine Spur vom Sekundärvertex ausgehend gibt, wie zum Beispiel beim Zerfall $\tau^- \to \mu^- + \bar{\nu}_\mu + \nu_\tau$.

Meistens wird d_0 nur in der Ebene senkrecht zum Magnetfeld (xy-Ebene), in der die Auflösung oft besser ist, gemessen. Die mittlere Zerfallslänge in dieser Ebene ist $\langle L_{xy}\rangle = \beta\gamma c\tau \sin\theta_b$. Der Stoßparameter $d_0 \sin\psi$ einer Spur ist somit zu der Lebensdauer des Mutterteilchens proportional:

$$\langle d_0\rangle = \langle L_{xy}\rangle \sin\psi = \beta\gamma c\tau \sin\theta_b \sin\psi\,, \tag{14.26}$$

wobei θ_b der Polarwinkel des zerfallenden Teilchens (hier B-Meson, approximiert durch die Richtung der Zerfallsteilchen) relativ zur Strahlachse und $\psi = \phi - \phi_b$ der (azimutale) Winkel zwischen der B-Flugrichtung (experimentell mit der Jet-Richtung gleich gesetzt) und der Spur in der transversalen Ebene ist.

Da $\sin\psi \propto 1/\gamma$ ist, ist bei isotroper Winkelverteilung der Zerfallsteilchen (z.B. bei spinlosen Mutterteilchen oder im Mittel bei unpolarisierten Zuständen) und für relativistische Impulse mit $\beta \approx 1$, $\gamma \gg 1$ die Stoßparameter-Verteilung unabhängig vom γ-Faktor. Aus (14.26) wird dann [158]:

$$\langle d_0 \rangle \approx \frac{\pi}{2}\, c\tau \sin\theta_b\,, \tag{14.27}$$

womit $\langle d_0 \rangle$ nicht mehr vom Impuls des zerfallenden Teilchens abhängt. Für jede Spur wird d_0 entweder positiv oder negativ definiert, was in Abb. 14.29 (b) und im nächsten Abschnitt erläutert wird.

In Hochenergieexperimenten wird die von null verschiedene Fluglänge schwerer Hadronen in Jets als Kennzeichen für das Auftreten schwerer Quarks als 'Mutterteilchen' des Jets verwendet (b- oder c-Tagging). Wegen der Wichtigkeit, schwere Quarks (oder auch τ-Leptonen) identifizieren zu können, wurden Tagging-Algorithmen im Laufe der Jahrzehnte immer weiter perfektioniert. Dabei werden möglichst viele Charakteristika von b- und c-Jets sowie Jets leichter Quarks kombiniert betrachtet, nicht zuletzt mit Methoden unter Zuhilfenahme künstlicher Intelligenz.

Als ein recht ursprüngliches Beispiel beschreiben wir hier eine Methode, welche die Stoßparameter d_0 der Spuren eines Jets zur Identifikation verwendet [278, 7]. Abbildung 14.30(a) zeigt eine Verteilung der Stoßparameter der Spuren von Jets verschiedener Quark-Flavor [124]. Die Lebensdauer von b-Quarks ist typisch etwa dreimal größer als die von c-Quarks (siehe Tab. 14.2). Mit Hilfe der Vorzeichendefinition in Abb. 14.29 (b) ist es möglich, Auflösungs- und Untergrundbeiträge zu einer gemessenen d_0 Verteilung von den Beiträgen durch die Zerfallslänge zu trennen. Spuren, die aus Sekundärvertices eines langlebigen b- oder c-Quarks stammen, haben positive Stoßparameterwerte $d_0 > 0$, während Spuren aus dem Primärvertex nominell $d_0 = 0$ besitzen, aber aufgrund der endlichen Auflösung gleichermaßen zu beiden Seiten der d_0-Verteilung der Abb. 14.30(b) beitragen. Dazu kommen Untergrundbeiträge, z.B. komplett falsche oder falsch gemessene Spuren, die ebenfalls zu positiven und negativen d_0 beitragen. Dies erlaubt eine Bestimmung der Auflösung und des Untergrundanteils aus der negativen Flanke, ohne auf Monte-Carlo-Simulationen zurückgreifen zu müssen. Aus der positiven Flanke kann man dann die Nachweiseffizienz für schwere Quarks und das Rückweisungsvermögen leichter Quarks bestimmen.

Die experimentelle Auflösung des Stoßparameters σ_{d_0} variiert stark mit den Impulsen und den Winkeln der Spuren zur Strahlachse, der Zahl der für die Spurbestimmung zur Verfügung stehenden Treffer und dem Beitrag der Vielfachstreuung. Die Stoßparameter-Signifikanz (*impact parameter significance*)

$$S_{d_0} = d_0/\sigma_{d_0} \tag{14.28}$$

berücksichtigt im Nenner die von der Spurqualität und der Topologie des Jets abhängige, unterschiedliche Auflösung.

Um Jets aus langlebigen b- oder c-Quarks, die in der Regel nicht aus dem Primärvertex stammen, von Jets von leichten Quarks zu unterscheiden, wird über die Spuren des Jets mit Hilfe einer so genannten 'Nullhypothese' ('die Spur stammt aus dem Primärvertex')

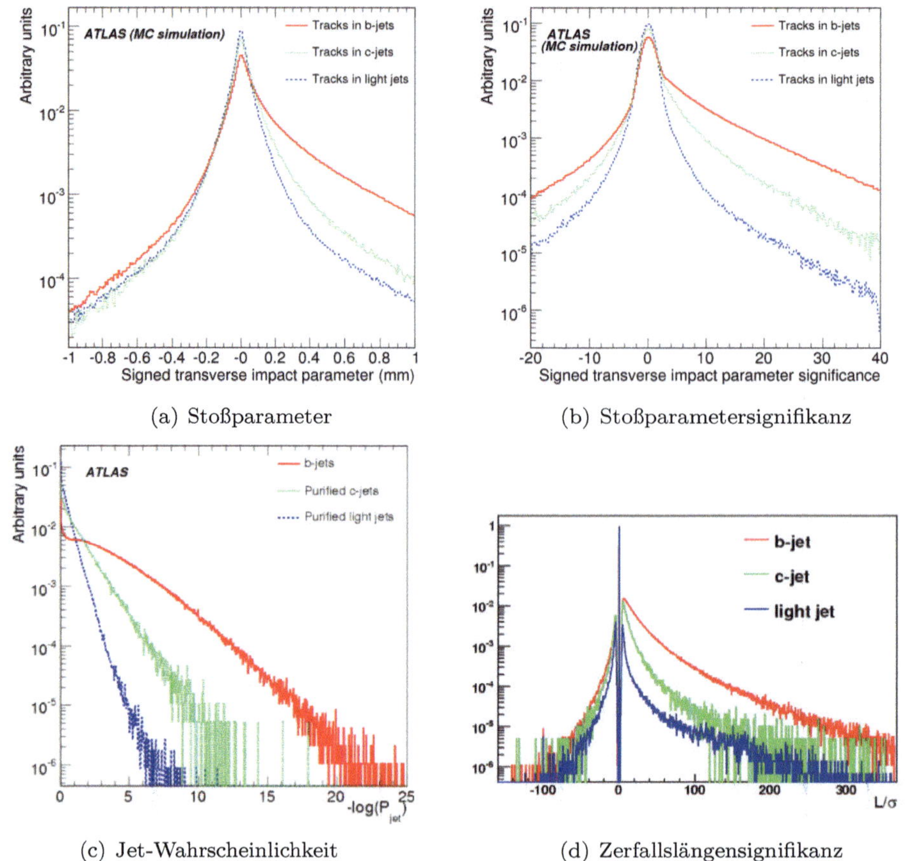

(a) Stoßparameter

(b) Stoßparametersignifikanz

(c) Jet-Wahrscheinlichkeit

(d) Zerfallslängensignifikanz

Abb. 14.30 b-Jet-Tagging [3]: (a) Monte-Carlo-Simulation der Stoßparameterverteilung d_0 von Spuren in der xy-Ebene des ATLAS-Detektors für b-Quarks (rot), c-Quarks (grün) und 'leichte' uds-Quarks (blau), (b) Verteilung der Stoßparametersignifikanz derselben Spuren (gleiche Farbzuordnungen) und (c) daraus ermittelte Jet-Wahrscheinlichkeit $\mathcal{P}_{jet}$ (siehe Text); (d) Zerfallslängen-Signifikanzverteilungen.

getestet. Als Testgröße eignet sich der Signifikanzwert (14.28). Mit Hilfe einer vorher bestimmten Auflösungsfunktion $\mathcal{R}(S_{d_0})$ wird die Wahrscheinlichkeit (genannt 'p-Wert')[134] ermittelt, dass der gemessene Signifikanzwert einer Spur unter der Nullhypothese auftreten kann, das heißt, wie wahrscheinlich eine Spur mit positivem d_0 aus dem Primärvertex stammt:

$$\mathcal{P}_i(S_{d_0}) = \int_{-\infty}^{-|S^i_{d_0}|} \mathcal{R}(s)ds\,. \tag{14.29}$$

[134] Der p-Wert eines statistischen Tests gibt an, wie oft ein Wert der Testgröße so groß oder größer als der durch den Test ermittelte Wert auftreten kann, falls die Hypothese des Tests wahr ist. Zum Beispiel gibt ein p-Wert von 5% an, dass in 5% der Fälle ein Wert größer oder gleich dem gemessenen Wert auftritt.

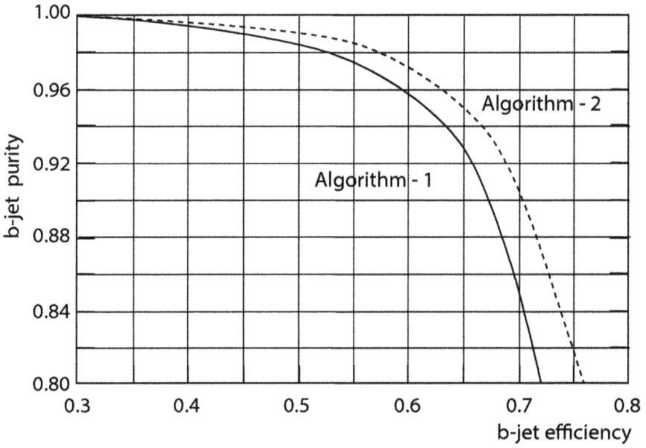

Abb. 14.31 Reinheit (*purity*, Definition siehe Text) gegen Nachweiswahrscheinlichkeit (*efficiency*) von b-Quark-Jets (siehe [450]). Die beiden Kurven zeigen die Qualitäten verschiedener Algorithmen: Algorithmus-2 ist besser als Algorithmus-1.

Dazu wird $\mathcal{R}(s)$ aus einer Anpassung der linken Flanke der Verteilung in Abb. 14.30(b) bestimmt [124]. Falls der p-Wert für eine Spur klein ist, so besteht eine entsprechend größere Wahrscheinlichkeit dafür, dass die Spur aus einem b- oder c-Quark-Jet stammt.

Die individuellen Spurwahrscheinlichkeiten $\mathcal{P}_i$ für N Spuren eines Jets mit positiven d_0 werden sodann zu einer Wahrscheinlichkeit kombiniert, dass der gesamte Jet von einem leichten Quark (u,d,s) stammt[135] [278, 124, 7]:

$$\mathcal{P}_{light} = \mathcal{P}_0 \sum_{j=0}^{N-1} \frac{(-\ln \mathcal{P}_0)^j}{j!} \qquad \text{mit} \qquad \mathcal{P}_0 = \prod_{i=1}^{N} \mathcal{P}_i(S_{d_0})\,. \tag{14.30}$$

Die so definierte *light-jet*-Wahrscheinlichkeit $\mathcal{P}_{light}$ ist das Produkt $\mathcal{P}_0$ aller Spurwahrscheinlichkeiten des Jets mit einem Gewichtsfaktor, der von der Spurmultiplizität des Jets abhängt [124]. Die physikalische Interpretation dieser Größe ist die Wahrscheinlichkeit, dass der Jet keine Zerfallsprodukte von langlebigen Mutterteilchen enthält. Die Verteilung von $\mathcal{P}_{jet}$ ist flach für Jets aus leichten Quarks, während sie für Jets aus schweren b- oder c-Quarks häufiger kleine Werte nahe Null besitzt.

Diese Information, zusammen mit gewählten Anforderungen an S_{d_0}, führt dann zu einer Darstellung der *b-tagging*-Eigenschaften eines Detektors wie in Abb. 14.31 dargestellt [450], in der auf der x-Achse die Nachweiswahrscheinlichkeit (*efficiency*) für einen b-Jet angegeben ist und auf der y-Achse die Reinheit (*purity*), das ist die Wahrscheinlichkeit, dass ein als b-jet identifizierter Jet anderen Ursprungs ist und zum Beispiel von leichten Quarks oder Gluonen herrührt. Mit Selektionskriterien kann ein 'Arbeitspunkt' in der Kurve gewählt werden. Für eine gewählte *b-jet efficiency* von zum Beispiel 60% beträgt die Reinheit etwa 96% (97% bei Algorithmus-2).

[135] Für einen Jet aus nur zwei Spuren mit positivem d_0 hat die Kurve mit einer (angenommenen) Wahrscheinlichkeit $\mathcal{P}_0 = \mathcal{P}_1\mathcal{P}_2$ die Form einer Hyperbel $\mathcal{P}_2 = \mathcal{P}_0/\mathcal{P}_1$. Die Fläche unter der Kurve repräsentiert alle möglichen 2-Spur-Kombinationen mit einer Wahrscheinlichkeit kleiner oder gleich $\mathcal{P}_0$ und ist die so definierte *light-jet*-Wahrscheinlichkeit für diesen Spezialfall (N=2): $\mathcal{P}_{light} = \mathcal{P}_0\,(1 - \ln\mathcal{P}_0)$. Durch 'vollständige Induktion' erhält man (14.30) für N Spuren. Wegen der komplizierten Integrationsgrenzen ist die Ausführung des Integrals nicht trivial, siehe dazu [271], Anhang D.

Wenn mehr als eine Spur vom Zerfallsvertex kommt, kann statt des Stoßparameters die Zerfallslänge l als Observable dazu benutzt werden, schwere Quarks oder τ-Leptonen zu identifizieren [253, 3]. Abbildung 14.30(d) zeigt die ähnlich wie in (14.28) ermittelte Verteilung der Zerfallslängensignifikanz $S_l = l/\sigma_l$ für verschiedene Quark-Flavor.

Durch statistischen Vergleich von Musterverteilungen mit experimentellen Daten werden Likelihood-Größen oder Likelihood-Verhältnisse gebildet, aus denen Wahrscheinlichkeiten für die jeweiligen Quark-Flavor b, c oder (uds) berechnet werden (siehe zum Beispiel [3]). Eine Beschreibung dieser Methoden findet man zum Beispiel in [238].

15 Kalorimeter

Übersicht

15.1 Einführung

Die Bestimmung der Energie hochenergetischer Teilchen wird 'Kalorimetrie' und die entsprechenden Detektoren werden 'Kalorimeter' genannt. Der Nachweis von Teilchen in Kalorimetern ist destruktiv: Gewöhnlich wird in einer Kette von inelastischen Reaktionen im Detektormaterial die Energie des einlaufenden Teilchens auf viele sekundäre Teilchen verteilt, was zu der Ausbildung eines Teilchenschauers führt. Am Ende der Reaktionskaskade werden die geladenen Teilchen des Schauers dann vor allem durch Ionisation des Detektormaterials gestoppt. Trotz der Bezeichnung 'Kalorimeter' wird im Allgemeinen nicht etwa die im Detektor erzeugte Wärme gemessen, sondern als Maß für die deponierte Energie werden die durch Ionisation erzeugte Ladung oder das Szintillationslicht oder manchmal auch das im Schauer erzeugte Cherenkov-Licht gemessen. Die durch Dissipation der Teilchenenergie erzeugte Temperaturerhöhung ist in den hier besprochenen Detektoren nicht messbar (im Gegensatz zu den 'Kryo-Detektoren' in Abschnitt 16.7.2). Ein Kalorimeter sollte so ausgelegt werden, dass in dem betrachteten Energiebereich die messbaren Signale möglichst proportional zur Energie sind.

Nach der Art der Schauerentwicklung unterscheiden sich elektromagnetische Kalorimetrie für Elektronen, Positronen und Photonen und hadronische Kalorimetrie für Hadronen (einzeln und in Jets). Für die Entwicklung elektromagnetischer Schauer ist die Strahlungslänge ein charakteristisches Längenmaß (Abschnitt 3.3.2), während bei hadronischen Schauern die hadronische Absorptionslänge diese Rolle spielt (Abschnitt 3.6). Ausführliche Darstellungen über Kalorimeter findet man zum Beispiel in [1029, 407].

Für geladene Teilchen besteht auch die Möglichkeit, die Energie durch eine Impulsmessung in einem Magnetfeld zu bestimmen. Die relative Impulsauflösung verschlechtert sich mit steigendem Impuls proportional zum Impuls, typisch etwa wie (siehe Abschnitt 7.10.9)

$$\frac{\sigma_p}{p} \approx 0.1 \ldots 1\,\%\, p/\mathrm{GeV}, \tag{15.1}$$

H. Kolanoski und N. Wermes, *Teilchendetektoren*, https://doi.org/10.1007/978-3-662-73068-3_15

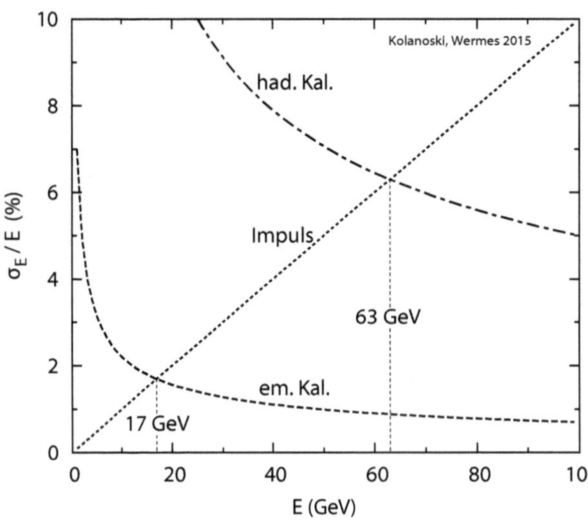

Abb. 15.1 Vergleich von typischen Energieauflösungen in einem Detektor: In dem Beispiel wurden die Energieauflösungen in elektromagnetischen und in hadronischen Kalorimetern zu $\sigma_E^{em}/E = 7\,\%/\sqrt{E}$ beziehungsweise $\sigma_E^{had}/E = 50\,\%/\sqrt{E}$ angenommen. Für die Energiebestimmung durch eine Impulsmessung wurde eine Impulsauflösung von $\sigma_p/p = 0.1\,\%\,p$ angenommen. Damit wird die Energiebestimmung durch eine kalorimetrische Messung jeweils bei 17 GeV und 63 GeV besser als durch eine Impulsmessung.

während die Energieauflösung eines Kalorimeters mit steigender Energie etwa wie

$$\frac{\sigma_E}{E} \approx \begin{cases} \dfrac{2\text{–}15\,\%}{\sqrt{E/\mathrm{GeV}}} & \text{elm.} \\[2ex] \dfrac{35\text{–}120\,\%}{\sqrt{E/\mathrm{GeV}}} & \text{had.} \end{cases} \tag{15.2}$$

besser wird, wobei die Zahlenwerte den Bereich der meisten Kalorimeter abdecken[136]. Die für total absorbierende Kalorimeter typische $1/\sqrt{E}$-Abhängigkeit der relativen Energieauflösung ist auf die Poisson-Statistik der Schauerteilchen zurückzuführen. Im Gegensatz dazu verschlechtert sich die Impulsbestimmung durch Messung der Spurkrümmung in einem Magnetfeld mit wachsendem Impuls (Abschnitt 9.4.3). Daher gibt es bei hohen Energien einen Kreuzungspunkt der Auflösungen, ab dem die Kalorimetrie besser als die Impulsmessung ist (Abb. 15.1). Die Lage des Kreuzungspunkts wird bei Detektoren, die sowohl Spurdetektoren als auch Kalorimeter besitzen, weitgehend durch Kostenbetrachtungen bestimmt: Die Impulsauflösung ist nach Gleichung (9.64) (Seite 458) proportional zu $1/(B\,L^2)$, das heißt, bei gegebenem Magnetfeld B muss die vermessene Spurlänge L quadratisch anwachsen, um die Auflösungsverschlechterung bei wachsendem Impuls zu kompensieren. Dagegen wächst die Schauergröße, wie im Folgenden ausgeführt wird, nur logarithmisch mit der Energie. Da man grob sagen kann, dass die Kosten eines Detektors proportional zu dessen Volumen wachsen, ist bei höheren Energien schon aus Kostengründen die Kalorimetrie bevorzugt.

Ein weiterer, wesentlicher Vorteil von Kalorimetern ist ihre Sensitivität auf alle elektromagnetisch und stark wechselwirkenden Teilchen, insbesondere also auch auf neutrale Teilchen wie Photonen, Neutronen oder neutrale Kaonen. Damit sind Kalorimeter die

[136] Die Impuls- und die Energieabhängigkeiten in (15.1) und (15.2) gelten im Bereich mittlerer Energien beziehungsweise Impulse. Zusätzliche Terme, die das Verhalten bei großen beziehungsweise kleinen Energien beschreiben, werden später ausführlich diskutiert (siehe Abschnitt 15.4.3).

geeigneten Detektoren zur Messung hochenergetischer hadronischer Jets, die im Allgemeinen aus einer Mischung von geladenen und neutralen Teilchen bestehen. Für die Vermessung von Jets ist es wichtig, dass alle Teilchen, unabhängig von ihrer Wechselwirkung mit dem Detektor, bei gleicher Energie das gleiche Signal liefern. Das ist für die hadronische Kalorimetrie eine große Herausforderung (siehe Abschnitt 15.6.3).

Dieses Kapitel ist wie folgt aufgebaut: Nach dieser Einführung folgt in den beiden nächsten Abschnitten eine Beschreibung der Entwicklung elektromagnetischer und hadronischer Schauer. Daran schließt sich ein Überblick über die Kriterien an, die beim Bau eines Kalorimeters zu beachten sind und die die Qualität eines Kalorimeters bestimmen. In den beiden folgenden Abschnitten werden nacheinander verschiedene Konstruktionen elektromagnetischer und hadronischer Kalorimeter diskutiert, um dann typische Beispiele vollständiger Kalorimetersysteme in Experimenten an Beschleunigern zu vergleichen.

In diesem Kapitel wollen wir uns auf Kalorimetrie in Detektoren an Teilchenbeschleunigern und auf genügend hohe Energien (größer als etwa 10 MeV bei elektromagnetischen Schauern und größer als etwa 1 GeV bei hadronischen Schauern) beschränken. Die Anwendung kalorimetrischer Methoden in Experimenten, die nicht an Beschleunigern betrieben werden, zum Beispiel zum Nachweis von Luftschauern oder von Kernrückstößen bei Reaktionen Dunkler Materie, wird in Kapitel 16 beschrieben. In der Kernphysik werden Energien unter anderem auch durch Reichweitemessungen bestimmt, siehe Abschnitt 3.2.4 und Abb. 3.21.

15.2 Elektromagnetische Schauer

Hochenergetische Elektronen, Positronen und Photonen bilden bei Durchlaufen dichter Materie so genannte elektromagnetische Schauer aus, die im Wesentlichen durch wiederholte Abstrahlung von Photonen durch die geladenen Teilchen ($e^{\pm}$) und die Paarbildung durch die Photonen beschrieben werden können. Im Folgenden werden wir Modelle und charakteristische Parameter zur Beschreibung von elektromagnetischen Schauern betrachten.

15.2.1 Modelle der Schauerentwicklung

Für die Beschreibung der Entwicklung elektromagnetischer Kaskaden bezieht man sich auch heute noch häufig auf Rossis analytische Berechnungen in seinem inzwischen klassischen Buch von 1952 „High Energy Particles“ [884]. Die wesentlichen Eigenschaften eines Schauers werden durch Rossis 'Approximation B' (Kapitel 5 in [884]) sehr gut wiedergegeben. Die wichtigsten Annahmen sind:

(i) nur Bremsstrahlung und Paarbildung werden berücksichtigt, wobei die Näherungen der Wirkungsquerschnitte für asymptotische Energien benutzt werden (Abschnitte 3.3 und 3.5.5),

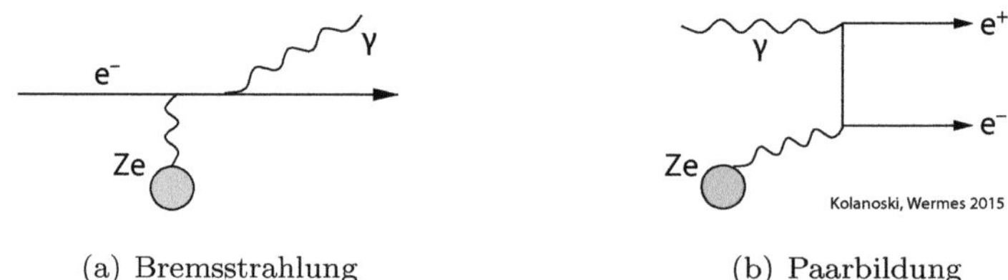

(a) Bremsstrahlung (b) Paarbildung

Abb. 15.2 Diagramme für Bremsstrahlung und Paarbildung, die wichtigsten Prozesse bei der Ausbildung von elektromagnetischen Schauern.

(ii) der Energieverlust pro Weglänge durch Ionisation ist energieunabhängig und gleich der kritischen Energie pro Strahlungslänge (Abschnitt 3.3.3),

(iii) Vielfachstreuung wird vernachlässigt, und die Schauerentwicklung wird eindimensional, ohne laterale Ausdehnung behandelt.

Mit diesen Annahmen kann man sehr gute Abschätzungen über die charakteristischen Eigenschaften der longitudinalen Schauerentwicklung erhalten. Eine wichtige Eigenschaft ist die annähernde Materialunabhängigkeit der Schauerprofile, wenn man Längen in Einheiten der in Kapitel 3 eingeführten Strahlungslänge (Gleichung (3.92)) misst.

Die analytische Berechnung, wie sie zum Beispiel in [884] dargestellt wird, war lange Zeit die einzige Möglichkeit, experimentelle Daten, bei denen elektromagnetische Schauer eine Rolle spielen, auszuwerten. Inzwischen gibt es dafür sehr ausgereifte Simulationsprogramme, in denen kaum mehr einschränkende Annahmen gemacht werden müssen (es sei denn, um die Rechenzeit zu verkürzen) und die sehr gut experimentelle Daten beschreiben (siehe dazu die Beschreibung auf Seite 682). Die analytischen Rechnungen haben aber zu einem tieferen Verständnis der für eine Detektorkonstruktion wesentlichen Schauerparameter und zu der Entwicklung einfacher Formeln für die Schauerbeschreibung geführt. Sie dienen daher im Folgenden auch dazu, ein grundlegendes Verständnis und einige wichtige Faustformeln für die Schauerentwicklung zu vermitteln.

Die wichtigsten Schauerprozesse Entsprechend Rossis 'Approximation B' [884] sind die wichtigsten Prozesse für die Entwicklung elektromagnetischer Schauer für Elektronen und Positronen die Bremsstrahlung und für Photonen die Paarbildung (Abb. 15.2, siehe auch die Abschnitte 3.3 und 3.5.5), die jeweils im Feld eines Kernes mit der Ladungszahl Z geschehen.

Da die Wirkungsquerschnitte beider Prozesse proportional zum Quadrat der Kernladung ansteigen,

$$\sigma \propto Z^2 \qquad \text{(Paarproduktion, Bremsstrahlung)}\,, \tag{15.3}$$

sollten Detektormaterialien ein hohes Z haben. Bevorzugt sind Blei, Wolfram oder Uran. In beiden Prozessen werden die Sekundärteilchen mit wachsender Energie immer mehr in Vorwärtsrichtung produziert:

$$\theta \propto \frac{1}{\gamma} = \frac{m_e}{E}\,. \tag{15.4}$$

Die charakteristische Länge für die beiden Prozesse ist die Strahlungslänge $X_0 \propto 1/Z^2$ (siehe Gleichung (3.91) und Tab. 3.4). Für Photonen ist die Absorptionslänge bei hohen Energien proportional zur Strahlungslänge

$$\lambda \approx \tfrac{9}{7}\, X_0\,, \tag{15.5}$$

und für Elektronen bestimmt X_0 den relativen Energieverlust pro Weglänge:

$$\frac{dE}{E} = \frac{dx}{X_0}\,. \tag{15.6}$$

Mit der kritischen Energie E_k, der Energie, bei der der Energieverlust durch Bremsstrahlung gleich dem durch Ionisation ist (siehe Abb. 3.27 und Gleichung (3.95)), ergibt sich aus (15.6):

$$\left.\frac{dE}{dx}\right|_{ion} (E_k) \approx \frac{E_k}{X_0}\,. \tag{15.7}$$

Ein einfaches Modell der Schauerentwicklung Zur Veranschaulichung der Entwicklung elektromagnetischer Schauer greift man gern auf ein sehr vereinfachtes Modell von Heitler [554] zurück (siehe auch die Beschreibung von Rossi in [884]). Als Modell nimmt man an, Elektronen und Photonen wechselwirken mit der Materie nur über Bremsstrahlung und Paarbildung, bis die kritische Energie E_k erreicht ist. Danach sollen die verbleibenden Elektronen ihre Energie nur noch durch Ionisation verlieren. Aus diesem Modell ergibt sich, dass die gesamte deponierte Energie E_0 proportional zur Gesamtzahl der produzierten Elektronen und Positronen und proportional zu deren gesamten Weglängen im Material ist:

$$\text{Gesamtzahl :} \qquad N_{tot} \approx \frac{E_0}{E_k}\,, \tag{15.8}$$

$$\text{Gesamtspurlänge :} \qquad s_{tot} \approx \frac{E_0}{E_k}\, X_0\,. \tag{15.9}$$

Weiter wollen wir annehmen, dass jeweils nach einer Strahlungslänge einer der beiden Prozesse stattfindet, wobei die Energie der ausgehenden Teilchen jeweils die Hälfte derjenigen des eingehenden Teilchens sein soll (Abb. 15.3):

$$\text{Bremsstrahlung :} \qquad E_e(n\,X_0) = E_\gamma(n\,X_0) = \frac{1}{2} E_e\,[(n-1)\,X_0]\,, \tag{15.10}$$

$$\text{Paarbildung :} \qquad E_{e^+}(n\,X_0) = E_{e^-}(n\,X_0) = \frac{1}{2} E_\gamma\,[(n-1)\,X_0]\,. \tag{15.11}$$

Wenn in dieser Kaskade die Elektronen und Positronen die Energie E_k erreicht haben, deponieren sie ihre gesamte verbliebene Energie ohne weitere Strahlungsprozesse.

Nach einer Wegstrecke $s = t\,X_0$ sind die Anzahl und die Energie der Teilchen:

$$N = 2^t, \qquad E = \frac{E_0}{2^t}\,. \tag{15.12}$$

Die maximale Zahl der Teilchen und die maximale Reichweite des Schauers ergibt sich für

$$E = E_k = \frac{E_0}{2^{t_{max}}}\,, \tag{15.13}$$

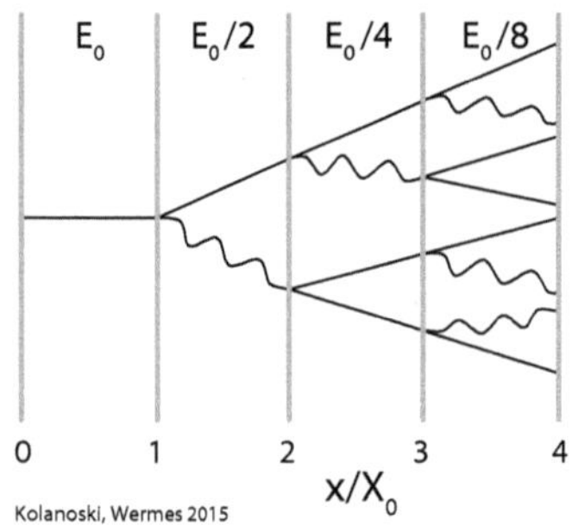

Abb. 15.3 Vereinfachtes Modell der Schauerentwicklung, bei dem sich nach jedem Schritt der Länge X_0 die Anzahl der Teilchen verdoppelt und die Energie jedes Teilchens halbiert.

und man erhält:

$$N_{max} = \frac{E_0}{E_k}, \tag{15.14}$$

$$t_{max} = \frac{\ln E_0/E_k}{\ln 2}. \tag{15.15}$$

Die wichtigen Ergebnisse sind, dass N_{max} linear von der Energie E_0 abhängt und somit als Messgröße für die Energie genutzt werden kann und dass t_{max} nur logarithmisch mit der Energie wächst (was natürlich besonders bei höheren Energien die Kalorimetrie attraktiv macht):

$$N_{max} \propto E, \qquad t_{max} \propto \ln E + const. \tag{15.16}$$

Dieses stark vereinfachte Modell gibt bereits die wesentlichen Züge der Entwicklung eines elektromagnetischen Schauers wieder. Für ein genaueres Verständnis braucht man Messungen und Simulationen.

Simulation von elektromagnetischen Schauern Wie bereits angesprochen, ist die Entwicklung elektromagnetischer Schauer theoretisch gut bekannt und kann deshalb auch sehr genau simuliert werden. Ein verbreitetes Simulationsprogramm für elektromagnetische Schauer ist der EGS-Code (EGS = *electron-gamma shower*) [631], der auf Elektron-Photon-Transport spezialisiert ist. Daneben gibt es entsprechende Programmteile zum Beispiel in dem Geant4-Programmpaket (siehe Abschnitt 3.7).

15.2.2 Charakteristische Größe elektromagnetischer Schauer

Die Ausdehnung von Schauern bestimmt wesentlich die Konstruktion von Kalorimetern. Im Folgenden geben wir empirische Formeln zur Berechnung von Schauergrößen an, deren Parameter durch Daten oder Simulationen bestimmt werden.

15.2.2.1 Longitudinales Schauerprofil

Eine empirische Formel für die longitudinale Energieverteilung in einem Schauer wurde von Longo und Sestili [723] aufgestellt:

$$\frac{dE}{dt} = E_0 \, \frac{b^a}{\Gamma(a)} \, t^{a-1} \, e^{-bt}. \tag{15.17}$$

Tab. 15.1 Parameter für die Entwicklung elektromagnetischer Schauer für vier verschiedene Materialien (Materialparameter nach [814]). Die Werte für t_{max} und $t^{98\%}$ wurden nach der 'Longo-Formel' (15.17) mit den Beziehungen (15.18), (15.19) und dem Parameter b, wie in der Tabelle angegeben (zum Teil der entsprechenden Abbildung in [211] entnommen), berechnet.

Material	Z	X_0	E_k	b	t_{max}		$t^{98\%}$		R_M	$\frac{R_M}{X_0}$
		(mm)	(MeV)		10 GeV	100 GeV	10 GeV	100 GeV	(mm)	
H_2O	1,8	361	78.6	0.63	4.3	6.6	13.8	17.3	83	0.23
Al	13	89	42.7	0.58	5.0	7.3	15.4	18.8	45	0.51
Fe	26	17.6	21.7	0.53	5.6	7.9	17.1	20.6	18	1.02
Pb	82	5.6	7.4	0.50	6.7	9.0	19.3	22.7	16	2.86

Das entspricht einer Gamma-Verteilung, die aber in diesem Zusammenhang häufig auch 'Longo-Formel' genannt wird. In der Formel sind a und b Parameter, die von E_0 und Z abhängen, Γ ist die Gamma-Funktion [269, 1022]. Das Maximum der Funktion (15.17) entspricht dem 'Schauermaximum' und liegt bei:

$$t_{max} = \frac{a-1}{b}\,. \tag{15.18}$$

Eine Faustformel für t_{max} ist [799]

$$t_{max} = \ln\frac{E_0}{E_k} + \begin{cases} -0.5 & \text{(Elektronen)} \\ +0.5 & \text{(Photonen)}\,. \end{cases} \tag{15.19}$$

Man beachte, dass t_{max} (in Einheiten von X_0) durch die kritische Energie E_k materialabhängig ist, was auch eine Eigenschaft der entsprechenden Formel (15.15) des einfachen Modells ist. Mit abnehmender kritischer Energie wird der Schauer ausgedehnter, wie man auch in Abb. 15.4 sieht. Der Parameter b in (15.17), der den Abfall nach dem Schauermaximum bestimmt, liegt etwa bei 0.5 bei schweren Elementen mit relativ geringer Energieabhängigkeit. In [799] sind für einige Detektormedien aus Simulationen bestimmte b-Werte als Funktion der Energie grafisch dargestellt (Fig. 32.21 in [799], siehe auch Tab. 15.1). Wenn man b als bekannt annimmt, erhält man aus (15.18) auch a und kann damit die Longo-Formel (15.17) auswerten. In Abb. 15.5 werden die Schauerprofile simulierter Elektronenschauer für verschiedene Energien mit Anpassungen der Longo-Formel verglichen.

Da die Verteilung sehr lange Ausläufer hat, muss man Leckverluste in Kauf nehmen, um auf eine vernünftige Länge des Detektors zu kommen. Für einen 98%-Nachweis der deponierten Energie erhält man als grobe Abschätzung [405]:

$$t^{98\%} \approx t_{max} + 13.6 \pm 2.0\,. \tag{15.20}$$

Beispiele für Schauerparameter sind für vier Materialien und zwei Energien in Tab. 15.1 zusammengestellt.

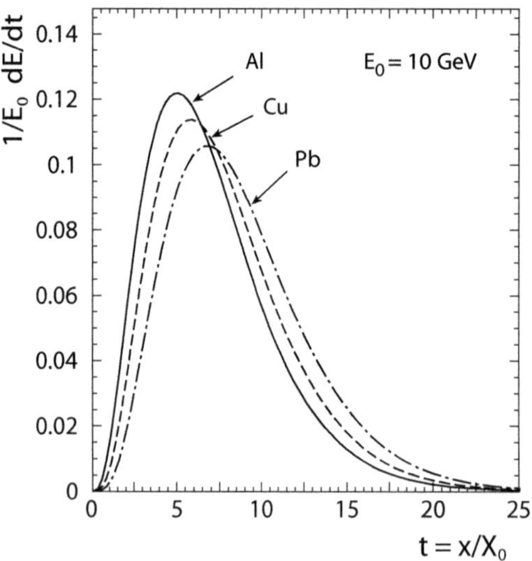

Abb. 15.4 Longitudinale Profile von 10-GeV-Elektronenschauern berechnet mit der Longo-Formel (15.17) für drei verschiedene Materialien. Die Parameter sind: $b = 0.5$, gleich für alle Materialien, und a berechnet mit (15.18) und (15.19). Wegen des Normierungsfaktors $1/E_0$ sind die Flächen unter den Kurven gleich. Die Unterschiede in der Schauerentwicklung ergeben sich durch die unterschiedlichen kritischen Energien der drei Materialien (siehe Tab. 3.4).

15.2.2.2 Laterales Schauerprofil

Die beiden dominierenden Schauerprozesse streuen die Teilchen bei hohen Energien unter einem sehr kleinen Winkel, der proportional zu $1/\gamma$ ist (siehe (15.4)). Die laterale Schauerausdehnung wird deshalb durch die Vielfachstreuung der niederenergetischen geladenen Teilchen und Compton-Streuung der Photonen bestimmt. Das Maß für die laterale Schauerausdehnung ist der 'Molière-Radius'

$$R_M = \frac{E_s}{E_k} X_0 \, . \tag{15.21}$$

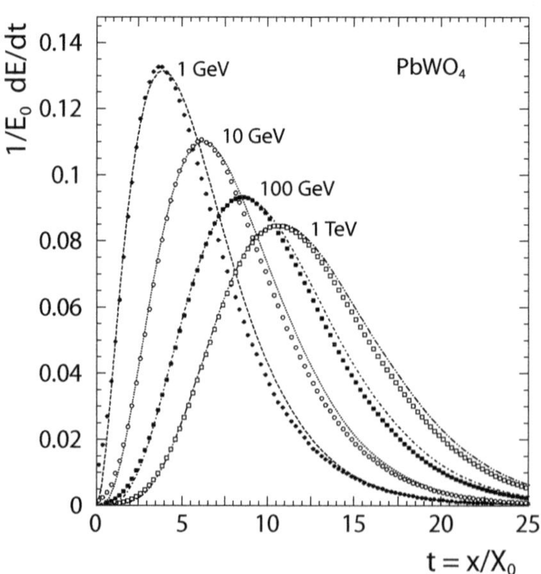

Abb. 15.5 Longitudinale Profile von simulierten Elektronenschauern in $PbWO_4$-Kristallen (Tab. 3.4) mit verschiedenen Primärenergien [734]. An die Simulationen wurden Kurven entsprechend der Longo-Formel (15.17) angepasst. Die Anpassung gibt das wesentliche Verhalten richtig wieder, auch wenn sie nicht ganz perfekt ist. Die Schauermaxima, die sich aus den angepassten Parametern a und b nach (15.18) berechnen lassen, stimmen innerhalb von weniger als 7% mit Abschätzungen nach (15.19) überein.

R/R_M	1	2	3.5
$\Delta E/E_0$ [%]	90	95	99

Tab. 15.2 Bruchteile des Schauers in einem Zylinder mit einem Radius, der in Einheiten des Molière-Radius angegeben ist.

Wegen des Zusammenhangs mit der Vielfachstreuung (Abschnitt 3.4) ist die Energie $E_s = 21.2\,\text{MeV}$ in dieser Gleichung die gleiche, die bei der Berechnung des Streuwinkelparameters in (3.104) auftritt. Innerhalb eines Zylinders mit dem Radius R_M um die Schauerachse werden etwa 90% der Energie deponiert (Tab. 15.2). Um den Ort eines Schauers bestimmen zu können, braucht man also eine Granularität des Schauerdetektors auf der Skala eines Molière-Radius oder feiner.

Da die longitudinale Ausdehnung mit der Strahlungslänge X_0 skaliert, wird die Form eines Schauers durch das Verhältnis

$$\frac{R_M}{X_0} \propto \frac{1}{E_k} \propto Z \tag{15.22}$$

bestimmt. Das Anwachsen dieses Verhältnisses mit Z bedeutet zum Beispiel, dass ein Schauer in Aluminium schlanker als in Blei ist (letzte Spalte in Tab. 15.1). Allerdings ist der Al-Schauer absolut etwa 3-mal breiter als der Pb-Schauer (vorletzte Spalte in Tab. 15.1).

15.2.2.3 LPM-Effekt

Hier soll noch der Landau-Pomeranchuk-Migdal-Effekt (LPM-Effekt) erwähnt werden, der für die longitudinale Schauerausdehnung bei sehr hohen Energien (ab etwa 1 PeV in Wasser und 10 TeV in Blei) wesentlich wird. Ein kurzer Überblick über die Quantenmechanik des Effekts wird in Anhang G gegeben; eine detailliertere Behandlung des LPM-Effekts und ähnlicher Effekte findet man in [649] (siehe auch [799]).

Der Effekt beruht auf einer Unterdrückung von Bremsstrahlung und Paarbildung, den beiden wichtigsten Prozessen der Schauerentwicklung, mit steigender Energie auf Grund einer destruktiven quantenmechanischen Interferenz. Die Unterdrückung führt zu einer Streckung der longitudinalen Schauerausdehnung bei gleichzeitigem Anwachsen der Fluktuationen. In Anhang G wird die charakteristische Energie E_{LPM}, bei der der Effekt wichtig wird, abgeleitet als

$$E_{\text{LPM}} = 7.7\,\text{TeV}\,\frac{X_0}{\text{cm}} = \begin{cases} 4.3\,\text{TeV} & \text{Blei} \\ 305\,\text{TeV} & \text{Wasser oder Eis,} \end{cases} \tag{15.23}$$

wobei die Strahlungslänge in Längeneinheiten anzugeben ist (cm). Die Auswirkung ist für den Teilchennachweis an Beschleunigern selbst bei den höchsten Energien noch gering, kann aber beim Nachweis kosmischer Strahlung eine Rolle spielen, wie in dem folgenden Beispiel gezeigt wird.

Beispiel: Als Beispiel für den Einfluss des LPM-Effekts nehmen wir den Nachweis elektromagnetischer Schauer mit dem IceCube-Detektor (Abschnitt 16.6.5 und Abb. 16.33) im antarktischen Eis [244] (die entsprechenden Schauerparameter sind in Tab. 15.1 auf

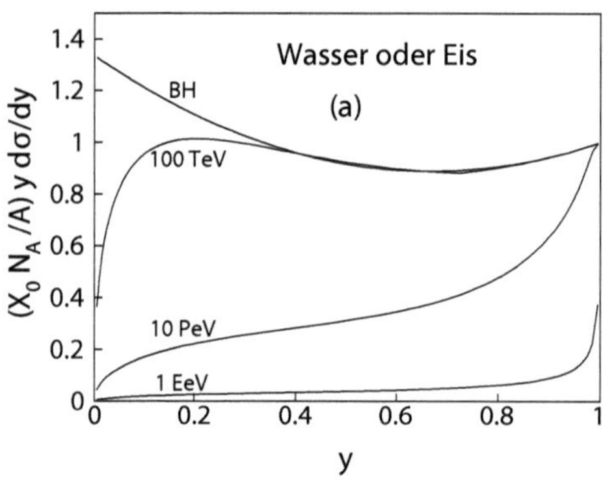

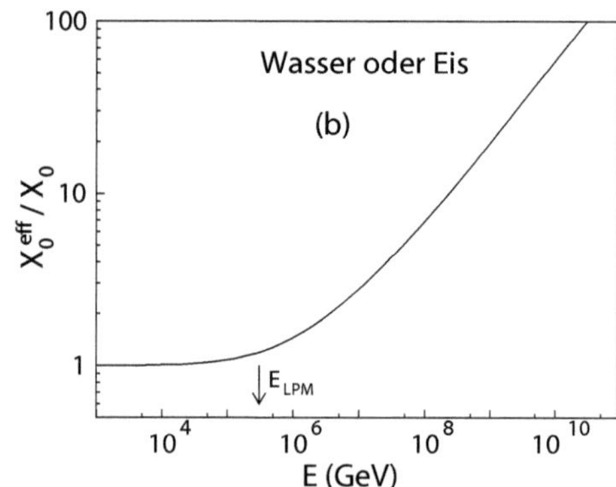

Abb. 15.6 (a) Bremsstrahlungsspektren für Elektronen in Wasser oder Eis als Funktion der relativen abgestrahlten Energie $y = k/E$ für verschiedene Primärenergien E. Als Referenz für niedrige Energien ist der Bethe-Heitler-Wirkungsquerschnitt (BH) ebenfalls angegeben, also der Wirkungsquerschnitt ohne Unterdrückung (siehe Abschnitt 3.3.2). Die vertikale Achse gibt die mit $y = k/E$ multiplizierte Anzahl der Photonen an, die von einem Elektron pro Strahlungslänge in ein y-Intervall abgestrahlt werden (die Faktoren können aus (3.3) und (3.2) mit $l = X_0/\rho$ abgeleitet werden). In der Beschriftung der Ordinate ist X_0 gemessen in Masse pro Fläche einzusetzen. Die LPM-Kurven wurden nach den quantenmechanischen Berechnungen von Migdal [758] mit den numerischen Approximationen von [963] berechnet. (b) Der Unterdrückungsfaktor als Funktion der Energie. Die Unterdrückung wird durch das Verhältnis einer 'effektiven Strahlungslänge', wie im Text auf Seite 687 definiert, und der normalen Strahlungslänge quantifiziert.

Seite 683 enthalten). Mit dem IceCube-Detektor können hochenergetische elektromagnetische Schauer, die von Elektron- oder τ-Neutrinos ausgelöst werden (*cascade events*) über die im Schauer erzeugte Cherenkov-Strahlung nachgewiesen werden.

Abbildung 15.6(a) zeigt für hochenergetische Elektronen in Wasser oder Eis den normierten differenziellen Wirkungsquerschnitt für Bremsstrahlung als Funktion der relativen abgestrahlten Energie $y = k/E$ für verschiedene Primärenergien E. Mit der gewählten Normierung gibt die vertikale Achse die auf einer Strahlungslänge in einem

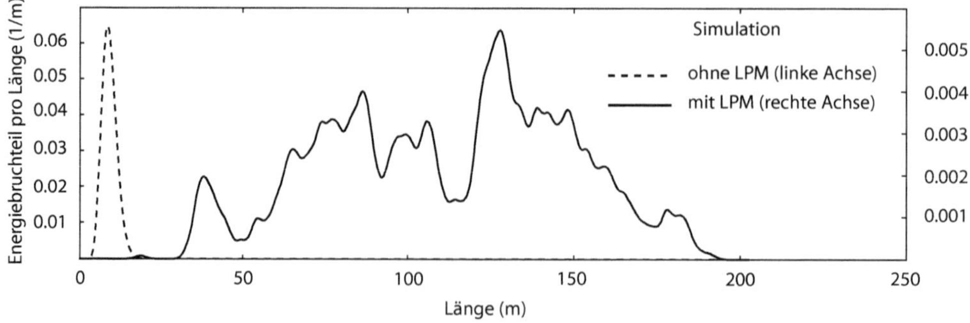

Abb. 15.7 Simulation des Schauers eines 10-EeV-Elektrons in Eis: longitudinales Schauerprofil ohne und mit Berücksichtigung des LPM-Effekts. Autor: B. Voigt (siehe auch [1010])

y-Intervall abgestrahlte und mit y multiplizierte Anzahl der Photonen an, also den Anteil der Primärenergie, der in dem y-Intervall abgestrahlt wurde. Man sieht, dass niedrige k/E-Werte mit steigender Energie zunehmend unterdrückt werden und dass insgesamt die Wahrscheinlichkeit für Abstrahlung geringer wird.

Abbildung 15.6(b) zeigt bei der jeweiligen Energie das Verhältnis des Integrals über die Bethe-Heitler-Kurve in (a) zu dem Integral über die jeweilige unterdrückte Kurve als Funktion der Primärenergie E. Dieses Verhältnis kann als effektive Strahlungslänge X_0^{eff} in Einheiten der Strahlungslänge X_0 interpretiert werden. Das Anwachsen der effektiven Strahlungslänge beginnt etwa bei der Energie E_{LPM}, also für Eis bei etwa 305 TeV. Damit ergibt sich eine Streckung der Schauer, mit der ein Anwachsen der statistischen Fluktuationen entlang der Bahn des einfallenden Elektrons einhergeht (Abb. 15.7).

Mit der Unterdrückung niederenergetischer Abstrahlungen und symmetrischer Paarbildung treten relativ häufiger, aber in größeren Abständen, hochenergetische Schauerteilchen auf, die dann einen lokalen Schauer mit großer Teilchendichte erzeugen können. In Abb. 15.7 sind die Schauer für eine Energie von 10 EeV (10^{19} eV) etwa 200 m lang, und die Energie ist im Mittel relativ gleichmäßig über die gesamte Strecke verteilt. Allerdings kann dieses zufällige Beispiel nicht verallgemeinert werden, denn die Variationen von Schauer zu Schauer sind groß. Ohne den LPM-Effekt ergäbe sich ein Schauerprofil wie in Abb. 15.5 mit einem Schauermaximum bei etwa 9 m und einer 98%-Energiedeposition bei etwa 14 m. Ein solcher Schauer ähnelt eher einer der lokalen Fluktuationen in Abb. 15.7.

Mit der enormen Streckung des Schauers kann die Richtungsauflösung für hochenergetische Schauer erheblich verbessert werden. Das hat zum Beispiel bei der Suche nach astronomischen Punktquellen durch Nachweis von Elektron-Neutrinos, die Elektronenschauer in einem Eis- oder Wasserdetektor erzeugen, erhebliche Vorteile (siehe Abschnitt 16.6.5) [244].

15.3 Hadronschauer

Auch hochenergetische Hadronen bilden beim Durchgang durch dichte Medien Teilchenschauer aus, die eine Energiemessung in Kalorimetern erlauben. Allerdings sind im Fall der Hadronen die beteiligten Reaktionen weitaus vielfältiger als im elektromagnetischen Fall, und deshalb sind die theoretische Beschreibung und die Simulation von hadronischen Schauern sehr viel schwieriger. Insbesondere stellen die Fluktuationen der Beiträge verschiedener Reaktionen mit zum Teil sehr unterschiedlichen Signaleffizienzen ein großes Problem für die Erreichung guter Energieauflösungen dar.

Wir stellen in diesem Abschnitt die wesentlichen Eigenschaften hadronischer Schauer dar, insbesondere auch die Fluktuationen der Schauerentwicklung, und werden im Abschnitt 15.6 diskutieren, wie mit Hadronkalorimetern die Energie mit möglichst guter Auflösung gemessen werden kann.

15.3.1 Schauerentwicklung

In einem dichten Medium entwickelt sich eine hadronische Kaskade schematisch wie in Abb. 15.8 dargestellt:

Hochenergetische Kaskade Ein einlaufendes hochenergetisches Hadron macht eine inelastische Wechselwirkung mit dem Kern und erzeugt dabei hochenergetische Teilchen, vorwiegend in Vorwärtsrichtung. Wenn diese sekundären Teilchen mit genügend Energie den Kern verlassen, können sie wieder an einem Kern inelastisch Teilchen erzeugen, so dass sich schließlich eine Kaskade entwickelt.

Spallation und intra-nukleare Kaskade Die Teilchen der hochenergetischen Kaskade werden durch das einlaufende Hadron vorwiegend an einem einzelnen Nukleon eines Kernes erzeugt, während die übrigen Nukleonen die Rolle von 'Zuschauern' einnehmen. Durch den Stoß und die Wechselwirkung der erzeugten Hadronen mit den übrigen Nukleonen wird der Kern hoch angeregt und gibt in der ersten Stufe, der so genannten Spallation, die Energie durch Emission von Nukleonen und leichten Kernfragmenten ab (Abb. 15.9). Dieser Prozess wird häufig als Ausbildung einer 'intra-nuklearen Kaskade' beschrieben, bei der die erzeugten Teilchen so lange im Kern streuen und Teilchen erzeugen, bis entweder ihre Energie unter eine Schwelle für inelastische Reaktionen gesunken ist oder sie den Kern verlassen. Die Spallationsnukleonen und -fragmente haben kinetische Energien in der Größenordnung von 100 MeV mit Ausläufern bis in den GeV-Bereich und werden auf einer Zeitskala von 10^{-22} s emittiert. Neutronen sind etwa 1.5-mal häufiger als Protonen, etwa entsprechend dem Häufigkeitsverhältnis in den Target-Kernen [1029]. Die geladenen Spallationsprodukte, vornehmlich Protonen, tragen durch Ionisation wesentlich zu der gesamten Energiedeposition in dem Medium bei. Die Spallationsneutronen lösen in dem Kalorimetermedium weitere Kernreaktionen aus, die unter anderem zur Produktion weiterer Neutronen führen. Letztlich führen auch die 'schnellen' Neutronen zu Evaporationsprozessen (Abb. 15.8 unten) mit Energien im MeV-Bereich (siehe Beschreibung im nächsten Paragraphen). In Kalorimetern mit schweren Kernen wie Uran oder Blei können Spallationsneutronen auch Kernspaltungen induzieren, in denen neben den kurzreichweitigen Kernfragmenten auch Neutronen und Gammaquanten erzeugt werden.

Evaporation Wenn die Spallation abbricht, bleibt ein hoch angeregter Kern zurück, der nach etwa 10^{-18} s seine Energie durch Abdampfen von Nukleonen und Kernfragmenten, manchmal auch durch Spaltung, abgibt (Abb. 15.8 unten). Die Energien der Evaporationsprodukte liegen im Bereich weniger MeV, also von Bruchteilen der Bindungsenergie pro Nukleon in dem Kern. Die kinetischen Energien folgen etwa einer Maxwell-Verteilung (Gleichung (4.88)) mit mittleren Energien um 2 MeV (Abb. 15.10). Bei schweren Kernen wie Blei und Uran, deren Coulomb-Barriere für Protonen und geladene Kernfragmente hoch ist, werden in diesem Stadium ganz überwiegend Neutronen abgegeben. Dagegen ist das Neutron/Proton-Verhältnis bei leichteren Kernen, zum Beispiel auch bei Eisen, relativ ausgeglichen. Die Neutronen können durch Stöße gekühlt werden, bevor sie in einem Kern eingefangen werden. Die entsprechende Energiedeposition kann erheblich verzögert

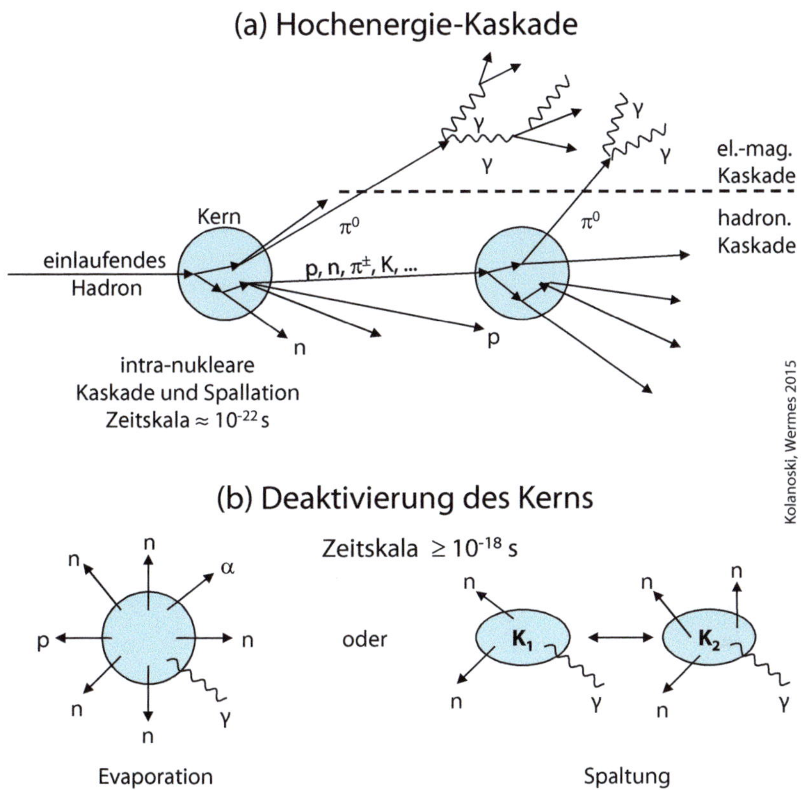

Abb. 15.8 (a) Schema der Entwicklung einer hadronischen Kaskade in einem dichten Medium. Das einlaufende Hadron macht eine inelastische Wechselwirkung an einem Kern, bei der die meiste Energie auf ein einzelnes Nukleon übertragen wird und hochenergetische Teilchen erzeugt werden, bevorzugt in Vorwärtsrichtung. Ein geringerer Teil der Energie verteilt sich auf die anderen Nukleonen, die eine so genannte 'intra-nukleare Kaskade' ausbilden. Die hochenergetischen Teilchen, soweit sie nicht spontan in Photonen zerfallen, wie neutrale Pionen, machen wiederum inelastische Wechselwirkungen an Kernen und entwickeln so eine hadronische Kaskade. Die Photonen aus Zerfällen von Hadronen, meistens π^0- und η-Zerfälle, starten elektromagnetische Kaskaden, die sich unabhängig von dem hadronischen Teil des Schauers entwickeln. Der zurückgebliebene Kern (links) ist hoch angeregt und gibt zunächst seine Energie in einem Spallationsprozess durch spontane Aussendung von Nukleonen und Kernfragmenten mit Energien um 100 MeV ab. (b) Deaktivierung des Kerns. Wenn die verbliebenen Anregungsenergien in den Bereich der Bindungsenergien im Kern kommen, wird die restliche Energie durch Abdampfen, Evaporation genannt, von Nukleonen, vornehmlich Neutronen, und leichten Kernfragmenten dissipiert. Statt des Abdampfens kann auch, besonders bei schweren Kernen wie Uran und Blei, eine Kernspaltung stattfinden, mit anschließender Abstrahlung von Neutronen und Gammas. Weitere Details werden im Text diskutiert.

auftreten, wie auch die von Gammastrahlung aus radioaktiven Zerfällen der Restkerne und Fragmente. Die für das Aufbrechen der Kernbindungen aufgewandte Energie geht dem weiteren Prozess als 'unsichtbare Energie' verloren.

Die geladenen Kernfragmente sind stark ionisierend und haben eine kurze Reichweite. In den für Hadronkalorimeter typischen Sampling-Anordnungen (Abschnitt 15.6.1) mit

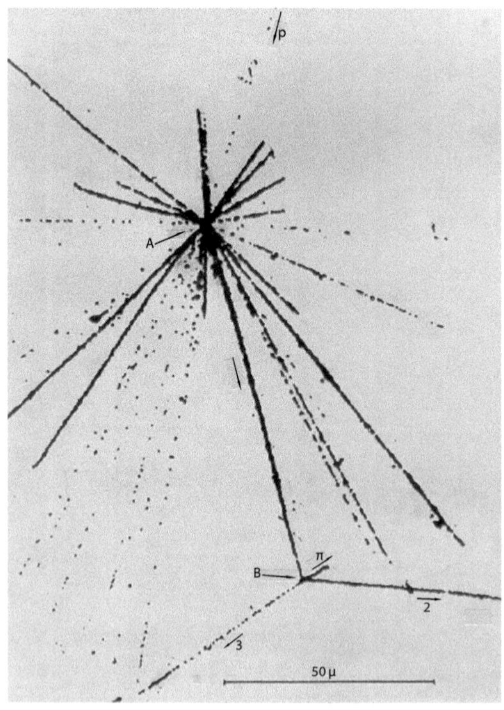

Abb. 15.9 Nuklearer Stern, der durch Wechselwirkung hochenergetischer kosmischer Strahlung (von oben kommend, bezeichnet mit 'p') mit einem Silberkern einer Photoemulsion erzeugt wurde. Die dünneren Spuren stammen aus der hochenergetischen Kaskade und aus der Spallation. Die dicken Spuren sind stark ionisierende langsame Nukleonen und Kernfragmente aus dem Evaporationsprozess. Abdruck aus [356], mit freundl. Genehmigung von Taylor & Francis Ltd.

abwechselnd dichten 'passiven' Medien und leichteren 'aktiven' Medien führt das dazu, dass in der Regel nur die schnelleren Protonen aus den Spallationen eine Chance haben, in das aktive Medium zu wechseln, wo sie nachgewiesen werden können. Neutronen machen elastische Stöße, bei denen Energie auf geladene Teilchen übertragen werden kann, umso effizienter, je kleiner die Kernmasse des Targets ist. Thermalisierte Neutronen können von Kernen eingefangen werden, wobei die durch die Bindung im Kern freiwerdende Energie hauptsächlich in Form von Gammastrahlung abgegeben wird. Reaktionen, die von thermalisierten Neutronen ausgelöst werden, sind um größenordnungsmäßig Mikro-

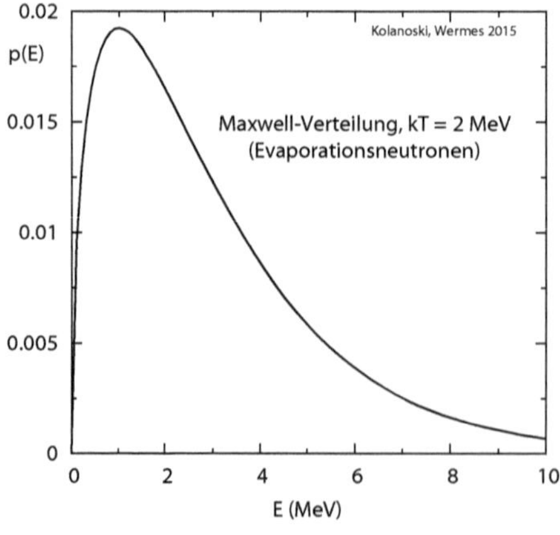

Abb. 15.10 Verteilung der kinetischen Energie von Neutronen aus der Kernevaporation, hier angenähert durch eine Maxwell-Verteilung mit $kT = 2\,\text{MeV}$.

sekunden verzögert gegenüber den primären Reaktionen, so dass für den Signalbeitrag in einem Kalorimeter die Integrationszeit des Signals eine Rolle spielt. Neutronen, deren Zahl stark mit den Bindungsenergieverlusten korreliert ist, spielen eine wichtige Rolle bei der Idee der 'Kompensation' der nicht nachweisbaren Bindungsenergie (siehe Abschnitt 15.6.3).

Elektromagnetische und schwache Prozesse in einem Schauer Die in der inelastischen Wechselwirkung erzeugten hochenergetischen Hadronen machen wiederum inelastische Wechselwirkungen oder sie zerfallen. In dichten Kalorimetern, wie sie an Beschleunigern eingesetzt werden, spielen neben den starken Zerfällen nur die elektromagnetischen Zerfälle kurzlebiger Teilchen, wie die neutraler Pionen oder η-Mesonen, eine wesentliche Rolle.

In der hochenergetischen Kaskade werden am häufigsten Pionen erzeugt, von denen 1/3 neutrale Pionen sind. Die neutralen Pionen zerfallen mit kurzer Lebensdauer ausschließlich in Photonen und Elektronen, davon zu etwa 98.8 % in zwei Photonen:

$$\pi^0 \to \gamma\gamma \qquad (\tau \approx 10^{-16}\,\text{s})\,. \tag{15.24}$$

Die Photonen erzeugen innerhalb des hadronischen Schauers elektromagnetische Teilschauer. Die geladenen Pionen haben eine große Chance, in starken Wechselwirkungen wieder Pionen zu erzeugen, von denen wieder 1/3 in elektromagnetischen Schauern enden. Diese elektromagnetischen Teilschauer tragen im Wesentlichen nicht mehr zur weiteren Entwicklung der hadronischen Schauerkomponente bei, deshalb kann man die beiden Schauerkomponenten getrennt betrachten. Je höher die anfängliche Energie ist, umso häufiger kann die Abspaltung eines elektromagnetischen Anteils aus der hadronischen Kaskade geschehen, so dass auf diese Weise ein erheblicher Anteil der Energie durch elektromagnetische Wechselwirkungen deponiert werden kann (siehe die anschließende Diskussion der Schauerfluktuationen).

In nicht sehr dichten Medien können die Zerfallswahrscheinlichkeiten für instabile Teilchen, wie geladene Pionen und Kaonen, mit der Wechselwirkungswahrscheinlichkeit in dem Medium konkurrieren. Das spielt zum Beispiel für die durch kosmische Strahlung erzeugten Luftschauer eine wichtige Rolle (Kapitel 16). In schwachen Zerfällen wie $\pi^\pm \to \mu^\pm \overset{(-)}{\nu}_\mu$ und $K^\pm \to \mu^\pm \overset{(-)}{\nu}_\mu$ tragen die Neutrinos aus dem Detektorvolumen Energie weg, die im Wesentlichen nicht nachgewiesen werden kann. In dichten Kalorimetern tragen die Neutrinos aus schwachen Zerfällen von geladenen Pionen, Kaonen und anderen mit nur etwa 1% der hadronisch deponierten Energie zu der nicht-beobachtbaren Energie bei [1029].

Diese Kombination verschiedener Prozesse – hadronischer, elektromagnetischer und schwacher Reaktionen – in der Schauerentwicklung führen zu stärkeren Schauerfluktuationen und im Allgemeinen schlechterer Energieauflösung als bei elektromagnetischen Schauern. Abbildung 15.11 zeigt die Simulation von Elektron- und Hadronkaskaden in einem Eisenblock bei gleicher Energie von 100 GeV. Offensichtlich ist der Elektronenschauer viel kürzer und dabei auch viel gleichmäßiger als der Hadronschauer. Die Stellen

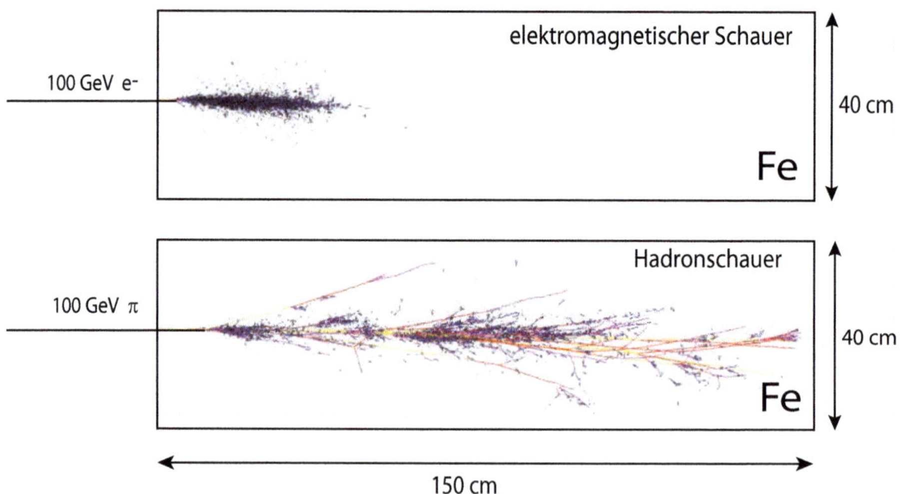

Abb. 15.11 Simulation von Schauern in einem Eisenblock, wobei ein Elektron und ein Pion bei der gleichen Energie von 100 GeV verglichen werden. Autor: Sven Menke.

höherer Dichte im Hadronschauer deuten auf elektromagnetische Schauer hin, die meistens von neutralen Pionen ausgelöst wurden.

15.3.2 Schauerbeiträge und Schauerfluktuationen

Wie bereits oben angesprochen, sind bei hadronischen Schauern die Fluktuationen viel stärker als bei elektromagnetischen Schauern. Während bei hochenergetischen elektromagnetischen Schauern die dominierenden Prozesse, Bremsstrahlung, Paarbildung und Ionisation, zu einer relativ gleichmäßigen 'sichtbaren' Energiedeposition führen, tragen bei Hadronen eine Vielfalt von Prozessen bei, deren Detektorantworten zum Teil sehr unterschiedlich sind. Da der Anteil dieser Prozesse an der gesamten deponierten Energie stark fluktuiert, führt das im Allgemeinen zu einer schlechteren Energieauflösung hadronischer Schauer.

Man kann einen Schauer in verschiedene Anteile f_i mit jeweils ähnlichen Detektorantworten wie folgt gruppieren:

$$E_{dep} = \left(f_{em} + \underbrace{f_{ion} + f_n + f_\gamma + f_B}_{f_h} \right) E \,. \tag{15.25}$$

Den Anteil f_{em} bezeichnen wir als elektromagnetische Komponente (überwiegend von π_0-Zerfällen) und $f_h = 1 - f_{em}$ die hadronische Komponente. Die anderen Bezeichnungen werden weiter unten erklärt. Weil in einer hadronischen Kaskade immer wieder π^0-Mesonen erzeugt werden, die dann in Photonen zerfallen, wächst der mittlere elektro-

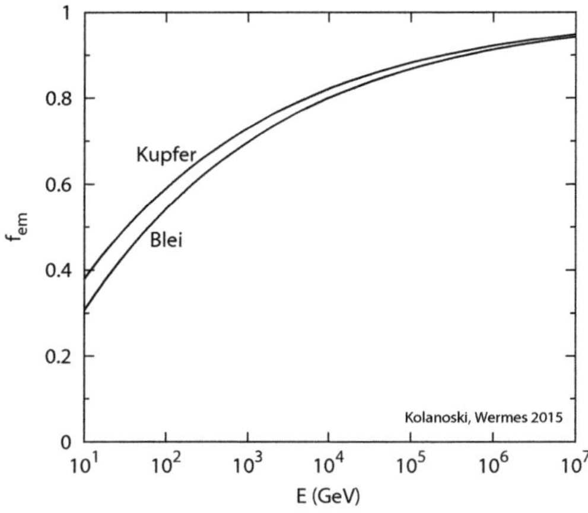

Abb. 15.12 Der Anteil f_{em} der elektromagnetisch deponierten Energie in Kupfer und in Blei als Funktion der Energie. Die Kurven wurden mit Gleichung (15.26) mit den Parametern $k = 0.82$ und $E_0 = 0.7$ GeV für Kupfer und $E_0 = 1.3$ GeV für Blei berechnet.

magnetisch umgesetzte Energieanteil f_{em} mit der Teilchenmultiplizität in der Kaskade und deshalb mit der Energie an:

$$f_{em} \approx 1 - \left(\frac{E}{E_0}\right)^{k-1} . \tag{15.26}$$

Die Form dieser Gleichung wird in [1029] hergeleitet, wobei E_0 und k als freie Parameter durch Anpassung der Gleichung an Daten oder Simulationen bestimmt werden. Der Parameter k ist mit der Teilchenmultiplizität in den Kernwechselwirkungen verknüpft und wird zu $k \approx 0.82$ abgeschätzt; der Parameter E_0 hat die Bedeutung der mittleren Energie, die für die Erzeugung eines π^0 notwendig ist, und ergibt sich aus Anpassungen zu $E_0 = 0.7$ GeV für Kupfer und $E_0 = 1.3$ GeV für Blei [1029]. In Abb. 15.12 ist die daraus berechnete Energieabhängigkeit von f_{em} für Kupfer und für Blei gezeigt. Während bei 10 GeV der elektromagnetische Anteil etwa dem π^0-Anteil in einer inelastischen Reaktion von etwa 1/3 entspricht, wächst er auf etwa 70% bei 1 TeV und etwa 90% bei 1 PeV an. Die höchsten Energien sind insbesondere für den Nachweis kosmischer Strahlung durch Schauerentwicklung in der Atmosphäre relevant (siehe Kapitel 16).

Die hadronische Komponente in (15.25) ist wiederum aufgeteilt in Beiträge, die sich in der Art des Nachweises unterscheiden:

f_{ion} Geladene Teilchen übertragen durch Ionisation Energie auf das Medium, wobei zu unterscheiden ist zwischen 'relativistischen' Teilchen, die etwa minimal-ionisierend sind, und 'nicht-relativistischen' Teilchen (langsame Protonen und Kernfragmente), die stark ionisierend sind und deshalb in Sampling-Kalorimetern geringe Chancen haben, das aktive Medium zu erreichen. Bei der Analyse von Teilchenreaktionen in Photoemulsionen werden diese Teilchen als 'dünne' beziehungsweise als 'dicke' Spuren gesehen (Abb. 15.9).

f_n Neutronen übertragen Energie durch elastische Stöße oder Kernreaktionen. Der Signalbeitrag durch elastische Stöße hängt von dem Energieübertrag und damit von der Kernmasse ab. In wasserstoffreichen aktiven Medien kann dieser Beitrag relativ groß werden (siehe dazu 'Kompensation' in Abschnitt 15.6.3). Zusätzliche Neutro-

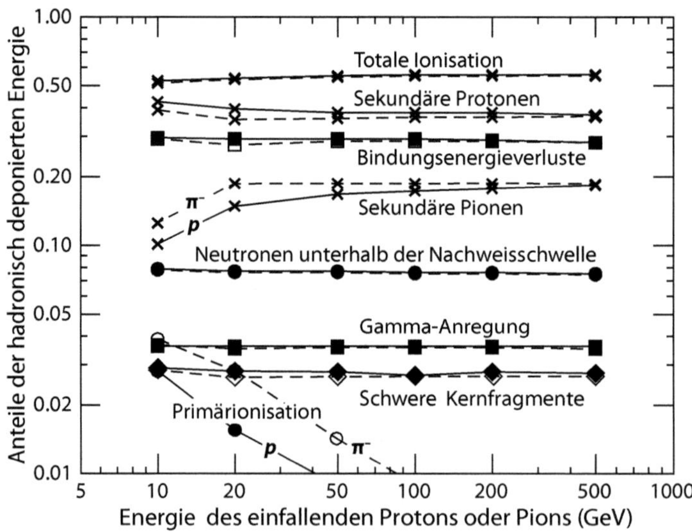

Abb. 15.13 Aufteilung der gesamten hadronischen Komponente f_h der deponierten Energie auf ihre verschiedenen Beiträge als Funktion der Energie für Protonen (durchgezogene Linien) und negative Pionen (gestrichelte Linien) in einem Eisenblock. Die Simulationen sind mit dem Programm CALOR durchgeführt worden (aus [461], mit freundl. Genehmigung von Elsevier).

nen können in Kernspaltungsreaktionen, induziert von Spallationsneutronen, erzeugt werden. Nach Thermalisierung in elastischen Streuungen können Neutronen von Kernen eingefangen werden, wodurch verzögerte Gammastrahlung entsteht. Für einen solchen Beitrag zum Gesamtsignal hängt die Nachweiseffizienz dann von der Integrationszeit des Signals ab.

f_γ Die Photonen aus Kernreaktionen werden zu dem 'hadronischen' Anteil der Energie gezählt, weil sie in Kernreaktionen entstehen und stark mit den anderen hadronischen Energien korrelieren. Sie haben etwas bessere Chancen als Kernfragmente, die aktiven Medien zu erreichen und dort, bevorzugt über Compton-Streuung oder Photoeffekt, Energie zu deponieren. Auch dieser Anteil kann mit starker Verzögerung von Mikrosekunden und mehr auftreten.

f_B Die Bindungsenergie, die zum Aufbrechen eines Kerns benötigt wird, wird nicht nachgewiesen, so dass der letzte Term in (15.25) zu einem Kalorimetersignal nicht beiträgt. In diesen Term werden meistens auch die entweichenden Neutrinos einbezogen. Die Möglichkeit der Kompensation dieser nicht nachweisbaren Energie wird in Abschnitt 15.6.3 besprochen.

Der Anteil der elektromagnetisch deponierten Energie f_{em} in einem Hadronschauer schwankt sehr stark zwischen den Extremen 0% und 100%, bei denen in den ersten Wechselwirkungen entweder keine oder ausschließlich neutrale Pionen erzeugt werden. Diese Fluktuationen stellen die größte Herausforderung für die Hadronkalorimetrie dar.

Andererseits ist die hadronische Komponente für sich genommen in ihrer Zusammensetzung weitgehend unabhängig von der Energie und der Teilchensorte, wie man an der

Tab. 15.3 Atomare und nukleare Eigenschaften von Materialien: Kernladungszahl, Atommasse pro Mol, Dichte, Strahlungslänge, hadronische Absorptionslänge und deren Verhältnis sowie Energieverlust durch Ionisation für minimal ionisierende Teilchen (aus [799, 814]).

Material	Z	A (g/mol)	ρ ($\mathrm{g/cm^3}$)	X_0 (cm)	λ_a (cm)	λ_a/X_0	$dE/dx\|_{min}$ (MeV/cm)
H_2O	1, 8	18.0	1.00	36.1	83.3	2.3	1.98
Luft	7, 8	14.8	1.205×10^{-3}	3.0×10^4	7.5×10^4	2.5	2.19×10^{-3}
Be	4	9.0	1.85	35.3	42.1	1.2	2.95
C	6	12.0	2.21	19.3	38.8	2.0	3.85
Al	13	27.0	2.70	8.9	39.7	4.5	4.36
Fe	26	55.8	7.87	1.76	16.8	9.5	11.42
Cu	29	63.5	8.96	1.43	15.3	10.7	12.57
W	74	183.8	19.30	0.35	9.9	28.3	22.10
Pb	82	207.2	11.35	0.56	17.6	31.4	12.73
U	92	238.0	18.95	0.32	11.0	34.4	20.48

Aufstellung in Abb. 15.13 erkennen kann. Zwischen 10 und 500 GeV sind die Anteile an der deponierten Energie von den Beiträgen der totalen Ionisation (das ist die durch geladene Teilchen deponierte Energie), der niederenergetischen Neutronen, der Gammastrahlung und der Verluste durch die Bindungsenergien erstaunlich konstant. Das bedeutet, dass jeder einzelne Anteil ein Maß für die hadronische Energie ist. Allerdings ist die hadronisch deponierte Energie wiederum kein gutes Maß für die Gesamtenergie, weil die hadronischen und die elektromagnetischen Anteile stark fluktuieren und dazu noch deren Mittelwerte nach (15.26) energieabhängig sind.

Hier zeichnen sich bereits zwei mögliche Wege für die Erreichung von guten Energieauflösungen in Hadronkalorimetern ab, die wir dann in Abschnitt 15.6 im Detail besprechen werden: Entweder man misst die Aufteilung zwischen hadronisch und elektromagnetisch deponierter Energie in jedem Schauer oder man versucht, die Signalantwort eines Kalorimeters für beide Komponenten gleich zu machen.

15.3.3 Charakteristische Größe hadronischer Schauer

Die Längenskala für die Entwicklung von Hadronschauern ist die nukleare Absorptionslänge, die bereits in (3.149) angegeben wurde (A ist die atomare Masse und $\mathcal{A}$ die Massenzahl, siehe Fußnote 3 auf Seite 30):

$$\lambda_a = \frac{A}{N_A\, \rho\, \sigma_{inel}} \approx 35\, \frac{\mathrm{g}}{\mathrm{cm}^2}\, \frac{\mathcal{A}^{\frac{1}{3}}}{\rho}\,, \tag{15.27}$$

wobei für den inelastischen Wirkungsquerschnitt eine $\mathcal{A}^{2/3}$-Abhängigkeit angenommen wurde (siehe dazu auch Abschnitt 3.1). In Tab. 15.3 sind für einige Materialien Absorptionslängen angegeben[137]. Die $\mathcal{A}^{1/3}$-Abhängigkeit in (15.27) wird nicht unbedingt durch ein Anwachsen der Dichte kompensiert, so dass zum Beispiel Eisen eine leicht kürzere Absorptionslänge hat als Blei. Die Größe elektromagnetischer und hadronischer Schauer wächst in beiden Fällen mit $\ln E$ und skaliert mit X_0 beziehungsweise mit λ_a. Das Verhältnis von λ_a zu X_0 (Tab. 15.3) steigt etwa proportional zu Z an:

$$\frac{\lambda_a}{X_0} \approx 0.37\, Z\,. \tag{15.28}$$

Da λ_a für dichtere Medien sehr viel größer als X_0 ist (Tab. 15.3), müssen hadronische Kalorimeter im Allgemeinen viel größer sein als elektromagnetische (siehe das Beispiel in Abb. 15.11).

Für den Nachweis von hadronischen Schauern mit guter Auflösung ist es wichtig, dass die elektromagnetischen und die hadronischen Komponenten bei gleicher deponierter Energie etwa gleich große Signale liefern (siehe dazu die Ausführungen in Abschnitt 15.6). Annähernd lässt sich das durch Einsatz von Materialien mit kleinen A- und Z-Werten in Hadronkalorimetern erreichen. Mit kleineren Z-Werten wird das Verhältnis der Absorptionslänge zur Strahlungslänge kleiner, wie aus Tab. 15.3 ersichtlich ist. Von diesem Gesichtspunkt her wäre nach der Tabelle Beryllium am günstigsten. Allerdings haben die leichten Elemente sehr große absolute Absorptionslängen, was für den praktischen Einsatz in der Regel sehr unerwünscht ist. Deshalb und wegen seiner guten Verarbeitbarkeit ist Eisen ein bevorzugtes passives Medium in Hadronkalorimetern. Außer der Ähnlichkeit von Absorptions- und Strahlungslänge gibt es weitere Aspekte, die berücksichtigt werden können, um Gleichheit der Signale der elektromagnetischen und der hadronischen Komponenten zu erhalten. Das bringt dann wieder die schweren Elemente, insbesondere Uran und Blei, ins Spiel, wie in dem Abschnitt 15.6.3 über 'kompensierende Kalorimeter' ausgeführt wird.

Ähnlich wie bei den elektromagnetischen Schauern kann man allgemeine Eigenschaften des Schauerprofils angeben. Im Folgenden geben wir empirische Abschätzungen an, die im Bereich von einigen GeV bis einige 100 GeV gültig sind [405]. Die Lage des Schauermaximums hängt auch hier linear von dem Logarithmus der Energie ab (t = Länge in Einheiten von λ_a):

$$t_{max} \approx 0.2\,\ln(E/\mathrm{GeV}) + 0.7\,. \tag{15.29}$$

Im Mittel werden 95% der Energie longitudinal innerhalb

$$t_{95\%} \approx t_{max} + 2.5 \left(\frac{E}{\mathrm{GeV}}\right)^{0.13} \tag{15.30}$$

deponiert. Es ist aber zu beachten, dass die Fluktuationen um diese Mittelwerte sehr viel stärker als bei elektromagnetischen Schauern sind.

[137] Die Daten wurden dem Review of Particle Properties [799] entnommen. Die nukleare Absorptionslänge ist dort als diejenige für Neutronen mit einem Impuls von 200 GeV/c definiert [512]. Da die Energieabhängigkeiten und auch die Abhängigkeiten von der Hadronsorte nicht vernachlässigbar und die Definitionen nicht eindeutig sind, findet man in der Literatur etwas unterschiedliche Werte für die Absorptions- und Wechselwirkungslängen.

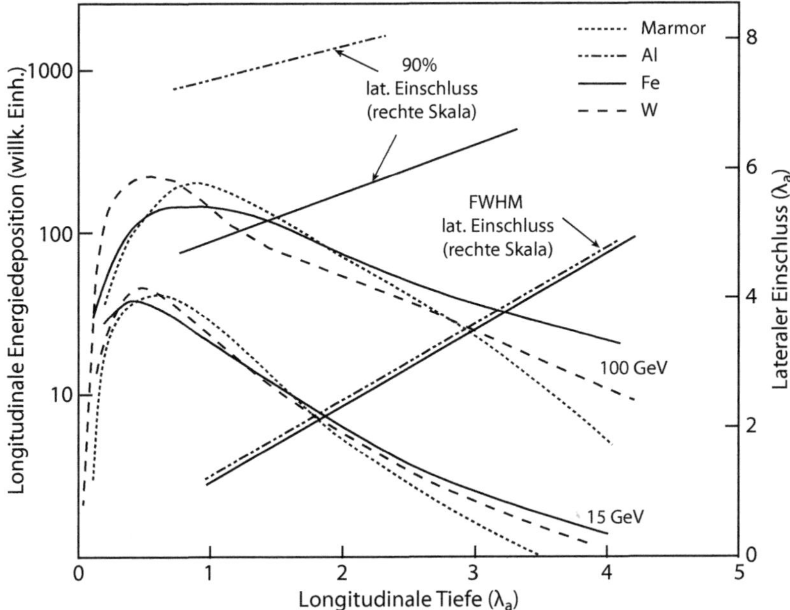

Abb. 15.14 Mittlere longitudinale Profile und lateraler Einschluss von hadronischen Schauern in verschiedenen Absorbern und für verschiedene Primärenergien als Funktion der longitudinalen Tiefe in Einheiten von λ_a. Die longitudinalen Profile (linke Skala) sind für Primärenergien von 15 GeV und 100 GeV dargestellt. Die Kurven beginnen am Punkt der ersten Wechselwirkung (nicht am Eintritt in den Absorber), was die Schauer kompakter mit einem ausgeprägteren Schauermaximum darstellt. Bei der gleichen Primärenergie sind die Profile für verschiedene Materialien ähnlich, was das näherungsweise Skalieren mit λ_a demonstriert. Der laterale Einschluss (rechte Skala in Einheiten von λ_a) ist für Pionen mit Energien von 10 GeV dargestellt. Für die laterale Kernregion innerhalb der vollen Halbwertsbreite (FWHM) findet man bei fester longitudinaler Tiefe ebenfalls ein Skalieren mit λ_a. Das gilt allerdings nicht mehr für den 90%-Einschluss, bei dem man starke Unterschiede zwischen Aluminium und Eisen, also eine Materialabhängigkeit, feststellt. Die Abbildung wurde von [405] übernommen, wo auch die Referenzen zu den benutzten experimentellen Daten zu finden sind.

Die laterale Verteilung der deponierten Energie ist charakterisiert durch einen dichten Kern, der durch die elektromagnetischen Teilschauer dominiert wird, und einen verhältnismäßig weiten Ausläufer, der besonders von Neutronen verursacht wird. Der laterale Einschluss von 95% der deponierten Energie lässt sich sehr grob als ein Zylinder mit dem Radius

$$R_{95\%} \approx \lambda_a \tag{15.31}$$

angeben. Hier sind allerdings auch Materialabhängigkeiten zu beachten [1029].

Das näherungsweise Skalieren mit λ_a der longitudinalen Schauerprofile ist in Abb. 15.14 gezeigt [405]. Für die laterale Schauerverteilung gilt diese Skalierung nur für den Kernbereich des Schauers. Dagegen wird die Verteilung in den Ausläufern, in der Abbildung für 90% Einschluss gezeigt, zunehmend materialabhängiger.

15.3.4 Simulation von hadronischen Schauern

Die Simulation von hadronischen Schauern ist komplizierter und weniger genau möglich als die von elektromagnetischen Schauern (siehe Seite 682). Viele Reaktionen können nur im Rahmen von Modellen mit experimentell zu bestimmenden Parametern beschrieben werden. Es gibt deshalb eine größere Auswahl von Programmen, die zum Teil auf bestimmte Aspekte, wie hohe oder niedrige Energien, Teilchenphysik- oder Kernreaktionen, optimiert sind. Die Programmpakete Geant4 [478] und FLUKA [148, 439] bieten verschiedene Optionen, um die Simulation verschiedenen Fragestellungen anpassen zu können.

Für die Simulation von Luftschauern, die durch kosmische Strahlung ausgelöst werden, sind spezielle Programme entwickelt worden, die wir in Kapitel 16 beschreiben.

15.4 Allgemeine Prinzipien bei Konstruktion und Betrieb von Kalorimetern

Die Entwicklung von elektromagnetischen und hadronischen Schauern wird in Kalorimetern gemessen. Die grundlegenden Anforderungen an ein Kalorimeter beziehungsweise ein Kalorimetersystem sind optimale Energie- und Ortsauflösungen und in der Regel auch eine vollständige, hermetische Abdeckung eines Raumwinkelbereichs. Bei der praktischen Ausführung kommen viele andere Anforderungen und Einschränkungen, wie zum Beispiel die Kosten, hinzu. Wir konzentrieren uns hier auf elektronisch ausgelesene Kalorimeter, wie sie in modernen Hochenergie-Experimenten verwendet werden, obwohl zum Beispiel die optische Darstellung eines Schauers in einer Blasen- oder Nebelkammer mit Konverterplatten (Abb. 15.26) für die Anschaulichkeit sehr hilfreich ist.

In der Regel können Anforderungen auf unterschiedliche Weise, aber meistens auch nur mit Kompromissen zwischen verschiedenen Anforderungen, erfüllt werden. Im Folgenden sollen einige wesentliche Parameter einer Kalorimeterkonstruktion besprochen werden.

15.4.1 Bauweise

Bei einem Kalorimeter unterscheidet man das **passive Medium**, in dem sich der Schauer entwickelt, und das **aktive Medium**, in dem elektronisch registrierbare Signale der Schauerteilchen entstehen (zum Beispiel durch Ionisationsladung, Szintillations- oder Cherenkov-Licht). In homogenen Kalorimetern (zum Beispiel Szintillationskristallen oder Bleiglas) werden beide Funktionen von einem einzigen Medium erfüllt. In inhomogenen, so genannten Sampling-Kalorimetern, sind beide Funktionen getrennt, meistens wechselt eine passive Schicht mit einer aktiven Schicht, siehe Abb. 15.15. Aus Gründen, die später noch ausgeführt werden, werden Hadronkalorimeter praktisch immer als Sampling-Kalorimeter gebaut, während man für elektromagnetische Kalorimeter beides findet.

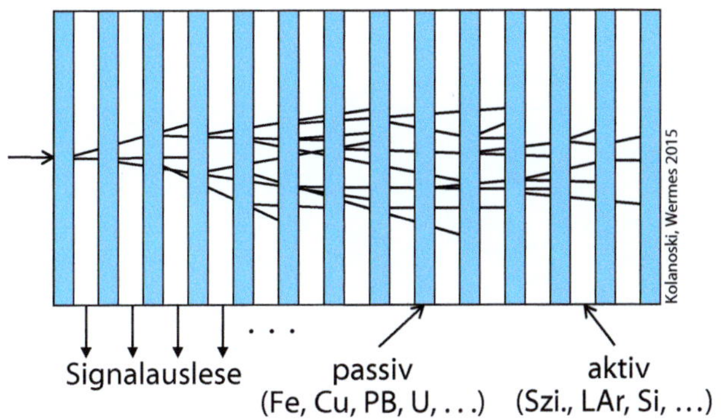

Abb. 15.15 Schema eines Sampling-Kalorimeters, hier als 'Sandwich-Anordnung'.

Bei größeren Experimenten sind Kalorimeter in Module unterteilt, die je nach Experiment als Kugel (zum Beispiel Crystal Ball, Abb. 13.24 auf Seite 625), als Zylinder (bei den meisten Speicherringdetektoren im zentralen Bereich, Beispiele in den Abb. 15.22 und 15.24) oder planar (in der Regel bei Experimenten an festen Targets, zum Beispiel in Abb. 15.28) angeordnet werden. Neben der konstruktionsbedingten Aufteilung in mechanische Module gibt es eine Segmentierung der Auslese. Bei homogenen Kalorimetern ist ein Modul in der Regel gleichzeitig auch eine Ausleseeinheit. Sampling-Kalorimeter bieten mehr Freiheit, die Auslesestruktur an physikalische Anforderungen wie Auflösungen und Teilchenseparation anzupassen.

Weiterhin ist zu entscheiden, ob die Anordnung 'projektiv' sein soll, das heißt, ob die Module auf den nominalen Wechselwirkungspunkt ausgerichtet sein sollen (*pointing geometry*). Abbildung 15.16 zeigt Skizzen von nicht-projektiven und projektiven Anordnungen. Der Vorteil einer projektiven Anordnung liegt vor allem in einer optimalen und über den Detektor gleichmäßigen Ortsauflösung für die rekonstruierten Schauer. Ein in der Praxis wichtiger Nachteil ist, dass viele verschiedene Modulformen zu fertigen sind. Wenn sich zwischen den Modulen Material, zum Beispiel von Trägerstrukturen, befindet, können bei einer *pointing geometry* auch Photonen das Kalorimeter durchqueren ohne aufzuschauern. Deshalb wird, wenn es auf eine hermetische Abgeschlossenheit des Detektors ankommt, auch bewusst eine nicht-projektive Geometrie, oder zumindest eine nicht exakt projektive Geometrie, gewählt.

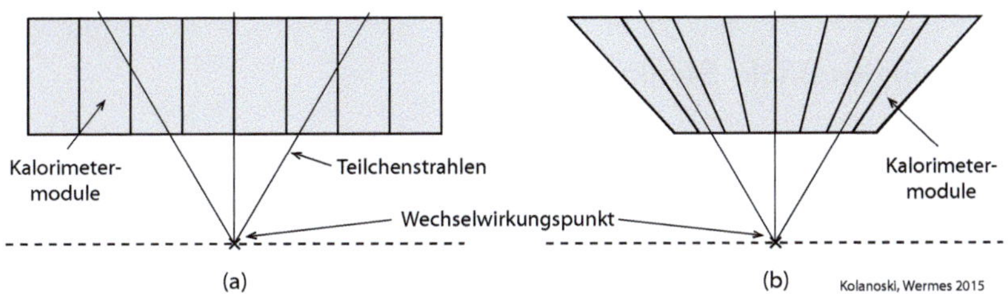

Abb. 15.16 Vergleich einer nicht-projektiven (a) und einer projektiven (b) Ausrichtung von Kalorimetermodulen auf den Wechselwirkungspunkt.

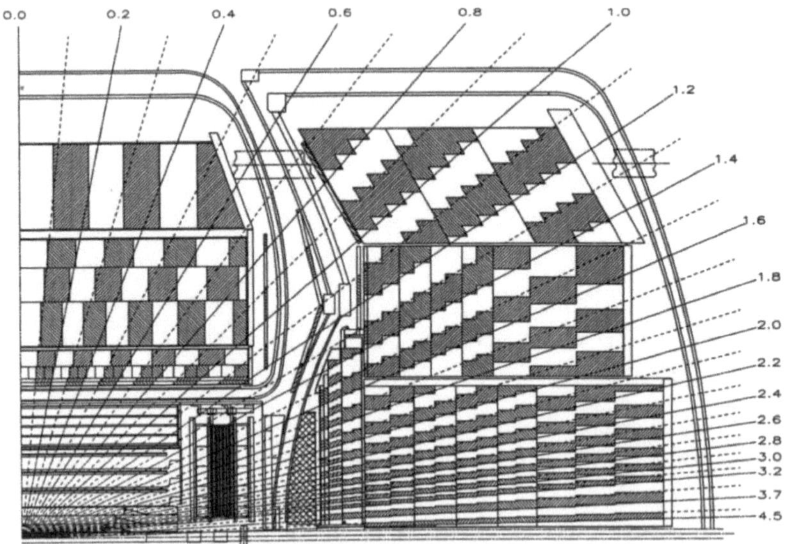

Abb. 15.17 Die *Trigger-Tower*-Struktur des D0-Detektors ([13], mit freundl. Genehmigung von Elsevier). Die abwechselnd weiß und grau gezeichneten Segmente sind elektronisch als UND-Logik verknüpft.

Die Signale von Kalorimetern werden häufig in einem schnellen Trigger benutzt. Dazu fasst man mehrere Module eines Kalorimeters als *trigger towers*, die etwa die Größe der zu erkennenden Schauer haben, zusammen. Als Beispiel sind in Abb. 15.17 die *trigger towers* in dem D0-Detektor gezeigt.

15.4.2 Größe und Granularität eines Kalorimeters

Die Größe eines Kalorimeters sollte so gewählt werden, dass ein möglichst großer Anteil der Schauerenergie nachgewiesen werden kann. Die Leckverluste verschlechtern die Auflösung, wie die Beispiele in Abb. 15.18 zeigen.

Für die Signalauslese ist ein Kalorimeter gewöhnlich in Segmente unterteilt, die Details der lateralen und oft auch der longitudinalen Schauerentwicklung sichtbar machen.

15.4.2.1 Longitudinale Struktur

Die Wahl der longitudinalen Dimension eines Kalorimetershängt von dem Energiebereich ab, für den es optimiert werden soll. Verlangt man zum Beispiel einen Nachweis von 98% des elektromagnetischen Schauers, so kann man die notwendige Detektortiefe $t^{98\%}$ durch die Formel (15.20) abschätzen. Einige Werte für die 98%-Abdeckung sind in Tab. 15.1 auf Seite 683 angegeben. So werden zum Beispiel in Blei die 98%-Abdeckung für Elektronen von 10 GeV mit 18.8 Strahlungslängen und für 100 GeV mit 22.2 Strahlungslängen

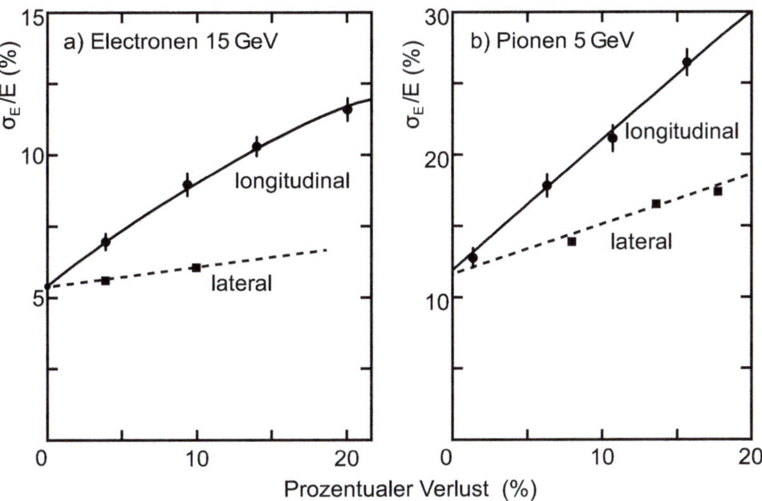

Abb. 15.18 Simulationen von Energieauflösungen in Abhängigkeit von dem prozentualen Schauerverlust (longitudinal und lateral) für (a) 15-GeV-Elektronen und (b) 5-GeV-Pionen (aus [87], © The Royal Swedish Academy of Sciences, mit freundl. Genehmigung von IOP Publishing).

erreicht. Für hadronische Schauer ist eine Näherungsformel für einen Nachweis von 95% in Gleichung (15.30) angegeben.

Longitudinale Segmentierung Eine longitudinale Segmentierung der Signalauslese kann in elektromagnetischen Kalorimetern wesentlich die Hadron-Elektron-Separation verbessern (siehe Kapitel 14); in hadronischen Kalorimetern kann man damit die Auflösung verbessern (siehe 'Software-Korrektur' in Abschnitt 15.6.3).

Tail Catcher Falls Schauerverluste unvermeidbar sind, kann bereits eine recht grobe Messung des Verlusts durch einen so genannten *Tail Catcher* eine deutliche Verbesserung der Auflösung bewirken. Das Schema ist in Abb. 15.19 dargestellt: Hinter dem Kalorimeter misst ein weiterer Detektor mit grober Auflösung den Schauerrest, der nicht im Kalorimeter absorbiert wurde. Bei Hadronkalorimetern benutzt man dazu häufig auch einen eventuell folgenden Myondetektor oder instrumentiert das Eisen eines hinter dem Kalorimeter liegenden Joches eines Magneten. Selbst durch eine solch grobe Messung

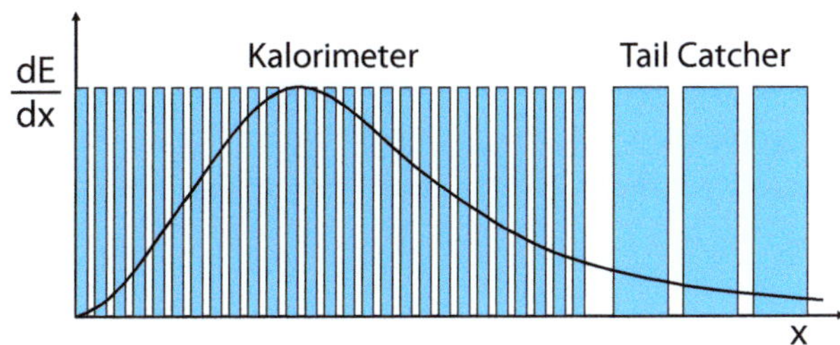

Abb. 15.19 Messung des Schauerverlusts durch einen nachfolgenden Detektor.

des Leckverlusts kann eine Korrektur angebracht werden, die insgesamt die Energieauflösung deutlich verbessert. Den Einfluss der Leckverluste und eventueller Korrekturen auf die Auflösung werden in den Abschnitten 15.5.5 (Seite 733) für elektromagnetische und 15.6.5 (Seite 753) für hadronische Kalorimeter diskutiert.

Presampler Die meisten Detektoren haben vor den Kalorimetern noch Spurdetektoren und eventuell Detektoren zur Identifikation geladener Teilchen. Obwohl diese Detektoren grundsätzlich 'nicht-destruktiv', das heißt mit möglichst wenig Material, konzipiert sind, kann sich die Materialdicke bis zu den Kalorimetern durchaus zu einer Strahlungslänge und sogar mehr addieren (zum Beispiel in den LHC-Detektoren). Dann ergibt sich eine hohe Wahrscheinlichkeit, dass der Schauer bereits vor dem Kalorimeter beginnt und damit insbesondere das elektromagnetische Kalorimeter an Auflösung einbüßt. Dem kann man durch die Installation so genannter 'Presampler' begegnen, die entweder nur feststellen, ob ein Schauer bereits begonnen hat (wichtig für Photonen), oder bereits eine grobe Energiemessung liefern. Ein Presampler kann einfach eine erste, separat auslesbare Lage eines Kalorimeters sein (Beispiel: ATLAS-EM-Kalorimeter (EM steht für 'elektromagnetisch'), beschrieben in Abschnitt 15.5.3.2 auf Seite 720) oder ein spezieller Detektor, zum Beispiel eine Szintillator-, Silizium- oder Drahtkammerlage.

15.4.2.2 Laterale Struktur

Die lateralen Energieverluste können für elektromagnetische Schauer durch die Ausdehnung des Kalorimeters in Einheiten des Molière-Radius (siehe Gleichung (15.21) und Tab. 15.2) abgeschätzt werden. Entsprechend Abb. 15.18(a) sind 1 bis 2 Molière-Radien bereits ausreichend, um die Auflösung nicht wesentlich zu verschlechtern. Für hadronische Schauer lässt sich nach (15.31) auf Seite 697 der 95%-Einschluss zu etwa einer Absorptionslänge abschätzen.

Die laterale Segmentierung, also die Aufteilung in einzelne Segmente für die Signalauslese, ist wichtig für die Trennbarkeit einzelner Schauer und für die Ortsauflösung der Schauerachse (Abschnitt 15.4.5). Algorithmen zur Trennung zweier Schauer erfordern in der Regel, dass zwischen den Schauern ein Minimum der deponierten Energie in wenigstens einem Detektormodul beziehungsweise Auslesesegment zwischen zwei Energie-Clustern zu sehen ist.

15.4.3 Energieauflösung

Die Energieauflösung ist das wichtigste Gütekriterium eines Kalorimeters. In den meisten Kalorimetern ist die Energieauflösung durch stochastische Schwankungen der geladenen Schauerteilchen, die zum Signal beitragen, bestimmt. Wenn deren Anzahl N_S proportio-

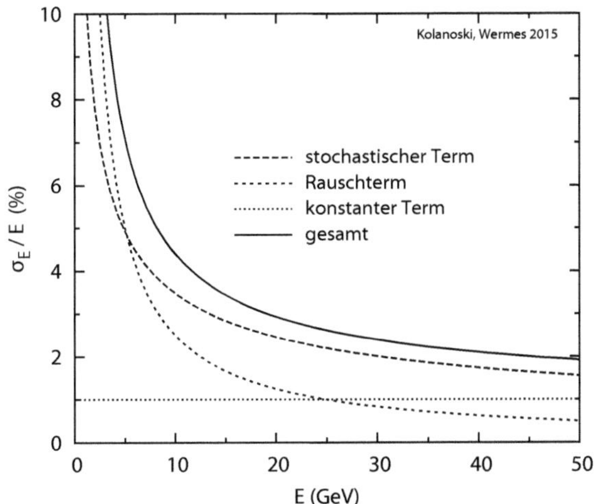

Abb. 15.20 Beispiel für die Energieabhängigkeit der Auflösung eines Kalorimeters mit den einzelnen Beiträgen der Auflösungsterme wie in Gleichung (15.33), mit $a = 0.11/\sqrt{\text{GeV}}$, $b = 250\,\text{MeV}$, $c = 0.01$.

nal zur Primärenergie ist, $N_S \propto E$, und N_S nach der Poisson-Statistik die Standardabweichung $\sqrt{N_S}$ hat, dann ergibt sich für die Auflösung:

$$\frac{\sigma_E}{E} \propto \frac{\sqrt{N_S}}{N_S} = \frac{1}{\sqrt{N_S}} \propto \frac{1}{\sqrt{E}}\,. \tag{15.32}$$

In einem realistischen Kalorimeter treten allerdings zu dem stochastischen Term weitere Terme mit unterschiedlichen Energieabhängigkeiten auf. In einem relativ allgemeinen Ansatz werden drei Beiträge quadratisch addiert:

$$\frac{\sigma_E}{E} = \sqrt{\frac{a^2}{E} + \frac{b^2}{E^2} + c^2} = \frac{a}{\sqrt{E}} \oplus \frac{b}{E} \oplus c\,. \tag{15.33}$$

Die rechte Seite ist eine gängige Schreibweise für die quadratische Addition von Auflösungen. Die dominierenden Quellen für die einzelnen Beiträge sind (Abb. 15.20):

- a Stochastische Fluktuationen der Schauerentwicklung, die bei Sampling-Kalorimetern durch das unvollständige Abtasten verstärkt werden,
- b elektronisches Rauschen, dessen energieunabhängige absolute Fluktuationen zu einem $1/E$-Beitrag zu der relativen Auflösung führen,
- c mechanische und elektronische Unregelmäßigkeiten, Fluktuationen in den Leckverlusten, Interkalibrationsfehler und andere, deren absoluter Beitrag mit der Energie ansteigt.

Die ersten beiden Terme werden bei höheren Energien immer kleiner, bis schließlich der konstante Term die Auflösung begrenzt. Bei kleinen Energien ist die Begrenzung gegeben durch den Rauschterm, durch den auch die Schwelle für die kleinste messbare Energie festgelegt ist. Der Koeffizient b in (15.33) wird 'äquivalente Rauschenergie' genannt und entspricht der Energie eines Teilchens, das das gleiche elektronische Signal wie die Standardabweichung des Rauschuntergrunds ergibt.

Wegen der charakteristischen Unterschiede in dem Verhalten von elektromagnetischen und hadronischen Kalorimetern werden deren Energieauflösungen getrennt in den Abschnitten 15.5.5 und 15.6.5 besprochen.

15.4.4 Linearität

Neben der Auflösung ist auch die Linearität, das heißt der Grad, mit dem das gemessene Signal linear von der Primärenergie abhängt, eine wichtige Eigenschaft eines Kalorimeters. Die Linearität kann durch den Detektor eingeschränkt sein (zum Beispiel durch die mit $\ln E$ ansteigenden Leckverluste, siehe die Gleichungen (15.20) und (15.30) oder durch die Elektronik (zum Beispiel durch Sättigung bei hohen Signalen). Die Linearität der Ausleseelektronik kann zwar mit einem geeigneten Testpulser-System bestimmt werden, in der Regel wird die Linearität des gesamten Kalorimeters aber mit Teststrahlen bekannter Energien oder durch Ausnutzung kinematischer Zwangsbedingungen zu messen sein (siehe dazu auch die Abschnitte 15.5.4 und 15.6.4).

15.4.5 Orts- und Richtungsauflösung

Zur kinematischen Rekonstruktion eines schauernden Teilchens oder Jets benötigt man zusätzlich zu der Energie auch die Teilchenrichtung. Bei hohen Schauerenergien werden in der Regel Energie und Impuls gleichgesetzt; ansonsten muss bei schauernden Teilchen die Masse durch Teilchenidentifikation bestimmt werden. Zur Richtungsbestimmung muss man mindestens zwei Punkte messen, zum Beispiel den Punkt, an dem das Teilchen in das Kalorimeter eintritt und den Wechselwirkungspunkt.

Wenn der Schauer ganz in einem Auslesesegment absorbiert wird, ist die Ortsauflösung gegeben durch die lateralen Dimensionen des Segments. Zum Beispiel ist bei einem quadratischen Querschnitt mit der Seitenlänge a die Varianz einer rekonstruierten Koordinate $\sigma^2 = a^2/12$ (entspricht der Varianz einer Gleichverteilung über die Länge a, siehe Gleichung (E.4) im Anhang E). Die Ortsauflösung kann wesentlich verbessert werden, wenn die deponierte Schauerenergie über mehrere benachbarte Segmente verteilt ist. Optimale Auflösungen werden erreicht, wenn die lateralen Abmessungen eines einzelnen Segments in der Größenordnung eines Molière-Radius für elektromagnetische Kalorimeter beziehungsweise einer Absorptionslänge für hadronische Kalorimeter oder darunter sind. Der Eintrittsort kann durch die Anpassung eines theoretischen lateralen Schauerprofils an die gemessene Energieverteilung (unter Berücksichtigung der Eintrittsrichtung) in benachbarten Segmenten bestimmt werden (siehe auch Anhang E). Es lassen sich so Ortsauflösungen von einigen Millimetern für elektromagnetische Kalorimeter und einigen Zentimetern für hadronische Kalorimeter erreichen.

Aus der Kombination des rekonstruierten Eintrittsorts und des Entstehungsorts des schauernden Teilchens oder Jets lässt sich die Richtung bestimmen, die für kinematische Rekonstruktionen von Ereignissen benötigt werden. Als Beispiel betrachten wir ein zylindrisches Kalorimeter, dessen Achse mit der Strahlrichtung zusammenfällt (z-Achse), wie es für Collider-Experimente typisch ist, und mit einem radialen Abstand d der Eintrittsfläche des Kalorimeters zum Strahl. Die Schauerrekonstruktion liefert den Eintrittspunkt des Teilchens bei festem Radius d mit der z-Koordinate z_{Kal} und einen Azimutwinkel. Die Auflösung von z_{Kal} sei σ_z^{Kal} und die der entsprechenden Koordinate z_{Wp} des Wechselwirkungspunktes sei σ_z^{Wp}. Da d einen festen Wert hat, ist die radiale Unsicherheit in der Schauerposition in der Unsicherheit von z_{Kal} enthalten (über die Schauerrekonstruktion). Der Polarwinkel des Teilchens in Bezug auf die z-Achse sei θ. Ohne Magnetfeld sind die Steigung der Teilchentrajektorie, $\tan\theta$, und deren Auflösung gegeben durch

$$\tan\theta = \frac{d}{z_{Kal} - z_{Wp}} \qquad \text{and} \qquad \sigma_{\tan\theta} = \tan\theta \, \frac{\sqrt{(\sigma_z^{Kal})^2 + (\sigma_z^{Wp})^2}}{z_{Kal} - z_{Wp}} \,. \tag{15.34}$$

15.4.6 Signalsammlung und Zeitauflösung

Je nach der gewählten Auslesemethode können Kalorimeter sehr unterschiedliche Signalsammelzeiten und Zeitauflösungen haben. Die Signalsammelzeiten gehen von einigen Nanosekunden bei organischen Szintillatoren, die in vielen Sampling-Kalorimetern eingesetzt werden, bis zu Mikrosekunden bei anorganischen Kristallen (wie NaI oder CsI) und bei Flüssig-Argon. Eine gute Energieauflösung verlangt genügend lange Sammelzeiten, um Fluktuationen zwischen frühen und späten Signalanteilen auszugleichen und um Rauschen zu unterdrücken. In den so genannten 'kompensierenden Hadronkalorimetern' (Abschnitt 15.6.3) können durch die Signalsammelzeit auch die Signalbeiträge von nuklearen Neutronen eingestellt werden.

Bei hohen Ereignisraten ist eine gute Zeitauflösung notwendig, um Signale einem bestimmten Ereignis, einer bestimmten Strahlkreuzung bei Collidern oder einem Strahlpaket bei festen Targets zuordnen zu können. Zum Teil muss diese gute Zeitauflösung bereits auf der Triggerebene verfügbar sein (Abschnitt 18.3). Für schnelle Trigger werden häufig die Signale auf einem separaten Pfad elektronisch verarbeitet, um durch Pulsformung (Abschnitt 17.3) eine gute Zeitauflösung, jedoch mit Einbußen bei der Energieauflösung, zu erreichen. Man kann dann Zeitauflösungen erreichen, die um Größenordnungen besser sind als die Sammelzeiten. Zum Beispiel werden bei Flüssig-Argon-Kalorimetern bei Sammelzeiten von etwa 1 µs Zeitauflösungen von etwa 10 ns für den Trigger erreicht.

15.4.7 Kalibration

Bei der Konstruktion eines Kalorimeters sollte immer gleichzeitig bedacht werden, wie das Kalorimeter kalibriert werden kann. Es ist nämlich in der Praxis nicht möglich, für Kalorimeter eine absolute Energieskala zu berechnen oder mit Simulationen zu bestimmen, sondern man ist immer auf experimentelle Kalibrationsverfahren angewiesen. Je nach Anwendungsgebiet und technischer Ausführung gibt es eine Reihe unterschiedlicher Verfahren, von denen man am besten mehrere kombiniert, um systematische Fehler bestimmen zu können. Grundsätzlich kann man zwischen der Benutzung von Teststrahlen und der Ausnutzung kinematischer Zwangsbedingungen bei der Rekonstruktion kinematischer Prozesse unterscheiden. Als Teststrahlen werden hochenergetische Elektron-, Myon- oder Hadronstrahlen an Beschleunigern genutzt, aber es werden auch niederenergetische Gammalinien radioaktiver Quellen für Kalorimeter mit niedrigem Rauschniveau eingesetzt. Mehr Details, insbesondere auch über die Anwendung kinematischer Zwangsbedingungen, sind in den Abschnitten 15.5.4 für elektromagnetische und in 15.6.4 für hadronische Kalorimeter zu finden.

15.4.8 Strahlenhärte

In Experimenten bei sehr hohen Energien und hohen Intensitäten, wie am LHC (siehe Tab. 2.2 auf Seite 15), kann auch noch im Bereich der Kalorimeter eine hohe Strahlungsbelastung herrschen. Bei den Entwicklungen für die LHC-Experimente wurde deshalb speziell auf die Strahlungshärte der Elektronik, der verwendeten Materialien und der Bauweisen geachtet. In diesem Zusammenhang besonders erwähnenswert ist die Entwicklung strahlenharter szintillierender Kristalle für das elektromagnetische Kalorimeter des CMS-Experiments [310] (siehe Beschreibung auf Seite 711ff).

15.5 Elektromagnetische Kalorimeter

15.5.1 Überblick

Es gibt eine Vielzahl von Möglichkeiten, Kalorimeter zu bauen. Die Wahl der Technologie wird durch die Anforderungen bestimmt, wobei es für eine bestimmte Anforderung in der Regel auch eine optimale Lösung gibt (siehe Tab. 15.4). Allerdings wird die Kombination verschiedener, sich eventuell widersprechender Anforderungen eine Lösungsoptimierung mit Kompromissen erfordern.

In Tab. 15.5 werden charakteristische Eigenschaften elektromagnetischer Kalorimeter verschiedener Experimente verglichen. Obwohl mit homogenen Kalorimetern die besten Energieauflösungen erreicht werden, können Anforderungen an hohe Granularität für Elektron-Hadron-Separation, Jet-Auflösung, Cluster-Separation, Ortsauflösung und Eignung für hohe Raten, zusammen mit dem Kostenfaktor die Entscheidung zugunsten eines Sampling-Kalorimeters ausfallen lassen.

15.5.2 Homogene Kalorimeter

15.5.2.1 Detektormaterialien und Signalauslese

Die besten Energieauflösungen für elektromagnetische Schauer erreicht man mit homogenen Kalorimetern (Abb. 15.21), die entweder Szintillations- oder Cherenkov-Licht (selten Ionisationsladung) als Signal nutzen:

Tab. 15.4 Typische Anforderungen an elektromagnetische Kalorimeter und die technischen Lösungen, die den jeweiligen Anforderungen am besten gerecht werden.

Anforderung	Lösungsoptimierung
Energieauflösung	homogene Kalorimeter, Kristalle
Orts- und Richtungsauflösung	hohe laterale Segmentierung
Elektron-Hadron-Separation	longitudinale Segmentierung
hermetische Abdeckung	dichte Modulpackung, wenig Trägermaterial, wenige Versorgungsleitungen zu den Detektoren vor dem Kalorimeter
Energieauflösung bei hohen Energien	kleiner konstanter Term, Minimierung der mechanischen Toleranzen, geringer Interkalibrationsfehler, stabile Kalibration (durch kontinuierliche Kontrolle)
gleiche Energieskala für Elektronen und Hadronen ($e/h \approx 1$)	kompensierende Kalorimeter (Abschnitt 15.6), einheitliche Technologie für das elektromagnetische und hadronische Kalorimeter
Jet-Energieauflösung	Granularität, abgestimmte Kombination der elektromagnetischen und hadronischen Kalorimeter
Linearität	ausreichende Tiefe des Kalorimeters, genügend großer dynamischer Bereich der elektronischen Signalauslese
absolute Kalibration	Teststrahlkalibration kombiniert mit In-situ-Kalibration
niedrige Kosten	wenige elektronische Kanäle, preisgünstige Materialien, geringes Volumen (das bedeutet im Allgemeinen, dass die inneren Spurdetektoren in ihrer Ausdehnung begrenzt werden müssen)

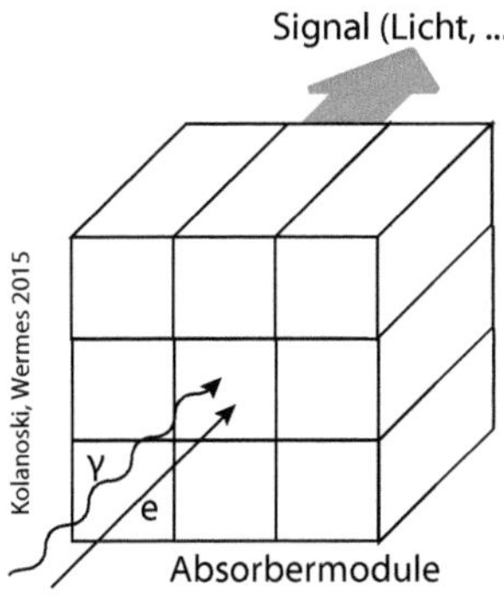

Abb. 15.21 Schematische Darstellung eines homogenen Kalorimeters. Eintreffende Strahlung erzeugt Licht, das durch geeignete Nachweiselemente (Photovervielfacher, Photodioden, APD; siehe Abschnitt 13.4) nachgewiesen wird.

Tab. 15.5 Parameter einiger elektromagnetischer Kalorimeter. Die Zahlenwerte wurden den entsprechenden Referenzen der einzelnen Detektoren und den Übersichten in [261], [1029] und [799] entnommen. Die Angaben zu 'Abstand' und 'Stirnfläche' beziehen sich auf den Bereich des kürzesten (senkrechten) Abstandes vom Wechselwirkungspunkt. Die Werte für X_0 und R_M sind Effektivwerte, gemittelt über aktive und passive Lagen. 'LAr' und 'LKr' bedeuten Flüssig-Argon beziehungsweise -Krypton und 'PWC' bedeutet *proportional wire-chamber*. Die Parameter a, b, c der Energieauflösungen sind in Gleichung (15.33) definiert.

Typ	X_0 (cm)	R_M (cm)	Abstand (cm)	Stirnfläche einer Zelle (cm²)	Dicke/X_0 passive Lage	Dicke/X_0 gesamt	Auflösungen (E in GeV) $a/\sqrt{E}$ (%),	b (MeV)	c (%)	σ_θ (mrad)	Experiment
					homogene Kalorimeter						
NaI(Tl)	2.59	4.8	25.4	12.9		15.7	$2.8/\sqrt[4]{E}$	≈ 0.05		26–35	C. Ball [802]
CsI(Tl)	1.85	3.5	92	4.7×4.7		16	$2.3/\sqrt[4]{E}$	≈ 0.15	1.4	$4.2/\sqrt{E}$	BaBar [128, 889]
BGO	1.12	2.3	50	2×2		22	$\approx 2/\sqrt{E}$		0.7	≈ 10	L3 [46, 267]
Pb-Glas	2.54	3.5	245	10×10		25	$6.3/\sqrt{E}$	11	0.2	4.5	OPAL [58]
$PbWO_4$	0.89	2.0	130	2.2×2.2		25.8	$2.8/\sqrt{E}$	120	0.3	≈ 0.7	CMS [310]
LKr	4.7	5.9	≈ 100 m	2.0×2.0		27	$3.2/\sqrt{E}$	90	0.42	0.001	NA48 [1003]
					Sampling-Kalorimeter						
Pb/Szi	3.2	5.0	230	10×10	0.18	12.5	$6.5/\sqrt{E}$	<10	7.2	$6.5/\sqrt{E}$	ARGUS [71]
Pb/LAr	1.1	2.66	90	10–100	0.42	20–30	$11/\sqrt{E}$	150	0.6	$\approx 15/\sqrt{E}$ *	H1 [98, 99]
Pb/Szi$\vert_{\text{Schaschlik}}$	1.7	4.15	1350	5.59×5.59	0.54	20	$11.8/\sqrt{E}$		1.4	$1.0/\sqrt{E} \oplus 0.2$	HERA-B [134]
Pb/Szi$\vert_{\text{SPACAL}}$	0.9	2.55	150	4.05×4.05		28	$7.1/\sqrt{E}$		1.0	≈ 1 bei 30 GeV	H1 [109]
Pb/LAr	≈ 2	≈ 4.1	150	14.7×0.47	≈ 0.4	22–24	$10/\sqrt{E}$	190	0.5–0.7	$\approx 1/\sqrt{E}$	ATLAS [2]
U/Szi	0.56	1.66	120	115–200	1.0	25	$18/\sqrt{E}$			$\approx 40/\sqrt{E}$ *	ZEUS [347]
Pb/Gas (PWC)	≈ 1.85	4.65	185	3×3	0.36	22	$18/\sqrt{E}$		0.9	$3.7/\sqrt{E}$	ALEPH [362]

* Abgeschätzt aus Angaben über Ortsauflösungen mit Hilfe der Formel in (15.34).

Tab. 15.6 Eigenschaften von flüssigen Edelgasen, die für Kalorimeter benutzt werden [814].

	Z	ρ (g/cm^3)	X_0 (cm)	R_M (cm)	E_k (MeV)
Ar	18	1.4	14.0	9.2	32.8
Kr	36	2.4	4.7	6.1	17.0
Xe	54	3.0	2.9	5.5	11.3

– Szintillatoren: Geeignet sind anorganische Kristalle wie NaI(Tl), CsI(Tl), BGO oder $PbWO_4$ (Tab. 13.3 auf Seite 605), deren Eigenschaften bereits in Abschnitt 13.3 besprochen wurden. Typische Auflösungen sind (siehe auch Abschnitt 13.5.2.2):

$$\frac{\sigma_E}{E} \approx \frac{(2\text{–}5)\%}{\sqrt[4]{E/\text{GeV}}} .$$

– Flüssige Edelgase mit hohem Z (Krypton, Xenon): Die kleinen Strahlungslängen und Molière-Radien von flüssigem Krypton und Xenon machen diese Edelgase interessant für die Kalorimetrie, siehe Tab. 15.6. Während Flüssig-Argon als aktives Medium sehr gebräuchlich ist, aber wegen der langen Strahlungslänge als passives Medium weniger geeignet ist, können Krypton und Xenon sowohl als Konverter als auch als aktive Medien dienen. In beiden Gasen wird die deponierte Energie sowohl in Szintillationslicht als auch in freie Ladungen konvertiert. Die besten Auflösungen ergeben sich, wenn beide Komponenten gemessen werden (siehe dazu auch die Anwendungen zum Nachweis von Dunkler Materie in Abschnitt 16.7). Aus praktischen Gründen wird aber häufig nur eine der beiden Komponenten nachgewiesen. Die Ladung wird auf Elektroden gesammelt, die relativ dünn ausgelegt werden können, so dass wenig totes Material in den ansonsten homogenen Detektor eingebracht wird. Damit ist ein Schauer-Sampling mit hoher Granularität und damit eine hohe Ortsauflösung möglich. Mit einem solchen 'quasi-homogenen' Kalorimeter verbindet man also die Vorteile eines homogenen Kalorimeters mit denen eines Sampling-Kalorimeters. Typische Auflösungen sind:

$$\frac{\sigma_E}{E} \approx \frac{(3\text{–}5)\%}{\sqrt{E/\text{GeV}}} .$$

– Cherenkov-Detektoren: Als Absorber, die Cherenkov-Strahlung emittieren (Kapitel 11), werden zum Beispiel Bleiglas oder $Pb\,F_2$ in Beschleunigerexperimenten und Wasser oder Eis in Detektoren für kosmische Strahlung eingesetzt. Typische Auflösungen für Bleiglas sind:

$$\frac{\sigma_E}{E} \approx \frac{(5\text{–}10)\%}{\sqrt{E/\text{GeV}}} .$$

Die charakteristischen Eigenschaften homogener Kalorimeter einiger Detektoren sind in Tab. 15.5 aufgeführt.

Kristalle und Bleiglaszähler werden dicht gestapelt, wie schematisch in Abb. 15.21 dargestellt. Das Licht wird nach hinten herausgeführt und durch Photovervielfacher oder Photodioden (Abschnitt 13.4) in elektronische Signale gewandelt. Die bessere Energieauflösung in Szintillationskristallen im Vergleich zu Bleiglas kommt von der um Größenordnungen höheren Lichtausbeute bei Kristallen: zum Beispiel 50 000 Photonen pro MeV im CsI-Kalorimeter des BaBar-Experiments[138] [128] gegenüber 60 Photonen pro MeV in Bleiglas (OPAL-Experiment [58]).

15.5.2.2 Beispiele für homogene Kalorimeter

Im Folgenden wird eine kleine Auswahl von homogenen Kalorimetern vorgestellt, die exemplarisch für ein Detektormaterial oder eine Bauweise sind. Charakteristische Eigenschaften solcher Kalorimeter sind in Tab. 15.5 zusammengestellt.

Crystal Ball Das NaI(Tl)-Kalorimeter Crystal Ball (Abb. 13.24), das am Elektron-Positron-Collider SPEAR in Stanford ab 1978 betrieben wurde, war ein Markstein für den Einsatz anorganischer Kristalle in Teilchenphysik-Experimenten. Als solcher wurde er auch in dem Kapitel über Szintillatoren in Abschnitt 13.5.2 auf Seite 619 beschrieben. Es war das erste Kristallkalorimeter an einem Speicherring mit nahezu vollständiger Raumwinkelabdeckung und wurde für den Nachweis und die genaue Vermessung der Photonübergänge im Charmonium-System mit einer bis dahin unerreichten Energieauflösung gebaut. Ohne Magnetfeld betrieben, war der Detektor spezialisiert auf die Beobachtung von Photonlinien in inklusiv gemessenen Spektren und die Rekonstruktion von Endzuständen mit hauptsächlich elektromagnetisch schauernden Teilchen (Photonen, Elektronen und Positronen), siehe Abb. 13.24 (b).

Mit der Entwicklung von CsI und anderen szintillierenden Kristallen, die weniger hygroskopisch als NaI sind und dabei ähnliche Energieauflösungen bei kleineren Strahlungslängen und Molière-Radien liefern, hat NaI seine Bedeutung in der Teilchenphysik verloren.

Das CsI(Tl)-Kalorimeter des BaBar-Detektors Der BaBar-Detektor wurde ab 1998 an dem Elektron-Positron-Collider PEP-II betrieben [128]. Das Experiment wurde zur Entdeckung und Untersuchung der Verletzung der Materie-Antimaterie-Symmetrie (CP-Verletzung) in Bottom-Meson-Systemen gebaut. Dieses Ziel erforderte ein Kalorimeter, mit dem Photonen und Elektronen im Energiebereich zwischen 20 MeV und 9 GeV mit hoher Effizienz und Energie- und Winkelauflösung gemessen werden konnten [889]. Die Wahl fiel auf ein CsI(Tl)-Kalorimeter bestehend aus 6580 Kristallen, die jeweils mit zwei Photodioden ausgelesen werden.

Abbildung 15.22 zeigt das CsI(Tl)-Kalorimeter, im unteren Bild als Schnitt in einer Ebene, die die Strahlachse enthält. Da PEP-II asymmetrische Strahlenenergien hat, ist auch der Detektor nicht symmetrisch im Polarwinkel, mit einer besseren Überdeckung in Richtung des hochenergetischen Strahls. Die Kristalle sind 'projektiv' im Azimutwinkel angeordnet, das bedeutet, dass in der Projektion auf die Ebene senkrecht zur Strahlachse alle Kristalle zum Wechselwirkungspunkt ausgerichtet sind (*pointing geometry*). Dage-

[138] Die Photonenausbeute hängt von dem speziellen experimentellen Messaufbau und den Messbedingungen ab. Die leicht unterschiedliche Zahl in Tab. 13.3 ist mit der hier von BaBar angegebenen voll verträglich.

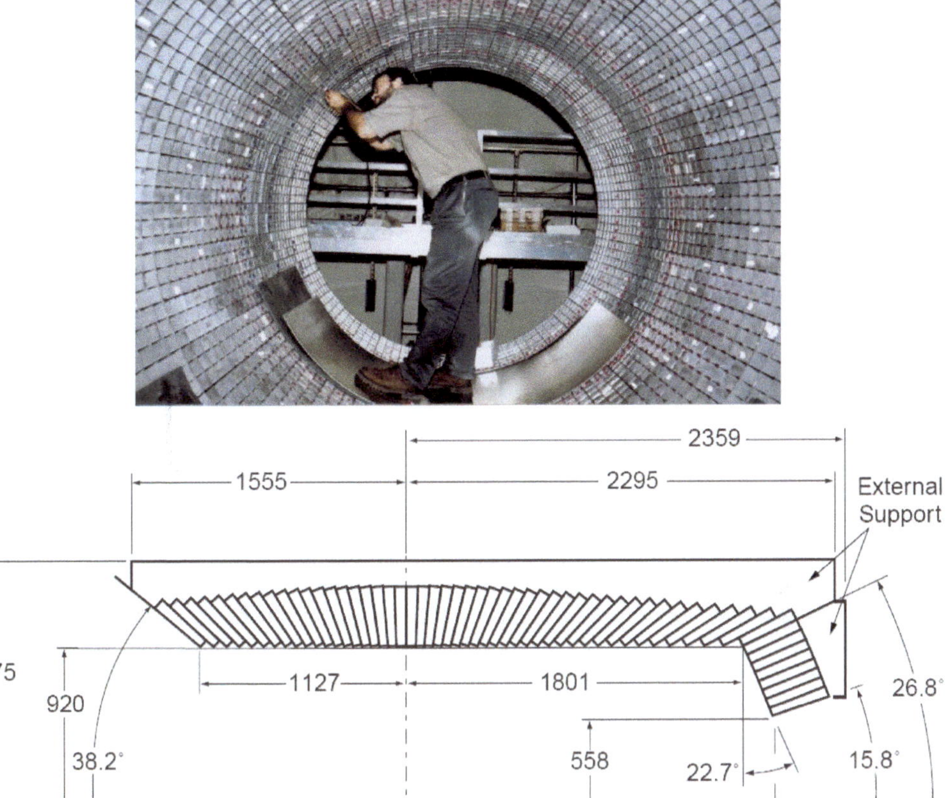

Abb. 15.22 Das elektromagnetische CsI(Tl)-Kalorimeter des BaBar-Detektors. Oben: Installation des Detektors. Quelle BaBar-Experiment, abgerufen von [615]. Unten: Stapelschema der Kristalle; Abmessungen in mm (aus [128], mit freundl. Genehmigung von Elsevier).

gen ist die Geometrie im Polarwinkel nicht exakt projektiv, wobei die Ausrichtung der Kristalle zwischen 14 und 45 mrad von der Richtung zum Wechselwirkungspunkt abweicht. Vor- und Nachteile von projektiven und nicht-projektiven Anordnungen wurden in Abschnitt 15.4.1 diskutiert.

Insbesondere wegen der sehr guten Energieauflösung werden CsI(Tl)-Kalorimeter für Mesonspektroskopie bei nicht zu hohen Energien (zum Beispiel bei Charm-, Bottom- und Tau-'Fabriken') bevorzugt.

Das $PbWO_4$-Kalorimeter des CMS-Detektors Der CMS-Detektor am LHC [310] (Abb. 2.11) besitzt ein elektromagnetisches Kalorimeter, das aus gezogenen Einkristallen aus dem sehr strahlungsresistenten Material $PbWO_4$ besteht. Die Wahl eines Kristallkalorimeters ist für ein Experiment, das bei TeV-Energien eingesetzt wird, eher etwas uner-

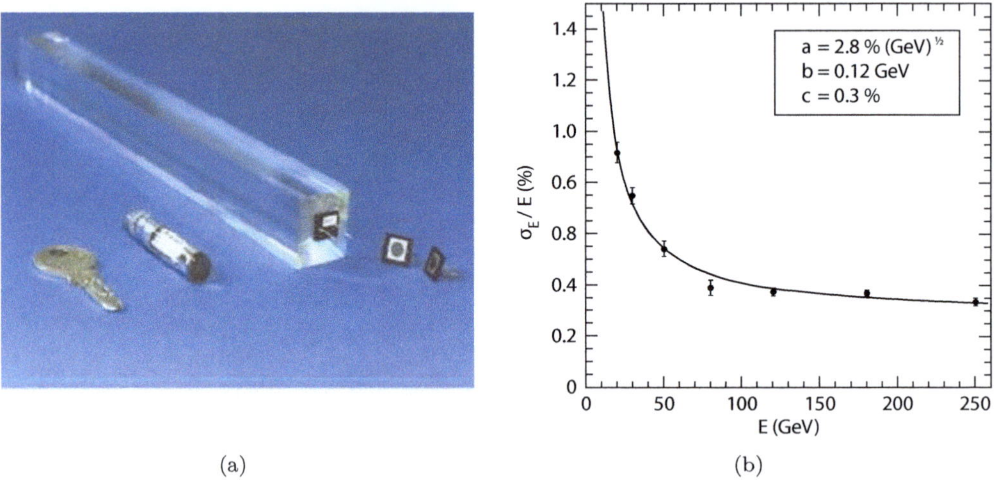

Abb. 15.23 (a) $PbWO_4$-Kristall des CMS-Detektors mit Avalanche-Photodioden (*barrel*) und links daneben eine Vakuumphototriode (*endcaps*). (b) Energieauflösung des elektromagnetischen Kalorimeters des CMS-Detektors [310]. Die Messung wurde mit einer Matrix von 3×3 Kristallen in einem Elektronen-Teststrahl durchgeführt, wobei der Strahl immer auf den zentralen Kristall gerichtet war. An die gemessenen Auflösungswerte wurde die Funktion (15.33), also $\sigma_E/E = a/\sqrt{E} \oplus b/E \oplus c$, angepasst. Die Anpassungswerte für den stochastischen Term a, den Rauschterm b und den konstanten Term c sind in der Abbildung angegeben. Quelle: CERN/CMS Collaboration.

wartet. Die Entscheidung für ein homogenes Kalorimeter wurde getroffen, um die beste Massenauflösung für den Zwei-Photon-Zerfall eines leichten Higgs-Bosons zu erreichen. Da die bis dahin verwendeten szintillierenden Kristalle nicht die für den LHC-Betrieb notwendige Strahlenhärte vorweisen, wurde sehr viel Aufwand in die Entwicklung strahlenharter Kristalle investiert. Andererseits kann bei den hohen Energien eine geringere Photonenausbeute pro deponierter Energie toleriert werden.

Da $PbWO_4$-Kristalle weit weniger Szintillationslicht pro deponierter Energie liefern als zum Beispiel CsI-Kristalle (Tab. 13.3), ist ein Auslesesensor mit integrierter Signalverstärkung gegenüber einer nicht-verstärkenden Photodiode vorzuziehen. Es werden im zentralen Bereich Silizium-Avalanche-Photodioden (APD) und im Endkappen-Bereich Vakuum-Phototrioden (VPT) eingesetzt [179] (siehe Abschnitt 13.4, Seite 487 und 491). Eine Messung der Energieauflösung ist in Abb. 15.23(b) gezeigt. Die äquivalente Rauschenergie (siehe Seite 703) wurde hier zu 120 MeV für eine (3×3)-Matrix bestimmt. Für einen einzelnen $PbWO_4$-Kristall ergibt sich eine Rauschenergie von etwa 40 MeV [310]; die entsprechende Rauschenergie für CsI(Tl)-Kristalle mit PIN-Dioden-Auslese ist etwa 250 keV [128]. Beim Vergleich dieser Zahlen ist aber zu berücksichtigen, dass die beiden Experimente in ganz unterschiedlichen Energiebereichen arbeiten.

Das Bleiglaskalorimeter des OPAL-Detektors Abbildung 15.24 zeigt das elektromagnetische Kalorimeter des OPAL-Detektors [58], mit dem bis 2001 am LEP-Speicherring Daten genommen wurden. Das Kalorimeter ist aus 9400 Blöcken aus Bleiglas (PbO +

Abb. 15.24 Das Bleiglaskalorimeter des LEP-Detektors OPAL. Der Detektor ist auseinander gefahren, wodurch eine Hälfte der insgesamt 9400 Kristallblöcke sichtbar ist. Quelle: CERN/OPAL.

SiO_2) aufgebaut. In Bleiglas (Tab. 11.1) erzeugen Elektronen und Positronen Cherenkov-Licht (Schwelle $\beta_{th} < 1/n = 1/1.46 = 0.685$, entsprechend einer Elektronenenergie von 0.7 MeV). Die Lichtintensität pro deponierter Energie ist um etwa zwei Größenordnungen kleiner als die typischer Szintillationskristalle (Tab. 13.3), was jedoch ausreichend für den Nachweis von elektromagnetisch schauernden Teilchen im Energiebereich oberhalb einiger zehn MeV ist. In OPAL wurde eine Auflösung von ungefähr 6% bei 1 GeV erreicht, was einer Anzahl von etwa 300 Cherenkov-Photonen pro GeV entspricht. Weitere Eigenschaften des Kalorimeters findet man in Tab. 15.5.

Das Flüssig-Krypton-Kalorimeter des NA48-Experiments Als Beispiel für ein homogenes Flüssigkeitskalorimeter soll hier das Flüssig-Krypton-Kalorimeter des NA48-Experiments vorgestellt werden [1003]. Mit diesem Experiment wurde direkte CP-Verletzung in Zerfällen neutraler Kaonen durch Vergleich der K_L- und K_S-Zerfallsraten in $\pi^0\pi^0$ mit denen in $\pi^+\pi^-$ gemessen [415]. Die Unterdrückung des Untergrunds in dem $\pi^0\pi^0$-Endzustand mit vier Photonen stellt sehr hohe Anforderungen an die Energie- und Ortsauflösung des elektromagnetischen Kalorimeters.

Das Kalorimeter besteht aus etwa 10 m^3 flüssigem Krypton (siehe Tab. 15.6), mit einer Tiefe von 127 cm entsprechend etwa 27 Strahlungslängen. Die durch die Schauerteilchen erzeugte Ionisationsladung wird auf dünnen Elektrodenstreifen im Abstand von etwa

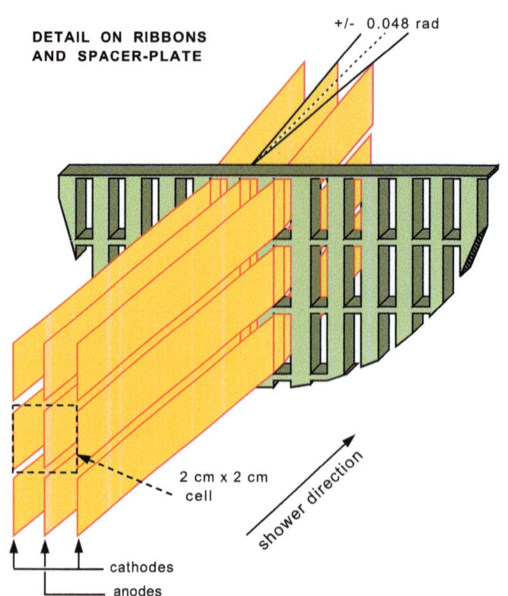

Abb. 15.25 Detail des Flüssig-Krypton-Kalorimeters des NA48-Experiments [1003]: Bänderstruktur der Elektroden. Die Bänder verlaufen entlang der Schauerrichtung und werden von Abstandshaltern auf einer Zickzack-Linie fixiert (hier ist nur einer dieser Halter gezeigt). Die Ladungen von zwei Driftzellen werden jeweils auf einem Anodenband gesammelt.

1 cm gesammelt (wegen der zusätzlichen Elektroden in dem passiven Medium bezeichnet man dieses Kalorimeter auch als 'quasi-homogen'). Abbildung 15.25 zeigt die Anordnung der Elektroden: 40 µm dünne, 1.8 cm breite Kupfer-Beryllium-Bänder sind in longitudinaler Richtung in vertikalen Ebenen mit etwa 1 cm horizontalem Abstand und einem vertikalen 2-cm-Raster gespannt. Die Bänder werden durch Abstandshalter alle 21 cm (siehe Abbildung) fixiert und gleichzeitig auf eine Zickzack-Linie mit ±48-mrad-Knicken gebracht, mit der die Schauerentwicklung entlang einer Elektrode vermieden wird. Die vertikalen Ebenen liegen abwechselnd auf Hochspannung (etwa 3000 V an der Anode) und auf Masse (Kathode). Die Bänder bilden transversal zur Schauerentwicklung Auslesezellen von 2 cm × 2 cm, die sich über die gesamte Tiefe erstrecken (kein longitudinales Sampling). Das Kalorimeter hat insgesamt 13 212 Auslesekanäle. Die maximale Driftzeit der Elektronen bei 3000 V ist etwa 3.2 µs, wobei allerdings die Signale nach Pulsformung nur noch eine Breite von 70 ns haben.

Mit diesem Kalorimeter wurden folgende Auflösungen erreicht (siehe auch Tab. 15.5):

- Ortsauflösung besser als 1 mm oberhalb von 25 GeV;
- Zeitauflösung pro Photon 500 ps und 250 ps für ein $\pi^0\pi^0$-Ereignis;
- Energieauflösung besser als 1% oberhalb von 20 GeV mit weniger als 0.5% konstantem Term.

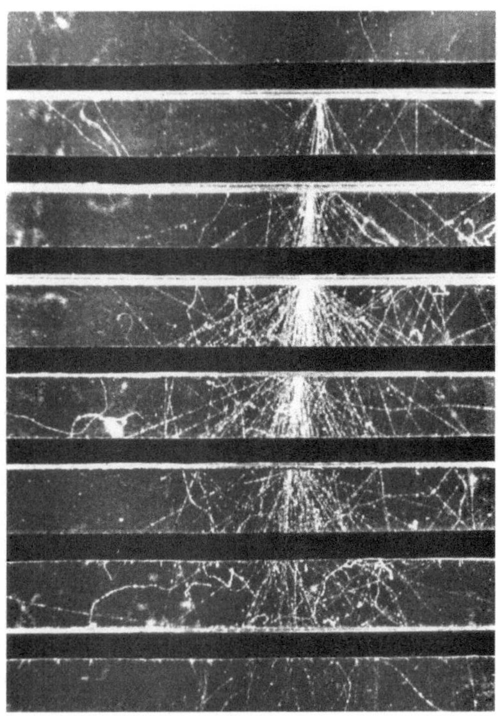

Abb. 15.26 Entwicklung eines elektromagnetischen Schauers, ausgelöst durch ein Photon mit einer Energie von etwa 4 GeV in einer Nebelkammer, die mit 1.3 cm dicken Bleiplatten als Konverter ausgestattet ist (aus [875], mit freundl. Genehmigung von Elsevier). Das Bild zeigt neben der hohen Ionisationsdichte im Schauerkern, in dem einzelne Spuren wegen der starken Vorwärtsbündelung nicht mehr aufgelöst werden können, auch die relativ geringe Anzahl von Spuren niederenergetischer Elektronen und Positronen, die wegen der starken Coulomb-Streuung von der Schauerachse weg diffundieren.

15.5.3 Sampling-Kalorimeter

15.5.3.1 Technologien

In Sampling-Kalorimetern sind die Funktionen der Schauerausbildung in einem Medium mit hohem Z (passivem Medium) und der Signalerzeugung in einem Medium mit eher niedrigem Z (aktivem Medium) getrennt. Während der Schauer sich ausbreitet, wird er stichprobenartig abgetastet ('sampling'). Vorteile von Sampling-Kalorimetern gegenüber homogenen Kalorimetern sind die in der Regel geringeren Kosten und die prinzipiell bessere Möglichkeit, die Schauer longitudinal zu vermessen (zum Beispiel zur Elektron-Hadron-Separation, Abschnitt 14.4). Dagegen werden mit homogenen Kalorimetern die besseren Energieauflösungen erreicht. Als passive Materialien werden typischerweise Blei, Wolfram oder Uran verwendet. Die aktiven Lagen werden als Szintillationsdetektoren, Ionisationskammern (Ionisationsmedium: zum Beispiel flüssiges Argon oder Silizium) oder Proportionalkammern ausgebildet. In früheren Zeiten wurden auch Blasen- und Nebelkammern mit optischer Auslese (siehe zum Beispiel die historische Aufnahme in Abb. 15.26) benutzt, was heute fast nur noch für pädagogische oder künstlerische Zwecke geschieht.

Im Folgenden sollen einige typische Bauformen von Sampling-Kalorimetern anhand von Abb. 15.27 vorgestellt werden:

– Sandwich-Kalorimeter: Bei dieser Bauweise sind Konverterplatten mit hohem Z abwechselnd mit aktiven Schichten in Schauerausbreitungsrichtung gestapelt. In der

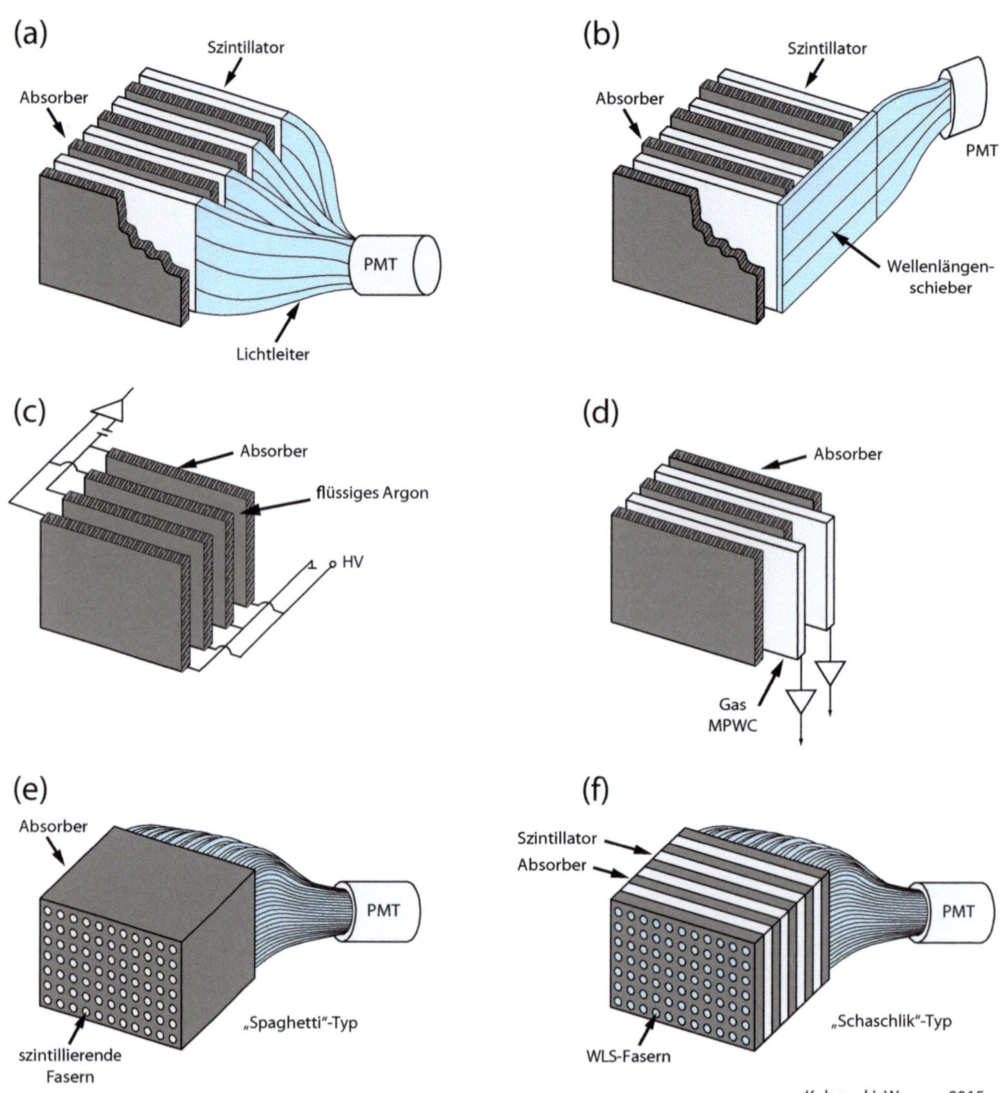

Abb. 15.27 Beispiele für Auslesemethoden von Sampling-Kalorimetern (nach [408]):
(a) Sandwich-Anordnung mit Szintillatormaterial als aktive Schicht und Lichtleiterauslese senkrecht zur Schauerachse.
(b) Wie (a), aber mit Wellenlängenschieber-Auslese, um das Licht in Schauerrichtung umzuleiten.
(c) Sandwich-Anordnung mit Ionisationskammern als aktive Schichten.
(d) Wie (c), mit Gas-Vieldrahtkammern als aktive Schichten.
(e) Szintillierende Fasern als aktives Medium, in Schauerrichtung durch den Absorber gezogen('Spaghetti'-Typ).
(f) Sandwich-Anordnung wie in (b), mit Wellenlängenschieber-Fasern, die durch alle Schichten gehen ('Schaschlik'-Typ).

historischen Nebelkammeraufnahme in Abb. 15.26 ist ein elektromagnetischer Schauer abgebildet. Der Schauer entwickelt sich in Bleiplatten, die nach dem Sandwich-Prinzip angeordnet sind. Alle Elektronen (oder Positronen), die das aktive Material erreichen, tragen zum Signal bei. Gängige Auslesemethoden für Sandwich-Kalorimeter sind:

- Szintillatoren mit Auslese über Lichtleiter (Abb. 15.27 (a)). Die seitliche Herausführung der Lichtleiter erlaubt allerdings keine dichte Packung mehrerer Module senkrecht zur bevorzugten Schauerrichtung.
- Szintillatoren mit Auslese über Wellenlängenschieber. Diese Anordnung erlaubt eine dichte Packung. Typisch für das Sampling ist zum Beispiel: 2–5 mm Pb plus 3–5 mm Szintillator. Die Wellenlängenschieber sind wie in Abb. 15.27 (b) als Platten ausgelegt (zum Beispiel [71, 964]) oder es werden auch Fasern zur Auslese benutzt (Abb. 15.27 (f)).
- Drahtkammern wie MWPC oder Streamer-Röhren (Abb. 15.27 (d)): Hier kann man zwar die Ionisationsladung messen, allerdings genügt auch die Zählrate, weil man annehmen kann, dass die mittlere Ionisationsenergie pro Teilchen konstant ist.
- Die Ionisationsladung kann man auch nach dem Ionisationskammerprinzip (ohne Gasverstärkung) messen (Abb. 15.27 (c)). Um genügend Ladung zu erhalten, benutzt man aber meistens nicht Gase, sondern wegen der größeren Dichte unter anderem Flüssigkeiten wie flüssiges Argon (LAr) (zum Beispiel bei H1 und ATLAS). Das Argon muss bei etwa -185 °C in einem Kryostaten flüssig gehalten werden. Flüssig-Argon-Kalorimetern bieten die Möglichkeit, eine hohe Ortsauflösung durch Segmentierung der aktiven Ebenen (Pad-Strukturen) relativ einfach erreichen zu können. Nachteile sind das zusätzliche Material wegen der Kryostatwände und der nicht unerhebliche Aufwand zur Reinhaltung des Argons, das möglichst frei von elektronegativen Beimischungen sein sollte, also insbesondere auch frei von Sauerstoff. Um den Nachteil dicker Kryostatwände zu umgehen, werden auch Flüssigkeiten bei Zimmertemperatur eingesetzt [571]. Ein Beispiel ist das Hadronkalorimeter des Luftschauerexperiments KASCADE mit Tetramethylsilan (TMS) als Auslesemedium [395, 839]. Wegen der aufwändigeren Reinhaltung und geringeren Signalausbeute als bei Flüssig-Argon haben 'warme Flüssigkeiten' als Auslesemedium keine große Verbreitung gefunden.
- Messung der Ionisation in Silizium-Detektoren. Die Detektoren werden für diese Zwecke flächig segmentiert (Pad-Struktur). Sampling-Detektoren mit Halbleiter-Auslese wurden bisher vor allem für besonders dichte Kalorimeter in schwierig abzudeckenden Bereichen, zum Beispiel nahe dem Strahlrohr, eingesetzt. Eine gängige Kombination ist Silizium-Wolfram, womit eine besonders hohe Dichte erreicht wird (siehe zum Beispiel das Kalorimeter in dem Ballonexperiment CREAM auf Seite 769).

Abb. 15.28 Das elektromagnetische Kalorimeter des HERA-B-Experiments während der Installation der Photovervielfacherröhren. Man sieht deutlich die drei Bereiche Inner, Middle und Outer ECAL (Quelle: DESY).

– Spaghetti-Kalorimeter (Abb. 15.27 e): Durch das passive Medium werden szintillierende Fasern (etwa 0.5–1 mm dick) gezogen. Die Spaghetti-Fasern werden gebündelt über PMTs ausgelesen. Als Beispiel ist das Spaghetti-Kalorimeter des H1-Detektors auf Seite 719 beschrieben; siehe dazu auch die Anwendung als Hadronkalorimeter, diskutiert in Abschnitt 15.6.3.

15.5.3.2 Beispiele für Sampling-Kalorimeter

Wie bei den homogenen Kalorimetern in Abschnitt 15.5.2.2 soll auch eine kleine Auswahl von Sampling-Kalorimetern vorgestellt werden, die exemplarisch für passive und aktive Materialien oder eine Bauweise sind.

Das Schaschlik-Kalorimeter des HERA-B-Detektors Das Experiment HERA-B hat den 920-GeV-Protonstrahl von HERA (DESY, Hamburg) benutzt, um Wechselwirkungen von Protonen mit den Kernen feststehender Draht-Targets zu untersuchen. Das elektromagnetische Kalorimeter (Abb. 15.28) sollte Energien bis zu einigen 100 GeV messen können [134].

Das Kalorimeter ist aus Blei-Szintillator-Schichten mit Wellenschieberauslese aufgebaut. Die Wellenlängenschieber sind als Fasern durch die Platten gefädelt (daher die Bezeichnung 'Schaschlik' in Abb. 15.29(a)). Das Herausführen des Lichtes in Schauerrichtung nach hinten erlaubt eine noch dichtere Packung der Module und eine fast beliebige Segmentierung der Auslese durch Zusammenfassung von Fasergruppen. Die Fasern wer-

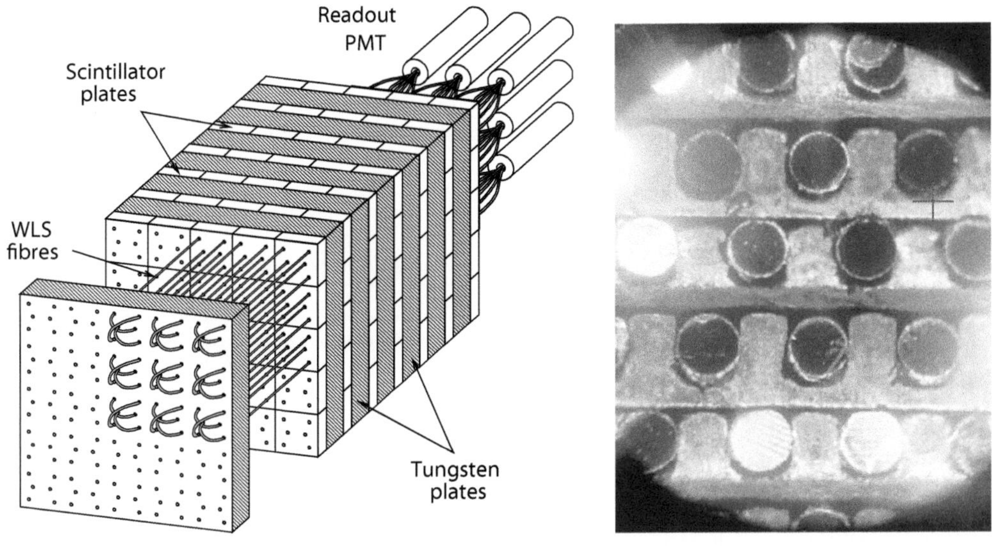

(a) HERA-B shashlik calorimeter.

(b) H1 spaghetti calorimeter.

Abb. 15.29 (a) Schematischer Aufbau eines Moduls des inneren Kalorimeters des HERA-B-Detektors (Quelle: DESY/HERA-B). Wellenlängenschieber-Fasern für den Lichttransport zum Photovervielfacher (PMT) sind durch die Blei-Szintillator-Sandwiches gezogen. Das Modul ist in 5×5 Ausleseeinheiten unterteilt, die jeweils durch ein Faserbündel mit einem Photovervielfacher verbunden sind. (b) Ausschnittvergrößerung aus einem Spaghetti-Kalorimeter (H1). Szintillierende Fasern sind mit Blei umgeben (aus [109], mit freundl. Genehmigung von Elsevier).

den hier ebenfalls auf Photovervielfacher geleitet, wobei es eine wesentliche Erleichterung ist, dass es im Fall von HERA-B im Bereich des Kalorimeters kein Magnetfeld gibt.

Das Kalorimeter ist unterteilt in Inner ECAL (Vorwärtsrichtung nahe dem Protonstrahl), Middle und Outer ECAL, mit anwachsend gröberer Segmentierung der Zellen. Das kompaktere Inner ECAL hat als passives Material statt Blei eine W-Ni-Fe-Legierung, wodurch der Molière-Radius mit 1.24 cm innen deutlich kleiner als außen mit 4.15 cm ist. In Tab. 15.5 sind die Eigenschaften des Middle ECAL exemplarisch aufgeführt.

Das Spaghetti-Kalorimeter des H1-Experiments Dieses SPACAL genannte Kalorimeter [109] wurde vom H1-Experiment am Elektron-Proton-Speicherring HERA bei kleinen Winkeln der gestreuten Elektronen eingesetzt. Es hat einen elektromagnetischen und einen hadronischen Abschnitt, jeweils mit getrennter Auslese. Das passive Medium des SPACAL Kalorimeter ist Blei, in das in Schauerrichtung szintillierende Fasern eingelegt sind. Es wird also im Vergleich zu der Schaschlik-Anordnung die Lichterzeugung und -herausführung nicht getrennt. In der technischen Ausführung stellt es sich als zu schwierig heraus, die Löcher für die Fasern in einen langen Bleiblock zu bohren. Deshalb wird das Blei longitudinal in Scheiben unterteilt, in die Kerben gefräst werden, in die die Fasern eingelegt werden (siehe Abb. 15.29(b)). Der elektromagnetische Teil (siehe Tab. 15.5) besteht aus 0.5 mm dicken szintillierenden Plastikfasern, eingebettet in eine Bleimatrix

Quelle	Linien (MeV)
^{137}Cs	0.662
^{60}Co	1.173, 1.333
^{228}Th	0.239, 0.583, 2.614

Tab. 15.7 Radioaktive Quellen mit γ-Linien, die zur Kalibration von Kalorimetern mit geringem Rauschniveau eingesetzt werden (siehe Tab. A.1).

mit einem Blei-Szintillator-Volumenverhältnis von 2.3 : 1. Im hadronischen Teil[139] sind 1.0 mm dicke Fasern in Blei eingebettet mit einem Verhältnis von 3.4 : 1.

Das ATLAS-Akkordeon-Kalorimeter Der größte Teil des akzeptierten Raumwinkels des ATLAS-Detektors [2] wird von einem Blei-Flüssig-Argon-Kalorimeter zum Nachweis elektromagnetischer Schauer abgedeckt (siehe Tab. 15.5). Wie in Abb. 15.30 dargestellt, sind die passiven Lagen wie ein Akkordeon gefaltet, und zwar so, dass jede Lage entlang der Vorzugsrichtung der Schauerentwicklung orientiert ist. In der Mitte zwischen je zwei Bleilagen befindet sich jeweils eine Elektrodenlage, die den Abstand zwischen dem Blei in zwei Drifträume mit jeweils 2.1 mm Breite teilt. Durch die Elektroden werden die Signale auf die Rückseite des Kalorimeters geleitet, was eine unkomplizierte transversale Segmentierung und eine annähernd lückenlose Abdeckung erlaubt. Diese Akkordeonfaltung hat auch den Vorteil, dass die Ionisierungswege der Schauerteilchen länger sind als der entsprechende Weg für die Ladungssammlung, die senkrecht zu den aktiven Schichten geschieht.

Wie in Abb. 15.30 zu sehen ist, hat das Kalorimeter drei longitudinale Abschnitte mit jeweils unterschiedlichen Granularitäten, die feinste zu Beginn des Schauers, die gröbste am Ende. Mit diesen aktiven Schichten werden die Funktionen eines Presamplers (Seite 702), die Elektron-Hadron-Trennung (Abschnitt 14.4), die logische Verknüpfung von Triggerzellen und eines Tail Catchers (Seite 701) ermöglicht.

15.5.4 Kalibration elektromagnetischer Kalorimeter

Elektromagnetische Kalorimeter werden mit Teststrahlen und durch Analyse kinematischer Prozesse kalibriert. Beispiele für Prozesse, die sich zu Kalibrationszwecken eignen und parallel zur Datennahme analysiert werden können, sind die Bhabha-Streuung in Elektron-Positron-Collidern, die π^0-Rekonstruktion aus Photon-Paaren und die Rekonstruktion von Resonanzen wie J/ψ oder Z^0 aus Elektron-Positron-Paaren. Auch das Signal minimal ionisierender Teilchen (MIP) wird zur Kalibration oder zumindest zur Kontrolle der Stabilität der Signale benutzt.

Bei Kalorimetern, deren Rauschniveau im keV-Bereich liegt, was in der Regel für elektromagnetische Kristallkalorimeter der Fall ist, kann man radioaktive Quellen mit

[139] Siehe die Ausführungen in Abschnitt 15.6.3 zum optimalen Blei-Szintillator-Verhältnis bei Hadronkalorimetern. Die Kombination von elektromagnetischem und hadronischem Kalorimeter bei dem H1-SPACAL ist nicht diesem entsprechend optimiert, weil die Anforderungen hier andere Schwerpunkte hatten (Strahlnähe, optimale Auflösungen für elektromagnetische Schauer).

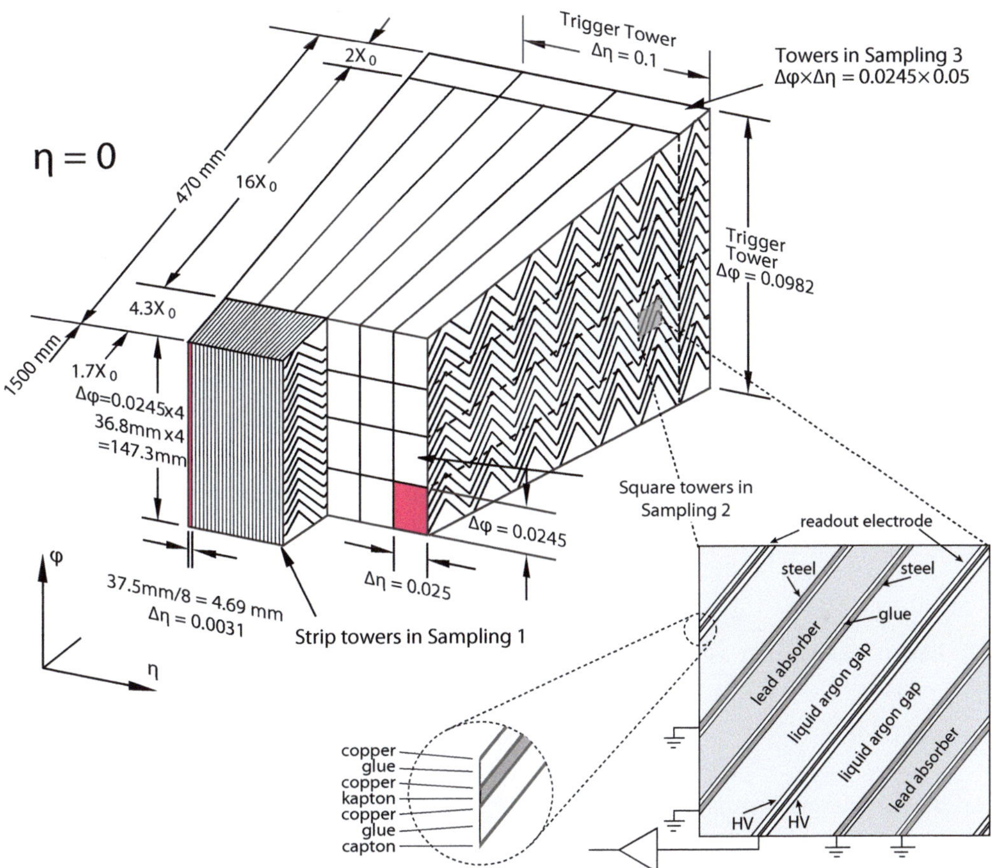

Abb. 15.30 Oben: Modul des Blei-Flüssig-Argon-Kalorimeters des ATLAS-Experiments (*Barrel*-Bereich) [2, 129]. Die Teilchen kommen vom Wechselwirkungspunkt links unten. Dieses Kalorimetermodul überdeckt einen bestimmten Bereich im Azimutwinkel φ (um die Strahlrichtung) und in der Rapidität η, entsprechend einem Polarwinkelbereich ($\eta = 0$ entspricht der Richtung senkrecht zum Strahl). In den η und φ Richtungen ist die Auslese aufgeteilt in ($\Delta\eta$, $\Delta\varphi$) Zellen ('*towers*') und in Schauerrichtung in drei Abschnitte ('*samplings*') mit unterschiedlicher Granularität. Unten rechts: Lagenstruktur des mittleren Abschnitts (aus [4]). Der Raum zwischen den Bleiabsorbern wird durch eine Ausleseelektrode in zwei Driftvolumen aufgeteilt. Die beiden Außenseiten der Elektrode liegen auf Hochspannung, dazwischen liegen isoliert zwei innere Kupferlagen, über die kapazitiv die Signale ausgelesen werden. Quelle: CERN/ATLAS Collaboration.

bekannten Gammalinien zur Kalibrierung benutzen. Einige gängige Quellen sind in Tab. 15.7 aufgeführt. Durch Einbau von Quellen in das Kalorimeter, eventuell mechanisch verschiebbar, kann man damit in situ kalibrieren. Allerdings sind die Gammaenergien zu niedrig, um damit die Kalibration in den GeV-Bereich extrapolieren zu können. Es werden also weitere Kalibrationspunkte bei höheren Energien benötigt, die man zum Beispiel durch die oben erwähnten kinematischen Rekonstruktionen erhalten kann.

15.5.5 Energieauflösung von elektromagnetischen Kalorimetern

15.5.5.1 Energieabhängigkeiten von Beiträgen zur Auflösung

Die Energieauflösung kann im Allgemeinen durch die in Abschnitt 15.4.3 angegebene Formel (15.33) als Funktion der Energie beschrieben werden (Abb. 15.20):

$$\frac{\sigma_E}{E} = \frac{a}{\sqrt{E}} \oplus \frac{b}{E} \oplus c\,. \tag{15.35}$$

Die dominierenden Quellen für die einzelnen Beiträge wurden bereits in Abschnitt 15.4.3 angegeben: (a) stochastische Fluktuationen, (b) elektronisches Rauschen und (c) verschiedene Unvollkommenheiten in der Realisierung des Kalorimeters. Der konstante Term begrenzt die Auflösung bei hohen und der Rauschterm bei niedrigen Energien.

Beispiel: Zum Vergleich eines Kristallkalorimeters mit einem Sampling-Kalorimeter nehmen wir die Werte für das $PbWO_4$-Kalorimeter des CMS-Detektors und das Flüssig-Argon-Kalorimeter des ATLAS-Detektors aus der Tab. 15.5:

$$\begin{array}{llll} \text{CMS}: & a = 2.8\,\%\,\sqrt{\text{GeV}}, & b = 120\,\text{MeV}, & c = 0.3\,\%\,, \\ \text{ATLAS}: & a = 10\,\%\,\sqrt{\text{GeV}}, & b = 190\,\text{MeV}, & c = 0.6\,\%\,. \end{array} \tag{15.36}$$

Für einen Schauer, der von einem 100-GeV-Elektron ausgelöst wird, erhält man

$$\begin{array}{lllll} \text{CMS}: & a/\sqrt{E} = 0.28\,\%, & b/E \approx 0.15\,\%, & c = 0.3\,\% & \Rightarrow \sigma/E \approx 0.43\,\%\,, \\ \text{ATLAS}: & a/\sqrt{E} = 1.0\,\%, & b/E \approx 0.19\,\% & c = 0.6\,\% & \Rightarrow \sigma/E \approx 1.2\,\%\,. \end{array} \tag{15.37}$$

Bei dieser Energie beginnt bei dem CMS-Kristallkalorimeter der konstante Term zu dominieren, während das bei dem ATLAS-Sampling-Kalorimeter erst bei etwa 280 GeV der Fall wäre.

Im Folgenden werden die Quellen der einzelnen Beiträge zu der Auflösung eingehend besprochen (siehe zum Beispiel [407]). Die Diskussion wird recht detailliert ausfallen, schon wegen der Bedeutung der Auflösung für Kalorimeter, und weil sehr viel Information von ausführlichen Studien zur Verfügung stehen. Für ein erstes Lesen werden wir deshalb auf Textteile hinweisen, die zunächst ausgelassen werden können.

15.5.5.2 Stochastischer Term homogener Kalorimeter

In homogenen Kalorimetern sind die Fluktuationen in der deponierten Energie in der Regel klein, wenn die gesamte Energie im aktiven Volumen deponiert werden kann. Wenn zudem die Signalkonversion sehr effizient ist, wie zum Beispiel die Erzeugung und Verarbeitung von Licht in szintillierenden Kristallen (Abschnitt 13.3, siehe Lichtausbeute in Tab. 13.3), kann meistens die Auflösung um den Fano-Faktor (siehe Abschnitt 17.10.2) besser werden, als bei einer Poisson-Statistik der Signalbeiträge, hier der Lichtquanten in dem Kristall, zu erwarten wäre.

In solchen Fällen kann die intrinsische Auflösung durch andere Faktoren, wie Ortsabhängigkeiten von Energiedeposition und Lichterzeugung und -transport, limitiert werden, wodurch sich die Auflösung mit der Energie langsamer als mit $1/\sqrt{E}$ verbessert, was häufig als eine $1/\sqrt[4]{E}$-Abhängigkeit darstellbar ist (zum Beispiel bei NaI- und CsI-Kalorimetern, siehe die Beschreibung homogener Kalorimeter in Abschnitt 15.5.2 und 13.5.2.2).

Dagegen ist die Lichtmenge in Bleiglas-Detektoren (Cherenkov-Licht) viel geringer (etwa 1000 Photonen pro GeV, also mehr als drei Größenordnungen weniger als bei den meisten anorganischen Szintillatoren, Tab. 13.3), so dass hier die $1/\sqrt{E}$-Abhängigkeit beobachtet wird. Eine typische Abschätzung wird in [405] mit etwa 4 % angegeben. Die tatsächlich gemessenen Auflösungen (Beispiele in Tab. 15.5) liegen zwar tendenziell bei etwas größeren Werten, sind aber nicht allzu weit davon entfernt.

15.5.5.3 Stochastischer Term bei Sampling-Kalorimetern

In Sampling-Kalorimetern, in denen sich passive und aktive Medien abwechseln, kann die Energie, die in dem aktiven Medium deponiert wird und das Signal erzeugt, statistisch schwanken. Dadurch wird in solchen Kalorimetern die Energieauflösung in der Regel durch diese Sampling-Fluktuationen bestimmt. Der Anteil der 'gesehenen' Energie, der Sampling-Anteil (*sampling fraction@sampling fraction*)

$$f_s = \frac{E_{vis}}{E_{dep}}, \tag{15.38}$$

beträgt typischerweise nur wenige Prozent der gesamten deponierten Energie (aktiv und passiv). Die Anzahl N_{vis} der Schauerteilchen, die in dem aktiven Medium die Energie E_{vis} deponieren, ist in einem linearen Kalorimeter proportional zur Primärenergie E. In erster Näherung kann die resultierende Energieauflösung durch die Poisson-Statistik der N_{vis} nachweisbaren Teilchen abgeschätzt werden:

$$\frac{\sigma_E}{E} \approx \frac{\sqrt{N_{vis}}}{N_{vis}} = \frac{1}{\sqrt{N_{vis}}}. \tag{15.39}$$

Im Folgenden wollen wir zunächst annehmen, dass die Fluktuationen in der Anzahl der Schauerteilchen den $1/\sqrt{E}$-Term dominieren.

Rossis 'Approximation B' Im Rahmen der in Abschnitt 15.2.1 vorgestellten 'Approximation B' (Seite 679) wird die Gesamtzahl N_{tot} der Schauerteilchen durch (15.8) und deren Weglänge s_{tot} im passiven Medium durch (15.9) abgeschätzt:

$$N_{tot} \approx \frac{E_0}{E_k}, \qquad s_{tot} \approx \frac{E_0}{E_k} X_0 . \tag{15.40}$$

Wenn die Dicke einer passiven Schicht, gemessen in Strahlungslängen, $t = d/X_0$ ist (d ist die geometrische Dicke) und die Dicke einer aktiven Schicht dagegen vernachlässigbar ist, dann ist die Anzahl der Übergänge der Schauerteilchen von dem passiven in das aktive Medium:

$$N_{vis} \approx \frac{s_{tot}}{t\,X_0} = \frac{E_0}{t\,E_k}. \tag{15.41}$$

Der Term $1/t$ ist die Sampling-Häufigkeit (oder Sampling-Frequenz), die angibt, wie häufig der Schauer pro Strahlungslänge abgetastet wird. Damit kann man den Sampling-Beitrag der Auflösung abschätzen:

$$\left(\frac{\sigma_E}{E}\right)_{samp} = \frac{1}{\sqrt{N_{vis}}} = \sqrt{\frac{t\,E_k}{E_0}} = 3.2\,\%\sqrt{\frac{t\,E_k/\mathrm{MeV}}{E/\mathrm{GeV}}} = a_t\sqrt{\frac{t}{E/\mathrm{GeV}}}\,, \tag{15.42}$$

wobei die Prozentangabe 3.2% $\approx 1/\sqrt{1000}$ von der Festlegung der Einheiten MeV und GeV herrührt. Der Koeffizient a_t trägt den Index t, um ihn von dem Koeffizienten a in (15.35) zu unterscheiden: $a_t = a/\sqrt{t}$. Die Energieauflösung verbessert sich also mit geringerer Dicke $d = t\,X_0$ der passiven Schicht proportional zu $\sqrt{d}$, weil eine geringere passive Schichtdicke häufigeres Abtasten des Schauers in den aktiven Schichten bedeutet. Bei dieser Abschätzung spielen die Eigenschaften der aktiven Lagen, wie Dicke und Material, keine Rolle, weil die Energieeinträge in den aktiven Schichten vernachlässigt werden und somit die Teilchen, die eine Lage kreuzen, nur 'gezählt' werden. Deshalb hat es keine Bedeutung, ob die aktive Lage ein Szintillator oder ein Gasmedium ist, solange die Sampling-Frequenz gleich ist und die Schauerteilchen mit der gleichen Effizienz gezählt werden.

Zum Beispiel ergibt die Abschätzung (15.42) mit den kritischen Energien aus Tab. 15.1 für Blei den Auflösungsbeitrag 8.6% $\sqrt{t/(E/\mathrm{GeV})}$ und für Eisen 15% $\sqrt{t/(E/\mathrm{GeV})}$, was den Anzahlen $N_{vis} = 136/t$ pro GeV für Blei und $N_{vis} = 45/t$ pro GeV für Eisen entspricht.

Notwendige Korrekturen zu 'Approximation B' Die Abschätzung der Energieauflösung in (15.42) ist als untere Grenze zu betrachten. Die experimentell beobachteten Auflösungen sind immer schlechter, selbst wenn die Voraussetzung einer effizienten Signalauslese zutrifft beziehungsweise die Fluktuationen der Signalquanten herausgerechnet werden. Die meisten Korrekturen zu den Sampling- Auflösungen nach Rossis Approximation B sind notwendig, weil die Annahmen (siehe Abschnitt 15.2.1) zu grob sind:

- Die Annahme, dass der Energieverlust durch Ionisation energieunabhängig und gleich der kritischen Energie pro Strahlungslänge ist, ist nicht korrekt. Vielmehr haben niederenergetische Teilchen einen viel höheren Energieverlust pro Weglänge. Der Anteil der Teilchen weit unterhalb der kritischen Energie ist wesentlich, wozu auch Elektronen aus Photoeffekt- und Compton-Prozessen beitragen, die in der Approximation vernachlässigt werden.
- Die Annahme eines konstanten Energieverlusts trägt den Landau-Fluktuationen nicht Rechnung.
- Die Annahme einer energieunabhängigen Absorption von Photonen, die ausschließlich durch Paarbildung erfolgt, ist nicht korrekt. Tatsächlich erstreckt sich das Spektrum der Elektronen und Photonen zu weitaus niedrigeren Energien als durch die 'Approximation B' angenommen. Das führt in dem aktiven Medium mit niedrigerem Z-Wert zu Photoeffekt- und Compton-Prozessen (vernachlässigt in der 'Approximation B') mit entsprechend niederenergetischen Elektronen.

- Im Paarbildungsprozess werden Elektronen und Positronen gemeinsam erzeugt, was zu einer hohen Korrelation führt und im Extremfall die Poisson-Standardabweichung um einen Faktor $\sqrt{2}$ erniedrigen würde. Eine Erniedrigung dieses Parameters, und damit eine Verschlechterung der Auflösung, erwartet man auch wenn die einzelnen Lagen so dünn sind, dass dasselbe Teilchen durch mehrere Lagen geht.
- Der Schauer breitet sich nicht nur longitudinal aus, sondern es treten gerade für niederenergetische Teilchen große Streuwinkel auf. Deshalb haben die Teilchen unterschiedliche Weglängen im aktiven Medium.
- Die Annahme, dass die Auflösung in (15.42) nur von der Dicke und den Eigenschaften der passiven Schicht abhängt, ist zu grob, unter anderem, weil sich die kritischen Energien und damit die Teilchenspektren am Übergang zwischen Materialien mit hohem und niedrigem Z ändern (*transition effect*).

In der 'Approximation B' wäre die Signalantwort ϵ eines Kalorimeters pro deponierter Energie für ein minimal ionisierendes Teilchen (MIP) und ein Elektron oder Photon gleich: $\epsilon_e/\epsilon_{MIP} \approx 1$. Tatsächlich beobachtet man aber immer

$$\frac{e}{MIP} < 1 \qquad (\text{typisch } \approx 0.5\text{–}0.7)\,. \tag{15.43}$$

Hier haben wir die Konvention $\epsilon_e/\epsilon_{MIP} = e/_{MIP}$, gesprochen *'e über MIP'*, benutzt. Wir werden auf dieses Verhalten bei der Diskussion hadronischer Kalorimeter zurückkommen (Abschnitt 15.6.2).

Der Übergang zu einem realistischen Schauerverhalten führt dazu, dass die Auflösung nicht nur schlechter, sondern auch, im Gegensatz zu Gleichung (15.42), abhängig von den Eigenschaften des aktiven Mediums wird. Diese Abhängigkeit ist in vielen Untersuchungen mit Experimenten und Simulationen bestätigt worden. Zum Beispiel wird in [967] mit 4.2 mm dicken Bleiabsorberplatten und 6.3 mm dicker Szintillatorauslese eine Auflösung von 12.9% (bei 1 GeV) gemessen, während sich bei einer Szintillatordicke von 12.6 mm die Auflösung auf 10.8% verbessert. Im Folgenden soll gezeigt werden, dass diese Unterschiede mit dem physikalischen Verhalten elektromagnetischer Schauer erklärt werden können.

Vorher muss allerdings noch der Beitrag zur Auflösung durch die Fluktuationen im Ausleseprozess diskutiert werden. Da diese Fluktuationen nicht direkt von der Schauerentwicklung in dem Kalorimeter abhängen, korrigiert man häufig die Auflösung um diese Effekte, um dann das Verhalten verschiedener Detektoren besser vergleichen zu können. Wir besprechen deshalb als nächstes die Auslesefluktuationen und nehmen dann für die weitere Diskussion an, dass die experimentellen Auflösungen durch quadratische Subtraktion dieses Beitrags korrigiert worden sind.

Der an den Details weniger Interessierte kann direkt zu der Zusammenfassung auf Seite 731 gehen.

Fluktuationen der Auslesequanten Die Anzahl N_Q der nachgewiesenen Quanten bei einer Primärenergie E, einem Sampling-Anteil f_S, einer Quantenausbeute n_Q pro deponierter Energie in dem aktiven Medium und einer Quanteneffizienz η_Q des Nachweises ist:

$$N_Q = f_s \, n_Q \, \eta_Q \, E \, . \tag{15.44}$$

Statistische Fluktuationen von N_Q, also des beobachteten Signals, stammen neben dem Sampling-Anteil auch von der Quantenausbeute als auch der Quanteneffizienz. Im Folgenden sollen die Sampling-Fluktuationen, die von den Eigenschaften des Kalorimeters abhängen, von den Ausleseﬂuktuationen, die nicht von dem Kalorimeter abhängen, getrennt dargestellt werden, um ihre Anteile an der Auflösung vergleichen zu können. Obwohl beide Beiträge statistisch nicht völlig unabhängig sind, addieren wir sie quadratisch:

$$\frac{\sigma_E}{E} = \sqrt{\left(\frac{a_S}{\sqrt{E}}\right)^2 + \left(\frac{a_Q}{\sqrt{E}}\right)^2} \, , \tag{15.45}$$

wobei a_S die Sampling- und a_Q die Signalquanten-Fluktuationen beschreiben. Der Parameter a_S entspricht $a_t\sqrt{t}$ in Gleichung (15.39). Wegen $a_Q/\sqrt{E} = 1/\sqrt{N_Q}$ folgt mit (15.44):

$$a_Q = \sqrt{\frac{1}{f_s \, n_Q \, \eta_Q}} \, . \tag{15.46}$$

Beispiel: Für ein Blei-Szintillator-Kalorimeter sei der Sampling-Term $a_S = 7\%$. Damit die Fluktuationen der Signalquanten vernachlässigbar sind, sollte die Anzahl der Signalquanten pro GeV deutlich größer als $1/0.07^2 \approx 200$ sein. Bei einem angenommenen Sampling-Anteil $f_s \approx 15\%$ erwartet man pro GeV primärer Energie also 150 MeV in dem aktiven Medium deponierte Energie. Mit etwa 10 000 Photonen pro MeV deponierter Energie in einem Szintillator (Tab. 13.1 auf Seite 588), Quanteneffizienzen der Photokathode von etwa 20% und einer Lichtsammeleffizienz von 10% wäre die Fluktuation der im Mittel 30 000 Photoelektronen pro GeV, entsprechend $a_Q = 0.6\%$, zunächst völlig vernachlässigbar. Mit der Photonauslese über Wellenlängenschieber, die für dichte Kalorimeterpackungen in der Regel notwendig ist, nimmt man so starke Einbußen in Kauf, dass man eher typische Werte um 1000 Photoelektronen pro GeV, oder sogar darunter, erhält (siehe Abschnitt 13.4). Mit $1/\sqrt{1000} \approx 3\%$ ist dieser Anteil nicht immer vernachlässigbar. Zum Beispiel hatte das Uran-Szintillator-Kalorimeter von ZEUS (Abschnitt 15.7.2) eine Lichtausbeute von mindestens 100 Photoelektronen pro GeV für EM-Schauer [347], was mit etwa 10% einen nicht unwesentlichen Beitrag zu der Gesamtauflösung von etwa 18% ergibt.

Energieschwelle für Schauerteilchen In Rossis 'Approximation B' (Abschnitt 15.2.1) wird die Annahme gemacht, dass die Energiedeposition proportional zu der Gesamtweglänge s_{tot} aller geladenen Schauerteilchen ist, deren Energieverlust pro Weglänge konstant und gleich E_k/X_0 ist. Tatsächlich haben aber die Schauerteilchen ein Energiespektrum, in dem niederenergetische Teilchen mit hoher Ionisationsdichte bevorzugt sind. Für den Signalbeitrag niederenergetischer Teilchen ergibt sich aber häufig eine Energieschwelle, ab der sie effektiv 'gezählt' werden. Explizit treten Schwellen zum Beispiel als Cherenkov-Schwelle auf, wenn das Detektorsignal Cherenkov-Licht ist oder durch die Sättigung in

Szintillatoren für niederenergetische, stark ionisierende Teilchen (Birks-Formel, Abschnitt 13.2.3), was ebenfalls eine effektive Schwelle einführt. Eine solche Schwelle verringert die Anzahl N_{vis} der nachweisbaren Teilchen. Eine Korrektur lässt sich nach [884] mit

$$N'_{vis} = F(\xi)\, N_{vis} \tag{15.47}$$

angeben, wobei die Funktion $F(\xi)$, mit

$$\xi = 4.58 \frac{Z}{A} \frac{E_{cut}}{E_k}\,, \tag{15.48}$$

von der minimalen kinetischen Energie der nachweisbaren Teilchen, E_{cut}, in Einheiten der kritischen Energie abhängt. In [87] wird als Näherung der Funktion $F(\xi)$ für $\xi \leq 0.3$ angegeben:

$$F(\xi) \approx e^{\xi} \left[1 + \xi \ln \left(\frac{\xi}{1.529} \right) \right]. \tag{15.49}$$

Quantitative Auswertungen der Funktion finden sich in Tab. 15.8.

Streuwinkelverteilung Zu bedenken ist auch, dass die 'Approximation B' eine ein-dimensionale, longitudinale Schauerentwicklung annimmt. Tatsächlich erfahren niederenergetische Elektronen erhebliche Streuung, ein nicht unerheblicher Bruchteil wird sogar nach hinten gestreut. Die effektive Dicke der Sampling-Lage vergrößert sich dann im Mittel entsprechend

$$t' = \frac{t}{\langle \cos\theta \rangle}\,, \tag{15.50}$$

wobei $\cos\theta$ über die Verteilung der Streuwinkel θ gemittelt wird. In [87] wird für nicht zu große Abschneideenergien ($E_{cut} \lesssim 1\,\text{MeV}$) der Mittelwert von $\cos\theta$ zu

$$\langle \cos\theta \rangle = \cos \left(\frac{E_s}{\pi\, E_k} \right) \tag{15.51}$$

abgeschätzt, wobei $E_s = 21\,\text{MeV}$ der in der Molière-Theorie auftretende Energieparameter gemäß Gleichung (3.105) ist. Der Ausdruck $\langle \cos\theta \rangle$ wird mit wachsendem Z kleiner, da die kritische Energie E_k etwa proportional zu $1/Z$ kleiner wird. Das heißt, dass die effektiven Weglängen in den passiven Lagen durch Streuung stärker anwachsen als in den aktiven Lagen mit typischerweise niedrigerem mittlerem Z-Wert.

Mit den beiden Korrekturen (15.47) und (15.50) ergibt sich eine verbesserte Abschätzung der Energieauflösung (15.42) (die allerdings nicht für gasförmige aktive Medien gilt, siehe dazu die Ausführungen weiter unten):

$$\left(\frac{\sigma_E}{E} \right)_{samp} = 3.2\,\% \sqrt{\frac{t\, E_k/\text{MeV}}{F(\xi)\, \langle \cos\theta \rangle\, E/\text{GeV}}} = a'_t \sqrt{\frac{t}{E/\text{GeV}}}\,. \tag{15.52}$$

Mit den Faktoren $F(\xi)\, \langle \cos\theta \rangle$ können die oben diskutierten Abhängigkeiten von den Eigenschaften der aktiven Schicht effektiv berücksichtigt werden (und auch andere Einflüsse, wie zum Beispiel die angesprochene Korrelation zwischen Elektronen und Positronen). Wenn man die Auflösung mit einer effektiven Zahl nachgewiesener Teilchen beschreiben will, kann man ansetzen:

$$N'_{vis} = \frac{1}{t\, a'^2_t} = N_{vis}\, F(\xi)\, \langle \cos\theta \rangle\,. \tag{15.53}$$

Tab. 15.8 Vergleich von gemessenen und berechneten Auflösungen für elektromagnetische Kalorimeter mit Szintillatorauslese (aus [87] mit zusätzlicher Spalte a_t). Die Spalten geben an: das Material der passiven Lage, die Dicke $t = d/X_0$ einer Sandwich-Lage, die Dicke x_a der aktiven Lage (die Zahlen entsprechen etwa cm, weil Szintillatoren ungefähr die Dichte 1 g/cm^3 haben), die experimentellen und die theoretischen Werte $a'_{t,exp}$ und $a'_{t,theo}$ für die modifizierte Konstante der Sampling-Auflösung a'_t, definiert in (15.52), wobei für $\langle\cos\theta\rangle$ die Näherung (15.51) benutzt wurde. Zum Vergleich ist in der letzten Spalte a_t aufgeführt, der in (15.42) eingeführte unkorrigierte Koeffizient.

pass. Med.	t	x_a $\left(\frac{\text{g}}{\text{cm}^2}\right)$	E (GeV)	$a'_{t,exp}$ (%)	E_{cut} (MeV)	ξ	$\frac{1}{\sqrt{F(\xi)}}$	$\frac{1}{\sqrt{\langle\cos\theta\rangle}}$	$a'_{t,theo}$ (%)	a_t (%)
Al	1.0	3.0	10–50	20	3.0	0.168	1.16	1.00	23.0	19.8
Fe	0.3–1.5	0.65	0.2–2.5	16.9	0.65	0.068	1.09	1.03	16.1	14.3
Pb	0.3–1.5	1.3	0.2–2.5	12.6	1.3	0.328	1.21	1.29	13.2	8.4

In Tab. 15.8 werden für Al-, Fe- und Pb-Kalorimeter mit Szintillatorauslese gemessene Auflösungen mit den nach (15.52) berechneten verglichen. Die Tabelle zeigt die Größe der verschiedenen Einflüsse. Während die Korrektur der Auflösung nach der Formel (15.52) bei dem leichtesten hier verwendeten Element Aluminium nicht sichtbar wird, ist der Effekt bei Eisen und Blei deutlich zu sehen. Bei Blei (hohes Z) verschlechtert sich die Auflösung dadurch um etwa 60%.

Spurlängen-Fluktuationen Im vorigen Paragraphen wurde gezeigt, dass für gestreute Teilchen die Dicke einer Lage entsprechend Gleichung (15.50) effektiv zunimmt. Während dieser Effekt unabhängig von den Eigenschaften der aktiven Schicht ist, weil nur die Strahlungslängen einer gesamten Schicht eingehen, diskutieren wir im Folgenden Auswirkungen der durch Streuung verursachten unterschiedlichen Spurlängen im aktiven Medium, die zu einer Abhängigkeit der Fluktuationen von der Dicke des aktiven Mediums führen.

Es gibt eine starke Korrelation zwischen der Energie und dem mittleren Streuwinkel: Bei niedrigeren Energien wird die Streuwinkelverteilung isotroper, bei hohen Energien dominiert stark die Vorwärtsrichtung. Im Folgenden wollen wir uns an der schematischen Darstellung in Abb. 15.31 klar machen, dass durch Variation der Dicke der aktiven Schicht der Einfluss großer Streuwinkel verändert werden kann.

Zur Vereinfachung nehmen wir an, dass es nur zwei Sorten Teilchen gibt: niederenergetische, isotrop verteilte, und energetischere, nach vorne gerichtete. In der dickeren Ausleseschicht in der Skizze werden die niederenergetischen Teilchen absorbiert und geben deshalb immer ihre volle kinetische Energie ab. Die energetischeren Teilchen deponieren immer eine Energie proportional zur Schichtdicke. Wenn die Dicke der dünneren Schicht kleiner als die Reichweite der niederenergetischen Teilchen ist, hängt deren Energiedeposition stark von dem Kreuzungswinkel und damit von der Spurlänge in der aktiven Schicht ab. Mit dünner werdender aktiver Schicht wird das Signal der senkrecht kreuzenden höherenergetischen Teilchen immer geringer, und gleichzeitig werden die Fluktuationen der

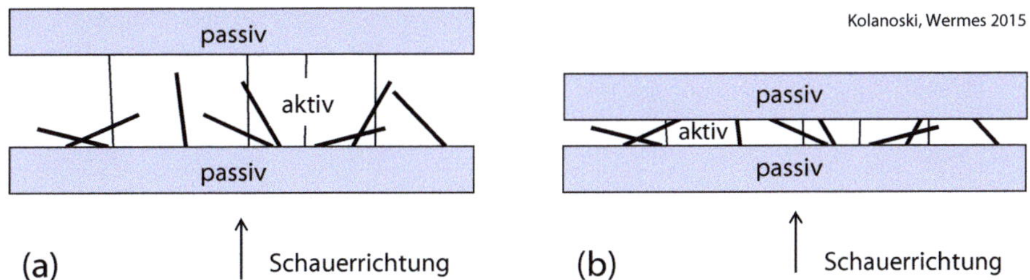

Abb. 15.31 Schematische Darstellung von Schauerteilchen, die eine dicke (a) und zum Vergleich eine dünne (b) aktive Schicht kreuzen. Hier wird angenommen, dass es nur zwei Klassen von Teilchen gibt: niederenergetische Teilchen (dicke Linien) mit einer isotropen Streuwinkelverteilung und hoher Ionisationsdichte, die in der dickeren aktiven Schicht absorbiert werden, und höherenergetische Teilchen (dünne Linien), die in Vorwärtsrichtung gehen und Energie proportional zur Schichtdicke deponieren.

Signale der niederenergetischen Teilchen immer größer, weil das Signal winkelabhängig wird.

Bisher hatten wir angenommen, dass die Dicke der aktiven Schicht vernachlässigt werden kann oder nur in der Summe mit der passiven Schicht eingeht. Durch die Spurlängenfluktuationen ergibt sich eine explizite Abhängigkeit der Fluktuationen von der Dicke des aktiven Mediums, weil die Übergänge der Teilchen vom passiven zum aktiven Medium nicht nur gezählt werden, sondern mit der Spurlänge und der Ionisationsdichte gewichtet werden.

Die Verschlechterung der Auflösung durch Spurlängen-Fluktuationen wird in Abb. 15.32 (a) in einer Simulationsstudie eines Blei-Flüssig-Argon-Kalorimeters demonstriert [430]. Die Energieauflösung wird mit geringerer Dicke der aktiven Schicht immer schlechter, mit einem besonders starken Anstieg unterhalb von etwa 2 mm Flüssig-Argon.

Während bei Flüssig-Argon eine Schichtdicke unterhalb von etwa 2 mm eher nicht realistisch ist (technisch schwierig), können bei Gasen als aktives Medium dünne Schichten nicht vermieden werden, weil deren Dichten nur etwa ein Tausendstel der Dichte von festen oder flüssigen Detektormedien sind. Entsprechend ist in gasgefüllten Detektoren der Energieverlust pro minimal ionisierendem Teilchen nur einige keV, und auch die Ionisationsdichte so gering, dass hier Landau-Fluktuationen (siehe weiter unten) zusätzlich die Auflösung verschlechtern.

Dünne Schichten können auch bei Halbleiterdetektoren als aktive Lagen auftreten. Zum Beispiel können Wolfram-Silizium-Kalorimeter sehr kompakt gebaut werden, so dass sie häufig in räumlich engen Detektorbereichen, zum Beispiel nahe dem Strahlrohr, eingesetzt werden. In einem 300 µm dicken Siliziumdetektor verliert ein minimal ionisierendes Teilchen nur etwa 120 keV an Energie, so dass starke Spurlängen-Fluktuationen auftreten. Hier sind allerdings die statistischen Fluktuationen der Ladungserzeugung wegen der niedrigeren Ionisationsschwelle geringer als bei Gasen.

Landau-Fluktuationen Die Verteilung des Energieverlusts dE/dx wird durch die Landau-Verteilung (Abschnitt 3.2.3) beschrieben, eine asymmetrische Verteilung mit ei-

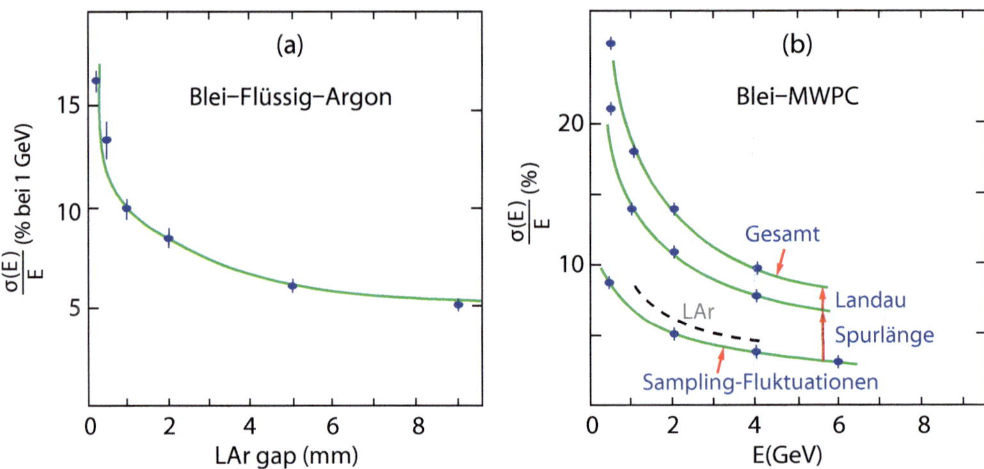

Abb. 15.32 Simulationen von Effekten der Ausleseschichtdicke (aus [430], mit freundl. Genehmigung von Elsevier): (a) Simulation der Energieauflösung eines Blei-Flüssig-Argon-Kalorimeters. Die Auflösung für 1 GeV Einfallsenergie ist als Funktion der Dicke der aktiven Flüssig-Argon-Schicht dargestellt, wobei die Dicke $X_0/3$ der passiven Bleischicht festgehalten wurde. (b) Die Beiträge der Sampling-, Landau- und Spurlängen-Fluktuationen zu der gesamten Energieauflösung eines Blei-MWPC-Kalorimeters. Der Begriff 'Sampling-Fluktuationen' bezieht sich hier nur auf die einfache Näherung (15.42), während er sonst in diesem Kapitel die Korrekturen außer den Auslesefluktuationen umfasst. Die Kurven wurden mit Simulationen für 48 Schichten von je 1/3 Strahlungslängen Blei mit MWPC-Auslese berechnet. Die Auflösungsbeiträge bei 1 GeV sind etwa 7% (Sampling), 12% (Spurlänge), 12% (Landau). Die daraus berechnete gesamte Auflösung von 18% kann mit einer Auflösung von 8.8% für eine Flüssig-Argon-Auslese verglichen werden.

nem langen Ausläufer zu hohen Energieverlusten aufgrund der Delta-Elektronen. Der Energieverlust unterliegt starken Fluktuationen, die aufgrund der Ionisationsstatistik umso größer werden je dünner die Schicht ist, insbesondere da in einer dünnen Schicht die Delta-Elektronen eventuell nicht mehr oder nicht vollständig in der aktiven Schicht nachgewiesen werden. Zum Beispiel finden in 5 mm Argon-Gas, einer möglichen Schichtdicke bei Auslese mit einer Proportionalkammer, nur etwa 15 Primärionisationen pro MIP mit im Mittel jeweils etwa 3 Sekundärionisationen statt, wobei Anzahl und deponierte Energie stark fluktuieren (siehe Tab. 7.1).

Eine Abschätzung der Energieauflösung durch Landau-Fluktuationen wird zum Beispiel in [405] nach dem in [629] entwickelten Modell gegeben:

$$\left(\frac{\sigma_E}{E}\right)_{\text{Landau}} \approx \frac{1}{\sqrt{N_{vis}}} \frac{3}{\ln(1.3 \times 10^4\, \Delta E/\text{MeV})}\,. \tag{15.54}$$

Dabei ist ΔE der mittlere Energieverlust einer Spur in einer Ausleseebene. Typischerweise findet man

$$(\sigma_E/E)_{\text{Landau}} \approx 30\%\, \frac{1}{\sqrt{N_{vis}}} \quad \text{für } \Delta E = 1\,\text{MeV (fest, flüssig)},$$
$$(\sigma_E/E)_{\text{Landau}} \approx 100\%\, \frac{1}{\sqrt{N_{vis}}} \quad \text{für } \Delta E \simeq 10^{-3}\,\text{MeV (gasförmig)}.$$

In Abb. 15.32 (b) sind die Effekte der Landau- und der Spurlängen-Fluktuationen mit einer Simulation eines Blei-MWPC-Kalorimeters dargestellt. Der Vergleich mit einer entsprechenden Anordnung mit Flüssig-Argon-Auslese belegt die allgemeinen Beobachtungen, dass die mit gasförmigen aktiven Medien erzielten Energieauflösungen um das Zweifache oder mehr schlechter sind als die mit festen oder flüssigen aktiven Medien. Trotzdem sind MWPC und Driftrohre für Kalorimeterauslesen, zum Beispiel für die Kalorimeter der LEP-Detektoren, eingesetzt worden, weil damit kostengünstig eine große Abdeckung erzielt werden konnte. In der Folgezeit und besonders bei höheren Energien wurde der Einsatz von gasförmigen aktiven Medien für Sampling-Kalorimeter wegen der schlechten Energieauflösung stark eingeschränkt.

Zusammenfassung 'Stochastischer Term von Sampling-Kalorimetern' Für die Konzeption von Sampling-Kalorimetern ist es eines der wichtigsten Ziele, die Beiträge der stochastischen Fluktuationen zu der Energieauflösung zu minimieren. Deshalb wurden diese Beiträge im Vorangehenden relativ ausführlich diskutiert. Hier soll das Wesentliche noch einmal zusammengefasst werden.

Ausgehend von der einfachen Formel (15.42) für die Sampling-Fluktuationen, basierend auf Rossis 'Approximation B',

$$\left(\frac{\sigma_E}{E}\right)_{samp} = 3.2\,\%\sqrt{\frac{t\,E_k/\mathrm{MeV}}{E/\mathrm{GeV}}}\,, \tag{15.55}$$

haben wir nacheinander folgende Korrekturen hinzugefügt:

- Fluktuationen der Auslesequanten (Seite 725): Dieser Beitrag ist unabhängig von der Schauerentwicklung und wird deshalb herausgerechnet, um dann die intrinsische Kalorimeterauflösung aufgrund von Sampling-Fluktuationen studieren zu können.
- Energieschwelle für Schauerteilchen (Seite 726): Sie vermindert die Anzahl N_{vis} der nachweisbaren Schauerteilchen nach Gleichung (15.47); durch eine effektive Energieschwelle ergibt sich hier auch eine Abhängigkeit von der Dicke der aktiven Schicht.
- Streuwinkelverteilung (Seite 726): Sie vergrößert effektiv die Dicke einer Sampling-Lage, Gleichung (15.50); die Z-Abhängigkeit der Streuung macht den Effekt unterschiedlich für die passiven und die aktiven Lagen.
- Spurlängen-Fluktuationen (Seite 728): Wegen der Energie-Winkel-Korrelation, dargestellt in Abb. 15.31, ist dieser Beitrag wesentlich in dünnen aktiven Schichten.
- Landau-Fluktuationen (Seite 729): Der Beitrag wird gemäß Gleichung (15.54) wesentlich in dünnen aktiven Schichten mit geringer Ionisationsstatistik.

Die Auflösungsbeiträge lassen sich danach ordnen, ob sie von der Dicke der passiven Lage $x_p = t\,X_{0,p}$ oder von der Dicke der aktiven Lage $x_a = s\,X_{0,a}$ abhängen ($X_{0,p}$ und $X_{0,a}$ sind die entsprechenden Strahlungslängen). In [825] wird eine kompakte Formel für diesen Zusammenhang angegeben:

$$\frac{\sigma_E}{E} = \frac{\sigma_0}{\sqrt{E}}\frac{t^\alpha}{s^\beta}\,, \tag{15.56}$$

Tab. 15.9 Parameter der Formel (15.56) für Sampling-Kalorimeter mit verschiedenen passiven und aktiven Medien [825].

passiv	aktiv	σ_0 [%]	α	β
C	Szint.	16.48±2.50	0.72±0.03	0.16±0.02
Al	Szint.	11.02±1.21	0.70±0.03	0.15±0.02
Fe	Szint.	6.33±0.52	0.62±0.03	0.21±0.02
Sn	Szint.	4.53±0.32	0.65±0.03	0.25±0.03
W	Szint.	3.61±0.17	0.70±0.03	0.29±0.03
Pb	Szint.	3.46±0.19	0.67±0.03	0.29±0.03
U	Szint.	3.28±0.15	0.67±0.03	0.30±0.03
Pb	Si	5.04±0.20	0.66±0.03	0.24±0.03
Pb	LAr	6.49±0.31	0.62±0.03	0.19±0.03

mit den empirischen Parametern σ_0, α und β, die allerdings immer nur für eine bestimmte Kombination von passivem und aktivem Medium gelten. In Tab. 15.9 sind einige Beispiele für die Parameter gängiger Sampling-Kalorimeter angegeben. Man sieht, dass mit $\alpha = 0.6$–0.7 etwa die $\sqrt{t}$-Abhängigkeit der Rossi-Formel (15.42) reproduziert wird. Auch die Abhängigkeit von der kritischen Energie ist ähnlich: Für ein bestimmtes aktives Medium, zum Beispiel den Szintillator in der Tabelle, ist die Abhängigkeit von der Absorberschicht in guter Näherung

$$\sigma_0 \propto \sqrt{E_k} \propto \frac{1}{\sqrt{Z}}. \tag{15.57}$$

15.5.5.4 Rauschterm

Das elektronische Rauschen der Ausleseelektronik hat eine konstante, energieunabhängige Varianz, so dass der Beitrag zur relativen Auflösung mit der Energie proportional zu $1/E$ abfällt. Der Koeffizient b in (15.33) wird 'äquivalente Rauschenergie' genannt (siehe Erläuterungen zu Gleichung (15.33), Seite 703) und legt die kleinste mit dem jeweiligen Kalorimeter messbare Energie fest. Zum Beispiel ergibt sich aus der Tab. 15.5 für das Flüssig-Argon-Kalorimeter von ATLAS eine äquivalente Rauschenergie von 190 MeV, aber für das CsI-Kalorimeter von BaBar nur 150 keV. Bezüglich der Energieauflösung für den Nachweis von Photonen im MeV-Bereich ist daher CsI besser geeignet, dagegen spielen für GeV-Photonen andere Kriterien eine stärkere Rolle. Eine allgemeine Beschreibung des Einflusses von Rauschen auf Detektorauflösungen wird in Abschnitt 17.10 gegeben.

Der Einfluss des Rauschens hängt von der Stärke des primären Signals, also der Licht- oder Ladungsmenge pro deponierter Energie, und der weiteren Signalverarbeitung ab. Zum Beispiel ist bei einer Lichtauslese mit einem Photovervielfacher mit hoher Verstärkung das Rauschen häufig vernachlässigbar gegen andere Effekte, was bei einer Auslese mit Photodioden in der Regel nicht der Fall ist. Allerdings können Photodioden im Vergleich zu Photovervielfachern in kompakteren Geometrien und in einem Magnetfeld eingesetzt werden. Es wird deshalb intensiv an der Entwicklung von Photosensoren gearbeitet, die die positiven Eigenschaften beider Seiten verbinden (siehe dazu den Abschnitt 13.4 über Lichtauslese).

Wenn die primären Signale relativ klein sind, was insbesondere bei der Auslese nach dem Ionisationskammerprinzip der Fall ist (zum Beispiel Flüssig-Argon-Kalorimeter), kommt es sehr auf die Rauscharmut des Auslesesystems bis zur ersten Verstärkung des Signals an. Da das Rauschen mit der kapazitiven Last am Verstärkereingang wächst (siehe Abschnitt 17.10.3), sollten die Kapazität eines Detektorkanals und alle Kabel- und Streukapazitäten minimiert werden. Außerdem wächst das Rauschen mit der Bandbreite des Verstärkers, so dass schnellere Signale höheres Rauschen bedingen. Durch Pulsformung und Filterung muss deshalb ein Optimum zwischen der durch die Teilchenraten geforderten Schnelligkeit und der Rauschunterdrückung gefunden werden (siehe dazu Abschnitt 17.3 auf Seite 841).

15.5.5.5 Konstanter Term

Dieser Beitrag zur relativen Energieauflösung hängt nicht von der Energie ab und begrenzt deshalb bei hohen Energien die Auflösung eines Kalorimeters. Daher wird bei Kalorimetern in Experimenten bei hohen Energien der Minimierung des konstanten Terms die höchste Aufmerksamkeit geschenkt. Bei guten Kalorimetern werden Werte um 1% erreicht.

Mechanische Toleranzen und Interkalibrationsfehler Beiträge zum konstanten Term kommen vor allem von Unregelmäßigkeiten des Kalorimeters in unterschiedlichen Detektorbereichen, die durch mechanische oder elektronische Inhomogenitäten verursacht werden. Dazu tragen zum Beispiel fehlende Detektorabdeckung und 'totes Material' an Übergängen zwischen Detektormodulen sowie Halterungen für die Detektorinstallation bei. Insbesondere bei der Integration von Detektormodulen in ein großes System, wie bei typischen Speicherring-Experimenten, lassen sich solche Imperfektionen nicht vermeiden. Viele Abweichungen kann man durch sorgfältige Kalibration verringen, es wird aber immer, insbesondere bei großen Systemen, ein so genannter Interkalibrationsfehler zwischen verschiedenen Detektorbereichen verbleiben, der in den konstanten Term der Auflösung eingeht. Da solche Fehler naturgemäß erst bei einem großen System sichtbar werden, ist es häufig problematisch, von Testmessungen mit Prototypen auf die Auflösung im endgültigen Detektor zu schließen.

Leckverluste Leckverluste entstehen, wenn das longitudinale oder transversale Profil des Schauers über die Detektordimensionen hinaus geht. Siehe zu diesem Thema auch die Diskussion der Konstruktionsanforderungen von Kalorimetern in Abschnitt 15.4.2. Dort wird auch die Minderung der Fluktuationen durch Tail Catcher und Presampler besprochen.

Die longitudinalen Verluste tragen zur Energieauflösung stärker bei, weil die Schauerentwicklung in longitudinaler Richtung stärker fluktuiert als in transversaler (siehe dazu auch Abb. 15.18). Die Verluste können mit der Longo-Formel (15.17) abgeschätzt werden, wobei die Zielmarke von 98% Nachweis durch die Formel (15.20) näherungsweise gegeben ist. Der Beitrag der Fluktuationen im longitudinalen Verlust auf die Energieauflösung lässt sich wie folgt abschätzen [405]:

$$\left(\frac{\sigma_E}{E}\right) = \left(\frac{\sigma_E}{E}\right)_{f_{\text{leak}}=0} \left(1 + 2\sqrt{E/\text{GeV}}\, f_{\text{leak}}\right), \tag{15.58}$$

wobei f_{leak} der relative Anteil der Leckenergie ist.

Bei einem gegebenen Kalorimeter steigen die Leckverluste f_{leak} etwa proportional zu dem Logarithmus der Energie an. Damit geht der Ausdruck (15.58) für hohe Energien nicht mehr in eine Konstante über und ist deshalb eigentlich nicht verträglich mit der Parametrisierung (15.35). Diese Parametrisierung nimmt auch Gauß'sches Verhalten der Auflösung an, was bei großen Leckverlusten nicht mehr der Fall ist, weil Verluste wegen der Begrenzung $f_{\text{leak}} \geq 0$ asymmetrische Verteilungen haben. In der Praxis lässt sich allerdings bei den meisten elektromagnetischen Kalorimetern die Auflösung dennoch mit der Formel (15.35) parametrisieren.

15.6 Hadronkalorimeter

In einem Hadronkalorimeter werden hadronische Schauer (Abschnitt 15.3) ähnlich wie bei elektromagnetischen Kalorimetern über den Nachweis der Ionisation eines aktiven Mediums, manchmal auch über den Cherenkov-Effekt, vermessen. Im Vergleich zu elektromagnetischen Schauern ist allerdings die Entwicklung hadronischer Schauer sehr viel komplexer, und die Vielzahl der beitragenden Reaktionen mit häufig sehr unterschiedlichen Signalausbeuten führt zu starken intrinsischen Fluktuationen (Abschnitt 15.3.2). Dafür sind vor allem die starken Fluktuationen zwischen den Beiträgen der elektromagnetischen und der hadronischen Komponenten an der deponierten Energie zusammen mit den Bindungsenergieverlusten beim Aufbrechen der Kerne verantwortlich. Da im Allgemeinen die Signalantworten für die verschiedenen Anteile unterschiedlich sind, beeinflussen die Fluktuationen die Auflösungen hadronischer Kalorimeter, die im Allgemeinen schlechter als die von elektromagnetischen Kalorimetern sind (siehe dazu die Orientierungswerte in den Formeln (15.2)). Im Folgenden sollen die einzelnen Beiträge der inelastischen Reaktionen und deren Einflüsse auf das Messsignal und dessen Fluktuationen untersucht werden.

In den letzten Jahrzehnten ist sehr viel Entwicklungsarbeit geleistet worden, mit der die Eigenschaften von Hadronkalorimetern durch wachsendes Verständnis der grundlegenden Prozesse gezielt verbessert werden konnten [1029, 407]. Wesentlich für die Verbesserung der Energieauflösung ist die Idee der 'Kompensation'. Das sind Methoden, mit denen der Effekt der Fluktuationen der verschiedenen Energieverlustbeiträge auf das Signal minimiert wird (Abschnitt 15.6.3).

15.6.1 Typischer Aufbau von Hadronkalorimetern

Hadronkalorimeter werden praktisch immer als Sampling-Kalorimeter ausgelegt. Homogene Kalorimeter würden nicht die Vorteile liefern wie für elektromagnetische Schauer, vor allem weil ein eventueller Gewinn an Energieauflösung durch die starken intrinsischen Fluktuationen in einem Hadronschauer zunichte gemacht würde. Außerdem wären die notwendigen Abmessungen technisch schwer zu realisieren.

Die Wahl von passiven und von aktiven Medien wird durch verschiedene Überlegungen beeinflusst. Tabelle 15.3 zeigt, dass Medien mit niedrigeren Kernladungen Z ein kleineres Verhältnis von nuklearer Absorptionslänge zur Strahlungslänge haben. Unter dem Gesichtspunkt einer möglichst ähnlichen Entwicklung der hadronischen und der elektromagnetischen Komponenten eines Schauers und gleichzeitig möglichst hoher Dichte, um das Kalorimeter kompakt zu halten, ist besonders Eisen ein bevorzugtes passives Medium.

Die 'Klassiker' unter den Kalorimetern haben 1 bis 2 cm starke Eisenplatten als passive Schicht und einige Millimeter Szintillator oder Flüssig-Argon als aktives Auslesemedium (zum Beispiel bei H1, CDF und ATLAS, siehe Tab. 15.11 auf Seite 755).

Eine ganz andere Philosophie wird bei 'kompensierenden' Kalorimetern verfolgt, bei denen die gleiche Signalausbeute für die elektromagnetische und hadronische Komponente angestrebt wird (siehe den folgenden Abschnitt 15.6.2). Das kann zum Beispiel durch passive Schichten mit besonders hohen Z-Werten, wie bei Uran, Blei und Wolfram erreicht werden. Die dafür besonders abgestimmte Wahl der passiven und der aktiven Schichten und des Sampling-Anteils wird im Abschnitt 15.6.3 ausführlich besprochen.

15.6.2 Die Kalorimetersignale von Elektronen und Hadronen

In Abschnitt 15.3.2 haben wir die Fluktuationen der verschiedenen Anteile f_i an der deponierten Energie eines hadronischen Schauers in einem Materieblock besprochen. Wenn diese Anteile mit unterschiedlichen Effizienzen ϵ_i nachgewiesen werden, resultieren die Fluktuationen der f_i in Fluktuationen des Kalorimetersignals. Die stärksten Fluktuationen ergeben sich in dem elektromagnetischen Anteil f_{em} und entsprechend in dem hadronischen Anteil $f_h = 1 - f_{em}$, deren Nachweiseffizienzen ohne spezielle Maßnahmen im Allgemeinen sehr unterschiedlich sind (Abb. 15.33).

Definition von e/π und e/h Das in einem Kalorimeter durch ein Hadron (das Symbol π für ein (geladenes) Pion wird hier generisch für ein Hadron benutzt) erzeugte Signal setzt sich dann aus den Anteilen f_i der deponierten Energie E (siehe Gleichung (15.25)), multipliziert mit ihren jeweiligen Signaleffizienzen ϵ_i, zusammen:

$$S(\pi) = \left(f_{em}\,\epsilon_{em} + \underbrace{f_{ion,r}\,\epsilon_{ion,r} + f_{ion,nr}\,\epsilon_{ion,nr} + f_n\,\epsilon_n + f_\gamma\,\epsilon_\gamma + f_B\,\epsilon_B}_{f_h\,\epsilon_h} \right) E\,. \quad (15.59)$$

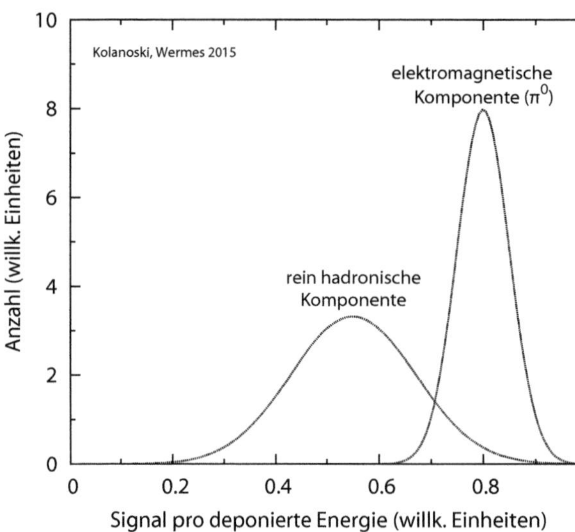

Abb. 15.33 Typische Verteilung von Signaleffizienzen für die hadronische und die elektromagnetische Komponente eines Hadronschauers (nach [1026]). Die hier gezeigten Verhältnisse sind typisch für ein (nicht-kompensierendes) Eisen-Kalorimeter mit Szintillator- oder Flüssig-Argon-Auslese.

Die verschiedenen Anteile f_i wurden in Abschnitt 15.3.2 besprochen. Der in Gleichung (15.25) eingeführte Anteil f_{ion} wird hier aufgeteilt in Anteile für relativistische und nicht-relativistische Teilchen, $f_{ion} = f_{ion,r} + f_{ion,nr}$, weil die entsprechenden Nachweiseffizienzen sehr unterschiedlich sein können.

Im Allgemeinen sind die Kalorimetersignale für Elektronen und Hadronen unterschiedlich:

$$\frac{S(e)}{S(\pi)} = \frac{\epsilon_{em} E}{(f_{em}\epsilon_{em} + f_h \epsilon_h)\, E} = \frac{\epsilon_{em}/\epsilon_h}{1 - f_{em}\left(1 - \dfrac{\epsilon_{em}}{\epsilon_h}\right)} . \tag{15.60}$$

Es ist dabei zu unterscheiden:

$$\begin{aligned} \frac{S(e)}{S(\pi)} &\overset{\text{Def}}{=} \frac{e}{\pi} \qquad \text{bestimmt mit } e^{\pm}\text{- und } \pi^{\pm}\text{-Teststrahlen (Abb. 15.34),} \\ \frac{\epsilon_{em}}{\epsilon_h} &\overset{\text{Def}}{=} \frac{e}{h} \qquad \text{innere Kalorimetereigenschaft.} \end{aligned} \tag{15.61}$$

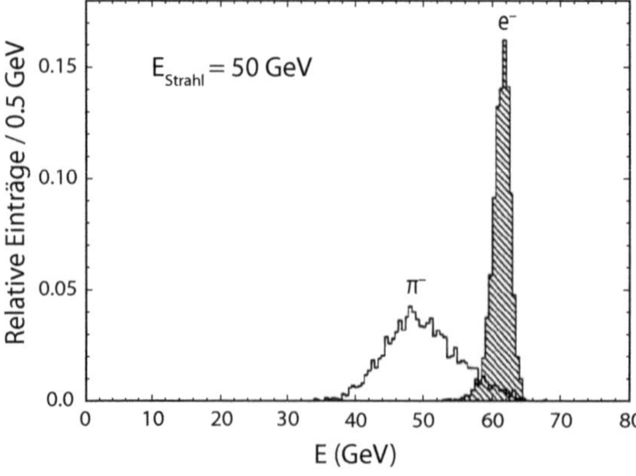

Abb. 15.34 Messung von e/π mit 50-GeV-Teststrahlen mit dem Flüssig-Argon-Kalorimeter von H1 [214]. Die gemessene Energie ist ausgedrückt auf der 'hadronischen Energieskala', so dass der Mittelwert der Pionverteilung bei 50 GeV liegt. Die Elektronen liefern hier ein um 22% höheres Signal, entsprechend $e/\pi = 1.22$.

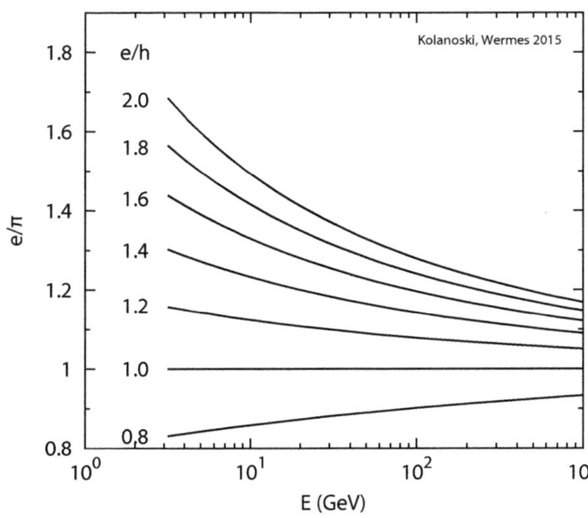

Abb. 15.35 Die Energieabhängigkeit von e/π, dem Verhältnis der Signale für Elektronen und Hadronen eines Kalorimeters, für verschiedene Werte des Parameters e/h. Das Verhältnis e/π wurde nach (15.60) berechnet, wobei die Energieabhängigkeit von f_{em} entsprechend (15.26) mit den Parametern $E_0 = 1\,\text{GeV}$ und $k = 0.82$ eingesetzt wurde.

Diese Ausdrücke werden als 'e-über-π'- beziehungsweise 'e-über-h'-Verhältnis bezeichnet. Aus (15.60) entnimmt man:

$$\frac{e}{h} = 1 \Longrightarrow \frac{e}{\pi} = 1\,. \tag{15.62}$$

Das bedeutet, dass Elektronen und Pionen gleicher Energie das gleiche Signal ergeben, wenn das Kalorimeter 'kompensierend' ist, das heißt, wenn $e/h = 1$ gilt. In Abb. 15.35 sieht man auch, dass für asymptotische Energien e/π gegen 1 strebt, unabhängig von dem e/h-Verhältnis, weil der elektromagnetische Anteil f_{em} in einem Hadronschauer mit der Energie ansteigt und sich 1 nähert, siehe Gleichung (15.26).

Auflösung und Linearität eines Hadronkalorimeters Die Fluktuationen, vor allem zwischen der elektromagnetischen und der hadronischen Komponente, beeinflussen die Auflösung und die Linearität eines Hadronkalorimeters ungünstig. Für die Auflösung kann man etwa ansetzen [1026]:

$$\frac{\sigma_E}{E} = \frac{a}{\sqrt{E/\text{GeV}}} + b\left(\frac{e}{h} - 1\right). \tag{15.63}$$

Manchmal werden die beiden Terme auch quadratisch zu addieren. Der erste Term, das ist der stochastische Beitrag, gibt die Grenze der Auflösung eines voll 'kompensierenden' Kalorimeters mit $e/h = 1$ an. Zum Beispiel ist in kompensierenden Kalorimetern $a \approx 0.3$–0.35 erreicht worden. Der Parameter b ist von der Größenordnung 1, mit einer möglichen Energieabhängigkeit [1029].

Ein Verhältnis $e/h \neq 1$ beeinflusst auch die Linearität des Kalorimeters, weil der elektromagnetische Anteil f_{em} energieabhängig ist (siehe Gleichung (15.26)). Die Nichtlinearität in Bezug auf eine Energie E_0 kann man wie folgt abschätzen [1029]:

$$\frac{S(\pi(E))/E}{S(\pi(E_0)/E_0} = \frac{f_{em}(E) + (1 - f_{em}(E))\,(e/h)^{-1}}{f_{em}(E_0) + (1 - f_{em}(E_0))\,(e/h)^{-1}}\,. \tag{15.64}$$

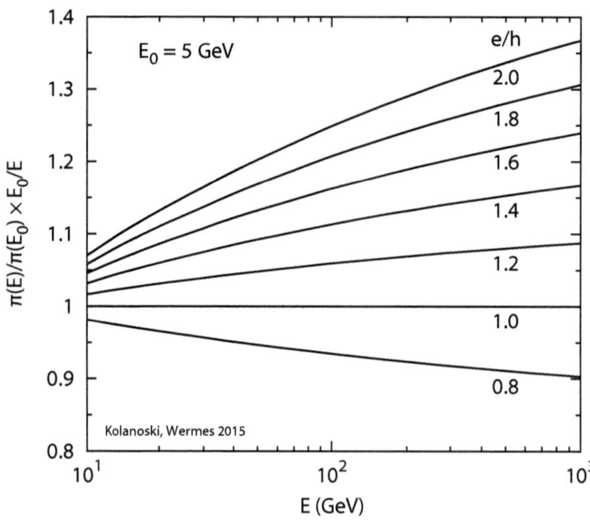

Abb. 15.36 Die nach (15.64) abgeschätzte Nichtlinearität von Hadronkalorimetern mit verschiedenen e/h-Werten (die Bezugsenergie E_0 ist jeweils 5 GeV).

In Abb. 15.36 ist mit der Parametrisierung (15.26) von f_{em} die Energieabhängigkeit der Nichtlinearität für verschiedene Werte von e/h gezeigt.

Das MIP-Signal als Referenz Da Art und Größe der Signale detektorspezifisch sind, ist es üblich, sich als Referenz auf das Signal eines minimal-ionisierenden Teilchens (MIP) zu beziehen. Man kann dann eine Größe ϵ_{MIP} definieren, so dass ein MIP, das in dem betrachteten Detektor die Energie E deponiert, das Signal

$$S(MIP) = \epsilon_{MIP}\, E \tag{15.65}$$

erzeugt. Dieses Signal ist allerdings nicht direkt messbar, weil ein tatsächlich minimal-ionisierendes Teilchen beim Durchqueren eines Kalorimeters nicht mehr minimal-ionisierend wäre und auch die deponierte Energie nicht ohne Weiteres bekannt ist. Man kann aber zum Beispiel mit einem Myon-Strahl ein Kalibrationssignal bestimmen, aus dem man dann mit Hilfe von Simulationsrechnungen auf die interessierende Größe ϵ_{MIP} umrechnen kann[140]. Die Signale anderer Teilchenstrahlen kann man dann dazu ins Verhältnis setzen. Das Signal eines Hadrons in (15.59) ist in 'MIP-Einheiten':

$$\frac{S(\pi)}{S(MIP)} = \frac{\pi}{MIP} = f_{em}\frac{\epsilon_{em}}{\epsilon_{MIP}} + f_{ion,r}\frac{\epsilon_{ion,r}}{\epsilon_{MIP}} + f_{ion,nr}\frac{\epsilon_{ion,nr}}{\epsilon_{MIP}} + f_n\frac{\epsilon_n}{\epsilon_{MIP}} + f_\gamma\frac{\epsilon_\gamma}{\epsilon_{MIP}}\,. \tag{15.66}$$

Wie in der Literatur üblich, wollen wir die Verhältnisse der Effizienzen analog zu e/h in (15.61) abkürzen:

$$\frac{S(\pi)}{S(MIP)} = \frac{\pi}{MIP} = f_{em}\frac{e}{MIP} + f_{ion,r}\frac{r}{MIP} + f_{ion,nr}\frac{nr}{MIP} + f_n\frac{n}{MIP} + f_\gamma\frac{\gamma}{MIP}\,. \tag{15.67}$$

[140] Die Umrechnung ist nicht ganz einfach, weil mit steigender Energie Myonen zunehmend energetischere δ-Elektronen erzeugen, die elektromagnetische Kaskaden ausbilden können, und bei sehr hohen Energien schließlich auch durch Bremsstrahlung und Paarbildung Energie verlieren. Dadurch kann man auch mit MIP-Signalen die Effizienzen ϵ_{ion} und ϵ_{em} nicht klar trennen.

In Sampling-Kalorimetern zeigen die einzelnen Signalbeiträge folgendes Verhalten (wir folgen hier weitgehend [1029]):

$e/_{MIP}$: Nach dem einfachen Modell für elektromagnetische Schauer wird die Schauerenergie als Ionisation durch Elektronen, die die kritische Energie erreicht haben, deponiert. Danach würde man erwarten, dass die Signaleffizienz etwa gleich der von MIP-Teilchen ist. Tatsächlich kann das Verhältnis $e/_{MIP}$ aber beträchtlich unter 1 liegen, und zwar umso mehr, je höher die Kernladungszahl Z der passiven Schicht ist. Das hat folgenden Grund: Ein großer Anteil der Energie wird von Elektronen mit weniger als 1 MeV Energie deponiert. Diese Elektronen werden vorzugsweise von Photonen im MeV-Bereich durch Photo- und Compton-Effekt erzeugt. Insbesondere wegen des mit Z sehr stark anwachsenden Wirkungsquerschnitts für den Photoeffekt (Abschnitt 3.5.3 und Abb. 3.48) wechselwirken die Photonen bevorzugt noch in der passiven Schicht, in der sie erzeugt wurden. Die niederenergetischen Elektronen haben wenig Chancen, die passive Schicht zu verlassen, weil die Reichweiten bei niedrigen Energien gering sind (zum Beispiel etwa 0.7 mm für 1-MeV-Elektronen in Blei [597]). Für Szintillatoren als aktives Material findet man für verschiedene passive Schichten (ab einer passiven Schichtdicke von etwa 3 mm nahezu unabhängig von den relativen Dicken der passiven und der aktiven Schicht) [273]: Uran und Blei $e/_{MIP} \approx 0.6$; Eisen und Kupfer $e/_{MIP} \approx 0.9$, entsprechend der Erwartung, dass bei Annäherung der Z-Werte von passiver und aktiver Schicht das Verhältnis $e/_{MIP}$ gegen 1 strebt. Für Kupfer ergibt sich mit einer Flüssig-Argon-Auslese, also höherem Z als bei Szintillator, $e/_{MIP}$ nahe 1 [273].

$r/_{MIP}$: Bei relativistischen, geladenen Hadronen, die in der hochenergetischen Kaskade erzeugt werden, kann man annehmen, dass sie sich etwa so verhalten wie *MIPs*, also $r/_{MIP} \approx 1$ ist.

$nr/_{MIP}$: Der Ionisationbeitrag zum Signal durch nicht-relativistische Teilchen stammt vorwiegend von Spallationsprotonen, die überwiegend kinetische Energien unterhalb von 1 GeV haben und damit nicht-relativistisch sind. Schwerere Fragmente haben eine geringe Chance, in das aktive Medium zu wechseln, und tragen damit kaum zum Signal bei. Neutronen werden im nächsten Punkt getrennt besprochen.

Protonen, die genügend Energie haben, mehrere aktive Schichten zu kreuzen, haben ein ähnliches Verhalten wie *MIPs*, weil sich das Verhältnis der in den passiven und den aktiven Schichten deponierten Energien etwa wie bei *MIPs* ergibt. Unterhalb einer Energie von etwa 50 MeV wird die Signalausbeute geringer, weil die Reichweite in den Bereich der passiven Schichtdicken kommen. Zum Beispiel ist die Reichweite von 50-MeV-Protonen in Uran 2.8 mm, in Blei 4.5 mm und in Eisen 4.3 mm. In Szintillatoren wird der Beitrag von niederenergetischen Teilchen auch durch Sättigungseffekte (siehe Birks-Gesetz in Abschnitt 13.2.3) verringert.

$n/_{MIP}$: Aus der Spallationsreaktion kommen in ähnlicher Anzahl wie die Protonen auch Neutronen, die Energien um 100 MeV haben und Kernreaktionen, einschließlich Kernspaltung bei den schweren Kernen, auslösen sowie elastisch streuen (siehe unten) können. Eine viel größere Anzahl Neutronen entsteht allerdings in dem anschließenden

Verdampfungsprozess. Diese Neutronen haben Energien von wenigen MeV. Sie können Kerne zur Emission von geladenen Fragmenten wie Protonen oder α-Teilchen und von Gammastrahlung anregen. Die geladenen Kernfragmente tragen wieder wegen der geringen Reichweite praktisch nicht zum Signal bei. Die Gammastrahlung wird im nächsten Punkt gesondert besprochen.
Der häufigste Prozess ist die elastische Streuung der Neutronen an den Kernen. Der relative Energieübertrag bei der Streuung eines Neutrons an einem Kern mit der Massenzahl $\mathcal{A}$ ergibt sich zu (siehe zum Beispiel [366]):

$$\frac{\Delta E}{E_n} = \frac{2\,\mathcal{A}\,(1-\cos\theta)}{(\mathcal{A}+1)^2}\,. \tag{15.68}$$

Dabei ist θ der Streuwinkel im Schwerpunktsystem. Unter der Annahme einer im Schwerpunktsystem isotropen Winkelverteilung erhält man nach Mittelung über die Streuwinkel

$$\left\langle \frac{\Delta E}{E_n} \right\rangle = \frac{2\,\mathcal{A}}{(\mathcal{A}+1)^2}\,. \tag{15.69}$$

Für schwere Kerne ist dieser relative Energieverlust proportional zu $1/\mathcal{A}$ und ergibt sich für Uran oder Blei zu etwa 1% und für Eisen zu etwa 3%, aber für Wasserstoff zu 50%. Wenn das aktive Medium also Wasserstoff enthält, kann die Neutronenergie sehr effizient auf Protonen übertragen werden, die dann ihre Energie durch Ionisation im aktiven Medium deponieren, und zwar sehr lokal wegen ihrer geringen Energie und damit kurzen Reichweite. Da gleichzeitig in der passiven Schicht auf diesem Wege fast keine Energie verloren geht, lassen sich dann Werte $n/\textsc{mip} \gg 1$ erreichen. Die erstaunliche Größe dieses Effekts sieht man an folgendem quantitativen Beispiel: In [1029] wird eine unendlich ausgedehnte Sampling-Struktur betrachtet, die nur aus (flüssigem) Wasserstoff und Blei besteht. Bei einem Volumenverhältnis H_2(flüssig) : Pb von 1 : 99 ergibt sich für 1-MeV-Neutronen $n/\textsc{mip} = 1630$, und bei 50 : 50 ergibt sich $n/\textsc{mip} = 45$. Auch wenn Wasserstoff nur als Anteil in einem aktiven Medium, meistens einem Szintillator, enthalten ist und eventuell Sättigung des Szintillationssignals den Effekt dämpft, sind wirklich große $n/\textsc{mip}$-Werte zu erreichen. Das eröffnet die Möglichkeit zur gezielten Kompensation der nicht nachweisbaren Energie in Hadronschauern durch Erhöhung des Neutronensignals, wie im nächsten Abschnitt genauer besprochen wird.
Wenn Neutronen durch elastische Streuung an leichten Kernen thermalisiert werden, wird der Wirkungsquerschnitt für Neutroneneinfang groß, und die Neutronen werden dann mit einer Verzögerung eingefangen. Die Kerne geben die überschüssige Bindungsenergie bevorzugt durch Gammastrahlung ab, die ebenfalls verzögert gegenüber dem Primärsignal auftritt.

$\gamma/\textsc{mip}$: Signale durch Gammastrahlung, die bei den verschiedenen Kernreaktionen auftreten kann, sind wie die des elektromagnetischen Teils des Schauers unterdrückt, und damit ergibt sich $\gamma/\textsc{mip} < 1$. Das Besondere ist, dass diese Strahlung zum Teil stark verzögert auftritt. Das kann gezielt genutzt werden, wenn die Signale länger integriert werden und das aktive Medium ein relativ hohes Z hat (zum Beispiel ist Flüssig-Argon dafür besser geeignet als Szintillator). In der Praxis ist allerdings zu beachten, dass mit einer längeren Integration auch mehr Untergrundsignale beitragen und dadurch eventuell die Auflösung verschlechtern.

15.6.3 Kompensation

Auflösung und Linearität von Hadronkalorimetern lassen sich also wesentlich verbessern, wenn die Signale für elektromagnetische und für hadronische Energien angeglichen werden, wenn also $e/h \to 1$ angestrebt wird (siehe Abschnitt 15.6.2 zur Definition von e/h). Es zeigt sich, dass es tatsächlich möglich ist, $e/h = 1$ zu erreichen. Die verschiedenen Methoden, die dazu entwickelt wurden, werden unter dem Begriff 'Kompensation' zusammengefasst, dessen Bedeutung im Folgenden erläutert wird.

Die Idee einer Kompensation der nicht nachweisbaren Energie in Kernreaktionen, die in Kalorimetern zu geringeren Signalen von Hadronen relativ zu Elektronen führen (Abb. 15.34), wurde erstmals von Fabjan, Willis und Mitarbeitern vorgeschlagen und untersucht [406]. In einem Testkalorimeter wurde die These überprüft, dass durch den höheren Wirkungsquerschnitt für die Erzeugung von Neutronen in ^{238}U im Vergleich zu Eisen die zusätzlich erzeugten Neutronen, Protonen und Gammas aus der Kernspaltung in dem aktiven Medium Energie deponieren und so mindestens teilweise die nicht nachweisbare Energie kompensieren. Der Test wurde mit einem Eisen- beziehungsweise Urankalorimeter mit Flüssig-Argon-Auslese durchgeführt. Tatsächlich wurde mit Uran eine annähernde Gleichheit der Signale von Elektronen und Hadronen gefunden und resultierend eine bessere Auflösung.

Diese Untersuchungen führten in der Folge zu der Konstruktion des ersten Urankalorimeters [66] für das Axial Field Spectrometer (R807) am Proton-Proton-Collider ISR im CERN [498]. Im Gegensatz zu dem Testkalorimeter fiel hier die Wahl für die Auslese auf Szintillatoren, offensichtlich aus Gründen, die nichts mit der Idee der Kompensation zu tun hatten. Inzwischen weiß man, dass die Kombination Uran–Szintillator bessere Möglichkeiten zur Kompensation bietet als Uran–Flüssig-Argon, wie wir im Folgenden ausführen werden.

Die Entwicklung von Kompensationsmethoden erfordert eine detaillierte Kenntnis der Signalerzeugung durch die verschiedenen Energiebeiträge, wobei zum Signal neben den hochenergetischen Teilchen und den Neutronen vor allem die niederenergetischen Teilchen am Ende einer Kaskadenkette durch starke Ionisation beziehungsweise Photoeffekt wesentlich beitragen. Grundlegende Arbeiten in den 1980er Jahren haben im Wesentlichen zu einem Verständnis der Kompensationsmechanismen geführt [1026, 273].

Kompensation kann durch die Konstruktion des Kalorimeters sowie durch die Wahl der Materialien für die passiven und die aktiven Schichten und deren relative Abmessungen, erreicht werden. Es ist aber auch möglich, durch Software-Korrekturen der in einem Kalorimeter deponierten Energie, wenn diese Energie örtlich genügend fein aufge-

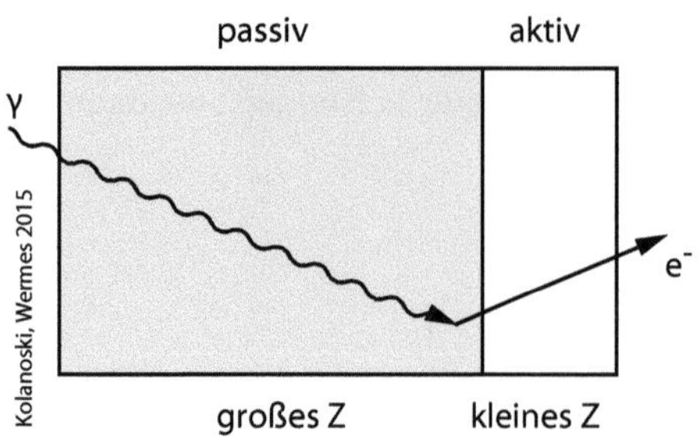

(a) Kalorimeter mit normaler Abfolge von passiven und aktiven Lagen

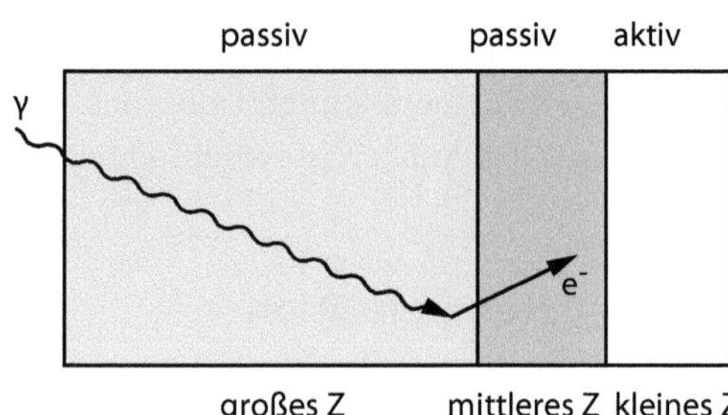

(b) Kalorimeter mit einer Zwischenlage mit mittlerem Z

Abb. 15.37 Unterdrückung der elektromagnetischen Signalkomponente in einem Hadronkalorimeter durch Einfügen einer Zwischenlage mit mittlerem Z zwischen der passiven (hohes Z) und der aktiven Lage (niedriges Z) (schematisch).

löst gemessen wird, Kompensation zu erreichen. Im Folgenden sollen die verschiedenen Möglichkeiten der Kompensation vorgestellt und diskutiert werden.

15.6.3.1 Hardware-Kompensation

Ein Kalorimeter kann bereits so konstruiert werden, dass sich $e/h \approx 1$ ergibt. Da ohne gezielte Maßnahmen in der Regel $e/h > 1$ gilt, versucht man entweder, ϵ_{em} zu erniedrigen oder ϵ_h zu erhöhen, oder aber beides zu kombinieren:

ϵ_{em} *erniedrigen:* Bei der Diskussion von $e/\textsc{mip}$ im vorigen Abschnitt haben wir gesehen, dass für passive Schichten mit hohem Z die elektromagnetische Komponente weniger effizient nachgewiesen wird als bei niedrigerem Z; die Werte sind für Uran und Blei $e/\textsc{mip} \approx 0.6$–07 und für Kupfer und Eisen $e/\textsc{mip} \approx 0.9$–0.95 (beides mit Szintillatorauslese). Als Grund dafür hatten wir den Beitrag niederenergetischer Photonen (unterhalb 1 MeV) ausgemacht, die bevorzugt in der passiven Schicht Elektronen erzeugen, die meistens das aktive Medium nicht erreichen. Für ein kompensierendes Kalorimeter sollte man also eher passive Schichten mit hohem Z wählen.
Die Photonreaktionen finden bevorzugt in der passiven Schicht mit hohem Z statt. Compton- oder Photoelektronen ergeben nur ein Signal, wenn sie nahe dem Übergang zum aktiven Medium erzeugt werden. Durch ein Material mit niedrigerem Z, das zusätzlich auf die passive Schicht aufgebracht wird und gerade so dick ist, dass die Elektronen absorbiert werden, kann die Signalunterdrückung verstärkt werden (Abb. 15.37).
Dieser Effekt wurde für das Uran-Szintillator-Kalorimeter des ZEUS-Experiments (Abschnitt 15.7.2) beobachtet, bei dem das abgereicherte Uran aus Umweltschutzgründen in eine dünne Edelstahlfolie eingepackt werden musste (siehe Abb. 3.29 in [1029]).

ϵ_h *erhöhen:* Die Anteile f_n, f_γ und f_B werden durch Kernspallationsprozesse festgelegt und sind deshalb stark positiv korreliert. Dabei ist es für die Kompensation wichtig,

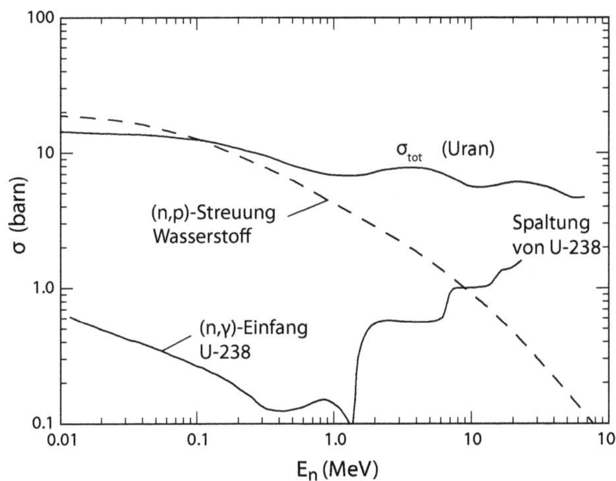

Abb. 15.38
Wirkungsquerschnitt für Neutronen in ^{238}U (aus [273], mit freundl. Genehmigung von Elsevier). Neben den inelastischen (n, γ)- und den Spaltungsreaktionen trägt vor allem die elastische Streuung mit geringem Energieübertrag zum totalen Wirkungsquerschnitt bei. Zum Vergleich ist auch der Wirkungsquerschnitt für elastische Neutronenstreuung in Wasserstoff angegeben, wobei das Neutron sehr effizient Energie übertragen kann.

dass die Verhältnisse zwischen den hadronischen Beiträgen relativ energieunabhängig sind, wie in Abb. 15.13 auf Seite 694 gezeigt wurde. Deshalb kann man den Verlust der Bindungsenergie kompensieren, indem Neutronen und/oder Photonen aus Kernreaktionen besonders effizient nachgewiesen werden.

Die elastische Neutronenstreuung im aktiven Medium hat sich als das am besten einstellbare Verfahren zur Kompensation von Hadronkalorimetern erwiesen, mit dem auch die besten Auflösungen erreicht wurden. Wegen ihrer grundsätzlichen Bedeutung soll diese Kompensationsmethode im Folgenden detaillierter besprochen werden.

Kompensation in passiven Schichten mit hohen Kernmassen Die hohe Neutronenproduktionsrate in passiven Schichten mit schweren Kernen, wie Uran oder Blei, kann so genutzt werden, dass das hadronische Signal verstärkt wird. Die Neutronen können ihre Energie an ionisierende Teilchen durch elastische Streuung an leichten Kernen in dem aktiven Medium übertragen, wo dann die Ionisationsenergie nachgewiesen wird.

Für ein Neutronenspektrum wie in Abb. 15.10 liegt der Wirkungsquerschnitt für elastische Neutronenstreuung in Uran-238 im Bereich von einigen barn (Abb. 15.38), wodurch sich freie Weglängen von wenigen Zentimetern ergeben. Damit können Neutronen in Sandwich-Kalorimetern durch mehrere passive und aktive Schichten gehen. Im passiven Medium verlieren sie nicht viel Energie, weil der Energieübertrag gemäß (15.68) wie $1/\mathcal{A}$ von der Massenzahl $\mathcal{A}$ abhängt. Wenn man nun das aktive Medium mit Wasserstoff anreichert, kann man erreichen, dass dort die meiste Energie übertragen wird, im Mittel bei einem Stoß die Hälfte der Neutronenergie (Abb. 15.39). Als wasserstoffhaltige aktive Medien kommen organische Szintillatoren (Abschnitt 13.2) oder entsprechend wasserstoff-angereicherte Gase in Frage.

Wichtig ist noch, dass die übertragene Energie auch praktisch vollständig im aktiven Medium deponiert wird, weil die Reichweite der Protonen sehr gering ist, bei 1 MeV zum Beispiel nur 20 µm in Szintillatormaterial. Dieser Effekt und die Tatsache, dass Neutronen durch mehrere Lagen gehen und im Wesentlichen nur im aktiven Medium

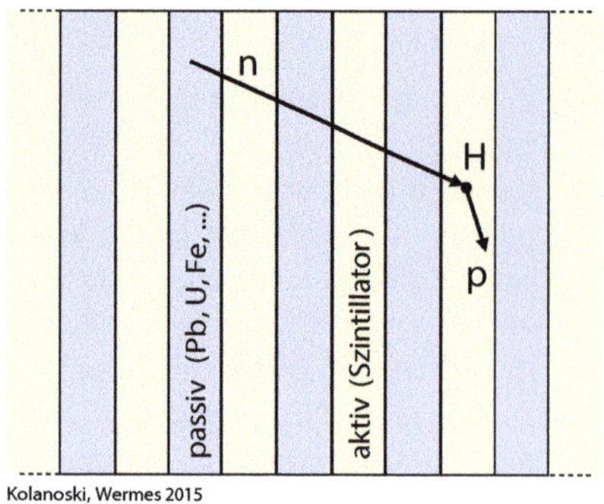

Abb. 15.39 Neutronennachweis durch Energieübertrag auf ein Proton in elastischer (n,p)-Streuung in der aktiven Lage eines Kalorimeters.

Energie verlieren, macht es möglich, die relativen Signale von elektromagnetischer und hadronisch deponierter Energie, also e/h, mit dem Sampling-Anteil f_S, dem Verhältnis der im aktiven zu der im passiven Medium deponierten Energie (siehe Gl. (15.38)), einzustellen. Für gegebene passive und aktive Medien ist der Sampling-Anteil durch das Verhältnis der geometrischen Dicken d_p und d_a der passiven und der aktiven Schichten gegeben:

$$R = \frac{d_p}{d_a} \propto \frac{1}{f_S}\,. \tag{15.70}$$

Das Signal, das von der elektromagnetisch deponierten Energie herrührt, wird mit wachsendem R geringer, weil die Gesamtlänge ionisierender Spuren im aktiven Medium kleiner wird. Der Effekt wird zusätzlich überproportional verstärkt, weil die niederenergetischen Photonen am Ende eines Schauers wie beschrieben vorwiegend in dem Material mit hohem Z durch Photoeffekt absorbiert werden und die entstehenden Elektronen meistens nicht das aktive Medium erreichen. Wenn man also R variiert, ändert man die Effizienzen ϵ_{em} und ϵ_n, damit auch ϵ_h, relativ zueinander (siehe auch (15.59) auf Seite 735). Damit kann $\epsilon_{em}/\epsilon_h = e/h = 1$ erreicht werden. Tabelle 15.10 zeigt für Blei- und Uran-Kalorimeter mit Szintillatorauslese Beispiele für Verhältnisse R, bei denen das angestrebte $e/h = 1$ erreicht wird.

Tab. 15.10 Die Tabelle zeigt für Uran- und für Bleikalorimeter mit Szintillatorauslese das Verhältnis R der Dicken von passiver und aktiver Schicht, bei dem Kompensation, das heißt $e/h = 1$, erreicht wird (Simulationsrechnungen [1029]), sowie die entsprechenden passiven Schichtdicken d_p und die dafür gemessenen intrinsischen Auflösungen. Die Szintillatordicke ist jeweils 2.5 mm. In der letzten Zeile ist die Anzahl der Neutronen mit Energien unter 20 MeV angegeben, die pro GeV deponierter Energie in einer hochenergetischen Kaskade produziert werden [273].

	Uran	Blei
R	1 : 1	≈4 : 1
d_p [cm]	0.25	1.0
$\frac{\sigma_{intr}}{E}\sqrt{E/\mathrm{GeV}}$	22%	13%
Neutronen/GeV	33	22

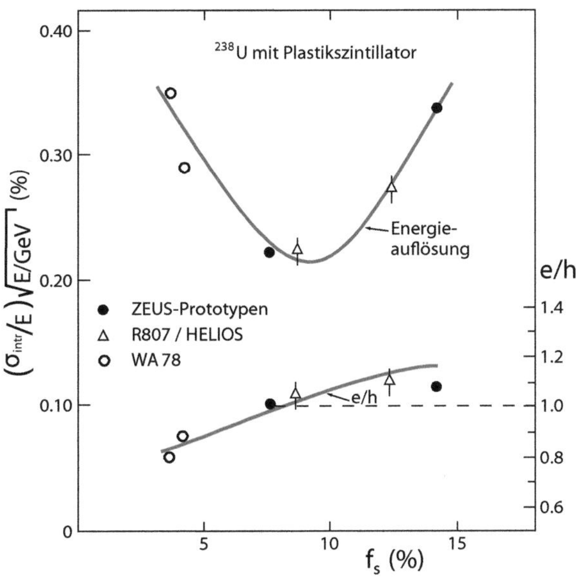

Abb. 15.40 Energieauflösung (linke Achse) und e/h-Verhältnis (rechte Achse) von Uran-Szintillator-Kalorimetern als Funktion des Sampling-Anteils f_s. Auf der linken vertikalen Achse ist die in (15.72) definierte intrinsische Energieauflösung aufgetragen, auf der rechten Achse ist das e/h-Verhältnis angezeigt. Nach [1026], mit freundl. Genehmigung von Elsevier.

Eine Variation von R ändert sowohl e/h als auch den Sampling-Anteil f_s. Mit dem Sampling-Anteil $f_s = E_{vis}/E_{dep}$ und der Näherung, dass die gesamte deponierte Energie gleich der Primärenergie ist, also $E_{dep} \approx E$, erhält man für die in der aktiven Lage deponierte Energie $E_{vis} = f_s\, E$. Der Sampling-Beitrag zur relativen Energieauflösung ist damit:

$$\frac{\sigma_{samp}}{E} \propto \frac{1}{\sqrt{f_s\, E}} \propto \sqrt{\frac{R}{E}}, \tag{15.71}$$

wobei die Proportionalität zu $1/\sqrt{f_s} \propto \sqrt{R}$ nur jeweils für eine bestimmte Kombination von passiven und aktiven Medien gilt. Man kann nun eine 'intrinsische Kalorimeterauflösung' gemäß

$$\sigma_{intr}^2 = \sigma^2 - \sigma_{samp}^2 \tag{15.72}$$

definieren, bei der die gemessene Auflösung σ um den Sampling-Beitrag korrigiert wird. Abbildung 15.40 zeigt Beispiele für intrinsische Auflösungen als Funktion von f_S, die für verschiedene Kalorimeter simuliert wurden [1026]. Das eingestellte e/h-Verhältnis ist auf der rechten vertikalen Achse gezeigt. Kompensation, also $e/h = 1$, und damit optimale Energieauflösung wird für ein bestimmtes f_S erzielt. Für die Uran-Szintillator-Kombination in Abb. 15.40 ergibt sich eine optimale intrinsische Auflösung von etwa $22\%/\sqrt{E}$, die entsprechende intrinsische Auflösung für eine Blei-Szintillator-Kombination ergibt sich sogar zu $13\%/\sqrt{E}$. Der bessere Wert bei Blei wird dadurch erklärt, dass die Korrelation der Neutronen mit der Bindungsenergie bei Blei besser ist als bei Uran, weil bei Blei weniger Neutronen aus nachfolgenden Spaltungen kommen, die in geringerem Maße mit dem Aufbrechen von Kernen in der Teilchenkaskade zusammenhängen [1029]. Bei den nachfolgenden Kernspaltungen geht nämlich der überwiegende Teil der Energie in die kinetische Energie der Fragmente über, die ihre Energie lokal fast ausschließlich in dem passiven Medium deponieren und somit nicht zur Kompensation der Bindungsenergie beitragen.

Die gemessenen Auflösungen für Uran mit 3.2 mm Absorber und 3.0 mm Szintillator sind etwa $35\%/\sqrt{E}$ und für Blei mit 10 mm Absorber und 2.5 mm Szintillator, entsprechend dem geforderten $R = 4$, etwa $44\%/\sqrt{E}$ [385]. Während also bei Uran die intrinsische Auflösung etwa die gleiche Größenordnung wie der Sampling-Beitrag hat, ist die Auflösung eines Bleikalorimeters mit der gleichen Dicke der aktiven Schicht durch die Sampling-Fluktuationen dominiert. Um ein Blei-Szintillator-Kalorimeter kompensierend zu machen, ist nach Tab. 15.10 ein Dickenverhältnis von $R = 4{:}1$ notwendig, was bei einer Szintillatordicke von 2.5 mm einem Sampling-Anteil von $f_s^{Pb} \approx 3\%$ entspricht (für ^{238}U ergibt sich $f_s^U \approx 10\%$ bei dem geforderten $R = 1{:}1$) [1027]. Eine Verbesserung der Energieauflösung kann nur durch eine Erhöhung des Sampling-Häufigkeit mit dünneren Sampling-Schichten erreicht werden. Um gleichzeitig Kompensation zu erhalten, müssten dann die Szintillatorlagen ebenfalls dünner gemacht werden, was aber in der Sandwich-Bauweise aus technischen Gründen unter etwa 2 mm nicht möglich scheint.

Es ist gezeigt worden, dass sich für Blei dieses Problem umgehen lässt: Mit dünnen szintillierenden Fasern als aktives Medium in Blei lassen sich das 4:1-Verhältnis und gleichzeitig eine kontinuierliche Auslese entlang der Schauerentwicklung erreichen. Dazu werden die etwa 1 mm dicken Fasern in longitudinaler Richtung wie in Abb. 15.29(b) (auf Seite 719) in das Blei eingelegt, was eine optische Auslese an der Rückseite des Kalorimeters erlaubt. Die SPACAL Collaboration [36, 37] erreichte damit eine Unterdrückung der Schauerfluktuationen um etwa einen Faktor 4, verglichen mit den oben angegebenen Werten für eine Sandwich-Anordnung. Die Energieauflösungen für Elektronen und Pionen wurden zu

$$\left(\frac{\sigma_E}{E}\right)_e = \frac{12.9\%}{\sqrt{E/\mathrm{GeV}}} \oplus 1.2\% \qquad \text{und} \qquad \left(\frac{\sigma_E}{E}\right)_\pi = \frac{27.7\%}{\sqrt{E/\mathrm{GeV}}} \oplus 2.5\% \tag{15.73}$$

gemessen [1028].

Verzögerte Signale zur Einstellung von e/h Hadronische Kaskaden entwickeln sich auf einer Zeitskala von wenigen Nanosekunden. Für die Signalmessung kommen noch die charakteristischen Zeiten der Auslesedetektoren hinzu, bei Szintillatoren ebenfalls wenige Nanosekunden, bei Flüssig-Argon-Auslese einige 100 ns.

Zusätzlich zu der Hauptkomponente einer Kaskade treten aber auch verzögerte Energiedepositionen auf, vornehmlich von Gammaübergängen der angeregten Kerne und thermalisierten Neutronen. Typische Verzögerungen dauern bis zu etwa 1 µs. Da diese verzögerten Beiträge auch mit dem Bindungsenergieverlust korrelieren, ist es grundsätzlich möglich, das e/h-Verhältnis zu beeinflussen, indem man die Integrationszeit des Signals verlängert. Andererseits bedeutet die Verlängerung der Integrationszeit, dass mehr Untergrundbeiträge, besonders von radioaktiven Zerfällen des Urans, gesammelt werden. In der Praxis hat sich gezeigt, dass die damit verbundene Verschlechterung der Energieauflösung nicht durch den Gewinn bei e/h kompensiert wird (Fig. 3.23 in [1029]).

Konstruktionskriterien zur Erreichung von $e/h = 1$ Wir haben gesehen, dass es verschiedene Möglichkeiten bei der Konstruktion eines Kalorimeters gibt, um das Verhältnis $e/h = 1$ zu beeinflussen. Die wichtigsten Konstruktionsparameter und ihre Einflüsse sind:

Kernladungszahl Z der passiven Schicht: Vollständige Kompensation kann am ehesten mit passiven Medien mit hohen Kernladungen Z erreicht werden, wie zum Beispiel Uran, Blei und Wolfram. Der Grund sind die relative Unterdrückung des elektromagnetischen Signals und die hohe Produktionsrate von Neutronen, mit deren Signal gezielt die Bindungsenergieverluste kompensiert werden können.

Wasserstoff im aktiven Medium: Wenn eine hohe Neutronenrate genutzt werden soll, muss das aktive Medium Wasserstoff enthalten, an dessen Kernen Neutronen am effektivsten Energie übertragen können, die dann durch Ionisation zum Signal beiträgt.

Verhältnis der Dicken von passiver und aktiver Schicht: Bei einem bestimmten aktiven Medium mit festem Wasserstoffanteil (zum Beispiel Szintillator) kann mit den relativen Dicken von passiver und aktiver Schicht der Wert von e/h eingestellt werden.

Es muss immer experimentell verifiziert werden, dass tatsächlich volle Kompensation, das heißt $e/h = 1$, erreicht werden kann.

Pro und contra Hardware-Kompensation Die besten Auflösungen für hoch-energetische Hadronen und Jets sind bisher mit kompensierenden Kalorimetern erreicht worden. Dabei stehen an erster Stelle der SPACAL-Prototyp mit Blei-Szintillator-Strukturen (erreichte Auflösungen in (15.73)), der allerdings nie in einem laufenden Experiment eingesetzt wurde, und das ZEUS-Experiment mit einem Uran-Szintillator-Kalorimeter (siehe Tab. 15.11), das sich in einem großen Detektor bewiesen hat. Tatsächlich sind aber bisher wenig voll kompensierende Kalorimeter gebaut worden, zum Beispiel hat keines der LHC-Experimente ein kompensierendes Kalorimeter. Dafür kann man zwei wesentliche Gründe angeben:

Neutronendiffusion: Die Diffusion der niederenergetischen Neutronen verbreitert die Schauer. Andererseits müssen die Signale möglichst aller Neutronen mitgenommen werden, um Kompensation zu erreichen. Dazu müssen die Signale innerhalb eines vergrößerten Bereichs um die Schauerachse gesammelt werden, was zu einem erhöhten Untergrundbeitrag führt und damit bei hohen Teilchendichten, wie in den LHC-Detektoren, zu einer Verschlechterung der Separation von Teilchen und Jets.

Elektromagnetische Auflösung: Das Kompensationskonzept verlangt die gleiche Detektortechnologie für die in Teilchenrichtung aufeinander folgenden elektromagnetischen und hadronischen Teile eines Kalorimeters. Diese Einschränkung verhindert es, optimale elektromagnetische Auflösung zu erreichen. Zum Beispiel war für die Konstruktion der ATLAS- und CMS-Detektoren ausschlaggebend, dass die beste Auflösung für Photonen erreicht werden sollte, optimiert hauptsächlich auf den Nachweis des Zwei-Photon-Zerfalls eines Higgs-Bosons mit kleiner Masse (120–130 GeV).

Weitere Gründe für die Wahl eines nicht-kompensierenden Kalorimeters können Kosten und bei Urankalorimetern auch Umweltaspekte sein.

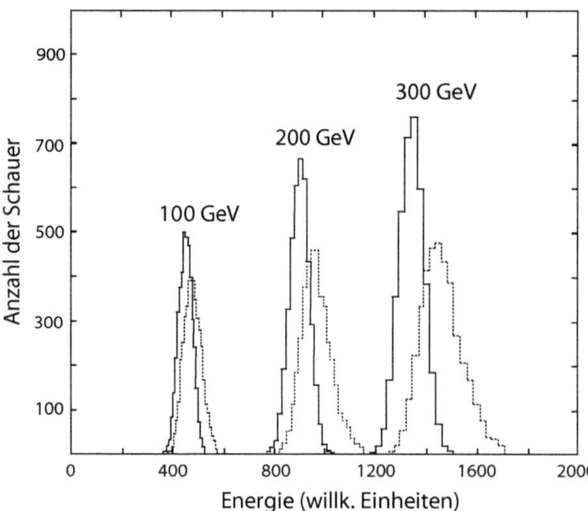

Abb. 15.41 Software-Kompensation: Verteilung der gemessenen Energien (gestricheltes Histogramm) für monoenergetische Pionen, gemessen mit einem Eisen-Szintillator-Kalorimeter [30]. Die durchgezogenen Histogramme sind die gleichen Verteilungen nach Anwendung von Wichtungen nach (15.74) [230]. Quelle: [651], mit freundl. Genehmigung von Springer Science+Business Media.

15.6.3.2 Software-Korrektur

In verschiedenen Experimenten ist gezeigt worden, dass auch für Kalorimeter, die von der Konstruktion her zunächst nicht kompensierend sind (in der Regel mit $e/h > 1$) durch Korrektur der Energieeinträge die Auflösung und die Linearität verbessert werden können. Dabei wird ausgenutzt, dass lokal hohe Energiedichten hauptsächlich elektromagnetischen Ursprungs sind, weil die hadronischen Energieeinträge ausgedehntere räumliche Verteilungen haben. In einem Kalorimeter mit guter Segmentierung der Auslese kann man dann die Energieeinträge der einzelnen Zellen für jeden einzelnen Schauer so umwichten, dass im Mittel die Signale für die elektromagnetische und die hadronische Komponente gleich sind. Damit werden Linearität und Auflösung verbessert, allerdings wird man nicht die Werte der Kalorimeter mit guter intrinsischer Hardware-Kompensation erreichen, weil die Energieeinträge statistische Fluktuationen haben und so die Software-Korrektur nur im Mittel richtig sein kann.

Die Wichtungsmethode wurde unter anderem für das Eisen-Szintillator-Kalorimeter des CDHS-Experiments (Neutrino-Experiment am CERN) entwickelt [30]. In der Formel für die Wichtung,

$$E_i' = E_i(1 - C\,\frac{E_i}{\sqrt{E_{tot}}})\,, \tag{15.74}$$

sind E_i und E_{tot} die in einer Zelle gemessene beziehungsweise die insgesamt in dem Schauer gemessene (ungewichtete) Energie, und E_i' ist die korrigierte Energie. Der Wichtungsterm $C/\sqrt{E_{tot}}$ berücksichtigt, dass die Korrektur mit wachsender Energie geringer wird, wobei der Parameter C so bestimmt wird, dass die Auflösung optimal wird. Abbildung 15.41 zeigt, dass durch die Wichtung die Auflösung für Hadronen um etwa 40% verbessert wird und dass die Energieverteilung um den Erwartungswert sehr gut einer Normalverteilung folgt.

15.6.3.3 'Teilchenfluss'-Konzept (*Particle Flow Concept*)

Im Rahmen der Studien für einen Detektor an einem Elektron-Positron-Collider bei hohen Energien (diskutiert werden 0.5 bis 3 TeV, für die Projekte 'International Linear Collider (ILC)' [593] und 'Compact Linear Collider (CLIC)' [328]) wurde ein Konzept entwickelt, um die höchsten Auflösungen für Jets zu erreichen: die Teilchenfluss-Analyse (PFA = *particle flow analysis*). Das Ziel ist, die Auflösung von Zwei-Jet-Zerfällen von Vektorbosonen vergleichbar mit oder kleiner als deren Massenbreite zu machen, was eine Energieauflösung von besser als $\sigma_E/E \approx 3$–4% oberhalb von $E_{jet} \approx M_Z/2$ verlangt. Die dafür notwendige Hard- und Software wird zurzeit vor allem im Rahmen der CALICE Collaboration entwickelt und experimentell getestet (siehe zum Beispiel [48]).

Die Idee der PFA ist im Prinzip eine Weiterentwicklung der Wichtungsmethode mit besonders hoher Kalorimetersegmentierung, mit der Cluster im Kalorimeter einzelnen Teilchen zugeordnet werden können. So werden zu den mit Spurendetektoren rekonstruierten geladenen Teilchen und den als elektromagnetische Schauer erkannten Elektronen und Photonen die jeweils zugehörigen Cluster assoziiert. Damit wird bereits der größte Teil der deponierten Energie erfasst, da für Jet-Energien unterhalb von 250 GeV geladene Teilchen etwa 60%, Photonen etwa 30% und neutrale Hadronen etwa 10% zur deponierten Energie beitragen.

Simulationsstudien zeigen, dass $\sigma_E/E \approx 3.4\%$ für Jet-Energien von 45–250 GeV erreicht werden können [989]. Das ist für die niedrigeren Energien ($E_{jet} \approx M_Z/2$) deutlich besser, als mit den oben diskutierten und in Experimenten realisierten Kalorimetern erreicht wurde. Allerdings ist bei dieser Methode die Auflösung nicht proportional zu $1/\sqrt{E}$, weil mit wachsender Kollimierung des Jets die Teilchen schwerer zugeordnet werden können. Zum Beispiel wird für $E_{jet} = 250\,\text{GeV}$ die entsprechende Auflösung zu etwa $50\%/\sqrt{E/\text{GeV}}$ abgeschätzt.

15.6.3.4 Duale Auslese

Die unterschiedlichen Nachweiseffizienzen ($e/h \neq 1$) und die Fluktuationen der elektromagnetischen und hadronischen Komponenten eines Hadronschauers sind der hauptsächliche Grund für die Beschränkung der Energieauflösung von Hadronkalorimetern. Die bisher besprochenen Methoden zur Überwindung dieser Beschränkungen haben immer gewisse Nachteile:

Hardware-Kompensation ($e/h = 1$): Relativ schlechte Auflösung für rein elektromagnetische Schauer; das Signal muss über ein großes Kalorimetervolumen integriert werden.

Software-Korrektur: Die Wichtungsalgorithmen erreichen nicht die optimale Auflösung, die mit Hardware-Kompensation möglich ist, da die Umwichtung auf Mittelwerten basiert und ihrerseits Fluktuationen unterliegt.

Teilchenfluss: Der getrennte Nachweis von Teilchen in Jets ist bei Energien oberhalb einiger 100 GeV nicht mehr möglich.

Um auch diese Beschränkungen zu überwinden, wurden so genannte 'duale Auslesen' vorgeschlagen. Damit sollen die Signale, die jeweils von der elektromagnetischen und der hadronischen Komponente stammen, getrennt erkannt werden [1051]. Das Konzept basiert auf der Beobachtung, dass die Energiedeposition in elektromagnetischen Schauern hauptsächlich durch relativistische Elektronen und Positronen erfolgt, während dieser Anteil in der hadronischen Komponente nur etwa 10–15% beiträgt. Eine Kombination von Auslesetechniken mit unterschiedlichen Sensitivitäten für relativistische und nicht-relativistische Teilchen, wie der gleichzeitige Nachweis von Cherenkov-Strahlung und von Ionisation, erlaubt eine Trennung beider Komponenten. Die gesamte Energie,

$$E = E_{em} + E_h \,, \tag{15.75}$$

lässt sich dann durch Auflösung der folgenden Gleichung nach den Komponenten E_{em} und E_h bestimmen [1051]:

$$\begin{aligned} S_c &= \eta_c^h \, E_h + \eta_c^{em} \, E_{em} \,, \\ S_i &= \eta_i^h \, E_h + \eta_i^{em} \, E_{em} \,. \end{aligned} \tag{15.76}$$

Dabei sind die $S_{c,i}$ die gemessenen Cherenkov- beziehungsweise Ionisationssignale; die η-Faktoren mit den entsprechenden Indices geben jeweils die relativen Beiträge durch die deponierten Energien E_{em} und E_h zu den entsprechenden Signalen an. Das Gleichungssystem (15.76) liefert natürlich nur dann eine eindeutige Lösung für E_{em} und E_h, wenn die η-Faktoren für die beiden Komponenten nicht gleich sind (das entspricht einer nicht verschwindenden Determinante des Gleichungssystems).

Das Konzept wird im Rahmen eines Forschungs- und Entwicklungsprojekts, genannt 'DREAM' (*Dual REAdout Module*), untersucht (siehe zum Beispiel [1030]). Unter anderem sind Auslesen nach dem SPACAL-Prinzip (siehe Seite 746) mit gleichzeitiger Auslese von szintillierenden Fasern zum Nachweis der Ionisation und nicht-szintillierenden Fasern zum Nachweis des Cherenkov-Lichtes getestet worden [1030]. Man denkt hier auch an homogene Kalorimeter aus Materialien, die die gleichzeitige Messung von Ionisation und Cherenkov-Licht erlauben, wie zum Beispiel schwere flüssige Edelgase. Mit einer solchen Anordnung könnte man nahe an die theoretische Auflösungsgrenze von etwa $15\%/\sqrt{E}$ für Hadronen kommen, die durch die intrinsischen Schauerfluktuationen innerhalb der beiden Schauerkomponenten bestimmt ist [1030].

15.6.4 Kalibration von Hadronkalorimetern

Noch mehr als bei elektromagnetischen Kalorimetern ist man bei Hadronkalorimetern auf Kalibrationen in Teststrahlen angewiesen. In der Regel ist das aber nur vor dem Einbau in das Experiment und auch nur exemplarisch möglich. Man ist daher auf Kalibrationsprozesse während der Datennahme (oder auch in speziellen Kalibrationsläufen) angewiesen.

Für Hadronkalorimeter, in der Regel in Kombinationen mit elektromagnetischen Kalorimetern, ist die Energieskala von Jets (JES = *jet energy scale*) eine wichtige Größe. Sie kann aus einer Kombination von Messungen einzelner Teilchen an Teststrahlen, der

Extrapolation auf Jets mittels Simulationen und der Ausnutzung kinematischer Zwangsbedingungen in den Experimenten bestimmt werden. Bei dem Elektron-Proton-Collider HERA konnte die kinematische Beziehung zwischen dem gestreuten Elektron und dem hadronischen Endzustand genutzt werden, bei Hadron-Collidern hoher Energie liefern die hadronischen Zerfälle von Vektorbosonen $W^{\pm}$ und Z^0 mit zwei Jets im Endzustand gute Kalibrationsmöglichkeiten. Man erreicht Genauigkeiten der Energieskala von Jets von etwa 5%.

15.6.5 Energieauflösung von Hadronkalorimetern

Wir haben gesehen, dass hadronische Schauer im Allgemeinen mit viel schlechterer Energieauflösung als elektromagnetische Schauer gemessen werden (siehe zum Beispiel Abb. 15.34). Das liegt an

- der Vielfalt der Beiträge zur Energiedeposition mit großen Fluktuationen in der Aufteilung;
- den generell unterschiedlichen Nachweiseffizienzen für die verschiedenen Anteile eines hadronischen Schauers;
- einem relativ großen Anteil an nicht sichtbarer Energie (Bindungsenergie und Neutrinos);
- den potenziell größeren Leckverlusten, weil die hadronische Absorptionslänge viel größer als die Strahlungslänge ist und die Schauerprofile stärker fluktuieren.

Wesentlich ist der Unterschied in den Nachweiseffizienzen der elektromagnetischen und hadronischen Komponenten, weshalb die besten Energieauflösungen mit kompensierenden Kalorimetern, bei denen das Verhältnis e/h dieser beiden Effizienzen nahe 1 liegt, erzielt wurden.

In einem Detektor an einem Beschleuniger befindet sich in der Regel ein elektromagnetisches vor dem hadronischen Kalorimeter. Da ein elektromagnetisches Kalorimeter größenordnungsmäßig etwa eine hadronische Absorptionslänge tief ist, müssen für Hadronen die Auflösungen mit der Kombination beider Kalorimeterteile bestimmt werden. In kompensierenden Kalorimetern sollten beide Teile eine Einheit bilden, mit gleichen mechanischen und elektronischen Eigenschaften.

Weiterhin ist zu bedenken, dass Hadronkalorimeter vor allem der Energiemessung von Jets dienen. An Teststrahlen werden in der Regel die absoluten Energieskalen und die Auflösungen für einzelne Teilchen, zum Beispiel für Elektronen und Pionen, bestimmt. Die entsprechenden Skalen und Auflösungen für Jets werden zunächst daraus mit Hilfe von Simulationen bestimmt, die dann aber experimentell, zum Beispiel durch Analyse überbestimmter Kinematiken, zu überprüfen und gegebenenfalls zu korrigieren sind. In Experimenten bei hohen Energien ist die genaue Kenntnis der Jet-Energieskala eine der wichtigsten Grundlagen für die Analyse der Daten, die hadronische Endzustände enthalten (Abschnitt 15.4.7).

In der Regel kann man die Energieabhängigkeit der Auflösung wie bei elektromagnetischen Kalorimetern in (15.33) mit drei Termen, die quadratisch addiert werden, beschreiben:

$$\frac{\sigma_E}{E} = \frac{a}{\sqrt{E}} \oplus \frac{b}{E} \oplus c\,. \tag{15.77}$$

Wie bei elektromagnetischen Kalorimetern sind die dominierenden Quellen für die einzelnen Beiträge (bezeichnet mit ihren Koeffizienten a, b, c): (a) stochastische Fluktuationen, (b) elektronisches Rauschen und (c) verschiedene Unvollkommenheiten in der Realisierung des Kalorimeters. Siehe dazu Abschnitt 15.4.3.

Stochastischer Beitrag Der stochastische Term lässt sich, wie bereits bei der Diskussion der Kompensation in (15.72) eingeführt, in einen Term für die intrinsische Kalorimeterauflösung und einen Term für die Sampling-Auflösung aufteilen:

$$\left(\frac{\sigma_{stoch}}{E}\right)^2 = \left(\frac{a}{\sqrt{E}}\right)^2 = \left(\frac{a_{intr}}{\sqrt{E}}\right)^2 + \left(\frac{a_{sampl}}{\sqrt{E}}\right)^2 . \tag{15.78}$$

Die intrinsischen Auflösungen wurden in Abschnitt 15.6.3 diskutiert, und in Tab. 15.10 auf Seite 744 sind die optimal erreichbaren Werte für Uran und Blei aufgeführt.

Die Sampling-Auflösung kann allgemein als Funktion der in einer Sampling-Lage von einem minimal-ionisierenden Teilchen deponierten Energie ΔE_{MIP} angegeben werden [385]:

$$\frac{a_{sampl}}{\sqrt{E}} = 11.5\% \, \frac{\sqrt{\Delta E_{MIP}/\mathrm{MeV}}}{\sqrt{E/\mathrm{GeV}}} . \tag{15.79}$$

Für elektromagnetische Kalorimeter wurde eine entsprechende Abhängigkeit in (15.52) angegeben, wobei dort $t\,E_k$ wie hier ΔE_{MIP} den Energieverlust pro Lage beschreibt.

Die Sampling-Auflösung kann man im Prinzip mit der Sampling-Häufigkeit, entsprechend der Dicke der Absorberlage, fast beliebig verbessern. Das ist aber in der Praxis durch die Kosten und im Fall kompensierender Kalorimeter auch durch die Einhaltung des richtigen Dickenverhältnisses, für das sich $e/h = 1$ ergibt, begrenzt (siehe Tab. 15.10). In der Regel wird man bestrebt sein, dass die Sampling-Auflösung nicht über die intrinsische Auflösung dominiert.

Rauschen Zum Rauschterm tragen elektronische Quellen und eventuell auch ein apparativ oder experimentell bedingter Untergrund bei. Zum Beispiel dominiert in Kalorimetern mit Flüssig-Argon-Auslese das elektronische Rauschen, das proportional zur Eingangskapazität des Auslesekanals ist (siehe Abschnitt 17.10). In Uran-Szintillator-Kalorimetern dominieren eher die Fluktuationen durch radioaktive Zerfälle. Die Größe des Rauschbeitrags zur Auflösung hängt stark von der Anzahl der summierten Einzelkanäle ab. Deshalb achtet man bei der Rekonstruktion von Schauern darauf, die Anzahl der beitragenden Kanäle auf ein Minimum zu beschränken (zum Beispiel durch die Forderung, dass ein Signal ein bestimmtes Vielfaches der Breite der Rauschverteilung haben muss). Beispiel: Bei der Rekonstruktion eines hadronischen Schauers ist der Rauschbeitrag in dem Flüssig-Argon-Kalorimeter von H1 etwa 900 MeV (vorwiegend elektronisches Rauschen) [98,34] und in dem Uran-Kalorimeter von ZEUS weniger als 500 MeV (vorwiegend

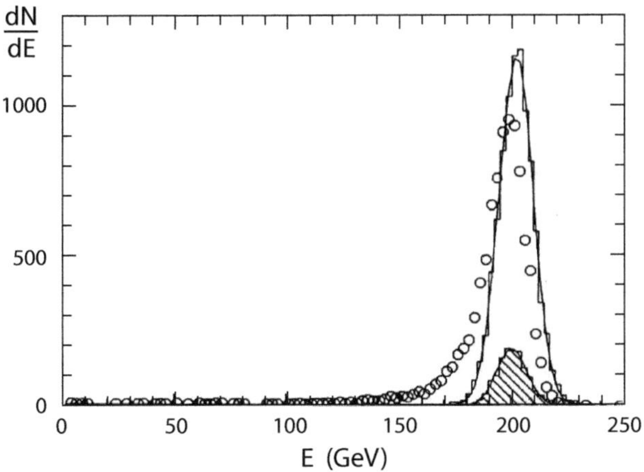

Abb. 15.42 Leckverlust und Auflösung: Verteilungen der rekonstruierten Energien von 205-GeV-Pionen, gemessen mit einem Testmodul des Flüssig-Argon-Kalorimeters des H1-Detektors (aus [34], mit freundl. Genehmigung von Elsevier). In diesem Modul folgte dem Flüssig-Argon-Kalorimeter mit insgesamt 6 Absorptionslängen ein Tail Catcher mit weiteren 4.5 Absorptionslängen. Dargestellt sind die Energieverteilungen mit Rekonstruktion ohne Tail Catcher (offene Punkte), mit Tail Catcher (offenes Histogramm) und wenn die Schauer völlig im Kalorimeter, ohne Energieeintrag im Tail Catcher, enthalten sind (schraffiertes Histogramm). Die eingezeichnete Kurve ist eine Normalverteilung mit einer Breite entsprechend den in Tab. 15.11 angegebenen Auflösungen.

von radioaktiven Zerfällen) [1073]. Der typische Rauschbeitrag bei Szintillatorauslese von Eisenkalorimetern, wie bei den LHC-Experimenten ATLAS und CMS, ist pro Auslesekanal etwa 50 MeV, was sich für Jets zu Werten im GeV-Bereich aufsummiert.

Bei den LHC-Experimenten trägt der Untergrund von vorwiegend weichen inelastischen Reaktionen, bei denen jedes Teilchen im Mittel einen transversalen Impuls von etwa 500 MeV hat, ähnlich wie das Rauschen bei. Bei der Design-Luminosität mit etwa 25 Reaktionen pro Strahlkreuzung ist der Untergrund von diesen so genannten Pile-Up-Ereignissen im gesamten Kalorimeter etwa 1 TeV.

Der konstante Term Der energieunabhängige Teil der relativen Auflösung wird durch mechanische Toleranzen, Interkalibrationsfehler, mangelnde Kompensation, Leckverluste und Anderes verursacht. Dieser konstante Term ist typischerweise ein bis einige Prozent. Er limitiert die Auflösung bei hohen Energien, und man versucht, ihn deshalb zu minimieren. Zum Beispiel dominiert bei einem stochastischen Term von 35% und einem konstanten Term von 2% der konstante Beitrag bereits ab 300 GeV. Bei einer Halbierung auf 1% würde die Dominanz erst bei der 4-fachen Energie, also 1.2 TeV einsetzen.

Leckverluste tragen bei der Hadronkalorimetrie besonders bei, weil einerseits die Absorptionslängen groß sind und andererseits die Kalorimeter aus praktischen und Kostengründen in ihrer Länge beschränkt sind und zudem die Leckverluste besonders große Fluktuationen aufweisen. In der Praxis hat ein Kalorimeter kaum mehr als etwa 7 Absorptionslängen, was bei Eisen bereits etwa 1.2 m nur für die passiven Schichten ausmacht.

Die Fluktuationen lassen sich durch eine relativ grobe Messung der Leckverluste mit einem Tail Catcher (Seite 701) drastisch vermindern, wie zum Beispiel in Abb. 15.42 gezeigt wird. Die Abbildung zeigt, dass die Leckverluste eine asymmetrische Verteilung mit einem langen Ausläufer zu kleinen Energien zur Folge haben (offene Punkte, Rekonstruktion nur mit den Kalorimetersignalen). Die volle Auflösung kann erreicht werden, indem man entweder verlangt, dass keine Energie im Tail Catcher gemessen wird (schraffiertes Histogramm) oder dass die im Tail Catcher gemessene Energie in die Rekonstruktion einbezogen wird (offenes Histogramm). Offensichtlich ergibt erst die Berücksichtigung von Leckverlusten eine Gauß'sche Auflösungskurve. Ein Energieeintrag in einem Tail Catcher kann auch als Veto benutzt werden, um für die verbleibenden Schauer eine bessere Auflösung zu erhalten (schraffierte Verteilung in Abb. 15.42).

Die Fluktuationen im Leckverlust sind stark mit dem Beginn der Schauerentwicklung korreliert. In Abschnitt 15.4.2 hatten wir bereits darauf hingewiesen, dass eine Messung der ersten Wechselwirkung es erlaubt, die Leckverluste besser abzuschätzen und so die Auflösung zu verbessern.

Beispiele Tabelle 15.11 zeigt Beispiele für Auflösungen verschiedener Kalorimetersysteme. Mit nicht-kompensierenden Hadronkalorimetern erhält man Energieauflösungen von mehr als $50\%/\sqrt{E}$. Kompensierende Hadronkalorimeter (siehe Abschnitt 15.6.3) erreichen im Vergleich dazu Energieauflösungen von

$$\begin{aligned}
&\text{Pb/Szintillator (Sandwich):} && \tfrac{\sigma_E}{E} \approx 45\%/\sqrt{E/\text{GeV}} + 1\%\,, \\
&\text{Pb/Szintillator (SPACAL):} && \tfrac{\sigma_E}{E} \approx 28\%/\sqrt{E/\text{GeV}} + 2.5\%\,, \\
&\text{U/Szintillator:} && \tfrac{\sigma_E}{E} \approx 35\%/\sqrt{E/\text{GeV}} + 1\%\,.
\end{aligned}$$

In verschiedenen Projekten werden neue Konzepte entwickelt, wie 'Teilchenfluss' (Seite 749) oder 'Duale Auslese' (Seite 749), um diese Auflösungen zu unterbieten.

15.7 Kalorimetersysteme zur Messung von Hadronen und Jets

15.7.1 Überblick

Während elektromagnetische Kalorimeter zur Messung von Elektronen, Positronen und Photonen bereits bei relativ kleinen Energien (ab dem MeV-Bereich für Photonen) eingesetzt werden, sind Hadronkalorimeter erst für Energien von Hadronen oder Jets ab etwa 50 bis 100 GeV wichtige Detektorkomponenten. Für die Elektron-Positron-Speicherringe der 1980'er Jahre, PETRA, PEP und TRISTAN (Tab. 2.2), mit Schwerpunktenergien bis zu etwa 60 GeV spielten Hadronkalorimeter praktisch keine Rolle. Bei diesen Energien lassen sich für Jets mit Hadronkalorimetern keine besseren Auflösungen erreichen, als man durch Messung der Impulse geladener Teilchen und der Energie der Photo-

Tab. 15.11 Eigenschaften von Kalorimetersystemen in Experimenten an den Collidern LEP ($e^+ e^-$), SLC ($e^+ e^-$), HERA ($e^\pm p$), Tevatron ($p\bar{p}$) und LHC (pp) jeweils für den elektromagnetischen (EM) und den hadronischen (HAD) Teil des zentralen Kalorimeters. Die Energieauflösungen sind für Elektronen und Photonen ('EM') sowie für Hadronen (Kombination von 'EM' und 'HAD'; einzelne Teilchen oder Jets) angegeben. Die e/h-Werte gelten gegebenenfalls vor einer Wichtungskorrektur. Die Auflösungswerte gelten nur exemplarisch, weil es größere Variationen in Abhängigkeit von dem speziellen Kalorimeterbereich und dem angewandten Selektions- und Rekonstruktionsalgorithmus gibt.

Experiment & Referenz	Kal.	Struktur	e/h	Auflösung $\frac{\sigma_E}{E} = \frac{a}{\sqrt{E}} \oplus \frac{b}{E} \oplus c$ a [% $\sqrt{\mathrm{GeV}}$]	b [MeV]	c [%]
ALEPH	EM	Pb/PWC		18	k. A.	1.9
[362, 279]	HAD	Fe/LST	k. A.	85	k. A.	k. A.
DELPHI	EM	Pb/TPC		23	k. A.	4.3
[10, 32]	HAD	Fe/LST	k. A.	120	k. A.	k. A.
L3	EM	BGO		2.2	k. A.	0.7
[46, 267]	HAD	U/PWC	k. A.	55	k. A.	k. A.
OPAL	EM	Pb-Glas		6.3	11	0.2
[58]	HAD	Fe/LST	k. A.	120	k. A.	k. A.
SLD	EM	Pb/LAr		15	k. A.	k. A.
[135, 21]	HAD	Pb/LAr, Fe/LST	k. A.	60	k. A.	k. A.
ZEUS	EM	U/Szin.		18	k. A.	k. A.
[1073, 96]	HAD	U/Szin.	1.00	35	<500	2.0
H1	EM	Pb/LAr		11	250	1.0
[34]	HAD	Fe/LAr	1.4	51	900	1.6
CDF	EM	Pb/Szin.		14	k. A.	k. A.
[20]	HAD	Fe/Szin.	k. A.	80	k. A.	k. A.
D0	EM	U/LAr		16	k. A.	0.3
[13]	HAD	U/LAr	1.08	45	1300	4.0
CMS	EM	$PbWO_4$		2.8	120	0.3
[310]	HAD	Messing/Szin.	1.40	125	560	3.0
ATLAS	EM	Pb/LAr		10	245	0.7
[2]	HAD	Fe/Szin.	1.30	56	1800	3.0

Abkürzungen: EM, HAD: elektromagnetisches, hadronisches Kalorimeter; PWC: Proportionaldrahtkammern (*proportional wire chambers*); LST: *limited streamer tubes*; LAr: Flüssig-Argon (*liquid argon*); k. A.: keine Angaben.

nen erhält[141]. Dagegen besaßen alle Experimente an dem Elektron-Positron-Speicherring LEP, mit Schwerpunktenergien bis zu etwa 200 GeV, Hadronkalorimeter, allerdings mit relativ schlechter Auflösung, weil deren Optimierung nicht im Mittelpunkt stand. An Proton-Beschleunigern und -Speicherringen, wie PS (Proton-Synchrotron, CERN), ISR,

[141] Eine Ausnahme ist der Nachweis der neutralen Hadronen K_L, n und $\bar{n}$, für den bereits bei niedrigeren Energien, wie zum Beispiel bei den B-Fabriken, Myonsysteme als grobe Kalorimeter benutzt werden.

SPS, HERA, Tevatron und LHC (Tab. 2.2), wurde die Hadronkalorimetrie mit größerem Nachdruck entwickelt. Zu den Protagonisten dieser Detektoren gehören vor allem auch Experimente mit hochenergetischen Neutrinostrahlen, in denen die Nukleonstruktur in geladenen oder neutralen Strömen,

$$\nu + \text{Kern} \to \mu + X \qquad \text{beziehungsweise} \qquad \nu + \text{Kern} \to \nu + X\,, \tag{15.80}$$

untersucht wird. Da die Neutrinos nicht beobachtbar sind, ist für die Rekonstruktion der Kinematik der Prozesse die genaue Vermessung des hadronischen Endzustands X ausschlaggebend.

Im Folgenden sollen exemplarisch zwei Kalorimetersysteme vorgestellt werden, die auf unterschiedlichen Technologien basieren: das Uran-Szintillator-Kalorimeter des ZEUS-Experimentes an HERA sowie das Kalorimetersystem des ATLAS-Experimentes am LHC mit hauptsächlich Blei–Flüssig-Argon für die elektromagnetische Komponente und Eisen-Szintillator für die hadronische.

15.7.2 Das Uran-Kalorimeter des ZEUS-Experimentes bei HERA

Der Elektron-Proton-Speicherring HERA in Hamburg lief bis 2007 bei Strahlenergien von nominal 920 GeV für die Protonen und 27.5 GeV für die Elektronen oder Positronen. Die unterschiedlichen Energien führten zu asymmetrischen Detektorkonfigurationen mit einer Optimierung auf hohe Teilchenenergien in Protonrichtung ('Vorwärtsrichtung'). Die Zeit zwischen zwei Strahlkreuzungen war 96 ns, was bei der Signalverarbeitung für die Zuordnung des Wechselwirkungszeitpunkts und für das Triggern eine gewisse Herausforderung war. Eine ausführliche Beschreibung der HERA-Maschine und des HERA-Physikprogramms sind in [721] zu finden, eine kompakte Zusammenfassung in [1045].

Das wichtigste physikalische Ziel der HERA-Experimente H1 und ZEUS war die Vermessung der Struktur des Protons in der tief-inelastischen Elektron-Proton-Streuung

$$e + p \to e' + X\,. \tag{15.81}$$

Die typische Topologie des hadronischen Endzustands X besteht aus einem Quark-Jet mit hohem Transversalimpuls, eventuell begleitet von Gluonabstrahlung, und den Resten des dissoziierten Protons, die in Vorwärtsrichtung (Protonrichtung) gehen und zum Teil im Strahlrohr verschwinden (Abb. 15.43). Die Rekonstruktion des hadronischen Systems mit typischen Jet-Energien in der Größenordnung von 100 GeV verlangt Hadronkalorimetrie mit guter Energie- und Richtungsauflösung bei guter Überdeckung bis nahe an die Strahlen heran. Für die Rekonstruktion des gestreuten Elektrons ist eine entsprechende elektromagnetische Kalorimetrie erforderlich. Die zum Teil redundante Messung des Elektrons und der Hadronen konnte mit Erfolg zur Kalibration der Kalorimeter, insbesondere der Jet-Energieskala (Abschnitt 15.4.7) genutzt werden. Energieauflösungen beider Experimente sind in Tab. 15.11 aufgeführt.

Das ZEUS!Kalorimeter [96, 367] war so konzipiert, dass es bereits auf dem Hardware-Niveau Kompensation, das heißt $e/h = 1$, erreichen sollte. Basierend auf den Erfahrungen mit dem Uran-Szintillator-Kalorimeter des Axial Field Spectrometer (R807) am

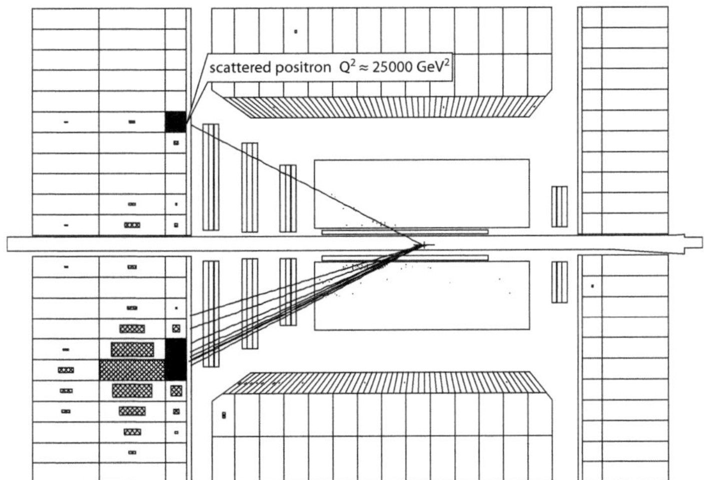

Abb. 15.43 Schnitt durch den ZEUS-Detektor mit Kalorimeter und inneren Spurenkammern (das Myonsystem ist hier nicht abgebildet) [1073], in dem ein tief-inelastisches Elektron-Proton-Streuereignis (mit besonders hohem Impulsübertrag) gezeigt ist. Das Kalorimeter ist in drei Teile unterteilt, die den Vorwärts-, Zentral und Rückwärtsbereich abdecken. Die Vorwärts-Rückwärts-Asymmetrie trägt der Kinematik der Elektron-Proton-Kollisionen in HERA Rechnung. Für die Messung rein elektromagnetischer Schauer haben die inneren Kalorimeterbereiche eine feinere Granularität. Die verschiedenen Tiefen sind so optimiert, dass 90% der Jets mit der höchsten kinematisch erlaubten Energie mindestens 95% ihrer Energie im Kalorimeter deponieren. Die Tiefen entsprechen bei senkrechtem Eintritt 7, 5 beziehungsweise 4 Absorptionslängen, jeweils im Vorwärts-, Zentral und Rückwärtsbereich, wovon jeweils etwa 1 Absorptionslänge zu dem elektromagnetischen Abschnitt gehört.

Intersecting Storage Ring (ISR) im CERN [66], fiel die Entscheidung für ein Sampling-Kalorimeter mit abgereichertem Uran (^{238}U) als passive Schicht und Plastikszintillator für die Auslese. Die Wahl von etwa einer Strahlungslänge für eine Sampling-Lage legte die Dicke von Uran auf 3.3 mm fest und damit auch die Wahl von 2.6 mm dickem Szintillator, um Kompensation zu erreichen (Abschnitt 15.6.3).

Abbildung 15.43 zeigt einen Längsschnitt des Kalorimeters und der Spurdetektoren innerhalb des Kalorimeters. Die verschiedenen Komponenten, die in Vorwärtsrichtung der Protonen eine größere Tiefe haben, schließen den Wechselwirkungspunkt nahezu vollständig ein. Das Kalorimeter enthält überall einen elektromagnetischen Abschnitt mit feinerer Segmentierung als im hadronischen Abschnitt, der getrennt ausgelesen wird. Im Zentral- (*barrel*) und im Vorwärts-Bereich ist der hadronische Teil nochmals in zwei longitudinale Ausleseabschnitte unterteilt. Die Auslese erfolgt über Wellenlängenschieber, die seitlich an den Modulen anliegen und das Licht auf Photovervielfacher leiten (entsprechend Abb. 15.27 b).

In Elektron- und Pion-Teststrahlen konnte für diese Kalorimeterkonstruktion $e/\pi \approx 1$, das heißt volle Kompensation, gezeigt werden. Damit werden eine sehr gute Energieauflösung für Hadronen und Jets von

$$\frac{\sigma_E}{E} = \frac{35\%}{\sqrt{E/\text{GeV}}} \oplus (1\text{–}2)\% \tag{15.82}$$

und Linearität bis zu den höchsten auftretenden Energien erreicht. Zudem bietet das Ausleseschema die Elektron-Hadron-Trennung, eine Richtungsauflösung für Jets von besser als 10 mrad und eine Zeitauflösung von etwa 1 ns wegen der schnellen Szintillatorauslese.

15.7.3 Das Kalorimetersystem des ATLAS-Experimentes bei LHC

Der Large Hadron Collider (LHC) erreicht in Proton-Proton-Kollisionen nominale Schwerpunktenergien von 14 TeV. Bei diesen Energien spielt Kalorimetrie eine zentrale Rolle, insbesondere bei den *General-Purpose*-Detektoren ATLAS und CMS. Bei Zeitabständen zwischen Strahlkreuzungen von 25 ns mit jeweils etwa 20 inelastischen pp-Wechselwirkungen sind die Kalorimeter, in Kombination mit dem Myonsystem, besonders geeignet, schnelle Trigger auf hochenergetische Teilchen, Jets und fehlende transversale Energie zu liefern. Die genaue Vermessung und Identifizierung von Elektronen, Photonen, Jets und nicht-wechselwirkenden Teilchen (Neutrinos und 'exotischen' Teilchen) ist eine der Voraussetzungen für die Entdeckung 'neuer Physik'.

Als Beispiel soll das ATLAS-Kalorimetersystem näher beschrieben werden. Die verschiedenen Kalorimeter des ATLAS-Detektors (Abb. 15.44) folgen unterschiedlichen Konstruktionsprinzipien: Der größte Teil des Raumwinkels wird von einem elektromagnetischen Sampling-Kalorimeter mit Bleiabsorbern und Flüssigargon-Auslese abgedeckt. Dieses Kalorimeter mit der speziellen Akkordeonstruktur wurde bereits in Abschnitt 15.5.3.2 vorgestellt. Die Hadronkalorimeter bedecken den Rapiditätsbereich (siehe Abschnitt 2.5.3) von $|\eta| < 4.9$ mit einem Eisen-Szintillator-Kalorimeter im zentralen Bereich, einem Kupfer-Flüssigargon-Kalorimeter im Endkappenbereich sowie einem Vorwärtskalorimeter mit Kupfer/Wolfram-Flüssigargon-Sampling. Das Argon in den verschiedenen Kalorimeterkomponenten muss in Kryostaten flüssig gehalten werden. Die Endkappen- und Vorwärtskalorimeter, sowohl elektromagnetisch als auch hadronisch, sind in gemeinsamen Kryostaten untergebracht, jeweils einer in jeder der beiden Strahlrichtungen. Das zentrale elektromagnetische Kalorimeter hat einen getrennten Kryostaten (es ist also nur das zentrale Hadronkalorimeter nicht in einem Kryostaten untergebracht). Bei $\eta \approx 0$, also senkrecht zu den Strahlen, hat das Hadronkalorimeter etwa 8 Absorptionslängen, wozu das elektromagnetische Kalorimeter etwa eine Absorptionslänge addiert.

Das zentrale Hadronkalorimeter, das so genannte ATLAS-Tile-Kalorimeter, ist zylindrisch in drei Komponenten (ein *barrel* und zwei *extended barrels*, siehe Abb. 15.44), um die Strahlen angeordnet. Die passiven Schichten sind Eisenplatten, die die mechanische Struktur definieren. Sie sind radial, in Schauerrichtung orientiert (senkrecht zum Strahl). Die aktiven Schichten sind 3 mm dicke Szintillatorscheiben (*tiles*), die in die Aussparun-

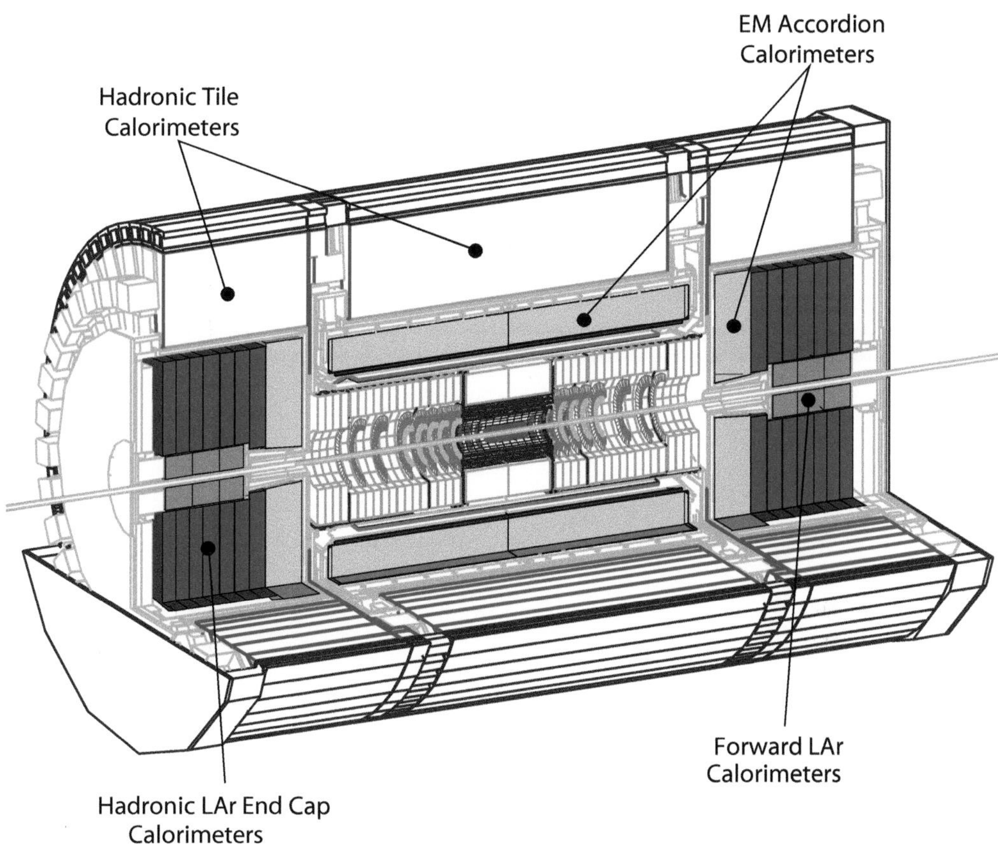

Abb. 15.44 Das ATLAS-Kalorimetersystem [2], siehe die Beschreibung im Text. Quelle: CERN/ATLAS Collaboration.

gen zwischen den Eisenplatten eingesetzt sind. Das Volumenverhältnis von Eisen und Szintillator ist 4.7:1. Diese unkonventionelle Anordnung der Sampling-Struktur erlaubt vor allem eine einfachere longitudinale und transversale Segmentierung und eine besonders effektive Auslese durch Wellenlängenschieber-Fasern (siehe Abschnitt 13.4.3). Die Segmentierung ist wesentlich für eine Software-Kompensation, wie in Abschnitt 15.6.3.2 beschrieben, mit der die Energieauflösung von

$$\frac{\sigma_E}{E} = \left(\frac{0.42}{\sqrt{E/\text{GeV}}} + 0.018 \right) \oplus \frac{1.8}{E/\text{GeV}} \tag{15.83}$$

erreicht wird [67]. In Testmessungen mit Modulen des Hadronkalorimeters [50] wurde mit Elektron- und Pion-Strahlen die Energieabhängigkeit des Verhältnisses e/π bestimmt (siehe Abschnitt 15.6.2). Daraus lässt sich entsprechend Gleichung (15.60) (siehe auch Abb. 15.35) die Größe e/h zu etwa 1.36 bestimmen [50].

16 Detektoren für kosmische Teilchen, Neutrinos und exotische Materie

Übersicht

16.1 Einführung

In den letzten Jahrzehnten hat sich die Astroteilchenphysik als eigenständiges Gebiet zur Untersuchung der kosmischen Strahlung [463, 464] etabliert[142]. Seine Wurzeln hat das Gebiet in der Entdeckung der kosmischen Strahlung durch Viktor Hess im Jahr 1912: Bei Ballonflügen (Abb. 16.1) stellte er fest, dass es neben einer Strahlung, die aus der Erde kommt, eine ionisierende Strahlung gibt, deren Intensität mit der Höhe zunimmt. Im weiteren Verlauf hat man herausgefunden, dass die Strahlung vorwiegend von hochenergetischen, positiv geladenen Teilchen erzeugt wird, die aus dem Weltall kommen und in Wechselwirkungen mit der Erdatmosphäre Teilchenschauer erzeugen (Pierre Auger, 1938).

Bis in die 1950er Jahre wurden in dieser Teilchenstrahlung immer wieder neue Teilchen entdeckt (siehe dazu auch Abschnitt 2.1). Die Messungen wurden auf hohen Bergen und während Ballonflügen vor allem mit Fotoemulsionen (Abschnitt 6.3, Abb. 16.2) und Nebelkammern (Abschnitt 6.1, Abb. 6.1(a)) gemacht. Die Entdeckung eines stetig wachsenden 'Teilchenzoos' in der kosmischen Strahlung hat die Entwicklung der Teilchenphysik angestoßen. Beginnend in den 1950er Jahren wurden Teilchenbeschleuniger, die kontrollierbare Experimente und hohe Raten bei stetig wachsenden Energien boten, für die Suche nach neuen Teilchen eingesetzt. Erst in jüngster Zeit sucht man wieder in der Strahlung aus dem Kosmos nach – meistens exotischen[143] – Teilchen mit Namen wie WIMPs, Axionen oder magnetische Monopole.

[142] Eine Einführung in die Astroteilchenphysik findet man zum Beispiel in dem Buch von C. Grupen [522] sowie von dem gleichen Autor in einer erweiterten englischen Version [523].

[143] (hypothetische) Teilchen, die nicht in das Standardmodell der Teilchenphysik passen.

H. Kolanoski und N. Wermes, *Teilchendetektoren*, https://doi.org/10.1007/978-3-662-73068-3_16

Abb. 16.1 Der Entdecker der kosmischen Strahlung, Viktor Hess (mit Schirmmütze in der Mitte), nach der Landung seines Ballons in Bad Saarow (nahe Berlin) am 7.August 1912 [923]. Quelle: Victor-Franz-Hess-Gesellschaft, Schloss Pöllau, Österreich.

Das Hauptanliegen der Astroteilchenphysik ist die Beantwortung der Frage nach Herkunft und Zusammensetzung der hochenergetischen kosmischen Strahlung. Aus dem Weltraum erreichen die Erde Nukleonen, Kerne, Elektronen, Positronen, Photonen und Neutrinos. Der Anteil der Antimaterie bei den Nukleonen und Kernen ist gering und damit verträglich, dass sie in Sekundärreaktionen mit der interstellaren Materie erzeugt wird. Die Flüsse aller Komponenten fallen bei hohen Energien stark ab, so dass die Detektoren mit wachsender Energie der Teilchen größer werden müssen, um genügend hohe Ereignisraten zu erzielen.

Durch die geringe Durchlässigkeit der Erdatmosphäre ist der Nachweis der kosmischen Strahlung für fast alle Strahlungsarten erheblich erschwert. Nur für Neutrinos ist die Erdatmosphäre wegen ihrer geringen Wechselwirkung mit Materie nahezu vollständig transparent, was allerdings auch ihren Nachweis sehr schwierig macht. Während es für

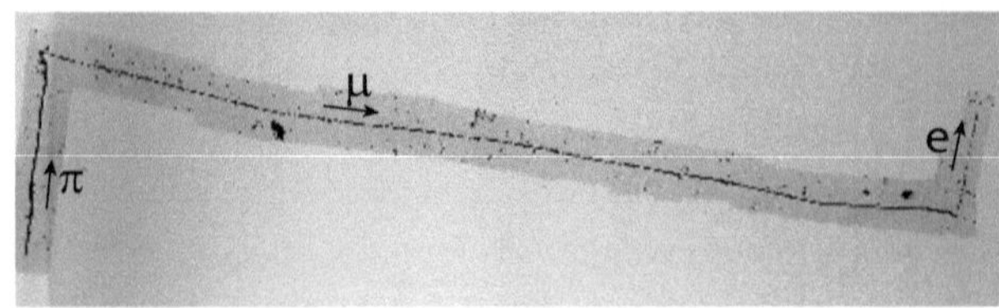

Abb. 16.2 Durch kosmische Strahlung erzeugte Teilchenspuren in einer Fotoemulsion (Abschnitt 6.3): Zerfall eines Pions in ein Myon und ein Neutrino; das Myon zerfällt dann weiter in ein Elektron und zwei Neutrinos ($\pi\mu e$-Zerfall). Quelle: Powell [843], mit freundl. Genehmigung von IOP Publishing.

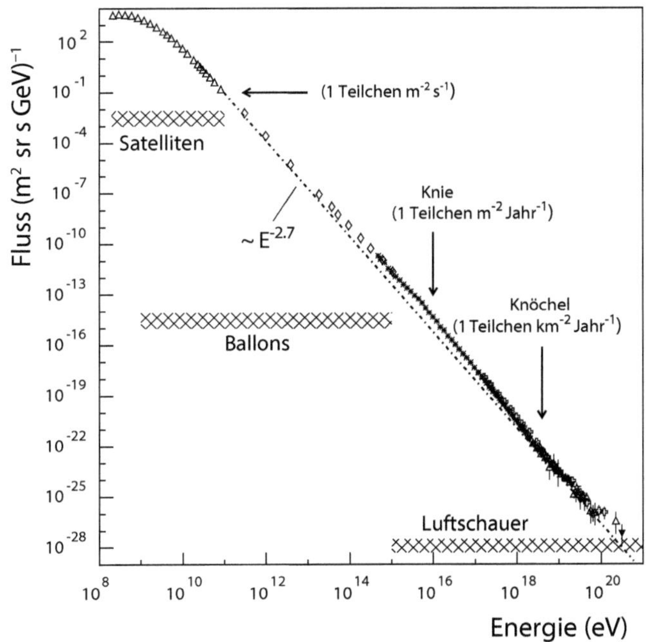

Abb. 16.3 Energiespektrum der geladenen Komponente der kosmischen Strahlung. Die gestrichelte Gerade soll nur als Referenz dienen. Eingezeichnet sind die Bereiche, in denen jeweils Daten vorwiegend von Satelliten-, Ballon- oder Luftschauerexperimenten stammen (nach [254]).

elektromagnetische Strahlung Fenster im Sichtbaren und im Radiowellenbereich gibt, haben primäre geladene Teilchen bei allen Energien keine Chance, die Erde zu erreichen. In dem Bereich niedriger Energien, bei denen der Fluss geladener Teilchen hoch genug ist, kann man mit Ballon- und Satellitenexperimenten oberhalb der Atmosphäre direkt messen. Bei hochenergetischer Strahlung ist das wegen der geringen Flüsse und der begrenzten Detektorgrößen nicht mehr möglich. In diesem Bereich kann man die Sekundärwechselwirkungen in der Erdatmosphäre zum Nachweis ausnutzen.

Im engeren Sinne wird als 'kosmische Strahlung' häufig nur die geladene Komponente bezeichnet. Der gemessene Fluss der geladenen kosmischen Strahlung zeigt über einen riesigen Energiebereich von 100 MeV bis zu 10^{21} eV einen steilen Abfall um etwa einen Faktor 10^{30} (Abb. 16.3). Bei niedrigen Energien, bis zu einigen 10 GeV, führt der Einfluss des Erdmagnetfelds zu dem relativ flachen Verlauf, weil je nach Energie und Richtung zum Magnetfeld die Strahlung abgelenkt wird und eventuell die Erde nicht erreicht. Zu höheren Energien fällt der Fluss sehr steil ab und beträgt für Energien oberhalb von 10^{15} eV etwa $1/(\mathrm{m}^2 \cdot \mathrm{Jahr})$ und oberhalb von 10^{20} eV etwa $1/(\mathrm{km}^2 \cdot 100\,\mathrm{Jahre})$. Während bis fast 10^{15} eV direkte Messungen mit Ballon- und Satellitenexperimenten möglich sind, reichen die entsprechenden Detektorflächen für die kleinen Flüsse bei höheren Energien nicht mehr aus. In diesem Bereich wird ausgenutzt, dass ein hochenergetisches Teilchen in der Erdatmosphäre einen Schauer erzeugt, der mit großflächigen Detektoren auf der Erdoberfläche nachgewiesen werden kann.

Die Vermessung der elektromagnetischen Komponente der kosmischen Strahlung wurde im vorigen Jahrhundert vom sichtbaren Spektrum auf einerseits Radiowellen und andererseits auf Gammastrahlung, insgesamt in einem Wellenlängenbereich zwischen etwa 10 m und 10^{-21} m, ausgedehnt. Der Bereich von Radiowellen bis zu sichtbarem Licht kann mit erdgebundenen Teleskopen vermessen werden. Infrarot-, Röntgen- und Gammastrahlung wird mit Hilfe von Ballons und Satelliten gemessen. Bei Gammastrahlung ist das bei den erwarteten Flüssen bis zu einigen 100 GeV möglich. Darüber hinaus wird wie bei der geladenen kosmischen Strahlung die Atmosphäre als Kalorimeter genutzt, in diesem Fall entwickelt sich ein elektromagnetischer Schauer, der auf der Erdoberfläche nachgewiesen wird.

Die Neutrinophysik hat mit der Entdeckung von Oszillationen und von nicht-verschwindenden Massen der Neutrinos einen großen Aufschwung genommen, und es sind viele neue Experimente angestoßen worden. Der Nachweis von Neutrinos stellt wegen ihrer schwachen Wechselwirkung mit Detektormaterialien eine große Herausforderung dar, die für verschiedene Energiebereiche unterschiedlich gelöst werden. Die Bereiche kann man etwa folgendermaßen aufteilen: Neutrinos mit keV- bis MeV-Energien, die aus Kernprozessen in Sternen oder Kernreaktoren oder auch aus Kernzerfällen in der Erde stammen; GeV-Neutrinos aus der Wechselwirkung kosmischer Strahlung in der Atmosphäre (atmosphärische Neutrinos) und von Neutrinostrahlen an Beschleunigern; hochenergetische Neutrinos kosmischen Ursprungs mit TeV- bis EeV-Energien.

Im Folgenden stellen wir zunächst Detektoren für den Nachweis kosmischer Strahlung mit relativ niedrigen Energien oberhalb der Atmosphäre vor, beschreiben dann die Eigenschaften der Atmosphäre als Kalorimeter und die entsprechenden Nachweisinstrumente und beenden das Kapitel mit der Beschreibung von Detektoren zur Suche nach Dunkler Materie. Die Suche nach Dunkler Materie ist ein Beispiel für die Vielfalt von Experimenten der Teilchenphysik, die nicht an Beschleunigern gemacht werden, wie die Suche nach neutrinolosem doppeltem Betazerfall, dem Zerfall des Protons, nach Axionen oder nach magnetischen Monopolen.

16.2 Ballon- und Satellitenexperimente

Ballon- und Satellitenexperimente erlauben die Vermessung der kosmischen Strahlung unter weitgehender Umgehung der Absorption durch die Atmosphäre. Die entsprechenden Detektorflächen können aber höchstens die Größe von wenigen Quadratmetern haben. Wegen der stark abfallenden Flüsse (Abb. 16.3) beschränkt das den Energiebereich effektiv auf einige 100 TeV.

Verglichen mit Weltraummissionen sind Ballonflüge relativ preisgünstig, haben allerdings den Nachteil einer relativ kurzen Lebensdauer eines Experiments (Tage bis höchstens Wochen). Auf Satelliten oder Raumstationen dagegen kann die Dauer eines Experiments erheblich, in die Größenordnung von Jahren, ausgedehnt werden.

16.2.1 Ballonexperimente

Die für die Experimente benutzten Ballons (Abb. 16.4) können Volumina bis zu einer Million m^3 haben und bringen Nutzlasten von bis zu 3 Tonnen in Höhen von bis zu etwa 40 km. Am Erdboden ist die Ballonhülle nur zu einem kleinen Bruchteil gefüllt und dehnt sich bei einem Druck von beispielsweise 5 hPa in großer Höhe auf das 200-Fache aus. Mit einer Heliumfüllung ergibt sich bei Normalbedingungen ein Auftrieb von etwa $1\,\mathrm{kg/m^3}$, das heißt, $1\,\mathrm{m^3}$ Helium hält in Bodennähe eine Masse von 1 kg in der Schwebe. Damit ist für eine Last von 2000 kg eine Füllung von $2000\,\mathrm{m^3}$ Helium am Boden und etwa $400\,000\,\mathrm{m^3}$ in der Höhe notwendig.

In den erreichbaren Ballonhöhen beträgt die verbleibende atmosphärische Tiefe[144] oberhalb des Experiments dann nur noch 3–5 $\mathrm{g/cm^2}$. Vergleicht man diese Zahl mit den etwa $90\,\mathrm{g/cm^2}$ für die mittlere freie Weglänge von Protonen in Luft (in Einheiten einer Massenbelegung gemäß Gleichung (3.28)), so zeigt sich, dass man mit Ballons den Weltraumbedingungen sehr nahe kommt. Die typischen Flugdauern solcher Ballons reichen von etwa 24 Stunden bis zu wenigen Wochen. Die längsten Flugdauern werden auf Rundflügen um den Südpol erreicht. Wenn ein Ballon von der Küstenstation McMurdo gestartet wird, erreicht er mit der Stratosphärenströmung in westliche Richtung nach etwa 10 bis 14 Tagen fast den Ausgangspunkt (Abb. 16.4).

Mit Ballonexperimenten wurden erstmalig die Zusammensetzung der einfallenden kosmischen Strahlung und deren Energiespektren bestimmt. Die geladene Komponente kann bis zu einigen 100 TeV gemessen werden. Die Trennung von Kernen verschiedener Massen gelingt durch die Kombination von Messungen verschiedener Observablen, zum Beispiel Energieverlust, Reichweite, Laufzeit, Cherenkov- und Übergangsstrahlung sowie Impuls (siehe dazu auch die Ausführungen zur Teilchenidentifikation in Kapitel 14). Wenn die Impulsmessung magnetisch möglich ist, kann auch Materie von Antimaterie unterschieden werden. Zur Messung von Elektronen und Gammastrahlung werden in der Regel elektromagnetische Kalorimeter (Kapitel 15) eingesetzt.

Abbildung 16.5(a) zeigt exemplarisch die typische Größe und Komplexität eines modernen Ballonexperiments am Beispiel des ISOMAX-Experiments ('Isotope Magnet Experiment') [538]. Die Apparatur ist etwa 2.5 m hoch und hat eine Masse von 2000 kg. Im Zentrum dieses Experiments befindet sich ein Magnetspektrometer mit einem supraleitenden Magneten und Driftkammern zur Messung der Ablenkung. Tatsächlich wird mit dem Magnetspektrometer nur die 'magnetische Steifigkeit' oder 'Rigidität' (*rigidity*) R bestimmt,

$$R = \frac{p}{ze} = \rho\, B, \tag{16.1}$$

also der Impuls p pro Ladung ze aus dem gemessenen Krümmungsradius ρ in einem Magnetfeld B (Abschnitt 9.1). Entsprechend der Impulseinheit eV/c kann magnetische Steifigkeit in der Einheit V/c angegeben werden. Zur Identifikation der einfallenden Teilchen, das heißt zur Bestimmung von Masse und Ladung, wird das Spektrometer durch Szintil-

[144] Das ist die über die tatsächliche Tiefe integrierte Dichte angegeben in den Einheiten Masse pro Fläche, siehe Abschnitt 16.3.1

Abb. 16.4 Flug des Ballonexperiments CREAM in der Antarktis (aus [938], mit freundl. Genehmigung von Elsevier): Links: Beim Start des Ballons wird die Apparatur dem davon schwebendem Ballon auf einem Fahrzeug so lange nachgefahren, bis sie abhebt. Rechts ist eine Flugroute zu sehen, auf der die CREAM-Apparatur den Südpol in 37 Tagen dreimal umrundet hat.

lationszähler und Aerogel-Cherenkov-Detektoren (hier $n = 1.14$) ergänzt. Mit den Szintillationszählern werden Energieverlust (dE/dx) und Flugzeit (TOF = *Time-of-Flight*) gemessen. Für Teilchen, die von dem Detektor akzeptiert und rekonstruiert werden, definiert man den 'Geometriefaktor' (G) als das Integral über das Produkt aus dem Flä-

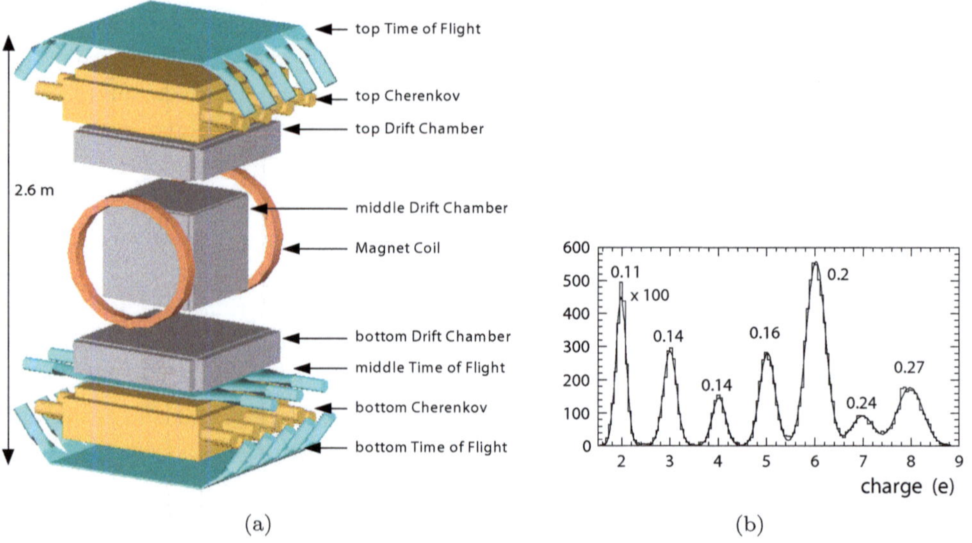

Abb. 16.5 Das Ballonexperiment ISOMAX [538]: (a) Schematische 3-D-Ansicht der ISOMAX-Apparatur. Der Detektor ist um eine Driftkammer in einem Magnetfeld nach oben und unten symmetrisch aus Flugzeitzählern, Cherenkov-Detektoren und weiteren Driftkammern aufgebaut. (b) Ladungsbestimmung mit ISOMAX für leichte Kerne aus Flugzeit- und dE/dx-Messungen mit Szintillatoren. Die Ladung ist in Einheiten der Elementarladung e angegeben. Die Zahlen an den Maxima bezeichnen die jeweilige Ladungsauflösung. Das erste Maximum bei $2\,e$ (Helium) ist um einen Faktor 100 untersetzt. Quelle: NASA/T. Hams.

chenelement $d\vec{S}$ einer Referenzebene im Detektor, zum Beispiel des Eintrittsfensters, und einem Richtungsvektor $\vec{n} = \vec{n}(\cos\theta, \phi)$ ($|\vec{n}| = 1$):

$$G = \int d\vec{S}\,\vec{n}\,d\Omega\,. \tag{16.2}$$

Für jedes Flächenelement der Referenzebene wird über die Raumwinkelelemente $d\Omega = d\cos\theta\,d\phi$ integriert, für die die Richtung von Teilchen mit hoher Steifigkeit im Akzeptanzbereich des gesamten Detektors liegen. Zum Beispiel ist für zwei parallele Detektorebenen mit gleichen Flächen $A_1 = A_2 = A$ der Geometriefaktor $G \approx A\,\pi$, wenn deren Abstand sehr klein gegenüber den Flächenabmessungen ist, und nähert sich $G \approx A^2/d^2$, wenn deren Abstand d sehr groß gegenüber den Flächenabmessungen wird (siehe auch [464], Abschnitt 2.2).

Der Geometriefaktor von ISOMAX ist $G = 450\,\text{cm}^2\,\text{sr}$ für Spuren mit hoher Steifigkeit ($R \gtrsim 1\,rmGV$), begrenzt vor allem durch die Abmessungen des Magneten. Die zu erwartende Rate pro Energieband ist

$$\frac{dN}{dtdE} = F \times G\,, \tag{16.3}$$

wobei F der Fluss pro Energieband ist. Nimmt man zum Beispiel den Fluss in Abb. 16.3 bei 10 GeV, erhält man für ISOMAX eine Rate von etwa $3 \cdot 10^5$ pro Woche in einem Energieintervall von 1 GeV. In diesem Bereich dominiert Wasserstoff, gefolgt von Helium, den Fluss bei weitem, mit entsprechend geringeren Raten der schwereren Elemente. Zum Beispiel macht die Gruppe von Lithium bis Bor ($Z = 3$–5) weniger als 0.1% des Flusses aus (siehe den Übersichtsartikel 'Cosmic Rays' in [799]).

Durch eine Kombination der Messungen der magnetischen Steifigkeit im Magnetspektrometer, der Geschwindigkeit durch die Flugzeitzähler oder die Cherenkov-Detektoren und des Energieverlusts (dE/dx) in den Szintillationszählern können Energie, Masse und Ladung bestimmt werden (Methoden der Teilchenidentifikation werden in Kapitel 14 besprochen). Ein Beispiel für die Ladungstrennung bei leichten Elementen ist in Abb. 16.5(b) gezeigt. Die Ladung wird dabei für jedes beobachtete Teilchen aus der Geschwindigkeit β, bestimmt durch Flugzeitmessung, und Messungen des Energieverlusts in Szintillatoren berechnet. Der mittlere Energieverlust ist bei gegebenem β proportional zum Quadrat der Ladung des Teilchens (siehe Gleichung (3.25) auf Seite 37).

Um die sehr kleinen Flüsse bis zu Teilchenenergien nahe 10^{15} eV messen zu können, muss der Geometriefaktor erheblich vergrößert werden. Da ein Magnet mit entsprechend großer Apertur für ein Ballonexperiment zu schwer ist, wird die Energie- und Massenbestimmung durch großflächige Detektoren mit dE/dx- und β-Messungen erreicht (Kapitel 14). Für $\beta \to 1$ werden sowohl Flugzeit- als auch Cherenkov-Messungen unpraktikabel. Hier kann man die Übergangsstrahlung (TR) zur Messung des Lorentz-Faktors γ nutzen (siehe Kapitel 12 und [1013] speziell für Anwendungen in Experimenten zur kosmischen Strahlung). Das Prinzip ist in Abb. 16.6(a) gezeigt: Die Wurzel des Signals eines TR-Detektors wird gegen die Wurzel der spezifischen Ionisation, die in einem weiteren Detektor gemessen wird, aufgetragen (die Wurzel aus dem Ionisationssignal ist proportional zur Ladung). Ein TR-Detektor misst in der Regel die Summe aus dem Ionisations- und dem

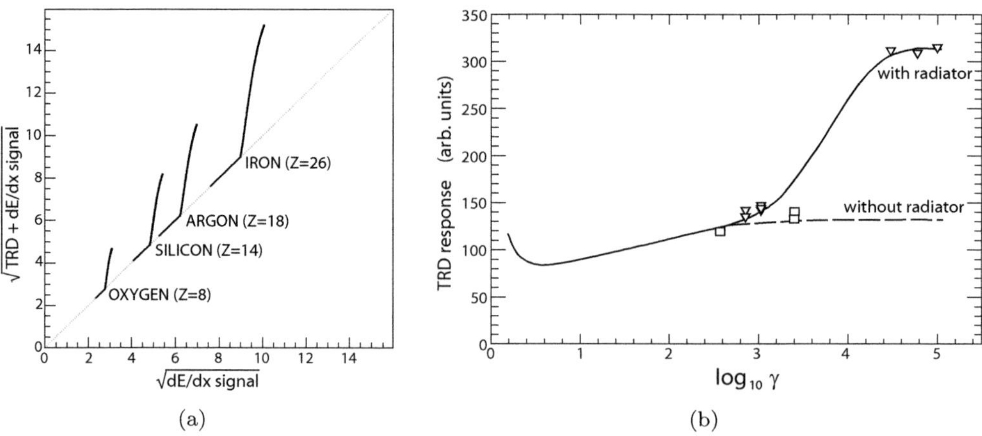

Abb. 16.6 (a) Die Wurzel aus dem (TR+dE/dx)-Signal, aufgetragen gegen die Wurzel des dE/dx-Signals für verschiedene Elemente (schematisch, nach [567]). Das TR-Signal kann immer nur in der Summe mit dem dE/dx-Signal gemessen werden (siehe dazu Abb. 12.12). Auf der Diagonale liegen die dE/dx-Messungen ohne TR-Strahlung, die bei einer bestimmten Energie einsetzt. Mit der Z^2-Abhängigkeit des dE/dx-Signals werden die verschiedenen Elemente getrennt, und mit der γ-Abhängigkeit des TR-Signals wird die Energie bestimmt. (b) Messung eines TR-Signals in einem Testmodul des CREAM-TR-Detektors als Funktion des Lorentz-Faktors γ (aus [59], mit freundl. Genehmigung von Elsevier). In Teststrahlen mit verschiedenen Teilchen (Protonen Pionen, Myonen, Elektronen) wurden Messungen mit (Dreiecke) und ohne Radiator (Quadrate) ausgeführt. Die Messungen werden mit entsprechenden Simulationen verglichen (Kurven).

TR-Signal (siehe dazu auch Abb. 12.12 auf Seite 575). Punkte auf der eingezeichneten Diagonalen entsprechen Energien unterhalb der TR-Schwellen, die bei $\sqrt{dE/dx}$-Werten liegen, die proportional zur Ladung des jeweiligen Kernes sind:

$$Z \propto \left(\sqrt{dE/dx}\right)_{\text{TR-Schwelle}} . \tag{16.4}$$

Die Signale oberhalb der Schwelle erlauben eine Bestimmung des Lorentz-Faktors γ und damit auch der Energie, wenn die Masse des Kernes zum Beispiel als die mittlere Isotopenmasse bei der gemessenen Ladung Z angenommen wird. Es ist auch möglich, den logarithmischen Anstieg der dE/dx-Kurve unterhalb der TR-Schwelle für eine grobe γ-Messung zu nutzen.

Das sieht man an einem realistischen Beispiel in Abb. 16.6(b). Hier werden Testmessungen der Signale des TR-Detektors (TRD) des CREAM-Experiments (Abb. 16.7) als Funktion des Lorentz-Faktors γ mit Simulationen verglichen. Die Messungen und Berechnungen sind mit und ohne TR-Radiator gezeigt, so dass man gut den Signalanteil der Ionisation und der TR-Strahlung unterscheiden kann. Für den CREAM-Detektor liegt die Schwelle bei $\gamma \approx 10^3$ (etwa 1 TeV für Protonen und 50 TeV für Eisen), und Sättigung wird bei $\gamma \approx 10^{4.5}$ (etwa 30 TeV für Protonen und 1.5 PeV für Eisen) erreicht (siehe dazu die Gleichungen (12.26), (12.31) und die Diskussion dazu in Abschnitt 12.2). Bei den schwereren Elementen sind die Messungen nicht durch die Sättigung, sondern durch den zu geringen Fluss begrenzt.

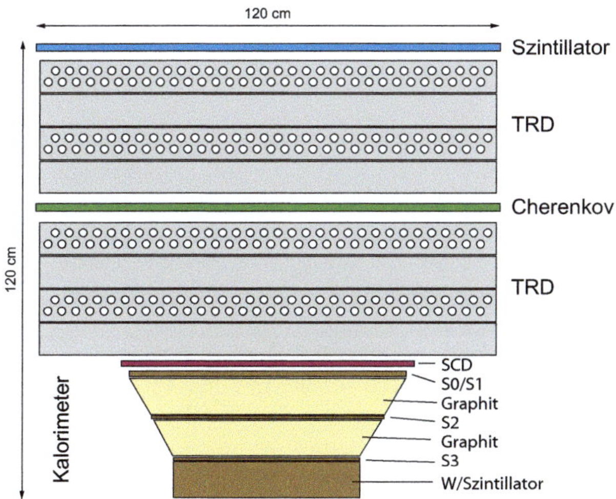

Abb. 16.7 Detektor des Ballonexperiments CREAM (nach [60], mit freundl. Genehmigung von Elsevier). Der obere Teil mit der größten Akzeptanz besteht aus einem Szintillationszähler, einem Cherenkov-Detektor und TRD-Modulen. Der untere Teil besteht aus einem Siliziumdetektor (SCD), mehreren Ebenen aus szintillierenden Fasern (S0-S3), zwei Graphitlagen und einem Wolfram-Szintillator-Kalorimeter. Siehe Beschreibung im Text.

Als Beispiel für ein Ballonexperiment zum Nachweis von Teilchen möglichst hoher Energie ist in Abb. 16.7 der CREAM-Detektor dargestellt [59] (siehe dazu auch die Abb. 16.6(b) mit Testmessungen für CREAM und die Abb. 16.4 zu einem CREAM-Flug). Um einen möglichst großen Geometriefaktor bei geringem Gesamtgewicht (1143 kg) zu erhalten, wird auf ein Magnetfeld verzichtet. Die Energiemessungen erfolgen durch die insgesamt 8 Lagen des TR-Detektors. Eine TR-Lage besteht aus einem Block aus Polyethylen-Schaum als Radiator und mit einer Xenon-Methan-Mischung (95:5) gefüllten Proportionalrohren zur Auslese. Die TRD-Akzeptanz ($G \approx 2.2\,\mathrm{m}^2\,\mathrm{sr}$) wird noch von Szintillationszählern, die eine genaue Zeit- und Ladungsmessung liefern, und einem Cherenkov-Detektor (Akrylglas, $n = 1.5$) abgedeckt. Beide Detektorkomponenten sind wichtig, um die Rückstreuung von dem darunter liegenden Kalorimeter zu unterdrücken. Alle Detektoren oberhalb des Kalorimeters haben insgesamt eine Massenbelegung von nur $7\,\mathrm{g/cm}^2$, was noch akzeptabel im Vergleich zu der geringen Dichte der darüberliegenden Atmosphäre ist. Wichtig für die Minimierung von Gewicht und Massenbelegung ist auch, dass diese Detektoren selbsttragend sind und keine Druckkapsel benötigen.

Das Kalorimeter (Kapitel 15) ist auf gute Energieauflösung bis zu Energien von einigen 100 TeV bei möglichst geringem Gewicht optimiert. Wegen der Gewichtslimitierung ist auch die Akzeptanz ($G \approx 0.3\,\mathrm{m}^2\,\mathrm{sr}$) kleiner als für den TR-Detektor. Die Akzeptanz wird durch einen Siliziumdetektor mit $2.12\,\mathrm{cm}^2$ großen Auslesestrukturen abgedeckt. Das Kalorimeter besteht aus zwei Blöcken aus verdichtetem Graphit, zusammen 0.42 Wechselwirkungslängen oder etwa 1 Strahlungslänge dick, und einem Wolfram-Szintillator-Modul. In dem Graphit schauert ein Teil der Kerne auf, so dass der Schauer in dem Kalorimeter gemessen werden kann. Vor und zwischen den Modulen liegen Detektoren aus szintillierenden Fasern mit zwei-dimensionaler Ortsauflösung. Die aktiven Schichten des Kalorimeters bestehen ebenfalls aus szintillierenden Fasern. Damit werden bei einer Dicke von etwa 10 cm etwa 20 Strahlungslängen erreicht. Die TRD-Kalorimeter-Kombination erlaubt eine relative Energiekalibration beider Komponenten.

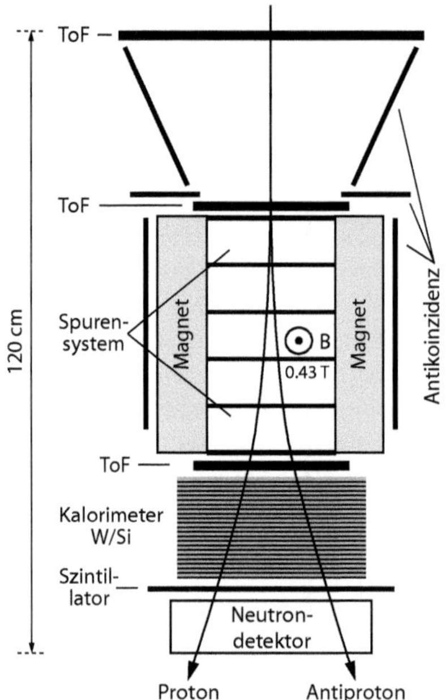

Abb. 16.8 Querschnitt der PAMELA-Apparatur (aus [51], mit freundl. Genehmigung von Elsevier). Der Detektor besteht aus einem Magnetspektrometer mit einem Permanentmagneten und Siliziumstreifenzählern, einem Silizium-Wolfram-Kalorimeter, Flugzeitzählern, einem Anti-Koinzidenz-System und einem Neutronendetektor. Der Trigger wird aus einer Koinzidenz der TOF-Zähler mit den Anti-Koinzidenz-Zählern als Veto gebildet. Der Detektor hat eine geometrische Akzeptanz (Geometriefaktor) von $G = 20.5\,\mathrm{cm}^2\,\mathrm{sr}$ und wiegt etwa 400 kg.

Das CREAM-Experiment hat wesentlich dazu beigetragen, dass die Energielücke zwischen den direkten Messungen der kosmischen Strahlung und den indirekten Messungen über erdgebundene Luftschauerdetektoren (Abschnitt 16.3) geringer wird.

16.2.2 Satellitenexperimente

Mit Experimenten auf Satelliten kann über mehrere Jahre gemessen werden, so dass damit geringe Flüsse, wie die von Antimaterie in der kosmischen Strahlung, messbar werden. Die ersten Satellitenexperimente für die Messung galaktischer kosmischer Strahlung (also nicht nur Teilchen von der Sonne) waren PAMELA [810] und AMS-02 [92], die 2006 beziehungsweise 2011 mit der Datennahme begonnen haben. Beide Experimente sind als Magnetspektrometer ausgelegt und erlauben damit, als wesentliche Verbesserung gegenüber früheren Ballonexperimenten, eine bessere Impulsbestimmung und vor allem die Ladungstrennung und damit die Suche nach Antimaterie. Insbesondere die Messungen der Antiprotonen und der Positronen litten bisher unter geringen Ereigniszahlen und dem Einfluss der Erdatmosphäre, da bis dahin alle Messungen mit Ballonexperimenten durchgeführt wurden. Die Messungen der kosmischen Gamma-Strahlung bis zu einigen hundert GeV werden bis jetzt (2022) von dem Fermi-Satelliten dominiert, der sich seit 2008 in der Umlaufbahn befindet. Als weiteres Satellitenexperiment für kosmische Strahlung stellen wir das Gamma-Teleskop auf dem Fermi-Satelliten vor [127].

PAMELA PAMELA steht für *Payload for AntiMatter Exploration and Light-nuclei Astrophysics* [51, 810]. Das wissenschaftliche Ziel der PAMELA-Mission sind vor allem

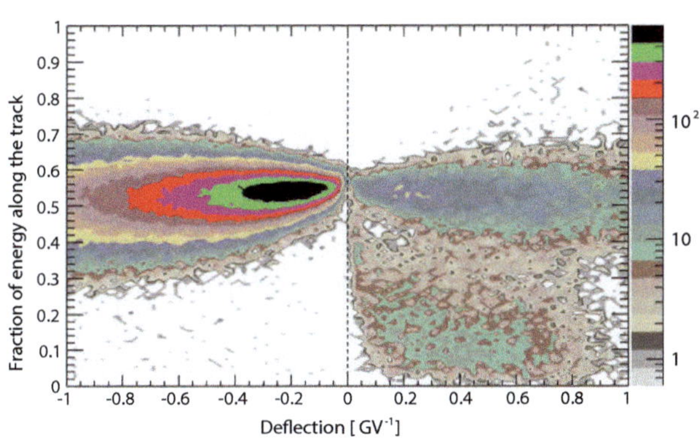

Abb. 16.9 Positron-Proton-Trennung mit dem PAMELA-Detektor (aus [53], mit freundl. Genehmigung von Elsevier). Aufgetragen ist der Anteil der im Kalorimeter innerhalb von 0.3 Molière-Radien um eine Teilchentrajektorie deponierten Energie als Funktion der Spurkrümmung. Die Farbskala gibt die Teilchendichte an. Hohe Energien mit wenig Krümmung im Magnetfeld liegen nahe dem Nullpunkt, der negative Ladungen (links) von positiven Ladungen (rechts) trennt.

die Messung von Antiprotonen und Positronen und die Bestimmung von Flussgrenzen für Antikerne.

PAMELA kreist seit Juni 2006 an Bord des russischen Satelliten Resurs-DK1 in einem nahezu polaren Orbit mit einer Inklination von 70.4° und einer Höhe zwischen 350 km und 600 km. Dieser Orbit erlaubt eine Messung der niederenergetischen galaktischen kosmischen Teilchenstrahlung in der Nähe der Pole, wo der Einfluss des Erdmagnetfelds gering ist.

Abbildung 16.8 zeigt schematisch den experimentellen Aufbau von PAMELA. Die wesentlichen Teile sind ein Magnetspektrometer zur Messung der Steifigkeit geladener Spuren, ein Wolfram-Silizium-Kalorimeter (16.3 Strahlungslängen, 0.6 hadronische Absorptionslängen), Flugzeit- und Antikoinzidenzzähler. Die kalorimetrische Messung wird durch einen Szintillationszähler, der als Tail Catcher (siehe Seite 701) dient, und einen Neutronenzähler unterstützt. Durch den Nachweis der aus dem Kalorimeter austretenden Neutronen wird die Elektron-Hadron-Separation verbessert, weil Hadronen etwa 10–20-mal mehr Neutronen produzieren [810].

Die PAMELA-Kollaboration hat einen unerwartet hohen Positronenfluss relativ zu dem Elektronenfluss beobachtet [52]. Die experimentelle Methode zur Identifikation der Positronen, die insbesondere die Trennung von den stark dominierenden Protonen erfordert, ist in Abb. 16.9 demonstriert. Die Abbildung zeigt den Anteil der Energie im Kalorimeter, die innerhalb von 0.3 Molière-Radien um eine Teilchentrajektorie deponiert wurde, als Funktion der Spurkrümmung, ausgedrückt als inverse Rigidität (siehe (16.1)). Der enge Bereich von 0.3 Molière-Radien berücksichtigt, dass elektromagnetische Schauer im Mittel enger als hadronische Schauer sind. Der Energiebruchteil sollte für Elektronen und Positronen eine Konstante, unabhängig von der Krümmung, ergeben. Die meisten Einträge auf der linken Seite stammen von Elektronen, die horizontale Fortsetzung zu positiven Ladungen entspricht den Positronen. Unterhalb der Positronen ist der Protonenuntergrund zu erkennen (auf der negativen Seite gegenüber sind aber nur sehr geringe Anzeichen für Antiprotonen zu sehen).

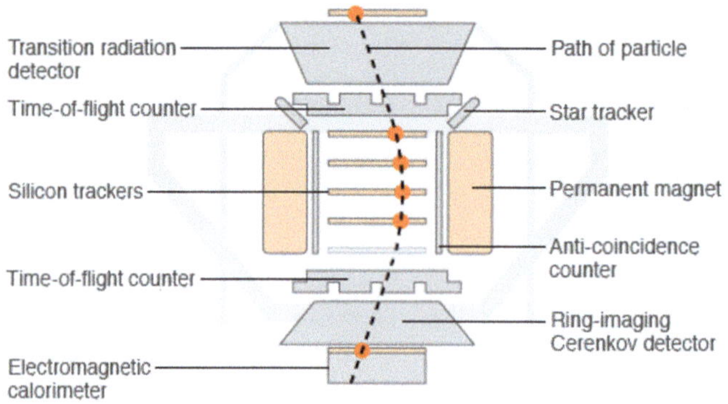

Abb. 16.10 Schematische Zeichnung des Alpha Magnetic Spectrometer wie es als AMS-02 auf der ISS installiert wurde (Quelle: CERN). Siehe Beschreibung im Text.

AMS-Experiment Seit 2011 nimmt das Alpha Magnetic Spectrometer (AMS), unter der Bezeichnung AMS-02 (Abb. 16.10) auf der International Space Station@*International Space Station* (ISS) Daten [92]. Mit dem Experiment werden ähnliche physikalische Ziele verfolgt wie mit dem PAMELA-Experiment: Vermessung von Spektrum und Zusammensetzung der kosmischen Strahlung bis zu Energien von einigen 100 GeV, Nachweis von Antimaterie und Suche nach Anzeichen für Dunkle Materie.

Der AMS-Detektor ist aber ungleich größer als der PAMELA-Detektor und sensitiver auf kleine Flüsse und hohe Teilchenenergien. Die Teilchentrennung, insbesondere die Positron-Proton-Trennung, wird zusätzlich zu den Flugzeitzählern und dem Kalorimeter durch Cherenkov- und TR-Detektoren wesentlich verbessert. Das Magnetfeld von 0.125 T wird von einem Permanentmagneten (1.2 t $Nd_2\,Fe_{14}B$) geliefert, der den ursprünglich vorgesehenen supraleitenden Magneten ersetzt [724]. Da ein Permanentmagnet keine Verbrauchsmaterialien erfordert, wie Helium im Falle eines supraleitenden Magneten, wird dadurch eine lange Lebensdauer des Experiments (bis zu 20 Jahre) garantiert. In dem Magnetfeld befinden sich 8 Lagen Silizium-Streifendetektoren. Der 6.7 t schwere Detektor hat eine geometrische Akzeptanz von 0.45 m^2 sr. Die Daten werden in einem Datenstrom von 2 Mbit/s zur Erde gesandt, wobei die interne Datenrate von 10 Gbit/s zunächst an Bord komprimiert wird.

Fermi-Satellit Das *Large Area Telescope* (LAT), das Hauptinstrument der Satellitenmission *Fermi Gamma-Ray Space Telescope* (Fermi), ist ein abbildendes Gammastrahlungs-Teleskop, das den Energiebereich von weniger als 20 MeV bis mehr als 300 GeV abdeckt [127]. Der Fermi-Satellit ist seit 2008 im Orbit und nimmt weiterhin Daten (Stand 2023). Mit dem Teleskop wird Gammastrahlung von diskreten und diffusen Quellen gemessen. Transiente Ereignisse werden verfolgt und gegebenenfalls schnelle Alarme an andere Experimente versandt ('Multi-Messenger-Astronomie').

Das Prinzip des Detektors und der Messung von Photonen ist in Abb. 16.11 dargestellt. Ein Photon passiert einen Plastikszintillator, der als Antikoinzidenz-Detektor geladene Teilchen diskriminieren soll, und konvertiert in einer Folie, die zu einem Stapel von 16 Konversionsfolien und 18 Si-Streifendetektoren gehört. Die Energie des erzeugten Elektron-Positron-Paares wird in einem darunter liegenden Kalorimeter aus CsI(Tl)-

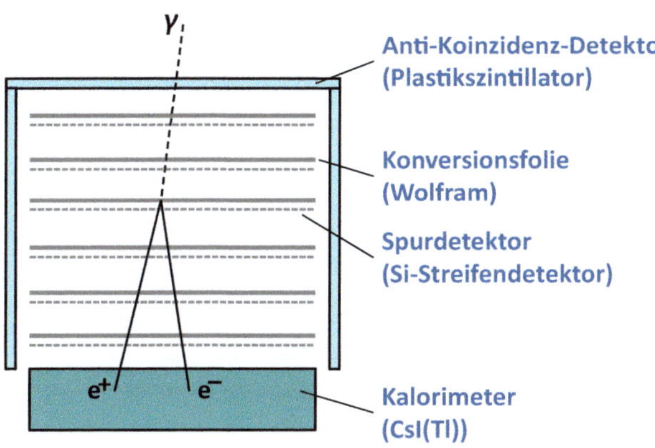

Abb. 16.11 Fermi-LAT: Vereinfachte Darstellung des LAT-Detektors auf dem Fermi-Satelliten (nach [420]). Siehe Erklärung im Text.

Kristallen (8.6 Strahlungslängen) gemessen. Die Silizium-Streifendetektoren erlauben die Vertex- und Richtungsrekonstruktion des Paares, meistens ohne die Doppelspur aufzulösen.

Der Detektor ist modular aufgebaut mit 16 'Türmen' in Teilchenrichtung und 89 Modulen des Plastikszintillators. Die Modularität ist wesentlich für die Untergrundunterdrückung. Der Detektor hat eine Fläche von $1.8\,\mathrm{m} \times 1.8\,\mathrm{m}$ und eine Höhe von $0.72\,\mathrm{m}$, was ein Gesichtsfeld von $2.4\,\mathrm{sr}$ erlaubt, entsprechend fast 20% des gesamten Himmels.

16.3 Die Atmosphäre als Kalorimeter

Wegen des steil abfallenden Energiespektrums kann kosmische Strahlung bei hohen Energien nicht mehr mit Detektoren, die von Satelliten oder Ballons getragen werden, vermessen werden. Der Teilchenfluss (Abb. 16.3) bei Energien oberhalb von $10^{15}\,\mathrm{eV}$ ist etwa $1/(\mathrm{m}^2{\cdot}\mathrm{Jahr})$ und oberhalb von $10^{20}\,\mathrm{eV}$ etwa $1/(\mathrm{km}^2 \cdot 100\,\mathrm{Jahre})$. Bei diesen Energien erzeugt ein primäres kosmisches Teilchen einen ausgedehnten Luftschauer (EAS = Extensive Air Shower), der die Erde erreichen und mit großflächigen Detektoren vermessen werden kann.

In diesem Abschnitt beschäftigen wir uns mit hadronischen Luftschauern, die von primären Protonen und Kernen ausgelöst werden. Die elektromagnetischen Schauer, die von hochenergetischen Photonen in der Atmosphäre erzeugt werden, werden in Abschnitt 16.5 behandelt.

16.3.1 Atmosphärische Tiefe

Für die Wechselwirkungswahrscheinlichkeit der kosmischen Strahlung mit der Erdatmosphäre ist die so genannte 'atmosphärische Tiefe' wesentlich, das ist die integrierte Massendichte von der Höhe h bis unendlich:

$$X(h) = \int_h^\infty \rho(z) dz \,, \tag{16.5}$$

wobei h die Höhe, in der Regel bezogen auf Meereshöhe, und ρ die Dichte der Luft ist. Die gesamte Atmosphäre hat auf Meereshöhe die atmosphärische Tiefe

$$X(0) = 1033\,\mathrm{g\,cm^{-2}} \,, \tag{16.6}$$

wobei die sogenannte 'Internationale Standardatmosphäre' (ISA)[145] mit den Parametern $p_0 = 1013\,\mathrm{hPa}$, $\rho_0 = 1.225\,\mathrm{kg/m^3}$, $T_0 = 15\,°\mathrm{C}$ auf Meereshöhe und einem mittleren Temperaturprofil, wie in [369] beschrieben, zugrunde gelegt wurde.

Eine Abschätzung für das Dichteprofil $\rho(h)$ der Atmosphäre erhält man mit Hilfe der barometrische Höhenformel. Der Gewichtszuwachs der Atmosphäre mit der Höhe, $\rho\, g\, dh$, (g ist die Erdbeschleunigung) bewirkt eine Druckänderung mit der Höhe von

$$\frac{dp(h)}{dh} = -\rho(h)\, g \,. \tag{16.7}$$

Über die ideale Gasgleichung sind Druck und Dichte bei gegebener Temperatur miteinander verknüpft,

$$\rho(h) = \frac{p(h)\, M}{R T} \,. \tag{16.8}$$

Dabei sind M die molare Masse der Luft ($M = 28.96\,\mathrm{g/mol}$ für trockene Luft), $R = 8.31\,\mathrm{J\,mol^{-1}\,K^{-1}}$ die universelle Gaskonstante und T die absolute Temperatur sind. Mit der Annahme, dass Temperatur, Luftzusammensetzung und Erdbeschleunigung über die gesamte Atmosphäre konstant sind, ergibt sich nach Einsetzen von (16.8) in (16.7) die barometrische Höhenformel für die Höhenabhängigkeit des Druckes:

$$p(h) = p_0\, \mathrm{e}^{-h/H}, \quad \text{mit } H = \frac{RT}{Mg} = \frac{p_0}{\rho_0\, g} = 8.4\,\mathrm{km} \,. \tag{16.9}$$

Für g wurde hier die 'Standard-Erdbeschleunigung' $g_N = 9.80665\,\mathrm{m\,s^{-2}}$ [816] eingesetzt. Da sich die Erdbeschleunigung bis zu Höhen von 30 km nur um etwa 1% ändert, ist $g = const$ eine gute Näherung für die Berechnung von Eigenschaften der Atmosphäre. Wegen der linearen Abhängigkeit (mit den obigen Annahmen) von $p(h)$ und $\rho(h)$ gilt für die Dichte die gleiche exponentielle Abhängigkeit von der Höhe:

$$\rho(h) = \rho_0\, \mathrm{e}^{-h/H} \,. \tag{16.10}$$

[145] Die ISA wurde durch die International Civil Aviation Organization (ICAO) definiert und wird vor allem in der Luftfahrt benutzt [369].

In der Literatur findet man für H unterschiedliche Werte, abhängig von den Annahmen über p_0, ρ_0 und von der Bezugstemperatur. Da die Temperatur der Atmosphäre mit der Höhe variiert, approximiert man die Atmosphäre häufig durch eine Verknüpfung von Exponentialfunktionen der Art (16.9) oder (16.10). Der Parameter H wird dann eine Funktion der Temperatur T, entsprechend (16.10):

$$H(T) = \frac{R\,T}{M\,g} = 0.02928T\,\mathrm{km/K}\,. \tag{16.11}$$

Zum Beispiel ergibt sich für die untere Stratosphäre mit einer typischen Temperatur von 220 K, $H \approx 6.5\,\mathrm{km}$ [464].

Mit (16.10) ergibt die Integration von (16.5) für die atmosphärische Tiefe bei der Höhe h die Abschätzung

$$X(h) = X(0)\,\mathrm{e}^{-h/H}\,. \tag{16.12}$$

Wegen (16.7) kann man die atmosphärische Tiefe in (16.5) auch durch ein Integral über das Druckprofil ausdrücken:

$$X(h) = \int_0^{p(h)} \frac{dp}{g} \qquad \Longrightarrow \qquad X(h) \approx \frac{p(h)}{g} \quad \text{für } g = const\,. \tag{16.13}$$

Für genauere Bestimmungen der Dichteverteilung bezieht man sich auf gemessene Druck- und Temperaturprofile $p(h)$, $T(h)$ (zum Beispiel mit Wetterballons und/oder -satelliten).

Eine praktische Parametrisierung der atmosphärischen Tiefe für verschiedenen Höhenbereiche findet man in [464] (Gleichung 5.59 in dieser Referenz). Zum Beispiel wird in dem für die erste Wechselwirkung der kosmischen Strahlung relevanten Bereich, das ist der Bereich $25\,\mathrm{g/cm^2} < X(h) < 230\,\mathrm{g/cm^2}$, entsprechend $11\,\mathrm{km} < h < 25\,\mathrm{km}$, die atmosphärische Tiefe beschrieben durch:

$$X(h) = X_0\,\mathrm{e}^{-h/H} = 1308.5\,\mathrm{g/cm^2} \times \exp\left(-\frac{h}{6.34\,\mathrm{km}}\right)\,. \tag{16.14}$$

Das Programm CORSIKA [552], das für die Simulation von Luftschauern weit verbreitet ist (siehe auch Abschnitt 16.4.1), bietet Parametrisierungen der Atmosphäre für verschiedene Regionen und Jahreszeiten an [553]. Die atmosphärische Tiefe wird durch eine Verknüpfung von fünf Funktionen der folgenden Art beschrieben:

$$\begin{aligned} X(h) &= a_i + b_i\,\mathrm{e}^{-h/c_i} \quad (i = 1, \ldots, 4)\,, \\ X(h) &= a_i - b_i\,h/c_i \quad (i = 5)\,. \end{aligned} \tag{16.15}$$

Die ersten vier Funktionen beschreiben die Atmosphäre bis 100 km, die fünfte Funktion oberhalb von 100 km. Die Parameter a_i, b_i and c_i sind für verschiedene geographische Regionen und verschiedene Jahreszeiten in Anhang F des CORSIKA User's Guide [553] tabelliert.

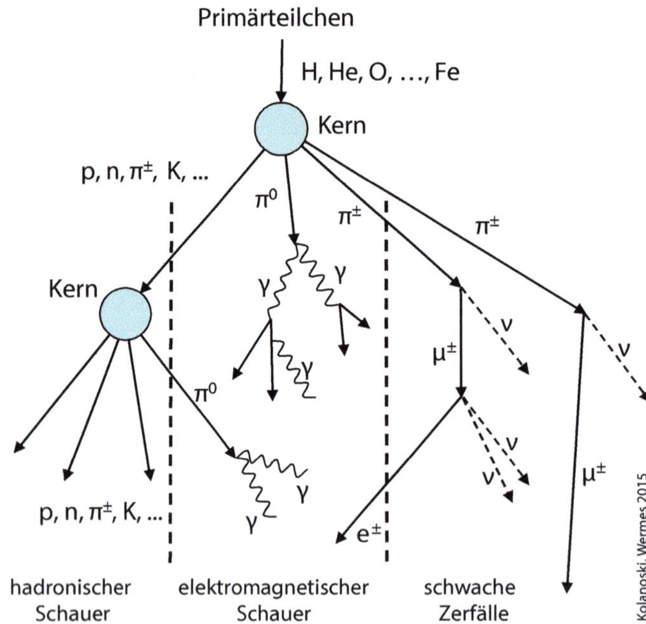

Abb. 16.12 Schematische Darstellung der verschiedenen Komponenten eines Luftschauers, der durch einen primären Kern (in der regel vollständig ionisiert) ausgelöst wurde. Die Abbildung ergänzt das Schema in Abb. 15.8 um die schwachen Zerfälle, die für dünne Medien relevant sind.

16.3.2 Entwicklung von hadronischen Luftschauern

Die Protonen und Kerne der kosmischen Strahlung wechselwirken mit den Atomkernen der Atmosphäre über die starke Wechselwirkung. Die mittlere freie Weglänge ergibt sich bei einem Wirkungsquerschnitt σ pro Targetteilchen und einer Dichte n der Targetteilchen zu (siehe (3.7) in Abschnitt 3.1):

$$\lambda_a = \frac{1}{n\,\sigma}, \quad \text{mit } n = \frac{\rho\, N_A}{A}. \tag{16.16}$$

Damit lässt sich die mittlere freie Weglänge in den gleichen Einheiten wie die atmosphärische Tiefe, nämlich als Massenbelegung, angeben:

$$\lambda'_a = \lambda_a\, \rho = \frac{A}{N_A\, \sigma}. \tag{16.17}$$

Als charakteristische Längenskala für die Entwicklung von Hadronschauer haben wir die 'nukleare Absorptionslänge' eingeführt, die als die mittlere freie Weglänge für Hadronen aufgrund inelastischer Streuung in Materie definiert ist (Gl. (3.149), siehe auch Abschnitt 15.3.3). Für Protonen ist die nukleare Absorptionslänge in Luft(in Einheiten der Massenbelegung) $\lambda'_a \approx 90\,\mathrm{g\,cm^{-2}}$ [816, 814] (siehe Tab. 15.3 auf Seite 695). Die Atmosphäre stellt also $1033/90 \approx 12$ Absorptionslängen für Protonen (mehr für komplexere Kerne) dar, was sie für kosmische Hadronen praktisch undurchdringlich macht. Der Absorptionslänge λ'_a entspricht eine mittlere Höhe h_1 für die erste (inelastische) Wechselwirkung:

$$\lambda'_a = X(h_1) = X_0\, \mathrm{e}^{-h_1/H} \quad \Longrightarrow \quad h_1 = H\, \ln \frac{X_0}{\lambda'_a} \approx 17\,\mathrm{km}. \tag{16.18}$$

Tab. 16.1 Eigenschaften der Teilchen, die hauptsächlich (neben Kernfragmenten) in Luftschauern entstehen.

Teilchen	Masse (MeV/c^2)	dominante Zerfälle	Lebensdauer (s)	$c\tau$ (m)
p	938.27			
n	939.57	$pe\nu$	885.7	$2.6 \cdot 10^{11}$
$\pi^\pm$	139.57	$\mu\nu$	$2.6 \cdot 10^{-8}$	7.8
π^0	134.98	$\gamma\gamma$	$8.4 \cdot 10^{-17}$	$25.5 \cdot 10^{-9}$
$K^\pm$	493.68	$\mu\nu$, $\pi\pi$	$1.24 \cdot 10^{-8}$	3.7
K_S^0	497.61	$\pi\pi$	$8.95 \cdot 10^{-11}$	$2.6 \cdot 10^{-2}$
K_L^0	497.61	$\pi e\nu$, $\pi\mu\nu$, 3π	$5.12 \cdot 10^{-8}$	15.3
$e^\pm$	0.51			
$\mu^\pm$	105.66	$e\nu\nu$	$2.2 \cdot 10^{-6}$	658.6
ν_e, ν_μ	≈ 0			

Der Zahlenwert ergibt sich mit den Parametern $X_0 = 1308.5\,\text{g}\,\text{cm}^{-2}$ und $H = 6.34\,\text{km}$ entsprechend der Approximation (16.14), die den Höhenbereich zwischen 11 und 25 km abdeckt, also den relevanten Bereich für die erste Wechselwirkung.

Die Absorptionslänge λ'_a ist ein fester Parameter, entsprechend einer mittleren freien Weglänge eines Hadrons bei einer Referenzenergie, die in Bezug auf die Energie kosmischer Strahlung relativ niedrig ist (siehe die Fußnote 137 auf Seite 696). Da der Wirkungsquerschnitt von Hadronen bei höheren Energien ansteigt (siehe [816]) ist die tatsächliche mittlere freie Weglänge kürzer und entsprechend steigt die Höhe der ersten Wechselwirkung mit wachsender Energie an (die atmosphärische Tiefe wird kleiner). Zum Beispiel ist bei 10^{16} eV die mittlere freie Weglänge von Protonen in Luft etwa 60% des festen Parameters λ'_a (siehe z. B. [17]), womit sich $h_1 \approx 20\,\text{km}$ ergibt. Für schwerere Kerne steigt der Wirkungsquerschnitt mit der Massenzahl $\mathcal{A}_p$ der Projektile bei niedrigen Energien etwa wie $\mathcal{A}_p^{2/3}$ und nähert sich bei hohen Energien einer Proportionalität zu $\mathcal{A}_p$ (wie zuvor unterscheiden wir die Massenzahl $\mathcal{A}$ von der atomaren Masse A, siehe Fußnote 3 auf Seite 30). Da $\mathcal{A}_p$ der Anzahl der Nukleonen entspricht, bedeutet die Proportionalität zu $\mathcal{A}_p$, dass die Streuung inkohärent an einzelnen Nukleonen erfolgt.

Die hadronische Komponente der kosmischen Strahlung, vorwiegend Protonen und Kerne, erzeugen in der Atmosphäre Teilchenschauer durch inelastische Reaktionen (Abb. 16.12). Entsprechend unterscheidet man zwischen primärer und sekundärer kosmischer Strahlung, wobei primäre Strahlung die auf die Atmosphäre auftreffenden Teilchen bezeichnet, während die sekundäre Strahlung erst in Wechselwirkungen der primären kosmischen Teilchen mit der Atmosphäre entsteht[146].

Die Entwicklung hadronischer Schauer wird in dem Kapitel über Kalorimeter in Abschnitt 15.3 besprochen. Die Atmosphäre unterscheidet sich von einem kompakten Ka-

[146]In einem anderen Kontext bezeichnet man als 'primäre Teilchen' die in den kosmischen Quellen beschleunigten und als 'sekundäre Teilchen' die auf dem Weg durch das Weltall in Reaktionen erzeugten.

lorimeter durch die niedrigere Dichte (mindestens um drei Größenordnungen geringer), die niedrigere Kernladungszahl und einen Dichtegradienten. Wir heben im Folgenden die damit zusammenhängenden Unterschiede hervor, die sich insbesondere dadurch ergeben, dass schwache Zerfälle nicht mehr zu vernachlässigen sind.

In einer bestimmten Entwicklungsstufe eines Schauers verbleibt ein Teil der hadronischen Energie in der hadronischen Schauerkomponente, ein anderer Teil geht über Zerfälle in Photonen, Elektronen und Positronen über, die elektromagnetische Kaskaden initiieren, und ein weiterer Teil erreicht den Detektor als Myonen oder Neutrinos. Das charakteristische Verhalten dieser drei Komponenten kann man sich am einfachsten klar machen, wenn man annimmt, dass in den hadronischen Wechselwirkungen vor allem Pionen erzeugt werden. Die neutralen und geladenen Pionen (π^0, $\pi^\pm$, Tab. 16.1) zerfallen dominant in folgende Kanäle:

$$\pi^0 \to \gamma + \gamma\,, \tag{16.19}$$

$$\pi^+ \to \mu^+ + \nu_\mu\,, \tag{16.20}$$

$$\pi^- \to \mu^- + \bar{\nu}_\mu\,. \tag{16.21}$$

Die neutralen Pionen, deren Anteil etwa ein Drittel ist, zerfallen praktisch spontan in zwei Photonen (elektromagnetische Wechselwirkung). Die Photonen lösen dann einen elektromagnetischen Schauer aus, das heißt eine Kaskade von Photonen, Elektronen und Positronen (Abschnitt 15.2). Weil sich die Energie relativ schnell in einer solchen Kaskade aufteilt, nennt man den elektromagnetischen Anteil die **weiche Komponente** des Luftschauers (Abb. 16.12). Die Absorptionslänge einer elektromagnetischen Kaskade ist durch die Strahlungslänge (Abschnitt 3.3.2) der Luft $X_0^{\text{Luft}} = 36.6\,\text{g}\,\text{cm}^{-2}$ gegeben. Die **hadronische Komponente** des Luftschauers (Abb. 16.12) überträgt durch die Erzeugung von neutralen Pionen und anderen Mesonen fortlaufend Energie in die elektromagnetische Komponente (siehe dazu auch die entsprechende Diskussion in Abschnitt 15.3).

In nicht sehr dichten Medien, wie der Atmosphäre, können die Wahrscheinlichkeiten für schwache Zerfälle, wie die geladener Pionen und Kaonen (Tab. 16.1), mit den Wahrscheinlichkeiten für starke Wechselwirkungen in dem Medium konkurrieren (Abb. 16.12). Die dominierenden Zerfallsmoden sind:

$$\pi^\pm \to \mu^\pm\, \nu_\mu\, (\bar{\nu_\mu})\,, \tag{16.22}$$

$$K^\pm \to \mu^\pm\, \nu_\mu\, (\bar{\nu_\mu})\,. \tag{16.23}$$

Dabei tragen die Neutrinos Energie weg, die für die Schauerrekonstruktion praktisch nicht nachgewiesen werden kann. Das Verhältnis der Wahrscheinlichkeiten für Zerfall und Reaktion ist wegen der Energieabhängigkeit der mittleren Zerfallslänge (mit den Lorentz-Variablen $\gamma = E/(mc^2)$, $\beta = v/c$ und der Lebensdauer τ),

$$\lambda_\tau = \gamma\,\beta\, c\,\tau = \frac{|\vec{p}|}{mc}\, c\,\tau\,, \tag{16.24}$$

und der Dichteabhängigkeit der Wechselwirkungslänge,

$$\lambda_a = \frac{A}{\rho N_A \sigma_{inel}}\,, \tag{16.25}$$

stark abhängig von der Energie des Teilchens und der Dichte des Mediums: Bei niedrigen Energien und geringen Dichten dominiert der Zerfall, bei hohen Energien und hohen Dichten dominieren die Wechselwirkungen. Zum Beispiel ist für ein geladenes Pion mit $E = 1\,\text{GeV}$ die mittlere Zerfallslänge $\lambda_\tau = 55\,\text{m}$, das entspricht in der Höhe der ersten Wechselwirkung nur etwa 1% einer Wechselwirkungslänge, das heißt, der Zerfall ist etwa 100-mal häufiger als eine Wechselwirkung. Zerfalls- und Reaktionswahrscheinlichkeiten werden also erst bei Pionenergien um 100 GeV etwa gleich.

Die vorwiegend aus Pion- und Kaonzerfall stammenden Myonen (und Neutrinos) stellen die **harte Komponente** des Schauers dar (Abb. 16.12). Oberhalb einer Energie von einigen GeV haben Myonen eine sehr hohe Chance, bis zur Erde zu kommen. Das liegt an der langen Lebensdauer, die relativistisch nach (16.24) gedehnt wird, und der geringen Wechselwirkung mit Materie, die im Wesentlichen nur zu Energieverlust durch Ionisation führt. Ein minimal-ionisierendes Teilchen (Abschnitt 3.2.1) verliert nur knapp 2 GeV durch Ionisation in der gesamten Atmosphäre, während die mittlere Zerfallslänge von Myonen mit mehr als 3 GeV Energie länger ist als die mittlere Höhe der ersten Wechselwirkung bei etwa 20 km.

Myonen zerfallen in Elektronen und Neutrinos:

$$\mu^+ \to e^+ + \nu_e + \bar{\nu}_\mu \,, \tag{16.26}$$

$$\mu^- \to e^- + \nu_\mu + \bar{\nu}_e \,. \tag{16.27}$$

Deshalb können Myonen sowohl zu der weichen als auch zu der harten Komponente eines Schauers beitragen. Ein Schauer (Abb. 16.12) besitzt somit

- eine weiche elektromagnetische Komponente (Elektronen, Positronen, Photonen),
- eine harte myonische Komponente (mit assoziierten Neutrinos),
- eine hadronische Komponente.

Jede Komponente kann einzeln nachgewiesen werden und zum Nachweis von Teilchen der kosmischen Strahlung genutzt werden.

Den größten Anteil an einem atmosphärischen Teilchenschauer (Abb. 16.12) hat die elektromagnetische Komponente, weil nach der anfänglichen Ausbildung eines hadronischen Schauers in der Kaskade immer wieder neutrale Pionen erzeugt werden, die spontan in zwei Photonen zerfallen und damit aus der hadronischen Kaskade ausscheiden (siehe die entsprechende Gleichung (15.26) für kompakte Kalorimeter, bei denen allerdings die schwachen Zerfälle vernachlässigt werden können). Während in größerer Höhe die elektromagnetische Komponente vor allem durch die Photonen aus dem π^0-Zerfall gebildet wird, tragen am Ende der Schauerentwicklung vor allem die Elektronen und Positronen aus den Myonzerfällen bei.

Wegen des mit der Energie stark abfallenden Spektrums der kosmischen Strahlung (Abb. 16.3) dominieren niedrige Schauerenergien, so dass für die meisten Schauer die hadronischen und die elektromagnetischen Komponenten am Erdboden bereits absorbiert sind. Die am Erdboden ankommenden Sekundärteilchen der kosmischen Strahlung bestehen überwiegend aus Myonen und Elektronen aus dem Myonzerfall. Auf Meereshöhe ist der Fluss vertikaler Myonen oberhalb von 1 GeV/c [170]

$$\frac{dN}{dA\,dt\,d\Omega} \approx \frac{70}{\mathrm{m^2\,s\,sr}}\,, \tag{16.28}$$

mit einer Zenitwinkelverteilung[147] etwa proportional zu $\cos^2\theta$ (siehe dazu auch Abschnitt 6.3 in [464]). Diese frei verfügbaren kosmischen Myonen, auch als *cosmics* bezeichnet, werden häufig für Detektortests benutzt. Der über eine halbe Hemisphäre integrierte Fluss (16.28) führt zu der bekannten Faustregel für die Rate [170]:

$$\frac{dN}{dA\,dt} \approx \frac{1}{\mathrm{cm^2\,min}}\,. \tag{16.29}$$

16.3.3 Eigenschaften von hadronischen Luftschauern

Longitudinale Schauerentwicklung Über den größten Teil der Entwicklung eines Luftschauers dominiert die elektromagnetische Komponente die Zahl der Schauerteilchen und die deponierte Energie. Die longitudinale Verteilung der Elektronenzahl N_e als Funktion der atmosphärischen Tiefe (Gleichung (16.5)) wird durch die Gaisser-Hillas-Formel angegeben [465]:

$$N_e(X) = N_{e,max}\left(\frac{X - X_1}{X_{max} - X_1}\right)^{\frac{X_{max}-X_1}{\Lambda}} \exp\frac{X_{max} - X}{\Lambda}, \tag{16.30}$$

wobei $N_{e,max}$ die Elektronenzahl am Schauermaximum, X_{max} die atmosphärische Tiefe des Schauermaximums und X_1 die Tiefe der ersten Wechselwirkung sind. Der Parameter Λ ist eine effektive Strahlungslänge, die etwa 70 g/cm^2 beträgt. Für die Beschreibung individueller Schauer können $N_{e,max}$, X_{max}, X_1 und Λ als freie Parameter angepasst werden. Die Fluktuationen dieser Größen von Schauer zu Schauer sind relativ groß, wie es für hadronische Schauer typisch ist.

Die Gaisser-Hillas-Formel ähnelt sehr der Longo-Formel (15.17) in Abschnitt 15.2.2.1 für die Entwicklung elektromagnetischer Schauer, wobei allerdings die Gaisser-Hillas-Formel die elektromagnetische Komponente eines hadronischen Schauers beschreibt. Auch hier ergibt sich, dass die mittlere Anzahl der Elektronen im Schauermaximum proportional zur Primärenergie ist. Nach einer Parametrisierung in [465] gilt für Schauer, die von Protonen ausgelöst werden:

$$\langle N^p_{e,max}\rangle = S_0\,\frac{E}{E_k}\,, \tag{16.31}$$

wobei $E_k = 87.9$ MeV die kritische Energie der Luft (Abschnitt 3.3.3, Tab. 3.4) und $S_0 = 0.045$ ein empirischer Parameter[148] [465] ist. Auch die Position des Schauermaximums

[147] Auf Meereshöhe wird der Fluss durch GeV-Myonen dominiert; bei sehr hohen Energien wird die Winkelverteilung flacher und geht schließlich für $\theta < 70°$ in eine Verteilung proportional zu $1/\cos\theta$ über [170].

[148] In elektromagnetischen Schauern wird die gesamte Anzahl an erzeugten Elektronen durch $N_{tot} = E/E_k$ abgeschätzt (siehe (15.8) in Abschnitt 15.2.1). Der Parameter S_0 berücksichtigt, dass in hadronischen Schauern nur ein Teil der Energie in die elektromagnetische Komponente geht und dass Elektronen vor und nach dem Schauermaximum erzeugt und vernichtet werden.

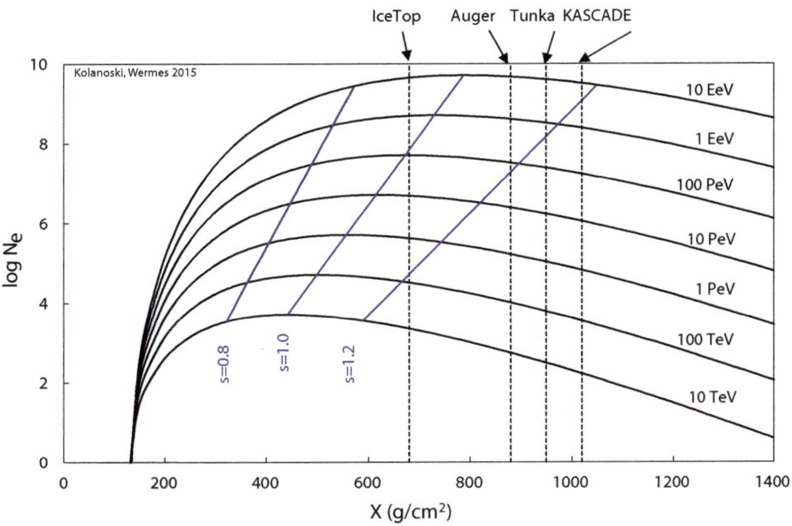

Abb. 16.13 Mittlere longitudinale Schauerprofile für primäre Protonen. Die Elektronenzahl ist aufgetragen gegen die atmosphärische Tiefe für verschiedene Primärenergien. Die Geraden verbinden die Punkte gleichen Schaueralters s (Gleichung (16.35), zum Beispiel verbindet $s = 1$ die Schauermaxima). Exemplarisch sind die atmosphärischen Tiefen von vier Experimenten eingezeichnet, von IceTop, der Oberflächenkomponente des Neutrino-Observatoriums IceCube am Südpol, in einer Höhe von nahezu 3000 m über dem Meeresspiegel ($X \approx 680\,\mathrm{g\,cm^{-2}}$), des Pierre-Auger-Observatoriums in Argentinien in einer Höhe von etwa 1350 m ($X \approx 880\,\mathrm{g\,cm^{-2}}$), Tunka in der Nähe des Baikalsees in einer Höhe von etwa 675 m ($X \approx 950\,\mathrm{g\,cm^{-2}}$) und von KASCADE in Karlsruhe mit einer Höhe von 110 m fast auf Meeresniveau ($X \approx 1020\,\mathrm{g\,cm^{-2}}$).

ist wie bei einem rein elektromagnetischen Schauer (siehe Gleichung (15.19)) linear von $\ln E$ abhängig [624]:

$$\langle X^p_{max} \rangle = c + d^p \ln E\,. \tag{16.32}$$

Die Parameter c und die so genannte Elongationsrate d^p werden durch Simulationen zu $c \approx 200\,\mathrm{g/cm^2}$ (für E in GeV) und $d^p \approx 25\,\mathrm{g/cm^2}$, entsprechend einem Zuwachs pro Dekade von $d^p_{10} = \ln 10\, d^p \approx 60\,\mathrm{g/cm^2}$, bestimmt.

Wenn schwerere Kerne einen Schauer auslösen, kann man näherungsweise annehmen, dass ein Kern mit der Massenzahl $\mathcal{A}$ und der Energie E wechselwirkt wie $\mathcal{A}$ unabhängige Nukleonen mit jeweils der Energie $E/\mathcal{A}$. Dann ergibt sich für die mittleren Schauerparameter [624]:

$$\langle N^{\mathcal{A}}_{e,max} \rangle \approx \mathcal{A}\left(S_0\,\frac{E/\mathcal{A}}{E_k}\right) = \langle N^p_{e,max} \rangle \tag{16.33}$$

und

$$\langle X^{\mathcal{A}}_{max} \rangle = c + d^p \ln(E/\mathcal{A}) = \langle X^p_{max} \rangle - d^p \ln \mathcal{A}\,. \tag{16.34}$$

Für Protonen und Eisenkerne ist der Unterschied $d^p \ln 56 \approx 100\,\mathrm{g/cm^2}$. Im allgemeinen Fall ist die kosmische Strahlung aus verschiedenen Kernen zusammengesetzt, und $\ln \mathcal{A}$ ist durch eine Mittelung über die Häufigkeitsverteilung, $\langle \ln \mathcal{A} \rangle$, zu ersetzen. Die Streuung von X_{max} wird mit wachsendem $\mathcal{A}$ geringer, weil näherungsweise $\mathcal{A}$ unabhängige

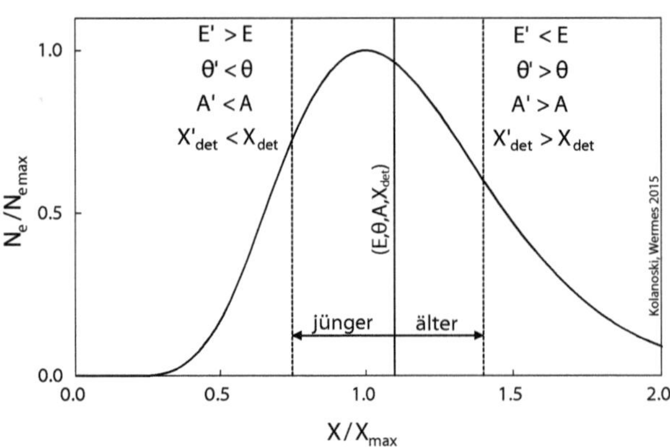

Abb. 16.14 Schematische Darstellung der Detektorposition relativ zum Schauermaximum bei Variation der Schauerparameter Energie E, Zenitwinkel θ und Masse A des primären Teilchens, gemessen unter einer Atmosphäre der Tiefe X_{det}. Die durchgezogene Linie gibt die Lage des Referenzdetektors relativ zu dem Schauerprofil an. Die gestrichelten Linien geben die Änderungen der relativen Lage für die angegebenen Parametervariationen an. Nach [653].

Teilschauer, über die gemittelt wird, zu einem Gesamtschauer beitragen. Die gemessenen Mittelwerte und Streuungen von X_{max} werden zur Bestimmung der Massenzusammensetzung benutzt.

In Abb. 16.13 werden für Protonen mit Energien von 10 TeV bis 10 EeV longitudinale Profile der Elektronenzahl gezeigt. Eingezeichnet sind auch die Linien konstanten Schaualters s, das die Tiefe relativ zum Schauermaximum angibt:

$$s = 3\left(1 + \frac{2X_{max}}{X}\right)^{-1}. \tag{16.35}$$

Die longitudinale Schauerentwicklung wird durch ein Schaueralter von 0 bis 3 beschrieben, wobei sich der Wert 1 am Schauermaximum ergibt.

Die Höhenlage des Detektors beeinflusst, was von einem Schauer gesehen wird. Bei verschiedenen Detektorhöhen werden unterschiedliche Bereiche der Schauerentwicklung untersucht. Ein Abtasten von Schauerprofilen für eine gegebene Schauerenergie kann man auch durch Messung bei verschiedenen Zenitwinkeln erreichen, weil bei schrägem Einfall die effektive atmosphärische Tiefe (*slant depth@slant depth*) variiert wird.

Wie die verschiedenen Messgrößen eines Luftschauers von der Position des Detektors relativ zum Schauermaximum beeinflusst werden, wird schematisch in Abb. 16.14 gezeigt. Das Detektorsignal eines Schauers mit Energie E, Zenitwinkel θ und Masse A des primären Teilchens, gemessen in der atmosphärischen Tiefe X_{det}, wird als Referenzgröße benutzt. Jede Änderung eines dieser Parameter ändert das Schaueralter, bei dem der Schauer beobachtet wird. Zum Beispiel beobachtet man bei größeren Zenitwinkeln einen Schauer zu einer späteren Zeit in seiner Entwicklung als bei kleineren Zenitwinkeln.

Laterale Schauerentwicklung Für die laterale Ausdehnung elektromagnetischer und hadronischer Schauer in kompakten Kalorimetern haben wir nur grobe Parametrisierungen für die Schauerausdehnung angegeben (siehe Abschnitte 15.2.2 und 15.3.3). In kompakten Kalorimetern kann ein Schauer im Wesentlichen aus der gesamten Energiedeposition rekonstruiert werden, wobei die Verluste durch die Parameter der Schauerausdehnung abgeschätzt werden können. Im Gegensatz dazu werden Luftschauer gewöhnlich nur in einer Detektorebene gemessen. Dadurch wird die laterale Energieverteilung eines Schauers ein essentieller Bestandteil der Rekonstruktion kosmischer Strahlung aus Luftschauern.

Bei Primärenergien, für die das Schauermaximum in der Nähe des Detektors liegt, das heißt für Schaueralter um $s = 1$, ist für den Schauernachweis in einer Detektorebene insbesondere die laterale Verteilung der elektromagnetischen Komponente wesentlich. Bei 'alten' Schauern stirbt die elektromagnetische Komponente aus, und die myonische Komponente wird wichtiger. Die laterale Elektronendichte eines Luftschauers bei der atmosphärischen Tiefe X wird als Funktion des Abstands r von der Schauerachse durch die so genannte NKG-Funktion (NKG = Nishimura–Kamata–Greisen) beschrieben [623, 507]:

$$\rho(r, X) = C \frac{N_e(X)}{R_M^2} \left(\frac{r}{R_M}\right)^{s-2} \left(1 + \frac{r}{R_M}\right)^{s-4.5} . \tag{16.36}$$

Hier ist $N_e(X)$ die Anzahl der Elektronen gemäß (16.30), R_M der Molière-Radius (siehe Gleichung (15.21) in Abschnitt 15.2.2.2) und s das Schaueralter bei der atmosphärischen Tiefe X. Die Normierung auf die Anzahl $N_e(X)$ legt die Konstante C fest:

$$\begin{aligned} N_e(X) = 2\pi \int_0^\infty r\,\rho(r, X)\,dr &= 2\pi\, C\, N_e(X)\, B(s, 4.5 - 2s) \\ \Rightarrow \quad C = \frac{1}{2\pi\, B(s, 4.5 - 2s)} &= \frac{\Gamma(4.5 - s)}{2\pi\, \Gamma(s)\, \Gamma(4.5 - 2s)} . \end{aligned} \tag{16.37}$$

Dabei sind B und Γ die Beta- und die Gamma-Funktionen [269]. Der auf die Dichte bezogene Molière-Radius ist für Luft $\rho\, R_M = 8.83\,\mathrm{g/cm^2}$ [814]. Da die Schauerentwicklung durch die Atmosphärendichten oberhalb des Detektors bestimmt wird, ist es nicht ganz offensichtlich, welcher Radius auf Detektorniveau zu nehmen ist. In [507] wird vorgeschlagen, sich auf die Dichte bei etwa zwei Strahlungslängen oberhalb des Detektors zu beziehen.

Die NKG-Funktion (16.36) wird zur Beschreibung der Lateralverteilung der Elektronen in einem hadronischen Schauer benutzt, wobei in der Regel der Molière-Radius R_M als freier Parameter benutzt wird. Wenn auch die Exponenten in (16.36) frei angepasst werden, können mit der gleichen funktionalen Form auch die hadronische und die myonische Komponente beschrieben werden [231].

Die gemessenen Signale eines Luftschauers sind für Detektoren, die Teilchendurchgänge zählen (dünne Szintillationsdetektoren, Drahtkammern und ähnliche) etwa proportional zur Anzahl der geladenen Teilchen pro Fläche, unabhängig davon, ob es Elektronen, Myonen oder andere Teilchen sind. Wenn stattdessen deponierte Energien kalorimetrisch gemessen werden (zum Beispiel über die Cherenkov-Strahlung in Wasser- oder Eistanks) werden die elektromagnetisch wechselwirkenden Teilchen mit der deponierten Energie gewichtet, während Myonen annähernd energieunabhängige Signale liefern. Da zudem die Teilchenzusammensetzung im Schauer von der Detektorhöhe abhängt, wird die optimale Beschreibung der lateralen Schauerverteilung (*lateral distribution function*, LDF) für jedes Experiment unterschiedlich sein. Die LDFs haben aber gemeinsam, dass für nicht zu kleine Abstände r vom Schauerkern die Signale etwa mit einer Potenz von r abfallen, wie es auch für die NKG-Funktion (16.36) der Fall ist.

Abhängigkeiten von der Masse des primären Teilchens Die Bestimmung der Massenzusammensetzung der primären kosmischen Strahlung ist ein wichtiges Ziel der Luftschauerexperimente. Neben ihrer astrophysikalischen Bedeutung spielt die Massenzusammensetzung auch eine wichtige Rolle bei der Schauerrekonstruktion, weil die Bestimmung der Energie aus den Detektorsignalen im Allgemeinen die Kenntnis der primären Masse voraussetzt. Massenabhängigkeiten von Schauereigenschaften lassen sich darauf zurückführen, dass ein Kern mit der Massenzahl $\mathcal{A}$ und der Energie E wie $\mathcal{A}$ unabhängige Nukleonen mit jeweils der Energie $E/\mathcal{A}$ wechselwirkt, wie bereits weiter oben diskutiert (Seite 781). Um diese Masse aus einem Luftschauer zu bestimmen, was im Allgemeinen nur im statistischen Mittel möglich ist, kann man folgende massenabhängigen Observablen ausnutzen:

- Lage von X_{max}: Entsprechend Gleichung (16.34) wird das Schauermaximum mit höherer Nukleonenzahl $\mathcal{A}$ früher erreicht und hat eine geringere Streuung, weil $\mathcal{A}$ Primärwechselwirkungen beitragen.
- Myon-Häufigkeit: Eine größere Nukleonenzahl führt dazu, dass in den ersten Wechselwirkungen mehr Pionen erzeugt werden, die eine hohe Wahrscheinlichkeit haben zu zerfallen, bevor sie wieder wechselwirken, weil in der hohen, dünnen Atmosphäre ihr Zerfall im Vergleich zur Wechselwirkung häufiger ist als in einer dichten Atmosphäre. Je schwerer also der primäre Kern ist, umso mehr Myonen sind in einem Schauer enthalten. Das gilt besonders für die hochenergetischen Myonen aus den ersten Wechselwirkungen, die in einem engen 'Myon-Bündel' kollimiert um die Schauerachse auftreten (siehe Abschnitt 16.4).

Die in Abschnitt 16.4 beschriebenen Luftschauerdetektoren KASCADE und IceTop nutzen zur Massenbestimmung die Myon-Häufigkeit, dagegen Tunka und Auger hauptsächlich die Lage von X_{max}.

16.3.4 Gammaschauer

Hochenergetische Gammastrahlung mit Energien oberhalb von etwa 100 GeV können ebenfalls über ihre Schauerentwicklung in der Atmosphäre nachgewiesen werden. Der Schauer entwickelt sich als elektromagnetische Kaskade von Photonen, Elektronen und Positronen wie in Abschnitt 15.2 beschrieben. Grundsätzlich ist bei ausreichender Energie der Schauerteilchen auch Photoproduktion von Hadronen mit schwachen Zerfällen in Myonen möglich. Die Wirkungsquerschnitte dafür sind aber so klein, dass Gammaschauer als 'myon-arm' gelten, was als charakteristisches Merkmal zur Erkennung von Gammaschauern genutzt wird. Ein anderes Merkmal ist, dass sich Gammaschauer gleichmäßiger und lateral kompakter entwickeln als Hadronschauer (siehe Abschnitt 16.5.1).

Wegen der variablen Dichte der Atmosphäre ist auch hier die atmosphärische Tiefe in Einheiten einer Massenbelegung entsprechend Gleichung (16.5) als Längenskala

Tab. 16.2 Parameter des Schauermaximums eines Luftschauers, ausgelöst durch ein Photon der Energie E (t_{max} = Anzahl der Strahlungslängen bis zum Schauermaximum, X_{max} atmosphärische Tiefe am Schauermaximum, h_{max} Höhe des Schauermaximums).

E (GeV)	10^2	10^3	10^4	10^5	10^6
t_{max}	7.5	9.8	12.1	14.4	16.7
X_{max} (g/cm^2)	276	361	445	530	614
h_{max} (km)	11.1	8.8	7.1	5.6	4.4

zu benutzen ist. In entsprechenden Einheiten wird die longitudinale Entwicklung eines Gammaschauers durch die Strahlungslänge in Luft $X_0 = 36.66\,\text{g/cm}^2$ (Tab. 3.4) festgelegt. Die erste Wechselwirkung der Photonen mit der Luft findet im Mittel bei etwa $9/7\,X_0$ statt (siehe Gleichung (3.146)), das sind etwa $47\,\text{g/cm}^2$, entsprechend einer Höhe von etwa 26 km. Das Schauermaximum kann mit der Näherungsformel (15.19) mit der kritischen Energie $E_k = 87.9\,\text{MeV}$ aus Tab. 3.4 abgeschätzt werden:

$$t_{max} = \ln\frac{E_0}{E_k} + 0.5 \qquad \Longrightarrow \qquad X_{max} = X_0\left(\ln\frac{E_0}{E_k} + 0.5\right)\,. \tag{16.38}$$

In Tab. 16.2 sind für einige Energien Zahlenwerte für t_{max}, X_{max} und $h_{max} = h(X_{max})$ zusammengestellt. Die Höhe des Schauermaximums, h_{max}, wurde aus X_{max} berechnet, wobei (16.15) zusammen mit den Parametern der '*US standard atmosphere*' (Tabelle 23 in [553]) benutzt wurde.

16.4 Luftschauerdetektoren

Die von der hochenergetischen kosmischen Strahlung erzeugten ausgedehnten Luftschauer (EAS) können mit relativ kostengünstigen, großflächig auf dem Erdboden verteilten Detektoren nachgewiesen werden.

16.4.1 Nachweisprinzipien

Abbildung 16.15 zeigt das Prinzip der Entwicklung und des Nachweises eines ausgedehnten Luftschauers. Die Schauerteilchen bilden eine ausgedehnte Schauerfront, die sich nahezu mit Lichtgeschwindigkeit bewegt. Die Teilchenlawinen entwickeln sich entlang der Einfallsrichtung des Primärteilchens. Die laterale Verteilung der Schauerteilchen hat ein Maximum auf der Schauerachse und fällt nach außen in etwa mit einer Potenz des Abstands von der Achse ab, zum Beispiel entsprechend der NKG-Funktion (16.36). Im einem Detektor (in der Regel nahe der Erdoberfläche) misst man also die höchste Teilchenintensität in der Umgebung des Durchstoßpunktes der Schauerachse in der Detektorebene. Wegen der hohen Teilchendichte im Schauer genügt es, die einzelnen Schauerkomponenten stichprobenartig mit weitläufig verteilten Detektoren zu registrieren. Ein primäres Proton einer Energie von 10^{15} eV (1 PeV) erzeugt zum Beispiel in der Nähe der Erdober-

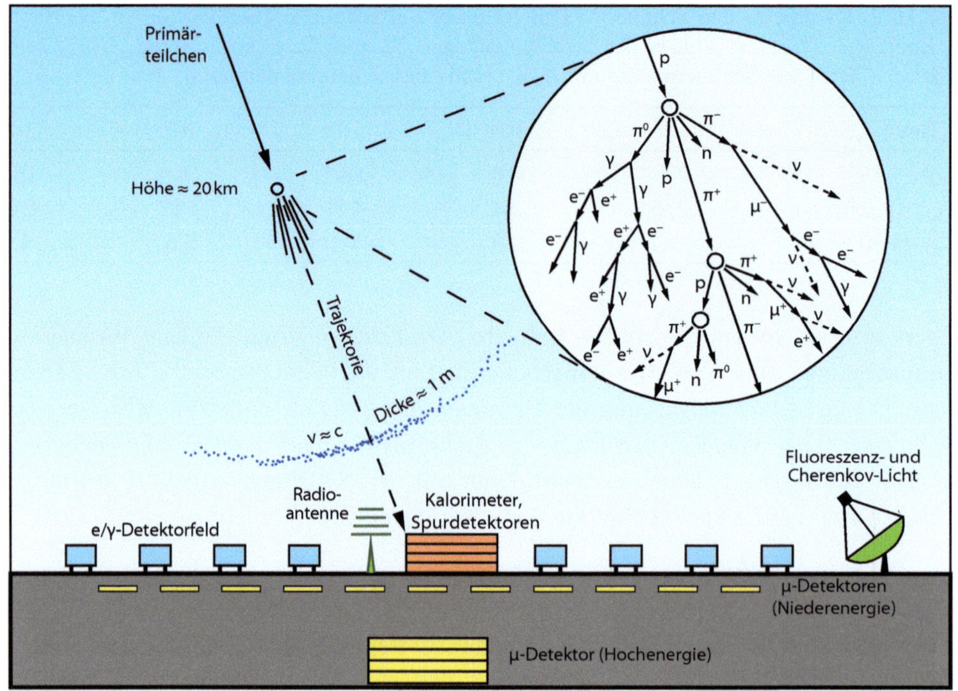

Abb. 16.15 Das Prinzip der Entwicklung und des Nachweises eines ausgedehnten Luftschauers (nach einer Zeichnung von K.-H. Kampert, veröffentlicht in [543]). Charakteristisch für Luftschauerexperimente sind großflächig verteilte Detektormodule, die vor allem auf die elektromagnetische Komponente (e/γ) sensitiv sind. Die Abstände zwischen den Detektoren und die Größe des Detektorfelds legen den messbaren Primärenergiebereich fest. Mit Ausdehnungen von 1 km^2 kann der Energiebereich bis zu einigen EeV abgedeckt werden; für die bisher höchsten Energien bis etwa 10^{21} eV braucht man Detektorfelder von einigen 1000 km^2. Neben dem direkten Nachweis der Schauerteilchen auf der Erdoberfläche können auch die Cherenkov-, Fluoreszenz- und Radiostrahlungen, die die Teilchen entlang der Schauerausbreitung in der Atmosphäre aussenden, zur Vermessung eines Schauers genutzt werden. Einige Experimente habe spezielle Detektoren für den Nachweis von Myonen, die gegen die anderen Schauerteilchen abgeschirmt werden. Für die dominanten niederenergetischen Myonen ($\sim$GeV) genügt eine wenige Meter dicke Erdschicht, zur Selektion hochenergetischer Myonen sind dickere Absorber notwendig, zum Beispiel ein mehr als 1 km w.e. (w.e. = wasseräquivalent) dicker Absorber für den TeV-Bereich (siehe Abb. 16.31 auf Seite 809). Manchmal werden die großflächig verteilten Detektoren durch Detektoren ergänzt, mit denen in einer beschränkten Akzeptanz detailliertere Untersuchungen der Schauerteilchen gemacht werden können, zum Beispiel mit Spurendetektoren und Kalorimetern.

fläche im Mittel 10^6 Sekundärteilchen (80% Photonen, 18% Elektronen und Positronen, 1.7% Myonen und 0.3% Hadronen).

Die eigentlich interessierenden Größen, nämlich Richtung, Energie und Masse der Primärteilchen, müssen jeweils aus den Eigenschaften der Luftschauer abgeleitet werden. Die Schwierigkeit der Messung steigt in der Reihenfolge der genannten Messgrößen: Während die Richtung unmittelbar aus den Messdaten abgelesen werden kann, erfordert die Bestimmung der Masse mehr oder minder aufwendige Luftschauersimulationen, anhand derer man durch Vergleich auf das ursprüngliche Teilchen schließen kann. Ein Standard auf diesem Gebiet ist das Luftschauersimulationsprogramm CORSIKA (COsmic Ray SImulations for KAscade) [552]. In dem Programm können verschiedene Modelle für die hadronische Wechselwirkung benutzt werden, was für systematische Studien sehr wichtig ist. Für die Wechselwirkungsmodelle gelten auch hier die in Abschnitt 15.3 angesprochenen Schwierigkeiten wegen der Komplexität von hadronischen Schauern und fehlender Eingabedaten. Bei sehr hohen Energien ist das Problem besonders offensichtlich, weil es dafür überhaupt keine Daten gibt.

16.4.2 Detektortechnologien

Zum Nachweis von Luftschauern werden verschiedene Detektortypen eingesetzt:

- flächige Szintillationszähler oder Drahtkammern (einige Quadratmeter pro Modul);
- Wasser- oder Eistanks mit wenigen Kubikmetern Volumen;
- dedizierte Myon-Detektoren mit Absorber- und Zählerschichten;
- Luft-Cherenkov-Detektoren;
- Fluoreszenzteleskope;
- Radioantennen.

Während die flächigen Zähler die Anzahl der Teilchen messen, liefern die Tanks Energiemessungen für elektromagnetisch wechselwirkende Teilchen. Myonen sind in Zählerdetektoren nicht von anderen geladenen Teilchen zu unterscheiden. In den Tanks hinterlassen hoch-energetische Myonen ein annähernd energieunabhängiges Signal. Es ist üblich, das Signal eines vertikal durch den Detektor gehenden Myons (VEM = *vertical equivalent muon*) zur Kalibration und als Einheit für Signale zu benutzen (statt z. B. Ladung oder Spannung).

Wegen der hohen Sensitivität der Myon-Produktion auf die Masse der primären Teilchen werden oft spezielle Myon-Detektoren installiert, die wenigstens stichprobenartig in einem Schauer Myonraten messen können. Die Schwellen liegen typischerweise bei unter einem GeV bis zu einigen GeV. Wenige Experimente können auch die TeV-Myonen im Kern des Schauers getrennt von den anderen Schauerteilchen nachweisen. Zum Beispiel hat das IceCube Neutrino Observatory [11] für Myonen, die im Eis gemessen werden, eine Schwelle von etwa 500 GeV (siehe Abschnitte 16.4.3 und 16.6.5).

Cherenkov-, Fluoreszenz- und Radiodetektoren sind auf die verschiedenen Abstrahlungsmechanismen der Elektronenkomponente in Luft sensitiv. Damit ist es möglich, einen großen Teil der Schauerentwicklung in der Luft zu verfolgen, so dass das Schauerprofil und insbesondere das Schauermaximum bestimmt werden können.

Während für die gebündelten Gammaschauer vorwiegend abbildende Cherenkov-Teleskope eingesetzt werden (siehe Abschnitt 16.5), wird zum Nachweis der breiteren Hadronschauer (siehe Abb. 16.21) meistens nur die Lateralverteilung des Cherenkov-Lichtes ohne Richtungsinformation gemessen. Die Schauerparameter werden dann aus der Lateralverteilung wie bei den oben besprochenen Teilchendetektoren rekonstruiert.

Zusätzlich kann die Höhe des Schauermaximums aus der Form der Lichtverteilung nahe der Schauerachse bestimmt werden (siehe dazu die Beschreibung des Experiments Tunka in Abschnitt 16.4.3).

Bei Energien oberhalb von 10^{17} eV lässt sich auch Fluoreszenzlicht im Wellenlängenbereich 300–400 nm effizient nachweisen. Es entsteht durch die Wechselwirkung geladener Teilchen mit Stickstoffmolekülen der Atmosphäre und kann bei solchen Energien mit abbildenden Spiegelsystemen in klaren Nächten in einer Entfernung bis zu 30 km beobachtet werden. Fluoreszenzmessungen sind für Experimente bei den höchsten bisher gemessenen Energien von großer Bedeutung für die Absolutkalibration der Energie und für die Bestimmung der Massenzusammensetzung (siehe dazu die Beschreibung des Pierre-Auger-Observatoriums in Abschnitt 16.4.3).

Die Nutzung der Abstrahlung von Radiowellen durch hochenergetische Schauer wird intensiv im Rahmen verschiedener Experimente untersucht, weil erwartet wird, dass mit dieser Nachweismethode sehr große Nachweisflächen kostengünstiger als bisher erreicht werden können. Die Radioabstrahlung ist stark in Richtung der Schauerentwicklung konzentriert und wird im Frequenzbereich von einigen MHz bis einige 100 MHz für Luftschauer und bis zu einigen GHz für Schauer in festen Medien gemessen. Damit Schauerteilchen Radiowellen abstrahlen, müssen die Ladungen getrennt werden, weil sich sonst die Abstrahlungen beider Ladungsvorzeichen destruktiv überlagern (ein Positron-Elektron-Paar sieht nach außen neutral aus, wenn man den Abstand nicht auflösen kann). Zwei Mechanismen der Ladungstrennung, die zu Radioabstrahlung führen, sind vorausgesagt und experimentell bestätigt worden: In der Atmosphäre überwiegt der Effekt der Ladungstrennung durch das Erdmagnetfeld ('geomagnetischer Effekt') [583] und in dichten Medien (Eis, Salz, Fels) der Aufbau einer lokalen Ladungsasymmetrie durch Positronannihilation und Produktion freier Elektronen durch Photoeffekt und Compton-Streuung ('Askariyan-Effekt' [119] oder 'Radio-Cherenkov-Effekt'). Der messbare Frequenzbereich ist durch die Abmessungen der Schauerfront gegeben, vor allem durch die Dicke der Schauerfront in Ausbreitungsrichtung, die in festen Medien geringer ist als in der Atmosphäre.

Luftschauerdetektoren sind in der Regel Anordnungen von vielen relativ kleinen Modulen, die in einem festen Abstand zueinander in einem Raster verteilt sind. Das notwendige Verhältnis der sensitiven zur gesamten Fläche des Detektors und damit die notwendige Größe eines Detektormoduls ergibt sich aus der Forderung, dass die statistischen Signalfluktuationen gegenüber den Schauerfluktuationen nicht dominieren sollten. Typischerweise entsprechen die minimalen Signale bei Zählerdetektoren einem oder wenigen Teilchen und bei kalorimetrischen Messungen einem Bruchteil eines Myonsignals. Die Abstände zwischen den Modulen werden entsprechend dem abzudeckenden Energiebereich optimiert: etwa 100 m bei den Detektoren, die im Bereich des 'Knies' (etwa 3×10^{15} eV) messen und bis zu mehr als 1 km bei den höchsten Energien um 10^{20} eV. Die Größe der gesamten Anordnung reicht von Bruchteilen von Quadratkilometern bis zu 3000 km^2, angepasst auf die zu erwartenden Flüsse kosmischer Strahlung.

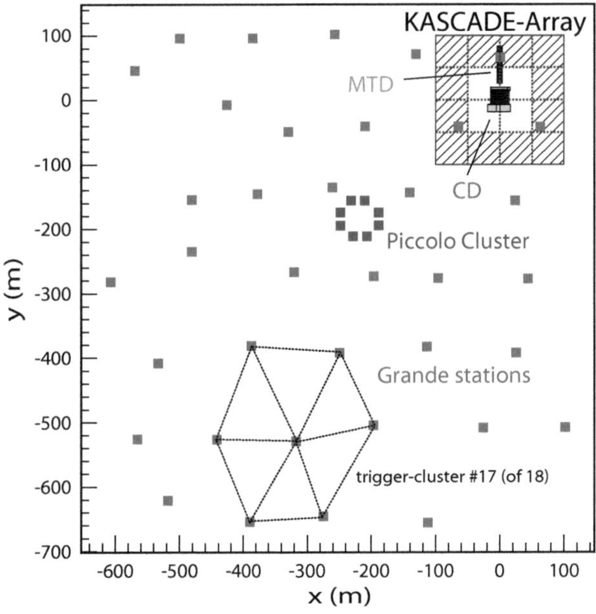

Abb. 16.16 Detektoranordnung des Experiments KASCADE-Grande (nach [108]). KASCADE-Grande besteht neben den auf der gesamten Fläche verteilten Grande-Stationen aus KASCADE (oben rechts) mit dem zentralen Detektor (CD) sowie dem Myontunnel (MTD) und der Triggeranordnung Piccolo. Eingezeichnet ist auch eine von mehreren Konfiguration von 7 Grande-Stationen, die bei gemeinsamen Ansprechen der Stationen die Datennahme auslöst. Siehe dazu die Beschreibung im Text.

16.4.3 Beispiele für Luftschauerexperimente

Im Folgenden werden drei Experimente besprochen, die in dem Bereich mittlerer Energien von etwa 10^{15} eV (nahe dem 'Knie', Abb. 16.3 auf Seite 763) bis 10^{18} eV mit unterschiedlichen Detektortechnologien das Energiespektrum und die Zusammensetzung der kosmischen Strahlung bestimmen sollen. Als weiteres Beispiel wird das Auger-Experiment vorgestellt, das kosmische Strahlung bei den höchsten bisher beobachteten Energien bis zu mehr als 10^{21} eV misst.

KASCADE und KASCADE-Grande Der Luftschauerdetektor KASKADE in Karlsruhe [106] besitzt 252 Detektorstationen, die schachbrettartig im Abstand von 13 m zueinander auf einer Fläche von 200 m × 200 m verteilt sind (oben rechts in Abb. 16.16). Die Stationen beinhalten Szintillationsdetektoren, vor allem zum Nachweis der elektromagnetischen Komponente eines Luftschauers, und unter einer 20 cm starken Blei-Eisen-Abschirmung einen Szintillationsdetektor zum Nachweis von Myonen. Das Zentrum der Anlage ist ein 20 m × 16 m großes Detektorsystem, bestehend aus einem 4000 t schweren Kalorimeter, zwei Ebenen aus Vieldraht-Proportionalkammern (Abschnitt 7.8), einer weiteren Ebene aus Streamer-Rohren (Abschnitt 7.6.3) sowie einer Triggerebene aus Szintillationszählern. Dieses System dient zur Vermessung der Hadronen, Myonen und Elektronen im Kernbereich des Luftschauers. Von diesem Zentraldetektor geht ein 50 m langer Tunnel aus, in dem Myonen nachgewiesen werden.

Die KASCADE-Detektoren werden durch KASCADE-Grande erweitert, eine Anordnung von 37 Stationen im jeweiligen Abstand von 130 m auf einer Fläche von 0.5 km^2 (Abb. 16.16). Jede KASCADE-Grande-Station ist mit 10 m^2 Szintillationsdetektoren aus-

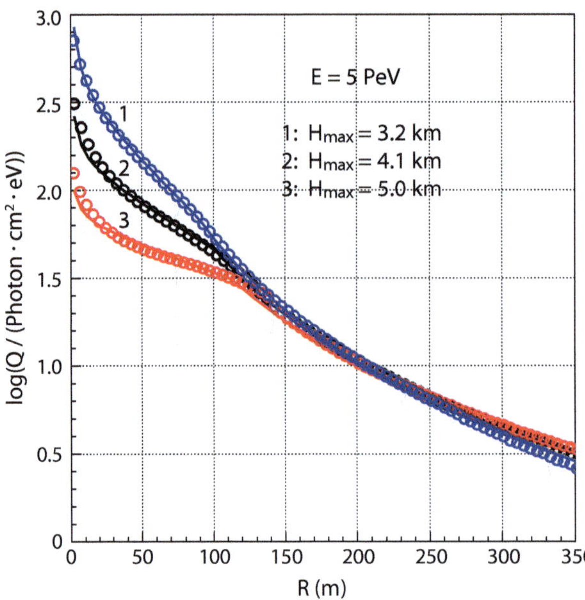

Abb. 16.17 Simulierte Lateralverteilungen des Cherenkov-Lichtes eines 5-PeV-Schauers, das von TUNKA registriert wird (aus [274], mit freundl. Genehmigung von Elsevier). Die Kurven gelten für verschiedene Höhen H_{max} des Schauermaximums, wie in der Abbildung angegeben. Die Kurven unterscheiden sich im Wesentlichen nur durch die Steigung bei kleinen Abständen vom Schauerzentrum, woraus die Lage des Schauermaximums bestimmt wird, die sensitiv auf die Masse des Primärteilchens ist. Die Energie wird aus der Lichtverteilung bei größeren Abständen bestimmt.

gestattet, mit denen im Wesentlichen die elektromagnetische Komponente eines Schauers gemessen wird. Eine kleine Anordnung von Szintillationsdetektoren, genannt Piccolo, liefert einen schnellen Trigger für alle Komponenten.

TUNKA-Experiment Das Experiment TUNKA-133 [105], gelegen im Tunka-Tal in der Nähe des Baikalsees, misst Luftschauer, die durch geladene kosmische Strahlung oder hochenergetische Gammastrahlung ausgelöst werden. Hauptbestandteil des TUNKA-Experiments ist ein 1 km^2 großes Messfeld aus 133 Photomultiplier-Detektoren, mit denen in dunklen, klaren Nächten das Cherenkov-Licht der Luftschauer gemessen wird. Das System ist nicht abbildend wie bei den Gamma-Teleskopen (Abschnitt 16.5) und ist dadurch sehr einfach und preisgünstig. Ein Nachteil ist, dass die Bedingungen an die Dunkelheit und den klaren Himmel in nur etwa 4% der Zeit Messungen zulassen.

Aus der Lateralverteilung des Lichtes lassen sich die Ankunftsrichtung, die Energie und die Masse des Primärteilchens rekonstruieren, wie in Abb. 16.17 erläutert wird. Da die Schauerteilchen bevorzugt unter kleinen Winkeln erzeugt werden, wird das Cherenkov-Licht in einen begrenzten Bereich um die Schauerachse emittiert (siehe dazu die Diskussion für Gamma-Teleskope in Abschnitt 16.5.1). Die Verteilung um die Schauerachse wird umso breiter, je höher das Schauermaximum liegt. Das erlaubt eine Bestimmung des Parameters X_{max}, aus dessen Verteilung auf die Massenzusammensetzung der Primärstrahlung geschlossen werden kann.

IceTop IceTop [16] ist ein 1 km^2 großer Luftschauerdetektor am Südpol über dem IceCube-Detektor, der sich 2000 m tief im Eis befindet (siehe die Beschreibung von IceCube ab Seite 812 und Abb. 16.33). IceTop hat 81 Stationen die jeweils 125 m voneinander entfernt sind. Eine Station hat jeweils zwei Tanks in einem Abstand von 10 m, die in

Abb. 16.18 IceTop-Luftschauerdetektor. Links: Zwei Tanks einer Station in einem Abstand von 10 m voneinander. Nach den Installationsarbeiten wird der Graben wieder mit Schnee bis zur Oberkante der Tanks gefüllt. Im Hintergrund sieht man die Südpolstation. Rechts: Blick in das Innere eines mit Wasser gefüllten Tanks, in dem die zwei optischen Module auf das Einfrieren warten. Quelle: IceCube Collaboration/NSF.

einem Volumen von $2.7\,\text{m}^2 \times 0.9\,\text{m}$ mit Eis gefüllt sind. An der Eisoberfläche registrieren zwei optische Module mit Photovervielfacherröhren das von den Luftschauerteilchen im Tank erzeugte Cherenkov-Licht (Abb. 16.18).

Ein Vorteil gegenüber KASCADE-Grande und TUNKA-133, die bei ähnlicher Größe etwa den gleichen Energiebereich abdecken, ist die Möglichkeit, hochenergetische Myon-Bündel in IceCube in Koinzidenz mit IceTop-Schauern zu messen. Wegen der großen Tiefe von IceCube erreichen nur hochenergetische Myonen (mindestens etwa 500 GeV) den IceCube-Detektor. Solche Myonen, die aus den ersten Wechselwirkungen in der hohen Atmosphäre stammen, zeigen sich im Eis als enge Bündel, deren Myon-Multipliziplitäten stark von der Masse des Primärteilchens abhängen.

Auger-Experiment Das Pierre Auger Observatory (PAO) [28] in der Provinz Mendoza in Argentinien deckt die höchsten bisher gemessenen Energien kosmischer Strahlung oberhalb von etwa 10^{18} eV ab. Insbesondere untersucht das Experiment, ob bei etwa 5×10^{19} eV das Spektrum abbricht, entsprechend der so genannten Greisen-Zatsepin-Kuzmin-Grenze (*GZK-Cutoff*) [508, 1071]. Ein solcher Abbruch des Spektrums wurde vorhergesagt, weil bei diesen Energien Protonen (etwas modifiziert auch Kerne) bei der Streuung an den Photonen der kosmischen Hintergrundstrahlung die Schwelle zur Pion-Produktion überschreiten, dabei Energie verlieren und im Spektrum nach unten verschoben werden.

Das Experiment bedeckt eine Fläche von etwa $3000\,\text{km}^2$ (etwa die Größe des Saarlands) und ist damit zurzeit (Stand 2023) das größte Experiment zur Beobachtung der kosmischen Strahlung (Abb. 16.19). Es hat 1600 Detektoren von jeweils $11.3\,\text{m}^2$ Fläche im Abstand von 1.5 km, die mit reinem Wasser gefüllt sind. In Ergänzung zu den Wasserdetektoren überwachen 30 Fluoreszenzteleskope von vier verschiedenen Beobachtungsstationen aus die darüberliegende Atmosphäre. Jedes Teleskop hat eine Spiegelfläche von etwa $12\,\text{m}^2$ und ein Gesichtsfeld von $30^\circ \times 30^\circ$. Damit kann die komplette Entwicklung eines Luftschauers verfolgt werden (Abb. 16.20).

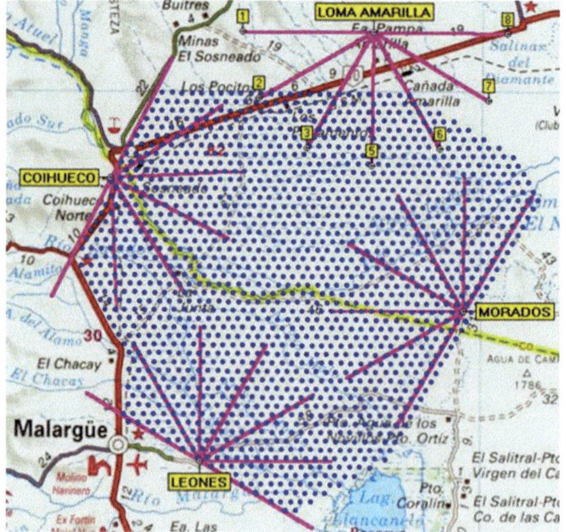

(a) Detektoranordnung des Auger-Experiments mit 1600 Wassertanks und vier Fluoreszenzteleskopen an der Peripherie des Gebiets.

(b) Detektortank des Auger-Experiments.

Abb. 16.19 Das Pierre Auger Observatory in Argentinien [28, 832]. Die Oberflächendetektoren befinden sich auf einer Höhe zwischen 1300 und 1400 m und damit bei einer atmosphärischen Tiefe von etwa 880 $\mathrm{g/cm^2}$.

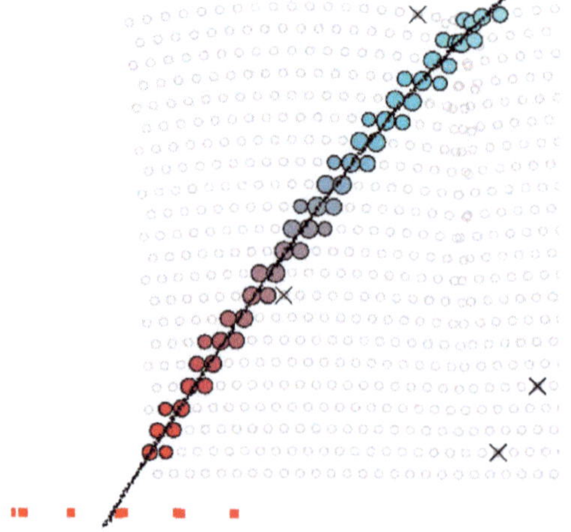

(a) Die von einem Fluoreszenzteleskop aufgezeichnete Lichtspur eines Luftschauers. Die schwarze Linie ist das rekonstruierte Bild der Schauerachse (nicht-lineare Abbildung). Die verschiedenen Tönungen zeigen die zeitliche Folge der Signale in den Pixeln der Teleskopkamera an. Die Quadrate am unteren Rand stellen die angesprochenen Oberflächendetektoren dar.

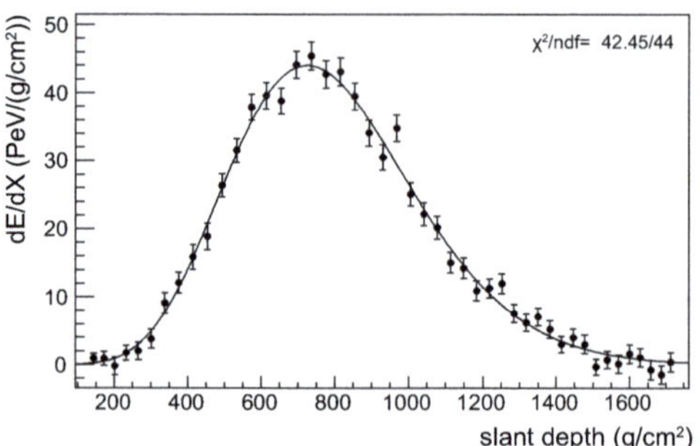

(b) Das longitudinale Profil der Energiedeposition eines Schauers in der Atmosphäre rekonstruiert aus Messungen der Fluoreszenzteleskope. Die Kurve ist eine Anpassung der Gaisser-Hillas-Funktion (16.30). Die rekonstruierte Energie ist etwa 3×10^{19} eV.

Abb. 16.20 Prinzip der Messung des Schauerprofils mit den Fluoreszenzteleskopen des Pierre-Auger-Experiments (aus [29], mit freundl. Genehmigung von Elsevier).

Mit dem gleichzeitigen Nachweis des Schauers durch Bodendetektoren und durch Fluoreszenzteleskope, die jeweils unabhängige Energiemessungen liefern, lässt sich die Energiekalibration besser kontrollieren. Eine inkorrekte Kalibration führt bei einem steilen Energiespektrum zu einer systematischen Verschiebung der absoluten Höhe des gemessenen Spektrums. Wenn das Energiespektrum (siehe Abb. 16.3) wie $E^{-\gamma}$ abfällt, dann ist der relative Fehler des Flusses F etwa um einen Faktor γ größer als der relative Energiefehler:

$$\frac{\Delta F}{F} \approx -\gamma \frac{\Delta E}{E} \tag{16.39}$$

Die Fluoreszenzmessungen erlauben auch, das Schauermaximum zu bestimmen, was eine Bestimmung der Massenzusammensetzung zulässt.

16.5 Cherenkov-Teleskope zur Messung von TeV-Gammastrahlung

Wegen der stark abfallenden Flüsse der Gammastrahlung wird die notwendige Fläche für hinreichende Ereigniszahlen bei hohen Gammaenergien schließlich zu groß für realistische Ballon- oder Satelliten-Detektoren. Für Gammastrahlung oberhalb von etwa 100 GeV (*Very High Energy*, VHE) wird die Wechselwirkung mit der Atmosphäre genutzt, die zur Ausbildung eines elektromagnetischen Schauers führt (Abschnitte 15.2 und 16.3.4).

Photonen mit Energien, die hoch genug sind, so dass die Schauerteilchen die Erdoberfläche erreichen, können grundsätzlich auch mit den erdgebundenen Luftschauerdetektoren (Abschnitt 16.4) für geladene kosmische Strahlung gemessen werden. In diesem Abschnitt wollen wir uns aber mit abbildenden Teleskopen befassen, die auf die TeV-Gamma-Astronomie spezialisiert sind. Die *Imaging Atmospheric Cherenkov Telescopes* (IACT) weisen die Cherenkov-Strahlung der von den VHE-Photonen ausgelösten Luftschauer nach. Beispiele für IACTs sind H.E.S.S. (High Energy Stereoscopic System) in Namibia [558], MAGIC (Major Atmospheric Gamma-ray Imaging Cherenkov Telescopes) auf La Palma [733] und VERITAS (Very Energetic Radiation Imaging Telescope Array System) in Arizona [1009]. Damit gibt es jeweils Standorte auf der nördlichen und der südlichen Erdhalbkugel, was für die Abdeckung des Himmels wichtig ist. Zum Beispiel kann das galaktische Zentrum nur von der Südhalbkugel aus beobachtet werden. Die nächste Generation der VHE-Gamma-Instrumente ist das Projekt '*Cherenkov Telescope Array*' (CTA) [349].

16.5.1 Cherenkov-Licht von Hadron- und Gammaschauern

Mit Cherenkov-Teleskopen werden vornehmlich Elektronen und Positronen, das heißt die elektromagnetische Komponente eines Luftschauers, nachgewiesen. Da auch in hadronischen Schauern die elektromagnetische Komponente dominiert (siehe Abschnitt 16.3.2), werden andere Kriterien als nur die Cherenkov-Lichtausbeute benötigt, um die VHE-

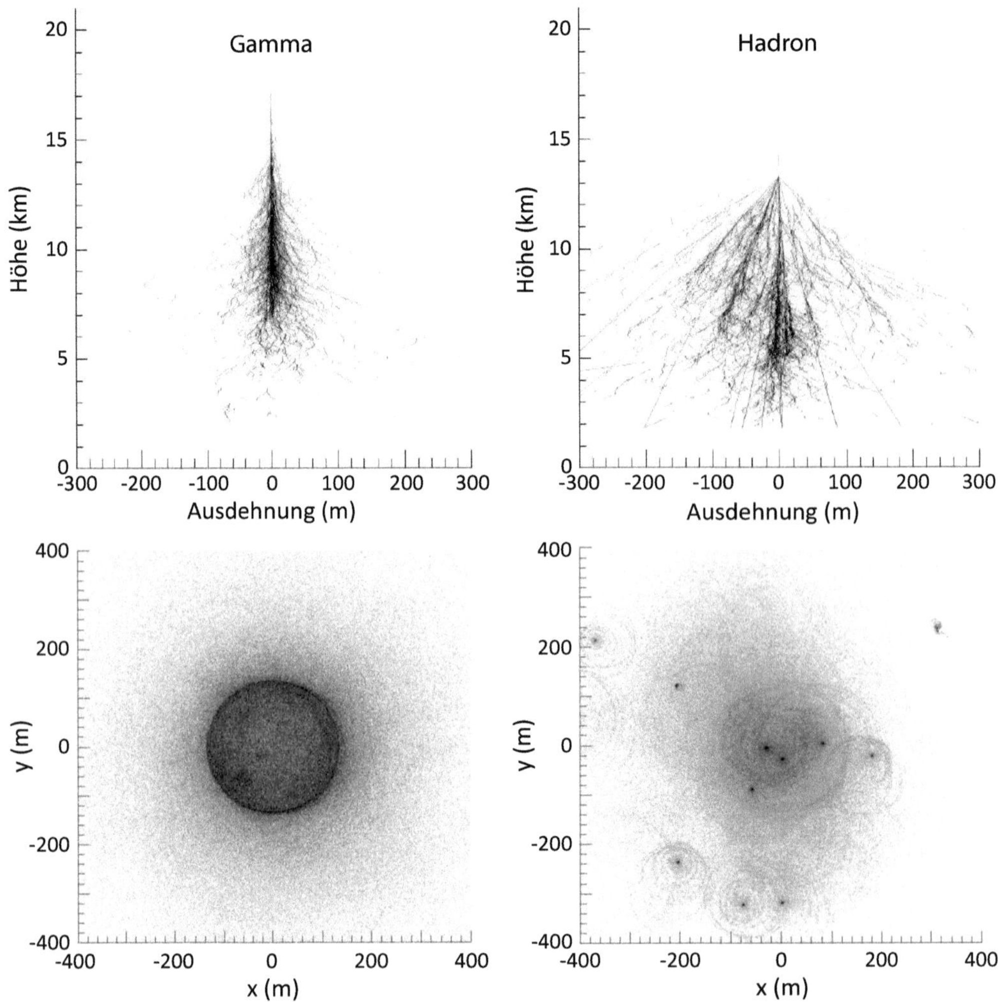

Abb. 16.21 Simulation eines 300-GeV-Gammaschauers (links) und eines 1-TeV-Hadronschauers (rechts), die etwa die gleiche Cherenkov-Lichtmenge am Boden produzieren. Die oberen Bilder zeigen die Schauerentwicklung jeweils für die Teilchen, die Cherenkov-Licht emittieren, die unteren Bilder zeigen die Lichtverteilung (*'light pool@light pool'*) auf dem Erdboden. Quelle: [668], nach unveröffentlichten Simulationsstudien von K. Bernlöhr.

Gammaquanten von dem hohen Untergrund an geladener kosmischer Strahlung abzutrennen. Das wesentliche Kriterium ist die kompaktere laterale Verteilung der Gammaschauer (Abschnitt 16.3.4) und eine daraus folgende konzentriertere Lichtverteilung auf dem Detektorniveau (Abb. 16.21) [192].

Die wichtigen Beziehungen für die Abstrahlung von Cherenkov-Licht sind in Kapitel 11 erklärt: Ein Teilchen mit der Geschwindigkeit β strahlt in Luft mit dem Brechungsindex n unter einem Winkel $\cos\theta = \frac{1}{\beta n}$ Cherenkov-Licht ab. Der maximale Winkel θ_{max} wird von

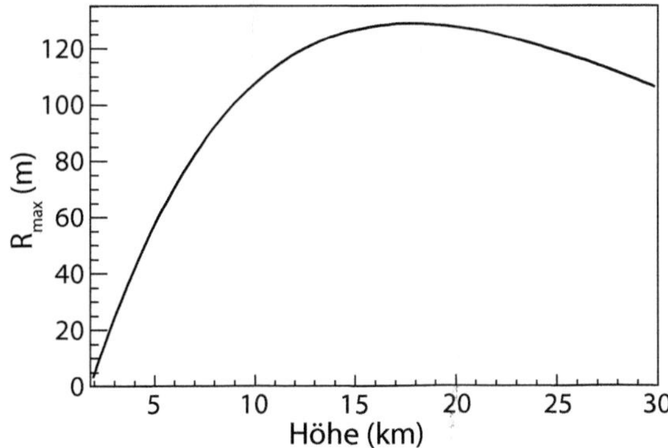

Abb. 16.22 Maximaler Radius des Cherenkov-Lichtes auf der Höhe des H.E.S.S.-Teleskops als Funktion der Höhe der Abstrahlung, entsprechend Gleichung (16.41) (nach [668]).

relativistischen Teilchen mit $\beta \approx 1$ erreicht, so dass gilt: $\cos\theta_{max} = \frac{1}{n}$. In der Atmosphäre variiert der Brechungsindex mit der Höhe h, weil $n-1$ proportional zur Dichte ist:

$$n(h) = 1 + (n_0 - 1)\frac{\rho(h)}{\rho_0} \approx 1 + (n_0 - 1)\,\exp\left(-\frac{h}{8.4\,\mathrm{km}}\right), \tag{16.40}$$

wobei rechts die Näherung (16.10) benutzt wurde. Der Brechungsindex der Luft ist $n_0 \approx 1.00029$ unter Standardbedingungen (STP)[149] (Tab. 11.1 auf Seite 521). Eine Abstrahlung in der Höhe h hat auf der Höhe h_T des Teleskops den maximalen Radius

$$R_{max}(h) = (h - h_T)\,\tan\theta_{max} = (h - h_T)\,(n(h)^2 - 1)\,. \tag{16.41}$$

Die Abhängigkeit von R_{max} von der Abstrahlungshöhe ist in Abb. 16.22 gezeigt. Der geometrische Effekt der Verringerung des Radius mit der Höhe wird teilweise durch das Anwachsen des Brechungsindex kompensiert, so dass die Kurve oberhalb von etwa 10 km abflacht, mit einem Maximum bei $R_{max} \approx 120$ m. Die meisten Cherenkov-Photonen werden im Schauermaximum abgestrahlt, das für die relevanten Gammaenergien von 100 GeV bis einige TeV zwischen 7 und 10 km Höhe liegt (Tab. 16.2 auf Seite 785), entsprechend $R_{max} \approx 100$ m.

Die Strukturen der Lichtverteilung am Boden, wie sie in Abb. 16.21 (unten) zu sehen sind, ergeben sich aus der Begrenzung des maximalen Radius und der starken Kollimierung elektromagnetischer Schauer. Das führt bei Gammaschauern zu einer Konzentration innerhalb eines Kreises mit Überhöhungen am Rand durch die Photonen vom Schauermaximum. Bei hadronischen Schauern führen die vielen Teilschauer zu einer breiten Verteilung vieler Ringe.

Weil die Geschwindigkeit der Cherenkov-Photonen nur wenig von der Teilchengeschwingigkeit im Schauer abweicht, erreicht das Licht von allen Höhen fast gleichzeitig den Erdboden. Das führt zu sehr kurzen Lichtblitzen von wenigen Nanosekunden und erlaubt durch kurze Zeitfenster der Trigger eine gute Unterdrückung des Untergrunds an Streulicht. Die Messungen werden üblicherweise nur bei mondlosem, klarem Himmel durchgeführt.

---

[149] Der Brechungsindex der Luft kann auf der Webseite [780] interaktiv für beliebige Bedingungen berechnet werden.

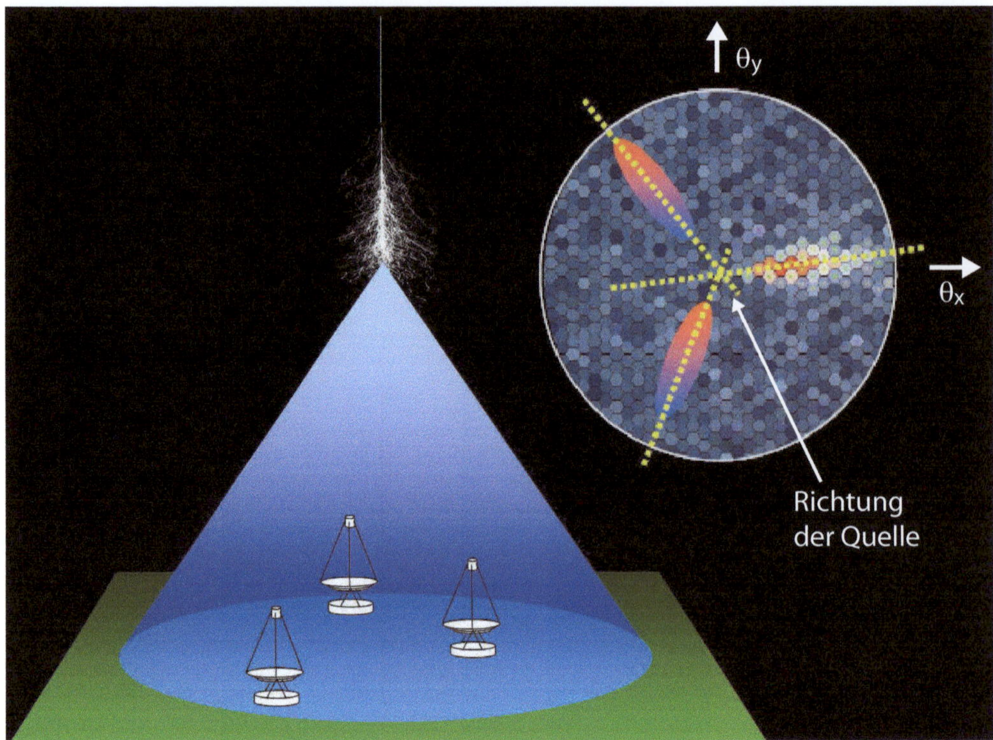

Abb. 16.23 Prinzip von Cherenkov-Teleskopen zum Nachweis von VHE-Photonen. Das Bild oben rechts zeigt das Prinzip der Richtungsrekonstruktion durch Überlagerung der Abbildungen mehrerer Teleskope. Details werden im Text beschrieben. Quelle: H.E.S.S. Collaboration.

16.5.2 Schauerrekonstruktion

Das Nachweisprinzip ist in Abb. 16.23 dargestellt: Ein auf die Atmosphäre treffendes Photon bildet in einer Höhe von etwa 10 km einen elektromagnetischen Schauer aus. Die Elektronen und Positronen in dem Schauer strahlen in einem Kegel, der auf dem Erdboden einen Radius von etwa 120 m hat, Cherenkov-Licht ab. Dieses Licht wird durch den Teleskopspiegel auf eine Kamera fokusiert, die etwa in der Brennebene des Spiegels angeordnet ist. Die Kamera besteht aus einem Raster von photosensitiven Detektoren, typischerweise Photovervielfacherröhren (PMT), die auf einzelne Photonen sensitiv sind. Ein Punkt in der Kameraebene entspricht dem Winkel θ, unter dem ein Photon gesehen wird ($\theta = 0$ entspricht der Symmetrieachse des Teleskopspiegels). Wegen des kleinen Gesichtsfelds (etwa $5°$) kann die Ebene in linearer Näherung durch die Projektionen (θ_x, θ_y) aufgespannt werden. Die Kovarianzmatrix der Intensitätsverteilung in der (θ_x, θ_y)-Ebene definiert eine Ellipse, deren Lage und Ausdehnung in Richtung der Hauptachsen durch die so genannten Hillas-Parameter [561] beschrieben werden.

Das Verhältnis von Breite und Länge der Ellipse ist ein wichtiges Kriterium zur Unterdrückung des Untergrunds an hadronischen Schauern. Der Untergrund lässt sich aber nicht vollständig unterdrücken, sondern muss schließlich statistisch abgezogen werden.

Das gelingt am besten bei der Beobachtung von Punktquellen oder Quellen mit viel geringerer Ausdehnung als das Gesichtsfeld des Teleskops, da man dann gleichzeitig den Untergrund in der Nähe der Quelle messen kann. Um Signal und Untergrund bei gleichen Bedingungen messen zu können, werden die Teleskope in vorgegebenen Zeitintervallen abwechselnd auf die Quelle und auf den Untergrund gerichtet ('*wobble mode*').

Die Anordnung von mehreren Teleskopen erlaubt mit einer stereoskopischen Schauerrekonstruktion eine besonders genaue Richtungsbestimmung (etwa 0.1°). Die Richtung wird aus der besten Anpassung des Schnittpunkts aller langen Achsen der Intensitätsellipsen bestimmt, wie in dem eingefügten Bild in Abb. 16.23 zu sehen ist.

16.5.3 Leistungsmerkmale von Cherenkov-Teleskopen

Als Beispiel für die Leistungsfähigkeit von VHE-Teleskopen geben wir die technischen Daten des H.E.S.S.-Experiments in der Konfiguration mit vier Teleskopen an (seit 2012 hat H.E.S.S. fünf Teleskope):

Gesichtsfeld:	5°
Sensitive Fläche:	50 000 m^2
Energieschwelle:	100 GeV
Richtungsauflösung:	stereoskopisch: 0.1°
Energieauflösung:	$\Delta E/E < 20\%$
Sensitivität (5σ):	1% Crab in 25 h

Die Einheit *Crab* ist als die Photonenrate definiert, die das Teleskop bei Einstellung auf den Krebsnebel registriert. Der Krebsnebel ist die stärkste Quelle von VHE-Photonen und wurde erstmals 1989 von dem Whipple-Teleskop im VHE-Photonenlicht beobachtet. Heute gilt der Krebsnebel als Standardkerze für VHE-Photonen.

16.6 Neutrinodetektoren

Experimente, die die Eigenschaften von Neutrinos erforschen oder Neutrinos als Sonden zur Untersuchung astrophysikalischer Phänomene benutzen, haben wesentlich zur Erweiterung unseres Wissens über Teilchen und den Kosmos beigetragen. Einen Überblick über Experimente und deren theoretische Beschreibung findet man in [1079, 489]; eine allgemeinverständliche Darstellung findet sich in [957].

Neutrinos werden über ihre schwache Wechselwirkung nachgewiesen. Der Wirkungsquerschnitt für Neutrino-Nukleon-Reaktionen ist sehr klein (Abb. 16.24), wächst allerdings bis zu Energien von etwa 1 TeV linear mit der Energie, so dass mit wachsender Energie die Vermessung von Neutrinoreaktionen einfacher wird. Neutrinos mit Energien von einigen GeV bis einigen 100 GeV können an Beschleunigern erzeugt werden, siehe Abschnitt 16.6.4.

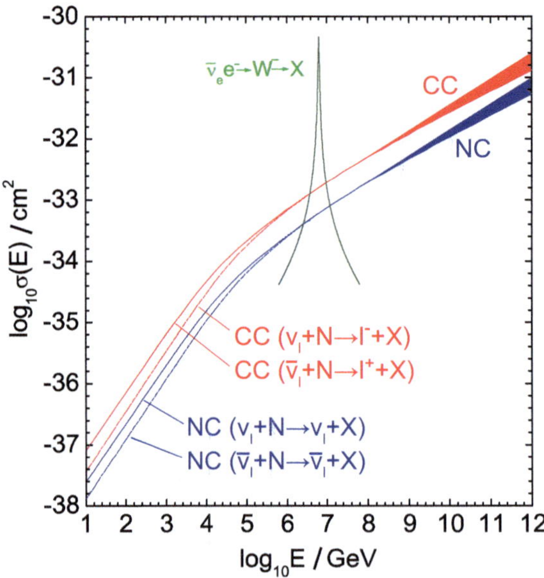

Abb. 16.24 Neutrino-Nukleon- und Antineutrino-Nukleon-Wirkungsquerschnitte für W-Austausch (geladener Strom, CC) und Z-Austausch (neutraler Strom, NC) als Funktion der Neutrinoenergie. Bei geladenen Strömen geht das (Anti-)Neutrino in das assoziierte geladene Lepton über, während bei neutralen Strömen das (Anti-)Neutrino wieder im Endzustand erscheint. Zusätzlich eingezeichnet ist die so genannte Glashow-Resonanz für die Streuung von Antineutrinos an Elektronen bei Schwerpunktsenergien um die Masse des W-Bosons. Die Grafik basiert auf den Berechnungen in [466] (übernommen von [991]).

In diesem Kapitel soll hauptsächlich der Nachweis von Neutrinos, die nicht an Beschleunigern erzeugt werden, wie astrophysikalische oder Reaktorneutrinos, besprochen werden. Neutrinos im MeV-Bereich werden bei den nuklearen Brennvorgängen in Sternen, namentlich auch in unserer Sonne und in Supernova-Explosionen, produziert. Die höchsten Neutrinoenergien, vielleicht bis zu mehr als 10^{20} eV, werden in Assoziation mit der kosmischen Strahlung (Abschnitt 16.3) erwartet. Auf dem Weg durch den Kosmos erzeugt hochenergetische kosmische Strahlung in inelastischen Reaktionen mit der durchlaufenen Strahlung und Materie Mesonen (Pionen, Kaonen, ...), die in Endzustände mit Neutrinos zerfallen können. Beide Enden der Energieskala stellen eine besondere Herausforderung für die Detektortechnologie dar. Charakteristisch für Neutrinodetektoren sind große Targetvolumina, die in der Regel gleichzeitig Detektormaterial sind, und einfache, preisgünstige Ausleseverfahren, mit denen die großen Volumina abgedeckt werden können. Mit solchen Anforderungen sind die Detektoren auch für den Nachweis anderer seltener oder exotischer Phänomene, wie Protonzerfall oder das Auftreten von magnetischen Monopolen, geeignet. Zum Beispiel sind mit Detektoren, die ursprünglich für den Nachweis des Protonzerfalls konzipiert wurden, die Beobachtungen von Neutrinooszillationen und der Neutrinos von der Supernova 1987A [563, 216] gelungen.

16.6.1 Nachweis der Sonnenneutrinos

Das Phänomen der Flavor-Oszillation von Neutrinos wurde zum ersten Mal bei Sonnenneutrinos beobachtet. Eine Beschreibung der Experimente und ihre theoretische Deutung findet man zum Beispiel in [645, 1079, 489].

In der Sonne werden in den verschiedenen Fusionsreaktionen Neutrinos produziert, die monoenergetisch sind, wenn sie von einem Elektroneinfang-Prozess (EC, siehe Anhang

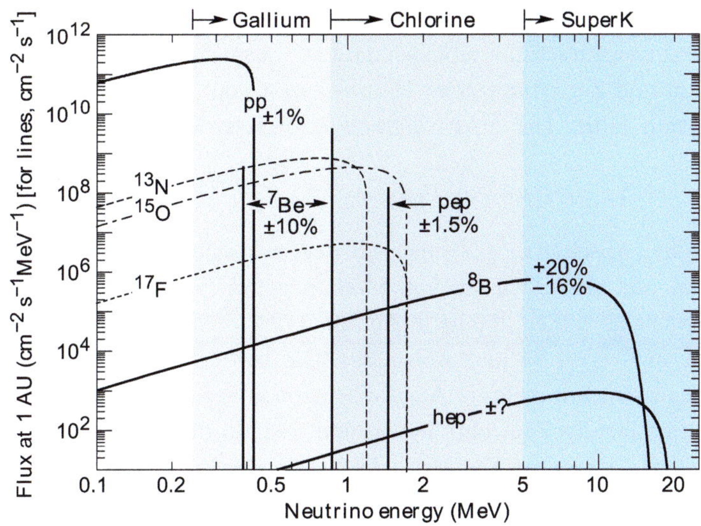

Abb. 16.25 Das theoretisch berechnete solare Neutrinospektrum mit den Beiträgen der verschiedenen Reaktionen. Eingezeichnet sind auch die Schwellenenergien für Neutrinos in verschiedenen Detektormaterialien. Weitere Erläuterungen finden sich in dem Übersichtsartikel 'Solar Neutrinos' in [776], dem auch die Abbildung entnommen ist.

A.2) stammen oder ein kontinuierliches Spektrum bis etwa 10 MeV haben (Abb. 16.25). Für jedes erzeugte Neutrino wird im Mittel etwa 13 MeV zusätzliche Energie produziert, die letztlich von der Sonne abgestrahlt wird.

Im Gleichgewicht zwischen Erzeugung und Abstrahlung der Sonnenenergie lässt sich aus der Strahlungsleistung pro Fläche auf der Erde, der so genannten Solarkonstante $S = 8.5 \cdot 10^{11}\,\mathrm{MeV\,cm^{-2}s^{-1}}$ [670], der Neutrinofluss bestimmen:

$$\Phi_\nu = S/13\,\mathrm{MeV} \approx 6.5 \cdot 10^{10}\,\mathrm{cm^{-2}\,s^{-1}}\,. \tag{16.42}$$

Diesem großen Teilchenfluss steht ein sehr kleiner Wirkungsquerschnitt dieser niederenergetischen Neutrinos von größenordnungsmäßig $10^{-44}\,\mathrm{cm}^2$ entgegen. Das bedeutet, man braucht mehr als 10^{26} Targetteilchen, um in einem Jahr eine einzige Reaktion nachweisen zu können. Dieser Teilchenanzahl entspricht zum Beispiel etwa 10 kg Chlor, das für den ersten Nachweis von Solarneutrinos benutzt wurde (siehe unten). Berücksichtigt man zusätzlich Energieschwellen, Untergrund und Effizienzen, so kommt man leicht auf Targetmassen von mehreren 100 t, um signifikante Aussagen machen zu können. Zur Abschirmung des Untergrunds von der kosmischen Strahlung sind diese Detektoren in unterirdischen Kavernen (Bergwerken, Tunneln) untergebracht (Abschnitt 2.3.3 auf Seite 22).

Radiochemischer Neutrinonachweis Solarneutrinos wurden erstmals in dem Experiment von R. Davis beobachtet, das zwischen 1970 und 1994 in der Homestake Mine in South Dakota mit 615 t Perchlorethylen (C_2Cl_4) Daten genommen hat. Die Nachweisreaktion ist der 'inverse β-Zerfall'

$$^{37}\mathrm{Cl} + \nu_e \to {}^{37}\mathrm{Ar} + e^- \tag{16.43}$$

mit einer Schwelle für Neutrinoenergien von 814 keV, die damit nicht auf den pp-Prozess sensitiv ist, siehe Abb. 16.25.

Das erzeugte ^{37}Ar ist in der Lösung flüchtig und wurde monatlich durch Spülen mit Helium extrahiert. Das Extraktionsintervall ergibt sich daraus, wann ungefähr ein Gleichgewicht zwischen Produktion und Zerfall mit einer Halbwertszeit von 35 Tagen zu einer konstanten ^{37}Ar-Konzentration führt. Der ^{37}Ar-Nachweis erfolgt vorwiegend über den EC-Prozess

$$^{37}\text{Ar} + e^-(EC) \to {}^{37}\text{Cl} + \nu_e \tag{16.44}$$

in einem Proportionalzählrohr (Abschnitt 7.6.1), das mit dem extrahierten ^{37}Ar zusammen mit natürlichem Argon und einem Zusatz von Methan gefüllt wird. Der Prozess wird über Auger-Elektronen nachgewiesen, die beim Auffüllen des freien Elektronenplatzes emittiert werden (siehe auch Seite 89 und Abb. 3.39). Die zur Verfügung stehende Energie von 2.82 keV wird meistens auf mehrere Auger-Elektronen verteilt, die individuell eine kürzere Reichweite im Gas des Zählrohrs haben und deshalb die Energie lokaler deponieren als zum Beispiel ein Compton-Elektron gleicher Energie, das das gesamte Zählrohr durchqueren kann. Die entsprechend kurze Anstiegszeit der ^{37}Ar-Signale wird zur Abtrennung des Untergrunds benutzt.

Die Ergebnisse werden in der Regel in SNU (*Solar Neutrino Units*) angegeben:

$$1\ \text{SNU} = 10^{-36}\ \text{Einfänge pro Targetatom und Sekunde.}$$

Gemessen werden nur etwa 15 Atome (!) pro Monat. Das Ergebnis des Homestake-Experiments ist 2.56±0.16±0.16 SNU (die Fehler sind statistisch beziehungsweise systematisch). Theoretisch werden 6 bis 9 SNU erwartet [326]. Dieses Ergebnis wurde mit verschiedenen Methoden von anderen Experimenten bestätigt und führte damit zu der Entdeckung der Neutrinooszillationen, das sind oszillierende Umwandlungen der drei verschiedenen Neutrinoarten untereinander (siehe den entsprechenden Übersichtsartikel in [799]). Das Defizit bei den Solarneutrinos wird dadurch erklärt, dass sich die Elektron-Neutrinos in andere Neutrinoarten umwandeln und sich dadurch dem spezifischen Nachweis als Elektron-Neutrinos entziehen.

Mit dem Chlor-Experiment kann wegen der Energieschwelle von 814 keV der dominierende pp-Prozess mit ν-Energien $\leq$ 420 keV nicht beobachtet werden (Abb. 16.25). Die Experimente GALLEX [537] und SAGE [19] haben den pp-Prozess mit Gallium nachgewiesen:

$$^{71}\text{Ga} + \nu_e \to {}^{71}\text{Ge} + e^- . \tag{16.45}$$

Die Reaktion hat eine Schwelle für Neutrinoenergien von 233 keV. Mit einer Halbwertszeit von 11.43 Tagen geht Germanium durch Elektroneinfang wieder in Gallium über:

$$^{71}\text{Ge} + e^-(EC) \to {}^{71}\text{Ga} + \nu_e . \tag{16.46}$$

Die Herausforderung dieser Experimente sind Zählraten von wenigen Ereignissen pro Woche mit der entsprechenden Forderung, dass die Untergrundrate noch merklich kleiner sein muss. Neben Abschirmungen ist dafür wesentlich, dass das Zählrohr so klein wie möglich gehalten wird, mit wenig potenziell strahlendem Material. Das hat zu der Entwicklung von Miniaturzählrohren geführt [1050].

Echtzeit-Neutrinonachweis Bei höheren Neutrinoenergien, oberhalb von einigen MeV, können Neutrinos direkt (in 'Echtzeit') über ihre Wechselwirkung mit den Elektronen des Targetmediums nachgewiesen werden:

$$\nu_e + e^- \rightarrow \nu_e + e^- . \tag{16.47}$$

Wenn das Elektron genügend Rückstoß bekommt, kann es nachgewiesen werden, zum Beispiel kann es in einem Wassertank Cherenkov-Licht erzeugen oder eine Spur in Driftkammern hinterlassen. In beiden Fällen kann die Richtung, die annähernd der Neutrinorichtung entspricht, gemessen werden.

In den 1970er und 1980er Jahren sind an verschiedenen Orten Detektoren zum Nachweis des Protonzerfalls gebaut worden. Charakteristisch für diese Detektoren sind ein großes Volumen (man braucht mehr als 10^{34} Protonen, um die heutige Grenze der Lebensdauer von mehr als 10^{34} Jahren zu erreichen) und die Möglichkeit, die Zerfallsreaktion kinematisch zu rekonstruieren, zum Beispiel den zunächst bevorzugten Zerfall $p \rightarrow \pi^0 e^+$. Spätestens nach der Beobachtung von Neutrinos von der Supernova 1987A in der Kleinen Magellan'schen Wolke (siehe zum Beispiel [489, 1079]) ist klar geworden, dass diese Detektoren sehr gut zum Nachweis von Sonnen- und Supernova-Neutrinos sowie auch höher-energetischen atmosphärischen Neutrinos geeignet sind.

Ein Beispiel sind die Experimente Kamiokande und der Nachfolger Super-Kamiokande in 1000 m Tiefe in der Mozumi-Mine in Japan. Der Super-Kamiokande-Detektor (Abb. 16.26) [457] besteht aus einem Tank mit etwa 50 000 t ultra-reinem Wasser in einem zylinderförmigen, 41.4 m hohem Behälter.[150] Das sensitive Detektorvolumen im Inneren wird optisch von einem äußeren Volumen mit etwa 2 m Wasserdicke abgetrennt. Beide Volumina sind durch PMTs (Photovervielfacherröhren) umgeben, 11 146 im inneren und 1 885 im äußeren Volumen. Signale aus dem äußeren Volumen werden als Veto gegen kosmische Strahlung verwendet.

Von Sonnenneutrinos angestoßene Elektronen aus der Reaktion (16.47) erzeugen einen Cherenkov-Kegel, der auf die PMT-Wand projiziert wird (Abb. 16.27(a)). Aus der Messung der Zeit und der Pulshöhe der PMT-Signale und deren räumlicher Verteilung können Wechselwirkungsvertex und Richtung der geladenen Teilchen bestimmt werden. Die Schärfe des Cherenkov-Rings lässt zudem Rückschlüsse auf Teilcheneigenschaften zu (siehe dazu auch die Ausführungen zu Abb. 11.26 auf Seite 547, die dort für höher energetische atmosphärischen Neutrinos gemacht wurden). Das Elektron in Abb. 16.27(a) hat eine Energie von etwa 12.5 MeV und damit eine Reichweite in Wasser von etwa 6.1 cm. Die Abbildung der Cherenkov-Strahlung als Ring ergibt sich dann durch Proximity-Fokussierung (siehe Seite 526).

Für Ereignisse, die als Sonnenneutrinos klassifiziert werden, zeigen die gemessenen Richtungen eine Überhöhung in Sonnenrichtung (Abb. 16.27(b)), die aber geringer ist als

[150]Zurzeit (Stand 2023) befindet sich ein Nachfolger von Super-Kamiokande im Bau, genannt Hyper-Kamiokande. Dieser Detektor wird ein etwa 10-mal größeres sensitives Volumen als Super-Kamiokande haben [587].

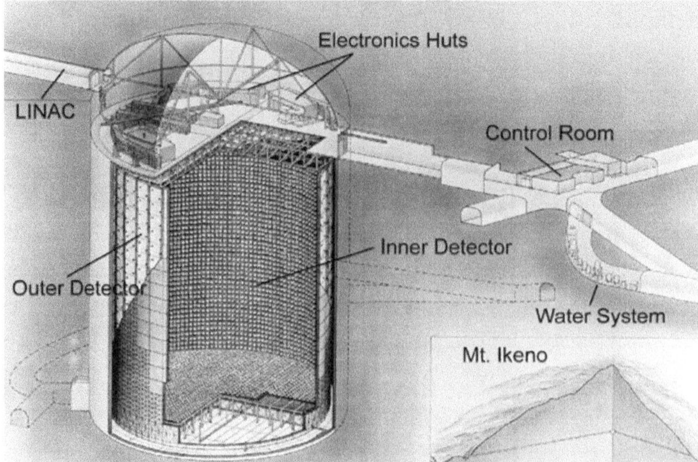

Abb. 16.26 Perspektivische Zeichnung des Super-Kamiokande-Detektors mit Darstellung des inneren und äußeren Detektorvolumens und der Elektronik- und Kontrolleinrichtungen. Der Linearbeschleuniger (LINAC) liefert niederenergetische Elektronen zur Kalibration. Der Detektor liegt etwa 1000 m unter dem Gipfel des Berges Ikeno (unten rechts). Quelle: Kamioka Observatory, ICRR, University of Tokyo and Super-Kamiokande Collaboration.

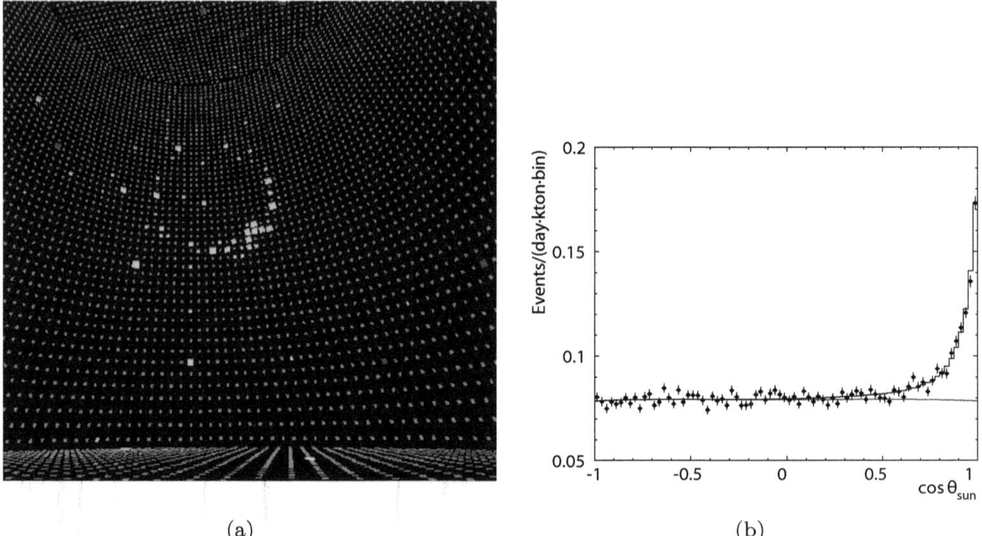

Abb. 16.27 (a) Beispiel eines Sonnenneutrino-Ereignisses in Super-Kamiokande (Quelle: [164]). Ein Elektron-Neutrino erzeugt im Inneren des Detektors ein Elektron, dessen Cherenkov-Strahlung an der Wand des Wassertanks von den PMTs registriert wird. Die Energie des Elektrons wurde zu etwa 12.5 MeV bestimmt (Reichweite in Wasser 6.1 cm). (b) Neutrinorate pro Kilotonne Wasser und pro Tag als Funktion der Einfallsrichtung zur Sonne, gemessen von Super-Kamiokande (aus [343], mit freundl. Genehmigung der American Physical Society). Die Überhöhung in Sonnenrichtung, also bei $\cos\theta_{\mathrm{sun}} = 1$, beträgt nur etwa 40% von der ohne Neutrino-Oszillationen erwarteten Rate, was aber in Einklang mit den Beobachtungen von Oszillationen durch andere Experimente ist.

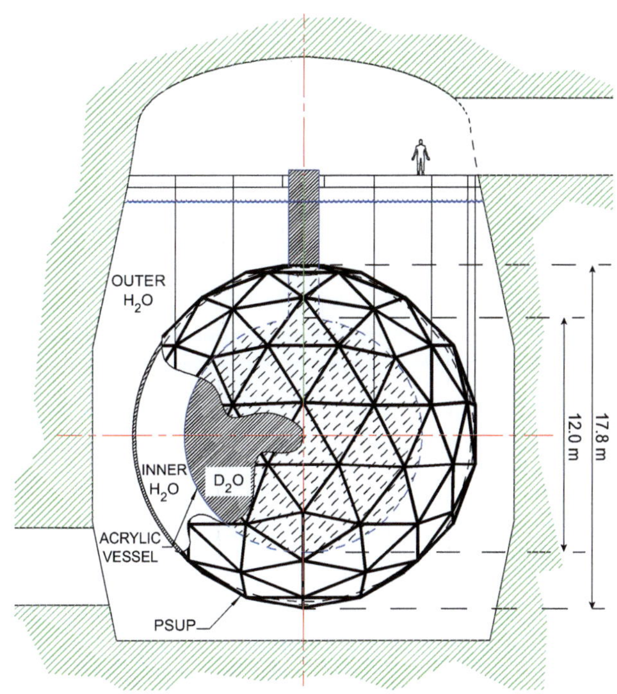

Abb. 16.28 Sudbury Neutrino Observatory (SNO): Das Bild zeigt die mit leichtem Wasser gefüllte Kaverne (22 m weit, 34 m hoch), in der eine Akrylkugel mit schwerem Wasser hängt. Eine um die Kugel zentrierte offene Gitterstruktur trägt 9438 PMTs (PSUP = *PMT support structure*), die nach innen 'schauen'. Die Akrylkugel ist UV-transparent, angepasst an die Photosensitivität der PMT-Kathode. Aus [236], mit freundl. Genehmigung von Elsevier.

ohne Oszillationen erwartet. Damit wurde auch für die höher-energetischen Sonnenneutrinos ein Defizit relativ zu der theoretischen Erwartung ohne Oszillationen festgestellt.

Eine Zusammenfassung der Ergebnisse von Experimenten mit verschiedenen Energieschwellen findet man in [645] und aktualisiert in dem Überblick 'Neutrino Mass, Mixing and Oscillations' in [799].

Gesamtfluss aller Neutrino-Flavors von der Sonne Da man beobachtet hat, dass Elektron-Neutrinos verschwinden (*disappearance experiment*), war es wichtig zu zeigen, ob daraus tatsächlich μ- oder τ-Neutrinos entstanden sind (*appearance experiment*). Mit Messungen des Sudbury Neutrino Observatory (SNO) in Kanada wurde gezeigt, dass die Summe der Flüsse aller Neutrinoarten innerhalb der Messfehler dem erwarteten Gesamtfluss der Sonnenneutrinos entspricht. Die Summe der Flüsse ist durch NC-Reaktionen (NC = neutraler Strom), an denen alle Neutrinoarten teilnehmen können, gemessen worden.

Das SNO-Experiment besteht aus 1000 t hochreinem schweren Wasser (D_2O) in einem kugelförmigen Akrylbehälter, der von einer H_2O-Abschirmung umgeben ist (Abb. 16.28). Wie bei Super-Kamiokande werden die Reaktionen in Echtzeit über die Cherenkov-Strahlung der geladenen Teilchen gemessen. Der Detektor ist sensitiv auf

^{8}B-Sonnenneutrinos (hochenergetischer Teil des Spektrums in Abb. 16.25) über die Reaktionen:

$$\begin{aligned} \nu_e + d &\to e^- + p + p \qquad \text{(CC)}, \\ \nu_l + d &\to \nu_l + p + n \qquad \text{(NC)}, \\ \nu_l + e^- &\to \nu_l + e^- \qquad \text{(ES)}. \end{aligned} \tag{16.48}$$

Die erste Reaktion, Deuteronspaltung über den geladenen Strom (CC), kann nur durch Elektron-Neutrinos ausgelöst werden und misst deshalb den ν_e-Fluss. Die zweite Reaktion, Deuteronspaltung über den neutralen Strom (NC), hat für alle Neutrino-Flavors den gleichen Wirkungsquerschnitt und misst deshalb die Summe aller Neutrinoflüsse. Die elastische Streuung an einem Elektron (ES) ist ebenfalls sensitiv auf alle Neutrino-Flavors, aber mit erhöhter Sensitivität auf ν_e (bei ν_e-Streuung trägt sowohl der neutrale als auch der geladene Strom bei). Die experimentellen Signaturen sind:

CC: Das Elektron sendet Cherenkov-Licht aus.

NC: Das Neutron wird von dem Deuterium eingefangen, das dabei emittierte Gammaquant von 6.25 MeV wird über Photo- und Compton-Effekt nachgewiesen (in späteren Phasen des Experiments sind spezielle Neutrondetektoren hinzugefügt worden).

ES: Das ausgesandte Cherenkov-Licht des Elektrons unterscheidet sich von dem des CC-Elektrons vor allem durch eine Überhöhung der Winkelverteilung in Richtung des Neutrinos. Die Reaktion kann also gleichzeitig die Korrelation der Neutrinorichtung mit der Richtung zur Sonne bestimmen.

Der gemessene Gesamtfluss ist in Übereinstimmung mit dem von dem Sonnenmodell erwarteten Fluss von Neutrinos aller Flavors (Details findet man in [799]).

16.6.2 Atmosphärische Neutrinos

In den von der kosmischen Strahlung ausgelösten Luftschauern (Abschnitt 16.3.2) werden auch Elektron- und Myon-Neutrinos in der Atmosphäre erzeugt, zum Beispiel in folgender Reaktionskette:

$$p + \text{Kern} \to \pi^- + X, \qquad \pi^- \to \mu^- + \bar{\nu}_\mu, \qquad \mu^- \to e^- + \nu_\mu + \bar{\nu}_e. \tag{16.49}$$

Bei der entsprechenden Erzeugung und dem Zerfall von π^+-Mesonen werden die ladungskonjugierten Neutrinos erzeugt. Diese Neutrinos haben typische Energien im GeV-Bereich und können von den oben erwähnten großvolumigen Detektoren wie Super-Kamiokande und SNO nachgewiesen werden (Abb. 11.26). Mit den Teleskopen für hochenergetische Neutrinos, die in Abschnitt 16.6.5 besprochen werden, sind die Spektren von atmosphärischen Myon-Neutrinos bis zu TeV-Energien gemessen worden. Super-Kamiokande hatte auch bei in der Atmosphäre erzeugten Neutrinos Oszillationen gefunden und konnte durch Vergleich der Zenitwinkelabhängigkeit der Elektron- und Myon-Neutrinoflüsse wesentliche Oszillationsparameter bestimmen [456].

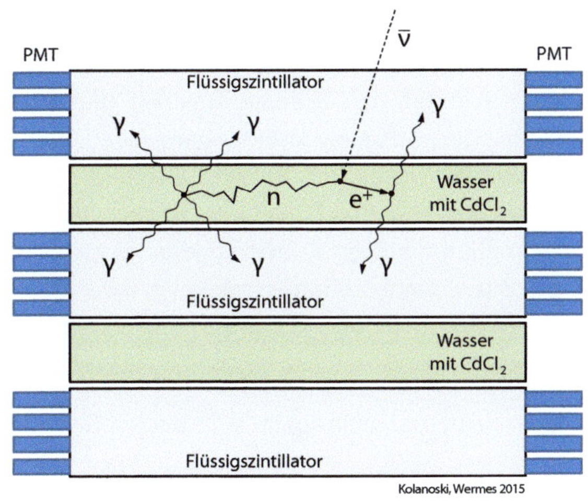

Abb. 16.29 Prinzip der Apparatur von Reines und Cowan zum Nachweis von Antineutrinos. Die Nachweisreaktion ist im Text erläutert. Die Wassertanks als Targets sind zwischen Tanks mit Flüssigszintillator eingebettet, in denen die Photonen des Endzustands ihre Energie deponieren.

Neutrinos werden dadurch identifiziert, dass in den Veto-Detektoren, die typischerweise das sensitive Volumen einschließen, kein Signal gefunden wird ('*contained events*') oder dass die Neutrinokandidaten von unten, aus der Richtung der Erde, kommen.

16.6.3 Reaktor-Antineutrinos

Wolfgang Pauli postulierte 1930 ein Teilchen, heute als Neutrino bekannt, um damit das Energiespektrum der Elektronen aus dem β-Zerfall von Kernen zu erklären. Wegen der vorhergesagten geringen Wechselwirkung mit Materie sollte der Nachweis dieses Teilchens äußerst schwer sein, wenn nicht gar unmöglich. Der Nachweis gelang dann auch erst in den 1950er Jahre, als sehr hohe Antineutrino-Flüsse verfügbar wurden.

Entdeckung der Neutrinos In einer Veröffentlichung im Jahr 1953 [862] berichteten F. Reines und C. Cowan erstmalig von einem direkten Nachweis von Neutrinos, den sie noch als 'wahrscheinlich' bezeichneten, aber dann 1956 bestätigten (Nobelpreis 1995[151]) [337]. Sie beobachteten den inversen Neutronzerfall

$$\bar{\nu} + p \to e^+ + n \,, \tag{16.50}$$

der von Antineutrinos aus einem Reaktor mit einem Fluss von $10^{13}\,\mathrm{cm}^{-2}\,\mathrm{s}^{-1}$ ausgelöst wurde. Mit einem Wassertank von $0.08\,\mathrm{m}^3$ (etwa 10^{27} Protonen) als Target war dann der erwartete Wirkungsquerschnitt $\sigma_{\bar{\nu}} \approx 10^{-43}\,\mathrm{cm}^2$ messbar (etwa 4 Reaktionen pro Stunde).

Abbildung 16.29 zeigt das Prinzip der Apparatur, mit der das Neutron und das Positron der Reaktion (16.50) nachgewiesen wurden (eine sehr gute Darstellung findet sich in [861]). Das Targetmedium ist Wasser, in dem Cadmiumchlorid ($\mathrm{Cd\,Cl_2}$) aufgelöst ist. Die zwei Wassertanks liegen zwischen drei Tanks mit Flüssigszintillator. Das in der Reaktion erzeugte Positron annihiliert in ein Photonenpaar; das Neutron wird durch Streuung

[151] Die Auszeichnung ging nur an Reines, Cowan war bereits verstorben.

im Wasser auf einer Zeitskala von Mikrosekunden thermalisiert und wird dann über den Einfang durch Cadmium, das einen hohen Einfangquerschnitt für thermische Neutronen hat, nachgewiesen. Der Cadmiumkern wird durch den Einfang angeregt und gibt seine Energie in Form von Photonen wieder ab. Alle im Endzustand vorhandenen Photonen deponieren in den benachbarten Flüssigszintillatortank ihre Energie, meistens durch Photo- und Compton-Effekt. Die Signatur eines Antineutrino-Ereignisses ist das von den Annihilationsphotonen ausgelöste Signal, dem ein um einige Mikrosekunden verzögertes Signal der nuklearen Gammaquanten folgt. Zur Untergrundunterdrückung wird unter anderem verlangt, dass kein Signal in dem jeweils nicht benachbarten Szintillatortank gesehen wird.

Oszillationsexperimente mit Antineutrinos Neutrinooszillationen sind auch mit Antineutrinos von Reaktoren gemessen worden (siehe [1079]). Das erste Oszillationsexperiment mit Antineutrinos war KamLand in Japan, mit 1000 t flüssigem Szintillator. KamLand ist von 53 Reaktoren, die im Mittel 180 km entfernt sind, umgeben. Der erwartete gesamte Fluss von Antineutrinos und deren Energiespektren wurden sehr genau bestimmt (in der Summe wurden auch entferntere Reaktoren berücksichtigt).

Zur genaueren Vermessung von Oszillationsparametern werden Detektoren in verschiedenen Abständen von einem oder mehreren Reaktoren aufgestellt. Nach diesem Prinzip arbeiten die Experimente Daya Bay in China [359], Double Chooz in Frankreich [383] und RENO in Korea [863]. Das wichtigste Ergebnis dieser Reaktorexperimente sind Präzisionsmessungen des kleinsten Mischungswinkels, θ_{13} [815].

16.6.4 Neutrinos von Beschleunigern

Seit den 1960er Jahren werden an Protonbeschleunigern hochenergetische Neutrinostrahlen erzeugt und zur Untersuchung von Neutrino-Hadron-Wechselwirkungen, insbesondere zur Vermessung der Strukturfunktionen der Nukleonen, genutzt. Der erste fokussierte Strahl wurde 1963 mit 20-GeV-Protonen am Protonsynchrotron des CERN erzeugt. Einen Überblick über die Entwicklung solcher Strahlen gibt [671]. Ein klassisches Beispiele für einen Neutrinodetektor an einem Beschleunigerstrahl ist der CDHS-Detektor, beschrieben in [570].

Neutrinostrahlen hoher Energie werden über den Zerfall von hochenergetischen Mesonen, hauptsächlich Pionen und Kaonen, nach folgendem Schema erzeugt:

- Ein Protonenstrahl hoher Intensität wird auf ein Target (Blei, Wolfram, ...) geschossen.
- In dem Target werden unter anderem geladene Mesonen produziert.
- Die Mesonen werden durch ein Magnetsystem, genannt 'magnetisches Horn' [484], gebündelt und eventuell nach Energien selektiert.
- In einem langen Kanal zerfallen die Mesonen.
- Am Ende des Kanals werden die geladenen Teilchen im Erdreich absorbiert.

- Nach diesem Filter steht ein Neutrinostrahl zur Verfügung, dessen Energie- und Winkelverteilung aus dem Erzeugungsprozess und der darauf folgenden Fokussierung und Filterung berechnet werden kann.

Mit der Entdeckung der Neutrinooszillationen haben Neutrinostrahlen weitere Einsatzgebiete gefunden. In so genannten '*long-baseline*'-Experimenten können in verschiedenen Abständen von der Neutrinoquelle Detektoren das Erscheinen und Verschwinden von Neutrinos mit bestimmten Flavors testen. Zwei solcher Experimente, OPERA und DONUT (Abb. 6.10), wurden bereits im Zusammenhang mit dem Einsatz von Fotoemulsionen in Abschnitt 6.3.3 diskutiert.

Ein anderes Experiment ist K2K (*KEK-to-Kamioka*) in Japan, mit dem die Oszillationshypothese für atmosphärische Neutrinos überprüft wurde. Das Experiment benutzt einen ν_μ-Strahl, der von einem Protonbeschleuniger in dem japanischen Laboratorium KEK erzeugt wird, und vergleicht die ν_μ-Reaktionsraten in einem nahen und einem fernen Detektor. Der ferne Detektor ist Super-Kamiokande (Abb. 16.26), etwa 250 km entfernt von KEK (*long-baseline*). Zurzeit (2023) befindet sich der Hyper-Kamiokande-Detektor (siehe Fußnote 150 auf Seite 801) im Bau, der zusammen mit T2HK (Tokai-to-Hyper-Kamiokande) mit einem Neutrinostrahl von dem J-Park-Protonbeschleuniger das japanische Long-Baseline-Programm weiterführen soll. In Europa und USA gibt oder gab es jeweils Experimente mit einer Basislänge von etwa 700 km: Ein Strahl war von CERN in Genf auf das Laboratorium im Gran Sasso nahe Rom ausgerichtet. Vom Fermi Laboratory nahe Chicago wird nach Norden in Richtung der Soudan Mine gezielt. Ein neuer Neutrinostrahl unter der Bezeichnung *Long-Baseline Neutrino Facility* (LBNF) vom Fermi Laboratory zur etwa 1300 km entfernten Homestake Mine befindet sich zusammen mit dem Experiment DUNE in der Konstruktionsphase (Stand 2023). Wichtige Motivationen für diese neueren Experimente sind die Fragen nach der Massenhierarchie der Neutrinos und einer möglichen CP-Verletzung in der Neutrinomischung. Eine Übersicht über die Laboratorien findet sich in Abschnitt 2.3.3.

16.6.5 Neutrinonachweis bei hohen Energien

16.6.5.1 Neutrinoastronomie

Seit den 1990er Jahren gibt es Detektoren, die nach hochenergetischen Neutrinos suchen, deren Ursprung kosmische Quellen sind. Der Bau solcher Detektoren ist dadurch motiviert, dass man nach Erklärungen für die Entstehung und die Quellen der kosmischen Strahlung bei den höchsten Energien sucht. Für die geladenen Teilchen der kosmischen Strahlung besteht wegen der galaktischen und intergalaktischen Magnetfelder kein Zusammenhang zwischen ihrer Ankunftsrichtung und der Richtung der Quelle. Hochenergetische Gammastrahlung (γ_{HE}) wird auf intergalaktischen Distanzen (Megaparsec)[152]

[152] 1 parsec = 1 pc = $3.085\,677\,581\,49 \times 10^{16}$ m = 3.262... ly (Lichtjahre)

absorbiert, insbesondere durch den Paarbildungsprozess mit dem Hintergrundlicht von den Sternen:

$$\gamma_{\text{HE}} + \gamma_{\text{Stern}} \to e^+e^- \, . \tag{16.51}$$

Außerdem liefert Gammastrahlung keinen eindeutigen Hinweis auf Hadronbeschleuniger, die die kosmische Strahlung erklären könnten, weil hochenergetische Gammaquanten auch von beschleunigten Elektronen erzeugt werden können, zum Beispiel durch den inversen Compton-Effekt (Seite 93 in Abschnitt 3.5.4). Neutrinos dagegen bewegen sich geradlinig von der Quelle fort und durchdringen Materie weitgehend ohne Wechselwirkung.

Neutrinos entstehen in oder nahe den Beschleunigern über Produktion und schwachen Zerfall von Hadronen, insbesondere geladenen Pionen, ähnlich wie in Luftschauern (Abb. 16.12). Solche Reaktionen können auch an der interstellaren oder intergalaktischen Materie oder Strahlung stattfinden, wenn jeweils die Energieschwelle überschritten wird. Insbesondere spielt die Pionproduktion durch Streuung an der Mikrowellen-Hintergrundstrahlung eine wichtige Rolle bei sehr hohen Energien (GZK-Cutoff, Seite 791).

Der Nachweis der Neutrinos erfolgt über die geladenen Teilchen, die bei einer Neutrinowechselwirkung mit Materie entstehen. Myon-Neutrinos erzeugen in geladenen Strömen Myonen, die als Spuren rekonstruiert werden können, Elektron-Neutrinos erzeugen Elektronen, die als elektromagnetische Schauer[153] (hier als 'Kaskaden' bezeichnet) beobachtbar sind, und τ-Neutrinos können sowohl Spuren als auch Schauer erzeugen. In allen Fällen kann zusätzlich ein hadronischer Schauer am Vertex der Neutrinoreaktion beobachtbar sein.

16.6.5.2 Nachweis von Myon-Neutrinos

Zum Nachweis von Myon-Neutrinos nutzt man die CC-Wechselwirkung mit den Kernen der den Detektor umgebenden Materie (Gestein, Wasser, Eis, ...):

$$\nu_\mu + N \to \mu^- + X \, , \tag{16.52}$$

und weist die Myonen aus diesen Reaktionen nach. Um die Produkte der von der kosmischen Strahlung ausgelösten Luftschauer zu unterdrücken, betrachtet man Myonen, die von unten kommen, bei denen also die Neutrinos durch die Erde gegangen sind. Außerdem versucht man, auch möglichst viel Abschirmung nach oben zu erreichen. Nach 1 km Wassertiefe ist das Verhältnis der von oben kommenden Myonen zu den von unten kommenden noch etwa 10^6. Myonen, die von unten kommen, werden vorwiegend von atmosphärischen Neutrinos erzeugt.

In Abb. 16.30 ist die Absorptionslänge von Neutrinos in Wasser und in der Erde als Funktion der Energie dargestellt. Für die Nachweiswahrscheinlichkeit von Neutrinos über die erzeugten Myonen ist die Reichweite der Myonen, wie in Abb. 16.31 dargestellt,

[153] Bei sehr hohen Energien, in Eis oder Wasser oberhalb von etwa 1 PeV, wird die Schauerentwicklung durch den LPM-Effekt beeinflusst; siehe Anhang G.

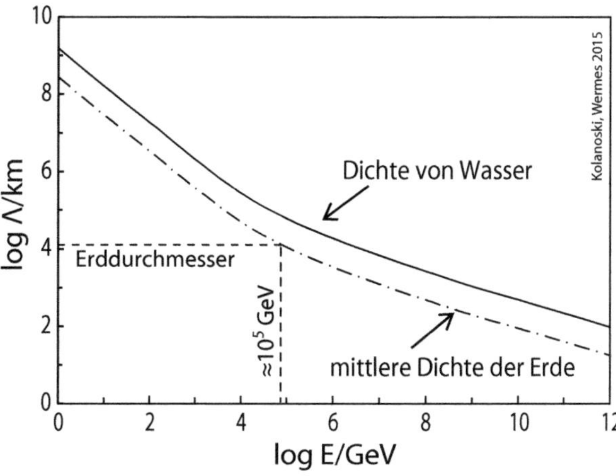

Abb. 16.30 Mittlere Reichweite Λ eines Neutrinos in Wasser und in der Erde (mittlere Dichte 5.5 g/cm^3) als Funktion der Energie. Bei etwa 10^5 GeV sinkt die Reichweite in der Erde unter den Durchmesser der Erde, das heißt, die Erde ist für höhere Neutrinoenergien nicht mehr durchlässig. Die Kurven wurden mit den Wirkungsquerschnitten in Abb. 16.24 berechnet.

wesentlich, weil das effektive Targetvolumen für den Neutrinonachweis mit der Reichweite ansteigt.

In den bisher existierenden Detektoren werden die Myonen über das von ihnen erzeugte Cherenkov-Licht mit optischen Sensoren in Wasser oder Eis nachgewiesen (Abb. 16.32). Das Nachweisprinzip beruht zwar hier auch auf dem Cherenkov-Effekt, wie zum Beispiel bei Super-Kamiokande, allerdings müssen die Detektoren für kosmische Neutrinos wegen der geringeren Flüsse im Vergleich zu denen solarer und atmosphärischer Neutrinos viel größer sein. Entsprechend sind die Abstände der Lichtsensoren so groß, dass nicht mehr

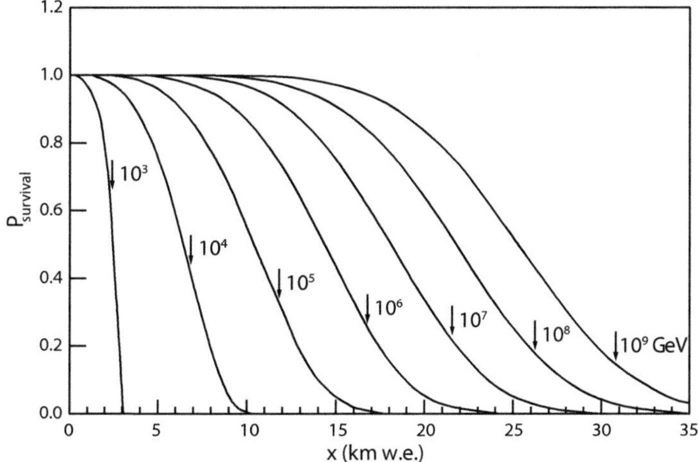

Abb. 16.31 Überlebenswahrscheinlichkeit von Myonen als Funktion der Eindringtiefe in Wasser (aus [712], mit freundl. Genehmigung der American Physical Society). Die Zahlen an den Kurven sind Energien in GeV. Die Pfeile zeigen die mittleren Reichweiten, die sich bei Vernachlässigung der Fluktuationen ergeben. Man sieht, dass die Fluktuationen die Reichweite sehr verschmieren. Für 'Standardfels' in der Erdkruste wird die Dichte zu 2.65 g/cm^3 angesetzt, das heißt, die Reichweiten werden etwa um diesen Faktor kleiner.

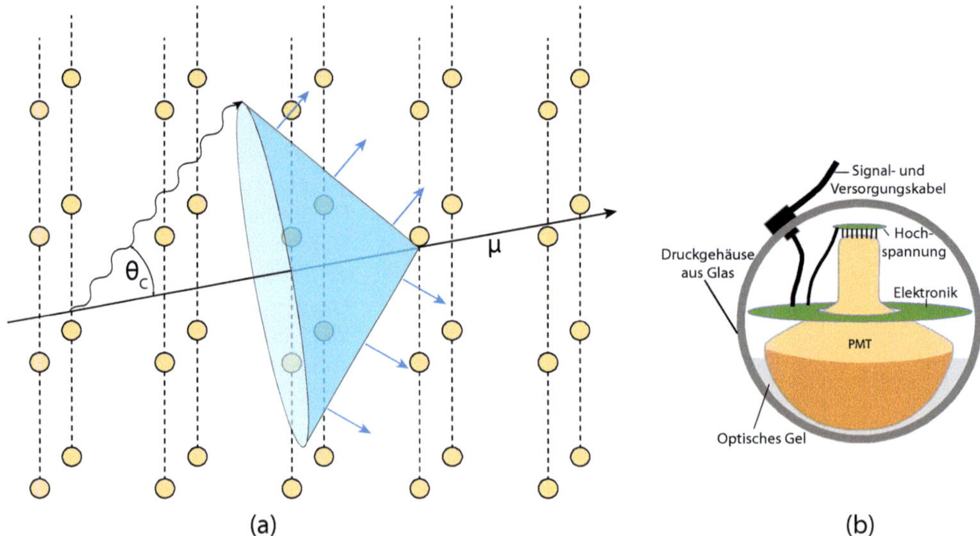

Abb. 16.32 Typische Anordnung eines Neutrinoteleskops: (a) Ein Myon erzeugt Cherenkov-Licht in Wasser oder Eis ($\theta_c(\beta = 1) \approx 40°$), das von Photovervielfachern (PMT) registriert wird. Der eingezeichnete Kegelmantel ist die Wellenfront des Cherenkov-Lichtes, die sich mit dem Myon durch das Eis oder Wasser bewegt. Die Orte gleicher Ankunftszeiten liegen auf dem Kegelmantel. Aus den gemessenen Ankunftszeiten des Lichtes an den verschiedenen PMTs wird die Myonrichtung berechnet. (b) Die PMTs sind in druckfesten Gehäusen einschließlich der Detektor- und der Übertragungselektronik in sogenannten 'Optischen Modulen' integriert. Quelle: DESY.

die einzelnen Cherenkov-Ringe gemessen werden können. Die Ereignisse werden stattdessen aus der räumlichen Verteilung der getroffenen Lichtsensoren und den Ankunftszeiten der Cherenkov-Photonen rekonstruiert. Die Messung der Ankunftszeiten des Lichtes mit einer Genauigkeit von wenigen Nanosekunden erlaubt eine Rekonstruktion der Myonrichtung, woraus annähernd die Neutrinorichtung bestimmt werden kann. Der mittlere Winkel des Myons zu dem primären Neutrino in Gleichung (16.52) wird mit wachsender Energie kleiner:

$$\langle \theta_{\nu\mu} \rangle \approx \frac{1°}{\sqrt{E_\nu/\mathrm{TeV}}} \,. \tag{16.53}$$

Dieser Winkel liegt in einer ähnlichen Größenordnung wie die erreichbare Winkelauflösung der Detektoren. Die Richtungsauflösung bestimmt wesentlich das Entdeckungspotenzial für kosmische Punktquellen.

Die Energie der Myonen kann oberhalb der kritischen Energie, die für Myonen in Eis bei $E_k^\mu = 1031\,\mathrm{GeV}$ liegt, durch die linear anwachsende Abstrahlung entsprechend Gleichung (3.98) auf Seite 75 bestimmt werden (Abschnitt 3.3.4, Abb. 3.28). Bei geringeren Energien ist im Allgemeinen nur eine grobe Abschätzung möglich. Wenn der Energieverlust vor Erreichen des Detektors nicht bekannt ist, gibt es keine direkte Relation zur Neutrinoenergie. Eine gute Energiebestimmung ist möglich für Spuren, die in dem Detektor beginnen und enden (*contained events*), sowie bei neutrino-induzierten Schauern,

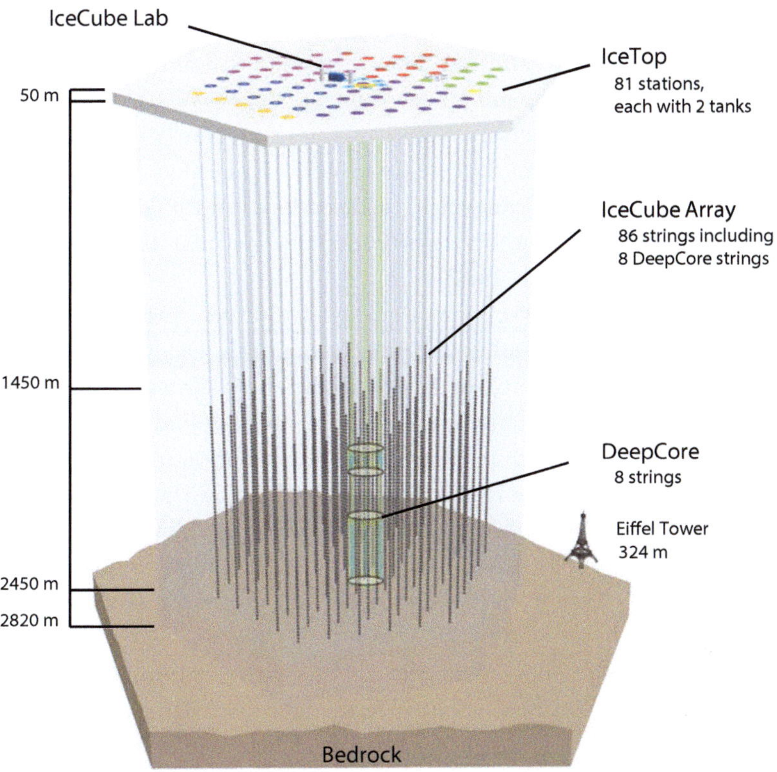

Abb. 16.33 Der IceCube-Detektor mit den Komponenten DeepCore und IceTop. Erläuterungen finden sich im Text. Quelle: IceCube Collaboration/NSF.

so genannten Kaskaden (Abb. 16.34(b)). Allerdings ist im Allgemeinen für Kaskaden die Richtungsauflösung relativ schlecht. Nur bei sehr hohen Energien (PeV und höher) wird die Richtungsauflösung besser durch den LPM-Effekt, der eine Streckung der Schauer bewirkt (siehe dazu Abschnitt 15.2.2.3).

16.6.5.3 Experimente

Die Anregung zum Bau von Neutrinoteleskopen zum Nachweis von kosmischen Neutrinos über die Cherenkov-Strahlung in einem See oder im Meer kam von Markov bereits 1960 [747]. Einen Überblick über die verschiedenen Projekte und den Status der zurzeit aktiven Experimente findet man in [630]. Das DUMAND-Projekt war der erste Versuch, ein großvolumiges Neutrinoteleskop nach dem eben beschriebenen Prinzip in Wasser (im Pazifik vor Hawaii) zu realisieren. Dieses Projekt hat die auftretenden Probleme, die vor allem mit dem Salzwasser zusammenhingen, nicht meistern können und wurde offiziell nach etwa 20 Jahren 1996 eingestellt. Das erste funktionsfähige Teleskop wurde dann auch in Süßwasser realisiert: Im Baikalsee wurden 1993 erstmalig Daten genommen.

Der Durchbruch gelang wenige Jahre später mit dem AMANDA-Experiment, das in einer Tiefe zwischen etwa 1500 m und 2000 m im antarktischen Kompakteis installiert wurde. Das AMANDA-Teleskop mit einem Volumen von etwa 0.03 km^3 war der Prototyp für das IceCube-Teleskop mit einem Volumen von etwa 1 km^3. Es war von Anfang an klar, dass nur ein Detektor mindestens dieser Größe genügend Sensitivität auf die zu erwartenden Flüsse kosmischer Neutrinos, insbesondere von Punktquellen, haben würde. Mit den Erfahrungen von AMANDA wurde deshalb IceCube ab 2004 an der gleichen Stelle am Südpol realisiert (Abb. 16.33).

ANTARES, ein Neutrinoteleskop von ähnlicher Größe wie AMANDA, wurde 2007 im Mittelmeer vor der Küste von Toulon in Betrieb genommen. Die Erfahrungen mit ANTARES zeigen, dass ein solcher Detektor im Meer betrieben werden kann. Allerdings wirft eine Meeresumgebung mit Biolumineszenz, Wellenbewegung und aggressivem Salzwasser erfahrungsgemäß viel größere Probleme auf als die Installation und der Betrieb eines Detektors im Eis. Mit den Neutrinoteleskopen ANTARES und Baikal können somit durch die Erde gefilterte Neutrinos auch von der südlichen Hemisphäre (mit dem galaktischen Zentrum) beobachtet werden. Allerdings zeigen die Ergebnisse von IceCube, dass eine Detektorgröße von mindestens einem km^3 notwendig ist, um auf kosmische Neutrinos sensitiv zu sein.

Um eine ähnliche Abdeckung in beiden Hemisphären zu erreichen, werden zurzeit (2023) entsprechende Detektoren im Mittelmeer unter dem Namen KM3NeT installiert, jeweils nahe der italienischen und der französischen Küste (ein weiterer Detektor ist nahe der griechischen Küste geplant) [654]. Mit dem Detektor wurden, in einem noch nicht vollständigen Zustand, bereits Daten genommen. Der ursprüngliche Baikal-Detektor ist unter dem Namen Baikal-GVD [142] auf etwa 0.4 km^3 vergrößert worden. IceCube soll in den nächsten Jahren auf etwa 10 km^3 ausgebaut werden [589].

Im Folgenden soll exemplarisch der IceCube-Detektor, die Hauptkomponente des IceCube Neutrino Observatory, beschrieben werden.

IceCube Das IceCube Neutrino Observatory (Abb. 16.33) [11] am geographischen Südpol besteht aus einem 1 km^3 großen Detektor, der sich in einer Tiefe von 1450 bis 245 m im Eis befindet, einem 1 km^2 großen Detektor an der Oberfläche (IceTop, siehe Abschnitt 16.4) und einem 0.03 km^3 großen Bereich mit dichterer Instrumentierung (DeepCore). Der Detektor verwendet für das große Volumen 5160 optische Sensoren an 86 *Strings*, um das Cherenkov-Licht von geladenen Teilchen nachzuweisen, die im Eis oder in der Erdkruste von Neutrinos erzeugt werden (Abb. 16.32). IceCube ist primär konzipiert worden, um von unten, aus der Erde kommende Neutrinos zu messen, womit die nördliche Hemisphäre des Himmels beobachtet werden kann. Die Erde dient dabei als Filter, um den überwältigenden Untergrund von kosmischen Myonen zu unterdrücken. Inzwischen ist allerdings auch der Südhimmel in die Beobachtungen einbezogen worden. In diesem Fall kann der Untergrund unterdrückt werden, indem man fordert, dass ein Ereignis im Inneren des Detektorvolumens entstanden sein muss, ohne Anzeichen weiterer Teilchen von einem Schauer. Typische Ereignistopologien sind in Abb. 16.34 gezeigt.

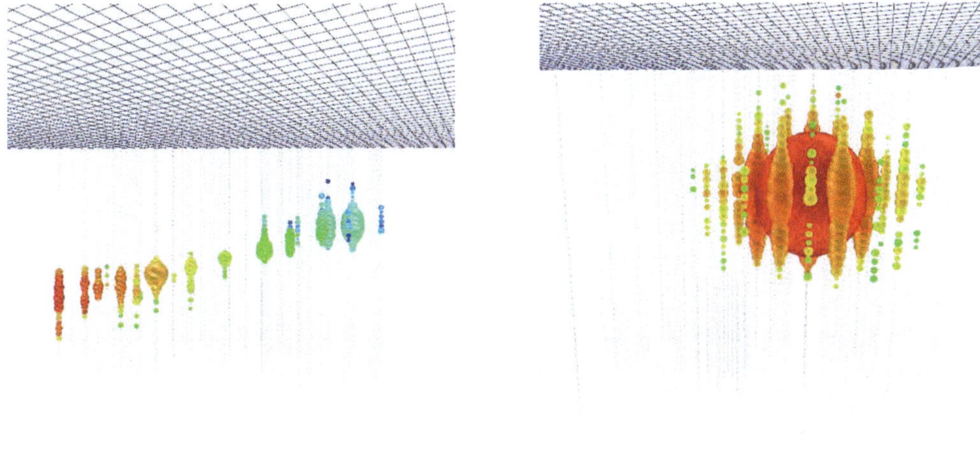

(a) (b)

Abb. 16.34 Ereignisse in dem IceCube-Detektor. Gezeigt sind die von den optischen Modulen aufgenommenen Lichtsignale. Die Größe der Farbflächen entspricht der Signalstärke, und die Farben entsprechen der Ankunftszeit des Lichtes (Rot steht für die früheste, Blau für die späteste Zeit). (a) Spur eines von links nach rechts aufwärts gehenden Myons, das von einem Myon-Neutrino produziert wurde (Zeitentwicklung von unten nach oben), (b) eine Kaskade, die charakteristisch für ein Elektronneutrino ist (Zeitentwicklung von innen nach außen). Quelle: IceCube Collaboration.

Ein Lichtsensor, genannt '*Digital Optical Module*' (DOM), enthält jeweils ein PMT (25 cm Kathodendurchmesser), um das Cherenkov-Licht aufzunehmen, und eine autonome Elektronik zur Aufzeichnung, Digitalisierung und Auslese des Signals sowie zum Triggern, Kalibrieren und Ausführen verschiedener Kontrollfunktionen [15]. Die wichtigste Aufgabe der DOM-Elektronik ist die analoge Aufzeichnung der Pulsformen. Das geschieht in einem '*analog transient waveform digitizer* ' (ATWD) in 3.33 ns breiten Intervallen mit einer Speichertiefe von 128 Intervallen, entsprechend einer Gesamtlänge von etwa 427 ns. Die Aufzeichnung wird jeweils gestartet, wenn die Schwelle, entsprechend der Ladung von 0.25 Photoelektronen, überschritten wird. Mit einem gröberen Zeitraster wird die Aufnahmezeit von einem schnellen ADC auf 6.4 µs ausgedehnt.

Benachbarte DOMs an einem String sind über Kabel verbunden, so dass zur Unterdrückung von Untergrund durch Rauschen lokale Koinzidenzen verlangt werden können. Ansonsten arbeitet jeder DOM autonom und sendet jeweils die eigenen Daten an den Kontrollraum an der Oberfläche, wo durch eine globale Erfassung aller DOM-Signale Ereignisse erkannt werden können.

Ereignisse, die Filter für bestimmte Ereignisklassen passieren, werden über eine Satellitenverbindung an das IceCube-Rechenzentrum in Madison (USA) geschickt. Die gesamten Daten werden auf Speichermedien geschrieben, die im antarktischen Sommer in den Norden transportiert werden können. Zusätzlich wird mit schnellen Online-Prozeduren nach signifikanten zeitlichen Anhäufungen von Neutrinokandidaten gesucht, um Alarme (*real time alert*) an andere Teleskope und Satellitenexperimente schicken zu können, um Folgebeobachtungen auszulösen. Diese so genannten *Follow-up*-Programme sind sehr wichtig, um die Signifikanz bei Beobachtungen transienter kosmischer Ereignisse (zum Beispiel '*Gamma-Ray Bursts*', die nur Minuten dauern, oder ein plötzliches Aufleuchten (*flare*) einer aktiven Galaxie) zu erhöhen.

16.7 Detektoren zum Nachweis von Dunkler Materie

16.7.1 Einführung

Kosmologische und astrophysikalische Beobachtungen deuten darauf hin, dass etwa 27% der Dichte des Universums durch so genannte Dunkle Materie (DM) gebildet wird, die zwar der Gravitation unterliegt, aber ansonsten gar nicht oder nur schwach an die sichtbare Materie koppelt. Insbesondere strahlt diese Materie nicht, deshalb wird sie 'dunkel' genannt. Hinweise auf DM kommen von unterschiedlichen, unabhängigen Beobachtungen, wie der Kinematik von Sternen und Galaxien, der Strukturbildung im Universum, der Eigenschaften von Gravitationslinsen und der Temperaturfluktuationen der Mikrowellen-Hintergrundstrahlung.

Es gibt viele mehr oder weniger exotische Kandidaten für die Dunkle Materie, zum Beispiel: 'sterile Neutrinos', WIMPs (*Weakly Interacting Massive Particles*), Axionen oder topologische Raum-Zeit-Defekte. Nach DM wird in vielen verschiedenen Teilchen- und Astroteilchenexperimenten gesucht, wobei man die Suchen in drei Kategorien aufteilen kann:

- Suche nach DM in Beschleunigerexperimenten,
- Suche nach DM-Annihilation in Astroteilchenexperimenten und
- direkter DM-Nachweis in dafür spezialisierten Experimenten.

Einen guten Überblick über DM-Hinweise, -Kandidaten und -Suchen gibt der Artikel 'Dark Matter' auf der PDG-Webseite [166].

In dem Zusammenhang mit dem Thema dieses Buches sind die WIMPs am interessantesten, weil für deren direkten Nachweis spezielle Detektoren konzipiert wurden. WIMPs mit Massen bis zu einigen 100 GeV werden in gängigen theoretischen Modellen am meisten favorisiert. Im Folgenden konzentrieren wir uns auf Suchen mit Detektoren, die auf den direkten WIMP-Nachweis spezialisiert sind.

16.7.2 Nachweis elastischer WIMP-Streuung

Die Suchen nach WIMPs basieren auf der Annahme, dass sie an Atomkernen elastisch streuen können und dabei einen Rückstoß auf die Kerne übertragen. Die Experimente sind

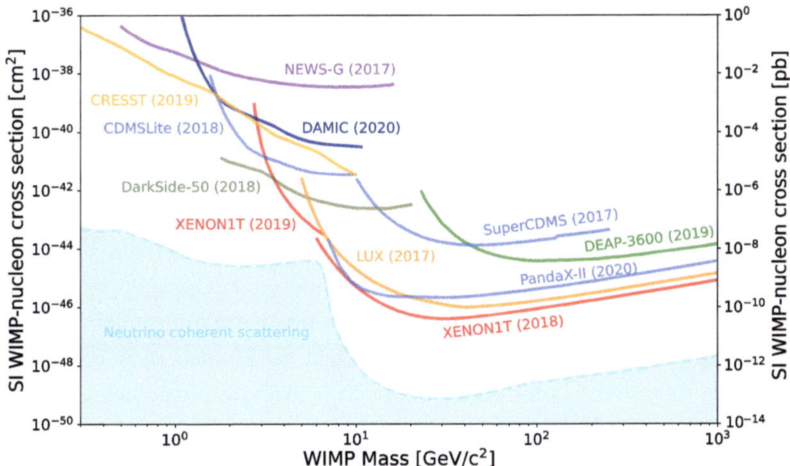

Abb. 16.35 Ausschließungsgrenzen für den (spin-unabhängigen, SI) elastischen WIMP-Kern-Wirkungsquerschnitt als Funktion der WIMP-Masse (übernommen aus dem Übersichtsartikel [166]). Die ausgesuchten Beispiele zeigen die zur Zeit der Kompilierung besten Grenzen (die Referenzen zu den Kurven findet man in dem Übersichtsartikel). Die blaue Fläche zeigt einen irreduziblen Untergrund von Neutrinoflüssen von der Sonne, der Atmosphäre und von Supernovae. Offensichtlich können die Grenzen nur ein Schnappschuss zu einer gegebenen Zeit sein. Aktualisierte Ergebnisse und Modellvorhersagen findet man auf der jeweils aktuellen PDG-Web-Seite [815].

wegen der geringen Rückstoßenergie und der zu erwartenden kleinen Streurate extrem schwierig.

16.7.2.1 Experimentelle Bedingungen

Abschaetzung des WIMP-Flusses Zur Abschätzung der Rückstoßenergie nimmt man an, dass sich die WIMPs im Schwerpunktsystem unserer Galaxis mit thermischen Geschwindigkeiten bewegen, die klein gegenüber der Geschwindigkeit des Sonnensystems relativ zur Galaxis (220 km/s) sind. Deshalb wird eine mittlere WIMP-Geschwindigkeit relativ zu einem erdgebundenen Detektor zu 220 km/s angenommen. Diese Geschwindigkeit wird durch die Erdbewegung mit tages- und jahreszeitlichen Richtungsänderungen moduliert. Für WIMP-Massen zwischen 10 GeV und 10 TeV betragen die zu erwartenden Rückstoßenergien der Kerne (zum Beispiel Ge, Xe) nur 1 bis 100 keV.

Die elastische Streurate ist durch den lokalen WIMP-Fluss, $j_\chi = n\,v$ mit der Anzahldichte n und der Geschwindigkeit v, sowie dem Wirkungsquerschnitt $\sigma_{\chi,A}$ für die Streuung eines WIMPs χ an einem Target mit N_T Kernen der Masse A gegeben:

$$R_{elast} = n\,v\,N_T\,\sigma_{\chi,A}\,. \tag{16.54}$$

Aus den erwähnten indirekten DM-Hinweisen (Abschnitt 16.7.1) und kosmologischen Betrachtungen wird für die Erdumgebung eine DM-Dichte $\rho_{DM} = 0.39\,\text{GeV/cm}^3$ abgeschätzt [816]. Allerdings wird von den Experimentatoren meistens der Wert $\rho_{DM} =$

$0.3\,\text{GeV/cm}^3$ benutzt (siehe z. B. [749]). Die Begründung ist, dass es für den Vergleich experimenteller Resultate wichtiger ist, immer den gleichen Wert statt den zurzeit besten theoretischen Wert zu nehmen. Mit der Teilchenzahldichte

$$n = \frac{\rho_{DM}}{m_\chi} \tag{16.55}$$

ergibt sich, dass R_{elast} in (16.54) nur noch von der WIMP-Masse und dem elastischen WIMP-Kern-Streuquerschnitt abhängt. Deshalb werden die bisher erhaltenen Ausschlussgrenzen als Funktion dieser beiden Parameter aufgetragen, wie in Abb. 16.35. In dieser Abbildung wird der Wirkungsquerschnitt pro Kern angegeben, um die mit verschiedenen Targets erzielten Ergebnisse vergleichen zu können. Für die Konvertierung setzt man in der Regel eine kohärente Summe von Streuamplituden für alle Nukleonen und die gleichen Amplituden für Protonen und Neutronen an.

Unterdrückung des Untergrundes Die größte Schwierigkeit der Experimente ist die zu erwartende extrem niedrige Wechselwirkungsrate der WIMPs. Ohne entsprechende Vorkehrungen sind Detektorsignale verursacht durch Radioaktivität viel häufiger. Der Detektor darf daher nur mit Materialien umgeben werden, die möglichst wenig Radioaktivität enthalten, und wird zusätzlich gegen Neutronen abgeschirmt, zum Beispiel mit Polyethylen oder Wasser. Außerdem müssen die Experimente in tiefen Bergwerken oder Tunneln betrieben werden, um die kosmische Strahlung abzuschirmen. Untergrundlaboratorien, die solche Bedingungen bieten sind in Abschnitt 2.3.3 aufgelistet. In dem Gran-Sasso-Laboratorium werden oder wurden die unten angesprochenen Detektoren DAMA (DArk MAtter), CRESST (*Cryogenic Rare Event Search with Superconducting Thermometers*) und XENON (Name steht für das Targetmaterial Xenon) betrieben. Ebenfalls angesprochenen werden die Experimente CDMS (Cryogenic Dark Matter Search) in der Soudan Mine in Minnesota und PICO in dem Laboratorium SNOLAB in einer Mine nahe Sudbury in Ontario.

In Abb. 16.35 stammen die besten Grenzen für WIMP-Massen oberhalb von einigen GeV von Flüssig-Xenon-Detektoren. Dafür konnte die Untergrundrate pro Targetmasse, Zeit und deponierte Energie auf $2 \times 10^{-4}/(\text{kg Tag keV})$ reduziert werden [166].

Detektorsignale Wenn WIMPs tatsächlich an Kernen streuen, können sie über den Rückstoß des Kernes, an dem sie streuen, nachgewiesen werden. Die Energie, die der Kern bei der WIMP-Streuung aufnimmt, wird auf verschiedene Weise wieder an das Targetmedium abgegeben, was zu folgenden registrierbaren Signalen führen kann:

- Der Kern ionisiert das Medium (dE/dx), was durch Sammlung der Ionisationsladung nachweisbar ist.
- Ionisation und Anregung kann zur Erzeugung von Szintillationslicht, das durch Photosensoren nachweisbar ist, führen.
- In Kristallen werden durch den Rückstoß Gitterschwingungen (Phononen) angeregt, die über empfindliche Temperaturmessungen nachweisbar sind.

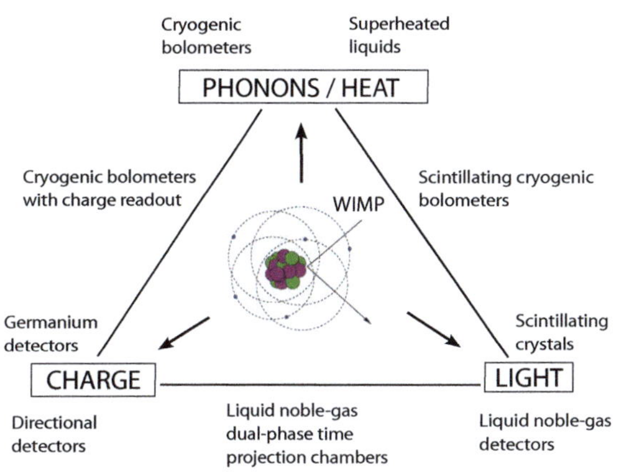

Abb. 16.36 Schematische Darstellung der unterschiedlichen Typen von WIMP Detektoren und die entsprechenden Signale, die sie liefern, wenn ein WIMP elastisch an einem Kern gestreut wird (aus [749]). Die Signalquellen – Ionisationsladung, Szintillationslicht und Phononen – sind an den drei Ecken des Dreiecks zusammen mit den Detektortypen, die diese Signalquellen nutzen, dargestellt. Detektortypen, die zwei komplementäre Signaltypen nutzen, sind entlang den Seiten des Dreiecks, die die entsprechenden Ecken verbinden, aufgetragen.

- In überhitzten Flüssigkeiten können durch Ionisation Kondensationskeime für Blasenbildung erzeugt werden. Die Ausbildung von Blasen kann akustisch oder optisch registriert werden.

Abbildung 16.36 stellt schematisch die verschiedenen Detektortypen und die entsprechenden WIMP-Signale dar. Im Folgenden werden wir sehen, dass Detektoren, die eine Kombination von zwei verschiedenen Signaltypen nutzen, besonders effizient Untergrund zurückweisen können.

Duale Messmethode Die zurzeit sensitivsten WIMP-Detektoren unterdrücken sehr effektiv den Untergrund von γ- und β-Strahlung durch eine 'duale Messung' der im Detektor deponierten Energie. Im Allgemeinen sind die Verhältnisse der Signale von Gitterschwingungen, Ionisationsladung und Szintillationslicht abhängig davon, ob die Energie durch elastische WIMP-Streuung oder β- und γ-Untergrund deponiert wird. Zum Beispiel ist die Emission von Szintillationslicht in der Regel von der Ionisationsdichte abhängig, die für β- und γ-Untergrund geringer ist als für den Rückstoßkern. Die aufgeführten Messmethoden können allerdings nicht zwischen WIMP-Streuung und Streuung anderer massiver und/oder neutraler Teilchen, einschließlich Neutronen und Neutrinos, unterscheiden. Der Neutronenuntergrund muss deshalb besonders sorgfältig abgeschirmt werden (siehe dazu auf Seite 816 'Unterdrückung des Untergrundes').

16.7.3 Ausgewählte Beispiele für direkte WIMP-Suche

16.7.3.1 Szintillatorkristalle bei Raumtemperatur

Am wenigsten aufwendig scheint die Messung des Energieverlusts durch Ionisation zu sein, zum Beispiel mit szintillierenden Kristallen (Abschnitt 13.3). Bei den erwarteten geringen WIMP-Raten hebt sich allerdings das Signal nicht vom Untergrund ab. Deshalb muss eine weitere Messgröße zur Abtrennung des Untergrunds gefunden werden. Eine solche Observable könnte eine zeitliche Variation der WIMP-Raten sein, die der erwarteten Variation der WIMP-Geschwindigkeiten, wie oben beschrieben, entspricht. Dazu sucht man nach einer jahreszeitlichen Variation der WIMP-Raten und/oder -Signalgrößen. Wegen der geringen Raten wäre die Bestimmung einer tageszeitlichen Variation wohl kaum machbar.

Tatsächlich hat das Experiment DAMA mit bis zu 250 kg NaI-Kristallen über 22 Jahreszyklen, insgesamt 2.86 t$\times$Jahre im Energiebereich 2–6 keV solche Modulationen mit einer Signifikanz von 13.7 σ gefunden, die auch in der Phase mit den Erwartungen übereinstimmen [191, 190]. Allerdings steht die DAMA-Evidenz mit den Ausschlussgrenzen vieler anderer Experimente im Widerspruch [213] (Abb. 16.35). Diese Diskrepanz hat die Motivation für neue Experimente und Erweiterungen für bestehende befördert, wobei insbesondere mit erhöhten Targetmassen das relevante Produkt Targetmasse $\times$ Zeit vergrößert wird. Siehe dazu die Übersicht in [166].

16.7.3.2 Detektoren mit dualer Signalauslese

Im Folgenden wird an einigen Beispielen gezeigt, wie bei der elastischen WIMP-Streuung durch Vergleich von Signalen, die mit verschiedenen Messmethoden für ein gegebenes Ereignis erzielt werden, der Untergrund von γ- und β-Strahlung unterdrückt werden kann.

Kryo-Detektoren Die Anregung von Gitterschwingungen in einem Kristall durch den Rückstoßkern führt zu einer kleinen Temperaturerhöhung, die im Prinzip kalorimetrisch gemessen werden kann. Für kalorimetrische Messungen sind niedrige Temperaturen günstig, weil die Temperaturänderung pro deponierter Energie am größten ist. Die verwendeten Kristalle, zum Beispiel Silizium, Germanium, Al_2O_3 (Saphir) und $CaWO_4$, werden auf Temperaturen im Bereich von 10 mK heruntergekühlt. Für reine Kristalle ist bei diesen niedrigen Temperaturen die Wärmekapazität $C(T)$ etwa proportional zu T^3, das heißt die Temperaturänderung ist umso größer, je kleiner die Temperatur ist: $\Delta T = \Delta E/C(T) \propto 1/T^3$. Bei 10 mK erreicht man mit 1 kg Targetmasse der oben aufgeführten Kristalle einen Temperatursprung pro absorbierter Energie von der Größenordnung $\Delta T \approx 10^{-7}$ K/keV.

Für den Nachweis solch kleiner Temperaturänderungen (Abb. 16.37) braucht man sehr sensitive Thermometer. Besonders günstig ist der Betrieb eines Widerstandsthermometers an der Sprungtemperatur zum Supraleiter (SPT= *Superconducting Phase-transition Thermometer* oder TES = *Transition Edge Sensor*) [600]. Die Supraleiter werden als dünne Filme ausgelegt. Das Prinzip ist in Abb. 16.38 erläutert: Die Temperaturerhöhung ΔT führt zu einer Widerstanderhöhung ΔR, so dass ein Strom, der durch den Widerstand fließt, sprunghaft geringer wird, was als Signal verstärkt werden kann.

Die Temperaturerhöhung pro deponierter Energie in einem Kristall gegebener Masse ist umgekehrt proportional zu der Wärmekapazität des Kristalls mit Sensor. Das limitiert die Targetmasse und/oder die Energieschwelle und damit das Entdeckungspotential. Im

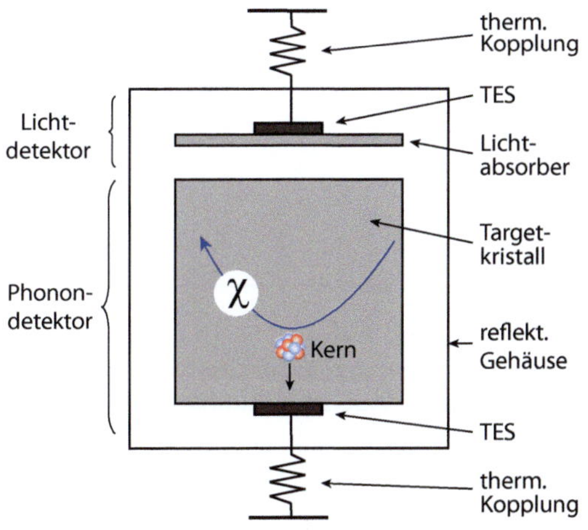

Abb. 16.37 Prinzip einer Messung der elastischen Streuung eines WIMP an einem Kern am Beispiel eines Moduls des CRESST-II-Detektors [102]. Der Rückstoß des Kernes erzeugt Gitterschwingungen (Phononen), die mit einem Thermometer (TES, siehe Text) gemessen werden. Gleichzeitig wird der Energieverlust durch Ionisation in Szintillationslicht umgewandelt, das in einem Lichtabsorber nachgewiesen wird, in diesem Fall ebenfalls mit der Methode der Temperaturmessung. Die Thermometer sind zum Temperaturausgleich an Kältebäder gekoppelt.

Folgenden wird erläutert, dass man tatsächlich durch gezielte Ausnutzung der Phononendynamik eine effektive Wärmekapazität erreichen kann, die mehr der des Thermometers entspricht und damit typisch mehrere Größenordnungen kleiner als die des Gesamtsystems ist [600, 688]. Bei dem Rückstoß werden auf einer Zeitskala von Nanosekunden nicht-thermische, akustische Phononen[154] erzeugt, die Energien im meV-Bereich (entspricht THz-Bereich) haben, was viel höher als die thermischen Energien des Kristalls von $E_{therm} \approx 1\,\mu\text{eV}$ ist. Die meV-Phononen werden an der Oberfläche des Kristalls reflektiert oder, insbesondere an den Kontaktstellen des Thermometerfilms, von diesem absorbiert. In dem supraleitenden Thermometer thermalisieren die Phononen schnell (etwa in µs) durch starke Kopplung an das Elektronensystem. Das führt zu einem Temperaturanstieg auf der Skala von 10 µs mit einer Relaxationszeit auf der Skala von 100 µs, die durch die Kopplung an die Wärmesenke bestimmt ist. Auf einer viel längeren Zeitskala von Millisekunden thermalisieren auch die Phononen im Kristall und führen auch dort zu einer Temperaturerhöhung, die aber wegen der höheren Wärmekapazität viel geringer ist.

Eine sehr effiziente Untergrundunterdrückung und damit eine wesentliche Erhöhung der Sensitivität ergibt sich entsprechend dem dualen Messprinzip zum Beispiel durch Kombination einer Temperaturmessung mit der Messung der Ionisation, die die Rückstoßkerne in dem Kristall erzeugen (Abb. 16.37). Dabei kann die Ionisation auf verschiedene Weise gemessen werden, zum Beispiel durch Ladungssammlung in einem Halbleiterdetektor (zum Beispiel Ge- oder Si-Detektoren in Experimenten wie EDELWEISS oder CDMS, Abb. 16.39) oder durch Lichtmessung bei einem szintillierenden Kristall (zum Beispiel ein $CaWO_4$-Detektor im CRESST-Experiment, Abb. 16.37). Durch den sogenannten Quenching-Effekt ist bei der sehr hohen Ionisationsdichte eines langsamen, schweren Kernes die Szintillationsausbeute relativ unterdrückt (Birks-Formel in Abschnitt 13.2.3), und auch die Effizienz der Ladungssammlung ist wegen erhöhter Rekombinationsrate geringer. Als Ergebnis ist das Verhältnis der über Phononen gemessenen Energie zu der über die Ionisation gemessenen kleiner als bei der Ionisation von beispielsweise minimal ioni-

[154] Siehe dazu die Erläuterungen auf Seite 137.

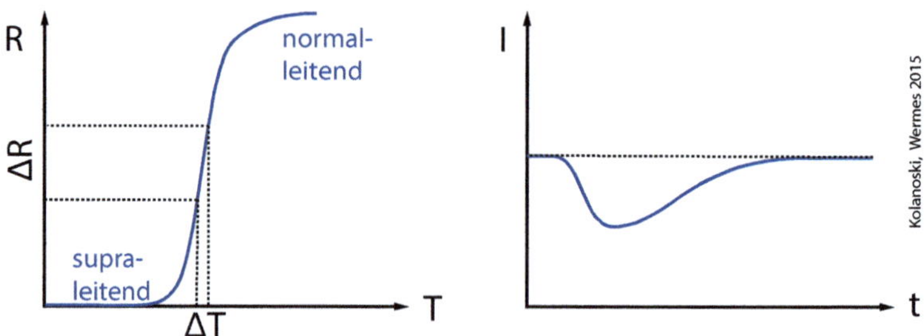

Abb. 16.38 Messung eines Temperatursprungs an dem Übergang vom supraleitenden zum normalleitenden Zustand eines Metalls. Das Thermometer ist ein Widerstand, durch den ein Strom fließt. Die starke Widerstandsänderung bei einer kleinen Temperaturänderung (links) erzeugt ein Signal im Strom (rechts). Durch die Kopplung des Thermometers an ein Kältebad, wie in Abb. 16.37 dargestellt, wird die Temperatur wieder ausgeglichen, und das Signal fällt wieder ab. Die Zeitskala für Anstieg und Abfall des Signals wird im Text diskutiert.

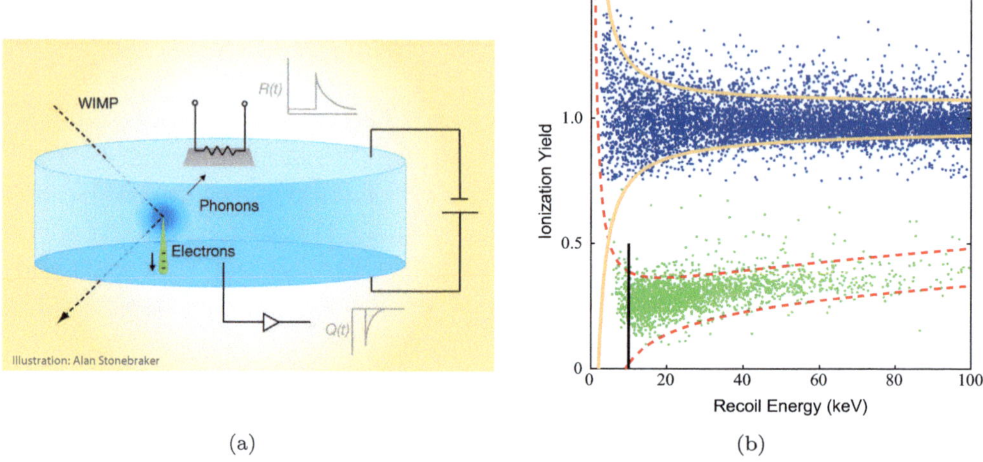

Abb. 16.39 Detektor und Messprinzip des CDMS-Experiments: (a) Schema eines einzelnen CDMS-Detektors (aus [207], Autor: APS/Alan Stonebraker). Bei der Streuung eines WIMP an einem Germanium-Kern werden durch den niederenergetischen Kernrückstoß Ionisationsladungen und Phononen (Gitterschwingungen) erzeugt. Unter dem Einfluss eines kleinen elektrischen Feldes driften die Ladungsträger an die Detektoroberfläche und liefern nach Verstärkung das Signal $Q(t)$. Phononen, die die Oberfläche erreichen, können in einer dünnen supraleitenden Aluminiumschicht absorbiert werden und dort zu einer kleinen Temperaturerhöhung führen. An die Aluminiumschicht ist thermisch ein '*transition-edge sensor*' (TES) gekoppelt, der den Temperatursprung als Sprung im Widerstand $R(t)$ eines Stromkreises am Übergang zwischen Supraleitung und normaler Leitung registriert (Abb. 16.38). (b) Kalibration des Ge-Detektors mit einer Quelle für Neutronen und Gammastrahlung (^{252}Cf) (aus [64], mit freundl. Genehmigung der American Physical Society): Die gemessene Ionisationsladung ist aufgetragen gegen die Rückstoßenergie, die mit dem TES bestimmt wurde. Kernrückstöße durch Neutronenstreuung finden sich in dem unteren Band, das obere Band stammt vorwiegend von den durch die Gammaquanten erzeugten Compton-Elektronen. Der senkrechte Strich bei 10 keV zeigt die Schwelle für die WIMP-Suche, die sich über den Energiebereich bis 100 keV erstreckt.

sierenden Teilchen. Wie man in Abb. 16.39(b) für das Beispiel eines Germaniumdetektors sieht, lässt sich damit der Untergrund von β- und γ-Radioaktivität effizient unterdrücken. Der Untergrund durch elastische Neutronenstreuung hat allerdings die gleiche Signatur wie die der WIMPs und kann nur durch eine gute Neutronenabschirmung unterdrückt werden. Letztlich muss der verbleibende Untergrund statistisch subtrahiert werden.

WIMP-Nachweis in flüssigen Edelgasen Um in Kryo-Detektoren genügend sensitiv auf Temperatursprünge zu sein, darf die Masse nicht sehr groß sein (unter etwa 1 kg). Andererseits wächst das Entdeckungspotenzial mit der Detektormasse. Während daher bei Kryo-Kristalldetektoren viele einzelne Detektoren betrieben werden müssen, sind mit Detektoren, die auf flüssigem Edelgas basieren[155], viel größere Massen in einem einzelnen Detektor erreichbar. Wesentlich für den Einsatz als WIMP-Detektoren ist, dass auch bei Edelgasen (meistens wird Xenon, seltener Argon benutzt) zwei Messgrößen, nämlich Szintillationslicht (Abschnitt 13.3.4) und Ionisationsladung, zur Verfügung stehen, deren Vergleich es erlaubt, den Untergrund an β- und γ-Strahlung zu unterdrücken.

Das Prinzip soll am Beispiel des XENON-Detektors [110] mit Abb. 16.40 erläutert werden. Eine *Time Projection Chamber* (TPC, siehe Abschnitt 7.11) ist in dem Driftraum mit flüssigem Xenon und oberhalb des Driftraums mit Xenon in der Gasphase gefüllt ('*dual phase TPC*'). Die Elektronen driften in der Flüssigkeit zu der Anode, passieren eine Gitterelektrode unterhalb des Flüssigkeit-Gas-Grenzfläche und werden durch ein starkes Feld zwischen Anode und Gitter (mehr als 10 kV/cm) aus der Flüssigkeit extrahiert. In dem Gasvolumen unterhalb der Anode reicht das Feld aus, um die Elektronen über die Schwelle für die Anregung von Xenonatomen zu beschleunigen, was zu nachfolgender Emission von Szintillationslicht führt. Wenn die Energie, die die Elektronen zwischen Streuungen gewinnen, unter der Ionisationsschwelle bleibt und damit unter der Schwelle für Ladungsverstärkung, dann ist das Szintillationslicht proportional zu der Ladung, die das Licht erzeugt ('proportionale Szintillation' oder 'Elektrolumineszenz'). Verglichen mit einer Messung der Elektronen nach einer Gasverstärkung an dem Anodendraht liefert proportionale Szintillation in der Regel eine bessere Energie- und Ortsauflösung (siehe z.B. [246, 113]). Der Grund dafür ist, dass Szintillationsphotonen (in der Größenordnung 1000 pro Elektron) unkorreliert voneinander emittiert werden, während in einer Lawine die Erzeugung von Elektronen korreliert ist, weil Fluktuationen am Beginn der Lawinenbildung sich nicht mehr ausgleichen.[156] Im Prinzip kann proportionale Szintillation auch in der flüssigen Phase erreicht werden, aber wegen der viel kürzeren freien Weglänge zwischen Kollisionen mit Atomen, wird die Feldstärke für das Erreichen der Anregungsenergie prohibitiv hoch.

Der Nachweis des direkten und verzögerten Signals jeweils über Szintillationslicht hat den Vorteil, dass die Signale mit einer einzigen Technik aufgezeichnet werden können. Das Szintillationslicht, das sowohl in der Flüssigkeit als auch im Gas erzeugt wird, wird von Photovervielfachern registriert, die das Xenonvolumen von oben und unten betrachten.

[155] Der Einsatz von flüssigen Edelgasen in Kalorimetern wurde in Abschnitt 15.5.2 beschrieben (siehe auch Tab. 15.6).

[156] Verschiedene Methoden für die Messung der extrahierten Elektronen und die entsprechenden erreichbaren Auflösungen werden zum Beispiel in [246] diskutiert.

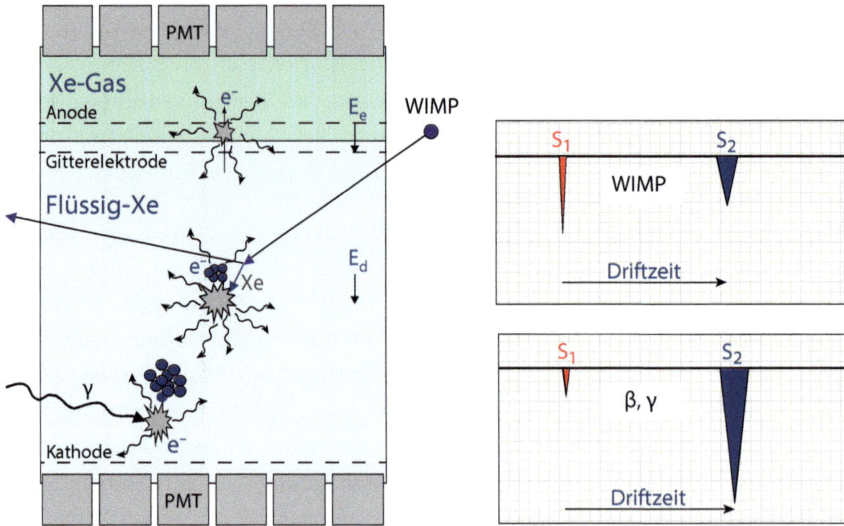

Abb. 16.40 Schematische Darstellung der Nachweismethode von WIMPs mit einer TPC, die mit Xenon in der Flüssigkeits- und der Gasphase gefüllt ist (aus [789]). Die elektrischen Felder werden mit drei Gitterelektroden erzeugt. Während das Driftfeld E_d in dem Flüssigkeitsvolumen zwischen der Kathode und der Gitterelektrode eine Stärke von etwa 1 kV/cm hat, muss das Feld E_e zwischen der Gitterelektrode und der Anode, mit dem die Elektronen von der Flüssigkeits- in die Gasphase extrahiert werden, eine Stärke von mehr als 10 kV/cm haben, um eine hohe Extraktionseffizienz zu erhalten. Im Gasvolumen beschleunigt das Feld E_e die Elektronen, so dass sie die Xenonatome anregen können. Das Szintillationslicht, das mit PMTs an beiden Enden der TPC aufgezeichnet wird, ist aus dem direkten Licht, das von dem Rückstoßkern durch Ionisations- und Anregungsenergieverlust erzeugt wird (Signal S_1), und dem verzögerten Szintillationslicht der zwischen der Anode und dem Gitter beschleunigten Elektronen (Signal S_2) zusammengesetzt. Signale von einem WIMP unterscheiden sich von denen vom β, γ-Untergrund durch $(S_2/S_1)_{\mathrm{WIMP}} \ll (S_2/S_1)_{\beta,\gamma}$ (rechte Grafik). Weitere Erläuterungen im Text.

Die elastische Streuung eines WIMP wird gleichzeitig über das von dem Rückstoßkern erzeugte Szintillationslicht und über die Ionisationsladung nachgewiesen. Bei dem XENON-Experiment wird die Ionisationsladung nach der proportionalen Verstärkung ebenfalls über das Szintillationslicht in dem Gasvolumen gemessen. Man sieht also zwei Lichtsignale (S_1 und S_2), die im Abstand der Driftzeit im flüssigen Xenon, wie auf der rechten Seite von Abb. 16.40 dargestellt, aufeinander folgen. In der Abbildung ist auch skizziert, dass das Verhältnis der driftenden Ladung zu dem primären Szintillationslicht für Kernrückstoß durch WIMPs viel kleiner ist als bei Ionisation durch β- und γ-Radioaktivität. Durch die hohe Masse des Kernes ist die Ionisationsladung räumlich sehr konzentriert und die Rekombinationswahrscheinlichkeit der Elektronen mit den Ionen sehr hoch. Durch die Rekombination und Abregung werden Photonen emittiert, die zum Szintillationsprozess beitragen. Wegen der Rekombination wird entsprechend die driftende Ladung geringer und das direkte Szintillationslicht größer. Der Untergrund durch β- und γ-Strahlung besteht vorwiegend aus minimal ionisierenden Teilchen (Compton-

Elektronen von der γ-Strahlung), bei denen wegen der geringeren Ionisationsdichte bei angelegtem Driftfeld die Rekombinationswahrscheinlichkeit geringer ist.

16.7.3.3 Blasenkammer für WIMP-Nachweis

Bei einem ganz anderen Ansatz sollen WIMPs mit Blasenkammern (Abschnitt 6.2) nachgewiesen werden [173, 91, 749]. In einer überhitzten Flüssigkeit bewirkt die von einem Rückstoßkern deponierte Energie Blasenbildung. Die Blasen können optisch aufgezeichnet werden, wobei in der Regel Kameraaufnahmen von verschiedenen Richtungen mit typischen Bildsequenzen von etwa 100 Bildern pro Sekunde genommen werden, so dass die Blasenbildung in der Zeit und in drei Dimensionen rekonstruiert werden kann. Der Blasen bildende Phasenübergang ist ein explosiver Prozess, der auch akustisch mit piezoelektrischen Sensoren registriert werden kann. Häufig werden die akustischen Signale benutzt, um die Kameraauslese zu triggern.

Das Prinzip der Blasenkammer ist besonders gut für den WIMP-Nachweis geeignet, weil ein solcher Detektor nahezu frei von Untergrund betrieben werden kann. Das liegt daran, dass der Flüssigkeit-Gas-Phasenübergang einen lokalen Wärmeeintrag oberhalb einer gewissen Schwelle verlangt. Die Schwelle kann durch Einstellung von Druck und Temperatur so angepasst werden, dass nur Rückstöße, die durch massive Teilchen bewirkt werden, eine Blasenbildung auslösen und damit Untergrund von β- und γ-Strahlung zurückgewiesen wird. Zusätzlich erlaubt die Analyse des Frequenzspektrums der akustischen Signale, zwischen Kernrückstößen, die von Neutronen oder WIMPs verursacht werden, und α-Zerfällen zu unterscheiden [130].

Eine andere Spezialität von Blasendetektoren ist, dass sie gewöhnlich mit Flüssigkeiten, die Fluor enthalten, wie zum Beispiel C_4F_{10}, CF_3I or C_3F_8, betrieben werden. Mit Fluor als Targetmedium werden die physikalischen Fragestellungen bei der direkten WIMP-Suche erweitert. Da das einzige stabile Fluorisotop ^{19}F ein Spin-$1/2$-Kern ist, wird WIMP-Streuung sensitive auf spin-abhängige Kräfte (für weitere Erklärungen siehe den DM-Artikel in [816]). Tatsächlich kommen die sensitivsten Grenzen für spin-abhängige Wirkungsquerschnitte von Experimenten mit Blasendetektoren. In Abb. 16.35 werden nur spin-unabhängige Grenzen gezeigt, bei denen Blasendetektoren weniger konkurrenzfähig sind.

Als Beispiel geben wir hier die Parameter des PICO-60-Experiments im SNOLAB-Untergrundlaboratorium für eine Messperiode, bei der eine mit 2 kg C_3F_8 gefüllte Blasenkammer eingesetzt wurde [91]. Die Datenauslese wird durch einen schnellen Vergleich aufeinanderfolgender Bilder getriggert, bei dem das Auftreten von Gasblasen erkannt wird. Nach jedem Trigger wird das Gas innerhalb von etwa 100 ms auf über 10 bar komprimiert und dann wieder auf einen Druck von etwa 2 bar expandiert. Bei einer Temperatur von 14 °C ergibt sich so eine Nachweisschwelle für WIMPs von etwa 3.3 keV Rückstoßenergie. Bei der in [91] beschriebenen Datennahme war die Flüssigkeit etwa 77% der Zeit in einem expandierten (überhitzten) Zustand, was zu einem effizienz-korrigierten

Messdauer-Masse-Produkt für die DM-Exposition von 1167 kg-Tage führt. In diesem Datensatz wurde kein WIMP-Kandidat gefunden.

16.7.3.4 Status und Aussicht

In Abb. 16.35 sind Ausschließungsgrenzen für spin-unabhängige Wirkungsquerschnitte für elastische WIMP-Streuung an Kernen als Funktion der Masse dargestellt (Status 2021). Zur Zeit, als diese Darstellungen gemacht wurden, stammten die besten Grenzen oberhalb von einigen GeV von Flüssig-Xenon-Detektoren. Der Bereich darunter, bis zu 1 GeV oder weniger, wird durch kryogenische Kristall- oder Halbleiterdetektoren abgedeckt. Die Blasenkammerexperimente sind für Grenzen auf spin-abhängige Wirkungsquerschnitte (nicht in der Abbildung gezeigt) überlegen.

Mehrere Experimente planen, die Targetmasse in den Bereich von einigen Tonnen zu erhöhen, was am besten mit flüssigen Edelgasen als Detektormedium erreichbar ist. Ein anderer Weg, die Grenzen zu verbessern, ist das Absenken der Schwellen für die Rückstoßenergien. Damit sind dann auch niedrigere WIMP-Massen erreichbar.

17 Signalverarbeitung und Rauschen

Übersicht

17.1 Elektronische Auslese von Detektoren

Die elektronische Aufnahme und Verarbeitung von Signalen, die durch Strahlung (Teilchen oder Photonen) in Detektoren erzeugt werden, ist heute die mit Abstand häufigste Art der Datenerfassung in der Teilchenphysik. Eine der wenigen Ausnahmen ist die fotografische Aufnahme und Auswertung von Reaktionsbildern, zum Beispiel mit Fotoemulsionen (siehe Abschnitt 6.3). Diese Technik wird immer noch eingesetzt, wenn die Datenraten niedrig sind und wenn Ortsauflösungen von Teilchenspuren im Bereich von einem Mikrometer oder besser erforderlich sind.

Die jeweilige Ausführung der Elektronik in Experimenten hängt von der Art des Detektors und der Zielsetzung des Experiments ab. Sie kann individuell sehr verschieden sein. Dennoch gibt es einige Grundprinzipien, die bei fast allen Detektorsystemen verfolgt werden. Die Fülle und Diversität angewandter elektronischer Konzepte reicht weit in die Kunst und Wissenschaft elektronischer Schaltkreise hinein und sprengt im Detail den Rahmen dieses Buches. Wir verweisen auf entsprechende Literatur über Elektronik und Elektroniksysteme, wie zum Beispiel Horowitz und Hill [577] (elektronische Grundlagen), Oppenheim und Willsky [801] (mathematische Beschreibung elektronischer Systeme), Radeka [848] und Gatti [474] (elektronisches Rauschen und Auslesetechniken), sowie Gray-Meyer [504], Laker-Sansen [684] oder Rivetti [873] (analog IC-Design). Eine umfangreiche Abhandlung speziell von Konzepten, die in Zusammenhang mit Halbleiterdetektoren verwendet werden, ist das Buch von Spieler [956]. Drahtkammern sind speziell in [229] und Pixeldetektoren in [886] behandelt. In diesem Kapitel beschränken wir uns auf einige fundamentale Konzepte, die oft in Detektoren und Detektorsystemen auftre-

H. Kolanoski und N. Wermes, *Teilchendetektoren*, https://doi.org/10.1007/978-3-662-73068-3_17

ten und einen gewissen allgemeinen Lernaspekt aufweisen. Speziell behandeln wir die Ausleseelemente Signalverstärkung, Filterung (*shaping*) und Diskriminierung des Signals sowie seine Digitalisierung und den Transport nach außen über Kabel. Diese am Anfang der Auslesekette stehenden Elemente werden in modernen Experimenten häufig unmittelbar am Detektor, zum Teil bereits *on-chip* ausgeführt und daher *front-end* Elektronik genannt. Weitere Prozessierung der Daten wie Triggerung und weitere Datenerfassung werden in Kapitel 18 behandelt.

Die Aufgaben der Ausleseelektronik bei einem Detektorsystem können wie folgt zusammengefasst werden:

- Elektronische Ankopplung an den Detektor zur Aufnahme des Detektorsignals (zur Signalentstehung siehe Kap. 5);
- Verstärkung des Eingangssignals und elektronische Verarbeitung (Pulsformung, Diskriminierung);
- Optimierung des Ausgangssignals je nach Anforderung hinsichtlich
  - Signal-zu-Rausch-Verhältnis (*signal-to-noise ratio*, SNR),
  - Bestimmung der im Detektor primär deponierten Energie (Energiemessung),
  - Bestimmung einer präzisen Zeitmarke der Signalankunft (Zeitmessung),
  - Ratentoleranz;
- Digitalisierung und Speicherung (Pufferung) des Ausgangssignals.

Wie diese Aufgaben im Einzelnen gelöst werden, hängt nicht zuletzt vom Detektortyp und vom spezifischen Anforderungsprofil ab. Eine gleichzeitige optimale Erfüllung aller genannten Anforderungen ist in der Regel kaum möglich. Bereits die Signalhöhe und -form als Eingangsgröße für die Elektronik sind für die verschiedenen Detektortypen sehr unterschiedlich. Während bei Drahtkammern (Kapitel 7) durch Gasverstärkung bereits im Detektor eine Signalverstärkung um Faktoren 10^4 bis 10^7 erfolgt und zu Signalladungen am Eingang der Elektronik im Bereich von pC führt, treten bei Halbleiterdetektoren (Kapitel 8) typisch sehr kleine Signalladungen auf: etwa 3 fC bei hochenergetischen Teilchen in Siliziumstreifen- oder Pixeldetektoren, nur 0.25 fC zum Beispiel für das Signal (in Si) der 5.9-keV-Röntgenlinie einer ^{55}Fe-Quelle. Bei Szintillationsdetektoren (Kapitel 13) erfolgt der Nachweis indirekt, indem die durch Ionisation im Detektor deponierte Energie zuerst in ein Lichtsignal umgewandelt wird, das zum Beispiel durch einen Photovervielfacher verstärkt wird, bevor es der Elektronik zugeführt wird. Oft ist hierbei das Signal am Ausgang des Photovervielfachers groß genug, so dass in der Regel keine Nachverstärkung notwendig ist. Eine weitere Größe, die die Wahl des Ausleseschemas beeinflusst, ist die Detektorkapazität, oder genauer die Gesamtkapazität parallel (siehe Abb. 17.2) zum Eingang des ersten Verstärkers des Systems, dem so genannten Vorverstärker[157]. Ihre Größe wirkt sich unmittelbar auf die Stärke des Rauschens aus (siehe

[157]Der erste Verstärker der Auslesekette wird traditionell oft als Vorverstärker bezeichnet, insbesondere dann, wenn weitere Verstärkungsstufen folgen, häufig aber sogar dann, wenn es keine weitere Verstärkungsstufe gibt.

Abschnitt 17.10.3), so dass der Entwurf der Verstärkungs- und Pulsformungselektronik und die Eingangskapazität aufeinander abgestimmt werden müssen.

Eine Verstärker-Pulsfilter-Kette in einem Auslesesystem von Detektoren sollte optimalerweise folgende Eigenschaften haben: (a) kausal, (b) zeit-invariant und (c) mindestens in der ersten Verstärkerstufe linear. Ein System ist kausal, wenn es zu jeder Zeit nur von dem Wert des Eingangs zu dieser Zeit oder zu früheren Zeiten abhängt, das heißt es nimmt nicht antizipierend an, dass das Signal z.B. eine bestimmte Form haben muss. Es ist zeit-invariant, wenn eine zeitliche Verschiebung des Signals im Eingang eine entsprechende zeitliche Verschiebung im Ausgang nach sich zieht. Linearität des Systems bedeutet, dass die Form des Ausgangspulses $y(t)$ nicht von der Größe des Eingangssignals $x(t)$ abhängig ist und dass die Superposition zweier Signale $x_{1,2}$ am Eingang die Superposition der individuellen Ausgangssignale $y_{1,2}$ ergibt (siehe z.B. [801]):

$$\begin{aligned} \alpha \cdot x(t) &\longrightarrow \alpha \cdot y(t) \\ x_1(t) + x_2(t) &\longrightarrow y_1(t) + y_2(t)\,. \end{aligned} \tag{17.1}$$

Die Linearität ist eine wichtige Eigenschaft für die auf die erste Auslesestufe meist folgende Filterstufe (Pulsformung, siehe Abschnitt 17.3), die nur dann durch eine festgelegte Schaltung erfolgen kann, wenn die Form und Höhe des Eingangspulses in den Filter sich nicht mit der Eingangsamplitude des Detektorpulses ändern.

Signalpuls Wir verwenden Abb. 17.1 einen Beispielpuls, um einige charakteristische Größen und Bezeichnungen einzuführen. Ein derartiger Puls könnte zum Beispiel ein Driftkammersignal oder der Ausgang eines Photomultipliers (PMT) oder eines Oszillographen sein. Es könnte andererseits auch ein bereits verstärktes Analogsignal eines Halbleiterdetektors mit nachfolgender Pulsformung sein.

Unter der Annahme, dass die Signalerzeugung im Detektor kurz gegenüber der Zeit für die elektronische Prozessierung ist, ein zwar typischer, aber nicht immer gegebener Fall, ist ein elektronischer Puls durch die folgenden Größen gekennzeichnet:

- Die *Pulshöhe* (*pulse height*) oder *Scheitelwert* (*peak amplitude*) ist das Maximum des Signalpulses.
- Die Fläche des Pulses oder das *Pulsintegral* ist das Integral über die Pulsform. In linearen Systemen und für kurze, δ-artige Detektorsignale, sollten die Pulshöhe und das Pulsintegral proportional zur primär deponierten Energie sein.
- Die zeitliche Position des Pulsmaximums wird *peaking time* genannt.
- Die *Pulsbreite* ist die Breite des Pulses, üblicherweise definiert als die Breite bei halber Höhe (*full width at half maximum*, FWHM).
- Die steigende und fallende Flanke (*leading* oder *rising* und *trailing* oder *falling edge*) sind die Flanken bei Anstieg und Abfall des Signalpulses.
- Die *Anstiegszeit* (*rise time*) charakterisiert die Steilheit des Anstiegs. Sie ist üblicherweise definiert als die Zeit, die der Puls benötigt, um von einer Höhe von 10% auf 90% seines Maximums anzusteigen. Es existieren aber auch andere Definitionen.
- Die *Anstiegsrate* (*slew rate*) gibt die Spannungsänderung pro Zeit du/dt an.

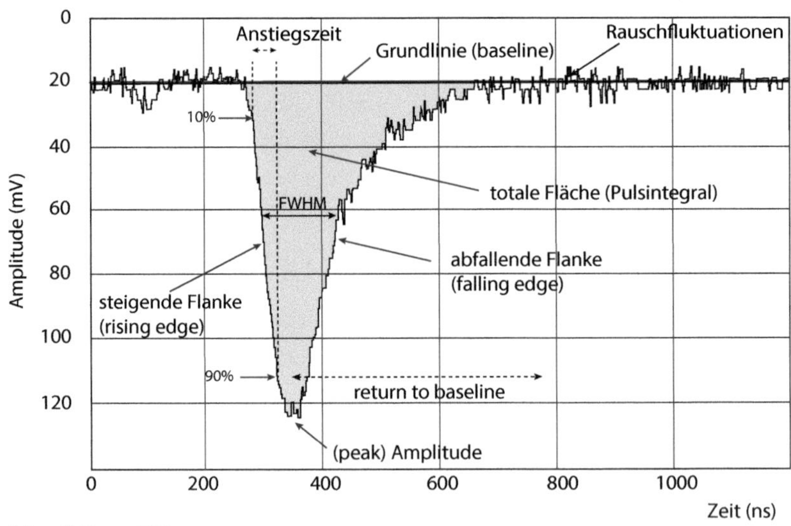

Abb. 17.1 Beispiel eines Detektorpulses zur Einführung und Definition charakteristischer Größen (siehe Text, nach [374]).

- Die *baseline* definiert das Nullniveau (Grundlinie), von dem aus die Signalhöhe zu messen ist. Sie ist der (Spannungs-)Wert des Ausgangs, wenn kein Eingangssignal anliegt. Sie besitzt normalerweise einen festen Wert. Abweichungen von der Grundlinie können (zum Beispiel durch externe Einflüsse beim Messprozess) auftreten, was als Grundlinienschwankung (*baseline fluctuation*) bezeichnet wird.
- Die Zeit, die für die Rückkehr des Pulses zur Baseline benötigt wird, wird *return-to-baseline* (-Zeit) genannt.
- Ein *Unterschwinger* (*undershoot*) heißt der Teil einer Pulsamplitude, der bezüglich der Baseline ein umgekehrtes Vorzeichen besitzt wie der Hauptteil der Amplitude.
- Ein *unipolares Signal* ist eine Pulsform, die – abgesehen von Rauschfluktuationen – für alle Zeiten t nur Amplitudenwerte oberhalb der Baseline besitzt. Üblicherweise sind in dieser Definition auch Signale mit nur kleinen Undershoot-Amplituden eingeschlossen.
- Ein *bipolares Signal* ist eine Pulsform, bei der der zeitlich spätere Teil des Pulses ein umgekehrtes Vorzeichen besitzt wie der Teil des Pulses zu früheren Zeiten (siehe auch Abb. 17.13).

Ausleseschema Ein häufig in Detektorsystemen verwendetes Ausleseschema, das für viele Anwendungen als Grundkonzept dienen kann, ist in Abb. 17.2 gezeigt. Der Detektor reagiert auf das Eintreffen eines Teilchens und liefert sehr oft ein kurzes, durch eine

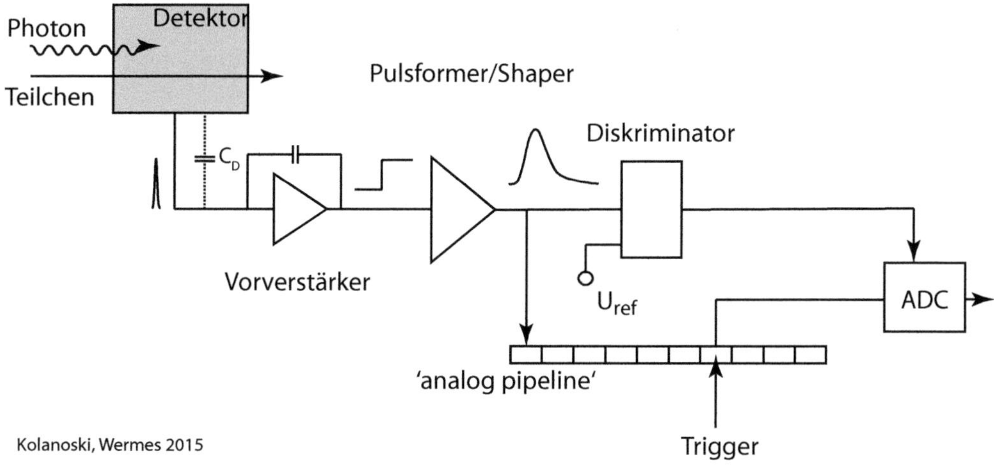

Abb. 17.2 Ein (in Teilen) häufig verwendetes Schema zur Auslese eines Detektors mit Verstärker (hier idealer Integrator), Pulsformer, Diskriminator und (hier analoger) Signalpufferung bis zur Digitalisierung (hier durch einen ADC, siehe Abschnitt 17.7.1).

δ-Funktion approximierbares[158] Stromsignal an den Eingang des Vorverstärkers. Dieser ist in der Regel die erste (und häufig einzige) Verstärkungsstufe einer Auslesekette. Bei Rückkopplung durch einen Kondensator wirkt er als Integrator des Eingangsstroms. Er erzeugt am Ausgang eine zur Signalladung proportionale Spannungsstufe.[159]

Um einen Puls zu erzeugen, der nach endlicher Zeit zur Grundlinie zurückkehrt, wird die Spannungsstufe durch einen Pulsformer (engl. *shaper*) gefiltert. Die Filterung begrenzt auch die Bandbreite des Signals und reduziert das Rauschen (siehe Abschnitt 17.10.3.3). Das Ausgangssignal ist proportional zu der im Detektor deponierten Energie (das heißt zu der frei gesetzten Ladung), wegen (17.1). Dies gilt sowohl für das Integral über den zeitlichen Verlauf des Pulses als auch für die Pulshöhe vorausgesetzt, dass sich die Pulsform nicht ändert, was normalerweise unter den gemachten Annahmen der Fall ist. Um das Signal als 'Treffer' zu registrieren und/oder eine Zeitmarke zu generieren, wird es im Diskriminator mit einer Referenzspannung U_{ref} verglichen. Bei Überschreiten dieser Schwellenspannung wird ein digitales Signal einer vorgegebenen Breite erzeugt. Häufig kommt es vor, dass die Entscheidung, ob die Signalinformation gespeichert oder verworfen werden soll, von anderen Detektoren der Gesamtapparatur gebildet wird (Trigger, siehe Kapitel 18) und erst nach einer endlichen Zeit (typisch sind mehrere µs) vorliegt. In diesem Fall muss das Signal so lange verzögert und gespeichert werden, zum Beispiel in sequenziellen Puffern (*pipelines*) wie in Abb. 17.2 oder in weniger komplexen Detektorsystemen einfach durch Verzögerungskabel. Es kann je nach Anforde-

[158] Die hier gemachte Approximation des Stromeingangssignals durch eine δ-Funktion ist vor allem für Systeme mit kurzer Ladungssammelzeit (kurz im Vergleich zur Verarbeitungszeit des Verstärkersystems), z.B. bei Halbleiterdetektoren oder dünnen gasgefüllten Detektoren, weniger für Detektoren mit langen Ladungssammelzeiten wie z.B. Flüssig-Argon-Detektoren (Kap. 15) oder Szintillatoren mit langer Zerfallszeit des Lumineszenzsignals (Kap. 13).

[159] Die notwendige Entladung des Kondensators wird auf Seite 839 ff. behandelt.

rung und Weiterverarbeitung das Analogsignal des Pulsformers oder nur ein *Hit*-Signal gepuffert werden. Nach Eintreffen des Triggers wird das Analogsignal im Analog-zu-Digital-Wandler (ADC) digitalisiert und an die *Backend*-Elektronik[160] und schließlich an einen Computer weitergegeben, wo die Informationen von mehreren Detektoren oder Detektorelementen gesammelt und abspeichert wird.

17.2 Signalverstärkung

17.2.1 Verstärker

Die mitunter sehr kleinen Detektorsignale im nA- beziehungsweise fC- oder µV-Bereich müssen vor der endgültigen Auslese der Daten des Detektors (vor)verstärkt werden. Verstärker wie in Abb. 17.2 werden nicht zuletzt maßgeblich durch die äußere Beschaltung konfiguriert, insbesondere durch eine (in der Regel invertierende) Rückkopplung des Ausgangs auf den Eingang. Durch die Beschaltung wird festgelegt, ob sie zum Beispiel als Strom-, Spannungs- oder Ladungsverstärker arbeiten, ähnlich wie in Operationsverstärkerschaltungen, die daher im nachfolgenden Paragraphen zuerst besprochen werden.

Operationsverstärker (OPV oder OpAmp) sind Verstärker mit einer hohen internen Verstärkung a_0, deren Verhalten in erster Ordnung durch die äußere Beschaltung, insbesondere durch Rückkopplung des Ausgangssignals über Impedanzen auf den Eingang, bestimmt wird (Abb. 17.3(b), siehe zum Beispiel [577]). Aus diesem Grunde kann der Verstärker selbst als generisches Schaltelement angesehen werden, welches in Schaltkreisediagrammen durch ein Dreieck repräsentiert wird. Der ideale OpAmp hat eine Leerlaufverstärkung (*open loop gain*) von $a_0 = \infty$, einen Eingangswiderstand $r_{in} = \infty$ und einen Ausgangswiderstand $r_{out} = 0$. Tatsächlich kommen reale OpAmps für die meisten Anwendungen diesen Idealwerten genügend nahe. Typische Leerlaufverstärkungen sind $a_0 \gtrsim 10^5$ und von der Frequenz abhängig (siehe Abb. 17.8 auf Seite 838).

Ein OpAmp besitzt zwei Spannungseingänge, deren Spannungsdifferenz mit dem Faktor a_0 verstärkt wird, und eine Ausgangsspannung, alle bezogen auf ein Referenzpotenzial, zum Beispiel auf das Erdpotenzial (Abb. 17.3(a)). Das Funktionsprinzip eines OpAmps kann durch zwei 'Goldene Regeln' beschrieben werden, die bereits sehr weit führen, was das Verständnis dieser wichtigen Schaltungsart von Verstärkern angeht [577]: (1) Der Ausgang unternimmt alles, was nötig ist, um die Spannungsdifferenz am Eingang verschwindend klein zu machen[161]; (2) die Eingänge ziehen (fast) keinen Strom. Wenn ein Eingang auf Erdpotenzial (Massepotenzial) gelegt wird, bezeichnet man den anderen

[160] Darunter versteht man elektronische Einheiten, die nicht unmittelbar an dem das Signal aufnehmenden Detektor untergebracht sind, sondern über Signalkabel oder -fasern erreicht werden.

[161] Die Eingangsdifferenz wird nicht wirklich kurzgeschlossen, sondern die Ausgangsspannung wird so hoch getrieben, dass die Rückkopplung der Spannungsdifferenz am Eingang vollständig entgegenwirkt.

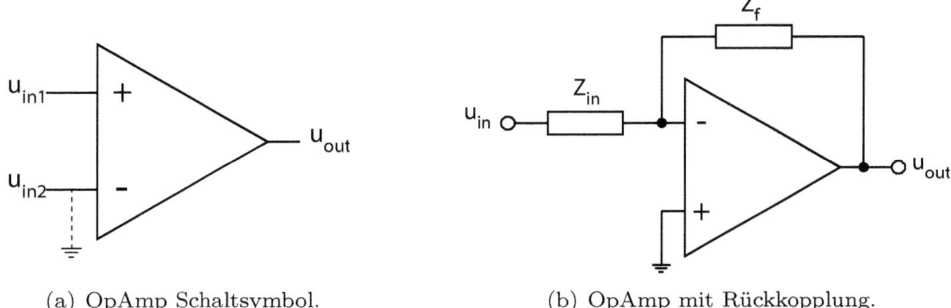

(a) OpAmp Schaltsymbol. (b) OpAmp mit Rückkopplung.

Abb. 17.3 Operationsverstärker: (a) Schaltsymbol; (b) invertierender OpAmp (d.h. Signal am invertierenden Eingang) mit externer Rückkopplung (siehe dazu 'Goldene Regeln' auf Seite 830.

Eingang als 'virtuelle Masse' gemäß der Goldenen Regel 1 (siehe Abb. 17.3)[162]. Wenn man Feldeffekttransistoren benutzt, ist die Goldene Regel 2 auf pA-Niveau erfüllt; mit bipolaren Transistoren sind Eingangsströme von einigen 100 nA möglich.

Mit diesen Regeln können charakteristische Betriebsmodi mit OpAmps bei einer gegebenen Rückkopplungsart abgeleitet werden. Die häufigste Betriebsart besteht aus einer Gegenkopplung, bei der ein Teil des Ausgangs auf den invertierenden Eingang (-) zurückgeführt wird.

Zum Beispiel, für den invertierenden Verstärker in Abb. 17.3(b) ist die (*closed loop*) Verstärkung vollständig durch die externen Impedanzen Z_{in} und Z_f bestimmt:

$$\frac{u_{out}}{u_{in}} = -\frac{Z_f}{Z_{in}} . \tag{17.2}$$

Wenn die Rückkopplung durch eine Kapazität C_f realisiert wird, ist die Ausgangsspannung u_{out} proportional zum Integral über den Eingangsstrom (d.h. die Ladung), die vollständig durch C_f fließen muss, da kein Strom in den Eingang fließt (Goldene Regel 2). Dieses Prinzip wird für den ladungsempfindlichen Verstärker (CSA, *charge-sensitive amplifier*) angewendet, der in Abschnitt 17.2.3 beschrieben wird.

Signalverstärkung in Detektoren Die Eigenschaften und elektronischen Anforderungen von Detektoren sind so vielfältig, dass entsprechend viele verschiedene elektronische Schaltkreise in Anwendungen auftreten. Wir versuchen hier, typische Ausführungen zu beschreiben. In modernen Signalverarbeitungssystemen wird die Signalverstärkung üblicherweise in integrierten Schaltkreisen (Chips) realisiert, die ein oder zwei Verstärkerstufen beinhalten, Vorverstärker (*preamplifier*) und Verstärker (*amplifier*) genannt. Sehr häufig ist der Preamplifier der eigentliche Verstärker, während die zweite Stufe vornehmlich eine Frequenzfilterfunktion (*shaping*) ausführt.

Jede Stufe enthält typischerweise nur wenige Transistoren. Die Verstärker sind zwar OpAmp-ähnlich, aber sie sind in der Regel keine Differenzverstärker und sind auch nicht durch sehr hohe interne Verstärkung gekennzeichnet, ein Charakteristikum für OpAmps.

[162] Erläuterung: Auch wenn die Differenz der Eingänge durch die Rückkopplung zum Verschwinden gebracht wird, entsteht das Ausgangssignal, letztlich aufgrund des Stromflusses in der Rückkopplung.

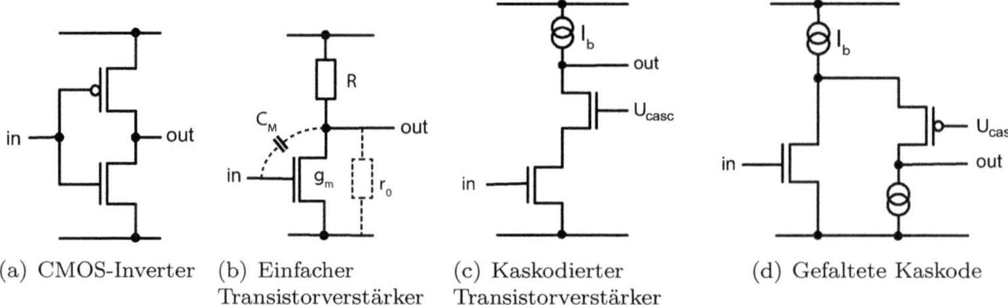

(a) CMOS-Inverter (b) Einfacher Transistorverstärker (c) Kaskodierter Transistorverstärker (d) Gefaltete Kaskode

Abb. 17.4 Einfache Verstärkerausführungen (ohne externe Rückkopplung). (a) CMOS-Inverter als Verstärker (siehe Fußnote 163 auf Seite 832), realisiert durch einen PMOS-Transistor oberhalb eines NMOS-Transistors zwischen den Versorgungsspannungen, liefert ein invertiertes Ausgangssignal, welches auch in einer Analogfunktionalität verwendet werden kann; die steile (stufenfunktionsartige) Ausgangskennlinie ergibt die Verstärkung du_{out}/du_{in}; (b) Einzeltransistorverstärker, der ein verstärktes, invertiertes Spannungssignal am Ausgang erzeugt. Die Leerlaufverstärkung ist durch $|a_0| = g_m R||r_0$ gegeben, wobei r_0 der dynamische Ausgangswiderstand ist, der hier parallel zu R wirkt, und $g_m = di_D/du_{gs}$, i_D = Drain-Strom, u_{gs} = Gate-Source-Spannung, die Transkonduktanz ist. Über die parasitäre (Miller-) Kapazität $C_M = (a_0 + 1)C_{gd}$, (gestrichelt, C_{gd} = Gate-Drain-Kapazität) koppelt der Ausgang unerwünscht auf den Eingang. Dieses Problem wird in (c), der so-genannten 'Kaskodenvariante' von (b) umgangen. Der Ausgang ist nach oben verlegt, oberhalb der Drain des Kaskodentransistors, welcher auf konstantem Gate-Potenzial U_{casc} gehalten wird. Damit ist auch das Potenzial an der Stelle des vorigen Ausgangs in (b) jetzt auf konstantem Potenzial gehalten $U_{\text{casc}} - U_{GS}$, mit der (konstanten) Gate-Source-Spannung des Kaskodentransistors U_{GS}, während das verstärkte Spannungssignal an dem neuen Ausgang schwingt (die Stromquelle I_b kann man sich hierbei als Widerstand agierend wie in (b) vorstellen). Als Ergebnis ist der Miller-Effekt unterdrückt und die Verstärkung und der Frequenzbereich (Bandbreite) der Stufe, sowie der Ausgangswiderstand du_{out}/di_{out} sind erhöht. In (d) schließlich ist die *gefaltete Kaskode* gezeigt, bei der Verstärkungs- und Kaskodentransistor – anders als in (c) – getrennte Versorgungsströme haben, was häufig erwünscht ist. Kaskodierte Transistorstufen werden oft als Eingangsstufen für die Verstärkung von Detektorsignalen verwendet. Die Transistor-Potenziale werden zwischen einer 'oberen' und einer 'unteren' Versorgungsleitung eingestellt, angezeigt durch die horizontalen Linien.

Man kann sie als invertierende Verstärker mit hinreichend hoher Leerlaufverstärkung bezeichnen, für die auch die Regeln für OpAmps weitgehend gelten. Abbildung 17.4 zeigt zwei einfache Ausführungen, die als erste (und oft einzige) Verstärkerstufe in vielen Verstärkerschaltungen in Detektorauslesechips zu finden sind: (a) eine CMOS-Inverter-Stufe[163] (benutzt zum Beispiel im Auslesechip des CMS-Pixeldetektors und weiteren Pixeldetektoranwendungen [628]), (b)–(d) ein einfacher Transistorverstärker mit gängigen Varianten, die jeweils die Verstärkungseigenschaften verbessern.

Der Vorverstärker sollte rauscharme Verstärkung und für viele HEP-Anwendungen eine kurze Reaktions- und Signalverarbeitungszeit (typisch im Bereich von etwa 10 ns bis 100 ns charakterisiert z.B. durch die Pulsanstiegszeit) aufweisen. Die beiden Anforderun-

[163]Obwohl der Name 'Inverter' auf eine invertierende Pulsoperation hinweist, kann diese Transistoranordnung mit steiler Kennlinie auch in einer Verstärkerschaltung verwendet werden.

gen stehen jedoch (bei vorgegebener Leistungsaufnahme) in Konflikt miteinander (siehe auch Abschnitt 17.10.3) und lassen sich nicht gleichzeitig beliebig gut erfüllen. Es muss stets ein Kompromiss zwischen Rausch- und Verarbeitungszeiteigenschaften eines Verstärkers eingegangen werden, der auf die jeweilige Anwendung optimiert werden sollte. Eine umfangreiche Betrachtung dieser Materie speziell für Halbleiterdetektoren findet man in [956] und in [229] mit einem Schwerpunkt auf Driftkammern.

Da das Signal-zu-Rausch-Verhältnis (SNR) sich mit der Signalstrecke bis zum nächsten Verbindungsknoten verschlechtert, wird der Vorverstärker normalerweise unmittelbar am oder so nah wie möglich am Detektor implementiert. Nicht nur sollten die Kabel- und Leiterbahnlängen zwischen Detektor und Vorverstärker minimal sein, sondern man muss auch besonders darauf achten, dass die noch kleinen Detektorsignale keine Verzerrungen durch Rauschen oder elektromagnetische Einstreuungen (EMI = *electromagnetic interference* oder *pick-up noise* genannt) aufnehmen. Hinter dem Vorverstärker sind die Ausgangssignale bereits verstärkt, sodass sie weniger empfindlich gegen nachfolgende Rausch- und Einstreuquellen sind. Sie können jetzt leichter über Kabel zur weiteren Prozessierung transportiert werden.

In der Regel werden die Eingangsignale aus dem Detektor im Vorverstärker in ein Spannungs- (u) oder Stromsignal (i) transformiert. Je nach Art der Eingangs- und Ausgangssignale unterscheiden wir:

- Spannungsverstärker: $u \to i$,
- Stromverstärker: $i \to i$,
- Transkonduktanzverstärker: $u \to i$,
- Transimpedanzverstärker: $i \to u$,
- Ladungsverstärker: $Q \to u$ (oder i).

17.2.2 Strom- und spannungsempfindliche Verstärker

Ein Spannungsverstärker verstärkt ein Spannungssignal an seinem Eingang. Er besitzt eine hohe Eingangs- und eine kleine Ausgangsimpedanz wie bei einer Spannungsquelle. Er wird in der Regel durch einen Operationsverstärker mit einer Widerstandsrückkopplung realisiert (Abb. 17.5(a)). Der Detektor, dargestellt als eine zu entladende Kapazität C_D, liefert während der Ladungssammlungszeit τ_c den Signalstrom i_S durch den Widerstand R_S nach (virtueller) Masse.

Falls die Entladungszeit für C_D groß ist im Vergleich zur Ladungssammlungszeit, $R_S C_D \gg \tau_c$, so integriert der Detektor den Signalstrom gewissermaßen auf seiner Kapazität, bevor diese entladen wird, und am Verstärkereingang liegt das Spannungssignal $u_{in}(t) = u_0 \exp(-t/R_S C_D)$ mit $u_0 = Q_S/C_D$. Die Ausgangsspannung $u_{out}(t)$ ist proportional zu u_{in} gemäß (17.2) und das System arbeitet als *Spannungsverstärker*:

$$u_{out}(t) = -\frac{R_f}{R_S}\, u_{in}(t) = -\frac{R_f}{R_S} u_0 \exp(-t/R_S C_D)\,. \tag{17.3}$$

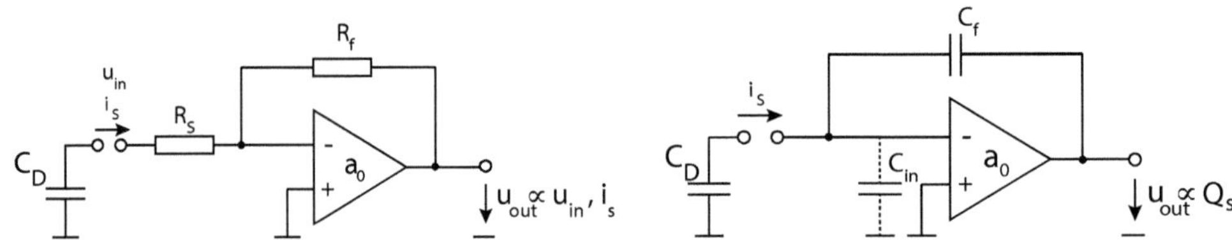

(a) Widerstandsrückkopplung (b) Kapazitive Rückkopplung

Abb. 17.5 Typische Operationsverstärkerschaltungen zur Auslese von Detektoren. Die Detektorkapazität C_D wird über den Verstärker entladen: (a) Widerstandsrückkopplung: spannungs- oder stromempfindlicher Verstärker (siehe Text), (b) kapazitive Rückkopplung: ladungsempfindlicher Verstärker. C_{in} ist die 'dynamische' Eingangskapazität (siehe Text). Der Detektor ist häufig gleichspannungsmäßig nicht mit dem Verstärker verbunden, angedeutet durch die Strompfeile am Eingang.

Spannungsempfindliche Vorverstärker werden häufig verwendet, wenn die Spannungssignale am Eingang hinreichend groß sind und schnelle Anstiegszeiten erzielt werden sollen. Bei manchen Detektoren, zum Beispiel Halbleiterdetektoren, liegen in der Regel allerdings nur sehr kleine Eingangssignale am Vorverstärker an, typisch mit $u_0 = Q_S/C_D \approx 3\,\text{fC}/10\,\text{pF} = 0.3\,\text{mV}$. Hierfür ist ein Spannungsverstärker wegen des daraus folgenden, vergleichsweise schlechten Signal-zu-Rausch-Verhältnisses und der Empfindlichkeit gegenüber Störsignalen (*pick-up*) und gegenüber Übersprechen (*cross talk*) eher ungeeignet.

Wenn jedoch die Entladungszeit für C_D klein im Vergleich zur Signaldauer ist, $R_S C_D \ll \tau_c$, das heißt, dass der Detektor den Signalstrom unmittelbar an den Verstärker liefert, so gilt:

$$u_{out}(t) = -\frac{R_f}{R_S} u_{in}(t) = -R_f i_S(t)\,, \tag{17.4}$$

und das System arbeitet als *Stromverstärker.* In der Konfiguration $i \to i$ hat der Verstärker eine kleine Eingangsimpedanz und eine große Ausgangsimpedanz.

Somit kann, abhängig vom Ausgangswiderstand, ein wie in Abb. 17.5(a) beschalteter Verstärker einen (niederohmigen) Spannungsausgang (Konfiguration $u \to u$) oder einen (hochohmigen) Stromausgang (Konfiguration $u \to i$) haben. Im letzteren Fall ist die Verstärkung di/du dann eine Transkonduktanz in der Einheit A/V und der Verstärker heißt *Transkonduktanzverstärker*.

Wird ein kleiner Ausgangswiderstand (zum Beispiel durch Verwendung eines *Source-Folgers* [577] am Verstärkerausgang) gewählt, so arbeitet der Verstärker in der Konfiguration $i \to u$ als *Transimpedanzverstärker* (engl. *transimpedance amplifier* oder *transresistance amplifier*). Die Verstärkung du/di ist eine Transimpedanz mit der Einheit V/A.

Transimpedanzverstärker findet man häufig bei schnellen Anwendungen, zum Beispiel dann, wenn man an dem zeitlichen Verlauf des Signals interessiert ist, der durch die elektrischen Felder und Raumladungen im Detektor bestimmt wird (*transient current technique* (TCT), verwendet zum Beispiel in Abb. 8.35 in Abschnitt 8.4.1).

17.2.3 Ladungsempfindlicher Verstärker

Der Ladungsverstärker ($Q \to U$) oder ladungsempfindliche Verstärker (*charge sensitive amplifier*, CSA) wird vor allem bei kleinen Signal-zu-Rausch-Verhältnissen häufig zur Detektorauslese eingesetzt (Abb. 17.5(b)). Realisiert wird dieser Verstärkertyp in der Regel durch einen invertierenden Operationsverstärker mit kapazitiver Rückkopplung (Integrator). Der Signalstrom wird über den Rückkopplungskondensator C_f aufintegriert:

$$u_{out}(t) = -a_0\, u_{in}(t) = -\frac{1}{C_f}\int_0^t i_S\, dt' = -\frac{Q_S}{C_f}\,. \tag{17.5}$$

Über dem Rückkopplungskondensator liegt die Spannungsdifferenz

$$u_f = u_{in} - u_{out} = u_{in}\,(a_0+1) = \frac{Q_f}{C_f}\,. \tag{17.6}$$

Die Ladung Q_f auf der Kapazität C_f ist gleich der Signalladung Q_S, da in den Verstärker kein Strom fließt (Goldene Regel 2, Seite 830): $Q_S = Q_f = C_f(a_0+1)\,u_{in}$. Der Verstärker besitzt daher eine 'dynamische' Eingangskapazität

$$C_{in} = \frac{Q_S}{u_{in}} = C_f\,(a_0+1)\,. \tag{17.7}$$

Die Ladungsverstärkung $A_Q = u_{out}/Q_S$ hängt bei sehr großer interner Verstärkung a_0 nur von der Kapazität C_f des Rückkopplungskondensators, aber nicht von der Detektorkapazität C_D ab:

$$A_Q = \left|\frac{u_{out}}{Q_S}\right| = \frac{a_0 u_{in}}{(C_D + C_{in})\,u_{in}} \approx \frac{a_0}{C_{in}} = \frac{a_0}{a_0+1}\,\frac{1}{C_f} \approx \frac{1}{C_f}\,. \tag{17.8}$$

Sie ist also umso größer, je kleiner die Rückkopplungskapazität C_f ist.

Restladung Allerdings verteilt sich die im Detektor entstandene Ladung Q_S auf die vorhandenen Kapazitäten, das heißt auf die Detektorkapazität C_D, die hier die Summe aller Kapazitäten am Eingang repräsentiert – also auch Streukapazitäten – und auf die Rückkopplungskapazität C_f:

$$Q_S = Q_D + Q_f = C_D\, u_{in} + C_f\,(u_{in} - u_{out}) = u_{in}\,(C_D + C_{in})\,, \tag{17.9}$$

wobei (17.6) verwendet wurde. Weil die dynamische Eingangskapazität C_{in} gemäß (17.7) nicht unendlich groß ist, verbleibt auf dem Detektor daher eine Restladung

$$Q_{rest} = u_{in}\, C_D = Q_S\,\frac{C_D}{C_D + C_{in}}\,. \tag{17.10}$$

Zum Beispiel ergibt sich für $a_0 = 1000$ und $C_f = 1\,\text{pF}$ der Anteil der Signalladung zu:

$$Q_{in} = Q_S - Q_{rest} = \begin{cases} 99\,\%\; Q_S & \text{bei} \quad C_D = 10\,\text{pF}\,, \\ 67\,\%\; Q_S & \text{bei} \quad C_D = 500\,\text{pF}\,. \end{cases}$$

Eine (große) Restladung Q_{rest} kann zwischen segmentierten Elektroden (Pixel oder Streifen) unerwünschte Effekte, zum Beispiel kapazitives Übersprechen, verursachen. Die Restladung soll im Idealfall verschwinden. Sie ist klein nach (17.10), wenn die dynamische Eingangskapazität groß im Vergleich zur Detektorkapazität ist: $C_{in} = (a_0+1)\,C_f \gg C_D$.

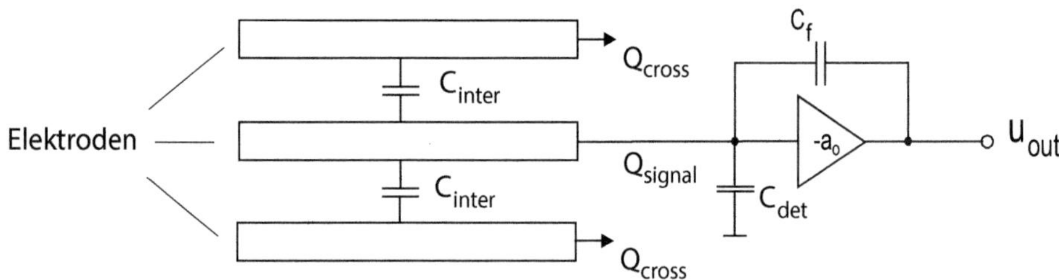

Abb. 17.6 Durch (starke) kapazitive Kopplung zwischen Elektroden entstehen Übersprechsignale (*cross talk*) am Ausgang.

Übersprechen Man spricht von Übersprechen (*cross talk*) zwischen Elektroden, wenn ein Eingangssignal außer auf der Signalelektrode auch auf den Nachbarelektroden ein Ausgangssignal erzeugt. Diese Situation ist in Abb. 17.6 skizziert. Die Übersprechladung ist gegeben durch

$$Q_{cross} = u_{in}\, C_{inter} = Q_{rest}\, \frac{C_{inter}}{C_D} = Q\, \frac{C_{inter}}{C_D + C_{in}}\,, \tag{17.11}$$

wobei C_{inter} die Kapazität zwischen den Elektroden und u_{in} das Spannungssignal am Eingang des Verstärkers nach (17.10) ist. Minimales Übersprechen erreicht man also entweder durch kleine Kapazitäten zwischen den Elektroden, was nicht immer möglich ist, oder durch eine Maximierung des Nenners von (17.10), das heißt insbesondere von $C_{in} \approx a_0 C_f$, weil eine Vergrößerung der Detektorkapazität C_D auch das Rauschen erhöhen würde (siehe Abschnitt 17.10.3).

Die widersprüchlichen Anforderungen liegen also darin, dass eine geringe Restladung auf den Elektroden und minimales Übersprechen eine möglichst große Leerlaufverstärkung a_0 und großes C_f verlangen, während eine große Ladungsverstärkung A_Q der Stufe ein kleines C_f in der Rückkopplung verlangt. Es muss je nach Anwendung ein Kompromiss gefunden werden.

Frequenzverhalten Nur ein idealer Integrator liefert in Abb. 17.2 am Ausgang eine Stufenfunktion, die einer unendlich großen Bandbreite entspricht, bei der alle Frequenzen gleich verstärkt werden. Reale Verstärker besitzen eine endliche Bandbreite, was zu einer von null verschiedenen Anstiegszeit des Ausgangsimpulses führt. Man kann das Verhalten des Verstärkers im Zeit- und im Frequenzraum betrachten. In Abb. 17.7 ist ein einstufiger Verstärker mit seinem Ersatzschaltbild dargestellt, dessen Zeitverhalten durch eine einzige Zeitkonstante τ beschrieben werden kann. Sein Frequenzverhalten ist in Abb. 17.8 (a) und seine Zeitantwort in Abb. 17.8 (b) gezeigt. In der doppelt-logarithmischen Frequenzdarstellung (Bode-Diagramm [234]) kann die Frequenzabhängigkeit der Verstär-

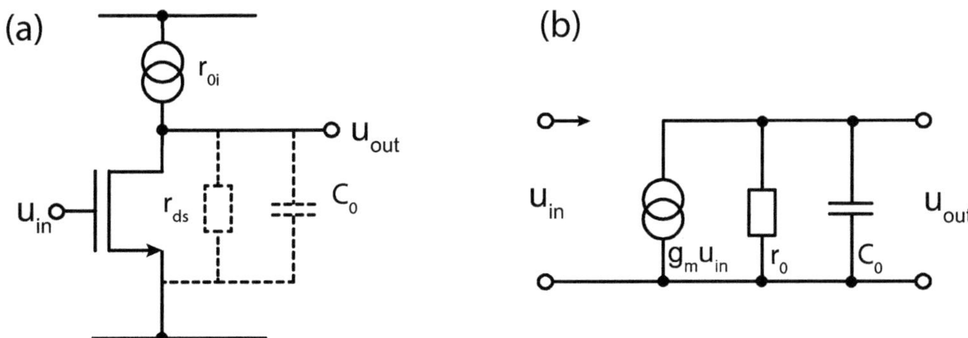

Abb. 17.7 Einstufiger Verstärker (a) und Kleinsignal-Ersatzschaltbild (b). Der Strom ist gegeben durch $i_{in} = g_m u_{in}$, g_m = Transkonduktanz. Der Widerstand r_0 setzt sich aus den parallel wirkenden Widerständen der Stromversorgung r_{0i} und dem *Drain-Source*-Widerstand r_{ds} zusammen. Die Kapazität der Verstärkerstufe ist mit C_0 bezeichnet. Das Spannungssignal u_{in} am Eingang (Gate) ist gleichspannungsmäßig (DC) nicht mit dem Ausgang verbunden, worauf das mit einem Pfeil versehene Symbol in (b) hinweist.

kung, die Übertragungs- oder Transferfunktion,[164] näherungsweise durch Geradenstücke dargestellt werden. Sie ist mit $\omega = 2\pi f$, f = Frequenz,[165] gegeben durch:

$$a(\omega) = -\frac{u_{out}}{u_{in}} = -\frac{i_{out}}{u_{in}} \cdot (r_0 \| C_0) = -g_m \frac{r_0}{1 + i\omega r_0 C_0} = \frac{a_0}{1 + i\dfrac{\omega}{\omega_c}}, \tag{17.12}$$

wobei r_0 die beiden Widerstände r_{ds} (*Drain-Source*-Widerstand des Transistors) und r_{0i} (Widerstand der Stromquelle) zusammenfasst (siehe Abb. 17.7 (a)) und $g_m = i_{out}/u_{in}$ die Transkonduktanz des Verstärkungstransistors ist; $r_0 \| C_0$ bezeichnet eine Parallelschaltung der beiden Impedanzen. Die letzte Gleichsetzung benutzt die Tatsache, dass im Gleichspannungslimes ($\omega \to 0$) für die Leerlaufverstärkung gilt:

$$a_0 = -\frac{u_{out}}{u_{in}} = -\frac{i_{out}}{u_{in}}\, r_0 = -g_m\, r_0\,. \tag{17.13}$$

Die Grenzfrequenz (*cut-off frequency*)

$$\omega_c = \frac{1}{r_0 C_0} \tag{17.14}$$

entspricht einer Zeitkonstanten $\tau_0 = r_0 C_0$, die das Anstiegsverhalten des Ausgangsimpulses in der Zeitdarstellung beschreibt :

$$u_{out} = u_0 \left(1 - e^{-t/\tau_0}\right)\,. \tag{17.15}$$

Die Verstärkung wird allgemein in Dezibel (dB) ausgedrückt, definiert als

$$\begin{aligned} a_{dB} &= 20 \log_{10} |a_v| && \text{für Amplituden}\,, \\ a_{dB} &= 10 \log_{10} (P_{out}/P_{in}) && \text{für Leistungen}\,. \end{aligned} \tag{17.16}$$

[164]Die Transferfunktion beschreibt den Ausgang eines elektronischen Systems als Funktion des Eingangs.

[165]Die Frequenz wird in der Elektronik üblicherweise mit dem Buchstaben f anstelle des in der Physik üblichen ν bezeichnet.

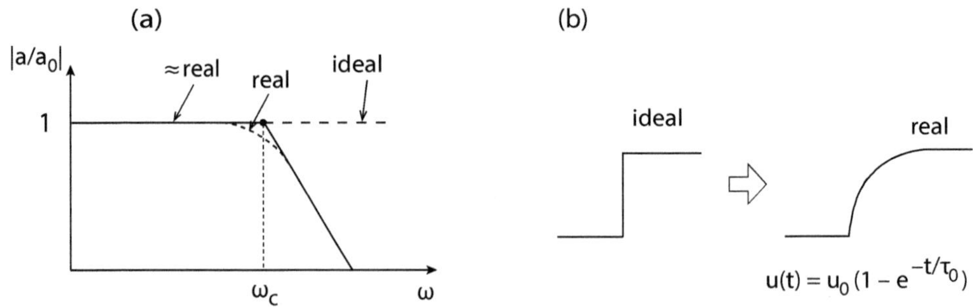

Abb. 17.8 Frequenzverlauf (a) und Zeitantwort (b) eines einstufigen Verstärkers. In (a) sind der ideale (gestrichelte Linie), der fast reale (durchgezogene Linie) und der reale (gepunktete Linie) Frequenzverlauf dargestellt (Bode-Diagramm, doppelt logarithmische Darstellung im Frequenzbereich). Im Zeitbereich (b) geht die ideale Stufenfunktionsantwort in ein reales Stufensignal mit endlicher Anstiegszeit über.

Die Verstärkung ist bis ungefähr zur Grenzfrequenz ω_c konstant (siehe Abb. 17.8), bei der $|a(\omega_c)| = \frac{1}{\sqrt{2}}\, a_0$ (-3 dB) ist, und sinkt danach umgekehrt proportional zu ω (um 20 dB pro Dekade[166]), bis keine Verstärkung mehr erfolgt ($a(\omega) = 1$). Der Verstärker verhält sich wie ein Tiefpass. Bei niedrigen Frequenzen dominiert r_0 das Frequenzverhalten und die Phasenverschiebung des (invertierenden) Verstärkers beträgt 180°, wie aus (17.12) ersichtlich ist. Bei hohen Frequenzen dominiert die Kapazität C_0, die eine Phasenverschiebung um $-90°$ bewirkt, so dass bei hohen Frequenzen die Phasenverschiebung zwischen Eingangs- und Ausgangssignal $+90°$ beträgt.

Das Produkt aus Verstärkung und Bandbreite (*gain-bandwidth product*, GBP)

$$\mathrm{GBP} = |a(\omega) \times \omega| \approx g_m r_0 \, \frac{1}{r_0 C_0} = \frac{g_m}{C_0} \tag{17.17}$$

ist in dem abfallenden Frequenzbereich konstant[167] und gleich seinem (idealen) Wert an der Grenzfrequenz ($= a_0\, \omega_c = |a(\omega_c) \times \omega_c|\, \sqrt{2}$, eingezeichneter Eckpunkt in Abb. 17.8(a)).

Die (komplexe) Eingangsimpedanz eines ladungsempfindlichen Verstärkers (Abb. 17.5(b)) mit einer Rückkoppelkapazität C_f ist

$$Z_{in}(f) = \frac{1}{i\omega C_{in}} = \frac{1}{(a(\omega)+1)\; i\omega C_f} \approx \frac{1}{ia(\omega)\, \omega C_f}\,, \tag{17.18}$$

wobei $C_{in} = C_f\,(a(\omega)+1)$ gemäß (17.7) mit $a_0 \to a(\omega)$ benutzt und auf der rechten Seite $|a(\omega)| \gg 1$ vorausgesetzt wurde. Für die Transferfunktion $a(\omega)$ finden wir gemäß (17.12) bei niedrigen Frequenzen $a(\omega) \to a_0$ und bei hohen Frequenzen $a(\omega) \to -ia_0 \frac{\omega_c}{\omega}$. Damit wird die Eingangsimpedanz für niedrige Frequenzen rein kapazitiv:

$$Z_{in}(\omega) \to \frac{1}{ia_0 \omega C_f}\,, \tag{17.19}$$

[166] 20 dB bedeutet eine Verstärkungsänderung um einen Faktor 10; -3 dB ist ein Abfall um den Faktor $\sqrt{2}$.

[167] Strikt konstantes GBP gilt nur für Verstärker mit einem 'einfach dominanten Pol', das heißt, eine einzige abfallende Steigung von $a(\omega)$.

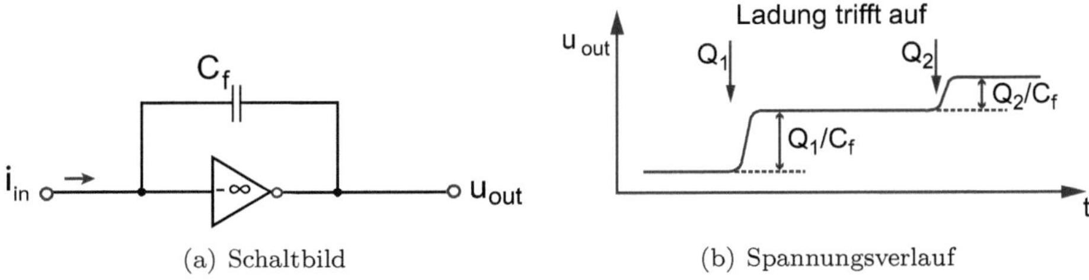

(a) Schaltbild (b) Spannungsverlauf

Abb. 17.9 Antwort eines idealen Ladungsverstärkers (ohne *Reset*) auf zwei aufeinander folgende Eingangssignale.

während sie sich für hohe Frequenzen – solange die Voraussetzung $|a(\omega)| \gg 1$ noch gilt – wie ein ohmscher Widerstand verhält:

$$Z_{in}(\omega) \to \frac{1}{\left(-ia_0 \frac{\omega_c}{\omega}\right) i\omega C_f} = \frac{1}{a_0\, \omega_c C_f} = \frac{1}{\text{GBP} \cdot C_f} = \frac{C_0}{C_f} \frac{1}{g_m} = R_{in} \,, \tag{17.20}$$

da die Transkonduktanz $g_m = \partial i / \partial u$ ein inverser Widerstand ist.

Die Zeitkonstante des Ladungsverstärkers (CSA) ergibt sich aus dem Produkt der Eingangskapazität ($\approx$ Detektorkapazität C_D) und des Eingangswiderstands R_{in} mit (17.17) zu:

$$\tau_{CSA} = C_D\, R_{in} = \frac{C_D}{C_f} \frac{1}{a_0\, \omega_c} = \frac{C_D}{C_f} \frac{C_0}{g_m} \,. \tag{17.21}$$

In der Praxis werden häufig mehrstufige Verstärker benutzt, so dass mehrere Grenzfrequenzen auftreten, jedoch dominiert meist eine Stufe die Bandbreite und ist für das Verstärkungs- und Rauschverhalten (siehe Abschnitt 17.10.3) verantwortlich.

Entladung von C_f Im Idealfall wird die am Eingang des Vorverstärkers gesehene Ladung über C_f aufintegriert, und der zugehörige Spannungswert u_{out} liegt am Ausgang an. Für jedes neue Signal am Vorverstärkereingang wird weitere Ladung addiert. Die Ausgangsspannung erhöht sich entsprechend um einen Wert Δu_{out}. Für mehrere aufeinander folgende Pulse ergibt sich am Ausgang ein treppenförmiges Spannungssignal, wie es in Abb. 17.9 und Abb. 17.11 skizziert ist. Ab einer bestimmten Ladungsmenge ist die Grenze des dynamischen Bereichs des Verstärkers erreicht, und der Verstärker sättigt. Der Kondensator muss daher vorher entladen werden. Für diesen Zweck wird ein Entladungsmechanismus (*reset*) benötigt, wozu sich mehrere Techniken anbieten:

- Entladung durch einen (Transistor-)Schalter (Abb. 17.10(a)),
- Entladung durch einen Widerstand (Abb. 17.10(c)),
- Entladung durch eine Konstantstromquelle (Abb. 17.10(e)).

Die Schaltung und das Ausgangssignal für die Entladung mittels Schalter sind in Abb. 17.10(a) bzw. (b) dargestellt. Durch Schließen des Schalters wird der Kondensator entladen und der Vorverstärker ist wieder betriebsbereit für neue Signale. Problematisch wird diese Methode bei hoher Signalrate, da diese eine hohe Reset-Schaltfrequenz bedingt, wodurch scharfe Störsignale entstehen können (*switching noise*).

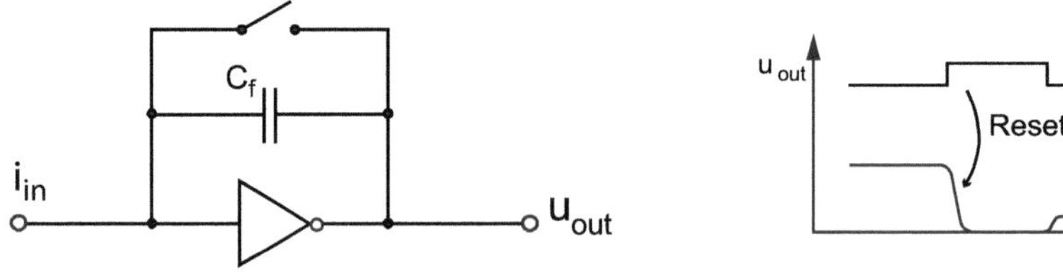

(a) Schalterreset: Schaltbild.

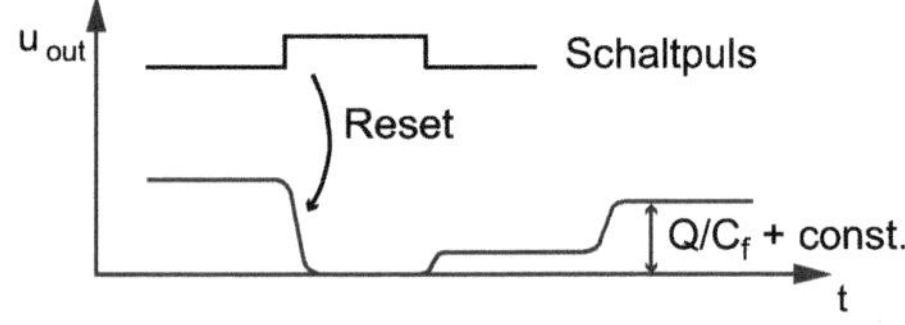

(b) Schalterreset: Ausgangsspannung.

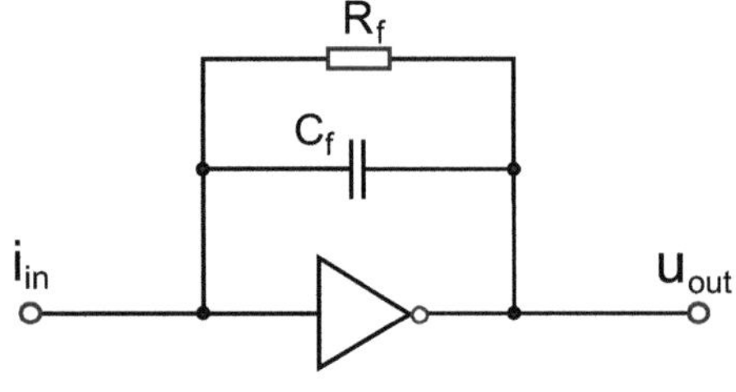

(c) Widerstandsreset: Schaltbild.

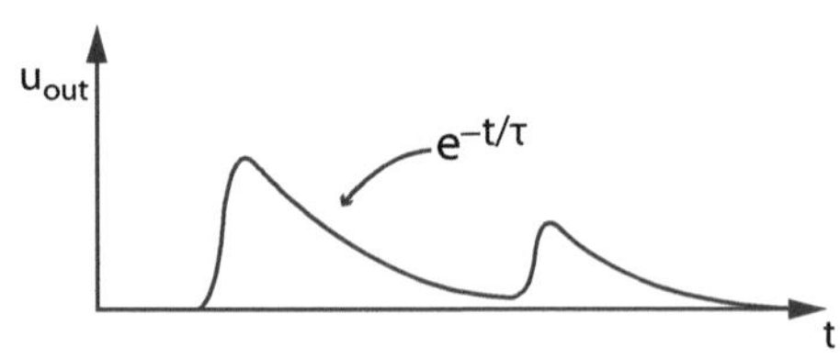

(d) Widerstandsreset: Ausgangsspannung.

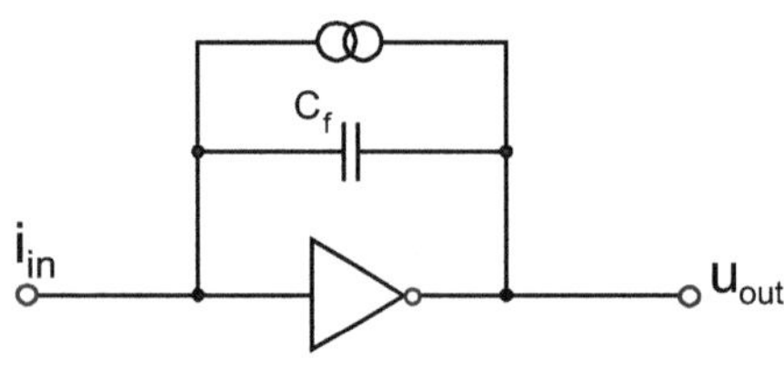

(e) Reset d. Stromquelle: Schaltbild.

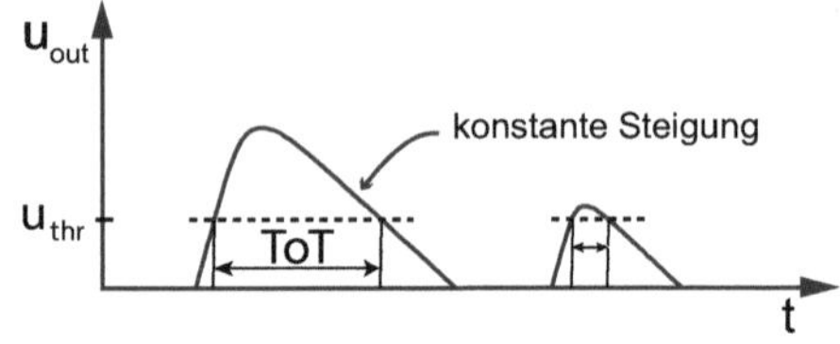

(f) Reset d. Stromquelle: Ausgangsspannung.

Abb. 17.10 Methoden zum Reset des Vorverstärkers: (links) Schaltbilder, (rechts) Verlauf der Ausgangsspannung. (a,b) Entladung der Rückkoppelkapazität durch einen Schalter. Der Wiederanstieg mit der hinteren Flanke wird durch so genannte Ladungsinjektion durch den Schalter verursacht. (c,d) Entladung der Rückkoppelkapazität durch einen Widerstand. (e,f) Entladung der Rückkoppelkapazität durch eine Konstantstromquelle. In (f) ist außerdem das Prinzip der ToT-Methode skizziert (siehe Text).

Kein Schalten ist nötig, wenn die Entladung des Rückkoppelkondensators C_f passiv über einen Widerstand erfolgt, wie in Abb. 17.10(c) wiedergegeben. Sobald ein Signal eintrifft, beginnt sich C_f über den Widerstand exponentiell mit der Entladungszeitkonstanten $\tau_d = C_f R_f$ zu entladen (Abb. 17.10(d)); es ist keine Steuerung von außen nötig. Insbesondere bei hohen Signalraten ist eine möglichst kurze Abklingzeit erwünscht, um Überlagerungen von Signalen am Ausgang des Verstärkers zu vermeiden. Kurze Zeitkonstanten erhöhen andererseits den thermischen Rauschbeitrag des Systems, wie in Abschnitt 17.10.3 gezeigt wird. Die Zeitkonstanten für die Entladung von C_f über einen Widerstand können bis zu 10–100 µs betragen, zum Beispiel bei Detektoranwendungen für spektroskopische Messungen, die geringes Rauschen verlangen.

Mit $C_f = 4\,\text{fF}$ (typisch für Auslesechips von Halbleiterdetektoren mit kleiner Detektorkapazität C_D) benötigt man für $\tau = 10\,\mu\text{s}$ einen Widerstand von

$$R_f = \frac{\tau_d}{C_f} = \frac{10\ \mu\text{s}}{4\,\text{fF}} = 2.5 \cdot 10^9\ \Omega = 2.5\,\text{G}\Omega\,.$$

Die Herstellung sehr großer Widerstände in integrierten elektronischen Schaltungen (Chips) ist recht aufwendig. Widerstände im MΩ-Bereich können noch durch MOS-Transistoren (siehe Abschnitt 8.3.5 auf Seite 337), die im linearen Bereich der Kennlinie betrieben werden, realisiert werden. Weitere Techniken sind in Abschnitt 8.5.5 beschrieben.

Eine andere Möglichkeit, C_f zu entladen, bietet eine Stromquelle im Rückkoppelkreis. Der Schaltungsaufbau und das Ausgangssignal sind in Abb. 17.10(e) und (f) dargestellt. Im Gegensatz zur Entladung über einen Widerstand wird hier der Kondensator mit einem konstanten Strom entladen. Dadurch hat auch das Ausgangssignal einen konstant linearen Abfall nach Erreichen der Maximalamplitude. Der Ausgangspuls hat Dreiecksform (Abb. 17.10(f)). Von seiner zeitlichen Breite Δt kann man besonders gut auf die Höhe und die Gesamtfläche des Pulses schließen. Es genügt daher, die Zeit zu messen, während der sich der Ausgangspuls oberhalb einer gegebenen Schwelle befindet, um auf die zugehörige Pulshöhe oder das Pulsintegral zu schließen, die ihrerseits proportional zu der im Detektor nachgewiesenen Energie sind. Eine Messung der Zeit, während der der Ausgangspuls größer als eine eingestellte Schwelle ist, stellt daher eine Messung des dazu gehörigen Signals selbst dar, welches proportional zu der im Detektor deponierten Energie ist. Dies ist eine bequeme und einfache Methode, das Pulsintegral zu bestimmen. Sie wird ToT-Methode (ToT = *time-over-threshold*) genannt.

17.3 Pulsformung

Eine weitere Bearbeitung der aus dem Vorverstärker kommenden Signale ist nötig, um (a) die Überlagerung von Pulsen (*pile-up*) zu verhindern und (b) durch Frequenzfilterung das Rauschen zu reduzieren.

Um die Behandlung von Pulsformen in den nachfolgenden Abschnitten besser zu verstehen, bemühen wir zusätzlich zur zeitlichen Darstellung eine mathematische Behandlung und Darstellung mit Übertragungsfunktionen im Laplace-Raum (siehe Anhang H und Referenzen darin), die den (frequenzabhängigen) Ausgang eines elektronischen Schaltkreises für einen beliebigen Eingang liefern:

$$u_{out}(s) = H(s)\, u_{in}(s)\,. \tag{17.22}$$

Hierbei ist s die komplexe Laplace-Variable, die mit der Frequenz ω gemäß $s = \sigma + i\omega$ zusammenhängt, wobei σ eine Dämpfungskonstante ist, die Konvergenz bei Integralen über s gewährleistet. Wir verweisen bei den nachfolgenden Pulsformen jeweils auf die entsprechenden Passagen und Gleichungen in Anhang H.

Wie zum Beispiel im vorigen Abschnitt für ladungsempfindliche Verstärkung gezeigt, muss der Rückkoppelkondensator des Vorverstärkers entladen werden, um eine Mehrfachüberlagerung der Ausgangssignale zu vermeiden (Abb. 17.11 oben). Typische Abklingzeiten der elektronischen Pulse am Ausgang des Vorverstärkers liegen im Bereich einiger 100 ns bis etwa 10 μs. Kürzere und auch längere Zeiten sind prinzipiell je nach Anforde-

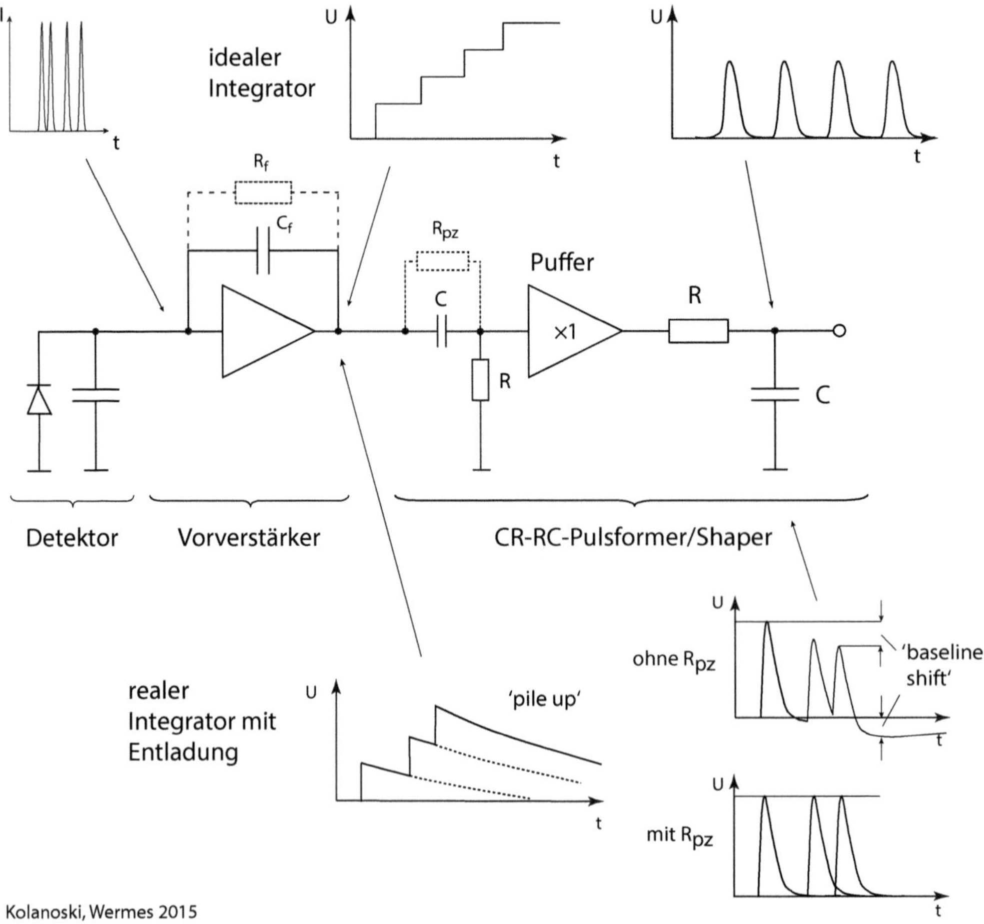

Abb. 17.11 Auslesesystem, bestehend aus Detektor, Verstärker und Pulsformer (*shaper*). Die Pulsformen am Eingang und am Ausgang des Vorverstärkers sowie am Ausgang des Shapers sind oben für den Idealfall (Stufenfunktion ohne Entladung) und unten für den Realfall (Entladung von C_f, hier durch den Widerstand R_f, gestrichelt) gezeichnet. Im letzteren Fall entsteht am Ausgang des Shapers ein 'Unterschwinger'. Durch einen Widerstand R_{pz} über dem Kondensator des Hochpasses (gestrichelt) wird der Unterschwinger kompensiert (*pole-zero cancellation*, siehe Text). Der ($\times 1$)-Verstärker zwischen den Bandpässen ist ein Puffer, der verhindert, dass der Tiefpass den Hochpass elektrisch belastet.

rungen möglich. Trifft während der Abklingzeit ein neues Signal am Vorverstärker ein, so kommt es dennoch am Ausgang des Vorverstärkers zu einer Überlagerung der Pulse (*pile up*), wie in Abb. 17.11 (unten links) dargestellt. Die überlagerten Signale kann man mit einem RC-Hochpass trennen (siehe dazu auch Abb. 5.10 auf Seite 166). Die zusätzliche Kombination mit einem Tiefpass oder sogar mehreren hintereinander geschalteten Hoch- und Tiefpässen führt zu mehr oder weniger gaußförmigen Ausgangspulsen für jede Impulsstufe am Eingang (Abb. 17.11, oben und unten rechts). Dieser elektronische Schaltkreis wird daher *Pulsformer* oder *Shaper* genannt.

In der Praxis sind die Signale am Ausgang des Vorverstärkers mit Rauschanteilen überlagert, die – abgesehen vom $1/f$-Rauschen (siehe Abschnitt 17.10.3.1) – bei allen Frequenzen weitgehend gleich beitragen (weißes Rauschen). Zur Vergrößerung des Signal-zu-Rausch-Verhältnisses kann man Frequenzanteile herausfiltern. Der aus Hoch- und Tiefpässen aufgebaute Pulsformer liefert diese Bandbreitenverkleinerung. Dadurch können auch hochfrequente Störsignale herausgefiltert werden. Da auch die Frequenzanteile des Signals der Filterung unterliegen, hat eine Beschränkung der hochfrequenten Anteile immer auch größere Anstiegszeiten der Signalpulse zur Folge, was manchmal unerwünscht ist.

17.3.1 Unipolare Pulsformung

Im einfachsten Fall besteht der Pulsformer aus einem Hochpass (CR-Glied) und einem Tiefpass (RC-Glied) mit derselben Zeitkonstanten $\tau = \mathrm{RC}$, daher auch CR-RC-Shaper genannt (Abb. 17.11). Das Ausgangssignal des Pulsformers bei einem Einheitsstufenpuls am Eingang hat die Form (siehe Anhang H, Gl. (H.14)):

$$A(t) = \frac{t}{\tau}\, e^{-\frac{t}{\tau}} \qquad t \geq 0\,. \tag{17.23}$$

Dabei ist $\tau = 1/\omega_c$ die Filterzeit, die dem Reziproken der Grenzfrequenz ω_c des Filters entspricht, auch Scheitelzeit (*peaking time*) oder Filterzeit (*shaping time*) genannt. Bei Pulsformern höherer Ordnung sind N Hochpässe und M Tiefpässe hintereinander geschaltet; sie werden daher auch $(CR)^N$-$(RC)^M$-Shaper genannt, wobei meist $N = 1$ realisiert ist. In Abb. 17.12 sind die Ausgangssignale für Pulsformer verschiedener Ordnungen M des Tiefpasses bei $N = 1$ wiedergegeben, in Amplitude und Zeit auf ihre jeweiligen Scheitelwerte normiert. Im Laplaceraum wird jeder weitere Tiefpass durch eine multiplikative Transferfunktion $H(s) = 1/(1 + s\tau)$ beschrieben (Gleichung (H.9) in Anhang H). Bei M Tiefpässen wird dann aus (17.23) die Pulsform (H.15):

$$A(t) = \frac{1}{M!}\left(\frac{t}{\tau}\right)^M e^{-\frac{t}{\tau}}\,, \qquad t \geq 0\,, \tag{17.24}$$

mit einer Scheitelzeit $t_{peak} = M\tau$. Mit höherer Ordnung M wird die Pulsform gaußförmiger, aber breiter für gleiches τ und die Scheitelzeit t_{peak} wird länger. In Abb. 17.12 sind die Pulse auf ihre Scheitelzeit normiert. Wählt man τ entsprechend kürzer, so dass gleiche Scheitelzeiten für verschiedene Ordnungen vorliegen, so ist die Pulsform für höhere M auch absolut schmaler. Die Doppelpulsauflösung wird daher mit der Anzahl M der Tiefpässe besser. Allerdings ist der elektronische Aufwand für Pulsformer höherer Ordnung erheblich größer als für CR-RC-Shaper.

17.3.2 Bipolare Pulsformung

Durch einen weiteren Hochpass (nach M Tiefpässen) erhält man eine bipolare Pulsform mit gleicher Fläche in beiden Flügeln. Dies kann durch Hinzufügung eines CR-Hochpasses

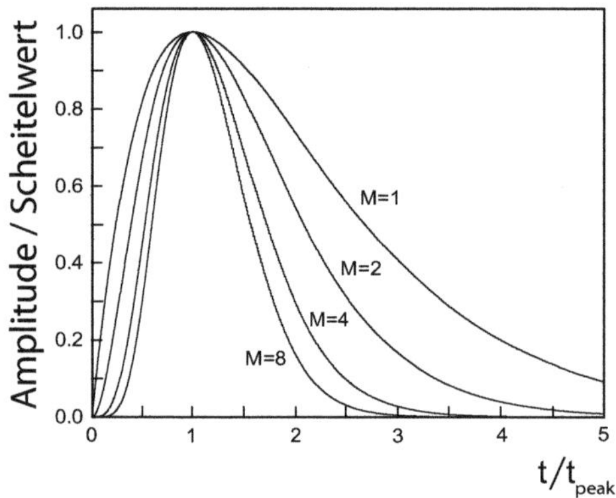

Abb. 17.12 Ausgangssignale von CR-(RC)^M-Shaper-Stufen verschiedener Ordnungen in M. Amplitude und Zeit sind auf ihre jeweiligen Scheitelwerte normiert.

hinter M Tiefpässen erfolgen (siehe z.B. [229]). Bei einem zusätzlichen Hochpass zu einem einfachen (N=M=1) CR–RC-Filter, wie in Abb. 17.13 gezeigt, hat der normierte Puls bei gleichen Zeitkonstanten τ eines derartigen CR–RC–CR Filters die Form (Gl. (H.16) in Anhang H):

$$A(t) = \left[\frac{t}{\tau} - \frac{1}{2}\left(\frac{t}{\tau}\right)^2\right] e^{-\frac{t}{\tau}}, \qquad t \geq 0, \tag{17.25}$$

was in Abb. 17.13 mit dem unipolaren Puls (17.23) verglichen ist. Die Gesamtpulslänge ist größer als bei unipolarer Pulsformung.

Bipolare Pulsformung ist nützlich, wenn bei hohen Zählraten Robustheit gegenüber Grundlinienschwankungen (*baseline fluctuations*) und Unterschwingern sowie Einfachheit bei der elektronischen Realisierung Vorrang hat vor einem etwas schlechteren Signal-zu-Rausch-Verhältnis, mehr Leistungsaufnahme und größerem Chipflächenbedarf [413, 229]. Das Shaper-Ausgangsniveau ist bei bipolarer Pulsformung unabhängig von Grundlinienschwankungen am Eingang des Vorverstärkers. Auch in zeitkritischen Anwendungen, bei denen der Zeitpunkt des Nulldurchgangs eine Rolle spielt (*zero crossing*) findet man bipolare Pulsformung (siehe z.B. Abschnitt 17.5.2).

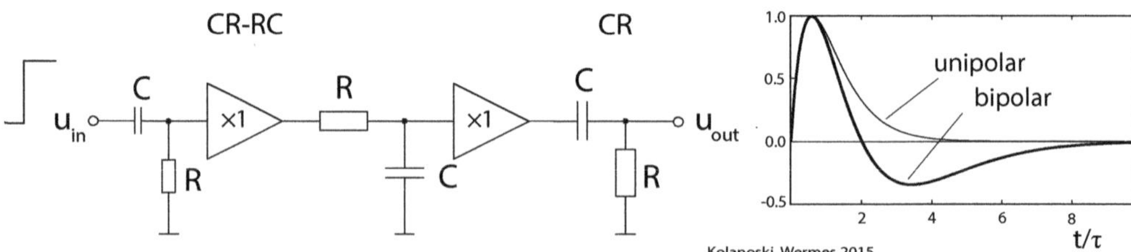

Abb. 17.13 Bipolare Pulsformung durch Differenzierung eines CR-RC-Pulses nach (17.25) (Schaltung und Ausgangspuls). Zum Vergleich ist ein unipolarer Puls (dünne Linie) nach (17.23) mit gleicher Scheitelzeit gezeigt. Die Pulse sind auf gleiche Scheitelamplitude und -zeit normiert.

17.3.3 Unterschwinger

Auch unipolare Pulsformung weist ohne weitere Korrekturen in realen Anwendungen bipolare Ausläufer auf. Die (ideale) Stufenfunktion $U_0\,\Theta(t)$ als Eingangspuls des Shapers ist im Frequenzbereich (Laplace-Raum) durch $U_0\frac{1}{s}$ darstellbar. Durch die (langsame) Entladung des Rückkoppelkondensators C_f des Vorverstärkers zum Beispiel durch einen Widerstand R_f (in Abb. 17.11 gestrichelt gezeichnet) ist der Ausgang des Vorverstärkers keine reine Stufenfunktion mehr, sondern hat die in Abb. 17.11 (unten rechts) gezeigte Form, die im Frequenzbereich durch $U_0\frac{\tau_f}{1+s\tau_f}$ darstellbar ist mit $\tau_f = R_f C_f$.

Durch die Entladung erhält der Puls am Ausgang des Pulsformers einen 'Unterschwinger' (*undershoot*), der wie folgt erklärbar ist: Der Pulsformer produziert aus einer Spannungsstufe an seinem Eingang nur unter der (idealen) Voraussetzung, dass das Eingangssignal konstant bleibt, einen Puls der Form (17.23) an seinem Ausgang (Abb. 17.11 (oben)). In realen Anwendungen muss C_f wieder entladen werden, durch R_f oder alternative Entladungsschaltungen (siehe Abb. 17.10). Die Spannung am Shaper-Eingang fällt daher langsam ab und ist während der Zeit der Pulsformung (17.23) nicht konstant. Durch den Hochpass des Shapers (Differenzierung) fällt das Shaper-Ausgangssignal unter die Nulllinie (Abb 17.11 (unten)). Die Amplitudenhöhe eines Folgepulses wird durch diesen Effekt verfälscht. Da die Signalamplitude proportional zu der deponierten Energie (Ladung) im Detektor ist, kann die Energieauflösung verschlechtert sein, wenn der Unterschwinger eine nicht vernachlässigbare Verschiebung der Nulllinie nach sich zieht.

Pole-Zero-Cancellation Das Unterschwingerverhalten unseres Systems aus Vorverstärker und Shaper (Abb. 17.11) kann durch Einführung eines Widerstandes parallel zum Kondensator des ersten Hochpasses des Shapers kompensiert werden. Die Übertragungsfunktion eines kapazitiv rückgekoppelten Verstärkers mit Entladungswiderstand R_f lautet im Frequenzbereich:

$$H_{CSA}(s) = \frac{R_f}{1+s\tau_f}\,, \tag{17.26}$$

was der Parallelschaltung von R_f und C_f im Rückkoppelzweig entspricht mit $\tau_f = R_f C_f$. Im Zeitbereich ergibt dies bei einer angenommenen δ-Form des CSA-Eingangs einen stufenförmigen Pulsanstieg mit exponentiellem Abfall am Ausgang. Da der Vorverstärker (CSA) einen Eingangsstrom in eine Ausgangsspannung wandelt, wählen wir diese Transferfunktion mit der Einheit eines Widerstands, im Unterschied zu den Beispielen in Anhang H, in denen die Transferfunktionen dimensionslos sind. Das Frequenzverhalten ist aber gleich.

Für die Frequenzanalyse bestimmen die Nullstellen im Zähler oder Nenner (Pole) in einer Übertragungsfunktion die Frequenzabhängigkeit, speziell auch die Phasenlage und das asymptotische Frequenzverhalten eines Schaltelementes. Bei einfachen Systemen mit nur einem Pol ist dessen Frequenz die Grenzfrequenz, bei der die Verstärkung um 20 dB pro Dekade zu fallen beginnt und eine Phasenverschiebung zwischen Eingang und Ausgang einsetzt. Für Systeme mit mehreren Polen wird der Frequenzverlauf der Verstärkung nuancierter verändert. Eine Nullstelle hingegen markiert umgekehrt einen entsprechenden Anstieg der Verstärkung und einen umgekehrten Verlauf der Phasendrehung.

$H_{CSA}(s)$ in Gleichung (17.26) besitzt einen Pol auf der reellen Achse für $s = -1/\tau_f$, der für den Verlauf der Frequenzabhängigkeit und die Lage der Grenzfrequenz ω_c in Abb. 17.8 verantwortlich ist. Der nachfolgende Hochpass des Shapers erzeugt eine Nullstelle und einen weiteren Pol, die zusammen mit dem Pol des CSA das Unterschwingerverhalten bewirken. Im Frequenzbereich durch das Produkt der beiden Transferfunktionen beschrieben, bedeutet das Resultat im Zeitbereich, dass keine einfache Exponentialform (ohne Unterschwinger) entstehen kann.

In Anhang H wird gezeigt, dass man bei Anwendung einer Übertragungsfunktion eines CR–RC-Filters als Ausgang eine unipolare Exponentialfunktion ((H.14) und (17.24) für M=1) erhält. Man beachte, dass in diesem Fall die Nullstelle für $s = 0$ im Zähler der Filtertransferfunktion (H.8) (Hochpassanteil) den Faktor $1/s$ in der Stufenfunktion (H.12) aufhebt. Falls jedoch die CSA-Rückkoppel-Kapazität durch den Widerstand R_f entladen wird, verwandelt sich das $1/s$ der Stufenfunktion in eine Form, die durch (17.26) bestimmt wird und nicht mehr durch das s im Zähler des CR-Teils der Filterfunktion (H.10) aufgehoben wird. Die Nullstelle bei $s = 0$, zusammen mit den Polen des CSA und dem Hochpassfilteranteils des Shapers bei reellen Werten von s, bewirken im Zeitbereich, dass der Puls die Nulllinie durchläuft (*zero crossing*) und damit einen Unterschwinger produziert (beziehungsweise einen Überschwinger im Falle umgekehrter Pulspolarität).

Durch Hinzufügung des Widerstands R_{pz} parallel zu dem Kondensator des Hochpasses des Shapers (in Abb. 17.11 gestrichelt eingezeichnet) wird eine weitere Nullstelle eingeführt, die den Pol in der Übertragungsfunktion des Vorverstärkers bei geeigneter Dimensionierung $\tau_{pz} = R_{pz}C = R_fC_f = \tau_f$ kompensiert (*pole–zero-cancellation*): mit dem Hochpassanteil $H_{pz}(s)$ des CR–RC-Shapers erhalten wir:

$$\begin{aligned} H(s) = H_{CSA}(s) \cdot H_{pz}(s) &= \frac{R_f}{1+s\tau_f} \frac{1+s\tau_{pz}}{1+\frac{R_{pz}}{R}+s\tau_{pz}} \\ &\underset{(\tau_{pz}=\tau_f)}{=} \frac{R_f}{1+\frac{R_{pz}}{R}+s\tau_f} \underset{R_{pz}\ll R}{\longrightarrow} \frac{R_f}{1+s\tau_f}, \end{aligned} \tag{17.27}$$

wobei R_{pz} so gewählt wird, dass $\tau_{pz} = \tau_f$ gilt; Bezeichnungen wie in Abb. 17.11. Der Unterschwinger verschwindet, wenn R_{pz} wie beschrieben dimensioniert wird. Für $R_{pz} \ll R$ wird sogar exakt die Form von $H_{CSA}(s)$, wie in (17.26) angegeben, wiederhergestellt, aber jetzt für ein System aus CSA mit Entladung plus dem Hochpass des Shapers.

Nahezu alle Spektroskopieverstärker beinhalten ein – oft extern einstellbares – *Pole–Zero*-Kompensationsnetzwerk der Art wie in Abb. 17.14(a) gezeigt. Die Transferfunktion ist

$$H_{pz}(s) = \frac{s+1/\tau_1}{s+1/\tau_2} = \frac{\tau_2}{\tau_1}\frac{1+s\tau_1}{1+s\tau_2}, \tag{17.28}$$

mit $\tau_1 = R_1C > \tau_2 = \frac{R_1R_2}{R_1+R_2}C$. Das Netzwerk transformiert ein exponentielles Signal proportional zu $\exp(-t/\tau_1)$ in ein Signal der Form $\exp(-t/\tau_2)$ (siehe auch [242, 229]). Die Polstelle $s = -1/\tau_2$ liegt bei kleineren negativen s-Werten als die Nullstelle $s = -1/\tau_1$.

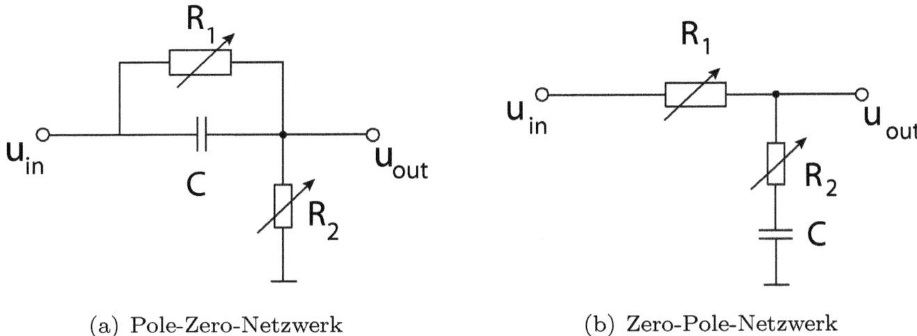

(a) Pole-Zero-Netzwerk (b) Zero-Pole-Netzwerk

Abb. 17.14 (a) *Pole-Zero-* und (b) *Zero-Pole-Netzwerke* zur Formung von Signalen.

Die Schaltung schwächt niedrige Frequenzanteile ($\omega \to 0$) um den Faktor $k = R_2/(R_1 + R_2)$ ab.

Bei dem entsprechenden *Zero-Pole-Filter* (Abb. 17.14(b)) mit der Transferfunktion

$$H_{zp}(s) = \frac{1 + s\tau_1}{1 + s\tau_2}, \tag{17.29}$$

mit $\tau_1 = R_2C < \tau_2 = (R_1 + R_2)C$, wird die Verstärkung bei hohen Frequenzen ($\omega \to \infty$) um k abgeschwächt. Beide Filter dienen zur Formung von Signalpulsen, speziell zur Verkürzung (pz) bzw. Verlängerung (zp) (siehe nachfolgende Abschnitte).

17.3.4 Ballistisches Defizit

Ein weiteres Problem tritt auf, wenn die Anstiegszeit des Vorverstärkerpulses größer ist als die Hochpass-Zeitkonstante des Pulsformers. Dies kann durch eine große Ladungssammlungszeit, zum Beispiel durch langsame Driftbewegung, oder durch eine große Eingangskapazität oder auch durch einen intrinsisch langsamen Vorverstärker verursacht sein. Die Ausgangsamplitude des Shapers wird dann durch den langsamen Anstieg des Vorverstärkerpulses beschnitten. Die abfallende Flanke des Shaperausgangs setzt bereits ein, bevor das Ausgangssignal des Vorverstärkers seine Maximalspannung erreicht hat. Man spricht bei diesem Problem von einem Verlust durch Pulsformung (*shaping loss* oder *ballistisches Defizit*; siehe auch Abb. 5.10 und den Text dazu auf Seite 166).

In Abb. 17.15 ist dieser Effekt für den Idealfall ohne und für den Fall mit Verlust durch Pulsformung skizziert. Um das ballistische Defizit zu vermeiden, müssen die Ladungssammlungszeit und die Anstiegszeit des Vorverstärkerpulses hinreichend kurz im Vergleich zur Zeitkonstanten des Pulsformers sein.

17.3.5 Tail-Cancellation

In gasgefüllten Proportional- oder Driftkammern (Kapitel 7) ist die Pulsform am Anodendraht gekennzeichnet durch einen sehr kurzen Anstieg im ns-Bereich, bedingt durch die kurze Wegstrecke und schnelle Drift der Ionen nach der Gasverstärkung nahe am Draht,

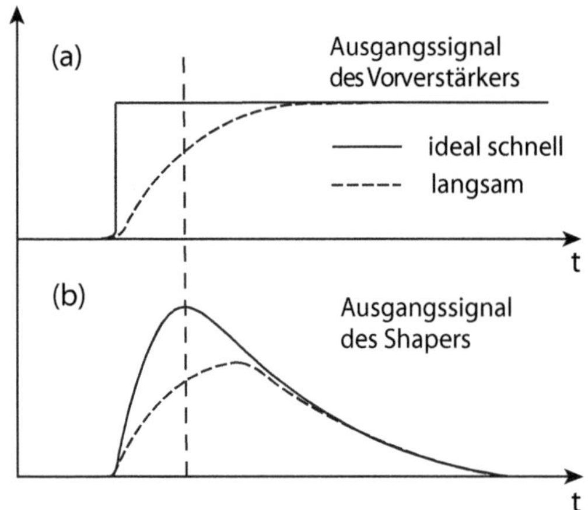

Abb. 17.15 Verlust durch Pulsformung (*shaping loss*): (a) Stufenfunktionspuls (ohne Entladung) am Vorverstärkerausgang mit einem schnellen (durchgezogene Linie) und einem langsamen Anstieg (gestrichelte Linie); (b) resultierendes Ausgangssignal des Pulsformers. Falls die Shaper-Scheitelzeit kurz im Vergleich zur Anstiegszeit des Vorverstärkers ist, tritt ein Amplitudenverlust auf (*ballistisches Defizit* oder *shaping loss*).

und einen sehr lange andauernden Pulsverlauf (*tail*), verursacht durch die langsame Drift der Ionen von der Anode zur Kathode mit Zeitkonstanten im 100 μs bis ms-Bereich (siehe Abschnitt 5.3.3). Das Ionensignal, das in diesem Fall dominiert, ist für den einfachen Fall einer zylindrischen Geometrie gemäß (5.68) gegeben durch:

$$i(t) = \frac{Ne}{2 \ln b/a} \frac{1}{t + t_0^+} , \tag{17.30}$$

mit der Signalladung Ne, den Anoden- und Kathodenradien a und b (siehe Abb. 5.9) und der charakteristischen Zeit t_0^+ für den Anstieg des Ionendriftsignals, gegeben durch (5.66). Die Pulsform ist in Abb. 5.10(a) auf Seite 166 dargestellt.

Für das auf Seite 165 gegebene Beispiel für ein Driftrohr mit einem Verhältnis $b/a = 1000$ und einer typischen charakteristischen Zeit von $t_0^+ = 1$ns erreicht das Signal sein Maximum erst nach einer Zeit von $T^+ = 10^6 \, t_0^+ = 1\,\text{ms}$. Jedoch ist bereits nach einer Zeit von etwa 10 ns, d.h. nach $10^{-5}\, T^+$, fast 20% der Signalamplitude erreicht.

Bei hohen Signalraten sind daher kurze Shaping-Zeiten nötig, die allerdings einen Verlust an Signalamplitude zur Folge haben (ballistisches Defizit). Um *pile-up* von Signalen in Drahtkammern zu vermeiden, muss außerdem der lange Ausläufer des Signals elektronisch eliminiert werden (*tail cancellation*). Die einfachste Möglichkeit, dies zu erreichen, besteht in der Verwendung einer bipolaren Pulsformung (siehe Seite 843), welche entweder wie in Abschnitt 17.3.2 beschrieben durch eine Abfolge von Hoch- (CR) und Tiefpässen (RC) oder durch eine Abfolge von seriell DC-gekoppelten RC-Gliedern (siehe z.B. [229]), in beiden Fällen ergänzt um einen abschließenden Hochpass, aufgebaut werden können. Der dabei auftretende negative Pulsanteil (Unterschwinger) und die bipolare Pulsformung hat Nachteile: ein etwas schlechteres Signal-zu-Rausch-Verhältnis als bei unipolarem Puls, eine größere Gesamtpulslänge durch positive und negative Anteile sowie mögliche Übersprecher auf Nachbarkanäle. In der Praxis werden diese wegen der einfachen Realisierung der Schaltung in Kauf genommen oder aber durch eine explizite Eliminierung des Ausläufers zum Beispiel durch die nachfolgend beschriebene Filterung behoben.

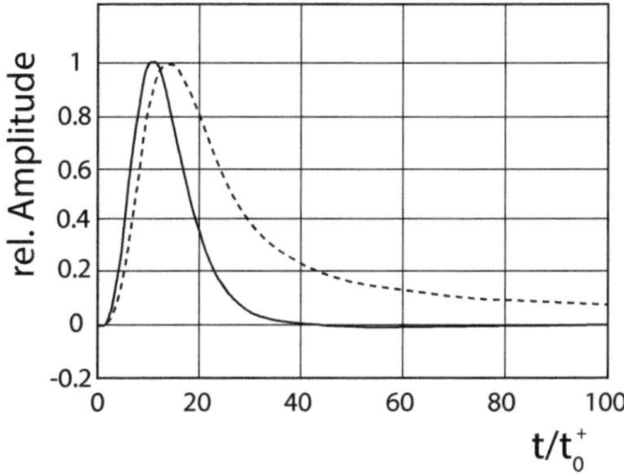

Abb. 17.16 Drahtkammersignal, das durch einen (vierstufigen) unipolaren Pulsformer mit einer Scheitelzeit von $10\,t_0^+$ gebildet wird (gestrichelte Linie) und durch zwei nachfolgende *Pole-Zero*-Filter (durchgezogene Linie) auf eine Gesamtpulslänge von etwa $40\,t_0^+$ reduziert wird. (nach [229], mit freundl. Genehmigung von Springer Science+Business Media).

Um einen kurzen unipolaren Puls zu erhalten, ist eine dedizierte *Tail-Cancellation*-Schaltung notwendig, die neben dem Shaper aus mehreren nachfolgenden *Pole–Zero*-Filtern besteht. Die Wirkungsweise dieser Filter besteht, wie auf Seite 845 beschrieben, in einer Transformation in ein exponentielles Signal mit einer anderen (kürzeren) Zeitkonstanten. Der Ausgangspuls besteht dann zum Beispiel aus einer Überlagerung von Exponentialfunktionen, die im Laplace-Raum durch Pole dargestellt werden, siehe z.B. [201, 242] und [229]. Die RC-Zeiten der Filter werden so gewählt, dass ein Unterschwinger nicht auftritt. Abbildung 17.16 zeigt ein Kammersignal hinter dem Shaper ($M = 4$, [229]), der das Ursprungssignal (17.30) formt und verkürzt, aber immer noch Ausläufer zu Zeiten größer als 100 ns ($t_0^+ = 1$ ns) aufweist (gestrichelte Linie). Durch zwei geeignet eingestellte *Pole–Zero*-Filter entsteht ein Puls ohne Unterschwinger, der bereits nach etwa 40 ns auf die Grundlinie zurückkehrt.

Die Zeitkonstanten der Filter müssen fein aufeinander und auf die charakteristische Signalpulszeit t_0^+ abgestimmt sein, um kurze, unipolare Pulse ohne Unterschwinger zu erzielen. Fabrikationsvariationen bei den Elektronikbauteilen oder Chips führen daher zu Kanal-zu-Kanal-Variationen, die 10%–20% betragen können. Für Drahtkammern, deren Anode (Draht) in den meisten Fällen auf Hochspannungspotenzial liegt und deren Signale deswegen kapazitiv gekoppelt werden müssen, ist die bipolare Form der Pulsverkürzung bereits aus diesem Grunde erforderlich.

Weitere Beispiele und Berechnungen zur Pulsformung bei Drahtkammern findet man in [229].

17.4 Die Sample-and-Hold-Technik

In vielen Experimenten sind der zeitliche Verlauf des Eingangssignals und auch der Zeitpunkt des Eintreffens zum Beispiel relativ zu einem Triggersignal bekannt. Es besteht dann die Möglichkeit, die Spannung der Eingangssignale zu einem festen Zeitpunkt aufzunehmen (*sample*), für eine Zeit lang festzuhalten (*hold*) und zu einem späteren Zeitpunkt weiter zu verarbeiten. Diese Technik wird *sample-and-hold* genannt (siehe zum

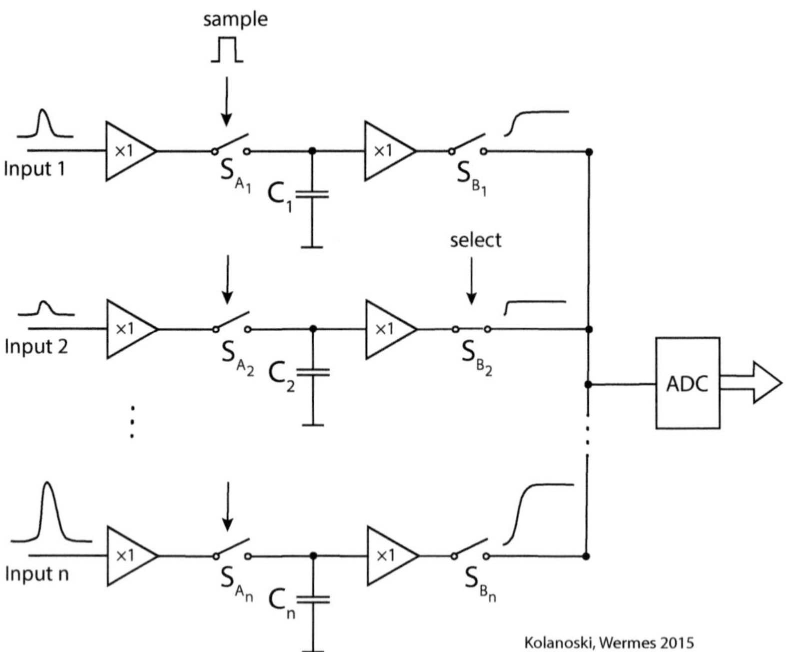

Abb. 17.17 Anwendung der Sample-and-Hold-Technik am Beispiel einer Auslese mit parallelem Eingang und seriellem, digitalisiertem Ausgang (siehe Text). Der *sample*-Puls an allen Eingangsverbindungen schließt die S_A-Schalter mit steigender und öffnet sie wieder mit fallender Flanke; die Ladung wird auf den Kapazitäten C_i gehalten (*hold*) und durch Schließen des selektierten S_B-Schalters an den Ausgang geführt.

Beispiel [577]). Abbildung 17.17 zeigt einen Anwendungsfall. Die Schalter S_A seien geschlossen, S_B offen. Ein vom einem Triggerpuls abgeleiteter, zeitlich auf das Maximum des zu messenden Signals verzögerter Sample-Puls öffnet die Schalter S_A, wodurch die zu diesem Zeitpunkt an den Kapazitäten C_i anliegenden Spannungen auf diesen gespeichert werden. Zur Auslese werden die Schalter S_B nacheinander selektiv geschlossen (hier an Kanal 2 gezeigt), wodurch die gespeicherten Spannungen zur seriellen Auslese sequenziell auf den Analog-zu-Digital-Wandler (ADC) zur Digitalisierung gegeben werden. Der erste Pufferverstärker (mit Verstärkung 1) wirkt als Impedanzwandler und erzeugt eine Kopie des Eingangssignals mit kleiner Impedanz am Eingang des Kondensators. Der Ausgangspuffer hat eine hohe Eingangsimpedanz, damit der Kondensator nicht belastet wird und die Spannung am Eingang des Puffers unverfälscht an den Ausgang übertragen wird.

Durch Abtastung des Pulses in aufeinander folgenden Zeitintervallen und Abspeicherung der Spannungen in einer Serie von Sample-and-Hold-Zellen (Analog-Memory) kann man den gesamten Pulsverlauf digitalisieren und abspeichern (*wave-form sampling*).

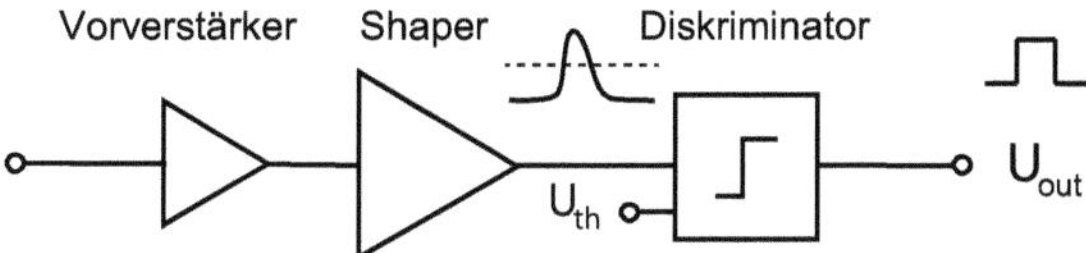

(a) Auslese mit Verstärkersystem und Diskriminator

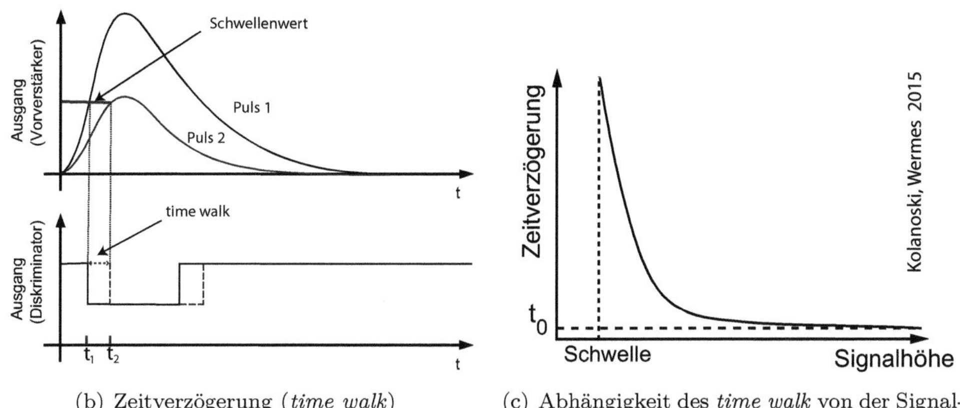

(b) Zeitverzögerung (*time walk*)

(c) Abhängigkeit des *time walk* von der Signalhöhe (schematisch)

Abb. 17.18 (a) Auslesekette mit Diskriminator. (b) Time-Walk-Verhalten (Zeitversatz) bei Systemen mit Diskriminator. (c) Abhängigkeit der Zeitverzögerung des Diskriminatorausgangs von der Pulshöhe über der Diskriminatorschwelle; t_0 bezeichnet die minimale Verzögerung, verursacht durch die Diskriminatorelektronik.

17.5 Diskriminierung

Bei einer Messung möchte man echte Signale, ausgelöst zum Beispiel durch ein Teilchen, von Rauschtreffern, ausgelöst durch eine (elektronische) Fluktuation, unterscheiden und letztere unterdrücken. Ein Diskriminator entscheidet durch Vergleich mit einer Spannungsschwelle (*comparator*), ob ein Eingangspuls diese Schwelle (*threshold*) überschritten hat, und erzeugt in diesem Fall ein logisches Ausgangssignal (Abb. 17.18(a)). So ist es möglich, echte Signale aus störenden Rauschpulsen kleinerer Amplitude herauszufiltern und gleichzeitig aus analogen Eingangssignalen digitale Ausgangssignale zu erzeugen, die sich zur logischen Weiterverarbeitung eignen. Diskriminatoren werden vor allem auch zum Triggern verwendet. Sie können beispielsweise die Datenaufzeichnung eines Oszillographen (Diskriminatorsignal auf den Triggereingang des Geräts) oder eines Vielkanal-Analysators (MCA, *Multi Channel Analyser*: Diskriminatorsignal auf Gate-Eingang des Geräts) regeln oder allgemeiner als logisches Signal in nachfolgenden elektronischen Verknüpfungen verwendet werden.

17.5.1 Zeitversatz (*time walk*)

Bei Eingangspulsen unterschiedlicher Höhen stößt man bei zeitkritischen Anwendungen auf ein Zeitversatzproblem (*time walk*), welches typisch mindestens im 100 ps-Bereich liegt. Für verschiedene Amplitudenhöhen der Pulse am Diskriminatoreingang werden die Ausgangspulse zu unterschiedlichen Zeiten abgegeben. Die Antwortzeit des Diskriminators hängt daher, wie in den Abbildungen 17.18(b) und 17.18(c) gezeigt, von den Amplituden der Eingangssignale ab. Die Genauigkeit der Zeitfestlegung durch Diskriminierung der Anstiegsflanke (*leading-edge discrimination*) liegt typisch im Bereich einer halben Nanosekunde [702]. Durch Kalibrierung des *time walk* als Funktion der Signalgröße kann mit einer Amplitudenkorrektur die *time walk*-Unsicherheit unter 20 ps getrieben werden [195].

In Anwendungen, die eine gute Zeitauflösung erfordern, wie zum Beispiel Flugzeitmessungen mit schnellen Szintillatoren mit typischen Auflösungsanforderungen im 100-ps-Bereich (siehe Abschnitt 14.2.1), müssen zeitliche Fluktuationen, das heißt sowohl Zeitversatz durch Amplitudenvariation als auch Zeitschwankungen durch Pulsformvariationen (*jitter*), bei der Diskriminierung minimiert werden. Wenn die Form des Pulses weitgehend konstant bleibt, kann durch unterschiedliche Signalamplituden verursachter Zeitversatz vermieden werden, wenn elektronisch auf den Nulldurchgang eines bipolaren Pulses getriggert wird (*zero-crossing triggering*). Schaltungen, die dies leisten, sind zum Beispiel in [702] oder [956] beschrieben. Aus jedem unipolaren Puls kann ein bipolarer Puls erzeugt werden, zum Beispiel einfach durch ein nachfolgendes RC-Glied (siehe Abschnitt 17.3.2). Bei gleichbleibender Pulsform haben Signale mit unterschiedlichen Amplituden einen Nulldurchgang an derselben Stelle.

Diese Methode verlangt allerdings eine stabile Pulsform und reagiert sehr empfindlich mit Zeitschwankungen auf Fluktuationen in der Signalform. Eine sehr effiziente Methode für eine stabile Zeitmessung wird im nächsten Abschnitt beschrieben.

17.5.2 Constant-Fraction-Diskriminierung

Es hat sich empirisch herausgestellt, dass die genauesten Zeitmessungen mit der *Leading-edge*-Methode dann erzielt werden können, wenn die Schwelle zwischen etwa 10% und 20% der Maximalamplitude eines Pulses liegt. Dies hat zur Entwicklung einer erweiterten Methode geführt, die eine Zeitmarkierung dadurch vornimmt, dass ein Ausgangspuls eine feste Zeit nach dem Erreichen eines konstanten (einstellbaren) Bruchteils k (*constant fraction*) der Maximalamplitude erzeugt wird. Dieser Zeitpunkt ist unabhängig von der absoluten Pulshöhe, solange der Anstieg der Signale unverändert bleibt (Abb. 17.19 (a)).

Die elektronische Ausführung der Constant-Fraction-Diskriminierung ist in Abb 17.19 (b) gezeigt. Der Ausgangspuls wird geteilt und in einem Zweig um eine Zeit t_d, die

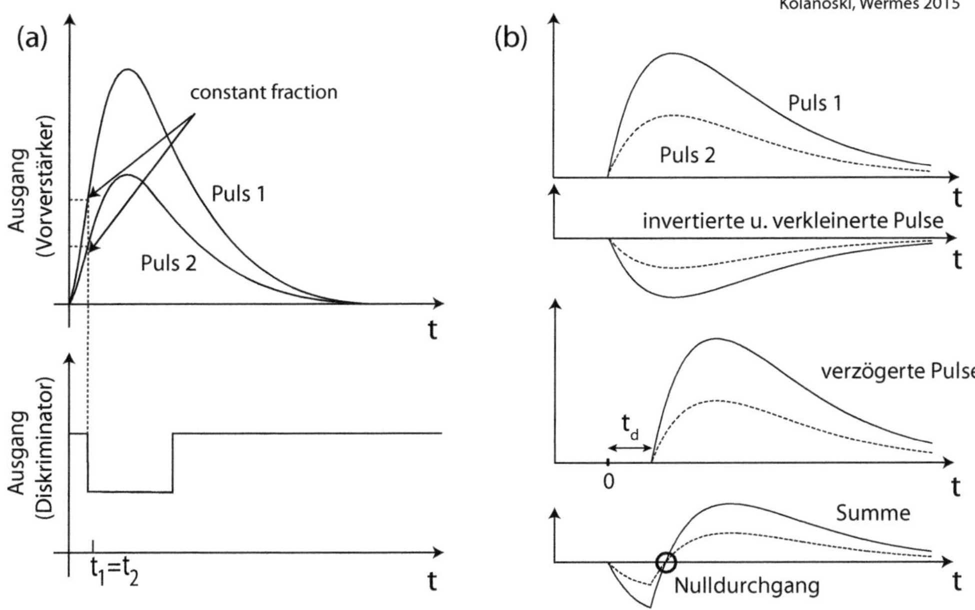

Abb. 17.19 Signaldiskriminierung mit geringer Zeitschwankung bei gleicher Pulsform (*constant-fraction triggering*): (a) Zwei verschieden große Pulse werden bei festem Bruchteil diskriminiert; oben Pulsverlauf, unten zeitlich konstanter Ausgang des Diskriminators. (b) Elektronische Realisierung: Ein invertierter und abgeschwächter Puls wird dem verzögerten Ursprungspuls überlagert. Prinzip der Sequenz von oben nach unten: zwei verschieden große Ausgangspulse; invertierte und verkleinerte Pulse; verzögerte Pulse; Addition der invertierten und der verzögerten Pulse mit zeitlich konstantem Nulldurchgang.

kleiner als die Anstiegszeit des Pulses ist, verzögert. In dem anderen Zweig wird der Puls invertiert und um den Bruchteil $k < 1$ verkleinert. Beide Zweige werden überlagert:

$$u_{sum}(t) = u_{in}(t - t_d) - k u_{in}(t) \,. \tag{17.31}$$

Der Punkt des Nulldurchgangs hängt von dem konstanten Bruchteil k ab, um den der Originalpuls abgeschwächt wird.

Die Methode benötigt keinen bipolaren Eingangspuls und liefert vergleichsweise kleine Zeitschwankungen (typisch 10–30 ps) über einen großen Bereich von Amplitudenvariationen.

17.6 Integrierte Schaltkreise für die Auslese von Detektoren

In modernen Detektoren werden die ersten Stufen der Auslese von Detektoren häufig durch speziell konfektionierte, integrierte Schaltungen (ASIC-Chips) realisiert, die in einem Chip mit hoher integrierter Transistordichte (VLSI, *very large scale integration*) Verstärkung, Pulsformung und Diskriminierung, oft auch Digitalisierung enthalten. Je nach experimenteller Anforderung ist die Auslese asynchron oder wird durch einen Trigger synchron angeworfen. Die Variation der Einsatzmöglichkeiten ist bei Halbleiter-Streifen- oder -Pixeldetektoren (Abschnitte 8.6 und 8.7) besonders groß, weshalb wir diese Detektorform hier als Beispiel für die auftretenden Varianten wählen. Der Einsatz in mikrostrukturierten Gasdetektoren (Abschnitt 7.9) ist ähnlich dem für Halbleiterstreifendetektoren.

17.6.1 Aufgaben von ASIC-Chips, Konzepte

Die Bedingungen im Experiment erfordern häufig sehr verschiedene Varianten der Auslese, selbst bei gleicher Art des Detektors. Bei Halbleiterdetektoren in Form von Mikrostreifen- oder Pixeldetektoren wird häufig der Signalstrom auf jedem Auslesekanal (Streifen oder Pixel) integriert und die Ladung analog gespeichert. Die gespeicherte Information kann durch weitere charakteristische Daten ergänzt werden, wie zum Beispiel eine Selektionsinformation (*triggering*) oder der Zeitpunkt der Signalaufnahme (zum Beispiel relativ zum Triggerzeitpunkt). In bildgebenden Anwendungen sind diese Informationen meist nicht von Interesse. Hier wird häufig nur die Zahl der Treffer in jeder Zelle über einen bestimmten Zeitraum gezählt und nach einer vorgegebenen Belichtungszeit ausgelesen. Zählende Chip-Architekturen bieten sich auch an, wenn zum Beispiel Strahlprofile oder Strahllagen in Beschleunigern ortsgenau ausgemessen werden müssen. Auch Messungen der Strahlpolarisation zum Beispiel durch Laserrückstreuung am Beschleunigerstrahl fallen darunter (siehe zum Beispiel [380]). Die Auslese von Einzelereignissen ist dazu nicht nötig und meist auch wegen der hohen Trefferrate nicht möglich.

Im Folgenden werden einige Konzepte vorgestellt. Die integrierten Schaltkreise für die Auslese der Detektoren werden hier zur Unterscheidung von eindimensionaler und zweidimensionaler Ortsinformation kurz Streifen- oder Pixelchips genannt, auch wenn die Verwendung der Ausleseschaltkreise ebenfalls für andere Detektorarten (zum Beispiel gasgefüllte Detektoren) geeignet ist.

Abbildung 17.20 zeigt den typischen Aufbau eines Mikrostreifendetektors mit Auslese beider Seiten durch Verstärkerchips. Die Herstellung und die Funktionsweise doppelseitiger Halbleiterdetektoren sind in Abschnitt 8.6 erläutert. Der Streifendetektor ist durch Ultraschallschweißverbindungen (*wire bonds*) mit den Verstärkerchips verbunden. Typisch verarbeitet ein Chip Signale von 128 Streifen.

Ein Kanal eines typischen Auslesechips beinhaltet den ladungsintegrierenden Vorverstärker, einen Pulsformer und einen Diskriminator, mit dem eine Schwelle für die Erkennung eines echten Signals über einem Rauschuntergrund gesetzt wird. Das Signal wird entweder analog oder digital abgespeichert. Eine spezielle Logik sorgt manchmal dafür, dass nur Kanäle mit einem Signaltreffer oberhalb der Schwelle ausgelesen werden (Nullunterdrückung). Triggersignale werden genutzt, um die Streifen- oder Pixel-Auslesechips zur Übertragung der im Chip gespeicherten Signale zu veranlassen und durch Selektion die zu übertragenden Datenmengen zu reduzieren. Zur Erzeugung des Triggersignals für die Siliziumdetektoren wird bei Experimenten der Hochenergiephysik oft auf andere De-

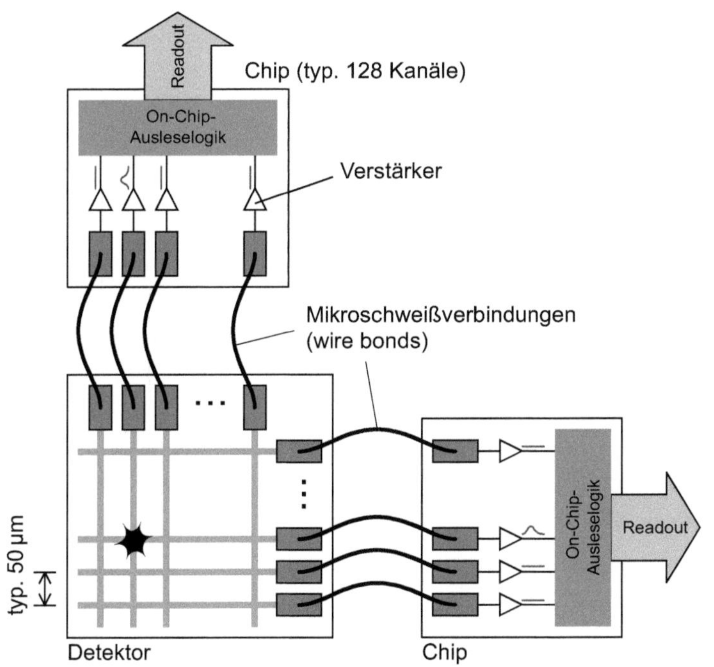

Abb. 17.20 Typischer Mikrostreifendetektor mit Chip-Elektronik.

tektorteile des Gesamtdetektors zurückgegriffen, die weit weniger Auslesekanäle besitzen als Streifendetektoren und daher ein schnelles Triggersignal einfacher erzeugen können. Auch der Takt, mit dem Ereignisse aufgenommen werden (zum Beispiel die Strahlkreuzungsfrequenz), kann als Trigger dienen.

Mikrostreifendetektoren werden an Fixed-Target- und an Collider-Experimenten zur Präzisionsmessung von Spuren geladener Teilchen und zur Erkennung von Zerfallsvertizes langlebiger Teilchen verwendet (siehe Kapitel 8 auf Seite 293). Das Design der Chips richtet sich nach den Anforderungen und Umgebungsbedingungen der jeweiligen Experimente. Nachfolgend gehen wir auf einige typische Anwendungen ein.

17.6.2 Streifenchips

17.6.2.1 Chips für Collider-Experimente mit geringen Teilchenraten

Für Experimente zum Beispiel an e^+e^--Beschleunigern, die im Vergleich zu den Experimenten an Hadron-Collidern eher kleine Raten und kleine Wahrscheinlichkeiten, dass sich Pulse überlagern (*pile-up*), zu verarbeiten haben, sind die folgenden Betriebsbedingungen maßgeblich:

– Der Zeitpunkt der Kollision ist (wie bei allen Collidern) präzise bekannt ($\mathcal{O}$(100ps)).

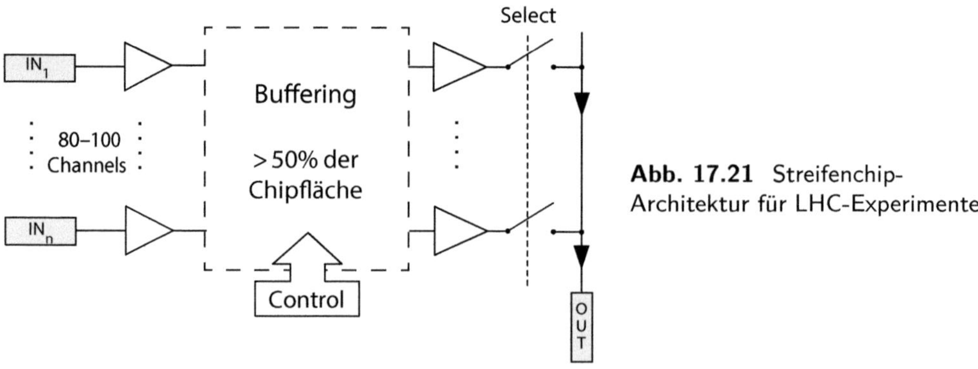

Abb. 17.21 Streifenchip-Architektur für LHC-Experimente

- Wechselwirkungen pro Strahlkreuzung zwischen e^+ und e^-, die im Detektor Signale erzeugen, sind selten (typisch $\mathcal{O}(10^{-6})$), im Gegensatz zu Hadron-Collidern, bei denen pro Strahlkreuzung mehrere Wechselwirkungen stattfinden.
- Ein Trigger wählt die interessanten Kollisionsereignisse aus.
- Die Auslese darf vergleichsweise lange (einige ms) dauern.

Unter diesen Gegebenheiten kann Folgendes realisiert werden:

(a) Ein Zurücksetzen (*reset*) des Chips vor dem Eintreffen eines neuen Signals ist möglich und notwendig.
(b) Lokales Abspeichern der Ladung eines Signals auf einer Kapazität (Sample-and-Hold-Methode, Abschnitt 17.4) zu einer festen Zeit ist möglich.
(c) Eine sequenzielle Auslese aller Kanäle nach einem Ereignistrigger ist möglich (analog oder digital).

Ein typisches Auslese-Schema bei diesen experimentellen Bedingungen erfolgt nach dem Sample-and-Hold-Prinzip, das in Abschnitt 17.4 erläutert wurde (Abb. 17.17).

17.6.2.2 Chips für Collider-Experimente mit hohen Teilchenraten

An Beschleunigern mit sehr hohen Ereignisraten (zum Beispiel LHC, HERA, TEVATRON) kommen noch zusätzliche Randbedingungen zu den oben genannten hinzu (Zahlenbeispiele für LHC).

- Die Kollisionsrate ist sehr hoch (40 MHz, Kollisionen alle 25 ns).
- Im Mittel treten mehr als nur eine Kollision pro Strahlkreuzung auf, bei der Designluminosität des LHC von $\mathcal{L} = 10^{34}\,\text{cm}^{-2}\,\text{s}^{-1}$ im Mittel etwa 25.
- Pro Strahlkreuzung entstehen sehr viele geladene Teilchen (ungefähr 1200 pro Kollision, etwa 10^{11}/s).
- Der Kollisionszeitpunkt ist präzise bekannt ($\ll$1 ns).

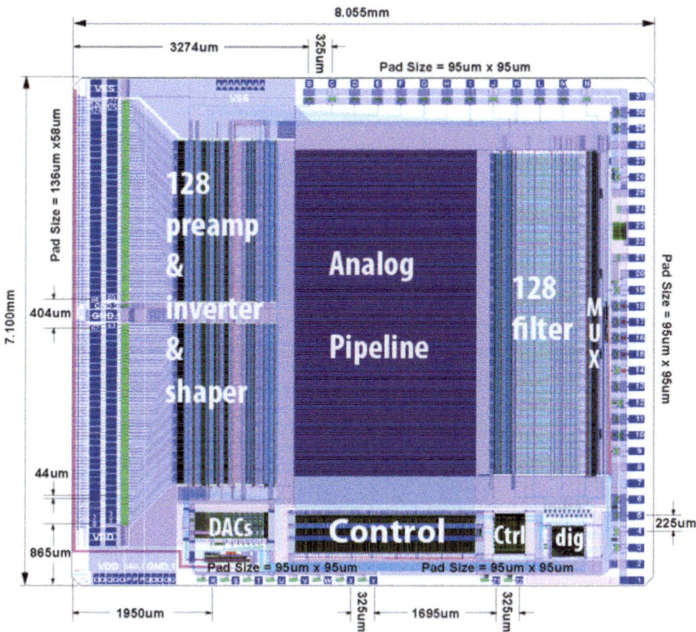

Abb. 17.22 Designplan des APV-Chips [858] (8.055 mm × 7.1 mm) des CMS-Experiments am LHC [807]: unten digitale Steuerung, oben Analogteil mit Verstärker, Shaper, Pipeline, einem Filter-Array und dem Ausgangs-Multiplexer.

- Der Trigger erfolgt erst nach einer vergleichsweise langen Zeit (mehrere µs bei LHC, über 10 µs bei HL-LHC) nach der Kollision, während der mehr als hundert weitere Strahlkreuzungen erfolgen.
- Die Auslesezeit dauert mehrere Mikrosekunden.

Diese zusätzlichen Bedingungen bedeuten, dass eine lokale Speicherung aller Trefferinformationen notwendig ist, bis der Trigger eintrifft. Dies ist besonders aufwändig, wenn die Signale mit ihrer Pulshöheninformation analog gespeichert werden sollen. Der Speicher befindet sich direkt auf den Streifenchips und kann dabei mehr als 50% der Chipfläche ausmachen. Abbildung 17.21 zeigt sehr vereinfacht die Architektur eines LHC-Streifenchips, bei der die Datenpufferung bis zum Eintreffen des Triggers Treffer in so genannten *data pipelines* erfolgt. Abbildung 17.22 zeigt ein Foto des APV-Chips, der im CMS-Experiment am LHC im Mikrostreifen-Spurdetektor eingesetzt wird. Man erkennt die Fläche, die der Analogteil (Vorverstärker und Shaper) und die Pipeline einnehmen, im Vergleich zu den Filter- und Steuerblöcken.

Nullunterdrückung Die Treffersuche im Auslesechip erfolgt mit Hilfe eines Diskriminators bei jedem Ereignis. Für die gefundenen Treffer oberhalb einer Schwelle werden die jeweiligen Trefferkoordinaten (Adresse, Zeitmarke) ausgelesen und in Pufferspeicher abgelegt.

Bei Experimenten mit großer Latenzzeit des Triggers oder völlig fehlender Triggerinformation ist es nicht möglich, ausreichend Pufferspeicher auf dem Chip bereit zu stellen. Daher werden Streifen ohne Treffer nicht ausgelesen (Nullunterdrückung).

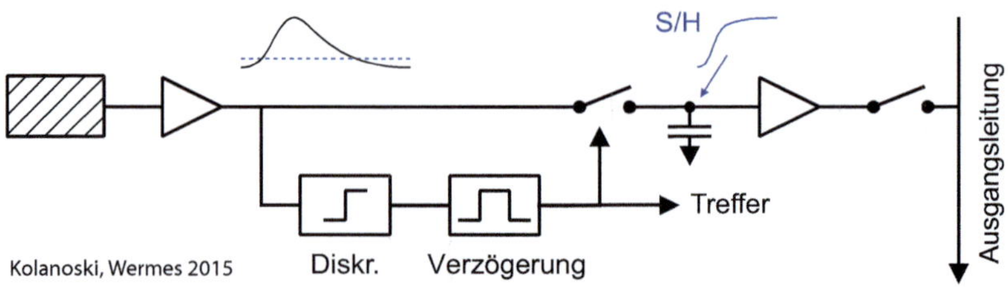

Abb. 17.23 Blockschaltbild zum Röntgennachweis mit Selbsttriggerung und Sample-and-Hold (S/H).

17.6.2.3 Streifenchips mit Selbsttriggerung

Beim bildgebenden Nachweis mit Röntgenstrahlung können Streifen- (oder Pixeldetektoren, siehe Abschnitt 17.6.3.2) eingesetzt werden, deren Auslesechips die nachgewiesenen Röntgenquanten in jeder Nachweiszelle zählen, wenn ihre Signale eine Schwelle überschreiten. Durch Diskriminierung mit verschiedenen Schwellenhöhen kann auch eine Energieinformation über die nachgewiesenen Photonen des Röntgenspektrums gewonnen werden. Diese Art der Anwendung besitzt zum Teil völlig andere Anforderungen als der Nachweis von Ereignissen bei Teilchenkollisionen. Insbesondere gilt:

- Der Zeitpunkt des Eintreffens der Röntgenquanten oder anderer Strahlung ist unbekannt.
- Es liegt kein externes Triggersignal vor.
- Die Datenraten liegen im mittleren Ratenbereich ($\lesssim 10\,\mathrm{MHz}$ pro Kanal).
- Eine mittlere bis hohe Ortsauflösung ist üblicherweise angestrebt (10–100μm)
- Die Signale sind oft kleiner als die von minimal-ionisierenden Teilchen, sodass niedrige Schwellen und niedriges Rauschen für den Betrieb wesentlich sind.

Bei der Realisierung von Chips für diese Anwendungen ist ebenfalls ein Diskriminator in jedem Kanal nötig, der Treffer erkennt und gegebenenfalls Triggersignale erzeugen kann. Nur die getroffenen Streifen und eventuell nächste Nachbarn werden ausgelesen.

Abbildung 17.23 zeigt, wie vom Signal selbst ein schneller Trigger erzeugt werden kann (*self triggering*), der nach einer geeignet gewählten Verzögerungszeit zum richtigen Zeitpunkt die Erfassung der Signalpulsmaxima auf der Sample-and-Hold-Kapazität (Abschnitt 17.4) initiiert. Die Auslese wird in der Regel ebenfalls durch den Trigger angestoßen.

17.6.2.4 Streifenchips zur Profilmessung

In Situationen mit sehr hohen Zählraten, zum Beispiel nahe dem Primärstrahl eines Beschleunigers oder in Anwendungen zur Messung der Polarisation eines Beschleunigerstrahls durch Laser-Rückstreuung, ist man oft nur an einem Trefferverteilungsprofil interessiert. Eine Beispielanwendung einer derartigen Profilaufnahme ist in Abb. 17.24 gezeigt. Die Treffer werden nicht einzeln ausgelesen, sondern es wird nur die Trefferzahl pro

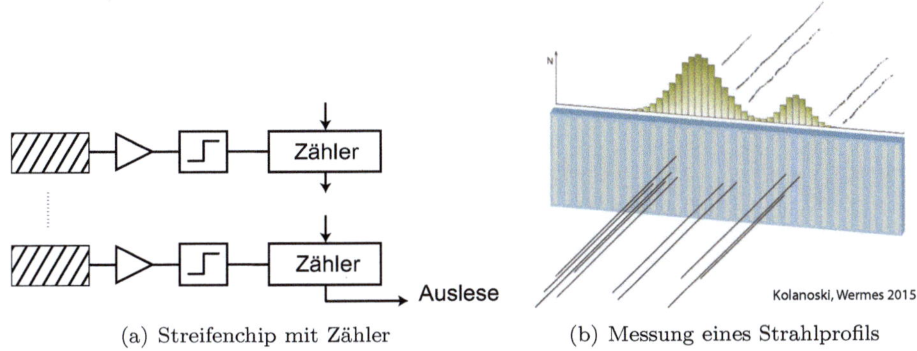

(a) Streifenchip mit Zähler (b) Messung eines Strahlprofils

Abb. 17.24 Streifenchips mit Zählelektronik: (a) Prinzipaufbau einer Zelle, (b) Anwendungsbeispiel.

Streifen, das heißt die die Zahl der Signale, die einen Ausgangspuls oberhalb einer Diskriminatorschwelle erzeugen, gezählt. Die Trefferzahlen werden auf dem Chip akkumuliert. Eine 'zählende' Auslesearchitektur, die die Zählerstände nach einer bestimmten Messzeit ausliest, bevor der Zähler überläuft, ist dazu notwendig. Diese Architektur erlaubt wesentlich höhere Ereignisraten als bei der Einzelauslese jedes einzelnen Röntgentreffers.

17.6.3 Pixelchips

17.6.3.1 Pixelchips der LHC-Pixeldetektoren

Im Falle von hybriden Pixeldetektoren (siehe Abschnitt 8.7) ist es nicht mehr möglich, wie bei Streifendetektoren die Verstärkerchips am Rand des Detektors unterzubringen. Die Anzahl der Kanäle steigt quadratisch mit den linearen Dimensionen des Detektors an. Der Zugang zur Kontaktierung der einzelnen Kanäle kann nicht mehr über Mikrodrahtverbindungen (*wire bonds*) erfolgen, sondern muss durch so genannte Bump- und Flip-Chip-Technologien geleistet werden (*bump bonds*), bei denen Pixel-Sensor und Pixel-Auslesechip in jeder Pixelzelle miteinander mikromechanisch verbunden werden (hybrider Aufbau). Die Pixelzellen beider Chips haben identische Abmessungen (siehe Abb. 8.54 auf Seite 363). Hybride Pixeldetektoren werden zum Beispiel in den LHC-Experimenten verwendet.

Die Architektur einer Pixelchip-Auslese ist in Abb. 17.25 gezeigt. Im ATLAS-Pixelchip (FE-I3) [820] wird ein ladungsempfindlicher Verstärker durch eine Konstantstromquelle (siehe Abb 17.10(e)) entladen. Die linear ansteigenden und abfallenden Flanken erzeugen eine dreieckige Form des verstärkten Pulses, der über den Diskriminator mit beiden Flanken die Ausgabe der Pixeladresse (Zeilen- und Spaltennummer) sowie der jeweiligen Zeitmarke triggert. Die Differenz der beiden Zeitmarken (*time-over-threshold*, ToT, siehe auch Abschnitt 17.5), liefert ein grobes Maß (etwa 7 bit) für die gemessene Ladung. Adressen und Zeitmarken werden zunächst lokal in der Pixelzelle in einem RAM gespei-

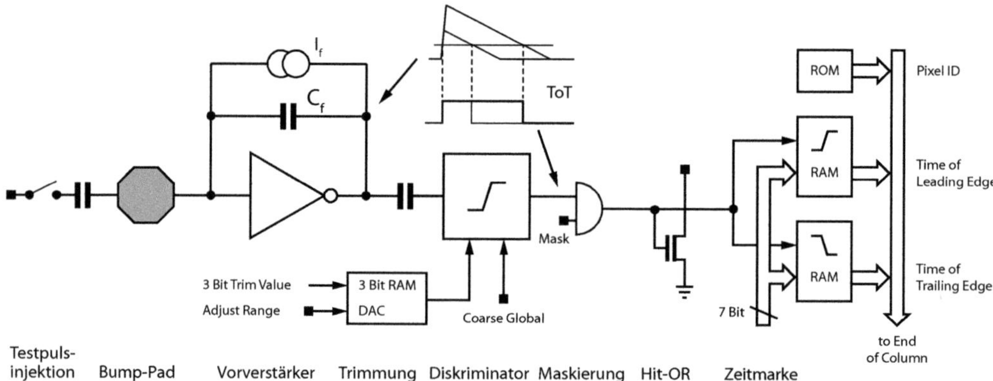

Abb. 17.25 Ausleseschema für den ATLAS-Pixelchip (FE-I3) [1]. Der Eingang wird über den achteckigen Bump-Kontakt (ganz links) mit der Pixelzelle des Sensors (nicht abgebildet), wie in Abb. 8.54 gezeigt, verbunden. Wahlweise kann eine Ladung über eine Injektionskapazität für Tests eingespeist werden. Der ladungsempfindliche Vorverstärker wird mit einem einstellbaren, konstanten Strom entladen, wodurch die Pulsdauer festgelegt werden kann. Der Diskriminator liefert bei Überschreiten der Schwelle sowohl mit der ansteigenden als auch mit der fallenden Flanke eine Spannungsstufe (steigend, bzw. fallend) im Ausgangssignal, welche die Abspeicherung der dazu gehörenden Zeitmarken für jeden getroffenen Pixel triggert. Die dazu gehörenden Zeitmarken liefern eine Zeitdifferenz (*time-over-threshold*, ToT) die zu der Pulshöhe proportional ist (siehe Abb. 17.10(e) auf Seite 840). Die ToT-Zeitmarken (7 bit) werden zusammen mit der Adresse der Pixelzelle in die Ausgangsspeicherzellen geschrieben, deren Inhalte bei einem *Triggersignal*, das eine bestimmte Zeitmarke (die der Strahlkreuzung) selektiert, ausgelesen werden. Durch 'Mask' können defekte Zellen ausgeblendet werden. 'Hit-OR' liefert ein Ausgangssignal als 'ODER' vieler (selektierbarer) Zellen oder einer ganzen Spalte.

chert. Durch einen schnellen[168] Scanprozess über alle Pixel des Chips werden die Treffer in Puffer am Randbereich des Chips bewegt, wo sie bis zur Triggerkoinzidenz gespeichert bleiben können.

17.6.3.2 Pixelchips für die Röntgenbildgebung

Bei bildgebenden Anwendungen mit Röntgenstrahlung ist es nicht notwendig, jedes registrierte Röntgenquant einzeln auszulesen. Die Bilderkennung erfolgt durch Zählen von Einzelquanten und Auslesung der Trefferzahl nach einer Belichtungszeit (Abb. 17.26(a)).

Das Prinzip [433, 285] ist im Grundsatz ähnlich den auf Seite 858 beschriebenen 'Streifenchips mit Zähler'. Allerdings sind für die Röntgenbildgebung vornehmlich Pixelchips mit zweidimensionaler räumlicher und zusätzlicher spektraler Information interessant. Zu Letzterem ist eine Energiebestimmung der nachgewiesenen Röntgenquanten notwendig, oder wenigstens sollte die Möglichkeit bestehen, die nachgewiesenen Photonensignale durch Vergleich mit mehreren Diskriminatorschwellen plus Zähler in jeder Zelle spektral in verschiedene Härteklassen einzuteilen. Nach einer Belichtung werden die Zählerstände

[168] Die maximale Bit-Transferrate von einer Spalte in die Puffer am Chip-Rand beträgt 20 MHz, was der halben Strahlkreuzungsfrequenz entspricht.

für verschieden hohe Schwellen ausgelesen. Zählender Röntgennachweis mit bis zu acht Zählern mit unterschiedlichen Schwellen ist im MEDIPIX-Chip [147] realisiert. Das Prinzip ist schematisch in Abb. 17.26(b) dargestellt. Jeder Auslesekanal wird auf zwei oder mehr Diskriminatoren mit unterschiedlich hohen Schwellen geführt, deren Ausgangspulse gezählt werden. Nach einer vorgegebenen Belichtungszeit werden die Zählerstände ausgelesen.

Bildgebung durch Quantenzählung hat einige Vorteile im Vergleich mit konventioneller Bilderkennung/Bildverarbeitung. Vor allem bei kleinen Zählraten ist das zählende Prinzip dem integrierenden Nachweis von Film- oder Foliensystemen überlegen: Das Antwortverhalten ist über einen großen Bereich linear, und Unter- oder Überbelichtungseffekte sind verglichen mit anderen Verfahren deutlich reduziert. Sättigung durch Totzeiteffekte (siehe Abschnitt 17.9), die den dynamischen Bereich von zählenden Pixelchips limitieren, treten bei Zählraten oberhalb von etwa 5 MHz pro Pixel auf, entsprechend mittleren zeitlichen Trefferabständen von 200 ns.

Man kann den zählenden und den integrierenden Nachweis von Strahlung in jedem Pixel miteinander kombinieren, um die Vorteile beider für bessere Bildgebung auszunützen, wie zum Beispiel in Abb. 17.26(c)) gezeigt (CIX-Chip [427]). Die Eingangsladung wird gleichzeitig auf den Rückkoppelkapazitäten des Zählzweigs C_f und des Integratorzweigs C_{int} gespeichert. Während C_f im Zählzweig durch einen konstanten Strom wie beim ATLAS-Pixelchip des vorigen Abschnitts kontinuierlich entladen wird, erfolgt im Integratorzweig eine mit der Frequenz f_{clk} gepulste Entladung von C_{int}. Eine einstellbare Ladungsmenge Q_p wird wiederholt über eine Zeit $1/f_{clk}$ von der auf C_{int} gespeicherten Ladung subtrahiert (Ladungspumpe). Solange ein Signalstrom I_{sig} am Eingang anliegt, erfolgt eine sägezahnartige Auf- und Entladung von C_{int}, was die Bestimmung von I_{sig} über die Zahl der Pumpzyklen N_p in einem Messintervall erlaubt:

$$I_{sig} = \frac{N_p\, Q_p}{\Delta t} = \frac{N_p\, Q_p\, f_{clk}}{N_t}\,. \tag{17.32}$$

Hierbei ist Δt nicht das Messintervall, sondern die Zeit zwischen dem ersten und dem letzten Pumpvorgang zur Entladung von C_{int}, welche durch die Anzahl von Zyklen N_t einer mit f_{clk} laufenden Uhr (*clock*) gemessen wird.

Im unteren Ratenbereich ist die zählende Auslese der integrierenden Auslese hinsichtlich Linearität und Kontrast, im hohen Ratenbereich ist die integrierende Messung überlegen. Innerhalb dieser Grenzbereiche erhält man im mittleren Ratenbereich zweifach Information über die eintreffende Strahlung: zum einen durch Zählen der Röntgenquanten und zum anderen durch Integration der Ladung, das heißt der im Pixel deponierten Energie. Das Verhältnis liefert die mittlere Energie pro Photon, eine Information, die verwendet werden kann, um die spektrale Aufhärtung eines Röntgenstrahls in Bildgebungsanwendungen sichtbar zu machen [682].

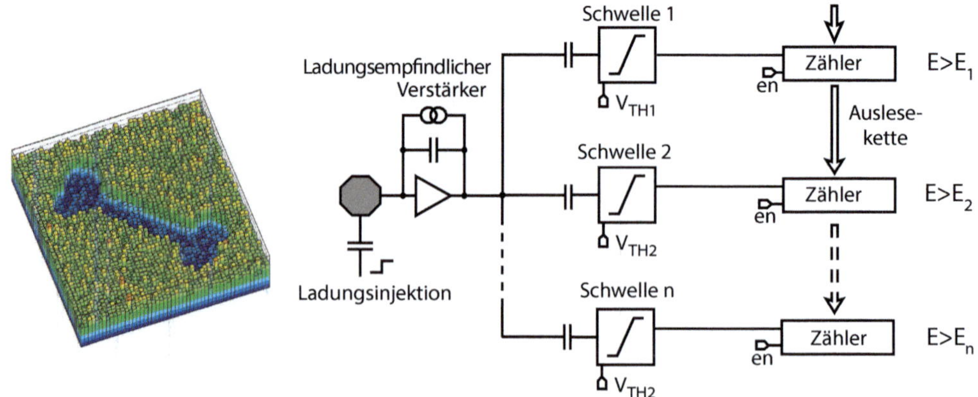

(a) Illustration: Prinzip der Bildgebung durch Zählen

(b) Blockschaltbild der Zählelektronik

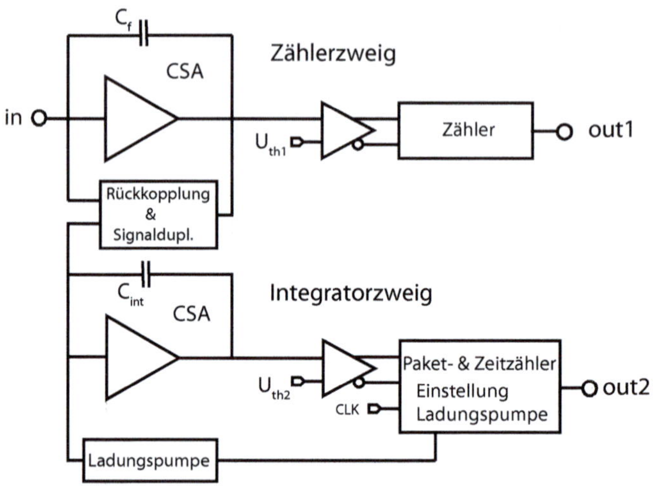

(c) Blockschaltbild: gleichzeitig zählender und integrierender Chip

Abb. 17.26 Röntgenbildgebung durch Zählen von Einzeltreffern (Röntgenquanten): (a) Das Konzept besteht aus der Zählung der eintreffenden Röntgenquanten (Prinzipdarstellung). Die Zählerstände einer jeden Zelle repräsentieren die aufgenommene Intensität (Höhe und Farbkodierung der Balken), sodass das Bild nach der Auslese in digitaler Form vorliegt; (b) Schaltungsprinzip, wie zum Beispiel in [147] und [719] realisiert. Der Analogteil ist ähnlich wie in Abb. 17.25. Allerdings wird keine Adress- und Zeitinformation ausgegeben, sondern in jeder Zelle werden die Treffer gezählt, deren Energie oberhalb einer vorgegebenen Schwelle E_i liegt; nach einer Aufnahme werden die Zählerstände nacheinander (en = *enable*) ausgelesen; (c) gleichzeitig zählende und integrierende Architektur (CIX-Chip [427], Erläuterungen im Text).

17.6.4 Charakterisierung von Streifen- und Pixelchips: der Schwellenscan

Die genaue Kenntnis der Schwellenwerte (Spannungen) für jeden Auslesekanal und ihre Variationsbreite (Dispersion) bei Systemen mit sehr vielen Kanälen, wie zum Beispiel

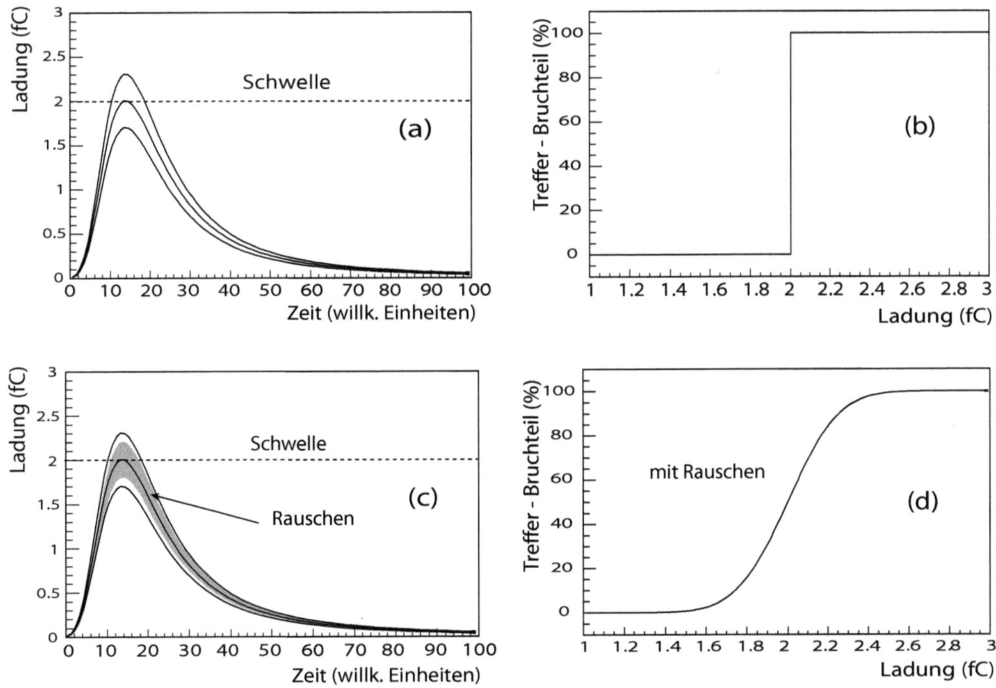

Abb. 17.27 Prinzip des Schwellenscans: Die Verhältnisse für den Idealfall ohne Rauschen sind oben (a), (b) und für reale Verhältnisse mit Rauschen unten (c), (d) dargestellt. Links in (a) und (c) sind mehrere Eingangsimpulse zum Diskriminator mit Pulshöhen in der Nähe der Schwellenspannung dargestellt. Rechts in (b) und (d) ist die Diskriminatorantwort in Prozent als Funktion der injizierten Ladung aufgetragen. Der Einfluss des Rauschens ist in (c) durch die grau hinterlegte Fläche eines Eingangsimpulses, der gerade die Schwelle berührt, dargestellt. Rauschen bewirkt die S-förmige Verschmierung der idealen Stufenfunktion in (d) (aus [516]).

Streifen- oder Pixeldetektoren, ist wichtig, um das Antwortverhalten des Detektors zu charakterisieren. Durch individuelle Feineinstellungen in jedem Kanal können Inhomogenitäten der Schwellenwerte gegebenenfalls ausgeglichen werden.

Eine gängige Methode, die Schwelle eines Kanals zu bestimmen, besteht darin, eine variable Ladungsmenge (ein Spannungspuls injiziert über eine Kapazität) am Eingang des ladungsempfindlichen Vorverstärkers zu injizieren, wie zum Beispiel an den Eingängen der Abbildungen 17.25 und 17.26(b) eingezeichnet. Damit kann ein Scan durchgeführt werden, indem sukzessiv jeweils um eine festgelegte Stufe erhöhte Spannungspulse U_{inj} auf die Injektionskapazität gegeben werden. Hinter der Kapazität entsprechen die Pulse einer festen Ladungsmenge $Q_{inj} = C\,U_{inj}$, die mit der Signalladung eines detektierten Teilchens vergleichbar ist. Der (Spannungs-)Ausgang des Vorverstärkers wird mit der eingestellten Schwellenspannung am Diskriminator verglichen. Liegt die Schwelle niedriger als die Pulshöhe am Diskriminatoreingang, so erzeugt der Diskriminator ein digitales Ausgangssignal, andernfalls nicht. Durch Vergleich der Zahl der Ausgangspulse hinter dem Diskriminator mit der Zahl der Injektionspulse erhält man ein Antwortverhalten

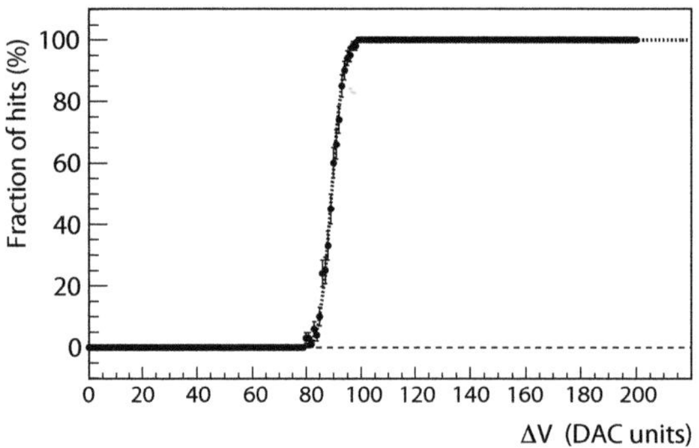

Abb. 17.28 Gemessene Diskriminatorantwort (S-Kurve) am ATLAS-Pixeldetektor [516, 1]. Aufgetragen ist wie in Abb. 17.27 die Diskriminatorantwort in Prozent als Funktion der Höhe des Eingangsimpulses in Einheiten des Digital-zu-Analog-Konverters (*DAC units*).

wie in Abb. 17.27 dargestellt. In Abb. 17.27 (a) und (c) sind Signalpulse verschiedener Höhen relativ zu der eingestellten Schwelle gezeigt, in (a) ohne und in (c) mit Rauschen. In Abb. 17.27 (b) und (d) sind die Schwellenkurven zu sehen, die man aus der Antworthäufigkeit des Diskriminators bei schrittweiser Erhöhung der Injektionsspannungsstufe U_{inj} erhält.

Im Idealfall ohne Rauschen ist die Zahl der Ausgangspulse null, solange die Eingangspulse unterhalb der Schwelle liegen, und 100%, sobald sie oberhalb liegen. Durch Rauschfluktuationen des Vorverstärkersignals am Eingang des Diskriminators weicht das Antwortverhalten des Diskriminators von dieser Stufenform ab, und es entsteht eine so genannte 'S-Kurve' wie in Abb. 17.27 (d).

Für diese Messung ist die Kenntnis der Injektionskapazität oder eine separate Kalibrationsmessung mit Hilfe radioaktiver Quellen bekannter Energie notwendig.

Abbildung 17.28 zeigt eine S-Kurven-Messung für einen Auslesekanal des ATLAS-Pixeldetektors [516]. Aus dem Wendepunkt der S-Kurve wird der Schwellenwert Q_{thr} bestimmt, und aus der Breite erhält man unter der Annahme gaußförmig verteilten Rauschens durch die Funktionsanpassung

$$P_{hit}(Q) = \Theta(Q - Q_{thr}) \otimes \exp\left(\frac{-Q^2}{2\sigma_{noise}^2}\right) = \frac{1}{2}\,\mathrm{erfc}\left(\frac{Q_{thr} - Q}{\sqrt{2}\sigma_{noise}}\right) \tag{17.33}$$

das Rauschen σ_{noise} des Vorverstärkers. Das Zeichen $\otimes$ kennzeichnet eine Faltung der Θ-Stufenfunktion mit der Gauß-Verteilung. Die Funktion

$$\mathrm{erfc}(x) = \frac{2}{\sqrt{\pi}} \int_x^\infty \exp\left(-\tau^2\right) d\tau = 1 - \mathrm{erf}(x) \tag{17.34}$$

ist die komplementäre Fehlerfunktion, abgeleitet von der Fehlerfunktion erf.

In Abbildung 17.29 sind die Verteilungen der mit der S-Kurven-Methode gemessenen Schwellenwerte für 16×2880 Pixel der 16 Chips eines Moduls des ATLAS-Pixeldetektors gezeigt. Eine schmale Verteilung der Schwellen dieses Detektors mit insgesamt mehr als 80 Millionen Kanälen ist eine unabdingbare Voraussetzung für den zuverlässigen Betrieb dieses Detektors bei LHC. Daher müssen die Schwellen nach einer groben Voreinstellung durch spezielle Kalibrationsschaltkreise individuell fein eingestellt werden.

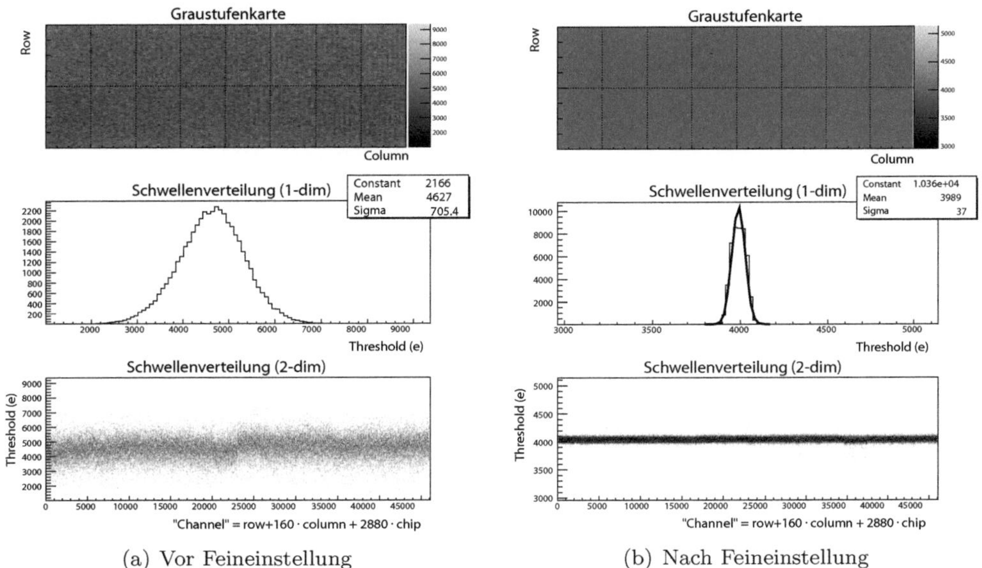

Abb. 17.29 Mit Hilfe einer γ-Quelle (^{241}Am, 60 keV) gemessene Verteilung der Schwellenwerte der 46080 Pixel eines ATLAS-Pixelmoduls [516] (a) vor und (b) nach der Feinjustierung der Diskriminatorschwellen, jeweils oben als Graustufenkarte, mit Hilfe derer man Abweichungen vom Durchschnittsverhalten erkennen kann, in der Mitte als 1-dimensionales Histogramm und unten als 2-dimensionale Verteilung des gemessenen Schwellenwerts für jede Zelle. Im Falle der gezeigten Module zeigt die Graustufenkarte wenig Struktur, weil alle Pixel effizient ansprechen.

17.7 Digitalisierung

Die Signale von Detektoren werden in der Regel als analoge Größen gemessen. Am Ende der Auslesekette steht in der Regel ein Computer, der digitale Information verarbeitet. Die Digitalisierung der analogen Eingangsdaten ist daher Teil der Auslesekette. Sie kann früher oder später in der Kette erfolgen, je nachdem, ob Messinformation noch aus den analogen Größen abgeleitet wird (zum Beispiel die Nullunterdrückung auf S. 857) oder die Zusammenfassung mehrerer Kanäle zu einem Summensignal) oder nicht. Oft kann die unmittelbare Weiterverarbeitung analog schneller und elektronisch weniger aufwendig als digital durchgeführt werden, z.B. eine Summierung mehrerer Kanäle. Dann wird die Digitalisierung bevorzugt am Ende der Auslesekette durchgeführt.

Umgekehrt erwartet die Frontend-Elektronik analoge Spannungen zur Einstellung von Betriebsparametern. Um diese zu steuern, müssen digitale Werte des Computers in analoge Spannungen umgewandelt werden.

In diesem Abschnitt besprechen wir einige grundlegende Konzepte und Eigenschaften der Analog-Digital-Wandlung (A/D- und D/A-Wandlung). Für eine ausführliche Darstellung wird auf die vielfältige Literatur verwiesen, zum Beispiel [817, 736, 638].

17.7.1 Analog-zu-Digital-Konversion (ADC)

Die Digitalisierung eines (analogen) Spannungspulses erfolgt im so genannten *Analog-to-Digital Converter* (ADC). Eine zur Fläche oder Höhe eines Pulses proportionale Spannung wird in eine binär kodierte Zahl (*code*) konvertiert. Oft wird auch der Eingang periodisch abgetastet. Der Puls wird dadurch in Zeitintervallen zerlegt, deren Amplitudenstücke jeweils digitalisiert werden. Viele ADCs führen Konversionen kontinuierlich mit einer festen Taktrate (*clock*) aus. Eine Taktrate von 100 MHz zum Beispiel kann dann bedeuten, dass die Durchführung einer Digitalisierung alle 10 ns erfolgt, oder aber, dass 10 ns pro Bit benötigt werden.

Eine Binärzahl mit n Bits kann 2^n Werte annehmen. Bei der Digitalisierung wird der Spannungsbereich von U_{min} (meistens $= 0$) bis U_{max} in $2^n - 1$ Intervalle aufgeteilt, die jeweils einem binären Zahlenwert zugeordnet werden, dem *Code*. Wenn die Konversion linear ist, sind die Intervalle der Aufteilung gleich groß. Dem feinsten Aufteilungsschritt entspricht das niedrigstwertige Bit (*Least Significant Bit*, LSB), das in einer Binärzahl üblicherweise ganz rechts steht. Unter Annahme des linearen Zusammenhangs wird auch ein Spannungsschritt durch einen Code angegeben. Die Bedeutung eines Codes, entweder als Zahl, als Zeichen oder als Darstellung einer analogen Variablen, ist daher unbekannt bis der Code und die Konversionsbeziehung festgelegt sind [638].

Ein LSB entspricht bei einem n-Bit-ADC einem Spannungsschritt von

$$1\,\mathrm{LSB} \mathrel{\hat{=}} \frac{U_{max} - U_{min}}{2^n - 1} \tag{17.35}$$

Zum Beispiel entspricht ein LSB bei einem 12-Bit-ADC und einem Spannungsbereich von 2.2 V einem Spannungsschritt von 0.537 mV.

Der Nullpunkt eines ADCs liegt nicht zwingend bei einem digitalen Code von Null und kann in der Regel eingestellt werden. Der Code, der bei fehlendem Analogeingang ausgegeben wird, wird Sockelwert des ADCs oder ADC-Pedestal genannt, der von den Messwerten abgezogen werden muss. Ein Beispiel zeigt Abb. 10.13 auf Seite 486. Wenn kein Signal am Eingang anliegt, ergibt das Ausgangsspektrum einen in der Regel schmalen Pedestal-Peak, dessen Maximum die Lage der Grundlinie (*baseline*) im ADC angibt. Um gezielt auch Signale unterhalb der Baseline aufnehmen zu können, kann das ADC-Pedestal höher eingestellt werden.

Es existiert eine ganze Reihe von Methoden zur Digitalisierung eines (in der Regel Spannungs-)Signals. Die Bezeichnung *Charge-integrating*-ADC bedeutet, dass das integrierte Eingangsstromsignal zuerst in ein zur Gesamtladung proportionales Spannungssignal verwandelt wird, welches digitalisiert wird. Das entspricht den in diesem Kapitel 17 getrennt beschriebenen Signalverarbeitungsstufen (Vorverstärker, Pulsformer, ADC), die in einer Elektronikeinheit kombiniert sind. Ein *Peak-sensing*-ADC kombiniert Elemente zur Bestimmung des Pulsmaximums der Sample-and-Hold-Technik (Abschnitt 17.4) mit dem Digitalisierungsprozess. Die Spannung des Pulsmaximums wird gehalten und digitalisiert.

Wir erläutern weiter unten einige Konzepte von Digitalisierungsverfahren, die bei Detektoren häufig verwendet werden. Vorher sollen die zur Beurteilung der Güte von ADCs charakteristischen Merkmale besprochen werden:

- Auflösung: Genauigkeit der digitalisierten Werte;
- Integrale Linearität: Proportionalität des Ausgangs zum Eingang;
- differenzielle (Nicht-)Linearität: Gleichförmigkeit der Digitalisierungsschritte;
- Konversionsgeschwindigkeit: Schnelligkeit der Konversion des analogen Signals in eine Zahl;
- Ratenfähigkeit: wie schnell Signale nacheinander digitalisiert werden können;
- Stabilität: Empfindlichkeit der Konvertierungseigenschaften bezüglich Zeit, Temperaturänderungen und anderen äußeren Parametern.

Neben der Konversionsgeschwindigkeit und der Zeitstabilität sind vor allem die Genauigkeit der Konvertierung (ADC-Auflösung) und die (Abweichung von der) Linearität wichtig. Die in diesem Abschnitt gegebene Übersicht und die Definitionen beschränken sich meist auf die Digitalisierung eines in dem betrachteten Zeitintervall konstanten Spannungswerts. Weitergehende Betrachtungen und Definitionen finden sich zum Beispiel in [638].

17.7.1.1 ADC-Auflösung

Ein 8-Bit-ADC unterteilt den zu digitalisierenden Eingangsspannungsbereich in $2^8 = 256$ mögliche Ausgangszahlen, ein 12-Bit-ADC in 4096. Die Zahl der bei der Konversion wirksamen Bits wird 'Auflösung' des ADC genannt. Welche Auflösung in einer gegebenen Anwendung benötigt wird und sinnvoll ist, hängt vom Signal-zu-Rausch-Verhältnis der zu digitalisierenden Spannung ab. Wenn das Rauschen der Eingangsspannung größer als 1 LSB ist, so bewirkt ein ADC mit höherer Bitauflösung lediglich eine genauere Digitalisierung von Rauschanteilen, das Signal wird dadurch aber nicht genauer gemessen.

Der durch die Breite der Kodierung (*code width*) erzeugte Quantisierungsfehler δ kann als Standardabweichung einer Gleichverteilung angegeben werden, berechnet wie in Anhang E beschrieben:

$$\delta = \frac{\mathrm{LSB}}{\sqrt{12}}, \tag{17.36}$$

wobei die Kodierungsbreite durch das LSB gegeben ist, dem kleinsten digitalen Spannungsschritt des ADC[169]. Zum Beispiel weist ein Spannungswert bei einem 8-Bit-ADC und einem Eingangsspannungsbereich von 2.2 V einen Quantisierungsfehler von 2.5 mV auf, bei einem 12-Bit-ADC von 0.16 mV.

Das Signal-zu-Rausch-Verhältnis (SNR) ist bei ADCs als das Verhältnis des vollen Eingangsbereichs zum Quantisierungsfehler definiert, wobei Rauschen durch den Quan-

[169] In allgemeineren Definitionen kann die Kodierungsbreite vom Spannungswert eines LSB abweichen [638], zum Beispiel wenn fehlende ADC-Kodierungen in der Definition berücksichtigt werden.

tisierungsfehler (LBS/$\sqrt{12}$) als einzigem (theoretischen) Beitrag angenommen ist. Das SNR wird dabei in dB angegeben:

$$\mathrm{SNR}_{\mathrm{ADC}} = 20 \log_{10} \left(2^n \sqrt{12}\right) \approx (6.02\, n\, +\, 10.8)\, \mathrm{dB}\,, \tag{17.37}$$

hier für die Digitalisierung einer Gleichspannung mit n Bits. Für zeitlich variable Signale ist der Bezugswert der Effektivwert $U_{max}/\sqrt{2}$ einer Sinusspannung, was einen weiteren Faktor $1/(2\sqrt{2})$ in der ersten Klammer von (17.37) hinzufügt ($\mathrm{SNR}_{\mathrm{ADC}} \approx (6.02\, n + 1.76)\, \mathrm{dB}$ [638]).

Zusätzliche Schwankungen im Konversionsprozess sind bei jedem ADC vorhanden. Falls diese relativ groß sind, kann die effektive Zahl der bei der Konversion wirksamen Bits (*effective number of bits*, ENOB) reduziert sein. Eine Definition dieser Größe kann durch Kenntnis der Schwankungsbreite der Konvertierungsschwankungen $\mathrm{rms}_{\mathrm{conv}}$ erfolgen, die man erhält, wenn man den Eingangsbereich mit einer genau bekannten Spannung durchfährt und die resultierenden Soll-Minus-Ist-Werte histogrammiert. Die effektive Zahl ENOB der ADC-Bits verkleinert n auf einen Wert $m < n$ abhängig von dem Verhältnis der Schwankungsbreite rms_{conv} zur idealen Bitauflösung (LSB/$\sqrt{12}$) in (17.37) [638]:

$$m = \mathrm{ENOB} = n - \log_2 \left(\frac{\mathrm{rms}_{\mathrm{conv}}}{\mathrm{LSB}/\sqrt{12}} \right), \tag{17.38}$$

wobei in der Klammer Zähler und Nenner Analogangaben sind (z.B. in V).

Oft steht der gewünschte Bereich der Eingangsspannungen, die digitalisiert werden sollen, in Konflikt mit dem notwendigen Aufwand, den gesamten Bereich mit gleicher ADC-Auflösung abzudecken. In den meisten Fällen muss die Auflösung aber nicht in allen Bereichen gleich gut sein. Zum Beispiel kann man es sich bei der Digitalisierung von Signalen einer Drahtkammer zur dE/dx-Messung (siehe Abschnitt 7.11 auf Seite 282 und Abschnitt 14.2.2) leisten, größere dE/dx-Werte mit geringerer Auflösung zu messen als kleinere Werte im Maximumsbereich der Landau-Verteilung. Es bietet sich daher an, den dynamischen Bereich eines n-Bit-ADC durch eine nichtlineare Kennlinie bei großen Eingangsspannungen effektiv auf eine größere Zahl von $m > n$ Bits zu erweitern [532], was auf Kosten der Auflösung geht. Dies wurde beispielsweise bei den ersten Anwendungen von Flash-ADCs (Beschreibung auf Seite 873) für die Pulsformdigitalisierung bei Driftkammern durchgeführt [232, 233]. Die Kennlinie wird von ursprünglich 6 bit auf effektiv 8 bit erweitert, indem ein Bruchteil der Eingangsspannung U_{in} auf die Referenzspannung U_{ref} aufaddiert wird:

$$\frac{D}{D_{max}} = \frac{U_{in}}{U_{ref} + aU_{in}}\,, \tag{17.39}$$

wobei D der Code und D_{max} sein Bereich ist (hier 64 entsprechend 6 bit). U_{ref} wird im Allgemeinen gleich dem kodierbaren maximalen U_{in} des linearen Bereichs gewählt, d.h. hier ebenfalls $U_{ref} = 64$. Der Bruchteil a kann aus der maximalen Spannung $U_{in} = U_{max}$ berechnet werden:

$$a = 1 - 2^{n-m} = 0.75 \qquad \text{für} \quad \mathrm{n} = 6\,\mathrm{bit} \;\; \text{und} \;\; \mathrm{m} = 8\,\mathrm{bit}\,. \tag{17.40}$$

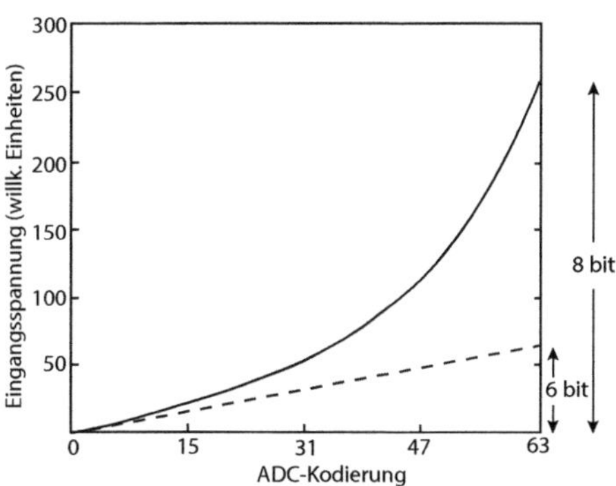

Abb. 17.30 Vergrößerung des dynamischen Eingangsbereichs eines ADC durch eine nichtlineare Kennlinie [232], die durch sukzessive Erhöhung der Schrittweite erreicht wird (siehe Text). Als Referenzspannung ist $U_{ref} = 64$ gewählt. Die Ausgangsspannungen sind mit (17.41) berechnet.

Elektronisch kann dies elegant realisiert werden, indem durch eine Widerstandskette gewichtete Eingänge erstellt werden [532] wie in Abb. 17.35 auf Seite 876. Abbildung 17.30 zeigt den vergrößerten Eingangsspannungsbereich als Funktion des Ausgangscodes

$$U_{in} = \frac{DU_{ref}}{64 - aD} \tag{17.41}$$

mit $U_{ref} = 64$ und $a = 0.75$ zur Illustration des Prinzips.

17.7.1.2 Linearität

Bei der Digitalisierung verläuft die Transferfunktion, die Spannungswerte in Binärcodes umwandelt, in Stufen. Abbildung 17.31(a) zeigt eine perfekte Kennlinie eines ADC. Die Kennlinie geht durch die Mittelwerte auf jeder Stufe, die jeweils von $\langle U_{in} \rangle - 1/2$ LSB bis $\langle U_{in} \rangle + 1/2$ LSB reicht, eine häufig in Datenblättern gefundene Darstellung.

Perfekte Linearität bedeutet, dass die Mittelpunkte der Stufen eine Gerade durch den Nullpunkt ergeben. Abweichungen von einer idealen linearen Beziehung der Eingangs-

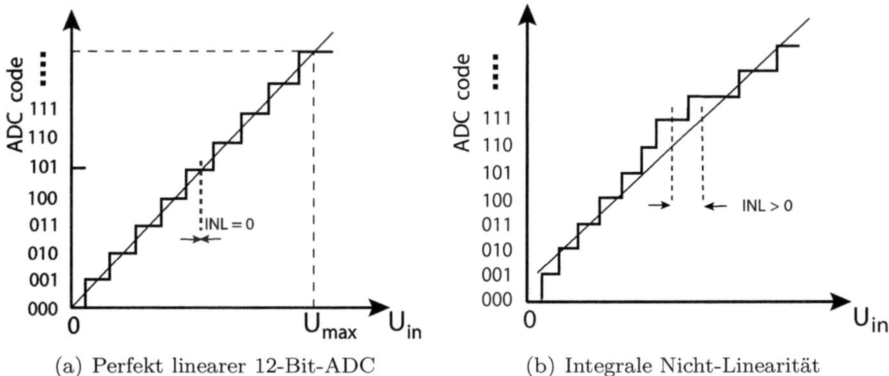

(a) Perfekt linearer 12-Bit-ADC (b) Integrale Nicht-Linearität

Abb. 17.31 Integrale Nicht-linearität: (a) Linearer ADC mit einer idealen Kennlinie, so kalibriert, dass der erste Kodierungsschritt von 000 nach 001 bei $\frac{1}{2}$ LSB startet; (b) Definition der Integralen Nicht-Linearität (INL), siehe dazu Erläuterungen im Text. Aus [779] mit freundlicher Genehmigung durch den Autor A.S. Nastase, PhD.

spannung zu der digitalen Ausgabe eines ADC werden durch ADC-Fehler gekennzeichnet. Neben dem Quantisierungsfehler, der die Abweichungen durch die Digitalisierungsstufen angibt, sind dies der Nullpunktfehler, der die Abweichung des Achsenabschnitts vom Nulldurchgang beschreibt und in die Definition des Quantisierungsfehlers einbezogen werden kann, außerdem Fehler in der Steigung $(s - s_{\text{ideal}})$, üblicherweise angegeben in Bruchteilen von s, sowie Linearitätsfehler.

Durch Kalibrierung werden die durch ADC-Fehler verursachten Abweichungen von der idealen Kennlinie berücksichtigt und eine reale Kennlinie erstellt. Lokale Fehler können dann als maximale Abweichungen von der Kennlinie charakterisiert werden. Die Abweichung von der Linearität wird durch zwei messbare Definitionsgrößen charakterisiert, der integralen Nicht-Linearität (INL) und der differenziellen Nicht-Linearität (DNL).

Integrale Nicht-Linearität Die integrale Nicht-Linearität ist definiert als die maximale Abweichung der gemessenen Kurve von einer Geradenanpassung durch die Mittelpunkte der Stufen, ausgedrückt entweder in Prozent des Eingangsspannungsbereichs (U_{max}) oder in Einheiten des Spannungsschritts, der dem niedrigstwertigen Bit (LSB) entspricht. Der INL-Wert wird vom Mittelpunkt einer Stufe gemessen zu dem Punkt auf der Geraden, wo die Extrapolation dieser Stufe die Gerade schneidet (Abb. 17.31(b)).

Differenzielle Nicht-Linearität Die differenzielle Nicht-Linearität DNL zeigt die Gleichförmigkeit aufeinander folgender Digitalisierungen an (daher 'differenziell'): Die Mittelpunkte der Spannungen zwischen Kodierungsübergängen sollten exakt 1 LSB auseinander liegen. Abbildung 17.32(a) zeigt Beispiele, wie ein DNL-Fehler um +1 LSB und –1 LSB auftreten kann. Die DNL beschreibt lokale relative Abweichungen der auftretenden ADC-Kodierungen von der (idealen) Stufenbreite (1 LSB) und ist definiert als

$$\mathrm{DNL_i} = \frac{U_{i+1} - U_i}{\mathrm{LSB}} - 1 \quad \text{für} \quad i = 1, 2, \ldots, 2^n - 2\,, \tag{17.42}$$

wobei U_i und U_{i+1} aufeinander folgende gemessene (reale) Spannungswerte zu den Code-Sprüngen i und $i{+}1$ sind. Der letzte der $2^n - 1$ Werte ist von der Definition ausgenommen, da er in der Regel als Überlauf für Eingangssignale dient, die außerhalb des Definitionsbereichs liegen. Die DNL wird üblicherweise in Bruchteilen oder Vielfachen von ± 1 LSB angegeben.

Abbildungen 17.32 (c) und (d) zeigen zwei Beispiele, bei denen ein ADC einen DNL-Fehler von +1 und −1 LSB erzeugt. Die DNL-Werte des gesamten Spannungsbereichs können messtechnisch ermittelt werden, indem die Eingangsspannung gleichmäßig linear hochgefahren wird und die DNL_i wie in Abb. 17.32(b) als Funktion der Binärkodierungen der Spannungen dargestellt werden.

Um einen einzigen DNL-Wert zur Charakterisierung eines ADC anzugeben, wird entweder der maximale Absolutwert oder der Wert der Standardabweichung aller DNL_i angegeben:

$$\mathrm{DNL} := \max_i(|\mathrm{DNL}_i|) \qquad \text{oder} \qquad \mathrm{DNL}_{rms} := \left(\frac{1}{2^n - 2} \sum_{i=1}^{2^n-2} (DNL_i)^2 \right)^{1/2} .$$

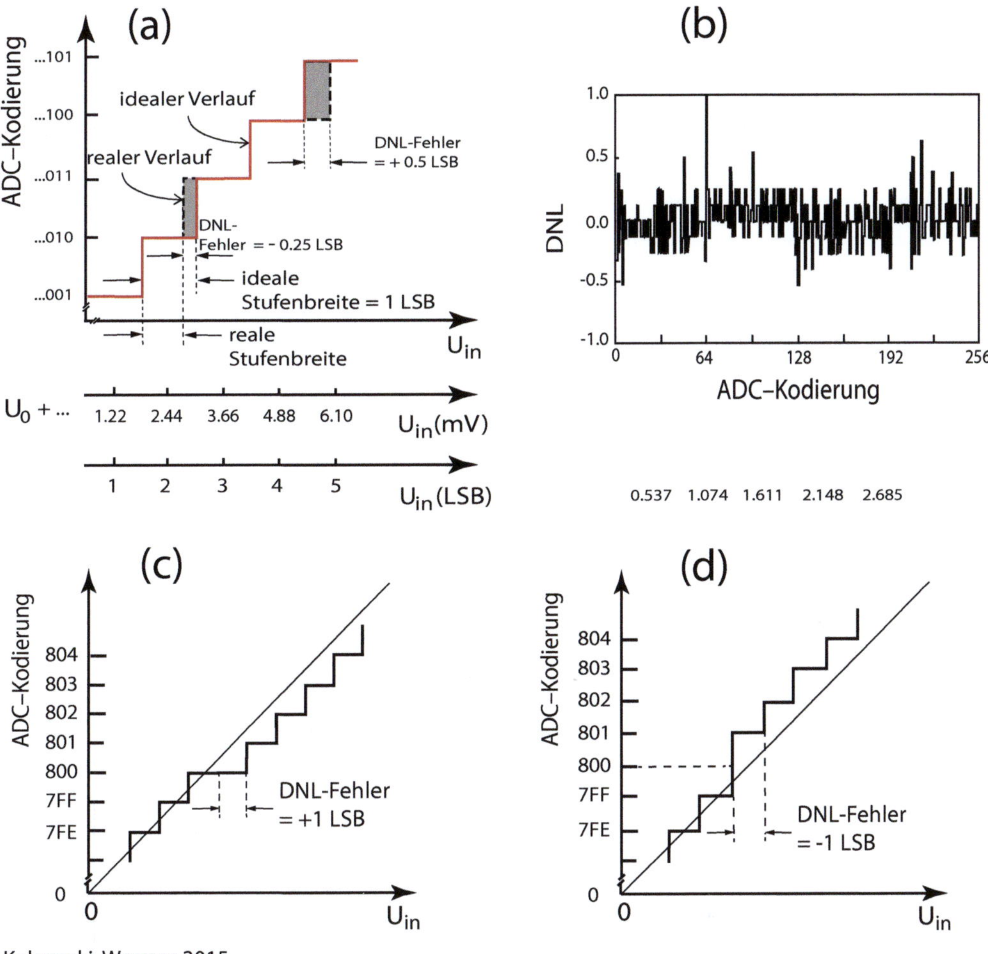

Abb. 17.32 Differenzielle Nicht-Linearität (DNL): (a) Zur Definition der DNL (17.42). Die durchgezogene bzw. die gestrichelte Linie stellen die ideale bzw. die reale ADC-Antwort dar. Die x-Achse ist in mV (Zahlenwerte für 12 bit bei 5 V Spannungsbereich) und in LSB-Einheiten angegeben. (b) Auftragung von 256 gemessenen DNL-Fehlern für einen 8-Bit-*Flash*-ADC (nach [344]). (c) und (d) zeigen Unterdrückungen von ADC-Kodierungen, die sich als (+1-LSB)-DNL-Fehler (Bit-Änderung von 0 auf 1 ist unterdrückt) oder (−1-LSB)-DNL-Fehler (Bit-Änderung von 1 auf 0 ist unterdrückt) auswirken (hexadezimale y-Achsen-Darstellung).

Für die umgekehrte Konversion einer Binärzahl in eine Spannung durch einen Digital-zu-Analog-Konverter (DAC) gelten entsprechende Definitionen von INL und DNL (siehe Abschnitt 17.7.2).

17.7.1.3 ADC-Konzepte

Die elektronische Konversion einer Spannung in eine Zahl kann auf verschiedene Weise realisiert werden. Die Auswahl hängt von den Anforderungen hinsichtlich Konversionsgeschwindigkeit, Linearität, der notwendigen Auflösung und der jeweils nötigen Schaltungskomplexität ab, die meist in einem integrierten Schaltkreis zu realisieren ist. Wir stellen hier drei konzeptionell verschiedene Realisierungsmethoden vor, die häufig in der Ausleseelektronik von Detektoren Verwendung finden. Wir beschränken uns bei der Beschreibung weitgehend auf die Digitalisierung einer zeitlich konstanten Spannung am Eingang. Für die Digitalisierung einer Pulsform werden die Spannungswerte sukzessiver Zeitintervalle zum Beispiel mit einer Sample-and-Hold-Technik (Abschnitt 17.4) am ADC-Eingang bereitgestellt und nach einander konvertiert. Für die detailliertere Befassung mit dem Thema der A/D-Wandlung wird auf die umfangreiche Literatur verwiesen (zum Beispiel [817, 638, 577]).

Successive Approximation ADC Eine häufig verwendete Digitalisierungsmethode ist die der sukzessiven Approximation (SAR, *successive approximation register*). Hierbei wird die Eingangsspannung (zum Beispiel 0.6 V) sukzessiv eingegrenzt durch digital wählbare Vergleichsspannungen. Angefangen mit der hälftigen Spannung $U_{1/2}$ des Vergleichsbereichs (zum Beispiel 0 bis 1 V) wird das höchstwertige Bit (MSB) auf 1 oder 0 gesetzt, je nachdem, ob die Eingangsspannung größer (1) oder kleiner (0) als $U_{1/2}$ (hier 0.5 V) ist. Um den Wert des MSB-1 zu bestimmen, wird im nächsten Schritt die Vergleichsspannung zu $U_{1/2} \pm U_{1/4}$ mit $U_{1/4} = \frac{1}{2} U_{1/2}$ gewählt, wobei $+U_{1/4}$ für MSB = 1 und $-U_{1/4}$ für MSB = 0 gilt (in dem Beispiel also $U_{1/2} + U_{1/4} = 0.75\,\text{V}$) mit $U_{1/4} = \frac{1}{2} U_{1/2}$. Im nächsten Schritt wird die Vergleichsspannung um $\pm U_{1/8}$ erhöht oder erniedrigt (hier 0.675 V). In dem Beispiel ergäbe sich bis hier eine Bitfolge von 100. Der Prozess wird fortgesetzt, bis die gewählte digitale Auflösung erreicht ist. Die benötigten wählbaren Vergleichsspannungen werden durch einen DAC (*Digital-to-Analog Converter*, siehe unten) eingestellt. Der SAR-ADC stellt einen guten Kompromiss zwischen Geschwindigkeit und elektronischem Aufwand dar. Die Genauigkeit liegt verglichen mit anderen ADCs im mittleren Bereich. Die benötigte Chipfläche wächst linear mit der gewünschten Auflösung.

Wilkinson-ADC Die Klasse der so genannten integrierenden oder *Wilkinson-ADCs* basiert auf dem Vergleich der Eingangsspannung mit der Spannung über einem sich aufladenden Kondensator. Der Kondensator lädt sich über eine vorgegebene Zeit auf, maximal bis seine Spannung gleich der Eingangsspannung (oder dem Mittelwert eines Spannungsverlaufs) entspricht, und wird dann linear entladen. Die (mittlere) Eingangsspannung ist somit zu der durch Clock-Pulse digitalisierten Entladezeit proportional. Wir erläutern das Prinzip in Abb. 17.33 anhand einer Variante mit linearer Auf- und Entladung (Zwei-Flanken- oder *Dual-Slope*-ADC), eine Weiterentwicklung des ursprünglichen Konzepts von Wilkinson [1043]. ADCs vom Wilkinson-Typ können mit hoher Auflösung bei mittlerem Schaltungsaufwand realisiert werden. Die Chipfläche hängt nicht wesentlich von der Auflösung ab. Der Vorteil der Zwei-Flanken-Methode liegt in ihrer weitgehenden Unabhängigkeit von Variationen in den elektronischen Komponenten (vor allem Kapazität und Komparator) und in ihrer vergleichsweise guten Rauschimmunität. Sie sind allerdings vergleichsweise langsam (siehe Tab. 17.1).

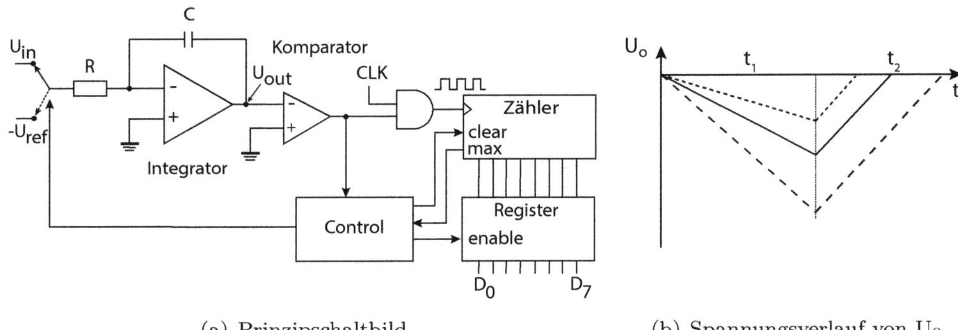

(a) Prinzipschaltbild (b) Spannungsverlauf von $\mathrm{U_0}$

Abb. 17.33 Zwei-Flanken- oder *Dual-Slope*-Wilkinson-ADC: (a) Prinzipschaltbild, (b) Verlauf der Spannung U_{out} am Ausgang des Integrators. Das wesentliche Element ist ein als Integrator rückgekoppelter Operationsverstärker, dessen Rückkopplungskapazität spannungsgesteuert (durch U_{in}, $-U_{\mathrm{ref}}$) mit einem konstanten Strom auf- und entladen wird. Der Ausgang steuert einen Zähler, der die Zeit t_1 festlegt, während der die zu digitalisierende Eingangsspannung aufintegriert werden soll (definiert zum Beispiel durch die Zeit, die der Zähler zum Erreichen seines Maximalwertes (*max*) benötigt). Danach wird der Zähler zurückgesetzt und der Eingang auf $-U_{\mathrm{ref}}$ umgelegt, wodurch die (lineare) Entladung eingeleitet wird. Die Steigung der Aufladung mit fester Zeit t_1 hängt von U_{in} ab, die der Entladung von $|U_{\mathrm{ref}}|$, jedoch mit variabler Dauer t_2, nämlich solange bis U_{out} 0 V erreicht. Die Dauer von t_2 hängt von der Höhe von U_{out} nach der Aufladung ab. Der Zählerstand bei t_2 kodiert somit U_{in} und wird in das Register übertragen.

Flash-ADC Eine konzeptionell sehr einfache Technik mit sehr schneller Konversionsrate ist die *Flash*-Konversion. Eine Eingangsspannung wird parallel an den Eingang von Vergleicherschaltungen (Komparatoren) gegeben, deren Schwellenspannungen im einfachsten Fall durch einen Spannungsteiler linear heruntergeteilt sind. Das Prinzip ist in Abb. 17.34(a) beschrieben. Ein n-Bit-Flash-ADC (FADC) benötigt 2^n - 1 Komparatoren. Die Parallelisierung der Eingangsstufe bewirkt die hohe Konversionsgeschwindigkeit. Der nötige Schaltungsaufwand und der große Leistungsverbrauch stellen die prinzipiellen Nachteile der Flash-Wandlung dar und sind der Grund dafür, dass FADCs erst mit schneller integrierter Elektronik Einzug in die Digitalisierungstechnik hielten. Die Auflösung derzeitiger Flash-ADCs ist auf 10 bis 12 Bit begrenzt. Die benötigte Chipfläche wächst exponentiell mit der Auflösung. Moderne FADC-Realisierungen erreichen Konversionsraten im Gsps-Bereich (*Giga samples per second*) bei 12-bit-Auflösung. FADCs können kontinuierlich ohne Trigger digitalisieren. Mit schnellen FADCs kann der Signalverlauf eines analogen Detektorpulses von zum Beispiel mehreren hundert Nanosekunden Dauer zeitlich abgetastet und in Zeitfenstern digitalisiert und in Puffern abgespeichert werden wie Abb. 17.34(b) zeigt.

Pipeline-ADC Eine ADC-Architektur, die in der Auslese-Elektronik von Detektoren häufig verwendet wird ist der *Pipeline-ADC*. In jeder Stufe wird eine schnelle, grobe Konvertierung (z.B. 3 bit) vorgenommen, deren Resultat mit Hilfe eines DAC wieder in ein analoges Signal umgewandelt und vom zwischengespeicherten Eingangssignal abgezogen wird. Die Differenz wird soweit verstärkt, dass sie den vollen ADC-Spannungsbereich

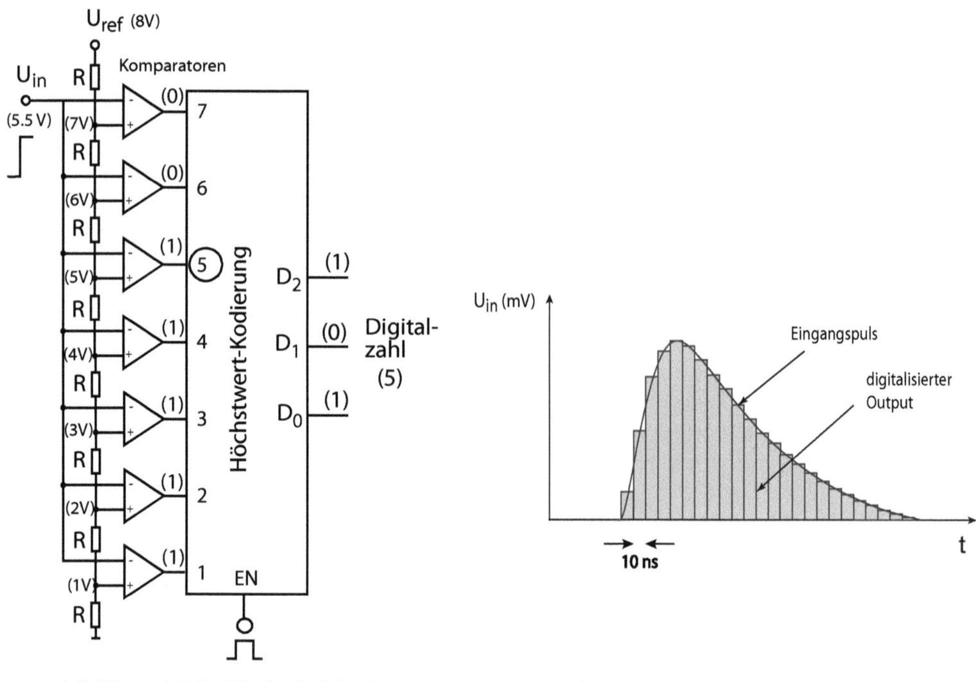

(a) Flash-ADC: Blockschaltbild (b) Digitalisierung eines Pulses

Abb. 17.34 Flash-ADC: (a) schematisches Diagramm zur Funktionsweise (hier 3-Bit-FADC). Die Schwellenspannungen der Komparatoren erhöhen sich von unten nach oben. Alle Komparatoren mit einer Schwelle kleiner als die Eingangsspannung liefern eine logische '1' am Ausgang, diejenigen mit einer höheren Schwelle als der Eingang eine logische '0'. Ein konkretes Beispiel ist durch die eingeklammerten Werte gegeben. Eine Logik zur Höchstwert-Erkennung (*priority encoder*) findet mit dem EN-Takt (*enable*) das höchste gesetzte Bit (Komparator Nr. 5, im Beispiel eingekreist) und liefert eine Binärzahl an den Ausgängen D_0, D_1, D_2. Die Eingangsspannung von 5.5 V im Beispiel wird also als 5 kodiert. (b) Vollständig digitalisierter Pulsverlauf mit Hilfe eines schnellen (100 MHz) Flash-ADC.

umfasst, und in der nächsten Stufe mit höherer Auflösung konvertiert. In einem letzten Schritt werden die Ergebnisse kombiniert.

Tabelle 17.1 stellt die Charakteristika der erwähnten ADC-Typen zusammen, die bei der Auswahl für einen gegebenen Einsatzbereich häufig entscheidend sind. Neben Konversionsgeschwindigkeit und Auflösung sind dies oft der Leistungsverbrauch und – bei einer Realisierung in einem Elektronikchip – die benötigte Chipfläche.

17.7.2 Digital-zu-Analog-Konversion (DAC)

Die Umkehrung der A/D-Wandlung ist die D/A-Konvertierung durch entsprechende Digital-zu-Analog-Konverter (DAC). Ein DAC konvertiert eine Digitalzahl am Eingang in eine analoge Größe (in der Regel eine Spannung). Er ist für die Kommunikations-

Tab. 17.1 Eigenschaften einiger bei der Detektorauslese häufig verwendeter ADC-Typen (aus verschiedenen Quellen, Stand 2024).

ADC-Typ	typ. Geschwindigkeit (Samples pro s)	Auflösung (Bits)	Chip-fläche	Leistungs-bedarf
SAR	mittel (< 50 MS/s)	8–20	gering	klein
Dual-slope	langsam (< 100 kS/s)	12–20	mittel	klein
Pipeline	schnell ($\sim$ GS/s)	8–16	mittel	mittel
Flash	sehr schnell (< 100 GS/s)	4–10	hoch	groß

richtung vom Computer zur Elektronik wesentlich. Ein Beispiel ist die Festlegung der Referenzspannung an einem Diskriminator wie zum Beispiel in den Abbildungen 17.25 und 17.26.

DACs werden in ähnlicher Weise wie ADCs durch ihre Auflösung, Linearität und Konversionsrate charakterisiert. Integrierte (INL) und differenzielle (DNL) Nicht-Linearität sind wie für ADCs (Seite 870) definiert (siehe auch [638]).

Eine einfache DAC-Realisierung kann durch ein Widerstandsnetzwerk erfolgen (Abb. 17.35(a)). Das Ausgangssignal wird durch so viele Widerstände erzeugt, wie es Binärstellen gibt; jeder Widerstand ist so gewichtet, wie es der Wertigkeit der zugeordneten Stelle entspricht. Die durch das Netzwerk erzeugten Ströme werden durch einen Strom-zu-Spannung-Wandler in eine Spannung umgesetzt. Der Nachteil dieser Konstruktion ist die Notwendigkeit vieler verschiedener Widerstände. Einfacher in der Herstellung und in der Umsetzung ist das äquivalente R-2R-Netzwerk (Abb. 17.35(b), das in einer Kette von Stromteilern jeweils eine Halbierung eines elektrischen Stromes vornimmt.

17.7.3 Zeit-zu-Digital-Konversion (TDC)

Die Messung und Digitalisierung einer Zeit ist ebenfalls häufig in Experiment erforderlich. Ein sehr direktes Beispiel ist die Flugzeitmessung, wie in Abb. 14.3 auf Seite 639 dargestellt. Die (digitale) Zeitmessung erfolgt durch einen schnellen Taktgenerator (*clock*) in Kombination mit einem Zähler, der die Zahl der Taktpulse zwischen einem Start- und einem Stop-Signal zählt (Abb. 17.36). Die erzielbare Zeitauflösung wird durch die Geschwindigkeiten des Zählers und des Taktgenerators begrenzt, die typisch im Bereich von 10 GHz oder mehr liegen und Zeitauflösungen in der Größenordnung von weniger als 100 ps zulassen.

Hohe Auflösungen kann man auch durch Zeit-zu-Amplituden-Konversion (*time-to-amplitude converter*, TAC) erzielen mit einem anschließenden ADC für die Digitalisierung wie in Abb. 17.37 gezeigt. Ein Kondensator C wird von einem konstanten Strom I für eine Zeit $\Delta t = t_{\text{start}} - t_{\text{stop}}$ aufgeladen, so dass eine Spannung

$$U = \frac{Q}{C} = (t_{\text{start}} - t_{\text{stop}}) \cdot \frac{I}{C}$$

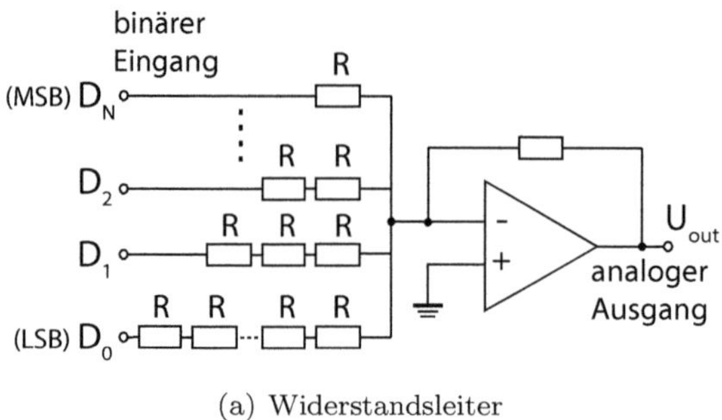

(a) Widerstandsleiter

(b) R-2R-Leiter

Abb. 17.35 D/A-Wandlung mittels Widerstandsnetzwerk: (a) Erzeugung der Ausgangsspannung durch (binär) gewichtete Strombeiträge; (b) R-2R-Leiternetzwerk mit nur zwei Widerstandswerten. $U_{out} = 0$, wenn alle Eingänge D_i auf '0' liegen (Erde). Wenn ein Eingang '1' wird (mit Spannung U_{ref}), ist der Widerstand, den der Strom an dem entsprechenden Knoten (schwarzer Punkt) zur Masse (reelle bzw. virtuelle Opamp-Masse) sieht, immer $2R$ nach links und $2R$ nach rechts, sodass der Strom an diesem Knoten halbiert wird; er wird am nächsten Knoten weiter halbiert und so weiter. Hat mehr als ein D_i den Wert '1', so werden die zugehörigen Ströme addiert. Der Eingang zum OpAmp und entsprechend die Ausgangsspannung wird von dem Gesamtstrom bestimmt, der entsprechend 'gewichtete' Beiträge von jedem $D_i = 1$ - Knoten enthält: das MSB trägt mit 50% bei, das folgende Bit mit 25% und so weiter.

am Eingang eines ADC anliegt, der diese Spannung digitalisiert. Mit dieser Anordnung können Zeitauflösungen im ps-Bereich erzielt werden.

Abb. 17.36 Realisierung eines *Time-to-Digital*-Konverters (TDC) durch einen Taktgenerator (*clock*) und einen Zähler, der von externen Signalen gestartet und gestoppt wird. Das SR-Flip-Flop erzeugt einen Gate-Puls mit der Länge Δt (Start minus Stop).

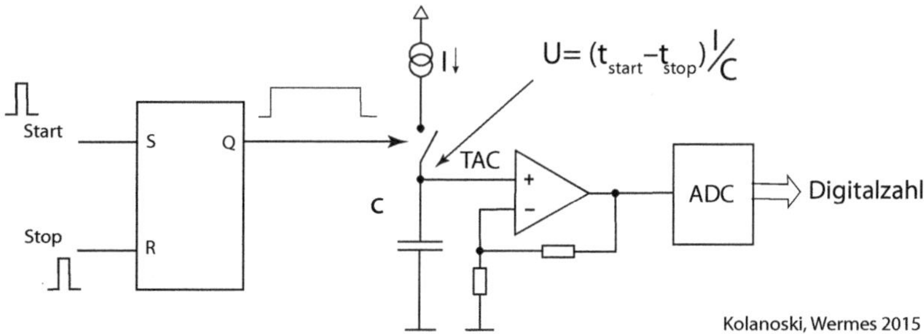

Abb. 17.37 Realisierung eines *Time-to-Digital*-Konverters (TDC) durch einen *Time-to-Amplitude*-Konverter (TAC) mit nachgeschaltetem Spannungsverstärker und ADC. Am Eingang wird durch ein SR-Flip-Flop ein Puls mit der Länge Δt (Start minus Stop) erzeugt.

17.7.4 Logische Pegel

Zur Interpretation digitaler elektrischer Signale, zum Beispiel während des Transports zur endgültigen Verarbeitung oder für die Konversion an elektrischen oder elektro-optischen Schnittstellen (siehe Abschnitte 17.8 und 18.4.2), müssen logische Pegeldefinitionen festgelegt werden. Wann wird eine Spannung als eine logische '1' und wann als eine '0' interpretiert? Definitionen logischer Standards gibt es, seit digitale Information erstmals während und nach dem 2. Weltkrieg benutzt wurde. Mit der Ankunft halbleiterbasierter Elektronik durch bipolare und Feldeffekttransistoren und integrierten Schaltungen in den frühen 1960er Jahren, wurden logische Pegel zuerst für Schaltkreise, die bipolare Transistoren und Widerstände beinhalteten, entworfen (RTL Logik), später ersetzt durch DTL (Diode–Transistor-Logik) sowie TTL (Transistor–Transistor-Logik) einige Jahre später. Nach dem Erscheinen von MOS-Transistoren und der CMOS-Technologie (patentiert 1963 [1032], siehe auch Abschnitt 8.3.6 auf Seite 337) wurde die Logik in integrierten Schaltkreisen in überwältigender Weise von CMOS-Logik dominiert.

17.7.4.1 Logische Schaltungsstandards

TTL Transistor–Transistor-Logik kommt ohne passive Schaltungselemente aus und hat einen deutlich geringeren Leistungsverbrauch als RTL und DTL und blieb die Grundlage für bipolare ICs.[170] TTL-Logik ist spannungsdefiniert mit Pegelwerten von 0–0.8 V interpretiert als 'logische 0', Pegel von 2–5 V als 'logische 1' (siehe Tab. 17.2). Typische TTL-Schaltzeiten sind 40 ns, in speziellen Hochgeschwindigkeitsversionen 5–10 ns [577].

ECL Noch schnellere, aber sehr leistungshungrig (30–50 mW/gate) ist die ECL (*emitter-coupled logic*, stromgesteuert) mit Schaltzeiten im Nanosekundenbereich und darunter[171]. Wegen seiner Geschwindigkeit war ECL-Logik eine Zeit lang populär für Hochleistungs-

[170] Die berühmte 74xx IC-Serie von Texas Instruments ist ein besonders gutes Beispiel für die Anwendung der TTL-Logik.

[171] Submikron-Technologie konnte den ECL-Leistungsverbrauch deutlich reduzieren, auf ein ähnliches Niveau wie CMOS-Pegel [1077].

rechner (*high performance computing*) und ebenso für schnelle logische Module in Elektroniksystemen der Hochenergiephysik wie z.B. in NIM- oder CAMAC-Modulen (siehe Abschnitt 18.2.1).

CMOS Mit dem Anrücken der CMOS-Technologie für integrierte Schaltungen in den 1980er Jahren, bei der PMOS- und NMOS-Transistoren auf demselben Siliziumsubstrat realisiert werden (siehe Abschnitt 8.3.6 auf Seite 337) und damit hohe Schaltungsdichte und niedrige Leistungsaufnahme pro Gatter offeriert wird, wurde CMOS-Logik [577] der allgemeine Standard für die meisten integrierten Schaltungen heutzutage. Die logischen Pegel sind 3.5–5 V ('logisch 1') bzw. 0–1.5 V ('logisch 0') bei 5 V Versorgungsspannung. In moderner *low-voltage* (LVCMOS) Technologie, welche bei viel kleinerer Betriebsspannung arbeitet (z.B. 1.0–1.2 V in Technologien mit 90 nm Strukturgröße oder darunter[172]) sind die logischen Pegel etwa $0.9\,V_{DD}$, bzw. ungefähr $0.1\,V_{DD}$ (V_{DD} = obere Betriebsspannung). Im statischen Zustand verbrauchen CMOS-Gatter fast keine Leistung (siehe auch Abschnitt 8.3.6 auf Seite 337); typische Ruheströme liegen unterhalb von 1 µA. Für moderne LVCMOS-Technologien ist dies nicht ganz korrekt, weil Leckströme unterhalb der Transistorschaltschwelle beginnen, eine Rolle zu spielen. Spezielle Designtechniken sind notwendig, um exzessive statische Leistungsaufnahme in Schaltungen mit vielen Millionen Gattern wie CPUs oder Gatearrays (z.B. FPGAs, siehe Seite 940) zu minimieren. Die dynamische logische Leistungsaufnahme ist proportional zur Schaltfrequenz, die bei hohen Frequenzen ebenfalls sehr hoch werden kann.

17.7.4.2 Standards für die Signalübertragung

Für die schnelle Signalübertragung und die Kommunikation zwischen verschiedenen elektronischen Modulen sind zusätzliche Standards in Gebrauch, die von den Standards für elektronische Schaltkreise zu unterscheiden sind. Die Übertragungsstandards sind üblicherweise über Ströme definiert, die über einen Abschlusswiderstand zu Spannungspegeln führen.

NIM Bereits in den 1960er Jahren mussten Kern- und Teilchenphysikexperimente einen Standard für die Prozessierung und Triggerung elektronischer Daten festlegen, was auch den Modulrahmen (*crate*) betrifft, in den Modulen für verschiedene elektronische Aufgaben eingesteckt werden, sowie Kabel, Verbindungen und Anschlüsse. Der NIM-Standard wurde 1990 aktualisiert [791]. Eine Beschreibung ist in den Abschnitten 18.2.1 und 18.4.2 in Kapitel 18 gegeben. Der originale NIM-Kabelstandard ist ein Koaxialkabel mit einem charakteristischen Wellenwiderstand von 50 Ω; inzwischen sind andere Kabelarten ebenfalls erlaubt, insbesondere solche, die eine höhere Packungsdichte erlauben (siehe auch Abschnitt 17.8.1). Die elektronischen Pegel (NIM-Pegel: nominell '0' = 0 V, '1' = −0.8 V) sind als Ströme definiert, die zu (negativen) Spannungen über einen 50 Ω Ab-

[172] Die Strukturgröße einer Halbleitertechnologie ist definiert als die minimale Länge des MOS-Transistorkanals zwischen Source und Drain. Die kleinste Strukturgröße wurde Jahr für Jahr kleiner. Von 180 nm in den frühen 2000er Jahren schrumpfte auf Größen bis hinunter auf 3 nm heute (2024).

Tab. 17.2 Logische Pegel für einige elektronische Standards (Schaltkreise und Signalübertragung), die allgemein in Detektorauslesearchitekturen benutzt werden. Die Logikdefinition kann entweder durch Spannungsbereiche (Spalte 'U') oder durch einen definierenden Strom (Spalte 'I') erfolgen. Gelistet sind ungefähre Angaben. Positive oder negative Spannungen können wahlweise einer logischen '1' zugeordnet sein. Im Allgemeinen unterscheiden sich die erlaubten Bereiche dafür, was 'ein Ausgang liefern muss' und was 'ein Eingang akzeptieren muss'. Die zweite Spalte gibt typische Betriebsspannungen an, P_g ist die pro logischem Gatter verbrauchte Leistung und ν_{max} entspricht der schnellsten verfügbaren Schaltfrequenz. Für detaillierte Spezifikationen sollte die zitierte oder andere Literatur konsultiert werden (z.B. [577]). Die Daten für die 65 nm CMOS-Technologie sind als ein gegenwärtig typisches Beispiel für VLSI chips angegeben.

Standard	Betr.Sp. (V)	Logikpegel	I (mA)	U (V)	ν_{max} (MHz)	P_g (1) (mW)	Ref.
			Standards für elektronische Schaltkreise				
TTL	5	'1' '0'		2–5 0–0.8	25–100	2–8	[577]
ECL	-5.2	'1' '0'		-0.9 (nom.) -1.8 (nom.)	100–500	25–60	[577]
CMOS	5	'1' '0'		3.5–5 0–1.5	5–100	0.5–1	[577]
CMOS 65 nm	1.2	'1' '0'		1–1.2 0–0.12	250	0.004	[1031, 738]
			Standards für die Signalübertragung				
NIM (2)	6	'1' '0'	-12 to -36 -4 to $+20$	-0.6 to -1.8 (3) -0.2 to $+1$	300		[791]
LVDS	2.5–3.3	'1' '0'	± 3.5 (4)	± 0.350 (5)	> GHz		[1038, 585] [412]

(1) Bei 1 MHz, abhängig von (ist in etwa proportional zu) der Schaltfrequenz.
(2) Für schnelle NIM-ECL-Logik.
(3) An 50 Ω (Werte, die Eingänge akzeptieren müssen); nominal: '0' = 0 V, '1' = −0.8 V.
(4) Def. durch Strom (mit Richtung), der Sp.-sprung von ±350 mV an ≈ 100 Ω bewirkt.
(5) Ein konstanter Strom von 3.5 mA an ≈ 100 Ω.

schlusswiderstand führen wie in Tab. 17.2 gezeigt. Außer NIM-Pegel können auch andere standardisierte logische Pegel in einem NIM-System akzeptiert werden (z.B. TTL und ECL).

LVDS Mit dem Bedarf an hoher Bandbreite und hoher Datenkommunikationsgeschwindigkeit (> 100 Mbit/s) wurde die differentielle Übertragung eingeführt, das heißt die Benutzung von Signalen gleicher Amplitude aber umgekehrter Polarität auf verdrillten (*twisted*) Kabelpaaren, der so genannte LVDS (*low voltage differential signal-*

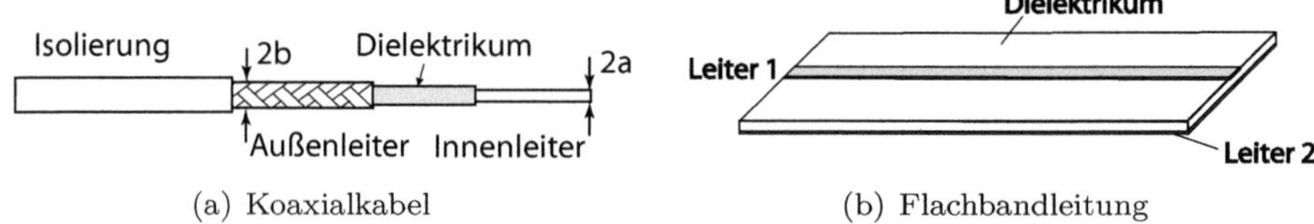

(a) Koaxialkabel (b) Flachbandleitung

Abb. 17.38 Signalleiter: (a) Koaxialkabel mit Innen- und Außenleiter, (b) Flachbandleitung in der Ausführung mit einer vollflächigen Leiterschicht auf der Rückseite.

ling)-Standard, der 1994 definiert wurde. LVDS benötigt keine spezifische Versorgungsspannung. Der LVDS-Transmitter injiziert einen konstanten Strom von 3.5 mA in die Leitungen, welche eine charakteristische (differentielle[173]) Impedanz von typisch zwischen 100 Ω und 120 Ω haben. Wenn Signale durch den Abschlusswiderstand hin- und in der anderen Leitung des Paares zurücklaufen, bewirkt der Strom eine Spannungsänderung über dem Widerstand von etwa 350 mV mit einer Vorzeichenpolarität, die von der Stromrichtung abhängt. Die Polarität dieser Spannung wird vom Receiver detektiert und bestimmt sodann den zugehörigen Pegelwert. Differentielle LVDS-Übertragung ist recht immun gegenüber Rauschen (siehe auch Abschnitt 17.8) und kann bei Datenraten von mehreren Gbit/s benutzt werden bei vergleichsweise kleinem Leistungsverbrauch: bei 1.2 V beträgt die Leistung, um 3.5 mA zu treiben, nur 4.2 mW.

17.8 Signaltransport durch Leitungen

17.8.1 Signalkabel in Experimenten der Teilchenphysik

Über längere Strecken werden analoge oder digitale Signale durch Signalleitungen (Wellenleiter) übertragen, oft Koaxialkabel oder Flachbandkabel. Das Signal pflanzt sich zwischen zwei Leitungselementen, die durch ein Dielektrikum voneinander separiert sind, fort. Abbildung 17.38 zeigt den Aufbau eines koaxialen und eines Flachband-Wellenleiters. Die Geometrie des Wellenleiters bedingt kapazitive und induktive Leitungselemente. Im Falle eines Koaxialkabels sind dies pro Einheitslänge:

$$L' \approx \frac{\mu\mu_0}{2\pi}\ln\frac{b}{a} \qquad\qquad C' \approx \frac{2\pi\epsilon\epsilon_0}{\ln(b/a)}, \tag{17.43}$$

wobei a und b die Radien des Innen- und des Außenleiters sind und $\mu\mu_0$ und $\epsilon\epsilon_0$ die relativen beziehungsweise absoluten Permeabilitäts- und Permittivitätszahlen sind. Zusätzlich treten in einem realen Kabel Verluste auf, die durch Widerstandselemente beschrieben werden. Typische Induktivitäts- und Kapazitätswerte für ein Koaxialkabel (zum Beispiel RG-58/U)[174] mit 50 Ω Wellenwiderstand (Definition in Gleichung (17.55)) sind etwa 250 nH/m und 100 pF/m. RG-58/U wird zur Verkabelung von Elektronik-

[173] Wellenwiderstand, den das Differenzsignal zwischen den beiden Leitungen sieht: $Z_0^{\text{diff}} \approx 2Z_0^{\text{single}}$.
[174] RG steht für *radio guide*, der dem US Militärstandard MIL-C-17 entspricht. U bedeutet *universal*, und die Ziffer ist die Fabrikationsnummer.

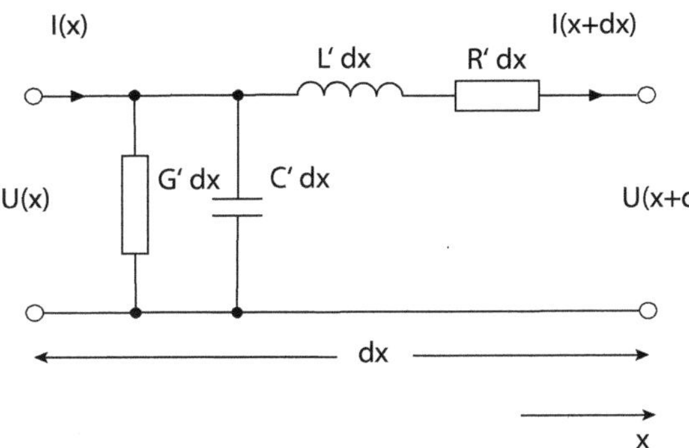

Abb. 17.39 Ersatzschaltkreis für ein infinitesimales Element dx eines Wellenleiters.

modulen in Experimenten der Kern- und Teilchenphysik häufig benutzt. Konfektionsstandards sind meist nach dem Steckverbinder benannt. Beispiele sind so genannte 'BNC-Verbinder' für 50 Ω- oder 75 Ω-Koaxialkabel mit Durchmessern zwischen 0.5–1 cm; 'Lemo^{TM}-Steckverbinder' sind ausgelegt für Kabel mit typischen Durchmessern von etwa 2–3 mm. Gleiche elektrische Werte liefert zum Beispiel ein Mikrostreifenleiter (einzelner Leiter wie in Abb. 17.38(b)) von 200 µm Breite und 20 µm Dicke auf Kapton[175] (Dicke 100 µm, $\epsilon = 3$) mit metallisierter Rückseite [743].

In heutigen Experimenten werden auch die in Daten- und Computernetzwerken verwendeten so genannten 'Twisted-Pair'-Kabel vielfach eingesetzt. Twisted-Pair-Kabel (TWP) sind verdrillte Aderpaare, die als Doppelleiter fungieren. Sie sind eine preisgünstige und platzsparende Alternative zu Koaxialkabeln. Die Signale werden mit gleichem Betrag, aber entgegengesetzten Polaritäten auf die beiden Adern eingespeist und über einen Differenzverstärker ausgelesen. Bei der Differenzbildung werden Einstreuungen von äußeren elektromagnetischen Feldern, die gleiche Polarität auf beiden Adern haben, unterdrückt. Die Verdrillung der Adern unterdrückt zusätzlich verschieden starke Einkopplung einer Störung, die bei unverdrillten Paaren aufgrund ihrer unterschiedlichen Entfernung zu der Störungsquelle aufträten. Die einzelnen Paare oder/und mehrere in einem Kabel zusammengefasste Paare sind oft zusätzlich abgeschirmt. Häufig werden auch mehrere Auslesekanäle als Flachbandkabel in einer Ebene zusammengefasst. Der typische Wellenwiderstand von Twisted-Pair-Kabeln beträgt 100 Ω.

17.8.2 Telegraphengleichung

Die Ausbreitung von Signalen auf Wellenleitern gehorcht der so genannten Telegraphengleichung (siehe zum Beispiel [678, 548]. Sie kann aus den Kirchhoffschen Beziehungen

$$\frac{\partial U}{\partial x} = -L'\frac{\partial I}{\partial t} - R'I\,, \tag{17.44}$$

$$\frac{\partial I}{\partial x} = -C'\frac{\partial U}{\partial t} - G'U\,, \tag{17.45}$$

[175] Kapton ist ein Markenname für Polyimid der Firma DuPont.

angewendet auf Knoten und Maschen des in Abb. 17.39 dargestellten Ersatzschaltbilds abgeleitet werden. Hierbei sind L', C', R' and G' jeweils (spezifische) Induktivität, Kapazität, Widerstand und Leitfähigkeit (Kehrwert des Widerstands) pro Einheitslänge. Durch Anwendung von $\partial/\partial x$ auf (17.44) und $\partial/\partial t$ auf (17.45) ergeben sich die eindimensionalen, homogenen Wellengleichungen (Telegraphengleichungen) für Spannungs- und Stromausbreitung auf einem Wellenleiter:

$$\frac{\partial^2 U}{\partial x^2} - L'C'\frac{\partial^2 U}{\partial t^2} = (L'G' + R'C')\frac{\partial U}{\partial t} + R'G'U\,, \tag{17.46}$$

$$\frac{\partial^2 I}{\partial x^2} - L'C'\frac{\partial^2 I}{\partial t^2} = (L'G' + R'C')\frac{\partial I}{\partial t} + R'G'I\,, \tag{17.47}$$

mit der Lösung für (17.46) und (17.47) (für $U \to I$):

$$U(x,t) = U_0\,\mathrm{e}^{\mathrm{i}\omega\mathrm{t} - \gamma\mathrm{x}} = \mathrm{U}_0\,\mathrm{e}^{\;\mathrm{i}(\omega\mathrm{t} \mp \beta\mathrm{x})}\;\mathrm{e}^{\mp\alpha\mathrm{x}}\,, \tag{17.48}$$

wobei

$$\gamma = \pm\sqrt{(R' + i\omega L')(G' + i\omega C')} = \pm(\alpha + i\beta) \tag{17.49}$$

ist. Der Realteil Re $\gamma = \alpha$ ist das Maß für die Dämpfung.

Im verlustfreien Fall ($R' = G' = 0$) erhalten wir die Wellengleichungen

$$\frac{\partial^2 U}{\partial x^2} - \frac{1}{c_{ph}^2}\,\frac{\partial^2 U}{\partial t^2} = 0\,, \tag{17.50}$$

$$\frac{\partial^2 I}{\partial x^2} - \frac{1}{c_{ph}^2}\,\frac{\partial^2 I}{\partial t^2} = 0\,, \tag{17.51}$$

mit der Phasengeschwindigkeit

$$c_{ph} = \frac{1}{\sqrt{L'C'}} = \frac{1}{\sqrt{\epsilon\epsilon_0\mu\mu_0}} \tag{17.52}$$

und $\gamma = \pm i\beta = \pm\sqrt{-\omega^2 L'C'}$. Die allgemeine Lösung beider Gleichungen, (17.50) und (17.51), ist eine Überlagerung einer hinlaufenden und einer rücklaufenden Welle:

$$\begin{aligned} U(x,t) &= U_{01}\,\mathrm{e}^{i(\omega t-\beta x)} + U_{02}\,\mathrm{e}^{\;i(\omega t+\beta x)} &&= U_{hin} + U_{r\ddot{u}ck} \\ I(x,t) &= I_{01}\,\mathrm{e}^{i(\omega t-\beta x)} - I_{02}\,\mathrm{e}^{\;i(\omega t+\beta x)} &&= I_{hin} + I_{r\ddot{u}ck}\,. \end{aligned} \tag{17.53}$$

Die Stromamplituden können ausgedrückt werden als

$$I_{01} = \frac{U_{01}}{Z_0} \qquad\qquad I_{02} = \frac{U_{02}}{Z_0} \tag{17.54}$$

wobei mit

$$Z_0 = \frac{U}{I} = \sqrt{\frac{L'}{C'}} \tag{17.55}$$

der Wellenwiderstand der Leitung (Einheit Ω) definiert ist.

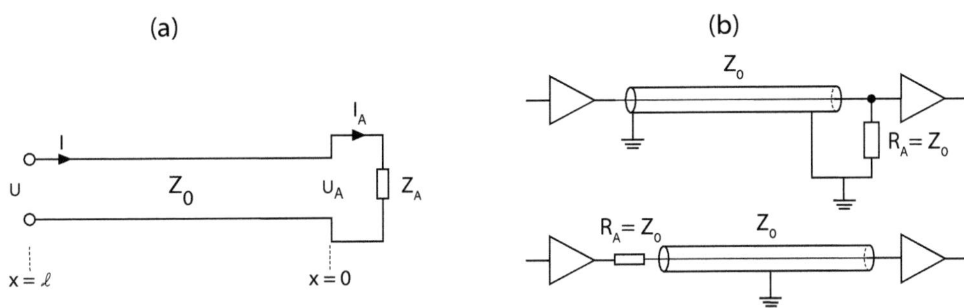

Abb. 17.40 Abschluss einer Signalleitung mit einem Abschlusswiderstand: (a) Prinzip; (b) Beispiele mit parallelem Abschluss am Empfängerende und seriellem am Senderende (siehe Text, nach [956], mit freundl. Genehmigung von Springer Science+Business Media).

17.8.3 Reflexionen am Leitungsende

Detektorsignale werden nach der ersten Verarbeitung am so genannten *Frontend* meist über Wellenleiterkabel weiter transportiert und mit der *Backend*-Elektronik verbunden, zum Beispiel zur logischen Verarbeitung der Signale. Dabei müssen Störungen und insbesondere Reflexionen der Signalwellen an den Enden der Leitung vermieden werden. Das Verhältnis von Spannung und Strom ist während der Signalausbreitung durch den Wellenwiderstand Z_0 festgelegt. Falls am Leitungsende ein anderer Widerstand als Z_0 auftritt, so muss ein anderes Spannungs-Strom-Verhältnis eingestellt werden, das ein rücklaufendes Signal bewirkt, welches als Reflexion erscheint. Für Reflexionen am Leitungsende eines Wellenleiters ist daher der Abschlusswiderstand R_A (Abb. 17.40(a)) entscheidend dafür, wie sich die hin- und die rücklaufenden Wellen am Leitungsende überlagern.

Aus (17.53) erhalten wir für $t = 0$ und mit der vereinfachenden Annahme, dass das Leitungsende bei $x = 0$ liegt:

$$U(x = 0) = U_{01} + U_{02} = U_A \,, \tag{17.56}$$

$$I(x = 0) = \frac{U_{01}}{Z_0} - \frac{U_{02}}{Z_0} = \frac{U_A}{Z_A} = I_A \,, \tag{17.57}$$

wobei $Z_A = U_A/I_A$ der Abschlusswiderstand am Ende der Leitung ist. Durch Addition beziehungsweise Subtraktion der beiden Gleichungen ergibt sich:

$$U_{01} = \frac{U_A}{2}\left(1 + \frac{Z_0}{Z_A}\right) , \qquad U_{02} = \frac{U_A}{2}\left(1 - \frac{Z_0}{Z_A}\right) , \tag{17.58}$$

und das Verhältnis von rücklaufender zu hinlaufender Welle definiert den Reflexionsfaktor:

$$r = \frac{U_{02}}{U_{01}} = \frac{Z_A - Z_0}{Z_A + Z_0} \,. \tag{17.59}$$

Falls das Leitungsende offen ist ($Z_A = \infty$), so ist $r = 1$, und das hinlaufende Signal wird unverändert reflektiert. Falls das Leitungsende kurzgeschlossen wird ($Z_A = 0$), so ist

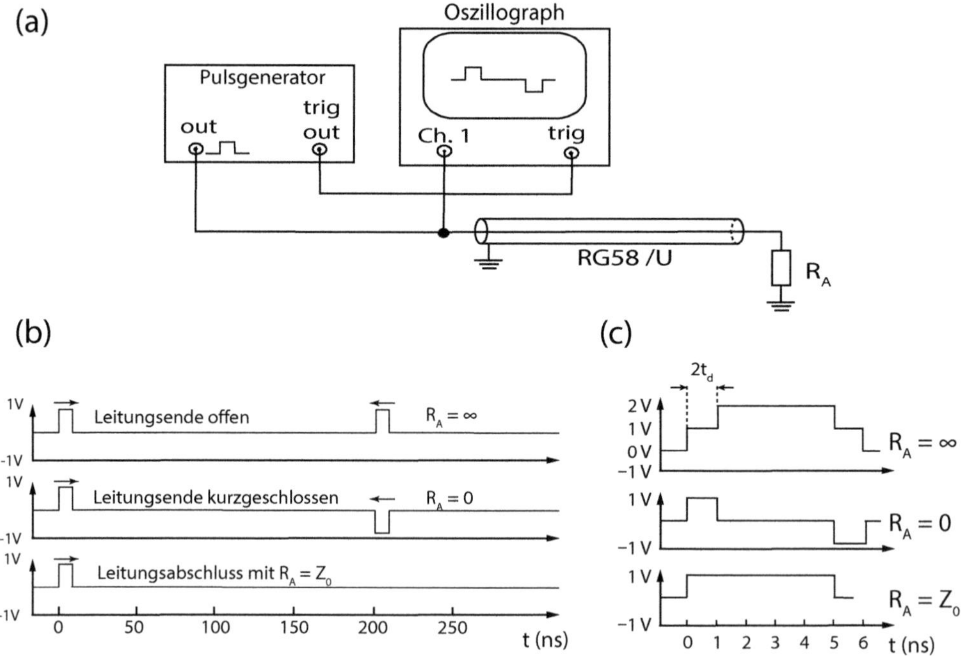

Abb. 17.41 Reflexionen eines 5ns langen Signalpulses am Leitungsende. (a) Messaufbau bestehend aus einem Pulsgenerator mit in der Regel kleiner Ausgangsimpedanz und einem Oszillographen ($R = 1\,\text{M}\Omega$), (b) Reflexionen bei einem 20 m langen Kabel mit einer Laufzeit t_d von 100 ns; (c) Reflexionen bei einem 10 cm langen Koaxialkabel mit einer Laufzeit t_d von 0.5 ns, bei dem sich der reflektierte Puls, der breiter als $2t_d$ ist (hier 5 ns), um die Laufzeit der Hin- und Rücklaufstrecke (1 ns) verzögert dem Eingangspuls überlagert. Gemessen wird mit einem Oszillographen am Leitungsanfang. Der reflektierte Puls erscheint daher um $2t_d$ verschoben rechts vom Eingangspuls.

$r = -1$, und das hinlaufende Signal wird mit invertierter Amplitude reflektiert. Zwischen diesen Extremwerten erfolgt eine teilweise Reflexion. Nur bei einem geeignet gewählten Abschlusswiderstand $Z_A = Z_0$ treten keine Reflexionen auf ($r = 0$). In Experimenten muss daher sorgfältig auf richtige Leitungsabschlüsse geachtet werden.

Abbildung 17.40(b) zeigt Abschlussmethoden am Empfängerende mit einem ohmschen Widerstand $Z_A = R_A$ gegen Masse, parallel zum Empfänger und am Senderende mit R_A in Serie. Da in der Regel die als Dreiecke gezeichneten Sender- (Treiber) und Empfängerverstärker Spannungsverstärker sind und hohe Eingangs- und niedrige Ausgangsimpedanzen haben, liefern diese Konfigurationen (seriell am Sender oder parallel am Empfänger) jeweils etwa R_A als Gesamtimpedanz. Am Sender bilden allerdings R_A und der Kabelwiderstand Z_0 einen Spannungsteiler, so dass der vom Sender ausgehende Puls (für $R_A = Z_0$) halbiert wird. Am Empfängerende wird er allerdings mit gleichem Vorzeichen reflektiert, so dass die Überlagerung beider Pulse die Originalamplitude am Empfänger ergibt. Die Reflexion wird dann am Senderende absorbiert.

Typische Wellenwiderstände liegen in der Größenordnung von $50\,\Omega$ bis $75\,\Omega$ für Koaxial- und $100\ \Omega$ für Flachbandkabel. Die Ausbreitungsgeschwindigkeit

$$c_{ph} = \frac{1}{\sqrt{L'C'}} \approx \frac{c}{\sqrt{\epsilon}}$$

(mit $\mu \approx 1$) entspricht einer typischen Signalgeschwindigkeit c_{ph} von etwa 5 ns/m für Koaxialkabel, etwa 4 ns/m für Flachbandkabel.

Abbildung 17.41 zeigt die auftretenden Effekte für zwei verschiedene Verhältnisse von Puls- zu Kabellänge. Da der Ausgang des sendenden Verstärkers in der Regel eine kleine Ausgangsimpedanz ($R \approx 0$) besitzt, wird ein gegebenenfalls am Kabelende reflektierter Puls erneut (invertiert) reflektiert und so fort. Eine saubere Auslese wird dadurch behindert, weil Signalpulse mehrfach registriert werden. Die Verwendung korrekt terminierter Leitungsabschlüsse ist daher ein wichtiges Element der Detektorauslese. Am häufigsten wird ein Abschluss am Empfängerende durch einen Parallelwiderstand (zum Eingang des Empfängers) verwendet. Da Abschlüsse nie perfekt sind, findet man in kritischen Anwendungen zusätzlich einen seriellen Abschluss an der Senderseite (Abb. 17.40(b), unten). Dies jedoch hat einen Pulshöhenverlust von 50% zur Folge, der nicht mehr kompensiert wird wie in dem oben diskutierten einseitig abgeschlossenen Fall (nur falls $Z_A = \infty$ am Empfängerende).

17.8.4 Kabeldämpfung

Bei der Übertragung von Signalpulsen über längere Strecken treten Dämpfungseffekte durch den $\exp(\mp\alpha x)$-Term in (17.48) auf, wobei das Minuszeichen für die hinlaufende Welle gilt, der Richtung der Signalausbreitung. Typische Werte für α liegen in der Größenordnung von wenigen dB/100 m bei 100 MHz und 10–100 dB/100 m bei 1 GHz, so dass sich die Dämpfung erst bei Kabellängen von etwa 10 m und mehr als Problemfaktor auswirkt, abhängig natürlich vom Kabeltyp.

Der Skin-Effekt verändert R' frequenzabhängig und auch G' verändert sich durch dielektrische Verluste, die bei Frequenzen unterhalb von 1 GHz allerdings gegenüber dem Einfluss des Skin-Effekts vernachlässigbar sind, jedoch oberhalb von 1 GHz dominant werden. Bei hohen Frequenzen, wenn $R/\omega L \ll 1$ und $G/\omega C \ll 1$ gilt, kann α durch

$$\alpha(f) = a\,\sqrt{f} + b\,f \qquad (f = \omega/2\pi) \tag{17.60}$$

ausgedrückt werden [702], wobei die Terme $\propto \sqrt{f}$ und $\propto f$ den Skin-Effekt beziehungsweise die dielektrischen Verluste beschreiben. Die Parameter a und b werden für die verschiedenen Kabeltypen Tabellen entnommen. Für die bereits erwähnten, in der Kern- und Teilchenphysik häufig benutzten Koaxialkabel des Konfektionsstandards RG-58/U und Lemo^{TM} RG-174 mit $50\,\Omega$ Wellenwiderstand beträgt die Dämpfung bei 1 GHz (100 MHz) 0.52 dB/m (0.16 dB/m) bzw. 1 dB/m (0.3 dB/m). Ein Mikrostreifen, entsprechend einem $50\,\Omega$-Kabel wie auf Seite 881, hätte eine Dämpfung von etwa 1.9 dB/cm bei 1 GHz und 0.44 dB/cm bei 100 MHz.

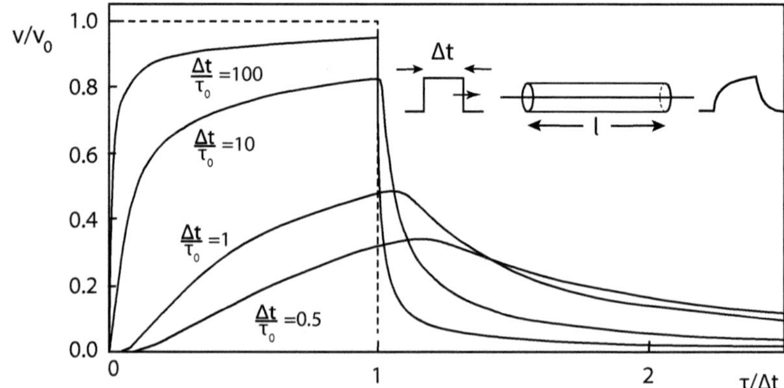

Abb. 17.42 Verformung eines Rechteckpulses nach Durchlauf eines langen Kabels gemäß (17.61) [423] als Funktion des Verhältnisses der Zeit (vermindert um die Laufzeit) $\tau = t - l/c_{ph}$ zur Pulslänge Δt und für verschiedene Verhältnisse von Δt zur Dämpfungszeitkonstanten τ_0.

Die Frequenzabhängigkeit der Dämpfung führt zu einer Veränderung der Signalform (Dispersion). Ein stufenförmiger Spannungspuls von 0 auf u_0 am Eingang einer Signalübertragungsstrecke der Länge l erfährt durch die Dämpfung eine Verformung (siehe [423]),

$$u(\tau) = u_0 \,\mathrm{erfc}\left(\frac{1}{2\sqrt{\tau/\tau_0}}\right), \tag{17.61}$$

wobei $\tau = t - l/c_{ph}$ die um die Ausbreitungsverzögerung verminderte Zeit ist, beschränkt auf Zeiten $t \geq l/c_{ph}$. Die komplementäre Fehlerfunktion erfc wurde bereits in Gleichung (17.34) definiert. Die Dämpfungszeitkonstante $\tau_0 = (l\,\alpha)^2/(\pi f)$ ist eine charakteristische, frequenzabhängige Anstiegszeitfunktion des gedämpften Pulses. In dem Frequenzbereich, in dem der Skin-Effekt dominant ist, ist τ_0 nahezu frequenzunabhängig und entspricht etwa der Zeit bis zum Erreichen der halben Höhe des Pulses. Das resultierende gedämpfte Signal eines Rechteckpulses ist

$$u(\tau) \quad \text{für} \quad \tau \leq \Delta t \qquad \text{und} \qquad u(\tau) - u(\tau - \Delta t) \quad \text{für} \quad \tau > \Delta t \tag{17.62}$$

bestehend aus dem Signal der ansteigenden Flanke $u(\tau)$ und dem um Δt verzögerten Signal der abfallenden Flanke. Abbildung 17.42 zeigt solche durch Dispersion verformte Reckteckpulse [423, 866] für verschiedene Verhältnisse von Pulslänge zu Dämpfungszeitkonstante.

Augendiagramm und Dämpfungskorrektur Bei der Hochgeschwindigkeitsübertragung ($\gtrsim$ GHz) von digitalen Signalen muss gewährleistet sein, dass die logischen Werte 0 oder 1 auch nach der Verformung durch den Transport des Signals im Kabel unverändert erkannt werden, da andernfalls die Dateninformation verfälscht wird. Eine einfache visuelle Inspektion der Güte einer Übertragung liefert das so genannte 'Augendiagramm' (*eye diagram*), welches entsteht, wenn viele Bitfolgen am Oszillographen überlagert werden. Es

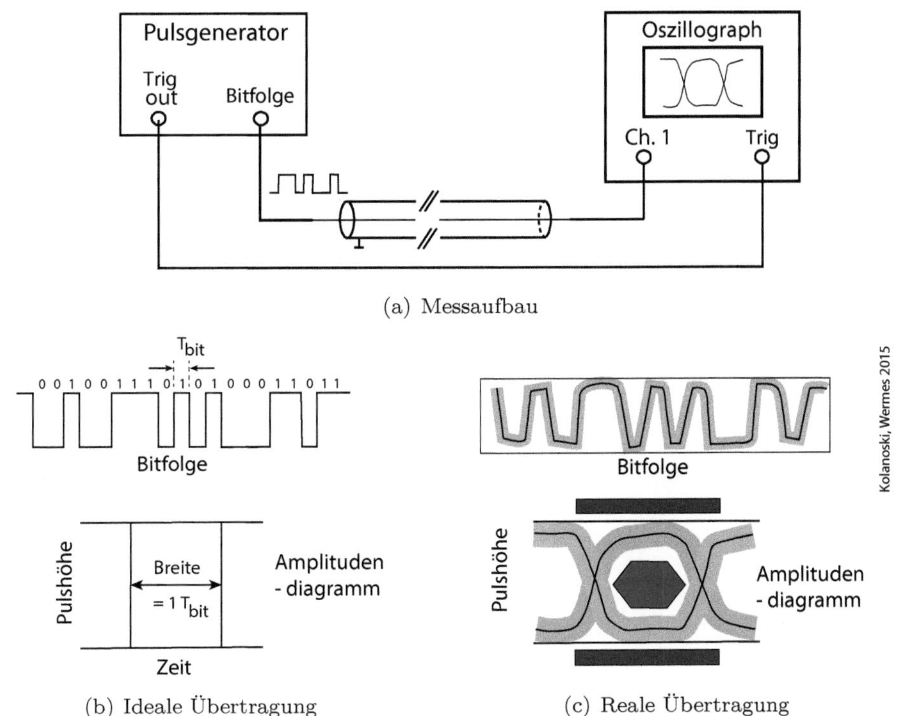

(b) Ideale Übertragung (c) Reale Übertragung

Abb. 17.43 Übertragungscharakterisierung mit Hilfe des Augendiagramms. (a) Messaufbau: Das Oszillographenbild zeigt den Verlauf von zwei Bit-Pulsen (0 und 1) nach der Laufstrecke; (b) Bitfolge (T_{bit} = zeitliche Breite eines Bits) und Augendiagramm im Idealfall; (c) reale Bitfolge und Augendiagramm. Die Pulsfolge ist irregulär und variiert in Amplitude und Form, angedeutet durch die grauen Flächen. Die dunklen Flächen in (c) sind Spezifizierungsmasken, die von den Pulsen der Bitfolgen nicht berührt werden dürfen, um eine fehlerfreie Datenübertragung zu gewährleisten.

erlaubt die Beurteilung der Signalqualität einer Hochgeschwindigkeitsdatenübertragung und der Qualität des Detektorauslesesystems am Ende der Datenerfassungskette. Abbildung 17.43 zeigt den einfachen Messaufbau (Abb. 17.43(a)) sowie den Zusammenhang zwischen einer Folge von logischen Pulsen (Bitfolge) und dem Augendiagramm im Idealfall (Abb. 17.43(b)) und für den Fall, dass durch die Übertragung die Pulsform nicht mehr ideal ist (Abb. 17.43(c)).

Eine elektronische Dämpfungskorrektur (*pre-emphasis*) verbessert die Signalübertragung, wenn Übertragungsrate und Kabellänge eine saubere Übertragung infrage stellen. Als Beispiel einer Dämpfungskorrektur nehmen wir das Experiment Belle II am SuperKEKB-Beschleuniger, bei dem die digitalisierten Daten des DEPFET-Pixeldetektors [910] des Experiments (siehe auch Abschnitt 8.10.2) über eine etwa 15 m lange Strecke elektrisch übertragen werden [646]. Dabei werden die von der Dämpfung am stärksten betroffenen hochfrequenten Anteile des Signals an der Treiberseite durch einen Hochpassfilter auf dem Treiberchip [698] gezielt überhöht (Abb. 17.44(a)), so dass sich nach Durchlauf der Übertragungsstrecke Dämpfung und Überhöhung der hochfrequenten

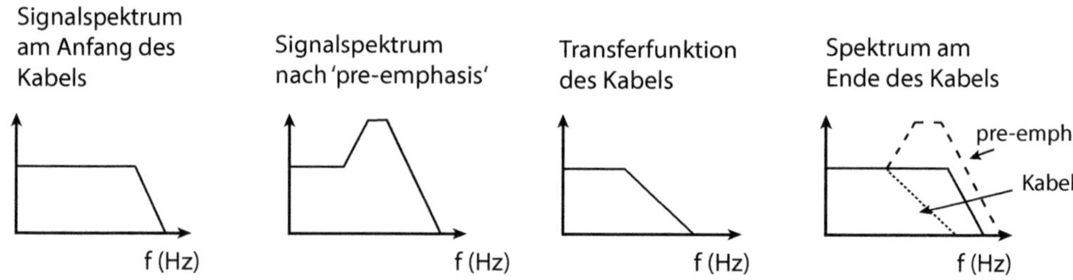

(a) Dämpfungskorrektur durch Pre-Emphasis-Filter (doppelt log. Darstellung)

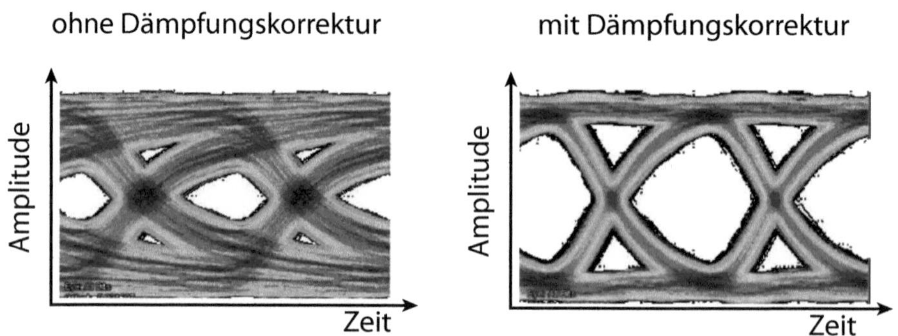

(b) Augendiagramme ohne (links) und mit (rechts) Korrektur

Abb. 17.44 Erhöhung der Übertragungsqualität durch Dämpfungskorrektur (*pre-emphasis*). (a) Erhöhung des hochfrequenten Signalanteils durch einen Pre-Emphasis-Filter. (b) Vergleich der Augendiagramme ohne (links) und mit (rechts) Dämpfungskorrektur im Experiment Belle II [646].

Anteile der Signale kompensieren. Abbildung 17.44(b) zeigt das entsprechende Augendiagramm mit und ohne Dämpfungskorrektur.

17.9 Detektortotzeit

In der Regel gibt es für jeden Auslesekanal eines Detektors eine minimale Zeit nach der Registrierung eines Signals, während der er kein weiteres Signal verarbeiten kann oder zumindest ein folgendes Signal nicht von dem vorhergehenden trennen kann. Diese 'Totzeit' (*dead time*) kann durch den Detektor selbst verursacht sein, weil er nach der Erzeugung eines Signals eine bestimmte Erholzeit braucht. Zum Beispiel sind die Erholzeiten von Cherenkov-Detektoren oder organischen Szintillationszählern vergleichsweise kurz (typisch im Nanosekunden-Bereich), wogegen Geigerzähler nach einem Puls für Millisekunden kein weiteres Signal liefern. Eine weitere Totzeit wird durch die Trigger- und Ausleseelektronik verursacht, die für die Signalregistrierung und -verarbeitung eine gewisse Zeit benötigt. Oft werden in dieser Zeit von dem gesamten Detektor mit allen Auslesekanälen keine weiteren Signale akzeptiert. In anderen Fällen muss die Detek-

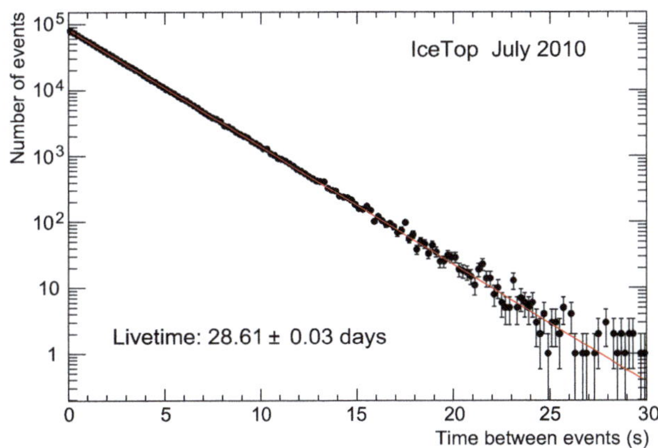

Abb. 17.45 Verteilung der Zeitdifferenzen zwischen zwei Ereignissen, die mit dem Luftschauerdetektor IceTop [16] registriert wurden [422].

tortotzeit eines einzelnen Kanals nicht die Totzeit des gesamten Detektors bestimmen. Häufig bestehen Messungen, zum Beispiel einer Teilchenspur, aus vielen Teilsignalen (Spurpunkten), und die Totzeit eines Kanals kann als Ineffizienz berücksichtigt werden.

Je nachdem, wie lang die Totzeit τ für ein Ereignis und wie hoch die Rate der in zufälliger Folge oder mit fester Wiederholrate eintreffenden Signale sind, kann dies zu einem signifikanten Zeitanteil führen, während der die Apparatur nicht messbereit ist. Die Totzeit muss, möglichst experimentell und möglichst parallel zu der eigentlichen Datennahme, bestimmt werden, und bei der Auswertung der Messung muss darauf korrigiert werden.

Im Folgenden beschreiben wir verschiedene Szenarien für das Auftreten von Totzeiten, die von unterschiedlichen Wahrscheinlichkeiten für zeitliche Abfolgen von Ereignissen abhängen. Wir nehmen dazu an, dass die entsprechenden zugehörigen Totzeiten nicht durch spezielle Maßnahmen reduziert werden, wie zum Beispiel eine Parallelisierung von Triggerentscheidung und Datennahme mit Hilfe von Pipeline-Puffern, was in komplexen Experimenten für hohe Datennahmeraten verwendet wird. Solche, im Idealfall totzeitfreien, Systeme werden in Kapitel 18 beschrieben.

17.9.1 Statistisch gleichverteilte Ereignisse

17.9.1.1 Zeitliche Verteilung

In diesem Abschnitt werden Ereignisse betrachtet, die mit gleicher Wahrscheinlichkeit pro Zeiteinheit auftreten, wie zum Beispiel bei dem Zerfall eines langlebigen radioaktiven Präparats oder bei der Beobachtung von kosmischer Strahlung. Die Ereigniszahl in einem Zeitintervall Δt ist dann Poisson-verteilt. Mit der Ereignisrate n ist die mittlere Anzahl in einem festen Zeitintervall Δt durch $N = n\,\Delta t$ gegeben. Die Wahrscheinlichkeit, dass k Ereignisse in dem Intervall liegen, folgt der Poisson-Verteilung:

$$P(k;N) = \frac{N^k}{k!}\,e^{-N}\,. \tag{17.63}$$

Zu jedem beliebigen Zeitpunkt ist die Wahrscheinlichkeit, dass das nächste Ereignis nach einer Zeit t im Intervall dt gemessen wird, das Produkt aus der Wahrscheinlichkeit $P(0;N)$ im Intervall $[0,t]$ kein Ereignis zu sehen, und der Wahrscheinlichkeit $n\,dt$, in dt ein Ereignis zu sehen:

$$dp(t) = P(0;N)\,n\,dt = n\,\mathrm{e}^{-N}dt = n\,\mathrm{e}^{-nt}dt\,. \tag{17.64}$$

Da $dp(t)/dt$ die Verteilung der Zeiten ist, nach denen jeweils das nächste Ereignis kommt, ist dies auch die Verteilung der Zeitdifferenzen Δt zwischen zwei Ereignissen (man denke sich nur, dass die Zeit $t = 0$ in der obigen Ableitung dem jeweils letzten Ereignis zugewiesen wird):

$$\frac{dp(\Delta t)}{d(\Delta t)} = n\,\mathrm{e}^{-n\,t}\,. \tag{17.65}$$

Ereignisse, die in einem Zeitintervall statistisch zufällig (das heißt gleichverteilt) auftreten, besitzen also eine exponentielle Zeitdifferenzverteilung.

Ein solches exponentielles Verhalten der Zeitdifferenzen ist in Abb. 17.45 für Luftschauer gezeigt, die mit dem Luftschauerdetektor IceTop (Abschnitt 16.4.3) registriert wurden. Die Verteilung ist sehr gut mit der Exponentialverteilung (17.65) verträglich.

17.9.1.2 Totzeit statistisch gleichverteilter Ereignisse

Wir betrachten den Fall, dass jedem Ereignis eine Zeit τ folgt, die Totzeit des Systems, während der keine neuen Ereignisse vom Detektor registriert werden können. Die Zeit τ muss unterschieden werden von dem Totzeitintervall Δt nach einem Ereignis, welches davon abhängt, wie das Auslesesystem die Totzeiten aufeinanderfolgender Ereignisse handhabt. Das soll im Folgenden genauer diskutiert werden.

Wir betrachten dazu die beiden in Abbildung 17.46 dargestellten speziellen Fälle, siehe [655]:

(a) *Detektor mit festem Totzeitintervall:* In diesem Fall erzeugt das Detektorsystem ein Zeitintervall $\Delta t = \tau$ nach jedem registrierten Ereignis, innerhalb dessen der Detektor für die Aufnahme weiterer Ereignisse nicht sensitiv ist. Dieses Zeitintervall ist fest und wird nicht durch das Auftreten weiterer Ereignisse während des Totzeitintervalls verlängert.

(b) *Detektor mit variablem Totzeitintervall:* In diesem Fall wird das Zeitintervall Δt, während dessen der Detektor inaktiv bleibt, durch das Auftreten weiterer Ereignisse um τ verlängert, so dass nach einem neuen Ereignis die verbleibende Totzeit jeweils mindestens τ beträgt (Totzeitverlängerung). Da dies wiederholt geschehen kann, kann Δt im Prinzip unendlich lang werden (bei hohen Ereignisraten).

In dem Beispiel in Abb. 17.46 werden von den 7 Signalereignissen im Falle eines festen Totzeitintervalls 5 Ereignisse und im Falle eines variablen Totzeitintervalls 4 Ereignisse registriert.

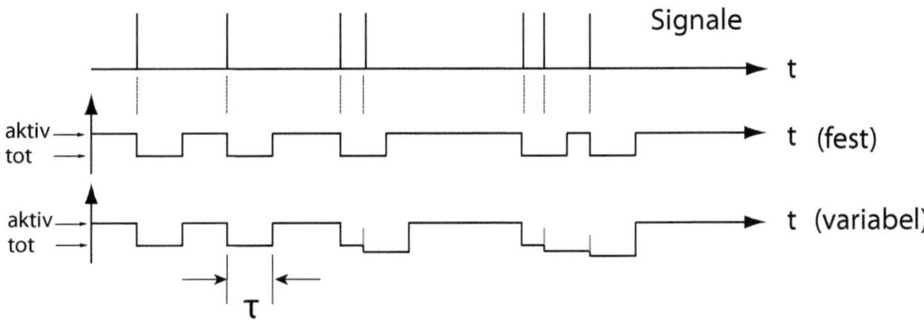

Abb. 17.46 Detektorsignalantwort und Totzeitverhalten für zwei idealisierte Systeme (nach [655]). Oben: zeitliche Abfolge der Signalereignisse. Mitte: Antwort eines Detektors mit festem Totzeitintervall nach einem registrierten Ereignis. Unten: Antwort eines Detektors mit variabler Totzeitintervall nach einem registrierten Ereignis. Jedes während der Totzeit folgende Ereignis verlängert die Totzeit.

Fall (a): festes Totzeitintervall Seien n die echte durchschnittliche Signalrate (N Ereignisse pro Zeit t) und m die mittlere gemessene Rate (M gemessene Ereignisse pro Zeit t). Die mittlere Anzahl an Ereignissen, die in einem Totzeitintervall τ liegen und damit nicht registriert werden, ist $n\tau$. Da die Totzeitintervalle mit der Rate m auftreten, ist die Rate der nicht-registrierten Ereignisse:

$$\frac{N-M}{t} = n - m = m\,n\,\tau\,. \tag{17.66}$$

Durch Auflösen nach n kann daraus die echte Rate aus der gemessenen Rate und der Kenntnis der Totzeit τ berechnet werden:

$$n = \frac{m}{1-m\tau}\,. \tag{17.67}$$

Umgekehrt hat die gemessene Rate folgende Abhängigkeit von der echten Rate:

$$m = \frac{n}{1+n\tau} \tag{17.68}$$

und Anteil der Totzeit an der gesamten Datennahmezeit beträgt

$$\frac{n-m}{n} = \frac{n\tau}{1+n\tau} = m\tau\,. \tag{17.69}$$

Fall (b): variables Totzeitintervall In diesem Fall wird das Totzeitintervall verlängert, wenn in der Totzeit nach einem Ereignis ein weiteres Ereignis auftritt. Das heißt, es werden nur Ereignisse gezählt, für die der zeitliche Abstand vom vorigen Ereignis größer als die Totzeit τ ist. Die Wahrscheinlichkeit dafür ergibt sich mit (17.65) zu

$$p(\Delta t > \tau) = \int_{\tau}^{\infty} n\,\mathrm{e}^{-n\,\Delta t}\,d(\Delta t) = \mathrm{e}^{-n\tau}\,. \tag{17.70}$$

Die gemessene Rate m, für die $t > \tau$ gilt, ist das Produkt von (17.70) mit der mittleren Rate n:

$$m = n\,\mathrm{e}^{-n\tau}\,. \tag{17.71}$$

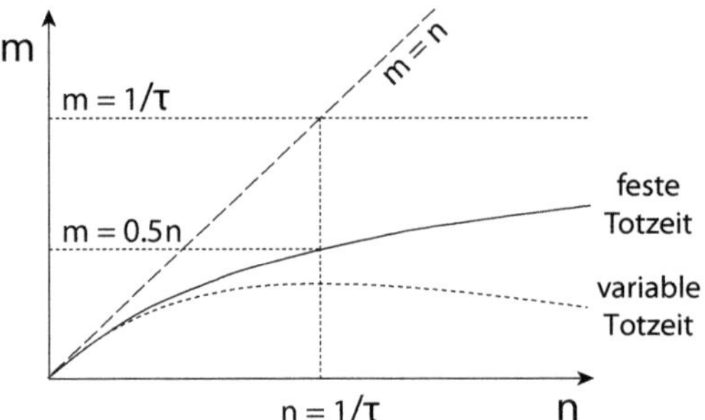

Abb. 17.47 Gemessene Zählrate m als Funktion der echten Zählrate n für Detektoren mit festem Totzeitintervall (durchgezogene Linie), variablem Totzeitintervall (gepunktete Linie) und ohne Totzeit (gestrichelte Linie).

Gleichung (17.71) kann nicht explizit nach n aufgelöst werden. Sie muss entweder numerisch gelöst werden oder kann zum Beispiel aus einer Anpassung von (17.65) an die Verteilung der Zeitabstände aufeinander folgender Ereignisse gewonnen werden (siehe dazu Abschnitt 17.9.3).

Vergleich beider Fälle Abbildung 17.47 zeigt das unterschiedliche Verhalten der gemessenen Rate in den beiden beschriebenen Fällen. Für kleine Ereignisraten ($n \ll 1/\tau$) starten beide Kurven tangential zu der Diagonalen $m = n$. Für hohe Eingangsraten, wenn also der Einfluss der Totzeit immer stärker wird, läuft die messbare Rate m für das System mit festem Totzeitintervall asymptotisch gegen $1/\tau$. Das bedeutet, dass sofort nach Ablauf einer Totzeit ein neues Ereignis kommt, das zu einer neuen Totzeit führt. Dagegen durchläuft die Kurve für das System mit variabler Totzeit ein Maximum bei $n = 1/\tau$, mit $m = n/\mathrm{e} = 0.37\,n$, und sinkt dann wieder ab, während für festes Totzeitintervall bei $n = 1/\tau$ die gemessene Rate den Wert $m = 0.5\,n$ erreicht.

Bei dem System mit variablem Totzeitintervall nähert sich bei hoher Eingangsrate die gemessene Rate der Nulllinie, weil der Detektor durch die immer weiter verlängerte Totzeit kaum noch Ereignisse registrieren kann. Einer gemessenen Rate m können dann zwei echte Raten, eine niedrige und eine hohe, zugeordnet werden, was zu Fehlinterpretationen führen kann.

In beiden Fällen folgt, dass die echte Ereignisrate klein im Vergleich zu $1/\tau$ sein sollte. Insbesondere bei variablem Totzeitintervall wird die Nachweiseffizienz sogar geringer, wenn die Ereignisrate größer als $1/\tau$ wird. In Kapitel 18 wird erklärt, wie diese Grenzen durch Parallelverarbeitung und Pufferung von Daten umgangen werden können, was aber erheblichen zusätzlichen Aufwand an Elektronik erfordert.

17.9.2 Totzeit bei gepulsten Ereignisquellen

Falls die in einem Detektor zu messenden Ereignisse nicht zufällig erfolgen, sondern gepulst in Pulszügen (*bunch trains*) mit einer Dauer T, die in einem konstanten zeitlichen Abstand mit einer Wiederholrate ν auftreten (Abb. 17.48), so können die Gleichungen (17.67) und (17.71) unter Umständen nicht verwendet werden. Innerhalb eines Pulszuges kann es weitere zeitliche Strukturen geben, wie sie zum Beispiel durch die Paketstruktur in einem Beschleuniger auftreten. Ein Beispiel dafür sind aus einem Synchrotron

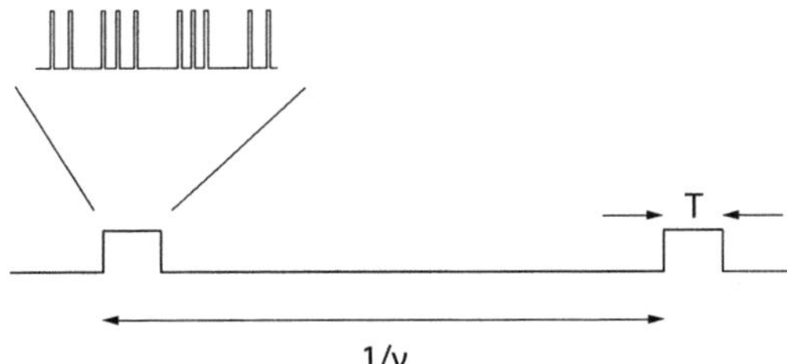

Abb. 17.48 Beispiel einer gepulsten Ereignisquelle. Ein Puls von mehreren Ereignissen wiederholt sich mit einer Wiederholfrequenz ν. Die Pulsdauer beträgt T. Innerhalb von T erfolgen mehrere Ereignisse.

extrahierte Strahlen, bei denen Teilchen- oder Röntgenstrahlung (Synchrotronstrahlung) in einem begrenzten Zeitintervall (typisch im Millisekundenbereich) um das Beschleunigungsmaximum mit einer hochfrequenten Substruktur verteilt sind. Ein anderes Beispiel ist der Betrieb eines Linear Collider mit gepulster Hochfrequenzleistung. In einem solchen Beschleuniger werden die Strahlteilchen in einer Folge von Strahlpaketen mit Abständen Δt (*bunch train*) über eine Zeit T beschleunigt, die sich mit der Frequenz ν wiederholt. Die in entgegengesetzter Richtung beschleunigten Strahlpakete zweier Linearbeschleuniger werden in einer Wechselwirkungszone zur Kollision gebracht, wo sich der Detektor befindet. Eine gewisse Anzahl, Null nicht ausgeschlossen, nachweisbarer Kollisionsereignisse können während der Kreuzung der Strahlpakete beobachtet werden. Ein typischer Parametersatz für den geplanten International Linear Collider [593] ist $T = 1\,\text{ms}$, $\nu = 5\,\text{Hz}$ mit etwa 1300 Strahlpaketen in einem Abstand Δt von 554 ns in jedem Puls [174].

Im Folgenden sollen die Substrukturen relativ zu der Pulslänge vernachlässigt werden. Weiterhin wollen wir auch wieder annehmen, dass keine zusätzlichen Maßnahmen, wie Zwischenspeicherung und Parallelisierung, getroffen werden, um die Totzeit zu reduzieren (für ILC zum Beispiel würden solche Maßnahmen notwendig). Die Bezeichnungen sind wie im vorigen Abschnitt die echte Rate n und die gemessene Rate m (jeweils bezogen auf die gesamte Periode $1/\nu$) und die entsprechenden Ereigniszahlen pro Puls $N = n/\nu$ und $M = m/\nu$. Man kann dann folgende Fälle unterscheiden [655]:

$\tau \ll T$: Falls die Detektortotzeit τ sehr viel kleiner als die Strahlpulsdauer T ist, so hat die Tatsache, dass eine grobe Pulsstruktur vorliegt, wenig Effekt und die Gleichungen (17.68) beziehungsweise (17.71) können verwendet werden.

$\tau > T$: Falls τ größer als T ist, aber kleiner als die Zeit zwischen den Strahlpulsen $(1/\nu - T)$, so kann höchstens ein Ereignis pro Puls detektiert werden. Außerdem ist der Detektor in diesem Fall zu Beginn eines neuen Strahlpulses immer aufnahmebereit. Die gemessene Ereignisrate m kann höchstens gleich der Pulsfrequenz sein, also $m \leq \nu$. Damit ist die mittlere Anzahl pro Puls $M = m/\nu \leq 1$, während die mittlere Anzahl echter Ereignisse $N = n/\nu$ auch größer als 1 sein kann. Die Poisson-Verteilung bestimmt wiederum die Wahrscheinlichkeit, dass mindestens ein echtes Ereignis pro Puls auftritt:

$$P(N > 0) = 1 - P(0) = 1 - e^{-n/\nu}\,. \tag{17.72}$$

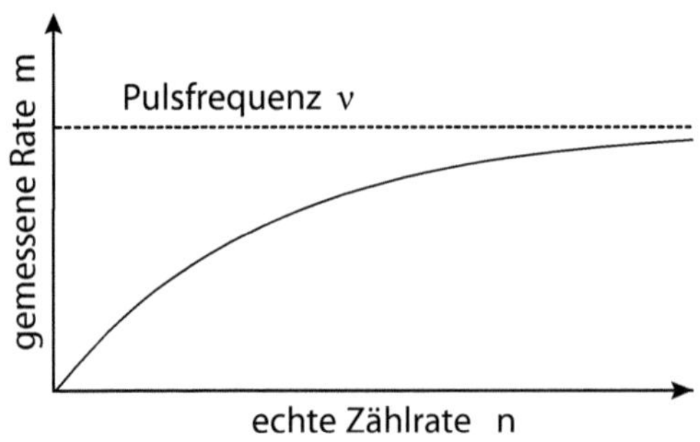

Abb. 17.49 Sättigungsverhalten der gemessenen Ereignisrate bei gepulster Ereignisquelle gemäß Gleichung (17.73) (Totzeit größer als Pulsdauer, siehe Text).

Da der Detektor zu Beginn eines Pulses immer bereit ist, wird er immer genau dann ein Ereignis registrieren, wenn mindestens ein solches auftritt. Daher muss gelten:

$$m/\nu = 1 - \mathrm{e}^{-n/\nu} . \tag{17.73}$$

Mit steigender Rate n nähert sich die gemessene Rate der Pulsfrequenz an (Abb. 17.49). Nach n aufgelöst, ergibt sich

$$n = \nu \cdot \ln \left(\frac{\nu}{\nu - \mathrm{m}} \right) . \tag{17.74}$$

Das gilt für $T < \tau < (1/\nu - T)$, wobei die genaue Größe der Detektortotzeit τ und auch das Totzeitverhalten (fest oder variabel) keine Rolle spielen. Die maximal messbare Zählrate m_{max} ist in diesem Fall gleich ν, der Wiederholfrequenz der Pulse, da maximal ein Ereignis pro Puls aufgenommen werden kann. Es lohnt dann auch nicht, die echte Rate durch Erhöhen der Pulsintensität sehr viel größer als ν zu machen. Die gemessene Rate erreicht bei $n = \nu$ bereits 63% der maximalen Rate, bei $n = 2\,\nu$ sind es 86% und bei $n = 3\,\nu$ sind es 95%.

$\tau \lesssim T$: In dem Fall, dass die Detektortotzeit und die Pulsdauer von ähnlicher Größe sind, ist eine umfangreichere Behandlung erforderlich [655, 336, 1024].

17.9.3 Methoden zur Bestimmung der Totzeit

Die Totzeit von Detektoren muss zur quantitativen Analyse von Messungen durch eine 'Totzeitkorrektur' berücksichtigt werden. Da die Totzeit in den meisten Fällen nicht bekannt ist und auch nicht genau genug berechnet werden kann, muss sie gemessen werden.

17.9.3.1 Statistisch gleichverteilte Ereignisse

In diesem Abschnitt sollen Beispiele für die Totzeitbestimmung bei Ereignissen, die zeitlich zufällig, aber im Mittel gleichverteilt auftreten, diskutiert werden. Solche zufälligen Abfolgen findet man unter anderem bei radioaktiven Zerfällen langlebiger radioaktiver Präparate, bei Hintergrundstrahlung z.B. aus der Umgebung und bei der kosmischen

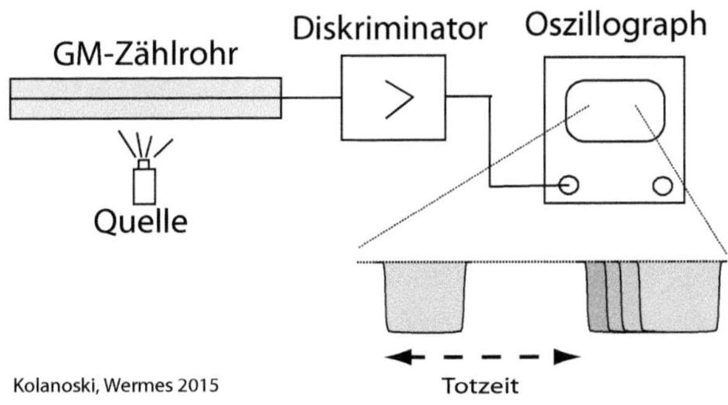

Abb. 17.50 Bestimmung der Totzeit eines Geiger-Müller-Zählrohrs durch Beobachtung der Signale einer radioaktiven Quelle am Oszillographen.

Strahlung. Szenarien für Totzeiten beim Nachweis solcher Ereignisse sind in Abschnitt 17.9.1 besprochen worden.

Totzeitbestimmung mit Hilfe eines Oszillographen Die Totzeit eines einfachen Zählersystems, zum Beispiel eines Geiger-Müller-Zählrohrs, kann man mit einem Oszillographen sehr einfach messen. Die Methode ist in Abb. 17.50 dargestellt: Ein Zählrohr registriert die Strahlung einer radioaktiven Quelle. Die Detektorsignale, deren Pulshöhen oberhalb einer Schwelle liegen, werden mittels eines Diskriminators in logische Pulse verwandelt, die dann auf den Eingang eines Oszillographen gegeben werden. Ein beliebiger Puls triggert den Oszillographen, so dass dieser Puls und die nachfolgenden Pulse dargestellt werden (Selbsttrigger-Modus). Die Zeit zwischen der triggernden Flanke und der ersten sichtbaren Flanke eines folgenden Pulses ist die Totzeit des Detektors. Diese Art Totzeitmessung gilt für die verschiedenen in Abschnitt 17.9.1 besprochenen Szenarien, solange die Rate hoch genug ist, um die Totzeitlücke im Oszillographen klar zu erkennen. Andererseits aber darf die Rate nicht so hoch sein, dass die Messung durch die Totzeit gesättigt ist, das heißt, dass keine Nachfolgepulse mehr auf dem Oszillographen sichtbar werden. Die Totzeit gilt jeweils für das spezielle System, in diesem Fall zum Beispiel für die Kombination von Zählrohr und Diskriminator.

Totzeitbestimmung aus der Zerfallskurve Die Zerfallskurvenmethode [655] benutzt ein kurzlebiges radioaktives Präparat[176] mit einer Zerfallskonstanten λ, welches mit der Rate

$$n(t) = n_0\,\mathrm{e}^{-\lambda t} \tag{17.75}$$

zerfällt, wobei n_0 die echte Rate zu Beginn der Messung ist. Einsetzen von $n(t)$ in (17.67) beziehungsweise (17.71) liefert:

$$m(t)\,\mathrm{e}^{\lambda \mathrm{t}} = n_0 - n_0\tau\, m(t) \quad \text{(festes Totzeitintervall)}\,, \tag{17.76}$$

$$\ln \mathrm{m(t)} + \lambda \mathrm{t} = \ln \mathrm{n_0} - \mathrm{n_0}\tau \mathrm{e}^{-\lambda \mathrm{t}} \quad \text{(variables Totzeitintervall)}\,. \tag{17.77}$$

Durch Auftragung von $m(t)\,\mathrm{e}^{\lambda t}$ gegen $m(t)$ erhält man eine Gerade mit der Steigung $-n_0\tau$ und dem Achsenabschnitt n_0 für den Fall fester Totzeit; für variable Totzeit ergibt

[176]Dazu eignen sich zum Beispiel Isomere wie ^{116m}In, ein β^--Strahler mit einer Halbwertzeit von 54.3 min, der allerdings nur in einigen Forschungslaboren durch Neutronenbeschuss hergestellt werden kann.

sich bei Auftragung von $\lambda t + \ln m(t)$ gegen $\mathrm{e}^{-\lambda t}$ eine Gerade mit derselben Steigung und dem Achsenabschnitt $\ln n_0$.

Totzeitbestimmung aus der Verteilung der Zeiten zwischen Ereignissen Wenn die Zeiten einzelner statistisch gleichverteilter Ereignisse gemessen werden, kann die Totzeit eines Detektorsystems durch Analyse der Verteilung der Zeiten $\Delta t = t_{i+1} - t_i$ zwischen zwei aufeinanderfolgenden registrierten Ereignissen bestimmt werden. Das Prinzip ist hier das gleiche wie bei der Beobachtung mit einem Oszillographen (Abb. 17.50). Die Methode ist allerdings allgemeiner anwendbar, insbesondere auch bei niedrigen Raten, wie zum Beispiel bei der Messung kosmischer Strahlung.

Ohne Totzeit haben diese Zeitdifferenzen eine exponentielle Verteilung (Gleichung (17.65) und Abb. 17.45),

$$\frac{dN}{d(\Delta t)} = N_0\, n\, \mathrm{e}^{-n\,\Delta t}\,, \tag{17.78}$$

wobei N_0 die Gesamtzahl der Ereignisse und n die Ereignisrate ist. Durch Totzeiten nach einem Ereignis ergeben sich bei kleinen Zeitdifferenzen Abweichungen von der Verteilung ohne Totzeiten. Im Folgenden wird angenommen, dass die Totzeit τ konstant ist. Es sollen die beiden in Abschnitt 17.9.1.2 auf Seite 890 betrachteten Fälle analysiert werden:

(a) Ein festes Totzeitintervall τ nach einem *registrierten* Ereignis: Die Rate mit Totzeit ist in (17.68) angegeben.

(b) Eine feste Totzeit τ nach *jedem* Ereignis (d.h. nicht nur nach den registrierten Ereignissen): Das heißt, dass nach jedem Ereignis die verbleibende Totzeit verlängert wird und immer mindestens τ beträgt (das Totzeitintervall wird mit jedem Ereignis erneuert). Die Rate mit fester Totzeit nach jedem Ereignis ist in (17.71) angegeben.

In Abb. 17.51 werden simulierte Verteilungen der Zeitdifferenzen Δt zwischen aufeinanderfolgenden registrierten Ereignissen für verschiedene Totzeitszenarien gezeigt. Sowohl im Fall einer festen Totzeit als auch bei variabler Totzeit beginnen die Verteilungen erst nach der Totzeit τ, also für $\Delta t > \tau$. Die jeweilige Anzahl der verbliebenen Ereignisse berechnet sich nach (17.68) und (17.71). Für den in Abb. 17.51 angenommen Fall $n = 1/\tau$ ergibt sich bei fester Totzeit $m = n/2$ und bei variabler Totzeit $m = n/e$, was durch die Simulation innerhalb der statistischen Fehler gut bestätigt wird.

Für feste Totzeit wird auch eine berechnete Kurve gezeigt. Zur Ableitung der Formel dafür nutzt man aus, dass die Verteilung der Zeit t eines Ereignisses nach dem Ende einer Totzeit demselben Exponentialgesetz folgt wie zu jedem beliebigen anderen Startzeitpunkt. Wenn das nächste registrierte Ereignis zur Zeit t nach Ende der Totzeit folgt, hat es den Abstand $\Delta t = t + \tau$ vom vorhergehenden registrierten Ereignis. Da $t = \Delta t - \tau$ dem Exponentialgesetz folgt ergibt sich

$$f(\Delta t) = N_0\, m\, \exp(-n\,(\Delta t - \tau)) = \frac{N_0\, n}{1 + n\,\tau}\, \exp(-n\,(\Delta t - \tau)) \quad \text{für } \Delta t > \tau \ (= 0 \text{ sonst}) \tag{17.79}$$

Der Vorfaktor vor der Exponentialfunktion stellt sicher, dass das Integral der Funktion (17.79) die gemessene Zahl an Ereignissen, $M = N_0\, m$ reproduziert, wobei die Rate m

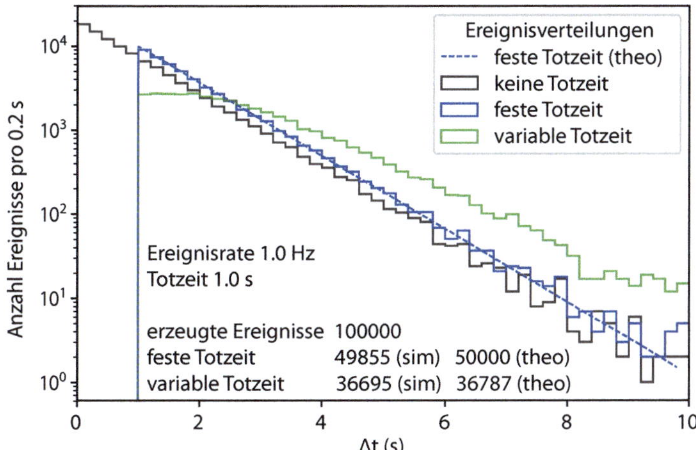

Abb. 17.51 Simulierte Verteilungen der Zeitdifferenzen von statistisch gleichverteilten Ereignissen. Die Histogramme gelten für die in der Legende angegebenen Totzeitmoden. Für den Fall einer festen Totzeit ist auch die nach (17.79) berechnete theoretische Kurve gezeigt. Die Simulation bestätigt die jeweiligen Erwartungen für die Anzahl der verbliebenen Ereignisse nach (17.68) und (17.71).

der Relation zwischen m und n in (17.68) entspricht. Die Funktion beschreibt innerhalb der statistischen Fehler die entsprechende Verteilung in Abb. 17.51.

17.9.3.2 Elektronische Bestimmung der inaktiven Zeit eines Detektors

Wenn es nicht nur um die Totzeit eines einzelnen Detektors geht, sondern um ein System mit vielen Detektorkomponenten, die dann in der Regel auch an einen gemeinsamen Computer angeschlossen sind, wird die Totzeit per elektronischer Stoppuhr bestimmt. Solche Systeme werden in Kapitel 18 besprochen. Sie bestehen schematisch aus dem Detektor, einem Triggersystem, das die Entscheidung trifft, ob ein Ereignis ausgelesen wird, und dem Datennahmesystem (siehe Abb. 18.1). Wir gehen hier kurz auf die Bestimmung der inaktiven Zeit bei 'klassischen' Systemen ohne zusätzliche, Totzeit reduzierende Elektronik ein. Für den allgemeineren Fall wird auf Kapitel 18 verwiesen.

Die Detektorsignale (oder eine Auswahl davon) werden dem Triggersystem zugeführt (Abb. 17.52). Gleichzeitig wird eine Uhr aktiviert, die die Zeit bis zur Triggerentscheidung misst. Während dieser Zeit ist der Detektor deaktiviert. Wenn die Triggerentscheidung negativ ist, wird der Detektor wieder aktiviert, die Uhr wird gestoppt und die gemessene Zeit als Totzeit abgespeichert. Ist die Triggerentscheidung positiv, so wird die inaktive Zeit um die Auslesezeit zum Computer verlängert und in der Regel durch ein *Ready*-Signal des Computers beendet.

Es ist zu beachten, dass bei diesem Schema die individuelle Totzeit eines einzelnen Auslesekanals nicht berücksichtigt werden muss. Diese individuellen Totzeiten gehen als Ineffizienzen der einzelnen Kanäle in die Auswertung ein, entweder dadurch, dass man sie explizit bestimmt, wie oben für ein Zählrohr besprochen, oder durch Ausnutzen von

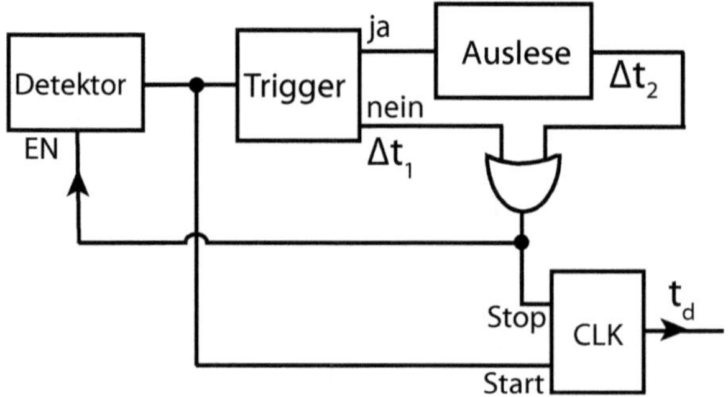

Abb. 17.52 Detektortotzeit bei Experimenten mit Triggerentscheidung (schematisch). Der Detektor wird gestoppt und nach positiver Triggerentscheidung reaktiviert (EN). Die Totzeit t_d wird gemessen und ist für jedes Ereignis entweder bestimmt von der Triggerlatenz oder von der Summe aus Trigger- und Auslesezeit.

redundanter Information. Zum Beispiel kann die Ineffizienz (die die Totzeit beinhaltet) eines Spurdetektorkanals mit Hilfe von anderen Treffern entlang der Spur, die viele Detektorebenen kreuzt, bestimmt werden.

In Beschleunigerexperimenten ist die Ereignisrate normalerweise zeitlich nicht konstant. Sie ist über die Luminosität proportional zur Strahlintensität, wie durch die Gleichungen (2.2) und (2.3) auf Seite 16 für Collider-Experimente und für Fixed-Target-Experimente durch (3.5) definiert. Zur Bestimmung von Wirkungsquerschnitten muss die Luminosität bekannt sein. Ihre Bestimmung ist häufig durch eine spezielle, parallel erfolgende Messung möglich, wie zum Beispiel an e^+e^--Collidern durch Bhabha-Streuung (siehe Abschnitt 2.2.1). Totzeiteffekte werden dabei implizit berücksichtigt, weil die entsprechende Messung der Luminositätsreaktion denselben Totzeiten wie das Gesamtexperiment unterliegt.

Bei Experimenten zur kosmischen Strahlung wird keine Luminositätsmessung benötigt, sondern nur die Länge der aktiven Messzeit. Die gemessene integrierte Totzeit muss von der Gesamtzeit der Datennahme abgezogen werden, um zum Beispiel den Fluss kosmischer Strahlung zu bestimmen.

17.10 Signalschwankungen und Elektronikrauschen

Kein Messprozess ist perfekt. Sowohl die Signalerzeugung als auch die elektronische Auslesekette sind mit Imperfektionen behaftet, verursacht durch statistische Fluktuationen und durch systematische Fehler beim Messprozess. Letztere hängen vom individuellen Aufbau, der Umgebung und der Bedienung der Messapparatur ab und können nur in Ansätzen behandelt werden. Wir beschäftigen uns in diesem Abschnitt vornehmlich mit statistischen Schwankungen bei der Signalerzeugung und in der Ausleseelektronik. Je weiter vorne in der Auslesekette eine potenzielle Rauschquelle sitzen kann, umso größer ist ihr möglicher Beitrag zum Gesamtrauschen der Apparatur.

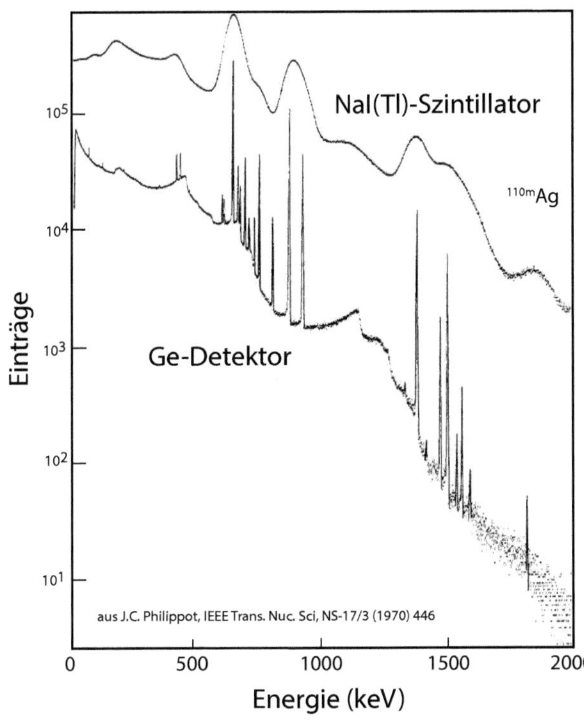

Abb. 17.53 Bedeutung von Fluktuationen bei der Aufnahme von Messdaten: γ-Spektrum, aufgenommen mit einem NaI(Tl)-Szintillator, im Vergleich zu einem Ge-Detektor. Die Erkennung scharfer, einzelner Linien wird durch die bessere Auflösung (geringere Signalfluktuationen und/oder kleineres elektronisches Rauschen) möglich (aus Philippot et al. [830], mit freundl. Genehmigung von IEEE).

17.10.1 Fluktuationen im Messprozess

Fluktuationen im Messprozess sind nie vollständig vermeidbar. Sie können aber bei geeigneter Wahl der Apparatur und Design des Aufbaus minimiert werden. Die Ursachen können sehr vielfältig sein:

- statistische Fluktuationen im Signalerzeugungsprozess,
- fluktuierende Beiträge von Untergrundprozessen,
- Fluktuationen in der Signalverarbeitungselektronik (elektronisches Rauschen),
- Einfang nieder- oder hochfrequenter externer Signale (*pick-up noise*),
- kohärentes Rauschen, Schwingungen im elektronischen System (verursacht zum Beispiel durch Erdschleifen),
- Quantisierungsrauschen bei der Digitalisierung des Signals,
- Temperaturschwankungen

und viele andere. Wir konzentrieren uns in diesem Abschnitt auf die rein statistischen Fluktuationen (a) bei der Signalerzeugung (Signalfluktuationen, in manchen Systemen auch Fano-Rauschen genannt) und (b) bei der elektronischen Verarbeitung des Signals (elektronisches Rauschen). Die Darstellung konzentriert sich wie bisher in diesem Kapitel auf Detektorsysteme mit Ladungsauslese, wie zum Beispiel Halbleiterdetektoren oder gasgefüllte Detektoren (siehe auch [956] und [886]). Viele Aspekte sind aber auch für andere Detektorauslesen relevant.

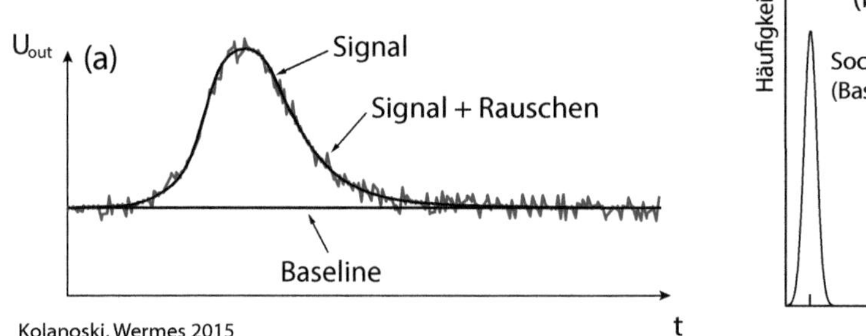

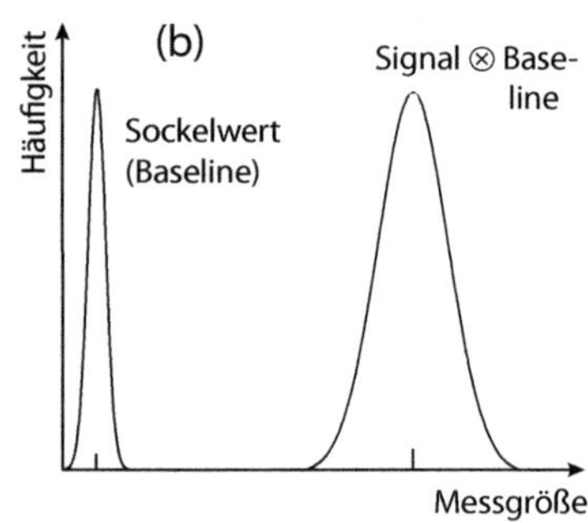

Abb. 17.54 (a) Schematische Darstellung eines Messsignals (zum Beispiel einer zur Ladung proportionalen Spannung) mit Grundlinie (*baseline*) und Rauschbeiträgen. (b) Häufigkeitsverteilung bei der Messung vieler Pulse der Form wie in (a) dargestellt.

Abbildung 17.53 zeigt ein Beispiel, wie sich Messfluktuationen auf das Vermögen einer Apparatur, Signale aufzulösen, auswirken (siehe auch [956]). Verglichen werden γ-Linien des metastabilen ^{110m}Ag-Isomers, die einmal mit einem NaI(Tl)-Szintillator-System und einmal mit einem Halbleiter(Ge)-Detektor mit elektronischer Auslese aufgenommen wurden [830]. Der Germanium-Detektor besitzt eine bessere Auflösung, vor allem wegen der geringeren Signalfluktuationen.

Der Ausgangspuls eines Detektors hat häufig eine Form, wie in Abb. 17.54(a) skizziert. Werden viele Signale dieser Form erfasst und die Messwerte (zum Beispiel die integrierte Ladung oder die Pulshöhe) digitalisiert in ein Histogramm eingetragen, so ergibt sich das Messspektrum in Abb. 17.54(b). Es zeigt die Verteilung des so genannten Grundlinienwerts (*baseline*), die den 'Sockel' der Verteilung bei Abwesenheit eines Eingangssignals darstellt, sowie die Verteilung des Signalwerts, dessen Breite Beiträge aus Signal- und aus Baseline-Fluktuationen besitzt, die sich quadratisch addieren.

Um zu illustrieren, welche Rolle das Rauschen von Signal und Elektronik spielt, unterscheiden wir zwei Fälle:

1. Die Breite der Grundlinie (B) ist deutlich kleiner als die Breite des Signals (S): $\sigma_S \gg \sigma_B$, wie in Abb. 17.55(a) dargestellt. Ein Beispiel für diese Situation ist ein NaI(Tl)-Szintillatorkristall (siehe Abschnitt 13.3), ausgelesen mit einem Photovervielfacher (Abb. 10.5 auf Seite 478). Die Gesamtbreite wird von den statistischen Fluktuationen des Signalprozesses dominiert, einer Detektoreigenschaft.
2. Die Breite der Grundlinie ist viel größer als die Signalfluktuationen: $\sigma_B \gg \sigma_S$, siehe Abb. 17.55(b). Ein prominentes Beispiel zu dieser Situation sind Halbleiterdetektoren mit elektronischer Auslese. In diesem Fall bestimmt das elektronische Rauschen weitgehend die erzielbare Auflösung. Seine Minimierung spielt für solche Detektoren eine wichtige Rolle und beeinflusst erheblich das Design der Elektronik.

Um beispielhaft zu erläutern, welche Komponente in der Signalerzeugungs- und Auslesekette dominant zur Energieauflösung beiträgt, betrachten wir Szintillationskristalle, wie sie zum Beispiel in der Positron-Elektron-Tomografie (PET) zum Einsatz kommen (siehe dazu Abb. 2.12 auf Seite 24). Zwei entgegengesetzt kollineare Gammaquanten mit

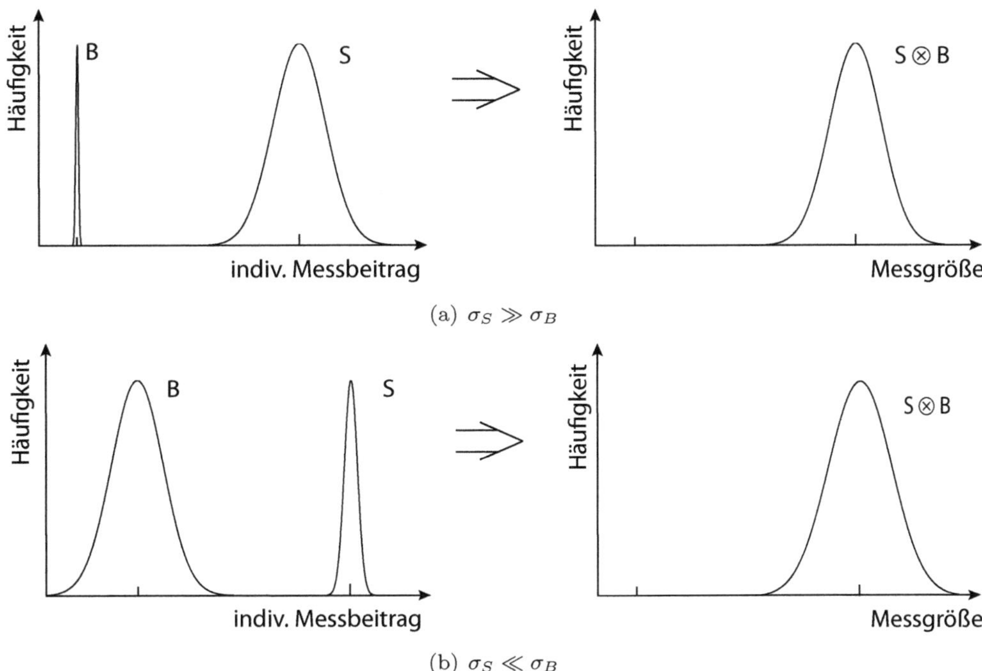

Abb. 17.55 Fluktuationsbeiträge zum Messspektrum für die Fälle (a) $\sigma_S \gg \sigma_B$, und (b) $\sigma_S \ll \sigma_B$. Beispiele für beide sind im Text erläutert. Jeweils links sind die individuellen Fluktuationsbeiträge dargestellt, jeweils rechts die Messgröße. Die Auflösung ist durch quadratische Addition $S \otimes B$ der Breiten des Sockelwerts B mit dem Signal S gegeben. Sie wird in (a) von den Fluktuationen des Signals dominiert, während in (b) das elektronische Rauschen groß im Vergleich zu den Signalfluktuationen ist und daher zur Gesamtauflösung signifikant beiträgt (siehe auch [956]).

je 511 keV Energie werden bei der PET-Anwendung emittiert. Anhand von Abb. 17.56 können wir den für die Auflösung dominanten Beitrag in der Auslesekette identifizieren:

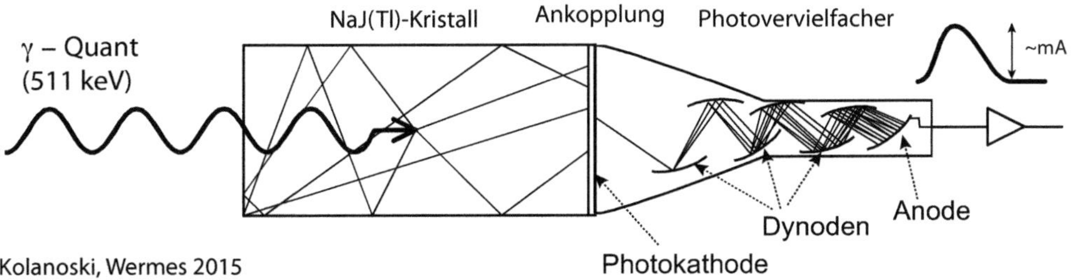

Abb. 17.56 Auslesekette in einem NaI(Tl)-Kristall-Photovervielfacher-System. Das im NaI-Kristall erzeugte Szintillationslicht wird an der Photokathode in Elektronen konvertiert. Das elektrische Signal wird über mehrere Verstärkerstufen (Dynoden) verstärkt an der Anode abgegriffen.

- In einem NaI(Tl)-Szintillatorkristall zum Beispiel werden etwa 43 000 (optische) Photonen pro MeV deponierter Energie erzeugt (siehe Tab. 13.3 auf Seite 605). Ein 511-keV-Quant erzeugt also $N_\gamma \approx 22\,000$ Photonen in einem Kristall.
- Von diesen erreichen circa $N_\gamma \approx 13\,000$ (60%) die Photokathode des Photovervielfachers.
- Unter der Annahme einer Quantenausbeute von 20% entstehen daraus an der Photokathode des Photovervielfachers (PMT) etwa $N_e \approx 2\,500$ Photoelektronen.
- Bei einer typischen PMT-Verstärkung von etwa 10^6 erreichen ungefähr $N_e = 2.5 \times 10^9$ Elektronen die Anode, was bei den typischen Pulsdauern von NaI(Tl) ein Signal im Milliampere-Bereich ergibt.

Die erzielbare Energieauflösung σ_E/E ist bestimmt durch die kleinste Größe in dieser Kette, das heißt die mit der größten relativen statistischen Unsicherheit. Die anderen Größen tragen entsprechend der quadratischen Fehlerfortpflanzung weniger zum Gesamtfehler bei. In diesem Fall ist es die Zahl der Photonen an der ersten Dynode, die den Fehler dominiert:

$$
\begin{aligned}
& \sigma_{\text{dyn1}} = \sqrt{N_{\text{dyn1}}} = \sqrt{2500}\ \text{e}^- = 50\ \text{e}^- = 2\%\ N_{\text{dyn1}} \\
\Rightarrow \quad & \sigma_{\text{signal}} = \sigma_{\text{dyn1}} \times (\text{Verstärkung}) = 5 \times 10^7\,\text{e}^-\,.
\end{aligned}
$$

Die statistischen Fluktuationen des Signals sind in diesem Beispiel sehr viel größer als das elektronische Rauschen, was die Breite B der Grundlinie verursacht. Die Größe des elektronischen Rauschens relativ zum Signal liegt bei PMT-Auslese typisch im $10^{-(4-5)}$-Bereich und ist für die Auflösung der Apparatur daher vernachlässigbar.

Für den umgekehrten Fall, dass $\sigma(S) \ll \sigma(B)$ ist, nehmen wir als Beispiel den Nachweis eines 60-keV-γ-Quants aus einer ^{241}Am-Quelle mit einem Silizium-Halbleiterdetektor (Abb. 17.55(b)). Die Anzahl der Elektron-Loch-Paare beträgt

$$
N_{e/h} = \frac{E_\gamma}{w_i} = \frac{60\,000\,\text{eV}}{3.65\,\text{eV}/(\text{e/h})} \approx 16\,500 \quad \text{e/h-Paare}
$$

mit der mittleren Energie w_i zur Erzeugung eine e/h-Paares in Silizium von 3.65 eV [515]. Die Signalfluktuationen berechnen sich gemäß:

$$
\begin{aligned}
\sigma_{\text{signal}} &= \sqrt{N_{e/h} \cdot F} \qquad (F = \text{Fano-Faktor, siehe Abschnitt 17.10.2}) \\
&= \sqrt{N_{e/h} \cdot 0.1} = 40\,\text{e}^-\,,
\end{aligned}
$$

das heißt relativ zur Signalgröße $\sigma_{e/h}/N_{e/h} = 0.2\,\%$. Dies ist zu vergleichen mit dem im ersten Beispiel erzielten relativen Fehler von 2%. Das Rauschen in Halbleiterdetektoren ist vor allem von der Elektrodenkapazität am Eingang des Verstärkers abhängig (siehe Abschnitt 17.10.3.3) und liegt bei Pixel- oder Streifendetektoren typisch in der Größenordnung von $\mathcal{O}(100\,e^-)$ für Pixel bis $\mathcal{O}(1000\,e^-)$ für Streifen. Es ist damit viel größer als die Fluktuationen σ_{signal} des Signals und bestimmt daher die erzielbare Gesamtauflösung.

17.10.2 Signalfluktuationen und Fano-Faktor

Ein im Detektor nachgewiesenes Signal ist Fluktuationen unterworfen, selbst bei kompletter Energieabsorption, zum Beispiel bei der Absorption des Röntgenquants einer ^{55}Fe-Quelle aus der 5.9 keV Mn-K_α-Linie. Neben der (meist vernachlässigbaren) natürlichen Linienbreite eines Zerfallsniveaus sind Fluktuationen im Signalentstehungsprozess vor allem auf statistische Schwankungen der im Primärprozess erzeugten Quanten (Photonen, Ladungsträger, Phononen) zurückzuführen und unterliegen der Poisson-Statistik

$$P(k;\mu) = \frac{\mu^k}{k!}\mathrm{e}^{-\mu}\,, \tag{17.80}$$

mit $P(k;\mu)$ = Wahrscheinlichkeit für k Ereignisse bei einem Mittelwert $\mu > 0$. Die Varianz beträgt $\sigma^2 = \mu$. Für große Ereigniszahlen (das heißt Mittelwerte $\mu = \langle N\rangle$) geht die Poisson-Verteilung in die Gauß-Verteilung über. In der Praxis kann dies bereits für N größer als etwa zehn angenommen werden. Die Messschwankung ist gegeben durch

$$\sigma = \sqrt{N}\,,$$

und der relative Fehler ist $\sigma/N = 1/\sqrt{N}$.

Wenn in einem Detektor die Energie eines Teilchens total absorbiert wird, wie zum Beispiel ein Röntgenquant in Silizium, so ergibt sich durch die Bedingung, dass die gesamte deponierte Energie festliegt, eine Verbesserung der Energieauflösung. Die absorbierte Energie verteilt sich auf eine in der Regel kleine Zahl möglicher Energiverlustprozesse, deren Summe die Teilchenenergie sein muss. Eine größere Energieabgabe zum Beispiel an das Gitter (Phononenanregung) hat zur Folge, dass weniger Ladungsträger freigesetzt werden können. Bei diesem Beispiel mit zwei Möglichkeiten der Energieabgabe (Phononen und Ladungen) wäre der statistische Fehler durch den Fehler der Binomialverteilung gegeben statt durch den Poisson-Fehler. Das Ergebnis der Zwangsbedingung durch die Energieerhaltung bei der Aufteilung der absorbierten Energie ist eine bessere Energieauflösung, als dies durch den Poisson-Fehler der Ladungsträger ($\sqrt{N}$) der Fall ist. Bei einem Teilchendurchgang durch einen Detektor mit dem Verlust (dE/dx) nur eines Teils der Teilchenenergie gelten die obigen Zwangsbedingungen nicht.

Eine exakte, allgemein gültige Berechnung des Fano-Faktors ist kompliziert. Wir betrachten daher als ein einfaches System einen Siliziumdetektor, bei dem die Diskussion weitgehend auf zwei Energieverlustmechanismen reduziert werden kann (siehe auch [956]): die Erzeugung von Elektron-Loch-Paaren und die Anregung von Gitterschwingungen (Phononanregung). Zur Erzeugung eines e/h-Paares wird mindestens die Energie zur Überwindung der Bandlücke (in Silizium $E_G = 1.12\,\mathrm{eV}$) benötigt. Eine im Detektor deponierte Energie wird aber für jeden Einzelfall verschieden auf die Erzeugung von e/h-Paaren oder Gitterschwingungen aufgeteilt, so dass im Mittel $w_i = 3.65\,\mathrm{eV}$ für die e/h-Erzeugung benötigt wird.

Wir nehmen an, N_p Phononanregungen werden mit einer statistischen Fluktuation von $\sigma_p = \sqrt{N_p}$ erzeugt[177]; $N_{e/h}$ Elektron-Loch-Paare werden in Ionisationsprozessen

[177] Für große N gehen sowohl Binomial- als auch Poisson-Verteilung in die Gauß-Verteilung mit $\sigma = \sqrt{N}$ über.

mit einer Fluktuation von $\sigma_{e/h} = \sqrt{N_{e/h}}$ erzeugt. E_0 sei eine feste, im Detektor mit jedem Ereignis deponierte Energie (zum Beispiel die Energie eines γ-Quants aus einem Zerfall einer radioaktiven Quelle), die für die Phonon- und e/h-Erzeugung zur Verfügung steht:

$$E_0 = E_i\, N_{e/h} + E_x\, N_p\,, \tag{17.81}$$

wobei E_i die benötigte Energie für eine einzelne Ionisation und E_x die für eine einzelne Phononanregung ist.

Die Energie E_0 kann sich auf Ionisationen oder Anregungen aufteilen. Da E_0 bei vollständiger Absorption aber fest und bei gleicher γ-Energie immer gleich ist, muss bei jeder Absorption eine Fluktuation eines größeren E_0-Anteils ($E_x\,\Delta N_p$) auf Phononanregung durch einen entsprechend kleineren E_0-Anteil ($E_i\,(-\Delta N_{e/h})$) für die Ionisation kompensiert werden:

$$E_x\,\Delta N_p - E_i\,\Delta N_{e/h} = 0\,.$$

Gemittelt über viele Absorptionen der Energie E_0 gilt daher:

$$E_x\,\sigma_p = E_i\,\sigma_{e/h} \quad \Rightarrow \quad \sigma_{e/h} = \sigma_p \frac{E_x}{E_i} = \sqrt{N_p}\frac{E_x}{E_i}\,.$$

Mit Gleichung (17.81)

$$N_p = \frac{E_0 - E_i N_{e/h}}{E_x}$$

und der mittleren Zahl der e/h-Paare,

$$N_{e/h} = \frac{E_0}{w_i}\,,$$

folgt daraus:

$$\sigma_{e/h} = \frac{E_x}{E_i}\sqrt{\frac{E_0}{E_x} - \frac{E_i}{E_x}\frac{E_0}{w_i}} = \sqrt{\frac{E_0}{w_i}}\sqrt{\underbrace{\frac{E_x}{E_i}\left(\frac{w_i}{E_i} - 1\right)}_{=F\ \text{(Fano-Faktor)}}} = \sqrt{\frac{E_0}{w_i}F}$$

$$\Longrightarrow \sigma_{e/h} = \sqrt{N_{e/h}\,F}\,. \tag{17.82}$$

Die erzielte Auflösung $\sigma_{e/h}$ ist also besser als die durch die Poisson-Statistik unabhängig erzeugter e/h-Paare erwartete Auflösung $\sqrt{N_{e/h}}$, und zwar um den Faktor $\sqrt{F}$, der daher auch als

$$\text{Fano-Faktor } F = \frac{\text{beobachtete Varianz}}{\text{Varianz der Poisson-Statistik}}$$

definiert werden kann.

Setzt man für Silizium eine mittlere Phononanregungsenergie von $E_x \approx 0.037$ eV an [956], sowie $E_i = E_G = 1.12$ eV und $w_i = 3.65$ eV so berechnet sich aus (17.82) ein Fano-Faktor von $F_{Si} \approx 0.08$. Der Fano-Faktor ist temperaturabhängig. Messungen (zum Beispiel in [388] bei 90 K) und theoretische Berechnungen [79] liegen zwischen $\mathrm{F}_{Si} \approx$ 0.084 und 0.115. Wie aus (17.82) ersichtlich, ist die Kleinheit des Fano-Faktors vor allem durch das kleine Verhältnis der Prozess-Energien E_x/E_i bedingt.

Tab. 17.3 Fano-Faktoren für einige Detektormaterialien (aus [79, 627]).

Material	Si	Ge	GaAs	CdTe	Diamant	Ar	flüss. Ar
Fano-Faktor	0.115	0.13	0.10	0.10	0.08	0.20	0.107–0.116

Bei vollständiger Absorption der Energie des eintreffenden Teilchens ist das Signalrauschen in Silizium nur etwa 30% des Wertes, der aus der Anzahlfluktuation der erzeugten e/h-Paare zu erwarten wäre:

$$\sigma_{\text{signal}}(\text{Si}) = \sigma_{e/h} \approx 0.3 \cdot \sqrt{N_{e/h}}\,.$$

Für verschiedene in Detektoren verwendete Halbleiter sowie für Argon sind in Tab. 17.3 einige theoretische, weitgehend experimentell verifizierte Werte für Fano-Faktoren angegeben [79, 627]

Für Detektoren mit komplexeren Signalerzeugungsprozessen wie zum Beispiel Szintillatoren, bei denen auch Exziton-Prozesse eine Rolle spielen (siehe Abschnitt 13.3 auf Seite 602), kann auch ein Fano-Faktor $F > 1$ auftreten [382].

17.10.3 Elektronisches Rauschen

Statistische Fluktuationen in allen Bauteilen und Schaltungen verursachen Schwankungen in Spannungen oder Strömen, die man als (elektronisches) *Rauschen* (*noise*) bezeichnet. Ursachen sind zum Beispiel die thermische Bewegung von Elektronen, Leckstöme, zeitliche und räumliche Fluktuationen aufgrund der Quantisierung der Ladungsträger oder Erzeugung und Rekombination von Elektron-Loch-Paaren sowie Einflüsse außerhalb der Schaltung. In diesem Abschnitt wird das elektronische Rauschen aufgrund statistischer Fluktuationen in der Signalverarbeitung im Gegensatz zur Signalerzeugung (Abschnitt 17.10.2) behandelt.

Rauscherscheinungen geben beim Messvorgang eine Grenze vor, unterhalb derer Signale nicht oder nur unter speziellen Umständen messbar sind, da sie im Rauschen verschwinden. Wir wollen zunächst die grundsätzlichen Ursachen des Rauschens getrennt betrachten, dann die Konsequenzen für Detektoren abschätzen und Methoden vorstellen, mit denen elektronisches Rauschen reduziert werden kann.

17.10.3.1 Rauschquellen

Als Rauschen wird die stochastische Schwankung um einen Sollwert, in der Elektronik in der Regel eine Spannung oder ein Strom, bezeichnet. Der Mittelwert eines Rauschbeitrags um einen Messwert $\langle I \rangle = I_0$ ist null, so dass das mittlere Schwankungsquadrat (Varianz) σ^2 um I_0 eine nützliche Größe zur Rauschquantifizierung ist (vgl. Abb. 17.57(a)):

$$\sigma^2 = \lim_{T\to\infty} \frac{1}{T} \int_0^T \left(I(t) - I_0\right)^2 dt\,. \tag{17.83}$$

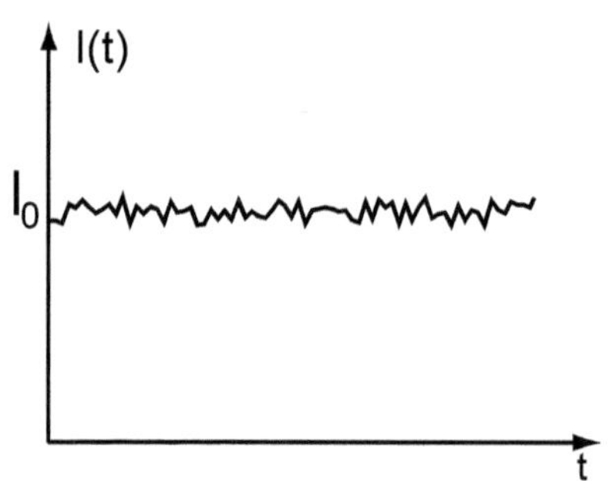

(a) Stromrauschen als Funktion der Zeit

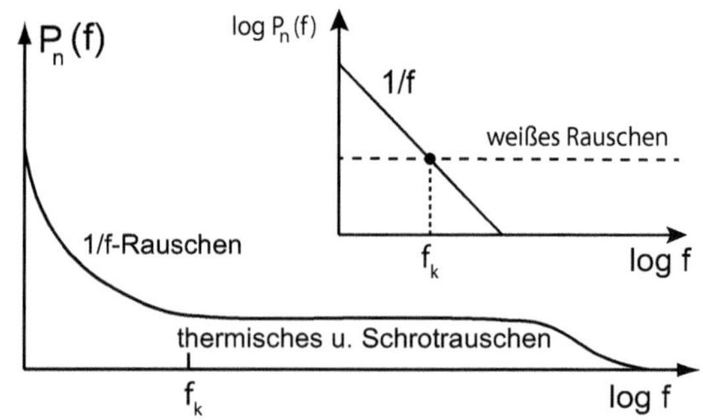

(b) Rauschspektrum (typisch) als Funktion der Frequenz

Abb. 17.57 Elektronisches Stromrauschen (a) im Zeitbereich. (b) Typisches Rauschleistungsspektrum im Frequenzbereich. f_k ist die Eckfrequenz, die den Übergang von 1/f- zu weißem Rauschen markiert (eingesetzte Abbildung: doppelt-logarithmische Darstellung).

σ^2 ist ein Maß für die Stärke des Rauschens, und σ wird als Effektivwert der Rauschgröße bezeichnet. Häufig ist es praktischer, für Rauschvorgänge ein Frequenzspektrum anzugeben. Hierzu betrachtet man die Fourier-Transformierte des zeitabhängigen Vorgangs. Wir definieren eine spektrale Leistungsdichte dP_n/df, die die Leistung in einem Frequenzintervall von 1 Hz bei der Frequenz f angibt. Die gesamte Rauschleistung ist durch

$$P_n = \int_0^\infty \frac{dP_n}{df} df \tag{17.84}$$

gegeben. Da diese Gesamtleistung endlich sein muss, muss die Leistungsdichte ab einer bestimmten Frequenz abnehmen. Ein eventuell enthaltener Gleichstrom- beziehungsweise Gleichspannungsanteil äußert sich im Spektrum als δ-Funktion[178] bei $f = 0$.

In elektrischen Bauteilen oder Systemen wird Rauschen üblicherweise in spektralen Dichten der quadrierten Spannungen oder Ströme betrachtet, die der Rauschleistungsdichte (17.84) entsprechen. Die in einem Widerstand R vorliegende Rauschleistungsdichte, zum Beispiel, hängt mit den entsprechenden Rauschstrom- und Rauschspannungsdichten wie folgt zusammen:

$$dP_n/df = \frac{1}{R}\, d\langle u^2\rangle/df = R\, d\langle i^2\rangle/df\,. \tag{17.85}$$

Im Sprachgebrauch werden auch die quadratischen Ausdrücke ohne R häufig als Leistungsdichten bezeichnet. Die Leistungsdichte für den Strom entspricht dem Schwankungsquadrat σ^2 in (17.83). Die Einheit der Rausch(leistungs)dichte ist $\mathrm{A^2/Hz}$ bei Betrachtung des Stromes beziehungsweise $\mathrm{V^2/Hz}$ bei Betrachtung der Spannung. Die Größe $\sigma = \sqrt{\sigma^2}$ kennzeichnet das Rauschen daher in der Einheit $\mathrm{A}/\sqrt{\mathrm{Hz}}$ beziehungsweise $\mathrm{V}/\sqrt{\mathrm{Hz}}$.

Ist die Rauschleistung in einem Frequenzband frequenzunabhängig, spricht man von weißem Rauschen (*white noise*); ein Anteil der mit zunehmender Frequenz wie $1/f$ abnimmt, wird 1/f-Rauschen genannt (*flicker noise* oder auch *pink noise*). Die beiden

[178] Die Laplace-Transformierte der δ-Funktion ist $F(s) = 1/s$ (siehe Anhang H) mit einem Pol auf der reellen Achse bei $s = 0$, der charakteristisch für einen DC-Anteil ist.

Rauschanteile sind schematisch in Abb. 17.57(b) dargestellt. In Frequenzspektren sieht man gelegentlich charakteristische Linien, die von elektromagnetischen Störfeldern verursacht werden, wie zum Beispiel die vom Stromnetz bekannte 50-Hz-Linie. Diese werden im Allgemeinen nicht als Rauschen klassifiziert, sondern werden oft als 'elektromagnetische Störung' oder *pick up noise* bezeichnet.

Rauschen wird durch Fluktuationen verursacht. Ein Strom von N Ladungen zwischen zwei Elektroden im Abstand b,

$$i = \frac{Nev}{b} ,$$

kann in der Anzahl N und in der Geschwindigkeit v unabhängig voneinander fluktuieren:

$$(di)^2 = \left(\frac{ev}{b}dN\right)^2 + \left(\frac{eN}{b}dv\right)^2 ,$$

ausgedrückt durch das totale Differenzial di mit der quadratischen Addition der beiden Terme.

Wir unterscheiden im Folgenden hauptsächlich drei physikalische Rauschquellen:

- Thermisches Rauschen (*thermal noise*)
- Schrotrauschen (*shot noise*)
- 1/f-Rauschen (*1/f noise*) .

Thermisches Rauschen entsteht durch thermisch bedingte Geschwindigkeitsfluktuationen der Ladungsträger (Brownsche Bewegung). Schrotrauschen und 1/f-Rauschen rühren (mindestens in MOSFETs) von Anzahldichtefluktuationen her. Thermisches Rauschen und Schrotrauschen besitzen ein weißes Frequenzspektrum über einen weiten Frequenzbereich; 1/f-Rauschen besitzt, wie der Name sagt, ein spektrales Verhalten wie $1/f$ oder allgemeiner wie $1/f^\alpha$, mit $\alpha = 0.5 \ldots 2$ (siehe Abb. 17.57(b)).

Eine Vielzahl von Benennungen für elektronisches Rauschen in jeweils anderem Kontext machen das Verständnis unnötig schwer. Die oben genannten drei Rauschquellen sind die grundsätzlichen, physikalischen Rauschquellen, die es in elektronischen Schaltkreisen zu berücksichtigen gilt. Weitere Bezeichnungen mit etwas anderen Rauschphänomenen wie zu Beispiel *burst or random telegraph noise* oder *avalanche noise* und weitere sind häufig ursächlich mit 1/f-Rauschen verwandt und weisen ebenfalls ein mit $1/f$ oder $1/f^2$ fallendes Spektrum unterhalb einer charakteristischen *Eckfrequenz* f_c auf (siehe zum Beispiel [504, 577]). Sie können für die meisten Anwendungen, insbesondere für die hier interessierende Detektorauslese, vernachlässigt werden. Wenn die schaltungstechnische Lage einer Rauschquelle für deren Auswirkung wichtig ist, so findet man auch die Begriffe paralleles und serielles Rauschen (*parallel noise* beziehungsweise *serial noise*), parallel oder seriell meist zum Verstärker.

Hier nachfolgend sind die Formeln für die Rauschleistungsdichte der drei Hauptrauschquellen angegeben. In Anhang I werden die formelmäßigen Ansätze für diese Rauschquellen begründet.

Thermisches Rauschen In jedem (feldfreien) Leiter und Halbleiter bewegen sich die freien Ladungsträger auch ohne Feld aufgrund ihrer kinetischen (thermischen) Energie

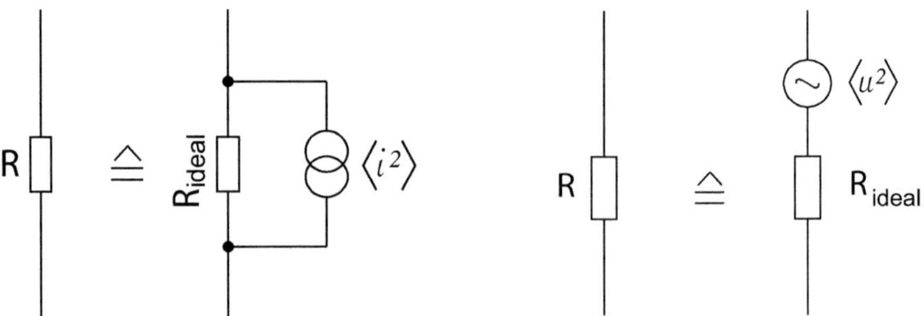

(a) Ersatzschaltbild mit paralleler Rauschstromquelle

(b) Ersatzschaltbild mit serieller Rauschspannungsquelle

Abb. 17.58 Ersatzschaltbilder für einen rauschenden Widerstand. Mit R_{ideal} ist ein rauschfreier Widerstand bezeichnet.

ohne Vorzugsrichtung. Diese thermische Bewegung verursacht eine Bewegungsschwankung, die – wenn es ein elektrisches Feld gibt – dem Stromfluss überlagert ist. Misst man den Erwartungswert dieser Schwankung, so stellt man bei einem Leiter mit Widerstand R und ohne ein äußeres elektrisches Feld fest (siehe Anhang I):

$$d\left\langle i^2\right\rangle_{\text{therm}} = \frac{1}{R}\frac{dP_n}{df}\,df = \frac{1}{R}\,4kT\,df\,, \tag{17.86}$$

mit der Boltzmann-Konstanten $k = 8.617 \times 10^{-5}$ eV/K.

Thermisches Stromrauschen, auch *Johnson-Noise* oder *Nyquist-Rauschen* nach seinen Entdeckern genannt, ist unabhängig von der Größe des durch R fließenden Stromes. Es ist außerdem bis zu sehr hohen Frequenzen unabhängig von der Frequenz (weißes Rauschen). Ein rauschender Widerstand in einem Ersatzschaltbild wird durch einen idealen Widerstand mit einer parallelen Rauschstromquelle (Abb. 17.58(a)) oder äquivalent dazu mit einer seriellen Rauschspannungsquelle (Abb. 17.58(b)) dargestellt:

$$d\left\langle u^2\right\rangle_{\text{therm}} = R\frac{dP_n}{df}\,df = R\,4kT\,df\,. \tag{17.87}$$

Die Gleichungen (17.86) und (17.87) heißen Nyquist-Formeln. Bei Raumtemperatur ist $4kT \approx 100$ meV $\approx 1.6\ \times 10^{-20}$ VC. Damit entsteht in einem Widerstand von $R = 1\,\text{k}\Omega$ ein stromunabhängiges, thermisches Stromrauschen von

$$\sqrt{\frac{\Delta\left\langle i^2\right\rangle}{\Delta f}} = 4\frac{\text{pA}}{\sqrt{\text{Hz}}}\,.$$

Schrotrauschen (shot noise) Schrotrauschen ist eine statistische Fluktuation von Ladungsträgern, die auftritt, wenn Ladungsträger unabhängig voneinander über eine Austrittspotenzialbarriere in ein Volumen emittiert werden. Ein Beispiel hierfür ist die Emission von Elektronen in einer Vakuumröhre, wobei die Austrittsarbeit aus der Kathode überwunden werden muss, oder auch die Elektron-Loch-Erzeugung in Halbleitern, bei der die Energie der Bandlücke überwunden werden muss. Auch Rekombination von

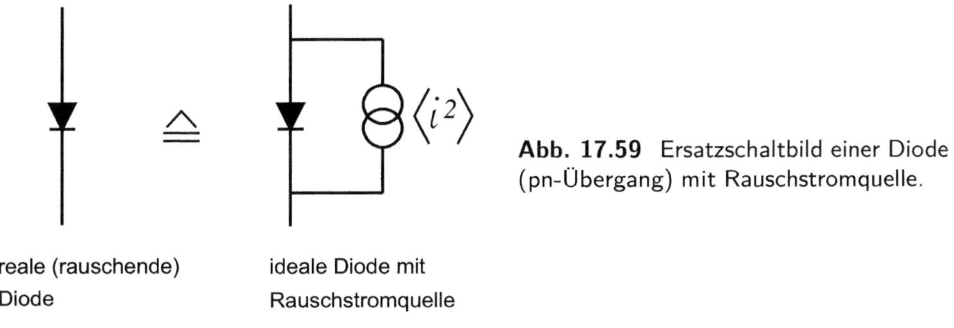

Abb. 17.59 Ersatzschaltbild einer Diode (pn-Übergang) mit Rauschstromquelle.

Ladungsträgern trägt zum Schrotrauschen bei. Die Bezeichnung Schrotrauschen stammt von dem Geräusch aufprasselnder Schrotkugeln, daher auch der Name *shot noise* im Englischen. Die Schottky-Beziehung, siehe [918], liefert folgendes Ergebnis für die spektrale Stromrauschleistungsdichte (siehe Anhang I):

$$d\langle i^2\rangle_{\text{shot}} = 2eI_0\, df\,. \tag{17.88}$$

Mit I_0 ist hierbei der mittlere Strom durch das rauschende System (zum Beispiel der Leckstrom bei Halbleiterdetektoren) bezeichnet. Das Schrotrauschen ist damit direkt proportional zum Strom I_0 und wird deshalb auch oft einfach 'Stromrauschen' genannt. Das Frequenzspektrum ist ebenfalls 'weiß'.[179]

Rauschende Dioden lassen sich durch ein Ersatzschaltbild mit einer idealen Diode und einer parallel geschalteten Konstantstromquelle ersetzen (Abb. 17.59). Im Gegensatz zum thermischen Rauschen, welches bei endlicher Temperatur immer, auch ohne Stromfluss, auftritt, muss beim Schrotrauschen eine Stromquelle vorhanden sein. Beispielsweise ergibt sich bei einem Strom von $I_0 = 1\,\text{mA}$ der rms-Wert (genannt 'Effektivwert') des Rauschstroms zu:

$$\sqrt{\frac{\Delta\langle i^2\rangle}{\Delta f}} = \sqrt{2eI_0} = 18\frac{\text{pA}}{\sqrt{\text{Hz}}}\,.$$

Schrotrauschen bei $I_0 = 50\ \mu\text{A}$ entspricht damit einem thermischen Rauschen in einem Widerstand von $R \approx 1\,\text{k}\Omega$ bei Zimmertemperatur.

1/f-Rauschen (Funkelrauschen, flicker noise) Unter 1/f-Rauschen versteht man im allgemeineren Sinne alle Rauschbeiträge, die ein 'nicht-weißes' Frequenzverhalten gemäß $1/f^\alpha$, mit $\alpha = 0.5\ldots2$–3, aufweisen. Es wurde 1925 von Johnson entdeckt [617] in einem Experiment, das er zum Test der von Schottky 1918 aufgestellten Theorie zum Schrotrauschen [917, 918] in Vakuumröhren durchführte. Das Rauschen in Johnsons Experiment wies bei niedrigen Frequenzen allerdings kein weißes Verhalten auf, sondern stieg zu kleinen Frequenzen f hin an. Einen ersten theoretischen Ansatz publizierte Schottky bereits 1926 [919] (siehe auch Anhang I).

Es gibt bis jetzt keine Theorie, die das Phänomen des 1/f-Rauschens vollständig beschreibt. 1/f-Rauschen tritt nicht nur in elektronischen Bauteilen auf, es wurde auch in

[179]Dies gilt nur für Frequenzen, die klein gegenüber dem Kehrwert der Impulsdauer sind. Nur δ-Impulse erzeugen weißes Rauschen für $f \to \infty$.

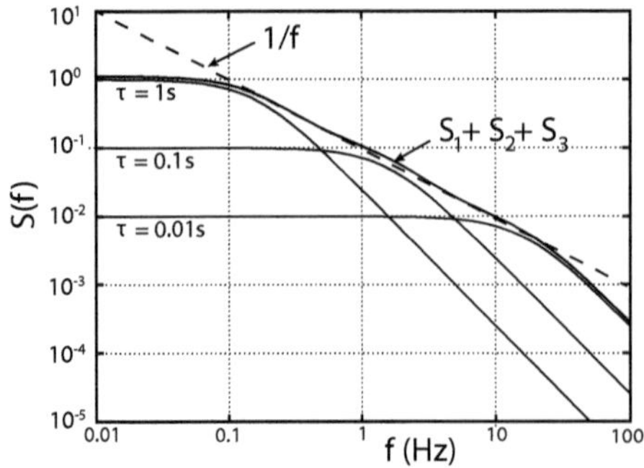

(a) Überlagerung dreier Spektren mit sehr verschiedenen Zeitkonstanten

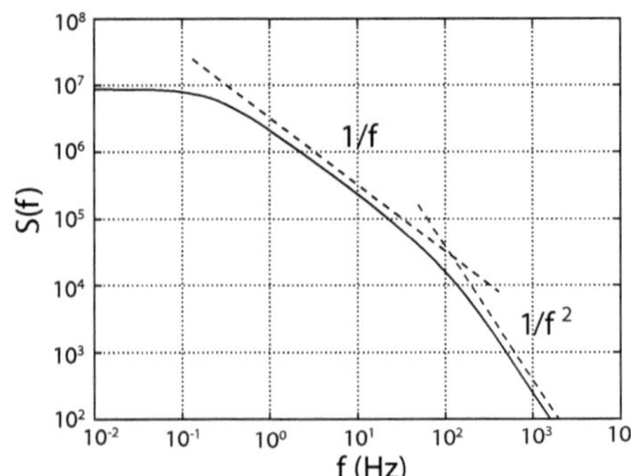

(b) Überlagerung vieler Spektren mit gleichverteilten Zeitkonstanten

Abb. 17.60 Beispiele zur Entstehung des $1/f$-Verhaltens von Frequenzspektren. In (a) sind drei typische $1/f^{\,2}$-Spektren aus Einfang-Freigabe-Prozessen mit Zeitkonstanten überlagert, die sich um jeweils eine Größenordnung für die drei Spektren unterscheiden. Die Spektren sind auf gleiche Anzahl von Einfang-Freigabe-Prozessen pro Zeiteinheit normiert. Das Summenspektrum zeigt im mittleren Bereich zwischen 0.1 und 20 Hz das charakteristische $1/f$-Verhalten. In (b) sind die Rauschleistungsspektren (willkürliche Einheiten) von 10 000 Einfang-Relaxations-Prozessen überlagert, die verschiedene Zerfallskonstanten ($1/\tau$) gleichverteilt über drei Größenordnungen besitzen. Die Linien repräsentieren $1/f$- und $1/f^2$-Verläufe der spektralen Leistungsdichte. Hier zeigt sich über einen Bereich von 3–4 Größenordnungen ein 1/f-Spektrumsanteil [759].

vielen anderen Systemen beobachtet [759, 1016]. Die Geschwindigkeit von Meeresströmungen [981], die Frequenz der Erdrotation, der Fluss des Straßenverkehrs, Membranpotenziale bei Gehirnzellen, Musik [1011], Zeitmesser von Sand- bis Atomuhr und sogar die menschliche Stimme weisen 1/f-Verhalten bei verschiedenen Phänomenen auf [844, 1016]. Es stellt sich daher die Frage, ob 1/f-Rauschen ein grundsätzliches statistisches Phänomen ist oder ob es sich um spezielle Eigenschaften von bestimmten Systemen handelt.

Für elektronische Systeme sind meist Einfangprozesse mit nachfolgender Relaxation mit dazu gehörenden Zeitkonstanten unterschiedlicher Größe als Ursache für 1/f-Rauschen verantwortlich (siehe Anhang I). Insbesondere in MOSFETs können die sich im Transistorkanal bewegenden Ladungsträger in der Gate-Substrat-Grenzschicht für bestimmte Zeit eingefangen werden. Einfangzentren (*traps*) werden durch Ladungen besetzt, welche für kurze Zeit festgehalten werden. Die spektrale Leistungsdichte für einen einzelnen Einfangprozess ist proportional zu $\tau^2/(1+(2\pi f\tau)^2)$ (vergleiche Anhang I Gleichung (I.22)), was für $2\pi f\tau \gg 1$ in ein $1/f^2$-Verhalten übergeht. Die Überlagerung bereits weniger $1/f^2$-Spektren mit unterschiedlichen Einfangzeitkonstanten erzeugt ein Summenspektrum, das in weiten Bereichen ein $1/f$-Verhalten aufweist.

Abbildung 17.60(a) zeigt, dass bereits drei Einfangprozesse mit Zeitkonstanten von $\tau_1 = 1\,\text{s}$, $\tau_2 = 0.1\,\text{s}$ und $\tau_3 = 0.01\,\text{s}$ ein 1/f-Summenspektrum über zwei Dekaden aufweisen. Bei sehr vielen Einfang- und Relaxationsprozessen kann der 1/f-Bereich 3–4 Dekaden überstreichen, wie Abb. 17.60(b) für die Überlagerung von 10 000 Einfang-Relaxations-Prozessen mit über drei Größenordnungen gleichverteilten Zeitkonstanten zeigt [759].

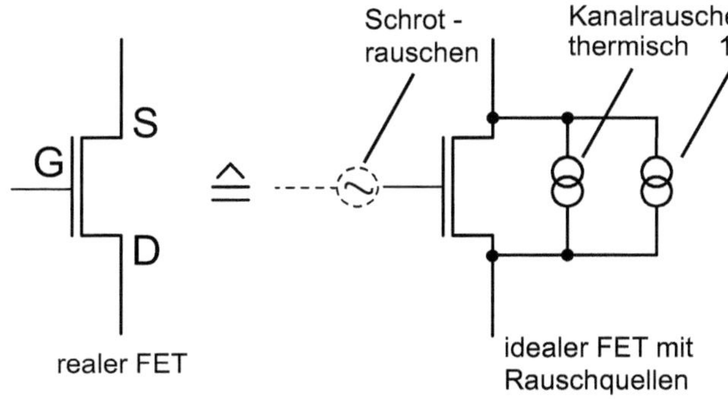

Abb. 17.61 Strom- (thermisch und 1/f) und Spannungsrauschen (Schrot) bei einem FET-Eingangstransistor. Die gestrichelte Linie zeigt an, dass die Rauschquelle (Spannung) extern zum FET ist.

Die Rauschstromdichte des 1/f-Rauschens wird allgemein wie folgt angegeben:

$$d\left\langle i^2\right\rangle = K_\alpha \cdot \frac{1}{f^\alpha}\, df \qquad (\alpha = 0.5\ldots 2)\,. \tag{17.89}$$

Die Konstante K_α muss für den jeweiligs betrachteten Prozess (zum Beispiel Ladungseinfang in MOS-Transistoren) meist aus Device-Simulationen berechnet werden (siehe auch den nachfolgenden Abschnitt). Die Frequenz, die den Übergang zwischen 1/f-Rauschen und weißem Rauschen markiert, wird Eckfrequenz (*corner frequency*) genannt (siehe Abb. 17.57(b) auf Seite 906).

17.10.3.2 Rauschen in einem (MOS)FET-Verstärker

Bei der Auslese von Detektoren spielt das an vorderster Stelle der Signalkette liegende Element, meist der Vorverstärker, hinsichtlich der Rauscheigenschaften des Systems die entscheidende Rolle. In den meisten Fällen kann man diese Rolle sogar auf ein elektronisches Bauteil eingrenzen, den Eingangstransistor, der meistens ein MOS-Feldeffekttransistor ist (siehe dazu Abschnitt 8.3.6). Wir betrachten die Rauschquellen in einem solchen Transistor, um diese dann im nächsten Abschnitt für ein Auslesesystem mit Vorverstärker und Pulsformer zu verwenden (siehe auch [886]).

Ein Feldeffekttransistor besitzt folgende Rauschstromquellen (Abb. 17.61):

- thermisches Rauschen im Kanal des FET,
- 1/f-Rauschen im Kanal des FET

und, falls sich eine externe Stromrauschquelle wie zum Beispiel ein Detektor am Gate-Eingang befindet, zusätzlich

- Schrotrauschen am Eingang (Gate) des FET.

In FETs, besonders in MOSFETs, ist strombasiertes Schrotrauschen im Transistor selbst vernachlässigbar, da idealerweise kein Strom in den Eingang (Gate) fließt und der Transistorkanal als Widerstand (ohne Potentialbarriere) angesehen werden kann, in dem zwar thermisches und 1/f-Rauschen auftritt, aber kein Schrotrauschen. Erst ein externer Detektor erzeugt Schrotrauschen, zum Beispiel durch Detektorleckstrom, das als serielle Spannungsrauschquelle am Gate den Transistorkanal beeinflusst.

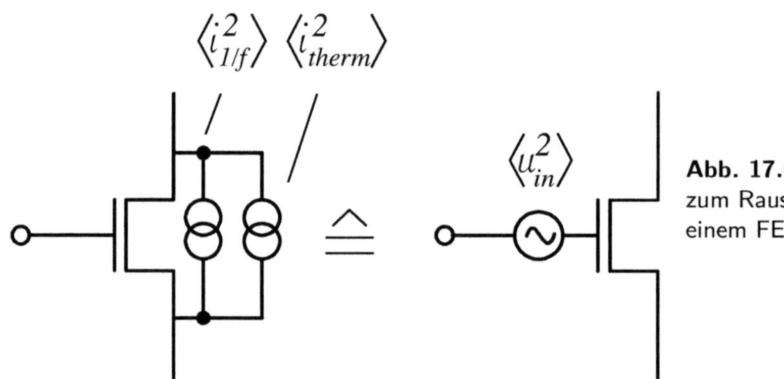

Abb. 17.62 Ersatzschaltbild zum Rauschstrombeitrag bei einem FET-Verstärker.

Oft ist es nützlich, auch die Rauschbeiträge am Ausgang eines Bauelements als effektiven Beitrag am Eingang zu beschreiben. Die beiden Rauschstrombeiträge parallel zum Kanal sind äquivalent zu einem Rauschspannungsbeitrag in Serie zum Eingang (Abb. 17.62):

$$\left\langle i_D^2 \right\rangle = \left\langle (g_m u_{\rm in})^2 \right\rangle , \tag{17.90}$$

wobei $g_m = \partial I_D/\partial U_{GS}$ die Transkonduktanz des Transistors ist, mit I_D = Drainstrom und U_{GS} = Gate-Source-Spannung (Abschnitt 8.3.6). Der Widerstand des Kanals ist allerdings von der Transistorgeometrie, d.h. von der Form der Raumladungszone, und von der Kanaldotierung abhängig; er ist auch positionsabhängig, d.h. der Kanal verjüngt sich in Richtung Drain (siehe dazu Abschnitt 8.3.6 aus Seite 337). Die Größe R in (17.86) wird ersetzt durch $\frac{1}{\gamma g_m}$. Der Korrekturfaktor γ liegt zwischen 0.5 und 1, wobei die Temperaturabhängigkeit bereits enthalten ist. Für Betrieb des Transistors in so genannter starker Inversion (siehe Abschnitt 8.3.6) wird er üblicherweise mit $\gamma = 2/3$ angesetzt und mit $\gamma = 1/2$ in schwacher Inversion. Im Sättigungsbereich (der Ausgangskennlinie des Transistors) hängt g_m von der Wurzel des Drain-Stromes ab, dessen Größe von der Transistorgeometrie bestimmt wird:

$$g_m = \partial I_D/\partial U_{GS} \propto \sqrt{I_D} \propto \sqrt{W/L} . \tag{17.91}$$

Hier sind W und L Breite und Länge des Gates.

Mit der Ersetzung $R \to \dfrac{1}{\gamma g_m}$ für das Stromrauschen[180] in (17.86) erhalten wir mit (17.90) den thermischen Kanalrauschbeitrag als Spannungsrauschen am Eingang (Gate) des Transistors:

$$\frac{d\left\langle u_{therm}^2 \right\rangle}{df} = \frac{d\left\langle i_{therm}^2 \right\rangle}{df} \frac{1}{g_m^2} = 4kT\gamma \frac{1}{g_m} . \tag{17.92}$$

1/f-Rauschen im Kanal entsteht durch Einfang und Relaxation der Ladungsträger an der Grenzschicht zwischen Oxid und Substrat und ist von der Fläche des Gates (Breite W $\times$ Länge L) abhängig. Verschiedene Ausdrücke werden für seine Beschreibung verwendet.

[180] Beachte, dass das Spannungsrauschen am Eingang des Transistors mit (17.92) berechnet wird und nicht durch die Ersetzung $R \to 1/\gamma g_m$.

Zum Beispiel kann das 1/f-Kanalrauschen als eine Rauschspannung am Eingang eines MOSFETs wie folgt[181] beschrieben werden [292]:

$$\frac{d\left\langle u_{1/f}^2\right\rangle}{df} = K_f \frac{1}{C'_{ox}WL}\,\frac{1}{f}\,, \tag{17.93}$$

wobei $C'_{ox} = \frac{3}{2}\frac{C_{GS}}{WL} \approx \epsilon_0\epsilon/d$ wie in Abschnitt 8.3.5 die Oxidkapazität pro Einheitsfläche beschreibt (d = Oxiddicke, C_{GS} = Gate-Source-Kapazität) und K_f die 1/f-Rauschkonstante ist (verwandt mit K_α aus (17.89)). C'_{ox} ist ein MOSFET-Modellierungsparameter (siehe z.B. Fußnote 181). K_f liegt in der Größenordnung von 10^{-24}–10^{-26}J abhängig vom Transistortyp und der Herstellungstechnologie; für MOS-Transitoren in den bei den LHC-Experimenten in Chips verwendeten Technologien (250 nm bis 65 nm Strukturgröße) liegt es bei etwa $K_f \approx 30 \times 10^{-25}$J für NMOS und ist für PMOS Transistoren 10- bis 25-mal kleiner [739]. Die inverse Proportionalität zur Gatefläche $W \times L$ kann man verstehen, wenn man Einfang/Relaxation von Ladungen als physikalische Ursache annimmt. Die Poisson-Varianz des Einfang/Relaxations-Prozesses ist gegeben durch die Zahl der existierenden Störstellen (*traps*) und ist daher proportional zur Fläche, während die resultierenden quadratischen Spannungsfluktuationen proportional zu $q^2/C^2 \propto 1/(WL)^2$ sind; zusammen ergibt sich die inverse Gateflächenabhängigkeit. Ferner ist das 1/f-Rauschen umso kleiner, je homogener der Transistor und je größer das leitende Volumen im Kanal ist, da der Einfluss der Wechselwirkungen der Kanalladungen mit der Grenzfläche dann abnimmt. Bei Betrieb in starker Inversion (größere Kanalgeometrie) ist daher 1/f-Rauschen im Kanal in der Regel vernachlässigbar.

Die beiden Rauschstromquellen im Transistorkanal (thermisches und 1/f-Rauschen) lassen sich somit als äquivalente Rauschspannungsquellen am Eingang wie folgt darstellen (siehe auch Abb. 17.62):

$$\frac{d\left\langle u_{in}^2\right\rangle}{df} = 4kT\gamma\frac{1}{g_m} + K_f\frac{1}{C'_{ox}WL}\,\frac{1}{f}\,. \tag{17.94}$$

Je nach Betriebsweise des Verstärkers, vor allem durch die Art der Rückkopplung, wirkt sich die Rauschspannung am Eingang $\left\langle u_{in}^2\right\rangle$ unterschiedlich auf den Ausgang aus. Ein für Detektoren in der Teilchenphysik häufiger Aufbau mit einem zusätzlichen Ausgangsfilter ist im nächsten Abschnitt beschrieben.

17.10.3.3 Rauschen in einem Detektor-Vorverstärker-Filter-System

Ein häufig auftretender Teil einer Detektorauslesekette ist ein Vorverstärker-Filter-System (siehe Abschnitt 17.3), dessen Rauscheigenschaften wir in diesem Abschnitt behandeln (siehe auch [886]). Als Vorverstärker wird ein durch einen Kondensator rückgekoppelter, ladungsempfindlicher Verstärker (CSA) mit Entladung über einen Widerstand

[181] In der Literatur findet man auch abweichende Darstellungen, die aus verschiedenen Computer-Modellierungen kommen, zum Beispiel $\left\langle u_{1/f}^2\right\rangle = K'_f \frac{1}{{C'_{ox}}^2 WL}\,\frac{1}{g_m^2}\,\frac{1}{f}\,df$ mit einer anderen Konstanten K_f und anderen Abhängigkeiten von C'_{ox} und g_m [292]. Wir benutzen hier die gebräuchliche Form der Modellierung durch das Programmpaket PSPICE [284].

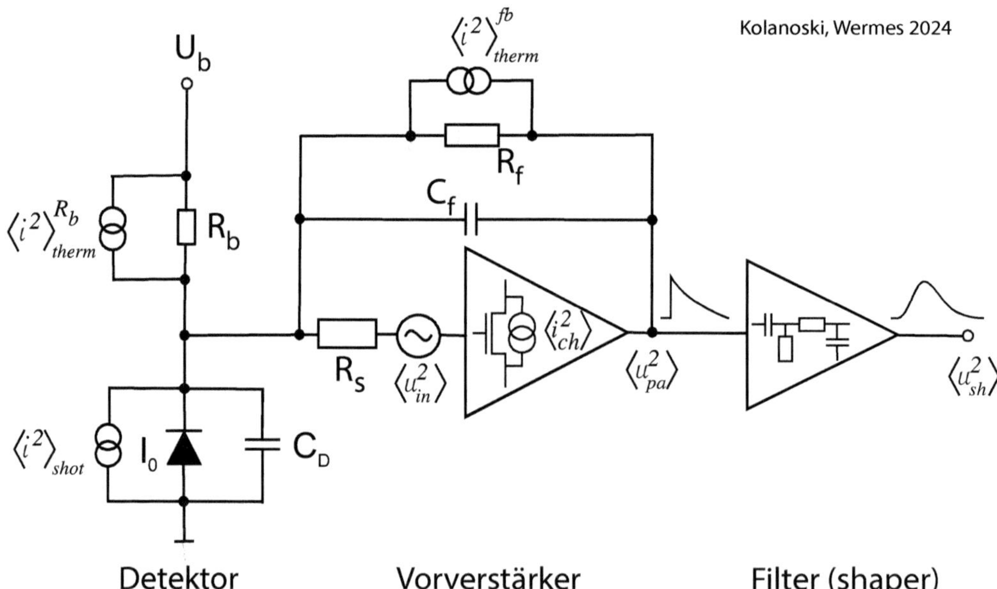

Abb. 17.63 Schaltungsdiagramm eines Detektor-Vorverstärker-Filter-Systems mit eingezeichneten Rauschquellen. Der Detektor ist hier als eine Diode mit Leckstrom I_0 und Kapazität C_D repräsentiert, typisch für einen Halbleiterdetektor. Über R_b ist die Versorgungsspannung U_b angelegt. Kabelverbindungen sind durch den Serienwiderstand R_s repräsentiert, dessen Rauschbeitrag seriell zu $\langle u_{in}^2 \rangle$ beiträgt; weitere Beiträge sind zu $\langle i_{ch}^2 \rangle$ äquivalent (siehe Text). Die Pulsformen eines Signal sind am Ausgang des Vorverstärkers (*preamplifier*) und des Filterverstärkers (*shaper*) gezeigt. Die dazu gehörigen Rauschspannungsdichten sind $\langle u_{pa}^2 \rangle$ und $\langle u_{sh}^2 \rangle$, welche durch die verschiedenen Strom- und Spannungsrauschquellen der Anordnung erzeugt werden.

angenommen. Wir nehmen ferner an, dass der Filter die Bandbreite des Gesamtsystems stärker beschränkt als der Vorverstärker, so dass die Transferfunktion des Vorverstärkers vernachlässigt werden kann. Ebenfalls sollen hier nur die üblicherweise dominanten Rauschquellen betrachtet werden. Diese sind (seriell und parallel jeweils zum Eingang des FET wie in Abb. 17.63):

1. serielles Spannungsrauschen, verursacht durch thermisches Stromrauschen im Kanal des Eingangstransistors,
2. serielles Spannungsrauschen, verursacht durch 1/f-Rauschen im Transistorkanal,
3. paralleles Stromrauschen, verursacht durch den Detektorleckstrom.

Weitere Rauschquellen, die dem Rauschersatzschaltbild in Abb. 17.63 entnommen werden können, sind meist weitgehend vernachlässigbar:

– Thermisches paralleles Stromrauschen $\langle i^2 \rangle^{R_b}_{\text{therm}}$, verursacht durch den Vorwiderstand R_b vor der Spannungsversorgung, wird vernachlässigbar, wenn R_b gemäß (17.86) groß genug gewählt wird.

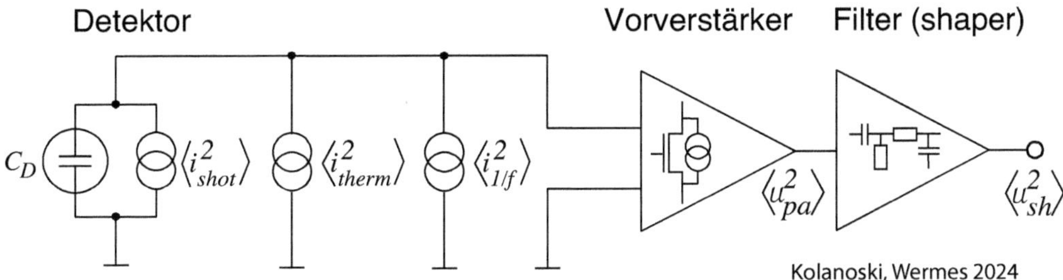

Abb. 17.64 Rausch-Ersatzschaltbild der Auslesekette, bei dem die drei Hauptrauschquellen als Stromquellen parallel zum Vorverstärker angeordnet sind. Die Bezugspotentiale oben und unten sind für Rauschbetrachtungen nicht relevant. Versorgungsspannungen tragen in der Regel nicht zum Rauschen bei.

- Thermisches serielles Spannungsrauschen $\langle u^2\rangle^{R_s}_{\text{therm}}$, verursacht durch den Widerstand R_s der Verbindungsleitung(en) ist vernachlässigbar, wenn R_s gemäß (17.87) klein genug ist. In Abb. 17.63 ist dieser Rauschbeitrag in $\langle u^2_{in}\rangle$ enthalten.
- (Serielles) Schrotrauschen am Eingang des FET durch den Leckstrom in das Gate (in Abb. 17.63 nicht eingezeichnet) ist insbesondere bei MOSFETs vernachlässigbar, weil in ein FET-Gate wenig bis kein Strom fließt. Die Wirkung dieses Beitrags als Spannungsfluktuation am Gate wird jedoch durch den Transistor verstärkt und trägt als Punkt 3 der Liste bei.
- Thermisches paralleles Stromrauschen $\langle i^2\rangle^{fb}_{\text{therm}}$, verursacht durch den Rückkoppelwiderstand R_f, ist in der Regel klein (begründet auf Seite 916 mit (17.100)).

Wir analysieren den Einfluss der dominanten Rauschquellen auf das Vorverstärker-Filter-System der Abb. 17.63 in zwei Schritten, zuerst am Ausgang des Vorverstärkers (u^2_{pa}) und dann am Ausgang des Shapers (u^2_{sh}).

Es ist nützlich, das serielle Spannungsrauschen der ersten beiden Rauschquellen ebenfalls als äquivalentes, paralleles Stromrauschen über der Kapazität C_D am Eingang des Verstärkers zu behandeln. Das ist mit Hilfe der Beziehung

$$\left\langle i^2_{in}\right\rangle \approx \left\langle u^2_{\text{in}}\right\rangle (\omega C_D)^2 \qquad (\text{mit } \omega = 2\pi f) \tag{17.95}$$

möglich, unter der Annahme, dass C_D groß gegenüber der Eingangskapazität des FET ($\approx C_{GS}$) und der Rückkoppelkapazität C_f ist. Das Ersatzschaltbild nimmt nunmehr eine Form wie in Abb. 17.64 an.

Nach dem vorher Gesagten addieren sich die Rauschstrombeiträge am Eingang des Verstärkersystems zu

$$\frac{d\left\langle i^2_{\text{in}}\right\rangle}{d\omega} = \underbrace{2eI_0\,\frac{1}{2\pi}}_{\text{'Schrot'}} + \underbrace{\frac{K_f}{C'_{ox}WL}\frac{1}{\omega}(\omega C_D)^2}_{\text{'1/f'}} + \underbrace{4kT\frac{\gamma}{g_m}\frac{1}{2\pi}(\omega C_D)^2}_{\text{'thermisch'}}\,. \tag{17.96}$$

Dieser Rauschstrom fließt über die Rückkoppelkapazität C_f und erzeugt hinter dem Vorverstärker eine Rauschspannung

$$\left\langle u_{\text{pa}}^2 \right\rangle = \left\langle i_{\text{in}}^2 \right\rangle \left(\frac{1}{\omega C_f}\right)^2 . \tag{17.97}$$

Das heißt, es gilt:

$$\begin{aligned} \frac{d\left\langle u_{\text{pa}}^2 \right\rangle}{d\omega} &= \frac{eI_0}{\pi\omega^2 C_f^2} + K_f \frac{1}{C'_{\text{ox}} W L} \frac{C_D^2}{C_f^2} \frac{1}{\omega} + \frac{2\gamma}{\pi} kT \frac{1}{g_m} \frac{C_D^2}{C_f^2} \\ &= \sum_{k=-2}^{0} c_K \omega^k \end{aligned} \tag{17.98}$$

mit

$$c_{-2} = \frac{e}{\pi} I_0 \frac{1}{C_f^2}, \qquad c_{-1} = K_f \frac{1}{C'_{\text{ox}} W L} \frac{C_D^2}{C_f^2}, \qquad c_0 = \frac{2\gamma}{\pi} kT \frac{1}{g_m} \frac{C_D^2}{C_f^2} . \tag{17.99}$$

Man beachte in (17.98), dass der Beitrag des Schrotrauschens mit dem Detektorleckstrom ansteigt und dass alle Rauschbeiträge bei größerer Rückkoppelkapazität C_f kleiner werden. Letzteres bedeutet aber gleichzeitig einen kleineren Verstärkungsfaktor. Bei den 1/f- und den thermischen Beiträgen fällt die direkte Abhängigkeit von der Detektorkapazität auf. Daher sind Pixeldetektoren generell rauschärmer betreibbar als Streifen- oder Pad-Detektoren, die üblicherweise größere Elektroden und damit größere Kapazitäten besitzen.

Der oben als klein bezeichnete und daher nicht weiter betrachtete thermische Rauschbeitrag $d\langle i_{\text{therm}}^2 \rangle / df = 4kT/R_f$ des Rückkoppelwiderstands kann jetzt leicht berechnet werden. Denn er wirkt auf den Eingang des Vorverstärkers auf dieselbe Weise wie der Leckstrombeitrag (17.88) und liefert daher am Ausgang einen dem Schrotrauschterm entsprechenden Ausdruck in (17.98):

$$\frac{d\left\langle u_{\text{pa}}^2 \right\rangle_{R_f}}{d\omega} = \frac{2kT}{R_f} \frac{1}{\pi\omega^2 C_f^2} . \tag{17.100}$$

Er ist normalerweise klein im Vergleich zu den anderen Beiträgen, insbesondere zum Leckstromrauschen eines typischen Halbleiterdetektors, ebenso wie der bereits erwähnte thermische Rauschbeitrag des Vorwiderstands R_b.

Einfluss des Filters/Shapers Wir betrachten nun den Einfluss des Filters, dessen Aufgabe im einfachsten Fall darin besteht, die Bandbreite des Systems zu beschneiden (siehe Abschnitt 17.3). Zusätzlich zur Filterfunktion kann er das bereits vorverstärkte Signal auch weiter verstärken. Diese Verstärkung sollte bei sorgfältigem Design keine zusätzlichen Rauschbeiträge liefern. Wie erwähnt, vernachlässigen wir die Bandbreitenlimitierung durch den Vorverstärker, die in der Regel nicht dominant ist. Ferner nehmen wir für die konkrete Rechnung einen $(CR)^N(RC)^M$-Filter mit $N = M = 1$ an, das heißt ein CR-RC-Filter mit einem Hochpass und einem Tiefpass (Abb. 17.63).

Wie in Abschnitt 17.3.1 und in Abb. 17.11 auf Seite 842 beschrieben, formt der Shaper den Ausgang des ladungsempfindlichen Vorverstärkers, dessen Rückkopplungskapazität C_f über einen Widerstand R_f entladen wird, in einen Puls der Form (17.23) um:

$$u_{sh}(t) = A\,\frac{t}{\tau}\,\mathrm{e}^{-\frac{t}{\tau}} \tag{17.101}$$

mit der Filterzeit $\tau = RC$ und $t \geq 0$.

Im Frequenzraum lautet die Filter-Transferfunktion nach (H.11) in Anhang H

$$H(s) = A\,\frac{s\tau}{(1+s\tau)^2}\,, \qquad A = \text{Verstärkungsfaktor} \tag{17.102}$$

mit der Laplace-Variablen s. Für die Übertragung der von der Frequenz ω abhängigen Rauschleistungsdichte als quadratischer Varianzvariablen benötigen wir die quadratische Transferfunktion $|H|^2$ (mit $s = i\omega$):

$$|H(\omega)|^2 = A^2\left(\frac{\omega\tau}{1+\omega^2\tau^2}\right)^2 . \tag{17.103}$$

Die Rauschleistung am Ausgang des Filterverstärkers $\langle u_{sh}^2\rangle$ erhält man durch Integration des Rauschleistungsspektrums (17.98) am Filtereingang, multipliziert mit (17.103):

$$\left\langle u_{\mathrm{sh}}^2\right\rangle = \int_0^\infty \frac{d\langle u_{\mathrm{pa}}^2\rangle}{d\omega}\,|H(\omega)|^2\,d\omega\,. \tag{17.104}$$

Für unseren Fall mit den drei dominanten Rauschquellen des Systems, einem idealen, die Bandbreite nicht begrenzenden Vorverstärker und einem $(CR)^1(RC)^1$-Filter mit seiner Transferfunktion (17.103) und mit (17.98) erhalten wir:

$$\begin{aligned}\left\langle u_{\mathrm{sh}}^2\right\rangle &= \sum_{k=-2}^{0}\int_0^\infty c_k\omega^k\,|H(\omega)|^2\,d\omega \\ &= A^2\frac{1}{2}\sum_{k=-2}^{0} c_k\tau^{-k-1}\cdot\Gamma(1+\frac{k+1}{2})\cdot\Gamma(1-\frac{k+1}{2})\,,\end{aligned} \tag{17.105}$$

wobei die Γ-Funktion die Eigenschaften

$$\Gamma(x+1) = x\Gamma(x), \qquad \Gamma(\frac{1}{2}) = \sqrt{\pi}, \qquad \Gamma(1) = 1$$

besitzt. Damit folgt

$$\left\langle u_{\mathrm{sh}}^2\right\rangle = \frac{\pi}{4}A^2\left(c_{-2}\,\tau + \frac{2}{\pi}c_{-1} + c_0\frac{1}{\tau}\right)\,, \tag{17.106}$$

wobei sich die einzelnen Terme wie vorher auf die Beiträge von Schrot-, thermischem und 1/f-Rauschen beziehen und die Koeffizienten c_k in (17.99) definiert sind. Das Schrotrauschen steigt mit der Filterzeit τ an, während das thermische Rauschen mit $1/\tau$ abfällt; 1/f-Rauschen kann durch den gewählten (CR-RC)-Filter nicht beeinflusst werden.

Um das Ergebnis zu bewerten, müssen wir mit einem 'Signal' am Eingang vergleichen. Ein Ladungssignal von einem Elektron am Eingang des Systems erscheint hinter dem (CR-RC)-Shaper als Spannungssignal

$$u_{\mathrm{sig}} = \frac{A}{2.71}\,\frac{e}{C_f}\,, \tag{17.107}$$

mit dem Verstärkungsfaktor A des Shapers, der Euler'schen Zahl 2.71... und der Elementarladung $e = 1.6 \times 10^{-19}$ C. Hier wurde für u_{sig} der Scheitelwert der Amplitude des (CR-RC)-Shapersignals bei $t = \tau$ von $\frac{1}{2.71} A$ gemäß (17.101) verwendet.

Gebräuchlich ist die Größe der 'äquivalenten Rauschladung' (*equivalent noise charge*, ENC):

$$\text{ENC} = \frac{\text{Rauschausgangsspannung (in V)}}{\text{Ausgangsspannung eines Eingangssignals von } 1\,\text{e}^- \text{ (in V/e}^-)}$$

beziehungsweise

$$\text{ENC}^2 = \frac{\langle u_{\text{sh}}^2 \rangle}{u_{\text{sig}}^2},$$

welche wegen des Bezugs auf ein Elektron am Eingang in der Einheit 'Elektronen' (e^-) angegeben wird. Mit (17.106) und (17.99) erhalten wir

$$\text{ENC}^2\,(e^{-2}) = \frac{(2.71)^2}{4e^2} \left(eI_0\tau + 2C_D^2\,K_f \frac{1}{C'_{\text{ox}}WL} + \gamma \frac{2kT}{g_m} \frac{C_D^2}{\tau} \right). \quad (17.108)$$

Hier wird die charakteristische Abhängigkeit von den wichtigen Systemparametern, der Detektorkapazität C_D und der Filterzeitkonstanten τ, deutlich, die in einem Auslesesystem zu optimieren sind:

$$\text{ENC}^2\,(e^{-2}) = a_{\text{shot}}\,\tau + a_{1/\text{f}}\,C_D^2 + a_{\text{therm}}\,\frac{C_D^2}{\tau}. \quad (17.109)$$

Abbildung 17.65 zeigt die ENC als Funktion der Filterzeit τ für ein typisches Detektorsystem (Halbleiterdetektor). Es gibt eine optimale Filterzeit

$$\tau_{\text{opt}} = \left(\frac{a_{\text{therm}}}{a_{\text{shot}}} C_D^2 \right)^{1/2} = \left(\frac{2kT\gamma}{eI_0\,g_m} C_D^2 \right)^{1/2}, \quad (17.110)$$

für die das Gesamtrauschen minimal wird. Am besten wird dies in einer doppelt-logarithmischen Darstellung ersichtlich (Abb. 17.65(b)).

Die Abhängigkeiten von τ sind aus der Herleitung nachvollziehbar:

- Das zum Verstärkereingang parallele Schrotrauschen ist proportional zum Leckstrom I_0 und steigt mit der Filterzeit τ an, weil I_0 durch das CSA-Shaper-System effektiv über τ integriert wird. Während es am Eingang des CSA noch frequenzunabhängig (weiß) ist, erhält es hinter dem Vorverstärker $\langle u_{pa}^2 \rangle_{\text{shot}}$ eine $1/f^2$-Abhängigkeit wie beschrieben durch (17.98) und hinter dem Filter eine 1/f-Abhängigkeit, was einer linearen Abhängigkeit von der Filterzeit τ entspricht.
- Das hinter dem Vorverstärker noch 'weiße' thermische Rauschen im Transistorkanal wird durch die Bandbreitenbegrenzung des Filters stark reduziert und wird $1/\tau$-abhängig.
- Für den 1/f-Rauschbeitrag des Kanalrauschens würde man für große τ (entspricht kleinen Frequenzen) einen größeren Beitrag erwarten. Dieser wird jedoch durch die Verringerung der Bandbreite um denselben Faktor aufgehoben, so dass am Shaper-Ausgang keine τ-Abhängigkeit mehr vorliegt.

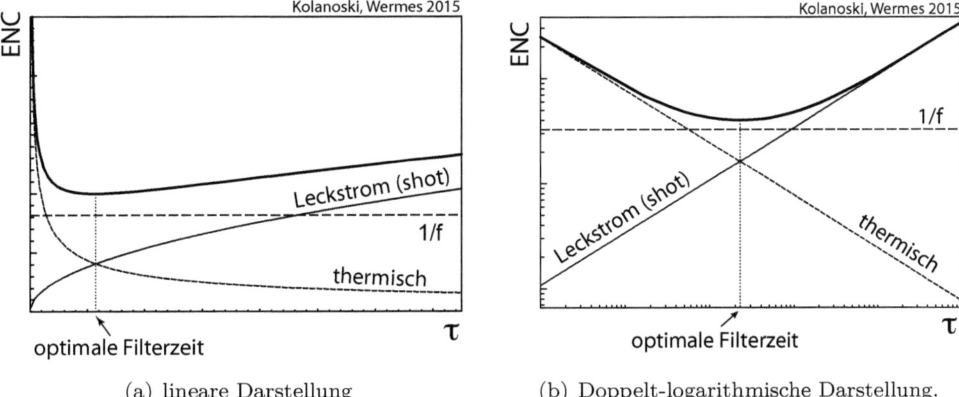

(a) lineare Darstellung (b) Doppelt-logarithmische Darstellung.

Abb. 17.65 Äquivalente Rauschladung (ENC) in einem typischen Detektor-Verstärker-Filter-System als Funktion der Filterzeitkonstanten (*shaping time*). Das System und die verwendeten Annahmen sind im Text beschrieben. Dargestellt sind die Beiträge der drei Hauptrauschquellen sowie das Gesamtrauschen. Für vorgegebene Systemparameter gibt es eine optimale Filterzeitkonstante τ_{opt}.

In einem System aus Detektor-Vorverstärker-Filter kann man durch Messung der Abhängigkeit des Rauschens von der Filterzeit τ die einzelnen Beiträge separat bestimmen (Abb. 17.65(b)).

Zu beachten ist auch die direkte Abhängigkeit des Rauschens von der Geometrie des Eingangstransitors. Sowohl der 1/f-Beitrag ($\propto \frac{1}{WL}$) als auch das thermische Rauschen ($\propto \frac{1}{g_m}; g_m \propto \frac{W}{L}$) sind direkt von der Breite W und der Länge L des Gates des Verstärkungstransistors abhängig.

Mit $\gamma = 2/3$, $K_f = 33 \times 10^{-25}$J und $C_{ox} = 6\,\text{fF}/\mu\text{m}^2$ (ein typischer Wert für die CMOS-Technologien zwischen 130 nm und 28 nm von Mikrostreifen- und Pixelauslesechips der LHC-Experimente und ihrer Upgrades) können wir (17.108) in recht einfacher Form darstellen (hier für $T = 300\,\text{K}$):

$$\text{ENC}^2\,(e^{-2}) \approx 11\,\frac{I_0}{\text{nA}}\,\frac{\tau}{\text{ns}} + 800\,\frac{1}{WL/(\mu\text{m}^2)}\,\frac{C_D^2}{(100\,\text{fF})^2} + 4000\,\frac{1}{g_m/\text{mS}}\,\frac{C_D^2/(100\,\text{fF})^2}{\tau/\text{ns}}\,. \tag{17.111}$$

Beispiele. Gleichung (17.111) benutzend geben wir hier drei Beispiele für typische Detektorauslesen mit ladungsintergrierenden Verstärkern und Filterverstärkern, allerdings mit verschiedenen Elektrodengeometrien, Leckstrombeiträgen und Betriebstemperaturen, wofür die Annahmen, die in diesem Abschnitt gemacht wurden, weitgehend gültig sind. Die benutzten Zahlenwerte werden nach unterschiedlich angenommenen Strahlungsfluenzen und bei repräsentativen Betriebstemperaturen dieser Detektoren am LHC erzielt: 0° C (Pixel- und Streifendetektoren), Raumtemperatur im Liquid-Argon-Kalorimeter. Die erhaltenen ENC-Werte stimmen mit den entsprechenden durchgeführten Messungen recht gut überein.

Pixeldetektor. Als Beispiel für einen Detektor mit kleiner Elektrode und entsprechend kleiner Eingangskapazität nehmen wir einen Halbleiter-Pixeldetektor (Abschnitt 8.7) mit den Parametern $C_D = 200\,\text{fF}$, $I_0 = 1\,\text{nA}$, $\tau = 50\,\text{ns}$, $W = 20\,\mu\text{m}$, $L = 0.5\,\mu\text{m}$, $g_m = 0.5\,\text{mS}$, $T = 0°\,\text{C}$. Nach den obigen Formeln erhält man damit eine äquivalente Rauschladung von

$$\text{ENC}^2 \approx (23\,e^-)^2\Big|_{\text{shot}} + (18\,e^-)^2\Big|_{1/\text{f}} + (24\,e^-)^2\Big|_{\text{therm}} \approx (38\,e^-)^2\,.$$

Mikrostreifendetektor. Für einen typischen Mikrostreifendetektor (Abschnitt 8.4.2) erhält man mit $C_D = 20\,\text{pF}$, $I_0 = 1\,\mu\text{A}$, $\tau = 50\,\text{ns}$, $W = 2000\,\mu\text{m}$, $L = 0.4\,\mu\text{m}$, $g_m = 5\,\text{mS}$, $T = 0°\,\text{C}$:

$$\text{ENC}^2 \approx (750\,e^-)^2\Big|_{\text{shot}} + (200\,e^-)^2\Big|_{1/\text{f}} + (770\,e^-)^2\Big|_{\text{therm}} \approx (1100\,e^-)^2\,.$$

In diesem zweiten Beispiel wurde ein hoher Leckstrom angenommen, typisch für einen Si-Streifendetektor nach Bestrahlung mit einer hohen Teilchenfluenz ($\gtrsim 10^{14}\text{n}_{eq}/\text{cm}^2$) und keine weiteren, das Rauschen erhöhenden Strahlungseffekte durch die Chipelektronik. Man beachte, dass die größere Kapazität der Streifen im Vergleich zu Pixeln zu einem schlechteren Rauschverhalten führt, was nur zum Teil durch einen größeren erlaubten Leistungsverbrauch im Verstärkungstransistor kompensiert werden kann, indem g_m dadurch vergrößert wird.

Flüssig-Argon-Kalorimeter Als Beispiel für einen Detektor mit einer großen Elektrodenkapazität nehmen wir eine Zelle eines Flüssig-Argon-Kalorimeters mit typischen Werten wie sie das elektromagnetische Kalorimeter von ATLAS (siehe Abschnitt 15.5.3.2 auf Seite 720) im zentralen Bereich besitzt. Mit den Parametern $C_D = 1.5\,\text{nF}$, $I_0 = <2\,\mu\text{A}$, $\tau = 50\,\text{ns}$, $W = 3000\,\mu\text{m}$, $L = 0.25\,\mu\text{m}$, $g_m = 100\,\text{mS}$, $T = 300\,\text{K}$ erhält man:

$$\text{ENC}^2 \approx (1050\,e^-)^2\Big|_{\text{shot}} + (15\,500\,e^-)^2\Big|_{1/\text{f}} + (13\,500\,e^-)^2\Big|_{\text{therm}} \approx (20\,500\,e^-)^2\,.$$

Hier ist nur ein kleiner (vernachlässigbarer) paralleler Schrotrauschbeitrag (Leckstrom) angenommen, was für Flüssig-Argon-Kalorimeter typisch ist. Das erhaltene ENC stimmt mit den Messungen in [309] überein. Das Rauschniveau muss mit einem typischen Signal verglichen werden, welches in diesem Fall durch die Ionisationsladungen, die von den Teilchen eines elektromagnetischen Schauers erzeugt werden, gebildet wird. Abhängig von der Schauerenergie ist das Signal, welches die Elektrode sieht, viel größer als das oben berechnete Rauschniveau. Um eine untere Skala zu setzen, betrachten wir ein einzelnes minimum-ionisierendes Teilchen, welches bereits ein Signal-zu-Rauch-verhältnis von vier liefert [122].

Rauschoptimierung von Systemparametern

– Das Rauschen in Detektor-Auslesesystemen, wie in diesem Abschnitt beschrieben, hängt von nur wenigen Größen entscheidend ab: der Detektorkapazität C_D, der Filterzeit τ, der Transkonduktanz des Eingangstransistors g_m sowie dem Leckstrom I_0, den der Detektor an den Verstärkereingang liefert. Für sich allein betrachtet, sollten τ und g_m groß und C_D sowie I_0 möglichst klein gemacht werden. Allerdings haben diese Parameter auch Auswirkungen auf andere Eigenschaften wie zum Beispiel die Auslesegeschwindigkeit (g_m, τ und C_D) und den Leistungsverbrauch (g_m). Kapazität C_D und Leckstrom I_0 sind Eigenschaften des jeweiligen Detektors; I_0 hängt auch von der Betriebsumgebung (Temperatur, Strahlenschädigung) ab. Diese beiden Parameter sind daher meistens vorgegeben.

– Bei gegebener Eingangskapazität reduziert eine Erhöhung der Transkonduktanz g_m (und damit des Drain-Stroms des Verstärkers, $g_m \propto \sqrt{I_D}$) das thermische Rauschen, welches in vielen Anwendungen dominant ist. Allerdings steigen dadurch auch der Leistungsverbrauch und die produzierte Abwärme. Dies ist in Systemen mit einer großen Dichte von Auslesekanälen ein großer Nachteil und möglichst zu minimieren, da Kühlung und Abtransport der Wärme mit mehr passivem Material im Teilchenweg verbunden sind und damit zur Erhöhung von Vielfachstreuung (siehe Abschnitt 3.4) und zu Sekundärreaktionen führen.

– Unter dem Begriff 'Kapazitätsanpassung' (*capacitance matching*) wird eine Anpassung der Eingangskapazität des Verstärkers C_{in} an die Detektorkapazität C_D verstanden, um das Signal-zu-Rausch-Verhältnis zu maximieren. Dies ist unter der Voraussetzung möglich, dass thermisches Rauschen dominant ist und andere Rauschbeiträge relativ dazu vernachlässigbar sind, was für viele Anwendungen der Fall ist. Dann gilt nämlich folgende Relation:

$$\begin{aligned}\left(\frac{S}{N}\right)^2 &= \frac{(Q_S/C_{tot})^2}{\langle u^2_{\text{therm}}\rangle} = \frac{Q_S^2}{(C_D+C_{in})^2}\,\frac{g_m}{4kT\,\gamma\,\Delta f} \\ &= \frac{Q_S^2}{4kT\,\gamma\,\Delta f}\left(\frac{g_m}{C_{in}}\right)\frac{1}{C_{in}\,(1+C_D/C_{in})^2}\,, \end{aligned} \tag{17.112}$$

für ein Spannungssignal $u_S = Q_S/C_{tot}$ am Eingang (Gl. (17.9)) in einem Frequenzband Δf. Sowohl C_{in} als auch g_m (bei 'normalem' Betrieb des Verstärkungstransistors in starker Inversion) sind proportional zur Gate-Breite W, so dass das Verhältnis g_m/C_{in} ungefähr konstant ist. Nach (17.112) wird S/N dann für $C_{in} = C_D$ maximiert. Diese Aussage ist allerdings mit Vorsicht zu bewerten und im Detail komplexer (siehe zum Beispiel [956], Seite 252 ff.). Insbesondere ist die Annahme g_m/C_{in} = konstant bei anderen Betriebsmodi des Eingangstransistors oder für bipolare Transistoren nicht gegeben.

– Durch Kühlen des Systems, das heißt bei Halbleiterdetektoren des Detektors und der Elektronik, reduziert man vor allem den Rauschbeitrag durch den Detektorleckstrom, der ein mit der Temperatur exponentielles Verhalten aufweist. Das thermische Rauschen im Eingangstransistor wird durch Kühlung dagegen nur linear reduziert, die Temperaturabhängigkeit von 1/f-Rauschen ist stark vom Herstellungsprozess abhängig [327].

– Die Abhängigkeit des äquivalenten Rauschladung ENC von der Detektorkapazität ist näherungsweise linear, wenn das Kanalrauschen des FET, das heißt die thermischen und die 1/f-Rauschanteile, dominieren, wie dies zum Beispiel bei größeren Detektorkapazitäten C_D der Fall ist. Handelsübliche ladungsempfindliche Verstärkersysteme werden daher häufig mit folgender Spezifikation (*figure-of-merit*) angegeben:

$$\mathrm{ENC} = A\,e^- + B\,e^- \times \frac{C_D}{\mathrm{pF}}, \qquad (17.113)$$

zum Beispiel: 'ENC $= 200\,\mathrm{e}^- + 20\,\mathrm{e}^-/\mathrm{pF}$ bei 2 mW Leistungsaufnahme und einer Filterzeit von $\tau = 200\,\mu\mathrm{s}$ '.

18 Trigger- und Datennahmesysteme

Übersicht

18.1 Überblick, Anforderungen

Die Messgrößen der Detektoren sind in der Regel analoge Signale oder Zählraten, die mit wenigen Ausnahmen (siehe Kapitel 6) in elektronischer Form vorliegen. Im Allgemeinen möchte man die Daten in digitaler Form mit Computern weiterverarbeiten können. In diesem Kapitel sollen die Schnittstellen zwischen der detektornahen Elektronik (siehe Kapitel 17) und einem Computer oder Computersystem besprochen werden. Um die Übertragungsraten der Schnittstellen und die Kapazitäten der Medien für die permanente Speicherung auf das Notwendige zu begrenzen, werden in der Regel die interessierenden Ereignisse durch 'Trigger' selektiert. Die Datenerfassung (*data acquisition*, DAQ) und die Trigger sind deshalb eng miteinander verknüpft und müssen aufeinander abgestimmt werden.

Ein einfaches 'klassisches' Schema eines Trigger-DAQ-Systems ist in Abb. 18.1 gezeigt: Aus einer Auswahl schneller Signale (zum Beispiel von Szintillatoren wie in Abb. 7.25(a)) wird ein 'Pretrigger' innerhalb von größenordnungsmäßig 100 ns gebildet, und bei einer positiven Entscheidung wird das Experiment angehalten. Der Trigger startet die Konversionselektronik, die die verzögerten analogen Signale in digitale Information konvertiert. Ob die konvertierten Daten schließlich ausgelesen werden, kann ein komplexerer Trigger entscheiden. Die Auslese in einen Computer erfolgt über eine Schnittstelle (*interface*), die die Datenformate der Elektronik nach einem bestimmten Protokoll in computer-lesbare Formate konvertiert. Ein derart einfaches Schema wird allerdings heute meist nur noch in kleineren Experimenten oder in Testaufbauten benutzt.

Die Anforderungen an Trigger- und Datennahmesysteme hängen sehr von der Größe und Komplexität des Experimentes ab. Insbesondere sind die zu erwartenden Signal- und Untergrundraten und deren Zeitstruktur, die zum Beispiel kontinuierlich oder in festen Zeitintervallen gepulst sein kann, wesentliche Parameter. Die Möglichkeiten der Datenerfassung und -verarbeitung sind in den letzten Jahrzehnten in einem rasanten Tempo

H. Kolanoski und N. Wermes, *Teilchendetektoren*, https://doi.org/10.1007/978-3-662-73068-3_18

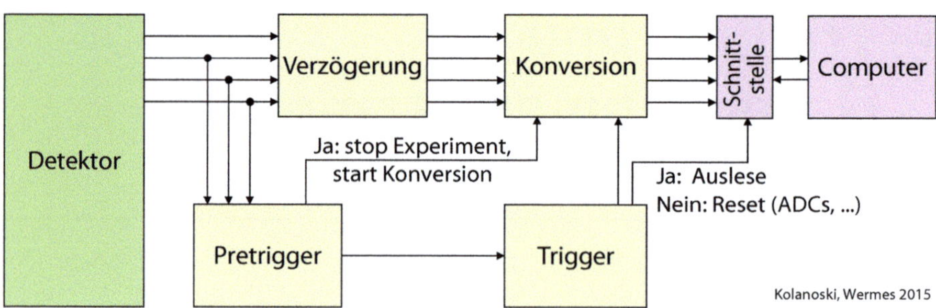

Abb. 18.1 Klassisches Schema eines Trigger- und Datennahmesystems. Siehe Beschreibung im Text.

gewachsen und werden vermutlich mit der Entwicklung von Computern, Vernetzung und Unterhaltungselektronik weiter wachsen. Insoweit sollen in diesem Kapitel eher allgemeine Prinzipien diskutiert werden. Quantitative Beispiele entsprechen in der Regel den jeweils zur Aufbauphase eines Experiments vorhandenen Möglichkeiten, wobei allerdings häufig das Datenerfassungssystem und die Rechnerkapazitäten eines länger laufenden Experiments während dessen Lebensdauer modernisiert werden.

Triggeranforderungen in Teilchenphysikexperimenten Experimente der Teilchenphysik an Hochenergiebeschleunigern haben häufig besonders hohe Anforderungen an die Datennahmesysteme, weil typischerweise die interessanten Ereignisse selten sind und deshalb möglichst hohe Wechselwirkungsraten erwünscht sind. Tabelle 18.1 zeigt typische Beispiele für Raten und Datenflüsse, mit denen Experimente an verschiedenen Speicherringen (Abschnitt 2.2.1, Tab. 2.2) konfrontiert werden. Insbesondere bei den LHC-Experimenten gibt es eine sehr große Diskrepanz zwischen der Wechselwirkungsrate mit dem daraus folgenden Informationsfluss am *front-end* des Detektors und der schließlich auslesbaren und permanent speicherbaren Datenmenge:

Tab. 18.1 Typische Raten und Datenflüsse bei Experimenten an verschiedenen Speicherringen (siehe Tab. 2.2). Aufgeführt sind die Luminositäten, die Strahlkreuzungsraten ν_{Strahl}, die Anzahl der sich überlagernden Ereignisse (die jeweils zu einem Trigger führen würden) pro Strahlkreuzung N_{pile} ('pile' steht für *pile-up* Ereignisse), die Ereignisrate ν_{Speicher}, die auf Band geschrieben werden kann, die Anzahl N_{Kanal} der auszulesenden Kanäle und die Datenmenge pro Ereignis D_{Ereignis}.

Strahlen	Maschine	Luminosität [cm^{-2} s^{-1}]	ν_{Strahl} [MHz]	N_{pile}	ν_{Speicher} [Hz]	N_{Kanal}	D_{Ereignis} [kB]
e^+e^-	LEP	10^{31-32}	0.05	10^{-2}	1	10^5	100
ep	HERA	10^{30-31}	10	10^{-3}	10	10^5	100
e^+e^-	B-Fabrik	10^{33-34}	120–240	10^{-5}	200	10^5	100
$\mathrm{p\bar{p}}$	Tevatron	$> 10^{32}$	2.5	6	80	10^5	150
pp	LHC	10^{34}	40	25	200	10^7	1500

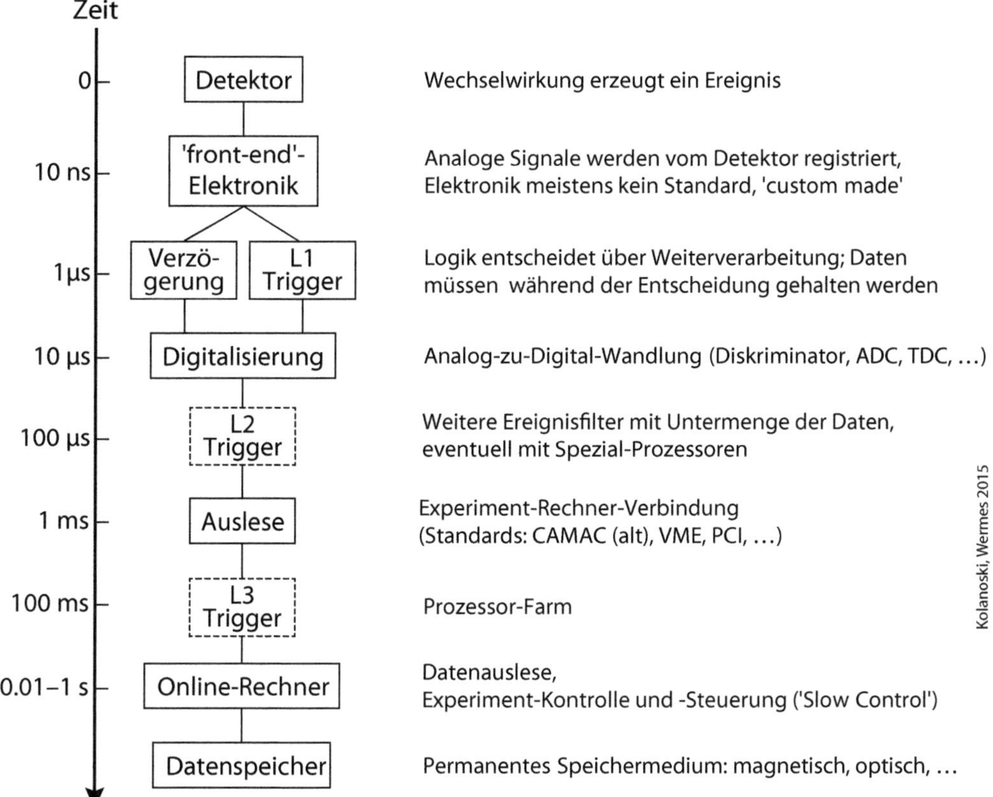

Abb. 18.2 Typische zeitliche Struktur des Trigger- und Datennahmesystems in einem Hochenergie-Experiment. Der zeitliche Ablauf kann im speziellen Fall sehr unterschiedlich sein. Insbesondere kann die Anzahl der Triggerstufen (hier L1–L3) variieren.

- Datenfluss in der Detektorelektronik (*front-end*): $\geq 100\,\text{Tbit/s}$. Zur Veranschaulichung: Zum Beispiel ergeben 10^4 Flash-ADC-Kanäle (siehe Abschnitt 17.7.1) mit einer Auflösung von 8 bit und einer Tastrate von 100 MHz (alles sehr typische Parameter) einen Datenfluss von 10 Tbit/s.
- Für die permanente Speicherung kann man Datenflüsse in der Größenordnung von 100 Mbit/s erreichen.

In diesem Beispiel wäre also eine Reduktion um einen Faktor von mindestens 10^6 notwendig. Die Triggersysteme, die eine solche Unterdrückung bei gleichzeitiger hoher Effizienz für den Nachweis der interessanten Prozesse erreichen, gehören zu den größten Herausforderungen bei der Entwicklung eines Detektors.

Abbildung 18.2 zeigt das Schema eines Trigger- und Datennahmesystems. Dabei können die zeitlichen Abläufe und die Anzahl der verschiedenen Stufen im Detail sehr unterschiedlich für spezifische Systeme sein. Im Folgenden sollen die wesentlichen Eigenschaften eines solchen Systems besprochen werden:

- Die analogen Daten fallen innerhalb von Nanosekunden (bis höchstens Mikrosekunden) am *front-end* des Detektors an.
- In einer ersten Triggerstufe (*level 1*, L1) muss eine schnelle Entscheidung gefällt werden. Während der Entscheidungszeit (*trigger latency*) müssen die Daten gehalten werden, was abhängig von der Komplexität des Systems durch Verzögerungskabel, elektronische Verzögerungen oder elektronische 'Pipelines' (in Reihe geschaltete, getaktete Speicherzellen) erreicht werden kann.
- Für die Ereignisse, die akzeptiert wurden, werden die Daten dann digitalisiert, falls nicht bereits vorher geschehen, und in einen Zwischenspeicher geschrieben.
- Eine mögliche zweite Triggerstufe hat Zugriff auf die digitalen Daten, allerdings in der Regel nur auf eine eingeschränkte Datenmenge, die Information über Bereiche, die der L1-Trigger als interessant erkannt hat (*regions-of-interest*, RoI), enthält. Die Beschränkung auf RoIs über mehrere Triggerstufen ist ein allgemeines Konzept, um die Datenflüsse möglichst niedrig und die Rekonstruktionsalgorithmen möglichst einfach zu halten.
- Nach der zweiten (und manchmal auch einer dritten) Stufe werden die Daten aus den Speichern aller Detektorkomponenten zu vollständigen Ereignissen zusammengeführt (*event building*).
- An dieser Stelle kann eine weitere Triggerstufe auf die gesamten Daten zugreifen und die Ereignisse noch einmal filtern.

Auf jeder Stufe eines Trigger-DAQ-Systems wird die eingesetzte Hardware den Anforderungen angepasst, wobei es einige allgemeine Charakteristika gibt:

- Im Allgemeinen besteht der L1-Trigger aus spezifischer Hardware, die bei großen Experimenten meistens Eigenentwicklungen sind. Zunehmend weite Verbreitung finden integrierte Schaltkreise mit einer großen Zahl logischer Gatter, deren Verknüpfungen frei programmierbar sind (PLDs, *Programmable Logic Devices*). In kleineren Experimenten greift man häufig auf modular aufgebaute Entscheidungselektronik zurück (ein Beispiel sind Module, die den NIM-Standard benutzen; siehe Abschnitt 18.4.1).
- Für die Digitalisierung kann man wieder auf Eigenentwicklungen oder modulare Standards (Abschnitt 18.2.1) zurückgreifen. Typischerweise bestehen solche Standards aus Überrahmen (*crates*), in die Module (ADC, TDC, DAC, ...) eingeschoben werden. Auf der Rückseite (*backplane*) des Überrahmens laufen standardisierte Adress- und Datenleitungen, über die die Module untereinander und mit einem Steuermodul kommunizieren können.
- Ab der zweiten Triggerstufe werden die Trigger oder Ereignisfilter (*event filter*) meistens auf 'Prozessorfarmen' realisiert. Am wirtschaftlichsten ist es, wenn man hier auf Standard-PC-Architektur (*commodity computer*) zurückgreift. Für die Verteilung der Ereignisse auf die Farm-Knoten benötigt man ein effizientes Management-System und Netzwerke.
- Die Speicherung erfolgt in der Regel zunächst auf Festplatten, die dann auf Magnetbänder kopiert werden.

18.2 Datenerfassung

In Kapitel 17 ist die detektor-nahe Signalverarbeitung behandelt worden. Abbildung 17.2 zeigt eine Kette von der Front-End-Elektronik am Detektor bis zur Digitalisierung der Messgrößen wie Pulshöhen, Ladungen und Zeiten. Im Folgenden soll der Transfer dieser Daten über eine Schnittstelle in einen Computer besprochen werden. Als Schnittstellen werden Standardsysteme oder, insbesondere bei größeren Experimenten oder Spezialanwendungen, auch Eigenentwicklungen eingesetzt.

Neben den Ereignisdaten, die in Echtzeit und in hoher Rate übertragen werden müssen, gibt es auch 'langsame' Daten über Status, Steuerung und Kontrolle des Detektors (*slow control*), die teilweise mit jedem Ereignis gesendet werden oder über parallele, nicht-synchrone Systeme gesammelt werden.

18.2.1 Standardisierte Auslesesysteme

Um Detektorsignale zur weiteren elektronischen Verarbeitung verfügbar zu machen, benötigt man Schnittstellen zwischen Detektor und Computer. Als Beispiel für eine Schnittstelle kann man sich einen digitalen Speicher mit zweiseitigem Zugriff (*dual port memory*) vorstellen: Von der Detektorseite werden Daten hineingeschrieben, und von dem Computer werden die Daten wieder ausgelesen. Zwischen beiden Seiten muss ein Protokoll vereinbart werden, das unter anderem das Format und die Speicheradressen der Daten festlegt. Für die Datenerfassung von zufälligen Ereignissen muss der Detektor mit dem Computer in Echtzeit kommunizieren können, was die Festlegung eines entsprechenden Signalaustauschs in Protokoll und Hardware erfordert. Da solche Schnittstellen für viele verschiedene Experimente und Anwendungen gebraucht werden und Eigenentwicklungen sehr aufwendig sind, wurden schon früh Standardschnittstellen definiert, die durch einen modularen Aufbau allgemein verwendbar sind. Die Schnittstelle ist die Verbindung zwischen einer Datenleitung, genannt 'Bus', auf der Detektorseite und einer Datenleitung auf der Rechnerseite. Für einen flexiblen und effizienten Einsatz von Auslesesystemen ist eine Standardisierung der Kommunikationssoftware ebenfalls ein wichtiges Charakteristikum.

Der erste Standard mit sehr breiten und langfristigen Anwendungen war CAMAC (*Computer Automated Measurement and Control*), das bereits 1969 in einem EURATOM-Bericht [403] beschrieben und 1972 durch das ESONE-Komitee[182] als Standard EUR4100 definiert wurde. Die breite, internationale Akzeptanz des CAMAC-Standards wurde gewährleistet, weil er von vornherein international ausgehandelt wurde, unter anderem mit dem NIM-Komitee[183] in den USA. Für ein elektronisches System, das in den 1960er Jahren konzipiert wurde, hat es erstaunlich lange überlebt. Auch heute werden noch CAMAC-Systeme eingesetzt, allerdings nicht mehr in den großen Experimenten der Teilchenphysik. Einschränkungen sind vor allem die begrenzte Geschwindigkeit des Datentransfers, begrenzter Adressbereich und vor allem fehlende Unterstützung für

[182]ESONE = European Standards On Nuclear Electronics
[183]NIM = Nuclear Instrumentation Module

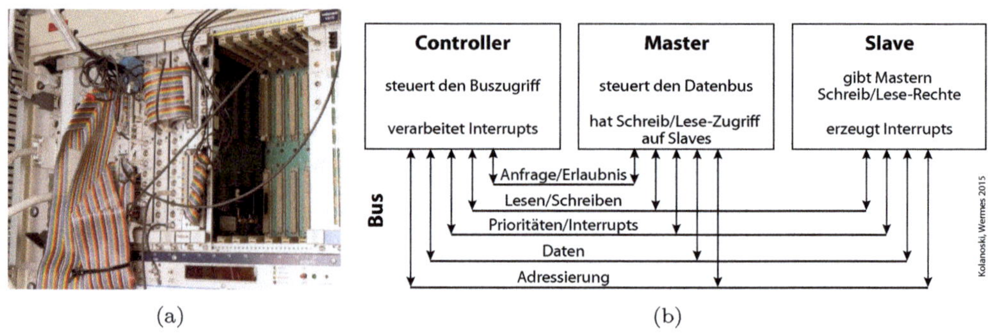

(a) (b)

Abb. 18.3 VME-Datenerfassungssystem: (a) Fotografie eines VME-Überrahmens mit Steckmodulen (Quelle: DESY); (b) Blockdiagramm eines VME-Systems mit der Kommunikationsstruktur von Steuer- und Master/Slave-Einheiten über den VMEbus (nach [761]).

Multiprozessor-Betrieb. Im Laufe der Zeit wurden verschiedene Systeme als Alternativen vorgeschlagen, von denen sich aber nur wenige langfristiger durchgesetzt haben.

VMEbus Seit den 1980er Jahren wurde der VMEbus-Standard (Versa Module Eurocard bus) eingeführt und 1987 unter ANSI[184]/IEEE[185] 1014-1987 standardisiert [590]. Im Gegensatz zu CAMAC unterstützt VME den Einsatz von Multi-Prozessor-Systemen (die VME-Entwicklung war eng verknüpft mit der Einführung von Mikroprozessoren).

Der VME-Bus ist ein 'Backplane-Bus' in einem Überrahmen, der Einschubmodule aufnimmt (Abb. 18.3(a)). Die meisten Module dienen der Analog-Digital-Umwandlung, wie zum Beispiel ADCs, TDCs oder DACs (Abschnitt 17.7.1), wobei die analogen Daten über die Frontseite des Moduls und die digitalen über die Rückseite laufen. Die Daten können sowohl von dem Detektor kommen als auch an ihn geliefert werden, Letzteres zum Beispiel zur Kontrolle und Steuerung des Detektors. Die Module können eigenständig, häufig mit eigenen Prozessoren, agieren, wobei jeweils festgelegt wird, welches Modul die koordinierende Funktion hat (*master*) und welche Module untergeordnet (*slaves*) sind (Abb. 18.3(b)). Die Schnittstelle zum externen Computer ist gewöhnlich in einem speziellen 'Controller'-Modul untergebracht.

Der Bus ist in vier Unterbusse aufgeteilt: Datentransfer-Bus, Prioritäts-Bus (*interrupt bus*), Entscheidungs-Bus (*arbitration bus*) und Versorgungs-Bus (*utility bus*). Daten und Adressen können in einer Wortbreite bis zu 32 bit, in einer erweiterten Version (VME64) bis 64 bit, übertragen werden. Das Protokoll läuft asynchron, das heißt, der schrittweise Ablauf wird nicht in einem vorgegebenen Takt ausgeführt, sondern durch Austausch von Steuerungssignalen geregelt. Auf dem Prioritäts-Bus werden Unterbrechungenssignale (*interrupts*) in Echtzeit an das System gesendet. Der Entscheidungs-Bus legt die 'Master-Slave'-Beziehungen verschiedener Prozessoren im System fest. Der Versorgungs-Bus stellt die notwendigen Spannungsversorgungen der Module zur Verfügung.

VMEbus-Systeme werden in Experimenten der Teilchenphysik, aber auch für industrielle und militärische Anwendungen, in der Luft- und Raumfahrt und in der Telekom-

[184] ANSI = American National Standards Institute
[185] IEEE = Institute of Electrical and Electronics Engineers

munikation eingesetzt. Erweiterungen des ursprünglichen Standards erreichen Übertragungsraten von mehreren Gigabytes pro Sekunde.

ATCA, μTCA Die Anforderungen im Bereich der Telekommunikation an Geschwindigkeit und Schaltfrequenzen für Datenübertragung wachsen ständig. Die dort entwickelten Standards haben Eigenschaften, die es erlauben, modulare Bus-Systeme wie VME in Experimenten mit hohem Datendurchfluss zu ersetzen. Zum Beispiel wird für die höheren Ausbaustufen der LHC-Experimente der Standard AdvancedTCA, abgekürzt ATCA (Advanced Telecommunications Computing Architecture), eingesetzt, der von einer Gruppe von Computerherstellern, PICMG (PCI Industrial Computer Manufacturers Group) [831], für die nächste Generation der Kommunikationstechnologie entwickelt wird. Die Weiterentwicklung von Spezifikationen, wie zum Beispiel in [831] zusammengestellt, orientiert sich an den aktuellsten Trends in der Entwicklung von Technologien für Hochgeschwindigkeitsverbindungen, Prozessoren der nächsten Generation und für die Verbesserung von Zuverlässigkeit, Bedienbarkeit und Wartungsfreundlichkeit solcher Systeme. Mit Umsetzung dieses Anspruchs hat ATCA weite Verbreitung in der Telekommunikation gefunden und findet jetzt auch Anwendungen in der industriellen Automatisierung, im militärischen Bereich, der Luft- und Raumfahrt und der Forschung. Die weite Verbreitung und die damit verbundene Verfügbarkeit von relativ preisgünstigen Komponenten macht es speziell für Experimente in der Teilchenphysik sehr attraktiv.

Die Spezifikation MicroTCA oder μTCA hat gegenüber ATCA einen reduzierten 'Formfaktor', das sind die mechanischen Abmessungen von Überrahmen und Steckmodulen. Speziell für die Bedürfnisse in der Teilchenphysik und zur Beschleunigersteuerung (siehe zum Beispiel [482]) bietet 'xTCA for Physics' zusätzliche Eigenschaften und Optionen für AdvancedTCA und MicroTCA.

18.2.2 Computer-Busse, -Schnittstellen und -Netzwerke

Mit dem Aufkommen von persönlichen Computern (PCs) ergaben sich neue Möglichkeiten für die Datenerfassung, insbesondere für die Auslese einzelner Instrumente, kleiner Apparaturen und Testaufbauten. Die Instrumente werden dabei über Schnittstellen an einen internen Bus des Rechners als periphere Geräte angeschlossen, wie zum Beispiel Drucker oder Bildschirme. Die Kommunikation läuft über spezielle Treiber-Software, die in der Regel mit dem Instrument mitgeliefert wird. Erweiterte Versionen von Computer-Bussen werden auch in größeren Experimenten eingesetzt, wie unten weiter ausgeführt wird.

PCI Ein weit verbreiteter Standard ist der PCI-Bus (*Peripheral Component Interconnect*). Wegen der breiten Nutzung für Computer und Unterhaltungselektronik sind die Systeme preisgünstig und gut verfügbar, und der Standard wird laufend verbessert, insbesondere werden die Übertragungsraten erhöht. Der in Abschnitt 18.2.1 besprochene TCA-Standard ist ebenfalls PCI-basiert.

Inzwischen werden auch Schnittstellen zu den Backplane-Bussen wie CAMAC und VME angeboten. Man kann den PCI-Standard aber auch für umfangreichere Apparaturen als eine Verlängerung des PCI-Busses des Computers benutzen, was dann als PXI (*PCI eXtensions for Instrumentation*) bezeichnet wird. Die Endung "XI" wird allgemein für die Verlängerung von Bussen zur Instrumentierung benutzt, zum Beispiel gibt es für VME den VXI-Bus und für LAN (Ethernet) den LXI-Bus.

Ethernet Dem Ethernet kommt in großen Experimenten eine besondere Bedeutung für die Vernetzung verteilter Prozessorsysteme zu. Zum Beispiel zeigt der Trigger-DAQ-Ablauf in Abb. 18.2, dass in höheren Triggerstufen die Daten in 'Prozessorfarmen' weiter aufbereitet und selektiert werden. Für die Verteilung der zu verarbeitenden Ereignisse ist es vorteilhaft, auf eine kommerzielle Lösung für ein lokales Netzwerk (LAN, *local area network*) zurückzugreifen.

Die dominierende LAN-Technologie ist Ethernet, die 1980 eingeführt wurde und 1983 unter IEEE 802.3 standardisiert wurde [591]. Der Standard beschreibt eine ganze Familie von Computer-Netzwerken mit Spezifikationen für Hardware und Protokolle [1035]. Mit Stand 2022 sind Übertragungsraten von 10 Mbit/s, 100 Mbit/s (Fast Ethernet) und in verschiedenen Stufen von 1 bis 400 Gbit/s (Gigabit-Ethernet) spezifiziert [690] sowie bis 1.6 Tbit/s (Terabit-Ethernet) in Vorbereitung. Entsprechend schnell sind die Schalter für die Verteilung von Daten (*gigabit switches*).

Ethernet ist nicht von vornherein für Echtzeit-Anwendungen geeignet, weil es zunächst nicht 'deterministisch' ist, das heißt, es gibt keine festen Latenzzeiten, die für eine isochrone Kopplung zwischen Verbindungspunkten notwendig sind. Während das die Ethernet-Nutzung auf der untersten Stufe, das heißt der Schnittstelle zum Detektor, meistens ausschließt, ist diese Einschränkung weniger relevant für die Verteilung der Daten auf Prozessorfarmen. Bei der Datenverteilung kommt es mehr darauf an, dass man die maximal mögliche Latenzzeit begrenzen kann und die Schwankungen der mittleren Latenzzeit durch die Datenpuffer ausgeglichen werden können.

Durch zusätzliche Spezifikationen kann Ethernet zum Beispiel für die Anforderungen der industriellen Automatisierung und Steuerung verteilter Systeme (typisch im Millisekunden-Bereich) echtzeitfähig gemacht werden (siehe zum Beispiel [1059]). Eine Entwicklung für ein voll-deterministisches Ethernet mit Zeitgenauigkeiten unter 1 ns ist unter dem Projektnamen 'White Rabbit' [713, 800, 939] bekannt. Mit diesem System ist auch eine zeitkritische Synchronisierung von großflächig verteilten Experiment- oder Beschleunigerkomponenten möglich [609]. Echtzeit-Anwendungen unterstützt auch LXI (*LAN eXtensions for Instrumentation*) zur Vernetzung von Messinstrumenten über Ethernet. Außerdem bietet LXI Web-Schnittstellen für Messgeräte, die internet-basierte Steuerungen und Kontrollen ermöglichen.

Charakterisierung eines Busses oder Netzwerks Die Geschwindigkeit und die Kapazität eines Busses oder Netzwerks sind durch die Latenzzeit und die Bandbreite[186] gegeben.

[186]Hier bezieht sich der Ausdruck 'Bandbreite' auf die (digitale) Bandbreite der digitalen Informationsübertragung. Dagegen ist die theoretisch mögliche Bitrate durch die analoge Bandbreite, entsprechend dem analogen Frequenzspektrum des Systems, gegeben.

Die Latenzzeit ist die Zeit, die eine Information braucht, um vom Sender zum Empfänger zu kommen. Dazu tragen die reinen Kabellaufzeiten bei, aber auch Verzögerungen in Netzwerkkomponenten, die der Datenaufbereitung entsprechend dem Protokoll und der Datenverteilung über Netzwerkschalter dienen. In einem großen Experiment sind in der Regel die Kabellaufzeiten auf der ersten Triggerstufe kritisch. Bei Signalgeschwindigkeiten von 5 ns/m braucht ein Signal über 100 m bereits 0.5 µs, was man mit typischen Zeiten von 1 bis 3 µs für die Triggerentscheidung zu vergleichen hat. Die Latenzzeit wird auch durch das Protokoll des Datentransfers bestimmt, zum Beispiel, ob die Daten bitweise seriell oder parallel, im Simplex- oder im Duplexmodus (Transfer in eine Richtung oder gleichzeitig in beide) gesendet werden und ob der Transfer mittels eines 'Handshake-Protokolls' quittiert wird. Das kann auch die maximale Reichweite einer Verbindung begrenzen, wobei Verlängerungen in der Regel durch 'Repeater' möglich sind.

Die (digitale) Bandbreite eines Netzwerks ist die Information, die pro Zeiteinheit vom Sender zum Empfänger fließt, gemessen zum Beispiel in bit/s oder Byte/s. Bei einer gegebenen Taktrate der Signale kann die Bandbreite durch Erhöhen der Anzahl der parallelen Leitungen verbessert werden. Zum Beispiel übertragen Backplane-Busse viele Bits parallel, während bei dem Ethernet-Standard die Bits seriell gesendet werden. Die Zuordnung zu Datenworten muss im seriellen Fall durch das Protokoll geregelt werden und trägt zur Latenzzeit bei.

18.3 Triggersysteme

18.3.1 Klassisches Triggerschema

Ein *klassisches* Triggerschema ist in Abb. 18.1 gezeigt: Signale von schnellen Detektoren werden miteinander logisch verknüpft, um einen 'Pretrigger' zu liefern, wenn ein Ereigniskandidat erkannt wurde. Der Pretrigger hält das Experiment an und startet gegebenenfalls die Digitalisierung der anliegenden Daten. Der Datenfluss muss so verzögert werden, dass ein komplexerer Trigger entscheiden kann, ob die konvertierten Daten schließlich in einen Online-Computer ausgelesen werden. Die Beschränkungen eines solchen Systems sind:

- Bei vielen Kanälen übersteigt die Menge der benötigten Verzögerungskabel eine praktikable Grenze.
- Wenn aber die Längen der Verzögerungskabel begrenzt werden müssen, können die Trigger eventuell nicht genügend selektiv sein.
- Bei Experimenten mit hohen Raten können die Totzeiten (Abschnitt 17.9) durch Unterbrechung der Datennahme, verursacht durch die Latenzzeit des Triggers, die Effizienz stark einschränken.

18.3.2 Anforderungen an einen Trigger

Mit den ständig wachsenden Möglichkeiten der Elektronik und Datenverarbeitung sind die Experimente tendenziell immer komplexer geworden. In den Anfängen der Teilchenphysik haben die Experimente mit Magnetspektrometern in sehr beschränkten Raumwinkelbereichen (wenige Millisteradian) einzelne Spuren nachgewiesen (zum Beispiel nur das Elektron bei der Messung der Formfaktoren und Strukturfunktionen des Protons in der Elektron-Proton-Streuung, Abb. 2.9 auf Seite 17). Ein Trigger konnte dann eine sehr einfache Struktur haben, zum Beispiel konnte ein Elektrontrigger eine Koinzidenz von hintereinanderliegen Szintillationszählern und einem Schwellen-Cherenkov-Detektor sein (wie in Abb. 2.9). Die aktuellen Experimente an den großen Beschleunigern (siehe Tab.18.1) sind durch hohe Raten, große Teilchenmultiplizitäten und Raumwinkelüberdeckungen von nahezu $4\pi\,\mathrm{sr}$ für die Triggerentscheidung gekennzeichnet. Hier ist die Herausforderung, möglichst schnell im Detektor die charakteristischen Ereignistopologien der interessanten physikalischen Prozesse zu erkennen. Damit ergeben sich hohe Anforderungen an die Triggersysteme.

Ein Triggersystem soll die Eingangsrate der Ereignisse auf die mögliche Speicherrate reduzieren. Dabei sollen die interessanten Ereignisse ohne Verluste gespeichert und die uninteressanten früh und effizient verworfen werden. Die Triggerentscheidung soll schnell sein, um Totzeit und damit Verlust von Daten zu vermeiden.

Als Beispiel nehmen wir die relativ einfache Situation, die als Fall (a) in Abschnitt 17.9.1 beschrieben wird: die Ereignisse sind zufällig in der Zeit verteilt und haben eine feste Totzeit pro Ereignis, das heißt, die Totzeit wird nicht verlängert, wenn ein neues Ereignis innerhalb einer Totzeit auftritt. Wir beziehen uns dabei auf (17.68), wechseln aber die Notation mit folgenden Substitutionen:

$$n \to \nu_{in}, \; m \to \nu_{meas}, \; \tau \to \Delta t_{dt} = \Delta t_{trig} + \epsilon_{RO}\, \Delta t_{RO}$$

Die Größen sind wie folgt definiert:

ν_{in}: Eingangsrate, hängt von Luminosität (Rate der Strahlteilchen und/oder Targetdichte), Wirkungsquerschnitt und Untergrund ab;

ν_{meas}: getriggerte Ereignisrate;

Δt_{trig}: Zeit, die für die Triggerentscheidung notwendig ist;

Δt_{RO}: Zeit, die für die Auslese notwendig ist (hängt von der Anzahl der Kanäle, Parallelisierung usw. ab);

ϵ_{RO}: mittlerer Anteil der gemessenen Ereignisse, die zu eine Auslese führen;

Δt_{dt}: mittlere Totzeit durch Trigger und Auslese.

Dann ist der Totzeitanteil an der gesamten Zeit der Datennahme, entsprechend den Gleichungen (17.66)–(17.69), gegeben durch

$$\eta_{dt} = \frac{\nu_{in} - \nu_{meas}}{\nu_{in}} = \frac{\nu_{in}\,\Delta t_{dt}}{1 + \nu_{in}\,\Delta t_{dt}} = \nu_{meas}\,(\Delta t_{trig} + \epsilon_{RO}\,\Delta t_{RO})\,. \tag{18.1}$$

Wenn das Produkt $\nu_{in}\,\Delta t_{dt}$ viel kleiner als 1 ist (Totzeit klein im Vergleich zu der Zeit zwischen Ereignissen) dann ist der Totzeitanteil annähernd $\nu_{in}\,\Delta t_{dt}$, wenn aber $\nu_{in}\,\Delta t_{dt}$

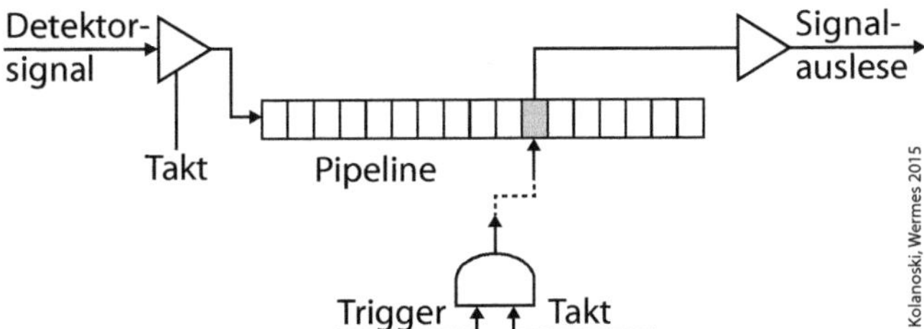

Abb. 18.4 Prinzip einer Pipeline: Signale eines Detektorkanals werden mit einem Takt, der bei periodischen Beschleunigern mit der Maschinenfrequenz synchronisiert ist, in einen Speicher mit vielen sequentiellen Zellen geschrieben und im Takt weitergeschoben. Der Speicher enthält dann den zeitlichen Ablauf der Signale dieses Kanals in einem Zeitintervall, das der Tiefe des Speichers entspricht. Durch einen synchronisierten Trigger wird die Speicherzelle, die dem triggernden Ereignis entspricht, ausgelesen.

groß ist, geht der Totzeitanteil gegen 1, $\eta_{dt} \to 1$. Im Folgenden wollen wir diskutieren, was man machen kann, wenn der Totzeitanteil groß wird, eventuell nahe 100%.

18.3.3 Triggerarchitektur

Triggerstufen Trotz relativ langer Trigger- und Auslesezeiten kann man totzeitfreie Systeme erreichen. Als erster Schritt werden die Entscheidungen in Stufen (*levels*) unterteilt, in denen die Ereignisraten stufenweise reduziert werden, bei wachsender Komplexität und Präzision der Entscheidungsalgorithmen. Wenn die Eingangsrate der i-ten Stufe ν_{in}^i kleiner wird als auf der Stufe $i-1$, kann die Entscheidungszeit Δt^i (*level i latency*) entsprechend länger werden.

Quantitativ muss man verschiedene Fälle für das Produkt $\nu_{in}^i\,\Delta t^i$ betrachten:

(a) $\nu_{in}^i\,\Delta t^i \ll 1$ Das Experiment kann für die Triggerentscheidung angehalten werden, und die Totzeit ist $\eta_t^i = \nu_{in}^i\,\Delta t^i \ll 1$.

(b) $\nu_{in}^i\,\Delta t^i \lesssim 1$ Das System kann die Rate nur totzeitfrei bearbeiten, wenn die Ereignisse in etwa gleichen Zeitabständen auftreten. Das kann man mit Zwischenspeichern erreichen, die kontinuierlich Ereignisse nachliefern können. Ein solcher Zwischenspeicher wird *derandomizing buffer* genannt.

(c) $\nu_{in}^i\,\Delta t^i \gg 1$ Entscheidungen müssen parallelisiert werden.

Parallelisierung von Triggerentscheidungen Mit $\nu_{in}^i\,\Delta t^i \leq n$, wobei n eine Zahl >1 ist, ergeben sich drei Möglichkeiten der Parallelisierung und Kombinationen davon:

(i) n Triggerentscheidungen parallel fällen;

(ii) Entscheidung über n Ereignisse mitteln;

(iii) Entscheidungsalgorithmus in n Zeitintervalle unterteilen und in einer 'Trigger-Pipeline' Ereignisse durch den Algorithmus schieben;

(iv) Kombinationen von (i) bis (iii).

Zum Beispiel ist bei LHC auf der ersten Triggerstufe $\nu_{in}^1 = 40\,\text{MHz}$ (Strahlkreuzungsfrequenz), und für den Trigger stehen nach Abzug von Verlusten durch Kabellaufzeiten und Anderem etwa $\Delta t^1 = 1\,\mu\text{s}$ zur Verfügung. Daraus ergibt sich $n \geq 40$, so dass in einer Trigger-Pipeline, entsprechend (iii), die Entscheidung in mindestens 40 Einzelschritte zerlegt werden muss und zu jeder Zeit n Ereignisse (= Strahlkreuzungen) gleichzeitig bearbeitet werden können.

18.3.4 Datenpuffer

Während der Triggerentscheidungen müssen die Daten der Ereignisse, die noch nicht verworfen wurden, in Pufferspeichern vorrätig gehalten werden. Die Möglichkeiten dazu sind:

– Verzögerungskabel. Problem: nicht praktikabel für eine große Anzahl von Kanälen und/oder für lange Verzögerungszeiten.
– Elektronische Verzögerung, zum Beispiel durch Anhalten eines Pulses an seinem Maximum ('*sample and hold*', Abschnitt 17.4). Problem: erlaubt keinen kontinuierlichen Zeittakt.
– Daten-Pipelines, die als integrierte Schaltungen realisiert werden (Abb. 18.4):
    - Analog: Pipelines mit analogen Speichern, '*switched capacitor arrays*'. Problem: Zur digitalen Weiterverarbeitung müssen die Speicherzellen konvertiert werden, was potentiell ebenfalls keinen kontinuierlichen Zeittakt erlaubt.
    - Digital: Schieberegister, FIFO (*first-in-first-out*), Ringspeicher oder '*dual port memory*' (zum Beispiel in FADCs). Probleme: genügend großer dynamischer Bereich ist aufwendig (speziell für Kalorimetrie), Verlustleistung ist höher als bei analogen Speichern.

18.4 Realisierung von Triggern

Dieser Abschnitt soll einen kleinen Überblick geben, wie durch die logische Verknüpfung von Detektorsignalen 'interessante' Ereignisse selektiert und nicht interessierende Ereignisse sowie der Untergrund unterdrückt werden können. Das grundsätzliche Konzept geht auf die in den 1920er Jahren durch W. Bothe und andere entwickelte 'Koinzidenzmethode' (Abschnitt 2.1, Abb. 2.2) zurück. Dabei wird elektronisch nach zeitlich koinzidenten Signalen gesucht, die über einer Schwelle liegen und weitere Kriterien erfüllen. Sehr häufig wird verlangt, dass die räumliche Verteilung der Signalquellen einem bestimmten Muster folgt, zum Beispiel verursacht durch ein Teilchen, das durch mehrere Lagen eines Spurdetektors geht (Abb. 18.6).

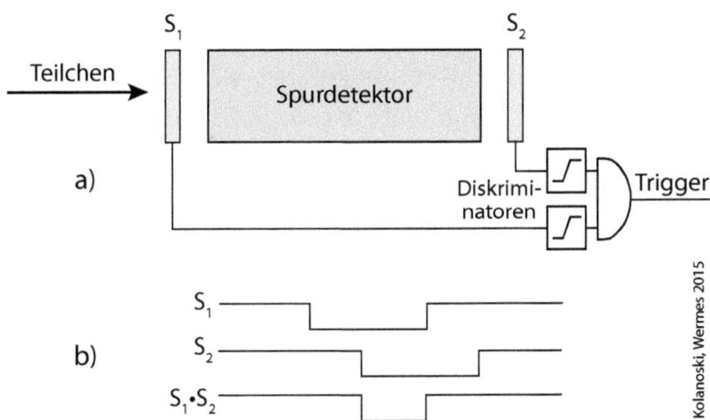

Abb. 18.5 a) Schema eines Triggers mit zwei Zählern, die in Koinzidenz ansprechen. Die Zähler sind oft organische Szintillatoren (Abschnitt 13.5.1), mit denen eine zeitliche Schärfe der Koinzidenzen von wenigen Nanosekunden erreicht werden kann. b) Diskriminatorsignale der Zähler und deren Koinzidenzsignal, das als Trigger benutzt wird.

18.4.1 Einfache Zählerkoinzidenzen

Im einfachsten Fall besteht der Trigger aus einer Anordnung von zwei oder mehr Zählern, zum Beispiel Geigerzählern wie in Abb. 2.2(a) und 6.2(b) oder Szintillationszählern wie in Abb. 7.13 und 7.25. Das Schema mit zwei Zählern und einem Spurdetektor ist hier noch einmal in Abb. 18.5 dargestellt. Eine solche Anordnung definiert durch Fläche und Abstand der Zähler den Raumwinkelbereich, aus dem eine Teilchenspur kommen darf. Einer etwas komplexeren Logik folgen die Zähleranordnungen in Abb. 16.8 und 13.19, bei denen zu einer Zählerkoinzidenz explizit das Nicht-Ansprechen von Veto-Zählern innerhalb eines Zeitintervalls verlangt wird.

Wenn die beiden Zähler unkorrelierte, gleichverteilte Untergrundsignale mit den Raten ν_1 und ν_2 haben, ist die Rate der Zufallskoinzidenzen gegeben durch

$$\nu_{12} = \nu_1\,\nu_2\,\Delta t_{12}\,. \tag{18.2}$$

Dabei ist $\Delta t_{12} = \Delta t_1 + \Delta t_2 - \Delta t_{\text{koin}}$ die Summe der beiden Signallängen Δt_1, Δt_2 abzüglich der für eine Koinzidenz minimal geforderten Überlappungszeit Δt_{koin}, was genau die Zeitspanne ist, innerhalb der eine Überlappung der beiden Signale zu einer Koinzidenz führt. Wenn also zum Beispiel die einzelnen Untergrundraten $\nu_1 = \nu_2 = 1$ kHz und $\Delta t_{12} = 10$ ns sind, ergibt sich eine Untergrundrate für das Koinzidenzsignal von 0.01 Hz. Bei einer Zählerrate von 10 kHz oder einer Koinzidenzzeit von 1 µs ist sie aber bereits 1 Hz. Jeder weitere (unabhängige) Zähler i in der Koinzidenzbedingung senkt die Ausgangsrate jeweils um einen Faktor $\nu_i \Delta t_i$. Das heißt, gegen hohen Untergrund hilft eine zeitlich möglichst scharfe Koinzidenzbedingung mit vielen Beiträgen zu der Koinzidenz.

18.4.2 Standard-Elektronik für Triggerlogik

Die Logik von Triggerentscheidungen kann mit Standard-Elektronik konfiguriert werden. In der Kern- und Teilchenphysik ist bereits seit den 1960er Jahren der NIM-Standard verbreitet [791]. Der Standard definiert ein System aus Überrahmen (*crates*) mit Steckmodulen für verschiedene elektronische Aufgaben, Kabel, Steckverbindungen und die Pegel logischer Signale.

Die Überrahmen sind ähnlich wie die der in Abschnitt 18.2.1 beschriebenen Auslesesysteme, wobei allerdings über die Rückwand kein Datenbus geführt wird, sondern nur Versorgungsleitungen (Gleichspannungen ± 6, ± 12 und ± 24 V). Das System hat keine Verbindung zu einem externen Computer. Es gibt eine große Vielfalt an NIM-Modulen, zum Beispiel Diskriminatoren, Signalgeneratoren und Logikmodule mit den verschiedenen Binärfunktionen. Andererseits findet man Analog-Digital-Wandler wie ADCs oder TDCs eher selten in NIM-Crates. Sie werden natürlicherweise bevorzugt in Auslesesystemen mit digitalen Busverbindungen untergebracht.

Der ursprüngliche Kabelstandard sind Koaxialkabel mit einem Wellenwiderstand von $50\,\Omega$; inzwischen werden auch andere Kabeltypen zugelassen, insbesondere solche, die eine höhere Packungsdichte zulassen (wie *Twisted-Pair*-Kabel, siehe Abschnitt 17.8 auf Seite 881). Die NIM-Pegel für die Logikwerte '0' und '1' sind über Ströme definiert, denen mit 50-Ω-Abschluss die Spannungen 0 beziehungsweise $-0.8\,\mathrm{V}$ entsprechen. Neben dem NIM-Pegel werden auch andere logische Pegel (zum Beispiel TTL, ECL, CMOS, ...) akzeptiert. Tabelle 17.2 in Abschnitt 17.7.4 zeigt Parameter von Standard-Logikpegeln.

In den bisherigen Beispielen sollte jeweils auf ein einzelnes Teilchen getriggert werden. In Detektoren mit großer Raumwinkelakzeptanz, in denen Vielteilchenendzustände gemessen werden, sind die Anforderungen an Trigger entsprechend größer. Weil für große Triggersysteme die Realisierung durch modulare Standardsysteme in der Regel zu aufwendig und teuer sind, greift man auf Spezialentwicklungen zurück. Der komplexen Aufgabenstellung entsprechen eine Vielzahl von einfallsreichen Lösungen, auf die wir im Folgenden nur exemplarisch eingehen können.

18.4.3 Mustererkennung auf dem Triggerniveau

Ein Detektor der Teilchenphysik besteht im Allgemeinen aus einer Anzahl von Detektorzellen, die in der Größenordnung bis zu 10^8 liegen kann. Ein Ereignis hinterlässt ein bestimmtes Muster angesprochener Zellen (Abb. 18.6). Die Anzahl der möglichen Muster kann ebenfalls sehr groß sein. Die Aufgabe eines Triggers ist es, aus dem Vergleich der angesprochenen Zellen mit jedem gewünschten Muster zu entscheiden, ob das Ereignis akzeptiert werden soll.

Es ist offensichtlich, dass die naive Lösung, alle möglichen Zellkombinationen durchzugehen und dann mit den gewünschten Mustern zu vergleichen, sehr schnell zu einer zu großen Anzahl von Kombinationen führt. Nehmen wir als Beispiel einen Spurdetektor mit (nur) 4 Lagen mit jeweils 100 Zellen (zum Beispiel Driftzellen oder Streifenelektroden). Die Anzahl der Kombinationen von je einer Zelle in jeder Lage ist dann 10^8, was verdeutlicht, dass dieses Verfahren mit steigender Kanalzahl sehr schnell ineffizient wird.

Informationsreduktion Eine Grundregel bei der Mustererkennung besagt, dass man die Anzahl der Kombinationen in einem möglichst frühen Stadium des Algorithmus auf das absolut Notwendige beschränken soll. Methoden dafür sind:

- Beschränkung der Auflösung durch Zusammenfassen von Detektorzellen soweit, wie es zum Erkennen einer Signatur noch möglich ist. Zum Beispiel würde man in einem Spurdetektor Clusterschwerpunkte bilden und/oder benachbarte Zellen zusammenfassen. In einem Kalorimeter werden Kalorimeterzellen zusammengefasst.
- Beschränkung auf 'Straßen' (*roads*) durch den Detektor, das heißt, es werden nur Triggerzellen in verschiedenen Detektorlagen verbunden, die zu möglichen Mustern führen können, zum Beispiel Spuren von Teilchen oder Zerfallsvertextopologien. In einem Kalorimeter werden Kalorimeterzellen zu Triggertürmen (*trigger towers*) zusammengefasst, die wie in Abb. 15.17 für den D0-Detektor zum Wechselwirkungspunkt zeigen.
- Zusammenfassen lokaler Kombinationen durch Nachbarschaftsbeziehung. Zum Beispiel werden in Spurdetektoren häufig Treffer in zwei oder drei benachbarten Lagen als Dupletts oder Tripletts zu Spurelementen zusammengefasst, wenn sie die Bedingung einer Tangente an eine mögliche Spur erfüllen.
- Iterative Verfeinerung des Suchfensters durch die Kalman-Filter-Methode, entsprechend der Abb. 9.9 in Abschnitt 9.3.6. Ausgehend von einem Startpunkt im Parameterraum werden entsprechend dem Modell für das zu suchende Muster in der nächsten Nachbarschaft Punkte gesucht, die zum Muster passen. In jedem Schritt kann jeweils das Suchfenster verkleinert werden.

Die Beispiele zeigen, dass bereits in der Planungsphase die Auslegung des Triggersystems betrachtet werden sollte, weil durch konstruktive Maßnahmen Triggerentscheidungen vereinfacht werden können, wie man sehr deutlich an dem Beispiel der Triggertürme in Abb. 15.17 sieht. Ebenfalls sollte vorab geplant werden, wie die Effizienz eines Triggers bestimmt werden kann. In der Regel wird das dadurch gelöst, dass mehrere redundante Trigger eine gegenseitige Kontrolle erlauben. Zum Beispiel kann in einem Ereignis, das durch Kalorimeterinformation getriggert wurde, überprüft werden, ob Spuren von einem ebenfalls installierten Spurtrigger erkannt worden sind.

Wenn komplexe Muster von einem Triggersystem in Zeitintervallen von typisch Mikrosekunden erkannt werden sollen, erfordert das zum Teil erheblichen elektronischen Aufwand. Je nach Anzahl der Detektorzellen kann die Anzahl der zu testenden Kombinationen sehr hoch sein. Wenn ein System mehrere Triggerstufen hat, dann beschränkt man sich auf der L1-Stufe meistens auf wenige robuste Entscheidungen, die die Rate genügend senken, um auf den höheren Stufen komplexere Entscheidungen fällen zu können. In LHC-Experimenten sind auf der L1-Stufe Kalorimeter- und Myon-Trigger besonders geeignet. Kalorimetertrigger verlangen große Energiedeposition in lokalen Clustern als Signatur für Jets, und Myontrigger verlangen Myonen mit großem Transversalimpuls relativ zur Strahlachse.

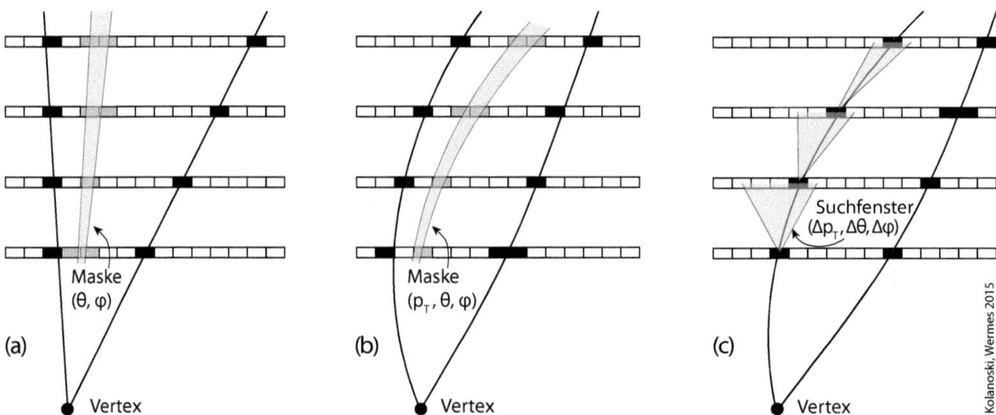

Abb. 18.6 Schema eines Spurtriggers: Die schwarzen Zellen sind das gemessene Muster, die in diesem Fall durch zwei Spuren verursacht sind. (a) geradlinige Spuren; (b, c) durch ein Magnetfeld gekrümmte Spuren. In (a) und (b) wird für jedes mögliche Muster einzelner Spuren eine Maske gespeichert. Die hellgrauen Bereiche sind Beispiele für 'Straßen' (*roads*), die im Fall gerader Spuren einen Richtungsbereich abdecken und im Fall gekrümmter Spuren einen Richtungs-Impuls-Bereich. Die grauen Zellen formen eine Maske, die eine 'Straße' abdeckt. Die verschiedenen Masken müssen in ihren Bereichen überlappen, um volle Triggereffizienz zu erreichen. In (c) ist das Schema eines Triggers, basierend auf der Kalman-Filter-Methode, gezeigt: Ausgehend von einem Aufpunkt (einer getroffenen Zelle) in der ersten Detektorebene wird ein Bereich in der nächsten Ebene betrachtet, der unter gewissen Bedingungen – zum Beispiel, dass der Ursprung am Vertex liegt und die Spur keine zu große Krümmung hat – von einer Spur gekreuzt worden sein könnte. Wenn dort ein Treffer gefunden wird, kann die Voraussage für die nächste Ebene verbessert und das Suchfenster enger werden.

18.4.4 Spurtrigger

Wir betrachten hier Spurtrigger auf niedriger Triggerstufe, bei der die Zeitbeschränkungen im Bereich von Mikrosekunden liegen und komplexe Mustererkennung nur mit sehr spezieller Elektronik möglich ist.

Konzepte Die Aufgabenstellung ist in Abb. 18.6 schematisch dargestellt: Spuren hinterlassen ein Muster in einem Detektor. Der Trigger muss nun herausfinden, ob ein bestimmtes Muster mit einer oder mehreren Spuren identifiziert werden kann.

Maskenprozessor: Ein möglicher Triggeralgorithmus benutzt Masken, die mit dem gemessenen Treffermuster verglichen werden (Abb. 18.6(a,b)). Die Masken entsprechen jeweils Spuren in einem bestimmten Überdeckungsbereich von Richtungen und Impulsen, letzteres, falls ein Magnetfeld vorhanden ist. Die Größe der Bereiche hängt von der gewünschten Auflösung ab, die wiederum an die Teilchendichte im Detektor angepasst werden muss. Es müssen so viele verschiedene, teilweise überlappende Masken definiert werden, dass echte Spuren mit hoher Effizienz gefunden werden. Für eine schnelle Triggerentscheidung ist wichtig, dass die Zuordnung von Masken zu dem Treffermuster in parallelen Schritten, zum Beispiel getrennt für verschiedene Detektorsektoren, erfolgen kann.

Kalman-Filter: Eine ganz andere Herangehensweise ist die Kalman-Filter-Methode, die in Abb. 18.6(c) dargestellt ist (siehe auch Abschnitt 9.3.6). Dabei wird ausgehend von einem Startpunkt (*seed*) ein Spurmodell sukzessiv an Treffer in nachfolgenden Detektorlagen angepasst. Mit jedem gefundenen Treffer werden die Parameter der Spur verbessert, und der Suchbereich in der nächsten Lage kann verfeinert werden. Das schrittweise Vorgehen und der Umstand, dass bei jedem Schritt der Trigger nur auf lokalen Trefferdaten arbeitet, machen den Kalman-Filter-Algorithmus sehr geeignet für einen Trigger, der im Pipeline-Modus arbeitet.

Ein Beispiel für die Anwendung eines Kalman-Filters für einen schnellen Spurtrigger ist der '*First Level Trigger*' des HERA-B-Experiments [146]. Innerhalb der L1-Latenzzeit von 12 μs werden Spuren von Leptonpaaren in einer Umgebung mit sehr hoher Teilchendichte gefunden und deren invariante Masse gebildet. Die Auflösung ist so gut, dass leptonische Zerfälle von J/ψ-Mesonen mit akzeptabler Reinheit und Effizienz selektiert werden können.

Elektronische Hilfsmittel Bei vorgegebener Latenzzeit des Triggers werden in der Regel die einzelnen Entscheidungsschritte nach den auf Seite 933 aufgeführten Optionen parallelisiert. Die Lösungswege sind vielfältig, und die Realisierung erfolgt jeweils mit den schnellsten verfügbaren Elektronikkomponenten. Elektronische Bausteine für solche Trigger sind zum Beispiel:

FIFO Schieberegister (*First-In-First-Out*): Daten werden in eine Speicherkette gefüllt, werden dort durch einen Taktgeber weitergegeben und fallen nach einer maximalen Anzahl von Schritten, der Speichertiefe, am Ende heraus. Bei einem regulären Schiebetakt hat eine Speicherzelle außer dem Speicherinhalt auch die Zeitinformation, wann der Inhalt vor der Abfrage eingespeist wurde. Schieberegister werden zum Beispiel als Daten-Pipelines zur Überbrückung der Latenzzeit für den Trigger eingesetzt.

LUT *Look-Up Table*: eine gespeicherte Tabelle mit vorausberechneten Ergebnissen zeitaufwendiger Rechnungen. Zum Beispiel können mit einer solchen Tabelle zu einem gemessenen Spurmuster die Spurparameter wie Richtung, Achsenabschnitt oder Krümmung zugeordnet werden. Häufig werden in programmierbaren logischen Schaltungen Logikfunktionen als Wahrheitstabellen in LUTs gespeichert, was eine größere Flexibilität im Vergleich zu einer Hardware-Implementation bietet.

CAM *Content Addressable Memory* oder Assoziativspeicher: Im Gegensatz zum Beispiel zu einem RAM (*Random Addressable Memory*), bei dem eine Adresse einem Speicherplatz zugeordnet wird, werden hier Eingabemuster mit gespeicherten Inhalten verglichen. Wenn Eingabe und Inhalt zusammenpassen, kann das durch ein Bit signalisiert werden, oder es können weitere Informationen zu dem Muster übergeben werden (*encoded output*). Während in einem RAM eine Übereinstimmung eines Datenworts mit einem Speicherinhalt schrittweise, seriell gesucht werden muss, werden in einem CAM die Speicherinhalte parallel bearbeitet, was die Lösung von Suchaufgaben besonders

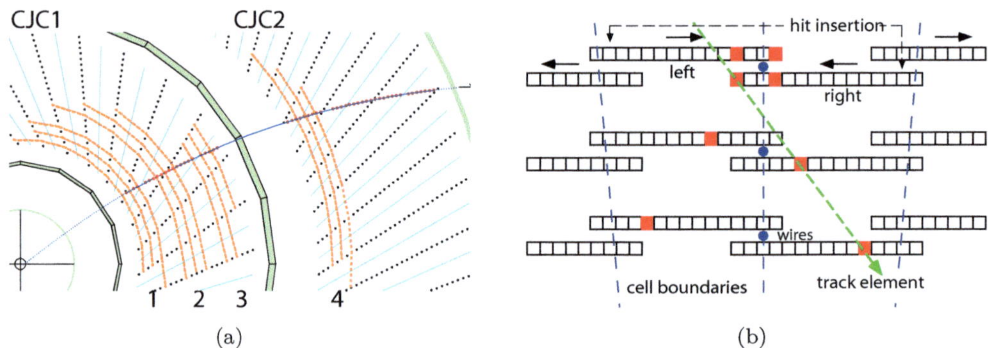

Abb. 18.7 Der 'Fast Track Trigger' des H1-Experiments [144]: (a) Querschnitt eines Quadranten der zentralen Jetkammer senkrecht zu den kollidierenden Strahlen. Die Signaldrähte sind durch Punkte und die Kathodenebenen durch die Linien angedeutet. Die Triggerlagen sind durch die Nummern 1 bis 4 bezeichnet. (b) Darstellung einer 'Triggerzelle' mit den Schieberegistern, die die Position von Treffern angeben. Zu jedem Schieberegister gibt es wegen der Rechts-Links-Ambiguität das jeweils gespiegelte Register. Schieberegister benachbarter Zellen überlappen an den Zellgrenzen, um im Übergangsbereich keine Spuren zu verlieren. Spursegmente in einer Triggerlage sind nahezu lineare Verbindungen von Treffern in den drei Drahtlagen. Quelle: DESY/H1 Collaboration.

schnell macht. Zum Beispiel werden damit in Netzwerken den ankommenden Datenpaketen Adressen für die Datenweiterleitung zugeordnet. In der Teilchenphysik werden Assoziativspeicher zur Mustererkennung für Spuren- und Clustersuche benutzt. Das Prinzip der elektronischen Realisierung ist in [365] beschrieben und die Anwendung in einem Trigger des CDF-Vertexdetektors in [364].

DSP Digitaler Signalprozessor: Prozessor-Chip, der auf die schnelle Verarbeitung von Signalen mit schneller Ein- und Ausgabe der Daten spezialisiert ist.

FPGA *Field Programmable Gate Array*: frei programmierbare, integrierte Schaltkreise, eine Variante von programmierbaren logischen Schaltungen (PLDs, *Programmable Logic Devices*) mit höchster Flexibilität. Ein FPGA enthält logische Gatter, Speicher, Look-Up-Tabellen, Prozessoren (meistens DSPs), Multiplexer und Standardanschlüsse für Ein- und Ausgabe. In der Teilchenphysik basieren die schnellen Trigger meistens auf der logischen Verarbeitung der Signale in FPGAs, die entsprechend konfiguriert werden. Die freie Programmierbarkeit durch so genannte *Firmware* erlaubt eine schnelle Anpassung auf experimentelle Bedingungen.

Beispiel: 'Fast Track Trigger' von H1 Wir betrachten als typisches Beispiel den '*Fast Track Trigger*' (FTT) des H1-Experiments bei HERA [144]. Es gibt verschiedene andere Beispiele mit ähnlichen Anforderungen an Ereignisrate und Latenzzeit des Triggers, zum Beispiel der 'Extremely Fast Tracker' (XFT) des CDF-Experiments [987].

Der H1-FTT benutzt Spuren in der zentralen Jetkammer (CJC = *Central Jet Chamber*), die aus zwei konzentrischen zylindrischen Driftkammern (CJC1, CJC2) mit insgesamt 56 Drahtlagen in einer Jetkammer-Zellstruktur wie in Abb. 7.41(c) besteht. Abbildung 18.7(a) zeigt einen Quadranten der Kammer im Querschnitt.

Trigger-Konzept: Für den Trigger werden 12 von den 56 Drahtlagen benutzt, die in 4 Triggerlagen zu je 3 Drahtlagen gruppiert werden (die Triggerlagen sind in Abb. 18.7(a) eingezeichnet). In jeder Triggerlage werden parallel zueinander mit Hilfe von Masken Spursegmente aus Signalen der drei Drahtlagen gesucht. Die Spursegmente werden durch die Mittelwerte der abgedeckten inversen Transversalimpulse $\kappa = 1/p_T$ und der Azimutwinkel ϕ identifiziert. In einem weiteren Schritt werden in den vier Triggerlagen Spursegmente mit den gleichen beziehungsweise ähnlichen (κ, ϕ)-Werten zu einer Spur zusammengefügt, wenn mindestens zwei Segmente zusammenpassen. Die Multiplizität dieser Spuren sowie ihre topologischen und kinematischen Beziehungen werden zu dem Ergebnis der L1-Triggerstufe verarbeitet. In den höheren Triggerstufen werden die L1-Spuren verfeinert und schließlich für topologische und kinematische Rekonstruktionen benutzt [144].

Elektronische Umsetzung: Die Driftkammersignale der Triggerlagen werden mit der 80-MHz-Taktrate eines Flash-ADCs digitalisiert (Abschnitt 7.10.6). Die FADC-Daten werden an einen FPGA weitergeleitet, wo ein digitaler Signalprozessor eine Ladungs-Zeit-Analyse (Q-t-Analyse) durchführt. Für Signale über einer Rauschschwelle werden die Daten in ein Schieberegister mit einer Taktrate von 20 MHz geschrieben. Die reduzierte Taktrate wird durch Zusammenfassen von jeweils 4 FADC-Zellen erreicht. Das Schieberegister enthält dann die zeitliche Abfolge der Treffer relativ zu einer Strahlkreuzungszeit. Mit einer gegebenen Orts-Driftzeit-Beziehung (Abschnitt 7.10.7) und gegebener Zeit der Strahlkreuzung enthält jede Speicherzelle die Ortsinformation des Treffers. Zu jedem Draht wird damit die Driftstrecke von Kathode zu Anode auf die Zellen des Schieberegisters abgebildet, wie in Abb. 18.7(b) dargestellt. Wegen der Rechts-Links-Ambiguität um den Draht (siehe Abschnitt 7.10.4) gibt es noch einmal die gespiegelten Zellen. Weitere Schieberegister sorgen für eine Überlappung mit den Nachbarzellen. Mögliche Kombinationen von Treffern in den drei Drahtlagen (siehe Abb. 18.7(b)) werden von dem FPGA als Muster auf einen CAM gegeben, der bei Übereinstimmung mit einem gespeicherten Muster die (κ, ϕ)-Werte dieses Musters ausgibt. Da die Driftzeit länger als die Zeit zwischen Strahlkreuzungen ist, muss die Spurensuche zu jeder Strahlkreuzung neu gestartet werden, so dass mehrere Suchen parallel bearbeitet werden. Zu unterschiedlichen Strahlkreuzungen wird eine Zelle in dem Schieberegister unterschiedlichen Orten in der Driftkammer zugeordnet.

Zum Verbinden (*linking*) der Spursegmente in den 4 Triggerlagen wird die Methode des 'Histogrammierens' benutzt: Im FPGA werden die (κ, ϕ)-Werte der gefundenen Segmente in ein zweidimensionales Histogramm mit 16×60 Zellen eingetragen[187]. Mit einem schnellen Suchverfahren (*peak finder*) wird nach Histogrammzellen mit mindestens zwei Einträgen gesucht. Die entsprechenden Segmente werden dann zu einer Spur zusammengefügt. Dabei wird gleichzeitig die Rechts-Links-Ambiguität aufgelöst, weil Segmente mit falscher Rechts-Links-Zuordnung in einer oder mehreren Zellen nicht zusammenpassen (siehe Abb. 7.41(c)). Außerdem passen im Allgemeinen Segmente nur für die richtige

[187] Die Transformation der Treffer im Ortsraum in den Raum der Parameter (κ, ϕ) entspricht einer Hough-Transformation (siehe zum Beispiel [741]).

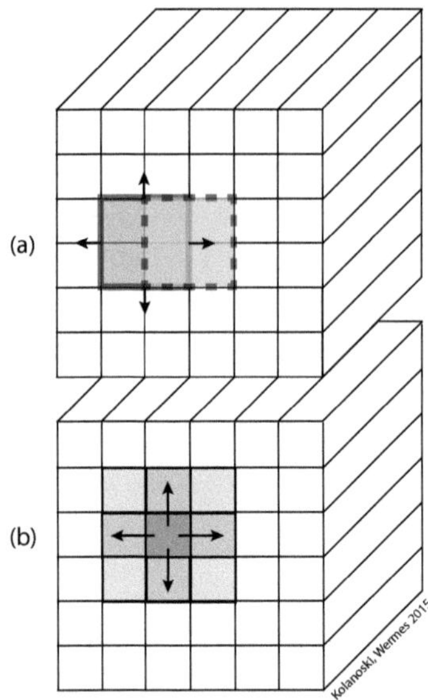

Abb. 18.8 Schnelle Clustersuche in einem Kalorimeter zum Triggern: (a) Suche in vier benachbarten Zellen, bei denen die Summe der Energien oberhalb der Triggerschwelle liegt. Bei der Suche wird ein (4×4)-Fenster jeweils um eine Zelle versetzt über die Zellen geschoben ('*sliding window*'). (b) Suche nach einzelnen Zellen, die eine Energie oberhalb einer Schwelle haben. Ein Cluster liegt vor, wenn nach Hinzufügen der Nachbarzellen (4 mit gemeinsamer Kante, 8 mit gemeinsamer Kante oder Ecke) die Energiesumme oberhalb einer Clusterschwelle liegt.

Strahlkreuzungszeit zusammen, die damit durch den Trigger gleichfalls bestimmt wird. Der 'Linking'-Prozess wird innerhalb von nur 130 ns durchgeführt. Der gesamte Zeitbedarf für den FTT auf der L1-Stufe ist 0.5 μs.

18.4.5 Kalorimetertrigger

Kalorimetertrigger sind besonders geeignet, Untergrund zu unterdrücken, weil Untergrundereignisse typischerweise nicht viel Energie deponieren. In Collider-Experimenten sind Ereignisse mit hoher 'transversaler Energie' eine Signatur für interessante Reaktionen. Dabei wird als 'transversale Energie' (E_T) die transversale Komponente eines Vektors berechnet, der von dem Wechselwirkungspunkt zu der Energiedeposition weist und den Betrag der Energie hat, das heißt, es entspricht eigentlich der transversalen Komponente eines Impulses, wenn man die Massen vernachlässigen kann. Formelmäßig gilt $E_T = E \sin\theta$, wobei θ der Polarwinkel des Clusters mit der Energie E ist. Die Kalorimeterenergie kann noch nach elektromagnetisch und hadronisch deponierter Energie unterschieden werden, was zu Triggern auf Elektronen und Photonen beziehungsweise Hadronen oder Jets führt. Aus der Messung aller Energien und Impulse kann die 'fehlende transversale Energie' E_T^{miss} in einem Ereignis bestimmt werden, was bei der Suche nach exotischen Prozessen wichtige Triggergrößen sind.

Die Suche nach Energieclustern in Kalorimeterzellen für einen schnellen Trigger kann etwa so wie in Abb. 18.8 erfolgen. In (a) ist die Methode des 'gleitenden Fensters' (*sliding window*) gezeigt: Vier oder mehr Zellen werden zusammengefasst und auf Überschreiten einer Schwelle geprüft. Das Suchfenster wird so verschoben, dass keine Ineffizienzen an den Übergängen entstehen. In (b) werden alle Zellen einzeln abgetastet und die Summe der Energien der betrachteten Zelle und ihrer nächsten Nachbarn überprüft. Bei longitudinaler Segmentierung werden Zellen zu Türmen zusammengefasst, die in Richtung zum Wechselwirkungspunkt zeigen (siehe Abb.15.17).

18.5 Beispiel: ein Trigger-DAQ-System am LHC

Als Beispiel für ein Trigger- und Datennahme-System in einem Hochraten-Experiment betrachten wir das TDAQ-System des ATLAS-Experiments am LHC in Abb. 18.9 [2]. Bei einer Strahlkreuzungsrate von 40 MHz, entsprechend einer Zeit von 25 ns zwischen den Kreuzungen, etwa 20 Ereignissen pro Strahlwechselwirkung und hohen Teilchenmultiplizitäten muss die Eingangsrate von 40 MHz auf etwa 200 Hz, also um einen Faktor von mehr als 10^5, reduziert werden. Das geht nur mit einem mehrstufigen Trigger mit einer Parallelisierung der Triggerentscheidungen und einer zwischenzeitlichen Pufferung der Daten. Die Architektur des TDAQ-Systems folgt daher einer dreistufigen Trigger-Hierarchie, ähnlich wie in Abb. 18.2 skizziert.

In Abb. 18.9 sieht man links den Triggerablauf mit den Latenzzeiten (*latencies*) und der fortlaufenden Ratenreduktion und rechts den Datenfluss. Die erste Triggerstufe (LVL1) ist ein Hardware-Trigger, der Energie-Anhäufungen im Kalorimeter und Spuren in den Myon-Triggerkammern sucht. Die *High Level Triggers* (HLT) sind Prozessorfarmen, die stufenweise die Ereignisse filtern. Die Stufe LVL2 hat nur Zugriff auf die Daten der *Regions of Interest* (RoIs), das sind die Bereiche, in denen Signale zum LVL1-Trigger beigetragen haben. Schließlich stehen auf der dritten Triggerstufe, genannt 'Event Filter', alle Daten aufbereitet durch den 'Event Builder' zur Verfügung.

Erste Stufe Auf dieser Stufe werden die Daten jedes einzelnen Detektorkanals mit der Taktrate von 40 MHz in Pipelines mit einer Tiefe von 2.5 µs, der Latenzzeit des Triggers, gefüllt. Der Trigger erhält mit der gleichen Taktrate Daten von den Kalorimetern und den Myon-Trigger-Kammern. Der Myon-Trigger wird mit RPCs (siehe Abschnitt 7.7.3) gebildet, die schnelle Signale mit Orts- und Zeitinformation liefern. Der Trigger liefert mit unterschiedlichen Energie- und Impulsschwellen Kandidaten für Myonen, Jets und Elektronen beziehungsweise Photonen sowie die Gesamtenergie und den fehlenden transversalen Impuls, vektoriell berechnet aus den Summen der Myonimpulse und den Richtungen der Energiecluster. Die Triggerobjekte werden durch ihre Pseudorapidität η (Gleichung (2.8)) und den Azimutwinkel ϕ gekennzeichnet und an den *Central Trigger Processor* übergeben, der daraus die LVL1-Triggerentscheidung fällt. Die Ereignisse werden mit einer Rate von etwa 75 kHz akzeptiert. Die entsprechenden Daten werden aus den Pipelines über optische Links an die *Readout Drivers* (RODs), die in VME-Crates (Abschnitt 18.2.1) untergebracht sind, weitergegeben. Dort werden sie prozessiert und komprimiert, bevor sie in die *Readout Buffers* (ROBs), die einen PCI-Bus (Abschnitt 18.2.2) benutzen, eingelesen werden. Gleichzeitig werden die (η, ϕ)-Werte der RoIs berechnet, die auf LVL2 verwendet werden, und an den *RoI Builder* gegeben.

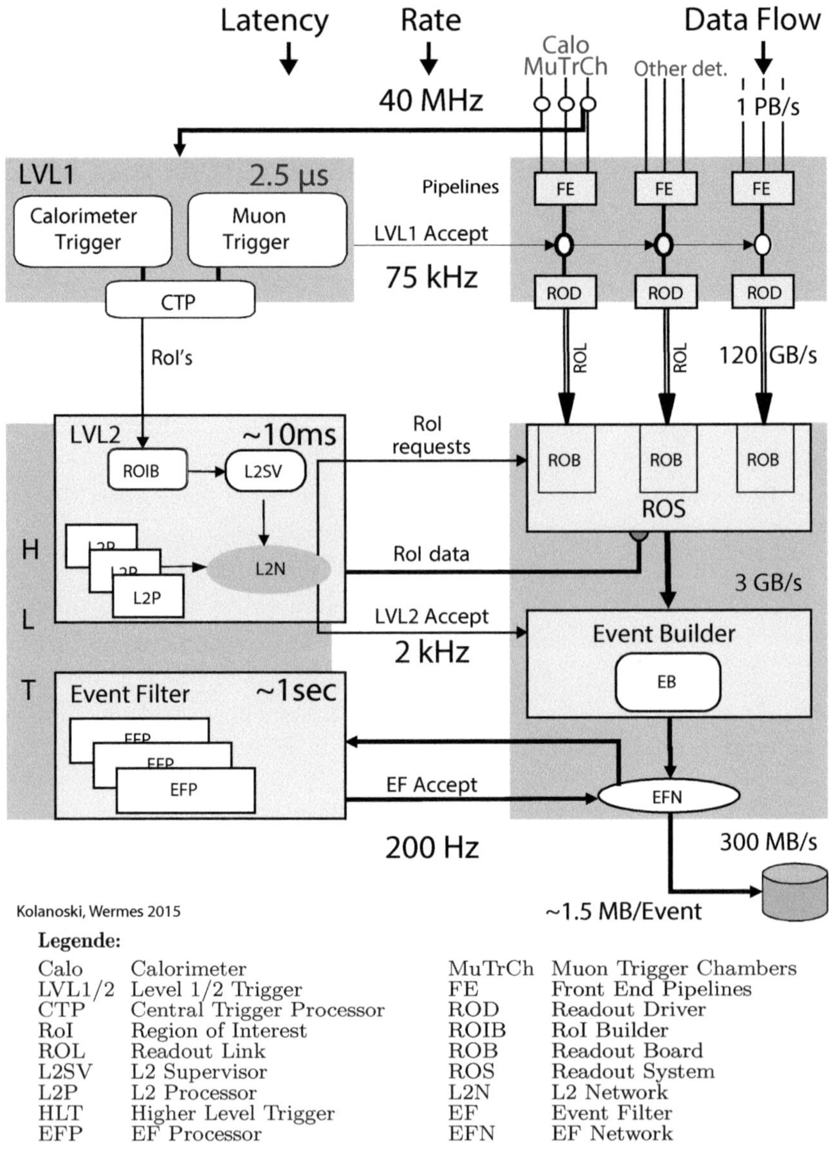

Abb. 18.9 Trigger- und Datennahme-System des ATLAS-Experiments. Links die drei Triggerstufen und rechts der entsprechende Datenfluss. Siehe die Beschreibung im Text.

Zweite Stufe Auf dieser Stufe wird die Rekonstruktion der Daten der RoIs auf einer Prozessorfarm verfeinert. Ein *Supervisor* koordiniert die Verteilung der einzelnen Ereignisse über schnelle Ethernet-Verbindungen zur parallelen Verarbeitung. Die LVL2-Latenzzeit ist etwa 10 ms und die Ausgangsrate 2 kHz.

Dritte Stufe Wenn ein Ereignis von LVL2 akzeptiert wird, werden die Daten dem *Event Builder* weitergegeben. Auf einer Prozessorfarm –physisch die gleiche wie die LVL2-Farm, gemeinsam 'HLT-Farm' (*High Level Trigger*) genannt – werden die Ereignisse vollständig rekonstruiert und die Ergebnisse gefiltert (*Event Filter*) und damit auf etwa 200 Hz reduziert. Mit dieser Rate werden die Ereignisse mit mittleren Größen von 1.5 MB auf ein permanentes Speichermedium geschrieben.

Anhang A

Dosimetrie und radioaktive Quellen

Übersicht

In diesem Anhang werden die wichtigsten dosimetrischen Messgrößen und Einheiten besprochen und ein Überblick über radioaktive Quellen gegeben, die häufig zum Testen von Detektoren benutzt werden (siehe zum Beispiel [680] und den Übersichtsartikel 'Radioactivity and radiation protection' in [799]).

A.1 Dosimetrie

Die Aktivität einer radioaktiven Quelle wird in Becquerel ($1\,\text{Bq} = 1/\text{s}$) gemessen. Die Dosis D ist die Energie E, die pro Volumen mit der Masse M absorbiert wird, und hat die Einheit Gray = Gy (veraltet: rad):

$$D = \frac{E}{M} \qquad [D] = \text{Gy} = \text{J/kg} = 100\,\text{rad}\,. \tag{A.1}$$

Entsprechend ist die Dosisleistung die pro Zeit absorbierte Dosis. Die 'relative biologische Wirksamkeit' (RBW, engl. RBE) hängt nicht nur von der Teilchenart und -energie ab, sondern zum Beispiel auch von dem Zelltyp, der Dosisleistung und der zeitlichen und räumlichen Dosisverteilung. Die RBW von β- und γ-Strahlung ist gleich und annähernd energieunabhängig. Sie wird daher als Referenz auf 1 gesetzt. Dagegen haben α-Strahlung, Spaltprodukte und schwere Ionen einen RBW-Wert bis zu 20.

Um eine unabhängig von der Strahlungszusammensetzung und anderen Faktoren vergleichbare Größe für die Strahlenschädigung eines Organs oder Gewebes zu erhalten, wird die 'Äquivalentdosis' H definiert. Dazu bestimmt man die in einem Organ oder Gewebe absorbierten Dosen D_R verschiedener Strahlungsarten R, multipliziert sie mit einem Strahlungswichtungsfaktor w_R und summiert sie zu

$$H = \sum_R w_R \times D_R \tag{A.2}$$

auf. Die Strahlungswichtungsfaktoren w_R basieren zwar auf den RBW-Werten, sind aber nicht wie diese durch Messungen ermittelt, sondern werden durch Verordnungen amtlich festgelegt. Da w_R dimensionslos ist, hat die Äquivalentdosis die gleiche Dimension wie die Dosis. Zur Unterscheidung wird die Äquivalentdosis aber in Sievert ($1\,\text{Sv} = \text{Gy} \times \text{RBW}$, veraltet: rem) angegeben. Die für die Strahlenschädigung eines Menschen relevante 'Effek-

H. Kolanoski und N. Wermes, *Teilchendetektoren*, https://doi.org/10.1007/978-3-662-73068-3_19

tivdosis' berücksichtigt noch die unterschiedlichen Wirksamkeiten für die verschiedenen Organe und stellt einen Mittelwert der Belastungen der einzelnen Organe und Gewebe eines Menschen dar. Die natürliche Radioaktivität führt zu einer Äquivalentdosis von durchschnittlich etwa 2 mSv pro Jahr, dazu kommt in Mitteleuropa etwa der gleiche Anteil aus medizinischen Quellen. Die für Menschen tödliche Dosis bei Ganzkörperbestrahlung ist 2–5 Sv.

A.2 Radioaktive Quellen

Zum Testen von Detektoren werden häufig radioaktive Quellen benutzt, deren Einsatz – verglichen mit Tests an Beschleunigerstrahlen – in der Regel weniger aufwändig ist und schnellere Auswertung erlaubt. Einige der für Detektortests häufig benutzten Quellen sind in Tab. A.1 aufgelistet. Beispiele für Detektorsignale, die von radioaktiver Strahlung herrühren, finden sich zum Beispiel in den Abbildungen 3.40, 8.35, 8.69, 13.6, 13.13, 13.21, 13.22 und 17.29 dieses Buchs.

Bei den α- und den γ-Strahlern handelt es sich um monochromatische Emissionen, die zur Kalibration von Detektorsignalen genutzt werden können. Dagegen liefert der β-Zerfall ein kontinuierliches Spektrum von Elektronen bis zu einer Maximalenergie (Endpunktenergie). Bei Elektroneinfang von der K-Schale (EC, *electron capture*) wird entweder der freiwerdende Platz von Elektronen aus höheren Niveaus unter Emission von Gammastrahlung besetzt, oder die freiwerdende Energie wird intern auf ein Elektron übertragen, das dann monochromatisch emittiert wird (Konversionslinie).

Im Folgenden werden die Einsatzmöglichkeiten der in Tab. A.1 aufgeführten Quellen zusammengefasst:

α-Strahlung: Die Quellen ^{241}Am und ^{228}Th haben α-Linien, die zur Untersuchung von Effekten hoher Ionisationsdichte eingesetzt werden. Wegen ihrer geringen Reichweite ist die Energiedeposition von α-Strahlen relativ gut lokalisiert, was unter anderem zur Untersuchung von Oberflächen ausgenutzt werden kann. Zum Beispiel hat die α-Strahlung von ^{241}Am in Wasser oder organischem Szintillator eine Reichweite von etwa 40 μm und in Silizium von etwa 17 μm.

β-Strahlung: β-Teilchen im MeV-Bereich, zum Beispiel von ^{90}Sr und ^{106}Ru, können Detektoren, die nicht zu dick sind, wie zum Beispiel einzelne Lagen gasgefüllter Drahtkammern oder dünne (200–300μm) Halbleiterdetektoren, durchdringen. In diesem Fall liefern sie Energiedepositionen, die denen hochenergetischer Teilchen ähnlich sind (siehe Abschnitt 3.2). Um bei einem kontinuierlichen β-Spektrum sicher zu stellen, dass ein β-Teilchen den Detektor durchquert hat, positioniert man die Quelle vor dem Detektor und zum Beispiel einen Szintillationszähler hinter den Detektor. Man kann dann eine Koinzidenz zwischen den Signalen des zu testenden Detektors und des Szintillationszählers verlangen.

Tab. A.1 Liste von häufig für Detektoruntersuchungen benutzten radioaktiven Quellen (aus [799]). Angegeben sind Nuklide mit ihren Halbwertszeiten $\tau_{1/2}$ (aktualisiert nach [781]) und die dominierenden Zerfallstypen, hier β- und α-Zerfall sowie Elektroneinfang (*electron capture*, EC). Für die monochromatische Strahlung (α, β, γ) sind die Energien und für die kontinuierliche β-Strahlung die Endpunktenergien aufgeführt. Ebenso ist die relative Häufigkeit pro Zerfall angegeben, wobei die Summe der Häufigkeiten bei Kaskadenzerfällen mehr als 100% betragen kann. Zum Teil sind auch relevante Zerfälle von Tochternukliden angegeben. Die α- und β-Zerfälle werden in der Regel von anschließenden γ-Zerfällen begleitet. Bei Elektroneinfang (EC) wird durch Auffüllen des freiwerdenden Elektronplatzes Röntgenstrahlung emittiert, wie bei ^{55}Fe, oder die Strahlung des Übergangs wird direkt auf ein Elektron übertragen, das dann monochromatisch emittiert wird (Konversionslinie, gekennzeichnet durch e^-), wie bei ^{207}Bi. Die für Detektortests wichtigsten Strahlungsübergänge sind durch Fettdruck hervorgehoben.

			α, β		γ		
Nuklid	$\tau_{1/2}$ (Jahre)	Typ	Energie (MeV)	(%)	Energie (MeV)	(%)	haupts. Einsatz
$^{55}_{26}$Fe	2.747	EC			Mn K Rö-Str.:		
					0.00590	24.4	keV-γ-Linien
					0.00649	2.86	
$^{57}_{27}$Co	0.744	EC			0.014	9	
					0.122	86	
					0.136	11	γ-Linien
$^{60}_{27}$Co	5.271	β^-	0.316	100	**1.173**	100	MeV-γ-Linien
					1.333	100	
$^{90}_{38}$Sr	28.5	β^-	0.546	100			MeV-β
$\longrightarrow$ $^{90}_{39}$Y		β^-	**2.283**	100			
$^{106}_{44}$Ru	1.017	β^-	0.039	100			
$\longrightarrow$ $^{106}_{45}$Rh		β^-	**3.541**	79	0.512	21	MeV-β
					0.622	10	
$^{109}_{48}$Cd	1.265	EC			0.088	4	
					Ag K Rö-Str.:		
					0.022	83	keV-γ-Linien
					0.025	15	
$^{137}_{55}$Cs	30.0	β^-	0.514	94	**0.662**	85	γ-Linie
			1.176	6			
$^{207}_{83}$Bi	32.9	EC	**0.481** e^-	2	0.569	98	Konversions-
			0.975 e^-	7	1.063	75	linien
			1.047 e^-	2	1.770	7	
$^{228}_{90}$Th	1.912	6 α:	**5.341–8.785**		**0.239**	44	
		3 β^-	0.334–2.246		**0.583**	31	α, γ-Linien
					2.614	36	
(Teil der Thorium-Zerfallsreihe mit α- und β^--Zerfällen, die bei $^{208}_{82}$Pb endet)							
$^{241}_{95}$Am	432.6	α	**5.443**	13	**0.060**	36	α, γ-Linien
			5.486	85			

γ-Strahlung: Die monochromatischen Photonen der in der Liste aufgeführten Nuklide ^{60}Co, ^{137}Cs und ^{228}Th werden zur Kalibration von Kalorimetern benutzt (siehe Abschnitt 15.4.7). Die γ-Linien von ^{241}Am bei 60 keV und von ^{57}Co bei 122 keV werden bevorzugt zur Kalibration von Halbleiterdetektoren genutzt. Die Energie der ^{57}Co-Linie entspricht etwa der Energiedeposition von 116 keV eines minimal-ionisierenden Teilchens, das 300 µm Silizium durchquert hat. Ähnliche Eigenschaften hat die ^{55}Fe-Linie (5.9 keV) für gasgefüllte Detektoren, da ein minimal-ionisierendes Teilchen zum Beispiel beim Durchqueren von 1 cm Argon eine Energie von 2.5 keV deponiert.

Konversionselektronen: Die monochromatischen Elektronen des Nuklids ^{207}Bi werden zum Beispiel zum Pulshöhenabgleich von organischen Szintillatoren benutzt. Die Elektronen der Linien nahe 1 MeV haben eine Reichweite von etwa 4.5 mm und erzeugen beispielsweise in einem 5 mm dicken Szintillator etwa das gleiche Signal wie ein minimal-ionisierendes Teilchen.

Anhang B

Wichtungspotenzial segmentierter Elektroden

Übersicht

B.1 Konforme Abbildungen zur Lösung von Potenzialproblemen

Zur Berechnung des Wichtungspotenzials der Anordnung mit einer in Streifen segmentierten Elektrode in Abb. 5.13 und B.1(a) ist die Laplace-Gleichung

$$\Delta\phi(x,y) = 0 \qquad \text{für } \ 0 < y < 1 \tag{B.1}$$

mit den Dirichlet-Randbedingungen

$$\phi(x, y = 1) = 0, \quad \phi(|x| > a/2, y = 0) = 0, \quad \phi(|x| \leq a/2, y = 0) = 1 \tag{B.2}$$

zu lösen. Dabei ist a die Breite eines Streifens; der Abstand zwischen den Streifen soll vernachlässigbar sein. Die Struktur soll in x- und in z-Richtung unendlich ausgedehnt sein und nicht von z abhängen (z ist hier die dritte Koordinate in dem (x, y, z)-System und nicht, wie weiter unten benutzt, eine komplexe Variable). Die Unabhängigkeit von z erlaubt eine zwei-dimensionale Behandlung in der xy-Ebene. Zwei-dimensionale Potenzialprobleme können mit der Methode der konformen Abbildungen der komplexen Ebene gelöst werden, siehe dazu die Literatur über mathematische Methoden in der Physik und Elektrotechnik (zum Beispiel [770], Kapitel 4 und 10, sowie [751]).

Dazu betrachten wir die xy-Ebene als die komplexe Zahlenebene mit der Zuordnung $z = x + iy$. Eine Abbildung, die die komplexe Ebene $\mathcal{C}_1$ in eine komplexe Ebene $\mathcal{C}_2$ abbildet, ist eine konforme (= winkeltreue) Abbildung, wenn sie durch eine analytische Funktion f vermittelt wird:

$$z_2 = f(z_1) \qquad z_1 \in \mathcal{C}_1, \quad z_2 \in \mathcal{C}_2\,. \tag{B.3}$$

Für eine konforme Abbildung gilt nun: Wenn $\phi_1(z_1) = \phi_1(x_1, y_1)$ die Laplace-Gleichung mit Dirichlet-Randbedingungen löst, so löst auch

$$\phi_2(z_2) = \phi_1(z_1(z_2)) \tag{B.4}$$

die Laplace-Gleichung, wobei die Werte von ϕ_1 an den Orten z_1 gleich den Werten von ϕ_2 an den Orten $z_2 = f(z_1)$ sind. Das gilt insbesondere auch für die entsprechenden Randwerte, was wir für die Konstruktion der konformen Abbildung nutzen werden.

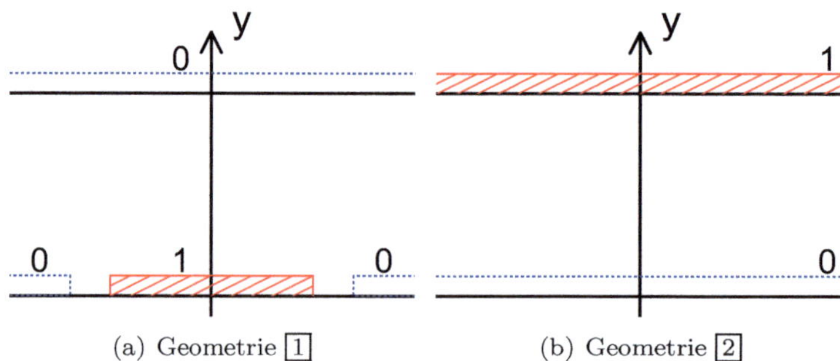

(a) Geometrie [1] (b) Geometrie [2]

Abb. B.1 Für Anordnung [1] wird eine Lösung der Laplace-Gleichung (B.1) mit den Randbedingungen (B.2) gesucht. Eine Lösung ist für die einfache Anordnung [2] eines unendlich ausgedehnten Plattenkondensators mit Potenzialen $\phi(x, 0) = 0$ und $\phi(x, 1) = 1$ bekannt. Durch eine konforme Abbildung sollen nun die Randbereiche in [1] mit einem bestimmten Potenzialwert auf die entsprechenden Bereiche in [2] mit dem gleichen Potenzialwert abgebildet werden.

Verfahren: Um das Potenzial einer Anordnung [1] durch konforme Abbildung auf eine Anordnung [2] zu bestimmen, geht man wie folgt vor:

1. Suche eine einfache Elektrodenanordnung [2], für die das Dirichlet-Randwertproblem gelöst ist.
2. Suche dazu eine konforme Abbildung $z_2 = f(z_1)$, die die Ränder von [1] jeweils auf die Ränder von [2] mit den jeweils gleichen Randwerten transformiert.
3. Ermittle durch Einsetzen in (B.4) das gesuchte Potenzial $\phi(x_1, y_1) = \phi_1(z_1) = \phi_2(z_2(z_1))$ mit $z_1 = x_1 + iy_1$.

Der erste Schritt unter Punkt 1 ist nicht unabhängig vom zweiten: Man wird Geometrien mit ähnlichen Topologien wählen, um dann auch eine konforme Abbildung zu finden.

B.2 Bestimmung des Wichtungspotenzials eines Streifendetektors

Wir wollen nun das Wichtungsfeld für einen Streifendetektor wie in Abb. B.1(a) bestimmen. Als Anordnung [2] mit einer wohlbekannten Lösung wählen wir den unendlich ausgedehnten Plattenkondensator mit Elektroden bei $y_1 = 0$ und 1 mit der Potenziallösung (Abb. B.1(b))

$$\phi_2(x_2, y_2) = y_2 \quad \text{oder} \quad \phi_2(z_2) = \mathrm{Im}(z_2)\,. \tag{B.5}$$

Als konforme Transformation, die die Ränder von [1] auf die Ränder von [2] so abbildet, dass der Streifen auf $y_2 = 1$ und der Rest auf $y_2 = 0$ abgebildet wird, wählen wir (zunächst ad hoc, siehe entsprechende Bemerkungen am Ende dieses Abschnitts):

$$z_2 = \frac{1}{\pi} \ln \left(\frac{e^{\pi z_1} - e^{\pi \frac{a}{2}}}{e^{\pi z_1} - e^{-\pi \frac{a}{2}}} \right) . \tag{B.6}$$

Um zu verifizieren, dass diese Abbildung die korrekte Transformation der Randwerte ergibt, muss man $\mathrm{Im}(z_2)$ durch Einsetzen von $y_1 = \mathrm{Im}(z_1) = 0$ und 1 berechnen. Diese Berechnung kann anhand der allgemeinen Formel für $\mathrm{Im}(z_2)$ durchgeführt werden Mit (B.6) ergibt sich das gesuchte Potenzial zu

$$\begin{aligned}\phi_1(z_1) = \phi_2(z_2(z_1)) = \mathrm{Im}(z_2) &= \mathrm{Im}\left(\frac{1}{\pi} \ln \left(\frac{e^{\pi z_1} - e^{\pi \frac{a}{2}}}{e^{\pi z_1} - e^{-\pi \frac{a}{2}}} \right) \right) \\ &= \frac{1}{\pi} \arg \left(\frac{e^{\pi z_1} - e^{\pi \frac{a}{2}}}{e^{\pi z_1} - e^{-\pi \frac{a}{2}}} \right) = \frac{1}{\pi} \arctan \left(\frac{\mathrm{Im}\left(\frac{e^{\pi z_1} - e^{\pi \frac{a}{2}}}{e^{\pi z_1} - e^{-\pi \frac{a}{2}}} \right)}{\mathrm{Re}\left(\frac{e^{\pi z_1} - e^{\pi \frac{a}{2}}}{e^{\pi z_1} - e^{-\pi \frac{a}{2}}} \right)} \right) .\end{aligned} \tag{B.7}$$

Die Auswertung mit $\phi(x, y) = \phi_1(z_1)$ und $z_1 = x + iy$ führt auf die in Abschnitt 5.5 benutzte Gleichung (5.98):

$$\phi(x, y) = \frac{1}{\pi} \arctan \frac{\sin(\pi y) \cdot \sinh(\pi \frac{a}{2})}{\cosh(\pi x) - \cos(\pi y) \cosh(\pi \frac{a}{2})} . \tag{B.8}$$

Bei der numerischen Auswertung des Potenzials ist darauf zu achten, dass die arctan-Funktion durch Berücksichtigung der Vorzeichen von Zähler und Nenner auf den Wertebereich $[0, \pi]$ abgebildet wird[188]. Dann ergibt sich an der Stelle $(x = \pm a/2, y = 0)$ jeweils ein Potenzialsprung von 1. Die graphische Darstellung dieses Wichtungspotenzials ist in Abb. 5.13 gezeigt.

Hier haben wir eine geeignete Transformation einfach vorgegeben. Die direkte Ableitung einer gesuchten konformen Abbildung bietet für eine große Anzahl von Problemen die Schwarz-Christoffel-Transformation (siehe dazu zum Beispiel Kapitel 4 in [770] oder auch die entsprechende Toolbox für MATLAB [386]). Auch die konforme Abbildung für den hier besprochenen Fall kann mit Hilfe dieser Transformation abgeleitet werden. Die mathematischen Grundlagen findet man in der entsprechenden Literatur (zum Beispiel [770, 751]).

---

[188] Programmiersprachen wie Fortran, C, C++, Python u. a. stellen dafür die Funktion $\mathrm{atan2}(y, x)$ (oder $\mathrm{arctan2}(y, x)$) zur Verfügung.

Anhang C

Diffusionseffekte in Driftkammern

Die Ortsauflösung in einer Driftkammer wird unter anderem von dem Auseinanderlaufen der driftenden Elektronen durch Diffusion in Driftrichtung bestimmt. Im Allgemeinen ist die Diffusion abhängig vom Driftfeld, wie zum Beispiel in Abb. 4.13 zu sehen ist. Das wird in Abschnitt 7.10.8 diskutiert. Hier liefern wir zusätzliche Informationen zu diesem Thema (siehe auch die Diskussion über Diffusion in Abschnitt 4.4, speziell für Elektronen in Gasen auf Seite 131).

Im Folgenden werden wir zur Vereinfachung annehmen, dass die Elektronen untereinander unkorreliert sind, also nicht in Clustern auftreten (Diffusion vermindert auch räumliche Korrelationen).

Breite der Diffusionsverteilung der Elektronen Ausgehend von der allgemeinen Formel (4.71) ergibt sich bei einem konstanten Verhältnis D/v_D von Diffusionskoeffizient und Driftgeschwindigkeit, dass die Breite der Diffusionsverteilung proportional zur Wurzel aus der Driftstrecke r ist:

$$\sigma_{\text{diff}}(r) = \sqrt{2Dt} = \sqrt{2D\,r/v_D} \propto \sqrt{r}\,, \qquad (D/v_D = const)\,. \tag{C.1}$$

Das Verhältnis D/v_D ist aber im Allgemeinen nicht konstant, weil sowohl D als auch v_D – und damit auch die Entwicklung der Diffusion (siehe Abb. 4.13) – feldabhängig sein können.[189] Wenn also innerhalb einer Driftzelle das elektrische Feld variiert, was mehr oder weniger immer der Fall ist, muss im Allgemeinen zur Bestimmung der Diffusion über den Driftweg integriert werden:

$$d\sigma^2_{\text{diff}} = 2D\,dt = 2D\frac{dr}{v_D} \tag{C.2}$$

$$\Longrightarrow \quad \sigma^2_{\text{diff}} = 2\int_0^r D(v_D)\,\frac{dr'}{v_D} = 2\int_0^r \frac{\epsilon_k}{eE(r')}dr' \qquad (v_D \neq const)\,. \tag{C.3}$$

Im letzten Ausdruck ist noch die Beziehung (4.113) für die charakteristische Energie ϵ_k benutzt worden, die den Diffusionskoeffizienten D mit der Mobilität μ verbindet, $\epsilon_k = eD/\mu$, sowie $v_D = \mu E$.

Die Diffusion ist im thermischen Grenzfall (4.93) am geringsten, das heißt für

$$\epsilon_k = kT\,. \tag{C.4}$$

Dann ergibt sich für die Varianz der Diffusionsverteilung

$$\sigma^2_{\text{diff}} = 2kT\int_0^r \frac{dr'}{eE(r')}\,, \tag{C.5}$$

[189]Die allgemeinen Formeln für D und v_D in (4.85) und (4.30) zeigen die Abhängigkeit von der Geschwindigkeitsverteilung, die hauptsächlich von dem elektrischen Feld bestimmt ist. Ein vereinfachtes Beispiel für solche Abhängigkeiten wird in Abschnitt 4.6.4.2 gegeben.

woraus für ein zylindersymmetrisches Feld wie zum Beispiel in (7.5) mit einer $1/r$-Abhängigkeit folgt (A ist eine Konstante):

$$\sigma_{\text{diff}}^2 = 2A \int_0^r r'\,dr' = A\,r^2 \qquad \Rightarrow \qquad \sigma_{\text{diff}}(r) \propto r\,. \tag{C.6}$$

Diese Proportionalität zu r ergibt sich für jede konstante charakteristische Energie, nicht nur im thermischen Grenzfall.

Ortsungenauigkeit durch Diffusion Um den Einfluss der Diffusion auf die Ortsungenauigkeit zu minimieren, ist es am besten, über alle Elektronen einer Wolke zu mitteln. Bei N Elektronen ist der Ortsfehler dann der Fehler des Mittelwerts:

$$\sigma_{\text{diff}}^{\bar{r}}(r|N) \approx \frac{\sigma_{\text{diff}}(r)}{\sqrt{N}}\,. \tag{C.7}$$

Damit diese $1/\sqrt{N}$-Reduktion des Fehlers genutzt werden kann, müssen folgende Bedingungen erfüllt sein:

- Die Isochronen, also die Orte gleicher Driftzeit, sollten parallel zur Spur verlaufen, damit im Mittel alle Elektronen zur gleichen Zeit ankommen.
- Die Elektronik muss zeitliche Mittelwerte bilden können.

Diese Bedingungen sind im Allgemeinen so nicht erfüllt, weil in der Regel die Isochronen gekrümmt sind und die Elektronik die Signalzeit beim Überschreiten einer Schwelle registriert. Eine gewisse Approximation der Mittelwertbildung lässt sich mit der Analyse von FADC-Spektren erreichen (siehe Abschnitt 7.10.6).

Bei der Benutzung von Diskriminatorschwellen ('Schwellenmethode') entspricht die Schwelle der Ladung der ersten k Elektronen, die die Anode erreichen. Die an der Schwelle gemessene Zeit entspricht dem Ort des k-ten Elektrons. Die Varianz $\sigma_{\text{diff}}^2(r|N,k)$ der Verteilung dieses Ortes ist geringer als die Varianz $\sigma_{\text{diff}}^2(r|N)$ der gesamten Ladungswolke mit N Elektronen:

$$\sigma_{\text{diff}}^2(r|N,k) = \frac{\sigma_{\text{diff}}^2(r|N)}{2\ln N} \sum_{i=k}^{\infty} \frac{1}{i^2} = \frac{\sigma_{\text{diff}}^2(r|N)}{2\ln N} \left(\frac{\pi^2}{6} - \sum_{i=1}^{k-1} \frac{1}{i^2} \right). \tag{C.8}$$

Diese Formel ist eine Näherung für große N (siehe dazu die Ableitung in Abschnitt 28.6 von [341]). Wenn der Detektor auf das erste Elektron anspricht, erhält man damit als Auflösungsbeitrag

$$\sigma_{\text{diff}}(r|N,1) = \sigma_{\text{diff}}(r) \sqrt{\frac{1}{2\ln N}\frac{\pi^2}{6}}\,. \tag{C.9}$$

Anhang D

Ionisationsstatistik in Driftkammern

Dieser Anhang liefert weitere Details zu der Diskussion des Einflusses der Ionisationsstatistik auf die Ortsauflösung in Driftkammern in Abschnitt 7.10.8. Der Begriff Ionisationsstatistik bezieht sich auf die statistische Verteilung der primären Ionisationscluster entlang einer Spur in einer Driftzelle. Wenn die Teilchentrajektorie in einer Zelle einer Driftkammer nicht entlang einer Isochrone verläuft, verschmieren die Fluktuationen der Cluster-Erzeugung entlang der Trajektorie die Ortsbestimmung (siehe dazu Abb. D.1).

Wir betrachten ein Teilchen, das in dem Driftgas entlang der y-Richtung fliegt und dessen Trajektorie bei $y = 0$ den kleinsten Abstand r von der Anode hat (Abb. D.1). Die y-Koordinate sei so normiert, dass die Trajektorie in der Zelle den Wertebereich $-1 < y < +1$ hat. Die mittlere Anzahl der Ionisationscluster pro Einheitslänge sei n. Da die Clusterverteilung symmetrisch um $y = 0$ ist, werden die folgenden Berechnungen zunächst nur für positive y ausgeführt.

Die Spur habe m Ionisationscluster auf dem Einheitsintervall $0 < y < 1$ erzeugt. Die Wahrscheinlichkeit, dass 1 Cluster in das Intervall dy um y fällt und $k-1$ Cluster unterhalb und $m-k$ oberhalb von y fallen, ist gegeben durch die Wahrscheinlichkeit mdy, dass ein Cluster im Intervall dy liegt, multipliziert mit der Binomialverteilung für die Aufteilung der $m-1$ restlichen Cluster unterhalb und oberhalb von dy:

$$D_k^m(y)dy = \frac{(m-1)!}{(k-1)!\,(m-k)!}y^{k-1}(1-y)^{m-k}mdy = \frac{m!}{(k-1)!\,(m-k)!}y^{k-1}(1-y)^{m-k}dy\,. \tag{D.1}$$

Die Wahrscheinlichkeit, bei erwarteten n Clustern m Cluster zu beobachten, ist Poisson-verteilt:

$$P_m^n = \frac{n^m}{m!}e^{-n}\,. \tag{D.2}$$

Die Verteilung $D_k^m(y)$ muss daher mit dieser Poisson-Verteilung gefaltet werden:

$$\begin{aligned} A_k^n(y) &= \sum_{m=k}^{\infty} P_m^n D_k^m(y) = e^{-n}\frac{y^{k-1}}{(1-y)^k}\frac{1}{(k-1)!}\sum_{m=k}^{\infty}\frac{n^m}{(m-k)!}(1-y)^m \\ &= e^{-n}\frac{y^{k-1}n^k}{(k-1)!}\underbrace{\sum_{m'=0}^{\infty}\frac{n^{m'}(1-y)^{m'}}{m'!}}_{=e^{n(1-y)}}\,. \end{aligned} \tag{D.3}$$

Damit ergibt sich für die Wahrscheinlichkeit, dass das k-te Cluster den Abstand y vom Ursprung hat:

$$A_k^n(y)dy = \frac{y^{k-1}}{(k-1)!}n^k e^{-ny}dy\,. \tag{D.4}$$

Zu bemerken ist noch, dass y nicht auf die Einheitslänge beschränkt ist, weil A_k^n eine Funktion von ny ist, was unabhängig von der gewählten Längeneinheit ist (n = Clusterzahl pro Länge).

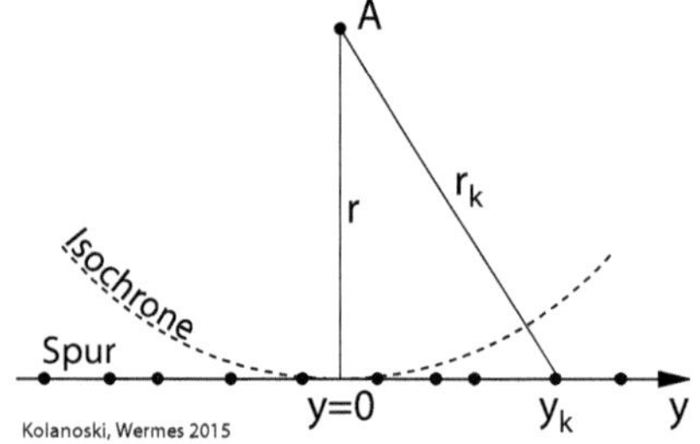

Abb. D.1 Schematische Darstellung des Effekts der Ionisationsstatistik bei gekrümmten Isochronen.

Der Effekt der Ionisationsstatistik hängt jetzt davon ab, wie viele Elektronen notwendig sind, um die Zeitmarke zu setzen (entsprechend der Diskussion des Effekts der Diffusion). Für das k-te Cluster ergeben sich als Mittelwert und als Varianz des Ortes:

$$\overline{y_k} = \int_0^1 y\, A_k^n(y) dy \approx \frac{k}{n}\,, \tag{D.5}$$

$$\overline{y_k^2} = \int_0^1 y^2 A_k^n(y) dy \approx \frac{k(k+1)}{n^2}\,, \tag{D.6}$$

$$\sigma_k^2 = \int_0^1 (y - \overline{y_k})^2 A_k^n(y) dy = \overline{y_k^2} - \overline{y_k}^2 \approx \frac{k}{n^2}\,. \tag{D.7}$$

Die Approximationen auf der rechten Seite gelten für große n. In dieser Approximation erhält man durch partielle Integration:

$$\int_0^1 y^k e^{-ny} dy = \frac{k!}{n^{k+1}}\,, \tag{D.8}$$

womit sich die obigen Integrale lösen lassen.

Zum Anodensignal tragen die bei positiven und bei negativen y erzeugten Cluster bei. Deshalb ist die effektive Clusterdichte $2n$, und Mittelwert beziehungsweise Varianz sind dann

$$\overline{|y_k|} = \frac{k}{2n}, \qquad \sigma_k^2 = \frac{k}{4n^2}\,. \tag{D.9}$$

Die Varianz des Ortes des k-ten Clusters soll jetzt in die Varianz der Ortsbestimmung der Spur umgerechnet werden. Nach Abb. D.1 findet man für den radialen Abstand des k-ten Clusters (r ist der minimale radiale Abstand der Spur, der den Ort der Spur in der Zelle definiert)

$$r_k^2 = r^2 + y_k^2 \quad \Rightarrow \quad \frac{dr_k}{dy_k} = \frac{y_k}{\sqrt{r^2 + y_k^2}}\,. \tag{D.10}$$

Die mittlere Verschiebung $\overline{|y_k|}$ vom Ursprung wird in die Orts-Driftzeit-Relation einbezogen und trägt daher nicht zum Fehler bei. Die Fluktuation des k-ten Clusters um $\overline{|y_k|}$ führt dagegen zu einem Beitrag zum Fehler der Ortsbestimmung:

$$\sigma_{\text{ion}}^2(r|n,k) = \left(\frac{dr_k}{dy_k}\right)^2_{y_k = \overline{|y_k|}} \sigma_k^2 = \frac{k^3}{4n^2(4n^2r^2 + k^2)}\,. \tag{D.11}$$

Anhang E

Ortsauflösung bei strukturierten Elektroden

Übersicht

Die genaue Messung der Ortskoordinaten einer Signalentstehung in einer Referenzebene eines Detektors erfolgt sehr häufig durch die Verwendung strukturierter Elektroden. Beispiele sind Streifen- oder Pixeldetektoren, aber auch gasgefüllte Detektoren mit Anodendrahtauslese oder mit Auslese strukturierter Kathodenebenen. In einigen Anwendungen liegt nur eine binäre Information vor (1 = Treffer, 0 = Nicht-Treffer), in anderen wird das Signal in Form einer Impulshöhe oder eines Impulsintegrals proportional zu der Signalladung analog gemessen. Ein Signal, ausgelöst durch ein Teilchen oder durch Strahlung, kann nur auf einer einzigen Elektrode auftreten oder kann über mehrere Elektroden verteilt sein. In diesem Anhang behandeln wir die erzielbare Ortsauflösung in Abhängigkeit von der Elektrodengröße im Vergleich zur Ausdehnung der Ladungswolke und vom Verhältnis von Signal zu Rauschen. Eine umfangreichere Behandlung findet sich in [432].

In Kapitel 5 wurde gezeigt, dass das auf den Elektroden auftretende Signal durch Influenz der sich im elektrischen Feld bewegenden Ladungswolke entsteht. Bei einer in der Teilchenphysik sehr häufigen, integrierenden Ausleseelektronik wird nach einer Intergrationszeit, die länger als die Ankunftszeit der driftenden Ladungsträger ist, nur auf den Elektroden ein Nettosignal nachgewiesen, auf denen die Ladung gesammelt wird. Auf den Nachbarelektroden entsteht zwar zu Beginn der Ladungsbewegung ebenfalls ein Signal, welches jedoch wieder verschwindet, sobald die driftende Ladung auf der Signalelektrode ankommt. Auf dem Driftweg zu der Elektrodenebene verbreitert sich die Signalladungswolke hauptsächlich durch Diffusion (siehe Kapitel 4). Die elektrostatische Abstoßung spielt eine vernachlässigbare Rolle. Diffusion führt zu einer gaußförmig verbreiterten Ladungsdichteverteilung, deren Breite von dem Diffusionskoeffizienten der Materie und der Driftstrecke bis zu der Elektrodenebene abhängt (Gleichung (4.67) auf Seite 116). Mehrere Elektroden werden dann 'getroffen', wenn die Ladungswolke sich auf mehrere Elektroden verteilt und auf diesen jeweils ein Signal erzeugt.

Wir betrachten den Fall eindimensionaler Elektroden (x-Koordinate) wie zum Beispiel bei Streifendetektoren. Die Erweiterung auf zwei orthogonale Dimensionen ist einfach möglich. Die zweidimensionale Ortsauflösung σ_r mit $r = \sqrt{x^2 + y^2}$ ergibt sich zu $\sigma_r = \sigma_x \times \sqrt{2}$.

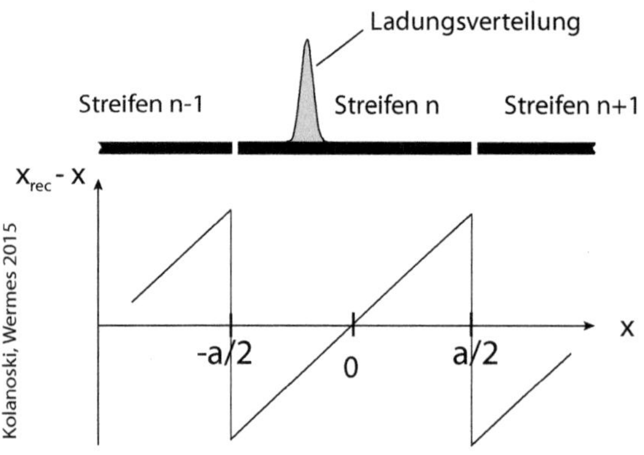

Abb. E.1 Zur Ortauflösung bei binärer Auslese der Elektroden. Bei einer Verteilung der an der Elektrode eintreffenden Ladungsdichte, deren Breite klein gegenüber der Elektrodenbreite ist, ist die rekonstruierte Position x_{rec} der Mittelpunkt der Elektrode. Daraus ergibt sich die gezeichnete Abhängigkeit des Messfehlers vom Ort des Signals.

E.1 Binäre Detektorantwort

Ein binäres Antwortverhalten liegt zum Beispiel dann vor, wenn die Breite des Signals schmal im Vergleich zur Breite des Auslesestreifens ist und keine Interpolation zwischen den Elektrodenstreifen erfolgt. Nur ein Streifen antwortet bei einem 'Treffer'. Abbildung E.1 illustriert diesen Fall. Ohne Beschränkung der Allgemeinheit legen wir den Nullpunkt des Koordinatensystems ($x = 0$) in die Mitte des Streifens. Als rekonstruierte x-Koordinate eines getroffenen Streifens wird dessen Mittelpunkt angenommen. Der Streifenabstand von Mitte zu Mitte (*pitch*) sei a. Der Messfehler Δ_x ist die Differenz von rekonstruierter x-Koordinate (Streifenmitte) x_{rec} und echter x-Koordinate:

$$\Delta_x = x_{rec} - x \,. \tag{E.1}$$

Der mittlere Messfehler verschwindet,

$$\langle \Delta_x \rangle = 0 \,, \tag{E.2}$$

solange keine systematischen Beiträge die Messung beeinträchtigen. Die Ortauflösung wird üblicherweise durch die Standardabweichung (*rms*) der Verteilung des Messfehlers definiert, das heißt der Wurzel aus der quadratischen Abweichung vom Mittelwert:

$$\sigma_x = \sqrt{\langle \Delta_x^2 \rangle - \langle \Delta_x \rangle^2} = \sqrt{\langle \Delta_x^2 \rangle} \,, \tag{E.3}$$

unter Verwendung von (E.2).

Für den hier betrachteten Fall einer binären Antwort ist der Messfehler in Abb. E.1 entlang der Streifenbreite eingezeichnet. Er ist maximal an den Rändern des Streifens und verschwindet in der Mitte. Die Wahrscheinlichkeitsdichte der Messverteilung ist bei gleichmäßiger Ausleuchtung, das heißt bei gleicher Trefferdichte an jedem Ort x des Streifens, eine Gleichverteilung $f(x)dx = \frac{1}{a}\,dx$. Da die Varianz einer nach einer beliebigen Wahrscheinlichkeitsdichte $f(x)$ verteilten Größe x das zweite Moment der Verteilung $M_2 = \int_{min}^{max} x^2\, f(x)\, dx$ ist, gilt für die Standardabweichung des Messfehlers Δ_x bei digitaler Antwort:

$$\sigma_x^2 = \frac{1}{a}\int_{-a/2}^{a/2} \Delta_x^2\, d(\Delta_x) = \frac{a^2}{12} \Rightarrow \sigma_x = \frac{a}{\sqrt{12}} \,. \tag{E.4}$$

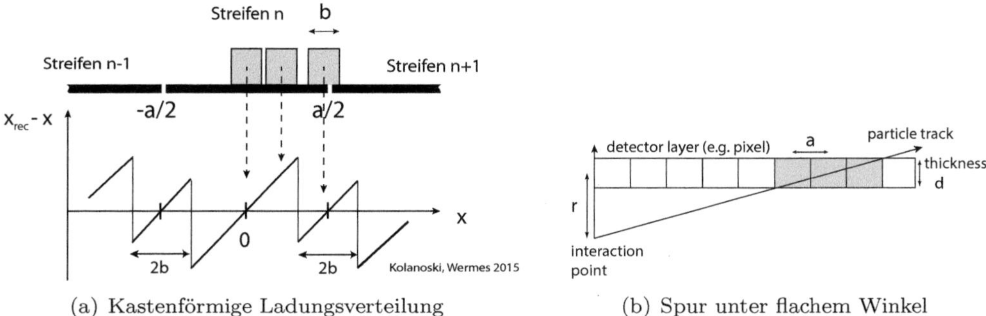

(a) Kastenförmige Ladungsverteilung (b) Spur unter flachem Winkel

Abb. E.2 Zur Ortauflösung bei binärer Auslese der Elektroden, wenn eine kastenförmige Ladungsverteilung (a) vorliegt. Drei Beispiele (nicht gleichzeitiger) kastenförmiger Signale sind eingezeichnet. Die Auflösung wird besser gegenüber Abb. E.1, wenn zwei Streifen gleichzeitig ansprechen. (b) Ein Beispiel für die Annahme kastenförmiger Ladungsverteilungen sind Spuren, die unter sehr flachem Winkel in den Detektor treten.

Eine Variante dieses Ansatzes, die in der Praxis zum Beispiel dann auftritt, wenn eine Teilchenspur unter sehr flachem Winkel durch einen Halbleiterdetektor tritt (Abb. E.2(b)), ist die Annahme einer kastenförmigen Ladungsverteilung mit einer endlichen Breite b. Die erzielbare Ortsauflösung hängt davon ab, ob nur ein Streifen oder zwei Streifen ansprechen. In letzterem Fall wird als rekonstruierte Koordinate der Mittelwert der Streifenmittelpunkte gewählt, was im dem günstigen Fall, wenn zwei Streifen ansprechen, zu einem um die Hälfte kleineren Messfehler führt (siehe Abb. E.2(a)).

E.2 Signalaufteilung auf mehrere Elektroden

Wenn die Detektorantwort Information über die nachgewiesene Ladung enthält, was bei analoger Auslese der Elektroden der Fall ist, so kann ein Ladungsschwerpunkt (*centre of gravity, c.o.g*) bestimmt werden, dessen Position ein besserer Schätzwert für die Trefferkoordinate ist als die Mittelpunkte der Streifen. Eine Illustration für den Fall einer gaußförmigen Verteilung der Signalladung auf die Elektroden ist in Abb. E.3 gezeigt. Dies ist zum Beispiel dann eine realistische Annahme, wenn eine örtlich scharfe Ladungsdeposition auf dem Weg zur der Elektrodenebene hauptsächlich durch Diffusion verbreitert wird. Der Schwerpunkt wird mit

$$x = x_c = \frac{\sum S_i\, x_i}{\sum S_i} \tag{E.5}$$

berechnet, wobei die x_i die Koordinaten und S_i die Signalhöhen der Elektroden (Streifen) sind. Die Koordinate des Schwerpunkts ist mit x_c bezeichnet. Die Signalhöhen berechnen sich als Integrale der Gauß-Funktion über Elektrodenbreiten, wie in Abb. E.3 skizziert.

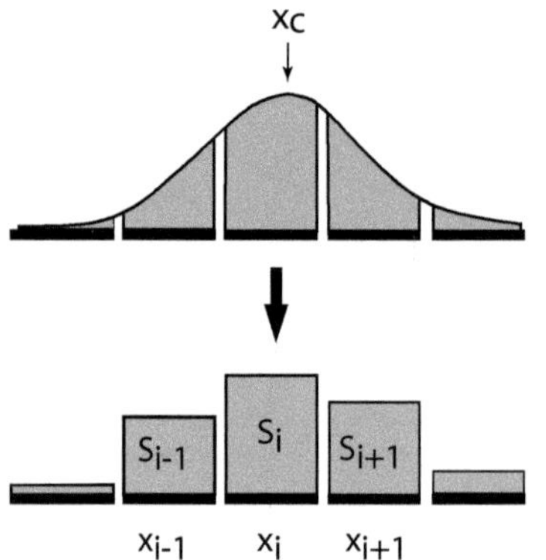

Abb. E.3 Ortsrekonstruktion durch Schwerpunktbildung. x_c ist der wahre Schwerpunkt der Ladungsverteilung. S_i sind die Signale auf den Streifen mit den Koordinaten x_i.

Die erreichbare Auflösung hängt von der Signalverteilungsfunktion ab, speziell vom Verhältnis ihrer Ausdehnung relativ zur Breite des Elektrodenstreifens. Wenn das Verhältnis klein ist, so nähert sich die Auflösung der binären Auflösung eines Einzelstreifens an, $\sigma_x \to a/\sqrt{12}$. In dem anderen Grenzfall, wenn das Signal sich über mehrere Streifen erstreckt, wird die Auflösung sehr gut und geht sogar ohne Rauschen gegen null. Zum Beispiel für eine kastenförmige Signalverteilung wie in Abb. E.2(a) mit $b = a$ (Kastenbreite gleich Elektrodenbreite) ist $\sigma_x = 0$ (wieder ohne Rauschen). Für eine gaußförmige Signalverteilung wird perfekte Auflösung erreicht, sobald die Ladungsverteilung größer wird als etwa die Hälfte des Streifenabstandes, $\sigma_x \geq a/2$. Dies ist offensichtlich da – wiederum ohne Rauschbeiträge – die Auflösung perfekt sein muss, wenn die Form der Signalladungsverteilung, die für die Rekonstruktion benutzt wird (z.B. Gauß-Verteilung), exakt bekannt ist, sobald mehr als eine Elektrode ein Signal misst. Da die 'intrinsische Auflösung' also ab einem bestimmten Punkt verschwindend klein wird, dominiert der Rauschbeitrag auf den Elektroden die erzielbare Auflösung. Aus diesem Grunde wird im nachfolgenden Teil dieses Anhangs der Einfluss des Rauschens auf die Ortsauflösung strukturierter Elektroden diskutiert.

E.3 Ortsauflösung in Gegenwart von Rauschen

Die bei Ladungsschwerpunktsbildung optimal erzielbare Ortsauflösung hängt sowohl von der Abstimmung der Elektrodenbreite auf die Breite der Signalladungsverteilung als auch von dem Verhältnis von Signal zu Rauschen (*signal to noise ratio*, SNR) ab. Eine zu kleine Zahl von getroffenen Elektroden nähert sich im Grenzwert an eine binäre Auflösung an, eine zu große Zahl von Elektroden im Vergleich zur Breite der Ladungsverteilung führt zu sehr kleinen Signalanteilen pro Elektrode relativ zum Rauschen. Eine Optimierung ist notwendig.

Wie in Abschnitt 17.10.3 gezeigt, wird Rauschen auf einer Elektrode i durch die Varianz[190] $\sigma_n^2 = \langle {n_i}^2 \rangle$ (gemittelt über Ereignisse k) der Verteilung der Rauschimpulse charak-

[190]Das Subskriptum n bezeichnet hier 'Rauschen' und ist kein Index.

terisiert, während der Mittelwert der Rauschimpulse auf jeder Elektrode verschwindet, $\langle n_i \rangle = 0$. Im Folgenden nehmen wir an, dass $\langle {n_i}^2 \rangle$ für jede Elektrode gleich ist und dass Signal S_i und Rauschen n_i auf das Gesamtsignal $\sum S_i$ normiert sind, so dass für ein Ereignis der Impuls auf Elektrode i durch $S_i + n_i$ ausgedrückt werden kann. Ferner nehmen wir für die meisten Fälle in der Praxis an, dass das Rauschen klein im Vergleich zum Signal ist, das heißt $n_i \ll 1$.

Bei der Mittelung über Rauschbeiträge verschiedener Elektroden unterscheiden wir zwischen statistisch unabhängigem, unkorreliertem Rauschen im Gegensatz zu (vollständig) korreliertem Rauschen. Letzteres wird auch als *common mode noise* bezeichnet und kann zum Beispiel durch externe elektromagnetische Einstrahlung (*pick-up*) erzeugt werden, welche alle Elektroden in derselben Weise beeinflusst. Für unkorreliertes Rauschen gilt:

$$\langle n_i n_j \rangle = \delta_{ij} \sigma_n^2 \,, \tag{E.6}$$

während für vollständig korreliertes Rauschen auf allen Elektroden

$$\langle n_i n_j \rangle = \sigma_n^2 \tag{E.7}$$

angesetzt werden kann, wobei σ_n^2 die Varianz der Common-Mode-Fluktuationen wird.

Die Mittelpunkte der Elektroden (Streifen) besitzen die Koordinaten x_i. Der Ursprung des Koordinatensystems liege so, dass $\sum_i x_i = 0$ ist. Wir nehmen für diese Betrachtung ferner an, dass die Ladungsverteilung breit gegenüber der Streifenbreite ist (anders als bei dem vorher betrachteten binären Fall) und dass im Idealfall (ohne Rauschen und mit Kenntnis der Form der Ladungswolke) die wahre Position als Schwerpunkt der Verteilung über die Signale aller Streifen perfekt rekonstruiert werden kann und auch in anders gelagerten Fällen klein im Vergleich zu dem Auflösungsbeitrag durch Rauschen ist.

Die Berechnung des Schwerpunkts durch Erweiterung von (E.5) führt in Gegenwart von Rauschen zu:

$$x_{rec} = \frac{\sum (S_i + n_i)\, x_i}{\sum (S_i + n_i)} = \frac{x + \sum n_i x_i}{1 + \sum n_i} = \left(x + \sum n_i x_i \right) \left(1 - \sum n_i + \mathcal{O}(n_i^2) \right) \,, \tag{E.8}$$

wobei $x = \sum S_i x_i = x_c$ die Schwerpunktsposition ohne Rauschen ist, welche – wie oben auf Seite 962 beschrieben – gleich der wahren Position ist, wenn die gaußförmige Ladungswolke mehr als einen Elektrodenstreifen bedeckt. Für die rechte Seite von (E.8) wurde der Zähler für kleine $\sum n_i$ reihenentwickelt. Damit berechnet sich der Messfehler zu:

$$\begin{aligned} \Delta_x(x) = x_{rec} - x &= \sum n_i x_i - x \sum n_i - \left(\sum n_i x_i \right) \left(\sum n_i \right) + \ldots \\ &= \sum n_i (x_i - x) + \mathcal{O}(n_i^2) \,, \end{aligned} \tag{E.9}$$

und die Auflösung ergibt sich wie in (E.3) aus dem mittleren quadratischen Messfehler (Varianz), wobei über alle $x_{rec} - x$ zu mitteln ist:

$$\sigma_x^2 = \langle \Delta_x^2 \rangle - \langle \Delta_x \rangle^2 = \langle \Delta_x^2 \rangle = \left\langle \sum_{i,j} n_i n_j (x_i - x)(x_j - x) \right\rangle + \mathcal{O}(n_i^3)$$

$$= \sum_{ij} \langle n_i n_j \rangle \langle (x_i - x)(x_j - x) \rangle + \mathcal{O}(n_i^3)\,, \tag{E.10}$$

wobei in der letzten Zeile die Mittelwerte der Rausch- und Ortsbeiträge faktorisiert wurden, da Mittelung über alle Orte in x und Mittelung der Rauschbeiträge $n_{i,j}$ voneinander unabhängig sind.

Für unkorreliertes Rauschen erhalten wir mit (E.6) und mit $\sum x_i = 0$:

$$\sigma_x^2 = \sum_{ij} \delta_{ij} \sigma_n^2 \langle (x_i - x)(x_j - x) \rangle + \ldots = \sum_i \sigma_n^2 \left\langle (x_i - x)^2 \right\rangle + \ldots$$

$$= \sigma_n^2 \sum_i \langle x_i^2 - \underbrace{2x_i x}_{=0} + x^2 \rangle + \ldots = \sigma_n^2 \sum_i \left(\sum_{i=1}^N \frac{x_i^2}{N} + \sum_{i=1}^N \frac{x^2}{N} \right) + \ldots$$

$$\Rightarrow \sigma_x^2 = \sigma_n^2 \left[\left(\sum_{i=1}^N x_i^2 \right) + N \langle x^2 \rangle \right] + \mathcal{O}(\sigma_n^3)\,. \tag{E.11}$$

Für korreliertes Rauschen auf allen Elektroden ergibt sich stattdessen mit (E.7):

$$\sigma_x^2 = \sigma_n^2 N^2 \langle x^2 \rangle + \mathcal{O}(n_i^3)\,. \tag{E.12}$$

Das Beispiel einer Auslese mit nur zwei Streifenelektroden verdeutlicht das Ergebnis: Das Signal teilt sich abhängig vom Eintrittsort x linear auf die Streifen auf:

$$S_1(x) = \frac{x_2 - x}{a} \qquad , \qquad S_2(x) = \frac{x - x_1}{a}\,.$$

Die Signale erfüllen $\sum S_i = 1$ und $x_1 S_1 + x_2 S_2 = x$ mit $x_1 + x_2 = 0$ und $x_2 - x_1 = a$. Wir berechnen die Ortsauflösung mit

$$\sum x_i^2 = x_1^2 + x_2^2 = \frac{a^2}{2} \qquad \text{und} \qquad N\langle x^2 \rangle = 2\frac{1}{a} \int_{-a/2}^{a/2} x^2 dx = 2\frac{a^2}{12}$$

$$\Rightarrow \sigma_x^2 = \sigma_n^2 \left(\frac{a^2}{2} + 2\frac{a^2}{12} \right) = \frac{2}{3} \sigma_n^2 a^2 \qquad \Rightarrow \qquad \sigma_x = 0.082\,\mathrm{a} \text{ für } \sigma_\mathrm{n} = 0.1\,. \tag{E.13}$$

Hierbei erinnern wir daran, dass nach (E.5) die Schwerpunktmethode ohne Rauschen den exakten Signalort wiedergibt. Daher wird bei (E.13) über zwei Streifen von $x_1 = -a/2$ bis $x_2 = a/2$ integriert.

Für ein typisches Signal-zu-Rausch-Verhältnis (S/N) von 10 ($\sigma_n = 0.1$), erhalten wir also eine Ortsauflösung von $\sigma_x \approx 8\%\, a$, was deutlich besser ist als die binäre Auflösung von $\sigma_x = a/\sqrt{12} = 29\%\, a$, sogar besser als bei binärer Ladungsteilung an den Elektrodenübergängen $\sigma_x = \frac{1}{2} a/\sqrt{12} = 14.5\%\, a$ (Abb. E.2). Erst wenn S/N < 5.65 wird, so ergibt die analoge Ladungsmessung keine Auflösungsverbesserung gegenüber der binären Messung mehr. Für vollständig korreliertes Rauschen ergibt sich statt (E.13): $\sigma_x^2 = \frac{1}{3} \sigma_n^2 a^2$ ($\sigma_x \approx 6\%\, a$ für $\sigma_n = 0.1$).

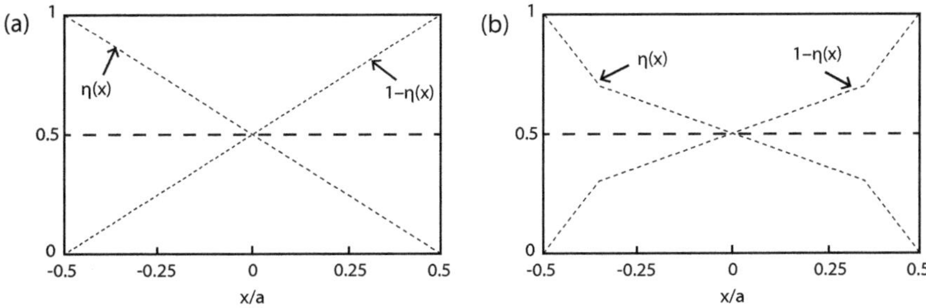

Abb. E.4 Beispiele von Antwortfunktionen $\eta(x)$, die die im Text genannten Kriterien erfüllen.

E.4 Beliebige Detektorantwort

Häufig ist bei Streifen- oder Pixeldetektoren die Situation gegeben, dass in der weit überwiegenden Zahl aller Teilchendurchgänge nur zwei Elektroden ansprechen. Dies ist zum Beispiel typisch für Mikrostreifendetektoren mit einer Dicke von 200–300 µm und einem Elektrodenabstand zwischen 20 und 50 µm der Fall. Eine perfekt ortsproportionale Aufteilung der Ladung ist dabei meist nicht gegeben, da zum Beispiel das Antwortverhalten der Elektronik sensitiv auf die auftretenden Kapazitäten und die individuellen Verstärkungen der Auslesekanäle ist. Wir betrachten zwei benachbarte Elektrodenstreifen im Abstand a mit $-a/2 \leq x \leq a/2$. Die Elektroden erzeugen dann folgende 'Signale' :

$$S_L(x) = Q\,\eta(x) \quad \text{und} \quad S_R(x) = Q - S_L(x) = Q\,(1 - \eta(x))\,. \tag{E.14}$$

$\eta(x)$ sei die Antwortfunktion der Elektroden, die nicht von der Ladung Q abhängt (lineares System). Wir verlangen weiter ohne Aufgabe der Allgemeinheit:

1. $|\eta| \leq 1$;
2. $\eta(x)$ verlaufe streng monoton, das heißt $\eta'(x) \neq 0$. Diese Annahme erlaubt später die Bildung der Umkehrfunktion η^{-1};
3. $\eta(x)$ verlaufe um den Punkt (0,1/2) gespiegelt: $\eta(0) = \frac{1}{2}$ und $\zeta(x) = \eta(x) - \frac{1}{2} = -\zeta(-x)$ ist anti-symmetrisch.

Beispiele für Antwortfunktionen $\eta(x)$, die diese Bedingungen erfüllen, sind in Abb. E.4 gezeigt. Ideal ist eine perfekt linear verlaufende Antwortfunktion (Abb. E.4(a)).

Der große Vorteil dieses Ansatzes liegt darin, dass $\eta(x)$ aus den gemessenen Signalen des Detektors selbst mit (E.14) bestimmt werden kann [177, 1000]:

$$\eta = \frac{S_L}{S_L + S_R}\,. \tag{E.15}$$

Abbildung E.5 illustriert die η-Messung anhand zweier Signale, die die Elektrodenebene treffen. Aus der Verteilung der gemessenen η-Werte kann unter der Annahme, dass die Elektrodenebene eines Detektors in x homogen ausgeleuchtet wird (Gleichverteilung),

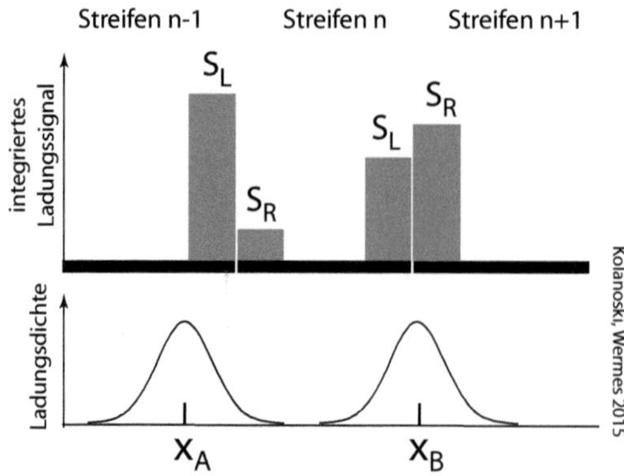

Abb. E.5 Illustration der η-Messung am Beispiel zweier Signalladungsverteilungen, die bei x_A und x_B die Elektrodenebene erreichen und proportional zu ihren Ladungsanteilen auf zwei benachbarten Streifen nachgewiesen werden: S_L und S_R.

die Umkehrfunktion η^{-1} aus der η-Häufigkeitsverteilung von N Messungen, $dN/d\eta$, gewonnen und daraus die rekonstruierte Koordinate des Signals bestimmt werden:

$$x_{rec} = \eta^{-1}\left(\frac{S_L}{S_L + S_R}\right) = \frac{a}{N}\int_0^{\eta} \frac{dN}{d\eta'}d\eta' \,. \tag{E.16}$$

Abbildung E.6(a) zeigt eine gemessene η-Verteilung für einen Silizium-Mikrostreifenzähler mit 20 µm Streifenabstand [177]. Abbildung E.6(b) zeigt die mit (E.16) gefundene Beziehung zwischen rekonstruiertem Ort x_{rec} und dem für ein Einzelereignis gemessenen η-Wert. Die Asymmetrie in der Verteilung in Abb. E.6(a) resultiert aus den ungleichen Verstärkungen der Kanäle. Bei der η-Methode werden derartige Effekte automatisch berücksichtigt.

Wenn Rauschen (n_L beziehungsweise n_R) bei der Rekonstruktion berücksichtigt wird, so ändert sich (E.16) zu:

$$x_{rec} = \eta^{-1}\left(\frac{S_L + n_L}{S_L + S_R + n_L + n_R}\right) = \eta^{-1}\left(\frac{\eta(x) + n_L}{1 + n_L + n_R}\right)$$

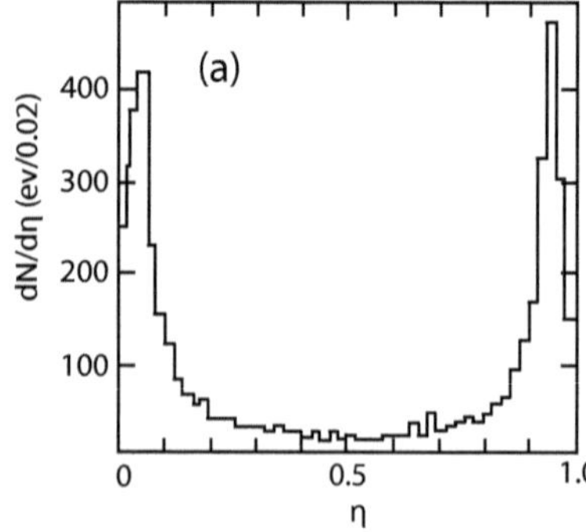

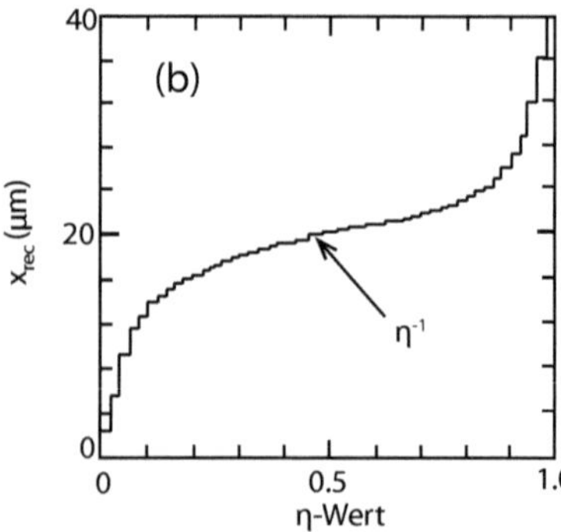

Abb. E.6 (a) Gemessene η-Verteilung $dN/d\eta$ bei einem Mikrostreifendetektor mit 20 µm Streifenabstand und 10 µm Streifenbreite (aus [177], mit freundl. Genehmigung von Elsevier). In (b) ist die Relation zwischen η und dem rekonstruierten Ort des Signals x_{rec} gezeigt, die aus (E.16) gewonnen wird.

$$
\begin{aligned}
&\approx \eta^{-1}\Big((\eta(x) + n_L)\,(1 - n_L - n_R) \Big) \\
&= \eta^{-1}\Big(\eta(x) - \eta(x) n_L - \eta(x)\, n_R + n_L - n_L^2 - n_L n_R \Big) \\
&= \eta^{-1}\Big(\eta(x) + n_L\,(1 - \eta(x)\,) - n_R\,\eta(x) + \mathcal{O}(n_{L,R}^2) \Big) \\
&\approx x + \left.\frac{d\eta^{-1}(s)}{ds}\right|_{\eta(x)} \cdot \Big(n_L(1 - \eta(x)\,) - n_R\,\eta(x) \Big),
\end{aligned}
\tag{E.17}
$$

mit $s = \eta(x) + n_L(1 - \eta(x)\,) - n_R\eta(x)$. Im letzten Schritt wurde x_{rec} Taylor-entwickelt an der Stelle $\eta(x)$. Schließlich nutzen wir aus, dass allgemein gilt: $d\eta^{-1}(s)/ds = 1/\eta'(s)$. Damit können wir den Fehler der Ortsrekonstruktion schreiben als:

$$
\Delta_x = x_{rec} - x = \frac{1}{\eta'}\Big(n_L\,(1 - \eta(x)) - n_R\eta(x) \Big). \tag{E.18}
$$

Die Ortsauflösung ergibt sich wegen (E.2) und $\langle n_i \rangle = 0$ zu:

$$
\begin{aligned}
\sigma_x^2 = \langle \Delta_x^2 \rangle - \underbrace{\langle \Delta_x \rangle^2}_{=0} &= \left\langle \frac{n_L^2(1-\eta)^2 - n_R^2\eta^2 - 2n_L n_R\,(1-\eta)\eta}{\eta'^{\,2}} \right\rangle \\
&= \sigma_n^2 \left\langle \frac{1 - 2\eta + 2\eta^2}{\eta'^{\,2}} \right\rangle + 2\langle n_L n_R \rangle \cdot \left\langle \frac{\eta^2 - \eta}{\eta'^{\,2}} \right\rangle .
\end{aligned}
\tag{E.19}
$$

Hier ist zu beachten, dass Mittelung bei $\langle n_i \rangle$ eine Mittelwertbildung über viele Rauschereignisse bedeutet, während sonst über x gemittelt wird. Falls nur statistisches, unkorreliertes Rauschen ($\langle n_L n_R \rangle = 0$) vorliegt, erhalten wir

$$
\frac{\sigma_x^2}{\sigma_n^2} = \left\langle \frac{1 - 2\eta + 2\eta^2}{\eta'^{\,2}} \right\rangle = 2\left\langle \frac{\eta^2}{\eta'^{\,2}} \right\rangle - \underbrace{2\left\langle \frac{\eta - \frac{1}{2}}{\eta'^{\,2}} \right\rangle}_{=\,0,\ \text{da}\ \left(\eta - \frac{1}{2}\right)\ \text{antisymm.}} = \frac{2}{a}\int_{-a/2}^{a/2} \frac{\eta^2}{\eta'^{\,2}}\, dx\,. \tag{E.20}
$$

Im letzten Schritt wurde der Mittelwert durch das Integral in den Grenzen des Bereichs, in dem die Elektroden ansprechen, gebildet.

Für korreliertes Rauschen (*common mode noise*) mit $\langle n_L n_R \rangle = \sigma_n^2$ gilt, ausgehend von (E.19):

$$
\frac{\sigma_x^2}{\sigma_n^2} = \left\langle \frac{1 - 2\eta + 2\eta^2 + 2\eta^2 - 2\eta}{\eta'^{\,2}} \right\rangle = \left\langle \frac{1 - 4\eta + 4\eta^2}{\eta'^{\,2}} \right\rangle = \frac{1}{a}\int_{-a/2}^{a/2} \frac{4\eta^2 - 1}{\eta'^{\,2}}\, dx\,. \tag{E.21}
$$

Wenn die Antwortfunktion η eine kleine Ableitung besitzt, also eher flach ist, so ist die Auflösung schlecht. Im einfachsten Fall ist die Antwortfunktion eine von $-a/2$ nach $a/2$ linear abfallende Funktion $\eta(x) = \frac{1}{2} - \frac{x}{a}$ (Abb. E.4(a)). Für diesen Fall erhalten wir bei unkorreliertem Rauschen:

$$
\frac{\sigma_x^2}{\sigma_n^2} = \frac{2}{a}\int_{-a/2}^{a/2} \frac{\left(\frac{1}{2} - \frac{x}{a}\right)^2}{\left(\frac{1}{a}\right)^2}\, dx = \frac{2}{3}a^2\,, \tag{E.22}
$$

in Übereinstimmung mit dem Ergebnis (E.13) für Ladungsschwerpunktsbildung bei einer Konfiguration mit zwei Streifen. Für korreliertes Rauschen ergibt sich

$$\frac{\sigma_x^2}{\sigma_n^2} = \frac{2}{a} \int_{-a/2}^{a/2} \frac{4\left(\frac{1}{2} - \frac{x}{a}\right)^2 - 1}{\left(\frac{1}{a}\right)^2} \, dx = \frac{1}{3} a^2 \,, \tag{E.23}$$

ebenfalls in Übereinstimmung mit Ladungsschwerpunktsbildung bei zwei Streifen.

Anhang F

Anpassung von Spurmodellen

Übersicht

In Kapitel 9 wird die Anpassung von Spurmodellen an Messpunkte entlang Teilchentrajektorien besprochen. Die Spurmodelle sind Funktionen, die die Messwerte beschreiben sollen. Sie hängen von Parametern ab, die so angepasst werden, dass die Trajektorien optimal bestimmt werden. Zur Optimierung der Parameter wird häufig die 'Methode der kleinsten Quadrate' (LS = *least square*) benutzt. Wenn die Funktionen linear von den Parametern abhängen, findet man die Parameter als Lösung eines linearen Gleichungssystems.

In diesem Anhang soll kurz der LS-Formalismus vorgestellt werden, um damit die für die Diskussion von Richtungs- und Impulsauflösungen in Abschnitt 9.4 notwendigen Formeln bereit zu stellen. Wir verzichten hier auf Details der Ableitungen und verweisen dafür auf die Literatur über statistische Methoden der Datenanalyse in der Teilchenphysik [606, 259, 237, 238, 224, 160, 718]. Eine gute Übersicht findet man auch in dem 'Review of Particle Physics' [338].

F.1 Methode der kleinsten Quadrate

Gegeben sei eine Stichprobe mit folgenden Messwerten und der parametrisierten Beschreibung der Messwerte:

y_i Messwerte an den (ohne Fehler) bekannten Punkten x_i (unabhängige Variable, $i = 1, \dots, N$);

$V_{y,ij}$ Kovarianzmatrix der Messungen y_i; falls die Messungen unkorreliert sind, ist V_y diagonal mit $V_{y,ii} = \sigma_i^2$ (Varianz von y_i);

η_i $\eta_i = f(x_i|\theta)$ ist der Erwartungswert von y_i, wenn die Abhängigkeit von x_i durch $f(x|\theta)$ beschrieben wird;

θ_j Parameter der Funktion f, die so optimiert werden sollen, dass $f(x_i|\theta) = \eta_i$ die Messwerte y_i möglichst gut beschreibt ($j = 1, \dots, m$).

Das LS-Prinzip lautet: Bestimme die Schätzwerte $\hat{\theta}$ der Parameter $\theta = (\theta_1, \dots, \theta_m)$ durch Minimierung der Summe der Quadrate der auf die Fehler bezogenen relativen

Abweichungen. Im allgemeinen Fall einer nicht-diagonalen Kovarianzmatrix V_y, das heißt, wenn die Messungen mindestens zum Teil korreliert sind, ist die LS-Funktion:

$$S = \sum_{i=1}^{N} \sum_{j=1}^{N} (y_i - \eta_i)\, V_{y,ij}^{-1}\, (y_j - \eta_j) \quad \left(= \sum_{i=1}^{N} \frac{(y_i - \eta_i)^2}{\sigma_i^2}, \text{ falls } V_y \text{ diagonal ist} \right). \tag{F.1}$$

F.2 Lineare Anpassung

Im Folgenden beschränken wir uns auf den wichtigen Fall, dass die Anpassungsfunktion $f(x|\theta)$ eine lineare Funktion der Parameter $\theta = (\theta_1, \ldots, \theta_m)$ ist:

$$f(x|\theta) = \theta_1\, f_1(x) + \ldots + \theta_m\, f_m(x) = \sum_{j=1}^{m} \theta_j\, f_j(x)\,. \tag{F.2}$$

Die f_j können beliebige (also auch nicht-lineare) Funktionen von x sein. Die Erwartungswerte für die N Messwerte y_i sind dann

$$\eta_i = \theta_1\, f_1(x_i) + \ldots + \theta_m\, f_m(x_i) = \sum_{j=1}^{m} \theta_j\, f_j(x_i) = \sum_{j=1}^{m} H_{ij}\, \theta_j\,. \tag{F.3}$$

Dabei wird durch $H_{ij} = f_j(x_i)$ eine $(n{\times}m)$-Matrix H definiert, mit der sich für die LS-Funktion eine kompakte Matrixformulierung ergibt (y, θ sind die Messwerte und die Parameter als Spaltenvektoren):

$$S = (y - H\,\theta)^T\, V_y^{-1}\, (y - H\,\theta)\,. \tag{F.4}$$

Die Minimierung von S bezüglich der gesuchten Parameter liefert ein lineares Gleichungssystem, dessen Lösungen Schätzwerte $\hat{\theta}$ für die Parameter ergeben:

$$\hat{\theta} = \underbrace{\left(H^T\, V_y^{-1}\, H\right)^{-1}\, H^T\, V_y^{-1}}_{=:\,A}\, y = Ay\,. \tag{F.5}$$

Somit werden die Parameter $\hat{\theta}$ durch eine lineare Transformation A der Messwerte y berechnet. Dann folgt daraus, dass sich die Kovarianzmatrix der Parameter durch Fehlerfortpflanzung als lineare Transformation der Kovarianzmatrix der Messwerte ergibt:

$$V_\theta = A\, V_y\, A^T = \left(H^T\, V_y^{-1}\, H\right)^{-1}\,. \tag{F.6}$$

Im Folgenden sollen, ausgehend von dieser Kovarianzmatrix, die Fehler von Spurparametern für spezielle Konfigurationen bestimmt werden, um damit die Auflösungen in Abschnitt 9.4 berechnen zu können.

Mit der angepassten Funktion $f(x|\hat{\theta})$ kann man nun y-Werte für beliebige x-Werte berechnen:

$$\hat{y} = \sum_{j=1}^{m} \hat{\theta}_j\, f_j(x)\,. \tag{F.7}$$

Der Fehler von $\hat{y}$ ergibt sich durch Fehlerfortpflanzung zu

$$\sigma_y^2 = \sum_{i=1}^{m} \sum_{j=1}^{m} \frac{\partial y}{\partial \theta_i} \frac{\partial y}{\partial \theta_j} V_{\theta,ij} = \sum_{i=1}^{m} \sum_{j=1}^{m} f_i(x)\, f_j(x)\, V_{\theta,ij}\,. \tag{F.8}$$

Mit Programmpaketen wie Mathematica, MATLAB oder Python, die Matrixoperationen unterstützen, lassen sich diese Formeln sehr einfach programmieren.

F.3 Anwendungen: Fehler von Spurparametern

Um quantitative Aussagen für Abschätzungen der Auflösungen der Spurparameter in Abschnitt 9.4 machen zu können, werden folgende Annahmen gemacht:

- Für eine Spur gibt es N Messungen y_i bei festen Koordinaten x_i.
- Die Messfehler sollen unkorreliert und alle gleich sein, $\sigma_i = \sigma$.
- Die x_i sollen mit gleichem Abstand über eine Länge L aufgeteilt sein, deren Mitte bei $x_c = 0$ liegen soll:

$$x_N - x_1 = L\,, \qquad x_i = x_1 + (i-1)\,\frac{L}{N-1}\,, \qquad x_c = \frac{x_1 + x_N}{2} = 0\,. \tag{F.9}$$

Wir beschränken uns im Folgenden auf die Formeln für die Fehler der Parameter, die unter diesen Bedingungen mit Hilfe der Kovarianzmatrix der Parameter (F.6) bestimmt werden.

Anpassung einer Geraden an die Messwerte Wenn die Messwerte auf einer Geraden liegen sollen, ist die Anpassungsfunktion ($f_1(x) = 1,\ f_2(x) = x$):

$$y = f(x|\theta) = a + b\,x\,, \qquad \text{mit } \theta_1 = a,\ \theta_2 = b\,. \tag{F.10}$$

Die Auswertung von (F.6) ergibt für die Fehler der Parameter:

$$\sigma_a^2 = \frac{\sigma^2}{N}, \qquad \sigma_b^2 = \frac{\sigma^2}{N}\,\frac{12(N-1)}{(N+1)\,L^2}, \qquad \sigma_{ab} = 0\,. \tag{F.11}$$

Dass die Fehlermatrix diagonal ist ($\sigma_{ab} = 0$), ist eine Konsequenz der Wahl des Schwerpunkts x_c der Messungen als Koordinatenursprung entsprechend Gleichung (F.9).

Mit (F.7) kann der Schätzwert $\hat{y}_0$ zu einer beliebigen Koordinate x_0 berechnet werden. Nach (F.8) ist der Fehler:

$$\sigma_y^2\big|_{x_0} = \sigma_a^2 + x_0^2\,\sigma_b^2 = \frac{\sigma^2}{N}\left(1 + \frac{12(N-1)}{(N+1)}\,\frac{x_0^2}{L^2}\right)\,. \tag{F.12}$$

Die Auflösung ist also abhängig von dem Verhältnis der Extrapolationsweite x_0 vom Schwerpunkt der Messungen und der Länge, über die die Messpunkte verteilt sind. Anwendungsbeispiele werden in Abschnitt 9.4.6 diskutiert.

Parabolische Approximation eines Kreisbogens Wir benutzen die Entwicklung (9.22) des Kreisbogens als Anpassungsfunktion für eine Spur in einem Magnetfeld:

$$y = a + bx + \frac{1}{2}cx^2\,. \tag{F.13}$$

Die Funktion ist linear in den Parametern a, b, c, so dass auch hier die in Abschnitt F.2 beschriebenen Formeln für lineare Anpassung benutzt werden können. Wie im Fall der Geradenanpassung können die Auflösungen der Parameter aus den entsprechenden Varianzen und Kovarianzen der Parameter bestimmt werden:

$$\sigma_a^2 = \sigma^2 \frac{9N^2 - 21}{4(N-2)N(N+2)}, \tag{F.14}$$

$$\sigma_b^2 = \frac{\sigma^2}{L^2} \frac{12(N-1)}{N(N+1)}, \tag{F.15}$$

$$\sigma_c^2 = \frac{\sigma^2}{L^4} \frac{720(N-1)^3}{(N-2)N(N+1)(N+2)}, \tag{F.16}$$

$$\sigma_{ab} = \sigma_{bc} = 0, \tag{F.17}$$

$$\sigma_{ac} = -\frac{\sigma^2}{L^2} \frac{30(N-1)^2}{(N-2)N(N+2)}. \tag{F.18}$$

Wie bei der Geraden bestimmen wir auch hier den Fehler eines Schätzwerts $\hat{y}_0$ zu einer beliebigen Koordinate x_0 mit Hilfe von (F.8):

$$\begin{aligned} \sigma_y^2\big|_{x_0} &= \sigma_a^2 + x_0^2\sigma_b^2 + \frac{1}{4}x_0^4\sigma_c^2 + x_0^2\sigma_{ac} \\ &= \frac{\sigma^2}{N}\left(\frac{9N^2-21}{4(N-2)(N+2)} + \frac{x_0^2}{L^2}\frac{12(N-1)}{(N+1)}\right. \\ &\quad \left. + \frac{x_0^4}{L^4}\frac{180(N-1)^3}{(N-2)(N+1)(N+2)} - \frac{x_0^2}{L^2}\frac{30(N-1)^2}{(N-2)(N+2)}\right). \end{aligned} \tag{F.19}$$

Diese Gleichung wird für die Diskussion von Vertexauflösungen in Abschnitt 9.4.6 benutzt.

Anhang G
LPM-Effekt

Im Zusammenhang mit der Besprechung der Entwicklung elektromagnetischer Schauer wird in Abschnitt 15.2.2.3 der Landau–Pomeranchuk–Migdal–Effekt (LPM-Effekt) eingeführt. Der Effekt beruht auf einer Unterdrückung der beiden wichtigsten Prozesse der Schauerentwicklung, Bremsstrahlung und Paarbildung, mit steigender Energie auf Grund einer destruktiven quantenmechanischen Interferenz. Diese Unterdrückung führt zu einer Streckung der longitudinalen Schauerausdehnung bei gleichzeitigem Anwachsen der Fluktuationen. Eine Beschreibung des LPM-Effekts und ähnlicher Effekte findet man in [649]; siehe auch [799]. Die quantenmechanische Behandlung findet man zum Beispiel in [758].

Eine Teilchenwechselwirkung findet quantenmechanisch nicht an einem Punkt statt, sondern erstreckt sich über das Volumen, in dem die Wellenfunktionen der beteiligten Teilchen noch kohärent bleiben. Die Wahrscheinlichkeit für eine Wechselwirkung ist durch ein Übergangsmatrixelement gegeben, das durch ein Raum-Zeit-Integral über das Produkt der Wellenfunktionen der einlaufenden und auslaufenden Teilchen beschrieben wird. Der größte Beitrag zum Integral kommt von dem Bereich, in dem ein- und auslaufende Teilchenwellen die gleiche oder annähernd die gleiche Phase haben. Die Strecke l_f, über die die relativen Phasen etwa gleich bleiben, wird Formations- oder Kohärenzlänge genannt. Wird die Phasenkohärenz über diese Strecke gestört, wird die Formationslänge effektiv kürzer, was zu einem kleineren Wechselwirkungsintegral und damit zu einer geringeren Wechselwirkungswahrscheinlichkeit führt. Phasenstörungen können bei der Schauerentwicklung durch Vielfachstreuung der Elektronen und Positronen auftreten, wenn die Formationslänge für Bremsstrahlung oder Paarproduktion über mehrere Atome reicht. Relevant dafür ist die Phasenentwicklung in longitudinaler Richtung, der Hauptausbreitungsrichtung der beteiligten Elektronen, Positronen und Photonen.

Die ungestörte Formationslänge l_{f0} des Bremsstrahlungsprozesses entspricht im Fourier-Raum dem longitudinalen Impulsübertrag $q_{\|}$ auf das Streuzentrum (meistens ein Kern wie in Abb. 15.2):

$$l_{f0} = \frac{\hbar}{q_{\|}} \overset{\hbar=1}{=} \frac{1}{q_{\|}} \,. \tag{G.1}$$

Bei Vernachlässigung des Emissionswinkels des Photons ergibt sich $q_{\|}$ aus den (longitudinalen) Impulsen des einlaufenden und des auslaufenden Elektrons p_e und p'_e sowie des Photons p_γ zu:

$$q_{\|} = p_e - p'_e - p_\gamma = \sqrt{E^2 - m_e^2} - \sqrt{(E-k)^2 - m_e^2} - k \,. \tag{G.2}$$

Dabei sind E und $E-k$ die Energien des ein- beziehungsweise des auslaufenden Elektrons und $E_\gamma = p_\gamma = k$ die Photonenergie. Damit entspricht $q_{\|}$ genau dem in Gleichung (3.71) berechneten Impulsübertrag und der daraus folgenden Formationslänge (nach Entwicklung der Wurzeln für $m_e/E \ll 1$ und $m_e/(E-k) \ll 1$):

$$l_{f0} = \frac{1}{q_{\|}} \approx \frac{2E(E-k)}{m_e^2\, k}\,. \tag{G.3}$$

Wenn die primäre Elektronenenergie E groß ist gegenüber der abgestrahlten Energie, wird l_{f0} groß gegenüber atomaren Abständen. In amorphen Medien[191] setzt die Unterdrückung der Bremsstrahlung ein, wenn l_{f0} größer wird als die charakteristische Länge zwischen zwei Wechselwirkungen, die die Kohärenz zerstören.

Als quantitatives Beispiel wollen wir (G.3) für den Fall auswerten, dass das abgestrahlte Photon 10% der Elektronenenergie mitnimmt, dass also $k = 0.1\,E$ ist. Um das Ergebnis in SI-Einheiten zu erhalten muss, (G.3) mit $\hbar c$ multipliziert (für den Zahlenwert siehe (2.4)) und die Elektronenmasse in $\mathrm{eV/c^2}$ eingesetzt werden. Dann ergibt sich:

$$l_{f0} \approx 1.5 \times 10^{-18}\,\mathrm{m}\,\frac{E}{eV} \quad \text{mit } k = 0.1\,E\,. \tag{G.4}$$

Für eine Energie $E = 1\,\mathrm{TeV}$ ergibt sich $l_{f0} \approx 1.5\,\mu\mathrm{m}$, was größenordnungsmäßig 10^5 atomaren Abständen entspricht ($r_{\mathrm{Atom}} \approx 10^{-10}$ m).

In vielen Fällen ist Vielfachstreuung die dominante Ursache für die Phasenstörung. Die Unterdrückung wird merklich, wenn der Streuwinkel größer wird als die Ablenkung durch den Abstrahlungsprozess:

$$\theta_{ms} > \theta_{rad}\,. \tag{G.5}$$

Der Literatur folgend (siehe zum Beispiel [649]) nehmen wir für den Streuwinkel den mittleren (räumlichen) Streuwinkel auf der halben Formationslänge und für θ_{rad} den charakteristischen Abstrahlungswinkel $1/\gamma$ für Bremsstrahlung (siehe (3.84)). Damit ergibt sich aus (G.5)

$$\sqrt{2}\theta_{ms} = \frac{E_s}{E}\sqrt{\frac{l_{f0}}{2\,X_0}} > \frac{1}{\gamma} = \frac{m_e}{E}\,. \tag{G.6}$$

Als mittlerer räumlicher Streuwinkel wurde hier $\sqrt{2}\theta_{ms}$ (siehe (3.109)) eingesetzt, wobei der Streuwinkelparameter θ_{ms} wie in (3.104) definiert benutzt wurde. Setzt man l_{f0} wie in (G.3) ein, lässt sich (G.6) in eine Bedingung für die Photonenergie, unterhalb der bei fester Energie E des einlaufenden Elektrons die LPM-Unterdrückung einsetzt, umschreiben [649]:

$$k < \frac{E^2}{E + \frac{m_e^4}{E_s^2}X_0} = \frac{E^2}{E + E_{\mathrm{LPM}}} = \frac{E}{1 + \frac{E_{\mathrm{LPM}}}{E}}\,. \tag{G.7}$$

Dabei wird mit E_{LPM} eine charakteristische Energie definiert, die die Skala angibt, auf der der unterdrückte Bereich der Photonenergien als Funktion der Primärenergie anwächst (siehe Abb. 15.6 (a)). Für $E \gg E_{\mathrm{LPM}}$ werden zunehmend Photonen nur nahe der maximal möglichen Energie abgestrahlt. Die Energie E_{LPM} hängt nur über die Strahlungslänge

[191] In Kristallen können zusätzliche Kohärenzeffekte eine Rolle spielen.

von dem Medium ab[192]. Ausgehend von (G.7) benutzen wir zur numerischen Berechnung die Beziehung

$$E_{\mathrm{LPM}} = \frac{m_e^4}{E_s^2} X_0 = m_e^2 \frac{\alpha}{4\pi} X_0 = 7.7\,\mathrm{TeV}\,\frac{X_0}{\mathrm{cm}}\,. \tag{G.8}$$

Die Gleichung links gilt in natürlichen Einheiten ($\hbar = c = 1$, siehe Abschnitt 2.5.1 auf Seite 25). Die Umrechnung auf die rechte Seite ergibt sich durch Multiplikation mit dem Faktor $c^4/(\hbar\, c)$. Die Energie E_s wurde in (3.105) definiert. Da hier physikalische Abstände eingehen, tritt die Strahlungslänge in absoluten Längeneinheiten, hier in cm, auf. Zum Beispiel sind die charakteristischen Energien von Blei ($X_0 = 0.56\,\mathrm{cm}$) und Wasser/Eis ($X_0 = 36.1\,\mathrm{cm}$):

$$E_{\mathrm{LPM}} = \begin{cases} 4.3\,\mathrm{TeV} & \text{Blei} \\ 305\,\mathrm{TeV} & \text{Wasser oder Eis.} \end{cases} \tag{G.9}$$

Eine ähnliche Unterdrückung auf der gleichen Energieskala tritt auch für andere elektromagnetische Elektron-Photon-Prozesse auf. Wichtig ist für die Ausbildung hochenergetischer Schauer insbesondere auch die Paarbildung durch Photonen. Hier ist die Unterdrückung am stärksten für eine relativ symmetrische Aufteilung der Energie auf Elektronen und Positronen, so dass die Energieverteilung stark asymmetrisch wird, siehe zum Beispiel [649]. Der Bevorzugung hochenergetischer Photonen bei der Bremsstrahlung entspricht bei der Paarbildung die Tendenz, dass entweder das Elektron oder das Positron fast die gesamte Energie erhält. Beides führt dazu, dass ein Schauer in die Länge gezogen wird und tendenziell aus wenigen hochenergetischen Teilschauern besteht, deren Energiedepositionen über die Schauerlänge stark fluktuieren. Dieses Verhalten wird anhand des Beispiels in Abschnitt 15.2.2.3 quantitativ dargestellt.

[192]Die Definition der charakteristischen Energie E_{LPM}, die hier der in [649] folgt, ist etwas willkürlich, weil die Unterdrückung ganz allmählich einsetzt. In der Literatur wird E_{LPM} um einem Faktor 2 bis 8 unterschiedlich angegeben.

Anhang H

Laplace-Transformation

Die Laplace-Transformation ist ein mächtiges mathematisches Werkzeug zur Analyse elektrischer Schaltkreise. Wir stellen hier nur die wesentlichen Merkmale und mathematischen Verfahren dar, zusammen mit einigen typischen Beispielen, die für die elektronische Behandlung von Detektorsignalen relevant sind. Eine ausführliche Darstellung findet der Leser unter anderen in [76] oder in [801]. Eine didaktische Einführung ist [436].

Die Laplace-Transformation einer zeitabhängigen Funktion $f(t)$, die für negative Zeiten verschwindet[193] ($f(t) = 0$ für $t < 0$), ist durch

$$F(s) = \mathcal{L}[f(t)] = \int_0^\infty f(t)\, e^{-st} dt \tag{H.1}$$

definiert, wobei $s = \sigma + i\omega$ die komplexe Laplace-Variable ist, deren Realteil σ eine bei zeitlich begrenzten Pulsen nützliche, Konvergenz erzeugende Konstante und der Imaginärteil die Frequenz $\omega = 2\pi f$ ist.

Gleichung (H.1) entspricht für rein imaginäres $s = i\omega$ der Fourier-Transformierten des Zeitsignals:

$$F(i\omega) = \mathcal{F}[f(t)] = \int_{-\infty}^\infty f(t)\, e^{-i\omega t} dt\,. \tag{H.2}$$

Beide, Fourier- und Laplace-Transformation, finden Anwendung in der Elektronik und besitzen Eigenschaften, die je nach Problemstellung Bevorzugung finden. Die Fourier-Transformation wird bevorzugt für Randwertprobleme, bei denen die Lösung einer Differenzialgleichung im Unendlichen verschwindet, während die Laplace-Transformation für Differenzialgleichungen mit Anfangswertvorgaben (zum Beispiel zu einem bestimmten Zeitpunkt t_0) optimal ist, wie dies bei elektronischen Signalen meist der Fall ist. Außerdem ist das Konvergenzverhalten durch den $e^{-\sigma t}$-Term bei Laplace-Transformationen besser als bei Fourier-Transformationen.

Das Zeitsignal erhält man durch die inverse Transformation zurück:

$$\mathcal{L}^{-1}[F(s)] = \frac{1}{2\pi i} \int_{\sigma - i\infty}^{\sigma + i\infty} F(s) e^{st} ds = \begin{cases} f(t) \text{ für } & t \geq 0 \\ 0 \quad\ \text{ für } & t < 0 \end{cases}\,. \tag{H.3}$$

Tabelle H.1 stellt einige für elektronische Berechnungen wichtige Laplace-Korrespondenzen zwischen $f(t)$ und $F(s)$ zusammen.

Die Nützlichkeit der Laplace-Transformation wird bereits an einem Serienschwingkreis klar (Abb. H.1). Da die Ableitung $f'(t) = df(t)/dt$ auf $sF(s) - f(t=0)$ abgebildet wird, ist die Laplace-Transformation einer linearen Differenzialgleichung eine in der Regel einfacher zu behandelnde algebraische Gleichung. Die Kirchhoff'sche Maschenregel $\sum_i u_i = 0$

[193] Neben der hier definierten unilateralen Transformation existiert auch die bilaterale Form, bei der das Integral von $-\infty$ bis $+\infty$ läuft. Für $f(t < 0) = 0$ sind beide Definitionen äquivalent.

Tab. H.1 Zusammenstellung von Laplace-Korrespondenzen zwischen Funktionen im Zeitbereich und im Frequenzbereich.

Operation oder Eigenschaft	Zeitfunktion $f(t) = \mathcal{L}^{-1}[F(s)]$	Frequenzfunktion $F(s) = \mathcal{L}[f(t)]$
Linearität	$a_1 f_1(t) + a_2 f_2(t)$	$a_1 F_1(s) + a_2 F_2(s)$
Faltung	$\int_0^\infty f(t-t')g(t')dt'$	$F(s)G(s)$
1. Zeitableitung	$\frac{d}{dt} f(t) = f'$	$sF(s) - f(0)$
2. Zeitableitung	$\frac{d^2}{dt^2} f(t) = f''$	$s^2F(s) - sf(0) - f'(0)$
zeitl. Integration	$\int_0^t f(t)dt$	$\frac{1}{s}F(s)$
Skalierung von t	$f(at)$	$\frac{1}{a}F(\frac{s}{a})$
Zeitverschiebung	$f(t-t_0)$	$e^{-st_0}F(s)$
Dämpfung	$e^{-s_0 t}f(t)$	$F(s+s_0)$
Multiplikation	$t^n f(t)$	$(-1)^n \frac{d^n}{ds^n} F(s)$
δ-Funktion	$\delta(t)$	1
Ableitung der δ-Funktion	$\frac{d^n}{dt^n}\delta(t)$	s^n
Sprungfunktion	$\Theta(t)$	$\frac{1}{s}$
fallender exp-Puls	e^{-at}	$\frac{1}{s+a}$
steigender exp-Puls	$1 - e^{-at}$	$\frac{a}{s(s+a)}$
Potenz	t^n	$\frac{n!}{s^{n+1}}$
Schwingung (cos)	$\sin(at)$	$\frac{a}{s^2+a^2}$
Schwingung (sin)	$\cos(at)$	$\frac{s}{s^2+a^2}$

führt mit den Impedanzen R, C und L auf die bekannte lineare Differenzialgleichung 2. Grades:

$$L\frac{d^2}{dt^2}i(t) + R\frac{d}{dt}i(t) + \frac{1}{C}i(t) = \frac{dU_\sim}{dt}\,, \tag{H.4}$$

die zu lösen ist, um daraus die Impedanzen zu berechnen. Die Gleichung der Laplacetransformierten Funktionen lautet:

$$sLI(s) + RI(s) + \frac{1}{sC}I(s) = U(s)\,, \tag{H.5}$$

woraus sich die Gesamtimpedanz des Stromkreises sofort mit

$$Z(s) = R + \frac{1}{sC} + sL \tag{H.6}$$

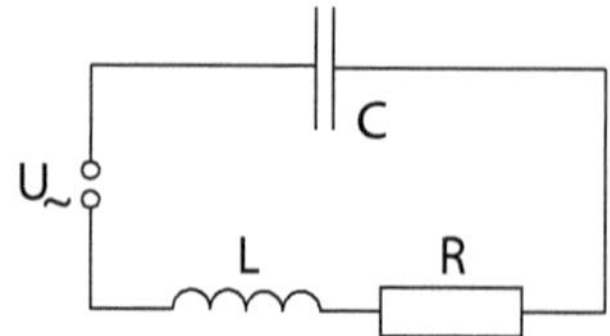

Abb. H.1 Serienschwingkreis als einfaches Anwendungsbeispiel für die Laplace-Transformation.

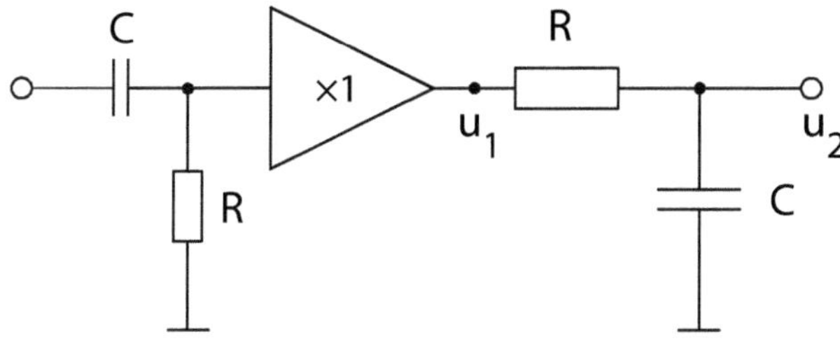

Abb. H.2 Hochpass-Tiefpassfolge zur Pulsformung. Der (×1)-Verstärker dient als Puffer, damit die Hochpassstufe nicht belastet wird. Er kann in der Laplace-Transformation unberücksichtigt bleiben.

berechnet, welche mit der Ersetzung $s \to i\omega$ die komplexe Impedanz des Schwingkreises ergibt. In Falle einer Parallelschaltung der Impedanzen ist die Gesamtimpedanz entsprechend

$$\frac{1}{Z(s)} = \frac{1}{R} + sC + \frac{1}{sL}\,. \tag{H.7}$$

Als ein Beispiel, welches konkrete Anwendung in der Pulsformung von Signalen (Abschnitt 17.3) hat, betrachten wir einen so genannten CR-RC-Filter, der aus einer Hintereinanderschaltung eines Hoch- und eines Tiefpasses besteht (Abb. H.2). Im Laplace-Raum ist die Übertragungsfunktion $H(s) = \frac{v_{out}(s)}{v_{in}(s)}$ einer Hintereinanderschaltung von Schaltkreisen

$$H_1(s) = \frac{sRC}{1+sRC} \tag{H.8}$$

$$H_2(s) = \frac{1}{1+sRC}\,, \tag{H.9}$$

einfach das Produkt der einzelnen Übertragungsfunktionen $H_1(s) \times H_2(s)$, so dass die Spannungen im Laplace-Raum lauten:

$$u_1(s) = H_1(s)\,u(s) = \frac{sRC}{1+sRC}\,u(s) = \frac{s\tau}{1+s\tau}u(s)\,, \tag{H.10}$$

$$u_2(s) = H_2(s)\,u_1(s) = \frac{1}{1+sRC}\,u_1(s) = \frac{s\tau}{(1+s\tau)^2}u(s)\,, \tag{H.11}$$

mit $\tau = RC$.

Senden wir jetzt einen stufenförmigen Impuls in den Eingang

$$u(t) = U_0\;\Theta(t) = \begin{cases} 0 \;\;,\; t \le 0\,, \\ U_0 \;,\; t > 0\,, \end{cases} \qquad u(s) = U_0\,\frac{1}{s}\,, \tag{H.12}$$

so erhalten wir

$$u_2(s) = \frac{U_0\tau}{(1+s\tau)^2}\,. \tag{H.13}$$

Transformieren wir zurück in den Zeitbereich unter Verwendung der Regeln aus Tab. H.1, so erhalten wir:

$$u_2(t) = U_0\frac{t}{\tau}e^{-t/\tau}\,, \tag{H.14}$$

was Gleichung (17.23) auf Seite 843 entspricht.

In einer typischen Pulsfilterkette, die über die einfachste Version der Abb. H.2 mit einem Hochpass (N=1) und einem Tiefpass (M=1) hinausgeht, werden weitere Tiefpässe ($M > 1$) hinzugefügt. Für jeden weiteren RC-Tiefpass wird die Transferfunktion (H.9) multiplikativ hinzugefügt. Bei N=1 und insgesamt M Tiefpässen erhalten wir bei einer Stufenfunktion als Eingang für $t \geq 0$:

$$u_M(s) = U_0 \, \frac{(1/\tau)^M}{(s+\frac{1}{\tau})^{M+1}} \qquad \Rightarrow \qquad u_M(t) = U_0 \, \frac{1}{M!} \left(\frac{t}{\tau}\right)^M \, e^{-\frac{t}{\tau}} \,, \tag{H.15}$$

wobei die rechte Seite die durch inverse Laplace-Transformation erhaltene zeitliche Darstellung des Pulses ist.

Wird als letzter Filter einer Filterkette ein zusätzlicher CR-Hochpass verwendet, entspricht dies einer Multiplikation mit der Transferfunktion (H.8), wodurch der Puls eine bipolare Form annimmt. Für einen CR-RC-Filter mit N=M=1 plus einem CR-Hochpass ergibt sich:

$$u_M(s) = U_0 \, \frac{s/\tau}{(s+\frac{1}{\tau})^3} \qquad \Rightarrow \qquad u_M(t) = U_0 \left[\frac{t}{\tau} - \frac{1}{2}\left(\frac{t}{\tau}\right)^2\right] \mathrm{e}^{-\frac{\mathrm{t}}{\tau}} \qquad \text{für} \quad \mathrm{t} \geq 0 \,. \tag{H.16}$$

Anhang I

Physikalische Rauschquellen

Übersicht

Die Rückführung von Rauschphänomenen auf ihre physikalischen Ursprünge und ihre mathematische Beschreibung gehört zu den schwierigen Themen der Detektorphysik. Für die in diesem Buch in Kapitel 17 diskutierten Auslesetechniken sind wichtige Rauschphänomene und ihre Einflüsse auf den Detektorbetrieb in Abschnitt 17.10 beschrieben. Als Literaturbeispiele nennen wir die Referenzen [848, 874, 956, 577, 504].

Da der Mittelwert von Rauschfluktuationen Null ist, wird Rauschen allgemein durch die Varianz der Verteilung der fluktuierenden Größe beschrieben.

Es gibt zwei verschiedene Herangehensweisen an die Beschreibung von Rauschen in elektronischen Schaltkreisen [874]. Eine häufig verwendete Sichtweise ist die Annahme, dass Rauschen als eine Art Signal angesehen werden kann, wenn bestimmte Regeln befolgt werden, wie zum Beispiel, dass Rauschspannungen quadratisch addiert werden müssen. Das Ergebnis einer solchen Betrachtung ist beispielsweise eine Aussage der Art: „Das Ausgangssignal des Verstärkers ist eine Sinusfunktion $U(t) = U_0 \sin \omega t$ mit zuzüglichen Rauschbeiträgen mit der mittleren (quadratischen) Intensität im Frequenzintervall df von $d\langle u_n^2 \rangle$." Der zweite Ansatz sieht Rauschen als statistische Fluktuationen an und würde dieselbe Messung wie folgt beschreiben: „Der Erwartungswert des Ausgangssignals ist $U(t)$ mit einer mittleren quadratischen Schwankung der Größe $\langle du_n^2 \rangle$." Daher würde die Gleichung (17.88)

$$d\langle i_n^2 \rangle = 2eI_0\, df \tag{I.1}$$

in der ersten Interpretation bedeuten, dass ein Rauschstrom (hier Schrotrauschen) im Frequenzintervall df in einem Widerstand R eine Leistung von $R\, d\langle i_n^2 \rangle$ dissipiert, während die zweite Betrachtung besagen würde, dass eine Messung des Stromes mit einem Instrument der Bandbreite df einen Erwartungswert von $I_0 \pm \sqrt{d\langle i_n^2 \rangle}$ hätte.

Beide Betrachtungsweisen sind möglich und werden verwendet. Elektroniker bevorzugen den ersten, Physiker meist den zweiten Ansatz.

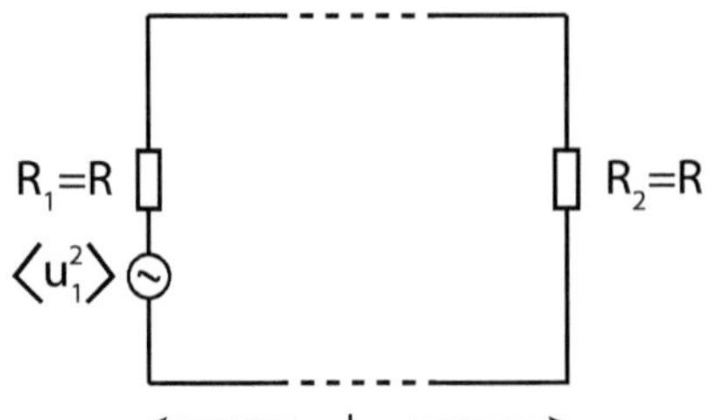

Abb. I.1 Illustration zum thermischen Rauschen in Widerständen: System aus zwei gleichen Widerständen, die miteinander verbunden werden können.

I.1 Thermisches Rauschen

Bereits 1906 wies Einstein darauf hin [392], dass die Brown'sche Bewegung von Ladungsträgern zu einer Spannungsfluktuation über den Enden eines jeden Widerstands führt. Der Effekt wurde 1929 von Johnson beobachtet [618] und das Leistungsspektrum von Nyquist zeitgleich berechnet [796]. Thermisches Rauschen resultiert also aus der Geschwindigkeitsfluktuation der Ladungsträger.

Zur Berechnung des thermischen Rauschleistungsspektrums [796] (siehe auch [874]) betrachten wir einen (offenen) Widerstand R_1. Sein thermisches Rauschen sei durch eine (quadratische) Rauschspannung $\langle u_1^2 \rangle$ gegeben (Abb. I.1). Die Rauschspannung $\langle u_1^2 \rangle$ in R_1 liefert in R_2 eine Rauschleistung, wenn man die Widerstände kurzschließt (Abb. I.1):

$$P_{1\to 2} = \frac{u^2}{R_2} = \frac{\langle u_1^2 \rangle}{R_2} \left(\frac{R_2}{R_1 + R_2} \right)^2 = \frac{\langle u_1^2 \rangle}{4R} , \tag{I.2}$$

wobei u die über R_2 liegende Spannung darstellt, die durch $\langle u_1^2 \rangle$ verursacht wird.

Im thermischen Gleichgewicht überträgt R_2 dieselbe Rauschleistung auf R_1 ,

$$P_{1\to 2} = P_{2\to 1} ,$$

und zwar für jeden Frequenzanteil der Rauschfluktuation [874]. Allgemein ist das thermische Rauschleistungsspektrum somit außer von f und T auch eine Funktion von R. Wir werden weiter unten sehen, dass die Abhängigkeit von f verschwindet (weißes Rauschen).

Wenn wir mit $w(f)$ das Leistungsspektrum der Spannungsfluktuationen in R bei einem offenen Schaltkreis bezeichnen,

$$d\langle u^2 \rangle = w(f)\, df , \tag{I.3}$$

so ist die mittlere Leistung, die ein Widerstand R in den (geschlossenen) Schaltkreis der Abb. I.1 in einem Frequenzintervall df überträgt:

$$dP = \frac{1}{4R} w(f)\, df . \tag{I.4}$$

Nach einer charakteristischen Zeit von l/u, wobei u die Ausbreitungsgeschwindigkeit der Fluktuation ist, ist in dem Schaltkreis der Abb. I.1 ein Gleichgewicht erreicht, bei dem eine mittlere Leistung dP gemäß (I.4) in der Zeit $2l/u$ von links nach rechts und von rechts nach links fließt, mit der dazu gehörenden mittleren Energie

$$dE = \frac{2l}{u} dP = \frac{l}{2uR} w(f)\, df . \tag{I.5}$$

Diese Energie ist im thermischen Gleichgewicht bei der Temperatur T in dem Leitungskreis gefangen. Nach den Gesetzen der statistischen Thermodynamik, speziell hier dem Planck'schen Strahlungsgesetz, kann jeder Frequenzmode dieser Oszillation eine mittlere Energie zugeordnet werden:

$$\epsilon(f) = \frac{hf}{\exp\left(\frac{hf}{kT}\right) - 1} \simeq \frac{hf}{1 + \frac{hf}{kT} - 1} = kT\,, \tag{I.6}$$

für genügend kleine Frequenzen $hf \ll kT$, das heißt $\lesssim$ THz. Für höhere Frequenzen geht das Spektrum exponentiell gegen Null.

Die Schwingungsmoden des Schaltkreises bilden sich aus bei Frequenzen $f = \frac{n}{2}\frac{u}{l}$, mit $n = 1, 2, 3, \ldots$. Für hinreichend große l ist

$$dn = \frac{2l}{u} df\,,$$

und die thermische Energie in df ist

$$dE = \epsilon\, dn = \frac{2l}{u} kT\, df\,. \tag{I.7}$$

Gleichsetzen von (I.5) und (I.7) liefert:

$$w(f) = 4kTR \qquad \text{und} \qquad \frac{dP}{df} = kT\,. \tag{I.8}$$

Das thermische Spektrum ist 'weiß', das heißt unabhängig von der Frequenz f. Über jedem Widerstand liegt daher mit (I.3) in einem Frequenzband df eine mittlere quadratische Rauschspannung von

$$d\langle u_n^2 \rangle = 4kTR\, df\,. \tag{I.9}$$

Für einen Widerstand von $1\,\mathrm{M\Omega}$ und einer Bandbreite von $1\,\mathrm{MHz}$ beträgt $\sqrt{\langle u_n^2 \rangle}$ bei Raumtemperatur (293 K) $127\,\mu\mathrm{V}$.

Das thermische Stromrauschen in einem Widerstand ist entsprechend:

$$d\langle i_n^2 \rangle = d\frac{\langle u_n^2 \rangle}{R^2} = \frac{4kT}{R} df\,. \tag{I.10}$$

Der Faktor 4 stammt von dem Auftreten zweier Widerstände in der Ableitung (Abb. I.1). Das Ergebnis gilt jedoch allgemein, wie in der Originalveröffentlichung von Nyquist [796] gezeigt.

I.2 Schrotrauschen

Schrotrauschen entsteht beim Transport von Ladungsträgern über eine Barriere. Es wurde von Schottky 1918 erstmals betrachtet und erklärt [917].

Wir betrachten dazu die Injektion von Exzess-Elektronen in einem System mit Austrittsbarriere, zum Beispiel eine Elektronenröhre (Abb. I.2) oder eine pn-Grenzschicht. Jedes emittierte Elektron kann als Stromimpuls angesehen werden:

$$i_k(t) = e\delta(t - t_k)\,. \tag{I.11}$$

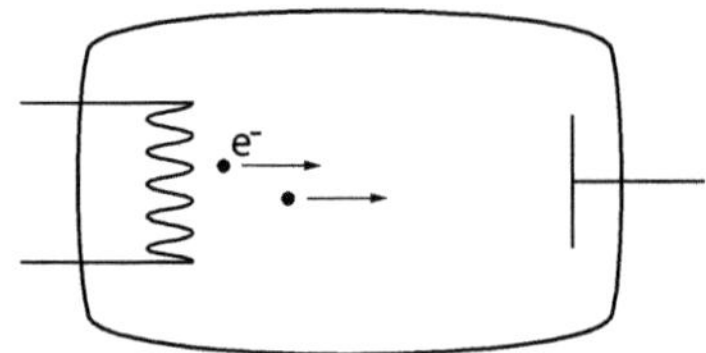

Abb. I.2 Elektronenröhre als Beispiel für die Erzeugung von statistischen Schwankungen bei der Emission der Elektronen aus der Kathode durch Überwindung der Austrittsarbeit im Metall.

Der Gesamtstrom I_0 integriert über eine längere Zeit T ist die Summe der Einzelstromimpulse:

$$I_0 = \frac{1}{T}\int_0^T \sum_{k=1}^{N} i_k(t)dt = \frac{eN}{T} = e\dot{N}\,. \tag{I.12}$$

Die Deltafunktion kann als Fourier-Reihe in der Zeit geschrieben werden (siehe zum Beispiel [115, 1022]):

$$i_k(t) = e\delta(t-t_k) = \frac{2e}{T}\left(\sum_{m=1}^{\infty}\cos m\omega(t-t_k) + \frac{1}{2}\right)\,. \tag{I.13}$$

Wir interessieren uns für die mittlere Fluktuation des Stromes I_0, gemittelt über alle zufälligen t_k im Intervall T, beschrieben durch die Varianz $\langle I^2\rangle$. Beachte, dass in der Varianz der konstante Anteil des Stromes, berücksichtigt durch den Term 1/2 in (I.13), herausfällt. Die Orthogonalität der Fourier-Komponenten ausnützend trägt somit jede Frequenzmode m zu der Varianz mit

$$d\langle i^2\rangle\big|_{m,k} = \langle(2e/T)^2\rangle\;\langle\cos^2 m\omega(t-t_k)\rangle \tag{I.14}$$

bei, wobei die explizite t-Abhängigkeit des Kosinus bei der Mittelwertbildung nicht erscheint. Jede Komponente m der Summe enthält Beiträge aller Elektronen Da die Ankunftszeiten t_k der Elektronen unkorreliert irgendwo im Intervall $[0,T]$ liegen, sind die Phasen zufällig verteilt, und die $\cos^2$-Beiträge mitteln sich zu $1/2$. Daher trägt jede Frequenzkomponente m für jedes Elektron k mit

$$d\langle i^2\rangle\big|_{m,k} = \frac{2e^2}{T^2} \tag{I.15}$$

zur Gesamtvarianz bei. Ist $\dot{N}$ die Frequenz der Stromimpulse, so gibt es $\dot{N}T$ Stromimpulse im Zeitintervall $[0,T]$, und es ist:

$$d\langle i^2\rangle\big|_{m} = \frac{2e^2\,\dot{N}}{T}\,. \tag{I.16}$$

Das ist die mittlere Schwankung bei einer bestimmten Frequenz m. In einem Frequenzband df sind $T\,df$ Frequenzen enthalten. Daraus ergibt sich für als mittleres Schwankungsquadrat des Stromes durch Schrotrauschen:

$$d\langle i_n^2\rangle = \frac{2e^2\,\dot{N}}{T}T df = 2e^2\dot{N}df = 2eI_0 df\,, \tag{I.17}$$

mit $\dot{N}e = I_0$ wie in (I.12) eingeführt und Index n für *noise*.

Es ist zu beachten, dass Schrotrauschen die Gegenwart eines Stromes verlangt, der eine Quelle haben muss, während thermisches Rauschen auch in Bauelementen ohne Stromfluss und ohne externe Strom- oder Spannungsversorgung existiert, z.B. in einem Widerstand.

I.3 1/f-Rauschen

So genannte 1/f-Rauschphänomene wurden in sehr vielen physikalischen und nichtphysikalischen Systemen gefunden (siehe z.B. [844]). Es ist jedoch völlig unklar, ob es einen übergeordneten Mechanismus gibt, der als allgemeine Ursache herangezogen werden kann. In elektronischen Systemen werden spektrale 1/f-Beiträge in der Regel Einfang- und Relaxationsprozessen zugeschrieben, zum Beispiel bei Si–SiO_2 Grenzflächen, speziell solchen bei MOS-Transistorkanälen. Siehe dazu auch die Ausführungen in Abschnitt 17.10.3.1 auf Seite 909.

Wir nehmen für eine quantitative Beschreibung [759] an, dass eingefangene Elektronen nach einer charakteristischen Zeit τ wieder frei werden, gemäß

$$N(t) = N_0\,\mathrm{e}^{-t/\tau} \quad \text{für } t \geq 0\,, \qquad N(t) = 0 \text{ sonst}\,. \tag{I.18}$$

Fourier-Transformation in den Frequenzraum ergibt:

$$F(\omega) = \int_{-\infty}^{\infty} N(t)\mathrm{e}^{-i\omega t}\,dt = N_0 \int_0^{\infty} \mathrm{e}^{-(1/\tau+i\omega)t}\,dt = N_0 \frac{1}{1/\tau + i\omega}\,. \tag{I.19}$$

Für eine ganze Serie von Relaxationsprozessen, die zu verschiedenen Einfangszeiten t_k erfolgen, gilt dann:

$$N(t, t_k) = N_0\,\mathrm{e}^{-\frac{t-t_k}{\tau}} \quad \text{für } t \geq t_k\,, \qquad N(t,t_k) = 0 \;\; \text{sonst}\,, \tag{I.20}$$

und

$$F(\omega) = N_0 \sum_k \mathrm{e}^{i\omega t_k} \int_0^{\infty} \mathrm{e}^{-(1/\tau+i\omega)t'}\,dt' = \frac{N_0}{1/\tau + i\omega} \sum_k \mathrm{e}^{i\omega t_k}\,, \tag{I.21}$$

mit der Substitution $t' = t - t_k$. Das Leistungsspektrum ergibt sich dann als

$$\begin{aligned} P(\omega) = \lim_{T\to\infty} \frac{1}{T} \left\langle |F(\omega)|^2 \right\rangle &= \frac{N_0^2}{(1/\tau)^2 + \omega^2} \lim_{T\to\infty} \frac{1}{T} \left\langle \left| \sum_k \mathrm{e}^{i\omega t_k} \right|^2 \right\rangle \\ &= \frac{N_0^2}{(1/\tau)^2 + \omega^2}\, n\,, \end{aligned} \tag{I.22}$$

wobei über alle Einfang-/Relaxationsprozesse gemittelt wird und $P(\omega)$ durch die mittlere Einfang-/Relaxationsrate n ausgedrückt wird.

Nehmen wir zusätzlich an, dass es verschiedene Relaxationszeitkonstanten gibt, und integrieren wir über alle τ_i zwischen τ_1 und τ_2 unter der Annahme, dass die Zerfallskonstanten $\lambda_i = 1/\tau_i$ gleichverteilt sind, so erhalten wir:

$$\begin{aligned} P(\omega) &= \frac{1}{\frac{1}{\tau_1} - \frac{1}{\tau_2}} \int_{\frac{1}{\tau_2}}^{\frac{1}{\tau_1}} \frac{N_0^2\, n}{\left(\frac{1}{\tau}\right)^2 + \omega^2}\, d\left(\frac{1}{\tau}\right) = \frac{N_0^2\, n}{\omega\left(\frac{1}{\tau_1} - \frac{1}{\tau_2}\right)} \left[\arctan\frac{1}{\omega\tau_1} - \arctan\frac{1}{\omega\tau_2}\right] \\ &\approx \begin{cases} N_0^2\, n & \text{falls gilt } 0 < \omega \ll \frac{1}{\tau_1}, \frac{1}{\tau_2} \quad \to \text{const.}\,, \\[2ex] \dfrac{N_0^2\, n\, \pi}{2\omega\left(\frac{1}{\tau_1} - \frac{1}{\tau_2}\right)} & \text{falls gilt } \frac{1}{\tau_2} \ll \omega \ll \frac{1}{\tau_1} \quad \to \dfrac{1}{f}\,, \\[2ex] \dfrac{N_0^2\, n}{\omega^2} & \text{falls gilt } \frac{1}{\tau_1}, \frac{1}{\tau_2} \ll \omega \quad \to \dfrac{1}{f^2}\,. \end{cases} \end{aligned} \tag{I.23}$$

Dieses Verhalten wird in Abb. 17.60(b) auf Seite 910 dargestellt.

Literaturverzeichnis

[1] Aad, G. et al. (ATLAS Collaboration): ATLAS pixel detector electronics and sensors. In: *JINST* 3 (2008), S. P07007. doi: 10.1088/1748-0221/3/07/P07007

[2] Aad, G. et al. (ATLAS Collaboration): The ATLAS Experiment at the CERN Large Hadron Collider. In: *JINST* 3 (2008), S. S08003. doi: 10.1088/1748-0221/3/08/S08003

[3] Aad, G. et al. (ATLAS Collaboration): Performance of the ATLAS b-tagging algorithms. ATL-PHYS-PUB-2009-018, ATL-COM-PHYS-2009-206. 2009. `https://cds.cern.ch/record/1174257`

[4] Aad, G. et al. (ATLAS Collaboration): Drift time measurement in the ATLAS liquid argon electromagnetic calorimeter using cosmic muons. In: *Eur. Phys. J.* C 70 (2010), S. 755. doi: 10.1140/epjc/s10052-010-1403-6

[5] Aad, G. et al. (ATLAS Collaboration): Electron performance measurements with the ATLAS detector using the 2010 LHC proton–proton collision data. In: *Eur. Phys. J.* C 72 (2012), S. 1909. doi: 10.1140/epjc/s10052-012-1909-1

[6] Aad, G. et al.: Searches for heavy long-lived sleptons and R-hadrons with the ATLAS detector in pp collisions at $\sqrt{s} = 7$ TeV. In: *Phys. Lett.* B 720 (2013), S. 277. doi: 10.1016/j.physletb.2013.02.015

[7] Aad, G. et al. (ATLAS): Performance of *b*-Jet Identification in the ATLAS Experiment. In: *J. of Instrumentation* 11 (2016), Nr. 04, S. P04008. doi: 10.1088/1748-0221/11/04/P04008

[8] Aad, G. et al. (ATLAS): Performance of the ATLAS RPC detector and Level-1 muon barrel trigger at $\sqrt{s} = 13$ TeV. In: *JINST* 16 (2021), S. P07029. doi: 10.1088/1748-0221/16/07/P07029

[9] Aamodt, K. et al. (ALICE Collaboration): The ALICE experiment at the CERN LHC. In: *JINST* 3 (2008), S. S08002. doi: 10.1088/1748-0221/3/08/S08002

[10] Aarnio, P.A. et al. (DELPHI Collaboration): The DELPHI detector at LEP. In: *Nucl. Inst. Meth. A* 303 (1991), S. 233. doi: 10.1016/0168-9002(91)90793-P

[11] Aartsen, M. G. et al. (IceCube Collaboration): The IceCube Neutrino Observatory: instrumentation and online systems. In: *JINST* 12 (2017), S. P03012. doi: 10.1088/1748-0221/12/03/P03012

[12] Aartsen, M. G. et al. (IceCube): In-situ calibration of the single-photoelectron charge response of the IceCube photomultiplier tubes. In: *JINST* 15 (2020), Nr. 06, S. P06032. doi: 10.1088/1748-0221/15/06/P06032

[13] Abachi, S. et al. (D0 Collaboration): The D0 Detector. In: *Nucl. Inst. Meth. A* 338 (1994), S. 185. doi: 10.1016/0168-9002(94)91312-9

[14] Abazov, V.M. et al. (D0 Collaboration): The upgraded D0 Detector. In: *Nucl. Inst. Meth. A* 565 (2006), S. 463. doi: 10.1016/j.nima.2006.05.248

[15] Abbasi, R. et al. (IceCube Collaboration): The IceCube data acquisition system: Signal capture, digitization, and timestamping. In: *Nucl. Inst. Meth. A* 601 (2009), S. 294. doi: 10.1016/j.nima.2009.01.001

[16] Abbasi, R. et al. (IceCube Collaboration): IceTop: The surface component of IceCube. In: *Nucl. Inst. Meth. A* 700 (2013), S. 188. doi: 10.1016/j.nima.2012.10.067

[17] Abbasi, R.U. et al. (Telescope Array): Measurement of the proton-air cross section with Telescope Array's Middle Drum detector and surface array in hybrid mode. In: *Phys. Rev. D* 92 (2015), S. 032007. doi: 10.1103/PhysRevD.92.032007

[18] Abbrescia, M. et al.: Progresses in the simulation of resistive plate chambers in avalanche mode. Proc.: *6th Int. Conference on Advanced Technology and Particle Physics,* Villa Olmo,Como, Italy*, 1998.* In: *Nucl. Phys. Proc. Suppl.* 78 (1999), S. 459. doi: 10.1016/S0920-5632(99)00587-3

[19] Abdurashitov et al. (SAGE Collaboration): Results from SAGE. In: *Phys. Lett.* B 328 (1994), S. 234. doi: 10.1016/0370-2693(94)90454-5

[20] Abe, F. et al. (CDF Collaboration): The CDF detector: an overview. In: *Nucl. Inst. Meth. A* 271 (1988), S. 387. doi: 10.1016/0168-9002(88)90298-7

H. Kolanoski und N. Wermes, *Teilchendetektoren*, https://doi.org/10.1007/978-3-662-73068-3

[21] ABE, K. et al. (SLD Collaboration): Measurements of R(b) with impact parameters and displaced vertices. In: *Phys. Rev. D* 53 (1996), S. 1023. doi: 10.1103/PhysRevD.53.1023

[22] ABE, K. et al.: Design and performance of the SSLD vertex detector: a 307 Mpixel tracking system". In: *Nucl. Inst. Meth. A* 400 (1997), Nr. 2, S. 287. doi: 10.1016/S0168-9002(97)01011-5

[23] ABE, T. et al.: R&D status of HAPD. Proc.: *International Workshop on New Photon Detectors (PD09),* Matsumoto, *Japan.* In: *PoS PD09* (2009), S. 014. doi: 10.22323/1.090.0014

[24] ABE, T. et al. (Belle-II Collaboration): Belle II Technical Design Report. In: *arXiv:1011.0352* (2010).

[25] ABELEV, B. et al. (ALICE Collaboration): Centrality dependence of π, K, p production in Pb–Pb collisions at $\sqrt{s_{NN}} = 2.76$ TeV. In: *Phys. Rev.* C 88 (2013), S. 044910. doi: 10.1103/PhysRevC.88.044910

[26] ABELEV, B. et al. (ALICE Collaboration): Performance of the ALICE Experiment at the CERN LHC. In: *Int. J. Mod. Phys.* A 29 (2014), S. 1430044. doi: 10.1142/S0217751X14300440

[27] ABGRALL, N. et al. (T2K ND280 TPC Collaboration): Time projection chambers for the T2K near detectors. In: *Nucl. Inst. Meth. A* 637 (2011), S. 25. doi: 10.1016/j.nima.2011.02.036

[28] ABRAHAM, J. et al. (Pierre Auger Collaboration): Properties and performance of the prototype instrument for the Pierre Auger Observatory. In: *Nucl. Inst. Meth. A* 523 (2004), S. 50. doi: 10.1016/j.nima.2003.12.012

[29] ABRAHAM, J. et al. (Pierre Auger Collaboration): The fluorescence detector of the Pierre Auger Observatory. In: *Nucl. Inst. Meth. A* 620 (2010), S. 227. doi: 10.1016/j.nima.2010.04.023

[30] ABRAMOWICZ, H. et al.: The response and resolution of an iron scintillator calorimeter for hadronic and electromagnetic showers between 10 GeV and 140 GeV. In: *Nucl. Inst. Meth.* 180 (1981), S. 429. doi: 10.1016/0029-554X(81)90083-5

[31] ABRAMS, G.S. et al.: The Mark-II Detector for the SLC. In: *Nucl. Inst. Meth. A* 281 (1989), S. 55. doi: 10.1016/0168-9002(89)91217-5

[32] ABREU, P. et al. (DELPHI Collaboration): Performance of the DELPHI detector. In: *Nucl. Inst. Meth. A* 378 (1996), S. 57. doi: 10.1016/0168-9002(96)00463-9

[33] ABT, I. et al. (H1 Collaboration): The H1 detector at HERA. In: *Nucl. Inst. Meth. A* 386 (1997), S. 310. doi: 10.1016/S0168-9002(96)00893-5

[34] ABT, I. et al. (H1 Collaboration): The tracking, calorimeter and muon detectors of the H1 experiment at HERA. In: *Nucl. Inst. Meth. A* 386 (1997), S. 348. doi: 10.1016/S0168-9002(96)00894-7

[35] ACHTERBERG, A. et al. (IceCube Collaboration): Detection of atmospheric muon neutrinos with the IceCube 9-string detector. In: *Phys. Rev. D* 76 (2007), S. 027101. doi: 10.1103/PhysRevD.76.027101

[36] ACOSTA, D. et al.: Results of prototype studies for a spaghetti calorimeter. In: *Nucl. Inst. Meth. A* 294 (1990), S. 193. doi: 10.1016/0168-9002(90)91833-W

[37] ACOSTA, D. et al.: Detection of muons with a lead/scintillating-fiber calorimeter. In: *Nucl. Inst. Meth. A* 320 (1992), S. 128. doi: 10.1016/0168-9002(92)90772-V

[38] ACQUAFREDDA, R. et al.: The OPERA experiment in the CERN to Gran Sasso neutrino beam. In: *JINST* 4 (2009), S. P04018. doi: 10.1088/1748-0221/4/04/P04018

[39] ADACHI, I. et al.: Study of 144-channel multi-anode hybrid avalanche photo-detector for the Belle RICH counter. In: *Nucl. Inst. Meth. A* 623 (2010), S. 285. doi: 10.1016/j.nima.2010.02.223

[40] ADAM, I. et al. (BaBar-DIRC Collaboration): The DIRC particle identification system for the BaBar experiment. In: *Nucl. Inst. Meth. A* 538 (2005), S. 281. doi: 10.1016/j.nima.2004.08.129

[41] ADAM, W. et al.: The forward ring imaging Cherenkov detector of DELPHI. In: *Nucl. Inst. Meth. A* 338 (1994), S. 284. doi: 10.1016/0168-9002(94)91314-5

[42] ADAM, W. et al.: The ring imaging Cherenkov detector of DELPHI. In: *Nucl. Inst. Meth. A* 343 (1994), S. 68. doi: 10.1016/0168-9002(94)90535-5

[43] ADAM, W. et al.: The ring imaging Cherenkov detectors of DELPHI. In: *IEEE Trans. Nucl. Sci.* 42 (1995), S. 499. doi: 10.1109/23.467922

[44] ADAM, W. et al.: Radiation hard diamond sensors for future tracking applications. In: *Nucl. Inst. Meth. A* 565 (2006), S. 278. doi: 10.1016/j.nima.2006.05.127

[45] ADAMOVA, D. et al. (CERES Collaboration): The CERES/NA45 radial drift time projection chamber. In: *Nucl. Inst. Meth. A* 593 (2008), S. 203. doi: 10.1016/j.nima.2008.04.056

[46] ADEVA, B. et al.: The construction of the L3 experiment. In: *Nucl. Inst. Meth. A* 289 (1990), S. 35.

[47] ADINOLFI, M. et al.: Performance of the LHCb RICH detector at the LHC. In: *Eur. Phys. J. C* 73 (2013), S. 2431. doi: 10.1140/epjc/s10052-013-2431-9

[48] ADLOFF, C. et al. (CALICE Collaboration): Tests of a particle flow algorithm with CALICE test beam data. In: *JINST* 6 (2011), S. P07005. doi: 10.1088/1748-0221/6/07/P07005

[49] ADLOFF, C. et al. (CALICE Collaboration): Calorimetry for lepton collider experiments – CALICE results and activities. In: *arXiv:1212.5127* (2012).

[50] ADRAGNA, P. et al. (ATLAS Collaboration): Testbeam studies of production modules of the ATLAS Tile Calorimeter. In: *Nucl. Inst. Meth. A* 606 (2009), S. 362. doi: 10.1016/j.nima.2009.04.009

[51] ADRIANI, O. et al.: The Pamela experiment ready for flight. In: *Nucl. Inst. Meth. A* 572 (2007), S. 471. doi: 10.1016/j.nima.2006.10.316

[52] ADRIANI, O. et al. (PAMELA Collaboration): An anomalous positron abundance in cosmic rays with energies 1.5–100 GeV. In: *Nature* 458 (2009), S. 607. doi: 10.1038/nature07942

[53] ADRIANI, O. et al.: A statistical procedure for the identification of positrons in the PAMELA experiment. In: *Astropart. Phys.* 34 (2010), S. 1. doi: 10.1016/j.astropartphys.2010.04.007

[54] AFFOLDER, A.A. et al. (CDF Collaboration): CDF central outer tracker. In: *Nucl. Inst. Meth. A* 526 (2004), S. 249. doi: 10.1016/j.nima.2004.02.020

[55] AGAKICHIEV, G. et al.: Performance of the CERES electron spectrometer in the CERN SPS lead beam. In: *Nucl. Inst. Meth. A* 371 (1996), S. 16. doi: 10.1016/0168-9002(95)01135-8

[56] AGAKISHIEV, G. et al. (CERES Collaboration): Performance of the CERES electron spectrometer in the CERN SPS lead beam. In: *Nucl. Inst. Meth. A* 371 (1996), S. 16. doi: 10.1016/0168-9002(95)01135-8

[57] AHMED, S.N.: *Physics and Engineering of Radiation Detection.* Academic Press, 2007.

[58] AHMET, K. et al.: The OPAL detector at LEP. In: *Nucl. Inst. Meth. A* 305 (1991), S. 275. doi: 10.1016/0168-9002(91)90547-4

[59] AHN, H.S. et al.: The Cosmic Ray Energetics and Mass (CREAM) instrument. In: *Nucl. Inst. Meth. A* 579 (2007), S. 1034. doi: 10.1016/j.nima.2007.05.203

[60] AHN, H.S. et al.: Measurements of cosmic-ray secondary nuclei at high energies with the first flight of the CREAM balloon-borne experiment. In: *Astropart. Phys.* 30 (2008), S. 133. doi: 10.1016/j.astropartphys.2008.07.010

[61] AIELLI, G. et al.: Improving the RPC rate capability. In: *JINST* 11 (2016), S. P07014. doi: 10.1088/1748-0221/11/07/P07014

[62] AKER, E. et al. (Crystal Barrel Collaboration): The Crystal Barrel spectrometer at LEAR. In: *Nucl. Inst. Meth. A* 321 (1992), S. 69. doi: 10.1016/0168-9002(92)90379-I

[63] AKERIB, D. S. et al. (LZ): The LUX-ZEPLIN (LZ) Experiment. In: *Nucl. Inst. Meth. A* 953 (2020), S. 163047. doi: 10.1016/j.nima.2019.163047

[64] AKERIB, D.S. et al. (CDMS Collaboration): First results from the cryogenic dark matter search in the Soudan Underground Lab. In: *Phys. Rev. Lett.* 93 (2004), S. 211301. doi: 10.1103/PhysRevLett.93.211301

[65] AKERIB, D.S. et al. (LUX Collaboration): The Large Underground Xenon (LUX) experiment. In: *Nucl. Inst. Meth. A* 704 (2013), S. 111. doi: 10.1016/j.nima.2012.11.135

[66] AKESSON, T. et al.: Properties of a fine-sampling uranium-copper scintillator hadron calorimeter. In: *Nucl. Inst. Meth. A* 241 (1985), S. 17. doi: 10.1016/0168-9002(85)90513-3

[67] AKHMADALIEV, S. et al.: Hadron energy reconstruction for the ATLAS calorimetry in the framework of the non-parametrical method. In: *Nucl. Inst. Meth. A* 480 (2002), S. 508. doi: 10.1016/S0168-9002(01)01229-3

[68] AKKOYUN, S. et al.: AGATA - Advanced Gamma Tracking Array. In: *Nucl. Inst. Meth. A* 668 (2012), S. 26. doi: 10.1016/j.nima.2011.11.081

[69] ALBRECHT, E. et al.: Operation, optimisation, and performance of the DELPHI RICH detectors. In: *Nucl. Inst. Meth. A* 433 (1999), S. 47. doi: 10.1016/S0168-9002(99)00320-4

[70] ALBRECHT, E et al.: Performance of hybrid photon detector prototypes with 80% active area for the RICH counters of LHCB. In: *Nucl. Inst. Meth. A* 442 (2000), S. 164. doi: 10.1016/S0168-9002(99)01216-4

[71] ALBRECHT, H. et al. (ARGUS Collaboration): ARGUS: A universal detector at DORIS-II. In: *Nucl. Inst. Meth. A* 275 (1989), S. 1. doi: 10.1016/0168-9002(89)90334-3

[72] ALBRECHT, H. et al. (ARGUS Collaboration): Physics with ARGUS. In: *Phys. Rep.* 276 (1996), S. 223. doi: 10.1016/S0370-1573(96)00008-7

[73] ALBRECHT, H. et al. (HERA-B Outer Tracker Group): Aging studies for the large honeycomb drift tube system of the Outer Tracker of HERA-B. In: *Nucl. Inst. Meth. A* 515 (2003), S. 155. doi: 10.1016/j.nima.2003.08.144

[74] ALBRECHT, H. et al. (HERA-B Outer Tracker Group): The outer tracker detector of the HERA-B Experiment. Part I: Detector. In: *Nucl. Inst. Meth. A* 555 (2005), S. 310. doi: 10.1016/j.nima.2005.09.043

[75] ALBRECHT, H. et al. (HERA-B Outer Tracker Group): The outer tracker detector of the HERA-B experiment. Part III. Operation and performance. In: *Nucl. Inst. Meth. A* 576 (2007), S. 312. doi: 10.1016/j.nima.2007.03.025

[76] ALEXANDER, C.K.; SADIKU, M.N.O.: *Fundamentals of Electric Circuits*. 5th ed. McGraw-Hill, 2012.

[77] ALFONSI, M. et al.: High-rate particle triggering with triple-GEM detector. In: *Nucl. Inst. Meth. A* 518 (2004), S. 106. doi: 10.1016/j.nima.2003.10.035

[78] ALICI, A. (ALICE Collaboration): The MRPC-based ALICE time-of-flight detector: status and performance. In: *Nucl. Inst. Meth. A* 706 (2013), S. 29. doi: 10.1016/j.nima.2012.05.004

[79] ALIG, R.C.; BLOOM, S.; STRUCK, C.W.: Scattering by ionization and phonon emission in semiconductors. In: *Phys. Rev. B* 22 (1980), S. 5565. doi: 10.1103/PhysRevB.22.5565

[80] ALIKHANIAN, A.I.; AVAKINA, K.M; GARIBIAN, G.M.; LORIKIAN, M.P.; SHIKHLIA, K.K.: Detection of X-ray transition radiation by means of a spark chamber. In: *Phys. Rev. Lett.* 25 (1970), S. 635. doi: 10.1103/PhysRevLett.25.635

[81] ALLAIRE, C. (ATLAS Collaboration): A high-granularity timing detector (HGTD) in ATLAS: Performance at the HL-LHC / CERN. ATL-LARG-PROC-2018-003. Feb 2018. https://cds.cern.ch/record/2302827

[82] ALLISON, W.W.M.; COBB, J.H.: Relativistic charged particle identification by energy loss. In: *Annu. Rev. Nucl. Part. Sci.* 30 (1980), S. 253. doi: 10.1146/annurev.ns.30.120180.001345

[83] ALLISON, W.W.M.; WRIGHT, P.R.S.: The physics of charged particle identification dE/dx, Cerenkov and transition radiation. In: *[418]*, S. 371. doi: 10.1142/9789814355988_0006

[84] ALME, J. et al.: The ALICE TPC, a large 3-dimensional tracking device with fast readout for ultra-high multiplicity events. In: *Nucl. Inst. Meth. A* 622 (2010), S. 316. doi: 10.1016/j.nima.2010.04.042

[85] ALVAREZ, L.W. et al.: Search for hidden chambers in the pyramids. In: *Science* 167 (1970), S. 832. doi: 10.1126/science.167.3919.832

[86] ALVES JR., A.A. et al. (LHCb Collaboration): The LHCb detector at the LHC. In: *JINST* 3 (2008), S. S08005. doi: 10.1088/1748-0221/3/08/S08005

[87] AMALDI, U.: Fluctuations in calorimetry measurements. In: *Phys. Scripta* 23 (1981), S. 409. doi: 10.1088/0031-8949/23/4A/012

[88] AMALDI, U.; KRAFT, G.: Recent applications of synchrotrons in cancer therapy with carbon ions. In: *Europhys. News* 36 (2005), S. 114. doi: 10.1051/epn:2005402

[89] AMBATS, I. et al. (MINOS Collaboration): The MINOS Detectors Technical Design Report. NUMI-L-337, FERMILAB-DESIGN-1998-02. 1998. doi: 10.2172/1861363

[90] AMERIO, S. et al. (ICARUS Collaboration): Design, construction and tests of the ICARUS T600 detector. In: *Nucl. Inst. Meth. A* 527 (2004), S. 329. doi: 10.1016/j.nima.2004.02.044

[91] AMOLE, C. et al. (PICO Collaboration): Dark Matter search results from the PICO-60 C_3F_8 bubble chamber. In: *Phys. Rev. Lett.* 118 (2017), S. 251301. doi: 10.1103/PhysRevLett.118.251301

[92] AMS-02 COLLABORATION: AMS-02 – The Alpha Magnetic Spectrometer. `https://ams02.space/`

[93] ANASTASI, G. A.: AugerPrime: The Pierre Auger Observatory upgrade. In: *Nucl. Inst. Meth. A* 1044 (2022), S. 167497. doi: 10.1016/j.nima.2022.167497

[94] ANDERSON, C.D.: The positive electron. In: *Phys. Rev.* 43 (1933), S. 491. doi: 10.1103/PhysRev.43.491

[95] ANDIVAHIS, L. et al.: A precise calibration of the SLAC 8-GeV spectrometer using the floating wire technique. SLAC-PUB-5753. 1992. `https://slac.stanford.edu/pubs/slacpubs/5750/slac-pub-5753.pdf`

[96] ANDRESEN, A. et al. (ZEUS Calorimeter Group): Construction and beam test of the ZEUS forward and rear calorimeter. In: *Nucl. Inst. Meth. A* 309 (1991), S. 101. doi: 10.1016/0168-9002(91)90095-8

[97] ANDRICEK, L.; LUTZ, G.; RICHTER, R.; REICHE, M.: Processing of ultra-thin silicon sensors for future e^+e^- linear collider experiments. In: *IEEE Trans. Nucl. Sci.* 51 (2004), S. 1117. doi: 10.1109/TNS.2004.829531

[98] ANDRIEU, B. et al. (H1 Calorimeter Group): The H1 liquid argon calorimeter system,. In: *Nucl. Inst. Meth. A* 336 (1993), S. 460. doi: 10.1016/0168-9002(93)91257-N

[99] ANDRIEU, B. et al. (H1 Calorimeter Group): Electron/pion separation with the H1 LAr calorimeters. In: *Nucl. Inst. Meth. A* 344 (1994), S. 492. doi: 10.1016/0168-9002(94)90870-2

[100] ANDRONIC, A.; WESSELS, J.P.: Transition Radiation Detectors. In: *Nucl. Inst. Meth. A* 666 (2012), S. 130. doi: 10.1016/j.nima.2011.09.041

[101] ANELLI, G. et al.: Radiation tolerant VLSI circuits in standard deep submicron CMOS technologies for the LHC experiments: practical design aspects. In: *IEEE Trans. Nucl. Sci.* 46 (1999), S. 1690. doi: 10.1109/23.819140

[102] ANGLOHER, G. et al.: Results from 730 kg days of the CRESST-II Dark Matter search. In: *Eur. Phys. J.* C 72 (2012), S. 1971. doi: 10.1140/epjc/s10052-012-1971-8

[103] ANNIS, P. et al.: Experimental results from a large volume active target made of glass capillaries and liquid scintillator. In: *Nucl. Inst. Meth. A* 367 (1995), S. 377. doi: 10.1016/0168-9002(95)00638-9

[104] ANNIS, P. et al. (RD46): Tracking with capillaries and liquid scintillator. Proc.: *5th Int. Conference on Advanced Technology and Particle Physics (ICATPP-5),* Villa Olmo,Como, Italy*, 1996.* In: *Nucl. Phys. B – Proc. Suppl.* 61 (1998), S. 390. doi: 10.1016/S0920-5632(97)00592-6

[105] ANTOKHONOV, B.A. et al.: A new 1-km^2 EAS Cherenkov array in the Tunka valley. In: *Nucl. Inst. Meth. A* 639 (2011), S. 42. doi: 10.1016/j.nima.2010.09.142

[106] ANTONI, T. et al. (KASCADE Collaboration): The cosmic-ray experiment KASCADE. In: *Nucl. Inst. Meth. A* 513 (2003), S. 490. doi: 10.1016/S0168-9002(03)02076-X

[107] AOKI, S. et al.: The fully automated emulsion analysis system. In: *Nucl. Inst. Meth.* B 51 (1990), S. 466. doi: 10.1016/0168-583X(90)90569-G

[108] Apel, W.D. et al.: KASCADE-Grande – Contributions to the 32nd International Cosmic Ray Conference, Beijing, August, 2011. In: *arXiv:1111.5436* (2011).

[109] Appuhn, R.D. et al. (H1 SPACAL Group): The H1 lead/scintillating-fibre calorimeter. In: *Nucl. Inst. Meth. A* 386 (1997), S. 397. doi: 10.1016/S0168-9002(96)01171-0

[110] Aprile, E. et al. (XENON100 Collaboration): The XENON100 dark matter experiment. In: *Astropart. Phys.* 35 (2012), S. 573. doi: 10.1016/j.astropartphys.2012.01.003

[111] Aprile, E. et al. (XENON Collaboration): Search for WIMP inelastic scattering off xenon nuclei with XENON100. In: *Phys. Rev. D* 96 (2017), S. 022008. doi: 10.1103/PhysRevD.96.022008

[112] Aprile, E. et al. (XENON): The XENON1T Dark Matter Experiment. In: *Eur. Phys. J.* 77 (2017), Nr. 12, S. 881. doi: 10.1140/epjc/s10052-017-5326-3

[113] Aprile, E.; Bolotnikov, A.E.; Bolozdynya, A.L.; Doke, T.: *Noble Gas Detectors.* Wiley, 2008. doi: 10.1002/9783527610020

[114] Arai, Y. et al.: Developments of SOI monolithic pixel detectors. In: *Nucl. Inst. Meth. A* 623 (2010), S. 186. doi: 10.1016/j.nima.2010.02.190

[115] Arfken, G.B.; Weber, H.J.: *Mathematical Methods for Physicists.* Academic Press, 2012.

[116] Arrabito, L. et al.: Track reconstruction in the emulsion-lead target of the OPERA experiment using the ESS microscope. In: *JINST* 2 (2007), S. P05004. doi: 10.1088/1748-0221/2/05/P05004

[117] Artru, X.; Yodh, G.B.; Mennessier, G.: Practical theory of the multilayered transition radiation detector. In: *Phys. Rev.* D12 (1975), S. 1289. doi: 10.1103/PhysRevD.12.1289

[118] Ashcroft, N.W.; Mermin, N.D.: *Solid State Physics.* Saunders, 1976.

[119] Askariyan, G.A.: Excess negative charge of an electron–photon shower and its coherent radio emission. In: *Sov. Phys. JETP* 14 (1962), S. 441. http://jetp.ras.ru/cgi-bin/dn/e_014_02_0441.pdf

[120] Assamagan, K.A. et al. (ATLAS Collaboration): Muons in the calorimeters: Energy loss corrections and muon tagging. ATL-PHYS-PUB-2009-009. 2009. https://cds.cern.ch/record/1169055

[121] Assran, Y.; Sharma, A.: Transport properties of operational gas mixtures used at LHC. In: *arXiv:1110.6761* (2011).

[122] ATLAS Collaboration: ATLAS liquid argon calorimeter: Technical design report. Version: 1996. https://cds.cern.ch/record/331061

[123] ATLAS Collaboration: ATLAS inner detector: Technical design report. Vol. 1. (1997), 4. https://cds.cern.ch/record/331063

[124] ATLAS Collaboration: Impact parameter-based b-tagging algorithms in the 7 TeV collision data with the ATLAS detector: the TrackCounting and JetProb algorithms. ATLAS-CONF-2010-041. 2010. https://cds.cern.ch/record/1277681

[125] ATLAS Collaboration: Particle identification performance of the ATLAS transition radiation tracker. ATLAS-CONF-2011-128. 2011. https://cds.cern.ch/record/1383793

[126] Atwood, W. et al.: Performance of the ALEPH time projection chamber. In: *Nucl. Inst. Meth. A* 306 (1991), S. 446.

[127] Atwood, W.B. et al. (LAT Collaboration): The Large Area Telescope on the Fermi Gamma-ray Space Telescope Mission. In: *Astropphys. J.* 697 (2009), S. 1071. doi: 10.1088/0004-637X/697/2/1071

[128] Aubert, B. et al. (BABAR Collaboration): The BaBar detector. In: *Nucl. Inst. Meth. A* 479 (2002), S. 1. doi: 10.1016/S0168-9002(01)02012-5

[129] Aubert, Bernard et al. (ATLAS Electromagnetic Barrel Liquid Argon Calorimeter Group): Construction, assembly and tests of the ATLAS electromagnetic barrel calorimeter. In: *nima* 558 (2006), S. 388. doi: 10.1016/j.nima.2005.11.212

[130] Aubin, F. et al.: Discrimination of nuclear recoils from alpha particles with superheated liquids. In: *New J. Phys.* 10 (2008), S. 103017. doi: 10.1088/1367-2630/10/10/103017

[131] Avdeichikov, V; Fomichev, A.S.; Jakobsson, B; Rodin, A.M; Ter-Akopian, G.M.: Range–energy relation, range straggling and response function of CsI(Tl), BGO and GSO(Ce) scintillators for light ions. In: *Nucl. Inst. Meth. A* 439 (2000), S. 158. doi: 10.1016/S0168-9002(99)00944-4

[132] Avdeichikov, V.; Jakobsson, B.; Nikitin, V.A.; Nomokonov, P.V.; Wegner, A.: Systematics in the light response of BGO, CsI(Tl) and GSO(Ce) scintillators to charged particles. In: *Nucl. Inst. Meth. A* 484 (2002), S. 251. doi: 10.1016/S0168-9002(01)01963-5

[133] Avery, Paul: Fitting Theory Writeups and References. `https://www.phys.ufl.edu/~avery/fitting.html`

[134] Avoni, G. et al.: The electromagnetic calorimeter of the HERA-B experiment. In: *Nucl. Inst. Meth. A* 580 (2007), S. 1209. doi: 10.1016/j.nima.2007.06.030

[135] Axen, D. et al.: The lead–liquid argon sampling calorimeter of the SLD detector. In: *Nucl. Inst. Meth. A* 328 (1993), S. 472. doi: 10.1016/0168-9002(93)90664-4

[136] Ayzenshtat, A.I.; Budnitsky, D.L.; Koretskaya, O.B.; Okaevich, L.S.; Novikov, V.A. et al.: GaAs as a material for particle detectors. In: *Nucl. Inst. Meth. A* 494 (2002), S. 120. doi: 10.1016/S0168-9002(02)01455-9

[137] Babovsky, H.: *Die Boltzmann-Gleichung: Modellbildung – Numerik – Anwendungen.* Vieweg+Teubner, 2013. doi: 10.1007/978-3-663-12034-6

[138] Bacci, C. et al.: Results from the analysis of data collected with a 50 m^2 RPC carpet at YangBaJing. In: *Nucl. Inst. Meth. A* 456 (2000), S. 121. doi: 10.1016/S0168-9002(00)00976-1

[139] Bachmann, S. et al.: Charge amplification and transfer processes in the gas electron multiplier. In: *Nucl. Inst. Meth. A* 438 (1999), S. 376. doi: 10.1016/S0168-9002(99)00820-7

[140] Bagaturia, Y. et al. (HERA-B Inner Tracker Collaboration): Studies of aging and HV break down problems during development and operation of MSGC and GEM detectors for the inner tracking system of HERA-B. In: *Nucl. Inst. Meth. A* 490 (2002), S. 223.

[141] Bähr, A.; Kluck, H.; Ninkovic, J.; Schieck, J.; Treis, J.: DEPFET detectors for direct detection of MeV Dark Matter particles. In: *Eur. Phys. J.* C 77 (2017), S. 905. doi: 10.1140/epjc/s10052-017-5474-5

[142] Baikal-GVD Collaboration: Very Large Volume Neutrino Telescopes Baikal. `https://baikalgvd.jinr.ru/`

[143] Bailey, R. et al.: First measurement of efficiency and precision of CCD detectors for high-energy physics. In: *Nucl. Inst. Meth.* 213 (1983), S. 201. doi: 10.1016/0167-5087(83)90413-1

[144] Baird, A. et al.: A fast high resolution track trigger for the H1 experiment. In: *IEEE Trans. Nucl. Sci.* 48 (2001), S. 1276. doi: 10.1109/23.958765

[145] Baker, J.R.J.: *Autoradiography: A Comprehensive Overview.* Garland Science, 2003. doi: https://doi.org/10.1201/9781003421627

[146] Balagura, V. et al.: The first-level trigger of the HERA-B experiment: Performance and expectations. In: *Nucl. Inst. Meth. A* 494 (2002), S. 526. doi: 10.1016/S0168-9002(02)01544-9

[147] Ballabriga, R.; Campbell, M.; Heijne, E.H.M.; Llopart, X.; Tlustos, L.: The Medipix3 prototype, a pixel readout chip working in single photon counting mode with improved spectrometric performance. In: *IEEE Trans. Nucl. Sci.* NS-54 (2007), S. 1824. doi: 10.1109/TNS.2007.906163

[148] Ballarini, F. et al. (FLUKA Collaboration): The FLUKA code: Overview and new developments. In: *Eur. Phys. J. N* 10 (2024), S. 16. doi: 10.1051/epjn/2024015

[149] Ballin, J.A. et al.: Monolithic active pixel sensors (MAPS) in a quadruple well technology for nearly 100 per cent fill factor and full CMOS pixels. In: *Sensors* 8 (2008), S. 5336. doi: 10.3390/s8095336

[150] Bäni, L. et al. (RD42): Diamond detectors for high energy physics experiments. Proc.: *11th International Conference on Position Sensitive Detectors (PSD11):* Milton Keynes, UK, *2017*. In: *JINST* 13 (2018), S. C01029. doi: 10.1088/1748-0221/13/01/C01029

[151] BÄNI, L. et al. (RD42): A Study of the Radiation Tolerance of CVD Diamond to 70 MeV Protons, Fast Neutrons and 200 MeV Pions. In: *Sensors* 20 (2020), S. 6648. doi: 10.3390/s20226648

[152] BÄNI, L. et al. (RD42): Radiation tolerance of diamond detectors. In: *J. Phys. Conf. Ser.* 2374 (2022), S. 012172. doi: 10.1088/1742-6596/2374/1/012172

[153] BARBARINO, G.C.; CERRITO, L.; PATERNOSTER, G.; PATRICELLI, S.: Measurement of the second coordinate in a drift chamber using the charge division method. In: *Nucl. Inst. Meth.* 179 (1981), S. 353. doi: 10.1016/0029-554X(81)90060-4

[154] BARBERO, M. et al. (RD42 Collaboration): Development of diamond tracking detectors for high luminosity experiments at LHC. CERN-LHCC-2007-002, CERN-LHCC-RD-012. 2007. `https://cds.cern.ch/record/1009654`

[155] BARBERO, M. et al. (RD42 Collaboration): Development of Diamond Tracking Detectors for High Luminosity Experiments at the LHC. CERN/LHCC 2008-005, LHCC-RD-016. 2008. `https://cds.cern.ch/record/1098155`

[156] BARBOSA MARINHO, P.R. et al. (LHCb Collaboration): LHCb: Outer tracker technical design report. CERN-LHCC-2001-024. 2001. `https://cds.cern.ch/record/519146`

[157] BARDEEN, J.; SHOCKLEY, W.: Deformation potentials and mobilities in nonpolar crystals. In: *Phys. Rev.* 80 (1950), S. 72. doi: 10.1103/PhysRev.80.72

[158] BARGER, Vernon D.; PHILLIPS, R.J.N.: *Collider Physics*. Addison-Wesley, 1987.

[159] BARLOW, A. et al.: Instrumentation and beam diagnostics in the ISR. Proc.: *8th International Conference on High-Energy Accelerators (HEACC 71)*. In: *eConf* C710920 (1971), S. 426. `https://cds.cern.ch/record/309851`

[160] BARLOW, R.J.: *Statistics: A Guide to the Use of Statistical Methods in the Physical Sciences*. Wiley, 1989.

[161] BARNES, V.E. et al.: Observation of a hyperon with strangeness minus three. In: *Phys. Rev. Lett.* 12 (1964), S. 204. doi: 10.1103/PhysRevLett.12.204

[162] BARNETT, R.M. et al. (Particle Data Group): Review of particle physics. In: *Phys. Rev.* D 54 (1996), S. 1. doi: 10.1103/PhysRevD.54.1

[163] BARRELET, E. et al.: A two-dimensional, single-photoelectron drift detector for Cherenkov ring imaging. In: *Nucl. Inst. Meth.* 200 (1982), S. 219. doi: 10.1016/0167-5087(82)90434-3

[164] BARSZCZAK, T.: Images of Super-Kamiokande events from tscan. 2012. private communication.

[165] BASOLO, S. et al.: A 20 kpixels CdTe photon-counting imager using XPAD chip. In: *Nucl. Inst. Meth. A* 589 (2008), S. 268. doi: 10.1016/j.nima.2008.02.042

[166] BAUDIS, L.; PROFUMO, S.: Dark Matter. In: *published in [815], chapter 27* (revised 2021).

[167] BAUER, C. et al.: The HERA-B vertex detector system. In: *Nucl. Inst. Meth. A* 453 (2000), S. 103. doi: 10.1016/S0168-9002(00)00614-8

[168] BAUR, R. et al.: The CERES RICH detector system. In: *Nucl. Inst. Meth. A* 343 (1994), S. 87. doi: 10.1016/0168-9002(94)90537-1

[169] BAZYLEV, V.A. et al.: X-ray Cherenkov radiation: Theory and experiment. In: *Sov. Phys. JETP* 54 (1981), S. 884. `https://www.jetp.ras.ru/cgi-bin/dn/e_054_05_0884.pdf`

[170] BEATTY, J.J.; MATTHEWS, J.; WAKELY, S.P.: Cosmic rays. In: *published in [815], chapter 30* (revised 2021).

[171] BECKER, C. et al.: Gate-controlled diodes for characterization of the Si–SiO_2 interface with respect to surface effects of silicon detectors. In: *Nucl. Inst. Meth. A* 444 (2000), S. 605. doi: 10.1016/S0168-9002(99)01177-8

[172] BECQUEREL, H.: Nobel Lecture: On Radioactivity, a New Property of Matter. `https://www.nobelprize.org/prizes/physics/1903/becquerel/lecture/`

[173] BEHNKE, E. et al. (COUPP Collaboration): First dark matter search results from a 4-kg CF_3I bubble chamber operated in a deep underground site. In: *Phys. Rev.* D 86 (2012), S. 052001. doi: 10.1103/PhysRevD.86.052001

[174] BEHNKE, T. et al.: The International Linear Collider Technical Design Report – Volume 1: Executive Summary. In: *arXiv:1306.6327* (2013).

[175] BEHNKE, T. et al.: The International Linear Collider Technical Design Report – Volume 4: Detectors. In: *arXiv:1306.6329* (2013).

[176] BEITZEL, V. et al.: The transition radiation detector for ZEUS. In: *Nucl. Inst. Meth. A* 323 (1992), S. 135. doi: 10.1016/0168-9002(92)90279-D

[177] BELAU, E. et al.: Charge collection in silicon strip detectors. In: *Nucl. Inst. Meth.* 214 (1983), S. 253. doi: 10.1016/0167-5087(83)90591-4

[178] BELL, K.W. et al.: The development of vacuum phototriodes for the CMS electromagnetic calorimeter. In: *Nucl. Inst. Meth. A* 469 (2001), S. 29. doi: 10.1016/S0168-9002(01)00700-8

[179] BELL, K.W. et al.: Vacuum phototriodes for the CMS electromagnetic calorimeter endcap. In: *IEEE Trans. Nucl. Sci.* 51 (2004), S. 2284. doi: 10.1109/TNS.2004.836053

[180] BELLAMY, E. H. et al.: Absolute calibration and monitoring of a spectrometric channel using a photomultiplier. In: *Nucl. Inst. Meth. A* 339 (1994), S. 468. doi: 10.1016/0168-9002(94)90183-X

[181] BENCIVENNI, G. et al.: Performance of a test prototype for MONOLITH. In: *Nucl. Inst. Meth. A* 461 (2001), S. 319. doi: 10.1016/S0168-9002(00)01232-8

[182] BENCIVENNI, G. et al.: A triple GEM detector with pad readout for high rate charged particle triggering. In: *Nucl. Inst. Meth. A* 488 (2002), S. 493. doi: 10.1016/S0168-9002(02)00515-6

[183] BENITEZ, J. et al.: Status of the Fast Focusing DIRC (fDIRC). In: *Nucl. Inst. Meth. A* 595 (2008), S. 104. doi: 10.1016/j.nima.2008.07.042

[184] BENOIT, M. et al.: Testbeam results of irradiated ams H18 HV-CMOS pixel sensor prototypes. In: *JINST* 13 (2018), S. P02011. doi: 10.1088/1748-0221/13/02/P02011

[185] BERDALOVIC, I. et al.: Monolithic pixel development in TowerJazz 180 nm CMOS for the outer pixel layers in the ATLAS experiment. In: *JINST* 13 (2018), S. C01023. doi: 10.1088/1748-0221/13/01/C01023

[186] BERESTETSKII, V.B.; LIFSHITZ, E.M.; PITAEVSKII, L.P.: *Quantum Electrodynamics*. 2nd ed. Pergamon, 1982 (Course of theoretical physics Vol. 4).

[187] BERGER, M. J. et al.: XCOM: Photon Cross Sections Database. doi: https://dx.doi.org/10.18434/T48G6X

[188] BERGER, M. J. et al.: XCOM: Photon Cross Sections Database (interactive). `https://physics.nist.gov/PhysRefData/Xcom/html/xcom1.html`

[189] BERGER, M.J.; COURSEY, J.S.; ZUCKER, M.A.; CHANG, J.: ESTAR, PSTAR, and ASTAR: computer programs for calculating stopping-power and range tables for electrons, protons, and helium ions. ICRU Report 49, 37 (version 1.2.3). 2005. doi: 10.18434/T4NC7P. – Tables and graphical presentations are interactively available: `https://www.nist.gov/pml/data/star`

[190] BERNABEI, R. et al.: Final model independent result of DAMA/LIBRA–phase1. In: *Eur. Phys. J.* C 73 (2013), S. 2648. doi: 10.1140/epjc/s10052-013-2648-7

[191] BERNABEI, R. et al.: Further results from DAMA/Libra-phase2 and perspectives. In: *Nucl. Phys. Atom. Energy* 22 (2021), S. 329. doi: 10.15407/jnpae2021.04.329

[192] BERNLÖHR, K.: Simulation of imaging atmospheric Cherenkov telescopes with CORSIKA and sim_telarray. In: *Astropart. Phys.* 30 (2008), S. 149. doi: 10.1016/j.astropartphys.2008.07.009

[193] BERNSTEIN, D. et al.: The MARK-III spectrometer. In: *Nucl. Inst. Meth. A* 226 (1984), S. 301. doi: 10.1016/0168-9002(84)90043-3

[194] BERTOLIN, A. et al.: The RPC system of the OPERA experiment. In: *Nucl. Inst. Meth. A* 602 (2009), S. 631. doi: 10.1016/j.nima.2008.12.071

[195] BESPAL'KO, V.; BURAK, I.; SALMINS, K.: Estimating the Precision of a Leading-Edge Discriminator with Amplitude Correction. In: *Instruments and Experimental Techniques* 62 (2019), S. 788. doi: 10.1134/S0020441219060022

[196] BETHE, H.: Zur Theorie des Durchgangs schneller Korpuskularstrahlen durch Materie. In: *Ann. Phys.* 5 (1930), S. 325. doi: 10.1002/andp.19303970303

[197] BETHE, H.: Bremsformel für Elektronen relativistischer Geschwindigkeit. In: *Z. Phys.* 76 (1932), S. 293. doi: 10.1007/BF01342532

[198] BETHE, H.; HEITLER, W.: On the stopping of fast particles and on the creation of positive electrons. In: *Proc. Roy. Soc. A* 146 (1934), S. 83. doi: 10.1098/rspa.1934.0140

[199] BETTINI, A.: *Introduction to Elementary Particle Physics.* Cambridge University Press, 2008.

[200] BETTS, W.; GONG, W.; HJORT, E.; WIEMAN, H.: Studies of Several Wire and Pad Configurations for the STAR TPC. STAR Note 263. 1996. https://drupal.star.bnl.gov/STAR/files/starnotes/sn0263.pdf

[201] BEUVILLE, E. et al.: A low noise amplifier-shaper with tail correction for the STAR detector. In: *IEEE Trans. Nucl. Sci.* 43 (1996), S. 1619. doi: 10.1109/23.507158

[202] BEYNON, J.D.E.; LAMB, D.R.: *Charge-Coupled Devices and their Applications.* McGraw-Hill, 1980.

[203] BHAT, M.; PATTISON, J.; BIBBO, G.; CAON, M.: Diagnostic x-ray spectra: A comparison of spectra generated by different computational methods with a measured spectrum. In: *Med. Phys.* 25 (1998), S. 114. doi: 10.1118/1.598170

[204] BHEESETTE, S.: *Design and characterisation studies of resistive plate chambers*, Indian Inst. Tech., Mumbai, India, Diss., 2009. https://inspirehep.net/files/eb9216cb8e38a3f59ca549cfd72a0d82

[205] BIAGI, S.: Magboltz – transport of electrons in gas mixtures. https://magboltz.web.cern.ch/magboltz/

[206] BIAGI, S.F.: Monte Carlo simulation of electron drift and diffusion in counting gases under the influence of electric and magnetic fields. In: *Nucl. Inst. Meth. A* 421 (1999), S. 234. doi: 10.1016/S0168-9002(98)01233-9

[207] BIBBER, K. van: Scaling up the search for dark matter. In: *Physics* 2 (2009), S. 2. doi: 10.1103/Physics.2.2

[208] BICHSEL, H.: Multiple scattering of protons. In: *Phys. Rev.* 112 (1958), S. 182. doi: 10.1103/PhysRev.112.182

[209] BICHSEL, H.: Straggling in thin silicon detectors. In: *Rev. Mod. Phys.* 60 (1988), S. 663. doi: 10.1103/RevModPhys.60.663

[210] BICHSEL, H.: Charged-particle-matter interactions. In: DRAKE, G. (Hrsg.): *Springer Handbook of Atomic, Molecular, and Optical Physics.* Springer, 2006, S. 1373. doi: 10.1007/978-0-387-26308-3_91

[211] BICHSEL, H.; GROOM, D.E.; KLEIN, S.R.: Passage of particles through matter. In: *[799]* (2014), S. 398.

[212] BIEBEL, O. et al.: Performance of the OPAL jet chamber. In: *Nucl. Inst. Meth. A* 323 (1992), S. 169. doi: 10.1016/0168-9002(92)90284-B

[213] BILLARD, J. et al.: Direct detection of dark matter—APPEC committee report. In: *Rept. Prog. Phys.* 85 (2022), S. 056201. doi: 10.1088/1361-6633/ac5754

[214] BINDER, E.: *Test eines Flüssig-Argon-Kalorimeters für den H1-Detektor mit Untersuchungen zur Kompensation durch Softwaremethoden*, Universität Hamburg, Diplomarbeit, 1990. https://www-library.desy.de/preparch/desy/int_rep/f21-90-02.pdf

[215] BINKLEY, M.E. et al.: Aging in large CDF tracking chambers. In: *Nucl. Inst. Meth. A* 515 (2003), S. 53. doi: 10.1016/j.nima.2003.08.130

[216] BIONTA, R.M. et al.: Observation of a neutrino burst in coincidence with supernova SN 1987a in the Large Magellanic Cloud. In: *Phys. Rev. Lett.* 58 (1987), S. 1494. doi: 10.1103/PhysRevLett.58.1494

[217] BIRKS, J.B.: *The Theory and Practice of Scintillation Counting.* Pergamon Press, 1964. doi: 10.1016/C2013-0-01791-4

[218] Blackett, P.M.S.: Nobel Lecture: Cloud Chamber Researches in Nuclear Physics and Cosmic Radiation. `https://www.nobelprize.org/prizes/physics/1948/blackett/lecture/`

[219] Blackett, P.M.S.; Lees, D.S.: Investigations with a Wilson chamber. I. On the photography of artificial disintegration collisions. In: *Proc. Roy. Soc. A* 136 (1932), S. 325. doi: 10.1098/rspa.1932.0084

[220] Blackett, P.M.S.; Occhialini, G.: Photography of penetrating corpuscular radiation. In: *Nature* 130 (1932), S. 363. doi: 10.1038/130363a0

[221] Blackett, P.M.S.; Occhialini, G.P.S.: Some Photographs of the tracks of penetrating radiation. In: *Proc. Roy. Soc. A* 139 (1933), S. 699. doi: 10.1098/rspa.1933.0048

[222] Bláha, B. et al.: Electrical properties of semiconducting glass. In: *Nucl. Inst. Meth. A* 416 (1998), S. 345. doi: 10.1016/S0168-9002(98)00701-3

[223] Blanc, A.: Recherches sur les mobilites des ions dans les gaz. In: *J. Phys. Theor. Appl.* 7 (1908), S. 825. doi: 10.1051/jphystap:019080070082501

[224] Blobel, V.; Lohrmann, E.: *Statistische und numerische Methoden der Datenanalyse.* Teubner Studienbücher, 1998.

[225] Bloch, F.: Bremsvermögen von Atomen mit mehreren Elektronen. In: *Z. Phys.* 81 (1933), S. 363. doi: 10.1007/BF01344553

[226] Bloch, F.: Zur Bremsung rasch bewegter Teilchen beim Durchgang durch Materie. In: *Ann. Phys.* 16 (1933), S. 285. doi: 10.1002/andp.19334080303

[227] Bloom, E.D.; Feldman, G.J.: Quarkonium. In: *Sci. Am.* 246 (1982), S. 66. doi: 10.1038/scientificamerican0582-66

[228] Bloom, E.D.; Peck, C.: Physics with the Crystal Ball detector. In: *Annu. Rev. Nucl. Part. Sci.* 33 (1983), S. 143. doi: 10.1146/annurev.ns.33.120183.001043

[229] Blum, W.; Rolandi, L.; Riegler, W.: *Particle Detection with Drift Chambers.* Springer, 2008. doi: 10.1007/978-3-540-76684-1

[230] Blümer, H.: *Messungen zur Kalorimetrie von Elektronen und Hadronen*, Universiät Dortmund, Diplomarbeit, 1982.

[231] Blümer, J.; Engel, R.; Hörandel, J.R.: Cosmic rays from the knee to the highest energies. In: *Prog. Part. Nucl. Phys.* 63 (2009), S. 293. doi: 10.1016/j.ppnp.2009.05.002

[232] Bock, P. et al.: Drift chamber readout with flash ADCs: I. Time and spatial resolution. In: *Nucl. Inst. Meth. A* 242 (1986), S. 237. doi: 10.1016/0168-9002(86)90215-9

[233] Bock, P. et al.: Signal propagation in long wire chambers. In: *JINST* 7 (2012), S. P09003. doi: 10.1088/1748-0221/7/09/P09003

[234] Bode, H.W.: *Network Analysis and Feedback Amplifier Design.* Van Nostrand, 1945.

[235] Boerner, H. et al.: The large cylindrical drift chamber of TASSO. In: *Nucl. Inst. Meth.* 176 (1980), S. 151. doi: 10.1016/0029-554X(80)90695-3

[236] Boger, J. et al. (SNO Collaboration): The Sudbury neutrino observatory. In: *Nucl. Inst. Meth. A* 449 (2000), S. 172. doi: 10.1016/S0168-9002(99)01469-2

[237] Bohm, G.; Zech, G.: *Einführung in Statistik und Messwertanalyse für Physiker.* DESY, 2005. `https://www-library.desy.de/preparch/books/vstatmp.pdf`

[238] Bohm, G.; Zech, G.: *Introduction to Statistics and Data Analysis for Physicists (3rd ed.).* DESY, 2017. doi: 10.3204/PUBDB-2017-08987

[239] Bohm, J. et al.: High rate operation and lifetime studies with microstrip gas chambers. In: *Nucl. Inst. Meth. A* 360 (1995), S. 34. doi: 10.1016/0168-9002(94)01218-0

[240] Bohr, N.: II. On the theory of the decrease of velocity of moving electrified particles on passing through matter. In: *Phil. Mag.* 25 (1913), S. 10. doi: 10.1080/14786440108634305

[241] Bohr, N.: *The Penetration of Atomic Particles through Matter.* Copenhagen: Munksgaard, 1948 (Det kgl. Danske videnskabernes selskab. Mathematisk-fysiske meddelelser. Vol. 18, no. 8).

[242] Boie, R.A.; Hrisoho, A.T.; Rehak, P.: Signal shaping and tail cancellation for gas proportional detectors at high counting rates. In: *Nucl. Inst. Meth.* 192 (1982), S. 365.

doi: 10.1016/0029-554X(82)90846-1

[243] Bollinger, L.M.; Thomas, G.E.: Measurement of time dependence of scintillation intensity by a delayed-coincidence method. In: *Rev. Sci. Inst.* 32 (1961), S. 1044. doi: 10.1063/1.1717610

[244] Bolmont, J.; Voigt, B.; Nahnhauer, R. (for the IceCube Collaboration): Very high energy electromagnetic cascades in the LPM regime with IceCube. Proc.: *30th Int. Cosmic Ray Conference,* Merida, Mexico, Bd. 3 (2007), S. 1245. https://indico.nucleares.unam.mx/event/4/contribution/843. *arXiv:0711.0353*

[245] Bolotovskii, B.M. (Hrsg.); Frenkel, V.Ya. (Hrsg.); Peierls, R. (Hrsg.): *I. E. Tamm – Selected Papers.* Springer, 1991. doi: 10.1007/978-3-642-74626-0

[246] Bolozdynya, A.I.: Two-phase emission detectors and their applications. In: *Nucl. Inst. Meth. A* 422 (1999), S. 314. doi: 10.1016/S0168-9002(98)00965-6

[247] Bondarenko, G. et al.: Limited Geiger-mode microcell silicon photodiode: New results. In: *Nucl. Inst. Meth. A* 442 (2000), S. 187. doi: 10.1016/S0168-9002(99)01219-X

[248] Börner, H.: *Die zylindrische Driftkammer des TASSO-Experiments am e^+e^--Speicherring PETRA*, Universität Bonn, Diss., 1981.

[249] Bortfeldt, J. et al.: PICOSEC: Charged particle timing at sub-25 picosecond precision with a Micromegas based detector. In: *Nucl. Inst. Meth. A* 903 (2018), S. 317. doi: 10.1016/j.nima.2018.04.033

[250] Bothe, W.: Nobel Lecture: The Coincidence Method. https://www.nobelprize.org/prizes/physics/1954/bothe/lecture/

[251] Bothe, W.: Zur Vereinfachung von Koinzidenzzählungen. In: *Z. Phys.* 59 (1930), S. 1. doi: 10.1007/BF01337830

[252] Bothe, W.; Kolhörster, W.: Das Wesen der Höhenstrahlung. In: *Z. Phys.* 56 (1929), S. 751. doi: 10.1007/BF01340137

[253] Bouhova-Thacker, E. et al.: Vertex reconstruction in the ATLAS experiment at the LHC. ATL-INDET-PUB-2009-001, ATL-COM-INDET-2009-011. 2009. https://cds.cern.ch/record/1176154

[254] Boyle, P.J.: The elemental composition of high-energy cosmic rays: measurements with TRACER. In: *Mod. Phys. Lett.* A 23 (2008), S. 2031. doi: 10.1142/S0217732308028260

[255] Boyle, W.S.; Smith, G.E.: Charge coupled semiconductor deadapted devices. In: *Bell Syst. Tech. J.* 49 (1970), S. 587. doi: 10.1002/j.1538-7305.1970.tb01790.x

[256] Braccini, S. et al.: First results on proton radiography with nuclear emulsion detectors. In: *JINST* 5 (2010), S. P09001. doi: 10.1088/1748-0221/5/09/P09001

[257] Braem, A.; Joram, C.; Piuz, F.; Schyns, E.; Seguinot, J.: Technology of photocathode production. In: *Nucl. Inst. Meth. A* 502 (2003), S. 205. doi: 10.1016/S0168-9002(03)00275-4

[258] Brandelik, R. et al. (TASSO Collaboration): Properties of hadron final states in e^+e^- annihilation at 13-GeV and 17-GeV center-of-mass energies. In: *Phys. Lett.* B 83 (1979), S. 261. doi: 10.1016/0370-2693(79)90699-3

[259] Brandt, S.: *Datenanalyse mit statischen Methoden und Computerprogrammen.* Spektrum, Akad. Verlag, 1999.

[260] Brandt, S.: *Data Analysis: Statistical and Computational Methods for Scientists and Engineers.* Springer, 2014. doi: 10.1007/978-3-319-03762-2

[261] Brau, J.E.; Jaros, J.A.; Ma, H.: Advances in calorimetry. In: *Annu. Rev. Nucl. Part. Sci.* 60 (2010), S. 615. doi: 10.1146/annurev.nucl.012809.104449

[262] Brennan, K.F.: *The Physics of Semiconductors.* Cambridge University Press, 1999. doi: 10.1017/CBO9781139164214

[263] Breskin, A.; Charpak, G.; Sauli, F.; Atkinson, M.; Schultz, G.: Recent observations and measurements with high accuracy drift chambers. In: *Nucl. Inst. Meth.* 124 (1975), S. 189. doi: 10.1016/0029-554X(75)90403-6

[264] BRETZ, T. et al.: An integrated general purpose SiPM based optical module with a high dynamic range. In: *JINST* 13 (2018), S. P06001. doi: 10.1088/1748-0221/13/06/P06001

[265] BREUKER, H. et al.: Particle identification with the OPAL jet chamber in the region of the relativistic rise. In: *Nucl. Inst. Meth. A* 260 (1987), S. 329. doi: 10.1016/0168-9002(87)90097-0

[266] BRIGHAM YOUNG UNIVERSITY: Cleanroom Home, Optical Absorption Coefficient Calculator. `https://cleanroom.byu.edu/OpticalCalc`

[267] BROCK, I.C. et al.: Luminosity measurement in the L3 detector at LEP. In: *Nucl. Inst. Meth. A* 381 (1996), S. 236. doi: 10.1016/S0168-9002(96)00734-6

[268] BROCKMANN, R. et al.: Development of a time projection chamber with high two track resolution capability for collider experiments: RD-32 status report. CERN-DRDC-94-10, CERN-RD-32-STATUS-REPORT. 1994. `https://cds.cern.ch/record/290990`

[269] BRONSTEIN, I.N. SEMENDJAJEW, K.A. et al.; ZEIDLER, E. (Hrsg.): *Springer-Taschenbuch der Mathematik.* 3. Aufl. Springer Fachmedien Wiesbaden, 2013. doi: 10.1007/978-3-8348-2359-5

[270] BROSS, A. et al.: The D0 scintillating fiber tracker. In: *AIP Conf. Proc.* 450 (1998), S. 221. doi: 10.1063/1.56972

[271] BROWN, D.; FRANK, M. (ALEPH Collaboration): Tagging b-hadrons using track impact parameters. CERN-ALEPH-92-135, CERN-ALEPH-PHYSIC-92-124. 1992. `https://cds.cern.ch/record/805594`

[272] BROWN, J.S. et al.: The Mark-III time-of-flight system. In: *Nucl. Inst. Meth. A* 221 (1984), S. 503. doi: 10.1016/0167-5087(84)90058-9

[273] BRÜCKMANN, H. et al.: Hadron sampling calorimetry, a puzzle of physics. In: *Nucl. Inst. Meth. A* 263 (1988), S. 136. doi: 10.1016/0168-9002(88)91026-1

[274] BUDNEV, N. et al.: Tunka-25 Air Shower Cherenkov array: the main results. In: *Astropart. Phys.* 50–52 (2013), S. 18. doi: 10.1016/j.astropartphys.2013.09.006

[275] BUREAU INTERNATIONAL DES POIDS ET MESURES (BIPM): The International System of Units (SI). Version: 9th edition, 2019. `https://www.bipm.org/en/publications/si-brochure/`

[276] BURGER, J. et al.: The central jet chamber of the H1 experiment. In: *Nucl. Inst. Meth. A* 279 (1989), S. 217. doi: 10.1016/0168-9002(89)91084-X

[277] BURKHARDT, H. et al.: The Tasso gas and aerogel Cherenkov counters. In: *Nucl. Inst. Meth.* 184 (1981), S. 319. doi: 10.1016/0029-554X(81)90732-1

[278] BUSKULIC, D. et al. (ALEPH): A Precise measurement of Gamma ($Z \to b\bar{b}$) / Gamma ($Z \to$ hadrons). In: *Phys. Lett. B* 313 (1993), S. 535. doi: 10.1016/0370-2693(93)90028-G

[279] BUSKULIC, D. et al. (ALEPH Collaboration): Performance of the ALEPH detector at LEP. In: *Nucl. Inst. Meth. A* 360 (1995), S. 481. doi: 10.1016/0168-9002(95)00138-7

[280] BUTON, C. et al.: Comparison of three types of XPAD3.2/CdTe single chip hybrids for hard X-ray applications in material science and biomedical imaging. In: *Nucl. Inst. Meth. A* 758 (2014), S. 44. doi: 10.1016/j.nima.2014.04.067

[281] BUZHAN, P. et al.: An advanced study of silicon photomultiplier. In: *ICFA Instrum. Bull.* 23 (2001), S. 28. `https://www.slac.stanford.edu/pubs/icfa/fall01/paper3/paper3a.html`

[282] BUZHAN, P. et al.: Silicon photomultiplier and its possible applications. In: *Nucl. Inst. Meth. A* 504 (2003), S. 48. doi: 10.1016/S0168-9002(03)00749-6

[283] C. DAVOISNE et al.: Chemical and morphological evolution of a silicate surface under low-energy ion irradiation. In: *A&A* 482 (2008), S. 541. doi: 10.1051/0004-6361:20078964

[284] CADENCE PSPICE. `https://www.orcad.com/pspice`

[285] CAMPBELL, M. et al.: A readout chip for a 64×64 pixel matrix with 15 bit single photon counting. In: *IEEE Trans. Nucl. Sci.* 45 (1998), S. 751. doi: 10.1109/23.682629

[286] CARDARELLI, R.; SANTONICO, R.; BIAGIO, A. D.; LUCCI, A.: Progress in resistive plate counters. In: *Nucl. Inst. Meth. A* 263 (1988), S. 20. doi: 10.1016/0168-9002(88)91011-X

[287] Carter, J.R. et al.: The OPAL vertex drift chamber. In: *Nucl. Inst. Meth. A* 286 (1990), S. 99. doi: 10.1016/0168-9002(90)90211-N

[288] Cartiglia, N. et al.: Design optimization of ultra-fast silicon detectors. In: *Nucl. Inst. Meth.* A796 (2015), S. 141. doi: 10.1016/j.nima.2015.04.025

[289] Cartiglia, N. et al.: The 4D pixel challenge. Proc.: *8th International Workshop on Semiconductor Pixel Detectors for Particles and Imaging (PIXEL 2016),* Sestri Levante, Italy. In: *JINST* 11 (2016), S. C12016. doi: 10.1088/1748-0221/11/12/C12016

[290] Cartiglia, N. et al.: Beam test results of a 16 ps timing system based on ultra-fast silicon detectors. In: *Nucl. Inst. Meth. A* 850 (2017), S. 83. doi: 10.1016/j.nima.2017.01.021

[291] Cartiglia, N. et al.: Tracking in 4 dimensions. Proc.: *14th Vienna Conference on Instrumentation (VCI 2016),* Vienna, Austria. In: *Nucl. Inst. Meth. A* 845 (2017), S. 47. doi: 10.1016/j.nima.2016.05.078

[292] Carusone, T.; Johns, D.A.; Martin, K.: *Analog Integrated Circuit Design.* Wiley, 2011.

[293] Casse, G.: Radiation hardness of p-type silicon detectors. In: *Nucl. Inst. Meth. A* 612 (2010), S. 464. doi: 10.1016/j.nima.2009.08.050

[294] Cassel, D.G. et al.: Design and construction of the CLEO-II drift chamber. In: *Nucl. Inst. Meth. A* 252 (1986), S. 325. doi: 10.1016/0168-9002(86)91201-5

[295] Caughey, D.M.; Thomas, R.E.: Carrier mobilities in silicon empirically related to doping and field. In: *Proc. IEEE* 55 (1967), S. 2192. doi: 10.1109/PROC.1967.6123

[296] Cavalleri, G.; Gatti, E.; Fabri, G.; Svelto, V.: Extension of Ramo's theorem as applied to induced charge in semiconductor detectors. In: *Nucl. Inst. Meth.* 92 (1971), S. 137. doi: 10.1016/0029-554X(71)90235-7

[297] Cenna, F. et al.: Weightfield2: A fast simulator for silicon and diamond solid state detectors. In: *Nucl. Inst. Meth. A* 796 (2015), S. 149. doi: 10.1016/j.nima.2015.04.015

[298] CERN: High School Teachers at CERN – Bubble Chambers HST2001. Version: 2001. `https://hst-archive.web.cern.ch/archiv/HST2001/bubblechambers/index.html`

[299] CERN: The High-Luminosity LHC. Version: 2015. `https://cds.cern.ch/record/2114693`

[300] Cerron Zeballos, E. et al.: A New type of resistive plate chamber: the multigap RPC. In: *Nucl. Inst. Meth. A* 374 (1996), S. 132. doi: 10.1016/0168-9002(96)00158-1

[301] Chamberlain, O.; Segre, E.; Wiegand, C.; Ypsilantis, T.: Observation of antiprotons. In: *Phys. Rev.* 100 (1955), S. 947. doi: 10.1103/PhysRev.100.947

[302] Chantler, C.T. et al.: NIST X-ray form factor and scattering tables. interactive `https://physics.nist.gov/PhysRefData/FFast/html/form.html`

[303] Charpak, G.: Nobel Lecture: Electronic Imaging of Ionizing Radiation with Limited Avalanches in Gases. `https://www.nobelprize.org/prizes/physics/1992/charpak/lecture/`

[304] Charpak, G. et al.: First beam test results with Micromegas, a high rate, high resolution detector. In: *Nucl. Inst. Meth. A* 412 (1998), S. 47. doi: 10.1016/S0168-9002(98)00311-8

[305] Charpak, G.; Derre, J.; Giomataris, Y.; Rebourgeard, P.: Micromegas, a multipurpose gaseous detector. In: *Nucl. Inst. Meth. A* 478 (2002), S. 26. doi: 10.1016/S0168-9002(01)01713-2

[306] Charpak, G.; Petersen, G.; Policarpo, A.; Sauli, F.: High accuracy measurements in proportional chambers and clarification of the avalanche mechanisms around wires. In: *IEEE Trans. Nucl. Sci.* 25 (1978), S. 122. doi: 10.1109/TNS.1978.4329289

[307] Charpak, G.; Sauli, F.: Multiwire Proportional Chambers and Drift Chambers. In: *Nucl. Inst. Meth.* 162 (1979), S. 405. doi: 10.1016/0029-554X(79)90726-2

[308] Charpak, G.; Sauli, F.: High-resolution electronic particle detectors. In: *Annu. Rev. Nucl. Part. Sci.* 34 (1984), S. 285. doi: 10.1146/annurev.ns.34.120184.001441

[309] Chase, R.L.; La Taille, C. de; Seguin, N.; Rescia, S.: Transmission line connections between detector and front end electronics in liquid argon calorimetry. In: *Nucl. Inst. Meth. A* 330 (1993), S. 228. doi: 10.1016/0168-9002(93)91327-J

[310] Chatrchyan, S. et al. (CMS Collaboration): The CMS experiment at the CERN LHC. In: *JINST* 3 (2008), S. S08004. doi: 10.1088/1748-0221/3/08/S08004

[311] Chatrchyan, S. et al. (CMS Collaboration): Performance of CMS muon reconstruction in *pp* collision events at $\sqrt{s} = 7$ TeV. In: *JINST* 7 (2012), S. P10002. doi: 10.1088/1748-0221/7/10/P10002

[312] Chatrchyan, S. et al. (CMS Collaboration): The performance of the CMS muon detector in proton–proton collisions at sqrt(s) = 7 TeV at the LHC. In: *JINST* 8 (2013), S. P11002. doi: 10.1088/1748-0221/8/11/P11002

[313] Chen, W. et al.: Performance of the multianode cylindrical silicon drift detector in the CERES NA45 experiment: first results. In: *Nucl. Inst. Meth. A* 326 (1993), S. 273. doi: 10.1016/0168-9002(93)90363-M

[314] Chepel, V.; Araujo, H.: Liquid noble gas detectors for low energy particle physics. In: *J. of Instrumentation* 8 (2013), Nr. 04, S. R04001. doi: 10.1088/1748-0221/8/04/R04001

[315] Cherenkov, P.A.: Nobel Lecture: Radiation of particles moving at a velocity exceeding that of light, and some of the possibilities for their use in experimental physics. `https://www.nobelprize.org/prizes/physics/1958/cerenkov/lecture/`

[316] Cherenkov, P.A.: Visible emission of clean liquids by action of γ radiation. In: *Dokl. Akad. Nauk SSSR* 2 (1934), S. 451.

[317] Cherenkov, P.A.: Visible radiation produced by electron moving in a medium with velocities exceeding that of light. In: *Phys. Rev.* 52 (1937), S. 87. doi: 10.1103/PhysRev.52.378

[318] Cherry, M.L.: Measurements of the spectrum and energy dependence of x-ray transition radiation. In: *Phys. Rev. D* 17 (1978), S. 2245. doi: 10.1103/PhysRevD.17.2245

[319] Cherry, M.L.; Hartmann, G.; Müller, D.; Prince, T.A.: Transition radiation from relativistic electrons in periodic radiators. In: *Phys. Rev. D* 10 (1974), S. 3594. doi: 10.1103/PhysRevD.10.3594

[320] Cherry, M.L.; Mueller, D.; Prince, T.A.: The efficient identification of relativistic particles by transition radiation. In: *Nucl. Inst. Meth.* 115 (1974), S. 141. doi: 10.1016/0029-554X(74)90439-X

[321] Chilingarov, A.: Temperature dependence of the current generated in Si bulk. In: *JINST* 8 (2013), S. P10003. doi: 10.1088/1748-0221/8/10/P10003

[322] Chirkin, D.; Rhode, W.: Muon Monte Carlo: a high-precision tool for muon propagation through matter. In: *arXiv:hep-ph/0407075* (2004).

[323] Christophorou, L.G.; Olthoff, J.K.; Rao, M.V.V.S.: Electron interactions with CF_4. In: *J. Phys. Chem. Ref. Data* 25 (1996), S. 1341. doi: 10.1063/1.555986

[324] Clark, D.: The intrinsic scintillation efficiency of plastic scintillators for Co-60 gamma exitation. In: *Nucl. Inst. Meth. A* 117 (1974), S. 295. doi: 10.1016/0029-554X(74)90412-1

[325] Clemen, M.; Humanic, T.; Kraus, D.; Vilkelis, G.; Rehak, P. et al.: Double particle resolution measured in a silicon drift chamber. In: *Nucl. Inst. Meth. A* 316 (1992), S. 283. doi: 10.1016/0168-9002(92)90911-M

[326] Cleveland, B.T. et al.: Measurement of the solar electron neutrino flux with the Homestake chlorine detector. In: *Astropphys. J.* 496 (1998), S. 505. doi: 10.1086/305343

[327] Clevers, R.H.M.: Volume and temperature dependence of the 1/f noise parameter α in Si. In: *Phys. Rev.* B 154 (1988), S. 214. doi: 10.1016/0921-4526(89)90071-9

[328] CLIC Collaboration: The Compact Linear Collider. Version: 2023. `https://home.cern/science/accelerators/compact-linear-collider`

[329] CMS Collaboration: CMS Crystal Endcap webpage (Crystal Palace). `https://cms-ecal-ee-rc.web.cern.ch/Index.htm`

[330] CMS Collaboration: The CMS tracker: addendum to the Technical Design Report. 2000.

[331] Cobb, J. et al.: Transition radiators for electron identification at the CERN ISR. In: *Nucl. Inst. Meth.* 140 (1977), S. 413. doi: 10.1016/0029-554X(77)90355-X

[332] Collaboration, ALICE: Transition Radiation Detector scanning electron microscope images of the radiator materials. Rohacell and fibres. Version: 2003. `https://cds.cern.ch/record/628225`

[333] Contin, G. et al.: The STAR MAPS-based PiXeL detector. In: *Nucl. Inst. Meth. A* 907 (2018), S. 60. doi: 10.1016/j.nima.2018.03.003

[334] Conwell, E.; Weisskopf, V.F.: Theory of impurity scattering in semiconductors. In: *Phys. Rev.* 77 (1950), S. 388. doi: 10.1103/PhysRev.77.388

[335] Corbett, J.W.: Radiation damage in silicon and germanium. In: *Radiation Effects* 6 (1970), Nr. 1, S. 3. doi: 10.1080/00337577008235039

[336] Cormack, A.M.: Dead-time losses with pulsed beams. In: *Nucl. Inst. Meth.* 15 (1962), S. 268. doi: 10.1016/0029-554X(62)90086-1

[337] Cowan, C.L.; Reines, F.; Harrison, F.B.; Kruse, H.W.; McGuire, A.D.: Detection of the free neutrino: A Confirmation. In: *Science* 124 (1956), S. 103. doi: 10.1126/science.124.3212.103

[338] Cowan, G.: Statistics. In: *published in [816], chapter 39* (2016).

[339] Coyle, P. et al.: The DIRC counter: A new type of particle identification device for B factories. In: *Nucl. Inst. Meth. A* 343 (1994), S. 292. doi: 10.1016/0168-9002(94)90568-1

[340] Cozza, D. et al.: The CSI-based RICH detector array for the identification of high momentum particles in ALICE. In: *Nucl. Inst. Meth. A* 502 (2003), S. 101. doi: 10.1016/S0168-9002(02)02163-0

[341] Cramér, H.: *Mathematical Methods of Statistics (PMS-9)*. Princeton University Press, 1945 (Princeton Landmarks in Mathematics and Physics Series).

[342] Craun, R.L.; Smith, D.L.: Analysis of response data for several organic scintillators. In: *Nucl. Inst. Meth.* 80 (1970), S. 239. doi: 10.1016/0029-554X(70)90768-8

[343] Cravens, J.P. et al. (Super-Kamiokande Collaboration): Solar neutrino measurements in Super-Kamiokande-II. In: *Phys. Rev. D* 78 (2008), S. 032002. doi: 10.1103/PhysRevD.78.032002

[344] Crawley, H.B. et al.: Characterization and radiation testing of the Harris HS9008RH flash analog-to-digital converter. In: *Nucl. Inst. Meth. A* 345 (1994), S. 329. doi: 10.1016/0168-9002(94)91010-3

[345] Creusot, A. (ANTARES Collaboration): The Antares detector. In: *Nucl. Inst. Meth. A* 718 (2013), S. 489. doi: 10.1016/j.nima.2012.11.071

[346] Creutz, E. (Hrsg.): *Encyclopedia of Physics*. Bd. 45: *Nuclear Instrumentation II*. Springer, 1958. doi: 10.1007/978-3-642-45903-0

[347] Crittenden, J.A. (ZEUS Calorimeter Group): The performance of the ZEUS calorimeter. Proc.: *5th International Conference on Calorimetry in High Energy Physics,* Brookhaven, NY. World Scientific, (1995), S. 58. `https://www-library.desy.de/cgi-bin/showprep.pl?desy94-234`

[348] Cronin, G.; Haisty, R.: The preparation of semi-insulating gallium arsenide by chromium doping. In: *J. Electrochem. Soc.* 111 (1964), S. 874. doi: 10.1149/1.2426273

[349] CTA Collaboration: CTA – Cherenkov Telescope Array. `https://www.cta-observatory.org/`

[350] Cushman, P.B.; Poehlmann, D.-M.: Plastic Scintillator Detectors for Particle Physics. In: Hamel, M. (Hrsg.): *Plastic Scintillators: Chemistry and Applications*. Springer, 2021, S. 541. doi: 10.1007/978-3-030-73488-6_15

[351] Da Via, C. et al.: Radiation hardness properties of full-3D active edge silicon sensors. In: *Nucl. Inst. Meth. A* 587 (2008), S. 243. doi: 10.1016/j.nima.2007.12.027

[352] Da Via, C. et al.: 3D active edge silicon sensors: Device processing, yield and QA for the ATLAS-IBL production. In: *Nucl. Inst. Meth. A* 699 (2013), S. 18. doi: 10.1016/j.nima.2012.05.070

[353] Damerell, C.J.S. et al.: A CCD based vertex detector for SLD. In: *Nucl. Inst. Meth. A* 288 (1990), S. 236. doi: 10.1016/0168-9002(90)90491-N

[354] DANILOV, M. et al.: The ARGUS drift chamber. In: *Nucl. Inst. Meth.* 217 (1983), S. 153. doi: 10.1016/0167-5087(83)90124-2

[355] DANILOV, M. et al.: Study of Drift Chamber Aging With Propane. In: *Nucl. Inst. Meth. A* 274 (1989), S. 189. doi: 10.1016/0168-9002(89)90378-1

[356] DANYSZA, M.; PNIEWSKIA, J.: Delayed disintegration of a heavy nuclear fragment: I. In: *Phil. Mag.* 44 (1953), S. 348. doi: 10.1080/14786440308520318

[357] DAVIDEK, T.; LEITNER, R.: Parametrization of the Muon Response in the Tile Calorimeter. CERN-ATL-TILECAL-97-114. 1997. https://cdsweb.cern.ch/record/683578

[358] DAVIES, H.; BETHE, H.A.; MAXIMON, L.C.: Theory of bremsstrahlung and pair production. 2. Integral cross section for pair production. In: *Phys. Rev.* 93 (1954), S. 788. doi: 10.1103/PhysRev.93.788

[359] DAYA BAY COLLABORATION: Daya Bay Reactor Neutrino Experiment. http://dayabay.ihep.ac.cn/twiki/bin/view/Public/

[360] DE LELLIS, G. et al.: Measurement of the fragmentation of carbon nuclei used in hadron-therapy. In: *Nucl. Phys. A* 853 (2011), S. 124. doi: 10.1016/j.nuclphysa.2011.01.019

[361] DE LELLIS, G.; EREDITATO, A.; NIWA, K.: Nuclear emulsions. In: *[409]*, S. 262. doi: 10.1007/978-3-642-03606-4_9

[362] DECAMP, D. et al. (ALEPH Collaboration): ALEPH: a detector for electron–positron annnihilations at LEP. In: *Nucl. Inst. Meth. A* 294 (1990), S. 121. doi: 10.1016/0168-9002(90)91831-U

[363] DELHI COLLABORATION: DELPHI. https://delphiwww.cern.ch/delfigs/export/pubdet4.html

[364] DELL'ORSO, M. (CDF Collaboration): The CDF silicon vertex trigger. In: *Nucl. Phys. Proc. Suppl.* 156 (2006), S. 139. doi: 10.1016/j.nuclphysbps.2006.02.135

[365] DELL'ORSO, M.; RISTORI, L.: VLSI structures for track finding. In: *Nucl. Inst. Meth. A* 278 (1989), S. 436. doi: 10.1016/0168-9002(89)90862-0

[366] DEMTRÖDER, W.: *Experimentalphysik 1: Mechanik und Wärme*. Springer Verlag, 2006.

[367] DERRICK, M. et al.: Design and construction of the ZEUS barrel calorimeter. In: *Nucl. Inst. Meth. A* 309 (1991), S. 77. doi: 10.1016/0168-9002(91)90094-7

[368] DESHMUKH, P.C.; BANIK, A.; ANGOM, D.: Atomic Photoionization in the Born Approximation and Angular Distribution of Photoelectrons. Version: 2011. https://api.semanticscholar.org/CorpusID:203629627

[369] DEUTSCHER WETTERDIENST: Standardatmosphäre. Version: 29.3.2014. https://www.dwd.de/DE/service/lexikon/Functions/glossar.html?lv2=102248&lv3=102564

[370] DHAWAN, S.; MAJKA, R.: Development status of microchannel plate photomultipliers. In: *IEEE Trans. Nucl. Sci.* 24 (1977), S. 270. doi: 10.1109/TNS.1977.4328688

[371] DIEHL, E.: Calibration and performance of the precision chambers of the ATLAS muon spectrometer. Proc.: *2nd International Conference on Technology and Instrumentation in Particle Physics (TIPP 2011)*. In: *Physics Procedia* 37 (2012), S. 543. doi: 10.1016/j.phpro.2012.02.404

[372] DIERLAMM, A.: Hardness factor kappa. 2018. Private communication.

[373] DIETHORN, W.: *A methane proportional counter system for natural radiocarbon measurements*, Carnegie Inst. of Tech., Pittsburgh, Diss., 1956. USAEC Report NYO-6628. https://www.osti.gov/scitech/biblio/4345702

[374] DINU, N.; NAGAI, A.; PARA, A.: Studies of MPPC detectors down to cryogenic temperatures. In: *Nucl. Inst. Meth. A* 787 (2015), S. 275. doi: 10.1016/j.nima.2014.12.061

[375] DISSERTORI, G. et al.: A visualization of the damage in lead tungstate calorimeter crystals after exposure to high-energy hadrons. In: *Nucl. Inst. Meth. A* 684 (2012), S. 57. doi: 10.1016/j.nima.2012.04.069

[376] DKE-IEV: Deutsche Online-Ausgabe des IEV (hier 'elektrische Stromrichtung'). Version: 2024. https://www2.dke.de/de/Online-Service/DKE-IEV/Seiten/IEV-Woerterbuch.aspx

[377] DOKE, T.: Fundamental Properties of Liquid Argon, Krypton and Xenon as Radiation Detector Media. In: *Portugal. Phys.* 12 (1981), S. 9.

[378] DOLGOSHEIN, B.: Transition radiation detectors. In: *Nucl. Inst. Meth. A* 326 (1993), S. 434. doi: 10.1016/0168-9002(93)90846-A

[379] DOLGOSHEIN, B.A.; RODIONOV, B.U.; LUCHKOV, B.I.: Streamer chamber. In: *Nucl. Inst. Meth.* 29 (1964), S. 270. doi: 10.1016/0029-554X(64)90379-9

[380] DOLL, D. et al.: A counting silicon microstrip detector for precision Compton polarimetry. In: *Nucl. Inst. Meth. A* 492 (2002), S. 356. doi: 10.1016/S0168-9002(02)01396-7

[381] DONEGANI, E.: *Energy-dependent proton damage in silicon*, University of Hamburg, Diss., 2017. `https://ediss.sub.uni-hamburg.de/handle/ediss/7424`

[382] DORENBOS, P.; HAAS, J.T.M. de; EIJK, C.W.E. van: Non-proportionality in the scintillation and the energy resolution with scintillation crystals. In: *IEEE Trans. Nucl. Sci.* 42(6) (1995), S. 2190. doi: 10.1109/23.489415

[383] DOUBLE CHOOZ COLLABORATION: Double Chooz. `http://doublechooz.in2p3.fr`

[384] DRASAL, Z.; RIEGLER, W.: An extension of the Gluckstern formulae for multiple scattering: Analytic expressions for track parameter resolution using optimum weights. In: *Nucl. Inst. Meth. A* 910 (2018), S. 127. doi: 10.1016/j.nima.2018.08.078

[385] DREWS, G. et al.: Experimental determination of sampling fluctuations in uranium and lead hadronic calorimeters. In: *Nucl. Inst. Meth. A* 290 (1990), S. 335. doi: 10.1016/0168-9002(90)90549-L

[386] DRISCOLL, T.: Schwarz-Christoffel Toolbox for MATLAB. `https://tobydriscoll.net/project/sc-toolbox/`

[387] DRUDE, P.: Zur Elektronentheorie der Metalle. In: *Ann. Phys.* 306 (1900), S. 566. doi: 10.1002/andp.19003060312

[388] EBERHARDT, J.E.: Fano factor in silicon at 90 K. In: *Nucl. Inst. Meth.* 80 (1970), S. 291. doi: 10.1016/0029-554X(70)90774-3

[389] EFTHYMIOPOULOS, I.: Particle Beams for Fixed Target Experiments. Version: 2011. `https://cas.web.cern.ch/sites/default/files/lectures/chios-2011/efthymiopoulos.pdf`

[390] EGGER, J.; HILDEBRANDT, M.; PETITJEAN, C. (MuCap Collaboration): The 10 bar hydrogen time projection chamber of the MuCap experiment. In: *Nucl. Inst. Meth. A* 628 (2011), S. 199. doi: 10.1016/j.nima.2010.06.316

[391] EIDELMAN, S. et al. (Particle Data Group): Review of particle physics. In: *Phys. Lett.* B 592 (2004), S. 1. doi: 10.1016/j.physletb.2004.06.001

[392] EINSTEIN, A.: Zur Theorie der Brownschen Bewegung. In: *Ann. Phys.* 19 (1906), S. 371.

[393] EKELOF, T.: The experimental method of ring imaging Cherenkov (RICH) counters. Proc.: *12th SLAC Summer Institute on Particle Physics.* Stanford: SLAC. In: *eConf* C840723 (1984), S. 244. `https://www.slac.stanford.edu/econf/C840723/pdf/ssi84-006.pdf`

[394] EMI ELECTRONICS LTD: EMI photomultiplier tubes. Version: 1970. `https://frank.pocnet.net/other/EMI/EMI_Photomultiplier_Tubes_1970.pdf`

[395] ENGLER, J. et al.: A warm-liquid calorimeter for cosmic-ray hadrons. In: *Nucl. Inst. Meth. A* 427 (1999), S. 528. doi: 10.1016/S0168-9002(99)00051-0

[396] ENGSTROM, R.W.: *Photomultiplier Handbook.* Burle Industries, Inc., 1989. `https://psec.uchicago.edu/links.php`

[397] ENGSTROM, R.W.; CORPORATION, RCA: *Photomultiplier Handbook.* RCA Corporation, 1980. `https://books.google.es/books?id=9GTxAAAAMAAJ`

[398] ERAZO, F.; LALLENA, A.M.: Calculation of beam quality correction factors for various thimble ionization chambers using the Monte Carlo code PENELOPE. In: *Physica Medica* 29 (2013), S. 163. doi: 10.1016/j.ejmp.2012.01.001

[399] EREDITATO, A.: The study of neutrino oscillations with emulsion detectors. In: *Adv. High Energy Phys.* 2013 (2013), S. 382172. doi: 10.1155/2013/382172

[400] Eremin, V.; Li, Z.; Ilyashenko, I.: Trapping induced N(eff) and electrical field transformation at different temperatures in neutron irradiated high resistivity silicon detectors. In: *Nucl. Inst. Meth. A* 360 (1995), S. 458. doi: 10.1016/0168-9002(95)00112-3

[401] Erginsoy, C: Neutral impurity scattering in semiconductors. In: *Phys. Rev.* 79 (1950), S. 1013. doi: 10.1103/PhysRev.79.1013

[402] Eskut, E. et al. (CHORUS Collaboration): The CHORUS experiment to search for $\nu_\mu \to \nu_\tau$ oscillation. In: *Nucl. Inst. Meth. A* 401 (1997), S. 7. doi: 10.1016/S0168-9002(97)00931-5

[403] European Atomic Energy Community: CAMAC – a modular instumentation system for data handling – description and specification / Euratom, Luxemburg. Euratombericht EUR 4100 e. 1969.

[404] Evans, R.D.: *The Atomic Nucleus.* Krieger, 1982.

[405] Fabjan, C. W.: Calorimetry in high-energy physics. Proc.: *Techniques and Concepts of High-Energy Physics: 3rd NATO Advanced Study Institute,* St. Croix, USA*, 1984.* In: *NATO Sci. Ser. B* 128 (1985), S. 281. doi: 10.1007/978-1-4684-5018-7_5

[406] Fabjan, C. W. et al.: Iron liquid–argon and uranium liquid–argon calorimeters for hadron energy measurement. In: *Nucl. Inst. Meth.* 141 (1977), S. 61. doi: 10.1016/0029-554X(77)90747-9

[407] Fabjan, C.W.; Gianotti, F.: Calorimetry for Particle Physics. In: *Rev. Mod. Phys.* 75 (2003), S. 1243. doi: 10.1103/RevModPhys.75.1243

[408] Fabjan, C.W.; Ludlam, T.: Calorimetry in high-energy physics. In: *Annu. Rev. Nucl. Part. Sci.* 32 (1982), S. 335. doi: 10.1146/annurev.ns.32.120182.002003

[409] Fabjan, C.W. (Hrsg.); Schopper, H. (Hrsg.): *Landolt-Börnstein – Group I Elementary Particles, Nuclei and Atoms.* Bd. 21B1: *Detectors for Particles and Radiation. Part 1: Principles and Methods.* Springer, 2011. doi: 10.1007/978-3-642-03606-4

[410] Fabjan, C.W.; Struczinski, W.: Coherent emission of transition radiation in periodic radiators. In: *Phys. Lett.* B 57 (1975), S. 483. doi: 10.1016/0370-2693(75)90274-9

[411] Faccio, F. et al.: Total ionizing dose effects in shallow trench isolation oxides. In: *Microelectronics Reliability* 48 (2008), S. 1000. doi: 10.1016/j.microrel.2008.04.004

[412] Fairchild Semiconductor: LVDS Fundamentals. Application note AN-5017. 2005. `https://www.onsemi.com/pub/Collateral/AN-5017.pdf`

[413] Fairstein, E.: Bipolar pulse shaping revisited. In: *IEEE Trans. Nucl. Sci.* 44 (1997), S. 424. doi: 10.1109/23.603684

[414] Fano, U.: Penetration of protons, alpha particles, and mesons. In: *Annu. Rev. Nucl. Part. Sci.* 13 (1963), S. 1. doi: 10.1146/annurev.ns.13.120163.000245

[415] Fanti, V. et al. (NA48 Collaboration): A new measurement of direct CP violation in two pion decays of the neutral kaon. In: *Phys. Lett.* B 465 (1999), S. 335. doi: 10.1016/S0370-2693(99)01030-8

[416] Faxén, H.; Holtsmark, J.: Beitrag zur Theorie des Durchganges langsamer Elektronen durch Gase. In: *Z. Phys.* 45 (1927), S. 307. doi: 10.1007/BF01343053

[417] Fayard, L.: Transition radiation. LAL-88-55. 1988. `https://inspirehep.net/record/268533`. – contribution to Ecole Joliot Curie 1988 Instrumentation in Nuclear Physics and Particle Physics, Carcans, France

[418] Ferbel, T. (Hrsg.): *Experimental Techniques in High-energy Nuclear and Particle Physics.* World Scientific, 1991 (Frontiers in Physics). doi: 10.1142/1571

[419] Fermi, E.: The ionization loss of energy in gases and in condensed materials. In: *Phys. Rev.* 57 (1940), S. 485. doi: 10.1103/PhysRev.57.485

[420] Fermi Collaboration: The Fermi Large Area Telescope. `https://glast.sites.stanford.edu/`

[421] Ferry, D.: *Semiconductor Transport.* Taylor & Francis, 2000. doi: 10.4324/9781315267548

[422] Feusels, T.: *Measurement of cosmic ray composition and energy spectrum between 1 PeV and 1 EeV with IceTop and IceCube*, Ghent University, Diss., 2013. `https://biblio.uge`

nt.be/publication/4337238

[423] Fidecaro, G.: The high frequency properties of a coaxial cable and the distortion of fast pulses. In: *Nuovo Cim. Suppl.* 15 (1960), S. 254. doi: 10.1007/BF02724869

[424] Field, C. et al.: Timing and detection efficiency properties of multianode PMTs for a focusing DIRC. SLAC-PUB-10231. 2003. https://www.slac.stanford.edu/pubs/slacpubs/10000/slac-pub-10231.pdf

[425] Field, C. et al.: Development of Photon Detectors for a Fast Focusing DIRC. In: *Nucl. Inst. Meth. A* 553 (2005), S. 96. doi: 10.1016/j.nima.2005.08.046

[426] Fink, J.: *Characterization of the Imaging Performance of the Simultaneously Counting and Integrating X-ray Detector CIX*, Universität Bonn, Diss., 2009. https://hdl.handle.net/20.500.11811/4501

[427] Fink, J.; Kraft, E.; Krueger, H.; Wermes, N.; Engel, K.J.; Herrmann, C.: Comparison of pixelated CdZnTe, CdTe and Si sensors with the simultaneously counting and integrating CIX chip. In: *IEEE Trans. Nucl. Sci.* 56 (2009), S. 3819. doi: 10.1109/TNS.2009.2033111

[428] Fink, J.; Lodomez, P.; Kruger, H.; Pernegger, H.; Weilhammer, P.; Wermes, N.: TCT characterization of different semiconductor materials for particle detection. In: *Nucl. Inst. Meth. A* 565 (2006), S. 227. doi: 10.1016/j.nima.2006.05.003

[429] Finkelnburg, W.: *Einführung in die Atomphysik.* Springer, 1967. doi: 10.1007/978-3-642-64980-6

[430] Fischer, H.G.: Multiwire proportional quantameters. In: *Nucl. Inst. Meth.* 156 (1978), S. 81. doi: 10.1016/0029-554X(78)90695-X

[431] Fischer, P.: Drawings. 2001. Private communication.

[432] Fischer, P.: Comments on the reconstruction of hit positions in segmented detectors. 2015. Private communication and unpublished presentations at workshops and in lectures.

[433] Fischer, P.; Hausmann, J.; Overdick, M.; Raith, B.; Wermes, N. et al.: A counting pixel readout chip for imaging applications. In: *Nucl. Inst. Meth. A* 405 (1998), S. 53. doi: 10.1016/S0168-9002(97)01146-7

[434] Fischle, H.; Heintze, J.; Schmidt, B.: Experimental determination of ionization cluster size distributions in counting gases. In: *Nucl. Inst. Meth. A* 301 (1991), S. 202. doi: 10.1016/0168-9002(91)90460-8

[435] Fleck, I. (Hrsg.); Titov, M. (Hrsg.); Grupen, C. (Hrsg.); Buvat, I. (Hrsg.): *Handbook of Particle Detection and Imaging.* 2nd ed. Springer Cham, 2021. doi: 10.1007/978-3-319-93785-4

[436] Fleisch, D.: *A Student's Guide to Laplace Transforms.* Cambridge University Press, 2022. doi: 10.1017/9781009089531

[437] FlexPDE software: https://www.pdesolutions.com/ .

[438] Fliessbach, T.: *Statistische Physik.* Spektrum Akademischer Verlag GmbH, 2010 (Lehrbuch zur theoretischen Physik). doi: 10.1007/978-3-8274-2528-7

[439] FLUKA team: official FLUKA site. Version: 2025. http://www.fluka.org

[440] Fontanelli, F. (LHCb RICH Collaboration): The pixel hybrid photon detector of the LHCb RICH. In: *Nucl. Phys. Proc. Suppl.* 197 (2009), S. 292. doi: 10.1016/j.nuclphysbps.2009.10.088

[441] Fonte, P.: Applications and new developments in resistive plate chambers. In: *IEEE Trans. Nucl. Sci.* 49 (2002), S. 881. doi: 10.1109/TNS.2002.1039583

[442] Förster, T.: Zwischenmolekulare Energiewanderung und Fluoreszenz. In: *Ann. Phys.* 437 (1948), S. 55. doi: 10.1002/andp.19484370105

[443] Foster, B. et al. (ZEUS Collaboration): The design and construction of the ZEUS central tracking detector. In: *Nucl. Inst. Meth. A* 338 (1994), S. 254. doi: 10.1016/0168-9002(94)91313-7

[444] Frach, T.: Optimization of the digital silicon photomultiplier for Cherenkov light detection. In: *JINST* 7 (2012), S. C01112. doi: 10.1088/1748-0221/7/01/C01112

[445] Frach, T.; Prescher, G.; Degenhart, C.; Zwaans, B.: The digital silicon photomultiplier – a novel sensor for the detection of scintillation light. Proc.: *2009 IEEE Nuclear Science Symposium,* Orlando, FL, (2009), S. 2386. doi: 10.1109/NSSMIC.2009.5402190

[446] Frach, T.; Prescher, G.; Degenhart, C; Zwaans, B.: The digital silicon photomultiplier – principle of operation and intrinsic detector performance. Proc.: *2009 IEEE Nuclear Science Symposium,* Orlando, FL, (2009), S. 1959. doi: 10.1109/NSSMIC.2009.5402143

[447] Frank, I.M.: Transition radiation and the Cerenkov effect. In: *Sov. Phys. Usp.* 4 (1962), S. 740. doi: 10.1070/PU1962v004n05ABEH003370

[448] Frank, I.M.; Ginsburg, V.L.: Radiation of a uniformly moving electron due to its transition from one medium into another. In: *J. Phys. (USSR) (Zh. Eksp. Teor. Fiz. 16 (1946) 15)* 9 (1945), S. 353.

[449] Frank, I.M.; Tamm, I.: Coherent visible radiation of fast electrons passing through matter. In: *Dokl. Akad. Nauk SSSR* 14 (1937), S. 109. – reprinted in [245].

[450] Freeman, J. et al.: Introduction to HOBIT, a b-jet identification tagger at the CDF experiment optimized for light Higgs boson searches. In: *Nucl. Inst. Meth. A* 697 (2013), S. 64. doi: 10.1016/j.nima.2012.09.021

[451] Friedl, M. et al.: The Belle II silicon vertex detector. In: *Nucl. Inst. Meth. A* 732 (2013), S. 83. doi: 10.1016/j.nima.2013.05.171

[452] Frost, L.S.; Phelps, A.V.: Rotational Excitation and Momentum Transfer Cross Sections for Electrons in H_2 and N_2 from Transport Coefficients. In: *Phys. Rev.* 127 (1962), S. 1621. doi: 10.1103/PhysRev.127.1621

[453] Frühwirth, R.: Application of Kalman filtering to track and vertex fitting. In: *Nucl. Inst. Meth. A* 262 (1987), S. 444. doi: 10.1016/0168-9002(87)90887-4

[454] Frühwirth, R.; Strandlie, A.: *Pattern Recognition, Tracking and Vertex Reconstruction in Particle Detectors.* Springer, 2020. doi: 10.1007/978-3-030-65771-0

[455] Fujii, K. et al.: Automated monitoring and calibrating system of gas gain and electron drift velocity for:Prototype system and accumulation of reference data. In: *Nucl. Inst. Meth. A* 245 (1986), S. 35. doi: 10.1016/0168-9002(86)90255-X

[456] Fukuda, Y. et al. (Super-Kamiokande Collaboration): Evidence for oscillation of atmospheric neutrinos. In: *Phys. Rev. Lett.* 81 (1998), S. 1562. doi: 10.1103/PhysRevLett.81.1562

[457] Fukuda, Y. et al. (Super-Kamiokande Collaboration): The Super-Kamiokande detector. In: *Nucl. Inst. Meth. A* 501 (2003), S. 418. doi: 10.1016/S0168-9002(03)00425-X

[458] Fulbright, H.W.: Ionization chambers in nuclear physics. In: *[346]*, S. 1. doi: 10.1007/978-3-642-45903-0_1

[459] Fülöp, L.; Biro, T.: Cherenkov radiation spectrum. In: *Int. J. Theor. Phys.* 31 (1992), S. 61. doi: 10.1007/BF00674341

[460] Furletova, J.; Furletov, S.: New transition radiation detection technique based on DEPFET silicon pixel matrices. In: *Nucl. Inst. Meth. A* 628 (2011), S. 309. doi: 10.1016/j.nima.2010.06.342

[461] Gabriel, T.A.; Groom, D.E.; Job, P.K.; Mokhov, N.V.; Stevenson, G.R.: Energy dependence of hadronic activity. In: *Nucl. Inst. Meth. A* 338 (1994), S. 336. doi: 10.1016/0168-9002(94)91317-X

[462] Gaillard, J.M. (UA2 Collaboration): The UA2 scintillating fibre detector. In: *Nucl. Phys. Proc. Suppl.* 16 (1990), S. 509. doi: 10.1016/0920-5632(90)90457-6

[463] Gaisser, T.K.: *Cosmic Rays and Particle Physics.* Cambridge University Press, 1990.

[464] Gaisser, T.K.; Engel, R.; Resconi, E.: *Cosmic Rays and Particle Physics.* 2nd ed. Cambridge University Press, 2016. doi: 10.1017/CBO9781139192194

[465] Gaisser, T.K.; Hillas, A.M.: Reliability of the method of constant intensity cuts for reconstructing the average development of vertical showers. Proc.: *International Cosmic Ray Conference (ICRC1977)*, Bd. 8 (1977), S. 353. `https://ui.adsabs.harvard.edu/link_gateway/1977ICRC....8..353G/ADS_PDF`

[466] Gandhi, R.; Quigg, C.; Reno, M.H.; Sarcevic, I.: Ultrahigh-energy neutrino interactions. In: *Astropart.Phys.* 5 (1996), S. 81. doi: 10.1016/0927-6505(96)00008-4

[467] Garabatos, C.: The ALICE TPC. In: *Nucl. Inst. Meth. A* 535 (2004), S. 197. doi: 10.1016/j.nima.2004.07.127

[468] Garcia-Sciveres, M.; Wermes, N.: A review of advances in pixel detectors for experiments with high rate and radiation. In: *Rep. Prog. Phys.* 81 (2018), S. 066101. doi: 10.1088/1361-6633/aab064

[469] Garibian, G.M.: Contribution to the theory of transition radiation. In: *Sov. Phys. JETP* 6 (1958), S. 1079. `http://jetp.ras.ru/cgi-bin/dn/e_006_06_1079.pdf`

[470] Garibyan, G.M.: Transition Radiation for a Charged Particle at Oblique Incidence. In: *Sov. Phys. JETP* 11 (1960), S. 1306. `http://jetp.ras.ru/cgi-bin/dn/e_011_06_1306.pdf`

[471] Garwin, R.L.: The design of liquid scintillation cells. In: *Rev. Sci. Inst.* 23 (1952), S. 755. doi: 10.1063/1.1746152

[472] Gas detectors development group at CERN: MSGC webpage. `https://gdd.web.cern.ch/others-msgc`

[473] Gatti, E.; Geraci, A.: Considerations about Ramo's theorem extension to conductor media with variable dielectric constant. In: *Nucl. Inst. Meth. A* 525 (2004), S. 623. doi: 10.1016/j.nima.2004.02.002

[474] Gatti, E.; Manfredi, P.F.: Processing the signals from solid state detectors in elementary particle physics. In: *Riv. Nuovo Cim.* 9N1 (1986), S. 1. doi: 10.1007/BF02822156

[475] Gatti, E.; Padovini, G.; Radeka, V.: Signal evaluation in multielectrode radiation detectors by means of a time dependent weighting vector. In: *Nucl. Inst. Meth.* 193 (1982), S. 651. doi: 10.1016/0029-554X(82)90265-8

[476] Gatti, E.; Rehak, P.: Semiconductor drift chamber – an application of a novel charge transport scheme. In: *Nucl. Inst. Meth. A* 225 (1984), S. 608.

[477] Gavrila, M.: Relativistic *K*-shell photoeffect. In: *Phys. Rev.* 113 (1959), S. 514. doi: 10.1103/PhysRev.113.514

[478] Geant4 Collaboration: Physics Reference Manual. `https://www.geant4.org/docs/`

[479] Geant4 Collaboration: Physics Reference Manual – Photoelectric Effect. `https://geant4-userdoc.web.cern.ch/UsersGuides/AllGuides/html/PhysicsReferenceManual/electromagnetic/gamma_incident/photoelectric/photoelec.html`

[480] Geiger, H.; Marsden, E.: LXI. The laws of deflexion of a particles through large angles. In: *Phil. Mag.* 25 (1913), S. 604. doi: 10.1080/14786440408634197

[481] Geiger, H.; Müller, W.: Elektronenzählrohr zur Messung schwächster Aktivitäten. In: *Naturwissenschaften* 16 (1928), S. 617. doi: 10.1007/BF01494093

[482] Gessler, P. et al.: Next generation electronics based on μTCA for beam-diagnostics at FLASH and XFEL. Proc.: *10th European Workshop on Beam Diagnostics and Instrumentation for Particle Accelerators DIPAC 2011,* Hamburg, (2011), S. 294. `https://accelconf.web.cern.ch/DIPAC2011/papers/proceed.pdf`

[483] Giannelli, G.; Marangelli, B.; Ricco, M.: Propagation of pulses in magnetostriction spark chambers. In: *Nucl. Inst. Meth.* 47 (1967), S. 151. doi: 10.1016/0029-554X(67)90178-4

[484] Giesch, M. et al.: Status of magnetic horn and neutrino beam. In: *Nucl. Inst. Meth.* 20 (1963), S. 58. doi: 10.1016/0029-554X(63)90391-4

[485] Ginsburg, D.; Ginzburg, V.L.; Glebov, O.: *Applications of Electrodynamics in Theoretical Physics and Astrophysics.* CRC Press, 1989.

[486] Ginzburg, V.L.: Transition radiation and transition scattering. Proc.: *16th International Cosmic Ray Conference,* Kyoto, Bd. 14 (1979), S. 42. `https://ui.adsabs.harvard.edu/link_gateway/1979ICRC...14...42G/ADS_PDF`

[487] Ginzburg, V.L.: Transition radiation and transition scattering. In: *Physica Scripta* T2A, 1982 (1982), S. 182. doi: 10.1088/0031-8949/1982/t2a/024

[488] Giomataris, Y.; Rebourgeard, P.; Robert, J.P.; Charpak, G.: MICROMEGAS: a high granularity position sensitive gaseous detector for high particle flux environments. In: *Nucl. Inst. Meth. A* 376 (1996), S. 29. doi: 10.1016/0168-9002(96)00175-1

[489] Giunti, C.; Kim, C.W.: *Fundamentals of Neutrino Physics and Astrophysics.* Oxford University Press, 2007. doi: 10.1093/acprof:oso/9780198508717.003.0001

[490] Gladstone, J.H.; Dale, T.P.: XIV. Researches on the refraction, dispersion, and sensitiveness of liquids. In: *Phil. Trans. R. Soc.* 153 (1863), S. 317. doi: 10.1098/rstl.1863.0014

[491] Glaser, D.A.: Nobel Lecture: Elementary Particles and Bubble Chambers. https://www.nobelprize.org/prizes/physics/1960/glaser/lecture/

[492] Glaser, D.A.: Invention of the bubble chamber and subsequent events. In: *Nucl. Phys. B* 36 (1994), S. 3. doi: 10.1016/0920-5632(94)90762-5

[493] Glaser, D.A.; Rahm, D.C.: Characteristics of bubble chambers. In: *Phys. Rev.* 97 (1955), S. 474. doi: 10.1103/PhysRev.97.474

[494] Glassel, P.: The limits of the ring image Cherenkov technique. In: *Nucl. Inst. Meth. A* 433 (1999), S. 17. doi: 10.1016/S0168-9002(99)00315-0

[495] Gluckstern, R.L.: Uncertainties in track momentum and direction, due to multiple scattering and measurement errors. In: *Nucl. Inst. Meth.* 24 (1963), S. 381. doi: 10.1016/0029-554X(63)90347-1

[496] Goldsmith, P.; Jelley, J.V.: Optical transition radiation from protons entering metal surfaces. In: *Phil. Mag.* 4 (1959), S. 836. doi: 10.1080/14786435908238241

[497] Goldstein, H.; Poole, C.P.; Safko, J.L.: *Klassische Mechanik.* Wiley, 2012.

[498] Gordon, H. et al. (Brookhaven-CERN-Copenhagen-Lund-Rutherford-Tel Aviv Collaboration): The axial field spectrometer at the CERN ISR. In: *Nucl. Inst. Meth.* 196 (1982), S. 303. doi: 10.1016/0029-554X(82)90660-7

[499] Gorelov, I. et al.: Electrical characteristics of silicon pixel detectors. In: *Nucl. Inst. Meth. A* 489 (2002), S. 202. doi: 10.1016/S0168-9002(02)00557-0

[500] Gover, J.E.; Srour, J.R.: Basic radiation effects in nuclear power electronics technology. Proc.: *Technical Report SAND85-0776, Sandia National Laboratories,* (1985). https://api.semanticscholar.org/CorpusID:107815186

[501] Goyal, N. et al.: Next Generation Multi-element monolithic Germanium detectors for Spectroscopy: First integration at ESRF facility. In: *arXiv:2504.16482* (2025).

[502] Graaf, H. van der: New developments in gaseous tracking and imaging detectors. In: *Nucl. Inst. Meth. A* 607 (2009), S. 78. doi: 10.1016/j.nima.2009.03.137

[503] Graaf, H. van der: Single electron sensitive GridPix TPCs and their application in Dark Matter search and ν-less double beta decay experiments. In: *J. Phys. Conf. Ser.* 309 (2011), S. 012016. doi: 10.1088/1742-6596/309/1/012016

[504] Gray, P.R.; Hurst, P.J.; Lewis, S.R.; Meyer, R.G.: *Analog Integrated Circuits.* 5th ed. John Wiley and Sons, 2009.

[505] Green, D.: *The Physics of Particle Detectors.* Cambridge University Press, 2005.

[506] Green, M. A.: Intrinsic concentration, effective density of states, and effective mass in silicon. In: *J. Appl. Phys.* 67 (1990), S. 2944. doi: 10.1063/1.345414

[507] Greisen, K.: Cosmic ray showers. In: *Annu. Rev. Nucl. Part. Sci.* 10 (1960), S. 63. doi: 10.1146/annurev.ns.10.120160.000431

[508] Greisen, K.: End to the cosmic ray spectrum? In: *Phys. Rev. Lett.* 16 (1966), S. 748. doi: 10.1103/PhysRevLett.16.748

[509] Grimm, O.: *Driftgeschwindigkeits- und Signalverstärkungsmessungen in Gasen für das äußere Spurkammersystem des HERA-B Detektors,* Universität Hamburg, Diplomarbeit, 1998. https://www-library.desy.de/preparch/desy/thesis/desy-thesis-98-023.pdf. DESY-THESIS-1998-023

[510] Groom, D.E.: Silicon photodiode detection of bismuth germanate scintillation light. In: *Nucl. Inst. Meth. A* 219 (1984), S. 141. doi: 10.1016/0167-5087(84)90146-7

[511] Groom, D.E.: Energy loss in matter by heavy particles. PDG-93-06. 1993. https://pdg.lbl.gov/rpp/encoders/pdg_note_9306.pdf

[512] Groom, D.E.: Explanation of some entries in 'Atomic and Nuclear Properties of Materials'. Version: 2018. https://pdg.lbl.gov/2018/AtomicNuclearProperties/explain_ele

m.html

[513] GROOM, D.E.: Gas densities and optical properties. Version: 2018. https://pdg.lbl.gov/2018/AtomicNuclearProperties/explain_gas.html

[514] GROOM, D.E.; MOKHOV, N.V.; STRIGANOV, S.I.: Muon stopping power and range tables 10-MeV to 100-TeV. In: *Atom. Data Nucl. Data Tabl.* 78 (2001), S. 183. doi: 10.1006/adnd.2001.0861

[515] GROOM, D.E.: Temperature Dependence of Mean Number of e-h Pairs per eV of X-ray Energy Deposit. Version: 2004. https://www-ccd.lbl.gov/w_Si.pdf

[516] GROSSE-KNETTER, J.: *Vertex Measurement at a Hadron Collider – The ATLAS Pixel Detector*, Universität Bonn, habilitation thesis, 2008. BONN-IR-2008-04. https://owncloud.gwdg.de/index.php/s/UtL3KLswChqPG3j

[517] GROTE, H.: Review of pattern recognition in high-energy physics. In: *Rep. Prog. Phys.* 50 (1987), S. 473. doi: 10.1088/0034-4885/50/4/002

[518] GROUP, Gas Detectors D.: GDD: Gaseous Detector Development, CERN web page. Version: 2023. https://gdd.web.cern.ch/

[519] GROUP, Particle Therapy Co-Operative: Particle therapy facilities in clinical operation. https://www.ptcog.site/index.php/facilities-in-operation-public, Abruf: August 2025

[520] GROVE, A.S.: *Physics and Technology of Semiconductor Devices.* John Wiley and Sons, 1967.

[521] GRUPEN, C.: *Teilchendetektoren.* 3. Auflage. BI-Verlag, 1993.

[522] GRUPEN, C.: *Astroteilchenphysik: Das Universum im Licht der kosmischen Strahlung.* Springer, 2001.

[523] GRUPEN, C.: *Astroparticle Physics.* Springer, 2005. doi: 10.1007/3-540-27670-X

[524] GRUPEN, C.: *Grundkurs Strahlenschutz.* Springer, Heidelberg, 2008.

[525] GRUPEN, C. (Hrsg.); BUVAT, I. (Hrsg.): *Handbook of Particle Detection and Imaging, Vol. 1 and Vol. 2.* Springer, 2012. doi: 10.1007/978-3-642-13271-1

[526] GRUPEN, C.; SHWARTZ, B.: *Particle Detectors.* 2nd ed. Cambridge University Press, 2008. doi: 10.1017/CBO9780511534966

[527] GSI DARMSTADT: Heavy Ion Therapy. https://www.gsi.de/en/researchaccelerators/research_an_overview/ion_beam_radiotherapy_in_the_fight_against_cancer.htm

[528] GUERRA, A.D̃.: *Ionizing Radiation Detectors for Medical Imaging.* WORLD SCIENTIFIC, 2004. doi: 10.1142/5408

[529] GUTIERREZ, E.A.; DEEN, M.J.; C., Claeys: *Low Tempereture Electronics: Physics, Devices, Circuits and Applications.* Academic Press, 2001.

[530] HAIDT, D.: Discovery of weak neutral currents in Gargamelle. In: *AIP Conf. Proc.* 300 (1994), S. 187. doi: 10.1063/1.45429

[531] HALL, R. N.: Electron–hole recombination in germanium. In: *Phys. Rev.* 87 (1952), S. 387. doi: 10.1103/PhysRev.87.387

[532] HALLGREN, B.; VERWEIJ, H.: New developments in time and pulse height digitizers. In: *IEEE Trans. Nucl. Sci.* 27 (1980), S. 333. doi: 10.1109/TNS.1980.4330850

[533] HAMAMATSU PHOTONICS: *Photomultiplier Tubes – Basics and Appications.* ed. 4. 2017. https://www.hamamatsu.com/resources/pdf/etd/PMT_handbook_v4E.pdf

[534] HAMANN, E.: *Characterization of High Resistivity GaAs as Sensor Material for Photon Counting Semiconductor Pixel Detectors*, Universität Freiburg, Diss., 2013. https://nbn-resolving.org/urn:nbn:de:bsz:25-opus-93550

[535] HAMANN, M.: *Studies for a Linear Collider Drift Chamber and Search for Heavy Stable Charged Particles in* e^+e^- *Collisions up to* $\sqrt{s} = 209$ *GeV*, Universität Hamburg, Diss., 2003. doi: 10.3204/DESY-THESIS-2003-046

[536] HAMEL, L.-A.; JULIEN, M.: Generalized demonstration of Ramo's theorem with space charge and polarization effects. In: *Nucl. Inst. Meth. A* 597 (2008), S. 207. doi: 10.1016/j.nima.2008.09.008

[537] Hampel, W. et al. (GALLEX Collaboration): GALLEX solar neutrino observations: results for GALLEX IV. In: *Phys. Lett. B* 447 (1999), S. 127. doi: 10.1016/S0370-2693(98)01579-2

[538] Hams, T. et al.: Measurement of the abundance of radioactive Be-10 and other light isotopes in cosmic radiation up to 2-GeV/nucleon with the balloon-borne instrument ISOMAX. In: *Astropphys. J.* 611 (2004), S. 892. doi: 10.1086/422384

[539] Harigel, G.: Die Große Europäische Blasenkammer im CERN (Teil I). In: *Physikalische Blätter* 31 (1975), S. 13. doi: 10.1002/phbl.19750310105

[540] Harigel, G. G. (Hrsg.); Colley, C. D. (Hrsg.); Cundy, C. D. (Hrsg.): *Proceedings of the Conference on the Bubble Chamber and its Contributions to Particle Physics (Marking the 40th Anniversary of the Bubble Chamber),* Geneva, 1993. In: *Nucl. Phys. Proc. Suppl.* 36, 1994. https://www.sciencedirect.com/science/journal/09205632/36/supp/C

[541] Harkonen, J. et al.: Radiation hardness of Czochralski silicon, float zone silicon and oxygenated float zone silicon studied by low energy protons. In: *Nucl. Inst. Meth. A* 518 (2004), S. 346. doi: 10.1016/j.nima.2003.11.018

[542] Hartmann, F.: Evolution of silicon sensor technology in particle physics. In: *Springer Tracts Mod. Phys.* 275 (2017). doi: 10.1007/978-3-319-64436-3

[543] Haungs, A.: KASCADE-Grande: Luftschauer über Karlsruhe. Version: 2007. https://www.weltderphysik.de/gebiet/astro/kosmische-strahlung/detektoren/kascade-grande

[544] Hauschild, M.: Progress in dE/dx techniques used for particle identification. In: *Nucl. Inst. Meth. A* 379 (1996), S. 436. doi: 10.1016/0168-9002(96)00607-9

[545] Hauschild, M. et al.: Particle identification with the OPAL jet chamber. In: *Nucl. Inst. Meth. A* 314 (1992), S. 74. doi: 10.1016/0168-9002(92)90501-T

[546] Havránek, M. et al.: DMAPS: a fully depleted monolithic active pixel sensor – analog performance characterization. In: *arXiv:1407.0641* (2014).

[547] Haynes, W.M. (Hrsg.); Lide, D.R. (Hrsg.); Bruno, T.J. (Hrsg.): *CRC Handbook of Chemistry and Physics 2015-2016.* 96th edition. CRC Press, 2015. https://hbcp.chemnetbase.com/

[548] Hayt, W.; Buck, J.: *Engineering Electromagnetics.* 7th ed. McGraw-Hill, 2019.

[549] He, Z.: Review of the Shockley–Ramo theorem and its application in semiconductor gamma-ray detectors. In: *Nucl. Inst. Meth. A* 463 (2001), S. 250. doi: 10.1016/S0168-9002(01)00223-6

[550] Hebbeker, T.; Hoepfner, K.: Muon spectrometers. In: *[525]*, S. 473. doi: 10.1007/978-3-642-13271-1_19

[551] Hecht, K.: Zum Mechanismus des lichtelektrischen Primärstromes in isolierenden Kristallen. In: *Z. Phys.* 77 (1932), S. 235. doi: 10.1007/BF01338917

[552] Heck, D. et al.: CORSIKA: A Monte Carlo Code to Simulate Extensive Air Showers. Report FZKA 6019, Forschungszentrum Karlsruhe. 1998. https://web.ikp.kit.edu/corsika

[553] Heck, D.; Pierog, T.: Extensive Air Shower Simulation with CORSIKA: A User's Guide. https://web.ikp.kit.edu/corsika/usersguide/usersguide.pdf

[554] Heitler, W.: *The Quantum Theory of Radiation.* 3rd ed. Clarendon Press, 1954.

[555] Hellmig, J. et al.: The CDMS II Z-sensitive ionization and phonon germanium detector. In: *Nucl. Inst. Meth. A* 444 (2000), S. 308. doi: 10.1016/S0168-9002(99)01403-5

[556] Hemperek, T.; Kishishita, T.; Krüger, H.; Wermes, N.: A monolithic active pixel sensor for ionizing radiation using a 180 nm HV-SOI process. In: *Nucl. Inst. Meth. A* 796 (2015), S. 8. doi: 10.1016/j.nima.2015.02.052

[557] Hess, V.F.: Nobel Lecture: Unsolved Problems in Physics: Tasks for the Immediate Future in Cosmic Ray Studies. https://www.nobelprize.org/prizes/physics/1936/hess/lecture/

[558] H.E.S.S. Collaboration: H.E.S.S. High Energy Stereoscopic System. https://www.mpi-hd.mpg.de/hfm/HESS

[559] HIGHLAND, V.L.: Some practical remarks on multiple scattering. In: *Nucl. Inst. Meth.* 129 (1975), S. 497. doi: 10.1016/0029-554X(75)90743-0

[560] HILKE, H.J.: Time projection chambers. In: *Rep. Prog. Phys.* 73 (2010), S. 116201. doi: 10.1088/0034-4885/73/11/116201

[561] HILLAS, A.M.: Cerenkov light images of EAS produced by primary gamma. Proc.: *International Cosmic Ray Conference (ICRC 1985)*, Bd. 3 (1985), S. 445. `https://adsabs.harvard.edu/abs/1985ICRC....3..445H`

[562] HIMMERLICH, A. et al.: Defect characterization studies on irradiated boron-doped silicon pad diodes and Low Gain Avalanche Detectors. In: *Nucl. Inst. Meth. A* 1048 (2023), S. 167977. doi: 10.1016/j.nima.2022.167977

[563] HIRATA, K. et al. (KAMIOKANDE-II Collaboration): Observation of a neutrino burst from the supernova SN 1987a. In: *Phys. Rev. Lett.* 58 (1987), S. 1490. doi: 10.1103/PhysRevLett.58.1490

[564] HIRONO, T. et al.: Depleted fully monolithic active CMOS pixel sensors (DMAPS) in high resistivity 150 nm technology for LHC. In: *Nucl. Inst. Meth. A* 924 (2019), S. 87. doi: 10.1016/j.nima.2018.10.059

[565] HIT: Heavy Ion Therapy Center, Heidelberg. `https://www.klinikum.uni-heidelberg.de/Heidelberger-Ionenstrahl-Therapie-HIT.112189.0.html`

[566] HODDESON, L. (Hrsg.); BROWN, L. (Hrsg.); RIORDAN, M. (Hrsg.); DRESDEN, M. (Hrsg.): *The Rise of the Standard Model – A History of Particle Physics from 1964 to 1979.* Cambridge University Press, 1997. doi: 10.1017/CBO9780511471094

[567] HOEPPNER, C et al.: The Response of the TRACER Detector: Design, Calibrations and Measurements. Proc.: *29th International Cosmic Ray Conference Pune (2005)*, Bd. 3 (2005), S. 73. `https://cds.cern.ch/record/962375`

[568] HOFSTADTER, R. et al.: The Crystal Ball Experiment. Proc.: *Particle Physics in GeV Region,* Tokyo, Japan. Univ. Tokyo, (1979), S. 559.

[569] HOHLMANN, M. (Hrsg.); PADILLA, C. (Hrsg.); TESCH, N. (Hrsg.); TITOV, M. (Hrsg.): *Proc. International Workshop on Aging Phenomena in Gaseous Detectors 2001,* Hamburg, Germany. In: *Nucl. Inst. and Meth. A* 515, 2003. S. 1. doi: 10.1016/j.nima.2003.08.120

[570] HOLDER, M. et al.: A detector for high-energy neutrino interactions. In: *Nucl. Inst. Meth.* 148 (1978), S. 235. doi: 10.1016/0029-554X(70)90173-4

[571] HOLROYD, R.A.; ANDERSON, D.F.: The physics and chemistry of room-temperature liquid-filled ionization chambers. In: *Nucl. Inst. Meth. A* 236 (1985), S. 294. doi: 10.1016/0168-9002(85)90164-0

[572] HOLST, G.C.: *CCD Arrays, Cameras and Displays.* JCD Publishing, 1998. `https://citeseerx.ist.psu.edu/viewdoc/download?doi=10.1.1.471.1243&rep=rep1&type=pdf`

[573] HOLSTEIN, T.: Energy distribution of electrons in high frequency gas discharges. In: *Phys. Rev.* 70 (1946), S. 367. doi: 10.1103/PhysRev.70.367

[574] HONSBERG, C.; BOWDEN, S.: Optical Properties of Silicon. `https://www.pveducation.org/pvcdrom/materials/optical-properties-of-silicon`

[575] HOOK, J.R.; HALL, H.E.: *Solid State Physics.* John Wiley & Sons, 1995.

[576] HOPPE, M.: *Differential energy analysis of electron beam: A study of photoemission from NEA-GaAs*, Universität Heidelberg, Diss., 2001. doi: 10.11588/heidok.00001452

[577] HOROWITZ, P.; HILL, W.: *The Art of Electronics.* 2nd ed. Cambridge University Press, 1994.

[578] HOSAKA, J. et al. (Super-Kamiokande Collaboration): Solar neutrino measurements in Super-Kamiokande-I. In: *Phys. Rev. D* 73 (2006), S. 112001. doi: 10.1103/PhysRevD.73.112001

[579] HOTT, T.: Aging problems of the inner tracker of HERA-B: an example for new detectors and new effects. In: *Nucl. Inst. Meth. A* 515 (2003), S. 242. doi: 10.1016/j.nima.2003.09.005

[580] HOUGH, P.V.C.: The angular distribution of pair-produced electrons and bremsstrahlung. In: *Phys. Rev.* 74 (1948), S. 80. doi: 10.1103/PhysRev.74.80

[581] Huang, K.: *Statistical Mechanics.* Wiley, 1987.

[582] Hubbell, J.H.; Seltzer, S.M.: NIST Data Base. Version: 2004. doi: https://dx.doi.org/10.18434/T4D01F

[583] Huege, T.: Radio detection of cosmic ray air showers in the digital era. In: *Phys. Rept.* 620 (2016), S. 1. doi: 10.1016/j.physrep.2016.02.001

[584] Huhtinen, M.: Simulation of non-ionising energy loss and defect formation in silicon. In: *Nucl. Inst. Meth. A* 491 (2002), S. 194. doi: 10.1016/S0168-9002(02)01227-5

[585] Huq, S.B. and Goldie, J.: An Overview of LVDS Technology. National Semiconductor Application Note 971. 1998. https://www.ti.com/lit/an/snla165/snla165.pdf

[586] Huxley, L.G.H.; Crompton, R.W.: *The Diffusion and Drift of Electrons in Gases.* Wiley, 1974 (Wiley series in plasma physics).

[587] Hyper-Kamiokande Collaboration: Hyper-Kamiokande. https://www-sk.icrr.u-tokyo.ac.jp/en/hk/

[588] Iarocci, E.: Plastic streamer tubes and their applications in high energy physics. In: *Nucl. Inst. Meth.* 217 (1983), S. 30. doi: 10.1016/0167-5087(83)90107-2

[589] IceCube-Gen2 Collaboration: IceCube-Gen2. https://www.icecube-gen2.de/

[590] IEEE Standard: 1014-1987 – IEEE Standard for a Versatile Backplane Bus: VMEbus. Version: 1987. https://standards.ieee.org/findstds/standard/1014-1987.html

[591] IEEE Standard: IEEE 802.3 – IEEE Standard for Ethernet. Version: 2022. https://standards.ieee.org/products-programs/ieee-get-program/

[592] Iijima, T. et al.: A novel type of proximity focusing RICH counter with multiple refractive index Aerogel radiator. In: *Nucl. Inst. Meth. A* 548 (2005), S. 383. doi: 10.1016/j.nima.2005.05.030

[593] ILC Collaboration: International Linear Collider (ILC). https://linearcollider.org/

[594] Ilford Photo: ILFORD Nuclear Emulsions: Technical Information for Autoradiography Applications. Version: 2011. https://www.ilfordphoto.com/amfile/file/download/file/1855/product/579/

[595] Ing, H.; Noulty, R.A.; McLean, T.D.: Bubble detectors – a maturing technology. In: *Radiat. Meas.* 27 (1997), S. 1. doi: 10.1016/S1350-4487(96)00156-4

[596] Insepov, Z.: Plots of Photocathode Response Spectra / Bialkali/Multialkali Response. https://psec.uchicago.edu/library/photocathodes/. In web collection: PSEC – Large-Area Picosecond Photo-Detectors Project.

[597] International commission on radiation units and measurements (ICRU): Stopping Powers for Electrons and Positrons. ICRU Report 37. 1984. – Tables and graphical presentations are interactively available at doi: https://dx.doi.org/10.18434/T4NC7P.

[598] International Electrotechnical Commission: IEC 60050 – International Electrotechnical Vocabulary – Details for IEV number 131-11-29: direction of electric current. Version: Jan. 2023. https://www.electropedia.org/iev/iev.nsf/display?openform&ievref=131-11-29

[599] Ioffe Data Base: New Semiconductor Materials. Characteristics and Properties. https://www.ioffe.ru/SVA

[600] Irwin, K.D. et al.: A quasiparticle-trap-assisted transition-edge sensor for phonon-mediated particle detection. In: *Rev. Sci. Inst.* 66 (1995), S. 5322. doi: 10.1063/1.1146105

[601] Isberg, J. et al.: High carrier mobility in single-crystal plasma-deposited diamond. In: *Science* 297 (2002), S. 1670. doi: 10.1126/science.1074374

[602] Isberg, J.; Lindblom, A.; Tajani, A.; Twitchen, D.: Temperature dependence of hole drift mobility in high-purity single-crystal CVD diamond. In: *Phys. Stat. Sol. (a)* 202 (2005), S. 2194. doi: 10.1002/pssa.200561915

[603] Ito, T.M.; Seidel, G.M.: Scintillation of liquid helium for low-energy nuclear recoils. In: *Phys. Rev. C* 88 (2013), S. 025805. doi: 10.1103/PhysRevC.88.025805

[604] Jackson, J.D.: *Classical Electrodynamics.* 3rd ed. Wiley, 1998.

[605] JACOBONI, C.; CANALI, C.; OTTAVIANI, G.; ALBERIGI QUARANTA, A.: A review of some charge transport properties of Silicon. In: *Solid State Electron.* 20 (1977), S. 77. doi: 10.1016/0038-1101(77)90054-5

[606] JAMES, F.: *Statistical Methods in Experimental Physics.* 2nd ed. World Scientific, 2006.

[607] JANSEN, H.: *CVD Diamond: Charge Carrier Movement at Low Temperatures and use in critical timing applications*, Universität Bonn, Diss., 2013. BONN-IR-2013-13. `https://bonndoc.ulb.uni-bonn.de/xmlui/handle/20.500.11811/6405`

[608] JANSONS, J.L.; KRUMINS, V.J.; RACHKO, Z.A.; VALBIS, J.A.: Luminescence due to radiative transitions between valence band and upper core band in ionic-crystals (crossluminescence). In: *Phys. Stat. Sol. (b)* 144 (1987), S. 835. doi: 10.1002/pssb.2221440244

[609] JANSWEIJER, P.P.M.; PEEK, H.Z.; DE WOLF, E.: White Rabbit: sub-nanosecond timing over Ethernet. In: *Nucl. Inst. Meth. A* 725 (2013), S. 187. doi: 10.1016/j.nima.2012.12.096

[610] JEAN-MARIE, B.; LEPELTIER, V.; L'HOTE, D.: Systematic measurement of electron drift velocity and study of some properties of four gas mixtures: A–CH_4, A–C_2H_4, A–C_2H_6, A–C_3H_8. In: *Nucl. Inst. Meth.* 159 (1979), S. 213. doi: 10.1016/0029-554X(79)90349-5

[611] JELLEY, J.V.: *Cherenkov Radiation and its Applications.* Pergamon Press, 1958.

[612] JEN, C.K.: On the induced current and energy balance in electronics. In: *Proc. I.R.E.* (1941), S. 345. doi: 10.1109/JRPROC.1941.230316

[613] JENKINS, D.A.: Large angle bremsstrahlung. In: *J. Phys. G* 17 (1991), S. 155. doi: 10.1088/0954-3899/17/2/009

[614] JENSEN, M.L. et al.: Optically stfimulated luminescence in state-of-the-art LYSO:Ce scintillators enables high spatial resolution 3D dose imaging. In: *Sci. Rep.* 12 (2022), S. 8301. doi: 10.1038/s41598-022-12255-9

[615] JESSOP, C.: Photograph of the BaBar electromagnetic calorimeter during intallation. Version: retrieved in 2015. `https://www3.nd.edu/~cjessop/research/images/jb.jpg`

[616] JIANG, X. et al.: Coalescence and overgrowth of diamond grains for improved heteroepitaxy on silicon(001). In: *J. Appl. Phys.* 83 (1998), S. 2511. doi: 10.1063/1.367012

[617] JOHNSON, J.B.: The Schottky effect in low frequency circuits. In: *Phys. Rev.* 26 (1925), S. 71. doi: 10.1103/PhysRev.26.71

[618] JOHNSON, J.B.: Thermal agitation of electricity in conductors. In: *Phys. Rev.* 32 (1928), S. 97. doi: 10.1103/PhysRev.32.97

[619] JORAM, C.; HAEFELI, G.; LEVERINGTON, B.: Scintillating fibre tracking at high luminosity colliders. In: *JINST* 10 (2015), S. C08005. doi: 10.1088/1748-0221/10/08/C08005

[620] JUNKES, A.; DONEGANI, E.M.; NEUBÜSER, C.: Energy dependence of proton radiation damage in Si-sensors. Proc.: *21st Symposium on Room-Temperature Semiconductor X-ray and Gamma-ray Detectors (RTSD 2014)*, Seattle, W, (2016), S. 7431260. doi: 10.1109/NSSMIC.2014.7431260

[621] KADYK, J.A. (Hrsg.): *Workshop on Radiation Damage to Wire Chambers.* Lawrence Berkeley Nat. Lab. LBL-21170, 1986. `https://www.escholarship.org/uc/item/0zx777vz`

[622] KAGAN, H.: Recent advances in diamond detector development. In: *Nucl. Inst. Meth. A* 541 (2005), S. 221. doi: 10.1016/j.nima.2005.01.060

[623] KAMATA, K.; NISHIMURA, J.: The lateral and angular structure functions of electron showers. In: *Prog. Theor. Phys. Suppl.* 6 (1958), S. 93. doi: 10.1143/PTPS.6.93

[624] KAMPERT, K.-H.; UNGER, M.: Measurements of the cosmic ray composition with air shower experiments. In: *Astropart. Phys.* 35 (2012), S. 660. doi: 10.1016/j.astropartphys.2012.02.004

[625] KANAYA, N. et al.: Test results on hybrid photodiodes. In: *Nucl. Inst. Meth. A* 421 (1999), S. 512. doi: 10.1016/S0168-9002(98)01256-X

[626] KAPLON, M.; PETERS, B.; RITSON, D. M.: Emulsion cloud-chamber study of a high energy interaction in the cosmic radiation. In: *Phys. Rev.* 85 (1952), Mar, S. 900. doi: 10.1103/PhysRev.85.900

[627] KASE, M.; AKIOKA, T.; MAMYODA, H.; KIKUCHI, J.; DOKE, T.: Fano factor in pure argon. In: *Nucl. Inst. Meth.* 227 (1984), S. 311. doi: 10.1016/0168-9002(84)90139-6

[628] KASTLI, H.C. et al.: CMS barrel pixel detector overview. In: *Nucl. Inst. Meth. A* 582 (2007), S. 724. doi: 10.1016/j.nima.2007.07.058

[629] KATSURA, T. et al.: Energy resolution of a multiwire proportional quantameter. In: *Nucl. Inst. Meth.* 105 (1972), S. 245. doi: 10.1016/0029-554X(72)90565-4

[630] KATZ, U.F.; SPIERING, C.: High-energy neutrino astrophysics: status and perspectives. In: *Prog. Part. Nucl. Phys.* 67 (2012), S. 651. doi: 10.1016/j.ppnp.2011.12.001

[631] KAWRAKOW, I.; ROGERS, D.W.O.: The EGSnrc code system: Monte Carlo simulation of electron and photon transport. NRCC Report PIRS-701. 2006. `https://nrc-cnrc.github.io/EGSnrc/`

[632] KEIL, G.: Design principles of fluorescence radiation converters. In: *Nucl. Inst. Meth.* 89 (1970), S. 111. doi: 10.1016/0029-554X(70)90813-X

[633] KEMMER, J. et al.: Experimental confirmation of a new semiconductor detector principle. Proc.: *Fifth European Symposium on Semiconductors Detectors.* In: *Nucl. Inst. Meth. A* 288 (1990), S. 92. doi: 10.1016/0168-9002(90)90470-Q

[634] KEMMER, J.; BELAU, E.; PRECHTEL, U.; WELSER, W.; LUTZ, G.: Low capacity drift diode. In: *Nucl. Inst. Meth. A* 253 (1987), S. 378. doi: 10.1016/0168-9002(87)90519-5

[635] KENNARD, E. H.: *Kinetic theory of gases – with an introduction to statistical mechanics.* New York: McGraw-Hill, 1938. doi: 10.1002/jctb.5000573907

[636] KENNEY, C.; PARKER, S.; SEGAL, J.; STORMENT, C.: Silicon detectors with 3-D electrode arrays: fabrication and initial test results. In: *IEEE Trans. Nucl. Sci.* 48 (1999), S. 1224. doi: 10.1109/23.785737

[637] KENNEY, C.J.; PARKER, S.I.; PETERSON, V.Z.; SNOEYS, W.J.; PLUMMER, J.D.; AW, C. H.: A prototype monolithic pixel detector. In: *Nucl. Inst. Meth. A* 342 (1994), S. 59. doi: 10.1016/0168-9002(94)91411-7

[638] KESTER, W.: *Data Conversion Handbook.* Elsevier, 2005.

[639] KETEK GMBH: SiPM Technology. Version: 2015. `https://www.ketek.net/products/sipm-technology/`

[640] KHACHATRYAN, V. et al. (CMS Collaboration): Strange particle production in *pp* collisions at $\sqrt{s} = 0.9$ and 7 TeV. In: *JHEP* 1105 (2011), S. 064. doi: 10.1007/JHEP05(2011)064

[641] KHARZHEEV, Yu.N.: Use of silica aerogels in Cherenkov counters. In: *Phys. Part. Nucl.* 39 (2008), S. 107. doi: 10.1007/s11496-008-1008-3

[642] KHARZHEEV, Yu.N.: Scintillation counters in modern high-energy physics experiments (review). In: *Phys. Part. Nucl.* 46 (2015), S. 678. doi: 10.1134/S1063779615040048

[643] KHARZHEEV, Yu.N.: Radiation hardness of scintillation detectors based on organic plastic scintillators and optical fibers. In: *Phys. Part. Nucl.* 50 (2019), S. 42. doi: 10.1134/S1063779619010027

[644] KIMURA, M. et al.: Development of nuclear emulsions with 1 μm spatial resolution for the AEgIS experiment. In: *Nucl. Inst. Meth. A* 732 (2013), S. 325. doi: 10.1016/j.nima.2013.04.082

[645] KIRSTEN, T.A.: Solar neutrino experiments: results and implications. In: *Rev. Mod. Phys.* 71 (1999), S. 1213. doi: 10.1103/RevModPhys.71.1213

[646] KISHISHITA, T.; KRÜGER, H.; HEMPEREK, T.; LEMARENKO, M.; KOCH, M.; GRONEWALD, M.; WERMES, N.: Prototype of a gigabit data transmitter in 65 nm CMOS for DEPFET pixel detectors at Belle-II. In: *Nucl. Inst. Meth. A* 718 (2013), S. 168. doi: 10.1016/j.nima.2012.11.013

[647] KLAGES, C.P.: Chemical vapour deposition of diamond. In: *Appl. Phys. A* 56 (1993), S. 513. doi: 10.1007/BF00331401

[648] KLEIN, O.; NISHINA, Y.: Über die Streuung von Strahlung durch freie Elektronen nach der neuen relativistischen Quantendynamik von Dirac. In: *Z. Phys.* 52 (1929), S. 853. doi: 10.1007/BF01366453

[649] Klein, S.: Suppression of bremsstrahlung and pair production due to environmental factors. In: *Rev. Mod. Phys.* 71 (1999), S. 1501. doi: 10.1103/RevModPhys.71.1501

[650] Klein, S.: The time projection chamber turns 25. In: *CERN Cour.* 44N1 (2004), S. 40. `https://cerncourier.com/cws/article/cern/29014`

[651] Kleinknecht, K.: *Detektoren für Teilchenstrahlung.* Teubner Verlag, 4. Auflage, 2005.

[652] Klempt, W.: Review of particle identification by time-of-flight techniques. In: *Nucl. Inst. Meth.* A433 (1999), S. 542. doi: 10.1016/S0168-9002(99)00323-X

[653] Klepser, S.: *Reconstruction of Extensive Air Showers and Measurement of the Cosmic Ray Energy Spectrum in the Range of 1–80 PeV at the South Pole*, Humboldt-Universität zu Berlin, Diss., 2008. doi: 10.18452/15790

[654] KM3NeT Collaboration: KM3NeT – opens a new window on our universe. `https://www.km3net.org/`

[655] Knoll, G.F.: *Radiation Detection and Measurement.* 4th ed. John Wiley and Sons, 2010.

[656] Knopf, A.-C.; Lomax, A.: In vivo proton range verification: a review. In: *Phys. in Med. Biol.* 58 (2013), S. R131. doi: 10.1088/0031-9155/58/15/R131

[657] Knulst, W.; Luiten, O.J.; Wiel, M.J. van d.; Verhoeven, J.: Observation of narrow band Si L-edge Cerenkov radiation generated by 5 MeV electrons. In: *Appl. Phys. Lett.* 79 (2001), S. 2999. doi: 10.1063/1.1415049

[658] Koch, H.W.; Motz, J.W.: Bremsstrahlung cross-section formulas and related data. In: *Rev. Mod. Phys.* 31 (1959), S. 920. doi: 10.1103/RevModPhys.31.920

[659] Kodama, K. et al. (DONUT Collaboration): Observation of tau neutrino interactions. In: *Phys. Lett.* B 504 (2001), S. 218. doi: 10.1016/S0370-2693(01)00307-0

[660] Kodama, K. et al.: Identification of neutrino interactions using the DONUT spectrometer. In: *Nucl. Inst. Meth. A* 516 (2004), S. 21. doi: 10.1016/j.nima.2003.07.035

[661] Kodama, K. et al. (DONuT): Final tau-neutrino results from the "DONuTëxperiment. In: *Phys. Rev. D* 78 (2008), S. 052002. doi: 10.1103/PhysRevD.78.052002

[662] Kohler, M. et al.: Beam test measurements with 3D-DDTC silicon strip detectors on n-type substrate. In: *IEEE Trans. Nucl. Sci.* 57 (2010), S. 2987. doi: 10.1109/TNS.2010.2058863

[663] Koike, J.; Parkin, D.M.; Mitchell, T.E.: Displacement threshold energy for type IIa diamond. In: *Appl. Phys. Lett.* 60 (1992), S. 1450. doi: 10.1063/1.107267

[664] Kolanoski, H. (for the IceCube Collaboration): IceCube – Astrophysics and Astroparticle Physics at the South Pole. Proc.: *32nd International Cosmic Ray Conference,* Beijing, Bd. 12 (2011), S. 79. doi: 10.7529/ICRC2011/V12/H06. *arXiv:1111.5188*

[665] Kolanoski, H.; Wermes, N.: *Teilchendetektoren – Grundlagen und Anwendungen.* Springer, 2016. doi: 10.1007/978-3-662-45350-6

[666] Kolanoski, H.; Wermes, N.: *Particle Detectors – Fundamentals and Applications.* Oxford University Press, 2020. doi: 10.1093/oso/9780198858362.001.0001

[667] Kölbig, K.S.; Schorr, B.: A program package for the Landau distribution. In: *Comput. Phys. Commun.* 31 (1984), S. 97. doi: 10.1016/0010-4655(84)90085-7. – (Erratum: Comput. Phys. Commun. 178 (2008), p. 972)

[668] Komin, N.: *Detection of Gamma Rays from the Supernova Remnant RX J0852.0-4622 with H.E.S.S.*, Humboldt Universität zu Berlin, Diss., 2005. doi: 10.18452/15551

[669] Kopitzki, K.; Herzog, P.: *Einführung in die Festkörperphysik.* Springer, 2007. doi: 10.1007/978-3-8351-9127-3

[670] Kopp, G.; Lean, J.L.: A new, lower value of total solar irradiance: evidence and climate significance. In: *Geophys. Res. Lett.* 38 (2011), S. L01706. doi: 10.1029/2010GL045777

[671] Kopp, S. E.: Accelerator-based neutrino beams. In: *Phys. Rep.* 439 (2007), S. 101. doi: 10.1016/j.physrep.2006.11.004

[672] Korff, S.A.: *Electron and Nuclear Counters.* Van Nostrand, 1946.

[673] Kraft, G.: Tumortherapie mit Schwerionen-Bestrahlung. Version: 2009. `https://www.weltderphysik.de/gebiet/leben/tumortherapie/`

[674] Kramberger, G.: Initial acceptor removal in p-type silicon. Talk at the 26th CERN-RD50 Workshop, Santander, 2015. https://indico.cern.ch/event/381195/contributions/905665/.

[675] Kramberger, G. et al.: Effective trapping time of electrons and holes in different silicon materials irradiated with neutrons, protons and pions. In: *Nucl. Inst. Meth. A* 481 (2002), S. 297. doi: 10.1016/S0168-9002(01)01263-3

[676] Kramberger, G. et al.: Investigation of irradiated silicon detectors by edge-TCT. In: *IEEE Trans. Nucl. Sci.* 57 (2010), S. 2294. doi: 10.1109/TNS.2010.2051957

[677] Kramberger, G. et al.: Modeling of electric field in silicon micro-strip detectors irradiated with neutrons and pions. In: *JINST* 9 (2014), S. P10016. doi: 10.1088/1748-0221/9/10/P10016

[678] Kraus, J.D.: *Electromagnetics.* 3rd ed. McGraw-Hill, 1984.

[679] Krautscheid, T. et al.: Gridpix: Production and application of integrated pixel readouts. Proc.: *12th Pisa Meeting on Advanced Detectors.* In: *Nucl. Inst. Meth. A* 718 (2013), S. 391. doi: 10.1016/j.nima.2012.10.055

[680] Krieger, H.: *Strahlungsmessung und Dosimetrie.* Springer Fachmedien Wiesbaden GmbH, 2013.

[681] Krizan, P.; Korpar, S.; Iijima, T.: Study of a nonhomogeneous aerogel radiator in a proximity focusing RICH detector. In: *Nucl. Inst. Meth. A* 565 (2006), S. 457. doi: 10.1016/j.nima.2006.05.233

[682] Krüger, H.; Fink, J.; Kraft, E.; Wermes, N.; Fischer, P. et al.: CIX – a detector for spectrally enhanced x-ray imaging by simultaneous counting and integrating. Proc.: *Medical Imaging 2008: Physics of Medical Imaging.* In: *Proc. SPIE* 6913 (2008), S. 245. doi: 10.1117/12.771706

[683] Lachnit, W.: *Studien zur Auslese von CsI-, BGO und BaF_2-Szintillationskristallen*, Universität Bonn, Diplomarbeit, 1993. BONN-IR-94-40.

[684] Laker, K.R; Sansen, W.M.C.: *Design of Analog Integrated Circuits and Systems.* 5th ed. McGraw-Hill, 1994.

[685] Landau, L.D.: On the energy loss of fast particles by ionization. In: *J. Phys. (USSR)* 8 (1944), S. 201. – in [686].

[686] Landau, L.D.: On the energy loss of fast particles by ionization. In: Ter Haar, D. T. (Hrsg.): *Collected Papers of L.D. Landau.* Pergamon, 1965, S. 417. doi: 10.1016/B978-0-08-010586-4.50061-4

[687] Landau, L.D.; Lifschitz, J.M.: *Quantenelektrodynamik.* 7. Auflage. Verlag Harri Deutsch, 1991 (Lehrbuch der theoretischen Physik (Band 4)).

[688] Lang, R.F.; Seidel, W.: Search for Dark Matter with CRESST. In: *New J. Phys.* 11 (2009), S. 105017. doi: 10.1088/1367-2630/11/10/105017

[689] Langner, J.: *Event-Driven Motion Compensation in Positron Emission Tomography: Development of a Clinically Applicable Method*, TU Dresden, Diss., 2008. https://nbn-resolving.org/urn:nbn:de:bsz:14-qucosa-23509

[690] LAN/MAN Standards Committee: IEEE Standard for Ethernet. In: *IEEE Std 802.3-2022 (Revision of IEEE Std 802.3-2018)* (2022), S. 1. doi: 10.1109/IEEESTD.2022.9844436

[691] Lari, T. et al.: Characterization and modeling of non-uniform charge collection in CVD diamond pixel detectors. In: *Nucl. Inst. Meth. A* 537 (2005), S. 581. doi: 10.1016/j.nima.2004.08.069

[692] Lauer, K.; Peh, K.; Krischok, S.; Reiss, S.; Hiller, E.; Ortlepp, T.: Development of Low-Gain Avalanche Detectors in the Frame of the Acceptor Removal Phenomenon. In: *Phys. Status Solidi A* 219 (2022), Nr. 17, S. 2200177. doi: 10.1002/pssa.202200177

[693] Lazo, M.S.; Woodall, D.M.; McDaniel, P.J.: Silicon and silicon dioxide neutron damage functions. Proc.: *Fast Burt. React. Workshop, 1986.* Sandia National Laboratories (SAND87-0098), Bd. 1 (1987), S. 85.

[694] Lechner, P. et al.: Silicon drift detectors for high resolution room temperature X-ray spectroscopy. In: *Nucl. Inst. Meth. A* 377 (1996), S. 346. doi: 10.1016/0168-9002(96)00210-0

[695] LECOQ, P. et al.: *Inorganic Scintillators for Detector Systems: Physical Principles and Crystal Engineering.* Springer, 2006. doi: 10.1007/3-540-27768-4

[696] LEE, Y.H.; CORBETT, J.W.: EPR studies of defects in electron-irradiated silicon – triplet-state of vacancy-oxygen complexes. In: *Phys. Rev. B* 13 (1976), S. 2653. doi: 10.1103/PhysRevB.13.2653

[697] LEHAUT, G.: Scintillation properties of N_2 and CF_4 and performances of a scintillating ionization chamber. In: *Nucl. Inst. Meth. A* 797 (2015), S. 57. doi: 10.1016/j.nima.2015.05.050

[698] LEMARENKO, M. et al.: Test results of the data handling processor for the DEPFET pixel vertex detector. In: *JINST* 8 (2013), S. C01032. doi: 10.1088/1748-0221/8/01/C01032

[699] LEMPICKI, A.: The physics of inorganic scintillators. In: *J. Appl. Spectrosc.* 62 (1995), S. 787. doi: 10.1007/BF02606530

[700] LEMPICKI, A.; WOJTOWICZ, A.J.; BERMAN, E.: Fundamental limits of scintillator performance. In: *Nucl. Inst. Meth. A* 333 (1993), Nr. 2, S. 304. doi: 10.1016/0168-9002(93)91170-R

[701] LENZEN, G.; SCHYNS, E.; THADOME, J.; WERNER, J.: The Use of fluorocarbon radiators in the DELPHI RICH detectors. In: *Nucl. Inst. Meth. A* 343 (1994), S. 268. doi: 10.1016/0168-9002(94)90562-2

[702] LEO, R.W.: *Techniques for Nuclear and Particle Physics Experiments.* 2nd ed. Springer, 1994.

[703] LEPRINCE-RINGUET, L.: *Cosmic Rays.* Prentice-Hall, New York, 1950.

[704] LEROY, C.; RANCOITA, P.-G.: *Radiation Interaction in Matter and Detection.* World Scientific, 2004.

[705] LEROY, C.; RANCOITA, P.-G.: *Silicon Solid State Devices and Radiation Detection.* World Scientific, 2012.

[706] LHCB COLLABORATION: LHCb-Public Home Page. `https://lhcb-outreach.web.cern.ch/`

[707] LI, S.S.: *Semiconductor Physical Electronics.* 2nd ed. Springer, 2006.

[708] LIN, J. F.; LI, S.S.; LINARES, L.C; TENG, K.W.: Theoretical analysis of Hall factor and Hall mobility in p-type silicon. In: *Solid State Electron.* 24 (1981), S. 827. doi: 10.1016/0038-1101(81)90098-8

[709] LINDSTROM, G. et al. (RD48 (ROSE) Collaboration): Radiation hard silicon detectors – developments by the RD48 (ROSE) Collaboration. In: *Nucl. Inst. Meth. A* 466 (2001), S. 308. doi: 10.1016/S0168-9002(01)00560-5

[710] LINDSTROM, G.; MOLL, M.; FRETWURST, E.: Radiation hardness of silicon detectors: a challenge from high-energy physics. In: *Nucl. Inst. Meth. A* 426 (1999), S. 1. doi: 10.1016/S0168-9002(98)01462-4

[711] LINT, V.A.J. van et al.: *Mechanisms of Radiation Effects in Electronic Materials.* John Wiley and Sons, 1980.

[712] LIPARI, P.; STANEV, T.: Propagation of multi-TeV muons. In: *Phys. Rev. D* 44 (1991), S. 3543. doi: 10.1103/PhysRevD.44.3543

[713] LIPINSKI, M. (CERN): White Rabbit Official CERN website. `https://white-rabbit.web.cern.ch/`, Abruf: 19.5.2023

[714] LIPPINCOTT, W. H. et al.: Scintillation yield and time dependence from electronic and nuclear recoils in liquid neon. In: *Phys. Rev. C* 86 (2012), S. 015807. doi: 10.1103/PhysRevC.86.015807

[715] LIPPMANN, C.: *Detector Physics of Resistive Plate Chambers*, Universität Frankfurt, Diss., 2003. `https://cds.cern.ch/record/1303626/`

[716] LIPPMANN, C.: Particle identification. In: *Nucl. Inst. Meth. A* 666 (2012), S. 148. doi: 10.1016/j.nima.2011.03.009

[717] LIPPMANN, C.; RIEGLER, W.: Space charge effects in resistive plate chambers. In: *Nucl. Inst. Meth. A* 517 (2004), S. 54. doi: 10.1016/j.nima.2003.08.174

[718] Lista, L.: *Statistical methods for data analysis in particle physics.* Springer, 2016. doi: 10.1007/978-3-319-20176-4

[719] Löcker, M. et al.: Single photon counting x-ray imaging with Si and CdTe single chip pixel detectors and multichip pixel modules. In: *IEEE Trans. Nucl. Sci.* 51 (2004), S. 1717. doi: 10.1109/TNS.2004.832610

[720] Loef, E.V.D. van; Dorenbos, P.; Eijk, C.W.E. van; Krämer, K.; Güdel, H.U.: High-energy-resolution scintillator: Ce^{3+} activated $LaCl_3$. In: *Appl. Phys. Lett.* 77 (2000), S. 1467. doi: 10.1063/1.1308053

[721] Lohrmann, E.; Söding, P.: *Von schnellen Teilchen und hellem Licht – 50 Jahre Deutsches Elektronen-Synchrotron DESY.* Wiley-VCH, 2009. doi: 10.3204/PUBDB-2017-141044

[722] Lohse, T.; Witzeling, W.: The time projection chamber. In: *[899]*, S. 81. doi: 10.1142/9789814360333_0002

[723] Longo, E.; Sestili, I.: Monte Carlo calculation of photon initiated electromagnetic showers in lead glass. In: *Nucl. Inst. Meth.* 128 (1975), S. 283. doi: 10.1016/0029-554X(75)90679-5

[724] Lubelsmeyer, K. et al.: Upgrade of the Alpha Magnetic Spectrometer (AMS-02) for long term operation on the International Space Station (ISS). In: *Nucl. Inst. Meth. A* 654 (2011), S. 639. doi: 10.1016/j.nima.2011.06.051

[725] Lund-Jensen, B.: *Single-Photon Detectors for Cherenkov Ring Imaging*, Uppsala University, Diss., 1988. `https://cds.cern.ch/record/193058/`

[726] Lupberger, M. et al.: InGrid: Pixelated Micromegas detectors for a pixel-TPC. Proc.: *3rd International Conference on Technology and Instrumentation in Particle Physics (TIPP 2014).* In: *PoS* TIPP2014 (2014), S. 225. doi: 10.22323/1.213.0225

[727] Lutz, G.: *Semiconductor Radiation Detectors.* Springer, 1999. doi: 10.1007/978-3-540-71679-2

[728] Lutz, G. et al.: DEPFET-detectors: new developments. In: *Nucl. Inst. Meth. A* 572 (2007), S. 311. doi: 10.1016/j.nima.2006.10.339

[729] Lynch, G.R.; Dahl, O.I.: Approximations to multiple Coulomb scattering. In: *Nucl. Inst. Meth.* B 58 (1991), S. 6.

[730] Macchiolo, A. et al.: Thin n-in-p pixel sensors and the SLID-ICV vertical integration technology for the ATLAS upgrade at the HL-LHC. In: *Nucl. Inst. Meth. A* 731 (2013), S. 210. doi: 10.1016/j.nima.2013.04.077

[731] Madelung, O.: *Festkörpertheorie III.* Springer-Verlag, 2013. doi: 10.1007/978-3-642-80746-6

[732] Mager, M. (ALICE): ALPIDE, the monolithic active pixel sensor for the ALICE ITS upgrade. In: *Nucl. Inst. Meth. A* 824 (2016), S. 434. doi: 10.1016/j.nima.2015.09.057

[733] Magic Collaboration: The MAGIC Telescopes. `https://magic.mppmu.mpg.de`

[734] Maire, M.: Electromagnetic interactions of particles with matter. Proc.: *IX Int. Conf. on Calorimetry in High Energy Physics,* Annecy. In: *Frascati Phys. Ser.* 21 (2000), S. 3.

[735] Makarenko, L.F.; Lastovskii, S.B.; Yakushevich, H.S.; Moll, M.; Pintilie, I.: Effect of electron injection on defect reactions in irradiated silicon containing boron, carbon, and oxygen. In: *J. Appl. Phys.* 123 (2018), S. 161578. doi: 10.1063/1.5010965

[736] Maloberti, F.: *Data Converters.* 1st. Springer, 2010. doi: 10.1007/978-0-387-32486-9

[737] Malter, L.: Thin film field emission. In: *Phys. Rev.* 50 (1936), S. 48. doi: 10.1103/PhysRev.50.48

[738] Mandya, D.: Advantages of 65-nm Technology over 90-nm for Sync/NoBL SRAMs. Version: 2016. `https://www.cypress.com/file/157776/download`. Cypress Note AN94077, Doc. No. 001-94077 Rev. *C

[739] Manghisioni, M.; Ratti, L.; Re, V.; Speziali, V.: Submicron CMOS technologies for low-noise analog front-end circuits. In: *IEEE Trans. Nucl. Sci.* 49(4) (2002), S. 1783. doi: 10.1109/TNS.2002.801540

[740] MANGIAROTTI, A.; GOBBI, A.: On the physical origin of tails in the time response of spark counters. In: *Nucl. Inst. Meth. A* 482 (2002), S. 192. doi: 10.1016/S0168-9002(01)01623-0

[741] MANKEL, R.: Pattern recognition and event reconstruction in particle physics experiments. In: *Rep. Prog. Phys.* 67 (2004), S. 553. doi: 10.1088/0034-4885/67/4/R03

[742] MANKEL, R.; SPIRIDONOV, A.: The concurrent track evolution algorithm: extension for track finding in the inhomogeneous magnetic field of the HERA-B spectrometer. In: *Nucl. Inst. Meth. A* 426 (1999), S. 268. doi: 10.1016/S0168-9002(99)00013-3

[743] Mantaro Impedance Calculator. `https://www.mantaro.com/resources/impedance_calculator.htm#microstrip_impedance`

[744] MARCUSE, D.: Physical limitations on ray oscillation suppressors. In: *Bell Labs Tech. J.* 45 (1966), S. 743. doi: 10.1002/j.1538-7305.1966.tb01055.x

[745] MARCUSE, D.: Compression of a bundle of light rays. In: *Appl. Opt.* 10 (1971), S. 494. doi: 10.1364/AO.10.000494

[746] MARKHAM, J.J.: Interaction of Normal Modes with Electron Traps. In: *Rev. Mod. Phys.* 31 (1959), S. 956. doi: 10.1103/RevModPhys.31.956

[747] MARKOV, M.A.: On high energy neutrino physics. Proc.: *1960 Annual International Conference on High-Energy Physics.* University of Rochester, (1960), S. 578. `https://inspirehep.net/record/1341439/files/C60-08-25-p578.pdf`

[748] MARMIER, P.; SHELDON, E.: *Physics of Nuclei and Particles.* Academic Press, 1969.

[749] MARRODÁN UNDAGOITIA, T.; RAUCH, L.: Dark matter direct-detection experiments. In: *J. Phys.* G 43 (2016), S. 013001. doi: 10.1088/0954-3899/43/1/013001

[750] MATHES, M. et al.: Test beam characterizations of 3D silicon pixel detectors. In: *IEEE Trans. Nucl. Sci.* 55 (2008), S. 3731. doi: 10.1109/TNS.2008.2005630

[751] MATHEWS, J.H.; HOWELL, R.W.: *Complex Analysis for Mathematics and Engineering.* Jones and Bartlett Learning, 2006.

[752] MAY, P.W.: CVD Diamond – a New Technology for the Future? `https://www.chm.bris.ac.uk/pt/diamond/end.htm`

[753] MEEK, J.M.; CRAGGS, J.D.: *Electrical Breakdown of Gases.* Clarendon Press, 1954. `https://www.archive.org/details/electricalbreakd031039mbp`

[754] MEIDINGER, N. et al.: pnCCD for photon detection from near-infrared to X-rays. In: *Nucl. Inst. Meth. A* 565 (2006), S. 251. doi: 10.1016/j.nima.2006.05.006

[755] MEYNANTS, G.; DIERICKX, B.; SCHEFFER, D.: CMOS active pixel image sensor with CCD performance. Proc.: *Advanced Focal Plane Arrays and Electronic Cameras II.* SPIE, Bd. 3410 (1998), S. 68. doi: 10.1117/12.323997

[756] MIANOWSKI, S. et al.: Neutron hardness of EJ-276 scintillation material. In: *JINST* 15 (2020), Nr. 10, S. P10012. doi: 10.1088/1748-0221/15/10/P10012

[757] MIEHLING, D. et al.: Lifetime and performance of the very latest microchannel-plate photomultipliers. In: *Nucl. Inst. Meth. A* 1049 (2023), S. 168047. doi: 10.1016/j.nima.2023.168047

[758] MIGDAL, A.B.: Bremsstrahlung and pair production in condensed media at high-energies. In: *Phys. Rev.* 103 (1956), S. 1811. doi: 10.1103/PhysRev.103.1811

[759] MILOTTI, E.: 1/f noise: a pedagogical review. In: *arXiv:physics/0204033* (2002).

[760] MIYOSHI, T. et al.: Recent progress of pixel detector R&D based on SOI technology. Proc.: *2nd International Conference on Technology and Instrumentation in Particle Physics 2011.* In: *Phys. Procedia* 37 (2012), S. 1039. doi: 10.1016/j.phpro.2012.02.450

[761] MOHAN, M.; NAMPOOTHIRI, N.G.: Design and Verification of VHDL Code for FPGA Based Slave VME Interface Logic. In: *IOSR-JVSP* 4 (2014), S. 12. doi: 10.9790/4200-04511217

[762] MOLIERE, G.: Theorie der Streuung schneller geladener Teilchen I. Einzelstreuung am abgeschirmten Coulomb-Feld. In: *Z. Naturforsch.* A2 (1947), S. 133. doi: doi:10.1515/zna-1947-0302

[763] MOLIERE, G.: Theorie der Streuung schneller geladener Teilchen II. Mehrfach- und Vielfachstreuung. In: *Z. Naturforsch.* A3 (1948), S. 78. doi: doi:10.1515/zna-1948-0203

[764] MOLL, M.: *Radiation Damage in Silicon Particle Detectors - Microscopic Defects and Macroscopic Properties*, University of Hamburg, Diss., 1999. DESY-THESIS-1999-040. https://www-library.desy.de/cgi-bin/showprep.pl?desy-thesis99-040

[765] MOLL, M. (CERN-RD50 Collaboration): Recent progress of the RD50 Collaboration – development of radiation tolerant tracking detectors. Proc.: *22nd International Workshop on Vertex Detectors (Vertex 2013)*. In: *PoS* Vertex2013 (2013), S. 026.

[766] MOLL, M.: Displacement damage in silicon detectors for high energy physics. Proc.: *Radecs 2017*, Geneva. In: *IEEE Trans. Nucl. Sci.* 65 (2018), S. 1561. doi: 10.1109/TNS.2018.2819506

[767] MOLL, M.; FRETWURST, E.; LINDSTROM, G. (RD48(ROSE) Collaboration): Investigation on the improved radiation hardness of silicon detectors with high oxygen concentration. In: *Nucl. Inst. Meth. A* 439 (2000), S. 282. doi: 10.1016/S0168-9002(99)00842-6

[768] MONTGOMERY, C.G.; MONTGOMERY, D.D.: Geiger–Mueller counters. In: *J. of the Franklin Inst.* 231 (1941), S. 447. doi: 10.1016/S0016-0032(41)90498-2

[769] MORISHIMA, K. et al.: Development of an automated nuclear emulsion analyzing system. In: *Radiat. Meas.* 50 (2013), S. 237. doi: 10.1016/j.radmeas.2012.06.016

[770] MORSE, P.M.; FESHBACH, H.: *Methods of Theoretical Physics, Part I and II.* McGraw-Hill, 1953.

[771] MOTZ, J.W.; OLSEN, H.A.; KOCH, H.W.: Pair production by photons. In: *Rev. Mod. Phys.* 41 (1969), S. 581. doi: 10.1103/RevModPhys.41.581

[772] MOYA, V.; ROSADO, J.: Understanding the Nonlinear Response of SiPMs. In: *arXiv:2401.06581* (2024), 1.

[773] MUŠKINJA, M. et al. (RD42): Investigation of charge multiplication in single crystalline CVD diamond particle detectors. In: *Nucl. Inst. Meth. A* 841 (2017), S. 162. doi: 10.1016/j.nima.2016.10.018

[774] NA35 COLLABORATION: NA35: sulphur-gold collision. Version: Jul. 1991. https://cds.cern.ch/record/39453

[775] NAKAMURA, H.; KITAMURA, H.; HAZAMA, R.: Radiation measurements with heat-proof polyethylene terephthalate bottles. In: *Proc. Roy. Soc. A* 466 (2010), S. 2847. doi: 10.1098/rspa.2010.0118

[776] NAKAMURA, K.: Solar neutrinos. In: *published in [391]* (2004).

[777] NAKAMURA, K. et al. (Particle Data Group): Review of particle physics. In: *J. Phys.* G37 (2010), S. 075021. doi: 10.1088/0954-3899/37/7A/075021

[778] NASA LIFE SCIENCES PORTAL (NLSP): Bonner Ball Neutron Detector (BBND) Sphere. https://nlsp.nasa.gov/view/lsdapub/lsda_image/IDP-LSDA_IMAGE-0000000000001984

[779] NASTASE, A.: Mastering electronics design. https://masteringelectronicsdesign.com/, Abruf: July 2019

[780] NATIONAL INSTITUTE OF STANDARDS AND TECHNOLOGY (NIST): Engineering Metrology Toolbox. https://emtoolbox.nist.gov/

[781] NAVAS, S. et al. (Particle Data Group): Review of Particle Physics (RPP). In: *Phys. Rev. D* 110 (2024), S. 030001. doi: 10.1103/PhysRevD.110.030001. – An updated RPP is published every 2 years. The online access to the current and previous issues is available from https://pdg.lbl.gov/

[782] NEESER, W.: *Test und Inbetriebnahme von DEPJFET-Detektoren*, Universität Bonn, Diplomarbeit, 1996. BONN-IR-96-31.

[783] NEMETHY, P.; ODDONE, P.J.; TOGE, N.; ISHIBASHI, A.: Gated time projection chamber. In: *Nucl. Inst. Meth.* 212 (1983), S. 273. doi: 10.1016/0167-5087(83)90702-0

[784] NESLADEK, M. et al.: Charge transport in high mobility single crystal diamond. Proc.: *18th European Conference on Diamond, Diamond-Like Materials, Carbon Nanotubes, Nitrides and Silicon Carbide*, Berlin, Germany. In: *Diam. Relat. Mater.* 17 (2008), S. 1235. doi: 10.1016/j.diamond.2008.03.015

[785] Netzwerk Teilchenwelt: Teilchenspuren sichtbar machen – Handreichung zum Selbstbau einer Nebelkammer. Version: 2022. https://www.teilchenwelt.de/wp-content/uploads/2022/05/nebelkammer-bauanleitung.pdf

[786] Neuert, H.: *Kernphysikalische Messverfahren*. Karlsruhe: Verlag G. Braun, 1966.

[787] Newman-Holmes, C.; Schmidt, Eugene E.; Yamada, R.: Measurement of the magnetic field of the CDF magnet. In: *Nucl. Inst. Meth. A* 274 (1989), S. 443. doi: 10.1016/0168-9002(89)90174-5

[788] Neyret, D. et al.: New pixelized Micromegas detector for the COMPASS experiment. In: *JINST* 4 (2009), S. P12004. doi: 10.1088/1748-0221/7/03/C03006

[789] Ni, K.: *Development of a Liquid Xenon Time Projection Chamber for the XENON Dark Matter Search*, Columbia University, Diss., 2006. https://jinst.sissa.it/jinst/theses/2006_JINST_TH_007.pdf

[790] Niebuhr, C.: Aging in the central jet chamber of the H1 experiment. In: *Nucl. Inst. Meth. A* 515 (2003), S. 43. doi: 10.1016/j.nima.2003.08.128

[791] NIM Committee: Standard NIM instrumentation system / DOE/ER. DOE/ER-0457T. 1990. doi: 10.2172/7120327

[792] Nishida, S. et al.: Studies of a proximity focusing aerogel RICH for the Belle upgrade. Proc.: *IEEE Symposium Conference Record Nuclear Science*, Bd. 3 (2004), S. 1951. doi: 10.1109/NSSMIC.2004.1462628

[793] NMDB: Neutron Monitor Database. https://www.nmdb.eu

[794] Novotny, R.: Performance of the BaF-2 calorimeter TAPS. In: *Nucl. Phys. Proc. Suppl.* 61B (1998), S. 137. doi: 10.1016/S0920-5632(97)00552-5

[795] Nygren, D.R.; Marx, J.N.: The time projection chamber. In: *Phys. Today* 31N10 (1978), S. 46. doi: 10.1063/1.2994775

[796] Nyquist, H.: Thermal agitation of electricity in conductors. In: *Phys. Rev.* 32 (1928), S. 110. doi: 10.1103/PhysRev.32.110

[797] Oed, A.: Position sensitive detector with microstrip anode for electron multiplication with gases. In: *Nucl. Inst. Meth. A* 263 (1988), S. 351.

[798] Okubo, S.; Tanaka, H.K.M.: Imaging the density profile of a volcano interior with cosmic-ray muon radiography combined with classical gravimetry. In: *Meas. Sci. Technol.* 23 (2012), S. 042001. doi: 10.1088/0957-0233/23/4/042001

[799] Olive, K.A. et al. (Particle Data Group): Review of particle physics (RPP). In: *Chin. Phys.* C38 (2014), S. 090001. doi: 10.1088/1674-1137/38/9/090001. – An updated RPP is published every 2 years. The online access to the current and previous issues is available from https://pdg.lbl.gov/

[800] Open Hardware Repository. (CERN): White Rabbit. https://ohwr.org/project/white-rabbit, Abruf: 19.5.2023

[801] Oppenheim, A.V.; Willsky, A.S.: *Signals and Systems*. 2nd ed. Pearson, 2014.

[802] Oreglia, M. et al.: A study of the reaction: $\psi' \to \gamma\gamma J/\psi$. In: *Phys. Rev. D* 25 (1982), S. 2259. doi: 10.1103/PhysRevD.25.2259

[803] Oxford Physics: BEBC. Version: 2014. https://www.physics.ox.ac.uk/dwb/BEBC.pdf

[804] Oyama, K. et al.: The transition radiation detector for ALICE at the LHC. In: *Nucl. Inst. Meth. A* 623 (2010), S. 362. doi: 10.1016/j.nima.2010.02.249

[805] Palladino, V.; Sadoulet, B.: Application of the classical theory of electrons in gases to multiwire proportional and drift chambers. LBL-3013. 1974. doi: 10.2172/4270437

[806] Palladino, V.; Sadoulet, B.: Application of classical theory of electrons in gases to drift proportional chambers. In: *Nucl. Inst. Meth.* 128 (1975), S. 323. doi: 10.1016/0029-554X(75)90682-5

[807] Palmonari, F.M. (CMS Collaboration): CMS tracker performance. In: *Nucl. Inst. Meth. A* 699 (2013), S. 144. doi: 10.1016/j.nima.2012.06.010

[808] Pan, L.S.; Kania, D.R.: *Diamond: Electronic Properties and Applications*. Kluwer Academic Publ., 1995. doi: 10.1007/978-1-4615-2257-7

[809] PANCHESHNYI, S. et al. (The LXCat team): LXcat Database. **https://us.lxcat.net/**, Abruf: 2023

[810] PAPINI, P. et al.: In-flight performances of the PAMELA satellite experiment. In: *Nucl. Inst. Meth. A* 588 (2008), S. 259. doi: 10.1016/j.nima.2008.01.052

[811] PARKER, S.I.: A proposed VLSI pixel device for particle detection. In: *Nucl. Inst. Meth. A* 275 (1989), S. 494. doi: 10.1016/0168-9002(89)90736-5

[812] PARKES, C. et al. (LHCb Collaboration): First LHC beam induced tracks reconstructed in the LHCb VELO. In: *Nucl. Inst. Meth. A* 604 (2009), S. 1. doi: 10.1016/j.nima.2009.01.215

[813] PARKHOMCHUCK, V.V.; PESTOV, Y.N.; PETROVYKH, N.V.: A spark counter with large area. In: *Nucl. Inst. Meth.* 93 (1971), S. 269. doi: 10.1016/0029-554X(71)90475-7

[814] PARTICLE DATA GROUP: Atomic and Nuclear Properties of Materials. **https://pdg.lbl.gov/2018/AtomicNuclearProperties**. The current version is linked under **https://pdg.lbl.gov/**

[815] PARTICLE DATA GROUP: Review of particle physics (RPP). **https://pdg.lbl.gov**

[816] PATRIGNANI, C. et al. (Particle Data Group): Review of particle physics. In: *Chin. Phys.* C40 (2016), S. 100001. doi: 10.1088/1674-1137/40/10/100001

[817] PELGROM, M.J.M.: *Analog-to-Digital Conversion.* Springer, 2017. doi: 10.1007/978-3-319-44971-5

[818] PELLEGRINI, G. et al.: Recent Technological Developments on LGAD and iLGAD Detectors for Tracking and Timing Applications. In: *Nucl. Inst. Meth. A* 831 (2016), S. 24. doi: 10.1016/j.nima.2016.05.066

[819] PERIC, I.: A novel monolithic pixelated particle detector implemented in high-voltage CMOS technology. In: *Nucl. Inst. Meth. A* 582 (2007), S. 876. doi: 10.1016/j.nima.2007.07.115

[820] PERIC, I. et al.: The FEI3 readout chip for the ATLAS pixel detector. In: *Nucl. Inst. Meth. A* 565 (2006), S. 178. doi: 10.1016/j.nima.2006.05.032

[821] PERL, M.: The discovery of the tau-lepton. In: *[566]*, S. 79. doi: 10.1017/CBO9780511471094.007

[822] PERL, M.L. et al.: Evidence for anomalous lepton production in e^+e^- annihilation. In: *Phys. Rev. Lett.* 35 (1975), S. 1489. doi: 10.1103/PhysRevLett.35.1489

[823] PERNEGGER, H.: The pixel detector of the ATLAS experiment for LHC Run-2. Proc.: *7th International Workshop on Semiconductor Pixel Detectors for Particles and Imaging (PIXEL 2014),* Niagara Falls, Ontario. In: *JINST* 10 (2015), S. C06012. doi: 10.1088/1748-0221/10/06/C06012

[824] PERNEGGER, H. et al.: Charge-carrier properties in synthetic single-crystal diamond measured with the transient-current technique. In: *J. Appl. Phys.* 97 (2005), S. 073704. doi: 10.1063/1.1863417

[825] PESO, J. del; ROS, E.: On the energy resolution of electromagnetic sampling calorimeters. In: *Nucl. Inst. Meth. A* 276 (1989), S. 456. doi: 10.1016/0168-9002(89)90571-8

[826] PESTOTNIK, R. et al.: Aerogel RICH for forward PID at Belle II. In: *Nucl. Inst. Meth. A* 732 (2013), S. 371. doi: 10.1016/j.nima.2013.06.080

[827] PESTOV, Y.N.: Status and future developments of spark counters with a localized discharge. In: *Nucl. Inst. Meth.* 196 (1982), S. 45. doi: 10.1016/0029-554X(82)90614-0

[828] PESTOV, Y.N.: The Status of Spark Counters with a Localized Discharge. In: *Nucl. Inst. Meth. A* 265 (1988), S. 150. doi: 10.1016/0168-9002(88)91066-2

[829] PHILIPP, K.: Zur Existenz der weitreichenden α-Strahlen des Radium C. In: *Naturwissenschaften* 14 (1926), S. 1203. doi: 10.1007/BF01451770

[830] PHILIPPOT, J.C.: Automatic Processing of Diode Spectrometry Results. In: *IEEE Trans. Nucl. Sci.* NS-17/3 (1970), S. 446. doi: 10.1109/TNS.1970.4325723

[831] PICMG: Open Modular Computing Specifications. Version: 2023. **https://www.picmg.org/**

[832] PIERRE AUGER COLLABORATION : Pierre Auger Observatory. **https://auger.org**

[833] PINTILIE, I.; BUDA, M.; FRETWURST, E.; LINDSTROM, G.; STAHL, J.: Stable radiation-induced donor generation and its influence on the radiation tolerance of silicon diodes. In: *Nucl. Inst. Meth. A* 556 (2006), S. 197. doi: 10.1016/j.nima.2005.10.013

[834] PINTILIE, I.; FRETWURST, E.; LINDSTROM, G.: Cluster related hole traps with enhanced-field-emission: the source for long term annealing in hadron irradiated Si diodes. In: *Appl. Phys. Lett.* 92 (2008), S. 024101. doi: 10.1063/1.2832646

[835] PINTILIE, I.; LINDSTROEM, G.; JUNKES, A.; FRETWURST, E.: Radiation-induced point- and cluster-related defects with strong impact on damage properties of silicon detectors. In: *Nucl. Inst. Meth. A* 611 (2009), S. 52. doi: 10.1016/j.nima.2009.09.065

[836] PINTO, S.D.: Micropattern gas detector technologies and applications the work of the RD51 collaboration. Proc.: *IEEE Nuclear Science Symposium (NSS/MIC)*, (2010), S. 802. doi: 10.1109/NSSMIC.2010.5873870

[837] PINTO, S.D. (for the RD51 Collaboration): Micropattern gas detector technologies and applications, the work of the RD51 Collaboration. In: *arXiv:1011.5529* (2010).

[838] PITZL, D. et al.: The H1 silicon vertex detector. In: *Nucl. Inst. Meth. A* 454 (2000), S. 334. doi: 10.1016/S0168-9002(00)00488-5

[839] PLEWNIA, S. et al.: A sampling calorimeter with warm-liquid ionization chambers. In: *Nucl. Inst. Meth. A* 566 (2006), S. 422. doi: 10.1016/j.nima.2006.07.051

[840] POLYANSKIY, M.: Refractive Index Info. https://refractiveindex.info

[841] PORRO, M. et al.: Spectroscopic performance of the DePMOS detector/amplifier device with respect to different filtering techniques and operating conditions. In: *IEEE Trans. Nucl. Sci.* 53 (2006), S. 401. doi: 10.1109/TNS.2006.869850

[842] POWELL, C.F.: Nobel Lecture: The cosmic radiation. https://www.nobelprize.org/prizes/physics/1950/powell/lecture/

[843] POWELL, C.F.: Mesons. In: *Rep. Prog. Phys.* 13 (1950), S. 350. doi: 10.1088/0034-4885/13/1/309

[844] PRESS, W.H.: Flicker Noises in Astronomy and Elsewhere. In: *Comments Astrophys.* 7 (1978), S. 103.

[845] PROSENJIT, R.-C.: *Handbook of Microlithography, Micromachining, and Microfabrication.* Institution of Engineering and Technology, 1997.

[846] QIU, Xi-Yu et al.: Position reconstruction in fission fragment detection using the low pressure MWPC technique for the JLab experiment E02-017. In: *Chinese Physics C* 38 (2014), S. 074003. doi: 10.1088/1674-1137/38/7/074003

[847] QUADT, A.: Representation of stereo wire layers in a cylindrical drift chamber. 2003. Private communication.

[848] RADEKA, V.: Low-Noise Techniques in Detectors. In: *Annu. Rev. Nucl. Part. Sci.* 38 (1988), S. 217. doi: 10.1146/annurev.ns.38.120188.001245

[849] RADEKA, V.: The sign in Ramo's equation. 2011. Private communication.

[850] RADEKA, V.; REHAK, P.: Second Coordinate Readout in Drift Chambers by Charge Division. In: *IEEE Trans. Nucl. Sci.* 25 (1978), S. 46.

[851] RADU, R. et al.: Investigation of point and extended defects in electron irradiated silicon: dependence on the particle energy. In: *J. Appl. Phys.* 117 (2015), S. 164503. doi: 10.1063/1.4918924

[852] RAETHER, H.: Electron Avalanches and Breakdown in Gases. In: *Butterworth Advanced Physics Series, London* (1964).

[853] RAIZER, Y.P.: *Gas Discharge Physics.* Springer-Verlag, 1991. doi: 10.1007/978-3-642-61247-3

[854] RAMANANTSIZEHENA, P.; GRESSER, J.; SCHULTZ, G.: Computations of Drift Velocities for Chambers Working in Magnetic Fields. In: *Nucl. Inst. Meth.* 178 (1980), S. 253. doi: 10.1016/0029-554X(80)90886-1

[855] RAMO, S.: Currents Induced by Electron Motion. In: *Proceedings of the I.R.E* 27 (1939), S. 584. doi: 10.1109/JRPROC.1939.228757

[856] Ramsauer, C.: Über den Wirkungsquerschnitt der Gasmoleküle gegenüber langsamen Elektronen. In: *Ann. Phys.* 369 (1921), S. 513. doi: 10.1002/andp.19213690603

[857] Ratti, L. et al.: CMOS MAPS with Fully Integrated, Hybrid-pixel-like Analog Front-end Electronics. In: *eConf* C0604032 (2006), S. 0008. https://www.slac.stanford.edu/econf/C0604032/papers/0008.PDF

[858] Raymond, M. et al.: The CMS tracker APV25 0.25-mu-m CMOS readout chip. Proc.: *6th Workshop on Electronics for LHC Experiments,* Krakow, Poland, (2000), S. 130. doi: 10.5170/CERN-2000-010.130

[859] Rehak, P. et al.: Progress in Semiconductor Drift Detectors. In: *Nucl. Inst. Meth. A* 248 (1986), S. 367. doi: 10.1016/0168-9002(86)91021-1

[860] Reilly, D.; Ensslin, N.; Smith, H.: *Passive Non-Destructive Assay of Nuclear Materials.* The Commission, 1991.

[861] Reines, F.; Cowan, C.: The Reines-Cowan experiments: Detecting the Poltergeist. In: *Los Alamos Sci.* 25 (1997), S. 4. https://library.lanl.gov/cgi-bin/getfile?00326606.pdf

[862] Reines, F.; Cowan, C.L.: Detection of the free neutrino. In: *Phys.Rev.* 92 (1953), S. 830. doi: 10.1103/PhysRev.92.830

[863] RENO Collaboration: Reactor Experiment for Neutrino Oscillation. https://neutrino.skku.edu/reno/

[864] Rice-Evans, P.: Spark and streamer chambers. In: *J. Phys. E: Sci. Instrum.* 2 (1969), S. 221. doi: 10.1088/0022-3735/2/3/201

[865] Rice-Evans, P.: *Spark, Streamer, Proportional and Drift Chambers.* Richelieu Press, 1974.

[866] Riege, H.: High-frequency and pulse response of coaxial transmission cables with conductor, dielectric and semiconductor losses. CERN-70-04. 1970.

[867] Riegler, W.: Induced signals in resistive plate chambers. In: *Nucl. Inst. Meth. A* 491 (2002), S. 258. doi: 10.1016/S0168-9002(02)01169-5

[868] Riegler, W.: Extended theorems for signal induction in particle detectors. Proc.: *10th Vienna Conference on Instrumentation.* In: *Nucl. Inst. Meth. A* 535 (2004), S. 287. doi: 10.1016/j.nima.2004.07.129

[869] Riegler, W.: Electric fields, weighting fields, signals and charge diffusion in detectors including resistive materials. In: *JINST* 11 (2016), S. P11002. doi: 10.1088/1748-0221/11/11/P11002

[870] Riegler, W.; Aglieri Rinella, G.: Point charge potential and weighting field of a pixel or pad in a plane condenser. In: *Nucl. Inst. Meth. A* 767 (2014), S. 267. doi: 10.1016/j.nima.2014.08.044

[871] Riegler, W.; Lippmann, C.: The physics of resistive plate chambers. In: *Nucl. Inst. Meth. A* 518 (2004), S. 86. doi: 10.1016/j.nima.2003.10.031

[872] Riegler, W.; Lippmann, C.; Veenhof, R.: Detector physics and simulation of resistive plate chambers. In: *Nucl. Inst. Meth. A* 500 (2003), S. 144. doi: 10.1016/S0168-9002(03)00337-1

[873] Rivetti, A.: *CMOS - Front-End Electronics for Radiation Sensors.* CRC Press, 2015. doi: 10.1201/b18599

[874] Robinson, F.N.H.: *Noise in Electrical Circuits.* Oxford University Press, 1962.

[875] Rochester, G.D.; Wilson, J.G.: *Cloud chamber photographs of the cosmic radiation.* Academic Press/Pergamon Press, 1952.

[876] Rodnyi, P.A.: Progress in fast scintillators. In: *Radiat. Meas.* 33 (2001), S. 605. doi: 10.1016/S1350-4487(01)00068-3

[877] Rodnyi, P.A.; Anderson, J.R.X.: Core-valance transitions in wide-gap ionic crystals. In: *Sov. Phys. Solid State* 34 (1992), S. 1053.

[878] Rogalla, M.: *Systematic Investigation of Gallium Arsenide Radiation Detectors for High Energy Physics Experiments.* Shaker, 1997.

[879] ROOT Development Team: class ROOT::Math::Vavilov. https://root.cern/doc/master/classROOT_1_1Math_1_1Vavilov.html

[880] ROOT Development Team: ROOT web page. https://root.cern/

[881] Roques, J.-P.; Teegarden, B.J.; Lawrence, D.J.; Jourdain, E.: The Use of Germanium Detectors in Space. In: *Handbook of X-ray and Gamma-ray Astrophysics.* Springer Nature Singapore, 2024, S. 1925. doi: 10.1007/978-981-19-6960-7_163

[882] Rose, M.E.; Korff, S.A.: An investigation of the properties of proportional counters I. In: *Phys. Rev.* 59 (1941), S. 850. doi: 10.1103/PhysRev.59.850

[883] Rossi, B.; Greisen, K.: Cosmic-ray theory. In: *Rev. Mod. Phys.* 13 (1941), S. 240. doi: 10.1103/RevModPhys.13.240

[884] Rossi, B.B.: *High Energy Particles.* 1st ed. Prentice-Hall, 1952.

[885] Rossi, B.B.: *Cosmic Rays.* McGraw-Hill, 1964. https://archive.org/details/CosmicRays_281

[886] Rossi, L.; Fischer, P.; Rohe, T.; Wermes, N.: *Pixel Detectors: From Fundamentals to Applications.* Springer, 2006.

[887] Ruch, J.G.; Kino, G.S.: Measurement of the velocity-field characteristics of gallium arsenide. In: *Appl. Phys. Lett.* 10 (1967), S. 40.

[888] Ruchti, R.C.: The use of scintillating fibers for charged-particle tracking. In: *Annu. Rev. Nucl. Part. Sci.* 46 (1996), S. 281. doi: 10.1146/annurev.nucl.46.1.281

[889] Ruland, A.M.: Performance and operation of the BaBar calorimeter. In: *J. Phys. Conf. Ser.* 160 (2009), S. 012004. doi: 10.1088/1742-6596/160/1/012004

[890] Rutherford, E.: The scattering of α and β particles by matter and the structure of the atom. In: *Phil. Mag.* 21 (1911), S. 669. doi: 10.1080/14786440508637080

[891] Rutherford, E.; Geiger, H.; Harling, J.: An electrical method of counting the number of α-particles from radio-active substances. In: *Proc. Roy. Soc. A* 81 (1908), S. 141. doi: 10.1098/rspa.1908.0065

[892] Sadrozinski, H. F. W. et al.: Ultra-fast silicon detectors. Proc.: *Proceedings, 9th International Conference on Radiation Effects on Semiconductor Materials Detectors and Devices.* In: *Nucl. Inst. Meth. A* 730 (2013), S. 226. doi: 10.1016/j.nima.2013.06.033

[893] Sadrozinski, H.F.-W. et al.: Ultra-fast silicon detectors (UFSD). Proc.: *10th International 'Hiroshima' Symposium on the Development and Application of Semiconductor Tracking Detectors (HSTD-10),* Xian, China. In: *Nucl. Inst. Meth. A* 831 (2016), S. 18. doi: 10.1016/j.nima.2016.03.093

[894] Sadrozinski, H.F.W.; Seiden, A.; Cartiglia, N.: 4D tracking with ultra-fast silicon detectors. In: *Rep. Prog. Phys.* 81 (2018), S. 026101. doi: 10.1088/1361-6633/aa94d3

[895] Salvatico, R. (CMS): CMS ECAL upgrade for precision timing and energy measurements at the High-Luminosity LHC. In: *JINST* 15 (2020), S. C05040. doi: 10.1088/1748-0221/15/05/C05040

[896] Sanfilippo, S.: Hall probes: physics and application to magnetometry. In: *arXiv:1103.1271* (2011).

[897] Santonico, R.; Cardarelli, R.: Development of resistive plate counters. In: *Nucl. Inst. Meth.* 187 (1981), S. 377. doi: 10.1016/0029-554X(81)90363-3

[898] Sauli, F.: Principles of operation of multiwire proportional and drift chambers. In: *[418]*, S. 79. doi: 10.1142/9789814355988_0002. Reprint of CERN-Report 77-09

[899] Sauli, F. (Hrsg.): *Instrumentation in High Energy Physics.* World Scientific, 1992 (Advanced series on directions in high energy physics). doi: 10.1142/1356

[900] Sauli, F.: GEM: A new concept for electron amplification in gas detectors. In: *Nucl. Inst. Meth. A* 386 (1997), S. 531. doi: 10.1016/S0168-9002(96)01172-2

[901] Sauli, F.: Fundamental understanding of aging processes: review of the workshop results. In: *Nucl. Inst. Meth. A* 515 (2003), S. 358. doi: 10.1016/j.nima.2003.09.024

[902] Sauli, F.: *Gaseous Radiation Detectors – Fundamentals and Applications.* 1st ed. Cambridge University Press, 2014. doi: 10.1017/CBO9781107337701

[903] Sauli, F.; Sharma, A.: Micropattern gaseous detectors. In: *Annu. Rev. Nucl. Part. Sci.* 49 (1999), S. 341. doi: 10.1146/annurev.nucl.49.1.341

[904] Sauter, E.: *Grundlagen des Strahlenschutzes.* Leipzig: Fachbuchverlag, 1983.

[905] Sauter, F.: Über den atomaren Photoeffekt in der K-Schale nach der relativistischen Wellenmechanik Diracs. In: *Ann. Phys.* 403 (1931), S. 454. doi: https://doi.org/10.1002/andp.19314030406

[906] Saviano, G. et al.: Properties of potential eco-friendly gas replacements for particle detectors in high-energy physics. In: *JINST* 13 (2018), S. P03012. doi: 10.1088/1748-0221/13/03/P03012

[907] Schade, P.; Kaminski, J. (LCTPC Collaboration): A large TPC prototype for a linear collider detector. In: *Nucl. Inst. Meth. A* 628 (2011), S. 128. doi: 10.1016/j.nima.2010.06.300

[908] Schardt, D.; Elsässer, T.; Schulz-Ertner, D.: Heavy-ion tumor therapy: physical and radiobiological benefits. In: *Rev. Mod. Phys.* 82 (2010), S. 383. doi: 10.1103/RevModPhys.82.383

[909] Scheer, J.J.; Laar, J. van: GaAs-Cs: a new type of photoemitter. In: *Solid State Commun.* 3 (1965), S. 189. doi: 10.1016/0038-1098(65)90289-9

[910] Schieck, J. (for the DEPFET Collaboration): DEPFET pixels as a vertex detector for the Belle II experiment. In: *Nucl. Inst. Meth. A* 732 (2013), S. 160. doi: 10.1016/j.nima.2013.05.054

[911] Schiff, L.I.: Energy-angle distribution of thin target bremsstrahlung. In: *Phys. Rev.* 83 (1951), S. 252. doi: 10.1103/PhysRev.83.252

[912] Schiff, L.I.: *Quantum mechanics.* 3rd ed. McGraw-Hill, 1987.

[913] Schmidt, A. (CMS Collaboration): Performance of track and vertex reconstruction and b-tagging studies with CMS in p p collisions at $\sqrt{s} = 7$ TeV. In: *PoS* KRUGER2010 (2011), S. 032. doi: 10.22323/1.130.0032

[914] Schmidt, B.: *Drift und Diffusion von Elektronen in Methan und Methan-Edelgas-Mischungen*, Universität Heidelberg, Diss., 1986. `https://d-nb.info/910174938`

[915] Schmidt, T.: *Aufbau und Funktionsnachweis eines Optischen Moduls mit optisch-analoger Pulsübertragung für den AMANDA-II- und IceCube-Detektor*, Humboldt-Universität Berlin, Diss., 2002. doi: 10.18452/14910

[916] Schneider, B.: *Berechnung von Orts - Driftzeitbeziehungen in beliebigen Magnetfeldern*, Universität Bonn, Diplomarbeit, 1987. `https://lib-extopc.kek.jp/preprints/PDF/2000/0030/0030077.pdf`. BONN-IR-87-19

[917] Schottky, W.: Über spontane Stromschwankungen in verschiedenen Elektrizitätsleitern. In: *Ann. Phys.* 362 (1918), S. 541. doi: 10.1002/andp.19183622304

[918] Schottky, W.: Zur Berechnung und Beurteilung des Schroteffektes. In: *Ann. Phys.* 373 (1922), S. 157. doi: 10.1002/andp.19223731007

[919] Schottky, W.: Small-shot effect and flicker effect. In: *Phys. Rev.* 28 (1926), S. 74. doi: 10.1103/PhysRev.28.1331

[920] Schreiner, A.: *Aging Studies of Drift Chambers of the HERA-B Outer Tracker Using CF_4-based Gases*, Humboldt-Universität zu Berlin, Diss., 2001. doi: 10.18452/14703

[921] Schultz, G.; Gresser, J.: A study of transport coefficients of electrons in some gases used in proportional and drift chambers. In: *Nucl. Inst. Meth.* 151 (1978), S. 413. doi: 10.1016/0029-554X(78)90151-9

[922] Schumacher, J.O.; Wettling, W.: *Device physics of silicon solar cells.* London: Imperial College Press, 2001.

[923] Schuster, P.M.: The scientific life of Victor Franz (Francis) Hess (June 24, 1883 – December 17, 1964). In: *Astropart. Phys.* 53 (2014), S. 33. doi: 10.1016/j.astropartphys.2013.05.005

[924] Schwabl, F.: *Statistische Mechanik.* Springer, 2006. doi: 10.1007/3-540-31097-5

[925] Schwank, J.R. et al.: Radiation effects in MOS oxides. In: *IEEE Trans. Nucl. Sci.* 55 (2008), S. 1833. doi: 10.1109/TNS.2008.2001040

[926] Schwanke, U.: *Aufbau und Durchführung von Testexperimenten mit Wabendriftkammern für das HERA-B Experiment*, Humboldt-Universität zu Berlin, Diplomarbeit, 1996. doi: 10.18452/14005. DOI 10.18452/14005

[927] Schwiening, J.: BaBar DIRC. 2013. Private communication.

[928] Schyns, E.: Status of large area CsI photocathode developments. In: *Nucl. Inst. Meth. A* 494 (2002), S. 441. doi: 10.1016/S0168-9002(02)01520-6

[929] Sclar, N.: Neutral impurity scattering in semiconductors. In: *Phys. Rev.* 104 (1956), S. 1559. doi: 10.1103/PhysRev.104.1559

[930] Seeger, K.: *Semiconductor Physics.* Springer, 2004. doi: 10.1007/978-3-662-09855-4

[931] Segal, J.D. et al.: Second generation monolithic full-depletion radiation sensor with integrated CMOS circuitry. In: *IEEE Nucl. Sci. Symp. Conf. Rec.* 2010 (2010), S. 1896. doi: 10.1109/NSSMIC.2010.5874104

[932] Seguinot, J.; Ypsilantis, T.: Photo-Ionization and Cherenkov Ring Imaging. In: *Nucl. Inst. Meth.* 142 (1977), S. 377. doi: 10.1016/0029-554X(77)90671-1

[933] Seguinot, J.; Ypsilantis, T.: A historical survey of ring imaging Cherenkov counters. In: *Nucl. Inst. Meth. A* 343 (1994), S. 1. doi: 10.1016/0168-9002(94)90531-2

[934] Seguinot, J.; Ypsilantis, T.: Evolution of the RICH Technique. In: *Nucl. Inst. Meth. A* 433 (1999), S. 1. doi: 10.1016/S0168-9002(99)00543-4

[935] Seitz, F.: On the theory of the bubble chamber. In: *Physics of Fluids* 1 (1958), S. 2. doi: 10.1063/1.1724333

[936] Seltzer, S.M.; Berger, M.J.: Evaluation of the collision stopping power of elements and compounds for electrons and positrons. In: *Int. J. Appl. Radiat. Isotopes* 33 (1982), S. 1189. doi: 10.1016/0020-708X(82)90244-7

[937] Seltzer, S.M.; Berger, M.J.: Bremsstrahlung spectra from electron interactions. In: *Nucl. Inst. Meth.* B 12 (1985), S. 95. doi: 10.1016/0168-583X(85)90707-4

[938] Seo, E.S.: Direct measurements of cosmic rays using balloon borne experiments. In: *Astropart. Phys.* 39–40 (2012), S. 76. doi: 10.1016/j.astropartphys.2012.04.002

[939] Serrano, J. et al.: The White Rabbit Project. Proc.: *12th International Conference on Accelerator & Large Experimental Physics Control Systems (ICALEPCS2009)*, Kobe, Japan, (2009), S. 93. `https://accelconf.web.cern.ch/ICALEPCS2009/papers/tuc004.pdf`

[940] Shapiro, M.M.: Nuclear emulsions. In: *[346]*, S. 342. doi: 10.1007/978-3-642-45903-0_8

[941] Sharma, A.: Properties of some gas mixtures used in tracking detectors. SLAC-J-ICFA-16-3. 1998. `https://www.slac.stanford.edu/pubs/icfa/summer98/paper3/paper3.pdf`

[942] Shockley, A.: Currents to conductors induced by a moving point charge. In: *J. Appl. Phys.* 9 (1938), S. 635. doi: 10.1063/1.1710367

[943] Shockley, W.: The theory of p-n junctions and p-n junction transistors. In: *Bell Syst. Tech. J.* 28 (1949), S. 435. doi: 10.1002/j.1538-7305.1949.tb03645.x

[944] Shockley, W.: *Electrons and Holes in Semiconductors: With Applications to Transistor Electronics.* Van Nostrand Reinhold, 1950 (The Bell Telephone Laboratories series). `https://archive.org/details/ElectronsAndHolesInSemiconductors`

[945] Shockley, W.; Read, W. T.: Statistics of the recombinations of holes and electrons. In: *Phys. Rev.* 87 (1952), S. 835. doi: 10.1103/PhysRev.87.835

[946] Singh, J.: *Physics of Semiconductors and their Heterostructures.* McGraw-Hill, New York, 1993.

[947] Sirri, G.: Fast automated scanning of OPERA emulsion films. In: *Nucl. Phys. Proc. Suppl.* 172 (2007), S. 324. doi: 10.1016/j.nuclphysbps.2007.08.144

[948] Smirnov, D. (D0 Collaboration): Status of the D0 fiber tracker and preshower detectors. In: *Nucl. Inst. Meth. A* 598 (2009), S. 94. doi: 10.1016/j.nima.2008.08.085

[949] Smith, P.; Inoue, M.; Frey, J.: Electron velocity in Si and GaAs at very high electric fields. In: *Appl. Phys. Lett.* 37 (1980), S. 797.

[950] Snoeys, W.: Monolithic CMOS Sensors for high energy physics: challenges and perspectives. In: *Nucl. Inst. Meth.* 1056 (2023), S. 168678. doi: 10.1016/j.nima.2023.168678

[951] Snoeys, W. et al.: A process modification for CMOS monolithic active pixel sensors for enhanced depletion, timing performance and radiation tolerance. In: *Nucl. Inst. Meth. A* 871 (2017), S. 90. doi: 10.1016/j.nima.2017.07.046

[952] Sonnenschein, L. (CMS Collaboration): Drift velocity monitoring of the CMS muon drift chambers. In: *PoS* HCP2009 (2009), S. 101. doi: 10.22323/1.102.0101

[953] Spicer, W. E.; Herrera-Gomez, A.: Modern theory and applications of photocathodes. Proc.: *SPIE's 1993 International Symposium on Optics, Imaging and Instrumentation,* San Diego. SPIE, Bd. 2022 (1993), S. 18. doi: 10.1117/12.158575

[954] Spicer, W.E.: Photoemissive, photoconductive, and optical absorption studies of alkali-antimony compounds. In: *Phys. Rev.* 112 (1958), S. 114. doi: 10.1103/PhysRev.112.114

[955] Spicer, W.E.; Wooten, F.: Photoemission and photomultipliers. Proc.: *Proceedings of the IEEE, Vol. 51*, (1963), S. 1119. doi: 10.1109/PROC.1963.2447

[956] Spieler, H.: *Semiconductor Detector Systems.* Oxford University Press, 2005. doi: 10.1093/acprof:oso/9780198527848.001.0001

[957] Spiering, C.: *Neutrinoastronomie: Blick in verborgene Welten.* Springer, 2021. doi: 10.1007/978-3-662-63294-9

[958] Sproul, A.B.; Green, M.A.: Intrinsic carrier concentration and minority-carrier mobility of silicon from 77 to 300 K. In: *J. Appl. Phys.* 73 (1993), S. 1214. doi: 10.1063/1.353288

[959] Sproul, A.B.; Green, M.A.; Zhao, J.: Improved value for the silicon intrinsic carrier concentration at 300 K. In: *Appl. Phys. Lett.* 57 (1990), S. 255. doi: 10.1063/1.103707

[960] Srour, J.R.; Marshall, C.J.; Marshall, P.W.: Review of displacement damage effects in silicon devices. In: *IEEE Trans. Nucl. Sci.* 50 (2003), S. 653. doi: 10.1109/TNS.2003.813197

[961] Srour, J.R.; McGarrity, J.M.: Radiation effects on microelectronics in space. In: *Proc. IEEE* 76 (1988), S. 1443. doi: 10.1109/5.90114

[962] Srour, J.R.; Palko, J.W.: Displacement damage effects in irradiated semiconductor devices. In: *IEEE Trans. Nucl. Sci.* 60 (2013), S. 1740. doi: 10.1109/TNS.2013.2261316

[963] Stanev, T.; Vankov, C.; Streitmatter, R.E.; Ellsworth, R.W.; Bowen, T.: Development of ultrahigh-energy electromagnetic cascades in water and lead including the Landau–Pomeranchuk–Migdal effect. In: *Phys. Rev. D* 25 (1982), S. 1291. doi: 10.1103/PhysRevD.25.1291

[964] Stellberger, A. et al.: The VLQ calorimeter of H1 at HERA: a highly compact device for measurements of electrons and photons under very small scattering angles. In: *Nucl. Inst. Meth. A* 515 (2003), S. 543. doi: 10.1016/j.nima.2003.08.111

[965] Sternheimer, R.M.; Berger, M.J.; Seltzer, S.M.: Density effect for the ionization loss of charged particles in various substances. In: *At. Data and Nucl. Data Tables* 30 (1984), S. 261. doi: 10.1016/0092-640X(84)90002-0

[966] Stokes, T. (Hamamatsu Inc.): Avalanche photodiodes theory and applications. Version: 2005. `https://www.photonicsonline.com/doc/avalanche-photodiodes-theory-and-applications-0001`

[967] Stone, S.L. et al.: Characteristics of electromagnetic shower sampling counters. In: *Nucl. Inst. Meth.* 151 (1978), S. 387. doi: 10.1016/0029-554X(78)90148-9

[968] Strüder, L.: Recent developments in semiconductor detectors and on chip electronics. In: *Nucl. Inst. Meth. A* 283 (1989), S. 387. doi: 10.1016/0168-9002(89)91390-9

[969] Strüder, L. et al.: Fully depleted, backside illuminated, spectroscopic active pixel sensors from the infrared to X-rays. Proc.: *X-Ray Optics, Instruments, and Missions III.* SPIE, Bd. 4012 (2000), S. 200. doi: 10.1117/12.391556

[970] Strüder, L. et al.: The European Photon Imaging Camera on XMM-Newton: The pn-CCD camera. In: *Astron. Astrophys.* 365 (2001), S. L18. doi: 10.1051/0004-6361:20000066

[971] Strüder, L.; Soltau, H.: High resolution silicon detectors for photons and particles. In: *Radiat. Prot. Dosimetry* 61 (1995), S. 39. doi: 10.1093/oxfordjournals.rpd.a082751

[972] Super-Kamiokande: official web site. `https://www-sk.icrr.u-tokyo.ac.jp/en/sk/`

[973] Suyama, M. et al.: A hybrid photodetector (HPD) with a III–V photocathode. Proc.: *1997 IEEE Nuclear Science Symposium Conference Record.* In: *IEEE Trans. Nucl. Sci.* 45 (1998), S. 572. doi: 10.1109/NSSMIC.1997.672701

[974] SYNOPSYS: TCAD: Technology Computer Aided Design. `https://www.synopsys.com/silicon/tcad.html`, Abruf: 2020

[975] Sze, S. M.; Crowell, C. R.; Kahng, D.: Photoelectric Determination of the Image Force Dielectric Constant For Hot Electrons in Schottky Barriers. In: *J. Appl. Phys.* 35 (2004), Nr. 8, S. 2534. doi: 10.1063/1.1702894

[976] Sze, S.M.: *Semiconductor Devices, Physics and Technology.* Wiley, 1985. – ISBN 0471874248.

[977] Sze, S.M.: *Semiconductor Sensors.* Wiley, 1994.

[978] Sze, S.M.; Lee, M.K.: *Semiconductor Devices, Physics and Technology.* 3rd ed. Wiley, 2012. – ISBN 9780470537947.

[979] Sze, S.M.; Ng, K.K.: *Physics of Semiconductor Devices.* 3rd ed. Wiley, 2007. doi: 10.1002/0470068329

[980] Tabata, M. et al.: Development of silica aerogel with any density. Proc.: *IEEE Nuclear Science Symposium and Medical Imaging Conference (NSS/MIC), 2005*, (2005), S. 816. doi: 10.1109/NSSMIC.2005.1596380

[981] Taft, B.A.; Hickey, B.M.; Wunsch, C.; Baker, D.J., Jr.: Equatorial undercurrent and deeper flows in the central Pacific. In: *Deep Sea Res.* 21 (1974), S. 403.

[982] Tanabashi, M. et al. (Particle Data Group): Review of particle physics. In: *Phys. Rev. D* 98 (2018), S. 030001. doi: 10.1103/PhysRevD.98.030001

[983] Tani, T.: Characterization of nuclear emulsions in overview of photographic emulsions. Proc.: *24th International Conference on Nuclear Tracks in Solids.* In: *Radiat. Meas.* 44 (2009), S. 733. doi: 10.1016/j.radmeas.2009.10.051

[984] Taylor, R.E.: Nobel Lecture: Deep Inelastic Scattering: The Early Years. `https://www.nobelprize.org/prizes/physics/1990/taylor/lecture`

[985] Ter-Mikaelian, M.L.: Emission of fast particles in a heterogeneous medium. In: *Nucl. Phys.* 24 (1961), S. 43.

[986] The Harshaw Chemical Company: Harshaw Scintillation Phosphors. 1978.

[987] Thomson, E.J. et al.: Online track processor for the CDF upgrade. In: *IEEE Trans. Nucl. Sci.* 49 (2002), S. 1063. doi: 10.1109/TNS.2002.1039615

[988] Thomson, M.: *Modern Particle Physics.* Cambridge University Press, 2013. doi: 10.1017/CBO9781139525367

[989] Thomson, M.A.: Particle flow calorimetry and the PandoraPFA algorithm. In: *Nucl. Inst. Meth. A* 611 (2009), S. 25. doi: 10.1016/j.nima.2009.09.009

[990] Thornber, K.K.: Relation of drift velocity to lowfield mobility and highfield saturation velocity. In: *J. Appl. Phys.* 51 (1980), S. 2127.

[991] Tosi, D.: *Measurement of acoustic attenuation in South Pole ice with a retrievable transmitter*, Humboldt Universität zu Berlin, Diss., 2010. doi: 10.18452/16186

[992] Tosi, D.; Collaboration", ÏceCube-Gen2: Surface detectors for IceCube-Gen2. In: *J. of Instrumentation* 16 (2021), Nr. 08, S. P08057. doi: 10.1088/1748-0221/16/08/P08057

[993] Townsend, J.S.: *Electrons in Gases.* Hutchinson, 1948.

[994] Townsend, J.S.; Tizard, H.: The motion of electrons in gases. In: *Proc. Roy. Soc. A* 88 (1913), S. 336. doi: 10.1098/rspa.1913.0034

[995] Treis, J. et al.: DEPMOSFET active pixel sensor prototypes for the XEUS wide field imager. In: *IEEE Trans. Nucl. Sci.* 52 (2005), S. 1083. doi: 10.1109/TNS.2005.852673

[996] Tsagli, S. et al. (NESTOR Collaboration): Recent measurements on the Hamamatsu 13-in., R8055, photomultiplier tubes. In: *Nucl. Inst. Meth. A* 567 (2006), S. 511. doi: 10.1016/j.nima.2006.05.176

[997] Tsai, Y.-S.: Pair production and bremsstrahlung of charged leptons. In: *Rev. Mod. Phys.* 46 (1974), S. 815. doi: 10.1103/RevModPhys.46.815. – (Erratum in [998])

[998] Tsai, Y.-S.: Erratum: Pair production and bremsstrahlung of charged leptons. In: *Rev. Mod. Phys.* 49 (1977), S. 421. doi: 10.1103/RevModPhys.49.421

[999] Tsung, J.-W. et al.: Signal and noise of diamond pixel detectors at high radiation fluences. In: *JINST* 7 (2012), S. P09009. doi: 10.1088/1748-0221/7/09/P09009

[1000] Turchetta, R.: Spatial resolution of silicon microstrip detectors. In: *Nucl. Inst. Meth. A* 335 (1993), S. 44. doi: 10.1016/0168-9002(93)90255-G

[1001] Turchetta, R. et al.: A monolithic active pixel sensor for charged particle tracking and imaging using standard VLSI CMOS technology. In: *Nucl. Inst. Meth. A* 458 (2001), S. 677. doi: 10.1016/S0168-9002(00)00893-7

[1002] Ulrici, J. et al.: Imaging performance of a DEPFET pixel bioscope system in tritium autoradiography. In: *Nucl. Inst. Meth. A* 547 (2005), S. 424. doi: 10.1016/j.nima.2005.03.133

[1003] Unal, G. (NA48 Collaboration): Performances of the NA48 liquid krypton calorimeter. Proc.: *9th Conference on Calorimetry in High Energy Physics (CALOR 2000),* Annecy, France. In: *Frascati Phys. Ser.* 21 (2001), S. 361. *arXiv:hep-ex/0012011.*

[1004] Van Overstraeten, R.; De Man, H.: Measurement of the ionization rates in diffused silicon p-n junctions. In: *Solid State Electron.* 13 (1970), S. 583. doi: 10.1016/0038-1101(70)90139-5

[1005] Vavilov, P.V.: Ionization losses of high-energy heavy particles. In: *Sov. Phys. JETP* 5 (1957), S. 749. http://jetp.ras.ru/cgi-bin/dn/e_005_04_0749.pdf

[1006] Vavra, J: Physics and chemistry of aging: Early developments. In: *Nucl. Inst. Meth. A* 515 (2003), S. 1. doi: 10.1016/j.nima.2003.08.124

[1007] Veenhof, R.: Garfield – simulation of gaseous detectors. https://garfield.web.cern.ch/garfield/

[1008] Veenhof, R.: GARFIELD, recent developments. In: *Nucl. Inst. Meth. A* 419 (1998), S. 726. doi: 10.1016/S0168-9002(98)00851-1

[1009] VERITAS Collaboration: VERITAS. https://veritas.sao.arizona.edu

[1010] Voigt, B.: *Sensitivity of the IceCube detector for ultra-high energy electron-neutrino events*, Humboldt Universität zu Berlin, Diss., 2008. doi: 10.18452/15850

[1011] Voss, R.F.; Clarke, J.: '1/f noise' in music and speech. In: *Nature* 258 (1975), S. 317. doi: 10.1038/258317a0

[1012] Wagner, A.: Distributions of measurements with the test drift chamber FSP of the OPAL experiment. 1991. Private communication.

[1013] Wakely, S. P.; Muller, D.; Gahbauer, F.; Plewnia, S.; Horandel, J. R.: Transition radiation detectors for energy measurements at high Lorentz factors. In: *Nucl. Inst. Meth.* A531 (2004), S. 435. doi: 10.1016/j.nima.2004.04.245

[1014] Wald, F.V.; Bell, R.O.: Halogen-doped cadmium telluride for detection of gamma-rays. In: *Nat. Phys. Sci.* 237 (1972), S. 13. doi: 10.1038/physci237013a0

[1015] Walenta, A.H.; Heintze, J.; Schuerlein, B.: The multiwire drift chamber, a new type of proportional wire chamber. In: *Nucl. Inst. Meth.* 92 (1971), S. 373. doi: 10.1016/0029-554X(71)90413-7

[1016] Ward, M.L.; Greenwood, P.E.: 1/f noise. In: *Scholarpedia* 2 (2007), S. 1537. doi: 10.4249/scholarpedia.1537. – revision #137265

[1017] Watanabe, S. et al.: High energy resolution hard X-ray and gamma-ray imagers using CdTe diode devices. In: *IEEE Trans. Nucl. Sci.* 56 (2009), S. 777. doi: 10.1109/TNS.2008.2008806

[1018] Wayne, M.R.: Visible light photon counters and the D0 scintillating fiber tracker. In: *Nucl. Inst. Meth.* 387 (1997), S. 278. doi: 10.1016/S0168-9002(96)01007-8

[1019] Weber, S. G.; Andronic, A.: ALICE event display of a Pb–Pb collision at 2.76 A TeV. ALICE-PHO-GEN-2015-004. 2015. https://cds.cern.ch/record/2032743

[1020] Weigel, U.: *Cold Intense Electron Beams from Gallium Arsenide Photocathodes*, Universität Heidelberg, Diss., 2003. doi: 10.11588/heidok.00004513

[1021] WEILAND, T. et al.: MAFIA Version 4. In: *AIP Conf. Proc.* 391 (1997), S. 65. doi: 10.1063/1.52369

[1022] WEISSTEIN, E.: Wolfram MathWorld. https://mathworld.wolfram.com/

[1023] WERMES, N.: Trends in pixel detectors: Tracking and imaging. In: *IEEE Trans. Nucl. Sci.* 51 (2004), S. 1006. doi: 10.1109/TNS.2004.829438

[1024] WESTCOTT, C.H.: A study of expected loss rates in the counting of particles from pulsed sources. In: *Proc. Roy. Soc. A* 194 (1948), S. 508. doi: 10.1098/rspa.1948.0094

[1025] WHARTON, J.; POLAK, J.M.: *Receptor autoradiography: principles and practice.* Oxford science publications, 1993.

[1026] WIGMANS, R.: On the energy resolution of uranium and other hadron calorimeters. In: *Nucl. Inst. Meth. A* 259 (1987), S. 389. doi: 10.1016/0168-9002(87)90823-0

[1027] WIGMANS, R.: High resolution hadronic calorimetry. In: *Nucl. Inst. Meth. A* 265 (1988), S. 273. doi: 10.1016/0168-9002(88)91081-9

[1028] WIGMANS, R.: Advances in hadron calorimetry. In: *Annu. Rev. Nucl. Part. Sci.* 41 (1991), S. 133. doi: 10.1146/annurev.ns.41.120191.001025

[1029] WIGMANS, R.: *Calorimetry.* Oxford Science Publications, 2000.

[1030] WIGMANS, R.: The DREAM project – towards the ultimate in calorimetry. Proc.: *11th Pisa Meeting on Advanced Detectors.* In: *Nucl. Inst. Meth. A* 617 (2010), S. 129. doi: 10.1016/j.nima.2009.09.118

[1031] WIKIPEDIA: 65-nanometer process. https://en.wikipedia.org/wiki/65-nanometer_process, Abruf: 2018

[1032] WIKIPEDIA: CMOS. https://en.wikipedia.org/wiki/CMOS, Abruf: 2018

[1033] WIKIPEDIA: Czochralski method. https://en.wikipedia.org/wiki/Czochralski_method, Abruf: 2.6.2023

[1034] WIKIPEDIA: Diamond structure. https://en.wikipedia.org/wiki/Diamond_cubic, Abruf: 2014

[1035] WIKIPEDIA: Ethernet. https://en.wikipedia.org/wiki/Ethernet, Abruf: 19.5.2023

[1036] WIKIPEDIA: Float-zone technique. https://en.wikipedia.org/wiki/Zone_melting, Abruf: 2.6.2023

[1037] WIKIPEDIA: Law of mass action. https://en.wikipedia.org/wiki/Law_of_mass_action, Abruf: 2014

[1038] WIKIPEDIA: Low-voltage differential signaling (LVDS). https://en.wikipedia.org/wiki/Low-voltage_differential_signaling, Abruf: 3.6.2023

[1039] WIKIPEDIA: Momentum-transfer cross section. https://en.wikipedia.org/wiki/Momentum-transfer_cross_section, Abruf: 12/2022

[1040] WIKIPEDIA: MOSFET. https://en.wikipedia.org/wiki/MOSFET, Abruf: 2014

[1041] WIKIPEDIA: Zincblende structure. https://en.wikipedia.org/wiki/Cubic_crystal_system#Zincblende_structure, Abruf: 2014

[1042] WIKIPEDIA: Zone melting. https://en.wikipedia.org/wiki/Zone_melting, Abruf: 2018

[1043] WILKINSON, D.H.: A stable ninety-nine channel pulse amplitude analyser for slow counting. In: *Proc. Cambridge Phil. Soc.* 46(3) (1950), S. 508.

[1044] WILLE, K.: *The Physics of Particle Accelerators: An Introduction.* Oxford University Press, 2000.

[1045] WILLEKE, F.J.: Experiences with the HERA Lepton-Proton Collider. Proc.: *4th Particle Accelerator Conference (APAC 2007).* RRCAT, Indore, India, (2007), S. 842. https://accelconf.web.cern.ch/AccelConf/a07/PAPERS/FRYMA01.PDF

[1046] WILLIAMS, E.J.; TERROUX, F.R.: Investigation of the passage of „fast“ β-particles through gases. In: *Proc. Roy. Soc. A* 126 (1930), S. 289. doi: 10.1098/rspa.1930.0008

[1047] WILLIAMS, M.C.S.: Particle identification using time of flight. In: *J. Phys. G* 39 (2012), S. 123001. doi: 10.1088/0954-3899/39/12/123001

[1048] Wilson, C.T.R.: Nobel Lecture: On the Cloud Method of Making Visible Ions and the Tracks of Ionizing Particles. https://www.nobelprize.org/prizes/physics/1927/wilson/lecture/

[1049] Wilson, E.J.N.: *An Introduction to Particle Accelerators.* Oxford University Press, 2001. doi: 10.1093/acprof:oso/9780198508298.001.0001

[1050] Wink, R. et al.: The miniaturized proportional counter HD-2 (Fe)/(Si) for the GALLEX solar neutrino experiment. In: *Nucl. Inst. Meth. A* 329 (1993), S. 541. doi: 10.1016/0168-9002(93)91289-Y

[1051] Winn, D.R.; Worstell, W.A.: Compensating hadron calorimeters with Cherenkov light. In: *IEEE Trans. Nucl. Sci.* 36 (1989), S. 334. doi: 10.1109/23.34459

[1052] Winokur, P. S.: Radiation-induced interface traps. In: Ma, T.P. (Hrsg.); Dressendorfer, P.V. (Hrsg.): *Ionizing Radiation Effects in MOS Devices and Circuits.* Wiley, 1989, S. 193.

[1053] Wiza, J.L.: Microchannel plate detectors. In: *Nucl. Inst. Meth.* 162 (1979), S. 587. doi: 10.1016/0029-554X(79)90734-1

[1054] Wizemann, F.; Gisen, A.; Kröninger, K.; Weingarten, J.: Temperature scaling of reverse current generated in proton irradiated silicon bulk. In: *JINST* 14 (2019), S. P07008. doi: 10.1088/1748-0221/14/07/p07008

[1055] Wolfram Alpha LLC: Wolfram Alpha Computational Intelligence. https://www.wolframalpha.com/

[1056] Workman, R.L et al. (Particle Data Group): Review of Particle Physics. In: *Prog. Theor. Exp. Phys.* 2022 (2022), S. 083C01. doi: 10.1093/ptep/ptac097

[1057] Wu, J. et al.: The performance of the TOF tray in STAR. In: *Nucl. Inst. Meth. A* 538 (2005), S. 243. doi: 10.1016/j.nima.2004.08.105

[1058] Wunstorf, R.: *Systematische Untersuchungen zur Strahlenresistenz von Silizium-Detektoren für die Verwendung in Hohenergiephysikexperimenten*, Universität Hamburg, Diss., 1992. https://www-library.desy.de/preparch/desy/int_rep/fh1k-92-01.pdf

[1059] Xu, Y.C. et al.: A new beam profile diagnostic system based on the industrial Ethernet. Proc.: *1st International Particle Accelerator Conference (IPAC10),* Kyoto, Japan, (2010), S. 1044. https://accelconf.web.cern.ch/IPAC10/papers/mope033.pdf

[1060] Yajima, K. et al.: Measurements of cosmic-ray neutron energy spectra from thermal to 15 MeV with Bonner Ball neutron detector in aircraft. In: *J. Nucl. Sci. Technol.* 47 (2010), S. 31. doi: 10.1080/18811248.2010.9711934

[1061] Yamamoto, A.; Makida, Y.: Advances in superconducting magnets for high energy and astroparticle physics. In: *Nucl. Inst. Meth. A* 494 (2002), S. 255. doi: 10.1016/S0168-9002(02)01477-8

[1062] Yamamoto, H.: dE/dx particle identification for collider detectors. Proc.: *4th Workshop physics and experiments with future linear* e^+e^- *colliders (LCWS'99),* Sitges, Spain, Bd. 2 (1999), S. 1022. *arXiv:hep-ex/9912024.*

[1063] Yamamoto, S.: Discovery of the luminescence of water during irradiation of radiation at a lower energy than the cherenkov light threshold. In: *Radiol. Phys. Technol.* 14 (2021), S. 16. doi: 10.1007/s12194-020-00588-x

[1064] Yamamoto, S.; Koyama, S.; Komori, M.; Toshito, T.: Luminescence imaging of water during irradiation of X-ray photons lower energy than Cerenkov-light threshold. In: *Nucl. Inst. Meth. A* 832 (2016), S. 264. doi: 10.1016/j.nima.2016.06.128

[1065] Yamashita, T. et al.: Measurements of electron drift velocities and positive ion mobilities for gases containing CF4 II. In: *Nucl. Inst. Meth. A* 317 (1992), S. 213. doi: 10.1016/0168-9002(92)90611-7

[1066] Yasuda, H.: New insights into aging phenomena from plasma chemistry. In: *Nucl. Inst. Meth. A* 515 (2003), S. 15. doi: 10.1016/j.nima.2003.08.125

[1067] Yates, E.C.; Crandall, D.G.: Decay times of commercial organic scintillators. In: *IEEE Trans. Nucl. Sci.* 13/3 (1966), S. 153. doi: 10.1109/TNS.1966.4324093

[1068] YPSILANTIS, T.; SEGUINOT, J.: Theory of ring imaging Cherenkov counters. In: *Nucl. Inst. Meth. A* 343 (1994), S. 30. doi: 10.1016/0168-9002(94)90532-0

[1069] YPSILANTIS, T.; SEGUINOT, J.: Development of ring imaging Cherenkov counters for particle identification. In: *NATO Sci. Ser. B* 352 (1996), S. 551. doi: 10.1007/978-1-4613-1147-8_29

[1070] YUAN, L. C. L.; WANG, C. L.; UTO, H.; PRUENSTER, S.: Formation-zone effect in transition radiation due to ultrarelativistic particles. In: *Phys. Rev. Lett.* 25 (1970), S. 1513. doi: 10.1103/PhysRevLett.25.1513

[1071] ZATSEPIN, G.T.; KUZMIN, V.A.: Upper limit of the spectrum of cosmic rays. In: *JETP Lett.* 4 (1966), S. 78. http://jetpletters.ru/ps/1624/article_24846.pdf

[1072] ZEUNER, T. (HERA-B Collaboration): The MSGC-GEM inner tracker for HERA-B. In: *Nucl. Inst. Meth. A* 446 (2000), S. 324. doi: 10.1016/S0168-9002(00)00042-5

[1073] ZEUS COLLABORATION; HOLM, U. (Hrsg.): The ZEUS Detector. Version: 1993, status report (unpublished). https://www-zeus.desy.de/bluebook/bluebook.html

[1074] ZHAO, S.: *Characterization of the Electrical Properties of Polycrystalline Diamond Films*, Ohio State University, Columbus, OH, Diss., 1994. https://etd.ohiolink.edu/pg_10?0::NO:10:P10_ACCESSION_NUM:osu1394810346

[1075] ZHU, R.-Y.: Radiation Damage in Scintillating Crystals. In: *Nucl. Inst. Meth. A* 413 (1998), S. 297. doi: 10.1016/S0168-9002(98)00498-7

[1076] ZHU, R.-Y.: The next generation of crystal detectors. Proc.: *Hard X-Ray, Gamma-Ray, and Neutron Detector Physics XVII*. SPIE. In: *Proc. SPIE Int. Soc. Opt. Eng.* 9593 (2015), S. 84. doi: 10.1117/12.2190459

[1077] ZLOTNICK, F.: A Comparison of LVDS, CMOS, and ECL. ON Semiconductor Application Note AND8059/D. 2001. https://www.onsemi.com/pub/Collateral/AND8059-D.PDF

[1078] ZORN, C.: Fast scintillators for high radiation levels: II Plastic and liquid organic scintillators. In: *[899]*, S. 218. doi: 10.1142/9789814360333_0004

[1079] ZUBER, K.: *Neutrino Physics*. 3nd ed. CRC Press, 2020. doi: 10.1201/9781315195612

Abkürzungen

In dieser Liste sind nur mehrfach auftretende Abkürzungen aufgeführt. Es wird nur auf die Seite verwiesen, auf der sie (erstmals) erklärt werden. Namen von Experimenten oder Einrichtungen sind nicht als Abkürzungen, sondern im Index aufgeführt.

ADC	analog-to-digital converter; Analog-zu-Digital-Konverter 265
ANSI	American National Standards Institute 928
APD	Avalanche Photo Diode; Photodioden mit Lawinenverstärkung 491
APS	akustische Phononstreuung 135
ASIC	Application Specific Integrated Circuit; Elektronikchip für eine spezielle Anwendung 853
BNC	Bayonet Neill-Concelman; Standard für Steckverbinder 881
CAM	Content Addressable Memory; Assoziativspeicher 939
CC	geladener Strom; Austausch von geladenen Bosonen 798
CCD	charge collection distance, Ladungssammlungsabstand, 409
CCD	Charge-Coupled Device 371
CCE	charge collection efficiency, Ladungssammlungseffizienz 409
CE	Collection Efficiency; Sammeleffizienz 489
CMOS	complementary MOS; Technologie für integrierte Schaltungen mit PMOS- und NMOS-Transistoren 338
CNGS	CERN Neutrinos to Gran Sasso 191
CSA	Charge sensitive amplifier; ladungsempfindlicher Vorverstärker 835
CSDA	continuous slowing down approximation; Näherung, die in Berechnungen für Reichweiten benutzt wird 61
CT	Computertomografie mit Röngenstrahlung 24
DAQ	data acquisition; Datenerfassung 923
DEPFET	Depleted Field Effect Transistor; spezieller Pixeldetektor 377
DIRC	Detection of Internally Reflected Cherenkov Light; Cherenkov-Detektor von BaBar 548
DKFZ	Deutsches Krebsforschungszentrum in Heidelberg 62
DLC	diamond-like carbon coating; diamantähnliche Widerstandsbeschichtung 248
DLTS	deep level transient spectroscopy; Technik zur Bestimmung von Energieniveaus von Halbleiterdefekten 416
DM	Dunkle Materie 814
DME	Dimethylether 246
DOM	Digital Optical Module; Modul zum Nachweis von Photonen in IceCube 813
DSP	Digitaler Signalprozessor 940
DTL	Diode–Transistor-Logik; Logik-Standard, benutzt in digitalen Schaltungen (veraltet) 877
e/h	electron-hole; Elektron-Loch 169
EAS	Extensive Air Shower; ausgedehnter Luftschauer 773
EC	electron capture; Elektroneinfang 949
ECC	emulsion cloud chamber; Emulsionsnebelkammer 190
ECL	emitter coupled logic; Logik-Standard, benutzt in digitalen Schaltungen 877
ENC	Equivalent Noise Charge; äquivalente Rauschladung 918
ESONE	European Standards On Nuclear Electronics 927
FADC	Flash-Analog-zu-Digital-Konverter 266
FIFO	First-In-First-Out; Schieberegister 939
FPGA	Field Programmable Gate Array; frei programmierbarer Logikschaltkreis 940
GCD	Gate-Controlled Diode; Halbleiterstruktur zur Messung von Oxidladungen 337
GEM	Gas Electron Multiplier 249

H. Kolanoski und N. Wermes, *Teilchendetektoren*, https://doi.org/10.1007/978-3-662-73068-3

GSI	Gesellschaft für Schwerionenforschung; Forschungszentrum in Darmstadt 62
HAPD	Hybrid Avalanche Photo Detector 495
HL-LHC	High-Luminosity LHC; Upgrade des LHC für höhere Luminosität 857
HPD	Hybrid Photo Detector 495
HV	Hochspannungsversorgung; high voltage 163
IACT	Imaging Atmospheric Cherenkov Telescopes 793
IC	integrated circuit, auch: Chip 337
IC	Inverser Compton-Effekt 93
IEEE	Institute of Electrical and Electronics Engineers 928
IIS	ionized impurity scattering 135
ISA	Internationale Standardatmosphäre 774
JES	Jet-Energieskala 750
JFET	junction field-effect transistor; spezieller Feldeffekt-Transistor 337
LAN	local area network 930
LAr	Flüssig-Argon 708
LB	Leitungsband; energetisch am höchsten liegendes Energieband in Halbleitern 300
LDF	Lateral Distribution Function; Funktion zur Beschreibung der lateralen Schauerverteilung 783
LKr	liquid krypton; Flüssig-Krypton 708
LPM	Landau-Pomeranchuk-Migdal-Effekt 685
LSB	Least Significant Bit; niedrigstwertiges Bit 866
LUT	Look-Up Table 939
LVCMOS	Low Voltage CMOS; CMOS-Technologie, welche bei niedriger Betriebsspannung arbeitet 878
LVDS	low voltage differential signalling; elektronischer Standard für die Signalübertragung 879
MA	main amplifier; Hauptverstärker 244
MAPS	Monolithic Active Pixel Sensor; spezieller Pixeldetektor 383
Micromegas	MICRO-MEsh GAseous Structure 251
MIP	minimum ionising particle; minimal-ionisierendes Teilchen 39
MOSFET	MOS Feldeffekttransistor; häufigste Transistorart in ICs 337
MOST	MOS-Transistor 338
MPGD	micro pattern gas detector 245
mpv	most probable value; Wert des Maximums einer Verteilung 50
MSGC	Multistrip Gas Chamber; gasgefüllter Detektor mit Mikrostreifenelektroden 246
MWPC	Multi-Wire Proportional Chamber; Vieldrahtproportionalkammer 234
NC	neutraler Strom; Austausch von neutralen Bosonen 798
NIEL	non-ionising energy loss; nicht-ionisierender Energieverlust bei Strahlenschädigung 396
NIM	Nuclear Instrumentation Module; Standard für modulare Elektronik zur Signal- und Triggeraufbereitung 927
NIS	neutral impurity scattering 135
NKG	Nishimura-Kamata-Greisen; NKG-Formel: beschreibt die laterale Verteilung der elektromagnetischen Komponente eines Luftschauers 783
NMOS	MOS-Transistor mit Elektronen als Ladungsträger im Kanal 338
NTP	normal temperature and pressure; Konvention für Temperatur- und Drucknormale 26
OpAmp	operational amplifier 830
OPV	Operationsverstärker 830
PA	pre-amplifier; Vorverstärker 243
PCI	Peripheral Component Interconnect; Bus-Standard 929
PDE	Photon Detection Efficiency; Photonnachweiswahrscheinlichkeit 482
PDG	Particle Data Group; Herausgeber des 'Review of Particle Properties' 15

PET	Positronen-Emissions-Tomografie 24
PFA	particle flow analysis; Teilchenflussanalyse 749
PID	Particle Identification; Teilchenidentifikation 517
PLD	Programmable Logic Device 926
PMOS	MOS-Transistor mit Löchern als Ladungsträger im Kanal 338
PMT	Photo Multiplier Tube; Photovervielfacher 477
PWC	proportional wire-chamber 708
RBW	Relative Biologische Wirksamkeit 947
RICH	Ring Imaging Cherenkov Detector; Cherenkov-Ring-Detektor 520
rms	root-mean-square; Wurzel der mittleren Quadrate einer Menge von Zahlen 80
RPC	resistive plate chamber 225
RTL	Resistor–Transistor-Logik; Logik-Standard, benutzt in digitalen Schaltungen (veraltet) 877
S/N	Signal-zu-Rausch-Verhältnis 346
SciFi	Scintillating Fibre; Szintillierende Faser 626
SDR	space drift time relation; Orts-Driftzeit-Beziehung 267
SiPM	Silicon Photomultiplier; Halbleiter basierter Photodetektor 498
SNR	signal-to-noise ratio; Signal-zu-Rausch-Verhältnis 833
SNU	Solar Neutrino Unit 800
SOI	silicon-on-insulator; Sensorfertigungstechnologie 388
SPAD	Single Photon Avalanche Diode; auf Einzelphotonen empfindliche APD 494
SPECT	single-photon-emission computed tomography 24
SPT	Superconducting Phase-transition Thermometer 818
SRH	Shockley–Read–Hall; Modell zur Beschreibung von Strahlenschäden 399
STP	standard temperature and pressure; Konvention für Temperatur- und Drucknormale 26
TDAQ	Trigger- und Datennahme 943
TDC	time-to-digital converter; Zeit-Digitalisierer 265
TEA	Triethylamin; Photonen absorbierender Moleküldampf 533
TEM	transmission electron microscopy; Technik zur Bestimmung der chemischen Zusammensetzung von Halbleiterdefekten 416
TES	Transition Edge Sensor 818
TMAE	Tetrakisdimethylaminoethylen; Photonen absorbierender Moleküldampf 533
TMS	Tetramethylsilan 717
TOF	time of flight; Flugzeitmessung 638
ToT	time-over-threshold; Methode zur Bestimmung des Pulsintegrals 841
TPC	Time Projection Chamber 275
TR	transition radiation;Übergangsstrahlung 555
TRD	Transition Radiation Detector 571
TSC	thermally stimulated current; Technik zur Bestimmung von Energieniveaus von Halbleiterdefekten 416
TTL	Transistor–Transistor Logik; Logik-Standard, benutzt in digitalen Schaltungen 877
VB	Valenzband; zweithöchstes Band in Halbleitern, normalerweise vollständig mit Elektronen gefüllt 300
VEM	Vertical Equivalent Muon; Kalibrationseinheit für Luftschauersignale 787
VHE	Very High Energy 793
VLSI	Very Large Scale Integration; sehr hoch integrierte elektronische Schaltkreise 853
VPT	Vakuum-Phototriode 712
WIMP	Weakly Interacting Massive Particle; Kandidat für Dunkle Materie 814

Index

H. Kolanoski und N. Wermes, *Teilchendetektoren*, https://doi.org/10.1007/978-3-662-73068-3

MIX
Papier aus verantwortungsvollen Quellen
Paper from responsible sources
FSC® C105338

If you have any concerns about our products,
you can contact us on
ProductSafety@springernature.com

In case Publisher is established outside the EU,
the EU authorized representative is:
Springer Nature Customer Service Center GmbH
Europaplatz 3, 69115 Heidelberg, Germany

Printed by Libri Plureos GmbH
in Hamburg, Germany